필기

과년도

전기산업기사

전수기 정종연 임한규 지음

BM (주)도서출판 성안당

■ 도서 A/S 안내

성안당에서 발행하는 모든 도서는 저자와 출판사, 그리고 독자가 함께 만들어 나갑니다.

좋은 책을 펴내기 위해 많은 노력을 기울이고 있습니다. 혹시라도 내용상의 오류나 오탈자 등이 발견되면 **"좋은 책은 나라의 보배"**로서 우리 모두가 함께 만들어 간다는 마음으로 연락주시기 바랍니다. 수정 보완하여 더 나은 책이 되도록 최선을 다하겠습니다.

성안당은 늘 독자 여러분들의 소중한 의견을 기다리고 있습니다. 좋은 의견을 보내주시는 분께는 성안당 쇼핑몰의 포인트(3,000포인트)를 적립해 드립니다.

잘못 만들어진 책이나 부록 등이 파손된 경우에는 교환해 드립니다.

저자 문의 : jeon6363@hanmail.net(전수기)

본서 기획자 e-mail : coh@cyber.co.kr(최옥현)

홈페이지 : http://www.cyber.co.kr 전화 : 031) 950-6300

더 이상의 **전기산업기사** 책은 없다!

전기는 모든 산업의 기초가 되며 이와 관련한 전기분야 기술자의 수요 또한 꾸준히 증가해왔다. 이에 따라 기사·산업기사 국가기술자격증 취득을 위하여 공부하는 학생은 물론 현장 실무자들도 대단한 열의를 보이고 있다.

이에 본서는 20여 년간의 강단 강의 경험을 토대로 어려운 수식을 가능한 배제하고 최소의 수식을 도입하여 필요한 개념을 보다 쉽게 파악할 수 있도록 하였다.

기사·산업기사 국가기술자격시험은 문제은행 방식으로서, 과년도에 출제된 문제들이 대부분 출제되거나 유사문제가 출제되므로 보다 효율적으로 학습할 수 있도록 본문은 과년도 출제문제를 과목별로 나누어 수록하였다. 특히 중요하고 자주 출제되는 문제와 관련하여 상세한 해설과 함께 '기출문제 관련 이론 바로보기'를 통해 출제문제와 연관된 핵심이론과 공식 또는 Tip을 정리하여 구성하였다.

이 책의 특징은 다음과 같다.

01 과년도 출제문제를 과목별로 정리한 효율적 구성

02 '기출문제 관련 이론 바로보기'를 통한 필수이론 학습

03 간결하고 알기 쉬운 설명

04 상세하고 쉬운 해설

05 최근 과년도 출제문제로 마무리할 수 있는 부록 수록

저자는 20여 년간의 강단 강의 경험을 토대로 수험생의 입장에서 쉽고 꼭 필요한 내용을 수록하려고 노력하였다. 여러 가지 미비한 점이 많을 것으로 사료되지만 수험생 여러분의 도움으로 보완 수정해 나아갈 것으로 믿는다.

앞으로 본서가 전기분야 국가기술자격시험, 각종 공무원시험 및 진급시험 등에 지침서로 많은 도움이 되기를 바란다.

끝으로 이 한 권의 책이 만들어지기까지 애써 주신 성안당 출판사 회장님과 직원 여러분께 진심으로 감사드리며, 아무쪼록 많은 수험생들이 이 책을 통하여 합격의 영광을 누리게 되기를 바란다.

저자 씀

합격시켜 주는 「핵담」의 강점

1 최근 기출문제를 과목별로 학습할 수 있도록 구성

☑ 최근 기출문제를 과목별로 구분하여 집중해서 그 과목을 마스터할 수 있도록 구성했다.

2 자주 출제되는 기출문제 관련 필수이론의 탁월한 배치

☑ 과목별로 구분한 기출문제 중에서 자주 출제되는 기출문제 옆에 관련 필수이론을 배치하여 바로바로 기출문제에 관련된 이론을 학습할 수 있도록 유기적으로 구성했다.

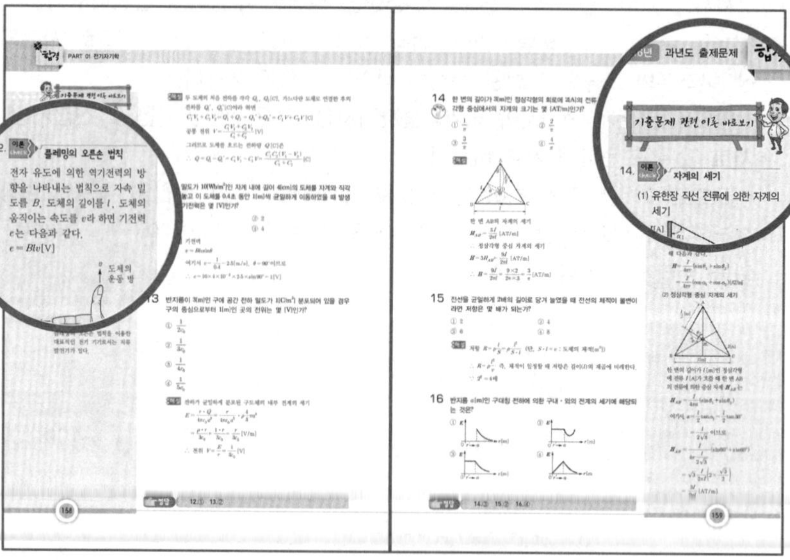

3 기출문제에 중요문제 표시

☑ 자주 출제되는 기출문제 및 출제확률이 높은 문제를 표시하여 어떤 문제를 집중해서 풀어야 할지 제시했다.

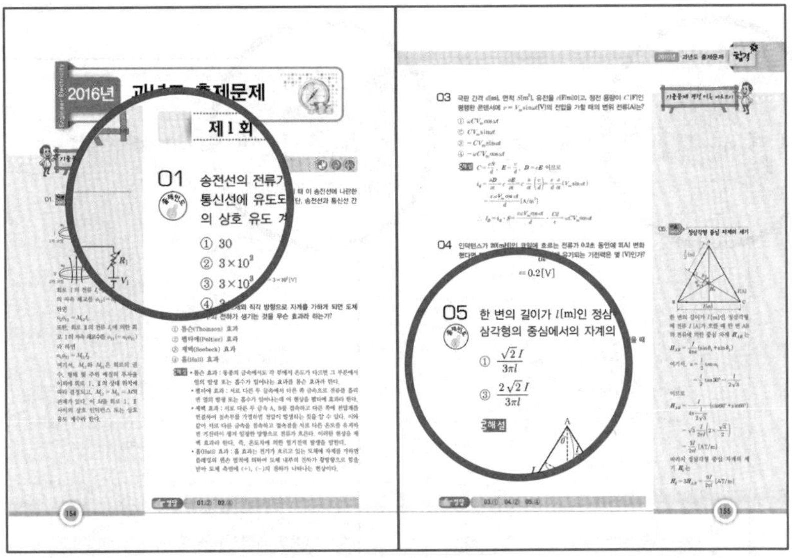

4 기출문제에 저자의 노하우가 담긴 상세한 해설 수록

☑ 기출문제마다 저자의 노하우가 담긴 상세한 해설을 하여 해설만 봐도 기출문제를 이해할 수 있도록 알기 쉽게 정리했다.

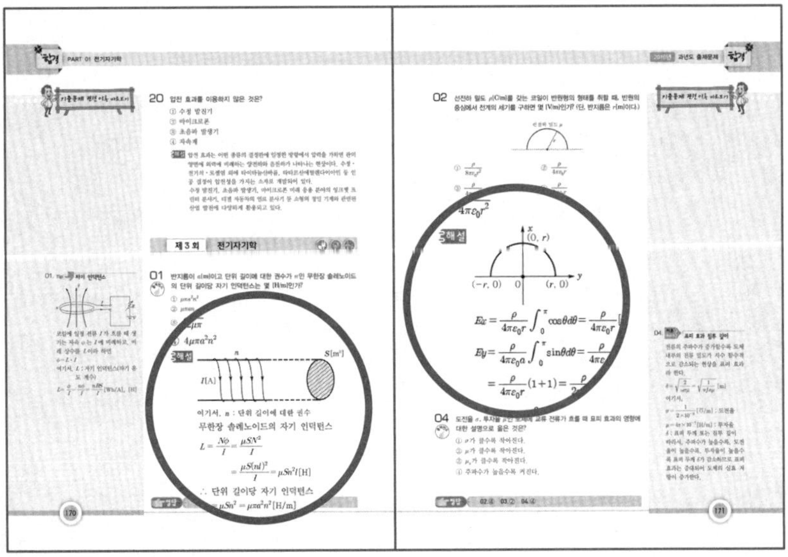

5 최근 6년간 기출문제는 실전시험처럼 풀어볼 수 있게 구성

☑ 최종으로 학습상태를 점검해볼 수 있도록 최근 6년간 기출문제는 실제시험처럼 풀어볼 수 있게 구성했다.

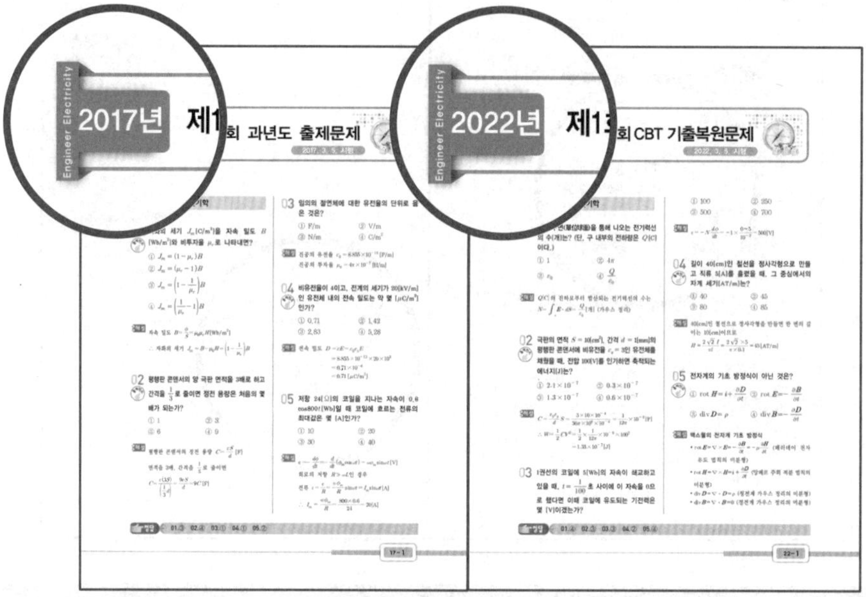

「핵담」을 효과적으로 활용하기 위한
제대로 학습법

01 매일 3시간 학습시간을 정해 놓고 하루 분량의 학습량을 꼭 지킬 수 있도록 학습 계획을 세운다.

02 한 페이지에서 문제 옆에 기출문제와 관련된 필수이론으로 구성하였으므로 기출문제를 풀어보고 이해가 안 되면 바로 관련된 필수이론을 익혀 확실하게 그 문제를 숙지한다.

03 기출문제에서 헷갈렸던 문제나 틀린 문제는 문제 번호에 체크표시(☑)를 해 둔 다음 나중에 다시 챙겨 풀어본다.

04 하루 공부가 끝나면 오답노트를 작성한다.

05 그 다음날 공부 시작 전에 어제 공부한 내용을 복습해본다. 복습은 30분 정도로 오답노트를 가지고 어제 틀렸던 문제나 헷갈렸던 부분 위주로 체크해본다.

06 부록에 있는 과년도 출제문제를 시험 직전 모의고사 보듯이 최근 기출문제를 풀어본다.

07 책을 다 끝낸 다음 오답노트를 활용해 나의 취약부분을 한 번 더 체크하고 실전시험에 대비한다.

전기산업기사 **시험안내**

01 시행처

한국산업인력공단

02 시험과목

구분	전기기사	전기산업기사	전기공사기사	전기공사산업기사
필기	1. 전기자기학 2. 전력공학 3. 전기기기 4. 회로이론 및 제어공학 5. 전기설비기술기준	1. 전기자기학 2. 전력공학 3. 전기기기 4. 회로이론 5. 전기설비기술기준	1. 전기응용 및 공사재료 2. 전력공학 3. 전기기기 4. 회로이론 및 제어공학 5. 전기설비기술기준	1. 전기응용 2. 전력공학 3. 전기기기 4. 회로이론 5. 전기설비기술기준
실기	전기설비 설계 및 관리	전기설비 설계 및 관리	전기설비 견적 및 시공	전기설비 견적 및 시공

03 검정방법

[기사]

- **필기** : 객관식 4지 택일형, 과목당 20문항(과목당 30분)
- **실기** : 필답형(2시간 30분)

[산업기사]

- **필기** : 객관식 4지 택일형, 과목당 20문항(과목당 30분)
- **실기** : 필답형(2시간)

04 합격기준

- **필기** : 100점을 만점으로 하여 과목당 40점 이상, 전과목 평균 60점 이상
- **실기** : 100점을 만점으로 하여 60점 이상

05 출제기준

필기과목명	문제수	주요항목	세부항목
전기자기학	20	1. 진공 중의 정전계	① 정전기 및 전자유도 ② 전계 ③ 전기력선 ④ 전하 ⑤ 전위 ⑥ 가우스의 정리 ⑦ 전기쌍극자
		2. 진공 중의 도체계	① 도체계의 전하 및 전위분포 ② 전위계수, 용량계수 및 유도계수 ③ 도체계의 정전에너지 ④ 정전용량 ⑤ 도체 간에 작용하는 정전력 ⑥ 정전차폐
		3. 유전체	① 분극도와 전계 ② 전속밀도 ③ 유전체 내의 전계 ④ 경계조건 ⑤ 정전용량 ⑥ 전계의 에너지 ⑦ 유전체 사이의 힘 ⑧ 유전체의 특수현상
		4. 전계의 특수해법 및 전류	① 전기영상법 ② 정전계의 2차원 문제 ③ 전류에 관련된 제현상 ④ 저항률 및 도전율
		5. 자계	① 자석 및 자기유도 ② 자계 및 자위 ③ 자기쌍극자 ④ 자계와 전류 사이의 힘 ⑤ 분포전류에 의한 자계
		6. 자성체와 자기회로	① 자화의 세기 ② 자속밀도 및 자속 ③ 투자율과 자화율 ④ 경계면의 조건 ⑤ 감자력과 자기차폐 ⑥ 자계의 에너지 ⑦ 강자성체의 자화 ⑧ 자기회로 ⑨ 영구자석
		7. 전자유도 및 인덕턴스	① 전자유도 현상 ② 자기 및 상호유도작용 ③ 자계에너지와 전자유도 ④ 도체의 운동에 의한 기전력

필기과목명	문제수	주요항목	세부항목
전기자기학	20	7. 전자유도 및 인덕턴스	⑤ 전류에 작용하는 힘 ⑥ 전자유도에 의한 전계 ⑦ 도체 내의 전류 분포 ⑧ 전류에 의한 자계에너지 ⑨ 인덕턴스
		8. 전자계	① 변위전류 ② 맥스웰의 방정식 ③ 전자파 및 평면파 ④ 경계조건 ⑤ 전자계에서의 전압 ⑥ 전자와 하전입자의 운동 ⑦ 방전현상
전력공학	20	1. 발 · 변전 일반	① 수력발전 ② 화력발전 ③ 원자력발전 ④ 신재생에너지발전 ⑤ 변전방식 및 변전설비 ⑥ 소내전원설비 및 보호계전방식
		2. 송 · 배전선로의 전기적 특성	① 선로정수 ② 전력원선도 ③ 코로나 현상 ④ 단거리 송전선로의 특성 ⑤ 중거리 송전선로의 특성 ⑥ 장거리 송전선로의 특성 ⑦ 분포정전용량의 영향 ⑧ 가공전선로 및 지중전선로
		3. 송 · 배전방식과 그 설비 및 운용	① 송전방식 ② 배전방식 ③ 중성점접지방식 ④ 전력계통의 구성 및 운용 ⑤ 고장계산과 대책
		4. 계통보호방식 및 설비	① 이상전압과 그 방호 ② 전력계통의 운용과 보호 ③ 전력계통의 안정도 ④ 차단보호방식
		5. 옥내배선	① 저압 옥내배선 ② 고압 옥내배선 ③ 수전설비 ④ 동력설비
		6. 배전반 및 제어기기의 종류와 특성	① 배전반의 종류와 배전반 운용 ② 전력제어와 그 특성 ③ 보호계전기 및 보호계전방식 ④ 조상설비 ⑤ 전압조정 ⑥ 원격조작 및 원격제어

필기과목명	문제수	주요항목	세부항목
전력공학	20	7. 개폐기류의 종류와 특성	① 개폐기 ② 차단기 ③ 퓨즈 ④ 기타 개폐장치
전기기기	20	1. 직류기	① 직류발전기의 구조 및 원리 ② 전기자 권선법 ③ 정류 ④ 직류발전기의 종류와 그 특성 및 운전 ⑤ 직류발전기의 병렬운전 ⑥ 직류전동기의 구조 및 원리 ⑦ 직류전동기의 종류와 특성 ⑧ 직류전동기의 기동, 제동 및 속도제어 ⑨ 직류기의 손실, 효율, 온도상승 및 정격 ⑩ 직류기의 시험
		2. 동기기	① 동기발전기의 구조 및 원리 ② 전기자 권선법 ③ 동기발전기의 특성 ④ 단락현상 ⑤ 여자장치와 전압조정 ⑥ 동기발전기의 병렬운전 ⑦ 동기전동기 특성 및 용도 ⑧ 동기조상기 ⑨ 동기기의 손실, 효율, 온도상승 및 정격 ⑩ 특수 동기기
		3. 전력변환기	① 정류용 반도체 소자 ② 각 정류회로의 특성 ③ 제어정류기
		4. 변압기	① 변압기의 구조 및 원리 ② 변압기의 등가회로 ③ 전압강하 및 전압변동률 ④ 변압기의 3상 결선 ⑤ 상수의 변환 ⑥ 변압기의 병렬운전 ⑦ 변압기의 종류 및 그 특성 ⑧ 변압기의 손실, 효율, 온도상승 및 정격 ⑨ 변압기의 시험 및 보수 ⑩ 계기용변성기 ⑪ 특수변압기
		5. 유도전동기	① 유도전동기의 구조 및 원리 ② 유도전동기의 등가회로 및 특성 ③ 유도전동기의 기동 및 제동 ④ 유도전동기제어(속도, 토크 및 출력) ⑤ 특수 농형유도전동기 ⑥ 특수유도기 ⑦ 단상유도전동기 ⑧ 유도전동기의 시험 ⑨ 원선도

필기과목명	문제수	주요항목	세부항목
전기기기	20	6. 교류정류자기	① 교류정류자기의 종류, 구조 및 원리 ② 단상직권 정류자 전동기 ③ 단상반발 전동기 ④ 단상분권 전동기 ⑤ 3상 직권 정류자 전동기 ⑥ 3상 분권 정류자 전동기 ⑦ 정류자형 주파수 변환기
		7. 제어용 기기 및 보호기기	① 제어기기의 종류 ② 제어기기의 구조 및 원리 ③ 제어기기의 특성 및 시험 ④ 보호기기의 종류 ⑤ 보호기기의 구조 및 원리 ⑥ 보호기기의 특성 및 시험 ⑦ 제어장치 및 보호장치
회로이론	20	1. 전기회로의 기초	① 전기회로의 기본 개념 ② 전압과 전류의 기준방향 ③ 전원
		2. 직류회로	① 전류 및 옴의 법칙 ② 도체의 고유저항 및 온도에 의한 저항 ③ 저항의 접속 ④ 키르히호프의 법칙 ⑤ 전지의 접속 및 줄열과 전력 ⑥ 배율기와 분류기 ⑦ 회로망 해석
		3. 교류회로	① 정현파교류 ② 교류회로의 페이저 해석 ③ 교류전력 ④ 유도결합회로
		4. 비정현파교류	① 비정현파의 푸리에 급수에 의한 전개 ② 푸리에 급수의 계수 ③ 비정현파의 대칭 ④ 비정현파의 실효값 ⑤ 비정현파의 임피던스
		5. 다상교류	① 대칭n상교류 및 평형3상회로 ② 성형전압과 환상전압의 관계 ③ 평형부하의 경우 성형전류와 환상전류와의 관계 ④ $2\pi/n$씩 위상차를 가진 대칭n상 기전력의 기호표시법 ⑤ 3상Y결선 부하인 경우 ⑥ 3상△결선의 각부전압, 전류

필기과목명	문제수	주요항목	세부항목
회로이론	20	5. 다상교류	⑦ 다상교류의 전력 ⑧ 3상교류의 복소수에 의한 표시 ⑨ △-Y의 결선 변환 ⑩ 평형3상회로의 전력
		6. 대칭좌표법	① 대칭좌표법 ② 불평형률 ③ 3상교류기기의 기본식 ④ 대칭분에 의한 전력표시
		7. 4단자 및 2단자	① 4단자 파라미터 ② 4단자 회로망의 각종 접속 ③ 대표적인 4단자망의 정수 ④ 반복파라미터 및 영상파라미터 ⑤ 역회로 및 정저항회로 ⑥ 리액턴스 2단자망
		8. 라플라스 변환	① 라플라스 변환의 정리 ② 간단한 함수의 변환 ③ 기본정리 ④ 라플라스 변환표
		9. 과도현상	① 전달함수의 정의 ② 기본적 요소의 전달함수 ③ $R-L$직렬의 직류회로 ④ $R-C$직렬의 직류회로 ⑤ $R-L$병렬의 직류회로 ⑥ $R-L-C$직렬의 직류회로 ⑦ $R-L-C$직렬의 교류회로 ⑧ 시정수와 상승시간 ⑨ 미분 적분회로
전기설비 기술기준 – 전기설비 기술기준 및 한국전기설비 규정	20	1. 총칙	① 기술기준 총칙 및 KEC 총칙에 관한 사항 ② 일반사항 ③ 전선 ④ 전로의 절연 ⑤ 접지시스템 ⑥ 피뢰시스템
		2. 저압전기설비	① 통칙 ② 안전을 위한 보호 ③ 전선로 ④ 배선 및 조명설비 ⑤ 특수설비
		3. 고압, 특고압 전기설비	① 통칙 ② 안전을 위한 보호 ③ 접지설비 ④ 전선로

필기과목명	문제수	주요항목	세부항목
전기설비 기술기준 – 전기설비 기술기준 및 한국전기설비 규정	20	3. 고압, 특고압 전기설비	⑤ 기계, 기구 시설 및 옥내배선 ⑥ 발전소, 변전소, 개폐소 등의 전기설비 ⑦ 전력보안통신설비
		4. 전기철도설비	① 통칙 ② 전기철도의 전기방식 ③ 전기철도의 변전방식 ④ 전기철도의 전차선로 ⑤ 전기철도의 전기철도차량설비 ⑥ 전기철도의 설비를 위한 보호 ⑦ 전기철도의 안전을 위한 보호
		5. 분산형 전원설비	① 통칙 ② 전기저장장치 ③ 태양광발전설비 ④ 풍력발전설비 ⑤ 연료전지설비

「핵담」 과년도 전기산업기사 완성!

PART 01 전기자기학

PART 02 전력공학

PART 03 전기기기

PART 04 회로이론

PART 05 전기설비기술기준(한국전기설비규정)

부 록 최근 과년도 출제문제

PART 01

전기자기학

과년도 출제문제

Industrial Engineer Electricity

2011년 과년도 출제문제

기출문제 관련 이론 바로보기

제1회 전기자기학

01 평행판 콘덴서의 극판 사이가 진공일 때 용량을 C_0, 비유전율 ε_s의 유전체를 채웠을 때의 용량을 C라 할 때, 이들의 관계식은?

① $\dfrac{C}{C_0}=\dfrac{1}{\varepsilon_0\varepsilon_s}$　　② $\dfrac{C}{C_0}=\dfrac{1}{\varepsilon_s}$

③ $\dfrac{C}{C_0}=\varepsilon_0\varepsilon_s$　　④ $\dfrac{C}{C_0}=\varepsilon_s$

해설

$C_0=\dfrac{\varepsilon_0 S}{d}$[F] (공기)

$C=\dfrac{\varepsilon S}{d}=\dfrac{\varepsilon_0\varepsilon_s S}{d}$[F] (유전체)

$\therefore\ \dfrac{C}{C_0}=\dfrac{\varepsilon_0\varepsilon_s\dfrac{S}{d}}{\varepsilon_0\dfrac{S}{d}}=\varepsilon_s$

02 전계와 자계와의 관계식으로 옳은 것은?

출제빈도

① $\sqrt{\varepsilon}\boldsymbol{H}=\sqrt{\mu}\boldsymbol{E}$　　② $\sqrt{\varepsilon\mu}=\boldsymbol{EH}$

③ $\sqrt{\mu}\boldsymbol{H}=\sqrt{\varepsilon}\boldsymbol{E}$　　④ $\varepsilon\mu=\boldsymbol{EH}$

해설

$\eta=\dfrac{\boldsymbol{E}}{\boldsymbol{H}}=\sqrt{\dfrac{\mu}{\varepsilon}}$

$\therefore\ \sqrt{\mu}\boldsymbol{H}=\sqrt{\varepsilon}\boldsymbol{E}$

02. 이론 check 고유 임피던스(파동 임피던스)

전자파는 자계와 전계가 동시에 90°의 위상차로 전파되므로 전자파의 파동 고유 임피던스는 전계와 자계의 비로

$\eta=\dfrac{\boldsymbol{E}}{\boldsymbol{H}}=\sqrt{\dfrac{\mu}{\varepsilon}}$

이 식을 다시 변형하면

$\sqrt{\varepsilon}\boldsymbol{E}=\sqrt{\mu}\boldsymbol{H}$ 또는 $\boldsymbol{E}=\sqrt{\dfrac{\mu}{\varepsilon}}\boldsymbol{H}$,

$\boldsymbol{H}=\sqrt{\dfrac{\varepsilon}{\mu}}\boldsymbol{E}$

이때, 진공 중이면

$\boldsymbol{E}=\sqrt{\dfrac{\mu_0}{\varepsilon_0}}\boldsymbol{H}=377\boldsymbol{H}$

이것을 ε_0, μ_0에 대한 값을 대입하면

$\boldsymbol{H}=\sqrt{\dfrac{\varepsilon_0}{\mu_0}}\boldsymbol{E}=\dfrac{1}{377}\boldsymbol{E}$

$=0.27\times10^{-2}\boldsymbol{E}$

03 다음 물질 중 비유전율이 가장 큰 것은?

① 운모　　② 유리

③ 증류수　　④ 고무

해설
- 운모 : 5.5~6.6
- 유리 : 3.5~9.9
- 증류수(물) : 80.7
- 고무 : 2.0~3.5

정답 01.④　02.③　03.③

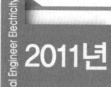

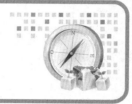

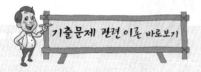

04 극판의 면적이 50[cm^2], 극판 사이의 간격이 1[mm], 극판 사이의 매질이 비유전율 5인 평행판 콘덴서의 정전 용량은 약 몇 [pF]인가?

① 220　② 22
③ 250　④ 25

해설 $C=\dfrac{\varepsilon_0\varepsilon_s S}{d}=\dfrac{8.855\times10^{-12}\times5\times50\times10^{-4}}{1\times10^{-3}}\fallingdotseq 220[\text{pF}]$

05 패러데이관의 설명 중 틀린 것은?

① +1[C]의 진전하에 −1[C]의 진전하로 끝나는 1개의 관으로 가정한다.
② 관의 양끝에는 정·부의 단위 진전하가 있다.
③ 관의 밀도는 전속 밀도와 동일하다.
④ 관속에 있는 전속수는 진전하가 있으면 일정하고 연속이다.

해설 **패러데이관의 성질**
- 패러데이관 내의 전속선의 수는 진전하가 없으면 일정하다.
- 패러데이관 양단에는 정·부의 단위 전하가 있다.
- 패러데이관의 밀도는 전속 밀도와 같다.
- 단위 전위차당 패러데이관의 보유 에너지는 $\dfrac{1}{2}$[J]이다.

06 무한장 직선 도체에 선전하 밀도 λ[C/m]의 전하가 분포되어 있는 경우, 직선 도체를 축으로 하는 반지름 r인 원통면상의 전계는 몇 [V/m]인가?

출제빈도

① $E=\dfrac{1}{4\pi\varepsilon_0}\times\dfrac{\lambda}{r}$　② $E=\dfrac{1}{2\pi\varepsilon_0}\times\dfrac{\lambda}{r^2}$
③ $E=\dfrac{1}{4\pi\varepsilon_0}\times\dfrac{\lambda}{r^2}$　④ $E=\dfrac{1}{2\pi\varepsilon_0}\times\dfrac{\lambda}{r}$

해설
$$\int_s E\cdot ns=\int_s E\cdot ds=\frac{l}{\varepsilon_0}\lambda$$
$$E\cdot 2\pi r\cdot l=\frac{l}{\varepsilon_0}\lambda$$
$$\therefore\ E=\frac{\lambda}{2\pi\varepsilon_0 r}[\text{V/m}]$$

07 대전 도체의 내부 전위는?

① 항상 0이다.
② 표면 전위와 같다.
③ 대지 전압과 전하의 곱으로 표현된다.
④ 공기의 유전율과 같다.

해설 도체는 등전위이므로 내부나 표면이 등전위이다.

정답 04.① 05.④ 06.④ 07.②

기출문제 관련 이론 바로보기

06. 이론 check 무한 직선 전하에 의한 전계의 세기

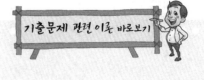

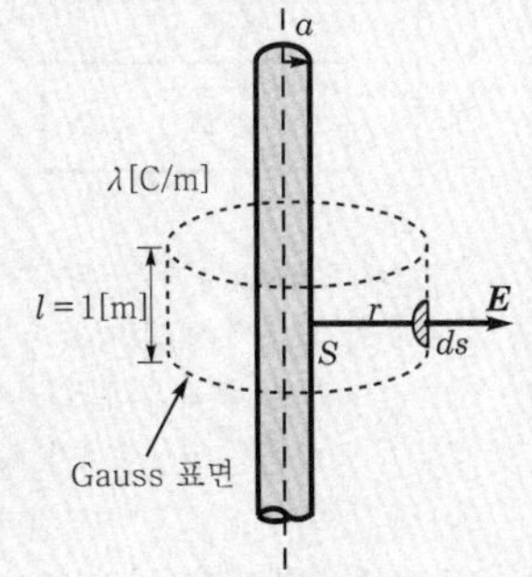

▮ 무한 직선 전하 ▮

$$\int_s Eds=\frac{\lambda\cdot l}{\varepsilon_0}$$

원통의 표면적 $2\pi rl$이므로

$$E2\pi r\cdot l=\frac{\lambda l}{\varepsilon_0}$$

$$E=\frac{\lambda}{2\pi\varepsilon_0 r}=18\times10^9\frac{\lambda}{r}[\text{V/m}]$$

기출문제 관련 이론 바로보기

08

전하 Q_1, Q_2 간의 작용력이 F_1일 때 이 근처에 전하 Q_3을 놓을 경우, Q_1과 Q_2 사이의 전기력을 F_2라 하면?

① $F_1 = F_2$

② $F_1 < F_2$

③ $F_1 > F_2$

④ Q_3의 크기에 따라 다르다.

해설 Q_1과 Q_2 사이에 작용하는 쿨롱의 힘은 두 전하를 연결하는 일직선상에 존재하므로 근처에 Q_3 전하가 존재하더라도 변화가 없다.

$\therefore F_1 = F_2$

09

자장 중에서 도선에 발생되는 유기 기전력의 방향은 어떤 법칙에 의하여 설명되는가?

① 패러데이(Faraday)의 법칙

② 앙페르(Ampere)의 오른 나사 법칙

③ 렌츠(Lenz)의 법칙

④ 가우스(Gauss)의 법칙

해설
- 패러데이 법칙 : 유도 기전력의 크기는 쇄교 자속의 시간적인 변화율과 같다.
- 렌츠의 법칙 : 유도 기전력은 자속 변화시 그 변화를 방해하는 방향으로 발생한다.

10. 이론 check 감자 작용

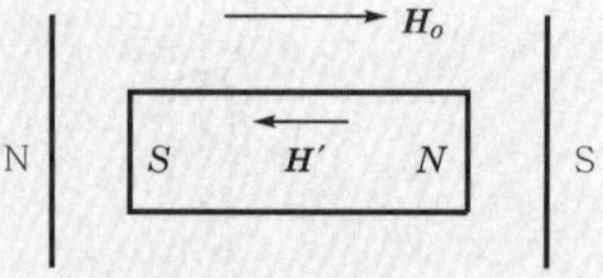

자성체 외부에 자계를 주어 자화할 때 자기 유도에 의해 자석이 된다. 그 결과 자성체 내부에 외부 자계 $\boldsymbol{H}_o$와 역방향의 $\boldsymbol{H}'$ 자계가 형성되어 본래의 자계를 감소시킨다. 따라서 자성체 내의 자계의 세기는 $\boldsymbol{H} = \boldsymbol{H}_o - \boldsymbol{H}'$가 되므로

감자력 $\boldsymbol{H}' = \boldsymbol{H}_o - \boldsymbol{H} = \dfrac{N}{\mu_0}\boldsymbol{J}$[A/m]

여기서, N은 감자율로, 자성체의 형태에 의해 결정된다.

구자성체의 감자율 $N = \dfrac{1}{3}$이고, 원통 자성체의 감자율 $N = \dfrac{1}{2}$이다.

10

출제빈도

평등 자계 H_o 내에서 얇은 철판을 자계와 수직으로 놓았을 때, 철판 내부 자계의 세기 H_i는? (단, 철의 비투자율은 μ_s, 자화율은 χ_m이다.)

① $H_i = H_o$

② $H_i = \chi H_o$

③ $H_i = \mu_s H_o$

④ $H_i = \dfrac{H_o}{\mu_s}$

해설

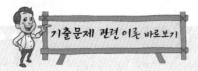

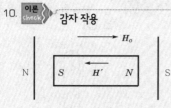

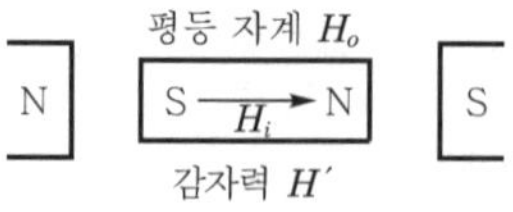

감자력 $H' = H_o - H_i = \dfrac{N}{\mu_0} J$[A/m]

$H_o - H_i = \dfrac{\mu_0(\mu_s - 1)H_i}{\mu_0} = \dfrac{\chi_m H_i}{\mu_0}$

$N = 1$일 때

$H_o = \mu_s H_i - H_i + H_i$

$\therefore H_i = \dfrac{H_o}{\mu_s}$

정답 08.① 09.③ 10.④

11 평등 전계 내에서 5[C]의 전하를 30[cm] 이동시키는 데 120[J]의 일이 소요되었다. 전계의 세기는 몇 [V/m]인가?

① 24　② 36
③ 80　④ 160

해설 $W = QV$[J]

$\therefore V = \frac{W}{Q} = \frac{120}{5} = 24$[V]

$E = \frac{V}{r} = \frac{24}{0.3} = 80$[V/m]

12 히스테리시스손은 주파수 및 최대 자속 밀도와 어떤 관계에 있는가?

출제빈도

① 주파수와 최대 자속 밀도에 비례한다.
② 주파수에 비례하고 최대 자속 밀도의 1.6승에 비례한다.
③ 주파수와 최대 자속 밀도에 반비례한다.
④ 주파수에 반비례하고 최대 자속 밀도의 1.6승에 비례한다.

해설 단위 체적당 히스테리시스손은 주파수와 히스테리시스 곡선의 면적에 비례하며, 스타인메츠의 실험식에 따라 최대 자속 밀도의 1.6승에 비례한다.

$P_h = f V \eta B_m^{1.6}$[W]

여기서, V : 체적[m^3], η : 스타인메츠 상수

13 다음 식 중 포인팅 벡터를 나타낸 식과 단위를 바르게 표현한 것은?

① $\vec{E} \times \vec{B}$ [W/m^2]　② $\vec{E} \times \vec{H}$ [W/m^2]
③ $\vec{E} \times \vec{B}$ [W/m^3]　④ $\vec{E} \times \vec{H}$ [W/m^3]

해설 포인팅 벡터

$P = w \times v = \sqrt{\varepsilon\mu}\, EH \times \frac{1}{\sqrt{\varepsilon\mu}} = EH$ [W/m^2]

14 무한장 솔레노이드에 전류가 흐를 때, 발생되는 자장에 관한 설명 중 옳은 것은?

① 내부 자장은 평등 자장이다.
② 외부와 내부 자장의 세기는 같다.
③ 외부 자장은 평등 자장이다.
④ 내부 자장의 세기는 0이다.

해설 무한장 솔레노이드의 내부 자계는 평등 자장이며, 그 크기는 $H_i = n_0 I$ [AT/m]이다.

$\because n_0$: 단위 길이당 권수[회/m]이고 외부 자계는 $H_e = 0$[AT/m]이다.

정답 11.③ 12.② 13.② 14.①

기출문제 관련 이론 바로보기

12. 이론 check 히스테리시스 곡선

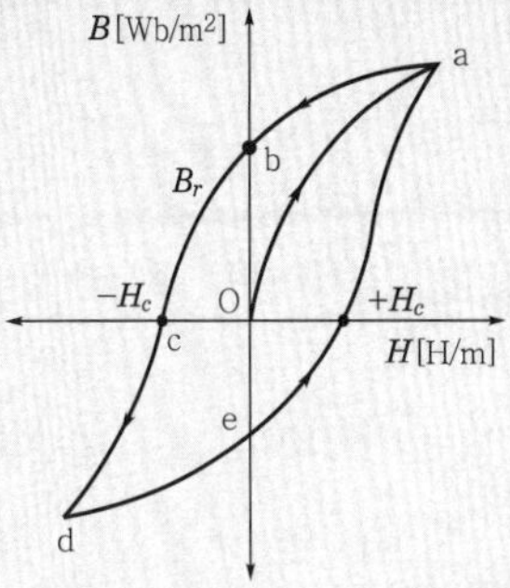

자성체에 정방향으로 외부 자계를 증가시키면 자성체 내에 자속 밀도는 0~a점까지 증가하다가 a점에서 포화 상태가 되어 더 이상 자속 밀도가 증가하지 않는다.
이때 외부 자계를 0으로 하면 자속 밀도는 b점이 된다. 또한 외부 자계의 방향을 반대로 하여 외부 자계를 상승하면 d점에서 자기 포화가 발생한다.
이 외부 자계를 0으로 하면 자속 밀도는 e점이 된다. e점에서 정방향으로 외부 자계를 인가하면 a점에서 자기 포화가 발생한다. 이와 같이 외부 자계의 변화에 따라 자속이 변화하는 특성 곡선을 히스테리시스 곡선이라 한다.
여기서, B_r는 잔류 자기, H_c는 잔류 자기를 제거할 수 있는 자화력으로 보자력이라 한다.

14. 이론 check 무한장 솔레노이드의 자계의 세기

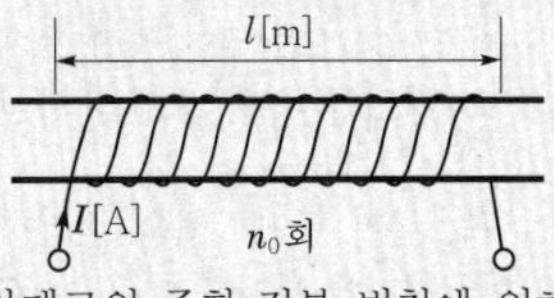

앙페르의 주회 적분 법칙에 의해

$\int H dl = n_0 I$

자로의 길이가 l[m]이므로

$H = n_0 I$ [AT/m]

여기서, n_0[T/m]는 단위 길이당의 권수를 의미한다.
내부의 자계의 세기는 평등 자장이며 균등 자장이다. 또한 외부의 자계의 세기는 0이다.

기출문제 관련 이론 바로보기

17. 이론 Check **무한 평면 도체와 점전하**

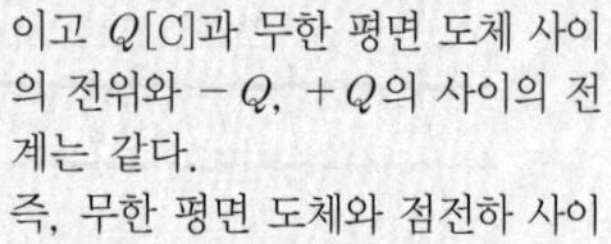

같은 거리에 반대 부호의 전하가 있다고 보면 무한 평면의 전위는

$V=\frac{Q}{4\pi\varepsilon_0 d}-\frac{Q}{4\pi\varepsilon_0 d}=0$

이고 Q[C]과 무한 평면 도체 사이의 전위와 $-Q$, $+Q$의 사이의 전계는 같다.

즉, 무한 평면 도체와 점전하 사이의 정전계 문제를 $+Q$, $-Q$의 점전하 문제로 풀 수 있다.

P′는 P의 영상점이며, $-Q$는 Q의 영상 전하이다.

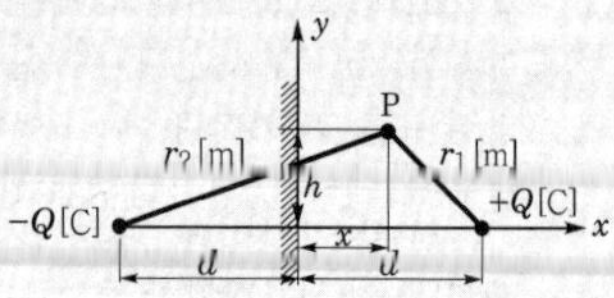

15 정전 차폐와 자기 차폐를 비교하였을 때, 옳은 것은?

① 정전 차폐가 자기 차폐에 비교하여 완전하다.
② 정전 차폐가 자기 차폐에 비교하여 불완전하다.
③ 두 차폐 방법은 모두 완전하다.
④ 두 차폐 방법은 모두 불완전하다.

해설 자기 차폐는 비투자율 μ_s가 큰 자성체로서 포위시켜 내부 장치를 외부 자계에 대하여 영향을 받지 않도록 하는 차폐 방식이다. 그러나 μ_s의 값은 강자성체의 경우라도 수천 단위 범위이므로 보통 공기의 수천 배에 불과하다. 그러나 정전 차폐의 경우에 사용 도체인 양도체의 도전율은 10^8[℧/m] 정도로서 절연체의 도전율 10^{-12}[℧/m] 정도에 비해서 10^{20}배 정도이기 때문에 정전 차폐가 자기 차폐에 비해 완전하다 할 수 있다.

16 투자율이 μ이고, 감자율이 N인 자성체를 평등 자계 H_o 중에 놓았을 때, 이 자성체의 자화의 세기 J를 구하면?

① $\frac{\mu_0(\mu_s+1)}{1+\mu(\mu_s+1)}H_o$　　② $\frac{\mu_0\mu_s}{1+N(\mu_s+1)}H_o$

③ $\frac{\mu_0\mu_s}{1+N(\mu_s-1)}H_o$　　④ $\frac{\mu_0\mu_s-1}{1+N(\mu_s-1)}H_o$

해설 감자력 $H'=H_o-H$라 하면 자성체의 내부 자계는

$H=H_o-H'=H_o-\frac{NJ}{\mu_0}$[AT/m]

여기서, $J=\chi_m H$, $\chi_m=\mu_0(\mu_s-1)$[Wb/m²]이므로

$H=\frac{J}{\chi_m}$를 대입하여 정리하면

$\therefore\ J=\frac{\chi_m}{1+\frac{\chi_m N}{\mu_0}}H_o=\frac{\mu_0(\mu_s-1)}{1+N(\mu_s-1)}H_o$ [Wb/m²]

17 점전하 $+Q$의 무한 평면 도체에 대한 영상 전하는?

출제빈도

① $+Q$　　② $-Q$
③ $+2Q$　　④ $-2Q$

해설 무한 평면 도체는 전위가 0이므로 그 조건을 만족하는 영상 전하는 $-Q$[C]이고, 거리는 $+Q$[C]과 반대 방향으로 점전하 Q[C]과 무한 평면 도체와의 거리와 같다.
무한 평면 도체의 전위 V는

$V=\frac{Q}{4\pi\varepsilon_0}\left(\frac{1}{r}-\frac{1}{r}\right)=0$

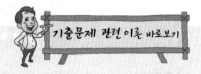

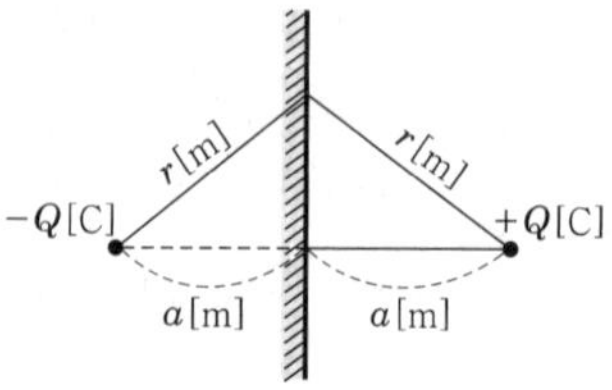

정답 15.① 16.④ 17.②

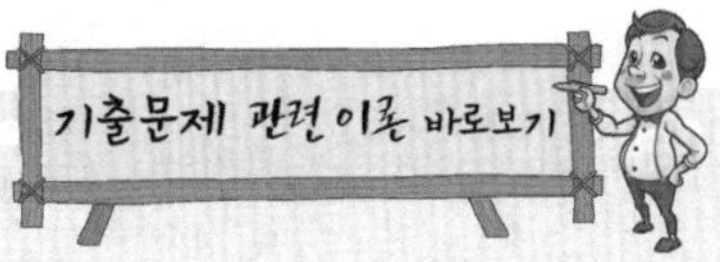

18 평면 도체 표면에서 d의 거리에 점전하 Q가 있을 때, 이 전하를 무한 원점까지 운반하는 데 요하는 일을 구하면 몇 [J]인가?

① $\dfrac{Q^2}{4\pi\varepsilon_0 d}$ ② $\dfrac{Q^2}{8\pi\varepsilon_0 d}$

③ $\dfrac{Q^2}{16\pi\varepsilon_0 d}$ ④ $\dfrac{Q^2}{32\pi\varepsilon_0 d}$

해설 점전하 Q[C]과 무한 평면 도체 간에 작용하는 힘 $\boldsymbol{F}$는

$$\boldsymbol{F}=\frac{-Q^2}{4\pi\varepsilon_0(2d)^2}=\frac{-Q^2}{16\pi\varepsilon_0 d^2}\text{[N] (흡인력)}$$

일 W는

$$\therefore\ W=\int_d^\infty \boldsymbol{F}\cdot dr=\frac{Q^2}{16\pi\varepsilon_0}\int_d^\infty\frac{1}{d^2}dr\text{[J]}=\frac{Q^2}{16\pi\varepsilon_0}\left[-\frac{1}{d}\right]_d^\infty$$

$$=\frac{Q^2}{16\pi\varepsilon_0 d}\text{[J]}$$

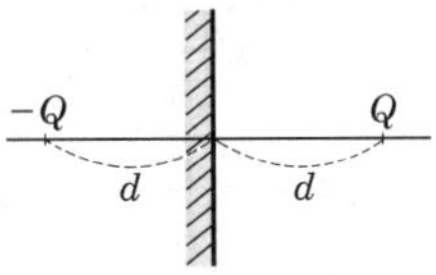

19 자계의 세기 1,500[AT/m] 되는 점의 자속 밀도가 2.8[Wb/m²]이다. 이 공간의 비투자율은 약 얼마인가?

① 1.86×10^{-3} ② 1.86×10^{-2}

③ 1.48×10^{3} ④ 1.48×10^{2}

해설 $\boldsymbol{B}=\mu\boldsymbol{H}$

$=\mu_0\,\mu_s\,\boldsymbol{H}\text{[Wb/m}^2]$

$$\therefore\ \mu_s=\frac{\boldsymbol{B}}{\mu_0\boldsymbol{H}}=\frac{2.8}{4\pi\times10^{-7}\times1{,}500}=1486.2\fallingdotseq1.48\times10^3\text{[H/m]}$$

20 (출제빈도) 어떤 코일에 흐르는 전류가 0.01초 동안에 일정하게 50[A]로부터 10[A]로 바뀔 때 20[V]의 기전력이 발생한다면 자기 인덕턴스는 몇 [mH]인가?

① 5 ② 7

③ 9 ④ 12

해설 $e=L\dfrac{di}{dt}$[V]

$$\therefore\ L=e\frac{dt}{di}=20\times\frac{0.01}{50-10}=\frac{0.2}{40}=0.005\text{[H]}=5\text{[mH]}$$

20. Tip 패러데이(Faraday) 법칙

유도 기전력은 쇄교 자속의 변화를 방해하는 방향으로 생기며, 그 크기는 쇄교 자속의 시간적인 변화율과 같다.

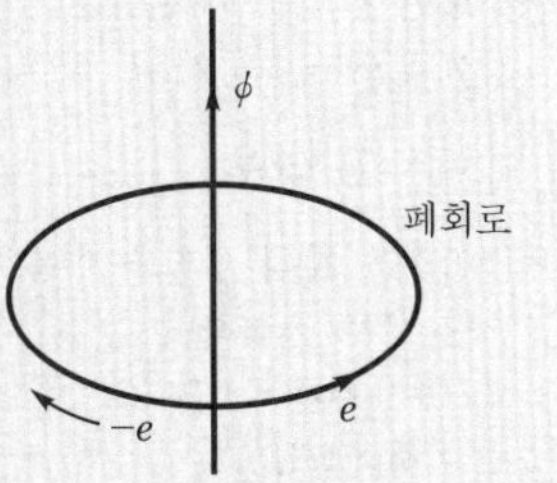

폐회로와 쇄교하는 자속을 ϕ[Wb]로 하고 이것과 오른 나사의 관계에 있는 방향의 기전력을 정(+)이라 약속하면 유도 기전력 e는 다음과 같다.

$$e=-\frac{d\phi}{dt}\text{[V]}$$

여기서, 우변의 (−)부호는 유도 기전력 e의 방향을 표시하는 것이고 자속이 감소할 때에 정(+)의 방향으로 유도 전기력이 생긴다는 것을 의미한다.

정답 18.③ 19.③ 20.①

기출문제 관련 이론 바로보기

01. 이론 check **정전계와 도체계의 관계식과 전류의 열작용**

전기 저항 R과 정전 용량 C를 곱하면 다음과 같다.

전기 저항 $R=\rho\dfrac{l}{S}[\Omega]$, 정전 용량 $C=\dfrac{\varepsilon S}{d}[\text{F}]$이므로

$R\cdot C=\rho\dfrac{l}{S}\cdot\dfrac{\varepsilon S}{d}$

$\therefore\ R\cdot C=\rho\varepsilon,\ \dfrac{C}{G}=\dfrac{\varepsilon}{k}$

이때, 전기 저항은 $R=\dfrac{\rho\varepsilon}{C}[\Omega]$이 되므로 전류는 다음과 같다.

$I=\dfrac{V}{R}=\dfrac{V}{\dfrac{\rho\varepsilon}{C}}=\dfrac{CV}{\rho\varepsilon}[\text{A}]$

임의의 도체에 전류가 흐르면 전기적 에너지가 발생한다. 이때 전력 P는

$P=VI=I^2R=\dfrac{V^2}{R}[\text{J/s}=\text{W}]$

또한 전력량 W는

$W=Pt=V=I^2Rt$

$=\dfrac{V^2}{R}t\ [\text{Ws}]$

이것을 줄의 법칙을 이용하여 열량 H로 환산하면

$H=0.24Pt=0.24VIt$

$=0.24I^2Rt$

$=0.24\dfrac{V^2}{R}t[\text{cal}]$

제 2 회 전기자기학

01 액체 유전체를 넣은 콘덴서의 용량이 20[μF]이다. 여기에 500[kV]의 전압을 가하면 누설 전류는 몇 [A]인가? (단, 비유전율 $\varepsilon_s=2.2$, 고유 저항 $\rho=10^{11}[\Omega\cdot\text{m}]$이다.)

출제빈도

① 4.2 ② 5.13

③ 54.5 ④ 61

해설 $RC=\rho\varepsilon$에서 $R=\dfrac{\rho\varepsilon}{C}$이므로

$$I=\frac{V}{R}=\frac{CV}{\rho\varepsilon}=\frac{CV}{\rho\varepsilon_0\varepsilon_s}=\frac{20\times10^{-6}\times500\times10^3}{10^{11}\times8.855\times10^{-12}\times2.2}=5.13[\text{A}]$$

02 공기 콘덴서를 어느 전압으로 충전한 다음 전극 간에 유전체를 넣어 정전 용량을 2배로 하였다면 축적되는 에너지는 어떻게 되는가?

① $\dfrac{1}{4}$로 된다. ② $\dfrac{1}{2}$로 된다.

③ $\sqrt{2}$배로 된다. ④ 2배로 된다.

해설 충전 전하량이 일정한 경우이므로 $W=\dfrac{1}{2}CV^2=\dfrac{Q^2}{2C}[\text{J}]$에서 유전체를 넣어 정전 용량을 2배로 하였으므로 W는 $\dfrac{1}{2}$배가 된다.

03 한 변의 길이가 a[m]인 정육각형의 각 정점에 각각 Q[C]의 전하를 놓았을 때, 정육각형의 중심 O에 전계의 세기는 몇 [V/m]인가?

① 0 ② $\dfrac{Q}{2\pi\varepsilon_0 a}$

③ $\dfrac{Q}{4\pi\varepsilon_0 a^2}$ ④ $\dfrac{Q}{8\pi\varepsilon_0 a}$

해설 $\boldsymbol{E}_A=\boldsymbol{E}_B=\boldsymbol{E}_C=\boldsymbol{E}_D=\boldsymbol{E}_E=\boldsymbol{E}_F$

$=\dfrac{Q}{4\pi\varepsilon_0 a^2}$

$=9\times10^9\dfrac{Q}{a^2}[\text{V/m}]$

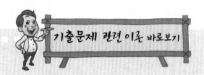

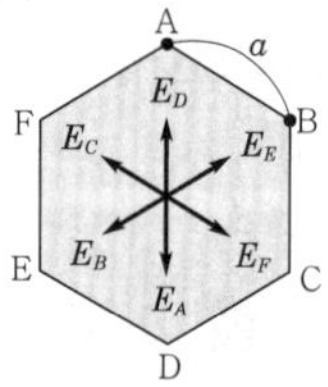

$\boldsymbol{E}_A=-\boldsymbol{E}_D$

$\boldsymbol{E}_B=-\boldsymbol{E}_E$

$\boldsymbol{E}_C=-\boldsymbol{E}_F$

∴ 중심 전계 세기는 0이 된다.

정답 01.② 02.② 03.①

04

공심 환상 철심에서 코일의 권횟수 500회, 단면적 $6[m^2]$, 평균 반지름 15[cm], 코일에 흐르는 전류를 4[A]라 하면 철심 중심에서의 자계 세기는 약 몇 [AT/m]인가?

① 1,061 ② 1,325
③ 1,821 ④ 2,122

해설 $H=\dfrac{NI}{2\pi a}$
$=\dfrac{500\times4}{2\pi\times0.15}$
$=2{,}123[AT/m]$

05

정전계에 대한 설명으로 가장 적합한 것은?

① 전계 에너지가 최대로 되는 전하 분포의 전계이다.
② 전계 에너지와 무관한 전하 분포의 전계이다.
③ 전계 에너지가 최소로 되는 전하 분포의 전계이다.
④ 전계 에너지가 일정하게 유지되는 전하 분포의 전계이다.

해설 전계 내의 전하는 그 자신의 에너지가 최소가 되는 가장 안정된 전하 분포를 가지는 정전계를 형성하려고 한다. 이를 톰슨의 정리라고 말한다.

06

출제빈도

권수 600, 단면적 $100[cm^2]$의 공심 코일에 전류 1[A]를 흘릴 때 자계가 1.28[AT/m]이었다. 자기 인덕턴스는 몇 [H]인가?

① 9.65×10^{-6} ② 8.05×10^{-6}
③ 6.28×10^{-8} ④ 0.64×10^{-8}

해설 $\phi=n\phi=LI\,[\text{Wb}\cdot\text{T}]$

$\therefore\ L=\dfrac{n\phi}{I}=\dfrac{nBS}{I}=\dfrac{n\mu_0\mu_s HS}{I}$
$=\dfrac{600\times4\pi\times10^{-7}\times1.28\times100\times10^{-4}}{1}$
$=9.65\times10^{-6}[H]$

07

시간적으로 변화하지 않는 보존적인 전계가 비회전성(非回轉性)이라는 의미를 나타낸 식은?

① $\nabla\cdot \boldsymbol{E}=0$ ② $\nabla\cdot \boldsymbol{E}=\infty$
③ $\nabla\times \boldsymbol{E}=0$ ④ $\nabla^2 \boldsymbol{E}=0$

해설 $\oint_c \boldsymbol{E}\cdot dl=0$ (보존적)
$\text{rot}\boldsymbol{E}=\nabla\times\boldsymbol{E}=0$ (비회전성)

정답 04.④ 05.③ 06.① 07.③

기출문제 관련 이론 바로보기

06. Tip **인덕턴스**

(1) 자기 인덕턴스

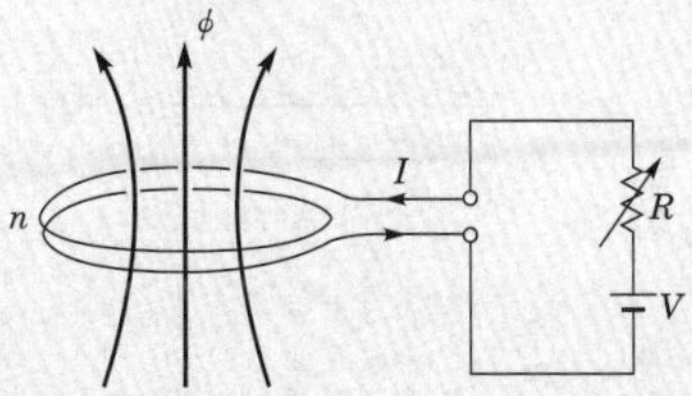

코일에 일정 전류 I가 흐를 때 생기는 자속 ϕ는 I에 비례하고, 비례 상수를 L이라 하면
$\phi=L\cdot I$
여기서, L : 자기 인덕턴스(자기 유도 계수)
$L=\dfrac{\phi}{I}=\dfrac{n\phi}{I}=\dfrac{nBS}{I}$ [Wb/A], [H]

(2) 환상 솔레노이드의 인덕턴스

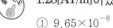

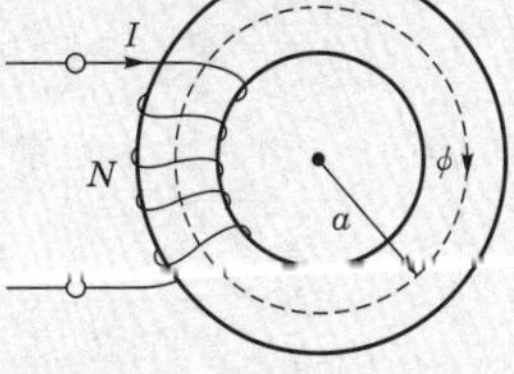

공극이 없는 경우
$L=\dfrac{N\phi}{I}=\dfrac{N}{I}\cdot\dfrac{NI}{R_m}$
$=\dfrac{N^2}{I}\cdot\dfrac{I\cdot\mu S}{l}=\dfrac{\mu SN^2}{l}$ [H]

기출문제 관련 이론 바로보기

11. 이론 check **전기 쌍극자에서 P점의 전계의 세기**

전기 쌍극자는 같은 크기의 정·부의 전하가 미소 길이 l [m] 떨어진 한 쌍의 전하계이다.

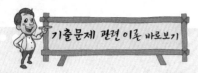

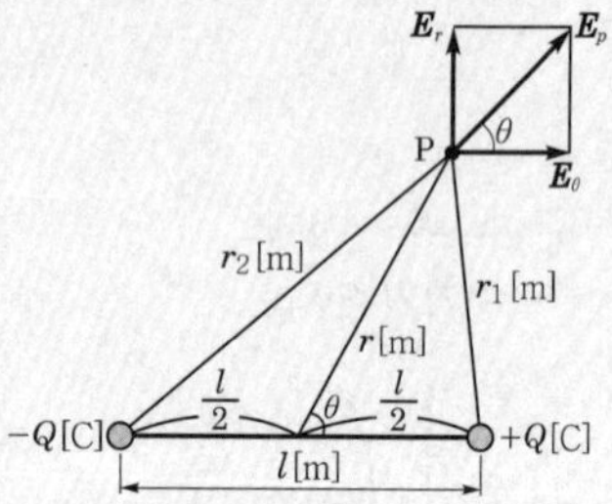

| 전기 쌍극자 |

$+Q$, $-Q$에서 P점까지의 거리 r_1, r_2[m]는

$r_1 = r - \frac{1}{2}\cos\theta$, $r_2 = r + \frac{l}{2}\cos\theta$

P점의 전계의 세기는

$E_P = |E_r + E_\theta| = \sqrt{E_r^{\ 2} + E_\theta^{\ 2}}$

여기서, E_r과 E_θ는

$E_r = -\frac{dV}{dr} = \frac{2M}{4\pi\varepsilon_0 r^3}\cos\theta$[V/m]

$E_\theta = -\frac{1}{r}\frac{dV}{d\theta}$

$= \frac{M}{4\pi\varepsilon_0 r^3}\sin\theta$[V/m]

따라서, P점의 합성 전계 E_P는

$E_P = \sqrt{E_r^{\ 2} + E_\theta^{\ 2}}$

$= \frac{M}{4\pi\varepsilon_0 r^3}\sqrt{4\cos^2\theta + \sin^2\theta}$

여기서, $\cos^2\theta + \sin^2\theta = 1$이므로

$E_P = \frac{M}{4\pi\varepsilon_0 r^3}\sqrt{4\cos^2\theta + (1 - \cos^2\theta)}$

$= \frac{M}{4\pi\varepsilon_0 r^3}\sqrt{1 + 3\cos^2\theta}$ [V/m]

08

전자석의 흡인력은 공극(air gap)의 자속 밀도를 B라 할 때, 다음 어느 것에 비례하는가?

① B ② $B^{0.5}$
③ $B^{1.6}$ ④ $B^{2.0}$

해설 전자석의 흡인력 $F_x = \frac{B^2}{2\mu_0}S$[N] (흡인력)

단위 면적당 흡인력 $f = \frac{F}{S} = \frac{B^2}{2\mu_0} = \frac{1}{2}HB = \frac{1}{2}\mu_0 H^2$[N/m^2]

09

자속 밀도 B[Wb/m^2]인 자계 내를 속도 v[m/s]로 운동하는 길이 dl[m]의 도선에 유기되는 기전력[V]은?

① $v \times B$
② $(v \times B) \cdot dl$
③ $(v \cdot B)$
④ $(v \cdot B) \times dl$

해설 자계 내를 운동하는 도체에 발생하는 기전력
$e = Blv\sin\theta$[V]
벡터로 표시하면
$e = (v \times B) \cdot dl$

10

전자계에서 맥스웰의 기본 이론이 아닌 것은?

① 고립된 자극이 존재한다.
② 전하에서 전속선이 발산된다.
③ 전도 전류와 변위 전류는 자계를 발생한다.
④ 자계의 시간적 변화에 따라 사계의 회진이 생긴다.

해설 div$B$=0, N극과 S극이 항상 공존하는 것을 의미한다.

11

출제빈도

진공 중에서 자기 쌍극자의 축과 θ의 각을 이루고, 자기 쌍극자 중심에서 r[m] 떨어진 점의 자계 세기를 설명한 것 중 맞는 것은?

① 자극의 세기 m에 반비례한다.
② r^3에 반비례한다.
③ $\sin\theta$에 비례한다.
④ 두 점 자극을 잇는 거리에 반비례한다.

해설 $E = \frac{M\sqrt{1 + 3\cos^2\theta}}{4\pi\varepsilon_0 r^3}$[V/m] $\propto \frac{1}{r^3}$

정답 08.④ 09.② 10.① 11.②

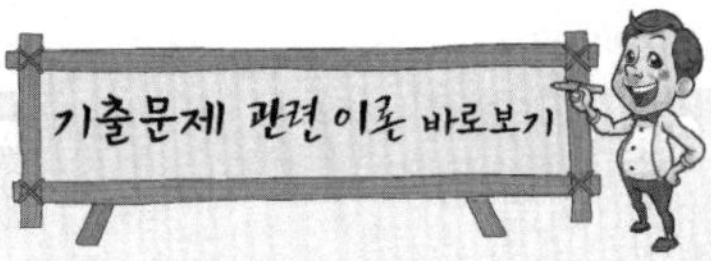

12 전계 및 자계가 z방향의 성분을 갖지 않고 동일한 전계와 자계를 합한 면이 z축에 수직이 되는 파를 무엇이라 하는가?

① 직선파 ② 전자파
③ 굴절파 ④ 평면파

해설 전계 및 자계가 z방향의 성분을 갖지 않고 동일한 전계와 자계를 합한 면이 z축에 수직이 되는 파를 평면파(plane wave)라 한다.

13 역자성체 내에서 비투자율 μ_s는?

① $\mu_s \gg 1$ ② $\mu_s > 1$
③ $\mu_s < 1$ ④ $\mu_s = 1$

해설
비투자율 $\mu_s = \dfrac{\mu}{\mu_0} = 1 + \dfrac{\chi_m}{\mu_0}$ 에서
$\mu_s > 1$, 즉 $x_m > 0$이면 상자성체
$\mu_s < 1$, 즉 $x_m < 0$이면 역자성체

14 $\dfrac{1}{\sqrt{\varepsilon_0 \mu_0}}$ [m/s]의 값은?

① 1×10^8 ② 2×10^8
③ 3×10^8 ④ 4×10^8

해설
$\varepsilon_0 = \dfrac{1}{4\pi \times 9 \times 10^9}$, $\mu_0 = 4\pi \times 10^{-7}$이므로

$$v = \frac{1}{\sqrt{\varepsilon_0 \mu_0}} = \frac{1}{\sqrt{\dfrac{1}{4\pi \times 9 \times 10^9} \times 4\pi \times 10^{-7}}} = 3 \times 10^8 \,[\mathrm{m/s}]$$

15 전기력선의 성질이 아닌 것은?

출제빈도

① 전기력선은 도체 내부에 존재한다.
② 전기력선은 등전위면에 도체 표면과 수직으로 출입한다.
③ 전기력선은 그 자신만으로 폐곡선이 되는 일이 없다.
④ 1[C]의 단위 전하에는 $\dfrac{1}{\varepsilon_0}$ 개의 전기력선이 출입한다.

해설 **전기력선의 성질**
- 전기력선은 정(+)전하에서 시작하여 부(−)전하에서 끝난다.
- 전기력선은 그 자신만으로 폐곡선이 되는 일은 없다.
- 전기력선은 전위가 높은 점에서 낮은 점으로 향한다.
- 도체 내부에는 전기력선이 없다.

정답 12.④ 13.③ 14.③ 15.①

---

15. 이론 check **전기력선의 성질**

(1) 전기력선의 방향은 그 점의 전계의 방향과 같으며 전기력선의 밀도는 그 점에서의 전계의 크기와 같다$\left(\dfrac{개}{\mathrm{m}^2} = \dfrac{\mathrm{N}}{\mathrm{C}}\right)$.
(2) 전기력선은 정전하(+)에서 시작하여 부전하(−)에서 끝난다.
(3) 전하가 없는 곳에서는 전기력선의 발생, 소멸이 없다. 즉, 연속적이다.
(4) 단위 전하(±1[C])에서는 $\dfrac{1}{\varepsilon_0}$ 개의 전기력선이 출입한다.
(5) 전기력선은 그 자신만으로 폐곡선(루프)을 만들지 않는다.
(6) 전기력선은 전위가 높은 점에서 낮은 점으로 향한다.
(7) 전계가 0이 아닌 곳에서 2개의 전기력선은 교차하는 일이 없다.
(8) 전기력선은 등전위면과 직교한다. 단, 전계가 0인 곳에서는 이 조건은 성립되지 않는다.
(9) 전기력선은 도체 표면(등전위면)에 수직으로 출입한다. 단, 전계가 0인 곳에서는 이 조건은 성립하지 않는다.
(10) 도체 내부에서는 전기력선이 존재하지 않는다.
(11) 전기력선 중에는 무한 원점에서 끝나든가, 또는 무한 원점에서 오는 것이 있을 수 있다.
(12) 무한 원점에 있는 전하까지를 고려하면 전하의 총량은 항상 0이다.

기출문제 관련 이론 바로보기

17. 이론 check 자성체의 특성 곡선

(1) $B-H$ 곡선

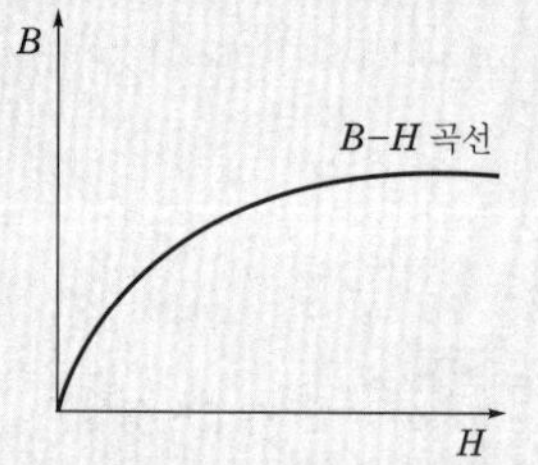

철과 같은 강자성체에 자계를 증가시키면 자화의 세기 J는 증가하나 어느 곳에 이르면 그 이상은 증가하지 않는다.

(2) 히스테리시스 곡선

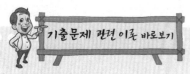

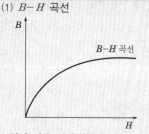

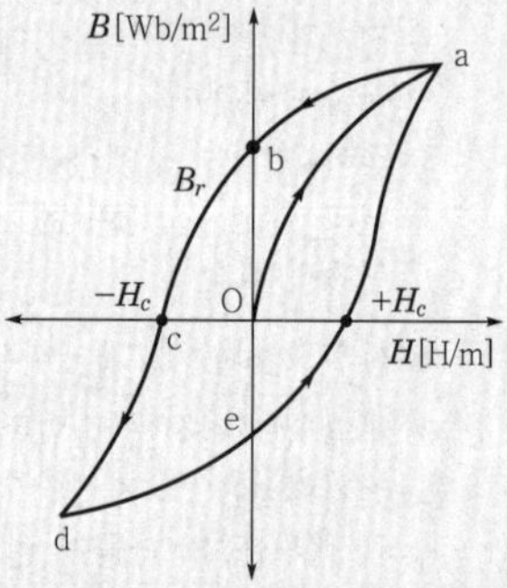

자성체에 정방향으로 외부 자계를 증가시키면 자성체 내에 자속 밀도는 0~a점까지 증가하다가 a점에서 포화 상태가 되어 더 이상 자속 밀도가 증가하지 않는다. 이때 외부 자계를 0으로 하면 자속 밀도는 b점이 된다. 또한 외부 자계의 방향을 반대로 하여 외부 자계를 상승하면 d점에서 자기 포화가 발생한다.
이 외부 자계를 0으로 하면 자속 밀도는 e점이 된다. e점에서 정방향으로 외부 자계를 인가하면 a점에서 자기 포화가 발생한다.
이와 같이 외부 자계의 변화에 따라 자속이 변화하는 특성 곡선을 히스테리시스 곡선이라 한다.
여기서, B_r는 잔류 자기, H_c는 잔류 자기를 제거할 수 있는 자화력으로 보자력이라 한다.

16

일정 전압이 가해져 있는 콘덴서에 비유전율이 ε_s인 유전체를 채웠을 때 일어나는 현상은?

① 극판 간의 전계가 ε_s배 된다.
② 극판 간의 전계가 ε_s^2배 된다.
③ 극판의 전하량이 ε_s배가 된다.
④ 극판의 전하량이 $\dfrac{1}{\varepsilon_s}$배로 된다.

해설 일정 전압 V를 가지고 있는 상태에서는 전계 $\boldsymbol{E}$는 유전율 ε에 관계없이 일정하다.

$\boldsymbol{E}=\dfrac{V}{d}=$일정

$Q=CV=\varepsilon_s C_0 V=\varepsilon_s Q_0$[C]

17

출제빈도

영구 자석의 재료로 사용되는 철에 요구되는 사항으로 다음 중 가장 적절한 것은?

① 잔류 자속 밀도는 작고 보자력이 커야 한다.
② 잔류 자속 밀도는 크고 보자력이 작아야 한다.
③ 잔류 자속 밀도와 보자력이 모두 커야 한다.
④ 잔류 자속 밀도는 커야 하나 보자력은 0이어야 한다.

해설 영구 자석 재료는 외부 자계에 대하여 잔류 자속이 쉽게 없어지면 안 되므로 잔류 자기(B_r)와 보자력(H_c)이 모두 커야 한다.

18

반지름 a[m]인 도체구에 전하 Q[C]을 주었을 때, 구 중심에서 r[m] 떨어진 구 밖($r>a$)의 한 점의 전속 밀도 $\boldsymbol{D}$[C/m²]는?

① $\dfrac{Q}{4\pi a^2}$

② $\dfrac{Q}{4\pi r^2}$

③ $\dfrac{Q}{4\pi\varepsilon a^2}$

④ $\dfrac{Q}{4\pi\varepsilon r^2}$

해설 $\oint_s \boldsymbol{D}\cdot d\boldsymbol{S}=Q$ (유전속에 관한 가우스 정리)

$\boldsymbol{D}\times 4\pi r^2=Q$

$\therefore\ \boldsymbol{D}=\dfrac{Q}{4\pi r^2}$[C/m²]

정답 16.③ 17.③ 18.②

19 그림과 같이 유전율이 ε_1, ε_2인 두 유전체의 경계면에 중심을 둔 반지름 a[m]인 도체구의 정전 용량[F]은?

① $4\pi a(\varepsilon_1+\varepsilon_2)$

② $2\pi a(\varepsilon_1+\varepsilon_2)$

③ $\dfrac{\varepsilon_1+\varepsilon_2}{2\pi a}$

④ $\dfrac{\varepsilon_1+\varepsilon_2}{4\pi a}$

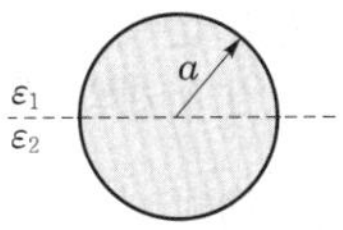

해설 고립 도체구의 정전 용량 C는

$$C=\frac{Q}{V}=4\pi\varepsilon a\,[\text{F}]$$

따라서 반구의 정전 용량은 $2\pi\varepsilon a$[F]가 되므로
위 반구의 정전 용량 C_1과 아래 반구의 정전 용량 C_2의 병렬 연결로 취급할 수 있다.

$$\therefore\ C_0=C_1+C_2=2\pi\varepsilon_1 a+2\pi\varepsilon_2 a=2\pi a(\varepsilon_1+\varepsilon_2)\,[\text{F}]$$

20 (출제빈도) 내부 원통의 반지름 a[m], 외부 원통의 안지름이 b[m], 길이 l[m]인 동축 원통 도체 간에 도전율 k[℧/m]인 물질을 채워놓고 내외 원통 도체 간에 전압 V[V]를 걸었을 때에 전류는 몇 [A]인가?

① $\dfrac{\pi l Vk}{\ln\left(\dfrac{b}{a}\right)}$

② $\dfrac{2\pi l Vk}{\ln\left(\dfrac{b}{a}\right)}$

③ $\dfrac{4\pi l Vk}{\ln\left(\dfrac{b}{a}\right)}$

④ $\dfrac{\pi l Vk}{2\ln\left(\dfrac{b}{a}\right)}$

해설 동축 케이블(원통)의 정전 용량은

$$C=C_0 l=\frac{2\pi\varepsilon l}{\ln\dfrac{b}{a}}\,[\text{F}]\text{이므로}$$

$RC=\rho\varepsilon$에서

$$R=\frac{\rho\varepsilon}{C}=\frac{\rho\varepsilon}{\dfrac{2\pi\varepsilon l}{\ln\dfrac{b}{a}}}$$

$$=\frac{\rho}{2\pi l}\ln\frac{b}{a}=\frac{\ln\dfrac{b}{a}}{2\pi kl}\,[\Omega]$$

$$\therefore\ I=\frac{V}{R}=\frac{V}{\dfrac{\ln\dfrac{b}{a}}{2\pi kl}}=\frac{2\pi l Vk}{\ln\dfrac{b}{a}}\,[\text{A}]$$

정답 19.② 20.②

기출문제 관련 이론 바로보기

(3) 영구 자석 및 전자석의 재료 조건

① 영구 자석의 재료 조건 : 히스테리시스 곡선의 면적이 크고, 잔류 자기와 보자력이 모두 클 것

② 전자석의 재료 조건 : 히스테리시스 곡선의 면적이 작고, 잔류 자기는 크고 보자력은 작을 것

20. 이론 check **정전계와 도체계의 관계식 및 동심원통 도체 사이의 정전 용량**

전기 저항 R과 정전 용량 C를 곱하면 다음과 같다.

전기 저항 $R=\rho\dfrac{l}{S}[\Omega]$, 정전 용량 $C=\dfrac{\varepsilon S}{d}$[F]이므로

$$R\cdot C=\rho\frac{l}{S}\cdot\frac{\varepsilon S}{d}$$

$$\therefore\ R\cdot C=\rho\varepsilon,\quad \frac{C}{G}=\frac{\varepsilon}{k}$$

동축원통 도체 사이는

$$C=\frac{2\pi\varepsilon_0\varepsilon_s l}{\ln\dfrac{b}{a}}\,[\text{F}]$$

단위 길이당 정전 용량은

$$C=\frac{2\pi\varepsilon_0\varepsilon_s}{\ln\dfrac{b}{a}}\,[\text{F/m}]$$

$$=\frac{24.16\varepsilon_s}{\log\dfrac{b}{a}}\,[\text{pF/m}]$$

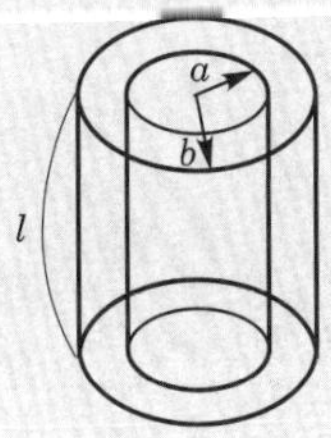

▌동심원통▐

기출문제 관련 이론 바로보기

01. 이론 check **원형 전류 중심축상의 자계의 세기**

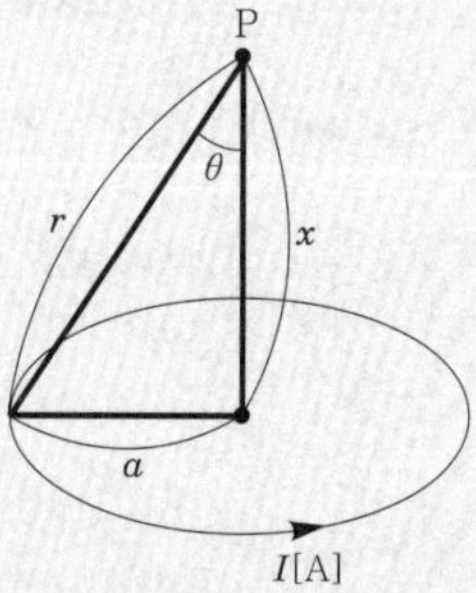

반경 a[m]인 원형 코일의 미소 길이 dl[m]에 의한 중심축상의 한 점 P의 미소 자계의 세기는 비오-사바르의 법칙에 의해

$$dH = \frac{Idl}{4\pi r^2}\sin\theta\,[\text{AT/m}] = \frac{I\cdot a\,dl}{4\pi r^3}$$

여기서, $\sin\theta = \frac{a}{r}$ 이므로

$$H = \int \frac{I\cdot a\,dl}{4\pi r^3} = \frac{aI}{4\pi r^3}\int dl = \frac{a\cdot I}{4\pi r^3}2\pi a = \frac{a^2 I}{2r^3}\,[\text{AT/m}]$$

여기서, $r=\sqrt{a^2+x^2}$ 이므로

$$H = \frac{a^2 I}{2(a^2+x^2)^{\frac{3}{2}}}\,[\text{AT/m}]$$

여기서, 원형 중심의 자계의 세기 H_0는 떨어진 거리 $x=0$인 지점이므로

$$H_0 = \frac{I}{2a}$$

또한, 권수가 N회 감겨 있을 때에는

$$H_0 = \frac{NI}{2a}$$

제 3 회 전기자기학

01 그림과 같이 전류 I[A]가 흐르는 반지름 a[m]의 원형 코일의 중심으로부터 x[m]인 자계의 세기는 몇 [AT/m]인가? (단, θ는 각 APO라 한다.)

출제빈도

① $\frac{I}{2a}\sin^3\theta$

② $\frac{I}{2a}\cos^3\theta$

③ $\frac{I}{2a}\sin^2\theta$

④ $\frac{I}{2a}\cos^2\theta$

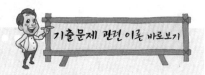

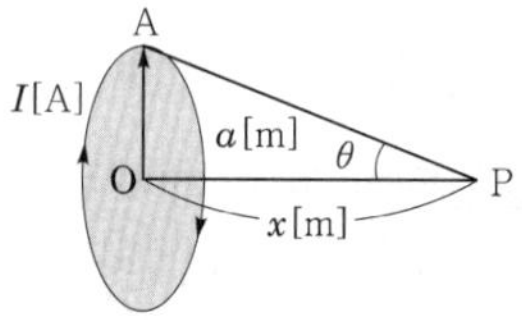

해설 원형 코일 중심축상 자계의 세기

$$H = \frac{a^2\cdot I}{2(a^2+x^2)^{\frac{3}{2}}}\,[\text{AT/m}] = \frac{I}{2a}\frac{a^3}{(a^2+x^2)^{\frac{3}{2}}}$$

여기서, $\sin\theta = \frac{a}{\sqrt{a^2+x^2}}$, $\sin^3\theta = \frac{a^3}{(a^2+x^2)^{\frac{3}{2}}}$

$$\therefore H = \frac{I}{2a}\sin^3\theta$$

02 비투자율이 $\mu_s = 4$인 자성체 내에서 주파수가 1[GHz]인 전자기파의 파장[m]은?

① 0.1 ② 0.15

③ 0.25 ④ 0.4

해설

$$v = \frac{C_0}{\sqrt{\varepsilon_s\,\mu_s}} = \frac{3\times10^8}{\sqrt{1\times4}} = 1.5\times10^8\,[\text{m/s}]$$

$$\therefore \lambda = \frac{v}{f} = \frac{1.5\times10^8}{1\times10^9} = 0.15\,[\text{m}]$$

03 유전율 ε, 투자율 μ인 매질 중을 주파수 f [Hz]의 전자파가 전파되어 나갈 때의 파장은 몇 [m]인가?

① $f\sqrt{\varepsilon\mu}$ ② $\frac{1}{f\sqrt{\varepsilon\mu}}$

③ $\frac{f}{\sqrt{\varepsilon\mu}}$ ④ $\frac{\sqrt{\varepsilon\mu}}{f}$

해설

$v^2 = \frac{1}{\varepsilon\mu}$에서 $v = \frac{1}{\sqrt{\varepsilon\mu}}$ [m/s]이므로 $\lambda = \frac{v}{f} = \frac{\frac{1}{\sqrt{\varepsilon\mu}}}{f} = \frac{1}{f\sqrt{\varepsilon\mu}}$ [m]

정답 01.① 02.② 03.②

04 그림과 같은 회로 C에 전류 I[A]가 흐를 때 C의 미소 부분 dl 에 의해 거리 r 만큼 떨어진 P점에서의 자계 세기 $d\boldsymbol{H}$[AT/m]는? (단, θ는 dl 과 거리 r이 이루는 각이다.)

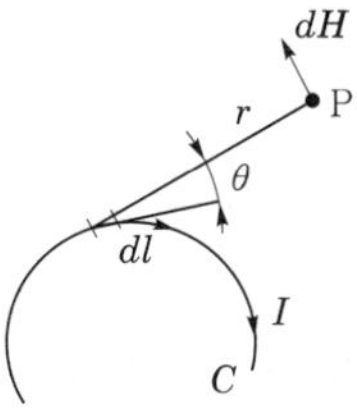

① $\dfrac{Idl\sin\theta}{4\pi r}$　　② $\dfrac{Idl\sin\theta}{r^2}$

③ $\dfrac{Idl\sin\theta}{4\pi r^2}$　　④ $\dfrac{4\pi Idl\sin\theta}{r^2}$

해설 비오-사바르의 법칙

$$d\boldsymbol{H}=\frac{Idlr_0}{4\pi r^2}\,[\text{AT/m}]$$

$$d\boldsymbol{H}=\frac{Idl\sin\theta}{4\pi r^2}\,[\text{AT/m}]$$

05 회로가 닫혀 있는 코일 1과 개방된 코일 2가 그림과 같이 평등 자계와 직각 방향으로 서로 나란히 코일면을 유지하고 있을 때, 평등 자계의 자속으로 일정한 비율로 감소하는 경우 다음 설명 중 옳은 것은?

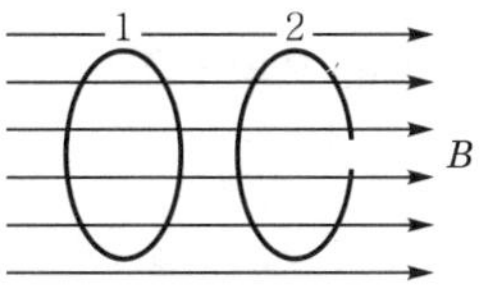

① 유기 기전력은 두 코일에 모두 유기된다.
② 유기 기전력은 개방된 코일 2에만 유기된다.
③ 두 코일에 같은 줄열이 발생한다.
④ 줄열은 어느 쪽도 발생하지 않는다.

해설 전자 유도 현상에 의해 유기 기전력은 두 코일 모두에서 유도된다.

06 반지름 10[cm]인 도체구 A에 9[C]의 전하가 분포되어 있다. 이 도체구에 반지름 5[cm]인 도체구 B를 접촉시켰을 때, 도체구 B로 이동한 전하는 몇 [C]인가?

① 3　　② 9
③ 18　　④ 24

정답 04.③ 05.① 06.①

기출문제 관련 이론 바로보기

04. 이론 check **앙페르의 주회 적분 법칙과 비오-사바르의 법칙**

(1) 앙페르의 주회 적분 법칙

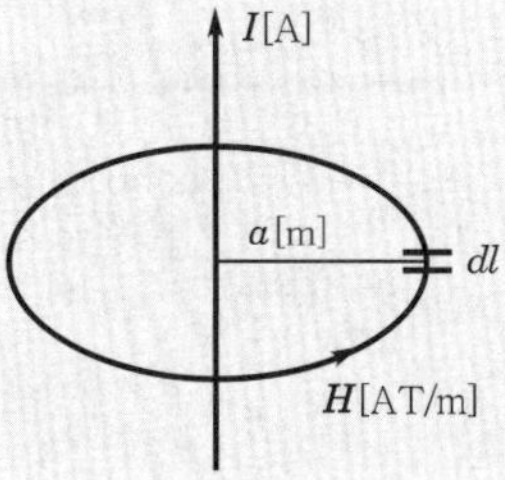

직선 도체에 전류 I[A]가 흐르면 도체 주위에 자계 $\boldsymbol{H}$[AT/m]가 회전하면서 형성된다. 이때 전류의 총합과 자계에 의해 형성된 자로의 총합은 같다. 이것을 수식으로 표현하면

$$\oint_l \boldsymbol{H}\cdot dl=\Sigma I$$

또한, 코일의 권수가 N회이면

$$\oint_l \boldsymbol{H}\cdot dl=\Sigma NI$$

여기서, $\oint_l \boldsymbol{H}\cdot dl$는 자로의 총 길이를 의미한다.

이와 같이 도선에 흐르는 총합과 이 전류에 의해 형성되는 자계의 총합이 같다는 것이 앙페르의 주회 적분 법칙이다.

(2) 비오-사바르(Biot-Savart)의 법칙

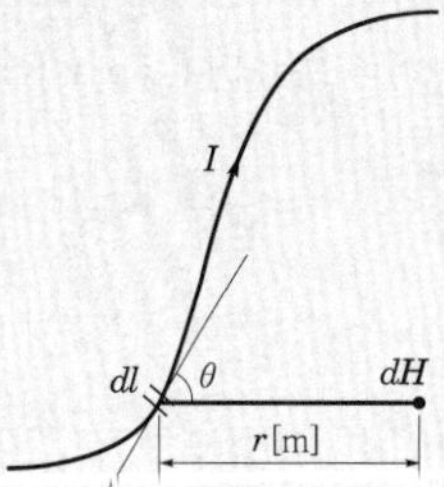

전류 I가 흐르는 도선에 미소 길이 dl[m]와 접선 사이의 각도를 θ라 할 때 이 점에서 거리 r[m]만큼 떨어진 점의 미소 자계의 세기 $d\boldsymbol{H}$는 비오-사바르 법칙에 의해 다음과 같다.

$$d\boldsymbol{H}=\frac{Idl}{4\pi r^2}\sin\theta\,[\text{AT/m}]$$

기출문제 관련 이론 바로보기

07. 이론 check **벡터의 미분**

벡터의 미분 연산에는 벡터 미분 연산자

$\nabla = i\dfrac{\partial}{\partial x} + j\dfrac{\partial}{\partial y} + k\dfrac{\partial}{\partial z}$

∇은 해밀톤 연산자라 하며 델(del) 또는 나블라(nabla)로 읽는다.

(1) 스칼라의 기울기(구배 경도, gradient)

$$\text{grad}\,\phi = \nabla \cdot \phi = \left(i\frac{\partial}{\partial x} + j\frac{\partial}{\partial y} + k\frac{\partial}{\partial z}\right)\cdot \phi = i\frac{\partial}{\partial x}\phi + j\frac{\partial}{\partial y}\phi + k\frac{\partial}{\partial z}\phi$$

여기서, grad는 gradient이며 gradϕ는 벡터량이다.

(2) 벡터의 발산(divergence)

$$\text{div}\boldsymbol{A} = \nabla \cdot \boldsymbol{A} = \left(i\frac{\partial}{\partial x} + j\frac{\partial}{\partial y} + k\frac{\partial}{\partial z}\right)\cdot(i\boldsymbol{A}_x + j\boldsymbol{A}_y + k\boldsymbol{A}_z) = \frac{\partial}{\partial x}\boldsymbol{A}_x + \frac{\partial}{\partial y}\boldsymbol{A}_y + \frac{\partial}{\partial z}\boldsymbol{A}_z$$

(3) 벡터의 회전(rotation, curl)

$$\text{rot}\,\boldsymbol{A} = \nabla \times \boldsymbol{A} = \begin{vmatrix} i & j & k \\ \frac{\partial}{\partial x} & \frac{\partial}{\partial y} & \frac{\partial}{\partial z} \\ \boldsymbol{A}_x & \boldsymbol{A}_y & \boldsymbol{A}_z \end{vmatrix} = i\begin{vmatrix} \frac{\partial}{\partial y} & \frac{\partial}{\partial z} \\ \boldsymbol{A}_y & \boldsymbol{A}_z \end{vmatrix} - j\begin{vmatrix} \frac{\partial}{\partial x} & \frac{\partial}{\partial z} \\ \boldsymbol{A}_x & \boldsymbol{A}_z \end{vmatrix} + k\begin{vmatrix} \frac{\partial}{\partial x} & \frac{\partial}{\partial y} \\ \boldsymbol{A}_x & \boldsymbol{A}_y \end{vmatrix}$$

(4) 이중 미분(Laplacian, ∇^2)

$$\nabla^2 = \nabla \cdot \nabla = \left(i\frac{\partial}{\partial x} + j\frac{\partial}{\partial y} + k\frac{\partial}{\partial z}\right)\cdot\left(i\frac{\partial}{\partial x} + j\frac{\partial}{\partial y} + k\frac{\partial}{\partial z}\right) = \frac{\partial^2}{\partial x^2} + \frac{\partial^2}{\partial y^2} + \frac{\partial^2}{\partial z^2}$$

08. 이론 check **전기 저항**

$$R = \frac{V_{ab}}{I} = \frac{\int E dl}{\int J dS} = \frac{El}{JS} = \frac{El}{kES} = \frac{l}{kS} = \rho\frac{l}{S}[\Omega]$$

해설 A 도체 전하량 Q, B 도체로 이동한 전하량 Q'라 하면 두 도체 접촉시 전위는 일정해진다.

$V_1 = V_2$

$\dfrac{Q-Q'}{C_1} = \dfrac{Q'}{C_2}$

$\dfrac{Q-Q'}{4\pi\varepsilon_0 10\times 10^{-2}} = \dfrac{Q'}{4\pi\varepsilon_0 5\times 10^{-2}}$

$10Q = 5Q - 5Q$

$\therefore\ Q' = \dfrac{1}{3}Q = \dfrac{1}{3}\times 9 = 3[\text{C}]$

07

전계 $\boldsymbol{E} = \boldsymbol{i}\,3x^2 + \boldsymbol{j}\,2xy^2 + \boldsymbol{k}\,x^2yz$의 div$\boldsymbol{E}$는?

① $-\boldsymbol{i}6x + \boldsymbol{j}xy + \boldsymbol{k}x^2y$

② $\boldsymbol{i}6x + \boldsymbol{j}6xy + \boldsymbol{k}x^2y$

③ $-6x - 6xy - x^2y$

④ $6x + 4xy + x^2y$

해설
$$\text{div}\boldsymbol{E} = \nabla \cdot \boldsymbol{E} = \left(i\frac{\partial}{\partial x} + j\frac{\partial}{\partial y} + k\frac{\partial}{\partial z}\right)\cdot(i3x^2 + j2xy^2 + kx^2 \cdot yz) = \frac{\partial}{\partial x}(3x^2) + \frac{\partial}{\partial y}(2xy^2) + \frac{\partial}{\partial z}(x^2yz) = 6x + 4xy + x^2y$$

08

고유 저항 $\rho[\Omega\cdot\text{m}]$, 한 변의 길이가 r[m]인 정육면체의 저항[Ω]은?

① $\dfrac{\rho}{\pi r}$　② $\dfrac{\pi r^2}{\sqrt{\rho}}$

③ $\dfrac{\rho}{r}$　④ $\sqrt{\dfrac{2\pi r^2}{\rho}}$

해설 $R = \rho\dfrac{l}{S}[\Omega]$에서 단면적 $S = r^2[\text{m}^2]$, 길이 $l = r[\text{m}]$이므로

$R = \rho\dfrac{r}{r^2} = \dfrac{\rho}{r}[\Omega]$

09

정전 용량이 1[μF], 2[μF]인 콘덴서에 각각 2×10^{-4}[C] 및 3×10^{-4}[C]의 전하를 주고 극성을 같게 하여 병렬로 접속할 때, 콘덴서에 축적된 에너지는 약 몇 [J]인가?

① 0.042　② 0.063

③ 0.084　④ 0.126

정답 07.④ 08.③ 09.①

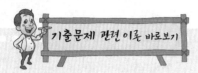

해설 $Q = Q_1 + Q_2 = 5\times10^{-4}$[C]

$C = C_1 + C_2 = (1+2)\times10^{-6} = 3\times10^{-6}$[F]

$\therefore\ W = \dfrac{Q^2}{2C} = \dfrac{(5\times10^{-4})^2}{2\times3\times10^{-6}} = 0.042$[J]

10 유전체에서 변위 전류를 발생하는 것은?

① 분극 전하 밀도의 시간적 변화
② 분극 전하 밀도의 공간적 변화
③ 자속 밀도의 시간적 변화
④ 전속 밀도의 시간적 변화

해설 변위 전류 밀도

$i_d = \dfrac{\partial \boldsymbol{D}}{\partial t}$[A/m²]

즉, 전속 밀도의 시간적 변화를 변위 전류라 한다.

11 두 개의 똑같은 작은 도체구를 접촉하여 대전시킨 후 1[m] 거리에 떼어 놓았더니 작은 도체구는 서로 9×10^{-3}[N]의 힘으로 반발했다. 각 전하는 몇 [C]인가?

① 10^{-8}　　② 10^{-6}
③ 10^{-4}　　④ 10^{-2}

해설 $F = \dfrac{Q_1 Q_2}{4\pi\varepsilon_0 r^2} = 9\times10^9\times\dfrac{Q_1 Q_2}{r^2}$[N]

$9\times10^{-3} = 9\times10^9\times\dfrac{Q^2}{1^2}$

$\therefore\ Q = \sqrt{\dfrac{9\times10^{-3}\times1^2}{9\times10^9}} = 10^{-6}$[C]

12 다음 중 강자성체의 자화에 관한 설명으로 틀린 것은?

출제빈도

① 강자성체의 자화 세기는 자계의 세기에 비례한다.
② 강자성체에 자계를 변화시키면 히스테리시스 현상이 나타난다.
③ 강자성체의 히스테리시스손은 히스테리시스 곡선의 면적과 같다.
④ 강자성체의 자속 밀도 B는 자계의 세기 H에 비례하지 않는다.

해설 ***B*－*H* 곡선**

철과 같은 강자성체에 자계를 증가시키면 자화의 세기 J는 증가하나 어느 곳에 이르면 그 이상은 증가하지 않는다.

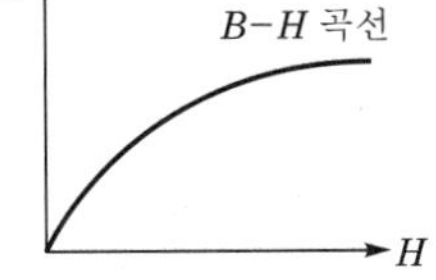

정답 10.④ 11.② 12.①

기출문제 관련 이론 바로보기

여기서, ρ : 고유 저항[Ω·m]
k : 도전율[℧/m]

12. 이론 check **히스테리시스 곡선**

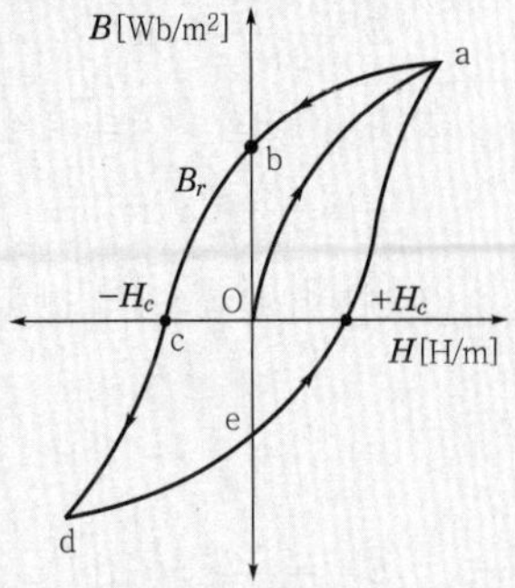

자성체에 정방향으로 외부 자계를 증가시키면 자성체 내에 자속 밀도는 0~a점까지 증가하다가 a점에서 포화 상태가 되어 더 이상 자속 밀도가 증가하지 않는다.
이때 외부 자계를 0으로 하면 자속 밀도는 b점이 된다. 또한 외부 자계의 방향을 반대로 하여 외부 자계를 상승하면 d점에서 자기 포화가 발생한다.
이 외부 자계를 0으로 하면 자속 밀도는 e점이 된다. e점에서 정방향으로 외부 자계를 인가하면 a점에서 자기 포화가 발생한다. 이와 같이 외부 자계의 변화에 따라 자속이 변화하는 특성 곡선을 히스테리시스 곡선이라 한다.
여기서, B_r는 잔류 자기, H_c는 잔류 자기를 제거할 수 있는 자화력으로 보자력이라 한다.

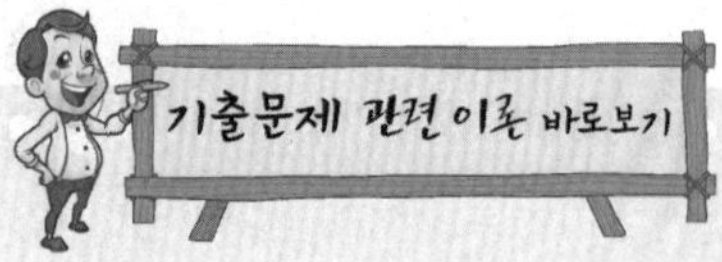

13. 이론 check

전하가 원주 또는 원통에 균일하게 분포된 경우의 전계의 세기

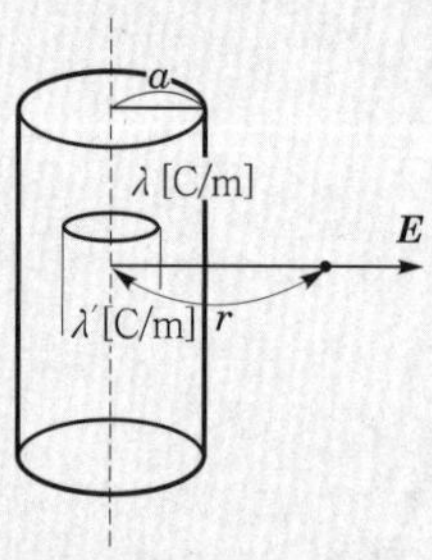

(1) 외부에서의 전계의 세기

$$\boldsymbol{E}=\frac{\lambda}{2\pi\varepsilon_0 r}[\mathrm{V/m}]$$

(2) 표면에서의 전계의 세기

$$\boldsymbol{E}=\frac{\lambda}{2\pi\varepsilon_0 a}[\mathrm{V/m}]$$

(3) 내부에서의 전계의 세기

$$\lambda : \lambda' = \pi a^2 : \pi r^2$$

$$\lambda' = \frac{r^2}{a^2}\lambda$$

$$\boldsymbol{E}=\frac{r\cdot\lambda}{2\pi\varepsilon_0 a^2}[\mathrm{V/m}]$$

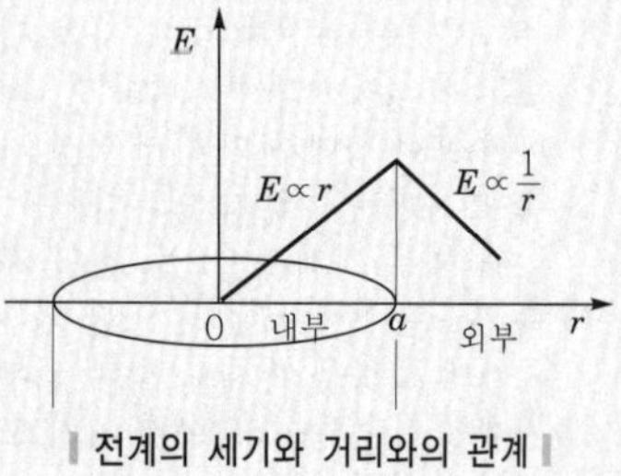

▌전계의 세기와 거리와의 관계▐

13 축이 무한히 길고 반지름이 a[m]인 원주 내에 전하가 축대칭이며, 축방향으로 균일하게 분포되어 있을 경우, 반지름 r ($>a$)[m] 되는 동심 원통면상 외부의 일점 P의 전계 세기는 몇 [V/m]인가? (단, 원주의 단위 길이당 전하를 ρ_L[C/m]라 한다.)

출제빈도

① $\dfrac{\rho_L}{\varepsilon_0}$　② $\dfrac{\rho_L}{2\pi\varepsilon_0}$

③ $\dfrac{\rho_L}{\pi a}$　④ $\dfrac{\rho_L}{2\pi\varepsilon_0 r}$

해설 가우스의 법칙에 의해서

$$\int_S \boldsymbol{E}\cdot n dS=\frac{\rho_L l}{\varepsilon_0}$$

$$\boldsymbol{E}\cdot 2\pi r\cdot l=\frac{\rho_L l}{\varepsilon_0}$$

$$\therefore \boldsymbol{E}=\frac{\rho_L}{2\pi\varepsilon_0 r}[\mathrm{V/m}]$$

14 전기 기계 기구의 자심 재료로 규소 강판을 사용하는 이유는?

① 동손을 줄이기 위해
② 와전류손을 줄이기 위해
③ 히스테리시스손을 줄이기 위해
④ 제작을 쉽게 하기 위하여

해설 변압기의 철심(core)에는 투자율과 저항률이 크고 히스테리시스손이 적은 규소 강판을 사용한다. 규소 함유량은 4~4.5[%] 정도이고, 두께는 전력용의 것은 보통 0.3~0.6[mm]이다.

15 자기 회로에서 단면적, 길이, 투자율을 모두 $\dfrac{1}{2}$로 하면 자기 저항은 어떻게 되는가?

① $\dfrac{1}{2}$배로 된다.　② 2배로 된다.

③ 4배로 된다.　④ 8배로 된다.

해설 $R_m=\dfrac{1}{\mu S}=\dfrac{l}{\mu_0\mu_s S}$[AT/Wb]

단면적 S, 길이 l, 투자율 μ를 $\dfrac{1}{2}$배로 한 경우의 자기 저항을 $R_m{}'$라 하면

$$\therefore R_m{}'=\frac{\frac{1}{2}l}{\frac{1}{2}\mu\cdot\frac{1}{2}S}=2\frac{l}{\mu S}=2R_m[\mathrm{AT/Wb}]$$

정답 13.④ 14.③ 15.②

16 비투자율 μ_s, 길이 l 인 철심에 권수 N 인 환상 솔레노이드 코일이 있다. 이 철심에 길이 l_1 인 미소 공극을 만들었을 때, 공극 자계 세기 H_A 와 철심 자계 세기 H_F의 비$\left(\dfrac{H_F}{H_A}\right)$는?

① μ_s　　② $\dfrac{1}{\mu_s}$

③ $\dfrac{\mu_s(l-l_1)}{l_1}$　　④ $\dfrac{l_1}{\mu_s(l-l_1)}$

해설 공극에 있어서 자속의 퍼짐이 없으면 철심 내와 공극부의 자속 밀도가 같으므로

$$H_F = \frac{B}{\mu}$$

$$H_A = \frac{B}{\mu_0} = \mu_s H_F$$

$$\therefore \frac{H_F}{H_A} = \frac{1}{\mu_s}$$

17 평행판 콘덴서의 판 사이에 비유전율 ε_s의 유전체를 삽입하였을 때의 정전 용량은 진공일 때보다 어떻게 되는가?

① ε_s배로 증가

② $\pi\varepsilon_s$배로 증가

③ $\dfrac{1}{\varepsilon_s}$로 감소

④ (ε_s+1)배로 증가

해설 $\dfrac{C}{C_0} = \varepsilon_s$

$\therefore C = \varepsilon_s C_0$[F]

18 공기 중에 고립하고 있는 지름 3[cm] 구도체의 전위를 몇 [kV] 이상으로 하면 구 표면의 공기가 절연 파괴되는가? (단, 공기의 절연 내력은 3[kV/mm]라 한다.)

① 15　　② 30

③ 45　　④ 60

해설 $G = 3[\text{kV/mm}] = 3\times10^6[\text{m}]$

$r = \dfrac{d}{2} = \dfrac{3\times10^{-2}}{2} = 1.5\times10^{-2}[\text{m}]$이므로

$V \ge G\cdot r = 3\times10^6 \times 1.5\times10^{-2}$

$= 4.5\times10^4[\text{V}] = 45[\text{kV}]$

정답 16.② 17.① 18.③

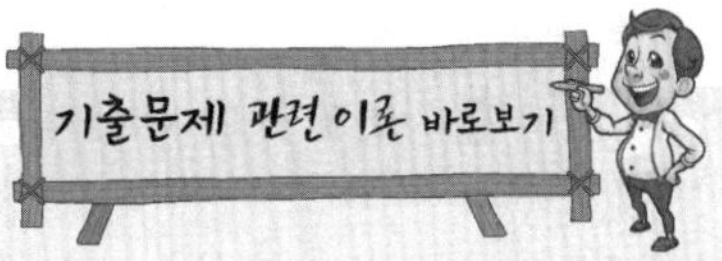

17. 이론 check 유전체의 유전율과 비유전율

(1) 진공인 경우의 정전 용량

$C_0 = \dfrac{Q}{V}$

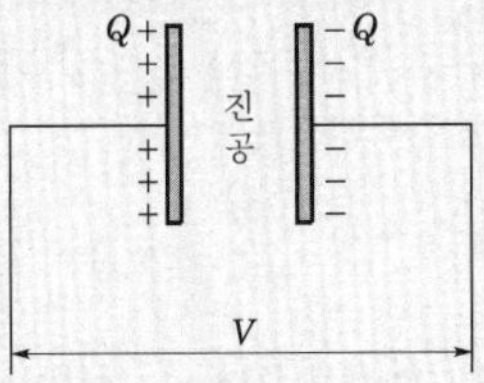

| 진공 |

(2) 절연물을 넣었을 경우의 정전 용량

$C = \dfrac{Q+q}{V}$

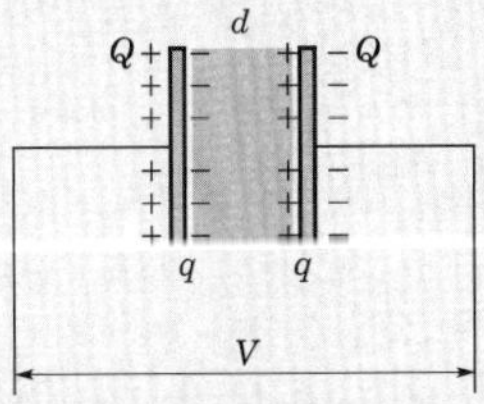

| 유전체 |

$\therefore C > C_0$: 절연물을 넣을 경우의 정전 용량이 진공인 경우보다 크다.

비유전율 $\varepsilon_s = \varepsilon_r = \dfrac{C}{C_0} > 1$

기출문제 관련 이론 바로보기

19. 이론 check **전위 계수**

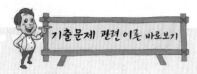

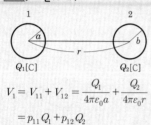

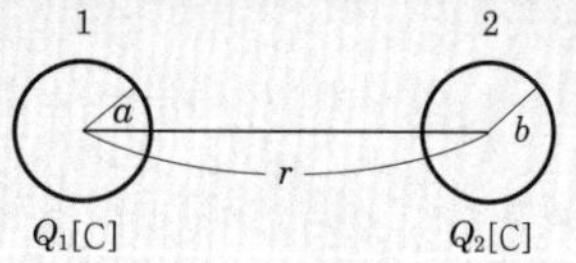

$$V_1 = V_{11} + V_{12} = \frac{Q_1}{4\pi\varepsilon_0 a} + \frac{Q_2}{4\pi\varepsilon_0 r}$$

$$= p_{11}Q_1 + p_{12}Q_2$$

$$V_2 = V_{21} + V_{22} = \frac{Q_1}{4\pi\varepsilon_0 r} + \frac{Q_2}{4\pi\varepsilon_0 b}$$

$$= p_{21}Q_1 + p_{22}Q_2$$

여기서, $p_{11}, p_{12}, p_{21}, p_{22}$: 전위 계수

(1) 전위 계수의 성질

① $p_{11} > 0$ 일반적으로 $p_{rr} > 0$

② $p_{11} \geqq p_{21}$ 일반적으로 $p_{rr} \geqq p_{sr}$

③ $p_{21} \geqq 0$ 일반적으로 $p_{sr} \geqq 0$

④ $p_{12} = p_{21}$ 일반적으로 $p_{rs} = p_{sr}$

(2) 단위 : [V/C]= [1/F]

19 전위 계수에 대한 설명 중 틀린 것은?

출제빈도

① 도체 주위의 매질에 따라 정해지는 상수이다.

② 도체의 크기와는 관계가 없다.

③ 전위 계수는 도체 상호간의 배치 상태에 따라 정해지는 상수이다.

④ 전위 계수의 단위는 [1/F]이다.

해설 **전위 계수**

도체의 크기, 모양, 상호간의 상태 및 주위 공간의 매질에 따라서 정해진다. 도체의 대전량이나 전위와는 관계가 없다.

20 전기력선의 기본 성질을 설명한 것 중 옳지 않은 것은?

① 전기력선의 방향은 그 점의 전계 방향과 일치한다.

② 전기력선은 전위가 높은 곳에서 낮은 곳으로 향한다.

③ 전기력선은 그 자신만으로도 폐곡선이 된다.

④ 전기력선은 전계의 세기가 0인 곳을 제외하고는 등전위면과 직교한다.

해설 **전기력선의 성질**

- 전기력선은 정(+)전하에서 시작하여 부(−)전하에서 끝난다.
- 전기력선은 그 자신만으로 폐곡선이 되는 일은 없다.
- 전기력선은 전위가 높은 점에서 낮은 점으로 향한다.
- 도체 내부에는 전기력선이 없다.

정답 19.② 20.③

2012년 과년도 출제문제

제 1 회 전기자기학

기출문제 관련 이론 바로보기

01 무한 평면 도체로부터 a[m]의 거리에 점전하 Q[C]이 있을 때, 이 점전하와 평면 도체 간의 작용력은 몇 [N]인가?

① $\dfrac{Q^2}{2\pi\varepsilon^2}$

② $-\dfrac{Q^2}{4\pi\varepsilon a^2}$

③ $\dfrac{Q^2}{8\pi\varepsilon a^2}$

④ $-\dfrac{Q^2}{16\pi\varepsilon a^2}$

해설 점전하 Q[C]과 무한 평면 도체 간의 작용력[N]은 점전하 Q[C]과 영상 전하 $-Q$[C]과의 작용력[N]이므로

$$F=-\frac{Q^2}{4\pi\varepsilon(2a)^2}=-\frac{Q^2}{16\pi\varepsilon a^2}\text{[N](흡인력)}$$

매질이 공기 ε_0가 아닌 ε임에 주의한다.

01. Tip 무한 평면 도체와 점전하

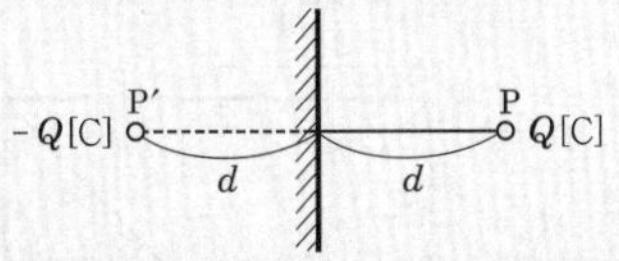

같은 거리에 반대 부호의 전하가 있다고 보면 무한 평면의 전위는

$$V=\frac{Q}{4\pi\varepsilon_0 d}-\frac{Q}{4\pi\varepsilon_0 d}=0$$

이고 Q[C]과 무한 평면 도체 사이의 전위와 $-Q$, $+Q$의 사이의 전계는 같다.

즉, 무한 평면 도체와 점전하 사이의 정전계 문제를 $+Q$, $-Q$의 점전하 문제로 풀 수 있다.

P′는 P의 영상점이며, $-Q$는 Q의 영상 전하이다.

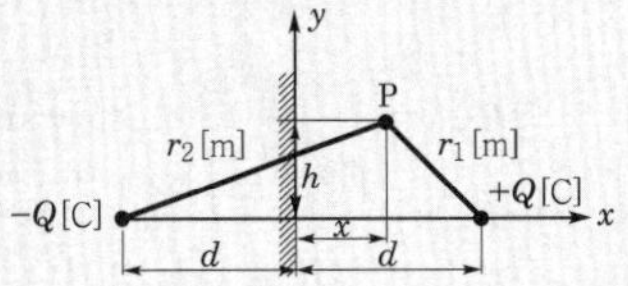

02 그림과 같이 $+q$[C/m]로 대전된 두 도선이 d[m]의 간격으로 평행하게 가설되었을 때, 이 두 도선 간에서 전계가 최소가 되는 점은?

출제빈도

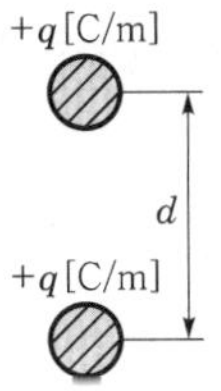

① $\dfrac{d}{3}$ 지점 ② $\dfrac{d}{2}$ 지점

③ $\dfrac{2}{3}d$ 지점 ④ $\dfrac{3}{5}d$ 지점

해설 양측 전하가 동일한 경우 중점의 전계 세기는 0이 된다.

정답 01.④ 02.②

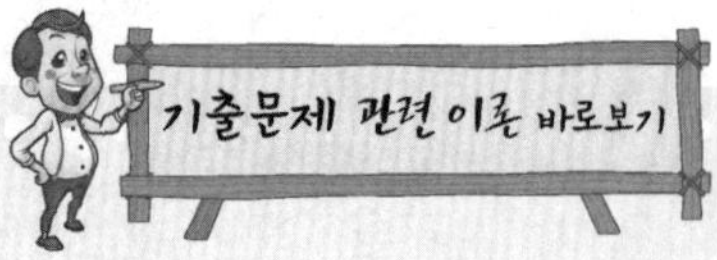

04. 이론 check **정사각형의 중심 자계의 세기**

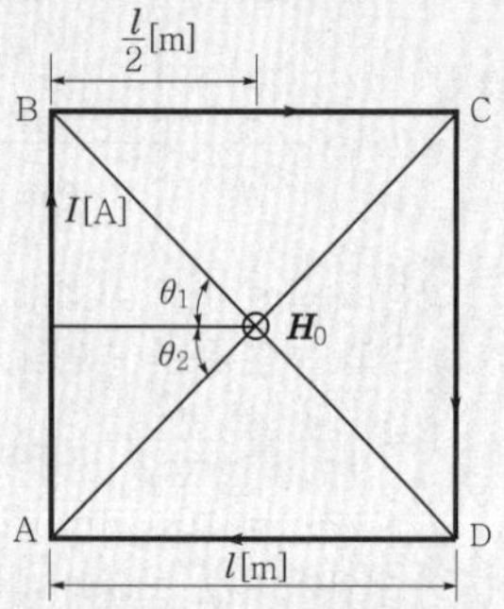

AB에 대한 중심점의 자계 $\boldsymbol{H}_{AB}$는

$$\boldsymbol{H}_{AB}=\frac{I}{4\pi a}(\sin\theta_1+\sin\theta_2)$$

여기서, $a=\frac{l}{2}\sin\theta_1=\sin\theta_2$

$=\sin 45°=\frac{1}{\sqrt{2}}$ 이므로

$$\boldsymbol{H}_{AB}=\frac{I}{4\pi\left(\frac{l}{\sqrt{2}}\right)}(\sin 45°+\sin 45°)$$

$$=\frac{I}{\sqrt{2}\pi l}\ [\text{AT/m}]$$

따라서 정사각형에 의한 중심 자계의 세기 $\boldsymbol{H}_0$는

$$\boldsymbol{H}_0=4\times\boldsymbol{H}_{AB}=\frac{2\sqrt{2}I}{\pi l}\ [\text{AT/m}]$$

03 면적이 S[m^2], 극판 간격이 d[m], 유전율이 ε[F/m]인 평행판 콘덴서에 V[V]의 전압이 가해졌을 때, 축적되는 전하 Q[C]는?

① $\frac{\varepsilon_0 S}{d}V$　　② $\frac{\varepsilon_0}{dS}V$

③ $\frac{\varepsilon S}{d}V$　　④ $\frac{dS}{\varepsilon}V$

해설 $Q=CV=\frac{\varepsilon S}{d}V$[C]

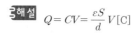

04 한 변의 길이가 10[m]되는 정방형 회로에 100[A]의 전류가 흐를 때, 회로 중심부의 자계 세기는 약 몇 [A/m]인가?

출제빈도

① 5　　② 9

③ 16　　④ 21

해설 $H=\frac{2\sqrt{2}I}{\pi l}=\frac{2\sqrt{2}\times 100}{\pi\times 10}=9$

05 전원에 연결한 코일에 10[A]가 흐르고 있다. 지금 순간적으로 전원을 분리하고 코일에 저항을 연결하였을 때, 저항에서 24[cal]의 열량이 발생하였다. 코일의 자기 인덕턴스는 몇 [H]인가?

① 0.1　　② 0.5

③ 2　　④ 24

해설 1[J]=0.24[cal]이므로

$$W=\frac{1}{2}LI^2=\frac{1}{2}LI^2\times\frac{1}{4.2}[\text{cal}]=\frac{1}{8.4}LI^2[\text{cal}]$$

$$\therefore L=\frac{8.4W}{I^2}=\frac{8.4\times 24}{10^2}=2[\text{H}]$$

06 도체 2를 Q[C]으로 대전된 도체 1에 접속하면 도체 2가 얻는 전하는 몇 [C]이 되는지를 전위 계수로 표시하면? (단, p_{11}, p_{12}, p_{21}, p_{22}는 전위 계수이다.)

① $\frac{p_{11}-p_{12}}{p_{11}-2p_{12}+p_{22}}Q$

② $-\frac{p_{11}-p_{12}}{p_{11}-2p_{12}+p_{22}}Q$

③ $\frac{p_{11}-p_{12}}{p_{11}+2p_{12}+p_{22}}Q$

④ $-\frac{p_{11}-p_{12}}{p_{11}+2p_{12}+p_{22}}Q$

정답 03.③ 04.② 05.③ 06.①

해설 $V_1 = p_{11}Q_1 + p_{12}Q_2$[V], $V_2 = p_{21}Q_1 + p_{22}Q_2$[V]

접속 후에는 전위가 같으므로 $V_1 = V_2$, 접속 후 도체 1에 남아 있는 전하 Q_1은 $Q_1 = Q - Q_2$로 감소하므로

$$V_1 = p_{11}(Q - Q_2) + p_{12}Q_2$$

$$V_2 = p_{21}(Q - Q_2) + p_{22}Q_2$$

$$p_{11}Q - p_{11}Q_2 + p_{12}Q_2 = p_{21}Q - p_{21}Q_2 + p_{22}Q_2$$

$$(p_{11} - p_{12})Q = (p_{11} - p_{12} - p_{12} + p_{22})Q_2 \ (\because p_{12} = p_{21})$$

$$\therefore Q_2 = \frac{p_{11} - p_{12}}{p_{11} - 2p_{12} + p_{22}} Q[\text{C}]$$

07

다음 조건 중 틀린 것은? (단, χ_m : 비자화율, μ_r : 비투자율이다.)

① 물질은 χ_m 또는 μ_r의 값에 따라 역자성체, 상자성체, 강자성체 등으로 구분한다.

② $\chi_m > 0$, $\mu_r > 1$이면 상자성체이다.

③ $\chi_m < 0$, $\mu_r < 1$이면 역자성체이다.

④ $\mu_r \ll 1$이면 강자성체이다.

해설 강자성체 : 비투자율 $\mu_r \gg 1$

08

전하 Q[C]으로 대전된 반지름 a[m]의 구도체가 반지름 r[m]로 비유전율 ε_s의 동심구 유전체로 둘러싸여 있을 때, 이 구도체의 정전 용량[F]은? (단, $a < r$이라 한다.)

① $\dfrac{1}{4\pi\varepsilon_0\left[\dfrac{1}{r} + \dfrac{1}{\varepsilon_s}\left(\dfrac{1}{a} - \dfrac{1}{r}\right)\right]}$

② $\dfrac{1}{4\pi\varepsilon_0 + \left[\dfrac{1}{r} + \dfrac{1}{\varepsilon_s}\left(\dfrac{1}{a} + \dfrac{1}{r}\right)\right]}$

③ $\dfrac{4\pi\varepsilon_0}{\dfrac{1}{r} + \dfrac{1}{\varepsilon_s}\left(\dfrac{1}{a} - \dfrac{1}{r}\right)}$

④ $\dfrac{\dfrac{1}{r} + \dfrac{1}{\varepsilon_s}\left(\dfrac{1}{a} - \dfrac{1}{r}\right)}{4\pi\varepsilon_0}$

해설 구도체 전위 V는

$$V = -\int_\infty^r \boldsymbol{E}_2 \cdot dr - \int_r^a \boldsymbol{E}_1 \cdot dr$$

$$= -\frac{Q}{4\pi\varepsilon_0}\int_\infty^r \frac{1}{r^2}dr - \frac{Q}{4\pi\varepsilon_0\varepsilon_s}\int_r^a \frac{1}{r^2} \cdot dr$$

정답 07.④ 08.③

기출문제 관련 이론 바로보기

07. 이론 check **자성체의 종류**

(1) 강자성체($\mu_s > 1$)

철, 니켈, 코발트 등

(2) 약자성체($\mu_s \cong 1$)

알루미늄, 공기, 주석 등

(3) 페라이트(ferrite)

합금, 강자성체의 일부

(4) 반자성체($\mu_s < 1$)

동선, 납, 게르마늄, 안티몬, 아연, 수소 등

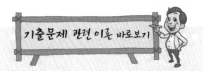

기출문제 관련 이론 바로보기

09. 이론 check **맥스웰의 전자 방정식**

(1) 앙페르의 주회 적분 법칙

$\oint H \cdot dl = I$

$\int_s \text{rot} \boldsymbol{H}\, d\boldsymbol{S} = \int_s i\, d\boldsymbol{S}$

rot $\boldsymbol{H} = i$(앙페르의 주회 적분 법칙의 미분형)

$\text{rot}\, \boldsymbol{H} = \nabla \times \boldsymbol{H} = J + J_d$

$= \dfrac{i_c}{\boldsymbol{S}} + \dfrac{\partial \boldsymbol{D}}{\partial t}$

여기서, J : 전도 전류 밀도

J_d : 변위 전류 밀도

따라서 전도 전류뿐만 아니라 변위 전류도 동일한 자계를 만든다.

(2) 패러데이의 법칙

패러데이의 법칙의 미분형은

$\text{rot}\, \boldsymbol{E} = \nabla \times \boldsymbol{E}$

$= -\dfrac{\partial \boldsymbol{B}}{\partial t} = -\mu \dfrac{\partial \boldsymbol{H}}{\partial t}$

즉, 자속이 시간에 따라 변화하면 자속이 쇄교하여 그 주위에 역기전력이 발생한다.

(3) 가우스의 법칙

① 정전계 : 가우스 법칙의 미분형은 $\text{div}\boldsymbol{D} = \nabla \cdot \boldsymbol{D} = \rho$, 이 식의 물리적 의미는 전기력선은 정전하에서 출발하여 부전하에서 끝난다. 즉, 전기력선은 스스로 폐루프를 이룰 수 없다는 것을 의미한다.

② 정자계 : $\text{div}\boldsymbol{B} = \nabla \cdot \boldsymbol{B} = 0$, 이것에 대한 물리적 의미는 자기력선은 스스로 폐루프를 이루고 있다는 것을 의미하며, N극과 S극이 항상 공존한다는 것을 의미한다.

$$= \frac{Q}{4\pi\varepsilon_0 r} + \frac{Q}{4\pi\varepsilon_0 \varepsilon_s}\left(\frac{1}{a} - \frac{1}{r}\right)$$

$$= \frac{Q}{4\pi\varepsilon_0}\left[\frac{1}{r} + \frac{1}{\varepsilon_s}\left(\frac{1}{a} - \frac{1}{r}\right)\right] \text{[V]}$$

$$\therefore \text{ 정전 용량 } C = \frac{Q}{V} = \frac{Q}{\dfrac{Q}{4\pi\varepsilon_0}\left[\dfrac{1}{r} + \dfrac{1}{\varepsilon_s}\left(\dfrac{1}{a} - \dfrac{1}{r}\right)\right]}$$

$$= \frac{4\pi\varepsilon_0}{\dfrac{1}{r} + \dfrac{1}{\varepsilon_s}\left(\dfrac{1}{a} - \dfrac{1}{r}\right)} \text{[F]}$$

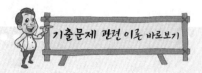

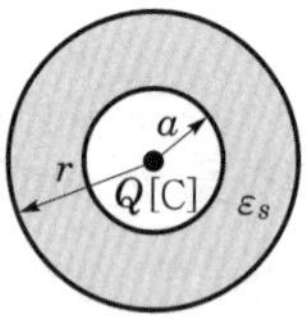

09 다음 중 맥스웰의 전자 방정식이 아닌 것은?

출제빈도

① $\nabla \times \boldsymbol{H} = \boldsymbol{i} + \dfrac{\partial \boldsymbol{D}}{\partial t}$

② $\nabla \times \boldsymbol{E} = -\dfrac{\partial \boldsymbol{H}}{\partial t}$

③ $\nabla \cdot \boldsymbol{D} = \rho$

④ $\nabla \cdot \boldsymbol{i} = -\dfrac{\partial \rho}{\partial t}$

해설 ② $\text{rot}\, \boldsymbol{E} = -\mu \dfrac{2H}{\partial t} = -\dfrac{2B}{\partial t}$

10 다음 중 기자력의 단위는?

① [V]	② [Wb]
③ [AT]	④ [N]

해설 기자력 $F = NI$[AT]

11 변위 전류 밀도를 나타낸 식은? (단, ϕ는 자속, $\boldsymbol{D}$는 전속 밀도, $\boldsymbol{B}$는 자속 밀도, $N\phi$는 자속 쇄교수이다.)

① $i_d = \dfrac{d(N\phi)}{dt}$	② $i_d = \dfrac{d\phi}{dt}$
③ $i_d = \dfrac{d\boldsymbol{D}}{dt}$	④ $i_d = \dfrac{d\boldsymbol{B}}{dt}$

해설 변위 전류 밀도 $i_d = \dfrac{\partial \boldsymbol{D}}{\partial t}$[A/m²]로 전속 밀도의 시간적 변화이다.

정답 09.② 10.③ 11.③

12 반지름 a[m]인 전선을 지상 h[m] 높이의 지면에 나란하게 가설했을 때의 단위 길이당 자기 유도 계수 L[H/m]은? (단, 도선의 투자율은 μ [H/m]이다.)

① $\dfrac{\mu}{4\pi}+\dfrac{\mu_0}{2\pi}\ln\dfrac{2h}{a}$ ② $\dfrac{\mu}{4\pi}+\dfrac{\mu_0}{\pi}\ln\dfrac{2h}{a}$

③ $\dfrac{\mu}{8\pi}+\dfrac{\mu_0}{2\pi}\ln\dfrac{2h}{a}$ ④ $\dfrac{\mu}{8\pi}+\dfrac{\mu_0}{\pi}\ln\dfrac{2h}{a}$

해설 간격 d이고 반지름 a인 평행선의 한 선당 단위 길이의 자기 인덕턴스 L은 다음과 같다.

$$L=\frac{1}{2\pi}\left(\mu_0\log\frac{d}{a}+\frac{\mu}{4}\right)[\text{H/m}]$$

여기서, $d=2h$ 이므로

$$\therefore\ L=\frac{1}{2\pi}\left(\mu_0\log\frac{2h}{a}+\frac{\mu}{4}\right)$$

$$=\frac{\mu_0}{2\pi}\left(\log\frac{2h}{a}+\frac{\mu_s}{4}\right)[\text{H/m}]$$

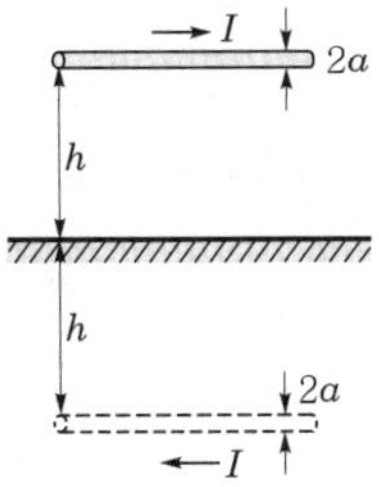

13 어느 철심에 도선을 250회 감고 여기에 2[A]의 전류를 흘릴 때, 발생하는 자속이 0.02[Wb]이었다. 이 코일의 자기 인덕턴스는 몇 [H]인가?

① 1.05 ② 1.25

③ 2.5 ④ $\sqrt{2}\,\pi$

해설 $LI=N\phi$

$$L=\frac{N\phi}{I}=\frac{250\times0.02}{2}=2.5$$

14 유전율이 각각 ε_1, ε_2인 두 유전체가 접해 있다. 각 유전체 중의 전계 및 전속 밀도가 각각 $\boldsymbol{E_1}$, $\boldsymbol{D_1}$ 및 $\boldsymbol{E_2}$, $\boldsymbol{D_2}$이고, 경계면에 대한 입사각 및 굴절각이 θ_1, θ_2일 때 경계 조건으로 옳은 것은?

출제빈도

① $\dfrac{\sin\theta_2}{\sin\theta_1}=\dfrac{E_2}{E_1}$ ② $\dfrac{\cos\theta_2}{\cos\theta_1}=\dfrac{D_2}{D_1}$

③ $\dfrac{\tan\theta_2}{\tan\theta_1}=\dfrac{\varepsilon_2}{\varepsilon_1}$ ④ $\tan\theta_2-\tan\theta_1=\varepsilon_1\varepsilon_2$

해설 **경계면 조건**

- $E_1\sin\theta_1=E_2\sin\theta_2$
- $D_1\cos\theta_1=D_2\cos\theta_2$
- $\dfrac{\tan\theta_2}{\tan\theta_1}=\dfrac{\varepsilon_2}{\varepsilon_1}$

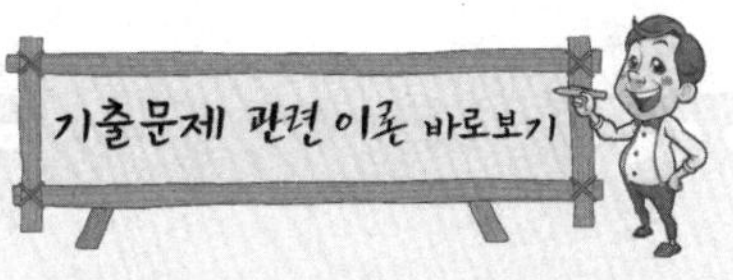

14. 이론 check **유전체의 경계면 조건**

유전체의 유전율 값이 서로 다른 경우에 전계의 세기와 전속 밀도는 경계면에서 다음과 같은 조건이 성립된다.

(1) 전계는 경계면에서 수평 성분(=접선 성분)이 서로 같다.

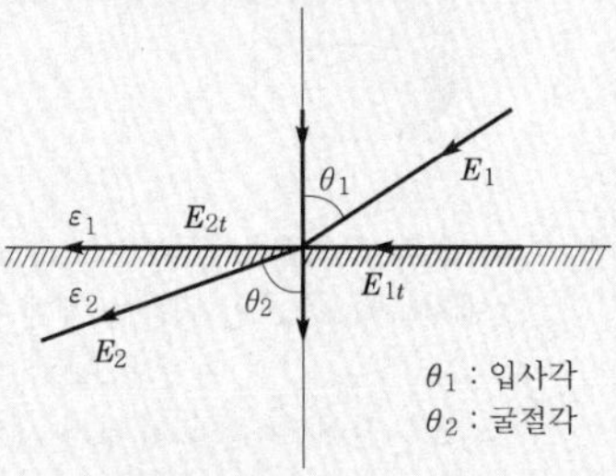

$\boldsymbol{E_1}\sin\theta_1=\boldsymbol{E_2}\sin\theta_2$

$\boldsymbol{E_{1t}}=\boldsymbol{E_{2t}}$

(2) 전속 밀도는 경계면에서 수직 성분(=법선 성분)이 서로 같다.

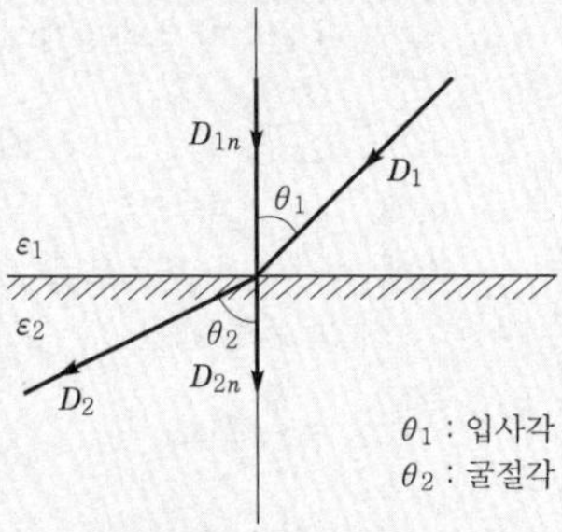

$\boldsymbol{D_1}\cos\theta_1=\boldsymbol{D_2}\cos\theta_2$

$\boldsymbol{D_{1n}}=\boldsymbol{D_{2n}}$

(3) (1)과 (2)의 비를 취하면 다음과 같다.

$$\frac{\boldsymbol{E_1}\sin\theta_1}{\boldsymbol{D_1}\cos\theta_1}=\frac{\boldsymbol{E_2}\sin\theta_2}{\boldsymbol{D_2}\cos\theta_2}$$

여기서, $\boldsymbol{D_1}=\varepsilon_1\boldsymbol{E_1}$, $\boldsymbol{D_2}=\varepsilon_2\boldsymbol{E_2}$

$$\frac{1}{\varepsilon_1}\tan\theta_1=\frac{1}{\varepsilon_2}\tan\theta_2$$

이를 정리하면

$$\frac{\tan\theta_1}{\tan\theta_2}=\frac{\varepsilon_1}{\varepsilon_2}$$

정답 12.③ 13.③ 14.③

기출문제 관련 이론 바로보기

15. 이론 check **무한장 원통 전류에 의한 자계의 세기**

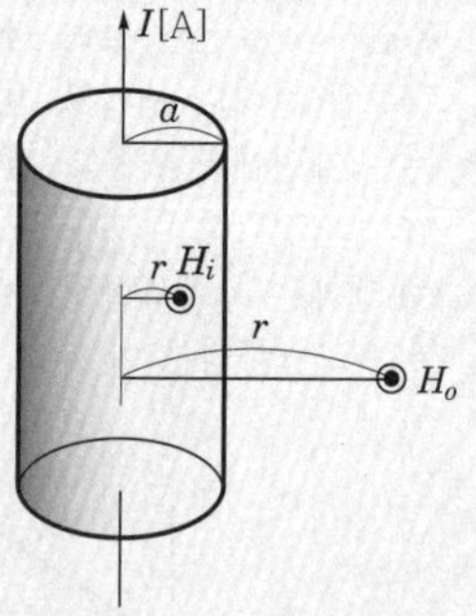

(1) 외부 자계의 세기($r > a$)
반지름이 a[m]인 원통 도체에 전류 I가 흐를 때 이 원통으로부터 r[m] 떨어진 점의 자계의 세기

$$H_o = \frac{I}{2\pi r}$$

즉, r에 반비례한다.

(2) 내부 자계의 세기($r < a$)
원통 내부에 전류 I가 균일하게 흐른다면 원통 내부의 자계의 세기

$$H_i = \frac{I'}{2\pi r}$$

이때, 내부 전류 I'는 원통의 체적에 비례하여 흐르므로

$$I : I' = \pi a^2 l : \pi r^2 l$$

$$\Rightarrow I' = \frac{r^2}{a^2} I\text{[A]}$$

$$H_i = \frac{\frac{r^2}{a^2}I}{2\pi r} = \frac{rI}{2\pi a^2}\text{[AT/m]}$$

(3) 자계와 거리와의 관계

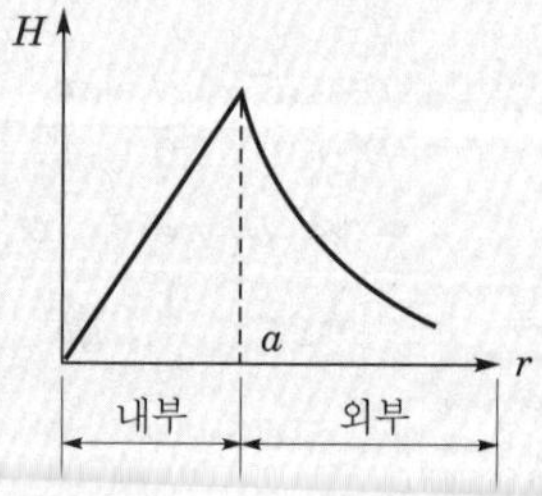

15 전류 I[A]가 반지름 a[m]의 원주를 균일하게 흐를 때, 원주 내부의 중심에서 r[m] 떨어진 원주 내부점의 자계 세기는 몇 [AT/m]인가?

출제빈도

① $\frac{Ir}{2\pi a^2}$
② $\frac{Ir}{2\pi a}$
③ $\frac{Ir}{\pi a^2}$
④ $\frac{Ir}{\pi a}$

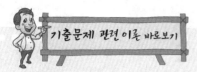

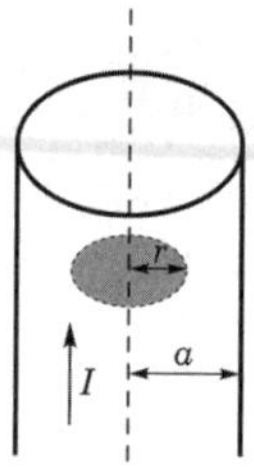

해설 그림에서 내부에 앙페르의 주회 적분 법칙을 적용하면

$$2\pi r \cdot H_i = I \times \frac{\pi r^2}{\pi a^2}$$

$$\therefore H_i = \frac{Ir}{2\pi a^2}\text{[AT/m]}$$

16 점 (−2, 1, 5)[m]와 점 (1, 3, −1)[m]에 각각 위치해 있는 점전하 1[μC]과 4[μC]에 의해 발생된 전위장 내에 저장된 정전 에너지는 약 몇 [mJ]인가?

① 2.57　② 5.14
③ 7.71　④ 10.28

해설 두 점 간의 거리

$$r = (-2,\ 1,\ 5) - (1,\ 3,\ -1) = (-3,\ -2,\ 6)$$

$$\therefore r = \sqrt{(-3)^2 + (-2)^2 + 6^2} = 7\text{[m]}$$

정전 에너지 $W = \frac{1}{2}(Q_1 V_1 + Q_2 V_2)$

$$= \frac{1}{2}\left(Q_1 \frac{Q_2}{4\pi\varepsilon_0 r} + Q_2 \frac{Q_1}{4\pi\varepsilon_0 r}\right)$$

$$= 9 \times 10^9 \frac{1 \times 10^{-6} \times 4 \times 10^{-6}}{7}$$

$$= 0.00514\text{[J]} = 5.14\text{[mJ]}$$

17 도체의 길이 l[m], 단면적 S[m²]의 저항 $R = \rho \frac{l}{S}$[Ω]으로 표현되는데, 여기서 ρ의 역수를 무엇이라고 하는가?

① 저항률　② 고유 저항
③ 도전율　④ 비례 상수

해설 고유 저항의 역수를 도전율이라 한다.

도전율 $K = \frac{1}{\rho}$

정답 15.① 16.② 17.③

18 전하 q[C]이 진공 중의 자계 H[AT/m]에 수직 방향으로 v[m/s]의 속도로 움직일 때, 받는 힘은 몇 [N]인가? (단, μ_0는 진공의 투자율이다.)

출제빈도

① $\dfrac{qH}{\mu_0 v}$ ② qvH

③ $\dfrac{qvH}{\mu_0}$ ④ $\mu_0 qvH$

해설 $\boldsymbol{F} = qv\boldsymbol{B}\sin 90° = qv\boldsymbol{B} = qv\mu_0 H$[N]

19 다음 설명 중 영전위로 볼 수 없는 것은?

① 가상 음전하가 존재하는 무한 원점
② 전지의 음극
③ 지구의 대지
④ 전계 내의 대전 도체

해설 대전 도체 내부는 전기력선이 없다. 즉, 전위차가 발생하지 않고 등전위가 된다.

20 정현파 자속의 주파수를 3배로 높일 때, 유기 기전력은 어떻게 변화하는가?

출제빈도

① 3배로 감소 ② 3배로 증가
③ 9배로 감소 ④ 9배로 증가

해설 $\phi = \phi_m \sin 2\pi ft$[Wb]라 하면 유기 기전력 e는

$$e = -N\frac{d\phi}{dt} = -N \cdot \frac{d}{dt}(\phi_m \sin 2\pi ft) = -2\pi fN\phi_m \cos 2\pi ft$$

$$= 2\pi fN\phi_m \sin\left(2\pi ft - \frac{\pi}{2}\right)[\text{V}]$$

$\therefore\ e \propto f$

따라서, 주파수가 3배로 증가하면 유기 기전력도 3배로 증가한다.

제 2 회 전기자기학

01 도체의 단면적이 5[m²]인 곳을 3초 동안에 30[C]의 전하가 통과하였다면 이때의 전류[A]는?

출제빈도

① 5 ② 10
③ 30 ④ 90

해설 $I = \dfrac{Q}{t} = \dfrac{30}{3} = 10$[A]

정답 18.④ 19.④ 20.② / 01.②

기출문제 관련 이론 바로보기

18. 이론 check 하전 입자가 받는 힘

$\boldsymbol{F} = Il\boldsymbol{B}\sin\theta$에서 Il은 qv와 같으므로

$\therefore\ \boldsymbol{F} = qv\boldsymbol{B}\sin\theta$[N]

Vector로 표시하면

$\boldsymbol{F} = q(v \times \boldsymbol{B})$[N]

20. 이론 check 패러데이(Faraday) 법칙

$e = -\dfrac{d\phi}{dt}$[V]

여기서, 우변의 (−)부호는 유도 기전력 e의 방향을 표시하는 것이고 자속이 감소할 때에 정(+)의 방향으로 유도 전기력이 생긴다는 것을 의미한다.

01. 이론 check 전류의 정의

도선에 흐르는 전류 I는 단위 시간당 전하의 이동이므로

$I = \dfrac{Q}{t} = \dfrac{ne}{t}$[C/s=A]이다.

여기서, n : 전하수
e : 전하량

(단위 : [C/s=A])

또한, 시간에 따라 전하의 이동이 변화하면 $i = \dfrac{dq}{dt}$[A]로 표현한다.

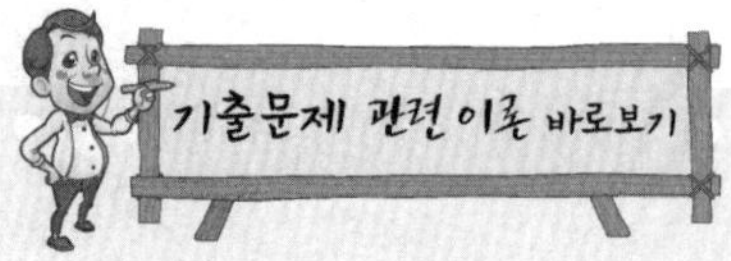

03. 이론 check **원형 전류 중심축상의 자계의 세기**

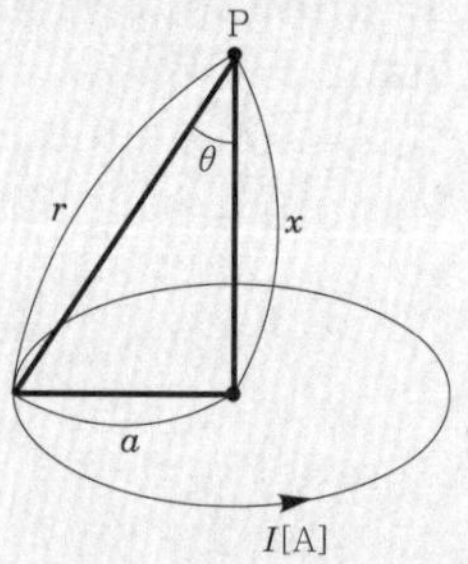

반경 a[m]인 원형 코일의 미소 길이 dl[m]에 의한 중심축상의 한 점 P의 미소 자계의 세기는 비오-사바르의 법칙에 의해

$$d\boldsymbol{H}=\frac{Idl}{4\pi r^2}\sin\theta\,[\mathrm{AT/m}]=\frac{I\cdot a\,dl}{4\pi r^3}$$

여기서, $\sin\theta=\frac{a}{r}$이므로

$$\boldsymbol{H}=\int\frac{I\cdot a\,dl}{4\pi r^3}=\frac{aI}{4\pi r^3}\int dl$$

$$=\frac{a\cdot I}{4\pi r^3}2\pi a=\frac{a^2 I}{2r^3}\,[\mathrm{AT/m}]$$

여기서, $r=\sqrt{a^2+x^2}$ 이므로

$$\boldsymbol{H}=\frac{a^2 I}{2(a^2+x^2)^{\frac{3}{2}}}\,[\mathrm{AT/m}]$$

여기서, 원형 중심의 자계의 세기 $\boldsymbol{H}_0$는 떨어진 거리 $x=0$인 지점이므로 $\boldsymbol{H}_0=\frac{I}{2a}$

또한, 권수가 N회 감겨 있을 때에는 $\boldsymbol{H}_0=\frac{NI}{2a}$

[자계의 세기]

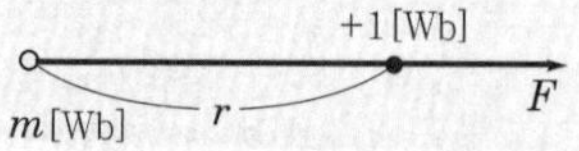

자계 세기의 정의는 자계 중에 단위 점자하를 놓았을 때 작용하는 힘이다.

즉, 두 자하 사이에 작용하는 힘은

$$\boldsymbol{F}=6.33\times10^4\frac{m_1\times1}{r^2}$$

$$=6.33\times10^4\frac{m}{r^2}\,[\mathrm{N}]$$

이를 자계의 세기라 한다.

02

전계 $\boldsymbol{E}$[V/m] 및 자계 $\boldsymbol{H}$[A/m]의 에너지가 자유 공간 중을 v[m/s]의 속도로 전파될 때, 단위 시간에 단위 면적을 지나는 에너지[W/m²]는?

① $\boldsymbol{P}=\frac{1}{2}\boldsymbol{EH}$

② $\boldsymbol{P}=\boldsymbol{EH}$

③ $\boldsymbol{P}=377\boldsymbol{EH}$

④ $\boldsymbol{P}=\frac{\boldsymbol{EH}}{377}$

해설 포인팅 벡터

$$\boldsymbol{P}=w\times v=\sqrt{\varepsilon\mu}\ \boldsymbol{EH}\times\frac{1}{\sqrt{\varepsilon\mu}}=\boldsymbol{EH}\,[\mathrm{W/m^2}]$$

03

(출제빈도)

전류의 세기가 I[A], 반지름 r[m]인 원형 선전류 중심에 m[Wb]인 가상 점자극을 둘 때, 원형 선전류가 받는 힘[N]은?

① $\frac{mI}{2\pi r}$ ② $\frac{mI}{2r}$

③ $\frac{mI^2}{2\pi r}$ ④ $\frac{mI}{2\pi r^2}$

해설 $F=mH=m\cdot\frac{I}{2r}$

04

같은 평등 자계 중의 자계와 수직 방향으로 전류 도선을 놓으면 N, S극이 만드는 자계와 전류에 의한 자계와의 상호 작용에 의하여 자계의 합성이 이루어지고 전류 도선은 힘을 받는다. 이러한 힘을 무엇이라 하는가?

① 전자력 ② 기전력

③ 기자력 ④ 전계력

해설 전류와 자속 간에 작용하는 힘을 전자력이라고 한다.

05

자기 인덕턴스가 50[H]인 회로에 20[A]의 전류가 흐르고 있을 때, 축적된 전자 에너지는 몇 [J]인가?

① 10 ② 100

③ 1,000 ④ 10,000

해설 $w=\frac{1}{2}LI^2=\frac{1}{2}\times50\times20^2=10{,}000\,[\mathrm{J}]$

정답 02.② 03.② 04.① 05.④

06 진공 중에서 대전 도체의 표면 전하 밀도가 σ [C/m^2]이라면 표면 전계는?

① $\boldsymbol{E}=\dfrac{\sigma}{\varepsilon_0}$　② $\boldsymbol{E}=\dfrac{\sigma}{2\varepsilon_0}$

③ $\boldsymbol{E}=\dfrac{\sigma}{2\pi\varepsilon_0}$　④ $\boldsymbol{E}=\dfrac{\sigma}{4\pi r^2}$

해설 면 전하 밀도 $\rho_s=\sigma$[C/m^2]라 하면

$$\int_S \boldsymbol{E}ds=\frac{\sigma S}{\varepsilon_0}$$

$$\boldsymbol{E}\cdot S=\frac{\sigma S}{\varepsilon_0}$$

$$\therefore\ \boldsymbol{E}=\frac{\sigma}{\varepsilon_0}\text{[V/m]}$$

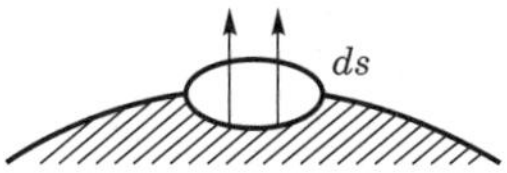

07 공기 중에서 E[V/m]의 전계를 i_d[A/m^2]의 변위 전류로 흐르게 하고자 한다. 이때 주파수 f[Hz]는?

① $f=\dfrac{\boldsymbol{i}_d}{2\pi\varepsilon\boldsymbol{E}}$　② $f=\dfrac{\boldsymbol{i}_d}{4\pi\varepsilon\boldsymbol{E}}$

③ $f=\dfrac{\varepsilon\boldsymbol{i}_d}{2\pi^2\boldsymbol{E}}$　④ $f=\dfrac{\boldsymbol{i}_d\boldsymbol{E}}{4\pi^2\varepsilon}$

해설 전계 $\boldsymbol{E}$를 페이저(phasor)로 표시하면 $\boldsymbol{E}=\boldsymbol{E}_0e^{j\omega t}$[V/m]가 되므로

$$\boldsymbol{i}_d=\frac{\partial \boldsymbol{d}}{\partial t}=\varepsilon\frac{\partial \boldsymbol{E}}{\partial t}=\varepsilon\frac{\partial}{\partial t}(\boldsymbol{E}_0e^{j\omega t})$$

$$=j\omega\varepsilon\boldsymbol{E}_0e^{j\omega t}=j\omega\varepsilon\boldsymbol{E}\text{[A/m}^2\text{]}$$

$\omega=2\pi f$ [rad/s]를 $|\boldsymbol{i}_d|$에 대입하면

$$\boldsymbol{i}_d=2\pi f\varepsilon\boldsymbol{E}\text{[A/m}^2\text{]}$$

$$\therefore\ f=\frac{\boldsymbol{i}_d}{2\pi\varepsilon\boldsymbol{E}}\text{[Hz]}$$

08 그림과 같이 영역 $y\le0$은 완전 도체로 위치해 있고, 영역 $y\ge0$은 완전 유전체로 위치해 있을 때, 만일 경계 무한 평면의 도체면상에 면전하 밀도 $\rho_s=2$[nC/m^2]가 분포되어 있다면 P점 (−4, 1, −5)[m]의 전계 세기[V/m]는?

① $18\pi\boldsymbol{a}_y$

② $36\pi\boldsymbol{a}_y$

③ $-54\pi\boldsymbol{a}_y$

④ $72\pi\boldsymbol{a}_y$

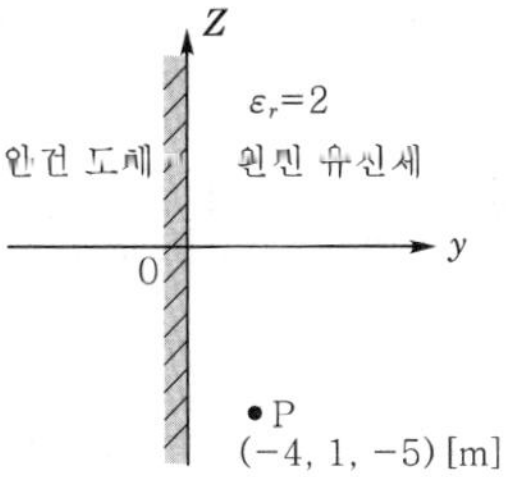

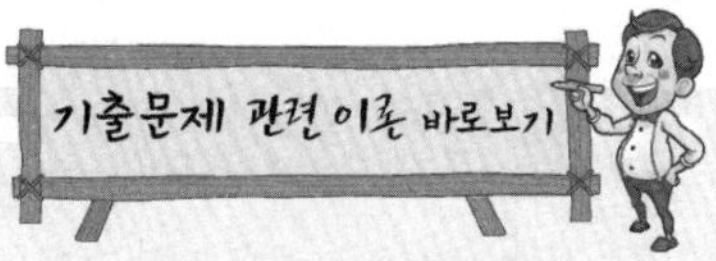

$$\boldsymbol{H}=\frac{1}{4\pi\mu}\frac{m}{r^2}=6.33\times10^4\frac{m}{r^2}$$

[AT/m], [N/Wb]

또한, 자계 내에 m[Wb]를 놓았을 때 자계에 작용하는 힘은 다음과 같다.

$\boldsymbol{F}=m\boldsymbol{H}$[N]

06. 이론 check **도체 표면에서의 전계의 세기**

$$\int_s \boldsymbol{E}dS=\frac{\rho_s\cdot S}{\varepsilon_0}$$

$$\boldsymbol{E}\cdot S=\frac{\rho_s\cdot S}{\varepsilon_0}$$

$$\therefore\ \boldsymbol{E}=\frac{\rho_s}{\varepsilon_0}\text{[V/m]}$$

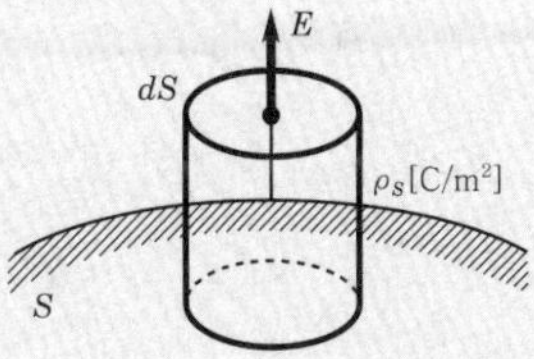

도체 내부에서는 전기력선이 존재하지 않는다. → 도체 내에서의 전계의 세기는 $\boldsymbol{E}=0$이다.

정답 06.① 07.① 08.②

기출문제 관련 이론 바로보기

10. 이론 check **고유 임피던스(파동 임피던스)**

전자파는 자계와 전계가 동시에 90°의 위상차로 전파되므로 전자파의 파동 고유 임피던스는 전계와 자계의 비로

$\eta=\frac{E}{H}=\sqrt{\frac{\mu}{\varepsilon}}$

이 식을 다시 변형하면

$\sqrt{\varepsilon}\,E=\sqrt{\mu}\,H$

또는 $E=\sqrt{\frac{\mu}{\varepsilon}}\,H$, $H=\sqrt{\frac{\varepsilon}{\mu}}\,E$

이때, 진공 중이면

$E=\sqrt{\frac{\mu_0}{\varepsilon_0}}\,H=377H$

이것을 ε_0, μ_0에 대한 값을 대입하면

$H=\sqrt{\frac{\varepsilon_0}{\mu_0}}\,E=\frac{1}{377}E$

$=0.27\times10^{-2}E$

11. 이론 check **전류 밀도**

전계의 세기 $\boldsymbol{E}$와 반대 방향으로 이동하는 전자의 이동 속도 v는

$v\propto \boldsymbol{E}\Rightarrow v=\mu\boldsymbol{E}$

μ는 전자의 이동도를 나타낸다. 또한 전류 밀도는

$\boldsymbol{J}=\frac{I}{S}[\text{A/m}^2]$

$\boldsymbol{J}=Qv$

$=\text{ne}v=ne\mu\boldsymbol{E}$

$=k\boldsymbol{E}$

$=\frac{\boldsymbol{E}}{\rho}[\text{A/m}^2]$

여기서, Q : 총 전기량

ne : 총 전자의 개수

k : 도전율

ρ : 고유 저항률

해설 $E=\frac{e_s}{2\varepsilon_0}=\frac{2\times10^{-9}}{2\times\frac{1}{4\pi\times9\times10^9}}=36\pi\boldsymbol{a}_y$

09 내압이 1[kV]이고, 용량이 각각 0.01[μF], 0.02[μF], 0.05[μF]인 콘덴서를 직렬로 연결했을 때의 전체 내압[V]은?

① 1,500
② 1,600
③ 1,700
④ 1,800

해설 각 콘덴서에 가해지는 전압을 V_1, V_2, V_3[V]라 하면

$V_1 : V_2 : V_3 = \frac{1}{0.01} : \frac{1}{0.02} : \frac{1}{0.04} = 4:2:1$

$\therefore\ V_1 = 1{,}000[\text{V}]$

$V_2 = 1{,}000\times\frac{2}{4}=500[\text{V}]$

$V_3 = 1{,}000\times\frac{1}{4}=250[\text{V}]$

$\therefore$ 전체 내압 $V=V_1+V_2+V_3$

$=1{,}000+500+250=1{,}750[\text{V}]$

10 출제빈도 비유전율 81이고, 비투자율 1인 물속에서 전자파의 파동 임피던스는 약 몇 [Ω]인가?

① 9 ② 27
③ 33 ④ 42

해설 $\mu=\frac{E}{H}=\sqrt{\frac{\mu}{\varepsilon}}=377\sqrt{\frac{\mu_s}{\varepsilon_s}}=377\times\sqrt{\frac{1}{81}}=41.88$

11 출제빈도 원점 주위의 전류 밀도가 $\boldsymbol{J}=\frac{2}{r}a_r[\text{A/m}^2]$의 분포를 가질 때, 반지름 5[cm]의 구면을 지나는 전전류[A]는?

① 0.1π ② 0.2π
③ 0.3π ④ 0.4π

해설 전류 밀도 $\boldsymbol{J}=\frac{I}{S}[\text{A/m}^2]$

전류 $I=\boldsymbol{J}\times S=\frac{2}{r}\times4\pi r^2$

$=2\times4\pi\times r=2\times4\pi\times5\times10^{-2}$

$=0.4\pi[\text{A}]$

정답 09.③ 10.④ 11.④

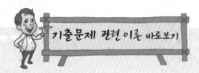

12

전기력선 밀도를 이용하여 주로 대칭 정전계의 세기를 구하기 위하여 이용되는 법칙은?

① 패러데이의 법칙 ② 가우스의 법칙
③ 쿨롱의 법칙 ④ 톰슨의 법칙

해설
- 패러데이의 법칙 : 전자 유도 법칙
- 쿨롱의 법칙 : 두 점전하 사이에 작용하는 힘
- 톰슨의 법칙 : 전계의 최소 에너지

13

원점에 점전하 Q[C]이 있을 때, 원점을 제외한 모든 점에서 $\nabla \cdot D$의 값은?

① ∞ ② 0
③ 1 ④ ε_0

해설 전하가 없는 곳이므로 $\text{div}\boldsymbol{D} = \nabla \cdot \boldsymbol{D} = 0$

14

직류 500[V] 절연 저항계로 절연 저항을 측정하니 2[MΩ]이 되었다면 누설 전류[μA]는?

① 25 ② 250
③ 1,000 ④ 1,250

해설 $I = \dfrac{V}{R} = \dfrac{500}{2\times10^6} = 250\times10^{-6} = 250[\mu\text{A}]$

15

환상 솔레노이드의 자기 인덕턴스에서 코일 권수를 5배로 하였다면 인덕턴스의 값은?

① 변함이 없다. ② 5배 증가한다.
③ 10배 증가한다. ④ 25배 증가한다.

해설 $L = \dfrac{\mu S N^2}{l}[\text{H}] \propto N^2$

따라서 $L = 5^2 = 25$배

16

출제빈도

비유전율 $\varepsilon_s = 5$인 등방 유전체인 한 점에서 전계의 세기 $E = 10^4$[V/m]일 때, 이 점에서의 분극률[F/m]은?

① $\dfrac{10^{-5}}{9\pi}$ ② $\dfrac{10^{-7}}{9\pi}$
③ $\dfrac{10^{-9}}{9\pi}$ ④ $\dfrac{10^{-12}}{9\pi}$

정답 12.② 13.② 14.② 15.④ 16.③

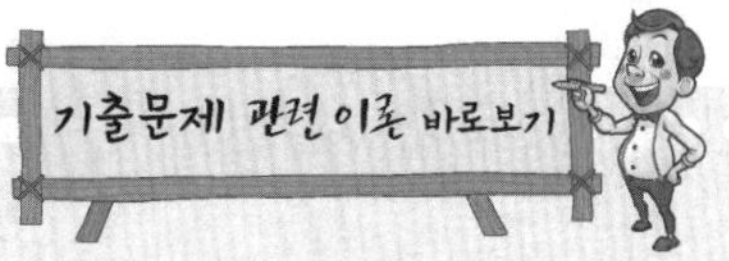

16. 이론 check **전기 분극**

(1) 분극 현상

유전체에 외부 전계를 가하면 전기 쌍극자가 형성되는 현상

① 유전체인 경우

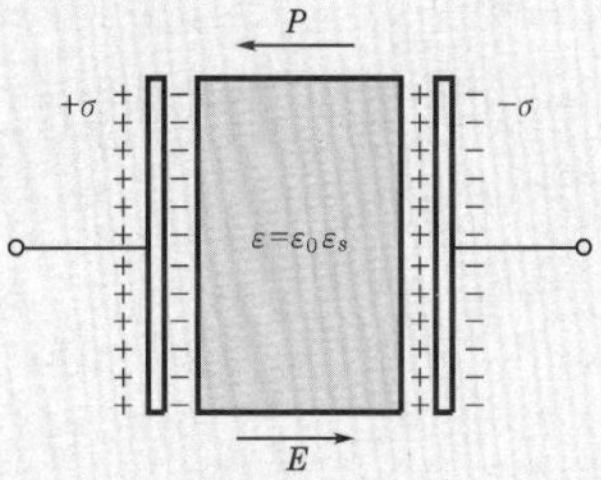

$D = \varepsilon_0 \varepsilon_s E$

② 진공인 경우

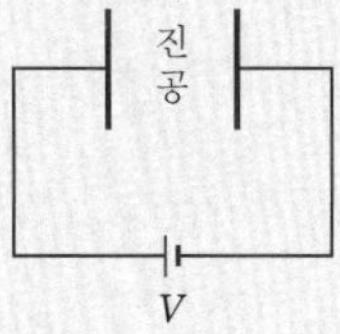

$D_0 = \varepsilon_0 E$

$\therefore \boldsymbol{D} = \varepsilon_0 \varepsilon_s \boldsymbol{E} > \boldsymbol{D}_0 = \varepsilon_0 \boldsymbol{E}$

(2) 분극의 세기($\boldsymbol{P}$)

$\boldsymbol{D}_0 = \varepsilon_0 \boldsymbol{E} + \boldsymbol{P}$

$\boldsymbol{P} = \boldsymbol{D} - \varepsilon_0 \boldsymbol{E} = \varepsilon_0 \varepsilon_s \boldsymbol{E} - \varepsilon_0 \boldsymbol{E}$

$= \varepsilon_0(\varepsilon_s - 1)\boldsymbol{E} = \chi_e \boldsymbol{E}\,[\text{C/m}^2]$

여기서, χ(카이) : 분극률($\chi = \varepsilon_0(\varepsilon_s - 1)$의 값을 갖는다.)

기출문제 관련 이론 바로보기

17. 이론 check 무한 직선 전하에 의한 전계의 세기

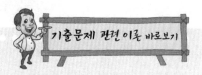

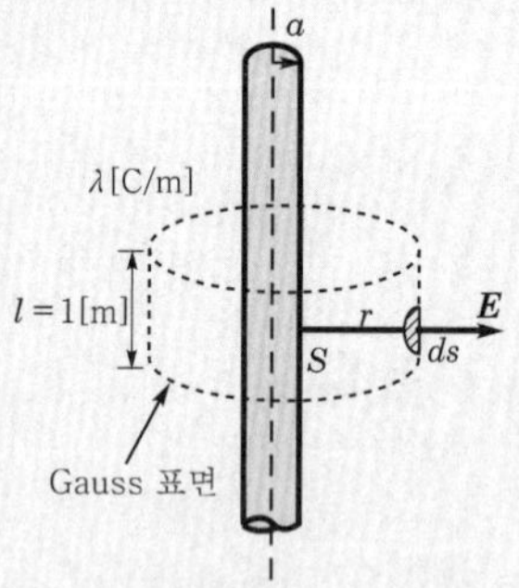

▌무한 직선 전하▐

$$\int_s \boldsymbol{E}ds = \frac{\lambda \cdot l}{\varepsilon_0}$$

원통의 표면적 $2\pi rl$이므로

$$\boldsymbol{E}2\pi r \cdot l = \frac{\lambda l}{\varepsilon_0}$$

$$\boldsymbol{E} = \frac{\lambda}{2\pi\varepsilon_0 r} = 18\times 10^9 \frac{\lambda}{r}\,[\text{V/m}]$$

해설 $\boldsymbol{P} = \varepsilon_0(\varepsilon_s - 1)\boldsymbol{E} = \chi\boldsymbol{E}\,[\text{C/m}^2]$

$$\therefore\ \chi = \frac{\boldsymbol{P}}{\boldsymbol{E}} = \varepsilon_0(\varepsilon_s - 1) = \frac{10^{-9}}{36\pi}\times(5-1) = \frac{10^{-9}}{9\pi}\,[\text{F/m}]$$

17

무한장 직선 도체에 선전하 밀도 λ[C/m]의 전하가 분포되어 있는 경우, 이 직선 도체를 축으로 하는 반지름 r[m]의 원통면상의 전계[V/m]는?

① $\dfrac{\lambda}{2\pi\varepsilon_0 r^2}$　② $\dfrac{\lambda}{2\pi\varepsilon_0 r}$

③ $\dfrac{\lambda}{4\pi\varepsilon_0 r^2}$　④ $\dfrac{\lambda}{4\pi\varepsilon_0 r}$

해설 $E = \dfrac{\lambda}{2\pi\varepsilon_0 r}$

18

평행판 콘덴서의 두 극판 면적을 3배로 하고 간격을 반으로 줄이면 정전 용량은 처음의 몇 배가 되는가?

① 1.5　② 4.5

③ 6　④ 9

해설 정전 용량 $C = \dfrac{\varepsilon S}{d}$

면적을 3배, 간격을 $\dfrac{1}{2}$배 하면

$$\therefore\ C' = \frac{\varepsilon\, 3S}{\frac{d}{2}} = \frac{6\varepsilon S}{d} = 6C$$

19

극판 면적 10[cm²], 간격 1[mm]의 평행판 콘덴서에 비유전율이 3인 유전체를 채웠을 때, 전압 100[V]를 가하면 축적되는 에너지는 약 몇 [J]인가?

① 1.32×10^{-7}

② 1.32×10^{-9}

③ 2.64×10^{-7}

④ 2.64×10^{-9}

해설 $C = \dfrac{\varepsilon_0\varepsilon_s}{d}S = \dfrac{3\times 10\times 10^{-4}}{36\pi\times 10^9\times 10^{-3}} = \dfrac{1}{12\pi}\times 10^{-9}\,[\text{F}]$

$$\therefore\ W = \frac{1}{2}CV^2 = \frac{1}{2}\times\frac{1}{12\pi}\times 10^{-9}\times 100^2$$

$$= 1.33\times 10^{-7}\,[\text{J}]$$

정답 17.② 18.③ 19.①

20 두 개의 자기 인덕턴스를 직렬로 접속하여 합성 인덕턴스를 측정하였더니 75[mH]가 되었고, 한쪽의 인덕턴스를 반대로 접속하여 측정하니 25[mH]가 되었다면 두 코일의 상호 인덕턴스[mH]는?

① 12.5　　② 45
③ 50　　④ 90

해설 $L_+ = L_1 + L_2 + 2M = 75$[mH] ·············· ㉠
$L_- = L_1 + L_2 - 2M = 25$[mH] ·············· ㉡
㉠ − ㉡식에서
$\therefore\ M = \dfrac{L_+ - L_-}{4} = \dfrac{75-25}{4} = \dfrac{50}{4} = 12.5$[mH]

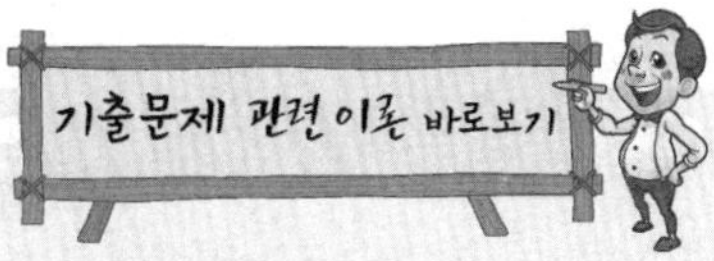

20. 이론 check **직렬 접속**

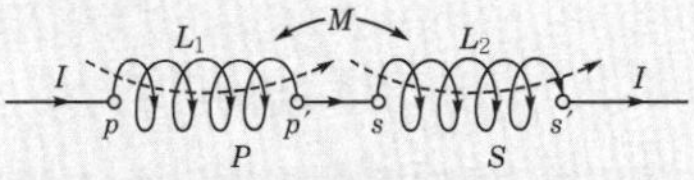

M>0

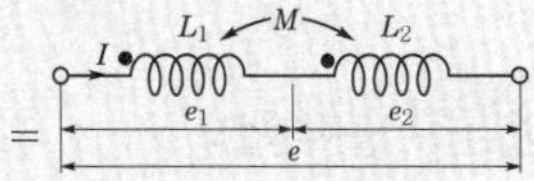

$$e_1 = e_{11} + e_{12} = \left(-L_1\frac{dI}{dt}\right) + \left(-M\frac{dI}{dt}\right)$$
$$= -(L_1 + M)\frac{dI}{dt}$$
$$e_2 = e_{22} + e_{21} = \left(-L_2\frac{dI}{dt}\right) + \left(-M\frac{dI}{dt}\right)$$
$$= -(L_2 + M)\frac{dI}{dt}$$
$$\therefore\ e = -(L_1 + L_2 + 2M)\frac{dI}{dt}$$

∴ 합성 자기 인덕턴스
$L = L_1 + L_2 + 2M$[H]

Tip **차동 결합**

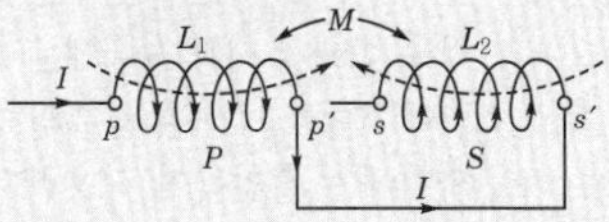

M<0

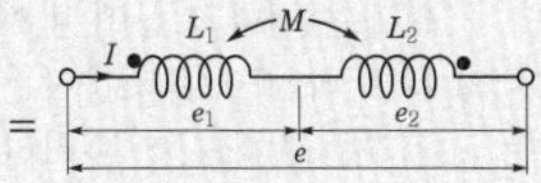

$$e_1 = \left(-L_1\frac{dI}{dt}\right) + M\frac{dI}{dt}$$
$$= -(L_1 - M)\frac{dI}{dt}$$
$$e_2 = \left(-L_2\frac{dI}{dt}\right) + M\frac{dI}{dt}$$
$$= -(L_2 - M)\frac{dI}{dt}$$
$$e = -(L_1 + L_2 - 2M)\frac{dI}{dt}$$

∴ 합성 자기 인덕턴스
$L = L_1 + L_2 - 2M$[H]

제 3 회 전기자기학

01 열전대는 무슨 효과를 이용한 것인가?

① 압전 효과　　② 제벡 효과
③ 홀 효과　　④ 가우스 효과

해설 **제벡 효과**
서로 다른 두 종류의 금속선을 접합하여 폐회로를 만든 후 두 접합부의 온도를 달리하였을 때 열기전력이 발생하여 열전류가 흐른다.

02 대전 도체 내부의 전위에 대한 설명으로 옳은 것은?

① 내부에는 전기력선이 없으므로 전위는 무한대의 값을 갖는다.
② 내부의 전위와 표면 전위는 같다. 즉 도체는 등전위이다.
③ 내부의 전위는 항상 대지 전위와 같다.
④ 내부에는 전계가 없으므로 0 전위이다.

해설 대전 도체 내부는 전계가 없다. 즉, 전위차가 발생하지 않으므로 내부 전위와 표면 전위는 같다.

03 강자성체의 자속 밀도 B의 크기와 자화의 세기 J의 크기 사이에는 어떤 관계가 있는가?

① J가 B보다 약간 크다.
② J는 B보다 대단히 크다.
③ J는 B보다 약간 작다.
④ J는 B와 똑같다.

정답 20.① / 01.② 02.② 03.③

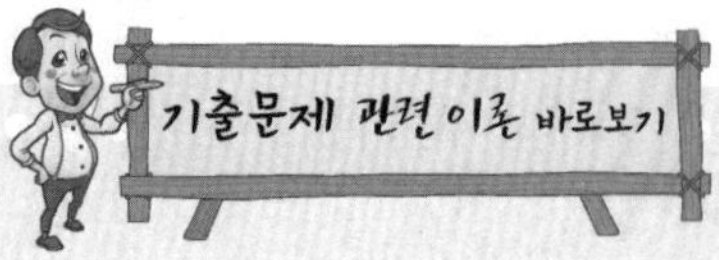

05. 이론 check **쿨롱의 법칙**

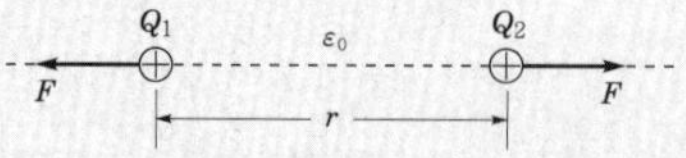

| 동종 전하이면 F는 반발력 |

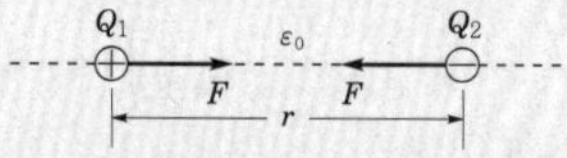

| 이종 전하이면 F는 흡인력 |

쿨롱(Coulomb)은 1785년에 특수 고안된 비틀림 저울을 사용하여 두 개의 작은 대전체 간에 작용하는 힘에 관해서 실험적으로 다음과 같은 법칙을 얻었다.

(1) 두 전하 사이에 작용하는 힘은 같은 종류의 전하 사이에는 반발력이 작용하고 다른 종류의 전하 사이에는 흡인력이 작용한다.
(2) 두 전하 사이에 작용하는 힘의 크기는 전하의 곱에 비례한다.
(3) 두 전하 사이에 작용하는 힘의 크기는 전하 사이의 거리의 제곱에 반비례한다.
(4) 두 전하 사이에 작용하는 힘의 방향은 두 개의 전하를 연결한 직선상에 존재한다.
(5) 두 전하 사이에 작용하는 힘은 두 전하가 존재하고 있는 매질에 따라 다르다.

이상을 결론으로 수식화하면

$F \propto K\dfrac{Q_1Q_2}{r^2}$ [N]

여기서, K : 주위의 매질에 따라 달라지는 비례 상수
Q_1, Q_2 : 두 전하

해설 $B = \mu_0 H + J = 4\pi\times10^{-7}H + J$
$\therefore\ J = B - \mu_0 H$ [Wb/m^2]
따라서, J는 B보다 약간 작다.

04

유전율 ε_1[F/m], ε_2[F/m]인 두 종류의 유전체가 무한 평면을 경계로 접해 있다. 유전체에서 경계면으로부터 r[m]만큼 떨어진 점 P에 점전하 Q[C]가 있을 경우, 점전하와 유전체 ε_2[F/m] 사이에 작용하는 힘[N]은?

① $\dfrac{Q^2}{4\pi\varepsilon_1 r^2}\dfrac{\varepsilon_1-\varepsilon_2}{\varepsilon_1+\varepsilon_2}$
② $\dfrac{Q}{4\pi\varepsilon_1 r}\dfrac{\varepsilon_1-\varepsilon_2}{\varepsilon_1+\varepsilon_2}$
③ $\dfrac{Q}{16\pi\varepsilon_1 r}\dfrac{\varepsilon_1-\varepsilon_2}{\varepsilon_1+\varepsilon_2}$
④ $\dfrac{Q^2}{16\pi\varepsilon_1 r^2}\dfrac{\varepsilon_1-\varepsilon_2}{\varepsilon_1+\varepsilon_2}$

해설 영상 전하 $Q' = \dfrac{\varepsilon_1-\varepsilon_2}{\varepsilon_1+\varepsilon_2}Q$

$$F = \frac{Q\cdot Q'}{4\pi\varepsilon_1(2r)^2} = \frac{Q^2}{4\pi\varepsilon_1(2r)^2}\left(\frac{\varepsilon_1-\varepsilon_2}{\varepsilon_1+\varepsilon_2}\right)$$
$$= \frac{Q^2}{16\pi\varepsilon_1 r^2}\frac{\varepsilon_1-\varepsilon_2}{\varepsilon_1+\varepsilon_2}\text{[N]}$$

05

출제빈도

그림과 같이 진공 내의 A, B, C 각 점에 $Q_A = 4\times10^{-6}$[C], $Q_B = 2\times10^{-6}$[C], $Q_C = 5\times10^{-6}$[C]의 점전하가 일직선상에 놓여 있을 때 B점에 작용하는 힘은 몇 [N]인가?

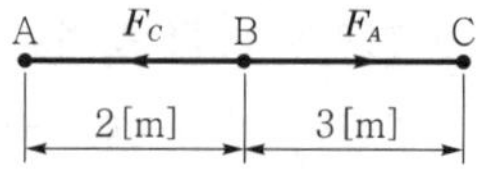

① 0.8×10^{-2}
② 1.2×10^{-2}
③ 1.8×10^{-2}
④ 2.4×10^{-2}

해설 $F_B = F_{BA} - F_{BC}$
$$= \frac{Q_BQ_A}{4\pi\varepsilon_0 r_A{}^2} - \frac{Q_BQ_C}{4\pi\varepsilon_0 r_B{}^2} = \frac{Q_B}{4\pi\varepsilon_0}\left(\frac{Q_A}{r_A{}^2} - \frac{Q_C}{r_B{}^2}\right)$$
$$= 9\times10^9\times2\times10^{-6}\times\left(\frac{4\times10^{-6}}{2^2} - \frac{5\times10^{-6}}{3^2}\right)$$
$$= 0.8\times10^{-2}\text{ [N]}$$

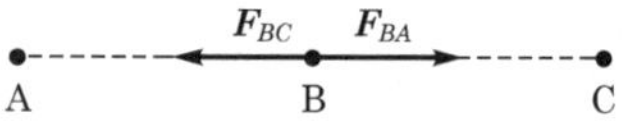

정답 04.④ 05.①

06

자기 인덕턴스가 L_1, L_2이고 상호 인덕턴스가 M인 두 코일을 직렬로 연결하여 합성 인덕턴스 L을 얻었을 때, 다음 중 항상 양의 값을 갖는 것만 골라 묶은 것은?

① L_1, L_2, M　　② L_1, L_2, L

③ M, L　　④ 항상 양의 값을 갖는 것은 없다.

해설 **합성 인덕턴스**

가동 $L_{가} = L_1 + L_2 + 2M$

차동 $L_{차} = L_1 + L_2 - 2M$

07

무한 평면 도체에서 h[m]의 높이에 반지름 a[m]$(a \ll h)$의 도선을 도체에 평행하게 가설하였을 때 도체에 대한 도선의 정전 용량은 몇 [F/m]인가?

① $\dfrac{\pi\varepsilon_0}{\ln\dfrac{h}{a}}$　　② $\dfrac{2\pi\varepsilon_0}{\ln\dfrac{2h}{a}}$

③ $\dfrac{\pi\varepsilon_0}{\ln\dfrac{2h}{a}}$　　④ $\dfrac{2\pi\varepsilon_0}{\ln\dfrac{h}{a}}$

해설

$$C = \frac{q}{V} = \frac{q}{-\int_h^a Edx}$$

$$= \frac{q}{\frac{q}{2\pi\varepsilon_0}\int_a^a\left(\frac{1}{x}+\frac{1}{2h-x}\right)dx}$$

$$= \frac{q}{\frac{q}{2\pi\varepsilon_0}[\ln x - \ln(2h-x)]_a^h}$$

$$= \frac{q}{\frac{q}{2\pi\varepsilon_0}\ln\left(\frac{2h-a}{a}\right)}$$

$$= \frac{2\pi\varepsilon_0}{\ln\frac{2h-a}{a}} \fallingdotseq \frac{2\pi\varepsilon_0}{\ln\frac{2h}{a}}\ [\text{F/m}]$$

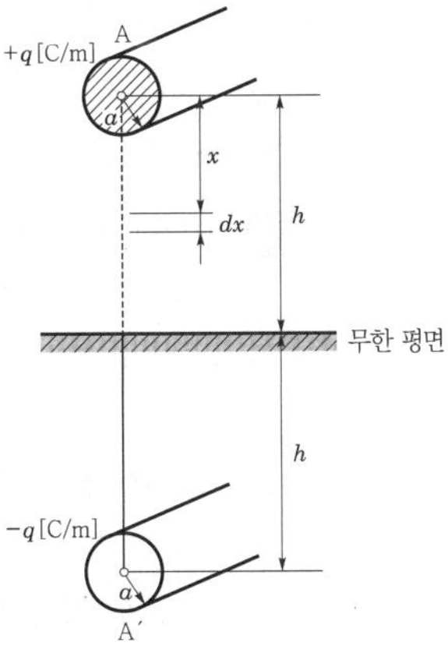

08

반지름 a[m]되는 도선의 1[m]당 내부 자기 인덕턴스는 몇 [H/m]인가?

출제빈도

① $\dfrac{\mu}{8\pi}$　　② $\dfrac{\mu}{4\pi}$

③ $\dfrac{\mu a}{8\pi}$　　④ $\dfrac{\mu a}{4\pi}$

해설 단위 길이당 내부 인덕턴스 $L = \dfrac{\mu}{8\pi}$[H/m]

정답 06.② 07.② 08.①

기출문제 관련 이론 바로보기

08. 이론 check **원통 도체 내부의 단위 길이당 인덕턴스**

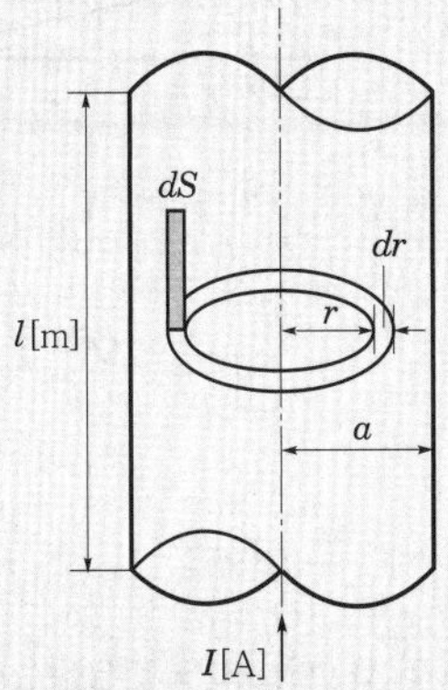

r[m] 떨어진 도체 내부에 축적되는 에너지는

$W = \dfrac{1}{2}LI^2$[J]

도체 내부의 자계의 세기는

$H_i = \dfrac{Ir}{2\pi a^2}$

전체 에너지는

$$W = \int_0^a \frac{1}{2}\mu H^2 dv$$

$$= \int_0^a \frac{1}{2}\mu\left(\frac{r \cdot I}{2\pi a^2}\right)^2 dv$$

$$= \int_0^a \frac{1}{2}\mu\frac{r^2I^2}{4\pi^2a^4}2\pi r \cdot dr$$

$$= \frac{\mu I^2}{4\pi a^4}\int_0^a r^3 dr$$

$$= \frac{\mu I^2}{4\pi a^4}\left[\frac{1}{4}r^4\right]_0^a$$

$$= \frac{\mu I^2}{16\pi}\ [\text{J}]$$

따라서

$\dfrac{\mu I^2}{16\pi} = \dfrac{1}{2}LI^2$

자기 인덕턴스 L은

$L = \dfrac{\mu}{8\pi} \cdot l$[H]

단위 길이당 자기 인덕턴스는

$L = \dfrac{\mu}{8\pi}$[H/m]

기출문제 관련 이론 바로보기

11. 이론 Check **접지 구도체와 점전하**

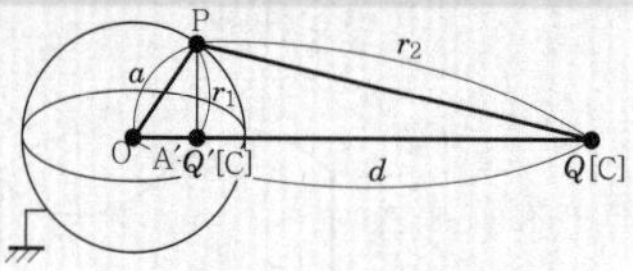

구면상 전위가 0이 되는 점 A′에 영상 전하 Q'를 가상하면 점 P의 전위

$$V_P = \frac{1}{4\pi\varepsilon_0}\left(\frac{Q'}{r_1} + \frac{Q}{r_2}\right) = 0$$

$$\frac{Q'}{r_1} + \frac{Q}{r_2} = 0$$

$$\frac{r_1}{r_2} = \frac{-Q'}{Q}$$

△APO와 △PA′O가 닮은 꼴이 되도록 A′를 잡으면 /POA는 공통

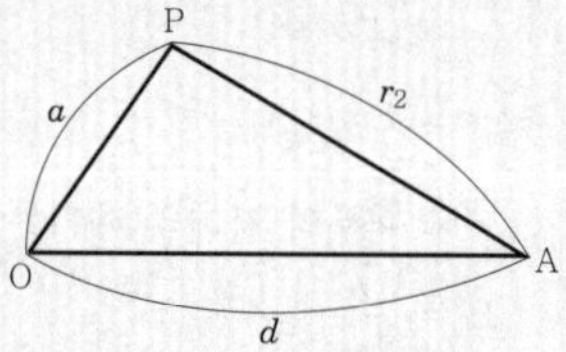

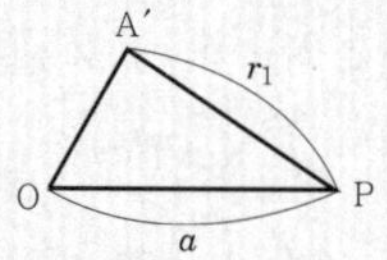

$$\frac{r_1}{r_2} = \frac{a}{d} = \frac{\overline{OA'}}{a} \quad \therefore \overline{OA'} = \frac{a^2}{d}$$

$$Q' = -\frac{r_1}{r_2}Q = -\frac{a}{d}Q$$

(1) 영상 전하의 위치

구 중심에서 $\frac{a^2}{d}$인 점

(2) 영상 전하의 크기

$$Q' = -\frac{a}{d}Q$$

(3) 구도체와 점전하 사이에 작용하는 힘

$$\left(\overline{AA'} = d - \frac{a^2}{d} = \frac{d^2 - a^2}{d}\right)$$

$$F = \frac{Q\left(-\frac{a}{d}Q\right)}{4\pi\varepsilon_0\left(\frac{d^2 - a^2}{d}\right)^2}$$

$$= -\frac{adQ^2}{4\pi\varepsilon_0(d^2 - a^2)^2}\,[\mathrm{N}]$$

09

유전율이 각각 ε_1, ε_2인 두 유전체가 접해 있는 경우 전기력선의 방향을 그림과 같이 표시할 때 $\varepsilon_1 > \varepsilon_2$이면 θ_1과 θ_2의 관계는?

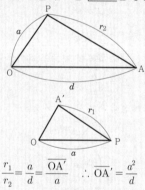

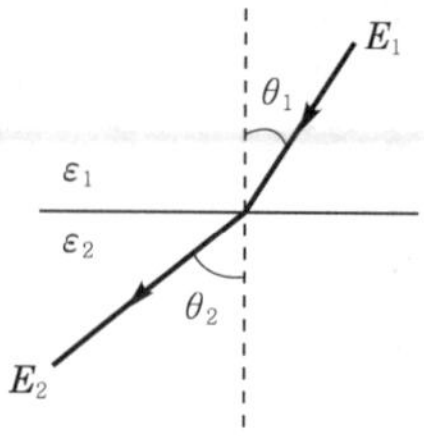

① $\theta_1 = \theta_2$

② $\theta_1 < \theta_2$

③ $\theta_1 > \theta_2$

④ 전력선의 방향에 따라 $\theta_1 > \theta_2$ 혹은 $\theta_1 < \theta_2$

해설 $\varepsilon_1 > \varepsilon_2$ 이면 $\theta_1 > \theta_2$, $\varepsilon_1 < \varepsilon_2$ 이면 $\theta_1 < \theta_2$

즉, 유전율이 큰 유전체(ε_1)에서 유전율이 작은 유전체(ε_2)로 전속 및 전기력선이 들어가면 굴절각이 감소함을 알 수 있다.

10

두 도체 A와 B에서 도체 A에는 $+Q$[C], 도체 B에는 $-Q$[C]의 전하를 줄 때 도체 A, B 간의 전위차를 V_{AB}라 하면 성립되는 식은? (단, 두 도체 사이의 정전 용량은 C이다.)

① $Q = \sqrt{C}\,V_{AB}^2$ ② $Q = \sqrt{C}\,V_{AB}$

③ $Q = C^2 V_{AB}$ ④ $Q = CV_{AB}$

해설 정전 용량은 전하와 전위의 비율로 도체가 전하를 축적할 수 있는 능력으로 $Q = CV$에서 두 도체 사이의 정전 용량 $C = \frac{Q}{V_{AB}}$이다. 따라서 $Q = CV_{AB}$[C]이다.

11

다음 설명 중 옳은 것은?

출제빈도

① 완전 도체가 아닌 일정한 고유 저항을 가진 대지상에 대지와 나란히 높이 h인 곳에 가선된 전류 I가 흐르는 원통상 도선의 영상 전류는 방향이 반대인 $-I$이고, 땅속 h보다 얕은 곳에 대지면과 나란히 흐르는 영상 전류이다.

② 접지 구도체의 외부에 있는 점전하에 기인된 접지 구도체상 유도 전하의 영상 전하는 2개 있다.

③ 두 유전체가 무한 평면으로 경계면을 이루고 접해 있을 때 한 유전체 내에 있는 점전하 Q의 영상 전하는 경계면과 Q 간 거리의 연장선상 반대편 등거리에 1개 있다.

④ 절연 도체구의 외부에 점전하가 있을 때 절연 도체구에 유도된 전하에 관한 영상 전하는 2개 있다.

정답 09.③ 10.④ 11.④

해설 절연 도체구의 유도 전하의 총합은 0이다. Q[C]에 의한 유도 전하는 구 중심으로부터 $\frac{a^2}{d}$인 점에 $-\frac{a}{d}Q$의 영상 전하와 구 중심에 $\frac{a}{d}Q$라고 하는 영상 전하가 있다.

12 자기 인덕턴스 50[mH]의 회로에 흐르는 전류가 매초 100[A]의 비율로 감소할 때 자기 유도 기전력은?

① 5×10^{-4}[mV] ② 5[V]
③ 40[V] ④ 200[V]

해설 $e=L\cdot\frac{di}{dt}=50\times10^{-3}\times\frac{100}{1}=5$

13 도전성을 가진 매질 내의 평면파에서 전송 계수 γ를 표현한 것으로 알맞은 것은?

① $\gamma=\alpha+j\beta$ ② $\gamma=\alpha-j\beta$
③ $\gamma=j\alpha+\beta$ ④ $\gamma=j\alpha-\beta$

해설 전파 정수 $\gamma=\alpha+j\beta$(여기서, α : 감쇠 정수, β : 위상 정수)

14 전압 V로 충전된 용량 C의 콘덴서에 용량 $2C$의 콘덴서를 병렬 연결한 후의 단자 전압[V]은?

출제빈도

① $3V$ ② $2V$
③ $\frac{V}{2}$ ④ $\frac{V}{3}$

해설 충전 전하 $Q=CV$[C]
합성 정전 용량 $C_0=C+2C=3C$[F]
∴ 전위차 $V_0=\frac{Q}{C_0}=\frac{CV}{3C}=\frac{V}{3}$[V]

15 자기 회로 단면적 4[cm²]의 철심에 6×10^{-4}[Wb]의 자속을 통하게 하려면 2,800[AT/m]의 자계가 필요하다. 철심의 비투자율[H/m]은?

① 12 ② 43
③ 75 ④ 426

해설 $\boldsymbol{B}=\mu_0\mu_s\boldsymbol{H}$[Wb/m²]

$$\therefore\ \mu_s=\frac{\boldsymbol{B}}{\mu_0\boldsymbol{H}}=\frac{\frac{\phi}{S}}{\mu_0\boldsymbol{H}}=\frac{\phi}{\mu_0\boldsymbol{H}S}$$
$$=\frac{6\times10^{-4}}{4\pi\times10^{-7}\times2{,}800\times4\times10^{-4}}\fallingdotseq426$$

기출문제 관련 이론 바로보기

14. 이론 check 콘덴서 병렬 접속(V=일정)

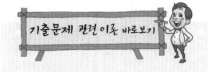

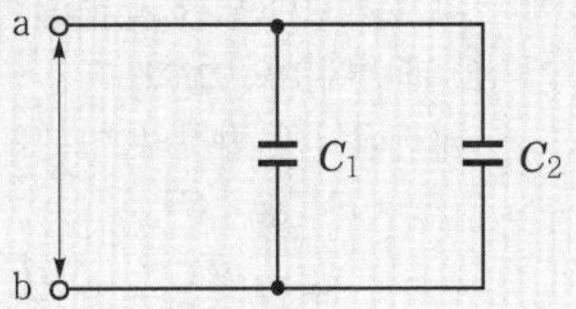

▌병렬 접속▐

a, b 단자 간에 V를 가하면
$Q_1=C_1V,\ Q_2=C_2V$
총 전하 $Q=Q_1+Q_2$
$=(C_1+C_2)V$

(1) 합성 정전 용량
$C_0=C_1+C_2$[F]

(2) 전하 분배
$$Q_1=C_1V=C_1\frac{Q}{C_1+C_2}=\frac{C_1}{C_1+C_2}Q$$
$$Q_2=C_2V=C_2\frac{Q}{C_1+C_2}=\frac{C_2}{C_1+C_2}Q$$

정답 12.② 13.① 14.④ 15.④

기출문제 관련 이론 바로보기

16

평행판 공기 콘덴서의 극판 사이에 비유전율 ε_s의 유전체를 채운 경우 동일 전위차에 대한 극판 간의 전하량 Q[C]는?

① ε_s배로 증가　　② $\frac{1}{\varepsilon_s}$로 감소

③ $\pi\varepsilon_s$배로 증가　　④ 불변

해설 $Q = C = \varepsilon_s C_0 V = \varepsilon_s Q_0$[C]

17. 이론 check **맥스웰의 전자 방정식**

(1) 앙페르의 주회 적분 법칙

$$\oint \boldsymbol{H} \cdot dl = I$$

$$\int_s \text{rot}\boldsymbol{H} \cdot d\boldsymbol{S} = \int_s i \cdot d\boldsymbol{S}$$

rot $\boldsymbol{H} = i$(앙페르의 주회 적분 법칙의 미분형)

$$\text{rot}\,\boldsymbol{H} = \nabla \times \boldsymbol{H} = J + J_d = \frac{\boldsymbol{i}_c}{\boldsymbol{S}} + \frac{\partial \boldsymbol{D}}{\partial t}$$

여기서, J : 전도 전류 밀도

J_d : 변위 전류 밀도

따라서, 전도 전류뿐만 아니라 변위 전류도 동일한 자계를 만든다.

(2) 패러데이의 법칙

패러데이의 법칙의 미분형은

$$\text{rot}\,\boldsymbol{E} = \nabla \times \boldsymbol{E} = -\frac{\partial \boldsymbol{B}}{\partial t} = -\mu\frac{\partial \boldsymbol{H}}{\partial t}$$

즉, 자속이 시간에 따라 변화하면 자속이 쇄교하여 그 주위에 역기전력이 발생한다.

(3) 가우스의 법칙

① 정전계 : 가우스 법칙의 미분형은 div$\boldsymbol{D} = \nabla \cdot \boldsymbol{D} = \rho$, 이 식의 물리적 의미는 전기력선은 정전하에서 출발하여 부전하에서 끝난다. 즉, 전기력선은 스스로 폐루프를 이룰 수 없다는 것을 의미한다.

② 정자계 : div$\boldsymbol{B} = \nabla \cdot \boldsymbol{B} = 0$, 이것에 대한 물리적 의미는 자기력선은 스스로 폐루프를 이루고 있다는 것을 의미하며 N극과 S극이 항상 공존한다는 것을 의미한다.

17

출제빈도

다음 중 전자계에 대한 맥스웰(Maxwell)의 기본 이론으로 옳지 않은 것은?

① 고립된 자극이 존재한다.

② 전하에서 전속선이 발산된다.

③ 전도 전류와 변위 전류는 자계의 회전을 발생시킨다.

④ 자속 밀도의 시간적 변화에 따라 전계의 회전이 생긴다.

해설 div$\boldsymbol{B} = 0$, N극과 S극이 항상 공존하는 것을 의미한다.

18

자화율 χ와 비투자율 μ_s의 관계에서 상자성체로 판단할 수 있는 것은?

① $\chi > 0$, $\mu_s < 1$

② $\chi < 0$, $\mu_s > 1$

③ $\chi > 0$, $\mu_s > 1$

④ $\chi < 0$, $\mu_s < 1$

해설 상자성체의 비투자율 $\mu_s \geq 1$(1보다 약간 크다)

∴ 자화율 $\chi = \mu_0(\mu_s - 1) > 0$

19

두 자성체 경계면에서 정자계가 만족하는 것은?

① 자속 밀도의 접선 성분이 같다.

② 자속은 투자율이 작은 자성체에 모인다.

③ 양측 경계면상의 두 점 간의 자위차가 같다.

④ 자계의 법선 성분이 같다.

해설
- 자계의 접선 성분이 같다.
  $\boldsymbol{H}_1 \sin\theta_1 = \boldsymbol{H}_2 \sin\theta_2$
- 자속 밀도의 법선 성분이 같다.
  $\boldsymbol{B}_1 \cos\theta_1 = \boldsymbol{B}_2 \cos\theta_2$
- 경계면상의 두 점 간의 자위차는 같다.
- 자속은 투자율이 높은 쪽으로 모이려는 성질이 있다.

정답 16.① 17.① 18.③ 19.③

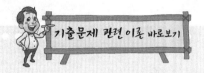

20 두 개의 자하 m_1, m_2 사이에 작용되는 쿨롱의 법칙으로서 자하 간의 자기력에 대한 설명으로 옳지 않은 것은?

출제빈도

① 두 자하가 동일 극성이면 반발력이 작용한다.
② 두 자하가 서로 다른 극성이면 흡인력이 작용한다.
③ 두 자하의 거리에 반비례한다.
④ 두 자하의 곱에 비례한다.

해설 $F = \dfrac{1}{4\pi\mu_0} \times \dfrac{m_1 m_2}{r^2}$ [H]

기출문제 관련 이론 바로보기

20. 이론 check **자계의 세기**

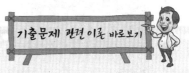

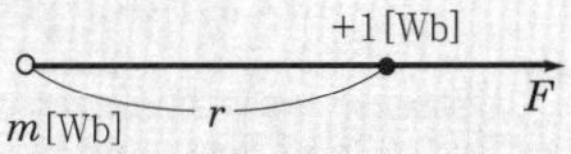

자계 세기의 정의는 자계 중에 단위 점자하를 놓았을 때 작용하는 힘이다.

즉, 두 자하 사이에 작용하는 힘은

$$F = 6.33 \times 10^4 \frac{m_1 \times 1}{r^2}$$

$$= 6.33 \times 10^4 \frac{m}{r^2} \text{ [N]}$$

이를 자계의 세기라 한다.

$$H = \frac{1}{4\pi\mu} \frac{m}{r^2}$$

$$= 6.33 \times 10^4 \frac{m}{r^2} \text{ [AT/m], [N/Wb]}$$

또한, 자계 내에 m[Wb]를 놓았을 때 자계에 작용하는 힘은 다음과 같다.

$F = mH$ [N]

정답 20.③

Industrial Engineer Electricity

2013년 과년도 출제문제

기출문제 관련 이론 바로보기

제1회 전기자기학

01 비유전율이 2.4인 유전체 내의 전계의 세기가 100[mV/m]이다. 유전체에 저축되는 단위 체적당 정전 에너지는 몇 [J/m^3]인가?

① 1.06×10^{-13} ② 1.77×10^{-13}
③ 2.32×10^{-13} ④ 2.32×10^{-11}

해설 $W=\frac{1}{2}\varepsilon E^2=\frac{1}{2}\varepsilon_0\varepsilon_s E^2=\frac{1}{2}\times8.855\times10^{-12}\times2.4\times(100\times10^{-3})^2$
$=1.06\times10^{-13}$[J/m^3]

02. 이론 check 자계 속의 전류에 작용하는 힘

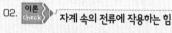

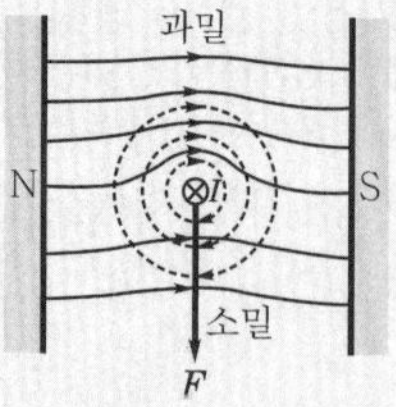

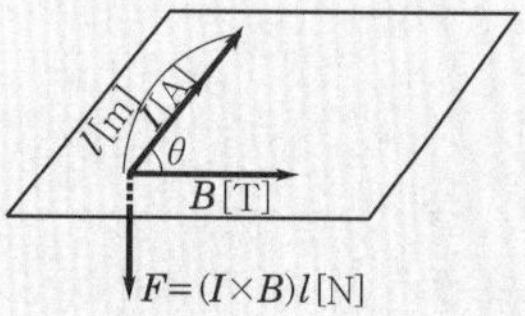

전류 I[A]가 흐르고 있는 길이가 l[m]인 도체가 자속 밀도 B의 자계 속에 놓여 있을 때 이 도체에 작용하는 힘으로
$F=IlB\sin\theta=Il\mu_0H\sin\theta$[N]
Vector로 표시하면
$F=Il\times B$[N]

02 자계 내에서 도선에 전류를 흘려보낼 때, 도선을 자계에 대해 60도의 각으로 놓았을 때 작용하는 힘은 30도의 각으로 놓았을 때 작용하는 힘의 몇 배인가?

출제빈도

① 2 ② $\sqrt{2}$
③ $\sqrt{3}$ ④ 4

해설 자계와 전류 간의 작용력 $F=IBl\sin\theta$[N]에서 $\theta_1=60°$, $\theta_2=30°$일 때의 작용력을 F_1, F_2라 하면
$F_1=IBl\sin60°$[N]
$F_2=IBl\sin30°$[N]

$$\frac{F_1}{F_2}=\frac{\sin60°}{\sin30°}=\frac{\frac{\sqrt{3}}{2}}{\frac{1}{2}}=\sqrt{3}$$

$\therefore F_1=\sqrt{3}F_2$[N]

03 간격 50[cm]인 평행 도체판 사이에 10[Ω/m]인 물질을 채웠을 때 단위 면적당의 저항은 몇 [Ω]인가?

출제빈도

① 1 ② 5
③ 10 ④ 15

정답 01.① 02.③ 03.②

해설 전기 저항 $R=\dfrac{l}{KS}=\rho\dfrac{l}{S}[\Omega]$

여기서, ρ : 고유 저항$[\Omega \cdot \text{m}]$, K : 도전율[℧/m]

$\therefore\ R=\dfrac{50\times10^{-2}}{\dfrac{1}{10}\times1}=5[\Omega]$

04 도체가 관통하는 자속이 변하든가 또는 자속과 도체가 상대적으로 운동하여 도체 내의 자속이 시간적 변화를 일으키면 이 변화를 막기 위하여 도체 내에 국부적으로 형성되는 임의의 폐회로를 따라 전류가 유기되는데 이 전류를 무엇이라 하는가?

① 히스테리시스 전류 ② 와전류
③ 변위 전류 ④ 과도 전류

05 공기 중에서 1[V/m]의 크기를 가진 정현파 전계에 대한 변위 전류 1[A/m²]를 흐르게 하기 위해서는 이 전계의 주파수가 몇 [MHz]가 되어야 하는가?

① 1,500 ② 1,800
③ 15,000 ④ 18,000

해설 $f=\dfrac{i_D}{2\pi\varepsilon E}=\dfrac{1}{2\pi\times8.855\times10^{-12}\times1}\fallingdotseq18,000[\text{MHz}]$

06 길이 l[m]인 도선으로 원형 코일을 만들어 일정한 전류를 흘릴 때, M회 감았을 때의 중심 자계는 N회 감았을 때의 중심 자계의 몇 배인가?

① $\left(\dfrac{M}{N}\right)^2$ ② $\left(\dfrac{N}{M}\right)^2$
③ $\dfrac{N}{M}$ ④ $\dfrac{M}{N}$

해설 원형 코일의 반지름 r, 권수 N_0, 전류 I라 하면 중심 자계의 세기 H는

$H=\dfrac{N_0 I}{2r}$[AT/m]

코일의 권수 M일 때 원형 코일의 반지름 r_1은 $2\pi r_1 M=l$에서

$r_1=\dfrac{l}{2\pi M}$[M]

중심 자장의 세기 H_1은 $H_1=\dfrac{MI}{2\dfrac{l}{2\pi M}}=\dfrac{\pi M^2 I}{l}$[AT/m]이고

같은 방법으로 코일의 권수 N일 때의 중심 자장의 세기 H_2는

$H_2=\dfrac{\pi N^2 I}{l}$[AT/m]

정답 04.② 05.④ 06.①

기출문제 관련 이론 바로보기

04. 이론 check 와전류

자성체 중에서 자속이 변화하면 기전력이 발생하고 이 기전력에 의해 자성체 중에 소용돌이 모양의 전류가 흐른다. 이것을 와전류라 한다. 이 전류에 의한 전력손실을 전류 손실이라 하며 열손실로 되어서 자성체의 온도를 상승시키므로 전기 기계에서는 이것을 방지하기 위해 규소 강판을 한 장씩 절연하여 겹쳐 쌓아서 철심을 만든다든지 페라이트를 사용한다. 또 와전류에 의해서 생기는 힘은 전력량계나 전차에서 전기 브레이크에 이용되고 있다.

06. 이론 check 원형 전류 중심축상의 자계의 세기

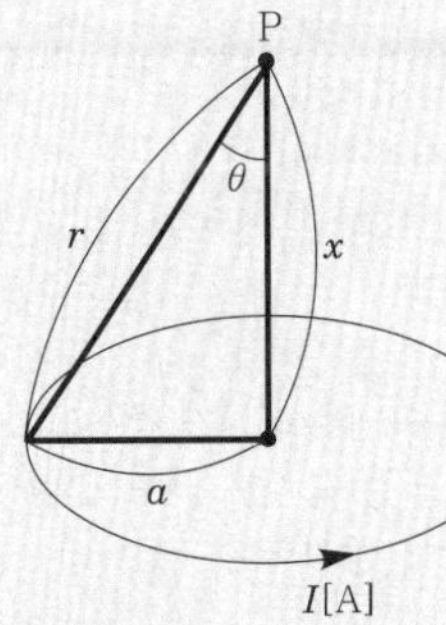

반경 a[m]인 원형 코일의 미소 길이 dl[m]에 의한 중심축상의 한 점 P의 미소 자계의 세기는 비오-사바르의 법칙에 의해

$dH=\dfrac{Idl}{4\pi r^2}\sin\theta$[AT/m]

$=\dfrac{I\cdot a\,dl}{4\pi r^3}$

여기서, $\sin\theta=\dfrac{a}{r}$이므로

$H=\displaystyle\int\dfrac{I\cdot a\,dl}{4\pi r^3}=\dfrac{aI}{4\pi r^3}\int dl$

$=\dfrac{a\cdot I}{4\pi r^3}2\pi a=\dfrac{a^2 I}{2r^3}$[AT/m]

여기서, $r=\sqrt{a^2+x^2}$이므로

$H=\dfrac{a^2 I}{2(a^2+x^2)^{\frac{3}{2}}}$[AT/m]

기출문제 관련 이론 바로보기

여기서, 원형 중심의 자계의 세기 H_0는 떨어진 거리 $x=0$인 지점이므로 $H_0=\frac{I}{2a}$

또한, 권수가 N회 감겨 있을 때에는 $H_0=\frac{NI}{2a}$

07. 이론 check **표피 효과**

전류의 주파수가 증가할수록 도체 내부의 전류 밀도가 지수 함수적으로 감소되는 현상을 표피 효과라 한다.

$\delta=\sqrt{\frac{2}{\omega\sigma\mu}}=\sqrt{\frac{1}{\pi f\sigma\mu}}$ [m]

여기서,

$\sigma=\frac{1}{2\times10^{-8}}$ [℧/m] : 도전율

$\mu=4\pi\times10^{-7}$ [H/m] : 투자율

δ : 표피 두께 또는 침투 깊이

따라서, 주파수가 높을수록, 도전율이 높을수록, 투자율이 높을수록 표피 두께 δ가 감소하므로 표피 효과는 증대되어 도체의 실효 저항이 증가한다.

08. 이론 check **자속 밀도(B)**

자속 밀도란 단위 면적당 자속 수를 의미하며, B로 표현하고 단위는 [Wb/m²]를 사용한다. 이를 수식으로 표현하면 다음과 같다.

$$B=\frac{\phi}{S}=\frac{m}{S}=\frac{m}{4\pi r^2}=\mu_0 H\text{[Wb/m}^2\text{]}$$

$$\frac{H_1}{H_2}=\frac{\frac{\pi M^2 I}{l}}{\frac{\pi N^2 l}{l}}=\frac{M^2}{N^2}=\left(\frac{M}{N}\right)^2\text{배}$$

07

도체 표면의 전류 밀도가 커지고 도체 중심으로 갈수록 전류 밀도가 작아지는 효과는?

① 표피 효과
② 홀 효과
③ 펠티에 효과
④ 제벡 효과

08

비투자율 μ_s, 자속 밀도 B인 자계 중에 있는 m[Wb]의 정자극이 받는 힘[N]은?

① $\frac{mB}{\mu_0}$　　② $\frac{mB}{\mu_0\mu_s}$

③ $\frac{mB}{\mu_s}$　　④ $\frac{\mu_0\mu_s}{mB}$

해설 $F=mH=m\cdot\frac{B}{\mu_0\mu_s}=\frac{mB}{\mu_0\mu_s}$[N]

09

환상 철심에 감은 코일에 5[A]의 전류를 흘리면 2,000[AT]의 기자력이 생긴다면 코일의 권수는 얼마로 하여야 하는가?

① 10,000　　② 5,000

③ 400　　④ 250

해설 기자력 $F=NI$[AT]

$\therefore$ 코일의 권수 $N=\frac{F}{I}=\frac{2,000}{5}=400$회

10

자속의 연속성을 나타내는 식은?

① $B=\mu H$
② $\nabla\cdot B=0$
③ $\nabla\cdot B=\rho$
④ $\nabla\cdot B=-\mu H$

해설 $\text{div}B=\nabla\cdot B=0$의 물리적 의미는 자기력선은 스스로 폐루프를 이루고 있다는 것을 의미하며 N극과 S극이 항상 공존한다는 것을 의미한다.

정답 07.① 08.② 09.③ 10.②

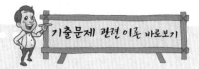

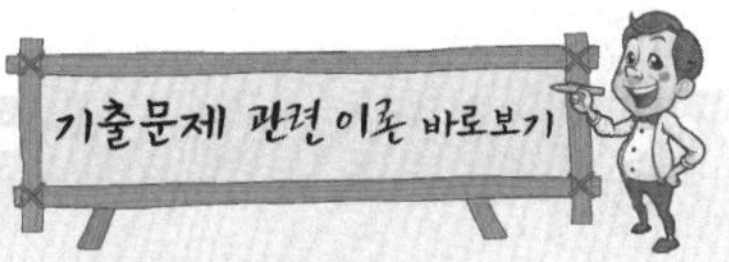

11 1.2[kW]의 전열기를 45분간 사용할 때 발생한 열량[kcal]은?

① 471 ② 572
③ 673 ④ 774

해설 열량 $H=0.239Pt \fallingdotseq 0.24Pt\,[\mathrm{cal}]$

$=0.24\times1.2\times10^3\times45\times60$

$\fallingdotseq 774\,[\mathrm{kcal}]$

11. 이론 check **전력, 전력량 및 열량**

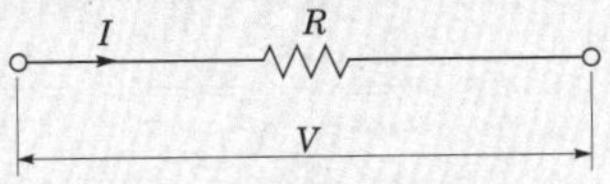

임의의 도체에 전류가 흐르면 전기적 에너지가 발생한다. 이때 전력 P는

$$P=VI=I^2R=\frac{V^2}{R}\,[\mathrm{J/s=W}]$$

또한 전력량 W는

$$W=Pt=V=I^2Rt=\frac{V^2}{R}t\,[\mathrm{Ws}]$$

이것을 줄의 법칙을 이용하여 열량 H로 환산하면

$$H=0.24Pt=0.24\,VIt$$
$$=0.24I^2Rt=0.24\frac{V^2}{R}t\,[\mathrm{cal}]$$

12 그림과 같은 정전 용량이 C_0[F]인 평행판 공기 콘덴서의 판면적의 $\frac{2}{3}$가 되는 공간에 비유전율 ε_s인 유전체를 채우면 공기 콘덴서의 정전 용량은 몇 [F]인가?

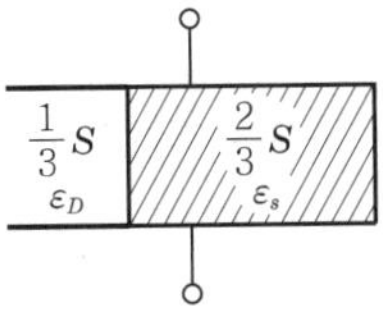

① $\dfrac{2\varepsilon_s}{3}C_0$ ② $\dfrac{3}{1+2\varepsilon_s}C_0$
③ $\dfrac{1+\varepsilon_s}{3}C_0$ ④ $\dfrac{1+2\varepsilon_s}{3}C_0$

해설 합성 정전 용량은 두 콘덴서의 병렬 연결과 같으므로

$$\therefore\ C=C_1+C_2=\frac{1}{3}C_0+\frac{2}{3}\varepsilon_sC_0=\frac{1+2\varepsilon_s}{3}C_0\,[\mathrm{F}]$$

12. 이론 check **서로 다른 유전체를 극판과 수직하게 채우는 경우**

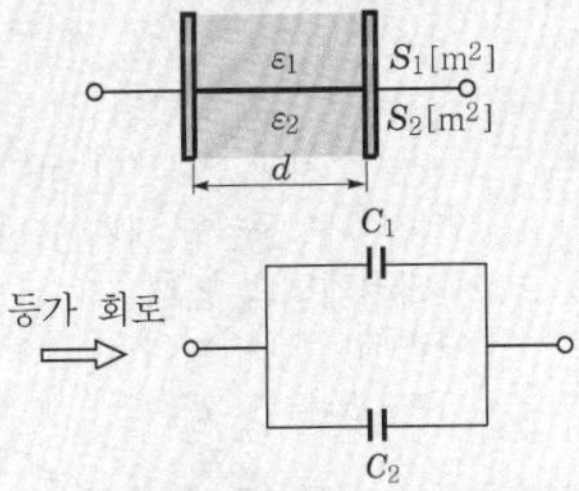

| 서로 다른 유전체가 극판과 수직인 경우 |

(1) ε_1부분의 정전 용량

$$C_1=\frac{\varepsilon_1S_1}{d_1}$$

(2) ε_2부분의 정전 용량

$$C_2=\frac{\varepsilon_2S_2}{d_2}$$

(3) 전체 정전 용량

$$C=C_1+C_2=\frac{\varepsilon_1S_1}{d}+\frac{\varepsilon_2S_2}{d}$$
$$=\frac{\varepsilon_1S_1+\varepsilon_2S_2}{d}\,[\mathrm{F}]$$

13 그림과 같이 공기 중에서 1[m]의 거리를 사이에 둔 2점 A, B에 각각 3×10^{-4}[Wb]와 -3×10^{-4}[Wb]의 점자극을 두었다. 이때 점 P에 단위 정(+)자극을 두었을 때 이 극에 작용하는 힘의 합력은 약 몇 [N]인가? (단, $m(\overline{AP})=m(\overline{BP})$, $m(\angle APB)=90°$이다.)

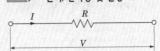

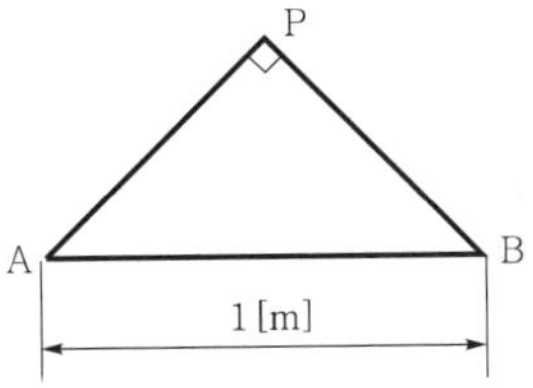

① 0 ② 18.9
③ 37.9 ④ 53.7

해설 $F_1=F_2$이므로

$$F_1=6.33\times10^4\times\frac{1\times3\times10^{-4}}{\left(\frac{1}{\sqrt{2}}\right)^2}=12.66\times3=37.98\,[\mathrm{N}]$$

정답 11.④ 12.④ 13.④

기출문제 관련 이론 바로보기

16. 이론 check **전자파의 전파 속도**

$v=\frac{1}{\sqrt{\varepsilon\mu}}=\frac{1}{\sqrt{\varepsilon_0\mu_0}}\times\frac{1}{\sqrt{\varepsilon_s\mu_s}}$

$=3\times10^8\frac{1}{\sqrt{\varepsilon_s\mu_s}}$

$=\frac{C_0}{\sqrt{\varepsilon_s\mu_s}}$[m/s]

17. 이론 check **맥스웰의 전자 방정식**

(1) 앙페르의 주회 적분 법칙

$\oint \boldsymbol{H}\cdot dl=I$

$\int_s \text{rot}\boldsymbol{H}\cdot d\boldsymbol{S}=\int_s i\cdot d\boldsymbol{S}$

rot $\boldsymbol{H}=i$(앙페르의 주회 적분 법칙의 미분형)

rot $\boldsymbol{H}=\nabla\times\boldsymbol{H}=J+J_d$

$=\frac{i_c}{\boldsymbol{S}}+\frac{\partial\boldsymbol{D}}{\partial t}$

여기서, J : 전도 전류 밀도

J_d : 변위 전류 밀도

따라서, 전도 전류뿐만 아니라 변위 전류도 동일한 자계를 만든다.

(2) 패러데이의 법칙

패러데이의 법칙의 미분형은

rot $\boldsymbol{E}=\nabla\times\boldsymbol{E}$

$=-\frac{\partial\boldsymbol{B}}{\partial t}=-\mu\frac{\partial\boldsymbol{H}}{\partial t}$

즉, 자속이 시간에 따라 변화하면 자속이 쇄교하여 그 주위에 역기전력이 발생한다.

(3) 가우스의 법칙

① 정전계 : 가우스 법칙의 미분형은 div$\boldsymbol{D}=\nabla\cdot\boldsymbol{D}=\rho$, 이 식의 물리적 의미는 전기력선은 정전하에서 출발하여 부전하에서 끝난다. 즉, 전기력선은 스스로 폐루프를 이룰 수 없다는 것을 의미한다.

② 정자계 : div$\boldsymbol{B}=\nabla\cdot\boldsymbol{B}=0$, 이것에 대한 물리적 의미는 자기력선은 스스로 폐루프를 이루고 있다는 것을 의미하며, N극과 S극이 항상 공존한다는 것을 의미한다.

$\therefore\ \boldsymbol{F}=2\boldsymbol{F}_1\cos 45°=2\times37.98\times\frac{1}{\sqrt{2}}\fallingdotseq 53.70$[N]

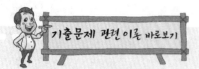

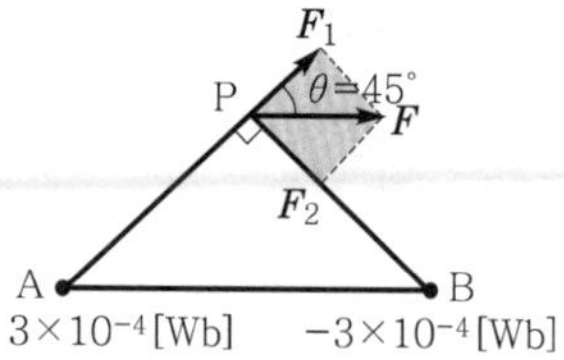

14 중공 도체의 중공부에 전하를 놓지 않으면 외부에서 준 전하는 외부 표면에만 분포한다. 이때 도체 내의 전계는 몇 [V/m]가 되는가?

① 0 ② 4π

③ ∞ ④ $\frac{1}{4\pi\varepsilon_0}$

해설 전하가 없는 곳에는 전기력선도 없다.

15 일반적으로 자구(magnetic domain)를 가지는 자성체는?

① 강자성체 ② 유전체

③ 역자성체 ④ 비자성체

해설 강자성체는 전자의 스핀에 의한 자기 모멘트가 서로 접근하여 원자 전체의 모멘트가 동일 방향으로 정렬된 자구(磁區)를 가지고 있다.

16 출제빈도 자유 공간을 통과하는 전자파의 전파 속도 v는? (단, ε_0 : 자유 공간의 유전율, μ_0 : 자유 공간의 투자율)

① $\sqrt{\frac{\varepsilon_0}{\mu_0}}$ ② $\sqrt{\varepsilon_0\mu_0}$

③ $\sqrt{\frac{\mu_s}{\varepsilon_0}}$ ④ $\frac{1}{\sqrt{\varepsilon_0\mu_0}}$

해설 자유 공간의 전자파의 전파 속도

$v=\frac{1}{\sqrt{\varepsilon_0\mu_0}}=3\times10^8$[m/s]

17 출제빈도 다음 중 맥스웰의 전자 방정식으로 옳지 않은 것은?

① rot$H=i+\frac{\partial D}{\partial t}$ ② rot$E=-\frac{\partial B}{\partial t}$

③ div$B=\phi$ ④ div$D=\rho$

해설 div$B=\nabla\cdot B=0$

정답 14.① 15.① 16.④ 17.③

18 그림과 같이 도체구 내부 공동의 중심에 점전하 Q[C]이 있을 때 이 도체구의 외부로 발산되어 나오는 전기력선의 수는 몇 개인가? (단, 도체 내외의 공간은 진공이라 한다.)

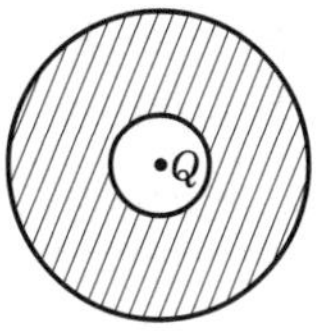

① 4π

② $\dfrac{Q}{\varepsilon_0}$

③ Q

④ $\varepsilon_0 Q$

해설 Q[C]의 전하로부터 발산되는 전기력선의 수는

$$N=\int_S \boldsymbol{E}\cdot dS=\frac{Q}{\varepsilon_0}\text{개}$$

19 용량 계수와 유도 계수에 대한 성질 중에서 틀린 것은?

출제빈도

① $q_{11},\ q_{22},\ q_{23},\ \cdots\cdots\ q_{nn}>0$, 일반적으로 $q_{nn}>0$

② $q_{12},\ q_{13}$, 등≤ 0, 일반적으로 $q_{rs}\leq 0$

③ $q_{11}\geq(q_{21}+q_{31}+\cdots\cdots+q_{nt})$

④ $q_{rs}=q_{sr}$

해설 $q_{11}\geq-(q_{21}+q_{31}+\cdots\cdots+q_{n1})$

20 대전된 구도체를 반지름이 2배가 되는 대전이 되지 않은 구도체에 가는 도선으로 연결할 때 원래의 에너지에 대해 손실된 에너지의 비율은 얼마가 되는가? (단, 구도체는 충분히 떨어져 있다고 한다.)

① $\dfrac{1}{2}$

② $\dfrac{1}{3}$

③ $\dfrac{2}{3}$

④ $\dfrac{2}{5}$

해설 대전된 도체구의 정전 용량을 C라 하면

$C=4\pi\varepsilon_0 a$[F]

대전되지 않는 무대 전구의 정전 용량을 C'라 하면

$C'=4\pi\varepsilon_0 a'=4\pi\varepsilon_0(2a)=2C$[F]

연결 전후의 에너지를 W, W'라 하면

$$W=\frac{Q^2}{2C}[\text{J}],\quad W'=\frac{Q^2}{2(C+2C)}=\frac{Q^2}{6C}[\text{J}]$$

$$\therefore \text{손실비}=\frac{W-W'}{W}=\frac{\dfrac{Q^2}{2C}-\dfrac{Q^2}{6C}}{\dfrac{Q^2}{2C}}=\frac{2}{3}$$

정답 18.② 19.③ 20.③

기출문제 관련 이론 바로보기

19. 이론 check **용량 계수와 유도 계수**

$V_1=p_{11}Q_1+p_{12}Q_2$

$V_2=p_{21}Q_1+p_{22}Q_2$

$$\begin{bmatrix}V_1\\V_2\end{bmatrix}=\begin{bmatrix}p_{11}&p_{12}\\p_{21}&p_{22}\end{bmatrix}\begin{bmatrix}Q_1\\Q_2\end{bmatrix}$$

$$\begin{bmatrix}Q_1\\Q_2\end{bmatrix}=\begin{bmatrix}p_{11}&p_{12}\\p_{21}&p_{22}\end{bmatrix}^{-1}\begin{bmatrix}V_1\\V_2\end{bmatrix}$$

$$=\frac{1}{p_{11}p_{22}-p_{12}p_{21}}\begin{bmatrix}p_{22}&-p_{12}\\-p_{21}&p_{11}\end{bmatrix}\begin{bmatrix}V_1\\V_2\end{bmatrix}$$

$$=\begin{bmatrix}q_{11}&q_{12}\\q_{21}&q_{22}\end{bmatrix}\begin{bmatrix}V_1\\V_2\end{bmatrix}$$

$Q_1=q_{11}V_1+q_{12}V_2$

$Q_2=q_{21}V_1+q_{22}V_2$

여기서, q_{11}, q_{22} : 용량 계수

q_{12}, q_{21} : 유도 계수

(1) 용량 계수와 유도 계수의 성질

① $q_{11}>0$, $q_{22}>0$ 일반적으로 $q_{rr}>0$

② $q_{12}\leqq 0$, $q_{21}\leqq 0$ 일반적으로 $q_{rs}\leqq 0$

③ $q_{11}\geqq-(q_{21}+q_{31}+\cdots+q_{n1})$

④ $q_{12}=Zq_{21}$ 일반적으로 $q_{rs}=q_{sr}$

(2) 단위 : [C/V]=[F]

기출문제 관련 이론 바로보기

01. 이론 check **유전체의 경계면 조건**

유전체의 유전율 값이 서로 다른 경우에 전계의 세기와 전속 밀도는 경계면에서 다음과 같은 조건이 성립된다.

(1) 전계는 경계면에서 수평 성분(=접선 성분)이 서로 같다.

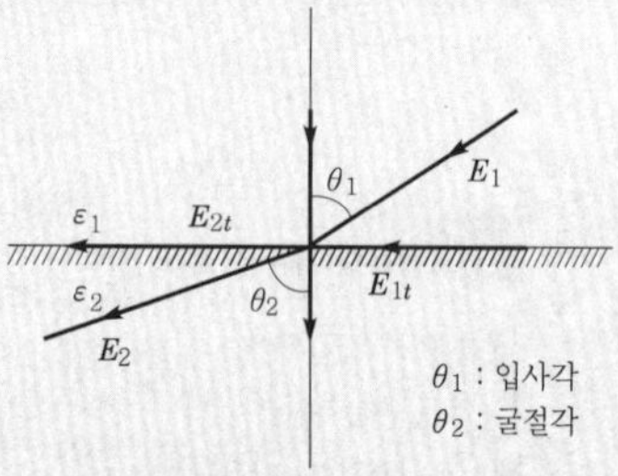

$E_1\sin\theta_1 = E_2\sin\theta_2$

$E_{1t} = E_{2t}$

(2) 전속 밀도는 경계면에서 수직 성분(=법선 성분)이 서로 같다.

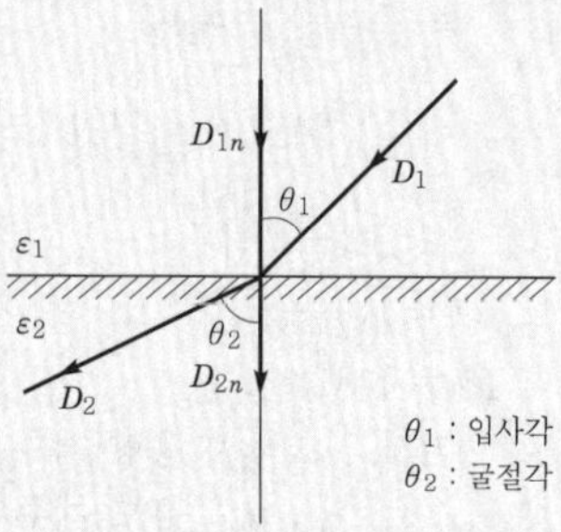

$D_1\cos\theta_1 = D_2\cos\theta_2$

$D_{1n} = D_{2n}$

(3) (1)과 (2)의 비를 취하면 다음과 같다.

$$\frac{E_1\sin\theta_1}{D_1\cos\theta_1} = \frac{E_2\sin\theta_2}{D_2\cos\theta_2}$$

여기서, $D_1 = \varepsilon_1 E_1$, $D_2 = \varepsilon_2 E_2$

$$\frac{1}{\varepsilon_1}\tan\theta_1 = \frac{1}{\varepsilon_2}\tan\theta_2$$

이를 정리하면

$$\frac{\tan\theta_1}{\tan\theta_2} = \frac{\varepsilon_1}{\varepsilon_2}$$

제 2 회 전기자기학

01 (출제빈도) 유전율이 각각 ε_1, ε_2인 두 유전체가 접해 있다. 각 유전체 중의 전계 및 전속 밀도가 각각 E_1, D_1 및 E_2, D_2이고, 경계면에 대한 입사각 및 굴절각이 θ_1, θ_2일 때 경계 조건으로 옳은 것은?

① $\dfrac{\sin\theta_2}{\sin\theta_1} = \dfrac{\varepsilon_2}{\varepsilon_1}$　　② $\dfrac{\cos\theta_2}{\cos\theta_1} = \dfrac{D_2}{D_1}$

③ $\dfrac{\tan\theta_2}{\tan\theta_1} = \dfrac{\varepsilon_2}{\varepsilon_1}$　　④ $\dfrac{\cot\theta_2}{\cot\theta_1} = \dfrac{E_2}{E_1}$

해설 전계는 경계면에서 수평 성분이 서로 같다.

$E_1\sin\theta_1 = E_2\sin\theta_2$　　$\therefore \dfrac{\sin\theta_2}{\sin\theta_1} = \dfrac{E_1}{E_2}$

전속 밀도는 경계면에서 수직 성분이 서로 같다.

$D_1\cos\theta_1 = D_2\cos\theta_2$　　$\therefore \dfrac{\cos\theta_2}{\cos\theta_1} = \dfrac{D_1}{D_2}$

$\dfrac{E_1\sin\theta_1}{D_1\cos\theta_1} = \dfrac{E_2\sin\theta_2}{D_2\cos\theta_2}$　　$\therefore \dfrac{\tan\theta_2}{\tan\theta_1} = \dfrac{\varepsilon_2}{\varepsilon_1}$

02 자기 인덕턴스가 10[H]인 코일에 3[A]의 전류가 흐를 때 코일에 축적된 자계 에너지는 몇 [J]인가?

① 30　　② 45

③ 60　　④ 90

해설 $W = \dfrac{1}{2}LI^2 = \dfrac{1}{2}\times 10\times 3^2 = 45\,[\mathrm{J}]$

03 자유 공간에서 특성 임피던스 $\sqrt{\dfrac{\mu_0}{\varepsilon_0}}$ 의 값은?

① $\dfrac{1}{110\pi}[\Omega]$　　② $\dfrac{1}{120\pi}[\Omega]$

③ $110\pi[\Omega]$　　④ $120\pi[\Omega]$

해설 자유 공간의 특성 임피던스 $\eta = \sqrt{\dfrac{\mu_0}{\varepsilon_0}} = 120\pi[\Omega]$

04 진공 중에서 10^{-6}[C]과 10^{-7}[C]의 두 개의 점전하가 50[cm]의 거리에 있을 때 작용하는 힘은 몇 [N]인가?

① 3.6×10^{-3}　　② 1.8×10^{-8}

③ 4×10^{-13}　　④ 0.25×10^{-13}

정답 01.③ 02.② 03.④ 04.①

해설 $F = \frac{Q_1 Q_2}{4\pi\varepsilon_0 r^2} = 9\times 10^9 \frac{Q_1 Q_2}{r^2} = 9\times 10^9 \times \frac{10^{-6}\times 10^{-7}}{0.5^2}$

$= 3.6\times 10^{-3}$[N]

05 유전체 내의 정전 에너지식으로 옳지 않은 것은?

① $\frac{1}{2}ED$[J/m^3]　② $\frac{1}{2}\frac{D^2}{\varepsilon}$[J/m^3]

③ $\frac{1}{2}\varepsilon D$[J/m^3]　④ $\frac{1}{2}\varepsilon E^2$[J/m^3]

해설 $W = \frac{1}{2}ED = \frac{1}{2}\cdot\frac{D^2}{\varepsilon} = \frac{1}{2}\varepsilon E^2$[J/m^3]

06 공기 중에서 무한 평면 도체 표면 아래의 1[m] 떨어진 곳에 1[C]의 점전하가 있다. 전하가 받는 힘의 크기는?

① 9×10^9[N]　② $\frac{9}{2}\times 10^9$[N]

③ $\frac{9}{4}\times 10^9$[N]　④ $\frac{9}{16}\times 10^9$[N]

해설 $\boldsymbol{F} = \frac{Q^2}{16\pi\varepsilon_0 a^2} = -\frac{1^2}{16\pi\varepsilon_0\times 1^2} = -\frac{1}{16\pi\varepsilon_0}$

$= -\frac{9}{4}\times 10^9$[N](흡인력)

07 전위 분포가 $V = 2x^2+3y^2+z^2$[V]의 식으로 표시되는 공간의 전하 밀도 ρ는 얼마인가?

출제빈도

① $12\varepsilon_0$[C/m^3]　② $-12\varepsilon_0$[C/m^3]

③ $12\varepsilon_0$[C/cm^3]　④ $-12\varepsilon_0$[C/cm^3]

해설 푸아송의 방정식 $\nabla^2 V = -\frac{\rho}{\varepsilon_0}$

$\nabla^2 V = \frac{\partial^2 V}{\partial x^2}+\frac{\partial^2 V}{\partial y^2}+\frac{\partial^2 V}{\partial z^2} = 4+6+2 = -\frac{\rho}{\varepsilon_0}$　$\therefore \rho = -12\varepsilon_0$[C/m^3]

08 강자성체에서 자구의 크기에 대한 설명으로 가장 옳은 것은?

① 역자성체를 제외한 다른 자성체에서는 모두 같다.
② 원자나 분자의 질량에 따라 달라진다.
③ 물질의 종류에 관계없이 크기가 모두 같다.
④ 물질의 종류 및 상태에 따라 다르다.

정답 05.③ 06.③ 07.② 08.④

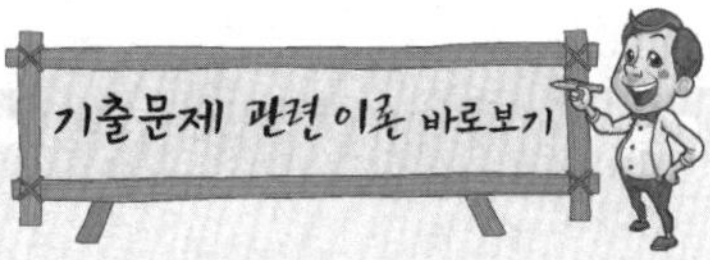

07. 이론 check **푸아송 및 라플라스 방정식**

전위 함수를 이용하여 체적 전하 밀도를 구하고자 할 때 사용하는 방정식으로 전위 경도와 가우스 정리의 미분형에 의해

$\text{div}\boldsymbol{E} = \nabla\cdot\boldsymbol{E} = \frac{\rho}{\varepsilon_0}$

여기서, 전계의 세기 $\boldsymbol{E} = -\nabla V$ 이므로

$\nabla\cdot\boldsymbol{E} = \nabla\cdot(-\nabla V)$

$= -\nabla^2 V = -\frac{\rho}{\varepsilon_0}$

이것을 푸아송의 방정식이라 하며, $\rho=0$일 때, 즉 $\nabla^2 V = 0$인 경우를 라플라스 방정식이라 한다.

기출문제 관련 이론 바로보기

10. 이론 check **자화의 세기**

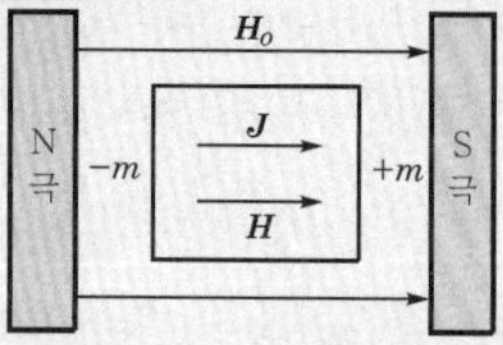

자성체를 자계 내에 놓았을 때 물질이 자화되는 경우 이것을 양적으로 표시하면 단위 체적당 자기 모멘트를 그 점의 자화의 세기라 한다.

이를 식으로 나타내면

$\boldsymbol{J}=\boldsymbol{B}-\mu_0\boldsymbol{H}=\mu_0\mu_s\boldsymbol{H}-\mu_0\boldsymbol{H}$

$=\mu_0(\mu_s-1)\boldsymbol{H}=\chi_m\boldsymbol{H}[\text{Wb/m}^2]$

11. 이론 check **원통 도체 내부의 단위 길이당 인덕턴스**

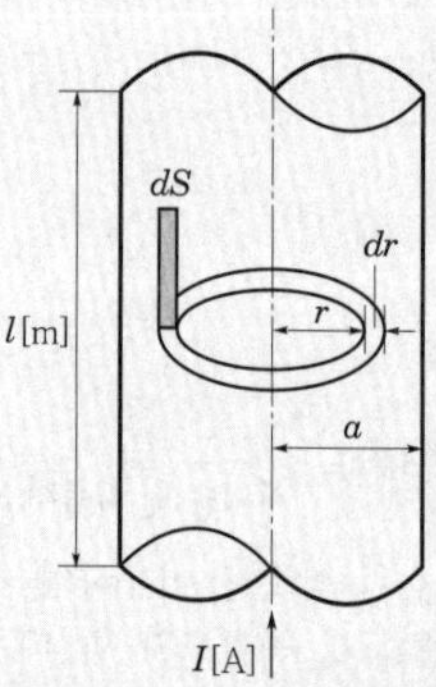

r[m] 떨어진 도체 내부에 축적되는 에너지는

$W=\dfrac{1}{2}LI^2[\text{J}]$

도체 내부의 자계의 세기는

$H_i=\dfrac{Ir}{2\pi a^2}$

전체 에너지는

$W=\displaystyle\int_0^a \frac{1}{2}\mu H^2 dv$

$=\displaystyle\int_0^a \frac{1}{2}\mu\left(\frac{r\cdot I}{2\pi a^2}\right)^2 dv$

$=\displaystyle\int_0^a \frac{1}{2}\mu\frac{r^2 I^2}{4\pi^2 a^4}2\pi r\cdot dr$

$=\dfrac{\mu I^2}{4\pi a^4}\displaystyle\int_0^a r^3\,dr$

해설 일반적으로 자구(磁區)를 가지는 자성체는 강자성체이며, 물질의 종류 및 상태 등에 따라 다르게 나타난다.

09 평행한 두 개의 도선에 전류가 서로 반대 방향으로 흐를 때 두 도선 사이에서의 자계 강도는 한 개의 도선일 때보다 어떠한가?

① 더 약해진다.
② 주기적으로 약해졌다 또는 강해졌다 한다.
③ 더 강해진다.
④ 강해졌다가 약해진다.

해설 합성자계는 방향이 같으므로 $H=H_A+H_B=\dfrac{I}{2\pi r}+\dfrac{I}{2\pi(d-r)}$

$\therefore\ \dfrac{I}{2\pi(d-r)}[\text{A/m}]$만큼 강해진다.

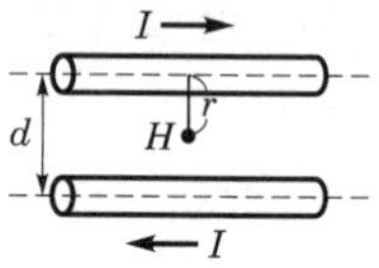

10 강자성체의 자속 밀도 $\boldsymbol{B}$의 크기와 자화의 세기 $\boldsymbol{J}$의 크기 사이의 관계로 옳은 것은?

출제빈도

① $\boldsymbol{J}$는 $\boldsymbol{B}$보다 크다.
② $\boldsymbol{J}$는 $\boldsymbol{B}$보다 작다.
③ $\boldsymbol{J}$는 $\boldsymbol{B}$와 그 값이 같다.
④ $\boldsymbol{J}$는 $\boldsymbol{B}$에 투자율을 더한 값과 같다.

해설 $\boldsymbol{B}=\mu_0\boldsymbol{H}+\boldsymbol{J}=4\pi\times10^{-7}\boldsymbol{H}+\boldsymbol{J}$

$\therefore\ \boldsymbol{J}=\boldsymbol{B}-\mu_0\boldsymbol{H}[\text{Wb/m}^2]$

따라서, $\boldsymbol{J}$는 $\boldsymbol{B}$보다 약간 작다.

11 반지름 a[m]인 원통 도체가 있다. 이 원통 도체의 길이가 l[m]일 때 내부 인덕턴스는 몇 [H]인가? (단, 원통 도체의 투자율은 μ[H/m]이다.)

출제빈도

① $\dfrac{\mu a}{4\pi}$　② $\dfrac{\mu l}{4\pi}$

③ $\dfrac{\mu l}{8\pi}$　④ $\dfrac{\mu a}{8\pi}$

해설 단위 길이당 내부 인덕턴스 $L=\dfrac{\mu}{8\pi}$ [H/m]

원통 도체 내부의 인덕턴스 $L=\dfrac{\mu}{8\pi}\cdot l$ [H]

정답 09.③ 10.② 11.③

12 점 P(1, 2, 3)[m]와 Q(2, 0, 5)[m]에 각각 4×10^{-5}[C]과 -2×10^{-4}[C]의 점전하가 있을 때, 점 P에 작용하는 힘은 몇 [N]인가?

① $\frac{8}{3}(\boldsymbol{i}-2\boldsymbol{j}+2\boldsymbol{k})$

② $\frac{8}{3}(-\boldsymbol{i}-2\boldsymbol{j}+2\boldsymbol{k})$

③ $\frac{3}{8}(\boldsymbol{i}+2\boldsymbol{j}+2\boldsymbol{k})$

④ $\frac{3}{8}(2\boldsymbol{i}+\boldsymbol{j}-2\boldsymbol{k})$

해설

$$\boldsymbol{F} = \frac{1}{4\pi\varepsilon_0}\cdot\frac{Q_1Q_2}{r^2}r_0 = 9\times10^9\times\frac{Q_1Q_2}{r^2}r_0$$
$$= 9\times10^9\times\frac{4\times10^{-5}\times(-2\times10^{-4})}{(1-2)^2+(2-0)^2+(3-5)^2}$$
$$\times\frac{(1-2)\boldsymbol{i}+(2-0)\boldsymbol{j}+(3-5)\boldsymbol{k}}{\sqrt{(1-2)^2+(2-0)^2+(3-5)^2}}$$
$$= 9\times10^9\times\frac{-8\times10^{-9}}{9}\times\frac{1}{3}\times(-\boldsymbol{i}+2\boldsymbol{j}-2\boldsymbol{k})$$
$$= \frac{8}{3}(\boldsymbol{i}-2\boldsymbol{j}+2\boldsymbol{k})\text{[N]}$$

13 공기 중에서 반지름 a[m], 도선의 중심축 간 거리 d[m]인 평행 도선 간의 정전 용량은 몇 [F/m]인가? (단, $d\gg a$이다.)

출제빈도

① $\dfrac{2\pi\varepsilon_0}{\log_e\frac{a}{d}}$　　② $\dfrac{4\pi\varepsilon_0}{\log_e\frac{a}{d}}$

③ $\dfrac{2\pi\varepsilon_0}{\log_e\frac{d}{a}}$　　④ $\dfrac{\pi\varepsilon_0}{\log_e\frac{d}{a}}$

해설

단위 길이당 정전 용량 $C=\dfrac{\pi\varepsilon_0}{\ln\frac{d-a}{a}}$[F/m]

$d\gg a$인 경우

$C=\dfrac{\pi\varepsilon_0}{\ln\frac{d}{a}}$[F/m]$=\dfrac{12.08}{\log\frac{d}{a}}$[pF/m]

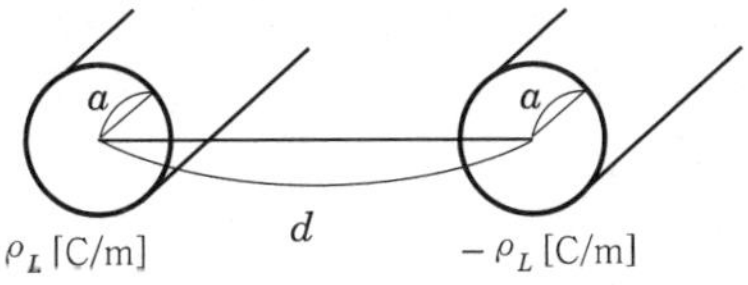

정답 12.① 13.④

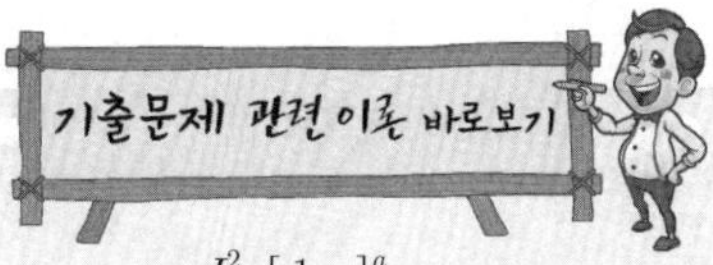

$$= \frac{\mu I^2}{4\pi a^4}\left[\frac{1}{4}r^4\right]_0^a$$
$$= \frac{\mu I^2}{16\pi}\text{[J]}$$

따라서 $\dfrac{\mu I^2}{16\pi}=\dfrac{1}{2}LI^2$

자기 인덕턴스 L은

$L=\dfrac{\mu}{8\pi}\cdot l$[H]

단위 길이당 자기 인덕턴스는

$L=\dfrac{\mu}{8\pi}$[H/m]

13. 이론 check **평행 왕복 도선 간의 정전 용량**

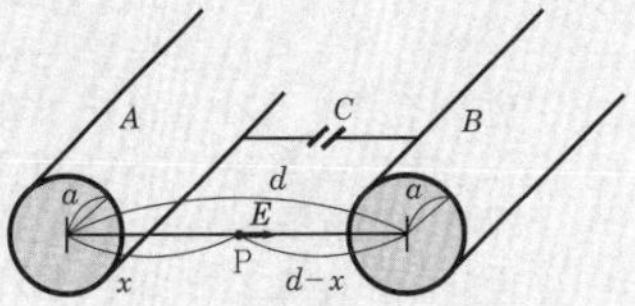

| 평행 왕복 도선 |

$$\boldsymbol{E}_A=\frac{\lambda}{2\pi\varepsilon_0 x}$$
$$\boldsymbol{E}_B=\frac{\lambda}{2\pi\varepsilon_0(d-x)}$$
$$\therefore \boldsymbol{E}=\boldsymbol{E}_A+\boldsymbol{E}_B=\frac{\lambda}{2\pi\varepsilon_0}\left(\frac{1}{x}+\frac{1}{d-x}\right)$$
$$V_{AB}=-\int_{d-a}^{a}\cdot\boldsymbol{E}\cdot dx$$
$$=-\frac{\lambda}{2\pi\varepsilon_0}\int_{d-a}^{a}\frac{1}{x}+\frac{1}{d-x}dx$$
$$=\frac{\lambda}{2\pi\varepsilon_0}\int_{a}^{d-a}\frac{1}{x}+\frac{1}{d-x}dx$$
$$=\frac{\lambda}{2\pi\varepsilon_0}[\ln_x-\ln(d-x)]_a^{d-a}$$
$$=\frac{\lambda}{\pi\varepsilon_0}\ln\frac{d-a}{a}\text{[V]}$$

단위 길이당 정전 용량

$$C=\frac{\lambda}{V_{AB}}=\frac{\lambda}{\frac{\lambda}{\pi\varepsilon_0}\ln\frac{d-a}{a}}$$
$$=\frac{\pi\varepsilon_0}{\ln\frac{d-a}{a}}\text{[F/m]}$$

여기서, $d\gg a$

$$C=\frac{\pi\varepsilon_0}{\ln\frac{d}{a}}=\frac{\pi\varepsilon_0}{2\cdot3\log\frac{d}{a}}$$

14 하나의 금속에서 전류의 흐름으로 인한 온도 구배 부분의 줄열 이외의 발열 또는 흡열에 관한 현상은?

① 펠티에 효과(Peltier effect)
② 볼타 법칙(Volta law)
③ 제벡 효과(Seebeck effect)
④ 톰슨 효과(Thomson effect)

해설 동일한 금속이라도 그 도체 중의 두 점 간에 온도차가 있으면 전류를 흘림으로써 열의 발생 또는 흡수가 생기는 현상을 톰슨 효과라 한다.

15 500[AT/m]의 자계 중에 어떤 자극을 놓았을 때 3×10^3[N]의 힘이 작용했다면 이때의 자극의 세기는 몇 [Wb]인가?

① 2[Wb] ② 3[Wb]
③ 5[Wb] ④ 6[Wb]

해설 $\boldsymbol{F}=m\boldsymbol{H}$[N]

$$\therefore\ m=\frac{\boldsymbol{F}}{\boldsymbol{H}}=\frac{3\times10^3}{500}=6[\text{Wb}]$$

16 투자율과 유전율로 이루어진 식 $\dfrac{1}{\sqrt{\mu\varepsilon}}$의 단위는?

① [F/H] ② [m/s]
③ [Ω] ④ [A/m^2]

해설 전자파의 전파속도 $v=\dfrac{1}{\sqrt{\varepsilon\mu}}=\dfrac{1}{\sqrt{\varepsilon_0\mu_0}}\cdot\dfrac{1}{\sqrt{\varepsilon_s\mu_s}}$

$$=3\times10^8\frac{1}{\sqrt{\varepsilon_s\mu_s}}[\text{m/s}]$$

17 자계 B의 안에 놓여 있는 전류 I의 회로 C가 받는 힘 $\boldsymbol{F}$의 식으로 옳은 것은? (단, dl은 미소 변위이다.)

① $\boldsymbol{F}=\oint_c(Idl)\times\boldsymbol{B}$ ② $\boldsymbol{F}=\oint_c(I\boldsymbol{B})\times dl$
③ $\boldsymbol{F}=\oint_c(I^2dl)\cdot\boldsymbol{B}$ ④ $\boldsymbol{F}=\oint_c(-I^2\boldsymbol{B})\cdot dl$

해설 자속 밀도 $\boldsymbol{B}$[Wb/m^2] 중에 있는 길이 l[m]의 도선에 전류 I[A]가 흐를 때, 작용하는 힘은

$\boldsymbol{F}=Il\boldsymbol{B}\sin\theta$[N]

$d\boldsymbol{F}=Idl\times\boldsymbol{B}$[N]

$\therefore\ \boldsymbol{F}=\oint_c(Idl)\times\boldsymbol{B}$[N]

정답 14.④ 15.④ 16.② 17.①

기출문제 관련 이론 바로보기

$$=\frac{12.08}{\log\frac{d}{a}}\times10^{-12}[\text{F/m}]$$

$$=\frac{12.08}{\log\frac{d}{a}}[\text{pF/m}]$$

14. 이론 check **전기의 여러 가지 현상**

(1) 제벡 효과
서로 다른 두 금속 A, B를 접속하고 다른 쪽에 전압계를 연결하여 접속부를 가열하면 전압이 발생하는 것을 알 수 있다. 이와 같이 서로 다른 금속을 접속하고 접속점을 서로 다른 온도를 유지하면 기전력이 생겨 일정한 방향으로 전류가 흐른다. 이러한 현상을 제벡 효과(Seebeck effect)라 한다. 즉, 온도차에 의한 열기전력 발생을 말한다.

(2) 펠티에 효과
서로 다른 두 금속에서 다른 쪽 금속으로 전류를 흘리면 열의 발생 또는 흡수가 일어나는데 이 현상을 펠티에 효과라 한다.

15. 이론 check **자계의 세기**

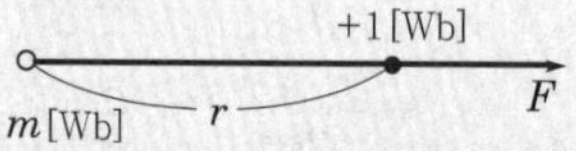

자계 세기의 정의는 자계 중에 단위 점자하를 놓았을 때 작용하는 힘이다.
즉, 두 자하 사이에 작용하는 힘은

$$\boldsymbol{F}=6.33\times10^4\frac{m_1\times1}{r^2}$$

$$=6.33\times10^4\frac{m}{r^2}[\text{N}]$$

이를 자계의 세기라 한다.

$$\boldsymbol{H}=\frac{1}{4\pi\mu}\frac{m}{r^2}$$

$$=6.33\times10^4\frac{m}{r^2}[\text{AT/m}],\ [\text{N/Wb}]$$

또한, 자계 내에 m[Wb]를 놓았을 때 자계에 작용하는 힘은 다음과 같다.

$\boldsymbol{F}=m\boldsymbol{H}$[N]

18 진공 중에서 어떤 대전체의 전속이 Q이었다. 이 대전체를 비유전율 2.2인 유전체 속에 넣었을 경우의 전속은?

① Q　② εQ
③ $2.2Q$　④ 0

해설 전속은 매질에 관계없이 불변이므로 Q이다.

19 다음 식들 중 옳지 못한 것은?

출제빈도

① 라플라스(Laplace)의 방정식 : $\nabla^2 V=0$
② 발산 정리 : $\oint_S A dS = \int_v \mathrm{div} A dv$
③ 푸아송(poisson's)의 방정식 : $\nabla^2 V=\frac{\rho}{\varepsilon_0}$
④ 가우스(Gauss)의 정리 : $\mathrm{div} D=\rho$

해설 푸아송의 방정식

$$\mathrm{div}\boldsymbol{E}=\nabla\cdot\boldsymbol{E}=\nabla\cdot(-\nabla V)=-\nabla^2 V=\frac{\rho}{\varepsilon_0}$$

$$\therefore\ \nabla^2 V=-\frac{\rho}{\varepsilon_0}$$

20 판자석의 세기가 P[Wb/m] 되는 판자석을 보는 입체각 ω인 점의 자위는 몇 [A]인가?

① $\frac{P}{4\pi\mu_0\omega}$　② $\frac{P\omega}{4\pi\mu_0}$
③ $\frac{P}{2\pi\mu_0\omega}$　④ $\frac{P\omega}{2\pi\mu_0}$

해설 판 전체에 대한 자위

$$u=\int du=\frac{P}{4\pi\mu_0}\int d\omega=\frac{P}{4\pi\mu_0}\cdot\omega\,[\mathrm{A}]$$

단, 입체각 $\omega=2\pi(1-\cos\theta)$

기출문제 관련 이론 바로보기

19. 이론 check 푸아송 및 라플라스 방정식

전위 함수를 이용하여 체적 전하 밀도를 구하고자 할 때 사용하는 방정식으로 전위 경도와 가우스 정리의 미분형에 의해

$$\mathrm{div}\boldsymbol{E}=\nabla\cdot\boldsymbol{E}=\frac{\rho}{\varepsilon_0}$$

여기서, 전계의 세기 $\boldsymbol{E}=-\nabla V$ 이므로

$$\nabla\cdot\boldsymbol{E}=\nabla\cdot(-\nabla V)=-\nabla^2 V=-\frac{\rho}{\varepsilon_0}$$

이것을 푸아송의 방정식이라 하며, $\rho=0$일 때, 즉 $\nabla^2 V=0$인 경우를 라플라스 방정식이라 한다.

제 3 회 전기자기학

01 인접 영구 자기 쌍극자가 크기는 같으나 방향이 서로 반대 방향으로 배열된 자성체를 어떤 자성체라 하는가?

① 반자성체　② 반강자성체
③ 강자성체　④ 상자성체

정답 18.① 19.③ 20.② / 01.②

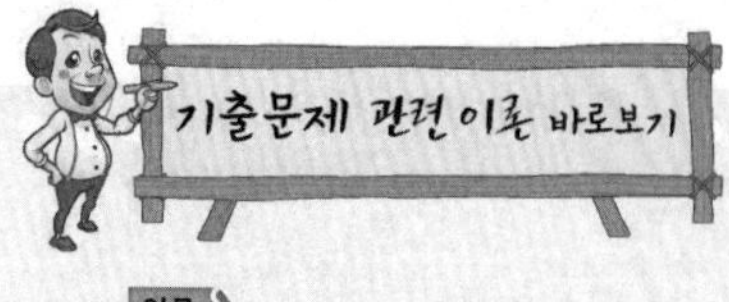

03. 이론 check **도체 표면상의 전하 밀도**

$\rho_0 = \sigma = \varepsilon_0 \boldsymbol{E}\,|_{x=0}$

$= -\dfrac{Q \cdot d}{2\pi(d^2+y^2)^{\frac{3}{2}}}\,[\text{C/m}^2]$

$y=0$일 때 ρ_s는 최대

최대 전하 밀도

$\rho_{s\,\max} = -\dfrac{Q}{2\pi d^2}\,[\text{C/m}^2]$

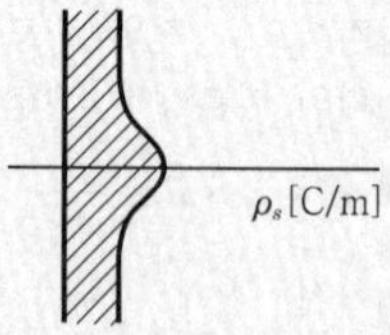

Tip 무한 평면 도체와 점전하

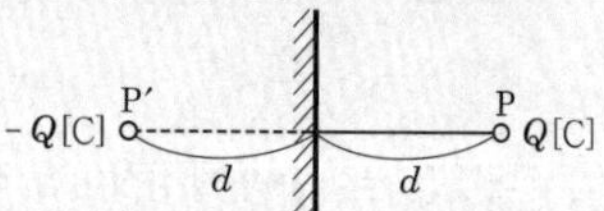

P′는 P의 영상점이며, $-Q$는 Q의 영상 전하이다.

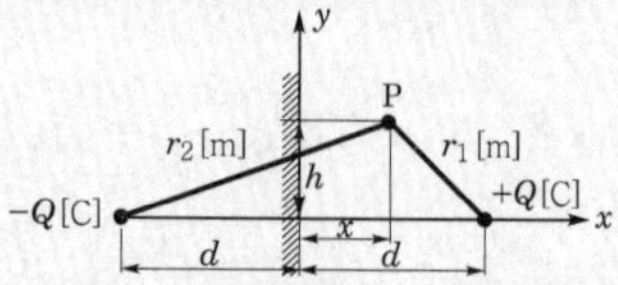

점 P(x, y)의 전계의 세기는

$\boldsymbol{E} = -\text{grad}\,V = -\dfrac{\partial V}{\partial x}$

$= \dfrac{Q}{4\pi\varepsilon_0}\left[\dfrac{x-d}{\{(x-d)^2+y^2\}^{\frac{3}{2}}} - \dfrac{x+d}{\{(x+d)^2+y^2\}^{\frac{3}{2}}}\right]$

도체 표면상의 전계의 세기($x=0$)

$\boldsymbol{E}\,|_{x=0} = \dfrac{Q}{4\pi\varepsilon_0}\left[\dfrac{-d}{(d^2+y^2)^{\frac{3}{2}}} - \dfrac{d}{(d^2+y^2)^{\frac{3}{2}}}\right]$

$= -\dfrac{2dQ}{4\pi\varepsilon_0(d^2+y^2)^{\frac{3}{2}}}$

$= -\dfrac{Qd}{2\pi\varepsilon_0(d^2+y^2)^{\frac{3}{2}}}\,[\text{V/m}]$

해설

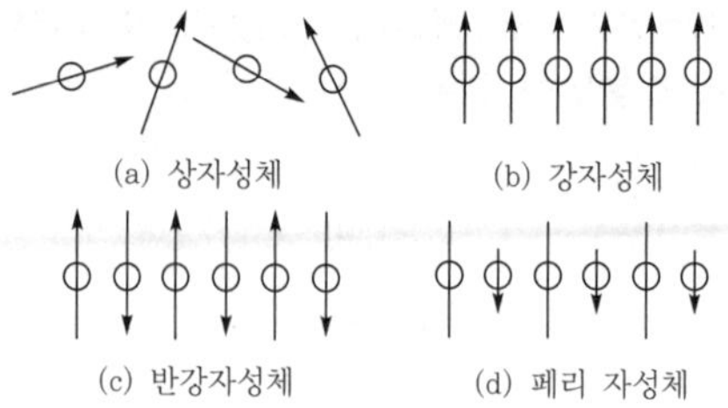

02

길이가 50[cm], 단면의 반지름이 1[cm]인 공심 단층 원형 솔레노이드가 있다. 이 코일의 자기 인덕턴스를 10[mH]로 하려면 권수는 약 몇 회인가? (단, 비투자율은 1이며, 솔레노이드 측면의 누설 자속은 없다.)

① 3,560
② 3,820
③ 4,300
④ 5,760

해설 $L = L_0 l = \mu n_0^{\,2} s l = \mu_0 \left(\dfrac{N}{l}\right)^2 \pi a^2 l = \mu_0 \pi a^2 \dfrac{N^2}{l}\,[\text{H}]$

$N = \sqrt{\dfrac{Ll}{\mu_0 \pi a^2}} = \sqrt{\dfrac{10\times10^{-3}\times50\times10^{-2}}{4\pi\times10^{-7}\times\pi\times(10^2)^2}}$

$\fallingdotseq 3558.81$

∴ 약 3,560회

03

(출제빈도)

무한 평면 도체로부터 a[m] 떨어진 곳에 점전하 Q[C]이 있을 때 이 무한 평면 도체 표면에 유도되는 면밀도가 최대인 점의 전하 밀도는 몇 [C/m²]인가?

① $-\dfrac{Q}{2\pi a^2}$
② $-\dfrac{Q}{\pi\varepsilon_0 a}$
③ $-\dfrac{Q}{4\pi a^2}$
④ $-\dfrac{Q}{4\pi a}$

해설 무한 평면 도체면상 점 (0, y)의 전계 세기 $\boldsymbol{E}$는

$\boldsymbol{E} = -\dfrac{Qa}{2\pi\varepsilon_0(a^2+y^2)^{\frac{3}{2}}}\,[\text{V/m}]$

도체 표면상의 면전하 밀도 σ는

$\sigma = \boldsymbol{D} = \varepsilon_0 \boldsymbol{E} = -\dfrac{Qa}{2\pi(a^2+y^2)^{\frac{3}{2}}}\,[\text{C/m}^2]$

최대 면밀도는 $y=0$인 점이므로

∴ $\sigma_{\max} = -\dfrac{Q}{2\pi a^2}\,[\text{C/m}^2]$

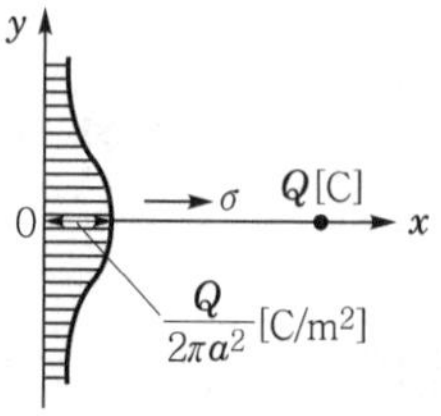

정답 02.① 03.①

04
전압 V로 충전된 용량 C의 콘덴서에 용량 $2C$의 콘덴서를 병렬 연결한 후의 단자전압은?

① V ② $2V$
③ $\frac{V}{2}$ ④ $\frac{V}{3}$

해설 충전 전하 $Q=CV$[C]
합성 정전 용량 $C_0=C+2C=3C$[F]
∴ 전위차 $V_0=\frac{Q}{C_0}=\frac{CV}{3C}=\frac{V}{3}$[V]

05
(출제빈도)
전하 q[C]이 공기 중의 자계 H[AT/m] 내에서 자계와 수직 방향으로 v[m/s]의 속도로 움직일 때 받는 힘은 몇 [N]인가?

① $\mu_0 qvH$ ② $\frac{qvH}{\mu_0}$
③ qvH ④ $\frac{qH}{\mu_0 v}$

해설 $\boldsymbol{F}=q\boldsymbol{v}\boldsymbol{B}\sin 90°=q\boldsymbol{v}\boldsymbol{B}=q\boldsymbol{v}\mu_0 H$[N]

06
두 자성체 경계면에서 정자계가 만족하는 것은?

① 자계의 법선 성분이 같다.
② 자속 밀도의 접선 성분이 같다.
③ 경계면상의 두 점 간의 자위차가 같다.
④ 자속은 투자율이 작은 자성체에 모인다.

해설
- 자계의 접선 성분이 같다.
  $\boldsymbol{H}_1\sin\theta_1=\boldsymbol{H}_2\sin\theta_2$
- 자속 밀도의 법선 성분이 같다.
  $\boldsymbol{B}_1\cos\theta_1=\boldsymbol{B}_2\cos\theta_2$
- 경계면상의 두 점 간의 자위차는 같다.
- 자속은 투자율이 높은 쪽으로 모이려는 성질이 있다.

07
(출제빈도)
액체 유전체를 넣은 콘덴서의 용량이 20[μF]이다. 여기에 500[V]의 전압을 가했을 때의 누설 전류는 몇 [mA]인가? (단, 고유 저항 $\rho=10^{11}$[Ω · m], 비유전율 $\varepsilon_s=2.2$이다.)

① 4.1 ② 4.5
③ 5.1 ④ 5.6

정답 04.④ 05.① 06.③ 07.③

기출문제 관련 이론 바로보기

05. **이론 Check** 하전 입자가 받는 힘

$\boldsymbol{F}=I\boldsymbol{l}\boldsymbol{B}\sin\theta$에서 $I\boldsymbol{l}$은 $q\boldsymbol{v}$와 같으므로
∴ $\boldsymbol{F}=q\boldsymbol{v}\boldsymbol{B}\sin\theta$[N]
Vector로 표시하면
$\boldsymbol{F}=q(\boldsymbol{v}\times\boldsymbol{B})$[N]

07. **Tip** 정전계와 도체계의 관계식

전기 저항 R과 정전 용량 C를 곱하면 다음과 같다.
전기 저항 $R=\rho\frac{l}{S}$[Ω], 정전 용량 $C=\frac{\varepsilon S}{d}$[F]이므로
$R\cdot C=\rho\frac{l}{S}\cdot\frac{\varepsilon S}{d}$
∴ $R\cdot C=\rho\varepsilon$, $\frac{C}{G}=\frac{\varepsilon}{k}$
이때, 전기 저항은 $R=\frac{\rho\varepsilon}{C}$[Ω]이 되므로 전류는 다음과 같다.
$I=\frac{V}{R}=\frac{V}{\frac{\rho\varepsilon}{C}}=\frac{CV}{\rho\varepsilon}$[A]

기출문제 관련 이론 바로보기

08. 이론 check **정자계의 기초**

(1) 자계의 세기

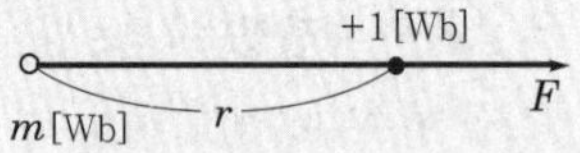

자계 세기의 정의는 자계 중에 단위 점자하를 놓았을 때 작용하는 힘이다.

즉, 두 자하 사이에 작용하는 힘은

$$\boldsymbol{F} = 6.33\times10^4\frac{m_1\times1}{r^2}$$

$$= 6.33\times10^4\frac{m}{r^2}\,[\mathrm{N}]$$

이를 자계의 세기라 한다.

$$\boldsymbol{H} = \frac{1}{4\pi\mu}\frac{m}{r^2}$$

$$= 6.33\times10^4\frac{m}{r^2}\,[\mathrm{AT/m}],\ [\mathrm{N/Wb}]$$

또한, 자계 내에 m[Wb]를 놓았을 때 자계에 작용하는 힘은 다음과 같다.

$\boldsymbol{F} = m\boldsymbol{H}$[N]

(2) 자속 밀도

자속 밀도란 단위 면적당 자속 수를 의미하며, $\boldsymbol{B}$로 표현하고 단위는 [$\mathrm{Wb/m^2}$]를 사용한다. 이를 수식으로 표현하면 다음과 같다.

$$\boldsymbol{B} = \frac{\phi}{S} = \frac{m}{S} = \frac{m}{4\pi r^2}$$

$$= \mu_0\boldsymbol{H}\,[\mathrm{Wb/m^2}]$$

해설 $RC = \rho\varepsilon$ 에서 $R = \dfrac{\rho\varepsilon}{C}$ 이므로

$$I = \frac{V}{R} = \frac{CV}{\rho\varepsilon} = \frac{CV}{\rho\varepsilon_0\varepsilon_s}$$

$$= \frac{20\times10^{-6}\times500}{10^{11}\times8.855\times10^{-12}\times2.2}$$

$$\fallingdotseq 5.1\times10^{-3}\,[\mathrm{A}]$$

$$= 5.1\,[\mathrm{mA}]$$

08

출제빈도

비투자율 μ_s, 자속 밀도 $\boldsymbol{B}$[Wb/m]의 자계 중에 있는 m[Wb]의 자극이 받는 힘은 몇 [N]인가?

① $m\cdot\boldsymbol{B}$ ② $\dfrac{m\cdot\boldsymbol{B}}{\mu_0}$

③ $\dfrac{m\cdot\boldsymbol{B}}{\mu_s}$ ④ $\dfrac{m\cdot\boldsymbol{B}}{\mu_0\mu_s}$

해설 $\boldsymbol{F} = m\boldsymbol{H} = m\cdot\dfrac{\boldsymbol{B}}{\mu_0\mu_s} = \dfrac{m\boldsymbol{B}}{\mu_0\mu_s}$[N]

09

유전율이 각각 ε_1, ε_2인 두 유전체가 접해 있는 경우, 경계면에서 전속선의 방향이 그림과 같이 될 때 $\varepsilon_1 > \varepsilon_2$이면 입사각과 굴절각은?

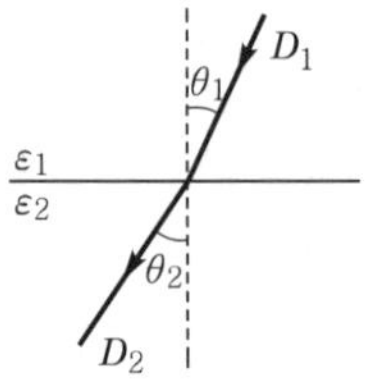

① $\theta_1 = \theta_2$이다. ② $\theta_1 > \theta_2$이다.

③ $\theta_1 < \theta_2$이다. ④ $\theta_1 + \theta_2 = 90°$이다.

해설 $\varepsilon_1 > \varepsilon_2$ 이면 $\theta_1 > \theta_2$, $\varepsilon_1 < \varepsilon_2$ 이면 $\theta_1 < \theta_2$

즉, 유전율이 큰 유전체(ε_1)에서 유전율이 작은 유전체(ε_2)로 전속 및 전기력선이 들어가면 굴절각이 감소함을 알 수 있다.

10

100[kW]의 전력이 안테나에서 사방으로 균일하게 방사될 때 안테나에서 1[km]의 거리에 있는 전계의 실효값은 약 몇 [V/m]인가?

① 1.73 ② 2.45

③ 3.68 ④ 6.21

정답 08.④ 09.② 10.①

해설 $P=\dfrac{W}{S}=\dfrac{W}{4\pi r^2}=\dfrac{100\times10^3}{4\pi\times(1\times10^3)^2}\fallingdotseq7.96\times10^{-3}[\text{W/m}^2]$

$P=HE=\sqrt{\dfrac{\varepsilon_0}{\mu_0}}E^2=\dfrac{1}{377}E^2$ 이므로

$7.96\times10^{-3}=\dfrac{1}{377}E^2$

$\therefore E=\sqrt{3}\fallingdotseq1.732[\text{V/m}]$

11

출제빈도

히스테리시스 곡선(Hysteresis loop)에 대한 설명 중 틀린 것은?

① 자화의 경력이 있을 때나 없을 때나 곡선은 항상 같다.
② Y축(세로축)은 자속 밀도이다.
③ 자화력이 0일 때 남아 있는 자기가 잔류 자기이다.
④ 잔류 자기를 상쇄시키려면 역방향의 자화력을 가해야 한다.

12

전자 유도 작용에서 벡터 퍼텐셜을 A[Wb/m]라 할 때 유도되는 전계 E는 몇 [V/m]인가?

① $-\int A dt$ ② $\int A dt$
③ $-\dfrac{\partial A}{\partial t}$ ④ $\dfrac{\partial A}{\partial t}$

해설 $B=\nabla\times A,\ \nabla\times E=-\dfrac{\partial B}{\partial t}$

$\nabla\times E=-\dfrac{\partial B}{\partial t}=-\dfrac{\partial}{\partial t}(\nabla\times A)=\nabla\times\left(-\dfrac{\partial A}{\partial t}\right)$

$\therefore E=-\dfrac{\partial A}{\partial t}[\text{V/m}]$

13

무한 평면의 표면을 가진 비유전율 ε_s인 유전체의 표면 전방의 공기 중 d[m] 지점에 놓인 정전하 Q[C]에 작용하는 힘은 몇 [N]인가?

① $-9\times10^9\times\dfrac{Q^2(\varepsilon_s-1)}{d^2(\varepsilon_s+1)}$ ② $-9\times10^9\times\dfrac{Q^2(\varepsilon_s+1)}{d^2(\varepsilon_s-1)}$
③ $-2.25\times10^9\times\dfrac{Q^2(\varepsilon_s-1)}{d^2(\varepsilon_r+1)}$ ④ $-2.25\times10^9\times\dfrac{Q^2(\varepsilon_s+1)}{d^2(\varepsilon_s-1)}$

해설 영상 전하 $Q'=\dfrac{\varepsilon_1-\varepsilon_2}{\varepsilon_1+\varepsilon_2}Q$

$\therefore F=\dfrac{Q(-Q')}{4\pi\varepsilon_1(2d)^2}=\dfrac{-Q^2}{16\pi\varepsilon_1 d^2}\left(\dfrac{\varepsilon_1-\varepsilon_2}{\varepsilon_1+\varepsilon_2}\right)$ (여기서, $\varepsilon_1=\varepsilon_0\varepsilon_s$, $\varepsilon_2=\varepsilon_0$)

$=-\dfrac{1}{16\pi\varepsilon_0 d^2}\times\dfrac{\varepsilon_s-1}{\varepsilon_s+1}Q^2=-2.25\times10^9\times\dfrac{Q^2(\varepsilon_s-1)}{d^2(\varepsilon_s+1)}[\text{N}]$

정답 11.① 12.③ 13.③

기출문제 관련 이론 바로보기

11. 이론 check 히스테리시스 곡선

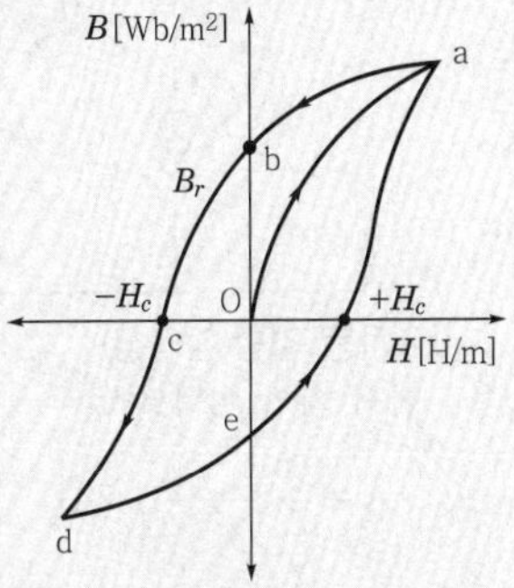

자성체에 정방향으로 외부 자계를 증가시키면 자성체 내에 자속 밀도는 0~a점까지 증가하다가 a점에서 포화 상태가 되어 더 이상 자속 밀도가 증가하지 않는다.
이때 외부 자계를 0으로 하면 자속 밀도는 b점이 된다. 또한 외부 자계의 방향을 반대로 하여 외부 자계를 상승하면 d점에서 자기 포화가 발생한다.
이 외부 자계를 0으로 하면 자속 밀도는 e점이 된다. e점에서 정방향으로 외부 자계를 인가하면 a점에서 자기 포화가 발생한다. 이와 같이 외부 자계의 변화에 따라 자속이 변화하는 특성 곡선을 히스테리시스 곡선이라 한다.
여기서, B_r는 잔류 자기, H_c는 잔류 자기를 제거할 수 있는 사화력으로 보자력이라 한다.

기출문제 관련 이론 바로보기

14. 이론 check **병렬 접속**

(1) 가동 결합(가극성)

합성 자기 인덕턴스는

$$L_0=\frac{L_1L_2-M^2}{L_1+L_2-2M}[\text{H}]$$

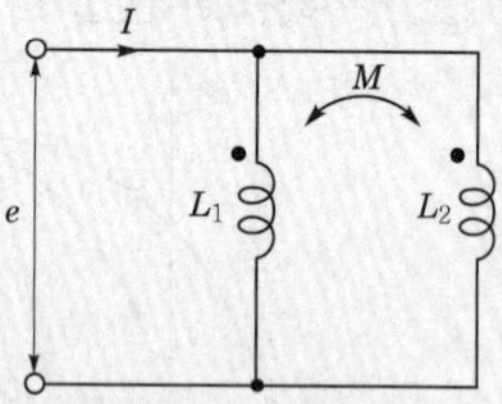

(2) 차동 결합(감극성)

합성 자기 인덕턴스는

$$L_0=\frac{L_1L_2-M^2}{L_1+L_2+2M}[\text{H}]$$

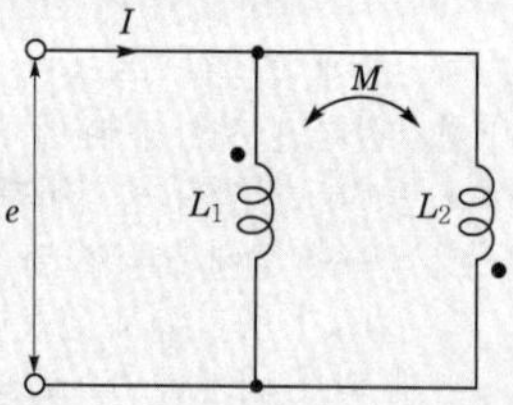

16. 이론 check **전자석의 흡인력**

$$F=\frac{1}{2}uH^2S=\frac{B^2}{2\mu}S=\frac{1}{2}BHS[\text{N}]$$

단위 면적당 흡인력

$$f=\frac{N}{S}=\frac{B^2}{2\mu}=\frac{1}{2}\mu H^2$$

$$=\frac{1}{2}BH[\text{N/m}^3]$$

14 (출제빈도) 자기 인덕턴스가 각각 L_1, L_2인 두 코일을 서로 간섭이 없도록 병렬로 연결했을 때 그 합성 인덕턴스는?

① L_1+L_2 ② $L_1 \cdot L_2$

③ $\dfrac{L_1+L_2}{L_1 \cdot L_2}$ ④ $\dfrac{L_1 \cdot L_2}{L_1+L_2}$

해설 코일 간 간섭이 없다면 상호 인덕턴스가 0이 된다.

$\therefore$ 합성 인덕턴스 $L=\dfrac{L_1L_2}{L_1+L_2}[\text{H}]$

15 유전율이 서로 다른 두 종류의 경계면에 전속과 전기력선이 수직으로 도달할 때 다음 설명 중 옳지 않은 것은?

① 전계의 세기는 연속이다.

② 전속 밀도는 불변이다.

③ 전속과 전기력선은 굴절하지 않는다.

④ 전속선은 유전율이 큰 유전체 중으로 모이려는 성질이 있다.

해설 $\theta_1=0$, 즉 전체가 경계면에 수직일 때

- $\dfrac{E_1}{E_2}=\dfrac{\varepsilon_2}{\varepsilon_1}$로 전계는 불연속이다(크기는 유전율에 반비례).
- 전속 밀도는 불변이다($D_1=D_2$).
- $\theta_2=0$이 되어 전속과 전기력선은 굴절하지 않는다.
- 전속선은 유전율이 큰 유전체 쪽에 모이는 성질이 있다.

16 그림과 같이 진공 중에 자극 면적이 2[cm²], 간격이 0.1[cm]인 자성체 내에서 포화 자속 밀도가 2[Wb/m²]일 때 두 자극면 사이에 작용하는 힘의 크기는 약 몇 [N]인가?

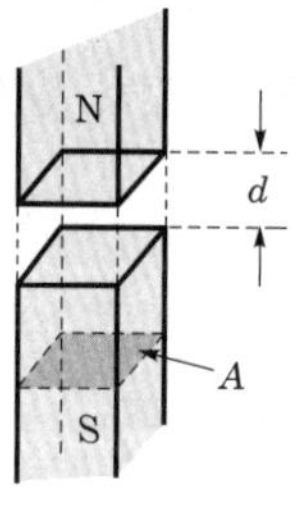

① 53 ② 106

③ 159 ④ 318

해설 $F=\dfrac{B^2}{2\mu_0}S=\dfrac{2^2\times2\times10^{-4}}{2\times4\pi\times10^{-7}}=318.47[\text{N}]$

정답 14.④ 15.① 16.④

17 등전위면을 따라 전하 Q[C]을 운반하는 데 필요한 일은?

① 전하의 크기에 따라 변한다.
② 전위의 크기에 따라 변한다.
③ 등전위면과 전기력선에 의하여 결정된다.
④ 항상 0이다.

해설 $\oint_c Q\boldsymbol{E}\cdot dl = Q\oint_c \boldsymbol{E}\cdot dl = 0$

즉, 등전위면을 따라서 전하를 운반할 때 일은 필요하지 않다.

18 코일에 있어서 자기 인덕턴스는 다음 중 어떤 매질의 상수에 비례하는가?

출제빈도

① 저항률
② 유전율
③ 투자율
④ 도전율

해설 자속 $\Phi = N\phi = LI$[Wb/T]

$$\therefore\ L = \frac{N\phi}{I} = \frac{N\cdot\frac{F}{R_m}}{I}$$

$$= \frac{N\cdot\frac{NI}{R_m}}{I} = \frac{N^2}{R_m} = \frac{N^2}{\frac{l}{\mu S}}$$

$$= \frac{\mu S N^2}{l}\text{[H]} \propto \mu$$

19 지표면에 대지로 향하는 300[V/m]의 전계가 있다면 지표면의 전하 밀도의 크기는 몇 [C/m^2]인가?

① 1.33×10^{-9}
② 2.66×10^{-9}
③ 1.33×10^{-7}
④ 2.66×10^{-7}

해설 전계의 방향이 표면이므로 지표면의 전하는 부(−)이다.

$$\boldsymbol{E} = -\frac{\rho_s}{\varepsilon_0}\text{[V/m]}$$

$$\therefore\ \rho_s = -\varepsilon_0 \boldsymbol{E}$$

$$= -8.855\times10^{-12}\times300$$

$$= -2.66\times10^{-9}\text{[C/m}^2\text{]}$$

기출문제 관련 이론 바로보기

18. 이론 check 환상 솔레노이드의 인덕턴스

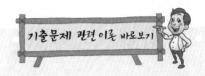

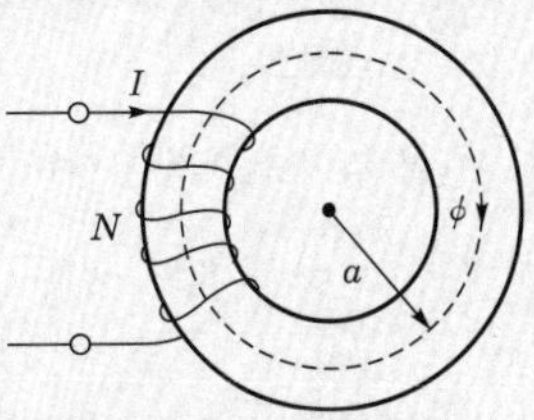

(1) 공극이 없는 경우

$$L = \frac{N\phi}{I} = \frac{N}{I}\cdot\frac{NI}{R_m}$$

$$= \frac{N^2}{I}\cdot\frac{I\cdot\mu S}{l} = \frac{\mu S N^2}{l}\text{[H]}$$

(2) 공극이 있는 경우

$$L = \frac{N\phi}{I} = \frac{N}{I}\cdot\frac{NI}{R_m}$$

$$= \frac{N^2}{R_m} = \frac{N^2}{\frac{l}{\mu S} + \frac{l_g}{\mu_0 S}}$$

$$= \frac{\mu S N^2}{l + \mu S l_g}\text{[H]}$$

정답 17.④ 18.③ 19.②

기출문제 관련 이론 바로보기

20. 이론 check 평행 왕복 도선 사이의 정전 용량

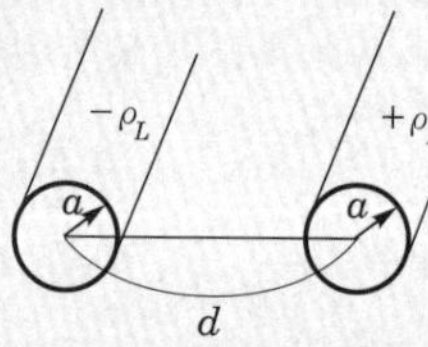

▌평행 왕복 도선▐

$$C=\frac{\pi\varepsilon_0\varepsilon_s l}{\ln\frac{d-a}{a}}[\text{F}]$$

단위 길이당 정전 용량($d \gg a$)

$$C=\frac{\pi\varepsilon_0\varepsilon_s}{\ln\frac{d}{a}}[\text{F/m}]$$

$$=\frac{12.08\varepsilon_s}{\log\frac{d}{a}}[\text{pF/m}]$$

Tip 평행 왕복 도선 사이의 인덕턴스

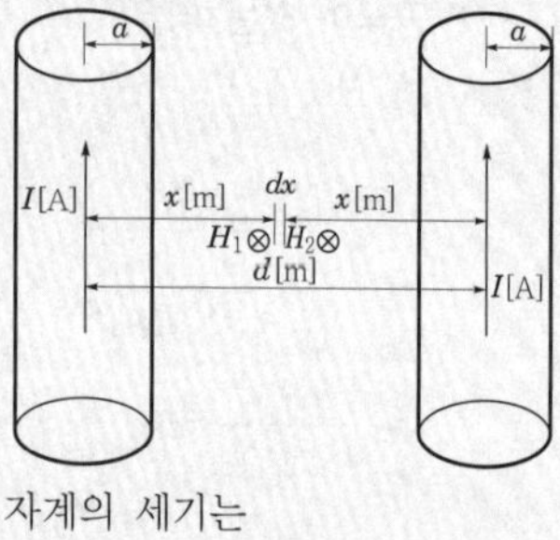

자계의 세기는

$$H=\frac{I}{2\pi x}+\frac{I}{2\pi(d-x)}$$

$$=\frac{I}{2\pi}\left(\frac{1}{x}+\frac{1}{d-x}\right)$$

단위 길이당 자속 ϕ는

$$\phi=\int_a^{d-a}\mu_0 H\,ds=\frac{\mu_0 I}{\pi}\ln\frac{d-a}{a}$$

$$\fallingdotseq\frac{\mu_0 I}{\pi}\ln\frac{d}{a}\ (d \gg a\text{인 경우})$$

따라서 단위 길이당 자기 인덕턴스는

$$L=\frac{\phi}{I}=\frac{\mu_0}{\pi}\ln\frac{d}{a}[\text{H/m}]$$

20 출제빈도

공기 중에서 반지름 a[m], 도선의 중심축 간 거리 d[m]인 평행 도선 사이의 단위 길이당 정전 용량은 몇 [F/m]인가? (단, $d \gg a$이다.)

① $\dfrac{\pi\varepsilon_0}{\log_{10}\frac{d}{a}}$
② $\dfrac{12.07\times10^{-12}}{\log_{10}\frac{d}{a}}$
③ $\dfrac{24.16\times10^{-12}}{\log_{10}\frac{d}{a}}$
④ $\dfrac{2\pi\varepsilon_0}{\log_{10}\frac{d}{a}}$

해설

단위 길이당 정전 용량 $C=\dfrac{\pi\varepsilon_0}{\ln\frac{d-a}{a}}[\text{F/m}]$

$d \gg a$인 경우

$$C=\frac{\pi\varepsilon_0}{\ln\frac{d}{a}}[\text{F/m}]=\frac{12.08}{\log\frac{d}{a}}[\text{pF/m}]$$

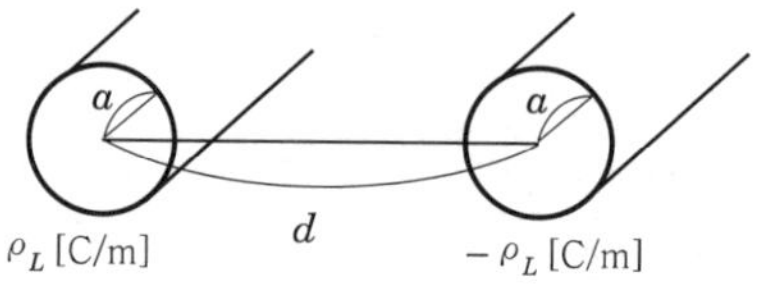

정답 20.①

Industrial Engineer Electricity

2014년 과년도 출제문제

제1회 전기자기학

01 전계 E[V/m] 및 자계 H[AT/m]의 에너지가 자유 공간 사이를 C[m/s]의 속도로 전파될 때 단위 시간에 단위 면적을 지나는 에너지[W/m²]는?

① $\frac{1}{2}EH$　　② EH
③ EH^2　　④ E^2H

해설 포인팅 벡터

$$P = w \times v = \sqrt{\varepsilon\mu}\ EH \times \frac{1}{\sqrt{\varepsilon\mu}} = EH\,[\mathrm{W/m^2}]$$

02 그림과 같이 AB=BC=1[m]일 때 A와 B에 동일한 +1[μC]이 있는 경우 C점의 전위는 몇 [V]인가?

출제빈도

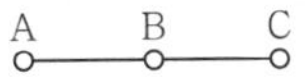

① 6.25×10^3　　② 8.75×10^3
③ 12.5×10^3　　④ 13.5×10^3

해설 C점의 전위

$$V_C = V_{AC} + V_{BC}$$
$$= \frac{Q}{4\pi\varepsilon_0}\left(\frac{1}{r_1}+\frac{1}{r_2}\right)$$
$$= 9\times10^9\times1\times10^{-6}\left(\frac{1}{2}+\frac{1}{1}\right)$$
$$= 13.5\times10^3\,[\mathrm{V}]$$

여기서, r_1 : A~C 거리, r_2 : B~C 거리

03 10^6[cal]의 열량은 몇 [kWh] 정도의 전력량에 상당한가?

출제빈도

① 0.06　　② 1.16
③ 2.27　　④ 4.17

정답 01.② 02.④ 03.②

기출문제 관련 이론 바로보기

02. 이론 check 전위

단위 정전하를 전계 0인 무한 원점에서 전계에 대항하여 점 P까지 운반하는 데 필요한 일을 그 점에 대한 전위라 한다.

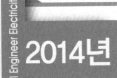

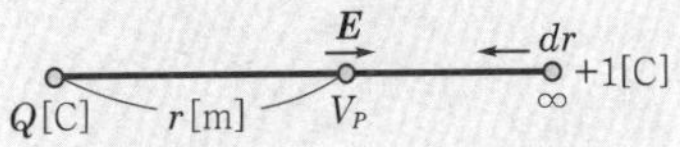

(1) 단위 정전하를 미소 운반하는 데 필요한 일

$$dW = -\boldsymbol{F}\cdot dr$$
$$W = -\int_\infty^p \boldsymbol{F}\cdot dr$$
$$= -\int_\infty^p Q\cdot \boldsymbol{E}dr$$
$$= \int_p^\infty Q\cdot \boldsymbol{E}dr$$

(2) 전위

$$V_P = \frac{W}{Q} = -\int_\infty^p \boldsymbol{E}\cdot dr$$
$$= \int_p^\infty \boldsymbol{E}\cdot dr\,[\mathrm{J/C}]=[\mathrm{V}]$$

(단위 : [J/C]=[Ws/C] =[VAs/As]=[V])

(3) 점전하 Q[C]에서 r[m] 떨어진 점 P의 전위

$$V_P = -\int_\infty^p \boldsymbol{E}\cdot dr$$
$$= -\int_\infty^r \frac{Q}{4\pi\varepsilon r^2}dr$$
$$= \frac{Q}{4\pi\varepsilon_0}\left[\frac{1}{r}\right]_\infty^r = \frac{Q}{4\pi\varepsilon_0 r}$$
$$= 9\times10^9\frac{Q}{r}\,[\mathrm{V}]$$

03. 이론 check 전력, 전력량 및 열량

임의의 도체에 전류가 흐르면 전기적 에너지가 발생한다. 이때 전력 P는

기출문제 관련 이론 바로보기

$P = VI = I^2R = \frac{V^2}{R}$[J/s=W]

또한 전력량 W는

$W = Pt = V = I^2Rt = \frac{V^2}{R}t$ [Ws]

이것을 줄의 법칙을 이용하여 열량 H로 환산하면

$H = 0.24Pt = 0.24VIt = 0.24I^2Rt = 0.24\frac{V^2}{R}t$[cal]

07. 이론 check 변위 전류

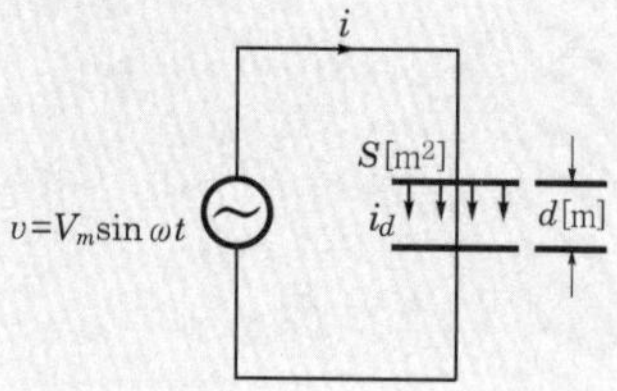

콘덴서를 연결하고, 교류 전압 $v = V_m \sin\omega t$를 인가하면 도선에는 전도 전류 i[A]가 흐르지만 콘덴서 사이에는 이 전류가 흐르지 못한다. 그러나 평행판 사이에 전하가 축적되어 증가하면 평행판에서 발산하는 전속은 증가하게 된다. 즉, 시간에 대한 전속 밀도의 변화율로 그 크기가 결정되는 가상적인 변위 전류가 흐른다.

해설 1[J]=1[W·s]=0.24[cal]

$$\therefore 10^6[\text{cal}] = 10^6 \times \frac{1}{0.24}[\text{W}\cdot\text{s}]$$
$$= 10^6 \times \frac{1}{0.24} \times 10^{-3} \times \frac{1}{3{,}600}[\text{kWh}]$$
$$= 1.16[\text{kWh}]$$

04

출제빈도

구(球)의 전하가 5×10^{-6}[C]에서 3[m] 떨어진 점에서의 전위를 구하면 몇 [V]인가? (단, $\varepsilon_s = 1$이다.)

① 10×10^3 ② 15×10^3
③ 20×10^3 ④ 25×10^3

해설 $V = \frac{Q}{4\pi\varepsilon_0 r} = 9\times10^9 \times \frac{5\times10^{-6}}{3} = 15\times10^3$[V]

05

$C = 5[\mu\text{F}]$인 평행판 콘덴서에 5[V]인 전압을 걸어줄 때 콘덴서에 축적되는 에너지는 몇 [J]인가?

① 6.25×10^{-5} ② 6.25×10^{-3}
③ 1.25×10^{-5} ④ 1.25×10^{-3}

해설 $W = \frac{1}{2}CV^2 = \frac{1}{2}\times5\times10^{-6}\times5^2 = 6.25\times10^{-5}$[J]

06

$\varepsilon_1 > \varepsilon_2$인 두 유전체의 경계면에 전계가 수직일 때 경계면에 작용하는 힘의 방향은?

① 전계의 방향
② 전속 밀도의 방향
③ ε_1의 유전체에서 ε_2의 유전체 방향
④ ε_2의 유전체에서 ε_1의 유전체 방향

해설 유전율이 큰 쪽(ε_1)에서 작은 쪽(ε_2)으로 끌려 들어가는 맥스웰 응력이 작용한다.

07

출제빈도

변위 전류에 대해 설명이 옳지 않은 것은?

① 전도 전류이든 변위 전류이든 모두 전자 이동이다.
② 유전율이 무한히 크면 전하의 변위를 일으킨다.
③ 변위 전류는 유전체 내에 유전속 밀도의 시간적 변화에 비례한다.
④ 유전율이 무한대이면 내부 전계는 항상 0(zero)이다.

해설 변위 전류는 전속 밀도의 시간적 변화에 의한 것이므로 전자의 이동에 의하지 않는 전류이다.

정답 04.② 05.① 06.③ 07.①

08 다음 중 전자 유도 현상의 응용이 아닌 것은?

① 발전기
② 전동기
③ 전자석
④ 변압기

해설 변압기, 전동기, 송화기, 유량계, 지진계 등은 전자 유도 작용의 원리를 이용한 것들이다.

09 강유전체에 대한 설명 중 옳지 않은 것은?

① 티탄산 바륨과 인산 칼륨은 강유전체에 속한다.
② 강유전체의 결정에 힘을 가하면 분극을 생기게 하여 전압이 나타난다.
③ 강유전체에 생기는 전압의 변화와 고유 진동수의 관계를 이용하여 발전기, 마이크로폰 등에 이용되고 있다.
④ 강유전체에 전압을 가하면 변형이 생기고, 내부에만 정·부의 전하가 생긴다.

해설 강유전체에 전압을 가하면 변형이 생겨 강유전체의 양면에 양·음의 전하가 생긴다.

10 코일로 감겨진 환상 자기 회로에서 철심의 투자율을 μ[H/m]라 하고 자기 회로의 길이를 l[m]라 할 때, 그 자기 회로의 일부에 미소 공극 l_g[m]를 만들면 회로의 자기 저항은 이전의 약 몇 배 정도 되는가?

출제빈도

① $1+\dfrac{\mu l_g}{\mu_0 l}$　　② $1+\dfrac{\mu l}{\mu_0 l_g}$

③ $\dfrac{\mu l_g}{\mu_0 l}$　　④ $\dfrac{\mu l}{\mu_0 l_g}$

해설 공극이 없을 때의 자기 저항 R은

$$R=\frac{l+l_g}{\mu S}\fallingdotseq\frac{l}{\mu S}[\Omega]\ (\because l\gg l_g)$$

미소 공극 l_g가 있을 때의 자기 저항 R'는

$$R'=\frac{l_g}{\mu_0 S}+\frac{l}{\mu S}[\Omega]$$

$$\therefore\ \frac{R'}{R}=1+\frac{\dfrac{l_g}{\mu_0 S}}{\dfrac{l}{\mu S}}=1+\frac{\mu l_g}{\mu_0 l}=1+\mu_s\frac{l_g}{l}$$

정답 08.③ 09.④ 10.①

기출문제 관련 이론 바로보기

10. 이론 check 공극을 가진 자기 회로

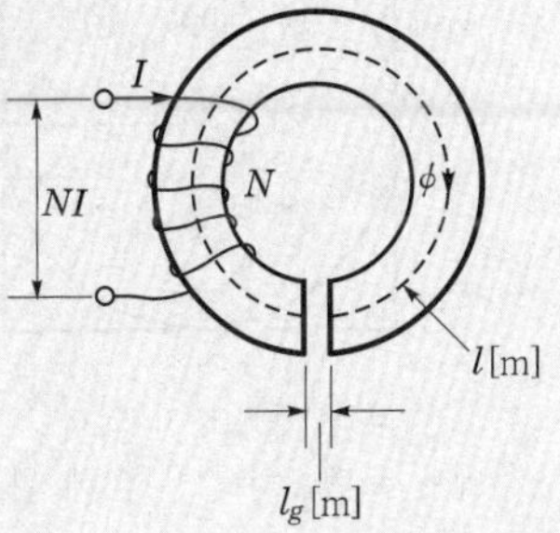

자기 회로에서 철심이 있는 자기 회로의 자기 저항을 R_m, 미소 공극시 자기 저항을 R_g라 하면, 총 자기 저항 R_0는

$$R_0=R_m+R_g$$

여기서, $R_m=\dfrac{l}{\mu S}$, $R_g=\dfrac{l_g}{\mu_0 S}$을 대입하면

$$R_0=\frac{l}{\mu S}+\frac{l_g}{\mu_0 S}=\frac{1}{\mu S}(l+\mu_s l_g)$$

$$=\frac{l}{\mu S}\left(1+\frac{\mu_s l_g}{l}\right)[\text{AT/Wb}]$$

Tip 자기 옴의 법칙

$$\phi=\frac{F}{R_m}=\frac{NI}{\dfrac{l}{\mu S}+\dfrac{l_g}{\mu_0 S}}[\text{Wb}]$$

기출문제 관련 이론 바로보기

13. 이론 check 전자의 원운동

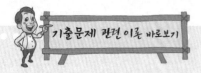

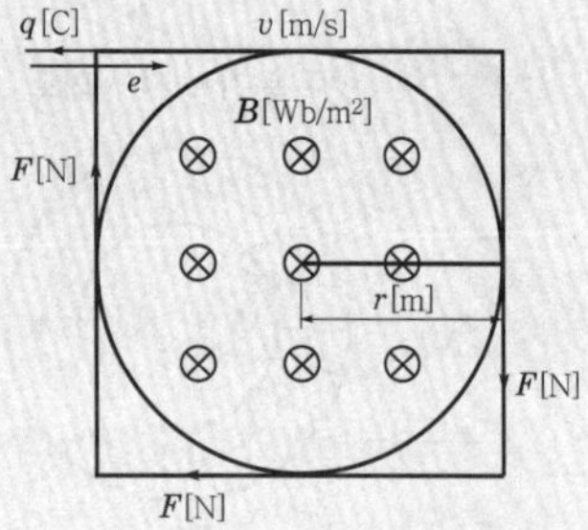

그 자계 내에 전자가 입사할 경우에는 로렌츠의 힘에 의해 원운동을 한다.
전자 e가 자속 밀도 $\boldsymbol{B}$[Wb/m^2]인 자계 내에 v[m/s]의 속도로 수직으로 입사시 전자는 로렌츠의 힘에 의해 $F=\boldsymbol{B}ev\sin\theta$[N](수직 입사시 $\sin 90°=1$)이고 전자가 로렌츠의 힘에 의해 원운동을 계속할 조건은 $ev\boldsymbol{B}=\dfrac{mv^2}{r}$[N]이다. 따라서 전자의 회전 반경 r은

$$r=\frac{mv}{\boldsymbol{B}e}[\text{m}]$$

$$\text{각속도 } \omega=\frac{v}{r}=2\pi f=\frac{2\pi}{T}=\frac{\boldsymbol{B}e}{m}[\text{rad/s}]$$

$$\text{주기 } T=\frac{2\pi m}{\boldsymbol{B}e}[\text{s}]$$

11 정전 용량이 4[μF], 5[μF], 6[μF]이고, 각각의 내압이 순서대로 500[V], 450[V], 350[V]인 콘덴서 3개를 직렬로 연결하고 전압을 서서히 증가시키면 콘덴서의 상태는 어떻게 되겠는가? (단, 유전체의 재질이나 두께는 같다.)

① 동시에 모두 파괴된다.
② 4[μF]가 가장 먼저 파괴된다.
③ 5[μF]가 가장 먼저 파괴된다.
④ 6[μF]가 가장 먼저 파괴된다.

해설 **각 콘덴서에 축적할 수 있는 전하량**

$Q_{1\max}=C_1V_{1\max}=4\times10^{-6}\times500=2.0\times10^{-3}$[C]

$Q_{2\max}=C_2V_{2\max}=5\times10^{-6}\times450=2.25\times10^{-3}$[C]

$Q_{3\max}=C_3V_{3\max}=6\times10^{-6}\times350=2.1\times10^{-3}$[C]

$\therefore$ $Q_{\max}$가 가장 작은 C_1, 4[μF]가 가장 먼저 절연 파괴된다.

12 다음 중 틀린 것은?

① 저항의 역수는 컨덕턴스이다.
② 저항률의 역수는 도전율이다.
③ 도체의 저항은 온도가 올라가면 그 값이 증가한다.
④ 저항률의 단위는 [Ω/m^2]이다.

해설 전기 저항 $R=\rho\dfrac{l}{S}=\dfrac{l}{KS}$[Ω]

저항률(고유 저항) $\rho=\dfrac{RS}{l}$[Ω · m^2/m]=[Ω · m]

13 (출제빈도) 속도 v[m/s] 되는 전자가 자속 밀도 $\boldsymbol{B}$[Wb/m^2]인 평등 자계 중에 자계와 수직으로 입사했을 때 전자 궤도의 반지름 r은 몇 [m]인가?

① $\dfrac{ev}{m\boldsymbol{B}}$
② $\dfrac{m\boldsymbol{B}}{ev}$
③ $\dfrac{e\boldsymbol{B}}{mv}$
④ $\dfrac{mv}{e\boldsymbol{B}}$

해설 **전자의 원운동**

- 회전 반경 : $r=\dfrac{mv}{e\boldsymbol{B}}$[m]
- 각속도 : $\omega=\dfrac{e\boldsymbol{B}}{m}$[rad/s]
- 주기 : $T=\dfrac{2\pi m}{e\boldsymbol{B}}$[s]

정답 11.② 12.④ 13.④

14 진공 중에 있는 반지름 a[m]인 도체구의 표면 전하 밀도가 σ[C/m^2]일 때 도체구 표면의 전계의 세기는 몇 [V/m]인가?

① $\dfrac{\sigma}{\varepsilon_0}$ ② $\dfrac{\sigma}{2\varepsilon_0}$

③ $\dfrac{\sigma^2}{2\varepsilon_0}$ ④ $\dfrac{\varepsilon_0\sigma^2}{2}$

해설

$$\int_S \boldsymbol{E} ds = \frac{\sigma S}{\varepsilon_0}$$

$$\boldsymbol{E}\cdot S = \frac{\sigma S}{\varepsilon_0}$$

$$\therefore\ \boldsymbol{E} = \frac{\sigma}{\varepsilon_0}[\mathrm{V/m}]$$

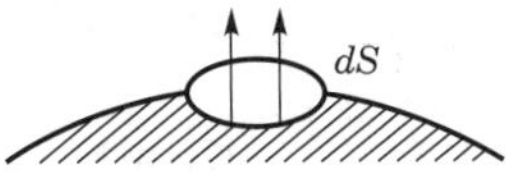

15 2[cm]의 간격을 가진 선간 전압 6,600[V]인 두 개의 평행 도선에 2,000[A]의 전류가 흐를 때 도선 1[m]마다 작용하는 힘은 몇 [N/m]인가?

출제빈도

① 20 ② 30

③ 40 ④ 50

해설

$$\boldsymbol{F} = \frac{2I_1\cdot I_2}{r}\times 10^{-7}[\mathrm{N/m}]$$

$$= \frac{2\times 2{,}000\times 2{,}000}{2\times 10^{-2}}\times 10^{-7} = 40[\mathrm{N/m}]$$

16 비투자율 μ_s인 철심이 든 환상 솔레노이드의 권수가 N회, 평균 지름이 d[m], 철심의 단면적이 A[m^2]라 할 때 솔레노이드에 I[A]의 전류가 흐르면, 자속[Wb]은?

① $\dfrac{2\pi\times 10^{-7}\mu_s NIA}{d}$ ② $\dfrac{4\pi\times 10^{-7}\mu_s NIA}{d}$

③ $\dfrac{2\times 10^{-7}\mu_s NIA}{d}$ ④ $\dfrac{4\times 10^{-7}\mu_s NIA}{d}$

해설

$$자속\ \phi = \frac{NI}{R_m} = \frac{NI}{\dfrac{l}{\mu_0\mu_s A}} = \frac{\mu_0\mu_s ANI}{l}$$

(자로의 길이 $l = 2\pi r = \pi d$)

$$= \frac{4\pi\times 10^{-7}\times\mu_s ANI}{\pi d}$$

$$= \frac{4\times 10^{-7}\times\mu_s NIA}{d}[\mathrm{Wb}]$$

정답 14.① 15.③ 16.④

기출문제 관련 이론 바로보기

15. 이론 check 평행 전류 도선 간에 작용하는 힘

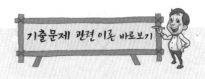

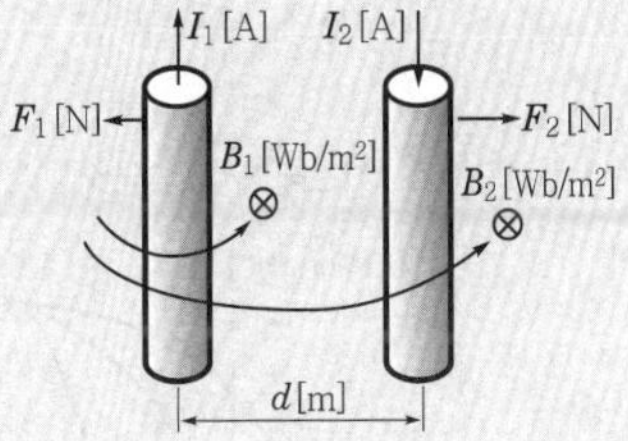

플레밍의 왼손 법칙에 의해 전류 I_2가 흐르는 도체가 받는 힘 $\boldsymbol{F}_2$는 I_1에 의해 발생되는 자계에 의한 자속 밀도 B_0[Wb/m^2]가 영향을 미치므로

$$\boldsymbol{F}_2 = I_2 B_1 l\sin 90° = \frac{\mu_0 I_1 I_2}{2\pi d}l\,[\mathrm{N}]$$

이때, 단위 길이당 작용하는 힘은

$$\boldsymbol{F} = \frac{\boldsymbol{F}_2}{l} = \frac{\mu_0 I_1 I_2}{2\pi d}[\mathrm{N/m}]$$

$\mu_0 = 4\pi\times 10^{-7}$[H/m]를 대입하면

$$\boldsymbol{F} = \frac{2I_1 I_2}{d}\times 10^{-7}[\mathrm{N/m}]$$

기출문제 관련 이론 바로보기

17. 이론 check **정전계와 도체계의 관계식**

전기 저항 R과 정전 용량 C를 곱하면 다음과 같다.

전기 저항 $R=\rho\dfrac{l}{S}[\Omega]$, 정전 용량 $C=\dfrac{\varepsilon S}{d}[\text{F}]$이므로

$$R\cdot C=\rho\frac{l}{S}\cdot\frac{\varepsilon S}{d}$$

$$\therefore\ R\cdot C=\rho\varepsilon,\quad \frac{C}{G}=\frac{\varepsilon}{k}$$

이때, 전기 저항은 $R=\dfrac{\rho\varepsilon}{C}[\Omega]$이 되므로 전류는 다음과 같다.

$$I=\frac{V}{R}=\frac{V}{\dfrac{\rho\varepsilon}{C}}=\frac{CV}{\rho\varepsilon}\ [\text{A}]$$

19. 이론 check **히스테리시스 곡선**

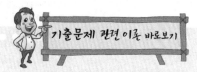

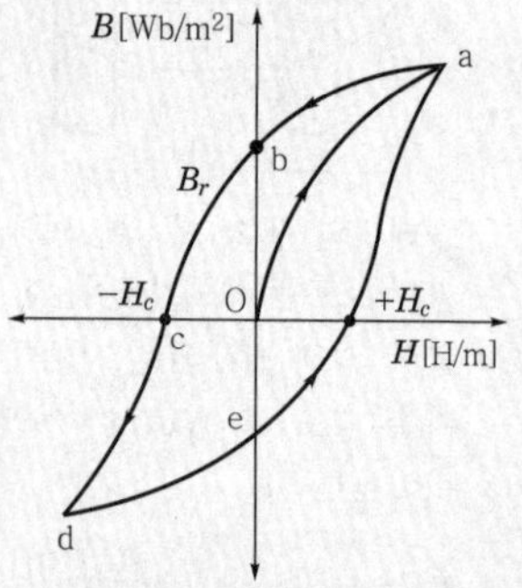

자성체에 정방향으로 외부 자계를 증가시키면 자성체 내에 자속 밀도는 0~a점까지 증가하다가 a점에서 포화 상태가 되어 더 이상 자속 밀도가 증가하지 않는다.
이때 외부 자계를 0으로 하면 자속 밀도는 b점이 된다. 또한 외부 자계의 방향을 반대로 하여 외부 자계를 상승하면 d점에서 자기 포화가 발생한다.
이 외부 자계를 0으로 하면 자속 밀도는 e점이 된다. e점에서 정방향으로 외부 자계를 인가하면 a점에서 자기 포화가 발생한다. 이와 같이 외부 자계의 변화에 따라 자속이 변화하는 특성 곡선을 히스테리시스 곡선이라 한다.

17 (출제빈도) 액체 유전체를 넣은 콘덴서의 용량은 30[μF]이다. 여기에 500[V]의 전압을 가했을 때 누설 전류는 약 몇 [mA]인가? (단, 고유 저항 ρ는 10^{11} [Ω·m], 비유전율 $\varepsilon_s=2.2$이다.)

① 5.1　② 7.7
③ 10.2　④ 15.4

해설 $RC=\rho\varepsilon$ 에서 $R=\dfrac{\rho\varepsilon}{C}$이므로

$$I=\frac{V}{R}=\frac{CV}{\rho\varepsilon}=\frac{CV}{\rho\varepsilon_0\varepsilon_s}$$
$$=\frac{30\times10^{-6}\times500}{10^{11}\times8.855\times10^{-12}\times2.2}$$
$$=7.7\times10^{-3}[\text{A}]$$
$$=7.7\,[\text{mA}]$$

18 다음 식에서 관계 없는 것은?

$$\oint_C Hdl=\int_s Jds=\int_s(\nabla\times H)ds=I$$

① 맥스웰의 방정식
② 암페어의 주회 법칙
③ 스토크스(Stokes)의 정리
④ 패러데이의 법칙

해설 **패러데이(Faraday)의 법칙**

$$e=-N\frac{d\phi}{dt}[\text{V}]$$

유도 기전력은 쇄교 자속의 변화를 방해하는 방향으로 생기며 그 크기는 쇄교 자속의 시간적인 변화율과 같다.

19 (출제빈도) 히스테리시스 손실과 히스테리시스 곡선과의 관계는?

① 히스테리시스 곡선의 면적이 클수록 히스테리시스 손실이 적다.
② 히스테리시스 곡선의 면적이 작을수록 히스테리시스 손실이 적다.
③ 히스테리시스 곡선의 잔류 자기값이 클수록 히스테리시스 손실이 적다.
④ 히스테리시스 곡선의 보자력 값이 클수록 히스테리시스 손실이 적다.

해설 히스테리시스 손실 $P_h=\eta f B_m^{\ 1.6}[\text{W/m}^2]$
히스테리시스 곡선의 종축과 만나는 잔류 자기(B)가 작을수록 히스테리시스 곡선의 면적은 작아지고 히스테리시스 손실도 적어진다.

정답 17.② 18.④ 19.②

20

(출제빈도)

동심구형 콘덴서의 내외 반지름을 각각 2배로 증가시켜서 처음의 정전 용량과 같게 하려면 유전체의 비유전율은 처음의 유전체에 비하여 어떻게 하면 되는가?

① 1배로 한다.
② 2배로 한다.
③ $\frac{1}{2}$배로 한다.
④ $\frac{1}{4}$배로 한다.

해설 동심구형 콘덴서의 정전 용량 $C=\dfrac{4\pi\varepsilon_0\varepsilon_s ab}{b-a}$

내외 반지름을 2배로 증가시키면 동심구형 콘덴서의 정전 용량

$$C'=\frac{4\pi\varepsilon_0\varepsilon_s 2a2b}{2(b-a)}=2C$$

∴ $C'=2C$가 되므로 비유전율을 $\frac{1}{2}$배로 하면 처음의 정전 용량과 같게 된다.

기출문제 관련 이론 바로보기

20. 이론 check **동심구 사이의 정전 용량**

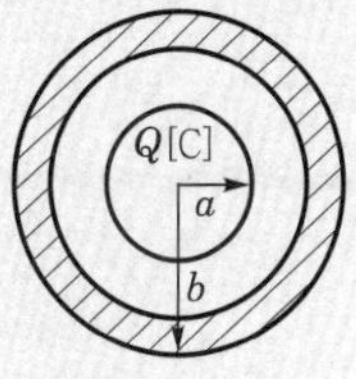

| 동심구 |

$$V=-\int_b^a \boldsymbol{E}\cdot dr$$
$$=\frac{Q}{4\pi\varepsilon_0}\left(\frac{1}{a}-\frac{1}{b}\right)[\mathrm{V}]$$
$$C=\frac{Q}{\frac{Q}{4\pi\varepsilon_0}\left(\frac{1}{a}-\frac{1}{b}\right)}=\frac{4\pi\varepsilon_0}{\frac{1}{a}-\frac{1}{b}}$$
$$=\frac{4\pi\varepsilon_0 ab}{b-a}[\mathrm{F}]$$

제 2 회 전기자기학

01

(출제빈도)

역자성체 내에서 비투자율 μ_s는?

① $\mu_s \gg 1$
② $\mu_s > 1$
③ $\mu_s < 1$
④ $\mu_s = 1$

해설 비투자율 $\mu_s=\dfrac{\mu}{\mu_0}=1+\dfrac{\chi_m}{\mu_0}$에서

$\mu_s>1$, 즉 $\chi_m>0$이면 상자성체

$\mu_s<1$, 즉 $\chi_m<0$이면 역자성체

01. 이론 check **자성체의 종류**

상자성체 중에서도 비투자율의 크기에 따라 다음과 같이 분류할 수 있다.

(1) 강자성체($\mu_s>1$)
철, 니켈, 코발트 등

(2) 약자성체($\mu_s \cong 1$)
알루미늄, 공기, 주석 등

(3) 페라이트(ferrite)
합금, 강자성체의 일부

(4) 반자성체($\mu_s<1$)
동선, 납, 게르마늄, 안티몬, 아연, 수소 등

또한, 전자의 자전 운동인 스핀 배열에 따라 다음과 같이 분류할 수 있다.

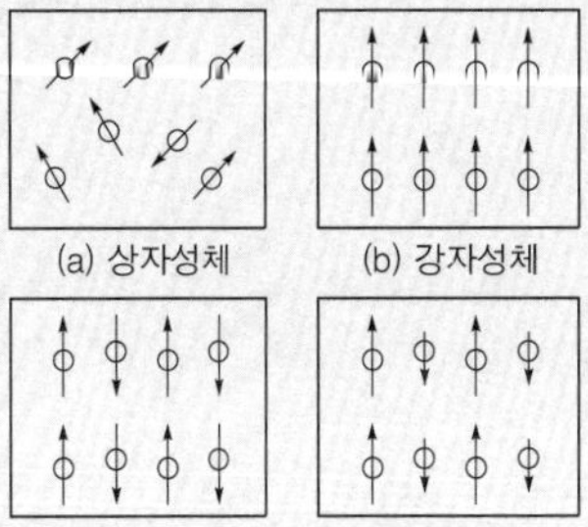

(a) 상자성체 (b) 강자성체
(c) 반강자성체 (d) 페리자성체

02

반지름 1[m]의 원형 코일에 1[A]의 전류가 흐를 때 중심점의 자계의 세기는 몇 [AT/m]인가?

① $\frac{1}{4}$
② $\frac{1}{2}$
③ 1
④ 2

해설 자계의 세기 $\boldsymbol{H}=\dfrac{I}{2a}=\dfrac{1}{2\times 1}=\dfrac{1}{2}[\mathrm{AT/m}]$

정답 20.③ / 01.③ 02.②

기출문제 관련 이론 바로보기

04. 이론 check

서로 다른 유전체를 극판과 평행하게 채우는 경우

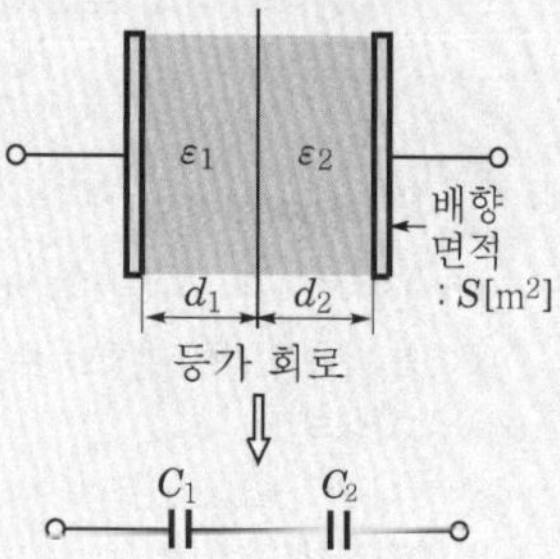

합성 정전 용량

$$C=\frac{1}{\frac{1}{C_1}+\frac{1}{C_2}}=\frac{S}{\frac{d_1}{\varepsilon_1}+\frac{d_2}{\varepsilon_2}}$$

03

무한 평면에 일정한 전류가 표면에 한 방향으로 흐르고 있다. 평면으로부터 위로 r만큼 떨어진 점과 아래로 $2r$만큼 떨어진 점과의 자계의 비 및 서로의 방향은?

① 1, 반대 방향
② $\sqrt{2}$, 같은 방향
③ 2, 반대 방향
④ 4, 같은 방향

해설

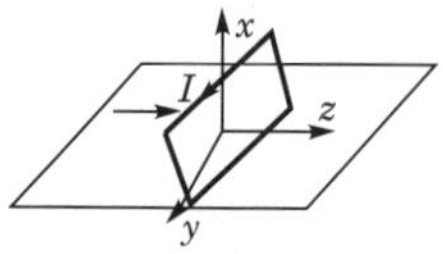

앙페르의 주회 적분 법칙에 의해 x, z성분의 자계는 존재하지 않고 $x-y$ 평면상에 일주 경로를 취하면 자계는 거리에 관계없이 일정하고 방향은 반대가 된다.

04

출제빈도

면적 S[m²], 간격 d[m]인 평행판 콘덴서에 그림과 같이 두께 d_1, d_2[m]이며 유전율 ε_1, ε_2[F/m]인 두 유전체를 극판 간에 평행으로 채웠을 때 정전 용량[F]은?

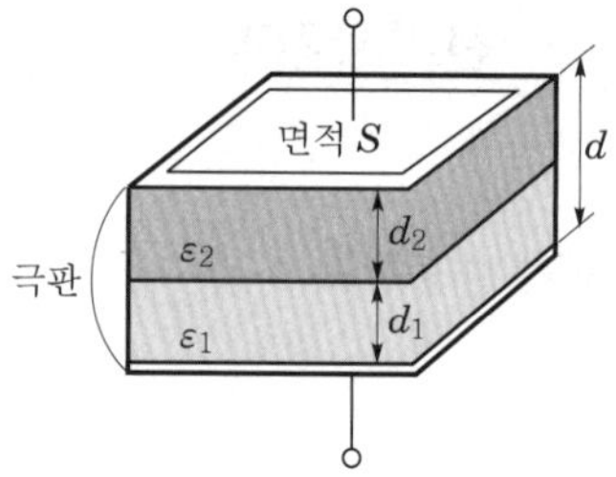

① $\dfrac{S}{\frac{d_1}{\varepsilon_1}+\frac{d_2}{\varepsilon_2}}$
② $\dfrac{S^2}{\frac{d_1}{\varepsilon_2}+\frac{d_2}{\varepsilon_1}}$
③ $\dfrac{\varepsilon_1 S}{d_1}+\dfrac{\varepsilon_2 S}{d_2}$
④ $\dfrac{\varepsilon_1\varepsilon_2 S}{d}$

해설 유전율이 ε_1, ε_2인 유전체의 정전 용량을 C_1, C_2라 하면

$C_1=\dfrac{\varepsilon_1 S}{d_1}$[F], $C_2=\dfrac{\varepsilon_2 S}{d_2}$[F]

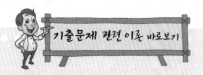

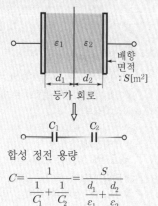

$\therefore$ 합성 정전 용량 $C=\dfrac{1}{\frac{1}{C_1}+\frac{1}{C_2}}=\dfrac{S}{\frac{d_1}{\varepsilon_1}+\frac{d_2}{\varepsilon_2}}$[F]

정답 03.① 04.①

05

자유 공간 중의 전위계에서 $V=5(x^2+2y^2-3z^2)$일 때 점 $\mathrm{P}(2, 0, -3)$에서의 전하 밀도 ρ의 값은?

출제빈도

① 0 ② 2
③ 7 ④ 9

해설 푸아송의 방정식

$$\mathrm{div}\boldsymbol{E}=\nabla\cdot\boldsymbol{E}=\nabla\cdot(-\nabla V)=-\nabla^2 V=\frac{\rho}{\varepsilon_0}$$

$$\therefore\ \nabla^2 V=-\frac{\rho}{\varepsilon_0}$$

$$\nabla^2 V=\frac{\partial^2 V}{\partial x^2}+\frac{\partial^2 V}{\partial y^2}+\frac{\partial^2 V}{\partial z^2}=10+20-30=0$$

$\because\ 0=-\dfrac{\rho}{\varepsilon_0}$, 전하 밀도 $\rho=0[\mathrm{C/m^3}]$

06

유전율 ε[F/m]인 유전체 중에서 전하가 Q[C], 전위가 V[V], 반지름 a[m]인 도체구가 갖는 에너지는 몇 [J]인가?

출제빈도

① $\dfrac{1}{2}\pi\varepsilon a V^2$ ② $\pi\varepsilon a V^2$
③ $2\pi\varepsilon a V^2$ ④ $4\pi\varepsilon a V^2$

해설 반지름이 a[m]인 고립 도체구의 정전 용량 C는

$C=4\pi\varepsilon a[\mathrm{F}]$

$$\therefore\ W=\frac{1}{2}CV^2=\frac{1}{2}(4\pi\varepsilon a)V^2$$

$$=2\pi\varepsilon a V^2[\mathrm{J}]$$

07

10[mH]의 인덕턴스 2개가 있다. 결합 계수를 0.1로부터 0.9까지 변화시킬 수 있다면 이것을 직렬 접속시켜 얻을 수 있는 합성 인덕턴스의 최대값과 최소값의 비는?

① 9 : 1 ② 13 : 1
③ 16 : 1 ④ 19 : 1

해설 합성 인덕턴스 $L=L_1+L_2\pm 2M=L_1+L_2\pm 2k\sqrt{L_1 L_2}$[H]에서 합성 인덕턴스의 최소값, 최대값의 비는 결합 계수 k가 가장 큰 경우($k=0.9$)에 제일 크다.

$k=0.9$, $M=k\sqrt{L_1L_2}=0.9\sqrt{10\times 10}=9[\mathrm{mH}]$이므로

$$L_{+\max}=L_1+L_2+2M=10+10+2\times 9=38[\mathrm{mH}]$$

$$L_{-\min}=L_1+L_2-2M=10+10-2\times 9=2[\mathrm{mH}]$$

$$\therefore\ L_{+\max} : L_{-\min}=38 : 2=19 : 1$$

정답 05.① 06.③ 07.④

기출문제 관련 이론 바로보기

05. 이론 check **푸아송 및 라플라스 방정식**

전위 함수를 이용하여 체적 전하 밀도를 구하고자 할 때 사용하는 방정식으로 전위 경도와 가우스 정리의 미분형에 의해

$\mathrm{div}\boldsymbol{E}=\nabla\cdot\boldsymbol{E}=\dfrac{\rho}{\varepsilon_0}$

여기에 전계의 세기 $\boldsymbol{E}=-\nabla V$이므로

$$\nabla\cdot\boldsymbol{E}=\nabla\cdot(-\nabla V)=-\nabla^2 V$$
$$=-\frac{\rho}{\varepsilon_0}$$

이것을 푸아송의 방정식이라 하며 $\rho=0$일 때, 즉

$\nabla^2 V=0$

인 경우를 라플라스 방정식이라 한다.

06. 이론 check **정전 용량**

전하와 전위의 비율로 도체가 전하를 축적할 수 있는 능력

$Q=CV$ (여기서, C : 정전 용량)

$C=\dfrac{Q}{V}[\mathrm{C/V}]=[\mathrm{F}]$

독립 도체의 정전 용량 $C=\dfrac{Q}{V}$ (전위)

두 도체 사이의 정전 용량 $C=\dfrac{Q}{V_{AB}}$ (전위차)

독립 구도체의 정전 용량

$$C=\frac{Q}{V}$$

$$V=\frac{Q}{4\pi\varepsilon_0 a}[\mathrm{V}]$$

$$C=\frac{Q}{\dfrac{Q}{4\pi\varepsilon_0 a}}=4\pi\varepsilon_0 a$$

$$=\frac{1}{9}\times 10^{-9}\times a\,[\mathrm{F}]$$

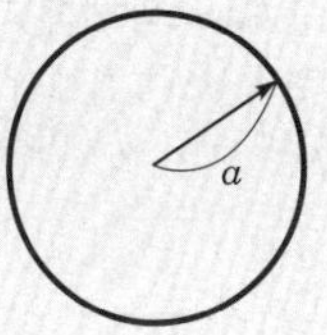

| 구 |

기출문제 관련 이론 바로보기

08. 이론 check **접지 구도체와 점전하**

(1) 영상 전하의 위치

구 중심에서 $\dfrac{a^2}{d}$인 점

(2) 영상 전하의 크기

$Q' = -\dfrac{a}{d}Q$

(3) 구도체와 점전하 사이에 작용하는 힘

$\left(\overline{AA'} = d - \dfrac{a^2}{d} = \dfrac{d^2 - a^2}{d}\right)$

$$F = \frac{Q\left(-\frac{a}{d}Q\right)}{4\pi\varepsilon_0\left(\frac{d^2-a^2}{d}\right)^2}$$

$$= -\frac{adQ^2}{4\pi\varepsilon_0(d^2-a^2)^2}[\text{N}]$$

10. 이론 check **가우스(Gauss)의 법칙**

가우스(K.F. Gauss, 1777~1855, 獨)의 법칙(Gauss's law)은 점전하를 기초로 한 Coulomb 법칙을 일반화하여, 일반 전하 분포에 의한 전계를 간단하게 해석하기 위한 방법으로 제시하였는데, 전하 분포 상태에 관계없이 성립되는 일반성을 지닌 법칙이다. "임의의 폐곡면(S) 내에 Q[C]의 전하가 존재할 때 폐곡면(S)에 수직으로 나오는 전기력선의 수는 $\dfrac{Q}{\varepsilon_0}$개가 된다."

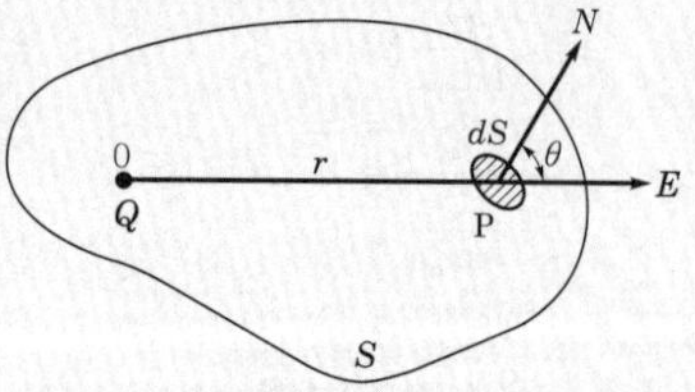

| Gauss의 법칙 |

미소 면적 dS 부분에서 나오는 전기력선의 수를 dN이라 하면

$E = \dfrac{dN}{dS}$

전기력선의 총수

$N = \int_s EdS = \dfrac{Q}{\varepsilon_0}[\text{lines}]$

08

접지 구도체와 점전하 사이에 작용하는 힘은?

출제빈도

① 항상 반발력이다.

② 항상 흡인력이다.

③ 조건적 반발력이다.

④ 조건적 흡인력이다.

해설 접지 구도체에는 항상 점전하 Q[C]과 반대 극성인 영상 전하 $Q' = -\dfrac{a}{d}Q$[C]이 유도되므로 항상 흡인력이 작용한다.

09

그림과 같이 내외 도체의 반지름이 a, b인 동축선(케이블)의 도체 사이에 유전율이 ε인 유전체가 채워져 있는 경우 동축선의 단위 길이당 정전 용량은?

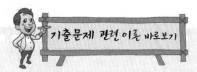

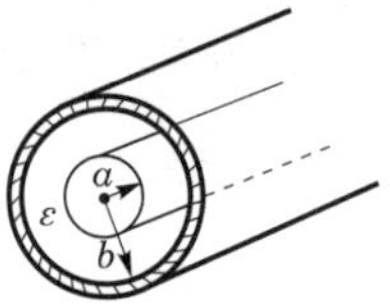

① $\varepsilon \log_e \dfrac{b}{a}$에 비례한다.

② $\dfrac{1}{\varepsilon}\log_{10}\dfrac{b}{a}$에 비례한다.

③ $\dfrac{\varepsilon}{\log_e \frac{b}{a}}$에 비례한다.

④ $\dfrac{\varepsilon b}{a}$에 비례한다.

해설 단위 길이당 정전 용량

$$C = \frac{\lambda}{V_{ab}} = \frac{2\pi\varepsilon}{\ln\frac{b}{a}} = \frac{2\pi\varepsilon_0\varepsilon_s}{\ln\frac{b}{a}}[\text{F/m}]$$

∴ 정전 용량 $C = \dfrac{\varepsilon}{\ln\frac{b}{a}}$에 비례한다.

10

진공 중에서 어떤 대전체의 전속이 Q였다. 이 대전체를 비유전율 2.2인 유전체 속에 넣었을 경우의 전속은?

출제빈도

① Q

② $\dfrac{2.2Q}{\varepsilon}$

③ $\dfrac{Q}{2.2\varepsilon}$

④ $2.2Q$

해설 Q[C]에서 나오는 전기력선의 수는 $\dfrac{Q}{\varepsilon_0\varepsilon_s}$개이다.

Q[C]에서 나오는 전속선의 수는 Q개이다.

정답 08.② 09.③ 10.①

11 지면에 평행으로 높이 h[m]에 가설된 반지름 a[m]인 가공 직선 도체의 대지 간 정전 용량은 몇 [F/m]인가? (단, $h \gg a$이다.)

① $\dfrac{\pi\varepsilon_0}{\ln\dfrac{2h}{a}}$ ② $\dfrac{2\pi\varepsilon_0}{\ln\dfrac{2h}{a}}$

③ $\dfrac{\pi\varepsilon_0}{\ln\dfrac{a}{2h}}$ ④ $\dfrac{2\pi\varepsilon_0}{\ln\dfrac{a}{2h}}$

해설

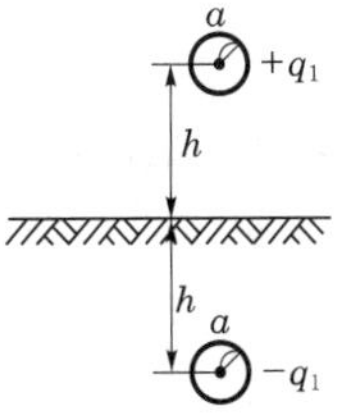

도선의 단위 길이당 전하를 $+q_1$으로 하고, 대칭 위치에 $-q_1$이 있는 점을 가상하면 지면을 제거하더라도 조건은 만족하므로 두 도선 간의 전위차

$$V=\frac{q_1}{\pi\varepsilon}\ln\frac{2h}{a}$$

∴ 정전 용량 $C'=\dfrac{q_1}{V}=\dfrac{\pi\varepsilon_0}{\ln\dfrac{2h}{a}}$[F/m]

∵ 도선과 지면 사이의 정전 용량 $C=2C'$이므로

$$C=2C'=\frac{2\pi\varepsilon_0}{\ln\dfrac{2h}{a}}\text{[F/m]}$$

12 다음 중 사람의 눈이 색을 다르게 느끼는 것은 빛의 어떤 특성이 다르기 때문인가?

① 굴절률 ② 속도
③ 편광 방향 ④ 파장

해설 육안으로 확인되는 빛의 파장은 380~780[nm]인 가시 광선 영역이며, 빨・주・노・초・파・남・보라색으로 분류가 된다. 즉, 가시 광선에서는 적색이 파장이 가장 길고 보라색이 파장이 가장 짧다.

13 (출제빈도) 지름 20[cm]의 구리로 만든 반구의 볼에 물을 채우고 그 중에 지름 10[cm]의 구를 띄운다. 이때에 양구가 동심구라면 양구 간의 저항[Ω]은 약 얼마인가? (단, 물의 도전율은 10^{-3}[℧/m]이고, 물은 충만되어 있다.)

① 159 ② 1,590
③ 2,800 ④ 2,850

정답 11.② 12.④ 13.②

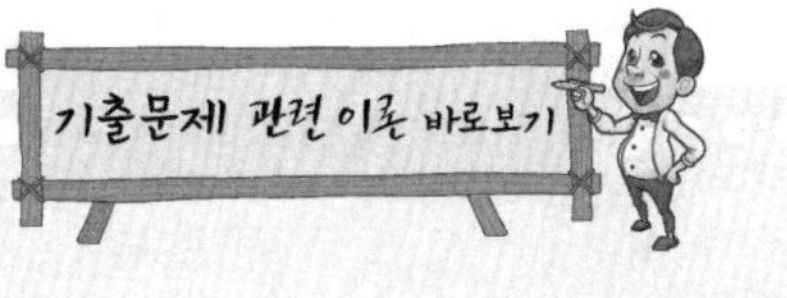

13. 이론 check **정전계와 도체계의 관계식**

전기 저항 R과 정전 용량 C를 곱하면 다음과 같다.

전기 저항 $R=\rho\dfrac{l}{S}$[Ω], 정전 용량 $C=\dfrac{\varepsilon S}{d}$[F]이므로

$R\cdot C=\rho\dfrac{l}{S}\cdot\dfrac{\varepsilon S}{d}$

∴ $R\cdot C=\rho\varepsilon$, $\dfrac{C}{G}=\dfrac{\varepsilon}{k}$

이때, 전기 저항은 $R=\dfrac{\rho\varepsilon}{C}$[Ω]이 되므로 전류는 다음과 같다.

$I=\dfrac{V}{R}=\dfrac{V}{\dfrac{\rho\varepsilon}{C}}=\dfrac{CV}{\rho\varepsilon}$ [A]

기출문제 관련 이론 바로보기

14. 이론 check **벡터의 곱셈에서 내적**

스칼라적이라고도 하며, 그 표기 방법은 · 또는 ( )로 표시한다.

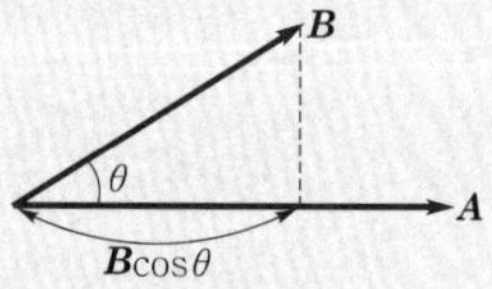

‖ 벡터의 내적 ‖

$\boldsymbol{A}\cdot\boldsymbol{B} = (\boldsymbol{AB}) = |\boldsymbol{A}||\boldsymbol{B}|\cos\theta$
$= \boldsymbol{AB}\cos\theta$

두 벡터

$\boldsymbol{A} = \boldsymbol{i}\boldsymbol{A}_x + \boldsymbol{j}\boldsymbol{A}_y + \boldsymbol{k}\boldsymbol{A}_z$

$\boldsymbol{B} = \boldsymbol{i}\boldsymbol{B}_x + \boldsymbol{j}\boldsymbol{B}_y + \boldsymbol{k}\boldsymbol{B}_z$

$\boldsymbol{A}\cdot\boldsymbol{B} = (\boldsymbol{i}\boldsymbol{A}_x + \boldsymbol{j}\boldsymbol{A}_y + \boldsymbol{k}\boldsymbol{A}_z)\cdot(\boldsymbol{i}\boldsymbol{B}_x + \boldsymbol{j}\boldsymbol{B}_y + \boldsymbol{k}\boldsymbol{B}_z)$
$= \boldsymbol{A}_x\boldsymbol{B}_x + \boldsymbol{A}_y\boldsymbol{B}_y + \boldsymbol{A}_z\boldsymbol{B}_z$

여기서, $\boldsymbol{i}\cdot\boldsymbol{i} = \boldsymbol{j}\cdot\boldsymbol{j} = \boldsymbol{k}\cdot\boldsymbol{k} = 1\times1\times\cos0° = 1$

$\boldsymbol{i}\cdot\boldsymbol{j} = \boldsymbol{j}\cdot\boldsymbol{k} = \boldsymbol{k}\cdot\boldsymbol{i} = 1\times1\times\cos90° = 0$

15. Tip **비오-사바르 법칙에서 유한장 직선 전류에 의한 자계의 세기**

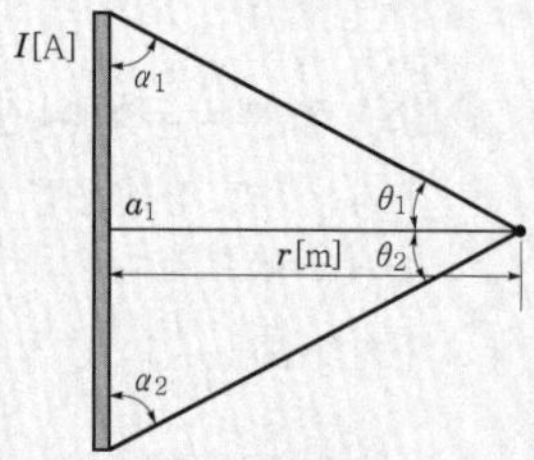

길이 l[m]인 유한장 직선 도체에 전류 I[A]가 흐를 때 이 도체에서 r[m] 떨어진 점의 자계의 세기는 비오-사바르 법칙에 의해 다음과 같다.

$$\boldsymbol{H} = \frac{I}{4\pi r}(\sin\theta_1 + \sin\theta_2)$$
$$= \frac{I}{4\pi r}(\cos\alpha_1 + \cos\alpha_2)\,[\mathrm{AT/m}]$$

해설 반구의 정전 용량 $C = \dfrac{2\pi\varepsilon}{\dfrac{1}{a} - \dfrac{1}{b}}$[F]

$RC = \rho\varepsilon = \dfrac{\varepsilon}{\sigma}$

$\therefore\ R = \dfrac{\varepsilon}{\sigma C} = \dfrac{1}{2\pi\sigma}\left(\dfrac{1}{a} - \dfrac{1}{b}\right)$

$= \dfrac{1}{2\pi\times10^{-3}}\left(\dfrac{1}{0.05} - \dfrac{1}{0.1}\right)$

$\fallingdotseq 1{,}590[\Omega]$

14

출제빈도

두 벡터 $\boldsymbol{A} = \boldsymbol{A}_x\boldsymbol{i} + 2\boldsymbol{j}$, $\boldsymbol{B} = 3\boldsymbol{i} - 3\boldsymbol{j} - \boldsymbol{k}$가 서로 직교하려면 $\boldsymbol{A}_x$의 값은?

① 0 ② 2

③ $\dfrac{1}{2}$ ④ −2

해설 $\boldsymbol{A}\cdot\boldsymbol{B} = |\boldsymbol{A}||\boldsymbol{B}|\cos90° = 0$

따라서 $\boldsymbol{A}\cdot\boldsymbol{B} = (\boldsymbol{i}\boldsymbol{A}_x + \boldsymbol{j}2)\cdot(\boldsymbol{i}3 - \boldsymbol{j}3 - \boldsymbol{k})$
$= 3\boldsymbol{A}_x - 6 = 0$

$\because\ \boldsymbol{A}_x = \dfrac{6}{3} = 2$

15

출제빈도

전하 8π[C]이 8[m/s]의 속도로 진공 중을 직선 운동하고 있다면, 이 운동 방향에 대하여 각도 θ이고, 거리 4[m] 떨어진 점의 자계의 세기는 몇 [A/m]인가?

① $\cos\theta$ ② $\dfrac{1}{2\sin\theta}$

③ $\sin\theta$ ④ $2\sin\theta$

해설 **비오-사바르의 법칙**

$dH = \dfrac{I\cdot dl}{4\pi r^2}\sin\theta$[A/m]에서

자계의 세기 $H = \dfrac{8\pi\times8}{4\pi\times4^2}\sin\theta = \sin\theta$

16

전계 내에서 폐회로를 따라 전하를 일주시킬 때 전계가 행하는 일은 몇 [J]인가?

① ∞ ② π

③ 1 ④ 0

해설 폐회로를 따라 단위 정전하를 일주시킬 때 전계가 하는 일은 0이다. 즉, 정전계는 에너지 보존적이다.

$\oint_c \boldsymbol{E}\cdot dl = 0$

정답 14.② 15.③ 16.④

17 다음의 맥스웰 방정식 중 틀린 것은?

① $\text{rot}\boldsymbol{H} = \boldsymbol{i} + \dfrac{\partial \boldsymbol{D}}{\partial t}$

② $\text{rot}\boldsymbol{E} = -\dfrac{\partial \boldsymbol{H}}{\partial t}$

③ $\text{div}\boldsymbol{B} = 0$

④ $\text{div}\boldsymbol{D} = \rho$

해설 패러데이 전자 유도 법칙의 미분형

$$\text{rot}\boldsymbol{E} = \nabla \times \boldsymbol{E} = -\frac{\partial \boldsymbol{B}}{\partial t} = -\mu\frac{\partial \boldsymbol{H}}{\partial t}$$

18 (출제빈도) 단면적이 같은 자기 회로가 있다. 철심의 투자율을 μ라 하고 철심 회로의 길이를 l이라 한다. 지금 그 일부에 미소 공극 l_0을 만들었을 때 자기 회로의 자기 저항은 공극이 없을 때의 약 몇 배인가?

① $1+\dfrac{\mu l}{\mu_0 l_0}$　② $1+\dfrac{\mu l_0}{\mu_0 l}$

③ $1+\dfrac{\mu_0 l}{\mu l_0}$　④ $1+\dfrac{\mu_0 l_0}{\mu l}$

해설 공극이 없을 때의 자기 저항 R은

$$R = \frac{l}{\mu S} + \frac{l_d}{\mu_0 S} \fallingdotseq \frac{l}{\mu S}[\Omega](\because l \gg l_0)$$

미소 공극 l_0가 있을 때의 자기 저항 R'는

$$R' = \frac{l_0}{\mu_0 S} + \frac{l}{\mu S}[\Omega]$$

$$\therefore \frac{R'}{R} = 1 + \frac{\frac{l_0}{\mu_0 S}}{\frac{l}{\mu S}} = 1 + \frac{\mu l_0}{\mu_0 l} = 1 + \mu_s \frac{l_0}{l}$$

19 전류와 자계 사이의 힘의 효과를 이용한 것으로 자유로이 구부릴 수 있는 도선에 대전류를 통하면 도선 상호간에 반발력에 의하여 도선이 원을 형성하는 데 이와 같은 현상은?

① 스트레치 효과　② 핀치 효과

③ 홀 효과　④ 스킨 효과

해설 스트레치 효과란, 가는 직사각형 도선에 대전류를 흘리면 평행 도선에서 전류가 반대로 흐를 때와 마찬가지로 도선 상호간에는 반발력이 작용하여 최종적으로 도선이 원의 형태를 이루게 되는 현상을 말한다.

정답 17.② 18.② 19.①

기출문제 관련 이론 바로보기

18. 이론 check **공극을 가진 자기 회로**

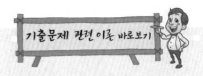

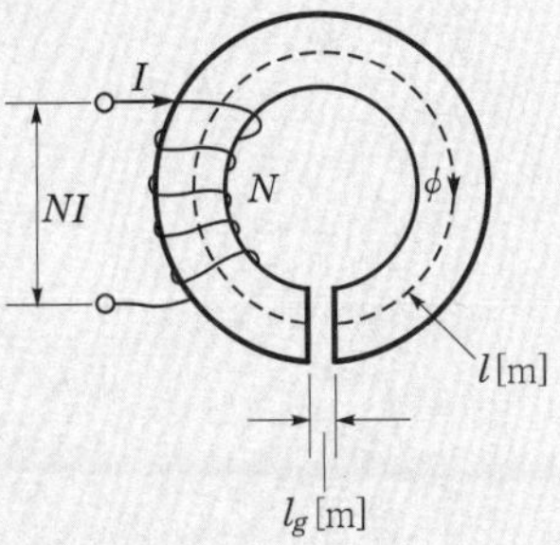

자기 회로에서 철심이 있는 자기 회로의 자기 저항을 R_m, 미소 공극시 자기 저항을 R_g라 하면, 총 자기 저항 R_0는

$R_0 = R_m + R_g$

여기서, $R_m = \dfrac{l}{\mu S}$, $R_g = \dfrac{l_g}{\mu_0 S}$을 대입하면

$$R_0 = \frac{l}{\mu S} + \frac{l_g}{\mu_0 S} = \frac{1}{\mu S}(l + \mu_s l_g)$$

$$= \frac{l}{\mu S}\left(1 + \frac{\mu_s l_g}{l}\right)[\text{AT/Wb}]$$

Tip **자기 옴의 법칙**

$$\phi = \frac{F}{R_m} = \frac{NI}{\frac{l}{\mu S} + \frac{l_g}{\mu_0 S}}[\text{Wb}]$$

기출문제 관련 이론 바로보기

20. 이론 check 평행 왕복 도선 사이의 인덕턴스

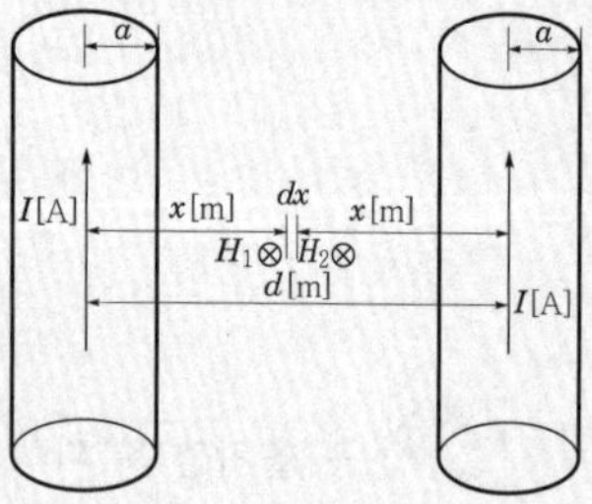

자계의 세기는

$$H=\frac{I}{2\pi x}+\frac{I}{2\pi(d-x)}$$
$$=\frac{I}{2\pi}\left(\frac{1}{x}+\frac{1}{d-x}\right)$$

단위 길이당 자속 ϕ는

$$\phi=\int_a^{d-a}\mu_0 H\,ds=\frac{\mu_0 I}{\pi}\ln\frac{d-a}{a}$$
$$\fallingdotseq\frac{\mu_0 I}{\pi}\ln\frac{d}{a}\ (d\gg a\text{인 경우})$$

따라서 단위 길이당 자기 인덕턴스는

$$L=\frac{\phi}{I}=\frac{\mu_0}{\pi}\ln\frac{d}{a}\,[\text{H/m}]$$

20

(출제빈도) 두 평행 왕복 도선 사이의 도선 외부의 자기 인덕턴스는 몇 [H/m]인가? (단, r은 도선의 반지름, D는 두 왕복 도선 사이의 거리이다.)

① $\frac{\mu_0}{4\pi}\ln\frac{D}{r}$　② $\frac{\mu_0}{2\pi}\ln\frac{D}{r}$

③ $\frac{\mu_0}{\pi}\ln\frac{r}{D}$　④ $\frac{\mu_0}{\pi}\ln\frac{D}{r}$

해설 평행 왕복 도선 사이의 인덕턴스($D\gg r$인 경우)

$$L=\frac{\phi}{I}=\frac{\mu_0}{\pi}\ln\frac{D}{r}\,[\text{H/m}]$$

제 3 회 전기자기학

01

공기 중에서 무한 평면 도체 표면 아래의 1[m] 떨어진 곳에 1[C]의 점전하가 있다. 전하가 받는 힘의 크기는 몇 [N]인가?

① 9×10^9　② $\frac{9}{2}\times10^9$

③ $\frac{9}{4}\times10^9$　④ $\frac{9}{16}\times10^9$

해설 $$F=\frac{Q^2}{16\pi\varepsilon_0 a^2}=-\frac{1^2}{16\pi\varepsilon_0\times1^2}=-\frac{1}{16\pi\varepsilon_0}=-\frac{9}{4}\times10^9\,[\text{N}](\text{흡인력})$$

02

1[m]의 간격을 가진 선간 전압 66,000[V]인 2개의 평행 왕복 도선에 10[kA]의 전류가 흐를 때 도선 1[m]마다 작용하는 힘의 크기는 몇 [N/m]인가?

① 1[N/m]　② 10[N/m]

③ 20[N/m]　④ 200[N/m]

해설 $I_1=I_2=I=10[\text{kA}]=10\times10^3[\text{A}]$이므로

$$F=\frac{\mu_0 I_1 I_2}{2\pi r}=\frac{2I^2}{r}\times10^{-7}=\frac{2\times(10\times10^3)^2}{1}\times10^{-7}=20\,[\text{N/m}]$$

03

비투자율 800의 환상 철심으로 하여 권선 600회 감아서 환상 솔레노이드를 만들었다. 이 솔레노이드의 평균 반경이 20[cm]이고, 단면적이 10[cm²]이다. 이 권선에 전류 1[A]를 흘리면 내부에 통하는 자속[Wb]은?

① 2.7×10^{-4}　② 4.8×10^{-4}

③ 6.8×10^{-4}　④ 0.6×10^{-4}

정답 20.④ / 01.③ 02.③ 03.②

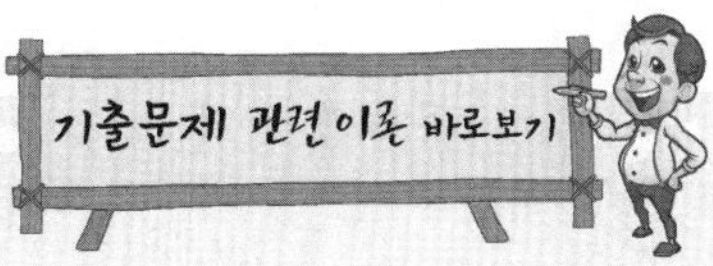

해설 자속 $\phi = BS = \mu HS$

$$= \mu \cdot \mu_s \frac{NI}{l} S = \mu_0 \mu_s \frac{NIS}{2\pi r}$$

$$= \frac{4\pi \times 10^{-7} \times 800 \times 600 \times 1 \times 10 \times 10^{-4}}{2\pi \times 0.2}$$

$$= 4.8 \times 10^{-4} [\text{Wb}]$$

04

대지면에서 높이 h[m]로 가선된 대단히 긴 평행 도선의 선전하(선전하 밀도 λ[C/m])가 지면으로부터 받는 힘[N/m]은?

① h에 비례

② h^2에 비례

③ h에 반비례

④ h^2에 반비례

해설

$$f = -\rho \boldsymbol{E} = -\rho \cdot \frac{\rho}{2\pi\varepsilon_0 (2h)}$$

$$= -\frac{\rho^2}{4\pi\varepsilon_0 h} [\text{N/m}] \propto \frac{1}{h}$$

05

(출제빈도)

단면의 지름이 D[m], 권수가 n[회/m]인 무한장 솔레노이드에 전류 I[A]를 흘렸을 때, 길이 l[m]에 대한 인덕턴스 L[H]는 얼마인가?

① $4\pi^2 \mu_s n D^2 l \times 10^{-7}$

② $4\pi \mu_s n^2 D l \times 10^{-7}$

③ $\pi^2 \mu_s n D^2 l \times 10^{-7}$

④ $\pi^2 \mu_s n^2 D^2 l \times 10^{-7}$

해설 $L = L_0 l = \mu_0 \mu_s n^2 S l$

$$= 4\pi \times 10^{-7} \times \mu_s n^2 \times \left(\frac{1}{4} \pi D^2\right) \times l$$

$$= \pi^2 \mu_s n^2 D^2 l \times 10^{-7} [\text{H}]$$

05. 이론 check **무한장 솔레노이드의 인덕턴스**

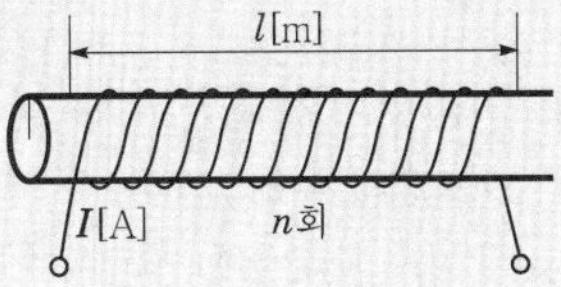

$n\phi = LI$ (단위[m]당 권수 n)

$$L = \frac{n\phi}{I}$$

자속 $\phi = BS = \mu HS = \mu n I \pi a^2$

$$\therefore\ L = \frac{n}{I} \mu n I \pi a^2 = \mu \pi a^2 n^2$$

$$= 4\pi \mu_s \pi a^2 n^2 \times 10^{-7} [\text{H/m}]$$

06

전계 $\boldsymbol{E}$[V/m] 및 자계 $\boldsymbol{H}$[AT/m]의 전자계가 평면파를 이루고 공기 중을 3×10^8[m/s]의 속도로 전파될 때 단위 시간당 단위 면적을 지나는 에너지는 몇 [W/m²]인가?

① $\boldsymbol{EH}$

② $\sqrt{\varepsilon\mu}\, \boldsymbol{EH}$

③ $\dfrac{\boldsymbol{EH}}{\sqrt{\varepsilon\mu}}$

④ $\dfrac{1}{2}(\varepsilon \boldsymbol{E}^2 + \mu \boldsymbol{H}^2)$

해설 $\boldsymbol{P} = w \times v = \sqrt{\varepsilon\mu}\ \boldsymbol{EH} \times \dfrac{1}{\sqrt{\varepsilon\mu}} = \boldsymbol{EH}\ [\text{W/m}^2]$

정답 04.③ 05.④ 06.①

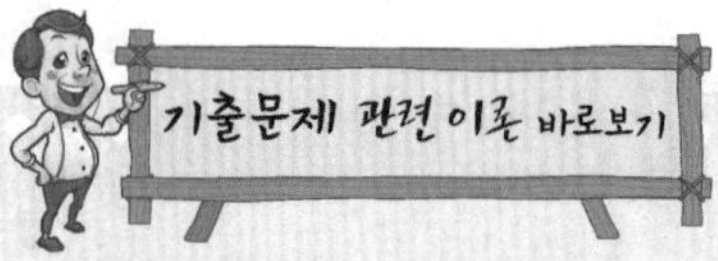

08. 이론 check **직렬 접속(Q=일정)**

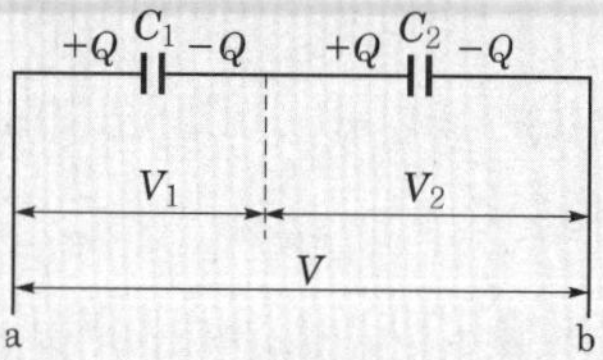

‖ 직렬 접속 ‖

a, b 단자 간에 V를 인가하면 각 콘덴서의 양 전극에는 $\pm Q$[C]의 전하가 나타난다.

$V_1 = \frac{Q}{C_1},\ V_2 = \frac{Q}{C_2}$

$\therefore\ V = V_1 + V_2 = \frac{Q}{C_1} + \frac{Q}{C_2}$

$= \left(\frac{1}{C_1} + \frac{1}{C_2}\right) \cdot Q = \frac{1}{C_0}Q$

(1) 합성 정전 용량

$\frac{1}{C_0} = \frac{1}{C_1} + \frac{1}{C_2}$

$C_0 = \frac{C_1 C_2}{C_1 + C_2}$

(2) 전압 분배

$V_1 = \frac{Q}{C_1} = \frac{C_0 V}{C_1} = \frac{C_2}{C_1 + C_2} V$

$V_2 = \frac{Q}{C_2} = \frac{C_0 V}{C_2} = \frac{C_1}{C_1 + C_2} V$

09. 이론 check **변위 전류**

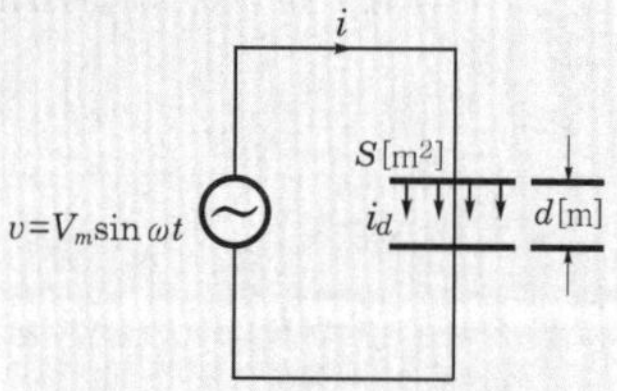

콘덴서를 연결하고, 교류 전압 $v = V_m \sin\omega t$를 인가하면 도선에는 전도 전류 i[A]가 흐르지만 콘덴서 사이에는 이 전류가 흐르지 못한다. 그러나 평행판 사이에 전하가 축적되어 증가하면 평행판에서 발산

07

액체 유전체를 포함한 콘덴서 용량이 C[F]인 것에 V[V]의 전압을 가했을 경우에 흐르는 누설 전류[A]는? (단, 유전체의 유전율은 ε, 고유 저항은 ρ라 한다.)

① $\frac{\rho\varepsilon}{C}V$　　② $\frac{C}{\rho\varepsilon}V$

③ $\frac{C}{\rho\varepsilon}V^2$　　④ $\frac{\rho\varepsilon}{CV}$

해설 $RC = \rho\varepsilon$에서 $R = \frac{\rho\varepsilon}{C}$이므로

$I = \frac{V}{R} = \frac{CV}{\rho\varepsilon} = \frac{CV}{\rho\varepsilon_0\varepsilon_s}$[A]

08

출제빈도

Q_1[C]으로 대전된 용량 C_1[F]의 콘덴서에 용량 C_2[F]를 병렬 연결한 경우 C_2가 분배받는 전기량 Q_2[C]는? (단, V_1[V]은 콘덴서 C_1이 Q_1으로 충전되었을 때 C_1의 양단 전압이다.)

① $Q_2 = \frac{C_1 + C_2}{C_2} V_1$　　② $Q_2 = \frac{C_2}{C_1 + C_2} V_1$

③ $Q_2 = \frac{C_1 + C_2}{C_1} V_1$　　④ $Q_2 = \frac{C_1 C_2}{C_1 + C_2} V_1$

해설 병렬 연결 후의 전위차 V'는

$V' = \frac{Q_1}{C_1 + C_2}$[V]

C_2가 분배받는 전기량 Q_2는

$\therefore\ Q_2 = C_2 V' = \frac{C_2}{C_1 + C_2} Q_1 = \frac{C_1 C_2}{C_1 + C_2} V_1$[C]

09

출제빈도

다음 중 변위 전류에 관한 설명으로 가장 옳은 것은?

① 변위 전류 밀도는 전속 밀도의 시간적 변화율이다.
② 자유 공간에서 변위 전류가 만드는 것은 전계이다.
③ 변위 전류는 도체와 가장 관계가 깊다.
④ 시간적으로 변화하지 않는 계에서도 변위 전류는 흐른다.

해설
- 변위 전류 밀도 : $J_d = \frac{\partial D}{\partial t}$[A/m²]
- 변위 전류 : $i_d = J_d \times S = \frac{\partial D}{\partial t} \cdot S$[A]

∴ 변위 전류 밀도는 전속 밀도의 시간적 변화율이다.

정답 07.② 08.④ 09.①

10 평면 전자파의 전계 E와 자계 H와의 관계식으로 알맞은 것은?

출제빈도

① $H=\sqrt{\dfrac{\varepsilon}{\mu}}E$　　② $H=\sqrt{\dfrac{\mu}{\varepsilon}}E$

③ $H=\dfrac{\varepsilon}{\mu}E$　　④ $H=\dfrac{\mu}{\varepsilon}E$

해설 전자파의 파동 고유 임피던스는 전계와 자계의 비로

$$\eta=\frac{E}{H}=\sqrt{\frac{\mu}{\varepsilon}}$$

이 식을 변형하면

$$\sqrt{\varepsilon}E=\sqrt{\mu}H \text{ 또는 } E=\sqrt{\frac{\mu}{\varepsilon}}H,\ H=\sqrt{\frac{\varepsilon}{\mu}}E$$

11 반지름 a[m]인 무한히 긴 원통형 도선 A, B가 중심 사이의 거리 d[m]로 평행하게 배치되어 있다. 도선 A, B에 각각 단위 길이마다 $+Q$[C/m], $-Q$[C/m]의 전하를 줄 때 두 도선 사이의 전위차는 몇 [V]인가?

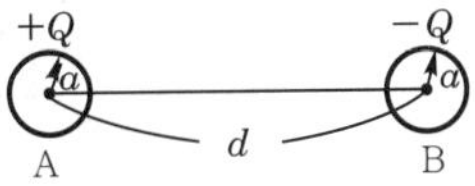

① $\dfrac{Q}{2\pi\varepsilon_0}\ln\dfrac{d-a}{a}$　　② $\dfrac{Q}{2\pi\varepsilon_0}\ln\dfrac{a}{d-a}$

③ $\dfrac{Q}{\pi\varepsilon_0}\ln\dfrac{d-a}{a}$　　④ $\dfrac{Q}{\pi\varepsilon_0}\ln\dfrac{a}{d-a}$

해설 전위차

$$V=-\int_a^{d-a}E\cdot dl$$

$$=-\int_a^{d-a}\left\{\frac{Q}{2\pi\varepsilon_0 x}+\frac{Q}{2\pi\varepsilon_0(d-x)}\right\}dx$$

$$=\frac{Q}{2\pi\varepsilon_0}\left\{[\ln x]_a^{d-a}+[\ln(d-x)]_{d-a}^{a}\right\}$$

$$=\frac{Q}{2\pi\varepsilon_0}\ln\left(\frac{d-a}{a}\right)^2=\frac{Q}{\pi\varepsilon_0}\ln\frac{d-a}{a}\text{[V]}$$

12 비유전율 $\varepsilon_s=5$인 유전체 내의 분극률은 몇 [F/m]인가?

출제빈도

① $\dfrac{10^{-8}}{9\pi}$　　② $\dfrac{10^{9}}{9\pi}$

③ $\dfrac{10^{-9}}{9\pi}$　　④ $\dfrac{10^{8}}{9\pi}$

해설 분극률 $\chi=\varepsilon_0(\varepsilon_s-1)=\dfrac{1}{4\pi\times9\times10^9}(5-1)=\dfrac{10^{-9}}{9\pi}$[F/m]

정답 10.① 11.③ 12.③

기출문제 관련 이론 바로보기

하는 전속은 증가하게 된다. 즉, 시간에 대한 전속 밀도의 변화율로 그 크기가 결정되는 가상적인 변위 전류가 흐른다.

따라서 변위 전류 밀도 J_d는

$$J_d=\frac{i_d}{S}=\frac{1}{S}\frac{\partial Q}{\partial t}=\frac{\partial}{\partial t}\left(\frac{Q}{S}\right)$$

$$=\frac{\partial D}{\partial t}\text{[A/m}^2\text{]}$$

10. 이론 check **고유 임피던스(파동 임피던스)**

전자파는 자계와 전계가 동시에 90°의 위상차로 전파되므로 전자파의 파동 고유 임피던스는 전계와 자계의 비로

$$\eta=\frac{E}{H}=\sqrt{\frac{\mu}{\varepsilon}}$$

이 식을 다시 변형하면

$$\sqrt{\varepsilon}E=\sqrt{\mu}H \text{ 또는 } E=\sqrt{\frac{\mu}{\varepsilon}}H,$$

$$H=\sqrt{\frac{\varepsilon}{\mu}}E$$

이때, 진공 중이면

$$E=\sqrt{\frac{\mu_0}{\varepsilon_0}}H=377H$$

이것을 ε_0, μ_0에 대한 값을 대입하면

$$H=\sqrt{\frac{\varepsilon_0}{\mu_0}}E=\frac{1}{377}E$$

$$=0.27\times10^{-2}E$$

12. 이론 check **분극의 세기(P)**

$$D=\varepsilon_0E+P$$

$$P=D-\varepsilon_0E=\varepsilon_0\varepsilon_sE-\varepsilon_0E$$

$$=\varepsilon_0(\varepsilon_s-1)E=\chi_eE\text{[C/m}^2\text{]}$$

여기서, χ(카이) : 분극률($\chi=\varepsilon_0(\varepsilon_s-1)$의 값을 갖는다.)

기출문제 관련 이론 바로보기

13 자속 ϕ[Wb]가 $\phi_m \cos 2\pi ft$[Wb]로 변화할 때 이 자속과 쇄교하는 권수 N회의 코일에 발생하는 기전력은 몇 [V]인가?

① $-\pi fN\phi_m \cos 2\pi ft$

② $\pi fN\phi_m \sin 2\pi ft$

③ $-2\pi fN\phi_m \cos 2\pi ft$

④ $2\pi fN\phi_m \sin 2\pi ft$

해설

$$e = -N\frac{d\phi}{dt}$$

$$= -N \cdot \frac{d}{dt}(\phi_m \cos 2\pi ft)$$

$$= 2\pi fN\phi_m \sin 2\pi ft\,[\text{V}]$$

14 (출제빈도) 반지름 $r = a$[m]인 원통 도선에 I[A]의 전류가 균일하게 흐를 때, 자계의 최대값[AT/m]은?

① $\dfrac{I}{\pi a}$ ② $\dfrac{I}{2\pi a}$

③ $\dfrac{I}{3\pi a}$ ④ $\dfrac{I}{4\pi a}$

해설 반지름이 a[m]인 원통 도체에 전류 I[A]가 흐를 때 r[m] 떨어진 점의 자계의 세기 $H = \dfrac{I}{2\pi r}$[AT/m]이다.

$\therefore$ $r = a$일 때 자계의 최대값 $H = \dfrac{I}{2\pi a}$[AT/m]가 된다.

14. Tip 무한장 원통 전류에 의한 자계의 세기

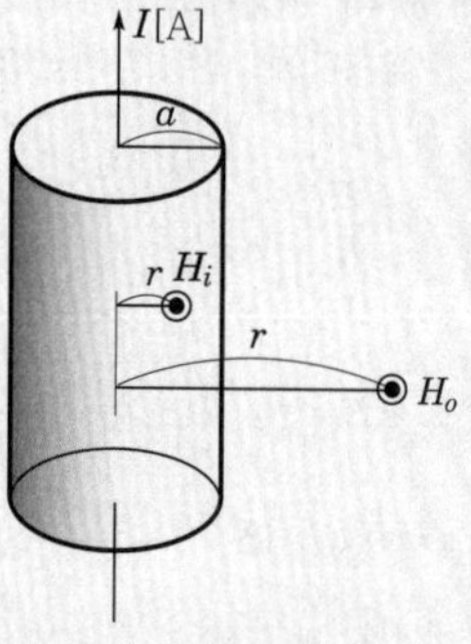

(1) 외부 자계의 세기($r > a$)
반지름이 a[m]인 원통 도체에 전류 I가 흐를 때 이 원통으로부터 r[m] 떨어진 점의 자계의 세기

$$H_o = \frac{I}{2\pi r}$$

즉, r에 반비례한다.

(2) 내부 자계의 세기($r < a$)
원통 내부에 전류 I가 균일하게 흐른다면 원통 내부의 자계의 세기

$$H_i = \frac{I'}{2\pi r}$$

이때, 내부 전류 I'는 원통의 체적에 비례하여 흐르므로

$I : I' = \pi a^2 l : \pi r^2 l$

$\Rightarrow I' = \dfrac{r^2}{a^2} I$[A]

$$H_i = \frac{\frac{r^2}{a^2}I}{2\pi r} = \frac{rI}{2\pi a^2}\,[\text{AT/m}]$$

15 다음 중 괄호 안에 들어갈 내용은?

> ㉠ [Ω · s] = ( )
> ㉡ [s/Ω] = ( )

① ㉠ [H], ㉡ [F]

② ㉠ [H/m], ㉡ [F/m]

③ ㉠ [F], ㉡ [H]

④ ㉠ [F/m], ㉡ [H/m]

해설 $e = L\dfrac{di}{dt}$에서 $L = e\dfrac{dt}{di}$이므로

$[\text{V}] = \left[\text{H} \cdot \dfrac{\text{A}}{\text{s}}\right]$ $\therefore$ $[\text{H}] = \left[\dfrac{\text{V}}{\text{A}} \cdot \text{s}\right] = [\Omega \cdot \text{s}]$

$\therefore$ $C = \dfrac{Q}{V}[\text{C/V}] = \dfrac{It}{V} = \dfrac{t}{\frac{V}{I}}[\text{s}/\Omega] = [\text{F}]$

정답 13.④ 14.② 15.①

16 유전율 $\varepsilon_1 > \varepsilon_2$인 두 유전체 경계면에 전속이 수직일 때, 경계면상의 작용력은?

① ε_1의 유전체에서 ε_2의 유전체 방향
② ε_2의 유전체에서 ε_1의 유전체 방향
③ 전속 밀도의 방향
④ 전속 밀도의 반대 방향

해설 유전율이 큰 쪽(ε_1)에서 작은 쪽(ε_2)으로 끌려 들어가는 맥스웰 응력이 작용한다.

17 유도 계수의 단위에 해당되는 것은?

① [C/F] ② [V/C]
③ [V/m] ④ [C/V]

해설 용량 계수와 유도 계수 q_{rr}, q_{rs} 모두 $\frac{Q}{V}$의 개념이므로 단위는 [C/V]=[F]이 된다.

18 전류에 의한 자계의 발생 방향을 결정하는 법칙은?

출제빈도

① 비오-사바르의 법칙
② 쿨롱의 법칙
③ 패러데이의 법칙
④ 앙페르의 오른손 법칙

해설 전류에 의한 자계의 방향은 앙페르의 오른 나사 법칙에 따르며 다음 그림과 같은 방향이다.

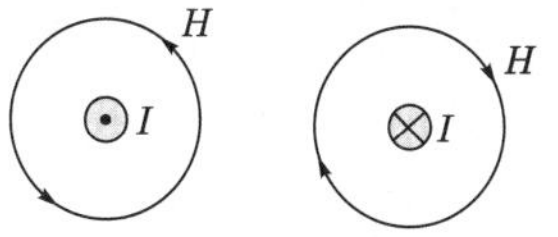

19 길이 20[cm], 단면의 반지름 10[cm]인 원통의 길이의 방향으로 균일하게 자화되어 자화의 세기가 200[Wb/m²]인 경우, 원통 양 단자에서의 전 자극의 세기는 몇 [Wb]인가?

① π ② 2π
③ 3π ④ 4π

해설 $m = \boldsymbol{J} \cdot S = \boldsymbol{J} \cdot \pi a^2 = 200 \times \pi \times (10 \times 10^{-2})^2 = 2\pi$[Wb]

기출문제 관련 이론 바로보기

18. 이론 check 플레밍의 오른손 법칙

전자 유도에 의한 역기전력의 방향을 나타내는 법칙으로 자속 밀도를 B, 도체의 길이를 l, 도체의 움직이는 속도를 v라 하면 기전력 e는 다음과 같다.

$e = Blv$[V]

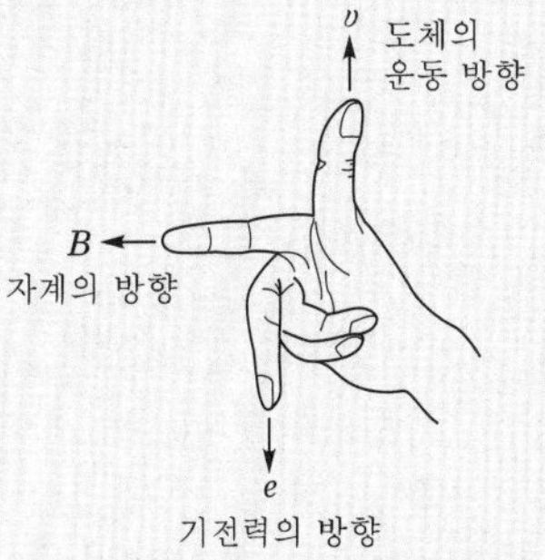

플레밍의 오른손 법칙을 이용한 대표적인 전기 기기로서는 직류 발전기가 있다.

정답 16.① 17.④ 18.④ 19.②

기출문제 관련 이론 바로보기

20. 이론 Check **자기 옴의 법칙**

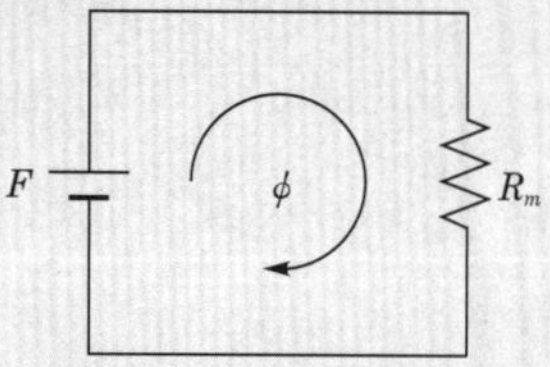

(1) 자속

$\phi = \dfrac{F}{R_m}$ [Wb]

(2) 기자력

$F = NI$ [AT]

(3) 자기 저항

$R_m = \dfrac{l}{\mu S}$ [AT/Wb]

20 자기 회로의 자기 저항에 대한 설명으로 옳지 않은 것은?

출제빈도

① 자기 회로의 단면적에 반비례한다.
② 자기 회로의 길이에 반비례한다.
③ 자성체의 비투자율에 반비례한다.
④ 단위는 [AT/Wb]이다.

해설 자기 저항 $R_m = \dfrac{l}{\mu s} = \dfrac{l}{\mu_0 \mu_s S}$ [AT/Wb]

자기 저항은 자기 회로 단면적(S), 투자율(μ)에 반비례하고 자기 회로의 길이에 비례한다.

정답 20.②

Industrial Engineer Electricity

2015년 과년도 출제문제

제1회 전기자기학

01 공간 도체 중의 정상 전류 밀도를 i, 공간 전하 밀도를 ρ라고 할 때, 키르히호프의 전류 법칙을 나타내는 것은?

① $\boldsymbol{i}=0$　　② $\mathrm{div}\,\boldsymbol{i}=0$

③ $\boldsymbol{i}=\dfrac{\partial \rho}{\partial t}$　　④ $\mathrm{div}\,\boldsymbol{i}=\infty$

해설 키르히호프의 전류 법칙은 $\Sigma I=0$

$\int_s \boldsymbol{i}\cdot d\boldsymbol{s}=\int_v \mathrm{div}\,\boldsymbol{i}\,dv=0$이므로 $\mathrm{div}\,\boldsymbol{i}=0$ 이 된다. 즉 단위 체적당 전류의 발산이 없음을 의미한다.

02 무한 길이의 직선 도체에 전하가 균일하게 분포되어 있다. 이 직선 도체로부터 l인 거리에 있는 점의 전계의 세기는?

출제빈도

① l에 비례한다.　　② l에 반비례한다.

③ l^2에 비례한다.　　④ l^2에 반비례한다.

해설 $\boldsymbol{E}=\dfrac{\rho_L}{2\pi\varepsilon_0 l}[\mathrm{V/m}]=18\times10^9\dfrac{\rho_L}{l}[\mathrm{V/m}]$

03 전계의 세기를 주는 대전체 중 거리 r에 반비례하는 것은?

출제빈도

① 구전하에 의한 전계

② 점전하에 의한 전계

③ 선전하에 의한 전계

④ 전기 쌍극자에 의한 전계

해설

- 점전하의 전계의 세기 : $E=\dfrac{Q}{4\pi\varepsilon_0 r^2}[\mathrm{V/m}]$
- 선전하의 전계의 세기 : $E=\dfrac{\lambda}{2\pi\varepsilon_0 r}[\mathrm{V/m}]$
- 전기 쌍극자의 전계의 세기 : $E=\dfrac{M}{4\pi\varepsilon_0 r^3}\sqrt{1+3\cos^2\theta}\,[\mathrm{V/m}]$

∴ 선전하에 의한 전계의 세기가 거리 r에 반비례한다.

정답 01.② 02.② 03.③

기출문제 관련 이론 바로보기

02. 이론 check **무한 직선 전하에 의한 전계의 세기**

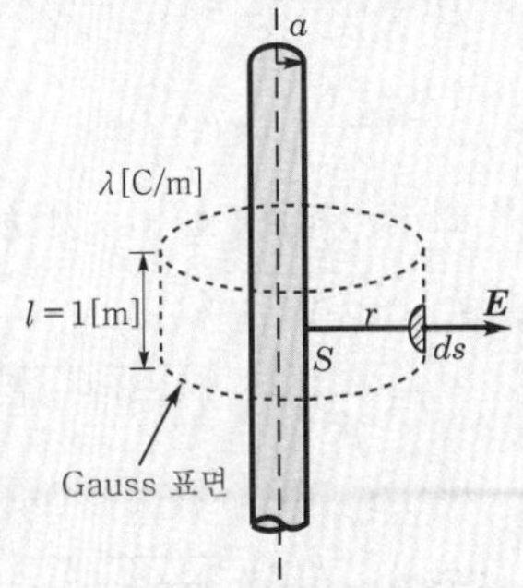

▍무한 직선 전하▍

$\int_s \boldsymbol{E}ds=\dfrac{\lambda\cdot l}{\varepsilon_0}$

원통의 표면적 $2\pi r l$이므로

$\boldsymbol{E}2\pi r\cdot l=\dfrac{\lambda l}{\varepsilon_0}$

$\boldsymbol{E}=\dfrac{\lambda}{2\pi\varepsilon_0 r}=18\times10^9\dfrac{\lambda}{r}[\mathrm{V/m}]$

03. 이론 check **전기 쌍극자에서 P점의 전계의 세기**

전기 쌍극자는 같은 크기의 정·부의 전하가 미소 길이 l[m] 떨어진 한 쌍의 전하계이다.

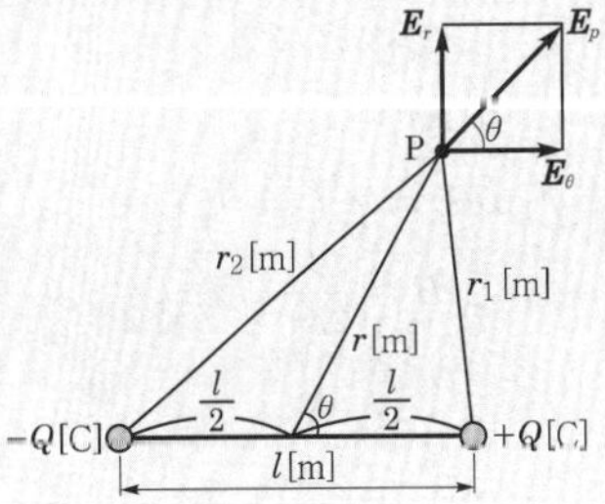

▍전기 쌍극자▍

기출문제 관련 이론 바로보기

$+Q$, $-Q$에서 P점까지의 거리 r_1, r_2[m]는

$$r_1 = r - \frac{1}{2}\cos\theta,\ \ r_2 = r + \frac{l}{2}\cos\theta$$

P점의 전계의 세기는

$$\boldsymbol{E}_P = |\boldsymbol{E}_r + \boldsymbol{E}_\theta| = \sqrt{\boldsymbol{E}_r^{\ 2} + \boldsymbol{E}_\theta^{\ 2}}$$

여기서, $\boldsymbol{E}_r$과 $\boldsymbol{E}_\theta$는

$$\boldsymbol{E}_r = -\frac{dV}{dr} = \frac{2M}{4\pi\varepsilon_0 r^3}\cos\theta[\text{V/m}]$$

$$\boldsymbol{E}_\theta = -\frac{1}{r}\frac{dV}{d\theta} = \frac{M}{4\pi\varepsilon_0 r^3}\sin\theta[\text{V/m}]$$

따라서, P점의 합성 전계 $\boldsymbol{E}_P$는

$$\boldsymbol{E}_P = \sqrt{\boldsymbol{E}_r^{\ 2} + \boldsymbol{E}_\theta^{\ 2}} = \frac{M}{4\pi\varepsilon_0 r^3}\sqrt{4\cos^2\theta + \sin^2\theta}$$

여기서, $\cos^2\theta + \sin^2\theta = 1$이므로

$$\boldsymbol{E}_P = \frac{M}{4\pi\varepsilon_0 r^3}\sqrt{4\cos^2\theta + (1-\cos^2\theta)} = \frac{M}{4\pi\varepsilon_0 r^3}\sqrt{1+3\cos^2\theta}\ [\text{V/m}]$$

05. Tip **무한장 직선 전류에 의한 자계의 세기**

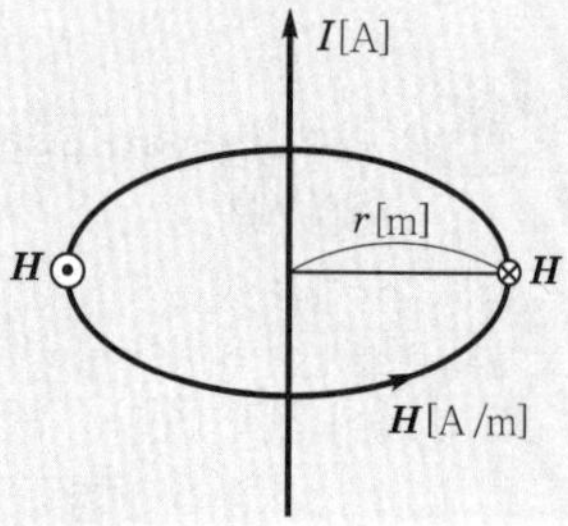

$$\oint \boldsymbol{H}dl = I$$

$$\boldsymbol{H}\cdot 2\pi r = I$$

$$\therefore\ \boldsymbol{H} = \frac{I}{2\pi r}\ [\text{A/m}]$$

04

그림과 같은 자기 회로에서 $R_1 = 0.1$[AT/Wb], $R_2 = 0.2$[AT/Wb], $R_2 = 0.3$[AT/Wb]이고, 코일은 10회 감았다. 이때, 코일에 10[A]의 전류를 흘리면 $\overline{\text{ACB}}$ 간에 투과하는 자속 ϕ는 약 몇 [Wb]인가?

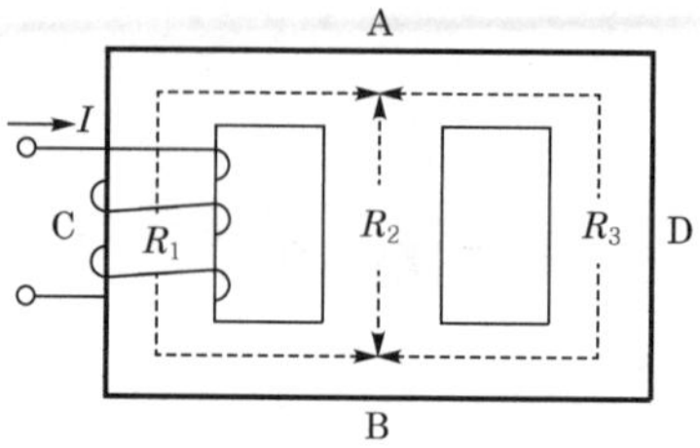

① 2.25×10^2　　② 4.55×10^2
③ 6.50×10^2　　④ 8.45×10^2

해설 등가적인 전기 회로로 고쳐 합성 저항을 구하면

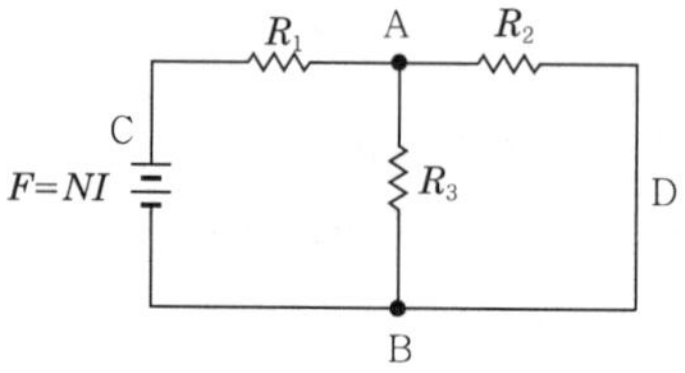

$$R = R_1 + \frac{R_2R_3}{R_2+R_3} = 0.1 + \frac{0.2\times0.3}{0.2+0.3} = 0.22[\text{AT/Wb}]$$

문제에서 $N=10$회, $I=10$[A]이므로 $\overline{\text{ACB}}$를 투과하는 자속 ϕ는

$$\therefore\ \phi = \frac{F}{R} = \frac{NI}{R} = \frac{10\times10}{0.22} = 4.55\times10^2[\text{Wb}]$$

05

출제빈도

6.28[A]가 흐르는 무한장 직선 도선상에서 1[m] 떨어진 점의 자계의 세기[A/m]는?

① 0.5　　② 1
③ 2　　④ 3

해설 무한장 직선 전류에 의한 자계의 세기 $H = \frac{I}{2\pi r}$[A/m]

$$\therefore\ H = \frac{6.28}{2\pi\times1} = 1[\text{A/m}]$$

06

유전율 ε, 투자율 μ인 매질 중을 주파수 f[Hz]의 전자파가 전파되어 나갈 때의 파장은 몇 [m]인가?

① $f\sqrt{\varepsilon\mu}$　　② $\dfrac{1}{f\sqrt{\varepsilon\mu}}$

③ $\dfrac{f}{\sqrt{\varepsilon\mu}}$　　④ $\dfrac{\sqrt{\varepsilon\mu}}{f}$

정답 04.② 05.② 06.②

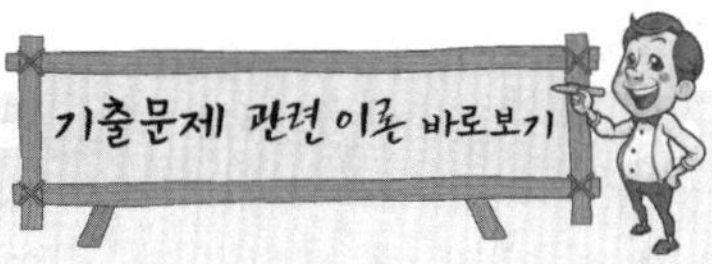

해설

$$v=\frac{1}{\sqrt{\varepsilon\mu}}[\text{m/s}]\text{이므로 } \lambda=\frac{v}{f}=\frac{\frac{1}{\sqrt{\varepsilon\mu}}}{f}=\frac{1}{f\sqrt{\varepsilon\mu}}[\text{m}]$$

07

정전 용량 6[μF], 극간 거리 2[mm]의 평판 콘덴서에 300[μC]의 전하를 주었을 때, 극판 간의 전계는 몇 [V/mm]인가?

① 25 ② 50
③ 150 ④ 200

해설

$$V=\frac{Q}{C}=\frac{300\times10^{-6}}{6\times10^{-6}}=50[\text{V}]$$

$$\therefore\ E=\frac{V}{d}=\frac{50}{2}=25[\text{V/mm}]$$

08

전자석의 재료(연철)로 적당한 것은?

① 잔류 자속 밀도가 크고, 보자력이 작아야 한다.
② 잔류 자속 밀도와 보자력이 모두 작아야 한다.
③ 잔류 자속 밀도와 보자력이 모두 커야 한다.
④ 잔류 자속 밀도가 작고, 보자력이 커야 한다.

해설

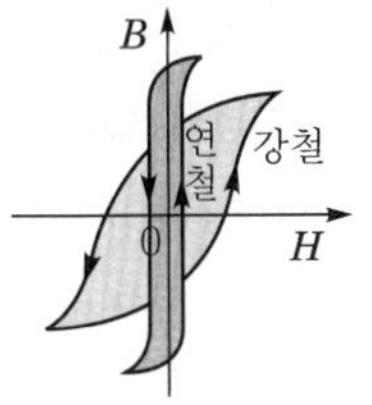

- 전자석(일시 자석)의 재료는 잔류 자기가 크고 보자력이 작아야 한다.
- 영구 자석의 재료는 잔류 자기와 보자력이 모두 커야 한다.

08. 이론 check **영구 자석 및 전자석의 재료 조건**

(1) 영구 자석의 재료 조건은 히스테리시스 곡선의 면적이 크고, 잔류 자기와 보자력이 모두 클 것
(2) 전자석의 재료 조건은 히스테리시스 곡선의 면적이 작고, 잔류 자기는 크고 보자력은 작을 것

09

유전체에 가한 전계 E[V/m]와 분극의 세기 P[C/m^2], 전속 밀도 D[C/m^2] 간의 관계식으로 옳은 것은?

① $P=\varepsilon_0(\varepsilon_s-1)E$
② $P=\varepsilon_0(\varepsilon_s+1)E$
③ $D=\varepsilon_0 E-P$
④ $D=\varepsilon_0\varepsilon_s E+P$

해설 전속 밀도 $D=\varepsilon_0 E+P$

$\therefore$ 분극의 세기 $P=D-\varepsilon_0 E=\varepsilon_0\varepsilon_s E-\varepsilon_0 E$
$=\varepsilon_0(\varepsilon_s-1)E[\text{C/m}^2]$

09. 이론 check **분극의 세기[P]**

$D_0=\varepsilon_0 E+P$
$P=D-\varepsilon_0 E=\varepsilon_0\varepsilon_s E-\varepsilon_0 E$
$=\varepsilon_0(\varepsilon_s-1)E=\chi_e E[\text{C/m}^2]$
여기서, χ(카이) : 분극률($\chi=\varepsilon_0(\varepsilon_s-1)$의 값을 갖는다.)

정답 07.① 08.① 09.①

기출문제 관련 이론 바로보기

11. 이론 check **벡터의 미분**

(1) 벡터의 미분 연산에는 벡터 미분 연산자

$$\nabla = i\frac{\partial}{\partial x} + j\frac{\partial}{\partial y} + k\frac{\partial}{\partial z}$$

∇은 해밀톤 연산자라 하며 델(del) 또는 나블라(nabla)로 읽는다.

(2) 벡터의 발산(divergence)

$$\text{div}\boldsymbol{A} = \nabla \cdot \boldsymbol{A} = \left(i\frac{\partial}{\partial x} + j\frac{\partial}{\partial y} + k\frac{\partial}{\partial z}\right)\cdot(iA_x + jA_y + kA_z) = \frac{\partial}{\partial x}A_x + \frac{\partial}{\partial y}A_y + \frac{\partial}{\partial z}A_z$$

12. 이론 check **패러데이(Faraday) 법칙**

유도 기전력은 쇄교 자속의 변화를 방해하는 방향으로 생기며, 그 크기는 쇄교 자속의 시간적인 변화율과 같다.

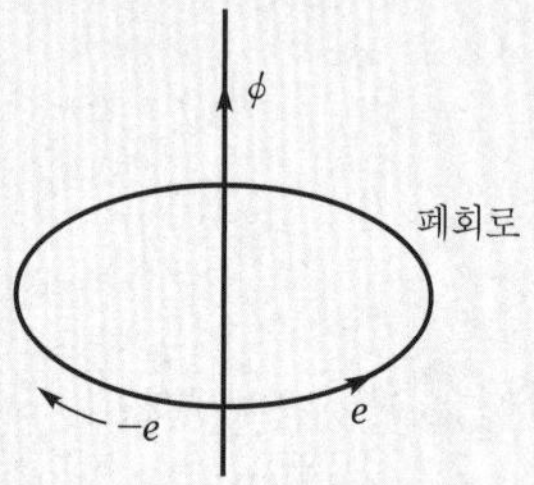

폐회로와 쇄교하는 자속을 ϕ[Wb]로 하고 이것과 오른 나사의 관계에 있는 방향의 기전력을 정(+)이라 약속하면 유도 기전력 e는 다음과 같다.

$$e = -\frac{d\phi}{dt}\text{[V]}$$

여기서, 우변의 (−)부호는 유도 기전력 e의 방향을 표시하는 것이고 자속이 감소할 때에 정(+)의 방향으로 유도 전기력이 생긴다는 것을 의미한다.

10

반지름이 r_1인 가상구 표면에 $+Q$의 전하가 균일하게 분포되어 있는 경우, 가상구 내의 전위 분포에 대한 설명으로 옳은 것은?

① $V=\dfrac{Q}{4\pi\varepsilon_0 r_1}$로 반지름에 반비례하여 감소한다.

② $V=\dfrac{Q}{4\pi\varepsilon_0 r_1}$로 일정하다.

③ $V=\dfrac{Q}{4\pi\varepsilon_0 {r_1}^2}$로 반지름에 반비례하여 감소한다.

④ $V=\dfrac{Q}{4\pi\varepsilon_0 {r_1}^2}$로 일정하다.

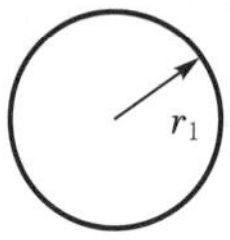

해설 전하 Q가 가상구 표면에 균일하게 분포하는 것은 도체구를 의미하며 도체구 내부의 전위는 표면 전위와 같다.

∴ 도체구 표면 전위

$$V = -\int_{\infty}^{r_1} E dr = \frac{Q}{4\pi\varepsilon_0 r_1}\text{[V]}$$

∵ $V=\dfrac{Q}{4\pi\varepsilon_0 r_1}$로 일정하다.

11

출제빈도

전계 $\boldsymbol{E}=i3x^2+j2xy^2+kx^2yz$의 div$\boldsymbol{E}$는 얼마인가?

① $-i6x+jxy+kx^2y$　　② $i6x+j6xy+kx^2y$

③ $-6x-6xy-x^2y$　　④ $6x+4xy+x^2y$

해설 $\text{div}\boldsymbol{E} = \nabla\cdot\boldsymbol{E}$

$$= \left(i\frac{\partial}{\partial x} + j\frac{\partial}{\partial y} + k\frac{\partial}{\partial z}\right)\cdot(i3x^2 + j2xy^2 + kx^2\cdot yz)$$

$$= \frac{\partial}{\partial x}(3x^2) + \frac{\partial}{\partial y}(2xy^2) + \frac{\partial}{\partial z}(x^2yz)$$

$$= 6x + 4xy + x^2y$$

12

출제빈도

정현파 자속으로 하여 기전력이 유기될 때 자속의 주파수가 3배로 증가하면 유기 기전력은 어떻게 되는가?

① 3배 증가　　② 3배 감소

③ 9배 증가　　④ 9배 감소

해설 $\phi = \phi_m \sin 2\pi ft$[Wb]라 하면 유기 기전력 e는

$$e = -N\frac{d\phi}{dt} = -N\cdot\frac{d}{dt}(\phi_m \sin 2\pi ft)$$

$$= -2\pi fN\phi_m \cos 2\pi ft = 2\pi fN\phi_m \sin\left(2\pi ft - \frac{\pi}{2}\right)\text{[V]}$$

$\therefore e \propto f$

따라서, 주파수가 3배로 증가하면 유기 기전력도 3배로 증가한다.

정답 10.② 11.④ 12.①

13

W_1, W_2의 에너지를 갖는 두 콘덴서를 병렬로 연결하였을 경우 총 에너지 W에 대한 관계식으로 옳은 것은? (단, $W_1 \neq W_2$이다.)

① $W_1 + W_2 > W$　　② $W_1 + W_2 < W$

③ $W_1 + W_2 = W$　　④ $W_1 - W_2 > W$

해설 전위가 다른 콘덴서를 병렬로 연결하면 전위가 같아지기 위해 전하의 이동이 발생하므로 전하 이동 즉, 전류에 의한 전력 소모가 발생한다.

$\therefore W_1 + W_2 > W$

14

10[V]의 기전력을 유기시키려면 5초간에 몇 [Wb]의 자속을 끊어야 하는가?

① 2　　② 10

③ 25　　④ 50

해설 패러데이 법칙 $e = -\dfrac{d\phi}{dt}$

$\therefore d\phi = edt = 10 \times 5 = 50[\text{Wb}]$

15

완전 유전체에서 경계 조건을 설명한 것 중 맞는 것은?

① 전속 밀도의 접선 성분은 같다.

② 전계의 법선 성분은 같다.

③ 경계면에 수직으로 입사한 전속은 굴절하지 않는다.

④ 유전율이 큰 유전체에서 유전율이 작은 유전체로 전계가 입사하는 경우 굴절각은 입사각보다 크다.

해설 전속이 경계면에 수직으로 도달하는 경우

$\theta_1 = 0°$이면 $\dfrac{\tan\theta_2}{\tan\theta_1} = \dfrac{\varepsilon_1}{\varepsilon_2}$에서 $\theta_2 = 0°$

$\therefore$ 전속은 굴절하지 않는다.

16

두 자기 인덕턴스를 직렬로 연결하여 두 코일이 만드는 자속이 동일 방향일 때, 합성 인덕턴스를 측정하였더니 75[mH]가 되었고, 두 코일이 만드는 자속이 서로 반대인 경우에는 25[mH]가 되었다. 두 코일의 상호 인덕턴스는 몇 [mH]인가?

① 12.5　　② 20.5

③ 25　　④ 30

해설 $L_+ = L_1 + L_2 + 2M = 75[\text{mH}]$ …… ㉠

$L_- = L_1 + L_2 - 2M = 25[\text{mH}]$ …… ㉡

㉠−㉡ 식에서

$\therefore M = \dfrac{75-25}{4} = \dfrac{50}{4} = 12.5[\text{mH}]$

정답 13.① 14.④ 15.③ 16.①

기출문제 관련 이론 바로보기

16. 이론 check 직렬 접속

(1) 가동 결합

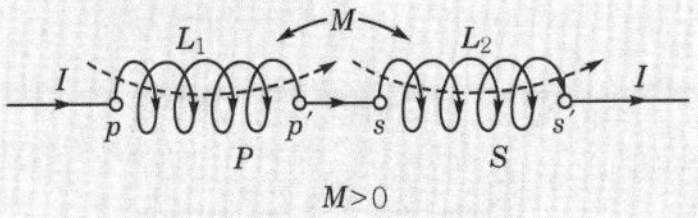

=

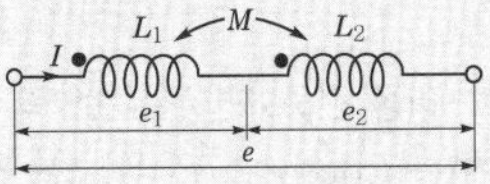

$$e_1 = e_{11} + e_{12} = \left(-L_1\frac{dI}{dt}\right) + \left(-M\frac{dI}{dt}\right)$$

$$= -(L_1 + M)\frac{dI}{dt}$$

$$e_2 = e_{22} + e_{21} = \left(-L_2\frac{dI}{dt}\right) + \left(-M\frac{dI}{dt}\right)$$

$$= -(L_2 + M)\frac{dI}{dt}$$

$$\therefore e = -(L_1 + L_2 + 2M)\frac{dI}{dt}$$

$\therefore$ 합성 자기 인덕턴스

$L = L_1 + L_2 + 2M[\text{H}]$

(2) 차동 결합

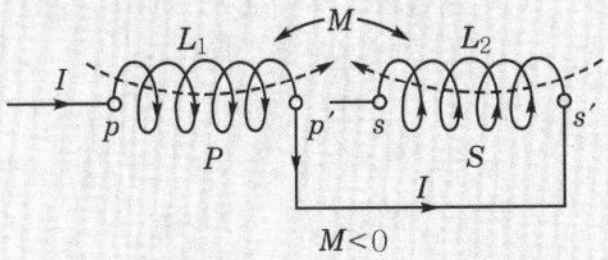

=

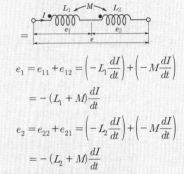

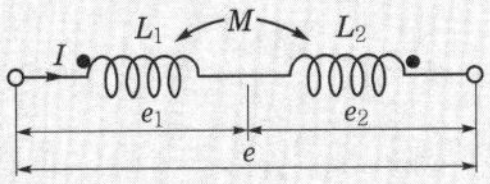

$$e_1 = \left(-L_1\frac{dI}{dt}\right) + M\frac{dI}{dt}$$

$$= -(L_1 - M)\frac{dI}{dt}$$

$$e_2 = \left(-L_2\frac{dI}{dt}\right) + M\frac{dI}{dt}$$

$$= -(L_2 - M)\frac{dI}{dt}$$

$$e = -(L_1 + L_2 - 2M)\frac{dI}{dt}$$

$\therefore$ 합성 자기 인덕턴스

$L = L_1 + L_2 - 2M[\text{H}]$

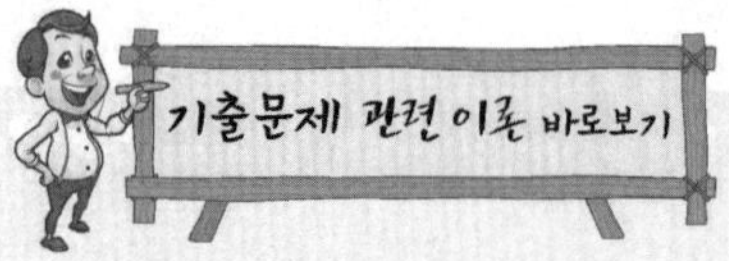

19. 이론 Check **쿨롱의 법칙**

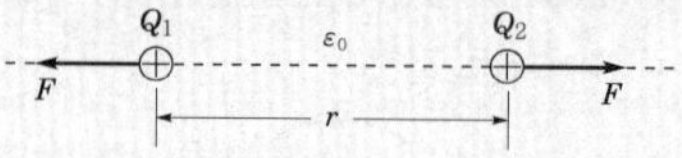

| 동종 전하이면 F는 반발력 |

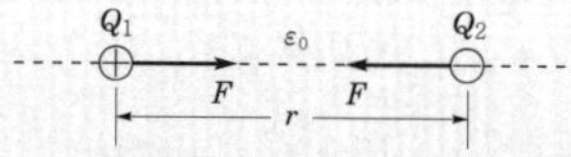

| 이종 전하이면 F는 흡인력 |

쿨롱(Coulomb)은 1785년에 특수 고안된 비틀림 저울을 사용하여 두 개의 작은 대전체 간에 작용하는 힘에 관해서 실험적으로 다음과 같은 법칙을 얻었다.

(1) 두 전하 사이에 작용하는 힘은 같은 종류의 전하 사이에는 반발력이 작용하고 다른 종류의 전하 사이에는 흡인력이 작용한다.

(2) 두 전하 사이에 작용하는 힘의 크기는 전하의 곱에 비례한다.

(3) 두 전하 사이에 작용하는 힘의 크기는 전하 사이의 거리의 제곱에 반비례한다.

(4) 두 전하 사이에 작용하는 힘의 방향은 두 개의 전하를 연결한 직선상에 존재한다.

(5) 두 전하 사이에 작용하는 힘은 두 전하가 존재하고 있는 매질에 따라 다르다.

이상을 결론으로 수식화하면

$$F \propto K\frac{Q_1 Q_2}{r^2}\,[\mathrm{N}]$$

여기서, K : 주위의 매질에 따라 달라지는 비례 상수

Q_1, Q_2 : 두 전하

(6) C.G.S 단위계

$K=1$

$$F=\frac{Q_1 Q_2}{r^2}\,[\mathrm{dyne}]$$

$(Q\,[\mathrm{e.s.u}],\ r\,[\mathrm{cm}])$

(7) M.K.S 단위계

$$K=9\times10^9=\frac{1}{4\pi\varepsilon_0}$$

$$F=9\times10^9\frac{Q_1 Q_2}{r^2}=\frac{1}{4\pi\varepsilon_0}\times\frac{Q_1 Q_2}{r^2}\,[\mathrm{N}]$$

17 투자율이 다른 두 자성체의 경계면에서 굴절각과 입사각의 관계가 옳은 것은? (단, μ : 투자율, θ_1 : 입사각, θ_2 : 굴절각이다.)

① $\dfrac{\sin\theta_1}{\sin\theta_2}=\dfrac{\mu_1}{\mu_2}$　② $\dfrac{\tan\theta_2}{\tan\theta_1}=\dfrac{\mu_1}{\mu_2}$

③ $\dfrac{\cos\theta_1}{\cos\theta_2}=\dfrac{\mu_1}{\mu_2}$　④ $\dfrac{\tan\theta_1}{\tan\theta_2}=\dfrac{\mu_1}{\mu_2}$

해설 **자성체의 경계면 조건**

- $H_1\sin\theta_1=H_2\sin\theta_2$
- $B_1\cos\theta_1=B_2\cos\theta_2$
- $\dfrac{\tan\theta_1}{\tan\theta_2}=\dfrac{\mu_1}{\mu_2}$, $\mu_2\tan\theta_1=\mu_1\tan\theta_2$

18 $E=[(\sin x)a_x+(\cos x)a_y]e^{-y}$[V/m]인 전계가 자유 공간 내에 존재한다. 공간 내의 모든 곳에서 전하 밀도는 몇 [C/m³]인가?

① $\sin x$　② $\cos x$

③ e^{-y}　④ 0

해설 가우스 정리의 미분형

$$\rho=\nabla\cdot D=\nabla\cdot\varepsilon_0 E$$
$$=\varepsilon_0\left(\frac{\partial}{\partial x}e^{-y}\sin x+\frac{\partial}{\partial y}e^{-y}\cos x\right)$$
$$=\varepsilon_0(e^{-y}\cos x-e^{-y}\cos x)=0$$

19 (출제빈도) 진공 중에 같은 전기량 +1[C]의 대전체 두 개가 약 몇 [m] 떨어져 있을 때, 각 대전체에 작용하는 반발력이 1[N]인가?

① 3.2×10^{-3}　② 3.2×10^{3}

③ 9.5×10^{-4}　④ 9.5×10^{4}

해설

$$F=\frac{Q_1 Q_2}{4\pi\varepsilon_0 r^2}=9\times10^9\times\frac{Q_1 Q_2}{r^2}\,[\mathrm{N}]$$
$$\therefore r^2=9\times10^9\times\frac{Q_1 Q_2}{F}\,[\mathrm{m}]$$
$$\because r=\sqrt{9\times10^9\times\frac{1\times1}{1}}=9.48\times10^4\,[\mathrm{m}]$$

20 $l_1=\infty$, $l_2=1$[m]의 두 직선 도선을 50[cm]의 간격으로 평행하게 놓고, l_1을 중심축으로 하여 l_2를 속도 100[m/s]로 회전시키면 l_2에 유기되는 전압은 몇 [V]인가? (단, l_1에 흐르는 전류는 50[mA]이다.)

① 0　② 5

③ 2×10^{-6}　④ 3×10^{-6}

정답 17.④ 18.④ 19.④ 20.①

해설 도선이 있는 곳의 자계 H는

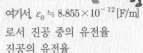

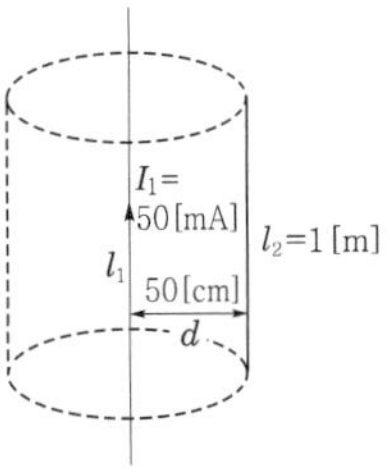

$$H=\frac{I}{2\pi d}=\frac{50\times10^{-3}}{2\pi\times0.5}=\frac{50\times10^{-3}}{\pi}=\frac{0.05}{\pi}\text{[AT/m]}$$

로 위에서 보면 반시계 방향으로 존재한다.

도선 l_2를 속도 100[m/s]로 원운동시키면 $\theta=0°=180°$이므로

$\therefore\ e=vBl\sin\theta=0$[V]

제 2 회 전기자기학

01 전기력선의 성질에 관한 설명으로 틀린 것은?

출제빈도

① 전기력선의 방향은 그 점의 전계의 방향과 같다.
② 전기력선은 전위가 높은 점에서 낮은 점으로 향한다.
③ 전하가 없는 곳에서도 전기력선의 발생, 소멸이 있다.
④ 전계가 0이 아닌 곳에서 2개의 전기력선은 교차하는 일이 없다.

해설 **전기력선의 성질**

- 전기력선의 방향은 그 점의 전계의 방향과 같으며, 전기력선의 밀도는 그 점에서의 전계의 크기와 같다$\left(\frac{[\text{개}]}{[\text{m}^2]}=\frac{[\text{N}]}{[\text{C}]}\right)$.
- 전기력선은 정전하(+)에서 시작하여 부전하(−)에서 끝난다.
- 전하가 없는 곳에서는 전기력선의 발생, 소멸이 없다. 즉, 연속적이다.
- 단위 전하(±1[C])에서는 $\frac{1}{\varepsilon_0}$개의 전기력선이 출입한다.
- 전기력선은 그 자신만으로 폐곡선(루프)을 만들지 않는다.
- 전기력선은 전위가 높은 점에서 낮은 점으로 향한다.
- 전계가 0이 아닌 곳에서 2개의 전기력선은 교차하는 일이 없다.
- 전기력선은 등전위면과 직교한다. 단, 전계가 0인 곳에서는 이 조건은 성립되지 않는다.
- 전기력선은 도체 표면(등전위면)에 수직으로 출입한다. 단, 전계가 0인 곳에서는 이 조건은 성립하지 않는다.
- 도체 내부에서는 전기력선이 존재하지 않는다.

정답 01.③

기출문제 관련 이론 바로보기

여기서, $\varepsilon_0 \fallingdotseq 8.855\times10^{-12}$[F/m]로서 진공 중의 유전율

진공의 유전율

$$\varepsilon_0=\frac{1}{4\pi\times9\times10^9}=\frac{10^7}{4\pi C^2}=\frac{1}{\mu_o C^2}=8.855\times10^{-12}\text{[F/m]}$$

여기서, C : 진공 중의 빛의 속도 3×10^8[m/s]

μ_o : 진공의 투자율 $4\pi\times10^{-7}$[H/m]

01. 이론 check **전기력선의 성질**

(1) 전기력선의 방향은 그 점의 전계의 방향과 같으며 전기력선의 밀도는 그 점에서의 전계의 크기와 같다$\left(\frac{\text{개}}{\text{m}^2}=\frac{\text{N}}{\text{C}}\right)$.
(2) 전기력선은 정전하(+)에서 시작하여 부전하(−)에서 끝난다.
(3) 전하가 없는 곳에서는 전기력선의 발생, 소멸이 없다. 즉, 연속적이다.
(4) 단위 전하(±1[C])에서는 $\frac{1}{\varepsilon_0}$개의 전기력선이 출입한다.
(5) 전기력선은 그 자신만으로 폐곡선(루프)을 만들지 않는다.
(6) 전기력선은 전위가 높은 점에서 낮은 점으로 향한다.
(7) 전계가 0이 아닌 곳에서 2개의 전기력선은 교차하는 일이 없다.
(8) 전기력선은 등전위면과 직교한다. 단, 전계가 0인 곳에서는 이 조건은 성립되지 않는다.
(9) 전기력선은 도체 표면(등전위면)에 수직으로 출입한다. 단, 전계가 0인 곳에서는 이 조건은 성립하지 않는다.
(10) 도체 내부에서는 전기력선이 존재하지 않는다.

기출문제 관련 이론 바로보기

(11) 전기력선 중에는 무한 원점에서 끝나든가, 또는 무한 원점에서 오는 것이 있을 수 있다.
(12) 무한 원점에 있는 전하까지를 고려하면 전하의 총량은 항상 0이다.

02 두 벡터 $A=2i+4j$, $B=6j-4k$가 이루는 각은 약 몇 도인가?

① 36°　② 42°
③ 50°　④ 61°

해설 $A\cdot B = AB\cos\theta$

$A\cdot B=(2i+4j)\cdot(6j+4k)=24$

$A\cdot B=|A|\cdot|B|=\sqrt{2^2+4^2}\times\sqrt{6^2+4^2}=\sqrt{1{,}040}\doteqdot 32.25$

$\cos\theta=\dfrac{A\cdot B}{|A|\cdot|B|}=\dfrac{24}{32.25}$

$\therefore\ \theta=\cos^{-1}\dfrac{24}{32.25}=42°$

03 자계 내에서 운동하는 대전 입자의 작용에 대한 설명으로 틀린 것은?

① 대전 입자의 운동 방향으로 작용하므로 입자의 속도의 크기는 변하지 않는다.
② 가속도 벡터는 항상 속도 벡터와 직각이므로 입자의 운동 에너지도 변화하지 않는다.
③ 정상 자계는 운동하고 있는 대전 입자에 에너지를 줄 수가 없다.
④ 자계 내 대전 입자를 임의 방향의 운동 속도로 투입하면 $\cos\theta$에 비례한다.

해설 전자 e가 자속 밀도 B[Wb/m^2]인 자계 내에 v[m/s]의 속도로 입사시 전자는 로렌츠의 힘에 의해 $F=Bev\sin\theta$[N]이 된다.
$\therefore$ $\sin\theta$에 비례한다.

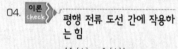

04. 이론 check **평행 전류 도선 간에 작용하는 힘**

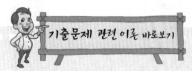

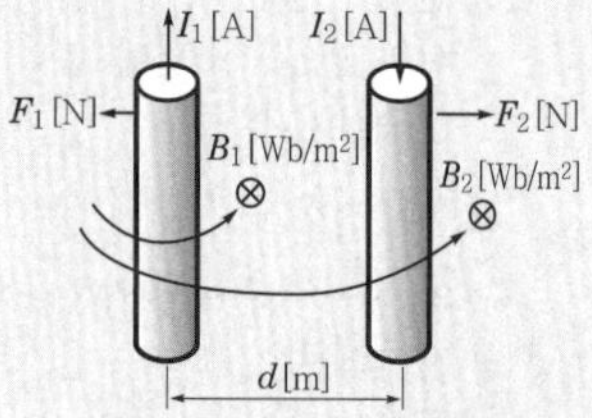

플레밍의 왼손 법칙에 의해 전류 I_2가 흐르는 도체가 받는 힘 F_2는 I_1에 의해 발생되는 자계에 의한 자속 밀도 B_0[Wb/m^2]가 영향을 미치므로

$F_2=I_2B_1l\sin 90°=\dfrac{\mu_0 I_1 I_2}{2\pi d}l$[N]

이때, 단위 길이당 작용하는 힘은

$F=\dfrac{F_2}{l}=\dfrac{\mu_0 I_1 I_2}{2\pi d}$[N/m]

$\mu_0=4\pi\times10^{-7}$[H/m]를 대입하면

$F=\dfrac{2I_1I_2}{d}\times10^{-7}$[N/m]

04 2[cm]의 간격을 가진 두 평행 도선에 1,000[A]의 전류가 흐를 때, 도선 1[m]마다 작용하는 힘은 몇 [N/m]인가?

출제빈도

① 5　② 10
③ 15　④ 20

해설 $I_1=I_2=I=1{,}000$[A]이므로

$F=\dfrac{\mu_0 I_1 I_2}{2\pi r}=\dfrac{2I^2}{r}\times10^{-7}=\dfrac{2\times(1{,}000)^2}{2\times10^{-2}}\times10^{-7}=10$[N/m]

05 투자율 $\mu=\mu_0$, 굴절률 $n=2$, 전도율 $\sigma=0.5$의 특성을 갖는 매질 내부의 한 점에서 전계가 $E=10\cos(2\pi ft)a_x$로 주어질 경우 전도 전류 밀도와 변위 전류 밀도의 최대값의 크기가 같아지는 전계의 주파수 f[GHz]는?

① 1.75　② 2.25
③ 5.75　④ 10.25

정답 02.② 03.④ 04.② 05.②

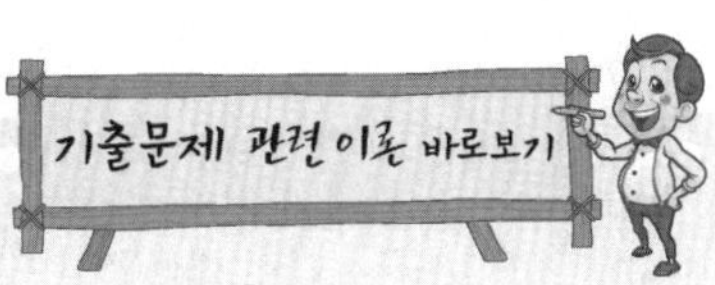

해설
- 전도 전류 밀도 : $i_c = \sigma E$
- 변위 전류 밀도 : $i_d = \varepsilon \omega E$
- 변위 전류 밀도와 전도 전류 밀도가 같아지는 주파수는 $i_c = i_d$에서

$$f = \frac{\sigma}{2\pi\varepsilon}[\text{Hz}]$$

$$\therefore\ f = \frac{\sigma}{2\pi\varepsilon} = \frac{\sigma}{2\pi(n^2\varepsilon_0)^2} = \frac{0.5}{2\pi \times 2^2 \times 8{,}855 \times 10^{-12}} = 2.25 \times 10^9[\text{Hz}]$$

$\because$ 2.25[GHz]

06

접지된 무한히 넓은 평면 도체로부터 a[m] 떨어져 있는 공간에 Q[C]의 점전하가 놓여 있을 때, 그림 P점의 전위는 몇 [V]인가?

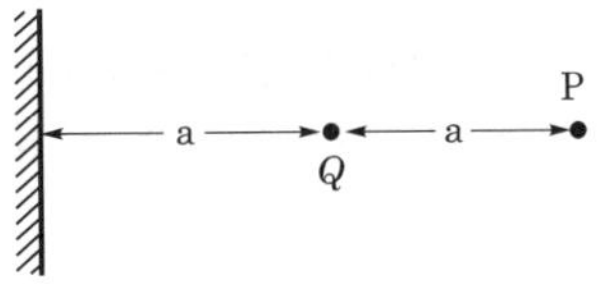

① $\dfrac{Q}{8\pi\varepsilon_0 a}$　② $\dfrac{Q}{6\pi\varepsilon_0 a}$

③ $\dfrac{3Q}{4\pi\varepsilon_0 a}$　④ $\dfrac{Q}{2\pi\varepsilon_0 a}$

해설 **P점의 전위**

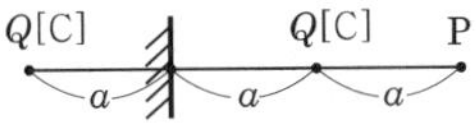

$$V_P = \frac{Q}{4\pi\varepsilon_0 a} - \frac{Q}{4\pi\varepsilon_0(3a)} = \frac{2Q}{12\pi\varepsilon_0 a} = \frac{Q}{6\pi\varepsilon_0 a}[\text{V}]$$

07

출제빈도

면적 S[m^2]의 평행한 평판 전극 사이에 유전율이 ε_1, ε_2[F/m]되는 두 종류의 유전체를 $\dfrac{d}{2}$[m] 두께가 되도록 각각 넣으면 정전 용량은 몇 [F]이 되는가?

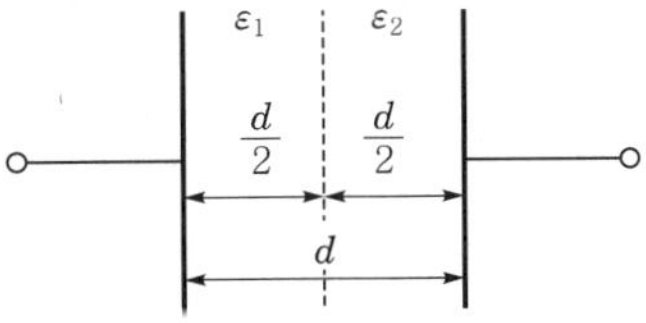

① $\dfrac{2S}{d(\varepsilon_1+\varepsilon_2)}$　② $\dfrac{2\varepsilon_1\varepsilon_2}{dS(\varepsilon_1+\varepsilon_2)}$

③ $\dfrac{2S\varepsilon_1\varepsilon_2}{d(\varepsilon_1+\varepsilon_2)}$　④ $\dfrac{S\varepsilon_1\varepsilon_2}{2d(\varepsilon_1+\varepsilon_2)}$

정답 06.② 07.③

07. 이론 check **서로 다른 유전체를 극판과 평행하게 채우는 경우**

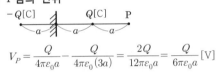

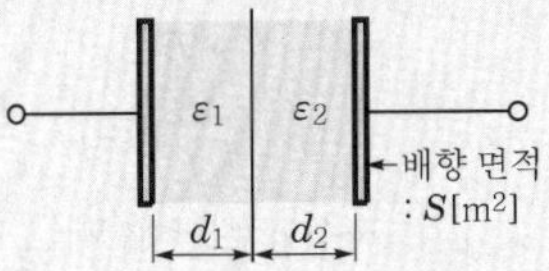

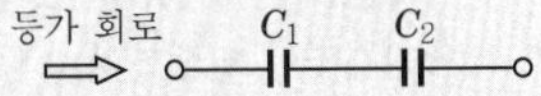

| 서로 다른 유전체가 극판과 평행한 경우 |

(1) ε_1부분의 정전 용량

$$C_1 = \frac{\varepsilon_1 S}{d_1}$$

(2) ε_2부분의 정전 용량

$$C_2 = \frac{\varepsilon_2 S}{d_2}$$

(3) 전체 정전 용량

$$C = \frac{1}{\dfrac{1}{C_1}+\dfrac{1}{C_2}} = \frac{1}{\dfrac{d_1}{\varepsilon_1 S}+\dfrac{d_2}{\varepsilon_2 S}}$$

$$= \frac{\varepsilon_1\varepsilon_2 S}{\varepsilon_2 d_1 + \varepsilon_1 d_2}[\text{F}]$$

해설 유전율이 ε_1, ε_2인 유전체의 정전 용량을 C_1, C_2라 하면

$$C_1 = \frac{\varepsilon_1 S}{d_2} = \frac{2\varepsilon_1 S}{d}[\mathrm{F}]$$

$$C_2 = \frac{\varepsilon_2 S}{d_2} = \frac{2\varepsilon_2 S}{d}[\mathrm{F}]$$

∴ 합성 정전 용량

$$C = \frac{1}{\frac{1}{C_1}+\frac{1}{C_2}} = \frac{1}{\frac{d}{2\varepsilon_1 S}+\frac{d}{2\varepsilon_2 S}} = \frac{2\varepsilon_1\varepsilon_2 S}{d\varepsilon_2 + d\varepsilon_1} = \frac{2S\varepsilon_1\varepsilon_2}{d(\varepsilon_1+\varepsilon_2)}[\mathrm{F}]$$

08

어느 철심에 도선을 250회 감고 여기에 4[A]의 전류를 흘릴 때 발생하는 자속이 0.02[Wb]이었다. 이 코일의 자기 인덕턴스는 몇 [H]인가?

① 1.05 ② 1.25
③ 2.5 ④ $\sqrt{2}\pi$

해설 $N\phi = LI$

$$L = \frac{N\pi}{I} = \frac{250\times 0.02}{4} = 1.25[\mathrm{H}]$$

09

옴의 법칙에서 전류는?

① 저항에 반비례하고 전압에 비례한다.
② 저항에 반비례하고 전압에도 반비례한다.
③ 저항에 비례하고 전압에 반비례한다.
④ 저항에 비례하고 전압에도 비례한다.

해설 $I = \frac{V}{R}$[A]로 전류는 저항에 반비례하고, 전압에 비례한다.

10

출제빈도

전계와 자계의 기본 법칙에 대한 내용으로 틀린 것은?

① 앙페르의 주회 적분 법칙 : $\oint_c H\cdot dl = I + \int_S \frac{\partial D}{\partial t}\cdot dS$

② 가우스의 정리 : $\oint_S B\cdot dS = 0$

③ 가우스의 정리 : $\oint_S D\cdot dS = \int_v \rho dv = Q$

④ 패러데이의 법칙 : $\oint_c D\cdot dl = -\int_S \frac{dH}{dt}dS$

정답 08.② 09.① 10.④

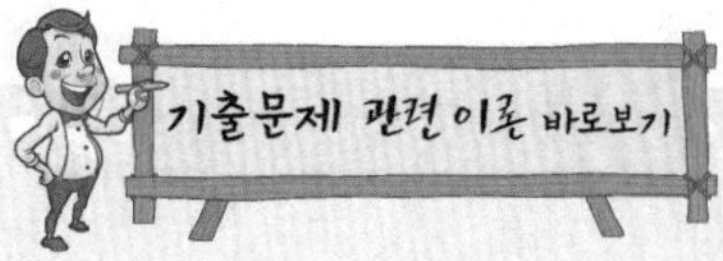

10. 이론 check **맥스웰의 전자 방정식**

(1) 앙페르의 주회 적분 법칙

$\oint \boldsymbol{H}\cdot dl = I$

$\int_s \mathrm{rot}\,\boldsymbol{H}d\boldsymbol{S} = \int_s id\boldsymbol{S}$

$\mathrm{rot}\,\boldsymbol{H} = i$(앙페르의 주회 적분 법칙의 미분형)

$\mathrm{rot}\,\boldsymbol{H} = \nabla\times\boldsymbol{H} = J + J_d$

$= \frac{\boldsymbol{i}_c}{\boldsymbol{S}} + \frac{\partial\boldsymbol{D}}{\partial t}$

여기서, J : 전도 전류 밀도
J_d : 변위 전류 밀도

따라서 전도 전류뿐만 아니라 변위 전류도 동일한 자계를 만든다.

(2) 패러데이의 법칙

패러데이의 법칙의 미분형은

$\mathrm{rot}\,\boldsymbol{E} = \nabla\times\boldsymbol{E}$

$= -\frac{\partial\boldsymbol{B}}{\partial t} = -\mu\frac{\partial\boldsymbol{H}}{\partial t}$

즉, 자속이 시간에 따라 변화하면 자속이 쇄교하여 그 주위에 역기전력이 발생한다.

(3) 가우스의 법칙

① 정전계 : 가우스 법칙의 미분형은 $\mathrm{div}\boldsymbol{D} = \nabla\cdot\boldsymbol{D} = \rho$, 이 식의 물리적 의미는 전기력선은 정전하에서 출발하여 부전하에서 끝난다.
즉, 전기력선은 스스로 폐루프를 이룰 수 없다는 것을 의미한다.

② 정자계 : $\mathrm{div}\boldsymbol{B} = \nabla\cdot\boldsymbol{B} = 0$, 이것에 대한 물리적 의미는 자기력선은 스스로 폐루프를 이루고 있다는 것을 의미하며, N극과 S극이 항상 공존한다는 것을 의미한다.

해설 **전자계의 기본 법칙**

맥스웰 전자 방정식	
미분형	적분형
$\text{rot } E = -\dfrac{\partial B}{\partial t}$	$\oint_c E \cdot dl = -\int_S \dfrac{\partial B}{\partial t} \cdot dS$
$\text{rot } H = i_r + \dfrac{\partial D}{\partial t}$	$\oint_c H \cdot dl = I + \int_S \dfrac{\partial D}{\partial t} \cdot dS$
$\text{div } D = \rho$	$\oint_s D \cdot dS = \int_v \rho dv = Q$
$\text{div } B = 0$	$\oint_s B \cdot dS = 0$

11 다음 물질 중 반자성체는?

① 구리
② 백금
③ 니켈
④ 알루미늄

해설 **자성체의 종류**

- 상자성체 : 백금, 공기, 알루미늄
- 강자성체 : 철, 니켈, 코발트
- 반자성체 : 은, 납, 구리

12 철심에 도선을 250회 감고 1.2[A]의 전류를 흘렸더니 1.5×10^{-3}[Wb]의 자속이 생겼다. 자기 저항[AT/Wb]은?

① 2×10^5
② 3×10^5
③ 4×10^5
④ 5×10^5

해설 **자기 옴의 법칙**

- 자속 : $\phi = \dfrac{F}{R_m}$ [Wb]
- 기자력 : $F = NI$ [AT]
- 자기 저항 : $R_m = \dfrac{l}{\mu S}$ [AT/Wb]

$\therefore \phi = \dfrac{F}{R_m} = \dfrac{NI}{R_m}$

$\because$ 자기 저항 $R_m = \dfrac{NI}{\phi} = \dfrac{250 \times 1.2}{1.5 \times 10^{-3}}$

$= 2 \times 10^5$ [AT/Wb]

정답 11.① 12.①

기출문제 관련 이론 바로보기

11. **이론 check** **자성체의 종류**

상자성체 중에서도 비투자율의 크기에 따라 다음과 같이 분류할 수 있다.

(1) 강자성체($\mu_s > 1$)
철, 니켈, 코발트 등

(2) 약자성체($\mu_s \cong 1$)
알루미늄, 공기, 주석 등

(3) 페라이트(ferrite)
합금, 강자성체의 일부

(4) 반자성체($\mu_s < 1$)
동선, 납, 게르마늄, 안티몬, 아연, 수소 등

12. **이론 check** **전기 회로와 자기 회로의 값**

전기 회로	
전기 저항	$R = \rho \dfrac{l}{S} = \dfrac{l}{kS}$ [Ω]
도전율	k [℧/m]
기전력	E [V]
전류	$i = \dfrac{E}{R}$ [V]
자기 회로	
자기 저항	$R_m = \dfrac{l}{\mu S}$ [AT/m]
투자율	μ [H/m]
기자력	$F = NI$ [AT]
자속	$\phi = \dfrac{NI}{R_m} = \dfrac{\mu SNI}{l}$ [Wb]

기출문제 관련 이론 바로보기

13. 이론 check **전위**

단위 정전하를 전계 0인 무한 원점에서 전계에 대항하여 점 P까지 운반하는 데 필요한 일을 그 점에 대한 전위라 한다.

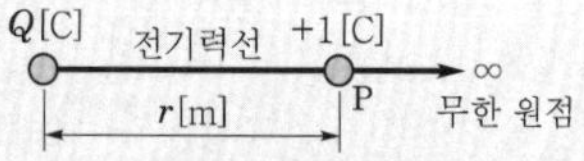

(1) 단위 정전하를 미소 운반하는 데 필요한 일

$dW = -\boldsymbol{F} \cdot dr$

$W = -\int_{\infty}^{P} \boldsymbol{F} \cdot dr$

$= -\int_{\infty}^{P} Q \cdot \boldsymbol{E} dr$

$= \int_{P}^{\infty} Q \cdot \boldsymbol{E} \cdot dr$

(2) 전위

$V_P = \frac{W}{Q} = -\int_{\infty}^{p} \boldsymbol{E} \cdot dr$

$= \int_{P}^{\infty} \boldsymbol{E} \cdot dr$[J/C]=[V]

단위 : [J/C]=[Ws/C]

=[VAs/As]=[V]

(3) 점전하 Q[C]에서 r[m] 떨어진 점 P의 전위

$V_P = -\int_{\infty}^{P} \boldsymbol{E} \cdot dr$

$= -\int_{\infty}^{r} \frac{Q}{4\pi\varepsilon r^2} dr$

$= \frac{Q}{4\pi\varepsilon_0}\left[\frac{1}{r}\right]_{\infty}^{r}$

$= \frac{Q}{4\pi\varepsilon_0 r} = 9 \times 10^9 \frac{Q}{r}$[V]

(4) 전위차

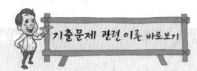

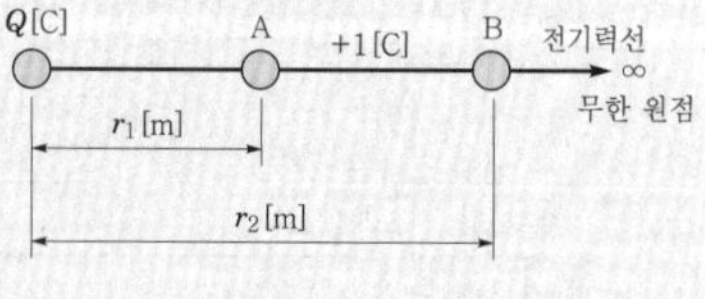

13

반지름 a[m]의 구도체에 Q[C]의 전하가 주어졌을 때 구심에서 $5a$[m] 되는 점의 전위는 몇 [V]인가?

출제빈도

① $\frac{Q}{4\pi\varepsilon_0 a}$　　② $\frac{Q}{4\pi\varepsilon_0 a^2}$

③ $\frac{Q}{20\pi\varepsilon_0 a}$　　④ $\frac{Q}{20\pi\varepsilon_0 a^2}$

해설 $V = \frac{Q}{4\pi\varepsilon_0 r} = \frac{Q}{4\pi\varepsilon_0(5a)} = \frac{Q}{20\pi\varepsilon_0 a}$[V]

14

전류 분포가 벡터 자기 퍼텐셜 A[Wb/m]를 발생시킬 때, 점 $(-1, 2, 5)$[m]에서의 자속 밀도 B[T]는? (단, $A = 2yz^2 a_x + y^2 x a_y + 4xyz a_z$이다.)

① $20a_x - 40a_y + 30a_z$

② $20a_x + 40a_y - 30a_z$

③ $2a_x + 4a_y + 3a_z$

④ $-20a_x - 46a_z$

해설 $B = \text{rot}\, A$

$= \nabla \times (2yz^2 a_x + y^2 x a_y + 4xyz a_z)$

$= \begin{vmatrix} a_x & a_y & a_z \\ \frac{\partial}{\partial \pi} & \frac{\partial}{\partial y} & \frac{\partial}{\partial z} \\ 2yz^2 & y^2 x & 4xyz \end{vmatrix}$

$= a_x(4xz) + a_z(y^2 - 2z^2)$

∴ 점 $(-1, 2, 5)$에서의 자속 밀도

$B = -20a_x - 46a_z$

15

전류와 자계 사이에 직접적인 관련이 없는 법칙은?

① 앙페르의 오른 나사 법칙

② 비오-사바르의 법칙

③ 플레밍의 왼손 법칙

④ 쿨롱의 법칙

해설
- 앙페르의 오른 나사 법칙 : 전류에 의한 자계의 방향 결정
- 비오-사바르의 법칙 : 전류에 의한 자계의 세기
- 플레밍의 왼손 법칙 : 자계 내에 전류 도선이 받는 힘의 방향
- 쿨롱의 법칙 : 두 전하 사이에 작용하는 힘에 관한 법칙으로 전류와 자계 사이에는 직접적인 관련이 없다.

정답 13.③ 14.④ 15.④

16 출제빈도

$\varepsilon_1 > \varepsilon_2$인 두 유전체의 경계면에 전계가 수직으로 입사할 때, 단위 면적당 경계면에 작용하는 힘은?

① 힘 $f = \dfrac{1}{2}\left(\dfrac{1}{\varepsilon_1} - \dfrac{1}{\varepsilon_2}\right)D^2$이 ε_2에서 ε_1으로 작용한다.

② 힘 $f = \dfrac{1}{2}\left(\dfrac{1}{\varepsilon_1} - \dfrac{1}{\varepsilon_2}\right)E^2$이 ε_2에서 ε_1으로 작용한다.

③ 힘 $f = \dfrac{1}{2}\left(\dfrac{1}{\varepsilon_2} - \dfrac{1}{\varepsilon_1}\right)D^2$이 ε_1에서 ε_2로 작용한다.

④ 힘 $f = \dfrac{1}{2}\left(\dfrac{1}{\varepsilon_1} - \dfrac{1}{\varepsilon_2}\right)E^2$이 ε_1에서 ε_2로 작용한다.

해설 전계가 경계면에 수직이므로

$f = \dfrac{1}{2}(E_2 - E_1)D^2 = \dfrac{1}{2}\left(\dfrac{1}{\varepsilon_2} - \dfrac{1}{\varepsilon_1}\right)D^2$ [N/m²]인 인장 응력이 작용한다.

$\varepsilon_1 > \varepsilon_2$이므로 ε_1에서 ε_2로 작용한다.

17 축이 무한히 길고 반지름이 a[m]인 원주 내에 전하가 축대칭이며, 축방향으로 균일하게 분포되어 있을 경우, 반지름 $r > a$[m]되는 동심 원통면상 외부의 한 점 P의 전계의 세기는 몇 [V/m]인가? (단, 원주의 단위 길이당의 전하를 λ[C/m]라 한다.)

① $\dfrac{\lambda}{\varepsilon_0}$　② $\dfrac{\lambda}{2\pi\varepsilon_0}$

③ $\dfrac{\lambda}{\pi a}$　④ $\dfrac{\lambda}{2\pi\varepsilon_0 r}$

해설 **원주 도체의 전계의 세기**

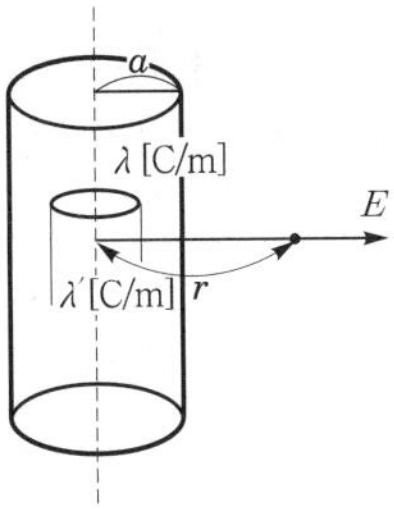

- 도체 외부의 전계의 세기

  $E = \dfrac{\lambda}{2\pi\varepsilon_0 r}$ [V/m]

- 도체 표면의 전계의 세기

  $E = \dfrac{\lambda}{2\pi\varepsilon_0 a}$ [V/m]

- 도체 내부의 전계의 세기

  $E = \dfrac{r \cdot \lambda}{2\pi\varepsilon_0 a^2}$ [V/m]

정답 16.③ 17.④

기출문제 관련 이론 바로보기

16. 이론 check **전계가 경계면에 수직으로 입사($\varepsilon_1 > \varepsilon_2$)**

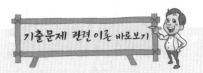

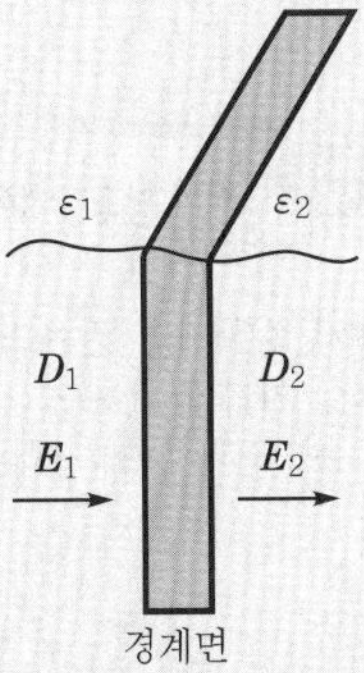

전계가 수직으로 입사시 $\theta = 0°$이므로 경계면 양측에서 전속 밀도가 같으므로 $D_1 = D_2 = D$[C/m²]로 표시할 수 있다. 이때 경계면에 작용하는 단위 면적당 작용하는 힘은

$f = \dfrac{D^2}{2\varepsilon}$ [N/m²]이므로

ε_1에서의 힘은

$f_1 = \dfrac{D^2}{2\varepsilon_1}$ [N/m²]

ε_2에서의 힘은

$f_2 = \dfrac{D^2}{2\varepsilon_2}$ [N/m²]

이 된다.

이때 전체적인 힘 f는 $f_2 > f_1$이므로 $f = f_2 - f_1$만큼 작용한다.

$\therefore f = \dfrac{D^2}{2\varepsilon_2} - \dfrac{D^2}{2\varepsilon_1}$

$= \dfrac{1}{2}\left(\dfrac{1}{\varepsilon_2} - \dfrac{1}{\varepsilon_1}\right)D^2$ [N/m²]

기출문제 관련 이론 바로보기

19. 이론 check **전기 쌍극자에서 P점의 전계의 세기**

전기 쌍극자는 같은 크기의 정·부의 전하가 미소 길이 l [m] 떨어진 한 쌍의 전하계이다.

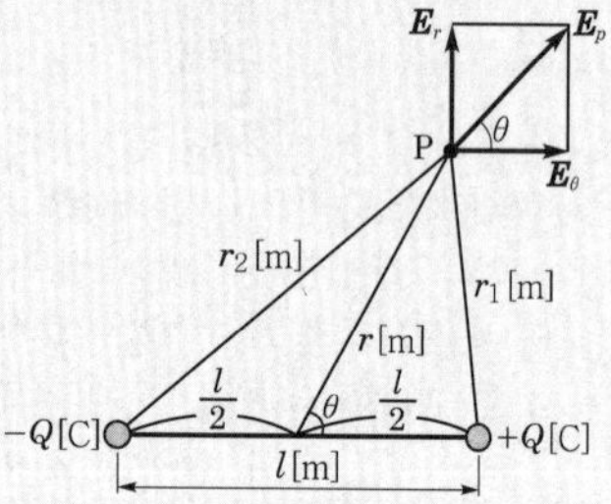

| 전기 쌍극자 |

$+Q$, $-Q$에서 P점까지의 거리 r_1, r_2[m]는

$r_1 = r - \frac{1}{2}\cos\theta$, $r_2 = r + \frac{l}{2}\cos\theta$

P점의 전계의 세기는

$\boldsymbol{E}_P = |\boldsymbol{E}_r + \boldsymbol{E}_\theta| = \sqrt{\boldsymbol{E}_r^{\ 2} + \boldsymbol{E}_\theta^{\ 2}}$

여기서, $\boldsymbol{E}_r$과 $\boldsymbol{E}_\theta$는

$\boldsymbol{E}_r = -\frac{dV}{dr} = \frac{2M}{4\pi\varepsilon_0 r^3}\cos\theta$[V/m]

$\boldsymbol{E}_\theta = -\frac{1}{r}\frac{dV}{d\theta}$

$= \frac{M}{4\pi\varepsilon_0 r^3}\sin\theta$[V/m]

따라서, P점의 합성 전계 $\boldsymbol{E}_P$는

$\boldsymbol{E}_P = \sqrt{\boldsymbol{E}_r^{\ 2} + \boldsymbol{E}_\theta^{\ 2}}$

$= \frac{M}{4\pi\varepsilon_0 r^3}\sqrt{4\cos^2\theta + \sin^2\theta}$

여기서, $\cos^2\theta + \sin^2\theta = 1$이므로

$\boldsymbol{E}_P = \frac{M}{4\pi\varepsilon_0 r^3}\sqrt{4\cos^2\theta + (1-\cos^2\theta)}$

$= \frac{M}{4\pi\varepsilon_0 r^3}\sqrt{1+3\cos^2\theta}$ [V/m]

18

반지름이 2, 3[m] 절연 도체구의 전위를 각각 5, 6[V]로 한 후, 가는 도선으로 두 도체구를 연결하면 공통 전위는 몇 [V]가 되는가?

① 5.2 ② 5.4
③ 5.6 ④ 5.8

해설 연결하기 전의 전하 Q는

$Q = Q_1 + Q_2 = 4\pi\varepsilon_0(a_1V_1 + a_2V_2)$[C]

연결 후의 전하 Q'는

$Q' = Q_1' + Q_2' = 4\pi\varepsilon_0(a_1V_1 + a_2V_2)$[C]

도선으로 접속하면 등전위가 되므로

$\therefore V = \frac{Q}{C} = \frac{a_1V_1 + a_2V_2}{a_1 + a_2}$

$= \frac{2\times5+3\times6}{2+3} = 5.6$[V]

19

출제빈도

전기 쌍극자로부터 임의의 점의 거리가 r이라 할 때, 전계의 세기는 r과 어떤 관계에 있는가?

① $\frac{1}{r}$에 비례 ② $\frac{1}{r^2}$에 비례
③ $\frac{1}{r^3}$에 비례 ④ $\frac{1}{r^4}$에 비례

해설 $\boldsymbol{E} = \frac{M\sqrt{1+3\cos^2\theta}}{4\pi\varepsilon_0 r^3}$[V/m]$\propto \frac{1}{r^3}$

20

전하 Q_1, Q_2 간의 전기력이 F_1이고, 이 근처에 전하 Q_3를 놓았을 경우의 Q_1과 Q_2 간의 전기력을 F_2라 하면, F_1과 F_2의 관계는 어떻게 되는가?

① $F_1 > F_2$
② $F_1 = F_2$
③ $F_1 < F_2$
④ Q_3의 크기에 따라 다르다.

해설 $Q_1 \cdot Q_2$ 사이에 작용하는 쿨롱의 힘

$F = \frac{Q_1Q_2}{4\pi\varepsilon_0 r^2} = 9\times10^9\frac{Q_1Q_2}{r^2}$[N]

두 전하 사이에 작용하는 힘의 방향은 두개의 전하를 연결한 직선상에 존재하므로 Q_1과 Q_2 사이의 쿨롱의 힘에는 Q_3는 관계가 없다.

$\therefore F_1 = F_2$

정답 18.③ 19.③ 20.②

제 3 회 전기자기학

01 맥스웰의 전자 방정식 중 패러데이의 법칙에 의하여 유도된 방정식은?

① $\nabla \times \boldsymbol{E} = -\dfrac{\partial \boldsymbol{B}}{\partial t}$

② $\nabla \times \boldsymbol{H} = i_c + \dfrac{\partial \boldsymbol{D}}{\partial t}$

③ $\mathrm{div}\boldsymbol{D} = \rho$

④ $\mathrm{div}\boldsymbol{B} = 0$

해설 패러데이 전자 유도 법칙의 미분형

$$\mathrm{rot}\,\boldsymbol{E} = \nabla \times \boldsymbol{E} = -\frac{\partial \boldsymbol{B}}{\partial t} = -\mu\frac{\partial \boldsymbol{H}}{\partial t}$$

02 전자석에 사용하는 연철(soft iron)은 다음 어느 성질을 갖는가?

(출제빈도)

① 잔류 자기, 보자력이 모두 크다.

② 보자력이 크고 잔류 자기가 작다.

③ 보자력이 크고 히스테리시스 곡선의 면적이 작다.

④ 보자력과 히스테리시스 곡선의 면적이 모두 작다.

해설
- 자석(일시 자석)의 재료는 잔류 자기가 크고 보자력이 작아야 한다.
- 영구 자석의 재료는 잔류 자기와 보자력이 모두 커야 한다.

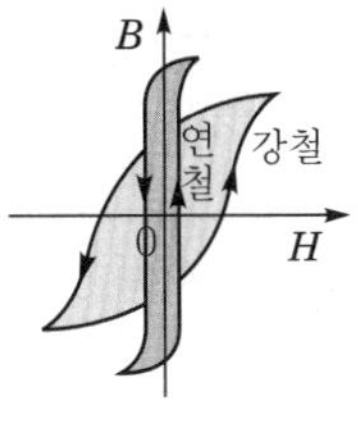

03 면적이 S[m²], 극 사이의 거리가 d[m], 유전체의 비유전율이 ε_s인 평행 평판 콘덴서의 정전 용량은 몇 [F]인가?

① $\dfrac{\varepsilon_0 S}{d}$ ② $\dfrac{\varepsilon_0 \varepsilon_s S}{d}$

③ $\dfrac{\varepsilon_0 d}{S}$ ④ $\dfrac{\varepsilon_0 \varepsilon_s d}{S}$

해설 정전 용량 C는

$$C = \frac{Q}{V} = \frac{Q}{\boldsymbol{E}d} = \frac{\sigma S}{\dfrac{\sigma d}{\varepsilon_0\,\varepsilon_s}} = \sigma S \times \frac{\varepsilon_0 \varepsilon_s}{\sigma d} = \frac{\varepsilon_0 \varepsilon_s S}{d}\ \text{[F]}$$

정답 01.① 02.④ 03.②

기출문제 관련 이론 바로보기

02. 이론 check 자성체의 특성 곡선

(1) $B-H$ 곡선

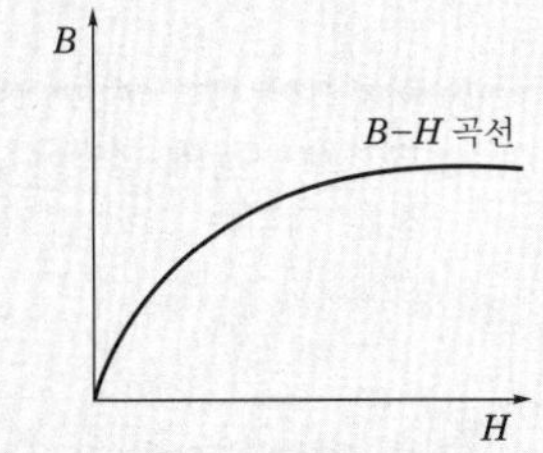

철과 같은 강자성체에 자계를 증가시키면 자화의 세기 J는 증가하나 어느 곳에 이르면 그 이상은 증가하지 않는다.

(2) 히스테리시스 곡선

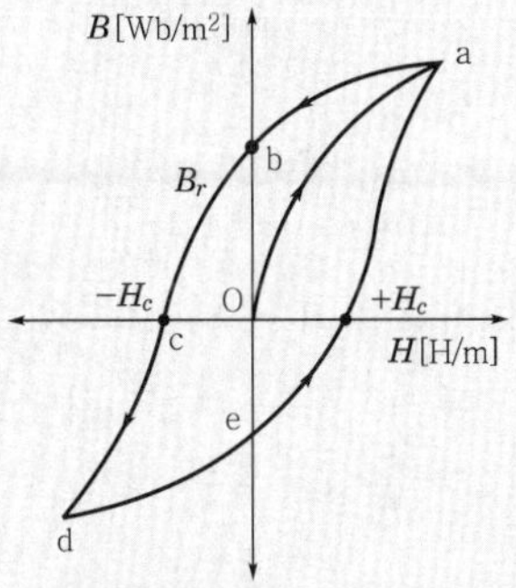

자성체에 정방향으로 외부 자계를 증가시키면 자성체 내에 자속 밀도는 0~a점까지 증가하다가 a점에서 포화 상태가 되어 더 이상 자속 밀도가 증가하지 않는다. 이때 외부 자계를 0으로 하면 자속 밀도는 b점이 된다. 또한 외부 자계의 방향을 반대로 하여 외부 자계를 상승하면 d점에서 자기 포화가 발생한다.

이 외부 자계를 0으로 하면 자속 밀도는 e점이 된다. d점에서 정방향으로 외부 자계를 인가하면 a점에서 자기 포화가 발생한다. 이와 같이 외부 자계의 변화에 따라 자속이 변화하는 특성 곡선을 히스테리시스 곡선이라 한다. 여기서, B_r는 잔류 자기, H_c는 잔류 자기를 제거할 수 있는 자화력으로 보자력이라 한다.

기출문제 관련 이론 바로보기

(3) 영구 자석 및 전자석의 재료 조건
① 영구 자석의 재료 조건 : 히스테리시스 곡선의 면적이 크고, 잔류 자기와 보자력이 모두 클 것
② 전자석의 재료 조건 : 히스테리시스 곡선의 면적이 작고, 잔류 자기는 크고 보자력은 작을 것

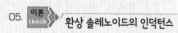

04. 이론 check **정전계와 도체계의 관계식**

전기 저항 R과 정전 용량 C를 곱하면 다음과 같다.

전기 저항 $R=\rho\dfrac{l}{S}[\Omega]$, 정전 용량 $C=\dfrac{\varepsilon S}{d}$[F]이므로

$R\cdot C=\rho\dfrac{l}{S}\cdot\dfrac{\varepsilon S}{d}$

$\therefore\ R\cdot C=\rho\varepsilon,\ \dfrac{C}{G}=\dfrac{\varepsilon}{k}$

이때, 전기 저항은 $R=\dfrac{\rho\varepsilon}{C}[\Omega]$이 되므로 전류는 다음과 같다.

$I=\dfrac{V}{R}=\dfrac{V}{\dfrac{\rho\varepsilon}{C}}=\dfrac{CV}{\rho\varepsilon}$[A]

05. 이론 check **환상 솔레노이드의 인덕턴스**

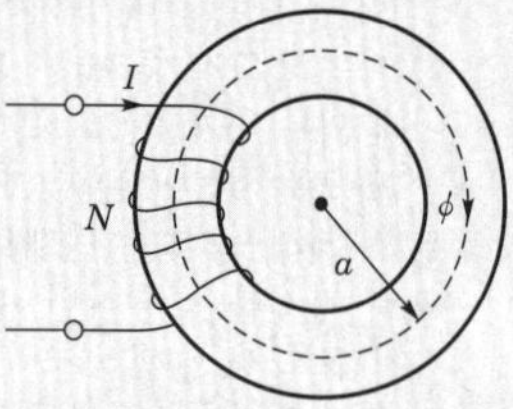

공극이 없는 경우는

$L=\dfrac{N\phi}{I}=\dfrac{N}{I}\cdot\dfrac{NI}{R_m}$

$=\dfrac{N^2}{I}\cdot\dfrac{I\cdot\mu S}{l}=\dfrac{\mu SN^2}{l}$[H]

04 (출제빈도) 전기 저항 R과 정전 용량 C, 고유 저항 ρ 및 유전율 ε 사이의 관계로 옳은 것은?

① $RC=\rho\varepsilon$
② $R\rho=C\varepsilon$
③ $C=R\rho\varepsilon$
④ $R=\varepsilon\rho C$

해설 도체계와 정전계의 관계식

$RC=\rho\cdot\varepsilon,\ \dfrac{C}{G}=\dfrac{\varepsilon}{k}$

05 (출제빈도) 환상 솔레노이드 코일에 흐르는 전류가 2[A]일 때, 자로의 자속이 10^{-2}[Wb]였다고 한다. 코일의 권수를 500회라고 하면, 이 코일의 자기 인덕턴스는 몇 [H]인가? (단, 코일의 전류와 자로의 자속과의 관계는 비례하는 것으로 한다.)

① 2.5　② 3.5
③ 4.5　④ 5.5

해설 $\phi=N\phi=LI$[Wb·T]

$\therefore\ L=\dfrac{N\phi}{I}=\dfrac{500\times1\times10^{-2}}{2}=2.5$[H]

06 한 변의 길이가 a[m]인 정육각형의 각 정점에 각각 Q[C]의 전하를 놓았을 때, 정육각형의 중심 O의 전계의 세기는 몇 [V/m]인가?

① 0　② $\dfrac{Q}{2\pi\varepsilon_0 a}$
③ $\dfrac{Q}{4\pi\varepsilon_0 a}$　④ $\dfrac{Q}{8\pi\varepsilon_0 a}$

해설 $\boldsymbol{E}_A=\boldsymbol{E}_B=\boldsymbol{E}_C=\boldsymbol{E}_D=\boldsymbol{E}_E=\boldsymbol{E}_F$

$=\dfrac{Q}{4\pi\varepsilon_0 a^2}=9\times10^9\dfrac{Q}{a^2}$[V/m]

$\boldsymbol{E}_A=-\boldsymbol{E}_D,\ \boldsymbol{E}_B=-\boldsymbol{E}_E,\ \boldsymbol{E}_C=-\boldsymbol{E}_F$

∴ 중심 전계의 세기는 0이 된다.

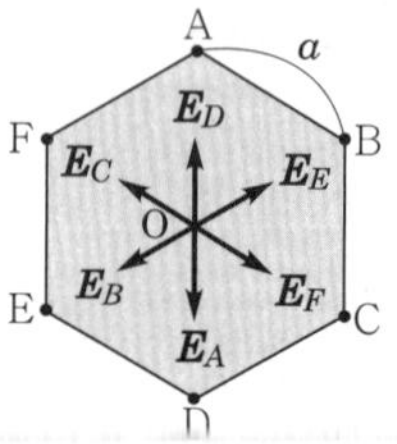

정답 04.① 05.① 06.①

07 그림과 같이 판의 면적 $\frac{1}{3}S$, 두께 d와 판면적 $\frac{1}{3}S$, 두께 $\frac{1}{2}d$가 되는 유전체($\varepsilon_s=3$)를 끼웠을 경우의 정전 용량은 처음의 몇 배인가?

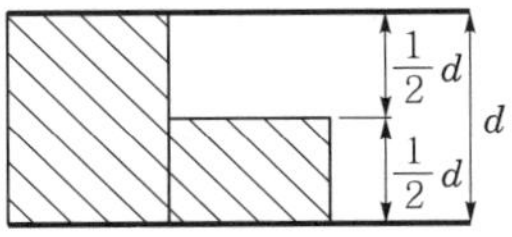

① $\frac{1}{6}$　　② $\frac{5}{6}$

③ $\frac{11}{6}$　　④ $\frac{13}{6}$

해설 평행판 공기 콘덴서의 정전 용량 C_0은

$$C_0=\frac{\varepsilon_0 S}{d}[\text{F}]$$

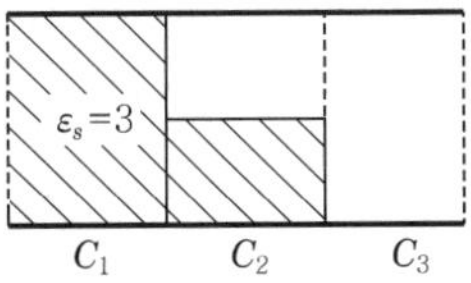

그림과 같이 각 부분의 정전 용량을 C_1, C_2, C_3이라 하면

$$C_1=\frac{\varepsilon_0\varepsilon_s\cdot\frac{1}{3}S}{d}=3\times\frac{1}{3}\cdot\frac{\varepsilon_0 S}{d}=C_0[\text{F}]$$

C_2는 공기 부분 C_{20}과 유전체 부분 C_{2S}의 직렬 연결과 같으므로

$$C_{20}=\frac{\varepsilon_0\cdot\frac{1}{3}S}{\frac{1}{2}d}=\frac{2}{3}\cdot\frac{\varepsilon_0 S}{d}=\frac{2}{3}C_0[\text{F}]$$

$$C_{2S}=\frac{\varepsilon_0\varepsilon_s\frac{1}{3}S}{\frac{1}{2}d}=\frac{3\times\frac{1}{3}}{\frac{1}{2}}\cdot\frac{\varepsilon_0 S}{d}=2C_0[\text{F}]$$

$$C_2=\frac{1}{\frac{1}{C_{20}}+\frac{1}{C_{2S}}}=\frac{C_{20}C_{2S}}{C_{20}+C_{2S}}=\frac{\frac{2}{3}C_0\times 2C_0}{\frac{2}{3}C_0+2C_0}=\frac{1}{2}C_0[\text{F}]$$

$$C_3=\frac{\varepsilon_0\cdot\frac{1}{3}S}{d}=\frac{1}{3}\cdot\frac{\varepsilon_0 S}{d}=\frac{1}{3}C_0[\text{F}]$$

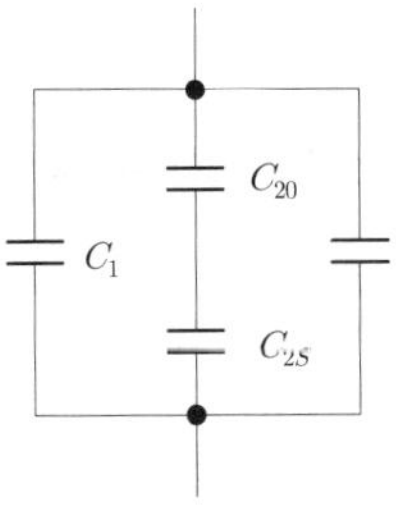

정답 07.③

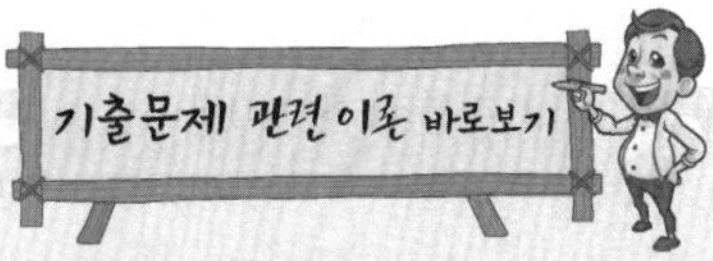

07. 이론 check **복합 유전체로 된 콘덴서의 정전 용량**

(1) 서로 다른 유전체를 극판과 평행하게 채우는 경우

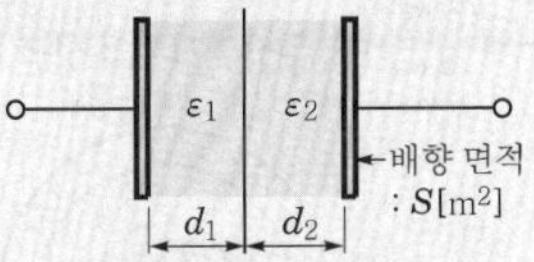

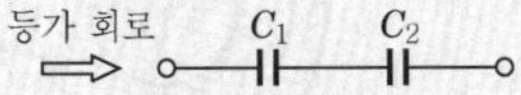

| 서로 다른 유전체가 극판과 평행한 경우 |

① ε_1부분의 정전 용량 : $C_1=\frac{\varepsilon_1 S}{d_1}$

② ε_2부분의 정전 용량 : $C_2=\frac{\varepsilon_2 S}{d_2}$

③ 전체 정전 용량 :

$$C=\frac{1}{\frac{1}{C_1}+\frac{1}{C_2}}=\frac{1}{\frac{d_1}{\varepsilon_1 S}+\frac{d_2}{\varepsilon_2 S}}=\frac{\varepsilon_1\varepsilon_2 S}{\varepsilon_2 d_1+\varepsilon_1 d_2}[\text{F}]$$

(2) 서로 다른 유전체를 극판과 수직하게 채우는 경우

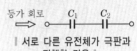

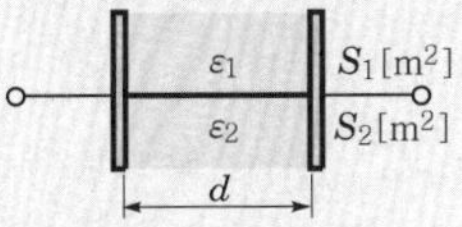

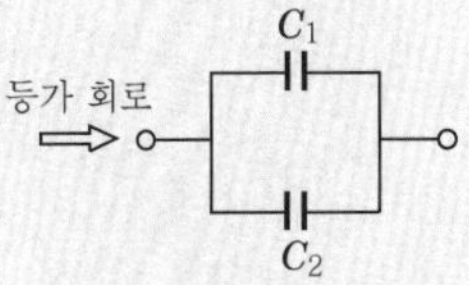

| 서로 다른 유전체가 극판과 수직인 경우 |

① ε_1부분의 정전 용량 : $C_1=\frac{\varepsilon_1 S_1}{d_1}$

② ε_2부분의 정전 용량 : $C_2=\frac{\varepsilon_2 S_2}{d_2}$

③ 전체 정전 용량 :

$$C=C_1+C_2=\frac{\varepsilon_1 S_1}{d}+\frac{\varepsilon_2 S_2}{d}=\frac{\varepsilon_1 S_1+\varepsilon_2 S_2}{d}[\text{F}]$$

기출문제 관련 이론 바로보기

따라서, 세 콘덴서의 병렬 연결과 같이 계산할 수 있다.

$$\therefore C = C_1 + C_2 + C_3$$

$$= C_0 + \frac{1}{2}C_0 + \frac{1}{3}C_0$$

$$= \frac{11}{6}C_0[\text{F}]$$

08. 이론 Check **동심구 사이의 정전 용량**

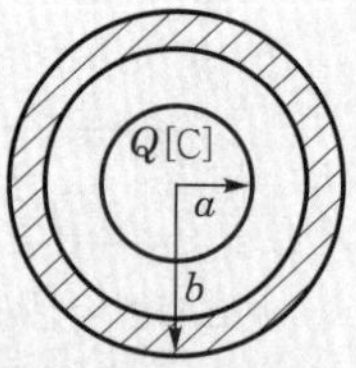

| 동심구 |

$$V = -\int_b^a \boldsymbol{E} \cdot dr$$

$$= \frac{Q}{4\pi\varepsilon_0}\left(\frac{1}{a} - \frac{1}{b}\right)[\text{V}]$$

$$C = \frac{Q}{\frac{Q}{4\pi\varepsilon_0}\left(\frac{1}{a} - \frac{1}{b}\right)} = \frac{4\pi\varepsilon_0}{\frac{1}{a} - \frac{1}{b}}$$

$$= \frac{4\pi\varepsilon_0 ab}{b-a}[\text{F}]$$

08

출제빈도

반지름 a[m]의 도체구와 내외 반지름이 각각 b[m] 및 c[m]인 도체구가 동심으로 되어 있다. 두 도체구 사이에 비유전율 ε_s인 유전체를 채웠을 경우의 정전 용량[F]은?

① $\frac{1}{9\times10^9} \times \frac{abc}{a-b+c}$

② $9\times10^9 \times \frac{bc}{b-c}$

③ $\frac{\varepsilon_s}{9\times10^9} \times \frac{ac}{c-a}$

④ $\frac{\varepsilon_s}{9\times10^9} \times \frac{ab}{b-a}$

해설 $C = \frac{4\pi\varepsilon_0\varepsilon_s ab}{b-a} = \frac{\varepsilon_s}{9\times10^9} \cdot \frac{ab}{b-a}[\text{F}]$

09

동일한 두 도체를 같은 에너지 $W_1 = W_2$로 충전한 후에 이들을 병렬로 연결하였다. 총 에너지 W와의 관계로 옳은 것은?

① $W_1 + W_2 < W$

② $W_1 + W_2 = W$

③ $W_1 + W_2 > W$

④ $W_1 - W_2 = W$

해설 서로 다른 전위차로 충전하여 있는 두 콘덴서를 병렬로 연결하면 전위가 같아지도록 전하의 이동이 생기기 때문에, 연결 도선의 줄열 손실에 의해 에너지가 감소된다. 그러나 동일한 두 도체를 같은 에너지로 충전한 후에 병렬로 연결하면, 전하의 이동이 생기지 않으므로 에너지의 변화가 없다.
따라서, $W_1 + W_2 = W$가 된다.

10

자계가 보존적인 경우를 나타내는 것은? (단, j는 공간상의 0이 아닌 전류 밀도를 의미한다.)

① $\nabla \cdot B = 0$　　② $\nabla \cdot B = j$

③ $\nabla \times H = 0$　　④ $\nabla \times H = j$

정답 08.④ 09.② 10.③

11 투자율 μ_1 및 μ_2인 두 자성체의 경계면에서 자력선의 굴절 법칙을 나타낸 식은?

출제빈도

① $\dfrac{\mu_1}{\mu_2}=\dfrac{\sin\theta_1}{\sin\theta_2}$　　② $\dfrac{\mu_1}{\mu_2}=\dfrac{\sin\theta_2}{\sin\theta_1}$

③ $\dfrac{\mu_1}{\mu_2}=\dfrac{\tan\theta_1}{\tan\theta_2}$　　④ $\dfrac{\mu_1}{\mu_2}=\dfrac{\tan\theta_2}{\tan\theta_1}$

해설 **자성체의 경계면 조건**

- $\boldsymbol{H}_1\sin\theta_1=\boldsymbol{H}_2\sin\theta_2$
- $\boldsymbol{B}_1\cos\theta_1=\boldsymbol{B}_2\cos\theta_2$
- $\dfrac{\tan\theta_1}{\tan\theta_2}=\dfrac{\mu_1}{\mu_2}$, $\mu_2\tan\theta_1=\mu_1\tan\theta_2$

12 코로나 방전이 3×10^6[V/m]에서 일어난다고 하면 반지름 10[cm]인 도체구에 저축할 수 있는 최대 전하량은 몇 [C]인가?

① 0.33×10^{-5}　　② 0.72×10^{-6}

③ 0.33×10^{-7}　　④ 0.98×10^{-8}

해설 $E=\dfrac{Q}{4\pi\varepsilon_0 r^2}$[V/m]

$\therefore Q=E4\pi\varepsilon_0 r^2$[C]

$=3\times10^6\times\dfrac{1}{9\times10^9}\times(10\times10^{-2})^2$

$=0.33\times10^{-5}$[C]

13 반지름이 3[mm], 4[mm]인 2개의 절연 도체구에 각각 5[V], 8[V]가 되도록 충전한 후 가는 도선으로 연결할 때, 공통 전위는 몇 [V]인가?

① 3.14　　② 4.27

③ 5.56　　④ 6.71

해설 $V=\dfrac{Q}{C}=\dfrac{a_1V_1+a_2V_2}{a_1+a_2}=\dfrac{3\times5+4\times8}{3+4}=6.71$[V]

14 금속 도체의 전기 저항은 일반적으로 온도와 어떤 관계인가?

① 전기 저항은 온도의 변화에 무관하다.

② 전기 저항은 온도의 변화에 대해 정특성을 갖는다.

③ 전기 저항은 온도의 변화에 대해 부특성을 갖는다.

④ 금속 도체의 종류에 따라 전기 저항의 온도 특성은 일관성이 없다.

정답 11.③ 12.① 13.④ 14.②

기출문제 관련 이론 바로보기

11. 이론 check **자성체의 경계면 조건**

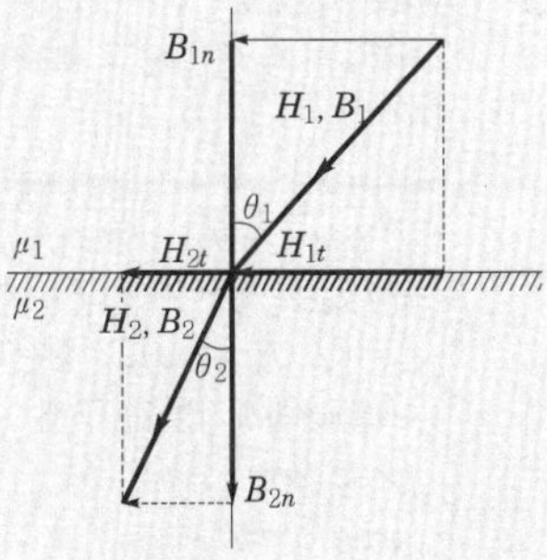

(1) 경계면의 접선(수평) 성분의 자계의 세기는 경계면 양측에서 같다.

$\boldsymbol{H}_{1t}=\boldsymbol{H}_{2t}\Rightarrow\boldsymbol{H}_1\sin\theta_1=\boldsymbol{H}_2\sin\theta_2$

(2) 경계면의 법선(수직) 성분의 자속 밀도는 경계면 양측에서 같다.

$\boldsymbol{B}_{1n}=\boldsymbol{B}_{2n}\Rightarrow\boldsymbol{B}_1\cos\theta_1=\boldsymbol{B}_2\cos\theta_2$

(3) (1), (2)에 의해서

$\dfrac{\boldsymbol{H}_1\sin\theta_1}{\boldsymbol{B}_1\cos\theta_1}=\dfrac{\boldsymbol{H}_2\sin\theta_2}{\boldsymbol{B}_2\cos\theta_2}$

$\dfrac{\boldsymbol{H}_1\sin\theta_1}{\mu_1\boldsymbol{H}_1\cos\theta_1}=\dfrac{\boldsymbol{H}_2\sin\theta_2}{\mu_2\boldsymbol{H}_2\cos\theta_2}$

따라서, $\dfrac{\tan\theta_1}{\tan\theta_2}=\dfrac{\mu_1}{\mu_2}$

기출문제 관련 이론 바로보기

17. 이론 Check **벡터의 미분**

벡터의 미분 연산에는 벡터 미분 연산자

$$\nabla = i\frac{\partial}{\partial x} + j\frac{\partial}{\partial y} + k\frac{\partial}{\partial z}$$

∇은 해밀톤 연산자라 하며 델(del) 또는 나블라(nabla)로 읽는다.

(1) 스칼라의 기울기(구배 경도, gradient)

$$\text{grad}\,\phi = \nabla \cdot \phi = \left(i\frac{\partial}{\partial x} + j\frac{\partial}{\partial y} + k\frac{\partial}{\partial z}\right) \cdot \phi = i\frac{\partial}{\partial x}\phi + j\frac{\partial}{\partial y}\phi + k\frac{\partial}{\partial z}\phi$$

여기서, grad는 gradient이며 gradϕ는 벡터량이다.

(2) 벡터의 발산(divergence)

$$\text{div}\boldsymbol{A} = \nabla \cdot \boldsymbol{A} = \left(i\frac{\partial}{\partial x} + j\frac{\partial}{\partial y} + k\frac{\partial}{\partial z}\right) \cdot (i\boldsymbol{A}_x + j\boldsymbol{A}_y + k\boldsymbol{A}_z) = \frac{\partial}{\partial x}\boldsymbol{A}_x + \frac{\partial}{\partial y}\boldsymbol{A}_y + \frac{\partial}{\partial z}\boldsymbol{A}_z$$

(3) 벡터의 회전(rotation, curl)

$$\text{rot}\,\boldsymbol{A} = \nabla \times \boldsymbol{A} = \begin{vmatrix} i & j & k \\ \frac{\partial}{\partial x} & \frac{\partial}{\partial y} & \frac{\partial}{\partial z} \\ \boldsymbol{A}_x & \boldsymbol{A}_y & \boldsymbol{A}_z \end{vmatrix} = i\begin{vmatrix} \frac{\partial}{\partial y} & \frac{\partial}{\partial z} \\ \boldsymbol{A}_y & \boldsymbol{A}_z \end{vmatrix} - j\begin{vmatrix} \frac{\partial}{\partial x} & \frac{\partial}{\partial z} \\ \boldsymbol{A}_x & \boldsymbol{A}_z \end{vmatrix} + k\begin{vmatrix} \frac{\partial}{\partial x} & \frac{\partial}{\partial y} \\ \boldsymbol{A}_x & \boldsymbol{A}_y \end{vmatrix}$$

(4) 이중 미분(Laplacian, ∇^2)

$$\nabla^2 = \nabla \cdot \nabla = \left(i\frac{\partial}{\partial x} + j\frac{\partial}{\partial y} + k\frac{\partial}{\partial z}\right) \cdot \left(i\frac{\partial}{\partial x} + j\frac{\partial}{\partial y} + k\frac{\partial}{\partial z}\right) = \frac{\partial^2}{\partial x^2} + \frac{\partial^2}{\partial y^2} + \frac{\partial^2}{\partial z^2}$$

해설 온도 변화 후의 저항

$Rt = R_0(1+\alpha t)[\Omega]$

∴ 금속 도체의 전기 저항은 온도가 상승하면 전기 저항은 증가된다.

15 자기 인덕턴스와 상호 인덕턴스와의 관계에서 결합 계수 k에 영향을 주지 않는 것은?

① 코일의 형상
② 코일의 크기
③ 코일의 재질
④ 코일의 상대 위치

해설 결합 계수 $k = \dfrac{M}{\sqrt{L_1 L_2}}$에서 결합 계수는 각 코일의 크기에 관계되며, 상호 인덕턴스의 크기가 회로의 권수 형태 및 주위 매질의 투자율, 상대 코일의 위치에 따라 결정되므로 결합 계수 크기에 영향을 준다.

16 두 종류의 금속 접합면에 전류를 흘리면 접속점에서 열의 흡수 또는 발생이 일어나는 현상은?

① 제벡 효과
② 펠티에 효과
③ 톰슨 효과
④ 코일의 상대 위치

해설 펠티에 효과는 두 종류의 금속으로 폐회로를 만들어 전류를 흘리면 두 접속점에서 열이 흡수(온도 강하)되거나 발생(온도 상승)하는 현상이다.

17 출제빈도 위치 함수로 주어지는 벡터량이 $E(x,\ y,\ z) = iE_x + jE_y + kE_z$이다. 나블라($\nabla$)와의 내적 $\nabla \cdot E$와 같은 의미를 갖는 것은?

① $\dfrac{\partial E_x}{\partial x} + \dfrac{\partial E_y}{\partial y} + \dfrac{\partial E_z}{\partial z}$

② $i\dfrac{\partial E_z}{\partial x} + j\dfrac{\partial E_y}{\partial y} + k\dfrac{\partial E_z}{\partial z}$

③ $\displaystyle\int \frac{\partial E_x}{\partial x} + \int \frac{\partial E_y}{\partial y} + \int \frac{\partial E_z}{\partial z}$

④ $\displaystyle i\int E_x dx + j\int E_y dy + k\int E_z dz$

해설 $\nabla \cdot E = \left(i\dfrac{\partial}{\partial x} + j\dfrac{\partial}{\partial y} + k\dfrac{\partial}{\partial z}\right) \cdot (iE_x + jE_y + kE_z) = \dfrac{\partial E_x}{\partial x} + \dfrac{\partial E_y}{\partial y} + \dfrac{\partial E_z}{\partial z}$

정답 15.③ 16.② 17.①

18 대기 중의 두 전극 사이에 있는 어떤 점의 전계의 세기가 $E+3.5$[V/cm], 지면의 도전율이 $k=10^{-4}$[℧/m]일 때, 이 점의 전류 밀도[A/m^2]는?

① 1.5×10^{-2}
② 2.5×10^{-2}
③ 3.5×10^{-2}
④ 4.5×10^{-2}

해설 $i=kE=10^{-4}\times3.5\times10^{2}=3.5\times10^{-2}$[A/m^2]

19 100[MHz]의 전자파의 파장은?

① 0.3[m] ② 0.6[m]
③ 3[m] ④ 6[m]

해설 진공 중에서 전파 속도는 빛의 속도와 같으므로

$v=C_0=3\times10^8$[m/s]

$\therefore v=C_0=\lambda\cdot f$[m/s]

$\therefore \lambda=\dfrac{C_0}{f}=\dfrac{3\times10^8}{100\times10^6}=3$[m]

20 $\phi=\phi_m\sin2\pi ft$[Wb]일 때, 이 자속과 쇄교하는 권수 N회인 코일에 발생하는 기전력[V]은?

① $2\pi fN\phi_m\sin2\pi ft$
② $-2\pi fN\phi_m\sin2\pi ft$
③ $2\pi fN\phi_m\cos2\pi ft$
④ $-2\pi fN\phi_m\cos2\pi ft$

해설 $e=-N\dfrac{d\phi}{dt}=-N\cdot\dfrac{d}{dt}(\phi_m\sin2\pi ft)$

$=-2\pi fN\phi_m\cos2\pi ft$ [V]

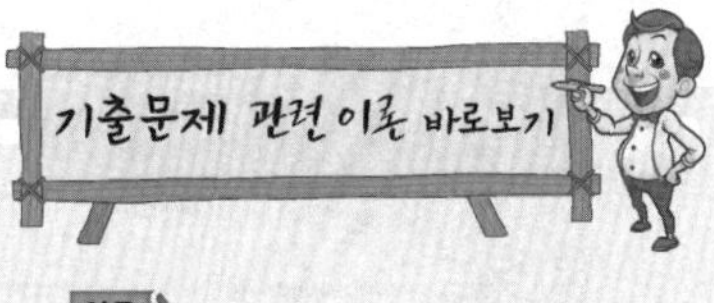

18. 이론 check **전류 밀도**

전계의 세기 E와 반대 방향으로 이동하는 전자의 이동 속도 v는 $v\propto E\Rightarrow v=\mu E$이며

μ는 전자의 이동도를 나타낸다.

또한 전류 밀도는

$J=\dfrac{I}{S}$[A/m^2]

$J=Qv=nev$

$=ne\mu E=kE=\dfrac{E}{\rho}$[A/m^2]

여기서, Q : 총 전기량
ne : 총 전자의 개수
k : 도전율
ρ : 고유 저항률

정답 18.③ 19.③ 20.④

Industrial Engineer Electricity

2016년 과년도 출제문제

기출문제 관련 이론 바로보기

02. Tip 환상 솔레노이드의 인덕턴스

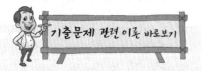

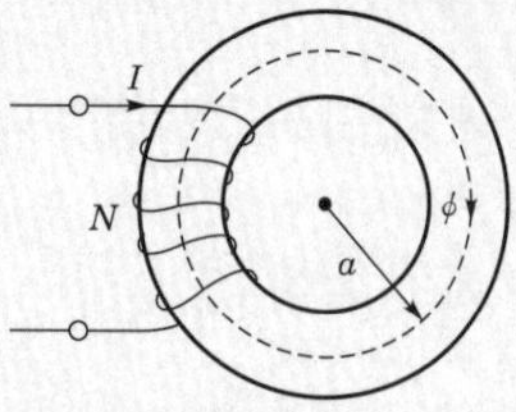

(1) 공극이 없는 경우

$$L=\frac{N\phi}{I}=\frac{N}{I}\cdot\frac{NI}{R_m}$$

$$=\frac{N^2}{I}\cdot\frac{I\cdot\mu S}{l}=\frac{\mu SN^2}{l}[\mathrm{H}]$$

(2) 공극이 있는 경우

$$L=\frac{N\phi}{I}=\frac{N}{I}\cdot\frac{NI}{R_m}$$

$$=\frac{N^2}{R_m}=\frac{N^2}{\frac{l}{\mu S}+\frac{l_g}{\mu_0 S}}$$

$$=\frac{\mu SN^2}{l+\mu Sl_g}[\mathrm{H}]$$

제 1 회 전기자기학

01 정전계에 대한 설명으로 옳은 것은?

① 전계 에너지가 최소로 되는 전하 분포의 전계이다.
② 전계 에너지가 최대로 되는 전하 분포의 전계이다.
③ 전계 에너지가 항상 0인 전기장을 말한다.
④ 전계 에너지가 항상 ∞인 전기장을 말한다.

해설 전계 내의 전하는 그 자신의 에너지가 최소가 되는 가장 안정된 전하 분포를 가지는 정전계를 형성하려고 한다. 이것을 톰슨의 정리라고 한다.

02 (출제빈도) 비투자율이 μ_r인 철제 무단 솔레노이드가 있다. 평균 자로의 길이를 l[m]라 할 때 솔레노이드에 공극(air gap) l_0[m]를 만들어 자기 저항을 원래의 2배로 하려면 얼마만한 공극을 만들면 되는가? (단, $\mu_r \gg 1$이고, 자기력은 일정하다고 한다.)

① $l_0=\frac{l}{2}$　　② $l_0=\frac{l}{\mu_r}$

③ $l_0=\frac{l}{2\mu_r}$　　④ $l_0=1+\frac{l}{\mu_r}$

해설 공극이 없는 경우의 자기 저항

$$R=\frac{l}{\mu S}[\Omega]$$

미소 공극 l_0가 있을 때의 자기 저항

$$R'=\frac{l_0}{\mu_0 S}+\frac{l}{\mu S}[\Omega]$$

$$\therefore\ \frac{R'}{R}=1+\frac{\frac{l_0}{\mu_0 S}}{\frac{l}{\mu S}}=1+\frac{\mu l_0}{\mu_0 l}=1+\mu_r\frac{l_0}{l}$$

∵ 자기 저항을 2배로 하려면 $l_0=\frac{l}{\mu_r}$로 하면 된다.

정답 01.① 02.②

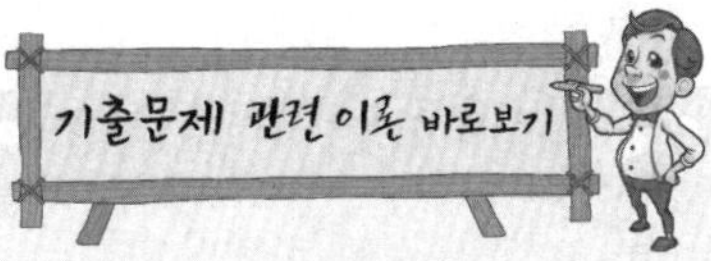

03 자유 공간에 있어서의 포인팅 벡터를 P[W/m^2]라 할 때, 전계의 세기 E_c[V/m]를 구하면?

① $377P$　　② $\frac{P}{377}$

③ $\sqrt{377P}$　　④ $\sqrt{\frac{P}{377}}$

해설
$P = E_c H = \sqrt{\frac{\varepsilon_0}{\mu_0}} E^2 = \frac{1}{377} E_c^{\,2}$

$\therefore E_c^{\,2} = 377P$

$\because E_c = \sqrt{377P}$ [V/m]

04 자속 밀도 0.5[Wb/m^2]인 균일한 자장 내에 반지름 10[cm], 권수 1,000 회인 원형 코일이 매분 1.800회전할 때 이 코일의 저항이 100[Ω]일 경우 이 코일에 흐르는 전류의 최대값은 약 몇 [A]인가?

① 14.4　　② 23.5

③ 29.6　　④ 43.2

해설 쇄교 자속 $\phi = \phi_m \cos\omega t = BS\cos\omega t$

유기 기전력 $e = -n\frac{d\phi}{dt} = -nBS\frac{d}{dt}\cos\omega t$

$= \omega nBS\sin\omega t$

$\therefore$ 최대 전압 $E_m = \omega nBS = 2\pi fn \cdot B\pi r^2$

$= 2\pi \times \frac{1,800}{60} \times 1,000 \times 0.5 \times \pi \times (10 \times 10^{-2})^2$

$= 2,961$[V]

$\because$ 전류의 최대값 $I_m = \frac{E_m}{R} = \frac{2,961}{100}$

$= 29.61$[A]

05 진공 중에 놓인 3[μC]의 점전하에서 3[m]가 되는 점의 전계는 몇 [V/m]인가?

출제빈도

① 100　　② 1,000

③ 300　　④ 3,000

해설 전계의 세기

$E = \frac{Q}{4\pi\varepsilon_0 r^2} = 9 \times 10^9 \times \frac{Q}{r^2}$

$= 9 \times 10^9 \times \frac{3 \times 10^{-6}}{3^2}$

$= 3,000$[V/m]

05. 이론 check **점전하에 의한 전계의 세기**

$\int_s \boldsymbol{E} ds = \frac{Q}{\varepsilon_0}$

가우스 폐곡면의 면적=구의 표면적$=4\pi r^2$

$\boldsymbol{E} \cdot 4\pi r^2 = \frac{Q}{\varepsilon_0}$

$\therefore \boldsymbol{E} = \frac{Q}{4\pi\varepsilon_0 r^2} = 9 \times 10^9 \frac{Q}{r^2}$ [V/m]

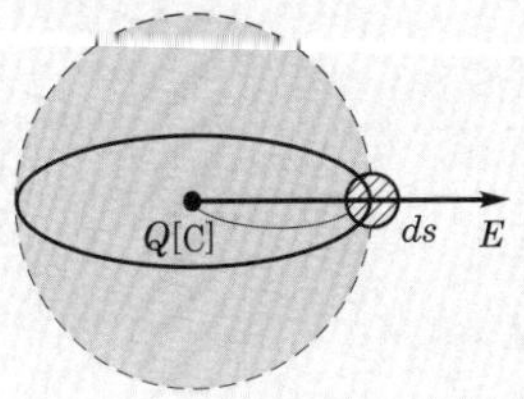

| 점전하 |

정답 03.③ 04.③ 05.④

기출문제 관련 이론 바로보기

06. 이론 check 패러데이(Faraday) 법칙

폐회로와 쇄교하는 자속을 ϕ[Wb]로 하고 이것과 오른 나사의 관계에 있는 방향의 기전력을 정(+)이라 약속하면 유도 기전력 e는 다음과 같다.

$e=-\dfrac{d\phi}{dt}$[V]

여기서, 우변의 (−)부호는 유도 기전력 e의 방향을 표시하는 것이고 자속이 감소할 때에 정(+)의 방향으로 유도 전기력이 생긴다는 것을 의미한다.

06 (출제빈도) 코일의 면적을 2배로 하고 자속 밀도의 주파수를 2배로 높이면 유기 기전력의 최대값은 어떻게 되는가?

① $\dfrac{1}{4}$로 된다.　　② $\dfrac{1}{2}$로 된다.

③ 2배로 된다.　　④ 4배로 된다.

해설 유기 기전력

$$e=-N\frac{d\phi}{dt}=-N\frac{d}{dt}(B_m S\sin 2\pi ft)=-2\pi fNB_m S\cos 2\pi ft\,[\text{V}]$$

∴ 유기 기전력의 최대값은 면적(S)과 주파수(f)에 비례한다.

∴ 면적(2배)×주파수(2배)

∵ 4배

07 반지름 a[m]의 구도체에 전하 Q[C]이 주어질 때, 구도체 표면에 작용하는 정전 응력[N/m²]은?

① $\dfrac{Q^2}{64\pi^2\varepsilon_0 a^4}$　　② $\dfrac{Q^2}{32\pi^2\varepsilon_0 a^4}$

③ $\dfrac{Q^2}{16\pi^2\varepsilon_0 a^4}$　　④ $\dfrac{Q^2}{8\pi^2\varepsilon_0 a^4}$

해설 구도체 표면의 전계의 세기

$$E=\frac{Q}{4\pi a^2}[\text{V/m}]$$

∴ 정전 응력 $f=\dfrac{1}{2}\varepsilon_0 E^2=\dfrac{1}{2}\varepsilon_0\left(\dfrac{Q}{4\pi\varepsilon_0 a^2}\right)^2=\dfrac{Q^2}{32\pi^2\varepsilon_0 a^4}$[N/m²]

08 판자석의 세기가 P[Wb/m]되는 판자석을 보는 입체각 ω인 점의 자위는 몇 [A]인가?

① $\dfrac{P}{2\pi\mu_0\omega}$　　② $\dfrac{P\omega}{2\pi\mu_0}$

③ $\dfrac{P}{4\pi\mu_0\omega}$　　④ $\dfrac{P\omega}{4\pi\mu_0}$

해설 판 전체에 대한 자위 U는

$$U=\int dU=\frac{P}{4\pi\mu_0}\int d\omega=\frac{P}{4\pi\mu_0}\omega[\text{A}]$$

단, $\omega=2\pi(1-\cos\theta)$

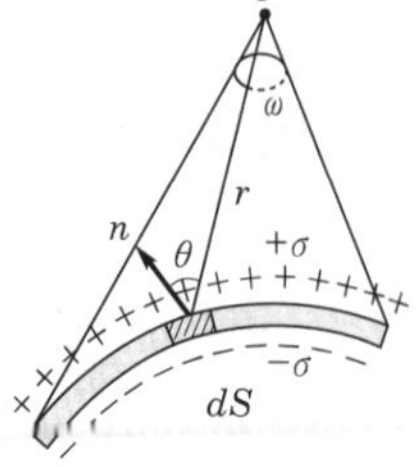

정답 06.④ 07.② 08.④

09 전계와 자계의 위상 관계는?

① 위상이 서로 같다.
② 전계가 자계보다 90° 늦다.
③ 전계가 자계보다 90° 빠르다.
④ 전계가 자계보다 45° 빠르다.

해설 자유 공간의 전자파는 진행 방향에 수직으로 전계와 자계가 동시에 존재해야 하고 이들이 포인팅 벡터를 구성하기 위하여 위상이 같아야 최대 에너지를 전달할 수 있다.

10 우주선 중에 10^{20}[eV]의 정전 에너지를 가진 하전 입자가 있다고 할 때, 이 에너지는 약 몇 [J]인가?

① 2 ② 9
③ 16 ④ 91

해설 1[eV]는 1[V]의 전압하에서 전자 1개가 음극에서 양극으로 이동하는 운동 에너지로 1.602×10^{-19}[J]이다.
$\therefore\ 10^{20}[\mathrm{eV}]=1.602\times10^{-19}\times10^{20}=16.02[\mathrm{J}]$

11 (출제빈도) 전자 e[C]이 공기 중의 자계 H[AT/m] 내를 H에 수직 방향으로 v[m/s]의 속도로 돌입하였을 때 받는 힘은 몇 [N]인가?

① $\mu_0 evH$ ② evH
③ $\dfrac{eH}{\varepsilon_0\mu_0}$ ④ $\dfrac{\varepsilon_0 H}{\mu_0 v}$

해설 $\boldsymbol{F}=qv\boldsymbol{B}\sin\theta$(자계와 수직 방향이므로 $\theta=90°$)
$\therefore\ \boldsymbol{F}=qv\boldsymbol{B}\sin 90°=qv\boldsymbol{B}=ev\boldsymbol{B}=\mu_0 evH$[N]

12 그림과 같이 $+q$[C/m]로 대전된 두 도선이 d[m]의 간격으로 평행하게 가설되었을 때, 이 두 도선 간에서 전계가 최소가 되는 점은?

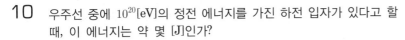

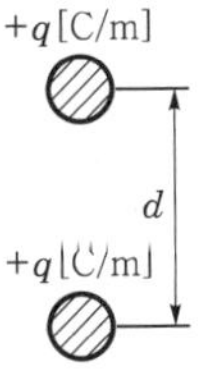

① $\dfrac{d}{4}$ 지점 ② $\dfrac{3}{4}d$ 지점
③ $\dfrac{d}{3}$ 지점 ④ $\dfrac{d}{2}$ 지점

정답 09.① 10.③ 11.① 12.④

기출문제 관련 이론 바로보기

11. 이론 check **자계 내에서 운동 전하가 받는 힘**

전하 q가 자속 밀도 $\boldsymbol{B}$인 평등 자계 내를 이것과 θ의 방향으로 속도 v를 가지고 이동할 때, 이 전하에는 전자력 $\boldsymbol{F}$가 작용한다.
$\boldsymbol{F}=q(v\times\boldsymbol{B})$[N]
$\boldsymbol{F}=\boldsymbol{B}qv\sin\theta$[N]
여기서, 전하 q가 속도 v로 평등 자계 내를 수직으로 들어가면 운동 방향과 직각으로 힘을 받아 등속 원운동을 하게 된다.
또한 운동 전하 q에 전계 $\boldsymbol{E}$와 자계 H가 동시에 작용하고 있으면 전체적으로 $\boldsymbol{F}=q(\boldsymbol{E}+v\times\boldsymbol{B})$[N]의 전자력을 받는다.
이것을 일반적으로 로렌츠의 힘(Lorentz's force)이라고 한다.

기출문제 관련 이론 바로보기

해설

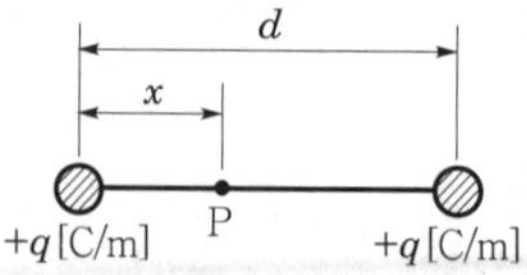

$$E=\frac{q}{2\pi\varepsilon_0 x}-\frac{q}{2\pi\varepsilon_0 (d-x)}=\frac{q}{2\pi\varepsilon_0}\left(\frac{1}{x}-\frac{1}{d-x}\right)[\text{V/m}]$$

E, 즉 전계가 최소가 되기 위한 전위 조건은

$\frac{\partial E}{\partial x}=0$이므로 $\frac{\partial E}{\partial x}=\frac{q}{2\pi\varepsilon_0}\left[-\frac{1}{x^2}+\frac{1}{(d-x)^2}\right]=0$

$\frac{1}{x^2}=\frac{1}{(d-x)^2}$, $x^2=(d-x)^2$

제곱해서 크기가 같으면 제곱하기 전의 크기도 같다.

$x=d-x$, $2x=d$

$\therefore\ x=\frac{d}{2}[\text{m}]$

13. 이론 check **입체각**

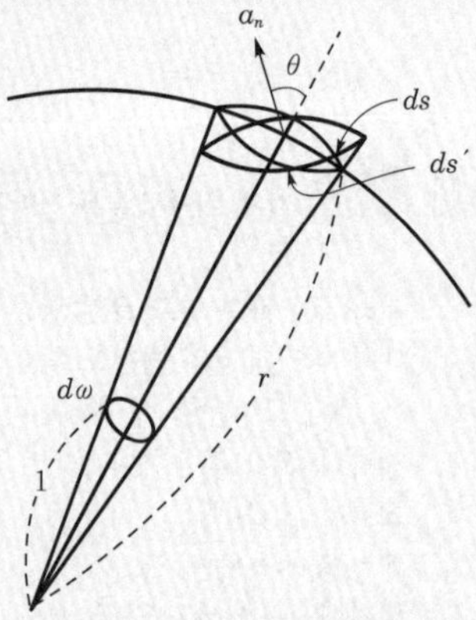

$1^2 : r^2 = d\omega : ds'$

$d\omega=\frac{ds'}{r^2}=\frac{ds\cos\theta}{r^2}$[steradian]

(1) 구의 경우

$\omega=\frac{s}{r^2}=\frac{4\pi r^2}{r^2}$

$=4\pi$[steradian]

(2) 임의의 폐곡선면인 경우

이 폐곡면의 구면상의 사영 면적이 구의 전 표면적이 될 것이므로 입체각은 4π[steradian]이 된다.

13 그림과 같이 전류 I[A])가 흐르는 반지름 a[m]인 원형 코일의 중심으로부터 x[m]인 점 P의 자계의 세기는 몇 [AT/m]인가? (단, θ는 각 APO라 한다.)

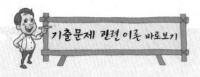

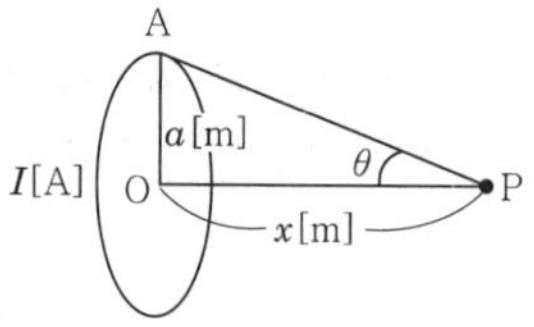

① $\frac{I}{2a}\cos^2\theta$ ② $\frac{I}{2a}\sin^3\theta$

③ $\frac{I}{2a}\cos^3\theta$ ④ $\frac{I}{2a}\sin^2\theta$

해설 그림과 같이 점 P에서 코일을 바라보는 입체각 ω는 $\omega=2\pi(1-\cos\theta)$이므로 자위 U_m은

$$U_m=\frac{I}{4\pi}\omega=\frac{I}{4\pi}\cdot 2\pi(1-\cos\theta)$$

$$=\frac{I}{2}\left(1-\frac{x}{\sqrt{a^2+x^2}}\right)[\text{A}]$$

$\therefore$ P점의 전계의 세기

$$H=-\frac{\partial U_m}{\partial x}=-\frac{\partial}{\partial x}\left[\frac{I}{2}\left(1-\frac{x}{\sqrt{a^2+\mu^2}}\right)\right]$$

$$=\frac{a^2 I}{2(a^2+x^2)^{\frac{3}{2}}}=\frac{I}{2a}\sin^3\theta[\text{AT/m}]$$

정답 13.②

14

$\varepsilon_1 > \varepsilon_2$의 유전체 경계면에 전계가 수직으로 입사할 때 경계면에 작용하는 힘과 방향에 대한 설명으로 옳은 것은?

① $f = \frac{1}{2}\left(\frac{1}{\varepsilon_2} - \frac{1}{\varepsilon_1}\right)D^2$의 힘이 ε_1에서 ε_2로 작용

② $f = \frac{1}{2}\left(\frac{1}{\varepsilon_1} - \frac{1}{\varepsilon_2}\right)E^2$의 힘이 ε_2에서 ε_1로 작용

③ $f = \frac{1}{2}(\varepsilon_2 - \varepsilon_1)E^2$의 힘이 ε_1에서 ε_2로 작용

④ $f = \frac{1}{2}(\varepsilon_1 - \varepsilon_2)D^2$의 힘이 ε_2에서 ε_1로 작용

해설 전계가 경계면에 수직이므로 $f = \frac{1}{2}(E_2 - E_1)$

$D^2 = \frac{1}{2}\left(\frac{1}{\varepsilon_2} - \frac{1}{\varepsilon_1}\right)D^2$[N/m²]인 인장 응력이 작용한다.

$\varepsilon_1 > \varepsilon_2$이므로 ε_1에서 ε_2로 작용한다.

15

유전체 내의 전속 밀도에 관한 설명 중 옳은 것은?

① 진전하만이다.
② 분극 전하만이다.
③ 겉보기 전하만이다.
④ 진전하와 분극 전하이다.

해설 $D = \varepsilon_0 E + P = \varepsilon_0 E + \sigma_p$[C/m²]

$E = \frac{\sigma - \sigma_p}{\varepsilon_0}$ [V/m]

$\therefore D = \varepsilon_0 \cdot \frac{\sigma - \sigma_p}{\varepsilon_0} + \sigma_p = \sigma - \sigma_p + \sigma_p = \sigma$

여기서, σ_p : 분극 전하 밀도[C/m²], σ : 진전하 밀도[C/m²]

즉, 전속 밀도 D는 진전하 밀도 σ에 의해 결정된다.

16

두께 d[m]인 판상 유전체의 양면 사이에 150[V]의 전압을 가하였을 때 내부에서의 전계가 3×10^4[V/m]이었다. 이 판상 유전체의 두께는 몇 [mm]인가?

① 2 ② 5
③ 10 ④ 20

해설 $E = \frac{V}{d}$[V/m]

$\therefore d = \frac{V}{E} = \frac{150}{3 \times 10^4} = 0.005$[m] $= 5$[mm]

정답 14.① 15.① 16.②

기출문제 관련 이론 바로보기

14. 이론 check 경계면에서 작용하는 힘

(1) 전속선은 유전율이 큰 쪽으로 접속된다.
(2) 정전력은 유전율이 작은 쪽으로 작용한다.

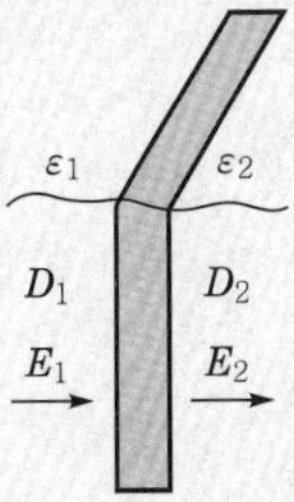

(3) 전계가 경계면에 수직으로 입사($\varepsilon_1 > \varepsilon_2$)

전계가 수직으로 입사 시 $\theta = 0°$이므로 경계면 양측에서 전속 밀도가 같으므로 $D_1 = D_2 = D$[C/m²]로 표시할 수 있다. 이때 경계면에 작용하는 단위 면적당 작용하는 힘은

$f = \frac{D^2}{2\varepsilon}$[N/m²]

이므로 ε_1에서의 힘은

$f_1 = \frac{D^2}{2\varepsilon_1}$[N/m²]

ε_2에서의 힘은

$f_2 = \frac{D^2}{2\varepsilon_2}$[N/m²]

이 된다.

이때 전체적인 힘 f는 $f_2 > f_1$이므로 $f = f_2 - f_1$만큼 작용한다.

따라서

$$f = \frac{D^2}{2\varepsilon_2} - \frac{D^2}{2\varepsilon_1} = \frac{1}{2}\left(\frac{1}{\varepsilon_2} - \frac{1}{\varepsilon_1}\right)D^2\text{[N/m}^2\text{]}$$

기출문제 관련 이론 바로보기

17 점전하 $+Q$의 무한 평면 도체에 대한 영상 전하는?

① $+Q$ ② $-Q$
③ $+2Q$ ④ $-2Q$

해설

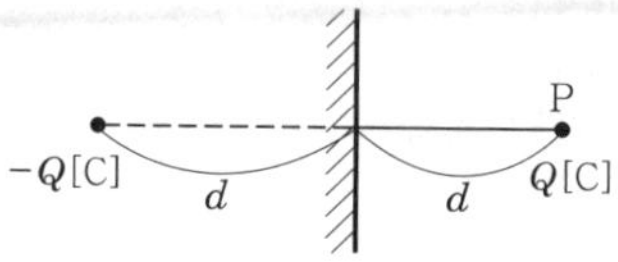

영상 전하 $Q' = -Q$[C]

18. 이론 check **정전계와 도체계의 관계식**

전기 저항 R과 정전 용량 C를 곱하면 다음과 같다.

전기 저항 $R = \rho \dfrac{l}{S}[\Omega]$, 정전 용량 $C = \dfrac{\varepsilon S}{d}$[F]이므로

$R \cdot C = \rho \dfrac{l}{S} \cdot \dfrac{\varepsilon S}{d}$

$\therefore R \cdot C = \rho\varepsilon,\ \dfrac{C}{G} = \dfrac{\varepsilon}{k}$

이때, 전기 저항은 $R = \dfrac{\rho\varepsilon}{C}[\Omega]$이 되므로 전류는 다음과 같다.

$I = \dfrac{V}{R} = \dfrac{V}{\dfrac{\rho\varepsilon}{C}} = \dfrac{CV}{\rho\varepsilon}$ [A]

18 반지름이 각각 $a = 0.2$[m], $b = 0.5$[m]되는 동심구 간에 고유 저항 $\rho = 2\times10^{12}[\Omega\cdot\text{m}]$, 비유전율 $\varepsilon_s = 100$인 유전체를 채우고 내외 동심구 간에 150[V]의 전위차를 가할 때 유전체를 통하여 흐르는 누설 전류는 몇 [A]인가?

출제빈도

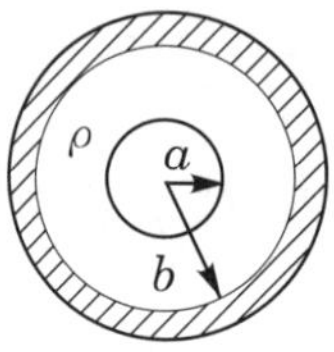

① 2.15×10^{-10} ② 3.14×10^{-10}
③ 5.31×10^{-10} ④ 6.13×10^{-10}

해설 $RC = \rho\varepsilon$

$$\therefore R = \frac{\rho\varepsilon}{C} = \frac{\rho\varepsilon}{\dfrac{4\pi\varepsilon}{\dfrac{1}{a}-\dfrac{1}{b}}} = \frac{\rho\varepsilon}{4\pi}\left(\frac{1}{a}-\frac{1}{b}\right)$$

$$\because I = \frac{V}{R} = \frac{4\pi V}{\rho\left(\dfrac{1}{a}-\dfrac{1}{b}\right)} = \frac{4\pi\times150}{2\times10^{12}\left(\dfrac{1}{0.2}-\dfrac{1}{0.5}\right)}$$

$$= 3.14\times10^{-10}[\text{A}]$$

19. 이론 check **푸아송 및 라플라스 방정식**

전위 함수를 이용하여 체적 전하 밀도를 구하고자 할 때 사용하는 방정식으로 전위 경도와 가우스 정리의 미분형에 의해

$\text{div}\boldsymbol{E} = \nabla\cdot\boldsymbol{E} = \dfrac{\rho}{\varepsilon_0}$

여기에 전계의 세기 $\boldsymbol{E} = -\nabla V$이므로

$\nabla\cdot\boldsymbol{E} = \nabla\cdot(-\nabla V) = -\nabla^2 V$

$= -\dfrac{\rho}{\varepsilon_0}$

이것을 푸아송의 방정식이라 하며, $\rho = 0$일 때, 즉 $\nabla^2 V = 0$인 경우를 라플라스 방정식이라 한다.

19 전위 함수가 $V = x^2 + y^2$[V]인 자유 공간 내의 전하 밀도는 몇 [C/m³]인가?

출제빈도

① -12.5×10^{-12}
② -22.4×10^{-12}
③ -35.4×10^{-12}
④ -70.8×10^{-12}

해설 $\varepsilon_0 = 8.855\times10^{-12}$[F/m]이므로

$\therefore \rho = -4\varepsilon_0 = -4\times8.855\times10^{-12} = -35.4\times10^{-12}[\text{C/m}^3]$

정답 17.② 18.② 19.③

20 진공 중 1[C]의 전하에 대한 정의로 옳은 것은? (단, Q_1, Q_2는 전하이며, F는 작용력이다.)

출제빈도

① $Q_1 = Q_2$, 거리 1[m], 작용력 $F = 9 \times 10^9$[N]일 때이다.
② $Q_1 < Q_2$, 거리 1[m], 작용력 $F = 6 \times 10^4$[N]일 때이다.
③ $Q_1 = Q_2$, 거리 1[m], 작용력 $F = 1$[N]일 때이다.
④ $Q_1 > Q_2$, 거리 1[m], 작용력 $F = 1$[N]일 때이다.

해설 쿨롱의 법칙

$$F = \frac{Q_1 Q_2}{4\pi\varepsilon_0 r^2} = 9 \times 10^9 \frac{Q_1 Q_2}{r^2} \text{[N]}$$

$Q_1 = Q_2 = 1$[C]이고 $r = 1$[m]이면

$$\therefore\ F = 9 \times 10^9 \times \frac{1 \times 1}{1^2} = 9 \times 10^9 \text{[N]}$$

제 2 회 전기자기학

01 온도가 20[℃]일 때 저항률의 온도 계수가 가장 작은 금속은?

① 금 ② 철
③ 알루미늄 ④ 백금

해설 저항 온도 계수

- 정(+)저항 온도 계수
  - 온도가 상승하면 저항값이 증가하는 특성
  - 만국 표준 연동의 저항 온도 계수

$$\mathcal{L} = \frac{1}{234.5} \fallingdotseq 0.00427$$

- 부(−)저항 온도 계수 : 온도가 상승하면 저항값이 감소하는 특성으로 반도체, 절연체, 서미스터 등이 있다.

∴ 문제의 저항 온도 계수(20[℃])는 금 0.0034, 철 0.0050, 알루미늄 0.0042, 백금 0.0030으로 백금이 가장 적다.

02 두 자성체 경계면에서 정자계가 만족하는 것은?

① 자계의 법선 성분이 같다.
② 자속 밀도의 접선 성분이 같다.
③ 자속은 투자율이 작은 자성체에 모인다.
④ 양측 경계면상의 두 점 간의 자위차가 같다.

기출문제 관련 이론 바로보기

20. 이론 check 쿨롱의 법칙

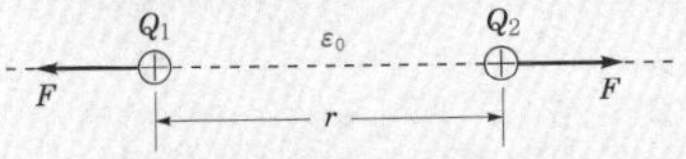

| 동종 전하이면 F는 반발력 |

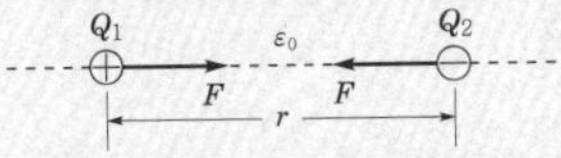

| 이종 전하이면 F는 흡인력 |

쿨롱(Coulomb)은 1785년에 특수 고안된 비틀림 저울을 사용하여 두 개의 작은 대전체 간에 작용하는 힘에 관해서 실험적으로 다음과 같은 법칙을 얻었다.

(1) 두 전하 사이에 작용하는 힘은 같은 종류의 전하 사이에는 반발력이 작용하고 다른 종류의 전하 사이에는 흡인력이 작용한다.
(2) 두 전하 사이에 작용하는 힘의 크기는 전하의 곱에 비례한다.
(3) 두 전하 사이에 작용하는 힘의 크기는 전하 사이의 거리의 제곱에 반비례한다.
(4) 두 전하 사이에 작용하는 힘의 방향은 두 개의 전하를 연결한 직선상에 존재한다.
(5) 두 전하 사이에 작용하는 힘은 두 전하가 존재하고 있는 매질에 따라 다르다.

이상을 결론으로 수식화하면

$$F \propto K \frac{Q_1 Q_2}{r^2} \text{[N]}$$

여기서, K : 주위의 매질에 따라 달라지는 비례 상수
Q_1, Q_2 : 두 전하

정답 20.① / 01.④ 02.④

기출문제 관련 이론 바로보기

해설
- 자계의 접선 성분이 같다.
  $H_1 \sin\theta_1 = H_2 \sin\theta_2$
- 자속 밀도의 법선 성분이 같다.
  $B_1 \cos\theta_1 = B_2 \cos\theta_2$
- 경계면상의 두 점 간의 자위차는 같다.
- 자속은 투자율이 높은 쪽으로 모이려는 성질이 있다.

03

100[mH]의 자기 인덕턴스를 갖는 코일에 10[A]의 전류를 통할 때 축적되는 에너지는 몇 [J]인가?

① 1　　② 5
③ 50　　④ 1,000

해설 자기 에너지

$$W=\frac{1}{2}LI^2=\frac{1}{2}\times 100\times 10^{-3}\times 10^2=5[\text{J}]$$

04

비유전율 ε_s에 대한 설명으로 옳은 것은?

출제빈도

① ε_s의 단위는 [C/m]이다.
② ε_s는 항상 1보다 작은 값이다.
③ ε_s는 유전체의 종류에 따라 다르다.
④ 진공의 비유전율은 0이고, 공기의 비유전율은 1이다.

해설
- 비유전율 $\varepsilon_s=\dfrac{C}{C_0}>1$이다.
  즉, 비유전율은 항상 1보다 큰 값이다.
- 비유전율은 유전체의 종류에 따라 다르다.
  산화티탄자기 115~5,000, 운모 5.5~6.6의 비유전율의 값을 갖는다.
- 진공의 비유전율은 1이고 공기의 비유전율도 약 1이 된다.

04. 이론 Check **유전체의 유전율과 비유전율**

(1) 진공인 경우의 정전 용량

$$C_0=\frac{Q}{V}$$

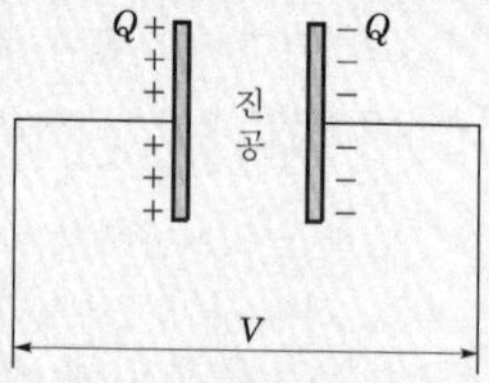

| 진공 |

(2) 절연물을 넣었을 경우의 정전 용량

$$C=\frac{Q+q}{V}$$

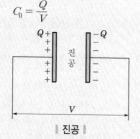

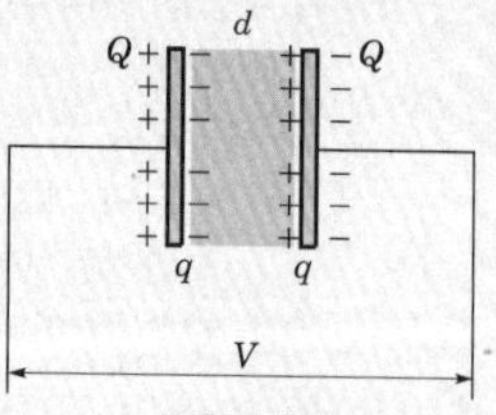

| 유전체 |

∴ $C>C_0$: 절연물을 넣을 경우의 정전 용량이 진공인 경우보다 크다.

비유전율 $\varepsilon_s=\varepsilon_r=\dfrac{C}{C_0}>1$

05

전자장에 대한 설명으로 틀린 것은?

① 대전된 입자에서 전기력선이 발산 또는 흡수한다.
② 전류(전하 이동)는 순환형이 자기장을 이루고 있다.
③ 자석은 독립적으로 존재하지 않는다.
④ 운동하는 전자는 자기장으로부터 힘을 받지 않는다.

해설 전계와 자계가 동시에 존재할 때 입자에 작용하는 힘은 전계에서의 힘 $F=qE$[N]
자계에서의 힘 $F=q(v\times B)$[N]이 작용한다.
∴ 로렌츠의 힘 $F=q(E+v\times B)$[N]
즉, 자계 내에 운동하는 전자는 로렌츠의 힘을 받는다.

정답 03.② 04.③ 05.④

06

10^{-5}[Wb]와 1.2×10^{-5}[Wb]의 점자극을 공기 중에서 2[cm] 거리에 놓았을 때 극 간에 작용하는 힘은 약 몇 [N]인가?

① 1.9×10^{-2}　② 1.9×10^{-3}
③ 3.8×10^{-2}　④ 3.8×10^{-3}

해설 $F=\dfrac{m_1m_2}{4\pi\mu_0r^2}=6.33\times10^4\dfrac{m_1m_2}{r^2}$[N]

$\therefore\ F=6.33\times10^4\dfrac{10^{-5}\times1.2\times10^{-5}}{2\times10^{-2}}=1.9\times10^{-2}$[N]

07

진공 중에서 1[μF]의 정전 용량을 갖는 구의 반지름은 몇 [km]인가?

① 0.9　② 9
③ 90　④ 900

해설 $C=4\pi\varepsilon_0a$[F]

$\therefore\ a=\dfrac{C}{4\pi\varepsilon_0}=9\times10^9\cdot C=9\times10^9\times1\times10^{-6}=9\times10^3$[m]$=9$[km]

08

그림과 같은 환상 철심에 A, B의 코일이 감겨있다. 전류 I가 120[A/s]로 변화할 때, 코일 A에 90[V], 코일 B에 40[V]의 기전력이 유도된 경우, 코일 A의 자기 인덕턴스 L_1[H]과 상호 인덕턴스 M[H]의 값은 얼마인가?

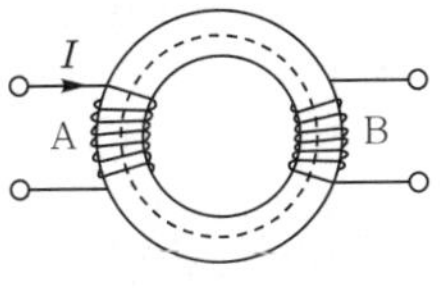

① $L_1=0.75,\ M=0.33$
② $L_1=1.25,\ M=0.7$
③ $L_1=1.75,\ M=0.9$
④ $L_1=1.95,\ M=1.1$

해설 $e_1=L_1\dfrac{dI_1}{dt}$

$\therefore\ L_1=\dfrac{e_1}{\frac{dI_1}{dt}}=\dfrac{90}{120}=0.75$[H]

$e_2=M\dfrac{dI_1}{dt}$

$\therefore\ M=\dfrac{e_2}{\frac{dI_1}{dt}}=\dfrac{40}{120}=0.33$[H]

정답 06.① 07.② 08.①

기출문제 관련 이론 바로보기

06. 이론 check **자계의 쿨롱의 법칙**

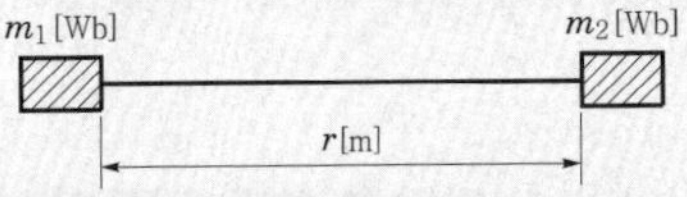

m_1, m_2 사이에 작용하는 힘은
(1) 자하량의 곱에 비례하고 떨어진 거리의 제곱에 반비례한다.
(2) 서로 다른 극끼리는 흡인력이 작용하고, 서로 같은 극끼리는 반발력이 작용한다.
(3) 힘의 방향은 두 자하의 일직선 상에 존재하고 매질에 따라 다르다.

이상의 관계에서

$F\propto K\dfrac{m_1m_2}{r^2}$

MKS 단위계는

$K=6.33\times10^4=\dfrac{1}{4\pi\mu_0}$

$\therefore\ F=\dfrac{1}{4\pi\mu_0}\dfrac{m_1m_2}{r^2}$

$=6.33\times10^4\dfrac{m_1m_2}{r^2}$[N]

같은 극끼리$\begin{pmatrix}\oplus\oplus\\ \ominus\ominus\end{pmatrix}$ $F>0$(반발력)

다른 극끼리$\begin{pmatrix}\oplus\ominus\\ \ominus\oplus\end{pmatrix}$ $F<0$(흡인력)

※ 진공의 투자율

$6.33\times10^4=\dfrac{1}{4\pi\mu_0}$

$\therefore\ \mu_0=\dfrac{1}{4\pi\times6.33\times10^4}$

$=4\pi\times10^{-7}$

$=12.56\times10^{-7}$[H/m]

기출문제 관련 이론 바로보기

09 표피 효과에 관한 설명으로 옳은 것은?

① 주파수가 낮을수록 침투 깊이는 작아진다.
② 전도도가 작을수록 침투 깊이는 작아진다.
③ 표피 효과는 전계 혹은 전류가 도체 내부로 들어갈수록 지수 함수적으로 적어지는 현상이다.
④ 도체 내부의 전계의 세기가 도체 표면의 전계 세기의 $\frac{1}{2}$까지 감쇠되는 도체 표면에서 거리를 표피 두께라 한다.

해설 표피 효과 침투 길이

$$\delta=\sqrt{\frac{2}{\omega\sigma\mu}}=\sqrt{\frac{1}{\pi f\sigma\mu}}\ [\mathrm{m}]$$

즉, 주파수 f, 도전율 σ, 투자율 μ가 클수록 δ가 작아지므로 표피 효과가 커진다.

10. 이론 check **정전 용량**

전하와 전위의 비율로 도체가 전하를 축적할 수 있는 능력

$Q=CV$ (여기서, C : 정전 용량)

$C=\frac{Q}{V}[\mathrm{C/V}]=[\mathrm{F}]$

독립 도체의 정전 용량

$C=\frac{Q}{V}$(전위)

두 도체 사이의 정전 용량

$C=\frac{Q}{V_{AB}}$(전위차)

10 각종 전기 기기에 접지하는 이유로 가장 옳은 것은?

출제빈도

① 편의상 대지는 전위가 영상 전위이기 때문이다.
② 대지는 습기가 있기 때문에 전류가 잘 흐르기 때문이다.
③ 영상 전하로 생각하여 땅속은 음(-) 전하이기 때문이다.
④ 지구의 정전 용량이 커서 전위가 거의 일정하기 때문이다.

해설 지구는 정전 용량이 크므로 많은 전하가 축적되어도 지구의 전위는 일정하다. 따라서, 모든 전기 장치를 접지시키고 대지를 실용상 영전위로 한다.

11. 이론 check **전류 밀도**

전계의 세기 $\boldsymbol{E}$와 반대 방향으로 이동하는 전자의 이동 속도 v는

$v\propto \boldsymbol{E} \Rightarrow v=\mu\boldsymbol{E}$

μ는 전자의 이동도를 나타낸다.

또한 전류 밀도는

$J=\frac{I}{S}[\mathrm{A/m^2}]$

$J=Qv$

$=\mathrm{ne}v=ne\mu\boldsymbol{E}$

$=k\boldsymbol{E}$

$=\frac{\boldsymbol{E}}{\rho}[\mathrm{A/m^2}]$

여기서, Q : 총 전기량

ne ; 총 전자의 개수

k : 도전율

ρ : 고유 저항률

11 대지 중의 두 전극 사이에 있는 어떤 점의 전계의 세기가 6[V/cm], 지면의 도전율이 10^{-4}[℧/cm]일 때 이 점의 전류 밀도는 몇 [A/cm²]인가?

출제빈도

① 6×10^{-4}　② 6×10^{-3}
③ 6×10^{-2}　④ 6×10^{-1}

해설 $i=k\boldsymbol{E}=10^{-4}\times6=6\times10^{-4}[\mathrm{A/cm^2}]$

12 간격 d[m]로 평행한 무한히 넓은 2개의 도체판에 각각 단위 면적마다 $+\sigma[\mathrm{C/m^2}]$, $-\sigma[\mathrm{C/m^2}]$의 전하가 대전되어 있을 때 두 도체 간의 전위차는 몇 [V]인가?

① 0　② ∞
③ $\frac{\sigma}{\varepsilon_0}d$　④ $\frac{\sigma}{2\varepsilon_0}d$

정답 09.③ 10.④ 11.① 12.③

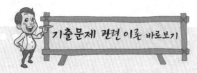

해설 $E=\dfrac{V}{d}$[V/m]

$\therefore\ V=E\cdot d=\dfrac{\sigma}{\varepsilon_0}d$[V]

13 대전 도체의 성질로 가장 알맞은 것은?

① 도체 내부에 정전 에너지가 저축된다.

② 도체 표면의 정전 응력은 $\dfrac{\sigma^2}{2\varepsilon_0}$[N/m²]이다.

③ 도체 표면의 전계의 세기는 $\dfrac{\sigma^2}{\varepsilon_0}$[V/m]이다.

④ 도체의 내부 전위와 도체 표면의 전위는 다르다.

해설
- 도체 내부에는 전기력선이 존재하지 않는다.
- 도체 표면의 전하 밀도가 σ[C/m²]이면 정전 응력 $f=\dfrac{\sigma^2}{2\varepsilon_0}$[N/m²]이다.
- 도체 표면의 전계의 세기 $E=\dfrac{\sigma}{\varepsilon_0}$[V/m]이다.
- 도체는 등전위이므로 내부나 표면이 등전위이다.

14 그림과 같이 도선에 전류 I[A]를 흘릴 때 도선의 바로 밑에 자침이 이 도선과 나란히 놓여 있다고 하면 자침의 N극의 회전력의 방향은?

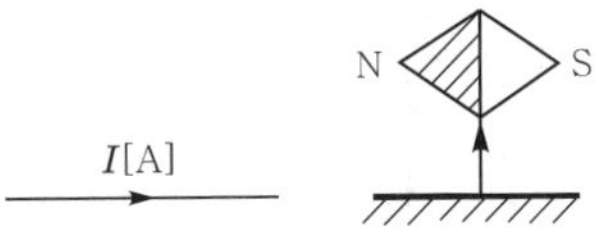

① 지면을 뚫고 나오는 방향이다.

② 지면을 뚫고 들어가는 방향이다.

③ 좌측에서 우측으로 향하는 방향이다.

④ 우측에서 좌측으로 향하는 방향이다.

해설 자침 N극 방향은 자기장의 방향과 일치하므로 지면 위에서 지면 아래로 향하는 방향으로 회전력이 작용한다.

15 영구 자석의 재료로 사용되는 철에 요구되는 사항으로 옳은 것은?

출제빈도

① 잔류 자속 밀도는 작고 보자력이 커야 한다.

② 잔류 자속 밀도와 보자력이 모두 커야 한다.

③ 잔류 자속 밀도는 크고 보자력이 작아야 한다.

④ 잔류 자속 밀도는 커야 하나, 보자력은 0이어야 한다.

해설 영구 자석 재료는 외부 자계에 대하여 잔류 자속이 쉽게 없어지면 안 되므로 잔류 자기(B_r)와 보자력(H_c)이 모두 커야 한다.

정답 13.② 14.② 15.②

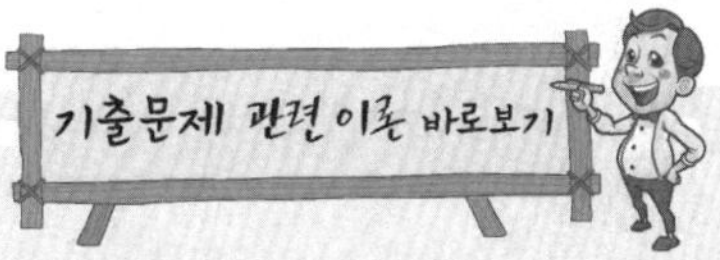

15. 이론 check 자성체의 특성 곡선

(1) $B-H$ 곡선

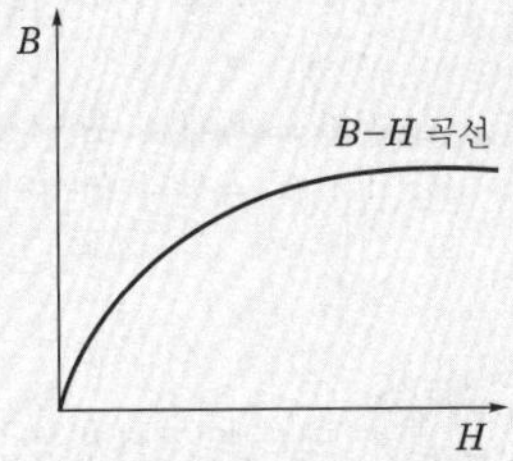

철과 같은 강자성체에 자계를 증가시키면 자화의 세기 J는 증가하나 어느 곳에 이르면 그 이상은 증가하지 않는다.

(2) 히스테리시스 곡선

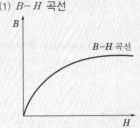

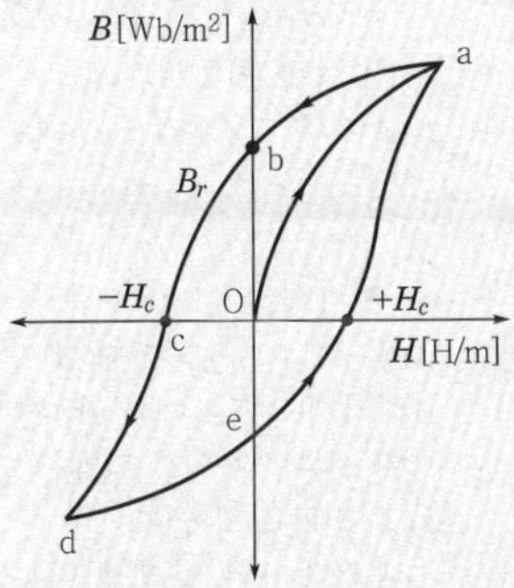

자성체에 정방향으로 외부 자계를 증가시키면 자성체 내에 자속 밀도는 0~a점까지 증가하다가 a점에서 포화 상태가 되어 더 이상 자속 밀도가 증가하지 않는다. 이때 외부 자계를 0으로 하면 자속 밀도는 b점이 된다. 또한 외부 자계의 방향을 반대로 하여 외부 자계를 상승하면 d점에서 자기 포화가 발생한다.
이 외부 자계를 0으로 하면 자속 밀도는 e점이 된다. e점에서 정방향으로 외부 자계를 인가하면 a점에서 자기 포화가 발생한다. 이와 같이 외부 자계의 변화에 따라 자속이 변화하는 특성 곡선을 히스테리시스 곡선이라 한다. 여기서, B_r는 잔류 자기, H_c는 잔류 자기를 제거할 수 있는 자화력으로 보자력이라 한다.

기출문제 관련 이론 바로보기

(3) 영구 자석 및 전자석의 재료 조건
① 영구 자석의 재료 조건 : 히스테리시스 곡선의 면적이 크고, 잔류 자기와 보자력이 모두 클 것
② 전자석의 재료 조건 : 히스테리시스 곡선의 면적이 작고, 잔류 자기는 크고 보자력은 작을 것

16. 이론 check 맥스웰의 전자 방정식

(1) 앙페르의 주회 적분 법칙

$$\oint H \cdot dl = I$$

$$\int_s \text{rot} H\, dS = \int_s i\, dS$$

$\text{rot}\, H = i$(앙페르의 주회 적분 법칙의 미분형)

$$\text{rot}\, H = \nabla \times H = J + J_d = \frac{i_c}{S} + \frac{\partial D}{\partial t}$$

여기서, J : 전도 전류 밀도
J_d : 변위 전류 밀도

따라서 전도 전류뿐만 아니라 변위 전류도 동일한 자계를 만든다.

(2) 패러데이의 법칙
패러데이의 법칙의 미분형은

$$\text{rot}\, E = \nabla \times E = -\frac{\partial B}{\partial t} = -\mu\frac{\partial H}{\partial t}$$

즉, 자속이 시간에 따라 변화하면 자속이 쇄교하여 그 주위에 역기전력이 발생한다.

(3) 가우스의 법칙
① 정전계 : 가우스 법칙의 미분형은 $\text{div}D = \nabla \cdot D = \rho$, 이 식의 물리적 의미는 전기력선은 정전하에서 출발하여 부전하에서 끝난다. 즉, 전기력선은 스스로 폐루프를 이룰 수 없다는 것을 의미한다.
② 정자계 : $\text{div}B = \nabla \cdot B = 0$, 이것에 대한 물리적 의미는 자기력선은 스스로 폐루프를 이루고 있다는 것을 의미하며, N극과 S극이 항상 공존한다는 것을 의미한다.

16

공간 도체 내에서 자속이 시간적으로 변할 때 성립되는 식은?

출제빈도

① $\text{rot}\boldsymbol{E} = \frac{\partial \boldsymbol{H}}{\partial t}$　② $\text{rot}\boldsymbol{E} = -\frac{\partial \boldsymbol{B}}{\partial t}$

③ $\text{div}\boldsymbol{E} = -\frac{\partial \boldsymbol{B}}{\partial t}$　④ $\text{div}\boldsymbol{E} = -\frac{\partial \boldsymbol{H}}{\partial t}$

해설 **맥스웰의 전자계 기초 방정식**

- $\text{rot}\boldsymbol{E} = \nabla \times \boldsymbol{E} = -\frac{\partial \boldsymbol{B}}{\partial t} = -\mu\frac{\partial \boldsymbol{H}}{\partial t}$(패러데이 전자 유도 법칙의 미분형)
- $\text{rot}\boldsymbol{H} = \nabla \times \boldsymbol{H} = i + \frac{\partial \boldsymbol{D}}{\partial t}$(앙페르 주회 적분 법칙의 미분형)
- $\text{div}\boldsymbol{D} = \nabla \cdot \boldsymbol{D} = \rho$(가우스 정리의 미분형)
- $\text{div}\boldsymbol{B} = \nabla \cdot \boldsymbol{B} = 0$(가우스 정리의 미분형)

17

점전하 Q[C]에 의한 무한 평면 도체의 영상 전하는?

① Q[C]보다 작다.
② Q[C]보다 크다.
③ $-Q$[C]과 같다.
④ 0

해설 무한 평면 도체는 전위가 0이므로 그 조건을 만족하는 영상 전하는 $-Q$[C]이고, 거리는 $+Q$[C]과 반대 방향으로 점전하 Q[C]과 무한 평면 도체와의 거리와 같다.

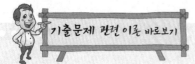

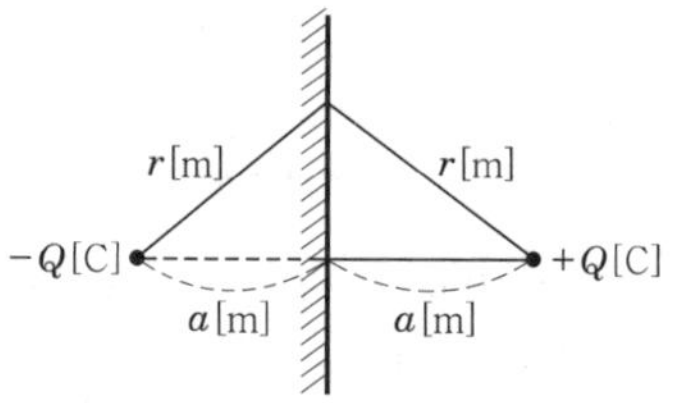

18

환상 솔레노이드 코일에 흐르는 전류가 2[A]일 때 자로의 자속이 1×10^{-2}[Wb]라고 한다. 코일의 권수를 500회라 할 때 이 코일의 자기 인덕턴스는 몇 [H]인가?

① 2.5
② 3.5
③ 4.5
④ 5.5

해설 $\phi = N\phi = LI$[Wb·T]

$$\therefore\ L = \frac{N\phi}{I} = \frac{500 \times 1 \times 10^{-2}}{2} = 2.5\text{[H]}$$

정답 16.② 17.③ 18.①

19 자속 밀도가 B인 곳에 전하 Q, 질량 m인 물체가 자속 밀도 방향과 수직으로 입사한다. 속도를 2배로 증가시키면, 원운동의 주기는 몇 배가 되는가?

① $\frac{1}{2}$ ② 1

③ 2 ④ 4

해설 $F=QvB=\frac{mv^2}{r}$ 에서

$\therefore\ QB=\frac{mv}{r}=\frac{mr\cdot\omega}{r}=m\cdot\omega=m\cdot 2\pi f$

$\because\ f=\frac{QB}{2\pi m}$

주기 $T=\frac{1}{f}=\frac{2\pi m}{QB}$ [s]

∴ 주기는 속도와 관계가 없다.

20 그림과 같이 영역 $y\le 0$은 완전 도체로 위치해 있고, 영역 $y\ge 0$은 완전 유전체로 위치해 있을 때, 만일 경계 무한 평면의 도체면상에 면전하 밀도 $\rho_s=2n$[C/m²]가 분포되어 있다면 P점 (−4, 1, −5)[m]의 전계의 세기[V/m]는?

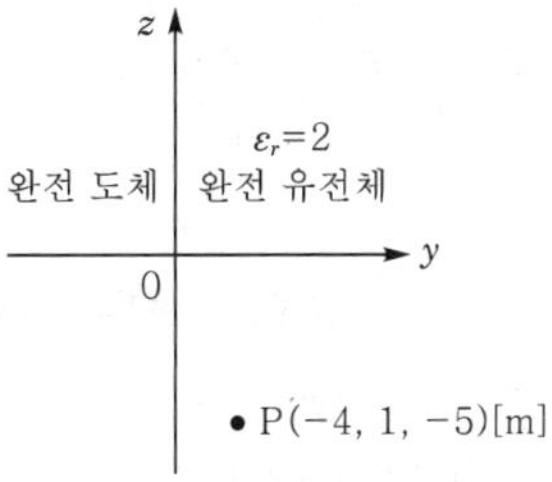

① $18\pi a_y$ ② $36\pi a_y$

③ $-54\pi a_y$ ④ $72\pi a_y$

해설 도체 표면의 전계의 세기

$$E=\frac{\rho_s}{\varepsilon}=\frac{\rho_s}{\varepsilon_0\cdot\varepsilon_r}=\frac{2\times10^{-9}}{\frac{1}{4\pi\times9\times10^9}\times2}=36\pi\,[\text{V/m}]$$

그림에서 전기력선은 도체 외부의 수직 방향인 유전체 내부로 진행하므로 a_y 방향이다.

$\therefore\ E=36\pi a_y$ [V/m]

기출문제 관련 이론 바로보기

19. 이론 check 전자의 원운동

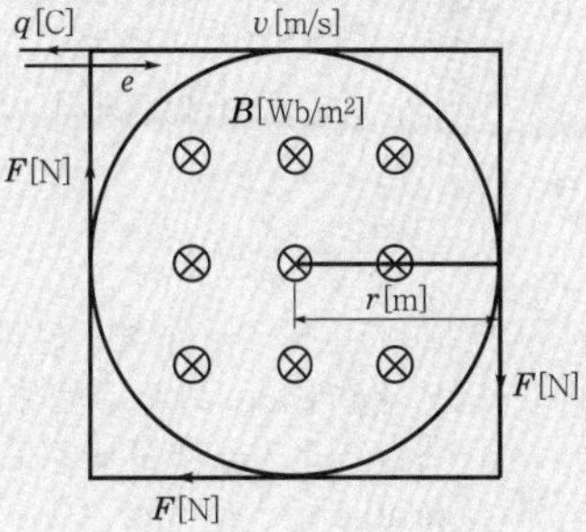

그 자계 내에 전자가 입사할 경우에는 로렌츠의 힘에 의해 원운동을 한다.

전자 e가 자속 밀도 B[Wb/m²]인 자계 내에 v[m/s]의 속도로 수직으로 입사시 전자는 로렌츠의 힘에 의해 $F=Bev\sin\theta$[N](수직 입사시 $\sin 90°=1$)이고 전자가 로렌츠의 힘에 의해 원운동을 계속할 조건은 $evB=\frac{mv^2}{r}$[N]이다. 따라서 전자의 회전 반경 r은

$r=\frac{mv}{Be}$[m]

각속도 $\omega=\frac{v}{r}=2\pi f=\frac{2\pi}{T}=\frac{Be}{m}$ [rad/s]

주기 $T=\frac{2\pi m}{Be}$ [s]

정답 19.② 20.②

기출문제 관련 이론 바로보기

02. 이론 check 벡터의 미분

벡터의 미분 연산에는 벡터 미분 연산자

$\nabla = i\frac{\partial}{\partial x} + j\frac{\partial}{\partial y} + k\frac{\partial}{\partial z}$

∇은 해밀톤 연산자라 하며 델(del) 또는 나블라(nabla)로 읽는다.

(1) 스칼라의 기울기(구배 경도, gradient)

$$\text{grad}\,\phi = \nabla \cdot \phi = \left(i\frac{\partial}{\partial x} + j\frac{\partial}{\partial y} + k\frac{\partial}{\partial z}\right)\cdot\phi = i\frac{\partial}{\partial x}\phi + j\frac{\partial}{\partial y}\phi + k\frac{\partial}{\partial z}\phi$$

여기서, grad는 gradient이며 gradϕ는 벡터량이다.

(2) 벡터의 발산(divergence)

$$\text{div}\boldsymbol{A} = \nabla\cdot\boldsymbol{A} = \left(i\frac{\partial}{\partial x} + j\frac{\partial}{\partial y} + k\frac{\partial}{\partial z}\right)\cdot(i\boldsymbol{A}_x + j\boldsymbol{A}_y + k\boldsymbol{A}_z) = \frac{\partial}{\partial x}\boldsymbol{A}_x + \frac{\partial}{\partial y}\boldsymbol{A}_y + \frac{\partial}{\partial z}\boldsymbol{A}_z$$

(3) 벡터의 회전(rotation, curl)

$$\text{rot}\,\boldsymbol{A} = \nabla\times\boldsymbol{A} = \begin{vmatrix} i & j & k \\ \frac{\partial}{\partial x} & \frac{\partial}{\partial y} & \frac{\partial}{\partial z} \\ \boldsymbol{A}_x & \boldsymbol{A}_y & \boldsymbol{A}_z \end{vmatrix}$$

$$= i\begin{vmatrix} \frac{\partial}{\partial y} & \frac{\partial}{\partial z} \\ \boldsymbol{A}_y & \boldsymbol{A}_z \end{vmatrix} - j\begin{vmatrix} \frac{\partial}{\partial x} & \frac{\partial}{\partial z} \\ \boldsymbol{A}_x & \boldsymbol{A}_z \end{vmatrix} + k\begin{vmatrix} \frac{\partial}{\partial x} & \frac{\partial}{\partial y} \\ \boldsymbol{A}_x & \boldsymbol{A}_y \end{vmatrix}$$

(4) 이중 미분(Laplacian, ∇^2)

$$\nabla^2 = \nabla\cdot\nabla = \left(i\frac{\partial}{\partial x} + j\frac{\partial}{\partial y} + k\frac{\partial}{\partial z}\right)\cdot\left(i\frac{\partial}{\partial x} + j\frac{\partial}{\partial y} + k\frac{\partial}{\partial z}\right) = \frac{\partial^2}{\partial x^2} + \frac{\partial^2}{\partial y^2} + \frac{\partial^2}{\partial z^2}$$

제 3 회 전기자기학

01 환상 철심에 감은 코일에 5[A]의 전류를 흘려 2,000[AT]의 기자력을 발생시키고자 한다면, 코일의 권수는 몇 회로로 하면 되는가?

① 100회 ② 200회
③ 300회 ④ 400회

해설 $F = NI$[AT]

$$\therefore N = \frac{F}{I} = \frac{2{,}000}{5} = 400\text{회}$$

02 (출제빈도) 다음 중 임의의 점의 전계가 $\boldsymbol{E} = \boldsymbol{E}_x i + \boldsymbol{E}_y j + \boldsymbol{E}_z k$로 표시되었을 때, $\frac{\partial \boldsymbol{E}_x}{\partial x} + \frac{\partial \boldsymbol{E}_y}{\partial y} + \frac{\partial \boldsymbol{E}_z}{\partial z}$와 같은 의미를 갖는 것은?

① $\nabla\times\boldsymbol{E}$ ② $\nabla^2\boldsymbol{E}$
③ $\nabla\cdot\boldsymbol{E}$ ④ grad$|\boldsymbol{E}|$

해설 div $= \nabla\cdot\boldsymbol{E}$

$$= \left(i\frac{\partial}{\partial x} + j\frac{\partial}{\partial y} + k\frac{\partial}{\partial z}\right)\cdot(i\boldsymbol{E}_x + j\boldsymbol{E}_y + k\boldsymbol{E}_z) = \frac{\partial \boldsymbol{E}_x}{\partial x} + \frac{\partial \boldsymbol{E}_y}{\partial y} + \frac{\partial \boldsymbol{E}_z}{\partial z}$$

03 도체의 저항에 관한 설명으로 옳은 것은?

① 도체의 단면적에 비례한다.
② 도체의 길이에 반비례한다.
③ 저항률이 클수록 저항은 적어진다.
④ 온도가 올라가면 저항값이 증가한다.

해설 전기 저항 $R = \rho\frac{l}{s}[\Omega] = \frac{l}{ks}[\Omega]$

즉, 전기 저항은 고유 저항과 길이에 비례하고 단면적에 반비례한다. 또한 전기 저항은 고유 저항에 비례하고 도전율(저항률)에 반비례한다.

04 x축상에서 x =1[m], 2[m], 3[m], 4[m]인 각 점에 2[nC], 4[nC], 6[nC], 8[nC]의 정전하가 존재할 때 이들에 의하여 전계 내에 저장되는 정전에너지는 몇 [nJ]인가?

① 483 ② 644
③ 725 ④ 966

정답 01.④ 02.③ 03.④ 04.④

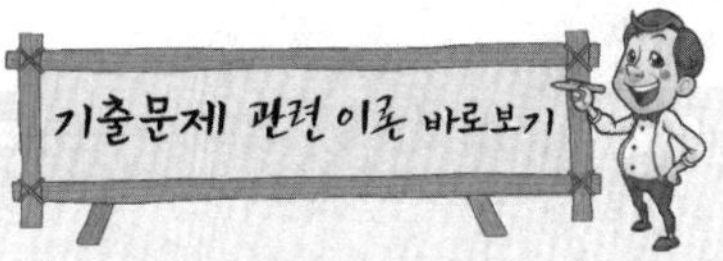

해설

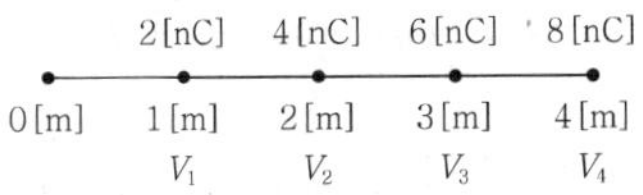

각 정점의 전압

$$V_1 = 9\times10^9 \times\left(\frac{4}{1}+\frac{6}{2}+\frac{8}{3}\right)\times10^{-9} = 87[\text{V}]$$

$$V_2 = 9\times10^9 \times\left(\frac{2}{1}+\frac{6}{1}+\frac{8}{2}\right)\times10^{-9} = 108[\text{V}]$$

$$V_3 = 9\times10^9 \times\left(\frac{2}{2}+\frac{4}{1}+\frac{8}{1}\right)\times10^{-9} = 117[\text{V}]$$

$$V_4 = 9\times10^9 \times\left(\frac{2}{3}+\frac{4}{2}+\frac{6}{1}\right)\times10^{-9} = 78[\text{V}]$$

∴ 정전 에너지

$$W = \frac{1}{2}(Q_1V_1+Q_2V_2+Q_3V_3+Q_4V_4)$$

$$= \frac{1}{2}(2\times87+4\times108+6\times117+8\times78)\times10^{-9} = 966[\text{nJ}]$$

05 진공 중에 10^{-10}[C]의 점전하가 있을 때 전하에서 2[m] 떨어진 점의 전계는 몇 [V/m]인가?

출제빈도

① 2.25×10^{-1}　② 4.50×10^{-1}
③ 2.25×10^{-2}　④ 4.50×10^{-2}

해설 $E = \dfrac{Q}{4\pi\varepsilon_0 r^2} = 9\times10^9\times\dfrac{Q}{r^2}$

$= 9\times10^9\times\dfrac{10^{-10}}{2^2} = 2.25\times10^{-1}$[V/m]

06 유전체 내의 전계 E와 분극의 세기 P의 관계식은?

출제빈도

① $P = \varepsilon_0(\varepsilon_s-1)E$　② $P = \varepsilon_s(\varepsilon_0-1)E$
③ $P = \varepsilon_0(\varepsilon_s+1)E$　④ $P = \varepsilon_s(\varepsilon_0+1)E$

해설 $D = \varepsilon_0 E + P$

∴ $P = D-\varepsilon_0 E = \varepsilon_0\varepsilon_s E - \varepsilon_0 E = \varepsilon_0(\varepsilon_s-1)E$ [C/m²]

07 일반적으로 도체를 관통하는 자속이 변화하든가 또는 자속과 도체가 상대적으로 운동하여 도체 내의 자속이 시간적 변화를 일으키면, 이 변화를 막기 위하여 도체 내에 국부적으로 형성되는 임의의 폐회로를 따라 전류가 유기되는데 이 전류를 무엇이라 하는가?

① 변위 전류　② 대칭 전류
③ 와전류　④ 도전 전류

정답 05.① 06.① 07.③

05. 이론 check 점전하에 의한 전계의 세기

$$\int_s E ds = \frac{Q}{\varepsilon_0}$$

가우스 폐곡면의 면적=구의 표면적=$4\pi r^2$

$$E\cdot 4\pi r^2 = \frac{Q}{\varepsilon_0}$$

$$\therefore E = \frac{Q}{4\pi\varepsilon_0 r^2} = 9\times10^9\frac{Q}{r^2}[\text{V/m}]$$

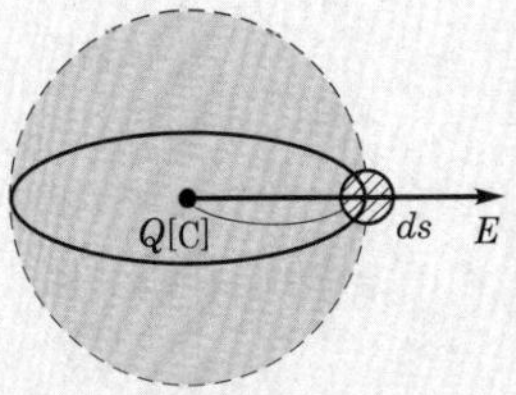

| 점전하 |

06. 이론 check 분극의 세기(P)

$D_0 = \varepsilon_0 E + P$

$P = D-\varepsilon_0 E = \varepsilon_0\varepsilon_s E-\varepsilon_0 E$

$= \varepsilon_0(\varepsilon_s-1)E = \chi_e E$ [C/m²]

여기서, χ(카이) : 분극률($\chi = \varepsilon_0(\varepsilon_s-1)$의 값을 갖는다.)

기출문제 관련 이론 바로보기

08. 이론 check **환상 코일에 감긴 2개 코일의 상호 인덕턴스**

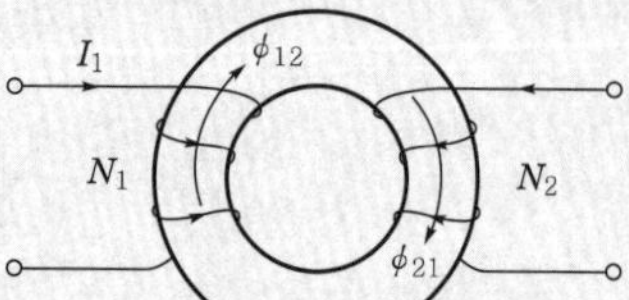

누설 자속은 없다고 본다면

$N_2\phi_{12} = M_{12}I_1$

$\therefore M_{12} = \dfrac{N_2\phi_{12}}{I_1}$

$= \dfrac{N_2}{I_1} \cdot \dfrac{N_1 I_1}{R_m}$

$= \dfrac{N_1 N_2}{R_m}$

$N_1\phi_{21} = M_{21}I_2$

$\therefore M_{21} = \dfrac{N_1\phi_{21}}{I_2}$

$= \dfrac{N_1}{I_2} \cdot \dfrac{N_2 I_2}{R_m}$

$= \dfrac{N_1 N_2}{R_m}$

∴ 상호 인덕턴스

$M = M_{12} = M_{21}$

$= \dfrac{N_1 N_2}{R_m} = \dfrac{N_1 N_2}{\dfrac{l}{\mu S}}$

$= \dfrac{\mu S N_1 N_2}{l}$ [H]

해설
- 변위 전류 : 전속 밀도의 시간적 변화에 의한 것으로 하전체에 의하지 않는 전류
- 와전류 : 자속이 시간 변동할 때 도체 내에 전압이 유기되는데 그 결과 생기는 전류

08

(출제빈도)

철심이 들어있는 환상 코일이 있다. 1차 코일의 권수 $N_1 = 100$회일 때 자기 인덕턴스는 0.01[H]였다. 이 철심에 2차 코일 $N_2 = 200$회를 감았을 때 1, 2차 코일의 상호 인덕턴스는 몇 [H]인가? (단, 이 경우 결합계수 $k = 1$로 한다.)

① 0.01　② 0.02
③ 0.03　④ 0.04

해설

$\therefore M = \dfrac{N_1 N_2}{R_m} = L_1 \dfrac{N_2}{N_1} = 0.01 \times \dfrac{200}{100} = 0.02$[H]

09

정전 용량 5[μF]인 콘덴서를 200[V]로 충전하여 자기 인덕턴스 20[mH], 저항 0[Ω]인 코일을 통해 방전할 때 생기는 전기 진동 주파수는 약 몇 [Hz]이며, 코일에 축적되는 에너지는 몇 [J]인가?

① 50[Hz], 1[J]　② 500[Hz], 0.1[J]
③ 500[Hz], 1[J]　④ 5,000[Hz], 0.1[J]

해설
- 전기 진동 주파수

$f = \dfrac{1}{2\pi\sqrt{LC}} = \dfrac{1}{2\pi\sqrt{20\times10^{-3}\times5\times10^{-6}}} \fallingdotseq 500$[Hz]

- 코일에 축적되는 에너지

$W = \dfrac{1}{2}CV^2 = \dfrac{1}{2}\times5\times10^{-6}\times200^2 = 0.1$[J]

10

내압과 용량이 각각 200[V] 5[μF], 300[V] 4[μF], 400[V] 3[μF], 500[V] 3[μF]인 4개의 콘덴서를 직렬 연결하고 양단에 직류 전압을 가하여 전압을 서서히 상승시키면 최초로 파괴되는 콘덴서는? (단, 콘덴서의 재질이나 형태는 동일하다.)

① 200[V] 5[μF]　② 300[V] 4[μF]
③ 400[V] 3[μF]　④ 500[V] 3[μF]

해설 **각 콘덴서의 전하량**

$Q_1 = C_1 V_1 = 5\times10^{-6}\times200 = 1\times10^{-3}$[C]

$Q_2 = C_2 V_2 = 4\times10^{-6}\times300 = 1.2\times10^{-3}$[C]

$Q_3 = C_3 V_3 = 3\times10^{-6}\times400 = 1.2\times10^{-3}$[C]

$Q_4 = C_4 V_4 = 3\times10^{-6}\times500 = 1.5\times10^{-3}$[C]

전하량이 제일 적은 것이 최초로 파괴된다.

$Q_4 > Q_3 = Q_2 > Q_1$

∴ 200[V] 5[μF]의 콘덴서가 최초로 파괴된다.

정답 08.② 09.② 10.①

11 무한히 넓은 2개의 평행 도체판의 간격이 d[m]이며 그 전위차는 V[V]이다. 도체판의 단위 면적에 작용하는 힘은 몇 [N/m²]인가? (단, 유전율은 ε_0이다.)

① $\varepsilon_0\left(\frac{V}{d}\right)^2$　② $\frac{1}{2}\varepsilon_0\left(\frac{V}{d}\right)^2$

③ $\frac{1}{2}\varepsilon_0\left(\frac{V}{d}\right)$　④ $\varepsilon_0\left(\frac{V}{d}\right)$

해설 $f=\frac{\sigma^2}{2\varepsilon_0}=\frac{1}{2}\varepsilon_0 \boldsymbol{E}^2=\frac{1}{2}\varepsilon_0\left(\frac{V}{d}\right)^2$[N/m²]

12 내경 a[m], 외경 b[m]인 동심구 콘덴서의 내구를 접지했을 때의 정전 용량은 몇 [F]인가?

출제빈도

① $4\pi\varepsilon_0\frac{b^2}{b-a}$　② $4\pi\varepsilon_0\frac{a^2}{b-a}$

③ $4\pi\varepsilon_0\frac{ab}{b-a}$　④ $4\pi\varepsilon_0\frac{b-a}{ab}$

해설 동심구 사이의 정전 용량

$$C=\frac{Q}{V}=\frac{Q}{\frac{Q}{4\pi\varepsilon_0}\left(\frac{1}{a}-\frac{1}{b}\right)}=\frac{4\pi\varepsilon_0}{\frac{1}{a}-\frac{1}{b}}=\frac{4\pi\varepsilon_0 ab}{b-a}\text{[F]}$$

내구가 접지된 동심구의 정전 용량

$$C=\frac{4\pi\varepsilon_0 b^2}{b-a}\text{[F]}$$

13 직류 500[V] 절연 저항계로 절연 저항을 측정하니 2[MΩ]이 되었다면 누설 전류[μA]는?

① 25　② 250

③ 1,000　④ 1,250

해설 누설 전류

$$I_g=\frac{V}{R_g}=\frac{500}{2\times10^6}=250\times10^{-6}\text{[A]}=250[\mu\text{A}]$$

14 평등 자계 내에 놓여 있는 전류가 흐르는 직선 도선이 받는 힘에 대한 설명으로 틀린 것은?

① 힘은 전류에 비례한다.

② 힘은 자장의 세기에 비례한다.

③ 힘은 도선의 길이에 반비례한다.

④ 힘은 전류의 방향과 자장의 방향과의 사이각의 정현에 관계된다.

정답 11.② 12.① 13.② 14.③

기출문제 관련 이론 바로보기

12. 이론 check 정전 용량

(1) 정전 용량

전하와 전위의 비율로 도체가 전하를 축적할 수 있는 능력

$Q=CV$(여기서, C : 정전 용량)

$C=\frac{Q}{V}$[C/V]=[F]

독립 도체의 정전 용량

$C=\frac{Q}{V}$(전위)

두 도체 사이의 정전 용량

$C=\frac{Q}{V_{AB}}$(전위차)

(2) 동심구 사이의 정전 용량

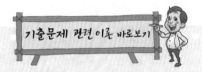

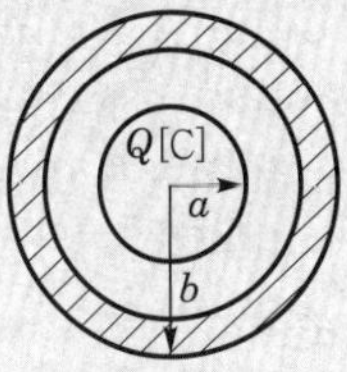

| 동심구 |

$$V=-\int_b^a \boldsymbol{E}\cdot dr=\frac{Q}{4\pi\varepsilon_0}\left(\frac{1}{a}-\frac{1}{b}\right)\text{[V]}$$

$$C=\frac{Q}{\frac{Q}{4\pi\varepsilon_0}\left(\frac{1}{a}-\frac{1}{b}\right)}=\frac{4\pi\varepsilon_0}{\frac{1}{a}-\frac{1}{b}}=\frac{4\pi\varepsilon_0 ab}{b-a}\text{[F]}$$

해설 평등 자계 H[AT/m] 중에 길이 l[m]의 직선 전류 도선이 있을 때, 이에 작용하는 힘은

$F = IlB\sin\theta = \mu_0 HIl\sin\theta$ [N] $\propto l$

즉, 도선의 길이에 비례한다.

15 그림과 같이 진공 중에 자극 면적이 2[cm^2], 간격이 0.1[cm]인 자성체 내에서 포화 자속 밀도가 2[Wb/m^2]일 때 두 자극면 사이에 작용하는 힘의 크기는 약 몇 [N]인가?

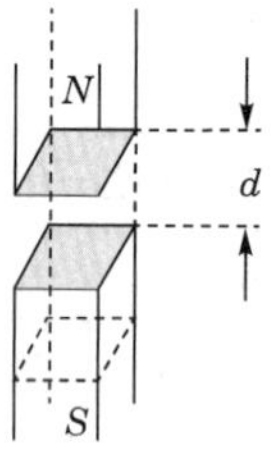

① 53 ② 106
③ 159 ④ 318

해설 $\therefore F = \dfrac{B^2}{2\mu_0}S = \dfrac{2^2 \times 2 \times 10^{-4}}{2 \times 4\pi \times 10^{-7}} = 318.47$[N]

16 지름이 2[m]인 구도체의 표면 전계가 5[kV/mm]일 때 이 구도체의 표면에서의 전위는 몇 [kV]인가?

① 1×10^3 ② 2×10^3
③ 5×10^3 ④ 1×10^4

해설 $E = \dfrac{V}{r}$[V/m]

$V = E \cdot r = 5 \times 10^3 \times 10^3 \times \dfrac{2}{2} = 5 \times 10^6$[V]

$= 5 \times 10^3$[kV]

17 (출제빈도) 전류가 흐르고 있는 무한 직선 도체로부터 2[m]만큼 떨어진 자유 공간 내 P점의 자계의 세기가 $\dfrac{4}{\pi}$[AT/m]일 때, 이 도체에 흐르는 전류는 몇 [A]인가?

① 2 ② 4
③ 8 ④ 16

해설 $H = \dfrac{I}{2\pi r}$[AT/m]

$\therefore I = 2\pi r \cdot H = 2\pi \times 2 \times \dfrac{4}{\pi} = 16$[A]

정답 15.④ 16.③ 17.④

기출문제 관련 이론 바로보기

17. 이론 check **무한장 원통 전류에 의한 자계의 세기**

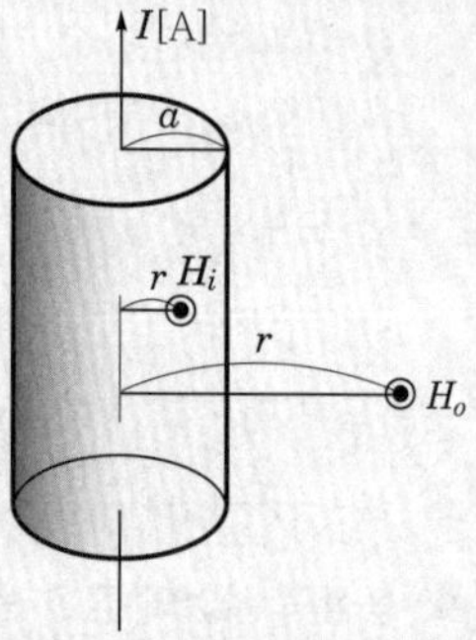

(1) 외부 자계의 세기($r > a$)
반지름이 a[m]인 원통 도체에 전류 I가 흐를 때 이 원통으로부터 r[m] 떨어진 점의 자계의 세기

$H_o = \dfrac{I}{2\pi r}$

즉, r에 반비례한다.

(2) 내부 자계의 세기($r < a$)
원통 내부에 전류 I가 균일하게 흐른다면 원통 내부의 자계의 세기

$H_i = \dfrac{I'}{2\pi r}$

이때, 내부 전류 I'는 원통의 체적에 비례하여 흐르므로

$I : I' = \pi a^2 l : \pi r^2 l$

$\Rightarrow I' = \dfrac{r^2}{a^2} I$[A]

$H_i = \dfrac{\frac{r^2}{a^2} I}{2\pi r} = \dfrac{rI}{2\pi a^2}$ [AT/m]

18 다음 내용은 어떤 법칙을 설명한 것인가?

출제빈도

> 유도 기전력의 크기는 코일 속을 쇄교하는 자속의 시간적 변화율에 비례한다.

① 쿨롱의 법칙　② 가우스의 법칙
③ 맥스웰의 법칙　④ 패러데이의 법칙

해설 **패러데이 법칙**

전자 유도에서 회로에 발생하는 기전력 e[V]는 쇄교 자속 ϕ[Wb]가 시간적으로 변화하는 비율과 같다.

$$e = -\frac{d\phi}{dt}\,[\text{V}]$$

19 공기 콘덴서의 극판 사이에 비유전율 ε_s의 유전체를 채운 경우, 동일 전위차에 대한 극판 간의 전하량은?

출제빈도

① $\frac{1}{\varepsilon_s}$로 감소　② ε_s배로 증가
③ $\pi\varepsilon_s$배로 증가　④ 불변

해설 전하량 $Q = CV$[C]

$$C = \frac{\varepsilon S}{d} = \frac{\varepsilon_0 \varepsilon_s S}{d}\,[\text{F}]$$

$$\therefore\ Q = \frac{\varepsilon_0 \varepsilon_s S}{d} \cdot V\,[\text{C}]$$

즉, 전하량은 비유전율(ε_s)에 비례한다.

20 유전체 중을 흐르는 전도 전류 i_c와 변위 전류 i_d를 갖게 하는 주파수를 임계 주파수를 f_c, 임의의 주파수를 f라 할 때 유전 손실 $\tan\delta$는?

① $\frac{f_c}{2f}$　② $\frac{f}{2f_c}$
③ $\frac{f_c}{f}$　④ $\frac{f}{f_c}$

해설 i_d, i_c의 벡터도에서

$|i_d| = |i_c|$일 때의 주파수를 f_c라 하면

$$\frac{kSV_m}{l} = \frac{2\pi f_c\, \varepsilon S V_m}{l}$$

$$\therefore\ f_c = \frac{k}{2\pi\varepsilon}\,[\text{Hz}]$$

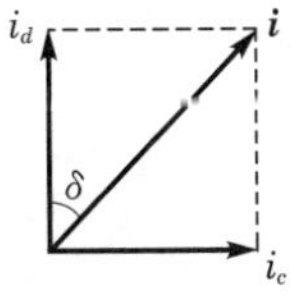

따라서 $\tan\delta = \frac{|i_c|}{|i_d|} = \frac{k}{\omega\varepsilon} = \frac{k}{2\pi f\varepsilon} = \frac{f_c}{f}$

정답 18.④ 19.② 20.③

기출문제 관련 이론 바로보기

18. Tip 패러데이(Faraday) 법칙

유도 기전력은 쇄교 자속의 변화를 방해하는 방향으로 생기며, 그 크기는 쇄교 자속의 시간적인 변화율과 같다.

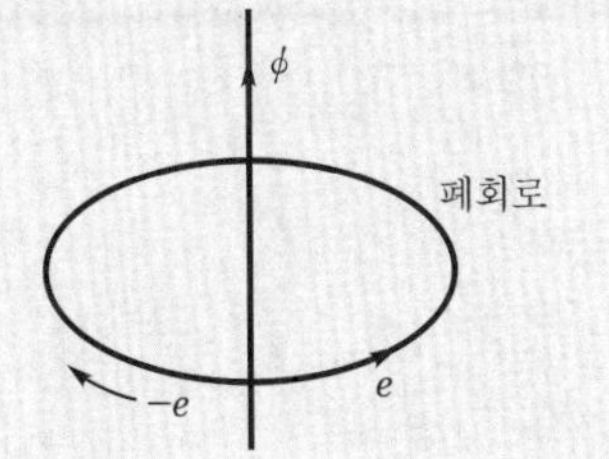

폐회로와 쇄교하는 자속을 ϕ[Wb]로 하고 이것과 오른 나사의 관계에 있는 방향의 기전력을 정(+)이라 약속하면 유도 기전력 e는 다음과 같다.

$$e = -\frac{d\phi}{dt}\,[\text{V}]$$

여기서, 우변의 (−)부호는 유도 기전력 e의 방향을 표시하는 것이고 자속이 감소할 때에 정(+)의 방향으로 유도 전기력이 생긴다는 것을 의미한다.

19. 이론 check 진공과 유전체의 제법칙

진공시	유전체	관 계
$F_0 = \frac{Q_1 Q_2}{4\pi\varepsilon_0 r^2}$	$F = \frac{Q_1 Q_2}{4\pi\varepsilon_0\varepsilon_s r^2}$	$\frac{1}{\varepsilon_s}$배 감소
$E_0 = \frac{Q}{4\pi\varepsilon_0 r^2}$	$E = \frac{Q}{4\pi\varepsilon_0\varepsilon_s r^2}$	$\frac{1}{\varepsilon_s}$배 감소
$V_0 = \frac{Q}{4\pi\varepsilon_0 r}$	$V = \frac{Q}{4\pi\varepsilon_0\varepsilon_s r}$	$\frac{1}{\varepsilon_s}$배 감소
(Q 일정) $W_0 = \frac{Q^2}{2C_0}$	$W_0 = \frac{Q^2}{2\varepsilon_s C_0}$	$\frac{1}{\varepsilon_s}$배 감소
(V 일정) $W_0 = \frac{1}{2}C_0 V^2$	$W_0 = \frac{1}{2}\varepsilon_s C_0 V^2$	ε_s배 감소

memo

PART

02

전력공학

과년도 출제문제

Industrial Engineer Electricity

2011년 과년도 출제문제

기출문제 관련 이론 바로보기

01. 이론 check 정전 용량

(1) 작용 정전 용량

① 단도체

$$C=\frac{1}{2\left(\log_e\frac{D}{r}\right)\times 9\times 10^9}\,[\text{F/m}]$$

$$=\frac{0.02413}{\log_{10}\frac{D}{r}}\,[\mu\text{F/km}]$$

② 다도체

$$C=\frac{0.02413}{\log_{10}\frac{D}{r'}}$$

$$=\frac{0.02413}{\log_{10}\frac{D}{\sqrt[n]{r s^{n-1}}}}\,[\mu\text{F/km}]$$

(2) 1선당 작용 정전 용량

① 단상 2선식

$C_2=C_s+2C_m$

여기서, C_s : 대지 정전 용량

C_m : 선간 정전 용량

② 3상 3선식 1회선

$C_3=C_s+3C_m$

여기서, C_s : 대지 정전 용량

C_m : 선간 정전 용량

제1회 전력공학

01 선간 거리가 $2D$[m]이고 선로 도선의 지름이 d[m]인 선로의 정전 용량은 몇 [μF/km]인가?

출제빈도

① $\dfrac{0.02413}{\log_{10}\frac{4D}{d}}$ ② $\dfrac{0.02413}{\log_{10}\frac{2D}{d}}$

③ $\dfrac{0.02413}{\log_{10}\frac{D}{d}}$ ④ $\dfrac{0.2413}{\log_{10}\frac{4D}{d}}$

해설 선간 거리가 $2D$이고, 도체 지름이 d이므로 반지름은 $\frac{d}{2}$이다.

$\log_{10}\frac{D}{r} \Rightarrow \log_{10}\frac{2D}{\frac{d}{2}}=\log_{10}\frac{4D}{d}$이므로 $C=\dfrac{0.02413}{\log_{10}\frac{4D}{d}}$이다.

02 저수지의 이용 수심이 클 때 사용하면 유리한 조압 수조는?

① 차동 조압 수조 ② 단동 조압 수조

③ 수실 조압 수조 ④ 제수공 조압 수조

해설 저수지 이용 수심이 크면 수실 조압 수조를 적용한다.

03 자가용 변전소의 1차측 차단기의 용량을 결정할 때, 가장 밀접한 관계가 있는 것은?

① 부하 설비 용량

② 공급측의 전기 설비 용량

③ 부하의 부하율

④ 수전 계약 용량

해설 차단기 용량의 결정은 전원측의 단락 용량 크기로 결정되므로 1차측 차단기의 용량은 공급측 설비의 최대 용량(단락 용량)을 기준으로 한다.

정답 01.① 02.③ 03.②

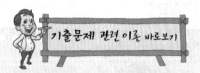

04 철탑의 탑각 접지 저항이 커지면 가장 크게 우려되는 문제점은?

① 역섬락 발생　　② 코로나 증가
③ 정전 유도　　④ 차폐각 증가

해설 가공 지선에 낙뢰가 내습하여 피뢰 작용을 할 때 철탑의 탑각 접지 저항이 크게 되면 철탑의 전위 상승으로 역섬락이 발생한다. 이 역섬락 발생을 방지하려면 철탑의 탑각 접지 저항을 저감시키기 위해 매설 지선을 사용한다.

05 직접 접지 방식에 대한 설명 중 옳지 않은 것은?

출제빈도

① 이상 전압 발생의 우려가 거의 없다.
② 계통의 절연 수준이 낮아지므로 경제적이다.
③ 변압기의 단절연이 가능하다.
④ 보호 계전기가 신속히 동작하므로 과도 안정도가 좋다.

해설 중성점 직접 접지 방식은 지락 전류가 최대로 되므로 보호 계전기의 동작은 신속하게 작동하지만, 충격이 크게 되어 과도 안정도가 나쁘다.

06 그림과 같은 열사이클의 명칭은?

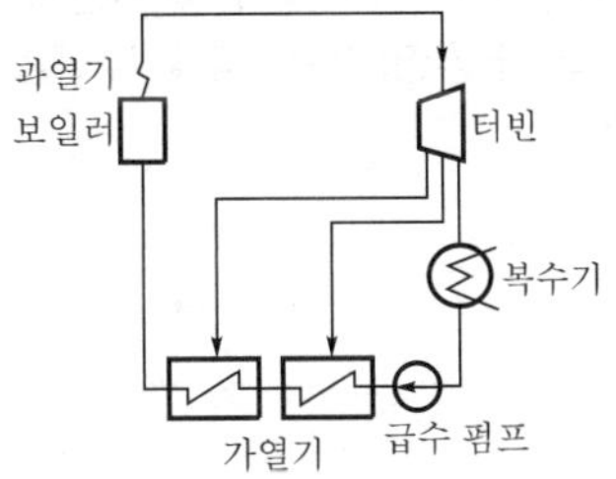

① 랭킨 사이클　　② 재생 사이클
③ 재열 사이클　　④ 재생·재열 사이클

해설 터빈 도중에서 증기를 추기하여 급수를 가열하므로 재생 사이클이다.

07 저항 10[Ω], 리액턴스 15[Ω]인 3상 송전 선로가 있다. 수전단 전압 60[kV], 부하 역률 0.8(lag), 전류 100[A]라 한다. 이때 송전단 전압은?

① 약 33[kV]　　② 약 42[kV]
③ 약 58[kV]　　④ 약 63[kV]

해설 송전단 전압 $E_s = E_r + \sqrt{3}I(R\cos\theta + X\sin\theta)$

$= 60 + \sqrt{3} \times 100(10 \times 0.8 + 15 \times 0.6) \times 10^{-3}$

$= 62.9[\text{kV}]$

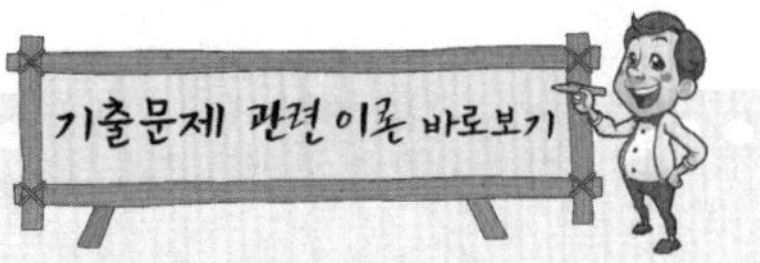

05. 이론 check **직접 접지 방식의 특징**

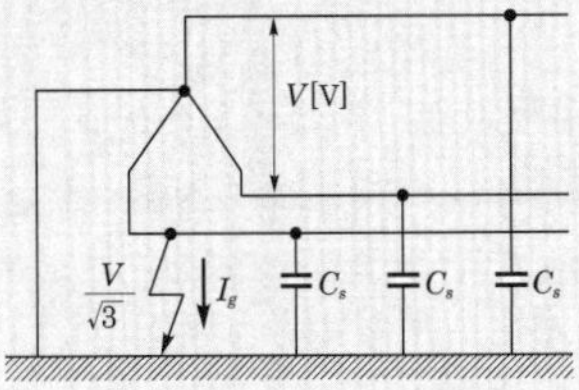

‖ 직접 접지 방식 ‖

(1) 조건
$R_0 \leq X_1$, $X_0 \leq 3X_1$가 되어야 하며, 1선 지락 사고시 건전상의 전위 상승을 1.3배 이하가 되도록 중성점 접지 저항으로 접지하는 것. 여기서, R_0 : 영상 저항, X_0 : 영상 리액턴스, X_1 : 정상 리액턴스를 말한다. 이 계통은 충전 전류는 대단히 작아져 건전상의 전위를 거의 상승시키지 않고 중성점을 통해서 큰 전류가 흐른다.

(2) 장점
① 1선 지락, 단선 사고시 전압 상승이 거의 없어 기기의 절연 레벨 저하
② 피뢰기 책무가 경감되고, 피뢰기 효과 증가
③ 중성점은 거의 영전위 유지로 단절연 변압기 사용 가능
④ 보호 계전기의 신속 확실한 동작

(3) 단점
① 지락 고장 전류가 저역률, 대전류이므로 과도 안정도가 나쁘다.
② 통신선에 대한 유도 장해가 크다.
③ 지락 전류가 커서 기기의 기계적 충격에 의한 손상, 고장점에서 애자 파손, 전선 용단 등의 고장이 우려된다.
④ 직접 접지식에서는 차단기가 큰 고장 전류를 자주 차단하게 되어 대용량의 차단기가 필요하다.

(4) 직접 접지 방식은 154[kV], 345[kV] 등의 고전압에 사용한다.

정답 04.① 05.④ 06.② 07.④

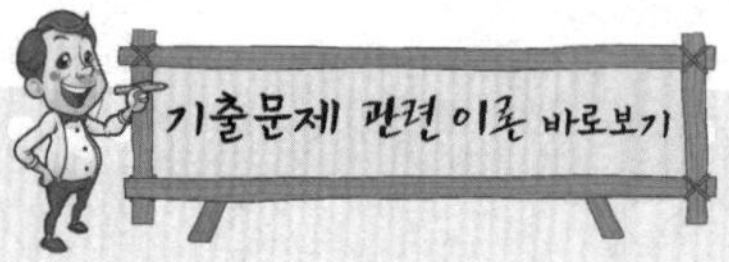

08

배전 선로의 전기 방식 중 전선의 중량(전선 비용)이 가장 적게 소요되는 전기 방식은? (단, 배전 전압, 거리, 전력 및 선로 손실 등은 같다고 한다.)

① 단상 2선식　② 단상 3선식
③ 3상 3선식　④ 3상 4선식

해설 **전선의 중량비**
단상 2선식 : 100[%], 단상 3선식 : 37.5[%], 3상 3선식 : 75[%], 3상 4선식 : 33.3[%]

09

출제빈도

연가를 하는 주된 목적으로 옳은 것은?

① 선로 정수의 평형
② 유도뢰의 방지
③ 계전기의 확실한 동작 확보
④ 전선의 절약

해설 연가의 목적은 선로 정수를 평형시켜 통신선에 대한 유도 장해를 경감시킨다.

09. 이론 check **연가**

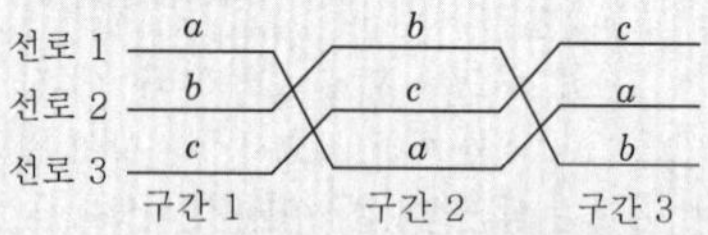

3상 선로에서 각 전선의 지표상 높이가 같고, 전선 간의 거리도 같게 배열되지 않는 한 각 선의 인덕턴스, 정전 용량 등은 불평형으로 되는데, 실제로 전선을 완전 평형이 되도록 배열하는 것은 불가능에 가깝다. 따라서 그대로는 송전단에서 대칭 전압을 가하더라도 수전단에서는 전압이 비대칭으로 된다. 이것을 막기 위해 송전선에서는 전선의 배치를 도중의 개폐소, 연가용 철탑 등에서 교차시켜 선로 정수가 평형이 되도록 하고 있다. 완전 연가가 되면 각 상전선의 인덕턴스 및 정전 용량은 평형이 되어 같아질 뿐 아니라 영상 전류는 0이 되어 근접 통신선에 대한 유도 작용을 경감시킬 수가 있다.

10

전압 3,300/105-0-105[V]의 단상 3선식 변압기에 60[A], 60[%] 및 50[A], 80[%]의 불평형, 늦은 역률 부하를 걸었을 때 총 유효 전력은 몇 [kW]인가?

① 5　② 8
③ 11　④ 14

해설 $P=(105\times60\times0.6+105\times50\times0.8)\times10^{-3}=7.98[\text{kW}]\fallingdotseq8[\text{kW}]$

11

발전소 원동기로 이용되는 가스 터빈의 특징을 증기 터빈과 내연 기관에 비교하였을 때 옳은 것은?

① 평균 효율이 증기 터빈에 비하여 대단히 낮다.
② 기동 시간이 짧고 조작이 간단하므로 첨두 부하 발전에 적당하다.
③ 냉각수가 비교적 많이 든다.
④ 설비가 복잡하며, 건설비 및 유지비가 많고 보수가 어렵다.

해설 **가스 터빈의 특징**
- 증기 터빈보다 효율이 좋다.
- 기동 시간이 짧고 조작이 간단하다.
- 첨두 부하 발전에 적합하다.
- 냉각수가 비교적 적게 든다.
- 설비가 비교적 간단하여 건설비 및 유지비가 적게 든다.

정답 08.④ 09.① 10.② 11.②

12 차단기의 정격 차단 시간의 표준[Hz]이 아닌 것은?

① 3　　② 5
③ 8　　④ 10

해설 차단기의 정격 차단 시간은 트립 코일이 여자할 때부터 가동 접점이 열려 정격 전압을 회복할 때까지의 시간으로 3~8[Hz]를 표준으로 한다.

13 200[V], 10[kVA]인 3상 유도 전동기가 있다. 어느 날의 부하 실적은 1일의 사용 전력량 72[kWh], 1일의 최대 전력이 9[kW], 최대 부하일 때의 전류가 35[A]이었다. 1일의 부하율과 최대 공급 전력일 때의 역률은 몇 [%]인가?

① 부하율 : 31.3, 역률 : 74.2
② 부하율 : 33.3, 역률 : 74.2
③ 부하율 : 31.3, 역률 : 82.5
④ 부하율 : 33.3, 역률 : 82.5

해설

부하율 $\dfrac{\frac{72}{24}}{9}\times 100[\%]=33.3[\%]$

역률 $\cos\theta=\dfrac{P}{\sqrt{3}\,VI}=\dfrac{9\times 10^3}{\sqrt{3}\times 200\times 35}\times 100[\%]=74.2[\%]$

14 가공 송전선에 사용되는 애자 1연 중 전압 부담이 최대인 애자는?

출제빈도

① 철탑에 제일 가까운 애자
② 전선에 제일 가까운 애자
③ 중앙에 있는 애자
④ 철탑과 애자련 중앙의 그 중간에 있는 애자

해설 현수 애자의 전압 분담은 철탑에서 $\frac{1}{3}$ 지점이 가장 적고, 전선에서 제일 가까운 것이 가장 크다.

15 소호각(arcing horn)의 사용 목적은?

① 클램프의 보호
② 전선의 진동 방지
③ 애자의 보호
④ 이상 전압의 발생 방지

해설 소호각(arcing horn), 초호각 등의 사용 목적은 현수 애자의 전압 분담을 균등화시키고, 뇌섬락으로부터 애자를 보호한다.

정답 12.④ 13.② 14.② 15.③

기출문제 관련 이론 바로보기

14. 이론 check **애자련의 효율(연능률)**

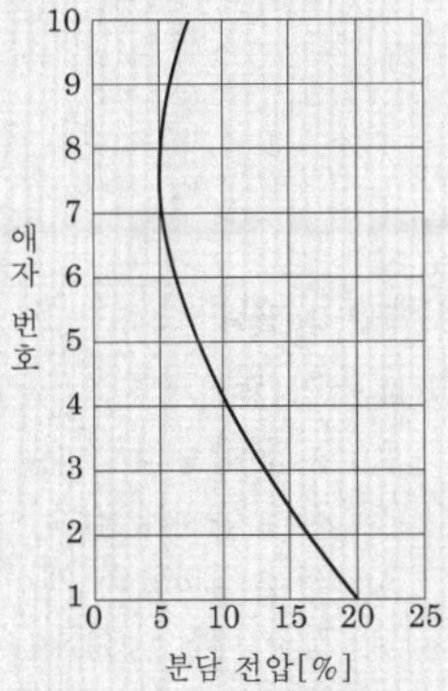

(1) 각 애자의 전압 분담이 다르므로 애자의 수를 늘렸다고 해서 그 개수에 비례하여 애자련의 절연 내력이 증가하지 않는다.

(2) 철탑에서 $\frac{1}{3}$ 지점이 가장 적고, 전선에서 제일 가까운 것이 가장 크다.

(3) 애자의 연능률(string efficiency)

$$\eta=\frac{V_n}{nV_1}\times 100[\%]$$

여기서,
V_n : 애자련의 섬락 전압[kV]
V_1 : 현수 애자 1개의 섬락 전압[kV]
n : 1연의 애자 개수

기출문제 관련 이론 바로보기

16 다음 설명 중 옳지 않은 것은?

① 직류 송전에서는 무효 전력을 보낼 수 없다.
② 선로의 정상 및 역상 임피던스는 같다.
③ 계통을 연계하면 통신선에 대한 유도 장해가 감소된다.
④ 장간 애자는 2련 또는 3련으로 사용할 수 있다.

해설 통신선의 유도 장해는 영상 전류 또는 영상 전압에 의하여 발생하므로 계통의 연계와는 무관하다.

17 선로의 커패시턴스와 무관한 것은?

① 중성점 잔류 전압
② 발전기 자기 여자 현상
③ 개폐 서지
④ 전자 유도

해설 선로의 커패시턴스는 정전 유도 전압을 계산할 때 사용된다.

18 3상 3선식 선로에서 각 선의 대지 정전 용량이 C_s[F], 선간 정전 용량이 C_m[F]일 때, 1선의 작용 정전 용량은 몇 [F]인가?

① $2C_s + C_m$
② $C_s + 2C_m$
③ $3C_s + C_m$
④ $C_s + 3C_m$

해설 **선로의 1선당 작용 정전 용량**
- 단상 2선식 $C_2 = C_s + 2C_m$
- 3상 3선식 1회선 $C_3 = C_s + 3C_m$

19. Tip 승압기

(1) 승압 효과
① 공급 용량의 증대
② 전력 손실의 감소
③ 전압 강하율의 개선
④ 지중 배전 방식의 채택 용이
⑤ 고압 배전선 연장의 감소
⑥ 대용량의 전기 기기 사용 용이

(2) 승압의 필요성
전력 사업자측과 수용가측으로 구분할 수 있다.
① 전력 사업자측으로서는 저압 설비의 투자비를 절감하고, 전력 손실을 감소시켜 전력 판매 원가를 절감시키며, 전압 강하 및 전압 변동률을 감소시켜 수용가에게 전압 강하가 작은 양질의 전기를 공급하는 데 있다.
② 수용가측에서는 대용량 기기를 옥내 배선의 증설 없이 사용하고 양질의 전기를 풍족하게 사용하고자 하는 데 있다.

19 (출제빈도) 단상 교류 회로에 3,150/210[V]의 승압기를 80[kW], 역률 0.8인 부하에 접속하여 전압을 상승시키는 경우 몇 [kVA]의 승압기를 사용해야 적당한가? (단, 전원 전압은 2,900[V]이다.)

① 3.6 ② 5.5
③ 6.8 ④ 10

해설

승압 후 전압 $E_2 = E_1\left(1+\dfrac{e_2}{e_1}\right) = 2,900\times\left(1+\dfrac{210}{3,150}\right) = 3093.3[\text{V}]$

승압기의 용량 $w = \dfrac{e_2}{E_2}\times W = \dfrac{210}{3093.3}\times\dfrac{80}{0.8} = 6.8[\text{kVA}]$

정답 16.③ 17.④ 18.④ 19.③

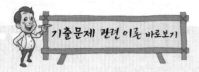

기출문제 관련 이론 바로보기

20 전선의 손실 계수 H와 부하율 F와의 관계는?

① $0 \le F^2 \le H \le F \le 1$
② $0 \le H^2 \le F \le H \le 1$
③ $0 \le H \le F^2 \le F \le 1$
④ $0 \le F \le H^2 \le H \le 1$

해설 손실 계수 $H = \alpha F + (1-\alpha)F^2$ (여기서, α : 선로의 형상 계수 0.1~0.4 정도)
$\therefore 1 \geqq F \geqq H \geqq F^2 \geqq 0$의 관계가 성립한다.

제 2 회 전력공학

01 송전선의 전압 변동률 식은 $\dfrac{V_{R_1} - V_{R_2}}{V_{R_2}} \times 100[\%]$로 표현된다. 이 식에서 V_{R_1}은 무엇인가?

출제빈도

① 무부하시 송전단 전압
② 부하시 송전단 전압
③ 무부하시 수전단 전압
④ 부하시 수전단 전압

해설 전압 변동률 $\delta = \dfrac{V_{R_1} - V_{R_2}}{V_{R_2}} \times 100[\%]$

여기서, V_{R_1} : 무부하시 수전단 선간 전압
V_{R_2} : 전부하시 수전단 선간 전압

01. 이론 check **전압 변동률**

$$\delta = \frac{V_{R0} - V_{Rn}}{V_{Rn}} \times 100[\%]$$

여기서,
V_{R0} : 무부하시 수전단 선간 전압
V_{Rn} : 전부하시 수전단 선간 전압

02 전력 원선도에서 구할 수 없는 것은?

① 조상 용량
② 송전 손실
③ 정태 안정 극한 전력
④ 과도 안정 극한 전력

해설 **전력 원선도로부터 알 수 있는 사항**
- 필요한 전력을 보내기 위한 송・수전단 위상각
- 송・수전할 수 있는 전력 : 유효 전력, 무효 전력, 피상 전력 및 최대 전력
- 선로의 손실과 송전 효율 및 정태 안정 극한 전력
- 수전단의 역률
- 조상 설비의 용량

정답 20.① / 01.③ 02.④

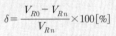

기출문제 관련 이론 바로보기

03. 이론 check 수용률, 부등률 및 부하율의 관계

(1) 합성 최대 전력

$= \dfrac{\text{최대 전력의 합계}}{\text{부등률}}$

$= \dfrac{\text{설비 용량의 합계} \times \text{수용률}}{\text{부등률}}$

(2) 부하율

$= \dfrac{\text{평균 전력}}{\text{설비 용량의 합계}} \times \dfrac{\text{부등률}}{\text{수용률}}$

04. Tip 개폐 장치의 종류

(1) 차단기(CB)
통전 중의 정상적인 부하 전류 개폐는 물론이고, 고장 발생으로 인한 전류도 개폐할 수 있는 개폐기

(2) 단로기(DS)
전류가 흐르지 않은 상태에서 회로를 개폐할 수 있는 장치로, 기기의 점검 수리를 위해서 이를 전원으로부터 분리할 경우라든지 회로의 접속을 변경할 때 사용한다.

03 (출제빈도) 어떤 고층 건물의 총 부하 설비 전력이 400[kW], 수용률이 0.5일 때 건물의 변전 시설 용량의 최저값은 몇 [kVA]인가? (단, 부하의 역률은 0.8이다.)

① 150
② 200
③ 250
④ 300

해설 $P_t = \dfrac{400 \times 0.5}{0.8} = 250[\text{kVA}]$

04 (출제빈도) 전력 계통에서 인터록(interlock)의 설명으로 옳은 것은?

① 차단기가 열려 있어야만 단로기를 닫을 수 있다.
② 차단기가 닫혀 있어야만 단로기를 닫을 수 있다.
③ 차단기의 접점과 단로기의 접점이 동시에 투입할 수 있다.
④ 차단기와 단로기는 각각 열리고 닫힌다.

해설 전력 계통의 인터록이란 차단기가 개로 상태일 때에만 단로기를 열거나 닫을 수 있다.

05 1상의 대지 정전 용량이 0.5[μF]이고 주파수 60[Hz]인 3상 송전선 소호 리액터의 인덕턴스는 몇 [H]인가?

① 2.69
② 3.69
③ 4.69
④ 5.69

해설 소호 리액터의 인덕턴스

$$L = \frac{1}{3\omega^2 C_s} = \frac{1}{3 \times (2\pi \times 60)^2 \times 0.5 \times 10^{-6}} = 4.69[\text{H}]$$

06 주상 변압기의 1차측 전압이 일정할 경우, 2차측 부하가 변하면 주상 변압기의 동손과 철손은 어떻게 되는가?

① 동손과 철손이 모두 변한다.
② 동손과 철손은 모두 변하지 않는다.
③ 동손은 변하고 철손은 일정하다.
④ 동손은 일정하고 철손이 변한다.

해설 2차 부하가 변하면 철손은 고정손으로 일정하고, 동손은 부하손으로 변화한다.

정답 03.③ 04.① 05.③ 06.③

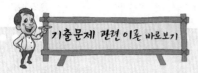

07 등가 송전 선로의 정전 용량 C=0.008[μF/km], 선로의 길이 L=100[km], 대지 전압 E=37,000[V]이고 주파수 f=60[Hz]일 때, 충전 전류는 약 몇 [A]인가?

출제빈도

① 11.2 ② 6.7
③ 0.635 ④ 0.426

해설 충전 전류 $I_c = \omega CEl$

$= 2\pi \times 60 \times 0.008 \times 10^{-6} \times 100 \times 37{,}000$

$= 11.2$[A]

08 가스 차단기(GCB)의 보호 장치가 아닌 것은?

① 가스 압력계
② 가스 밀도 검출계
③ 조작 압력계
④ 가스 성분 표시계

해설 가스 차단기의 사용 가스는 SF_6(육불화황)이므로 보호 장치에 가스 성분 표시계는 필요하지 않다.

09 조상(調相) 설비에 해당되지 않는 것은?

① 분로 리액터 ② 동기 조상기
③ 상순(相順) 표시기 ④ 진상 콘덴서

해설 조상 설비는 동기 조상기, 분로 리액터, 전력용(진상용) 콘덴서가 있다.

10 송전선에 낙뢰가 가해져서 애자에 섬락이 생기면 아크가 생겨 애자가 손상되는 경우가 있다. 이것을 방지하기 위하여 사용되는 것은?

① 댐퍼(damper) ② 아머 로드(armour rod)
③ 가공 지선 ④ 아킹 혼(arcing horn)

해설 댐퍼와 아머 로드는 전선의 진동을 방지하는 설비이고, 가공 지선은 직격뢰로부터 전선로를 보호한다. 아킹 혼은 애자의 섬락에 의한 애자 손상을 방지하고, 애자의 전압 분포를 균등화시킨다.

11 출력 20[kW]의 전동기로서 총 양정 10[m], 펌프 효율 0.75일 때 양수량은 몇 [m^3/min]인가?

① 9.18 ② 9.85
③ 10.31 ④ 15.5

해설 양수량 $Q = \dfrac{P\eta}{9.8HK} = \dfrac{20 \times 0.75}{9.8 \times 10} \times 60 = 9.18$[m^3/min]

정답 07.① 08.④ 09.③ 10.④ 11.①

기출문제 관련 이론 바로보기

07. 이론 Check 정전 용량

(1) 작용 정전 용량

① 단도체

$$C = \frac{1}{2\left(\log_e \frac{D}{r}\right) \times 9 \times 10^9} \text{[F/m]}$$

$$C = \frac{0.02413}{\log_{10} \frac{D}{r}} [\mu\text{F/km}]$$

② 다도체

$$C = \frac{0.02413}{\log_{10} \frac{D}{r'}} = \frac{0.02413}{\log_{10} \frac{D}{\sqrt[n]{r s^{n-1}}}} [\mu\text{F/km}]$$

(2) 1선당 작용 정전 용량

① 단상 2선식

$C_2 = C_s + 2C_m$

여기서, C_s : 대지 정전 용량

C_m : 선간 정전 용량

② 3상 3선식 1회선

$C_3 = C_s + 3C_m$

여기서, C_s : 대지 정전 용량

C_m : 선간 정전 용량

정전 용량의 개략적인 값은 단도체 방식 3상 선로에서의 작용 정전 용량은 회선수에 관계없이 0.009[μF/km]이고, 대지 정전 용량은 1회선 0.005[μF/km], 2회선 0.004[μF/km]이다.

(3) 충전 전류(앞선 전류=진상 전류)

$$\dot{I}_c = \frac{\dot{E}}{X_c} = \frac{\dot{E}}{\frac{1}{j\omega C}} = j\omega C\dot{E} \text{[A]}$$

$$= j\omega C \cdot \frac{V}{\sqrt{3}} \text{[A]}$$

여기서, V : 선간 전압[V]

C : 작용 정전 용량[F]

E : 대지 전압[V]

기출문제 관련 이론 바로보기

12. 이론 check 피뢰기 정격 전압과 제한 전압

(1) 정격 전압
속류를 끊을 수 있는 최고의 교류 실효값 전압이며 송전선 전압이 같더라도 중성점 접지 방식 여하에 따라서 달라진다.
① 직접 접지 계통 : 선로 공칭 전압의 0.8~1.0배
② 저항 혹은 소호 리액터 접지 계통 : 선로 공칭 전압의 1.4~1.6배

(2) 제한 전압
진행파가 피뢰기의 설치점에 도달하여 직렬 갭이 충격 방전 개시 전압(impulse spark over voltage)을 받으면 직렬 갭이 먼저 방전하게 되는데 이 결과 피뢰기의 특성 요소가 선로에 이어져서 뇌전류를 방류하여 제한 전압까지 내린다. 즉, 피뢰기가 동작 중일 때 단자 간의 전압(residual voltage)이라 할 수 있다.

12 피뢰기의 제한 전압이란?

출제빈도

① 상용 주파 전압에 대한 피뢰기의 충격 방전 개시 전압
② 충격파 침입시 피뢰기의 충격 방전 개시 전압
③ 피뢰기가 충격파 방전 종료 후 언제나 속류를 확실히 차단할 수 있는 상용 주파 최대 전압
④ 충격파 전류가 흐르고 있을 때의 피뢰기 단자 전압

해설 **제한 전압**
진행파가 피뢰기의 설치점에 도달하여 직렬갭이 충격 방전 개시 전압(impulse spark over voltage)을 받으면 직렬갭이 먼저 방전하게 되는데 이 결과 피뢰기의 특성 요소가 선로에 이어져서 뇌전류를 방류하여 제한 전압까지 내린다. 즉, 피뢰기가 동작 중일 때 단자 간의 전압(residual voltage)이라 할 수 있다.

13 그림에서와 같이 부하가 균일한 밀도로 도중에서 분기되어 선로 전류가 송전단에 이를수록 직선적으로 증가할 경우, 선로 말단의 전압 강하는 이 송전단 전류와 같은 전류의 부하가 선로의 말단에만 집중되어 있을 경우의 전압 강하보다 대략 어떻게 되는가? (단, 부하 역률은 모두 같다고 한다.)

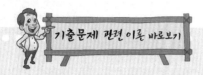

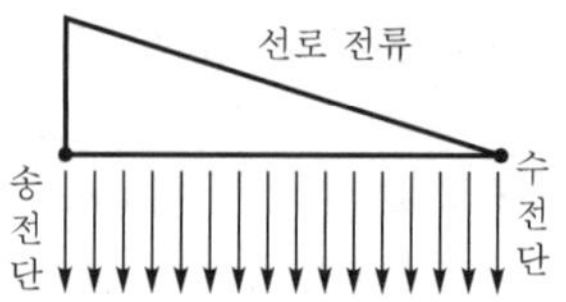

① $\frac{1}{3}$로 된다.
② $\frac{1}{2}$로 된다.
③ 동일하다.
④ $\frac{1}{4}$로 된다.

해설 배전선에서 부하 분포가 균등 분포일 경우 말단에 집중된 부하에 대하여 전압 강하는 $\frac{1}{2}$ 지점, 전력 손실은 $\frac{1}{3}$ 지점에 집중된 것과 같다.

14 지중 케이블에서 고장점을 찾는 방법이 아닌 것은?

① 머레이 루프(murray loop) 시험기에 의한 방법
② 메거(megger)에 의한 측정 방법
③ 임피던스 브리지법
④ 펄스에 의한 측정법

해설 메거는 절연 저항을 측정하는 계기이다.

정답 12.④ 13.② 14.②

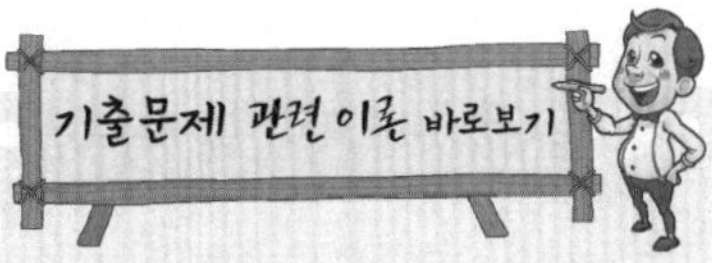

15 수력 발전소에서 서보 모터(servo-motor)의 작용으로 옳게 설명한 것은?

① 축받이 기름을 보내는 특수 전동 펌프이다.
② 안내 날개를 조절하는 장치이다.
③ 전기식 조속기용 특수 전동기이다.
④ 수압관 하부의 압력 조정 장치이다.

해설 조속기 배압 밸브의 작용으로 서보 모터를 구동하고 수차의 안내 날개를 조절하여 유량을 조정, 속도를 조정한다.

16 선로 정수를 전체적으로 평형되게 만들어서 근접 통신선에 대한 유도 장해를 줄일 수 있는 방법은?

① 연가를 한다.
② 딥(dip)을 준다.
③ 복도체를 사용한다.
④ 소호 리액터 접지를 한다.

해설 연가(trans position)란 전선로 각 상의 선로 정수를 평형되도록 선로 전체의 길이를 3의 배수 등분하여 각 상에 속하는 전선이 전 구간을 통하여 각 위치를 일순하도록 도중의 개폐소나 연가 철탑에서 바꾸어 주는 것이다.

17 철탑에서의 차폐각에 대한 설명으로 옳은 것은?

출제빈도

① 차폐각이 클수록 보호 효율이 크다.
② 차폐각이 작을수록 건설비가 비싸다.
③ 가공 지선이 높을수록 차폐각이 크다.
④ 차폐각은 보통 90° 이상이다.

해설 가공 지선을 설치하는 주목적은 송전선을 뇌의 직격으로부터 보호하는 데 있으며 그 차폐각(shielding angle)은 될 수 있는 대로 작게 하는 것이 바람직하지만, 이것을 작게 하려면 그만큼 가공 지선을 높이 가선해야 하기 때문에 철탑의 높이가 높아진다. 그러므로 지선 1가닥의 경우의 보호각(차폐각)은 35~40도 정도로 잡으며 차폐각이 작을수록 건설 비용은 많이 든다.

18 3상 1회선 전선로에서 대지 정전 용량이 C_s[F/m], 선간 정전 용량이 C_m[F/m]이라 할 때, 작용 정전 용량 C_n[F/m]은?

① $C_s + C_m$　　② $C_s + 2C_m$
③ $C_s + 3C_m$　　④ $2C_s + C_m$

해설 **1선당 작용 정전 용량**
- 단상 2선식 1회선 $C_1 = C_s + 2C_m$
- 3상 1회선 $C_3 = C_s + 3C_m$

정답 15.② 16.① 17.② 18.③

17. 이론 check **직격뢰**

[가공 지선에 의한 뇌차폐]

(1) 유도뢰에 대한 차폐
전선에 근접해서 전위 영의 가공 지선이 있기 때문에 뇌운으로부터 정전 유도에 의해서 전선상에 유도되는 전하는 50[%] 정도 이하로 줄어든다.

(2) 직격뢰에 대한 차폐
가공 지선을 설치하는 주목적은 송전선을 뇌의 직격으로부터 보호하는 데 있으며 그 차폐각은 될 수 있는 대로 작게 하는 것이 바람직하지만, 이것을 작게 하려면 그만큼 가공 지선을 높이 가선해야 하기 때문에 철탑의 높이가 높아진다. 그러므로 지선 1가닥의 경우의 보호각(차폐각)은 35°~40° 정도로 잡는다.

기출문제 관련 이론 바로보기

19. 이론 check 전압 강하율(ε)

$$\varepsilon = \frac{V_s - V_r}{V_r} \times 100[\%] = \frac{e}{V_r} \times 100[\%]$$

전압 강하 $e = \frac{P_r}{V_r}(R + X\tan\theta_r)$이므로 $\varepsilon = \frac{P_r}{V_r^2}(R + X\tan\theta) \times 100[\%]$로 된다.

여기서, V_s : 송전단 전압
V_r : 수전단 전압
P_r : 수전단 전력
R : 선로의 저항
X : 선로의 리액턴스
θ : 부하의 역률각

20. 이론 check 차단기 종류

[소호 방식에 의한 분류]

(1) 유입 차단기(OCB ; Oil Circuit Breaker)
절연유를 사용하고 아크에 의해 기름이 분해되어 발생된 수소 가스가 아크를 냉각하며 가스의 압력과 기름이 아크를 불어내는 방식
(2) 공기 차단기(ABB ; Air Blast circuit Breaker)
수십 기압의 압축 공기를 이용하여 소호하는 방식
(3) 자기 차단기(MBB ; Magnetic Blow-out circuit Breaker)
차단 전류에 의해 형성되는 자계로 아크를 아크 슈트로 밀어내어 아크 전압을 올려서 차단하는 방식
(4) 가스 차단기(GCB ; Gas Circuit Breaker)
SF_6(육불화황) 가스를 소호 매체로 이용하는 방식
(5) 진공 차단기(VCB ; Vacuum Circuit Breaker)
10^{-4}[mmHg] 정도의 고진공 상태에서 차단하는 방식

19 출제빈도 수전단 전압 66[kV], 전류 100[A], 선로 저항 10[Ω], 선로 리액턴스 15[Ω]인 3상 단거리 송전 선로의 전압 강하율은 몇 [%]인가? (단, 수전단의 역률은 0.8이다.)

① 2.57 ② 3.25
③ 3.74 ④ 4.46

해설 전압 강하율

$$\varepsilon = \frac{e}{V_r} \times 100 = \frac{\sqrt{3} \times 100 \times (10 \times 0.8 + 15 \times 0.6)}{66,000} \times 100[\%] = 4.46[\%]$$

20 출제빈도 차단기와 차단기의 소호 매질이 틀리게 결합된 것은?

① 공기 차단기 – 압축 공기
② 가스 차단기 – 냉매
③ 자기 차단기 – 전자력
④ 유입 차단기 – 절연유

해설 가스 차단기의 소호 매질은 육불화황(SF_6)이다.

제 3 회 전력공학

01 그림과 같은 수전단 전력 원선도가 있다. 부하 직선을 참고하여 다음 중 전압 조정을 위한 조상 설비가 없어도 정전압 운전이 가능한 부하 전력은 대략 어느 정도일 때인가?

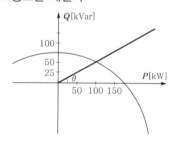

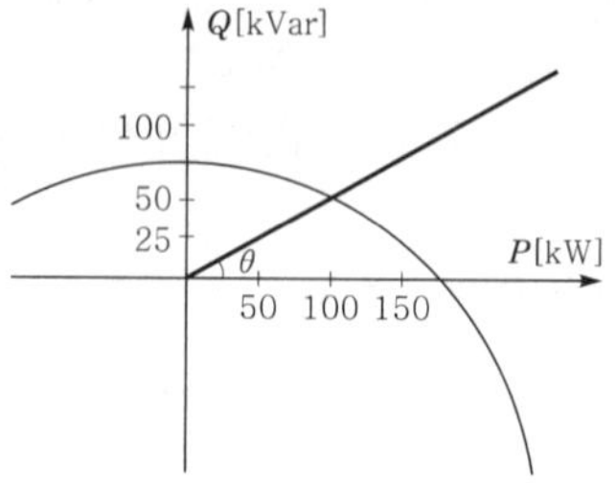

① 무부하일 때 ② 50[kW]일 때
③ 100[kW]일 때 ④ 150[kW]일 때

해설 부하 역률 직선과 수전원의 교점이 유효 전력에서 정전압 운전이 가능하다.

정답 19.④ 20.② / 01.③

02

같은 전력을 수송하는 배전 선로에서 다른 조건은 현 상태로 유지하고 역률만을 개선할 때의 효과로 기대하기 어려운 것은?

① 배전선의 손실 저감
② 설비 용량의 여유 증가
③ 전압 강하의 경감
④ 고조파의 경감

해설 역률을 개선하면 고조파가 발생하여 파형이 찌그러지므로 직렬 리액터를 사용하여 고조파를 제거하여야 한다.

03

송전 전력, 송전 거리, 전선의 비중 및 전력 손실률이 일정하다고 할 때 전선의 단면적 $A[\mathrm{mm^2}]$와 송전 전압 $V[\mathrm{kV}]$의 관계로 옳은 것은?

① $A \propto V$
② $A \propto \sqrt{V}$
③ $A \propto \dfrac{1}{V^2}$
④ $A \propto V^2$

해설 전력 손실 $P_l = \dfrac{\rho l P^2}{A V^2 \cos^2\theta}$ 이므로 전선 단면적 $A = \dfrac{\rho l P^2}{P_l V^2 \cos^2\theta}$ 이다.

04

차단기와 차단기의 소호 매질로서 연결이 잘못된 것은?

① 공기 차단기-압축 공기
② 가스 차단기-SF_6 가스
③ 진공 차단기-전자력
④ 유입 차단기-절연유

해설 진공 차단기의 소호 매질은 고진공(10^{-4}[mmHg])이다.

05

수전용 변전 설비의 1차측에 설치하는 차단기의 용량은 어느 것에 의하여 정하는가?

① 수전 전력과 부하율
② 수전 계약 용량
③ 공급측 전원의 단락 용량
④ 부하 설비 용량

해설 차단기의 용량 결정은 전원측의 단락 용량 크기로 결정되므로 1차측 차단기의 용량은 공급측 설비의 최대 용량(단락 용량)을 기준으로 한다.

기출문제 관련 이론 바로보기

02. 이론 check **역률 개선의 효과**

(1) 변압기, 배전선의 손실 저감
(2) 설비 용량의 여유 증가
(3) 전압 강하의 저감
(4) 전기 요금의 저감

[동기 조상기]

동기 발전기 또는 동기 발전기와 구조 및 원리가 동일한 동기 전동기를 무효 전력 제어에 사용할 때 이를 동기 조상기라고 부른다. 예전에 널리 사용되던 방식으로서 3상 전력과 여자 전류를 인가하여 구동한다. 동기 조상기의 여자 전류가 작은 경우에는 지상 전류를 소비하는 분로 리액터로서 작용하고, 여자 전류를 크게 하면 진상 전류를 소비하여 전압 상승을 일으키는 전력용 커패시터로서 작용한다. 이러한 특성을 이용해서 동기 조상기를 전력 계통의 전압 조정 및 역률 개선에 사용한다.

동기 조상기는 진상에서 지상 무효 전력까지 연속 제어가 가능하고 계통의 안정도를 증진시켜 송전 능력을 증대시키며, 부하의 급변이나 선로에 고장이 발생하였을 경우에 속응 여자 방식으로 여자 전류를 조정하여 전압을 규정값으로 유지하고, 계통의 와란을 회복시켜 과도 안정도를 향상시켜주는 장점이 있다. 그러나 회전 기기이므로 비교적 많은 운영비가 소요되고 유지 보수가 어려워 거의 쓰이지 않고 있다.

정답 02.④ 03.③ 04.③ 05.③

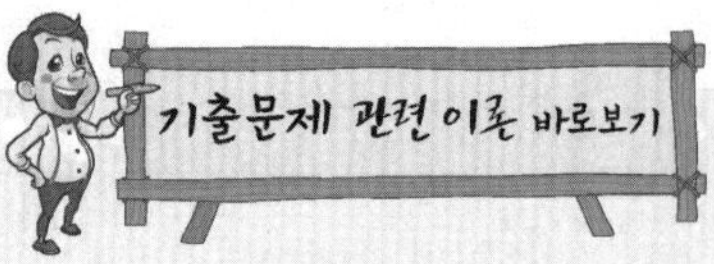

09. 이론 check 유도 장해 경감 대책

(1) 전력선측의 대책

① 송전 선로는 될 수 있는 대로 통신 선로로부터 멀리 떨어져서 건설한다.

② 중성점을 저항 접지할 경우에는 저항값을 가능한 한 큰 값으로 한다.

③ 고속도 지락 보호 계전 방식을 채용해서 고장선을 신속하게 차단하도록 한다(고장 지속 시간의 단축).

④ 송전선과 통신선 사이에 차폐선을 가설한다.

⑤ 충분한 연가를 한다.

⑥ 통신선과 교차하는 경우 가능한 직각이 되게 한다.

⑦ 전력선에 케이블을 사용한다.

(2) 통신선측의 대책

① 통신선의 도중에 중계 코일(절연 변압기)를 넣어서 구간을 분할한다(병행 길이의 단축).

② 연피 통신 케이블을 사용한다.

③ 통신선에 우수한 피뢰기를 설치한다(유도 전압을 강제적으로 저감시킨다).

④ 배류 코일, 중화 코일 등으로 통신선을 접지해서 저주파수의 유도 전류를 대지로 흘려주도록 한다.

06

소호 리액터 접지 계통에서 리액터의 탭을 완전 공진 상태에서 약간 벗어나도록 조절하는 이유는?

① 전력 손실을 줄이기 위하여
② 선로의 리액턴스분을 감소시키기 위하여
③ 접지 계전기의 동작을 확실하게 하기 위하여
④ 직렬 공진에 의한 이상 전압의 발생을 방지하기 위하여

해설 소호 리액터 접지 방식 계통에서 단선 사고 발생시 직렬 공진에 의한 이상 전압이 발생되므로 이것을 방지하기 위해 리액터의 공진 탭을 완전 공진 상태에서 약간 벗어나도록 한다.

07

다음 중 수전단 전압 66,000[V], 전류 200[A], 선로 저항 10[Ω], 선로 리액턴스 15[Ω]인 3상 단거리 송전 선로의 전압 강하율은 몇 [%]인가? (단, 수전단 역률은 0.8이다.)

① 7.83 ② 8.92
③ 9.01 ④ 9.45

해설

$$\varepsilon = \frac{e}{V_r} \times 100[\%]$$

$$= \frac{\sqrt{3} \times 200(10 \times 0.8 + 15 \times 0.6)}{66,000} \times 100 = 8.92[\%]$$

08

통신선에 대한 유도 장해가 가장 큰 배전 계통의 접지 방식은?

① 소호 리액터 접지
② 저항 접지
③ 비접지
④ 직접 접지

해설 중성점 직접 방식의 지락 사고 전류는 다른 접지 방식보다 크기 때문에 통신선에 대한 유도 장해가 가장 크다.

09

출제빈도

선로 정수를 전체적으로 평형되게 하고 근접 통신선에 대한 유도 장해를 줄일 수 있는 방법은?

① 딥(dip)을 준다.
② 연가를 한다.
③ 복도체를 사용한다.
④ 소호 리액터 접지를 한다.

해설 **연가(trans position)의 효과**

선로 정수를 평형시켜 통신선에 대한 유도 장해 방지 및 전선로의 직렬 공진을 방지한다.

정답 06.④ 07.② 08.④ 09.②

10 반지름 15[mm]의 ACSR로 구성된 완전 연가된 3상 1회선 송전 선로가 있다. 각 상 간의 등가 선간 거리가 3,000[mm]라고 할 때, 이 선로의 [km]당 작용 인덕턴스는 몇 [mH/km]인가?

① 1.43 ② 1.11
③ 0.65 ④ 0.33

해설 $L = 0.05 + 0.4605\log_{10}\dfrac{D}{r}$

$= 0.05 + 0.4605\log_{10}\dfrac{3,000}{15}$

$= 1.11[\text{mH/km}]$

11 설비 A가 150[kW], 수용률 0.5, 설비 B가 250[kW], 수용률 0.8일 때 합성 최대 전력이 235[kW]이면 부등률은?

① 1.10 ② 1.13
③ 1.17 ④ 1.22

해설 부등률 $= \dfrac{150 \times 0.5 + 250 \times 0.8}{235} = 1.17$

12 경수 감속 냉각형 원자로에 속하는 것은?

① 비등수형 원자로
② 고속 증식로
③ 열중성자로
④ 흑연 감속 가스 냉각로

해설 경수형 원자로에는 비등수형 원자로(BWR)와 가압수형 원자로(PWR)가 있다.

13 부하의 선간 전압 3,300[V], 피상 전력은 330[kVA], 역률 0.7인 3상 부하가 있다. 부하의 역률을 0.85로 개선하는 데 필요한 전력용 콘덴서의 용량은 약 몇 [kVA]인가?

① 63 ② 73
③ 83 ④ 93

해설 $Q_c = P(\tan\theta_1 - \tan\theta_2)$

$= 330 \times 0.7(\tan\cos^{-1}0.7 - \tan\cos^{-1}0.85)$

$= 93[\text{kVA}]$

정답 10.② 11.③ 12.① 13.④

기출문제 관련 이론 바로보기

11. 이론 check **부등률**

수용가 상호간, 배전 변압기 상호간, 급전선 상호간 또는 변전소 상호간에서 각개의 최대 부하는 같은 시각에 일어나는 것이 아니고, 그 발생 시각에 약간씩 시각차가 있기 마련이다. 따라서, 각개의 최대 수요의 합계는 그 군의 종합 최대 수요(=합성 최대 전력)보다도 큰 것이 보통이다. 이 최대 전력 발생 시각 또는 발생 시기의 분산을 나타내는 지표가 부등률이다.

$$\text{부등률} = \frac{\text{각 부하의 최대 수요 전력의 합[kW]}}{\text{각 부하를 종합하였을 때의 최대 수요(합성 최대 전력)[kW]}}$$

13. 이론 check **역률 개선용 콘덴서의 용량 계산**

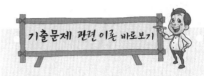

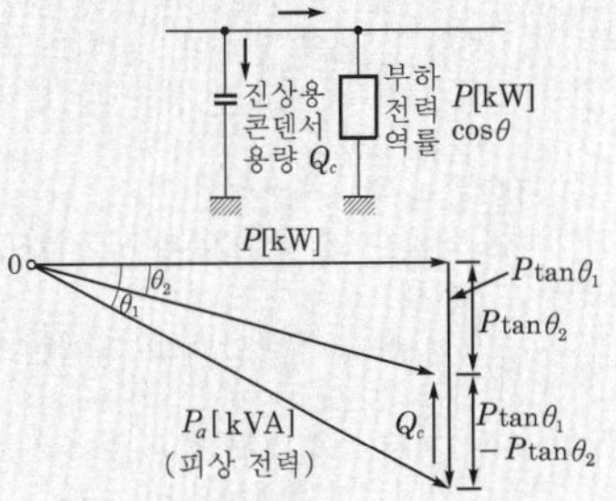

| 역률 개선 |

위의 그림은 역률 $\cos\theta_1$, 피상 전력 P_0[kVA], 유효 전력 P[kW]이다. 역률을 $\cos\theta_2$로 개선하기 위해서 필요한 진상 용량 Q_c는 다음 식에 의해 구한다.

$P_0 = P - jQ = P(1 - j\tan\theta_1)$

$Q_c = P(\tan\theta_1 - \tan\theta_2)$

$$= P\left(\frac{\sqrt{1-\cos^2\theta_1}}{\cos\theta_1} - \frac{\sqrt{1-\cos^2\theta_2}}{\cos\theta_2}\right)[\text{kVA}]$$

기출문제 관련 이론 바로보기

14. 이론 check 안정도

계통이 주어진 운전 조건하에서 안정하게 운전을 계속할 수 있는가 하는 여부의 능력을 말한다.

[안정도의 종류]

(1) 정태 안정도
일반적으로 정상적인 운전 상태에서 서서히 부하를 조금씩 증가했을 경우 안정 운전을 지속할 수 있는가 하는 능력을 말하며, 이때의 극한 전력을 정태 안정 극한 전력이라고 한다.

(2) 동태 안정도
고성능의 AVR(자동 전압 조정기 : Automatic Voltage Regulator)에 의해서 계통 안정도를 종전의 정태 안정도의 한계 이상으로 향상시킬 경우이다.

(3) 과도 안정도
부하가 갑자기 크게 변동하거나, 또는 계통에 사고가 발생하여 큰 충격을 주었을 경우에도 계통에 연결된 각 동기기가 동기를 유지해서 계속 운전할 수 있을 것인가의 능력을 말하며, 이때의 극한 전력을 과도 안정 극한 전력이라고 한다.

[안정도 향상 대책]

(1) 계통의 직렬 리액턴스의 감소 대책
① 발전기나 변압기의 리액턴스를 감소시킨다.
② 전선로의 병행 회선을 증가하거나 복도체를 사용한다.
③ 직렬 콘덴서를 삽입해서 선로의 리액턴스를 보상해 준다.

(2) 전압 변동의 억제 대책
① 속응 여자 방식을 채용한다.
② 계통을 연계한다.
③ 중간 조상 방식을 채용한다.

(3) 계통에 주는 충격의 경감 대책
① 적당한 중성점 접지 방식을 채용한다.
② 고속 차단 방식을 채용한다.
③ 재폐로 방식을 채용한다.

(4) 고장시의 전력 변동의 억제 대책
① 조속기 동작을 신속하게 한다.
② 제동 저항기를 설치한다.

(5) 계통 분리 방식의 채용

(6) 전원 제한 방식의 채용

14

출제빈도

정상적으로 운전하고 있는 전력 계통에서 서서히 부하를 조금씩 증가했을 경우 안정 운전을 지속할 수 있는가 하는 능력을 무엇이라 하는가?

① 동태 안정도　② 정태 안정도
③ 고유 과도 안정도　④ 동적 과도 안정도

해설 **안정도 구분**

- 정태 안정도(steady state stability) : 일반적으로 정상적인 운전 상태에서 서서히 부하를 조금씩 증가했을 경우 안정 운전을 지속할 수 있는가 하는 능력
- 동태 안정도(dynamic stability) : 고성능의 AVR(자동 전압 조정기 : Automatic Voltage Regulator)에 의해서 계통 안정도를 종전의 정태 안정도의 한계 이상으로 향상시킬 수 있는 능력
- 과도 안정도(transient stability) : 부하가 갑자기 크게 변동하거나, 또는 계통에 사고가 발생하여 큰 충격을 주었을 경우에도 계통에 연결된 각 동기기가 동기를 유지해서 계속 운전할 수 있을 것인가의 능력

15

그림과 같은 단상 3선식 배전 선로에서 100[V], 100[W] 전등을 AN 간에 병렬로 5등, BN 간에 병렬로 4등이 연결되어 운전하던 중 중성선이 단선되었다. 이때 AN 간의 부하 전압 V_{AN} 은 몇 [V]인가? (단, 선로는 저항뿐이고, 부하까지 1선당 2.5[Ω]이다.)

① 80
② 100
③ 120
④ 140

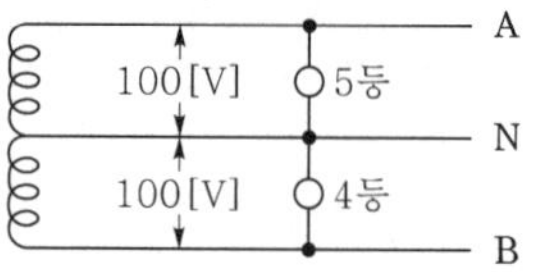

해설

100[V], 100[W]의 저항 $R=\frac{100^2}{100}=100[\Omega]$

AN 사이의 5등 합성 저항은 $\frac{100}{5}=20[\Omega]$

BN 사이의 4등 합성 저항은 $\frac{100}{4}=25[\Omega]$

중성선이 단선되면 AN 사이 전등 5등, BN 사이 전등 4등과 전선의 저항이 직렬 연결되고 200[V]의 전압이 걸리므로 AN 사이 전압은

$V_{AN}=\frac{20}{2.5+20+25+2.5}\times 200=80[V]$이다.

16

수력 발전소의 댐 설계 및 저수지 용량 등을 결정하는 데 가장 적합하게 사용되는 것은?

① 유량도　② 유황 곡선
③ 수위－유량 곡선　④ 적산 유량 곡선

정답 14.② 15.① 16.④

해설 적산 유량 곡선은 유입하는 유량을 누적하므로 저수지의 용량을 결정하는 데 이용된다.

17 반한시성 과전류 계전기의 전류-시간 특성에 대한 설명 중 옳은 것은?

① 계전기 동작 시간은 전류값의 크기와 비례한다.
② 계전기 동작 시간은 전류의 크기에 관계없이 일정하다.
③ 계전기 동작 시간은 전류값의 크기와 반비례한다.
④ 계전기 동작 시간은 전류값의 크기의 제곱에 비례한다.

해설 **동작 시한에 의한 분류**

- 순한시 계전기(instantaneous time-limit relay) : 정정치 이상의 전류는 크기에 관계없이 바로 동작하는 고속도 계전기
- 정한시 계전기(definite time-limit relay) : 정정치 한도를 넘으면, 넘는 양의 크기에 상관없이 일정 시한으로 동작하는 계전기
- 반한시 계전기(inverse time-limit relay) : 동작 전류와 동작 시한이 반비례하는 계전기

18 송전선에 댐퍼(damper)를 설치하는 주된 목적은?

① 전선의 진동 방지 ② 전자 유도 감소
③ 코로나의 방지 ④ 현수 애자의 경사 방지

해설 **가공 전선의 진동 방지 대책**

- 댐퍼(damper) : 진동 루프 길이의 $\frac{1}{2} \sim \frac{1}{3}$ 인 곳에 설치하며 진동 에너지를 흡수하여 전선 진동을 방지한다.
- 아머 로드(armour rod) : 전선과 같은 재질로 전선 지지 부분에 첨가한다.

19 송전 계통에서 이상 전압의 방지 대책으로 볼 수 없는 것은?

출제빈도

① 철탑 접지 저항의 저감
② 가공 송전 선로의 피뢰용으로서의 가공 지선에 의한 뇌차폐
③ 기기 보호용으로서의 피뢰기 설치
④ 복도체 방식 채택

해설 복도체 방식은 이상 전압 방지가 아니고, 코로나 현상에 대한 대책이며, 송전 용량을 증가시킨다.

20 보일러에서 흡수 열량이 가장 큰 것은?

① 수냉벽 ② 보일러 수관
③ 과열기 ④ 절탄기

해설 보일러의 흡수 열량은 대부분 보일러의 수냉벽에서 흡수된다.

정답 17.③ 18.① 19.④ 20.①

기출문제 관련 이론 바로보기

19. 이론 check **복도체**

복도체라는 것은 각 상의 전선을 2가닥 이상으로 나누어서 비교적 가는 전선을 사용하면서 코로나의 임계 전압을 높이고자 하는 것이다. 이 밖에도 복도체는 단선의 경우와 비교해서 선로의 작용 인덕턴스는 줄어들고 정전 용량은 증대되기 때문에 송전 전력을 증대시킬 수 있다는 장점도 지니고 있다. 현장에서의 실험에 의하면 전선을 2도체로 분할해서 25~50[cm] 간격을 두었더니 임계 전압이 15~25[%] 높아졌다는 예도 있다.

Tip **이상 전압**

(1) 내부 이상 전압
① 개폐 서지
② 아크 지락
③ 무부하시 전위 상승

(2) 외부 이상 전압
① 직격뢰에 의한 이상 전압 : 송전 선로의 도선, 지지물 또는 가공 지선이 뇌의 직격을 받아 그 뇌격 전압으로 선로의 절연이 위협받게 되는 경우를 직격뢰라 하고, 송전선의 사고 원인의 약 60[%] 정도를 차지한다.
② 유도뢰에 의한 이상 전압 : 뇌운 상호간, 또는 뇌운과 대지와의 사이에서 방전이 일어났을 경우에 뇌운 밑에 있는 송전 선로상에 이상 전압을 발생하는 뇌를 유도뢰라 하고, 직격뢰에 의한 이상 전압보다는 작다.

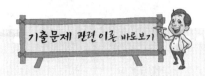

Industrial Engineer Electricity

2012년 과년도 출제문제

기출문제 관련 이론 바로보기

제1회 전력공학

01 송전 거리가 50[km], 송전 전력 5,000[kW]일 때의 Still의 식에 의한 송전 전압은 몇 [kV]가 적당한가?

① 10　　② 30
③ 50　　④ 70

해설 Still식 $V_S = 5.5\sqrt{0.6l + \frac{P}{100}}$ [kV]

$\therefore V_S = 5.5\sqrt{0.6 \times 50 + \frac{5,000}{100}} = 50[\text{kV}]$

02 연가의 효과로 볼 수 없는 것은?

출제빈도

① 선로 정수의 평형
② 대지 정전 용량의 감소
③ 통신선의 유도 장해의 감소
④ 직렬 공진의 방지

해설 전선로 각 상의 선로 정수를 평형되도록 선로 전체의 길이를 3의 배수 등분하여 상하 전선 위치를 바꾸어 주는 것으로 통신선에 대한 유도 장해 방지 및 전선로의 직렬 공진을 방지한다.

02. 이론 check 연가의 효과

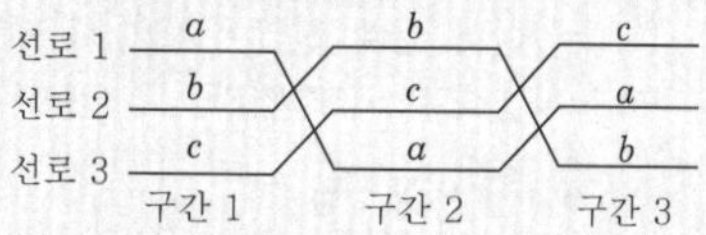

3상 선로에서 각 전선의 지표상 높이가 같고, 전선 간의 거리도 같게 배열되지 않는 한 각 선의 인덕턴스, 정전 용량 등은 불평형으로 되는데, 실제로 전선을 완전 평형이 되도록 배열하는 것은 불가능에 가깝다. 따라서 그대로는 송전단에서 대칭 전압을 가하더라도 수전단에서는 전압이 비대칭으로 된다. 이것을 막기 위해 송전선에서는 전선의 배치를 도중의 개폐소, 연가용 철탑 등에서 교차시켜 선로 정수가 평형이 되도록 하고 있다. 완전 연가가 되면 각 상전선의 인덕턴스 및 정전 용량은 평형이 되어 같아질 뿐 아니라 영상 전류는 0이 되어 근접 통신선에 대한 유도 작용을 경감시킬 수가 있다.

03 3상 3선식에서 일정한 거리에 일정한 전력을 송전할 경우 전로에서의 저항손은?

① 선간 전압에 비례한다.
② 선간 전압에 반비례한다.
③ 선간 전압의 2승에 비례한다.
④ 선간 전압의 2승에 반비례한다.

해설 전력 손실 $P_c = 3I^2R = 3 \cdot \left(\frac{P}{\sqrt{3}\,V\cos\theta}\right)^2 \cdot R = \frac{P^2R}{V^2\cos^2\theta}$ 이므로 손실은 선간 전압의 2승에 반비례한다.

정답 01.③ 02.② 03.④

04

단락점까지의 전선 한 선의 임피던스가 $Z=3+j4[\Omega]$(전원 포함), 단락 전의 단락점 전압이 3,450[V]인 단상 2선식 전선로의 단락 용량은 몇 [kVA]인가? (단, 부하 전류는 무시한다.)

① 540　　② 650
③ 840　　④ 1,190

해설 단락 용량 $P_s = VI_s = \dfrac{V^2}{Z}$

$$= \frac{3,450^2}{\sqrt{3^2+4^2}\times 2}\times 10^{-3}$$

$$= 1,190[\text{kVA}]$$

05

어떤 수력 발전소의 수압관에서 분출되는 물의 속도와 직접적인 관계가 없는 것은?

① 수면에서의 연직 거리
② 관의 경사
③ 관의 길이
④ 유량

해설 물의 분출 속도는 $v=\sqrt{2gH}$[m/s]이므로 유량과는 관계 없다.

06

전원이 양단에 있는 방사상 송전 선로의 단락 보호에 사용되는 계전기의 조합 방식은?

① 방향 거리 계전기와 과전압 계전기의 조합
② 방향 단락 계전기와 과전류 계전기의 조합
③ 선택 접지 계전기와 과전류 계전기의 조합
④ 부족 전류 계전기와 과전압 계전기의 조합

해설 **송전 선로의 단락 보호 방식**

- 방사상식 선로 : 반한시 특성 또는 순한시성 반시성 특성을 가진 과전류 계전기를 사용한다. 전원이 양단에 있는 경우에는 방향 단락 계전기와 과전류 계전기의 조합이다.
- 환상식 선로 : 방향 단락 계전 방식, 방향 거리 계전 방식이다.

07

소호 리액터 접지 방식에 대한 설명 중 옳지 못한 것은?

① 전자 유도 장해가 경감된다.
② 지락 중에도 계속 송전이 가능하다.
③ 지락 전류가 적다.
④ 선택 지락 계전기의 동작이 용이하다.

정답 04.④ 05.④ 06.② 07.④

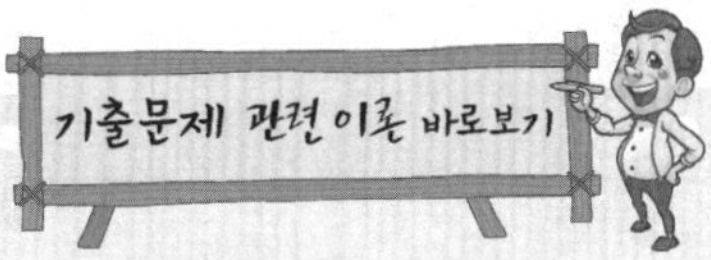

04. Tip **단락(차단기) 용량 계산**

$$I_s = \frac{100}{\%Z}\times I_n = \frac{100}{\%Z}\times\frac{P_n}{\sqrt{3}\,V_n}$$

양변에 $\sqrt{3}\,V_n$을 곱하여 정리하면

$$\sqrt{3}\,V_n I_s = \frac{100}{\%Z}\times\frac{P_n}{\sqrt{3}\,V_n}\times\sqrt{3}\,V_n$$

$$P_s = \frac{100}{\%Z}\cdot P_n[\text{kVA}]$$

[퍼센트법(%Z)]

임피던스 $Z[\Omega]$을 접속하고 정격 전압 V_n[V]을 가할 때 정격 전류 I_n[A]이 흐르면 임피던스 $Z[\Omega]$에 ZI_n[V]의 전압 강하가 생긴다. 이 전압 강하 ZI_n이 정격 전압 V_n에 대한 비를 [%]로 나타낸 것이 %Z이고, 이것을 식으로 표시하면

$\%Z = \dfrac{ZI_n}{V_n}\times 100[\%]$와 같이 된다.

$$\%Z = \frac{ZI_n}{V_n}\times\frac{V_n}{V_n}\times 100[\%]$$

$$= \frac{ZI_n\times V_n\times 10^3}{V_n^2\times 10^6}\times 100[\%]$$

$$= \frac{P\cdot Z}{10\,V_n^2}[\%]$$

여기서, P : 변압기의 정격 용량[kVA]
V_n : 정격 전압[kV]

기출문제 관련 이론 바로보기

08. 이론 check **배전용 개폐기**

(1) 자동 고장 구간 개폐기(ASS)
수용가 구내 설비의 피해를 최소한으로 억제하기 위하여 개발된 개폐기로 변전소 차단기 또는 배전 선로의 Recloser와 협조하여 사고 발생시 고장 구간을 자동 분리한다.

(2) 자동 선로 구분 개폐기
22.9[kV-Y] 배전 선로에서 부하 분기점에 설치되어 고장 발생시 선로의 타보호 기기와 협조 고장 구간을 신속 정확히 개방하는 자동 구간 개폐기에 대해 적용한다.

(3) 기중 부하 개폐기(IS)
배전 선로 및 수용가의 고압 인입구에 설치하여 수동 또는 자동으로 원방 조작에 의해 부하의 분리 및 투입시 사용한다.

해설 **소호 리액터 접지 방식의 특징**
유도 장해가 적고, 1선 지락시 계속적인 송전이 가능하고, 고장이 스스로 복구될 수 있으나, 보호 장치의 동작이 불확실하고, 단선 고장시에는 직렬 공진 상태가 되어 이상 전압을 발생시킬 수 있으므로 완전 공진을 시키지 않고 소호 리액터에 탭을 설치하여 공진에서 약간 벗어난 상태(과보상)로 한다.

08

출제빈도

다음 중 배전 선로에 사용되는 개폐기의 종류와 그 특성의 연결이 바르지 못한 것은?

① 컷아웃 스위치(COS) – 주된 용도는 주상 변압기의 고장이 배전 선로에 파급되는 것을 방지하고 변압기의 과부하 소손을 예방하고자 사용한다.
② 부하 개폐기 – 고장 전류와 같은 대전류는 차단할 수 없지만 평상 운전시의 부하 전류는 차단할 수 있다.
③ 리클로저(recloser) – 선로에 고장이 발생하였을 때 고장 전류를 검출하여 지정된 시간 내에 고속 차단하고 자동 재폐로 동작을 수행하여 고장 구간을 분리하거나 재송전하는 장치이다.
④ 섹셔널라이저(sectionalizer) – 고장 발생시 고장 전류을 신속히 차단하여 사고를 국부적으로 분리시키는 것으로 후비 보호 장치와 직렬로 설치하여야 한다.

해설 섹셔널라이저는 선로 고장 발생시 타보호 기기와의 협조에 의해 고장 구간을 신속히 개방하는 자동 구간 개폐기로서 고장 전류를 차단할 수 없어 차단 기능이 있는 후비 보호 장치(리클로저)와 직렬로 설치하여야 하는 배전용 개폐기이다.

09

연간 최대 전류 200[A], 배전 거리 10[km]의 말단에 집중 부하를 가진 6.6[kV], 3상 3선식 배전 선로가 있다. 이 선로의 연간 전력 손실량은 몇 [MWh] 정도인가? (단, 부하율 $F=0.6$, 손실 계수 $H=0.3F+0.7F^2$이고 전선의 저항은 0.25[Ω/km]이다.)

① 685　　② 1,135
③ 1,585　　④ 1,825

해설 전력 손실량 = 최대 손실×손실 계수×시간
손실 계수 $H=0.3F+0.7F^2$
$=0.3\times0.6+0.7\times0.6^2$
$=0.432$
전력 손실량 $W_c=200^2\times0.25\times10\times3\times0.432\times365\times24\times10^{-6}$
$=1,135$[MWh]

정답 08.④ 09.②

10 수전 용량에 비해 첨두 부하가 커지면 부하율은 그에 따라 어떻게 되는가?

① 높아진다.
② 낮아진다.
③ 변하지 않고 일정하다.
④ 부하의 종류에 따라 달라진다.

해설 전력의 사용은 시각 및 계절에 따라 다른데 어느 기간 중의 평균 전력과 그 기간 중에서의 최대 전력(첨두 부하)과의 비를 백분율로 나타낸 것을 부하율이라 하므로 첨두 부하가 클수록 부하율은 낮아진다.

11 저압 뱅킹 방식에 대한 설명 중 맞지 않는 것은?

출제빈도

① 전압 동요가 적다.
② 캐스케이딩 현상에 의해 고장 확대가 축소된다.
③ 부하 증가에 대해 융통성이 좋다.
④ 고장 보호 방식이 적당할 때 공급 신뢰도는 향상된다.

해설 **저압 뱅킹 방식의 특징**

- 전압 강하 및 전력 손실이 줄어든다.
- 변압기의 용량 및 전선량(동량)이 줄어든다.
- 부하 변동에 대하여 탄력적으로 운용된다.
- 플리커 현상이 경감된다.
- 캐스케이딩 현상이 발생할 수 있다.

12 유량을 구분할 때 매년 1~2회 발생하는 출수의 유량을 나타내는 것은?

① 홍수량　　② 풍수량
③ 고수량　　④ 갈수량

해설
- 갈수량 : 1년 365일 중 355일은 이것보다 내려가지 않는 유량과 수위
- 저수량 : 1년 365일 중 275일은 이것보다 내려가지 않는 유량과 수위
- 평수량 : 1년 365일 중 185일은 이것보다 내려가지 않는 유량과 수위
- 풍수량 : 1년 365일 중 95일은 이것보다 내려가지 않는 유량과 수위
- 고수량 : 매년 1~2회 생기는 유량
- 홍수량 : 3~4년에 한번 생기는 유량

13 SF_6 가스 차단기의 설명이 잘못된 것은?

① SF_6 가스는 절연 내력이 공기보다 크다.
② 개폐시의 소음이 작다.
③ 근거리 고장 등 가혹한 재기 전압에 대해서 우수하다.
④ 아크에 의해 SF_6 가스는 분해되어 유독 가스를 발생시킨다.

해설 육불화황(SF_6) 가스는 분해되어도 유독 가스를 발생하지 않는다.

정답 10.② 11.② 12.③ 13.④

기출문제 관련 이론 바로보기

11. 이론 check **저압 뱅킹 방식(banking system)**

(1) 용도 : 수용 밀도가 큰 지역
(2) 장점
　① 수지상식과 비교할 때 전압 강하와 전력 손실이 적다.
　② 플리커(fliker)가 경감된다.
　③ 변압기 용량 및 저압선 동량이 절감된다.
　④ 부하 증가에 대한 탄력성이 향상된다.
　⑤ 고장 보호 방법이 적당할 때 공급 신뢰도는 향상된다.
(3) 단점
　① 보호 방식이 복잡하다.
　② 시설비가 고가이다.

기출문제 관련 이론 바로보기

14. 이론 check 배전 방식

(1) 단상 3선식과 단상 2선식의 비교
① 전압 강하, 전력 손실이 평형 부하의 경우 $\frac{1}{4}$로 감소한다.
② 소요 전선량이 적다.
③ 110[V] 부하와 220[V] 부하의 사용이 가능하다.
④ 상시의 부하에 불평형이 있으면 부하 전압은 불평형으로 된다.
⑤ 중성선이 단선하면 불평형 부하일 경우 부하 전압에 심한 불평형이 발생한다.
⑥ 중성점과 전압선(외선)이 단락하면 단락하지 않은 쪽의 부하 전압이 이상 상승한다.

(2) 이상과 같이 단상 3선식에서는 양측 부하의 불평형에 의한 부하, 전압의 불평형이 크기 때문에 일반적으로는 이러한 전압 불평형을 줄이기 위한 대책으로서 저압선의 말단에 밸런서(balancer)를 설치하고 있다.

14 부하의 밸런스가 필요로 하는 배전 방식은?

출제빈도

① 3상 3선식
② 3상 4선식
③ 단상 2선식
④ 단상 3선식

해설 밸런스는 단상 3선식에서 설비의 불평형을 방지하기 위하여 선로 말단에 시설한다.

15 수전단에 관련된 사항 중 틀린 것은?

① 경부하시 수전단에 설치된 동기 조상기는 부족 여자로 운전한다.
② 중부하시 수전단에 설치된 동기 조상기는 부족 여자로 운전한다.
③ 중부하시 수전단에 전력 콘덴서를 투입한다.
④ 시충전시 수전단 전압이 송전단 전압보다 높게 된다.

해설 중부하시 수전단에는 전력용 콘덴서를 투입하여 과여자로 운전한다.

16 가공 전선을 단도체식으로 하는 것보다 같은 단면적의 복도체식으로 하였을 경우 옳지 않은 것은?

① 전선의 인덕턴스가 감소한다.
② 전선의 정전 용량이 감소한다.
③ 코로나 손실이 적어진다.
④ 송전 용량이 증가한다.

해설 **복도체 및 다도체의 특징**
- 복도체는 같은 도체 단면적의 단도체보다 인덕턴스와 리액턴스가 감소하고 정전 용량이 증가하여 송전 용량을 크게할 수 있다.
- 전선 표면의 전위 경도를 저감시켜 코로나 임계 전압을 높게 하므로 코로나손을 줄일 수 있다.
- 전력 계통의 안정도를 증대시킨다.

17 단상 2선식 배전 선로에 있어서 대지 정전 용량을 C_s, 선간 정전 용량을 C_m이라 할 때, 작용 정전 용량 C_w은?

① $C_s + C_m$ ② $C_s + 2C_m$
③ $2C_s + C_m$ ④ $C_s + 3C_m$

해설 **작용 정전 용량**
단상 2선식 $C_1 = C_s + 2C_m$
3상 3선식 $C_3 = C_s + 3C_m$

정답 14.④ 15.② 16.② 17.②

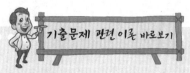

18

가공 선로에서 이도를 D라 하면 전선의 길이는 경간 S보다 얼마나 긴가?

① $\dfrac{5D}{8S}$ ② $\dfrac{3D^2}{8S}$

③ $\dfrac{9D}{8S^2}$ ④ $\dfrac{8D^2}{3S}$

해설 전선의 실제 길이 $L = S + \dfrac{8D^2}{3S}$[m]이므로 경간보다 $\dfrac{8D^2}{3S}$[m] 더 길다.

19

출제빈도

전력용 콘덴서에 직렬로 콘덴서 용량의 5[%] 정도의 유도 리액턴스를 삽입하는 목적은?

① 제3고조파를 제거시키기 위하여
② 제5고조파를 제거시키기 위하여
③ 이상 전압의 발생을 방지하기 위하여
④ 정전 용량을 조절하기 위하여

해설 직렬 리액터는 전력용 콘덴서 용량의 5~6[%]를 직렬로 연결하여 제5고조파를 제거하여 전압의 파형을 개선한다.

20

케이블의 전력 손실과 관계가 없는 것은?

① 도체의 저항손 ② 유전체손
③ 연피손 ④ 철손

해설 전력 케이블의 손실은 저항손, 유전체손, 연피손이 있다.

제 2 회 전력공학

01

출제빈도

부하가 P[kW]이고, 역률이 $\cos\theta_1$인 것을 $\cos\theta_2$로 개선하기 위한 전력용 콘덴서의 용량은 몇 [kVA]인가?

① $P(\tan\theta_1 - \tan\theta_2)$ ② $P\left(\dfrac{\cos\theta_1}{\sin\theta_1} - \dfrac{\cos\theta_2}{\sin\theta_2}\right)$

③ $\dfrac{P}{(\tan\theta_1 - \tan\theta_2)}$ ④ $\dfrac{P}{(\cos\theta_1 - \cos\theta_2)}$

해설 역률 개선용 콘덴서 용량 Q[kVA]

$$Q = P(\tan\theta_1 - \tan\theta_2) = P\left(\frac{\sin\theta_1}{\cos\theta_1} - \frac{\sin\theta_2}{\cos\theta_2}\right)\text{[kVA]}$$

정답 18.④ 19.② 20.④ / 01.①

기출문제 관련 이론 바로보기

19. 이론 check **직렬 리액터**

정전형 축전지를 송전선에 연결하면 제3고조파는 △결선으로 제거되지만, 제5고조파는 커지므로 선로의 파형이 찌그러지고 통신선에 유도 장해를 일으키므로 이를 제거하기 위해 축전지와 직렬로 리액터를 삽입하여야 한다.

직렬 리액터 용량

$$2\pi(5f)L = \frac{1}{2\pi(5f)C}$$

$$\therefore\ \omega L = \frac{1}{25} \times \frac{1}{\omega C} = 0.04 \times \frac{1}{\omega C}$$

그러므로 용량 리액턴스는 4[%]이지만 대지 정전 용량 때문에 일반적으로 5~6[%] 정도의 직렬 리액터를 설치한다.

01. 이론 check **역률 개선**

P[kW], $\cos\theta_1$의 부하 역률을 $\cos\theta_2$로 개선하기 위해 설치하는 콘덴서의 용량 Q[kVA]

(1) $Q = P(\tan\theta_1 - \tan\theta_2)$[kVA]
(2) 콘덴서에 의한 제5고조파 제거를 위해서 직렬 리액터가 필요하다.
(3) 전원 개로 후 잔류 전압을 방전시키기 위해 방전 장치가 필요하다.
(4) 역률 개선용 콘덴서의 용량 계산

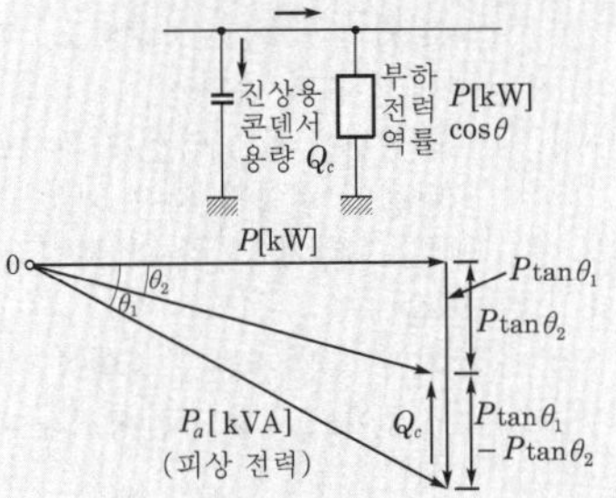

▮ 역률 개선 ▮

위의 그림은 역률 $\cos\theta_1$, 피상 전력 P_a[kVA], 유효 전력 P[kW]이다. 역률을 $\cos\theta_2$로 개선하기 위해서 필요한 진상 용량 Q_c는 다음 식에 의해 구한다.

$$P_a = P - jQ = P(1 - j\tan\theta_1)$$

$$Q_c = P(\tan\theta_1 - \tan\theta_2)$$

$$= P\left(\frac{\sqrt{1-\cos^2\theta_1}}{\cos\theta_1} - \frac{\sqrt{1-\cos^2\theta_2}}{\cos\theta_2}\right)\text{[kVA]}$$

기출문제 관련 이론 바로보기

02. 이론 Check **직접 접지 방식의 특징**

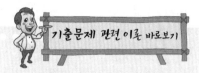

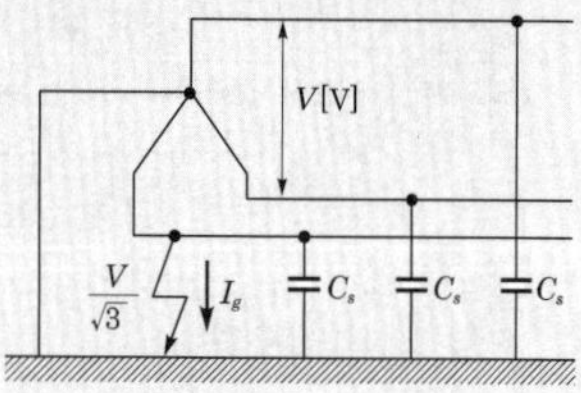

| 직접 접지 방식 |

(1) 조건

$R_0 \leq X_1$, $X_0 \leq 3X_1$가 되어야 하며, 1선 지락 사고시 건전상의 전위 상승을 1.3배 이하가 되도록 중성점 접지 저항으로 접지하는 것. 여기서, R_0 : 영상 저항, X_0 : 영상 리액턴스, X_1 : 정상 리액턴스를 말한다. 이 계통은 충전 전류는 대단히 작아져 건전상의 전위를 거의 상승시키지 않고 중성점을 통해서 큰 전류가 흐른다.

(2) 장점

① 1선 지락, 단선 사고시 전압 상승이 거의 없어 기기의 절연 레벨 저하

② 피뢰기 책무가 경감되고, 피뢰기 효과 증가

③ 중성점은 거의 영전위 유지로 단절연 변압기 사용 가능

④ 보호 계전기의 신속 확실한 동작

(3) 단점

① 지락 고장 전류가 저역률, 대전류이므로 과도 안정도가 나쁘다.

② 통신선에 대한 유도 장해가 크다.

③ 지락 전류가 커서 기기의 기계적 충격에 의한 손상, 고장점에서 애자 파손, 전선 용단 등의 고장이 우려된다.

④ 직접 접지식에서는 차단기가 큰 고장 전류를 자주 차단하게 되어 대용량의 차단기가 필요하다.

(4) 직접 접지 방식은 154[kV], 345[kV] 등의 고전압에 사용한다.

---

02 송전 계통에서 지락 보호 계전기의 동작이 가장 확실한 접지 방식은?

출제빈도

① 고저항 접지식
② 비접지식
③ 소호 리액터 접지식
④ 직접 접지식

해설 **중성점 직접 접지 방식**

- 접지 저항이 매우 작아서 사고 발생시 지락 전류가 크다.
- 건전상 이상 전압 우려가 가장 적다.
- 보호 계전기 동작이 확실하다.
- 통신선에 대한 유도 장해가 크고 과도 안정도가 나쁘다.
- 변압기가 단절연을 할 수 있다.

03 유효 저수량 200,000[m^3], 평균 유효 낙차 100[m], 발전기 출력 7,500[kW] 1대를 유효 저수량에 의하여 운전할 때 약 몇 시간 발전할 수 있는가? (단, 발전기 및 수차의 합성 효율은 85[%]이다.)

① 4 ② 5
③ 6 ④ 7

해설 수력 발전소 출력 $P_g = 9.8QH\eta$[kW]이므로

$7,500 = 9.8 \times 100 \times \frac{200,000}{3,600 \times T} \times 0.85$에서

시간 $T = 6.17$이므로 약 6시간 정도 운전할 수 있다.

04 3상 Y 결선된 발전기가 무부하 상태로 운전 중 3상 단락 고장이 발생하였을 때 나타나는 현상으로 적합하지 않은 것은?

① 영상분 전류는 흐르지 않는다.
② 역상분 전류는 흐르지 않는다.
③ 정상분 전류는 영상분 및 역상분 임피던스에 무관하고 정상분 임피던스에 반비례한다.
④ 3상 단락 전류는 정상분 전류의 3배가 흐른다.

해설 3상 단락 고장이 발생할 때 흐르는 전류는 정상분만 존재한다. 정상분 전류의 3배는 1선 지락 사고시 흐르는 지락 전류이다.

05 공칭 전압 154[kV]에 대한 250[mm] 현수 애자의 연결 개수는 대략 몇 개 정도인가?

① 5～6 ② 9～10
③ 14～15 ④ 19～20

정답 02.④ 03.③ 04.④ 05.②

해설 1연의 현수 애자 연결 수량

전압[kV]	22.9	66	154	345
수 량	2~3	4~6	9~11	19~23

06 재폐로 차단기에 대한 설명으로 옳은 것은?

① 배전 선로용은 고장 구간을 고속 차단하여 제거한 후 다시 수동 조작에 의해 배전이 되도록 설계된 것이다.

② 재폐로 계전기와 함께 설치하여 계전기가 고장을 검출하여 이를 차단기에 통보, 차단하도록 된 것이다.

③ 3상 재폐로 차단기는 1상의 차단이 가능하고 무전압 시간을 약 20~30초로 정하여 재폐로 하도록 되어 있다.

④ 송전 선로의 고장 구간을 고속 차단하고 재송전하는 조작을 자동적으로 시행하는 재폐로 차단 장치를 장비한 자동 차단기이다.

해설 재폐로 방식은 송전 선로의 고장난 구간을 고속 차단하고 자동으로 재송전하여 고장 구간을 건전 구간으로부터 분리해 계통에 주는 충격을 경감하여 안정도를 향상시킨다.

07 전압이 정정치 이하로 되었을 때 동작하는 것으로 단락 고장 등에 사용되는 계전기는?

출제빈도

① 재폐로 계전기 ② 역상 계전기

③ 부족 전류 계전기 ④ 부족 전압 계전기

해설 부족 전압 계전기는 전원 전압이 정전되었을 때 또는 단락시 고장을 검출할 때 적용되는 계전기이다.

08 송전 선로의 저항은 R, 리액턴스는 X라 하면 다음 중 어느 식이 성립하는가?

① $R \geq X$ ② $R < X$

③ $R = X$ ④ $R > X$

해설 송전 선로에서는 저항보다 리액턴스가 크게 된다.

09 3상 3선식 송전 선로가 있다. 전선 한 가닥의 저항은 15[Ω], 리액턴스는 20[Ω], 수전단 선간 전압은 30[kV], 부하 역률은 0.8인 경우, 전압 강하율은 10[%]라 하면 이 송전 선로로 약 몇 [kW]까지 수전할 수 있는가?

① 2,500 ② 2,750

③ 3,000 ④ 3,250

정답 06.④ 07.④ 08.② 09.③

기출문제 관련 이론 바로보기

07. 이론 check 보호 계전기

(1) 과전류 계전기(over current relay 51)
과부하, 단락 보호용

(2) 부족 전류 계전기(under current relay 37)
계전기의 계자 보호용 또는 전류기 기동용

(3) 과전압 계전기(over-voltage relay 59)
저항, 소호 리액터로 중성점을 접지한 전로의 접지 고장 검출용

(4) 부족 전압 계전기(under-voltage relay 27)
단락 고장의 검출용 또는 공급 전압 급감으로 인한 과전류 방지용

(5) 차동 계전기(differential relay 87)
보호 구간 내 유입, 유출의 전류 벡터차를 검출

(6) 선택 계전기(selective relay 50)
2회선 간의 전류 또는 전력 조류 차에 의해 고장이 발생한 회선 선택 차단

(7) 비율 차동 계전기(ratio differential relay 87)
고장 전류와 평형 전류의 비율에 의해 동작, 변압기 내부 고장 보호용

(8) 방향 계전기(directional relay 67)
고장점 방향 결정

(9) 거리 계전기(distance relay 44)
고장점까지 전기적 거리에 비례하는 계전기

(10) 탈조 계전기(step-out protective relay 56)
고장에 의한 위상각이 동기 상태를 이탈할 때 검출용으로 계통 분리할 때 사용된다.

기출문제 관련 이론 바로보기

해설 전압 강하 $e=\frac{P}{V}(R+X\tan\theta)$에서 $P=\frac{30\times 30{,}000\times 0.1}{15+20\times\frac{0.6}{0.8}}=3{,}000[\text{kW}]$

10 전력 계통의 주파수가 기준치보다 증가하는 경우 어떻게 하는 것이 타당한가?

① 발전 출력[kW]을 증가시켜야 한다.
② 발전 출력[kW]을 감소시켜야 한다.
③ 무효 전력[kVar]을 증가시켜야 한다.
④ 무효 전력[kVar]을 감소시켜야 한다.

해설 주파수가 증가하는 경우는 발전기 회전수가 증가하는 것으로 출력을 감소시켜야 한다.

11 지중선 계통은 가공선 계통에 비하여 어떠한가?

① 인덕턴스, 정전 용량이 모두 크다.
② 인덕턴스, 정전 용량이 모두 적다.
③ 인덕턴스는 적고, 정전 용량은 크다.
④ 인덕턴스는 크고, 정전 용량은 적다.

해설 지중 전선로의 인덕턴스는 가공 전선로에 비하면 $\frac{1}{6}$ 정도이고, 정전 용량은 가공 전선로에 비해 100배 정도이다.

11. 이론 check **지중 전선로의 장단점**

(1) 장점
① 미관이 좋다.
② 화재 및 폭풍우 등 기상 영향이 적고, 지역 환경과 조화를 이룰 수 있다.
③ 통신선에 대한 유도 장해가 적다.
④ 인축에 대한 안전성이 높다.
⑤ 다회선 설치와 시설 보안이 유리하다.

(2) 단점
① 건설비, 시설비, 유지 보수비 등이 많이 든다.
② 고장 검출이 쉽지 않고, 복구 시 장시간이 소요된다.
③ 송전 용량이 제한적이다.
④ 건설 작업시 교통 장애, 소음, 분진 등이 있다.

12 공기 차단기에 비해 SF_6 가스 차단기의 특징으로 볼 수 없는 것은?

① 같은 압력에서 공기의 2~3배 정도의 절연 내력이 있다.
② 밀폐 구조이므로 소음이 없다.
③ 소전류 차단시 이상 전압이 높다.
④ 아크에 SF_6 가스는 분해되지 않고 무독성이다.

해설 **가스 차단기(GCB ; Gas Circuit Breaker)**
SF_6(육불화황) 가스를 소호 매체로 이용하는 방식으로 초고압 계통에서 사용하고, 소음이 없고 설치 면적이 크고, 차단시 이상 전압은 공기 차단기보다 크지 않다.

13 수관식 보일러의 장점에 속하지 않는 것은?

① 수관의 지름이 작아지고 고압에 견딜 수 있다.
② 드럼 안의 순환이 좋으며 증기 발생이 빠르다.
③ 용량을 크게 할 수 있고 과열기를 설치하기 쉽다.
④ 구조가 간단하고 증발량이 크다.

정답 10.② 11.③ 12.③ 13.④

해설 **수관식 보일러의 특징**

전 부분의 벽관을 얇고 촘촘한 구조로 제작 및 시공함으로써 방열 손실을 최소화시켜 벽면이 포화 증기 온도 이하로 유지되며 가압 연소 방식으로 전열 효과를 극대화시키고, 내구성이 뛰어나며 외장이 미려하고, 용량이 크고 과열기 설치가 용이하고 가스의 누출이 없으며 보수가 쉽고 운전 유지비가 저렴하고 보일러 운전 소음이 매우 작으며, 포밍(foaming) 및 프라이밍(priming) 현상을 최소화 한다.

14 일반적인 경우 그 값이 1 이상인 것은?

출제빈도

① 부등률　　② 전압 강하율

③ 부하율　　④ 수용률

해설 $\text{부등률} = \dfrac{\text{각 부하의 최대 수용 전력의 합[kW]}}{\text{합성 최대 전력[kW]}}$으로 이 값은 항상 1 이상이다.

15 일정 거리를 동일 전선으로 송전할 때 송전 전력은 송전 전압의 대략 몇 승에 비례하는가?

① 2　　② $\frac{1}{2}$

③ 1　　④ $\frac{1}{3}$

해설 다른 조건이 동일하면 송전 전력은 송전 전압의 2승에 비례한다.

16 다음 중 송전 선로의 매설 지선의 가장 중요한 설치 목적은?

출제빈도

① 뇌해의 방지　　② 코로나 전압의 감소

③ 구조물의 보호　　④ 절연 강도의 증가

해설 매설 지선이란 철탑의 탑각 저항이 크면 낙뢰 전류가 흐를 때 철탑의 순간 전위가 상승하여 현수 애자련에 역섬락이 생길 수 있으므로 철탑의 기초에서 방사상 모양의 지선을 설치하여 철탑의 탑각 저항을 줄이는 것으로 역섬락으로 인한 피해를 방지한다.

17 과전류 계전기(OCR)의 탭(tap)값을 옳게 설명한 것은?

① 계전기의 최소 동작 전류

② 계전기의 최대 부하 전류

③ 계전기의 동작 시한

④ 변류기의 권수비

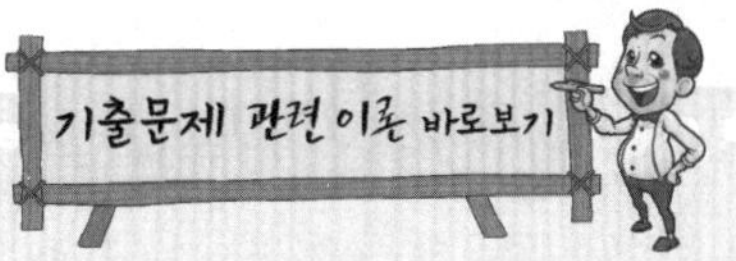

14. 이론 check **부등률**

수용가 상호간, 배전 변압기 상호간, 급전선 상호간 또는 변전소 상호간에서 각개의 최대 부하는 같은 시각에 일어나는 것이 아니고, 그 발생 시각에 약간씩 시각차가 있기 마련이다. 따라서, 각개의 최대 수요의 합계는 그 군의 종합 최대 수요(=합성 최대 전력)보다도 큰 것이 보통이다. 이 최대 전력 발생 시각 또는 발생 시기의 분산을 나타내는 지표가 부등률이다.

$\text{부등률} = \dfrac{\text{각 부하의 최대 수요 전력의 합[kW]}}{\text{각 부하를 종합하였을 때의 최대 수요(합성 최대 전력)[kW]}}$

16. Tip **역섬락**

뇌전류가 철탑으로부터 대지로 흐를 때, 철탑 전위의 파고값이 전선을 절연하고 있는 애자련이 절연 파괴 전압 이상으로 될 경우 철탑으로부터 전선을 향해서 거꾸로 철탑측으로부터 도체를 향해서 일어나게 되는데, 이것을 역섬락(reverse flashover phenomenon)이라 한다. 이것을 방지하기 위해서 될 수 있는 대로 탑각 접지 저항을 작게 해줄 필요가 있다. 보통 이를 위해서 아연도금의 철연선을 지면 약 30[cm] 밑에 30~50[m]의 길이의 것을 방사상으로 몇 가닥 매설하는데 이것을 매설 지선(counter poise)이라 한다.

정답 14.① 15.① 16.① 17.①

기출문제 관련 이론 바로보기

19. 이론 check 퍼센트법 단락 전류 계산

(1) 퍼센트법(%Z)

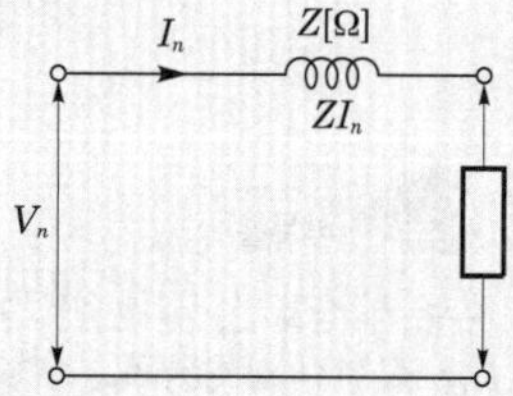

그림과 같이 임피던스 $Z[\Omega]$을 접속하고 정격 전압 V_n[V]을 가할 때 정격 전류 I_n[A]이 흐르면 임피던스 $Z[\Omega]$에 ZI_n[V]의 전압 강하가 생긴다. 이 전압 강하 ZI_n이 정격 전압 V_n에 대한 비를 [%]로 나타낸 것이 %Z이고, 이것을 식으로 표시하면 $\%Z=\dfrac{ZI_n}{V_n}\times 100[\%]$와 같이 된다.

$$\%Z=\frac{ZI_n}{V_n}\times\frac{V_n}{V_n}\times 100[\%]$$

$$=\frac{ZI_n\times V_n\times 10^3}{V_n^{\ 2}\times 10^6}\times 100[\%]$$

$$=\frac{P\cdot Z}{10\,V_n^{\ 2}}[\%]$$

여기서,

P : 변압기의 정격 용량[kVA]

V_n : 정격 전압[kV]

(2) 단락 전류(차단 전류) 계산

$$I_s=\frac{V_n}{Z},\ \%Z=\frac{I_nZ}{V_n}\times 100$$

$$\therefore\ I_s=\frac{100}{\%Z}\times I_n$$

(3) 단락 용량(P_s : 차단기 최소 용량) 계산

$$I_s=\frac{100}{\%Z}\times I_n=\frac{100}{\%Z}\times\frac{P_n}{\sqrt{3}\,V_n}$$

양변에 $\sqrt{3}\,V_n$을 곱하여 정리하면 $P_s=\dfrac{100}{\%Z}P_n$[kVA]이다.

해설 OCR의 탭이 일정치 이상의 전류가 흐를 때 동작하는 과전류 계전기는 최소 동작 전류로 표시한다.

18 위상 비교 반송 방식에 대한 설명으로 맞는 것은?

① 일단에서의 전압과 타단에서의 전압의 위상각을 비교한다.
② 일단에서 유입하는 전류와 타단에서 유출하는 전류의 위상각을 비교한다.
③ 일단에서 유입하는 전류와 타단에서의 전압의 위상각을 비교한다.
④ 일단에서의 전압과 타단에서 유출되는 전류의 위상각을 비교한다.

해설 모선에 접속된 각 회선의 전류 위상을 비교하여 모선 고장인지 외부 고장인지를 판별하는 방식이다.

19 어떤 발전소의 발전기가 13.2[kV], 용량 9.3[MVA], 동기 임피던스 94[%]일 때, 임피던스[Ω]는?

출제빈도

① 9.8　　② 12.8
③ 17.6　　④ 22.4

해설 $\%Z=\dfrac{PZ}{10V^2}[\%]$에서 임피던스 $Z=\dfrac{94\times 10\times 13.2^2}{9.3\times 10^3}=17.6[\Omega]$

20 가공 전선로의 선로 정수에 대한 설명 중 틀린 내용은?

① 송배전 선로는 저항, 인덕턴스, 정전 용량, 누설 컨덕턴스라는 4개의 정수로 이루어진다.
② 선로 정수를 평형시키기 위해서는 연가를 하지 않는다.
③ 장거리 송전 선로에 대해서는 분포 정수 회로로 취급한다.
④ 도체와 도체 사이 또는 도체와 대지 사이에는 정전 용량이 존재한다.

해설 선로 정수를 평형시키기 위해서는 연가를 충분히 하여야 한다.

제 3 회 전력공학

01 송전선용 표준 철탑 설계의 경우 일반적으로 가장 큰 하중은?

① 빙설　　② 애자, 전선의 중량
③ 풍압　　④ 전선의 인장 강도

정답 18.② 19.③ 20.② / 01.③

해설 철탑 설계에 적용되는 하중에는 수직 하중(자중과 빙설의 하중) 및 수평 하중(풍압 하중)이 있는데 이 중 가장 큰 하중은 풍압에 의한 수평 하중이다.

02 출력 20,000[kW]의 화력 발전소가 부하율 80[%]로 운전할 때 1일의 석탄 소비량은 약 몇 [t]인가? (단, 보일러 효율 80[%], 터빈의 열 사이클 효율 35[%], 터빈 효율 85[%], 발전기 효율 76[%], 석탄의 발열량은 5,500[kcal/kg]이다.)

① 272 ② 293
③ 312 ④ 333

해설 발전소 열 효율 $\eta = \dfrac{860\,W}{mH}$에서

연료량 $m = \dfrac{860 \times 20,000 \times 0.8}{5,500 \times 0.8 \times 0.35 \times 0.85 \times 0.76} \times 10^{-3} = 333[\mathrm{t}]$

03 변전소에서 사용하는 조상 설비 중 전력 손실이 출력의 최대 0.6[%] 이하이며, 지상용으로 사용되는 조상 설비는?

① 전력용 콘덴서 ② 분로 리액터
③ 동기 조상기 ④ 유도 전압 조정기

해설 조상 설비의 종류에는 동기 조상기(진상, 지상 양용)와 전력용 콘덴서(진상용) 및 분로 리액터(지상용)가 있다.

04 3상 3선식 소호 리액터 접지 방식에서 1선의 대지 정전 용량을 C[μF], 상전압 E[kV], 주파수 f[Hz]라 하면 소호 리액터의 용량[kVA]은?

① $\pi f CE^2 \times 10^{-3}$ ② $2\pi f CE^2 \times 10^{-3}$
③ $3\pi f CE^2 \times 10^{-3}$ ④ $6\pi f CE^2 \times 10^{-3}$

해설 소호 리액터 용량 $Q_c = 3\omega CE^2 \times 10^{-3} = 6\pi f CE^2 \times 10^{-3}$[kVA]

05 전력선 1선의 대지 전압이 E, 통신선의 대지 정전 용량을 C_b, 전력선과 통신선 사이의 상호 정전 용량을 C_{ab}라고 하면 통신선의 정전 유도 전압은?

① $\dfrac{C_{ab}+C_b}{C_b} \cdot E$ ② $\dfrac{C_{ab}+C_b}{C_{ab}} \cdot E$
③ $\dfrac{C_{ab}}{C_{ab}+C_b} \cdot E$ ④ $\dfrac{C_b}{C_{ab}+C_b} \cdot E$

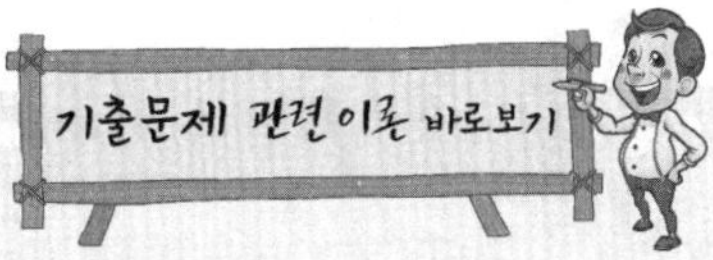

02. 이론 check **증기 터빈과 터빈 발전기**

(1) 증기의 작용에 의한 분류
① 충동식(단식, 속도 복식, 압력 복식) : 노즐에서 분사한 증기로 러너 회전
② 반동식 : 주로 동익과 정익 사이에서 증기가 팽창할 때 반동력 이용

(2) 사용 증기 처리 방법에 의한 분류
복수 터빈, 배압 터빈, 추기 복수 터빈, 추기 배압 터빈이 있다.

(3) 발전소의 열 효율

$$\eta = \frac{860\,W}{mH} \times 100[\%]$$

여기서, W : 발전량[kWh],
m : 소비된 연료량[kg]
H : 단위 질량당 발생 열량[kcal/kg]

03. 이론 check **조상 설비**

조상 설비란 계통의 무효 전력을 조정하여 전력 손실 경감을 목적으로 하는 설비이다.
(1) 회전형 : 동기 조상기, 비동기 조상기
(2) 정지형 : 전력용 콘덴서, 분로(병렬) 리액터
(3) 회전형은 진상·지상 양용이고 연속 조정이 가능하다는 이점이 있지만 가격이 비싸고, 보수가 어려운 단점 때문에 정지형인 전력용 콘덴서가 더 많이 사용된다.

정답 02.④ 03.② 04.④ 05.③

기출문제 관련 이론 바로보기

해설 전력선에서 상호 정전 용량 C_{ab}, 통신선에서 대지 정전 용량 C_b에 이어 대지로 직렬 회로가 성립하므로 정전 유도 전압(분전압) E_s를 구하면 $E_s = \frac{C_{ab}}{C_{ab}+C_b} \cdot E$로 된다.

06. 이론 check **코로나 방지 대책**

(1) 전선의 직경을 크게 하여 임계 전압을 크게 한다.
[단도체(경동선) → ACSR, 중공연선, 복도체 방식 채용]
(2) 가선 금구를 개량한다.
(3) 전선 표면의 금구를 손상하지 않게 한다.

06

코로나 방지에 가장 효과적인 방법은?

출제빈도

① 선간 거리를 증가시킨다.
② 전선의 높이를 가급적 낮게 한다.
③ 전선 표면의 전위 경도를 높인다.
④ 전선의 바깥 지름을 크게 한다.

해설 코로나 방전의 임계 전압 $E_0 = 24.3\, m_0\, m_1\, \delta\, d \log_{10}\frac{D}{r}$[kV]이므로 코로나 방지를 위해서는 임계 전압을 높여야 하므로 가장 효과적인 코로나 방지는 전선의 굵기를 크게 하는 방법이다.

07

다음 중 1상당의 용량 200[kVA]의 콘덴서에 제5고조파를 억제하기 위하여 직렬 리액터를 설치하고자 한다. 기본파 기준으로 직렬 리액터의 용량[kVA]으로 알맞은 것은?

① 6 ② 12
③ 18 ④ 25

해설 직렬 리액터는 제5고조파를 제거하여 전압의 파형을 개선한다. 리액터의 용량은 콘덴서 용량의 6[%] 이하이므로 $200 \times 0.06 = 12$[kVA]이다.

08. 이론 check **다도체의 인덕턴스**

$L = \frac{0.05}{n} + 0.4605\log_{10}\frac{D}{r'}$ [mH/km]

여기서,
n : 소도체의 수
r' : 등가반지름
$r' = r^{\frac{1}{n}} \cdot s^{\frac{n-1}{n}} = \sqrt[n]{r \cdot s^{n-1}}$
(s : 소도체 간의 등가 선간 거리)

08

반지름 r[m]이고 소도체 간격 a인 2도체 송전 선로에서 등가 선간 거리가 D[m]로 배치되고 완전 연가된 경우 인덕턴스는 몇 [mH/km]인가?

출제빈도

① $0.4605\log_{10}\frac{D}{\sqrt{ra^2}} + 0.025$

② $0.4605\log_{10}\frac{D}{\sqrt{ra}} + 0.025$

③ $0.4605\log_{10}\frac{D}{\sqrt{ra}} + 0.05$

④ $0.4605\log_{10}\frac{D}{\sqrt{ra^2}} + 0.05$

해설 2도체의 등가 반지름 $r' = \sqrt[n]{r \cdot a^{n-1}} = \sqrt{ra}$ 이므로

$L = \frac{0.05}{2} + 0.4605\log_{10}\frac{D}{r'} = 0.025 + 0.4605\log_{10}\frac{D}{\sqrt{ra}}$ 이다.

정답 06.④ 07.② 08.②

09 전력용 콘덴서에 방전 코일을 설치하는 주된 목적은?

출제빈도

① 합성 역률의 개선
② 전압의 파형 개선
③ 콘덴서의 등가 용량 증대
④ 전원 개방시 잔류 전하를 방전시켜 인체의 위험 방지

해설 방전 코일은 잔류 전하를 방전하여 감전 사고를 예방하고, 재투입시 모선 전압의 과상승을 방지한다.

10 플리커 예방을 위한 수용가측의 대책이 아닌 것은?

① 공급 전압을 승압한다.
② 전원 계통에 리액터분을 보상한다.
③ 전압 강하를 보상한다.
④ 부하의 무효 전력 변동분을 흡수한다.

해설 플리커 예방을 위한 공급 전압을 높이는 것은 공급측 대책이다.

11 수전 용량에 비해 첨두 부하가 커지면 부하율은 그에 따라 어떻게 되는가?

① 높아진다.
② 낮아진다.
③ 변하지 않고 일정하다.
④ 부하의 종류에 따라 달라진다.

해설 부하율 $= \dfrac{\text{평균 전력[kW]}}{\text{최대 수용 전력[kW]}} \times 100[\%]$이므로 첨두 부하(최대 수용 전력)가 커지면 부하율은 낮아진다.

12 고장점에서 구한 전 임피던스를 $Z[\Omega]$, 고장점의 상전압을 E[V]라 하면 3상 단락 전류[A]는?

① $\dfrac{E}{Z}$ ② $\dfrac{ZE}{\sqrt{3}}$

③ $\dfrac{\sqrt{3}E}{Z}$ ④ $\dfrac{3E}{Z}$

해설 $I_s = \dfrac{E}{Z} = \dfrac{E}{\sqrt{R^2+X^2}}$[A]

여기서, I_s : 단락 전류[A]
Z : 단락점에서 전원측을 본 계통 임피던스[Ω]
E : 단락점의 상전압[kV]

정답 09.④ 10.① 11.② 12.①

기출문제 관련 이론 바로보기

09. 이론 check **역률 개선**

P[kW], $\cos\theta_1$의 부하 역률을 $\cos\theta_2$로 개선하기 위해 설치하는 콘덴서의 용량 Q[kVA]

(1) $Q = P(\tan\theta_1 - \tan\theta_2)$[kVA]
(2) 콘덴서에 의한 제5고조파 제거를 위해서 직렬 리액터가 필요하다.
(3) 전원 개로 후 잔류 전압을 방전시키기 위해 방전 장치가 필요하다.
(4) 역률 개선용 콘덴서의 용량 계산

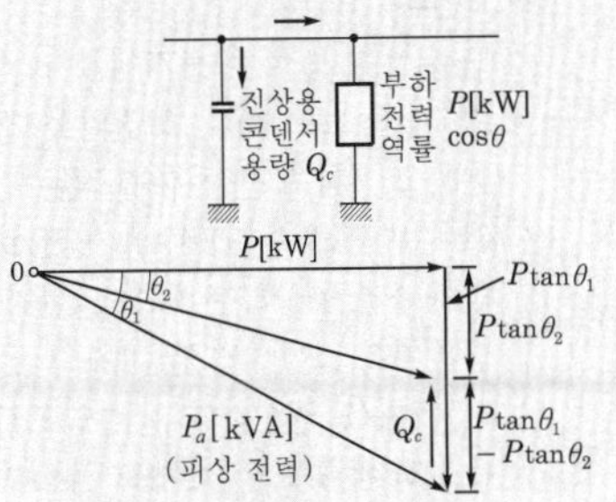

‖ 역률 개선 ‖

위의 그림은 역률 $\cos\theta_1$, 피상 전력 P_a[kVA], 유효 전력 P[kW]이다.
역률을 $\cos\theta_2$로 개선하기 위해서 필요한 진상 용량 Q_c는 다음 식에 의해 구한다.

$$P_a = P - jQ = P(1 - j\tan\theta_1)$$
$$Q_c = P(\tan\theta_1 - \tan\theta_2)$$
$$= P\left(\frac{\sqrt{1-\cos^2\theta_1}}{\cos\theta_1} - \frac{\sqrt{1-\cos^2\theta_2}}{\cos\theta_2}\right)\text{[kVA]}$$

기출문제 관련 이론 바로보기

15. Tip 변류기와 전압 변성기

(1) 변류기(CT)

변류기는 보호 계전기에 1차 전력 계통으로부터의 고전압을 절연하고, 1차측 큰 전류를 작은 전류(일반적으로 100[A] 이하)로 변환하여 공급하는 역할을 한다. 변류기는 크게 철심, 1차측 권선, 2차측 권선, 외부 절연으로 구성되어 있으며, 1차측 권선이 1차측 도체로 구성된 부싱형 변류기가 많이 사용되고 있다.

(2) 전압 변성기(PT)

전압 변성기(또는 계기용 변압기)는 보호 계전기에 1차 전력 계통으로부터의 고전압을 절연하고, 1차측 큰 전압(kilo-volt)을 작은 전압(일반적으로 110[V] 이하)로 변환하여 공급하는 역할을 한다. 전압 변성기는 전력 계통 고장 발생시에 고장이 발생한 상전압은 떨어지고 건전상은 최고 $\sqrt{3}$ 배 정도의 전압 상승만이 발생하므로, 큰 전압이 유기되지 않아 변류기와 같이 기능상으로 계전기용과 계기용을 구분하여 사용하지 않고, 계기용 변압기를 보호 계전기용과 계기용 모두 사용하며, 형태에 따라 구분하면 전자형 전압 변성기(PT 또는 VT)와 콘덴서형 전압 변성기(CPD)로 나눌 수 있다.

13

파동 임피던스 $Z_1 = 400[\Omega]$인 선로 종단에 파동 임피던스 $Z_2 = 1{,}200[\Omega]$의 변압기가 접속되어 있다. 지금 선로에서 파고 $e_1 = 1{,}000[\text{kV}]$의 전압이 진입하였다. 접속점에서 전압의 투과파[kV]는?

① 500 ② 1,000
③ 1,500 ④ 2,000

해설 투과파 전압 $e_t = \dfrac{2Z_2}{Z_2 + Z_1} \cdot e_i = \dfrac{2 \times 1{,}200}{1{,}200 + 400} \times 1{,}000 = 1{,}500[\text{kV}]$

14

피뢰기의 정격 전압이란?

① 상용 주파수의 방전 개시 전압
② 속류를 차단할 수 있는 최고의 교류 전압
③ 방전을 개시할 때 단자 전압의 순시값
④ 충격 방전 전류를 통하고 있을 때의 단자 전압

해설 피뢰기의 정격 전압은 속류를 끊을 수 있는 최고의 교류 실효값 전압이며 송전선 전압이 같더라도 중성점 접지 방식 여하에 따라서 다음과 같다.

- 직접 접지 계통 : 선로 공칭 전압의 0.8~1.0배
- 기타 접지 계통 : 선로 공칭 전압의 1.4~1.6배

15

출제빈도

콘덴서형 계기용 변압기의 특징에 속하지 않는 것은?

① 권선형에 비해 오차가 적고 특성이 좋다.
② 절연의 신뢰도가 권선형에 비해 크다.
③ 고압 회로용의 경우는 권선형에 비해 소형 경량이다.
④ 전력선 반송용 결합 콘덴서와 공용할 수 있다.

해설 정전형(콘덴서형) 계기용 변압기는 절연 신뢰도가 높고 전력선 반송용 결합 콘덴서와 공용하고, 소형 경량이지만 권선형에 비해 오차가 크다는 단점이 있다.

16

화력 발전소에서 급수 및 증기가 흐르는 순서는?

① 보일러 → 과열기 → 절탄기 → 터빈 → 복수기
② 보일러 → 절탄기 → 과열기 → 터빈 → 복수기
③ 절탄기 → 보일러 → 과열기 → 터빈 → 복수기
④ 절탄기 → 과열기 → 보일러 → 터빈 → 복수기

해설 **급수와 증기 흐름의 기본 순서**

급수 펌프 → 절탄기 → 보일러 → 과열기 → 터빈 → 복수기

정답 13.③ 14.② 15.① 16.③

17 전력 계통의 주파수가 기준값보다 증가하는 경우 어떻게 하는 것이 가장 타당한가?

① 발전 출력[kW]을 감소시켜야 한다.
② 발전 출력[kW]을 증가시켜야 한다.
③ 무효 전력[kVar]을 감소시켜야 한다.
④ 무효 전력[kVar]을 증가시켜야 한다.

해설 주파수가 증가하는 경우는 발전기 회전수가 증가하는 것으로 출력을 감소시켜야 한다.

18 가공 전선로에 대한 지중 전선로의 장점으로 옳은 것은?

① 건설비가 싸다.
② 송전 용량이 많다.
③ 인축에 대한 안전성이 높으며 환경 조화를 이룰 수 있다.
④ 사고 복구에 효율적이다.

해설
- 장점
  - 미관이 좋다.
  - 화재 및 폭풍우 등 기상 영향이 적고, 지역 환경과 조화를 이룰 수 있다.
  - 통신선에 대한 유도 장해가 적다.
  - 인축에 대한 안전성이 높다.
  - 다회선 설치와 시설 보안이 유리하다.
- 단점
  - 건설비, 시설비, 유지 보수비 등이 많이 든다.
  - 고장 검출이 쉽지 않고, 복구시 장시간이 소요 된다.
  - 송전 용량이 제한적이다.
  - 건설 작업시 교통 장애, 소음, 분진 등이 있다.

19 1선 지락시 건전상의 전압 상승이 가장 적은 중성점 접지 방식은?

출제빈도

① 직접 접지 방식 ② 비접지 방식
③ 저항 접지 방식 ④ 소호 리액터 접지 방식

해설 1선 지락시 전위 상승은 소호 리액터 접지와 비접지 방식이 높고, 직접 접지 방식이 가장 적다.

20 전력 원선도의 가로축과 세로축은 각각 어느 것을 나타내는가?

① 전압과 전류 ② 전압과 역률
③ 전류와 유효 전력 ④ 유효 전력과 무효 전력

해설 전력 원선도의 가로축에는 유효 전력, 세로축에는 무효 전력을 나타낸다.

정답 17.① 18.③ 19.① 20.④

기출문제 관련 이론 바로보기

19. 이론 check **중성점 접지 : 직접 접지 방식의 특징(유효 접지 방식)**

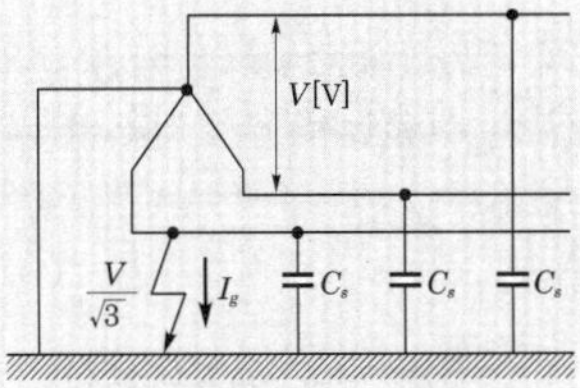

| 직접 접지 방식 |

(1) 조건
$R_0 \leq X_1$, $X_0 \leq 3X_1$가 되어야 하며, 1선 지락 사고시 건전상의 전위 상승을 1.3배 이하가 되도록 중성점 접지 저항으로 접지하는 것. 여기서, R_0는 영상 저항, X_0는 영상 리액턴스, X_1은 정상 리액턴스를 말한다. 이 계통은 충전 전류는 대단히 작아져 건전상의 전위를 거의 상승시키지 않고 중성점을 통해서 큰 전류가 흐른다.

(2) 장점
① 1선 지락, 단선 사고시 전압 상승이 거의 없어 기기의 절연 레벨 저하
② 피뢰기 책무가 경감되고, 피뢰기 효과 증가
③ 중성점은 거의 영전위 유지로 단절연 변압기 사용 가능
④ 보호 계전기의 신속 확실한 동작

(3) 단점
① 지락 고장 전류가 저역률, 대전류이므로 과도 안정도가 나쁘다.
② 통신선에 대한 유도 장해가 크다.
③ 지락 전류가 커서 기기의 기계적 충격에 의한 손상, 고장점에서 애자 파손, 전선 용단 등의 고장이 우려된다.
④ 직접 접지식에서는 차단기가 큰 고장 전류를 자주 차단하게 되어 대용량의 차단기가 필요하다.

2013년 과년도 출제문제

기출문제 관련 이론 바로보기

01. 이론 check **콘덴서의 충전 용량**

저압용은 [μF], 고압용은 [kVA]의 단위를 사용한다.

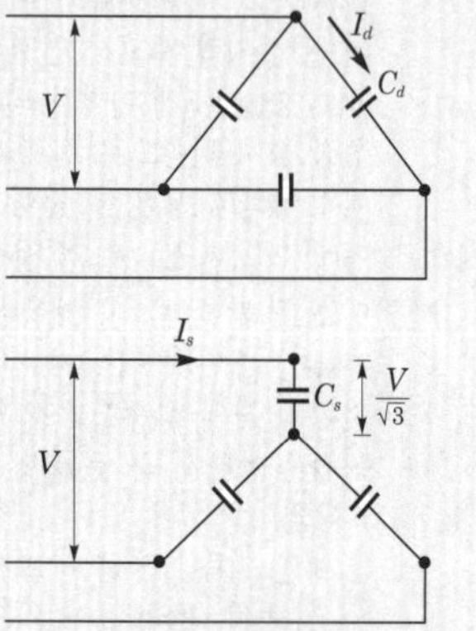

| 3상용 콘덴서 |

콘덴서의 정격 전압을 V[V], 충전 전류를 △결선에서 I_d, Y결선에서 I_s[A], 정격 주파수를 f[Hz], 정전 용량을 C[μF], 콘덴서 용량을 Q[kVA]라 하면

(1) 3상 Y결선의 경우

$$Q_Y = 3 \cdot \omega C_s \left(\frac{V}{\sqrt{3}}\right)^2 = \omega C_s V^2$$
$$= 2\pi f C_s V^2 \times 10^{-3} [\text{kVA}]$$
$$\therefore C_s = \frac{Q}{2\pi f V^2} \times 10^3 [\mu\text{F}]$$

(2) 3상 △결선의 경우

$$Q_\triangle = 3 V I_d$$
$$= 3 \times 2\pi f C_d V^2 \times 10^{-3} [\text{kVA}]$$
$$\therefore C_d = \frac{Q}{3 \times 2\pi f V^2} \times 10^3 [\mu\text{F}]$$

제1회 전력공학

01 (출제빈도) 3상의 같은 전원에 접속하는 경우, △결선의 콘덴서를 Y결선으로 바꾸어 연결하면 진상 용량은?

① $\sqrt{3}$배의 진상 용량이 된다.
② 3배의 진상 용량이 된다.
③ $\frac{1}{\sqrt{3}}$의 진상 용량이 된다.
④ $\frac{1}{3}$의 진상 용량이 된다.

해설 △결선의 콘덴서 용량 $Q_\triangle = 3\omega CV^2$이고, Y결선의 콘덴서 용량 $Q_Y = \omega CV^2$이므로 △결선의 콘덴서를 Y결선으로 바꾸면 $\frac{1}{3}$배로 된다.

02 선로의 전압을 25[kV]에서 50[kV]로 승압할 경우, 공급 전력을 동일하게 취급하면 공급 전력은 승압 전의 (㉠)배로 되고, 선로 손실은 승압 전의 (㉡)배로 된다. ㉠과 ㉡에 들어갈 알맞은 값은? (단, 동일 조건에서 공급 전력과 선로 손실률을 동일하게 취급한다.)

① ㉠ $\frac{1}{4}$, ㉡ 2
② ㉠ $\frac{1}{4}$, ㉡ 4
③ ㉠ 2, ㉡ $\frac{1}{4}$
④ ㉠ 4, ㉡ $\frac{1}{4}$

해설 전압이 25[kV]에서 50[kV]로 2배 승압한 것이므로 공급 전력은 4배, 선로 손실은 $\frac{1}{4}$배가 된다.

03 차단기에서 "$O - t_1 - CO - t_2 - CO$"의 표기로 나타내는 것은? (단, O : 차단 동작, t_1, t_2 : 시간 간격, C : 투입 동작, CO : 투입 직후 차단)

① 차단기 동작 책무
② 차단기 재폐로 계수
③ 차단기 속류 주기
④ 차단기 무전압 시간

정답 01.④ 02.④ 03.①

해설 차단기의 동작 책무란 차단기의 차단 동작과 투입 동작 사이에 시간을 적용한 일련의 작동 상태로 표준 동작 책무는 다음과 같다.
- 일반용
  - 갑(A) : O －1분－ CO －3분－ CO
  - 을(B) : O －15초－ CO
- 고속도 재투입용 : O －θ－ CO －1분－ CO

04 철탑의 탑각 접지 저항이 커질 때 생기는 문제점은?

출제빈도

① 속류 발생
② 역섬락 발생
③ 코로나 증가
④ 가공 지선의 차폐각 증가

해설 뇌전류가 철탑으로부터 대지로 흐를 경우, 철탑 전위의 파고값이 애자련의 절연 파괴 전압 이상으로 될 경우 철탑으로부터 전선을 향해 역섬락(reverse flashover phenomenon)이 발생하므로 이것을 방지하기 위해서는 철탑의 탑각 접지 저항을 낮게 하여야 한다. 보통 이를 위해서 매설 지선을 시설한다.

05 전력 퓨즈(power fuse)의 특성이 아닌 것은?

① 현저한 한류 특성이 있다.
② 부하 전류를 안전하게 차단한다.
③ 소형이고 경량이다.
④ 릴레이나 변성기가 불필요하다.

해설 전력 퓨즈는 단락 전류를 차단하는 것을 주 목적으로 하고, 부하 전류를 차단하는 용도로 사용하지 않는다.

06 화력 발전소에서 탈기기의 설치 목적으로 가장 타당한 것은?

① 급수 중의 용해 산소의 분리
② 급수의 습증기 건조
③ 연료 중의 공기 제거
④ 염류 및 부유 물질 제거

해설 화력 발전에서 급수를 처리하는 방법 중 하나로 탈기기를 사용하여 급수 중의 용해 산소 등을 분리한다.

07 배전반 및 분전반의 설치 장소로 가장 적당한 곳은?

① 벽장 내부 ② 화장실 내부
③ 노출된 장소 ④ 출입구 신발장 내부

정답 04.② 05.② 06.① 07.③

기출문제 관련 이론 바로보기

04. 이론 check 역섬락

뇌전류가 철탑으로부터 대지로 흐를 경우, 철탑 전위의 파고값이 전선을 절연하고 있는 애자련이 절연 파괴 전압 이상으로 될 경우 철탑으로부터 전선을 향해서 거꾸로 철탑 측으로부터 도체를 향해서 일어나게 되는데, 이것을 역섬락이라 한다. 역섬락을 방지하기 위해서 될 수 있는 대로 탑각 접지 저항을 작게 해줄 필요가 있다. 보통 이를 위해서 아연 도금의 철연선을 지면 약 30[cm] 밑에 30~50[m]의 길이의 것을 방사상으로 몇 가닥 매설하는데 이것을 매설 지선이라 한다.

기출문제 관련 이론 바로보기

08. 이론 check 단거리 송전 선로[50[km] 이하]

단거리 송전 선로의 경우에는 저항과 인덕턴스와의 직렬 회로로 나타내며 집중 정수 회로로 해석한다.

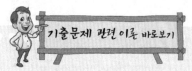

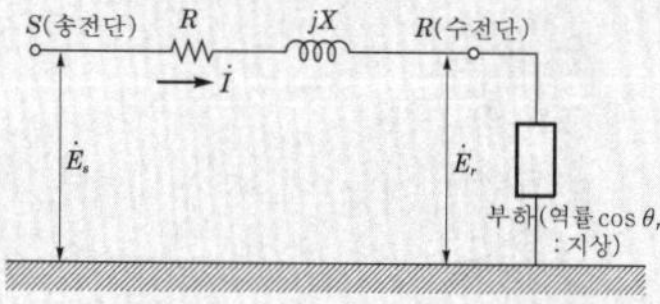

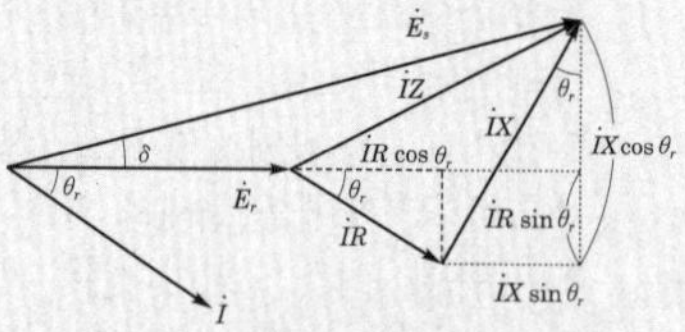

(1) 송전단(sending end) 전압 E_s

$$E_s = \sqrt{(E_r + IR\cos\theta_r + IX\sin\theta_r)^2 + (IX\cos\theta_r - IR\sin\theta_r)^2}$$

여기서, $IX\cos\theta_r - IR\sin\theta_r$을 무시하면

$$\fallingdotseq E_r + I(R\cos\theta_r + X\sin\theta_r)$$

(2) 전압 강하(e, voltage drop)

단상 $e = E_s - E_r = I(R\cos\theta_r + X\sin\theta_r)$

3상 $e = E_s - E_r$

$$= \sqrt{3}I(R\cos\theta_r + X\sin\theta_r)$$
$$= \sqrt{3} \times \frac{P_r}{\sqrt{3}V_r\cos\theta_r} \times (R\cos\theta_r + X\sin\theta_r)$$
$$= \frac{P_r}{V_r}(R + X\tan\theta_r)$$

(3) 전압 강하율(ε)

$$\varepsilon = \frac{V_s - V_r}{V_r} \times 100[\%] = \frac{e}{V_r} \times 100[\%]$$

전압 강하 $e = \dfrac{P_r}{V_r}(R + X\tan\theta_r)$

이므로 $\varepsilon = \dfrac{P_r}{V_r^2}(R + X\tan\theta) \times 100$ [%]로 된다.

여기서, V_s : 송전단 전압

V_r : 수전단 전압

P_r : 수전단 전력

R : 선로의 저항

X : 선로의 리액턴스

해설 배전반 및 분전반에 붙이는 기계 기구 및 전선은 점검할 수 있도록 시설하여야 하고, 취급자에게 위험이 미치지 아니하도록 적당한 방호 장치 또는 통로를 시설하여야 하며, 기기 조작에 필요한 공간을 확보하여야 하므로 노출된 장소가 적당하다.

08

출제빈도

3상 배전 선로의 전압 강하율을 나타내는 식이 아닌 것은? (단, V_s : 송전단 전압, V_r : 수전단 전압, I : 전부하 전류, P : 부하 전력, Q : 무효 전력이다.)

① $\dfrac{\sqrt{3}I}{V_r}(R\cos\theta + X\sin\theta) \times 100[\%]$

② $\dfrac{PR + QX}{V_r^2} \times 100[\%]$

③ $\dfrac{V_s - V_r}{V_r} \times 100[\%]$

④ $\dfrac{V_r}{V_s} \times 100[\%]$

해설

$$\varepsilon = \frac{e}{V_r} \times 100 = \frac{V_s - V_r}{V_r} \times 100 = \frac{\sqrt{3}I}{V_r}(R\cos\theta_r + X\sin\theta_r) \times 100 = \frac{PR + QX}{V_r^2} \times 100[\%]$$

09

전선의 굵기가 균일하고 부하가 균등하게 분산 분포되어 있는 배전 선로의 전력 손실은 전체 부하가 송전단으로부터 전체 전선로 길이의 어느 지점에 집중되어 있을 경우의 손실과 같은가?

① $\dfrac{3}{4}$　② $\dfrac{2}{3}$

③ $\dfrac{1}{3}$　④ $\dfrac{1}{2}$

해설

구 분	말단에 집중 부하	균등 부하 분포
전압 강하	IR	$\frac{1}{2}IR$
전력 손실	I^2R	$\frac{1}{3}I^2R$

정답 08.④ 09.③

10 차단기의 소호 재료가 아닌 것은?

① 수소 ② 기름
③ 공기 ④ SF_6

해설 소호 매질에 의한 차단기 종류

- 유입 차단기 : 절연유
- 공기 차단기 : 수십 기압의 압축 공기
- 가스 차단기 : SF_6(육불화황) 가스
- 자기 차단기 : 전자력에 의한 자계
- 진공 차단기 : 10^{-4} 정도의 고진공

11 배전 선로의 접지 목적과 거리가 먼 것은?

① 고장 전류의 크기 억제
② 고·저압 혼촉, 누전, 접촉에 의한 위험 방지
③ 이상 전압의 억제, 대지 전압을 저하시켜 보호 장치 작동 확실
④ 피뢰기 등의 뇌해 방지 설비의 보호 효과 향상

해설 배전 선로를 접지하는 목적 중 하나인 보호 계전기의 동작을 신속 정확하게 하기 위해서는 고장 전류의 크기가 커야 하므로 고장 전류를 억제하는 것은 옳지 않다.

12 뒤진 역률 80[%], 1,000[kW]의 3상 부하가 있다. 여기에 콘덴서를 설치하여 역률을 95[%]로 개선하려면 콘덴서의 용량[kVA]은?

출제빈도

① 328[kVA] ② 421[kVA]
③ 765[kVA] ④ 951[kVA]

해설 $Q = P(\tan\theta_1 - \tan\theta_2)$

$$= 1,000 \times \left(\frac{\sqrt{1-0.8^2}}{0.8} - \frac{\sqrt{1-0.95^2}}{0.95} \right)$$

$$= 421.3[\text{kVA}]$$

13 송배전 선로의 도중에 직렬로 삽입하여 선로의 유도성 리액턴스를 보상함으로써 선로 정수 그 자체를 변화시켜서 선로의 전압 강하를 감소시키는 직렬 콘덴서 방식의 특성에 대한 설명으로 옳은 것은?

① 최대 송전 전력이 감소하고 정태 안정도가 감소된다.
② 부하의 변동에 따른 수전단의 전압 변동률은 증대된다.
③ 장거리 선로의 유도 리액턴스를 보상하고 전압 강하를 감소시킨다.
④ 송·수 양단의 전달 임피던스가 증가하고 안정 극한 전력이 감소한다.

정답 10.① 11.① 12.② 13.③

기출문제 관련 이론 바로보기

(4) 전압 변동률(δ)

$$\delta = \frac{V_{ro} - V_{rn}}{V_{rn}} \times 100[\%]$$

여기서, V_{rn} : 전부하시 수전단 전압
V_{ro} : 무부하 또는 부하를 끊었을 때 수전단 전압

12. 이론 check **역률 개선**

P[kW], $\cos\theta_1$의 부하 역률을 $\cos\theta_2$로 개선하기 위해 설치하는 콘덴서의 용량 Q[kVA]

(1) $Q = P(\tan\theta_1 - \tan\theta_2)$[kVA]
(2) 콘덴서에 의한 제5고조파 제거를 위해서 직렬 리액터가 필요하다.
(3) 전원 개로 후 잔류 전압을 방전시키기 위해 방전 장치가 필요하다.
(4) 역률 개선용 콘덴서의 용량 계산

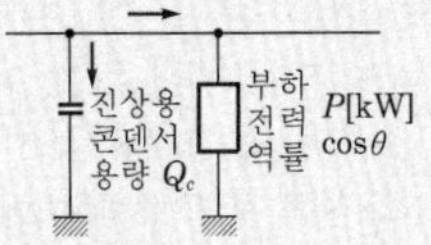

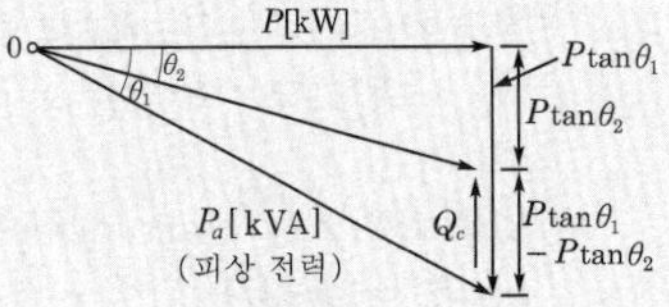

| 역률 개선 |

위의 그림은 역률 $\cos\theta_1$, 피상 전력 P_a[kVA], 유효 전력 P[kW]이다.

역률을 $\cos\theta_2$로 개선하기 위해서 필요한 진상 용량 Q_c는 다음 식에 의해 구한다.

$$P_a = P - jQ = P(1 - j\tan\theta_1)$$

$$Q_c = P(\tan\theta_1 - \tan\theta_2)$$

$$= P\left(\frac{\sqrt{1-\cos^2\theta_1}}{\cos\theta_1} - \frac{\sqrt{1-\cos^2\theta_2}}{\cos\theta_2} \right)[\text{kVA}]$$

기출문제 관련 이론 바로보기

16. 이론 check 보호 계전기

(1) 과전류 계전기(over current relay 51)
과부하, 단락 보호용
(2) 부족 전류 계전기(under current relay 37)
계전기의 계자 보호용 또는 전류기 기동용
(3) 과전압 계전기(over-voltage relay 59)
저항, 소호 리액터로 중성점을 접지한 전로의 접지 고장 검출용
(4) 부족 전압 계전기(under-voltage relay 27)
단락 고장의 검출용 또는 공급 전압 급감으로 인한 과전류 방지용
(5) 차동 계전기(differential relay 87)
보호 구간 내 유입, 유출의 전류 벡터차를 검출
(6) 선택 계전기(selective relay 50)
2회선 간의 전류 또는 전력 조류 차에 의해 고장이 발생한 회선 선택 차단
(7) 비율 차동 계전기(ratio differential relay 87)
고장 전류와 평형 전류의 비율에 의해 동작, 변압기 내부 고장 보호용
(8) 방향 계전기(directional relay 67)
고장점 방향 결정
(9) 거리 계전기(distance relay 44)
고장점까지 전기적 거리에 비례하는 계전기
(10) 탈조 계전기(step-out protective relay 56)
고장에 의한 위상각이 동기 상태를 이탈할 때 검출용으로 계통 분리할 때 사용된다.

해설 **직렬 축전지**

- 선로의 유도 리액턴스를 보상하여 전압 강하를 감소시키기 위하여 사용된다. 수전단의 전압 변동률을 줄이고 정태 안정도가 증가하여 최대 송전 전력이 커진다.
- 정지기로서 가격이 싸고 전력 손실이 적으며, 소음이 없고 보수가 용이하다.
- 부하의 역률이 나쁠수록 효과가 크게 된다.

14 수력 발전소에 조압 수조(서지 탱크)를 설치하는 목적은?

① 수차 보호
② 흡출관 보호
③ 수격 작용 흡수
④ 조속기 보호

해설 부하가 급변할 때 수압 관로의 수격압이 상승하여 수압관을 파괴시킬 수 있으므로 수격압을 흡수하기 위해 조압 수조를 설치한다.

15 22.9[kV-Y] 배전 선로의 보호 협조 기기가 아닌 것은?

① 컷 아웃 스위치　② 인터럽터 스위치
③ 리클로저　④ 섹셔널라이저

해설
- 컷 아웃 스위치 : 변압기 1차측에 설치하여 변압기의 단락 사고가 전력 계통으로 파급되는 것을 방지한다.
- 인터럽터 스위치 : 수용가 인입구에 ASS(자동 고장 구분 개폐기) 대용으로 사용되므로 배전 선로 보호 협조 기기라고 볼 수 없다.
- 리클로저(recloser) : 선로에 고장이 발생하였을 때 고장 전류를 검출하여 지정된 시간 내에 고속 차단하고 자동 재폐로 동작을 수행하여 고장 구간을 분리하거나 재송전하는 장치이다.
- 섹셔널라이저(sectionalizer) : 고장 발생시 사고를 국부적으로 분리시키는 것으로 후비 보호 장치와 직렬로 설치한다.

16 출제빈도 전압이 일정 값 이하로 되었을 때 동작하는 것으로서 단락시 고장 검출용으로도 사용되는 계전기는?

① 재폐로 계전기
② 역상 계전기
③ 부족 전류 계전기
④ 부족 전압 계전기

해설 부족 전압 계전기(under-voltage relay 27)는 단락 고장의 검출용 또는 공급 전압 급감으로 인한 과전류 방지용이다.

정답 14.③ 15.② 16.④

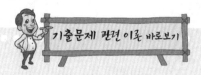

17 전선 양측의 지지점의 높이가 동일할 경우 전선의 단위 길이당 중량을 W[kg], 수평 장력을 T[kg], 경간을 S[m], 전선의 이도를 D[m]라 할 때 전선의 실제 길이 L[m]를 계산하는 식은?

① $L = S + \dfrac{8S^2}{3D}$ ② $L = S + \dfrac{8D^2}{3S}$
③ $L = S + \dfrac{3S^2}{8D}$ ④ $L = S + \dfrac{3D^2}{8S}$

해설 이도 $D = \dfrac{WS^2}{8T}$[m]

전선의 실제 길이 $L = S + \dfrac{8D^2}{3S}$[m]

18 전력 계통의 전압 조정과 무관한 것은?

① 변압기 ② 발전기의 전압 조정 장치
③ MOF ④ 동기 조상기

해설 MOF는 전력 수급용 계기용 변성기로서 전력량계를 연결하여 부하 전력을 측정하기 위한 변성기이다.

19 송전단 전압을 V_s, 수전단 전압을 V_r, 선로의 직렬 리액턴스를 X라 할 때, 이 선로에서 최대 송전 전력은? (단, 선로 저항은 무시한다.)

① $\dfrac{V_s V_r}{X}$ ② $\dfrac{V_s^2 - V_r^2}{X}$
③ $\dfrac{V_s V_r}{X^2}$ ④ $\dfrac{V_s^2 V_r^2}{X}$

해설 $P = \dfrac{V_s V_r}{X}\sin\delta$에서 최대 송전 전력은 상차각이 90°일 때이므로 $P = \dfrac{V_s V_r}{X}$이다.

20 발전기의 자기 여자 현상을 방지하기 위한 대책으로 적합하지 않은 것은?

① 단락비를 크게 한다.
② 포화율을 작게 한다.
③ 선로의 충전 전압을 높게 한다.
④ 발전기 정격 전압을 높게 한다.

해설 동기 발전기의 자기 여자는 진상 전류에 의한 현상으로 이를 방지하기 위해서는 단락비와 충전 전압을 크게, 포화율을 작게 하고, 동기 조상기나 분로 리액터를 설치하여야 한다. 그러므로 발전기의 정격 전압과는 무관하다.

정답 17.② 18.③ 19.① 20.④

기출문제 관련 이론 바로보기

17. 이론 check **전선 지지점에 고·저차가 없는 경우**

이도와 전선의 실제 길이는 다음과 같다.

(1) 이도

$D = \dfrac{WS^2}{8T}$[m]

(2) 전선의 실제 길이

$L = S + \dfrac{8D^2}{3S}$[m]

18. 이론 check **전압 조정의 방법**

(1) 변전소에서의 전압 조정에는 모선 또는 급전선마다 전압 조정 설비를 설치해서 변전소에서 보내는 송전 전압을 중부하시에는 높게, 경부하시에는 낮게 조정한다.
(2) 배전선에서의 전압 조정에는 전선로의 설계상 고압선 및 저압선에서의 전압 강하를 적정 한도 이하로 억제한다.
(3) 배전 변압기에서의 전압 조정에는 고압선 각 부의 전압에 따라서 배전 변압기의 사용 탭을 적정하게 선정한다.
(4) 필요에 따라 자동 승압기, 직렬 콘덴서 등의 전압 조정기를 사용한다.

기출문제 관련 이론 바로보기

01. 이론 check 장거리 송전 선로(100[km] 이상)

[특성 임피던스]

$Z_0 = \sqrt{\frac{Z}{Y}} = \sqrt{\frac{R+j\omega L}{G+j\omega C}}$

$\fallingdotseq \sqrt{\frac{L}{C}}\,[\Omega]$

Tip 장거리 송전 선로(100[km] 이상)

(1) 송전선의 기초 방정식(전파 방정식)

$E_s = E_r \cosh\gamma l + I_r Z_0 \sinh\gamma l\,[\text{V}]$

$I = E_r Y_0 \sinh\gamma l + I_r \cosh\gamma l\,[\text{A}]$

(2) 전파 정수

$\gamma = \sqrt{ZY}$

$= \sqrt{(R+j\omega L)(G+j\omega C)}\,[\text{rad}]$

(3) 전파 속도

$v = \frac{1}{\sqrt{LC}}\,[\text{m/s}]$

제 2 회 전력공학

01

가공 전선로의 작용 인덕턴스를 L[H], 작용 정전 용량을 C[F], 사용 전원의 주파수를 f[Hz]라 할 때 선로의 특성 임피던스는? (단, 저항과 누설 컨덕턴스는 무시한다.)

출제빈도

① $\sqrt{\frac{C}{L}}$ ② $\sqrt{\frac{L}{C}}$

③ $\sqrt{LC}$ ④ $2\pi fL - \frac{1}{2\pi fC}$

해설 특성 임피던스 $Z_0 = \sqrt{\frac{Z}{Y}} = \sqrt{\frac{R+j\omega L}{G+j\omega C}} = \sqrt{\frac{L}{C}}$

02

다음 중 중성점 비접지 방식이 이용되는 송전선은?

① 20~30[kV] 정도의 단거리 송전선
② 40~50[kV] 정도의 중거리 송전선
③ 80~100[kV] 정도의 장거리 송전선
④ 140~160[kV] 정도의 장거리 송전선

해설 중성점 비접지 방식은 저전압 단거리에 적합하므로 전압은 20~30[kV]이다.

03

중성점 저항 접지 방식의 병행 2회선 송전 선로의 지락 사고 차단에 사용되는 계전기는?

① 선택 접지 계전기 ② 거리 계전기
③ 과전류 계전기 ④ 역상 계전기

해설 병행 2회선 송전 선로의 지락 사고 차단에는 고장난 회선을 선택하는 선택 접지 계전기를 사용한다.

04

주상 변압기의 1차측 전압이 일정할 경우, 2차측 부하가 증가하면 주상 변압기의 동손과 철손은 어떻게 되는가?

① 동손은 감소하고 철손은 증가한다.
② 동손은 증가하고 철손은 감소한다.
③ 동손은 증가하고 철손은 일정하다.
④ 동손과 철손이 모두 일정하다.

해설 부하가 증가하면 권선의 동손이 증가하게 되고, 철손은 부하 증가와 관계없이 일정하다.

정답 01.② 02.① 03.① 04.③

05 풍압이 P[kg/m²]이고 빙설이 적은 지방에서 지름이 d[mm]인 전선 1[m]가 받는 풍압 하중은 표면 계수를 k라고 할 때 몇 [kg/m]가 되는가?

① $\frac{Pk(d+12)}{1,000}$　② $\frac{Pk(d+6)}{1,000}$

③ $\frac{Pkd}{1,000}$　④ $\frac{Pkd^2}{1,000}$

해설 **수평 하중(풍압 하중, W_w)**

- 빙설이 많은 지역 $W_w = Pk(d+12)\times 10^{-3}$[kg/m]
- 빙설이 적은 지역 $W_w = Pkd\times 10^{-3}$[kg/m]

여기서, P : 전선이 받는 압력[kg/m²]
d : 전선의 직경[mm]
k : 전선 표면 계수

06 다음 중 3상 차단기의 정격 차단 용량으로 알맞은 것은?

출제빈도

① 정격 전압×정격 차단 전류
② $\sqrt{3}$ ×정격 전압×정격 차단 전류
③ 3×정격 전압×정격 차단 전류
④ 3$\sqrt{3}$ ×정격 전압×정격 차단 전류

해설 정격 차단 용량
P_s[MVA]= $\sqrt{3}$×정격 전압[kV]×정격 차단 전류[kA]

07 배전 선로의 전기적 특성 중 그 값이 1 이상인 것은?

① 부등률　② 전압 강하율
③ 부하율　④ 수용률

해설 부등률 = $\frac{\text{각 부하의 최대 수용 전력의 합[kW]}}{\text{합성 최대 수용 전력[kW]}}$ 이므로 계산값이 1보다 크게 된다.

08 단상 2선식 계통에서 단락점까지 전선 한 가닥의 임피던스가 $6+j8$[Ω](전원 포함), 단락 전의 단락점 전압이 3,300[V]일 때 단상 전선로의 단락 용량은 약 몇 [kVA]인가? (단, 부하 전류는 무시한다.)

① 455　② 500
③ 545　④ 600

해설 단락 용량 $P_s = \frac{V^2}{Z} = \frac{3,300^2}{\sqrt{6^2+8^2}\times 2}\times 10^{-3}$
$= 544.5 ≒ 545$[kVA]

정답 05.③ 06.② 07.① 08.③

기출문제 관련 이론 바로보기

06. 이론 check **차단기의 정격**

(1) 정격 전압 및 정격 전류
① 정격 전압 : 규정의 조건하에서 그 차단기에 부과할 수 있는 사용 회복 전압의 상한 값(선간 전압)으로, 공칭 전압의 $\frac{1.2}{1.1}$배 정도이다.

공칭 전압	22.9 [kV]	66 [kV]	154 [kV]	345 [kV]
정격 전압	25.8 [kV]	72.5 [kV]	170 [kV]	362 [kV]

② 정격 전류 : 정격 전압, 주파수에서 연속적으로 흘릴 수 있는 전류의 한도[A]

(2) 정격 차단 전류[kA]
모든 정격 및 규정의 회로 조건하에서 규정된 표준 동작 책무와 동작 상태에 따라서 차단할 수 있는 최대의 차단 전류 한도(실효값)
※ 투입 전류 : 차단기 투입 순간 전류의 한도로서 최초 주차수의 최대치로 표시

(3) 정격 차단 용량
차단 용량= $\sqrt{3}$×정격 전압×정격 차단 전류 [MVA]

(4) 정격 차단 시간
트립 코일 여자부터 소호까지의 시간으로 약 3~8[Hz] 정도이다.

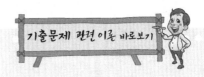

기출문제 관련 이론 바로보기

12. 이론 check 1선 지락 고장

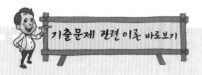

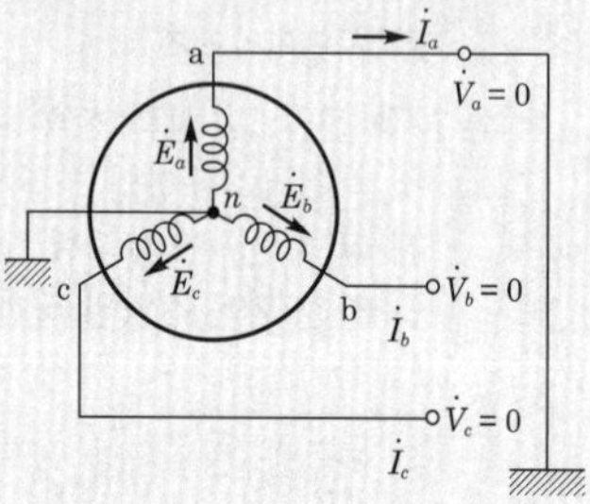

a상 지락, b상 및 c상 단자는 개방이므로 고장 조건은

$V_a=0,\ I_b=I_c=0$이다.

$I_b=I_0+a^2I_1+aI_2$이고

$I_c=I_0+aI_1+a^2I_2$이므로

$I_b-I_c=(a^2-a)I_1+(a-a^2)I_2$

$=(a^2-a)(I_1-I_2)=0$이면

$a^2\neq a$이므로

$I_1=I_2$를 위 식에 대입하여 정리하면 $I_0=I_1=I_2$가 된다.

또, $V_a=0$이므로

$V_a=V_0+V_1+V_2=0$

이것을 발전기 기본식과 결합하면

$V_a=E_a-(Z_0I_0+Z_1I_1+Z_2I_2)=0$

으로 된다. 그러므로

$I_0=I_1=I_2=\dfrac{E_a}{Z_0+Z_1+Z_2}$가 된다.

따라서, 1선 지락 고장 전류는

$I_a=I_0+I_1+I_2=\dfrac{3E_a}{Z_0+Z_1+Z_2}=3I_0$

이다.

09

전선 a, b, c가 일직선으로 배치되어 있다. a와 b와 c 사이의 거리가 각각 5[m]일 때 이 선로의 등가 선간 거리는 몇 [m]인가?

① 5 ② 10

③ $5\sqrt[3]{2}$ ④ $5\sqrt{2}$

해설 등가 선간 거리 $D_0=\sqrt[3]{D_1D_2D_3}$

$=\sqrt[3]{5\times5\times2\times5}=5\sqrt[3]{2}$ [m]

10

충전된 콘덴서의 에너지에 의해 트립되는 방식으로 정류기, 콘덴서 등으로 구성되어 있는 차단기의 트립 방식은?

① 과전류 트립 방식
② 직류 전압 트립 방식
③ 콘덴서 트립 방식
④ 부족 전압 트립 방식

해설 차단기의 트립 방식은 과전류 트립 방식, 직류 전압 트립 방식, 콘덴서 트립 방식, 부족 전압 트립 방식이 있는데 충전된 콘덴서의 에너지를 이용하는 것은 콘덴서 트립 방식이다.

11

소호 리액터 접지 방식에서 사용되는 탭의 크기로 일반적인 것은?

① 과보상
② 부족 보상
③ (−)보상
④ 직렬 공진

해설 소호 리액터의 용량 탭을 완전 공진값으로 설정하면 단선 사고시 이상 전압의 원인이 되므로 완전 공진을 벗어난 과보상을 하여야 한다.

12

출제빈도

다음 중 송전선의 1선 지락시 선로에 흐르는 전류를 바르게 나타낸 것은?

① 영상 전류만 흐른다.
② 영상 전류 및 정상 전류만 흐른다.
③ 영상 전류 및 역상 전류만 흐른다.
④ 영상 전류, 정상 전류 및 역상 전류가 흐른다.

해설 **각 사고별 대칭 좌표법 해석**

1선 지락	정상분	역상분	영상분
선간 단락	정상분	역상분	×
3상 단락	정상분	×	×

정답 09.③ 10.③ 11.① 12.④

13 기력 발전소에서 과잉 공기가 많아질 때의 현상으로 적당하지 않은 것은?

① 노 내의 온도가 저하된다.
② 배기 가스가 증가된다.
③ 연도 손실이 커진다.
④ 불완전 연소로 매연이 발생한다.

해설 연료를 연소시킬 때 실제 공기량은 이론 공기량보다 많은 것이 일반적이다. 그러나 너무 많은 과잉 공기가 유입되면 노 내 온도 저하, 배기 가스 증가, 열 손실 증가, 효율 저하 등이 발생한다. 불완전 연소는 공기가 부족할 때 생긴다.

14 불평형 부하에서 역률은 어떻게 표현되는가?

① $\dfrac{\text{유효 전력}}{\text{각 상의 피상 전력의 산술합}}$

② $\dfrac{\text{유효 전력}}{\text{각 상의 피상 전력의 벡터합}}$

③ $\dfrac{\text{무효 전력}}{\text{각 상의 피상 전력의 산술합}}$

④ $\dfrac{\text{무효 전력}}{\text{각 상의 피상 전력의 벡터합}}$

해설 역률은 피상 전력에 대한 유효 전력의 비로, 불평형 부하인 경우 각 상의 피상 전력의 벡터합에 대한 유효 전력으로 계산된다.

15 역률 0.8, 출력 360[kW]인 3상 평형 유도 부하가 3상 배전 선로에 접속되어 있다. 부하단의 수전 전압이 6,000[V], 배전선 1조의 저항 및 리액턴스가 각각 5[Ω], 4[Ω]이라고 하면 송전단 전압은 몇 [V]인가?

출제빈도

① 6,120 ② 6,277
③ 6,300 ④ 6,480

해설 송전단 전압 $V_s = V_r + \dfrac{P}{V}(R + X\tan\theta)$

$= 6{,}000 + \dfrac{360}{6}\left(5 + 4 \times \dfrac{0.6}{0.8}\right)$

$= 6{,}480[\text{V}]$

16 초호각(arcing horn)의 역할은?

① 풍압을 조정한다.
② 차단기의 단락 강도를 높인다.
③ 송전 효율을 높인다.
④ 애자의 파손을 방지한다.

정답 13.④ 14.② 15.④ 16.④

기출문제 관련 이론 바로보기

15. 이론 Check **단거리 송전 선로(50[km] 이하)**

단거리 송전 선로의 경우에는 저항과 인덕턴스와의 직렬 회로로 나타내며 집중 정수 회로로 해석한다.

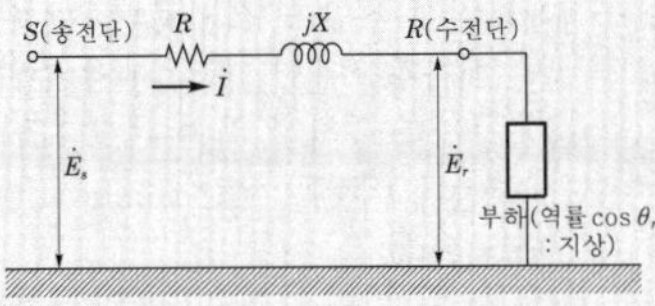

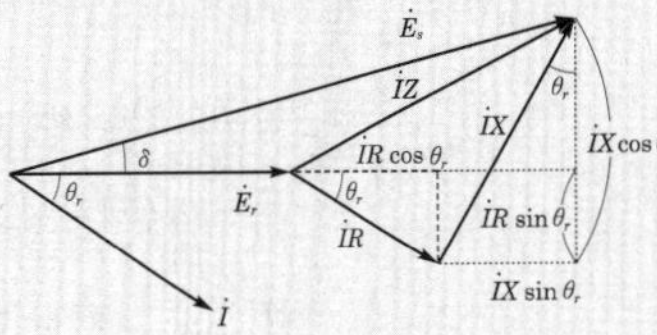

(1) 송전단(sending end) 전압 E_s

$E_s = \sqrt{(E_r + IR\cos\theta_r + IX\sin\theta_r)^2 + (IX\cos\theta_r - IR\sin\theta_r)^2}$

여기서, $IX\cos\theta_r - IR\sin\theta_r$을 무시하면

$\fallingdotseq E_r + I(R\cos\theta_r + X\sin\theta_r)$

(2) 전압 강하(e, voltage drop)

단상 $e = E_s - E_r$

$= I(R\cos\theta_r + X\sin\theta_r)$

3상 $e = E_s - E_r$

$= \sqrt{3}\,I(R\cos\theta_r + X\sin\theta_r)$

$= \sqrt{3} \times \dfrac{P_r}{\sqrt{3}\,V_r\cos\theta_r} \times (R\cos\theta_r + X\sin\theta_r)$

$= \dfrac{P_r}{V_r}(R + X\tan\theta_r)$

기출문제 관련 이론 바로보기

18. 이론 check 애자의 전기적 특성

(1) 애자의 정전 용량
핀 애자는 전선과 핀 사이에, 현수 애자는 캡과 핀 또는 볼 사이에 각각 정전 용량이 존재한다. 빗물 등에 의해 자기제 표면이 젖게 되면, 평행판 콘덴서의 극판 면적이 커진 것과 같게 되어 정전 용량이 증대된다.

(2) 애자의 섬락 전압
애자의 자기편의 표면에 따라서 양 전극 간을 잇는 최단 거리를 누설 거리(leakage path)라 하고, 또 애자의 표면에 접하는 공기를 통해서 양 전극 간을 잇는 최단 거리를 섬락 거리(flashover path)라 한다. 애자련에 전압을 점차로 높여 주면, 애자가 건전할 때는, 애자 주위의 공기를 통하여 지속 아크를 발생하는데 이것을 섬락(flashover)이라 한다.

① 섬락 전압(250[mm] 현수 애자 1개 기준)

- 공기 중
  - 상용 주파 전압
    - 주수 섬락 전압 : 50[kV]
    - 건조 섬락 전압 : 80[kV]
  - 충격파 전압 : 125[kV]

② 유중 파괴 전압 : 애자를 절연유에 담그고 양 전극 간에 전력 주파 전압을 가하여, 자기를 관통하여 절연을 파괴시킨 전압을 유중 파괴 전압이라 하는데, 공기 중에서는 섬락하기 전에 자기의 절연 파괴를 가져오는 일은 없다. 250[mm] 현수 애자 1개의 유중 파괴 전압은 약 140[kV]이다.

(3) 애자련의 효율(연능률)
① 각 애자의 전압 분담이 다르므로 애자의 수를 늘렸다고 해서 그 개수에 비례하여 애자련의 절연 내력이 증가하지 않는다.
② 철탑에서 $\frac{1}{3}$ 지점이 가장 적고, 전선에서 제일 가까운 것이 가장 크다.

해설 **아킹 혼, 소호각(환)의 역할**
- 이상 전압으로부터 애자련의 보호
- 애자 전압 분담의 균등화
- 애자의 열적 파괴 방지

17 단상 2선식과 3상 3선식의 부하 전력, 전압을 같게 하였을 때 단상 2선식의 선로 전류를 100[%]로 보았을 경우, 3상 3선식의 선로 전류는?

① 38[%] ② 48[%]
③ 58[%] ④ 68[%]

해설 부하 전력이 동일하므로 $VI_{12} = \sqrt{3}\, VI_{33}$

그러므로 $\frac{I_{33}}{I_{12}} = \frac{1}{\sqrt{3}} = 0.577$

∴ 58[%]

18 (출제빈도) 154[kV] 송전 선로에 10개의 현수 애자가 연결되어 있다. 다음 중 전압 부담이 가장 적은 것은?

① 철탑에 가장 가까운 것
② 철탑에서 3번째에 있는 것
③ 전선에서 가장 가까운 것
④ 전선에서 3번째에 있는 것

해설 현수 애자의 전압 부담은 전선에서 제일 가까운 것이 가장 크고, 철탑에서 $\frac{1}{3}$ 지점이 가장 적으므로 철탑에서 3번째가 전압 부담이 가장 적다.

19 154[kV] 송전 선로에서 송전 거리가 154[km]라 할 때 송전 용량 계수법에 의한 송전 용량은 몇 [kW]인가? (단, 송전 용량 계수는 1,200으로 한다.)

① 61,600 ② 92,400
③ 123,200 ④ 184,800

해설 송전 용량 $P_r = K\frac{{V_r}^2}{L} = 1,200 \times \frac{154^2}{154} = 184,800[\text{kW}]$

20 1선의 대지 정전 용량이 C인 3상 1회선 송전 선로의 1단에 소호 리액터를 설치할 때 그 인덕턴스는?

① $\frac{1}{3\omega^2 C}$ ② $\frac{1}{\omega C}$
③ $\frac{1}{\omega^2 C}$ ④ $\frac{1}{3\omega C}$

정답 17.③ 18.② 19.④ 20.①

해설 병렬 공진이므로 $\omega L = \frac{1}{3\omega C}$

$\therefore L = \frac{1}{3\omega^2 C}$

제 3 회 전력공학

01 차단기 개방시 재점호가 일어나기 쉬운 경우는?

① 1선 지락 전류인 경우
② 3상 단락 전류인 경우
③ 무부하 변압기의 여자 전류인 경우
④ 무부하 충전 전류인 경우

해설 재점호는 무부하 선로의 충전 전류 때문에 전로를 차단할 때 소호되지 않고 아크가 남아 있는 것을 말한다.

02 충전 전류는 일반적으로 어떤 전류인가?

출제빈도

① 앞선 전류
② 뒤진 전류
③ 유효 전류
④ 누설 전류

해설 충전 전류 $I_c = j\omega CE$ 이므로 전압보다 앞선 전류이다.

03 A, B 및 C상의 전류를 각각 I_a, I_b, I_c라 할 때, $I_x = \frac{1}{3}(I_a + aI_b + a^2 I_c)$ 이고, $a = -\frac{1}{2} + j\frac{\sqrt{3}}{2}$ 이다. I_x는 어떤 전류인가?

① 정상 전류　② 역상 전류
③ 영상 전류　④ 무효 전류

해설 **대칭분 전류**

- 영상 전류 : $I_0 = \frac{1}{3}(I_a + I_b + I_c)$
- 정상 전류 : $I_1 = \frac{1}{3}(I_a + aI_b + a^2 I_c)$
- 역상 전류 : $I_2 = \frac{1}{3}(I_a + a^2 I_b + aI_c)$

정답 01.④ 02.① 03.①

기출문제 관련 이론 바로보기

③ 애자의 연능률(string efficiency)

$\eta = \frac{V_n}{nV_1} \times 100[\%]$

여기서, V_n : 애자련의 섬락 전압[kV]
V_1 : 현수 애자 1개의 섬락 전압[kV]
n : 1연의 애자 개수

02. 이론 check **충전 전류(앞선 전류=진상 전류)**

$I_c = \frac{E}{X_C} = \frac{E}{\frac{1}{\omega C}} = \omega CE\,[A]$

$I_c = \frac{\omega CV}{\sqrt{3}} \times 10^{-3}\,[A]$

여기서, V : 선간 전압[kV]
C : 작용 정전 용량[μF]
E : 대지 전압[V]

Tip **3상 충전 용량**

$Q_c = 3EI_c = 3\omega CE^2 \times 10^{-3}$
$= \omega CV^2 \times 10^{-3}$
$= 2\pi f CV^2 \times 10^{-3}\,[kVA]$

여기서, V : 선간 전압($\sqrt{3}E$)

기출문제 관련 이론 바로보기

04 배전 선로에서 사용하는 전압 조정 방법이 아닌 것은?

① 승압기 사용
② 저전압 계전기 사용
③ 병렬 콘덴서 사용
④ 주상 변압기 탭 전환

해설 **전압 조정 설비**
- 승압기
- 병렬 콘덴서
- 주상 변압기 탭 전환
- 유도 전압 장치
- 직렬 축전지

05 철탑의 사용 목적에 의한 분류에서 송전 선로 전부의 전선을 끌어당겨서 고정시킬 수 있도록 설계한 철탑으로 D형 철탑이라고도 하는 것은?

① 내장 보강 철탑 ② 각도 철탑
③ 억류 지지 철탑 ④ 직선 철탑

해설 **철탑의 사용 목적에 의한 분류**
- 직선형(tangent suspension tower) : 수평 각도가 3° 이하(A형 철탑)
- 각도형(angle tower) : 수평 각도가 3°를 넘는 곳(4~20° : B형, 21~30° : C형)
- 인류형(anchor tower) : 발·변전소의 출입구 등 인류된 장소에 사용하는 철탑과 수평 각도 30°를 넘는 개소(D형, 억류 지지 철탑)에 사용
- 내장형(strain tower) : 전선로의 보강용 또는 경간차가 큰 곳(E형)에 사용

06. 이론 check **단도체의 인덕턴스**

$L=\left(\frac{1}{2}+2\log_e\frac{D}{r}\right)\times10^{-7}$[H/m]

$L=0.05+0.4605\log_{10}\frac{D}{r}$[mH/km]

여기서, r : 반지름
D : 선간 거리

Tip **다도체의 인덕턴스**

$L=\frac{0.05}{n}+0.4605\log_{10}\frac{D}{r'}$[mH/km]

여기서, n : 소도체의 수
D : 등가 선간 거리
r' : 등가 반지름

06 그림과 같이 D[m]의 간격으로 반지름 r[m]의 두 전선 a, b가 평행하게 가선되어 있다고 한다. 작용 인덕턴스 L[mH/km]의 표현으로 알맞은 것은?

출제빈도

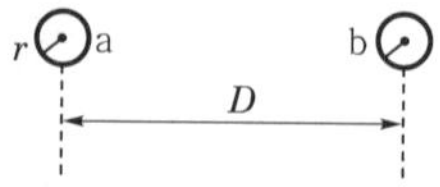

① $L=0.05+0.4605\log_{10}(rD)$[mH/km]

② $L=0.05+0.4605\log_{10}\frac{r}{D}$[mH/km]

③ $L=0.05+0.4605\log_{10}\frac{D}{r}$[mH/km]

④ $L=0.05+0.4605\log_{10}\left(\frac{1}{rD}\right)$[mH/km]

정답 04.② 05.③ 06.③

07 다음 중 전력선 반송 보호 계전 방식의 장점이 아닌 것은?

① 저주파 빈송 전류를 중첩시켜 사용하므로 계통의 신뢰도가 높아진다.
② 고장 구간의 선택이 확실하다.
③ 동작이 예민하다.
④ 고장점이나 계통의 여하에 불구하고 선택 차단 개소를 동시에 고속도 차단할 수 있다.

해설 전력선 반송 보호 계전 방식은 200~300[kHz]의 고주파 반송 전류를 중첩시켜 이것으로 각 단자에 있는 계전기를 제어하는 방식으로 고장 구간의 선택이 확실하고, 동작이 예민하며, 신뢰도가 높은 계전 방식이다.

08 다음 중 특유 속도가 가장 작은 수차는 어느 것인가?

① 프로펠러 수차　　② 프란시스 수차
③ 펠턴 수차　　④ 카플란 수차

해설 특유 속도 $N_s = N \times \dfrac{\sqrt{P}}{H^{\frac{5}{4}}}$ 이므로 낙차가 클수록 작게 된다. 펠턴 수차는 고낙차용이므로 가장 작은 특유 속도를 갖는다.

09 단거리 3상 3선식 송전선에서 전선의 중량은 전압이나 역률에 어떠한 관계에 있는가?

① 비례　　② 반비례
③ 제곱에 비례　　④ 제곱에 반비례

해설 전력 손실 $P_l = \dfrac{\rho l W^2}{A V^2 \cos^2\theta}$[kW]에서 전선 단면적 $A = \dfrac{\rho l W^2}{P_l V^2 \cos^2\theta}$ [kW]이므로 $A \propto \dfrac{1}{V^2 \cos^2\theta}$ 이다.

10 저항 2[Ω], 유도 리액턴스 10[Ω]의 단상 2선식 배전 선로의 전압 강하를 보상하기 위하여 부하단에 용량 리액턴스 5[Ω]의 콘덴서를 삽입하였을 때 부하단 전압은 몇 [V]인가? (단, 전원 전압은 7,000[V], 부하 전류 200[A], 역률은 0.8(뒤짐)이다.)

출제빈도

① 6,080　　② 7,000
③ 7,080　　④ 8,120

해설 $E_r = E_s - I(R\cos\theta_r + X\sin\theta_r)$
$= 7,000 - 200\{2 \times 0.8 + (10-5) \times 0.6\}$
$= 6,080$[V]

정답 07.① 08.③ 09.④ 10.①

기출문제 관련 이론 바로보기

10. 이론 check **단거리 송전 선로(50[km] 이하)**

단거리 송전 선로의 경우에는 저항과 인덕턴스와의 직렬 회로로 나타내며 집중 정수 회로로 해석한다.

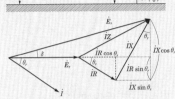

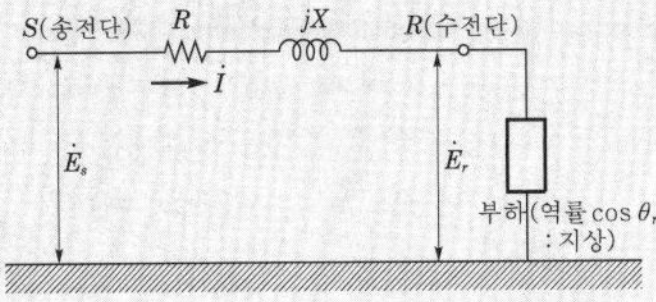

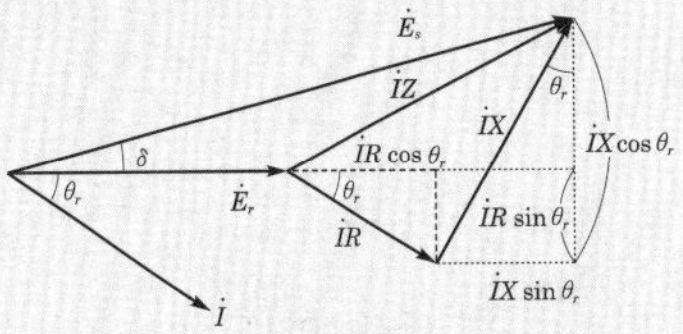

(1) 송전단(sending end) 전압 E_s

$E_s = \sqrt{(E_r + IR\cos\theta_r + IX\sin\theta_r)^2 + (IX\cos\theta_r - IR\sin\theta_r)^2}$

여기서, $IX\cos\theta_r - IR\sin\theta_r$ 을 무시하면

$\fallingdotseq E_r + I(R\cos\theta_r + X\sin\theta_r)$

(2) 전압 강하(e, voltage drop)

단상 $e = E_s - E_r$
$= I(R\cos\theta_r + X\sin\theta_r)$

3상 $e = E_s - E_r$
$= \sqrt{3}I(R\cos\theta_r + X\sin\theta_r)$
$= \sqrt{3} \times \dfrac{P_r}{\sqrt{3}V_r\cos\theta_r} \times (R\cos\theta_r + X\sin\theta_r)$
$= \dfrac{P_r}{V_r}(R + X\tan\theta_r)$

(3) 전압 강하율(ε)

$\varepsilon = \dfrac{V_s - V_r}{V_r} \times 100[\%]$
$= \dfrac{e}{V_r} \times 100[\%]$

전압 강하 $e = \dfrac{P_r}{V_r}(R + X\tan\theta_r)$

이므로 $\varepsilon = \dfrac{P_r}{V_r^2}(R + X\tan\theta) \times 100[\%]$로 된다.

여기서, V_s : 송전단 전압
V_r : 수전단 전압
P_r : 수전단 전력
R : 선로의 저항
X : 선로의 리액턴스
θ : 부하의 역률각

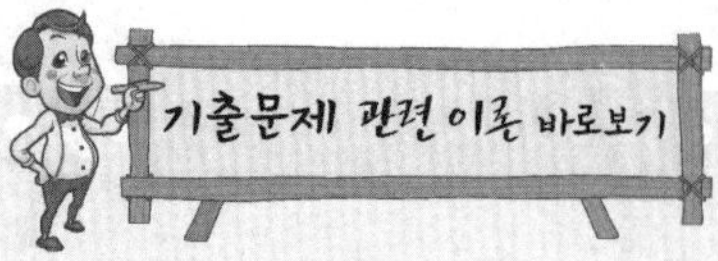

(4) 전압 변동률(δ)

$$\delta = \frac{V_{ro} - V_{rn}}{V_{rn}} \times 100[\%]$$

여기서, V_{rn} : 전부하시 수전단 전압

V_{ro} : 무부하 또는 부하를 끊었을 때 수전단 전압

13. 이론 check **단로기(DS)**

단로기는 기기 또는 선로의 점검 수리를 위하여 선로를 분리, 구분 및 변경할 때 사용되는 개폐 장치이다. 차단기는 부하 전류 및 고장 전류를 차단하는 기능이 있지만 단로기는 부하 전류의 개폐에는 사용되지 않고, 단순히 충전된 선로를 개폐하기 위해 사용된다. 차단기와 직렬로 단로기를 연결해서 사용하면 전원과의 분리를 확실하게 할 수 있다.

전력 계통에서 사용하는 단로기의 설치 위치는 다음과 같다.

(1) 차단기 전·후단

(2) 접지 개소

(3) 우회 구간(bypass)

Tip **차단기(CB)**

차단기는 전력 계통에서 보호 계전 장치로부터 신호를 받아 회로를 차단하거나 투입하는 기능을 가진 설비로서 만일 계통에서 단락, 지락 고장이 일어났을 때 계통의 안정을 확보하기 위하여 신속하게 고장 지점을 계통에서 분리시키고, 또한 변전소 내의 변압기, 개폐 장치 등을 점검, 수리시에 계통에서 분리하는 역할을 한다.

11 3상용 차단기의 정격 차단 용량은?

① $\frac{1}{\sqrt{3}}$×(정격 전압)×(정격 차단 전류)

② $\frac{1}{\sqrt{3}}$×(정격 전압)×(정격 전류)

③ $\sqrt{3}$×(정격 전압)×(정격 전류)

④ $\sqrt{3}$×(정격 전압)×(정격 차단 전류)

해설 정격 차단 용량

P_s[MVA]= $\sqrt{3}$×정격 전압[kV]×정격 차단 전류[kA]

12 송전 선로에서 역섬락을 방지하는 유효한 방법은?

① 가공 지선을 설치한다.

② 소호각을 설치한다.

③ 탑각 접지 저항을 작게 한다.

④ 피뢰기를 설치한다.

해설 뇌전류가 철탑으로부터 대지로 흐를 경우, 철탑 전위의 파고값이 애자련의 절연 파괴 전압 이상으로 될 경우 철탑으로부터 전선을 향해 역섬락(reverse flashover phenomenon)이 발생하므로 이것을 방지하기 위해서는 매설 지선을 시설하여 철탑의 탑각 접지 저항을 작게 하여야 한다.

13 다음 중 부하 전류의 차단 능력이 없는 것은?

출제빈도

① 부하 개폐기(LBS)

② 유입 차단기(OCB)

③ 진공 차단기(VCB)

④ 단로기(DS)

해설 단로기는 무부하시 전로만 개폐할 수 있으므로 통전 중의 전로나 사고 전류 등을 차단할 수 없다.

14 송전 선로에 근접한 통신선에 유도 장해가 발생한다. 정전 유도의 원인과 관계가 있는 것은?

① 역상 전압 ② 영상 전압

③ 역상 전류 ④ 정상 전류

해설 3상 정전 유도 전압 $E_0 = \frac{3C_m}{3C_m + C_0} \cdot V_0$이다.

여기서, V_0 : 영상 전압

정답 11.④ 12.③ 13.④ 14.②

15 페란티 현상이 발생하는 주된 원인은?

① 선로의 저항
② 선로의 인덕턴스
③ 선로의 정전 용량
④ 선로의 누설 컨덕턴스

해설 페란티 효과
경부하 또는 무부하인 경우에는 선로의 정전 용량의 영향이 크게 작용해서 진상 전류가 흘러 수전단 전압이 송전단 전압보다 높게 되는 것을 페란티 효과(Ferranti effect)라 한다.

16 ㉠~㉣의 ( ) 안에 들어갈 알맞은 내용은?

> 화력 발전소의 (㉠)은 발생 (㉡)을 열량으로 환산한 값과 이것을 발생하기 위하여 소비된 (㉢)의 보유 열량 (㉣)를 말한다.

① ㉠ 손실률, ㉡ 발열량, ㉢ 물, ㉣ 차
② ㉠ 열 효율, ㉡ 전력량, ㉢ 연료, ㉣ 비
③ ㉠ 발전량, ㉡ 증기량, ㉢ 연료, ㉣ 결과
④ ㉠ 연료 소비율, ㉡ 증기량, ㉢ 물, ㉣ 차

해설 발전소 열 효율 $\eta=\dfrac{860\,W}{mH}\times 100[\%]$
여기서, W : 전력량[kWh], m : 소비된 연료량[kg]
H : 연료의 열량[kcal/kg]

17 공칭 단면적 200[mm²], 전선 무게 1.838[kg/m], 전선의 외경 18.5[mm]인 경동 연선을 경간 200[m]로 가설하는 경우의 이도는 약 몇 [m]인가? (단, 경동 연선의 전단 인장 하중은 7,910[kg], 빙설 하중은 0.416[kg/m], 풍압 하중은 1.525[kg/m], 안전율은 2.0이다.)

① 3.44[m] ② 3.78[m]
③ 4.28[m] ④ 4.78[m]

해설 합성 하중 $W=\sqrt{(W_c+W_i)^2+{W_w}^2}$
$=\sqrt{(1.838+0.416)^2+1.525^2}$
$=2.721\,[\text{kg/m}]$

이도 $D=\dfrac{WS^2}{8T_0}$
$=\dfrac{2.721\times 200^2}{8\times\dfrac{7{,}910}{2}}$
$=3.439\fallingdotseq 3.44[\text{m}]$

정답 15.③ 16.② 17.①

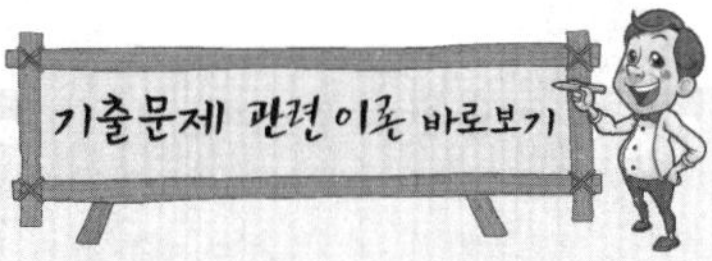

15. 이론 check **분포 정전 용량의 영향**

장거리 송전 선로는 분포 정전 용량이 크다고 보아야 한다. 특히, 무부하의 송전 선로를 충전할 때는 많은 문제를 포함하고 있다.

(1) 페란티 현상
부하의 역률은 일반적으로 뒤진 역률이므로, 상당히 큰 부하가 걸려 있을 때는 전류는 전압보다 위상이 뒤지는 것이 일반적이다. 그러나 부하가 아주 적은 경우, 특히 무부하인 경우에는 충전 전류의 영향이 크게 작용해서 전류는 진상 전류로 되고, 이때에는 수전단 전압이 도리어 송전단 전압보다 높게 된다. 이 현상을 페란티 현상(ferranti effect)이라 하는데, 송전선의 단위 길이의 정전 용량이 클수록 또 송전 선로의 긍장이 길수록 현저하게 나타난다. → 방지 대책 : 변전소에 병렬로 리액터를 설치한다. (분로 리액터)

(2) 발전기의 자기 여자
장거리 송전 선로에서는 수전단이 무부하일 때에도 정전 용량에 의한 충전 전류를 송전단에서 공급하여야 한다. 이 충전 전류는 발전기 전압보다 위상이 거의 90°인 진상이므로 교류 발전기의 전기자 반작용에 의하여 뒤진 전류인 경우와는 반대로 발전기의 단자 전압은 도리어 상승한다. 따라서 용량이 적은 발전기로 장거리 송전선을 충전하는 경우에는 발전기의 여자 회로를 개방한 채 발전기를 송전 선로에 접속해도 바로 발전기의 전압이 이상 상승하게 된다. 이 현상을 발전기의 자기 여자 현상이라 하고, 송전선을 시충전(trial charging)할 때는 이 자기 여자 현상이 일어나지 않도록 하여야 한다.
즉, 발전기 용량

$$P_g>\frac{\text{충전 용량}}{\text{단락비}}\times\left(\frac{V'}{V}\right)^2\times(1+\text{포화율})$$

여기서, V : 정격 전압
V' : 충전 전압

기출문제 관련 이론 바로보기

18. 이론 check 전력 원선도

전선로의 4단자 정수와 복소 전력법을 이용하여 송·수전단의 전력 방정식을 구하면

송전단 전력

$W_s = \frac{\dot{D}}{\dot{B}}E_s^2 - \frac{1}{\dot{B}}\dot{E}_s\dot{E}_r\,\varepsilon^{j\delta}$ 에서

$\frac{\dot{D}}{\dot{B}} = m + jn$, $\frac{1}{\dot{B}} = \varepsilon^{j\beta}$ 라 하면

$W_s = (m+jn)E_s^2 - \frac{E_s E_r}{B}\angle\beta+\delta$

가 된다.

위 식에서 mE_s^2, jnE_s^2 을 중심점 좌표, $\frac{E_s E_r}{B}$ 을 반지름으로 하는 원이 된다.

18 선로 길이 100[km], 송전단 전압 154[kV], 수전단 전압 140[kV]의 3상 3선식 정전압 송전선에서 선로 정수는 저항 0.315[Ω/km], 리액턴스 1.035[Ω/km]라고 할 때 수전단 3상 전력 원선도의 반경을 [MVA] 단위로 표시하면 약 얼마인가?

출제빈도

① 200[MVA] ② 300[MVA]
③ 450[MVA] ④ 600[MVA]

해설 반지름 $r = \frac{E_s E_r}{B} = \frac{154\times140}{\sqrt{0.315^2+1.035^2}\times100} ≒ 200[\text{MVA}]$

19 △결선의 3상 3선식 배전 선로가 있다. 1선이 지락하는 경우 건전상의 전위 상승은 지락 전의 몇 배인가?

① $\frac{\sqrt{3}}{2}$ ② 1
③ $\sqrt{2}$ ④ $\sqrt{3}$

해설 △결선의 3상 3선식 중성점 비접지 방식에서 1선 지락 사고시 건전상의 전위 상승은 지락 전의 $\sqrt{3}$ 배이다.

20 콘덴서 3개를 선간 전압 6,600[V], 주파수 60[Hz]의 선로에 △로 접속하여 60[kVA]가 되게 하려면 필요한 콘덴서 1개의 정전 용량은 약 얼마인가?

① 약 1.2[μF] ② 약 3.6[μF]
③ 약 7.2[μF] ④ 약 72[μF]

해설 $Q_\triangle = 3\omega CV^2$ 에서

$C = \frac{Q_\triangle}{3\omega V^2} = \frac{60\times10^3}{3\times2\pi\times60\times6{,}600^2}\times10^6 ≒ 1.21[\mu\text{F}]$

정답 18.① 19.④ 20.①

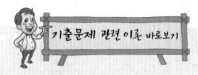

Industrial Engineer Electricity

2014년 과년도 출제문제

제1회 전력공학

01 공기 예열기를 설치하는 효과로 볼 수 없는 것은?

① 화로의 온도가 높아져 보일러의 증발량이 증가한다.
② 매연의 발생이 적어진다.
③ 보일러 효율이 높아진다.
④ 연소율이 감소한다.

해설 보일러에 공급하는 연소용 공기는 공기 예열기를 이용하여 높은 온도를 사용하면 화로의 연소 효율을 높이고, 증기 발생량을 증가시키며 매연 발생이 줄어든다.

02 장거리 송전선에서 단위 길이당 임피던스 $Z=R+j\omega L$[Ω/km], 어드미턴스 $Y=G++j\omega C$[℧/km]라 할 때 저항과 누설 컨덕턴스를 무시하는 경우 특성 임피던스의 값은?

출제빈도

① $\sqrt{\dfrac{L}{C}}$　② $\sqrt{\dfrac{C}{L}}$

③ $\dfrac{L}{C}$　④ $\dfrac{C}{L}$

해설 $Z_0=\sqrt{\dfrac{Z}{Y}}=\sqrt{\dfrac{R+j\omega L}{G+j\omega C}}=\sqrt{\dfrac{L}{C}}$

03 영상 변류기를 사용하는 계전기는?

① 과전류 계전기
② 지락 계전기
③ 차동 계전기
④ 과전압 계전기

해설 영상 변류기(ZCT)는 지락 사고 발생시 영상 전류를 검출하여 지락 계전기를 동작시킨다.

정답 01.④ 02.① 03.②

기출문제 관련 이론 바로보기

02. 이론 check **장거리 송전 선로**

(1) 특성 임피던스(Z_0)

$$Z_0=\sqrt{\frac{Z}{Y}}=\sqrt{\frac{R+j\omega L}{G+j\omega C}}\,[\Omega]$$

무손실 선로인 경우 $R=0$, $G=0$ 이므로

$$Z_0=\sqrt{\frac{L}{C}}$$

$$=\sqrt{\frac{0.4605\log_{10}\dfrac{D}{r}\times10^{-3}}{\dfrac{0.02413}{\log_{10}\dfrac{D}{r}}\times10^{-6}}}$$

$$\fallingdotseq 138\log_{10}\frac{D}{r}\,[\Omega]$$

(2) 전파 정수

$$\dot{\gamma}=\sqrt{ZY}$$

$$=\sqrt{(R+j\omega L)(G+j\omega C)}\,[\text{rad}]$$

무손실 선로인 경우

$$\dot{\gamma}=j\omega\sqrt{LC}\,[\text{rad}]$$

(3) 전파 속도

$$v=\frac{1}{\sqrt{LC}}\,[\text{m/s}]$$

(단, $v=3\times10^5$[km/s])

(4) 특성 임피던스와 전파 속도의 관계

$$\frac{Z_0}{V}=\frac{\sqrt{\dfrac{L}{C}}}{\dfrac{1}{\sqrt{LC}}}$$

$$=\sqrt{\frac{L}{C}}\cdot\sqrt{LC}$$

$$=L$$

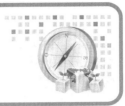

기출문제 관련 이론 바로보기

05. 이론 Check **절연 협조**

계통 내의 각 기계 기구 및 애자 등의 상호간에 적정한 절연 강도를 지니게 함으로써 계통 설계를 합리적·경제적으로 할 수 있게 한 것을 말한다. 즉, 송전 계통 각 기기의 절연 강도를 어디에 기준을 두느냐 하는 것은 기기 사용자나 제작자 다같이 대단히 중요한 사항이므로 계통 기기 채용상 경제성을 유지하고 운용에 지장이 없도록 기준 충격 절연 강도(Basic-impulse Insulation Level)를 만들어 기기 절연을 표준화하고 통일된 절연 체계를 구성할 목적으로 절연 계급을 설정한 것이다.

(1) 가공 지선 설치
변압기 등 중요한 기기가 있는 발전소, 변전소에서 뇌의 직격을 피하기 위해 발전소, 변전소 구내 및 그 부근 1~2[km] 정도의 송전선에 충분한 차폐 효과를 지닌 가공 지선을 설치한다.

(2) 피뢰기 설치
발전소, 변전소에 침입하는 이상 전압에 대해서는 피뢰기를 설치하여 이상 전압을 제한 전압까지 저하시키며, 피뢰기는 보호 대상 가까이에 설치하며 피뢰기의 접지 저항값은 5[Ω] 이하로 한다.

04
62,000[kW]의 전력을 60[km] 떨어진 지점에 송전하려면 전압은 약 몇 [kV]로 하면 좋은가? (단, Still의 식을 사용한다.)

① 66 ② 110
③ 140 ④ 154

해설
$$V = 5.5\sqrt{0.6l + \frac{P}{100}} = 5.5\sqrt{0.6 \times 60 + \frac{62,000}{100}}$$
$$= 140.8[\text{kV}] \fallingdotseq 140[\text{kV}]$$

05
출제빈도

계통 내의 각 기기, 기구 및 애자 등의 상호간에 적정한 절연 강도를 지니게 함으로써 계통 설계를 합리적으로 하는 것은?

① 기준 충격 절연 강도 ② 절연 협조
③ 절연 계급 선정 ④ 보호 계전 방식

해설 계통 내의 각각의 설비를 절연 계급에 의한 기준 충격 절연 강도(BIL)를 차등화하여 각 기기, 기구 및 애자 등의 상호간에 적정한 절연 강도를 지니게 함으로써 계통 설계를 합리적으로 하는 것을 절연 협조라 한다.

06
그림과 같은 배전 선로에서 부하의 급전시와 차단시에 조작 방법 중 옳은 것은?

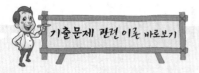

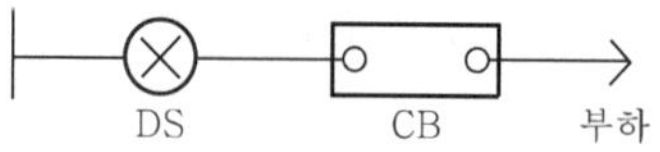

① 급전시는 DS, CB 순이고, 차단시는 CB, DS 순이다.
② 급전시는 CB, DS 순이고, 차단시는 DS, CB 순이다.
③ 급전 및 차단시 모두 DS, CB 순이다.
④ 급전 및 차단시 모두 CB, DS 순이다.

해설 단로기(DS)는 통전 중 전로를 개폐할 수 없고, 차단기(CB)는 부하 전류는 물론 고장 전류도 개폐 가능하므로 급전시에는 DS → CB 순이고, 차단시에는 CB → DS 순으로 조작하여야 한다.

07
옥내 배선의 전압 강하는 될 수 있는 대로 적게 해야 하지만 경제성을 고려하여 보통 다음 값 이하로 하고 있다. 옳은 것은?

① 인입선 1[%], 간선 1[%], 분기 회로 2[%]
② 인입선 2[%], 간선 2[%], 분기 회로 1[%]
③ 인입선 1[%], 간선 2[%], 분기 회로 3[%]
④ 인입선 2[%], 간선 1[%], 분기 회로 1[%]

해설 저압 수용가의 전압 강하는 인입선 1[%], 옥내 간선 1[%], 분기 회로 2[%] 이하로 하도록 한다.

정답 04.③ 05.② 06.① 07.①

08 페란티 현상이 생기는 주된 원인으로 알맞은 것은?

① 선로의 인덕턴스
② 선로의 정전 용량
③ 선로의 누설 컨덕턴스
④ 선로의 저항

해설 페란티 현상이란 중·장거리 송전 선로에서 경부하 또는 무부하시 선로의 정전 용량 때문에 90° 앞선 진상 전류가 흘러 수전단 전압이 송전단 전압보다 높아지는 현상이다.

09 중성점 접지 방식 중 1선 지락 고장일 때 선로의 전압 상승이 최대이고, 통신 장해가 최소인 것은?

출제빈도

① 비접지 방식
② 직접 접지 방식
③ 저항 접지 방식
④ 소호 리액터 접지 방식

해설 소호 리액터 접지 방식은 $L-C$ 병렬 공진을 이용하므로 1선 지락 사고시 전압 상승이 최대로 되어도 통신상 유도 장해가 최소이고 계통의 과도 안정도가 최대인 중성점 접지 방식이다.

10 부하 역률이 $\cos\phi$인 배전 선로의 저항 손실은 같은 크기의 부하 전력에서 역률 1일 때 저항 손실의 몇 배인가?

① $\cos^2\phi$
② $\cos\phi$
③ $\dfrac{1}{\cos\phi}$
④ $\dfrac{1}{\cos^2\phi}$

해설 선로 손실 $P_l = 3I^2R = 3\times\left(\dfrac{P}{\sqrt{3}\,V\cos\phi}\right)^2\times R = \dfrac{P^2\cdot R}{V^2\cos^2\phi}$ 이므로

같은 크기의 전력에서는 손실 $P_l \propto \dfrac{1}{\cos^2\phi}$ 이다.

11 전력용 퓨즈에 대한 설명 중 틀린 것은?

① 정전 용량이 크다.
② 차단 용량이 크다.
③ 보수가 간단하다.
④ 가격이 저렴하다.

해설 전력 퓨즈(PF)는 단락 보호용으로 차단 용량이 크고, 차단 특성이 양호하다. 보수가 간단하고 가격이 저렴하지만 재사용이 불가능하고 과도 전류에 동작할 우려가 있다.

정답 08.② 09.④ 10.④ 11.①

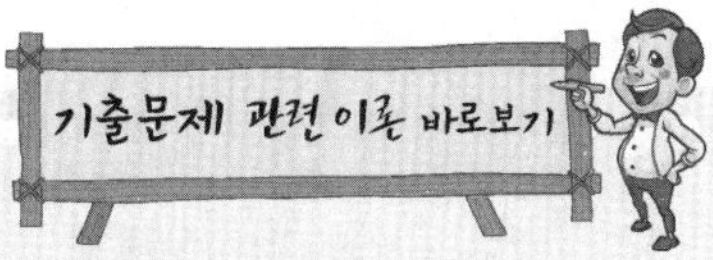

09. 이론 check **소호 리액터 접지 방식**

(1) 소호 원리

비접지 계통의 1선 지락 전류가 대지 충전 전류이므로 이것을 위상이 반대인 유도성 전류를 흘려서 상쇄시킨다($L-C$ 공진 조건 이용).

$L = \dfrac{E}{j\omega L} = -j\dfrac{E}{\omega L}$,

$I_L + I_C = 0$이므로

$L + I_C = -j\dfrac{E}{\omega L} + j3\omega CsE = 0$

$\omega L = \dfrac{1}{3\omega Cs}[\Omega]$

$\therefore\ L = \dfrac{1}{3\omega^2 Cs}$

(2) 합조도(P)

공진점을 벗어나는 정도

$P = \dfrac{I_L - I_C}{I_L}\times 100$

구 분	공진식	공진 정도	합조도
$I_L > I_C$	$\omega L < \dfrac{1}{3\omega C_s}$	과보상	+(정)
$I_L = I_C$	$\omega L = \dfrac{1}{3\omega C_s}$	완전 보상 (공진)	0(영)
$I_L < I_C$	$\omega L > \dfrac{1}{3\omega C_s}$	부족 보상	−(부)

※ 과보상하는 이유 : 직렬 공진에 의한 이상 전압 발생 방지

(3) 소호 리액터 용량

3선을 일괄한 대지 충전 용량과 같다.

$\therefore\ Q_L = \omega\cdot 3C_s\cdot E^2$

$= \omega\cdot 3C_s\cdot\left(\dfrac{V}{\sqrt{3}}\right)^2$

$= \omega C_s V^2\times 10^{-3}[\text{kVA}]$

(4) 특징

유도 장해가 적고, 1선 지락시 계속적인 송전이 가능하고, 고장이 스스로 복구될 수 있으나, 보호 장치의 동작이 불확실하고, 단선 고장시에서는 직렬 공진 상태가 되어 이상 전압을 발생시킬 수 있으므로 완전 공진을 시키지 않고 소호 리액터에 탭을 설치하여 공진에서 약간 벗어난 상태(과보상)로 한다.

기출문제 관련 이론 바로보기

15. 이론 check **전선의 진동과 도약**

[전선의 진동 발생]

바람에 일어나는 진동이 경간, 장력 및 하중 등에 의해 정해지는 고유 진동수와 같게 되면 공진을 일으켜서 진동이 지속하여 단선 등 사고가 발생한다.

(1) 진동 주파수

$$f_0 = \frac{1}{2l}\sqrt{\frac{T \cdot g}{W}}\ [\text{Hz}]$$

여기서,

l : 진동 루프의 길이[m]

T : 장력[kg]

W : 중량[kg/m]

g : 중력 가속도[g/s^2]

※ 비중이 작을수록, 바깥 지름이 클수록, 경간차가 클수록 크게 된다.

(2) 진동 방지 대책

① 댐퍼(damper) : 진동 루프 길이의 $\frac{1}{2} \sim \frac{1}{3}$인 곳에 설치하며 진동 에너지를 흡수하여 전선 진동을 방지한다.

② 아머 로드(armour rod) : 전선과 같은 재질로 전선 지지 부분을 감는다.

Tip 전선의 도약

전선 주위의 빙설이나 물이 떨어지면서 반동으로 상하 전선 혼촉 단락 사고 발생 방지책으로 오프셋(off set)을 한다.

12

100[kVA] 단상 변압기 3대로 3상 전력을 공급하던 중 변압기 1대가 고장났을 때 공급 가능 전력은 몇 [kVA]인가?

① 200 ② 100
③ 173 ④ 150

해설 변압기 1대가 고장이므로 나머지 2대로 V결선하면

$$P_V = \frac{P_\triangle}{\sqrt{3}} = \sqrt{3} \cdot P_1 = \sqrt{3} \times 100 = 173[\text{kVA}]$$

13

변압기의 보호 방식에서 차동 계전기는 무엇에 의하여 동작하는가?

① 정상 전류와 역상 전류의 차로 동작한다.
② 정상 전류와 영상 전류의 차로 동작한다.
③ 전압과 전류의 배수의 차로 동작한다.
④ 1, 2차 전류의 차로 동작한다.

해설 변압기의 차동 계전 방식은 1차 전류와 2차 전류의 차로 동작한다.

14

선간 전압 3,300[V], 피상 전력 330[kVA], 역률 0.7인 3상 부하가 있다. 부하의 역률을 0.85로 개선하는 데 필요한 전력용 콘덴서의 용량은 약 몇 [kVA]인가?

① 62
② 72
③ 82
④ 92

해설 $Q_c = P(\tan\theta_1 - \tan\theta_2)$

$$= 330 \times 0.7\left(\frac{\sqrt{1-0.7^2}}{0.7} - \frac{\sqrt{1-0.85^2}}{0.85}\right)$$

$$= 92[\text{kVA}]$$

15

출제빈도

철탑에서 전선의 오프셋을 주는 이유로 옳은 것은?

① 불평형 전압의 유도 방지
② 상하 전선의 접촉 방지
③ 전선의 진동 방지
④ 지락 사고 방지

해설 전선에 부착된 빙설이 떨어지거나 부하의 급변으로 전선이 도약하여 상하 전선이 접촉할 우려가 있으므로 전선을 같은 수직선상에 배열하지 않고 약간 수평으로 간격을 두어 시설하는 것을 오프셋(off set)이라 한다.

정답 12.③ 13.④ 14.④ 15.②

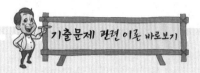

16 3상 송배전 선로의 공칭 전압이란?

① 그 전선로를 대표하는 최고 전압
② 그 전선로를 대표하는 평균 전압
③ 그 전선로를 대표하는 선간 전압
④ 그 전선로를 대표하는 상전압

해설 3상 송배전 선로의 공칭 전압은 그 전선로를 대표하는 선간 전압을 말한다.

17 무손실 송전 선로에서 송전할 수 있는 송전 용량은? (단, E_s : 송전단 전압, E_r : 수전단 전압, δ : 부하각, X : 송전 선로의 리액턴스, R : 송전 선로의 저항, Y : 송전 선로의 어드미턴스이다.)

① $\dfrac{E_s E_r}{X}\sin\delta$ ② $\dfrac{E_s E_r}{R}\sin\delta$
③ $\dfrac{E_s E_r}{Y}\cos\delta$ ④ $\dfrac{E_s E_r}{X}\cos\delta$

18 부하측에 밸런스를 필요로 하는 배전 방식은?

출제빈도

① 3상 3선식 ② 3상 4선식
③ 단상 2선식 ④ 단상 3선식

해설 단상 3선식은 부하가 불평형이 되면 중성선이 단선(개방)될 경우 이상 전압이 발생하므로 선로 말단에 밸런스를 설치하여 불평형을 방지해야 한다.

19 345[kV] 송전 계통의 절연 협조에서 충격 절연 내력의 크기순으로 나열한 것은?

① 선로 애자 > 차단기 > 변압기 > 피뢰기
② 선로 애자 > 변압기 > 차단기 > 피뢰기
③ 변압기 > 차단기 > 선로 애자 > 피뢰기
④ 변압기 > 선로 애자 > 차단기 > 피뢰기

해설 절연 협조의 충격 절연 강도의 최상위는 선로 애자이고 최하위는 피뢰기이며, 피뢰기의 제1보호 대상은 변압기이다.

20 3상 66[kV]의 1회선 송전 선로의 1선의 리액턴스가 11[Ω], 정격 전류가 600[A]일 때 %리액턴스는?

① $\dfrac{10}{\sqrt{3}}$ ② $\dfrac{100}{\sqrt{3}}$
③ $10\sqrt{3}$ ④ $100\sqrt{3}$

정답 16.③ 17.① 18.④ 19.① 20.③

기출문제 관련 이론 바로보기

18. 이론 check 단상 3선식

(1) 전압 강하, 전력 손실이 평형 부하인 경우 $\frac{1}{4}$로 감소한다.
(2) 소요 전선량이 적다.
(3) 110[V] 부하와 220[V] 부하의 사용이 가능하다.
(4) 상시의 부하에 불평형이 있으면 부하 전압은 불평형으로 된다.
(5) 중성선이 단선하면 불평형 부하일 경우 부하 전압에 심한 불평형이 발생한다.
(6) 중성점과 전압선(외선)이 단락하면 단락하지 않은 쪽의 부하 전압이 이상 상승한다.

이상과 같이 단상 3선식에서는 양측 부하의 불평형에 의한 부하, 전압의 불평형이 크기 때문에 일반적으로는 이러한 전압 불평형을 줄이기 위한 대책으로서 저압선의 말단에 밸런서(balancer)를 설치하고 있다.

기출문제 관련 이론 바로보기

해설 $\%Z = \frac{IZ}{E} \times 100[\%] = \frac{600 \times 11}{\frac{66 \times 10^3}{\sqrt{3}}} \times 100 = 10\sqrt{3}\,[\%]$

제 2 회 전력공학

01 가공 송전선에 사용되는 애자 1련 중 전압 부담이 최대인 애자는?

① 철탑에 제일 가까운 애자
② 전선에 제일 가까운 애자
③ 중앙에 있는 애자
④ 전선으로부터 $\frac{1}{4}$ 지점에 있는 애자

해설 현수 애자 1연의 전압 부담은 철탑에서 $\frac{1}{3}$ 지점이 가장 적고, 전선에서 제일 가까운 것이 가장 크다.

02 출력 20[kW]의 전동기로서 총 양정 10[m], 펌프 효율 0.75일 때 양수량은 몇 [m³/min]인가?

① 9.18　　② 9.85
③ 10.31　　④ 11.02

해설 $Q = \frac{P}{9.8H} \times \eta[\mathrm{m^3/s}] = \frac{20}{9.8 \times 10} \times 0.75 \times 60$
$= 9.18[\mathrm{m^3/min}]$

03 다음은 무엇을 결정할 때 사용되는 식인가? (단, l은 송전 거리[km]이고, P는 송전 전력[kW]이다.)

출제빈도

$$5.5\sqrt{0.6l + \frac{P}{100}}$$

① 송전 전압
② 송전선의 굵기
③ 역률 개선시 콘덴서의 용량
④ 발전소의 발전 전압

해설 **송전 전압 계산(Still의 식)**

$$\text{송전 전압[kV]} = 5.5\sqrt{0.6 \times \text{송전 거리[km]} + \frac{\text{송전 전력[kW]}}{100}}$$

정답 01.② 02.① 03.①

03. 이론 check **송전 전압**

(1) 경제적인 송전 전압
Still의 식
$\mathrm{kV} = 5.5\sqrt{0.6l + \frac{P}{100}}$
여기서, l : 송전 거리[km]
P : 송전 전력[kW]

(2) 경제적인 송전 전압 선정

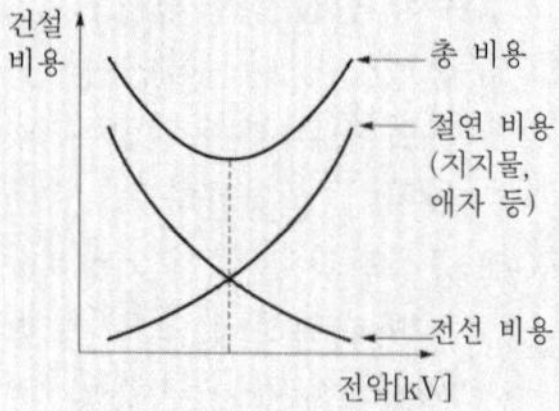

(3) 공칭 전압(nominal voltage)
선로를 대표하는 선간 전압

(4) 최고 전압
정상 운전 중 선로에 발생하는 최고의 선간 전압

(5) 전압의 종별
① 저압 : 직류는 750[V] 이하, 교류는 600[V] 이하
② 고압 : 직류는 750[V]를, 교류는 600[V]를 초과하고, 7,000[V] 이하인 것
③ 특고압 : 7,000[V]를 초과한 것

04 취수구에 제수문을 설치하는 목적은?

① 모래를 배제한다.
② 홍수위를 낮춘다.
③ 유량을 조절한다.
④ 낙차를 높인다.

해설 취수구에 설치하는 수문은 유량을 조절한다.

05 원자로 내에서 발생한 열 에너지를 외부로 끄집어내기 위한 열 매체를 무엇이라고 하는가?

① 반사체 ② 감속재
③ 냉각재 ④ 제어봉

해설 **원자로 구성재**

- 감속재 : 고속 중성자를 열 중성자까지 감속시키기 위한 것으로 중성자 흡수가 적고 탄성 산란에 의해 감속이 큰 것으로 중수, 경수, 베릴륨, 흑연 등이 사용된다.
- 냉각재 : 원자로에서 발생한 열 에너지를 외부로 꺼내기 위한 매개체로 물, 탄산 가스, 헬륨 가스, 액체 금속(나트륨 합금)
- 제어재 : 원자로 내에서 중성자를 흡수하여 연쇄 반응을 제어하는 재료로 붕소(B), 카드뮴(Cd), 하프뮴(Hf)이 사용된다.
- 반사체 : 중성자를 반사하여 이용률을 크게 하는 것으로 감속재와 동일한 것을 사용한다.
- 차폐재 : 원자로 내의 열이나 방사능이 외부로 투과되어 나오는 것을 방지하는 재료로 스테인리스 카드뮴(열 차폐), 납, 콘크리트(생체 차폐)가 사용된다.

06 선로의 단락 보호용으로 사용되는 계전기는?

① 접지 계전기 ② 역상 계전기
③ 재폐로 계전기 ④ 거리 계전기

해설 송전 선로의 단락 보호는 방사상일 경우에는 과전류 계전기, 환상 선로일 경우에는 방향 단락 계전기, 방향 거리 계전기 등을 사용한다. 그러므로 단락 보호용으로 사용되는 계전기는 거리 계전기이다.

07 연가를 하는 주된 목적에 해당되는 것은?

출제빈도

① 선로 정수를 평형시키기 위하여
② 단락 사고를 방지하기 위하여
③ 대전력을 수송하기 위하여
④ 페란티 현상을 줄이기 위하여

정답 04.③ 05.③ 06.④ 07.①

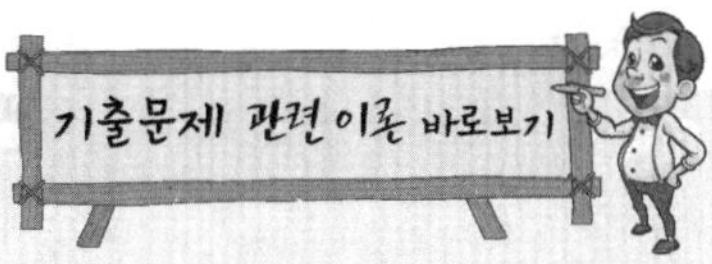

07. 이론 check **연가의 효과**

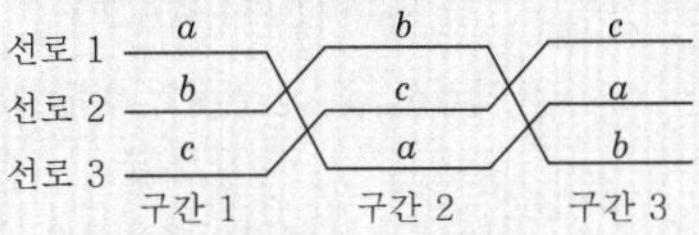

3상 선로에서 각 전선의 지표상 높이가 같고, 전선 간의 거리도 같게 배열되지 않는 한 각 선의 인덕턴스, 정전 용량 등은 불평형으로 되는데, 실제로 전선을 완전 평형이 되도록 배열하는 것은 불가능에 가깝다. 따라서 그대로는 송전단에서 대칭 전압을 가하더라도 수전단에서는 전압이 비대칭으로 된다. 이것을 막기 위해 송전선에서는 전선의 배치를 도중의 개폐소, 연가용 철탑 등에서 교차시켜 선로 정수가 평형이 되도록 하고 있다. 완전 연가가 되면 각 상전선의 인덕턴스 및 정전 용량은 평형이 되어 같아질 뿐 아니라 영상 전류는 0이 되어 근접 통신선에 대한 유도 작용을 경감시킬 수가 있다.

기출문제 관련 이론 바로보기

08. 이론 check **중거리 송전 선로(50~100[km])**

중거리 송전 선로에서는 누설 컨덕턴스는 무시하고 선로는 직렬 임피던스와 병렬 어드미턴스로 구성되고 있는 T형 회로와 π형 회로의 두 종류의 등가 회로로 해석한다.

(1) T형 회로

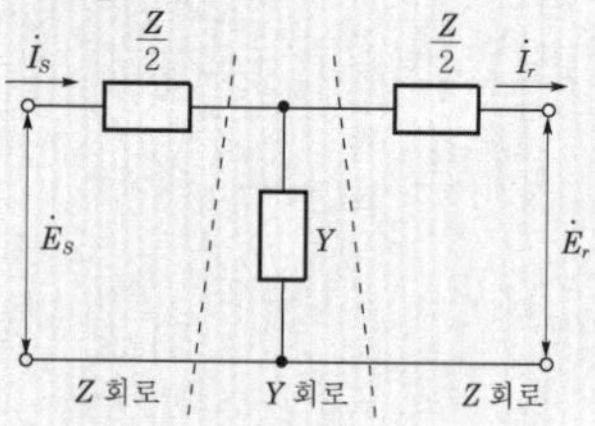

① 송전단 전압

$$\dot{E}_s = A\dot{E}_r + B\dot{I}_r = \left(1+\frac{ZY}{2}\right)\dot{E}_r + Z\left(1+\frac{ZY}{4}\right)\dot{I}_r$$

② 송전단 전류

$$\dot{I}_s = C\dot{E}_r + D\dot{I}_r = Y\dot{E}_r + \left(1+\frac{ZY}{2}\right)\cdot\dot{I}_r$$

여기서, Z : 송・수전 양단에 $\frac{Z}{2}$씩 집중

Y : 선로의 중앙에 집중

(2) π형 회로

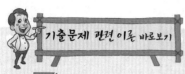

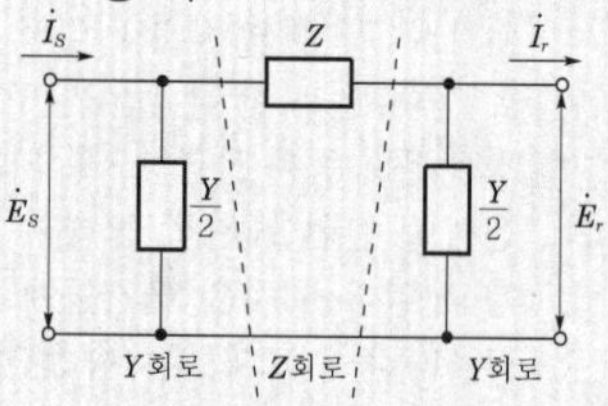

① 송전단 전압

$$\dot{E}_s = A\dot{E}_r + B\dot{I}_r = \left(1+\frac{ZY}{2}\right)\dot{E}_r + Z\cdot\dot{I}_r$$

② 송전단 전류

$$\dot{I}_s = C\dot{E}_r + D\dot{I}_r = Y\left(1+\frac{ZY}{4}\right)\cdot\dot{E}_r + \left(1+\frac{ZY}{2}\right)\cdot\dot{I}_r$$

여기서, Z : 선로의 중앙에 집중

Y : 송・수전 양단에 $\frac{Y}{2}$씩 집중

해설 연가(trans position)란 전선로 각 상의 선로 정수를 평형되도록 선로 전체의 길이를 3의 배수 등분하여 각 상에 속하는 전선이 전 구간을 통하여 각 위치를 일순하도록 도중의 개폐소나 연가 철탑에서 바꾸어 주는 것이다.

08

출제빈도

선로 임피던스 Z, 송・수전단 양쪽에 어드미턴스 Y인 π형 회로의 4단자 정수에서 B의 값은?

① Y　② Z

③ $1+\frac{ZY}{2}$　④ $Y\left(1+\frac{ZY}{4}\right)$

해설 π형 회로의 4단자 정수

$$\begin{bmatrix} A & B \\ C & D \end{bmatrix} = \begin{bmatrix} 1+\frac{ZY}{2} & Z \\ Y\left(1+\frac{ZY}{4}\right) & 1+\frac{ZY}{2} \end{bmatrix}$$

09

수전단 전압이 송전단 전압보다 높아지는 현상을 무엇이라고 하는가?

① 옵티마 현상　② 자기 여자 현상

③ 페란티 현상　④ 동기화 현상

해설 **페란티 효과(Ferrantl effect)**

중・장거리 송전 선로에서 경부하 또는 무부하인 경우에는 선로의 정전 용량에 의한 충전 전류의 영향이 크게 작용해서 진상 전류가 흘러 수전단 전압이 송전단 전압보다 높게 되는 것으로 방지 대책으로는 분로 리액터를 설치한다.

10

자가용 변전소의 1차측 차단기의 용량을 결정할 때 가장 밀접한 관계가 있는 것은?

① 부하 설비 용량　② 공급측의 단락 용량

③ 부하의 부하율　④ 수전 계약 용량

해설 차단기 용량의 결정은 전원측의 단락 용량 크기로 결정되므로 1차측 차단기의 용량은 공급측 설비의 최대 용량(단락 용량)을 기준으로 한다.

11

3상 3선식에서 전선의 선간 거리가 각각 1[m], 2[m], 4[m]로 삼각형으로 배치되어 있을 때 등가 선간 거리는 몇 [m]인가?

① 1　② 2

③ 3　④ 4

해설 등가 선간 거리 $D_0 = \sqrt[3]{D_1 D_2 D_3} = \sqrt[3]{1\times2\times4} = 2[\mathrm{m}]$

정답 08.② 09.③ 10.② 11.②

12 다음 중 SF_6 가스 차단기의 특징이 아닌 것은?

① 밀폐 구조로 소음이 작다.
② 근거리 고장 등 가혹한 재기 전압에 대해서도 우수하다.
③ 아크에 의해 SF_6 가스가 분해되며 유독 가스를 발생시킨다.
④ SF_6 가스의 소호 능력은 공기의 100~200배이다.

해설 **SF_6 가스 차단기(GCB ; Gas Circuit Breaker)**

- 무색, 무미, 무취이고, 분해하여도 유독 가스를 발생시키지 않는다.
- 초고압 계통에서 사용한다.
- 밀폐 구조로 소음이 적고, 설치 면적이 좁다.
- 공기보다 절연 내력은 약 2.5배, 소호 능력은 약 150배 정도이다.
- 전류 절단에 의한 이상 전압이 발생하지 않는다.
- 근거리 선로 고장 등 가혹한 재기 전압에 대해서도 우수하다.

13 송전단 전압 161[kV], 수전단 전압 154[kV], 상차각 45°, 리액턴스 14.14 [Ω]일 때, 선로 손실을 무시하면 전송 전력은 약 몇 [MW]인가?

① 1,753　　② 1,518
③ 1,240　　④ 877

해설 전송 전력

$$P_s = \frac{E_s E_r}{X} \times \sin\delta = \frac{161 \times 154}{14.14} \times \sin 45° = 1,240[\text{MW}]$$

14 전압이 일정값 이하로 되었을 때 동작하는 것으로서 단락시 고장 검출용으로도 사용되는 계전기는?

① OVR
② OVGR
③ NSR
④ UVR

해설
- OVR : 교류 과전압 계전기
- OVGR : 교류 지락 과전압 계전기
- UVR : 교류 부족 전압 계전기

15 송전 계통의 중성점을 직접 접지하는 목적과 관계 없는 것은?

출제빈도

① 고장 전류 크기의 억제
② 이상 전압 발생의 방지
③ 보호 계전기의 신속 정확한 동작
④ 전선로 및 기기의 절연 레벨을 경감

정답 12.③ 13.③ 14.④ 15.①

기출문제 관련 이론 바로보기

15. 이론 check **직접 접지 방식의 장단점**

(1) 장점
① 1선 지락, 단선 사고시 전압 상승이 거의 없어 기기의 절연 레벨 저하
② 피뢰기 책무가 경감되고, 피뢰기 효과 증가
③ 중성점은 거의 영전위 유지로 단절연 변압기 사용 가능
④ 보호 계전기의 신속 확실한 동작

(2) 단점
① 지락 고장 전류가 저역률, 대전류이므로 과도 안정도가 나쁘다.
② 통신선에 대한 유도 장해가 크다.
③ 지락 전류가 커서 기기의 기계적 충격에 의한 손상, 고장점에서 애자 파손, 전선 용단 등의 고장이 우려된다.
④ 직접 접지식에서는 차단기가 큰 고장 전류를 자주 차단하게 되어 대용량의 차단기가 필요하다.

(3) 직접 접지 방식은 154[kV], 345[kV] 등의 고전압에 사용한다.

기출문제 관련 이론 바로보기

16. 이론 check **유도 장해**

(1) 정전 유도

송전선과 통신선의 정전 용량을 통해서 통신선에 전압이 생기는 현상을 정전 유도라 한다.

3상 정전 유도 전압은

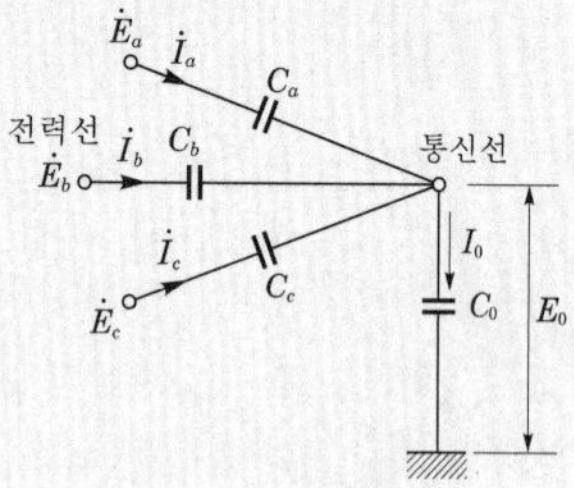

$$|E_0| = \frac{\sqrt{C_a(C_a-C_b)+C_b(C_b-C_c)+C_c(C_c-C_a)}}{C_a+C_b+C_c+C_0} \times \frac{V}{\sqrt{3}}$$

여기서,

C_m : 전력선과 통신선 간의 상호 정전 용량

C_0 : 통신선의 대지 정전 용량

C_a, C_b, C_c : 선간 정전 용량

E_a, E_b, E_c : 각 전선의 전위

V : 송전 선로의 선간 전압

V_0 : 영상 전압

(2) 전자 유도

3상 3선의 전자 유도 전압은

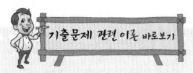

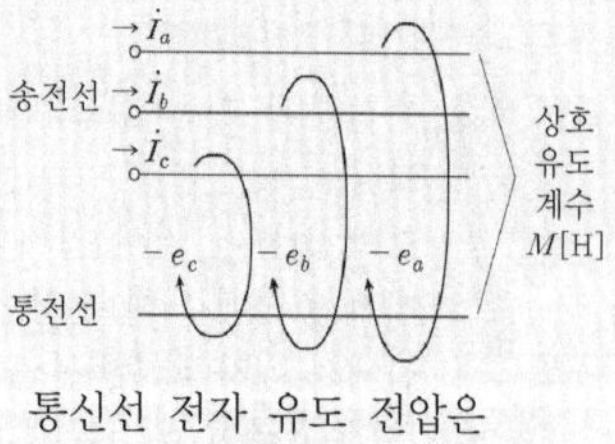

통신선 전자 유도 전압은

$E_m = (-e_a)+(-e_b)+(-e_c)$

$E_m = -j\omega Ml(\dot{I}_a+\dot{I}_b+\dot{I}_c)$

$\quad = -j\omega Ml \times 3I_0$

여기서,

$\dot{I}_a$, $\dot{I}_b$, $\dot{I}_c$: 각 상의 불평형 전류

M : 전력선과 통신선과의 상호 인덕턴스

해설 **중성점 접지 목적**

- 이상 전압의 발생을 억제하여 전위 상승을 방지하고, 전선로 및 기기의 절연 수준을 경감시킨다.
- 지락 고장 발생시 보호 계전기의 신속하고 정확한 동작을 확보한다.
- 통신선의 유도 장해를 방지하고, 과도 안정도를 향상시킨다(PC 접지).

16

(출제빈도) 송전 선로에 근접한 통신선에 유도 장해가 발생하였다. 전자 유도의 원인은?

① 역상 전압 ② 정상 전압
③ 정상 전류 ④ 영상 전류

해설 전자 유도 전압 $E_m = -j\omega Ml \times 3I_0$

여기서, M : 전력선과 통신선과의 상호 인덕턴스

l : 전력선과 통신선의 병행 길이

$3I_0$: 3×영상 전류=지락 전류=기유도 전류

17

옥내 배선의 보호 방법이 아닌 것은?

① 과전류 보호
② 지락 보호
③ 전압 강하 보호
④ 절연 접지 보호

해설 옥내 배선의 보호는 과부하 및 단락으로 인한 과전류와 절연 파괴로 인한 지락 보호 등으로 구분하고, 전압 강하는 보호 방법이 아니다.

18

송전 선로에 복도체를 사용하는 가장 주된 목적은?

① 건설비를 절감하기 위하여
② 진동을 방지하기 위하여
③ 전선의 이도를 주기 위하여
④ 코로나를 방지하기 위하여

해설 **복도체 및 다도체의 특징**

- 동일한 단면적의 단도체보다 인덕턴스와 리액턴스가 감소하고 정전 용량이 증가하여 송전 용량을 크게 할 수 있다.
- 전선 표면의 전위 경도를 저감시켜 코로나 임계 전압을 증가시키고, 코로나손을 줄일 수 있다.
- 전력 계통의 안정도를 증대시키고, 초고압 송전 선로에 채용한다.
- 페란티 효과에 의한 수전단 전압 상승 우려가 있다.
- 강풍, 빙설 등에 의한 전선의 진동 또는 동요가 발생할 수 있고, 단락 사고시 소도체가 충돌할 수 있다.

정답 16.④ 17.③ 18.④

19 일반적으로 수용가 상호간, 배전 변압기 상호간, 급전선 상호간 또는 변전소 상호간에서 각각의 최대 부하는 그 발생 시각이 약간씩 다르다. 따라서 각각의 최대 수요 전력의 합계는 그 군의 종합 최대 수요 전력보다도 큰 것이 보통이다. 이 최대 전력의 발생 시각 또는 발생 시기의 분산을 나타내는 지표는?

출제빈도

① 전일 효율　　② 부등률
③ 부하율　　④ 수용률

해설 부등률은 최대 전력의 발생 시간 또는 발생 시기의 분산을 나타내는 지표이고,

$$부등률 = \frac{개개\ 부하의\ 최대\ 수용\ 전력의\ 합[kW]}{합성\ 최대\ 수용\ 전력[kW]}$$

으로 계산된다.

20 배전 선로 개폐기 중 반드시 차단 기능이 있는 후비 보조 장치와 직렬로 설치하여 고장 구간을 분리시키는 개폐기는?

① 컷아웃 스위치
② 부하 개폐기
③ 리클로저
④ 섹셔널라이저

해설 리클로저(recloser)는 선로에 고장이 발생하였을 때 고장 전류를 검출하여 지정된 시간 내에 고속 차단하고 자동 재폐로 동작을 수행하여 고장 구간을 분리하거나 재송전하는 장치이고, 섹셔널라이저(sectionalizer)는 고장 발생시 차단 기능이 없으므로 고장을 차단하는 후비 보호 장치와 직렬로 설치하여 고장 구간을 분리시키는 개폐기이다.

제 3 회 전력공학

01 정삼각형 배치의 선간 거리가 5[m]이고, 전선의 지름이 1[cm]인 3상 가공 송전선의 1선의 정전 용량은 약 몇 [μF/km]인가?

출제빈도

① 0.008　　② 0.016
③ 0.024　　④ 0.032

해설 등가 선간 거리 $D = \sqrt[3]{5 \times 5 \times 5} = 5[m]$

정전 용량 $C = \dfrac{0.02413}{\log_{10}\dfrac{D}{r}} = \dfrac{0.02413}{\log_{10}\dfrac{2D}{d}} = \dfrac{0.02413}{\log_{10}\dfrac{2\times5}{0.01}}$

$= 0.008\,[\mu F/km]$

정답 19.② 20.④ / 01.①

기출문제 관련 이론 바로보기

l : 전력선과 통신선의 병행 길이
$3I_0$: 3×영상 전류⇒지락 전류⇒기유도 전류

※ 식에서 알 수 있듯이 고장시(1선 지락, 2선 지락)에는 영상 전류가 나타나 전자 유도 현상이 나타나지만, 단락 고장시에는 나타나지 않는다.

19. 이론 check **부등률**

수용가 상호간, 배전 변압기 상호간, 급전선 상호간 또는 변전소 상호간에서 각개의 최대 부하는 같은 시각에 일어나는 것이 아니고, 그 발생 시각에 약간씩 시각차가 있기 마련이다. 따라서, 각개의 최대 수요의 합계는 그 군의 종합 최대 수요(=합성 최대 전력)보다도 큰 것이 보통이다. 이 최대 전력 발생 시각 또는 발생 시기의 분산을 나타내는 지표가 부등률이다.

$$부등률 = \frac{각\ 부하의\ 최대\ 수요\ 전력의\ 합[kW]}{각\ 부하를\ 종합하였을\ 때의\ 최대\ 수요(합성\ 최대\ 전력)[kW]}$$

01. 이론 check **등가 선간 거리(기하학적 평균 거리)**

$D' = \sqrt[n]{D_1 \times D_2 \times D_3 \times \cdots \times D_n}$

(1) 수평 배열일 때

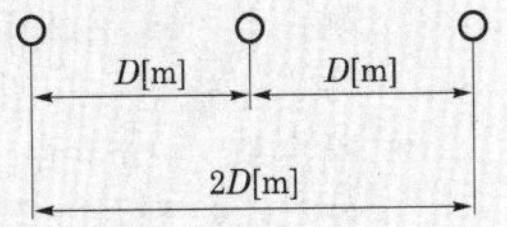

$D' = \sqrt[3]{D \times D \times 2D} = D \cdot \sqrt[3]{2}$

(2) 정삼각 배열일 때

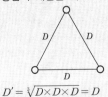

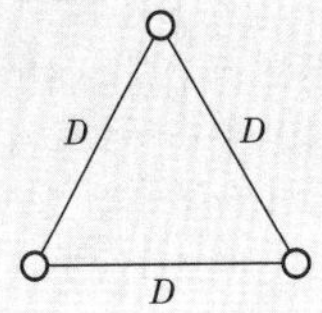

$D' = \sqrt[3]{D \times D \times D} = D$

기출문제 관련 이론 바로보기

(3) 4도체일 때

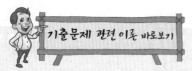

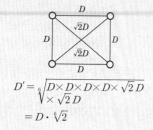

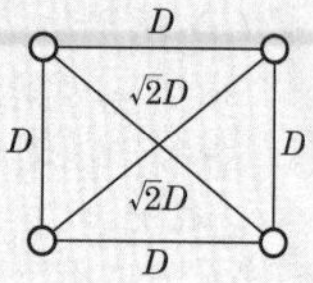

$$D' = \sqrt[6]{D\times D\times D\times D\times \sqrt{2}D \times \sqrt{2}D}$$
$$= D\cdot \sqrt[6]{2}$$

05. 이론 check **전선의 진동과 도약**

[전선의 진동 발생]

바람에 일어나는 진동이 경간, 장력 및 하중 등에 의해 정해지는 고유 진동수와 같게 되면 공진을 일으켜서 진동이 지속하여 단선 등 사고가 발생한다.

(1) 진동 주파수

$$f_0 = \frac{1}{2l}\sqrt{\frac{T\cdot g}{W}}\ [\text{Hz}]$$

여기서,

l : 진동 루프의 길이[m]

T : 장력[kg]

W : 중량[kg/m]

g : 중력 가속도[g/s²]

※ 비중이 작을수록, 바깥 지름이 클수록, 경간차가 클수록 크게 된다.

(2) 진동 방지 대책

① 댐퍼(damper) : 진동 루프 길이의 $\frac{1}{2}\sim\frac{1}{3}$ 인 곳에 설치하며 진동 에너지를 흡수하여 전선 진동을 방지한다.

② 아머 로드(armour rod) : 전선과 같은 재질로 전선 지지 부분을 감는다.

Tip **전선의 도약**

전선 주위의 빙설이나 물이 떨어지면서 반동으로 상하 전선 혼촉 단락 사고 발생 방지책으로 오프셋(off set)을 한다.

02 보일러 급수 중에 포함되어 있는 산소 등에 의한 보일러 배관의 부식을 방지할 목적으로 사용되는 장치는?

① 공기 예열기 ② 탈기기

③ 급수 가열기 ④ 수위 경보기

해설 탈기기(deaerator)란 발전 설비(power plant) 및 보일러(boiler), 소각로 등의 설비에 공급되는 급수(boiler feed water) 중에 녹아있는 공기(특히 용존 산소 및 이산화탄소)를 추출하여 배관 및 Plant 장치에 부식을 방지하고, 급격한 수명 저하에 효과적인 설비라 할 수 있다.

03 변압기의 손실 중 철손의 감소 대책이 아닌 것은?

① 자속 밀도의 감소 ② 고배향성 규소 강판 사용

③ 아몰퍼스 변압기의 채용 ④ 권선의 단면적 증가

해설 변압기의 무부하손인 철손은 히스테리시스손($P_h = k_h f B_m^{(1.6\sim 2)}$)과 와류손[$P_e = k_e (tk_f f B_m)^2$]의 합을 말한다. 이 철손을 줄이기 위해서는 얇은 규소 강판을 사용하고, 자속 밀도를 줄이고, 아몰퍼스 변압기를 채용한다. 권선의 단면적과 철손은 관련이 없다.

04 송전 선로의 절연 설계에 있어서 주된 결정 사항으로 옳지 않은 것은?

① 애자련의 개수

② 전선과 지지물과의 이격 거리

③ 전선 굵기

④ 가공 지선의 차폐 각도

해설 송전 선로의 절연 설계시 주된 결정 사항은 전압에 따른 애자의 개수, 전선과 지지물과의 이격 거리, 뇌격 및 이상 전압의 발생과 방호 등으로 전선의 굵기와는 관계없다.

05 가공 전선로의 전선 진동을 방지하기 위한 방법으로 틀린 것은?

출제빈도

① 토셔널 댐퍼(torsional damper)의 설치

② 스프링 피스톤 댐퍼와 같은 진동 제지권을 설치

③ 경동선을 ACSR로 교환

④ 클램프나 전선 접촉기 등을 가벼운 것으로 바꾸고 클램프 부근에 적당히 전선을 첨가

해설 가공 전선로의 전선 진동을 방지하기 위한 시설은 댐퍼 또는 클래프 부근에 적당히 전선을 첨가하는 아머 로드 등을 시설한다.
전선의 진동이 발생하기 좋은 중량이 가벼운 중공 전선이나 ACSR(강심 알루미늄) 전선은 진동의 원인이 된다.

정답 02.② 03.④ 04.③ 05.③

06 부하 전류의 차단 능력이 없는 것은?

① 공기 차단기 ② 유입 차단기
③ 진공 차단기 ④ 단로기

해설 단로기는 통전 중의 전로를 개폐하여서는 안 된다.

07 차단기가 전류를 차단할 때 재점호가 일어나기 쉬운 차단 전류는?

① 동상 전류 ② 지상 전류
③ 진상 전류 ④ 단락 전류

해설 차단기의 재점호는 선로 등의 충전 전류(진상)에 의해 발생한다.

08 전력용 콘덴서에 직렬로 콘덴서 용량의 5[%] 정도의 유도 리액턴스를 삽입하는 목적은?

① 제3고조파 전류의 억제
② 제5고조파 전류의 억제
③ 이상 전압의 발생 방지
④ 정전 용량의 조절

해설 직렬 리액터는 3상인 경우에는 전력용 콘덴서 용량의 약 5[%] 정도를 사용하여 제5고조파를 억제하고, 단상인 경우에는 전력용 콘덴서 용량의 약 11[%] 정도를 사용하여 제3고조파를 억제한다.

09 중거리 송전 선로에서 T형 회로일 경우 4단자 정수 A는?

출제빈도

① $1+\frac{ZY}{2}$ ② $1-\frac{ZY}{4}$
③ Z ④ Y

해설 T형 회로 4단자 정수는

$$A=1+\frac{ZY}{2},\ B=\frac{Z}{2},\ C=Y,\ D=1+\frac{ZY}{2}$$

10 피뢰기의 제한 전압이란?

① 상용 주파 전압에 대한 피뢰기의 충격 방전 개시 전압
② 충격파 침입시 피뢰기의 충격 방전 개시 전압
③ 피뢰기가 충격파 방전 종료 후 언제나 속류를 확실히 차단할 수 있는 상용 주파 최대 전압
④ 충격파 전류가 흐르고 있을 때의 피뢰기 단자 전압

해설 피뢰기의 제한 전압은 충격파 전류가 흐를 때 피뢰기 양단에 걸리는 단자 전압이고, ③은 피뢰기의 정격 전압이다.

정답 06.④ 07.③ 08.② 09.① 10.④

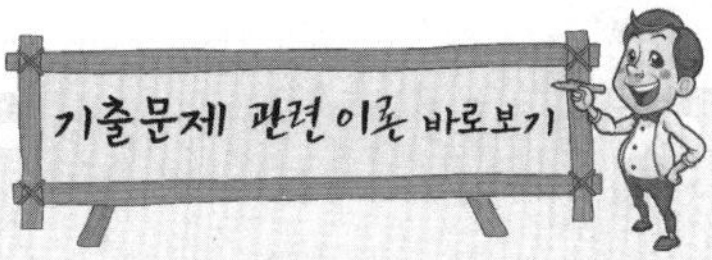

09. Tip **π형 회로의 4단자 정수**

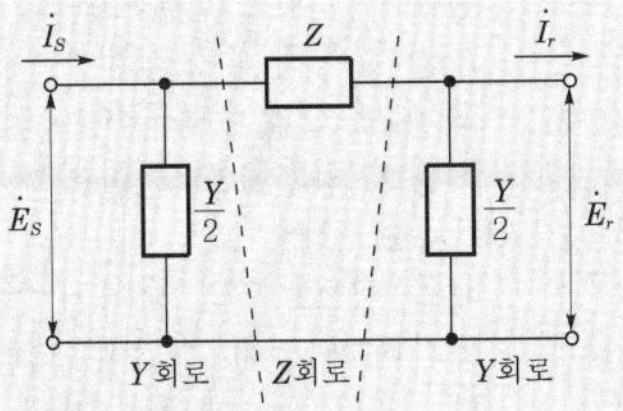

(1) 4단자 정수

$$\begin{bmatrix} A & B \\ C & D \end{bmatrix}=\begin{bmatrix} 1 & 0 \\ \frac{Y}{2} & 1 \end{bmatrix}\cdot\begin{bmatrix} 1 & Z \\ 0 & 1 \end{bmatrix}\cdot\begin{bmatrix} 1 & 0 \\ \frac{Y}{2} & 1 \end{bmatrix}$$

$$=\begin{bmatrix} 1+\frac{ZY}{2} & Z \\ Y\left(1+\frac{ZY}{4}\right) & 1+\frac{ZY}{2} \end{bmatrix}$$

(2) 송전단 전압

$$\dot{E}_s=A\dot{E}_r+B\dot{I}_r$$
$$=\left(1+\frac{ZY}{2}\right)\dot{E}_r+Z\cdot\dot{I}_r$$

(3) 송전단 전류

$$\dot{I}_s=C\dot{E}_r+D\dot{I}_r$$
$$=Y\left(1+\frac{ZY}{4}\right)\cdot\dot{E}_r+\left(1+\frac{ZY}{2}\right)\cdot\dot{I}_r$$

여기서, Z : 선로의 중앙에 집중
Y : 송·수전 양단에 $\frac{Y}{2}$씩 집중

기출문제 관련 이론 바로보기

12. 이론 check **수차의 특유 속도**

$$N_s = N \times \frac{P^{\frac{1}{2}}}{H^{\frac{5}{4}}}[\text{rpm}]$$

여기서, N : 정격 회전수
H : 유효 낙차
P : 낙차 H에서의 최대 출력

Tip **조속기**

부하의 변동에 관계없이 수차의 속도를 일정하게 유지하기 위하여 수차의 유량을 조절하는 장치

(1) 평속기(speeder)
수차의 회전 속도 검출

(2) 배압 밸브
평속기에 의해 검출되는 속도 변화를 부동감을 통해서 받아가지고 서보 모터에 공급하는 압유를 적당한 방향으로 전환하는 밸브

(3) 서보 모터
배압 밸브로부터 제어된 압유로 동작하며 펠턴 수차는 니들 밸브, 반동 수차에서는 안내 날개를 개폐하여 수구 개도를 바꾸어 주는 것

(4) 복원 기구(제동 권선)
회전기의 관성에 의한 동작 시간 지연에 의해 생기는 난조를 방지하기 위한 기구

13. 이론 check **역섬락**

뇌전류가 철탑으로부터 대지로 흐를 경우, 철탑 전위의 파고값이 전선을 절연하고 있는 애자련이 절연 파괴 전압 이상으로 될 경우 철탑으로부터 전선을 향해서 거꾸로 철탑 측으로부터 도체를 향해서 일어나게 되는데, 이것을 역섬락이라 하고 이것을 방지하기 위해서 될 수 있는 대로 탑각 접지 저항을 작게 해줄 필요가 있다. 보통 이를 위해서 아연 도금의 철연선을 지면 약 30[cm] 밑에 30~50[m]의 길이의 것을 방사상으로 몇 가닥 매설하는데 이것을 매설 지선이라 한다.

11
3상 수직 배치인 선로에서 오프셋(offset)을 주는 이유는?

① 전선의 진동 억제
② 단락 방지
③ 철탑의 중량 감소
④ 전선의 풍압 감소

해설 오프셋(offset)은 3상 송전 선로의 수직 배치인 경우 빙설 등이 전선에서 이탈 또는 부하가 급변할 때 전선 도약으로 인한 상하 전선의 단락을 방지하기 위해 전선을 같은 수직선상으로 배치하지 않고 약간의 수평 간격을 유지하는 것을 말한다.

12
출제빈도

수차의 특유 속도 크기를 바르게 나열한 것은?

① 펠턴 수차 < 카플란 수차 < 프란시스 수차
② 펠턴 수차 < 프란시스 수차 < 카플란 수차
③ 프란시스 수차 < 카플란 수차 < 펠턴 수차
④ 카플란 수차 < 펠턴 수차 < 프란시스 수차

해설

수차의 특유 속도는 $N_s = N \cdot \frac{P^{\frac{1}{2}}}{H^{\frac{5}{4}}}$ 이므로 낙차가 클수록 특유 속도는 줄어든다.

13
출제빈도

송전 선로에서 매설 지선을 사용하는 주된 목적은?

① 코로나 전압을 저감시키기 위하여
② 뇌해를 방지하기 위하여
③ 탑각 접지 저항을 줄여서 역섬락을 방지하기 위하여
④ 인축의 감전 사고를 막기 위하여

해설 매설 지선은 철탑의 탑각 저항을 줄여 역섬락을 방지한다.

14
1차 전압 6,000[V], 권수비 30인 단상 변압기로부터 부하에 20[A]를 공급할 때, 입력 전력은 몇 [kW]인가? (단, 변압기 손실은 무시하고, 부하 역률은 1로 한다.)

① 2 ② 2.5
③ 3 ④ 4

해설 변압기 1차에 흐르는 전류는 2차측 부하 전류에 권수비의 역수를 곱한 값이므로

입력 전력 $P = 6{,}000 \times 20 \times \frac{1}{30} \times 10^{-3} = 4[\text{kW}]$

정답 11.② 12.② 13.③ 14.④

15 전력 계통의 전압 조정을 위한 방법으로 적당한 것은?

① 계통에 콘덴서 또는 병렬 리액터 투입
② 발전기의 유효 전력 조정
③ 부하의 유효 전력 감소
④ 계통의 주파수 조정

해설 전력 계통의 전압 조정은 계통의 무효 전력을 흡수하는 콘덴서나 리액터를 사용하여야 한다.

16 송전 선로에 가공 지선을 설치하는 목적은?

출제빈도

① 코로나 방지
② 뇌에 대한 차폐
③ 선로 정수의 평형
④ 철탑 지지

해설 가공 지선의 설치 목적은 뇌격으로부터 전선로를 보호하고, 통신선에 대한 유도 장해를 경감시키기 위함이다.

17 설비 A가 150[kW], 수용률 0.5, 설비 B가 250[kW], 수용률 0.8일 때 합성 최대 전력이 235[kW]이면 부등률은 약 얼마인가?

① 1.10　② 1.13
③ 1.17　④ 1.22

해설 $부등률=\dfrac{150\times0.5+250\times0.8}{235}=1.17$

18 송전단 전압이 3,300[V], 수전단 전압은 3,000[V]이다. 수전단의 부하를 차단한 경우, 수전단 전압이 3,200[V]라면 이 회로의 전압 변동률은 약 몇 [%]인가?

① 3.25　② 4.28
③ 5.67　④ 6.67

해설 전압 변동률

$$\delta=\frac{V_{r0}-V_{rn}}{V_{rn}}\times100[\%]=\frac{3,200-3,000}{3,000}\times100[\%]=6.67[\%]$$

19 진상 콘덴서에 2배의 교류 전압을 가했을 때 충전 용량은 어떻게 되는가?

① $\dfrac{1}{4}$로 된다.　② $\dfrac{1}{2}$로 된다.
③ 2배로 된다.　④ 4배로 된다.

정답 15.① 16.② 17.③ 18.④ 19.④

기출문제 관련 이론 바로보기

16. 이론 Check **직격뢰에 대한 차폐**

가공 지선을 설치하는 주목적은 송전선을 뇌의 직격으로부터 보호하는 데 있으며 그 차폐각은 될 수 있는 대로 작게 하는 것이 바람직하지만, 이것을 작게 하려면 그만큼 가공 지선을 높이 가선해야 하기 때문에 철탑의 높이가 높아진다. 그러므로 지선 1가닥의 경우의 보호각(차폐각)은 35°~40° 정도로 잡는다.

Tip **유도뢰에 대한 차폐**

전선에 근접해서 전위 영의 가공 지선이 있기 때문에 뇌운으로부터 정전 유도에 의해서 전선상에 유도되는 전하는 50[%] 정도 이하로 줄어든다.

기출문제 관련 이론 바로보기

20. 이론 check 전압 강하와 전압 강하율

(1) 전압 강하(e, voltage drop)

단상 $e = E_s - E_r$

$= I(R\cos\theta_r + X\sin\theta_r)$

3상 $e = E_s - E_r$

$= \sqrt{3} I(R\cos\theta_r + X\sin\theta_r)$

$= \sqrt{3} \times \dfrac{P_r}{\sqrt{3} V_r \cos\theta_r} \times (R\cos\theta_r + X\sin\theta_r)$

$= \dfrac{P_r}{V_r}(R + X\tan\theta_r)$

(2) 전압 강하율(ε)

$\varepsilon = \dfrac{V_s - V_r}{V_r} \times 100[\%]$

$= \dfrac{e}{V_r} \times 100[\%]$

전압 강하 $e = \dfrac{P_r}{V_r}(R + X\tan\theta_r)$

이므로 $\varepsilon = \dfrac{P_r}{V_r^2}(R + X\tan\theta) \times 100[\%]$로 된다.

여기서, V_s : 송전단 전압

V_r : 수전단 전압

P_r : 수전단 전력

R : 선로의 저항

X : 선로의 리액턴스

θ : 부하의 역률각

해설 전력용(진상용) 콘덴서 충전 용량 $Q = \omega CV^2$이므로 전압이 2배로 되면 충전 용량은 4배로 된다.

20 (출제빈도) 동일한 부하 전력에 대하여 전압을 2배로 승압하면 전압 강하, 전압 강하율, 전력 손실률은 각각 어떻게 되는지 순서대로 나열한 것은?

① $\dfrac{1}{2}$, $\dfrac{1}{2}$, $\dfrac{1}{2}$ ② $\dfrac{1}{2}$, $\dfrac{1}{2}$, $\dfrac{1}{4}$

③ $\dfrac{1}{2}$, $\dfrac{1}{4}$, $\dfrac{1}{4}$ ④ $\dfrac{1}{4}$, $\dfrac{1}{4}$, $\dfrac{1}{4}$

해설 전압 강하 $e \propto \dfrac{1}{V}$, 전압 강하율 $\varepsilon \propto \dfrac{1}{V^2}$, 전력 손실률 $P_c \propto \dfrac{1}{V^2}$이다.

정답 20.③

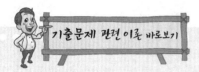

Industrial Engineer Electricity

2015년 과년도 출제문제

제1회 전력공학

기출문제 관련 이론 바로보기

01 뇌해 방지와 관계가 없는 것은?

① 매설 지선　　② 가공 지선
③ 소호각　　④ 댐퍼

해설 댐퍼(damper)는 진동 루프 길이의 $\frac{1}{2} \sim \frac{1}{3}$인 곳에 설치하며, 진동 에너지를 흡수하여 전선 진동을 방지한다.

02 선로 임피던스가 Z인 단상 단거리 송전 선로의 4단자 정수는?

① $A=Z,\ B=Z,\ C=0,\ D=1$
② $A=1,\ B=0,\ C=Z,\ D=1$
③ $A=1,\ B=Z,\ C=0,\ D=1$
④ $A=0,\ B=1,\ C=Z,\ D=0$

해설 Z회로의 4단자 정수 $\begin{bmatrix} A & B \\ C & D \end{bmatrix} = \begin{bmatrix} 1 & Z \\ 0 & 1 \end{bmatrix}$

03 송전 선로의 안정도 향상 대책이 아닌 것은?

출제빈도

① 병행 다회선이나 복도체 방식 채용
② 계통의 직렬 리액턴스 증가
③ 속응 여자 방식 채용
④ 고속도 차단기 이용

해설 **안정도 향상 대책**

- 계통의 직렬 리액턴스를 적게 한다(발전기나 변압기의 리액턴스 감소, 전선로의 병행 2회선을 증가하거나 복도체 사용, 직렬 콘덴서를 삽입해서 선로의 리액턴스 보상).
- 전압 변동을 적게 한다(속응 여자 방식 채용, 계통의 연계, 중간 조상 방식 채용).
- 계통에 주는 충격을 적게 한다(적당한 중성점 접지 방식 채용, 고속 차단 방식 채용, 재폐로 방식 채용).
- 고장시 전력 변동을 억제한다(조속기 동작을 신속하게, 제동 저항기의 설치).

03. 이론 check **안정도**

계통이 주어진 운전 조건하에서 안정하게 운전을 계속할 수 있는가 하는 여부의 능력을 말한다.

[안정도 향상 대책]

(1) 계통의 직렬 리액턴스의 감소 대책
① 발전기나 변압기의 리액턴스를 감소시킨다.
② 전선로의 병행 회선을 증가하거나 복도체를 사용한다.
③ 직렬 콘덴서를 삽입해서 선로의 리액턴스를 보상해 준다.

(2) 전압 변동의 억제 대책
① 속응 여자 방식을 채용한다.
② 계통을 연계한다.
③ 중간 조상 방식을 채용한다.

(3) 계통에 주는 충격의 경감 대책
① 적당한 중성점 접지 방식을 채용한다.
② 고속 차단 방식을 채용한다.
③ 재폐로 방식을 채용한다.

(4) 고장시의 전력 변동의 억제 대책
① 조속기 동작을 신속하게 한다.
② 제동 저항기를 설치한다.

(5) 계통 분리 방식의 채용

(6) 전원 제한 방식의 채용

정답 01.④　02.③　03.②

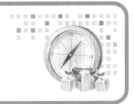

기출문제 관련 이론 바로보기

04. 이론 check 캐스케이딩(cascading) 현상

변압기 또는 선로의 사고에 의해서 뱅킹 내의 건전한 변압기의 일부 또는 전부가 연쇄적으로 회로로부터 차단되는 현상(방지 대책 : 변압기의 1차측에 퓨즈, 저압선의 중간에 구분 퓨즈 설치)

Tip 저압 뱅킹(banking) 방식

(1) 용도 : 수용 밀도가 큰 지역
(2) 장점
① 수지상식과 비교할 때 전압 강하와 전력 손실이 적다.
② 플리커(fliker)가 경감된다.
③ 변압기 용량 및 저압선 동량이 절감된다.
④ 부하 증가에 대한 탄력성이 향상된다.
⑤ 고장 보호 방법이 적당한 때 공급 신뢰도는 향상된다.
(3) 단점
① 보호 방식이 복잡하다.
② 시설비가 고가이다.

04 저압 뱅킹 방식에 대한 설명으로 틀린 것은?

출제빈도

① 전압 동요가 적다.
② 캐스케이딩 현상에 의해 고장 확대가 축소된다.
③ 부하 증가에 대해 융통성이 좋다.
④ 고장 보호 방식이 적당할 때 공급 신뢰도는 향상된다.

해설 **저압 뱅킹 방식의 특징**
- 전압 강하 및 전력 손실이 줄어든다.
- 변압기의 용량 및 전선량(동량)이 줄어든다.
- 부하 변동에 대하여 탄력적으로 운용된다.
- 플리커 현상이 경감된다.
- 캐스케이딩 현상이 발생할 수 있다.

05 다음 중 리클로저에 대한 설명으로 가장 옳은 것은?

① 배전 선로용은 고장 구간을 고속 차단하여 제거한 후 다시 수동 조작에 의해 배전이 되도록 설계된 것이다.
② 재폐로 계전기와 함께 설치하여 계전기가 고장을 검출하고 이를 차단기에 통보, 차단하도록 된 것이다.
③ 3상 재폐로 차단기는 1상의 차단이 가능하고 무전압 시간을 약 20~30초로 정하여 재폐로하도록 되어 있다.
④ 배전 선로의 고장 구간을 고속 차단하고 재송전하는 조작을 자동적으로 시행하는 재폐로 차단 장치를 장비한 자동 차단기이다.

해설 리클로저(recloser)는 선로에 고장이 발생하였을 때 고장 전류를 검출하여 지정된 시간 내에 고속 차단하고 자동 재폐로 동작을 수행하여 고장 구간을 분리하거나 재송전하는 장치이다.

06 원자력 발전소와 화력 발전소의 특성을 비교한 것 중 틀린 것은?

① 원자력 발전소는 화력 발전소의 보일러 대신 원자로와 열 교환기를 사용한다.
② 원자력 발전소의 건설비는 화력 발전소에 비해 싸다.
③ 동일 출력일 경우 원자력 발전소의 터빈이나 복수기가 화력 발전소에 비하여 대형이다.
④ 원자력 발전소는 방사능에 대한 차폐 시설물의 투자가 필요하다.

해설 원자력 발전소 건설비는 화력 발전소 건설비보다 월등히 많이 든다.

정답 04.② 05.④ 06.②

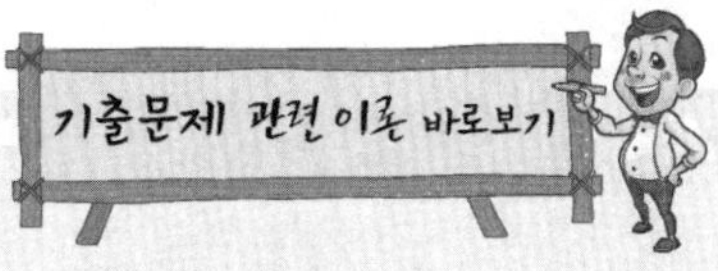

07 송전 선로에서 역섬락을 방지하는 가장 유효한 방법은?

① 피뢰기를 설치한다.
② 가공 지선을 설치한다.
③ 소호각을 설치한다.
④ 탑각 접지 저항을 작게 한다.

해설 역섬락을 방지하기 위해서는 매설 지선을 사용하여 철탑의 탑각 저항을 줄여야 한다.

07. Tip 역섬락

뇌전류가 철탑으로부터 대지로 흐를 경우, 철탑 전위의 파고값이 전선을 절연하고 있는 애자련이 절연 파괴 전압 이상으로 될 경우 철탑으로부터 전선을 향해서 거꾸로 철탑측으로부터 도체를 향해서 일어나게 되는데, 이것을 역섬락이라 하고 이것을 방지하기 위해서 될 수 있는 대로 탑각 접지 저항을 작게 해줄 필요가 있다. 보통 이를 위해서 아연 도금의 철연선을 지면 약 30[cm] 밑에 30~50[m]의 길이의 것을 방사상으로 몇 가닥 매설하는데 이것을 매설 지선이라 한다.

08 우리나라의 특고압 배전 방식으로 가장 많이 사용되고 있는 것은?

① 단상 2선식
② 단상 3선식
③ 3상 3선식
④ 3상 4선식

해설 우리나라의 배전 방식은 특고압 22.9[kV], 3상 4선식으로 구성한다.

09 양지지점의 높이가 같은 전선의 이도를 구하는 식은? (단, 이도는 D[m], 수평 장력은 T[kg], 전선의 무게는 W[kg/m], 경간은 S[m]이다.)

① $D=\dfrac{WS^2}{8T}$
② $D=\dfrac{SW^2}{8T}$
③ $D=\dfrac{8WT}{S^2}$
④ $D=\dfrac{ST^2}{8W}$

해설 이도 $D=\dfrac{WS^2}{8T}$[m]

10 배전 선로의 역률 개선에 따른 효과로 적합하지 않은 것은?

① 전원측 설비의 이용률 향상
② 선로 절연에 요하는 비용 절감
③ 전압 강하 감소
④ 선로의 전력 손실 경감

해설 **역률 개선의 효과**

- 전력 손실이 감소한다.
- 전압 강하가 감소한다.
- 설비의 여유가 증가한다.
- 전력 사업자 공급 설비를 합리적으로 운용한다.
- 수용가측의 전기 요금을 절약한다.

정답 07.④ 08.④ 09.① 10.②

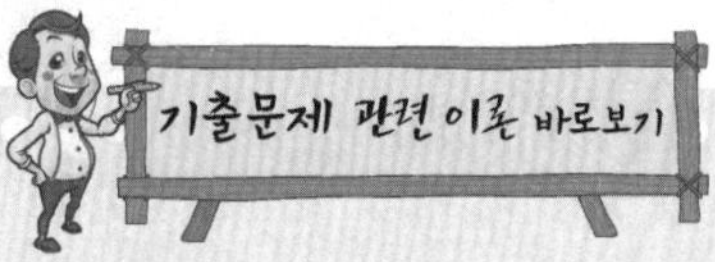

14. 이론 check **코로나 현상**

초고압 가공 송전 계통에서 전선 표면 및 근방 부분의 전계가 커서 공기의 전리를 일으켜 낮은 소리와 빛이 나타나는 현상을 말한다. 공기의 절연은 30[kV/cm]에서(교류 정현파 실효값 21[kV/cm]) 파괴된다.

(1) 코로나 영향

① 코로나 손실

$$P_1 = \frac{241}{\delta}(f+25)\sqrt{\frac{r}{D}}(E-E_0)^2 \times 10^{-5}[\text{kW/km/선}]$$

여기서, E : 대지 전압[kV]
E_0 : 임계 전압[kV]
f : 주파수[Hz]
δ : 공기 상대 밀도
D : 선간 거리[cm]

② 코로나 잡음

③ 통신선에서의 유도 장해

④ 소호 리액터의 소호 능력 저하

⑤ 화학 작용 : 코로나 방전으로 공기 중에 오존(O_3) 및 산화질소(NO)가 생기고 여기에 물이 첨가되면 질산(초산 : NHO_3)이 되어 전선을 부식시킨다. 또 송전선의 애자도 코로나 때문에 절연 내력을 열화시킨다.

⑥ 코로나 발생의 이점 : 송전선에 낙뢰 등으로 이상 전압이 들어올 때 이상 전압 진행파의 파고값을 코로나의 저항 작용으로 빨리 감쇠시킨다.

(2) 코로나 방지책

① 전선의 직경을 크게 하여 임계 전압을 크게 한다.
[단도체(경동선) → ACSR, 중공 연선, 복도체 방식 채용]

② 가선 금구를 개량한다.

③ 전선 표면의 금구를 손상하지 않게 한다.

11

발전기의 정태 안정 극한 전력이란?

① 부하가 서서히 증가할 때의 극한 전력
② 부하가 갑자기 크게 변동할 때의 극한 전력
③ 부하가 갑자기 사고가 났을 때의 극한 전력
④ 부하가 변하지 않을 때의 극한 전력

해설 정태 안정도(steady state stability)는 정상적인 운전 상태에서 서서히 부하를 조금씩 증가했을 경우 안정 운전을 지속할 수 있는가 하는 능력을 말하고, 극한값을 정태 안정 극한 전력이라고 한다.

12

유역 면적 80[km^2], 유효 낙차 30[m], 연간 강우량 1,500[mm]의 수력 발전소에서 그 강우량의 70[%]만 이용하면 연간 발전 전력량은 몇 [kWh]인가? (단, 종합 효율은 80[%]이다.)

① 5.49×10^7　② 1.98×10^7
③ 5.49×10^6　④ 1.98×10^6

해설

유량 $Q = \frac{a \cdot b \cdot 10^3}{365 \times 24 \times 60 \times 60} \cdot \eta$

$= \frac{80 \times 1{,}500 \times 10^3}{365 \times 24 \times 60 \times 60} \times 0.7$

$= 2.66[\text{m}^3/\text{s}]$

전력량 $W = P \cdot T = 9.8HQ\eta T$

$= 9.8 \times 30 \times 2.66 \times 0.8 \times 365 \times 24$

$= 5.49 \times 10^6[\text{kWh}]$

13

낙차 350[m], 회전수 600[rpm]인 수차를 325[m]의 낙차에서 사용할 때의 회전수는 약 몇 [rpm]인가?

① 500　② 560
③ 580　④ 600

해설

$$\frac{N'}{N} = \left(\frac{H'}{H}\right)^{\frac{1}{2}}$$

그러므로 $N' = \left(\frac{H'}{H}\right)^{\frac{1}{2}} \cdot N = \left(\frac{325}{350}\right)^{\frac{1}{2}} \times 600 = 580[\text{rpm}]$

14

출제빈도

가공 송전선의 코로나를 고려할 때 표준 상태에서 공기의 절연 내력이 파괴되는 최소 전위 경도는 정현파 교류의 실효값으로 약 몇 [kV/cm] 정도인가?

① 6　② 11
③ 21　④ 31

정답 11.① 12.③ 13.③ 14.③

해설 공기 절연이 파괴되는 전위 경도는 직류 30[kV/cm], 정현파 교류 실효값 21[kV/cm]이다.

15 차단기의 개폐에 의한 이상 전압의 크기는 대부분의 경우 송전선 대지 전압의 최고 몇 배 정도인가?

① 2배 ② 4배
③ 6배 ④ 8배

해설 차단기의 개폐에 의한 이상 전압의 크기는 대지 전압의 4배까지 상승할 수 있다.

16 선로의 작용 정전 용량 0.008[μF/km], 선로 길이 100[km], 전압 37,000[V], 주파수 60[Hz]일 때, 한 상에 흐르는 충전 전류는 약 몇 [A]인가?

① 6.7 ② 8.7
③ 11.2 ④ 14.2

해설 충전 전류

$$I_c = \omega CE$$
$$= 2\pi \times 60 \times 0.008 \times 10^{-6} \times 100 \times 37,000$$
$$= 11.2[\text{A}]$$

17 송전 선로의 단락 보호 계전 방식이 아닌 것은?

① 과전류 계전 방식
② 방향 단락 계전 방식
③ 거리 계전 방식
④ 과전압 계전 방식

해설 송전 선로의 단락 보호는 방사상일 경우에는 과전류 계전기, 환상 선로일 경우에는 방향 단락 계전기, 방향 거리 계전기 등을 사용한다. 그러므로 단락 보호 계전 방식이 아닌 것은 과전압 계전 방식이다.

18 동일 전력을 동일 선간 전압, 동일 역률로 동일 거리에 보낼 때, 사용하는 전선의 총 중량이 같으면, 단상 2선식과 3상 3선식의 전력 손실비(3상 3선식/단상 2선식)는?

① $\frac{1}{3}$ ② $\frac{1}{2}$
③ $\frac{3}{4}$ ④ 1

정답 15.② 16.③ 17.④ 18.③

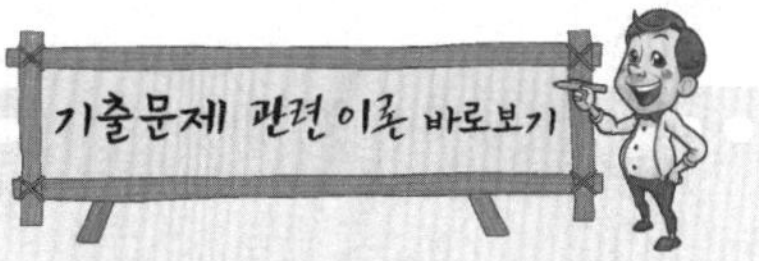

16. 이론 check **정전 용량**

(1) 작용 정전 용량

① 단도체

$$C = \frac{1}{2\left(\log_e \frac{D}{r}\right) \times 9 \times 10^9} [\text{F/m}]$$

$$C = \frac{0.02413}{\log_{10} \frac{D}{r}} [\mu\text{F/km}]$$

② 다도체

$$C = \frac{0.02413}{\log_{10} \frac{D}{r'}}$$
$$= \frac{0.02413}{\log_{10} \frac{D}{\sqrt[n]{r s^{n-1}}}} [\mu\text{F/km}]$$

(2) 1선당 작용 정전 용량

① 단상 2선식

$C_2 = C_s + 2C_m$

여기서, C_s : 대지 정전 용량
C_m : 선간 정전 용량

② 3상 3선식 1회선

$C_3 = C_s + 3C_m$

여기서, C_s : 대지 정전 용량
C_m : 선간 정전 용량

정전 용량의 개략적인 값은 단도체 방식 3상 선로에서의 작용 정전 용량은 회선수에 관계없이 0.009[μF/km]이고, 대지 정전 용량은 1회선 0.005[μF/km], 2회선 0.004[μF/km]이다.

(3) 충전 전류(앞선 전류=진상 전류)

$$\dot{I}_c = \frac{\dot{E}}{X_c} = \frac{\dot{E}}{\frac{1}{j\omega C}} = j\omega C\dot{E}[\text{A}]$$
$$= j\omega C \cdot \frac{V}{\sqrt{3}}[\text{A}]$$

여기서, V : 선간 전압[V]
C : 작용 정전 용량[F]
E : 대지 전압[V]

(4) 3상 충전 용량

$$Q_c = 3EI_c = 3\omega CE^2 = \omega CV^2$$
$$= 2\pi f CV^2 \times 10^{-3}[\text{kVA}]$$

여기서, V : 선간 전압($\sqrt{3}E$)

기출문제 관련 이론 바로보기

해설 동일 전력이므로 $VI_1 = \sqrt{3}\,VI_3$ 이고

전류비 $\dfrac{I_3}{I_1} = \dfrac{1}{\sqrt{3}}$

총 중량이 동일하므로 $2A_1 l = 3A_3 l$ 이고, 저항은 전선 단면적에 반비례하므로

저항비 $\dfrac{R_3}{R_1} = \dfrac{A_1}{A_3} = \dfrac{3}{2}$

$$\therefore \text{손실비} = \frac{3I_3^{\,2}R_3}{2I_1^{\,2}R_1} = \frac{3}{2}\times\left(\frac{I_3}{I_1}\right)^2\times\frac{R_3}{R_1}$$

$$= \frac{3}{2}\times\left(\frac{1}{\sqrt{3}}\right)^2\times\frac{3}{2} = \frac{3}{4}$$

19 정정된 값 이상의 전류가 흘러 보호 계전기가 동작할 때 동작 전류가 낮은 구간에서는 동작 전류의 증가에 따라 동작 시간이 짧아지고, 그 이상이면 동작 전류의 크기에 관계없이 일정한 시간에서 동작하는 특성을 무슨 특성이라 하는가?

① 정한시 특성
② 반한시 특성
③ 순한시 특성
④ 반한시성 정한시 특성

해설 **계전기 동작 시간에 의한 분류**

- 정한시 계전기 : 정정된 값 이상의 전류가 흐르면 정해진 일정 시간 후에 동작하는 계전기이다.
- 반한시 계전기 : 정정된 값 이상의 전류가 흐를 때 전류값이 크면 동작 시간은 짧아지고, 전류값이 적으면 동작 시간이 길어진다.
- 순한시 계전기 : 정정된 최소 동작 전류 이상의 전류가 흐르면 즉시 동작하는 계전기이다.
- 반한시성 정한시 계전기 : 어느 전류값까지는 반한시성이고, 그 이상이면 정한시 특성을 갖는 계전기이다.

20 어떤 건물에서 총 설비 부하 용량이 850[kW], 수용률이 60[%]이면, 변압기 용량은 최소 몇 [kVA]로 하여야 하는가? (단, 설비 부하의 종합 역률은 0.75이다.)

출제빈도

① 740 ② 680
③ 650 ④ 500

해설 변압기 용량 $P_t = \dfrac{850\times0.6}{0.75} = 680\,[\text{kVA}]$

정답 19.④ 20.②

20. 이론 check **변압기의 용량 결정**

일반적으로 배전 변압기의 용량은 다음과 같은 방법으로 결정된다. 그 변압기로부터 공급하고자 하는 수용가군에 대해서 개개의 수용가의 설치 용량의 합계에 수용률을 공급해서 일차적으로 각 수용가의 최대 부하 전력의 합계를 얻은 다음 이것을 수용가 상호간의 부등률로 나누어서 그 변압기로 공급해야 할 최대 전력을 구하게 된다.

$$\text{합성 최대 부하} = \frac{\text{설비 용량}\times\text{수용률}}{\text{부등률}}$$

즉, 이 합성 최대 부하에 응할 수 있는 용량의 것을 가까운 장래의 수요 증가의 예상량까지 감안해서 변압기의 표준 용량 가운데에서 결정하게 된다. 일반적으로 수용가의 수가 많을수록 수용률은 작아지고 반대로 부등률이 커지기 때문에, 비교적 소용량의 것을 가지고도 많은 부하에 공급할 수 있게 된다. 주상용의 소형 변압기에는 KS 규격으로 정해진 표준 용량이 있다.

기출문제 관련 이론 바로보기

제 2 회 전력공학

01 60[Hz], 154[kV], 길이 200[km]인 3상 송전 선로에서 대지 정전 용량 $C_s = 0.008[\mu F/km]$, 선간 정전 용량 $C_m = 0.0018[\mu F/km]$일 때, 1선에 흐르는 충전 전류는 약 몇 [A]인가?

① 68.9 ② 78.9
③ 89.8 ④ 97.6

해설 충전 전류 $I_c = \omega CE = \omega(C_s + 3C_m)E$

$$= 2\pi \times 60 \times (0.008 + 3 \times 0.0018) \times 10^{-6} \times 200 \times \frac{154,000}{\sqrt{3}}$$

$$= 89.8[A]$$

02 440[V] 공공 시설의 옥내 배선을 금속관 공사로 시설하고자 한다. 금속관에 어떤 접지 공사를 해야 하는가?

출제빈도

① 제1종 접지 공사
② 제2종 접지 공사
③ 제3종 접지 공사
④ 특별 제3종 접지 공사

해설 **금속관 공사(판단기준 제184조)**
사용 전압이 400[V] 이상인 경우 관에는 특별 제3종 접지 공사를 할 것

02. 이론 Check 옥내 배선의 접지 공사

(1) 접지 공사의 목적
① 고·저압 혼촉으로 인한 전위 상승 억제
② 기기의 지락 사고시 인체에 걸리는 분담 전압의 억제
③ 선로에 의한 유도 감전 방지
④ 이상 전압 억제에 의한 절연 계급의 저감
⑤ 보호 장치의 동작 확실화

(2) 접지 공사의 종류
① 제1종 접지 공사 : 접지선 굵기 6[mm^2] 이상, 접지 저항 10[Ω] 이하
② 제2종 접지 공사 : 접지선 굵기 16[mm^2] 또는 6[mm^2] 이상 접지 저항은 변압기의 고압측 또는 특고압측의 전로의 1선 지락 전류의 암페어 수로 150을 나눈 값과 같은 [Ω]수
③ 제3종 접지 공사 : 접지선 굵기 2.5[mm^2] 이상, 접지 저항 100[Ω] 이하
④ 특별 제3종 접지 공사 : 접지선 굵기 2.5[mm^2] 이상, 접지 저항 10[Ω] 이하

03 조상 설비가 있는 1차 변전소에서 주변압기로 주로 사용되는 변압기는?

① 승압용 변압기
② 단권 변압기
③ 단상 변압기
④ 3권선 변압기

해설 1차 변전소에 사용하는 변압기는 3권선 변압기로 Y-Y-△로 사용되고 있다.

04 소수력 발전의 장점이 아닌 것은?

① 국내 부존 자원 활용
② 일단 건설 후에는 운영비가 저렴
③ 전력 생산 외에 농업 용수 공급, 홍수 조절에 기여
④ 양수 발전과 같이 첨두 부하에 대한 기여도가 많음

정답 01.③ 02.④ 03.④ 04.③

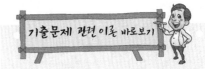

기출문제 관련 이론 바로보기

05. 이론 check 애자의 전기적 특성

(1) 애자의 정전 용량
핀 애자는 전선과 핀 사이에, 현수 애자는 캡과 핀 또는 볼 사이에 각각 정전 용량이 존재한다. 빗물 등에 의해 자기제 표면이 젖게 되면, 평행판 콘덴서의 극판 면적이 커진 것과 같게 되어 정전 용량이 증대된다.

(2) 애자의 섬락 전압
애자의 자기편의 표면에 따라서 양 전극 간을 잇는 최단 거리를 누설 거리(leakage path)라 하고, 또 애자의 표면에 접하는 공기를 통해서 양 전극 간을 잇는 최단 거리를 섬락 거리(flashover path)라 한다. 애자련에 전압을 점차로 높여 주면, 애자가 건전할 때는, 애자 주위의 공기를 통하여 지속 아크를 발생하는데 이것을 섬락(flashover)이라 한다.

① 섬락 전압(250[mm] 현수 애자 1개 기준)

- 공기 중
  - 상용 주파 전압
    - 주수 섬락 전압 : 50[kV]
    - 건조 섬락 전압 : 80[kV]
  - 충격파 전압 : 125[kV]

② 유중 파괴 전압 : 애자를 절연유에 담그고 양 전극 간에 전력 주파 전압을 가하여, 자기를 관통하여 절연을 파괴시킨 전압을 유중 파괴 전압이라 하는데, 공기 중에서는 섬락하기 전에 자기의 절연 파괴를 가져오는 일은 없다. 250[mm] 현수 애자 1개의 유중 파괴 전압은 약 140[kV]이다.

(3) 애자련의 보호 : 아킹 혼(링), 소호각(환)의 사용
① 이상 전압으로부터 애자련의 보호
② 애자 전압 분담의 균등화
③ 애자의 열적 파괴 방지(전선의 단락 등으로 인한)

해설 **소수력 발전의 특징**

- 장점
  - 친환경적이다.
  - 연유지비가 낮다.
  - 설계 및 시공 기간이 짧다.
  - 주위의 인력이나 자재를 이용하기가 쉽다.
  - 지역 개발이 촉진된다.
  - 첨두 부하에 활용한다.
- 단점
  - 초기 투자 비용이 많다.
  - 자연 낙차가 큰 소수력 발전 입지는 매우 제한된다.

05

아킹혼의 설치 목적은?

출제빈도

① 코로나손의 방지
② 이상 전압 제한
③ 지지물의 보호
④ 섬락 사고시 애자의 보호

해설 **아킹혼, 소호각(환)의 역할**

- 이상 전압으로부터 애자련을 보호한다.
- 애자 전압 분담을 균등화한다.
- 애자의 열적 파괴를 방지한다.

06

유효 낙차 400[m]의 수력 발전소에서 펠턴 수차의 노즐에서 분출하는 물의 속도를 이론값의 0.95배로 한다면 물의 분출 속도는 약 몇 [m/s]인가?

① 42.3 ② 59.5
③ 62.6 ④ 84.1

해설 물의 분출 속도 $v = k\sqrt{2gH} = 0.95 \times \sqrt{2 \times 9.8 \times 400} \fallingdotseq 84.1$[m/s]

07

초고압 장거리 송전 선로에 접속되는 1차 변전소에 병렬 리액터를 설치하는 목적은?

① 페란티 효과 방지 ② 코로나 손실 경감
③ 전압 강하 경감 ④ 선로 손실 경감

해설 경부하 또는 무부하인 경우에는 선로의 정전 용량에 의한 충전 전류의 영향이 크게 작용해서 진상 전류가 흘러 수전단 전압이 송전단 전압보다 높게 되는 것을 페란티 효과(Ferranti effect)라 하고, 이것의 방지 대책으로는 분로(병렬) 리액터를 설치한다.

정답 05.④ 06.④ 07.①

08 SF_6 가스 차단기의 설명으로 틀린 것은?

① 밀폐 구조이므로 개폐시 소음이 적다.
② SF_6 가스는 절연 내력이 공기보다 크다.
③ 근거리 고장 등 가혹한 재기 전압에 대해서 성능이 우수하다.
④ 아크에 의해 SF_6 가스는 분해되어 유독 가스를 발생시킨다.

해설 **SF_6 가스 차단기(GCB ; Gas Circuit Breaker)**
- 무색, 무미, 무취이고, 분해하여도 유독 가스를 발생시키지 않는다.
- 초고압 계통에서 사용한다.
- 밀폐 구조로 소음이 적고, 설치 면적이 크다.
- 공기보다 절연 내력은 약 2.5배, 소호 능력은 약 150배 정도이다.
- 전류 절단에 의한 이상 전압이 발생하지 않는다.
- 근거리 선로 고장 등 가혹한 재기 전압에 대해서도 우수하다.

09 송전 선로에서 역섬락을 방지하려면?

① 가공 지선을 설치한다.
② 피뢰기를 설치한다.
③ 탑각 접지 저항을 적게 한다.
④ 소호각을 설치한다.

해설 철탑의 탑각 접지 저항이 커지면 뇌 방전시 철탑의 전위 상승으로 인하여 역섬락이 발생한다. 역섬락을 방지하기 위해서는 탑각 접지 저항을 줄일 수 있는 매설 지선을 설치한다.

10 직류 송전 방식이 교류 송전 방식에 비하여 유리한 점이 아닌 것은?

출제빈도

① 선로의 절연이 용이하다.
② 통신선에 대한 유도 잡음이 적다.
③ 표피 효과에 의한 송전 손실이 적다.
④ 정류가 필요 없고 승압 및 강압이 쉽다.

해설 직류는 교류에 비교하여 변압이 쉽지 않다.

11 송전단 전력원 방정식이 $P_s^{\,2}+(Q_s-300)^2=250{,}000$인 전력 계통에서 최대 전송 가능한 유효 전력은 얼마인가?

① 300 ② 400
③ 500 ④ 600

해설 조상 설비 용량이 300[kVA]이므로 본 전력 원선도의 무효 전력은 300, 피상 전력은 500이므로 유효 전력은 400[kW]로 된다.

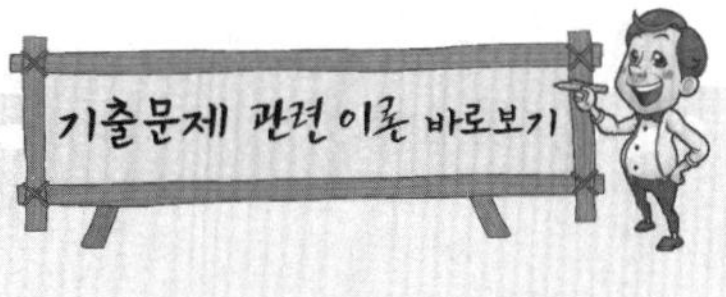

10. 이론 check **교류 방식의 장점**

(1) 전압의 승압, 강압 변경이 용이하다. 전력 전송을 합리적, 경제적으로 운영해 나가기 위해서는 발전단에서 부하단에 이르는 각 구간에서 전압을 사용하기에 편리한 적당한 값으로 변화시켜 줄 필요가 있다. 교류 방식은 변압기라는 간단한 기기로 이들 전압의 승압과 강압을 용이하게 또한 효율적으로 실시할 수 있다.
(2) 교류 방식으로 회전 자계를 쉽게 얻을 수 있다. 교류 발전기는 직류 발전기보다 구조가 간단하고 효율도 좋으므로 특수한 경우를 제외하고는 모두 교류 발전기를 사용하고 있다. 또한 3상 교류 방식에서는 회전 자계를 쉽게 얻을 수 있다는 장점이 있다.
(3) 교류 방식으로 일관된 운용을 기할 수 있다. 전등, 전동력을 비롯하여 현재 부하의 대부분은 교류 방식으로 되어 있기 때문에 발전에서 배전까지 전과정을 교류 방식으로 통일해서 보다 합리적이고 경제적으로 운용할 수 있다.

정답 08.④ 09.③ 10.④ 11.②

기출문제 관련 이론 바로보기

12. 이론 check **안정도**

계통이 주어진 운전 조건하에서 안정하게 운전을 계속할 수 있는가 하는 여부의 능력을 말한다.

[안정도 향상 대책]

(1) 계통의 직렬 리액턴스의 감소 대책
 ① 발전기나 변압기의 리액턴스를 감소시킨다.
 ② 전선로의 병행 회선을 증가하거나 복도체를 사용한다.
 ③ 직렬 콘덴서를 삽입해서 선로의 리액턴스를 보상해 준다.

(2) 전압 변동의 억제 대책
 ① 속응 여자 방식을 채용한다.
 ② 계통을 연계한다.
 ③ 중간 조상 방식을 채용한다.

(3) 계통에 주는 충격의 경감 대책
 ① 적당한 중성점 접지 방식을 채용한다.
 ② 고속 차단 방식을 채용한다.
 ③ 재폐로 방식을 채용한다.

(4) 고장시의 전력 변동의 억제 대책
 ① 조속기 동작을 신속하게 한다.
 ② 제동 저항기를 설치한다.

(5) 계통 분리 방식의 채용

(6) 전원 제한 방식의 채용

12
전력 계통의 안정도 향상 대책으로 볼 수 없는 것은? (출제빈도)

① 직렬 콘덴서 설치 ② 병렬 콘덴서 설치
③ 중간 개폐소 설치 ④ 고속 차단, 재폐로 방식 채용

해설 병렬 커패시터는 배전 선로 손실 감소가 주목적이다.

13
π형 회로의 일반 회로 정수에서 B는 무엇을 의미하는가?

① 컨덕턴스 ② 리액턴스
③ 임피던스 ④ 어드미턴스

해설 π형 회로는 어드미턴스를 $\frac{1}{2}$로 분할하여 집중한 회로이고, A는 전압의 비, B는 임피던스, C는 어드미턴스, D는 전류의 비로 나타낸다.

14
전원이 양단에 있는 방사상 송전 선로에서 과전류 계전기와 조합하여 단락 보호에 사용하는 계전기는?

① 선택 지락 계전기 ② 방향 단락 계전기
③ 과전압 계전기 ④ 부족 전류 계전기

해설 **송전 선로의 단락 보호 방식**
- 방사상식 선로 : 반한시 특성 또는 순한시성 반시성 특성을 가진 과전류 계전기를 사용하고 전원이 양단에 있는 경우에는 방향 단락 계전기와 과전류 계전기를 조합하여 사용한다.
- 환상식 선로 : 방향 단락 계전 방식, 방향 거리 계전 방식이다.

15
그림과 같은 평형 3상 발전기가 있다. a상이 지락한 경우 지락 전류는 어떻게 표현되는가? (단, Z_0 : 영상 임피던스, Z_1 : 정상 임피던스, Z_2 : 역상 임피던스이다.)

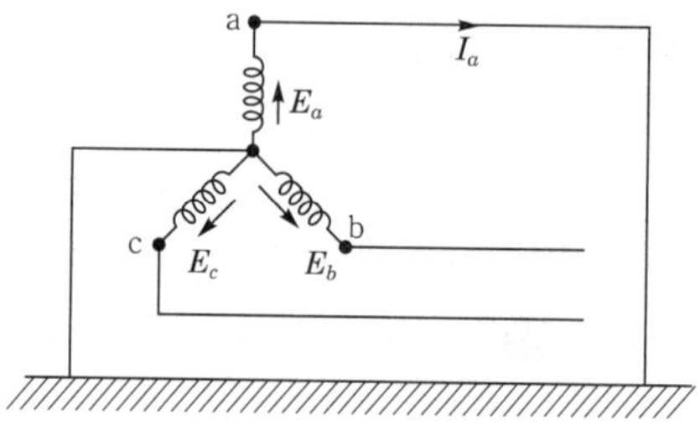

① $\dfrac{E_a}{Z_0+Z_1+Z_2}$ ② $\dfrac{3E_a}{Z_0+Z_1+Z_2}$

③ $\dfrac{-Z_0E_a}{Z_0+Z_1+Z_2}$ ④ $\dfrac{2Z_2E_a}{Z_1+Z_2}$

해설 1선 지락 전류

$$I_g=3I_0=3I_1=3I_2=\frac{3E_a}{Z_0+Z_1+Z_2}$$

정답 12.② 13.③ 14.② 15.②

16 그림의 ×부분에 흐르는 전류는 어떤 전류인가?

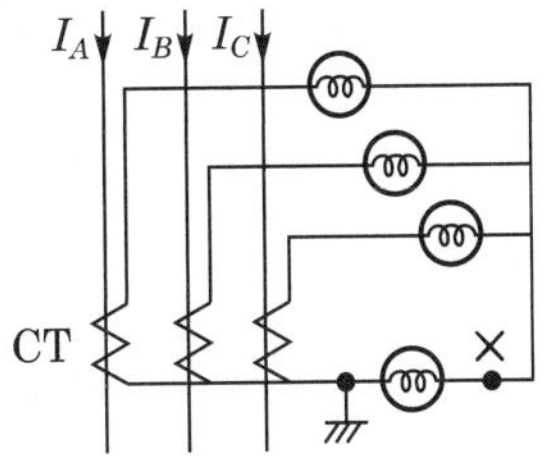

① b상 전류 ② 정상 전류
③ 역상 전류 ④ 영상 전류

해설 각 상의 전류를 모두 합한 것으로 영상 전류를 표시한다.

17 변류기 개방시 2차측을 단락하는 이유는?

① 2차측 절연 보호 ② 2차측 과전류 보호
③ 측정 오차 방지 ④ 1차측 과전류 방지

해설 변류기가 개방할 때 2차측을 단락하는 것은 개방할 경우 단자 전압의 상승으로 절연이 파괴되어 변류기가 소손되기 때문이다.

18 그림과 같은 배전선이 있다. 부하에 급전 및 정전할 때 조작 방법으로 옳은 것은?

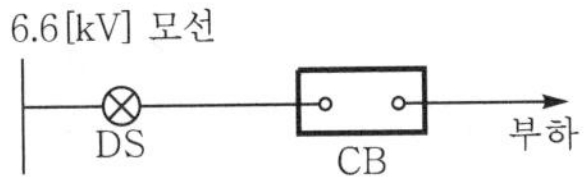

① 급전 및 정전할 때는 항상 DS, CB 순으로 한다.
② 급전 및 정전할 때는 항상 CB, DS 순으로 한다.
③ 급전시는 DS, CB 순이고, 정전시는 CB, DS 순이다.
④ 급전시는 CB, DS 순이고, 정전시는 DS, CB 순이다.

해설 단로기(DS)는 통전 중의 전로를 개폐할 수 없으므로 차단기(CB)가 열려 있을 때만 조작할 수 있다. 그러므로 급전시에는 DS, CB 순으로 하고, 차단시에는 CB, DS 순으로 하여야 한다.

19 피뢰기가 방전을 개시할 때 단자 전압의 순시값을 방전 개시 전압이라고 한다. 피뢰기 방전 중 단자 전압의 파고값을 무슨 전압이라고 하는가?

출제빈도

① 뇌전압 ② 상용 주파 교류 전압
③ 제한 전압 ④ 충격 절연 강도 전압

해설 피뢰기가 동작하여 방전 전류가 흐르고 있을 때 피뢰기 양단자 간에 허용하는 파고치의 전압을 제한 전압이라고 한다.

정답 16.④ 17.① 18.③ 19.③

기출문제 관련 이론 바로보기

19. 이론 check 피뢰기의 정격 전압과 제한 전압

(1) 충격 방전 개시 전압

피뢰기의 단자 간에 충격 전압을 인가하였을 경우 방전을 개시하는 전압이다.

$$\text{충격비} = \frac{\text{충격 방전 개시 전압}}{\text{상용 주파 방전 개시 전압의 파고값}}$$

진행파가 피뢰기의 설치점에 도달하여 직렬 갭이 충격 방전 개시 전압을 받으면 직렬 갭이 먼저 방전하게 되는데, 이 결과 피뢰기의 특성 요소가 선로에 이어져서 뇌전류를 방류하여 원래의 전압을 제한 전압까지 내린다.

(2) 정격 전압

속류를 끊을 수 있는 최고의 교류 실효값 전압이며 송전선 전압이 같더라도 중성점 접지 방식 여하에 따라서 달라진다.

① 직접 접지 계통 : 선로 공칭 전압의 0.8~1.0배
② 저항 혹은 소호 리액터 접지 계통 : 선로 공칭 전압의 1.4~1.6배

(3) 제한 전압

진행파가 피뢰기의 설치점에 도달하여 직렬 갭이 충격 방전 개시 전압을 받으면 직렬 갭이 먼저 방전하게 되는데, 이 결과 피뢰기의 특성 요소가 선로에 이어져서 뇌전류를 방류하여 제한 전압까지 내린다. 즉, 피뢰기가 동작 중일 때 단자 간의 전압이라 할 수 있다.

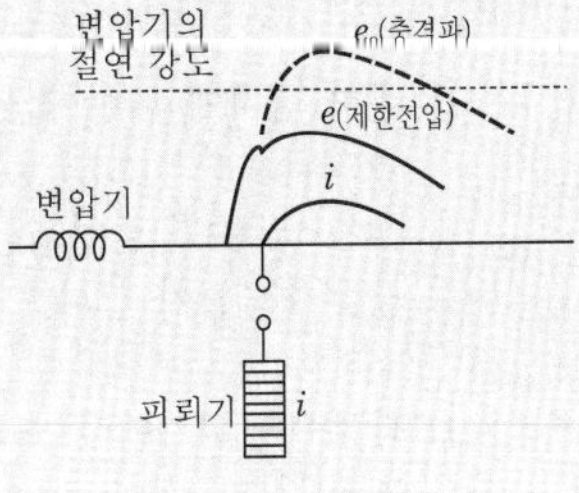

피뢰기의 제한 전압

기출문제 관련 이론 바로보기

01. 이론 check **중성점 비접지 방식**

지락시 고장 전류 I_g는

$I_g = \omega CE = \omega \times 3C_s \times \dfrac{V}{\sqrt{3}}$

$= \sqrt{3}\omega C_s V$

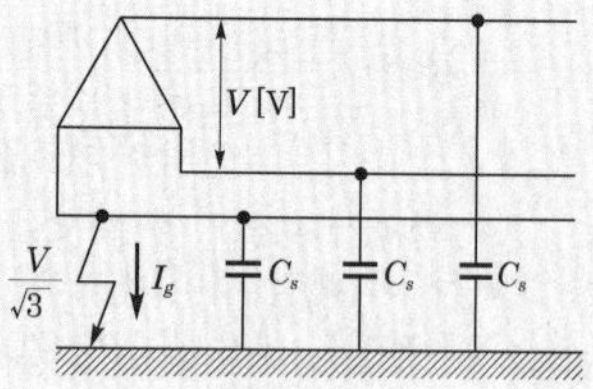

| 비접지 방식 |

I_g는 대지 충전 전류이므로 선로의 길이가 짧으면 값이 적어 계통에 주는 영향도 적고 과도 안정도가 좋으며 유도 장해도 작다. 그리고 V결선으로 급전할 수 있고, 제3고조파가 선로에 나타나지 않는다. 따라서 이 방식은 저전압 단거리 계통에만 사용되고, 지락시 충전 전류가 흐르기 때문에 건전상의 전위를 상승시킨다.

04. 이론 check **저압 네트워크 방식**

(1) 용도
대도시 부하가 밀집된 도시
(2) 장점
① 배전의 신뢰도가 높다.
② 전압 변동이 적다.
③ 전력 손실이 감소된다.
④ 기기의 이용률이 향상된다.
⑤ 부하 증가에 대한 적응성이 좋다.
⑥ 변전소의 수를 줄일 수 있다.
⑦ 공급 신뢰도가 크다.
(3) 단점
① 건설비가 고가이다.
② 보호 장치를 필요로 한다.

20 다음 3상 1회선과 대지 간의 충전 전류가 1[km]당 0.25[A]일 때 길이가 18[km]인 선로의 충전 전류는 몇 [A]인가?

① 1.5 ② 4.5
③ 13.5 ④ 40.5

해설 충전 전류 $I = 0.25 \times 18 = 4.5[A]$

제 3 회 전력공학

01 비접지식 송전 선로에서 1선 지락 고장이 생겼을 경우 지락점에 흐르는 전류는?

출제빈도

① 직선성을 가진 직류이다.
② 고장상의 전압과 동상의 전류이다.
③ 고장상의 전압보다 90° 늦은 전류이다.
④ 고장상의 전압보다 90° 빠른 전류이다.

해설 지락 전류 $I_g = j\omega C_s E$ 이므로 고장상의 전압보다 90° 앞선다.

02 송전 선로의 저항은 R, 리액턴스를 X라 하면 성립하는 식은?

① $R \geq 2X$ ② $R < X$
③ $R = X$ ④ $R > X$

해설 송전 선로의 유도 리액턴스는 저항보다 크게 된다.

03 차단시 재점호가 발생하기 쉬운 경우는?

① RL 회로의 차단 ② 단락 전류의 차단
③ C회로의 차단 ④ L회로의 차단

해설 재점호 발생이 쉬운 것은 충전 용량(C회로) 차단이다.

04 배전 방식으로 저압 네트워크 방식이 적당한 경우는?

출제빈도

① 부하가 밀집되어 있는 시가지
② 바람이 많은 어촌 지역
③ 농촌 지역
④ 화학 공장

해설 Nerwork system(망상식)의 적용은 시설비가 대단히 많이 들지만, 무정전이 가능하고, 이상적인 배전 방식으로 부하 밀집 지역에 적합하다.

정답 20.② / 01.④ 02.② 03.③ 04.①

05 장거리 송전선에서 단위 길이당 임피던스 $Z=r+j\omega L[\Omega/\text{km}]$, 어드미턴스 $Y=g+j\omega C[\mho/\text{km}]$라 할 때, 저항과 누설 컨덕턴스를 무시하면 특성 임피던스의 값은?

① $\sqrt{\dfrac{L}{C}}$　　② $\sqrt{\dfrac{C}{L}}$

③ $\dfrac{L}{C}$　　④ $\dfrac{C}{L}$

해설 특성 임피던스

$$Z_0=\sqrt{\frac{Z}{Y}}=\sqrt{\frac{R+j\omega L}{G+j\omega C}}=\sqrt{\frac{L}{C}}$$

06 동일한 전압에서 동일한 전력을 송전할 때, 역률을 0.7에서 0.95로 개선하면 전력 손실은 개선 전에 비해 약 몇 [%]인가?

① 80　　② 65

③ 54　　④ 40

해설 전력 손실 $P_l \propto \dfrac{1}{\cos^2\theta}$ 이므로

$$\left(\frac{\cos\theta_1}{\cos\theta_2}\right)^2\times 100=\left(\frac{0.7}{0.95}\right)^2\times 100=54[\%]$$

07 소호 원리에 따른 차단기의 종류 중에서 소호실에서 아크에 의한 절연유 분해 가스의 흡부력을 이용하여 차단하는 것은?

① 유입 차단기　　② 기중 차단기

③ 자기 차단기　　④ 가스 차단기

해설 **소호 매질에 의한 차단기 종류**

- 유입 차단기 : 절연유
- 공기 차단기 : 수십 기압의 압축 공기
- 가스 차단기 : SF_6(육불화황) 가스
- 자기 차단기 : 전자력에 의한 자계
- 진공 차단기 : 10^{-4} 정도의 고진공

08 뇌서지와 개폐 서지의 파두장과 파미장에 대한 설명으로 옳은 것은?

① 파두장과 파미장이 모두 길다.

② 파두장은 같고 파미장이 다르다.

③ 파두장이 다르고 파미장은 같다.

④ 파두장과 파미장이 모두 다르다.

해설 파두장 및 파미장은 뇌서지는 짧고, 개폐 서지는 길다.

정답 05.① 06.③ 07.① 08.④

기출문제 관련 이론 바로보기

08. 이론 check **외부 이상 전압**

(1) 직격뢰에 의한 이상 전압

송전 선로의 도선, 지지물 또는 가공 지선이 뇌의 직격을 받아 그 뇌격 전압으로 선로의 절연이 위협받게 되는 경우를 직격뢰(direct stroke of lightning)라 하고, 송전선의 사고 원인의 약 60[%] 정도를 차지한다. 뇌방전은 계단상 선행 방전(stepped leader stroke)을 수반하면서 앞서나가고, 그 속도는 광속의 $\frac{1}{6}$ 정도이다. 선행 방전이 지표에 도달하면, 광속의 $\frac{1}{10}$ 정도의 주방전(main stroke 또는 return stroke)이 지상에서 구름을 향하여 진행하고, 뇌격 전류의 주요 부분이 흐른다. 그 후 소전류의 긴 전류가 흐르고, 또 같은 방전로로 되풀이 방전하여 다중 뇌격을 형성한다.

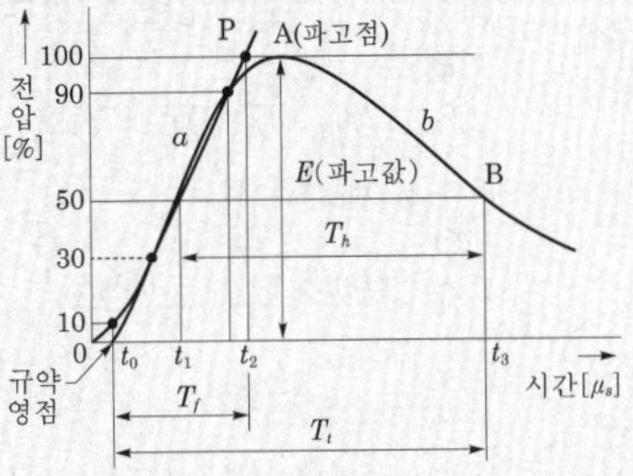

여기서, 0A : 파두, T_f : 파두 길이
AB : 파미, T_t : 파미 길이

┃ 충격 파형 ┃

※ 표준 충격 전압파(standard impulse voltage wave)

① 우리 나라 및 일본 : 파두장 1[μs], 파미장 40[μs](1×40[μs])

② IEC 및 영국, 독일 등 : 1.2×50[μs]

③ 미국 : 1.5×40[μs]

(2) 유도뢰에 의한 이상 전압

뇌운 상호간, 또는 뇌운과 대지와의 사이에서 방전이 일어났을 경우에 뇌운 밑에 있는 송전 선로상에 이상 전압을 발생하는 뇌를 유도뢰(induced lightning)라 하고, 직격뢰에 의한 이상 전압보다는 작다.

기출문제 관련 이론 바로보기

09. 이론 check 인덕턴스

(1) 단도체

$L=\left(\frac{1}{2}+2\log_e\frac{D}{r}\right)\times 10^{-7}$ [H/m]

$L=0.05+0.4605\log_{10}\frac{D}{r}$ [mH/km]

여기서, r : 반지름

D : 선간 거리

(2) 다도체

$L=\frac{0.05}{n}+0.4605\log_{10}\frac{D}{r'}$ [mH/km]

여기서, n : 소도체의 수

r' : 등가 반지름

$r'=r^{\frac{1}{n}}\cdot s^{\frac{n-1}{n}}$

$=\sqrt[n]{r\cdot s^{n-1}}$

(s : 소도체 간의 등가 선간 거리)

(3) 등가 선긴 거리(기하학적 평균 거리)

$D'=\sqrt[n]{D_1\times D_2\times D_3\times\cdots\times D_n}$

① 수평 배열일 때

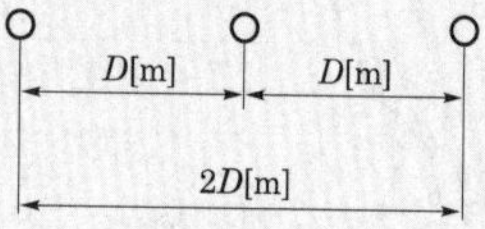

$D'=\sqrt[3]{D\times D\times 2D}=D\cdot\sqrt[3]{2}$

② 정삼각 배열일 때

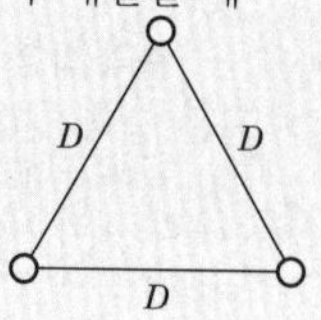

$D'=\sqrt[3]{D\times D\times D}=D$

③ 4도체일 때

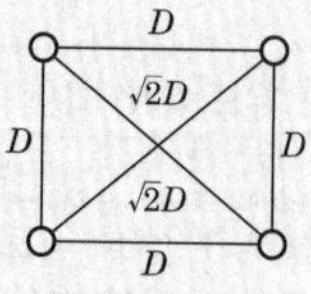

$D'=\sqrt[6]{D\times D\times D\times D\times\sqrt{2}D\times\sqrt{2}D}$

$=D\cdot\sqrt[6]{2}$

09

출제확률

그림과 같이 반지름 r[m]인 세 개의 도체가 선간 거리 D[m]로 수평 배치하였을 때 A도체의 인덕턴스는 몇 [mH/km]인가?

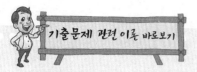

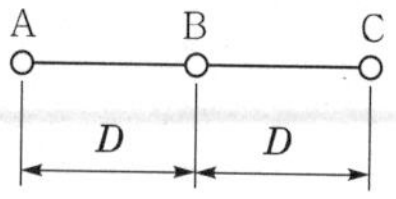

① $0.05+0.4605\log_{10}\frac{D}{r}$

② $0.05+0.4605\log_{10}\frac{2D}{r}$

③ $0.05+0.4605\log_{10}\frac{\sqrt[3]{2}D}{r}$

④ $0.05+0.4605\log_{10}\frac{\sqrt{2}D}{r}$

해설 일직선 수평 배치의 경우 등가 선간 거리는 $D_0=D\sqrt[3]{2}$

인덕턴스 $L=0.05+0.4605\log_{10}\frac{\sqrt[3]{2}D}{r}$ [mH/km]

10

배전 선로의 전압 강하의 정도를 나타내는 식이 아닌 것은? (단, E_S는 송전단 전압, E_R은 수전단 전압이다.)

① $\frac{I}{E_R}(R\cos\theta+X\sin\theta)\times 100[\%]$

② $\frac{\sqrt{3}I}{E_R}(R\cos\theta+X\sin\theta)\times 100[\%]$

③ $\frac{E_S-E_R}{E_R}\times 100[\%]$

④ $\frac{E_S+E_R}{E_S}\times 100[\%]$

해설 전압 강하 $e=\frac{I}{E_R}(R\cos\theta+X\sin\theta)\times 100[\%]$

$=\frac{\sqrt{3}I}{E_R}(R\cos\theta+X\sin\theta)\times 100[\%]$

$=\frac{P}{E^2}(R+X\tan\theta)\times 100[\%]$

$=\frac{E_S-E_R}{E_R}\times 100[\%]$

11

콘덴서형 계기용 변압기의 특징으로 틀린 것은?

① 권선형에 비해 오차가 적고 특성이 좋다.

② 절연의 신뢰도가 권선형에 비해 크다.

③ 전력선 반송용 결합 콘덴서와 공용할 수 있다.

④ 고압 회로용의 경우는 권선형에 비해 소형 경량이다.

정답 09.③ 10.④ 11.①

해설 콘덴서형(정전형) 계기용 변압기는 소형 경량, 절연 신뢰도가 높고, 전력선 반송 결합 콘덴서와 공용할 수 있지만 권선형에 비해 오차가 크고 측정 특성이 나쁘다.

12 다음 사항 중 가공 송전 선로의 코로나 손실과 관계가 없는 사항은?

출제빈도

① 전원 주파수
② 전선의 연가
③ 상대 공기 밀도
④ 선간 거리

해설 코로나 손실

$$P_d = \frac{241}{\delta}(f+25)\sqrt{\frac{r}{D}}\,(E-E_0)^2\times 10^{-5}\,[\text{kW/km/선}]$$

이므로 전선의 연가와는 관련이 없다.

13 과전류 계전기의 반한시 특성이란?

① 동작 전류가 커질수록 동작 시간이 짧아진다.
② 동작 전류가 적을수록 동작 시간이 짧아진다.
③ 동작 전류에 관계없이 동작 시간은 일정하다.
④ 동작 전류가 커질수록 동작 시간이 길어진다.

해설 반한시 계전기 : 정정된 값 이상의 전류가 흐를 때 전류값 크기가 크면 동작 시간은 짧아진다.

14 유효 낙차 50[m], 최대 사용 수량 20[m^3/s], 수차 효율 87[%], 발전기 효율 97[%]인 수력 발전소의 최대 출력은 몇 [kW]인가?

① 7,570　　② 8,070
③ 8,270　　④ 8,570

해설 출력 $P=9.8HQ\eta=9.8\times 50\times 20\times 0.87\times 0.97=8,270$[kW]

15 전선이 조영재에 접근할 때에나 조영재를 관통하는 경우에 사용되는 것은?

① 노브 애자
② 애관
③ 서비스캡
④ 유니버셜 커플링

해설 애자 사용 공사에서 전선이 벽 등의 조영재를 관통할 때에는 합성 수지관이나 애관을 사용한다.

정답 12.② 13.① 14.③ 15.②

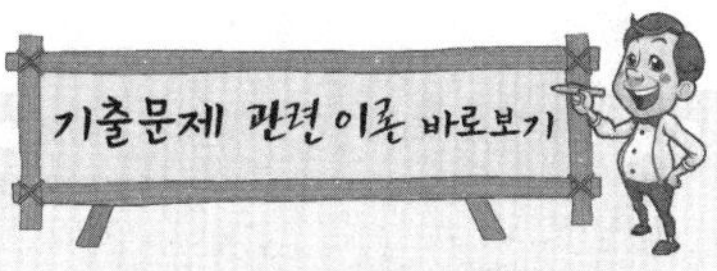

(4) 대지를 귀로로 하는 인덕턴스

$$L_e = 0.1 + 0.4605\log_{10}\frac{2H_e}{r}\ [\text{mH/km}]$$

여기서, H_e : 상당 대지면의 깊이(산악 900[m], 산지 600[m], 평지 300[m])

$$H_e = \frac{H+h}{2}$$

(h : 전선의 지표상 높이, H : 지표면에서 귀로 중심까지의 깊이)

※ 작용 인덕턴스 : 1.3[mH/km]

12. 이론 check **코로나 영향**

(1) 코로나 손실

$$P_d = \frac{241}{\delta}(f+25)\sqrt{\frac{r}{D}}\,(E-E_0)^2 \times 10^{-5}\,[\text{kW/km/선}]$$

여기서, E : 대지 전압[kV]
E_0 : 임계 전압[kV]
f : 주파수[Hz]
δ : 공기 상대 밀도
D : 선간 거리[cm]

(2) 코로나 잡음
코로나 방전은 전선의 표면에서 전위 경도가 30[kV/cm]를 넘을 때에만 일어나는 것으로, 선로에 따라서 전파되어 송전 선로 근방에 있는 라디오라든가 텔레비전의 수신 또는 송전 선로의 보호, 보수용으로 사용되고 있는 반송 계전기나 반송 통신 설비에 잡음 방해를 주게 된다.

(3) 통신선에서의 유도 장해
코로나에 의한 고조파 전류 중 제3고조파 성분은 중성점 전류로서 나타나고 중성점 직접 접지 방식의 송전 선로에서는 부근의 통신선에 유도 장해를 일으킬 우려가 있다.

(4) 소호 리액터의 소호 능력 저하
1선 지락시에 있어서 건전상의 대지 전압 상승에 의한 코로나 발생은 고장점의 잔류 전류의 유효분을 증가해서 소호 능력을 저하시킨다.

기출문제 관련 이론 바로보기

(5) 화학 작용
코로나 방전으로 공기 중에 오존(O_3) 및 산화질소(NO)가 생기고 여기에 물이 첨가되면 질산(초산 : NHO_3)이 되어 전선을 부식시킨다. 또 송전선의 애자도 코로나 때문에 절연 내력을 열화시킨다.

(6) 코로나 발생의 이점
송전선에 낙뢰 등으로 이상 전압이 들어올 때 이상 전압 진행파의 파고값을 코로나의 저항 작용으로 빨리 감쇠시킨다.

16. 이론 check **3상 단락 고장**

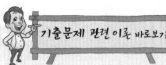

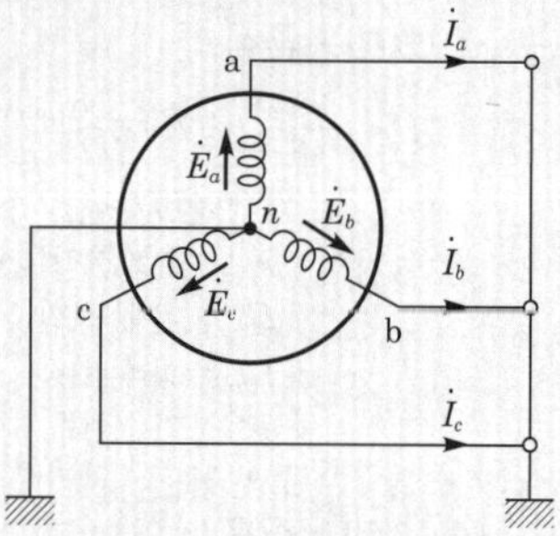

3상 단락인 경우 $V_a = V_b = V_c = 0$ 이므로 발전기 기본식에서 $V_1 = E_a - I_1 Z_1 = 0$이므로

$$\therefore\ I_1 = \frac{E_a}{Z_1},\ I_0 = I_2 = 0$$

그러므로

$$I_a = I_0 + I_1 + I_2 = \frac{E_a}{Z_1}$$

$$I_b = I_0 + a^2 I_1 + aI_2 = a^2 I_1 = \frac{a^2 E_a}{Z_1}$$

$$I_c = I_0 + aI_1 + a^2 I_2 = aI_1 = \frac{aE_a}{Z_1}$$

16 (출제빈도) 3상 Y결선된 발전기가 무부하 상태로 운전 중 3상 단락 고장이 발생하였을 때 나타나는 현상으로 틀린 것은?

① 영상분 전류는 흐르지 않는다.
② 역상분 전류는 흐르지 않는다.
③ 3상 단락 전류는 정상분 전류의 3배가 흐른다.
④ 정상분 전류는 영상분 및 역상분 임피던스에 무관하고 정상분 임피던스에 반비례한다.

해설 **각 사고별 대칭 좌표법 해석**

1선 지락	정상분	역상분	영상분
선간 단락	정상분	역상분	×
3상 단락	정상분	×	×

그러므로 3상 단락 전류는 정상분 전류만 흐른다.

17 출력 5,000[kW], 유효 낙차 50[m]인 수차에서 안내 날개의 개방 상태나 효율의 변화 없이 일정할 때, 유효 낙차가 5[m] 줄었을 경우 출력은 약 몇 [kW]인가?

① 4,000　　② 4,270
③ 4,500　　④ 4,740

해설 출력은 낙차의 2분의 3승에 비례하므로

$$\frac{P'}{P} = \left(\frac{H'}{H}\right)^{\frac{3}{2}} \text{에서}$$

$$P' = \left(\frac{H'}{H}\right)^{\frac{3}{2}} \cdot P$$

$$= \left(\frac{50-5}{50}\right)^{\frac{3}{2}} \times 5{,}000$$

$$= 4{,}269.07 \fallingdotseq 4{,}270[\text{kW}]$$

18 동일 전력을 수송할 때 다른 조건은 그대로 두고 역률을 개선한 경우의 효과로 옳지 않은 것은?

① 선로 변압기 등의 저항손이 역률의 제곱에 반비례하여 감소한다.
② 변압기, 개폐기 등의 소요 용량은 역률에 비례하여 감소한다.
③ 선로의 송전 용량이 그 허용 전류에 의하여 제한될 때는 선로의 송전 용량은 증가한다.
④ 전압 강하는 $1 + \frac{X}{R}\tan\psi$에 비례하여 감소한다.

해설 선로의 송전 용량은 허용 전류에 의하여 제한 받으면 송전 용량도 제한 받는다.

정답 16.③ 17.② 18.③

기출문제 관련 이론 바로보기

19 주상 변압기의 고압측 및 저압측에 설치되는 보호 장치가 아닌 것은?

① 피뢰기
② 1차 컷아웃 스위치
③ 캐치 홀더
④ 케이블 헤드

해설 **주상 변압기 보호 장치**

- 1차(고압)측 : 피뢰기와 컷아웃 스위치
- 2차(저압)측 : 제2종 접지 공사와 캐치 홀더

20 송전 선로에 낙뢰를 방지하기 위하여 설치하는 것은?

출제빈도

① 댐퍼 ② 초호환
③ 가공 지선 ④ 애자

해설 가공 지선은 직격뢰로부터 전선로를 보호하고, 통신선에 대한 전자 유도 장해를 경감시키지만, 전압 강하를 방지하는 기능은 없다.

20. 이론 check **가공 지선에 의한 뇌 차폐**

(1) 유도뢰에 대한 차폐
전선에 근접해서 전위 영의 가공 지선이 있기 때문에 뇌운으로부터 정전 유도에 의해서 전선상에 유도되는 전하는 50[%] 정도 이하로 줄어든다.

(2) 직격뢰에 대한 차폐
가공 지선을 설치하는 주목적은 송전선을 뇌의 직격으로부터 보호하는 데 있으며 그 차폐각(shielding angle)은 될 수 있는 대로 작게 하는 것이 바람직하지만, 이것을 작게 하려면 그만큼 가공 지선을 높이 가선해야 하기 때문에 철탑의 높이가 높아진다. 그러므로 지선 1가닥의 경우의 보호각(차폐각)은 35°~40° 정도이고 2가닥의 경우 10° 이하로 한다.

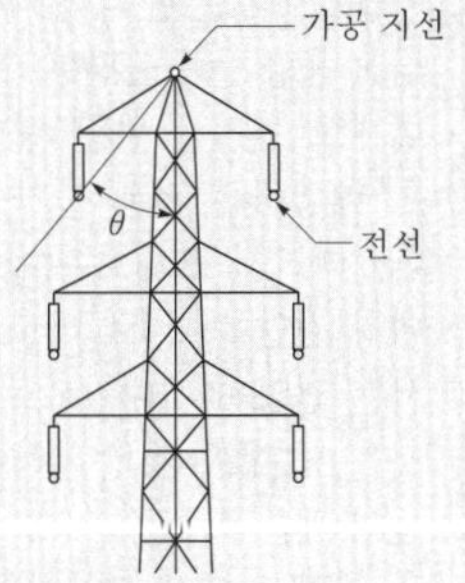

정답 19.④ 20.③

Industrial Engineer Electricity

2016년 과년도 출제문제

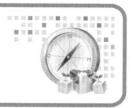

기출문제 관련 이론 바로보기

제1회 전력공학

01 화력 발전소에서 석탄 1[kg]으로 발생할 수 있는 전력량은 약 몇 [kWh]인가? (단, 석탄의 발열량은 5,000[kcal/kg], 발전소의 효율은 40[%]이다.)

① 2.0　　② 2.3
③ 4.7　　④ 5.8

해설 발전소 열 효율 $\eta = \frac{860\,W}{mH} \times 100[\%]$에서

전력량 $W = \frac{mH\eta}{860} = \frac{1 \times 5{,}000 \times 0.4}{860} \fallingdotseq 2.3[\text{kWh}]$

02 송전 거리, 전력, 손실률 및 역률이 일정하다면 전선의 굵기는?

① 전류에 비례한다.
② 전류에 반비례한다.
③ 전압의 제곱에 비례한다.
④ 전압의 제곱에 반비례한다.

해설 선로 손실 $P_l = \frac{\rho l P^2}{A V^2 \cos^2\theta}$ [kW]에서 $A = \frac{\rho l P^2}{P_l V^2 \cos^2\theta}$ [mm^2]이므로 전선의 굵기는 전압의 제곱에 반비례한다.

03 송전 선로에서 연가를 하는 주된 목적은?

출제빈도

① 미관상 필요
② 직격뢰의 방지
③ 선로 정수의 평형
④ 지지물의 높이를 낮추기 위하여

해설 연가의 효과는 선로 정수를 평형시켜 통신선에 대한 유도 장해 방지 및 전선로의 직렬 공진을 방지하는 것이다.

03. 이론 check **연가의 효과**

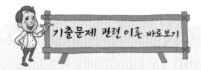

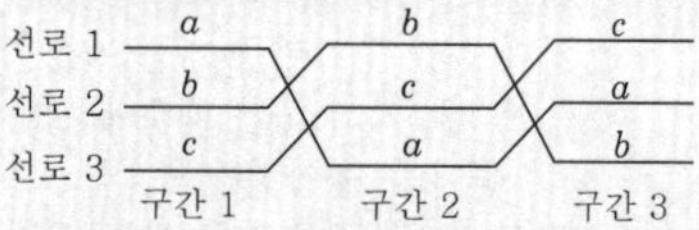

3상 선로에서 각 전선의 지표상 높이가 같고, 전선 간의 거리도 같게 배열되지 않는 한 각 선의 인덕턴스, 정전 용량 등은 불평형으로 되는데, 실제로 전선을 완전 평형이 되도록 배열하는 것은 불가능에 가깝다. 따라서 그대로는 송전단에서 대칭 전압을 가하더라도 수전단에서는 전압이 비대칭으로 된다. 이것을 막기 위해 송전선에서는 전선의 배치를 도중의 개폐소, 연가용 철탑 등에서 교차시켜 선로 정수가 평형이 되도록 하고 있다. 완전 연가가 되면 각 상전선의 인덕턴스 및 정전 용량은 평형이 되어 같아질 뿐 아니라 영상 전류는 0이 되어 근접 통신선에 대한 유도 작용을 경감시킬 수가 있다.

정답 01.② 02.④ 03.③

04 다음 송전선의 전압 변동률 식에서 V_{R1}은 무엇을 의미하는가?

$$\varepsilon = \frac{V_{R1} - V_{R2}}{V_{R2}} \times 100[\%]$$

① 부하시 송전단 전압
② 무부하시 송전단 전압
③ 전부하시 수전단 전압
④ 무부하시 수전단 전압

해설
- V_{R1} : 무부하시 수전단 전압
- V_{R2} : 전부하시 수전단 전압

05 부하에 따라 전압 변동이 심한 급전선을 가진 배전 변전소의 전압 조정 장치로서 적당한 것은?

출제빈도

① 단권 변압기
② 주변압기 탭
③ 전력용 콘덴서
④ 유도 전압 조정기

해설 전압 조정 장치 중에서 전압 변동이 심한 급전선을 가진 변전소에는 유도 전압 조정기를 사용한다.

06 선로의 커패시턴스와 무관한 것은?

① 전자 유도
② 개폐 서지
③ 중성점 잔류 전압
④ 발전기 자기 여자 현상

해설 전선로의 커패시턴스 $C\,[\mu\text{F}]$은 정전 유도, 개폐 서지, 중성점 잔류 전압, 연가, 발전기 자기 여자 현상, 페란티 현상 등과 관련이 있다.

07 감전 방지 대책으로 적합하지 않은 것은?

출제빈도

① 외함 접지
② 아크혼 설치
③ 2중 절연 기기
④ 누전 차단기 설치

해설 아크혼 설치는 전선로의 애자를 보호하는 장치로 감전 방지와는 관련이 없다.

정답 04.④ 05.④ 06.① 07.②

기출문제 관련 이론 바로보기

05. 이론 check 3상 3선의 전자 유도 전압

[통신사 전자 유도 전압]

$E_m = -j\omega Ml(I_a + I_b + I_c)$
$\quad = -j\omega Ml \times 3I_0$

여기서,
I_a, I_b, I_c : 각 상의 불평형 전류
M : 전력선과 통신선과의 상호 인덕턴스
l : 전력선과 통신선의 병행 길이
$3I_0$: 3×영상 전류=지락 전류 =기유도 전류

식에서 알 수 있듯이 1선 지락 고장이나 2선 지락시 영상 전류가 나타나 상호 인덕턴스(M)에 의해 전자 유도 현상이 나타난다.

07. 이론 check 옥내 배선의 보호

(1) 과전류 보호
　퓨즈, 배선용 차단기
(2) 지락 보호
　인체 통과 전류는 50[mA · s]를 초과하여서는 안 된다.
(3) 감전 방지 대책
　① 외함 접지
　② 누전 차단기 설치
　③ 저전압법
　④ 2중 절연 기기

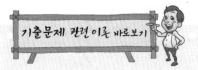

기출문제 관련 이론 바로보기

08. 이론 check **△결선과 V결선의 비교**

구 분	△결선	V결선
변압기 1대 용량	P[kVA]	P[kVA]
선간 전압 [kV]	V	V
$\cos\theta$	100[%]	100[%]
변압기 정격 전류 [A]	$\frac{P}{V}$	$\frac{P}{V}$
선전류[A]	$\frac{P}{V}\times\sqrt{3}$	$\frac{P}{V}$
3상 부하 [kVA]	$\sqrt{3}\,VI$ $=\sqrt{3}\,P$	$\sqrt{3}\,VI$ $=\sqrt{3}\,P$
설비 변압기 용량 [kVA]	$3P$	$2P$
이용률[%]	$\frac{3P}{3P}\times 100$ $=100$	$\frac{\sqrt{3}\,P}{2P}\times 100$ $=86.6$

10. 이론 check **소호 리액터 용량**

3선을 일괄한 대지 충전 용량과 같다.

$$\therefore\ Q_L=\omega\cdot 3C_s\cdot E^2$$
$$=\omega\cdot 3C_s\cdot\left(\frac{V}{\sqrt{3}}\right)^2$$
$$=\omega C_s V^2\times 10^{-3}\,[\text{kVA}]$$

08

100[kVA] 단상 변압기 3대를 △-△ 결선으로 사용하다가 1대의 고장으로 V-V 결선으로 사용하면 약 몇 [kVA] 부하까지 사용할 수 있는가?

① 150 ② 173
③ 225 ④ 300

해설 $P_V=\sqrt{3}\,P_1=\sqrt{3}\times 100=173$[kVA]

09

우리나라 22.9[kV] 배전 선로에 적용하는 피뢰기의 공칭 방전 전류[A]는?

① 1,500 ② 2,500
③ 5,000 ④ 10,000

해설 우리나라 피뢰기의 공칭 방전 전류 2,500[A]는 배전 선로용이고, 5,000[A]와 10,000[A]는 변전소에 적용한다.

10

3상 1회선 송전 선로의 소호 리액터의 용량[kVA]은?

① 선로 충전 용량과 같다.
② 선간 충전 용량의 $\frac{1}{2}$이다.
③ 3선 일괄의 대지 충전 용량과 같다.
④ 1선과 중성점 사이의 충전 용량과 같다.

해설 소호 리액터 용량은 3선을 일괄한 대지 충전 용량과 같아야 하므로 $Q_c=3\omega CE^2$로 된다.

11

배전선에서 균등하게 분포된 부하일 경우 배전선 말단의 전압 강하는 모든 부하가 배전선의 어느 지점에 집중되어 있을 때의 전압 강하와 같은가?

① $\frac{1}{2}$ ② $\frac{1}{3}$
③ $\frac{2}{3}$ ④ $\frac{1}{5}$

해설 **전압 강하 분포**

부하 형태	말단에 집중	균등 분포
전류 분포	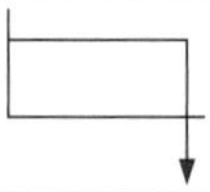	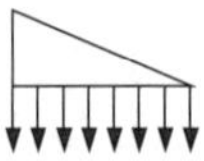
전압 강하	1	$\frac{1}{2}$

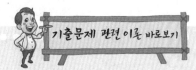

정답 08.② 09.② 10.③ 11.①

12 어떤 발전소의 유효 낙차가 100[m]이고, 최대 사용 수량이 10[m^3/s]일 경우 이 발전소의 이론적인 출력은 몇 [kW]인가?

① 4,900　② 9,800
③ 10,000　④ 14,700

해설 이론 출력 $P_0 = 9.8HQ = 9.8 \times 100 \times 10 = 9,800$[kW]

13 1선 지락시에 전위 상승이 가장 적은 접지 방식은?

출제빈도

① 직접 접지
② 저항 접지
③ 리액터 접지
④ 소호 리액터 접지

해설 1선 지락 사고시 전위 상승이 제일 적은 것은 직접 접지 방식이다.

14 총 부하 설비가 160[kW], 수용률이 60[%], 부하 역률이 80[%]인 수용가에 공급하기 위한 변압기 용량[kVA]은?

① 40　② 80
③ 120　④ 160

해설 변압기 용량 $P_t = \frac{160 \times 0.6}{0.8} = 120$[kVA]

15 18~23개를 한 줄로 이어 단 표준 현수 애자를 사용하는 전압[kV]은?

① 23[kV]　② 154[kV]
③ 345[kV]　④ 765[kV]

해설 **현수 애자의 전압별 수량**

전압[kV]	22.9	66	154	345
수량	2~3	4~6	9~11	18~23

16 부하 전류 및 단락 전류를 모두 개폐할 수 있는 스위치는?

① 단로기
② 차단기
③ 선로 개폐기
④ 전력 퓨즈

해설 단로기는 무부하 전로를 개폐하고, 차단기는 부하 전류는 물론 단락 전류도 모두 개폐할 수 있다.

기출문제 관련 이론 바로보기

13. Tip 중성점 접지 방식

[직접 접지 방식]

(1) 장점
① 1선 지락, 단선 사고시 전압 상승이 거의 없어 기기의 절연 레벨 저하
② 피뢰기 책무가 경감되고, 피뢰기 효과 증가
③ 중성점은 거의 영전위 유지로 단절연 변압기 사용 가능
④ 보호 계전기의 신속 확실한 동작

(2) 단점
① 지락 고장 전류가 저역률, 대전류이므로 과도 안정도가 나쁘다.
② 통신선에 대한 유도 장해가 크다.
③ 지락 전류가 커서 기기의 기계적 충격에 의한 손상, 고장점에서 애자 파손, 전선 용단 등의 고장이 우려된다.
④ 직접 접지식에서는 차단기가 큰 고장 전류를 자주 차단하게 되어 대용량의 차단기가 필요하다.

(3) 직접 접지 방식은 154[kV], 345[kV] 등의 고전압에 사용한다.

정답 12.② 13.① 14.③ 15.③ 16.②

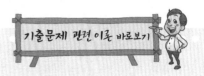

기출문제 관련 이론 바로보기

19.
20. 이론 check **퍼센트법 단락 전류 계산**

(1) 퍼센트법(%Z)

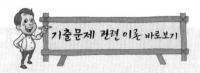

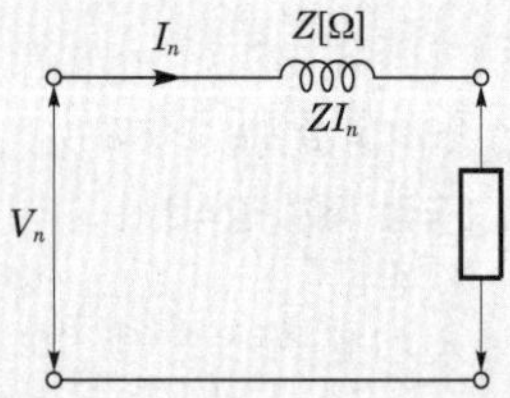

그림과 같이 임피던스 $Z[\Omega]$을 접속하고 정격 전압 V_n[V]을 가할 때 정격 전류 I_n[A]이 흐르면 임피던스 $Z[\Omega]$에 ZI_n[V]의 전압 강하가 생긴다. 이 전압 강하 ZI_n이 정격 전압 V_n에 대한 비를 [%]로 나타낸 것이 %Z이고, 이것을 식으로 표시하면 $\%Z=\frac{ZI_n}{V_n}\times 100[\%]$와 같이 된다.

$$\%Z=\frac{ZI_n}{V_n}\times\frac{V_n}{V_n}\times 100[\%]$$
$$=\frac{ZI_n\times V_n\times 10^3}{V_n^{\ 2}\times 10^6}\times 100[\%]$$
$$=\frac{P\cdot Z}{10\,V_n^{\ 2}}[\%]$$

여기서,
P : 변압기의 정격 용량[kVA]
V_n : 정격 전압[kV]

(2) 단락 전류(차단 전류) 계산

$$I_s=\frac{V_n}{Z},\ \%Z=\frac{I_nZ}{V_n}\times 100$$
$$\therefore\ I_s=\frac{100}{\%Z}\times I_n$$

(3) 단락 용량(P_s : 차단기 최소 용량) 계산

$$I_s=\frac{100}{\%Z}\times I_n=\frac{100}{\%Z}\times\frac{P_n}{\sqrt{3}\,V_n}$$

양변에 $\sqrt{3}\,V_n$을 곱하여 정리하면 $P_s=\frac{100}{\%Z}P_n$[kVA]이다.

17 직렬 콘덴서를 선로에 삽입할 때의 장점이 아닌 것은?

① 역률을 개선한다.
② 정태 안정도를 증가한다.
③ 선로의 인덕턴스를 보상한다.
④ 수전단의 접압 변동률을 줄인다.

해설 **직렬 콘덴서**
- 장거리 선로의 유도 리액턴스를 보상하여 전압 강하를 감소시킨다(역률이 좋은 회로는 효과가 적다).
- 전압 변동률을 개선하고 부하의 기동 정지에 따른 플리커 방지에 좋다. 그러므로 부하 역률 개선하고는 관계가 없다.

18 우리나라 22.9[kV] 배전 선로에서 가장 많이 사용하는 배전 방식과 중성점 접지 방식은?

① 3상 3선식 비접지
② 3상 4선식 비접지
③ 3상 3선식 다중 접지
④ 3상 4선식 다중 접지

해설
- 송전 선로 : 중성점 직접 접지, 3상 3선식
- 배전 선로 : 중성점 다중 접지, 3상 4선식

19 전원으로부터의 합성 임피던스가 0.5[%](15,000[kVA] 기준)인 곳에 설치하는 차단기 용량은 몇 [MVA] 이상이어야 하는가?

출제빈도

① 2,000 ② 2,500
③ 3,000 ④ 3,500

해설 차단기 용량

$$P_s=\frac{100}{\%Z}P_n=\frac{100}{0.5}\times 15{,}000\times 10^{-3}=3{,}000[\text{MVA}]$$

20 154[kV] 송전 계통에서 3상 단락 고장이 발생하였을 경우 고장점에서 본 등가 정상 임피던스가 100[MVA] 기준으로 25[%]라고 하면 단락 용량은 몇 [MVA]인가?

출제빈도

① 250 ② 300
③ 400 ④ 500

해설 단락 용량

$$P_s=\frac{100}{\%Z}P_n=\frac{100}{25}\times 100=400[\text{MVA}]$$

정답 17.① 18.④ 19.③ 20.③

제 2 회 전력공학

01 인입되는 전압이 정정값 이하로 되었을 때 동작하는 것으로서 단락 고정 검출 등에 사용되는 계전기는?

① 접지 계전기
② 부족 전압 계전기
③ 역전력 계전기
④ 과전압 계전기

해설 전원이 정정되어 전압이 저하되었을 때, 또는 단락 사고로 인하여 전압이 저하되었을 때에는 부족 전압 계전기를 사용한다.

02 배전 선로용 퓨즈(power fuse)는 주로 어떤 전류의 차단을 목적으로 사용하는가?

① 충전 전류
② 단락 전류
③ 부하 전류
④ 과도 전류

해설 배전 선로용 퓨즈(PF)는 과부하 전류 차단은 하지않고, 단락 전류 차단의 목적으로 사용된다.

03 접촉자가 외기(外氣)로부터 격리되어 있어 아크에 의한 화재의 염려가 없으며 소형, 경량으로 구조가 간단하고 보수가 용이하며 진공 중의 아크 소호 능력을 이용하는 차단기는?

① 유입 차단기 ② 진공 차단기
③ 공기 차단기 ④ 가스 차단기

해설 진공 중에서 아크를 소호하는 것은 진공 차단기이다.

04 유효 낙차 75[m], 최대 사용 수량 200[m^3/s], 수차 및 발전기의 합성 효율이 70[%]인 수력 발전소의 최대 출력은 약 몇 [MW]인가?

① 102.9 ② 157.3
③ 167.5 ④ 177.8

해설 출력 $P = 9.8HQ\eta$
$= 9.8 \times 75 \times 200 \times 0.7 \times 10^{-3}$
$= 102.9$[MW]

정답 01.② 02.② 03.② 04.①

기출문제 관련 이론 바로보기

01. 이론 check 보호 계전기

(1) 과전류 계전기(over current relay 51)
과부하, 단락 보호용
(2) 부족 전류 계전기(under current relay 37)
계전기의 계자 보호용 또는 전류기 기동용
(3) 과전압 계전기(over-voltage relay 59)
저항, 소호 리액터로 중성점을 접지한 전로의 접지 고장 검출용
(4) 부족 전압 계전기(under-voltage relay 27)
단락 고장의 검출용 또는 공급 전압 급감으로 인한 과전류 방지용
(5) 차동 계전기(differential relay 87)
보호 구간 내 유입, 유출의 전류 벡터차를 검출
(6) 선택 계전기(selective relay 50)
2회선 간의 전류 또는 전력 조류 차에 의해 고장이 발생한 회선 선택 차단
(7) 비율 차동 계전기(ratio differential relay 87)
고장 전류와 평형 전류의 비율에 의해 동작, 변압기 내부 고장 보호용
(8) 방향 계전기(directional relay 67)
고장점 방향 결정
(9) 거리 계전기(distance relay 44)
고장점까지 전기적 거리에 비례하는 계전기
(10) 탈조 계전기(step-out protective relay 56)
고장에 의한 위상각이 동기 상태를 이탈할 때 검출용으로 계통 분리할 때 사용된다.

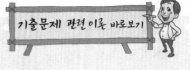

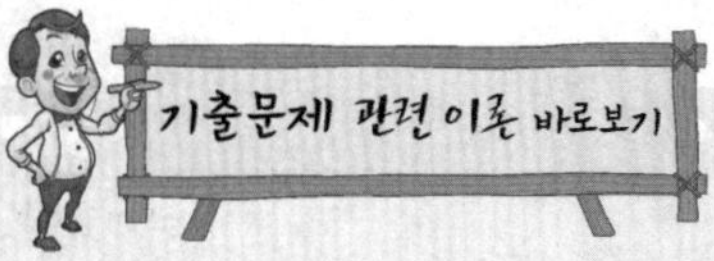

07. 이론 check **중성점 접지 방식**

(1) 직접 접지 방식
① 장점
㉠ 1선 지락, 단선 사고시 전압 상승이 거의 없어 기기의 절연 레벨 저하
㉡ 피뢰기 책무가 경감되고, 피뢰기 효과 증가
㉢ 중성점은 거의 영전위 유지로 단절연 변압기 사용 가능
㉣ 보호 계전기의 신속 확실한 동작
② 단점
㉠ 지락 고장 전류가 저역률, 대전류이므로 과도 안정도가 나쁘다.
㉡ 통신선에 대한 유도 장해가 크다.
㉢ 지락 전류가 커서 기기의 기계적 충격에 의한 손상, 고장점에서 애자 파손, 전선 용단 등의 고장이 우려된다.
㉣ 직접 접지식에서는 차단기가 큰 고장 전류를 자주 차단하게 되어 대용량의 차단기가 필요하다.

(2) 소호 리액터 접지의 특징
유도 장해가 적고, 1선 지락시 계속적인 송전이 가능하고, 고장이 스스로 복구될 수 있으나, 보호 장치의 동작이 불확실하고, 단선 고장시에서는 직렬 공진 상태가 되어 이상 전압을 발생시킬 수 있으므로 완전 공진을 시키지 않고 소호 리액터에 탭을 설치하여 공진에서 약간 벗어난 상태(과보상)로 한다.

05
어떤 가공선의 인덕턴스가 1.6[mH/km]이고 정전 용량이 0.008[μF/km]일 때 특성 임피던스는 약 몇 [Ω]인가?

① 128 ② 224
③ 345 ④ 447

해설
$$Z_0=\sqrt{\frac{L}{C}}=\sqrt{\frac{1.6\times10^{-3}}{0.008\times10^{-6}}}=447[\Omega]$$

06
서울과 같이 부하 밀도가 큰 지역에서는 일반적으로 변전소의 수와 배전 거리를 어떻게 결정하는 것이 좋은가?

① 변전소의 수를 감소하고 배전 거리를 증가한다.
② 변전소의 수를 증가하고 배전 거리를 감소한다.
③ 변전소의 수를 감소하고 배전 거리도 감소한다.
④ 변전소의 수를 증가하고 배전 거리도 증가한다.

해설 부하 밀도가 큰 지역은 변전소의 수를 증가시키고, 배전 거리는 감소시켜야 한다.

07
출제빈도

중성점 접지 방식에서 직접 접지 방식을 다른 접지 방식과 비교하였을 때 그 설명으로 틀린 것은?

① 변압기의 저감 절연이 가능하다.
② 지락 고장시의 이상 전압이 낮다.
③ 다중 접지 사고로의 확대 가능성이 대단히 크다.
④ 보호 계전기의 동작이 확실하여 신뢰도가 높다.

해설 중성점 직접 접지는 보호 계전기의 동작이 빠르기 때문에 다중 접지 사고로의 확대 가능성이 낮다.

08
단선식 전력선과 단선식 통신선이 그림과 같이 근접되었을 때, 통신선의 정전 유도 전압 E_0는?

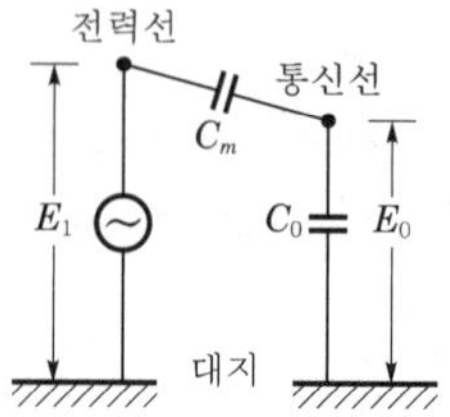

① $\frac{C_m}{C_0+C_m}E_1$ ② $\frac{C_0+C_m}{C_m}E_1$
③ $\frac{C_0}{C_0+C_m}E_1$ ④ $\frac{C_0+C_m}{C_0}E_1$

정답 05.④ 06.② 07.③ 08.①

해설 단상 선로의 정전 유도 전압

$$E_0 = \frac{C_m}{C_0 + C_m} E_1 [\text{V}]$$

09 3상 3선식 복도체 방식의 송전 선로를 3상 3선식 단도체 방식 송전 선로와 비교한 것으로 알맞은 것은? (단, 단도체의 단면적은 복도체 방식 소선의 단면적 합과 같은 것으로 한다.)

① 전선의 인덕턴스와 정전 용량은 모두 감소한다.
② 전선의 인덕턴스와 정전 용량은 모두 증가한다.
③ 전선의 인덕턴스는 증가하고, 정전 용량은 감소한다.
④ 전선의 인덕턴스는 감소하고, 정전 용량은 증가한다.

해설 **복도체의 특징**

- 인덕턴스와 리액턴스가 감소하고 정전 용량이 증가하여 송전 용량을 크게 할 수 있다.
- 전선 표면의 전위 경도를 저감시켜 코로나를 방지한다.
- 전력 계통의 안정도를 증대시키고, 초고압 송전 선로에 채용한다.

10 (출제빈도) 송전 방식에서 선간 전압, 선로 전류, 역률이 일정할 때(3상 3선식/단상 2선식)의 전선 1선당의 전력비는 약 몇 [%]인가?

① 87.5
② 94.7
③ 115.5
④ 141.4

해설 1선당 전력비

$$\left(\frac{\text{3상 3선식}}{\text{1상 2선식}}\right) = \frac{\frac{\sqrt{3}\,VI}{3}}{\frac{VI}{2}} \times 100 = \frac{\frac{\sqrt{3}}{3}}{\frac{1}{2}} \times 100 = 115.5[\%]$$

11 터빈 발전기의 냉각 방식에 있어서 수소 냉각 방식을 채택하는 이유가 아닌 것은?

① 코로나에 의한 손실이 적다.
② 수소 압력의 변화로 출력을 변화시킬 수 있다.
③ 수소의 열 전도율이 커서 발전기 내 온도 상승이 저하한다.
④ 수소 부족시 공기와 혼합 사용이 가능하므로 경제적이다.

해설 수소는 공기와 결합하면 폭발할 우려가 있으므로 공기와 혼합되지 않도록 기밀 구조를 유지하여야 한다.

정답 09.④ 10.③ 11.④

기출문제 관련 이론 바로보기

10. 이론 check **단상 2선식과 3상 3선식의 전력 비교**

(1) 단상 2선식

$P_1 = VI_1 \cos\theta$

(2) 3상 3선식

$P_3 = \sqrt{3}\,VI_3 \cos\theta$

$$\frac{P_3}{P_1} = \sqrt{3}\,\frac{I_3}{I_1} = \sqrt{3} \times \frac{2}{3} = \frac{2}{\sqrt{3}}$$

따라서 3상 3선식 배전으로 하면 송전 전력은 단상 2선식 배전의 경우보다 $\frac{2}{\sqrt{3}}$배(=1.15배) 더 보낼 수 있다.

Tip 각 전기 방식의 비교

구 분	전력(P)	1선당 전력(비)
조건	상전압 E, 상전류 I	
단상 2선식	EI	$\frac{EI}{2}$(1)
단상 3선식	$2EI$	$\frac{2EI}{3}$(1.33)
3상 3선식	$\sqrt{3}\,EI$	$\sqrt{3}\,\frac{EI}{3}$(1.15)
3상 4선식	$3EI$	$3\,\frac{EI}{4}$(1.50)

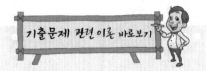

기출문제 관련 이론 바로보기

12. 이론 check 열 사이클

(1) 카르노 사이클
① 가장 효율이 좋은 이상적인 열 사이클이다.
② 순환 과정 : 단열 압축–등온 팽창–단열 팽창–등온 압축

(2) 랭킨 사이클
① 기력 발전소의 가장 기본적인 열 사이클로 두 등압 변화와 두 단열 변화로 되어 있다.
② 순환 과정 : 단열 압축(급수 펌프)–등압 가열(보일러 내부)–등온 등압 팽창(보일러 내부)–등온 등압 가열(과열기 내 건조 포화 증기)–단열 팽창(터빈 내부 : 과열 증기가 습증기로 변환)–등온 등압 냉각(복수기)

(3) 재생 사이클
터빈 중간에서 증기의 팽창 도중 증기의 일부를 추기하여 급수 가열에 이용한다.

(4) 재열 사이클
고압 터빈 내에서 습증기가 되기 전에 증기를 모두 추출하여 재열기를 이용하여 재가열시켜 저압 터빈을 돌려 열 효율을 향상시키는 열 사이클이다.

(5) 재생 재열 사이클
재생 및 재열 사이클을 겸용한 열 사이클로 열 효율이 가장 좋은 사이클이다.

12 그림과 같은 열 사이클은?

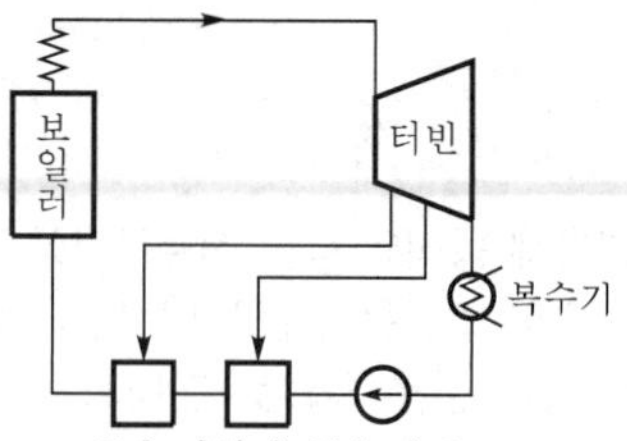

① 재생 사이클
② 재열 사이클
③ 카르노 사이클
④ 재생 재열 사이클

해설 터빈 중간에 증기의 일부를 추기하여 급수를 가열하는 급수 가열기가 있는 재생 사이클이다.

13 그림과 같이 지지점 A, B, C에는 고·저차가 없으며, 경간 AB와 BC 사이에 전선이 가설되어, 그 이도가 12[cm]이었다. 지금 경간 AC의 중점인 지지점 B에서 전선이 떨어져서 전선의 이도가 D로 되었다면 D는 몇 [cm]인가?

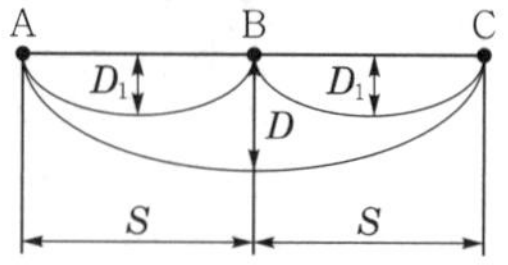

① 18　　② 24
③ 30　　④ 36

해설 지지점 B는 A와 C의 중점이고 경간 AB와 AC는 동일하므로
$\therefore\ D = 12 \times 2 = 24$[cm]

14 고압 배전 선로의 선간 전압을 3,300[V]에서 5,700[V]로 승압하는 경우, 같은 전선으로 전력 손실을 같게 한다면 약 몇 배의 전력[kW]을 공급할 수 있는가?

① 1　　② 2
③ 3　　④ 4

해설 전력은 전압의 제곱에 비례하므로 $\left(\dfrac{5,700}{3,300}\right)^2 = 3$배이다.

정답 12.① 13.② 14.③

15 송배전 선로에서 내부 이상 전압에 속하지 않는 것은?

① 개폐 이상 전압
② 유도뢰에 의한 이상 전압
③ 사고시의 과도 이상 전압
④ 계통 조작과 고장시의 지속 이상 전압

해설 뇌(직격뢰, 유도뢰)에 의한 이상 전압은 외부 이상 전압에 속한다.

16 설비 용량 800[kW], 부등률 1.2, 수용률 60[%]일 때, 변전 시설 용량은 최저 약 몇 [kVA] 이상이어야 하는가? (단, 역률은 90[%] 이상 유지되어야 한다.)

출제빈도

① 450 ② 500
③ 550 ④ 600

해설 $P_m = \frac{800 \times 0.6}{1.2} \times \frac{1}{0.9} = 444.4 ≒ 450[\text{kVA}]$

17 소호 리액터 접지 방식에 대하여 틀린 것은?

① 지락 전류가 적다.
② 전자 유도 장애를 경감할 수 있다.
③ 지락 중에도 송전이 계속 가능하다.
④ 선택 지락 계전기의 동작이 용이하다.

해설 **소호 리액터 접지 방식의 특징**

유도 장해가 적고, 1선 지락시 계속적인 송전이 가능하고, 고장이 스스로 복구될 수 있으나, 보호 장치의 동작이 불확실하고, 단선 고장시에는 직렬 공진 상태가 되어 이상 전압을 발생시킬 수 있으므로 완전 공진시키지 않고 소호 리액터에 탭을 설치하여 공진에서 약간 벗어난 상태(과보상)가 된다.

18 전력 원선도에서 알 수 없는 것은?

① 조상 용량 ② 선로 손실
③ 송전단의 역률 ④ 정태 안정 극한 전력

해설 **전력 원선도로부터 알 수 있는 사항**

- 송・수전단 위상각
- 유효 전력, 무효 전력, 피상 전력 및 최대 전력
- 전력 손실과 송전 효율
- 수전단의 역률
- 조상 설비의 용량

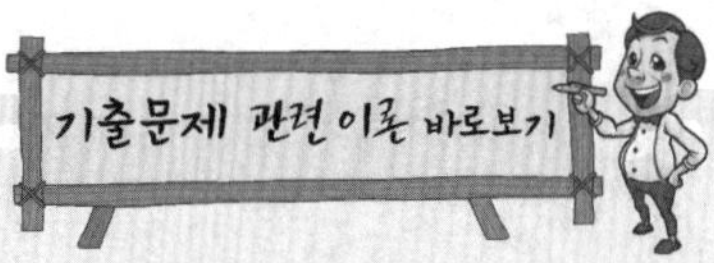

16. 이론 check **변압기의 용량 결정**

일반적으로 배전 변압기의 용량은 다음과 같은 방법으로 결정된다. 그 변압기로부터 공급하고자 하는 수용가군에 대해서 개개의 수용가의 설치 용량의 합계에 수용률을 공급해서 일차적으로 각 수용가의 최대 부하 전력의 합계를 얻은 다음 이것을 수용가 상호간의 부등률로 나누어서 그 변압기로 공급해야 할 최대 전력을 구하게 된다.

$$\text{합성 최대 부하} = \frac{\text{설비 용량} \times \text{수용률}}{\text{부등률}}$$

즉, 이 합성 최대 부하에 응할 수 있는 용량의 것을 가까운 장래의 수요 증가의 예상량까지 감안해서 변압기의 표준 용량 가운데에서 결정하게 된다. 일반적으로 수용가의 수가 많을수록 수용률은 작아지고 반대로 부등률이 커지기 때문에, 비교적 소용량의 것을 가지고도 많은 부하에 공급할 수 있게 된다.

정답 15.② 16.① 17.④ 18.③

기출문제 관련 이론 바로보기

20. 이론 check **피뢰기의 정격 전압과 제한 전압**

(1) 충격 방전 개시 전압

피뢰기의 단자 간에 충격 전압을 인가하였을 경우 방전을 개시하는 전압이다.

$$충격비 = \frac{충격\ 방전\ 개시\ 전압}{상용\ 주파\ 방전\ 개시\ 전압의\ 파고값}$$

진행파가 피뢰기의 설치점에 도달하여 직렬 갭이 충격 방전 개시 전압을 받으면 직렬 갭이 먼저 방전하게 되는데, 이 결과 피뢰기의 특성 요소가 선로에 이어져서 뇌전류를 방류하여 원래의 전압을 제한 전압까지 내린다.

(2) 정격 전압

속류를 끊을 수 있는 최고의 교류 실효값 전압이며 송전선 전압이 같더라도 중성점 접지 방식 여하에 따라서 달라진다.

① 직접 접지 계통 : 선로 공칭 전압의 0.8~1.0배

② 저항 혹은 소호 리액터 접지 계통 : 선로 공칭 전압의 1.4~1.6배

(3) 제한 전압

진행파가 피뢰기의 설치점에 도달하여 직렬 갭이 충격 방전 개시 전압을 받으면 직렬 갭이 먼저 방전하게 되는데, 이 결과 피뢰기의 특성 요소가 선로에 이어져서 뇌전류를 방류하여 제한 전압까지 내린다. 즉, 피뢰기가 동작 중일 때 단자 간의 전압이라 할 수 있다.

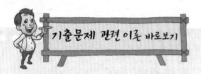

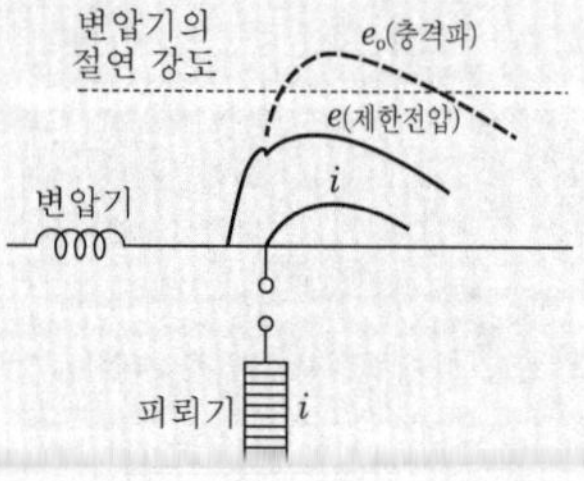

| 피뢰기의 제한 전압 |

19 200[kVA] 단상 변압기 3대를 △결선에 의하여 급전하고 있는 경우 1대의 변압기가 소손되어 V결선으로 사용되었다. 이때의 부하가 516[kVA]라고 하면 변압기는 약 몇 [%]의 과부하가 되는가?

① 119 ② 129
③ 139 ④ 149

해설 $과부하율 = \frac{516}{\sqrt{3}\times 200}\times 100 = 149[\%]$

20 피뢰기의 제한 전압이란?

출제빈도

① 피뢰기의 정격 전압
② 상용 주파수의 방전 개시 전압
③ 피뢰기 동작 중 단자 전압의 파고치
④ 속류의 차단이 되는 최고의 교류 전압

해설 피뢰기가 동작하여 방전 전류가 흐르고 있을 때 피뢰기 양 단자 간에 허용하는 파고치를 제한 전압이라 한다.

제 3 회 전력공학

01 송전 선로에 충전 전류가 흐르면 수전단 전압이 송전단 전압보다 높아지는 현상과 이 현상의 발생 원인으로 가장 옳은 것은?

① 페란티 효과, 선로의 인덕턴스 때문
② 페란티 효과, 선로의 정전 용량 때문
③ 근접 효과, 선로의 인덕턴스 때문
④ 근접 효과, 선로의 정전 용량 때문

해설 경부하 또는 무부하인 경우에는 선로의 정전 용량에 의한 충전 전류의 영향이 크게 작용해서 진상 전류가 흘러 수전단 전압이 송전단 전압보다 높게 되는 것을 페란티 효과(Ferranti effect)라 하고, 이것의 방지 대책으로는 분로(병렬) 리액터를 설치한다.

02 취수구에 제수문을 설치하는 목적은?

① 유량을 조정한다. ② 모래를 배제한다.
③ 낙차를 높인다. ④ 홍수위를 낮춘다.

해설 취수구에 설치한 모든 수문은 유량을 조절한다.

정답 19.④ 20.③ / 01.② 02.①

03 전력선에 의한 통신 선로의 전자 유도 장해의 발생 요인은 주로 무엇 때문인가?

출제빈도

① 영상 전류가 흘러서
② 부하 전류가 크므로
③ 상호 정전 용량이 크므로
④ 전력선의 교차가 불충분하여

해설 전자 유도 전압
$E_m = -j\omega Ml(I_a + I_b + I_c) = -j\omega Ml \times 3I_0$
여기서, $3I_0$: 3×영상 전류=지락 전류=기유도 전류

04 양수량 Q[m²/s], 총 양정 H[m], 펌프 효율 η인 경우 양수 펌프용 전동기의 출력 P[kW]는? (단, k는 상수이다.)

① $k\dfrac{Q^2H^2}{\eta}$
② $k\dfrac{Q^2H}{\eta}$
③ $k\dfrac{QH^2}{\eta}$
④ $k\dfrac{QH}{\eta}$

해설 $P = k\dfrac{QH}{\eta}$ [kW]

05 고압 수전 설비를 구성하는 기기로 볼 수 없는 것은?

① 변압기
② 변류기
③ 복수기
④ 과전류 계전기

해설 복수기는 화력 발전의 터빈에서 팽창한 증기를 냉각시켜 복수하는 설비이다.

06 공통 중성선 다중 접지 3상 4선식 배전 선로에서 고압측(1차측) 중성선과 저압측(2차측) 중성선을 전기적으로 연결하는 목적은?

① 저압측의 단락 사고를 검출하기 위함
② 저압측의 접지 사고를 검출하기 위함
③ 주상 변압기의 중성선측 부싱(bushing)을 생략하기 위함
④ 고·저압 혼촉시 수용가에 침입하는 상승 전압을 억제하기 위함

해설 3상 4선식 중성선 다중 접지식 선로에서 1차(고압)측 중성선과 2차(저압)측 중성선을 전기적으로 연결하여 저·고압 혼촉 사고가 발생할 경우 저압 수용가에 침입하는 상승 전압을 억제하기 위함이다.

정답 03.① 04.④ 05.③ 06.④

기출문제 관련 이론 바로보기

03. 이론 check **3상 3선의 전자 유도 전압**

[통신사 전자 유도 전압]

$E_m = -j\omega Ml(I_a + I_b + I_c)$
$= -j\omega Ml \times 3I_0$

여기서,
I_a, I_b, I_c : 각 상의 불평형 전류
M : 전력선과 통신선과의 상호 인덕턴스
l : 전력선과 통신선의 병행 길이
$3I_0$: 3×영상 전류=지락 전류=기유도 전류

Tip 영향

(1) 인체에 대한 위험
(2) 통신 설비의 손상(통신 기기의 손상, 절연 파괴 등)
(3) 통신 업무의 장해(통신 두절, 잡음, 음향 충격, 오신호 등)

기출문제 관련 이론 바로보기

07. 이론 check 차단기의 정격

(1) 정격 전압 및 정격 전류

① 정격 전압 : 규정의 조건하에서 그 차단기에 부과할 수 있는 사용 회복 전압의 상한값(선간 전압)으로, 공칭 전압의 $\frac{1.2}{1.1}$배 정도이다.

공칭 전압	22.9 [kV]	66 [kV]	154 [kV]	345 [kV]
정격 전압	25.8 [kV]	72.5 [kV]	170 [kV]	362 [kV]

② 정격 전류 : 정격 전압, 주파수에서 연속적으로 흘릴 수 있는 전류의 한도[A]

(2) 정격 차단 전류[kA]

모든 정격 및 규정의 회로 조건하에서 규정된 표준 동작 책무와 동작 상태에 따라서 차단할 수 있는 최대의 차단 전류 한도(실효값)

※ 투입 전류 : 차단기 투입 순간 전류의 한도로서 최초 주차수의 최대치로 표시

(3) 정격 차단 용량

차단 용량 $= \sqrt{3} \times$ 정격 전압 $\times$ 정격 차단 전류[MVA]

(4) 정격 차단 시간

트립 코일 여자부터 소호까지의 시간으로 약 3~8[Hz] 정도이다.

(5) 표준 동작 책무

차단기는 전력 계통에서 사용될 경우 투입-차단-투입(C-O-C)과 같은 동작이 되풀이 되므로, 차단기의 용량도 이들의 일련의 동작 책무에 맞는 성능의 한도로서 표현하고 있으며 이들의 값은 별도로 표준 규격에서 정하고 있다.

① 일반용

㉠ 갑호(A) : O-1분-CO-3분-CO

㉡ 을호(B) : O-15초-CO

② 고속도 재투입용 : O-θ-CO-1분-CO

(여기서, O는 차단, C는 투입, θ는 무전압 시간으로 표준은 0.35초)

07 차단기의 정격 차단 시간에 대한 정의로서 옳은 것은? (출제빈도)

① 고장 발생부터 소호까지의 시간

② 트립 코일 여자부터 소호까지의 시간

③ 가동 접촉자 개극부터 소호까지의 시간

④ 가동 접촉자 시동부터 소호까지의 시간

해설 차단기의 정격 차단 시간은 트립 코일이 여자하는 순간부터 아크가 소멸하는 시간으로 약 3~8[Hz] 정도이다.

08 154/22.9[kV], 40[MVA] 3상 변압기의 %리액턴스가 14[%]라면 고압측으로 환산한 리액턴스는 약 몇 [Ω]인가?

① 95 ② 83

③ 75 ④ 61

해설 $\%X = \frac{PZ}{10V^2}[\%]$에서 $X = \frac{\%X \cdot 10V^2}{P} = \frac{14 \times 10 \times 154^2}{40 \times 10^3} = 83[\Omega]$

09 보호 계전기의 기본 기능이 아닌 것은?

① 확실성 ② 선택성

③ 유동성 ④ 신속성

해설 **보호 계전기의 구비 조건**

- 고장 상태 및 개소를 식별하고 정확히 선택할 수 있을 것
- 동작이 신속하고 오동작이 없을 것
- 열적, 기계적 강도가 있을 것
- 적절한 후비 보호 능력이 있을 것

10 6[kV]급의 소내 전력 공급용 차단기로서 현재 가장 많이 채택하는 것은?

① OCB ② GCB

③ VCB ④ ABB

해설
- 유입 차단기(OCB)는 절연유를 사용하며 넓은 전압 범위를 적용한다.
- 진공 차단기(VCB)는 고진공 상태에서 차단하는 방식으로 10[kV] 이하에 적합하다.
- 공기 차단기(ABB)는 수십 기압의 압축 공기를 불어 소호하는 방식으로 30~70[kV] 정도에 사용한다.
- 자기 차단기(MBB)는 소전류에서는 아크에 의한 자계가 약하여 소호 능력이 저하할 수 있으므로 3.3~6.6[kV] 정도의 비교적 낮은 전압에서 사용한다.
- 가스 차단기(GCB)는 SF_6(육불화황) 가스를 소호 매체로 이용하는 방식으로 초고압 계통에서 사용한다.

정답 07.② 08.② 09.③ 10.③

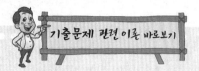

11 수용가군 총합의 부하율은 각 수용가의 수용분 및 수용가 사이의 부등률이 변화할 때 옳은 것은?

① 부등률과 수용률에 비례한다.
② 부등률에 비례하고 수용률에 반비례한다.
③ 수용률에 비례하고 부등률에 반비례한다.
④ 부등률과 수용률에 반비례한다.

해설 부하율 $= \dfrac{\text{평균 전력}}{\text{설비 용량의 합계}} \times \dfrac{\text{부등률}}{\text{수용률}}$ 이므로 부등률에 비례하고, 수용률에 반비례한다.

12 3상 3선식 배치의 송전 선로가 있다. 선로가 연가되어 각 선간의 정전 용량이 0.007[μF/km], 각 선의 대지 정전 용량은 0.002[μF/km]라고 하면 1선의 작용 정전 용량은 몇 [μF/km]인가?

① 0.03 ② 0.023
③ 0.012 ④ 0.006

해설 1선당 작용 정전 용량

$C = C_s + 3C_m = 0.002 + 3 \times 0.007 = 0.023[\mu F/km]$

13 3상 Y결선된 발전기가 무부하 상태로 운전 중 b상 및 c상에서 동시에 직접 접지 고장이 발생하였을 때 나타나는 현상으로 틀린 것은?

① a상의 전류는 항상 0이다.
② 건전상의 a상 전압은 영상분 전압의 3배와 같다.
③ a상의 정상분 전압과 역상분 전압은 항상 같다.
④ 영상분 전류와 역상분 전류는 대칭 성분 임피던스에 관계없이 항상 같다.

해설 영상분 및 역상분 전류는 각 대칭 성분의 임피던스에 의해 결정된다.

14 전선로에 댐퍼(damper)를 사용하는 목적은?

출제빈도

① 전선의 진동 방지
② 전력 손실 경감
③ 낙뢰의 내습 방지
④ 많은 전력을 보내기 위하여

해설 **댐퍼(damper)**

진동 루프 길이의 $\frac{1}{2} \sim \frac{1}{3}$ 인 곳에 설치하며 진동 에너지를 흡수하여 전선 진동을 방지한다.

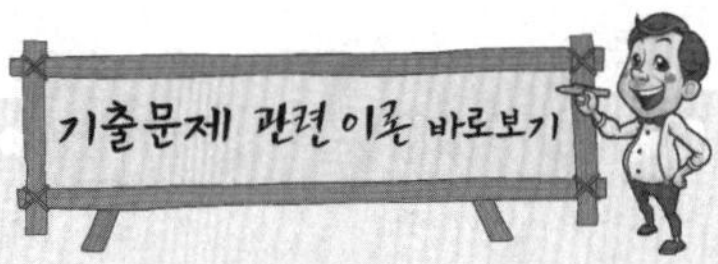

14. 이론 check **전선의 진동과 도약**

[전선의 진동 발생]
바람에 일어나는 진동이 경간, 장력 및 하중 등에 의해 정해지는 고유 진동수와 같게 되면 공진을 일으켜서 진동이 지속하여 단선 등 사고가 발생한다.

(1) 진동 주파수

$$f_0 = \frac{1}{2l}\sqrt{\frac{T \cdot g}{W}}\ [\text{Hz}]$$

여기서,
l : 진동 루프의 길이[m]
T : 장력[kg]
W : 중량[kg/m]
g : 중력 가속도[g/s^2]

※ 비중이 작을수록, 바깥 지름이 클수록, 경간차가 클수록 크게 된다.

(2) 진동 방지 대책
① 댐퍼(damper) : 진동 루프 길이의 $\frac{1}{2} \sim \frac{1}{3}$ 인 곳에 설치치하며 진동 에너지를 흡수하여 전선 진동을 방지한다.
② 아머 로드(armour rod) : 전선과 같은 재질로 전선 지지 부분을 감는다.

Tip **전선의 도약**
전선 주위의 빙설이나 물이 떨어지면서 반동으로 상하 전선 혼촉 단락 사고 발생 방지책으로 오프셋(off set)을 한다.

정답 11.② 12.② 13.④ 14.①

기출문제 관련 이론 바로보기

18. 이론 check **퍼센트법 단락 전류 계산**

(1) 퍼센트법($\%Z$)

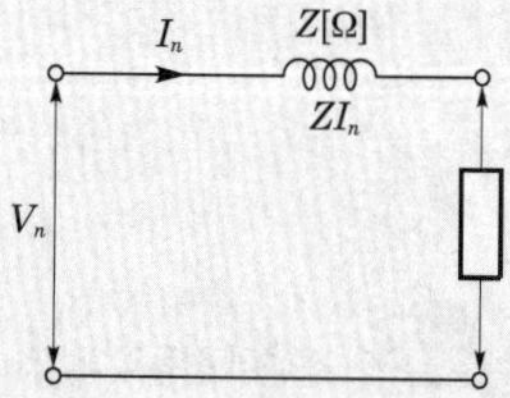

그림과 같이 임피던스 $Z[\Omega]$을 접속하고 정격 전압 V_n[V]을 가할 때 정격 전류 I_n[A]이 흐르면 임피던스 $Z[\Omega]$에 ZI_n[V]의 전압 강하가 생긴다. 이 전압 강하 ZI_n이 정격 전압 V_n에 대한 비를 [%]로 나타낸 것이 $\%Z$이고, 이것을 식으로 표시하면 $\%Z=\dfrac{ZI_n}{V_n}\times 100[\%]$와 같이 된다.

$$\%Z=\frac{ZI_n}{V_n}\times\frac{V_n}{V_n}\times 100[\%]$$
$$=\frac{ZI_n\times V_n\times 10^3}{{V_n}^2\times 10^6}\times 100[\%]$$
$$=\frac{P\cdot Z}{10\,{V_n}^2}[\%]$$

여기서,
P : 변압기의 정격 용량[kVA]
V_n : 정격 전압[kV]

(2) 단락 전류(차단 전류) 계산

$$I_s=\frac{V_n}{Z},\ \%Z=\frac{I_nZ}{V_n}\times 100$$
$$\therefore\ I_s=\frac{100}{\%Z}\times I_n$$

(3) 단락 용량(P_s : 차단기 최소 용량) 계산

$$I_s=\frac{100}{\%Z}\times I_n=\frac{100}{\%Z}\times\frac{P_n}{\sqrt{3}\,V_n}$$

양변에 $\sqrt{3}\,V_n$을 곱하여 정리하면 $P_s=\dfrac{100}{\%Z}P_n$[kVA]이다.

15 배전 선로의 손실을 경감시키는 방법이 아닌 것은?

① 전압 조정
② 역률 개선
③ 다중 접지 방식 채용
④ 부하의 불평형 방지

해설 중성선 다중 접지 방식은 사고시 보호 계전기의 신속한 동작과 고·저압 혼촉시 저압측의 전위 상승을 억제하기 위함이므로 손실 경감과는 무관하다.

16 최대 출력 350[MW], 평균 부하율 80[%]로 운전되고 있는 화력 발전소의 10일간 중유 소비량이 $1.6\times 10^7[l]$라고 하면 발전단에서의 열 효율은 몇 [%]인가? (단, 중유의 열량은 10,000[kcal/l]이다.)

① 35.3 ② 36.1
③ 37.8 ④ 39.2

해설 열 효율

$$\eta=\frac{860\,W}{mH}\times 100[\%]$$
$$=\frac{860\times 350\times 10^3\times 0.8\times 10\times 24}{1.6\times 10^7\times 10{,}000}\times 100$$
$$=36.12[\%]$$

17 전압과 역률이 일정할 때 전력을 몇 [%] 증가시키면 전력 손실이 2배로 되는가?

① 31 ② 41
③ 51 ④ 61

해설 전력 손실 $P_c=3I^2R=\dfrac{P^2R}{V^2\cos^2\theta}$에서 부하 전력 $P^2\propto P_c$이다.

즉, $P\propto\sqrt{P_c}$이므로 전력 손실 P_c를 2배로 하면 부하 전력 $P'=\sqrt{2P_c}=1.414\sqrt{P_c}$이다. 그러므로 1.41배, 즉 41[%]가 된다.

18 출제빈도 어느 발전소에서 합성 임피던스가 0.4[%](10[MVA] 기준)인 장소에 설치하는 차단기의 차단 용량은 몇 [MVA]인가?

① 10 ② 250
③ 1,000 ④ 2,500

해설 차단기 용량

$$P_s=\frac{100}{\%Z}P_n=\frac{100}{0.4}\times 10=2{,}500[\text{MVA}]$$

정답 15.③ 16.② 17.② 18.④

기출문제 관련 이론 바로보기

19 주상 변압기의 1차측 전압이 일정할 경우 2차측 부하가 변하면, 주상 변압기의 동손과 철손은 어떻게 되는가?

① 동손과 철손은 모두 변한다.
② 동손은 일정하고, 철손이 변한다.
③ 동손은 변하고, 철손은 일정하다.
④ 동손과 철손은 모두 변하지 않는다.

해설 철손은 고정손으로 일정하고 동손은 부하손이므로 변화한다.

20 3상 3선식 변압기 결선 방식이 아닌 것은?

출제빈도

① △결선 ② V결선
③ T결선 ④ Y결선

해설 3상 3선식은 △결선, V결선, Y결선할 수 있다.

20. 이론 check **스코트 결선**

스코트 결선은 2개의 동일한 단상 변압기를 사용하여 그림과 같이 M좌 변압기의 1차 권선 중점과 T좌 변압기의 1단을 잇고 T좌 변압기는 전 권선의 $\frac{\sqrt{3}}{2} \fallingdotseq 0.866$이 되는 점에서 탭을 내어 M좌 변압기의 양단과 T좌 변압기의 구출선을 3상 전원에 연결한다.

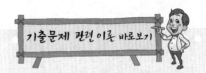

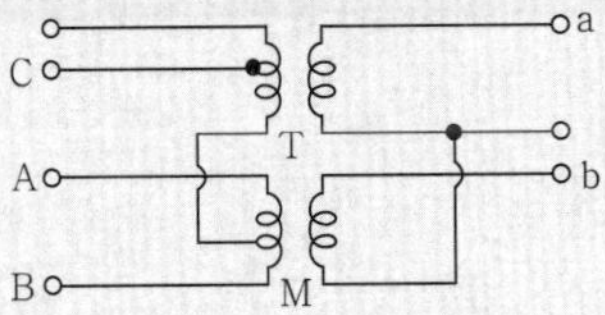

정답 19.③ 20.③

memo

PART 03

전기기기

과년도 출제문제

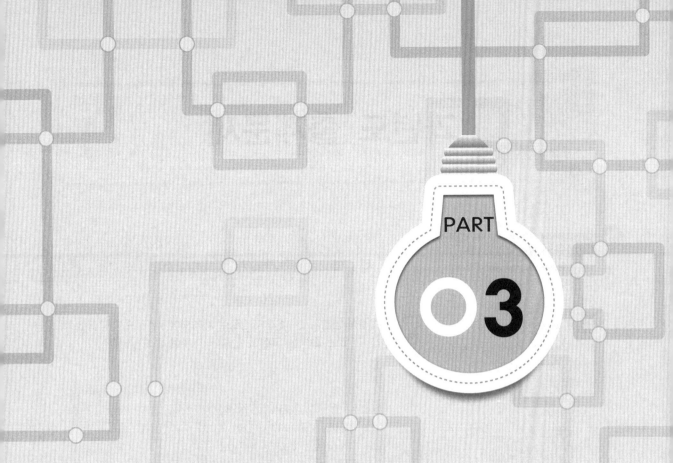

Industrial Engineer Electricity

2011년 과년도 출제문제

기출문제 관련 이론 바로보기

01. 이론 check **V-V 결선의 특성**

(1) 2대의 단상 변압기로 3상 부하에 전원을 공급한다.

(2) 부하 증설 예정시, △-△ 결선 운전 중 1대 고장시 V-V 결선이 가능하다.

(3) 이용률

$$\frac{\sqrt{3}P_1}{2P_1} = \frac{\sqrt{3}}{2} = 0.866$$

∴ 86.6[%]

(4) 출력비

$$\frac{P_V}{P_\triangle} = \frac{\sqrt{3}P_1}{3P_1} = \frac{1}{\sqrt{3}} = 0.577$$

∴ 57.7[%]

제1회 전기기기

01 △결선 변압기 한 대가 고장으로 제거되어 V결선으로 공급할 때 공급할 수 있는 전력은 고장 전전력에 대하여 몇 [%]인가?

출제빈도

① 57.7 ② 66.7

③ 75.0 ④ 86.6

해설 단상 변압기 1대의 정격 출력 $P_1 = VI$[VA]

V결선 출력 $P_V = \sqrt{3}P_1$[VA]

△결선 출력 $P_\triangle = 3P_1$[VA]

출력비 $\frac{P_V}{P_\triangle} = \frac{\sqrt{3}P_1}{3P_1} = \frac{1}{\sqrt{3}} = 0.577 = 57.7$[%]

02 동기 전동기의 공급 전압, 주파수 및 부하를 일정하게 유지하고 여자 전류만을 변화시키면?

① 출력이 변화한다.

② 토크가 변화한다.

③ 각속도가 변화한다.

④ 부하각이 변화한다.

해설 동기 전동기의 출력 $P = \frac{VE}{Z_s}\sin\delta$[W]

출력이 일정한 상태에서 여자 전류를 변화시키면 역기전력(E)이 변화하고, 따라서 부하각(δ)이 변화한다.

03 직류 발전기의 정류 시간에 비례하는 요소를 바르게 나타낸 것은? (단, b : 브러시 두께[mm], δ : 정류자편 사이의 두께[m], v_c : 정류자의 주변 속도)

① $v_c - \delta$ ② $b - \delta$

③ $\delta - b$ ④ $b + \delta$

해설 정류 주기 $T_c = \frac{b - \delta}{v_c}$[s]이므로 주변 속도($v_c$)가 일정한 경우 정류 시간($T_c$)은 $b-\delta$에 비례한다.

정답 01.① 02.④ 03.②

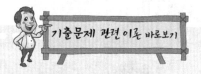

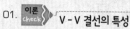

기출문제 관련 이론 바로보기

04 동기 전동기의 자기동법에서 계자 권선을 단락하는 이유는?

① 고압이 유도된다.
② 전기자 반작용을 방지한다.
③ 기동 권선으로 이용한다.
④ 기동이 쉽다.

해설 동기 전동기의 계자 권선을 개방 상태에서 자기동하면 고정자에서 발생하는 회전 자계를 끊게 되어 고압이 유도될 수 있으므로 저항을 통해 계자 권선을 단락하고 시동하는 것이 유효하다.

05 단상 전파 정류 회로에서 교류 전압 $v=628\sin 315t$[V], 부하 저항이 20[Ω]일 때 직류측 전압의 평균값[V]은?

출제빈도

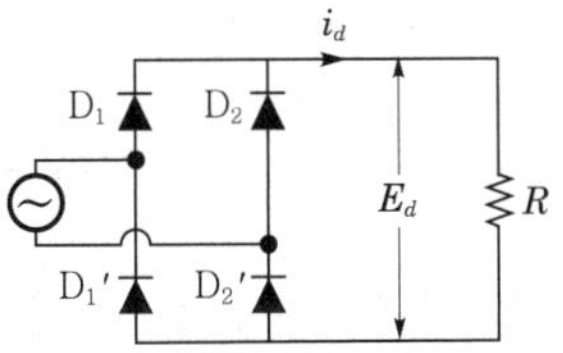

① 약 200 ② 약 400
③ 약 600 ④ 약 800

해설 단상 브리지 정류에서 직류 전압

$$E_d = \frac{2\sqrt{2}}{\pi}E = \frac{2E_m}{\pi} = \frac{2\times 628}{\pi} = 400[\text{V}]$$

06 3상 유도 전동기의 특성 중 비례 추이를 할 수 없는 것은?

① 동기 속도 ② 2차 전류
③ 1차 전류 ④ 역률

해설 유도 전동기의 2차 전류 $I_2 = \dfrac{E_2}{\sqrt{\left(\dfrac{r_2}{s}\right)^2 + {x_2}^2}}$[A]

1차 전류 $I_1 = \dfrac{1}{\alpha\beta}I_2 = \dfrac{1}{\alpha\beta}\dfrac{E_2}{\sqrt{\left(\dfrac{r_2}{s}\right)^2 + {x_2}^2}}$

2차 역률 $\cos\theta_2 = \dfrac{r_2}{Z_2} = \dfrac{\dfrac{r_2}{s}}{\sqrt{\left(\dfrac{r_2}{s}\right)^2 + {x_2}^2}}$

등과 같이 $\dfrac{r_2}{s}$가 포함된 함수는 비례 추이를 할 수 있으며 출력, 효율, 동기 속도 등은 $\dfrac{r_2}{s}$가 포함되어 있지 않으므로 비례 추이가 불가능하다.

05. Tip 단상 전파 정류 회로

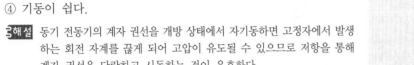

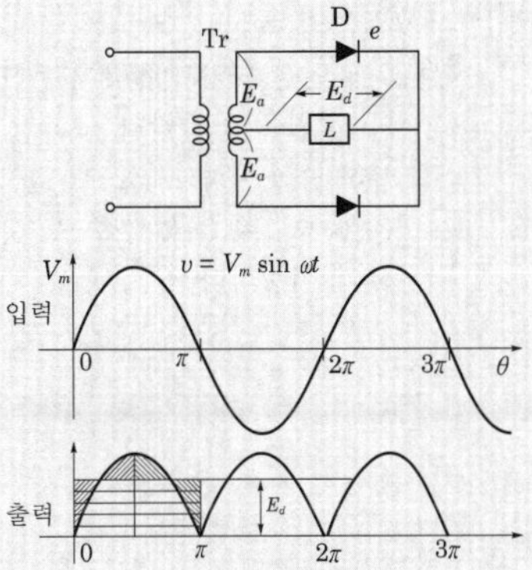

▌단상 전파 정류▐

(1) 직류 전압 E_d[V]

$$E_d = \frac{1}{\pi}\int_0^{\pi} V_m \sin\theta\, d\theta$$
$$= \frac{V_m}{\pi}[-\cos\theta]_0^{\pi}$$
$$= \frac{V_m}{\pi}\times 2 = \frac{2\sqrt{2}}{\pi}E_a$$
$$= 0.9E_a[\text{V}]$$
$$= \frac{2\sqrt{2}}{\pi}E_a - e$$

여기서, e : 정류기 전압 강하

(2) 첨두 역전압 V_{in}[V]

$$V_{in} = 2\times\sqrt{2}E_a = 2\cdot V_m[\text{V}]$$

정답 04.① 05.② 06.①

기출문제 관련 이론 바로보기

07. 이론 check V-V 결선

(1) 선간 전압(V_l)=상전압(E_p)
(2) 선전류(I_l)=상전류(I_p)
(3) 출력
$P_1 = E_p I_p \cos\theta$에서
$P_V = \sqrt{3}\, V_l I_l \cos\theta$
$= \sqrt{3} E_p\, I_p \cos\theta$
$= \sqrt{3} P_1 [\text{W}]$
(4) V결선의 특성
① 2대 단상 변압기로 3상 부하에 전원을 공급한다.
② 부하 증설 예정시, △-△ 결선 운전 중 1대 고장시 V-V 결선이 가능하다.

10. 이론 check 분포권

(1) 분포권 계수

$$K_d(\text{기본파}) = \frac{\sin\frac{\pi}{2m}}{q\sin\frac{\pi}{2mq}}$$

$$K_{dn}(n\text{차 고조파}) = \frac{\sin\frac{n\pi}{2m}}{q\sin\frac{n\pi}{2mq}}$$

여기서, q : 매극 매상당 슬롯수
m : 상수

(2) 분포권의 특징
① 기전력의 고조파가 감소하여 파형이 좋아진다.
② 권선의 누설 리액턴스가 감소한다.
③ 전기자 권선에 의한 열을 고르게 분포시켜 과열을 방지할 수 있다.

07 22[kW] 3상 유도 전동기 1대를 운전하기 위해서 2대의 단상 변압기를 사용한다. 이 변압기의 용량[kVA]은? (단, 피상 효율은 0.75이다.)

출제빈도

① 29.3　　② 16.9
③ 12.4　　④ 9.78

해설 V결선의 출력 $P_V = \sqrt{3} P_1 \cos\theta [\text{kW}]$

변압기 1대의 정격 용량 $P_1 = \frac{P_V}{\sqrt{3}\cdot\cos\theta} = \frac{22}{\sqrt{3}\times 0.75} = 16.935[\text{kVA}]$

08 3,150/210[V], 5[kVA]의 단상 변압기가 있다. 2차를 개방하고 정격 1차 전압을 가할 때 입력은 60[W], 2차를 단락하고 여기에 정격 1차 전류가 흐르도록 1차측에 저압을 가했을 때의 입력은 120[W]이었다. 역률 100[%]에서의 전부하 효율[%]은?

① 약 96.5　　② 약 95.5
③ 약 86.5　　④ 약 70.7

해설 단상 변압기 효율 $\eta = \frac{\text{출력}}{\text{출력}+\text{무부하손}+\text{부하손}}\times 100$

$= \frac{P\cos\theta}{P\cos\theta + P_i + P_c}\times 100$

$= \frac{5}{5+0.06+0.12}\times 100$

$= 96.5[\%]$

09 유도 전동기의 회전력 발생 요소 중 제곱에 비례하는 요소는?

① 슬립　　② 2차 권선 저항
③ 2차 임피던스　　④ 2차 기전력

해설 유도 전동기의 동기 와트로 표시한 토크

$$T_S = P_2 = I_2^2 r_2 = \left(\frac{E}{\sqrt{\left(\frac{r_2}{s}\right)^2 + x_2^2}}\right)^2 \cdot r_2 \propto E_2$$

10 동기 발전기의 전기자 권선을 분포권으로 하는 이유는 다음 중 어느 것인가?

출제빈도

① 권선의 누설 리액턴스가 증가한다.
② 분포권은 집중권에 비하여 합성 유기 기전력이 증가한다.
③ 기전력의 고조파가 감소해 파형이 좋아진다.
④ 난조를 방지한다.

정답 07.② 08.① 09.④ 10.③

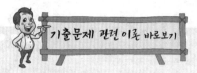

해설 동기 발전기의 전기자 권선법에서 분포권의 장단점

- 장점
  - 고조파를 감소하여 기전력의 파형을 개선한다.
  - 누설 리액턴스가 감소한다.
  - 과열 방지에 유효하다.
- 단점 : 기전력이 감소한다.

11 직류기에서 양호한 정류를 얻는 조건이 아닌 것은?

출제빈도

① 정류 주기를 크게 한다.
② 전기자 코일의 인덕턴스를 작게 한다.
③ 평균 리액턴스 전압을 브러시 접촉면 전압 강하보다 크게 한다.
④ 브러시의 접촉 저항을 크게 한다.

해설 직류 발전기의 정류 개선 방법

- 평균 리액턴스 전압$\left(e = L\dfrac{2I_c}{T_c}[\mathrm{V}]\right)$이 작을 것
  - 인덕턴스(L)가 작을 것
  - 정류 주기(T_c)가 클 것
  - 주변 속도$\left(v_c = \dfrac{b-\delta}{T_c}\right)$가 느릴 것
- 보극을 설치한다.
- 브러시의 접촉 저항을 크게 한다(탄소질 브러시).

12 다음 중 변압기의 절연 내력 시험법이 아닌 것은?

① 단락 시험
② 가압 시험
③ 오일의 절연 파괴 전압 시험
④ 충격 전압 시험

해설 변압기의 절연 내력 시험은 고압에 대한 안전성을 확인하는 시험으로, 내압 시험, 충격 전압 시험, 유도 시험 등이 있고, 단락 시험은 동손 및 임피던스 전압을 측정하는 시험이다.

13 직류 분권 발전기의 무부하 포화 곡선이 $V = \dfrac{940 i_f}{33 + i_f}$ 이고, i_f는 계자 전류[A], V는 부하 전압[V]으로 주어질 때 계자 회로의 저항이 20[Ω]이면 몇 [V]의 전압이 유기되는가?

① 140 ② 160
③ 280 ④ 300

정답 11.③ 12.① 13.③

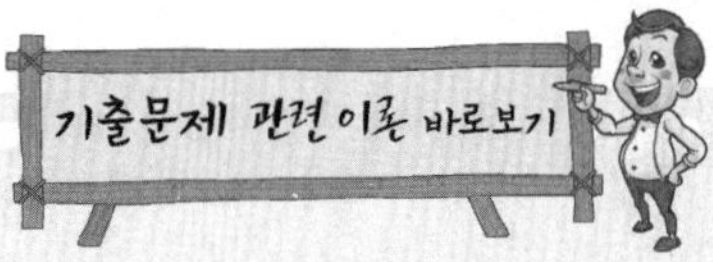

11. 이론 check **정류**

전기자 권선의 전류를 반전하여 교류를 직류로 변환시키는 것이다.

(1) 정류 작용

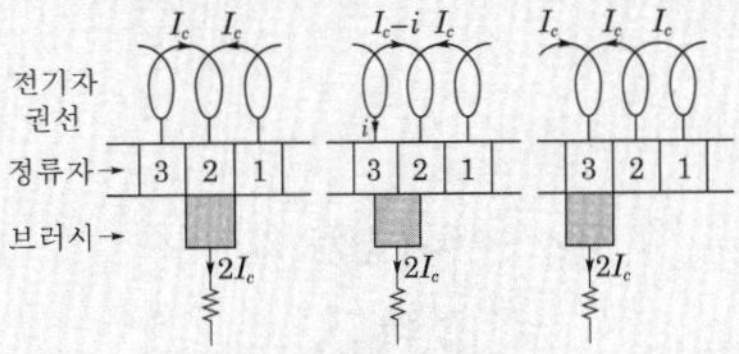

| 정류 작용 |

(2) 정류 곡선

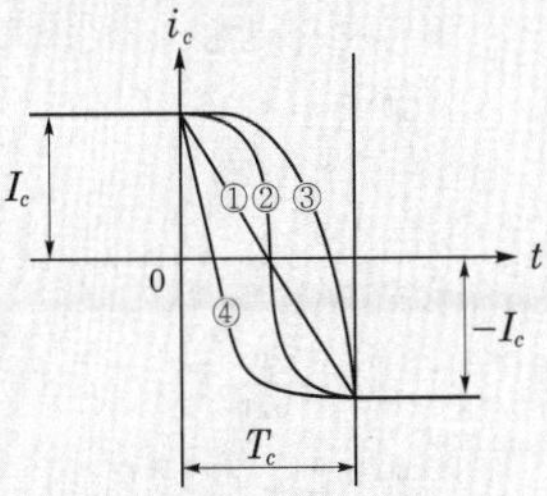

| 정류 곡선 |

① 직선 정류 } 양호한
② 정현파 정류 } 정류 곡선
③ 부족 정류 : 정류 말기 불꽃 발생
④ 과정류 : 정류 초기 불꽃 발생

※ 평균 리액턴스 전압

$$e = -L\frac{di}{dt} = L\frac{2I_c}{T_c}[\mathrm{V}]$$

(3) 정류 개선책

① 평균 리액턴스 전압을 작게 한다.
  ㉠ 인덕턴스(L) 작을 것
  ㉡ 정류 주기(T_c) 클 것
  ㉢ 주변 속도(v_c) 느릴 것
② 보극을 설치 : 평균 리액턴스 전압 상쇄 → 전압 정류
③ 브러시의 접촉 저항을 크게 한다 → 저항 정류 : 고전압 소전류의 경우 탄소질 브러시(접촉 저항 크게) 사용
④ 보상 권선을 설치한다.

해설 직류 분권 발전기의 단자 전압

$V = i_f r_f$

여기서, i_f : 계자 전류, r_f : 계자 저항

$V = \frac{940 i_f}{33 + i_f} = i_f r_f = 20 i_f$ 에서

$\frac{940}{33 + i_f} = r_f = 20$

$940 = 660 + 20 i_f$

$V = 20 i_f = 940 - 660 = 280[\text{V}]$

14 직류 분권 전동기 운전 중 계자 권선의 저항이 증가할 때 회전 속도는?

출제빈도

① 일정하다. ② 감소한다.
③ 증가한다. ④ 관계없다.

해설 직류 분권 전동기의 회전 속도

$N = K\frac{V - T_a R_a}{\phi} \propto \frac{1}{\phi} \propto \frac{1}{I_f}$

이므로 계자 저항이 증가하면 계자 전류가 감소, 주자속(ϕ)이 감소하여 회전 속도는 빨라진다.

15 병렬 운전을 하고 있는 2대의 3상 동기 발전기 사이에 무효 순환 전류가 흐르는 경우는?

① 여자 전류의 변화 ② 부하의 증가
③ 부하의 감소 ④ 원동기의 출력 변화

해설 동기 발전기의 병렬 운전 중 여자 전류를 변화시키면 기전력이 비례하여 변화하고, 유기 기전력의 차에 의해 무효 순환 전류가 흐른다.

16 200[kVA]의 단상 변압기가 있다. 철손이 1.6[kW]이고, 전부하 동손이 2.4[kW]이다. 변압기의 역률이 0.8일 때 전부하시의 효율[%]은 약 얼마인가?

① 96.6 ② 97.6
③ 98.6 ④ 99.6

해설 변압기의 효율

$\eta = \frac{P\cos\theta}{P\cos\theta + P_i + P_c} \times 100$

$= \frac{200 \times 0.8}{200 \times 0.8 + 1.6 + 2.4} \times 100$

$= 97.56[\%]$

기출문제 관련 이론 바로보기

14. Tip 직류 전동기의 이론

(1) 역기전력(E)

전동기가 회전하면 도체는 자속을 끊고 있기 때문에 단자 전압 V와 반대 방향의 역기전력이 발생한다.

$E = V - I_a R_a$

$= \frac{p}{a} Z\phi \cdot \frac{N}{60} = K\phi N[\text{V}]$

$\left(K = \frac{pZ}{60a}\right)$

여기서, p : 자극수
a : 병렬 회로수
Z : 도체수
ϕ : 1극당 자속[Wb]
N : 회전수[rpm]

(2) 전기자 전류

$I_a = \frac{V - E}{R_a}[\text{A}]$

(3) 회전 속도

$N = K\frac{E}{\phi} = K\frac{V - I_a R_a}{\phi}[\text{rpm}]$

(4) 토크

$T = K_T \phi I_a [\text{N} \cdot \text{m}]$

여기서, $K_T = \frac{pZ}{2a\pi}$

(5) 기계적 출력

$P_m = E I_a = \frac{p}{a} Z\phi \cdot \frac{N}{60} \cdot I_a$

$= \frac{2\pi NT}{60}[\text{W}]$

정답 14.③ 15.① 16.②

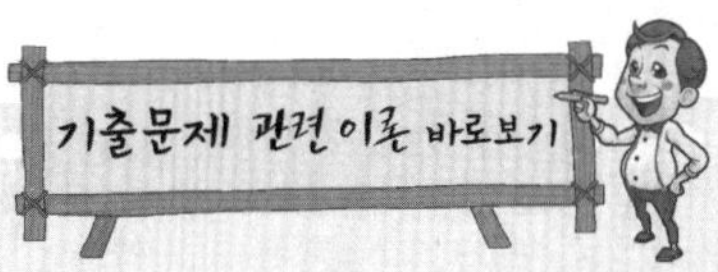

17 다음 중 단상 반발 전동기의 종류가 아닌 것은?

① 아트킨손형 ② 톰슨형
③ 데리형 ④ 유도자형

해설 단상 반발 전동기(repulsion motor)는 단상 직권 전동기의 변형으로, 종류는 아트킨손형, 톰슨형 및 데리형이 있으며 브러시의 위치 변화로 편리하게 속도를 제어할 수 있는 전동기이다.

18 부흐홀츠 계전기는 주로 어느 기기를 보호하는 데 사용하는가?

① 변압기 ② 발전기
③ 동기 전동기 ④ 회전 변류기

해설 부흐홀츠 계전기는 변압기 본체와 콘서베이터(conservator)의 관로 사이에 설치하여 변압기의 내부 고장시 가스에 의해 동작하는 계전기이다.

19 전기자 반작용이 직류 발전기에 영향을 주는 것을 설명한 것으로 틀린 것은?

출제빈도

① 전기자 중성축을 이동시킨다.
② 자속을 감소시켜 부하시 전압 강하의 원인이 된다.
③ 정류자편 간 전압이 불균일하게 되어 섬락의 원인이 된다.
④ 전류의 파형은 찌그러지나 출력에는 변화가 없다.

해설 전기자 반작용은 전기자 전류에 의한 자속이 계자 자속의 분포에 영향을 주는 현상으로 다음과 같다.

- 전기적 중성축이 이동한다.
- 계자 자속이 감소한다.
- 정류자편 간 전압이 국부적으로 높아져 섬락을 일으킨다.

20 50[Hz] 12극의 3상 유도 전동기가 정격 전압으로 정격 출력 10[HP]를 발생하며 회전하고 있다. 이때 회전수는 약 몇 [rpm]인가? (단, 회전자 동손은 350[W], 회전자 입력은 출력과 회전자 동손과의 합이다.)

① 468 ② 478
③ 485 ④ 500

해설 유도 전동기의 2차 입력 $P_2 = P + P_{2c} = 746 \times 10 + 350 = 7{,}810[\text{W}]$

슬립 $s = \dfrac{P_{2c}}{P_2} = \dfrac{350}{7{,}810} = 0.0448$

회전 속도 $N = N_s(1-s) = \dfrac{120f}{P}(1-s)$

$$= \frac{120 \times 50}{12}(1-0.0448) = 477.6[\text{rpm}]$$

19. 이론 check **전기자 반작용의 영향**

전기자 권선의 자속이 계자 권선의 자속에 영향을 주는 현상이다.

(1) 발전기
① 주자속이 감소한다. → 유기기전력이 감소한다.
② 중성축이 이동한다. → 회전 방향과 같다.
③ 정류자편과 브러시 사이에 불꽃이 발생한다. → 정류가 불량이다.

(2) 전동기
① 주자속이 감소한다. → 토크는 감소, 속도는 증가한다.
② 중성축이 이동한다. → 회전 방향과 반대이다.
③ 정류자편과 브러시 사이에 불꽃이 발생한다. → 정류가 불량이다.

(3) 보극이 없는 직류 발전기는 정류를 양호하게 하기 위하여 브러시를 회전 방향으로 이동시킨다.

정답 17.④ 18.① 19.④ 20.②

기출문제 관련 이론 바로보기

01. 이론 check 토크 특성 곡선

(1) 기동(시동) 토크

$T_{ss}(s=1)$

$$T_{ss}=\frac{V_1^2 r_2}{(r_1+r_2)^2+(x_1+x_2)^2}\propto r_2$$

(2) 최대(정동) 토크

$T_{sm}(s=s_t)$

최대 토크 발생 슬립(s_t)

$$s_t=\frac{dT_s}{ds}=0$$

$$=\frac{r_2}{\sqrt{r_1^2+(x_1+x_2)^2}}\propto r_2$$

$$T_{sm}=\frac{V_1^2}{2\left\{r_1+\sqrt{r_1^2+(x_1+x_2)^2}\right\}}\neq r_2$$

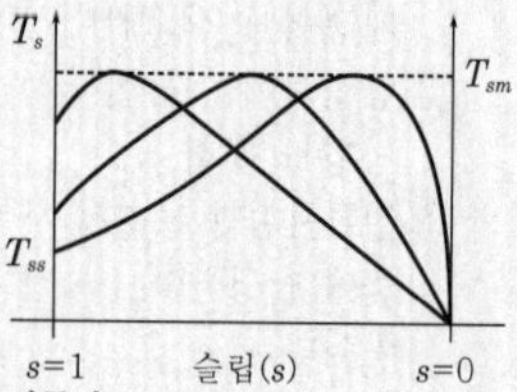

▌토크의 비례 추이 곡선▐

제 2 회 전기기기

01 권선형 유도 전동기에서 2차 저항을 변화시켜서 속도 제어를 하는 경우, 최대 토크는?

출제빈도

① 항상 일정하다.
② 2차 저항에만 비례한다.
③ 최대 토크가 생기는 점의 슬립에 비례한다.
④ 최대 토크가 생기는 점의 슬립에 반비례한다.

해설 최대 토크 $T_{sm}=\dfrac{mV_1^{\ 2}}{2\left\{r_1+\sqrt{r_1^{\ 2}+(x_1+x_2')^2}\right\}}\neq r_2$, s 이므로

2차 저항(r_2) 및 슬립(s)에 관계없이 최대 토크는 항상 일정하다.

02 그림에서 밀리 암페어계의 지시[mA]를 구하면 얼마인가? (단, 밀리 암페어계는 가동 코일형이고 정류기의 저항은 무시한다.)

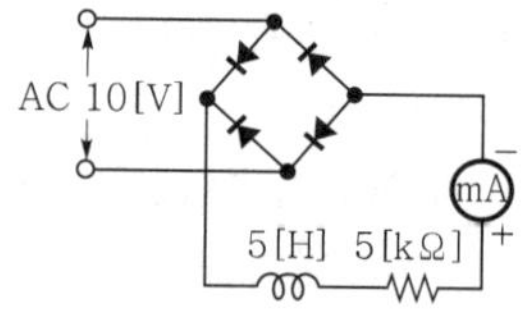

① 9 ② 6.4
③ 4.5 ④ 1.8

해설 가동 코일형 계측기는 직류 평균값을 지시하므로

직류 전압 $E_d=\dfrac{2\sqrt{2}}{\pi}E=\dfrac{2\sqrt{2}}{\pi}\times 10=9[\text{V}]$

직류 전류 $I_d=\dfrac{E_d}{R}=\dfrac{9}{5\times 10^3}=1.8\times 10^{-3}=1.8[\text{mA}]$

03 직류 분권 발전기를 역회전하면?

① 발전되지 않는다.
② 정회전일 때와 마찬가지이다.
③ 과대 전압이 유기된다.
④ 섬락이 일어난다.

해설 직류 분권 발전기의 회전 방향이 반대로 되면 전기자의 유기 기전력 극성이 반대로 되고, 분권 회로의 여자 전류가 반대로 흘러서 잔류 자기를 소멸시키기 때문에 전압이 유기되지 않으므로 발전되지 않는다.

정답 01.① 02.④ 03.①

04

단상 주상 변압기의 2차측(105[V] 단자)에 1[Ω]의 저항을 접속하고, 1차측에 900[V]를 가하여 1차 전류가 1[A]라면, 1차측 탭 전압[V]은? (단, 변압기의 내부 임피던스는 무시한다.)

① 3,350 ② 3,250
③ 3,150 ④ 3,050

해설 부하 저항을 1차로 환산하면 $R = a^2R = a^2 \times 1[\Omega]$

1차측에 900[V]를 인가할 때 1차 전류가 1[A]이므로, $R = \dfrac{V_1}{I_1}$에서

$a^2 \times 1 = \dfrac{900}{1}$

권수비 $a = \sqrt{900} = 30$

1차측 탭 전압 $V_T = a \cdot V_2 = 30 \times 105 = 3,150[V]$

05

정격 150[kVA], 철손 1[kW], 전부하 동손이 4[kW]인 단상 변압기의 최대 효율[%]과 최대 효율시의 부하[kVA]는? (단, 부하 역률 = 1)

① 96.8[%], 125[kVA]
② 97.4[%], 75[kVA]
③ 97[%], 50[kVA]
④ 97.2[%], 100[kVA]

해설 $\dfrac{1}{m}$ 부하시 최대 효율 조건 $P_i = \left(\dfrac{1}{m}\right)^2 P_c$

$\dfrac{1}{m} = \sqrt{\dfrac{P_i}{P_c}} = \sqrt{\dfrac{1}{4}} = \dfrac{1}{2}$ 이므로 $\dfrac{1}{m}$ 부하시 효율

$$\eta_{\frac{1}{m}} = \frac{\frac{1}{m}P\cos\theta}{\frac{1}{m}P\cos\theta + P_i + \left(\frac{1}{m}\right)^2 P_c} \times 100\text{에서}$$

$$\text{최대 효율 } \eta_m = \frac{\frac{1}{2}\times 150 \times 1}{\frac{1}{2}\times 150\times 1 + 1 + \left(\frac{1}{2}\right)^2 \times 4} \times 100 = 97.4[\%]$$

최대 효율시 부하 용량 $P = P_n \times \dfrac{1}{2} = 150 \times \dfrac{1}{2} = 75[kVA]$

06

유도 전동기의 특성에서 토크 τ와 2차 입력 P_2, 동기 속도 N_s의 관계는?

출제빈도

① 토크는 2차 입력에 비례하고, 동기 속도에 반비례한다.
② 토크는 2차 입력과 동기 속도 곱에 비례한다.
③ 토크는 2차 입력에 반비례하고, 동기 속도에 비례한다.
④ 토크는 2차 입력의 자승에 비례하고, 동기 속도의 자승에 반비례한다.

정답 04.③ 05.② 06.①

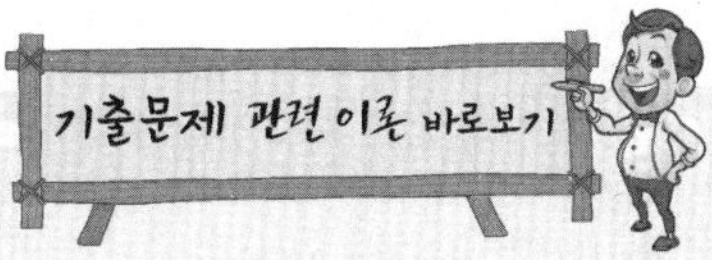

06. 이론 check **유도 전동기의 회전 속도와 토크**

(1) 회전 속도(N[rpm])

$$N = N_s(1-s) = \frac{120f}{P}(1-s)[\text{rpm}]$$

$$\left(s = \frac{N_s - N}{N_s}\right)$$

(2) 토크(Torque, 회전력)

$$T = F \cdot r\ [\text{N}\cdot\text{m}] = \frac{P}{\omega} = \frac{P_o}{2\pi\frac{N}{60}} = \frac{P_2}{2\pi\frac{N_s}{60}}[\text{N}\cdot\text{m}]$$

여기서, $P_o = P_2(1-s)$

$N = N_s(1-s)$

$$\tau = \frac{T}{9.8} = \frac{60}{9.8\times 2\pi}\cdot\frac{P_2}{N_s} = 0.975\frac{P_2}{N_s}[\text{kg}\cdot\text{m}]$$

(3) 동기 와트로 표시한 토크(T_s)

$T = \dfrac{0.975}{N_s}P_2 = KP_2$ (N_s : 일정)

$T_s = P_2$ (2차 입력으로 표시한 토크)

기출문제 관련 이론 바로보기

해설 유도 전동기의 토크 $T=\dfrac{P}{2\pi\dfrac{N}{60}}=\dfrac{P_2}{2\pi\dfrac{N_s}{60}}$

토크는 2차 입력(P_2)에 비례하고, 동기 속도(N_s)에 반비례한다.

07 직류기의 보상 권선은?

① 계자와 병렬로 연결
② 계자와 직렬로 연결
③ 전기자와 병렬로 연결
④ 전기자와 직렬로 연결

해설 전기자 반작용의 방지책으로 자극편에 홈(slot)을 만들고 권선을 배치한 것을 보상 권선이라 하며 보상 권선의 전류는 전기자 전류와 크기가 같아야 하므로 전기자와 직렬로 접속한다.

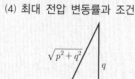

08 백분율 저항 강하 2[%], 백분율 리액턴스 강하 3[%]인 변압기가 있다. 역률(지역률) 80[%]인 경우의 전압 변동률[%]은?

출제빈도

① 1.4　　② 3.4
③ 4.4　　④ 5.4

해설 전압 변동률 $\varepsilon=\dfrac{V_{20}-V_{2n}}{V_{2n}}\times100$

$=p\cos\theta\pm q\sin\theta$

$=2\times0.8+3\times0.6$

$=3.4[\%]$

$\cos^2\theta+\sin^2\theta=1$에서 $\sin\theta=\sqrt{1-0.8^2}=0.6$ 지역률이므로 +이다.

09 사이리스터에서의 래칭 전류에 관한 설명으로 옳은 것은?

① 게이트를 개방한 상태에서 사이리스터 도통 상태를 유지하기 위한 최소의 순전류
② 게이트 전압을 인가한 후에 급히 제거한 상태에서 도통 상태가 유지되는 최소의 순전류
③ 사이리스터의 게이트를 개방한 상태에서 전압을 상승하면 급히 증가하게 되는 순전류
④ 사이리스터가 턴온하기 시작하는 순전류

해설 게이트 개방 상태에서 SCR이 도통되고 있을 때 그 상태를 유지하기 위한 최소의 순전류를 유지 전류(holding current)라 하고, 턴온되려고 할 때는 이 이상의 순전류가 필요하며, 확실히 턴온시키기 위해서 필요한 최소의 순전류를 래칭 전류라 한다.

정답 07.④ 08.② 09.④

---

08. 이론 check **백분율 강하의 전압 변동률**

$\varepsilon=p\cos\theta\pm q\sin\theta\,[\%]$

(여기서, + : 지역률, − : 진역률)

(1) 퍼센트 저항 강하

$p=\dfrac{I\cdot r}{V}\times100[\%]$

(2) 퍼센트 리액턴스 강하

$q=\dfrac{I\cdot x}{V}\times100[\%]$

(3) 퍼센트 임피던스 강하

$\%Z=\dfrac{I\cdot Z}{V}\times100$

$=\dfrac{I_n}{I_s}\times100=\dfrac{V_s}{V_n}\times100$

$=\sqrt{p^2+q^2}\,[\%]$

(4) 최대 전압 변동률과 조건

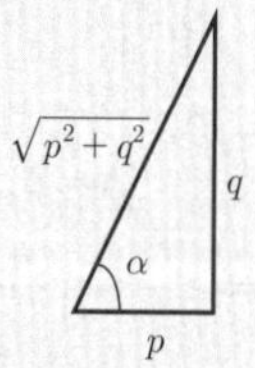

$\varepsilon=p\cos\theta+q\sin\theta$

$=\sqrt{p^2+q^2}\cos(\alpha-\theta)$

∴ $\alpha=\theta$일 때 전압 변동률이 최대로 된다.

$\varepsilon_{max}=\sqrt{p^2+q^2}\,[\%]$

10 변압기 2대로 출력 P[kW], 역률 $\cos\theta$의 3상 유도 전동기에 V결선 변압기로 전력을 공급할 때 변압기 1대의 최소 용량[kVA]은?

① $\dfrac{P}{3\cos\theta}$　　② $\dfrac{P}{\sqrt{3}\cos\theta}$

③ $\dfrac{3P}{\cos\theta}$　　④ $\dfrac{\sqrt{3}P}{\cos\theta}$

해설 V결선 출력 $P_V = \sqrt{3}P_1$[kVA]

전동기의 피상 입력 $P_M = \dfrac{P}{\cos\theta}$

변압기의 출력과 전동기의 입력이 같으므로 $\sqrt{3}P_1 = \dfrac{P}{\cos\theta}$

변압기 1대의 정격 용량 $P_1 = \dfrac{P}{\sqrt{3}\cos\theta}$[kVA]

11 3상 동기 발전기에서 권선 피치와 자극 피치의 비를 $\dfrac{13}{15}$인 단절권으로 하였을 때 단절권 계수는?

① $\sin\dfrac{13}{15}\pi$　　② $\sin\dfrac{13}{30}\pi$

③ $\sin\dfrac{15}{26}\pi$　　④ $\sin\dfrac{15}{13}\pi$

해설 동기 발전기의 전기자 권선법에서 권선 피치와 자극 피치의 비를 β라 할 때 단절 계수 $K_p = \sin\dfrac{\beta\pi}{2} = \sin\dfrac{\frac{13}{15}\pi}{2} = \sin\dfrac{13\pi}{30}$이다.

12 특수 동기기에 대한 설명 중 잘못 연결된 것은?

① 반작용 전동기 : 역률이 좋다.
② 유도 동기 전동기 : 기동 토크와 인입 토크가 크다.
③ 동기 주파수 변환기 : 조작이 간편하고 효율이 좋다.
④ 정현파 발전기 : 부하에 관계없이 정현파 기전력을 발생한다.

해설 동기 전동기는 계자 전류를 조정하여 역률은 항상 1로 운전할 수 있으나 반작용 전동기는 역률이 크게 떨어진다.

13 부하가 변하면 심하게 속도가 변하는 직류 전동기는?

① 직권 전동기　　② 분권 전동기
③ 차동 복권 전동기　　④ 가동 복권 전동기

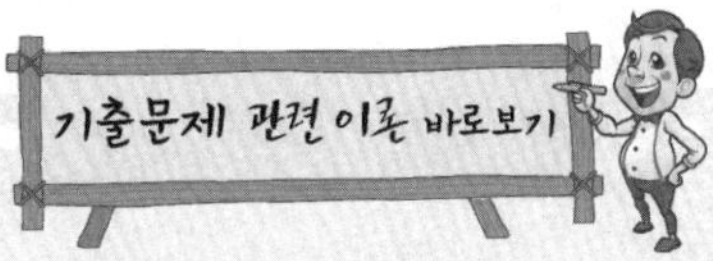
기출문제 관련 이론 바로보기

10. 이론 check **△-△ 결선과 V-V 결선**

(1) △-△ 결선

3상 출력($P_\triangle$[W])

$P_1 = E_p I_p \cos\theta$에서

$P_\triangle = 3P_1 = 3E_p I_p \cos\theta$

$= 3 \cdot V_l \cdot \dfrac{I_l}{\sqrt{3}} \cdot \cos\theta$

$= \sqrt{3} V_l I_l \cdot \cos\theta$[W]

(2) V-V 결선

V출력(P_V[W])

$P_1 = E_p I_p \cos\theta$에서

$P_V = \sqrt{3} V_l I_l \cos\theta$

$= \sqrt{3} E_p I_p \cos\theta$

$= \sqrt{3} P_1$[W]

11. 이론 check **단절권**

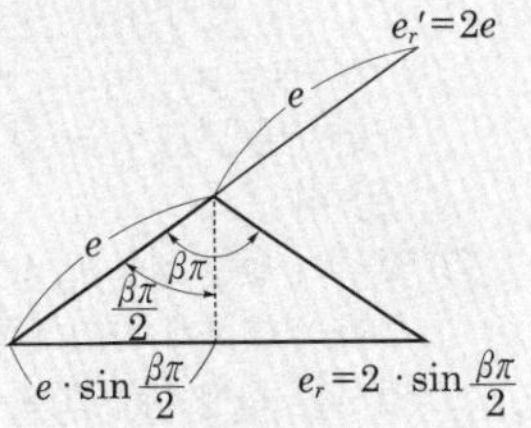

| 단절권 |

(1) 단절권의 장점
① 고조파 제거하여 기전력의 파형을 개선
② 동량의 감소, 기계적 치수 경감

(2) 단절권의 단점 : 기전력 감소

(3) 단절 계수

$K_p = \dfrac{e_r(\text{단절권})}{e_r'(\text{전절권})}$

$K_p = \sin\dfrac{\beta_n}{2}$(기본파)

$K_{pn} = \sin\dfrac{n\beta\pi}{2}$($n$차 고조파)

여기서, $\beta = \dfrac{\text{코일 간격}}{\text{극 간격}}$

정답 10.② 11.② 12.① 13.①

기출문제 관련 이론 바로보기

해설 직류 직권 전동기의 회전 속도

$$N=\frac{V-I_a(R_a+r_f)}{\phi}\propto\frac{1}{\phi}\propto\frac{1}{I}\text{ 이므로}$$

부하 변화에 대한 속도 변동이 가장 크다.

14 직류 발전기의 보극에 관한 설명 중 틀린 것은?

(출제빈도)

① 보극의 계자 권선은 전기자 권선과 직렬로 접속한다.
② 보극의 극성은 주자극의 극성을 회전 방향으로 옮겨 놓은 것과 같은 극성이다.
③ 보극의 수는 주자극과 동일한 수이지만 어떤 경우에는 주자극의 수보다 적은 것도 있다.
④ 보극에 의한 자속은 전기자 전류에 비례하여 변화한다.

해설 직류 발전기의 보극은 중성축을 환원하여 정류를 개선하는 데 유효한 소자석이며 보극의 계자 권선은 전기자와 직렬로 접속하고 극성은 회전 방향 전단의 주자극과 같다.

14. Tip **전기자 반작용의 영향**

전기자 권선의 자속이 계자 권선의 자속에 영향을 주는 현상이다.

(1) 발전기
① 주자속이 감소한다. → 유기 기전력이 감소한다.
② 중성축이 이동한다. → 회전 방향과 같다.
③ 정류자편과 브러시 사이에 불꽃이 발생한다. → 정류가 불량이다.

(2) 전동기
① 주자속이 감소한다. → 토크는 감소, 속도는 증가한다.
② 중성축이 이동한다. → 회전 방향과 반대이다.
③ 정류자편과 브러시 사이에 불꽃이 발생한다. → 정류가 불량이다.

(3) 보극이 없는 직류 발전기는 정류를 양호하게 하기 위하여 브러시를 회전 방향으로 이동시킨다.

15 3상 유도 전동기에서 $s=1$일 때의 2차 유기 기전력을 E_2[V], 2차 1상의 리액턴스를 x_2[Ω], 저항을 r_2[Ω], 슬립을 s, 비례 상수를 K_0라고 하면 토크는?

① $K_0\dfrac{E_2^{\ 2}}{r_2^{\ 2}+x_2^{\ 2}}$　② $K_0\dfrac{sE_2^{\ 2}r_2}{r_2^{\ 2}+s\,x_2^{\ 2}}$

③ $K_0\dfrac{E_2^{\ 2}r_2}{r_2^{\ 2}+(s\,x_2)^2}$　④ $K_0\dfrac{sE_2^{\ 2}r_2}{r_2^{\ 2}+(s\,x_2)^2}$

해설 유도 전동기의 2차 전류 $I_2=\dfrac{sE_2}{\sqrt{r_2^{\ 2}+(sx_2)^2}}$

유도 전동기의 2차 입력 $P_2=I_2^{\ 2}\cdot\dfrac{r_2}{s}=\dfrac{sE_2^{\ 2}\cdot r_2}{r_2^{\ 2}+s^2x_2^{\ 2}}$

토크 $T=\dfrac{P_2}{2\pi\dfrac{N_s}{60}}=K_0P_2=K_0\dfrac{sE_2^{\ 2}\cdot r_2}{r_2^{\ 2}+(s\cdot x_2)^2}$

16. 이론 check **동기 전동기의 특성**

(1) 장점
① 회전 속도가 일정하다.
② 역률 1로 운전할 수 있고, 효율이 양호하다.

(2) 단점
① 기동 토크가 없다.
㉠ 자기동법 : 제동 권선 설치
㉡ 타기동법 : 유도 전동기에 의한 기동
② 속도 제어가 어렵다.
③ 직류 전원이 필요하다.
④ 난조가 발생한다.
⑤ 구조가 복잡하다.

16 다음 중 역률이 가장 좋은 전동기는?

(출제빈도)

① 단상 유도 전동기　② 3상 유도 전동기
③ 동기 전동기　④ 반발 전동기

해설 동기 전동기는 여자(계자) 전류를 조정하면 항상 역률을 1로 운전할 수 있어, 효율이 양호하므로 시멘트 공업의 분쇄기용 전동기로 유효하게 사용한다.

정답 14.② 15.④ 16.③

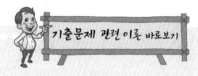

17 변압기 철심에서 자속 변화에 의하여 발생하는 손실은?

① 와전류 손실
② 표유 부하 손실
③ 히스테리시스 손실
④ 누설 리액턴스 손실

해설 변압기 철심에서 자속이 변화하면 전자 유도에 의해 맴돌이 전류가 흘러 와전류손이 발생한다.

18 직류 분권 발전기를 병렬로 운전하는 경우, 발전기 용량 P와 정격 전압 V값은?

① P와 V 모두 같아야 한다.
② P는 임의, V는 같아야 한다.
③ P는 같고, V는 임의이다.
④ P와 V 모두 임의이다.

해설 직류 발전기의 병렬 운전시 필요한 조건은 극성 및 외부 특성 곡선이 일치하고 정격 전압은 같아야 하지만, 발전기 용량은 같을 필요가 없다.

19 권선형 3상 유도 전동기가 있다. 2차 회로는 Y로 접속되고 2차 각 상의 저항은 0.3[Ω]이며 1·2차 리액턴스의 합은 2차측에서 보아 1.5[Ω]이라 한다. 기동시 최대 토크를 발생하기 위해서 삽입하여야 할 저항[Ω]은? (단, 1차 각 상의 저항은 무시한다.)

① 1.2 ② 1.5
③ 2 ④ 2.2

해설 최대 토크 발생 슬립

$$s_t = \frac{r_2}{\sqrt{r_1'^2 + (x_1' + x_2)^2}} \fallingdotseq \frac{r_2}{x_1' + x_2}$$

최대 토크로 기동하기 위한 조건은 $\frac{r_2}{s_t} = \frac{R + r_2}{1}$ 이므로

2차측에 연결하여야 할 저항

$R = x_1' + x_2 - r_2 = 1.5 - 0.3 = 1.2[\Omega]$

20 반파 정류 회로에서 직류 전압 200[V]를 얻는 데 필요한 변압기 2차 상전압은 약 몇 [V]인가? (단, 부하는 순저항, 변압기 내 전압 강하를 무시하면 정류기 내의 전압 강하는 5[V]로 한다.)

① 68 ② 113
③ 333 ④ 455

정답 17.① 18.② 19.① 20.④

기출문제 관련 이론 바로보기

18. 이론 check **직류 발전기의 병렬 운전 조건**

(1) 정격 전압과 극성이 같을 것
(2) 외부 특성 곡선이 어느 정도 수하 특성일 것
(3) 용량이 다른 경우 %부하 전류로 나타낸 외부 특성 곡선이 일치할 것
(4) 용량이 같은 경우 외부 특성 곡선이 일치할 것
(5) 달라도 되는 것은 절연 저항, 손실, 용량이다.

20. 이론 check **단상 반파 정류 회로**

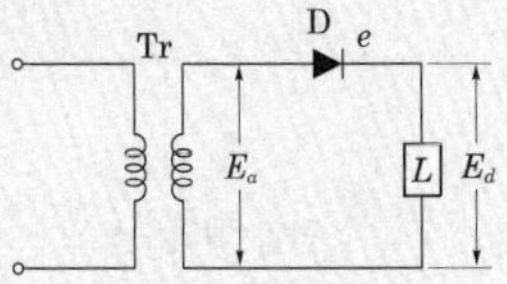

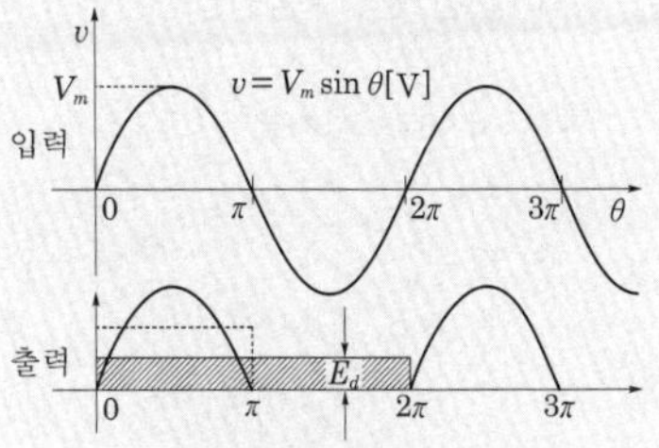

| 단상 반파 정류 |

(1) 직류 전압(평균값, E_d)

$$E_d = \frac{1}{2\pi}\int_0^{\pi} V_m \sin\theta\, d\theta$$
$$= \frac{V_m}{2\pi}[-\cos\theta]_0^{\pi}$$
$$= \frac{V_m}{2\pi}\{1-(-1)\}$$
$$= \frac{\sqrt{2}}{\pi}E_a = 0.45E_a[V]$$

※ 정류기의 전압 강하 e [V]일 때

$$E_d = \frac{\sqrt{2}}{\pi}E_a - e[V]$$

$$I_d = \frac{E_d}{R} = \frac{\left(\frac{\sqrt{2}}{\pi}E_a - e\right)}{R}[A]$$

(2) 첨두 역전압(peak inverse voltage, V_{in}[V])

다이오드에 역방향으로 인가되는 전압의 최대치이다.

$$V_{in} = \sqrt{2}E_a = V_m[V]$$

기출문제 관련 이론 바로보기

04. 이론 check V-V 결선

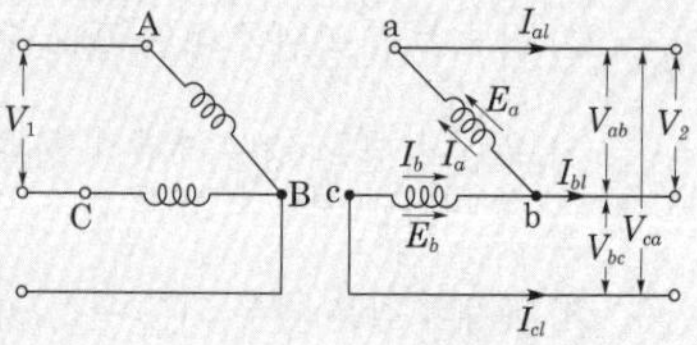

| V-V 결선 |

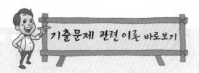

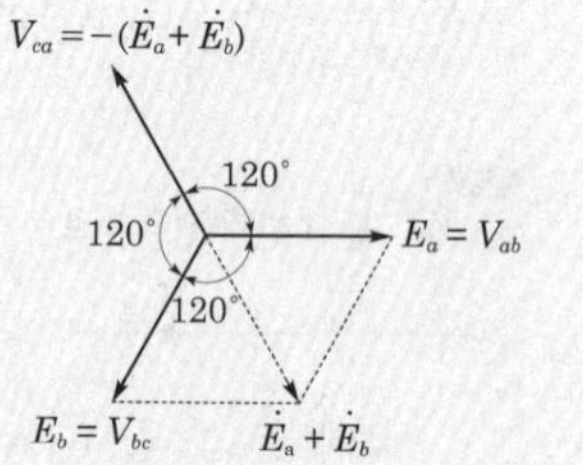

| 전압 벡터도 |

(1) 선간 전압=상전압

$V_l=E_p$

(2) 선전류=상전류

$I_l=I_p$

(3) 출력

$P_1=E_pI_p\cos\theta$에서

$P_V=\sqrt{3}\,V_lI_l\cos\theta$[W]

$=\sqrt{3}\,E_pI_p\cos\theta$[W]

$=\sqrt{3}\,P_1$

(4) V-V 결선의 특성

① 2대 단상 변압기로 3상 부하에 전원을 공급한다.

② 부하 증설 예정시, △-△ 결선 운전 중 1대 고장시 V-V 결선이 가능하다.

③ 이용률 : $\dfrac{\sqrt{3}P_1}{2P_1}=\dfrac{\sqrt{3}}{2}$

$=0.866$

$=86.6$[%]

④ 출력비 : $\dfrac{P_V}{P_\triangle}=\dfrac{\sqrt{3}P_1}{3P_1}$

$=\dfrac{1}{\sqrt{3}}$

$=0.577$

$=57.7$[%]

해설 반파 정류시 직류 전압 $E_d=\dfrac{\sqrt{2}E}{\pi}-e$[V]

변압기 2차 상전압 $E=(E_d+e)\dfrac{\pi}{\sqrt{2}}=(200+5)\times\dfrac{\pi}{\sqrt{2}}=455.2$[V]

제 3 회 전기기기

01 직류 분권 전동기와 권선형 유도 전동기와의 유사한 점은?

① 토크가 전압에 비례하며 속도 변동률이 크다.
② 기동 토크가 기동 전류에 비례하며 속도가 변하지 않는다.
③ 저항으로 속도 조정이 되며 속도 변동률이 작다.
④ 정류자가 있으며 저항으로 속도 조정이 가능하다.

해설 직류 분권 전동기와 권선형 유도 전동기의 유사한 점은 저항에 의한 속도 제어가 가능하며 부하에 대한 속도 변동률이 작다는 것이다.

02 반도체 사이리스터에 의한 제어는 어느 것을 변화시키는 것인가?

① 주파수 ② 전류
③ 위상각 ④ 최대값

해설 반도체 사이리스터(thyristor)에 의한 전압을 제어하는 경우 위상각 또는 점호각을 변화시킨다.

03 권선형 유도 전동기 2대를 직렬 종속으로 운전하는 경우의 속도는?

① 두 전동기 극수의 합을 극수로 하는 전동기의 동기 속도이다.
② 두 전동기 중 큰 극수를 갖는 전동기의 동기 속도이다.
③ 두 전동기 중 적은 극수를 갖는 전동기의 동기 속도이다.
④ 두 전동기 극수의 차를 극수로 하는 전동기의 동기 속도이다.

해설 권선형 유도 전동기의 속도 제어에서 직렬 종속법으로 운전하는 경우 무부하 속도 $N_0=\dfrac{120f}{P_1+P_2}$[rpm]이다.

04 (출제빈도) 다음 중 용량 P[kVA]인 동일 정격의 단상 변압기 4대로 낼 수 있는 3상 최대 출력 용량은?

① $3P$ ② $\sqrt{3}\,P$
③ $4P$ ④ $2\sqrt{3}\,P$

정답 01.③ 02.③ 03.① 04.④

해설 단상 변압기 1대의 정격 출력 P_o[kVA]
V결선 출력 $P_V = \sqrt{3}P$[kVA]
2뱅크(bank)로 운전시 최대 출력
$P_{V_2} = 2P_V = 2\sqrt{3}P$[kVA]

05 다음 중 동기기의 안정도 증진법으로 옳은 것은?

① 동기화 리액턴스를 작게 할 것
② 회전자의 플라이휠 효과를 작게 할 것
③ 역상·영상 임피던스를 작게 할 것
④ 단락비를 작게 할 것

해설 **동기기의 안정도 향상책**
- 단락비가 클 것
- 동기 임피던스가 작을 것(정상 리액턴스는 작고, 역상·영상 리액턴스는 클 것)
- 조속기 동작이 신속할 것
- 관성 모멘트(플라이휠 효과)가 클 것
- 속응 여자 방식을 채택할 것

06 3상 교류 발전기의 기전력에 대하여 $\frac{\pi}{2}$[rad] 뒤진 전기자 전류가 흐르면 전기자 반작용은?

출제빈도

① 횡축 반작용을 한다. ② 교차 자화 작용을 한다.
③ 증자 작용을 한다. ④ 감자 작용을 한다.

해설 **동기 발전기의 전기자 반작용**
- 전기자 전류가 유기 기전력과 동상($\cos\theta = 1$)일 때는 주자속을 편협시켜 일그러뜨리는 횡축 반작용을 한다.
- 전기자 전류가 유기 기전력보다 위상 $\frac{\pi}{2}$ 뒤진($\cos\theta = 0$ 뒤진) 경우에는 주자속을 감소시키는 직축 감자 작용을 한다.
- 전기자 전류가 유기 기전력보다 위상이 $\frac{\pi}{2}$ 앞선($\cos\theta = 0$ 앞선) 경우에는 주자속을 증가시키는 직축 증자 작용을 한다.

07 3상 유도 전동기에 시설된 펌프가 있다. 펌프 출력은 80[kW], 효율 74.6[%], 전동기의 효율과 역률은 94[%]와 90[%]라고 하면 전동기의 입력은 약 몇 [kVA]인가?

① 95.74 ② 104.4
③ 121.1 ④ 126.7

정답 05.① 06.④ 07.④

기출문제 관련 이론 바로보기

06. 이론 check **동기 발전기의 전기자 반작용**

전기자 전류에 의한 자속이 계자 자속에 영향을 미치는 현상이다.

(1) 횡축 반작용

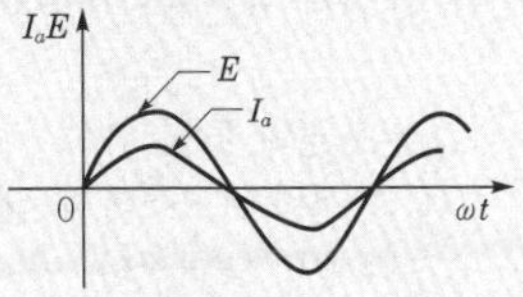

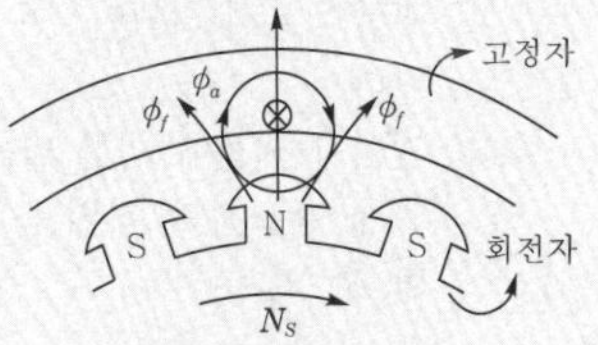

▌횡축 반작용▐

① 계자 자속 왜형파로 되며, 약간 감소한다.
② 전기자 전류(I_a)와 유기 기전력(E)이 동상일 때($\cos\theta = 1$)

(2) 직축 반작용

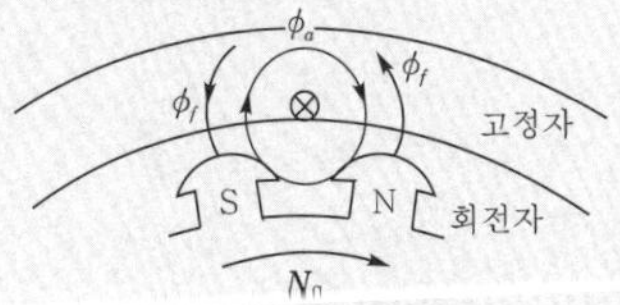

▌직축 반작용▐

① 감자 작용 : 계자 자속 감소
I_a가 E보다 위상이 90° 뒤질 때($\cos\theta = 0$, 뒤진 역률)
② 증자 작용 : 계자 자속 증가
I_a가 E보다 위상이 90° 앞설 때($\cos\theta = 0$, 앞선 역률)

기출문제 관련 이론 바로보기

해설 전동기 출력(P_M)과 펌프 입력$\left(P_P = \dfrac{P}{\eta_p}\right)$은 같으므로 전동기의 피상 입력

$$P_i = \frac{P_M}{\cos\theta \cdot \eta} = \frac{\frac{P}{\eta_p}}{\cos\theta \cdot \eta} = \frac{\frac{80}{0.746}}{0.9 \times 0.94} = 126.76[\text{kVA}]$$

08. 이론 check **분포권**

(1) 분포권 계수

$$K_d(\text{기본파}) = \frac{\sin\frac{\pi}{2m}}{q\sin\frac{\pi}{2mq}}$$

$$K_{dn}(n\text{차 고조파}) = \frac{\sin\frac{n\pi}{2m}}{q\sin\frac{n\pi}{2mq}}$$

여기서, q : 매극 매상당 슬롯수
m : 상수

(2) 분포권의 특징

① 기전력의 고조파가 감소하여 파형이 좋아진다.
② 권선의 누설 리액턴스가 감소한다.
③ 전기자 권선에 의한 열을 고르게 분포시켜 과열을 방지할 수 있다.

08

3상 동기 발전기의 매극 매상의 슬롯수를 3이라고 하면 분포 계수는?

① $\sin\frac{2}{3}\pi$ ② $\sin\frac{3}{2}\pi$
③ $6\sin\frac{\pi}{18}$ ④ $\dfrac{1}{6\sin\frac{\pi}{18}}$

해설 동기 발전기의 전기자 권선법에서

$$\text{분포 계수 } K_d = \frac{\sin\frac{\pi}{2m}}{q\sin\frac{\pi}{2mq}} = \frac{\sin\frac{180°}{2\times 3}}{3\cdot\sin\frac{\pi}{2\times3\times3}} = \frac{1}{6\sin\frac{\pi}{18}}$$

09

전기자 지름 0.2[m]의 직류 발전기가 출력 28[kW]의 출력에서 900[rpm]으로 회전하고 있을 때 전기자 주변 속도는 약 몇 [m/s]인가?

① 9.42 ② 10.96
③ 16.74 ④ 21.85

해설 전기자 주변 속도 $v = \pi D\frac{N}{60} = \pi \times 0.2 \times \frac{900}{60} = 9.42[\text{m/s}]$

10

권수비 10 : 1인 동일 정격 3대 단상 변압기를 Y－△로 결선해 2차 단자에 200[V], 75[kVA]의 평형 부하를 걸었을 때, 각 변압기의 1차 권선의 전류[A] 및 1차 선간 전압[V]은? (단, 여자 전류와 임피던스는 무시한다.)

① 21.6, 2,000
② 12.5, 2,000
③ 21.6, 3,464
④ 12.5, 3,464

해설 변압기 1차 선간 전압 $V_1 = \sqrt{3}aV_2 = \sqrt{3}\times 10 \times 200 = 3{,}464[\text{V}]$
부하 용량 $P = \sqrt{3}V_1I_1 = \sqrt{3}V_2I_2$

$$I_1 = \frac{P}{\sqrt{3}V_1} = \frac{75\times10^3}{\sqrt{3}\times 3{,}464} = 12.5[\text{A}]$$

정답 08.④ 09.① 10.④

11 다음에서 게이트에 의한 턴온(turn-on)을 이용하지 않는 소자는?

① DIAC　　② SCR

③ GTO　　④ TRAIC

해설 사이리스터(thyristor)에서 DIAC은 트리거 발생 쌍방향 2단자 소자로 게이트(gate)가 없다.

12 병렬 운전을 하고 있는 두 대의 3상 동기 발전기 사이에 무효 순환 전류가 흐르는 것은 두 발전기의 기전력이 어떠할 때인가?

① 기전력의 위상이 다를 때

② 기전력의 파형이 다를 때

③ 기전력의 주파수가 다를 때

④ 기전력의 크기가 다를 때

해설 동기 발전기를 병렬 운전하는 경우 기전력의 위상에 차가 생기면 동기화 전류(유효 횡류)가 흐르고, 기전력의 크기가 같지 않으면 무효 순환 전류가 흐른다.

13 내분권 가동 복권 발전기의 단자 전압 V는 얼마인가? (단, ϕ_s[Wb] : 직권 계자 권선에 의한 자속, ϕ_f[Wb] : 분권 계자 자속, $R_a[\Omega]$: 전기자 권선 저항, $R_s[\Omega]$: 직권 계자 권선 저항, I_a[A] : 전기자 전류, I[A] : 부하 전류, n[rpm] : 속도, $k=\frac{pZ}{a}$이고, 자기 회로의 포화 현상과 전기자 반작용은 무시한다.)

① $V=k(\phi_f+\phi_s)n-I_aR_a-IR_s$[V]

② $V=k(\phi_f-\phi_s)n-I_aR_a-IR_s$[V]

③ $V=k(\phi_f+\phi_s)n-I_a(R_a-R_s)$[V]

④ $V=k(\phi_f-\phi_s)n-I_a(R_a-R_s)$[V]

해설 가동 복권 직류 발전기의 유기 기전력

$E=\frac{pZ}{a}(\phi_f+\phi_s)n$[V]

단자 전압 $V=E-I_aR_a-IR_s=k(\phi_f+\phi_s)n-I_aR_a-IR_s$[V]

14 유도 전동기의 특성에 관한 설명으로 옳은 것은?

출제빈도

① 최대 토크는 2차 저항과 반비례한다.

② 최대 토크는 슬립과 반비례한다.

③ 발생 토크는 전압의 2승에 반비례한다.

④ 발생 토크는 전압의 2승에 비례한다.

정답 11.① 12.④ 13.① 14.④

기출문제 관련 이론 바로보기

14. 이론 check **유도 전동기 슬립 대 토크 특성 곡선**

[공급 전압(V_1)의 일정 상태에서 슬립과 토크의 관계]

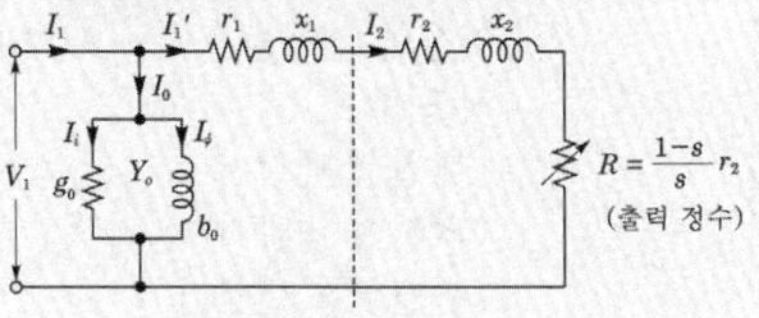

| 유도 전동기 간이 등가 회로 |

$$I_1'=\frac{V_1}{\sqrt{\left(r_1+\frac{r_2}{s}\right)^2+(x_1+x_2)^2}}$$

($a=1$일 때, $r_2'=a^2\cdot r_2=r_2$, $x_2'=x_2$)

※ 동기 와트로 표시한 토크

$T_s=P_2=I_2^2\frac{r_2}{s}=I_1'^2\frac{r_2'}{s}$에서

$$T_s=\frac{V_1^2\frac{r_2}{s}}{\left(r_1+\frac{r_2}{s}\right)^2+(x_1+x_2)^2}\propto V_1^2$$

① 기동(시동) 토크 : $T_{ss}(s=1)$

$$T_{ss}=\frac{V_1^2r_2}{(r_1+r_2)^2+(x_1+x_2)^2}\propto r_2$$

② 최대(정동) 토크 : $T_{sm}(s=s_t)$

최대 토크 발생 슬립(s_t)

$$s_t=\frac{dT_s}{ds}=0$$

$$=\frac{r_2}{\sqrt{r_1^2+(x_1+x_2)^2}}\propto r_2$$

$$T_{sm}=\frac{V_1^2}{2\left\{r_1+\sqrt{r_1^2+(x_1+x_2)^2}\right\}}\neq r_2$$

(단, 최대 토크는 2차 저항과 무관하다.)

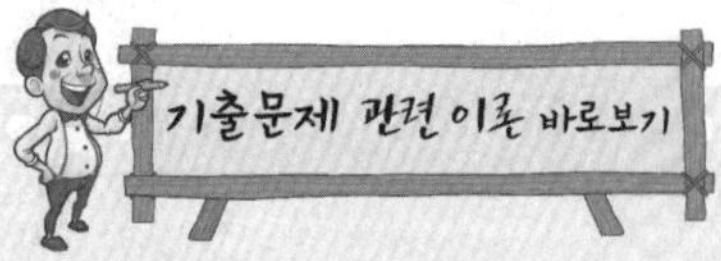

15. 이론 check **변압기의 구조**

(1) 철심(core)

변압기의 철심은 투자율과 저항률이 크고, 히스테리시스손이 작은 규소 강판을 성층하여 사용한다.

① 규소 함유량 : 4~4.5[%]

② 강판의 두께 : 0.35[mm]

※ 철심과 권선의 조합 방식에 따라 다음과 같이 분류하고, 철심의 점적률은 91~92[%] 정도이다.

① 내철형 변압기

② 외철형 변압기

③ 권철심형 변압기

(2) 권선

연동선을 절연(면사, 종이 테이프, 유리 섬유 등)하여 사용한다.

① 직권 : 철심을 절연하고, 그 위에 권선을 직접 감는다.

② 형권 : 철심 모양의 형틀에 권선을 감고, 절연하여 조립한다.

※ 누설 자속을 최소화 하기 위해 권선을 분할 조립한다.

(3) 외함과 부싱(bushing : 투관)

① 외함 : 주철제 또는 강판을 용접하여 사용한다.

② 부싱(bushing) : 변압기 권선의 단자를 외함 밖으로 인출하기 위한 절연재

㉠ 단일 부싱

㉡ 혼합물 부싱

㉢ 유입 부싱

㉣ 콘덴서 부싱

(4) 변압기유(oil)

냉각 효과와 절연 내력 증대

① 구비 조건

㉠ 절연 내력이 클 것

㉡ 점도가 낮을 것

㉢ 인화점이 높고, 응고점은 낮을 것

㉣ 화학 작용과 침전물이 없을 것

② 열화 방지책 : 콘서베이터를 설치한다.

해설 유도 전동기의 정격 토크

$$T_n = k\frac{{V_1}^2 \cdot \frac{r_2}{s}}{\left(r_1+\frac{r_2}{s}\right)^2+(x_1+x_2)^2} \propto {V_1}^2$$

유도 전동기의 최대 토크

$$T_m = k\frac{{V_1}^2}{2\left\{r_1+\sqrt{{r_1}^2+(x_1+x_2)^2}\right\}} \neq r_2,\ s$$

15 다음 중 변압기에 사용되는 절연유의 성질이 아닌 것은?

출제빈도

① 절연 내력이 클 것

② 인화점이 낮을 것

③ 비열이 커서 냉각 효과가 클 것

④ 절연 재료와 접촉해도 화학 작용을 미치지 않을 것

해설 **변압기 절연유(oil)의 구비 조건**

- 절연 내력이 클 것
- 인화점이 높고, 응고점이 낮을 것
- 점도가 낮을 것
- 화학 작용과 침전물이 없을 것

16 슬립 6[%]인 유도 전동기의 2차측 효율[%]은 얼마인가?

① 94	② 84
③ 90	④ 88

해설 유도 전동기의 2차 효율

$$\eta_2 = \frac{P_0}{P_2}\times 100 = \frac{P_2(1-s)}{P_2}\times 100$$
$$= (1-s)\times 100 = (1-0.06)\times 100 = 94[\%]$$

17 변압기유 열화 방지 방법 중 틀린 것은?

① 개방형 콘서베이터

② 수소 봉입 방식

③ 밀봉 방식

④ 흡착제 방식

해설 변압기유의 열화 원인은 호흡 작용(부하 증가시 온도 상승으로 팽창, 경부하시 온도 저하로 수축)에 의한 공기 중의 수분 흡수이며, 방지책으로 변압기 상방에 콘서베이터(conservator)를 설치하여 질소 봉입 방식을 채택한다.

정답 15.② 16.① 17.②

18 다음 유도 전동기 기동법 중 권선형 유도 전동기에 가장 적합한 기동법은?

출제빈도

① Y－Δ 기동법
② 기동 보상기법
③ 전전압 기동법
④ 2차 저항법

해설 권선형 유도 전동기의 기동법은 2차측(회전자)에 저항을 연결하여 시동하는 2차 저항 기동법, 농형 유도 전동기의 기동법은 전전압 기동, Y－Δ 기동 및 기동 보상기법이 사용된다.

19 정류자형 주파수 변환기의 구조에 관한 설명 중 틀린 것은?

① 소용량의 것으로 가장 간단한 것은 회전자만 있고 고정자는 없다.
② 회전자는 3상 회전 변류기의 전기자와 거의 같은 구조이며 정류자와 3개의 슬립링이 있다.
③ 자기 회로의 자기 저항을 감소시키기 위해 성층 철심만으로 권선이 없는 고정자를 설치한 것도 있다.
④ 용량이 큰 것은 정류 작용을 좋게 하기 위해 회전자에 보상 권선과 보극 권선을 설치한 것도 있다.

해설 정류자형 주파수 변환기는 회전자에는 정류자와 슬립링을 가지고 있고 고정자에는 보상 권선 등을 갖는 경우도 있다.

20 스테핑 모터의 설명 중 틀린 것은?

① 가속, 감속이 용이하며 정·역전 변속이 쉽다.
② 위치 제어를 할 때, 각도 오차가 작고 누적되지 않는다.
③ 정지하고 있을 때, 그 위치를 유지해주는 토크가 작다.
④ 브러시, 슬립링 등이 없고 부품수가 적다.

정답 18.④ 19.④ 20.③

기출문제 관련 이론 바로보기

(5) 냉각 방식
① 건식 자냉식(공냉식)
② 건식 풍냉식
③ 유입 자냉식
④ 유입 풍냉식
⑤ 유입 수냉식
⑥ 유입 송유식

18. 이론 check **유도 전동기의 기동법**

(1) 기동법
기동 전류를 제한(기동시 정격 전류의 5~7배 정도 증가)하여 기동하는 방법이다.

(2) 권선형 유도 전동기
2차 저항 기동법은 기동 전류가 감소하고, 기동 토크가 증가한다.

(3) 농형 유도 전동기
① 직입 기동법(전전압 기동) : 출력 $P=5$[HP] 이하(소형)
② Y－Δ 기동법 : 출력 $P=5$~15[kW](중형)
㉠ 기동 전류가 $\frac{1}{3}$로 감소한다.
㉡ 기동 토크가 $\frac{1}{3}$로 감소한다.
③ 리액터 기동법 : 리액터에 의해 전압 강하를 일으켜 기동 전류를 제한하여 기동하는 방법이다.
④ 기동 보상기법
㉠ 출력 $P=20$[kW] 이상(대형)
㉡ 강압용 단권 변압기에 의해 인가 전압을 감소시켜 공급하므로 기동 전류를 제한하여 기동하는 방법이다.
⑤ 콘도르퍼(korndorfer) 기동법 : 기동 보상기법과 리액터 기동을 병행(대형)한다.

Industrial Engineer Electricity

2012년 과년도 출제문제

기출문제 관련 이론 바로보기

02. 이론 check **유도 전동기의 회전 속도와 토크**

(1) 회전 속도(N[rpm])

$$N = N_s(1-s) = \frac{120f}{P}(1-s)\,[\text{rpm}]$$

$$\left(s = \frac{N_s - N}{N_s}\right)$$

(2) 토크(Torque, 회전력)

$$T = F \cdot r\ [\text{N}\cdot\text{m}] = \frac{P}{\omega} = \frac{P_o}{2\pi\frac{N}{60}} = \frac{P_2}{2\pi\frac{N_s}{60}}\,[\text{N}\cdot\text{m}]$$

여기서, $P_o = P_2(1-s)$

$N = N_s(1-s)$

$$\tau = \frac{T}{9.8} = \frac{60}{9.8\times 2\pi}\cdot\frac{P_2}{N_s} = 0.975\frac{P_2}{N_s}\,[\text{kg}\cdot\text{m}]$$

(3) 동기 와트로 표시한 토크(T_s)

$T = \frac{0.975}{N_s}P_2 = KP_2$ (N_s : 일정)

$T_s = P_2$ (2차 입력으로 표시한 토크)

제1회 전기기기

01 3상 유도 전동기의 속도 제어법이 아닌 것은?

① 1차 주파수 제어 ② 2차 저항 제어
③ 극수 변환법 ④ 1차 여자 제어

해설 **3상 유도 전동기의 속도 제어법**
- 1차 전압 제어
- 2차 저항 제어
- 주파수 제어
- 극수 변환
- 종속법
- 2차 여자 제어

02 (출제빈도) 50[Hz] 4극 15[kW]의 3상 유도 전동기가 있다. 전부하시의 회전수가 1,450[rpm]이라면 토크는 몇 [kg · m]인가?

① 약 68.52 ② 약 88.65
③ 약 98.68 ④ 약 10.07

해설 토크 $\tau = \frac{1}{9.8}\frac{P}{2\pi\frac{N}{60}} = \frac{1}{9.8}\times\frac{15\times10^3}{2\pi\frac{1,450}{60}} = 10.08\,[\text{kg}\cdot\text{m}]$

$$\tau = 0.975\frac{P}{N} = 0.975\times\frac{15\times10^3}{1,450} = 10.08\,[\text{kg}\cdot\text{m}]$$

03 동기 전동기를 부족 여자로 운전하면 어떠한 작용을 하는가?

① 충전 전류가 흐른다.
② 콘덴서 작용을 한다.
③ 뒤진 전류가 흐른다.
④ 뒤진 전류를 보상한다.

해설 동기 전동기를 부족 여자로 운전하면 뒤진 전류가 흘러 리액터 작용을 하며 과여자 운전하면 앞선 전류가 흘러 콘덴서 작용을 한다.

정답 01.④ 02.④ 03.③

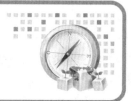

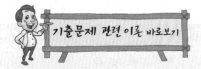

기출문제 관련 이론 바로보기

04 주상 변압기에서 보통 동손과 철손의 비는 (㉠)이고 최대 효율이 되기 위한 동손과 철손의 비는 (㉡)이다. ( ) 안에 알맞은 것은?

① ㉠ 1 : 1, ㉡ 1 : 1
② ㉠ 2 : 1, ㉡ 1 : 1
③ ㉠ 1 : 1, ㉡ 2 : 1
④ ㉠ 3 : 1, ㉡ 1 : 1

해설 주상 변압기의 동손과 철손의 비는 2 : 1이고 최대 효율을 발생하기 위한 동손과 철손의 비는 1 : 1이다.

05 단상 전파 정류 회로에서 맥동률은?

출제빈도

① 약 0.17 ② 약 0.34
③ 약 0.48 ④ 약 0.96

해설

$$\nu=\sqrt{\left(\frac{I_{\rm rms}}{I_d}\right)^2-1}=\sqrt{\left(\frac{\frac{I_m}{\sqrt{2}}}{\frac{2I_m}{\pi}}\right)^2-1}=\sqrt{\left(\frac{\pi}{2\sqrt{2}}\right)^2-1}\fallingdotseq 0.48$$

05. 이론 check 단상 전파 정류 회로의 맥동률

$$E_d=\frac{\sqrt{2}(1+\cos\alpha)}{\pi}\cdot E\,[\mathrm{V}]$$

$$I_d=\frac{\sqrt{2}(1+\cos\alpha)}{\pi}\cdot\frac{E}{R_L}\,[\mathrm{A}]$$

점호 제어를 일으키지 않을 경우 $(\alpha=0)$

$$E_d=\frac{2\sqrt{2}}{\pi}E=0.90E\,[\mathrm{V}]$$

$$I_d=\frac{E_d}{R_L}=\frac{2\sqrt{2}}{\pi}\cdot\frac{E}{R_L}\,[\mathrm{A}]$$

$$I_{\rm rms}=\sqrt{\frac{1}{\pi}\int_0^{\pi} i_d^{\,2}\,d\theta}=\sqrt{\frac{1}{\pi}\int_0^{\pi}\sqrt{2}\,I\sin\theta\,d\theta}=\frac{I_m}{\sqrt{2}}\,[\mathrm{A}]$$

$$\eta_R=\frac{P_{dc}}{P_{ac}}\times 100=\frac{I_d^{\,2}R_L}{I_{\rm rms}^{\,2}R_L}\times 100=\frac{\left(\frac{2}{\pi}I_m\right)^2}{\left(\frac{I_m}{\sqrt{2}}\right)^2}\times 100=\frac{8}{\pi^2}\times 100=81.2\,[\%]$$

$$\text{맥동률 }\nu=\frac{\sqrt{\text{실효값}^2-\text{평균값}^2}}{\text{평균값}^2}=\sqrt{\frac{\left(\frac{I_m}{\sqrt{2}}\right)^2}{\frac{2I_m}{\pi}}-1}=\sqrt{\frac{\pi^2}{8}-1}=0.48$$

$$PIV=2\sqrt{2}\,E=2E_m\,[\mathrm{V}]$$

06 3상 6극 슬롯수 54의 동기 발전기가 있다. 어떤 전기자 코일의 두 변이 제1슬롯과 제8슬롯에 들어 있다면 기본파에 대한 단절권 계수는 약 얼마인가?

① 0.6983 ② 0.7848
③ 0.8749 ④ 0.9397

해설 극 간격 $\frac{s}{p}=\frac{54}{6}=9$

코일 간격 $8-1=7$

단절 계수 $K_p=\sin\frac{\beta\pi}{2}=\sin\frac{\frac{7}{9}\times 180^\circ}{2}=\sin 70^\circ=0.9397$

07 변압기 철심으로 갖추어야 할 성질로 맞지 않는 것은?

① 투자율이 클 것
② 전기 저항이 작을 것
③ 히스테리시스 계수가 작을 것
④ 성층 철심으로 할 것

해설 변압기 철심은 투자율이 크고, 히스테리시스 상수는 작으며, 성층 철심으로 하여 전기 저항은 커야 한다.

정답 04.② 05.③ 06.④ 07.②

기출문제 관련 이론 바로보기

08

단상 전파 제어 정류 회로에서 순저항 부하일 때의 평균 출력 전압은? (단, V_m은 인가 전압의 최대값이고 점호각은 α이다.)

① $\dfrac{V_m}{\pi}(1+\cos\alpha)$　　② $\dfrac{V_m}{\pi}(1+\sin\alpha)$

③ $\dfrac{2V_m}{\pi}(1+\cos\alpha)$　　④ $\dfrac{2V_m}{\pi}(1+\sin\alpha)$

해설 직류 전압 $E_d=\dfrac{1}{\pi}\displaystyle\int_\alpha^\pi V_m\sin\theta d\theta=\dfrac{V_m}{\pi}[-\cos\theta]_\alpha^\pi=\dfrac{V_m}{\pi}(1+\cos\alpha)[V]$

09

동기기의 안정도를 증진시키는 방법은?

① 속응 여자 방식을 채용한다.
② 역상 임피던스를 작게 한다.
③ 회전부의 플라이휠 효과를 작게 한다.
④ 단락비를 작게 한다.

해설 **동기기의 안정도 향상책**

- 단락비가 클것
- 동기 임피던스가 작을 것(정상 임피던스는 작고, 역상・영상 임피던스는 클 것)
- 플라이휠 효과가 클 것(관성 모멘트가 클 것)
- 조속기 동작이 신속할 것
- 속응 여자 방식을 채용 할 것

10

직류 분권 전동기 기동시 계자 저항기의 저항값은?

① 최대로 해둔다.
② 0(영)으로 해둔다.
③ 중간으로 해둔다.
④ $\dfrac{1}{3}$로 해둔다.

해설 직류 분권 전동기 기동시 기동 전류를 제한하고 기동 토크를 증대하기 위하여 기동 저항(R_S)은 최대, 계자 저항(R_F)은 0(영)으로 한다.

11

출제빈도

6,300/210[V], 20[kVA] 단상 변압기 1차 저항과 리액턴스가 각각 15.2[Ω]과 21.6[Ω], 2차 저항과 리액턴스가 각각 0.01[Ω]과 0.028[Ω]이다. 백분율 임피던스[%]는?

① 약 1.86　　② 약 2.87
③ 약 3.86　　④ 약 4.86

11. 이론 check **백분율 강하의 전압 변동률**

$\varepsilon=p\cos\theta\pm q\sin\theta$ [%]
(여기서, + : 지역률, − : 진역률)

(1) 퍼센트 저항 강하

$p=\dfrac{I\cdot r}{V}\times100$[%]

(2) 퍼센트 리액턴스 강하

$q=\dfrac{I\cdot x}{V}\times100$[%]

(3) 퍼센트 임피던스 강하

$\%Z=\dfrac{I\cdot Z}{V}\times100$

$=\dfrac{I_n}{I_s}\times100=\dfrac{V_s}{V_n}\times100$

$=\sqrt{p^2+q^2}$ [%]

(4) 최대 전압 변동률과 조건

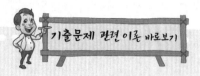

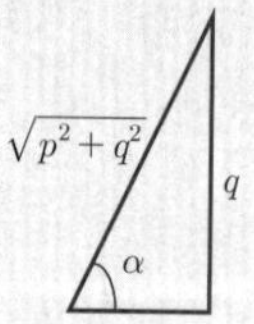

$\varepsilon=p\cos\theta+q\sin\theta$

$=\sqrt{p^2+q^2}\cos(\alpha-\theta)$

∴ $\alpha=\theta$일 때 전압 변동률이 최대로 된다.

$\varepsilon_{max}=\sqrt{p^2+q^2}$ [%]

정답 08.① 09.① 10.② 11.②

해설 1차 전류 $I_1 = \frac{P}{V_1} = \frac{20 \times 10^3}{6,300} = 3.175[A]$

권수비 $a = \frac{6,300}{210} = 30$

1차 환산 합성 저항 $r = r_1 + a^2 r_2 = 15.2 + 30^2 \times 0.019 = 32.3[\Omega]$

1차 환산 합성 리액턴스 $x = x_1 + a^2 x_2 = 21.6 + 30^2 \times 0.028 = 46.8[\Omega]$

합성 임피던스 $Z = \sqrt{r^2 + x^2} = \sqrt{32.3^2 + 46.8^2} = 56.86[\Omega]$

백분율 임피던스 $\%Z = \frac{I_1 Z}{V_1} \times 100 = \frac{3.18 \times 56.86}{6,300} \times 100 \fallingdotseq 2.87[\%]$

12 전기자 저항이 0.05[Ω]인 직류 분권 발전기가 있다. 회전수가 1,000[rpm]이고 단자 전압이 220[V]일 때 전기자 전류가 100[A]이다. 분권 발전기를 전동기로 사용하여 그 단자 전압 및 전기자 전류가 위의 값과 똑같을 경우, 그 회전수[rpm]는 약 얼마인가? (단, 전기자 반작용은 무시한다.)

출제빈도

① 약 1,046.5
② 약 977.8
③ 약 977.3
④ 약 955.6

해설 유기 기전력 $E_G = V + I_a R_a$

$= 220 + 100 \times 0.05 = 225[V]$

$= \frac{Z}{a} p\phi \frac{N_G}{60} = KN_G$에서

비례 상수 $K = \frac{E_G}{N_G} = \frac{225}{1,000}$

역기전력 $E_M = V - I_a R_a = 220 - 100 \times 0.05 = 215[V]$

$= \frac{Z}{a} p\phi \frac{N_M}{60} = KN_M$

회전 속도 $N_M = \frac{E_M}{K} = \frac{N_G}{E_G} \cdot E_M$

$= \frac{1,000}{225} \times 215 = 955.55[rpm]$

13 75[W] 정도 이하의 소형 공구, 영사기, 치과 의료용 등에 사용되고 만능 전동기라고도 하는 정류자 전동기는?

① 단상 직권 정류자 전동기
② 단상 반발 정류자 전동기
③ 3상 직권 정류자 전동기
④ 단상 분권 정류자 전동기

해설 단상 직권 정류자 전동기는 직·교류 양용 전동기로 만능 전동기라고 하여 소형 공구, 치과 의료용, 가정의 믹서용으로 널리 사용된다.

정답 12.④ 13.①

기출문제 관련 이론 바로보기

12. 이론 check 직류 발전기의 종류

(1) 타여자 발전기
독립된 직류 전원에 의해 여자하는 발전기
① 유기 기전력(E[V])
$E = \frac{Z}{a} p\phi \frac{N}{60}$[V]
② 단자 전압(V[V])
$V = E - I_a R_a$[V]
③ 전기자 전류(I_a[A])
$I_a = I$(부하 전류)
④ 출력(P[W])
$P = VI$[W]

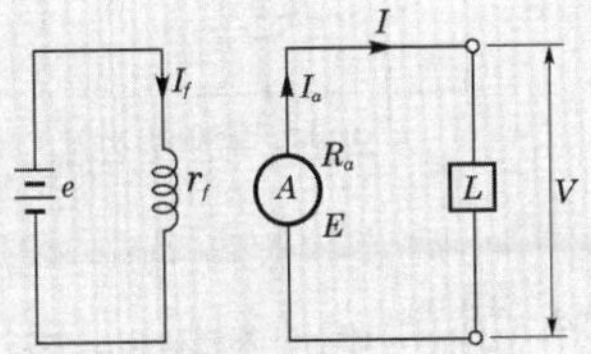

‖ 타여자 발전기 ‖

(2) 자여자 발전기
자신이 만든 직류 기전력에 의해 여자하는 발전기
※ 여자(excite) : 계자 권선에 전류를 흘려주어 자화하는 것
① 분권 발전기 : 계자 권선과 전기자 병렬 접속
$E = \frac{Z}{a} p\phi \frac{N}{60}$
$I_a = I + I_f \fallingdotseq I$
$V = E - I_a R_a = I_f r_f$

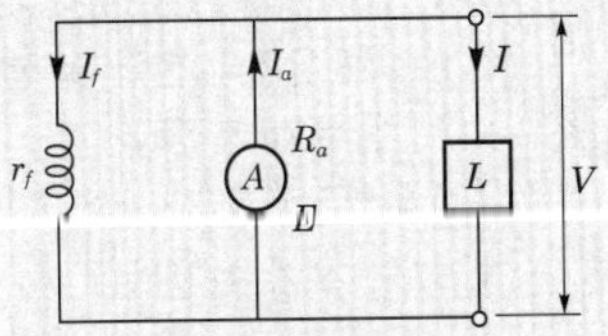

‖ 분권 발전기 ‖

② 직권 발전기 : 계자 권선과 전기자 직렬 접속
$I_a = I = I_f$
$V = E - I_a (R_a + r_f)$

기출문제 관련 이론 바로보기

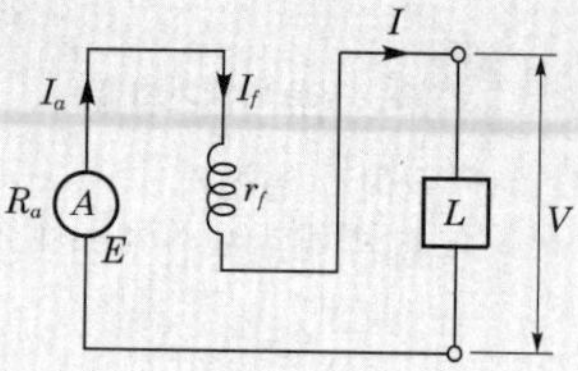

▌직권 발전기▐

③ 복권 발전기 : 2개의 계자 권선과 전기자 직·병렬 접속

$E=\frac{Z}{a}p\cdot(\phi_{분}\pm\phi_{직})\frac{N}{60}$

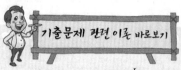

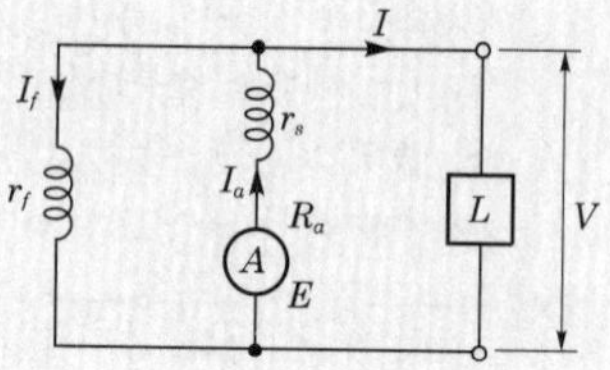

▌외분권 복권 발전기▐

14. 이론 check **양호한 정류를 얻는 조건**

(1) 평균 리액턴스 전압을 작게 한다.
$\left(e=L\frac{2I_C}{T_C}\right)$

(2) 정류 주기를 길게 한다.

(3) 코일의 자기 인덕턴스를 줄인다(단절권 채용).

(4) 전압 정류 : 보극 설치

(5) 저항 정류 : 접촉 저항이 큰 탄소 브러시 설치

16. 이론 check **유도 전동기의 특성**

(1) 1·2차 유기 기전력 및 권수비

① 1차 유기 기전력
$E_1=4.44f_1N_1\phi_m k_{\omega_1}$[V]

② 2차 유기 기전력
$E_2=4.44f_2N_2\phi_m k_{\omega_2}$[V]
(정지시 : $f_1=f_2$)

③ 권수비
$a=\frac{E_1}{E_2}=\frac{N_1k_{\omega_1}}{N_2k_{\omega_2}}≒\frac{I_2}{I_1}$

---

14 직류 발전기에서 양호한 정류를 얻는 조건이 아닌 것은? (출제빈도)

① 보극을 마련한다.
② 보상 권선을 마련한다.
③ 브러시의 접촉 저항을 적게 한다.
④ 정류를 받는 코일의 자기 인덕턴스를 적게 한다.

해설 **직류 발전기의 양호한 정류를 얻는 조건**

- 보극을 설치한다.
- 보상 권선을 설치한다(전기자 반작용 방지).
- 평균 리액턴스 전압을 줄이기 위해 인덕턴스를 작게 한다.
- 브러시의 접촉 저항을 크게 한다.

15 철극형(凸극형) 발전기의 특징은?

① 자극편 부분의 공극이 크다.
② 회전이 빨라진다.
③ 자극편 부분의 자기 저항은 크고 그 밖의 부분에서는 자기 저항이 현저히 낮다.
④ 전기자 반작용 자속수가 역률의 영향을 받는다.

해설 철극(凸極)형 동기 발전기는 전기자 반작용의 자속수가 역률의 영향을 받는다.

16 1차 권선수 N_1, 2차 권선수 N_2, 1차 권선 계수 k_{w_1}, 2차 권선 계수 k_{w_2}인 유도 전동기가 슬립 s로 운전하는 경우, 전압비는? (출제빈도)

① $\frac{k_{w_1}N_1}{k_{w_2}N_2}$
② $\frac{k_{w_2}N_2}{k_{w_1}N_1}$
③ $\frac{k_{w_1}N_1}{sk_{w_2}N_2}$
④ $\frac{sk_{w_2}N_2}{k_{w_1}N_1}$

해설 3상 유도 전동기가 슬립 s로 운전하는 경우
1차 유기 기전력 $E_1=4.44fN_1\phi_m k_{w_1}$[V]
2차 유기 기전력 $E_{2s}=4.44sf\phi_m k_{w_2}$[V]
전압비 $a=\frac{E_1}{E_{2s}}=\frac{N_1k_{w_1}}{sN_2k_{w_2}}$

17 SCR의 애노드 전류가 10[A]일 때, 게이트 전류를 $\frac{1}{2}$로 줄이면 애노드 전류는 몇 [A]인가?

① 20
② 10
③ 5
④ 2

정답 14.③ 15.④ 16.③ 17.②

해설 SCR이 일단 ON 상태로 되면 전류가 유지 전류 이상으로 유지되는 한 게이트 전류의 유무에 관계 없이 항상 일정하게 흐른다.

18 20[kVA]의 단상 변압기가 역률 1일 때 전부하 효율이 97[%]이다. $\frac{3}{4}$ 부하일 때 이 변압기는 최고 효율을 나타낸다. 전부하에서 철손(P_i)과 동손(P_c)은 각각 몇 [W]인가?

① $P_i=222$, $P_c=396$
② $P_i=232$, $P_c=386$
③ $P_i=242$, $P_c=376$
④ $P_i=252$, $P_c=356$

해설 전부 효율 $\eta=\frac{P\cos\theta}{P\cos\theta+P_l}=\frac{20,000}{20,000+P_l}=0.97$

손실 $P_0=\frac{20,000(1-0.97)}{0.97}=618.56$

최대 효율 조건 $P_i=\left(\frac{3}{4}\right)^2P_c=\frac{9}{16}P_c$

$P_l=618.56=P_i+P_c=\frac{9}{16}P_c+P_c=\frac{25}{16}P_c$

동손 $P_c=618.56\times\frac{16}{25}=395.87[\text{W}]$

철손 $P_i=618.56-396=222.8[\text{W}]$

19 단상 유도 전압 조정기의 1차 권선과 2차 권선의 축 사이의 각도를 α라 하고, 양 권선의 축이 일치할 때 2차 권선의 유기 전압을 E_2, 전원 전압을 V_1, 부하측의 전압을 V_2라고 하면 임의의 각 α일 때 V_2를 나타내는 식은?

① $V_2=V_1+E_2\cos\alpha$
② $V_2=V_1-E_2\cos\alpha$
③ $V_2=E_2+V_1\cos\alpha$
④ $V_2=E_2-V_1\cos\alpha$

해설 단상 유도 전압 조정기의 2차 전압
$V_2=V_1(E_1)+E_2\cdot\cos\alpha$

20 3상 서보 모터에 평형 2상 전압을 가하여 동작시킬 때의 속도-토크 특성 곡선에서 최대 토크가 발생할 슬립 s는?

① $0.05<s<0.2$
② $0.2<s<0.8$
③ $0.8<s<1$
④ $1<s<2$

정답 18.① 19.① 20.②

기출문제 관련 이론 바로보기

(2) 동기 속도와 슬립

① 동기 속도(N_s[rpm]) : 회전 자계의 회전 속도

$N_s=\frac{120\cdot f}{P}$[rpm]

② 슬립(slip, s) : 동기 속도와 상대 속도의 비

$s=\frac{N_s-N}{N_s}\times100$

($s=3\sim5$[%])

18. 이론 check **효율(efficiency) : η[%]**

$\eta=\frac{\text{출력}}{\text{입력}}\times100$

$=\frac{\text{출력}}{\text{출력}+\text{손실}}\times100$ [%]

(1) 전부하 효율

$\eta=\frac{VI\cdot\cos\theta}{VI\cos\theta+P_i+P_c(I^2r)}\times100[\%]$

※ 최대 효율 조건 $P_i=P_c(I^2r)$

(2) $\frac{1}{m}$ 부하시 효율

$\eta_{\frac{1}{m}}=\frac{\frac{1}{m}\cdot VI\cdot\cos\theta}{\frac{1}{m}\cdot VI\cdot\cos\theta+P_i+\left(\frac{1}{m}\right)^2\cdot P_c}\times100[\%]$

※ 최대 효율 조건 $P_i=\left(\frac{1}{m}\right)^2\cdot P_c$

기출문제 관련 이론 바로보기

02. 이론 Check 하일랜드 원선도

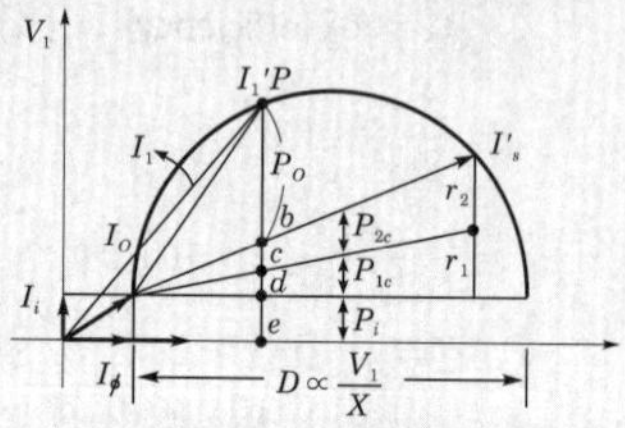

▌하일랜드 원선도▐

(1) 원선도 작성시 필요한 시험
① 무부하 시험 : $\dot{I}_o = \dot{I}_i + \dot{I}_\phi$
② 구속 시험(단락 시험) : I_s'
③ 권선 저항 측정 : r_1, r_2
(2) 원선도 반원의 직경 : D

$$D \propto \frac{E_1}{X}$$

제 2 회 전기기기

01 440/13,200[V] 단상 변압기의 2차 전류가 3.3[A]이면 1차 출력은 약 몇 [kVA]인가?

① 22 ② 33
③ 44 ④ 62

해설 단상 변압기의 피상 출력

$P_1 ≒ P_2 = V_2 I_2 \times 10^{-3} = 13,200 \times 3.3 \times 10^{-3} = 43.56[\mathrm{kVA}]$

02 3상 유도 전동기 원선도 작성에 필요한 기본량이 아닌 것은?

출제빈도

① 저항 측정 ② 단락 시험
③ 무부하 시험 ④ 구속 시험

해설 **3상 유도 전동기의 하일랜드(Heyland) 원선도 작성시 필요한 시험**
- 무부하 시험
- 구속 시험
- 저항 측정

03 단상 변압기 3대를 Y−△ 결선해서 3상 20,000[V]를 3,000[V]로 내려서 3,000[kW], 역률 80[%]의 부하에 전력을 공급할 때 변압기 1대의 정격 용량[kVA]은?

① 1,250 ② 1,767
③ 2,500 ④ 3,750

해설 변압 정격 용량 $P_1 = \frac{1}{3} \cdot \frac{P}{\cos\theta} = \frac{1}{3} \times \frac{3,000}{0.8} = 1,250[\mathrm{kVA}]$

04 내철형 3상 변압기를 단상 변압기로 사용할 수 없는 이유는?

① 1차, 2차 간의 각 변위가 있기 때문에
② 각 권선마다의 독립된 자기 회로가 있기 때문에
③ 각 권선마다의 독립된 자기 회로가 없기 때문에
④ 각 권선이 만든 자속이 $\frac{3\pi}{2}$ 위상차가 있기 때문에

해설 내철형 3상 변압기는 각 권선마다 독립된 자기 회로가 없기 때문에 1상 고장시 전체 사용이 불가하며 단상 변압기로도 사용할 수 없다.

정답 01.③ 02.② 03.① 04.③

05 3상 동기 발전기를 병렬 운전하는 도중 여자 전류를 증가시킨 발전기에서는 어떤 현상이 생기는가?

① 무효 전류가 감소한다.
② 역률이 나빠진다.
③ 전압이 높아진다.
④ 출력이 커진다.

해설 여자 전류를 증가시킨다는 것은 무효 전력을 증가시키는 것과 같은 효과가 있기 때문에 무효 전력이 증가하므로 일시적으로 역률이 저하된다.

06 3상 유도 전동기의 2차 저항을 m배로 하면 동일하게 m배로 되는 것은?

출제빈도

① 역률 ② 전류
③ 슬립 ④ 토크

해설 3상 유도 전동기의 동기 와트로 표시한 토크

$$T_s = \frac{V_1^{\,2}\frac{r_2'}{s}}{\left(r_1+\frac{r_2'}{s}\right)^2+(x_1+x_2')^2}$$ 이므로

2차 저항(r_2)을 2배로 하면 동일 토크를 발생하기 위해 슬립이 2배로 된다.

07 전압이나 전류의 제어가 불가능한 소자는?

① IGBT ② SCR
③ GTO ④ Diode

해설 사이리스터(SCR, GTO, TRIAC, IGBT 등)는 게이트 전류에 의해 스위칭 작용을 하여 전압, 전류를 제어할 수 있으나 다이오드(diode)는 PN 2층 구조로 전압, 전류를 제어할 수 없다.

08 단상 전파 정류로 직류 450[V]를 얻는 데 필요한 변압기 2차 권선의 전압은 몇 [V]인가?

① 525 ② 500
③ 475 ④ 465

해설 직류 전압 $E_d = \frac{2\sqrt{2}}{\pi}E$[V]이므로

교류 전압 $E = E_d \cdot \frac{\pi}{2\sqrt{2}} = 450 \times \frac{\pi}{2\sqrt{2}} = 500$[V]

정답 05.② 06.③ 07.④ 08.②

기출문제 관련 이론 바로보기

06. 이론 check **유도 전동기 슬립 대 토크 특성 곡선**

[공급 전압(V_1)의 일정 상태에서 슬립과 토크의 관계]

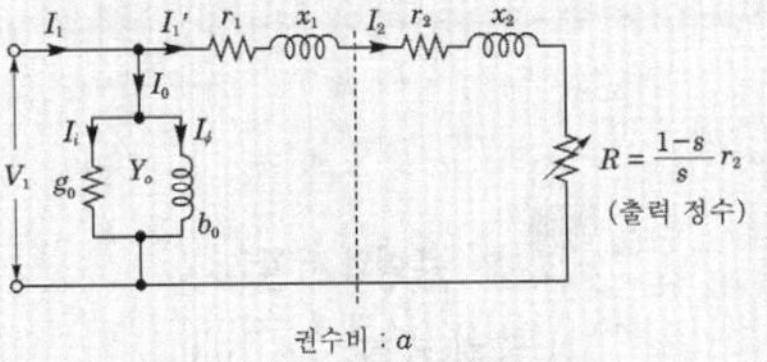

| 유도 전동기 간이 등가 회로 |

$$I_1' = \frac{V_1}{\sqrt{\left(r_1+\frac{r_2}{s}\right)^2+(x_1+x_2)^2}}$$

($a=1$일 때, $r_2' = a^2 \cdot r_2 = r_2$, $x_2' = x_2$)

※ 동기 와트로 표시한 토크

$T_s = P_2 = I_2^{\,2}\frac{r_2}{s} = I_1'^{\,2}\frac{r_2'}{s}$에서

$$T_s = \frac{V_1^{\,2}\frac{r_2}{s}}{\left(r_1+\frac{r_2}{s}\right)^2+(x_1+x_2)^2} \propto V_1^{\,2}$$

① 기동(시동) 토크 : $T_{ss}(s=1)$

$$T_{ss} = \frac{V_1^{\,2}r_2}{(r_1+r_2)^2+(x_1+x_2)^2}$$

$\propto r_2$

② 최대(정동) 토크 : $T_{sm}(s=s_t)$
최대 토크 발생 슬립(s_t)

$$s_t = \frac{dT_s}{ds} = 0$$

$$= \frac{r_2}{\sqrt{r_1^2+(x_1+x_2)^2}} \propto r_2$$

$$T_{sm} = \frac{V_1^2}{2\left\{r_1+\sqrt{r_1^2+(x_1+x_2)^2}\right\}}$$

$\neq r_2$

(단, 최대 토크는 2차 저항과 무관하다.)

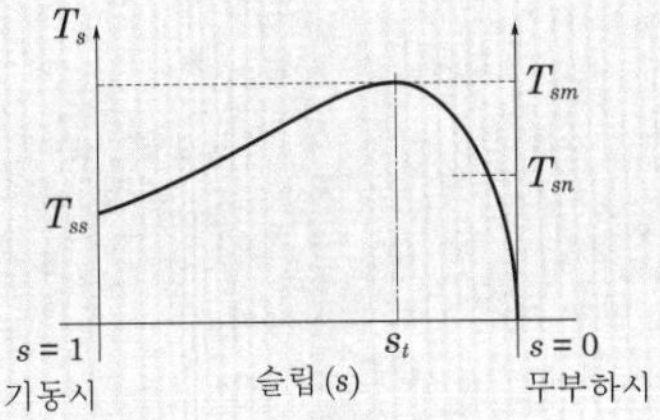

| 슬립 대 토크 특성 곡선 |

기출문제 관련 이론 바로보기

09 다음 동기기 중 슬립링을 사용하지 않는 기기는?

① 동기 발전기
② 동기 전동기
③ 유도자형 고주파 발전기
④ 고정자 회전 기동형 동기 전동기

해설 유도자형 고주파 발전기는 전기자와 계자를 고정하고 유도자(철심)를 회전시키는 발전기로 슬립링을 사용하지 않는 기기이다.

10. 이론 check **중권과 파권**

(1) 중권(병렬권)
병렬 회로수와 브러시수가 자극의 수와 같으며 저전압, 대전류에 유효하고, 병렬 회로 사이에 전압의 불균일시 순환 전류가 흐를 수 있으므로 균압환이 필요하다.

(2) 파권(직렬권)
파권은 병렬 회로수가 극수와 관계없이 항상 2개로 되어 있으므로, 고전압 소전류에 유효하고, 균압환은 불필요하며, 브러시수는 2 또는 극수와 같게 할 수 있다.

구분	전압, 전류	병렬 회로수	브러시수	균압환
중권	저전압, 대전류	$a=p$	$b=p$	필요
파권	고전압, 소전류	$a=2$	$b=2$ 또는 $b=p$	불필요

10 직류기의 다중 중권 권선법에서 전기자 병렬 회로수(a)와 극수(p)와의 관계는? (단, 다중도는 m이다.)

출제빈도

① $a=2$
② $a=2m$
③ $a=p$
④ $a=mp$

해설 직류기의 전기자 권선법에서 단중 중권일 때 병렬 회로수 $a=p$(극수)이며 다중 중권의 경우 $a=mp$이다.

11 직권 전동기의 전기자 전류가 30[A]일 때 210[kg · m]의 토크를 발생한다. 전기자 전류가 90[A]로 되면 토크는 몇 [kg · m]로 되는가? (단, 자기 포화는 무시한다.)

① 1,625 ② 1,758
③ 1,890 ④ 1,935

해설 직권 전동기의 토크 $\tau=\dfrac{P}{2\pi\dfrac{N}{60}}=\dfrac{ZP}{2\pi a}\phi I_a\propto I_a^{\,2}(\phi\propto I_a)$

따라서, $\tau'=\left(\dfrac{I_a'}{I_a}\right)^2\tau=\left(\dfrac{90}{30}\right)^2\times 210=1{,}890[\text{kg}\cdot\text{m}]$

12 직류 발전기의 전기자에 대한 설명 중 잘못된 것은?

① 전기자 권선은 대전류인 경우 평각 동선을 사용한다.
② 전기자 권선은 소전류인 경우 연동 환선을 사용한다.
③ 소형기에는 반폐 슬롯을 사용한다.
④ 중형 및 대형기에는 가지형 슬롯을 사용한다.

해설 소형기 및 고속도 기기에는 반폐 슬롯이 적용되고 중형기와 대형기에는 개방 슬롯이 적용된다.

정답 09.③ 10.④ 11.③ 12.④

13 60[Hz], 12극, 회전자 외경 2[m]의 동기 발전기에 있어서 자극면의 주변 속도[m/s]는 약 얼마인가?

① 34 ② 43
③ 59 ④ 62

해설 동기 속도 $N_s = \frac{120f}{P} = \frac{120 \times 60}{12} = 600[\text{rpm}]$

주변 속도 $v = \pi D \cdot \frac{N_s}{60} = \pi \times 2 \times \frac{600}{60} = 62.8[\text{m/s}]$

14 유도 전동기의 2차 동손(P_c), 2차 입력(P_2), 슬립(s)일 때의 관계식으로 옳은 것은?

출제빈도

① $P_2 P_c s = 1$ ② $s = P_2 P_c$
③ $s = \frac{P_2}{P_c}$ ④ $P_c = sP_2$

해설 2차 입력 $P_2 = mI_2^2 \cdot \frac{r_2}{s}[\text{W}]$

2차 동손 $P_c = mI_2^2 \cdot r_2 = sP_2[\text{W}]$

15 전압 380[V]에서의 기동 토크가 전부하 토크의 186[%]인 3상 유도 전동기가 있다. 기동 토크가 100[%]되는 부하에 대해서는 기동 보상기로 전압을 약 몇 [V] 공급하면 되는가?

① 280 ② 270
③ 290 ④ 300

해설 3상 유도 전동기의 토크는 공급 전압이 제곱에 비례하므로

$(T \propto V_1^2)\ V_1' = \sqrt{\frac{T'}{T}}\ V_1 = \frac{1}{\sqrt{1.86}} \times 380 = 278.6[\text{V}]$

16 직류 직권 전동기를 정격 전압에서 전부하 전류 50[A]로 운전할 때, 부하 토크가 $\frac{1}{2}$로 감소하면 부하 전류는 몇 [A]인가? (단, 자기 포화는 무시한다.)

① 20 ② 25
③ 30 ④ 35

해설 직권 전동기의 토크 $T \propto I_a^2 (I_a = I)$이므로

토크 $T' = \sqrt{\frac{I_a'}{I_a}} \cdot T = \frac{1}{\sqrt{2}} \times 50 = 35.36[\text{A}]$

정답 13.④ 14.④ 15.① 16.④

기출문제 관련 이론 바로보기

14. 이론 Check **2차 입력, 출력, 동손의 관계**

(1) 2차 입력

$P_2 = I_2^2 (R + r_2)$

$= I_2^2 \frac{r_2}{s}[\text{W}]$(1상당)

(2) 기계적 출력

$P_o = I_2^2 \cdot R$

$= I_2^2 \cdot \frac{1-s}{s} \cdot r_2[\text{W}]$

(3) 2차 동손

$P_{2c} = I_2^2 \cdot r_2[\text{W}]$

$\therefore P_2 : P_o : P_{2c} = 1 : 1-s : s$

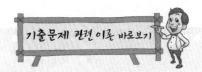

기출문제 관련 이론 바로보기

17. 이론 check 이상 변압기

(1) 철손(P_i)이 없다.

(2) 권선의 저항(r_1, r_2)과 동손(P_c)이 없다.

(3) 누설 자속(ϕ_l)이 없는 변압기
$E_1 = V_1$, $E_2 = V_2$, $P_1 = P_2$
$(V_1 I_1 = V_2 I_2)$

(4) 권수비(전압비)

$$a = \frac{E_1}{E_2} = \frac{N_1}{N_2} = \frac{V_1}{V_2} = \frac{I_2}{I_1}$$

19. 이론 check 단락 시험

(1) 저압쪽을 단락하고 실시하는 시험으로, 부하 손실 P_s[W]는 $P_s = V_{1s} I_{1n} \cos\theta$ [W]이다.

(2) 단락 역률 $\cos\theta$는
$\cos\theta_s = \dfrac{P_s}{V_{1s} I_{1n}} \times 100$[%]이다.

(3) 75[℃]에서의 부하 손실 W_{75}[W]

$$W_{75} = I^2 R_t \left(\frac{310}{235+t}\right) + (P_t - I^2 R_t)\left(\frac{235+t}{310}\right)$$

여기서, R_t : t[℃]에서의 저항
P_t : t[℃]인 때의 부하 손실
P_s : 75[℃]인 때의 부하 손실

(4) 단락 시험의 결과로부터 권선의 저항, 누설 리액턴스, 퍼센트 전압 강하, 전압 변동률 등을 계산할 수 있다.

---

17 1차 전압 3,300[V], 권수비 50인 단상 변압기가 순저항 부하에 10[A]를 공급할 때의 입력[kW]은?

출제빈도

① 0.66　② 1.25
③ 2.43　④ 2.82

해설 권수비 $a = \dfrac{I_2}{I_1}$에서 $I_1 = \dfrac{I_2}{a} = \dfrac{10}{50} = 0.2$[A]

변압기 입력 $P_1 = V_1 I_1 \cos\theta \times 10^{-3}$
$= 3{,}300 \times 0.2 \times 1 \times 10^{-3}$
$= 0.66$[kW]

18 정격 전압 6,000[V], 용량 5,000[kVA]의 3상 동기 발전기에서 여자 전류가 200[A]일 때 무부하 단자 전압이 6,000[V], 단락 전류는 500[A]이었다. 동기 리액턴스는 약 몇 [Ω]인가?

① 8.65　② 7.26
③ 6.93　④ 5.77

해설

동기 리액턴스 $x_s = \dfrac{E}{I_s} = \dfrac{\frac{6{,}000}{\sqrt{3}}}{500} = 6.928$[Ω]

19 변압기 단락 시험에서 계산할 수 있는 것은?

출제빈도

① 백분율 전압 강하, 백분율 리액턴스 강하
② 백분율 저항 강하, 백분율 리액턴스 강하
③ 백분율 전압 강하, 여자 어드미턴스
④ 백분율 리액턴스 강하, 여자 어드미턴스

해설 변압기 단락 시험에서 구할 수 있는 것은 백분율 저항 강하, 백분율 리액턴스 강하, 백분율 임피던스 강하와 임피던스 전압, 임피던스 와트이다.

20 동기 발전기의 병렬 운전 조건에서 같지 않아도 되는 것은?

① 주파수　② 용량
③ 위상　④ 기전력

해설 **동기 발전기의 병렬 운전 조건**

- 기전력의 크기가 같을 것
- 기전력의 위상이 같을 것
- 기전력의 주파수가 같을 것
- 기전력의 파형이 같을 것
- 상회전 방향이 같을 것

정답 17.① 18.③ 19.② 20.②

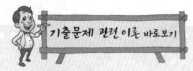

제 3 회 전기기기

01 순저항 부하를 갖는 3상 반파 위상 제어 정류 회로에서 출력 전류가 연속이 되는 점호각 α의 범위는?

① $\alpha \le 30°$ ② $\alpha > 30°$
③ $\alpha \le 60°$ ④ $\alpha > 60°$

02 변압기의 임피던스 전압이란 정격 부하를 걸었을 때 변압기 내부에서 일어나는 임피던스에 의한 전압 강하분이 정격 전압의 몇 [%]가 강하되는가의 백분율[%]이다. 다음 어느 시험에서 구할 수 있는가?

① 무부하 시험 ② 단락 시험
③ 온도 시험 ④ 내전압 시험

해설 변압기의 임피던스 전압이란 변압기 2차측을 단락하고, 단락 전류가 정격 전류와 같을 때 1차측의 공급 전압이다.

03 교류 단상 직권 전동기의 구조를 설명한 것 중 옳은 것은?

① 역률 개선을 위해 고정자와 회전자의 자로를 성층 철심으로 한다.
② 정류 개선을 위해 강계자 약전기자형으로 한다.
③ 전기자 반작용을 줄이기 위해 약계자 강전기자형으로 한다.
④ 역률 및 정류 개선을 위해 약계자 강전기자형으로 한다.

해설 단상 직권 정류자 전동기는 직·교류 양용으로 철손을 줄이기 위해 전기자와 계철을 성층 철심으로 하며 역률 개선을 위해 약계자 강전기자형으로 한다.

04 직류기에서 양호한 정류를 얻는 조건을 옳게 설명한 것은?

출제빈도

① 정류 주기를 짧게 한다.
② 전기자 코일의 인덕턴스를 작게 한다.
③ 평균 리액턴스 전압을 브러시 접촉 저항에 의한 전압 강하보다 크게 한다.
④ 브러시 접촉 저항을 작게 한다.

해설
- 전기자 코일의 인덕턴스(L)를 작게 한다.
- 정류 주기(T_c)가 클 것
- 주변 속도(v_c)가 느릴 것
- 보극을 설치 → 평균 리액턴스 전압 상쇄
- 브러시의 접촉 저항을 크게 한다.

정답 01.① 02.② 03.④ 04.②

기출문제 관련 이론 바로보기

04. 이론 check **정류**

전기자 권선의 전류를 반전하여 교류를 직류로 변환시키는 것이다.

(1) 정류 작용

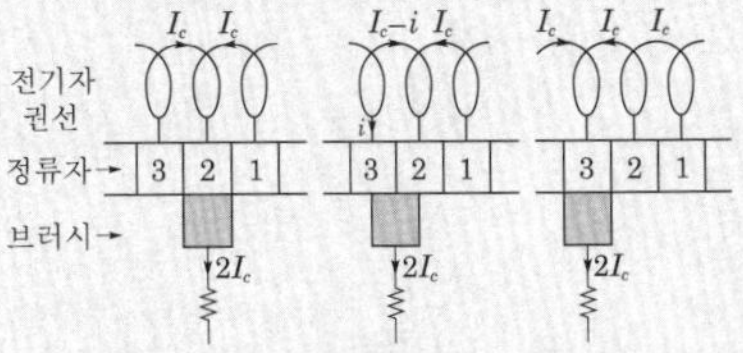

| 정류 작용 |

(2) 정류 곡선

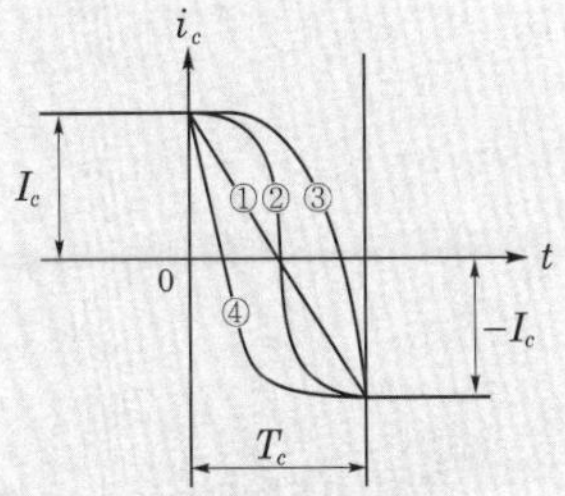

| 정류 곡선 |

① 직선 정류 } 양호한
② 정현파 정류 } 정류 곡선
③ 부족 정류 : 정류 말기 불꽃 발생
④ 과정류 : 정류 초기 불꽃 발생

※ 평균 리액턴스 전압

$$e = -L\frac{di}{dt} = L\frac{2I_c}{T_c}\,[\text{V}]$$

(3) 정류 개선책

① 평균 리액턴스 전압을 작게 한다.
㉠ 인덕턴스(L) 작을 것
㉡ 정류 주기(T_c) 클 것
㉢ 수변 속도(v_c) 느릴 것
② 보극을 설치 : 평균 리액턴스 전압 상쇄 → 전압 정류
③ 브러시의 접촉 저항을 크게 한다 → 저항 정류 : 고전압 소전류의 경우 탄소질 브러시(접촉 저항 크게) 사용
④ 보상 권선을 설치한다.

기출문제 관련 이론 바로보기

05 터빈 발전기의 냉각을 수소 냉각 방식으로 하는 이유가 아닌 것은?

① 풍손이 공기 냉각시의 약 $\frac{1}{10}$로 줄어든다.
② 동일 기계일 때 공기 냉각시보다 정격 출력이 약 25[%] 증가한다.
③ 수분, 먼지 등이 없어 코로나에 의한 손상이 없다.
④ 비열은 공기의 약 10배이고 열전도율은 약 15배로 된다.

해설 터빈 발전기의 냉각을 수소 냉각 방식으로 하면 풍손 $\frac{1}{10}$로 감소, 출력 25[%] 증가, 코로나손이 없으며, 비열이 공기의 14배이고, 열전도율은 약 7배이다.

06 동기 전동기의 기동법으로 옳은 것은?

① 직류 초퍼법, 기동 전동기법
② 자기동법, 기동 전동기법
③ 자기동법, 직류 초퍼법
④ 계자 제어법, 저항 제어법

해설 동기 전동기의 기동법은 회전자 표면에 제동 권선을 설치하여 스스로 기동 토크를 발생하여 기동하는 자기동법과 유도 전동기를 연결하여 기동하는 타기동법(기동 전동기법)이 있다.

07. 이론 check **효율(efficiency) : η[%]**

$$\eta = \frac{출력}{입력} \times 100 = \frac{출력}{출력+손실} \times 100\,[\%]$$

(1) 전부하 효율

$$\eta = \frac{VI \cdot \cos\theta}{VI\cos\theta + P_i + P_c(I^2 r)} \times 100[\%]$$

※ 최대 효율 조건 $P_i = P_c(I^2 r)$

(2) $\frac{1}{m}$ 부하시 효율

$$\eta_{\frac{1}{m}} = \frac{\frac{1}{m} \cdot VI \cdot \cos\theta}{\frac{1}{m} \cdot VI \cdot \cos\theta + P_i + \left(\frac{1}{m}\right)^2 \cdot P_c} \times 100[\%]$$

※ 최대 효율 조건 $P_i = \left(\frac{1}{m}\right)^2 \cdot P_c$

07 전부하에 있어 철손과 동손의 비율이 1 : 2인 변압기에서 효율이 최고인 부하는 전부하의 약 몇[%]인가?

출제빈도

① 50
② 60
③ 70
④ 80

해설 변압기의 $\frac{1}{m}$ 부하시 최대 효율의 조건은 $P_i = \left(\frac{1}{m}\right)^2 P_c$이므로

$$\frac{1}{m} = \sqrt{\frac{P_i}{P_c}} = \frac{1}{\sqrt{2}} = 0.707 \fallingdotseq 70[\%]$$

08 용량 40[kVA], 3,200/200[V]인 3상 변압기 2차측에 3상 단락이 생겼을 경우 단락 전류는 약 몇 [A]인가? (단, %임피던스 전압은 4[%]이다.)

① 1,887
② 2,887
③ 3,243
④ 3,558

정답 05.④ 06.② 07.③ 08.②

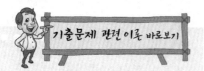

해설 퍼센트 임피던스 강하 $\%Z = \frac{I_n}{I_S} \times 100$이므로

단락 전류 $I_S = \frac{100}{\%Z} I_n = \frac{100}{\%Z} \cdot \frac{P}{\sqrt{3}\,V_2}$

$= \frac{100}{4} \times \frac{40 \times 10^3}{\sqrt{3} \times 200} = 2886.8[\text{A}]$

09

△결선 변압기 한 대가 고장으로 제거되어 V결선으로 공급할 때 공급할 수 있는 전력은 고장 전 전력에 대하여 몇 [%]인가?

① 86.6　② 75.0
③ 66.7　④ 57.7

해설 △결선 출력 $P_\triangle = 3P_1$

V결선 출력 $P_V = \sqrt{3}\,P_i$

출력비 $\frac{P_V}{P_\triangle} = \frac{\sqrt{3}\,P_1}{3P_1} = \frac{1}{\sqrt{3}} = 0.577 = 57.7[\%]$

10

절연유를 충만시킨 외함 내에 변압기를 수용하고, 오일의 대류 작용에 의하여 철심 및 권선에 발생한 열을 외함에 전달하며, 외함의 방산이나 대류에 의하여 열을 대기로 방산시키는 변압기의 냉각 방식은?

① 유입 송유식
② 유입 수냉식
③ 유입 풍냉식
④ 유입 자냉식

해설 변압기의 외함에 절연유를 넣고 그 속에 철심과 코일을 수용하여 운전하면 손실에 의해서 가열된 기름은 대류하고 외함의 벽을 통해서 열의 방산으로 냉각하는 방식을 유입 자냉식이라 한다.

11

선박의 전기 추진용 전동기의 속도 제어에 가장 알맞은 것은?

① 주파수 변환에 의한 제어
② 극수 변환에 의한 제어
③ 1차 회전에 의한 제어
④ 2차 저항에 의한 제어

해설 인견 공업의 포트 모터와 선박 추진용 모터는 공급 전원의 주파수 변환에 의해 속도를 제어한다.

정답 09.④ 10.④ 11.①

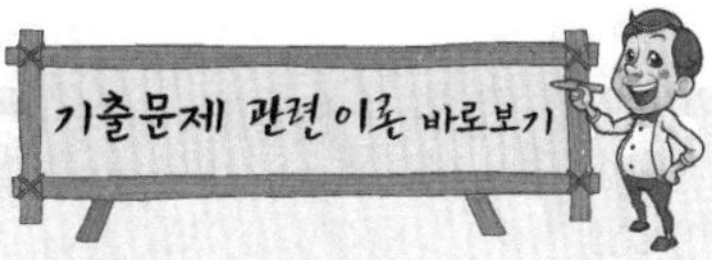

09. 이론 check **V-V 결선**

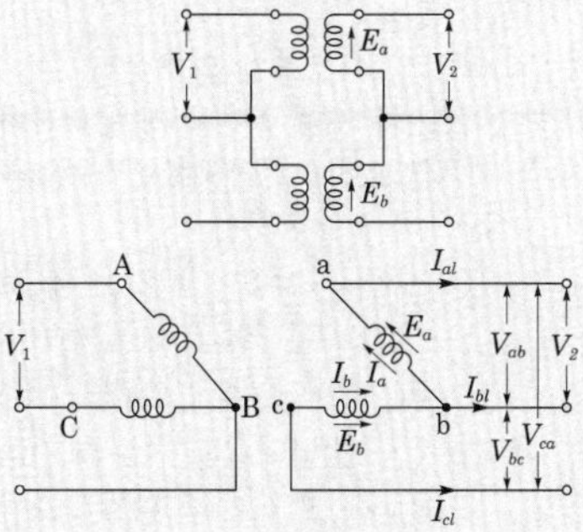

▌V-V 결선▐

(1) 선간 전압(V_l)=상전압(E_p)
(2) 선전류(I_l)=상전류(I_p)
(3) 출력

$P_1 = E_p I_p \cos\theta$에서

$P_V = \sqrt{3}\,V_l I_l \cos\theta$

$= \sqrt{3}\,E_p I_p \cos\theta$

$= \sqrt{3}\,P_1[\text{W}]$

(4) V결선의 특성

① 2대 단상 변압기로 3상 부하에 전원을 공급한다.
② 부하 증설 예정시, △-△ 결선 운전 중 1대 고장시 V-V 결선이 가능하다.
③ 이용률

$\frac{\sqrt{3}\,P_1}{2P_1} = \frac{\sqrt{3}}{2} = 0.866$

$= 86.6[\%]$

④ 출력비

$\frac{P_V}{P_\triangle} = \frac{\sqrt{3}\,P_1}{3P_1} = \frac{1}{\sqrt{3}}$

$= 0.577 = 57.7[\%]$

기출문제 관련 이론 바로보기

12. 이론 check **단상 유도 전동기(2전동기설)**

(1) 특성
① 기동 토크가 없다.
② 2차 저항 증가시 최대 토크가 감소하며, 권선형도 비례 추이가 불가하다.
③ 슬립(s)이 0이 되기 전에 토크가 0이 되고, 슬립이 0일 때 부(負)토크가 발생된다.

(2) 기동 방법에 따른 분류(기동 토크가 큰 순서로 나열)
① 반발 기동형(반발 유도형)
② 콘덴서 기동형(콘덴서형)
③ 분상 기동형
④ 세이딩(shading) 코일형

15. 이론 check **유도 전동기의 속도 제어**

(1) 2차 저항 제어법
2차 회로의 저항 변화에 의한 토크 속도 특성의 비례 추이를 응용한 방법이다.

(2) 주파수 제어법
전동기의 회전속도는 $N = N_s(1-s) = \frac{120f}{P}(1-s)$이므로, 주파수 f, 극수 P 및 슬립 s를 변경함으로써 속도를 변경시키는 방법이다.

(3) 극수 제어법
농형 전동기에 쓰이는 방법으로 비교적 효율이 좋으므로 자주 속도를 바꿀 필요가 있고, 또한 계단적으로 속도 변경이 되어도 좋은 부하, 즉 소형의 권상기, 승강기, 원심 분리기, 공작 기계 등에 많이 쓰인다.

(4) 2차 여자 제어법
권선형 유도 전동기의 2차 회로에 2차 주파수 f_2와 같은 주파수이며, 적당한 크기의 전압을 외부에서 가하는 것을 2차 여자라 한다.

12 단상 유도 전동기의 기동 토크가 큰 순서로 되어 있는 것은?

출제빈도

① 반발 기동, 분상 기동, 콘덴서 기동
② 분상 기동, 반발 기동, 콘덴서 기동
③ 반발 기동, 콘덴서 기동, 분상 기동
④ 콘덴서 기동, 분상 기동, 반발 기동

해설 단상 유도 전동기에 있어서 기동 토크가 큰 것부터 차례로 배열하면 반발 기동형 → 반발 유도형 → 콘덴서 기동형(또는 콘덴서 전동기) → 분상 기동형 → 모노사이클릭 기동형(또는 셰이딩 코일형)

13 전류가 불연속인 경우 전원 전압 220[V]인 단상 전파 정류 회로에서 점호각 $\alpha = 90°$일 때의 직류 평균 전압은 약 몇 [V]인가?

① 45　② 84
③ 90　④ 99

해설 직류 전압

$$E_d = \frac{2\sqrt{2}}{\pi}E\left(\frac{1+\cos\alpha}{2}\right)$$
$$= \frac{\sqrt{2}}{\pi}E(1+\cos 90°)$$
$$= 0.45 \times 220 \times 1 = 99[\text{V}]$$

14 3상 권선형 유도 전동기에서 토크 τ, 1차 전류 I_1, 역률 $\cos\theta$, 2차 동손 P_{2o}, 효율 η, 출력 P_o라 할 때 비례 추이하는 양으로 조합된 것은?

① I_1, $\cos\theta$, P_o
② τ, P_{2o}, P_o
③ P_{2o}, η, P_o
④ τ, I_1, $\cos\theta$

해설 3상 권선형 유도 전동기에서 비례 추이할 수 있는 것은 2차 전류(I_2), 1차 전류(I_1), 토크(τ), 2차 입력(P_2), 역률($\cos\theta$)이며 출력(P_o)과 효율(η)은 비례 추이할 수 없다.

15 유도 전동기의 속도 제어 방식으로 적합하지 않은 것은?

출제빈도

① 2차 여자 제어
② 2차 저항 제어
③ 1차 저항 제어
④ 1차 주파수 제어

정답 12.③ 13.④ 14.④ 15.③

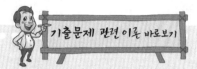

해설 유도 전동기의 회전 속도 $N=\frac{120f}{P}(1-s)$에서 속도 제어 방식은 다음과 같다.

- 주파수 제어
- 2차 저항 제어(슬립 변환)
- 극수 변환
- 종속법
- 2차 여자 제어
  - 크레머 방식
  - 세르비우스 방식

16 용량 1[kVA], 3,000/200[V]의 단상 변압기를 단권 변압기로 결선하여 3,000/3,200[V]의 승압기로 사용할 때 그 부하 용량[kVA]은?

출제빈도

① 16 ② 15
③ 1.5 ④ 0.6

해설 단권 변압기의 자기 용량(P)와 부하 용량(W)의 비는

$\frac{P}{W}=\frac{V_h-V_e}{V_h}$ 이므로

부하 용량 $W=P\frac{V_h}{V_h-V_e}=1\times\frac{3,200}{3,200-3,000}=16[\text{kVA}]$

17 교류 전동기에서 브러시 이동으로 속도 변화가 편리한 전동기는?

① 시라게 전동기
② 농형 전동기
③ 동기 전동기
④ 2중 농형 전동기

해설 시라게 전동기는 브러시의 이동으로 간단히 원활하게 속도 제어가 되고, 적당한 편각을 주면 역률이 좋아진다.

18 다음에서 동기 전동기와 거의 같은 구조는?

① 직류 전동기
② 유도 전동기
③ 정류자 전동기
④ 동기 발전기

해설 동기 발전기는 고정자(전기자), 계자(회전자), 여자기로 되어 있으며 동기 전동기의 구조 또한 유사하다.

정답 16.① 17.① 18.④

기출문제 관련 이론 바로보기

16. 이론 check 단권 변압기

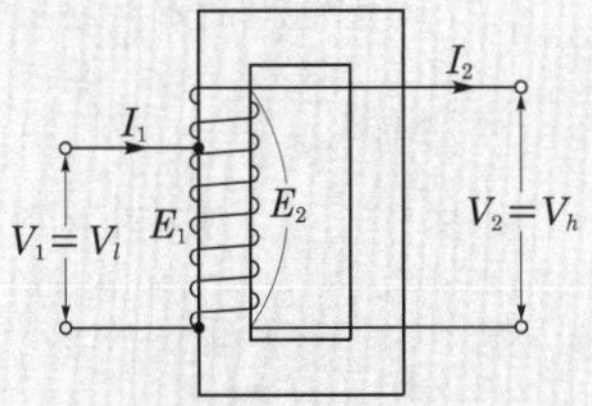

| 승압용 단권 변압기 |

(1) 권수비

$$a=\frac{E_1}{E_2}=\frac{V_1}{V_2}=\frac{I_2}{I_1}=\frac{N_1}{N_2}$$

(2) $\frac{P(\text{자기 용량})}{W(\text{부하 용량})}=\frac{V_h-V_l}{V_h}$

기출문제 관련 이론 바로보기

19. 이론 check 동기 임피던스와 벡터도

(1) 동기 임피던스 : $Z_s[\Omega]$

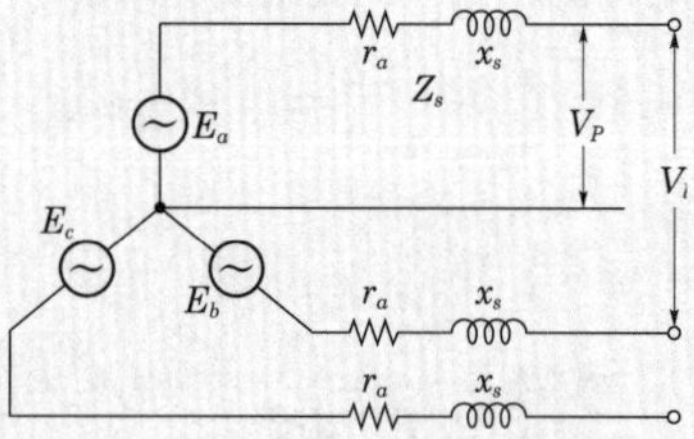

▌동기 임피던스▐

$Z_s = r_a + jx_s \fallingdotseq jx_s[\Omega]$

$(r_a \ll x_s)$

여기서, r_a : 전기자 저항

x_s : 동기 리액턴스 $(x_s = x_a + x_l)$

(2) 임피던스 벡터도

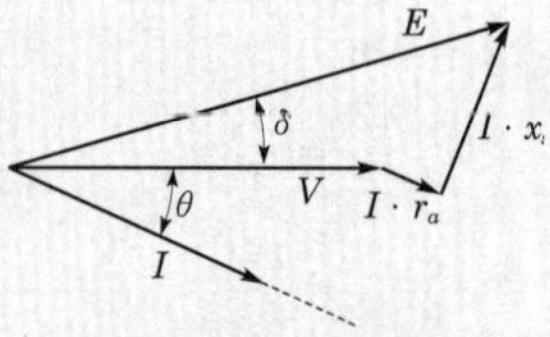

▌임피던스 벡터도▐

$\dot{E} = \dot{V} + \dot{Z}_s I$

$= \dot{V} + (r_a + jx_s)I[\mathrm{V}]$

여기서, 부하각(power angle) : δ, 기전력(E)과 단자 전압(V)의 위상차

19 동기기의 전기자 저항을 r, 반작용 리액턴스를 x_a, 누설 리액턴스를 x_l이라 하면 동기 임피던스는?

출제빈도

① $\sqrt{r^2 + \left(\frac{x_a}{x_l}\right)^2}$

② $\sqrt{r^2 + x_l^2}$

③ $\sqrt{r^2 + x_a^2}$

④ $\sqrt{r^2 + (x_a + x_l)^2}$

해설 동기 임피던스 $\dot{Z}_s = r + jx_s[\Omega]$

동기 리액턴스 $x_s = x_a + x_l[\Omega]$

$\therefore |\dot{Z}_s| = \sqrt{r^2 + (x_a + x_l)^2}[\Omega]$

20 3상 유도 전동기 기동 특성에서 기동 토크 τ_s가 부하 토크 τ_c 보다 약간 클 때 가속 토크로 작용하는 것은? (단, 전동기 토크는 τ 이다.)

① $\tau_c - \tau$ ② $\tau - \tau_c$

③ $\tau - \tau_s$ ④ $\tau_s - \tau$

해설 3상 유도 전동기의 가속 토크는 전동기의 토크(τ)와 부하의 반항 토크(τ_c)의 차에 의해 얻어진다.

정답 19.④ 20.②

2013년 과년도 출제문제

제1회 전기기기

01 동기 전동기에서 제동 권선의 역할에 해당되지 않는 것은?

출제빈도

① 기동 토크를 발생시킨다.
② 난조 방지 작용을 한다.
③ 전기자 반작용을 방지한다.
④ 급격한 부하의 변화로 인한 속도의 요동을 방지한다.

해설 동기 전동기의 제동 권선은 기동 토크 발생, 난조 방지 및 회전 속도의 요동 방지를 목적으로 회전자 표면에 설치한 동봉과 단락환을 말한다.

02 변압기에 사용하는 절연유의 성질이 아닌 것은?

① 절연 내력이 클 것　　② 인화점이 높을 것
③ 점도가 클 것　　④ 냉각 효과가 클 것

해설 **변압기유(oil)의 구비 조건**
- 절연 내력이 클 것
- 점도가 작고 냉각 효과가 클 것
- 인화점이 높고, 응고점은 낮을 것
- 화학 작용 및 침전물이 없을 것

03 다음 중 주파수 60[Hz], 슬립 3[%], 회전수 1,164[rpm]인 유도 전동기의 극수는?

출제빈도

① 4　　② 6
③ 8　　④ 10

해설 슬립 $s=\dfrac{N_s-N}{N_s}$ 에서

동기 속도 $N_s=\dfrac{N}{1-s}=\dfrac{1,164}{1-0.03}=1,200[\text{rpm}]$

$N_s=\dfrac{120f}{P}$ 에서 극수 $P=\dfrac{120f}{N_s}=\dfrac{120\times 60}{1,200}=6$극

정답 01.③　02.③　03.②

기출문제 관련 이론 바로보기

01. 이론 check 제동 권선의 효용

(1) 난조 방지
(2) 기동하는 경우 유도 전동기의 농형 권선으로서 기동 토크를 발생
(3) 불평형 부하시의 전류 전압 파형의 개선
(4) 송전선의 불평형 단락시에 이상 전압의 방지

03. 이론 check 동기 속도와 슬립

(1) 동기 속도(N_s[rpm])
회전 자계의 회전 속도

$$N_s=\frac{120\cdot f}{P}[\text{rpm}]$$

(2) 슬립(slip, s)
동기 속도와 상대 속도의 비

$$s=\frac{N_s-N}{N_s}\times 100(s=3\sim 5[\%])$$

기출문제 관련 이론 바로보기

07. 이론 check 동기 발전기의 병렬 운전

(1) 병렬 운전 조건
① 기전력의 크기가 같을 것
② 기전력의 위상이 같을 것
③ 기전력의 주파수가 같을 것
④ 기전력의 파형이 같을 것
⑤ 기전력의 상회전 방향이 같을 것

(2) 기전력의 크기가 다를 때
무효 순환 전류(I_c)가 흐른다.

$$I_c = \frac{E_a - E_b}{2Z_s}\text{[A]}$$

(3) 기전력의 위상차(δ_s)가 있을 때
동기화 전류(I_s)가 흐른다.

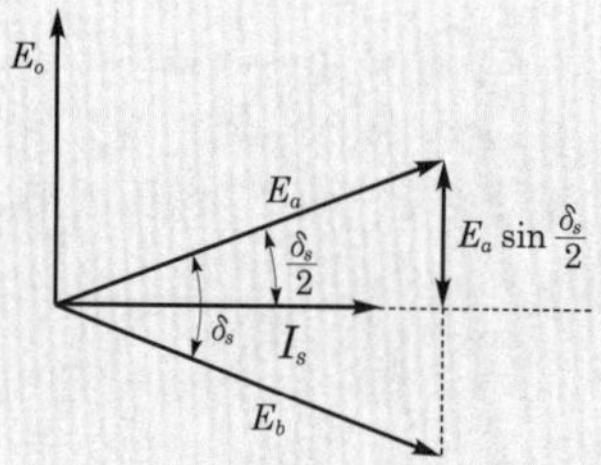

| 동기화 전류 벡터도 |

$$E_o = \dot{E_a} - \dot{E_b} = 2 \cdot E_a \sin\frac{\delta_s}{2}$$

$$\therefore I_s = \frac{\dot{E_a} - \dot{E_b}}{2Z_s} = \frac{2 \cdot E_a}{2 \cdot Z_s}\sin\frac{\delta_s}{2}\text{[A]}$$

※ 동기화 전류가 흐르면 수수 전력과 동기화력 발생

① 수수 전력 : P[W]

$$P = E_a I_s \cos\frac{\delta_s}{2} = \frac{{E_a}^2}{2Z_s}\sin\delta_s\text{[W]}$$

② 동기(同期)화력 : P_s[W]

$$P_s = \frac{dP}{d\delta_s} = \frac{{E_a}^2}{2Z_s}\cos\delta_s\text{[W]}$$

04 50[kW], 610[V], 1,200[rpm]의 직류 분권 전동기가 있다. 70[%] 부하일 때 부하 전류는 100[A], 회전 속도는 1,240[rpm]이다. 전기자 발생 토크[kg·m]는? (단, 전기자 저항은 0.1[Ω]이고, 계자 전류는 전기자 전류에 비해 현저히 작다.)

① 약 39.3　② 약 40.6
③ 약 47.17　④ 약 48.75

해설 역기전력 $E = V - I_a R_a = 610 - 100 \times 0.1 = 600\text{[V]}$

토크 $\tau = 0.975\frac{P}{N} = 0.975\frac{EI_a}{N}$

$= 0.975 \times \frac{600 \times 100}{1,240} \fallingdotseq 47.17\text{[kg·m]}$

05 직류 발전기의 구조가 아닌 것은?

① 계자 권선　② 전기자 권선
③ 내철형 철심　④ 전기자 철심

해설 **직류 발전기의 3대 요소**
- 전기자 : 전기자 철심, 전기자 권선
- 계자 : 계자 철심, 계자 권선
- 정류자

06 4극 60[Hz]의 3상 동기 발전기가 있다. 회전자의 주변 속도를 200[m/s] 이하로 하려면 회전자의 최대 직경을 약 몇 [m]로 하여야 하는가?

① 1.5　② 1.8
③ 2.1　④ 2.8

해설 동기 속도 $N_s = \frac{120f}{P} = \frac{120 \times 60}{4} = 1,800\text{[rpm]}$

주변 속도 $v = \frac{x}{t} = \pi D \frac{N_s}{60}$에서

직경 $D = v\frac{60}{\pi N_s} = \frac{200 \times 60}{\pi \times 1,800} = 2.123\text{[m]} \fallingdotseq 2.1\text{[m]}$

07 출제빈도 동일 정격의 3상 동기 발전기 2대를 무부하로 병렬 운전하고 있을 때, 두 발전기의 기전력 사이에 30°의 위상차가 있으면 한 발전기에서 다른 발전기에 공급되는 유효 전력은 몇 [kW]인가? (단, 각 발전기의(1상의) 기전력은 1,000[V], 동기 리액턴스는 4[Ω]이고, 전기자 저항은 무시한다.)

① 62.5　② $62.5 \times \sqrt{3}$
③ 125.5　④ $125.5 \times \sqrt{3}$

정답 04.③ 05.③ 06.③ 07.①

해설 수수 전력 $P=\frac{E^2}{2Z_s}\sin\delta_s$

$$=\frac{1,000\times 10^3}{2\times 4}\sin 30°\times 10^{-3}$$

$$=62.5[\text{kW}]$$

08 트랜지스터에 비해 스위칭 속도가 매우 빠른 이점이 있는 반면에 용량이 적어서 비교적 저전력용에 주로 사용되는 전력용 반도체 소자는?

① SCR ② GTO
③ IGBT ④ MOSFET

해설 모스펫(MOSFET ; Metal Oxide Silicon Field Effect Transister)은 금속 산화막 반도체 전계 효과 트랜지스터로 일반 트랜지스터에 비해 스위칭(ON−OFF) 속도가 매우 빠르고 저전력인 대신 가격이 비싼 단점이 있다.

09 75[W] 이하의 소출력으로 소형 공구, 영사기, 치과 의료용 등에 널리 이용되는 전동기는?

① 단상 반발 전동기
② 3상 직권 정류자 전동기
③ 영구 자석 스텝 전동기
④ 단상 직권 정류자 전동기

해설 소출력의 소형 공구(전기 드릴, 청소기), 치과 의료용 등에 널리 사용되는 전동기는 직·교류 양용의 단상 직권 정류자 전동기가 많이 사용된다.

10 정격 출력이 P[kW], 회전수가 N[rpm]인 전동기의 토크[kg·m]는?

출제빈도

① $0.975\frac{P}{N}$ ② $1.026\frac{P}{N}$
③ $975\frac{P}{N}$ ④ $1,026\frac{P}{N}$

해설 토크 $T=\frac{P}{2\pi\frac{N}{60}}[\text{N}\cdot\text{m}]$, $1[\text{kg}]=9.8[\text{N}]$에서

토크 $\tau=\frac{T}{9.8}=\frac{1}{9.8}\cdot\frac{P}{2\pi\frac{N}{60}}=\frac{60}{9.8\times 2\pi}\cdot\frac{P}{N}$

$$=0.975\frac{P[\text{W}]}{N[\text{rpm}]}=975\frac{P[\text{kW}]}{N[\text{rpm}]}[\text{kg}\cdot\text{m}]$$

기출문제 관련 이론 바로보기

10. 이론 check 직류 전동기의 토크(Torque : 회전력)

$T=F\cdot r\ [\text{N}\cdot\text{m}]$

$T=\frac{P(\text{출력})}{\omega(\text{각속도})}=\frac{P}{2\pi\frac{N}{60}}[\text{N}\cdot\text{m}]$

$\tau=\frac{T}{9.8}=0.975\frac{P}{N}[\text{kg}\cdot\text{m}]$

$(1[\text{kg}]=9.8[\text{N}])$

$P(\text{출력})=E\cdot I_a[\text{W}]$

정답 08.④ 09.④ 10.③

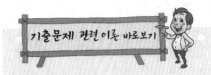

기출문제 관련 이론 바로보기

11. 이론 check **유도 전동기 슬립 대 토크 특성 곡선**

[공급 전압(V_1)의 일정 상태에서 슬립과 토크의 관계]

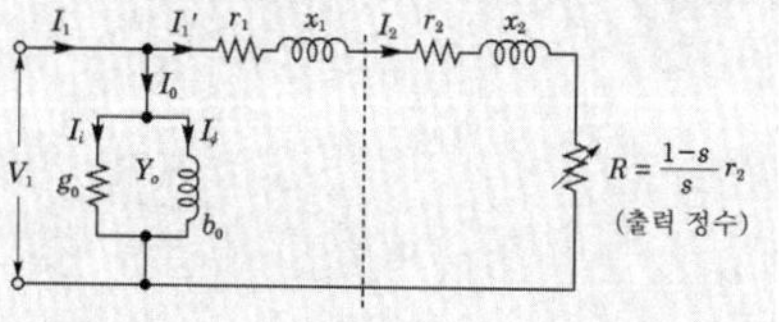

권수비 : a

‖ 유도 전동기 간이 등가 회로 ‖

$$I_1'=\frac{V_1}{\sqrt{\left(r_1+\frac{r_2}{s}\right)^2+(x_1+x_2)^2}}$$

($a=1$일 때, $r_2'=a^2\cdot r_2=r_2$, $x_2'=x_2$)

※ 동기 와트로 표시한 토크

$$T_s=P_2=I_2^2\frac{r_2}{s}=I_1'^2\frac{r_2'}{s}\text{에서}$$

$$T_s=\frac{V_1^2\frac{r_2}{s}}{\left(r_1+\frac{r_2}{s}\right)^2+(x_1+x_2)^2}\propto V_1^2$$

① 기동(시동) 토크 : $T_{ss}(s=1)$

$$T_{ss}=\frac{V_1^2r_2}{(r_1+r_2)^2+(x_1+x_2)^2}\propto r_2$$

② 최대(정동) 토크 : $T_{sm}(s=s_t)$

최대 토크 발생 슬립(s_t)

$$s_t=\frac{dT_s}{ds}=0$$

$$=\frac{r_2}{\sqrt{r_1^2+(x_1+x_2)^2}}\propto r_2$$

$$T_{sm}=\frac{V_1^2}{2\left\{r_1+\sqrt{r_1^2+(x_1+x_2)^2}\right\}}\neq r_2$$

(단, 최대 토크는 2차 저항과 무관하다.)

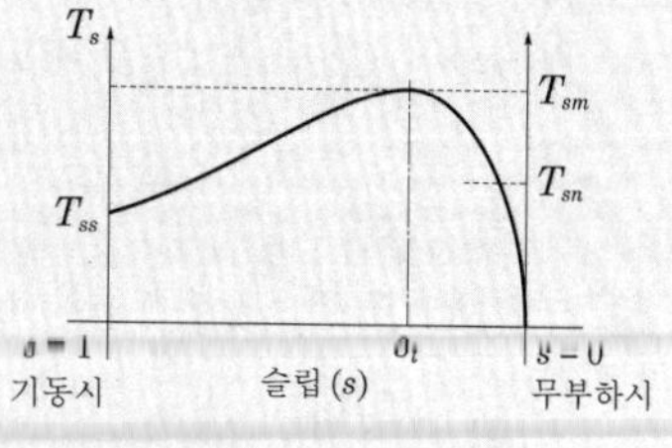

‖ 슬립 대 토크 특성 곡선 ‖

11 3상 유도 전동기의 슬립과 토크의 관계에서 최대 토크가 T_m, 최대 토크를 발생하는 슬립이 s_t, 2차 저항이 r_2일 때의 관계는?

출제빈도

① $T_m\propto r_2$, $s_t=$일정

② $T_m\propto r_2$, $s_t\propto r_2$

③ $T_m=$일정, $s_t\propto r_2$

④ $T_m\propto\frac{1}{r_2}$, $s_t\propto r_2$

해설 최대 토크 발생 슬립 $s_t=\frac{r_2'}{\sqrt{r_1+(x_1+x_2')^2}}\propto r_2$

최대 토크 $T_m=\frac{V_1^2}{2\left\{r_1+\sqrt{r_1^2+(x_1+x_2')^2}\right\}}\neq r_2$

12 동기 발전기의 전기자 권선법 중 집중권과 비교했을 때 분포권의 장점에 해당되는 것은?

① 기전력의 파형이 좋아진다.

② 난조를 방지할 수 있다.

③ 권선의 리액턴스가 커진다.

④ 합성 유도 기전력이 높아진다.

해설 동기 발전기의 전기자 권선법에서 집중권과 비교했을 때, 분포권의 장단점은 다음과 같다.

- 장점
  - 기전력의 파형을 개선한다.
  - 누설 리액턴스가 감소한다.
  - 과열 방지에 유효하다.
- 단점 : 기전력이 감소한다.

13 2극 단상 60[Hz]인 릴럭턴스(reluctance) 전동기가 있다. 실효치 2[A]의 정현파 전류가 흐를 때 발생 토크의 최대값[N·m]은? (단, 직축(L_d) 및 횡축(L_q)의 인덕턴스는 $L_d=2L_q=200$[mH]이다.)

① 0.1 ② 0.5

③ 1.0 ④ 1.5

해설 $T_m=\frac{1}{8}I_m^2(L_d-L_q)\sin2\delta$[N·m]

여기서, 최대 토크는 $2\delta=90°$일 때, 즉 $\sin2\delta=1$일 때 발생되므로

$\therefore\ T_m=\frac{1}{8}(2\sqrt{2})^2\times(200-100)\times10^{-3}\times1=0.1$[N·m]

정답 11.③ 12.① 13.①

기출문제 관련 이론 바로보기

14 유도 전동기에서 부하를 증가시킬 때 일어나는 현상에 관한 설명으로 틀린 것은? (단, n_s : 회전 자계의 속도, n : 회전자의 속도이다.)

① 상대 속도($n_s - n$) 증가 ② 2차 전류 증가
③ 토크 증가 ④ 속도 증가

해설 유도 전동기의 부하를 증가시키면 전류와 토크는 증가하며, 동기 속도(m_s)는 일정하고, 회전 속도(n)는 감소하여 상대 속도($n_s - n$)는 증가하는 현상이 일어난다.

15 (출제빈도) 변압기 결선 방법 중 3상 전원을 이용하여 2상 전압을 얻고자 할 때 사용해야 하는 결선 방법은?

① Fork 결선 ② Scott 결선
③ 환상 결선 ④ 2중 3각 결선

해설 **3상 전원을 2상으로 변환하는 변압기의 결선 방법**
- 스코트(scott) 결선(T결선)
- 메이어(meyer) 결선
- 우드 브리지(wood bridge) 결선

16 비철극(원통)형 회전자 동기 발전기에서 동기 리액턴스 값이 2배가 되면 발전기의 출력은?

① $\frac{1}{2}$로 줄어든다. ② 1배이다.
③ 2배로 증가한다. ④ 4배로 증가한다.

해설 동기 발전기의 비철극기 출력 $P = \frac{EV}{x_s}\sin\delta$[W]이므로 동기 리액턴스($x_s$)가 2배가 되면 출력($P$)은 $\frac{1}{2}$배로 감소한다.

17 (출제빈도) 변압기 온도 시험을 하는 데 가장 좋은 방법은?

① 반환 부하법
② 실부하법
③ 단락 시험법
④ 내전압 시험법

해설 변압기의 온도 시험을 위해서는 부하를 연결하여야 하는데 부하법에는 실부하법(실제 부하를 연결)과 반환 부하법(서로의 변압기를 부하로 이용)이 있으며, 이 중 유효한 방법은 반환 부하법이다.

15. 이론 check **3상 → 2상 변환**

대용량 단상 부하 전원 공급시
(1) 메이어(meyer) 결선
(2) 우드 브리지(wood bridge) 결선
(3) 스코트(scott) 결선(T결선)
※ T좌 변압기 권수비 : a_T

$a_T = \frac{\sqrt{3}}{2} a_주$ (주좌 변압기 권수비)

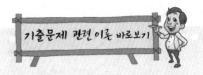

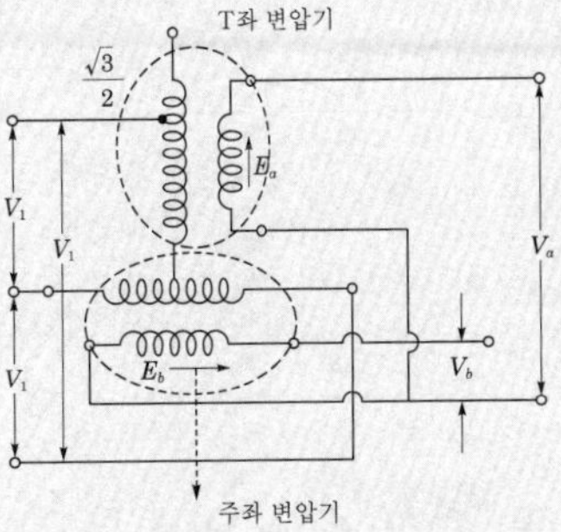

T결선(스코트 결선)

17. 이론 check **반환 부하법**

전기 기기의 온도 시험 또는 효율 시험을 하는 경우에 같은 정격의 것이 2개 있을 때는 그것을 적당히 기계적 및 전기적으로 접속하여 그 손실에 상당하는 전력을 전원으로부터 공급하는 방법을 말한다.

정답 14.④ 15.② 16.① 17.①

기출문제 관련 이론 바로보기

18 직류 전동기의 실측 효율을 측정하는 방법이 아닌 것은?

① 보조 발전기를 사용하는 방법
② 프로니 브레이크를 사용하는 방법
③ 전기 동력계를 사용하는 방법
④ 블론델법을 사용하는 방법

해설 직류 전동기의 실측 효율 $\eta = \frac{출력}{입력} \times 100[\%]$에서 보조 발전기를 사용하면 입력과 출력을 측정할 수 있다. 프로니 브레이크법, 전기 동력계법은 토크와 출력 측정법이고, 블론델법은 온도 시험을 위한 반환 부하법이다.

19 단권 변압기의 3상 결선에서 △결선인 경우, 1차측 선간 전압이 V_1, 2차측 선간 전압이 V_2일 때 단권 변압기의 $\frac{자기\ 용량}{부하\ 용량}$은? (단, $V_1 > V_2$인 경우이다.)

① $\dfrac{V_1 - V_2}{V_1}$
② $\dfrac{V_1^2 - V_2^2}{\sqrt{3}\, V_1 V_2}$
③ $\dfrac{\sqrt{3}(V_1^2 - V_2^2)}{V_1 V_2}$
④ $\dfrac{V_1 - V_2}{\sqrt{3}\, V_1}$

해설 단권 변압기의 강압용 3상 △결선에서

자기 용량 $P = \dfrac{V_1^2 - V_2^2}{V_1} I_2$

부하 용량 $W = \sqrt{3}\, V_1 I_1 = \sqrt{3}\, V_2 I_2$

$$\frac{자기\ 용량}{부하\ 용량} = \frac{P}{W} = \frac{\frac{V_1^2 - V_2^2}{V_1} I_2}{\sqrt{3}\, V_2 I_2} = \frac{V_1^2 - V_2^2}{\sqrt{3}\, V_1 V_2}$$

20. 이론 check 하일랜드 원선도

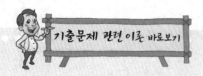

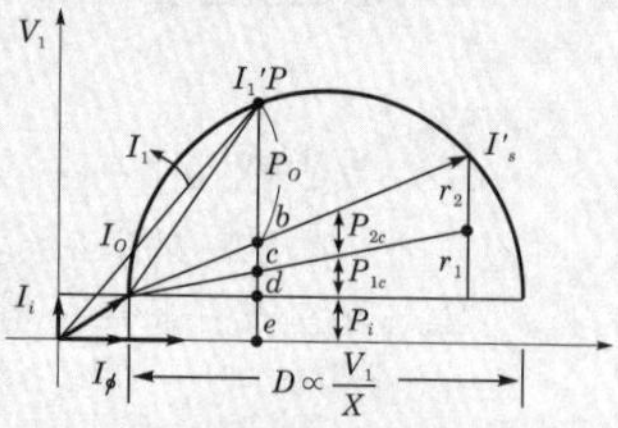

‖ 하일랜드 원선도 ‖

(1) 원선도 작성시 필요한 시험
① 무부하 시험 : $\dot{I}_o = \dot{I}_i + \dot{I}_\phi$
② 구속 시험(단락 시험) : I_s'
③ 권선 저항 측정 : r_1, r_2

(2) 원선도 반원의 직경 : D

$D \propto \dfrac{E_1}{X}$

20 3상 유도 전동기의 원선도 작성시 필요한 시험이 아닌 것은?

출제빈도

① 슬립 측정
② 무부하 시험
③ 구속 시험
④ 고정자 권선의 저항 측정

해설 유도 전동기의 하일랜드(Heyland) 원선도 작성시 필요한 시험은 무부하 시험, 구속 시험(단락 시험), 권선의 저항 측정이다.

정답 18.④ 19.② 20.①

제 2 회 전기기기

01 6극 3상 유도 전동기가 있다. 회전자도 3상이며 회전자 정지시의 1상의 전압은 200[V]이다. 전부하시의 속도가 1,152[rpm]이면 2차 1상의 전압은 몇 [V]인가? (단, 1차 주파수는 60[Hz]이다.)

출제빈도

① 8.0 ② 8.3
③ 11.5 ④ 23.0

해설 동기 속도 $N_s = \dfrac{120f}{P} = \dfrac{120 \times 60}{6} = 1,200[\text{rpm}]$

슬립 $s = \dfrac{N_s - N}{N_s} = \dfrac{1,200 - 1,152}{1,200} = 0.04$

2차 전압 $E_{2s} = sE_2 = 0.04 \times 200 = 8[\text{V}]$

02 SCR에 대한 설명으로 옳은 것은?

① 턴온을 위해 게이트 펄스가 필요하다.
② 게이트 펄스를 지속적으로 공급해야 턴온 상태를 유지할 수 있다.
③ 양방향성의 3단자 소자이다.
④ 양방향성의 3층 구조이다.

해설 SCR(Silicon Controlled Rectifier)은 단일 방향 3단자 소자로 4층(PNPN) 구조이며 턴온(turn on)을 위해 게이트(gate) 단자에 펄스 전류가 필요하다.

03 다음 중 인버터(inverter)의 설명을 바르게 나타낸 것은?

① 직류를 교류로 변환
② 교류를 교류로 변환
③ 직류를 직류로 변환
④ 교류를 직류로 변환

해설 직류를 교류로 바꾸는 장치를 인버터(inverter), 교류를 직류로 바꾸는 장치를 컨버터(converter)라 한다.

04 동기 발전기에 관한 다음 설명 중 옳지 않은 것은?

출제빈도

① 단락비가 크면 동기 임피던스가 작다.
② 단락비가 크면 공극이 크고 철이 많이 소요된다.
③ 단락비를 작게 하기 위해서 분포권과 단절권을 사용한다.
④ 전압 강하가 감소되어 전압 변동률이 좋다.

정답 01.① 02.① 03.① 04.③

기출문제 관련 이론 바로보기

01. 이론 check 유도 전동기의 특성

(1) 1·2차 유기 기전력 및 권수비

① 1차 유기 기전력
$E_1 = 4.44 f_1 N_1 \phi_m k_{\omega_1}[\text{V}]$

② 2차 유기 기전력
$E_2 = 4.44 f_2 N_2 \phi_m k_{\omega_2}[\text{V}]$
(정지시 : $f_1 = f_2$)

③ 권수비
$a = \dfrac{E_1}{E_2} = \dfrac{N_1 k_{\omega_1}}{N_2 k_{\omega_2}} \fallingdotseq \dfrac{I_2}{I_1}$

(2) 동기 속도와 슬립

① 동기 속도($N_s[\text{rpm}]$)
회전 자계의 회전 속도
$N_s = \dfrac{120 \cdot f}{P}[\text{rpm}]$

② 슬립(slip, s)
동기 속도와 상대 속도의 비
$s = \dfrac{N_s - N}{N_s} \times 100$
(s =3~5[%])

04. 이론 check 단락비(K_s)

$K_s = \dfrac{I_{fo}}{I_{fs}}$

$= \dfrac{\text{무부하 정격 전압을 유기하는 데 필요한 계자 전류}}{\text{3상 단락 정격 전류를 흘리는 데 필요한 계자 전류}}$

$= \dfrac{I_s}{I_n} = \dfrac{1}{Z_s'} \propto \dfrac{1}{Z_s}$

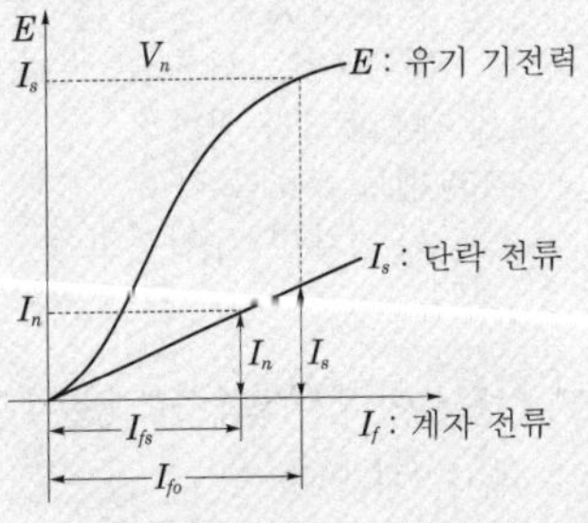

▌무부하 특성 곡선과 3상 단락 곡선▐

(1) 단락비 산출시 필요한 시험
① 무부하 시험
② 3상 단락 시험

해설 동기 발전기의 단락비가 큰 기계는 동기 임피던스, 전압 변동률 및 전기자 반작용이 작고, 출력과 안정도가 높으며, 공극과 회전자가 크고, 철이 많아 철기계라 한다.

05

(출제빈도) 와류손이 3[kW]인 3,300/110[V], 60[Hz]용 단상 변압기를 50[Hz], 3,000[V]의 전원에 사용하면 이 변압기의 와류손은 약 몇 [kW]로 되는가?

① 1.7 ② 2.1
③ 2.3 ④ 2.5

해설 공급 전압 $V_1 = 4.44 f N \phi_m$ 에서

최대 자속 밀도 $B_m = K\dfrac{V_1}{f}$ 이므로

변화한 최대 자속 밀도 $B_m{}' = \dfrac{3,000}{3,300} \times \dfrac{6}{5} B_m = \dfrac{12}{11} B_m$

와전류손 $P_e = \sigma_e (t \cdot k_f f B_m)^2 = k(f \cdot B_m)^2$

$P_e{}' = 3 \times \left(\dfrac{50}{60} \times \dfrac{12}{11}\right)^2 = 2.479[\mathrm{kW}] \fallingdotseq 2.5[\mathrm{kW}]$

06

440/13,200[V], 단상 변압기의 2차 전류가 4.5[A]이면 1차 출력은 약 몇 [kVA]인가?

① 50.4 ② 59.4
③ 62.4 ④ 65.4

해설 피상 출력 $P_a = V_1 I_1 = V_2 I_2$

$= 13,200 \times 4.5 \times 10^{-3}$

$= 59.4[\mathrm{kVA}]$

07

(출제빈도) 전기 철도에 주로 사용되는 직류 전동기는?

① 직권 전동기
② 타여자 전동기
③ 자여자 분권 전동기
④ 가동 복권 전동기

해설 전기 철도에서 사용하는 전동기는 저속도일 때 큰 토크가 발생하고, 속도가 상승하면 토크가 감소하는 직류 직권 전동기가 유효하다.

08

(출제빈도) 200[V], 50[Hz], 8극, 15[kW]의 3상 유도 전동기에서 전부하 회전수가 720[rpm]이면 이 전동기의 2차 동손은 몇 [W]인가?

① 435 ② 537
③ 625 ④ 723

정답 05.④ 06.② 07.① 08.③

기출문제 관련 이론 바로보기

(2) 단락비(K_s) 큰 기계
① 동기 임피던스가 작다.
$K_s \propto \dfrac{1}{Z_s}$
② 전압 변동률이 작다.
③ 전기자 반작용이 작다.
계자 기자력이 크고, 전기자 기자력이 작다(철기계).
④ 출력이 크다.
⑤ 과부하 내량이 크고, 안정도가 높다.
⑥ 자기 여자 현상이 작다.

05. 이론 check **변압기 손실**

(1) 철손
$P_i = K\dfrac{V^2}{f}$
(2) 와류손
전압이 일정하면 주파수와 무관
$P_e = KV^2$
(3) 히스테리시스손
$P_h = K\dfrac{V^2}{f}$

07. 이론 check **직류 직권 전동기의 특성**

(1) 변속도 전동기
(2) 부하에 따라 속도가 심하게 변한다.
(3) 운전 중 무부하 상태가 되면 갑자기 고속이 된다.
(4) +, − 극성을 반대로 하면 회전 방향이 불변이다.
(5) 직류 전차용 전동기는 토크가 클 때 속도가 작고 속도가 클 때 토크가 작다.
(6) 벨트 부하를 걸 수 없다. 벨트가 벗겨지면 갑자기 고속이 된다.

08. 이론 check **2차 입력, 출력, 동손의 관계**

(1) 2차 입력
$P_2 = I_2{}^2 (R + r_2)$
$= I_2{}^2 \dfrac{r_2}{s}$[W](1상당)

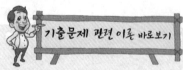

해설 동기 속도 $N_s = \frac{120f}{P} = \frac{120 \times 50}{8} = 750[\text{rpm}]$

슬립 $s = \frac{N_s - N}{N_s} = \frac{750-720}{750} = 0.04$

$P_o : P_{2c} = 1-s : s$에서

2차 동손 $P_{2c} = \frac{s}{1-s}P_o = \frac{0.04}{1-0.04} \times 15 \times 10^3 = 625[\text{W}]$

09 전압비가 무부하에서는 33 : 1, 정격 부하에서는 33.6 : 1인 변압기의 전압 변동률[%]은?

출제빈도

① 약 1.5
② 약 1.8
③ 약 2.0
④ 약 2.2

해설 전압비 $V_1 : V_{20} = 33 : 1$에서 $V_{20} = \frac{V_1}{33}$

$V_1 : V_{2n} = 33.6 : 1$에서 $V_{2n} = \frac{V_1}{33.6}$

전압 변동률 $\varepsilon = \frac{V_{20} - V_{2n}}{V_{2n}} \times 100$

$= \frac{\frac{V_1}{33} - \frac{V_1}{33.6}}{\frac{V_1}{33.6}} \times 100 = \frac{33.6-33}{33} \times 100$

$= 1.818[\%] \fallingdotseq 1.8[\%]$

10 변압기의 전일 효율을 최대로 하기 위한 조건은?

① 전부하 시간이 짧을수록 무부하손을 적게 한다.
② 전부하 시간이 짧을수록 철손을 크게 한다.
③ 부하 시간에 관계없이 전부하 동손과 철손을 같게 한다.
④ 전부하 시간이 길수록 철손을 적게 한다.

해설 전일 효율 $\eta_d = \frac{\Sigma h\, VI\cos\theta}{\Sigma h\, VI\cos\theta + 24P_i + \Sigma h P_c} \times 100[\%]$

전일 효율의 최대 조건 $24P_i = \Sigma h P_c$

여기서, Σh : 1일 전부하 시간

P_i : 무부하손

P_c : 전부하 동손(일정)

$\therefore$ 전부하 시간이 짧을수록 무부하손이 적어야 한다.

정답 09.② 10.①

기출문제 관련 이론 바로보기

(2) 기계적 출력

$P_o = I_2^{\,2} \cdot R$

$= I_2^{\,2} \cdot \frac{1-s}{s} \cdot r_2[\text{W}]$

(3) 2차 동손

$P_{2c} = I_2^2 \cdot r_2[\text{W}]$

$\therefore P_2 : P_o : P_{2c} = 1 : 1-s : s$

09. 이론 check **변압기의 특성**

(1) 2차를 기준으로 한 전압 변동률

$\varepsilon = \frac{V_{20} - V_{2n}}{V_{2n}} \times 100$

$= \frac{V_1 - V_2'}{V_2'} \times 100[\%]$

여기서, V_{20} : 2차 무부하 전압

V_1 : 1차 정격 전압

V_{2n} : 2차 전부하 전압

V_2' : 2차의 1차 환산 전압

(2) p(%저항률)와 q(%리액턴스)를 이용한 전압 변동률

$\varepsilon = p\cos\theta + q\sin\theta$

기출문제 관련 이론 바로보기

11. 이론 check 단락비(K_s)

$$K_s = \frac{I_{fo}}{I_{fs}}$$

$= \dfrac{\text{무부하 정격 전압을 유기하는 데 필요한 계자 전류}}{\text{3상 단락 정격 전류를 흘리는 데 필요한 계자 전류}}$

$$= \frac{I_s}{I_n} = \frac{1}{Z_s{'}} \propto \frac{1}{Z_s}$$

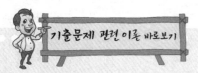

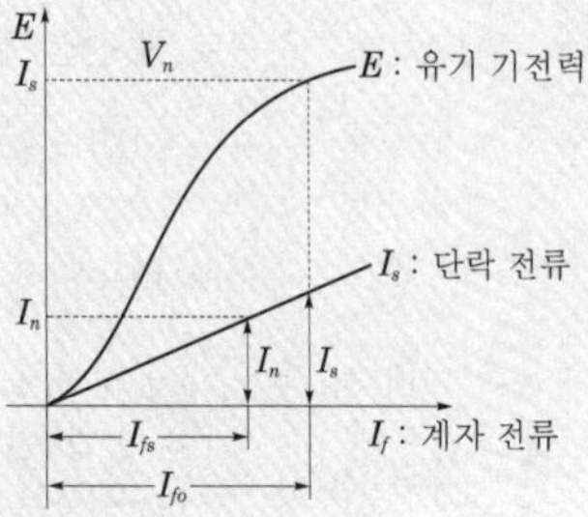

| 무부하 특성 곡선과 3상 단락 곡선 |

(1) 단락비 산출시 필요한 시험
① 무부하 시험
② 3상 단락 시험

(2) 단락비(K_s) 큰 기계
① 동기 임피던스가 작다.
$K_s \propto \dfrac{1}{Z_s}$
② 전압 변동률이 작다.
③ 전기자 반작용이 작다.
계자 기자력이 크고, 전기자 기자력이 작다(철기계).
④ 출력이 크다.
⑤ 과부하 내량이 크고, 안정도가 높다.
⑥ 자기 여자 현상이 작다.

11 동기 발전기의 단락비나 동기 임피던스를 산출하는 데 필요한 특성 곡선은?

① 단상 단락 곡선과 3상 단락 곡선
② 무부하 포화 곡선과 3상 단락 곡선
③ 부하 포화 곡선과 3상 단락 곡선
④ 무부하 포화 곡선과 외부 특성 곡선

해설 동기 발전기의 단락비나 동기 임피던스를 산출하는 데 필요한 특성 곡선은 무부하 포화 특성 곡선과 3상 단락 곡선이다.

12 3상 유도 전동기의 전전압 기동 토크는 전부하시의 1.8배이다. 전전압의 $\dfrac{2}{3}$로 기동할 때 기동 토크는 전부하시보다 약 몇 [%] 감소하는가?

① 80
② 70
③ 60
④ 40

해설 유도 전동기의 토크는 공급 전압의 제곱에 비례하므로 기동 토크

$$T_s = 1.8 \times \left(\frac{2}{3}\right)^2 = 0.8 = 80[\%]$$

13 전기자를 고정자로 하고 계자극을 회전자로 한 전기 기계는?

① 직류 발전기
② 동기 발전기
③ 유도 발전기
④ 회전 변류기

해설 동기 발전기는 전기자에서 발생하는 대전력 인출을 용이하게 하기 위해 전기자를 고정하고 계자를 회전하는 회전 계자형을 채택한다.

14 변압기의 내부 고장 보호에 쓰이는 계전기로서 가장 적당한 것은?

① 과전류 계전기
② 역상 계전기
③ 접지 계전기
④ 부흐홀츠 계전기

해설 변압기의 내부 고장 보호에 사용되는 계전기로 비율 차동 계전기와 부흐홀츠 계전기가 가장 유효하다.

정답 11.② 12.① 13.② 14.④

15 직류 전동기의 속도 제어법 중 정지 워드 레오나드 방식에 관한 설명으로 틀린 것은?

출제빈도

① 광범위한 속도 제어가 가능하다.
② 정토크 가변 속도의 용도에 적합하다.
③ 제철용 압연기, 엘리베이터 등에 사용된다.
④ 직권 전동기의 저항 제어와 조합하여 사용한다.

해설 정지 워드 레오나드 방식은 공급 전압을 가감하여 속도를 제어하는 방식으로 원활하고 광범위한 정토크 제어이며 압연기 및 엘리베이터의 속도 제어에 사용한다.

16 3상 동기 발전기에서 그림과 같이 1상의 권선을 서로 똑같은 2조로 나누어서 그 1조의 권선 전압을 E[V], 각 권선의 전류를 I[A]라 하고 2중 △형(double delta)으로 결선하는 경우 선간 전압과 선전류 및 피상 전력은?

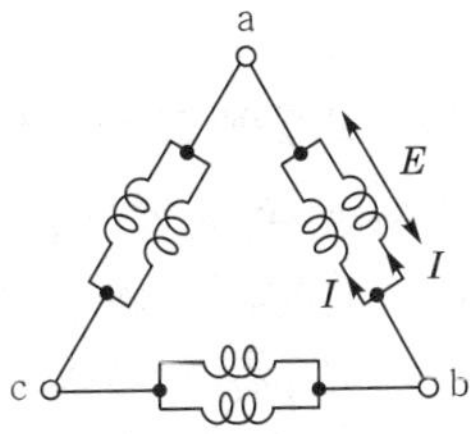

① $3E$, I, $5.19EI$
② $\sqrt{3}E$, $2I$, $6EI$
③ E, $2\sqrt{3}I$, $6EI$
④ $\sqrt{3}E$, $\sqrt{3}I$, $5.19EI$

해설 선간 전압 $V_l = E$[V]

선전류 $I_l = \sqrt{3}I_p \times 2 = 2\sqrt{3}I$[A]

피상 전력 $P_a = \sqrt{3}V_lI_l = \sqrt{3} \cdot E \cdot 2\sqrt{3}I = 6EI$[VA]

17 저전압 대전류에 가장 적합한 브러시 재료는?

① 금속 흑연질
② 전기 흑연질
③ 탄소질
④ 금속질

해설 금속 흑연질 브러시는 접촉 저항이 작으므로 저전압 대전류용으로 적합하며 일반적으로는 전기 흑연질 브러시가 많이 사용된다.

18 직류기에서 양호한 정류를 얻을 수 있는 조건이 아닌 것은?

① 전기자 코일의 인덕턴스를 작게 한다.
② 정류 주기를 크게 한다.
③ 자속 분포를 줄이고 자기적으로 포화시킨다.
④ 브러시의 접촉 저항을 작게 한다.

해설 **직류 발전기의 정류 개선책**

- 평균 리액턴스 전압이 작을 것
- 인덕턴스는 작고 정류 주기는 클 것

정답 15.④ 16.③ 17.① 18.④

기출문제 관련 이론 바로보기

15. 이론 check 속도 제어

회전 속도 $N = K\dfrac{V - I_aR_a}{\phi}$[rpm]

(1) 계자 제어
① 계자 권선에 저항(R_f)을 연결하여 자속(ϕ)의 변화에 의해 속도를 제어하는 방법이다.
② 계자 제어에 의한 속도 제어시 출력이 일정하므로 정출력 제어라 한다.

(2) 저항 제어
전기자에 직렬로 저항을 연결하여 속도를 제어하는 방법으로 손실이 크고, 효율이 낮다.

(3) 전압 제어
공급 전압의 변환에 의해 속도를 제어하는 방법으로 설치비는 고가이나 효율이 좋고, 광범위로 원활한 제어를 할 수 있다.
① 워드 레오나드(Ward leonard) 방식
② 일그너(Illgner) 방식 : 부하 변동이 큰 경우 유효하다(fly wheel 설치).

(4) 직·병렬 제어(전기 철도)
2대 이상의 전동기 직·병렬 접속에 의한 속도 제어(전압 제어의 일종)

기출문제 관련 이론 바로보기

19. 이론 Check 유도 전동기의 속도 제어

$N=N_s(1-s)$

$=\frac{120\cdot f}{P}(1-s)[\text{rpm}]$

(1) 1차 전압 제어

$T\propto V_1^2$

(2) 2차 저항 제어

$T\propto \frac{r_2}{s}$(비례 추이 원리)

권선형의 2차에 저항을 연결하여 슬립 변환에 의한 속도 제어

(3) 주파수 제어

인견 공장의 포트 모터(pot motor), 선박 추진용 모터(공급 전압 $V_1 \propto f$)

(4) 극수 변환

고정자 권선의 결선 변환으로 엘리베이터, 환풍기 등의 속도 제어

(5) 종속법

2대의 권선형 전동기를 종속으로 접속하여 극수 변환에 의한 속도 제어

- 보극을 설치할 것
- 브러시의 접촉 저항이 클 것

19 권선형 유도 전동기에 한하여 이용되고 있는 속도 제어법은?

출제빈도

① 1차 전압 제어법, 2차 저항 제어법
② 1차 주파수 제어법, 1차 전압 제어법
③ 2차 여자 제어법, 2차 저항 제어법
④ 2차 여자 제어법, 극수 변환법

해설 권선형 유도 전동기에 한하여 사용하는 속도 제어법은 2차 저항 제어법, 종속법, 2차 여자 제어법이다.

20 스테핑 모터의 특징을 설명한 것으로 옳지 않은 것은?

① 위치 제어를 할 때 각도 오차가 적고 누적되지 않는다.
② 속도 제어 범위가 좁으며 초저속에서 토크가 크다.
③ 정지하고 있을 때 그 위치를 유지해주는 토크가 크다.
④ 가속, 감속이 용이하며 정·역전 및 변속이 쉽다.

해설 스테핑 모터는 아주 정밀한 디지털 펄스 구동 방식의 전동기로서 정·역 및 변속이 용이하고 제어 범위가 넓으며 각도의 오차가 적고 축적되지 않으며 정지 위치를 유지하는 힘이 크다. 적용 분야는 타이프 라이터나 프린터의 캐리지(carriage), 리본(ribbon) 프린터 헤드, 용지 공급의 위치 정렬, 로봇 등이 있다.

제 3 회 전기기기

01 단자 전압 100[V], 전기자 전류 10[A], 전기자 회로 저항 1[Ω], 회전수 1,800[rpm]으로 전부하 운전하고 있는 직류 전동기의 토크는 약 몇 [kg·m]인가?

① 0.049 ② 0.49
③ 49 ④ 490

해설 역기전력 $E=V-I_aR_a=100-10\times1=90[\text{V}]$

토크 $T=0.975\frac{P}{N}$

$=0.975\times\frac{90\times10}{1,800}=0.4875[\text{kg}\cdot\text{m}]$

$\fallingdotseq 0.49[\text{kg}\cdot\text{m}]$

정답 19.③ 20.② / 01.②

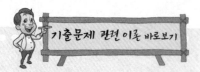

02 단상 반파 정류로 직류 전압 50[V]를 얻으려고 한다. 다이오드의 최대 역전압(PIV)은 약 몇 [V]인가?

출제빈도

① 111 ② 141.4
③ 157 ④ 314

해설 직류 전압 $E_d = \dfrac{\sqrt{2}}{\pi}E$에서

$E = \dfrac{\pi}{\sqrt{2}}E_d = \dfrac{\pi}{\sqrt{2}} \times 50$

첨두 역전압 $V_{in} = \sqrt{2}E = \sqrt{2} \times \dfrac{\pi}{\sqrt{2}} \times 50 = 157[\text{V}]$

03 변압기 내부 고장 검출용으로 쓰이는 계전기는?

① 비율 차동 계전기
② 거리 계전기
③ 과전류 계전기
④ 방향 단락 계전기

해설 변압기 운전 중 내부 고장 발생시 1, 2차 전류차의 비$\left(\dfrac{|I_1 - I_2|}{|I_1| \text{ 또는 } |I_2|}\right)$에 의해 동작하는 비율 차동 계전기가 유효하다.

04 직류기에서 전기자 반작용을 방지하기 위한 보상 권선의 전류 방향은?

① 전기자 전류의 방향과 같다.
② 전기자 전류의 방향과 반대이다.
③ 계자 전류의 방향과 같다.
④ 계자 전류의 방향과 반대이다.

해설 직류기의 전기자 반작용의 방지책으로 가장 유효한 방법은 보상 권선을 설치하는 것이며, 보상 권선의 전류는 전기자 전류와 크기는 같고, 방향은 반대이다.

05 전압비 3,300/110[V], 1차 누설 임피던스 $Z_1 = 12 + j13[\Omega]$, 2차 누설 임피던스 $Z_2 = 0.015 + j0.013[\Omega]$인 변압기가 있다. 1차로 환산된 등가 임피던스[Ω]는?

① $25.5 + j24.7$
② $25.5 + j22.7$
③ $24.7 + j25.5$
④ $22.7 + j25.5$

정답 02.③ 03.① 04.② 05.①

기출문제 관련 이론 바로보기

02. 이론 check **단상 반파 정류 회로**

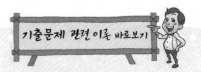

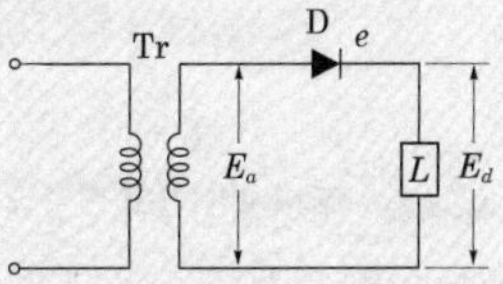

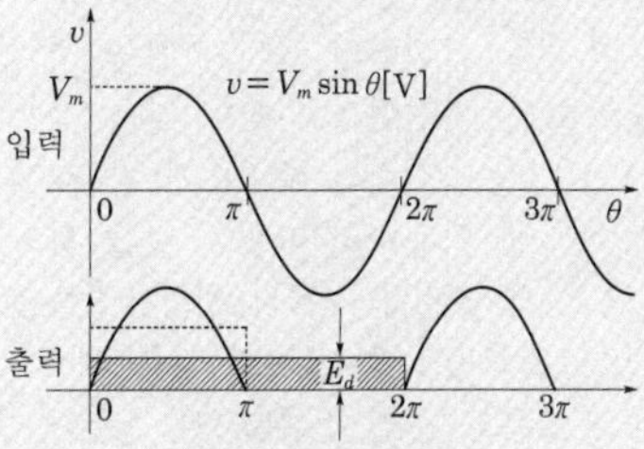

‖ 단상 반파 정류 ‖

(1) 직류 전압(평균값, E_d)

$$E_d = \frac{1}{2\pi}\int_0^{\pi} V_m \sin\theta\, d\theta = \frac{V_m}{2\pi}[-\cos\theta]_0^{\pi} = \frac{V_m}{2\pi}\{1-(-1)\} = \frac{\sqrt{2}}{\pi}E_a = 0.45E_a[\text{V}]$$

※ 정류기의 전압 강하 e [V]일 때

$$E_d = \frac{\sqrt{2}}{\pi}E_a - e[\text{V}]$$

$$I_d = \frac{E_d}{R} = \frac{\left(\frac{\sqrt{2}}{\pi}E_a - e\right)}{R}[\text{A}]$$

(2) 첨두 역전압(peak inverse voltage, V_{in}[V])

다이오드에 역방향으로 인가되는 전압의 최대치이다.

$$V_{in} = \sqrt{2}E_a = V_m[\text{V}]$$

해설 전압비 $a = \frac{3,300}{110} = 30$

1차로 환산한 저항 $r_2' = a^2 r_2 = 30^2 \times 0.015 = 13.5[\Omega]$

1차로 환산한 리액턴스 $x_2' = a^2 x_2 = 30^2 \times 0.013 = 11.7[\Omega]$

합성 저항 $r = r_1 + r_2' = 12 + 13.5 = 25.5[\Omega]$

합성 리액턴스 $x = x_1 + x_2' = 13 + 11.7 = 24.7$

1차로 환산한 합성 임피던스 $Z = r + jx = 25.5 + j24.7[\Omega]$

06 3상 동기 발전기의 전기자 권선을 Y결선으로 하는 이유 중 △결선과 비교할 때 장점이 아닌 것은?

① 출력을 더욱 증대할 수 있다.
② 권선의 코로나 현상이 적다.
③ 고조파 순환 전류가 흐르지 않는다.
④ 권선의 보호 및 이상 전압의 방지 대책이 용이하다.

해설 **3상 동기 발전기의 전기자 권선을 Y결선 할 경우의 장점**
- 중성점을 접지할 수 있어, 계전기 동작이 확실하고 이상 전압 발생이 없다.
- 상전압이 선간 전압보다 $\frac{1}{\sqrt{3}}$ 배 감소하여 코로나 현상이 적다.
- 상전압의 제3고조파는 선간 전압에는 나타나지 않는다.
- 절연 레벨을 낮출 수 있으며 단절연이 가능하다.

07 2대의 동기 발전기가 병렬 운전하고 있을 때 동기화 전류가 흐르는 경우는?

출제빈도

① 기전력의 크기에 차가 있을 때
② 기전력의 위상에 차가 있을 때
③ 부하 분담에 차가 있을 때
④ 기전력의 파형에 차가 있을 때

해설 동기 발전기가 병렬 운전하고 있을 때 기전력의 위상차가 생기면 동기화 전류(유효 횡류)가 흐르고 기전력의 크기가 다르면 무효 순환 전류가 흐른다.

08 3상 유도 전동기의 공급 전압이 일정하고 주파수가 정격값보다 수 [%] 감소할 때 다음 현상 중 옳지 않은 것은?

① 동기 속도가 감소한다.
② 누설 리액턴스가 증가한다.
③ 철손이 약간 증가한다.
④ 역률이 나빠진다

정답 06.① 07.② 08.②

기출문제 관련 이론 바로보기

07. 이론 check 동기 발전기의 병렬 운전

(1) 병렬 운전 조건
① 기전력의 크기가 같을 것
② 기전력의 위상이 같을 것
③ 기전력의 주파수가 같을 것
④ 기전력의 파형이 같을 것
⑤ 기전력의 상회전 방향이 같을 것

(2) 기전력의 크기가 다를 때 무효 순환 전류(I_c)가 흐른다.

$$I_c = \frac{E_a - E_b}{2Z_s}[\text{A}]$$

(3) 기전력의 위상차(δ_s)가 있을 때 동기화 전류(I_s)가 흐른다.

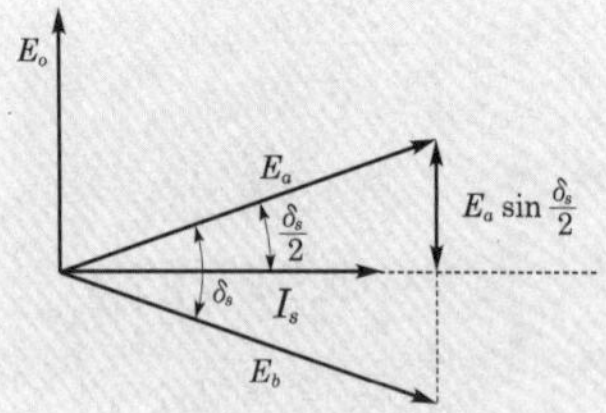

| 동기화 전류 벡터도 |

$$E_o = \dot{E_a} - \dot{E_b} = 2 \cdot E_a \sin\frac{\delta_s}{2}$$

$$\therefore\ I_s = \frac{\dot{E_a} - \dot{E_b}}{2Z_s} = \frac{2 \cdot E_a}{2 \cdot Z_s}\sin\frac{\delta_s}{2}[\text{A}]$$

※ 동기화 전류가 흐르면 수수 전력과 동기화력 발생

① 수수 전력 : P[W]

$$P = E_a I_s \cos\frac{\delta_s}{2} = \frac{E_a^{\ 2}}{2Z_s}\sin\delta_s[\text{W}]$$

② 동기(同期)화력 : P_s[W]

$$P_s = \frac{dP}{d\delta_s} = \frac{E_a^{\ 2}}{2Z_s}\cos\delta_s[\text{W}]$$

해설 공급 전압 $V_1 = 4.44fN\phi_m K_w$에서 주파수가 낮아지면 최대 자속이 증가하여 역률은 저하, 동기 속도$\left(N_s = \dfrac{120f}{P}\right)$는 감소하고 철손$\left(P_i \propto \dfrac{1}{f}\right)$은 증가하며, 누설 리액턴스$(x = 2\pi fL)$는 감소한다.

09 변압기 등가 회로 작성에 필요하지 않은 시험은?

출제빈도

① 무부하 시험
② 단락 시험
③ 반환 부하 시험
④ 저항 측정 시험

해설 **변압기 등가 회로 작성에 필요한 시험**
- 무부하 시험
- 단락 시험
- 권선 저항 측정 시험

10 75[kVA], 6,000/200[V]의 단상 변압기의 %임피던스 강하가 4[%]이다. 1차 단락 전류[A]는?

① 512.5
② 412.5
③ 312.5
④ 212.5

해설

1차 정격 전류 $I_1 = \dfrac{P}{V_1} = \dfrac{75\times10^3}{6,000} = 12.5[\text{A}]$

%임피던스 강하 $\%Z = \dfrac{IZ}{V}\times100 = \dfrac{I_n}{I_s}\times100[\%]$

단락 전류 $I_s = \dfrac{100}{\%Z}I_n = \dfrac{100}{4}\times12.5 = 312.5[\text{A}]$

11 경부하로 회전 중인 3상 농형 유도 전동기에서 전원의 3선 중 1선이 개방되면 3상 전동기는?

① 개방시 바로 정지한다.
② 속도가 급상승한다.
③ 회전을 계속한다.
④ 일정 시간 회전 후 정지한다.

해설 농형 유도 전동기가 경부하 운전 중 1선이 개방되면 전류는 $\sqrt{3}$배 증가하고 속도가 저하된 상태에서 계속 회전한다.

정답 09.③ 10.③ 11.③

기출문제 관련 이론 바로보기

09. 이론 check **변압기의 등가회로**

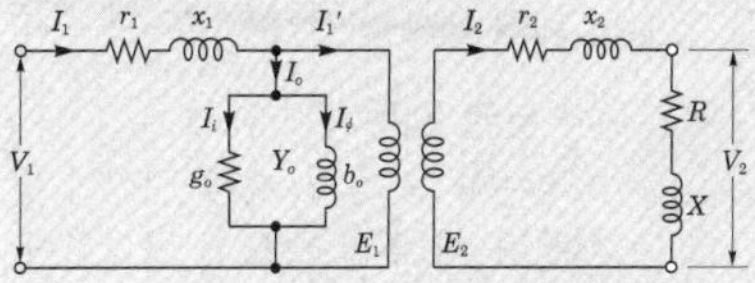

‖ 등가 회로 ‖

(1) 등가 회로 작성시 필요한 시험
① 무부하 시험 : I_0, Y_0, P_i
② 단락 시험 : I_s, V_s, $P_c(W_s)$
③ 권선 저항 측정 : r_1, $r_2[\Omega]$

여기서, I_1' : 정자속 보존의 원리에 의한 1차 보상 전류

$$I_1' = -\frac{N_2}{N_1}\cdot I_2[\text{A}]$$

$$I_1 = I_1' + I_0 \fallingdotseq I_1[\text{A}]$$

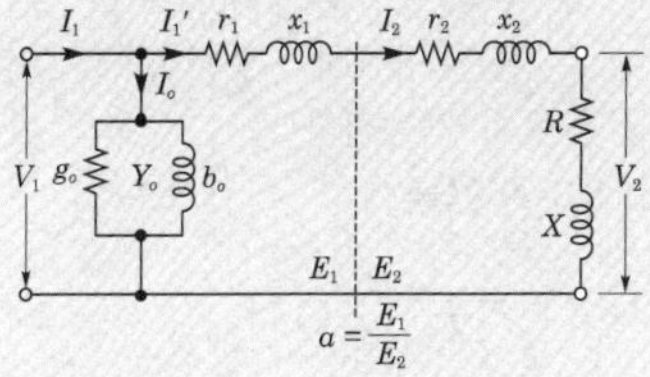

‖ 간이 등가 회로 ‖

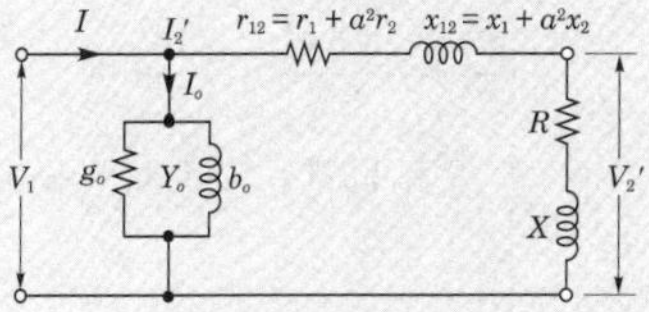

‖ 2차 → 1차로 환산 간이 등가 회로 ‖

(2) 2차측 1차로 환산

$V_2 = aV_2$ (2차 전압 1차로 환산)

$I_2' = \dfrac{I_2}{a}$ (2차 전류 1차로 환산)

$r_2' = a^2r_2$, $x_2' = a^2x_2$

$R' = a^2R$, $X' = a^2X[\Omega]$

(2차 임피던스 1차로 환산)

기출문제 관련 이론 바로보기

12. 이론 check 직류 전동기의 회전 속도

공급 전압(V), 계자 저항(r_f), 일정 상태에서 부하 전류(I)와 회전 속도(N)의 관계 곡선 $N=K\frac{V-I_aR_a}{\phi}$

(1) 분권 전동기
경부하 운전 중 계자 권선이 단선될 때 위험 속도에 도달한다.

(2) 직권 전동기
운전 중 무부하 상태로 되면 무구속 속도(위험 속도)에 도달한다.

(3) 복권 전동기(가동 복권)
운전 중 계자 권선 단선, 무부하 상태로 되어도 위험 속도에 도달하지 않는다.

13. 이론 check V-V 결선의 특성

(1) 2대 단상 변압기로 3상 부하에 전원을 공급한다.

(2) 부하 증설 예정시, △-△ 결선 운전 중 1대 고장시 V-V 결선이 가능하다.

(3) 이용률

$$\frac{\sqrt{3}P_1}{2P_1}=\frac{\sqrt{3}}{2}=0.866=86.6[\%]$$

(4) 출력비

$$\frac{P_V}{P_\triangle}=\frac{\sqrt{3}P_1}{3P_1}=\frac{1}{\sqrt{3}}=0.577=57.7[\%]$$

12 직류 분권 전동기의 운전 중 계자 저항기의 저항이 증가하면 속도는 어떻게 되는가?

출제빈도

① 변하지 않는다. ② 증가한다.
③ 감소한다. ④ 정지한다.

해설 회전 속도 $N=K\frac{V-I_aR_a}{\phi}$에서 분권 전동기 운전 중 계자 저항기의 저항이 증가하면 계자 전류와 계자 자속이 감소하여 회전 속도는 증가한다.

13 △결선 변압기의 1대가 고장으로 제거되어 V결선으로 할 때 공급할 수 있는 전력은 고장 전 전력의 몇 [%]인가?

출제빈도

① 81.6 ② 75.0
③ 66.7 ④ 57.7

해설 고장 전 출력 $P_\triangle=3P_1$
V결선 출력 $P_V=\sqrt{3}P_1$
출력비 $\frac{P_V}{P_\triangle}=\frac{\sqrt{3}P_1}{3P_1}=\frac{1}{\sqrt{3}}=0.577 \fallingdotseq 57.7[\%]$

14 동기 발전기의 자기 여자 방지법이 아닌 것은?

① 발전기 2대 또는 3대를 병렬로 모선에 접속한다.
② 수전단에 동기 조상기를 접속한다.
③ 송전 선로의 수전단에 변압기를 접속한다.
④ 발전기의 단락비를 적게 한다.

해설 동기 발전기의 자기 여자는 무여자, 무부하 상태에서 진상 전류에 의해 단자 전압이 상승하는 현상으로 방지책은 다음과 같다.
- 2대 이상의 동기 발전기를 모선에 연결할 것
- 수전단에 병렬로 리액터를 연결할 것
- 수전단에 동기 조상기를 연결하여 부족 여자로 운전할 것
- 수전단에 여러 대의 변압기를 연결할 것
- 단락비를 크게 할 것

15 동기기에서 동기 임피던스값과 실용상 같은 것은? (단, 전기자 저항은 무시한다.)

① 전기자 누설 리액턴스
② 동기 리액턴스
③ 유도 리액턴스
④ 등가 리액턴스

정답 12.② 13.④ 14.④ 15.②

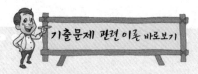

해설 동기 임피던스 $Z_s = r + jx_s[\Omega]$

전기자 권선 저항 $r = \rho \dfrac{l}{A}[\Omega]$

동기 리액턴스 $x_s = x_a + x_l[\Omega]$

여기서, x_l : 누설 리액턴스, x_a : 반작용 리액턴스

$x_s \gg r$이므로 $Z_s \cong x_s$

16 균압선을 설치하여 병렬 운전하는 발전기는?

출제빈도

① 타여자 발전기　② 분권 발전기

③ 복권 발전기　④ 동기기

해설 균압선은 직권 계자 권선이 있는 직류 발전기(직권, 복권 발전기)의 안정된 병렬 운전을 위해 설치한다.

17 정격 부하를 걸고 16.3[kg·m]의 토크를 발생하며, 1,200[rpm]으로 회전하는 어떤 직류 분권 전동기의 역기전력이 100[V]일 때 전기자 전류는 약 몇 [A]인가?

① 100　② 150

③ 175　④ 200

해설 토크 $T = 0.975\dfrac{P}{N} = 0.975\dfrac{EI_a}{N}$

전기자 전류 $I_a = T \cdot \dfrac{N}{0.975E}$

$= 16.3 \times \dfrac{1,200}{0.975 \times 100} = 200[\text{A}]$

18 용량 2[kVA], 3,000/100[V]의 단상 변압기를 단권 변압기로 연결해서 승압기로 사용할 때, 1차측에 3,000[V]를 가할 경우 부하 용량은 몇 [kVA]인가?

① 16　② 32

③ 50　④ 62

해설 자기 용량 $P = E_2 I_2$

부하 용량 $W = V_2 I_2$

승압기 2차 전압 $V_2 = E_1 + E_2 = 3,000 + 100 = 3,100[\text{V}]$

$\dfrac{P}{W} = \dfrac{E_2 I_2}{V_2 I_2} = \dfrac{E_2}{V_2}$이므로

부하 용량 $W = P\dfrac{V_2}{E_2} = 2 \times \dfrac{3,100}{100} = 62[\text{kVA}]$

정답 16.③ 17.④ 18.④

기출문제 관련 이론 바로보기

16. 이론 check 직류 발전기의 병렬 운전

2대 이상의 발전기를 병렬로 연결하여 부하에 전원을 공급한다.

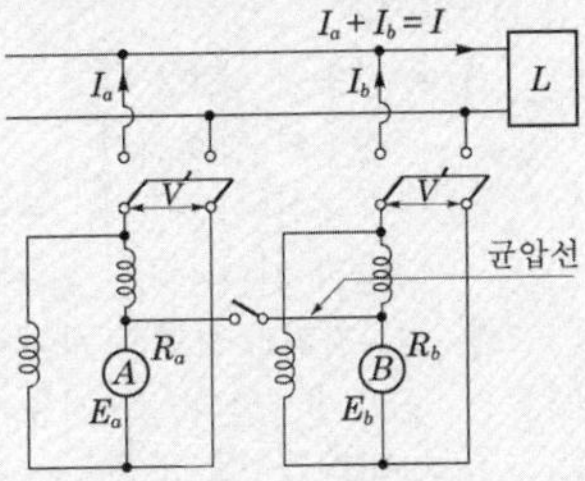

| 직류 발전기의 병렬 운전 |

(1) 목적

능률(효율) 증대, 예비기 설치시 경제적이다.

(2) 조건

① 극성이 일치할 것

② 정격 전압이 같을 것

③ 외부 특성 곡선이 일치하고, 약간 수하 특성을 가질 것

$I = I_a + I_b$

$V = E_a - I_a R_a = E_b - I_b R_b$

(3) 균압선

직권 계자 권선이 있는 발전기에서 안정된 병렬 운전을 하기 위하여 반드시 설치한다.

기출문제 관련 이론 바로보기

20 Tip 전기자 반작용의 영향

전기자 권선의 자속이 계자 권선의 자속에 영향을 주는 현상이다.

(1) 발전기
① 주자속이 감소한다. → 유기기전력이 감소한다.
② 중성축이 이동한다. → 회전 방향과 같다.
③ 정류자편과 브러시 사이에 불꽃이 발생한다. → 정류가 불량이다.

(2) 전동기
① 주자속이 감소한다. → 토크는 감소, 속도는 증가한다.
② 중성축이 이동한다. → 회선 방향과 반대이다.
③ 정류자편과 브러시 사이에 불꽃이 발생한다. → 정류가 불량이다.

(3) 보극이 없는 직류 발전기는 정류를 양호하게 하기 위하여 브러시를 회전 방향으로 이동시킨다.

19 3상 유도 전동기의 원선도 작성에 필요한 기본량이 아닌 것은?

① 저항 측정 ② 슬립 측정
③ 구속 시험 ④ 무부하 시험

해설 3상 유도 전동기의 하일랜드(Heyland) 원선도 작성에 필요한 시험은 무부하 시험, 구속 시험(단락 시험), 권선 저항 측정이다.

20 직류기에서 전기자 반작용이란 전기자 권선에 흐르는 전류로 인하여 생긴 자속이 무엇에 영향을 주는 현상인가?

출제빈도

① 모든 부분에 영향을 주는 현상
② 계자극에 영향을 주는 현상
③ 감자 작용만을 하는 현상
④ 편자 작용만을 하는 현상

해설 전기자 반작용은 전기자 전류에 의한 자속이 계자 자속의 분포에 영향을 미치는 현상이다.

정답 19.② 20.②

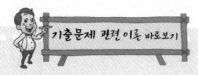

2014년 과년도 출제문제

제1회 전기기기

01 제13차 고조파에 의한 회전 자계의 회전 방향과 속도를 기본파 회전 자계와 비교할 때 옳은 것은?

① 기본파와 반대 방향이고, $\frac{1}{13}$의 속도
② 기본파와 동일 방향이고, $\frac{1}{13}$의 속도
③ 기본파와 동일 방향이고, 13배의 속도
④ 기본파와 반대 방향이고, 13배의 속도

해설 $h=2nm+1=7$차, 13차, …… 등은 기본파와 같은 방향의 회전 자계로 $\frac{1}{h}$ ($\because$ h : 고조파 차수)배의 속도로 회전하는 차동기 운전의 현상을 발생한다.

02 브러시 홀더(brush holder)는 브러시를 정류자면의 적당한 위치에서 스프링에 의하여 항상 일정한 압력으로 정류자면에 접촉하여야 한다. 가장 적당한 압력[kg/cm^2]은?

① 0.01~0.15　　② 0.5~1
③ 0.15~0.25　　④ 1~2

해설 정류자면에 대한 브러시의 압력은 보통 0.15~0.25[kg/cm^2] 정도이고, 전차용 전동기의 경우에는 0.4~0.5[kg/cm^2] 정도이다.

03 (출제빈도) 동기 발전기의 병렬 운전에서 기전력의 위상이 다른 경우, 동기화력(P_s)을 나타낸 식은? (단, P : 수수 전력, δ : 상차각이다.)

① $P_s = \frac{dP}{d\delta}$　　② $P_s = \int P d\delta$
③ $P_s = P \times \cos\delta$　　④ $P_s = \frac{P}{\cos\delta}$

해설 동기 발전기의 병렬 운전시 기전력의 위상차(δ)가 있으면 위상을 일치시키기 위한 동기화력이 발생한다.

동기화력 $P_s = \frac{dP}{d\delta} = \frac{{E_a}^2}{2Z_s}\cos\delta$[W]

정답 01.② 02.③ 03.①

기출문제 관련 이론 바로보기

03. 이론 check **기전력의 위상차(δ_s)가 있을 때**

동기화 전류(I_s)가 흐른다.

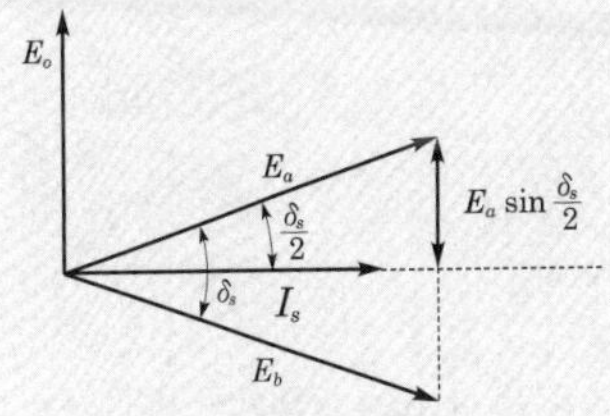

| 동기화 전류 벡터도 |

$E_o = \dot{E_a} - \dot{E_b} = 2 \cdot E_a \sin\frac{\delta_s}{2}$

$\therefore\ I_s = \frac{\dot{E_a} - \dot{E_b}}{2Z_s}$

$= \frac{2 \cdot E_a}{2 \cdot Z_s}\sin\frac{\delta_s}{2}$[A]

※ 동기화 전류가 흐르면 수수 전력과 동기화력 발생

① 수수 전력 : P[W]

$P = E_a I_s \cos\frac{\delta_s}{2}$

$= \frac{{E_a}^2}{2Z_s}\sin\delta_s$[W]

② 동기(同期)화력 : P_s[W]

$P_s = \frac{dP}{d\delta_s} = \frac{{E_a}^2}{2Z_s}\cos\delta_s$[W]

기출문제 관련 이론 바로보기

04

3상 동기기의 제동 권선을 사용하는 주목적은?

① 출력이 증가한다.
② 효율이 증가한다.
③ 역률을 개선한다.
④ 난조를 방지한다.

해설 제동 권선은 회전 자극 표면에 설치한 유도 전동기의 농형 권선과 같은 권선으로서 회전자가 동기 속도로 회전하고 있는 동안에 전압을 유도하지 않으므로 아무런 작용이 없다. 그러나 조금이라도 동기 속도를 벗어나면 전기자 자속을 끊어 전압이 유도되어 단락 전류가 흐르므로 동기 속도로 되돌아가게 된다. 즉, 진동 에너지를 열로 소비하여 진동을 방지한다. 3상 동기기의 제동 권선 효용은 난조 방지이다.

05

220[V], 6극, 60[Hz], 10[kW]인 3상 유도 전동기의 회전자 1상의 저항은 0.1[Ω], 리액턴스는 0.5[Ω]이다. 정격 전압을 가했을 때 슬립이 4[%]일 때 회전자 전류는 몇 [A]인가? (단, 고정자와 회전자는 △결선으로서 권수는 각각 300회와 150회이며, 각 권선 계수는 같다.)

① 27 ② 36
③ 43 ④ 52

해설 권수비 $a=\dfrac{E_1}{E_2}=\dfrac{N_1K\omega_1}{N_2K\omega_2}=\dfrac{300}{150}=2$

2차 기전력 $E_2=\dfrac{E_1}{a}=\dfrac{220}{2}=110[\text{V}]$

2차 전류 $I_2=\dfrac{sE_2}{r_2+jsx_2}=\dfrac{sE_2}{\sqrt{{r_2}^2+(sx_2)^2}}$

$=\dfrac{0.04\times110}{\sqrt{0.1^2+(0.04\times0.5)^2}}=43.145[\text{A}]$

06. Tip 분권 발전기

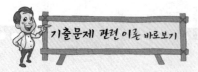

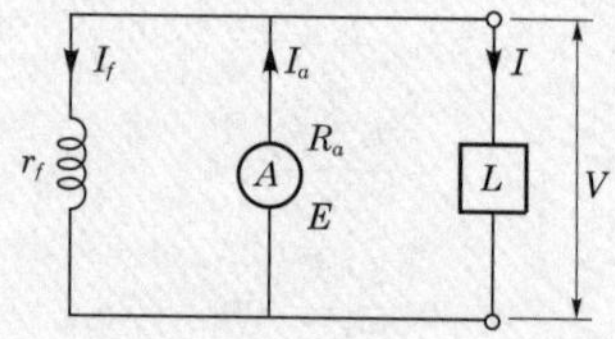

▌분권 발전기▐

(1) 계자 권선과 전기자 병렬로 접속한다.
(2) 유기 기전력
$E=\dfrac{Z}{a}p\phi\dfrac{N}{60}[\text{V}]$
(3) 전기자 전류
$I_a=I+I_f\fallingdotseq I(I\gg I_f)$
(4) 계자 권선의 전압 강하는 단자 전압과 같다.
$V=E-I_aR_a=I_fr_f[\text{V}]$

06

(출제빈도)

계자 저항 100[Ω], 계자 전류 2[A], 전기자 저항이 0.2[Ω]이고, 무부하 정격 속도로 회전하고 있는 직류 분권 발전기가 있다. 이때의 유기 기전력[V]은?

① 196.2
② 200.4
③ 220.5
④ 320.2

해설 단자 전압 $V=E-I_aR_a=I_fr_f=2\times100=200[\text{V}]$
전기자 전류 $I_a=I+I_f=I_f=2[\text{A}]$ (∵ 무부하 : $I=0$)
유기 기전력 $E=V+I_aR_a=200+2\times0.2=200.4[\text{V}]$

정답 04.④ 05.③ 06.②

07 6극, 220[V]의 3상 유도 전동기가 있다. 정격 전압을 인가해서 기동시킬 때 기동 토크는 전부하 토크의 220[%]이다. 기동 토크를 전부하 토크의 1.5배로 하려면 기동 전압[V]을 얼마로 하면 되는가?

출제빈도

① 163　　② 182
③ 200　　④ 220

해설 유도 전동기의 토크 $T \propto V_1^2$이므로

기동 전압 $V_1 \propto \sqrt{T} = 220 \times \sqrt{\dfrac{1.5}{2.2}} = 181.659[\text{V}]$

08 교류 전동기에서 브러시의 이동으로 속도 변화가 가능한 것은?

① 농형 전동기
② 2중 농형 전동기
③ 동기 전동기
④ 시라게 전동기

해설 시라게 전동기는 브러시의 이동으로 간단히 원활하게 속도 제어가 되고, 적당한 편각을 주면 역률이 좋아진다.

09 변압기의 임피던스 와트와 임피던스 전압을 구하는 시험은?

출제빈도

① 충격 전압 시험　　② 부하 시험
③ 무부하 시험　　④ 단락 시험

해설 임피던스 전압은 변압기 2차측을 단락하고, 1차 또는 2차 전류가 정격 전류와 같은 경우 1차 공급 전압이며, 이때 입력을 임피던스 와트라 하고 단락 시험에서 구할 수 있다.

10 3상 유도 전동기의 속도 제어법이 아닌 것은?

① 1차 주파수 제어　　② 2차 저항 제어
③ 극수 변환법　　④ 1차 여자 제어

해설 3상 유도 전동기의 속도 제어는 2차 저항 제어, 주파수 제어, 극수 변환, 종속법 및 2차 여자 제어법이 있다.

11 직류기에서 공극을 사이에 두고 전기자와 함께 자기 회로를 형성하는 것은?

① 계자　　② 슬롯
③ 정류자　　④ 브러시

해설 직류기에서 자기 회로의 구성은 계자 철심과 공극 그리고 전기자를 통하여 계철로 이루어진다.

정답 07.② 08.④ 09.④ 10.④ 11.①

기출문제 관련 이론 바로보기

07. 이론 check **유도 전동기 슬립 대 토크 특성 곡선**

[공급 전압(V_1)의 일정 상태에서 슬립과 토크의 관계]

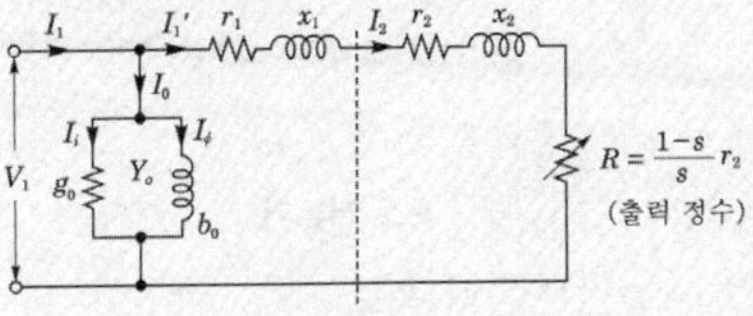

권수비 : a

‖ 유도 전동기 간이 등가 회로 ‖

$$I_1' = \frac{V_1}{\sqrt{\left(r_1 + \dfrac{r_2}{s}\right)^2 + (x_1 + x_2)^2}}$$

($a = 1$일 때, $r_2' = a^2 \cdot r_2 = r_2$, $x_2' = x_2$)

※ 동기 와트로 표시한 토크

$T_s = P_2 = I_2^{\,2} \dfrac{r_2}{s} = I_1'^{\,2} \dfrac{r_2'}{s}$에서

$$T_s = \frac{V_1^2 \dfrac{r_2}{s}}{\left(r_1 + \dfrac{r_2}{s}\right)^2 + (x_1 + x_2)^2} \propto V_1^2$$

① 기동(시동) 토크 : $T_{ss}(s = 1)$

$$T_{ss} = \frac{V_1^{\,2} r_2}{(r_1 + r_2)^2 + (x_1 + x_2)^2} \propto r_2$$

② 최대(정동) 토크 : $T_{sm}(s = s_t)$
최대 토크 발생 슬립(s_t)

$$s_t = \frac{dT_s}{ds} = 0$$

$$= \frac{r_2}{\sqrt{r_1^2 + (x_1 + x_2)^2}} \propto r_2$$

$$T_{sm} = \frac{V_1^2}{2\left\{r_1 + \sqrt{r_1^2 + (x_1 + x_2)^2}\right\}} \neq r_2$$

(단, 최대 토크는 2차 저항과 무관하다.)

09. 이론 check **무부하 시험과 단락 시험**

(1) 무부하 시험
고압측을 개방하여 저압측에 정격 전압을 걸어 여자 전류와 철손을 구하고 여자 어드미턴스를 구한다.

(2) 단락 시험
전압 단락, 고압측에 정격 전류를 흘리는 전압이 임피던스 전압이므로 단락 시험이 된다.

기출문제 관련 이론 바로보기

13. 이론 check **유도 전동기**

(1) 동기 속도

$N_s = \dfrac{120f}{P}$[rpm]

(2) 슬립

$s = \dfrac{\text{동기 속도} - \text{회전자 속도}}{\text{동기 속도}}$

$= \dfrac{N_s - N}{N_s}$

(3) 비례 추이

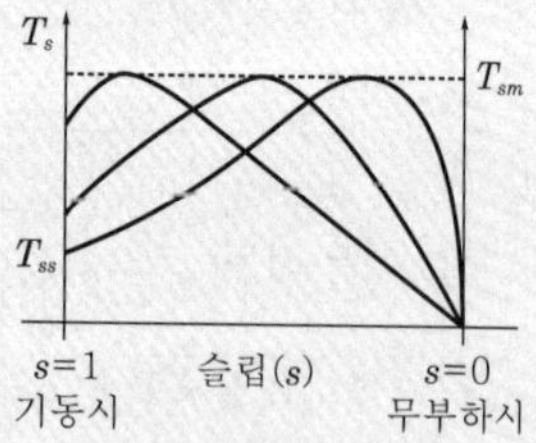

▌토크의 비례 추이 곡선▐

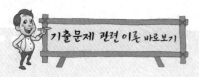

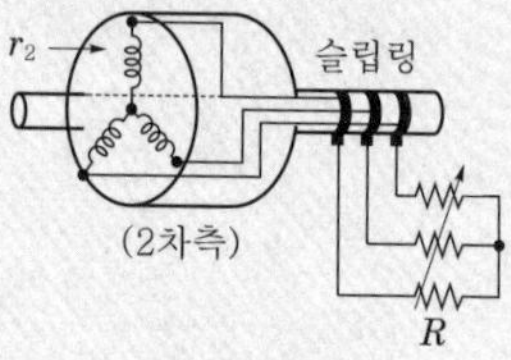

▌2차측 저항 연결▐

회전자(2차)에 슬립링을 통하여 저항을 연결하고, 2차 합성 저항을 변화하면, 같은(동일) 토크에서 슬립이 비례하여 변화한다. 따라서 토크 특성 곡선이 비례하여 이동하는 것을 토크의 비례 추이라 한다.

$T_s \propto \dfrac{r_2}{s}$의 함수이므로

$\dfrac{r_2}{s} = \dfrac{r_2 + R}{s'}$이면, T_s는 동일하다.

12

60[Hz], 12극의 동기 전동기 회전 자계의 주변 속도[m/s]는? (단, 회전 자계의 극 간격은 1[m]이다.)

① 10 ② 31.4
③ 120 ④ 377

해설 회전자 원주 길이 $l = \pi D = Pd = 12 \times 1 = 12$[m]
(여기서, P : 극수, d : 극간격)

동기 속도 $N_s = \dfrac{120f}{P} = \dfrac{120 \times 60}{12} = 600$[rpm]

주변 속도 $u = \pi D \dfrac{N_s}{60} = 12 \times \dfrac{600}{60} = 120$[m/s]

13

출제빈도

4극, 60[Hz], 3상 권선형 유도 전동기에서 전부하 회전수는 1,600[rpm]이다. 동일 토크로 회전수를 1,200[rpm]으로 하려면 2차 회로에 몇 [Ω]의 외부 저항을 삽입하면 되는가? (단, 2차 회로는 Y결선이고, 각 상의 저항은 r_2이다.)

① r_2 ② $2r_2$
③ $3r_2$ ④ $4r_2$

해설 동기 속도 $N_s = \dfrac{120f}{P} = \dfrac{120 \times 60}{4} = 1{,}800$[rpm]

전부하 슬립 $s = \dfrac{N_s - N}{N_s} = \dfrac{1{,}800 - 1{,}600}{1{,}800} = \dfrac{1}{9}$

속도 변동시 슬립 $s' = \dfrac{N_s - N'}{N_s} = \dfrac{1{,}800 - 1{,}200}{1{,}800} = \dfrac{1}{3}$

동일 토크 조건 $\dfrac{r_2}{s} = \dfrac{r_2 + R}{s'}$에서 $\dfrac{r_2}{\frac{1}{9}} = \dfrac{r_2 + R}{\frac{1}{3}}$

$\therefore R = 2r_2$

14

3상 유도 전동기의 원선도 작성시 필요치 않은 시험은?

① 저항 측정
② 무부하 시험
③ 구속 시험
④ 슬립 측정

해설 **하일랜드(Heyland) 원선도를 그리는 데 필요한 시험**
- 무부하 시험 : $I_0 = I_i + I_\phi$, P_i
- 구속 시험(단락 시험)
- 1차, 2차 권선의 저항 측정

정답 12.③ 13.② 14.④

15 3상 직권 정류자 전동기에 있어서 중간 변압기를 사용하는 주된 목적은?

① 역회전의 방지를 위하여
② 역회전을 하기 위하여
③ 권수비를 바꾸어서 전동기의 특성을 조정하기 위하여
④ 분권 특성을 얻기 위하여

해설 3상 직권 정류자 전동기의 중간 변압기(또는 직렬 변압기)는 고정자 권선과 회전자 권선 사이에 직렬로 접속된다. 중간 변압기의 사용 목적은 다음과 같다.
- 정류자 전압의 조정
- 회전자 상수의 증가
- 경부하시 속도 이상 상승의 방지
- 실효 권수비의 조정

16 동기 발전기의 안정도를 증진시키기 위하여 설계상 고려할 점으로서 틀린 것은?

① 속응 여자 방식을 채용한다.
② 단락비를 작게 한다.
③ 회전부의 관성을 크게 한다.
④ 영상 및 역상 임피던스를 크게 한다.

해설 **동기기의 안정도 향상책**
- 단락비가 클 것
- 정상 리액턴스가 크고 역상·영상 리액턴스가 클 것
- 조속기 동작이 신속할 것
- 플라이휠(관성 모멘트) 효과가 클 것
- 속응 여자 방식을 채택할 것

17 단상 반파 정류 회로에서 변압기 2차 전압의 실효값을 E[V]라 할 때 직류 전류 평균값[A]은? (단, 정류기의 전압 강하는 e[V], 부하 저항은 R[Ω]이다.)

① $\dfrac{\left(\dfrac{\sqrt{2}}{\pi}E-e\right)}{R}$　② $\dfrac{1}{2}\cdot\dfrac{E-e}{R}$

③ $\dfrac{2\sqrt{2}}{\pi}\cdot\dfrac{E}{R}$　④ $\dfrac{\sqrt{2}}{\pi}\cdot\dfrac{E-e}{R}$

해설 정류기의 전압 강하가 e[V]일 때

직류 전압 $E_d=\dfrac{1}{2\pi}\displaystyle\int_0^{\pi}\sqrt{2}E\sin\theta\cdot d\theta-e=\dfrac{\sqrt{2}}{\pi}E-e$ [V]

직류 전류 $I_d=\dfrac{E_d}{R}=\dfrac{\left(\dfrac{\sqrt{2}}{\pi}E-e\right)}{R}$ [A]

정답 15.③ 16.② 17.①

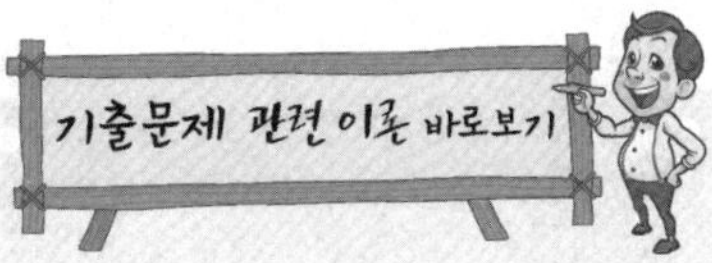

17. 이론 check **단상 반파 정류 회로의 맥동률**

$$E_d=\frac{1}{2\pi}\int_{\alpha}^{\pi}\sqrt{2}E\sin\theta\cdot d\theta$$

$$=\frac{1+\cos\alpha}{\sqrt{2}\,\pi}E[\text{V}]$$

$$I_d=\frac{E_d}{R_L}=\frac{1+\cos\alpha}{\sqrt{2}\,\pi}\cdot\frac{E}{R}[\text{A}]$$

여기서, E_d : 직류 전압의 평균값[V]
I_d : 직류 전압의 평균값[A]
$\cos\alpha$: 격자율
$1+\cos\alpha$: 제어율

점호 제어를 일으키지 않을 경우 $(\alpha=0)$

$$E_d=\frac{\sqrt{2}}{\pi}\cdot E=0.45E\,[\text{A}]$$

$$I_d=\frac{E_d}{R_L}=\frac{\sqrt{2}}{\pi R_L}=\frac{I_m}{\pi}[\text{A}]$$

rms(root mean square) 전류 I_{rms}는

$$I_{rms}=\sqrt{\frac{1}{2\pi}\int_0^{\pi}i_d^2d\theta}$$

$$=\sqrt{\frac{1}{2\pi}\int_0^{\pi}\sin^2\theta\,d\theta}=\frac{I_m}{2}[\text{A}]$$

정류 효율 η_R은

$$\eta_R=\frac{P_{dc}}{P_{ac}}\times100=\frac{\left(\frac{I_m}{\pi}\right)^2R_L}{\left(\frac{I_m}{2}\right)^2R_L}\times100$$

$$=\frac{4}{\pi^2}\times100=40.6[\%]$$

맥동률 ν는

$$\nu=\sqrt{\left(\frac{I_{rms}}{I_d}\right)^2-1}=\sqrt{\frac{\left(\frac{I_m}{2}\right)^2}{\left(\frac{I_m}{\pi}\right)^2}-1}$$

$$=\sqrt{\frac{\pi^2}{4}-1}=1.21$$

$PIV=\sqrt{2}E$[V]

기출문제 관련 이론 바로보기

18. 이론 Check **단상 직권 정류자 전동기**

(1) 직류 교류 양용 만능 전동기
가정용 미싱, 소형 공구, 영상기, 믹서기

(2) 직권형, 보상 직권형, 유도 보상 직권형

(3) 보상 권선을 설치하면 역률을 좋게 할 수 있고, 저항 도선은 정류 작용을 좋게 한다.

18 단상 직권 정류자 전동기의 설명으로 틀린 것은?

출제빈도

① 계자 권선의 리액턴스 강하 때문에 계자 권선수를 적게 한다.
② 토크를 증가하기 위해 전기자 권선수를 많게 한다.
③ 전기자 반작용을 감소하기 위해 보상 권선을 설치한다.
④ 변압기 기전력을 크게 하기 위해 브러시 접촉 저항을 적게 한다.

해설 대형 단상 직권 정류자 전동기의 경우 정류 작용을 저해하는 변압기 기전력(불꽃 전압)을 작게 하기 위해 접촉 저항이 큰 브러시를 사용한다.

19 그림과 같은 동기 발전기의 무부하 포화 곡선에서 포화 계수는?

① $\dfrac{\overline{OA}}{\overline{OG}}$

② $\dfrac{\overline{OD}}{\overline{DB}}$

③ $\dfrac{\overline{BC}}{\overline{CD}}$

④ $\dfrac{\overline{CD}}{\overline{CO}}$

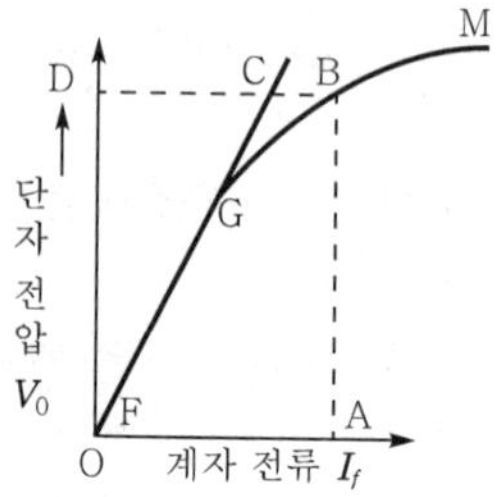

해설 포화 계수는 동기 발전기의 무부하 포화 곡선에서 포화의 정도를 나타내는 정수로 포화율이라고도 한다.

포화율 $\delta = \dfrac{\overline{BC}}{\overline{CD}}$

20 단상 단권 변압기 2대를 V결선으로 해서 3상 전압 3,000[V]를 3,300[V]로 승압하고, 150[kVA]를 송전하려고 한다. 이 경우 단상 단권 변압기 1대분의 자기 용량[kVA]은 약 얼마인가?

① 15.74 ② 13.62
③ 7.87 ④ 4.54

해설

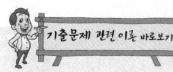

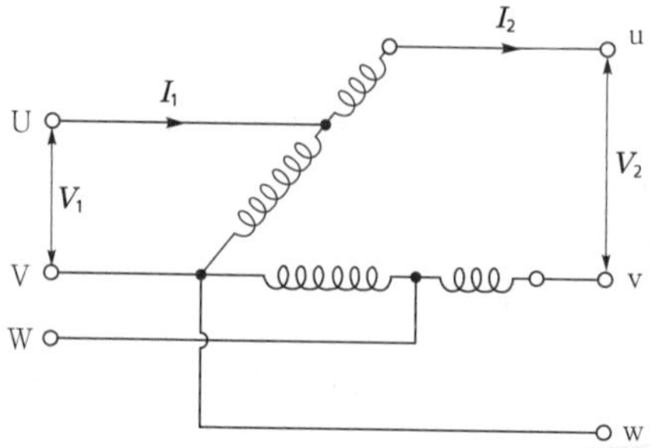

정답 18.④ 19.③ 20.③

1대의 자기 용량(P)

$$P=(V_2-V_1)I_2=(V_2-V_1)\frac{\sqrt{3}\,V_2 I_2}{\sqrt{3}\,V_2}$$

$$=(3{,}300-3{,}000)\times\frac{150}{\sqrt{3}\times 3{,}300}$$

$$=7.873[\text{kVA}]$$

제 2 회 전기기기

01 단락비가 큰 동기기는?

① 안정도가 높다.
② 전압 변동률이 크다.
③ 기계가 소형이다.
④ 전기자 반작용이 크다.

해설 **단락비가 큰 동기 발전기의 특성**

- 동기 임피던스가 작다.
- 전압 변동률이 작다.
- 전기자 반작용이 작다(계자기 자력은 크고, 전기자기 자력은 작다).
- 출력이 크다.
- 과부하 내량이 크고, 안정도가 높다.
- 자기 여자 현상이 작다.
- 회전자가 크게 되어 철손이 증가하여 효율이 약간 감소한다.

02 $E_1=2{,}000[\text{V}]$, $E_2=100[\text{V}]$의 변압기에서 $r_1=0.2[\Omega]$, $r_2=0.0005[\Omega]$, $x_1=2[\Omega]$, $x_2=0.005[\Omega]$이다. 권수비 a는?

① 60　② 30
③ 20　④ 10

해설 권수비 $a=\frac{E_1}{E_2}=\frac{2{,}000}{100}=20$

03 용량 150[kVA]의 단상 변압기의 철손이 1[kW], 전부하 동손이 4[kW]이다. 이 변압기의 최대 효율은 몇 [kVA]에서 나타나는가?

① 50　② 75
③ 100　④ 150

정답 01.① 02.③ 03.②

기출문제 관련 이론 바로보기

01. 이론 check 단락비(K_s)

$$K_s=\frac{I_{fo}}{I_{fs}}$$

$$=\frac{\text{무부하 정격 전압을 유기하는 데 필요한 계자 전류}}{\text{3상 단락 정격 전류를 흘리는 데 필요한 계자 전류}}$$

$$=\frac{I_s}{I_n}=\frac{1}{Z_s{'}}\propto\frac{1}{Z_s}$$

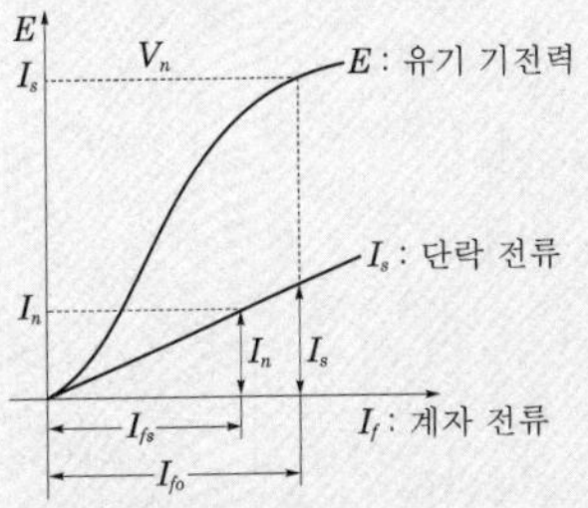

| 무부하 특성 곡선과 3상 단락 곡선 |

(1) 단락비 산출시 필요한 시험
① 무부하 시험
② 3상 단락 시험

(2) 단락비(K_s) 큰 기계
① 동기 임피던스가 작다.
$K_s\propto\frac{1}{Z_s}$
② 전압 변동률이 작다.
③ 전기자 반작용이 작다.
계자 기자력이 크고, 전기자 기자력이 작다(철기계).
④ 출력이 크다.
⑤ 과부하 내량이 크고, 안정도가 높다.
⑥ 자기 여자 현상이 작다.

02. Tip 이상 변압기

(1) 철손(P_i)이 없다.
(2) 권선의 저항(r_1, r_2)과 동손(P_c)이 없다.
(3) 누설 자속(ϕ_l)이 없는 변압기
$E_1=V_1$, $E_2=V_2$, $P_1=P_2$
$(V_1I_1=V_2I_2)$
(4) 권수비(전압비)
$$a=\frac{E_1}{E_2}=\frac{N_1}{N_2}=\frac{V_1}{V_2}=\frac{I_2}{I_1}$$

기출문제 관련 이론 바로보기

해설 $\frac{1}{m}$ 부하시 효율

$$\eta_{\frac{1}{m}} = \frac{\frac{1}{m}VI\cos\theta}{\frac{1}{m}VI\cos\theta + P_i + \left(\frac{1}{m}\right)^2 P_c} \times 100$$

최대 효율의 조건 $P_i = \left(\frac{1}{m}\right)^2 P_c$

$\frac{1}{m} = \sqrt{\frac{P_i}{P_c}} = \frac{1}{\sqrt{4}} = \frac{1}{2}$ 부하이므로

부하 용량 $P = 150 \times \frac{1}{2} = 75$[kVA]

04 단상 교류 정류자 전동기의 직권형에 가장 적합한 부하는?

① 치과 의료용
② 펌프용
③ 송풍기용
④ 공작 기계용

해설 75[W] 정도의 소출력 직권 정류자 전동기는 가정용 재봉틀, 소형 공구, 치과 의료용 등에 사용되고 있다.

05. Tip 동기 전동기의 위상 특성 곡선(V곡선)

공급 전압(V)과 출력(P)이 일정한 상태에서 계자 전류(I_f)의 조정에 따른 전기자 전류(I_a)의 크기와 위상(역률각 : θ)의 관계 곡선이다.

(1) 부족 여자
전기자 전류가 공급 전압보다 위상이 뒤지므로 리액터 작용을 한다.

(2) 과여자
전기자 전류가 공급 전압보다 위상이 앞서므로 콘덴서 작용을 한다.

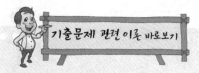

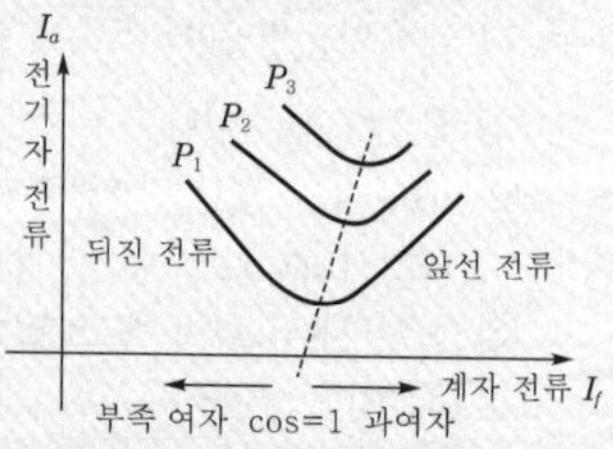

| 위상 특성 곡선(V곡선) |

05 동기 조상기를 부족 여자로 사용하면?

출제빈도

① 리액터로 작용
② 저항손의 보상
③ 일반 부하의 뒤진 전류를 보상
④ 콘덴서로 작용

해설 동기 전동기의 계자 전류를 조정하여 부족 여자로 운전하면 뒤진 전류가 흘러 리액터 작용, 과여자로 운전하면 앞선 전류가 흘러 콘덴서로 작용하는데 이 특성을 이용한 것이 동기 조상기의 원리이다.

06 동기 발전기의 병렬 운전 조건에서 같지 않아도 되는 것은?

① 기전력　　② 위상
③ 주파수　　④ 용량

해설 **동기 발전기의 병렬 운전 조건**

- 기전력의 크기가 같을 것
- 기전력의 위상이 같을 것
- 기전력의 주파수가 같을 것
- 기전력의 파형이 같을 것
- 상회전 방향이 같을 것

정답 04.① 05.① 06.④

07

명판(name plate)에 정격 전압 220[V], 정격 전류 14.4[A], 출력 3.7[kW]로 기재되어 있는 3상 유도 전동기가 있다. 이 전동기의 역률을 84[%]라 할 때 이 전동기의 효율[%]은?

① 78.25 ② 78.84
③ 79.15 ④ 80.27

해설 3상 유도 전동기의 출력

$P=\sqrt{3}\,VI\cos\theta\cdot\eta\times10^{-3}$[kW]

전동기의 효율

$$\eta=\frac{P\times10^3}{\sqrt{3}\,VI\cos\theta}\times100$$
$$=\frac{3.7\times10^3}{\sqrt{3}\times220\times14.4\times0.84}\times100$$
$$=80.27[\%]$$

08

출제빈도

직류 분권 전동기의 운전 중 계자 저항기의 저항을 증가하면 속도는 어떻게 되는가?

① 변하지 않는다.
② 증가한다.
③ 감소한다.
④ 정지한다.

해설 자속 $\phi\propto I_f\propto\frac{1}{R_f(\text{계자 저항})}$

회전 속도 $N=K\frac{V-I_aR_a}{\phi}\propto R_f$

직류 분권 전동기의 회전 속도는 계자 저항에 비례하므로 계자 저항기의 저항을 증가하면 속도는 증가한다.

09

사이리스터 특성에 대한 설명 중 틀린 것은?

① 하나의 스위치 작용을 하는 반도체이다.
② PN 접합을 여러 개 적당히 결합한 전력용 스위치이다.
③ 사이리스터를 턴온시키기 위해 필요한 최소의 순방향 전류를 래칭 전류라 한다.
④ 유지 전류는 래칭 전류보다 크다.

해설 게이트 개방 상태에서 SCR이 도통되고 있을 때 그 상태를 유지하기 위한 최소의 순전류를 유지 전류(holding current)라 하고, 턴온되려고 할 때는 이 이상의 순전류가 필요하며, 확실히 턴온시키기 위해서 필요한 최소의 순전류를 래칭 전류라 한다.

정답 07.④ 08.② 09.④

기출문제 관련 이론 바로보기

08. 이론 check 직류 분권 전동기의 속도

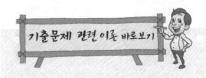

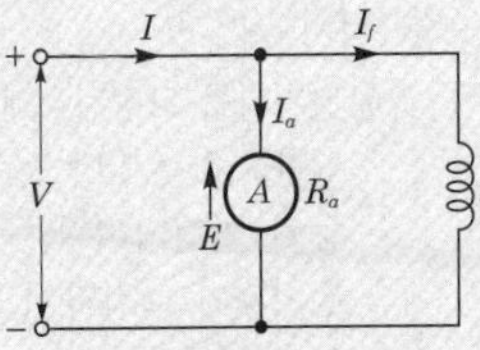

▌분권 전동기▌

(1) 속도 특성 곡선
공급 전압(V), 계자 저항(r_f), 일정 상태에서 부하 전류(I)와 회전 속도(N)의 관계 곡선이다.

$$N=K\frac{V-I_aR_a}{\phi}$$

(2) 속도 변동률이 작다(정속도 전동기).

(3) 토크는 전기자 전류에 비례한다(기동 토크가 작다).
$T\propto I_a$

(4) 경부하 운전 중 계자 권선 단선 시 위험 속도에 도달한다.

기출문제 관련 이론 바로보기

10 단상 유도 전동기의 기동 방법 중 기동 토크가 가장 큰 것은?

① 반발 기동형 ② 반발 유도형
③ 콘덴서 기동형 ④ 분상 기동형

해설 **단상 유도 전동기의 기동 토크가 큰 것부터 차례로 배열**
- 반발 기동형
- 콘덴서 기동형
- 분상 기동형
- 셰이딩(shading) 코일형

11 다음의 설명에서 빈 칸(㉠~㉢)에 알맞은 말은?

> 권선형 유도 전동기에서 2차 저항을 증가시키면 기동 전류는 (㉠)하고 기동 토크는 (㉡)하며, 2차 회로의 역률이 (㉢)되고 최대 토크는 일정하다.

① ㉠ 감소, ㉡ 증가, ㉢ 좋아지게
② ㉠ 감소, ㉡ 감소, ㉢ 좋아지게
③ ㉠ 감소, ㉡ 증가, ㉢ 나빠지게
④ ㉠ 증가, ㉡ 감소, ㉢ 나빠지게

해설 3상 권선형 유도 전동기의 회전자에 슬립링을 통하여 저항을 연결하고 2차 합성 저항을 증가하면 기동 전류는 감소하고, 기동 토크는 증가하며, 2차 회로의 역률은 유효 전류가 흘러 좋아지며 최대 토크는 일정하다.
(3상 권선형 유도 전동기의 비례 추이(proportional shifting))

12 직류 분권 전동기의 공급 전압의 극성을 반대로 하면 회전 방향은 어떻게 되는가?

① 변하지 않는다.
② 반대로 된다.
③ 발전기로 된다.
④ 회전하지 않는다.

해설 직류 분권 전동기의 공급 전압의 극성을 반대로 하면 전기자 전류와 계자 전류의 방향이 동시에 바뀌므로 플레밍의 왼손 법칙에 의해 회전 방향은 변하지 않는다.

13 전기자를 고정자로 하고, 계자극을 회전자로 한 회전 계자형으로 가장 많이 사용되는 것은?

출제빈도

① 직류 발전기 ② 회전 변류기
③ 동기 발전기 ④ 유도 발전기

13. 이론 check **동기 발전기의 종류**

(1) 회전자형에 따른 분류
① 회전 계자형
㉠ 전기자를 고정자, 계자를 회전자로 하는 일반 전력용 3상 동기 발전기이다.
㉡ 전기자가 고정자이므로, 고압 대전류용에 좋고 절연이 쉽다.
㉢ 계자가 회전자이지만 저압 소용량의 직류이므로 구조가 간단하다.
② 회전 전기자형 : 전기자가 회전자, 계자가 고정자이며 특수한 소용량기에만 쓰인다.
③ 회전 유도자형 : 계자와 전기자를 고정자로 하고, 유도자를 회전자로 한 것으로 고조파 발전기에 쓰인다.
(2) 원동기에 따른 분류
① 수차 발전기
② 터빈 발전기
③ 기관 발전
㉠ 내연 기관으로 운전되며, 1,000[rpm] 이하의 저속도로 운전한다.
㉡ 기동, 운전, 보수가 간단하여 비상용, 예비용, 산간벽지의 전등용으로 사용된다.

정답 10.① 11.① 12.① 13.③

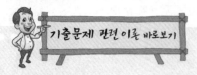

해설 동기 발전기는 전기자에서 발생하는 대전력 인출을 용이하게 하기 위해 전기자를 고정하고 계자극을 회전하는 회전 계자형을 가장 많이 사용한다.

14

출력이 20[kW]인 직류 발전기의 효율이 80[%]이면 손실[kW]은 얼마인가?

① 1 ② 2
③ 5 ④ 8

해설 효율 $\eta = \dfrac{P}{P+P_l} \times 100[\%]$

손실 $P_l = \dfrac{P-\eta P}{\eta}$

$= P\left(\dfrac{1-\eta}{\eta}\right) = 20 \times \left(\dfrac{1-0.8}{0.8}\right)$

$= 5[\text{kW}]$

15

다음 중 반자성 특성을 갖는 자성체는?

① 규소 강판 ② 초전도체
③ 페리 자성체 ④ 네오디뮴 자석

해설 반자성체는 자화율이 부(−)의 극성을 갖는 자성체로 구리, 게르마늄, 은 및 초전도체 등이 있다.

16

권선형 유도 전동기에서 비례 추이를 할 수 없는 것은?

① 회전력 ② 1차 전류
③ 2차 전류 ④ 출력

해설 $\dfrac{r_2}{s}$가 없는 함수는 비례 추이를 하지 않는다.

- 회전력(torque) $T_s = \dfrac{V_1^{\,2}\dfrac{r_2'}{s}}{\left(r_1 + \dfrac{r_2'}{s}\right)^2 + (x_1 + x_2')^2}$
- 1차 전류 $I_1 = \dfrac{1}{\alpha\beta} I_2 - \dfrac{1}{\alpha\beta} \dfrac{E_2}{\sqrt{\left(\dfrac{r_2}{s}\right)^2 + x_2^{\,2}}}$
- 2차 전류 $I_2 = \dfrac{E_2}{\sqrt{\left(\dfrac{r_2}{s}\right)^2 + x_2^{\,2}}}$
- 출력 $P_o = I_2^{\,2} R = I_2^{\,2} \dfrac{1-s}{s} r_2$

정답 14.③ 15.② 16.④

기출문제 관련 이론 바로보기

14. Tip 직류기의 효율

(1) 실측 효율

$\eta = \dfrac{\text{출력}}{\text{입력}} \times 100[\%]$(발전기)

(2) 규약 효율

$\eta_G = \dfrac{\text{출력}}{\text{출력}+\text{손실}} \times 100[\%]$

(발전기)

$\eta_M = \dfrac{\text{입력}-\text{손실}}{\text{입력}} \times 100[\%]$

(전동기)

기출문제 관련 이론 바로보기

17 직류 분권 발전기의 무부하 포화 곡선이 $V=\dfrac{950I_f}{30+I_f}$이고, I_f는 계자 전류[A], V는 무부하 전압으로 주어질 때 계자 회로의 저항이 25[Ω]이면 몇 [V]의 전압이 유기되는가?

① 200 ② 250
③ 280 ④ 300

해설 단자 전압 $V=\dfrac{950I_f}{30+I_f}=I_f r_f$에서 $\dfrac{950}{30+I_f}=r_f$

$950=30r_f+I_f r_f$이므로

단자 전압 $V=I_f r_f$

$=950-30r_f$

$=950-30\times25=200[\text{V}]$

18 10[kVA], 2,000/380[V]의 변압기 1차 환산 등가 임피던스가 $3+j4$[Ω]이다. %임피던스 강하는 몇 [%]인가?

출제빈도

① 0.75 ② 1.0
③ 1.25 ④ 1.5

해설 1차 전류 $I_1=\dfrac{P}{V_1}=\dfrac{10\times10^3}{2,000}=5[\text{A}]$

%임피던스 강하 $\%Z=\dfrac{IZ}{V}\times100$

$=\dfrac{5\times\sqrt{3^2+4^2}}{2,000}\times100$

$=1.25[\%]$

18. 이론 check **백분율 강하의 전압 변동률**

$\varepsilon=p\cos\theta\pm q\sin\theta\,[\%]$

(여기서, + : 지역률, − : 진역률)

(1) 퍼센트 저항 강하

$p=\dfrac{I\cdot r}{V}\times100[\%]$

(2) 퍼센트 리액턴스 강하

$q=\dfrac{I\cdot x}{V}\times100[\%]$

(3) 퍼센트 임피던스 강하

$\%Z=\dfrac{I\cdot Z}{V}\times100$

$=\dfrac{I_n}{I_s}\times100=\dfrac{V_s}{V_n}\times100$

$=\sqrt{p^2+q^2}\,[\%]$

(4) 최대 전압 변동률과 조건

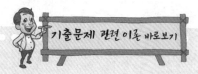

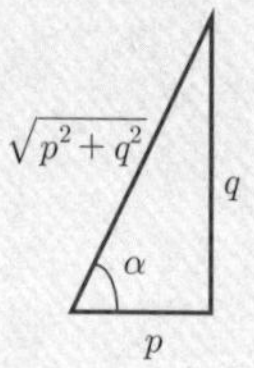

$\varepsilon=p\cos\theta+q\sin\theta$

$=\sqrt{p^2+q^2}\cos(\alpha-\theta)$

∴ $\alpha=\theta$일 때 전압 변동률이 최대로 된다.

$\varepsilon_{\max}=\sqrt{p^2+q^2}\,[\%]$

19 단상 전파 제어 정류 회로에서 순저항 부하일 때의 평균 출력 전압은? (단, V_m은 인가 전압의 최대값이고 점호각은 α이다.)

① $\dfrac{V_m}{\pi}(1+\cos\alpha)$ ② $\dfrac{V_m}{\pi}(1+\tan\alpha)$
③ $\dfrac{2V_m}{\pi}(1+\cos\alpha)$ ④ $\dfrac{2V_m}{\pi}(1+\tan\alpha)$

해설 단상 전파 제어 정류 회로에서

직류 평균 전압 $E_d=\dfrac{1}{\pi}\displaystyle\int_{\alpha}^{\pi}V_m\sin\theta d\theta$

$=\dfrac{V_m}{\pi}\cdot[-\cos\theta]_{\alpha}^{\pi}$

$=\dfrac{V_m}{\pi}(1+\cos\alpha)$

정답 17.① 18.③ 19.①

20 전력용 MOSFET와 전력용 BJT에 대한 설명 중 틀린 것은?

① 전력용 BJT는 전압 제어 소자로 온 상태를 유지하는 데 거의 무시할 만큼의 전류가 필요로 된다.
② 전력용 MOSFET는 비교적 스위칭 시간이 짧아 높은 스위칭 주파수로 사용할 수 있다.
③ 전력용 BJT는 일반적으로 턴온 상태에서의 전압 강하가 전력용 MOSFET보다 작아 전력 손실이 적다.
④ 전력용 MOSFET는 온・오프 제어가 가능한 소자이다.

해설 전력용 MOSFET는 전압 제어 소자이고 전력용 BJT(Bipolar Junction Transistor)는 전류 제어 소자이다.

제 3 회 전기기기

01 유도 전동기의 회전력 발생 요소 중 제곱에 비례하는 요소는?

출제빈도

① 슬립
② 2차 권선 저항
③ 2차 임피던스
④ 2차 기전력

해설
2차 입력 $P_2 = I_2^{\,2}\dfrac{r_2}{s} = \left(\dfrac{E_2}{Z_2}\right)^2 \cdot \dfrac{r_2}{s}$ [W]

토크 $T = \dfrac{P}{2\pi\dfrac{N}{60}} = \dfrac{P_2}{2\pi\dfrac{N_s}{60}} = \dfrac{\dfrac{r_2}{s}}{2\pi\dfrac{N_s}{60}} \cdot \dfrac{E_2^{\,2}}{Z_2^{\,2}} \propto E_2^{\,2}$

02 변압기에 사용되는 절연유의 성질이 아닌 것은?

① 절연 내력이 클 것
② 인화점이 낮을 것
③ 비열이 커서 냉각 효과가 클 것
④ 절연 재료와 접촉해도 화학 작용을 미치지 않을 것

해설 변압기의 절연 내력과 냉각 효과 증대를 위해 유입하는 절연유의 구비 조건은 다음과 같다.
- 절연 내력이 클 것
- 점도가 낮고 냉각 효과가 클 것
- 인화점은 높고 응고점은 낮을 것
- 화학 작용과 침전물이 없을 것

정답 20.① / 01.④ 02.②

기출문제 관련 이론 바로보기

01. 이론 check 유도 전동기 슬립 대 토크 특성 곡선

[공급 전압(V_1)의 일정 상태에서 슬립과 토크의 관계]

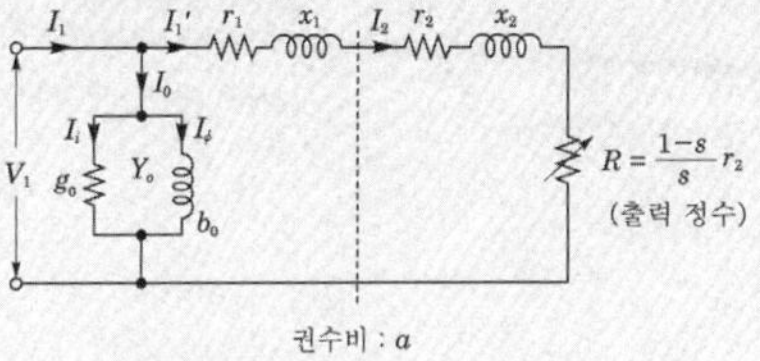

유도 전동기 간이 등가 회로

$$I_1' = \frac{V_1}{\sqrt{\left(r_1 + \dfrac{r_2}{s}\right)^2 + (x_1 + x_2)^2}}$$

($a = 1$일 때, $r_2' = a^2 \cdot r_2 = r_2$, $x_2' = x_2$)

※ 동기 와트로 표시한 토크

$T_s = P_2 = I_2^{\,2}\dfrac{r_2}{s} = I_1'^{\,2}\dfrac{r_2'}{s}$ 에서

$$T_s = \frac{V_1^{\,2}\dfrac{r_2}{s}}{\left(r_1 + \dfrac{r_2}{s}\right)^2 + (x_1 + x_2)^2} \propto V_1^{\,2}$$

① 기동(시동) 토크 : $T_{ss}(s = 1)$

$$T_{ss} = \frac{V_1^{\,2} r_2}{(r_1 + r_2)^2 + (x_1 + x_2)^2}$$

$\propto r_2$

② 최대(정동) 토크 : $T_{sm}(s = s_t)$
최대 토크 발생 슬립(s_t)

$$s_t = \frac{dT_s}{ds} = 0$$

$$= \frac{r_2}{\sqrt{r_1^2 + (x_1 + x_2)^2}} \propto r_2$$

$$T_{sm} = \frac{V_1^2}{2\left\{r_1 + \sqrt{r_1^2 + (x_1 + x_2)^2}\right\}}$$

$\neq r_2$

(단, 최대 토크는 2차 저항과 무관하다.)

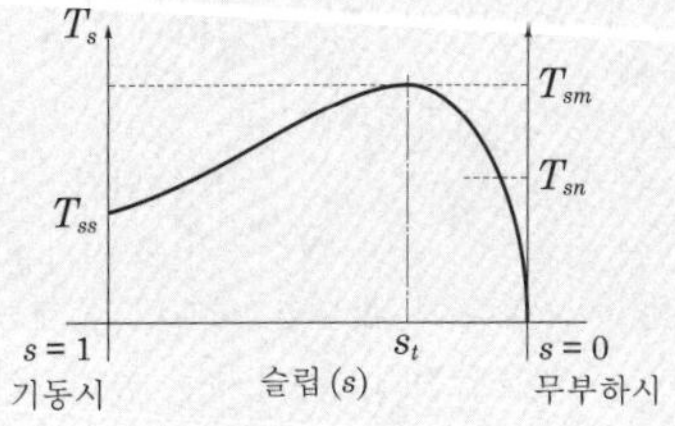

슬립 대 토크 특성 곡선

기출문제 관련 이론 바로보기

03

분로 권선 및 직렬 권선 1상에 유도되는 기전력을 각각 E_1, E_2[V]라 하고 회전자를 0°에서 180°까지 변화시킬 때 3상 유도 전압 조정기의 출력측 선간 전압의 조정 범위는?

① $\dfrac{(E_1 \pm E_2)}{\sqrt{3}}$　　② $\sqrt{3}(E_1 \pm E_2)$

③ $(E_1 - E_2)$　　④ $3(E_1 + E_2)$

해설 3상 유도 전압 조정기의 2차 전압 V_2는 회전자의 회전 각도의 변화로 $\sqrt{3}(E_1 - E_2) \sim \sqrt{3}(E_1 + E_2)$까지 조정할 수 있다.

04

단상 및 3상 유도 전압 조정기에 관하여 옳게 설명한 것은?

① 단락 권선은 단상 및 3상 유도 전압 조정기 모두 필요하다.

② 3상 유도 전압 조정기에는 단락 권선이 필요 없다.

③ 3상 유도 전압 조정기의 1차와 2차 전압은 동상이다.

④ 단상 유도 전압 조정기의 기전력은 회전 자계에 의해서 유도된다.

해설 단상 유도 전압 조정기는 교번 자계를 이용하여 1, 2차 전압에 위상차가 없고 직렬, 분로, 및 단락 권선이 있으며, 3상 유도 전압 조정기는 회전 자계를 이용하며, 1, 2차 전압에 위상차가 있고 직렬 권선과 분포 권선을 갖고 있다.

05. 이론 Check **교류 발전기와 동기 속도**

(1) 교류 발전기

교류 형태로 역학적 에너지를 전기 에너지로 전환하여 교류 기전력을 일으키는 발전기이다. 전자 감응 작용을 응용한 것으로, 간단히 교류기라고도 한다. 교류 발전기는 단상과 3상이 있으나 발전소에 있는 발전기는 모두 3상이며, 동기 속도라는 일정한 속도로 회전하므로 3상 동기 발전기라 한다.

(2) 동기 속도

① 교류 발전기의 주파수

$$f = \frac{P}{2} \times \frac{N_s}{60} = \frac{P}{120} \cdot N_s \,[\text{Hz}]$$

② 동기속도

$$N_s = \frac{120}{P} \cdot f \,[\text{rpm}]$$

여기서, P : 극수

f : 주파수[Hz]

N : 동기 속도[rpm]

③ 동기 속도로 회전하는 교류 발전기, 전동기를 동기기라 한다.

05

출제빈도

주파수 50[Hz], 슬립 0.2인 경우의 회전자 속도가 600[rpm]일 때에 3상 유도 전동기의 극수는?

① 4　　② 8

③ 12　　④ 16

해설 회전 속도 $N = N_s(1-s) = \dfrac{120f}{P}(1-s)$

극수 $P = \dfrac{120f}{N}(1-s) = \dfrac{120 \times 50}{600} \times (1-0.2) = 8$극

06

직류기에 탄소 브러시를 사용하는 주된 이유는?

① 고유 저항이 작기 때문에

② 접촉 저항이 작기 때문에

③ 접촉 저항이 크기 때문에

④ 고유 저항이 크기 때문에

해설 직류 발전기의 브러시는 일반적으로 전기 흑연질 브러시를 사용하며 저전압, 대전류인 경우에는 금속 흑연질 브러시, 고전압, 소전류의 경우에는 접촉 저항이 큰 탄소질 브러시를 사용하여 이상적인 직선 정류를 얻을 수 있다.

정답 03.② 04.② 05.② 06.③

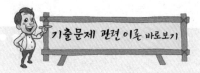

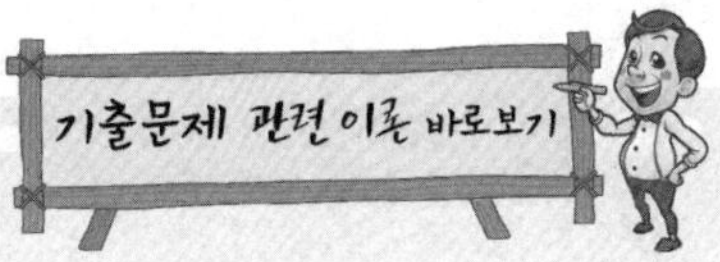

07 직류 발전기에 있어서 계자 철심에 잔류 자기가 없어도 발전되는 직류기는?

① 분권 발전기
② 직권 발전기
③ 타여자 발전기
④ 복권 발전기

해설 직류 자여자 발전기의 분권, 직권 및 복권 발전기는 잔류 자기가 꼭 있어야 하고, 타여자 발전기는 독립된 직류 전원에 의해 여자(excite)하므로 잔류 자기가 필요하지 않다.

08 변압기 결선 방식에서 $\Delta-\Delta$ 결선 방식의 특성이 아닌 것은?

출제빈도

① 중성점 접지를 할 수 없다.
② 110[kV] 이상 되는 계통에서 많이 사용되고 있다.
③ 외부에 고조파 전압이 나오지 않으므로 통신 장해의 염려가 없다.
④ 단상 변압기 3대 중 1대에 고장이 생겼을 때 2대로 V결선하여 송전할 수 있다.

해설 변압기의 $\Delta-\Delta$ 결선은 제3고조파 통로가 있어 기전력이 정현파로 되고 따라서 통신 유도 장해를 일으키지 않으며, 운전 중 1대 고장시 V결선으로 운전을 계속할 수 있으나, 중성점을 접지할 수 없으므로 지락 사고시 계전기 동작이 불확실하고, 이상 전압 발생이 높아 30[kV] 이하의 계통에서 사용한다.

09 일반적으로 전철이나 화학용과 같이 비교적 용량이 큰 수은 정류기용 변압기의 2차측 결선 방식으로 쓰이는 것은?

① 6상 2중 성형
② 3상 반파
③ 3상 전파
④ 3상 크로즈파

해설 변압기의 상(phase)수 변환에서 3상을 6상으로 변환하는 경우 2중 Y결선, 2중 △결선, 환상 결선, 대각 결선 및 포크(fork) 결선이 있으며 용량이 큰 수은 정류에 전원을 공급할 때 6상 2중 Y(성형)결선을 이용한다.

10 시라게 전동기의 특성과 가장 가까운 전동기는?

① 3상 평복권 정류자 전동기
② 3상 복권 정류자 전동기
③ 3상 직권 정류자 전동기
④ 3상 분권 정류자 전동기

정답 07.③ 08.② 09.① 10.④

08. 이론 check **변압기 결선 비교**

(1) $\Delta-\Delta$ 결선
① 단상 변압기 2대 중 1대의 고장이 생겨도, 나머지 2대를 V결선하여 송전할 수 있다.
② 제3고조파 전류는 권선 안에서만 순환되므로, 고조파 전압이 나오지 않는다.
③ 통신 장애의 염려가 없다.
④ 중성점을 접지할 수 없는 결점이 있다.

(2) Y-Y 결선
① 중성점을 접지할 수 있다.
② 권선 전압이 선간 전압의 $\frac{1}{\sqrt{3}}$이 되므로 절연이 쉽다.
③ 제3고조파를 주로 하는 고조파 충전 전류가 흘러 통신선에 장애를 준다.
④ 제3차 권선을 감고 Y-Y-△의 3권선 변압기를 만들어 송전 전용으로 사용한다.

(3) Δ-Y 결선, Y-Δ 결선
① Δ-Y 결선은 낮은 전압을 높은 전압으로 올릴 때 사용한다.
② Y-Δ 결선은 높은 전압을 낮은 전압으로 낮추는 데 사용한다.
③ 어느 한쪽이 △결선이어서 여자 전류가 제3고조파 통로가 있으므로, 제3고조파에 의한 장애가 적다.

해설 시라게(schrage) 전동기는 3상 분권 정류자 전동기에서 특성이 가장 우수하며, 1, 2차 및 3차 권선과 3조의 브러시를 갖고 있으며 토크의 변화에 대한 속도 변동이 매우 적고 역률을 개선할 수 있는 특수 3상 권선형 유도 전동기이다.

11

3,300/200[V], 10[kVA]의 단상 변압기의 2차를 단락하여 1차측에 300[V]를 가하니 2차에 120[A]가 흘렀다. 이 변압기의 임피던스 전압[V]과 백분율 임피던스 강하[%]는?

① 125, 3.8　　② 200, 4
③ 125, 3.5　　④ 200, 4.2

해설 2차 정격 전류 $I_2 = \dfrac{P}{V_2} = \dfrac{10\times10^3}{200} = 50[\text{A}]$

임피던스 전압(V_s)은 변압기 2차측을 단락하였을 때의 전류가 정격 전류와 같은 경우, 1차 공급 전압이므로 $V_s = \dfrac{50}{120}\times300 = 125[\text{V}]$

퍼센트 임피던스 강하 $\%Z = \dfrac{IZ}{V}\times100 = \dfrac{V_s}{V_n}\times100 = \dfrac{125}{3,300}\times100 ≒ 3.78[\%]$

12

정·역 운전을 할 수 없는 단상 유도 전동기는?

① 분상 기동형
② 셰이딩 코일형
③ 반발 기동형
④ 콘덴서 기동형

해설 단상 유도 전동기에서 정·역 운전을 할 수 없는 전동기는 셰이딩(shading) 코일형 전동기이다.

13

동기기의 과도 안정도를 증가시키는 방법이 아닌 것은?

① 속응 여자 방식을 채용한다.
② 회전자의 플라이휠 효과를 크게 한다.
③ 동기화 리액턴스를 크게 한다.
④ 조속기의 동작을 신속히 한다.

해설 **동기 발전기의 안정도 향상책**
- 단락비가 클 것
- 정상 리액턴스가 크고 역상·영상 리액턴스가 클 것
- 조속기 동작이 신속할 것
- 플라이휠(관성 모멘트) 효과가 클 것
- 속응 여자 방식을 채택할 것

정답 11.① 12.② 13.③

기출문제 관련 이론 바로보기

11. 이론 check **전압 변동률[ε[%]]과 백분율 강하**

$$\varepsilon = \frac{V_{20}-V_{2n}}{V_{2n}}\times100 = \frac{V_1-V_2'}{V_2'}\times100[\%]$$

여기서, V_{20} : 2차 무부하 전압
V_1 : 1차 정격 전압
V_{2n} : 2차 전부하 전압
V_2' : 2차의 1차 환산 전압

(1) 백분율 강하의 전압 변동률
$\varepsilon = p\cos\theta \pm q\sin\theta[\%]$
(여기서, + : 지역률, − : 진역률)

① 퍼센트 저항 강하
$$p = \frac{I\cdot r}{V}\times100[\%]$$

② 퍼센트 리액턴스 강하
$$q = \frac{I\cdot x}{V}\times100[\%]$$

③ 퍼센트 임피던스 강하
$$\%Z = \frac{I\cdot Z}{V}\times100 = \frac{I_n}{I_s}\times100 = \frac{V_s}{V_n}\times100 = \sqrt{p^2+q^2}[\%]$$

(2) 최대 전압 변동률과 조건

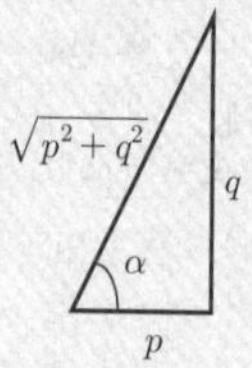

$$\varepsilon = p\cos\theta + q\sin\theta = \sqrt{p^2+q^2}\cos(\alpha-\theta)$$

∴ $\alpha=\theta$일 때 전압 변동률이 최대로 된다.

$$\varepsilon_{\max} = \sqrt{p^2+q^2}[\%]$$

(3) 임피던스 전압과 임피던스 와트

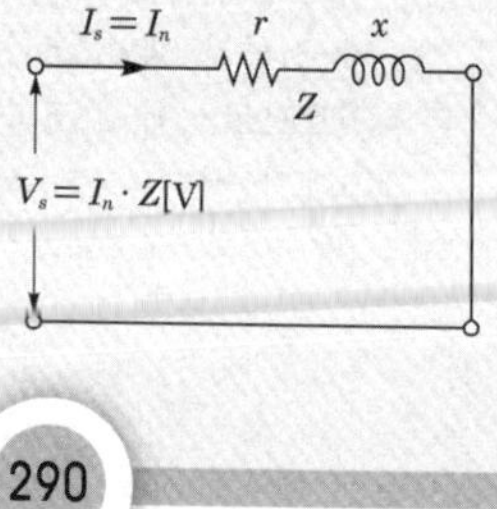

14 극수는 6, 회전수가 1,200[rpm]인 교류 발전기와 병렬 운전하는 극수가 8인 교류 발전기의 회전수[rpm]는?

출제빈도

① 1,200　　② 900
③ 750　　④ 520

해설 동기 발전기의 병렬 운전시 주파수가 같아야 한다.

동기 속도 $N_s = \frac{120f}{P}$ 에서

A 발전기의 주파수 $f = N_s \cdot \frac{P}{120}$

$= 1,200 \times \frac{6}{120}$

$= 60$[Hz]

B 발전기의 회전 속도 $N_s = \frac{120f}{P}$

$= \frac{120 \times 60}{8}$

$= 900$[rpm]

15 어떤 변압기의 단락 시험에서 %저항 강하 1.5[%]와 %리액턴스 강하 3[%]를 얻었다. 부하 역률이 80[%] 앞선 경우의 전압 변동률[%]은?

① -0.6　　② 0.6
③ -3.0　　④ 3.0

해설 변압기의 전압 변동률 $\varepsilon = p\cos\theta \pm q\sin\theta$[%]

앞선(진) 역률 $\varepsilon = p\cos\theta - q\sin\theta$

$= 1.5 \times 0.8 - 3 \times 0.6$

$= -0.6$[%]

16 교류 발전기의 고조파 발생을 방지하는 데 적합하지 않은 것은?

① 전기자 슬롯을 스큐 슬롯으로 한다.
② 전기자 권선의 결선을 Y형으로 한다.
③ 전기자 반작용을 작게 한다.
④ 전기자 권선을 전절권으로 감는다.

해설 교류(동기) 발전기의 고조파 발생을 방지하여 기전력의 파형을 개선하려면 전기자 권선을 분포권, 단절권으로 하며 Y결선을 하고 전기자 반작용을 작게 하며 경사 슬롯(skew slot)을 채택한다.

17 3상 동기기에서 제동 권선의 주목적은?

① 출력 개선　　② 효율 개선
③ 역률 개선　　④ 난조 방지

정답 14.② 15.① 16.④ 17.④

기출문제 관련 이론 바로보기

① 임피던스 전압(V_s[V]) : 2차 단락 전류가 정격 전류와 같은 값을 가질 때 1차 인가 전압 → 정격 전류에 의한 변압기 내 전압 강하

$V_s = I_n \cdot Z$[V]

② 임피던스 와트(W_s[W]) : 임피던스 전압 인가시 입력(임피던트 와트=동손)

$W_s = I_m{}^2 \cdot r = P_c$

14. 이론 check 동기 속도

$N_s = \frac{120f}{P}$[rpm]

여기서, N_s : 동기 속도[rpm]
f : 주파수[Hz]
P : 극수

Tip 동기 발전기의 병렬 운전 조건

(1) 기전력의 크기가 같을 것
기전력의 크기가 다를 때 무효 순환 전류가 흐른다.
(2) 기전력의 위상이 같을 것
기전력의 위상차(δ_s)가 있을 때 동기화 전류(I_s)가 흐른다. 동기화 전류가 흐르면 수수 전력과 동기화력이 발생한다.
(3) 기전력의 주파수가 같을 것
(4) 기전력의 파형이 같을 것
(5) 기전력의 상회전 방향이 같을 것

해설 **제동 권선의 효용**

- 난조 방지
- 기동하는 경우 유도 전동기의 농형 권선으로서 기동 토크를 발생
- 불평형 부하시의 전류 전압 파형의 개선
- 송전선의 불평형 단락시에 이상 전압의 방지

18 직류기에서 전기자 반작용을 방지하기 위한 보상 권선의 전류 방향은?

① 계자 전류의 방향과 같다.
② 계자 전류 방향과 반대이다.
③ 전기자 전류 방향과 같다.
④ 전기자 전류 방향과 반대이다.

해설 보상 권선은 전기자 권선과 직렬로 접속하여 전기자 전류와 반대 방향으로 전류를 통해서 전기자 기자력을 상쇄시키도록 한다.

19 10극인 직류 발전기의 전기자 도체수가 600, 단중 파권이고 매극의 자속수가 0.01[Wb], 600[rpm]일 때의 유도 기전력[V]은?

출제빈도

① 150　　② 200
③ 250　　④ 300

해설 유도 기전력 $E=\dfrac{Z}{a}p\phi\dfrac{N}{60}$

$$=\frac{600}{2}\times 10\times 0.01\times\frac{600}{60}=300[\text{V}]$$

20 전동력 응용 기기에서 GD^2값이 적은 것이 바람직한 기기는?

① 압연기　　② 엘리베이터
③ 송풍기　　④ 냉동기

해설 엘리베이터용 전동기의 가장 필요한 특성은 관성 모멘트가 작아야 한다.

관성 모멘트 $J=\dfrac{1}{2}GD^2[\text{kg}\cdot\text{m}^2]$

플라이휠 효과(flywheel effect) $GD^2[\text{kg}\cdot\text{m}^2]$

기출문제 관련 이론 바로보기

19. 이론 check **유기 기전력**

직류 발전기의 전기자 권선의 주변 속도를 v[m/s], 평균 자속 밀도를 B[Wb/m^2], 도체의 길이를 l[m]라 하면, 전기자 도체 1개의 유도 기전력 $e=vBl$[V]

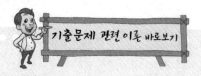

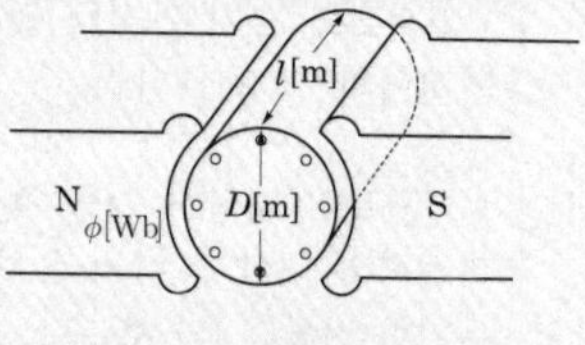

▮ 유기 기전력 ▮

여기서, 속도 $v=\pi DN$[m/s]

자속밀도 $B=\dfrac{p\phi}{\pi Dl}$[Wb/m^2]이므로

$e=\pi DN\cdot\dfrac{p\phi}{\pi Dl}\cdot l=p\phi N$[V]

전기자 도체의 총수를 Z, 병렬 회로의 수를 a라 하면, 브러시 사이의 전체 유기 기전력은 다음과 같다.

$E=\dfrac{Z}{a}\cdot e=\dfrac{Z}{a}p\phi N=\dfrac{Z}{a}p\phi\dfrac{N}{60}$[V]

여기서, Z : 전기자 도체의 총수[개]
a : 병렬 회로수(중권 : $a=p$, 파권 : $a=2$)
p : 자극의 수[극]
ϕ : 매극당 자속[Wb]
N : 분당 회전수[rpm]

정답 18.④ 19.④ 20.②

Industrial Engineer Electricity

2015년 과년도 출제문제

제1회 전기기기

01 브러시의 위치를 바꾸어서 회전 방향을 바꿀 수 있는 전기 기계가 아닌 것은?

① 톰슨형 반발 전동기
② 3상 직권 정류자 전동기
③ 시라게 전동기
④ 정류자형 주파수 변환기

해설 정류자형 주파수 변환기는 회전자에 정류자와 슬립링을 가지고 있으며 권선형 유도 전동기의 2차 여자를 하기 위해서 교류 여자기로 사용된다. 그러므로 회전 방향은 유도 전동기의 회전 방향과 동일한 회전 방향이다.

02 직류 전동기의 역기전력에 대한 설명 중 틀린 것은?

출제빈도

① 역기전력이 증가할수록 전기자 전류는 감소한다.
② 역기전력은 속도에 비례한다.
③ 역기전력은 회전 방향에 따라 크기가 다르다.
④ 부하가 걸려 있을 때에는 역기전력은 공급 전압보다 크기가 작다.

해설 역기전력은 단자 전압과 반대 방향이고, 전기자 전류에 흐름을 방해하는 방향으로 발생되는 기전력이다.

$\therefore\ E=\dfrac{pZ}{60a}\cdot\phi\cdot N=V-I_aR_a$[V]

03 정격 6,600/220[V]인 변압기의 1차측에 6,600[V]를 가하고 2차측에 순저항 부하를 접속하였더니 1차에 2[A]의 전류가 흘렀다. 이때 2차 출력[kVA]은?

① 19.8 ② 15.4
③ 13.2 ④ 9.7

해설 변압기에 손실을 무시하면 1차 입력과 2차 출력이 같아진다.

$\therefore\ P=V_1I_1=V_2I_2=6,600\times2\times10^{-3}=13.2$[kVA]

정답 01.④ 02.③ 03.③

기출문제 관련 이론 바로보기

02. 이론 check 직류 전동기의 이론

(1) 역기전력 : E

전동기가 회전하면 도체는 자속을 끊고 있기 때문에 단자 전압 V와 반대 방향의 역기전력이 발생한다.

$$E=V-I_aR_a$$
$$=\frac{p}{a}Z\phi\cdot\frac{N}{60}=K\phi N\,[\text{V}]$$
$$\left(K=\frac{pZ}{60a}\right)$$

여기서, p : 자극수
a : 병렬 회로수
Z : 도체수
ϕ : 1극당 자속[Wb]
N : 회전수[rpm]

(2) 전기자 전류

$$I_a=\frac{V-E}{R_a}\,[\text{A}]$$

(3) 회전 속도

$$N=K\frac{E}{\phi}=K\frac{V-I_aR_a}{\phi}\,[\text{rpm}]$$

(4) 토크

$$T=K_T\phi I_a\,[\text{N}\cdot\text{m}]$$

여기서, $K_T=\dfrac{pZ}{2a\pi}$

(5) 기계적 출력

$$P_m=EI_a=\frac{p}{a}Z\phi\cdot\frac{N}{60}\cdot I_a$$
$$=\frac{2\pi NT}{60}\,[\text{W}]$$

기출문제 관련 이론 바로보기

04 단자 전압 220[V], 부하 전류 50[A]인 분권 발전기의 유기 기전력[V]은? (단, 전기자 저항 0.2[Ω], 계자 전류 및 전기자 반작용은 무시한다.)

① 210 ② 225
③ 230 ④ 250

해설 $E = V + I_a r_a = V + (I + I_f) r_a$ (단, I_f : 무시)
$= 220 + 50 \times 0.2 = 230[V]$

05. 이론 check 분권 발전기

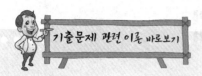

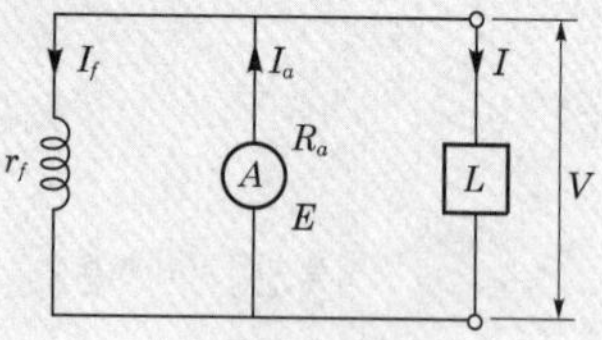

‖ 분권 발전기 ‖

(1) 계자 권선과 전기자 병렬로 접속한다.
(2) 유기 기전력
$E = \frac{Z}{a} p\phi \frac{N}{60}$ [V]
(3) 전기자 전류
$I_a = I + I_f \fallingdotseq I \, (I \gg I_f)$
(4) 계자 권선의 전압 강하는 단자 전압과 같다.
$V = E - I_a R_a = I_f r_f$ [V]

05 200[kW], 200[V]의 직류 분권 발전기가 있다. 전기자 권선의 저항이 0.025[Ω]일 때 전압 변동률은 몇 [%]인가?

출제빈도

① 6.0 ② 12.5
③ 20.5 ④ 25.0

해설 $P = 200[kW]$, $V_n = 200[V]$, $R_a = 0.025[\Omega]$이므로
무부하 단자 전압(V_0)

$$V_0 = V_n + I_a R_a = 200 + \frac{200 \times 10^3}{200} \times 0.025 = 225[V]$$

전압 변동률(ε)

$$\therefore \varepsilon = \frac{V_0 - V_n}{V_n} \times 100 = \frac{225 - 200}{200} \times 100 = 12.5[\%]$$

06 6극 직류 발전기의 정류자편수가 132, 단자 전압이 220[V], 직렬 도체수가 132개이고 중권이다. 정류자편 간 전압은 몇 [V]인가?

① 5 ② 10
③ 20 ④ 30

해설 $$e_{sa} = \frac{pE}{k} = \frac{6 \times 220}{132} = 10[V]$$

여기서, e_{sa} : 정류자편 간 전압, E : 유기 기전력,
k : 정류자편수, p : 극수

07 3,300[V] / 210[V], 5[kVA] 단상 변압기의 퍼센트 저항 강하는 2.4[%], 퍼센트 리액턴스 강하는 1.8[%]이다. 임피던스 와트[W]는?

① 320 ② 240
③ 120 ④ 90

해설 $$p = \frac{I_{1n} r}{V_{1n}} \times 100 = \frac{I_{1n}{}^2 r}{V_{1n} I_{1n}} \times 100 = \frac{P_s}{[kVA]} \times 100$$

$$\therefore P_s = \frac{p \cdot [kVA]}{100} = \frac{2.4 \times 5 \times 10^3}{100} = 120[W]$$

정답 04.③ 05.② 06.② 07.③

08 변압기유가 갖추어야 할 조건으로 옳은 것은?

① 절연 내력이 낮을 것
② 인화점이 높을 것
③ 비열이 적어 냉각 효과가 클 것
④ 응고점이 높을 것

해설 변압기유의 구비 조건

- 절연 내력이 클 것
- 절연 재료 및 금속에 화학 작용을 일으키지 않을 것
- 인화점이 높고 응고점이 낮을 것
- 점도가 낮고(유동성이 풍부) 비열이 커서 냉각 효과가 클 것
- 고온에 있어 석출물이 생기거나 산화하지 않을 것
- 증발량이 적을 것

09 단상 유도 전동기의 기동 토크에 대한 사항으로 틀린 것은?

① 분상 기동형의 기동 토크는 125[%] 이상이다.
② 콘덴서 기동형의 기동 토크는 350[%] 이상이다.
③ 반발 기동형의 기동 토크는 300[%] 이상이다.
④ 셰이딩 코일형의 기동 토크는 40~80[%] 이상이다.

10 3상 동기 발전기에 평형 3상 전류가 흐를 때 전기자 반작용은 이 전류가 기전력에 대하여 (㉠)일 때 감자 작용이 되고, (㉡)일 때 증자 작용이 된다. ㉠, ㉡의 적당한 것은?

출제빈도

① ㉠ : 90° 뒤질, ㉡ : 90° 앞설
② ㉠ : 90° 앞설, ㉡ : 90° 뒤질
③ ㉠ : 90° 뒤질, ㉡ : 동상일
④ ㉠ : 동상일, ㉡ : 90° 앞설

해설 동기 발전기의 전기자 반작용

- 전기자 전류가 유기 기전력과 동상($\cos\theta=1$)일 때는 주자속을 편협시켜 일그러뜨리는 횡축 반작용을 한다.
- 전기자 전류가 유기 기전력보다 위상 $\frac{\pi}{2}$ 뒤진($\cos\theta=0$ 뒤진) 경우에는 주자속을 감소시키는 직축 감자 작용을 한다.
- 전기자 전류가 유기 기전력보다 위상이 $\frac{\pi}{2}$ 앞선($\cos\theta=0$ 앞선) 경우에는 주자속을 증가시키는 직축 증자 작용을 한다.

정답 08.② 09.② 10.①

기출문제 관련 이론 바로보기

10. 이론 check **동기 발전기의 전기자 반작용**

전기자 전류에 의한 자속이 계자 자속에 영향을 미치는 현상이다.

(1) 횡축 반작용

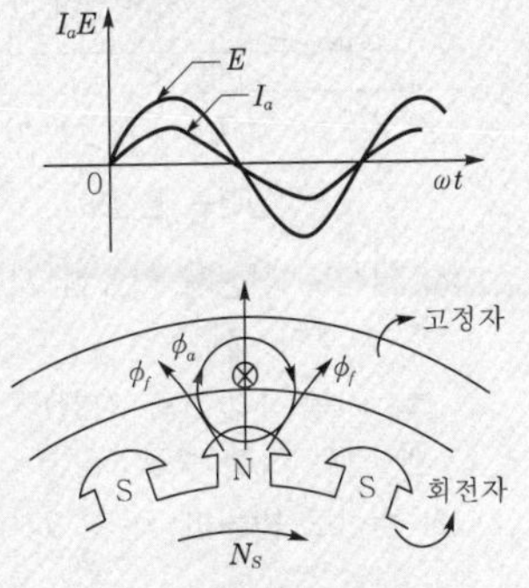

| 횡축 반작용 |

① 계자 자속 왜형파로 되며, 약간 감소한다.
② 전기자 전류(I_a)와 유기 기전력(E)이 동상일 때($\cos\theta=1$)

(2) 직축 반작용

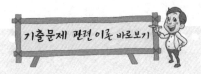

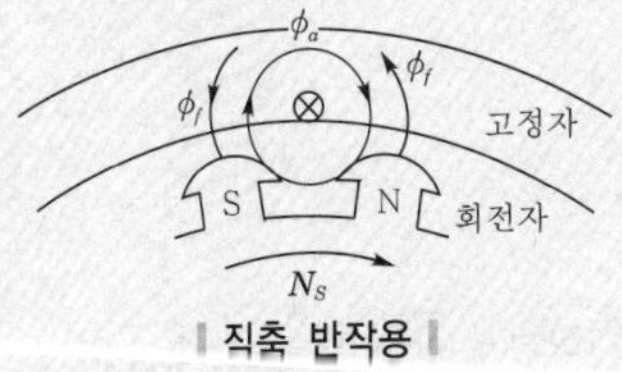

| 직축 반작용 |

① 감자 작용 : 계자 자속 감소
I_a가 E보다 위상이 90° 뒤질 때($\cos\theta=0$, 뒤진 역률)
② 증자 작용 : 계자 자속 증가
I_a가 E보다 위상이 90° 앞설 때($\cos\theta=0$, 앞선 역률)

기출문제 관련 이론 바로보기

11

유도 전동기의 슬립을 측정하려고 한다. 다음 중 슬립의 측정법이 아닌 것은?

① 동력계법
② 수화기법
③ 직류 밀리볼트계법
④ 스트로보스코프법

해설 슬립 측정법에는 직류 밀리볼트계법, 수화기법, 스트로보스코프법 등이 있다.

12

출제빈도

3상 유도 전동기 원선도 작성에 필요한 시험이 아닌 것은?

① 저항 측정
② 슬립 측정
③ 무부하 시험
④ 구속 시험

해설 **하일랜드(Heyland) 원선도를 그리는 데 필요한 시험**
- 무부하 시험 : $I_0 = I_i + I_\phi$, P_i
- 구속 시험(단락 시험)
- 1차, 2차 권선의 저항 측정

12. 이론 check **하일랜드 원선도**

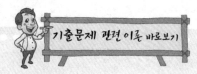

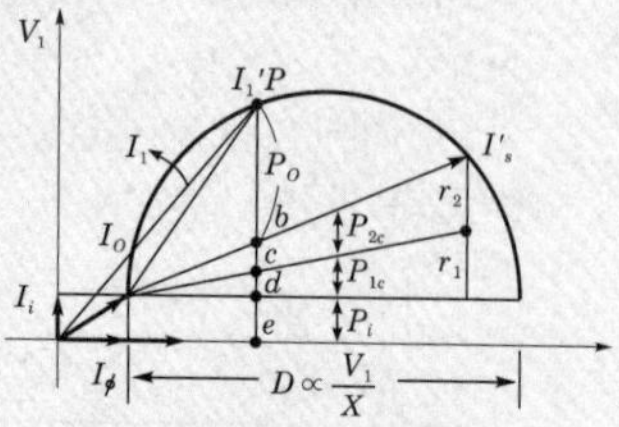

▌하일랜드 원선도▐

(1) 원선도 작성시 필요한 시험
① 무부하 시험 : $\dot{I}_o = \dot{I}_i + \dot{I}_\phi$
② 구속 시험(단락 시험) : I_s'
③ 권선 저항 측정 : r_1, r_2

(2) 원선도 반원의 직경 : D

$$D \propto \frac{E_1}{X}$$

13

스테핑 모터의 여자 방식이 아닌 것은?

① 2~4상 여자
② 1~2상 여자
③ 2상 여자
④ 1상 여자

해설 스테핑 모터를 여자시키려면 스텝으로 신호를 가한다. 이때 4상 모터의 4개의 상에 순차적으로 펄스를 가하는데 1상 여자, 2상 여자, 1~2상 여자 방식이 있다.

14

단상 반발 전동기에 해당되지 않는 것은?

① 아트킨손 전동기
② 시라게 전동기
③ 데리 전동기
④ 톰슨 전동기

해설 시라게 전동기는 3상 분권 정류자 전동기이다. 단상 반발 전동기의 종류에는 아트킨손(Atkinson)형, 톰슨(Thomson)형, 데리(Deri)형, 윈터 아이티 베르그(Winter Eichberg)형 등이 있다.

15. Tip **회전 속도(N[rpm])**

유도 전동기의 회전 속도

$$N = N_s(1-s) = \frac{120f}{P}(1-s)\text{[rpm]}$$

$$\left(s = \frac{N_s - N}{N_s}\right)$$

15

출제빈도

극수 6, 회전수 1,200[rpm]의 교류 발전기와 병행 운전하는 극수 8의 교류 발전기의 회전수는 몇 [rpm]이어야 하는가?

① 800
② 900
③ 1,050
④ 1,100

정답 11.① 12.② 13.① 14.② 15.②

해설 동기 속도$(N_s)=\dfrac{120f}{P}$[rpm]

$f=\dfrac{P \cdot N_s}{120}=\dfrac{1,200\times 6}{120}=60$[Hz]

$\therefore$ $P=8$일 때 동기 속도(N_s)

$N_s=\dfrac{120\times 60}{8}=900$[rpm]

16 반도체 사이리스터에 의한 제어는 어느 것을 변화시키는 것인가?

① 주파수
② 전류
③ 위상각
④ 최대값

해설 반도체 사이리스터에 의한 제어는 정류 전압의 위상각을 제어하여 변화시킬 수 있다.

17 3상 동기 발전기의 매극 매상의 슬롯수를 3이라고 하면, 분포권 계수는?

출제빈도

① $\sin\dfrac{2}{3}\pi$ ② $\sin\dfrac{3}{2}\pi$
③ $6\sin\dfrac{\pi}{18}$ ④ $\dfrac{1}{6\sin\dfrac{\pi}{18}}$

해설 분포권 계수(K_{dn})

$K_{dn}=\dfrac{\sin\dfrac{n\pi}{2m}}{q\sin\dfrac{n\pi}{2mq}}$ (n차 고조파)의 식에서

$n=1,\ m=3,\ q=3$이므로

$\therefore K_{d1}=\dfrac{\sin\dfrac{\pi}{2\times 3}}{3\sin\dfrac{\pi}{2\times 3\times 3}}=\dfrac{\dfrac{1}{2}}{3\sin\dfrac{\pi}{18}}$

$=\dfrac{1}{6\sin\dfrac{\pi}{18}}$

18 $\triangle$−Y 결선의 3상 변압기군 A와 Y−$\triangle$ 결선의 변압기군 B를 병렬로 사용할 때 A군의 변압기 권수비가 30이라면 B군의 변압기 권수비는?

① 10 ② 30
③ 60 ④ 90

정답 16.③ 17.④ 18.①

기출문제 관련 이론 바로보기

17. 이론 check 분포권

(1) 분포권 계수

K_d(기본파)$=\dfrac{\sin\dfrac{\pi}{2m}}{q\sin\dfrac{\pi}{2mq}}$

K_{dn}(n차 고조파)$=\dfrac{\sin\dfrac{n\pi}{2m}}{q\sin\dfrac{n\pi}{2mq}}$

여기서, q : 매극 매상당 슬롯수
m : 상수

(2) 분포권의 특징
① 기전력의 고조파가 감소하여 파형이 좋아진다.
② 권선의 누설 리액턴스가 감소한다.
③ 전기자 권선에 의한 열을 고르게 분포시켜 과열을 방지할 수 있다.

기출문제 관련 이론 바로보기

해설 A 변압기 권수비 = a_1, B 변압기 권수비 = a_2
1, 2차 상전압 = E_1, E_2
1, 2차 선간 전압 = V_1, V_2라 하면

$$a_1 = \frac{E_1}{E_2} = \frac{V_1}{\frac{V_2}{\sqrt{3}}} = \frac{\sqrt{3}\,V_1}{V_2}$$

$$a_2 = \frac{E_1'}{E_2'} = \frac{V_1}{\frac{\sqrt{3}}{V_2}} = \frac{V_1}{\sqrt{3}\,V_2}$$

$$\therefore \frac{a_1}{a_2} = \frac{\frac{\sqrt{3}\,V_1}{V_2}}{\frac{V_1}{\sqrt{3}\,V_2}} = \frac{3 \cdot V_1 \cdot V_2}{V_1 \cdot V_2} = 3$$

$$\therefore a_2 = \frac{1}{3}a_1 = \frac{1}{3} \times 30 = 10$$

19. 이론 check **동기 속도와 슬립**

(1) 동기 속도 $N_s = \frac{120f}{P}$[rpm] (회전 자계의 회전 속도)
(2) 상대 속도 $N_s - N$(회전 자계와 전동기 회전 속도의 차)
(3) 동기 속도와 상대 속도의 비를 슬립(slip)이라 한다.
① 슬립 $s = \frac{N_s - N}{N_s}$
② 슬립 s로 운전하는 경우 2차 주파수 $f_2' = sf_2 = sf_1$[Hz]

19

출제빈도

3상 60[Hz] 전원에 의해 여자되는 6극 권선형 유도 전동기가 있다. 이 전동기가 1,150[rpm]으로 회전할 때 회전자 전류의 주파수는 몇 [Hz]인가?

① 1 ② 1.5
③ 2 ④ 2.5

해설 회전자 주파수(f_{2s}) = sf_1[Hz] = $0.04 \times 60 = 2.5$[Hz]

$$\text{슬립}(s) = \frac{N_s - N}{N_s} = \frac{\frac{120 \times 60}{6} - 1{,}150}{\frac{120 \times 60}{6}} = 0.04$$

20

출제빈도

동기 발전기에서 기전력의 파형이 좋아지고 권선의 누설 리액턴스를 감소시키기 위하여 채택한 권선법은?

① 집중권
② 형권
③ 쇄권
④ 분포권

해설 **분포권을 사용하는 이유**
- 기전력의 고조파가 감소하여 파형이 좋아진다.
- 권선의 누설 리액턴스가 감소한다.
- 전기자 권선에 의한 열을 고르게 분포시켜 과열을 방지하고 코일 배치가 균일하게 되어 통풍 효과를 높인다.

정답 19.④ 20.④

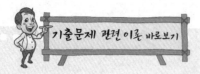

제 2 회 전기기기

01 변압기의 임피던스 전압이란?

출제빈도

① 정격 전류시 2차측 단자 전압이다.
② 변압기의 1차를 단락, 1차에 1차 정격 전류와 같은 전류를 흐르게 하는 데 필요한 1차 전압이다.
③ 변압기 내부 임피던스와 정격 전류와의 곱인 내부 전압 강하이다.
④ 변압기 2차를 단락, 2차에 2차 정격 전류와 같은 전류를 흐르게 하는 데 필요한 2차 전압이다.

해설 $V_s = I_n \cdot Z[V]$

따라서, 임피던스 전압이란 정격 전류에 의한 변압기 내의 전압 강하이다.

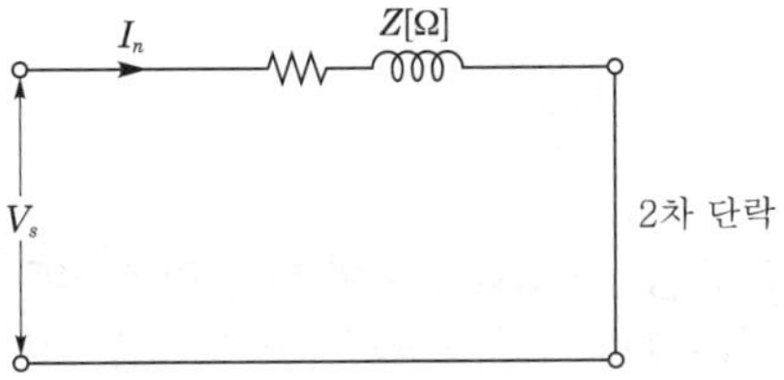

02 1차 전압 6,900[V], 1차 권선 3,000회, 권수비 20의 변압기가 60[Hz]에 사용할 때 철심의 최대 자속[Wb]은?

출제빈도

① 0.76×10^{-4} ② 8.63×10^{-3}
③ 80×10^{-3} ④ 90×10^{-3}

해설 $E_1 = 4.44 f \omega_1 \phi_m$ [V]

$$\therefore \phi_m = \frac{E_1}{4.44 f \omega_1} = \frac{6,900}{4.44 \times 60 \times 3,000}$$

$$\fallingdotseq 8.63 \times 10^{-3} \text{[Wb]}$$

03 동기 전동기의 진상 전류에 의한 전기자 반작용은 어떤 작용을 하는가?

① 횡축 반작용 ② 교차 자화 작용
③ 증자 작용 ④ 감자 작용

해설 전기자 전류가 단자 전압보다 $\frac{\pi}{2}$ 앞선 위상(진상 전류)이 되면 감자 작용을 하여 주자속을 감소시킨다.

정답 01.③ 02.② 03.④

기출문제 관련 이론 바로보기

01. 이론 check 임피던스 전압과 임피던스 와트

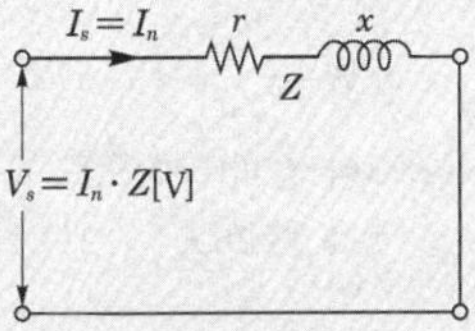

(1) 임피던스 전압(V_s[V])
2차 단락 전류가 정격 전류와 같은 값을 가질 때 1차 인가 전압
→ 정격 전류에 의한 변압기 내 전압 강하
$V_s = I_n \cdot Z$[V]

(2) 임피던스 와트(W_s[W])
임피던스 전압 인가시 입력(임피던스 와트=동손)
$W_s = I_m{}^2 \cdot r = P_c$

02. 이론 check 유기 기전력(E_1, E_2)

1차 공급 전압 $V_1 = \sin\omega t$ [V]

$$e_1 = -N_1 \frac{d\phi}{dt} = -V_m \sin\omega t$$

$$\phi = \int \frac{V_m}{N_1} \sin\omega t \, dt$$

$$= -\frac{V_m}{\omega N_1} \cos\omega t$$

$$= \phi_m \sin\left(\omega t - \frac{\pi}{2}\right)$$

$\therefore V_m = \omega N_1 \phi_m$

$$e_1 = -\omega N_1 \phi_m \sin\omega t$$

$$= E_{1m} \sin(\omega t - \pi) \text{[V]}$$

(1) $E_1 = \frac{E_{1m}}{\sqrt{2}} = 4.44 f N_1 \phi_m$ [V]

(2) $E_2 = \frac{E_{2m}}{\sqrt{2}} = 4.44 f N_2 \phi_m$ [V]

기출문제 관련 이론 바로보기

04. 이론 check 3상 반파 및 전파

(1) 3상 반파(다이오드 3개 이용)

$$E_d = \frac{3\sqrt{6}E}{2\pi} = 1.17E[\mathrm{V}]$$

(2) 3상 전파(다이오드 6개 이용)

$$E_d = \frac{3\sqrt{6}E}{2\pi} \times \frac{2}{\sqrt{3}} = \frac{3\sqrt{2}}{\pi}E = 1.35E[\mathrm{V}]$$

06. 이론 check 게르게스 현상과 크로우링 현상

(1) 게르게스 현상
권선형 유도 전동기에서 나타나며 원인은 전류에 고조파가 포함되어 3상 운전 중 1선의 단선 사고가 일어나는 현상이다. 이것의 영향으로 운전은 지속되나 속도가 감소하며 전류가 증가하고 소손의 우려가 있다.

(2) 크로우링 현상
농형 유도 전동기에서 나타나며 원인은 고정자와 회전자 슬롯수가 적당하지 않은 경우 소음이 발생하는 현상이다.

04 입력 전압이 220[V]일 때, 3상 전파 제어 정류 회로에서 얻을 수 있는 직류 전압은 몇 [V]인가? (단, 최대 전압은 점호각 $\alpha=0$일 때이고, 3상에서 선간 전압으로 본다.)

출제빈도

① 152　　② 198
③ 297　　④ 317

해설 3상 전파 정류 직류 전압$(E_d)=1.35E_a$[V]
$\therefore\ E_d = 1.35\times 220 = 297$[V]

05 유도 전동기의 2차 동손을 P_c, 2차 입력을 P_2, 슬립을 s라 할 때, 이들 사이의 관계는?

① $s=\dfrac{P_c}{P_2}$　　② $s=\dfrac{P_2}{P_c}$
③ $s=P_2\cdot P_c$　　④ $s=P_2+P_c$

해설 2차 동손 $P_c = sP_2$[W]

06 3상 권선형 유도 전동기의 2차 회로의 한 상이 단선된 경우에 부하가 약간 커지면 슬립이 50[%]인 곳에서 운전이 되는 것을 무엇이라 하는가?

출제빈도

① 차동기 운전
② 자기 여자
③ 게르게스 현상
④ 난조

해설 3상 권선형 유도 전동기의 2차 회로 중 1선이 단선하는 경우에는 2차 회로에 단상 전류가 흐르기 때문에 부하가 약간만 무거우면 슬립 $s=50$[%]인 곳에서 걸려서 그 이상 가속되지 않는다. 이것은 이 점에서 토크가 낮은 부분이 생기는 까닭으로서 이것을 게르게스 현상이라 한다.

07 3상 유도 전동기를 급속하게 정지시킬 경우에 사용되는 제동법은?

① 발전 제동법
② 회생 제동법
③ 마찰 제동법
④ 역상 제동법

해설 3상 중 2상의 접속을 바꾸어 역회전시켜 발생되는 역토크를 이용해서 전동기를 급정지시키는 제동법은 역상 제동이다.

정답 04.③ 05.① 06.③ 07.④

08 동기 주파수 변환기의 주파수 f_1 및 f_2 계통에 접속되는 양극을 P_1, P_2라 하면, 다음 어떤 관계가 성립되는가?

출제빈도

① $\frac{f_1}{f_2}=\frac{P_1}{P_2}$　　② $\frac{f_1}{f_2}=P_2$

③ $\frac{f_1}{f_2}=\frac{P_2}{P_1}$　　④ $\frac{f_2}{f_1}=P_1 \cdot P_2$

해설 주파수 변환기의 속도 $N_s=\frac{120f_1}{P_1}=\frac{120f_2}{P_2}$에서 $\frac{f_1}{f_2}=\frac{P_1}{P_2}$이다.

09 단상 변압기 3대를 이용하여 3상 △－△ 결선을 했을 때, 1차와 2차 전압의 각변위(위상차)는?

① 30°　　② 60°

③ 120°　　④ 180°

해설 각 변위란 전압 벡터에서 고압측과 저압측의 각도차를 말하며, 변압기 1, 2차가 △－△ 결선일 때 각변위는 180°이다.

10 다음 전부하로 운전하고 있는 60[Hz], 4극 권선형 유도 전동기의 전부하 속도는 1,728[rpm], 2차 1상의 저항은 0.02[Ω]이다. 2차 회로의 저항을 3배로 할 때의 회전수[rpm]는?

출제빈도

① 1,264　　② 1,356

③ 1,584　　④ 1,765

해설 $N_s=\frac{120f}{P}=\frac{120\times 60}{4}=1,800[\text{rpm}]$

$s_1=\frac{N_s-N}{N_s}=\frac{1,800-1,728}{1,800}=0.04$

r_2를 3배로 하면 비례 추이의 원리로 슬립도 3배가 된다.

$\frac{r_2}{s_1}=\frac{3r_2}{s_2}$

$\therefore\ s_2=\frac{3r_2}{r_2}\cdot s_1=3s_1=3\times 0.04=0.12$

$\therefore\ N=(1-s_2)N_s=(1-0.12)\times 1,800=1,584[\text{rpm}]$

11 어느 변압기의 1차 권수가 1,500인 변압기의 2차측에 접속한 20[Ω]의 저항은 1차측으로 환산했을 때 8[kΩ]으로 되었다고 한다. 이 변압기의 2차 권수는?

① 400　　② 250

③ 150　　④ 75

정답 08.① 09.④ 10.③ 11.④

기출문제 관련 이론 바로보기

08. 이론 check 동기 속도와 슬립

(1) 동기 속도 $N_s=\frac{120f}{P}[\text{rpm}]$

(회전 자계의 회전 속도)

(2) 상대 속도 N_s-N(회전 자계와 전동기 회전 속도의 차)

(3) 동기 속도와 상대 속도의 비를 슬립(slip)이라 한다.

① 슬립 $s=\frac{N_s-N}{N_s}$

② 슬립 s로 운전하는 경우 2차 주파수

$f_2{}'=sf_2=sf_1[\text{Hz}]$

10. 이론 check 비례 추이 : 3상 권선형 유도 전동기

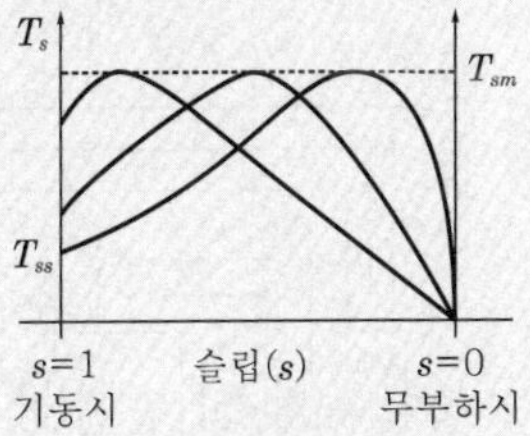

| 토크의 비례 추이 곡선 |

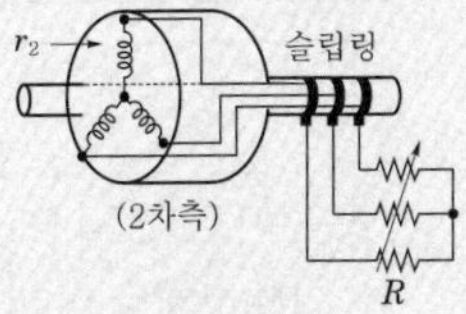

| 2차측 저항 연결 |

회전자(2차)에 슬립링을 통하여 저항을 연결하고, 2차 합성 저항을 변화하면, 같은(동일) 토크에서 슬립이 비례하여 변화한다. 따라서 토크 특성 곡선이 비례하여 이동하는 것을 토크의 비례 추이라 한다.

$T_s \propto \frac{r_2}{s}$의 함수이므로

$\frac{r_2}{s}=\frac{r_2+R}{s'}$이면, T_s는 동일하다.

기출문제 관련 이론 바로보기

해설 $N_1 = 1,500$, $R_2 = 20[\Omega]$, $R_{21} = 8[\text{k}\Omega]$

$R_{21} = a^2 R_2 [\Omega]$

$$a = \sqrt{\frac{R_{21}}{R_2}} = \sqrt{\frac{8,000}{20}} = 20$$

$$\therefore N_2 = \frac{1}{a} N_1 = \frac{1}{20} \times 1,500 = 75$$

12 2상 서보 모터의 제어 방식이 아닌 것은?

① 온도 제어
② 전압 제어
③ 위상 제어
④ 전압·위상 혼합 제어

해설 2상 서보 모터의 제어 방식에는 전압 제어 방식, 위상 제어 방식, 전압·위상 혼합 제어 방식이 있다.

13 30[kW]의 3상 유도 전동기에 전력을 공급할 때 2대의 단상 변압기를 사용하는 경우 변압기의 용량[kVA]은? (단, 전동기의 역률과 효율은 각각 84[%], 86[%]이고, 전동기 손실은 무시한다.)

① 10　② 20
③ 24　④ 28

해설 V결선시 출력(P_V)$= \sqrt{3} P_1$[kVA]

$$P = \frac{P[\text{kW}]}{\cos\theta \cdot \eta}[\text{kVA}]$$

$$\therefore P_1 = \frac{P_V}{\sqrt{3}} = \frac{\frac{30}{0.86 \times 0.84}}{\sqrt{3}} = 23.98[\text{kVA}]$$

14 8극과 4극 2개의 유도 전동기를 종속법에 의한 직렬 종속법으로 속도 제어를 할 때, 전원 주파수가 60[Hz]인 경우 무부하 속도[rpm]는?

출제빈도

① 600　② 900
③ 1,200　④ 1,800

해설 $P_1 = 8$, $P_2 = 4$, $f = 60$[Hz]이므로

$$\therefore N = \frac{120f}{P_1 + P_2}[\text{rpm}]$$

$$= \frac{120 \times 60}{8+4} = 600$$

14. 이론 check **종속법**

2대의 권선형 전동기를 종속으로 접속하여 극수 변환에 의한 속도 제어에서

무부하 속도 $N_0 = \frac{120 \cdot f}{P_0}$[rpm]

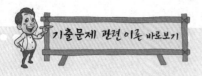

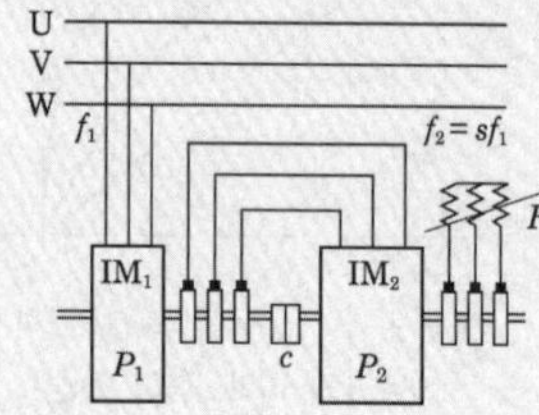

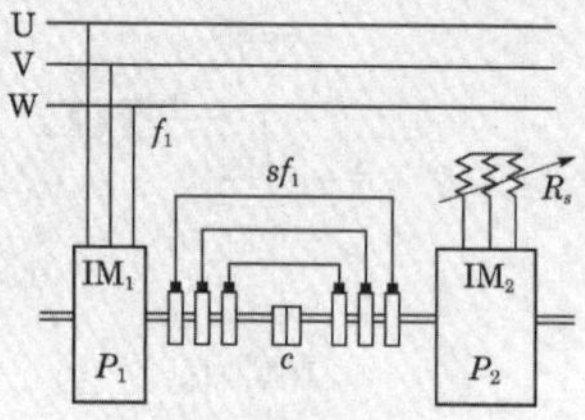

| 종속법 |

(1) 직렬 종속
$P_0 = P_1 + P_2$
(2) 차동 종속
$P_0 = P_1 - P_2$
(3) 병렬 종속
$P_0 = \frac{P_1 + P_2}{2}$

정답 12.① 13.③ 14.①

15 동기 발전기의 병렬 운전시 동기화력은 부하각 δ와 어떠한 관계인가?

① $\tan\delta$에 비례
② $\cos\delta$에 비례
③ $\sin\delta$에 비례
④ $\cos\delta$에 반비례

해설 동기화력 $P = E_0 I_s \cos\frac{\delta}{2}$[W] $\propto \cos\delta$

16 슬롯수 36의 고정자 철심이 있다. 여기에 3상 4극의 2층권을 시행할 때, 매극 매상의 슬롯수와 총 코일수는?

① 3과 18
② 9와 36
③ 3과 36
④ 9와 18

해설 $q = \frac{S}{pm} = \frac{36}{4 \times 3} = 3$

여기서, S : 슬롯수, m : 상수, p : 극수

q : 매극 매상당의 슬롯수

2층권이므로 총 코일수는 전 슬롯수와 동일하다.

17 직류 전동기의 회전수를 $\frac{1}{2}$로 줄이려면, 계자 자속을 몇 배로 하여야 하는가? (단, 전압과 전류 등은 일정하다.)

출제빈도

① 1 ② 2
③ 3 ④ 4

해설 직류 전동기 속도$(N) = K\frac{V - I_a r_a}{\phi}$[rpm]

$\therefore N \propto \frac{1}{\phi} = \frac{1}{2}$

18 유도 전동기 원선도에서 원의 지름은? (단, E는 1차 전압, r은 1차로 환산한 저항, x는 1차로 환산한 누설 리액턴스라 한다.)

① rE에 비례
② $r \times E$에 비례
③ $\frac{E}{r}$에 비례
④ $\frac{E}{x}$에 비례

정답 15.② 16.③ 17.② 18.④

기출문제 관련 이론 바로보기

17. 이론 check 직류 전동기의 이론

토크 $T = K_T \phi I_a = \frac{pZ}{2\pi a}\phi I_a$[N·m]

(1) 역기전력(E)

전동기가 회전하면 도체는 자속을 끊고 있기 때문에 단자 전압 V와 반대 방향의 역기전력이 발생한다.

$E = \frac{p}{a}Z\phi \cdot \frac{N}{60} = K\phi N$[V]

$\left(K = \frac{pZ}{60a}\right)$

여기서, p : 자극수

a : 병렬 회로수

Z : 도체수

ϕ : 1극당 자속[Wb]

N : 회전수[rpm]

(2) 전기자 전류

$I_a = \frac{V - E}{R_a}$[A]

(3) 회전 속도

$N = K\frac{E}{\phi} = K\frac{V - I_a R_a}{\phi}$[rpm]

(4) 토크(Torque : 회전력)

$T = F \cdot r$ [N·m]

$T = \frac{P(\text{출력})}{\omega(\text{각속도})} = \frac{P}{2\pi\frac{N}{60}}$[N·m]

$\tau = \frac{T}{9.8} = 0.975\frac{P}{N}$[kg·m]

(1[kg]=9.8[N])

$P(\text{출력}) = E \cdot I_a$[W]

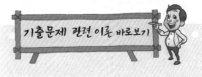

기출문제 관련 이론 바로보기

해설 하일랜드 원선도의 지름(직경)은 저항 $R=0$일 때 전류의 크기이다.

$$\therefore\ I=\frac{V_1}{R+jx}\propto\frac{E}{x}$$

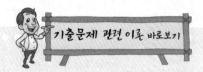

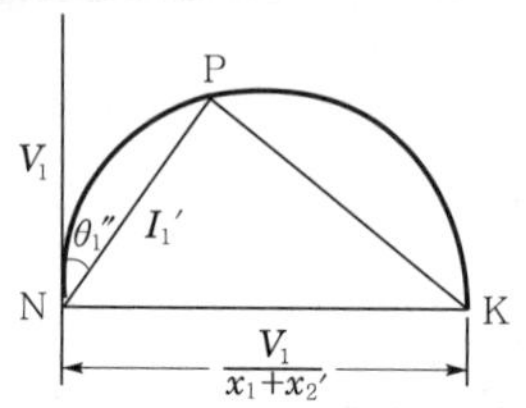

19. 이론 Check SCR의 특징

(1) 아크가 생기지 않으므로 열의 발생이 적다.
(2) 과전압에 약하다.
(3) 게이트 신호를 인가할 때부터 도통할 때까지의 시간이 짧다.
(4) 전류가 흐르고 있을 때 양극의 전압 강하가 작다.
(5) 정류 기능을 갖는 단일 방향성 3단자 소자이다.
(6) 브레이크 오버 전압이 되면 애노드 전류가 갑자기 커진다.
(7) 역률각 이하에서는 제어가 되지 않는다.
(8) 사이리스터에서는 게이트 전류가 흐르면 순방향 저지 상태에서 ON 상태로 된다. 게이트 전류를 가하여 도통 완료까지의 시간을 턴온 시간이라고 한다. 시간이 길면 스위칭시의 전력 손실이 많고 사이리스터 소자가 파괴될 수 있다.
(9) 유지 전류는 게이트를 개방한 상태에서 사이리스터 도통 상태를 유지하기 위한 최소의 순전류이다.
(10) 래칭 전류는 사이리스터가 턴온하기 시작하는 순전류이다.

19 SCR의 특징이 아닌 것은?

출제빈도

① 아크가 생기지 않으므로 열의 발생이 적다.
② 열용량이 적어 고온에 약하다.
③ 전류가 흐르고 있을 때 양극의 전압 강하가 작다.
④ 과전압에 강하다.

해설 **SCR의 특징**

- 과전압에 약하다.
- 열용량이 적어 고온에 약하다.
- 아크가 발생되지 않아 열의 발생이 적다.
- 게이트 신호를 인가할 때부터 도통할 때까지의 시간이 짧다.
- 전류가 흐를때 양극의 전압 강하가 적다.
- 정류 기능을 갖는 단일 방향성 3단자 소자이다.

20 직류 분권 전동기가 단자 전압 215[V], 전기자 전류 50[A], 1,500[rpm]으로 운전되고 있을 때 발생 토크는 약 몇 [N · m]인가? (단, 전기자 저항은 0.1[Ω]이다.)

① 6.8
② 33.2
③ 46.8
④ 66.9

해설 직류 전동기 토크(T)

$$T=\frac{E\cdot I_a}{2\pi\frac{N}{60}}=\frac{(V-I_ar_a)\cdot I_a}{2\pi\frac{N}{60}}[\mathrm{N\cdot m}]$$

$$=\frac{(215-50\times0.1)\times50}{2\pi\frac{1,500}{60}}=66.88[\mathrm{N\cdot m}]$$

정답 19.④ 20.④

제 3 회 전기기기

기출문제 관련 이론 바로보기

01 중부하에서도 기동되도록 하고 회전 계자형의 동기 전동기에 고정자인 전기자 부분이 회전자의 주위를 회전할 수 있도록 2중 베어링의 구조를 가지고 있는 전동기는?

① 유도자형 전동기 ② 유도 동기 전동기
③ 초동기 전동기 ④ 반작용 전동기

해설 초동기 전동기(super-synchronous motor)는 특수 전동기로서 고정자를 지지하는 축받이와 회전자를 지지하는 축받이의 두 축받이 구조로 되어 있으며, 고정자로 회전하는 구조의 전동기이다. 부하를 연결한 상태에서 기동이 가능하며 중부하에서도 기동이 가능한 전동기이다.

02 유도 전동기의 공극에 관한 설명으로 틀린 것은?

출제빈도

① 공극은 일반적으로 0.3~2.5[mm] 정도이다.
② 공극이 넓으면 여자 전류가 커지고 역률이 현저하게 떨어진다.
③ 공극이 좁으면 기계적으로 약간의 불평형이 생겨도 진동과 소음의 원인이 된다.
④ 공극이 좁으면 누설 리액턴스가 증가하여 순간 최대 전력이 증가하고 철손이 증가한다.

해설 유도 전동기의 공극(air gap)이 적을수록 누설 리액턴스가 감소하게 된다.

02. 이론 check **유도 전동기의 공극(air gap)**

(1) 유도 전동기의 고정자와 회전자 사이에는 여자 전류를 적게 하고, 역률 및 효율을 높이기 위해 될 수 있는 한 공극을 좁게 한다.
(2) 일반적으로, 공극이 넓으며 기계적으로는 안전하지만, 공극의 자기 저항을 철심에 비해 매우 크므로 여자 전류가 커져서 전동기의 역률이 현저하게 떨어진다.
(3) 유도 전동기의 공극은 0.3~2.5[mm] 정도로 한다.

03 단상 전파 정류의 맥동률은?

① 0.17 ② 0.34
③ 0.48 ④ 0.86

해설

$$\nu = \frac{\sqrt{E^2 - E_d^{\ 2}}}{E_d} \times 100$$

$$= \sqrt{\left(\frac{E}{E_d}\right)^2 - 1} \times 100$$

$$= \sqrt{\left(\frac{\frac{E_m}{\sqrt{2}}}{\frac{2E_m}{\pi}}\right)^2 - 1} \times 100$$

$$= \sqrt{\left(\frac{\pi}{2\sqrt{2}}\right)^2 - 1} \times 100$$

$$= \sqrt{\frac{\pi^2}{8} - 1} \times 100$$

$$\fallingdotseq 0.48 \times 100 = 48[\%]$$

정답 01.③ 02.④ 03.③

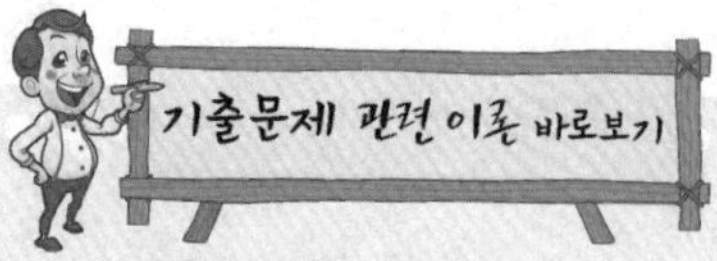

04. 이론 Check **중권과 파권**

(1) 중권(병렬권)

병렬 회로수와 브러시수가 자극의 수와 같으며 저전압, 대전류에 유효하고, 병렬 회로 사이에 전압의 불균일시 순환 전류가 흐를 수 있으므로 균압환이 필요하다.

(2) 파권(직렬권)

파권은 병렬 회로수가 극수와 관계없이 항상 2개로 되어 있으므로, 고전압 소전류에 유효하고, 균압환은 불필요하며, 브러시수는 2 또는 극수와 같게 할 수 있다.

구분	전압, 전류	병렬 회로수	브러시수	균압환
중권	저전압, 대전류	$a=p$	$b=p$	필요
파권	고전압, 소전류	$a=2$	$b=2$ 또는 $b=p$	불필요

Tip **직류기의 전기자 권선법**

제작이 용이하고 기전력이 많이 발생되도록 감는 권선법이다.

(1) 환상권과 고상권

① 환상권(×) : 권선을 링 모양으로 감아주는 권선법

② 고상권(○) : 전기자 표면에만 감아주는 권선법

(2) 개로권과 폐로권

① 개로권(×) : 몇 개의 독립된 전선으로 감는 권선법

② 폐로권(○) : 처음 시작에서 감으면 끝나는 곳이 처음 시작점이 되는 권선법

(3) 단층권과 이층권

① 단층권(×) : 1개의 슬롯에 도체가 1개인 권선법

② 이층권(○) : 1개의 슬롯에 도체가 2개인 권선법

04 직류기의 권선법에 대한 설명 중 틀린 것은?

출제빈도

① 전기자 권선에 환상권은 거의 사용되지 않는다.
② 전기자 권선에는 고상권이 주로 사용된다.
③ 정류를 양호하게 하기 위해 단절권이 이용된다.
④ 저전압 대전류 직류기에는 파권이 적당하며 고전압 직류기에는 중권이 적당하다.

해설 중권은 저전압·대전류, 파권은 고전압·소전류용에 사용되는 전기자 권선법이다.

05 반발 전동기(reaction motor)의 특성에 대한 설명으로 옳은 것은?

① 분권 특성이다.
② 기동 토크가 특히 큰 전동기이다.
③ 직권 특성으로 부하 증가시 속도가 상승한다.
④ $\frac{1}{2}$ 동기 속도에서 정류가 양호하다.

해설 반발 전동기는 정류자가 달린 회전자를 가진 교류용 전동기이며 시동 때에만 반발 전동기로 작용하고, 가속 후에는 정류자를 단락하여 유도 전동기로 바꾸어 사용해서 콘덴서를 사용하는 것에 비해서 기동시 기동 토크가 대단히 큰 것이 특징이다.

06 고압 단상 변압기의 %임피던스 강하 4[%], 2차 정격 전류를 300[A]라 하면 정격 전압의 2차 단락 전류[A]는? (단, 변압기에서 전원측의 임피던스는 무시한다.)

① 0.75　　② 75
③ 1,200　　④ 7,500

해설 단락 전류$(I_s)=\frac{100}{\%Z}\cdot I_n$[A]

$\therefore\ I_s=\frac{100}{4}\times 300=7{,}500$[A]

07 3상 유도 전동기의 운전 중 전압을 80[%]로 낮추면 부하 회전력은 몇 [%]로 감소되는가?

① 94　　② 80
③ 72　　④ 64

해설 $\frac{\tau_s'}{\tau_s}=\left(\frac{V'}{V}\right)^2$

$\therefore\ \tau_s'=\tau_s\left(\frac{V'}{V}\right)^2=\tau_s\times(0.8)^2=0.64\tau_s$

즉, 부하 토크는 64[%]로 된다.

정답 04.④ 05.② 06.④ 07.④

08 단상 정류자 전동기에 보상 권선을 사용하는 이유는?

① 정류 개선 ② 기동 토크 조절
③ 속도 제어 ④ 역률 개선

해설 단상 정류자 전동기는 약계자, 강전기자형이기 때문에 전기자 권선의 리액턴스가 크게 되어 역률 저하의 원인이 된다. 그러므로 고정자에 보상 권선을 설치해서 전기자 반작용을 상쇄하여 역률을 개선한다.

09 단상 직권 정류자 전동기에 전기자 권선의 권수를 계자 권수에 비해 많게 하는 이유가 아닌 것은?

① 주자속을 크게 하고 토크를 증가시키기 위하여
② 속도 기전력을 크게 하기 위하여
③ 변압기 기전력을 크게 하기 위하여
④ 역률 저하를 방지하기 위하여

해설 단상 정류자 전동기에서는 계자를 약하게 하고, 전기자를 강하게 함으로써 역률을 좋게 하고 변압기에 기전력은 적게 한다.

10 3상 유도 전동기의 원선도를 작성하는 데 필요하지 않은 것은?

출제빈도

① 구속 시험 ② 무부하 시험
③ 슬립 측정 ④ 저항 측정

해설 **하일랜드(Heyland) 원선도를 그리는 데 필요한 시험**

- 무부하 시험 : $I_0 = I_i + I_\phi$, P_i
- 구속 시험(단락 시험)
- 1차, 2차 권선의 저항 측정

10. 이론 check 하일랜드 원선도

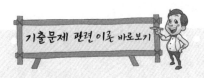

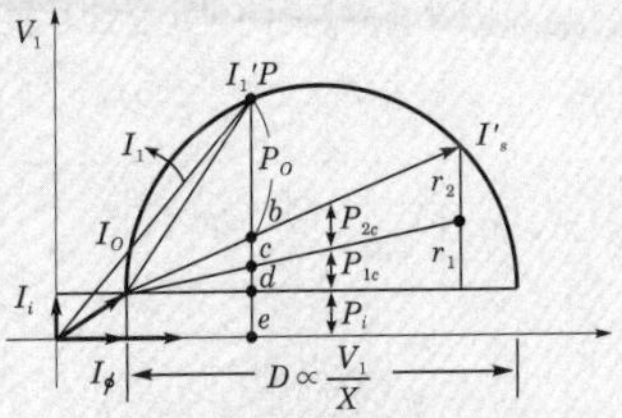

‖ 하일랜드 원선도 ‖

(1) 원선도 작성시 필요한 시험
① 무부하 시험 : $\dot{I}_o = \dot{I}_i + \dot{I}_\phi$
② 구속 시험(단락 시험) : I_s'
③ 권선 저항 측정 : r_1, r_2

(2) 원선도 반원의 직경 : D

$$D \propto \frac{E_1}{X}$$

11 변압기의 병렬 운전에서 1차 환산 누설 임피던스가 $2+j3[\Omega]$과 $3+j2[\Omega]$일 때 변압기에 흐르는 부하 전류가 50[A]이면 순환 전류[A]는? (단, 다른 정격은 모두 같다.)

① 10 ② 8
③ 5 ④ 3

해설 누설 임피던스의 크기는 모두 같다. 따라서 부하 전류 50[A]가 25[A]로 나누어진다.

$$\therefore \text{순환 전류}(I') = \frac{V_2 - V_1}{Z_1 + Z_2} = \frac{Z_2 Z_2 - Z_1 Z_1}{Z_1 + Z_2}$$

$$= \frac{25(3+j2) - 25(2+j3)}{(2+j3)(3+j2)}$$

$$= \frac{25-j25}{5+j5} = \frac{-j250}{50}$$

$$= -j5 = 5\angle -90°[\text{A}]$$

정답 08.④ 09.③ 10.③ 11.③

기출문제 관련 이론 바로보기

12. 이론 check **규약 효율**

(1) 발전기

$$\eta_G = \frac{\text{출력}}{\text{출력}+\text{손실}} \times 100$$

(2) 전동기

$$\eta_M = \frac{\text{입력}-\text{손실}}{\text{입력}} \times 100$$

12

터빈 발전기의 출력은 1,350[kVA], 2극, 3,600[rpm], 11[kV]일 때 역률 80[%]에서 전부하 효율이 96[%]라 하면 이때의 손실 전력[kW]은?

① 36.6 ② 45
③ 56.6 ④ 65

해설 발전기 규약 효율$(\eta_G) = \dfrac{\text{출력}}{\text{출력}+\text{손실}} \times 100$

$$\therefore\ 0.96 = \frac{1,350\times 0.8}{1,350\times 0.8 + P_l}$$

$$\therefore\ P_l = \frac{1,080}{0.96} - 1,080 = 45[\text{kW}]$$

13

1방향성 4단자 사이리스터는?

① TRIAC ② SCS
③ SCR ④ SSS

해설 SCR(1방향성 3단자), SSS(2방향성 2단자), SCS(1방향성 4단자), TRIAC(2방향성 3단자)

14. 이론 check **스코트(scott) 결선(T결선)**

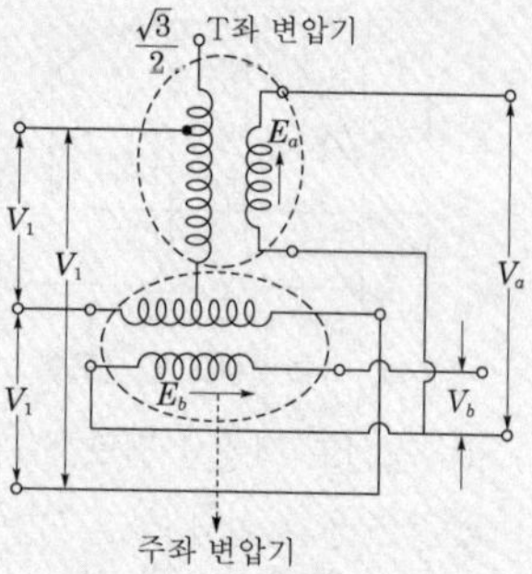

▌T결선▐

$$a_T = \frac{\sqrt{3}}{2} a_{주}$$

여기서, a_T : T좌 변압기의 권수비
$a_{주}$: 주좌 변압기의 권수비

14

T결선에 의하여 3,300[V]의 3상으로부터 200[V], 40[kVA]의 전력을 얻는 경우 T좌 변압기의 권수비는 약 얼마인가?

① 16.5 ② 14.3
③ 11.7 ④ 10.2

해설 T좌 변압기 권수비$(a_T) = \dfrac{\sqrt{3}}{2} a_M$

여기서, a_M : 주좌 변압기 권수비

$$\therefore\ a_T = \frac{\sqrt{3}}{2} \times \frac{3,300}{200} = 14.28$$

15

직류 분권 전동기 기동시 계자 저항기의 저항값은?

① 최대로 해둔다. ② 0(영)으로 해둔다.
③ 중간으로 해둔다. ④ $\dfrac{1}{3}$로 해둔다.

해설 $\tau = k\phi I_a\,[\text{N}\cdot\text{m}]$

$$I_f = \frac{V}{R_f + R_{FR}}[\text{A}]$$

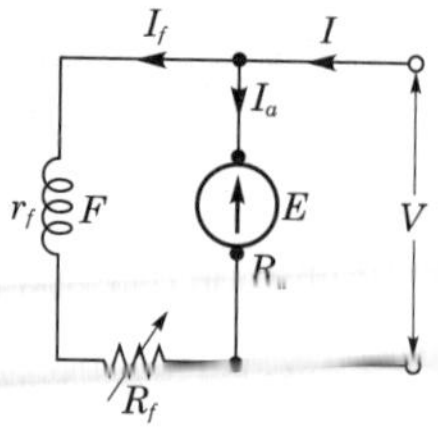

기동 토크를 크게 하려면 자속을 크게 해두는 것이 좋으므로 계자 전류 I_f가 클수록 좋다. 그러므로 계자 권선 r_f와 직렬로 되어 있는 계자 저항기의 저항 R_f를 0으로 해둔다.

정답 12.② 13.② 14.② 15.②

16 3상 동기 발전기를 병렬 운전하는 도중 여자 전류를 증가시킨 발전기에서 일어나는 현상은?

출제빈도

① 무효 전류가 증가한다.
② 역률이 좋아진다.
③ 전압이 높아진다.
④ 출력이 커진다.

해설 동기 발전기의 병렬 운전시에 기전력의 크기가 같지 않으면 무효 순환 전류를 발생하여 기전력의 차를 0으로 하는 작용을 한다. 또한 병렬 운전 중 한쪽의 여자 전류를 증가시켜, 즉 유기 기전력을 증가시켜도 단지 무효 순환 전류가 흘러서 여자를 강하게 한 발전기의 역률은 낮아지고 다른 발전기의 역률은 높게 되어 두 발전기의 역률만 변할 뿐 유효 전력의 분담은 바꿀 수 없다.

17 유도 전동기로 직류 발전기를 회전시킬 때, 직류 발전기의 부하를 증가시키면 유도 전동기의 속도는?

① 증가한다.
② 감소한다.
③ 변함이 없다.
④ 동기 속도 이상으로 회전한다.

해설 직류 발전기에서 부하가 증가하게 되면 유도 전동기의 부하도 증가하게 되므로 유도 전동기의 회전 속도는 감소하게 된다.

18 직류 타여자 발전기의 부하 전류와 전기자 전류의 크기는?

① 부하 전류가 전기자 전류보다 크다.
② 전기자 전류가 부하 전류보다 크다.
③ 전기자 전류와 부하 전류가 같다.
④ 전기자 전류와 부하 전류는 항상 0이다.

해설 타여자 발전기는 직류 전원으로부터 계자 전류를 공급받아 자속(ϕ)을 만드는 발전기이므로 전기자 전류(I_a)와 부하 전류(I)의 크기는 같다.

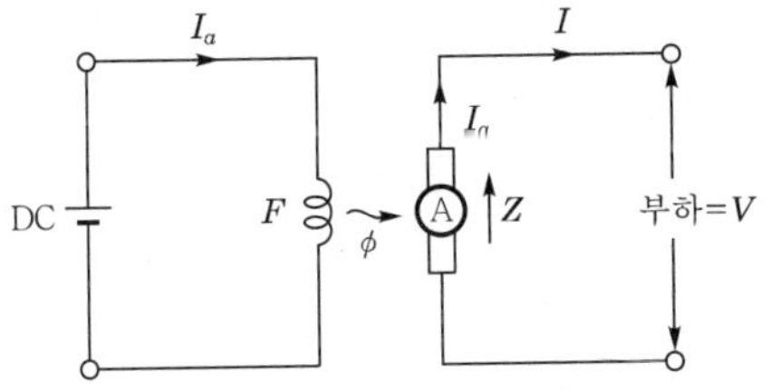

$\therefore\ I = I_a$

정답 16.① 17.② 18.③

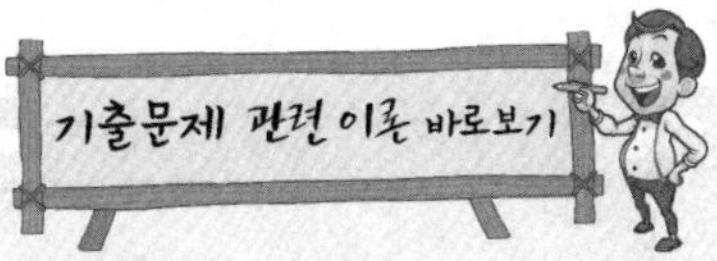

16. 이론 check **동기 발전기의 병렬 운전**

(1) 병렬 운전 조건
① 기전력의 크기가 같을 것
② 기전력의 위상이 같을 것
③ 기전력의 주파수가 같을 것
④ 기전력의 파형이 같을 것
⑤ 기전력의 상회전 방향이 같을 것

(2) 기전력의 크기가 다를 때
무효 순환 전류(I_c)가 흐른다.

$$I_c = \frac{E_a - E_b}{2Z_s}\,[\mathrm{A}]$$

(3) 기전력의 위상차(δ_s)가 있을 때
동기화 전류(I_s)가 흐른다.

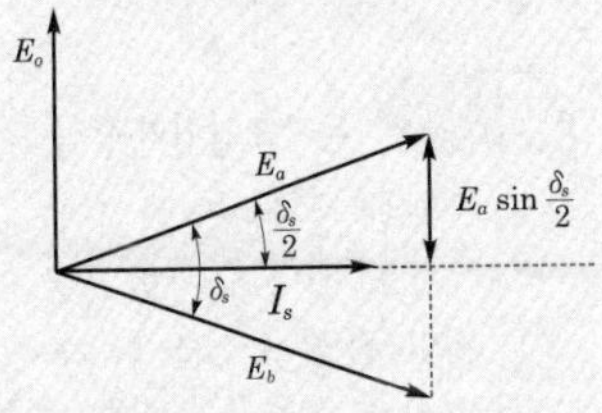

| 동기화 전류 벡터도 |

$$E_o = \dot{E}_a - \dot{E}_b = 2 \cdot E_a \sin\frac{\delta_s}{2}$$

$$\therefore\ I_s = \frac{\dot{E}_a - \dot{E}_b}{2Z_s}$$

$$= \frac{2 \cdot E_a}{2 \cdot Z_s}\sin\frac{\delta_s}{2}\,[\mathrm{A}]$$

※ 동기화 전류가 흐르면 수수 전력과 동기화력 발생

① 수수 전력 : P[W]

$$P = E_a I_s \cos\frac{\delta_s}{2}$$

$$= \frac{E_a^{\,2}}{2Z_s}\sin\delta_s\,[\mathrm{W}]$$

② 동기(同期)화력 : P_s[W]

$$P_s = \frac{dP}{d\delta_s} = \frac{E_a^{\,2}}{2Z_s}\cos\delta_s\,[\mathrm{W}]$$

기출문제 관련 이론 바로보기

20. 이론 check **동기 조상기의 장점**

(1) 진상 전류뿐만 아니라 지상 전류도 잡아서 광범위한 연속적인 전압 조정을 할 수 있다.

(2) 시동 전동기를 갖는 경우에는 조상기를 발전기로서 동작시켜 선로에 충전 전류를 흘리고 송전선의 시송전에 이용할 수 있다.

(3) 계통의 안정도를 증진시켜서 송전 전력을 늘릴 수 있다. 즉, 특히 부하가 급변하거나 단락, 접지 고장 또는 선로의 개폐 등의 과도 상태에서는 속응 여자 방식으로 자속을 급속히 바꾸어 전압을 유지하고, 계통의 교란을 회복시켜 과도 안정도를 크게 할 수 있다.

19 5[kVA], 2,000/200[V]의 단상 변압기가 있다. 2차로 환산한 등가 저항과 등가 리액턴스는 각각 0.14[Ω], 0.16[Ω]이다. 이 변압기에 역률 0.8(뒤짐)의 정격 부하를 걸었을 때의 전압 변동률[%]은?

① 0.026　② 0.26
③ 2.6　④ 26

해설 2차로 환산한 저항을 r_{12}, 2차로 환산한 리액턴스를 x_{12}라 하면

$$\varepsilon=\frac{I_{2n}(r_{12}\cos\phi+x_{12}\sin\phi)}{V_{2n}}\times 100$$

$$a=\frac{V_{1n}}{V_{2n}}=\frac{2,000}{200}=10$$

$$I_{2n}=\frac{P}{V_{2n}}=\frac{5\times10^3}{200}=25[\text{A}]$$

$r_{12}=0.14[\Omega]$, $x_{12}=0.16[\Omega]$, $\cos\phi=0.8$, $\sin\phi=\sqrt{1-0.8^2}=0.6$이므로

$$\therefore\ \varepsilon=\frac{25\times(0.14\times0.8+0.16\times0.6)}{200}\times100=2.6[\%]$$

20 송전 선로에 접속된 동기 조상기의 설명으로 옳은 것은?

① 과여자로 해서 운전하면 앞선 전류가 흐르므로 리액터 역할을 한다.
② 과여자로 해서 운전하면 뒤진 전류가 흐르므로 콘덴서 역할을 한다.
③ 부족 여자로 해서 운전하면 앞선 전류가 흐르므로 리액터 역할을 한다.
④ 부족 여자로 해서 운전하면 송전 선로의 자기 여자 작용에 의한 전압 상승을 방지한다.

해설 동기 조상기는 동기 전동기를 무부하로 운전하여 과여자로 진상 전류(C작용), 부족 여자로 지상 전류(L작용)를 흘려 역률을 개선하는 회전형 조상 설비이다.

정답 19.③ 20.④

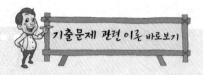

2016년 과년도 출제문제

제1회 전기기기

01 3단자 사이리스터가 아닌 것은?

출제빈도

① SCR ② GTO
③ SCS ④ TRIAC

해설 SCS(Silicon Controlled Switch)는 1방향성 4단자 사이리스터이다.

02 3상 유도 전동기로서 작용하기 위한 슬립 s의 범위는?

① $s \geq 1$
② $0 < s < 1$
③ $-1 \leq s \leq 0$
④ $s = 0$ 또는 $s = 1$

해설 슬립 $s = \dfrac{N_s - N}{N_s}$

기동시 $N=0$, $s = \dfrac{N_s - 0}{N_s} = 1$

무부하시 $N_0 \fallingdotseq N_s$, $s = \dfrac{N_s - N_0}{N_s} \fallingdotseq 0$

$\therefore\ 1 > s > 0$

03 변압기유 열화 방지 방법 중 틀린 것은?

출제빈도

① 밀봉 방식
② 흡착제 방식
③ 수소 봉입 방식
④ 개방형 콘서베이터

해설 변압기유 열화 방지를 위하여 변압기 상부에 콘서베이터(conservator)를 설치하고 있으며 형식에는 개방형, 밀봉 방식, 흡착제 방식, 질소 봉입 방식 등이 있다.

정답 01.③ 02.② 03.③

기출문제 관련 이론 바로보기

01. 이론 check SCS(Silicon Controlled Switch)

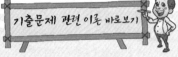

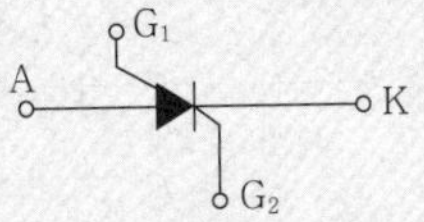

2개의 게이트를 가지고 있는 소자로서 역저지 단방향성 4단자 소자이며 광에 의한 스위치 제어이다.

03. 이론 check 변압기유(oil)

냉각 효과와 절연 내력 증대

(1) 구비 조건
- ㉠ 절연 내력이 클 것
- ㉡ 점도가 낮을 것
- ㉢ 인화점이 높고, 응고점은 낮을 것
- ㉣ 화학 작용과 침전물이 없을 것

(2) 열화 방지책
콘서베이터(conservator)를 설치한다.

04 직류 분권 전동기의 계자 저항을 운전 중에 증가시키면?

① 전류는 일정
② 속도는 감소
③ 속도는 일정
④ 속도는 증가

해설 회전 속도 $N = K\dfrac{V - I_a R_a}{\phi}$

계자 저항을 증가하면 자속(ϕ)이 감소하고 속도는 상승한다.

05 비례 추이와 관계가 있는 전동기는?

① 동기 전동기
② 정류자 전동기
③ 3상 농형 유도 전동기
④ 3상 권선형 유도 전동기

해설 비례 추이는 3상 유도 전동기 특유의 성질로서, r_2가 m배가 될 때 전과 같은 토크가 그때 슬립의 m배인 점에서 발생하는 것을 토크의 비례 추이라 한다.

$$\frac{r_2}{r} = \frac{mr_2}{ms}$$

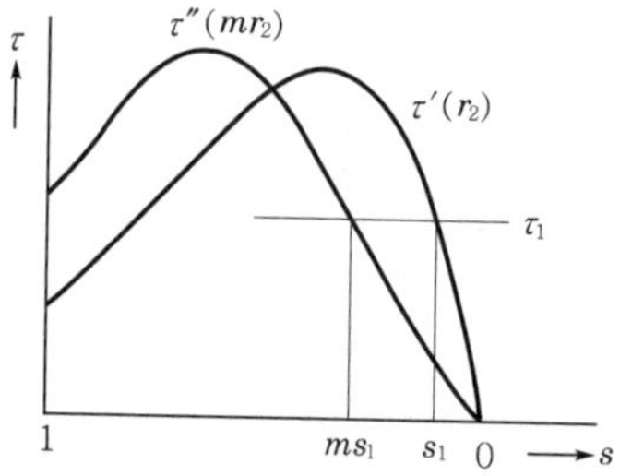

06 단상 반파 정류로 직류 전압 150[V]를 얻으려고 한다. 최대 역전압(peak inverse voltage)이 약 몇 [V] 이상의 다이오드를 사용하여야 하는가? (단, 정류 회로 및 변압기의 전압 강하는 무시한다.)

출제빈도

① 150　② 166
③ 333　④ 471

해설 $E_d = \dfrac{\sqrt{2}}{\pi}E\,[\text{V}]$

$\therefore\ E = \dfrac{\pi}{\sqrt{2}}E_d = \dfrac{\pi}{\sqrt{2}} \times 150 \fallingdotseq 333\,[\text{V}]$

$\therefore\ PIV = \sqrt{2}E = \sqrt{2} \times 333 \fallingdotseq 471\,[\text{V}]$

정답 04.④ 05.④ 06.④

기출문제 관련 이론 바로보기

06. 이론 check **단상 반파 정류 회로**

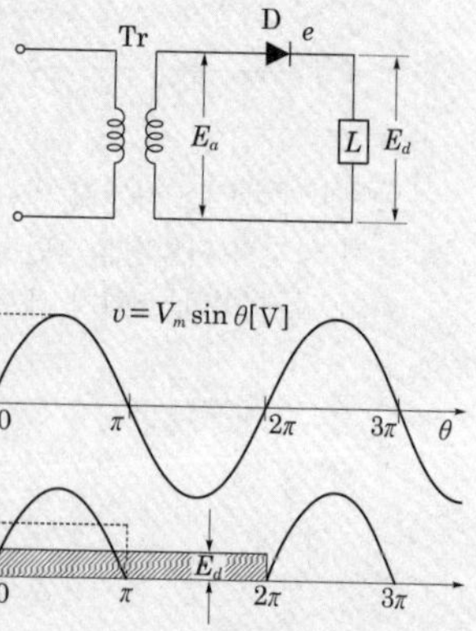

| 단상 반파 정류 |

(1) 직류 전압(평균값, E_d)

$$E_d = \frac{1}{2\pi}\int_0^{\pi} V_m \sin\theta\, d\theta$$
$$= \frac{V_m}{2\pi}[-\cos\theta]_0^{\pi}$$
$$= \frac{V_m}{2\pi}\{1-(-1)\}$$
$$= \frac{\sqrt{2}}{\pi}E_a = 0.45E_a\,[\text{V}]$$

※ 정류기의 전압 강하 e [V]일 때

$$E_d = \frac{\sqrt{2}}{\pi}E_a - e\,[\text{V}]$$

$$I_d = \frac{E_d}{R} = \frac{\left(\dfrac{\sqrt{2}}{\pi}E_a - e\right)}{R}\,[\text{A}]$$

(2) 첨두 역전압(peak inverse voltage, V_{in}[V])

다이오드에 역방향으로 인가되는 전압의 최대치이다.

$$V_{in} = \sqrt{2}E_a = V_m\,[\text{V}]$$

07 권선형 유도 전동기에서 2차 저항을 변화시켜서 속도 제어를 하는 경우 최대 토크는?

출제빈도

① 항상 일정하다.
② 2차 저항에만 비례한다.
③ 최대 토크가 생기는 점의 슬립에 비례한다.
④ 최대 토크가 생기는 점의 슬립에 반비례한다.

해설 3상 유도 전동기의 최대 토크의 크기는 항상 일정하고, 다만 최대 토크가 발생하는 슬립점이 2차 회로의 저항에 비례해서 이동할 뿐이다.

08 직류기에서 전기자 반작용이란 전기자 권선에 흐르는 전류로 인하여 생긴 자속이 무엇에 영향을 주는 현상인가?

① 감자 작용만을 하는 현상
② 편자 작용만을 하는 현상
③ 계자극에 영향을 주는 현상
④ 모든 부문에 영향을 주는 현상

해설 전기자 반작용은 전기자 전류에 의한 자속이 계자 자속의 분포에 영향을 주는 현상이다.

09 동기 전동기의 자기동법에서 계자 권선을 단락하는 이유는?

① 기동이 쉽다.
② 기동 권선으로 이용한다.
③ 고전압의 유도를 방지한다.
④ 전기자 반작용을 방지한다.

해설 기동기에 계자 회로를 연 채로 고정자에 전압을 가하면 권수가 많은 계자 권선이 고정자 회전 자계를 끊으므로 계자 회로에 매우 높은 전압이 유기될 염려가 있으므로 계자 권선을 여러 개로 분할하여 열어 놓거나 또는 저항을 통하여 단락시켜 놓아야 한다.

10 200[kVA]의 단상 변압기가 있다. 철손이 1.6[kW]이고 전부하 동손이 2.5[kW]이다. 이 변압기의 역률이 0.8일 때 전부하시의 효율은 약 몇 [%]인가?

① 96.5 ② 97.0
③ 97.5 ④ 98.0

해설 $\eta_{0.8} = \dfrac{P_n\cos\theta}{P_n\cos\theta + P_i + P_c} \times 100 = \dfrac{200\times 0.8}{200\times 0.8 + 1.6 + 2.5} \times 100 = 97.5[\%]$

정답 07.① 08.③ 09.③ 10.③

기출문제 관련 이론 바로보기

07. Tip **권선형 유도 전동기의 기동법**

(1) 2차 저항 기동법
비례 추이 이용
(2) 게르게스법
(3) 비례 추이 : 3상 권선형 유도 전동기

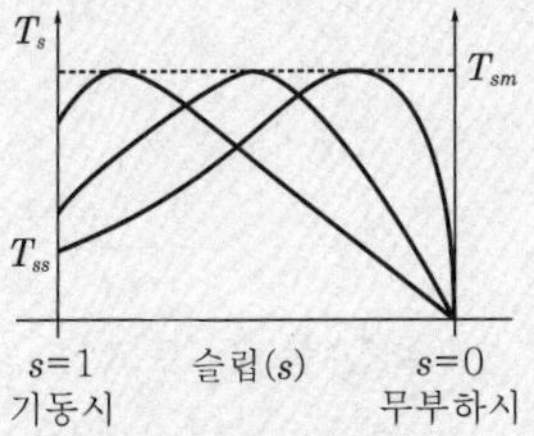

| 토크의 비례 추이 곡선 |

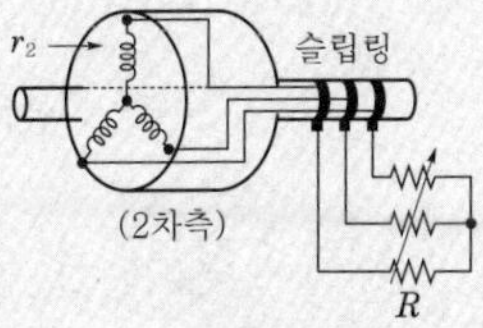

| 2차측 저항 연결 |

회전자(2차)에 슬립링을 통하여 저항을 연결하고, 2차 합성 저항을 변화하면 같은(동일) 토크에서 슬립이 비례하여 변화하고, 따라서 토크 특성 곡선이 비례하여 이동하는 것을 토크의 비례 추이라 한다. 2차측에 저항을 삽입하는 목적은 기동 토크 증대, 기동 전류 제한 및 속도 제어를 위해서이다.

$T_s \propto \dfrac{r_2}{s}$ 의 함수이므로

$\dfrac{r_2}{s} = \dfrac{r_2 + R}{s'}$ 이면 T_s는 동일하다.

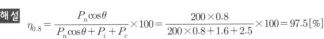

기출문제 관련 이론 바로보기

11. 이론 check **유도 전동기의 특성**

(1) 1·2차 유기 기전력 및 권수비

① 1차 유기 기전력

$E_1 = 4.44 f_1 N_1 \phi_m k_{\omega_1}$[V]

② 2차 유기 기전력

$E_2 = 4.44 f_2 N_2 \phi_m k_{\omega_2}$[V]

(정지시 : $f_1 = f_2$)

③ 권수비

$$a = \frac{E_1}{E_2} = \frac{N_1 k_{\omega_1}}{N_2 k_{\omega_2}} \doteqdot \frac{I_2}{I_1}$$

(2) 회전 속도와 토크

① 회전 속도 : N[rpm]

유도 전동기의 회전 속도

$$N = N_s(1-s) = \frac{120f}{P}(1-s)[\text{rpm}]$$

$$\left(s = \frac{N_s - N}{N_s}\right)$$

② 토크(Torque : 회전력)

$T = F \cdot r$ [N·m]

$$T = \frac{P}{\omega} = \frac{P_0}{2\pi\frac{N}{60}} = \frac{P_2}{2\pi\frac{N_s}{60}}[\text{N}\cdot\text{m}]$$

여기서, $P_0 = P_2(1-s)$

$N = N_s(1-s)$

$$\tau = \frac{T}{9.8} = \frac{60}{9.8\times 2\pi}\cdot\frac{P_2}{N_s} = 0.975\frac{P_2}{N_s}[\text{kg}\cdot\text{m}]$$

※ 동기 와트로 표시한 토크 : T_s

$$T = \frac{0.975}{N_s}P_2 = KP_2$$

(N_s : 일정)

$T_s = P_2$(2차 입력으로 표시한 토크)

11

3상 유도 전동기의 동기 속도는 주파수와 어떤 관계가 있는가? (출제빈도)

① 비례한다.
② 반비례한다.
③ 자승에 비례한다.
④ 자승에 반비례한다.

해설 동기 속도 $N_s = \dfrac{120f}{P} \propto f$

12

동기기의 과도 안정도를 증가시키는 방법이 아닌 것은?

① 속응 여자 방식을 채용한다.
② 동기화 리액턴스를 크게 한다.
③ 동기 탈조 계전기를 사용한다.
④ 발전기의 조속기 동작을 신속히 한다.

해설 **동기기의 안정도 향상책**

- 단락비가 클 것
- 정상 리액턴스가 크고 역상·영상 리액턴스가 클 것
- 조속기 동작이 신속할 것
- 플라이휠(관성 모멘트) 효과가 클 것
- 속응 여자 방식을 채택할 것

13

스텝 모터(step motor)의 장점이 아닌 것은?

① 가속, 감속이 용이하며 정·역전 및 변속이 쉽다.
② 위치 제어를 할 때 각도 오차가 있고 누적된다.
③ 피드백 루프가 필요 없이 오픈 루프로 손쉽게 속도 및 위치 제어를 할 수 있다.
④ 디지털 신호를 직접 제어할 수 있으므로 컴퓨터 등 다른 디지털 기기와 인터페이스가 쉽다.

해설 스테핑(스텝) 모터는 아주 정밀한 펄스 구동 방식의 전동기로 회전각은 입력 펄스수에 비례하고 회전 속도는 펄스 주파수에 비례하며 다음과 같은 특징이 있다.

- 기동, 정지 특성과 고속 응답 특성이 우월하다.
- 고정밀 위치 제어가 가능하고 각도 오차가 누적되지 않는다.
- 피드백 루프가 필요없으며 디지털 신호를 직접 제어할 수 있다.
- 가·감속이 용이하고 정·역 및 변속이 쉽다.

정답 11.① 12.② 13.②

14 직류 발전기 중 무부하일 때보다 부하가 증가한 경우에 단자 전압이 상승하는 발전기는?

① 직권 발전기
② 분권 발전기
③ 과복권 발전기
④ 자동 복권 발전기

해설 단자 전압 $V = E - I_a(R_a + r_s)$
부하가 증가하면 과복권 발전기는 기전력(E)의 증가폭이 전압 강하 $I_a(R_a + r_s)$보다 크게 되어 단자 전압이 상승한다.

15 60[Hz], 4극 유도 전동기의 슬립이 4[%]인 때의 회전수[rpm]는?

출제빈도

① 1,728 ② 1,738
③ 1,748 ④ 1,758

해설 슬립 $s = \dfrac{N_s - N}{N_s}$ 에서

회전 속도 $N = N_s(1-s) = \dfrac{120f}{P}(1-s)$

$= \dfrac{120 \times 60}{4} \times (1 - 0.04)$

$= 1,728[\text{rpm}]$

16 변압기의 전부하 동손이 270[W], 철손이 120[W]일 때 최고 효율로 운전하는 출력은 정격 출력의 약 몇 [%]인가?

출제빈도

① 66.7 ② 44.4
③ 33.3 ④ 22.5

해설 변압기의 효율은 $m^2 P_c = P_i$일 때 최고 효율이 되므로

$\therefore\ m = \sqrt{\dfrac{P_i}{P_c}} = \sqrt{\dfrac{120}{270}} \fallingdotseq 0.6666 \fallingdotseq 66.7[\%]$

17 역률 80[%](뒤짐)로 전부하 운전 중인 3상 100[kVA], 3,000/200[V] 변압기의 저압측 선전류의 무효분은 몇 [A]인가?

① 100 ② $80\sqrt{3}$
③ $100\sqrt{3}$ ④ $500\sqrt{3}$

해설 출력 $P = \sqrt{3}\, V_2 I_2$ 식에서

$I_2 = \dfrac{P}{\sqrt{3}\, V_2} = \dfrac{100 \times 10^3}{\sqrt{3} \times 200} = \dfrac{1,000}{2\sqrt{3}}[\text{A}]$

무효 전류 $I_q = I_2 \sin\theta_2$ 식에서

정답 14.③ 15.① 16.① 17.③

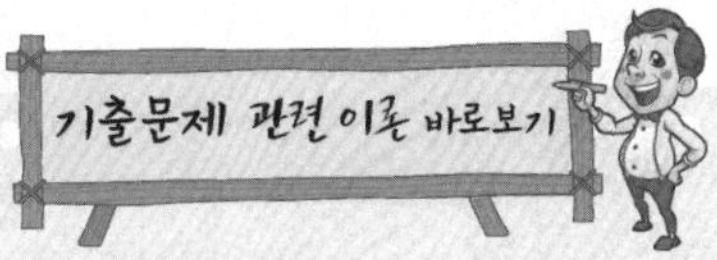

15. 이론 check **동기 속도와 슬립**

(1) 동기 속도 $N_s = \dfrac{120f}{P}[\text{rpm}]$
(회전 자계의 회전 속도)
(2) 상대 속도 $N_s - N$(회전 자계와 전동기 회전 속도의 차)
(3) 동기 속도와 상대 속도의 비를 슬립(slip)이라 한다.
① 슬립 $s = \dfrac{N_s - N}{N_s}$
② 슬립 s로 운전하는 경우 2차 주파수
$f_2' = sf_2 = sf_1[\text{Hz}]$

16. 이론 check **효율(efficiency) : η[%]**

$\eta = \dfrac{\text{출력}}{\text{입력}} \times 100$
$= \dfrac{\text{출력}}{\text{출력} + \text{손실}} \times 100[\%]$

(1) 전부하 효율
$\eta = \dfrac{VI \cdot \cos\theta}{VI\cos\theta + P_i + P_c(I^2 r)} \times 100[\%]$
※ 최대 효율 조건 $P_i = P_c(I^2 r)$

(2) $\dfrac{1}{m}$ 부하시 효율
$\eta_{\frac{1}{m}} = \dfrac{\frac{1}{m} \cdot VI \cdot \cos\theta}{\frac{1}{m} \cdot VI \cdot \cos\theta + P_i + \left(\frac{1}{m}\right)^2 \cdot P_c} \times 100[\%]$
※ 최대 효율 조건 $P_i = \left(\dfrac{1}{m}\right)^2 \cdot P_c$

(3) 전일 효율 : η_d(1일 동안 효율)
$\eta_d = \dfrac{\Sigma h \cdot VI \cdot \cos\theta}{\Sigma h \cdot VI \cdot \cos\theta + 24 \cdot P_i + \Sigma h \cdot I^2 \cdot r} \times 100[\%]$
※ 최대 효율 조건 $24P_i = \Sigma h I^2 \cdot r$
여기서, Σh : 1일 동안 총 부하 시간

기출문제 관련 이론 바로보기

$$\therefore\ I_q = I_2 \sin\theta_2 = I_2\sqrt{1-\cos^2\theta_2}$$
$$= \frac{1{,}000}{2\sqrt{3}} \times \sqrt{1-0.8^2}\,a$$
$$= \frac{1{,}000 \times 0.6}{2\sqrt{3}}$$
$$= 100\sqrt{3}\,[\mathrm{A}]$$

18

교류 정류자 전동기의 설명 중 틀린 것은?

① 정류 작용은 직류기와 같이 간단히 해결된다.
② 구조가 일반적으로 복잡하여 고장이 생기기 쉽다.
③ 기동 토크가 크고 기동 장치가 필요 없는 경우가 많다.
④ 역률이 높은 편이며 연속적인 속도 제어가 가능하다.

해설 교류 정류자 전동기는 브러시에 의해 단락된 전기자 코일 내 교번 자속의 변화로 큰 기전력이 유도되어 정류가 불량하다.

19

3상 교류 발전기의 기전력에 대하여 $\frac{\pi}{2}$[rad] 뒤진 전기자 전류가 흐르면 전기자 반작용은?

① 증자 작용을 한다.
② 감자 작용을 한다.
③ 횡축 반작용을 한다.
④ 교차 자화 작용을 한다.

해설 전기자 전류가 90° 뒤진 경우에는 주자속(자극축)과 전기자 전류에 의한 자속이 일치하는 감자 작용을 한다.

20

출제빈도

직류 직권 전동기에서 토크 T와 회전수 N과의 관계는?

① $T \propto N$　② $T \propto N^2$
③ $T \propto \frac{1}{N}$　④ $T \propto \frac{1}{N^2}$

해설

$$T = \frac{P}{2\pi\frac{N}{60}} = \frac{ZP}{2\pi a}\phi I_a = k_1 \phi I_a = K_2 {I_a}^2$$

(직권 전동기는 $\phi \propto I_a$)

$$N = k\frac{V - I_a(R_a + r_f)}{\phi} \propto \frac{1}{\phi} \propto \frac{1}{I_a} \text{에서 } I_a \propto \frac{1}{N}$$

$$\therefore\ T = k_3\left(\frac{1}{N}\right)^2 \propto \frac{1}{N^2}$$

20. 이론 Check 직권 전동기

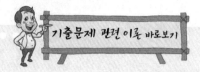

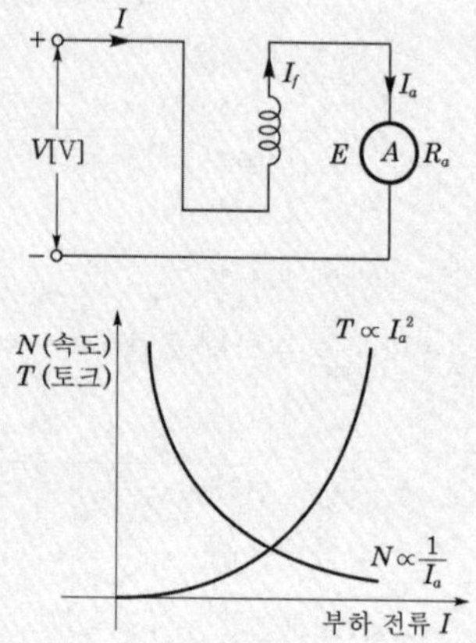

| 직권 전동기 |

(1) 속도 변동이 매우 크다$\left(N \propto \frac{1}{I_a}\right)$.
(2) 기동 토크가 매우 크다($T \propto {I_a}^2$).
(3) 운전 중 무부하 상태로 되면 무구속 속도(위험 속도)에 도달한다.

정답 18.① 19.② 20.④

제 2 회 전기기기

01 6,600/210[V], 10[kVA] 단상 변압기의 퍼센트 저항 강하는 1.2[%], 리액턴스 강하는 0.9[%]이다. 임피던스 전압[V]은?

출제빈도

① 99　　② 81
③ 65　　④ 37

해설 $\%Z = \sqrt{p^2+q^2} = \sqrt{1.2^2+0.9^2} = 1.5[\%] = \dfrac{V_s}{V_{1n}} \times 100$

임피던스 전압

$V_s = \dfrac{\%Z}{100} \cdot V_{1n} = \dfrac{1.5}{100} \times 6{,}600 = 99[\mathrm{V}]$

02 직류 전동기의 속도 제어 방법에서 광범위한 속도 제어가 가능하며, 운전 효율이 가장 좋은 방법은?

① 계자 제어
② 전압 제어
③ 직렬 저항 제어
④ 병렬 저항 제어

해설 전동기의 회전수 N은

$N = K\dfrac{V-I_aR_a}{\phi}[\mathrm{rpm}]$

따라서, N을 바꾸는 방법으로 V, R_a, ϕ을 가감하는 방법이 있다. 또한, R_a는 전기자 저항, 보극 저항 및 이것에 직렬인 저항의 합이다.

- 계자 제어(ϕ를 변화시키는 방법) : 분권 계자 권선과 직렬로 넣은 계자 조정기를 가감하여 자속을 변화시킨다. 속도를 가감하는 데는 가장 간단하고 효율이 좋다.
- 저항 제어(R_a를 변화시키는 방법) : 이 방법은 전기자 권선 및 직렬 권선의 저항은 일정하여 이것에 직렬로 삽입한 직렬 저항기를 가감하여 속도를 가감하는 방법이다. 취급은 간단하지만 저항기의 전력 손실이 크고 속도가 저하하였을 때에는 부하의 변화에 따라 속도가 심하게 변하여 취급이 곤란하다.
- 전압 제어(V를 변화시키는 방법) : 일정 토크를 내고자 할 때, 대용량인 것에 이 방법이 쓰인다. 전용 전원을 설치하여 전압을 가감하여 속도를 제어한다. 고효율로 속도가 저하하여도 가장 큰 토크를 낼 수 있고 역전도 가능하지만 장치가 극히 복잡하며 고가이다. 워드 레오나드 방식은 이러한 방법의 일례이다.

정답 01.① 02.②

기출문제 관련 이론 바로보기

01. 이론 check 임피던스 전압과 임피던스 와트

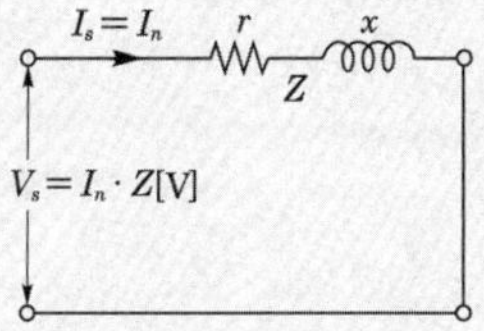

(1) 임피던스 전압(V_s[V])

2차 단락 전류가 정격 전류와 같은 값을 가질 때 1차 인가 전압 → 정격 전류에 의한 변압기 내 전압 강하

$V_s = I_n \cdot Z[\mathrm{V}]$

(2) 임피던스 와트(W_s[W])

임피던스 전압 인가시 입력(임피던트 와트=동손)

$W_s = I_m^{\ 2} \cdot r = P_c$

기출문제 관련 이론 바로보기

04. Tip 동기 발전기의 종류

(1) 회전자형에 따른 분류
① 회전 계자형
㉠ 전기자를 고정자, 계자를 회전자로 하는 일반 전력용 3상 동기 발전기이다.
㉡ 전기자가 고정자이므로, 고압 대전류용에 좋고 절연이 쉽다.
㉢ 계자가 회전자이지만 저압 소용량의 직류이므로 구조가 간단하다.
② 회전 전기자형 : 전기자가 회전자, 계자가 고정자이며 특수한 소용량기에만 쓰인다.
③ 회전 유도자형 : 계자와 전기자를 고정자로 하고, 유도자를 회전자로 한 것으로 고조파 발전기에 쓰인다.

(2) 원동기에 따른 분류
① 수차 발전기
② 터빈 발전기
③ 기관 발전
㉠ 내연 기관으로 운전되며, 1,000[rpm] 이하의 저속도로 운전한다.
㉡ 기동, 운전, 보수가 간단하여 비상용, 예비용, 산간벽지의 전등용으로 사용된다.

03

정격 전압 200[V], 전기자 전류 100[A]일 때 1,000[rpm]으로 회전하는 직류 분권 전동기가 있다. 이 전동기의 무부하 속도는 약 몇 [rpm]인가? (단, 전기자 저항은 0.15[Ω], 전기자 반작용은 무시한다.)

① 981 ② 1,081
③ 1,100 ④ 1,180

해설 $I_a = 100[A]$일 때 회전 속도 N은

$$N = \frac{V - I_a R_a}{k\phi} \text{에서}$$

$$k\phi = \frac{V - I_a R_a}{N} = \frac{200 - 100 \times 0.15}{1{,}000} = 0.185$$

무부하 속도 $N_0 (I_a \fallingdotseq 0)$는

$$N_0 = \frac{V}{k\phi} = \frac{200}{0.185} = 1{,}081[\text{rpm}]$$

04

구조가 회전 계자형으로 된 발전기는?

출제빈도

① 동기 발전기 ② 직류 발전기
③ 유도 발전기 ④ 분권 발전기

해설 동기 발전기는 전기자에서 발생하는 대전력 인출을 용이하도록 하기 위해 전기자를 고정자로 하고 계자를 회전자로 하는 회전 계자형을 취한다.

05

화학 공장에서 선로의 역률은 앞선 역률 0.7이었다. 이 선로에 동기 조상기를 병렬로 결선해서 과여자로 하면 선로의 역률은 어떻게 되는가?

① 뒤진 역률이며 역률은 더욱 나빠진다.
② 뒤진 역률이며 역률은 더욱 좋아진다.
③ 앞선 역률이며 역률은 더욱 좋아진다.
④ 앞선 역률이며 역률은 더욱 나빠진다.

해설 동기 조상기는 부족 여자로 운전시 리액터 과여자로 운전하면 콘덴서 작용을 하게 되는데, 선로 역률이 앞선 상태에서 동기 조상기를 과여자로 운전하면 보다 진역률로 되어 역률이 나빠진다.

06

코일 피치와 자극 피치의 비를 β라 하면 기본파 기전력에 대한 단절 계수는?

① $\sin\beta\pi$ ② $\cos\beta\pi$
③ $\sin\frac{\beta\pi}{2}$ ④ $\cos\frac{\beta\pi}{2}$

정답 03.② 04.① 05.④ 06.③

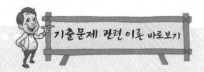

해설
- $K_p = \sin\frac{\beta\pi}{2}$ (기본파)
- $K_{pn} = \sin\frac{n\beta\pi}{2}$ (n차 고조파)

07

2대의 같은 정격의 타여자 직류 발전기가 있다. 그 정격은 출력 10[kW], 전압 100[V], 회전 속도 1,500[rpm]이다. 이 2대를 카프법에 의해서 반환 부하 시험을 하니 전원에서 흐르는 전류는 22[A]이었다. 이 결과에서 발전기의 효율은 약 몇 [%]인가? (단, 각 기의 계자 저항손을 각각 200[W]라고 한다.)

① 88.5
② 87
③ 80.6
④ 76

해설 두 기의 전기자 동손+기계손+철손+표유 부하손

$= VI_0 = 100\times 22 = 2,200[\text{W}] = 2.2[\text{kW}]$

각 기의 계자 저항손 $R_f I_f^2 = 200[\text{W}] = 0.2[\text{kW}]$

발전기의 효율 η_g는

$$\eta_g \fallingdotseq \frac{VI}{VI + \frac{1}{2}VI_0 + R_f I_f^2}\times 100 = \frac{10}{10+\frac{1}{2}\times 2.2 + 0.2}\times 100 \fallingdotseq 88.5[\%]$$

08

출제빈도

변압기 1차측 공급 전압이 일정할 때, 1차 코일 권수를 4배로 하면 누설 리액턴스와 여자 전류 및 최대 자속은? (단, 자로는 포화 상태가 되지 않는다.)

① 누설 리액턴스$=16$, 여자 전류$=\frac{1}{4}$, 최대 자속$=\frac{1}{16}$
② 누설 리액턴스$=16$, 여자 전류$=\frac{1}{16}$, 최대 자속$=\frac{1}{4}$
③ 누설 리액턴스$=\frac{1}{16}$, 여자 전류$=4$, 최대 자속$=16$
④ 누설 리액턴스$=16$, 여자 전류$=\frac{1}{16}$, 최대 자속$=4$

해설 누설 리액턴스 $x = \omega L = \omega\frac{\mu N^2 S}{l} \propto N^2$, 16배

여자 전류 $I_0 = Y_0 V_1 \fallingdotseq \frac{V_1}{x_0} \propto \frac{1}{N^2}$, $\frac{1}{16}$배

최대 자속 $\phi_m = \frac{V_1}{4.44fN} \propto \frac{1}{N}$, $\frac{1}{4}$배

정답 07.① 08.②

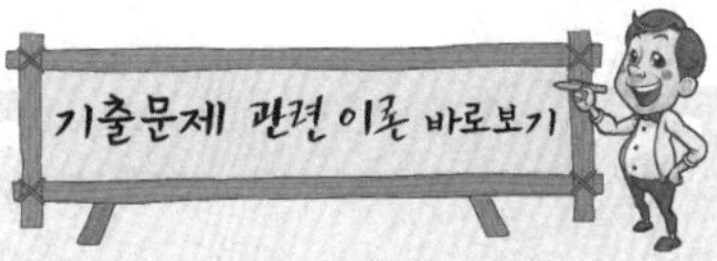

08. 이론 check 여자 전류와 여자 어드미턴스

[철심 내의 전기적 현상]

철손을 발생시키는 저항 $r_0[\Omega]$, 철심 내 인덕턴스(L)에 의한 리액턴스 $x_0[\Omega]$이다.

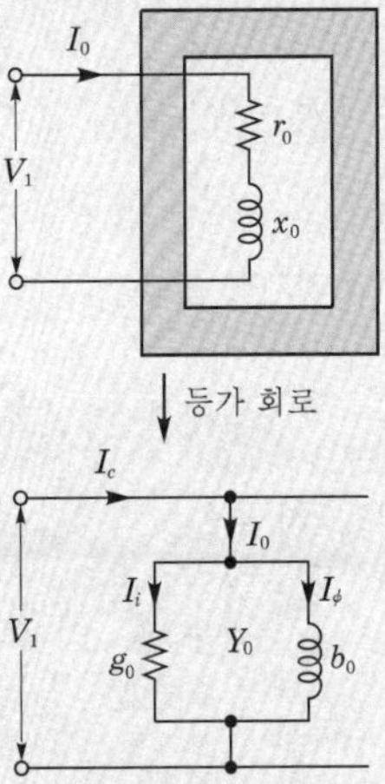

▌철심 내 전기적 등가 회로▐

여기서, I_i : 철손 전류
I_ϕ : 자화 전류

(1) 여자 어드미턴스 : Y_0[℧]

$\dot{Y}_0 = g_0 - j\dot{b}_0 = \sqrt{g_0^2 + b_0^2}$ [℧]

① 여자 컨덕턴스 : g_0[℧]
(저항의 역수)

$g_0 = \frac{1}{r_0}$[℧]

② 여자 서셉턴스 : b_0[℧]
(리액턴스의 역수)

$b_0 = \frac{1}{x_0}$[℧]

(2) 여자 전류 : I_0[A](무부하 전류)

$I_0 = Y_0 V_1 = \dot{I}_i + \dot{I}_\phi = \sqrt{I_i^2 + I_\phi^2}$ [A]

(3) 철손 : P_i[W]

$P_i = V_1 I_i = g_0 V_1^2$ [W]

기출문제 관련 이론 바로보기

10. 이론 check **2차 입력, 출력, 동손의 관계**

(1) 2차 입력

$P_2 = I_2^2(R + r_2)$

$= I_2^2 \dfrac{r_2}{s}$[W](1상당)

(2) 기계적 출력

$P_o = I_2^2 \cdot R$

$= I_2^2 \cdot \dfrac{1-s}{s} \cdot r_2$[W]

(3) 2차 동손

$P_{2c} = I_2^2 \cdot r_2$[W]

$\therefore P_2 : P_o : P_{2c} = 1 : 1-s : s$

09 유도 전동기에서 인가 전압이 일정하고 주파수가 정격값에서 수 [%] 감소할 때 나타나는 현상 중 틀린 것은?

① 철손이 증가한다. ② 효율이 나빠진다.
③ 동기 속도가 감소한다. ④ 누설 리액턴스가 증가한다.

해설 리액턴스 $x = \omega L = 2\pi f L \propto f$

10 (출제빈도) 4극 7.5[kW], 200[V], 60[Hz]인 3상 유도 전동기가 있다. 전부하에서의 2차 입력이 7,950[W]이다. 이 경우의 2차 효율은 약 몇 [%]인가? (단, 기계손은 130[W]이다.)

① 92 ② 94
③ 96 ④ 98

해설 2차 동손

$P_{2c} = P_2 - P -$ 기계손 $= 7,950 - 7,500 - 130 = 320$[W]

슬립 $s = \dfrac{P_{2c}}{P_2} = \dfrac{320}{7,950} = 0.04$

2차 효율 $\eta_2 = \dfrac{P_o}{p_2} \times 100 = (1-s) \times 100 = (1-0.04) \times 100 = 96$[%]

11 유도 전동기에서 여자 전류는 극수가 많아지면 정격 전류에 대한 비율이 어떻게 변하는가?

① 커진다. ② 불변이다.
③ 적어진다. ④ 반으로 줄어든다.

해설 유도 전동기의 자기 회로에는 갭(gap)이 있기 때문에 정격 전류 I_1에 대한 여자 전류 I_0의 비율은 매우 크다. 일반적으로 전부하 전류의 25~50[%]에 이른다. 또한 I_0의 값은 용량이 작은 것일수록 크고 같은 용량의 전동기에서는 극수가 많을수록 크다. 그리고 I_0의 대부분을 차지하고 있는 자화 전류 I_μ는 $\dfrac{\pi}{2}$ 뒤진 전류이기 때문에 유도 전동기는 역률이 낮고 경부하일 경우에는 역률이 더욱 낮아지게 된다.

12 브러시를 이동하여 회전 속도를 제어하는 전동기는?

① 반발 전동기
② 단상 직권 전동기
③ 직류 직권 전동기
④ 반발 기동형 단상 유도 전동기

해설 반발 전동기는 브러시의 위치 변화로 속도를 제어할 수 있다.

정답 09.④ 10.③ 11.① 12.①

13 직류 전동기의 발전 제동시 사용하는 저항의 주된 용도는?

출제빈도

① 전압 강하
② 전류의 감소
③ 전력의 소비
④ 전류의 방향 전환

해설 직류 전동기의 발전 제동은 전기자에서 발생하는 전기적 에너지를 저항에서 열로 소비하여 제동하는 방법이다.

14 100[kVA], 6,000/200[V], 60[Hz]이고 %임피던스 강하 3[%]인 3상 변압기의 저압측에 3상 단락이 생겼을 경우의 단락 전류는 약 몇 [A]인가?

① 5,650
② 9,623
③ 17,000
④ 75,000

해설 2차 정격 전류를 I_{2n} [A], 2차 정격 전압을 V_{2n} [V], 2차로 환산한 전누설 임피던스를 Z라 하면 $z = \dfrac{I_{2n} Z}{V_{2n}} \times 100 = 3[\%]$

2차 단락 전류 I_{2s}는 $\dfrac{I_{2s}}{I_{2n}} = \dfrac{100}{z}$

$$\therefore I_{2s} = \frac{100}{z} I_{2n}$$
$$= \frac{100}{z} \cdot \frac{P}{\sqrt{3}\, V_{2n}}$$
$$= \frac{100}{3} \times \frac{100 \times 10^3}{\sqrt{3} \times 200}$$
$$= 9{,}623[\mathrm{A}]$$

15 직류기의 전기자 권선 중 중권 권선에서 뒤 피치가 앞 피치보다 큰 경우를 무엇이라 하는가?

① 진권
② 쇄권
③ 여권
④ 장절권

해설 직류기의 전기자 권선법에서 코일변 사이에 대한 간격을 권선 피치(winding pitch)라 한다.
합성 피치 $y = y_b - y_f$(여기서, y_b: 뒤 피치, y_f: 앞 피치)일 때
$y > 0$: 진권, $y < 0$: 역진권

정답 13.③ 14.② 15.①

기출문제 관련 이론 바로보기

13. 이론 check 직류 전동기 제동법

전기적 제동은 전기자 권선의 전류 방향을 바꾸어 제동하는 방법으로 다음과 같이 분류한다.

(1) 발전 제동
전기적 에너지를 저항에서 열로 소비하여 제동하는 방법

(2) 회생(回生) 제동
전동기의 역기전력을 공급 전압보다 높게 하여 전기적 에너지를 전원측에 환원하여 제동하는 방법

(3) 역상 제동
전기자의 결선을 바꾸어 역회전력에 의해 급제동하는 방법[릴레이(relay)를 연결하여 정지시 전원으로부터 분리하여야 한다]

기출문제 관련 이론 바로보기

16 전기 설비 운전 중 계기용 변류기(CT)의 고장 발생으로 변류기를 개방할 때 2차측을 단락해야 하는 이유는?

① 2차측의 절연 보호
② 1차측의 과전류 방지
③ 2차측의 과전류 보호
④ 계기의 측정 오차 방지

해설 2차측을 개방하면 1차측의 부하 전류가 전부 여자 전류로 사용되어서 2차측에 고전압이 유기되어 절연이 파괴될 우려가 있다.

17. Tip 동기 발전기의 병렬 운전 조건

(1) 기전력의 크기가 같을 것
(2) 기전력의 위상이 같을 것
(3) 기전력의 주파수가 같을 것
(4) 기전력의 파형이 같을 것
(5) 기전력의 상회전 방향이 같을 것

17 동기 발전기의 병렬 운전에서 일치하지 않아도 되는 것은?

출제빈도

① 기전력의 크기
② 기전력의 위상
③ 기전력의 극성
④ 기전력의 주파수

해설 **동기 발전기의 병렬 운전 조건**
- 기전력의 크기가 같을 것
- 기전력의 위상이 같을 것
- 기전력의 주파수가 같을 것
- 기전력의 파형이 같을 것
- 상회전 방향이 같을 것

18. 이론 check 단상 유도 전동기(2전동기설)

(1) 특성
① 기동 토크가 없다.
② 2차 저항 증가시 최대 토크가 감소하며, 권선형도 비례 추이가 불가하다.
③ 슬립(s)이 "0"이 되기 전에 토크가 "0"이 되고, 슬립이 "0"일 때 부(負)토크가 발생된다.

(2) 기동 방법에 따른 분류
기동 토크가 큰 순서로 나열하면 다음과 같다.
① 반발 기동형(반발 유도형)
② 콘덴서 기동형(콘덴서형)
③ 분상 기동형
④ 셰이딩(shading) 코일형

18 단상 유도 전동기를 기동 토크가 큰 것부터 낮은 순서로 배열한 것은?

출제빈도

① 모노사이클릭형 → 반발 유도형 → 반발 기동형 → 콘덴서 기동형 → 분상 기동형
② 반발 기동형 → 반발 유도형 → 모노사이클릭형 → 콘덴서 기동형 → 분상 기동형
③ 반발 기동형 → 반발 유도형 → 콘덴서 기동형 → 분상 기동형 → 모노사이클릭형
④ 반발 기동형 → 분상 기동형 → 콘덴서 기동형 → 반발 유도형 → 모노사이클릭형

해설 단상 유도 전동기에 있어서 기동 토크가 큰 것부터 차례로 배열하면 반발 기동형 → 반발 유도형 → 콘덴서 기동형(또는 콘덴서 전동기) → 분상 기동형 → 모노사이클릭형 기동형(또는 셰이딩 코일형)이다.

19 일정한 부하에서 역률 1로 동기 전동기를 운전하는 중 여자를 약하게 하면 전기자 전류는?

① 진상 전류가 되고 증가한다.
② 진상 전류가 되고 감소한다.
③ 지상 전류가 되고 증가한다.
④ 지상 전류가 되고 감소한다.

정답 16.① 17.③ 18.③ 19.③

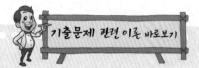

해설 동기 전동기를 운전 중 여자 전류를 감소하면 뒤진 전류가 흘러 리액터 작용을 하며, 역률이 저하하여 전기자 전류가 증가한다.

20 8극 6[Hz]의 유도 전동기가 부하를 연결하고 864[rpm]으로 회전할 때, 54.134[kg·m]의 토크를 발생시 동기 와트는 약 몇 [kW]인가?

① 48 ② 50
③ 52 ④ 54

해설 $P=8$, $f=60[\text{Hz}]$, $N=864[\text{rpm}]$, $\tau_k=54.134[\text{kg}\cdot\text{m}]$이므로

$$N_s=\frac{120f}{P}=\frac{120\times 60}{8}=900[\text{rpm}]$$

$$\therefore P_2=9.8\omega_s\tau_k=9.8\times 2\pi n_s\times\tau_k$$
$$=9.8\times 2\pi\times\frac{N_s}{60}\times\tau_k \fallingdotseq 1.026N_s\tau_k$$
$$=1.026\times 900\times 54.134 \fallingdotseq 49987.3[\text{W}]$$
$$\fallingdotseq 50[\text{kW}]$$

[별해] $s=\dfrac{N_s-N}{N_s}=\dfrac{900-864}{900}=0.04$

$$P=9.8\omega\tau_k=9.8\times 2\pi n\times\tau_k=9.8\times 2\pi\times\frac{N}{60}\times\tau_k$$
$$=1.026N\tau_k=1.026\times 864\times 54.134$$
$$\fallingdotseq 47{,}987.8[\text{W}]\fallingdotseq 47.988[\text{kW}]$$
$$\therefore P_2=\frac{P}{1-s}=\frac{47.988}{1-0.04}\fallingdotseq 49.988\fallingdotseq 50[\text{kW}]$$

기출문제 관련 이론 바로보기

20. 이론 check 유도 전동기의 회전 속도와 토크

(1) 회전 속도(N[rpm])

$$N=N_s(1-s)$$
$$=\frac{120f}{P}(1-s)[\text{rpm}]$$
$$\left(s=\frac{N_s-N}{N_s}\right)$$

(2) 토크(Torque, 회전력)

$$T=F\cdot r\,[\text{N}\cdot\text{m}]$$
$$=\frac{P}{\omega}=\frac{P_o}{2\pi\frac{N}{60}}$$
$$=\frac{P_2}{2\pi\frac{N_s}{60}}[\text{N}\cdot\text{m}]$$

여기서, $P_o=P_2(1-s)$
$N=N_s(1-s)$

$$\tau=\frac{T}{9.8}=\frac{60}{9.8\times 2\pi}\cdot\frac{P_2}{N_s}$$
$$=0.975\frac{P_2}{N_s}[\text{kg}\cdot\text{m}]$$

(3) 동기 와트로 표시한 토크(T_s)

$$T=\frac{0.975}{N_s}P_2=KP_2\ (N_s: \text{일정})$$

$T_s=P_2$(2차 입력으로 표시한 토크)

제 3 회 전기기기

01 3상 동기 발전기를 병렬 운전하는 경우 필요한 조건이 아닌 것은?

① 회전수가 같다.
② 상회전이 같다.
③ 발생 전압이 같다.
④ 전압 파형이 같다.

해설 **동기 발전기의 병렬 운전 조건**

- 기전력의 크기가 같을 것
- 기전력의 위상이 같을 것
- 기전력의 주파수가 같을 것
- 기전력의 파형이 같을 것
- 상회전 방향이 같을 것

정답 20.② / 01.①

기출문제 관련 이론 바로보기

02. 이론 Check **단상 유도 전압 조정기**

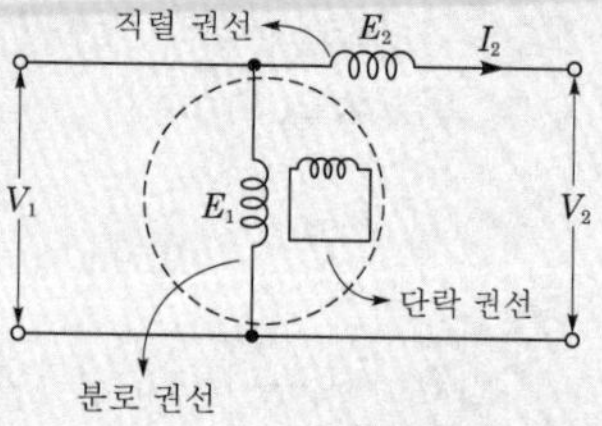

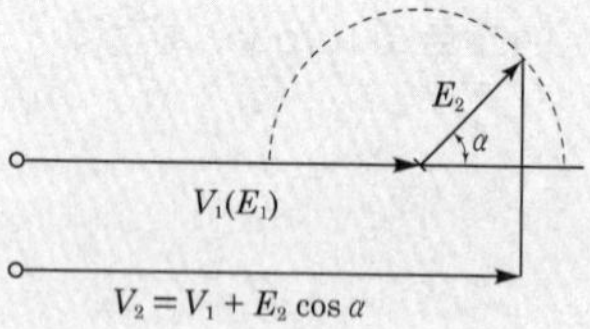

특성은 다음과 같다.

(1) 교번 자계 이용

(2) 직렬 권선, 분로 권선, 단락 권선

※ 단락 권선 : 누설 리액턴스에 의한 전압 강하 방지

(3) 1차, 2차 전압 위상차 없음

(4) 정격 용량

$P_1 = E_2 I_2$[VA]

(5) 최대 용량(부하 용량)

$W_1 = V_2 I_2$[VA]

02

출제빈도

단상 유도 전압 조정기의 1차 권선과 2차 권선의 축 사이의 각도를 α라 하고 양 권선의 축이 일치할 때 2차 권선의 유기 전압을 E_2, 전원 전압을 V_1, 부하측의 전압을 V_2라고 하면 임의의 각 α일 때의 V_2는?

① $V_2 = V_1 + E_2 \cos\alpha$

② $V_2 = V_1 - E_2 \cos\alpha$

③ $V_2 = V_1 + E_2 \sin\alpha$

④ $V_2 = V_1 - E_2 \sin\alpha$

해설 단상 유도 전압 조정기는 1차 권선을 0°~180°까지 회전하여 2차측의 선간 전압을 조정하는 장치로서 임의의 각 α일 때 2차 선간 전압 $V_2 = V_1 + E_2 \cos\alpha$이다.

03

변압기의 절연유로서 갖추어야 할 조건이 아닌 것은?

① 비열이 커서 냉각 효과가 클 것

② 절연 저항 및 절연 내력이 적을 것

③ 인화점이 높고 응고점이 낮을 것

④ 고온에서도 석출물이 생기거나 산화하지 않을 것

해설 **변압기유의 구비 조건**

- 절연 내력이 클 것
- 절연 재료 및 금속에 화학 작용을 일으키지 않을 것
- 인화점이 높고 응고점이 낮을 것
- 점도가 낮고(유동성이 풍부) 비열이 커서 냉각 효과가 클 것
- 고온에 있어 석출물이 생기거나 산화하지 않을 것
- 증발량이 적을 것

04

브러시리스 모터(BLDC)의 회전자 위치 검출을 위해 사용하는 것은?

① 홀(Hall) 소자

② 리니어 스케일

③ 회전형 엔코더

④ 회전형 디코더

해설 브러시리스 모터(BLDC)는 브러시 구조가 없고 정류를 전자적으로 수행하는 모터로 브러시와 정류자 간 기계적인 마찰부가 없으므로 고속화가 가능하고 소음이 감소하며 아크가 없어지고 전자 노이즈가 감소하며 수명이 반영구적이다. 그리고 회전자 위치 검출에는 엔코더, 홀센서(소자) 방법이 있다.

정답 02.① 03.② 04.①, ③

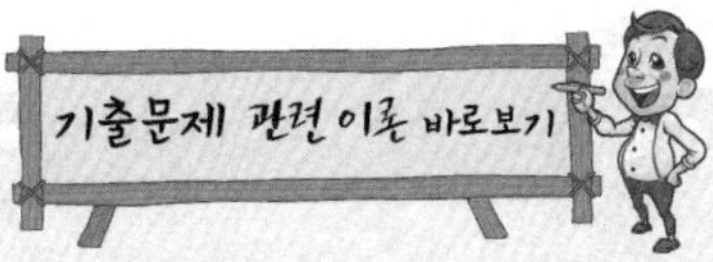

05 6극 60[Hz]의 3상 권선형 유도 전동기가 1,140[rpm]의 정격 속도로 회전할 때 1차측 단자를 전환해서 상회전 방향을 반대로 바꾸어 역전 제동을 하는 경우 제동 토크를 전부하 토크와 같게 하기 위한 2차 삽입 저항 R[Ω]은? (단, 회전자 1상의 저항은 0.005[Ω], Y결선이다.)

① 0.19 ② 0.27
③ 0.38 ④ 0.5

해설 $N_s=\dfrac{120f}{P}=\dfrac{120\times60}{6}=1,200[\text{rpm}]$

$s=\dfrac{N_s-N}{N_s}=\dfrac{1,200-1,140}{1,200}=0.05$

역전 제동할 때에 슬립 s'는

$s'=\dfrac{N_s-(-N)}{N_s}=\dfrac{1,200-(-1,140)}{1,200}=1.95$

$s'=1.95$에서 전부하 토크를 발생시키는 데 필요한 2차 삽입 저항 R_s는

$\dfrac{r_2}{s}=\dfrac{r_2+R_s}{s'}$

$\dfrac{0.005}{0.05}=\dfrac{0.005+R_s}{1.95}$

$\therefore\ R_s=\dfrac{0.005}{0.05}\times1.95-0.005=0.19[\Omega]$

06 전기자 저항이 0.04[Ω]인 직류 분권 발전기가 있다. 단자 전압 100[V], 회전 속도 1,000[rpm]일 때 전기자 전류는 50[A]라 한다. 이 발전기를 전동기로 사용할 때 전동기의 회전 속도는 약 몇 [rpm]인가? (단, 전기자 반작용은 무시한다.)

출제빈도

① 759 ② 883
③ 894 ④ 961

해설 $R_a=0.04[\Omega]$, $V=100[\text{V}]$, $I_a=50[\text{A}]$이므로

1,000[rpm]에서 50[A]일 때 발전기의 기전력 E는

$E=V+I_aR_a=100+50\times0.04=102[\text{V}]$

전동기로서의 역기전력 E'는

$E'=V-I_aR_a=100-50\times0.04=98[\text{V}]$

단자 전압이 일정하므로 자속 ϕ도 일정하고, 회전수 N은

$N=\dfrac{V-I_aR_a}{K\phi}=\dfrac{E}{K\phi}$이므로 $N\propto E$이다.

$\dfrac{N'}{N}=\dfrac{E'}{E}$

$\therefore\ N'=N\times\dfrac{E'}{E}=1,000\times\dfrac{98}{102}\fallingdotseq961[\text{rpm}]$

06. 이론 check **분권 전동기**

(1) 전기자 전류
$I_a=(I-I_f)$

(2) 역기전력
$E=V-I_aR_a=\dfrac{pZ}{60a}\phi N$
$=K\phi N[\text{V}]$

(3) 단자 전압
$V=E-I_aR_a$

(4) 회전수
$N=\dfrac{E}{K\phi}[\text{rmp}]=K\dfrac{E}{\phi}[\text{rps}]$

정답 05.① 06.④

기출문제 관련 이론 바로보기

07 유도 발전기에 대한 설명으로 틀린 것은?

① 공극이 크고 역률이 동기기에 비해 좋다.
② 병렬로 접속된 동기기에서 여자 전류를 공급받아야 한다.
③ 농형 회전자를 사용할 수 있으므로 구조가 간단하고 가격이 싸다.
④ 선로에 단락이 생기면 여자가 없어지므로 동기기에 비해 단락 전류가 작다.

해설 유도 발전기의 특성

- 구조가 간단하고 가격이 싸다.
- 동기화할 필요가 없고 기동 운전이 용이하다.
- 단락시 여자 전류가 없으므로 단락 전류가 작다.
- 동기 발전기와 병렬 운전하는 경우에만 발전기를 동작한다.
- 공극의 치수가 작으므로 효율과 역률이 나쁘다.

08. 이론 check **직류기의 전기자 권선법**

제작이 용이하고 기전력이 많이 발생되도록 감는 권선법이다.

(1) 환상권과 고상권
① 환상권(×) : 권선을 링 모양으로 감아주는 권선법
② 고상권(○) : 전기자 표면에만 감아주는 권선법

(2) 개로권과 폐로권
① 개로권(×) : 몇 개의 독립된 전선으로 감는 권선법
② 폐로권(○) : 처음 시작에서 감으면 끝나는 곳이 처음 시작점이 되는 권선법

(3) 단층권과 이층권
① 단층권(×) : 1개의 슬롯에 도체가 1개인 권선법
② 이층권(○) : 1개의 슬롯에 도체가 2개인 권선법

08 직류기의 전기자에 사용되지 않는 권선법은?

출제빈도

① 2층권　　② 고상권
③ 폐로권　　④ 단층권

해설 직류기의 전기자 권선법

- 환상권(×)
- 고상권(○)
  - 개로권(×)
  - 폐로권(○)
    - 단층권(×)
    - 2층권(○)
      - 중권(○)
      - 파권(○)

09 직류 분권 전동기의 정격 전압 200[V], 정격 전류 105[A], 전기자 저항 및 계자 회로의 저항이 각각 0.1[Ω] 및 40[Ω]이다. 기동 전류를 정격 전류의 150[%]로 할 때의 기동 저항은 약 몇 [Ω]인가?

① 0.46　　② 0.92
③ 1.08　　④ 1.21

해설

$I_a = I - I_f = 105 - \frac{200}{40} = 100[A]$

$V = E + I_a R_a$ 에서 $I_a = \frac{V-E}{R_a}$

기동 전류 $I_s = 1.5 I_a = 1.5 \times 100 = 150[A]$

$I_s = \frac{V-E}{R_a + R_s}$ (기동시 $E=0$)

기동 저항 $R_s = \frac{V}{I_s} - R_a = \frac{200}{150} - 0.1 = 1.23[\Omega]$

정답 07.① 08.④ 09.④

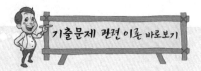

10 동기 발전기의 단락비를 계산하는 데 필요한 시험의 종류는?

출제빈도

① 동기화 시험, 3상 단락 시험
② 부하 포화 시험, 동기화 시험
③ 무부하 포화 시험, 3상 단락 시험
④ 전기자 반작용 시험, 3상 단락 시험

해설 $K_s = \dfrac{I_{f0}}{I_{fs}} = \dfrac{\overline{Od}}{\overline{Oc}} = \dfrac{I_s}{I_n} = \dfrac{1}{Z_s'}$

단, Z_s'는 단위법으로 표시한 동기 임피던스

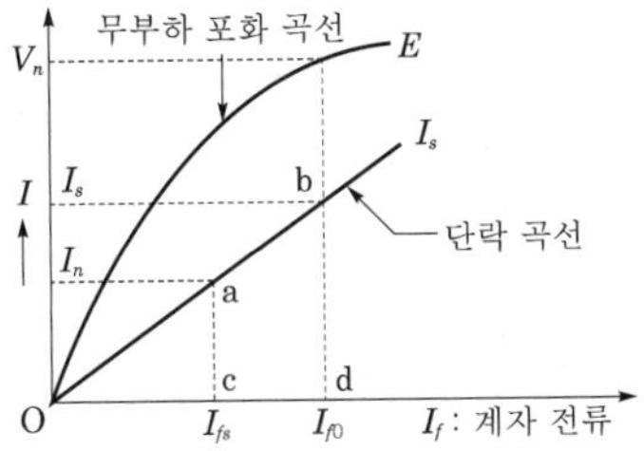

11 변압기에서 부하에 관계없이 자속만을 만드는 전류는?

① 철손 전류
② 자화 전류
③ 여자 전류
④ 교차 전류

해설 변압기의 철손 전류(I_i)는 철손을 발생시키는 전류이고, 자화 전류(I_ϕ)는 자속을 만드는 전류이며 철손 전류(I_i)와 자화 전류를 합하여 여자 전류(I_0)라 한다.

12 변압기의 정격을 정의한 것 중 옳은 것은?

① 전부하의 경우 1차 단자 전압을 정격 1차 전압이라 한다.
② 정격 2차 전압은 명판에 기재되어 있는 2차 권선의 단자 전압이다.
③ 정격 2차 전압을 2차 권선의 저항으로 나눈 것이 정격 2차 전류이다.
④ 2차 단자 간에서 얻을 수 있는 유효 전력을 [kW]로 표시한 것이 정격 출력이다.

해설 변압기의 정격 출력은 [kVA]로 표시하며 정격 2차 전압은 명판에 기재되어 있는 2차 권선의 단자 전압이다.

기출문제 관련 이론 바로보기

10. 이론 check 단락비(K_s)

$K_s = \dfrac{I_{fo}}{I_{fs}}$

$= \dfrac{\text{무부하 정격 전압을 유기하는 데 필요한 계자 전류}}{\text{3상 단락 정격 전류를 흘리는 데 필요한 계자 전류}}$

$= \dfrac{I_s}{I_n} = \dfrac{1}{Z_s'} \propto \dfrac{1}{Z_s}$

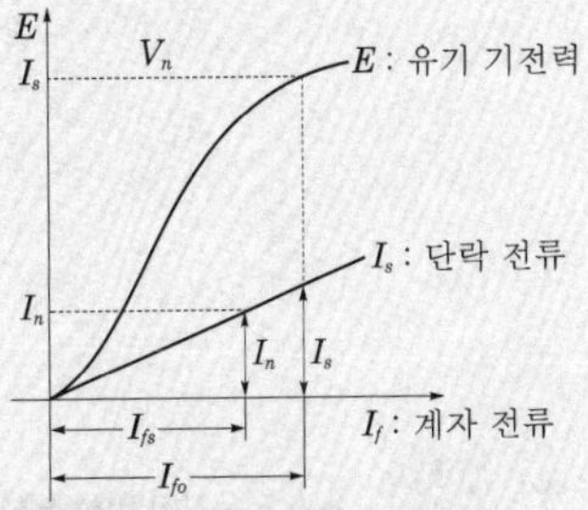

무부하 특성 곡선과 3상 단락 곡선

(1) 단락비 산출시 필요한 시험
① 무부하 시험
② 3상 단락 시험

(2) 단락비(K_s) 큰 기계
① 동기 임피던스가 작다.
$K_s \propto \dfrac{1}{Z_s}$
② 전압 변동률이 작다.
③ 전기자 반작용이 작다.
계자 기자력이 크고, 전기자 기자력이 작다(철기계).
④ 출력이 크다.
⑤ 과부하 내량이 크고, 안정도가 높다.
⑥ 자기 여자 현상이 작다.

정답 10.③ 11.② 12.②

기출문제 관련 이론 바로보기

13 저항 부하를 갖는 단상 전파 제어 정류기의 평균 출력 전압은? (단, α는 사이리스터의 점호각, V_m은 교류 입력 전압의 최대값이다.)

① $V_{dc} = \dfrac{V_m}{2\pi}(1+\cos\alpha)$

② $V_{dc} = \dfrac{V_m}{\pi}(1+\cos\alpha)$

③ $V_{dc} = \dfrac{V_m}{2\pi}(1-\cos\alpha)$

④ $V_{dc} = \dfrac{V_m}{\pi}(1-\cos\alpha)$

해설 단상 전파 제어 정류 회로에서

직류 평균 전압 $V_{dc} = \dfrac{1}{\pi}\displaystyle\int_{\alpha}^{\pi} V_m \sin\theta d\theta$

$= \dfrac{V_m}{\pi} \cdot [-\cos\theta]_{\alpha}^{\pi}$

$= \dfrac{V_m}{\pi}(1+\cos\alpha)$

14 동기 전동기의 V곡선(위상 특성)에 대한 설명으로 틀린 것은?

출제빈도

① 횡축에 여자 전류를 나타낸다.
② 종축에 전기자 전류를 나타낸다.
③ V곡선의 최저점에는 역률이 0[%]이다.
④ 동일 출력에 대해서 여자가 약한 경우가 뒤진 역률이다.

해설 동기 전동기의 위상 특성 곡선(V곡선)은 여자 전류를 조정하여 부족 여자일 때 뒤진 전류가 흘러 리액터 작용(지역률), 과여자일 때 앞선 전류가 흘러 콘덴서 작용(진역률)을 한다.
동기 전동기의 위상 특성 곡선(V곡선)은 계자 전류(I_f : 횡축)와 전기자 전류(I_a : 종축)의 위상 관계 곡선이며 부족 여자일 때 뒤진 전류, 과여자일 때 앞선 전류가 흐르며 V곡선의 최저점은 역률이 1(100[%])이다.

14. 이론 check **동기 전동기의 위상 특성 곡선(V곡선)**

공급 전압(V)과 출력(P)이 일정한 상태에서 계자 전류(I_f)의 조정에 따른 전기자 전류(I_a)의 크기와 위상(역률각 : θ)의 관계 곡선이다.

(1) **부족 여자**
전기자 전류가 공급 전압보다 위상이 뒤지므로 리액터 작용을 한다.

(2) **과여자**
전기자 전류가 공급 전압보다 위상이 앞서므로 콘덴서 작용을 한다.

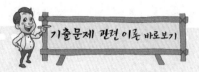

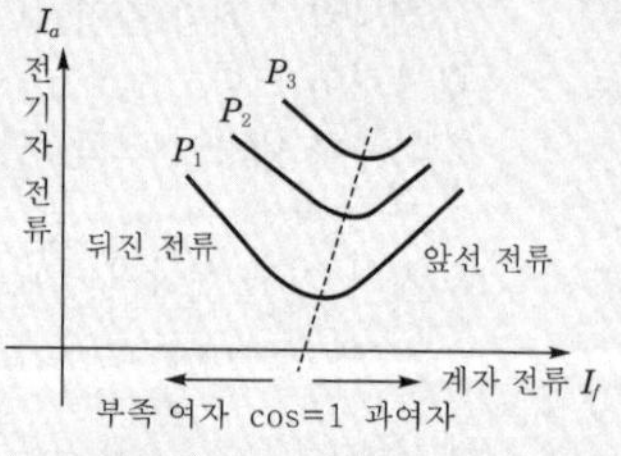

▮ 위상 특성 곡선(V곡선) ▮

15 발전기의 종류 중 회전 계자형으로 하는 것은?

① 동기 발전기
② 유도 발전기
③ 직류 복권 발전기
④ 직류 타여자 발전기

해설 동기 발전기는 전기자에서 발생하는 대전력 인출을 용이하도록 하기 위해 전기자를 고정자로 하고 계자를 회전자로 하는 회전 계자형을 취한다.

정답 13.② 14.③ 15.①

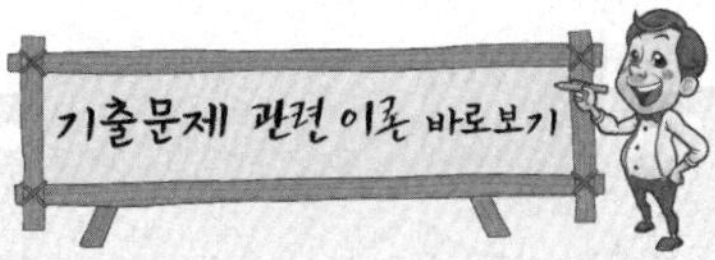

16 10[kW], 3상, 200[V] 유도 전동기의 전부하 전류는 약 몇 [A]인가? (단, 효율 및 역류 85[%]이다.)

① 60　② 80
③ 40　④ 20

해설 $P=\sqrt{3}\,VI\cos\theta\cdot\eta$[W]

$$\therefore\ I=\frac{P}{\sqrt{3}\,V\cos\theta\cdot\eta}=\frac{10\times10^3}{\sqrt{3}\times200\times(0.85)^2}\fallingdotseq 40[\text{A}]$$

17 단상 유도 전동기에서 기동 토크가 가장 큰 것은?

출제빈도

① 반발 기동형　② 분상 기동형
③ 콘덴서 전동기　④ 셰이딩 코일형

해설 기동 토크가 큰 순서로 배열하면 ①→③→②→④이다.

18 변압기 온도 시험을 하는데 가장 좋은 방법은?

① 실부하법　② 반환 부하법
③ 단락 시험법　④ 내전압 시험법

해설 변압기의 온도 시험 측정법에는 실부하법과 반환 부하법이 있으며, 실부하법은 소용량의 경우에 이용되지만 전력 손실이 크기 때문에 별로 허용되지 않는다. 반환 부하법은 동일 정격의 변압기가 2대 이상 있을 경우에 채용되며, 전력 소비가 적고 철손과 동손을 따로 따로 공급하는 것이다.

19 전기 기기에 있어 와전류손(eddy current loss)을 감소시키기 위한 방법은?

출제빈도

① 냉각 압연　② 보상 권선 설치
③ 교류 전원을 사용　④ 규소 강판을 성층하여 사용

해설 자기 회로인 철심에서 시간적으로 자속이 변화할 때 맴돌이 전류에 의한 와전류손을 감소하기 위해 얇은 강판을 절연(바니시 등)하여 성층 철심한다.

20 동기 발전기에서 전기자 전류를 I, 유기 기전력과 전기자 전류와의 위상각을 θ라 하면 직축 반작용을 나타내는 성분은?

① $I\tan\theta$　② $I\cot\theta$
③ $I\sin\theta$　④ $I\cos\theta$

해설 전기자 전류의 $I\cdot\cos\theta$ 성분은 유기 기전력(전압)과 동상이므로 횡축 반작용, $I\cdot\sin\theta$ 성분은 유기 기전력과 90° 위상차가 있으므로 직축 반작용을 나타낸다.

정답 16.③ 17.① 18.② 19.④ 20.③

---

17. 이론 check **단상 유도 전동기(2전동기설)**

(1) 특성
① 기동 토크가 없다(교번 자계 발생).
② 2차 저항 증가시 최대 토크가 감소하며, 권선형도 비례 추이가 불가하다.
③ 슬립(s)이 "0"이 되기 전에 토크가 "0"이 되고, 슬립이 "0"일 때 부(負)토크가 발생된다.

(2) 기동 방법에 따른 분류(기동 토크가 큰 순서로 나열)
① 반발 기동형(반발 유도형)
② 콘덴서 기동형(콘덴서형)
③ 분상 기동형
④ 셰이딩(shading) 코일형

19. 이론 check **변압기의 철심(core)**

변압기의 철심은 투자율과 저항률이 크고, 히스테리시스손이 작은 규소 강판을 성층하여 사용한다.

(1) 규소 함유량
4~4.5[%]

(2) 강판의 두께
0.35[mm]

(3) 철심과 권선의 조합 방식에 따라 다음과 같이 분류하고, 철심의 점적률은 91~92[%] 정도이다.
① 내철형 변압기
② 외철형 변압기
③ 권철심형 변압기

memo

PART 04

회로이론

과년도 출제문제

Industrial Engineer Electricity

2011년 과년도 출제문제

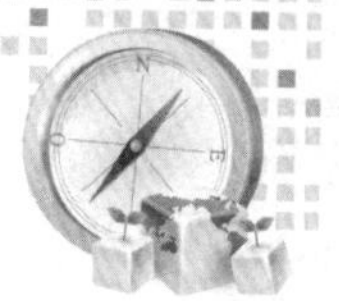

기출문제 관련 이론 바로보기

01. 이론 check **전달 함수**

제어계 또는 요소의 입력 신호와 출력 신호의 관계를 수식적으로 표현한 것을 전달 함수라 한다. 전달 함수는 "모든 초기치를 0으로 했을 때 출력 신호의 라플라스 변환과 입력 신호의 라플라스 변환의 비"로 정의한다.

입력 신호 $r(t)$에 대해 출력 신호 $c(t)$를 발생하는 그림의 전달 함수 $\boldsymbol{G}(s)$는

$$\boldsymbol{G}(s)=\frac{\mathcal{L}[c(t)]}{\mathcal{L}[r(t)]}=\frac{\boldsymbol{C}(s)}{\boldsymbol{R}(s)}$$

가 된다.

(1) 전기회로의 전달함수

(2) $R-C$ 직렬 회로의 전달함수

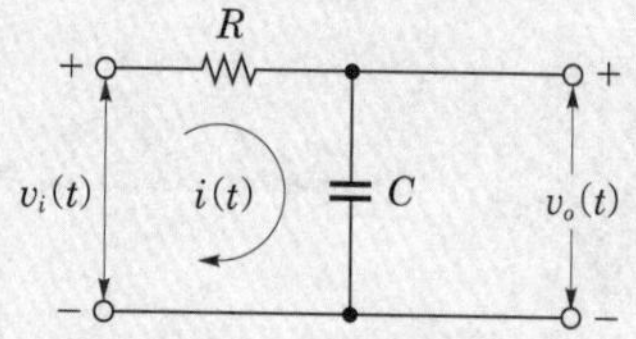

$$\begin{cases} v_i(t)=Ri(t)+\dfrac{1}{C}\displaystyle\int i(t)dt \\ v_o(t)=\dfrac{1}{C}\displaystyle\int i(t)dt \end{cases}$$

위의 식을 초기값 0인 조건에서 라플라스 변환하면

$$\begin{cases} V_i(s)=\left(R+\dfrac{1}{Cs}\right)I(s) \\ V_o(s)=\dfrac{1}{Cs}I(s) \end{cases}$$

$$\therefore\ \boldsymbol{G}(s)=\frac{V_o(s)}{V_i(s)}=\frac{1}{RCs+1}$$

제1회 회로이론

01 그림과 같은 회로에서 입력을 $v_i(t)$[V], 출력을 $v_o(t)$[V]라 할 때의 전달 함수는? (단, $T=RC$이다.)

출제빈도

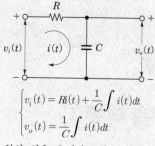

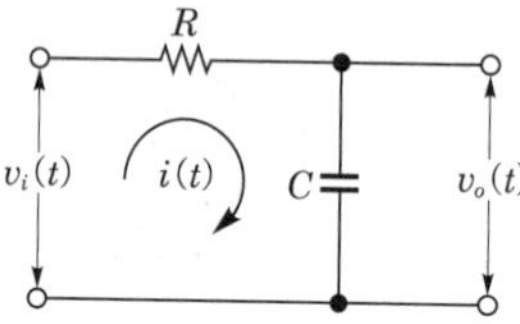

① $\dfrac{1}{Ts+1}$

② $\dfrac{1}{Ts+2}$

③ $\dfrac{2}{Ts+3}$

④ $\dfrac{1}{Ts+3}$

해설

전달 함수 $\boldsymbol{G}(s)=\dfrac{\boldsymbol{V}_o(s)}{\boldsymbol{V}_i(s)}=\dfrac{\frac{1}{Cs}}{R+\frac{1}{Cs}}=\dfrac{1}{RCs+1}=\dfrac{1}{Ts+1}$

02 자계 코일의 권수 N=1,000, 코일의 내부 저항 R[Ω]로 전류 I=10[A]를 통했을 때의 자속 $\phi=2\times10^{-2}$[Wb]이다. 이때 이 회로의 시정수가 0.1[s]라면 저항 R[Ω]은?

① 0.2 ② $\dfrac{1}{20}$

③ 2 ④ 20

해설

자기 인덕턴스 $L=\dfrac{N\phi}{I}=\dfrac{1{,}000\times2\times10^{-2}}{10}=2$[H]

$\therefore\ R=\dfrac{L}{\tau}=\dfrac{2}{0.1}=20$[Ω]

03 $f(t)=u(t-a)-u(t-b)$ 식으로 표시되는 4각파의 라플라스 변환은?

① $\dfrac{1}{s}(e^{-as}-e^{-bs})$ ② $\dfrac{1}{s}(e^{as}+e^{bs})$

③ $\dfrac{1}{s^2}(e^{-as}-e^{-bs})$ ④ $\dfrac{1}{s^2}(e^{as}+e^{bs})$

정답 01.① 02.④ 03.①

해설 $\mathcal{L}[f(t)] = \mathcal{L}[u(t-a)] - \mathcal{L}[u(t-b)]$

$$= \frac{e^{-as}}{s} - \frac{e^{-bs}}{s}$$

$$= \frac{1}{s}(e^{-as} - e^{-bs})$$

04

그림과 같은 회로에서 a, b 간의 합성 인덕턴스 L_0[H]의 값은? (단, M[H]은 L_1, L_2 코일 사이의 상호 인덕턴스이다.)

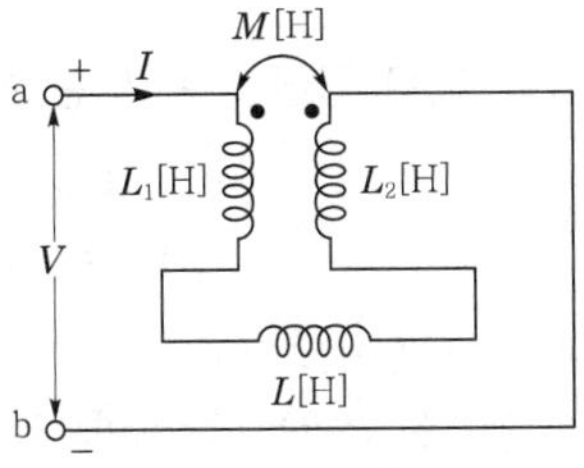

① $L_1 + L_2 + L$　　② $L_1 + L_2 - 2M + L$
③ $L_1 + L_2 - M + L$　　④ $L_1 + L_2 + 2M + L$

해설 차동 결합 회로이므로 합성 인덕턴스는 다음과 같다.
$L_0 = L_1 + L_2 - 2M + L$[H]

05

상호 인덕턴스 100[mH]인 회로의 1차 코일에 3[A]의 전류가 0.3초 동안에 18[A]로 변화할 때 2차 유도 기전력[V]은?

① 5　　② 6
③ 7　　④ 8

해설 $e_2 = M\frac{di}{dt} = M\frac{\Delta i}{\Delta t}$

$$= 100 \times 10^{-3} \times \frac{18-3}{0.3} = 5[\text{V}]$$

06

그림과 같은 파형의 파고율은 얼마인가?

① 1
② 1.414
③ 1.732
④ 2.449

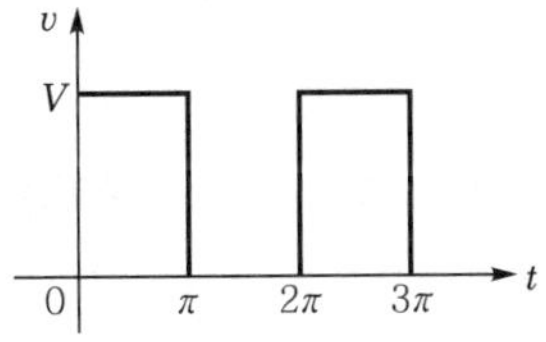

해설 $\text{파고율} = \frac{\text{최대값}}{\text{실효값}} = \frac{V_m}{\frac{V_m}{\sqrt{2}}} = \sqrt{2}$

정답 04.② 05.① 06.②

기출문제 관련 이론 바로보기

04. 이론 Check 인덕턴스 직렬 접속

(1) 가극성(=가동 결합)
다음 그림의 (a)와 같이 전류의 방향이 동일하며 자속이 합하여 지는 경우로서 이를 등가적으로 그리면 그림 (b)와 같이 된다.

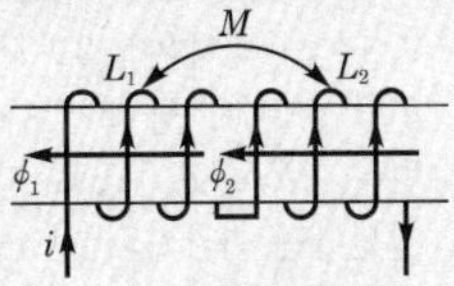

(a)

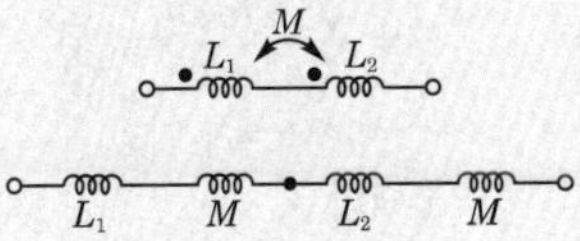

(b)

이때, 합성 인덕턴스는
$L_0 = L_1 + M + L_2 + M$
$= L_1 + L_2 + 2M$[H]

(2) 감극성(=차동 결합)
다음 그림의 (a)와 같이 전류의 방향이 반대이며 자속의 방향이 반대인 경우로서 이를 등가적으로 그리면 그림 (b)와 같이 된다.

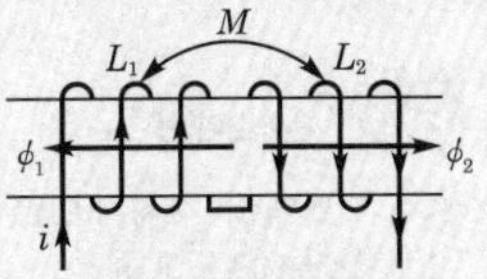

(a)

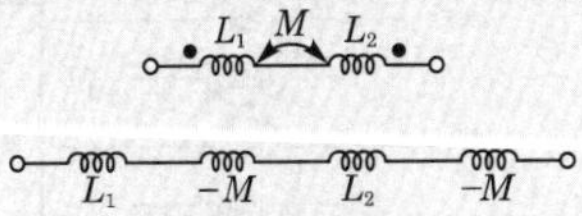

(b)

이때, 합성 인덕턴스는
$L_0 = L_1 - M + L_2 - M$
$= L_1 + L_2 - 2M$[H]

기출문제 관련 이론 바로보기

08. 이론 check **V결선**

(1) V결선의 출력

$$P=E_{ab}I_{ab}\cos\left(\frac{\pi}{6}-\theta\right)+E_{ca}I_{ca}\cos\left(\frac{\pi}{6}+\theta\right)$$

$E_{ab}=E_{ca}=E,\ I_{ab}=I_{ca}=I$라 하면

$P=\sqrt{3}\,EI\cos\theta$[W]

(2) V결선의 변압기 이용률

V결선의 출력은 $\sqrt{3}\,EI\cos\theta$이고 변압기 2대로 공급할 수 있는 전력은 $2EI\cos\theta$이므로 따라서 V결선하면 변압기의 이용률(U)은 다음과 같다.

$$U=\frac{\sqrt{3}\,EI\cos\theta}{2EI\cos\theta}=\frac{\sqrt{3}}{2}=0.866=86.7[\%]$$

(3) 출력비

변압기 2대로 V결선하여 3상 전력을 공급하는 경우와 변압기 3대로 △결선하여 3상 전력을 공급하는 경우 3상 전력을 출력할 수 있는 출력비는 다음과 같다.

출력비

$$\frac{P_V}{P_\triangle}=\frac{\sqrt{3}\,EI\cos\theta}{3EI\cos\theta}=\frac{1}{\sqrt{3}}=0.577=57.7[\%]$$

09. 이론 check **2전력계법**

전력계 2개의 지시값으로 3상 전력을 측정하는 방법

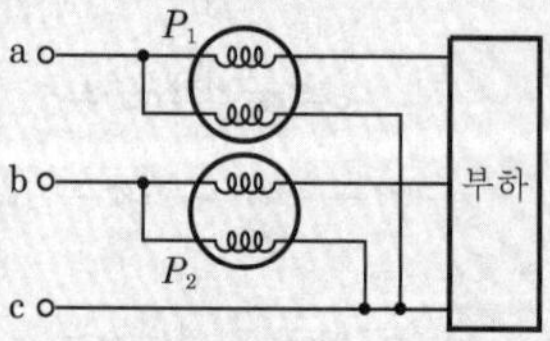

위의 그림에서 전력계의 지시값을 P_1, P_2[W]라 하면

(1) 유효 전력

$P=P_1+P_2=\sqrt{3}\,V_lI_l\cos\theta$[W]

07

교류 회로에서 역률이란 무엇인가?

① 전압과 전류의 위상차의 정현
② 전압과 전류의 위상차의 여현
③ 임피던스와 리액턴스의 위상차의 여현
④ 임피던스와 저항의 위상차의 정현

해설 전압・전류의 위상차를 θ라 하면 역률은 전압과 전류의 위상차의 여현이 된다.

08

출제빈도

20[kVA] 변압기 2대로 공급할 수 있는 최대 3상 전력[kVA]은?

① 20 ② 17.3
③ 24.64 ④ 34.64

해설 V결선의 출력 $P_V=\sqrt{3}\,VI\cos\theta$

최대 3상 전력은 $\cos\theta=1$일 때이므로

$P_V=\sqrt{3}\,VI=\sqrt{3}\times20=34.64$[kVA]

09

출제빈도

그림과 같이 단상 전력계법을 이용하여 스위치를 P_1에 연결해 측정했더니 300[W]이고, 스위치를 P_2에 연결해 측정하였더니 600[W]이었다. 이 3상 부하의 역률은?

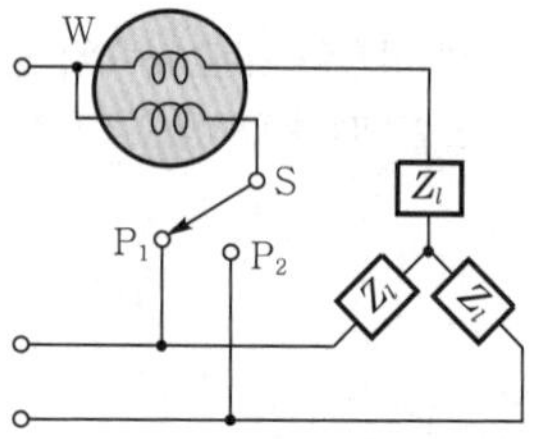

① 0.577 ② 0.637
③ 0.707 ④ 0.866

해설 단상 전력계의 지시값을 P_1, P_2라 하면

$$\cos\theta=\frac{P_1+P_2}{2\sqrt{P_1^2+P_2^2-P_1P_2}}=\frac{300+600}{2\sqrt{300^2+600^2-300\times600}}=0.866$$

10

그림에서 절점 B의 전위[V]는?

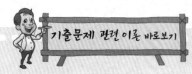

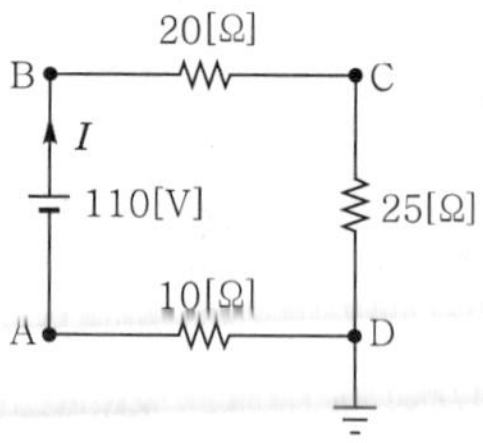

① 130
② 110
③ 100
④ 90

정답 07.② 08.④ 09.④ 10.④

해설 회로에 흐르는 전류와 B점의 전위 V_B

$$I=\frac{110}{20+25+10}=2[\mathrm{A}]$$

$$\therefore\ V_B=2\times(20+25)=90[\mathrm{V}]$$

11 그림과 같은 T형 회로에서 임피던스 정수[Ω]는?

출제빈도

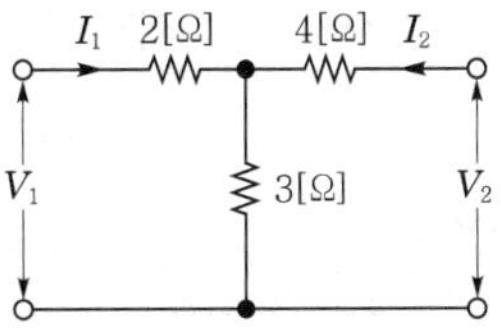

① $Z_{11}=5,\ Z_{21}=3,\ Z_{22}=7,\ Z_{12}=3$

② $Z_{11}=7,\ Z_{21}=5,\ Z_{22}=3,\ Z_{12}=5$

③ $Z_{11}=3,\ Z_{21}=7,\ Z_{22}=3,\ Z_{12}=5$

④ $Z_{11}=5,\ Z_{21}=7,\ Z_{22}=3,\ Z_{12}=7$

해설

$$Z_{11}=\left.\frac{V_1}{I_1}\right|_{I_2=0}=2+3=5[\Omega]$$

$$Z_{12}=\left.\frac{V_1}{I_2}\right|_{I_1=0}=\frac{3I_2}{I_2}=3[\Omega]$$

$$Z_{21}=\left.\frac{V_2}{I_1}\right|_{I_2=0}=\frac{3I_1}{I_1}=3[\Omega]$$

$$Z_{22}=\left.\frac{V_2}{I_2}\right|_{I_1=0}=4+3=7[\Omega]$$

〈별해〉 폐로 방정식(폐로 해석법)의 임피던스 행렬과도 같다.

$$\begin{bmatrix}Z_{11} & Z_{12}\\ Z_{21} & Z_{22}\end{bmatrix}=\begin{bmatrix}2+3 & 3\\ 3 & 4+3\end{bmatrix}=\begin{bmatrix}5 & 3\\ 3 & 7\end{bmatrix}[\Omega]$$

12 한 상의 직렬 임피던스가 $R=6[\Omega]$, $X_L=8[\Omega]$인 △결선 평형 부하가 있다. 여기에 선간 전압 100[V]인 대칭 3상 교류 전압을 가하면 선전류[A]는?

① $\dfrac{10\sqrt{3}}{3}$　② $3\sqrt{3}$

③ 10　④ $10\sqrt{3}$

해설 상전류 $I_p=\dfrac{V_p}{Z}=\dfrac{100}{\sqrt{6^2+8^2}}=10[\mathrm{A}]$

$\therefore$ 선전류 $I=\sqrt{3}\,I_p=10\sqrt{3}\,[\mathrm{A}]$

정답 11.① 12.④

기출문제 관련 이론 바로보기

(2) 무효 전력

$$P_r=\sqrt{3}(P_1-P_2)=\sqrt{3}\,V_lI_l\sin\theta[\mathrm{Var}]$$

(3) 피상 전력

$$P_a=\sqrt{P^2+P_r^{\,2}}=\sqrt{(P_1+P_2)^2+\{\sqrt{3}(P_1-P_2)\}^2}=2\sqrt{P_1^{\,2}+P_2^{\,2}-P_1P_2}\,[\mathrm{VA}]$$

(4) 역률

$$\cos\theta=\frac{P}{P_a}=\frac{P_1+P_2}{2\sqrt{P_1^{\,2}+P_2^{\,2}-P_1P_2}}$$

11. 이론 check **4단자망**

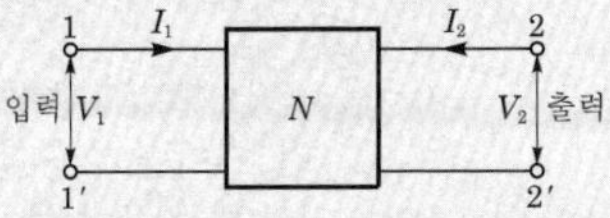

그림의 수동 회로망 N에서 2개의 입력 단자 1, 1′와 2개의 출력 단자 2, 2′의 4개의 단자로 이루어진 회로망으로 4단자망의 내부 구조는 R, L, C 소자가 임의의 형태로 구성되지만 회로 해석은 입력과 출력의 전압, 전류의 관계이다.

4단자망은 V_1, I_1, V_2, I_2 4개의 변수를 사용하며 4개의 변수를 조합하는 방법에 따른 전압, 전류의 관계를 나타내는 4개의 매개 요소를 파라미터(parameter)라 한다.

[임피던스 파라미터(parameter)]

$$\begin{bmatrix}V_1\\ V_2\end{bmatrix}=\begin{bmatrix}Z_{11} & Z_{12}\\ Z_{21} & Z_{22}\end{bmatrix}\begin{bmatrix}I_1\\ I_2\end{bmatrix}$$ 에서

$V_1=Z_{11}I_1+Z_{12}I_2$

$V_2=Z_{21}I_1+Z_{22}I_2$가 된다.

이 경우 $[Z]=\begin{bmatrix}Z_{11} & Z_{12}\\ Z_{21} & Z_{22}\end{bmatrix}$를 4단자망의 임피던스 행렬이라고 하며 그의 요소를 4단자망의 임피던스 파라미터라 한다.

기출문제 관련 이론 바로보기

14. 이론 check **전류, 전압의 의미**

(1) 전류

금속선을 통하여 전자가 이동하는 현상으로 단위 시간[s] 동안 이동하는 전기량을 말한다.

즉, $\frac{Q}{t}$[C/s=A]이며 순간의 전류의 세기를 i라 하면

$i=\frac{dQ}{dt}$[C/s=A]

(2) 전류에 의한 전기량

$Q=\int_0^t i\,dt$ [A·s=C]

(3) 전압

단위 정전하가 두 점 사이를 이동할 때 하는 일의 양

$V=\frac{W}{Q}$[J/C=V]

여기서, 1[V] : 1[C]의 전하가 두 점 사이를 이동할 때 1[J]의 일을 하는 경우 두 점 사이의 전위차

15. 이론 check **대칭분**

각 상 모두 동상으로 동일한 크기의 영상분 상순이 a→b→c인 정상분 및 상순이 a→c→b인 역상분의 3개의 성분을 벡터적으로 합하면 비대칭 전압이 되며 이 3성분을 총칭하여 대칭분이라 한다. 대칭분을 합성하면 비대칭 전압이 되며 반대로 비대칭 전압을 3개의 대칭분으로 분해할 수 있다.

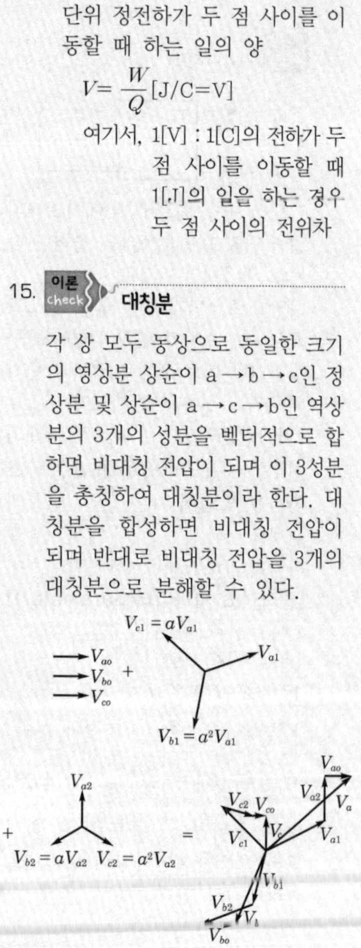

13 그림과 같은 회로에서 저항 R_4가 소비하는 전력은 약 몇 [W]인가?

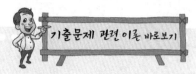

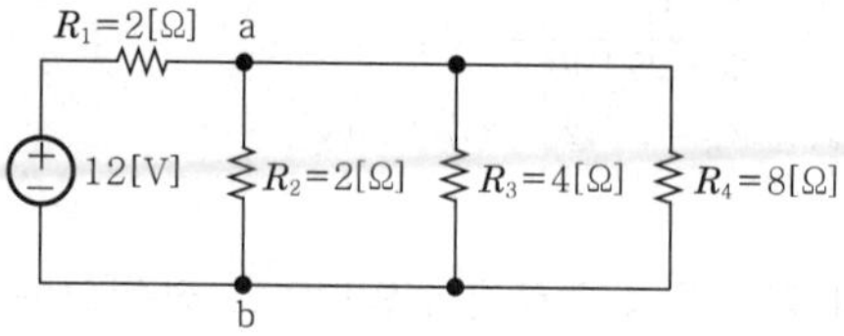

① 2.38　　② 4.76
③ 9.52　　④ 29.2

해설
- 합성 저항

$R_0=2+\frac{2\times4\times8}{2\times4+4\times8+8\times2}=3.14[\Omega]$

- 전전류

$I=\frac{12}{3.14}=3.82[A]$

- R_4에 흐르는 전류

$I_{R_4}=\frac{1.33}{1.33+8}\times3.82=0.546[A]$

∴ R_4에 소비되는 전력 $P=(0.546)^2\times8=2.38[W]$

14 $i=2t^2+8t$ [A]로 표시되는 전류를 도선에 3[s] 동안 흘렸을 때 통과한 전전기량[C]은?

출제빈도

① 18　　② 48
③ 54　　④ 61

해설 $Q=\int_0^t i\,dt=\int_0^3(2t^2+8t)dt$

$=\left[\frac{2}{3}t^3+4t^2\right]_0^3=54[C]$

15 대칭 좌표법에 관한 설명 중 잘못된 것은?

출제빈도

① 대칭 좌표법은 일반적인 비대칭 3상 교류 회로의 계산에도 이용된다.
② 대칭 3상 전압의 영상분과 역상분은 0이고, 정상분만 남는다.
③ 비대칭 3상 교류 회로는 영상분, 역상분 및 정상분의 3성분으로 해석한다.
④ 비대칭 3상 회로의 접지식 회로에는 영상분이 존재하지 않는다.

해설 접지식 회로에는 영상분이 존재하고 비접지식 회로에서는 영상분이 존재하지 않는다.

정답 13.① 14.③ 15.④

16 그림과 같은 비정현파의 실효값[V]은?

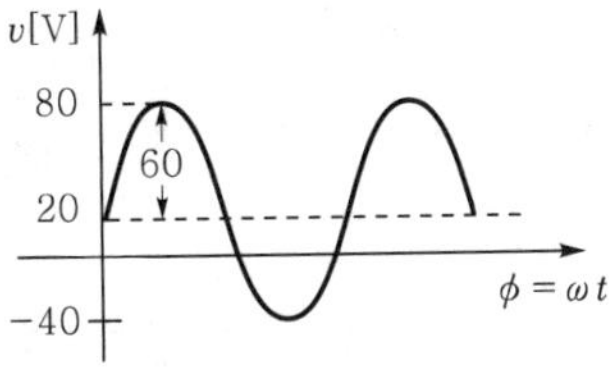

① 46.90 ② 51.61

③ 59.04 ④ 80

해설 비정현파의 순시값 $v = 20 + 60\sin\omega t$

$$\therefore V = \sqrt{20^2 + \left(\frac{60}{\sqrt{2}}\right)^2} = 46.9[\text{V}]$$

17 그림과 같은 궤환 회로의 종합 전달 함수는?

출제빈도

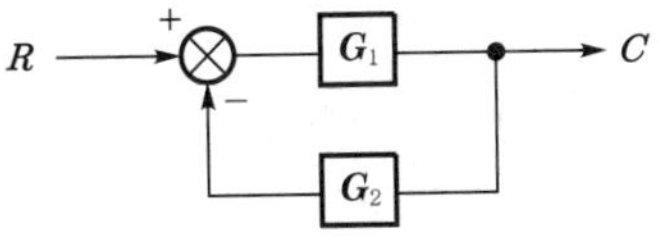

① $\frac{1}{G_1} + \frac{1}{G_2}$ ② $\frac{G_1}{1 - G_1 G_2}$

③ $\frac{G_1}{1 + G_1 G_2}$ ④ $\frac{G_1 G_2}{1 + G_1 G_2}$

해설 $(R - CG_2)G_1 = C$

$RG_1 = C + CG_1 G_2 = C(1 + G_1 G_2)$

$$\therefore G(s) = \frac{C}{R} = \frac{G_1}{1 + G_1 G_2}$$

18 그림과 같은 L형 회로의 영상 임피던스 Z_{02}는?

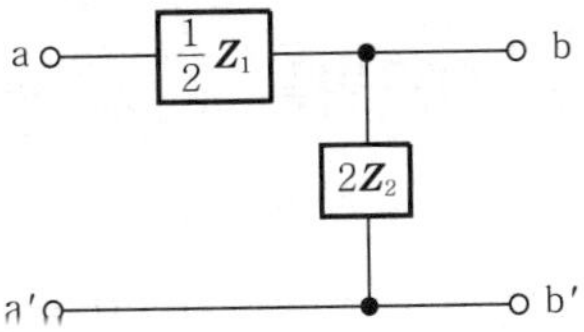

① $\sqrt{\frac{Z_1 Z_2}{1 + \frac{Z_1}{4Z_2}}}$ ② $\sqrt{Z_1 Z_2\left(1 + \frac{Z_1}{4Z_2}\right)}$

③ $\sqrt{\frac{Z_1}{4Z_2}}$ ④ $\sqrt{1 + \frac{Z_1}{4Z_2}}$

정답 16.① 17.③ 18.①

기출문제 관련 이론 바로보기

∴ 영상분+정상분+역상분=비대칭 전압

(1) 정상분은 상순 a−b−c로 120°의 위상차를 갖는 전압이다.

(2) 역상분은 상순 a−b−c로 120°의 위상차를 갖는 전압이다.

(3) 영상분은 전압의 크기가 같고 위상이 동상인 성분이다.

(4) 영상분은 접지선 중성선에 존재한다.

17. 이론 check **블록 선도**

[기본 접속]

(1) 직렬 접속

2개 이상의 요소가 직렬로 결합되어 있는 방식

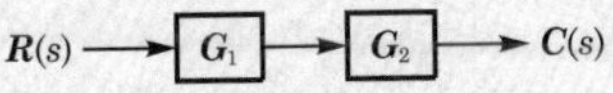

합성 전달 함수

$$G(s) = \frac{C(s)}{R(s)} = G_1 \cdot G_2$$

(2) 병렬 접속

2개 이상의 요소가 병렬로 결합되어 있는 방식

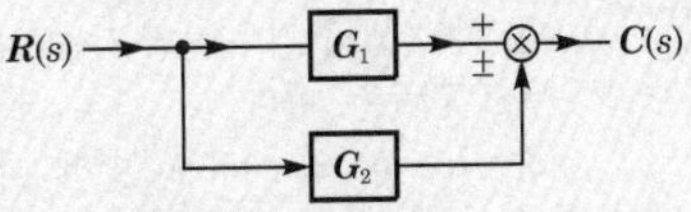

합성 전달 함수

$$G(s) = \frac{C(s)}{R(s)} = G_1 \pm G_2$$

(3) Feed back 접속(궤환 접속)

출력 신호 $C(s)$의 일부가 요소 $H(s)$를 거쳐 입력측에 Feed back 되는 결합 방식

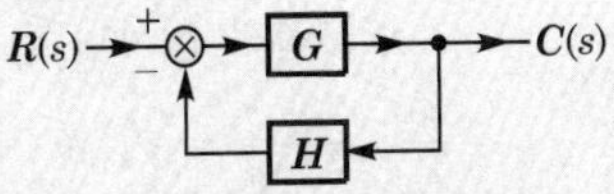

합성 전달 함수

$$G(s) = \frac{C(s)}{R(s)} = \frac{G}{1 \mp GH}$$

기출문제 관련 이론 바로보기

19. 이론 check **대칭 3상의 전력**

(1) 유효 전력

$P = 3V_pI_p\cos\theta$

$= \sqrt{3}\,V_lI_l\cos\theta = 3I_p^{\,2}R[\mathrm{W}]$

(2) 무효 전력

$P_r = 3V_pI_p\sin\theta$

$= \sqrt{3}\,V_lI_l\sin\theta$

$= 3I_p^{\,2}X[\mathrm{Var}]$

(3) 피상 전력

$P_a = 3V_pI_p = \sqrt{3}\,V_lI_l$

$= 3I_p^{\,2}Z = \sqrt{P^2 + P_r^{\,2}}\,[\mathrm{VA}]$

20. Tip **복소수 연산**

(1) 복소수의 합과 차

직각 좌표형인 경우 실수부는 실수부끼리, 허수부는 허수부끼리 더하고 뺀다.

$\boldsymbol{Z}_1 = a + jb$, $\boldsymbol{Z}_2 = c + jd$로 주어지는 경우 덧셈과 뺄셈을 구하는 방법은 다음과 같다.

$\boldsymbol{Z}_1 \pm \boldsymbol{Z}_2 = (a \pm c) + j(b \pm d)$

(2) 복소수의 곱과 나눗셈

극좌표형으로 바꾸어 곱셈의 경우는 크기는 곱하고 각도는 더하며, 나눗셈의 경우는 크기는 나누고 각도는 뺀다.

$\boldsymbol{Z}_1 = a + jb$, $\boldsymbol{Z}_2 = c + jd$일 때 극형식으로 고치면 다음과 같다.

$|Z_1| = \sqrt{a^2 + b^2}$, $\theta_1 = \tan^{-1}\dfrac{b}{a}$

$|Z_2| = \sqrt{c^2 + d^2}$, $\theta_2 = \tan^{-1}\dfrac{d}{c}$

이를 이용하여 곱과 나눗셈을 구하면 다음과 같은 방법을 사용한다.

$\boldsymbol{Z}_1 \times \boldsymbol{Z}_2 = |Z_1|\angle\theta_1 \times |Z_2|\angle\theta_2$

$= |Z_1|\,|Z_2|\angle\theta_1 + \theta_2$

$\dfrac{\boldsymbol{Z}_1}{\boldsymbol{Z}_2} = \dfrac{|Z_1|\angle\theta_1}{|Z_2|\angle\theta_2} = \dfrac{|Z_1|}{|Z_2|}\angle\theta_1 - \theta_2$

(3) 복소수에 의한 정현파 표현

정현파 교류를 극형식으로 표시하는 것. 즉, 페이저(phasor) 또는 실효값 정지 벡터는

해설 $Z_{02} = \sqrt{Z_{02}Z_{S2}}$

$$= \sqrt{2Z_2 \times \dfrac{Z_1Z_2}{\frac{1}{2}Z_1 + 2Z_2}} = \sqrt{\dfrac{Z_1Z_2}{1 + \dfrac{Z_1}{4Z_2}}}$$

19 1상 임피던스 $Z_p = 12 + j9[\Omega]$인 평형 △부하에 평형 3상 전압 208[V]가 인가되어 있다. 이 회로의 피상 전력[VA]은 약 얼마인가?

① 8,653　② 7,640
③ 6,672　④ 5,340

해설 $P_a = 3I_p^{\,2}Z$

$$= 3 \times \left(\dfrac{208}{\sqrt{12^2 + 9^2}}\right)^2 \times \sqrt{12^2 + 9^2}$$

$= 8{,}652.8[\mathrm{VA}]$

20 $v_1 = 30\sqrt{2}\sin\omega t\,[\mathrm{V}]$, $v_2 = 40\sqrt{2}\cos\left(\omega t - \dfrac{\pi}{6}\right)[\mathrm{V}]$일 때 $v_1 + v_2$의 실효값[V]은?

① 50　② 70
③ $10\sqrt{7}$　④ $10\sqrt{37}$

해설 $v_2 = 40\sqrt{2}\cos\left(\omega t - \dfrac{\pi}{6}\right) = 40\sqrt{2}\sin\left(\omega t + \dfrac{\pi}{3}\right)$

$$\therefore\ V = \sqrt{V_1^{\,2} + V_2^{\,2} + 2V_1V_2\cos\dfrac{\pi}{3}}$$

$$= \sqrt{30^2 + 40^2 + 2 \times 30 \times 40 \times \dfrac{1}{2}}$$

$= 10\sqrt{37}\,[\mathrm{V}]$

제 2 회 회로이론

01 그림과 같은 회로에서 저항 15[Ω]에 흐르는 전류[A]는?

① 8
② 5.5
③ 2
④ 0.5

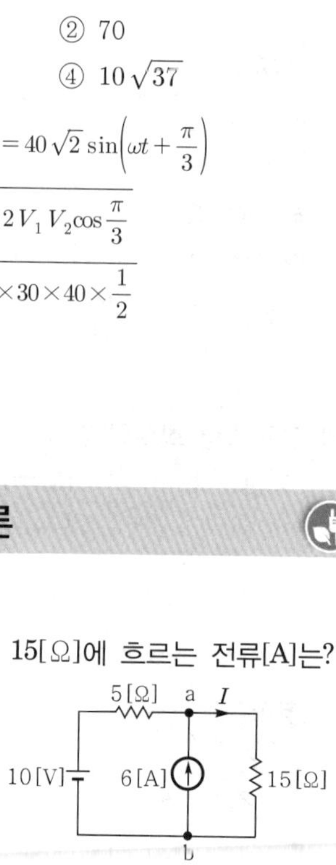

정답 19.① 20.④ / 01.③

해설
• 10[V]에 의한 전류 $I_1 = \frac{10}{5+15} = 0.5[A]$
• 6[A]에 의한 전류 $I_2 = \frac{5}{5+15} \times 6 = 1.5[A]$
$\therefore\ I = I_1 + I_2 = 0.5 + 1.5 = 2[A]$

02 $F(s) = \frac{5s+8}{5s^2+4s}$ 일 때 $f(t)$의 최종값은?

① 1　② 2
③ 3　④ 4

해설 최종값 정리에 의해

$$f(\infty) = \lim_{s \to 0} sF(s) = \lim_{s \to 0} s\frac{5s+8}{5s^2+4s} = 2$$

03 불평형 3상 전류 $I_a = 10 + j2[A]$, $I_b = -20 - j24[A]$, $I_c = -5 + j10[A]$일 때의 영상 전류 $I_0[A]$는?

① $15 - j2$　② $-5 - j4$
③ $-15 - j12$　④ $-45 - j36$

해설

$$I_0 = \frac{1}{3}(I_a + I_b + I_c)$$
$$= \frac{1}{3}(10 + j2 - 20 - j24 - 5 + j10) = -5 - j4[A]$$

04 라플라스 변환 함수 $\frac{1}{s(s+1)}$에 대한 역라플라스 변환은?

① $1 + e^{-t}$　② $1 - e^{-t}$
③ $\frac{1}{1-e^{-t}}$　④ $\frac{1}{1+e^{-t}}$

해설 $F(s) = \frac{1}{s(s+1)} = \frac{1}{s} - \frac{1}{s+1}$

$\therefore$ 역라플라스 변환 $f(t) = 1 - e^{-t}$

05 상수이 a, b, c인 3상 회로에 있어서 대칭분 전압이 $V_0 = -8 + j3[V]$, $V_1 = 6 - j8[V]$, $V_2 = 8 + j12[V]$일 때 a상의 선압 $V_a[V]$는?

① $6 + j7$　② $8 + j12$
③ $6 + j14$　④ $16 + j4$

해설

$$V_a = V_0 + V_1 + V_2$$
$$= -8 + j3 + 6 - j8 + 8 + j12$$
$$= 6 + j7[V]$$

정답 02.② 03.② 04.② 05.①

기출문제 관련 이론 바로보기

$v = \sqrt{2}\,V\sin\omega t$
$\Rightarrow \boldsymbol{V} = V\angle 0°$
$v_1 = \sqrt{2}\,V\sin(\omega t + \theta_1)$
$\Rightarrow \boldsymbol{V}_1 = V\angle\theta_1$
$v_2 = \sqrt{2}\,V\sin(\omega t + \theta_2)$
$\Rightarrow \boldsymbol{V}_2 = V\angle\theta_2$

02. 이론 check **초기값 · 최종값**

(1) 초기값 정리
$f(0) = \lim_{t \to 0} f(t) = \lim_{s \to \infty} sF(s)$

(2) 최종값 정리
$f(\infty) = \lim_{t \to \infty} f(t) = \lim_{s \to 0} sF(s)$

03. 이론 check **대칭 좌표법**

[비대칭 전압과 대칭분 전압]

비대칭 전압 V_a, V_b, V_c를 대칭분으로 표시하면

$V_a = V_0 + V_1 + V_2$
$V_b = V_0 + a^2V_1 + aV_2$
$V_c = V_0 + aV_1 + a^2V_2$

(1) 영상분 전압
$V_0 = \frac{1}{3}(V_a + V_b + V_c)$

(2) 정상분 전압
$V_1 = \frac{1}{3}(V_a + aV_b + a^2V_c)$

(3) 역상분 전압
$V_2 = \frac{1}{3}(V_a + a^2V_b + aV_c)$

(4) 불평형률
대칭분 중 정상분에 대한 역상분의 비로 비대칭을 나타내는 척도가 된다.

$$\text{불평형률} = \frac{\text{역상분}}{\text{정상분}} \times 100[\%] = \frac{V_2}{V_1} \times 100[\%] = \frac{I_2}{I_1} \times 100[\%]$$

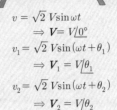

기출문제 관련 이론 바로보기

06 그림과 같은 회로에서 V_o[V]의 위상은 V_i[V]보다 어떻게 되는가?

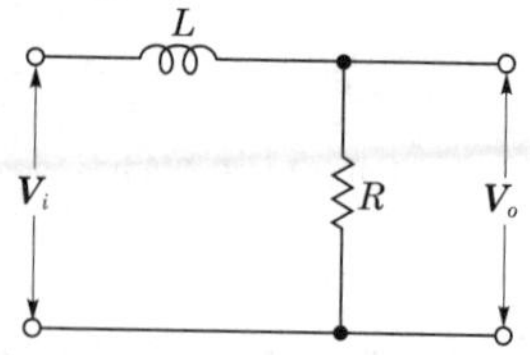

① 앞선다.
② 뒤진다.
③ 동상이다.
④ 90° 앞선다.

해설 L, R에 흐르는 전류를 I라 하고 벡터도를 그려보면 그림과 같으므로 V_o는 V_i보다 θ만큼 뒤진다.

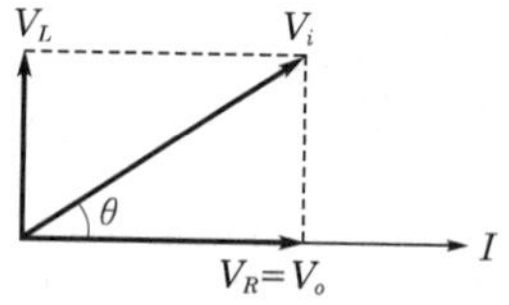

07. 이론 check **영상 임피던스(Z_{01}, Z_{02})**

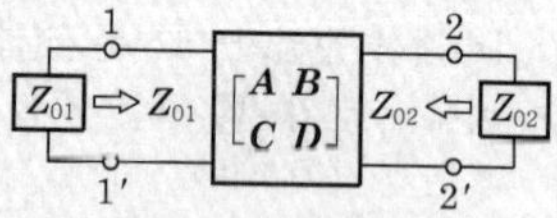

$$Z_{01} = \frac{V_1}{I_1} = \frac{AV_2 + BI_2}{CV_2 + DI_2} = \frac{AZ_{02} + B}{CZ_{02} + D}$$

$$Z_{02} = \frac{V_2}{I_2} = \frac{DV_1 + BI_1}{CV_1 + AI_1} = \frac{DZ_{01} + B}{CZ_{01} + A}$$

위의 식에서 다음의 관계식이 얻어진다.

$$Z_{01}Z_{02} = \frac{B}{C},\ \frac{Z_{01}}{Z_{02}} = \frac{A}{D}$$

이 식에서 Z_{01}, Z_{02}를 구하면

$$Z_{01} = \sqrt{\frac{AB}{CD}},\ Z_{02} = \sqrt{\frac{BD}{AC}}$$

가 된다.

대칭 회로이면 $A = D$의 관계가 되므로

$$Z_{01} = Z_{02} = \sqrt{\frac{B}{C}}$$

07 L형 4단자 회로망에서 4단자 정수가 $A = \frac{15}{4}$, $D = 1$이고 영상 임피던스 $Z_{02} = \frac{12}{5}$[Ω]일 때 영상 임피던스 Z_{01}[Ω]의 값은?

출제빈도

① 12
② 9
③ 8
④ 6

해설 $\frac{Z_{01}}{Z_{02}} = \frac{A}{D}$, $Z_{01} \cdot Z_{02} = \frac{B}{C}$에서

$$\therefore Z_{01} = \frac{A}{D}Z_{02} = \frac{\frac{15}{4}}{1} \times \frac{12}{5} = \frac{180}{20} = 9[\Omega]$$

08 다음과 같은 회로에서 정K형 저역 여파기(filter)에 해당되는 것은? (단, 인덕턴스는 L, 커패시턴스는 C이다.)

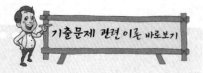

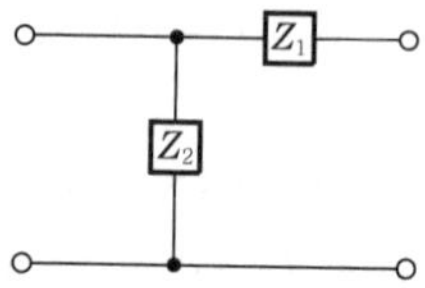

① Z_1이 L, Z_2가 C인 경우
② Z_1이 C, Z_2가 L인 경우
③ Z_1, Z_2 모두가 C인 경우
④ Z_1, Z_2 모두가 L인 경우

정답 06.② 07.② 08.①

09

$R-C$ 직렬 회로의 과도 현상에 관한 설명 중 옳게 표현된 것은?

① 과도 전류값은 RC 값에 상관이 없다.
② RC 값이 클수록 과도 전류값은 빨리 사라진다.
③ RC 값이 클수록 과도 전류값은 천천히 사라진다.
④ $\frac{1}{RC}$의 값이 클수록 과도 전류값은 천천히 사라진다.

해설 $R-C$ 직렬 회로의 시정수 $\tau = RC$[s]이므로 RC의 값이 클수록 과도분은 천천히 사라진다.

10

출제빈도

그림과 같은 평형 3상 Y형 결선에서 각 상이 8[Ω]의 저항과 6[Ω]의 리액턴스가 직렬로 접속된 부하에 선간 전압 $100\sqrt{3}$[V]가 공급되었다. 이때 선전류[A]는?

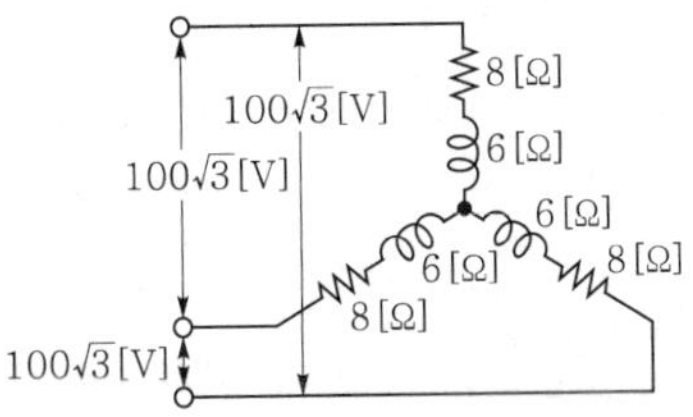

① 5　　② 10
③ 15　　④ 20

해설 Y결선이므로 선전류(I_l)와 상전류(I_p)는 같다.

$$\therefore\ I_l = I_p = \frac{V_p}{Z} = \frac{\frac{100\sqrt{3}}{\sqrt{3}}}{\sqrt{8^2+6^2}} = 10[\text{A}]$$

11

구형파의 파고율은?

① 1.0　　② 1.414
③ 1.732　　④ 2.0

해설 구형파는 평균값, 실효값, 최대값이 같으므로

파고율$=\frac{\text{최대값}}{\text{실효값}}$

∴ 항상 1이 된다.

12

어떤 사인파 교류 전압의 평균값이 191[V]이면 최대값은 약 몇 [V]인가?

① 150　　② 250
③ 300　　④ 400

정답　09.③　10.②　11.①　12.③

기출문제 관련 이론 바로보기

10. 이론 check **3상 교류 결선**

[성형 결선(Y결선)]

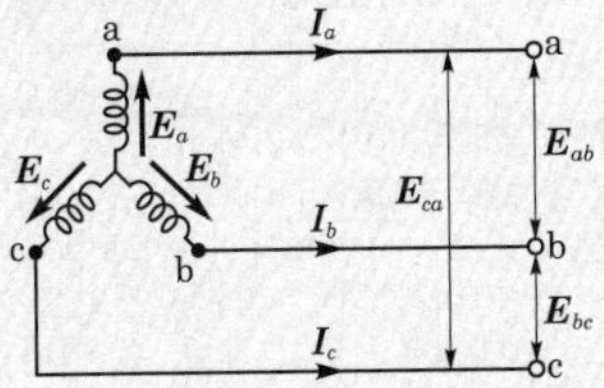

선간 전압 $E_{ab} = E_a - E_b$

$E_{bc} = E_b - E_c$

$E_{ca} = E_c - E_a$

선간 전압과 상전압과의 벡터도를 그리면 다음과 같고,

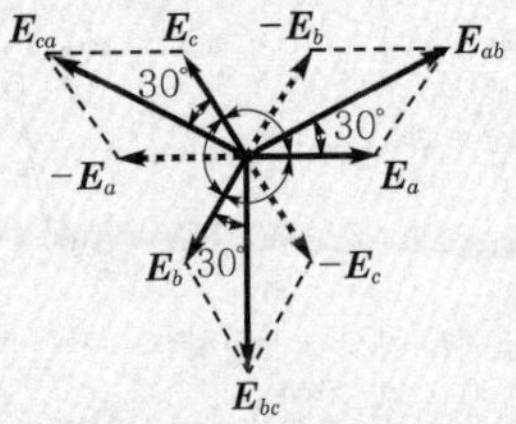

벡터도에서 선간 전압 상전압의 크기 및 위상을 구하면 다음과 같다.

$$E_{ab} = 2E_a\cos\frac{\pi}{6}\angle\frac{\pi}{6} = \sqrt{3}E_a\angle\frac{\pi}{6}$$

$$E_{bc} = 2E_b\cos\frac{\pi}{6}\angle\frac{\pi}{6} = \sqrt{3}E_b\angle\frac{\pi}{6}$$

$$E_{ca} = 2E_c\cos\frac{\pi}{6}\angle\frac{\pi}{6} = \sqrt{3}E_c\angle\frac{\pi}{6}$$

이상의 관계에서

선간 전압을 V_l, 선전류를 I_l, 상전압을 V_p, 상전류를 I_p라 하면

$$V_l = \sqrt{3}V_p\angle\frac{\pi}{6}[\text{V}],\quad I_l = I_p[\text{A}]$$

Tip **Y-Y 결선**

3상 결선의 기본형으로서 Y-Y, Δ-Δ, Y-Δ 및 Δ-Y 4종이 있으며 Y-Y 결선은 3차 Δ결선을 둔 Y-Y-Δ 결선으로 사용되는 경우가 많다. Y-Y 결선은 중성점을 접합할 수 있는 이점이 있으며 제3 고조파 전류가 선로에 흐르므로 통신선에 유도 장해를 줄 염려가 있다.

기출문제 관련 이론 바로보기

13. 이론 check **대칭분**

각 상 모두 동상으로 동일한 크기의 영상분 상순이 a → b → c인 정상분 및 상순이 a → c → b인 역상분의 3개의 성분을 벡터적으로 합하면 비대칭 전압이 되며 이 3성분을 총칭하여 대칭분이라 한다. 대칭분을 합성하면 비대칭 전압이 되며 반대로 비대칭 전압을 3개의 대칭분으로 분해할 수 있다.

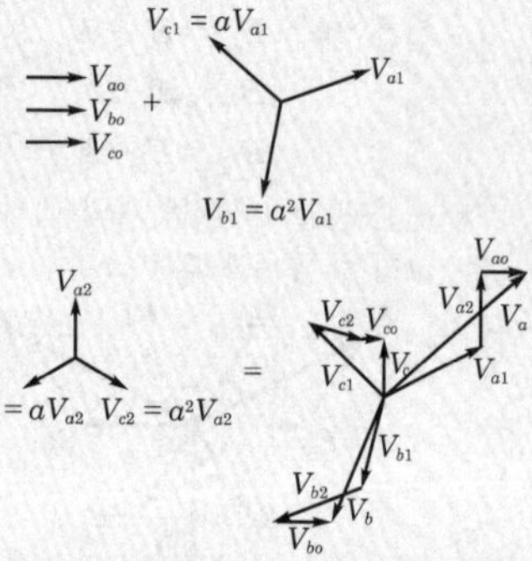

∴ 영상분 + 정상분 + 역상분 = 비대칭 전압

15. 이론 check **테브난과 노턴의 정리**

(1) 테브난의 정리

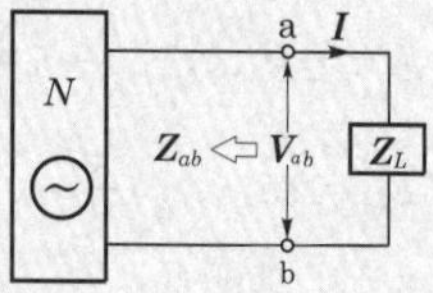

(a)

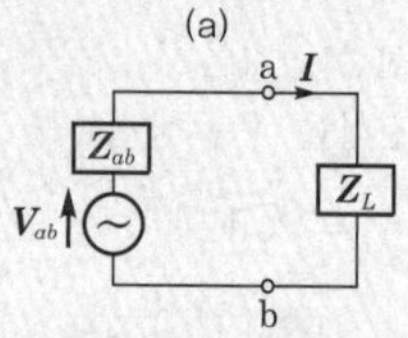

(b)

임의의 능동 회로망의 a, b 단자에 부하 임피던스(Z_L)를 연결할 때 부하 임피던스(Z_L)에 흐르는 전류 $I = \dfrac{V_{ab}}{Z_{ab}+Z_L}$[A]가 된다.

이때, Z_{ab}는 a, b 단자에서 모든 전원을 제거하고 능동 회로망을 바라본 임피던스이며, V_{ab}는 a, b 단자의 단자 전압이 된다.

해설 평균값 $V_{au} = \dfrac{2V_m}{\pi}$

$\therefore V_m = \dfrac{\pi}{2}V_{au} = \dfrac{\pi}{2} \times 191 ≒ 300[\text{V}]$

13

대칭 좌표법에서 사용되는 용어 중 3상에 공통된 성분을 표시하는 것은? (출제빈도)

① 공통분
② 정상분
③ 역상분
④ 영상분

해설 영상분은 3상 공통 성분, 정상분은 상순이 a-b-c인 성분, 역상분은 상순이 a-c-b인 성분이 된다.

14

어떤 제어계의 임펄스 응답이 $\sin t$일 때 이 계의 전달 함수는?

① $\dfrac{1}{s+1}$
② $\dfrac{1}{s^2+1}$
③ $\dfrac{s}{s+1}$
④ $\dfrac{s}{s^2+1}$

해설 $\boldsymbol{R}(s) = \mathcal{L}[r(t)] = \mathcal{L}[\delta(t)] = 1$

$\boldsymbol{C}(s) = \mathcal{L}[c(t)] = \mathcal{L}[\sin t] = \dfrac{1}{s^2+1}$

$\therefore \boldsymbol{G}(s) = \dfrac{\boldsymbol{C}(s)}{\boldsymbol{R}(s)} = \dfrac{1}{s^2+1}$

〈별해〉 임펄스 응답에서 전달 함수는 출력 라플라스 변환값과 같다.

15

테브난의 정리와 쌍대 관계에 있는 정리는? (출제빈도)

① 보상의 정리
② 노턴의 정리
③ 중첩의 정리
④ 밀만의 정리

해설 테브난의 정리는 전압원 임피던스로 등가 변환되고 노턴의 정리는 전류원 어드미턴스로 등가 변환되므로 서로 쌍대 관계가 된다.

16

그림과 같은 회로에서 인가 전압에 의한 전류 i를 입력, v_o를 출력이라 할 때 전달 함수는? (단, 초기 조건은 모두 0이다.)

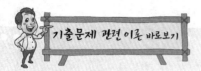

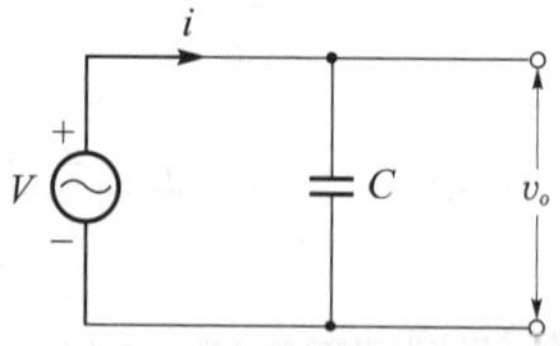

① $\dfrac{1}{Cs}$
② Cs
③ $\dfrac{1}{1+Cs}$
④ $1+Cs$

정답 13.④ 14.② 15.② 16.①

해설 $v_o = \frac{1}{C}\int idt$

$$V_o(s) = \frac{1}{Cs}I(s)$$

$$\therefore \frac{V_o(s)}{I(s)} = \frac{1}{Cs}$$

17 정전 용량 C만의 회로에 100[V], 60[Hz]의 교류를 가했을 때 60[mA]의 전류가 흐른다면 C[μF]는?

출제빈도

① 5.26 ② 4.32
③ 3.59 ④ 1.59

해설 용량 리액턴스 $X_C = \frac{V}{I} = \frac{1}{\omega C} = \frac{1}{2\pi f C}[\Omega]$

$$\therefore C = \frac{I}{2\pi f V} = \frac{60\times10^{-3}}{2\pi\times60\times100} = 1.59[\mu\text{F}]$$

18 그림과 같은 회로에서 $e(t) = E_m\cos\omega t$의 전원 전압을 인가했을 때 인덕턴스 L에 축적되는 에너지는?

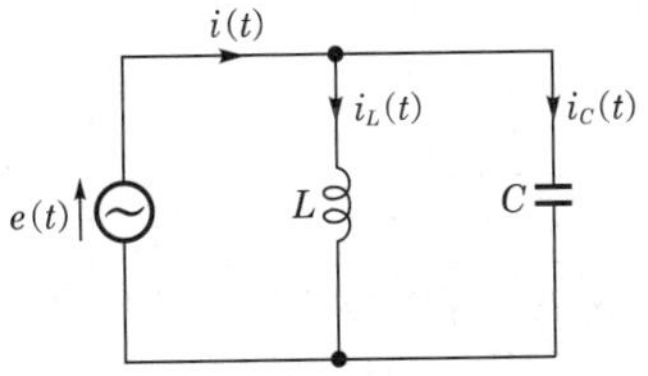

① $\frac{1}{2}\frac{E_m^{\ 2}}{\omega^2L^2}(1+\cos\omega t)$ ② $\frac{1}{4}\frac{E_m^{\ 2}}{\omega^2L}(1-\cos\omega t)$

③ $\frac{1}{2}\frac{E_m^{\ 2}}{\omega^2L^2}(1+\cos2\omega t)$ ④ $\frac{1}{4}\frac{E_m^{\ 2}}{\omega^2L}(1-\cos2\omega t)$

해설 $i_L(t) = \frac{1}{L}\int vdt$

$$= \frac{1}{L}\int E_m\cos\omega t\,dt$$

$$= \frac{E_m}{\omega L}\sin\omega t[\text{A}]$$

$$\therefore \omega_L = \frac{Li_L(t)^2}{2}$$

$$= \frac{L}{2}\left(\frac{E_m}{\omega L}\right)^2\sin^2\omega t$$

$$= \frac{E_m^2}{4\omega^2 L}(1-\cos2\omega t)$$

정답 17.④ 18.④

기출문제 관련 이론 바로보기

(2) 노턴의 정리

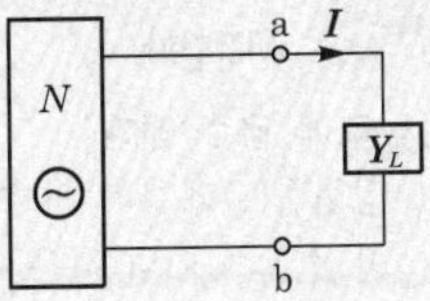

(a)

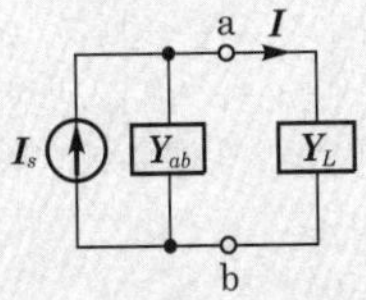

(b)

임의의 능동 회로망의 a, b 단자에 부하 어드미턴스(Y_L)를 연결할 때 부하 어드미턴스(Y_L)에 흐르는 전류는 다음과 같다.

$$I = \frac{Y_L}{Y_{ab}+Y_L}I_s[\text{A}]$$

17. 이론 check **C만의 회로**

전원 전압이 $v = V_m\sin\omega t$일 때, 회로에 흐르는 전류

$$i = C\frac{dv}{dt} = C\frac{d}{dt}(V_m\sin\omega t)$$

$$= \omega CV_m\cos\omega t = I_m\sin\left(\omega t + \frac{\pi}{2}\right)$$

따라서, 콘덴서에 흐르는 전류는 전원 전압보다 $\frac{\pi}{2}$[rad]만큼 앞선다고 할 수 있다. 또한, 전류의 크기만을 생각하면

$$V_m = \frac{1}{\omega C}I_m = X_C I_m$$

의 관계를 얻을 수 있다. 이 X_C를 용량성 리액턴스(capacitive reactance)라 하며, 단위는 저항과 같은 옴[Ω]을 사용한다. 또한, 전압과 전류의 비, 즉 $\frac{V_m}{I_m} = X_C = \frac{1}{\omega C}$로 되므로 용량성 리액턴스가 저항과 같은 성질을 나타내고 있는 것을 알 수 있다.

기출문제 관련 이론 바로보기

19. 이론 check 비정현파

[푸리에 급수 전개]

비정현파(=왜형파)의 한 예를 표시한 것으로 이와 같은 주기 함수를 푸리에 급수에 의해 몇 개의 주파수가 다른 정현파 교류의 합으로 나눌 수 있다. 비정현파를 $y(t)$의 시간의 함수로 나타내면 다음과 같다.

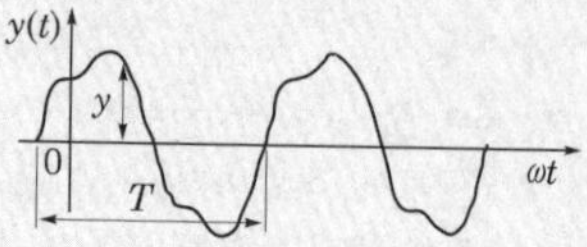

비정현파의 구성은 직류 성분+기본파+고조파로 분해되며 이를 식으로 표시하면

$$y(t)=a_0+a_1\cos\omega t+a_2\cos 2\omega t+a_3\cos 3\omega t+\cdots+b_1\sin\omega t+b_2\sin 2\omega t+b_3\sin 3\omega t+\cdots$$

$$y(t)=a_0+\sum_{n=1}^{\infty}a_n\cos n\omega t+\sum_{n=1}^{\infty}b_n\sin n\omega t$$

(1) a_0 구하는 방법(=직류분)

$$a_0=\frac{1}{T}\int_0^T y(t)\,d\omega t=\frac{1}{2\pi}\int_0^{2\pi} y(t)\,d\omega t$$

(2) a_n 구하는 방법

$$a_n=\frac{2}{T}\int_0^T y(t)\cos n\omega t\,d\omega t=\frac{1}{\pi}\int_0^{2\pi} y(t)\cos n\omega t\,d\omega t$$

(3) b_n 구하는 방법

$$b_n=\frac{2}{T}\int_0^T y(t)\sin n\omega t\,d\omega t=\frac{1}{\pi}\int_0^{2\pi} y(t)\sin n\omega t\,d\omega t$$

19 출제빈도 ωt가 0에서 π까지는 $i=20$[A], π에서 2π까지는 $i=0$[A]인 파형을 푸리에 급수로 전개할 때 a_0는?

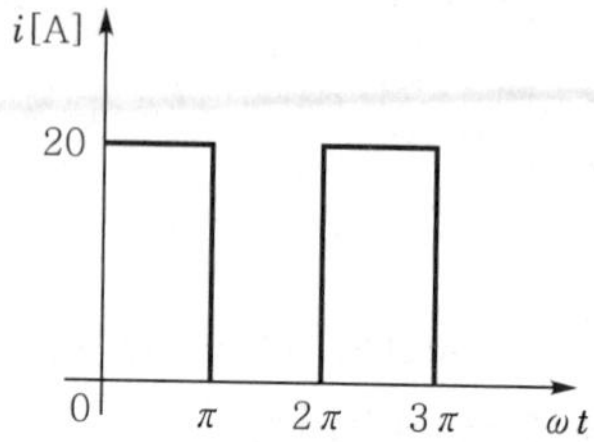

① 5　② 7.07
③ 10　④ 14.14

해설 푸리에 급수로 전개할 때 a_0는 직류 성분이며 평균값과 같다.

$\therefore\ a_0=$평균값$=\frac{20}{2}$[A]

20 코일에 단상 100[V]의 전압을 가하면 30[A]의 전류가 흐르고 1.8[kW]의 전력을 소비한다고 한다. 이 코일과 병렬로 콘덴서를 접속하여 회로의 합성 역률을 100[%]로 하기 위한 용량 리액턴스는 약 몇 [Ω]인가?

① 1.2　② 2.6
③ 3.2　④ 4.2

해설 $P_r=\sqrt{P_a^2-P^2}$ [Var]

$=\sqrt{(100\times 30)^2-1{,}800^2}=2{,}400$[Var]

$\therefore\ X_C=\frac{V^2}{P_r}=\frac{100^2}{2{,}400}=4.17$[Ω]

제 3 회 회로이론

01 그림과 같은 회로에서 전류계는 0.4[A], 전압계 V_1은 3[V], V_2는 4[V]를 지시했다. 저항 R_3의 값[Ω]은? (단, 전류계 및 전압계의 내부 저항은 무시한다.)

① 5
② 11
③ 12.5
④ 13.7

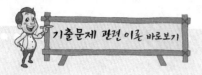

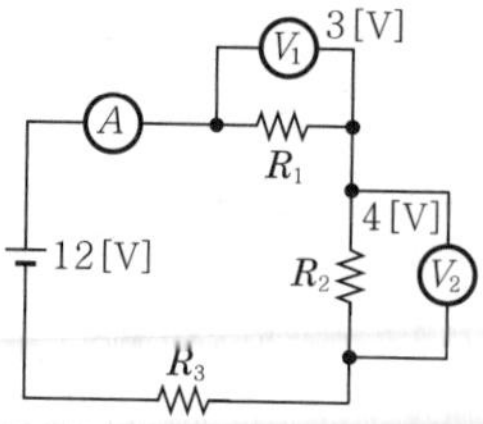

정답 19.③ 20.④ / 01.③

해설 인가 기전력의 합과 전압 강하의 합은 같아야 하므로 R_3의 전압 강하는 5[V]가 된다.

$\therefore\ R_3 = \dfrac{5}{0.4} = 12.5[\Omega]$

02 전달 함수 응답식 $\boldsymbol{C}(s) = \boldsymbol{G}(s)\boldsymbol{R}(s)$에서 입력 함수를 단위 임펄스 $\delta(t)$로 가할 때 계의 응답은?

출제빈도

① $\boldsymbol{G}(s)\delta(s)$

② $\dfrac{\boldsymbol{G}(s)}{\delta(s)}$

③ $\dfrac{\boldsymbol{G}(s)}{s}$

④ $\boldsymbol{G}(s)$

해설 $r(t) = \delta(t)$

$\therefore\ \boldsymbol{R}(s) = 1$

$\because\ \boldsymbol{C}(s) = \boldsymbol{G}(s)$

03 그림과 같은 회로에서 $V_1 = 6$[V], $R_1 = 1$[kΩ], $R_2 = 2$[kΩ]일 때 등가 회로로 변환한 회로의 합성 저항 R_{th}[Ω]와 등가 전압 V_{eq}[V]는 각각 얼마인가?

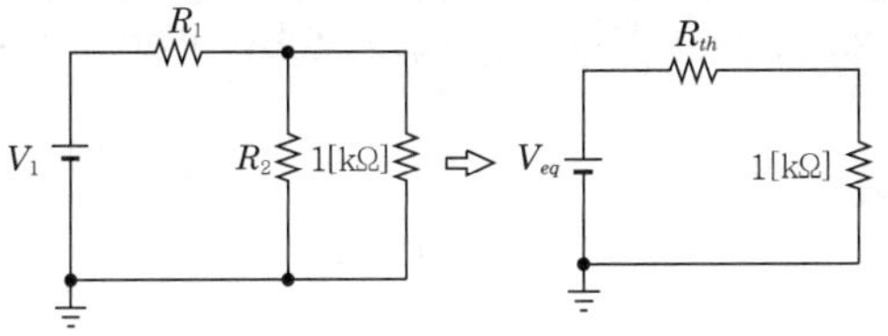

① 0.67, 2 ② 0.67, 4

③ 3, 2 ④ 4, 4

해설

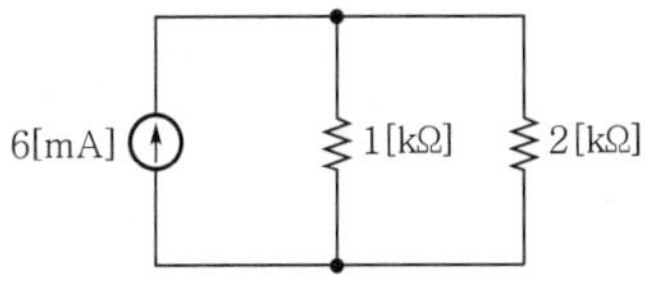

$\therefore\ R_{th} = \dfrac{1\times 2}{1+2} \fallingdotseq 0.67[\Omega]$

$V_{ab} = 6\times\dfrac{2}{3} = 4[\text{V}]$

정답 02.④ 03.②

기출문제 관련 이론 바로보기

02. 이론 check 자동 제어계의 시간 응답

[과도 응답]

(1) 임펄스 응답

단위 임펄스 입력의 입력 신호에 대한 응답으로 수학적 표현은 $x(t) = \delta(t)$, 라플라스 변환하면 $X(s) = 1$, 따라서 전달 함수를 $G(s)$라 하고 입력 신호를 $x(t)$, 출력 신호를 $y(t)$라 하면 임펄스 응답은 다음 식과 같다.

$$y(t) = \mathcal{L}^{-1}[\boldsymbol{Y}(s)] = \mathcal{L}^{-1}[\boldsymbol{G}(s)\cdot 1]$$

(2) 인디셜 응답

단위 계단 입력의 입력 신호에 대한 응답으로 수학적 표현은 $x(t) = u(t)$ 라플라스 변환하면 $X(s) = \dfrac{1}{s}$, 따라서 전달 함수를 $G(s)$라 하고 입력 신호를 $x(t)$, 출력 신호를 $y(t)$라 하면 임펄스 응답은 다음 식과 같다.

$$y(t) = \mathcal{L}^{-1}[\boldsymbol{Y}(s)] = \mathcal{L}^{-1}\left[\boldsymbol{G}(s)\cdot\frac{1}{s}\right]$$

(3) 경사 응답

단위 램프 입력의 입력 신호에 대한 응답으로 수학적 표현은 $x(t) = tu(t)$ 라플라스 변환하면 $X(s) = \dfrac{1}{s^2}$, 따라서 전달 함수를 $G(s)$라 하고 입력 신호를 $x(t)$, 출력 신호를 $y(t)$라 하면 임펄스 응답은 다음 식과 같다.

$$y(t) = \mathcal{L}^{-1}[\boldsymbol{Y}(s)] = \mathcal{L}^{-1}\left[\boldsymbol{G}(s)\cdot\frac{1}{s^2}\right]$$

기출문제 관련 이론 바로보기

05. 이론 check 3상 교류 결선

[환상(△) 결선]

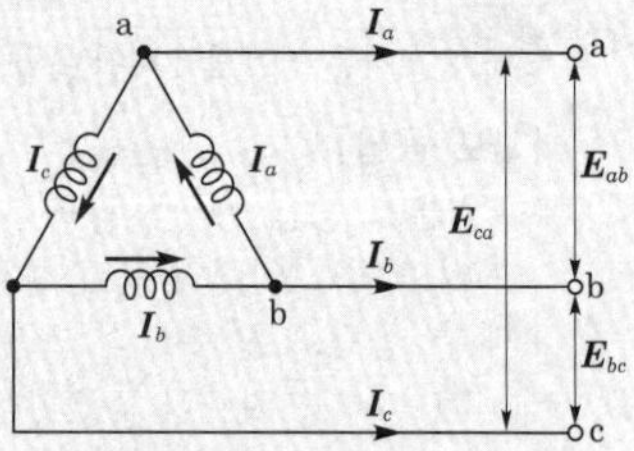

선전류 $I_a = I_{ab} - I_{ca}$

$I_b = I_{bc} - I_{ab}$

$I_c = I_{ca} - I_{bc}$

선전류와 상전류와의 벡터도를 그리면 다음과 같고,

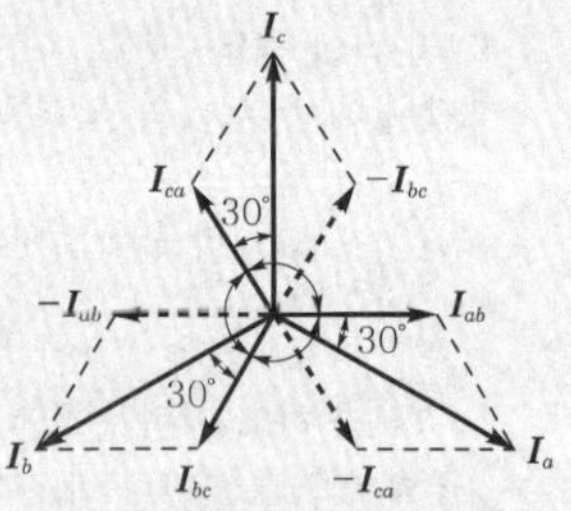

벡터도에서 선전류와 상전류의 크기 및 위상을 구하면 다음과 같다.

$I_a = 2I_{ab}\cos\frac{\pi}{6}\angle -\frac{\pi}{6} = \sqrt{3}I_{ab}\angle -\frac{\pi}{6}$

$I_b = 2I_{bc}\cos\frac{\pi}{6}\angle -\frac{\pi}{6} = \sqrt{3}I_{bc}\angle -\frac{\pi}{6}$

$I_c = 2I_{ca}\cos\frac{\pi}{6}\angle -\frac{\pi}{6} = \sqrt{3}I_{ca}\angle -\frac{\pi}{6}$

이상의 관계에서

선간 전압을 V_l, 선전류를 I_l, 상전압을 V_p, 상전류를 I_p라 하면

$I_l = \sqrt{3}I_p\angle -\frac{\pi}{6}$[A], $V_l = V_p$[V]

Tip △결선의 성질

(1) 각 상의 전력은 같다.

(2) 선간 전압과 상전압은 같다.

(3) 선전류는 상전류 보다 위상은 $\frac{\pi}{6}$[rad] 늦어지고 크기는 $\sqrt{3}$ 배가 된다.

04 그림과 같은 $R-C$ 회로의 입력 단자에 계단 전압을 인가하면 출력 전압은?

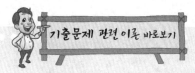

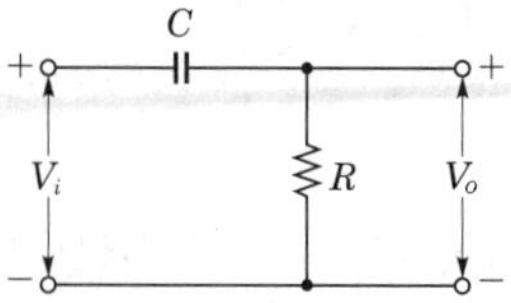

① 0부터 지수적으로 증가한다.
② 처음에는 입력과 같이 변했다가 지수적으로 감쇠한다.
③ 같은 모양의 계단 전압이 나타난다.
④ 아무 것도 나타나지 않는다.

해설 전달 함수 $G(s) = \frac{V_o}{V_i} = \frac{R}{\frac{1}{Cs}+R} = \frac{RCs}{RCs+1}$

$\therefore V_o = \frac{RCs}{RCs+1} \times \frac{1}{s} = \frac{RC}{RCs+1} = \frac{1}{s+\frac{1}{RC}}$

$\because$ 출력 전압 $V_o = e^{-\frac{1}{RC}t}$

그러므로 지수 감쇠 함수가 된다.

05 전원이 Y결선, 부하가 △결선된 3상 대칭 회로가 있다. 전원의 상전압이 220[V]이고 전원의 상전류가 10[A]일 경우 부하 한 상의 임피던스[Ω]는?

출제빈도

① 66　　② $22\sqrt{3}$
③ 22　　④ $\frac{22}{\sqrt{3}}$

해설 부하가 △결선이므로 부하상에는 전원 Y결선의 선간 전압이 걸리게 된다.

$V_l = \sqrt{3}V_p = 220\sqrt{3}$[V]

$I_p = \frac{I_l}{\sqrt{3}} = \frac{10}{\sqrt{3}}$[A]

$\therefore Z_p = \frac{V}{I_p} = \frac{220\sqrt{3}}{\frac{10}{\sqrt{3}}} = 66$[Ω]

06 $Z = 8 + j6$[Ω]인 평형 Y부하에 선간 전압 200[V]인 대칭 3상 전압을 가할 때 선전류는 약 몇 [A]인가?

① 20　　② 11.5
③ 7.5　　④ 5.5

정답 04.② 05.① 06.②

해설 Y결선인 경우 $I_l = I_p$ 이고 $V_l = \sqrt{3}\,V_p$ 이므로

$$I = \frac{V_p}{Z} = \frac{\frac{200}{\sqrt{3}}}{\sqrt{8^2+6^2}} = \frac{20}{\sqrt{3}} = 11.55[\mathrm{A}]$$

07 어떤 제어계의 출력이 $C(s) = \dfrac{5}{s(s^2+s+2)}$ 로 주어질 때 출력의 시간 함수 $c(t)$의 정상값은?

출제빈도

① 5　② 2

③ $\dfrac{2}{5}$　④ $\dfrac{5}{2}$

해설 정상값은 최종값이므로 최종값 정리에 의해 $c(t)$는

$$c(\infty) = \lim_{s \to 0} s\boldsymbol{C}(s) = \lim_{s \to 0} s\frac{5}{s(s^2+s+2)} = \frac{5}{2}$$

08 $10t^3$의 라플라스 변환은?

출제빈도

① $\dfrac{60}{s^4}$　② $\dfrac{30}{s^4}$

③ $\dfrac{10}{s^4}$　④ $\dfrac{80}{s^4}$

해설 $\mathcal{L}[at^n] = \dfrac{an!}{s^{n+1}}$

$$\therefore \mathcal{L}[10t^3] = \frac{10 \times 3!}{s^{3+1}} = \frac{10 \times 3 \times 2}{s^4} = \frac{60}{s^4}$$

09 $\boldsymbol{Z}_1 = 3 + j10[\Omega]$, $\boldsymbol{Z}_2 = 3 - j2[\Omega]$의 두 임피던스를 직렬로 연결하고 양단에 1,000[V]의 전압을 가했을 때 $\boldsymbol{Z}_1$, $\boldsymbol{Z}_2$에 걸리는 전압 $\boldsymbol{V}_1$, $\boldsymbol{V}_2$[V]는 각각 얼마인가?

① $\boldsymbol{V}_1 = 98 + j36$, $\boldsymbol{V}_2 = 2 + j36$
② $\boldsymbol{V}_1 = 98 - j36$, $\boldsymbol{V}_2 = 2 + j36$
③ $\boldsymbol{V}_1 = 98 + j36$, $\boldsymbol{V}_2 = 2 - j36$
④ $\boldsymbol{V}_1 = 98 - j36$, $\boldsymbol{V}_2 = 2 - j36$

해설 $\boldsymbol{I} = \dfrac{\boldsymbol{V}}{\boldsymbol{Z}_1 + \boldsymbol{Z}_2} = \dfrac{100}{3 + j10 + 3 - j2} = 6 - j8[\mathrm{A}]$

$\therefore \boldsymbol{V}_1 = \boldsymbol{Z}_1\boldsymbol{I} = (3 + j10)(6 - j8) = 98 + j36[\mathrm{V}]$

$\boldsymbol{V}_2 = \boldsymbol{Z}_2\boldsymbol{I} = (3 - j2)(6 - j8) = 2 - j36[\mathrm{V}]$

정답 07.④ 08.① 09.③

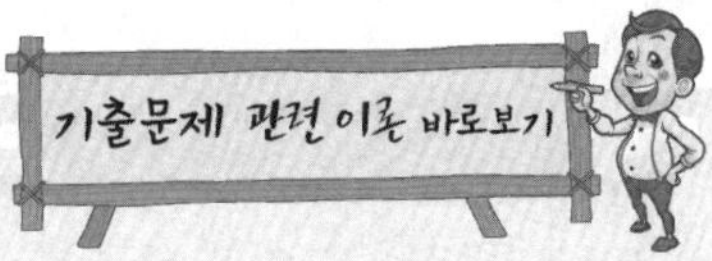

07. 이론 check **초기값 · 최종값**

(1) 초기값 정리
$f(0) = \lim_{t \to 0} f(t) = \lim_{s \to \infty} s\boldsymbol{F}(s)$

(2) 최종값 정리
$f(\infty) = \lim_{t \to \infty} f(t) = \lim_{s \to 0} s\boldsymbol{F}(s)$

08. 이론 check **중요한 함수의 라플라스 변환표**

구분	함수명	$f(t)$	$\boldsymbol{F}(s)$
1	단위 임펄스 함수	$\delta(t)$	1
2	단위 계단 함수	$u(t)=1$	$\frac{1}{s}$
3	단위 램프 함수	t	$\frac{1}{s^2}$
4	포물선 함수	t^2	$\frac{2}{s^3}$
5	n차 램프 함수	t^n	$\frac{n!}{s^{n+1}}$
6	지수 감쇠 함수	e^{-at}	$\frac{1}{s+a}$
7	지수 감쇠 램프 함수	te^{-at}	$\frac{1}{(s+a)^2}$
8	지수 감쇠 포물선 함수	t^2e^{-at}	$\frac{2}{(s+a)^3}$
9	지수 감쇠 n차 램프 함수	$t^n e^{-at}$	$\frac{n!}{(s+a)^{n+1}}$

기출문제 관련 이론 바로보기

10. 이론 check **변압기의 4단자 정수**

$\frac{V_1}{V_2}=\frac{I_2}{I_1}=\frac{n_1}{n_2}=a$ 에서

$\begin{bmatrix} A & B \\ C & D \end{bmatrix}=\begin{bmatrix} a & 0 \\ 0 & \frac{1}{a} \end{bmatrix}$

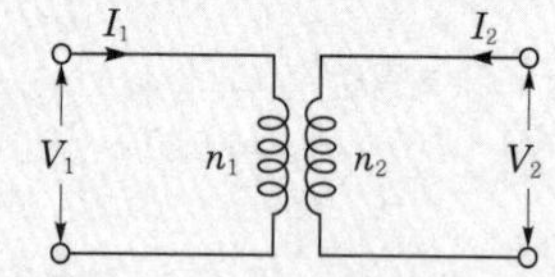

11. 이론 check **브리지 회로**

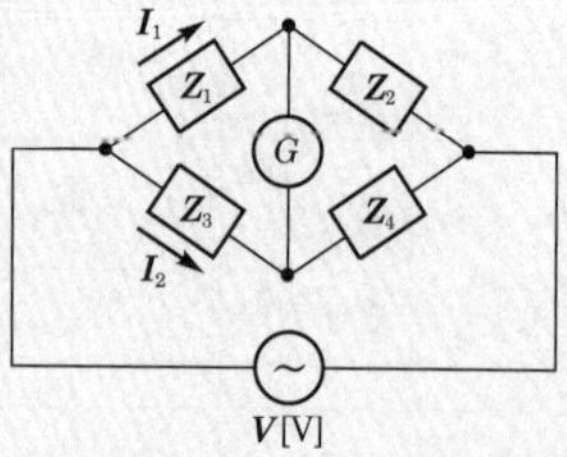

그림의 브리지 회로가 평형 상태이면

$Z_1I_1=Z_3I_2$, $Z_2I_1=Z_4I_2$ 에서

$\frac{I_1}{I_2}=\frac{Z_3}{Z_1}=\frac{Z_4}{Z_2}$ 가 된다.

따라서 평형 조건은 $Z_1Z_4=Z_2Z_3$ 가 된다.

10 다음 그림과 같이 10[Ω]의 저항에 감은 비가 10 : 1인 결합 회로를 연결했을 때 4단자 정수 A, B, C, D는?

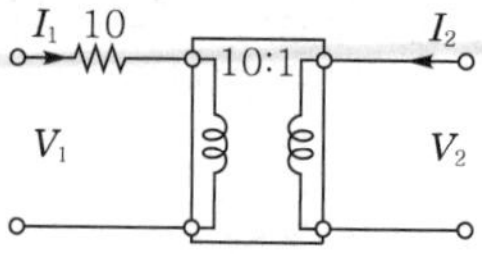

① $A=1$, $B=10$, $C=0$, $D=10$

② $A=10$, $B=0$, $C=1$, $D=\frac{1}{10}$

③ $A=10$, $B=1$, $C=0$, $D=\frac{1}{10}$

④ $A=10$, $B=1$, $C=1$, $D=10$

해설 $\begin{bmatrix} A & B \\ C & D \end{bmatrix}=\begin{bmatrix} 1 & 10 \\ 0 & 1 \end{bmatrix}\begin{bmatrix} 10 & 0 \\ 0 & \frac{1}{10} \end{bmatrix}=\begin{bmatrix} 10 & 1 \\ 0 & \frac{1}{10} \end{bmatrix}$

11 그림과 같은 브리지 회로가 평형되기 위한 Z_4의 값은?

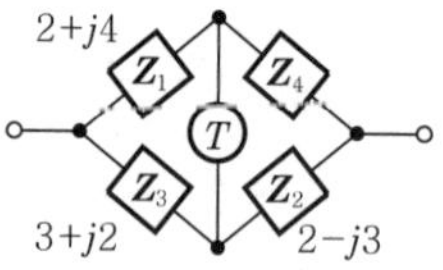

① $2+j4$ ② $-2+j4$

③ $4+j2$ ④ $4-j2$

해설 $Z_4(3+j2)=(2+j4)(2-j3)$

$\therefore Z_4=\frac{(2+j4)(2-j3)}{3+j2}=4-j2$

12 그림과 같이 주파수 f[Hz], 단상 교류 전압 V[V]의 전원에 저항 R[Ω], 인덕턴스 L[H]의 코일을 접속한 회로가 있을 때 L을 가감해서 R의 전력을 $L=0$일 때의 $\frac{1}{5}$로 하려면 L[H]의 크기는?

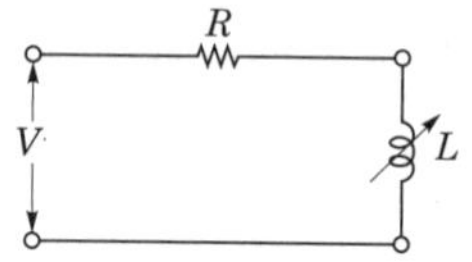

① $\frac{R^2}{2\pi f}$ ② πfR^2

③ $\frac{R}{\pi f}$ ④ $\frac{R}{2\pi f}$

정답 10.③ 11.④ 12.③

해설 $\dfrac{V^2}{R}\times\dfrac{1}{5}=\left(\dfrac{V}{\sqrt{R^2+\omega^2L^2}}\right)^2\cdot R$

$5R^2=R^2+\omega^2L^2$

$4R^2=\omega^2L^2$

$(2R)^2=(\omega L)^2$

$\therefore\ 2R=\omega L$

$\because\ L=\dfrac{2R}{\omega}=\dfrac{R}{\pi f}$ [H]

13 $R=10[\Omega]$, $L=5[\mu\text{H}]$인 $R-L$ 직렬 회로와 $C=100[\text{pF}]$인 콘덴서가 병렬로 연결된 회로에서 공진시 공진 임피던스[kΩ]는?

① 0.2 ② 0.5
③ 5 ④ 200

해설

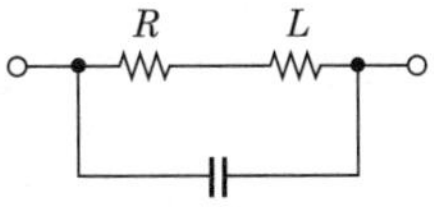

그림과 같은 회로의 어드미턴스

$\boldsymbol{Y}=\dfrac{R}{R^2+\omega^2L^2}+j\left(\omega C-\dfrac{\omega L}{R^2+\omega^2L^2}\right)$

공진이 되기 위해서 허수부$=0$

공진시 임피던스 $Z=\dfrac{1}{\boldsymbol{Y}}=\dfrac{R^2+\omega^2L^2}{R}$

$=\dfrac{\frac{L}{C}}{R}=\dfrac{L}{RC}$

$=\dfrac{5\times10^{-6}}{10\times100\times10^{-12}}$

$=5\times10^3$

$\therefore$ 5[kΩ]

14 그림과 같은 톱니파의 라플라스 변환은?

① $\dfrac{E}{Ts}(1-e^{-Ts})$

② $\dfrac{E}{Ts^2}(1-e^{-Ts})$

③ $\dfrac{E}{Ts}(1-e^{-Ts}-Tse^{-Ts})$

④ $\dfrac{E}{Ts^2}(1-e^{-Ts}-Tse^{-Ts})$

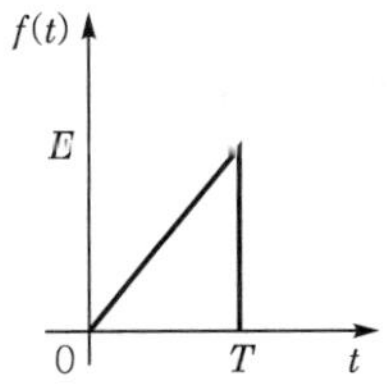

정답 13.③ 14.④

기출문제 관련 이론 바로보기

13. 이론 check **일반적인 병렬 공진 회로**

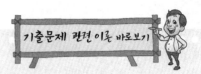

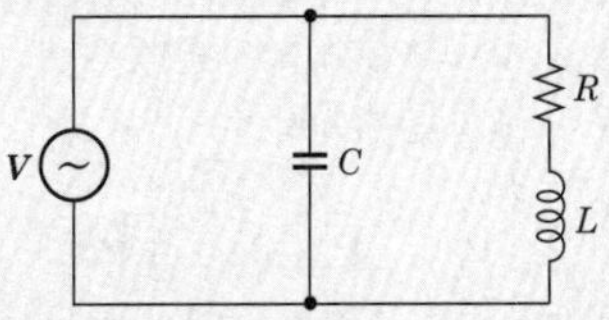

위의 그림의 실제적인 병렬 공진 회로의 합성 어드미턴스를 구하면 다음과 같다.

$\boldsymbol{Y}=\dfrac{1}{R+j\omega L}+j\omega C$

$=\dfrac{R}{R^2+\omega^2L^2}+j\left(\omega C-\dfrac{\omega L}{R^2+\omega^2L^2}\right)$

(1) 공진 조건

$\omega C-\dfrac{\omega L}{R^2+\omega^2L^2}=0$

$\omega C=\dfrac{\omega L}{R^2+\omega^2L^2}$

(2) 공진시 공진 어드미턴스

$Y_o=\dfrac{R}{R^2+\omega^2L^2}=\dfrac{CR}{L}$ [℧]

(3) 공진 각주파수

$\omega_o=\sqrt{\dfrac{1}{LC}-\dfrac{R^2}{L^2}}$

$=\dfrac{1}{\sqrt{LC}}\sqrt{1-\dfrac{R^2C}{L}}$ [rad/s]

(4) 공진 주파수

$f_o=\dfrac{1}{2\pi\sqrt{LC}}\sqrt{1-\dfrac{R^2C}{L}}$ [Hz]

기출문제 관련 이론 바로보기

15. 이론 check 대칭 좌표법

[비대칭 전압과 대칭분 전압]

비대칭 전압 V_a, V_b, V_c를 대칭분으로 표시하면

$V_a = V_0 + V_1 + V_2$

$V_b = V_0 + a^2 V_1 + aV_2$

$V_c = V_0 + aV_1 + a^2 V_2$

행렬로 표시하면

$$\begin{bmatrix} V_a \\ V_b \\ V_c \end{bmatrix} = \begin{bmatrix} V_0 + V_1 + V_2 \\ V_0 + a^2 V_1 + aV_2 \\ V_0 + aV_1 + a^2 V_2 \end{bmatrix} = \begin{bmatrix} 1 & 1 & 1 \\ 1 & a^2 & a \\ 1 & a & a^2 \end{bmatrix} \begin{bmatrix} V_0 \\ V_1 \\ V_2 \end{bmatrix}$$

역행렬을 이용하여 대칭분을 계산하면

$$\begin{bmatrix} V_0 \\ V_1 \\ V_2 \end{bmatrix} = \begin{bmatrix} 1 & 1 & 1 \\ 1 & a^2 & a \\ 1 & a & a^2 \end{bmatrix}^{-1} \cdot \begin{bmatrix} V_a \\ V_b \\ V_c \end{bmatrix} = \frac{1}{3} \begin{bmatrix} 1 & 1 & 1 \\ 1 & a & a^2 \\ 1 & a^2 & a \end{bmatrix} \begin{bmatrix} V_a \\ V_b \\ V_c \end{bmatrix}$$

(1) 영상분 전압

$$V_0 = \frac{1}{3}(V_a + V_b + V_c)$$

(2) 정상분 전압

$$V_1 = \frac{1}{3}(V_a + aV_b + a^2 V_c)$$

(3) 역상분 전압

$$V_2 = \frac{1}{3}(V_a + a^2 V_b + aV_c)$$

(4) 불평형률

대칭분 중 정상분에 대한 역상분의 비로 비대칭을 나타내는 척도가 된다.

$$\text{불평형률} = \frac{\text{역상분}}{\text{정상분}} \times 100[\%] = \frac{V_2}{V_1} \times 100[\%] = \frac{I_2}{I_1} \times 100[\%]$$

해설

$$f(t) = \frac{E}{T} t u(t) - Eu(t-T) - \frac{E}{T}(t-T)u(t-T)$$

$$\therefore F(s) = \frac{E}{Ts^2} - \frac{Ee^{-Ts}}{s} - \frac{Ee^{-Ts}}{Ts^2} = \frac{E}{Ts^2}[1-(Ts+1)e^{-Ts}]$$

15 다음 중 불평형 3상 전류 $I_a = 18 + j3$[A], $I_b = -25 - j7$[A], $I_c = -5 + j10$[A]일 때 영상 전류 I_0[A]는?

출제빈도

① $-12 - j6$

② $2 - j6.24$

③ $6 - j3$

④ $-4 + j2$

해설

$$I_0 = \frac{1}{3}(I_a + I_b + I_c) = \frac{1}{3}(18 + j3 - 25 - j7 - 5 + j10) = -4 + j2$$

16 그림과 같은 회로에서 4단자 회로 정수 A, B, C, D 중 출력 단자 3, 4가 개방되었을 때의 $\frac{V_1}{V_2}$인 A의 값은?

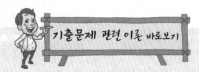

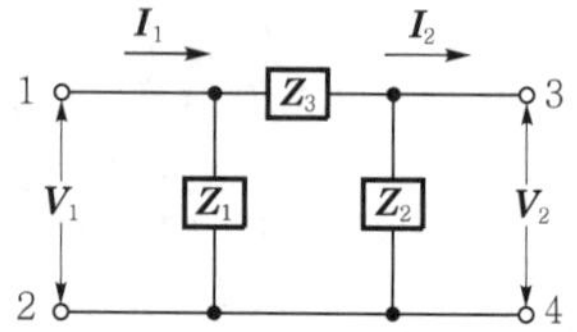

① $1 + \frac{Z_2}{Z_1}$

② $\frac{Z_1 + Z_2 + Z_3}{Z_1 Z_3}$

③ $1 + \frac{Z_2}{Z_3}$

④ $1 + \frac{Z_3}{Z_2}$

해설

$$\begin{bmatrix} A & B \\ C & D \end{bmatrix} = \begin{bmatrix} 1 & 0 \\ \frac{1}{Z_1} & 1 \end{bmatrix} \begin{bmatrix} 1 & Z_3 \\ 0 & 1 \end{bmatrix} \begin{bmatrix} 1 & 0 \\ \frac{1}{Z_2} & 1 \end{bmatrix} = \begin{bmatrix} 1 + \frac{Z_3}{Z_2} & Z_3 \\ \frac{Z_1 + Z_2 + Z_3}{Z_1 Z_2} & 1 + \frac{Z_3}{Z_1} \end{bmatrix}$$

정답 15.④ 16.④

17

그림과 같은 회로가 정저항 회로가 되려면 L[H]은? (단, $R=20[\Omega]$, $C=200[\mu\text{F}]$)

① 0.08
② 0.8
③ 1
④ 4

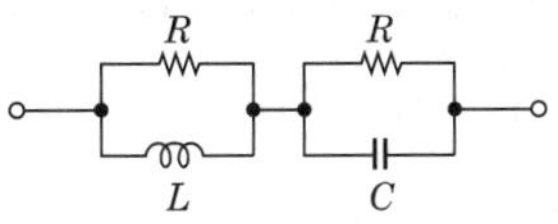

해설 정저항 조건 $Z_1 \cdot Z_2 = R^2$

$$Ls\frac{1}{Cs} = R^2$$

$$\therefore\ L = R^2C = 20^2 \times 200 \times 10^{-6} = 0.08[\text{H}]$$

18

다상 교류 회로의 설명 중 잘못된 것은? (단, n : 상수)

① 평형 3상 교류에서 △결선의 상전류는 선전류의 $\dfrac{1}{\sqrt{3}}$과 같다.

② n상 전력 $P = \dfrac{1}{2\sin\frac{\pi}{n}} V_l I_l \cos\theta$이다.

③ 성형 결선에서 선간 전압과 상전압과의 위상차는 $\dfrac{\pi}{2}\left(1-\dfrac{2}{n}\right)$[rad]이다.

④ 비대칭 다상 교류가 만드는 회전 자기장은 타원 회전 자기장이다.

해설 n상 전력은 $P = \dfrac{n}{2\sin\frac{\pi}{n}} VI\cos\theta$이다.

19

대칭 3상 교류에서 각 상의 전압이 v_a[V], v_b[V], v_c[V]일 때 3상 전압의 합[V]은?

① 0　　② $0.3v_a$
③ $0.5v_a$　　④ $3v_a$

해설 대칭 3상 전압 $V_a + V_b + V_c = V + a^2V + aV = V(1+a^2+a) = 0[\text{V}]$

20

$i = 100 + 50\sqrt{2}\sin\omega t + 20\sqrt{2}\sin\left(3\omega t + \dfrac{\pi}{6}\right)$[A]로 표시되는 비정현파 전류의 실효값[A]은 약 얼마인가?

① 20　　② 50
③ 114　　④ 150

해설 $I = \sqrt{100^2 + 50^2 + 20^2} = 113.58[\text{A}]$

정답 17.① 18.② 19.① 20.③

기출문제 관련 이론 바로보기

18. 이론 check 다상 교류 회로의 전압 · 전류

(1) 성형 결선
n을 다상 교류의 상수라 하면
① 선간 전압을 V_l, 상전압을 V_p라 하면
$$V_l = 2\sin\frac{\pi}{n}V_p \angle \frac{\pi}{2}\left(1-\frac{2}{n}\right)[\text{V}]$$
② 선전류(I_l)=상전류(I_p)

(2) 환상 결선
n을 다상 교류의 상수라 하면
① 선전류를 I_l, 상전류를 I_p라 하면
$$I_l = 2\sin\frac{\pi}{n}I_p \angle -\frac{\pi}{2}\left(1-\frac{2}{n}\right)[\text{A}]$$
② 선간 전압(V_l)=상전압(V_p)

(3) 다상 교류의 전력
n을 다상 교류의 상수라 하면
$$P = \frac{n}{2\sin\frac{\pi}{n}} V_l I_l \cos\theta[\text{W}]$$

19. 이론 check 대칭분

각 상 모두 동상으로 동일한 크기의 영상분 상순이 a→b→c인 정상분 및 상순이 a→c→b인 역상분의 3개의 성분을 벡터적으로 합하면 비대칭 전압이 되며 이 3성분을 총칭하여 대칭분이라 한다. 대칭분을 합성하면 비대칭 전압이 되며 반대로 비대칭 전압을 3개의 대칭분으로 분해할 수 있다.

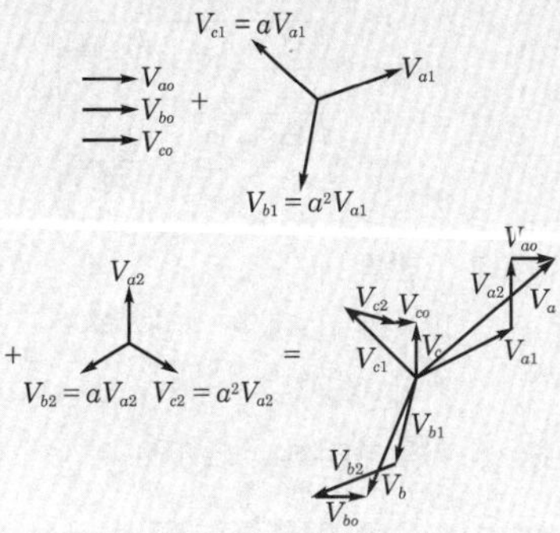

∴ 영상분+정상분+역상분=비대칭 전압

2012년 과년도 출제문제

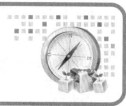

기출문제 관련 이론 바로보기

01. 이론 check 여러 가지 파형의 평균값과 실효값

(1) 정현파 또는 전파

① 평균값

$$V_{av} = \frac{1}{\pi}\int_0^{\pi} V_m \sin\omega t\, d\omega t$$
$$= \frac{V_m}{\pi}[-\cos\omega t]_0^{\pi}$$
$$= \frac{V_m}{\pi}[1-(-1)]$$
$$= \frac{2V_m}{\pi} = 0.637\,V_m$$

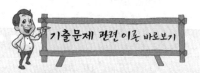

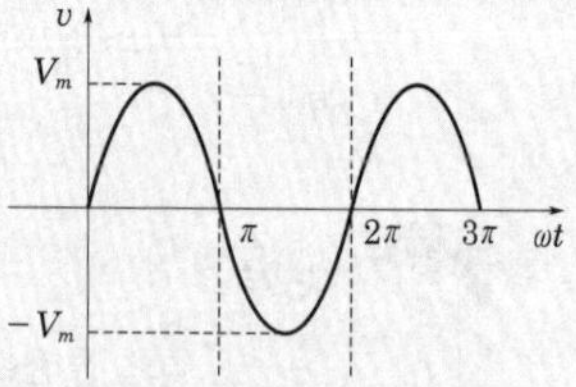

② 실효값

$$V = \sqrt{\frac{1}{2\pi}\int_0^{2\pi}(V_m \sin\omega t)^2 d\omega t}$$
$$= \sqrt{\frac{V_m^2}{2\pi}\int_0^{2\pi}\sin^2\omega t\, d\omega t}$$
$$= \sqrt{\frac{V_m^2}{2\pi}\int_0^{2\pi}\frac{1-\cos 2\omega t}{2}d\omega t}$$
$$= \sqrt{\frac{V_m^2}{4\pi}\int_0^{2\pi}(1-\cos 2\omega t)\,d\omega t}$$
$$= \sqrt{\frac{V_m^2}{4\pi}\left[\omega t - \frac{\sin 2\omega t}{2}\right]_0^{2\pi}}$$
$$= \sqrt{\frac{V_m^2}{4\pi}\times 2\pi} = \frac{V_m}{\sqrt{2}}$$
$$= 0.707\,V_m$$

(2) 반파

반파의 실효값은 정현파의 $\frac{1}{\sqrt{2}}$이고 평균값은 $\frac{1}{2}$이다.

이를 식으로 표현하면

$$V = \frac{1}{\sqrt{2}} \times \frac{V_m}{\sqrt{2}} = \frac{V_m}{2}$$
$$V_{av} = \frac{1}{2} \times \frac{2V_m}{\pi} = \frac{V_m}{\pi}$$

제1회 회로이론

01 파고율이 2가 되는 파형은?

출제빈도

① 정현파　② 톱니파

③ 사각파　④ 정류파(정현 반파)

해설 반파 정류파의 파고율$=\frac{최대값}{실효값}=\frac{V_m}{\frac{1}{2}V_m}=2$

02 $F(s) = \frac{s}{s^2+\pi^2} \cdot e^{-2s}$ 함수를 시간 추이 정리에 의해서 역변환하면?

① $\sin\pi(t-2)\cdot u(t-2)$

② $\sin\pi(t+a)\cdot u(t+a)$

③ $\cos\pi(t-2)\cdot u(t-2)$

④ $\cos\pi(t+a)\cdot u(t+a)$

해설 시간 추이 정리 $\mathcal{L}[f(t-a)] = e^{-as}\cdot F_{(s)}$

$\therefore \cos\pi(t-2)\cdot u(t-2)$

03 비접지 3상 Y부하의 각 선에 흐르는 비대칭 각 선전류를 I_a, I_b, I_c라 할 때 선전류의 영상분 I_0는?

출제빈도

① $I_a + I_b$

② $I_a + I_b + I_c$

③ $\frac{1}{3}(I_a - I_b - I_c)$

④ 0

해설 $I_0 = \frac{1}{3}(I_a + I_b + I_c)$

비접지 3상은 $I_a + I_b + I_c = 0$이므로

영상분 $I_0 = 0$

정답 01.④　02.③　03.④

04 평형 3상 부하에 전력을 공급할 때 선전류값이 20[A]이고 부하의 소비 전력이 4[kW]이다. 이 부하의 등가 Y회로에 대한 각 상의 저항은 약 몇 [Ω]인가?

① 3.3　　② 5.7
③ 7.2　　④ 10

해설 소비 전력 $P=3I_p^{\,2}R$에서

$$\therefore\ R=\frac{P}{3I_p^{\,2}}=\frac{4\times10^3}{3\times20^2}=\frac{10}{3}\fallingdotseq 3.3[\Omega]$$

05 그림과 같은 회로에서 부하 R_L에서 소비되는 최대 전력[W]은?

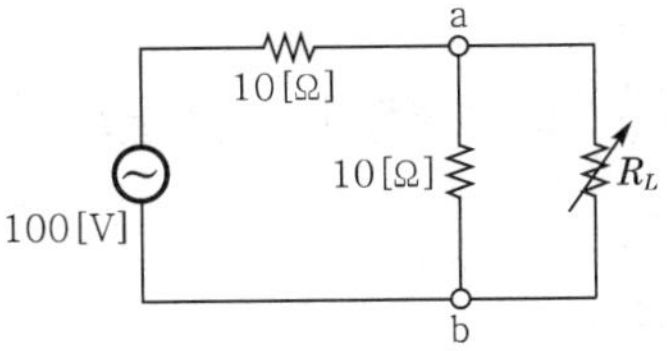

① 50　　② 125
③ 250　　④ 500

해설 테브난 정리를 이용하여 테브난 등가 회로로 고치면

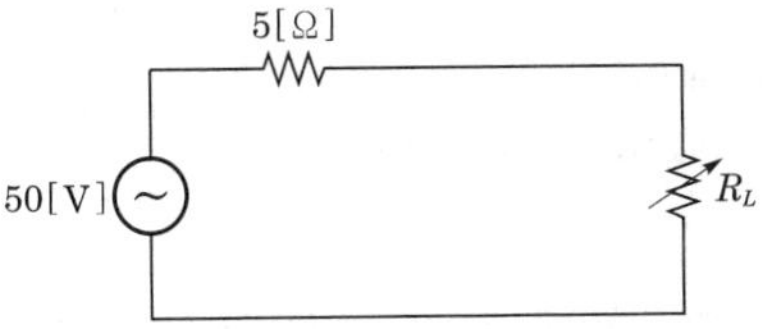

$$\therefore\ P_{\max}=\frac{V^2}{4R}=\frac{50^2}{4\times5}=125[\mathrm{W}]$$

06 다음 중 3상 불평형 전압을 V_a, V_b, V_c라고 할 때 정상 전압은? $\left(단,\ a=-\frac{1}{2}+j\frac{\sqrt{3}}{2}\ 이다.\right)$

① $\frac{1}{3}(V_a+aV_b+a^2V_c)$　　② $\frac{1}{3}(V_a+a^2V_b+aV_c)$
③ $\frac{1}{3}(V_a+a^2V_b+V_c)$　　④ $\frac{1}{3}(V_a+V_b+V_c)$

해설 영상 전압 $V_0=\frac{1}{3}(V_a+V_b+V_c)$

정상 전압 $V_1=\frac{1}{3}(V_a+aV_b+a^2V_c)$

역상 전압 $V_2=\frac{1}{3}(V_a+a^2V_b+aV_c)$

정답 04.① 05.② 06.①

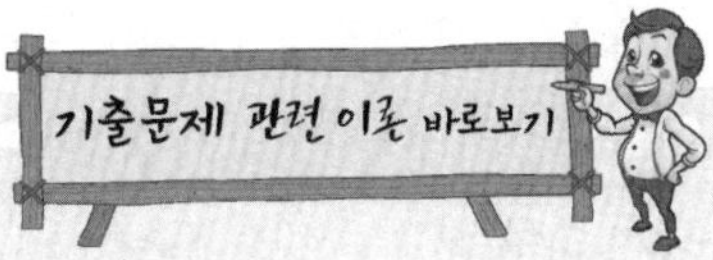

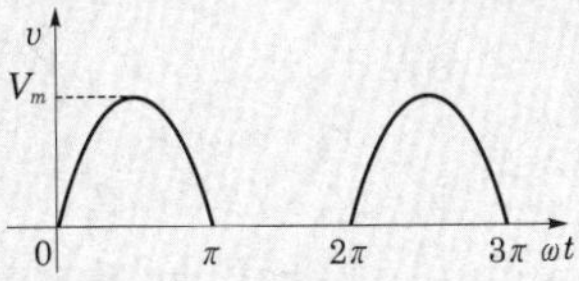

05. 이론 Check 최대 전력 전달

[최대 전력 전달 조건 및 최대 전력]

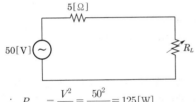

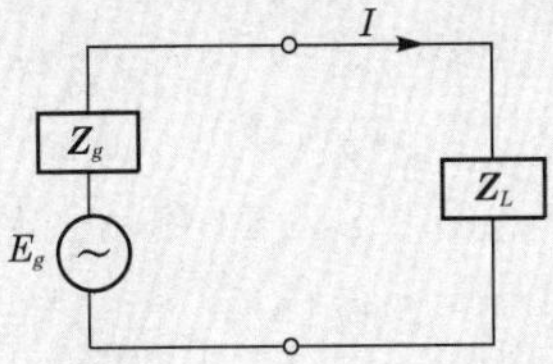

(1) $Z_g=R_g$, $Z_L=R_L$인 경우
① 최대 전력 전달 조건
$R_L=R_g$
② 최대 공급 전력
$$P_{\max}=\frac{E_g^{\,2}}{4R_g}[\mathrm{W}]$$

(2) $Z_g=R_g+jX_g$, $Z_L=R_L+jX_L$인 경우
① 최대 전력 전달 조건
$Z_L=\overline{Z_g}=R_g-jX_g$
② 최대 공급 전력
$$P_{\max}=\frac{E_g^{\,2}}{4R_g}[\mathrm{W}]$$

06. 이론 Check 대칭 좌표법

(1) 비대칭성의 불평형 전압이나 전류를 대칭성의 3성분(영상분, 정상분, 역상분)으로 분해하여 각각의 성분이 단독으로 존재하는 경우로 해석한 다음 각각의 성분을 중첩하는 방법으로 불평형 회로를 해석한다.
즉, 불평형 전압=영상분 전압+정상분 전압+역상분 전압으로 구성된다.
① 정상분은 상순 $a-b-c$로 120° 의 위상차를 갖는 전압
② 역상분은 상순 $a-b-c$로 120° 의 위상차를 갖는 전압
③ 영상분은 전압의 크기가 같고 위상이 동상인 성분

기출문제 관련 이론 바로보기

(2) 불평형 3상 전압(V_a, V_b, V_c)

$V_a = V_0 + V_1 + V_2$

$V_b = V_0 + a^2 V_1 + a V_2$

$V_c = V_0 + a V_1 + a^2 V_2$

(3) 영상, 정상, 역상 전압

① 영상 전압 : $V_0 = \frac{1}{3}(V_a + V_b + V_c)$

② 정상 전압 : $V_1 = \frac{1}{3}(V_a + a V_b + a^2 V_c)$

③ 역상 전압 : $V_2 = \frac{1}{3}(V_a + a^2 V_b + a V_c)$

07. Tip 2전력계법

전력계 2개의 지시값으로 3상 전력을 측정하는 방법

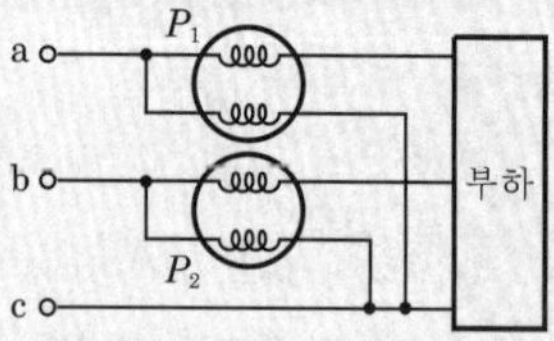

위의 그림에서 전력계의 지시값을 P_1, P_2[W]라 하면

(1) 유효 전력

$P = P_1 + P_2 = \sqrt{3}\, V_l I_l \cos\theta$[W]

(2) 무효 전력

$P_r = \sqrt{3}(P_1 - P_2)$

$= \sqrt{3}\, V_l I_l \sin\theta$[Var]

(3) 피상 전력

$P_a = \sqrt{P^2 + P_r^{\,2}}$

$= \sqrt{(P_1 + P_2)^2 + \{\sqrt{3}(P_1 - P_2)\}^2}$

$= 2\sqrt{P_1^{\,2} + P_2^{\,2} - P_1 P_2}$[VA]

(4) 역률

$\cos\theta = \frac{P}{P_a}$

$= \frac{P_1 + P_2}{2\sqrt{P_1^{\,2} + P_2^{\,2} - P_1 P_2}}$

---

07 (출제빈도) 평형 3상 무유도 저항 부하가 3상 4선식 회로에 접속되어 있을 때에 단상 전력계를 그림과 같이 접속했더니 그 지시값이 W[W]이었다. 이 부하의 전력[W]은? (단, 정현파 교류이다.)

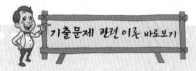

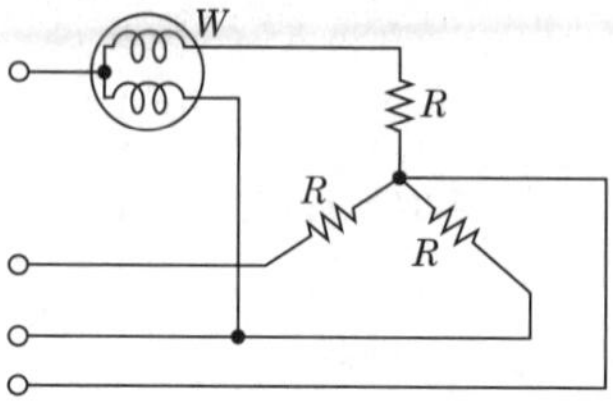

① $\sqrt{2}\,W$ ② $2W$

③ $\sqrt{3}\,W$ ④ $3W$

08 $\frac{s\sin\theta + \omega\cos\theta}{s^2 + \omega^2}$의 역라플라스 변환은?

① $\sin(\omega t - \theta)$

② $\sin(\omega t + \theta)$

③ $\cos(\omega t - \theta)$

④ $\cos(\omega t + \theta)$

해설 $\frac{s}{s^2 + \omega^2}\sin\theta + \frac{\omega}{s^2 + \omega^2}\cos\theta$

역 라플라스 변환하면

$\cos\omega t \sin\theta + \sin\omega t \cos\theta = \sin(\omega t + \theta)$

09 $t = 3$[ms]에서 최대값 5[V]에 도달하는 60[Hz]의 정현파 전압 $e(t)$[V]를 시간 함수로 표시하면?

① $5\sin(376.8t + 25.2°)$

② $5\sin(376.8t + 35.2°)$

③ $5\sqrt{2}\sin(376.8t + 25.2°)$

④ $5\sqrt{2}\sin(376.8t + 35.2°)$

해설 교류 전압의 순시값 $e(t) = E_m \sin(\omega t \pm \theta) = \sqrt{2}E\sin(\omega t + \theta)$이고

$t = 3$[ms]에서 최대값 $E_m = 5$[V]이므로, $(\omega t + \theta) = 90°$가 되어야 한다.

$\therefore \left(2\pi \times 60 \times 3 \times 10^{-6} \times \frac{180}{\pi} + \theta\right) = 90°$

$\because\ \theta = 25.2°$

즉, 교류 전압의 순시값 $e(t) = 5\sin(376.8t + 25.2°)$로 표시할 수 있다.

정답 07.② 08.② 09.①

10 자동차 축전지의 무부하 전압을 측정하니 13.5[V]를 지시하였다. 이때 정격이 12[V], 55[W]인 자동차 전구를 연결하여 축전지의 단자 전압을 측정하니 12[V]를 지시하였다. 축전지의 내부 저항은 약 몇 [Ω]인가?

① 0.33　　② 0.45
③ 2.62　　④ 3.31

해설 축전지의 내부 저항을 r, 전구의 저항을 R이라 하면

$$R=\frac{V^2}{P}=\frac{12^2}{55}\fallingdotseq 2.62[\Omega]$$

r 양단의 전압 E와 회로에 흐르는 전류 I는

$$E=13.5-12=1.5[\text{V}],\ I=\frac{12}{2.62}=\frac{1.5}{r}$$

$$\therefore\ r=\frac{1.5}{12}\times 2.62\fallingdotseq 0.33[\Omega]$$

11 그림과 같은 회로에서 $t=0$의 시각에 스위치 S를 닫을 때 전류 $i(t)$의 라플라스 변환 $I(s)$는? (단, $V_C(0)=1$[V]이다.)

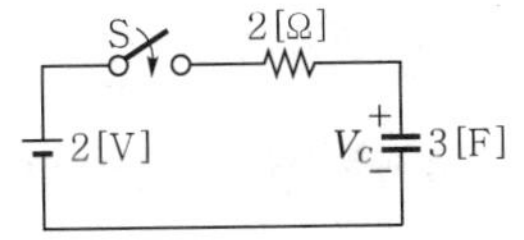

① $\frac{3s}{6s+1}$　　② $\frac{3}{6s+1}$
③ $\frac{6}{6s+1}$　　④ $\frac{-s}{6s+1}$

해설 전류 $i(t)=\frac{V-V_C(0)}{R}e^{-\frac{1}{R_C}t}=\frac{2-1}{2}e^{-\frac{1}{2\times 3}t}=\frac{1}{2}e^{-\frac{1}{6}t}$

$\therefore$ 라플라스 변환 $I(s)=\frac{1}{2}\times\frac{1}{s+\frac{1}{6}}=\frac{3}{6s+1}$

12 (출제빈도) $R-L$ 직렬 회로에 V인 직류 전압원을 갑자기 연결하였을 때 $t=0^+$인 순간 이 회로에 흐르는 회로 전류에 대하여 바르게 표현한 것은?

① 이 회로에는 전류가 흐르지 않는다.
② 이 회로에는 $\frac{V}{R}$ 크기의 전류가 흐른다.
③ 이 회로에는 무한대의 전류가 흐른다.
④ 이 회로에는 $\frac{V}{(R+j\omega L)}$의 전류가 흐른다.

해설 $i(0)=\frac{V}{R}(1-e^{-\frac{R}{L}t})\Big|_{t=0}=\frac{V}{R}(1-e^{-0})=0$

$\therefore\ t=0$에서는 전류가 흐르지 않는다.

정답 10.① 11.② 12.①

기출문제 관련 이론 바로보기

12. 이론 check 과도 현상

[$R-L$ 직렬 회로에 직류 전압을 인가하는 경우]

(1) 시정수(τ)

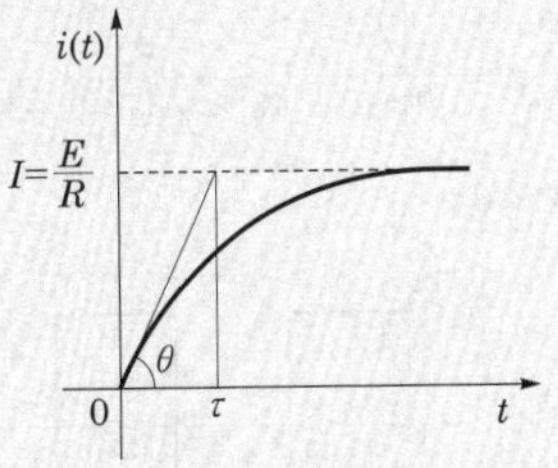

▌$i(t)$의 특성▐

$t=0$에서 과도 전류에 접선을 그어 접선이 정상 전류와 만날 때까지의 시간을 말한다.

$$\tan\theta=\left[\frac{d}{dt}\left(\frac{E}{R}-\frac{E}{R}e^{\frac{-R}{L}t}\right)\right]_{t=0}$$

$$=\frac{E}{L}=\frac{\frac{E}{R}}{\tau}\text{ 이므로}$$

시정수 $\tau=\frac{L}{R}[\text{s}]$

시정수의 값이 클수록 과도 상태는 오랫동안 계속된다.

(2) 특성근

시정수의 역수로 전류의 변화율을 나타낸다.

특성근$=-\frac{1}{\text{시정수}}=-\frac{R}{L}$

(3) 시정수에서의 전류값

$$i(\tau)=\frac{E}{R}(1-e^{-\frac{R}{L}\times\tau})$$
$$=\frac{E}{R}(1-e^{-1})$$
$$=0.632\frac{E}{R}[\text{A}]$$

$t=\tau=\frac{L}{R}$[s]로 되었을 때의 과도 전류는 정상값의 0.632배가 된다.

기출문제 관련 이론 바로보기

13. 이론 check 반파 · 정현 대칭

반파 대칭 및 정현 대칭을 동시에 만족하는 파형으로 삼각파나 구형파는 대표적인 반파·정현 대칭의 파형이다.

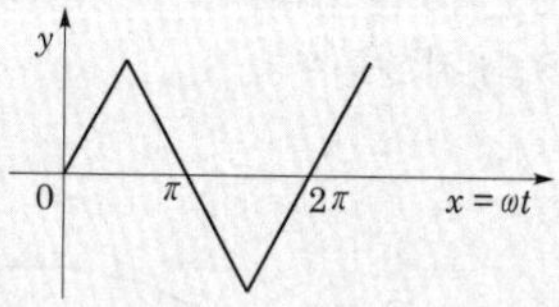

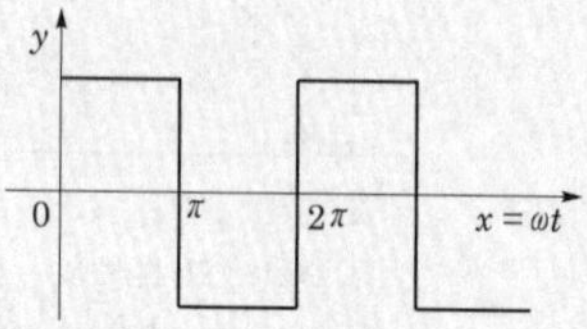

(1) 대칭 조건(=함수식)

$y(x) = -y(-x) = -y(\pi + x)$

(2) 특징

반파 대칭과 정현 대칭의 공통 성분인 홀수항의 sin항만 존재한다.

$y(t) = \sum_{n=1}^{\infty} b_n \sin n\omega t$

$(n = 1, 3, 5, 7, \cdots)$

14. 이론 check 브리지 회로

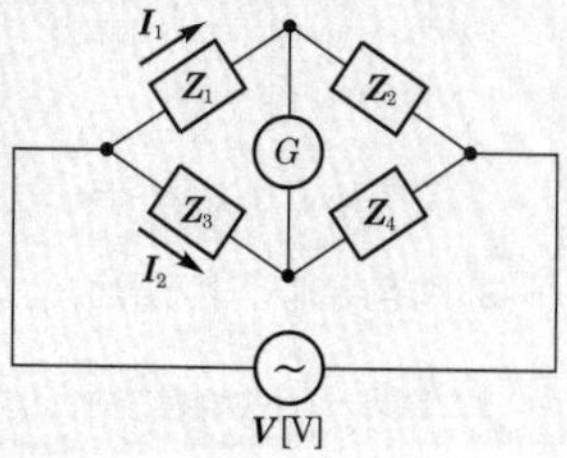

그림의 브리지 회로가 평형 상태이면

$Z_1 I_1 = Z_3 I_2$, $Z_2 I_1 = Z_4 I_2$에서

$\frac{I_1}{I_2} = \frac{Z_3}{Z_1} = \frac{Z_4}{Z_2}$가 된다.

따라서 평형 조건은 $Z_1 Z_4 = Z_2 Z_3$가 된다.

13 반파 및 정현 대칭인 왜형파의 푸리에 급수에서 옳게 표현된 것은? (단, $f(t) = a_0 + \sum_{n=1}^{\infty} a_n \cos n\omega t + \sum_{n=1}^{\infty} b_n \sin n\omega t$ 이다.)

① a_n의 우수항만 존재한다.
② a_n의 기수항만 존재한다.
③ b_n의 우수항만 존재한다.
④ b_n의 기수항만 존재한다.

해설 반파 및 정현 대칭은 홀수항의 sin항만 존재한다.
∴ b_n의 기수항만 존재한다.

14 그림과 같은 교류 브리지가 평형 상태에 있다. L[H]의 값은?

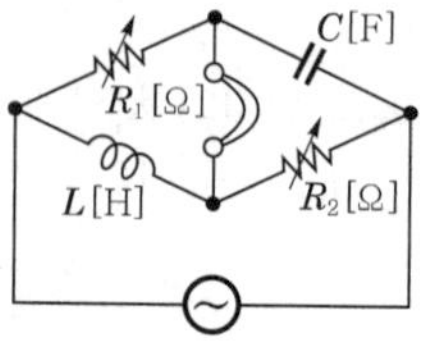

① $\frac{R_1 R_2}{C}$　② $\frac{C}{R_1 R_2}$
③ $R_1 R_2 C$　④ $\frac{R_2}{R_1 C}$

해설 브리지 평형 조건은 마주보는 임피던스의 곱이 같아야 하므로

$R_1 R_2 = j\omega L \cdot \frac{1}{j\omega C}$

$\therefore L = R_1 R_2 C$

15 그림과 같은 4단자 회로의 4단자 정수 중 D의 값은?

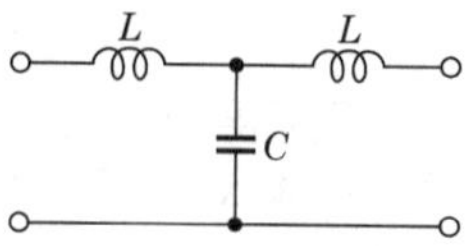

① $1 - \omega^2 LC$
② $j\omega L(2 - \omega^2 LC)$
③ $j\omega C$
④ $j\omega L$

해설 $\begin{bmatrix} A & B \\ C & D \end{bmatrix} = \begin{bmatrix} 1 & j\omega L \\ 0 & 1 \end{bmatrix} \begin{bmatrix} 1 & 0 \\ j\omega C & 1 \end{bmatrix} \begin{bmatrix} 1 & j\omega L \\ 0 & 1 \end{bmatrix}$

$= \begin{bmatrix} 1 - \omega^2 LC & j\omega L(2 - \omega^2 LC) \\ j\omega C & 1 - \omega^2 LC \end{bmatrix}$

정답 13.④ 14.③ 15.①

16 그림과 같은 회로의 2단자 임피던스 $Z(s)$는? (단, $s=j\omega$이다.)

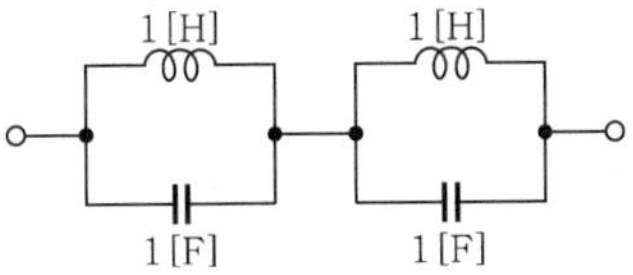

① $\dfrac{1}{s^2+1}$ ② $\dfrac{s}{s^2+1}$

③ $\dfrac{2s}{s^2+1}$ ④ $\dfrac{3s}{s^2+1}$

해설

$$Z(s)=\frac{s\cdot\frac{1}{s}}{s+\frac{1}{s}}+\frac{s\cdot\frac{1}{s}}{s+\frac{1}{s}}=\frac{2s}{s^2+1}$$

17 리액턴스 함수가 $Z(\lambda)=\dfrac{3\lambda}{\lambda^2+15}$로 표시되는 리액턴스 2단자망은?

①
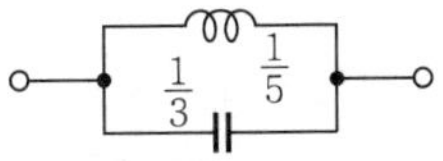

②
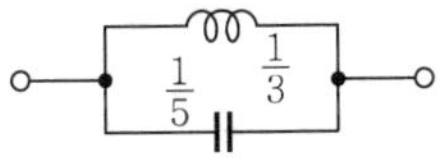

③
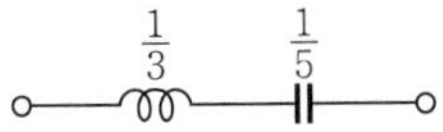

④
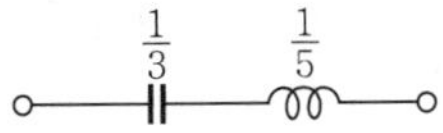

해설 $Z(\lambda)=\dfrac{3\lambda}{\lambda^2+15}=\dfrac{1}{\dfrac{\lambda^2+15}{3\lambda}}=\dfrac{1}{\dfrac{1}{3}\lambda+\dfrac{1}{\dfrac{1}{5}\lambda}}$

18 다음과 같은 회로에서 입력 전압의 실효값이 12[V]의 정현파일 때 전 전류 I[A]는?

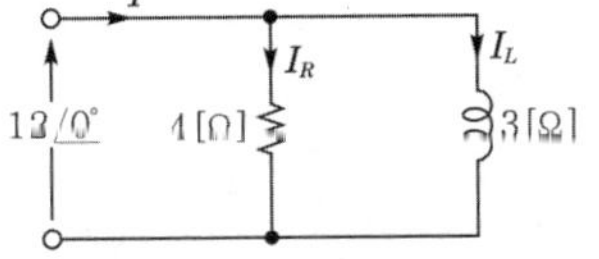

① $3-j4$ ② $3+j4$

③ $4-j3$ ④ $6+j10$

해설 전전류 $I=\dfrac{V}{R}-j\dfrac{V}{X_L}=\dfrac{12}{4}-j\dfrac{12}{3}=3-j4$

정답 16.③ 17.① 18.①

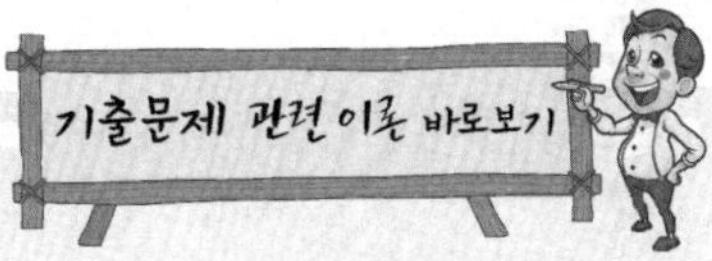

17. 이론 check **2단자 회로망 구성법**

$Z(s)$의 함수를 줄 때 회로망으로 그리기 위해서는 다음과 같은 방법을 사용한다.

(1) 모든 분수의 분자를 1로 한다.

(2) 분수 밖의 +는 직렬, 분수 속의 +는 병렬을 의미한다.

(3) 분수 밖에 존재하는 복소 함수 s의 계수는 L의 값이고, $\dfrac{1}{s}$의 계수는 C의 값이다.

(4) 분수 속에 존재하는 복소 함수 s의 계수는 C의 값이고, $\dfrac{1}{s}$의 계수는 L의 값이다.

18. 이론 check **$R-L-C$ 병렬 회로**

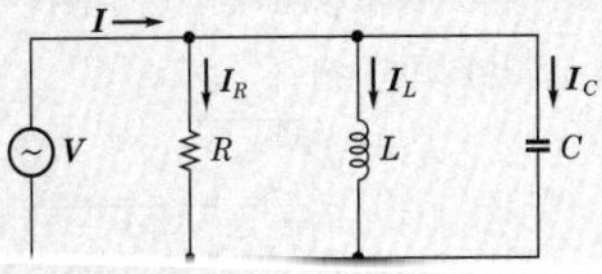

키르히호프 전류 법칙에 의한 기호법 표시식은 다음과 같다.

$$I=I_R+I_L+I_C=\frac{V}{R}-j\frac{V}{X_L}+j\frac{V}{X_C}$$

$$=\left\{\frac{1}{R}+j\left(\frac{1}{X_C}-\frac{1}{X_L}\right)\right\}V$$

$$=Y\cdot V$$

기출문제 관련 이론 바로보기

20. 이론 check **2전력계법**

전력계 2개의 지시값으로 3상 전력을 측정하는 방법

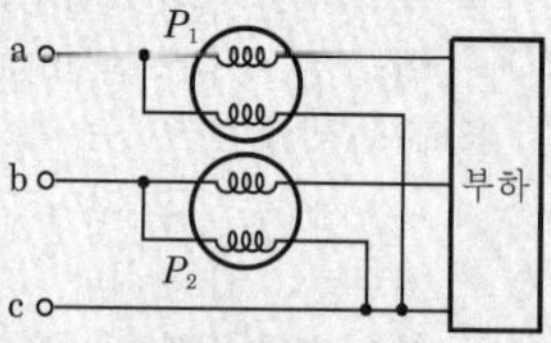

위의 그림에서 전력계의 지시값을 P_1, P_2[W]라 하면

(1) 유효 전력

$P = P_1 + P_2 = \sqrt{3}\, V_l I_l \cos\theta$[W]

(2) 무효 전력

$P_r = \sqrt{3}(P_1 - P_2)$

$= \sqrt{3}\, V_l I_l \sin\theta$[Var]

(3) 피상 전력

$P_a = \sqrt{P^2 + P_r^{\,2}}$

$= \sqrt{(P_1+P_2)^2 + \{\sqrt{3}(P_1-P_2)\}^2}$

$= 2\sqrt{P_1^{\,2} + P_2^{\,2} - P_1P_2}$[VA]

(4) 역률

$\cos\theta = \dfrac{P}{P_a}$

$= \dfrac{P_1+P_2}{2\sqrt{P_1^{\,2}+P_2^{\,2}-P_1P_2}}$

19 그림과 같은 회로에서 전압비 전달 함수 $\dfrac{V_2(s)}{V_1(s)}$ 는?

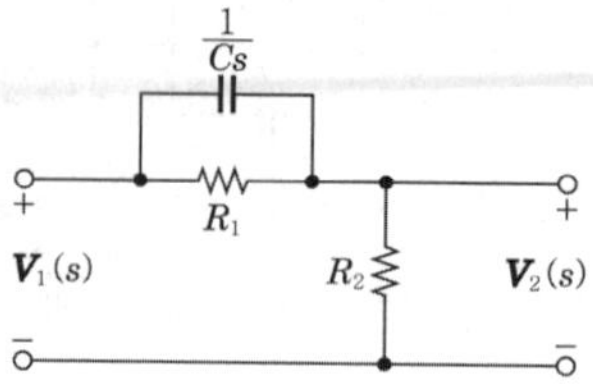

① $\dfrac{R_1 + R_2 + R_1R_2Cs}{R_2 + R_1R_2Cs}$

② $\dfrac{R_1R_2Cs + R_2}{R_1R_2Cs + R_1 + R_2}$

③ $\dfrac{R_1Cs + R_2}{R_2 + R_1R_2Cs}$

④ $\dfrac{R_1R_2Cs}{R_1R_2Cs + R_1 + R_2}$

해설 R_1과 C의 합성 임피던스 등가 회로는 그림과 같다.

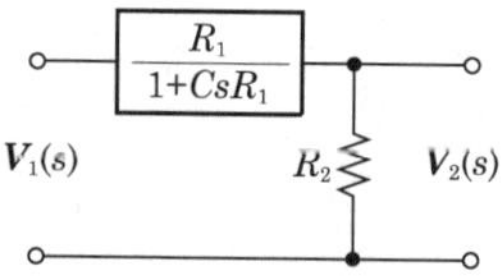

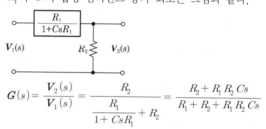

$$G(s) = \frac{V_2(s)}{V_1(s)} = \frac{R_2}{\dfrac{R_1}{1+CsR_1} + R_2} = \frac{R_2 + R_1R_2Cs}{R_1 + R_2 + R_1R_2Cs}$$

20 (출제빈도) 2개의 전력계로 평형 3상 부하의 전력을 측정하였더니 한쪽의 지시값이 다른 쪽 전력계의 지시값의 3배이었다면 부하 역률은 약 얼마인가?

① 0.37

② 0.57

③ 0.76

④ 0.86

해설 역률

$$\cos\theta = \frac{P}{P_a} = \frac{P}{\sqrt{P^2 + P_r^{\,2}}} = \frac{P_1 + P_2}{2\sqrt{P_1^{\,2} + P_2^{\,2} - P_1P_2}}$$

$P_2 = 3P_1$의 관계이므로

$$\cos\theta = \frac{P_1 + (3P_1)}{2\sqrt{P_1^{\,2} + (3P_1)^2 - P_1(3P_1)}} = 0.756 \fallingdotseq 0.76$$

정답 19.② 20.③

제 2 회 회로이론

01 a가 상수, $t>0$일 때 $f(t)=e^{at}$의 라플라스 변환은?

출제빈도

① $\dfrac{1}{s-a}$　② $\dfrac{1}{s+a}$

③ $\dfrac{1}{s^2-a^2}$　④ $\dfrac{1}{s^2+a^2}$

해설 $F(s)=\mathcal{L}[e^{at}]=\dfrac{1}{s-a}$

02 각 상의 임피던스가 $Z=6+j8$인 평형 Y부하에 선간 전압 220[V]인 대칭 3상 전압이 가해졌을 때 선전류[A]는?

① 11.7　② 12.7

③ 13.7　④ 14.7

해설 Y결선이므로 선전류 $I_l=I_p$

$$=\frac{V_p}{Z}$$

$$=\frac{\frac{220}{\sqrt{3}}}{\sqrt{8^2+6^2}}=12.7[\text{A}]$$

03 대칭 n상 환상 결선에서 선전류와 환상 전류 사이의 위상차는?

출제빈도

① $\dfrac{\pi}{2}\left(1-\dfrac{2}{n}\right)$　② $2\left(1-\dfrac{2}{n}\right)$

③ $\dfrac{n}{2}\left(1-\dfrac{\pi}{2}\right)$　④ $\dfrac{\pi}{2}\left(1-\dfrac{n}{2}\right)$

해설 대칭 n상 환상 결선시

선전류 $I_l=2\sin\dfrac{\pi}{n}\times I_p\angle-\dfrac{\pi}{2}\left(1-\dfrac{2}{n}\right)$

04 그림과 같은 회로에서 $V_1=24$[V]일 때 V_0[V]의 값은?

① 8

② 12

③ 16

④ 24

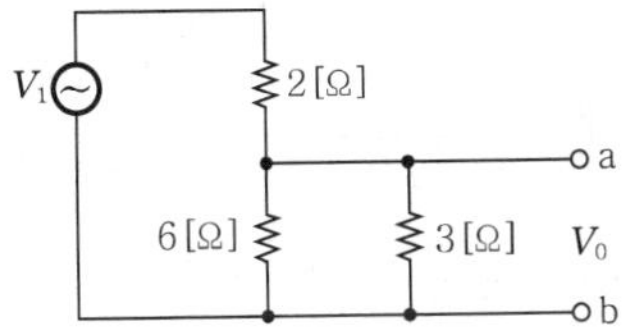

정답 01.① 02.② 03.① 04.②

기출문제 관련 이론 바로보기

01. 이론 check 중요한 함수의 라플라스 변환표

구분	함수명	$f(t)$	$F(s)$
1	단위 임펄스 함수	$\delta(t)$	1
2	단위 계단 함수	$u(t)=1$	$\dfrac{1}{s}$
3	단위 램프 함수	t	$\dfrac{1}{s^2}$
4	포물선 함수	t^2	$\dfrac{2}{s^3}$
5	n차 램프 함수	t^n	$\dfrac{n!}{s^{n+1}}$
6	지수 감쇠 함수	e^{-at}	$\dfrac{1}{s+a}$
7	지수 감쇠 램프 함수	te^{-at}	$\dfrac{1}{(s+a)^2}$
8	지수 감쇠 포물선 함수	t^2e^{-at}	$\dfrac{2}{(s+a)^3}$
9	지수 감쇠 n차 램프 함수	t^ne^{-at}	$\dfrac{n!}{(s+a)^{n+1}}$

03. 이론 check 다상 교류 회로의 전압·전류

(1) 성형 결선

n을 다상 교류의 상수라 하면

① 선간 전압을 V_l, 상전압을 V_p라 하면

$$V_l=2\sin\frac{\pi}{n}V_p\angle\frac{\pi}{2}\left(1-\frac{2}{n}\right)[\text{V}]$$

② 선전류(I_l)=상전류(I_p)

(2) 환상 결선

n을 다상 교류의 상수라 하면

① 선전류를 I_l, 상전류를 I_p라 하면

$$I_l=2\sin\frac{\pi}{n}I_p\angle-\frac{\pi}{2}\left(1-\frac{2}{n}\right)[\text{A}]$$

② 선간 전압(V_l)=상전압(V_p)

(3) 다상 교류의 전력

n을 다상 교류의 상수라 하면

$$P=\frac{n}{2\sin\frac{\pi}{n}}V_lI_l\cos\theta[\text{W}]$$

기출문제 관련 이론 바로보기

05. 이론 check 공진 회로

[직렬 공진 회로]

$R-L-C$ 직렬 회로의 임피던스 $Z=R+j\left(\omega L-\frac{1}{\omega C}\right)$이므로 이때 임피던스의 허수부의 값이 0인 상태를 직렬 공진 상태라 한다.

직렬 공진 상태에서 임피던스의 허수부가 0이므로 임피던스가 최소 상태가 되고 전류는 최대 상태가 된다. 또한 전압, 전류는 동상인 상태가 된다.

(1) 공진 조건

① $\omega L-\frac{1}{\omega C}=0,\ \omega L=\frac{1}{\omega C}$, $\omega^2 LC=1$

② 공진 각주파수

$\omega_0=\frac{1}{\sqrt{LC}}$[rad/s]

③ 공진 주파수

$f_0=\frac{1}{2\pi\sqrt{LC}}$[Hz]

(2) 전압 확대율(Q)=첨예도(S)=선택도(S)

전압 확대율(Q)은 공진 회로에서 중요한 의미를 가지며 공진시의 리액턴스의 저항에 대한 비이며 첨예도(S)는 공진 곡선의 뾰족함이 클수록 선택성이 양호하며 공진 곡선이 뾰족하다는 것은 회로 설계에 중요한 요소이며 또한 공진 회로를 수신기 등의 동조 회로에 사용하는 경우에는 Q가 클수록 선택성이 좋아진다.

$$Q=S=\frac{f_0}{f_2-f_1}=\frac{V_L}{V}=\frac{V_C}{V}$$
$$=\frac{\omega_0 L}{R}=\frac{1}{\omega_0 CR}=\frac{1}{R}\sqrt{\frac{L}{C}}$$

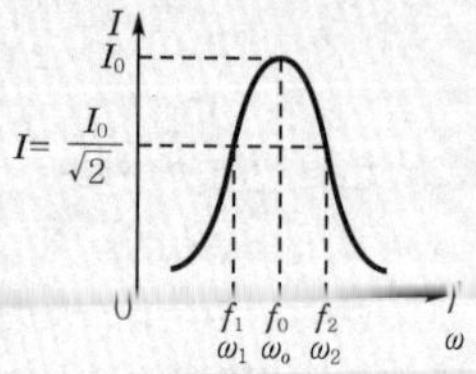

| 공진 곡선 |

해설

• 합성 저항 $R_0=2+\frac{6\times3}{6+3}=4[\Omega]$

• 전전류 $I=\frac{V_1}{R_0}=\frac{24}{4}=6$[A]

• 3[Ω]에 흐르는 전류 $I=\frac{6}{6+3}\times6=4$[A]

$\therefore\ V_0=3\times4=12$[V]

05

(출제빈도)

$R=100[\Omega]$, $L=\frac{1}{\pi}$[H], $C=\frac{100}{4\pi}$[pF]가 직렬로 연결되어 공진할 경우 이 공진 회로의 전압 확대율 Q는?

① 2×10^3

② 2×10^4

③ 3×10^3

④ 3×10^4

해설

$$Q=\frac{1}{R}\sqrt{\frac{L}{C}}$$
$$=\frac{1}{100}\sqrt{\frac{\frac{1}{\pi}}{\frac{100}{4\pi}\times10^{-12}}}$$
$$=\frac{1}{100}\times\frac{1}{5}\times10^6=2\times10^3$$

06

3상 불평형 회로의 전압에서 불평형률[%]은?

① $\frac{\text{영상 전압}}{\text{정상 전압}}\times100$

② $\frac{\text{정상 전압}}{\text{역상 전압}}\times100$

③ $\frac{\text{정상 전압}}{\text{영상 전압}}\times100$

④ $\frac{\text{역상 전압}}{\text{정상 전압}}\times100$

해설 전압 불평형률 $=\frac{\text{역상 전압}}{\text{정상 전압}}\times100[\%]$

07

다음 미분 방정식으로 표시되는 계에 대한 전달 함수를 구하면? (단, $x(t)$는 입력, $y(t)$는 출력을 나타낸다.)

$$\frac{d^2y(t)}{dt^2}+3\frac{dy(t)}{dt}+2y(t)=x(t)+\frac{dx(t)}{dt}$$

① $\frac{s+1}{s^2+3s+2}$

② $\frac{s-1}{s^2+3s+2}$

③ $\frac{s+1}{s^2-3s+2}$

④ $\frac{s-1}{s^2-3s+2}$

정답 05.① 06.④ 07.①

해설 양변을 라플라스 변환하면

$$s^2 \boldsymbol{Y}(s)+3s\boldsymbol{Y}(s)+2\boldsymbol{Y}(s)=s\boldsymbol{X}(s)+\boldsymbol{X}(s)$$

$$(s^2+3s+2)\boldsymbol{Y}(s)=(s+1)\boldsymbol{X}(s)$$

$$\therefore\ \boldsymbol{G}(s)=\frac{\boldsymbol{Y}(s)}{\boldsymbol{X}(s)}=\frac{s+1}{s^2+3s+2}$$

08 출제빈도 $R-L$ 직렬 회로에 $v=150\sqrt{2}\cos\omega t+100\sqrt{2}\sin3\omega t+25\sqrt{2}\sin5\omega t$ [V]인 전압을 가하였다. 이때 제3고조파 성분 전류의 실효값[A]은? (단, $R=5[\Omega]$, $\omega L=4[\Omega]$이다.)

① 약 7.69 ② 약 10.88
③ 약 15.62 ④ 약 22.08

해설 $I_3=\dfrac{V_3}{Z_3}=\dfrac{V_3}{\sqrt{R^2+(3\omega L)^2}}=\dfrac{100}{\sqrt{5^2+(3\times4)^2}}\fallingdotseq 7.69[\text{A}]$

09 3상 회로에 △결선된 평형 순저항 부하를 사용하는 경우 선간 전압 220[V], 상전류가 7.33[A]라면 1상의 부하 저항은 약 몇 [Ω]인가?

① 80 ② 60
③ 45 ④ 30

해설 부하 저항 $R=\dfrac{V_p}{I_p}=\dfrac{220}{7.33}\fallingdotseq 30[\Omega]$

10 $R-L$ 직렬 회로에서 시정수의 값이 클수록 과도 현상이 소멸되는 시간에 대한 설명으로 옳은 것은?

① 짧아진다. ② 과도기가 없어진다.
③ 길어진다. ④ 변화가 없다.

해설 시정수와 과도분은 비례 관계에 있다.
∴ 시정수의 값이 클수록 과도분이 증가된다.

11 일정 전압의 직류 전원에 저항 R을 접속하고 전류를 흘릴 때, 이 전류값을 20[%] 증가시키기 위해서는 저항값을 얼마로 하여야 하는가?

① $1.25R$ ② $1.20R$
③ $0.83R$ ④ $0.80R$

해설 전류값을 20[%] 증가시키면 저항은 반비례하므로 $\dfrac{1}{1.2}$배가 된다.

$$\therefore\ R_2=\frac{1}{1.2}R_1=0.83R_1$$

정답 08.① 09.④ 10.③ 11.③

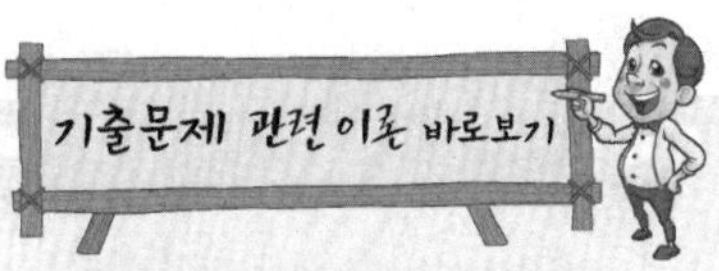

08. 이론 check **비정현파 임피던스**

[$R-L$ 직렬]

$$\boldsymbol{Z}_1=R+j\omega L=\sqrt{R^2+(\omega L)^2}$$

$$\boldsymbol{Z}_2=R+j2\omega L=\sqrt{R^2+(2\omega L)^2}$$

$$\vdots$$

$$\boldsymbol{Z}_n=R+jn\omega L=\sqrt{R^2+(n\omega L)^2}$$

Tip 비정현파 임피던스

(1) $R-C$ 직렬

$$\boldsymbol{Z}_1=R-j\frac{1}{\omega C}=\sqrt{R^2+\left(\frac{1}{\omega C}\right)^2}$$

$$\boldsymbol{Z}_2=R-j\frac{1}{2}\omega C=\sqrt{R^2+\left(\frac{1}{2\omega C}\right)^2}$$

$$\vdots$$

$$\boldsymbol{Z}_n=R-j\frac{1}{n\omega C}=\sqrt{R^2+\left(\frac{1}{n\omega C}\right)^2}$$

(2) $R-L-C$ 직렬 회로와 고조파 공진

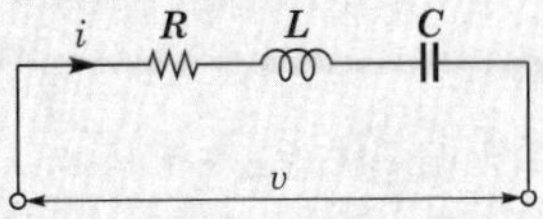

$v=\sum_{n=1}^{\infty}\sqrt{2}\,V_m\sin n\omega t$의 전압을 인가했을 때의 회로의 임피던스 $\boldsymbol{Z}$는

$$\boldsymbol{Z}_n=R+j\left(n\omega L-\frac{1}{n\omega C}\right)$$

이므로 임피던스의 크기와 위상차는

$$\boldsymbol{Z}_n=\sqrt{R^2+\left(n\omega L-\frac{1}{n\omega C}\right)^2}$$

만일, $\boldsymbol{Z}_n$ 중의 리액턴스분이 0이 되었을 때 공진 상태가 되므로

$$n\omega L-\frac{1}{n\omega C}=0$$

공진 조건 $n\omega L=\dfrac{1}{n\omega C}$

이므로 여기서, 제n차 고조파의 공진 각주파수 ω_0는

$$\omega_0=\frac{1}{n\sqrt{LC}}[\text{rad/s}]$$

제n차 고조파의 공진 주파수 f_0는

$$f_0=\frac{1}{2\pi n\sqrt{LC}}[\text{Hz}]\text{이다.}$$

기출문제 관련 이론 바로보기

13. 이론 check **분류기**

전류계의 측정 범위를 확대하기 위해서 전류계와 병렬로 접속한 저항을 말한다.

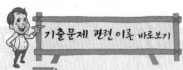

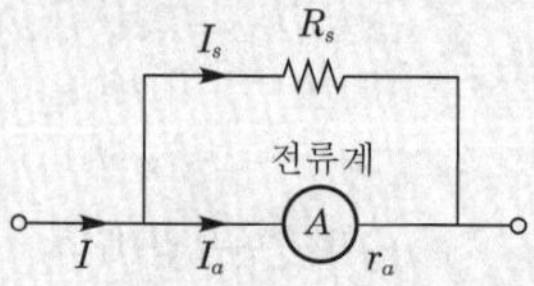

여기서, I : 측정 전류
I_a : 전류계 전류
r_a : 전류계 내부 저항
R_s : 분류기 저항

전류계에 흐르는 전류

$I_a = \frac{R_s}{R_s + r_a} \cdot I$ 이므로

분류기의 배율

$$m = \frac{I}{I_a} = \frac{R_s + r_a}{R_s} = 1 + \frac{r_a}{R_s}$$

15. 이론 check **복소 전력**

전압과 전류가 직각 좌표계로 주어지는 경우의 전력 계산법으로 전압 $V = V_1 + jV_2$[V], 전류 $I = I_1 + jI_2$[A]라 하면 피상 전력은 전압의 공액 복소수와 전류의 곱으로서

$$P_a = \overline{V} \cdot I = (V_1 - jV_2)(I_1 + jI_2) = (V_1 I_1 + V_2 I_2) - j(V_2 I_1 - V_1 I_2) = P - jP_r$$

이때 허수부가 음(-)일 때 뒤진 전류에 의한 지상 무효 전력, 즉 유도성 부하가 되고, 양(+)일 때 앞선 전류에 의한 진상 무효 전력, 즉 용량성 부하가 된다.

(1) 유효 전력
$P = V_1 I_1 + V_2 I_2$[W]

(2) 무효 전력
$P_r = V_2 I_1 - V_1 I_2$[Var]

(3) 피상 전력
$P_a = \sqrt{P^2 + P_r^2}$[VA]

12
전류가 전압에 비례한다는 것을 가장 잘 나타낸 것은?

① 테브난의 정리
② 상반의 정리
③ 밀만의 정리
④ 중첩의 원리

13
(출제빈도)

분류기를 사용하여 전류를 측정하는 경우 전류계의 내부 저항이 0.12[Ω], 분류기의 저항이 0.03[Ω]이면 그 배율은?

① 6　　② 5
③ 4　　④ 3

해설 분류기 배율 $m = 1 + \frac{r_a}{R_s}$

$\therefore\ m = 1 + \frac{0.12}{0.03} = 5$

14
어느 저항에 $v_1 = 220\sqrt{2}\sin(2\pi \cdot 60t - 30°)$[V]와 $v_2 = 100\sqrt{2}\sin(3 \cdot 2\pi \cdot 60t - 30°)$[V]의 전압이 각각 걸릴 때 올바른 것은?

① v_1이 v_2보다 위상이 15° 앞선다.
② v_1이 v_2보다 위상이 15° 뒤진다.
③ v_1이 v_2보다 위상이 75° 앞선다.
④ v_1과 v_2의 위상 관계는 의미가 없다.

해설 v_1과 v_2의 위상은 동상이므로 위상 관계는 의미가 없다.

15
(출제빈도)

$V = 50\sqrt{3} - j50$[V], $I = 15\sqrt{3} + j15$[A]일 때 유효 전력 P[W]와 무효 전력 P_r[Var]은 각각 얼마인가?

① $P = 3{,}000$, $P_r = 1{,}500$
② $P = 1{,}500$, $P_r = 1{,}500\sqrt{3}$
③ $P = 750$, $P_r = 750\sqrt{3}$
④ $P = 2{,}250$, $P_r = 1{,}500\sqrt{3}$

해설 $P_a = \overline{V} \times I = (50\sqrt{3} + j50)(15\sqrt{3} + j15) = 1{,}500 + j1{,}500\sqrt{3}$

$\therefore$ 유효 전력 $P = 1{,}500$[W], 무효 전력 $P_r = 1{,}500\sqrt{3}$[Var]

정답 12.① 13.② 14.④ 15.②

16 그림과 같은 이상적인 변압기로 구성된 4단자 회로에서 정수 A와 C는?

① $A=0,\ C=n$

② $A=0,\ C=\dfrac{1}{n}$

③ $A=n,\ C=0$

④ $A=\dfrac{1}{n},\ C=0$

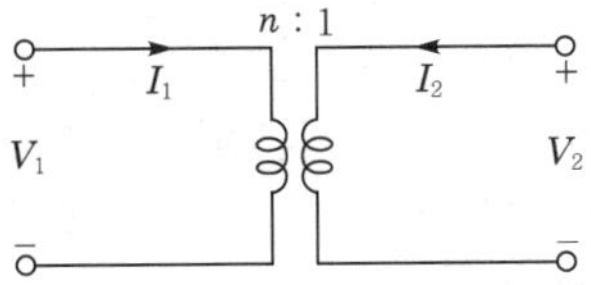

해설

$$\begin{bmatrix} A & B \\ C & D \end{bmatrix} = \begin{bmatrix} n & 0 \\ 0 & \dfrac{1}{n} \end{bmatrix}$$

$\therefore\ A=n,\ C=0$

17 60[Hz], 100[V]의 교류 전압을 어떤 콘덴서에 인가하니 1[A]의 전류가 흘렀다. 이 콘덴서의 정전 용량[μF]은?

출제빈도

① 약 377　② 약 265

③ 약 26.5　④ 약 2.65

해설

$X_C = \dfrac{V}{I} = \dfrac{100}{1} = 100[\Omega]$

$\dfrac{1}{\omega C} = 100$

$\therefore\ C = \dfrac{1}{\omega 100} = \dfrac{1}{2\times\pi\times 60\times 100} = 26.5[\mu\text{F}]$

18 다음과 같은 파형을 푸리에 급수로 전개하면?

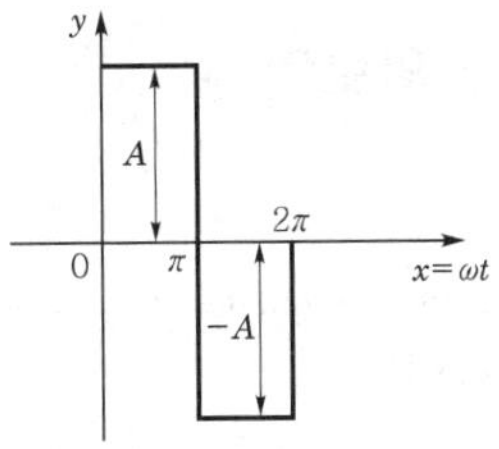

① $y=\dfrac{A}{\pi}+\dfrac{\sin 2x}{2}+\dfrac{\sin 4x}{4}+\cdots$

② $y=\dfrac{4A}{\pi}\left(\sin a\sin x+\dfrac{1}{9}\sin 3a\sin 3x+\cdots\right)$

③ $y=\dfrac{4A}{\pi}\left(\sin x+\dfrac{1}{3}\sin 3x+\dfrac{1}{5}\sin 5x+\cdots\right)$

④ $y=\dfrac{4}{\pi}\left(\dfrac{\cos 2x}{1.3}+\dfrac{\cos 4x}{3.5}+\dfrac{\cos 6x}{5.7}+\cdots\right)$

해설

$y=\sum_{n=1}^{\infty} b_n \sin nx\ (n=1,\ 3,\ 5,\ \cdots\cdots)$

정답 16.③ 17.③ 18.③

기출문제 관련 이론 바로보기

17. 이론 check **C만의 회로**

전원 전압이 $v=V_m\sin\omega t$일 때, 회로에 흐르는 전류

$i=C\dfrac{dv}{dt}=C\dfrac{d}{dt}(V_m\sin\omega t)$

$=\omega CV_m\cos\omega t=I_m\sin\left(\omega t+\dfrac{\pi}{2}\right)$

따라서, 콘덴서에 흐르는 전류는 전원 전압보다 $\dfrac{\pi}{2}$[rad]만큼 앞선다고 할 수 있다. 또한, 전류의 크기만을 생각하면

$V_m=\dfrac{1}{\omega C}I_m=X_C I_m$

의 관계를 얻을 수 있다. 이 X_C를 용량성 리액턴스(capacitive reactance)라 하며, 단위는 저항과 같은 옴[Ω]을 사용한다. 또한, 전압과 전류의 비, 즉 $\dfrac{V_m}{I_m}=X_C=\dfrac{1}{\omega C}$로 되므로 용량성 리액턴스가 저항과 같은 성질을 나타내고 있는 것을 알 수 있다.

기출문제 관련 이론 바로보기

19. 이론 check 비정현파

[푸리에 급수 전개]
비정현파(=왜형파)의 한 예를 표시한 것으로 이와 같은 주기 함수를 푸리에 급수에 의해 몇 개의 주파수가 다른 정현파 교류의 합으로 나눌 수 있다. 비정현파를 $y(t)$의 시간의 함수로 나타내면 다음과 같다.

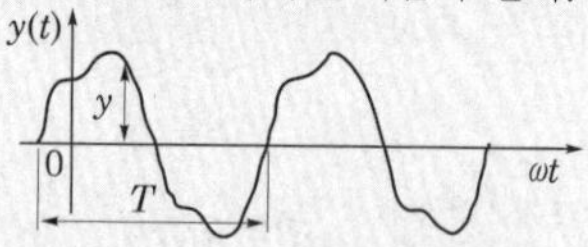

비정현파의 구성은 직류 성분+기본파+고조파로 분해되며 이를 식으로 표시하면

$$y(t)=a_0+a_1\cos\omega t+a_2\cos 2\omega t+a_3\cos 3\omega t+\cdots+b_1\sin\omega t+b_2\sin 2\omega t+b_3\sin 3\omega t+\cdots$$

$$y(t)=a_0+\sum_{n=1}^{\infty}a_n\cos n\omega t+\sum_{n=1}^{\infty}b_n\sin n\omega t$$

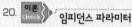

20. 이론 check 임피던스 파라미터

$$\begin{bmatrix}V_1\\V_2\end{bmatrix}=\begin{bmatrix}Z_{11}&Z_{12}\\Z_{21}&Z_{22}\end{bmatrix}\begin{bmatrix}I_1\\I_2\end{bmatrix}$$ 에서

$V_1=Z_{11}I_1+Z_{12}I_2$,
$V_2=Z_{21}I_1+Z_{22}I_2$
가 된다.

이 경우 $[Z]=\begin{bmatrix}Z_{11}&Z_{12}\\Z_{21}&Z_{22}\end{bmatrix}$를 4단자망의 임피던스 행렬이라고 하며 그의 요소를 4단자망의 임피던스 파라미터라 한다.

[임피던스 파라미터를 구하는 방법]

$Z_{11}=\left.\dfrac{V_1}{I_1}\right|_{I_2=0}$: 출력 단자를 개방하고 입력측에서 본 개방 구동점 임피던스

$Z_{22}=\left.\dfrac{V_2}{I_2}\right|_{I_1=0}$: 입력 단자를 개방하고 출력측에서 본 개방 구동점 임피던스

$Z_{12}=\left.\dfrac{V_1}{I_2}\right|_{I_1=0}$: 입력 단자를 개방했을 때의 개방 전달 임피던스

19 비정현파의 성분을 가장 적합하게 나타낸 것은?
출제빈도

① 직류분 + 고조파
② 교류분 + 고조파
③ 직류분 + 기본파 + 고조파
④ 교류분 + 기본파 + 고조파

해설 비정현파 교류=기본파+고조파+직류분의 합

20 그림과 같은 회로의 임피던스 파라미터는?
출제빈도

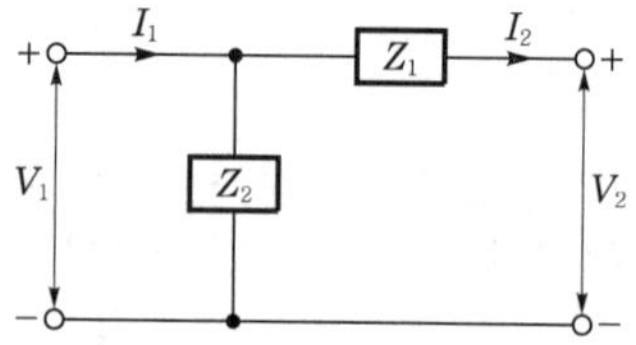

① $Z_{11}=Z_1+Z_2$, $Z_{12}=Z_1$, $Z_{21}=Z_1$, $Z_{22}=Z_1$
② $Z_{11}=Z_1$, $Z_{12}=Z_2$, $Z_{21}=-Z_1$, $Z_{22}=Z_2$
③ $Z_{11}=Z_2$, $Z_{12}=-Z_2$, $Z_{21}=-Z_2$, $Z_{22}=Z_1+Z_2$
④ $Z_{11}=Z_2$, $Z_{12}=Z_1+Z_2$, $Z_{21}=Z_1+Z_2$, $Z_{22}=Z_1$

해설 $Z_{11}=Z_2$, $Z_{22}=Z_1+Z_2$
개방 역방향 전달 임피던스 $Z_{12}=-Z_2$, $Z_{21}=-Z_2$

제 3 회 회로이론

01 $R-L$ 직렬 회로에 $i=I_1\sin\omega t+I_3\sin 3\omega t$[A]인 전류를 흘리는 데 필요한 단자 전압 e[V]는?

① $(R\sin\omega t+\omega L\cos\omega t)I_1+(R\sin 3\omega t+3\omega L\cos 3\omega t)I_3$
② $(R\sin\omega t+\omega L\cos 3\omega t)I_1+(R\sin 3\omega t+3\omega L\cos\omega t)I_3$
③ $(R\sin 3\omega t+\omega L\cos\omega t)I_1+(R\sin\omega t+3\omega L\cos 3\omega t)I_3$
④ $(R\sin 3\omega t+\omega L\cos 3\omega t)I_1+(R\sin\omega t+3\omega L\cos\omega t)I_3$

해설 L의 단자 전압은 전류보다 90° 위상이 앞선다. 기본파의 임피던스 $Z_1=R+j\omega L$이고 제3고조파의 임피던스 $Z_3=R+j3\omega L$이 된다.

$$\therefore e=Z\cdot i$$
$$=RI_1\sin\omega t+\omega LI_1\sin(\omega t+90°)+RI_3\sin\omega t+3\omega LI_3\sin(3\omega t+90°)$$
$$=(R\sin\omega t+\omega L\cos\omega t)I_1+(R\sin 3\omega t+3\omega L\cos 3\omega t)I_3$$

정답 19.③ 20.③ / 01.①

02 3상 유도 전동기의 출력이 3.5[kW], 선간 전압이 220[V], 효율 80[%], 역률 85[%]일 때 전동기의 선전류[A]는?

① 약 9.2 ② 약 10.3
③ 약 11.4 ④ 약 13.5

해설 선전류 $I=\dfrac{P}{\sqrt{3}\cdot V\cos\theta}=\dfrac{3.5\times10^3}{\sqrt{3}\times220\times0.85\times0.8}\fallingdotseq 13.5$

03 그림의 회로에서 단자 a−b에 나타나는 전압은 몇 [V]인가?

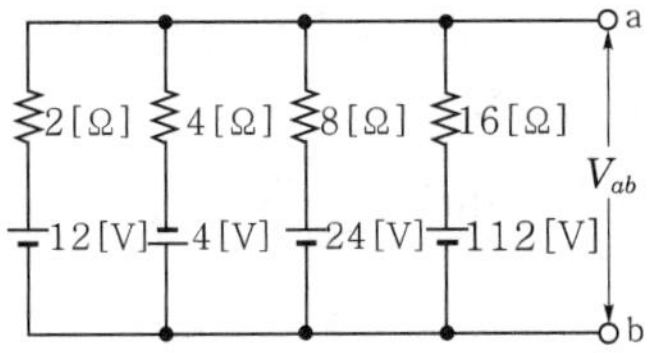

① 10 ② 12
③ 14 ④ 16

해설 밀만의 정리에 의해서

$$V_{ab}=\frac{\frac{12}{2}-\frac{4}{4}+\frac{24}{8}+\frac{112}{16}}{\frac{1}{2}+\frac{1}{4}+\frac{1}{8}+\frac{1}{16}}=16[\mathrm{V}]$$

04 그림의 회로에서 스위치 S를 갑자기 닫은 후 회로에 흐르는 전류 $i(t)$의 시정수는? (단, C에 초기 전하는 없었다.)

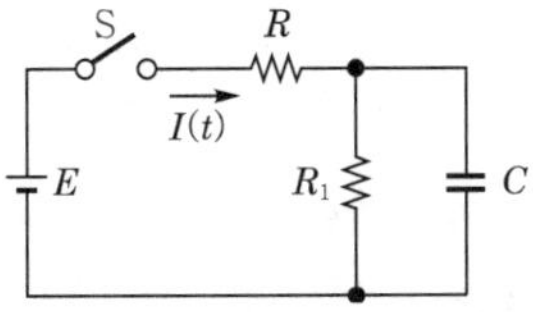

① $\dfrac{R+R_1}{RR_1C}$ ② $\dfrac{C}{RR_1+R_1}$

③ $\dfrac{RR_1C}{R+R_1}$ ④ $(RR_1+R_1)C$

05 전압 $v=20\sin20t+30\sin30t$[V]이고, 전류가 $i=30\sin20t+20\sin30t$[A]이면 소비 전력[W]은?

① 1,200 ② 600
③ 400 ④ 300

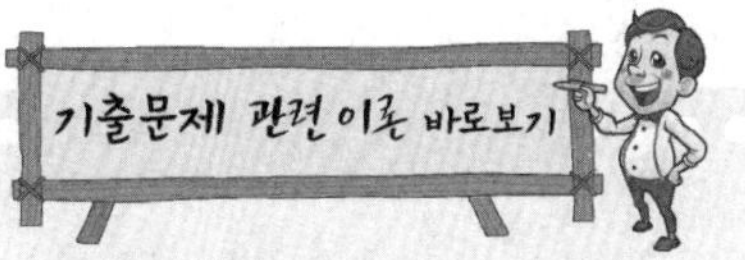

$Z_{21}=\left.\dfrac{V_2}{I_1}\right|_{I_2=0}$: 출력 단자를 개방했을 때의 개방 전달 임피던스

03. 이론 check 밀만의 정리

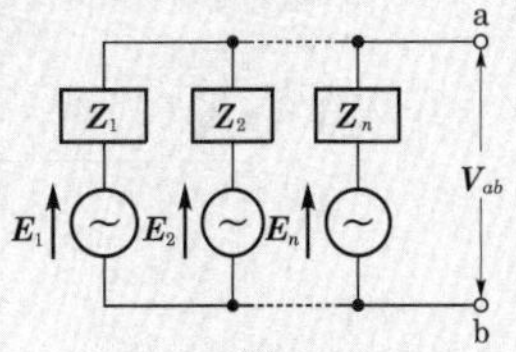

(a)

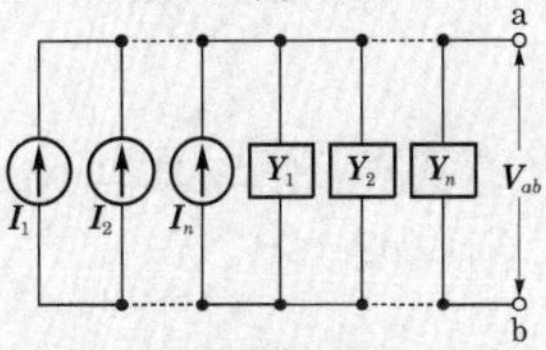

(b)

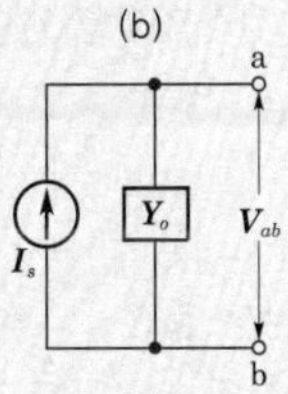

(c)

그림 (a)의 회로를 전압원, 전류원 등가 변환하면 그림 (c)와 같이 된다. 즉, 내부 임피던스를 포함하고 전압원이 n개 병렬 연결될 때 a, b 단자의 단자 전압은 다음과 같다.

$$V_{ab}=\frac{\sum_{K=1}^{n} I_K}{\sum_{K=1}^{n} Y_K}[\mathrm{V}]$$

05. 이론 check 비정현파의 전력

(1) 유효 전력

주파수가 다른 전압과 전류 간의 전력은 0이 되고 같은 주파수의 전압과 전류 간의 전력만 존재한다.

$$P=V_0I_0+V_1I_1\cos\theta_1+V_2I_2\cos\theta_2+V_3I_3\cos\theta_3+\cdots$$
$$=V_0I_0+\sum_{n=1}^{\infty}V_nI_n\cos\theta_n[\mathrm{W}]$$

정답 02.④ 03.④ 04.③ 05.②

기출문제 관련 이론 바로보기

(2) 무효 전력

$$P_r = V_1I_1\sin\theta_1 + V_2I_2\sin\theta_2 + V_3I_3\sin\theta_3 + \cdots = \sum_{n=1}^{\infty} V_nI_n\sin\theta_n \,[\text{Var}]$$

(3) 피상 전력

$$P_a = VI = \sqrt{V_0^{\,2}+V_1^{\,2}+V_2^{\,2}+V_3^{\,2}+\cdots} \times \sqrt{I_0^{\,2}+I_1^{\,2}+I_2^{\,2}+I_3^{\,2}+\cdots}\,[\text{VA}]$$

(4) 역률

$$\cos\theta = \frac{P}{P_a} = \frac{P}{VI}$$

07. 이론 check **다상 교류 회로의 전압 · 전류**

(1) 성형 결선

n을 다상 교류의 상수라 하면

① 선간 전압을 V_l, 상전압을 V_p라 하면

$$V_l = 2\sin\frac{\pi}{n}V_p \angle \frac{\pi}{2}\left(1-\frac{2}{n}\right)[\text{V}]$$

② 선전류(I_l)=상전류(I_p)

(2) 환상 결선

n을 다상 교류의 상수라 하면

① 선전류를 I_l, 상전류를 I_p라 하면

$$I_l = 2\sin\frac{\pi}{n}I_p \angle -\frac{\pi}{2}\left(1-\frac{2}{n}\right)[\text{A}]$$

② 선간 전압(V_l)=상전압(V_p)

(3) 다상 교류의 전력

n을 다상 교류의 상수라 하면

$$P = \frac{n}{2\sin\frac{\pi}{n}} V_l I_l \cos\theta\,[\text{W}]$$

08. 이론 check **영점 극점**

구동점 임피던스 $Z(s)$

$$= \frac{a_0 + a_1s + a_2s^2 + \cdots + a_{2n}s^{2n}}{b_1s + b_2s^2 + b_3s^3 + \cdots + b_{2n-1}s^{2n-1}}$$

(1) 영점

$Z(s)$가 0이 되는 s의 값으로 $Z(s)$의 분자가 0이 되는 점, 즉 회로 단락 상태가 된다.

(2) 극점

$Z(s)$가 ∞되는 s의 값으로 $Z(s)$의 분모가 0이 되는 점, 즉 회로 개방 상태가 된다.

해설 $P = V_2I_2\cos\theta_2 + V_3I_3\cos\theta_3$

$$= \frac{20}{\sqrt{2}}\times\frac{30}{\sqrt{2}} + \frac{30}{\sqrt{2}}\times\frac{20}{\sqrt{2}} = 600$$

06

출력이 $F(s) = \dfrac{3s+2}{s(s^2+2s+6)}$로 표시되는 제어계가 있다. 이 계의 시간 함수 $f(t)$의 정상값은?

① 3　② 2　③ $\frac{1}{3}$　④ $\frac{1}{6}$

해설 최종값 정리에 의해

$$\lim_{s\to 0} s\cdot F_{(s)} = \lim_{s\to 0} s\cdot\frac{3s+2}{s(s^2+2s+6)} = \frac{1}{3}$$

07

대칭 6상 전원이 있다. 환상 결선으로 권선에 120[A]의 전류를 흘린다고 하면 선전류[A]는?

① 60　② 90　③ 120　④ 150

해설 선전류 $I_l = 2\sin\frac{\pi}{n}\cdot I_p$에서 $I_l = 2\sin\frac{\pi}{6}\times 120 = 120$[A]

08

다음의 2단자 임피던스 함수가 $Z(s) = \dfrac{s(s+1)}{(s+2)(s+3)}$일 때 회로의 단락 상태를 나타내는 점은?

① −1, 0　② 0, 1　③ −2, −3　④ 2, 3

해설 영점은 2단자 임피던스가 0이 되는 s의 근이므로 회로 단락 상태를 나타낸다. 영점은 $s(s+1)=0$의 근이므로

$\therefore\ s = -1,\ 0$

09

그림의 회로가 주파수에 관계없이 일정한 임피던스를 갖도록 $C[\mu\text{F}]$의 값을 구하면?

① 20
② 10
③ 2.45
④ 0.24

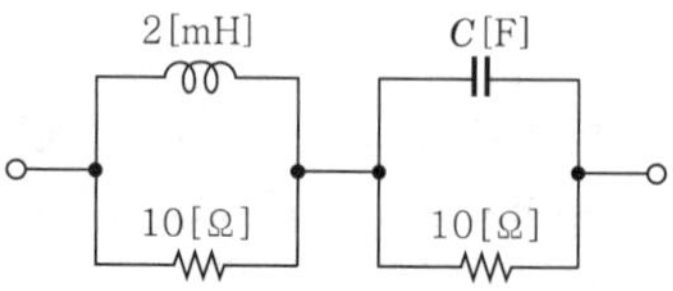

정답 06.③ 07.③ 08.① 09.①

해설 정저항 회로

$$C=\frac{L}{R^2}=\frac{2\times10^{-3}}{10^2}=20\times10^{-6}[\text{F}]=20[\mu\text{F}]$$

10 다음은 과도 현상에 관한 내용이다. 틀린 것은?

출제빈도

① $R-L$ 직렬 회로의 시정수는 $\frac{L}{R}$[s]이다.

② $R-C$ 직렬 회로에서 V_0로 충전된 콘덴서를 방전시킬 경우 $t=RC$에서의 콘덴서 단자 전압은 $0.632\,V_0$이다.

③ 정현파 교류 회로에서는 전원을 넣을 때의 위상을 조절함으로써 과도 현상의 영향을 제거할 수 있다.

④ 전원이 직류 기전력인 때에도 회로의 전류가 정현파로 되는 경우가 있다.

해설 **$R-C$ 직렬 회로에서 콘덴서를 방전시킬 경우**

$t=RC$에서

$$V_C=V_0\,e^{-\frac{1}{RC}t}\Big|_{t=RC}=V_0e^{-1}=0.368\,V_0[\text{V}]$$

11 $e^{j\frac{2}{3}\pi}$와 같은 것은?

① $-\frac{1}{2}-j\frac{\sqrt{3}}{2}$

② $\frac{1}{2}-j\frac{\sqrt{3}}{2}$

③ $-\frac{1}{2}+j\frac{\sqrt{3}}{2}$

④ $\cos\frac{2}{3}\pi+\sin\frac{2}{3}\pi$

해설 오일러의 공식

$e^{j\theta}=\cos\theta+j\sin\theta$

$e^{-j\theta}=\cos\theta-j\sin\theta$

$$e^{j\frac{2}{3}\pi}=\cos\frac{2}{3}\pi+j\sin\frac{2}{3}\pi=-\frac{1}{2}+j\frac{\sqrt{3}}{2}$$

12 그림과 같은 회로의 a−b 간에 20[V]의 전압을 가할 때 5[A]의 전류가 흐른다. r_1 및 r_2에 흐르는 전류의 비를 1 : 2로 하려면 r_1 및 r_2는 각각 몇 [Ω]인가?

① $r_1=2,\ r_2=4$

② $r_1=4,\ r_2=2$

③ $r_1=3,\ r_2=6$

④ $r_1=6,\ r_2=3$

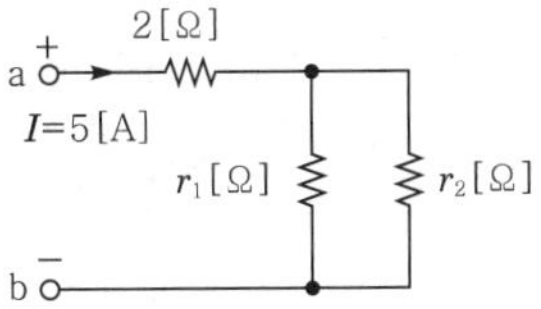

정답 10.② 11.③ 12.④

기출문제 관련 이론 바로보기

10. 이론 check **$R-C$ 직렬 회로의 과도 현상**

[직류 전압을 제거하는 경우]

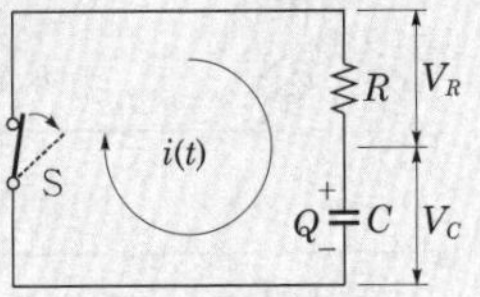

전압 방정식은 $Ri(t)+\frac{1}{C}\int i(t)dt=0$이 되고 이를 라플라스 변환을 이용하여 풀면 다음과 같다.

(1) 전류(R, C의 단자 전압)

$$V_R=Ri(t)=-Ee^{-\frac{1}{RC}t}[\text{V}]$$

$$V_C=\frac{q(t)}{C}=\frac{1}{C}\cdot CEe^{-\frac{1}{RC}t}$$

$$=Ee^{-\frac{1}{RC}t}[\text{V}]$$

초기 조건 $q(0)=Q=CE$ 방전 전류의 방향은 충전시와 반대가 된다.

(2) 시정수(τ)

$\tau=RC$[s]

(3) 전하

$$q(t)=CEe^{-\frac{1}{RC}t}[\text{C}]$$

(4) R, C의 단자 전압

$$V_R=R_i(t)=-Ee^{-\frac{1}{RC}t}[\text{V}]$$

$$V_C=\frac{q(t)}{C}$$

$$=\frac{1}{C}\cdot CEe^{-\frac{1}{RC}t}$$

$$=Ee^{\frac{1}{RC}t}[\text{V}]$$

Tip 과도 현상

하나의 정상 상태로부터 다른 정상 상태로 옮아가는 현상이다.

기출문제 관련 이론 바로보기

13. 이론 check 3상 교류 결선

[성형 결선(Y결선)]

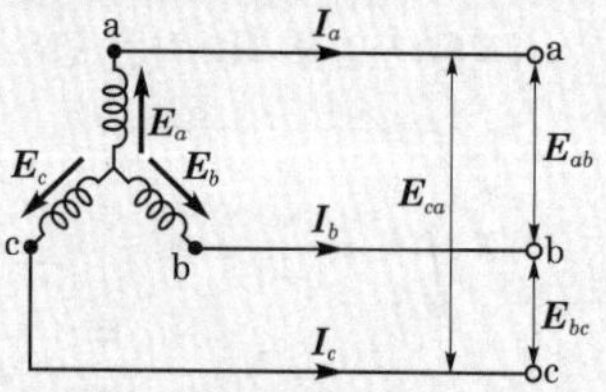

선간 전압 $E_{ab} = E_a - E_b$

$E_{bc} = E_b - E_c$

$E_{ca} = E_c - E_a$

선간 전압과 상전압과의 벡터도를 그리면 다음과 같고,

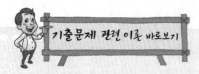

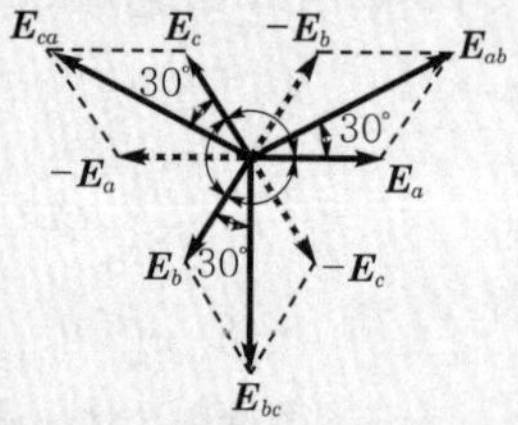

벡터도에서 선간 전압 상전압의 크기 및 위상을 구하면 다음과 같다.

$$E_{ab} = 2E_a \cos\frac{\pi}{6} \angle \frac{\pi}{6} = \sqrt{3} E_a \angle \frac{\pi}{6}$$

$$E_{bc} = 2E_b \cos\frac{\pi}{6} \angle \frac{\pi}{6} = \sqrt{3} E_b \angle \frac{\pi}{6}$$

$$E_{ca} = 2E_c \cos\frac{\pi}{6} \angle \frac{\pi}{6} = \sqrt{3} E_c \angle \frac{\pi}{6}$$

이상의 관계에서

선간 전압을 V_l, 선전류를 I_l, 상전압을 V_p, 상전류를 I_p라 하면

$$V_l = \sqrt{3}\, V_p \angle \frac{\pi}{6} [\mathrm{V}],\ \ I_l = I_p [\mathrm{A}]$$

Tip Y-Y 결선

3상 결선의 기본형으로서 Y-Y, △-△, Y-△ 및 △-Y 4종이 있으며 Y-Y 결선은 3차 △결선을 둔 Y-Y-△ 결선으로 사용되는 경우가 많다. Y-Y 결선은 중성점을 접합할 수 있는 이점이 있으며 제3고조파 전류가 선로에 흐르므로 통신선에 유도 장해를 줄 염려가 있다.

해설 전체 회로의 합성 저항 $R_0 = \frac{V}{I} = \frac{20}{5} = 4[\Omega]$

$4 = 2 + \frac{r_1 r_2}{r_1 + r_2}$ ········· ㉠

$r_1 : r_2 = 2 : 1$이므로 $r_1 = 2r_2$ ········· ㉡

㉡식을 ㉠식에 대입하면

$\therefore\ r_1 = 6,\ r_2 = 3$

13

출제빈도

대칭 3상 Y결선 부하에서 각 상의 임피던스가 $Z = 16 + j12[\Omega]$이고 부하 전류가 5[A]일 때, 이 부하의 선간 전압[V]은?

① $100\sqrt{3}$　　② $100\sqrt{2}$

③ $200\sqrt{3}$　　④ $200\sqrt{2}$

해설 선간 전압 $V_l = \sqrt{3}\, V_p = \sqrt{3} \cdot I_p \cdot Z$

$= \sqrt{3} \times 5 \times \sqrt{16^2 + 12^2} = 100\sqrt{3}$

14

어느 회로에 전압 $v = 6\cos(4t + 30°)$[V]를 가했다. 이 전원의 주파수[Hz]는?

① 2　　② 4

③ 2π　　④ $\frac{2}{\pi}$

해설 각주파수 $\omega = 2\pi f = 4$

$\therefore\ f = \frac{4}{2\pi} = \frac{2}{\pi}$

15

$f(t) = \sin t \cos t$를 라플라스 변환하면?

① $\frac{1}{s^2+2}$　　② $\frac{1}{s^2+4}$

③ $\frac{1}{(s+2)^2}$　　④ $\frac{1}{(s+4)^2}$

해설 삼각 함수 가법 정리에 의해서

$\sin(t+t) = 2\sin t \cos t$

$\therefore\ \sin t \cos t = \frac{1}{2}\sin 2t$

$\because\ F(s) = \mathcal{L}[\sin t \cos t]$

$= \mathcal{L}\left[\frac{1}{2}\sin 2t\right] = \frac{1}{2} \times \frac{2}{s^2 + 2^2} = \frac{1}{s^2+4}$

정답 13.① 14.④ 15.②

16 기본파의 30[%]인 제3고조파와 기본파의 20[%]인 제5고조파를 포함하는 전압파의 왜형률은 약 얼마인가?

① 0.21　　② 0.33
③ 0.36　　④ 0.42

해설 왜형률 $= \dfrac{\sqrt{30^2+20^2}}{100} \fallingdotseq 0.36$

17 $i = 15\sin\left(\omega t - \dfrac{\pi}{6}\right)$[A]로 표시되는 전류보다 위상이 60° 지연되고, 최대치가 200[V]인 전압 v를 식으로 나타낸 것은?

① $v = 200\sin\left(\omega t - \dfrac{\pi}{2}\right)$

② $v = 200\sin\left(\omega t + \dfrac{\pi}{2}\right)$

③ $v = 200\sin\left(\omega t - \dfrac{\pi}{6}\right)$

④ $v = 200\sin\left(\omega t + \dfrac{\pi}{6}\right)$

해설 $V = V_m\sin(\omega t \pm \theta)$에서
전류 위상이 $-30°$이므로 $60°$ 뒤지는
전압 위상 $\theta = -30° - 60° = -90°$가 된다.
$\therefore\ v = 200\sin\left(\omega t - \dfrac{\pi}{2}\right)$

18 다음 회로 해석의 설명 중에서 옳지 않은 것은?

① 전기 회로는 특정 목적을 달성하기 위하여 상호 연결된 회로 소자들의 집합이다.
② 옴의 법칙과 같은 소자 법칙은 회로가 어떻게 구성되는지에 따라 각 개별 소자에서 단자 전압과 전류를 관계지어 준다.
③ 키르히호프의 법칙은 회로의 연결 법칙으로서 전하 불변 및 에너지 불변으로부터 유래되었다.
④ 일반적으로 전압-전류 특성에 의하여 회로의 형태를 알 수 있는 것이며, 특히 다이오드와 트랜지스터는 선형적으로 해석할 수 있다.

해설 선형 소자라는 의미는 전류가 전압에 정비례한다는 의미이다. 다이오드에 흐르는 전류의 경우 0.6[V] 이하에는 거의 흐르지 않다가 0.7[V] 이상이 되면 지수 함수적으로 흐르게 되는 대표적인 비선형 소자이다.

정답 16.③ 17.① 18.④

기출문제 관련 이론 바로보기

16. 이론 Check **비정현파의 왜형률**

비정현파가 정현파에 대하여 일그러지는 정도를 나타내는 값으로 기본파에 대한 고조파분의 포함 정도를 말한다.
이를 식으로 표현하면

왜형률 $= \dfrac{\text{전 고조파의 실효치}}{\text{기본파의 실효치}}$

비정현파의 전압이

$v = \sqrt{2}\,V_1\sin(\omega t+\theta_1) + \sqrt{2}\,V_2\sin(2\omega t+\theta_2) + \sqrt{2}\,V_3\sin(3\omega t+\theta_3) + \cdots$

라 하면 왜형률 D는

$D = \dfrac{\sqrt{V_2^{\,2}+V_3^{\,2}+V_4^{\,2}+\cdots}}{V_1}$

18. Tip **키르히호프의 법칙**

(1) 제1법칙(전류에 관한 법칙)
회로망 중의 임의의 접속점에 유입하는 전류의 총합과 유출하는 전류의 총합은 같다.
따라서, 이를 식으로 표현하면 Σ(유입 전류)=Σ(유출 전류)이므로 다음 그림에서 $I_1 + I_2 = I_3 + I_4 + I_5$인 관계가 성립한다.

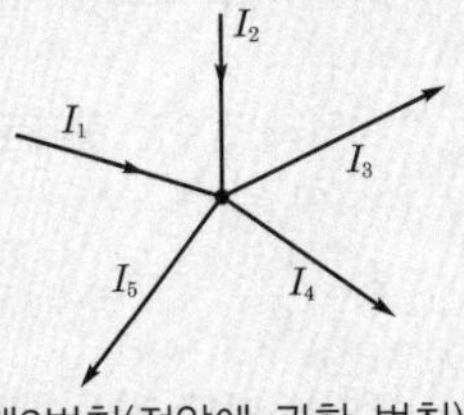

(2) 제2법칙(전압에 관한 법칙)
회로망 중의 임의의 폐회로 내를 일정 방향으로 일주했을 때, 주어진 기전력의 대수합은 각 지로에 생긴 전압(또는 전압 강하)의 대수합과 같다.

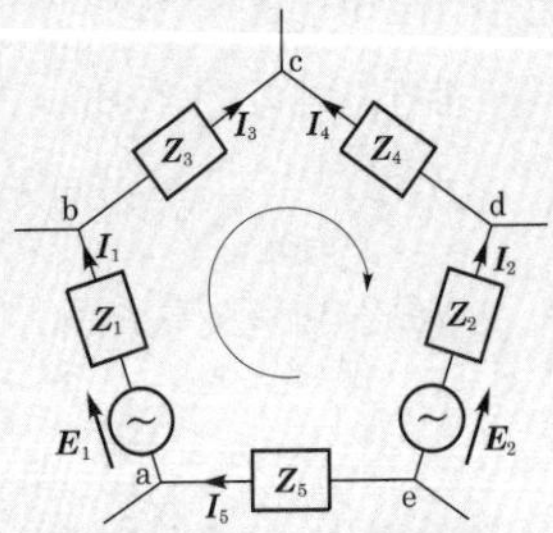

기출문제 관련 이론 바로보기

망형 회로의 a−b−c−d−e−a인 폐로를 시계 방향으로 일주했을 때

$E_1 - E_2 = Z_1 I_1 + Z_3 I_3 + (-Z_4 I_4) + (-Z_2 I_2) + Z_5 I_5$ 이므로 이를 식으로 표현하면

$\Sigma E = \Sigma ZI$

Σ(기전력) $= \Sigma$(전압 강하)

19. 이론 check **4단자 정수**

(1) $ABCD$ 파라미터

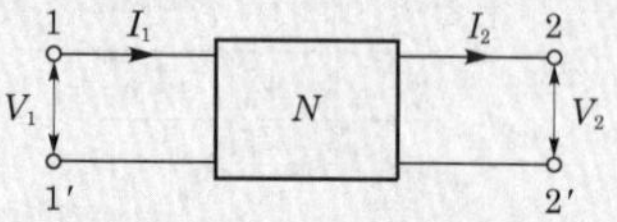

$\begin{bmatrix} V_1 \\ I_1 \end{bmatrix} = \begin{bmatrix} A & B \\ C & D \end{bmatrix} \begin{bmatrix} V_2 \\ I_2 \end{bmatrix}$에서

$V_1 = AV_2 + BI_2$, $I_1 = CV_2 + DI_2$가 된다.

이 경우 $[F] = \begin{bmatrix} A & B \\ C & D \end{bmatrix}$를 4단자망의 기본 행렬 또는 F 행렬이라고 하며 그의 요소 A, B, C, D를 4단자 정수 또는 F 파라미터라 한다.

(2) 4단자 정수를 구하는 방법(물리적 의미)

$A = \left.\frac{V_1}{V_2}\right|_{I_2=0}$: 출력 단자를 개방했을 때의 전압 이득

$B = \left.\frac{V_1}{I_2}\right|_{V_2=0}$: 출력 단자를 단락했을 때의 전달 임피던스

$C = \left.\frac{I_1}{V_2}\right|_{I_2=0}$: 출력 단자를 개방했을 때의 전달 어드미턴스

$D = \left.\frac{I_1}{I_2}\right|_{V_2=0}$: 출력 단자를 단락했을 때의 전류 이득

19

출제빈도

4단자 정수를 구하는 식으로 틀린 것은?

① $A = \left(\frac{V_1}{V_2}\right)_{I_2=0}$　　② $B = \left(\frac{V_2}{I_2}\right)_{V_1=0}$

③ $C = \left(\frac{I_1}{V_2}\right)_{I_2=0}$　　④ $D = \left(\frac{I_1}{I_2}\right)_{V_2=0}$

해설 $\begin{bmatrix} V_1 \\ I_1 \end{bmatrix} = \begin{bmatrix} A & B \\ C & D \end{bmatrix} \begin{bmatrix} V_2 \\ I_2 \end{bmatrix}$

$V_1 = AV_2 + BI_2$, $I_1 = CV_2 + DI_2$

$\therefore A = \left.\frac{V_1}{V_2}\right|_{I_2=0}$, $B = \left.\frac{V_1}{I_2}\right|_{V_2=0}$, $C = \left.\frac{I_1}{V_2}\right|_{I_2=0}$, $D = \left.\frac{I_1}{I_2}\right|_{V_2=0}$

20

임피던스가 $Z_{(s)} = \frac{4s+2}{s}$로 표시되는 2단자 회로는? (단, $s = j\omega$이다.)

①
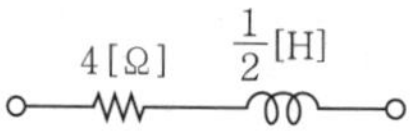

②
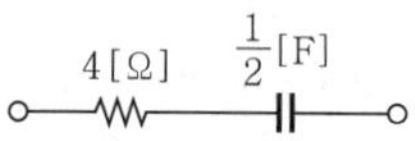

③
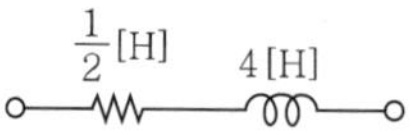

④
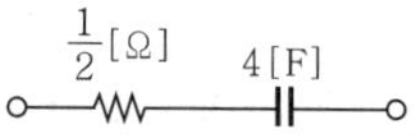

해설 $Z_{(s)} = \frac{4s+2}{s} = 4 + \frac{2}{s} = 4 + \frac{1}{\frac{1}{2}s}$

$\therefore R = 4[\Omega]$, $C = \frac{1}{2}$[F]인 $R-C$ 직렬 회로가 된다.

정답 19.② 20.②

2013년 과년도 출제문제

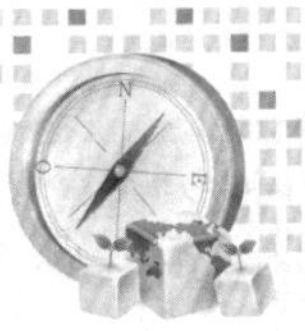

제1회 회로이론

01 다음과 같이 변환시 $R_1+R_2+R_3$의 값[Ω]은? (단, $R_{ab}=2$[Ω], $R_{bc}=4$[Ω], $R_{ca}=6$[Ω]이다.)

출제빈도

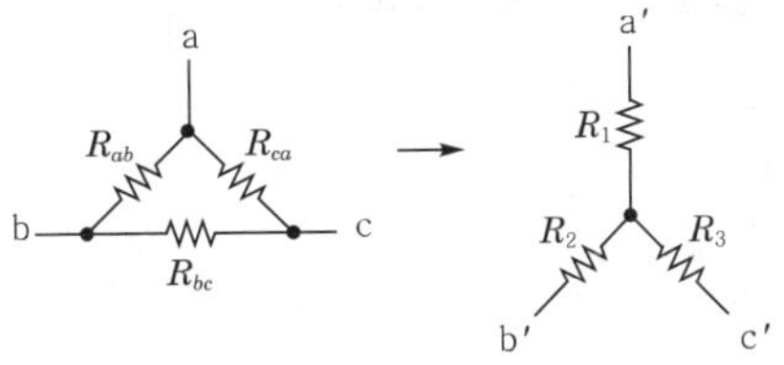

① 1.57[Ω] ② 2.67[Ω]
③ 3.67[Ω] ④ 4.87[Ω]

해설

$$R_1=\frac{2\times 6}{2+4+6}=1[\Omega]$$

$$R_2=\frac{2\times 4}{2+4+6}=\frac{8}{12}=0.67[\Omega]$$

$$R_3=\frac{4\times 6}{2+4+6}=2[\Omega]$$

$$\therefore\ R_1+R_2+R_3=3.67[\Omega]$$

02 그림과 같은 회로에서 $t=0$일 때 스위치 K를 닫을 때 과도 전류 $i(t)$는 어떻게 표시되는가?

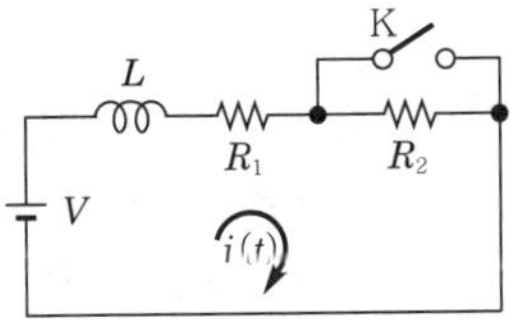

① $i(t)=\dfrac{V}{R_1}\left(1-\dfrac{R_2}{R_1+R_2}e^{-\frac{R_1}{L}t}\right)$

② $i(t)=\dfrac{V}{R_1+R_2}\left(1+\dfrac{R_2}{R_1}e^{-\frac{(R_1+R_2)}{L}t}\right)$

③ $i(t)=\dfrac{V}{R_1}\left(1+\dfrac{R_2}{R_1}e^{-\frac{R_2}{L}t}\right)$

④ $i(t)=\dfrac{R_1V}{R_2+R_1}\left(1+\dfrac{R_1}{R_2+R_1}e^{-\frac{(R_1+R_2)}{L}t}\right)$

정답 01.③ 02.①

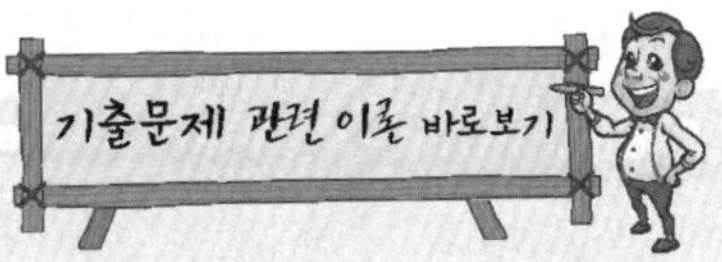

01. 이론 check **임피던스의 △결선과 Y결선의 등가 변환**

[△→Y 등가 변환]

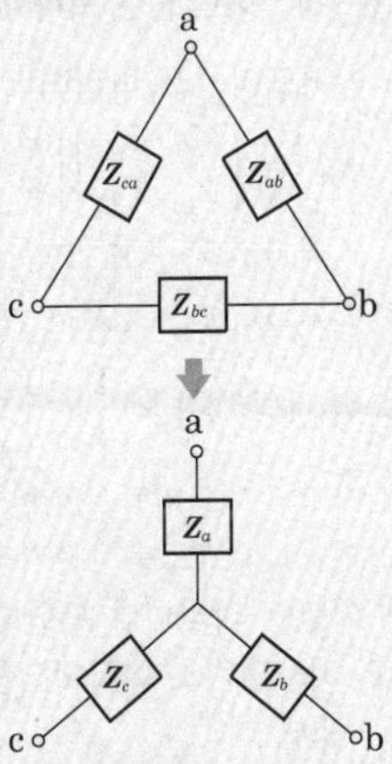

그림에서 △결선을 Y결선으로 변환시에는 다음과 같은 방법에 의해서 구한다.

$Z_\triangle=Z_{ab}+Z_{bc}+Z_{ca}$라 하면

$$Z_a=\frac{Z_{ca}Z_{ab}}{Z_\triangle},\quad Z_b=\frac{Z_{ab}\cdot Z_{bc}}{Z_\triangle},$$

$$Z_c=\frac{Z_{bc}\cdot Z_{ca}}{Z_\triangle}$$

만일, △결선의 임피던스가 서로 같은 평형 부하일 때

즉, $Z_{ab}=Z_{bc}=Z_{ca}$인 경우

$$Z_Y=\frac{1}{3}Z_\triangle$$

기출문제 관련 이론 바로보기

해설

$i(t) =$ 정상값 $+ Ke^{-\frac{1}{\tau}t}$

정상값 $i_s = \dfrac{V}{R_1}$[A]

시정수 $\tau = \dfrac{L}{R_1}$[s]

초기 전류 $i(0) = \dfrac{V}{R_1 + R_2} = \dfrac{V}{R_1} + K$

$\therefore K = \dfrac{-R_2 V}{R_1(R_1 + R_2)}$

$\therefore i(t) = \dfrac{V}{R_1} - \dfrac{R_2 V}{R_1(R_1 + R_2)} e^{-\frac{R_1}{L}t} = \dfrac{V}{R_1}\left(1 - \dfrac{R_2}{R_1 + R_2} e^{-\frac{R_1}{L}t}\right)$[A]

03. 이론 check **어드미턴스 파라미터**

(1) 어드미턴스 파라미터

$\begin{bmatrix} I_1 \\ I_2 \end{bmatrix} = \begin{bmatrix} Y_{11} & Y_{12} \\ Y_{21} & Y_{22} \end{bmatrix} \begin{bmatrix} V_1 \\ V_2 \end{bmatrix}$ 에서

$I_1 = Y_{11} V_1 + Y_{12} V_2$,

$I_2 = Y_{21} V_1 + Y_{22} V_2$가 된다.

이 경우 $[Y] = \begin{bmatrix} Y_{11} & Y_{12} \\ Y_{21} & Y_{22} \end{bmatrix}$를 4단자망의 어드미턴스 행렬이라고 하며 그의 요소를 4단자망의 어드미턴스 파라미터라 한다.

(2) 어드미턴스 파라미터를 구하는 방법

$Y_{11} = \left.\dfrac{I_1}{V_1}\right|_{V_2=0}$: 출력 단자를 단락하고 입력측에서 본 단락 구동점 어드미턴스

$Y_{22} = \left.\dfrac{I_2}{V_2}\right|_{V_1=0}$: 입력 단자를 단락하고 출력측에서 본 단락 구동점 어드미턴스

$Y_{12} = \left.\dfrac{I_1}{V_2}\right|_{V_1=0}$: 입력 단자를 단락했을 때의 단락 전달 어드미턴스

$Y_{21} = \left.\dfrac{I_2}{V_1}\right|_{V_2=0}$: 출력 단자를 단락했을 때의 단락 전달 어드미턴스

03

그림과 같은 4단자 회로망에서 어드미턴스 파라미터 Y_{12}[℧]는?

출제빈도

① $-j\dfrac{1}{12}$

② $-j\dfrac{1}{18}$

③ $-j\dfrac{1}{24}$

④ $j\dfrac{1}{24}$

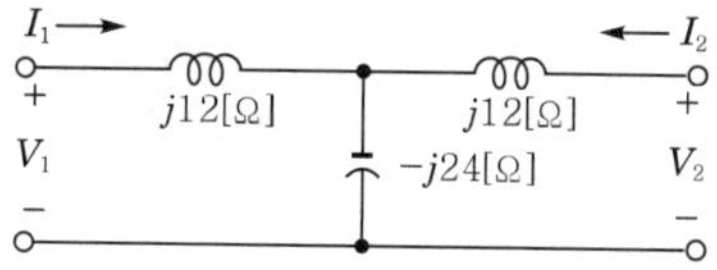

해설 단락 전달 어드미턴스

$Y_{12} = Y_{21} = -\dfrac{1}{B}[\Omega]$

$B = \dfrac{(j12)\times(-j24) + (-j24)(j12) + (j12)\times(j12)}{-j24} = j18$

$\therefore Y_{12} = Y_{21} = -\dfrac{1}{B} = -j\dfrac{1}{18}$[℧]

04

테브난의 정리를 이용하여 그림 (a)의 회로를 (b)와 같은 등가 회로로 만들려고 할 때 V와 R의 값은?

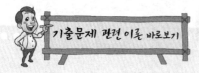

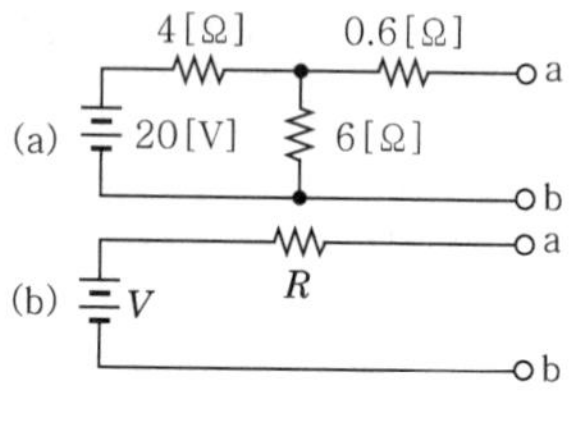

① V=12[V], R=3[Ω]

② V=20[V], R=3[Ω]

③ V=12[V], R=10[Ω]

④ V=20[V], R=10[Ω]

해설 $V = \dfrac{6}{4+6} \times 20 = 12$[V]

$R = 0.6 + \dfrac{4\times 6}{4+6} = 3$[Ω]

정답 03.② 04.①

05

저항 $R_1=10[\Omega]$과 $R_2=40[\Omega]$이 직렬로 접속된 회로에 100[V], 60[Hz]인 정현파 교류 전압을 인가할 때, 이 회로에 흐르는 전류로 옳은 것은?

① $\sqrt{2}\sin 377t$[A]
② $2\sqrt{2}\sin 377t$[A]
③ $\sqrt{2}\sin 422t$[A]
④ $2\sqrt{2}\sin 422t$[A]

해설 $i=\sqrt{2}I\sin\omega t$

전류 $I=\frac{100}{50}=2$[A]

각속도 $\omega=2\pi f=2\times3.14\times60=377$[rad/s]

$\therefore\ i=2\sqrt{2}\sin 377t$

06

다음 중 옳지 않은 것은?

① 역률 $=\frac{\text{유효 전력}}{\text{피상 전력}}$
② 파형률 $=\frac{\text{실효값}}{\text{평균값}}$
③ 파고율 $=\frac{\text{실효값}}{\text{최대값}}$
④ 왜형률 $=\frac{\text{전고조파의 실효값}}{\text{기본파의 실효값}}$

해설 파고율은 실효값에 대한 최대값의 비이다.

$\therefore$ 파고율 $=\frac{\text{최대값}}{\text{실효값}}$

07

출제빈도

그림과 같은 4단자 회로망에서 출력측을 개방하니 $V_1=12$[V], $I_1=2$[A], $V_2=4$[V]이고 출력측을 단락하니 $V_1=16$[V], $I_1=4$[A], $I_2=2$[A]이었다. 4단자 정수 A, B, C, D는 얼마인가?

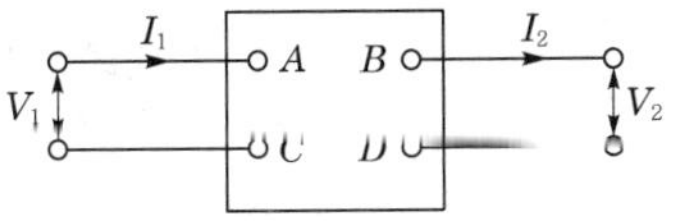

① $A=2$, $B=3$, $C=8$, $D=0.5$
② $A=0.5$, $B=2$, $C=3$, $D=8$
③ $A=8$, $B=0.5$, $C=2$, $D=3$
④ $A=3$, $B=8$, $C=0.5$, $D=2$

기출문제 관련 이론 바로보기

07. 이론 check **4단자 정수**

(1) $ABCD$ 파라미터

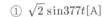

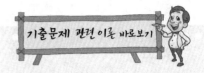

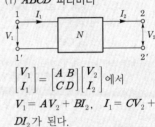

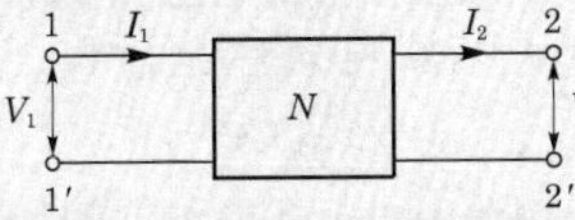

$\begin{bmatrix}V_1\\I_1\end{bmatrix}=\begin{bmatrix}A&B\\C&D\end{bmatrix}\begin{bmatrix}V_2\\I_2\end{bmatrix}$에서

$V_1=AV_2+BI_2$, $I_1=CV_2+DI_2$가 된다.

이 경우 $[F]=\begin{bmatrix}A&B\\C&D\end{bmatrix}$를 4단자망의 기본 행렬 또는 F 행렬이라고 하며 그의 요소 A, B, C, D를 4단자 정수 또는 F 파라미터라 한다.

(2) 4단자 정수를 구하는 방법(물리적 의미)

$A=\left.\frac{V_1}{V_2}\right|_{I_2=0}$: 출력 단자를 개방했을 때의 전압 이득

$B=\left.\frac{V_1}{I_2}\right|_{V_2=0}$: 출력 단자를 단락했을 때의 전달 임피던스

$C=\left.\frac{I_1}{V_2}\right|_{I_2=0}$: 출력 단자를 개방했을 때의 전달 어드미턴스

$D=\left.\frac{I_1}{I_2}\right|_{V_2=0}$: 출력 단자를 단락했을 때의 전류 이득

정답 05.② 06.③ 07.④

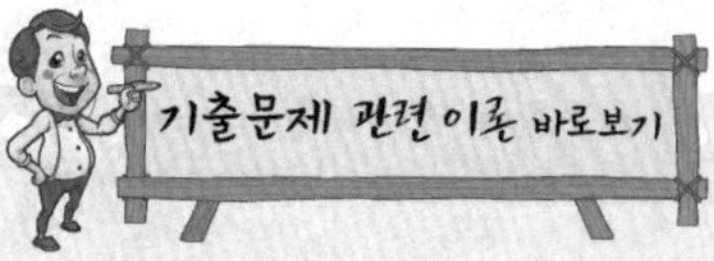

09. 이론 check **전류, 전압의 의미**

(1) 전류
금속선을 통하여 전자가 이동하는 현상으로 단위 시간[s] 동안 이동하는 전기량을 말한다.
즉, $\frac{Q}{t}$[C/s=A]이며 순간의 전류의 세기를 i라 하면
$i=\frac{dQ}{dt}$[C/s=A]

(2) 전류에 의한 전기량
$Q=\int_0^t i\,dt$ [A·s=C]

(3) 전압
단위 정전하가 두 점 사이를 이동할 때 하는 일의 양
$V=\frac{W}{Q}$[J/C=V]
여기서, 1[V] : 1[C]의 전하가 두 점 사이를 이동할 때 1[J]의 일을 하는 경우 두 점 사이의 전위차

10. 이론 check **2전력계법**

전력계 2개의 지시값으로 3상 전력을 측정하는 방법

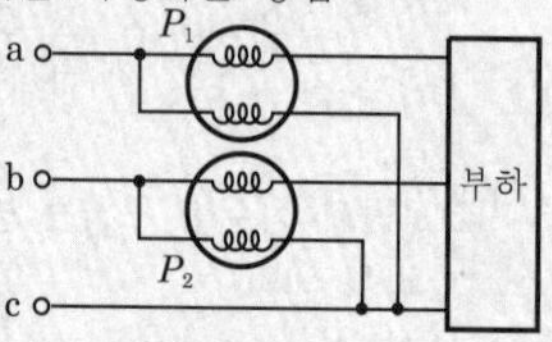

위의 그림에서 전력계의 지시값을 P_1, P_2[W]라 하면

(1) 유효 전력
$P=P_1+P_2=\sqrt{3}\,V_l I_l\cos\theta$[W]

(2) 무효 전력
$P_r=\sqrt{3}(P_1-P_2)$
$=\sqrt{3}\,V_l I_l\sin\theta$[Var]

(3) 피상 전력
$P_a=\sqrt{P^2+P_r^{\,2}}$
$=\sqrt{(P_1+P_2)^2+\{\sqrt{3}(P_1-P_2)\}^2}$
$=2\sqrt{P_1^{\,2}+P_2^{\,2}-P_1P_2}$ [VA]

(4) 역률
$\cos\theta=\frac{P}{P_a}=\frac{P_1+P_2}{2\sqrt{P_1^{\,2}+P_2^{\,2}-P_1P_2}}$

해설
$$A=\left.\frac{V_1}{V_2}\right|_{I_2=0}=\frac{12}{4}=3,\quad B=\left.\frac{V_1}{I_2}\right|_{V_2=0}=\frac{16}{2}=8$$
$$C=\left.\frac{I_1}{V_2}\right|_{I_2=0}=\frac{2}{4}=0.5,\quad D=\left.\frac{I_1}{I_2}\right|_{V_2=0}=\frac{4}{2}=2$$

08

대칭 3상 전압을 그림과 같은 평형 부하에 가할 때 부하의 역률은 얼마인가? (단, $R=9[\Omega]$, $\frac{1}{\omega C}=4[\Omega]$이다.)

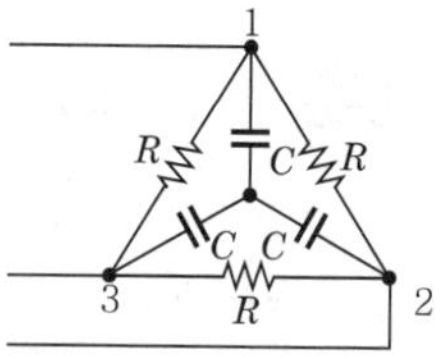

① 0.4
② 0.6
③ 0.8
④ 1.0

해설 △결선을 Y결선으로 등가 변환하면 $R-C$ 병렬 회로가 된다.

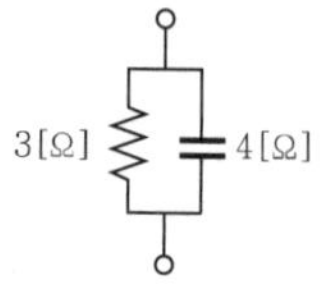

$R-C$ 병렬 회로의 역률 $\cos\theta=\frac{4}{\sqrt{3^2+4^2}}=0.8$

09

출제빈도

두 점 사이에는 20[C]의 전하를 옮기는 데 80[J]의 에너지가 필요하다면 두 점 사이의 전압은?

① 2[V] ② 3[V]
③ 4[V] ④ 5[V]

해설 전압 $V=\frac{W}{Q}=\frac{80}{20}=4$[V]

10

출제빈도

대칭 3상 전압을 공급한 3상 유도 전동기에서 각 계기의 지시는 다음과 같다. 유도 전동기의 역률은 얼마인가? (단, $W_1=1.2$[kW], $W_2=1.8$[kW], $V=200$[V], $A=10$[A]이다.)

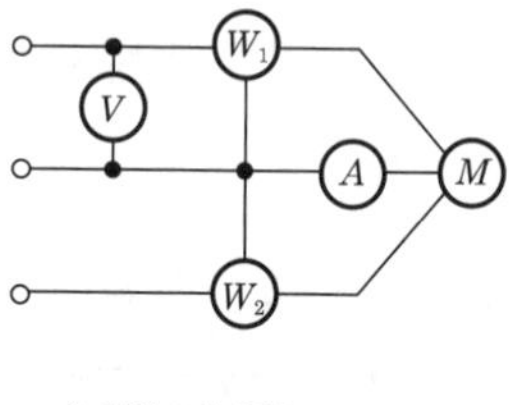

① 0.70
② 0.76
③ 0.80
④ 0.87

해설 역률 $\cos\theta=\frac{P}{P_a}=\frac{W_1+W_2}{\sqrt{3}\,VI}=\frac{1,200+1,800}{\sqrt{3}\times 200\times 10}=0.87$

정답 08.③ 09.③ 10.④

11 비정현파에서 정현 대칭의 조건은 어느 것인가?

출제빈도

① $f(t)=f(-t)$　　② $f(t)=-f(-t)$

③ $f(t)=-f(t)$　　④ $f(t)=-f\left(t+\dfrac{T}{2}\right)$

해설 정현 대칭

$f(t)=-f(2\pi-t)$

$f(t)=-f(-t)$

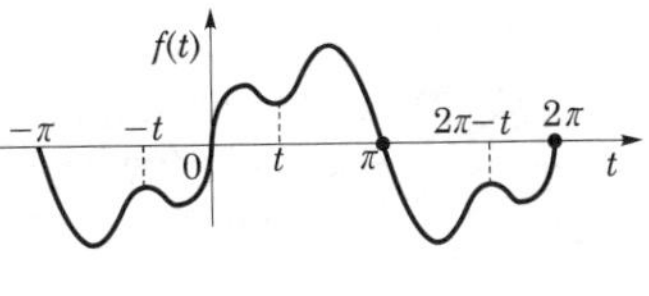

12 그림과 같은 회로의 합성 인덕턴스는?

출제빈도

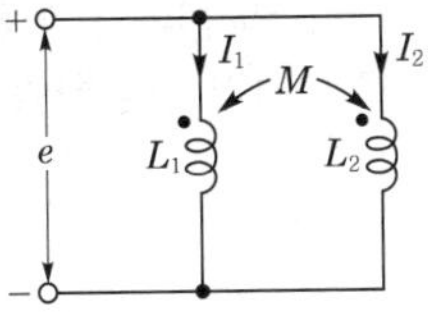

① $\dfrac{L_1L_2-M^2}{L_1+L_2-2M}$　　② $\dfrac{L_1L_2+M^2}{L_1+L_2-2M}$

③ $\dfrac{L_1L_2-M^2}{L_1+L_2+2M}$　　④ $\dfrac{L_1L_2+M^2}{L_1+L_2+2M}$

해설 병렬 가동 접속의 등가 회로를 그려보면 다음과 같으므로

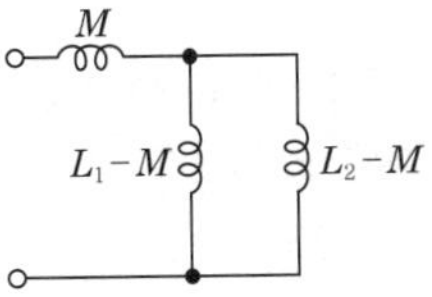

$$L=M+\frac{(L_1-M)(L_2-M)}{(L_1-M)+(L_2-M)}=\frac{L_1L_2-M^2}{L_1+L_2-2M}$$

13 코일에 단상 100[V]의 전압을 가하면 30[A]의 전류가 흐르고 1.8[kW]의 전력을 소비한다고 한다. 이 코일과 병렬로 콘덴서를 접속하여 회로의 합성 역률을 100[%]로 하기 위한 용량 리액턴스[Ω]는?

① 약 4.2[Ω]　　② 약 6.8[Ω]

③ 약 8.4[Ω]　　④ 약 10.6[Ω]

해설 $P_a=VI=100\times30=3{,}000[\mathrm{VA}]=3[\mathrm{kVA}]$

$P_r=\sqrt{P_a^{\ 2}-P^2}=\sqrt{3^2-1.8^2}=2.4[\mathrm{kVar}]$

역률이 100[%]가 되기 위해서는 2.4[kVA]의 콘덴서가 필요하므로

$Q_C=\omega CV^2=\dfrac{V^2}{X_C}=2.4\times10^3$

$\therefore\ X_C=\dfrac{100^2}{2.4\times10^3}=4.16[\Omega]$

정답 11.② 12.① 13.①

기출문제 관련 이론 바로보기

11. 이론 check 정현 대칭

원점 0에 대칭인 파형으로 기함수로 표시되고 π를 축으로 180° 회전해서 아래·위가 합동인 파형

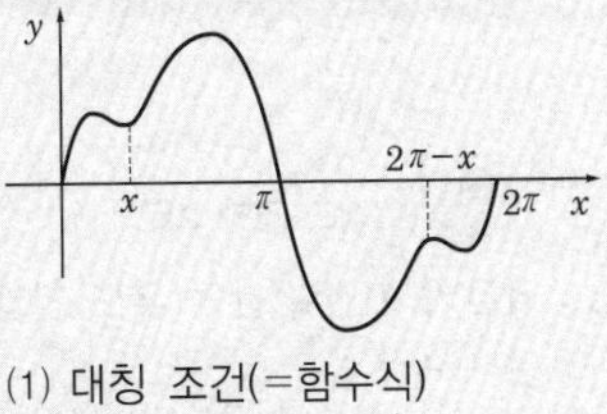

(1) 대칭 조건(=함수식)

$y(x)=-y(2\pi-x)$

$y(x)=-y(-x)$

(2) 특징

성분과 cos항의 계수가 0이고 sin항만 존재하는 파형

$$y(t)=\sum_{n=1}^{\infty}b_n\sin n\omega t$$

$(n=1,2,3,4,\cdots)$

12. 이론 check 인덕턴스 병렬 접속

(1) 가동 결합(=가극성)

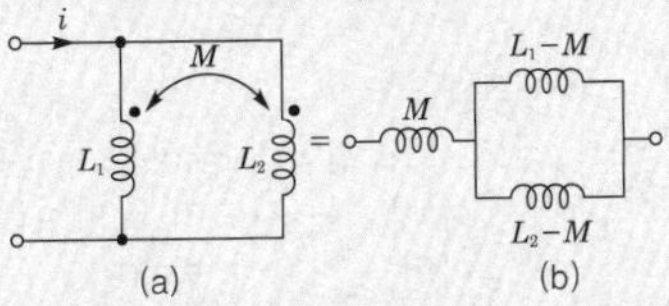

변압기 T형 등가 회로를 이용하면 그림의 (a)와 (b)는 등가 회로이다. 따라서 합성 인덕턴스를 구하면 다음과 같다.

$$L_0=M+\frac{(L_1-M)(L_2-M)}{(L_1-M)+(L_2-M)}$$

$$=\frac{L_1L_2-M^2}{L_1+L_2-2M}[\mathrm{H}]$$

(2) 차동 결합(=감극성)

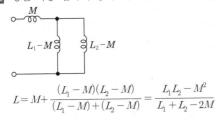

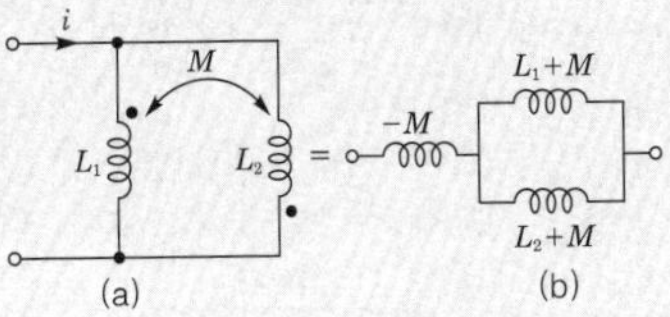

변압기 T형 등가 회로를 이용하면 그림의 (a)와 (b)는 등가 회로이다.

기출문제 관련 이론 바로보기

따라서 합성 인덕턴스를 구하면 다음과 같다.

$$L_0 = -M + \frac{(L_1+M)(L_2+M)}{(L_1+M)+(L_2+M)} = \frac{L_1L_2 - M^2}{L_1+L_2+2M}[\text{H}]$$

15. 이론 check **유도 결합 회로**

[유기 기전력(상호 유도 전압)]

(1) 크기

다음 그림과 같이 1차측의 전류 i_1에 의하여 2차측에 유기되는 상호 유도 전압 e_{12}는 다음과 같다.

$$e_{12} = \pm M\frac{di_1}{dt}[\text{V}]$$

여기서, M : 상호 인덕턴스

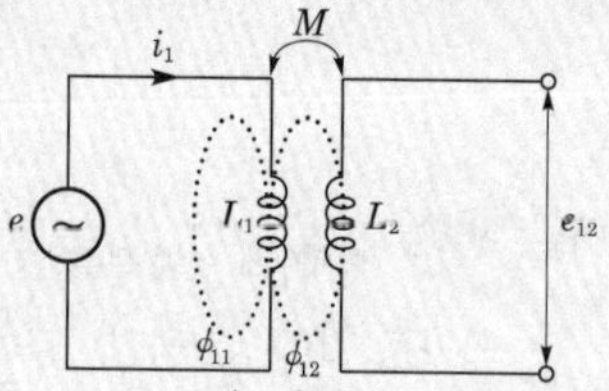

$\phi_1 = \phi_{11} + \phi_{12}$

(2) 극성

상호 유도 전압의 극성은 두 코일에서 생기는 자속이 합쳐지는 방향이면 +, 반대 방향이면 −가 된다.

16. 이론 check **불평형률**

불평형 회로의 전압과 전류에는 정상분과 더불어 역상분과 영상분이 반드시 포함된다. 따라서 회로의 불평형 정도를 나타내는 척도로서 불평형률이 사용된다.

$$\text{불평형률} = \frac{\text{역상분}}{\text{정상분}} \times 100[\%] = \frac{V_2}{V_1} \times 100[\%] = \frac{I_2}{I_1} \times 100[\%]$$

14 100[V] 전압에 대하여 늦은 역률 0.8로서 10[A]의 전류가 흐르는 부하와 앞선 역률 0.8로서 20[A]의 전류가 흐르는 부하가 병렬로 연결되어 있다. 전전류에 대한 역률은 약 얼마인가?

① 0.66 ② 0.76
③ 0.87 ④ 0.97

해설 전전류 $I = 10(0.8 - j0.6) + 20(0.8 + j0.6) = 24 + j6$

역률 $\cos\theta = \dfrac{24}{\sqrt{24^2 + 6^2}} = 0.97$

15 두 코일이 있다. 한 코일의 전류가 매초 40[A]의 비율로 변화할 때 다른 코일에는 20[V]의 기전력이 발생하였다면 두 코일의 상호 인덕턴스는 몇 [H]인가?

출제빈도

① 0.2[H] ② 0.5[H]
③ 1.0[H] ④ 2.0[H]

해설 $e = M\dfrac{di}{dt}[\text{V}]$, $M = \dfrac{e}{\dfrac{di}{dt}}[\text{H}]$

$M = \dfrac{20}{40} = 0.5[\text{H}]$

16 3상 불평형 전압에서 영상 전압이 150[V]이고 정상 전압이 600[V], 역상 전압이 300[V]이면 전압의 불평형률[%]은?

출제빈도

① 60[%] ② 50[%]
③ 40[%] ④ 30[%]

해설 $\text{불평형률} = \dfrac{\text{역상 전압}}{\text{정상 전압}} \times 100 = \dfrac{300}{600} \times 100 = 50[\%]$

17 $t\sin\omega t$의 라플라스 변환은?

① $\dfrac{\omega}{(s^2+\omega^2)^2}$ ② $\dfrac{\omega s}{(s^2+\omega^2)^2}$

③ $\dfrac{\omega^2}{(s^2+\omega^2)^2}$ ④ $\dfrac{2\omega s}{(s^2+\omega^2)^2}$

해설 복소 미분 정리를 이용하면

$$\boldsymbol{F}(s) = (-1)\frac{d}{ds}\{\mathcal{L}(\sin\omega t)\} = (-1)\frac{d}{ds}\frac{\omega}{s^2+\omega^2} = \frac{2\omega s}{(s^2+\omega^2)^2}$$

정답 14.④ 15.② 16.② 17.④

18 $\dfrac{2s+3}{s^2+3s+2}$의 라플라스 함수의 역변환의 값은?

① $e^{-t}+e^{-2t}$

② $e^{-t}-e^{-2t}$

③ $-e^{-t}-e^{-2t}$

④ $e^{t}+e^{2t}$

해설 $F(s)=\dfrac{2s+3}{s^2+3s+2}=\dfrac{2s+3}{(s+2)(s+1)}=\dfrac{K_1}{s+2}+\dfrac{K_2}{s+1}$

유수 정리를 적용하면

$K_1=\left.\dfrac{2s+3}{s+1}\right|_{s=-2}=1$

$K_1=\left.\dfrac{2s+3}{s+2}\right|_{s=-1}=1$

$F(s)=\dfrac{1}{s+2}+\dfrac{1}{s+1}$

$\therefore\ f(t)=e^{-2t}+e^{-t}$

19 $R-L-C$ 직렬 회로에 $t=0$에서 교류 전압 $e=E_m\sin(\omega t+\theta)$를 가할 때 $R^2-4\dfrac{L}{C}>0$이면 이 회로는?

출제빈도

① 진동적이다.

② 비진동적이다.

③ 임계 진동적이다.

④ 비감쇠 진동이다.

해설 **진동 여부 판별식**

- 임계 진동 : $\left(\dfrac{R}{2L}\right)^2-\dfrac{1}{LC}=R^2-4\dfrac{L}{C}=0$
- 비진동 : $\left(\dfrac{R}{2L}\right)^2-\dfrac{1}{LC}=R^2-4\dfrac{L}{C}>0$
- 진동 : $\left(\dfrac{R}{2L}\right)^2-\dfrac{1}{LC}=R^2-4\dfrac{L}{C}<0$

20 전압 $e=5+10\sqrt{2}\sin\omega t+10\sqrt{2}\sin3\omega t$[V]일 때 실효값은?

① 7.07[V] ② 10[V]

③ 15[V] ④ 20[V]

해설 실효값 $E=\sqrt{5^2+10^2+10^2}=15$[V]

정답 18.① 19.② 20.③

기출문제 관련 이론 바로보기

19. 이론 check 과도 현상

[$R-L-C$ 직렬 회로에 직류 전압을 인가하는 경우]

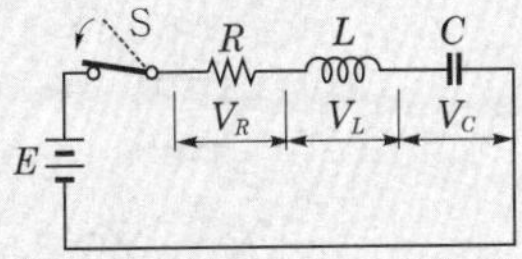

전압 방정식은

$Ri(t)+L\dfrac{d}{dt}i(t)+\dfrac{1}{C}\int i(t)dt=E$

가 되고 이를 라플라스 변환하여 전류에 대해 정리하면

$I(s)=\dfrac{E}{Ls^2+Rs+\dfrac{1}{C}}$가 된다.

여기서, 특성 방정식

$Ls^2+Rs+\dfrac{1}{C}=0$의 근 s를 구하면

$s=\dfrac{-R\pm\sqrt{R^2-4\dfrac{L}{C}}}{2L}$

$=-\dfrac{R}{2L}\pm\sqrt{\left(\dfrac{R}{2L}\right)^2-\dfrac{1}{LC}}$

가 되며 제곱근 안의 값에 의하여 다음 3가지의 다른 현상을 발생한다.

(1) $R^2-4\dfrac{L}{C}=\left(\dfrac{R}{2L}\right)^2-\dfrac{1}{LC}=0$ 인 경우(임계 진동)

특성 방정식은 중근을 가지며 전류는 임계 상태가 된다.

$i(t)=\dfrac{E}{L}te^{-\alpha t}$[A]

(2) $R^2-4\dfrac{L}{C}=\left(\dfrac{R}{2L}\right)^2-\dfrac{1}{LC}>0$인 경우(비진동)

특성 방정식은 서로 다른 두 실근을 가지며 전류는 비진동 상태가 된다.

$i(t)=\dfrac{E}{\beta L}\cdot e^{-\alpha t}\sinh\beta t$[A]

(3) $R^2-4\dfrac{L}{C}=\left(\dfrac{R}{2L}\right)^2-\dfrac{1}{LC}<0$인 경우(진동)

특성 방정식은 복소근을 가지며 전류는 진동 상태가 된다.

$i(t)=\dfrac{E}{\gamma L}\cdot e^{-\alpha t}\sin\gamma t$[A]

기출문제 관련 이론 바로보기

01. 이론 check 임피던스 등가 변환

[Y→△ 등가 변환]

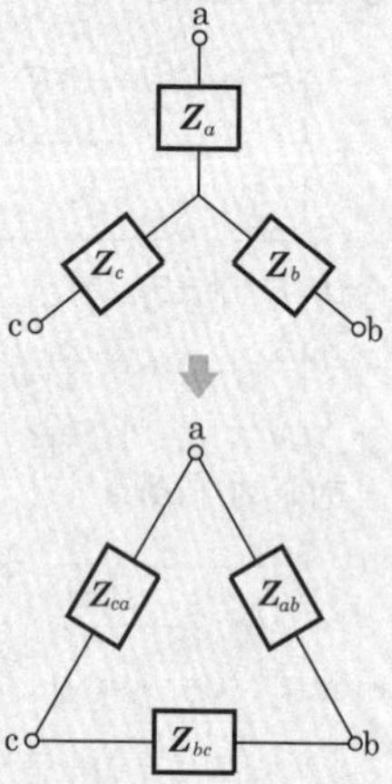

위의 그림에서 Y결선을 △결선으로 변환시에는 다음과 같은 방법에 의해서 구한다.

$Z_Y = Z_aZ_b + Z_bZ_c + Z_cZ_a$라 하면

$Z_{ab} = \dfrac{Z_Y}{Z_c}$, $Z_{bc} = \dfrac{Z_Y}{Z_a}$, $Z_{ca} = \dfrac{Z_Y}{Z_b}$

만일, △결선의 임피던스가 서로 같은 평형 부하일 때

즉, $Z_a = Z_b = Z_c$인 경우 $Z_\Delta = 3Z_Y$

제 2 회 회로이론

01 다음과 같은 Y결선 회로와 등가인 △결선 회로의 A, B, C 값은 몇 [Ω]인가?

출제빈도

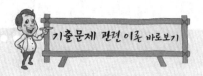

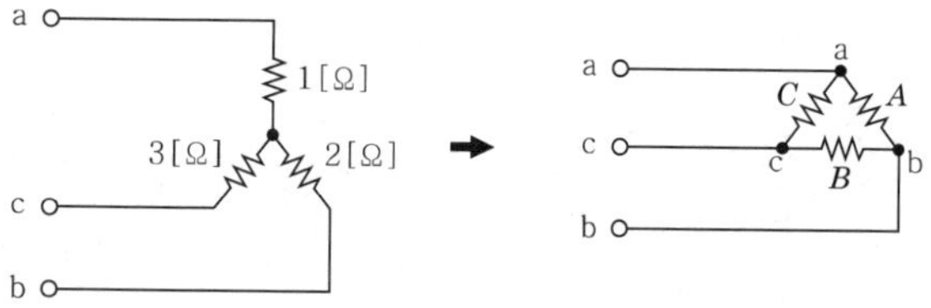

① $A = 11$, $B = \dfrac{11}{2}$, $C = \dfrac{11}{3}$

② $A = \dfrac{7}{3}$, $B = 7$, $C = \dfrac{7}{2}$

③ $A = \dfrac{11}{3}$, $B = 11$, $C = \dfrac{11}{2}$

④ $A = 7$, $B = \dfrac{7}{2}$, $C = \dfrac{7}{3}$

해설 $R_A = \dfrac{2+6+3}{3} = \dfrac{11}{3}$, $R_B = \dfrac{2+6+3}{1} = 11$, $R_C = \dfrac{2+6+3}{2} = \dfrac{11}{2}$

02 부하 저항 R_L[Ω]이 전원의 내부 저항 R_o[Ω]의 3배가 되면 부하 저항 R_L에서 소비되는 전력 P_L[W]은 최대 전송 전력 P_{max}[W]의 몇 배인가?

① 0.89배

② 0.75배

③ 0.5배

④ 0.3배

해설 부하 전력 $P_L = I^2R_L\Big|_{R_L=3R_o}$

$$= \left(\frac{V_g}{R_o+R_L}\right)^2 \cdot R_L\Big|_{R_L=3R_o}$$

$$= \left(\frac{V_g}{R_o+3R_o}\right)^2 \times 3R_o$$

$$= \frac{3}{16} \cdot \frac{V_g^{\ 2}}{R_o}$$

최대 전송 전력 $P_{max} = \dfrac{V_g^{\ 2}}{4R_o}$

$$\therefore \frac{P_L}{P_{max}} = \frac{\frac{3}{16}\frac{V_g^{\ 2}}{R_o}}{\frac{1}{4}\frac{V_g^{\ 2}}{R_o}} = \frac{12}{16} = 0.75\text{배}$$

정답 01.③ 02.②

03

다음과 같은 회로에서 $t=0$인 순간에 스위치 S를 닫았다. 이 순간에 인덕턴스 L에 걸리는 전압은? (단, L의 초기 전류는 0이다.)

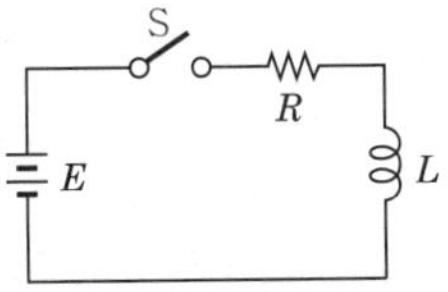

① 0　　② $\dfrac{LE}{R}$

③ E　　④ $\dfrac{E}{R}$

해설 $e_L = L\dfrac{di}{dt} = L\dfrac{d}{dt}\cdot\dfrac{E}{R}(1-e^{-\frac{R}{L}t}) = Ee^{-\frac{R}{L}t}\Big|_{t=0} = E[\text{V}]$

04

라플라스 함수 $F(s)=\dfrac{A}{a+s}$라 하면 이의 라플라스 역변환은?

① ae^{At}　　② Ae^{at}

③ ae^{-At}　　④ Ae^{-at}

해설 $\mathcal{L}[e^{-at}] = \dfrac{1}{s+a}$이므로

$\boldsymbol{F}(s)=\dfrac{A}{a+s}$의 라플라스 역변환 $f(t)=Ae^{-at}$

05

파고율이 2이고 파형률이 1.57인 파형은?

① 구형파　　② 정현반파

③ 삼각파　　④ 정현파

해설 반파의 파고율$=\dfrac{\text{최대값}}{\text{실효값}}=\dfrac{V_m}{\frac{1}{2}V_m}=2$

반파의 파형률$=\dfrac{\text{실효값}}{\text{평균값}}=\dfrac{\frac{1}{2}V_m}{\frac{1}{\pi}V_m}=\dfrac{\pi}{2}=1.57$

06

$R-L$ 직렬 회로에서 시정수의 값이 클수록 과도 현상이 소멸되는 시간은 어떻게 변화하는가?

① 길어진다.　　② 짧아진다.

③ 관계없다.　　④ 과도기가 없어진다.

해설 시정수와 과도분은 비례 관계에 있다.

정답 03.③ 04.④ 05.② 06.①

기출문제 관련 이론 바로보기

05. **이론 check** **파고율과 파형률**

(1) 파고율

실효값에 대한 최대값의 비율

파고율$=\dfrac{\text{최대값}}{\text{실효값}}$

(2) 파형률

평균값에 대한 실효값의 비율

파형률$=\dfrac{\text{실효값}}{\text{평균값}}$

Tip 맥류파

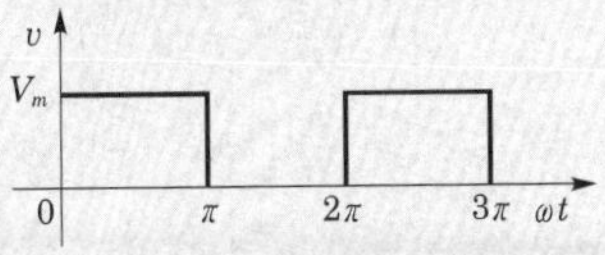

구형 반파의 실효값은 구형파의 $\dfrac{1}{\sqrt{2}}$이고 평균값은 $\dfrac{1}{2}$이다. 이를 식으로 표현하면

$V_{av}=\dfrac{1}{2}\times V_m=\dfrac{V_m}{2}$

$V=\dfrac{1}{\sqrt{2}}\times V_m=\dfrac{V_m}{\sqrt{2}}$

06. **이론 check** **과도 현상**

[$R-L$ 직렬 회로에 직류 전압을 인가하는 경우]

(1) 시정수(τ)

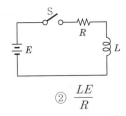

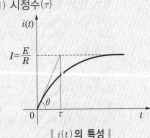

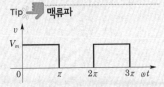

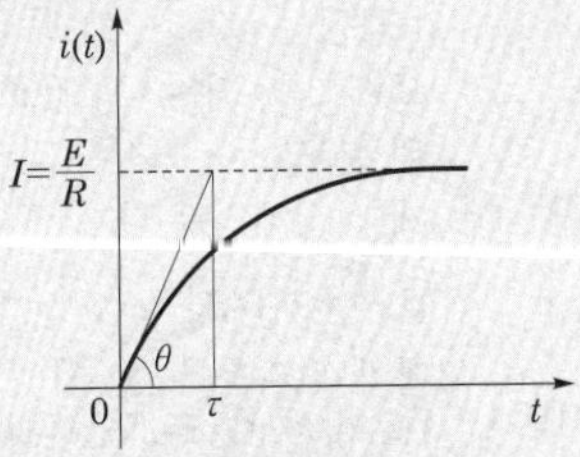

▎$i(t)$의 특성▎

$t=0$에서 과도 전류에 접선을 그어 접선이 정상 전류와 만날 때까지의 시간을 말한다.

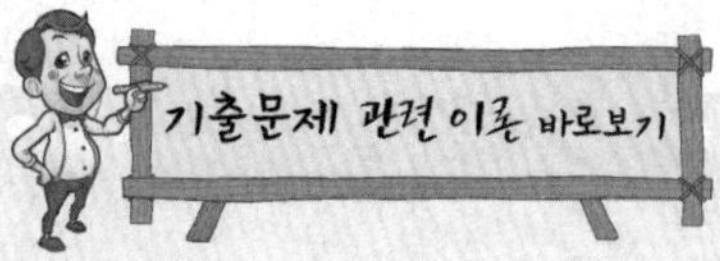

$$\tan\theta = \left[\frac{d}{dt}\left(\frac{E}{R} - \frac{E}{R}e^{\frac{-R}{L}t}\right)\right]_{t=0}$$

$$= \frac{E}{L} = \frac{\frac{E}{R}}{\tau} \text{ 이므로}$$

시정수 $\tau = \frac{L}{R}$[s]

시정수의 값이 클수록 과도 상태는 오랫동안 계속된다.

(2) 특성근

시정수의 역수로 전류의 변화율을 나타낸다.

$$\text{특성근} = -\frac{1}{\text{시정수}} = -\frac{R}{L}$$

(3) 시정수에서의 전류값

$$i(\tau) = \frac{E}{R}\left(1 - e^{-\frac{R}{L}\times\tau}\right)$$

$$= \frac{E}{R}(1 - e^{-1}) = 0.632\frac{E}{R}\text{[A]}$$

$t = \tau = \frac{L}{R}$[s]로 되었을 때의 과도 전류는 정상값의 0.632배가 된다.

09. 이론 check **2단자망**

[영점과 극점]

구동점 임피던스 $Z(s)$

$$= \frac{a_0 + a_1 s + a_2 s^2 + \cdots + a_{2n} s^{2n}}{b_1 s + b_2 s^2 + b_3 s^3 + \cdots + b_{2n-1} s^{2n-1}}$$

(1) 영점

$Z(s)$가 0이 되는 s의 값으로 $Z(s)$의 분자가 0이 되는 점, 즉 회로 단락 상태가 된다.

(2) 극점

$Z(s)$가 ∞되는 s의 값으로 $Z(s)$의 분모가 0이 되는 점, 즉 회로 개방 상태가 된다.

Tip 2단자망

2개의 단자를 가진 임의의 수동 선형 회로망을 2단자망이라 하며 2단자망의 한 쌍의 단자는 전원 전압이 가해지는 곳이 되며 이 한 쌍의 단자에서 본 임피던스를 구동점 임피던스라 한다.

07

$e^{j\omega t}$의 라플라스 변환은?

① $\frac{1}{s - j\omega}$ ② $\frac{1}{s + j\omega}$

③ $\frac{1}{s^2 + \omega^2}$ ④ $\frac{w}{s^2 + \omega^2}$

해설 $F(s) = \mathcal{L}[e^{j\omega t}] = \frac{1}{s - j\omega}$

08

그림과 같은 회로의 컨덕턴스 G_2에 흐르는 전류는 몇 [A]인가?

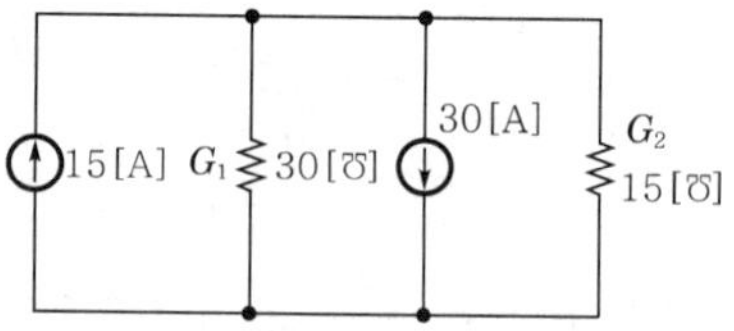

① 3 ② 5

③ 10 ④ 15

해설 $I_{G_2} = \frac{G_2}{G_1 + G_2} I = \frac{15}{30 + 15} \times 15 = 5$[A]

09

(출제빈도)

2단자 임피던스 함수 $Z(s) = \frac{(s+2)(s+3)}{(s+4)(s+5)}$일 때 극점(pole)은?

① −2, −3 ② −3, −4

③ −2, −4 ④ −4, −5

해설 $Z(s)$가 ∞되는 s의 값이므로 $Z(s)$의 분모가 0이 되는 점

$(s+4)(s+5) = 0$

$\therefore s = -4, -5$

10

다음 중 $L-C$ 직렬 회로의 공진 조건으로 옳은 것은?

① $\frac{1}{\omega L} = \omega C + R$ ② 직류 전원을 가할 때

③ $\omega L = \omega C$ ④ $\omega L = \frac{1}{\omega C}$

해설 공진 조건은 임피던스의 허수부 값이 0인 상태이므로

$$\omega L - \frac{1}{\omega C} = 0$$

$$\therefore \omega L = \frac{1}{\omega C}$$

정답 07.① 08.② 09.④ 10.④

11 $R-L$ 직렬 회로의 $V_R=100$[V]이고, $V_L=173$[V]이다. 전원 전압이 $v=\sqrt{2}\,V\sin\omega t$[V]일 때 리액턴스 양단 전압의 순시값 V_L[V]은?

① $173\sqrt{2}\sin(\omega t+60°)$　② $173\sqrt{2}\sin(\omega t+30°)$
③ $173\sqrt{2}\sin(\omega t-60°)$　④ $173\sqrt{2}\sin(\omega t-30°)$

해설 위상차 $\theta=\tan^{-1}\dfrac{V_L}{V_R}=\tan^{-1}\dfrac{173}{100}=30°$

$\therefore\ V_L=173\sqrt{2}\sin(\omega t+30°)$

12 그림의 $R-L-C$ 직렬 회로에서 입력을 전압 $e_i(t)$, 출력을 전류 $i(t)$로 할 때 이 계의 전달 함수는?

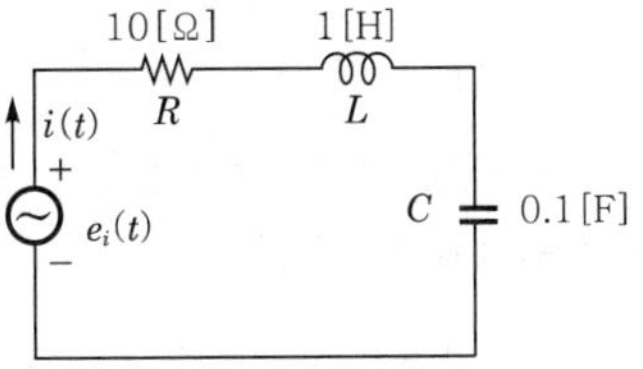

① $\dfrac{s}{s^2+10s+10}$　② $\dfrac{10s}{s^2+10s+10}$
③ $\dfrac{s}{s^2+s+1}$　④ $\dfrac{10s}{s^2+s+1}$

해설
$$G(s)=\frac{I(s)}{e_i(s)}=Y(s)=\frac{1}{Z(s)}=\frac{1}{R+Ls+\frac{1}{Cs}}=\frac{Cs}{LCs^2+RCs+1}=\frac{0.1s}{0.1s^2+s+1}=\frac{s}{s^2+10s+10}$$

13 그림과 같은 톱니파형의 실효값은?

출제빈도

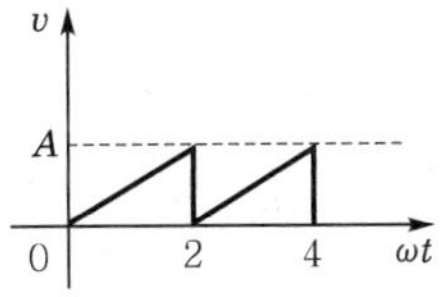

① $\dfrac{A}{\sqrt{3}}$　② $\dfrac{A}{\sqrt{2}}$
③ $\dfrac{A}{3}$　④ $\dfrac{A}{2}$

정답 11.② 12.① 13.①

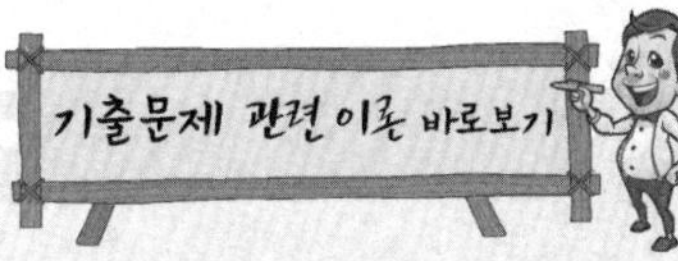

13. Tip 교류의 크기

[삼각파의 평균값과 실효값]

(1) 평균값

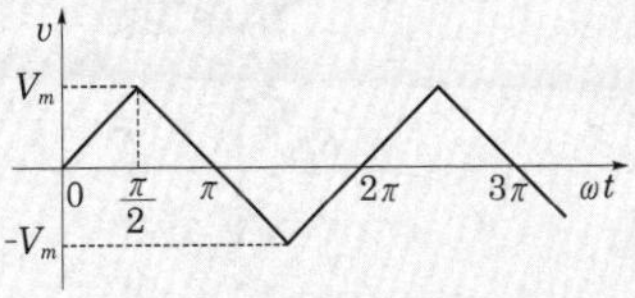

$$V_{av}=\frac{2}{\pi}\int_0^{\frac{\pi}{2}}\frac{2V_m}{\pi}\omega t\,d\omega t=\frac{4V_m}{\pi^2}\left[\frac{1}{2}(\omega t)^2\right]_0^{\frac{\pi}{2}}=\frac{4V_m}{\pi^2}\times\frac{1}{2}\times\frac{\pi^2}{4}=\frac{V_m}{2}$$

(2) 실효값

$$V=\sqrt{\frac{1}{\frac{\pi}{2}}\int_0^{\frac{\pi}{2}}\left(\frac{2V_m}{\pi}\omega t\right)^2 d\omega t}=\sqrt{\frac{2}{\pi}\times\frac{4V_m^2}{\pi^2}\int_0^{\frac{\pi}{2}}(\omega t)^2 d\omega t}=\sqrt{\frac{8V_m^2}{\pi^3}\left[\frac{1}{3}(\omega t)^3\right]_0^{\frac{\pi}{2}}}=\sqrt{\frac{8V_m^2}{\pi^3}\times\frac{1}{3}\times\left(\frac{\pi}{2}\right)^3}=\frac{V_m}{\sqrt{3}}$$

기출문제 관련 이론 바로보기

16. 이론 check **3상 교류 결선**

[성형 결선(Y결선)]

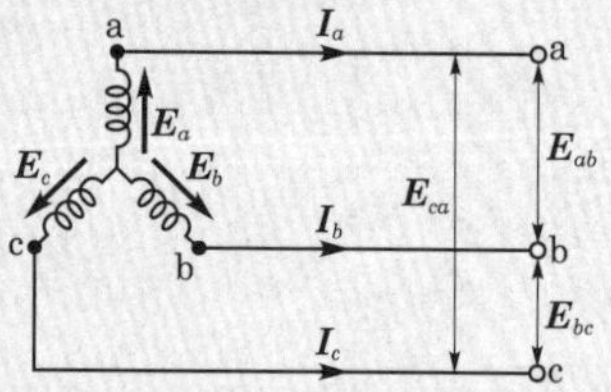

선간 전압 $\boldsymbol{E}_{ab}=\boldsymbol{E}_a-\boldsymbol{E}_b$

$\boldsymbol{E}_{bc}=\boldsymbol{E}_b-\boldsymbol{E}_c$

$\boldsymbol{E}_{ca}=\boldsymbol{E}_c-\boldsymbol{E}_a$

선간 전압과 상전압과의 벡터도를 그리면 다음과 같고,

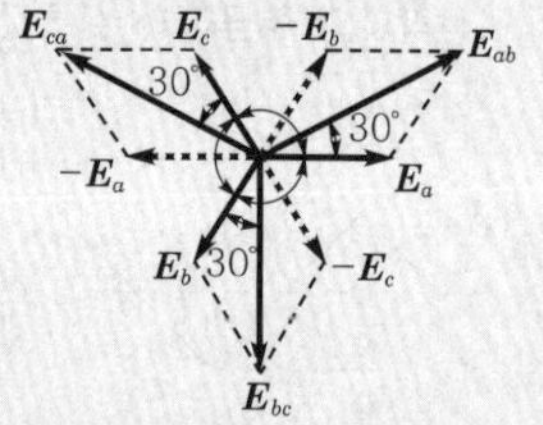

벡터도에서 선간 전압 상전압의 크기 및 위상을 구하면 다음과 같다.

$\boldsymbol{E}_{ab}=2\boldsymbol{E}_a\cos\frac{\pi}{6}\angle\frac{\pi}{6}=\sqrt{3}\boldsymbol{E}_a\angle\frac{\pi}{6}$

$\boldsymbol{E}_{bc}=2\boldsymbol{E}_b\cos\frac{\pi}{6}\angle\frac{\pi}{6}=\sqrt{3}\boldsymbol{E}_b\angle\frac{\pi}{6}$

$\boldsymbol{E}_{ca}=2\boldsymbol{E}_c\cos\frac{\pi}{6}\angle\frac{\pi}{6}=\sqrt{3}\boldsymbol{E}_c\angle\frac{\pi}{6}$

이상의 관계에서

선간 전압을 V_l, 선전류를 I_l, 상전압을 V_p, 상전류를 I_p라 하면

$V_l=\sqrt{3}\,V_p\angle\frac{\pi}{6}$[V], $I_l=I_p$[A]

Tip Y−Y 결선

3상 결선의 기본형으로서 Y−Y, △−△, Y−△ 및 △−Y 4종이 있으며 Y−Y 결선은 3차 △결선을 둔 Y−Y−△ 결선으로 사용되는 경우가 많다. Y−Y 결선은 중성점을 접임할 수 있는 이점이 있으며 제3 고조파 전류가 선로에 흐르므로 통신선에 유도 장해를 줄 염려가 있다.

해설 톱니파형의 실효값 $V=\frac{A}{\sqrt{3}}$[V]

톱니파형의 평균값 $V_{av}=\frac{A}{2}$[V]

14 임피던스가 $Z(s)=\frac{s+30}{s^2+2RLs+1}$[Ω]으로 주어지는 2단자 회로에 직류 전류원 3[A]를 가할 때, 이 회로의 단자 전압[V]은? (단, $s=j\omega$이다.)

① 30[V] ② 90[V]
③ 300[V] ④ 900[V]

해설 직류는 $f=0$이므로 $s=0$이 된다.
$V=Z\cdot I=30\times3=90$[V]

15 그림과 같이 선형 저항 R_1과 이상 전압원 V_2와의 직렬 접속된 회로에서 $V-i$ 특성을 나타낸 것은?

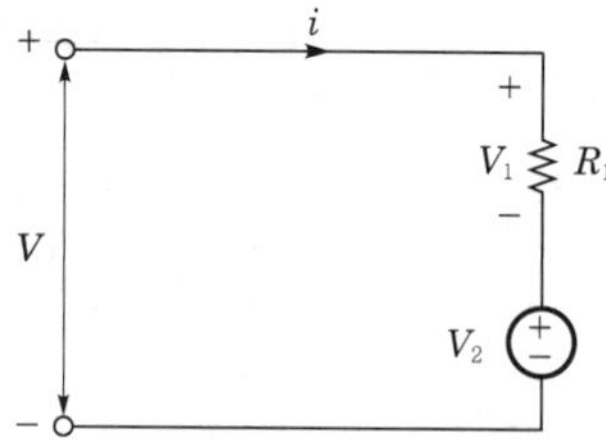

①
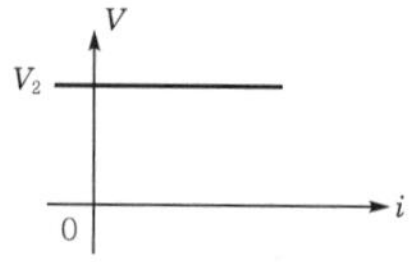

②
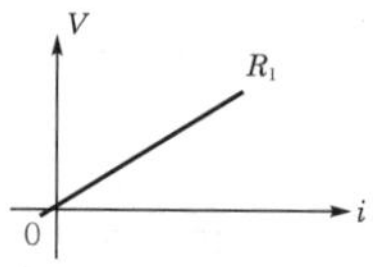

③
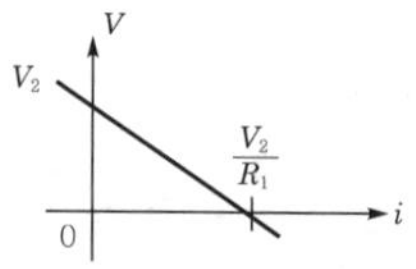

④
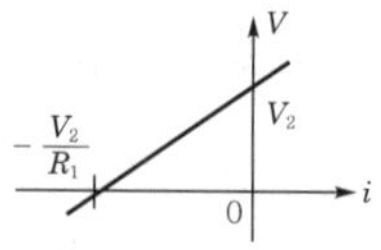

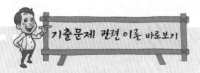

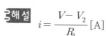

해설 $i=\frac{V-V_2}{R_1}$[A]

$V=0$일 때 $i=-\frac{V_2}{R_1}$[A]이고, $V=V_2$일 때 $i=0$[A]가 된다.

16 Y결선 전원에서 각 상전압이 100[V]일 때 선간 전압[V]은?

출제빈도

① 150 ② 170
③ 173 ④ 179

정답 14.② 15.④ 16.③

해설 선간 전압$(V_e)=\sqrt{3}\times$상전압(V_p)

$\therefore\ V_e=\sqrt{3}\times 100=173[\text{V}]$

17 (출제빈도) 두 벡터의 값이 $\boldsymbol{A}_1=20\left(\cos\frac{\pi}{3}+j\sin\frac{\pi}{3}\right)$이고, $\boldsymbol{A}_2=5\left(\cos\frac{\pi}{6}+j\sin\frac{\pi}{6}\right)$일 때 $\frac{\boldsymbol{A}_1}{\boldsymbol{A}_2}$의 값은?

① $10\left(\cos\frac{\pi}{6}+j\sin\frac{\pi}{6}\right)$　② $10\left(\cos\frac{\pi}{3}+j\sin\frac{\pi}{3}\right)$

③ $4\left(\cos\frac{\pi}{6}+j\sin\frac{\pi}{6}\right)$　④ $4\left(\cos\frac{\pi}{3}+j\sin\frac{\pi}{3}\right)$

해설

$$\boldsymbol{A}_3=\frac{\boldsymbol{A}_1}{\boldsymbol{A}_2}=\frac{20\angle\frac{\pi}{3}}{5\angle\frac{\pi}{6}}=4\angle\frac{\pi}{6}=4\left(\cos\frac{\pi}{6}+j\sin\frac{\pi}{6}\right)$$

18 그림과 같은 회로에서 지로 전류 I_L[A]과 I_c[A]가 크기는 같고 90°의 위상차를 이루는 조건은?

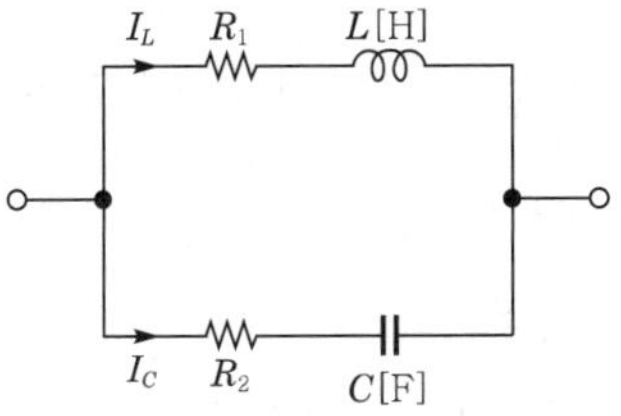

① $R_1=R_2,\ R_2=\frac{1}{\omega C}$　② $R_1=\frac{1}{\omega C},\ R_2=\omega L$

③ $R_1=\omega L,\ R_2=-\frac{1}{\omega C}$　④ $R_1=-\omega L,\ R_2=\frac{1}{\omega L}$

해설

I_L과 I_C의 크기가 같고 위상차가 90°를 이루는 조건은 $\frac{I_C}{I_L}=j$의 조건을 만족하면 되므로

$$\frac{I_C}{I_L}=\frac{R_1+j\omega L}{R_2-j\frac{1}{\omega C}}=j$$

$$\therefore\ R_1+j\omega L=jR_2+\frac{1}{\omega C}$$

$$\because\ R_1=\frac{1}{\omega C},\ R_2=\omega L$$

정답 17.③ 18.②

기출문제 관련 이론 바로보기

17. 이론 check **복소수 연산**

(1) 복소수의 합과 차

직각 좌표형인 경우 실수부는 실수부끼리, 허수부는 허수부끼리 더하고 뺀다.

$\boldsymbol{Z}_1=a+jb,\ \boldsymbol{Z}_2=c+jd$로 주어지는 경우 덧셈과 뺄셈을 구하는 방법은 다음과 같다.

$$\boldsymbol{Z}_1\pm\boldsymbol{Z}_2=(a\pm c)+j(b\pm d)$$

(2) 복소수의 곱과 나눗셈

극좌표형으로 바꾸어 곱셈의 경우는 크기는 곱하고 각도는 더하며, 나눗셈의 경우는 크기는 나누고 각도는 뺀다.

$\boldsymbol{Z}_1=a+jb,\ \boldsymbol{Z}_2=c+jd$일 때 극형식으로 고치면 다음과 같다.

$$|\boldsymbol{Z}_1|=\sqrt{a^2+b^2},\ \theta_1=\tan^{-1}\frac{b}{a}$$

$$|\boldsymbol{Z}_2|=\sqrt{c^2+d^2},\ \theta_2=\tan^{-1}\frac{d}{c}$$

이를 이용하여 곱과 나눗셈을 구하면 다음과 같은 방법을 사용한다.

$$\boldsymbol{Z}_1\times\boldsymbol{Z}_2=|Z_1|\angle\theta_1\times|Z_2|\angle\theta_2=|Z_1|\,|Z_2|\angle\theta_1+\theta_2$$

$$\frac{\boldsymbol{Z}_1}{\boldsymbol{Z}_2}=\frac{|Z_1|\angle\theta_1}{|Z_2|\angle\theta_2}=\frac{|Z_1|}{|Z_2|}\angle\theta_1-\theta_2$$

(3) 복소수에 의한 정현파 표현

정현파 교류를 극형식으로 표시하는 것. 즉, 페이저(phasor) 또는 실효값 정지 벡터는

$v=\sqrt{2}V\sin\omega t$

$\Rightarrow \boldsymbol{V}=V\angle 0°$

$v_1=\sqrt{2}V\sin(\omega t+\theta_1)$

$\Rightarrow \boldsymbol{V}_1=V\angle\theta_1$

$v_2=\sqrt{2}V\sin(\omega t+\theta_2)$

$\Rightarrow \boldsymbol{V}_2=V\angle\theta_2$

기출문제 관련 이론 바로보기

19. 이론 check **불평형 Y부하의 중성점 전위**

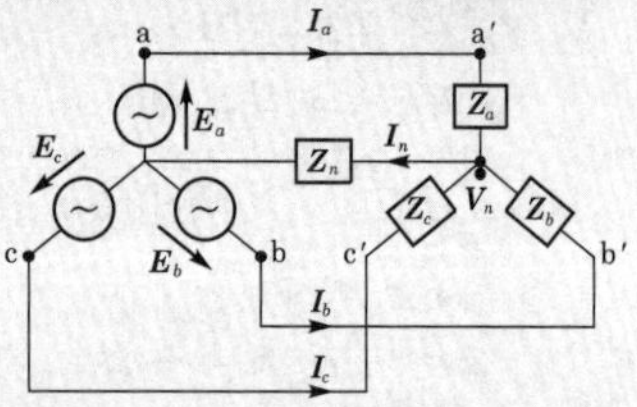

E_a, E_b, E_c의 대칭 또는 비대칭의 3상 기전력을 갖는 전원에 Z_a, Z_b, Z_c의 불평형 부하를 접속한 회로의 부하의 중성점 O′의 전위 V_n을 밀만의 정리를 적용하여 구하면 다음과 같다.

중성점 전위

$$V_n = \frac{E_aY_a + E_bY_b + E_cY_c}{Y_a + Y_b + Y_c + Y_n} = \frac{\frac{E_a}{Z_a} + \frac{E_b}{Z_b} + \frac{E_c}{Z_c}}{\frac{1}{Z_a} + \frac{1}{Z_b} + \frac{1}{Z_c} + \frac{1}{Z_n}} \text{[V]}$$

20. 이론 check **비정현파**

(1) 푸리에 급수 전개

비정현파(=왜형파)의 한 예를 표시한 것으로 이와 같은 주기 함수를 푸리에 급수에 의해 몇 개의 주파수가 다른 정현파 교류의 합으로 나눌 수 있다. 비정현파를 $y(t)$의 시간의 함수로 나타내면 다음과 같다.

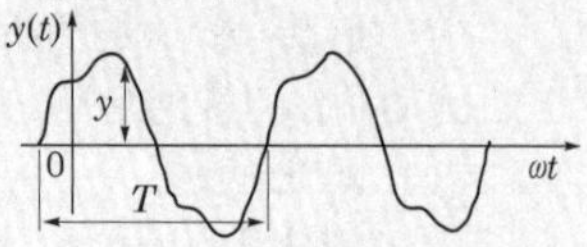

비정현파의 구성은 직류 성분+기본파+고조파로 분해되며 이를 식으로 표시하면

$$y(t) = a_0 + a_1\cos\omega t + a_2\cos 2\omega t + a_3\cos 3\omega t + \cdots + b_1\sin\omega t + b_2\sin 2\omega t + b_3\sin 3\omega t + \cdots$$

$$y(t) = a_0 + \sum_{n=1}^{\infty} a_n\cos n\omega t + \sum_{n=1}^{\infty} b_n\sin n\omega t$$

19 그림과 같은 불평형 Y형 회로에 평형 3상 전압을 가할 경우 중성점의 전위 V_n[V]은? (단, Y_1, Y_2, Y_3는 각 상의 어드미턴스[℧]이고, Z_1, Z_2, Z_3는 각 어드미턴스에 대한 임피던스[Ω]이다.)

출제빈도

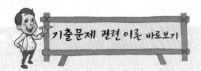

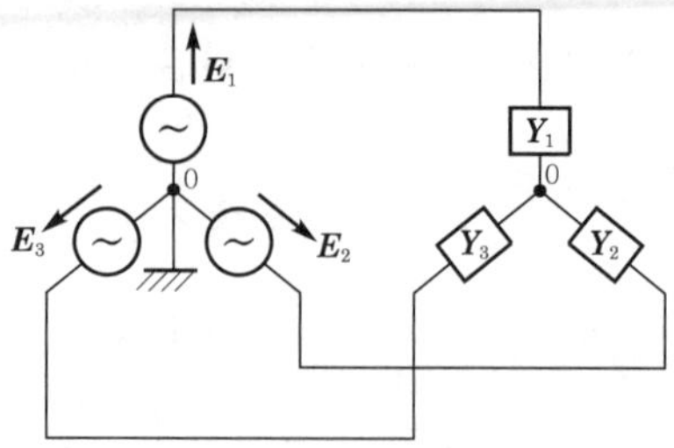

① $\dfrac{E_1 + E_2 + E_3}{Z_1 + Z_2 + Z_3}$

② $\dfrac{Z_1E_1 + Z_2E_2 + Z_3E_3}{Z_1 + Z_2 + Z_3}$

③ $\dfrac{E_1 + E_2 + E_3}{Y_1 + Y_2 + Y_3}$

④ $\dfrac{Y_1E_1 + Y_2E_2 + Y_3E_3}{Y_1 + Y_2 + Y_3}$

해설 중성점의 전위는 밀만의 정리가 성립된다.

$$V_n = \frac{\sum_{k=1}^{n} I_k}{\sum_{k=1}^{n} Y_k} \text{[V]} = \frac{Y_1E_1 + Y_2E_2 + Y_3E_3}{Y_1 + Y_2 + Y_3} \text{[V]}$$

20 푸리에 급수에서 직류항은?

출제빈도

① 우함수이다.

② 기함수이다.

③ 우수함+기함수이다.

④ 우수함×기함수이다.

해설 여현 대칭(우함수)인 경우 직류 성분과 cos항이 존재한다. 따라서 푸리에 급수에서 직류항이 존재하면 우함수가 된다.

정답 19.④ 20.①

제 3 회 회로이론

01 1[mV]의 입력을 가했을 때 100[mV]의 출력이 나오는 4단자 회로의 이득[dB]은?

① 40 ② 30
③ 20 ④ 10

해설 이득 $g = 20\log_{10}\left|\frac{\text{출력}}{\text{입력}}\right|$

$= 20\log_{10}\left|\frac{100\times10^{-3}}{1\times10^{-3}}\right|$

$= 20\log_{10}10^2 = 40[\text{dB}]$

02 그림과 같은 $R-C$ 직렬 회로에 비정현파 전압 $v = 20+220\sqrt{2}\sin120\pi t + 40\sqrt{2}\sin360\pi t$[V]를 가할 때 제3고조파 전류 i_3[A]는 약 얼마인가?

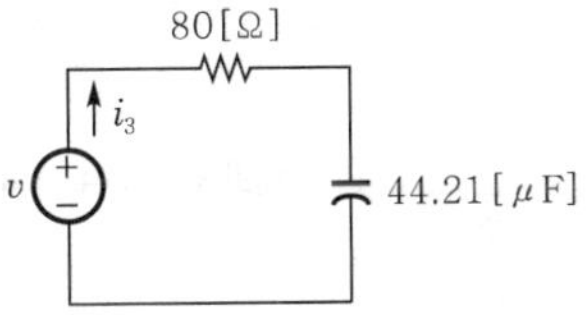

① $0.49\sin(360\pi t-14.04°)$
② $0.49\sqrt{2}\sin(360\pi t-14.04°)$
③ $0.49\sin(360\pi t+14.04°)$
④ $0.49\sqrt{2}\sin(360\pi t+14.04°)$

해설 제3고조파 전류 $i_3 = I_{m3}\sin(360\pi t+\theta_3)$

$$I_{m3} = \frac{V_{m3}}{Z_3} = \frac{40\sqrt{2}}{\sqrt{R^2+\left(\frac{1}{3\omega C}\right)^2}} = \frac{40\sqrt{2}}{\sqrt{80^2+20^2}} = 0.49\sqrt{2}\,[\text{A}]$$

$$\theta_3 = \tan^{-1}\frac{\left(\frac{1}{3\omega C}\right)}{R} = 14.04°$$

$\because\ i_3 = 0.49\sqrt{2}\sin(360\pi t+14.04°)$

03 그림과 같은 회로에서 15[Ω]에 흐르는 전류는 몇 [A]인가?

출제빈도

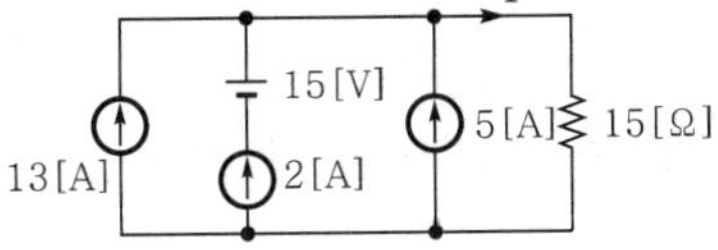

① 4 ② 8
③ 10 ④ 20

해설 전류원에 의한 전류 $I_1 = 13+2+5 = 20[\text{A}]$
전압원 15[V]에 의한 전류 $I_2 = 0[\text{A}]$
$\therefore\ I = I_1+I_2 = 20[\text{A}]$

정답 01.① 02.④ 03.④

기출문제 관련 이론 바로보기

(2) 여현 대칭

y축에 대하여 좌우 대칭인 파형으로 우함수로 표시되고 π를 축으로 180° 회전해서 좌우가 합동인 파형

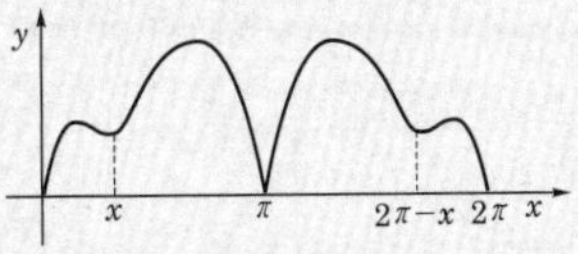

① 대칭 조건(=함수식)
$y(x) = y(2\pi - x)$,
$y(x) = y(-x)$

② 특징 : sin항의 계수가 0이고 직류 성분과 cos항이 존재하는 파형

$$y(t) = A_0 + \sum_{n=1}^{\infty} a_n \cos n\omega t$$

$(n = 1, 2, 3, 4, \cdots)$

03. 이론 check **중첩의 원리**

2개 이상의 전원을 포함하는 선형 회로망에서 회로 내의 임의의 점의 전류 또는 두 점 간의 전압은 개개의 전원이 개별적으로 작용할 때에 그 점에 흐르는 전류 또는 두 점 간의 전압을 합한 것과 같다는 것을 중첩의 원리(principle of superposition)라 한다. 여기서, 전원을 개별적으로 작용시킨다는 것은 다른 전원을 제거한다는 것을 말하며, 이때 전압원은 단락하고 전류원은 개방한다는 의미이다.

기출문제 관련 이론 바로보기

06. 이론 check 다상 교류 회로의 전압·전류

(1) 성형 결선

n을 다상 교류의 상수라 하면

① 선간 전압을 V_l, 상전압을 V_p라 하면

$$V_l = 2\sin\frac{\pi}{n} V_p \angle \frac{\pi}{2}\left(1-\frac{2}{n}\right)[\text{V}]$$

② 선전류(I_l)=상전류(I_p)

(2) 환상 결선

n을 다상 교류의 상수라 하면

① 선전류를 I_l, 상전류를 I_p라 하면

$$I_l = 2\sin\frac{\pi}{n} I_p \angle -\frac{\pi}{2}\left(1-\frac{2}{n}\right)[\text{A}]$$

② 선간 전압(V_l)=상전압(V_p)

(3) 다상 교류의 전력

n을 다상 교류의 상수라 하면

$$P = \frac{n}{2\sin\frac{\pi}{n}} V_l I_l \cos\theta[\text{W}]$$

04

다음 회로에서 정저항 회로가 되기 위해서는 $\frac{1}{\omega C}$의 값은 몇 [Ω]이면 되는가?

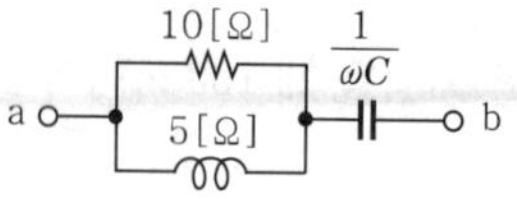

① 2
② 4
③ 6
④ 8

해설

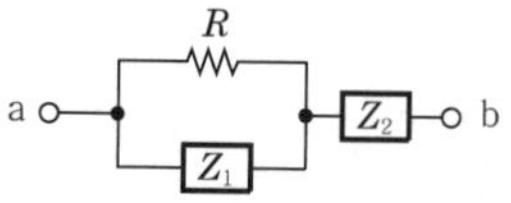

$$Z = \frac{R\cdot Z_1}{R+Z_1} + Z_2 = \frac{R\left(Z_1 + Z_2 + \frac{Z_1 Z_2}{R}\right)}{R+Z_1}$$

정저항 조건 $Z_1 + Z_2 + \frac{Z_1 Z_2}{R} = R + Z_1$

$$\therefore\ Z_2 = \frac{R}{1+\frac{Z_1}{R}} = \frac{10}{1+\frac{j5}{10}} = \frac{10}{1.25} - j\frac{5}{1.25} = 8 - j4$$

따라서, $\frac{1}{\omega C} = 4[\Omega]$

05

내부 저항이 15[kΩ]이고 최대 눈금이 150[V]인 전압계와 내부 저항이 10[kΩ]이고 최대 눈금이 150[V]인 전압계가 있다. 두 전압계를 직렬 접속하여 측정하면 최대 몇 [V]까지 측정할 수 있는가?

① 200
② 250
③ 300
④ 375

해설 내부 저항이 3 : 2이므로 분배 전압도 3 : 2가 된다. 최대 전압이 각각 150[V]이므로 150[V] : 100[V]가 된다. 따라서, 최대 측정할 수 있는 전압은 250[V]가 된다.

06

출제빈도

6상 성형 상전압이 200[V]일 때 선간 전압[V]은?

① 200
② 150
③ 100
④ 50

해설 선간 전압 $V_l = 2\sin\frac{\pi}{n}\cdot V_p = 2\sin\frac{\pi}{6}200 = 200[\text{V}]$

정답 04.② 05.② 06.①

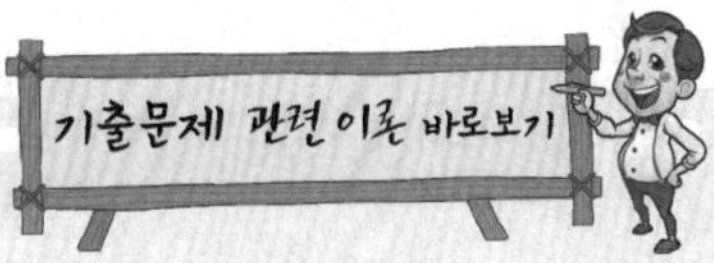

07

그림과 같은 회로에서 스위치 S를 $t=0$에서 닫았을 때 $(V_L)_{t=0}=100$ [V], $\left(\dfrac{di}{dt}\right)_{t=0}=400$[A/s]이다. L의 값은 몇 [H]인가?

① 0.1
② 0.5
③ 0.25
④ 7.5

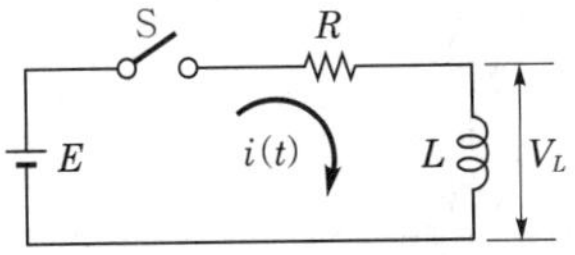

해설 $V_L = L\dfrac{di}{dt}$

$\therefore\ L=\dfrac{100}{400}=0.25$[H]

08

어떤 회로의 전압이 E, 전류가 I일 때 $P_a=\overline{E}I=P+jP_r$에서 $P_r>0$이다. 이 회로는 어떤 부하인가? (단, $\overline{E}$는 E의 공액 복소수이다.)

① 용량성　② 무유도성
③ 유도성　④ 정저항

해설 $P_a=\overline{E}\cdot I=P+jP_r$이므로 (+)인 경우는 진상 전류에 의한 무효 전력, 즉 용량성 부하가 된다.

08. **이론 check** **복소 전력**

전압과 전류가 직각 좌표계로 주어지는 경우의 전력 계산법으로
전압 $V=V_1+jV_2$[V],
전류 $I=I_1+jI_2$[A]라 하면
피상 전력은 전압의 공액 복소수와 전류의 곱으로서

$$\begin{aligned}P_a&=\overline{V}\cdot I\\&=(V_1-jV_2)(I_1+jI_2)\\&=(V_1I_1+V_2I_2)\\&\quad-j(V_2I_1-V_1I_2)\\&=P-jP_r\end{aligned}$$

이때 허수부가 음(−)일 때 뒤진 전류에 의한 지상 무효 전력, 즉 유도성 부하가 되고, 양(+)일 때 앞선 전류에 의한 진상 무효 전력, 즉 용량성 부하가 된다.

(1) 유효 전력
$P=V_1I_1+V_2I_2$[W]

(2) 무효 전력
$P_r=V_2I_1-V_1I_2$[Var]

(3) 피상 전력
$P_a=\sqrt{P^2+P_r^2}$[VA]

09

다음 그림과 같은 전기 회로의 입력을 e_i, 출력을 e_o라고 할 때 전달함수는?

① $\dfrac{R_2(1+R_1Ls)}{R_1+R_2+R_1R_2Ls}$

② $\dfrac{1+R_2Ls}{1+(R_1+R_2)Ls}$

③ $\dfrac{R_2(R_1+Ls)}{R_1R_2+R_1Ls+R_2Ls}$

④ $\dfrac{R_2+\dfrac{1}{Ls}}{R_1+R_2+\dfrac{1}{Ls}}$

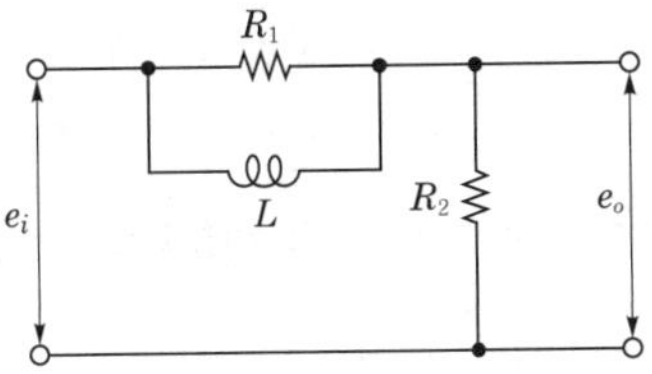

해설 $G(s)=\dfrac{e_o(s)}{e_i(s)}=\dfrac{R_2}{\dfrac{R_1Ls}{R_1+Ls}+R_2}$

$=\dfrac{R_2}{\dfrac{R_1Ls+R_1R_2+R_2Ls}{R_1+Ls}}$

$=\dfrac{R_2(R_1+Ls)}{R_1R_2+R_1Ls+R_2Ls}$

정답 07.③ 08.① 09.③

기출문제 관련 이론 바로보기

10. 이론 check 3상 교류 결선

[환상(△) 결선]

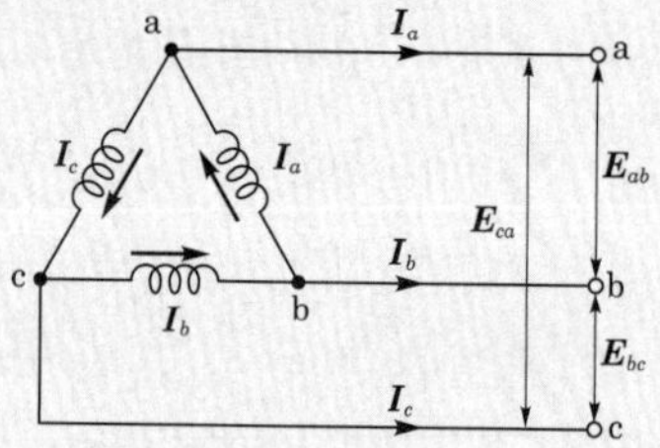

선전류 $I_a = I_{ab} - I_{ca}$

$I_b = I_{bc} - I_{ab}$

$I_c = I_{ca} - I_{bc}$

선전류와 상전류와의 벡터도를 그리면 다음과 같고,

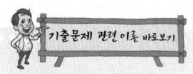

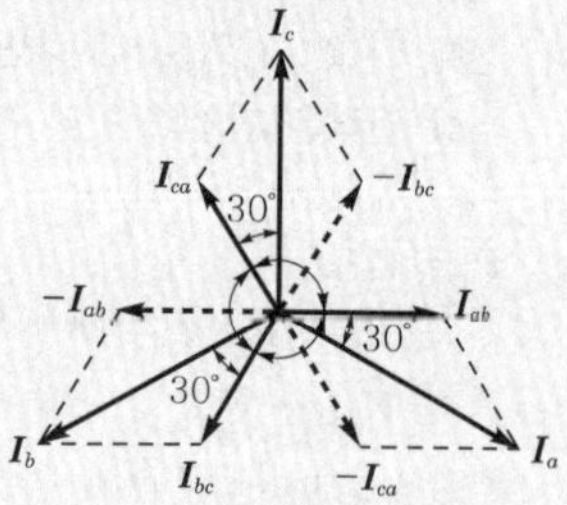

벡터도에서 선전류와 상전류의 크기 및 위상을 구하면 다음과 같다.

$I_a = 2I_{ab}\cos\frac{\pi}{6}\angle -\frac{\pi}{6} = \sqrt{3}I_{ab}\angle -\frac{\pi}{6}$

$I_b = 2I_{bc}\cos\frac{\pi}{6}\angle -\frac{\pi}{6} = \sqrt{3}I_{bc}\angle -\frac{\pi}{6}$

$I_c = 2I_{ca}\cos\frac{\pi}{6}\angle -\frac{\pi}{6} = \sqrt{3}I_{ca}\angle -\frac{\pi}{6}$

이상의 관계에서

선간 전압을 V_l, 선전류를 I_l, 상전압을 V_p, 상전류를 I_p라 하면

$I_l = \sqrt{3}I_p\angle -\frac{\pi}{6}$[A], $V_l = V_p$[V]

Tip △결선의 성질

(1) 각 상의 전력은 같다.

(2) 선간 전압과 상전압은 같다.

(3) 선전류는 상전류 보다 위상은 $\frac{\pi}{6}$[rad] 늦어지고 크기는 $\sqrt{3}$ 배가 된다.

10 출제빈도

변압비 $\frac{n_1}{n_2} = 30$인 단상 변압기 3개를 1차 △결선, 2차 Y결선 하고 1차 선간에 3,000[V]를 가했을 때 무부하 2차 선간 전압[V]은?

① $\frac{100}{\sqrt{3}}$[V]

② $\frac{190}{\sqrt{3}}$[V]

③ 100[V]

④ $100\sqrt{3}$[V]

해설 권수비 $a = \frac{n_1}{n_2} = \frac{V_1}{V_2}$에서

2차 상전압 $V_2 = \frac{n_2}{n_1} \times V_1 = \frac{1}{30} \times 3{,}000 = 100$[V]

∴ 2차 선간 전압 $V_{2l} = \sqrt{3}\,V_{2p} = \sqrt{3} \cdot 100 = 100\sqrt{3}$[V]

11

$G(s) = \frac{s+1}{s^2+3s+2}$의 특성 방정식의 근의 값은?

① −2, 3

② 1, 2

③ −2, −1

④ 1, −3

해설 특성 방정식은 전달 함수의 분모=0의 방정식이므로

$s^2+3s+2=0$

$(s+2)(s+1)=0$

$\therefore\ s=-2,\ -1$

12

$e^{-at}\cos\omega t$의 라플라스 변환은?

① $\frac{s-a}{(s-a)^2+\omega^2}$

② $\frac{s+a}{(s+a)^2+\omega^2}$

③ $\frac{s+a}{(s^2+\omega^2)^2}$

④ $\frac{s-a}{(s^2-\omega^2)^2}$

해설 복소 추이 정리를 이용하면

$\mathcal{L}[e^{-at}\cos\omega t] = \mathcal{L}[\cos\omega t]\big|_{s=s+a}$

$= \frac{s}{s^2+\omega^2}\Big|_{s=s+a}$

$= \frac{s+a}{(s+a)^2+\omega^2}$

정답 10.④ 11.③ 12.②

13 그림에서 4단자망의 개방 순방향 전달 임피던스 $Z_{21}[\Omega]$과 단락 순방향 전달 어드미턴스 $Y_{21}[℧]$은?

출제빈도

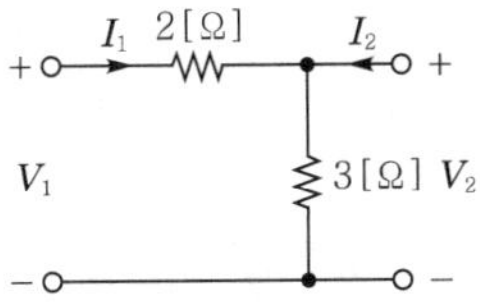

① $Z_{21}=5,\ Y_{21}=-\dfrac{1}{2}$ ② $Z_{21}=3,\ Y_{21}=-\dfrac{1}{3}$

③ $Z_{21}=3,\ Y_{21}=-\dfrac{1}{2}$ ④ $Z_{21}=5,\ Y_{21}=-\dfrac{5}{6}$

해설 $Z_{11}=2+3[\Omega],\ Z_{22}=3[\Omega],\ Z_{12}=Z_{21}=3[\Omega]$

$Y_{11}=\dfrac{1}{2}[℧],\ Y_{22}=\dfrac{1}{2}+\dfrac{1}{3}[℧],\ Y_{12}=Y_{21}=\dfrac{1}{2}[℧]$

단락 전달 어드미턴스는 순방향일 때 (−)가 된다.

14 $i=20\sqrt{2}\sin\left(377t-\dfrac{\pi}{6}\right)$[A]인 파형의 주파수는 몇 [Hz]인가?

① 50 ② 60

③ 70 ④ 80

해설 **순시치의 기본 형태**

$i=I_m\sin(\omega t\pm\theta)$에서

$\omega=377[\text{rad/s}]$

$\omega=2\pi f$

$\therefore\ f=\dfrac{\omega}{2\pi}=\dfrac{377}{2\pi}=60[\text{Hz}]$

15 불평형 3상 전류가 $I_a=15+j2$[A], $I_b=-20-j14$[A], $I_c=-3+j10$[A]일 때의 영상 전류 I_0는?

① $2.85+j0.36$[A]

② $-2.67-j0.67$[A]

③ $1.57-j3.25$[A]

④ $12.67+j2$[A]

해설 $I_0=\dfrac{1}{3}(I_a+I_b+I_c)$

$=\dfrac{1}{3}\{(15+j2)+(-20-j14)+(-3+j10)\}=-2.67-j0.67[\text{A}]$

정답 13.③ 14.② 15.②

기출문제 관련 이론 바로보기

13. 이론 check **파라미터**

(1) 임피던스 파라미터

$\begin{bmatrix}V_1\\V_2\end{bmatrix}=\begin{bmatrix}Z_{11}&Z_{12}\\Z_{21}&Z_{22}\end{bmatrix}\begin{bmatrix}I_1\\I_2\end{bmatrix}$에서

$V_1=Z_{11}I_1+Z_{12}I_2,$

$V_2=Z_{21}I_1+Z_{22}I_2$

가 된다.

이 경우 $[Z]=\begin{bmatrix}Z_{11}&Z_{12}\\Z_{21}&Z_{22}\end{bmatrix}$를 4단자망의 임피던스 행렬이라고 하며 그의 요소를 4단자망의 임피던스 파라미터라 한다.

임피던스 파라미터를 구하는 방법은 다음과 같다.

$Z_{11}=\left.\dfrac{V_1}{I_1}\right|_{I_2=0}$: 출력 단자를 개방하고 입력측에서 본 개방 구동점 임피던스

$Z_{22}=\left.\dfrac{V_2}{I_2}\right|_{I_1=0}$: 입력 단자를 개방하고 출력측에서 본 개방 구동점 임피던스

$Z_{12}=\left.\dfrac{V_1}{I_2}\right|_{I_1=0}$: 입력 단자를 개방했을 때의 개방 전달 임피던스

$Z_{21}=\left.\dfrac{V_2}{I_1}\right|_{I_2=0}$: 출력 단자를 개방했을 때의 개방 전달 임피던스

(2) 어드미턴스 파라미터

$\begin{bmatrix}I_1\\I_2\end{bmatrix}=\begin{bmatrix}Y_{11}&Y_{12}\\Y_{21}&Y_{22}\end{bmatrix}\begin{bmatrix}V_1\\V_2\end{bmatrix}$에서

$I_1=Y_{11}V_1+Y_{12}V_2,$

$I_2=Y_{21}V_1+Y_{22}V_2$가 된다.

이 경우 $[Y]=\begin{bmatrix}Y_{11}&Y_{12}\\Y_{21}&Y_{22}\end{bmatrix}$를 4단자망의 어드미턴스 행렬이라고 하며 그의 요소를 4단자망의 어드미턴스 파라미터라 한다.

어드미턴스 파라미터를 구하는 방법은 다음과 같다.

$Y_{11}=\left.\dfrac{I_1}{V_1}\right|_{V_2=0}$: 출력 단자를 단락하고 입력측에서 본 단락 구동점 어드미턴스

기출문제 관련 이론 바로보기

$Y_{22}=\left.\dfrac{I_2}{V_2}\right|_{V_1=0}$: 입력 단자를 단락하고 출력측에서 본 단락 구동점 어드미턴스

$Y_{12}=\left.\dfrac{I_1}{V_2}\right|_{V_1=0}$: 입력 단자를 단락했을 때의 단락 전달 어드미턴스

$Y_{21}=\left.\dfrac{I_2}{V_1}\right|_{V_2=0}$: 출력 단자를 단락했을 때의 단락 전달 어드미턴스

17. 이론 check **인덕턴스 직렬 접속**

(1) 가극성(=가동 결합)

다음 그림의 (a)와 같이 전류의 방향이 동일하며 자속이 합하여지는 경우로서 이를 등가적으로 그리면 그림 (b)와 같이 된다.

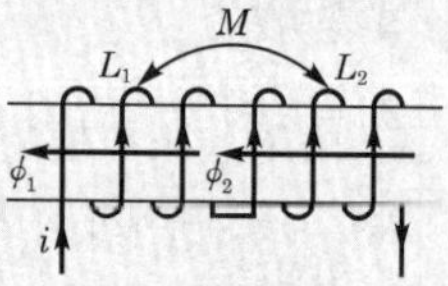

(a)

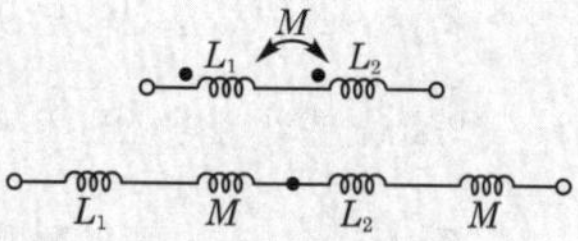

(b)

이때, 합성 인덕턴스는

$L_0=L_1+M+L_2+M$
$=L_1+L_2+2M$[H]

(2) 감극성(=차동 결합)

다음 그림의 (a)와 같이 전류의 방향이 반대이며 자속의 방향이 반대인 경우로서 이를 등가적으로 그리면 그림 (b)와 같이 된다.

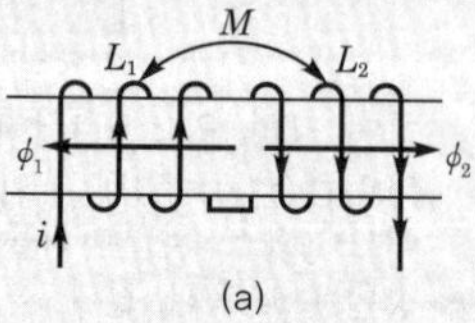

(a)

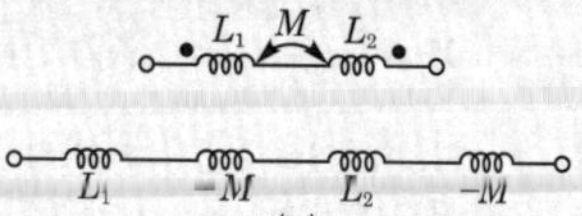

(b)

16 $R-L-C$ 직렬 회로에 $t=0$에서 교류 전압 $e=E_m\sin(\omega t+\theta)$를 가할 때 $R^2-4\dfrac{L}{C}>0$이면 이 회로는?

① 진동적이다. ② 비진동적이다.
③ 임계적이다. ④ 비감쇠 진동이다.

해설
- 임계 진동 : $R^2-4\dfrac{L}{C}=0$
- 비진동 : $R^2-4\dfrac{L}{C}>0$
- 진동 : $R^2-4\dfrac{L}{C}<0$

17 그림과 같이 접속된 회로의 단자 a, b에서 본 등가 임피던스는 어떻게 표현되는가? (단, M[H]은 두 코일 L_1, L_2 사이의 상호 인덕턴스이다.)

출제빈도

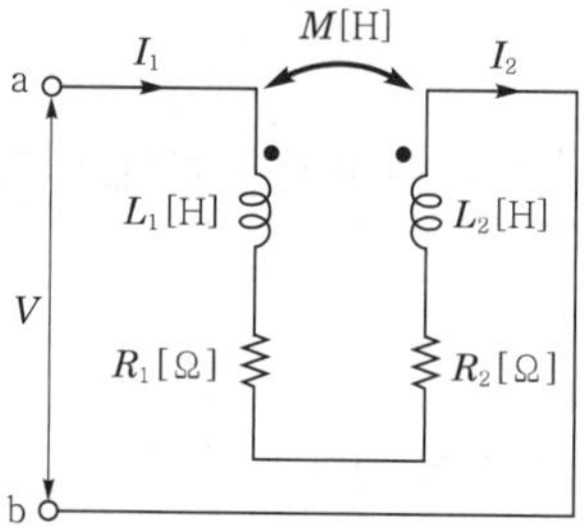

① $R_1+R_2+j\omega(L_1+L_2)$
② $R_1+R_2+j\omega(L_1-L_2)$
③ $R_1+R_2+j\omega(L_1+L_2+2M)$
④ $R_1+R_2+j\omega(L_1+L_2-2M)$

해설 등가 임피던스 $Z=R+j\omega L$[Ω]
차동 결합이므로 합성 인덕턴스 $L=L_1+L_2-2M$[H]
$\therefore\ Z=R_1+R_2+j\omega(L_1+L_2-2M)$

18 그림과 같은 회로에 교류 전압 $E=100\angle 0°$[V]를 인가할 때 전전류 I는 몇 [A]인가?

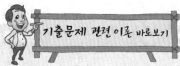

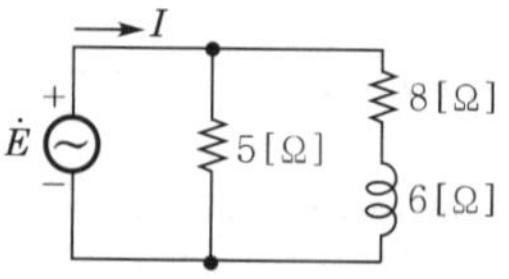

① $6+j28$ ② $6-j28$
③ $28+j6$ ④ $28-j6$

정답 16.② 17.④ 18.④

해설 5[Ω]의 전류를 I_1, 8[Ω]과 6[Ω]의 직렬 회로 전류를 I_2라 하면

전전류 $I = I_1 + I_2 = \frac{E}{R} + \frac{E}{Z} = \frac{100}{5} + \frac{100}{8+j6} = 28 - j6$

19 다음과 같은 회로에서 4단자 정수는 어떻게 되는가?

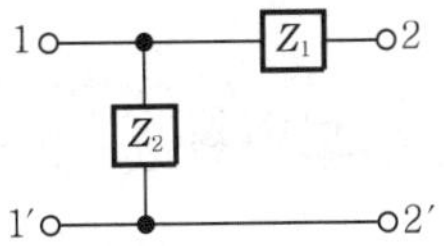

① $A=1,\ B=\frac{1}{Z_1},\ C=Z_1,\ D=1+\frac{Z_2}{Z_3}$

② $A=0,\ B=\frac{1}{Z_2},\ C=Z_3,\ D=2+\frac{Z_2}{Z_3}$

③ $A=1,\ B=Z_1,\ C=\frac{1}{Z_2},\ D=1+\frac{Z_1}{Z_2}$

④ $A=1,\ B=\frac{1}{Z_2},\ C=\frac{Z_3}{Z_2+Z_3},\ D=Z_2+Z_3$

해설

$$\begin{bmatrix} A & B \\ C & D \end{bmatrix} = \begin{bmatrix} 1 & 0 \\ \frac{1}{Z_2} & 1 \end{bmatrix}\begin{bmatrix} 1 & Z_1 \\ 0 & 1 \end{bmatrix} = \begin{bmatrix} 1 & Z_1 \\ \frac{1}{Z_2} & \frac{Z_1}{Z_2}+1 \end{bmatrix}$$

20 교류의 파형률이란?

① $\frac{\text{최대값}}{\text{실효값}}$ ② $\frac{\text{실효값}}{\text{최대값}}$

③ $\frac{\text{평균값}}{\text{실효값}}$ ④ $\frac{\text{실효값}}{\text{평균값}}$

해설 파형률은 평균값에 대한 실효값의 비로 나타낸다.

정답 19.③ 20.④

기출문제 관련 이론 바로보기

이때, 합성 인덕턴스는

$L_0 = L_1 - M + L_2 - M$
$= L_1 + L_2 - 2M$[H]

19. 이론 check **4단자 정수**

(1) $ABCD$ 파라미터

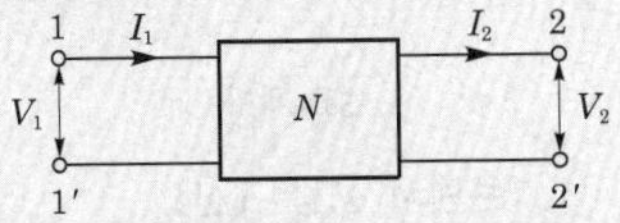

$\begin{bmatrix} V_1 \\ I_1 \end{bmatrix} = \begin{bmatrix} A & B \\ C & D \end{bmatrix}\begin{bmatrix} V_2 \\ I_2 \end{bmatrix}$에서

$V_1 = AV_2 + BI_2$, $I_1 = CV_2 + DI_2$가 된다.

이 경우 $[F] = \begin{bmatrix} A & B \\ C & D \end{bmatrix}$를 4단자 망의 기본 행렬 또는 F 행렬이라 고 하며 그의 요소 A, B, C, D를 4단자 정수 또는 F 파라미터라 한다.

(2) 4단자 정수를 구하는 방법(물리적 의미)

$A = \left.\frac{V_1}{V_2}\right|_{I_2=0}$: 출력 단자를 개방했을 때의 전압 이득

$B = \left.\frac{V_1}{I_2}\right|_{V_2=0}$: 출력 단자를 단락했을 때의 전달 임피던스

$C = \left.\frac{I_1}{V_2}\right|_{I_2=0}$: 출력 단자를 개방했을 때의 전달 어드미턴스

$D = \left.\frac{I_1}{I_2}\right|_{V_2=0}$: 출력 단자를 단락했을 때의 전류 이득

20. 이론 check **파고율과 파형률**

(1) 파고율
실효값에 대한 최대값의 비율
즉, 파고율$=\frac{\text{최대값}}{\text{실효값}}$

(2) 파형률
평균값에 대한 실효값의 비율
즉, 파형률$=\frac{\text{실효값}}{\text{평균값}}$

Industrial Engineer Electricity

2014년 과년도 출제문제

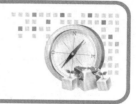

기출문제 관련 이론 바로보기

01. Tip 역률 개선

[콘덴서 용량 계산]

전기 부하는 대부분 유도성 부하이므로 병렬로 콘덴서를 접속하여 콘덴서에 의해 발생하는 진상 전류로 부하 전류의 위상을 전압 위상과 거의 일치하도록 하는 것

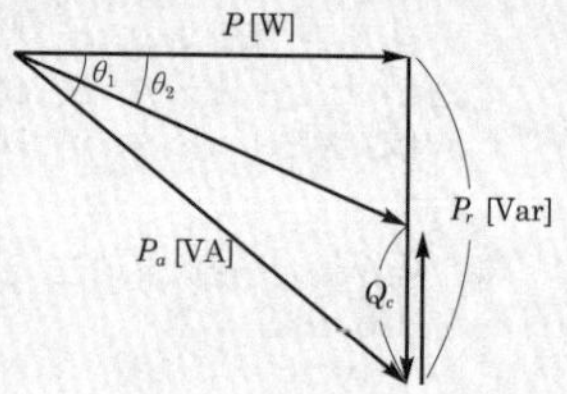

$$Q_C = P(\tan\theta_1 - \tan\theta_2)$$

$$= P\left(\frac{\sin\theta_1}{\cos\theta_1} - \frac{\sin\theta_2}{\cos\theta_2}\right)$$

$$= P\left(\frac{\sqrt{1-\cos^2\theta_1}}{\cos\theta_1} - \frac{\sqrt{1-\cos^2\theta_2}}{\cos\theta_2}\right)$$

$$= P\left(\sqrt{\frac{1}{\cos^2\theta_1}-1} - \sqrt{\frac{1}{\cos^2\theta_2}-1}\right)[\text{VA}]$$

여기서, $\cos\theta_1$: 개선 전 역률

$\cos\theta_2$: 개선 후 역률

제1회 회로이론

01 교류 회로에서 역률이란 무엇인가?

출제빈도

① 전압과 전류의 위상차의 정현
② 전압과 전류의 위상차의 여현
③ 임피던스와 리액턴스의 위상차의 여현
④ 임피던스와 저항의 위상차의 정현

해설 역률이란 전압과 전류의 위상차의 여현으로 유도성 또는 용량성 부하에서 무효 전력으로 인한 손실을 뺀 실질 효율을 뜻하며 피상 전력에 대한 유효 전력의 비이다.

02 임피던스 궤적이 직선일 때 이의 역수인 어드미턴스 궤적은?

① 원점을 통하는 직선
② 원점을 통하지 않는 직선
③ 원점을 통하는 원
④ 원점을 통하지 않는 원

해설 **역궤적**
- 원점을 지나는 직선의 역궤적은 원점을 지나는 직선이다.
- 원점을 지나지 않는 직선의 역궤적은 원점을 지나는 원이며, 그 역도 성립한다.

03 L형 4단자 회로망에서 R_1, R_2를 정합하기 위한 Z_1은? (단, $R_2 > R_1$이다.)

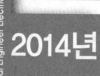

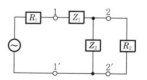

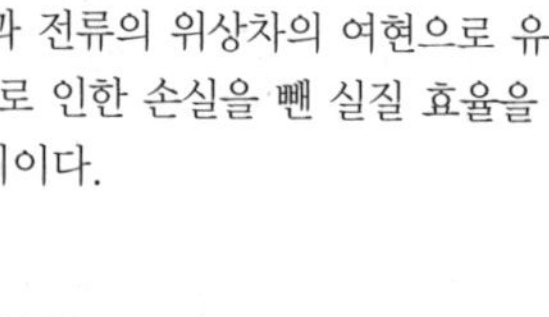

① $\pm jR_2\sqrt{\dfrac{R_1}{R_2-R_1}}$　　② $\pm jR_1\sqrt{\dfrac{R_2}{R_2-R_1}}$

③ $\pm j\sqrt{R_2(R_2-R_1)}$　　④ $+j\sqrt{R_1(R_2-R_1)}$

정답 01.② 02.③ 03.④

04 대칭 3상 교류에서 각 상의 전압이 v_a, v_b, v_c일 때 3상 전압의 합은?

① 0　② $0.3v_a$
③ $0.5v_a$　④ $3v_a$

해설 대칭 3상 전압 $v_a = V$, $v_b = a^2 V$, $v_c = aV$에서
$v_a + v_b + v_c = 0$이므로 $1 + a^2 + a = 0$이다.

05 비정현파에서 여현 대칭의 조건은 어느 것인가?

출제빈도

① $f(t) = f(-t)$
② $f(t) = -f(-t)$
③ $f(t) = -f(t)$
④ $f(t) = -f\left(t + \frac{T}{2}\right)$

해설 비정현파의 여현 대칭 조건
$f(t) = f(2\pi - t)$, $f(t) = f(-t)$

06 어떤 회로에 $e = 50\sin\omega t$[V]를 인가시 $i = 4\sin(\omega t - 30°)$[A]가 흘렀다면 유효 전력은 몇 [W]인가?

출제빈도

① 173.2　② 122.5
③ 86.6　④ 61.2

해설 $P = VI\cos\theta$

$= \frac{50}{\sqrt{2}} \cdot \frac{4}{\sqrt{2}} \cos 30°$

$= 86.6$[W]

07 그림과 같은 회로의 출력 전압 $e_o(t)$의 위상은 입력 전압 $e_i(t)$의 위상보다 어떻게 되는가?

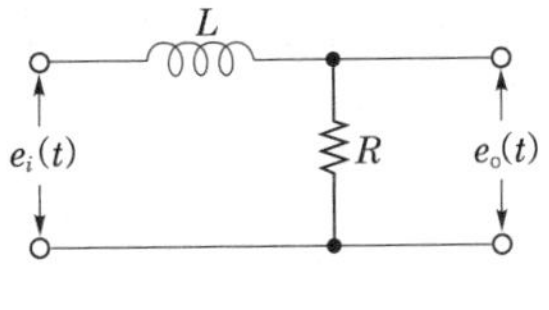

① 앞선다.
② 뒤진다.
③ 같다.
④ 앞설 수도 있고 뒤질 수도 있다.

해설 입력 전압 $e_i = \boldsymbol{V}_L + \boldsymbol{V}_R = R\boldsymbol{I} + jX_L\boldsymbol{I}$
출력 전압 $e_o = R\boldsymbol{I}$
∴ 출력 전압의 위상은 입력 전압의 위상보다 θ만큼 뒤진다.

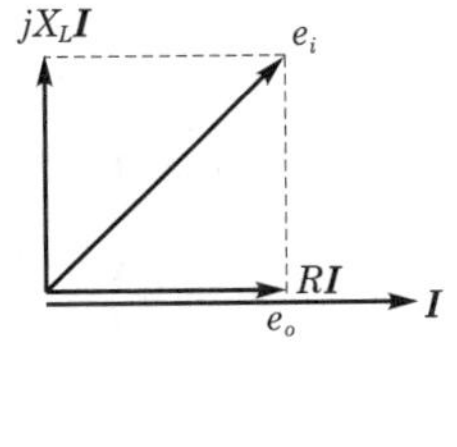

정답 04.① 05.① 06.③ 07.②

기출문제 관련 이론 바로보기

05. 이론 check 여현 대칭

y축에 대하여 좌우 대칭인 파형으로 우함수로 표시되고 π를 축으로 180° 회전해서 좌우가 합동인 파형

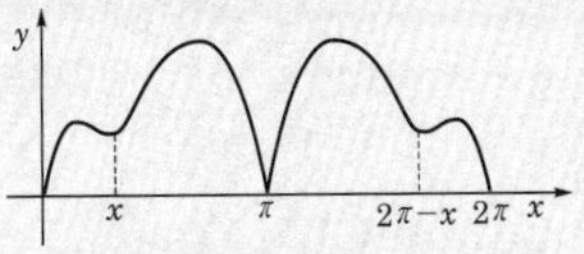

(1) 대칭 조건(=함수식)
$y(x) = y(2\pi - x)$,
$y(x) = y(-x)$

(2) 특징
sin항의 계수가 0이고 직류 성분과 cos항이 존재하는 파형

$$y(t) = A_0 + \sum_{n=1}^{\infty} a_n \cos n\omega t$$
$(n = 1, 2, 3, 4, \cdots)$

06. 이론 check 교류 전력

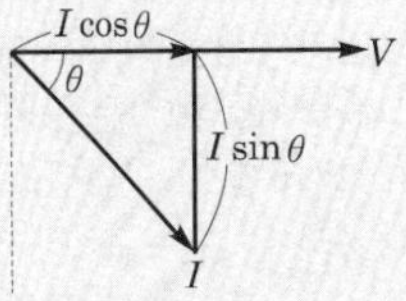

여기서, $I\cos\theta$: 유효 전류
$I\sin\theta$: 무효 전류

전압과 전류가 직각인 $I\sin\theta$ 성분은 전력을 발생시킬 수 없는 성분 즉, 무효 성분의 전류이고, 전압, 전류가 동상인 $I\cos\theta$ 성분은 전력을 발생시킬 수 있는 성분, 즉 유효 성분의 전류가 되어 이에 의해 만들어진 전력을 유효 전력, 무효 전력이라 한다. 이를 식으로 표현하면

(1) 유효 전력
$P = VI\cos\theta = I^2 \cdot R = \frac{V^2}{R}$[W]

(2) 무효 전력
$P_r = VI\sin\theta = I^2 \cdot X$
$= \frac{V^2}{X}$[Var]

(3) 피상 전력
$P_a = V \cdot I = I^2 \cdot Z = \frac{V^2}{Z}$[VA]

기출문제 관련 이론 바로보기

11. 이론 check **인덕턴스 병렬 접속**

(1) 가동 결합(=가극성)

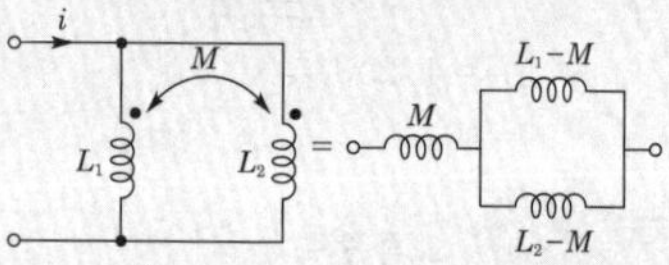

(a) (b)

변압기 T형 등가 회로를 이용하면 그림의 (a)와 (b)는 등가 회로이다. 따라서 합성 인덕턴스를 구하면 다음과 같다.

$$L_0=M+\frac{(L_1-M)(L_2-M)}{(L_1-M)+(L_2-M)}$$

$$=\frac{L_1L_2-M^2}{L_1+L_2-2M}[\text{H}]$$

(2) 차동 결합(=감극성)

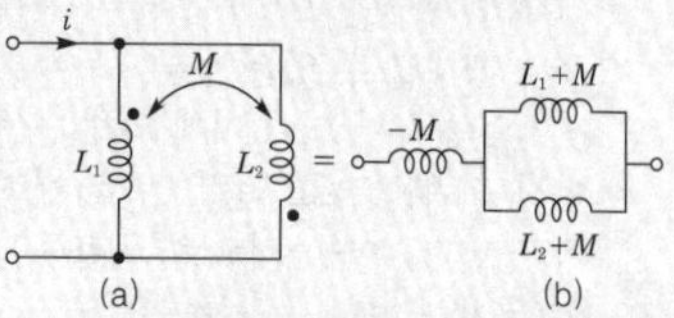

(a) (b)

변압기 T형 등가 회로를 이용하면 그림의 (a)와 (b)는 등가 회로이다. 따라서 합성 인덕턴스를 구하면 다음과 같다.

$$L_0=-M+\frac{(L_1+M)(L_2+M)}{(L_1+M)+(L_2+M)}$$

$$=\frac{L_1L_2-M^2}{L_1+L_2+2M}[\text{H}]$$

08 전원과 부하가 다같이 △ 결선된 3상 평형 회로에서 전원 전압이 200[V], 부하 한 상의 임피던스가 $6+j8[\Omega]$인 경우 선전류는 몇 [A]인가?

① 20 ② $\frac{20}{\sqrt{3}}$

③ $20\sqrt{3}$ ④ $40\sqrt{3}$

해설 선전류 $I_l=\sqrt{3}I_p=\sqrt{3}\cdot\frac{200}{\sqrt{6^2+8^2}}=20\sqrt{3}[\text{A}]$

09 $3[\mu\text{F}]$인 커패시턴스를 $50[\Omega]$의 용량성 리액턴스로 사용하려면 정현파 교류의 주파수는 약 몇 [kHz]로 하면 되는가?

① 1.02 ② 1.04

③ 1.06 ④ 1.08

해설 용량 리액턴스 $X_C=\frac{1}{\omega C}$에서

주파수 $f=\frac{1}{2\pi C\cdot X_C}=\frac{1}{2\times3.14\times3\times10^{-6}\times50}=1.06\times10^3[\text{Hz}]$

10 $R[\Omega]$의 저항 3개를 Y로 접속하고 이것을 선간 전압 200[V]의 평형 3상 교류 전원에 연결할 때 선전류가 20[A] 흘렀다. 이 3개의 저항을 △로 접속하고 동일 전원에 연결하였을 때의 선전류는 몇 [A]인가?

① 30 ② 40

③ 5 ④ 60

해설 $I_\triangle=3I_Y$

$\therefore I_\triangle=3\times20=60[\text{A}]$

11 (출제빈도) 그림과 같은 회로의 합성 인덕턴스는?

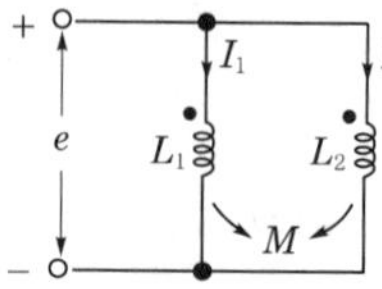

① $\frac{L_1-M^2}{L_1+L_2-2M}$ ② $\frac{L_2-M^2}{L_1+L_2-2M}$

③ $\frac{L_1L_2+M^2}{L_1+L_2-2M}$ ④ $\frac{L_1L_2-M^2}{L_1+L_2-2M}$

정답 08.③ 09.③ 10.④ 11.④

해설 병렬 가동 접속의 등가 회로를 그려보면 다음과 같으므로

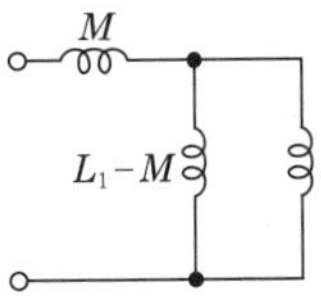

$$L=M+\frac{(L_1-M)(L_2-M)}{(L_1-M)+(L_2-M)}=\frac{L_1L_2-M^2}{L_1+L_2-2M}$$

12 어떤 회로의 단자 전압 및 전류의 순시값이 $v=220\sqrt{2}\sin\left(377t+\frac{\pi}{4}\right)$ [V], $i=5\sqrt{2}\sin\left(377t+\frac{\pi}{3}\right)$[A]일 때, 복소 임피던스는 약 몇 [Ω]인가?

출제빈도

① $42.5-j11.4$　② $42.5-j9$
③ $50+j11.4$　④ $50-j11.4$

해설 $Z=\frac{V}{I}=\frac{220\angle 45°}{5\angle 60°}$
$=44\angle -15°$
$=44(\cos 15°-j\sin 15°)$
$\fallingdotseq 42.5-j11.4$

13 단자 전압의 각 대칭분 V_0, V_1, V_2가 0이 아니면서 서로 같게 되는 고장의 종류는?

① 1선 지락
② 선간 단락
③ 2선 지락
④ 3선 단락

해설 2선 지락 고장은 대칭분의 전압이 0이 아니면서 같아지는 고장이다.

14 $v_1=20\sqrt{2}\sin\omega t$[V], $v_2=50\sqrt{2}\cos\left(\omega t-\frac{\pi}{6}\right)$[V]일 때 v_1+v_2의 실효값[V]은?

출제빈도

① $\sqrt{1,400}$　② $\sqrt{2,400}$
③ $\sqrt{2,900}$　④ $\sqrt{3,900}$

해설 $|v_1+v_2|=\sqrt{v_1^{\ 2}+v_2^{\ 2}+2v_1v_2\cos\theta}$
$\left(\text{단, 위상차 } \theta=\frac{\pi}{3}=60°\right)$
$=\sqrt{20^2+50^2+2\times 20\times 50\cos 60°}$
$=\sqrt{3,900}$ [V]

정답 12.① 13.③ 14.④

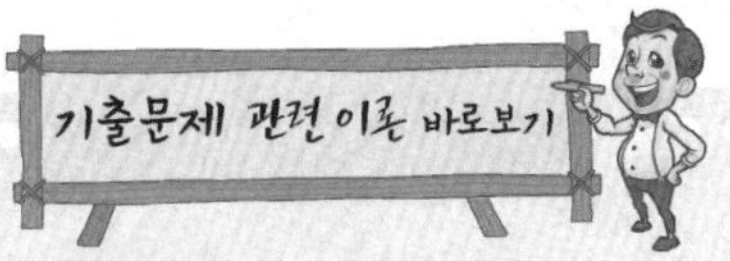

12. 이론 check **복소수 연산**

(1) 복소수의 합과 차
직각 좌표형인 경우 실수부는 실수부끼리, 허수부는 허수부끼리 더하고 뺀다.
$Z_1=a+jb$, $Z_2=c+jd$로 주어지는 경우 덧셈과 뺄셈을 구하는 방법은 다음과 같다.
$Z_1\pm Z_2=(a\pm c)+j(b\pm d)$

(2) 복소수의 곱과 나눗셈
극좌표형으로 바꾸어 곱셈의 경우는 크기는 곱하고 각도는 더하며, 나눗셈의 경우는 크기는 나누고 각도는 뺀다.
$Z_1=a+jb$, $Z_2=c+jd$일 때 극형식으로 고치면 다음과 같다.
$|Z_1|=\sqrt{a^2+b^2}$, $\theta_1=\tan^{-1}\frac{b}{a}$
$|Z_2|=\sqrt{c^2+d^2}$, $\theta_2=\tan^{-1}\frac{d}{c}$
이를 이용하여 곱과 나눗셈을 구하면 다음과 같은 방법을 사용한다.
$Z_1\times Z_2=|Z_1|\angle\theta_1\times|Z_2|\angle\theta_2$
$=|Z_1||Z_2|\angle\theta_1+\theta_2$
$\frac{Z_1}{Z_2}=\frac{|Z_1|\angle\theta_1}{|Z_2|\angle\theta_2}=\frac{|Z_1|}{|Z_2|}\angle\theta_1-\theta_2$

(3) 복소수에 의한 정현파 표현
정현파 교류를 극형식으로 표시하는 것. 즉, 페이저(phasor) 또는 실효값 정지 벡터는
$v=\sqrt{2}V\sin\omega t$
$\Rightarrow V=V\angle 0°$
$v_1=\sqrt{2}V\sin(\omega t+\theta_1)$
$\Rightarrow V_1=V\angle\theta_1$
$v_2=\sqrt{2}V\sin(\omega t+\theta_2)$
$\Rightarrow V_2=V\angle\theta_2$

14. 이론 check **교류의 합 구하기**

$v_1=\sqrt{2}V_1\sin(\omega t+\theta_1)$,
$v_2=\sqrt{2}V_2\sin(\omega t+\theta_2)$일 때
실효값 정지 벡터로 표시하면
$V_1=V_1<\theta_1$, $V_2=V_2<\theta_2$
교류의 합의 크기는
$V=\sqrt{V_1^{\ 2}+V_2^{\ 2}+2V_1V_2\cos(\theta_1-\theta_2)}$
$=\sqrt{V_1^{\ 2}+V_2^{\ 2}+2V_1V_2\cos\theta}$
여기서, $\theta=\theta_1-\theta_2$로 위상차가 된다.

기출문제 관련 이론 바로보기

15. 이론 check **과도 현상**

[$R-L$ 직렬 회로에 직류 전압을 인가하는 경우]

직류 전압을 인가하는 경우는 다음과 같다.

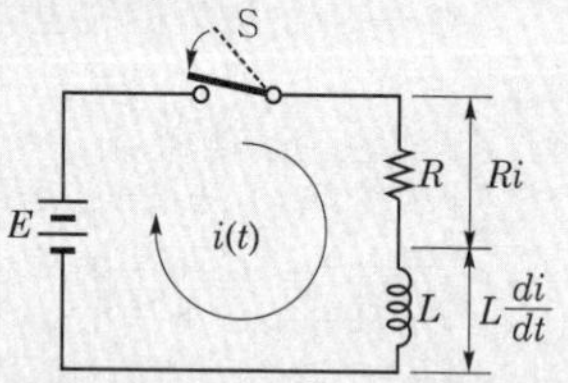

전압 방정식은 $Ri(t)+L\frac{di(t)}{dt}=E$ 가 되고 이를 라플라스 변환을 이용하여 풀면

(1) 전류

$$i(t)=\frac{E}{R}(1-e^{-\frac{R}{L}t})\,[\text{A}]$$

(초기 조건은 $t=0 \rightarrow i=0$)

(2) 시정수(τ)

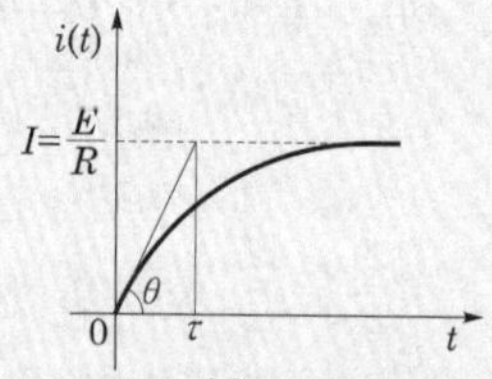

‖ $i(t)$의 특성 ‖

$t=0$에서 과도 전류에 접선을 그어 접선이 정상 전류와 만날 때까지의 시간을 말한다.

$$\tan\theta=\left[\frac{d}{dt}\left(\frac{E}{R}-\frac{E}{R}e^{\frac{-R}{L}t}\right)\right]_{t=0}$$

$$=\frac{E}{L}=\frac{\frac{E}{R}}{\tau}\text{ 이므로 }\tau=\frac{L}{R}[\text{s}]$$

$\tau=\frac{L}{R}$의 값이 클수록 과도 상태는 오랫 동안 계속된다.

(3) 시정수에서의 전류값

$$i(\tau)=\frac{E}{R}(1-e^{-\frac{R}{L}\times\tau})$$

$$=\frac{E}{R}(1-e^{-1})$$

$$=0.632\frac{E}{R}[\text{A}]$$

$t=\tau=\frac{L}{R}$[s]로 되었을 때의 과도 전류는 정상값의 0.632배가 된다.

15 $t=0$에서 스위치 S를 닫았을 때 정상 전류값[A]은?

출제빈도

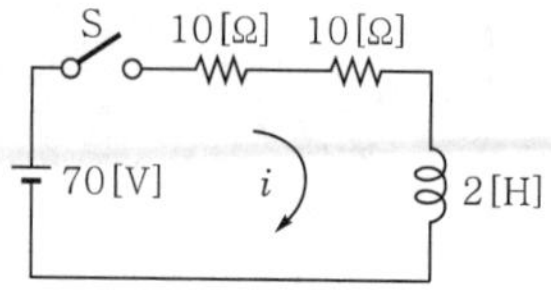

① 1　② 2.5
③ 3.5　④ 7

해설 직류 인가시 전류 $i(t)=\frac{E}{R}(1-e^{-\frac{R}{2}t})$[A]

$\therefore$ 정상 전류 $i_s=\frac{E}{R}=\frac{70}{10+10}=3.5$[A]

16 전기 회로의 입력을 e_i, 출력을 e_o라고 할 때 전달 함수는? $\left(\text{단, } T=\frac{L}{R}\text{이다.}\right)$

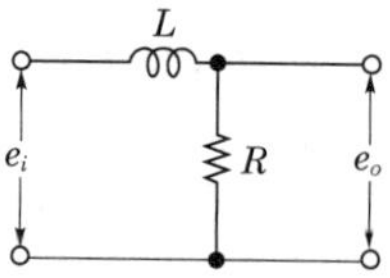

① $Ts+1$　② Ts^2+1
③ $\frac{1}{Ts+1}$　④ $\frac{Ts}{Ts+1}$

해설 전달 함수

$$G(s)=\frac{Ls}{R+Ls}=\frac{\frac{L}{R}s}{1+\frac{L}{R}s}=\frac{Ts}{Ts+1}$$

17 $R-C$ 회로의 입력 단자에 계단 전압을 인가하면 출력 전압은?

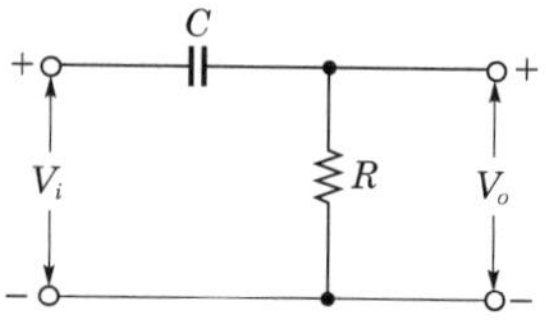

① 0부터 지수적으로 증가한다.
② 처음에는 입력과 같이 변했다가 지수적으로 감쇠한다.
③ 같은 모양의 계단 전압이 나타난다.
④ 아무것도 나타나지 않는다.

정답 15.③ 16.④ 17.②

해설 전달 함수 $G(s)=\dfrac{V_o}{V_i}=\dfrac{R}{\dfrac{1}{Cs}+R}=\dfrac{RCs}{RCs+1}$

$\therefore\ V_o=\dfrac{RCs}{RCs+1}\times\dfrac{1}{s}=\dfrac{RC}{RCs+1}=\dfrac{1}{s+\dfrac{1}{RC}}$

$\because$ 출력 전압 $V_o=e^{-\frac{1}{RC}t}$가 되므로 지수 감쇠 함수가 된다.

18

$F(s)=\dfrac{2s+3}{s^2+3s+2}$인 라플라스 함수를 시간 함수로 고치면 어떻게 되는가?

① $e^{-t}-2e^{-2t}$ ② $e^{-t}+te^{-2t}$

③ $e^{-t}+e^{-2t}$ ④ $2t+e^{-t}$

해설 $F(s)=\dfrac{2s+3}{s^2+3s+2}=\dfrac{2s+3}{(s+2)(s+1)}$

$=\dfrac{K_1}{s+2}+\dfrac{K_2}{s+1}$

유수 정리를 적용하면

$K_1=\left.\dfrac{2s+3}{s+1}\right|_{s=-2}=1$

$K_2=\left.\dfrac{2s+3}{s+2}\right|_{s=-1}=1$

$\therefore\ F(s)=\dfrac{1}{s+2}+\dfrac{1}{s+1}$

$\because\ f(t)=e^{-2t}+e^{-t}$

19

그림과 같은 T형 회로의 영상 전달 정수 θ는?

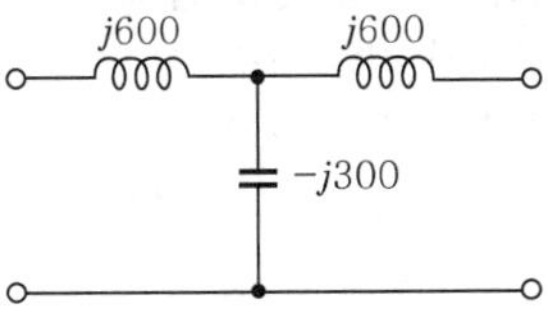

① 0 ② 1

③ −3 ④ −1

해설 $\begin{bmatrix}A & B\\ C & D\end{bmatrix}=\begin{bmatrix}1 & j600\\ 0 & 1\end{bmatrix}\begin{bmatrix}1 & 0\\ \dfrac{1}{-j300} & 1\end{bmatrix}$

$=\begin{bmatrix}1 & j600\\ 0 & 1\end{bmatrix}=\begin{bmatrix}-1 & 0\\ j\dfrac{1}{300} & -1\end{bmatrix}$

$\therefore\ \theta=\cosh^{-1}\sqrt{AD}=\cosh^{-1}1=0$

정답 18.③ 19.①

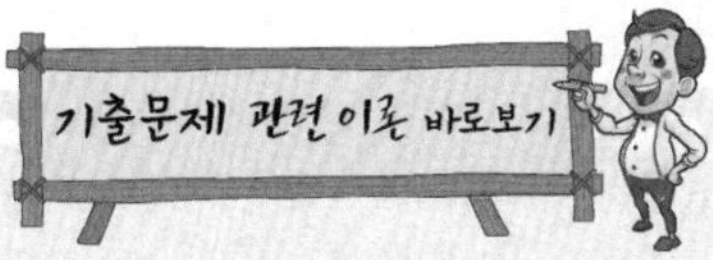

19. 이론 check **영상 파라미터**

(1) 영상 임피던스(Z_{01}, Z_{02})

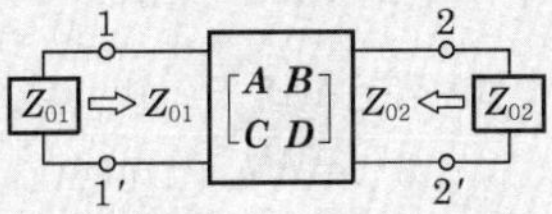

$Z_{01}=\dfrac{V_1}{I_1}$

$=\dfrac{AV_2+BI_2}{CV_2+DI_2}=\dfrac{AZ_{02}+B}{CZ_{02}+D}$

$Z_{02}=\dfrac{V_2}{I_2}$

$=\dfrac{DV_1+BI_1}{CV_1+AI_1}=\dfrac{DZ_{01}+B}{CZ_{01}+A}$

위의 식에서 다음의 관계식이 얻어진다.

$Z_{01}Z_{02}=\dfrac{B}{C}$, $\dfrac{Z_{01}}{Z_{02}}=\dfrac{A}{D}$

이 식에서 Z_{01}, Z_{02}를 구하면

$Z_{01}=\sqrt{\dfrac{AB}{CD}}$, $Z_{02}=\sqrt{\dfrac{BD}{AC}}$

가 된다.

대칭 회로이면 $A=D$의 관계가 되므로

$Z_{01}=Z_{02}=\sqrt{\dfrac{D}{C}}$

(2) 영상 전달 정수(θ)

$\theta=\ln\sqrt{\dfrac{V_1I_1}{V_2I_2}}$

$=\log_e(\sqrt{AD}+\sqrt{BC})$

$=\cosh^{-1}\sqrt{AD}$

$=\sinh^{-1}\sqrt{BC}$

기출문제 관련 이론 바로보기

01. 이론 check 제어 요소의 전달 함수

(1) 비례 요소

$y(t)=Kx(t)$

라플라스 변환하면

$\boldsymbol{Y}(s)=K\boldsymbol{X}(s)$

전달 함수는 $\boldsymbol{G}(s)=\dfrac{\boldsymbol{Y}(s)}{\boldsymbol{X}(s)}=K$

여기서, K : 이득 정수

(2) 미분 요소

$y(t)=K\dfrac{dx(t)}{dt}$

전달 함수는 $\boldsymbol{G}(s)=\dfrac{\boldsymbol{Y}(s)}{\boldsymbol{X}(s)}=Ks$

(3) 적분 요소

$y(t)=K\int x(t)dt$

전달 함수는 $\boldsymbol{G}(s)=\dfrac{\boldsymbol{Y}(s)}{\boldsymbol{X}(s)}=\dfrac{K}{s}$

(4) 1차 지연 요소

$b_1\dfrac{dy(t)}{dt}+b_0y(t)=a_0x(t)$

$(b_1,\ b_0>0)$

전달 함수는

$$\boldsymbol{G}(s)=\frac{\boldsymbol{Y}(s)}{\boldsymbol{X}(s)}=\frac{a_0}{b_1s+b_0}$$

$$=\frac{\dfrac{a_0}{b_0}}{\left(\dfrac{b_1}{b_0}\right)s+1}=\frac{K}{Ts+1}$$

단, $\dfrac{a_0}{b_0}=K,\ \dfrac{b_1}{b_0}=T$(시정수)

역라플라스 변환하면

$$y(t)=\mathcal{L}^{-1}\left[\frac{1}{s}\boldsymbol{G}(s)\right]$$

$$=\mathcal{L}^{-1}\left[\frac{K}{s(Ts+1)}\right]$$

$$=K(1-e^{-\frac{1}{T}t})$$

(5) 부동작 시간 요소

$y(t)=Kx(t-L)$

전달 함수는

$\boldsymbol{G}(s)=\dfrac{\boldsymbol{Y}(s)}{\boldsymbol{X}(s)}=Ke^{-Ls}$

여기서, L : 부동작 시간

20 $Ri(t)+L\dfrac{di(t)}{dt}=E$ 에서 모든 초기값을 0으로 하였을 때 $i(t)$의 값은?

① $\dfrac{E}{R}e^{-\frac{RL}{2}}$　　② $\dfrac{E}{R}e^{-\frac{L}{R}t}$

③ $\dfrac{E}{R}(1-e^{-\frac{R}{L}t})$　　④ $\dfrac{E}{R}(1-e^{-\frac{L}{R}t})$

해설 $RI(s)+LsI(s)=\dfrac{E}{s}$

$$I(s)=\frac{\dfrac{E}{s}}{Ls+R}=\frac{\dfrac{E}{L}}{s\left(s+\dfrac{R}{L}\right)}=\frac{K_1}{s}+\frac{K_2}{s+\dfrac{R}{L}}$$

$K_1=\dfrac{E}{R},\ K_2=-\dfrac{E}{R}$

$\therefore\ i(t)=\dfrac{E}{R}-\dfrac{E}{R}e^{-\frac{R}{L}t}=\dfrac{E}{R}(1-e^{-\frac{R}{L}t})$[A]

제 2 회 회로이론

01 1차 지연 요소의 전달 함수는?

출제빈도

① K　　② $\dfrac{K}{s}$

③ Ks　　④ $\dfrac{K}{1+Ts}$

해설 **각종 제어 요소의 전달 함수**

- 비례 요소의 전달 함수 : K
- 미분 요소의 전달 함수 : Ks
- 적분 요소의 전달 함수 : $\dfrac{K}{s}$
- 1차 지연 요소의 전달 함수 $\boldsymbol{G}(s)=\dfrac{K}{1+Ts}$
- 부동작 시간 요소의 전달 함수 $\boldsymbol{G}(s)=Ke^{-Ls}$

02 어떤 회로에 $E=200\angle\dfrac{\pi}{3}$[V]의 전압을 가하니 $I=10\sqrt{3}+j10$[A]의 전류가 흘렀다. 이 회로의 무효 전력[Var]은?

① 707　　② 1,000

③ 1,732　　④ 2,000

정답 20.③ / 01.④ 02.④

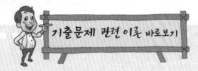

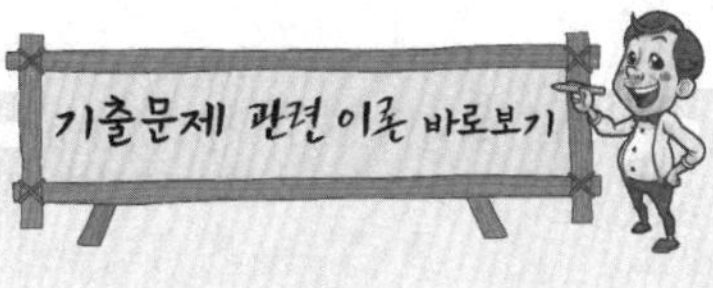

해설 $I = 10\sqrt{3} + j10 = 20\angle\frac{\pi}{6}$

$P_r = VI\sin\theta = 200 \times 20 \times \sin 30° = 2{,}000[\text{Var}]$

03 그림과 같은 회로에서 공진시의 어드미턴스[℧]는?

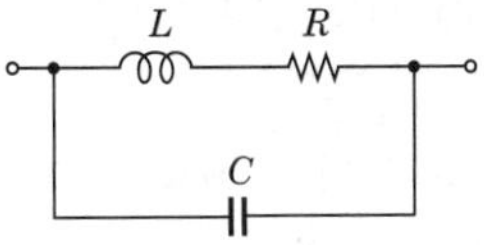

① $\frac{CR}{L}$ ② $\frac{LC}{R}$

③ $\frac{C}{RL}$ ④ $\frac{R}{LC}$

해설
$$Y = j\omega C + \frac{1}{R + j\omega L}$$
$$= j\omega C + \frac{R - j\omega L}{(R + j\omega L)(R - j\omega L)}$$
$$= j\omega C + \frac{R - j\omega L}{R^2 + \omega^2 L^2}$$
$$= \frac{R}{R^2 + \omega^2 L^2} + j\left(\omega C - \frac{\omega L}{R^2 + \omega^2 L^2}\right)$$

공진 조건은 어드미턴스의 허수부가 0이 되므로 공진시 공진 어드미턴스

$$Y_0 = \frac{R}{R^2 + \omega^2 L^2} = \frac{R}{\frac{L}{C}} = \frac{CR}{L}[℧]$$

04 3상 불평형 전압에서 영상 전압이 150[V]이고 정상 전압이 500[V], 역상 전압이 300[V]이면 전압의 불평형률[%]은?

출제빈도

① 70 ② 60

③ 50 ④ 40

해설 $\text{불평형률} = \frac{\text{역상 전압}}{\text{정상 전압}} \times 100$

$= \frac{300}{500} \times 100 = 60[\%]$

05 어떤 제어계의 출력이 $C(s) = \frac{5}{s(s^2 + s + 2)}$로 주어질 때 출력의 시간 함수 $C(t)$의 정상값은?

출제빈도

① 5 ② 2

③ $\frac{2}{5}$ ④ $\frac{5}{2}$

정답 03.① 04.② 05.④

04. 이론 check **불평형률**

불평형 회로의 전압과 전류에는 정상분과 더불어 역상분과 영상분이 반드시 포함된다. 따라서 회로의 불평형 정도를 나타내는 척도로서 불평형률이 사용된다.

$$\text{불평형률} = \frac{\text{역상분}}{\text{정상분}} \times 100[\%]$$
$$= \frac{V_2}{V_1} \times 100[\%] \text{ 또는 } \frac{I_2}{I_1} \times 100[\%]$$

로 정의한다.

05. 이론 check **초기값 · 최종값**

(1) 초기값 정리
$$f(0) = \lim_{t \to 0} f(t) = \lim_{s \to \infty} s\boldsymbol{F}(s)$$

(2) 최종값 정리
$$f(\infty) = \lim_{t \to \infty} f(t) = \lim_{s \to 0} s\boldsymbol{F}(s)$$

기출문제 관련 이론 바로보기

해설 최종값 정리에 의해

$$\lim_{s\to 0} s\boldsymbol{C}(s) = \lim_{s\to 0} s\cdot\frac{5}{s(s^2+s+2)} = \frac{5}{2}$$

06. 이론 check **$L-C$ 직렬 회로 과도 현상**

[직류 전압을 제거하는 경우]

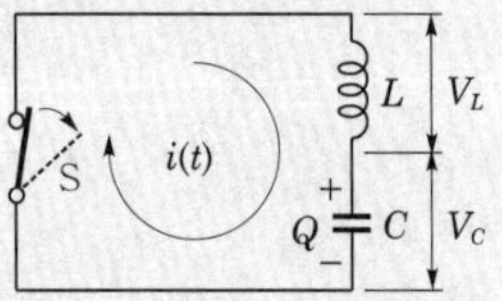

전압 방정식은

$L\frac{di(t)}{dt}+\frac{1}{C}\int i(t)\,dt=0$이 되고

이를 라플라스 변환을 이용하여 풀면

(1) 전류

$$i(t)=-E\sqrt{\frac{C}{L}}\sin\frac{1}{\sqrt{LC}}t\,[\text{A}]$$

방전 전류의 방향은 충전시와 반대가 된다.

(2) 전하

$$q(t)=CE\cos\frac{1}{\sqrt{LC}}t\,[\text{C}]$$

전류 i와 전하 q의 $\omega=\frac{1}{\sqrt{LC}}$의 각주파수로 불변 진동한다.

06

그림과 같은 회로에서 정전 용량 C[F]를 충전한 후 스위치 S를 닫아서 이것을 방전할 때 과도 전류는? (단, 회로에는 저항이 없다.)

출제빈도

① 주파수가 다른 전류
② 크기가 일정하지 않은 전류
③ 증가 후 감쇠하는 전류
④ 불변의 진동 전류

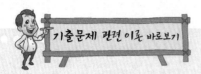

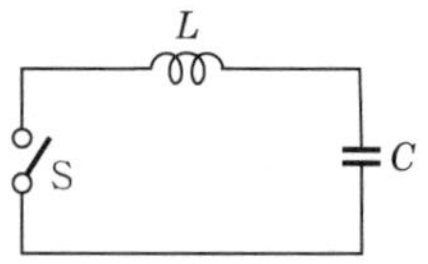

해설 $i(t)=-E\sqrt{\frac{C}{L}}\sin\frac{1}{\sqrt{LC}}t\,[\text{A}]$

각주파수 $\omega=\frac{1}{\sqrt{LC}}$[rad/s]로 불변 진동 전류가 된다.

07

저항 4[Ω]과 유도 리액턴스 X_L[Ω]이 병렬로 접속된 회로에 12[V]의 교류 전압을 가하니 5[A]의 전류가 흘렀다. 이 회로의 X_L[Ω]은?

① 8 ② 6
③ 3 ④ 1

해설 전전류 $|\boldsymbol{I}|=\sqrt{\boldsymbol{I}_R{}^2+\boldsymbol{I}_L{}^2}$ 이므로

$$5=\sqrt{\left(\frac{12}{4}\right)^2+\boldsymbol{I}_L{}^2}\,[\text{A}]$$

양변 제곱해서 I_L를 구하면 $\boldsymbol{I}_L=4$[A]

따라서 $4=\frac{12}{X_L}$이므로 $X_L=3$[Ω]

08. 이론 check **파고율과 파형률**

(1) 파고율

실효값에 대한 최대값의 비율

즉, 파고율 $=\frac{\text{최대값}}{\text{실효값}}$

(2) 파형률

평균값에 대한 실효값의 비율

즉, 파형률 $=\frac{\text{실효값}}{\text{평균값}}$

08

다음 용어 설명 중 틀린 것은?

출제빈도

① 역률 $=\frac{\text{유효 전력}}{\text{피상 전력}}$

② 파형률 $=\frac{\text{평균값}}{\text{실효값}}$

③ 파고율 $=\frac{\text{최대값}}{\text{실효값}}$

④ 왜형률 $=\frac{\text{전 고조파의 실효값}}{\text{기본파의 실효값}}$

해설 파형률 $=\frac{\text{실효값}}{\text{평균값}}$

즉, 평균값에 대한 실효값의 비율이다.

정답 06.④ 07.③ 08.②

09 3상 회로의 영상분, 정상분, 역상분을 각각 I_0, I_1, I_2라 하고 선전류를 I_a, I_b, I_c라 할 때 I_b는? $\left(\text{단, } a=-\frac{1}{2}+j\frac{\sqrt{3}}{2}\text{ 이다.}\right)$

① $I_0+I_1+I_2$

② $\frac{1}{3}(I_0+I_1+I_2)$

③ $I_0+a^2I_1+aI_2$

④ $\frac{1}{3}(I_0+aI_1+a^2I_2)$

해설 $\boldsymbol{I}_a=\boldsymbol{I}_0+\boldsymbol{I}_1+\boldsymbol{I}_2$

$\boldsymbol{I}_b=\boldsymbol{I}_0+a^2\boldsymbol{I}_1+a\boldsymbol{I}_2$

$\boldsymbol{I}_c=\boldsymbol{I}_0+a\boldsymbol{I}_1+a^2\boldsymbol{I}_2$

10 그림과 같은 구형파의 라플라스 변환은?

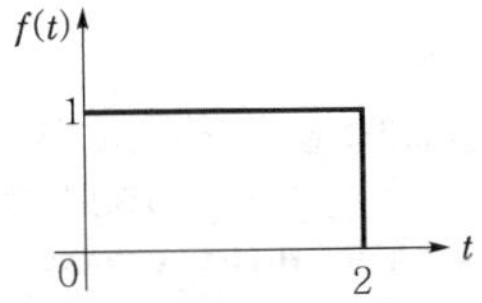

① $\frac{1}{s}(1-e^{-s})$ ② $\frac{1}{s}(1+e^{-s})$

③ $\frac{1}{s}(1-e^{-2s})$ ④ $\frac{1}{s}(1+e^{-2s})$

해설 $f(t)=u(t)-u(t-2)$

시간 추이 정리를 적용하면

$\boldsymbol{F}(s)=\frac{1}{s}-e^{-2s}\cdot\frac{1}{s}=\frac{1}{s}(1-e^{-2s})$

11 3대의 단상 변압기를 △결선으로 하여 운전하던 중 변압기 1대가 고장으로 제거하여 V결선으로 한 경우 공급할 수 있는 전력은 고장 전 전력의 몇 [%]인가?

출제빈도

① 57.7 ② 50.0

③ 63.3 ④ 67.7

해설 △결선시 전력 $P_\triangle=3VI\cos\theta$

V결선시 전력 $P_V=\sqrt{3}\,VI\cos\theta$

$\frac{P_V}{P_\triangle}=\frac{\sqrt{3}\,VI\cos\theta}{3VI\cos\theta}=\frac{\sqrt{3}}{3}=\frac{1}{\sqrt{3}}=0.577$

∴ 57.7[%]

정답 09.③ 10.③ 11.①

기출문제 관련 이론 바로보기

11. 이론 check **V결선**

(1) V결선의 출력

$P=E_{ab}I_{ab}\cos\left(\frac{\pi}{6}-\theta\right)+E_{ca}I_{ca}\cos\left(\frac{\pi}{6}+\theta\right)$

$E_{ab}=E_{ca}=E$, $I_{ab}=I_{ca}=I$라 하면

$P=\sqrt{3}\,EI\cos\theta$[W]

(2) V결선의 변압기 이용률

V결선의 출력은 $\sqrt{3}\,EI\cos\theta$이고 변압기 2대로 공급할 수 있는 전력은 $2EI\cos\theta$이므로 따라서 V결선하면 변압기의 이용률(U)은 다음과 같다.

$U=\frac{\sqrt{3}\,EI\cos\theta}{2EI\cos\theta}=\frac{\sqrt{3}}{2}$

$=0.866=86.7$[%]

(3) 출력비

변압기 2대로 V결선하여 3상 전력을 공급하는 경우와 변압기 3대로 △결선하여 3상 전력을 공급하는 경우 3상 전력을 출력할 수 있는 출력비는 다음과 같다.

$\frac{P_V}{P_\triangle}=\frac{\sqrt{3}\,EI\cos\theta}{3EI\cos\theta}=\frac{1}{\sqrt{3}}$

$=0.577=57.7$[%]

기출문제 관련 이론 바로보기

13. 이론 check **전력과 교류 전력**

(1) 전력

전력이란 1초간에 대한 전기적 에너지를 나타내고, 단위는 [W]이다. $R[\Omega]$의 저항에 $V[V]$의 전압을 가해 $I[A]$의 전류를 흐르게 했을 때의 전력 $P[W]$는 다음과 같다.

$P=VI[W]$…… 전압과 전류로 나타낸 식

옴의 법칙을 이용하여

$P=RI^2[W]$…… 저항과 전류로 나타낸 식

$P=\dfrac{V^2}{R}[W]$…… 전압과 저항으로 나타낸 식

(2) 교류 전력

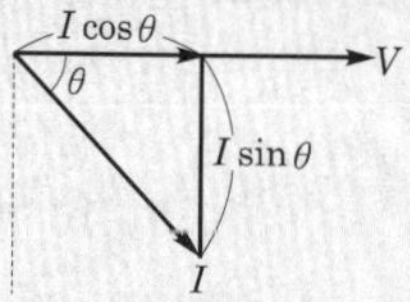

여기서, $I\cos\theta$: 유효 전류
$I\sin\theta$: 무효 전류

전압과 전류가 직각인 $I\sin\theta$ 성분은 전력을 발생시킬 수 없는 성분, 즉 무효 성분의 전류이고, 전압, 전류가 동상인 $I\cos\theta$ 성분은 전력을 발생시킬 수 있는 성분, 즉 유효 성분의 전류가 되어 이에 의해 만들어진 전력을 유효 전력, 무효 전력이라 한다.

이를 식으로 표현하면

① 유효 전력

$P=VI\cos\theta=I^2\cdot R$

$=\dfrac{V^2}{R}[W]$

② 무효 전력

$P_r=VI\sin\theta=I^2\cdot X$

$=\dfrac{V^2}{X}[Var]$

③ 피상 전력

$P_a=V\cdot I=I^2\cdot Z$

$=\dfrac{V^2}{Z}[VA]$

12 정상 상태에서 시간 $t=0$일 때 스위치 S를 열면 흐르는 전류 i는?

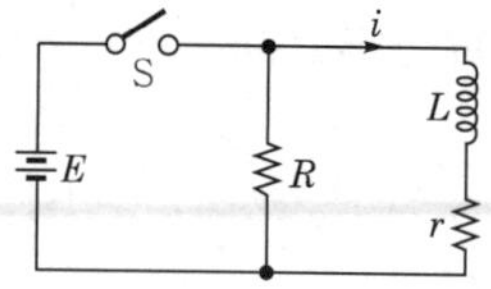

① $\dfrac{E}{R}e^{-\frac{R+r}{L}t}$　② $\dfrac{E}{r}e^{-\frac{R+r}{L}t}$

③ $\dfrac{E}{r}e^{-\frac{L}{R+r}t}$　④ $\dfrac{E}{R}e^{-\frac{L}{R+r}t}$

해설

전류 $i(t)=Ke^{-\frac{1}{\tau}t}$에서

시정수 $\tau=\dfrac{L}{R+r}$, 초기 전류 $i(0)=\dfrac{E}{r}=K$

∴ 전류 $i(t)=\dfrac{E}{r}e^{-\frac{R+r}{L}t}[A]$

13 (출제빈도) 어떤 코일의 임피던스를 측정하고자 직류 전압 100[V]를 가했더니 500[W]가 소비되고, 교류 전압 150[V]를 가했더니 720[W]가 소비되었다. 코일의 저항[Ω]과 리액턴스[Ω]는 각각 얼마인가?

① $R=20$, $X_L=15$　② $R=15$, $X_L=20$

③ $R=25$, $X_L=20$　④ $R=30$, $X_L=25$

해설 직류는 주파수 $f=0$이므로 $X_L=2\pi fL|_{f=0}=0[\Omega]$

∴ $R=\dfrac{V^2}{P}=\dfrac{100^2}{500}=20[\Omega]$

교류 인가시

$P=I^2\cdot R=\dfrac{V^2\cdot R}{R^2+{X_L}^2}[W]$, $720=\dfrac{150^2\times 20}{20^2+{X_L}^2}$

∴ $X_L=15[\Omega]$

14 단자 a－b에 30[V]의 전압을 가했을 때 전류 I는 3[A]가 흘렀다고 한다. 저항 $r[\Omega]$은 얼마인가?

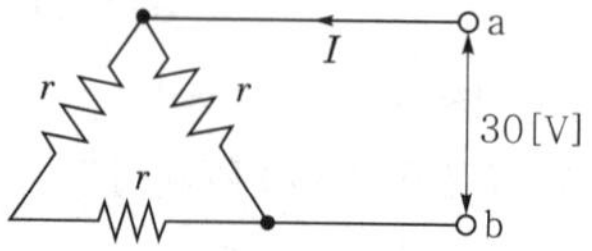

① 5　② 10

③ 15　④ 20

정답 12.② 13.① 14.③

해설 합성 저항

$R = \dfrac{V}{I} = \dfrac{30}{3} = 10[\Omega]$

$\therefore\ 10 = \dfrac{2r \cdot r}{2r + r}$

$\because\ r = 15[\Omega]$

15 그림과 같은 회로망에서 Z_1을 4단자 정수에 의해 표시하면 어떻게 되는가?

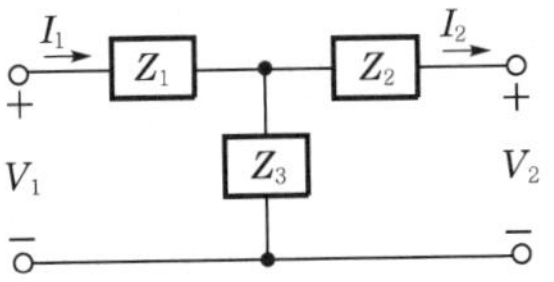

① $\dfrac{1}{C}$ ② $\dfrac{D-1}{C}$

③ $\dfrac{B-1}{C}$ ④ $\dfrac{A-1}{C}$

해설

$A = 1 + \dfrac{Z_1}{Z_3} = 1 + CZ_1$

$\therefore\ Z_1 = \dfrac{A-1}{C}$

16 그림과 같은 회로에서 임피던스 파라미터 Z_{11}은?

출제빈도

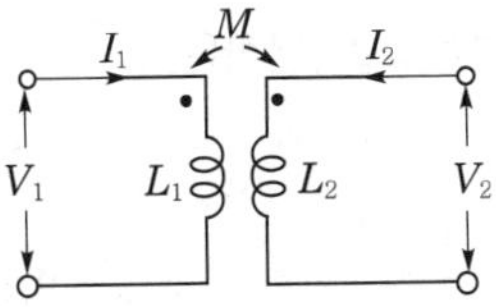

① sL_1 ② sM

③ sL_1L_2 ④ sL_2

해설 **가동 결합인 경우 T형 등가 회로**

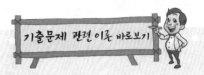

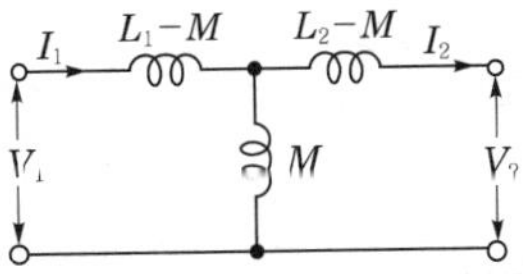

$Z_{11} = j\omega(L_1 - M) + j\omega M = j\omega L_1 = sL_1$

정답 15.④ 16.①

기출문제 관련 이론 바로보기

16. 이론 check **임피던스 파라미터**

$\begin{bmatrix} V_1 \\ V_2 \end{bmatrix} = \begin{bmatrix} Z_{11} & Z_{12} \\ Z_{21} & Z_{22} \end{bmatrix} \begin{bmatrix} I_1 \\ I_2 \end{bmatrix}$에서

$V_1 = Z_{11}I_1 + Z_{12}I_2$,

$V_2 = Z_{21}I_1 + Z_{22}I_2$

가 된다.

이 경우 $[Z] = \begin{bmatrix} Z_{11} & Z_{12} \\ Z_{21} & Z_{22} \end{bmatrix}$를 4단자망의 임피던스 행렬이라고 하며 그의 요소를 4단자망의 임피던스 파라미터라 한다.

[임피던스 파라미터를 구하는 방법]

$Z_{11} = \left.\dfrac{V_1}{I_1}\right|_{I_2=0}$: 출력 단자를 개방하고 입력측에서 본 개방 구동점 임피던스

$Z_{22} = \left.\dfrac{V_2}{I_2}\right|_{I_1=0}$: 입력 단자를 개방하고 출력측에서 본 개방 구동점 임피던스

$Z_{12} = \left.\dfrac{V_1}{I_2}\right|_{I_1=0}$: 입력 단자를 개방했을 때의 개방 전달 임피던스

$Z_{21} = \left.\dfrac{V_2}{I_1}\right|_{I_2=0}$: 출력 단자를 개방했을 때의 개방 전달 임피던스

기출문제 관련 이론 바로보기

19. 이론 check 중요한 함수의 라플라스 변환표

구분	함수명	$f(t)$	$F(s)$
1	단위 임펄스 함수	$\delta(t)$	1
2	단위 계단 함수	$u(t)=1$	$\frac{1}{s}$
3	단위 램프 함수	t	$\frac{1}{s^2}$
4	포물선 함수	t^2	$\frac{2}{s^3}$
5	n차 램프 함수	t^n	$\frac{n!}{s^{n+1}}$
6	지수 감쇠 함수	e^{-at}	$\frac{1}{s+a}$
7	지수 감쇠 램프 함수	te^{-at}	$\frac{1}{(s+a)^2}$
8	지수 감쇠 포물선 함수	t^2e^{-at}	$\frac{2}{(s+a)^3}$
9	지수 감쇠 n차 램프 함수	t^ne^{-at}	$\frac{n!}{(s+a)^{n+1}}$

17 $R-L$ 병렬 회로의 합성 임피던스[Ω]는? (단, ω[rad/s]는 이 회로의 각 주파수이다.)

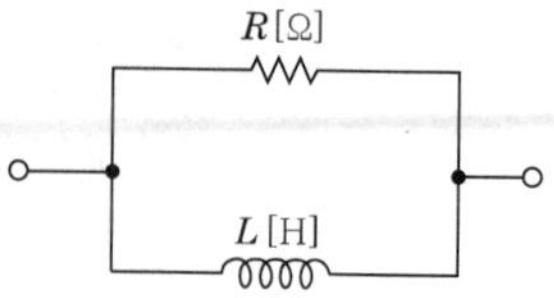

① $R\left(1+j\frac{\omega L}{R}\right)$　　② $R\left(1-j\frac{1}{\omega L}\right)$

③ $\frac{R}{\left(1-j\frac{R}{\omega L}\right)}$　　④ $\frac{R}{\left(1+j\frac{R}{\omega L}\right)}$

해설 $Z=\frac{1}{Y}=\frac{1}{\frac{1}{R}-j\frac{1}{\omega L}}=\frac{R}{1-j\frac{R}{\omega L}}$[Ω]

18 어떤 회로에 흐르는 전류가 $i=7+14.1\sin\omega t$[A]인 경우 실효값은 약 몇 [A]인가?

① 11.2　　② 12.2

③ 13.2　　④ 14.2

해설 실효값 $I=\sqrt{7^2+\left(\frac{14.1}{\sqrt{2}}\right)^2}\fallingdotseq 12.2$[A]

19 $f(t)=At^2$의 라플라스 변환은?

출제빈도

① $\frac{A}{s^2}$　　② $\frac{2A}{s^2}$

③ $\frac{A}{s^3}$　　④ $\frac{2A}{s^3}$

해설 n차 램프 함수의 라플라스 변환

$\mathcal{L}[t^n]=\frac{n!}{s^{n+1}}$

$\therefore\ \mathcal{L}[At^2]=\frac{A\cdot 2!}{s^{2+1}}=\frac{2A}{s^3}$

20 3상 유도 전동기의 출력이 3.7[kW], 선간 전압 200[V], 효율 90[%], 역률 80[%]일 때, 이 전동기에 유입되는 선전류는 약 몇 [A]인가?

① 8　　② 10

③ 12　　④ 15

정답 17.③ 18.② 19.④ 20.④

해설 전동기의 출력 $P=\sqrt{3}\,VI\cos\theta\eta$에서

선전류 $I=\dfrac{P}{\sqrt{3}\,V\cos\theta\eta}=\dfrac{3.7\times10^3}{\sqrt{3}\times200\times0.8\times0.9}\fallingdotseq15[\text{A}]$

제 3 회 회로이론

01 다음과 같은 회로가 정저항 회로가 되기 위한 $R[\Omega]$의 값은?

출제빈도

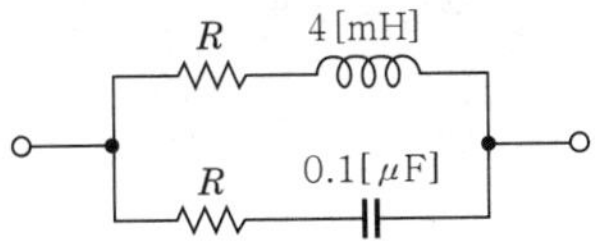

① 200　② 2
③ 2×10^{-2}　④ 2×10^{-4}

해설 정저항 조건 $Z_1\cdot Z_2=R^2$에서 $R^2=\dfrac{L}{C}$

$\therefore\ R=\sqrt{\dfrac{L}{C}}=\sqrt{\dfrac{4\times10^{-3}}{0.1\times10^{-6}}}=200[\Omega]$

02 2전력계법에서 지시 $P_1=100[\text{W}]$, $P_2=200[\text{W}]$일 때 역률[%]은?

출제빈도

① 50.2　② 70.7
③ 86.6　④ 90.4

해설 역률 $\cos\theta=\dfrac{P}{P_a}=\dfrac{P_1+P_2}{2\sqrt{P_1{}^2+P_2{}^2-P_1P_2}}$

$=\dfrac{100+200}{2\sqrt{100^2+200^2-100\times200}}$

$=0.866$

$\therefore$ 86.6[%]

03 $Z_1=2+j11[\Omega]$, $Z_2=4-j3[\Omega]$의 직렬 회로에 교류 전압 100[V]를 가할 때 회로에 흐르는 전류는 몇 [A]인가?

① 10　② 8
③ 6　④ 4

해설 전류 $I=\dfrac{V}{Z_1+Z_2}=\dfrac{100}{(2+j11)+(4-j3)}=\dfrac{100}{6+j8}$

$=10[\text{A}]$

정답 01.① 02.③ 03.①

기출문제 관련 이론 바로보기

01. 이론 check 정저항 회로

구동점 임피던스의 허수부가 어떠한 주파수에서도 0이고 실수부도 주파수에 관계없이 일정하게 되는 회로이다.

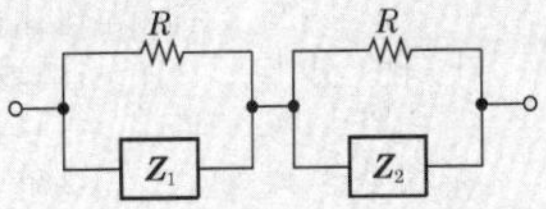

(a)

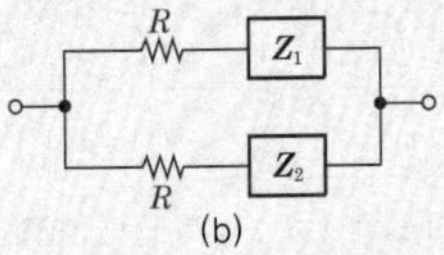

(b)

그림 (a)의 회로와 그림 (b)의 회로의 정저항 회로가 되기 위한 조건은 다음과 같다.

정저항 조건 $Z_1Z_2=R^2$

02. 이론 check 2전력계법

전력계 2개의 지시값으로 3상 전력을 측정하는 방법

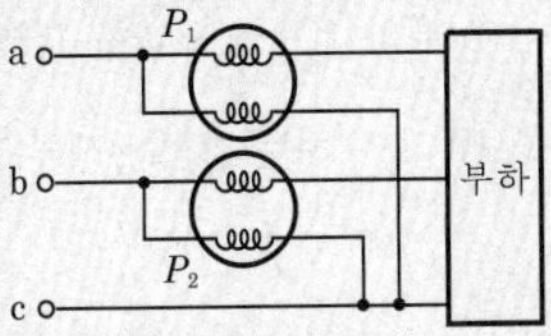

위의 그림에서 전력계의 지시값을 P_1, P_2[W]라 하면

(1) 유효 전력

$P=P_1+P_2=\sqrt{3}\,V_lI_l\cos\theta[\text{W}]$

(2) 무효 전력

$P_r=\sqrt{3}(P_1-P_2)$
$=\sqrt{3}\,V_lI_l\sin\theta[\text{Var}]$

(3) 피상 전력

$P_a=\sqrt{P^2+P_r{}^2}$
$=\sqrt{(P_1+P_2)^2+\{\sqrt{3}(P_1-P_2)\}^2}$
$=2\sqrt{P_1{}^2+P_2{}^2-P_1P_2}\,[\text{VA}]$

(4) 역률

$\cos\theta=\dfrac{P}{P_a}$
$=\dfrac{P_1+P_2}{2\sqrt{P_1{}^2+P_2{}^2-P_1P_2}}$

기출문제 관련 이론 바로보기

04. 이론 check **비정현파**

[푸리에 급수 전개]
비정현파(=왜형파)의 한 예를 표시한 것으로 이와 같은 주기 함수를 푸리에 급수에 의해 몇 개의 주파수가 다른 정현파 교류의 합으로 나눌 수 있다. 비정현파를 $y(t)$의 시간의 함수로 나타내면 다음과 같다.

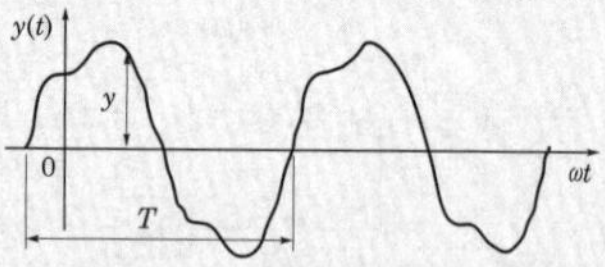

비정현파의 구성은 직류 성분+기본파+고조파로 분해되며 이를 식으로 표시하면

$$y(t) = a_0 + a_1 \cos\omega t + a_2 \cos 2\omega t + a_3 \cos 3\omega t + \cdots + b_1 \sin\omega t + b_2 \sin 2\omega t + b_3 \sin 3\omega t + \cdots$$

$$y(t) = a_0 + \sum_{n=1}^{\infty} a_n \cos n\omega t + \sum_{n=1}^{\infty} b_n \sin n\omega t$$

이때의 계수를 구하는 방법은 다음과 같다.

(1) a_0 구하는 방법(=직류분)

$$a_0 = \frac{1}{T}\int_0^T y(t)\,d\omega t = \frac{1}{2\pi}\int_0^{2\pi} y(t)\,d\omega t$$

(2) a_n 구하는 방법

$$a_n = \frac{2}{T}\int_0^T y(t)\cos n\omega t\,d\omega t = \frac{1}{\pi}\int_0^{2\pi} y(t)\cos n\omega t\,d\omega t$$

(3) b_n 구하는 방법

$$b_n = \frac{2}{T}\int_0^T y(t)\sin n\omega t\,d\omega t = \frac{1}{\pi}\int_0^{2\pi} y(t)\sin n\omega t\,d\omega t$$

05. 이론 check ***C*만의 회로**

전원 전압이 $v = V_m \sin\omega t$일 때, 회로에 흐르는 전류

$$i = C\frac{dv}{dt} = C\frac{d}{dt}(V_m \sin\omega t) = \omega C V_m \cos\omega t = I_m \sin\left(\omega t + \frac{\pi}{2}\right)$$

04

주기 함수 $f(t)$의 푸리에 급수 전개식으로 옳은 것은?

① $f(t) = \sum_{n=1}^{\infty} a_n \sin n\omega t + \sum_{n=1}^{\infty} b_n \sin n\omega t$

② $f(t) = b_0 + \sum_{n=2}^{\infty} a_n \sin n\omega t + \sum_{n=2}^{\infty} b_n \cos n\omega t$

③ $f(t) = a_0 + \sum_{n=1}^{\infty} a_n \cos n\omega t + \sum_{n=1}^{\infty} b_a \sin n\omega t$

④ $f(t) = \sum_{n=1}^{\infty} a_n \cos n\omega t + \sum_{n=1}^{\infty} b_n \cos n\omega t$

해설 비정현파의 구성은 직류 성분+기본파+고조파로 분해된다.

$$f(t) = a_0 + \sum_{n=1}^{\infty} a_n \cos n\omega t + \sum_{n=1}^{\infty} b_n \sin n\omega t$$

05

$i(t) = I_0 e^{st}$[A]로 주어지는 전류가 콘덴서 C[F]에 흐르는 경우의 임피던스[Ω]는?

① $\frac{C}{s}$　　② $\frac{1}{Cs}$

③ C　　④ Cs

해설 C에 전압 $V_C = \frac{1}{C}\int I_0 e^{st} dt = \frac{1}{Cs} I_0 e^{st}$

임피던스 $Z = \frac{V(t)}{i(t)} = \frac{\frac{1}{Cs} I_0 e^{st}}{I_0 e^{st}} = \frac{1}{Cs}$ [Ω]

06

$E = 40 + j30$[V]의 전압을 가하면 $I = 30 + j10$[A]의 전류가 흐른다. 이 회로의 역률은?

① 0.456　　② 0.567

③ 0.854　　④ 0.949

해설 $P_a = \overline{V} \cdot I = (40 - j30)(30 + j10) = 1{,}500 - j500$

$$\cos\theta = \frac{P}{P_a} = \frac{1{,}500}{\sqrt{1{,}500^2 + 500^2}} = 0.949$$

07

$V_a = 3$[V], $V_b = 2 - j3$[V], $V_c = 4 + j3$[V]를 3상 불평형 전압이라고 할 때 영상 전압[V]은?

① 0　　② 3

③ 9　　④ 27

정답 04.③ 05.② 06.④ 07.②

해설 $V_0 = \frac{1}{3}(V_a + V_b + V_c) = \frac{1}{3}\{3 + (2 - j3) + (4 + j3)\} = 3[V]$

08 그림과 같은 회로에서 $V-i$ 관계식은?

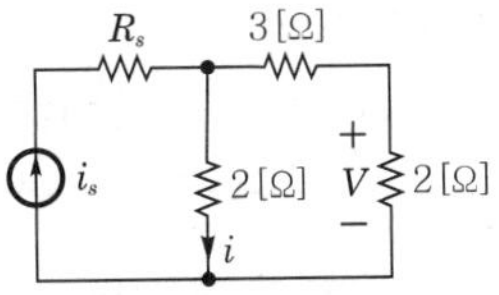

① $V=0.8i$　② $V=i_sR_s-2i$
③ $V=2i$　④ $V=3+0.2i$

해설 2[Ω]의 양단 전압은 $2i$이므로 전압 분배 법칙에 의해

$$V=\frac{2}{3+2}\times 2i=\frac{4}{5}i=0.8i$$

09 $f(t)=te^{-at}$의 라플라스 변환은?

① $\frac{2}{(s-a)^2}$　② $\frac{1}{s(s+a)}$
③ $\frac{1}{(s+a)^2}$　④ $\frac{1}{s+a}$

해설 지수 감쇠 램프 함수의 라플라스 변환

$$\mathcal{L}[te^{-at}]=\frac{1}{(s+a)^2}$$

10 회로에서 단자 a−b 사이의 합성 저항 R_{ab}는 몇 [Ω]인가?

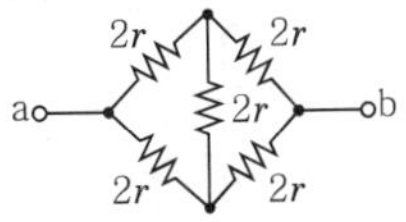

① $\frac{1}{3}r$　② $\frac{1}{2}r$
③ r　④ $2r$

해설 합성 저항 $R_{ab}=\frac{(2r+2r)\times(2r+2r)}{(2r+2r)+(2r+2r)}=2r[Ω]$

11 $R=4[Ω]$, $\omega L=3[Ω]$의 직렬 회로에 $e=100\sqrt{2}\sin\omega t+50\sqrt{2}\sin 3\omega t$ [V]를 가할 때 이 회로의 소비 전력은 약 몇 [W]인가?

출제빈도

① 1,414　② 1,514
③ 1,703　④ 1,903

정답 08.① 09.③ 10.④ 11.③

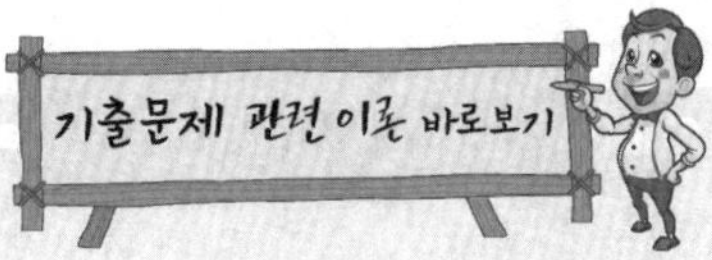

따라서, 콘덴서에 흐르는 전류는 전원 전압보다 $\frac{\pi}{2}$[rad]만큼 앞선다고 할 수 있다. 또한, 전류의 크기만을 생각하면

$$V_m=\frac{1}{\omega C}I_m=X_C I_m$$

의 관계를 얻을 수 있다. 이 X_C를 용량성 리액턴스(capacitive reactance)라 하며, 단위는 저항과 같은 옴[Ω]을 사용한다. 또한, 전압과 전류의 비, 즉 $\frac{V_m}{I_m}=X_C=\frac{1}{\omega C}$로 되므로 용량성 리액턴스가 저항과 같은 성질을 나타내고 있는 것을 알 수 있다.

11. 이론 check **비정현파의 전력**

(1) 유효 전력

주파수가 다른 전압과 전류 간의 전력은 0이 되고 같은 주파수의 전압과 전류 간의 전력만 존재한다.

$$P=V_0I_0+V_1I_1\cos\theta_1+V_2I_2\cos\theta_2+V_3I_3\cos\theta_3+\cdots$$
$$=V_0I_0+\sum_{n=1}^{\infty}V_nI_n\cos\theta_n\,[W]$$

(2) 무효 전력

$$P_r=V_1I_1\sin\theta_1+V_2I_2\sin\theta_2+V_3I_3\sin\theta_3+\cdots$$
$$=\sum_{n=1}^{\infty}V_nI_n\sin\theta_n\,[Var]$$

(3) 피상 전력

$$P_a=VI$$
$$=\sqrt{V_0^2+V_1^2+V_2^2+V_3^2+\cdots}\times\sqrt{I_0^2+I_1^2+I_2^2+I_3^2+\cdots}$$

[VA]

기출문제 관련 이론 바로보기

12. 이론 check 어드미턴스 파라미터

(1) 어드미턴스 파라미터(parameter)

$\begin{bmatrix} I_1 \\ I_2 \end{bmatrix} = \begin{bmatrix} Y_{11} & Y_{12} \\ Y_{21} & Y_{22} \end{bmatrix} \begin{bmatrix} V_1 \\ V_2 \end{bmatrix}$ 에서

$I_1 = Y_{11} V_1 + Y_{12} V_2$,

$I_2 = Y_{21} V_1 + Y_{22} V_2$ 가 된다.

이 경우 $[Y] = \begin{bmatrix} Y_{11} & Y_{12} \\ Y_{21} & Y_{22} \end{bmatrix}$ 를 4단자망의 어드미턴스 행렬이라고 하며 그의 요소를 4단자망의 어드미턴스 파라미터라 한다.

(2) 어드미턴스 파라미터를 구하는 방법

$Y_{11} = \left. \dfrac{I_1}{V_1} \right|_{V_2=0}$: 출력 단자를 단락하고 입력측에서 본 단락 구동점 어드미턴스

$Y_{22} = \left. \dfrac{I_2}{V_2} \right|_{V_1=0}$: 입력 단자를 단락하고 출력측에서 본 단락 구동점 어드미턴스

$Y_{12} = \left. \dfrac{I_1}{V_2} \right|_{V_1=0}$: 입력 단자를 단락했을 때의 단락 전달 어드미턴스

$Y_{21} = \left. \dfrac{I_2}{V_1} \right|_{V_2=0}$: 출력 단자를 단락했을 때의 단락 전달 어드미턴스

13. 이론 check 과도 현상

[$R-L$ 직렬 회로에 직류 전압을 인가하는 경우]

직류 전압을 인가하는 경우는 다음과 같다.

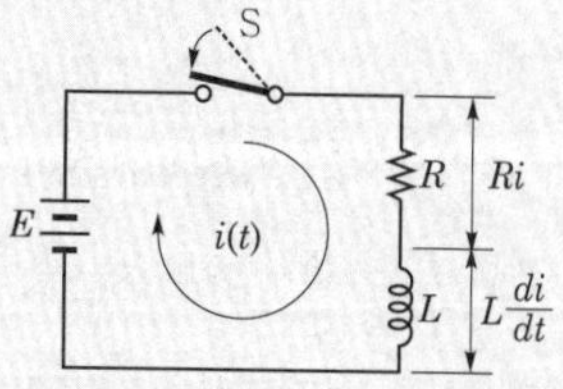

전압 방정식은 $Ri(t) + L\dfrac{di(t)}{dt} = E$ 가 되고 이를 라플라스 변환을 이용하여 풀면

해설

$I_1 = \dfrac{V_1}{Z_1} = \dfrac{V_1}{\sqrt{R^2 + (\omega L)^2}} = \dfrac{100}{\sqrt{4^2 + 3^2}} = 20[\text{A}]$

$I_3 = \dfrac{V_3}{Z_3} = \dfrac{V_3}{\sqrt{R^2 + (3\omega L)^2}} = \dfrac{50}{\sqrt{4^2 + 9^2}} = 5.07[\text{A}]$

$\therefore P = I_1^{\,2} R + I_3^{\,2} R$

$= 20^2 \times 4 + 5.07^2 \times 4 ≒ 1{,}703.06[\text{W}]$

12

(출제빈도) 그림과 같은 4단자 회로의 어드미턴스 파라미터 중 Y_{11}[℧]는?

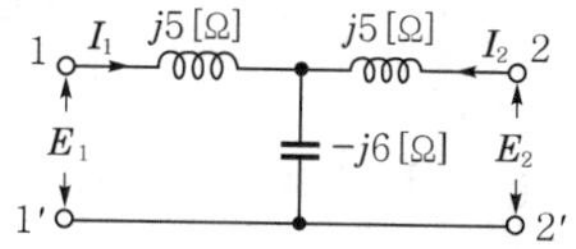

① $-j\dfrac{1}{35}$　② $j\dfrac{2}{35}$

③ $-j\dfrac{1}{33}$　④ $j\dfrac{2}{33}$

해설

$Y_{11} = \left(\dfrac{I_1}{V_1} \right)_{V_2=0}$ 즉, 2차를 단락시킬 때

$Y_{11} = \dfrac{1}{j5 + \dfrac{(-j6)(j5)}{-j6+j5}} = -j\dfrac{1}{35}$[℧]

13

(출제빈도) 그림과 같은 회로에서 스위치 S를 닫았을 때 시정수[s]의 값은? (단, L=10[mH], R=20[Ω]이다.)

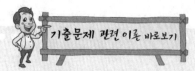

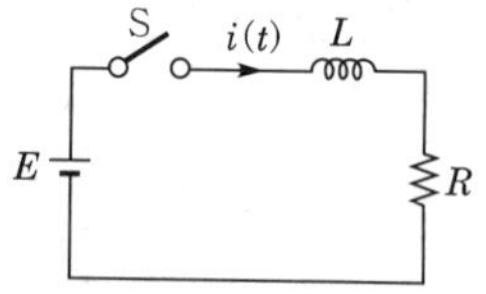

① 5×10^{-3}　② 5×10^{-4}

③ 200　④ 2,000

해설 시정수 $\tau = \dfrac{L}{R} = \dfrac{10 \times 10^{-3}}{20} = 5 \times 10^{-4}$[s]

14

정전 용량이 같은 콘덴서 2개를 병렬로 연결했을 때의 합성 정전 용량은 직렬로 연결했을 때의 몇 배인가?

① 2　② 4

③ 6　④ 8

정답 12.① 13.② 14.②

해설 $\dfrac{\text{병렬 합성 정전 용량}}{\text{직렬 합성 정전 용량}} = \dfrac{C+C}{\dfrac{C \times C}{C+C}} = \dfrac{4C^2}{C^2} = 4\text{배}$

15 대칭 5상 회로의 선간 전압과 상전압의 위상차는?

출제빈도

① 27°　　② 36°
③ 54°　　④ 72°

해설 위상차 $\theta = \dfrac{\pi}{2}\left(1-\dfrac{2}{n}\right)$

$= \dfrac{\pi}{2}\left(1-\dfrac{2}{5}\right)$

$= 54°$

16 전달 함수에 대한 설명으로 틀린 것은?

① 어떤 계의 전달 함수는 그 계에 대한 임펄스 응답의 라플라스 변환과 같다.
② 전달 함수는 $\dfrac{\text{출력 라플라스 변환}}{\text{입력 라플라스 변환}}$으로 정의 된다.
③ 전달 함수가 s가 될 때 적분 요소라 한다.
④ 어떤 계의 전달 함수의 분모를 0으로 놓으면 이것이 곧 특성 방정식이 된다.

해설 적분 요소 $y(t) = K\int x(t)dt$에서

전달 함수 $G(s) = \dfrac{Y(s)}{X(s)} = \dfrac{K}{s}$

미분 요소 $y(t) = K\dfrac{dx(t)}{dt}$

전달 함수 $G(s) = sK$

∴ 미분 요소의 전달 함수는 s, 적분 요소의 전달 함수는 $\dfrac{1}{s}$이 된다.

17 그림과 같은 대칭 3상 Y결선 부하 $Z=6+j8[\Omega]$에 200[V]의 상전압이 공급될 때 선전류는 몇 [A]인가?

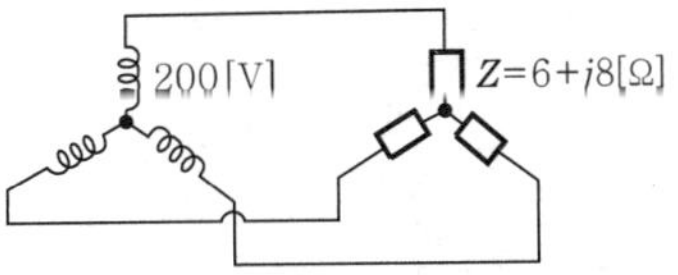

① 15　　② 20
③ $15\sqrt{3}$　　④ $20\sqrt{3}$

정답 15.③ 16.③ 17.②

기출문제 관련 이론 바로보기

(1) 전류

$i(t) = \dfrac{E}{R}\left(1-e^{-\frac{R}{L}t}\right)$ [A]

(초기 조건은 $t=0 \rightarrow i=0$)

(2) 시정수(τ)

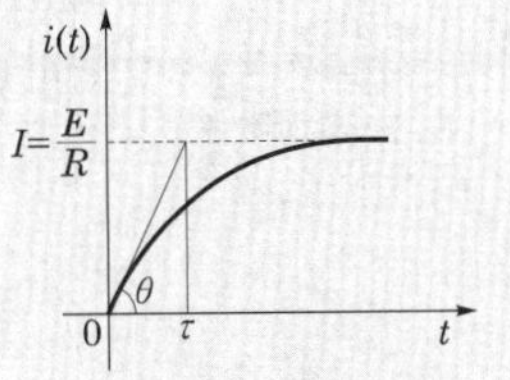

▌$i(t)$의 특성▐

$t=0$에서 과도 전류에 접선을 그어 접선이 정상 전류와 만날 때까지의 시간을 말한다.

$\tan\theta = \left[\dfrac{d}{dt}\left(\dfrac{E}{R}-\dfrac{E}{R}e^{-\frac{R}{L}t}\right)\right]_{t=0}$

$= \dfrac{E}{L} = \dfrac{\frac{E}{R}}{\tau}$이므로 $\tau = \dfrac{L}{R}$[s]

$\tau = \dfrac{L}{R}$의 값이 클수록 과도 상태는 오랫 동안 계속된다.

(3) 시정수에서의 전류값

$i(\tau) = \dfrac{E}{R}\left(1-e^{-\frac{R}{L}\times\tau}\right)$

$= \dfrac{E}{R}\left(1-e^{-1}\right)$

$= 0.632\dfrac{E}{R}$[A]

$t=\tau=\dfrac{L}{R}$[s]로 되었을 때의 과도 전류는 정상값의 0.632배가 된다.

15. 이론 check **다상 교류 회로의 전압 · 전류**

(1) 성형 결선

n을 다상 교류의 상수라 하면

① 선간 전압을 V_l, 상전압을 V_p라 하면

$V_l = 2\sin\dfrac{\pi}{n}V_p \angle \dfrac{\pi}{2}\left(1-\dfrac{2}{n}\right)$[V]

② 선전류(I_l)=상전류(I_p)

(2) 환상 결선

n을 다상 교류의 상수라 하면

① 선전류를 I_l, 상전류를 I_p라 하면

기출문제 관련 이론 바로보기

$$I_l = 2\sin\frac{\pi}{n} I_p \angle -\frac{\pi}{2}\left(1-\frac{2}{n}\right)[A]$$

② 선간 전압(V_l)=상전압(V_p)

(3) 다상 교류의 전력

n을 다상 교류의 상수라 하면

$$P = \frac{n}{2\sin\frac{\pi}{n}} V_l I_l \cos\theta [W]$$

19. 이론 check 정현파의 평균값과 실효값

(1) 평균값

$$V_{av} = \frac{1}{\pi}\int_0^{\pi} V_m \sin\omega t \, d\omega t = \frac{V_m}{\pi}[-\cos\omega t]_0^{\pi} = \frac{V_m}{\pi}[1-(-1)] = \frac{2V_m}{\pi} = 0.637V_m$$

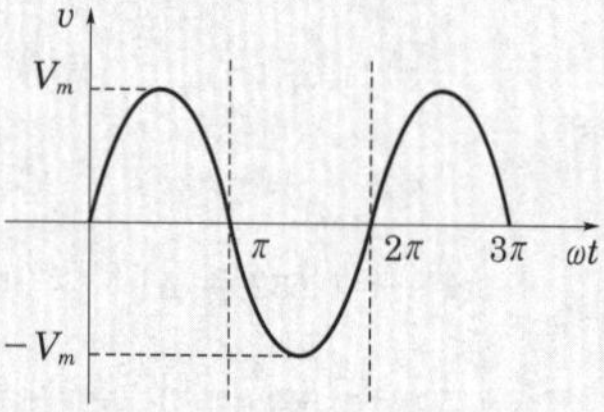

(2) 실효값

$$V = \sqrt{\frac{1}{2\pi}\int_0^{2\pi}(V_m\sin\omega t)^2 d\omega t} = \sqrt{\frac{V_m^2}{2\pi}\int_0^{2\pi}\sin^2\omega t \, d\omega t} = \sqrt{\frac{V_m^2}{2\pi}\int_0^{2\pi}\frac{1-\cos 2\omega t}{2} d\omega t}$$

$$= \sqrt{\frac{V_m^2}{4\pi}\int_0^{2\pi}(1-\cos 2\omega t)\, d\omega t} = \sqrt{\frac{V_m^2}{4\pi}\left[\omega t - \frac{\sin 2\omega t}{2}\right]_0^{2\pi}} = \sqrt{\frac{V_m^2}{4\pi}\times 2\pi} = \frac{V_m}{\sqrt{2}}$$

$$= 0.707V_m$$

해설 선전류 $I_l = I_p = \frac{V_p}{Z}$

$$= \frac{200}{\sqrt{6^2+8^2}} = 20[A]$$

18 그림과 같은 비정현파의 실효값[V]은?

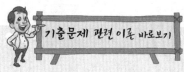

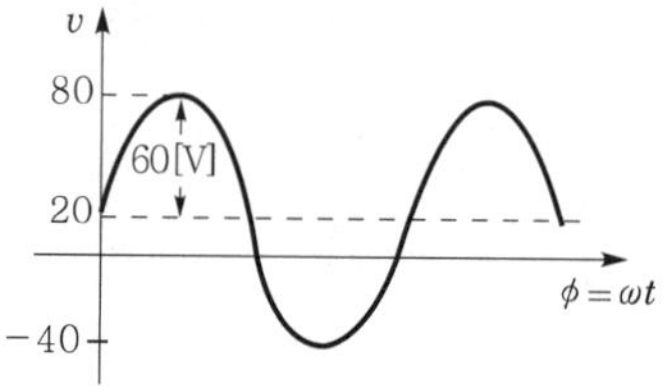

① 46.9 ② 51.6
③ 56.6 ④ 63.3

해설 비정현파 전압 $v = 20 + 60\sin\omega t$이므로

실효값 $V = \sqrt{20^2 + \left(\frac{60}{\sqrt{2}}\right)^2} = 46.9[V]$

19 정현파 교류 전압의 평균값은 최대값의 약 몇 [%]인가?

출제빈도

① 50.1 ② 63.7
③ 70.7 ④ 90.1

해설 평균값 $V_{av} = \frac{1}{\pi}\int_0^{\pi} V_m \sin\omega t d\omega t$

$$= \frac{2}{\pi}V_m \fallingdotseq 0.637V_m$$

∴ 63.7[%]

20 4단자 회로에서 4단자 정수가 $A = \frac{15}{4}$, $D = 1$이고, 영상 임피던스 $Z_{02} = \frac{12}{5}[\Omega]$일 때 영상 임피던스 $Z_{01}[\Omega]$은?

① 9 ② 6
③ 4 ④ 2

해설 $Z_{01}\cdot Z_{02} = \frac{B}{C}$, $\frac{Z_{01}}{Z_{02}} = \frac{A}{D}$에서

$$Z_{01} = \frac{A}{D}Z_{02} = \frac{\frac{15}{4}}{1}\times\frac{12}{5} = \frac{180}{20} = 9[\Omega]$$

정답 18.① 19.② 20.①

Industrial Engineer Electricity

2015년 과년도 출제문제

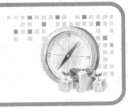

제 1 회 회로이론

01 1,000[Hz]인 정현파 교류에서 5[mH]인 유도 리액턴스와 같은 용량 리액턴스를 갖는 C의 값은 약 몇 [μF]인가?

출제빈도

① 4.07 ② 5.07
③ 6.07 ④ 7.07

해설 $X_L = X_C$

$$\omega L = \frac{1}{\omega C}$$

$$2\pi f L = \frac{1}{2\pi f C}$$

$$\therefore C = \frac{1}{(2\pi f)^2 \cdot L} = \frac{1}{(2\pi \times 1{,}000)^2 \times 5 \times 10^{-3}}$$

$$\fallingdotseq 5.07 \times 10^{-6} = 5.07[\mu\text{F}]$$

02 $Z = 6 \pm j8[\Omega]$인 평형 Y부하에 선간 전압 200[V]인 대칭 3상 전압을 가할 때, 선전류는 약 몇 [A]인가?

① 20 ② 11.5
③ 7.5 ④ 5.5

해설 Y결선이므로 $I_l = I_p$

$$\therefore I_l = I_p = \frac{V_p}{Z} = \frac{\frac{200}{\sqrt{3}}}{\sqrt{6^2 + 8^2}} = 11.54 \fallingdotseq 11.5[\text{A}]$$

03 그림과 같은 이상적인 변압기로 구성된 4단자 회로에서 정수 A, B, C, D 중 A는?

출제빈도

① 1
② 0
③ n
④ $\frac{1}{n}$

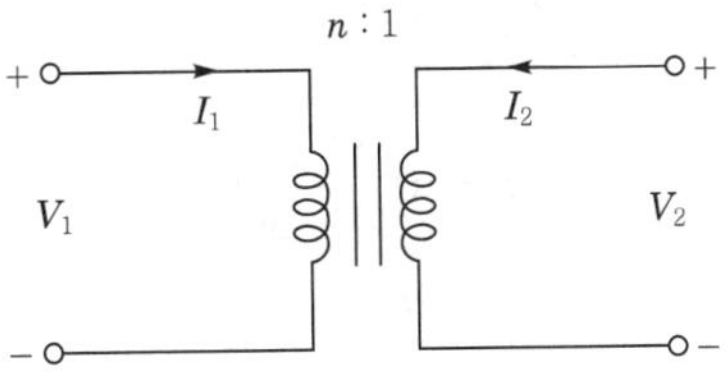

정답 01.② 02.② 03.③

기출문제 관련 이론 바로보기

01. 이론 check **C만의 회로**

전원 전압이 $v = V_m \sin\omega t$일 때, 회로에 흐르는 전류

$$i = C\frac{dv}{dt} = C\frac{d}{dt}(V_m \sin\omega t)$$

$$= \omega C V_m \cos\omega t = I_m \sin\left(\omega t + \frac{\pi}{2}\right)$$

따라서, 콘덴서에 흐르는 전류는 전원 전압보다 $\frac{\pi}{2}$[rad]만큼 앞선다고 할 수 있다. 또한, 전류의 크기만을 생각하면

$$V_m = \frac{1}{\omega C} I_m = X_C I_m$$

의 관계를 얻을 수 있다. 이 X_C를 용량성 리액턴스(capacitive reactance)라 하며, 단위는 저항과 같은 옴[Ω]을 사용한다. 또한, 전압과 전류의 비, 즉 $\frac{V_m}{I_m} = X_C = \frac{1}{\omega C}$로 되므로 용량성 리액턴스가 저항과 같은 성질을 나타내고 있는 것을 알 수 있다.

03. Tip **각종 회로의 4단자 정수**

(1)

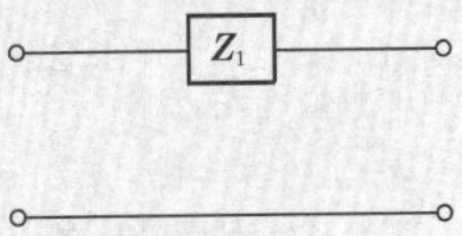

$$\begin{bmatrix} A & B \\ C & D \end{bmatrix} = \begin{bmatrix} 1 & Z_1 \\ 0 & 1 \end{bmatrix}$$

(2)

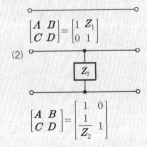

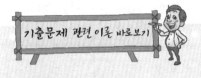

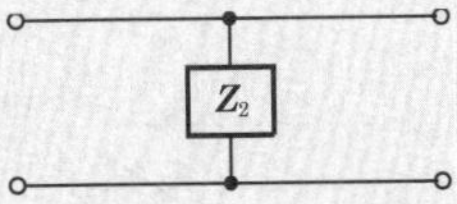

$$\begin{bmatrix} A & B \\ C & D \end{bmatrix} = \begin{bmatrix} 1 & 0 \\ \frac{1}{Z_2} & 1 \end{bmatrix}$$

기출문제 관련 이론 바로보기

(3)

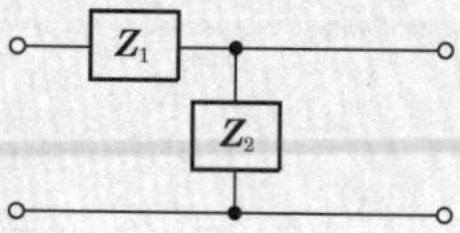

$$\begin{bmatrix} A & B \\ C & D \end{bmatrix} = \begin{bmatrix} 1 & Z_1 \\ 0 & 1 \end{bmatrix}\begin{bmatrix} 1 & 0 \\ \frac{1}{Z_2} & 1 \end{bmatrix} = \begin{bmatrix} 1+\frac{Z_1}{Z_2} & Z_1 \\ \frac{1}{Z_2} & 1 \end{bmatrix}$$

(4) T형 회로

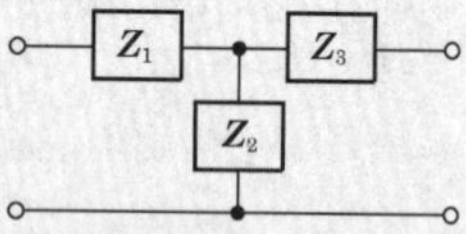

$$\begin{bmatrix} A & B \\ C & D \end{bmatrix} = \begin{bmatrix} 1+\frac{Z_1}{Z_2} & \frac{Z_1Z_2+Z_2Z_3+Z_3Z_1}{Z_2} \\ \frac{1}{Z_2} & 1+\frac{Z_3}{Z_2} \end{bmatrix}$$

(5) π형 회로

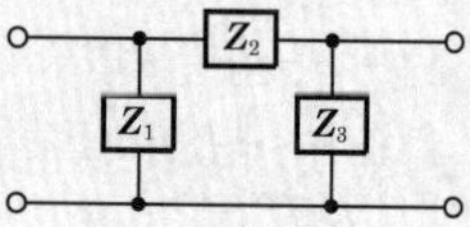

$$\begin{bmatrix} A & B \\ C & D \end{bmatrix} = \begin{bmatrix} 1+\frac{Z_2}{Z_3} & Z_2 \\ \frac{Z_1+Z_2+Z_3}{Z_1Z_3} & 1+\frac{Z_2}{Z_1} \end{bmatrix}$$

05. Tip 복소수 표현

(1) 복소수
실수부와 허수부의 합으로 이루어진 수

(2) 허수
제곱을 하여 -1이 되는 수로서 $\sqrt{-1}$이며 이를 j로 표현하고 이는 실수와는 90°의 위상차를 갖는다.

(3) 표시법

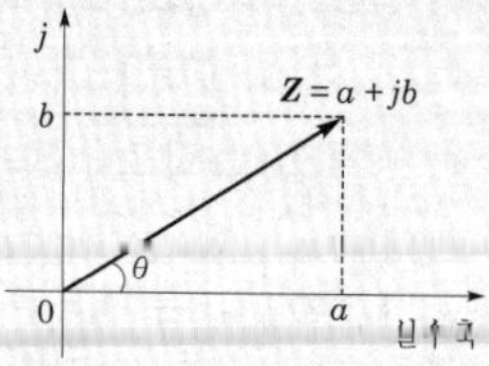

해설
• 전압비 $\frac{V_1}{V_2}=\frac{n_1}{n_2}=a$

• 전류비 $\frac{I_1}{I_2}=\frac{n_2}{n_1}=\frac{1}{a}$

$$\begin{bmatrix} A & B \\ C & D \end{bmatrix} = \begin{bmatrix} a & 0 \\ 0 & \frac{1}{a} \end{bmatrix}$$

$\therefore\ A=a=\frac{n_1}{n_2}=\frac{n}{1}=n$

04

$f(t)=u(t-a)-u(t-b)$의 라플라스 변환은?

① $\frac{1}{s}(e^{-as}-e^{-bs})$

② $\frac{1}{s}(e^{as}+e^{bs})$

③ $\frac{1}{s^2}(e^{-as}-e^{-bs})$

④ $\frac{1}{s^2}(e^{as}+e^{bs})$

해설 시간 추이 정리 $\mathcal{L}[f(t-a)]=e^{-as}\cdot F(s)$를 이용하면

$$\boldsymbol{F}(s)=\mathcal{L}[f(t)]=\frac{e^{-as}}{s}-\frac{e^{-bs}}{s}=\frac{1}{s}(e^{-as}-e^{-bs})$$

05

출제빈도

복소수 $I_1=10\angle\tan^{-1}\frac{4}{3}$, $I_2=10\angle\tan^{-1}\frac{3}{4}$일 때, $I=I_1+I_2$는 얼마인가?

① $-2+j2$
② $14+j14$
③ $14+j4$
④ $14+j3$

해설 $I_1=10\angle\tan^{-1}\frac{4}{3}$

여기서, $\theta=\tan^{-1}\frac{4}{3}$이므로 직각 삼각형을 이용하면

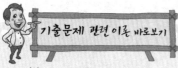

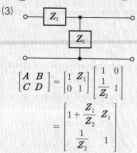

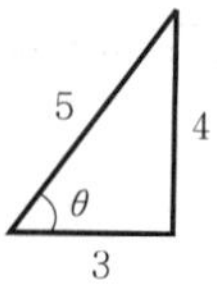

$\therefore\ I_1=10\left(\frac{3}{5}+j\frac{4}{5}\right)=6+j8$

$I_2=10\angle\tan^{-1}\frac{3}{4}$

정답 04.① 05.②

여기서, $\theta = \tan^{-1}\frac{3}{4}$ 이므로 직각 삼각형을 이용하면

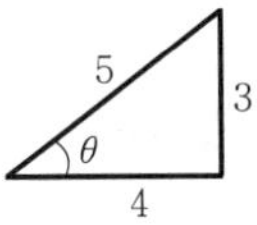

$\therefore\ I_2 = 10\left(\frac{4}{5} + j\frac{3}{5}\right) = 8 + j6$

$\because\ I_1 + I_2 = (6 + j8) + (8 + j6) = 14 + j14$

06 그림과 같은 회로의 전달 함수는? (단, e_1은 입력, e_2는 출력이다.)

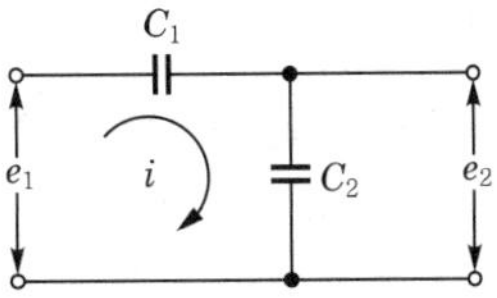

① $C_1 + C_2$ ② $\frac{C_2}{C_1}$

③ $\frac{C_1}{C_1 + C_2}$ ④ $\frac{C_2}{C_1 + C_2}$

해설

$$G(s) = \frac{E_2(s)}{E_1(s)} = \frac{\frac{1}{C_2 s}}{\frac{1}{C_1 s} + \frac{1}{C_2 s}} = \frac{C_1}{C_1 + C_2}$$

07 그림과 같은 4단자망의 영상 전달 정수 θ는?

출제빈도

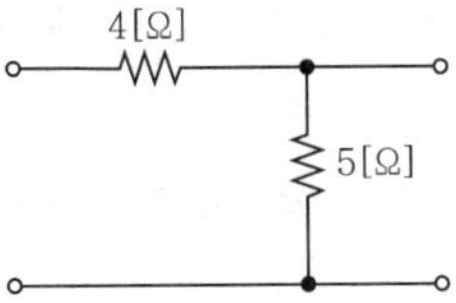

① $\sqrt{5}$ ② $\log_e \sqrt{5}$

③ $\log_e \frac{1}{\sqrt{5}}$ ④ $5\log_e \sqrt{5}$

해설

$$\begin{bmatrix} A & B \\ C & D \end{bmatrix} = \begin{bmatrix} 1 + \frac{4}{5} & 4 \\ \frac{1}{5} & 1 \end{bmatrix}$$

$$\therefore\ \theta = \log_e(\sqrt{AD} + \sqrt{BC})$$

$$= \log_e\left(\sqrt{\frac{9}{5} \times 1} + \sqrt{4 \times \frac{1}{5}}\right) = \log_e \sqrt{5}$$

정답 06.③ 07.②

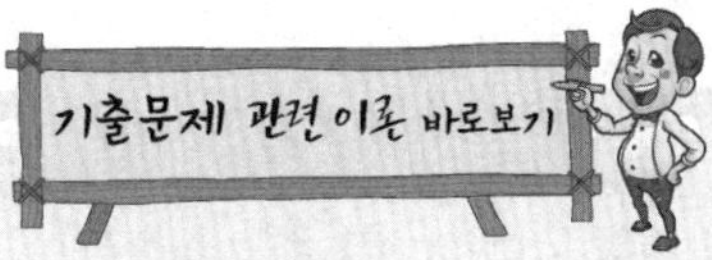

① 직각 좌표형
$Z = a + j\,b$

② 극 좌표형
$Z = |Z|\angle\theta$
$\left(단,\ |Z| = \sqrt{a^2 + b^2},\ \theta = \tan^{-1}\frac{b}{a}\right)$

③ 지수 함수형
$Z = |Z|e^{j\theta}$

④ 삼각 함수형
$Z = |Z|(\cos\theta + j\sin\theta)$

07. 이론 check 영상 파라미터

(1) 영상 임피던스(Z_{01}, Z_{02})

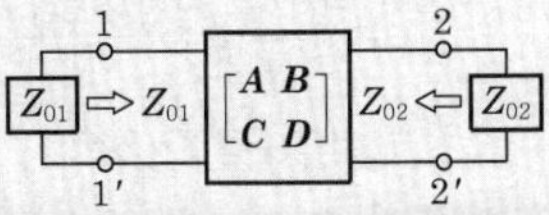

$$Z_{01} = \frac{V_1}{I_1} = \frac{AV_2 + BI_2}{CV_2 + DI_2} = \frac{AZ_{02} + B}{CZ_{02} + D}$$

$$Z_{02} = \frac{V_2}{I_2} = \frac{DV_1 + BI_1}{CV_1 + AI_1} = \frac{DZ_{01} + B}{CZ_{01} + A}$$

위의 식에서 다음의 관계식이 얻어진다.

$$Z_{01}Z_{02} = \frac{B}{C},\ \frac{Z_{01}}{Z_{02}} = \frac{A}{D}$$

이 식에서 Z_{01}, Z_{02}를 구하면

$$Z_{01} = \sqrt{\frac{AB}{CD}},\ Z_{02} = \sqrt{\frac{BD}{AC}}$$

가 된다.
대칭 회로이면 $A = D$의 관계가 되므로

$$Z_{01} - Z_{02} = \sqrt{\frac{B}{C}}$$

(2) 영상 전달 정수(θ)

$$\theta = \ln\sqrt{\frac{V_1 I_1}{V_2 I_2}} = \log_e(\sqrt{AD} + \sqrt{BC}) = \cosh^{-1}\sqrt{AD} = \sinh^{-1}\sqrt{BC}$$

기출문제 관련 이론 바로보기

08. 이론 check **테브난의 정리**

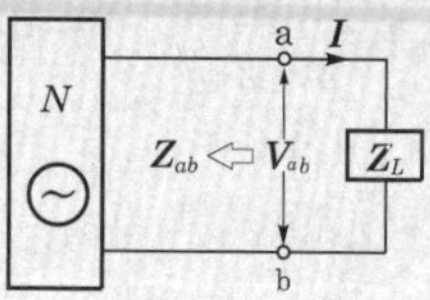

(a)

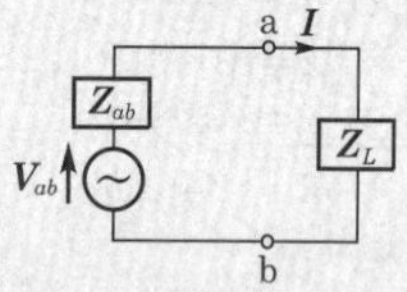

(b)

임의의 능동 회로망의 a, b 단자에 부하 임피던스(Z_L)를 연결할 때 부하 임피던스(Z_L)에 흐르는 전류 $I=\dfrac{V_{ab}}{Z_{ab}+Z_L}$[A]가 된다.

이때, Z_{ab}는 a, b 단자에서 모든 전원을 제거하고 능동 회로망을 바라본 임피던스이며, V_{ab}는 a, b 단자의 단자 전압이 된다.

10. 이론 check **전달 함수**

(1) 전달 함수는 "모든 초기치를 0으로 했을 때 출력 신호의 라플라스 변환과 입력 신호의 라플라스 변환의 비"로 정의한다. 여기서, 모든 초기값을 0으로 한다는 것은 그 제어계에 입력이 가해지기 전, 즉 $t<0$에서는 그 계가 휴지(休止) 상태에 있다는 것을 말한다.

입력 신호 $r(t)$에 대해 출력 신호 $c(t)$를 발생하는 그림의 전달 함수 $G(s)$는

$$G(s)=\frac{\mathcal{L}[c(t)]}{\mathcal{L}[r(t)]}=\frac{C(s)}{R(s)}$$

가 된다.

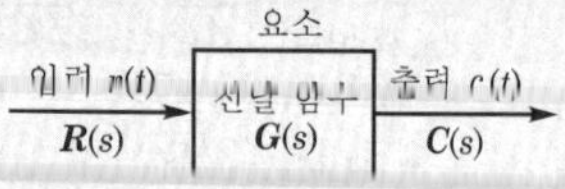

08 그림 (a)의 회로를 그림 (b)와 같은 등가 회로로 구성하고자 한다. 이때, V 및 R의 값은?

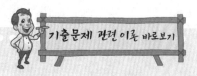

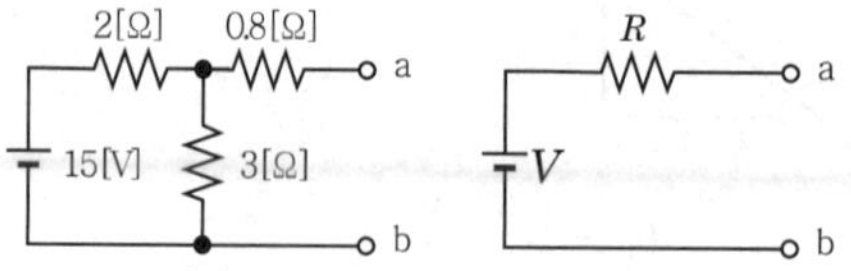

(a) (b)

② 6[V], 2[Ω]
② 6[V], 6[Ω]
③ 9[V], 2[Ω]
④ 9[V], 6[Ω]

해설 • 테브난의 등가 저항은 전압 15[V]를 단락하고 a, b 단자에서 바라본 저항이므로

$$R=0.8+\frac{2\times 3}{2+3}=2[\Omega]$$

• 테브난의 등가 전압은 3[Ω] 양단 전압은

$$V=\frac{3}{2+3}\times 15=9[\text{V}]$$

09 구형파의 파형률 (㉠)과 파고율 (㉡)은 각각 무엇인가?

① ㉠ 1 ㉡ 0
② ㉠ 1.11 ㉡ 1.414
③ ㉠ 1 ㉡ 1
④ ㉠ 1.57 ㉡ 2

해설 구형파는 평균값 · 실효값 · 최대값이 같으므로

파형률$=\dfrac{\text{실효값}}{\text{평균값}}$, 파고율$=\dfrac{\text{최대값}}{\text{실효값}}$이므로

구형파는 파형률, 파고율이 모두 1이 된다.

10 모든 초기값을 0으로 할 때, 출력과 입력의 비를 무엇이라 하는가?

① 전달 함수
② 충격 함수
③ 경사 함수
④ 포물선 함수

해설 전달 함수는 제어계의 입력 신호와 출력 신호의 관계를 수식적으로 표현한 것으로 모든 초기 조건을 0으로 했을 때, 출력 신호의 라플라스 변환과 입력 신호의 라플라스 변환의 비로 정의한다.

정답 08.③ 09.③ 10.①

11 그림과 같은 파형의 라플라스 변환은?

① $\frac{E}{Ts}(1-e^{-Ts})$

② $\frac{E}{Ts^2}(1-e^{-Ts})$

③ $\frac{E}{Ts}(1-e^{-Ts}-Ts\cdot e^{-Ts})$

④ $\frac{E}{Ts^2}(1-e^{-Ts}-Ts\cdot e^{-Ts})$

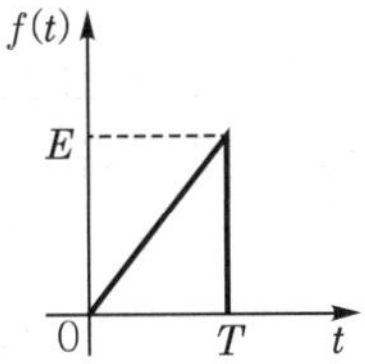

해설

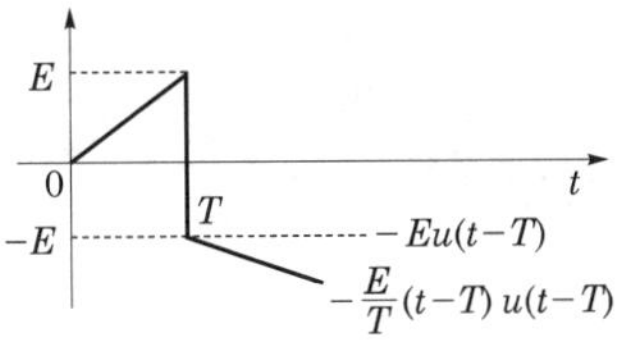

$f(t)=\frac{E}{T}tu(t)-Eu(t-T)-\frac{E}{T}(t-T)u(t-T)$

이므로 시간 추이 정리를 이용하면

$\therefore \boldsymbol{F}(s)=\frac{E}{Ts^2}-\frac{Ee^{-Ts}}{s}-\frac{Ee^{-Ts}}{Ts^2}=\frac{E}{Ts^2}(1-e^{-Ts}-Ts\cdot e^{-Ts})$

12 그림에서 전류 i_5의 크기는?

출제빈도

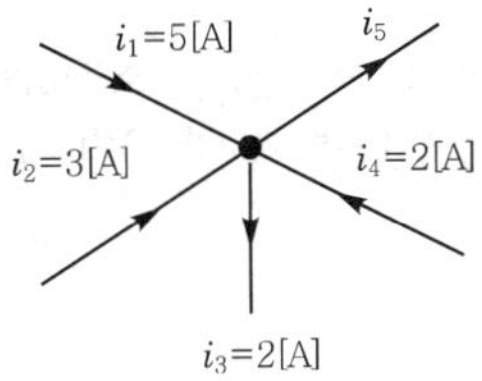

① 3[A] ② 5[A]

③ 8[A] ④ 12[A]

해설 $i_1+i_2+i_4=i_5+i_3$, $5+3+2=i_5+2$

$\therefore i_5=8[A]$

13 한 상의 직렬 임피던스가 $R=6[\Omega]$, $X_L=8[\Omega]$인 △ 결선 평형 부하가 있다. 여기에 선간 전압 100[V]인 대칭 3상 교류 전압을 가하면 선전류는 몇 [A]인가?

① $10\frac{\sqrt{3}}{3}$ ② $3\sqrt{3}$

③ 10 ④ $10\sqrt{3}$

정답 11.④ 12.③ 13.④

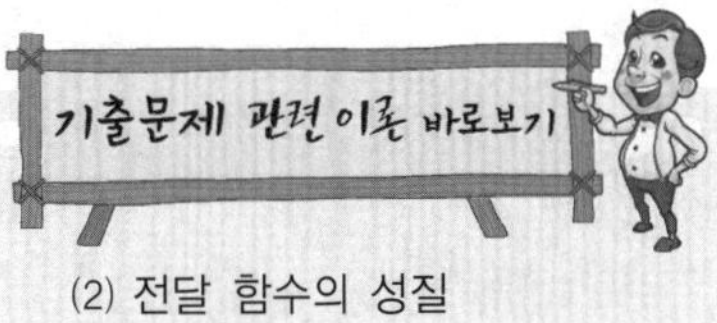

(2) 전달 함수의 성질

① 전달 함수는 오직 선형 시불변 시스템에서만 정의되고, 비선형 시스템에서는 정의되지 않는다.

② 시스템의 입력 변수와 출력 변수 사이의 전달 함수는 출력의 라플라스 변환과 입력의 라플라스 변환의 비로서 나타낸다.

③ 시스템의 모든 초기 조건은 0으로 한다.

④ 전달 함수는 시스템의 입력과는 무관하다.

12. 이론 check **키르히호프의 법칙**

(1) 제1법칙(전류에 관한 법칙)

회로망 중의 임의의 접속점에 유입하는 전류의 총합과 유출하는 전류의 총합은 같다.

따라서, 이를 식으로 표현하면 Σ(유입 전류)= Σ(유출 전류)이므로 다음 그림에서 $I_1+I_2=I_3+I_4+I_5$인 관계가 성립한다.

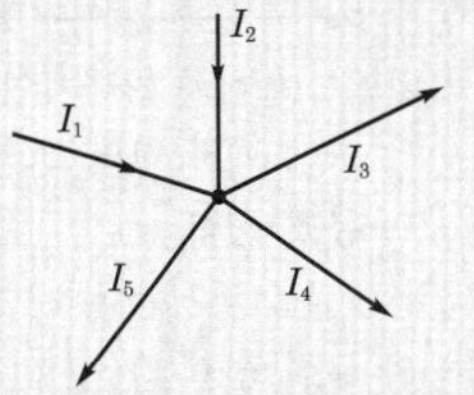

(2) 제2법칙(전압에 관한 법칙)

회로망 중의 임의의 폐회로 내를 일정 방향으로 일주했을 때, 주어진 기전력의 대수합은 각 지로에 생긴 전압(또는 전압 강하)의 대수합과 같다.

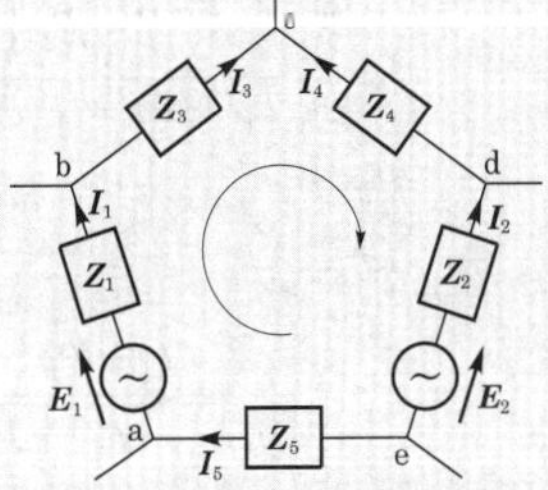

기출문제 관련 이론 바로보기

망형 회로의 a−b−c−d−e−a인 폐로를 시계 방향으로 일주했을 때
$E_1 - E_2 = Z_1 I_1 + Z_3 I_3 + (-Z_4 I_4) + (-Z_2 I_2) + Z_5 I_5$ 이므로 이를 식으로 표현하면
$\sum E = \sum ZI$
$\sum$(기전력) $= \sum$(전압 강하)

15. 이론 check **2전력계법**

전력계 2개의 지시값으로 3상 전력을 측정하는 방법

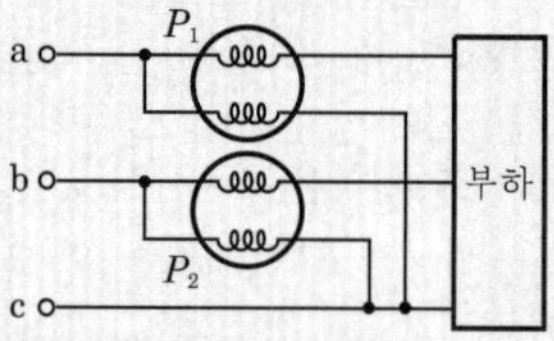

위의 그림에서 전력계의 지시값을 P_1, P_2[W]라 하면

(1) 유효 전력
$P = P_1 + P_2 = \sqrt{3}\, V_l I_l \cos\theta$[W]

(2) 무효 전력
$P_r = \sqrt{3}(P_1 - P_2)$
$= \sqrt{3}\, V_l I_l \sin\theta$[Var]

(3) 피상 전력
$P_a = \sqrt{P^2 + P_r^{\,2}}$
$= \sqrt{(P_1+P_2)^2 + \{\sqrt{3}(P_1 - P_2)\}^2}$
$= 2\sqrt{P_1^{\,2} + P_2^{\,2} - P_1 P_2}$[VA]

(4) 역률
$\cos\theta = \dfrac{P}{P_a}$
$= \dfrac{P_1 + P_2}{2\sqrt{P_1^{\,2} + P_2^{\,2} - P_1 P_2}}$

해설 $I_l = \sqrt{3}\, I_p = \sqrt{3} \times \dfrac{100}{\sqrt{6^2 + 8^2}} = 10\sqrt{3}$ [A]

14 그림과 같은 회로에서 S를 열었을 때 전류계는 10[A]를 지시하였다. S를 닫았을 때 전류계의 지시는 몇 [A]인가?

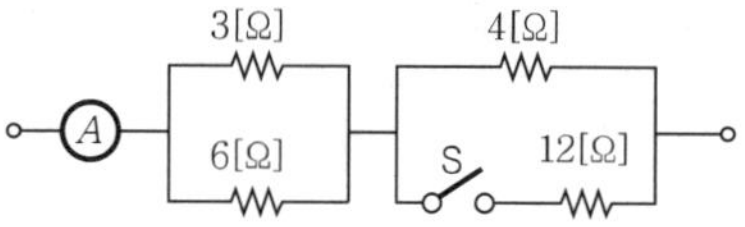

① 10　　② 12
③ 14　　④ 16

해설 • S를 열었을 때의 합성 저항

$R_1 = \dfrac{3\times 6}{3+6} + 4 = 6$[Ω]

∴ 전압 $V = R_1 I = 6 \times 10 = 60$[V]

• S를 닫았을 때의 합성 저항

$R_2 = \dfrac{3\times 6}{3+6} + \dfrac{4\times 12}{4+12} = 5$[Ω]

∵ 전압은 일정하므로 S를 닫았을 때의 전류계의 지시값

$I = \dfrac{V}{R_2} = \dfrac{60}{5} = 12$[A]

15 2전력계법으로 평형 3상 전력을 측정하였더니 각각의 전력계가 500[W], 300[W]를 지시하였다면 전전력[W]은?

출제빈도

① 200　　② 300
③ 500　　④ 800

해설 2전력계법 단상 전력계의 지시값을 P_1, P_2라 하면
3상 전력 $P = P_1 + P_2 = 500 + 300 = 800$[W]

16 그림과 같은 회로에서 a−b 양단 간의 전압은 몇 [V]인가?

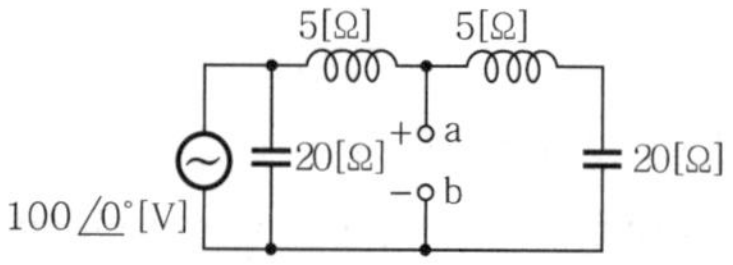

① 80　　② 90
③ 120　　④ 150

해설 전압 분배 법칙에 의하여

$V_{ab} = \dfrac{j5 - j20}{j5 + j5 - j20} \times 100 = \dfrac{-j15}{-j10} \times 100 = 150$[V]

정답 14.② 15.④ 16.④

기출문제 관련 이론 바로보기

17 역률이 60[%]이고, 1상의 임피던스가 60[Ω]인 유도 부하를 △로 결선하고 여기에 병렬로 저항 20[Ω]을 Y결선으로 하여 3상 선간 전압 200[V]를 가할 때의 소비 전력[W]은?

① 3,200
② 3,000
③ 2,000
④ 1,000

해설 • 병렬 저항 20[Ω] Y결선시 소비 전력

$$P_Y = 3I_p^{\ 2} \cdot R = 3\left(\frac{\frac{200}{\sqrt{3}}}{20}\right)^2 \times 20 = 1998.7[\mathrm{W}]$$

• △결선시 소비 전력

$$P_\triangle = 3I_p^2 \cdot R = 3\left(\frac{V_p}{Z}\right)^2 \cdot Z\cos\theta = 3\left(\frac{200}{60}\right)^2 \times 60 \times 0.6 = 1199.8[\mathrm{W}]$$

$\therefore\ P = P_Y + P_\triangle = 1998.7 + 1199.8 = 3198.6[\mathrm{W}]$

$\because$ 약 3,200[W]

18 회로에서 각 계기들의 지시값은 다음과 같다. 전압계는 240[V], 전류계는 5[A], 전력계는 720[W]이다. 이때, 인덕턴스 L[H]는 얼마인가? (단, 전원 주파수는 60[Hz]이다.)

출제빈도

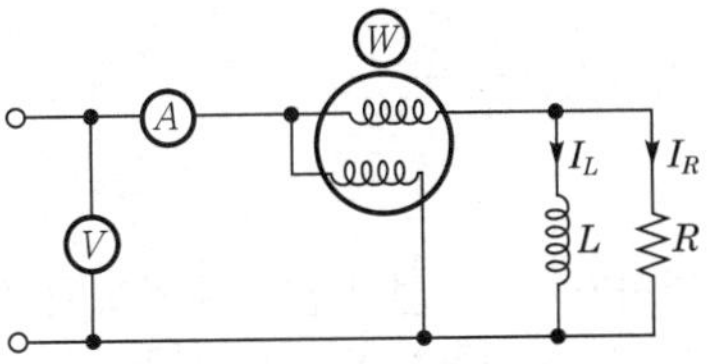

① $\frac{1}{\pi}$　　② $\frac{1}{2\pi}$

③ $\frac{1}{3\pi}$　　④ $\frac{1}{4\pi}$

해설 $P_r = \frac{V^2}{X_L}$에서

유도 리액턴스 $X_L = \frac{V^2}{P_r} = \frac{V^2}{\sqrt{P_a^{\ 2} - P^2}}$

$$= \frac{240^2}{\sqrt{(240\times5)^2 - 720^2}}$$

$$= 60[\Omega]$$

$\therefore$ 인덕턴스 $L = \frac{X_L}{\omega} = \frac{60}{2\pi 60} = \frac{1}{2\pi}$[H]

18. 이론 check **교류 전력**

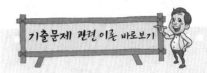

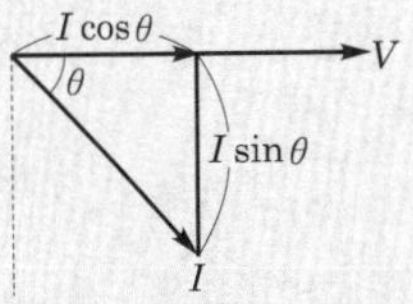

여기서, $I\cos\theta$: 유효 전류
$I\sin\theta$: 무효 전류

전압과 전류가 직각인 $I\sin\theta$ 성분은 전력을 발생시킬 수 없는 성분, 즉 무효 성분의 전류이고, 전압, 전류가 동상인 $I\cos\theta$ 성분은 전력을 발생시킬 수 있는 성분, 즉 유효 성분의 전류가 되어 이에 의해 만들어진 전력을 유효 전력, 무효 전력이라 한다.

이를 식으로 표현하면

(1) 유효 전력

$P = VI\cos\theta$
$= I^2 \cdot R$
$= \frac{V^2}{R}$[W]

(2) 무효 전력

$P_r = VI\sin\theta$
$= I^2 \cdot X$
$= \frac{V^2}{X}$[Var]

(3) 피상 전력

$P_a = V \cdot I$
$= I^2 \cdot Z$
$= \frac{V^2}{Z}$[VA]

정답 17.① 18.②

기출문제 관련 이론 바로보기

19. 이론 check 과도 현상

[$R-L$ 직렬의 직류 회로]

(1) 직류 전압을 인가하는 경우

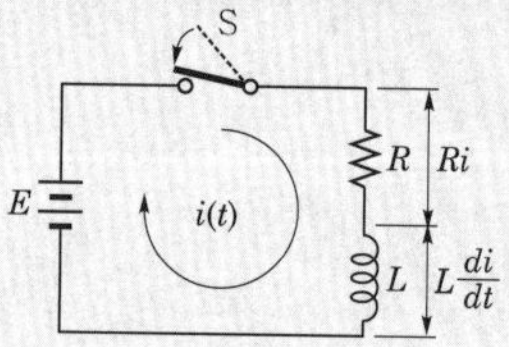

전압 방정식은

$Ri(t)+L\frac{di(t)}{dt}=E$가 되고 이를

라플라스 변환을 이용하여 풀면

(2) 전류

$i(t)=\frac{E}{R}(1-e^{-\frac{R}{L}t})$[A]

(초기 조건은 $t=0 \to i=0$)

(3) 시정수(τ)

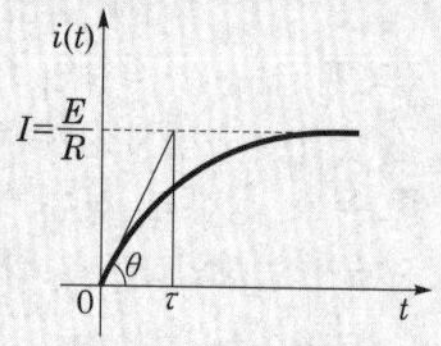

$t=0$에서 과도 전류에 접선을 그어 접선이 정상 전류와 만날 때까지의 시간

$\tau=\frac{L}{R}$[s]

시정수의 값이 클수록 과도 상태는 오랫 동안 계속된다.

(4) 특성근

시정수의 역수로 전류의 변화율을 나타낸다.

$특성근=-\frac{1}{시정수}=-\frac{R}{L}$

(5) 시정수에서의 전류값

$i(\tau)=0.632\frac{E}{R}$[A]

$t=\tau=\frac{L}{R}$[s]로 되었을 때의 과도 전류는 정상값의 0.632배가 된다.

(6) R, L의 단자 전압

$V_R=Ri(t)=E(1-e^{-\frac{R}{L}t})$[V]

$V_L=L\frac{d}{dt}i(t)=Ee^{-\frac{R}{L}t}$[V]

19 다음 회로에 대한 설명으로 옳은 것은?

출제빈도

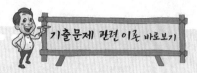

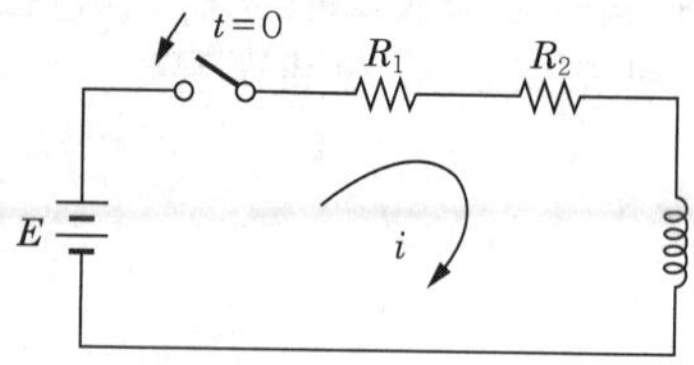

① 이 회로의 시정수는 $\frac{L}{R_1+R_2}$이다.

② 이 회로의 특성근은 $\frac{R_1+R_2}{L}$이다.

③ 정상 전류값은 $\frac{E}{R_2}$이다.

④ 이 회로의 전류값 $i(t)$는 $\frac{E}{R_1+R_2}(1-e^{-\frac{L}{R_1+R_2}t})$이다.

해설

- 시정수 $\tau=\frac{L}{R_1+R_2}$[s]
- 특성근 $-\frac{1}{\tau}=-\frac{R_1+R_2}{L}$
- 정상 전류 $i_s=\frac{E}{R_1+R_2}$[A]
- 전류 $i(t)=\frac{E}{R_1+R_2}(1-e^{-\frac{R_1+R_2}{L}t})$

20 3상 평형 부하가 있다. 선간 전압이 200[V], 역률이 0.8이고 소비 전력이 10[kW]라면 선전류는 약 몇 [A]인가?

① 30

② 32

③ 34

④ 36

해설 소비 전력 $P=\sqrt{3}VI\cos\theta$에서

$I=\frac{P}{\sqrt{3}V\cos\theta}$

$=\frac{10\times 10^3}{\sqrt{3}\times 200\times 0.8}$

$=36.08 ≒ 36$[A]

정답 19.① 20.④

제 2 회 회로이론

01 다음 용어에 대한 설명으로 옳은 것은?

① 능동 소자는 나머지 회로에 에너지를 공급하는 소자이며, 그 값은 양과 음의 값을 갖는다.
② 종속 전원은 회로 내의 다른 변수에 종속되어 전압 또는 전류를 공급하는 전원이다.
③ 선형 소자는 중첩의 원리와 비례의 법칙을 만족할 수 있는 다이오드 등을 말한다.
④ 개방 회로는 두 단자 사이에 흐르는 전류가 양 단자에 전압과 관계없이 무한대값을 갖는다.

해설
- 독립 전압원은 전압원의 전압이 회로의 다른 부분의 전압이나 전류에 영향을 받지 않는다는 것
- 종속 전압원은 전압원의 전압이 회로의 다른 부분의 전압이나 전류에 의해 결정되는 것

02 (출제빈도) 그림과 같이 저항 $R=3[\Omega]$과 용량 리액턴스 $\frac{1}{\omega C}=4[\Omega]$인 콘덴서가 병렬로 연결된 회로에 100[V]의 교류 전압을 인가할 때, 합성 임피던스 $Z[\Omega]$는?

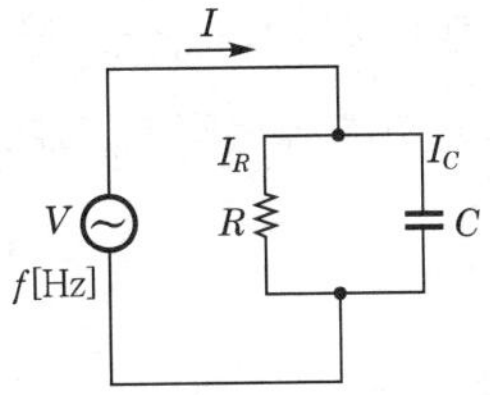

① 1.2
② 1.8
③ 2.2
④ 2.4

해설 합성 임피던스

$$Z=\frac{1}{Y}=\frac{1}{\sqrt{\frac{1}{R^2}+\frac{1}{{X_C}^2}}}=\frac{1}{\sqrt{\frac{1}{3^2}+\frac{1}{4^2}}}=2.4[\Omega]$$

03 3상 4선식에서 중성선이 필요하지 않아서 중성선을 제거하여 3상 3선식으로 하려고 한다. 이때, 중성선의 조건식은 어떻게 되는가? (단, I_a, I_b, I_c[A]는 각 상의 전류이다.)

① $I_a+I_b+I_c=1$ ② $I_a+I_b+I_c=\sqrt{3}$
③ $I_a+I_b+I_c=3$ ④ $I_a+I_b+I_c=0$

해설 중성선이 필요하지 않은 평형 3상이면 중성선에 전류가 흐르지 않는다.
$\therefore\ I_a+I_b+I_c=0$

정답 01.② 02.④ 03.④

기출문제 관련 이론 바로보기

02. 이론 check **$R-C$ 병렬 회로**

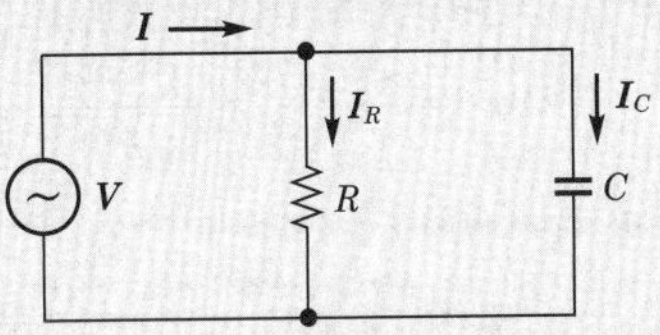

| $R-C$ 병렬 회로 |

키르히호프 전류 법칙에 의한 기호법 표시식은 다음과 같다.

$$I=I_R+I_C=\frac{V}{R}+j\frac{V}{X_C}$$
$$=\left(\frac{1}{R}+j\frac{1}{X_C}\right)V=Y\cdot V$$

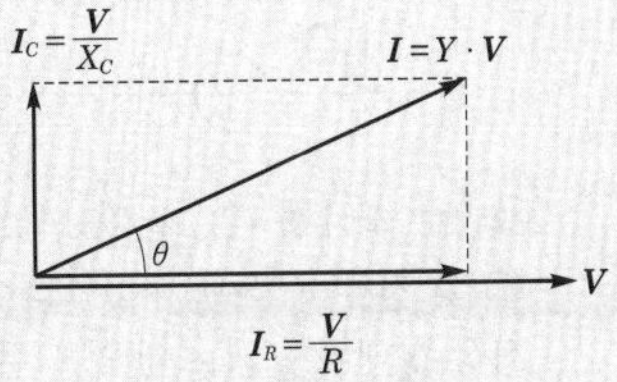

| $R-C$ 병렬 회로의 페이저도 |

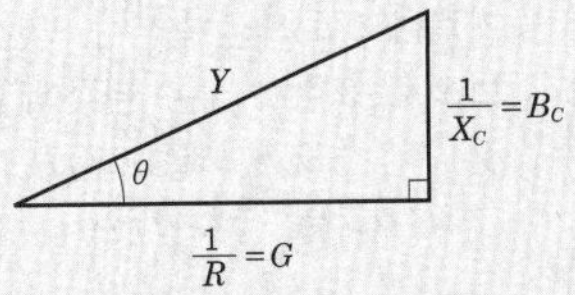

| $R-C$ 병렬 회로의 임피던스 3각형 |

따라서,

(1) 전류와 인가 전압의 비어드미턴스

$$Y=\frac{I}{V}=\frac{1}{R}+j\frac{1}{X_C}[\mho]\text{이다.}$$

어드미턴스의 크기 Y

$$=\sqrt{\left(\frac{1}{R}\right)^2+\left(\frac{1}{X_C}\right)^2}$$
$$=\sqrt{G^2+B^2}\ [\mho]$$

(2) 페이저도에서 전류는 전압보다 위상이 θ만큼 앞선다. 그 위상차는 0°와 90° 사이이다.

위상차

$$\theta=\tan^{-1}\frac{I_C}{I_R}=\tan^{-1}\frac{B}{G}$$
$$=\tan^{-1}\frac{R}{X_C}$$

기출문제 관련 이론 바로보기

(3) 역률과 무효율을 구하면 다음과 같다.

역률

$$\cos\theta = \frac{I_R}{I} = \frac{G}{Y} = \frac{X_C}{\sqrt{R^2 + {X_C}^2}}$$

무효율

$$\sin\theta = \frac{I_C}{I} = \frac{B_C}{Y} = \frac{R}{\sqrt{R^2 + {X_C}^2}}$$

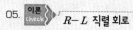

05. 이론 check **$R-L$ 직렬 회로**

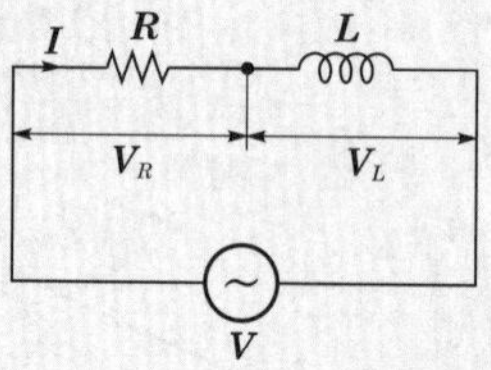

그림과 같이 $R-L$ 직렬 회로의 전압 및 전류 중 하나가 정현파이면 정상 상태에서 회로 내의 모든 전압, 전류가 동일 주파수가 되므로 키르히호프 전압 법칙에 의한 기호법으로 표현시 식은 다음과 같다.

$$\boldsymbol{V} = \boldsymbol{V}_R + \boldsymbol{V}_L = R\boldsymbol{I} + jX_L\boldsymbol{I}$$
$$= (R + jX_L)\boldsymbol{I} = Z\boldsymbol{I}\,[\mathrm{V}]$$

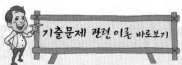

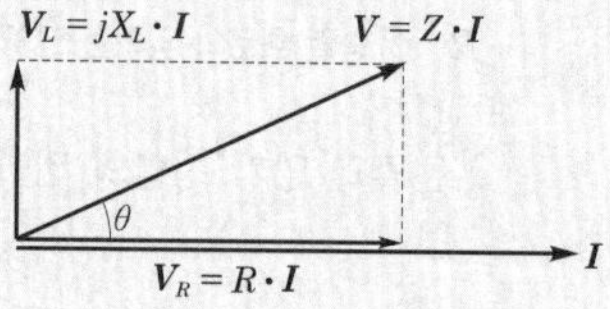

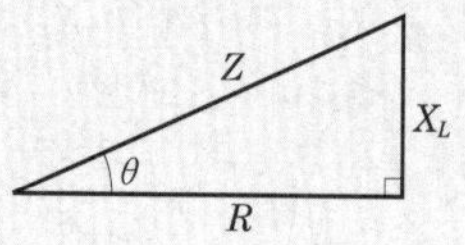

(1) 전압과 전류의 비임피던스

$\boldsymbol{Z} = R + jX_L = R + j\omega L\,[\Omega]$

(2) 페이저도에서 전류는 전압보다 위상이 θ[rad]만큼 뒤진다.

위상차 $\theta = \tan^{-1}\frac{V_L}{V_R}$

$= \tan^{-1}\frac{X_L}{R}\,[\mathrm{rad}]$

04

어떤 코일에 흐르는 전류를 0.5[m/s] 동안에 5[A]만큼 변화시킬 때 20[A]의 전압이 발생한다. 이 코일의 자기 인덕턴스[mH]는?

① 2　　② 4
③ 6　　④ 8

해설 L에 단자 전압 $V_L = L\frac{di(t)}{dt}$에서

$$L = \frac{V_L}{\frac{di(t)}{dt}} = \frac{20}{\frac{5}{0.5\times10^{-3}}} = 2\times10^{-3}[\mathrm{H}] = 2[\mathrm{mH}]$$

05

(출제빈도)

저항 $R = 60[\Omega]$과 유도 리액턴스 $\omega L = 80[\Omega]$인 코일이 직렬로 연결된 회로에 200[V]의 전압을 인가할 때 전압과 전류의 위상차는?

① 48.17°　　② 50.23°
③ 53.13°　　④ 55.27°

해설 $R-L$ 직렬 회로에서는 전류는 전압보다 위상이 θ[rad]만큼 뒤지며, 이때 위상차는 $\theta = \tan^{-1}\frac{V_L}{V_R} = \tan^{-1}\frac{X_L}{R}$[rad]이다.

$$\therefore\ \theta = \tan^{-1}\frac{X_L}{R} = \tan^{-1}\frac{80}{60} = 53.13°$$

06

전달 함수 $\boldsymbol{G}(s) = \frac{20}{3+2s}$을 갖는 요소가 있다. 이 요소에 $\omega = 2$[rad/s]인 정현파를 주었을 때 $|\boldsymbol{G}(\omega)|$를 구하면?

① 8　　② 6
③ 4　　④ 2

해설 $\boldsymbol{G}(j\omega) = \frac{20}{3+2j\omega}$

$$|\boldsymbol{G}(j\omega)| = \left|\frac{20}{3+2j\omega}\right|_{\omega=2} = \left|\frac{20}{\sqrt{3^2+4^2}}\right| = 4$$

07

대칭 3상 Y결선 부하에서 각 상의 임피던스가 $16 + j12[\Omega]$이고, 부하 전류가 10[A]일 때, 이 부하의 선간 전압은 약 몇 [V]인가?

① 152.6　　② 229.1
③ 346.4　　④ 445.1

해설 선간 전압 $V_l = \sqrt{3}\,V_p = \sqrt{3}\,I_pZ$

$$= \sqrt{3}\times10\times\sqrt{16^2+12^2}$$
$$= 346.4[\mathrm{V}]$$

정답 04.① 05.③ 06.③ 07.③

08

4단자 회로에서 4단자 정수를 A, B, C, D라 할 때, 전달 정수 θ는 어떻게 되는가?

출제빈도

① $\ln(\sqrt{AB}+\sqrt{BC})$
② $\ln(\sqrt{AB}-\sqrt{CD})$
③ $\ln(\sqrt{AD}+\sqrt{BC})$
④ $\ln(\sqrt{AD}-\sqrt{BC})$

해설 4단자 회로에서 전달 정수

$$\theta=\ln(\sqrt{AD}+\sqrt{BC})=\cosh^{-1}\sqrt{AD}=\sinh^{-1}\sqrt{BC}$$

09

다음과 같은 π형 회로의 4단자 정수 중 D의 값은?

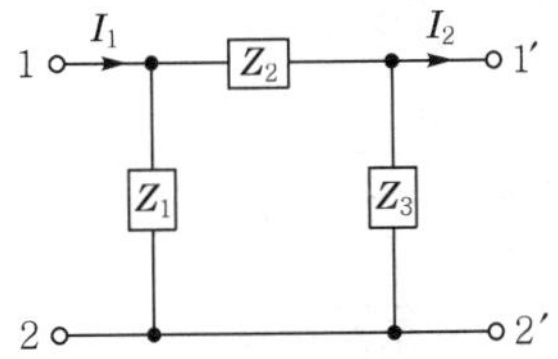

① Z_2　　　② $1+\dfrac{Z_2}{Z_1}$

③ $\dfrac{1}{Z_1}+\dfrac{1}{Z_2}$　　　④ $1+\dfrac{Z_2}{Z_3}$

해설

$$\begin{bmatrix} A & B \\ C & D \end{bmatrix}=\begin{bmatrix} 1 & 0 \\ \dfrac{1}{Z_1} & 1 \end{bmatrix}\begin{bmatrix} 1 & Z_2 \\ 0 & 1 \end{bmatrix}\begin{bmatrix} 1 & 0 \\ \dfrac{1}{Z_3} & 1 \end{bmatrix}$$

$$=\begin{bmatrix} 1+\dfrac{Z_2}{Z_3} & Z_2 \\ \dfrac{Z_1+Z_2+Z_3}{Z_1\cdot Z_3} & 1+\dfrac{Z_2}{Z_1} \end{bmatrix}$$

10

시정수 τ를 갖는 $R-L$ 직렬 회로에 직류 전압을 가할 때, $t=2\tau$되는 시간에 회로에 흐르는 전류는 최종값의 약 몇 [%]인가?

① 98　　　② 95
③ 86　　　④ 63

해설

신류 $i(t)=\dfrac{E}{R}(1-e^{-\frac{R}{L}t})=\dfrac{E}{R}(1-e^{-\frac{1}{\tau}t})$

$t=2\tau$ 이므로

$$i(t)=\frac{E}{R}(1-e^{-\frac{1}{\tau}\cdot 2\tau})=\frac{E}{R}(1-e^{-2})=0.864\frac{E}{R}$$

∴ 최종값의 약 86.4[%]

정답 08.③ 09.② 10.③

기출문제 관련 이론 바로보기

(3) 임피던스 3각형에서 역률과 무효율을 구하면 다음과 같다.

역률 $\cos\theta=\dfrac{R}{Z}=\dfrac{R}{\sqrt{R^2+X_L^{\,2}}}$

무효율 $\sin\theta=\dfrac{X_L}{Z}$

$=\dfrac{X_L}{\sqrt{R^2+X_L^{\,2}}}$

08. 이론 check **영상 파라미터**

(1) 영상 임피던스(Z_{01}, Z_{02})

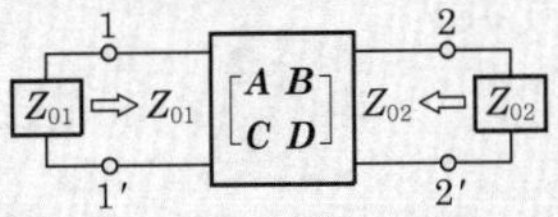

$$Z_{01}=\frac{V_1}{I_1}$$

$$=\frac{AV_2+BI_2}{CV_2+DI_2}=\frac{AZ_{02}+B}{CZ_{02}+D}$$

$$Z_{02}=\frac{V_2}{I_2}$$

$$=\frac{DV_1+BI_1}{CV_1+AI_1}=\frac{DZ_{01}+B}{CZ_{01}+A}$$

위의 식에서 다음의 관계식이 얻어진다.

$$Z_{01}Z_{02}=\frac{B}{C},\ \frac{Z_{01}}{Z_{02}}=\frac{A}{D}$$

이 식에서 Z_{01}, Z_{02}를 구하면

$$Z_{01}=\sqrt{\frac{AB}{CD}},\ Z_{02}=\sqrt{\frac{BD}{AC}}$$

가 된다.

대칭 회로이면 $A=D$의 관계가 되므로

$$Z_{01}=Z_{02}=\sqrt{\frac{B}{C}}$$

(2) 영상 전달 정수(θ)

$$\theta=\ln\sqrt{\frac{V_1I_1}{V_2I_2}}$$

$=\log_e(\sqrt{AD}+\sqrt{BC})$

$=\cosh^{-1}\sqrt{AD}$

$=\sinh^{-1}\sqrt{BC}$

기출문제 관련 이론 바로보기

11

그림과 같은 회로에서 입력을 $V_1(s)$, 출력을 $V_2(s)$라 할 때, 전압비 전달 함수는?

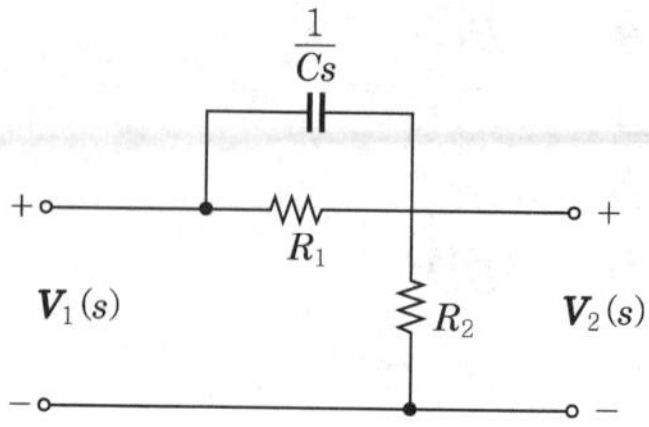

① $\dfrac{R_1}{R_1Cs+1}$

② $\dfrac{R_2+R_1R_2Cs}{R_1+R_2+R_1R_2Cs}$

③ $\dfrac{R_1R_2s+RCs}{R_1Cs+R_1R_2s^2+C}$

④ $\dfrac{s+1}{s+(R_1+R_2)+R_1R_2C}$

해설 R_1과 C의 합성 임피던스 등가 회로는 다음 그림과 같다.

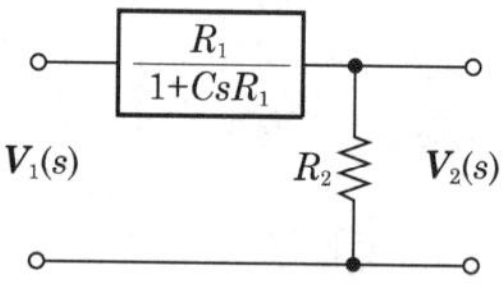

$$G(s)=\frac{V_2(s)}{V_1(s)}=\frac{R_2}{\dfrac{R_1}{1+CsR_1}+R_2}=\frac{R_2+R_1R_2Cs}{R_1+R_2+R_1R_2Cs}$$

12. 이론 check **반파 · 정현 대칭**

반파 대칭 및 정현 대칭을 동시에 만족하는 파형으로 삼각파나 구형파는 대표적인 반파 · 정현 대칭의 파형이다.

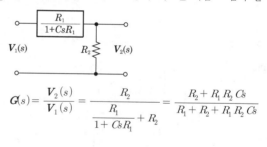

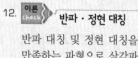

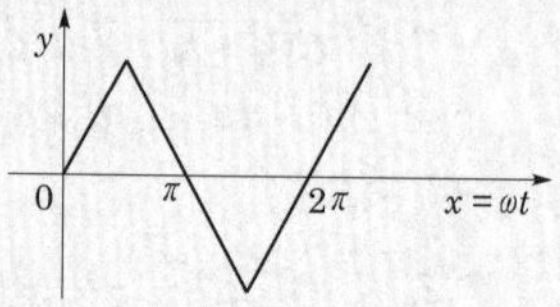

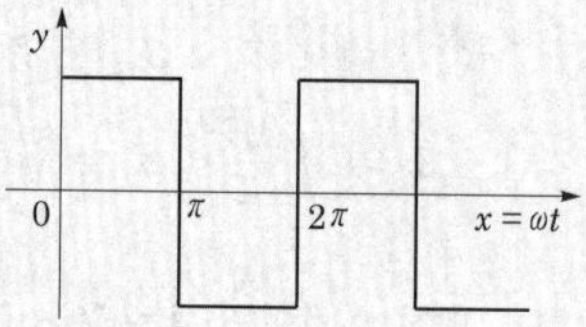

(1) 대칭 조건(=함수식)

$y(x)=-y(-x)=-y(\pi+x)$

(2) 특징

반파 대칭과 정현 대칭의 공통 성분인 홀수항의 sin항만 존재한다.

$$y(t)=\sum_{n=1}^{\infty}b_n\sin n\omega t$$

$(n=1,\ 3,\ 5,\ 7,\ \cdots)$

12

출제빈도

반파 대칭 및 정현 대칭인 왜형파의 푸리에 급수의 전개에서 옳게 표현된 것은? (단, $f(t)=a_0+\sum_{n=1}^{\infty}a_n\cos n\omega t+\sum_{n=1}^{\infty}b_n\sin n\omega t$이다.)

① a_n의 우수항만 존재한다.

② a_n의 기수항만 존재한다.

③ b_n의 우수항만 존재한다.

④ b_n의 기수항만 존재한다.

해설 반파 대칭 및 정현 대칭의 파형은 반파 대칭과 정현 대칭의 공통 성분인 홀수항의 sin항만 존재한다.

정답 11.② 12.④

13

$e_i(t)=Ri(t)+L\dfrac{di}{dt}(t)+\dfrac{1}{C}\int i(t)dt$에서 모든 초기값을 0으로 하고 라플라스 변환할 때, $I(s)$는? (단, $I(s)$, $E_i(s)$는 $i(t)$, $e_i(t)$의 라플라스 변환이다.)

① $\dfrac{Cs}{LCs^2+RCs+1}E_i(s)$

② $\dfrac{1}{R+Ls+\dfrac{s}{C}}E_i(s)$

③ $\dfrac{1}{R+Ls+Cs^2}E_i(s)$

④ $\left(R+Ls+\dfrac{1}{Cs}\right)E_i(s)$

해설 $E_i(s)=\left(R+Ls+\dfrac{1}{Cs}\right)I(s)$

$\therefore\ I(s)=\dfrac{1}{Ls+R+\dfrac{1}{Cs}}E_i(s)=\dfrac{Cs}{LCs^2+RCs+1}E_i(s)$

14

출제빈도

전기량(전하)의 단위로 알맞은 것은?

① [C]

② [mA]

③ [nW]

④ [μF]

해설 물질에 대전된 전기를 전하라 하며, 전하가 가지고 있는 전기의 양을 전기량이라 한다. 전기량의 단위로는 쿨롬(Coulomb, [C])을 사용한다.

15

출제빈도

다음 회로에서 10[Ω]의 저항에 흐르는 전류는 몇 [A]인가?

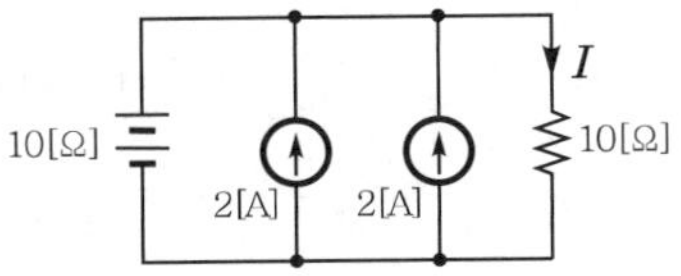

① 1　　② 2

③ 4　　④ 5

해설 10[V]에 의한 전류 $I_1=\dfrac{10}{10}=1$[A]

4[A] 전류원에 의한 전류는 전압원을 단락하면 저항 10[Ω]쪽으로는 흐르지 않는다.

정답 13.① 14.① 15.①

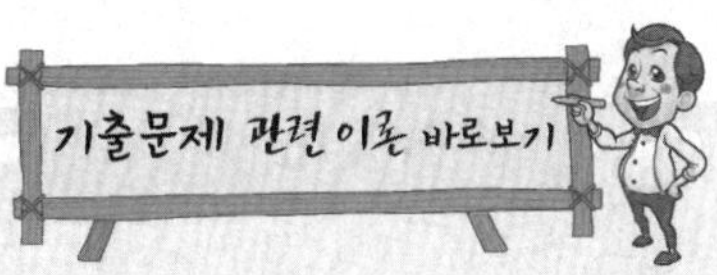

14. 이론 check **전류, 전압의 의미**

(1) 전류

금속선을 통하여 전자가 이동하는 현상으로 단위 시간[s] 동안 이동하는 전기량을 말한다.

즉, $\dfrac{Q}{t}$[C/s=A]이며 순간의 전류의 세기를 i라 하면

$i=\dfrac{dQ}{dt}$[C/s=A]

(2) 전류에 의한 전기량

$Q=\int_0^t i\,dt$ [A·s=C]

(3) 전압

단위 정전하가 두 점 사이를 이동할 때 하는 일의 양

$V=\dfrac{W}{Q}$[J/C=V]

여기서, 1[V] : 1[C]의 전하가 두 점 사이를 이동할 때 1[J]의 일을 하는 경우 두 점 사이의 전위차

15. 이론 check **중첩의 원리**

2개 이상의 전원을 포함하는 선형 회로망에서 회로 내의 임의의 점의 전류 또는 두 점 간의 전압은 개개의 전원이 개별적으로 작용할 때에 그 점에 흐르는 전류 또는 두 점 간의 전압을 합한 것과 같다는 것을 중첩의 원리(principle of superposition)라 한다. 여기서, 전원을 개별적으로 작용시킨다는 것은 다른 전원을 제거한다는 것을 말하며, 이때 전압원은 단락하고 전류원은 개방한다는 의미이다.

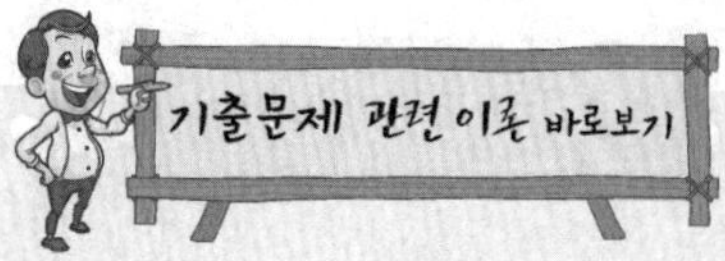

17. 이론 check **임피던스의 △결선과 Y결선의 등가 변환**

[△→Y 등가 변환]

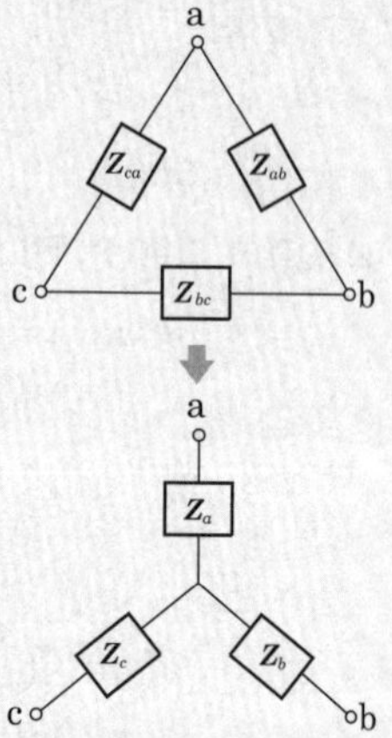

그림에서 △결선을 Y결선으로 변환시에는 다음과 같은 방법에 의해서 구한다.

$Z_{\triangle}=Z_{ab}+Z_{bc}+Z_{ca}$라 하면

$Z_a=\dfrac{Z_{ca}Z_{ab}}{Z_{\triangle}}$, $Z_b=\dfrac{Z_{ab}\cdot Z_{bc}}{Z_{\triangle}}$,

$Z_c=\dfrac{Z_{bc}\cdot Z_{ca}}{Z_{\triangle}}$

만일, △결선의 임피던스가 서로 같은 평형 부하일 때

즉, $Z_{ab}=Z_{bc}=Z_{ca}$인 경우

$Z_Y=\dfrac{1}{3}Z_{\triangle}$

16 3상 회로에 △결선된 평형 순저항 부하를 사용하는 경우 선간 전압 220[V], 상전류가 7.33[A]라면 1상의 부하 저항은 약 몇 [Ω]인가?

① 80 ② 60
③ 45 ④ 30

해설 △결선이므로 선간 전압(V_l)=상전압(V_p)

∴ 부하 저항 $R=\dfrac{V_p}{I_p}=\dfrac{220}{7.33}=30.1\fallingdotseq 30[\text{A}]$

17 (출제빈도) 그림과 같은 순저항으로 된 회로에 대칭 3상 전압을 가했을 때, 각 선에 흐르는 전류가 같으려면 $R[\Omega]$의 값은?

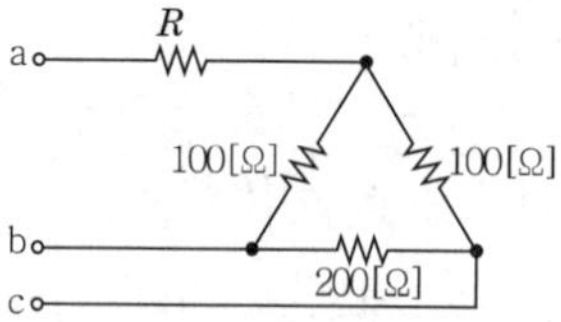

① 20 ② 25
③ 30 ④ 35

해설 각 선에 흐르는 전류가 같으려면 각 상의 저항의 크기가 같아야 한다.
따라서, △결선을 Y결선으로 바꾸면

$R_a=\dfrac{10,000}{400}=25[\Omega]$

$R_b=\dfrac{20,000}{400}=50[\Omega]$

$R_c=\dfrac{20,000}{400}=50[\Omega]$

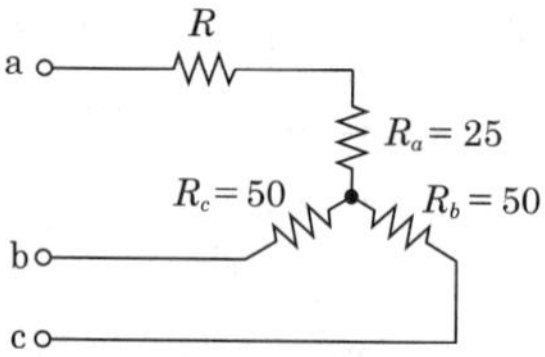

∵ 각 상의 저항이 같기 위해서는 $R=25[\Omega]$이다.

18 $\dfrac{dx(t)}{dt}+x(t)=1$의 라플라스 변환 $X(s)$의 값은? (단, $x(0)=0$이다.)

① $s+1$ ② $s(s+1)$
③ $\dfrac{1}{s}(s+1)$ ④ $\dfrac{1}{s(s+1)}$

해설 모든 초기값은 0으로 하고 라플라스 변환하면

$\{sX(s)-x(0)\}+X(s)=\dfrac{1}{s}$

$(s+1)X(s)=\dfrac{1}{s}$

$\therefore\ X(s)=\dfrac{1}{s(s+1)}$

정답 16.④ 17.② 18.④

19 다음 회로에서 $t=0$일 때 스위치 K를 닫았다. $i_1(0^+)$, $i_2(0^+)$의 값은? (단, $t<0$에서 C 전압과 L 전압은 각각 0[V]이다.)

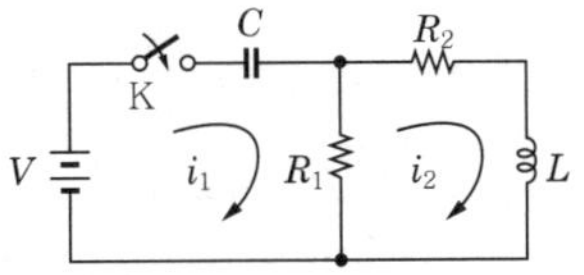

① $\dfrac{V}{R_1}$, 0　　② 0, $\dfrac{V}{R_2}$

③ 0, 0　　④ $-\dfrac{V}{R_1}$, 0

해설 $t=0$에서는 C는 단락, L은 개방 상태가 되므로 $i_1(0^+)=\dfrac{V}{R_1}$, $i_2(0^+)=0$

20 어떤 소자가 60[Hz]에서 리액턴스 값이 10[Ω]이었다. 이 소자를 인덕터 또는 커패시터라 할 때, 인덕턴스[mH]와 정전 용량[μF]은 각각 얼마인가?

(출제빈도)

① 26.53[mH], 295.37[μF]
② 18.37[mH], 265.25[μF]
③ 18.37[mH], 295.37[μF]
④ 26.53[mH], 265.25[μF]

해설
- 유도 리액턴스 $X_L=\omega L=2\pi fL[\Omega]$

$\therefore L=\dfrac{X_L}{2\pi f}=\dfrac{10}{2\pi\times 60}=26.53[\text{mH}]$

- 용량 리액턴스 $X_C=\dfrac{1}{\omega C}=\dfrac{1}{2\pi fC}[\Omega]$

$\therefore C=\dfrac{1}{2\pi fX_C}=\dfrac{1}{2\pi\times 60\times 10}=265.25[\mu\text{F}]$

제 3 회　회로이론

01 불평형 3상 전류가 $I_a=15+j2$[A], $I_b=-20-j14$[A], $I_c=-3+j10$[A]일 때, 정상분 전류 I[A]는?

① $1.91+j6.24$　　② $-2.67-j0.67$
③ $15.7-j3.57$　　④ $18.4+j12.3$

정답 19.① 20.④ / 01.③

기출문제 관련 이론 바로보기

20. 이론 check **인덕턴스(L) 회로**

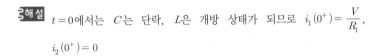

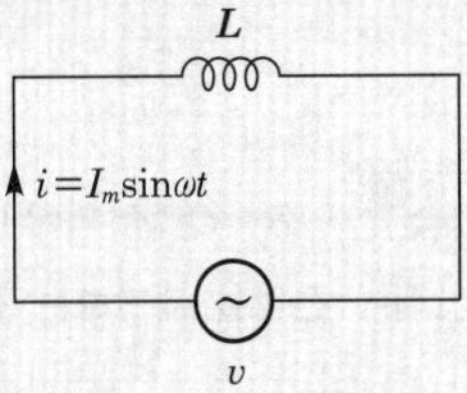

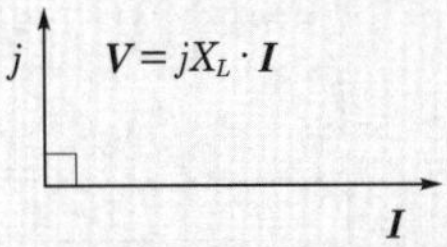

앞의 그림과 같이 인덕턴스 L을 갖는 이상적 유도기에 정현파 전류가 흐를 때 전류의 방향으로 생기는 전압 강하를 v라 하면

$$v=L\frac{di}{dt}=L\frac{d}{dt}(I_m\sin\omega t)$$
$$=\omega LI_m\cos\omega t$$
$$=\omega LI_m\sin(\omega t+90°)$$
$$=V_m\sin(\omega t+90°)[\text{V}]$$

(1) 전압, 전류의 최대치의 관계는 $V_m=\omega LI_m$[V]이다.

(2) 전압은 전류보다 위상이 90° 앞선다. 또는 전류는 전압보다 위상이 90° 뒤진다.

(3) ωL은 인덕턴스 회로의 전류를 제한하는 일정의 저항이며 전압, 전류의 90° 위상차를 생기게 하는 효과가 있으며 이 ωL를 특히 유도성 리액턴스(inductive reactance)라 하며 X_L로 표시하고 단위는 [Ω]을 쓴다.
즉, $X_L=\omega L=2\pi fL[\Omega]$

(4) 직류 전압을 가하는 경우 직류 전압은 주파수가 0이므로 $X_L=0$이 되어 단락 상태가 된다.

(5) 기호법으로 표시하면 $\boldsymbol{V}=jX_L\cdot\boldsymbol{I}$[V] 또는

$\boldsymbol{I}=\dfrac{\boldsymbol{V}}{jX_L}=-j\dfrac{\boldsymbol{V}}{X_L}$[A]이다.

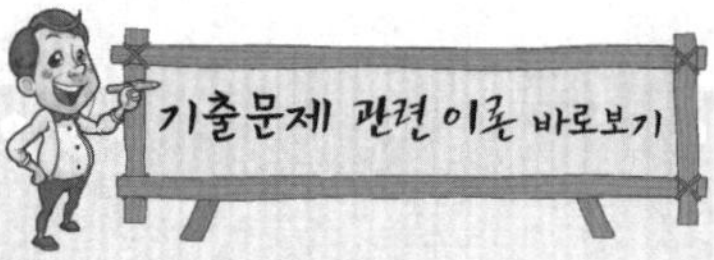

03. 이론 check **$R-C$ 직렬 회로의 과도 현상**

[직류 전압을 제거하는 경우]

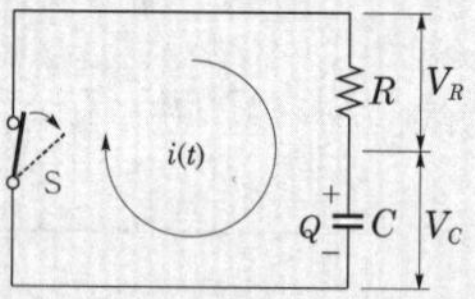

전압 방정식은 $Ri(t)+\frac{1}{C}\int i(t)dt=0$이 되고 이를 라플라스 변환을 이용하여 풀면 다음과 같다.

(1) 전류(R, C의 단자 전압)

$$V_R = Ri(t) = -Ee^{-\frac{1}{RC}t}[\mathrm{V}]$$

$$V_C = \frac{q(t)}{C} = \frac{1}{C}\cdot CEe^{-\frac{1}{RC}t} = Ee^{-\frac{1}{RC}t}[\mathrm{V}]$$

초기 조건 $q(0)=Q=CE$ 방전 전류의 방향은 충전시와 반대가 된다.

(2) 시정수(τ)

$\tau = RC[\mathrm{s}]$

(3) 전하

$$q(t) = CEe^{-\frac{1}{RC}t}[\mathrm{C}]$$

(4) R, C의 단자 전압

$$V_R = R_i(t) = -Ee^{-\frac{1}{RC}t}[\mathrm{V}]$$

$$V_C = \frac{q(t)}{C} = \frac{1}{C}\cdot CEe^{-\frac{1}{RC}t} = Ee^{-\frac{1}{RC}t}[\mathrm{V}]$$

Tip 과도 현상

하나의 정상 상태로부터 다른 정상 상태로 옮아가는 현상이다.

해설 정상분 전류

$$I_1 = \frac{1}{3}(I_a + aI_b + a^2I_c)$$
$$= \frac{1}{3}\left\{(15+j2)+\left(-\frac{1}{2}+j\frac{\sqrt{3}}{2}\right)(-20-j14)+\left(-\frac{1}{2}-j\frac{\sqrt{3}}{2}\right)(-3+j10)\right\}$$
$$= 15.76 - j3.57 \fallingdotseq 15.7 - j3.57[\mathrm{A}]$$

02

리액턴스 함수가 $Z(s)=\frac{3s}{s^2+15}$로 표시되는 리액턴스 2단자망은?

①
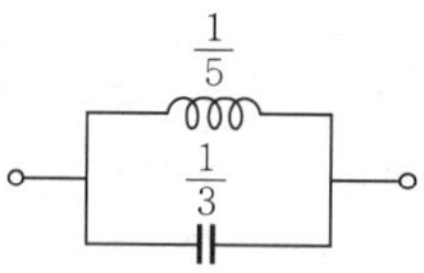

②
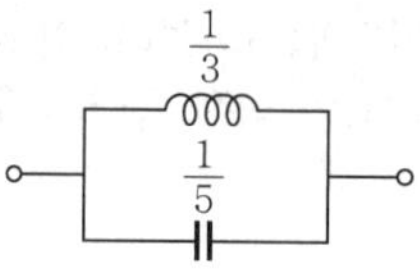

③
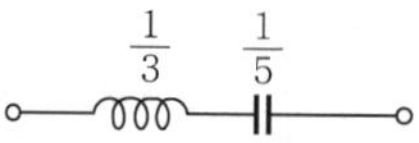

④
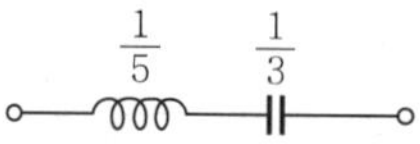

해설 $Z(s)=\frac{3s}{s^2+15}=\frac{1}{\frac{s^2+15}{3s}}=\frac{1}{\frac{1}{3}s+\frac{1}{\frac{1}{5}s}}$

03

$R-C$ 직렬 회로의 과도 현상에 대하여 옳게 설명한 것은?

출제빈도

① $\frac{1}{RC}$의 값이 클수록 과도 전류값은 천천히 사라진다.

② RC값이 클수록 과도 전류값은 빨리 사라진다.

③ 과도 전류는 RC값에 관계가 없다.

④ RC값이 클수록 과도 전류값은 천천히 사라진다.

해설 시정수와 과도분은 비례하고 시정수 RC값이 클수록 과도 상태는 오랫동안 지속되므로 과도 전류값은 천천히 사라진다.

정답 02.② 03.④

04

전압과 전류가 $e=141.4\sin\left(377t+\frac{\pi}{3}\right)$[V], $i=\sqrt{8}\sin\left(377t+\frac{\pi}{6}\right)$[A]인 회로의 소비 전력은 약 몇 [W]인가?

① 100　② 173
③ 200　④ 344

해설 $P=VI\cos\theta[\text{W}]=\frac{141.4}{\sqrt{2}}\times\frac{\sqrt{8}}{\sqrt{2}}\times\cos 30°=173[\text{W}]$

05

그림과 같은 회로의 전압비 전달 함수 $H(j\omega)$는? (단, 입력 $V(t)$는 정현파 교류 전압이며, V_R은 출력이다.)

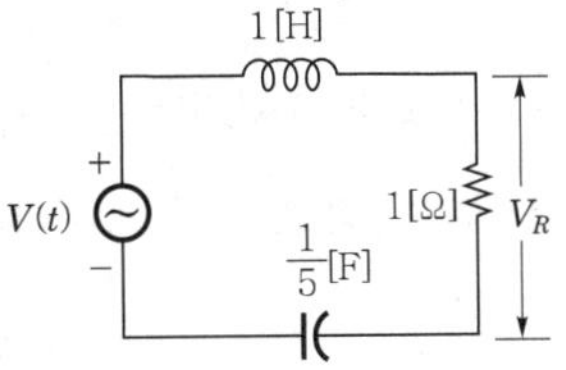

① $\frac{j\omega}{(5-\omega^2)+j\omega}$　② $\frac{j\omega}{(5+\omega^2)+j\omega}$

③ $\frac{j\omega}{(5-\omega)^2+j\omega}$　④ $\frac{j\omega}{(5+\omega)^2+j\omega}$

해설

$$H(j\omega)=\frac{V_R(j\omega)}{V(j\omega)}=\frac{1}{j\omega+1+\frac{5}{j\omega}}=\frac{j\omega}{(5-\omega^2)+j\omega}$$

06

그림과 같은 회로에서 a−b 단자에서 본 합성 저항은 몇 [Ω]인가?

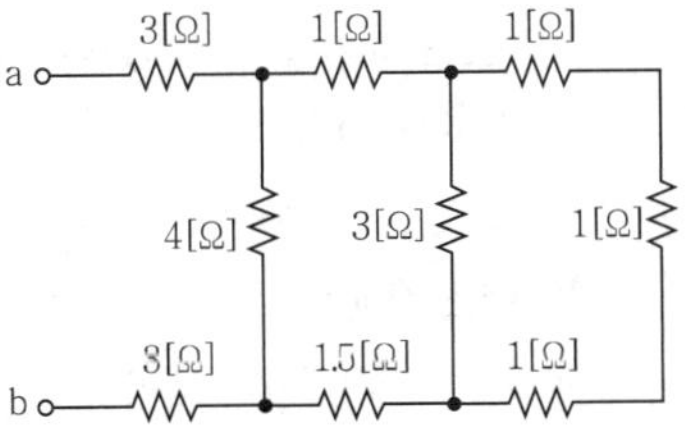

① 2　② 4
③ 6　④ 8

정답 04.② 05.① 06.④

기출문제 관련 이론 바로보기

04. 이론 check 교류 전력

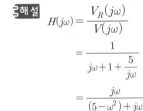

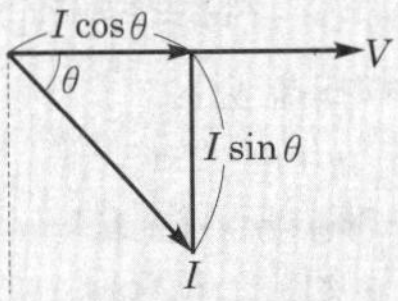

여기서, $I\cos\theta$: 유효 전류
$I\sin\theta$: 무효 전류

전압과 전류가 직각인 $I\sin\theta$ 성분은 전력을 발생시킬 수 없는 성분, 즉 무효 성분의 전류이고, 전압, 전류가 동상인 $I\cos\theta$ 성분은 전력을 발생시킬 수 있는 성분, 즉 유효 성분의 전류가 되어 이에 의해 만들어진 전력을 유효 전력, 무효 전력이라 한다.

이를 식으로 표현하면

(1) 유효 전력

$$P=VI\cos\theta=I^2\cdot R=\frac{V^2}{R}[\text{W}]$$

(2) 무효 전력

$$P_r=VI\sin\theta=I^2\cdot X=\frac{V^2}{X}[\text{Var}]$$

(3) 피상 전력

$$P_a=V\cdot I=I^2\cdot Z=\frac{V^2}{Z}[\text{VA}]$$

기출문제 관련 이론 바로보기

08. 이론 check **제어 요소의 전달 함수**

(1) 비례 요소

$y(t)=Kx(t)$

라플라스 변환하면

$\boldsymbol{Y}(s)=K\boldsymbol{X}(s)$

전달 함수는 $\boldsymbol{G}(s)=\dfrac{\boldsymbol{Y}(s)}{\boldsymbol{X}(s)}=K$

여기서, K: 이득 정수

(2) 미분 요소

$y(t)=K\dfrac{dx(t)}{dt}$

전달 함수는 $\boldsymbol{G}(s)=\dfrac{\boldsymbol{Y}(s)}{\boldsymbol{X}(s)}=Ks$

(3) 적분 요소

$y(t)=K\int x(t)\,dt$

전달 함수는 $\boldsymbol{G}(s)=\dfrac{\boldsymbol{Y}(s)}{\boldsymbol{X}(s)}=\dfrac{K}{s}$

(4) 1차 지연 요소

$b_1\dfrac{dy(t)}{dt}+b_0y(t)=a_0x(t)$

$(b_1,\ b_0>0)$

전달 함수는

$$\boldsymbol{G}(s)=\frac{\boldsymbol{Y}(s)}{\boldsymbol{X}(s)}=\frac{a_0}{b_1s+b_0}$$

$$=\frac{\dfrac{a_0}{b_0}}{\left(\dfrac{b_1}{b_0}\right)s+1}=\frac{K}{Ts+1}$$

단, $\dfrac{a_0}{b_0}=K$, $\dfrac{b_1}{b_0}=T$(시정수)

역라플라스 변환하면

$$y(t)=\mathcal{L}^{-1}\left[\frac{1}{s}\boldsymbol{G}(s)\right]$$

$$=\mathcal{L}^{-1}\left[\frac{K}{s(Ts+1)}\right]$$

$$=K(1-e^{-\frac{1}{T}t})$$

(5) 부동작 시간 요소

$y(t)=Kx(t-L)$

전달 함수는

$\boldsymbol{G}(s)=\dfrac{\boldsymbol{Y}(s)}{\boldsymbol{X}(s)}=Ke^{-Ls}$

여기서, L: 부동작 시간

해설 회로 말단에서 합성 저항을 구하면

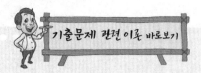

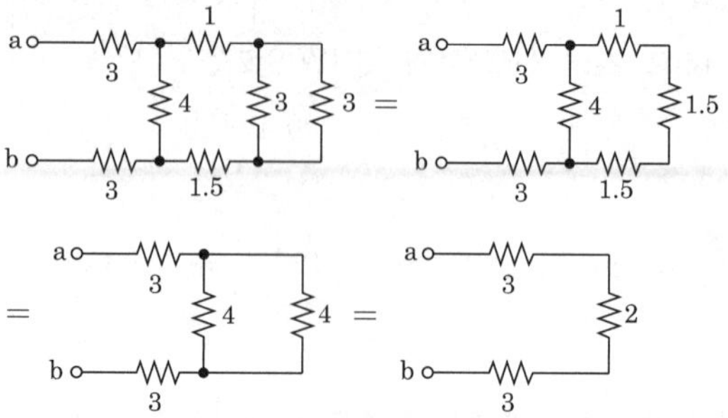

$\therefore\ R_{ab}=3+2+3=8[\Omega]$

07

$i=10\sin\left(\omega t-\dfrac{\pi}{6}\right)$[A]로 표시되는 전류와 주파수는 같으나 위상이 45° 앞서는 실효값 100[V]의 전압을 표시하는 식으로 옳은 것은?

① $100\sin\left(\omega t-\dfrac{\pi}{10}\right)$
② $100\sqrt{2}\sin\left(\omega t+\dfrac{\pi}{12}\right)$
③ $\dfrac{100}{\sqrt{2}}\sin\left(\omega t-\dfrac{5}{12}\pi\right)$
④ $100\sqrt{2}\sin\left(\omega t-\dfrac{\pi}{12}\right)$

해설 $i=10\sin\left(\omega t-\dfrac{\pi}{6}\right)$[A]

보다 위상이 45° 앞서는 전압 위상 $\theta=-30°+45°=15°$

$\therefore\ v=100\sqrt{2}\sin(\omega t+15°)=100\sqrt{2}\sin\left(\omega t+\dfrac{\pi}{12}\right)$

08

출제빈도

다음 중 부동작 시간(dead time) 요소의 전달 함수는?

① Ks
② $\dfrac{K}{s}$
③ Ke^{-Ls}
④ $\dfrac{K}{Ts+1}$

해설 부동작 시간 요소의 전달 함수 $\boldsymbol{G}(s)=Ke^{-Ls}$

여기서, L : 부동작 시간

09

저항 6[kΩ], 인덕턴스 90[mH], 커패시턴스 0.01[μF]인 직렬 회로에 $t=0$에서의 직류 전압 100[V]를 가하였다. 흐르는 전류의 최대값(I_m)은 약 몇 [mA]인가?

① 11.8
② 12.3
③ 14.7
④ 15.6

정답 07.② 08.③ 09.②

해설 진동 여부 판별식 $R^2-4\frac{L}{C}=(6\times10^3)^2-4\frac{90\times10^{-3}}{0.01\times10^{-6}}=0$

임계 진동이므로 전류 $i(t)=\frac{E}{L}te^{-\frac{R}{2L}t}$

전류 최대값 I_m은 $t=\frac{2L}{R}$일 때 $I_m=\frac{2E}{R}e^{-1}$[A]가 된다.

$\therefore\ I_m=\frac{2\times100}{6\times10^3}\times0.368=12.27$[mA]

$\because$ 약 12.3[mA]

10 그림과 같은 회로에서 단자 a－b 간의 전압 V_{ab}[V]는?

출제빈도

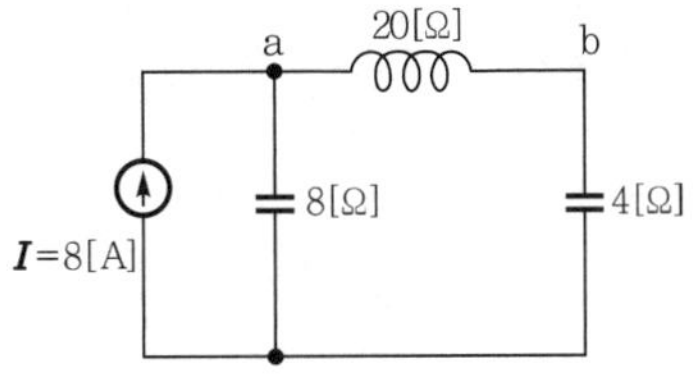

① $-j160$　　② $j160$
③ 40　　④ 80

해설 전류원을 전압원으로 등가 변환하면

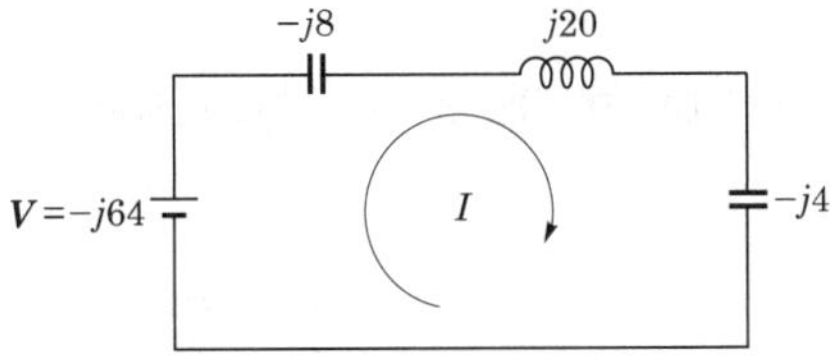

전류 $I=\frac{-j64}{-j8+j20-j4}=-8$[A]

$\therefore$ a, b 사이의 전압
$V=j20\times(-8)=-j160$[V]

11 회로에서 Z파라미터가 잘못 구하여진 것은?

출제빈도

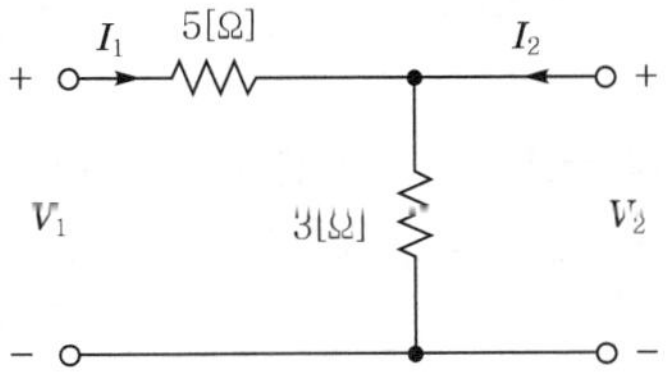

① $Z_{11}=8[\Omega]$　　② $Z_{12}=3[\Omega]$
③ $Z_{21}=3[\Omega]$　　④ $Z_{22}=5[\Omega]$

정답 10.① 11.④

기출문제 관련 이론 바로보기

10. 이론 check **전원의 등가 변환**

그림 (a)와 (b)는 서로 등가이다.

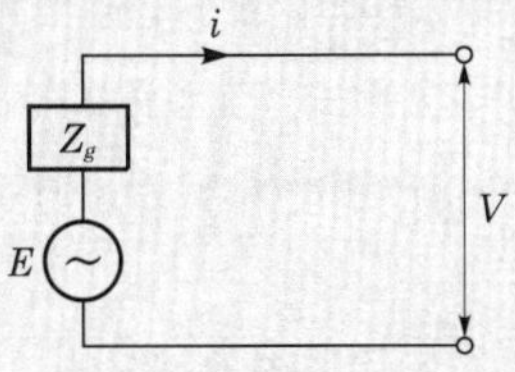

(a) 전압원

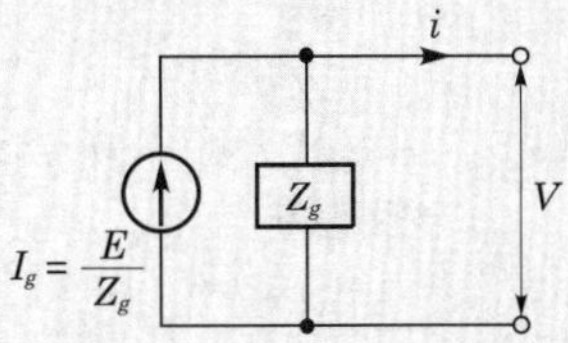

(b) 전류원

전압원에는 저항을 직렬로 연결하고 전류원에는 저항을 병렬로 연결한다. 회로망에서 전압원과 전류원이 동시에 존재할 때에는 직렬 연결시에는 전압원을 제거(단락)시키고 병렬 연결시에는 전류원을 제거(개방)시킨다.

11. 이론 check **임피던스 파라미터**

$\begin{bmatrix}V_1\\V_2\end{bmatrix}=\begin{bmatrix}Z_{11}&Z_{12}\\Z_{21}&Z_{22}\end{bmatrix}\begin{bmatrix}I_1\\I_2\end{bmatrix}$에서

$V_1=Z_{11}I_1+Z_{12}I_2$,
$V_2=Z_{21}I_1+Z_{22}I_2$
가 된다.

이 경우 $[Z]=\begin{bmatrix}Z_{11}&Z_{12}\\Z_{21}&Z_{22}\end{bmatrix}$를 4단자망의 임피던스 행렬이라고 하며 그의 요소를 4단자망의 임피던스 파라미터라 한다.

[임피던스 파라미터를 구하는 방법]

$Z_{11}=\left.\frac{V_1}{I_1}\right|_{I_2=0}$: 출력 단자를 개방하고 입력측에서 본 개방 구동점 임피던스

$Z_{22}=\left.\frac{V_2}{I_2}\right|_{I_1=0}$: 입력 단자를 개방하고 출력측에서 본 개방 구동점 임피던스

기출문제 관련 이론 바로보기

$Z_{12} = \left.\dfrac{V_1}{I_2}\right|_{I_1=0}$: 입력 단자를 개방했을 때의 개방 전달 임피던스

$Z_{21} = \left.\dfrac{V_2}{I_1}\right|_{I_2=0}$: 출력 단자를 개방했을 때의 개방 전달 임피던스

12. 이론 check 대칭 3상의 전력

(1) 유효 전력

$P = 3V_p I_p \cos\theta$

$= \sqrt{3}\,V_l I_l \cos\theta = 3I_p{}^2 R[\mathrm{W}]$

(2) 무효 전력

$P_r = 3V_p I_p \sin\theta$

$= \sqrt{3}\,V_l I_l \sin\theta = 3I_p{}^2 X[\mathrm{Var}]$

(3) 피상 전력

$P_a = 3V_p I_p = \sqrt{3}\,V_l I_l$

$= 3I_p{}^2 Z = \sqrt{P^2 + P_r{}^2}\,[\mathrm{VA}]$

Tip 3상 전력

3상 전력(P)

=3×상전력

=3×상전압×상전류×역률

= $\sqrt{3}$ ×선간 전압×선전류×역률

= $\sqrt{3}\,VI\cos\theta[\mathrm{W}]$

각 전압·전류의 값은 실효값으로 한다.

14. 이론 check 인덕턴스 병렬 접속

(1) 가동 결합(=가극성)

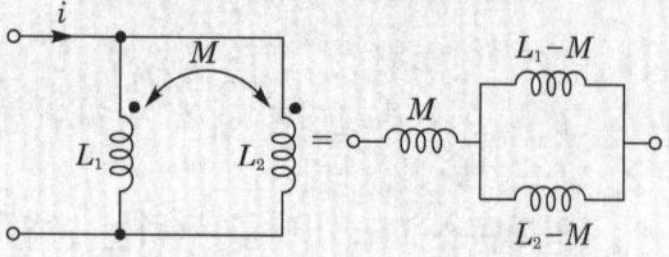

(a) (b)

변압기 T형 등가 회로를 이용하면 그림의 (a)와 (b)는 등가 회로이다. 따라서 합성 인덕턴스를 구하면 다음과 같다.

$$L_0 = M + \frac{(L_1 - M)(L_2 - M)}{(L_1 - M) + (L_2 - M)}$$

$$= \frac{L_1 L_2 - M^2}{L_1 + L_2 - 2M}[\mathrm{H}]$$

해설 $Z_{11} = 5 + 3 = 8[\Omega]$

$Z_{12} = Z_{21} = 3[\Omega]$

$Z_{22} = 3[\Omega]$

12

출제빈도

△결선된 저항 부하를 Y결선으로 바꾸면 소비 전력은? (단, 저항과 선간 전압은 일정하다.)

① 3배로 된다. ② 9배로 된다.

③ $\dfrac{1}{9}$로 된다. ④ $\dfrac{1}{3}$로 된다.

해설 △결선시 전력

$$P_{\triangle} = 3I_p{}^2 \cdot R = 3\left(\frac{V}{R}\right)^2 \cdot R = 3\frac{V^2}{R}[\mathrm{W}]$$

Y결선시 전력

$$P_{\mathrm{Y}} = 3I_p{}^2 \cdot R = 3\left(\frac{\frac{V}{\sqrt{3}}}{R}\right)^2 \cdot R = 3\left(\frac{V}{\sqrt{3}R}\right)^2 \cdot R = \frac{V^2}{R}[\mathrm{W}]$$

$$\therefore \frac{P_{\mathrm{Y}}}{P_{\triangle}} = \frac{\frac{V^2}{R}}{\frac{3V^2}{R}} = \frac{1}{3}\text{배}$$

13

굵기가 일정한 도체에서 체적은 변하지 않고 지름을 $\dfrac{1}{n}$로 줄였다면 저항은?

① $\dfrac{1}{n^2}$배로 된다. ② n배로 된다.

③ n^2배로 된다. ④ n^4배로 된다.

해설 전선의 체적은 불변이므로 지름이 $\dfrac{1}{n}$배이면 면적은 $\dfrac{1}{n^2}$배, 길이는 n^2배가 되므로

$$\therefore R = \rho\frac{l}{S}[\Omega]\text{에서 } R' = \rho\frac{n^2 l}{\frac{1}{n^2}S} = n^4\rho\frac{l}{S} = n^4 R[\Omega]$$

$\therefore$ n^4배가 된다.

14

출제빈도

20[mH]와 60[mH]의 두 인덕턴스가 병렬로 연결되어 있다. 합성 인덕턴스의 값[mH]은? (단, 상호 인덕턴스는 없는 것으로 한다.)

① 15 ② 20

③ 50 ④ 75

해설 $L_0 = \dfrac{L_1 L_2}{L_1 + L_2} = \dfrac{20 \times 60}{20 + 60} = 15[\mathrm{mH}]$

정답 12.④ 13.④ 14.①

15

대칭 3상 전압이 있다. 1상의 Y결선 전압의 순시값이 다음과 같을 때, 선간 전압에 대한 상전압의 비율은?

$$e = 1{,}000\sqrt{2}\sin\omega t + 500\sqrt{2}\sin(3\omega t + 20°) + 100\sqrt{2}\sin(5\omega t + 30°)$$

① 약 55[%]　② 약 65[%]
③ 약 70[%]　④ 약 75[%]

해설 상전압의 실효값 V_p는

$V_p = \sqrt{V_1^{\ 2} + V_3^{\ 2} + V_5^{\ 2}} = \sqrt{1{,}000^2 + 500^2 + 100^2} = 1122.5$

선간 전압에는 제3고조파분이 나타나지 않으므로

$V_l = \sqrt{3} \cdot \sqrt{V_1^{\ 2} + V_5^{\ 2}} = \sqrt{3} \cdot \sqrt{1{,}000^2 + 100^2} = 1740.7$

$\therefore \dfrac{V_p}{V_l} = \dfrac{1122.5}{1740.7} = 0.645 \fallingdotseq 65[\%]$

16

비정현파의 일그러짐의 정도를 표시하는 양으로서 왜형률이란?

출제빈도

① $\dfrac{\text{평균값}}{\text{실효값}}$　② $\dfrac{\text{실효값}}{\text{최대값}}$
③ $\dfrac{\text{고조파만의 실효값}}{\text{기본파의 실효값}}$　④ $\dfrac{\text{기본파의 실효값}}{\text{고조파만의 실효값}}$

해설 왜형률은 비정현파가 정현파에 대하여 일그러지는 정도를 나타내는 값으로

왜형률 $= \dfrac{\text{전 고조파의 실효값}}{\text{기본파의 실효값}}$

17

㉠ $\mathcal{L}[\sin at]$ 및 ㉡ $\mathcal{L}[\cos\omega t]$를 구하면?

① ㉠ $\dfrac{a}{s+a}$, ㉡ $\dfrac{s}{s+\omega}$　② ㉠ $\dfrac{1}{s^2+a^2}$, ㉡ $\dfrac{s}{s+\omega}$
③ ㉠ $\dfrac{a}{s^2+a^2}$, ㉡ $\dfrac{s}{s^2+\omega^2}$　④ ㉠ $\dfrac{1}{s+a}$, ㉡ $\dfrac{1}{s-\omega}$

해설

$\sin at = \dfrac{e^{jat} - e^{-jat}}{2j}$ 이므로

$F(s) = \displaystyle\int_0^\infty \left(\frac{e^{jat} - e^{-jat}}{2j}\right) \cdot e^{-st} dt = \frac{a}{s^2 + a^2}$

$\cos\omega t = \dfrac{e^{j\omega t} + e^{-j\omega t}}{2}$ 이므로

$F(s) = \displaystyle\int_0^\infty \left(\frac{e^{j\omega t} + e^{-j\omega t}}{2}\right) \cdot e^{-st} dt = \frac{s}{s^s + \omega^2}$

정답 15.② 16.③ 17.③

기출문제 관련 이론 바로보기

(2) 차동 결합(=감극성)

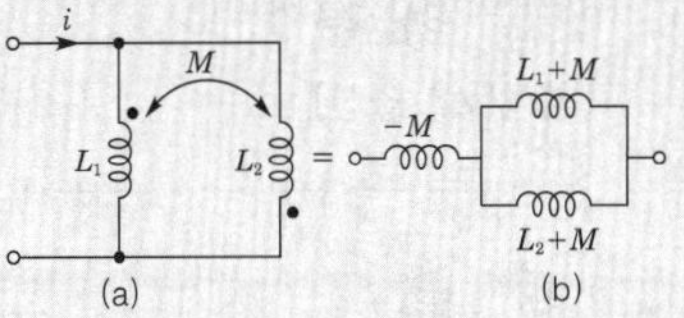

변압기 T형 등가 회로를 이용하면 그림의 (a)와 (b)는 등가 회로이다. 따라서 합성 인덕턴스를 구하면 다음과 같다.

$$L_0 = -M + \frac{(L_1+M)(L_2+M)}{(L_1+M)+(L_2+M)} = \frac{L_1L_2 - M^2}{L_1+L_2+2M}[\text{H}]$$

16. 이론 check 비정현파의 왜형률

비정현파가 정현파에 대하여 일그러지는 정도를 나타내는 값으로 기본파에 대한 고조파분의 포함 정도를 말한다.

이를 식으로 표현하면

왜형률 $= \dfrac{\text{전 고조파의 실효치}}{\text{기본파의 실효치}}$

비정현파의 전압이

$v = \sqrt{2}\,V_1\sin(\omega t + \theta_1) + \sqrt{2}\,V_2\sin(2\omega t + \theta_2) + \sqrt{2}\,V_3\sin(3\omega t + \theta_3) + \cdots$

라 하면 왜형률 D는

$$D = \frac{\sqrt{V_2^2 + V_3^2 + V_4^2 + \cdots}}{V_1}$$

기출문제 관련 이론 바로보기

18. 이론 check 3상 교류 결선

[환상(△) 결선]

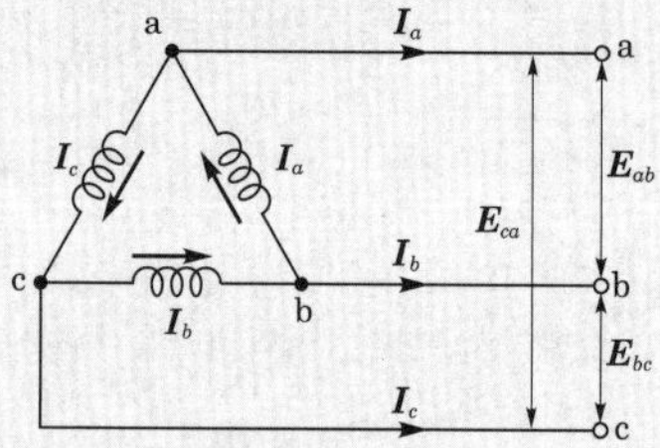

선전류 $I_a = I_{ab} - I_{ca}$

$I_b = I_{bc} - I_{ab}$

$I_c = I_{ca} - I_{bc}$

선전류와 상전류와의 벡터도를 그리면 다음과 같고,

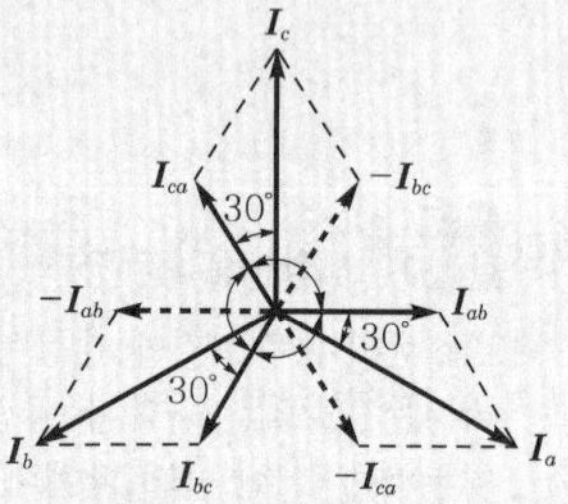

벡터도에서 선전류와 상전류의 크기 및 위상을 구하면 다음과 같다.

$I_a = 2I_{ab}\cos\frac{\pi}{6}\angle -\frac{\pi}{6} = \sqrt{3}I_{ab}\angle -\frac{\pi}{6}$

$I_b = 2I_{bc}\cos\frac{\pi}{6}\angle -\frac{\pi}{6} = \sqrt{3}I_{bc}\angle -\frac{\pi}{6}$

$I_c = 2I_{ca}\cos\frac{\pi}{6}\angle -\frac{\pi}{6} = \sqrt{3}I_{ca}\angle -\frac{\pi}{6}$

이상의 관계에서

선간 전압을 V_l, 선전류를 I_l, 상전압을 V_p, 상전류를 I_p라 하면

$I_l = \sqrt{3}I_p\angle -\frac{\pi}{6}$[A], $V_l = V_p$[V]

Tip △결선의 성질

(1) 각 상의 전력은 같다.

(2) 선간 전압과 상전압은 같다.

(3) 선전류는 상전류 보다 위상은 $\frac{\pi}{6}$[rad] 늦어지고 크기는 $\sqrt{3}$ 배가 된다.

18

각 상의 임피던스 $Z = 6 + j8$[Ω]인 평형 △부하에 선간 전압이 220[V]인 대칭 3상 전압을 가할 때의 선전류[A] 및 전력[W]은?

출제빈도

① 17[A], 5,620[W] ② 25[A], 6,570[W]

③ 57[A], 7,180[W] ④ 38.1[A], 8,712[W]

해설

• 선전류 $I_l = \sqrt{3} \cdot I_p = \sqrt{3}\frac{V_p}{Z} = \sqrt{3} \times \frac{220}{\sqrt{6^2+8^2}} = 38.1$[A]

• 전력 $P = 3I_p^{\ 2} \cdot R = 3 \times 22^2 \times 6 = 8,712$[W]

19

전압 100[V], 전류 15[A]로서 1.2[kW]의 전력을 소비하는 회로의 리액턴스는 약 몇 [Ω]인가?

① 4 ② 6

③ 8 ④ 10

해설 무효 전력 $P_r = I^2 \cdot X$

$\therefore X = \frac{P_r}{I^2} = \frac{\sqrt{Pa^2 - P^2}}{I^2} = \frac{\sqrt{(100 \times 15)^2 - 1,200^2}}{15^2} = 4$[Ω]

20

그림과 같은 회로에서 저항 R에 흐르는 전류 I[A]는?

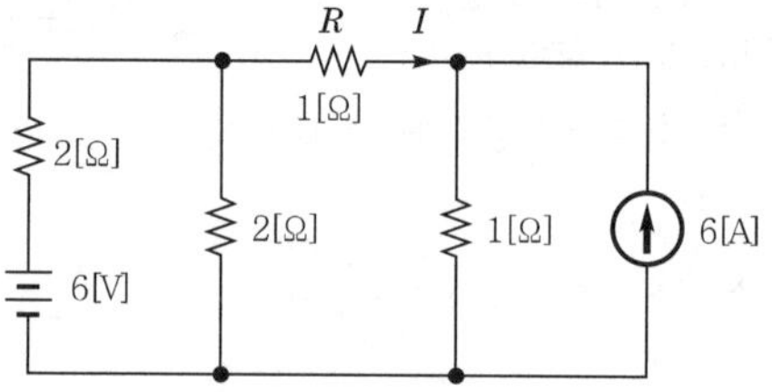

① −2 ② −1

③ 2 ④ 1

해설

6[V] 전압원에 의한 전류 $I_1 = \frac{2}{2+2} \times 2 = 1$[A]

6[A] 전류원에 의한 전류 $I_2 = \frac{1}{2+1} \times 6 = 2$[A]

$\therefore I = 1 - 2 = -1$[A]

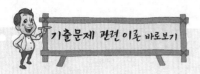

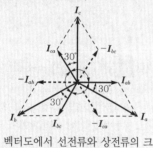

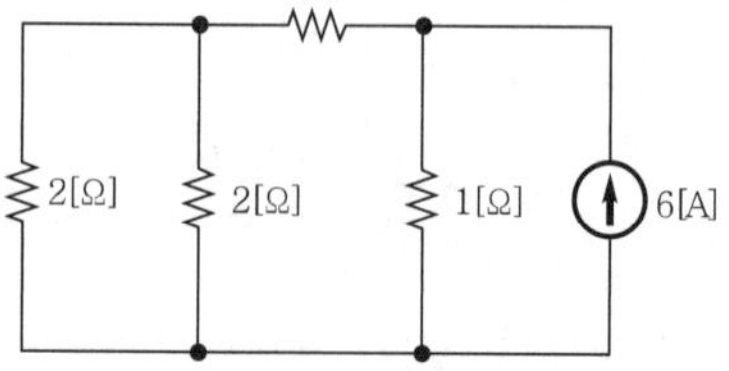

정답 18.④ 19.① 20.②

Industrial Engineer Electricity

2016년 과년도 출제문제

제1회 회로이론

01 314[mH]의 자기 인덕턴스에 120[V], 60[Hz]의 교류 전압을 가하였을 때 흐르는 전류[A]는?

(출제빈도)

① 10　　② 8
③ 1　　④ 0.5

해설 전류 $I=\dfrac{V}{X_L}=\dfrac{V}{\omega L}=\dfrac{120}{2\times 3.14\times 60\times 314\times 10^{-3}}=1[\text{A}]$

02 대칭 3상 전압이 a상 $\boldsymbol{V}_a$[V], b상 $\boldsymbol{V}_b=a^2\boldsymbol{V}_a$[V], c상 $\boldsymbol{V}_c=a\boldsymbol{V}_a$[V]일 때 a상을 기준으로 한 대칭분 전압 중 정상분 $\boldsymbol{V}_1$[V]은 어떻게 표시되는가? $\left(\text{단, } a=-\dfrac{1}{2}+j\dfrac{\sqrt{3}}{2}\text{ 이다.}\right)$

① 0　　② $\boldsymbol{V}_a$
③ $a\boldsymbol{V}_a$　　④ $a^2\boldsymbol{V}_a$

해설 대칭 3상의 대칭분 전압

$$\boldsymbol{V}_1=\frac{1}{3}(\boldsymbol{V}_a+a\boldsymbol{V}_b+a^2\boldsymbol{V}_c)=\frac{1}{3}(\boldsymbol{V}_a+a^3\boldsymbol{V}_a+a^3\boldsymbol{V}_a)=\boldsymbol{V}_a$$

03 $\dfrac{E_o(s)}{E_i(s)}=\dfrac{1}{s^2+3s+1}$의 전달 함수를 미분 방정식으로 표시하면? (단, $\mathcal{L}^{-1}[E_o(s)]=e_o(t)$, $\mathcal{L}^{-1}[E_i(s)]=e_i(t)$이다.)

① $\dfrac{d^2}{dt^2}e_o(t)+3\dfrac{d}{dt}e_o(t)+e_o(t)=e_i(t)$

② $\dfrac{d^2}{dt^2}e_i(t)+3\dfrac{d}{dt}e_i(t)+e_i(t)=e_o(t)$

③ $\dfrac{d^2}{dt^2}e_i(t)+3\dfrac{d}{dt}e_i(t)+\int e_i(t)dt=e_o(t)$

④ $\dfrac{d^2}{dt^2}e_o(t)+3\dfrac{d}{dt}e_o(t)+\int e_o(t)dt=e_i(t)$

정답 01.③ 02.② 03.①

기출문제 관련 이론 바로보기

01. 이론 check **인덕턴스(L) 회로**

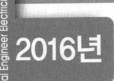

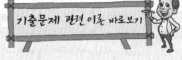

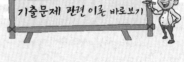

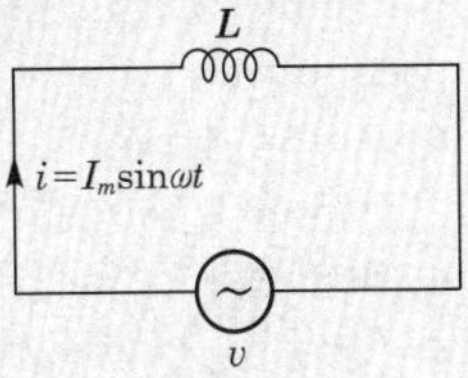

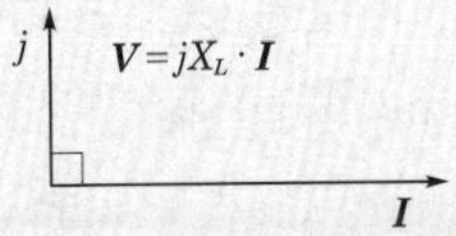

앞의 그림과 같이 인덕턴스 L을 갖는 이상적 유도기에 정현파 전류가 흐를 때 전류의 방향으로 생기는 전압 강하를 v라 하면

$$v=L\frac{di}{dt}=L\frac{d}{dt}(I_m\sin\omega t)$$
$$=\omega LI_m\cos\omega t$$
$$=\omega LI_m\sin(\omega t+90°)$$
$$=V_m\sin(\omega t+90°)[\text{V}]$$

(1) 전압, 전류의 최대치의 관계는 $V_m=\omega LI_m$[V]이다.

(2) 전압은 전류보다 위상이 90° 앞선다. 또는 전류는 전압보다 위상이 90° 뒤진다.

(3) ωL은 인덕턴스 회로의 전류를 제한하는 일정의 저항이며 전압, 전류의 90° 위상차를 생기게 하는 효과가 있으며 이 ωL를 특히 유도성 리액턴스(inductive reactance)라 하며 X_L로 표시하고 단위는 [Ω]을 쓴다.
즉, $X_L=\omega L=2\pi fL$[Ω]

(4) 직류 전압을 가하는 경우 직류 전압은 주파수가 0이므로 $X_L=0$이 되어 단락 상태가 된다.

기출문제 관련 이론 바로보기

(5) 기호법으로 표시하면

$V = jX_L \cdot I$[V] 또는

$I = \dfrac{V}{jX_L} = -j\dfrac{V}{X_L}$[A]이다.

04. 이론 check **대칭 3상의 전력**

(1) 유효 전력

$P = 3V_pI_p\cos\theta$

$= \sqrt{3}\,V_lI_l\cos\theta = 3I_p^{\,2}R$[W]

(2) 무효 전력

$P_r = 3V_pI_p\sin\theta$

$= \sqrt{3}\,V_lI_l\sin\theta = 3I_p^{\,2}X$[Var]

(3) 피상 전력

$P_a = 3V_pI_p = \sqrt{3}\,V_lI_l$

$= 3I_p^{\,2}Z = \sqrt{P^2 + P_r^{\,2}}$ [VA]

Tip **3상 전력**

3상 전력(P)

=3×상전력

=3×상전압×상전류×역률

= $\sqrt{3}$ ×선간 전압×선전류×역률

= $\sqrt{3}\,VI\cos\theta$[W]

각 전압・전류의 값은 실효값으로 한다.

05. 이론 check **반파・정현 대칭**

반파 대칭 및 정현 대칭을 동시에 만족하는 파형으로 삼각파나 구형파는 대표적인 반파・정현 대칭의 파형이다.

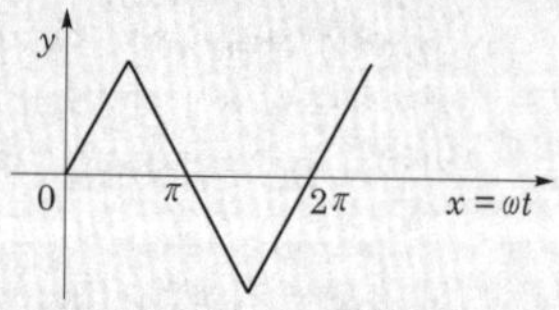

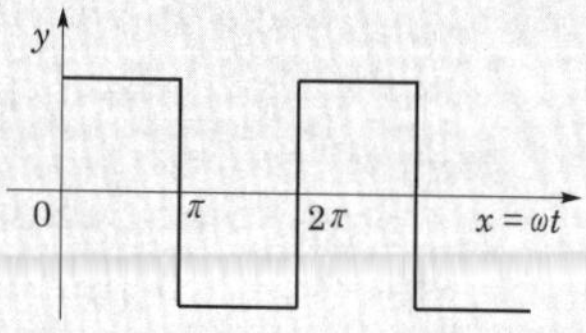

해설 $(s^2 + 3s + 1)E_o(s) = E_i(s)$

$s^2E_o(s) + 3sE_o(s) + E_o(s) = E_i(s)$

실미분 정리

$\mathcal{L}\left[\dfrac{d}{dt}f(t)\right] = sF(s) - f(0)$

$\mathcal{L}\left[\dfrac{d^2}{dt^2}f(t)\right] = s^2F(s) - sf(0) - f(0)$에서

전달 함수의 초기값은 0이므로 역라플라스 변환에 의해

$\therefore\ \dfrac{d^2}{dt^2}e_o(t) + 3\dfrac{d}{dt}e_o(t) + e_o(t) = e_i(t)$

04

출제빈도

한 상의 임피던스 $Z = 6 + j8$[Ω]인 평형 Y부하에 평형 3상 전압 200[V]를 인가할 때 무효 전력은 약 몇 [Var]인가?

① 1,330

② 1,848

③ 2,381

④ 3,200

해설 $P_r = 3I_p^{\,2} \cdot X_L$[Var]

$= 3\left(\dfrac{\frac{200}{\sqrt{3}}}{\sqrt{6^2 + 8^2}}\right)^2 \cdot 8$

$= 3{,}200$[Var]

05

출제빈도

$i(t) = \dfrac{4I_m}{\pi}\left(\sin\omega t + \dfrac{1}{3}\sin 3\omega t + \dfrac{1}{5}\sin 5\omega t + \cdots\right)$로 표시하는 파형은?

①

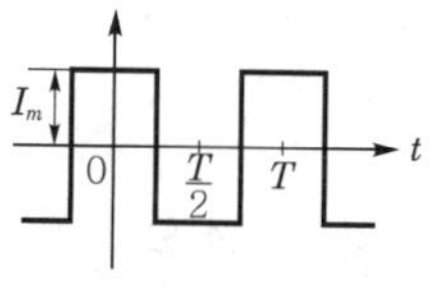

②

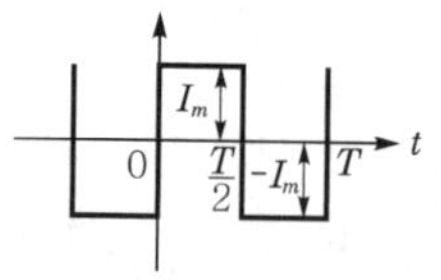

③

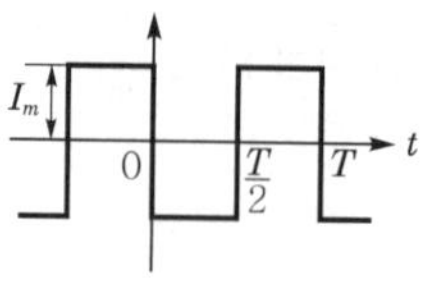

④

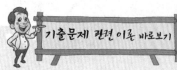

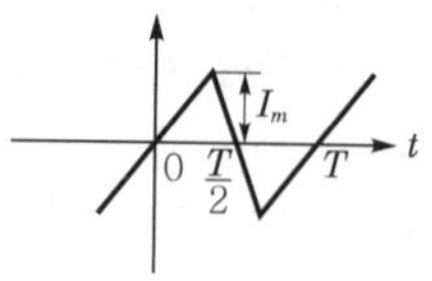

해설 반파 및 정현 대칭파는 홀수항의 sin항만 존재한다.

정답 04.④ 05.②

06 그림과 같은 회로에서 전류 I[A]는?

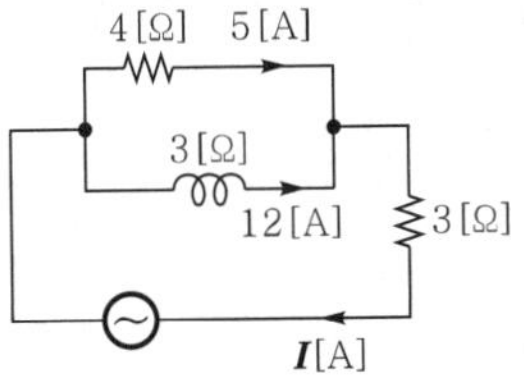

① 7　② 10
③ 13　④ 17

해설 전원에 흘러들어오는 전류 $I=5-j12$[A]

$\therefore |I| = \sqrt{5^2+12^2}=13$[A]

07 $F(s)=\dfrac{3s+10}{s^3+2s^2+5s}$일 때 $f(t)$의 최종값은?

출제빈도

① 0　② 1
③ 2　④ 3

해설 최종값 정리에 의해

$$\lim_{s\to 0} s\cdot F(s)=\lim_{s\to 0} s\cdot\frac{3s+10}{s(s^2+2s+5)}=\frac{10}{5}=2$$

08 회로의 3[Ω] 저항 양단에 걸리는 전압[V]은?

출제빈도

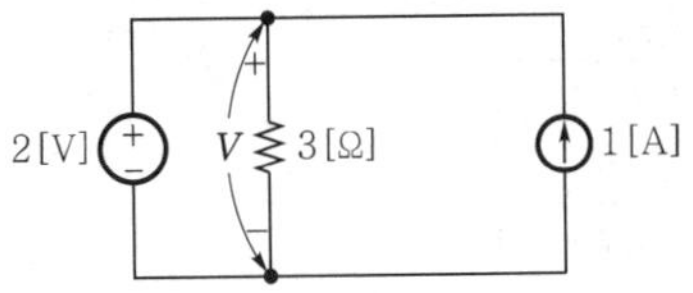

① 2　② −2
③ 3　④ −3

해설 • 2[V] 전압원 존재시 : 전류원을 개방하면 3[Ω]의 양단 전압은 2[V]
• 1[A] 전류원 존재시 : 전압원을 단락하면 3[Ω]의 전압은 0[V]
∴ 3[Ω] 양단 전압은 2[V]가 된다.

09 20[kVA] 변압기 2대로 공급할 수 있는 최대 3상 전력은 약 몇 [kVA]인가?

① 17　② 25
③ 35　④ 40

해설 V결선의 출력 $P_V=\sqrt{3}\,VI\cos\theta$[W]
최대 3상 전력은 역률 $\cos\theta=1$일 때 이므로
$P_V=\sqrt{3}\,VI=\sqrt{3}\times 20=34.642 ≒ 35$[kVA]

정답 06.③ 07.③ 08.① 09.③

기출문제 관련 이론 바로보기

(1) 대칭 조건(=함수식)
$y(x)=-y(-x)=-y(\pi+x)$

(2) 특징
반파 대칭과 정현 대칭의 공통 성분인 홀수항의 sin항만 존재한다.

$$y(t)=\sum_{n=1}^{\infty} b_n \sin n\omega t$$
$(n=1, 3, 5, 7, \cdots)$

07. 이론 check **초기값 · 최종값**

(1) 초기값 정리
$f(0)=\lim_{t\to 0} f(t)=\lim_{s\to\infty} s\boldsymbol{F}(s)$

(2) 최종값 정리
$f(\infty)=\lim_{t\to\infty} f(t)=\lim_{s\to 0} s\boldsymbol{F}(s)$

08. 이론 check **중첩의 원리**

2개 이상의 전원을 포함하는 선형 회로망에서 회로 내의 임의의 점의 전류 또는 두 점 간의 전압은 개개의 전원이 개별적으로 작용할 때에 그 점에 흐르는 전류 또는 두 점 간의 전압을 합한 것과 같다는 것을 중첩의 원리(principle of superposition)라 한다. 여기서, 전원을 개별적으로 작용시킨다는 것은 다른 전원을 제거한다는 것을 말하며, 이때 전압원은 단락하고 전류원은 개방한다는 의미이다.

기출문제 관련 이론 바로보기

10. 이론 check C만의 회로

전원 전압이 $v=V_m\sin\omega t$일 때, 회로에 흐르는 전류

$$i=C\frac{dv}{dt}=C\frac{d}{dt}(V_m\sin\omega t)$$

$$=\omega CV_m\cos\omega t=I_m\sin\left(\omega t+\frac{\pi}{2}\right)$$

따라서, 콘덴서에 흐르는 전류는 전원 전압보다 $\frac{\pi}{2}$[rad]만큼 앞선다고 할 수 있다. 또한, 전류의 크기만을 생각하면

$$V_m=\frac{1}{\omega C}I_m=X_C I_m$$

의 관계를 얻을 수 있다. 이 X_C를 용량성 리액턴스(capacitive reactance)라 하며, 단위는 저항과 같은 옴[Ω]을 사용한다. 또한, 전압과 전류의 비, 즉 $\frac{V_m}{I_m}=X_C=\frac{1}{\omega C}$로 되므로 용량성 리액턴스가 저항과 같은 성질을 나타내고 있는 것을 알 수 있다.

10 출제빈도 정전 용량 C만의 회로에서 100[V], 60[Hz]의 교류를 가했을 때 60[mA]의 전류가 흐른다면 C는 약 몇 [μF]인가?

① 5.26
② 4.32
③ 3.59
④ 1.59

해설 용량 리액턴스

$$X_C=\frac{V}{I}=\frac{100}{60\times10^{-3}}=1666.7[\Omega]=\frac{1}{\omega C}\text{이므로}$$

$$\therefore \text{정전 용량 } C=\frac{1}{2\times3.14\times60\times1666.7}\times10^6=1.59[\mu F]$$

11 $R-L-C$ 회로망에서 입력을 $e_i(t)$, 출력을 $i(t)$로 할 때, 이 회로의 전달 함수는?

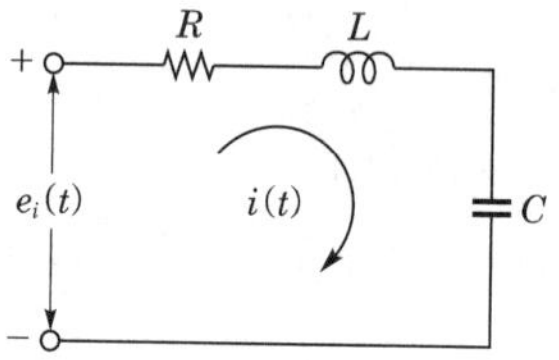

① $\dfrac{Rs}{LCs^2+RCs+1}$

② $\dfrac{RLs}{LCs^2+RCs+1}$

③ $\dfrac{Ls}{LCs^2+RCs+1}$

④ $\dfrac{Cs}{LCs^2+RCs+1}$

해설 전달 함수 $G(s)=\dfrac{i(s)}{e_i(s)}=\dfrac{1}{Z(s)}=Y(s)$

$$\therefore G(s)=\frac{1}{Z(s)}=\frac{1}{R+Ls+\frac{1}{Cs}}=\frac{Cs}{LCs^2+RCs+1}$$

12 △결선된 부하를 Y결선으로 바꾸면 소비 전력은 어떻게 되겠는가? (단, 선간 전압은 일정하다.)

① $\frac{1}{3}$로 된다.
② 3배로 된다.
③ $\frac{1}{9}$로 된다.
④ 9배로 된다.

정답 10.④ 11.④ 12.①

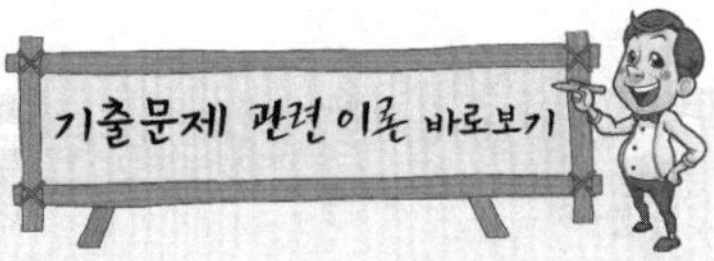

해설 • △결선시 전력

$$P_\triangle = 3I_p^{\,2} \cdot R = 3\left(\frac{V}{R}\right)^2 \cdot R = 3\frac{V^2}{R}\,[\mathrm{W}]$$

• Y결선시 전력

$$P_Y = 3I_p^{\,2} \cdot R = 3\left(\frac{\frac{V}{\sqrt{3}}}{R}\right)^2 \cdot R = 3\left(\frac{V}{\sqrt{3}R}\right)^2 \cdot R = \frac{V^2}{R}\,[\mathrm{W}]$$

$$\therefore \frac{P_Y}{P_\triangle} = \frac{\frac{V}{R^2}}{\frac{3V}{R^2}} = \frac{1}{3}$$

13 $e = E_m\cos\left(100\pi t - \frac{\pi}{3}\right)$[V]와 $i = I_m\sin\left(100\pi t + \frac{\pi}{4}\right)$[A]의 위상차를 시간으로 나타내면 약 몇 초인가?

① 3.33×10^{-4} ② 4.33×10^{-4}

③ 6.33×10^{-4} ④ 8.33×10^{-4}

해설 $\cos\omega t$와 $\sin\omega t$와의 관계

$\cos\omega t = \sin(\omega t + 90°)$

$$\therefore e = E_m\cos\left(100\pi t - \frac{\pi}{3}\right) = E_m\sin\left(100\pi t + \frac{\pi}{2} - \frac{\pi}{3}\right) = E_m\sin\left(100\pi t + \frac{\pi}{6}\right)$$

$\because$ 위상차 $\theta = \left(\frac{\pi}{4}\right) - \left(\frac{\pi}{6}\right) = \left(\frac{\pi}{12}\right)$

시간 $t = \frac{\theta}{\omega} = \frac{\pi}{12} \times \frac{1}{100\pi} = 8.33 \times 10^{-4}$[s]

13. Tip 정현파 교류

(1) 주기(T)

1사이클에 대한 시간을 주기라 하며, 문자로서 T[s]라 한다.

(2) 주파수(f)

1[s] 동안에 반복되는 사이클의 수를 나타내며, 단위로는 [Hz]를 사용한다.

(3) 주기와 주파수와의 관계

$$f = \frac{1}{T}[\mathrm{Hz}], \quad T = \frac{1}{f}[\mathrm{s}]$$

(4) 각주파수(ω)

시간에 대한 각도의 변화율

$$\omega = \frac{\theta}{t} = \frac{2\pi}{T} = 2\pi f\,[\mathrm{rad/s}]$$

14 그림과 같은 회로를 $t=0$에서 스위치 S를 닫았을 때 $R[\Omega]$에 흐르는 전류 $i_R(t)$[A]는?

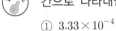

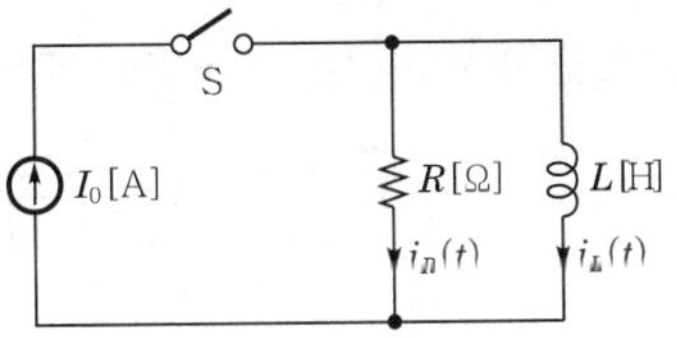

① $I_0\left(1 - e^{-\frac{R}{L}t}\right)$ ② $I_0\left(1 + e^{-\frac{R}{L}t}\right)$

③ I_0 ④ $I_0 e^{-\frac{R}{L}t}$

14. Tip 과도 현상의 의미

시간적으로 변화하지 않는 정상 상태에 대해 전원의 급변 등으로 인해 하나의 정상 상태에서 다른 정상 상태에 도달할 때까지를 과도기라고 하고 그동안에 변화된 상황을 과도 현상이라고 한다.

정답 13.④ 14.④

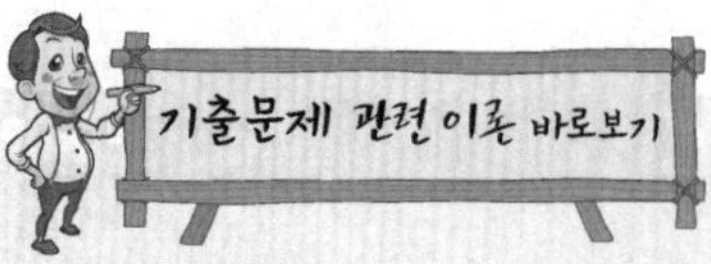

16. 이론 check **비정현파 임피던스**

(1) $R-L$ 직렬

$Z_1 = R+j\omega L = \sqrt{R^2+(\omega L)^2}$

$Z_2 = R+j2\omega L = \sqrt{R^2+(2\omega L)^2}$

$\vdots$

$Z_n = R+jn\omega L = \sqrt{R^2+(n\omega L)^2}$

(2) $R-C$ 직렬

$Z_1 = R-j\dfrac{1}{\omega C} = \sqrt{R^2+\left(\dfrac{1}{\omega C}\right)^2}$

$Z_2 = R-j\dfrac{1}{2}\omega C = \sqrt{R^2+\left(\dfrac{1}{2\omega C}\right)^2}$

$\vdots$

$Z_n = R-j\dfrac{1}{n\omega C} = \sqrt{R^2+\left(\dfrac{1}{n\omega C}\right)^2}$

(3) $R-L-C$ 직렬 회로와 고조파 공진

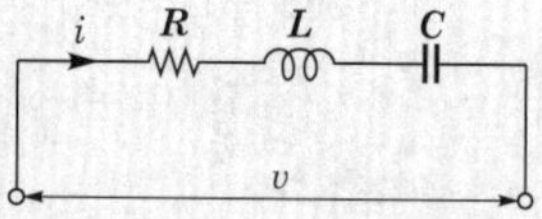

$v=\sum_{n=1}^{\infty}\sqrt{2}\,V_m\sin n\omega t$의 전압을 인가했을 때의 회로의 임피던스 Z는

$Z_n = R+j\left(n\omega L-\dfrac{1}{n\omega C}\right)$

이므로 임피던스의 크기와 위상차는

$Z_n = \sqrt{R^2+\left(n\omega L-\dfrac{1}{n\omega C}\right)^2}$

만일, Z_n 중의 리액턴스분이 0이 되었을 때 공진 상태가 되므로

$n\omega L-\dfrac{1}{n\omega C}=0$

공진 조건 $n\omega L=\dfrac{1}{n\omega C}$

이므로 여기서, 제n차 고조파의 공진 각주파수 ω_0는

$\omega_0 = \dfrac{1}{n\sqrt{LC}}$[rad/s]

제n차 고조파의 공진 주파수 f_0는

$f_0 = \dfrac{1}{2\pi n\sqrt{LC}}$[Hz]이다.

해설 $t=0$에서는 L은 개방 상태, C는 단락 상태가 되며 $t=\infty$에서는 L은 단락 상태, C는 개방 상태가 된다.

$\therefore\ i_R(t)=I_0 e^{-\frac{R}{L}t}$[A]

15 그림과 같은 회로의 구동점 임피던스[Ω]는?

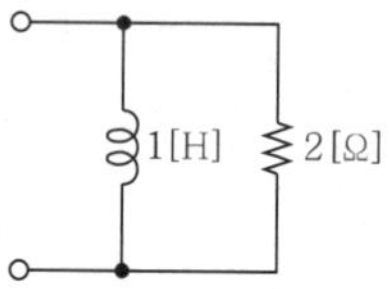

① $2+j\omega$ ② $\dfrac{2\omega^2+j4\omega}{3}$

③ $\dfrac{\omega^2+j8\omega}{4+\omega^2}$ ④ $\dfrac{2\omega^2+j4\omega}{4+\omega^2}$

해설 구동점 임피던스 $Z(s)=Z(j\omega)=\dfrac{2\cdot j\omega}{2+j\omega}$

$\therefore\ Z(s)=Z(j\omega)=\dfrac{2\cdot j\omega(2-j\omega)}{(2+j\omega)(2-j\omega)}=\dfrac{2\omega^2+j4\omega}{4+\omega^2}$

16 아래와 같은 비정현파 전압을 $R-L$ 직렬 회로에 인가할 때에 제3고조파 전류의 실효값[A]은? (단, $R=4[\Omega]$, $\omega L=1[\Omega]$이다.)

출제빈도

$$e=100\sqrt{2}\sin\omega t+75\sqrt{2}\sin 3\omega t+20\sqrt{2}\sin 5\omega t\,[\mathrm{V}]$$

① 4 ② 15

③ 20 ④ 75

해설 제3고조파 전류

$I_3=\dfrac{V_3}{Z_3}=\dfrac{V_3}{\sqrt{R^2+(3\omega L)^2}}=\dfrac{75}{\sqrt{4^2+3^2}}=15$[A]

17 T형 4단자 회로의 임피던스 파라미터 중 Z_{22}는?

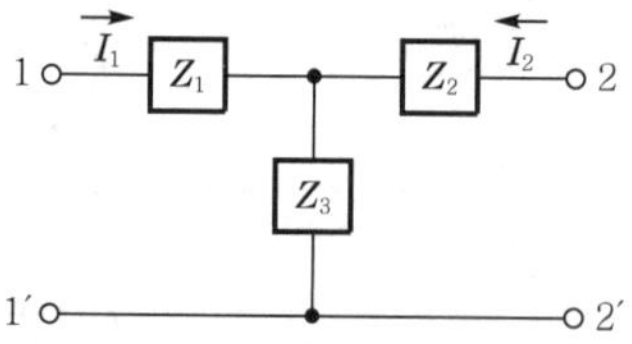

① Z_1+Z_2 ② Z_2+Z_3

③ Z_1+Z_3 ④ Z_2

정답 15.④ 16.② 17.②

해설 Z_{22}는 입력 단자를 개방하고 출력측에서 본 개방 구동점 임피던스이므로

$\therefore\ Z_{22} = Z_2 + Z_3[\Omega]$

18 $R-L-C$ 직렬 회로에서 제n고조파의 공진 주파수 f[Hz]는?

출제빈도

① $\dfrac{1}{2\pi\sqrt{LC}}$

② $\dfrac{1}{2\pi\sqrt{nLC}}$

③ $\dfrac{1}{2\pi n\sqrt{LC}}$

④ $\dfrac{1}{2\pi n^2\sqrt{LC}}$

해설 공진 조건 $n\omega L = \dfrac{1}{n\omega C}$, $n^2\omega^2 LC = 1$

$\therefore\ f_n = \dfrac{1}{2\pi n\sqrt{LC}}$[Hz]

19 $\dfrac{1}{s+3}$을 역라플라스 변환하면?

① e^{3t} ② e^{-3t}

③ $e^{\frac{t}{3}}$ ④ $e^{-\frac{t}{3}}$

해설 $\mathcal{L}[e^{-at}] = \dfrac{1}{s+a}$ 이므로

$\therefore\ \mathcal{L}^{-1}\left[\dfrac{1}{(s+3)}\right] = e^{-3t}$

20 선간 전압 220[V], 역률 60[%]인 평형 3상 부하에서 소비 전력 $P=$ 10[kW]일 때 선전류는 약 몇 [A]인가?

① 25.3

② 32.8

③ 43.7

④ 53.6

해설 소비 전력 $P = \sqrt{3}\,VI\cos\theta$에서

선전류 $I = \dfrac{P}{\sqrt{3}\,V\cos\theta} = \dfrac{10\times10^3}{\sqrt{3}\times220\times0.6} = 43.7$[A]

정답 18.③ 19.② 20.③

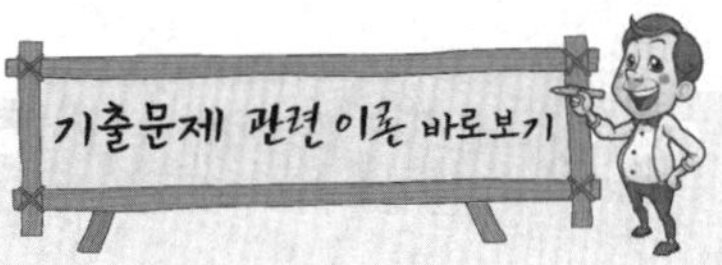

18. 이론 check n 고조파 공진 회로

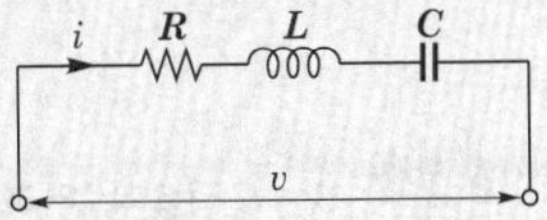

$v = \sum_{n=1}^{\infty}\sqrt{2}\,V_m \sin n\omega t$의 전압을 인가했을 때의 회로의 임피던스 $\boldsymbol{Z}$는

$\boldsymbol{Z}_n = R + j\left(n\omega L - \dfrac{1}{n\omega C}\right)$

만일, $\boldsymbol{Z}_n$ 중의 리액턴스분이 0이 되었을 때 공진 상태가 되므로

$n\omega L - \dfrac{1}{n\omega C} = 0$

공진 조건 $n\omega L = \dfrac{1}{n\omega C}$이므로

여기서, 제n차 고조파의 공진 각 주파수 ω_n는

$\omega_n = \dfrac{1}{n\sqrt{LC}}$[rad/s]

제n차 고조파의 공진 주파수 f_n는

$f_n = \dfrac{1}{2\pi n\sqrt{LC}}$[Hz]이다.

기출문제 관련 이론 바로보기

제 2 회 회로이론

01 그림과 같은 반파 정현파의 실효값은?

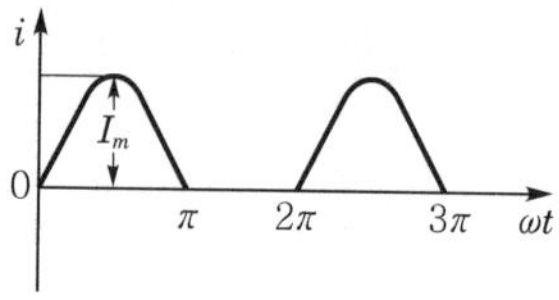

① $\frac{1}{\sqrt{2}}I_m$ ② $\frac{2}{\pi}I_m$

③ $\frac{1}{\pi}I_m$ ④ $\frac{1}{2}I_m$

해설 실효값

$$I=\sqrt{\frac{1}{2\pi}\int_0^{\pi}I_m{}^2\sin2\omega t d\omega t}$$

$$=\sqrt{\frac{I_m{}^2}{2\pi}\int_0^{\pi}\frac{1-\cos2\omega t}{2}d\omega t}$$

$$=\sqrt{\frac{I_m{}^2}{4\pi}\left[\omega t-\frac{1}{2}\sin2\omega t\right]_0^{\pi}}=\frac{I_m}{2}$$

〈별해〉 반파 정류파의 실효값 및 평균값은

$I=\frac{1}{2}I_m$, $I_{av}=\frac{1}{\pi}I_m$에서 실효값 $I=\frac{1}{2}I_m$

02 (출제빈도) 저항 $R=5{,}000[\Omega]$, 정전 용량 $C=20[\mu F]$가 직렬로 접속된 회로에 일정 전압 $E=100[V]$를 가하고 $t=0$에서 스위치를 넣을 때 콘덴서 단자 전압 $V[V]$을 구하면? (단, $t=0$에서의 콘덴서 전압은 0[V]이다.)

① $100(1-e^{10t})$

② $100e^{10t}$

③ $100(1-e^{-10t})$

④ $100e^{-10t}$

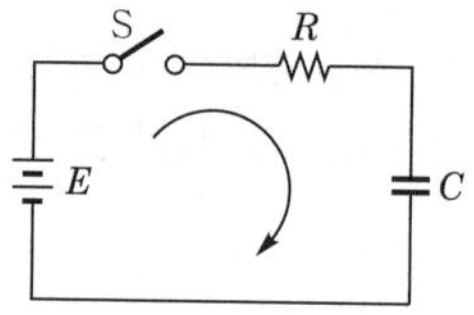

해설 $V_c=\frac{1}{C}\int_0^t i(t)dt=\frac{1}{C}\int_0^t \frac{E}{R}e^{-\frac{1}{RC}t}dt$

$=E(1-e^{-\frac{1}{RC}t})$

$=100(1-e^{-\frac{1}{5{,}000\times20\times100}t})$

$=100(1-e^{-10t})[V]$

정답 01.④ 02.③

---

02. 이론 check **$R-C$ 직렬 회로의 과도 현상**

[직류 전압을 제거하는 경우]

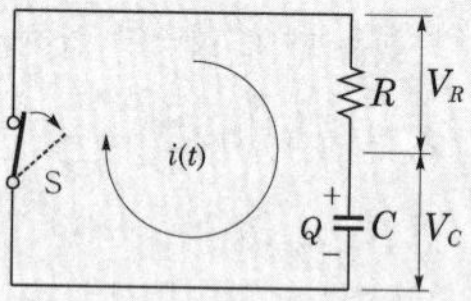

전압 방정식은 $Ri(t)+\frac{1}{C}\int i(t)dt=0$이 되고 이를 라플라스 변환을 이용하여 풀면 다음과 같다.

(1) 전류(R, C의 단자 전압)

$V_R=Ri(t)=-Ee^{-\frac{1}{RC}t}[V]$

$V_C=\frac{q(t)}{C}=\frac{1}{C}\cdot CEe^{-\frac{1}{RC}t}$

$=Ee^{-\frac{1}{RC}t}[V]$

초기 조건 $q(0)=Q=CE$ 방전 전류의 방향은 충전시와 반대가 된다.

(2) 시정수(τ)

$\tau=RC[s]$

(3) 전하

$q(t)=CEe^{-\frac{1}{RC}t}[C]$

(4) R, C의 단자 전압

$V_R=Ri(t)=-Ee^{-\frac{1}{RC}t}[V]$

$V_C=\frac{q(t)}{C}$

$=\frac{1}{C}\cdot CEe^{-\frac{1}{RC}t}$

$=Ee^{-\frac{1}{RC}t}[V]$

Tip **과도 현상**

하나의 정상 상태로부터 다른 정상 상태로 옮아가는 현상이다.

03

저항 R인 검류계 G에 그림과 같이 r_1인 저항을 병렬로, 또 r_2인 저항을 직렬로 접속하였을 때 A, B 단자 사이의 저항을 R과 같게 하고 또한 G에 흐르는 전류를 전전류의 $\frac{1}{n}$로 하기 위한 $r_1[\Omega]$의 값은?

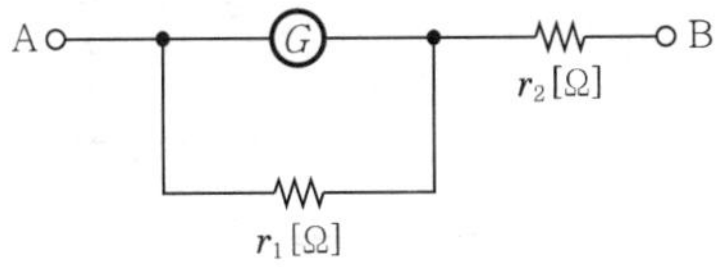

① $\frac{n-1}{R}$　　② $R\left(1-\frac{1}{n}\right)$

③ $\frac{R}{n-1}$　　④ $R\left(1+\frac{1}{n}\right)$

해설 전전류를 I라 하면 문제 조건에서

$I_G=\frac{1}{n}I$, 분류 법칙에 의해서 I_G 전류를 구하면

$$\frac{1}{n}I=\frac{r_1}{R+r_1}I$$

$$\therefore\ r_1=\frac{R}{n-1}$$

04

출제빈도

두 개의 회로망 N_1과 N_2가 있다. a−b 단자, a′−b′ 단자의 각각의 전압은 50[V], 30[V]이다. 또, 양 단자에서 N_1, N_2를 본 임피던스가 15[Ω]과 25[Ω]이다. a−a′, b−b′를 연결하면 이때 흐르는 전류는 몇 [A]인가?

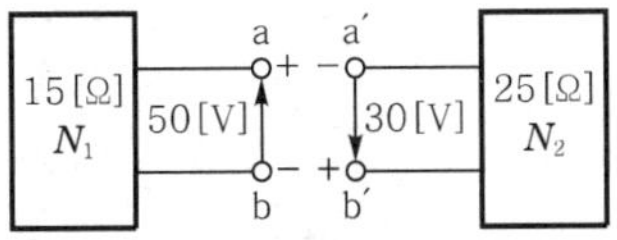

① 0.5　　② 1

③ 2　　④ 4

해설

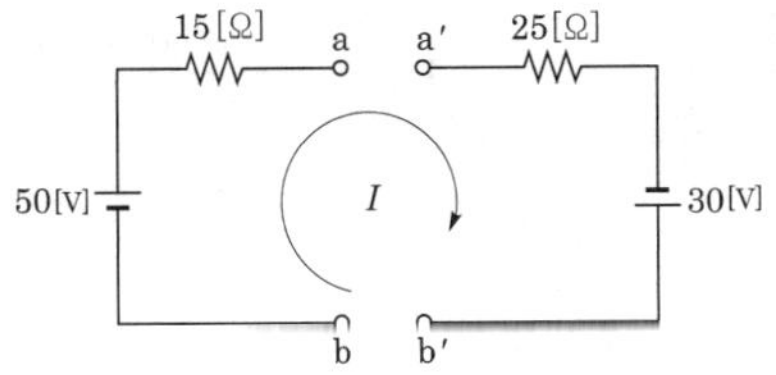

$$\therefore\ I=\frac{50+30}{15+25}=2[\text{A}]$$

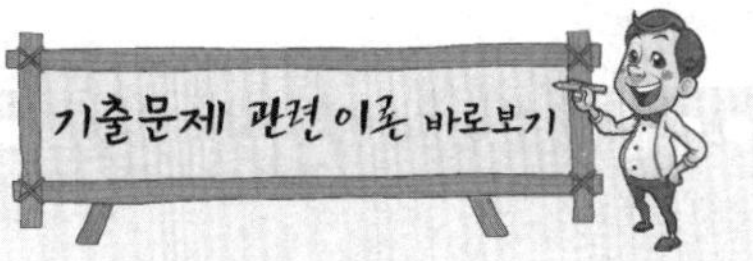

04. 이론 check **테브난의 정리**

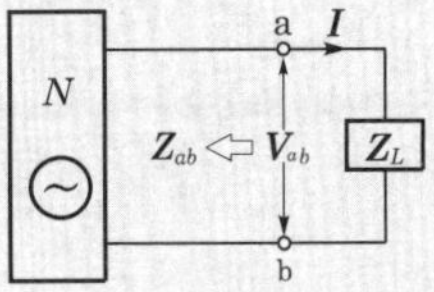

(a)

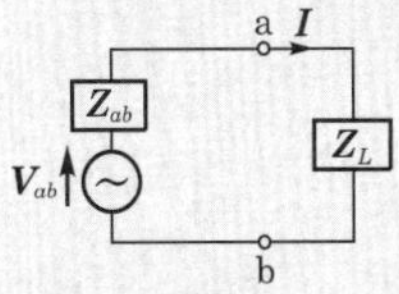

(b)

임의의 능동 회로망의 a, b 단자에 부하 임피던스(Z_L)를 연결할 때 부하 임피던스(Z_L)에 흐르는 전류 $I=\frac{V_{ab}}{Z_{ab}+Z_L}$[A]가 된다.

이때, Z_{ab}는 a, b 단자에서 모든 전원을 제거하고 능동 회로망을 바라본 임피던스이며, V_{ab}는 a, b 단자의 단자 전압이 된다.

Tip **노턴의 정리**

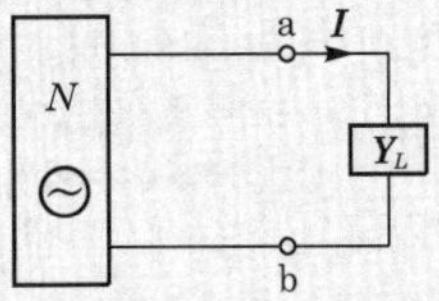

(a)

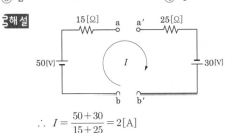

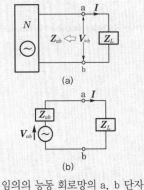

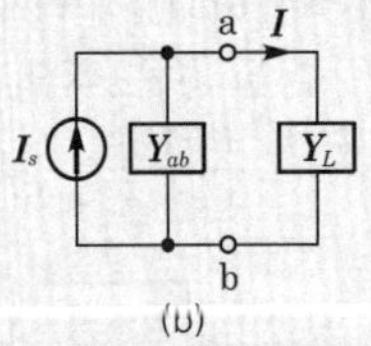

(b)

임의의 능동 회로망의 a, b 단자에 부하 어드미턴스(Y_L)를 연결할 때 부하 어드미턴스(Y_L)에 흐르는 전류는 다음과 같다.

$$I=\frac{Y_L}{Y_{ab}+Y_L}I_s[\text{A}]$$

정답 03.③ 04.③

기출문제 관련 이론 바로보기

05 다음 회로에서 I를 구하면 몇 [A]인가?

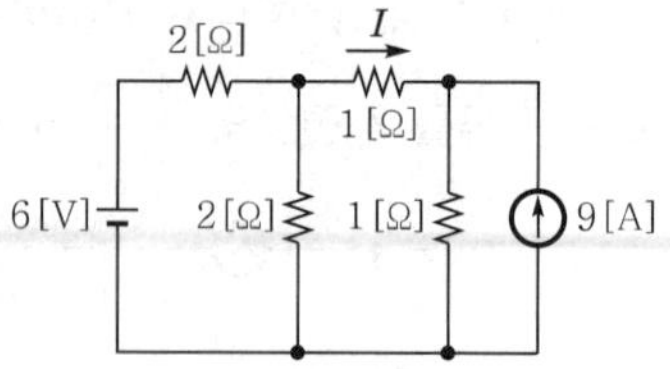

① 2　　② −2
③ 4　　④ −4

해설 • 6[V] 전압원 존재시 : 전류원 개방

전전류 $I=\dfrac{6}{2+\dfrac{2\times 2}{2+2}}=2[\mathrm{A}]$

$\therefore$ 1[Ω]에 흐르는 전류 $I_1=1[\mathrm{A}]$

• 9[A] 전류원 존재시 : 전압원 단락

$\therefore$ 분류 법칙에 의해 1[Ω]에 흐르는 전류

$I_2=\dfrac{1}{2+1}\times 9=3[\mathrm{A}]$

$\because$ 1[Ω]에 흐르는 전전류 I는 I_1과 I_2의 합이므로

$I=I_1-I_2=1-3=-2[\mathrm{A}]$

I_1이 정방향이고 I_2와 반대 방향이므로 여기서 −는 방향을 나타낸다.

06. 이론 check **전달 함수**

제어계 또는 요소의 입력 신호와 출력 신호의 관계를 수식적으로 표현한 것을 전달 함수라 한다.
전달 함수는 "모든 초기치를 0으로 했을 때 출력 신호의 라플라스 변환과 입력 신호의 라플라스 변환의 비"로 정의한다.
여기서, 모든 초기값을 0으로 한다는 것은 그 제어계에 입력이 가해지기 전, 즉 $t<0$에서는 그 계가 휴지(休止) 상태에 있다는 것을 말한다.
입력 신호 $r(t)$에 대해 출력 신호 $c(t)$를 발생하는 그림의 전달 함수 $G(s)=\dfrac{\mathcal{L}[c(t)]}{\mathcal{L}[r(t)]}=\dfrac{C(s)}{R(s)}$가 된다.

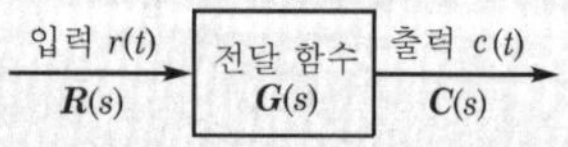

R, L, C 소자의 전압비 전달 함수인 경우 전류값을 상쇄시키면 $R\to R$, $L\to Ls$, $C\to \dfrac{1}{Cs}$로 표기된다.

06 그림과 같은 회로의 전달 함수는? (단, 초기 조건은 0이다.)

출제빈도

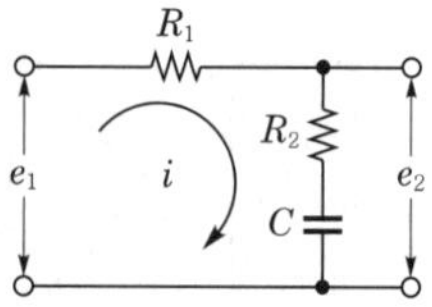

① $\dfrac{R_2+Cs}{R_1+R_2+Cs}$　　② $\dfrac{R_1+R_2+Cs}{R_1+Cs}$

③ $\dfrac{R_2Cs+1}{R_2Cs+R_1Cs+1}$　　④ $\dfrac{R_1Cs+R_2Cs+1}{R_2Cs+1}$

해설

$$G(s)=\frac{V_o(s)}{V_i(s)}=\frac{R_2+\dfrac{1}{Cs}}{R_1+R_2+\dfrac{1}{Cs}}$$

$$=\frac{R_2Cs+1}{(R_1+R_2)Cs+1}$$

$$=\frac{R_2Cs+1}{R_2Cs+R_1Cs+1}$$

정답 05.② 06.③

07 휘트스톤 브리지에서 R_L에 흐르는 전류(I)는 약 몇 [mA]인가?

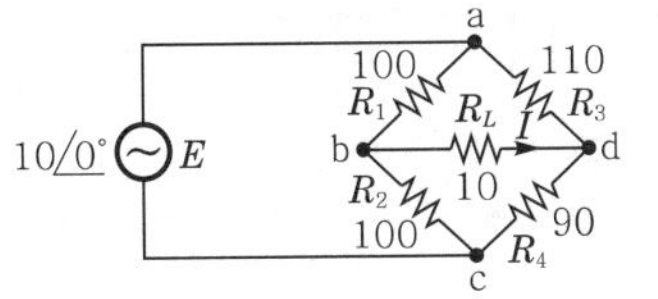

① 2.28　② 4.57　③ 7.84　④ 22.8

해설 테브난의 정리에 의해 부하 임피던스에 흐르는 전류 $I=\frac{V_{ab}}{Z_{ab}+R_L}$[A]

여기서, $Z_{ab}=\frac{100\times100}{100+100}+\frac{110\times90}{110+90}=99.5[\Omega]$

$V_{ab}=5.5-5=0.5$[V]

$\therefore\ I=\frac{0.5}{99.5+10}=0.004566$[A] ≒ 4.57[mA]

08 Y결선된 대칭 3상 회로에서 전원 한 상의 전압이 $V_a=220\sqrt{2}\sin\omega t$ [V]일 때 선간 전압의 실효값은 약 몇 [V]인가?

① 220　② 310　③ 380　④ 540

해설 Y(성형)결선의 선간 전압(V_l)= $\sqrt{3}$ 상 전압(V_p)

∴ 선간 전압의 실효값 $V_l=\sqrt{3}\times220$ ≒ 380[V]

09 다음과 같은 파형 $v(t)$를 단위 계단 함수로 표시하면 어떻게 되는가?

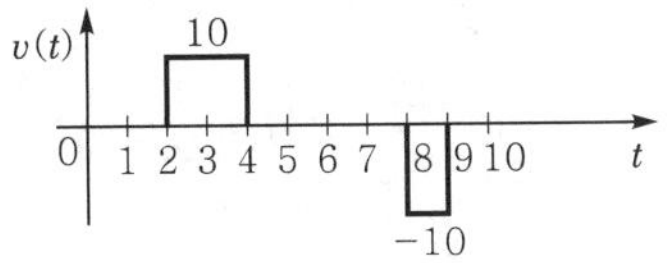

① $10u(t-2)+10u(t-4)+10u(t-8)+10u(t-9)$
② $10u(t-2)-10u(t-4)-10u(t-8)-10u(t-9)$
③ $10u(t-2)-10u(t-4)+10u(t-8)-10u(t-9)$
④ $10u(t-2)-10u(t-4)-10u(t-8)+10u(t-9)$

해설

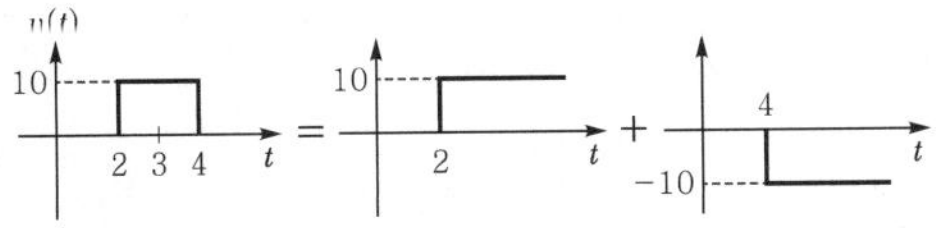

$\therefore\ 10u(t-2)-10u(t-4)$

정답 07.② 08.③ 09.④

기출문제 관련 이론 바로보기

07. 이론 check 테브난의 정리

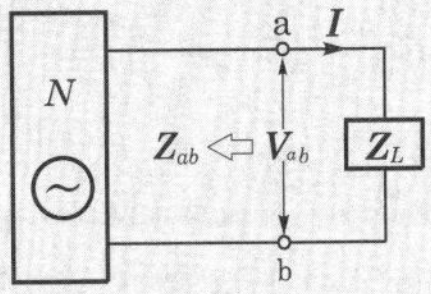

(a)

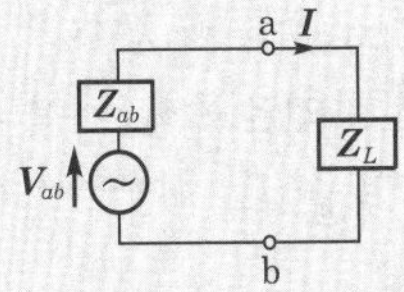

(b)

임의의 능동 회로망의 a, b 단자에 부하 임피던스(Z_L)를 연결할 때 부하 임피던스(Z_L)에 흐르는 전류 $I=\frac{V_{ab}}{Z_{ab}+Z_L}$[A]가 된다. 이때, Z_{ab}는 a, b 단자에서 모든 전원을 제거하고 능동 회로망을 바라본 임피던스이며, V_{ab}는 a, b 단자의 단자 전압이 된다.

08. 이론 check 3상 교류 결선

[성형 결선(Y결선)]

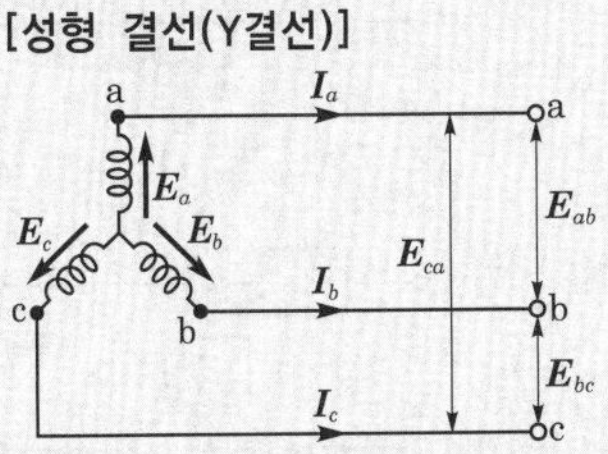

선간 전압 $E_{ab}=E_a-E_b$

$E_{bc}=E_b-E_c$

$E_{ca}=E_c-E_a$

선간 전압과 상전압과의 벡터도를 그리면 다음과 같고,

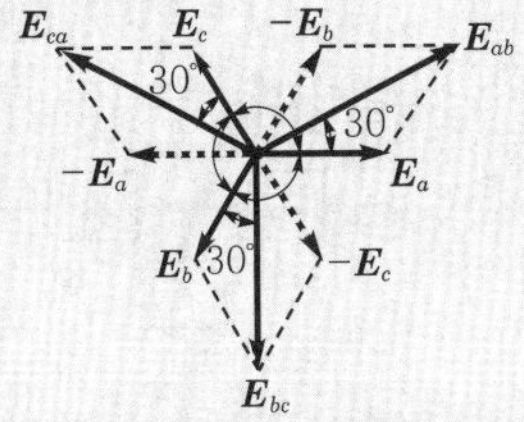

기출문제 관련 이론 바로보기

벡터도에서 선간 전압 상전압의 크기 및 위상을 구하면 다음과 같다.

$E_{ab}=2E_a\cos\frac{\pi}{6}\angle\frac{\pi}{6}=\sqrt{3}E_a\angle\frac{\pi}{6}$

$E_{bc}=2E_b\cos\frac{\pi}{6}\angle\frac{\pi}{6}=\sqrt{3}E_b\angle\frac{\pi}{6}$

$E_{ca}=2E_c\cos\frac{\pi}{6}\angle\frac{\pi}{6}=\sqrt{3}E_c\angle\frac{\pi}{6}$

이상의 관계에서

선간 전압을 V_l, 선전류를 I_l, 상전압을 V_p, 상전류를 I_p라 하면

$V_l=\sqrt{3}V_p\angle\frac{\pi}{6}$[V], $I_l=I_p$[A]

10. 이론 check **각종 회로의 4단자 정수**

(1)

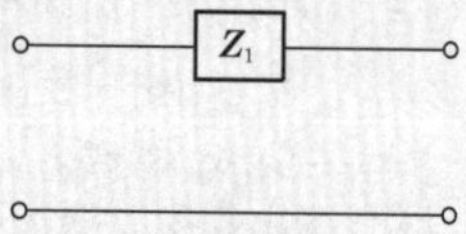

$\begin{bmatrix} A & B \\ C & D \end{bmatrix}=\begin{bmatrix} 1 & Z_1 \\ 0 & 1 \end{bmatrix}$

(2)

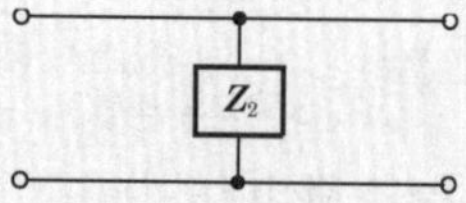

$\begin{bmatrix} A & B \\ C & D \end{bmatrix}=\begin{bmatrix} 1 & 0 \\ \frac{1}{Z_2} & 1 \end{bmatrix}$

(3)

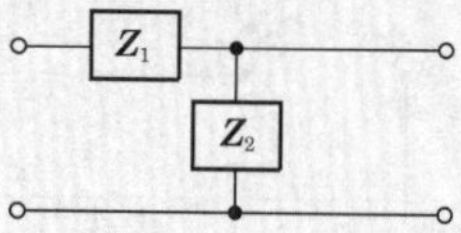

$\begin{bmatrix} A & B \\ C & D \end{bmatrix}=\begin{bmatrix} 1 & Z_1 \\ 0 & 1 \end{bmatrix}\begin{bmatrix} 1 & 0 \\ \frac{1}{Z_2} & 1 \end{bmatrix}$

$=\begin{bmatrix} 1+\frac{Z_1}{Z_2} & Z_1 \\ \frac{1}{Z_2} & 1 \end{bmatrix}$

(4) T형 회로

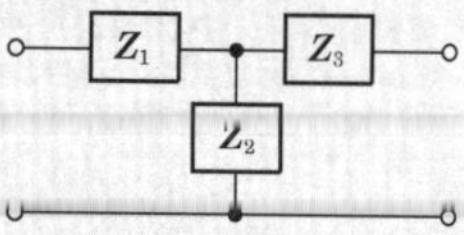

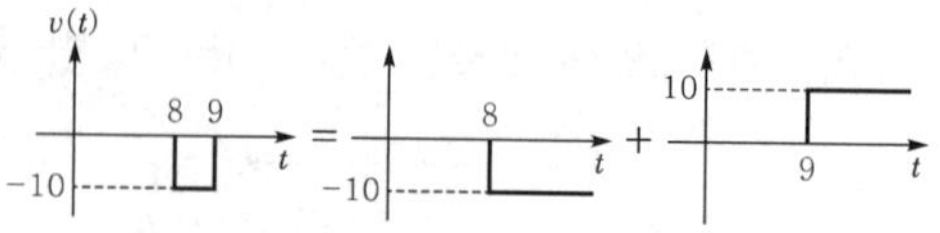

$\therefore\ -10u(t-8)+10u(t-9)$

$\because\ v(t)=10u(t-2)-10u(t-4)-10u(t-8)+10u(t-9)$

10 그림과 같이 T형 4단자 회로망의 A, B, C, D 파라미터 중 B 값은?

출제빈도

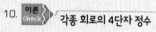

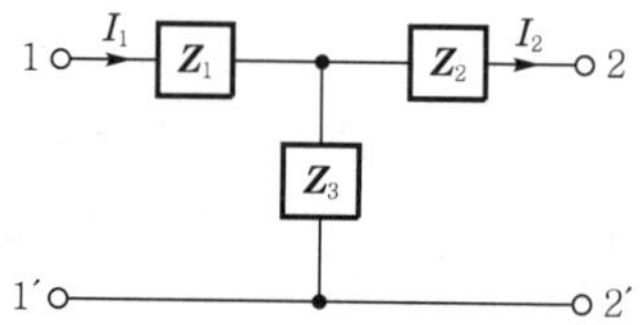

① $\frac{1}{Z_3}$

② $1+\frac{Z_1}{Z_3}$

③ $\frac{Z_3+Z_2}{Z_3}$

④ $\frac{Z_1Z_2+Z_2Z_3+Z_3Z_1}{Z_3}$

해설

$$\begin{bmatrix} A & B \\ C & D \end{bmatrix}=\begin{bmatrix} 1 & Z_1 \\ 0 & 1 \end{bmatrix}\begin{bmatrix} 1 & 0 \\ \frac{1}{Z_3} & 1 \end{bmatrix}\begin{bmatrix} 1 & Z_2 \\ 0 & 1 \end{bmatrix}$$

$$=\begin{bmatrix} 1+\frac{Z_1}{Z_3} & Z_1 \\ \frac{1}{Z_3} & 1 \end{bmatrix}\begin{bmatrix} 1 & Z_2 \\ 1 & 0 \end{bmatrix}$$

$$=\begin{bmatrix} 1+\frac{Z_1}{Z_3} & Z_2\left(1+\frac{Z_1}{Z_3}\right)+Z_1 \\ \frac{1}{Z_3} & \frac{Z_2}{Z_3}+1 \end{bmatrix}$$

$\therefore\ A=1+\frac{Z_1}{Z_3}$

$B=\frac{Z_1Z_2+Z_2Z_3+Z_3Z_1}{Z_3}$

$C=\frac{1}{Z_3}$

$D=1+\frac{Z_2}{Z_3}$

정답 10.④

11 다음과 같은 회로의 전달 함수 $\dfrac{E_o(s)}{I(s)}$ 는?

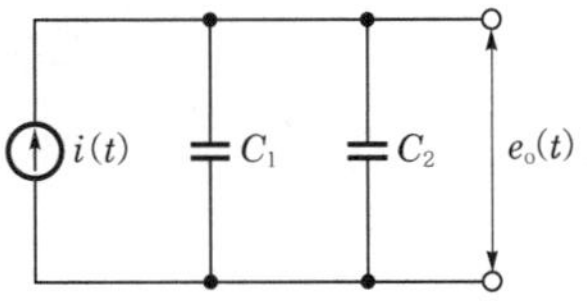

① $\dfrac{1}{s(C_1+C_2)}$　② $\dfrac{C_1C_2}{C_1+C_2}$

③ $\dfrac{C_1}{s(C_1+C_2)}$　④ $\dfrac{C_2}{s(C_1+C_2)}$

해설 전달 함수 $G(s)=\dfrac{E_o(s)}{I(s)}=Z(s)$와 같으므로

$\therefore\ G(s)=Z(s)=\dfrac{1}{Y(s)}=\dfrac{1}{C_1s+C_2s}=\dfrac{1}{s(C_1+C_2)}$

12 (출제빈도) 인덕턴스 L[H] 및 커패시턴스 C[F]를 직렬로 연결한 임피던스가 있다. 정저항 회로를 만들기 위하여 그림과 같이 L 및 C 의 각각에 서로 같은 저항 R[Ω]을 병렬로 연결할 때, R[Ω]은 얼마인가? (단, $L=4$[mH], $C=0.1$[μF]이다.)

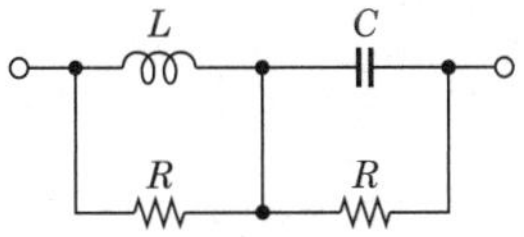

① 100　② 200

③ 2×10^{-5}　④ 0.5×10^{-2}

해설 정저항 조건 $Z_1\cdot Z_2=R^2$에서 $R^2=\dfrac{L}{C}$

$\therefore\ R=\sqrt{\dfrac{L}{C}}=\sqrt{\dfrac{4\times10^{-3}}{0.1\times10^{-6}}}=200[\Omega]$

13 그림은 상순이 a−b−c인 3상 대칭 회로이다. 선간 전압이 220[V]이고 부하 한 상의 임피던스가 $100\angle 60°$[Ω]일 때 전력계 W_a의 지시값[W]은?

① 242
② 386
③ 419
④ 484

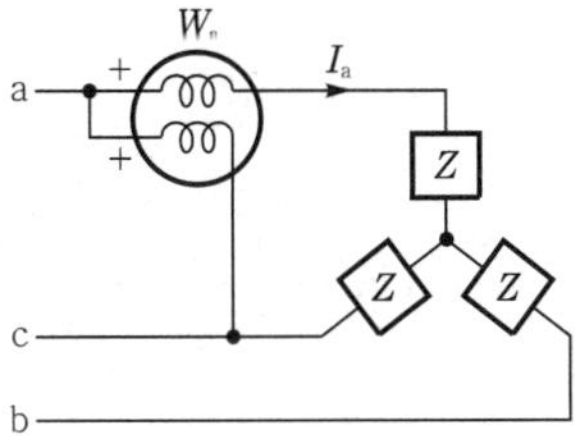

정답 11.① 12.② 13.①

기출문제 관련 이론 바로보기

$$\begin{bmatrix} A & B \\ C & D \end{bmatrix}=\begin{bmatrix} 1+\dfrac{Z_1}{Z_2} & \dfrac{Z_1Z_2+Z_2Z_3+Z_3Z_1}{Z_2} \\ \dfrac{1}{Z_2} & 1+\dfrac{Z_3}{Z_2} \end{bmatrix}$$

(5) π형 회로

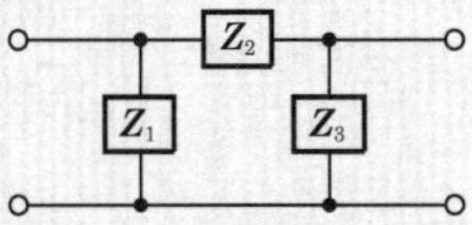

$$\begin{bmatrix} A & B \\ C & D \end{bmatrix}=\begin{bmatrix} 1+\dfrac{Z_2}{Z_3} & Z_2 \\ \dfrac{Z_1+Z_2+Z_3}{Z_1Z_3} & 1+\dfrac{Z_2}{Z_1} \end{bmatrix}$$

(6) 변압기와 4단자 정수

$\dfrac{V_1}{V_2}=\dfrac{I_2}{I_1}=\dfrac{n_1}{n_2}=a$에서

$$\begin{bmatrix} A & B \\ C & D \end{bmatrix}=\begin{bmatrix} a & 0 \\ 0 & \dfrac{1}{a} \end{bmatrix}$$

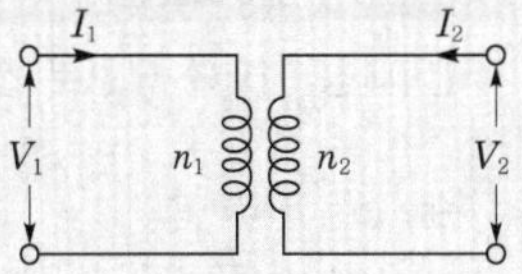

12. 이론 check **정저항 회로**

구동점 임피던스의 허수부가 어떠한 주파수에서도 0이고 실수부도 주파수에 관계없이 일정하게 되는 회로이다.

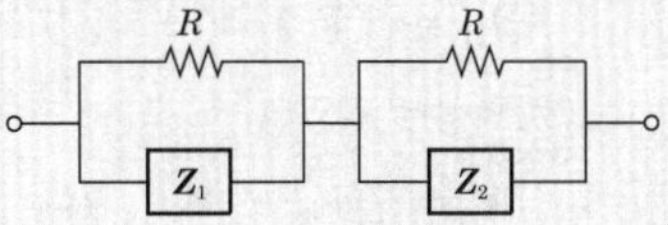

(a)

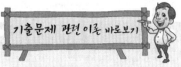

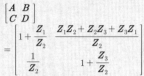

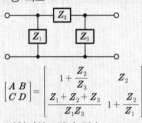

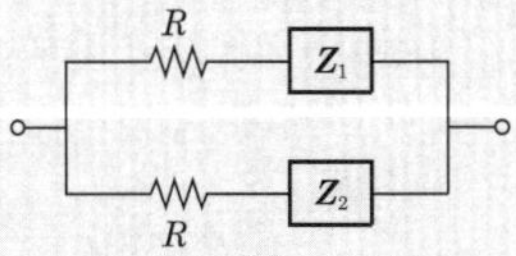

(b)

그림 (a)의 회로와 그림 (b)의 회로의 정저항 회로가 되기 위한 조건은 다음과 같다.

정저항 조건 $Z_1Z_2=R^2$

기출문제 관련 이론 바로보기

해설 1전력계법의 3상 전력 $P=2W_a[\text{W}]$

$\therefore\ 2W_a=\sqrt{3}\,VI_a$

$$\therefore\ W_a=\frac{\sqrt{3}\,VI_a}{2}=\frac{\sqrt{3}\times 220\times \frac{\frac{220}{\sqrt{3}}}{100}}{2}=242[\text{W}]$$

14 다음 방정식에서 $\dfrac{X_3(s)}{X_1(s)}$를 구하면?

$$X_2(t)=\frac{d}{dt}X_1(t)$$

$$X_3(t)=X_2(t)+3\int X_3(t)dt+2\frac{d}{dt}X_2(t)-2X_1(t)$$

① $\dfrac{s(2s^2+s-2)}{s-3}$　② $\dfrac{s(2s^2-s-2)}{s-3}$

③ $\dfrac{2(s^2+s+2)}{s-3}$　④ $\dfrac{2s^2+s+2}{s-3}$

해설 라플라스 변환하면

$X_2(s)=sX_1(s)$

$X_3(s)=X_2(s)+\dfrac{3}{s}X_3(s)+2sX_2(s)-2X_1(s)$

$\therefore\ \left(1-\dfrac{3}{s}\right)X_3(s)=(2s^2+s-2)X_1(s)$

$\therefore\ \dfrac{X_3(s)}{X_1(s)}=\dfrac{s(2s^2+s-2)}{s-3}$

15. 이론 check 대칭 좌표법

[비대칭 전압과 대칭분 전압]

비대칭 전압 $\boldsymbol{V}_a, \boldsymbol{V}_b, \boldsymbol{V}_c$를 대칭분으로 표시하면

$\boldsymbol{V}_a=\boldsymbol{V}_0+\boldsymbol{V}_1+\boldsymbol{V}_2$

$\boldsymbol{V}_b=\boldsymbol{V}_0+a^2\boldsymbol{V}_1+a\boldsymbol{V}_2$

$\boldsymbol{V}_c=\boldsymbol{V}_0+a\boldsymbol{V}_1+a^2\boldsymbol{V}_2$

(1) 영상분 전압

$\boldsymbol{V}_0=\dfrac{1}{3}(\boldsymbol{V}_a+\boldsymbol{V}_b+\boldsymbol{V}_c)$

(2) 정상분 전압

$\boldsymbol{V}_1=\dfrac{1}{3}(\boldsymbol{V}_a+a\boldsymbol{V}_b+a^2\boldsymbol{V}_c)$

(3) 역상분 전압

$\boldsymbol{V}_2=\dfrac{1}{3}(\boldsymbol{V}_a+a^2\boldsymbol{V}_b+a\boldsymbol{V}_c)$

(4) 불평형률

대칭분 중 정상분에 대한 역상분의 비로 비대칭을 나타내는 척도가 된다.

$$\text{불평형률}=\frac{\text{역상분}}{\text{정상분}}\times 100[\%]=\frac{\boldsymbol{V}_2}{\boldsymbol{V}_1}\times 100[\%]=\frac{\boldsymbol{I}_2}{\boldsymbol{I}_1}\times 100[\%]$$

15 3상 회로의 선간 전압이 각각 80[V], 50[V], 50[V]일 때의 전압의 불평형률[%]은?

① 39.6　② 57.3

③ 73.6　④ 86.7

해설 $\boldsymbol{V}_a=80[\text{V}]$, $\boldsymbol{V}_b=-40-j30[\text{V}]$, $\boldsymbol{V}_c=-40+j30[\text{V}]$

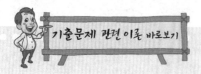

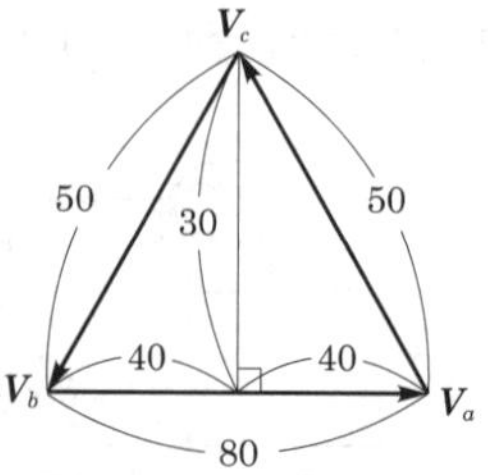

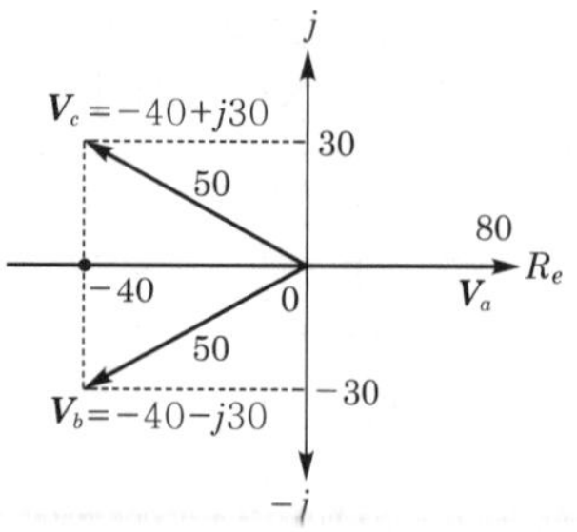

정답 14.① 15.①

$$V_1 = \frac{1}{3}(V_a + aV_b + a^2 V_c)$$
$$= \frac{1}{3}\left\{80 + \left(-\frac{1}{2} + j\frac{\sqrt{3}}{2}\right)(-40 - j30) + \left(-\frac{1}{2} - j\frac{\sqrt{3}}{2}\right)(-40 + j30)\right\}$$
$$= 57.3[\text{V}]$$

$$V_2 = \frac{1}{3}(V_a + a^2 V_b + aV_c)$$
$$= \frac{1}{3}\left\{80 + \left(-\frac{1}{2} - j\frac{\sqrt{3}}{2}\right)(-40 - j30) + \left(-\frac{1}{2} + j\frac{\sqrt{3}}{2}\right)(-40 + j30)\right\}$$
$$= 22.7[\text{V}]$$

$$\therefore \text{ 불평형률} = \frac{V_2}{V_1} \times 100 = \frac{22.7}{57.3} \times 100 = 39.6[\%]$$

16 비대칭 다상 교류가 만드는 회전 자계는?

① 교번 자기장
② 타원형 회전 자기장
③ 원형 회전 자기장
④ 포물선 회전 자기장

해설 **교류가 만드는 회전 자계**
- 단상 교류 : 교번 자계
- 대칭 3상(n상) 교류 : 원형 회전 자계
- 비대칭 3상(n상) 교류 : 타원형 회전 자계

17 그림과 같은 L형, 회로의 4단자 A, B, C, D 정수 중 A는?

출제빈도

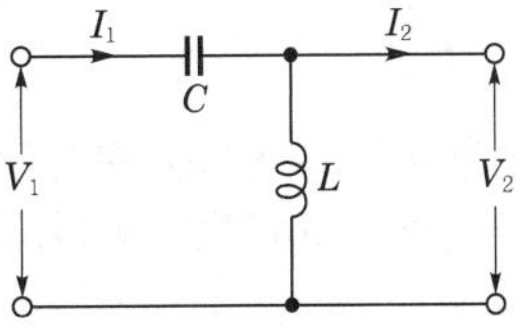

① $1 + \frac{1}{\omega LC}$　　② $1 - \frac{1}{\omega^2 LC}$

③ $1 + \frac{1}{j\omega L}$　　④ $\frac{1}{2\sqrt{LC}}$

해설

$$\begin{bmatrix} A & B \\ C & D \end{bmatrix} = \begin{bmatrix} 1 & \frac{1}{j\omega C} \\ 0 & 1 \end{bmatrix}\begin{bmatrix} 1 & 0 \\ \frac{1}{j\omega L} & 1 \end{bmatrix} = \begin{bmatrix} 1 - \frac{1}{\omega^2 LC} & \frac{1}{j\omega C} \\ \frac{1}{j\omega L} & 1 \end{bmatrix}$$

기출문제 관련 이론 바로보기

17. 이론 check **각종 회로의 4단자 정수**

(1)

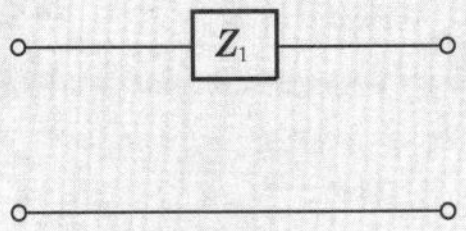

$$\begin{bmatrix} A & B \\ C & D \end{bmatrix} = \begin{bmatrix} 1 & Z_1 \\ 0 & 1 \end{bmatrix}$$

(2)

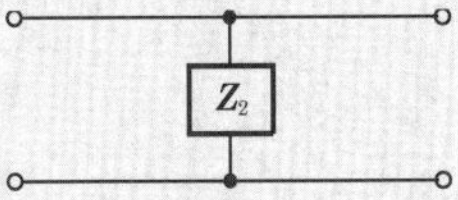

$$\begin{bmatrix} A & B \\ C & D \end{bmatrix} = \begin{bmatrix} 1 & 0 \\ \frac{1}{Z_2} & 1 \end{bmatrix}$$

(3)

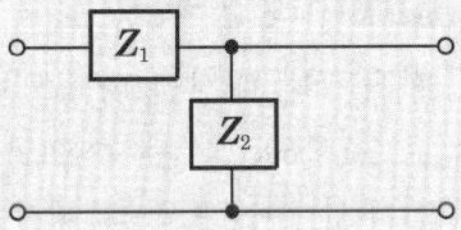

$$\begin{bmatrix} A & B \\ C & D \end{bmatrix} = \begin{bmatrix} 1 & Z_1 \\ 0 & 1 \end{bmatrix}\begin{bmatrix} 1 & 0 \\ \frac{1}{Z_2} & 1 \end{bmatrix} = \begin{bmatrix} 1 + \frac{Z_1}{Z_2} & Z_1 \\ \frac{1}{Z_2} & 1 \end{bmatrix}$$

(4) T형 회로

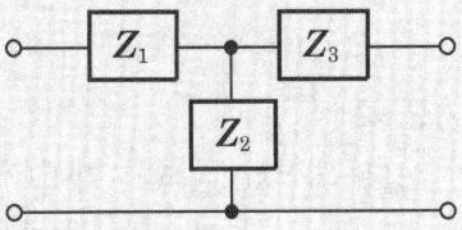

$$\begin{bmatrix} A & B \\ C & D \end{bmatrix} = \begin{bmatrix} 1 + \frac{Z_1}{Z_2} & \frac{Z_1 Z_2 + Z_2 Z_3 + Z_3 Z_1}{Z_2} \\ \frac{1}{Z_2} & 1 + \frac{Z_3}{Z_2} \end{bmatrix}$$

(5) π형 회로

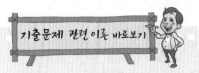

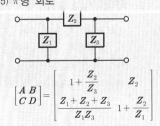

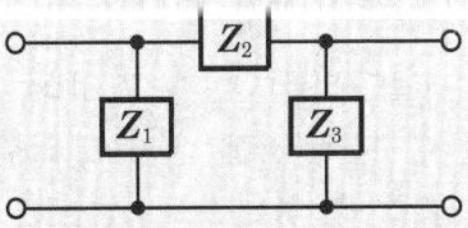

$$\begin{bmatrix} A & B \\ C & D \end{bmatrix} = \begin{bmatrix} 1 + \frac{Z_2}{Z_3} & Z_2 \\ \frac{Z_1 + Z_2 + Z_3}{Z_1 Z_3} & 1 + \frac{Z_2}{Z_1} \end{bmatrix}$$

정답 16.② 17.②

18 그림과 같이 높이가 1인 펄스의 라플라스 변환은?

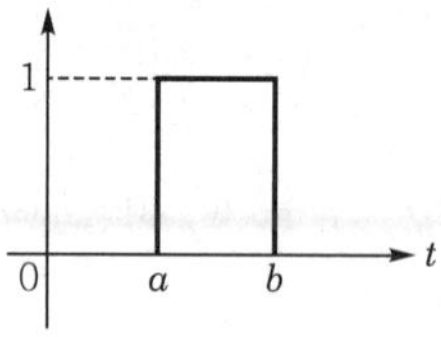

① $\frac{1}{s}(e^{-as}+e^{-bs})$ ② $\frac{1}{a-b}\left(\frac{e^{-as}+e^{-bs}}{1}\right)$

③ $\frac{1}{s}(e^{-as}-e^{-bs})$ ④ $\frac{1}{a-b}\left(\frac{e^{-as}-e^{-bs}}{s}\right)$

해설 $f(t)=u(t-a)-u(t-b)$

시간 추이 정리를 적용하면

$$\boldsymbol{F}(s)=\frac{e^{-as}}{s}-\frac{e^{-bs}}{s}=\frac{1}{s}(e^{-as}-e^{-bs})$$

19 비정현파에 있어서 정현 대칭의 조건은?

출제빈도

① $f(t)=f(-t)$

② $f(t)=-f(t)$

③ $f(t)=-f(t+\pi)$

④ $f(t)=-f(-t)$

해설 **정현 대칭 조건**

$f(t)=-f(2\pi-t)$

$f(t)=-f(-t)$

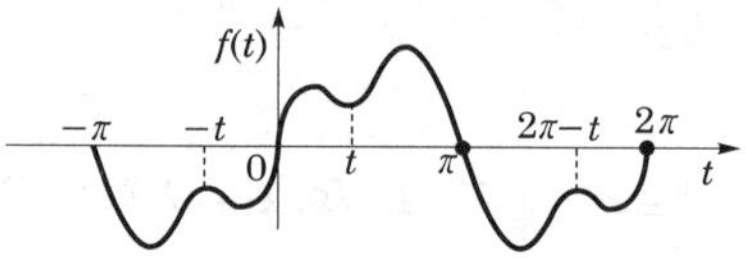

20 C[F]인 콘덴서에 q[C]의 전하를 충전하였더니 C의 양단 전압이 e[V]이었다. C에 저장된 에너지는 몇 [J]인가?

출제빈도

① qe ② Ce

③ $\frac{1}{2}Cq^2$ ④ $\frac{1}{2}Ce^2$

해설 정전 에너지 $W=\frac{1}{2}q\cdot v=\frac{e^2}{2C}=\frac{1}{2}Ce^2$[V]

기출문제 관련 이론 바로보기

19. 이론 check 정현 대칭

원점 0에 대칭인 파형으로 기함수로 표시되고 π를 축으로 180° 회전해서 아래·위가 합동인 파형

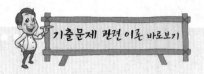

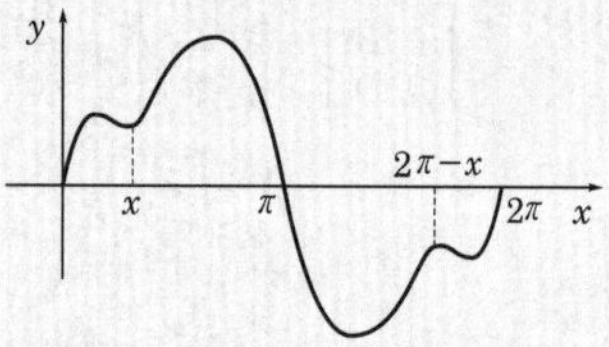

(1) 대칭 조건(=함수식)

$y(x)=-y(2\pi-x)$

$y(x)=-y(-x)$

(2) 특징

성분과 cos항의 계수가 0이고 sin항만 존재하는 파형

$$y(t)=\sum_{n=1}^{\infty}b_n \sin n\omega t$$

$(n=1, 2, 3, 4, \cdots)$

20. 이론 check 정전 에너지

콘덴서에 전압을 가하여 충전했을 때 그 유전체 내에 축적되는 에너지를 말한다.

정전 에너지 $W=\frac{1}{2}CV^2=\frac{Q^2}{2C}$

정답 18.③ 19.④ 20.④

제 3 회 회로이론

01 자동 제어의 각 요소를 블록 선도로 표시할 때 각 요소는 전달 함수로 표시하고, 신호의 전달 경로는 무엇으로 표시하는가?

① 전달 함수 ② 단자
③ 화살표 ④ 출력

해설 $A \rightarrow \boxed{G} \rightarrow B$
화살표는 신호의 진행 방향을 표시하며
A는 입력, B는 출력이므로 $B = G \cdot A$로 나타낼 수 있다.

02 $t=0$에서 스위치 S를 닫을 때의 전류 $i(t)$는?

출제빈도

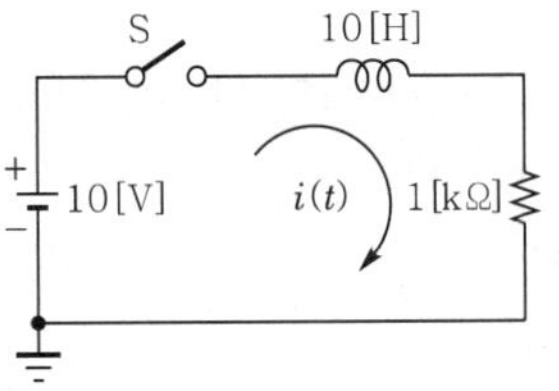

① $0.01(1-e^{-t})$ ② $0.01(1+e^{-t})$
③ $0.01(1-e^{-100t})$ ④ $0.01(1+e^{-100t})$

해설
- 전류 $i(t) = \dfrac{E}{R}(1-e^{-\frac{R}{L}t}) = \dfrac{E}{R}(1-e^{-\frac{1}{\tau}t})$[A]
- 정상 전류 $i_s = \dfrac{E}{R} = \dfrac{10}{1\times10^3} = 0.01$[A]
- 시정수 $\tau = \dfrac{L}{R} = \dfrac{10}{1\times10^3} = 0.01$[s]

$\therefore\ i(t) = 0.01(1-e^{-\frac{1}{0.01}t}) = 0.01(1-e^{-100t})$[A]

03 [Var]는 무엇의 단위인가?

① 효율
② 유효 전력
③ 피상 전력
④ 무효 전력

해설 유효 전력[W], 무효 전력[Var], 피상 전력[VA]

정답 01.③ 02.③ 03.④

기출문제 관련 이론 바로보기

02. 이론 check 과도 현상

[$R-L$ 직렬 회로에 직류 전압을 인가하는 경우]
직류 전압을 인가하는 경우는 다음과 같다.

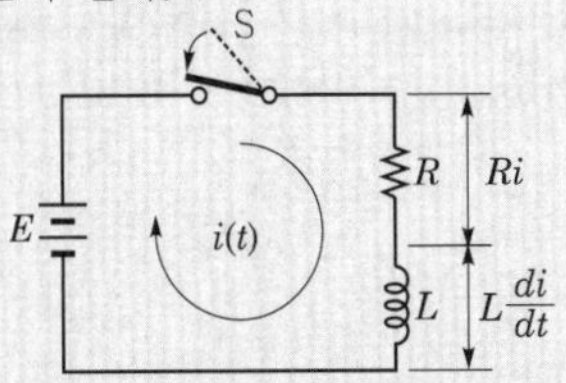

전압 방정식은 $Ri(t) + L\dfrac{di(t)}{dt} = E$ 가 되고 이를 라플라스 변환을 이용하여 풀면

(1) 전류
$i(t) = \dfrac{E}{R}(1-e^{-\frac{R}{L}t})$ [A]
(초기 조건은 $t=0 \rightarrow i=0$)

(2) 시정수(τ)

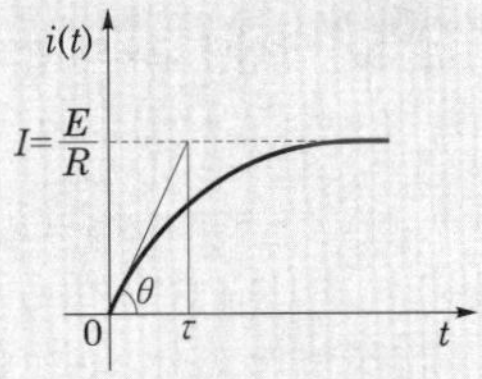

▌$i(t)$의 특성▐

$t=0$에서 과도 전류에 접선을 그어 접선이 정상 전류와 만날 때까지의 시간을 말한다.

$$\tan\theta = \left[\frac{d}{dt}\left(\frac{E}{R} - \frac{E}{R}e^{-\frac{R}{L}t}\right)\right]_{t=0}$$

$$= \frac{E}{L} = \frac{\frac{E}{R}}{\tau}$$ 이므로 $\tau = \dfrac{L}{R}$[s]

$\tau = \dfrac{L}{R}$의 값이 클수록 과도 상태는 오랫 동안 계속된다.

(3) 시정수에서의 전류값

$$i(\tau) = \frac{E}{R}(1-e^{-\frac{R}{L}\times\tau})$$
$$= \frac{E}{R}(1-e^{-1})$$
$$= 0.632\frac{E}{R}\text{[A]}$$

$t = \tau = \dfrac{L}{R}$[s]로 되었을 때의 과도 전류는 정상값의 0.632배가 된다.

기출문제 관련 이론 바로보기

06. 이론 check **정현파 교류의 합과 차**

$v_1 = \sqrt{2}\, V_1 \sin(\omega t + \theta_1)$,
$v_2 = \sqrt{2}\, V_2 \sin(\omega t + \theta_2)$일 때

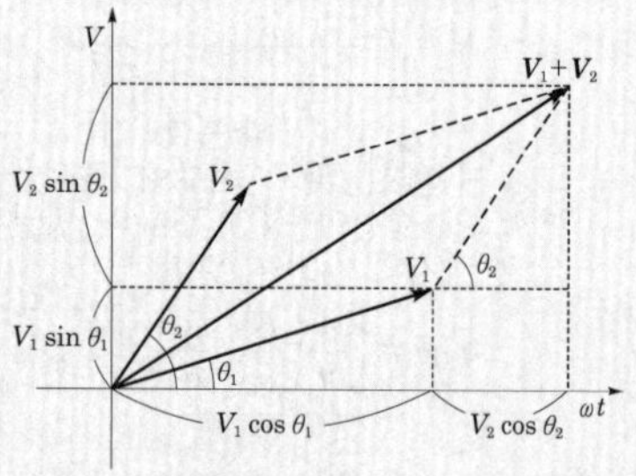

$v = v_1 \pm v_2 = \sqrt{2}\, V \sin(\omega t + \theta)$

(1) 크기

$V = \sqrt{V_1^{\,2} + V_2^{\,2} \pm 2V_1V_2\cos(\theta_1 - \theta_2)}$
$= \sqrt{V_1^{\,2} + V_2^{\,2} \pm 2V_1V_2\cos\theta}$

(여기서, + : 합, − : 차)

$\theta = \theta_1 - \theta_2$로 위상차가 된다.

(2) 편각(위상각)

$$\theta = \tan^{-1}\frac{V_1\sin\theta_1 \pm V_2\sin\theta_2}{V_1\cos\theta_1 \pm V_2\cos\theta_2}\ [\text{rad}]$$

(여기서, + : 합, − : 차)

04

다음과 같은 4단자 회로에서 영상 임피던스[Ω]는?

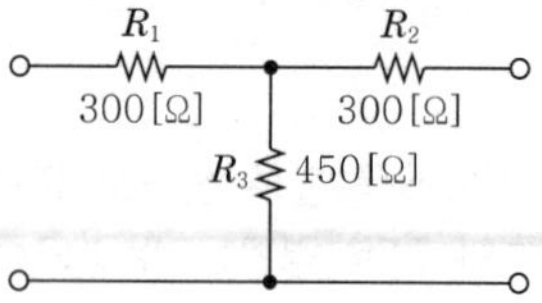

① 200 ② 300
③ 450 ④ 600

해설

$$\begin{bmatrix} A & B \\ C & D \end{bmatrix} = \begin{bmatrix} 1 & 300 \\ 0 & 1 \end{bmatrix}\begin{bmatrix} 1 & 0 \\ \frac{1}{450} & 1 \end{bmatrix}\begin{bmatrix} 1 & 300 \\ 0 & 1 \end{bmatrix} = \begin{bmatrix} \frac{5}{3} & 800 \\ \frac{1}{450} & \frac{5}{3} \end{bmatrix}$$

대칭 회로이므로 $Z_{01} = Z_{02} = \sqrt{\dfrac{B}{C}} = 600[\Omega]$

05

임피던스 $Z = 15 + j4[\Omega]$의 회로에 $I = 5(2+j)$[A]의 전류를 흘리는 데 필요한 전압 V[V]는?

① $10(26+j23)$ ② $10(34+j23)$
③ $5(26+j23)$ ④ $5(34+j23)$

해설 $V = ZI = (15+j4)\cdot 5(2+j) = 5(26+j23)$

06

출제빈도

$e_1 = 6\sqrt{2}\sin\omega t$[V], $e_2 = 4\sqrt{2}\sin(\omega t - 60°)$[V]일 때 $e_1 - e_2$의 실효값[V]은?

① $2\sqrt{2}$ ② 4
③ $2\sqrt{7}$ ④ $2\sqrt{13}$

해설 $|E_1 - E_2| = \sqrt{E_1^{\,2} + E_2^{\,2} - 2E_1E_2\cos\theta}$

(위상차 $\theta = 60°$)

$\therefore \sqrt{6^2 + 4^2 - 2\times 6\times 4\cos 60°} = \sqrt{28} = 2\sqrt{7}$

07

다음 회로에서 4단자 정수 A, B, C, D 중 C의 값은?

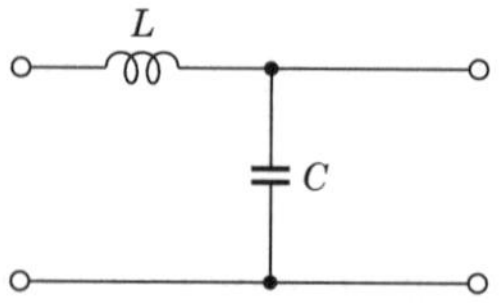

① 1 ② $j\omega L$
③ $j\omega C$ ④ $1 + j\omega(L + C)$

정답 04.④ 05.③ 06.③ 07.③

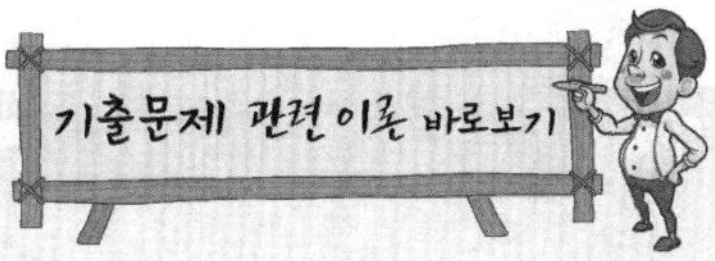

해설 $\begin{bmatrix} A & B \\ C & D \end{bmatrix} = \begin{bmatrix} 1 & j\omega L \\ 0 & 1 \end{bmatrix} \begin{bmatrix} 1 & 0 \\ j\omega C & 1 \end{bmatrix} = \begin{bmatrix} 1-\omega^2 LC & j\omega L \\ j\omega C & 1 \end{bmatrix}$

$\therefore\ C = j\omega C$

08 회로에서 V_{30}과 V_{15}는 각각 몇 [V]인가?

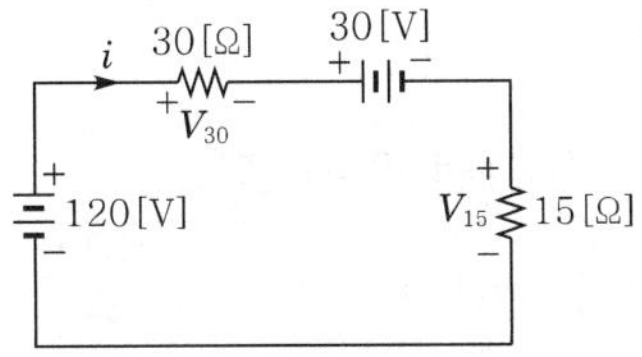

① $V_{30}=60$, $V_{15}=30$　② $V_{30}=80$, $V_{15}=40$
③ $V_{30}=90$, $V_{15}=45$　④ $V_{30}=120$, $V_{15}=60$

해설 전류 $i = \dfrac{120-30}{30+15} = 2[\text{A}]$

$\therefore\ V_{30} = 30\times 2 = 60[\text{V}]$

$V_{15} = 15\times 2 = 30[\text{V}]$

09 그림과 같은 비정현파의 주기 함수에 대한 설명으로 틀린 것은?

출제빈도

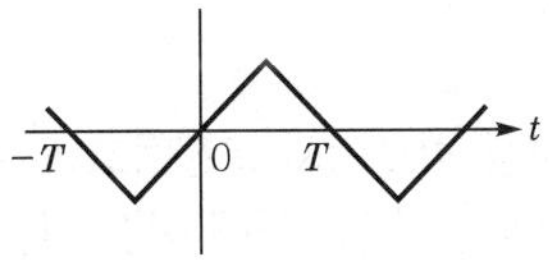

① 기함수파이다.
② 반파 대칭이다.
③ 직류 성분은 존재하지 않는다.
④ 홀수차의 정현항 계수는 0이다.

해설 삼각파는 반파 및 정현 대칭으로 홀수항의 sin항만 존재한다. 따라서 직류 성분과 cos항은 존재하지 않는다.

10 그림에서 10[Ω]의 저항에 흐르는 전류는 몇 [A]인가?

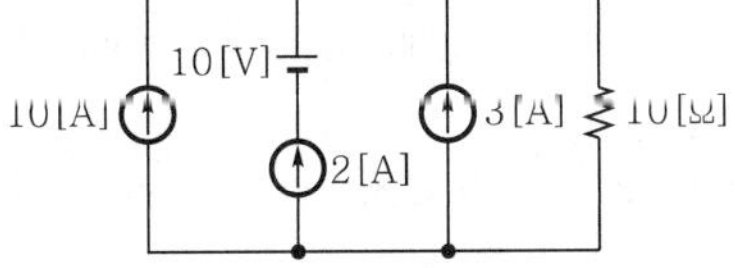

① 13　② 14
③ 15　④ 16

정답 08.① 09.④ 10.③

09. **이론 check** **반파 · 정현 대칭**

반파 대칭 및 정현 대칭을 동시에 만족하는 파형으로 삼각파나 구형파는 대표적인 반파 · 정현 대칭의 파형이다.

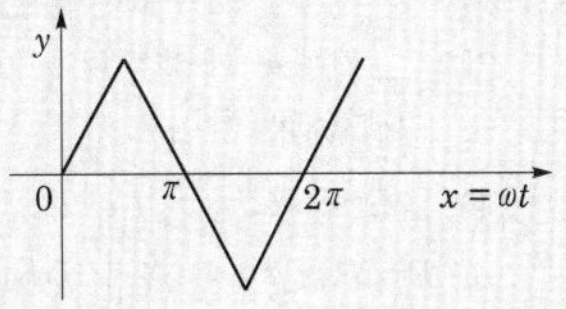

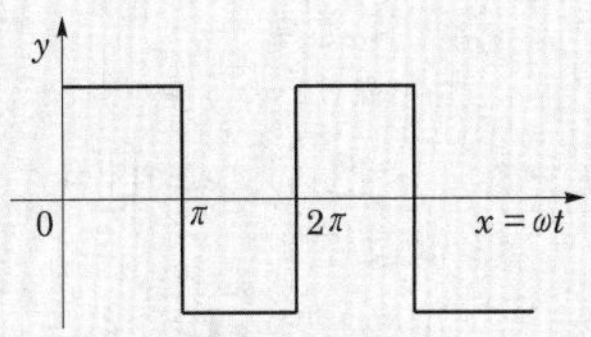

(1) 대칭 조건(=함수식)

$y(x) = -y(-x) = -y(\pi + x)$

(2) 특징

반파 대칭과 정현 대칭의 공통 성분인 홀수항의 sin항만 존재한다.

$y(t) = \sum_{n=1}^{\infty} b_n \sin n\omega t$

$(n = 1, 3, 5, 7, \cdots)$

해설 중첩의 정리에 의해 10[Ω]에 전류를 구하면

- 전류원 존재시 전압원 단락
  ∴ 전류원에 의한 전류 $I_1 = 10+2+3 = 15$[A]
- 전압원 존재시 전류원 개방
  ∴ 전압원 10[V]에 의한 전류 $I_2 = 0$[A]

∵ 10[Ω]에 흐르는 전류 $I = I_1 + I_2 = 15$[A]

11 3상 불평형 전압에서 불평형률은?

① $\dfrac{\text{영상 전압}}{\text{정상 전압}} \times 100[\%]$　② $\dfrac{\text{역상 전압}}{\text{정상 전압}} \times 100[\%]$

③ $\dfrac{\text{정상 전압}}{\text{역상 전압}} \times 100[\%]$　④ $\dfrac{\text{정상 전압}}{\text{영상 전압}} \times 100[\%]$

해설 불평형률은 대칭분 중 정상분에 대한 역상분의 비로 비대칭을 나타내는 척도가 된다.

$$\therefore \text{불평형률} = \frac{\text{역상분}}{\text{정상분}} \times 100[\%] = \frac{V_2}{V_1} \times 100[\%] = \frac{I_2}{I_1} \times 100[\%]$$

12 그림은 평형 3상 회로에서 운전하고 있는 유도 전동기의 결선도이다. 각 계기의 지시가 $W_1 = 2.36$[kW], $W_2 = 5.95$[kW], $V = 200$[V], $I = 30$[A]일 때, 이 유도 전동기의 역률은 약 몇 [%]인가?

출제빈도

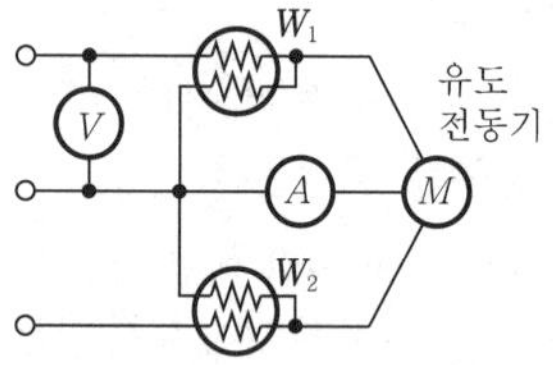

① 80　② 76

③ 70　④ 66

해설 유효 전력

$P = W_1 + W_2 = 2,360 + 5,950 = 8,310$[W]

피상 전력

$P_a = \sqrt{3}\,VI = \sqrt{3} \times 200 \times 30 = 10,392$[VA]

$\therefore \cos\theta = \dfrac{P}{P_a} = \dfrac{8,310}{10,392} \fallingdotseq 0.80$

∵ 80[%]

정답 11.② 12.①

기출문제 관련 이론 바로보기

12. 이론 check **2전력계법**

전력계 2개의 지시값으로 3상 전력을 측정하는 방법

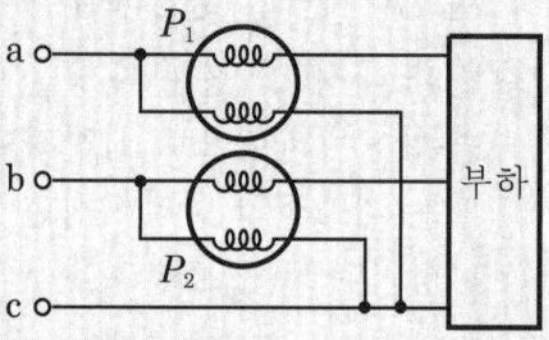

위의 그림에서 전력계의 지시값을 P_1, P_2[W]라 하면

(1) 유효 전력

$P = P_1 + P_2 = \sqrt{3}\,V_l I_l \cos\theta$[W]

(2) 무효 전력

$P_r = \sqrt{3}(P_1 - P_2)$
$= \sqrt{3}\,V_l I_l \sin\theta$[Var]

(3) 피상 전력

$P_a = \sqrt{P^2 + P_r^{\,2}}$
$= \sqrt{(P_1+P_2)^2 + \{\sqrt{3}(P_1 - P_2)\}^2}$
$= 2\sqrt{P_1^{\,2} + P_2^{\,2} - P_1P_2}$[VA]

(4) 역률

$\cos\theta = \dfrac{P}{P_a}$
$= \dfrac{P_1 + P_2}{2\sqrt{P_1^{\,2} + P_2^{\,2} - P_1P_2}}$

13 기본파의 30[%]인 제3고조파와 기본파의 20[%]인 제5고조파를 포함한 전압파의 왜형률은?

① 0.21 ② 0.31
③ 0.36 ④ 0.42

해설 왜형률 $= \frac{\text{전 고조파의 실효값}}{\text{기본파의 실효값}} = \frac{\sqrt{30^2+20^2}}{100} = 0.36$

14 코일의 권수 $N=1{,}000$회, 저항 $R=10[\Omega]$이다. 전류 $I=10[\mathrm{A}]$를 흘릴 때 자속 $\phi=3\times10^{-2}[\mathrm{Wb}]$라면 이 회로의 시정수[s]는?

① 0.3 ② 0.4
③ 3.0 ④ 4.0

해설 코일의 자기 인덕턴스

$$L=\frac{N\phi}{I}=\frac{1{,}000\times3\times10^{-2}}{10}=3[\mathrm{H}]$$

$$\therefore \text{ 시정수 } \tau=\frac{L}{R}=\frac{3}{10}=0.3[\mathrm{s}]$$

15 800[kW], 역률 80[%]의 부하가 있다. $\frac{1}{4}$시간 동안 소비되는 전력량[kWh]은?

① 800 ② 600
③ 400 ④ 200

해설 전력량 $W=VI\cos\theta\cdot t[\mathrm{Wh}]=P\cdot t[\mathrm{Wh}]$

$$\therefore W=800[\mathrm{kW}]\times\frac{1}{4}=200[\mathrm{kWh}]$$

16 $f(t)=\frac{d}{dt}\cos\omega t$를 라플라스 변환하면?

① $\frac{\omega^2}{s^2+\omega^2}$ ② $\frac{-s^2}{s^2+\omega^2}$
③ $\frac{s}{s^2+\omega^2}$ ④ $\frac{-\omega^2}{s^2+\omega^2}$

해설

$$\mathcal{L}\left[\frac{d}{dt}\cos\omega t\right]=\mathcal{L}[-\omega\sin\omega t]$$

$$=-\omega\cdot\frac{\omega}{s^2+\omega^2}=\frac{-\omega^2}{s^2+\omega^2}$$

정답 13.③ 14.① 15.④ 16.④

기출문제 관련 이론 바로보기

13. 이론 check **비정현파 교류**

정현파로부터 일그러진 파형을 총칭하여 비정현파 또는 왜형파라 한다.

[왜형률]

비정현파에서 기본파에 대해 고조파 성분이 어느 정도 포함되었는가를 나타내는 지표로서 왜형률이 사용된다.

이는 비정현파가 정현파를 기준으로 하였을 때 얼마나 일그러졌는가를 표시하는 척도가 된다.

$$\text{왜형률}(D)=\frac{\text{전고조파의 실효값}}{\text{기본파의 실효값}}$$

14. 이론 check **$R-L$ 회로의 시정수**

$t=0$에서 과도 전류에 접선을 그어 접선이 정상 전류와 만날 때까지의 시간을 말한다.

$$\tan\theta=\left[\frac{d}{dt}\left(\frac{E}{R}-\frac{E}{R}e^{-\frac{R}{L}t}\right)\right]_{t=0}$$

$$=\frac{E}{L}=\frac{\frac{E}{R}}{\tau}\text{ 이므로}$$

시정수 $\tau=\frac{L}{R}[\mathrm{s}]$

시정수의 값이 클수록 과도 상태는 오랫동안 계속된다.

기출문제 관련 이론 바로보기

19. 이론 check **임피던스의 △결선과 Y결선의 등가 변환**

(1) △→Y 등가 변환

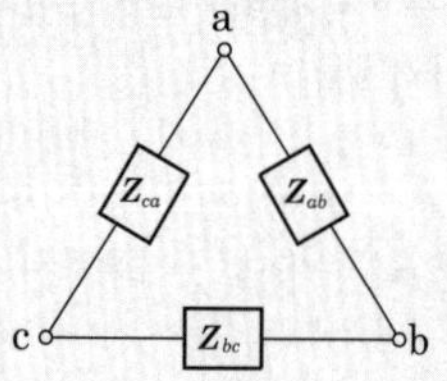

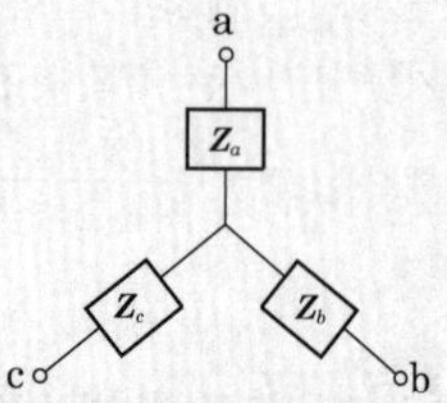

그림에서 △결선을 Y결선으로 변환시에는 다음과 같은 방법에 의해서 구한다.

$Z_\triangle = Z_{ab} + Z_{bc} + Z_{ca}$라 하면

$Z_a = \dfrac{Z_{ca}Z_{ab}}{Z_\triangle}$, $Z_b = \dfrac{Z_{ab} \cdot Z_{bc}}{Z_\triangle}$,

$Z_c = \dfrac{Z_{bc} \cdot Z_{ca}}{Z_\triangle}$

만일, △결선의 임피던스가 서로 같은 평형 부하일 때

즉, $Z_{ab} = Z_{bc} = Z_{ca}$인 경우

$Z_Y = \dfrac{1}{3} Z_\triangle$

(2) Y→△ 등가 변환

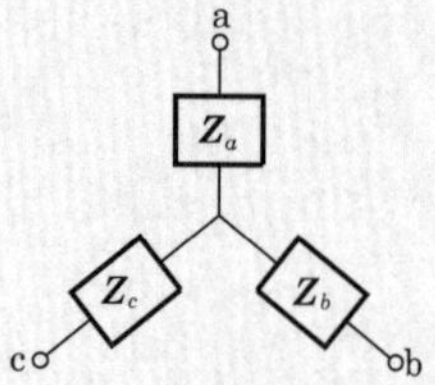

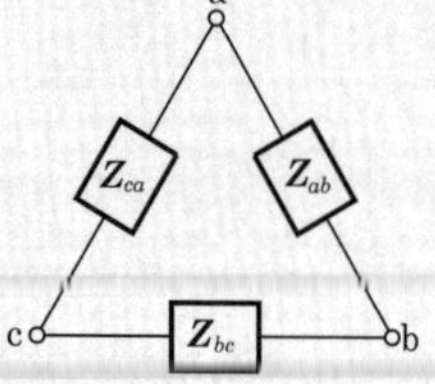

17 3상 불평형 전압을 V_a, V_b, V_c라고 할 때 정상 전압[V]은? $\left(\text{단, } a = -\dfrac{1}{2} + j\dfrac{\sqrt{3}}{2} \text{ 이다.}\right)$

① $\dfrac{1}{3}(V_a + aV_b + a^2V_c)$ ② $\dfrac{1}{3}(V_a + a^2V_b + aV_c)$

③ $\dfrac{1}{3}(V_a + a^2V_b + V_c)$ ④ $\dfrac{1}{3}(V_a + V_b + V_c)$

해설 **대칭분 전압**

- 영상 전압 : $V_0 = \dfrac{1}{3}(V_a + V_b + V_c)$
- 정상 전압 : $V_1 = \dfrac{1}{3}(V_a + aV_b + a^2 V_c)$
- 역상 전압 : $V_2 = \dfrac{1}{3}(V_a + a^2 V_b + a V_c)$

18 평형 3상 Y결선 회로의 선간 전압 V_l, 상전압 V_p, 선전류 I_l, 상전류가 I_p일 때 다음의 관련식 중 틀린 것은? (단, P_y는 3상 부하 전력을 의미한다.)

① $V_l = \sqrt{3}\,V_p$ ② $I_l = I_p$

③ $P_y = \sqrt{3}\,V_l I_l \cos\theta$ ④ $P_y = \sqrt{3}\,V_p I_p \cos\theta$

해설 **Y(성형)결선**

- 선간 전압(V_l) = $\sqrt{3}$상 전압(V_p) $\angle\dfrac{\pi}{6}$, 선전류(I_l)=상전류(I_p)
- 3상 전력 $P_y = 3V_pI_p\cos\theta = \sqrt{3}\,V_lI_l\cos\theta = 3I_p^{\,2} \cdot R$ [W]

19 (출제빈도) 그림과 같이 접속된 회로에 평형 3상 전압 E[V]를 가할 때의 전류 I_l[A]은?

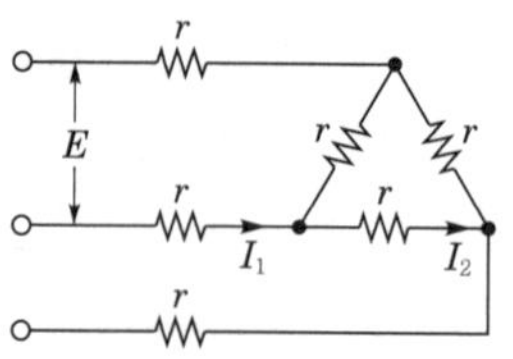

① $\dfrac{\sqrt{3}}{4E}$ ② $\dfrac{4E}{\sqrt{3}}$

③ $\dfrac{4r}{\sqrt{3}\,E}$ ④ $\dfrac{\sqrt{3}\,E}{4r}$

정답 17.① 18.④ 19.④

해설 △결선을 Y결선으로 등가 변환하면

$$I=\frac{\frac{E}{\sqrt{3}}}{r+\frac{r}{3}}$$

$$=\frac{\sqrt{3}E}{4r}\,[\mathrm{A}]$$

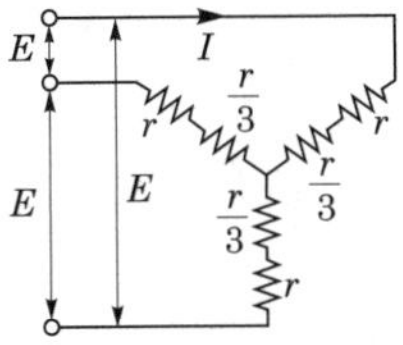

20

그림과 같은 커패시터 C의 초기 전압이 $V(0)$일 때 라플라스 변환에 의하여 s함수로 표시된 등가 회로로 옳은 것은?

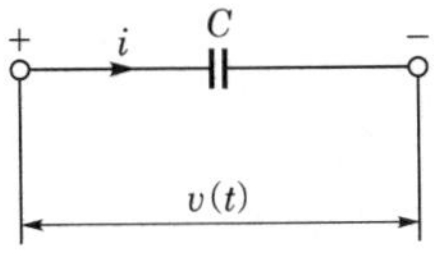

①
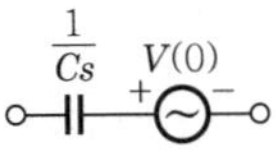

②
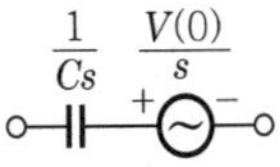

③
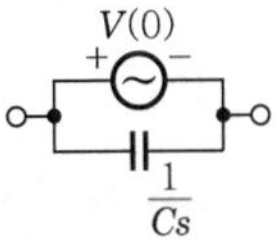

④
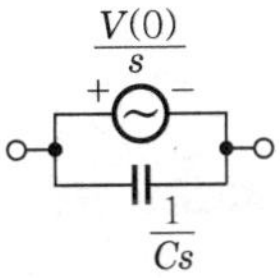

해설 $V(t)=\frac{1}{C}\int i(t)dt$

라플라스 변환하면

$V(s)=\frac{1}{Cs}I(s)+\frac{1}{Cs}i^{(-1)}(0)$

여기서, $i^{(-1)}(0)=\int i(t)dt\Big|_{t=0}=q(0)$

즉, 초기 전하이므로 $q(0)=CV(0)$

$\therefore\ V(s)=\frac{1}{Cs}I(s)+\frac{V(0)}{s}$

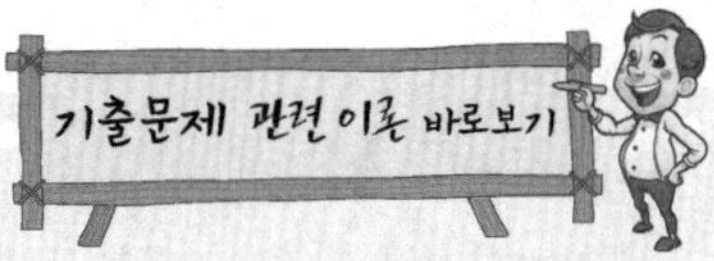

위의 그림에서 Y결선을 △결선으로 변환시에는 다음과 같은 방법에 의해서 구한다.

$Z_Y=Z_aZ_b+Z_bZ_c+Z_cZ_a$라 하면

$Z_{ab}=\frac{Z_Y}{Z_c},\ Z_{bc}=\frac{Z_Y}{Z_a},\ Z_{ca}=\frac{Z_Y}{Z_b}$

만일, △결선의 임피던스가 서로 같은 평형 부하일 때

즉, $Z_a=Z_b=Z_c$인 경우

$Z_\Delta=3Z_Y$

20. Tip **라플라스 변환에 관한 여러 가지 정리**

(1) 실미분 정리

$\mathcal{L}[f'(t)]=sF(s)-f(0)$

$\mathcal{L}[f''(t)]=s^2F(s)-sf(0)-f'(0)$

$\mathcal{L}[f'''(t)]=s^3F(s)-s^2f(0)-sf'(0)-f''(0)$

(2) 실적분 정리

$\mathcal{L}\left[\int f(t)dt\right]=\frac{1}{s}F(s)+\frac{1}{s}f^{(-1)}(0)$

$\mathcal{L}\left[\iint f(t)dt^2\right]=\frac{1}{s^2}F(s)+\frac{1}{s^2}f^{(-1)}(0)+\frac{1}{s}f^{(-2)}(0)$

$\mathcal{L}\left[\iiint f(t)dt^3\right]=\frac{1}{s^3}F(s)+\frac{1}{s^3}f^{(-1)}(0)+\frac{1}{s^2}f^{(-2)}(0)+\frac{1}{s}f^{(-3)}(0)$

정답 20.②

memo

PART

05

전기설비기술기준

(한국전기설비규정)

과년도 출제문제

Industrial Engineer Electricity

2011년 과년도 출제문제

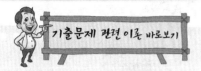

기출문제 관련 이론 바로보기

02. 이론 check **금속관 공사(한국전기설비규정 232.6)**

① 사용 전선

1. 전선은 절연 전선(옥외용 비닐 절연 전선은 제외)이며 또한 연선일 것. 다만, 짧고 가는 금속관에 넣은 것 또는 단면적 10[mm²] 이하의 연동선 또는 단면적 16[mm²]인 알루미늄선은 단선으로 사용하여도 된다.
2. 금속관 내에서는 전선에 접속점을 설치하지 말 것

② 금속관 공사에 사용하는 금속관과 박스 기타의 부속품

1. 금속관 및 박스는 금속제일 것 또는 황동 혹은 동으로 단단하게 제작한 것일 것
2. 관의 두께는 콘크리트에 매설하는 것은 1.2[mm] 이상, 기타 1[mm] 이상으로 한다. 다만, 이음매가 없는 길이 4[m] 이하인 것은 건조하고 전개된 곳에 시설하는 경우에는 0.5[mm]까지 감할 수 있다.
3. 안쪽면 및 끝부분은 전선의 피복을 손상하지 않도록 매끈한 것일 것
4. 금속관 상호 및 박스는 이것과 동등 이상의 효력이 있는 방법에 의해 견고하게 혹은 전기적으로 안전하게 접속할 것
5. 습기가 많은 장소 또는 물기가 있는 장소에 시설하는 경우는 방습 장치를 시설할 것

제1회 전기설비기술기준

01 전기 부식 방지를 위한 귀선의 시설 방법에 해당되지 않는 것은?

① 귀선은 부극성으로 할 것
② 이음매 하나의 저항은 그 궤조의 길이 5[m]의 저항에 상당하는 값 이하인 것
③ 특수한 곳을 제외하고 궤도는 길이 30[m] 이상이 되도록 연속하여 용접할 것
④ 용접용 본드는 단면적 22[mm²] 이상, 길이 60[cm] 이상의 연동 연선일 것

해설 전기 부식 방지를 위한 귀선의 시설(판단기준 제263조)

1. 귀선은 부극성(負極性)으로 할 것
2. 귀선용 레일의 이음매의 저항을 합친 값은 그 구간의 레일 자체의 저항의 20[%] 이하로 유지하고 또한 하나의 이음매의 저항은 그 레일의 길이 5[m]의 저항에 상당한 값 이하일 것
3. 귀선용 레일은 특수한 곳 이외에는 길이 30[m] 이상이 되도록 연속하여 용접할 것. 다만, 단면적 115[mm²] 이상, 길이 60[cm] 이상의 연동 연선을 사용한 본드 2개 이상을 용접하거나 또는 볼트로 조여 붙임으로써 레일의 용접에 갈음할 수 있다.
4. 귀선용 레일의 이음매에는 위의 규정에 의하여 시설하는 경우 이외에는 본드를 용접하여 2중으로 붙일 것
5. 귀선의 궤도 근접 부분에 1년간의 평균 전류가 통할 때에 생기는 전위차는 정하는 방법에 의하여 계산하고 그 구간 안의 어느 2점 사이에서도 2[V] 이하일 것

※ 이 문제는 출제 당시 규정에는 적합했으나 새로 제정된 한국전기설비규정에는 일부 부적합하므로 문제 유형만 참고하시기 바랍니다.

02 저압 옥내 배선을 금속관 공사에 의하여 시설하는 경우에 대한 설명 중 옳은 것은?

출제빈도

① 전선에 옥외용 비닐 절연 전선을 사용하여야 한다.
② 전선은 굵기에 관계없이 연선을 사용하여야 한다.
③ 콘크리트에 매설하는 금속관의 두께는 1.2[mm] 이상이어야 한다.
④ 옥내 배선의 사용 전압이 교류 600[V] 이하인 경우 관에는 접지 공사를 생략한다.

정답 01.④ 02.③

해설 금속관 공사(한국전기설비규정 232.6)

1. 전선은 절연 전선(옥외용 비닐 절연 전선을 제외한다)일 것
2. 전선은 연선일 것. 다만, 단소한 금속관에 넣은 것 또는 지름 3.2[mm](알루미늄선은 4[mm]) 이하인 것은 그러하지 아니하다.
3. 금속관 안에는 전선에 접속점이 없도록 할 것
4. 콘크리트에 매설하는 것은 1.2[mm] 이상

03 동일 지지물에 저압 가공 전선(다중 접지된 중성선은 제외)과 고압 가공 전선을 시설하는 경우 저압 가공 전선은?

출제빈도

① 고압 가공 전선의 위로 하고 동일 완금류에 시설
② 고압 가공 전선과 나란하게 하고 동일 완금류에 시설
③ 고압 가공 전선의 아래로 하고 별개의 완금류에 시설
④ 고압 가공 전선과 나란하게 하고 별개의 완금류에 시설

해설 고압 가공 전선 등의 병가(한국전기설비규정 332.8)

1. 저압 가공 전선을 고압 가공 전선의 아래로 하고 별개의 완금류에 시설할 것
2. 저압 가공 전선과 고압 가공 전선 사이의 이격 거리는 50[cm] 이상일 것

04 관·암거 기타 지중 전선을 넣은 방호 장치의 금속제 부분 및 지중 전선의 피복으로 사용하는 금속체에는 제 몇 종 접지 공사를 하여야 하는가? (단, 금속제 부분에는 케이블을 지지하는 금구류를 제외한다.)

① 제1종 접지 공사
② 제2종 접지 공사
③ 제3종 접지 공사
④ 특별 제3종 접지 공사

해설 지중 전선의 피복 금속체의 접지(판단기준 제139조)

지중 전선을 넣은 금속제의 암거, 관, 관로, 전선 접속 상자 및 지중 전선의 피복에 사용하는 금속체에는 제3종 접지 공사를 시설해야 한다.

※ 이 문제는 출제 당시 규정에는 적합했으나 새로 제정된 한국전기설비규정에는 일부 부적합하므로 문제 유형만 참고하시기 바랍니다.

05 고압 가공 전선이 안테나와 접근 상태로 시설되는 경우, 가공 전선과 안테나와의 이격 거리는 고압 가공 전선으로 사용되는 전선이 케이블이 아니라면 몇 [cm] 이상으로 이격시켜야 하는가?

① 60 ② 80
③ 100 ④ 120

정답 03.③ 04.③ 05.②

기출문제 관련 이론 바로보기

03. 이론 check **저·고압 및 특고압 가공 전선의 병가**

① 고압 가공 전선과 저압 가공 전선의 병행 설치(한국전기설비규정 332.8)
1. 저압 가공 전선을 고압 가공 전선의 아래로 하고 별개의 완금을 시설한다.
2. 저압 가공 전선과 고압 가공 전선과 이격 거리는 50[cm] 이상
3. 고압 가공 전선에 케이블을 사용할 경우 저압선과 30[cm] 이상

② 특고압 가공 전선과 저·고압 가공 전선과의 병행 설치(333.17)
1. 사용 전압이 35[kV] 이하의 특고압 가공 전선인 경우
가. 별개의 완금에 시설하고 특고압 가공 전선은 연선일 것
나. 저압 또는 고압의 가공 전선의 굵기
(1) 인장 강도 8.31[kN] 이상의 것 또는 케이블
(2) 가공 전선로의 경간이 50[m] 이하인 경우 인장 강도 5.26[kN] 이상 또는 지름 4[mm] 경동선
(3) 가공 전선로의 경간이 50[m]를 초과하는 경우 인장 강도 8.01[kN] 이상 지름 5[mm] 경동선
다. 특고압선과 고·저압선의 이격 거리는 1.2[m] 이상
단, 특고압 전선이 케이블이면 50[cm]까지 감할 수 있다.
2. 사용 전압이 35[kV]를 초과 100[kV] 미만인 경우
가. 제2종 특고압 보안 공사에 의할 것
나. 특고압선과 고·저압선의 이격 거리는 2[m](케이블인 경우 1[m]) 이상
다. 특고압 가공 전선의 굵기 : 인장 강도 21.67[kN] 이상 연선 또는 50[mm^2] 이상 경동선
라. 특고압 가공 전선로의 지지물은 철주(강판 조립주 제외)·철근 콘크리트주 또는 철탑을 사용하고 사용 전압이 100[kV] 이상인 특고압 가공 전선과 저압 또는 고압 가공 전선은 병가해서는 안 된다.

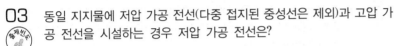

기출문제 관련 이론 바로보기

⇒ 특고압 가공 전선과 지지물에 시설하는 기계 기구에 접속한 저압 가공 전선을 동일 지지물에 시설하는 경우 이격 거리

사용 전압 구분	이격 거리
35[kV] 이하	1.2[m](특고압선이 케이블일 때 50[cm])
35[kV] 초과 60[kV] 이하	2[m](특고압선이 케이블일 때 1[m])
60[kV] 초과	2[m](특고압선이 케이블일 때 1[m])에 60[kV] 초과 10[kV] 또는 그 단수마다 12[cm]씩 가산한 값

06. 이론 check **저압 옥내 배선의 사용 전선(한국전기설비규정 231.3)**

① 전선은 단면적이 2.5[mm^2] 이상의 연동선

② 옥내 배선의 사용 전압이 400[V] 이하인 경우

1. 전광 표시 장치 기타 이와 유사한 장치 또는 제어 회로 등에 이용하는 배선에 단면적 1.5[mm^2] 이상의 연동선을 사용하고 이것을 합성 수지관 공사, 금속관 공사, 금속 몰드 공사, 금속 덕트 공사 또는 플로어 덕트 공사 또는 셀룰러 덕트 공사에 의해 시설하는 경우
2. 단면적 0.75[mm^2] 이상의 다심 케이블 또는 다심 캡타이어 케이블을 사용하고 또한 과전류를 일으킬 경우에 자동적으로 이것을 전로에서 차단하는 장치를 설치할 경우
3. 진열장 내의 배선 공사에 사용되는 단면적 0.75[mm^2] 이상의 코드 또는 캡타이어 케이블을 사용하는 경우
4. 리프트 케이블을 사용하는 경우

해설 고압 가공 전선과 안테나의 접근 또는 교차(한국전기설비규정 332.14)

1. 고압 가공 전선로는 고압 보안 공사에 의할 것
2. 가공 전선과 안테나 사이의 이격 거리는 저압은 60[cm](전선이 고압 절연 전선, 특고압 절연 전선 또는 케이블인 경우에는 30[cm]) 이상, 고압은 80[cm](전선이 케이블인 경우에는 40[cm]) 이상일 것

06

출제빈도

저압 옥내 배선의 사용 전압이 220[V]인 제어 회로를 금속관 공사에 의하여 시공하였다. 여기에 사용되는 배선은 몇 [mm^2] 이상의 연동선을 사용하여야 하는가?

① 1.5　　② 2.0
③ 5.0　　④ 5.5

해설 저압 옥내 배선의 사용 전선(한국전기설비규정 231.3)

전광 표시 장치 기타 이와 유사한 장치 또는 제어 회로 등에 사용하는 배선에 단면적 1.5[mm^2] 이상의 연동선을 사용하고 이를 합성 수지관 공사·금속관 공사·금속 몰드 공사·금속 덕트 공사·플로어 덕트 공사 또는 셀룰러 덕트 공사에 의하여 시설하는 경우

07

내부 깊이 150[mm] 이하의 사다리형 케이블 트레이 안에 다심 제어용 케이블만을 넣는 경우 혹은 이들 케이블을 함께 넣는 경우에는 모든 케이블의 단면적 합계는 케이블 트레이의 내부 단면적의 몇 [%] 이하로 하여야 하는가?

① 30　　② 40
③ 50　　④ 60

해설 케이블 트레이 공사(한국전기설비규정 232.41)

내부 깊이 150[mm] 이하의 사다리형 또는 펀칭형 케이블 트레이 안에 다심 제어용 케이블 또는 다심 신호용 케이블만을 넣는 경우 혹은 이들 케이블을 함께 넣는 경우에는 모든 케이블의 단면적의 합계는 케이블 트레이의 내부 단면적의 50[%] 이하로 하여야 한다. 이 경우 내부 깊이가 150[mm]를 초과하는 케이블 트레이의 경우에는 트레이의 내부 단면적의 계산에는 깊이를 150[mm]로 하여 계산할 것

08

발전기·변압기·조상기·계기용 변성기·모선 또는 이를 지지하는 애자는 어떤 전류에 의하여 생기는 기계적 충격에 견디는 것이어야 하는가?

① 지상 전류
② 유도 전류
③ 충전 전류
④ 단락 전류

정답 06.① 07.③ 08.④

해설 발전기 등의 기계적 강도(기술기준 제23조)
발전기 · 변압기 · 조상기 · 계기용 변성기 · 모선 및 이를 지지하는 애자는 단락 전류에 의하여 생기는 기계적 충격에 견디는 것이어야 한다.

09 허용 전류 60[A]인 옥내 저압 간선에 간선 보호용 과전류 차단기가 시설되어 있다. 이 과전류 차단기에 전동기 부하를 접속할 때 최대 몇 [A]까지 접속이 가능한가?

① 120 ② 150
③ 180 ④ 200

해설 옥내 저압 간선의 시설(판단기준 제175조)
$I_o = 60 \times 2.5 = 150$[A]

※ 이 문제는 출제 당시 규정에는 적합했으나 새로 제정된 한국전기설비규정에는 일부 부적합하므로 문제 유형만 참고하시기 바랍니다.

10 발전소 또는 변전소에 준하는 시설에 관한 내용 중 틀린 것은?

① 고압 가공 전선과 금속제의 울타리, 담 등이 교차하는 경우 금속제의 울타리, 담 등에는 접지 공사를 하여야 한다.
② 상용 전원으로 쓰이는 축전지에는 자동 차단 장치를 시설하지 않아야 한다.
③ 발전기 또는 변전소의 특고압 전로에는 보기 쉬운 곳에 상별 표시를 하여야 한다.
④ 사용 전압이 100[kV] 이상의 변압기를 설치하는 곳에는 절연유 유출 방지 설비를 하여야 한다.

해설 발전기 등의 보호 장치(기술기준 제22조)
발전기, 연료 전지 또는 상용 전원으로 사용하는 축전지에는 그 전기 기계 기구를 현저하게 손상할 우려가 있거나 전기 사업에 관련된 전기의 원활한 공급에 지장을 줄 우려가 있는 이상(異常)이 그 전기 기계 기구에 생겼을 경우에 자동적으로 이를 전로로부터 차단하는 장치를 시설하여야 한다.

11 최대 사용 전압이 23,000[V]인 중성점 비접지식 전로의 절연 내력 시험 전압은 몇 [V]인가?

출제빈도

① 16,560
② 21,160
③ 25,300
④ 28,750

해설 전로의 절연 저항 및 절연 내력(한국전기설비규정 132)
$V = 23,000 \times 1.25 = 28,750$[V]

정답 09.② 10.② 11.④

기출문제 관련 이론 바로보기

11. 이론 check **전로의 절연 저항 및 절연 내력 (한국전기설비규정 132)**

고압 및 특고압의 전로는 다음 표에서 정한 시험 전압을 전로와 대지 사이에 연속하여 10분간 가하여 절연 내력을 시험하였을 때에 이에 견디어야 한다. 다만, 전선에 케이블을 사용하는 교류 전로로서 정한 시험 전압의 2배의 직류 전압을 전로와 대지 사이에 연속하여 10분간 가하여 절연 내력을 시험하였을 때에 이에 견디는 것에 대하여는 그러하지 아니하다.

전로의 종류 및 시험 전압

전로의 종류	시험 전압
1. 최대 사용 전압 7[kV] 이하인 전로	최대 사용 전압의 1.5배의 전압
2. 최대 사용 전압 7[kV] 초과 25[kV] 이하인 중성점 접지식 전로	최대 사용 전압의 0.92배의 전압
3. 최대 사용 전압 7[kV] 초과 60[kV] 이하인 전로	최대 사용 전압의 1.25배의 전압 (10.5[kV] 미만으로 되는 경우는 10.5[kV])
4. 최대 사용 전압 60[kV] 초과 중성점 비접지식 전로	최대 사용 전압의 1.25배의 전압
5. 최대 사용 전압 60[kV] 초과 중성점 접지식 전로	최대 사용 전압의 1.1배의 전압 (75[kV] 미만으로 되는 경우에는 75[kV])
6. 최대 사용 전압이 60[kV] 초과 중성점 직접 접지식 전로	최대 사용 전압의 0.72배의 전압
7. 최대 사용 전압이 170[kV] 초과 중성점 직접 접지식 전로	최대 사용 전압의 0.64배의 전압

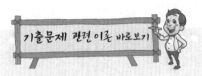

기출문제 관련 이론 바로보기

12

특고압 가공 전선로의 지지물로서 직선형 철탑을 연속하여 사용하는 부분에는 몇 기 이하마다 내장 애자 장치가 되어 있는 철탑 또는 이와 동등 이상의 강도를 가지는 철탑 1기를 시설하여야 하는가?

① 5　　② 10
③ 15　　④ 20

해설 특고압 가공 전선로의 내장형 등의 지지물 시설(한국전기설비규정 333.16)
특고압 가공 전선로 중 지지물로서 B종 철주 또는 B종 철근 콘크리트주를 연속하여 10기 이상 사용하는 부분에는 10기 이하마다 내장형의 철주 또는 철근 콘크리트주 1기를 시설하거나 5기 이하마다 보강형의 철주 또는 철근 콘크리트주 1기를 시설하여야 한다.

13

고압 옥상 전선로의 전선이 다른 시설물과 접근하거나 교차하는 경우에는 고압 옥상 전선로의 전선과 이들 사이의 이격 거리는 몇 [cm] 이상이어야 하는가?

① 30　　② 40
③ 50　　④ 60

해설 고압 옥상 전선로의 시설(한국전기설비규정 331.14)
고압 옥상 전선로의 전선이 다른 시설물(가공 전선을 제외한다)과 접근하거나 교차하는 경우에는 고압 옥상 전선로의 전선과 이들 사이의 이격 거리는 60[cm] 이상이어야 한다.

14

출제빈도

방직 공장의 구내 도로에 220[V] 조명등용 가공 전선로를 시설하고자 한다. 전선로의 경간은 몇 [m] 이하이어야 하는가?

① 20　　② 30
③ 40　　④ 50

해설 구내에 시설하는 저압 가공 전선로(한국전기설비규정 222.23)
1. 전선은 지름 2[mm] 이상의 경동선의 절연 전선
2. 전선로의 경간은 30[m] 이하일 것

14. 이론 check **구내에 시설하는 저압 가공 전선로(한국전기설비규정 222.23)**

① 1구내에만 시설하는 사용 전압이 400[V] 이하
② 전선은 지름 2[mm] 이상의 경동선의 절연 전선 또는 이와 동등 이상의 세기 및 굵기의 절연 전선일 것. 다만, 경간이 10[m] 이하인 경우에 한하여 공칭 단면적 4[mm^2] 이상의 연동 절연 전선을 사용할 수 있다.
③ 전선로의 경간은 30[m] 이하일 것
④ 전선과 다른 시설물과의 이격 거리

다른 시설물의 구분	접근 형태	이격 거리
조영물의 상부 조영재	위쪽	1[m]
	옆쪽 또는 아래쪽	60[cm] (전선 1이 고압 절연 전선, 특고압 절연 전선 또는 케이블인 경우에는 30[cm])
조영물의 상부 조영재 이외의 부분 또는 조영물 이외의 시설물	–	60[cm] (전선 1이 고압 절연 전선, 특고압 절연 전선 또는 케이블인 경우에는 30[cm])

⑤ 도로를 횡단하는 경우에는 4[m] 이상이고, 교통에 지장이 없는 높이일 것

15

사용 전압이 170[kV]를 초과하는 특고압 가공 전선로를 시가지에 시설하는 경우 전선의 단면적은 몇 [mm^2] 이상의 강심 알루미늄 또는 이와 동등 이상의 인장 강도 및 내아크 성능을 가지는 연선을 사용하여야 하는가?

① 22　　② 55
③ 150　　④ 240

정답 12.② 13.④ 14.② 15.④

해설 시가지 등에서 특고압 가공 전선로의 시설(한국전기설비규정 333.1)

사용 전압이 170[kV]를 초과하는 전선로를 다음에 의하여 시설하는 경우

1. 경간 거리는 600[m] 이하일 것
2. 지지물은 철탑을 사용할 것
3. 전선은 단면적 240[mm^2] 이상의 강심 알루미늄선 또는 이와 동등 이상의 인장 강도 및 내(耐)아크 성능을 가지는 연선(撚線)을 사용할 것

16 가공 전선로의 지지물에 시설하는 지선의 설치 기준으로 옳은 것은?

출제빈도

① 지선의 안전율은 1.2 이상일 것
② 연선을 사용할 경우에는 소선 3가닥 이상의 연선일 것
③ 소선은 지름 1.2[mm] 이상인 금속선일 것
④ 허용 인장 하중의 최저는 2.15[kN]으로 할 것

해설 지선의 시설(한국전기설비규정 331.11)

1. 지선의 안전율은 2.5 이상일 것. 이 경우에 허용 인장 하중의 최저는 4.31[kN]으로 한다.
2. 지선에 연선을 사용할 경우에는 다음에 의할 것
   가. 소선(素線) 3가닥 이상의 연선일 것
   나. 소선의 지름이 2.6[mm] 이상의 금속선을 사용한 것일 것
3. 지중 부분 및 지표상 30[cm]까지의 부분에는 내식성이 있는 것 또는 아연 도금을 한 철봉을 사용하고 쉽게 부식되지 아니하는 근가에 견고하게 붙일 것
4. 지선 근가는 지선의 인장 하중에 충분히 견디도록 시설할 것

17 접지 공사에서 접지 도체를 지하 0.75[m]에서 지표상 2[m]까지의 부분을 보호하기 위한 보호물로 적합한 것은?

① 합성 수지관
② 후강 전선관
③ 케이블 트레이
④ 케이블 덕트

해설 접지극의 시설 및 접지 저항(한국전기설비규정 142.2)

지하 75[cm]로부터 지표상 2[m]까지의 부분은 합성 수지관(두께 2[mm] 미만 제외) 또는 이것과 동등 이상의 절연 효력 및 강도를 가지는 몰드로 덮을 것

정답 16.② 17.①

기출문제 관련 이론 바로보기

16. 이론 check 지선의 시설(한국전기설비규정 331.11)

① 지선의 사용
1. 철탑은 지선을 이용하여 강도를 분담시켜서는 안 된다.
2. 가공 전선로의 지지물로 사용하는 철주 또는 철근 콘크리트주는 그 철주 또는 철근 콘크리트주가 지선을 사용하지 아니하는 상태에서 풍압 하중의 2분의 1 이상의 풍압 하중에 견디는 강도를 가지는 경우 이외에는 지선을 사용하여 그 강도를 분담시켜서는 아니된다.

② 지선의 시설
1. 지선의 안전율
   가. 2.5 이상
   나. 목주·A종 철주 또는 A종 철근 콘크리트주 등 : 1.5

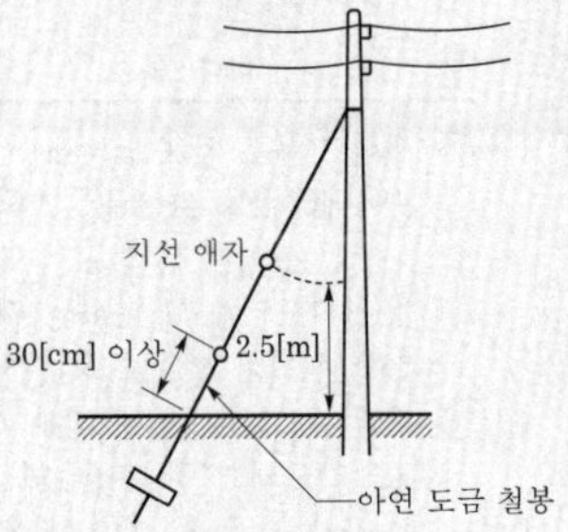

| 지선의 시설 |

2. 허용 인장 하중 : 4.31[kN] 이상
3. 소선(素線) 3가닥 이상의 연선일 것
4. 소선은 지름 2.6[mm] 이상의 금속선을 사용한 것일 것. 다만, 소선의 지름이 2[mm] 이상인 아연도강연선(亞鉛鍍鋼撚線)으로서 소선의 인장 강도가 0.68[kN/mm^2] 이상인 것을 사용하는 경우에는 그러하지 아니하다.
5. 지중의 부분 및 지표상 30[cm]까지의 부분에는 아연도금을 한 철봉 또는 이와 동등 이상의 세기 및 내식 효력이 있는 것을 사용하고 이를 쉽게 부식하지 아니하는 근가에 견고하게 붙일 것
6. 지선의 근가는 지선의 인장 하중에 충분히 견디도록 시설할 것

기출문제 관련 이론 바로보기

19. 이론 check 기계 기구의 시설

[특고압용 기계 기구 시설(한국전기설비규정 341.4)]

① 기계 기구의 주위에 사람이 접촉할 우려가 없도록 적당한 울타리를 설치하여 울타리의 높이와 울타리로부터 충전 부분까지의 거리의 합계를 다음과 같이 정하고 또한 위험하다는 내용의 표시를 한다.

사용 전압의 구분	울타리 높이와 울타리로부터 충전 부분까지의 거리의 합계 또는 지표상의 높이
35[kV] 이하	5[m]
35[kV]를 넘고, 160[kV] 이하	6[m]
160[kV]를 넘는 것	6[m]에 160[kV]를 넘는 10[kV] 또는 그 단수마다 12[cm]를 더한 값

② 기계 기구를 지표상 5[m] 이상의 높이에 시설하고 충전 부분의 지표상의 높이를 위의 표에서 정한 값 이상으로 하고 또한 사람이 접촉할 우려가 없도록 시설한다.

③ 공장 등의 구내에서 기계 기구를 콘크리트제의 함 또는 제1종 접지 공사를 한 금속제의 함에 넣고 또한 충전 부분이 노출하지 아니하도록 시설한다.

④ 옥내에 설치한 기계 기구를 취급자 이외의 사람이 출입할 수 없도록 설치한다.

⑤ 특고압용의 기계 기구는 노출된 충전 부분에 접지 공사로 한다.

Tip **고압용 기계 기구의 시설(한국전기설비규정 341.8)**

① 울타리의 높이와 충전 부분까지의 거리 합계를 5[m] 이상으로 하고 위험 표시를 하여야 한다.

② 지표상 높이 4.5[m] 이상(시가지 외 4[m])

③ 기계 기구의 콘크리트제 함 또는 접지 공사를 한 금속제함에 넣고 또한 충전 부분이 노출되지 아니하도록 시설할 것

18 아파트 세대 욕실에 "비데용 콘센트"를 시설하고자 한다. 다음 시설 방법 중 적합하지 않은 것은?

① 콘센트를 시설하는 경우에는 인체 감전 보호용 누전 차단기로 보호된 전로에 접속할 것
② 습기가 많은 곳에 시설하는 배선 기구는 방습 장치를 시설할 것
③ 저압용 콘센트는 접지극이 없는 것을 사용할 것
④ 충전 부분이 노출되지 않을 것

해설 **콘센트 시설(한국전기설비규정 234.5)**

1. 전기용품 및 생활용품 안전관리법의 적용을 받는 인체 감전 보호용 누전 차단기(정격 감도 전류 15[mA] 이하, 동작 시간 0.03초 이하의 전류 동작형) 또는 절연 변압기(정격 용량 3[kVA] 이하)로 보호된 전로에 접속하거나, 인체 감전 보호용 누전 차단기가 부착된 콘센트를 시설하여야 한다.
2. 콘센트는 접지극이 있는 방적형 콘센트를 사용하여 접지하여야 한다.

19 (출제빈도) 345[kV] 변전소의 충전 부분에서 5.98[m] 거리에 울타리를 설치할 경우 울타리 최소 높이는 몇 [m]인가?

① 2.1　　② 2.3
③ 2.5　　④ 2.7

해설 **특고압용 기계 기구 시설(한국전기설비규정 341.4)**

울타리까지 가는 거리와 울타리 높이의 합계

$$6+0.12\times\frac{345-160}{10}=8.28[\text{m}]$$

울타리 높이는 8.28−5.98=2.3[m]

20 고·저압의 혼촉에 의한 위험을 방지하기 위하여 저압측 중성점에 제2종 접지 공사를 변압기의 시설 장소마다 시행하여야 한다. 그러나 토지의 상황에 따라 규정의 접지 저항값을 얻기 어려운 경우에는 변압기의 시설 장소로부터 몇 [m]까지 떼어서 시설할 수 있는가?

① 75　　② 100
③ 200　　④ 300

해설 **고압 또는 특고압과 저압의 혼촉에 의한 위험 방지 시설(한국전기설비규정 322.1)**

토지의 상황에 따라서 규정의 저항값을 얻기 어려운 경우에는 인장 강도 5.26[kN] 이상 또는 직경 4[mm] 이상 경동선의 가공 접지 도체를 저압 가공 전선에 준하여 시설할 때에는 접지점을 변압기 시설 장소에서 200[m]까지 떼어놓을 수 있다.

정답 18.③ 19.② 20.③

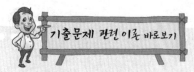

제 2 회 전기설비기술기준

01 154[kV] 옥외 변전소의 울타리 최소 높이는 몇 [m]인가?

출제빈도

① 2.0 ② 2.5
③ 3.0 ④ 3.5

해설 **발전소 등 울타리·담 등의 시설(한국전기설비규정 351.1)**
울타리·담 등의 높이는 2[m] 이상으로 하고 지표면과 울타리·담 등의 하단 사이의 간격은 15[cm] 이하로 할 것

02 "관등 회로"란 무엇인가?

① 분기점으로부터 안정기까지의 전로
② 스위치로부터 방전등까지의 전로
③ 스위치로부터 안정기까지의 전로
④ 방전등용 안정기로부터 방전관까지의 전로

해설 **용어 정의(한국전기설비규정 112)**
"관등 회로"란 방전등용 안정기로부터 방전관까지의 전로를 말한다.

03 다음 중 고압 절연 전선을 사용한 6,600[V] 배전선이 안테나와 접근 상태로 시설하는 경우 그 이격 거리는 몇 [cm] 이상이어야 하는가?

① 60 ② 80
③ 100 ④ 120

해설 **고압 가공 전선과 안테나의 접근 또는 교차(한국전기설비규정 332.14)**
1. 고압 가공 전선로는 고압 보안 공사에 의할 것
2. 가공 전선과 안테나 사이의 이격 거리는 저압은 60[cm](절연 전선, 케이블 30[cm]) 이상, 고압은 80[cm](케이블 40[cm]) 이상일 것

04 직류식 전기 철도에서 가공으로 시설하는 배류선은 케이블인 경우 이외에는 지름 몇 [mm]의 경동선이나 이와 동등 이상의 세기 및 굵기의 것이어야 하는가?

① 2.0 ② 2.5
③ 3.5 ④ 4.0

해설 **배류 접속(판단기준 제265조)**
가공으로 시설하는 배류선은 케이블인 경우 이외에는 지름 4[mm]의 경동선이나 이와 동등 이상의 세기 및 굵기의 것일 것

※ 이 문제는 출제 당시 규정에는 적합했으나 새로 제정된 한국전기설비규정에는 일부 부적합하므로 문제 유형만 참고하시기 바랍니다.

정답 01.① 02.④ 03.② 04.④

기출문제 관련 이론 바로보기

01. 이론 check **발전소 등의 울타리·담 등의 시설(기술기준 제21조, 한국전기설비규정 351.1)**

① 출입 금지
발전소·변전소·개폐소 또는 이에 준하는 곳에는 취급자 이외의 자가 들어가지 아니하도록 시설하여야 한다.
1. 울타리·담 등을 시설할 것
2. 출입구에는 출입 금지의 표시를 할 것
3. 출입구에는 자물쇠 장치 기타 적당한 장치를 할 것

② 울타리·담 등의 시설
1. 울타리·담 등의 높이는 2[m] 이상
2. 지표면과 울타리·담 등의 하단 사이의 간격은 15[cm] 이하
3. 울타리·담 등의 높이와 울타리·담 등으로부터 충전 부분까지 거리의 합계는 다음 표에서 정한 값 이상으로 할 것

사용 전압의 구분	울타리 높이와 울타리로부터 충전 부분까지의 거리의 합계 또는 지표상의 높이
35[kV] 이하	5[m]
35[kV]를 넘고, 160[kV] 이하	6[m]
160[kV]를 넘는 것	6[m]에 160[kV]를 넘는 10[kV] 또는 그 단수마다 12[cm]를 더한 값

4. 구내에 취급자 이외의 자가 들어가지 아니하도록 시설한다. 또한 견고한 벽을 시설하고 그 출입구에 출입 금지의 표시와 자물쇠 장치 기타 적당한 장치를 할 것
5. 고압 또는 특고압 가공 전선과 금속제의 울타리·담 등이 교차하는 경우에 금속제의 울타리·담 등에는 교차점과 좌, 우로 45[m] 이내의 개소에 접지 공사를 하여야 한다. 또한 울타리·담 등에 문 등이 있는 경우에는 접지 공사를 하거나 울타리·담 등과 전기적으로 접속하여야 한다.

기출문제 관련 이론 바로보기

07. 이론 check

전기 부식 방지 회로의 전압 등 (한국전기설비규정 241.16.3)

① 전기 부식 방지 회로(전기 부식 방지용 전원 장치로부터 양극 및 피방식체까지의 전로를 말한다)의 사용 전압은 직류 60[V] 이하일 것
② 양극(陽極)은 지중에 매설하거나 수중에서 쉽게 접촉할 우려가 없는 곳에 시설할 것
③ 지중에 매설하는 양극(양극의 주위에 도전 물질을 채우는 경우에는 이를 포함한다)의 매설 깊이는 0.75[m] 이상일 것
④ 수중에 시설하는 양극과 그 주위 1[m] 이내의 거리에 있는 임의점과의 사이의 전위차는 10[V]를 넘지 아니할 것. 다만, 양극의 주위에 사람이 접촉되는 것을 방지하기 위하여 적당한 울타리를 설치하고 또한 위험 표시를 하는 경우에는 그러하지 아니하다.
⑤ 지표 또는 수중에서 1[m] 간격의 임의의 2점(제4의 양극의 주위 1[m] 이내의 거리에 있는 점 및 울타리의 내부점을 제외한다)간의 전위차가 5[V]를 넘지 아니할 것

05

수소 냉각식 발전기 안의 수소 순도가 몇 [%] 이하로 저하한 경우에 이를 경보하는 장치를 시설해야 하는가?

① 65　　② 75
③ 85　　④ 95

해설 수소 냉각식 발전기 등의 시설(판단기준 제51조)

발전기 안 또는 조상기 안의 수소 순도가 85[%] 이하로 저하한 경우에 이를 경보하는 장치를 시설할 것

※ 이 문제는 출제 당시 규정에는 적합했으나 새로 제정된 한국전기설비규정에는 일부 부적합하므로 문제 유형만 참고하시기 바랍니다.

06

고압 가공 전선로의 지지물로 철탑을 사용하는 경우 최대 경간은 몇 [m]인가?

① 150
② 200
③ 250
④ 600

해설 고압 가공 전선로 경간의 제한(한국전기설비규정 332.9)

지지물의 종류	경 간
목주·A종 철주 또는 A종 철근 콘크리트주	150[m]
B종 철주 또는 B종 철근 콘크리트주	250[m]
철탑	600[m] (단주인 경우에는 400[m])

07

출제빈도

전기 부식 방지 시설은 지표 또는 수중에서 1[m] 간격의 임의의 2점 간의 전위차가 몇 [V]를 넘으면 안 되는가?

① 5　　② 10
③ 25　　④ 30

해설 전기 부식 방지 회로의 전압 등(한국전기설비규정 241.16.3)

1. 전기 부식 방지 회로의 사용 전압은 직류 60[V] 이하일 것
2. 양극(陽極)은 지중에 매설하거나 수중에서 쉽게 접촉할 우려가 없는 곳에 시설할 것
3. 지중에 매설하는 양극의 매설 깊이는 75[cm] 이상일 것
4. 수중에 시설하는 양극과 그 주위 1[m] 이내의 거리에 있는 임의점과의 사이의 전위차는 10[V]를 넘지 아니할 것
5. 지표 또는 수중에서 1[m] 간격의 임의의 2점간의 전위차가 5[V]를 넘지 아니할 것

정답 05.③ 06.④ 07.①

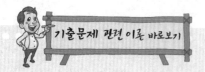

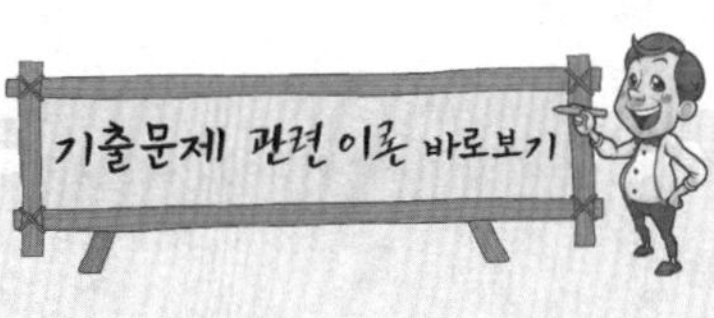

08

특고압 가공 전선이 도로, 횡단보도교, 철도 또는 궤도와 제1차 접근 상태로 시설되는 경우 특고압 가공 전선로는 제 몇 종 보안 공사에 의하여야 하는가?

① 제1종 특고압 보안 공사
② 제2종 특고압 보안 공사
③ 제3종 특고압 보안 공사
④ 제4종 특고압 보안 공사

해설 **특고압 가공 전선과 도로 등의 접근 또는 교차(한국전기설비규정 333.24)**

특고압 가공 전선이 도로·횡단보도교·철도 또는 궤도와 제1차 접근 상태로 시설되는 경우에는 다음에 따라야 한다.

1. 특고압 가공 전선로는 제3종 특고압 보안 공사에 의할 것
2. 특고압 가공 전선과 도로 등 사이의 이격 거리

사용 전압의 구분	이격 거리
35[kV] 이하	3[m]
35[kV] 초과	3[m]에 사용 전압이 35[kV]를 초과하는 10[kV] 또는 그 단수마다 15[cm]를 더한 값

09

출제빈도

뱅크 용량이 20,000[kVA]인 전력용 커패시터에 자동적으로 전로로부터 차단하는 보호 장치를 하려고 한다. 반드시 시설하여야 할 보호 장치가 아닌 것은?

① 내부에 고장이 생긴 경우에 동작하는 장치
② 절연유의 압력이 변화할 때 동작하는 장치
③ 과전류가 생긴 경우에 동작하는 장치
④ 과전압이 생긴 경우에 동작하는 장치

해설 **조상 설비의 보호 장치(한국전기설비규정 351.5)**

설비 종별	뱅크 용량의 구분	자동적으로 전로로부터 차단하는 장치
전력용 커패시터 및 분로 리액터	500[kVA] 초과 15,000[kVA] 미만	• 내부에 고장이 생긴 경우에 동작하는 장치 • 과전류가 생긴 경우에 동작하는 장치
	15,000[kVA] 이상	• 내부에 고장이 생긴 경우에 동작하는 장치 • 과전류가 생긴 경우에 동작하는 장치 • 과전압이 생긴 경우에 동작하는 장치
조상기(調相機)	15,000[kVA] 이상	내부에 고장이 생긴 경우에 동작하는 장치

09. 이론 check **조상 설비의 보호 장치(한국전기설비규정 351.5)**

조상 설비에는 그 내부에 고장이 생긴 경우에 보호하는 장치를 표와 같이 시설하여야 한다.

설비 종별	뱅크 용량의 구분	자동적으로 전로로부터 차단하는 장치
전력용 커패시터 및 분로 리액터	500[kVA] 초과 15,000[kVA] 미만	내부에 고장이 생긴 경우에 동작하는 장치 또는 과전류가 생긴 경우에 동작하는 장치
	15,000[kVA] 이상	내부에 고장이 생긴 경우에 동작하는 장치 및 과전류가 생긴 경우에 동작하는 장치 또는 과전압이 생긴 경우에 동작하는 장치
조상기(調相機)	15,000[kVA] 이상	내부에 고장이 생긴 경우에 동작하는 장치

정답 08.③ 09.②

기출문제 관련 이론 바로보기

10 변압기의 고압측 전로와의 혼촉에 의하여 저압 전로의 대지 전압이 150[V]를 넘는 경우 2초 이내에 고압 전로를 자동 차단하는 장치가 되어 있는 6,600/220[V] 배전 선로에 있어서 1선 지락 전류가 2[A]이면 접지 저항값[Ω]의 최대는 얼마인가?

① 50 ② 75
③ 150 ④ 300

해설 **중성점 접지 저항값(한국전기설비규정 142.5.1)**
변압기의 중성점 접지 저항값은 변압기의 고압측 또는 특고압측의 전로의 1선 지락 전류의 암페어 수로 150(저압측 전로의 대지 전압이 150[V]를 초과하는 경우에, 1초를 초과하고 2초 이내에 자동적으로 전로를 차단하는 장치를 설치할 때는 300)을 나눈 값과 같은 Ω수이므로

$R_2 = \frac{300}{2} = 150[\Omega]$으로 한다.

11 케이블 트레이 공사에 사용하는 케이블 트레이에 적합하지 않은 것은?

출제빈도

① 케이블 트레이의 안전율은 1.5 이상이어야 한다.
② 지지대는 트레이 자체 하중과 포설된 케이블 하중을 충분히 견딜 수 있는 강도를 가져야 한다.
③ 전선의 피복 등을 손상시킬 돌기 등이 없이 매끈하여야 한다.
④ 금속재의 것은 내식성 재료의 것으로 하지 않아도 된다.

해설 **케이블 트레이 공사(한국전기설비규정 232.41)**
케이블 트레이 공사에 사용하는 케이블 트레이
1. 케이블 트레이의 안전율은 1.5 이상으로 해야 한다.
2. 케이블 하중을 충분히 견딜 수 있는 강도를 가져야 한다.
3. 전선의 피복 등을 손상시킬 돌기 등이 없이 매끈하여야 한다.
4. 금속재의 것은 적절한 방식 처리를 한 것이거나 내식성 재료의 것이어야 한다.
5. 비금속제 케이블 트레이는 난연성 재료의 것이어야 한다.

11. 이론 check **케이블 트레이 공사(한국전기설비규정 232.41)**

케이블 트레이(케이블을 지지하기 위하여 사용하는 금속제 또는 불연성 재료로 제작된 유닛 또는 유닛의 집합체 및 그에 부속하는 부속재 등으로 구성된 견고한 구조물을 말하며 사다리형, 펀칭형, 메시형, 바닥 밀폐형 기타 이와 유사한 구조물을 포함한다)에 의한 저압 옥내 배선은 다음에 의하여 시설한다.

① 전선은 연피 케이블, 알루미늄피 케이블 등 난연성 케이블, 기타 케이블(적당한 간격으로 연소(延燒) 방지 조치를 한다) 또는 금속관 혹은 합성 수지관 등에 넣은 절연 전선을 사용하여야 한다.
② 케이블 트레이 내에서 전선을 접속하는 경우에는 전선 접속 부분에 사람이 접근할 수 있고 또한 그 부분이 측면 레일 위로 나오지 않도록 하고 그 부분을 절연 처리하여야 한다.
③ 수평으로 포설하는 케이블 이외의 케이블은 케이블 트레이의 가로대에 견고하게 고정시켜야 한다.
④ 저압 케이블과 고압 또는 특고압 케이블은 동일 케이블 트레이 내에 시설하여서는 아니된다. 다만, 견고한 불연성의 격벽을 시설하는 경우 또는 금속 외장 케이블인 경우에는 그러하지 아니하다.

12 345[kV]의 가공 송전 선로를 평지에 건설하는 경우, 전선의 지표상 높이는 최소 몇 [m] 이상이어야 하는가?

① 7.58 ② 7.95
③ 8.28 ④ 8.85

해설 **특고압 가공 전선의 높이(한국전기설비규정 333.7)**
$(345-165) \div 10 = 18.5$이므로 10[kV] 단수는 19이다. 그러므로 전선의 지표상 높이는 $6 + 0.12 \times 19 = 8.28$[m]이다.

정답 10.③ 11.④ 12.③

13 사용 전압이 400[V] 이하인 저압 가공 전선은 지름 몇 [mm] 이상의 절연 전선이어야 하는가?

① 3.2　② 3.6
③ 4.0　④ 5.0

해설 저압 가공 전선의 굵기 및 종류(한국전기설비규정 222.5)

1. 사용 전압이 400[V] 이하는 인장 강도 3.43[kN] 이상의 것 또는 지름 3.2[mm](절연 전선은 인장 강도 2.3[kN] 이상의 것 또는 지름 2.6[mm] 이상의 경동선) 이상
2. 사용 전압이 400[V] 초과는 저압 가공 전선
   가. 시가지 : 인장 강도 8.01[kN] 이상의 것 또는 지름 5[mm] 이상의 경동선
   나. 시가지 외 : 인장 강도 5.26[kN] 이상의 것 또는 지름 4[mm] 이상의 경동선

14 전력 보안 가공 통신선(광섬유 케이블은 제외)을 조가할 경우 조가용 선은?

① 금속으로 된 단선　② 알루미늄으로 된 단선
③ 강심 알루미늄 연선　④ 금속선으로 된 연선

해설 통신선의 시설(판단기준 제154조)

1. 통신선을 조가용선으로 조가할 것. 다만, 통신선(케이블은 제외한다)을 인장 강도 2.30[kN]의 것 또는 지름 2.6[mm]의 경동선을 사용하는 경우에는 그러하지 아니하다.
2. 조가용선은 금속선으로 된 연선일 것. 다만, 광섬유 케이블을 조가할 경우에는 그러하지 아니하다.

※ 이 문제는 출제 당시 규정에는 적합했으나 새로 제정된 한국전기설비규정에는 일부 부적합하므로 문제 유형만 참고하시기 바랍니다.

15 고압 지중 전선이 지중 약전류 전선 등과 접근하여 이격 거리가 몇 [cm] 이하인 때에는 양 전선 사이에 견고한 내화성의 격벽을 설치하는 경우 이외에는 지중 전선을 견고한 불연성 또는 난연성의 관에 넣어 그 관이 지중 약전류 전선 등과 직접 접촉되지 않도록 하여야 하는가?

① 15　② 20
③ 25　④ 30

해설 지중 전선과 지중 약전류 전선 등 또는 관과의 접근 또는 교차(한국전기설비규정 334.6)

지중 전선이 지중 약전류 전선 등과 접근하거나 교차하는 경우에 상호 간의 이격 거리가 저압 또는 고압의 지중 전선은 30[cm] 이하, 특고압 지중 전선은 60[cm] 이하

정답 13.① 14.④ 15.④

기출문제 관련 이론 바로보기

13. 이론 check **저압 가공 전선의 굵기 및 종류(한국전기설비규정 222.5)**

① 저압 가공 전선은 나전선(중성선 또는 다중 접지된 접지측 전선으로 사용하는 전선에 한한다), 절연 전선, 다심형 전선 또는 케이블을 사용하여야 한다.
② 사용 전압이 400[V] 이하인 저압 가공 전선은 케이블인 경우를 제외하고는 인장 강도 3.43[kN] 이상의 것 또는 지름 3.2[mm](절연 전선인 경우는 인장 강도 2.3[kN] 이상의 것 또는 지름 2.6[mm] 이상의 경동선) 이상의 것이어야 한다.
③ 사용 전압이 400 [V] 초과인 저압 가공 전선은 케이블인 경우 이외에는 시가지에 시설하는 것은 인장 강도 8.01[kN] 이상의 것 또는 지름 5[mm] 이상의 경동선, 시가지 외에 시설하는 것은 인장 강도 5.26[kN] 이상의 것 또는 지름 4[mm] 이상의 경동선이어야 한다.
④ 사용 전압이 400 [V] 초과인 저압 가공 전선에는 인입용 비닐 절연 전선을 사용하여서는 안 된다.

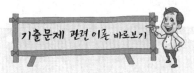

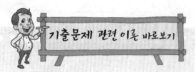

기출문제 관련 이론 바로보기

17. 이론 check 금속 덕트 공사(한국전기설비규정 232.31)

금속 덕트 공사는 금속제의 덕트에 전선을 넣어서 천장 아래 등에 노출하여 메달아 시설하는 공사이다. 즉 공장이나 빌딩 등의 변전실에서 간선의 부분, 공장 등의 다수 기계 장치로서의 배선 등과 같이 다수의 옥내 배선을 인출할 경우에 하나의 덕트에 넣어서 시설하는 공사이다.

① 전선은 절연 전선(옥외용 비닐 절연 전선은 제외)일 것
② 금속 덕트에 넣은 전선은 단면적(절연 피복의 단면적을 포함한다)의 총합은 덕트의 내부 단면적의 20[%](전광 표시 장치 또는 제어 회로 등의 배선만을 넣은 경우는 50[%]) 이하일 것
③ 금속 덕트 내에서는 전선에 접속점을 만들지 말 것. 단, 전선을 분기하는 경우에 있어서 그 접속점을 쉽게 점검할 수 있는 경우는 그 제한이 없다.
④ 금속 덕트 내의 전선을 밖으로 인출하는 부분은 금속관 공사, 가요 전선관 공사, 합성 수지관 공사 또는 케이블 공사에 의한 것으로 하며 금속 덕트 관통 부분에 전선이 손상할 위험이 없도록 시설할 것
⑤ 금속 덕트 내에는 전선의 피복을 손상할 위험이 있는 것을 넣지 말 것
⑥ 금속 덕트는 폭 5[cm]를 넘고 또한 두께가 1.2[mm] 이상인 철판으로 견고하게 제작한 것일 것
⑦ 금속 덕트 안쪽면은 전선의 피복을 손상할 것 같은 돌기가 없는 것일 것
⑧ 안쪽면 및 바깥면에 녹슬지 않게 하기 위해서 도금 또는 도장을 한 것일 것
⑨ 금속 덕트 상호 및 금속 덕트와 금속관 또는 가요전선관은 견고하게 또한 전기적으로 안전하게 접속할 것
⑩ 금속 덕트를 조영물에 설치한 경우는 덕트의 지지점 간의 거리를 3[m](취급자 이외의 사람이 출입할 수 없도록 설비한 장소에 있어서 수직으로 설치할 경우는 6[m]) 이하로 견고하게 설치할 것
⑪ 덕트의 끝부분은 막을 것
⑫ 덕트 내부에 먼지가 침입하기 어렵도록 할 것

16

저압 옥내 배선용 전선의 굵기는 연동선을 사용할 때, 일반적으로 몇 [mm^2] 이상의 것을 사용하여야 하는가?

① 2.5　　② 1
③ 1.5　　④ 0.75

해설 저압 옥내 배선의 사용 전선(한국전기설비규정 231.3)
단면적 2.5[mm^2] 이상의 연동선

17

출제빈도

금속 덕트 공사에 의한 저압 옥내 배선 공사 시설 기준에 적합하지 않은 것은?

① 금속 덕트에 넣은 전선의 단면적 합계가 덕트 내부 단면적의 20[%] 이하가 되게 하였다.
② 덕트 상호 및 덕트와 금속관과는 전기적으로 완전하게 접속했다.
③ 덕트를 조영재에 붙이는 경우, 덕트의 지지점 간의 거리를 4[m] 이하로 견고하게 붙였다.
④ 저압 옥내 배선의 사용 전압이 400[V] 이하인 경우, 덕트에는 접지 공사를 한다.

해설 금속 덕트 공사(한국전기설비규정 232.31)
1. 금속 덕트 공사에 의한 저압 옥내 배선
가. 전선은 절연 전선(옥외용 전선 제외)일 것
나. 금속 덕트에 넣은 전선의 단면적(절연 피복 포함)의 합계는 덕트의 내부 단면적의 20[%](제어 회로 등의 배선만을 넣는 경우에는 50[%]) 이하일 것
다. 금속 덕트 안에는 전선에 접속점이 없도록 할 것
2. 금속 덕트 공사에 사용하는 금속 덕트
가. 폭이 5[cm]를 초과하고 또한 두께가 1.2[mm] 이상인 철판 사용
나. 덕트 상호간은 견고하고 또한 전기적으로 완전하게 접속할 것
다. 덕트를 조영재에 붙이는 경우에는 덕트의 지지점 간의 거리를 3[m] 이하
라. 덕트의 끝부분은 막을 것

18

사용 전압이 154[kV]인 가공 송전선의 시설에서 전선과 식물과의 이격 거리는 일반적인 경우에 몇 [m] 이상이어야 하는가?

① 2.8
② 3.2
③ 3.6
④ 4.2

해설 특고압 가공 전선과 식물의 이격 거리(한국전기설비규정 333.30)
(154−60)÷10=9.4이므로 10[kV] 단수는 10이다.
그러므로 식물과의 이격 거리는 2+0.12×10=3.2[m]이다.

정답 16.① 17.③ 18.②

19 지선의 시설 목적으로 옳지 않은 것은?

① 유도 장해를 방지하기 위하여
② 지지물의 강도를 보강하기 위하여
③ 전선로의 안전성을 증가시키기 위하여
④ 불평형 장력을 줄이기 위하여

해설 지선의 시설(한국전기설비규정 331.11)
지선은 지지물의 수평 분력을 분담시켜 지지물의 장력을 보강한다. 그러므로 유도 장해와는 관계가 없다.

20 백열 전등 또는 방전등에 전기를 공급하는 옥내 전로의 대지 전압의 최대값은 일반적으로 몇 [V]인가?

출제빈도

① 150
② 300
③ 400
④ 600

해설 옥내 전로의 대지 전압의 제한(한국전기설비규정 231.6)
백열 전등 또는 방전등에 전기를 공급하는 옥내 전로의 대지 전압은 300[V] 이하이어야 한다.

제3회 전기설비기술기준

01 가공 전선로 지지물에 시설하는 통신선으로 적합하지 아니한 것은?

① 통신선은 가공 전선의 아래에 시설할 것
② 통신선과 저압 가공 전선 사이의 이격 거리는 60[cm] 이상일 것
③ 통신선과 고압 가공 전선 사이의 이격 거리는 60[cm] 이상일 것
④ 통신선과 특고압 가공 전선 사이의 이격 거리는 1.0[m] 이상일 것

해설 전력 보안 통신선의 시설 높이와 이격 거리(한국전기설비규정 362.2)
1. 통신선은 가공 전선의 아래에 시설할 것
2. 통신선과 저압 가공 전선 또는 특고압 가공 전선로의 다중 접지를 한 중성선 사이의 이격 거리는 60[cm] 이상일 것
3. 통신선과 고압 가공 전선 사이의 이격 거리는 60[cm] 이상일 것
4. 통신선과 특고압 가공 전선 사이의 이격 거리는 1.2[m](특고압 가공 전선로의 다중 접지를 한 경우의 특고압 가공 전선은 75[cm]) 이상일 것

정답 19.① 20.② / 01.④

기출문제 관련 이론 바로보기

20. 이론 check **옥내 전로의 대지 전압의 제한(한국전기설비규정 231.6)**

① 전기 사용 장소
백열 전등 또는 방전등의 전로의 대지 전압은 300[V] 이하이어야 하며 다음에 의하지 아니할 수 있다.
1. 백열 전등 또는 방전등 및 이에 부속하는 전선은 사람이 접촉할 우려가 없도록 시설할 것
2. 백열 전등 또는 방전등용 안정기는 저압의 옥내 배선과 직접 접속하여 시설할 것
3. 백열 전등의 전구 소켓은 키나 그 밖의 점멸 기구가 없는 것일 것

② 주택의 옥내 전로
대지 전압은 300[V] 이하이어야 하며 다음에 의하여 시설하여야 한다(대지 전압 150[V] 이하의 전로인 경우 예외).
1. 사용 전압은 400[V] 이하일 것
2. 주택의 전로 인입구에는 인체 감전 보호용 누전 차단기를 시설할 것
3. 전기 기계 기구 및 옥내의 전선은 사람이 쉽게 접촉할 우려가 없도록 시설할 것
4. 백열 전등의 전구 소켓은 키나 그 밖의 점멸 기구가 없는 것일 것
5. 정격 소비 전력 3[kW] 이상의 전기 기계 기구는 옥내 배선과 직접 접속하고 이것에만 전기를 공급하기 위한 전로에는 전용의 개폐기 및 과전류 차단기를 시설할 것

③ 주택 이외의 곳의 옥내
여관, 호텔, 다방, 사무소, 공장 등에 시설하는 가정용 전기 기계 기구(백열 전등과 방전등을 제외)에 전기를 공급하는 옥내 전로의 대지 전압은 300[V] 이하

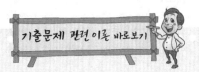

02 전로의 중성점을 접지하는 목적으로 볼 수 없는 것은?

① 전로의 보호 장치의 확실한 동작의 확보
② 부하 전류의 일부를 대지로 방류하여 전선 절약
③ 이상 전압의 억제
④ 대지 전압의 저하

해설 전로의 중성점의 접지(한국전기설비규정 322.5)

전로의 보호 장치의 확실한 동작의 확보, 이상 전압의 억제 및 대지 전압의 저하를 위하여 특히 필요한 경우에 전로의 중성점에 접지 공사한다.

03 최대 사용 전압이 6,600[V]인 3상 유도 전동기의 권선과 대지 사이의 절연 내력 시험 전압은 몇 [V]인가?

출제빈도

① 7,260
② 7,920
③ 8,250
④ 9,900

해설 회전기 및 정류기의 절연 내력(한국전기설비규정 133)

종 류		시험 전압	시험 방법
발전기 · 전동기 · 조상기	최대 사용 전압 7[kV] 이하	1.5배의 전압	권선과 대지 간에 연속하여 10분간 가한다.
	최대 사용 전압 7[kV] 초과	1.25배의 전압	

그러므로 시험 전압 $V = 6,600 \times 1.5 = 9,900$[V]

04 습기 있는 장소에서 사용 전압이 440[V]인 경우의 애자 공사시 전선과 조영재 사이의 이격 거리는 최소 몇 [cm] 이상이어야 하는가?

① 2.5
② 4.5
③ 6
④ 8

해설 애자 공사(한국전기설비규정 232.56)

1. 전선은 절연 전선(옥외용 및 인입용 제외)일 것
2. 전선 상호간의 간격은 6[cm] 이상일 것
3. 전선과 조영재 사이의 이격 거리는 사용 전압이 400[V] 이하인 경우에는 2.5[cm] 이상, 400[V] 초과인 경우에는 4.5[cm](건조한 장소에 시설하는 경우에는 2.5[cm]) 이상일 것
4. 전선의 지지점 간의 거리는 전선을 조영재의 윗면 또는 옆면에 따라 붙일 경우에는 2[m] 이하일 것

정답 02.② 03.④ 04.②

기출문제 관련 이론 바로보기

03. 이론 Check **회전기 및 정류기의 절연 내력(한국전기설비규정 133)**

회전기 및 정류기는 표에서 정한 시험 방법으로 절연 내력을 시험하였을 때에 이에 견디어야 한다. 다만, 회전 변류기 이외의 교류의 회전기로 표에서 정한 시험 전압의 1.6배의 직류 전압으로 절연 내력을 시험하였을 때 이에 견디는 것을 시설하는 경우에는 그러하지 아니하다.

① 회전기

종 류		시험 전압	시험 방법
발전기 · 전동기 · 조상기 · 기타 회전기(회전 변류기를 제외한다)	최대 사용 전압 7[kV] 이하	최대 사용 전압의 1.5배의 전압(500[V] 미만으로 되는 경우에는 500[V])	권선과 대지 사이에 연속하여 10분간 가한다.
	최대 사용 전압 7[kV] 초과	최대 사용 전압의 1.25배의 전압(10,500[V] 미만으로 되는 경우에는 10,500[V])	
회전 변류기		직류측의 최대 사용 전압의 1배의 교류 전압(500[V] 미만으로 되는 경우에는 500[V])	

② 정류기

종 류	시험 전압	시험 방법
최대 사용 전압 60[kV] 이하	직류측의 최대 사용 전압의 1배의 교류 전압(500[V] 미만으로 되는 경우에는 500[V])	충전 부분과 외함 간에 연속하여 10분간 가한다.
최대 사용 전압 60[kV] 초과	교류측의 최대 사용 전압의 1.1배의 교류 전압 또는 직류측의 최대 사용 전압의 1.1배의 직류 전압	교류측 및 직류 고전압측 단자와 대지 사이에 연속하여 10분간 가한다.

05 중성선 다중 접지한 22.9[kV] 3상 4선식 가공 전선로를 건조물의 옆쪽 또는 아래쪽에서 접근 상태로 시설하는 경우 가공 나전선과 건조물의 최소 이격 거리[m]는?

출제빈도

① 1.2 ② 1.5
③ 2.0 ④ 2.5

해설 25[kV] 이하인 특고압 가공 전선로의 시설(한국전기설비규정 333.32)

건조물의 조영재	접근 형태	전선의 종류	이격 거리
상부 조영재	위쪽	나전선	3.0[m]
		특고압 절연 전선	2.5[m]
		케이블	1.2[m]
	옆쪽 또는 아래쪽	나전선	1.5[m]
		특고압 절연 전선	1.0[m]
		케이블	0.5[m]

06 제2종 접지 공사에서 접지선의 굵기는 연동선인 경우 몇 [mm^2] 이상인가?

① 1.25 ② 6
③ 8 ④ 16

해설 각종 접지 공사의 세목(판단기준 제19조)

접지 공사의 종류	접지선의 굵기
제1종 접지 공사	공칭 단면적 6[mm^2] 이상의 연동선
제2종 접지 공사	공칭 단면적 16[mm^2] 이상의 연동선(고압 전로 또는 22.9[kV] 중성선 다중 접지 특고압 가공 전선로의 전로와 저압 전로를 변압기에 의하여 결합하는 경우에는 공칭 단면적 6[mm^2] 이상의 연동선)
제3종 접지 공사 및 특별 제3종 접지 공사	공칭 단면적 2.5[mm^2] 이상의 연동선

※ 이 문제는 출제 당시 규정에는 적합했으나 새로 제정된 한국전기설비규정에는 일부 부적합하므로 문제 유형만 참고하시기 바랍니다.

07 강제 배류기의 시설 기준에 대한 설명으로 옳지 않은 것은?

① 귀선에서는 강제 배류기를 거쳐 금속제 지중 관로로 통하는 전류를 저지하는 구조로 할 것
② 강제 배류기를 보호하기 위하여 적정한 과전류 차단기를 시설할 것
③ 강제 배류기용 전원 장치의 변압기는 절연 변압기를 시설하고, 1·2차측 전로에는 개폐기 및 과전류 차단기를 각 극에 시설한 것일 것
④ 강제 배류기는 제3종 접지 공사를 한 금속제 외함, 기타 견고한 함에 넣어 시설하거나 사람이 접촉할 우려가 없도록 시설할 것

정답 05.② 06.④ 07.③

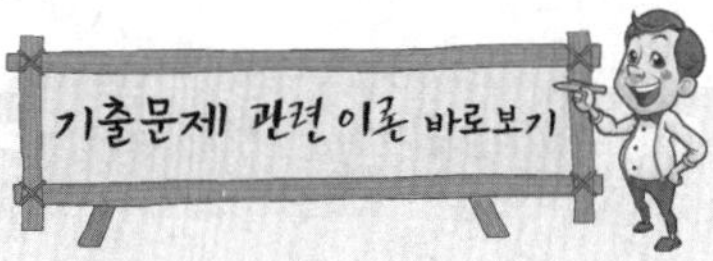

05. 이론 check **25[kV] 이하인 특고압 가공 전선로의 시설(한국전기설비규정 333.32)**

① 특고압 가공 전선이 건조물·도로·횡단보도교·철도·궤도·삭도·가공 약전류 전선 등·안테나·저압이나 고압의 가공 전선 또는 저압이나 고압의 전차선과 접근 또는 교차 상태로 시설되는 경우의 경간

지지물의 종류	경간
목주·A종	100[m]
B종	150[m]
철탑	400[m]

② 특고압 가공 전선이 건조물과 접근하는 경우에 특고압 가공 전선과 건조물의 조영재 사이의 이격거리

건조물의 조영재	접근 형태	전선의 종류	이격 거리
상부 조영재	위쪽	나전선	3.0[m]
		특고압 절연 전선	2.5[m]
		케이블	1.2[m]
	옆쪽 또는 아래쪽	나전선	1.5[m]
		특고압 절연 전선	1.0[m]
		케이블	0.5[m]
기타의 조영재	–	나전선	1.5[m]
		특고압 절연 전선	1.0[m]
		케이블	0.5[m]

기출문제 관련 이론 바로보기

해설 배류 접속(판단기준 제265조)

강제 배류기 시설

1. 귀선에서 강제 배류기를 거쳐 금속제 지중 관로로 통하는 전류를 저지하는 구조로 할 것
2. 강제 배류기를 보호하기 위하여 적정한 과전류 차단기를 시설할 것
3. 강제 배류기는 제3종 접지 공사를 한 금속제 외함 기타 견고한 함에 넣어 시설하거나 사람이 접촉할 우려가 없도록 시설할 것
4. 강제 배류기용 전원 장치는 다음에 적합한 것일 것
   가. 변압기는 절연 변압기일 것
   나. 1차측 전로에는 개폐기 및 과전류 차단기를 각 극(과전류 차단기는 다선식 전로의 중성극을 제외)에 시설한 것일 것

※ 이 문제는 출제 당시 규정에는 적합했으나 새로 제정된 한국전기설비규정에는 일부 부적합하므로 문제 유형만 참고하시기 바랍니다.

08. 이론 check **전격 살충기[한국전기설비규정 241.7]**

① 전격 살충기(電擊殺蟲器)는 다음에 따라 시설하여야 한다.

1. 전격 살충기는 전기용품 및 생활용품 안전관리법의 적용을 받는 것일 것
2. 전격 살충기에 전기를 공급하는 전로에는 전용 개폐기를 전격 살충기에서 가까운 곳에 쉽게 개폐할 수 있도록 시설할 것
3. 전격 살충기는 전격 격자(電擊格子)가 지표상 또는 마루 위 3.5[m] 이상의 높이가 되도록 시설할 것. 다만, 2차측 개방 전압이 7[kV] 이하인 절연 변압기를 사용하고 또한 보호 격자의 내부에 사람이 손을 넣거나 보호 격자에 사람이 접촉할 때에 절연 변압기의 1차측 전로를 자동적으로 차단하는 보호 장치를 설치한 것은 지표상 또는 마루 위 1.8[m] 높이까지로 감할 수 있다.
4. 전격 살충기의 전격 격자와 다른 시설물(가공 전선을 제외한다) 또는 식물 사이의 이격 거리는 30[cm] 이상일 것
5. 전격 살충기를 시설한 곳에는 위험 표시를 할 것

② 전격 살충기는 그 장치 및 이에 접속하는 전로에서 생기는 전파 또는 고주파 전류가 무선 설비의 기능에 계속적이고 또한 중대한 장해를 줄 우려가 있는 곳에 시설하여서는 아니 된다.

08

(출제빈도)

전격 살충기는 전격 격자가 지표상 또는 마루 위 몇 [m] 이상 되도록 시설하여야 하는가?

① 1.5　② 2
③ 2.8　④ 3.5

해설 전격 살충기(한국전기설비규정 241.7)

전격 살충기는 전격 격자(電擊格子)가 지표상 또는 마루 위 3.5[m] 이상의 높이가 되도록 시설할 것

09

수소 냉각식의 발전기·조상기에 부속하는 수소 냉각 장치에서 필요 없는 장치는?

① 수소의 순도 저하를 경보하는 장치
② 수소의 압력을 계측하는 장치
③ 수소의 온도를 계측하는 장치
④ 수소의 유량을 계측하는 장치

해설 수소 냉각식 발전기 등의 시설(판단기준 제51조)

1. 발전기 안 또는 조상기 안의 수소의 순도가 85[%] 이하로 저하한 경우에 이를 경보하는 장치를 시설할 것
2. 발전기 안 또는 조상기 안의 수소의 압력을 계측하는 장치 및 그 압력이 현저히 변동한 경우에 이를 경보하는 장치를 시설할 것
3. 발전기 안 또는 조상기 안의 수소의 온도를 계측하는 장치를 시설할 것

※ 이 문제는 출제 당시 규정에는 적합했으나 새로 제정된 한국전기설비규정에는 일부 부적합하므로 문제 유형만 참고하시기 바랍니다.

10

과전류 차단기로 시설하는 퓨즈 중 고압 전로에 사용하는 비포장 퓨즈는 정격 전류의 최대 몇 배의 전류에 견디어야 하는가?

① 1.1　② 1.25
③ 1.5　④ 2

정답 08.④　09.④　10.②

해설 고압 및 특고압 전로 중의 과전류 차단기의 시설(한국전기설비규정 341.11)

1. 과전류 차단기로 시설하는 퓨즈 중 고압 전로에 사용하는 포장 퓨즈는 정격 전류의 1.3배의 전류에 견디고 또한 2배의 전류로 120분 안에 용단되는 것
2. 과전류 차단기로 시설하는 퓨즈 중 고압 전로에 사용하는 비포장 퓨즈는 정격 전류의 1.25배의 전류에 견디고 또한 2배의 전류로 2분 안에 용단되는 것

11 가공 전선로에 사용하는 지지물의 강도 계산시 구성재의 수직 투영 면적 1[m²]에 대한 풍압을 기초로 적용하는 갑종 풍압 하중값의 기준이 잘못된 것은?

출제빈도

① 목주 : 588[Pa]
② 원형 철주 : 588[Pa]
③ 철근 콘크리트주 : 1,117[Pa]
④ 강관으로 구성된 철탑 : 1,255[Pa]

해설 풍압 하중의 종별과 적용(한국전기설비규정 331.6)

풍압을 받는 구분(갑종 풍압 하중)			1[m²]에 대한 풍압
목주			588[Pa]
지지물	철주	원형의 것	588[Pa]
		강관 4각형의 것	1,117[Pa]
	철근 콘크리트주	원형의 것	588[Pa]
		기타의 것	882[Pa]
	철탑	강관으로 구성되는 것	1,255[Pa]
		기타의 것	2,157[Pa]
전선 가섭선	다도체		666[Pa]
	기타의 것		745[Pa]
애자 장치			1,039[Pa]
완금류(특고압 전선로용의 것)			단일재 1,196[Pa]

12 사용 전압이 25,000[V] 이하의 특고압 가공 전선로에는 전화 선로의 길이 12[km]마다 유도 전류가 몇 [μA]를 넘지 아니하도록 하여야 하는가?

① 1.5
② 2
③ 2.5
④ 3

해설 유도 장해의 방지(한국전기설비규정 333.2)

1. 사용 전압이 60[kV] 이하인 경우에는 전화 선로의 길이 12[km]마다 유도 전류가 2[μA]를 넘지 아니하도록 할 것
2. 사용 전압이 60[kV]를 초과하는 경우에는 전화 선로의 길이 40[km]마다 유도 전류가 3[μA]를 넘지 아니하도록 할 것

정답 11.③ 12.②

기출문제 관련 이론 바로보기

11. 이론 check **풍압 하중의 종별과 적용(한국전기설비규정 331.6)**

① 가공 전선로에 사용하는 지지물의 강도 계산에 적용하는 풍압 하중은 다음의 3종으로 한다.

1. 갑종 풍압 하중
   표에서 정한 구성재의 수직 투영 면적 1[m²]에 대한 풍압을 기초로 하여 계산한 것

풍압을 받는 구분				구성재의 수직 투영 면적 1[m²]에 대한 풍압
목주				588[Pa]
지지물	철주	원형의 것		588[Pa]
		삼각형 또는 마름모형의 것		1,412[Pa]
		강관에 의하여 구성되는 4각형의 것		1,117[Pa]
		기타의 것		복제(腹材)가 전·후면에 겹치는 경우에는 1,627[Pa], 기타의 경우에는 1,784[Pa]
	철근 콘크리트주	원형의 것		588[Pa]
		기타의 것		882[Pa]
	철탑	단주(완철류는 제외함)	원형의 것	588[Pa]
			기타의 것	1,117[Pa]
		강관으로 구성되는 것(단주는 제외함)		1,255[Pa]
		기타의 것		2,157[Pa]
전선 기타 가섭선	다도체(구성하는 전선이 2가닥마다 수평으로 배열되고 또한 그 전선 상호간의 거리가 전선의 바깥 지름의 20배 이하인 것에 한한다. 이하 같다)를 구성하는 전선			666[Pa]
	기타의 것			745[Pa]
애자 장치(특별 전선용의 것에 한한다)				1,039[Pa]
목주·철주(원형의 것에 한한다) 및 철근 콘크리트주의 완금류(특고압 전선로용의 것에 한한다)				단일재로서 사용하는 경우에는 1,196[Pa], 기타의 경우에는 1,627[Pa]

2. 을종 풍압 하중
   전선 기타의 가섭선(架涉線) 주위에 두께 6[mm], 비중 0.9의 빙설이 부착된 상태에서 수직 투영 면적 372[Pa](다도체를 구성하는 전선은 333[Pa]), 그 이외의 것은 갑종 풍압 하중의 2분의 1을 기초로 하여 계산한 것
3. 병종 풍압 하중
   갑종 풍압 하중의 2분의 1을 기초로 하여 계산한 것

기출문제 관련 이론 바로보기

13. 이론 check **저압 인입선의 시설(한국전기설비규정 221.1.1)**

① 저압 가공 인입선은 다음에 따라 시설하여야 한다.

1. 전선이 케이블인 경우 이외에는 인장 강도 2.30[kN] 이상의 것 또는 지름 2.6[mm] 이상의 인입용 비닐 절연 전선일 것. 다만, 경간이 15[m] 이하인 경우는 인장 강도 1.25[kN] 이상의 것 또는 지름 2[mm] 이상의 인입용 비닐 절연 전선일 것
2. 전선은 절연 전선 또는 케이블일 것
3. 전선이 옥외용 비닐 절연 전선인 경우에는 사람이 접촉할 우려가 없도록 시설하고, 옥외용 비닐 절연 전선 이외의 절연 전선인 경우에는 사람이 쉽게 접촉할 우려가 없도록 시설할 것
4. 전선이 케이블인 경우에는 332.2의 규정에 준하여 시설할 것. 다만, 케이블의 길이가 1[m] 이하인 경우에는 조가하지 아니하여도 된다.
5. 전선의 높이는 다음에 의할 것
   가. 도로(차도와 보도의 구별이 있는 도로인 경우에는 차도)를 횡단하는 경우에는 노면상 5[m] (기술상 부득이한 경우에 교통에 지장이 없을 때에는 3[m]) 이상
   나. 철도 또는 궤도를 횡단하는 경우에는 레일면상 6.5[m] 이상
   다. 횡단보도교의 위에 시설하는 경우에는 노면상 3[m] 이상
   라. "가", "나" 및 "다" 이외의 경우에는 지표상 4[m] (기술상 부득이한 경우에 교통에 지장이 없을 때에는 2.5[m]) 이상

13 저압 가공 인입선의 시설에 대한 설명으로 틀린 것은?

출제빈도

① 전선은 절연 전선 또는 케이블일 것
② 전선은 지름 1.6[mm]의 경동선 또는 이와 동등 이상의 세기 및 굵기일 것
③ 전선의 높이는 철도 및 궤도를 횡단하는 경우에는 레일면상 6.5[m] 이상일 것
④ 전선의 높이는 횡단보도교의 위에 시설하는 경우에는 노면상 3[m] 이상일 것

해설 저압 인입선의 시설(한국전기설비규정 221.1.1)
저압 가공 인입선은 전선이 케이블인 경우 이외에는 인장 강도 2.30[kN] 이상의 것 또는 지름 2.6[mm] 이상의 인입용 비닐 절연 전선일 것. 다만, 경간이 15[m] 이하인 경우는 인장 강도 1.25[kN] 이상의 것 또는 지름 2[mm] 이상의 인입용 비닐 절연 전선일 것

14 관·암거, 기타 지중 전선을 넣은 방호 장치의 금속제 부분, 금속제의 전선 접속함 및 지중 전선의 피복으로 사용하는 금속체에 시행하는 접지 공사의 종류는?

① 제1종 접지 공사　② 제2종 접지 공사
③ 제3종 접지 공사　④ 특별 제3종 접지 공사

해설 지중 전선의 피복 금속체의 접지(판단기준 제139조)
지중 전선을 넣은 금속성의 암거, 관, 관로, 전선 접속 상자 및 지중 전선의 피복에 사용하는 금속체에는 제3종 접지 공사를 시설해야 한다.

※ 이 문제는 출제 당시 규정에는 적합했으나 새로 제정된 한국전기설비규정에는 일부 부적합하므로 문제 유형만 참고하시기 바랍니다.

15 지중에 매설된 금속제 수도 관로는 각종 접지 공사의 접지극으로 사용할 수 있다. 다음 중 접지극으로 사용할 수 없는 것은?

① 안지름이 75[mm] 이상이고, 전기 저항값이 3[Ω] 이하인 것
② 안지름이 75[mm] 이상이고, 전기 저항값이 2[Ω] 이하인 것
③ 안지름 75[mm]에서 분기한 안지름 50[mm]의 수도관 길이가 6[m] 이고, 전기 저항값이 3[Ω] 이하인 것
④ 안지름 75[mm]에서 분기한 안지름 30[mm]의 수도관 길이가 5[m] 이내이고, 전기 저항값이 3[Ω] 이하인 것

해설 접지극의 시설 및 접지 저항(한국전기설비규정 142.2)
접지 도체와 금속제 수도 관로와의 접속은 안지름 75[mm] 이상인 금속제 수도관의 부분 또는 이로부터 분기한 안지름 75[mm] 미만인 금속제 수도관의 분기점으로부터 5[m] 이하의 부분에서 할 것(관로의 접지 저항값이 2[Ω] 이하인 경우는 5[m]를 넘어도 된다)

정답 13.② 14.③ 15.③

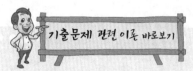

16 분기 회로의 시설에서 저압 옥내 간선과의 분기점에서 전선의 길이가 몇 [m] 이하인 곳에 개폐기 및 과전류 차단기를 시설하여야 하는가?

① 3 ② 4
③ 5 ④ 6

해설 분기 회로의 시설(판단기준 제176조)

저압 옥내 간선과의 분기점에서 전선의 길이가 3[m] 이하인 곳에 개폐기 및 과전류 차단기를 시설할 것. 다만, 분기점에서 개폐기 및 과전류 차단기까지의 전선의 허용 전류가 그 전선에 접속하는 저압 옥내 간선을 보호하는 과전류 차단기의 정격 전류의 55[%](분기점에서 개폐기 및 과전류 차단기까지의 전선의 길이가 8[m] 이하인 경우에는 35[%]) 이상일 경우에는 분기점에서 3[m]를 초과하는 곳에 시설할 수 있다.

※ 이 문제는 출제 당시 규정에는 적합했으나 새로 제정된 한국전기설비규정에는 일부 부적합하므로 문제 유형만 참고하시기 바랍니다.

17 제어 회로의 배선을 금속 덕트 공사에 의하여 시설하고자 한다. 절연 피복을 포함한 전선의 총 면적은 덕트 내부 단면적의 몇 [%]까지 할 수 있는가?

① 20 ② 30
③ 40 ④ 50

해설 금속 덕트 공사(한국전기설비규정 232.31)

금속 덕트 공사에 의한 저압 옥내 배선

1. 전선은 절연 전선(옥외용 전선 제외)일 것
2. 금속 덕트에 넣은 전선의 단면적(절연 피복 포함)의 합계는 덕트의 내부 단면적의 20[%](제어 회로 등의 배선만을 넣는 경우에는 50[%]) 이하일 것

18 (출제빈도) 가공 전선로의 지지물에 하중이 가하여지는 경우에 그 하중을 받는 지지물 기초의 안전율은 일반적인 경우 얼마 이상이어야 하는가?

① 1.5 ② 2.0
③ 2.5 ④ 3.0

해설 가공 전선로 지지물 기초의 안전율(한국전기설비규정 331.7)

가공 전선로의 지지물에 하중이 가하여지는 경우에 그 하중을 받는 지지물 기초의 안전율은 2(이상시 상정 하중에 대한 철탑의 기초에 대하여는 1.33) 이상이어야 한다.

19 3상 380[V] 모터에 전원을 공급하는 저압 전로의 전선 상호간 및 전로와 대지 사이의 절연 저항값은 몇 [MΩ] 이상이 되어야 하는가?

① 0.1 ② 0.5
③ 1.0 ④ 2.0

정답 16.① 17.① 18.② 19.③

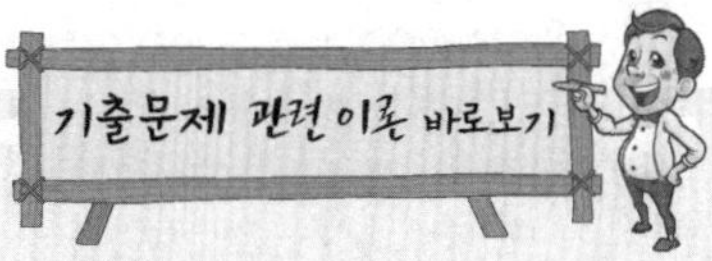

18. 이론 check **가공 전선로 지지물의 기초의 안전율(한국전기설비규정 331.7)**

가공 전선로의 지지물에 하중이 가하여지는 경우에 그 하중을 받는 지지물의 기초의 안전율은 2(이상 시 상정 하중이 가하여지는 경우의 그 이상 시 상정 하중에 대한 철탑의 기초에 대하여는 1.33) 이상이어야 한다. 다만, 다음에 따라 시설하는 경우에는 적용하지 않는다.

① 강관을 주체로 하는 철주 또는 철근 콘크리트주로서 그 전체 길이가 16[m] 이하, 설계 하중이 6.8[kN] 이하인 것 또는 목주를 다음에 의하여 시설하는 경우
  1. 전체의 길이가 15[m] 이하인 경우는 땅에 묻히는 깊이를 전체 길이의 6분의 1 이상으로 할 것
  2. 전체의 길이가 15[m]를 초과하는 경우는 땅에 묻히는 깊이를 2.5[m] 이상으로 할 것
  3. 논이나 그 밖의 지반이 연약한 곳에서는 견고한 근가(根架)를 시설할 것
② 철근 콘크리트주로서 그 전체의 길이가 16[m] 초과 20[m] 이하이고, 설계 하중이 6.8[kN] 이하의 것을 논이나 그 밖의 지반이 연약한 곳 이외에 그 묻히는 깊이를 2.8[m] 이상으로 시설하는 경우
③ 철근 콘크리트주로서 전체의 길이가 14[m] 이상 20[m] 이하이고, 설계 하중이 6.8[kN] 초과 9.8[kN] 이하의 것을 논이나 그 밖의 지반이 연약한 곳 이외에 시설하는 경우 그 묻히는 깊이는 기준보다 30[cm]를 가산하여 시설하는 경우
④ 철근 콘크리트주로서 그 전체의 길이가 14[m] 이상 20[m] 이하이고, 설계 하중이 9.81[kN] 초과 14.72[kN] 이하의 것을 논이나 그 밖의 지반이 연약한 곳 이외에 다음과 같이 시설하는 경우
  1. 전체의 길이가 15[m] 이하인 경우에는 그 묻히는 깊이를 기준보다 0.5[m]를 더한 값 이상으로 할 것
  2. 전체의 길이가 15[m] 초과 18[m] 이하인 경우에는 그 묻히는 깊이를 3[m] 이상으로 할 것
  3. 전체의 길이가 18[m]를 초과하는 경우에는 그 묻히는 깊이를 3.2[m] 이상으로 할 것

해설 **저압 전로의 절연 성능(기술기준 제52조)**

전로의 사용 전압[V]	DC 시험 전압[V]	절연 저항[MΩ]
SELV 및 PELV	250	0.5
FELV, 500[V] 이하	500	1.0
500[V] 초과	1,000	1.0

(주) 특별 저압(extra low voltage : 2차 전압이 AC 50[V], DC 120[V] 이하)으로 SELV(비접지 회로 구성) 및 PELV(접지 회로 구성)는 1차와 2차가 전기적으로 절연된 회로, FELV는 1차와 2차가 전기적으로 절연되지 않은 회로

20 (출제빈도) 특고압 지중 전선이 가연성이나 유독성의 유체(流體)를 내포하는 관과 접근하기 때문에 상호간에 견고한 내화성의 격벽을 시설하였다. 상호 간의 이격 거리가 몇 [m] 이하인 경우인가?

① 0.4 ② 0.6
③ 0.8 ④ 1.0

해설 **지중 전선과 지중 약전류 전선 등 또는 관과의 접근 또는 교차(한국전기설비규정 334.6)**

특고압 지중 전선이 가연성이나 유독성의 유체(流體)를 내포하는 관과 접근하거나 교차하는 경우에 상호간의 이격 거리가 1[m] 이하(단, 사용 전압이 25[kV] 이하인 다중 접지 방식 지중 전선로인 경우에는 50[cm] 이하)인 때에는 지중 전선과 관 사이에 견고한 내화성의 격벽을 시설하는 경우 이외에는 지중 전선을 견고한 불연성 또는 난연성의 관에 넣어 그 관이 가연성이나 유독성의 유체를 내포하는 관과 직접 접촉하지 아니하도록 시설하여야 한다.

기출문제 관련 이론 바로보기

20. 이론 check **지중 전선과 지중 약전류 전선 등 또는 관과의 접근 또는 교차(한국전기설비규정 334.6)**

① 지중 전선이 지중 약전류 전선 등과 접근하거나 교차하는 경우에 상호간의 이격 거리가 저압 또는 고압의 지중 전선은 30[cm] 이하, 특고압 지중 전선은 60[cm] 이하인 때에는 지중 전선과 지중 약전류 전선 등 사이에 견고한 내화성(콘크리트 등의 불연 재료로 만들어진 것으로 케이블의 허용 온도 이상으로 가열시킨 상태에서도 변형 또는 파괴되지 않는 재료를 말한다)의 격벽(隔壁)을 설치하는 경우 이외에는 지중 전선을 견고한 불연성(不燃性) 또는 난연성(難燃性)의 관에 넣어 그 관이 지중 약전류 전선 등과 직접 접촉하지 아니하도록 하여야 한다.

② 특고압 지중 전선이 가연성이나 유독성의 유체(流體)를 내포하는 관과 접근하거나 교차하는 경우에 상호간의 이격 거리가 1[m] 이하(단, 사용 전압이 25[kV] 이하인 다중 접지 방식 지중 전선로인 경우에는 50[cm] 이하)인 때에는 지중 전선과 관 사이에 견고한 내화성의 격벽을 시설하는 경우 이외에는 지중 전선을 견고한 불연성 또는 난연성의 관에 넣어 그 관이 가연성이나 유독성의 유체를 내포하는 관과 직접 접촉하지 아니하도록 시설하여야 한다.

정답 20.④

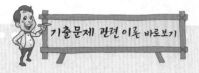

Industrial Engineer Electricity

2012년 과년도 출제문제

제1회 전기설비기술기준

기출문제 관련 이론 바로보기

01 전기 철도에서 직류 귀선의 비절연 부분에 대한 전식 방지를 위한 귀선의 극성은 어떻게 해야 하는가?

① 감극성으로 한다.
② 가극성으로 한다.
③ 부극성으로 한다.
④ 정극성으로 한다.

해설 **전기 부식 방지를 위한 귀선의 시설(판단기준 제263조)**
귀선은 부극성(負極性)으로 할 것

※ 이 문제는 출제 당시 규정에는 적합했으나 새로 제정된 한국전기설비규정에는 일부 부적합하므로 문제 유형만 참고하시기 바랍니다.

02 (출제빈도) 특고압 가공 전선로에 사용하는 철탑 종류 중 전선로 지지물의 양측 경간의 차가 큰 곳에 사용하는 철탑은?

① 각도형 철탑
② 인류형 철탑
③ 보강형 철탑
④ 내장형 철탑

해설 **특고압 가공 전선로의 철주·철근 콘크리트주 또는 철탑의 종류(한국전기설비규정 333.11)**
내장형 : 전선로의 지지물 양쪽의 경간의 차가 큰 곳에 사용하는 것

02. 이론 check **특고압 가공 전선로의 철주·철근 콘크리트주 또는 철탑의 종류(한국전기설비규정 333.11)**

① 직선형 : 전선로의 직선 부분으로 3도 이하의 수평 각도를 이루는 곳에 사용하는 것(내장형 및 보강형에 속하는 것을 제외)
② 각도형 : 전선로 중 3도를 초과하는 수평 각도를 이루는 곳에 사용하는 것
③ 인류형 : 전가섭선을 인류하는 곳에 사용하는 것
④ 내장형 : 전선로의 지지물 양쪽의 경간의 차가 큰 곳에 사용하는 것
⑤ 보강형 : 전선로의 직선 부분에 그 보강을 위하여 사용하는 것

03 중성선 다중 접지식의 것으로 전로에 지락이 생겼을 때에 2초 이내에 자동적으로 이를 전로로부터 차단하는 장치가 되어 있는 22.9[kV] 가공 전선로를 상부 조영재의 위쪽에서 접근 상태로 시설하는 경우, 가공 전선과 건조물과의 이격 거리는 몇 [m] 이상이어야 하는가? (단, 전선으로는 나전선을 사용한다고 한다.)

① 1.2　　② 1.5
③ 2.5　　④ 3.0

정답 01.③ 02.④ 03.④

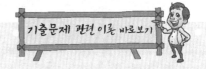

기출문제 관련 이론 바로보기

해설 **25[kV] 이하인 특고압 가공 전선로의 시설(한국전기설비규정 333.32)**

건조물의 조영재	접근 형태	전선의 종류	이격 거리
상부 조영재	위쪽	나전선	3.0[m]
		특고압 절연 전선	2.5[m]
		케이블	1.2[m]
	옆쪽 또는 아래쪽	나전선	1.5[m]
		특고압 절연 전선	1.0[m]
		케이블	0.5[m]

04

저압 가공 전선이 다른 저압 가공 전선과 접근 상태로 시설되거나 교차하여 시설되는 경우에 저압 가공 전선 상호간의 이격 거리는 몇 [cm] 이상이어야 하는가? (단, 한쪽의 전선이 고압 절연 전선이라고 한다.)

① 30
② 60
③ 80
④ 100

해설 **저압 가공 전선 상호간의 접근 또는 교차(한국전기설비규정 222.16)**
저압 가공 전선이 다른 저압 가공 전선과 접근 상태로 시설되거나 교차하여 시설되는 경우에는 저압 가공 전선 상호간의 이격 거리는 60[cm](어느 한쪽의 전선이 고압 절연 전선, 특고압 절연 전선 또는 케이블인 경우에 30[cm]) 이상

05

출제빈도

66[kV] 특고압 가공 전선로를 케이블을 사용하여 시가지에 시설하려고 한다. 애자 장치는 50[%] 충격 섬락 전압의 값이 다른 부분을 지지하는 애자 장치의 몇 [%] 이상으로 되어야 하는가?

① 100
② 115
③ 110
④ 105

해설 **시가지 등에서 특고압 가공 전선로의 시설(한국전기설비규정 333.1)**
특고압 가공 전선을 지지하는 애자 장치는 다음 중 어느 하나에 의할 것
1. 50[%] 충격 섬락 전압값이 그 전선의 근접한 다른 부분을 지지하는 애자 장치값의 110[%](사용 전압이 130[kV]를 초과하는 경우는 105[%]) 이상인 것
2. 아크 혼을 붙인 현수 애자·장간 애자(長幹碍子) 또는 라인 포스트 애자를 사용하는 것
3. 2련 이상의 현수 애자 또는 장간 애자를 사용하는 것
4. 2개 이상의 핀 애자 또는 라인 포스트 애자를 사용하는 것

정답 04.① 05.③

---

05. 이론 check **시가지 등에서 특고압 가공 전선로의 시설(한국전기설비규정 333.1)**

특고압 가공 전선로는 케이블인 경우 시가지 기타 인가가 밀집할 지역에 시설할 수 있다.

① 사용 전압 170[kV] 이하인 전선로
1. 애자 장치
가. 50[%]의 충격 섬락 전압의 값이 타 부분의 110[%](130[kV]를 넘는 경우는 105[%]) 이상인 것
나. 아크 혼을 붙인 현수 애자·장간 애자(長幹碍子) 또는 라인 포스트 애자를 사용하는 것
다. 2련 이상의 현수 애자 또는 장간 애자를 사용하는 것
라. 2개 이상의 핀 애자 또는 라인 포스트 애자를 사용하는 것
2. 지지물의 경간
가. 지지물에는 철주, 철근 콘크리트주 또는 철탑을 사용한다.
나. 경간

지지물의 종류	경 간
A종 철주 또는 A종 철근 콘크리트주	75[m]
B종 철주 또는 B종 철근 콘크리트주	150[m]
철탑	400[m] (단주인 경우에는 300[m]. 다만, 전선이 수평으로 2 이상 있는 경우에 전선 상호간의 간격이 4[m] 미만인 때에는 250[m])

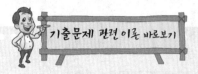

06

특고압 가공 전선이 케이블인 경우에 통신선이 절연 전선과 동등 이상의 절연 효력이 있을 때 통신선과 특고압 가공 전선과의 이격 거리는 몇 [cm] 이상인가?

① 30 ② 60
③ 75 ④ 90

해설 **전력 보안 통신선의 시설 높이와 이격 거리(한국전기설비규정 362.2)**
통신선과 특고압 가공 전선 사이의 이격 거리는 1.2[m] 이상일 것. 다만, 특고압 가공 전선이 케이블인 경우에 통신선이 절연 전선과 동등 이상의 절연 효력이 있는 것인 경우에는 30[cm] 이상으로 할 수 있다.

07

최대 사용 전압이 380[V]인 3상 유도 전동기의 절연 내력은 몇 [V]의 시험 전압에 견디어야 하는가?

① 475 ② 500
③ 570 ④ 760

해설 **회전기 및 정류기의 절연 내력(한국전기설비규정 133)**
시험 전압 $V = 380 \times 1.5 = 570$[V]

08

특고압 가공 전선로로부터 공급을 받는 수용 장소의 인입구에 시설하는 피뢰기의 접지 공사는?

① 제1종 접지 공사
② 제2종 접지 공사
③ 제3종 접지 공사
④ 특별 제3종 접지 공사

해설 **피뢰기의 접지(판단기준 제43조)**
고압 및 특고압의 전로에 시설하는 피뢰기에는 제1종 접지 공사를 하여야 한다.(⇨ '기출문제 관련 이론 바로보기'에서 개정된 규정 참조하세요.)

※ 이 문제는 출제 당시 규정에는 적합했으나 새로 제정된 한국전기설비규정에는 일부 부적합하므로 문제 유형만 참고하시기 바랍니다.

09

변전소에 울타리·담 등을 시설할 때, 사용 전압이 345[kV]이면 울타리·담 등의 높이와 울타리·담 등으로부터 충전 부분까지의 거리의 합계는 몇 [m] 이상으로 하여야 하는가?

① 8.48 ② 8.18
③ 8.40 ④ 8.28

해설 **특고압용 기계 기구 시설(한국전기설비규정 341.4)**
$(345-165) \div 10 = 18.5$이므로 10[kV] 단수는 19이다.
거리는 $6 + 0.12 \times 19 = 8.28$[m]이다.

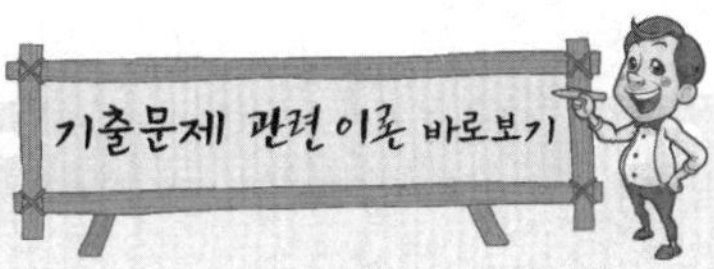

08. 이론 check **피뢰기의 접지(한국전기설비규정 341.14)**
고압 및 특고압의 전로에 시설하는 피뢰기 접지 저항값은 10[Ω] 이하로 하여야 한다. 다만, 고압 가공 전선로에 시설하는 피뢰기를 접지 공사를 한 변압기에 근접하여 시설하는 경우로서, 다음의 어느 하나에 해당할 때 또는 고압 가공 전선로에 시설하는 피뢰기의 접지 도체가 그 접지 공사 전용의 것인 경우에 그 접지 공사의 접지 저항값이 30[Ω] 이하인 때에는 그 피뢰기의 접지 저항값이 10[Ω] 이하가 아니어도 된다.
① 피뢰기의 접지 공사의 접지극을 변압기 중성점 접지용 접지극으로부터 1[m] 이상 격리하여 시설하는 경우에 그 접지 공사의 접지 저항값이 30[Ω] 이하인 때
② 피뢰기 접지 공사의 접지 도체와 변압기의 중성점 접지용 접지도체를 변압기에 근접한 곳에서 접속하여 다음에 의하여 시설하는 경우에 피뢰기 접지 공사의 접지 저항값이 75[Ω] 이하인 때 또는 중성점 접지 공사의 접지 저항값이 65[Ω] 이하인 때
1. 변압기를 중심으로 하는 반지름 50[m]의 원과 반지름 300[m]의 원으로 둘러싸여지는 지역에서 그 변압기에 중성점 접지 공사가 되어있는 저압 가공 전선(인장 강도 5.26[kN] 이상인 것 또는 지름 4[mm] 이상의 경동선에 한한다)의 한 곳 이상에 140의 규정에 준하는 접지 공사(접지 도체로 공칭단면적 6[mm^2] 이상인 연동선 또는 이와 동등 이상의 세기 및 굵기의 쉽게 부식하지 않는 금속선을 사용하는 것에 한한다)를 할 것
2. 피뢰기의 접지 공사, 변압기 중성점 접지 공사를 저압 가공 전선에 접지 공사 및 가공 공동 지선에서의 합성 접지 저항값은 20[Ω] 이하일 것

정답 06.① 07.③ 08.① 09.④

기출문제 관련 이론 바로보기

11. 이론 check **저압 옥상 전선로의 시설(한국전기설비규정 221.3)**

① 저압 옥상 전선로(저압의 인입선 및 연접 인입선의 옥상 부분을 제외한다)는 다음의 어느 하나에 해당하는 경우에 한하여 시설할 수 있다.

1. 1구내 또는 동일 기초 구조물 및 여기에 구축된 복수의 건물과 구조적으로 일체화된 하나의 건물(이하 "1구내 등"이라 한다)에 시설하는 전선로의 전부 또는 일부로 시설하는 경우
2. 1구내 등 전용의 전선로 중 그 구내에 시설하는 부분의 전부 또는 일부로 시설하는 경우

② 저압 옥상 전선로는 전개된 장소에 다음에 따르고 또한 위험의 우려가 없도록 시설하여야 한다.

1. 전선은 인장 강도 2.30[kN] 이상의 것 또는 지름 2.6[mm] 이상의 경동선의 것
2. 전선은 절연 전선일 것
3. 전선은 조영재에 견고하게 붙인 지지주 또는 지지대에 절연성·난연성 및 내수성이 있는 애자를 사용하여 지지하고 또한 그 지지점 간의 거리는 15[m] 이하일 것
4. 전선과 그 저압 옥상 전선로를 시설하는 조영재와의 이격 거리는 2[m] (전선이 고압 절연 전선, 특고압 절연 전선 또는 케이블인 경우에는 1[m]) 이상일 것

10 케이블 공사로 저압 옥내 배선을 시설하려고 한다. 캡타이어 케이블을 사용하여 조영재의 아랫면에 따라 붙이고자 할 때 전선의 지지점 간의 거리는 몇 [m] 이하로 하여야 하는가?

① 1　② 2
③ 3　④ 5

해설 케이블 공사(한국전기설비규정 232.51)

1. 전선은 케이블 및 캡타이어 케이블일 것
2. 전선을 조영재의 아랫면 또는 옆면에 따라 붙이는 경우에는 전선의 지지점 간의 거리를 케이블은 2[m](사람이 접촉할 우려가 없는 곳에서 수직으로 붙이는 경우에는 6[m]) 이하 캡타이어 케이블은 1[m] 이하로 하고 또한 그 피복을 손상하지 아니하도록 붙일 것

11 (출제빈도) 저압 옥상 전선로의 전선과 식물 사이의 이격 거리는 일반적으로 어떻게 규정하고 있는가?

① 20[cm] 이상 이격 거리를 두어야 한다.
② 30[cm] 이상 이격 거리를 두어야 한다.
③ 특별한 규정이 없다.
④ 바람 등에 의하여 접촉하지 않도록 한다.

해설 저압 옥상 전선로의 시설(한국전기설비규정 221.3)
저압 옥상 전선로의 전선은 상시 부는 바람 등에 의하여 식물에 접촉하지 아니하도록 시설하여야 한다.

12 옥내에 시설하는 전기 시설물에 대한 내용 중 틀린 것은?

① 백열 전등 또는 방전등에 전기를 공급하는 옥내 전로의 대지 전압은 300[V] 이하이어야 한다.
② 정격 소비 전력 5[kW] 이상의 전기 기계 기구는 그 전로의 옥내 배선과 직접 접속할 수 있다.
③ 옥내에 시설하는 저압용의 배선 기구는 그 충전 부분이 노출되지 않도록 시설하여야 한다.
④ 저압 옥내 배선의 사용 전선은 단면적 2.5[mm^2] 이상의 연동선이어야 한다.

해설 옥내 전로의 대지 전압의 제한(한국전기설비규정 231.6)
정격 소비 전력 3[kW] 이상의 전기 기계 기구에 전기를 공급하기 위한 전로에는 전용의 개폐기 및 과전류 차단기를 시설하고 그 전로의 옥내 배선과 직접 접속하거나 적정 용량의 전용 콘센트를 시설할 것

정답 10.① 11.④ 12.②

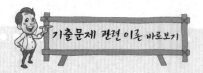

13 특고압 가공 전선이 삭도와 제2차 접근 상태로 시설할 경우 특고압 가공 전선로는 어느 보안 공사를 하여야 하는가?

출제빈도

① 고압 보안 공사
② 제1종 특고압 보안 공사
③ 제2종 특고압 보안 공사
④ 제3종 특고압 보안 공사

해설 특고압 가공 전선과 삭도의 접근 또는 교차(한국전기설비규정 333.25)

1. 특고압 가공 전선이 삭도와 제1차 접근 상태로 시설되는 경우 : 제3종 특고압 보안 공사
2. 특고압 가공 전선이 삭도와 제2차 접근 상태로 시설되는 경우 : 제2종 특고압 보안 공사

14 발전소에서 계측 장치를 시설하지 않아도 되는 것은?

① 발전기의 전압, 전류 및 전력
② 발전기의 베어링 및 고정자 온도
③ 특고압 모선의 전압, 전류 및 전력
④ 특고압용 변압기의 온도

해설 계측 장치(한국전기설비규정 351.6)

발전소 계측 장치

1. 발전기, 연료 전지 또는 태양 전지 모듈의 전압, 전류, 전력
2. 발전기 베어링 및 고정자의 온도
3. 정격 출력 10,000[kW]를 초과하는 증기 터빈에 접속하는 발전기의 진동 진폭
4. 주요 변압기의 전압, 전류, 전력
5. 특고압용 변압기의 유온

15 폭연성 분진 또는 화약류의 분말이 존재하는 곳의 저압 옥내 배선은 어느 공사에 의하는가?

① 애자 공사 또는 가요 전선관 공사
② 캡타이어 케이블 공사
③ 합성 수지관 공사
④ 금속관 공사

해설 폭연성 분진 위험 장소(한국전기설비규정 242.2.1)

폭연성 분진 또는 화약류의 분말이 전기 설비가 발화원이 되어 폭발할 우려가 있는 곳에 시설하는 저압 옥내 전기 설비는 저압 옥내 배선, 저압 관등 회로 배선, 소세력 회로의 전선은 금속관 공사 또는 케이블 공사(캡타이어 케이블 제외)에 의할 것

정답 13.③ 14.③ 15.④

기출문제 관련 이론 바로보기

13. 이론 check **특고압 가공 전선과 삭도의 접근 또는 교차(한국전기설비규정 333.25)**

① 삭도와 제1차 접근 상태로 시설되는 경우
1. 특고압 가공 전선로는 제3종 특고압 보안 공사에 의할 것
2. 특고압 가공 전선과 삭도 또는 삭도용 지주 사이의 이격 거리

사용 전압의 구분	이격 거리
35[kV] 이하의 것	2[m](특고압 절연전선 1[m], 케이블 50[cm]) 이상
35[kV] 초과 60[kV] 이하의 것	2[m] 이상
60[kV] 초과	2[m]에 사용 전압이 60[kV]를 넘는 10[kV] 또는 그 단수마다 12[cm]를 더한 값 이상

② 삭도와 제2차 접근 상태로 시설되는 경우
1. 특고압 가공 전선로는 제2종 특고압 보안 공사에 의할 것
2. 특고압 가공 전선 중 삭도에서 수평 거리로 3[m] 미만으로 시설되는 부분의 길이가 연속하여 50[m] 이하이고 또한 1경간 안에서의 그 부분의 길이의 합계가 50[m] 이하일 것. 다만, 사용 전압이 35[kV]를 넘는 특고압 가공전선로를 제1종 특고압 보안 공사에 의하여 시설하는 경우에는 그러하지 아니하다.

③ 삭도와 교차하는 경우에 특고압 가공 전선이 삭도의 위에 시설되는 때
1. 제2종 특고압 보안 공사에 의할 것. 다만, 특고압 가공 전선과 삭도 사이에 보호망을 시설하는 경우에는 제2종 특고압 보안 공사(애자 장치에 관한 부분에 한한다)에 의하지 아니할 것
2. 삭도의 특고압 가공 전선으로부터 수평 거리로 3[m] 미만에 시설되는 부분의 길이는 50[m]를 넘지 아니할 것
3. 삭도와 접근하는 경우에는 특고압 가공 전선은 삭도의 아래쪽에 시설

기출문제 관련 이론 바로보기

4. 케이블인 경우 이외에는 특고압 가공 전선의 위쪽에 견고하게 방호 장치를 설치하고 또한 그 금속제 부분에 접지 공사를 할 것

17. 이론 check **특고압 가공 전선과 지지물 등의 이격 거리(한국전기설비규정 333.5)**

특고압 가공 전선과 그 지지물·완금류·지주 또는 지선 사이의 이격 거리는 표에서 정한 값 이상이어야 한다. 다만, 기술상 부득이한 경우에 위험의 우려가 없도록 시설한 때에는 표에서 정한 값의 0.8배까지 감할 수 있다.

사용 전압	이격 거리[cm]
15[kV] 미만	15
15[kV] 이상 25[kV] 미만	20
25[kV] 이상 35[kV] 미만	25
35[kV] 이상 50[kV] 미만	30
50[kV] 이상 60[kV] 미만	35
60[kV] 이상 70[kV] 미만	40
70[kV] 이상 80[kV] 미만	45
80[kV] 이상 130[kV] 미만	65
130[kV] 이상 160[kV] 미만	90
160[kV] 이상 200[kV] 미만	110
200[kV] 이상 230[kV] 미만	130
230[kV] 이상	160

16 다음 중 농사용 저압 가공 전선로의 시설 기준으로 옳지 않은 것은?

① 사용 전압이 저압일 것
② 저압 가공 전선의 인장 강도는 1.38[kN] 이상일 것
③ 저압 가공 전선의 지표상 높이는 3.5[m] 이상일 것
④ 전선로의 경간은 40[m] 이하일 것

해설 **농사용 저압 가공 전선로의 시설(한국전기설비규정 222.22)**

1. 사용 전압은 저압일 것
2. 저압 가공 전선은 인장 강도 1.38[kN] 이상, 또는 지름 2[mm] 이상의 경동선
3. 저압 가공 전선의 지표상의 높이는 3.5[m] 이상
4. 목주의 굵기는 말구 지름이 9[cm] 이상
5. 전선로의 경간은 30[m] 이하

17 특고압 가공 전선과 지지물, 완금류, 지주 또는 지선 사이의 이격 거리는 사용 전압 15[kV] 미만인 경우 일반적으로 몇 [cm] 이상이어야 하는가?

출제빈도

① 15　② 20
③ 30　④ 35

해설 **특고압 가공 전선과 지지물 등의 이격 거리(한국전기설비규정 333.5)**

사용 전압	이격 거리[cm]
15[kV] 미만	15
15[kV] 이상 25[kV] 미만	20
25[kV] 이상 35[kV] 미만	25
35[kV] 이상 50[kV] 미만	30
50[kV] 이상 60[kV] 미만	35
60[kV] 이상 70[kV] 미만	40
70[kV] 이상 80[kV] 미만	45
이하 생략	

18 사람이 상시 통행하는 터널 내 저압 전선로의 애자 공사시 노면상 최소 높이[m]는?

① 2.0　② 2.2
③ 2.5　④ 3.0

해설 **사람이 상시 통행하는 터널 안 배선의 시설(한국전기설비규정 242.7.1)**

1. 사용 전압 : 저압
2. 전선 : 공칭 단면적 2.5[mm^2]의 연동선과 동등 이상의 세기 및 굵기의 절연 전선
3. 애자 공사에 의하여 시설하고 또한 이를 노면상 2.5[m] 이상의 높이로 할 것
4. 전로에는 터널의 입구와 가까운 곳에 전용 개폐기를 시설할 것

정답 16.④ 17.① 18.③

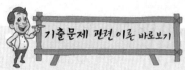

19 154[kV]의 특고압 가공 전선을 사람이 쉽게 들어갈 수 없는 산지(山地) 등에 시설하는 경우 지표상의 높이는 몇 [m] 이상으로 하여야 하는가?

① 4 ② 5
③ 6.5 ④ 8

해설 특고압 가공 전선의 높이(한국전기설비규정 333.7)
35[kV] 이하는 5[m] 이상, 35[kV] 초과 160[kV] 이하는 6[m] 이상
(단, 산지 등에서 사람이 쉽게 들어갈 수 없는 장소는 5[m] 이상)
160[kV] 초과는 6[m]에 10[kV] 단수마다 0.12[m]씩 가산한다.

20 (출제빈도) 66[kV] 특고압 가공 전선로를 시가지에 설치할 때, 전선의 인장 강도 21.67[kN] 이상의 연선 또는 단면적 최소 몇 [mm^2] 이상의 경동 연선 또는 이와 동등 이상의 세기 및 굵기의 연선을 사용해야 하는가?

① 30 ② 38
③ 50 ④ 55

해설 시가지 등에서 특고압 가공 전선로의 시설(한국전기설비규정 333.1)

사용 전압의 구분	전선의 단면적
100[kV] 미만	인장 강도 21.67[kN] 이상의 연선 또는 단면적 55[mm^2] 이상의 경동 연선
100[kV] 이상	인장 강도 58.84[kN] 이상의 연선 또는 단면적 150[mm^2] 이상의 경동 연선

제 2 회 전기설비기술기준

01 다음 중 전선 접속 방법이 잘못된 것은?

① 알루미늄과 동을 사용하는 전선을 접속하는 경우에는 접속 부분에 전기적 부식이 생기지 않아야 한다.
② 공칭 단면적 10[mm^2] 미만인 캡타이어 케이블 상호간을 접속하는 경우에는 접속함을 사용할 수 없다.
③ 절연 전선 상호간을 접속하는 경우에는 접속 부분을 절연 효력이 있는 것으로 충분히 피복하여야 한다.
④ 나전선 상호간이 접속인 경우에는 전선의 세기를 20[%] 이상 감소시키지 않아야 한다.

해설 전선의 접속법(한국전기설비규정 123)
1. 전기 저항을 증가시키지 말 것
  가. 전선의 세기 20[%] 이상 감소시키지 아니할 것
  나. 접속관 기타 기구 사용

기출문제 관련 이론 바로보기

20. 이론 Check **시가지 등에서 특고압 가공 전선로의 시설(한국전기설비규정 333.1)**

특고압 가공 전선로는 케이블인 경우 시가지 기타 인가가 밀집할 지역에 시설할 수 있다.

① 사용 전압 170[kV] 이하인 전선로
1. 애자 장치
  가. 50[%]의 충격 섬락 전압의 값이 타 부분의 110[%](130[kV]를 넘는 경우는 105[%]) 이상인 것
  나. 아크 혼을 붙인 현수 애자·장간 애자(長幹碍子) 또는 라인 포스트 애자를 사용하는 것
  다. 2련 이상의 현수 애자 또는 장간 애자를 사용하는 것
  라. 2개 이상의 핀 애자 또는 라인 포스트 애자를 사용하는 것
2. 지지물의 경간
  가. 지지물에는 철주, 철근 콘크리트주 또는 철탑을 사용한다.
  나. 경간

지지물의 종류	경 간
A종 철주 또는 A종 철근 콘크리트주	75[m]
B종 철주 또는 B종 철근 콘크리트주	150[m]
철탑	400[m] (단주인 경우에는 300[m]. 다만, 전선이 수평으로 2 이상 있는 경우에 전선 상호간의 간격이 4[m] 미만인 때에는 250[m])

정답 19.② 20.④ / 01.②

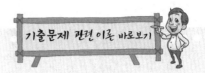

기출문제 관련 이론 바로보기

3. 전선의 굵기

사용 전압의 구분	전선의 단면적
100[kV] 미만	인장 강도 21.67[kN] 이상의 연선 또는 단면적 55[mm²] 이상의 경동 연선
100[kV] 이상	인장 강도 58.84[kN] 이상의 연선 또는 단면적 150[mm²] 이상의 경동 연선

4. 전선의 지표상 높이

사용 전압의 구분	지표상의 높이
35[kV] 이하	10[m] (전선이 특고압 절연 전선인 경우에는 8[m])
35[kV] 초과	10[m]에 35[kV]를 초과하는 10[kV] 또는 그 단수마다 12[cm]를 더한 값

5. 지지물에는 위험 표시를 보기 쉬운 곳에 시설할 것
6. 지락이나 단락이 생긴 경우 : 100[kV]를 넘는 것에 지락이 생긴 경우 또는 단락한 경우에 1초 안에 이를 전선로로부터 차단하는 자동 차단 장치를 시설할 것

2. 전선 절연물과 동등 이상 절연 효력이 있는 것으로 충분히 피복할 것
3. 코드 상호, 캡타이어 케이블 상호, 케이블 상호 : 코드 접속기 · 접속함 사용할 것
4. 전기 화학적 성질이 다른 도체를 접속하는 경우에는 접속 부분에 전기적 부식을 방지할 것
5. 도체에 알루미늄을 사용하는 경우에는 접속관 기타 기구를 사용할 것

02

의료실 내에 시설하는 의료 기기의 금속제 외함에 시설하는 보호 접지의 접지 저항값은 몇 [Ω] 이하로 하여야 하는가? (단, 등전위 접지가 아닌 경우)

① 5 ② 10
③ 50 ④ 100

해설 **의료실 접지 등의 시설(판단기준 제249조)**

1. 접지 간선 : 공칭 단면적 16[mm²] 이상
2. 접지 분기선 : 공칭 단면적 6[mm²] 이상
3. 접지 저항값 : 10[Ω] 이하(등전위 접지 100[Ω] 이하)

※ 이 문제는 출제 당시 규정에는 적합했으나 새로 제정된 한국전기설비규정에는 일부 부적합하므로 문제 유형만 참고하시기 바랍니다.

03

중성점 비접지식 고압 전로(케이블을 사용하는 전로)에서 제2종 접지 공사의 접지 저항값을 결정하는 1선 지락 전류의 계산식은? (단, V는 전로의 공칭 전압[kV]을 1.1로 나눈 전압, L은 동일 모선에 접속되는 고압 전로의 선로 연장[km]이다.)

① $1+\dfrac{\frac{V}{2}L'-1}{3}$ ② $1+\dfrac{\frac{V}{3}L'-1}{2}$

③ $\dfrac{\frac{V}{3}L-1}{2}$ ④ $1+\dfrac{\frac{V}{3}L-1}{4}$

해설 **접지 공사의 종류(판단기준 제18조)**

1선 지락 전류(I_1)

1. 케이블 이외(가공 전선) $I_1=1+\dfrac{\frac{V}{3}L-100}{150}$ [A]
2. 케이블 $I_1=1+\dfrac{\frac{V}{3}L'-1}{2}$ [A]
3. 케이블과 가공 전선으로 된 전로

$$I_1=1+\frac{\frac{V}{3}L-100}{150}+\frac{\frac{V}{3}L'-1}{2}\ \text{[A]}$$

※ 이 문제는 출제 당시 규정에는 적합했으나 새로 제정된 한국전기설비규정에는 일부 부적합하므로 문제 유형만 참고하시기 바랍니다.

정답 02.② 03.②

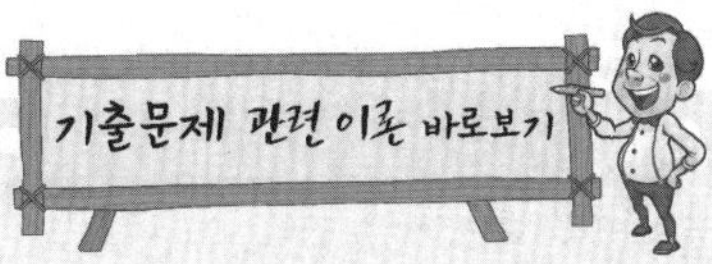

04 다음 ( )에 들어갈 내용으로 알맞은 것은?

> 지중 전선로는 기설 지중 약전류 전선로에 대하여 (㉠) 또는 (㉡)에 의하여 통신상의 장해를 주지 않도록 기설 약전류 전선로로부터 충분히 이격시키거나 기타 적당한 방법으로 시설하여야 한다.

① ㉠ 정전 용량, ㉡ 표피 작용
② ㉠ 정전 용량, ㉡ 유도 작용
③ ㉠ 누설 전류, ㉡ 표피 작용
④ ㉠ 누설 전류, ㉡ 유도 작용

해설 지중 약전류 전선의 유도 장해 방지(한국전기설비규정 334.5)
지중 전선로는 기설 지중 약전류 전선로에 대하여 누설 전류 또는 유도 작용에 의하여 통신상의 장해를 주지 아니하도록 기설 약전류 전선로로부터 충분히 이격시켜야 한다.

05 고압 가공 전선로에 사용하는 가공 지선은 지름 몇 [mm] 이상의 나경동선을 사용하여야 하는가?

출제빈도

① 2.6
② 3.0
③ 4.0
④ 5.0

해설 가공 지선(기술기준 제30조)
1. 고압 가공 전선로(한국전기설비규정 332.6)
   인장 강도 5.26[kN] 이상의 나선 또는 지름 4[mm]의 나경동선
2. 특고압 가공 전선로(한국전기설비규정 333.8)
   인장 강도 8.01[kN] 이상의 나선 또는 지름 5[mm]의 나경동선

05. 이론 check **가공 지선(기술기준 제30조)**

① 설치 목적
1. 가공 전선에 뇌가 침입하는 것을 방지한다.
2. 통신선에 대한 전자 유도 장해를 경감한다.

② 가공 지선의 굵기
1. 고압 가공 전선로(한국전기설비규정 332.6) : 인장 강도 5.26[kN] 이상의 것 또는 지름 4[mm]의 나경동선
2. 특고압 가공 전선로(한국전기설비규정 333.8) : 인장 강도 8.01[kN] 이상의 것 또는 지름 5[mm]의 나경동선

06 전력 보안 통신 설비인 무선 통신용 안테나를 지지하는 목주는 풍압하중에 대한 안전율이 얼마 이상이어야 하는가?

① 1.0
② 1.2
③ 1.5
④ 2.0

해설 무선용 안테나 등을 지지하는 철탑 등의 시설(한국전기설비규정 364.1)
1. 목주의 풍압 하중에 대한 안전율은 1.5 이상
2. 철주·철근 콘크리트주 또는 철탑의 기초의 안전율은 1.5 이상

정답 04.④ 05.③ 06.③

기출문제 관련 이론 바로보기

07 옥내에 시설하는 조명용 전등의 점멸 장치에 대한 설명으로 틀린 것은?

① 가정용 전등은 등기구마다 점멸이 가능하도록 한다.
② 국부 조명 설비는 그 조명 대상에 따라 점멸할 수 있도록 시설한다.
③ 공장, 사무실 등에 시설하는 전체 조명용 전등은 부분 조명이 가능하도록 전등군으로 구분하여 전등군마다 점멸이 가능하도록 한다.
④ 광 천장 조명 또는 간접 조명을 위하여 전등을 격등 회로로 시설하는 경우에는 10개의 전등군으로 구분하여 점멸이 가능하도록 한다.

해설 **점멸기의 시설(한국전기설비규정 234.6)**
1. 가정용 전등은 등기구마다 점멸이 가능하도록 할 것
2. 국부 조명 설비는 그 조명 대상에 따라 점멸할 수 있도록 시설할 것
3. 전등군마다 점멸 장치를 시설할 것

08 인입용 비닐 절연 전선을 사용한 저압 가공 전선은 횡단보도교 위에 시설하는 경우 노면상의 높이는 몇 [m] 이상으로 하여야 하는가?

출제빈도

① 3 ② 3.5
③ 4 ④ 4.5

해설 **저압 가공 전선의 높이(한국전기설비규정 222.7)**
횡단보도교 위에 시설하는 경우에는 저압 가공 전선은 그 노면상 3.5[m](절연 전선 또는 케이블인 경우에는 3[m]) 이상, 고압 가공 전선은 노면상 3.5[m] 이상

08. 이론 check **저압 가공 전선의 높이(한국전기설비규정 222.7)**
① 저압 가공 전선 : 5[m] 이상(교통에 지장이 없는 경우 4[m] 이상)
② 도로를 횡단하는 경우에는 지표상 6[m] 이상
③ 철도 또는 궤도를 횡단하는 경우에는 레일면상 6.5[m] 이상
④ 횡단보도교의 위에 시설하는 경우에는 저압 가공 전선은 그 노면상 3.5[m](절연 전선·다심형 전선·고압 절연 전선·특고압 절연 전선 또는 케이블인 경우에는 3[m]) 이상, 고압 가공 전선은 그 노면상 3.5[m] 이상
⑤ 다리의 하부 기타 이와 유사한 장소에 시설하는 저압의 전기 철도용 급전선은 지표상 3.5[m]까지로 감할 수 있다.

09 발전소에서 사용하는 차단기의 압축 공기 장치의 공기 압축기는 최고 사용 압력 몇 배의 수압을 연속하여 10분간 가하였을 때 견디고 새지 않아야 하는가?

① 1.2배 ② 1.25배
③ 1.5배 ④ 1.55배

해설 **압축 공기 계통(한국전기설비규정 341.16)**
공기 압축기는 최고 사용 압력의 1.5배의 수압(1.25배의 기압)을 연속하여 10분간 가하여 시험을 하였을 때 이에 견디고 또한 새지 아니할 것

10 태양 전지 발전소에 시설하는 태양 전지 모듈, 전선 및 개폐기 기타 기구의 시설 방법으로 적합하지 않은 것은?

① 충전 부분은 노출되지 아니하도록 시설할 것
② 태양 전지 모듈에 전선을 접속하는 경우에는 접속점에 장력이 가해지도록 할 것
③ 옥내에 시설하는 경우에는 금속관 공사, 가요 전선관 공사로 할 것
④ 태양 전지 모듈의 지지물은 진동과 충격에 안전한 구조이어야 할 것

정답 07.④ 08.① 09.③ 10.②

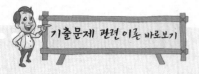

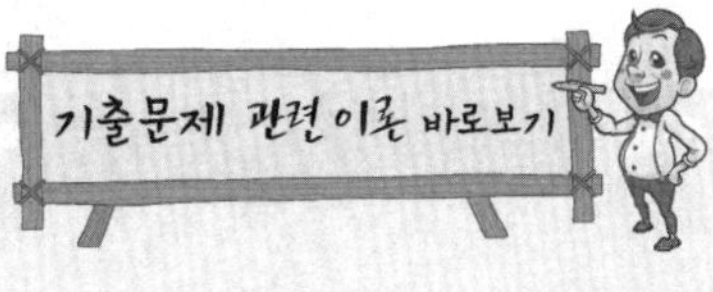

해설 태양 전지 모듈 등의 시설(판단기준 제54조)

1. 충전 부분은 노출되지 아니하도록 시설할 것
2. 부하측의 전로에는 접속점에 개폐기를 시설할 것
3. 병렬로 접속하는 전로에는 전로에 단락이 생긴 경우에 전로를 보호하는 과전류 차단기를 시설할 것
4. 전선은 공칭 단면적 2.5[mm^2] 이상의 연동선으로 할 것
5. 배선은 합성 수지관 공사, 금속관 공사, 가요 전선관 공사 또는 케이블 공사로 시설할 것
6. 기구에 전선을 접속하는 경우에는 나사 조임에 의하여 견고하고 또한 전기적으로 완전하게 접속함과 동시에 접속점에 장력이 가해지지 아니하도록 할 것
7. 지지물은 자중, 적재 하중, 적설 또는 풍압 및 지진 기타의 진동과 충격에 대하여 안전한 구조일 것

※ 이 문제는 출제 당시 규정에는 적합했으나 새로 제정된 한국전기설비규정에는 일부 부적합하므로 문제 유형만 참고하시기 바랍니다.

11 고압 보안 공사에서 지지물이 A종 철주인 경우 경간은 몇 [m] 이하인가?

① 100　② 150
③ 250　④ 400

해설 고압 보안 공사(한국전기설비규정 332.10)

1. 전선은 인장 강도 8.01[kN] 이상 또는 지름 5[mm] 이상의 경동선
2. 목주의 풍압 하중에 대한 안전율은 1.5 이상
3. 경간

지지물의 종류	경 간
목주·A종 철주 또는 A종 철근 콘크리트주	100[m]
B종 철주 또는 B종 철근 콘크리트주	150[m]
철탑	400[m]

12 (출제빈도) 사용 전압이 22,900[V]인 특고압 가공 전선이 건조물 등과 접근 상태로 시설되는 경우 지지물로 A종 철근 콘크리트주를 사용하면 그 경간은 몇 [m] 이하이어야 하는가? (단, 중성선 다중 접지식으로 전로에 단락이 생겼을 때에 2초 이내에 자동적으로 이를 전로로부터 차단하는 장치가 되어 있는 경우)

① 100　② 150
③ 200　④ 250

해설 25[kV] 이하인 특고압 가공 전선로의 시설(한국전기설비규정 333.32)

지지물의 종류	경 간
목주·A종 철주 또는 A종 철근 콘크리트주	100[m]
B종 철주 또는 B종 철근 콘크리트주	150[m]
철탑	400[m]

정답 11.① 12.①

12. 이론 check **25[kV] 이하인 특고압 가공 전선로의 시설(한국전기설비규정 333.32)**

① 지락이나 단락시 전로 차단 : 중성선 다중 접지식의 것으로서 전로에 지락이 생겼을 때 2초 이내에 자동적으로 이를 전로로부터 차단

② 특고압 가공 전선로의 중성선의 다중 접지 및 중성선의 시설

1. 접지 도체는 공칭 단면적 6[mm^2] 이상의 연동선 또는 이와 동등 이상의 세기 및 굵기의 쉽게 부식하지 않는 금속선으로서 고장시에 흐르는 전류가 안전하게 통할 수 있는 것일 것
2. 접지한 곳 상호간의 거리는 전선로에 따라 300[m] 이하일 것
3. 각 접지 도체를 중성선으로부터 분리하였을 경우의 각 접지점의 대지 전기 저항치가 1[km]마다의 중성선과 대지 사이의 합성 저항치는 다음 표에서 정한 값 이하일 것

구 분	각 접지점의 대지 전기 저항치	1[km] 마다의 합성 전기 저항치
15[kV] 이하	300[Ω]	30[Ω]
25[kV] 이하	300[Ω]	15[Ω]

4. 특고압 가공 전선로의 다중 접지를 한 중성선은 저압 가공 전선의 규정에 준하여 시설할 것
5. 다중 접지한 중성선은 저압 접지측 전선이나 중성선과 공용할 수 있나.

③ 경간

지지물의 종류	경 간
목주·A종 철주 또는 A종 철근 콘크리트주	100[m]
B종 철주 또는 B종 철근 콘크리트주	150[m]
철탑	400[m]

기출문제 관련 이론 바로보기

13 전기 울타리 시설에 대한 설명으로 옳지 않은 것은?

① 사람이 쉽게 출입하지 아니하는 곳에 시설할 것
② 전선과 이를 지지하는 기둥 사이의 이격 거리는 2.5[cm] 이상일 것
③ 전기 울타리용 전원 장치에 전기를 공급하는 전로의 사용 전압은 250[V] 이하일 것
④ 전선과 다른 시설물 또는 수목 사이의 이격 거리는 20[cm] 이상일 것

해설 **전기 울타리의 시설(한국전기설비규정 241.1)**
사용 전압은 250[V] 이하이며, 전선은 인장 강도 1.38[kN] 이상의 것 또는 지름 2[mm] 이상 경동선을 사용하고, 지지하는 기둥과의 이격 거리는 2.5[cm] 이상, 수목과의 거리는 30[cm] 이상을 유지하여야 한다.

14 제1종 금속제 가요 전선관의 두께는 몇 [mm] 이상인가?

① 0.8 ② 1.0
③ 1.2 ④ 1.6

해설 **가요 전선관 공사(한국전기설비규정 232.13)**
1. 전선은 절연 전선(옥외용 비닐 절연 전선 제외)일 것
2. 전선은 연선일 것
3. 가요 전선관 안에는 전선에 접속점이 없도록 할 것
4. 가요 전선관은 2종 금속제 가요 전선관일 것
5. 제1종 금속제 가요 전선관은 두께 0.8[mm] 이상인 것일 것

15 철도 또는 궤도를 횡단하는 저·고압 가공 전선의 높이는 레일면상 몇 [m] 이상이어야 하는가?

출제빈도

① 5.5 ② 6.5
③ 7.5 ④ 8.5

해설 **저·고압 가공 전선의 높이(한국전기설비규정 222.7, 332.5)**
1. 도로를 횡단하는 경우에는 지표상 6[m] 이상
2. 철도 또는 궤도를 횡단하는 경우에는 레일면상 6.5[m] 이상

15. 이론 check **고압 가공 전선의 높이(한국전기설비규정 332.5)**

① 고압 가공 전선 높이는 다음에 따라야 한다.
1. 도로를 횡단하는 경우에는 지표상 6[m] 이상
2. 철도 또는 궤도를 횡단하는 경우에는 레일면상 6.5[m] 이상
3. 횡단보도교의 위에 시설하는 경우에는 고압 가공 전선은 그 노면상 3.5[m] 이상
4. 이외의 경우에는 지표상 5[m] 이상

② 고압 가공 전선로를 빙설이 많은 지방에 시설하는 경우에는 전선의 적설상의 높이를 사람 또는 차량의 통행 등에 위험을 주지 않도록 유지하여야 한다.

16 금속제 지중 관로에 대하여 전식 작용에 의한 장해를 줄 우려가 있어 배류 시설에 사용되는 선택 배류기를 보호할 목적으로 시설하여야 하는 것은?

① 과전류 차단기
② 과전압 계전기
③ 유입 개폐기
④ 피뢰기

정답 13.④ 14.① 15.② 16.①

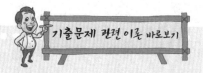

해설 **배류 접속(판단기준 제265조)**

1. 선택 배류기는 귀선에서 선택 배류기를 거쳐 금속제 지중 관로로 통하는 전류를 저지하는 구조로 할 것
2. 전기적 접점은 선택 배류기 회로를 개폐할 경우에 생기는 아크에 대하여 견디는 구조의 것으로 할 것
3. 선택 배류기를 보호하기 위하여 적정한 과전류 차단기를 시설할 것

※ 이 문제는 출제 당시 규정에는 적합했으나 새로 제정된 한국전기설비규정에는 일부 부적합하므로 문제 유형만 참고하시기 바랍니다.

17 케이블 트레이 공사에 사용하는 케이블 트레이에 적합하지 않은 것은?

① 금속제의 것은 적절한 방식 처리를 하거나 내식성 재료의 것이어야 한다.
② 비금속제 케이블 트레이는 난연성 재료가 아니어도 된다.
③ 케이블 트레이가 방화 구획의 벽 등을 관통하는 경우에는 개구부에 연소 방지 시설을 하여야 한다.
④ 금속제 케이블 트레이 계통은 기계적 또는 전기적으로 완전하게 접속하여야 한다.

해설 **케이블 트레이 공사(한국전기설비규정 232.41)**

1. 케이블 트레이의 안전율은 1.5 이상
2. 지지대는 트레이 자체 하중과 포설된 케이블 하중을 충분히 견딜 수 있는 강도로 해야 한다.
3. 전선의 피복 등을 손상시킬 돌기 등이 없이 매끈하여야 한다.
4. 금속제의 것은 적절한 방식 처리를 한 것이거나 내식성 재료의 것이어야 한다.
5. 비금속제 케이블 트레이는 난연성 재료의 것이어야 한다.

18 (출제빈도) 지중 전선이 지중 약전류 전선 등과 접근하거나 교차하는 경우에 상호간의 이격 거리가 저압 또는 고압의 지중 전선이 몇 [cm] 이하일 때, 지중 전선과 지중 약전류 전선 사이에 견고한 내화성의 격벽(隔壁)을 설치하여야 하는가?

① 10
② 20
③ 30
④ 60

해설 **지중 전선과 지중 약전류 전선 등 또는 관과의 접근 또는 교차(한국전기설비규정 334.6)**

상호간의 이격 거리 : 저압 또는 고압의 지중 전선은 30[cm] 이하, 특고압 지중 전선은 60[cm] 이하

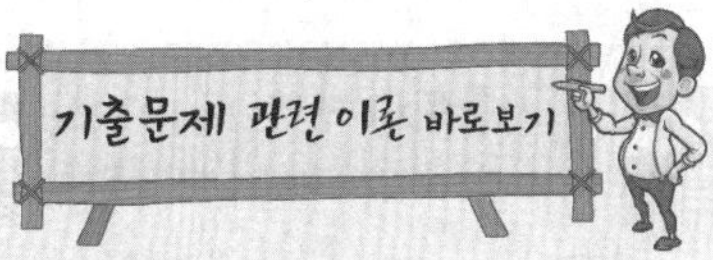

18. 이론 check **지중 전선과 지중 약전류 전선 등 또는 관과의 접근 또는 교차(한국전기설비규정 334.6)**

① 지중 전선이 지중 약전류 전선 등과 접근하거나 교차하는 경우에 상호간의 이격 거리가 저압 또는 고압의 지중 전선은 30[cm] 이하, 특고압 지중 전선은 60[cm] 이하인 때에는 지중 전선과 지중 약전류 전선 등 사이에 견고한 내화성(콘크리트 등의 불연 재료로 만들어진 것으로 케이블의 허용 온도 이상으로 가열시킨 상태에서도 변형 또는 파괴되지 않는 재료를 말한다)의 격벽(隔壁)을 설치하는 경우 이외에는 지중 전선을 견고한 불연성(不燃性) 또는 난연성(難燃性)의 관에 넣어 그 관이 지중 약전류 전선 등과 직접 접촉하지 아니하도록 하여야 한다. 다만, 다음의 어느 하나에 해당하는 경우에는 그러하지 아니하다.

1. 지중 약전류 전선 등이 전력 보안 통신선인 경우에 불연성 또는 자소성이 있는 난연성의 재료로 피복한 광섬유 케이블인 경우 또는 불연성 또는 자소성이 있는 난연성의 관에 넣은 광섬유 케이블인 경우
2. 지중 전선이 저압의 것이고 지중 약전류 전선 등이 전력 보안 통신선인 경우
3. 고압 또는 특고압의 지중 전선을 전력 보안 통신선에 직접 접촉하지 아니하도록 시설하는 경우
4. 지중 약전류 전선 등이 불연성 또는 자소성이 있는 난연성의 재료로 피복한 광섬유 케이블인 경우 또는 불연성 또는 자소성이 있는 난연성의 관에 넣은 광섬유 케이블로서 그 관리자와 협의한 경우
5. 사용 전압 170[kV] 미만의 지중 전선으로서 지중 약전류 전선 등의 관리자와 협의하여 이격 거리를 10[cm] 이상으로 하는 경우

② 특고압 지중 전선이 가연성이나 유독성의 유체(流體)를 내포하는 관과 접근하거나 교차하는 경우에 상호간의 이격 거리가 1[m] 이하

정답 17.② 18.③

기출문제 관련 이론 바로보기

(단, 사용 전압이 25[kV] 이하인 다중 접지 방식 지중 전선로인 경우에는 50[cm] 이하)인 때에는 지중 전선과 관 사이에 견고한 내화성의 격벽을 시설하는 경우 이외에는 지중 전선을 견고한 불연성 또는 난연성의 관에 넣어 그 관이 가연성이나 유독성의 유체를 내포하는 관과 직접 접촉하지 아니하도록 시설하여야 한다.

③ 특고압 지중 전선이 규정하는 관 이외의 관과 접근하거나 교차하는 경우에 상호간의 이격 거리가 30[cm] 이하인 경우에는 지중 전선과 관 사이에 견고한 내화성 격벽을 시설하는 경우 이외에는 견고한 불연성 또는 난연성의 관에 넣어 시설하여야 한다.

19 특고압 전선로에 접속하는 배전용 변압기를 시설하는 경우에 대한 설명으로 틀린 것은?

① 변압기의 2차 전압이 고압인 경우에는 저압측에 개폐기를 시설한다.
② 특고압 전선으로 특고압 절연 전선 또는 케이블을 사용한다.
③ 변압기의 특고압측에 개폐기 및 과전류 차단기를 시설한다.
④ 변압기의 1차 전압은 35[kV] 이하, 2차 전압은 저압 또는 고압이어야 한다.

해설 **특고압 배전용 변압기의 시설(한국전기설비규정 341.2)**

1. 변압기의 1차 전압은 35[kV] 이하, 2차 전압은 저압 또는 고압일 것
2. 변압기의 특고압측에 개폐기 및 과전류 차단기를 시설할 것
   가. 2 이상의 변압기를 각각 다른 회선의 특고압 전선에 접속할 것
   나. 변압기의 2차측 전로에는 과전류 차단기 및 2차측 전로로부터 1차측 전로에 전류가 흐를 때에 자동적으로 2차측 전로를 차단하는 장치를 시설하고 그 과전류 차단기 및 장치를 통하여 2차측 전로를 접속할 것
3. 변압기의 2차 전압이 고압인 경우에는 고압측에 개폐기를 시설하고 또한 쉽게 개폐할 수 있도록 할 것

20 특고압 가공 전선과 가공 약전류 전선 사이에 시설하는 보호망에서 보호망을 구성하는 금속선 상호간의 간격은 가로 및 세로를 각각 몇 [m] 이하로 시설하여야 하는가?

① 0.75
② 1.0
③ 1.25
④ 1.5

해설 **특고압 가공 전선과 저·고압 가공 전선 등의 접근 또는 교차(한국전기설비규정 333.26)**

1. 보호망은 접지 공사를 한 금속제의 망상 장치(網狀裝置)일 것
2. 보호망을 구성하는 금속선은 그 외주(外周) 및 특고압 가공 전선의 바로 아래에 시설하는 금속선에 인장 강도 8.01[kN] 이상의 것 또는 지름 5[mm] 이상의 경동선을 사용하고 기타 부분에 시설하는 금속선에 인장 강도 3.64[kN] 이상 또는 지름 4[mm] 이상의 아연도철선을 사용할 것
3. 보호망을 구성하는 금속선 상호간의 간격은 가로 세로 각 1.5[m] 이하일 것

정답 19.① 20.④

제3회 전기설비기술기준

01 고압 가공 전선로에 사용하는 가공 지선으로 나경동선을 사용할 때의 최소 굵기[mm]는?

출제빈도

① 3.2
② 3.5
③ 4.0
④ 5.0

해설 가공 지선(기술기준 제30조, 한국전기설비규정 332.6 및 333.8)

1. 고압 가공 전선로
   인장 강도 5.26[kN] 이상의 나선 또는 지름 4[mm]의 나경동선
2. 특고압 가공 전선로
   인장 강도 8.01[kN] 이상의 나선 또는 지름 5[mm]의 나경동선

02 사용 전압 380[V]인 저압 보안 공사에 사용되는 경동선은 그 지름이 최소 몇 [mm] 이상의 것을 사용하여야 하는가?

출제빈도

① 2.0
② 2.6
③ 4.0
④ 5.0

해설 저압 보안 공사(한국전기설비규정 222.10)

전선은 케이블인 경우 이외에는 인장 강도 8.01[kN] 이상의 것 또는 지름 5[mm](사용 전압이 400[V] 이하인 경우에는 인장 강도 5.26[kN] 이상의 것 또는 지름 4[mm] 이상의 경동선) 이상의 경동선

03 수상 전선로를 시설하는 경우에 대한 설명으로 알맞은 것은?

① 사용 전압이 고압인 경우에는 클로로프렌 캡타이어 케이블을 사용한다.
② 가공 전선로의 전선과 접속하는 경우, 접속점이 육상에 있는 경우에는 지표상 4[m] 이상의 높이로 지지물에 견고하게 붙인다.
③ 가공 전선로의 전선과 접속하는 경우, 접속점이 수면상에 있는 경우, 사용 전압이 고압인 경우에는 수면상 5[m] 이상의 높이로 지지물에 견고하게 붙인다.
④ 고압 수상 전선로에 지락이 생길 때를 대비하여 전로를 수동으로 차단하는 장치를 시설한다.

정답 01.③ 02.③ 03.③

기출문제 관련 이론 바로보기

01. 이론 check **가공 지선(기술기준 제30조)**

① 설치 목적
1. 가공 전선에 뇌가 침입하는 것을 방지한다.
2. 통신선에 대한 전자 유도 장해를 경감한다.

② 가공 지선의 굵기
1. 고압 가공 전선로(한국전기설비규정 332.6) : 인장 강도 5.26[kN] 이상의 것 또는 지름 4[mm]의 나경동선
2. 특고압 가공 전선로(한국전기설비규정 333.8) : 인장 강도 8.01[kN] 이상의 것 또는 지름 5[mm]의 나경동선

02. 이론 check **저압 보안 공사(한국전기설비규정 222.10)**

① 전선은 케이블인 경우 이외에는 인장 강도 8.01[kN] 이상의 것 또는 지름 5[mm](400[V] 이하인 경우에는 인장 강도 5.26[kN] 이상의 것 또는 4[mm])의 경동선일 것

② 목주는 다음에 의할 것
1. 풍압 하중에 대한 안전율은 1.5 이상일 것
2. 목주의 굵기는 말구(末口)의 지름 12[cm] 이상일 것

③ 경간

지지물의 종류	경 간
목주·A종 철주 또는 A종 철근 콘크리트주	100[m]
B종 철주 또는 B종 철근 콘크리트주	150[m]
철탑	400[m] (단주인 경우에는 400[m])

저압 가공 전선에 인장 강도 8.71[kN] 이상의 것 또는 단면적 22[mm^2]의 경동 연선을 사용하는 경우에는 표준 경간을 적용한다.

기출문제 관련 이론 바로보기

해설 수상 전선로의 시설(한국전기설비규정 335.3)

1. 전선은 전선로의 사용 전압이 저압인 경우에는 클로로프렌 캡타이어 케이블이어야 하며, 고압인 경우에는 캡타이어 케이블일 것
2. 수상 전선로의 전선을 가공 전선로의 전선과 접속하는 경우에는 그 부분의 전선은 접속점으로부터 전선의 절연 피복 안에 물이 스며들지 아니하도록 시설하고 또한 전선의 접속점은 다음의 높이로 지지물에 견고하게 붙일 것
   가. 접속점이 육상에 있는 경우에는 지표상 5[m] 이상. 다만, 수상 전선로의 사용 전압이 저압인 경우에 도로상 이외의 곳에 있을 때는 지표상 4[m]까지로 감할 수 있다.
   나. 접속점이 수면상에 있는 경우에는 수상 전선로의 사용 전압이 저압인 경우에는 수면상 4[m] 이상, 고압인 경우에는 수면상 5[m] 이상이다.

04
고압 가공 전선과 식물과의 이격 거리에 대한 기준으로 가장 적절한 것은?

① 고압 가공 전선의 주위에 보호망으로 이격시킨다.
② 식물과의 접촉에 대비하여 차폐선을 시설하도록 한다.
③ 고압 가공 전선을 절연 전선으로 사용하고 주변의 식물을 제거시키도록 한다.
④ 식물에 접촉하지 아니하도록 시설하여야 한다.

해설 고압 가공 전선과 식물의 이격 거리(한국전기설비규정 332.19)
고압 가공 전선은 상시 부는 바람 등에 의하여 식물에 접촉하지 않도록 시설하여야 한다.

05. 이론 check **계측 장치(한국전기설비규정 351.6)**

① 발전소 계측 장치
1. 발전기, 연료 전지 또는 태양 전지 모듈의 전압, 전류, 전력
2. 발전기 베어링(수중 메탈은 제외한다) 및 고정자의 온도
3. 정격 출력이 10,000[kW]를 넘는 증기 터빈에 접속하는 발전기의 진동의 진폭
4. 주요 변압기의 전압, 전류, 전력
5. 특고압용 변압기의 유온
6. 동기 발전기를 시설하는 경우 : 동기 검정 장치 시설(동기 발전기를 연계하는 전력 계통에 동기 발전기 이외의 전원이 없는 경우, 또는 전력 계통의 용량에 비해 현저히 작은 경우 제외)

② 변전소 계측 장치
1. 주요 변압기의 전압, 전류, 전력
2. 특고압 변압기의 유온

③ 동기 조상기 계측 장치
1. 동기 검정 장치(동기 조상기의 용량이 전력 계통 용량에 비하여 현저하게 작은 경우는 시설하지 아니할 수 있다)
2. 동기 조상기의 전압, 전류, 전력
3. 동기 조상기의 베어링 및 고정자 온도

05
출제빈도

동기 발전기를 사용하는 전력 계통에 시설하여야 하는 장치는?

① 비상 조속기 ② 동기 검정 장치
③ 분로 리액터 ④ 절연유 유출 방지 설비

해설 계측 장치(한국전기설비규정 351.6)
동기 발전기(同期發電機)를 시설하는 경우에는 동기 검정 장치를 시설하여야 한다. 다만, 동기 발전기를 연계하는 전력 계통에는 그 동기 발전기 이외의 전원이 없는 경우 또는 동기 발전기의 용량이 그 발전기를 연계하는 전력 계통의 용량과 비교하여 현저히 적은 경우에는 그러하지 아니하다.

06
지선을 사용하여 그 강도를 분담시켜서는 안 되는 가공 전선로 지지물은?

① 목주 ② 철주
③ 철근 콘크리트주 ④ 철탑

정답 04.④ 05.② 06.④

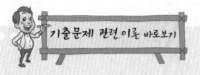

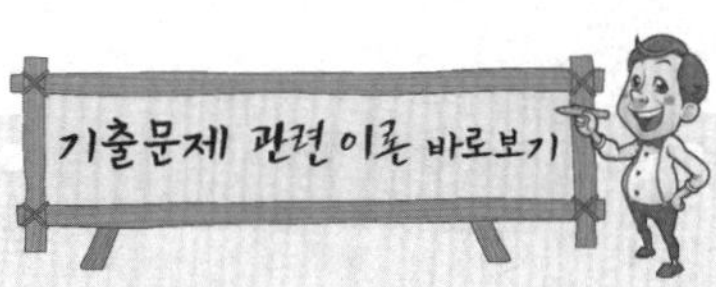

해설 지선의 시설(한국전기설비규정 331.11)
가공 전선로의 지지물로 사용하는 철탑은 지선을 사용하여 그 강도를 분담시켜서는 아니된다.

07

154[kV] 전선로를 제1종 특고압 보안 공사로 시설할 때 경동 연선의 최소 굵기는 몇 [mm^2] 이어야 하는가?

① 55 ② 100
③ 150 ④ 200

해설 특고압 보안 공사(한국전기설비규정 333.22)
제1종 특고압 보안 공사의 전선의 굵기

사용 전압	전 선
100[kV] 미만	인장 강도 21.67[kN] 이상, 55[mm^2] 이상 경동 연선
100[kV] 이상 300[kV] 미만	인장 강도 58.84[kN] 이상, 150[mm^2] 이상 경동 연선
300[kV] 이상	인장 강도 77.47[kN] 이상, 200[mm^2] 이상 경동 연선

08

과전류 차단기로 시설하는 퓨즈 중 고압 전로에 사용하는 포장 퓨즈는 정격 전류의 몇 배에 견디어야 하는가? (단, 퓨즈 이외의 과전류 차단기와 조합하여 하나의 과전류 차단기로 사용하는 것을 제외한다.)

① 1.1 ② 1.3
③ 1.5 ④ 1.7

해설 고압 및 특고압 전로 중의 과전류 차단기의 시설(한국전기설비규정 341.11)
1. 과전류 차단기로 시설하는 퓨즈 중 고압 전로에 사용하는 포장 퓨즈는 정격 전류의 1.3배의 전류에 견디고 또한 2배의 전류로 120분 안에 용단되는 것 또는 다음에 적합한 고압 전류 제한 퓨즈이어야 한다.
2. 과전류 차단기로 시설하는 퓨즈 중 고압 전로에 사용하는 비포장 퓨즈는 정격 전류의 1.25배의 전류에 견디고 또한 2배의 전류로 2분 안에 용단되는 것이어야 한다.

09

출제빈도

폭연성 분진 또는 화약류의 분말이 존재하는 곳의 저압 옥내 배선은 어느 공사에 의하는가?

① 애자 공사 ② 캡타이어 케이블 공사
③ 합성 수지관 공사 ④ 금속관 공사

해설 분진 위험 장소(한국전기설비규정 242.2)
폭연성 분진 또는 화약류의 분말이 전기 설비가 발화원이 되어 폭발할 우려가 있는 곳에 시설하는 저압 옥내 전기 설비는 금속관 공사 또는 케이블 공사(캡타이어 케이블 제외)에 의할 것

정답 07.③ 08.② 09.④

09. 이론 check **분진 위험 장소(한국전기설비규정 242.2)**

① 폭연성 분진(마그네슘·알루미늄·티탄·지르코늄 등의 먼지가 쌓여 있는 상태에서 불이 붙었을 때에 폭발할 우려가 있는 것을 말한다. 이하 같다) 또는 화약류의 분말이 전기 설비가 발화원이 되어 폭발할 우려가 있는 곳에 시설하는 저압 옥내 전기 설비(사용 전압이 400[V] 초과인 방전 등을 제외한다)는 다음에 따르고 또한 위험의 우려가 없도록 시설하여야 한다.
1. 저압 옥내 배선, 저압 관등 회로 배선, 소세력 회로의 전선은 금속관 공사 또는 케이블 공사(캡타이어 케이블을 사용하는 것을 제외한다)에 의할 것
2. 금속관 공사에 의하는 때에는 다음에 의하여 시설할 것
가. 금속관은 박강 전선관(薄鋼電線管) 또는 이와 동등 이상의 강도를 가지는 것일 것
나. 박스 기타의 부속품 및 풀박스는 쉽게 마모·부식 기타의 손상을 일으킬 우려가 없는 패킹을 사용하여 먼지가 내부에 침입하지 아니하도록 시설할 것
나. 관 상호간 및 관과 박스 기타의 부속품·풀박스 또는 전기 기계 기구와는 5턱 이상 나사 조임으로 접속하는 방법 기타 이와 동등 이상의 효력이 있는 방법에 의하여 견고하게 접속하고 또한 내부에 먼지가 침입하지 아니하도록 접속할 것

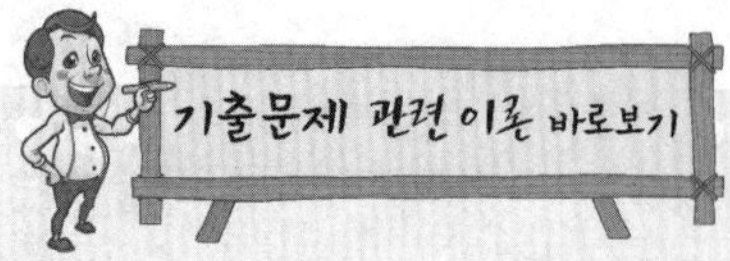

10 저압 가공 전선이 안테나와 접근 상태로 시설되는 경우 가공 전선과 안테나 사이의 이격 거리는 저압인 경우 몇 [cm] 이상이어야 하는가?

① 40 ② 60
③ 80 ④ 100

해설 저압 및 고압 가공 전선과 안테나의 접근 또는 교차(한국전기설비규정 222.14 및 332.14)

1. 고압 가공 전선로는 고압 보안 공사에 의할 것
2. 가공 전선과 안테나 사이의 이격 거리는 저압은 60[cm] (전선이 고압 절연 전선, 특고압 절연 전선 또는 케이블인 경우에는 30[cm]) 이상, 고압은 80[cm] (전선이 케이블인 경우에는 40[cm]) 이상일 것

11 옥내에 시설하는 관등 회로의 사용 전압이 12,000[V]인 방전등 공사시의 네온 변압기 외함에는 몇 종 접지 공사를 해야 하는가?

① 제1종 접지 공사 ② 제2종 접지 공사
③ 제3종 접지 공사 ④ 특별 제3종 접지 공사

해설 옥내의 네온 방전등 공사(판단기준 제215조)

네온 변압기의 외함에는 제3종 접지 공사를 할 것

※ 이 문제는 출제 당시 규정에는 적합했으나 새로 제정된 한국전기설비규정에는 일부 부적합하므로 문제 유형만 참고하시기 바랍니다.

12 발전소에 시설하지 않아도 되는 계측 장치는?

① 발전기의 전압 및 전류 또는 전력
② 발전기의 베어링 및 고정자의 온도
③ 발전기의 회전수 및 주파수
④ 특고압용 변압기의 온도

해설 계측 장치(한국전기설비규정 351.6)

1. 발전기, 연료 전지 또는 태양 전지 모듈의 전압, 전류, 전력
2. 발전기 베어링 및 고정자의 온도
3. 정격 출력 10,000[kW]를 초과하는 증기 터빈에 접속하는 발전기의 진동 진폭
4. 주요 변압기의 전압, 전류, 전력
5. 특고압용 변압기의 유온

13 저압 옥내 배선의 사용 전압이 400[V] 미만인 경우 버스 덕트 공사는 몇 종 접지 공사를 하여야 하는가?

① 제1종 접지 공사 ② 제2종 접지 공사
③ 제3종 접지 공사 ④ 특별 제3종 접지 공사

13. 이론 check **버스 덕트 공사(한국전기설비규정 232.61)**

① 버스 덕트 공사에 의한 저압 옥내 배선은 다음에 따라 시설하여야 한다.
1. 덕트 상호간 및 전선 상호간은 견고하고 또한 전기적으로 완전하게 접속할 것
2. 덕트를 조영재에 붙이는 경우에는 덕트의 지지점 간의 거리를 3[m](취급자 이외의 자가 출입할 수 없도록 설비한 곳에서 수직으로 붙이는 경우에는 6[m]) 이하로 하고 또한 견고하게 붙일 것
3. 덕트(환기형의 것을 제외한다)의 끝부분은 막을 것
4. 덕트(환기형의 것을 제외한다)의 내부에 먼지가 침입하지 아니하도록 할 것
5. 습기가 많은 장소 또는 물기가 있는 장소에 시설하는 경우에는 옥외용 버스 덕트를 사용하고 버스 덕트 내부에 물이 침입하여 고이지 아니하도록 할 것

정답 10.② 11.③ 12.③ 13.③

해설 버스 덕트 공사(판단기준 제188조)

1. 저압 옥내 배선의 사용 전압이 400[V] 미만인 경우에는 덕트에 제3종 접지 공사를 할 것
2. 저압 옥내 배선의 사용 전압이 400[V] 이상인 경우에는 덕트에 특별 제3종 접지 공사를 할 것. 다만, 사람이 접촉할 우려가 없도록 시설하는 경우에는 제3종 접지 공사에 의할 수 있다.

(⇨ '기출문제 관련 이론 바로보기'에서 개정된 규정 참조하세요.)

※ 이 문제는 출제 당시 규정에는 적합했으나 새로 제정된 한국전기설비규정에는 일부 부적합하므로 문제 유형만 참고하시기 바랍니다.

14 전력 보안 통신 설비의 보안 장치 중에서 특고압용 배류 중계 코일을 시설하는 경우 선로측 코일과 대지와의 사이의 절연 내력은 몇 [V]의 시험 전압으로 연속하여 1분간 견디어야 하는가?

(출제빈도)

① AC 600 ② AC 6,000
③ AC 300 ④ AC 3,000

해설 특고압 가공 전선로 첨가 통신선의 시가지 인입 제한(한국전기설비규정 362.5)

특고압용 배류 중계 코일은 선로측 코일과 옥내측 코일 사이 및 선로측 코일과 대지 사이의 절연 내력은 교류 6[kV]의 시험 전압으로 시험하였을 때 연속하여 1분간 이에 견디는 것일 것

15 아크 용접 장치의 시설 기준으로 옳지 않은 것은?

① 용접 변압기는 절연 변압기일 것
② 용접 변압기의 1차측 전로의 대지 전압은 400[V] 이하일 것
③ 용접 변압기 1차측 전로에는 용접 변압기에 가까운 곳에 쉽게 개폐할 수 있는 개폐기를 시설할 것
④ 피용접재 또는 이와 전기적으로 접속되는 받침대·정반 등의 금속체에는 접지 공사를 할 것

해설 아크 용접기(한국전기설비규정 241.10)

1. 용접 변압기는 절연 변압기일 것
2. 용접 변압기의 1차측 전로의 대지 전압은 300[V] 이하일 것
3. 용접 변압기의 1차측 전로에는 용접 변압기에 가까운 곳에 쉽게 개폐할 수 있는 개폐기를 시설할 것
4. 피용접재 또는 이와 전기적으로 접속되는 받침대·정반 등의 금속체에는 접지 공사를 할 것

16 옥내의 저압 전선으로 나전선 사용이 허용되지 않는 경우는?

① 라이팅 덕트 공사에 의하여 시설하는 경우
② 버스 덕트 공사에 의하여 시설하는 경우
③ 애자 공사에 의하여 전개된 곳에 시설하는 경우
④ 금속관 공사에 의하여 시설하는 경우

정답 14.② 15.② 16.④

기출문제 관련 이론 바로보기

14. 이론 check **특고압 가공 전선로 첨가 통신선의 시가지 인입 제한(한국전기설비규정 362.5)**

① 특고압 가공 전선로의 지지물에 첨가하는 통신선 또는 이에 직접 접속하는 통신선은 시가지에 시설하는 통신선(특고압 가공 전선로의 지지물에 첨가하는 통신선은 제외한다. 이하 "시가지의 통신선"이라 한다)에 접속하여서는 아니 된다. 다만, 다음 어느 하나에 해당하는 경우에는 그러하지 아니하다.

1. 특고압 가공 전선로의 지지물에 첨가하는 통신선 또는 이에 직접 접속하는 통신선과 시가지의 통신선과의 접속점에 규정에서 정하는 표준에 적합한 특고압용 제1종 보안 장치, 특고압용 제2종 보안 장치 또는 이에 준하는 보안 장치를 시설하고 또한 그 중계선륜(中繼線輪) 또는 배류 중계선륜(排流中繼線輪)의 2차측에 시가지의 통신선을 접속하는 경우
2. 시가지의 통신선이 절연 전선과 동등 이상의 절연 효력이 있는 것

② 시가지에 시설하는 통신선은 특고압 가공 전선로의 지지물에 시설하여서는 아니 된다. 다만, 통신선이 절연 전선과 동등 이상의 절연 효력이 있고 인장 강도 5.26[kN] 이상의 것 또는 단면적 16[mm^2](지름 4[mm]) 이상의 절연 전선 또는 광섬유 케이블인 경우에는 그러하지 아니하다.

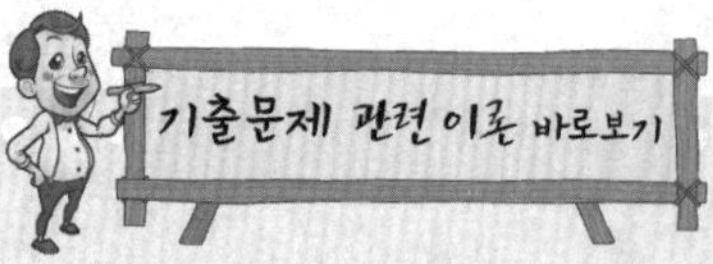

해설 나전선의 사용 제한(한국전기설비규정 231.4)

옥내에 시설하는 저압 전선에는 나전선을 사용하는 경우

1. 애자 공사에 의하여 전개된 곳에 다음의 전선을 시설하는 경우
   가. 전기로용 전선
   나. 전선의 피복 절연물이 부식하는 장소에 시설하는 전선
   다. 취급자 이외의 자가 출입할 수 없도록 설비한 장소에 시설하는 전선
2. 버스 덕트 공사에 의하여 시설하는 경우
3. 라이팅 덕트 공사에 의하여 시설하는 경우
4. 저압 접촉 전선을 시설하는 경우

17

고압 또는 특고압 가공 전선과 금속제 울타리·담 등이 교차하는 경우에 금속제의 울타리·담 등에는 교차점과 좌우로 45[m] 이내의 개소에 몇 종 접지 공사를 하는가?

① 제1종 접지 공사
② 제2종 접지 공사
③ 제3종 접지 공사
④ 특별 제3종 접지 공사

해설 발전소 등의 울타리·담 등의 시설(한국전기설비규정 351.1)

고압 또는 특고압 가공 전선(전선에 케이블을 사용하는 경우는 제외함)과 금속제의 울타리·담 등이 교차하는 경우에 금속제의 울타리·담 등에는 교차점과 좌우로 45[m] 이내의 개소에 접지 시스템(140)의 규정에 의한 접지 공사를 하여야 한다.(⇨ '기출문제 관련 이론 바로보기'에서 개정된 규정 참조하세요.)

※ 이 문제는 출제 당시 규정에는 적합했으나 새로 제정된 한국전기설비규정에는 일부 부적합하므로 문제 유형만 참고하시기 바랍니다.

18

사용 전압 161[kV]의 가공 전선이 건조물과 제1차 접근 상태로 시설되는 경우 가공 전선과 건조물 사이의 이격 거리는 몇 [m] 이상인가?

① 4.25　② 4.65
③ 4.95　④ 5.45

해설 특고압 가공 전선과 건조물과 접근 교차(한국전기설비규정 333.23)

10[kV] 단수는 16.1−3.5=12.6에서 13단수이므로 이격 거리는 3+0.15×13=4.95[m]이다.

19

강색 철도의 전차선은 지름 몇 [mm]의 경동선 또는 이와 동등 이상의 세기 및 굵기의 것이어야 하는가?

① 5　② 7
③ 10　④ 15

17. 이론 check **발전소 등의 울타리·담 등의 시설(한국전기설비규정 351.1)**

① 고압 또는 특고압의 기계 기구·모선 등을 옥외에 시설하는 발전소·변전소·개폐소 또는 이에 준하는 곳에는 다음에 따라 구내에 취급자 이외의 사람이 들어가지 아니하도록 시설하여야 한다. 다만, 토지의 상황에 의하여 사람이 들어갈 우려가 없는 곳은 그러하지 아니하다.

1. 울타리·담 등을 시설할 것
2. 출입구에는 출입 금지의 표시를 할 것
3. 출입구에는 자물쇠 장치 기타 적당한 장치를 할 것

② ①의 울타리·담 등은 다음에 따라 시설하여야 한다.

1. 울타리·담 등의 높이는 2[m] 이상으로 하고 지표면과 울타리·담 등의 하단 사이의 간격은 15[cm] 이하로 할 것
2. 울타리·담 등과 고압 및 특고압의 충전 부분이 접근하는 경우에는 울타리·담 등의 높이와 울타리·담 등으로부터 충전 부분까지 거리의 합계는 표에서 정한 값 이상으로 할 것

사용 전압의 구분	울타리·담 등의 높이와 울타리·담 등으로부터 충전 부분까지의 거리의 합계
35[kV] 이하	5[m]
35[kV] 초과 160[kV] 이하	6[m]
160[kV] 초과	6[m]에 160[kV]를 초과하는 10[kV] 또는 그 단수마다 12[cm]를 더한 값

정답 17.① 18.③ 19.②

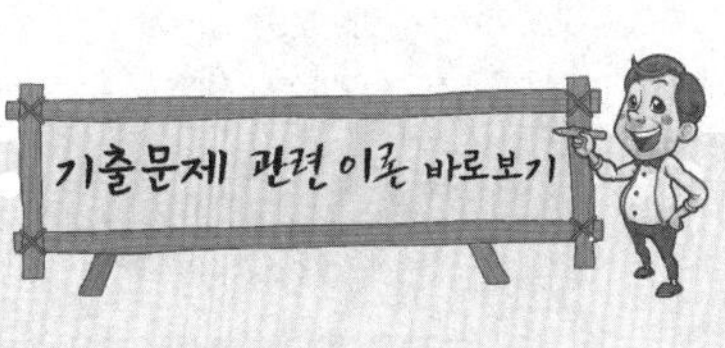

해설 강색 차선의 시설(판단기준 제275조)

1. 강색 차선은 지름 7[mm]의 경동선 사용
2. 강색 차선의 레일면상의 높이는 4[m] 이상일 것. 다만, 터널 안, 교량 아래 그 밖에 이와 유사한 곳에 시설하는 경우에는 3.5[m] 이상일 것

※ 이 문제는 출제 당시 규정에는 적합했으나 새로 제정된 한국전기설비규정에는 일부 부적합하므로 문제 유형만 참고하시기 바랍니다.

20 농사용 저압 가공 전선로 시설에 대한 설명으로 옳지 않은 것은?

출제빈도

① 목주의 말구 지름은 9[cm] 이상일 것
② 지름 2[mm] 이상의 경동선일 것
③ 지표상 3.5[m] 이상일 것
④ 전선로의 경간은 50[m] 이하일 것

해설 농사용 저압 가공 전선로의 시설(한국전기설비규정 222.22)

1. 사용 전압은 저압일 것
2. 저압 가공 전선은 인장 강도 1.38[kN] 이상의 것 또는 지름 2[mm] 이상의 경동선일 것
3. 저압 가공 전선의 지표상의 높이는 3.5[m] 이상일 것
4. 목주의 굵기는 말구 지름이 9[cm] 이상일 것
5. 전선로의 경간은 30[m] 이하일 것

20. 이론 check **농사용 저압 가공 전선로의 시설(한국전기설비규정 222.22)**

농사용 전등·전동기 등에 공급하는 저압 가공 전선로는 그 저압 가공 전선이 건조물의 위에 시설되는 경우, 도로·철도·궤도·삭도·가공 약전류 전선 등·안테나·다른 가공 전선 또는 전차선과 교차하여 시설되는 경우 및 수평 거리로 이와 그 저압 가공 전선로의 지지물의 지표상 높이에 상당하는 거리 안에 접근하여 시설되는 경우 이외의 경우에 한하여 다음에 따라 시설하는 때에는 222.7 및 332.2의 규정에 의하지 아니할 수 있다.

1. 사용 전압은 저압일 것
2. 저압 가공 전선은 인장 강도 1.38[kN] 이상의 것 또는 지름 2[mm] 이상의 경동선일 것
3. 저압 가공 전선의 지표상의 높이는 3.5[m] 이상일 것. 다만, 저압 가공 전선을 사람이 쉽게 출입하지 아니하는 곳에 시설하는 경우에는 3[m]까지로 감할 수 있다.
4. 목주의 굵기는 말구 지름이 9[cm] 이상일 것
5. 전선로의 경간은 30[m] 이하일 것
6. 다른 전선로에 접속하는 곳 가까이에 그 저압 가공 전선로 전용의 개폐기 및 과전류 차단기를 각 극(과전류 차단기는 중성극을 제외한다)에 시설할 것

정답 20.④

Industrial Engineer Electricity

2013년 과년도 출제문제

기출문제 관련 이론 바로보기

제1회 전기설비기술기준

01 고압 옥내 배선이 다른 고압 옥내 배선과 접근하거나 교차하는 경우 상호간의 이격 거리는 최소 몇 [cm] 이상이어야 하는가?

① 10 ② 15
③ 20 ④ 25

해설 고압 옥내 배선 등의 시설(한국전기설비규정 342.1)
고압 옥내 배선이 다른 고압 옥내 배선·저압 옥내 전선·관등 회로의 배선·약전류 전선 등 또는 수관·가스관이나 이와 유사한 것과 접근하거나 교차하는 경우에 이격 거리는 15[cm] 이상이어야 한다.

02 저압 접촉 전선을 절연 트롤리 공사에 의하여 시설하는 경우에 대한 기준으로 옳지 않은 것은? (단, 기계 기구에 시설하는 경우가 아닌 것으로 한다.)

① 절연 트롤리선은 사람이 쉽게 접할 우려가 없도록 시설할 것
② 절연 트롤리선의 개구부는 아래 또는 옆으로 향하여 시설할 것
③ 절연 트롤리선의 끝부분은 충전 부분이 노출되는 구조일 것
④ 절연 트롤리선은 각 지지점에서 견고하게 시설하는 것 이외에 그 양쪽 끝을 내장 인류 장치에 의하여 견고하게 인류할 것

해설 옥내에 시설하는 저압 접촉 전선 공사(한국전기설비규정 232.31)
1. 절연 트롤리선은 사람이 쉽게 접할 우려가 없도록 시설할 것
2. 절연 트롤리선의 도체는 지름 6[mm]의 경동선 또는 단면적이 28[mm^2] 이상일 것
3. 절연 트롤리선의 개구부는 아래 또는 옆으로 향하여 시설할 것
4. 절연 트롤리선의 끝부분은 충전 부분이 노출되지 아니하는 구조일 것
5. 절연 트롤리선은 각 지지점에서 견고하게 시설하는 것 이외에 그 양쪽 끝을 내장 인류 장치에 의하여 견고하게 인류할 것

03 345[kV] 옥외 변전소에 울타리 높이와 울타리에서 충전 부분까지 거리[m]의 합계는?

① 6.48 ② 8.16
③ 8.40 ④ 8.28

01. 이론 check 고압 옥내 배선

① 고압 옥내 배선 등의 시설(한국전기설비규정 342.1)
1. 애자 공사(건조한 장소에서 전개된 장소에 한한다)
2. 케이블 공사
3. 케이블 트레이 공사

② 배선 시설 방법
1. 전선은 공칭 단면적 6[mm^2] 이상의 연동선 또는 이와 동등 이상의 세기 및 굵기의 고압 절연 전선이나 특고압 절연 전선 또는 인하용 고압 절연 전선일 것
2. 전선의 지지점 간의 거리는 6[m] 이하일 것. 다만, 전선을 조영재의 면을 따라 붙이는 경우에는 2[m] 이하이어야 한다.
3. 전선 상호간의 간격은 8[cm] 이상, 전선과 조영재 사이의 이격 거리는 5[cm] 이상일 것
4. 애자 공사에 사용하는 애자는 절연성·난연성 및 내수성의 것일 것
5. 고압 옥내 배선은 저압 옥내 배선과 쉽게 식별되도록 시설할 것
6. 전선이 조영재를 관통하는 경우에는 그 관통하는 부분의 전선을 전선마다 각각 별개의 난연성 및 내수성이 있는 견고한 절연관에 넣을 것
7. 고압 옥내 배선이 다른 고압 옥내 배선·저압 옥내 전선·관등 회로의 배선·약전류 전선 등 또는 수관·가스관이나 이와 유사한 것과 접근하거나 교차하는 경우 이격 거리는 15[cm](애자 공사에 의하여 시설하는 저압 옥내 전선이나 전선인 경우에는 30[cm], 가스 계량기 및 가스관의 이음부와 전력량계 및 개폐기와는 60[cm]) 이상이어야 한다.
다만, 고압 옥내 배선을 케이블 공사에 의하여 시설하는 경우에 케이블과 이들 사이에 내화성이 있는 견고한 격벽을 시설할 때, 케이블을 내화성이 있는 견고한 관에 넣어 시설할 때 또는 다른 고압 옥내 배선의 전선이 케이블일 때에는 그러하지 아니하다.

정답 01.② 02.③ 03.④

해설 특고압용 기계 기구 시설(한국전기설비규정 341.4)

울타리까지 가는 거리와 울타리 높이의 합계

160[kV]를 넘는 10[kV] 단수는 $(345-160)\div 10=18.5$이므로 19단수이다.

그러므로 $6+0.12\times 19=8.28$[m]

04 저압 및 고압 가공 전선의 최소 높이는 도로를 횡단하는 경우와 철도를 횡단하는 경우에 각각 몇 [m] 이상이어야 하는가?

출제빈도

① 도로 : 지표상 6[m], 철도 : 레일면상 6.5[m]
② 도로 : 지표상 6[m], 철도 : 레일면상 6[m]
③ 도로 : 지표상 5[m], 철도 : 레일면상 6.5[m]
④ 도로 : 지표상 5[m], 철도 : 레일면상 6[m]

해설 저·고압 가공 전선의 높이(한국전기설비규정 222.7, 332.5)

1. 도로를 횡단하는 경우에는 지표상 6[m] 이상
2. 철도 또는 궤도를 횡단하는 경우에는 레일면상 6.5[m] 이상

05 철도·궤도 또는 자동차도의 전용 터널 안의 터널 내 전선로의 시설 방법으로 틀린 것은?

① 저압 전선으로 지름 2.0[mm]의 경동선을 사용하였다.
② 고압 전선은 케이블 공사로 하였다.
③ 저압 전선을 애자 공사에 의하여 시설하고 이를 레일면상 또는 노면상 2.5[m] 이상으로 하였다.
④ 저압 전선을 가요 전선관 공사에 의하여 시설하였다.

해설 터널 안 전선로의 시설(한국전기설비규정 224.1)

1. 저압 전선 시설
   가. 인장 강도 2.30[kN] 이상의 절연 전선 또는 지름 2.6[mm] 이상의 경동선의 절연 전선을 사용하고, 애자 공사에 의하여 시설하여야 한다. 또한 이를 레일면상 또는 노면상 2.5[m] 이상의 높이로 유지한다.
   나. 합성 수지관 공사·금속관 공사·가요 전선관 공사 또는 케이블 공사에 의하여 시설한다.
2. 고압 전선은 케이블 공사로 시설한다.

06 고압 가공 전선이 교류 전차선과 교차하는 경우, 고압 가공 전선으로 케이블을 사용하는 경우 이외에는 단면적 몇 [mm²] 이상의 경동 연선을 사용하여야 하는가?

① 14　　② 22
③ 30　　④ 38

정답 04.① 05.① 06.④

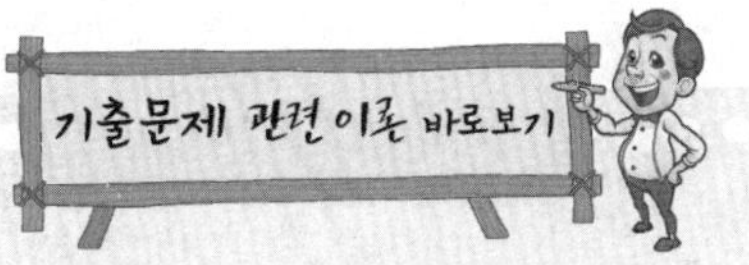

04. 이론 check **저·고압 가공 전선의 높이(한국전기설비규정 222.7, 332.5)**

① 저압 가공 전선 또는 고압 가공 전선 높이는 다음에 따라야 한다.
  1. 도로[농로 기타 교통이 번잡하지 아니한 도로 및 횡단보도교(도로·철도·궤도 등의 위를 횡단하여 시설하는 다리 모양의 시설물로서 보행용으로만 사용되는 것을 말한다. 이하 같다)를 제외한다. 이하 같다]를 횡단하는 경우에는 지표상 6[m] 이상
  2. 철도 또는 궤도를 횡단하는 경우에는 레일면상 6.5[m] 이상
  3. 횡단보도교의 위에 시설하는 경우에는 저압 가공 전선은 그 노면상 3.5[m] [전선이 저압 절연 전선(인입용 비닐 절연 전선·450/750[V] 비닐 절연 전선·450/750[V] 고무 절연 전선·옥외용 비닐 절연 전선을 말한다. 이하 같다)·다심형 전선·고압 절연 전선·특고압 절연 전선 또는 케이블인 경우에는 3[m]] 이상, 고압 가공 전선은 그 노면상 3.5[m] 이상
  4. 1~3까지 이외의 경우에는 지표상 5[m] 이상. 다만, 저압 가공 전선을 도로 이외의 곳에 시설하는 경우 또는 절연 전선이나 케이블을 사용한 저압 가공 전선으로서 옥외 조명용에 공급하는 것으로 교통에 지장이 없도록 시설하는 경우에는 지표상 4[m]까지로 감할 수 있다.

② 다리의 하부 기타 이와 유사한 장소에 시설하는 저압의 전기 철도용 급전선은 ①의 4 규정에도 불구하고 지표상 3.5[m]까지로 감할 수 있다.

③ 저압 가공 전선 또는 고압 가공 전선을 수면상에 시설하는 경우에는 전선의 수면상의 높이를 선박의 항해 등에 위험을 주지 아니하도록 유지하여야 한다.

④ 고압 가공 전선로를 빙설이 많은 지방에 시설하는 경우에는 전선의 적설상의 높이를 사람 또는 차량의 통행 등에 위험을 주지 않도록 유지하여야 한다.

기출문제 관련 이론 바로보기

09. 이론 check **기계 기구의 철대 및 외함의 접지(한국전기설비규정 142.7)**

① 접지 공사 시설 장소
전로에 시설하는 기계 기구의 철대 및 외함에는 접지 시스템(140)에 의한 접지 공사를 하여야 한다.

② 시설을 하지 아니하여도 되는 장소
1. 사용 전압이 직류 300[V] 또는 교류 대지 전압 150[V] 이하의 기계 기구
2. 저압 전로에 지락이 생길 때 자동 차단 장치를 설치하고, 건조한 장소에 시설하는 경우
3. 저압용의 기계 기구를 건조한 목재 마루 기타 이와 유사한 절연성의 물질 위에 설치하도록 시설하는 경우
4. 저압 또는 고압용의 기계 기구를 사람이 접촉할 위험이 없도록 목주 기타 이와 유사한 것 위에 시설하는 경우
5. 철탑 또는 외상의 주위에 적당한 절연대를 설치할 경우
6. 외함이 없는 계기용 변성기가 고무 합성 수지 등의 절연물에 피복한 것인 경우
7. 2중 절연 구조의 기계 기구를 시설하는 경우
8. 저압용의 기계 기구에 전기를 공급하는 전로의 전원측에 절연 변압기(2차 전압이 300[V] 이하이며, 정격 용량이 3[kVA] 이하인 것)를 시설하고 또한 당해 절연 변압기의 부하측의 전로를 접지하지 않는 경우
9. 물기 있는 장소 이외의 장소에 시설하는 저압용의 기계 기구에 전기를 공급하는 전로에는 인체 감전 보호용 누전 차단기(정격 감도 전류 30[mA] 이하, 동작 시간이 0.03초 이하의 전류 동작형의 것)를 시설하는 경우

해설 **고압 가공 전선과 교류 전차선 등의 접근 또는 교차(한국전기설비규정 332.15)**
고압 가공 전선에는 케이블을 사용하고 또한 이를 단면적 38[mm^2] 이상인 아연도강연선으로서 인장 강도 19.61[kN] 이상인 것으로 조가하여 시설할 것

07
교류식 전기 철도의 전차선과 식물 사이의 이격 거리는 몇 [m] 이상이어야 하는가?

① 1　　② 1.5
③ 2　　④ 2.5

해설 **전차선 등과 식물 사이의 이격 거리(판단기준 제271조)**
교류 전차선 등과 식물 사이의 이격 거리는 2[m] 이상이어야 한다.

※ 이 문제는 출제 당시 규정에는 적합했으나 새로 제정된 한국전기설비규정에는 일부 부적합하므로 문제 유형만 참고하시기 바랍니다.

08
가공 전선로의 지지물에 시설하는 지선의 안전율은 일반적인 경우 얼마 이상이어야 하는가?

① 1.8　　② 2.0
③ 2.2　　④ 2.5

해설 **지선의 시설(한국전기설비규정 331.11)**
지선의 안전율은 2.5 이상일 것. 이 경우에 허용 인장 하중의 최저는 4.31[kN]으로 한다.

09
400[V] 미만의 저압용 계기용 변성기에 있어서 그 철심에는 몇 종 접지 공사를 하여야 하는가?

① 특별 제3종 접지 공사　　② 제1종 접지 공사
③ 제2종 접지 공사　　④ 제3종 접지 공사

해설 **기계 기구의 철대 및 외함의 접지(판단기준 제33조)**

기계 기구의 구분	접지 공사의 종류
고압 또는 특고압용의 것	제1종 접지 공사
400[V] 미만인 저압용의 것	제3종 접지 공사
400[V] 이상인 저압용의 것	특별 제3종 접지 공사

(⇨ '기출문제 관련 이론 바로보기'에서 개정된 규정 참조하세요.)

※ 이 문제는 출제 당시 규정에는 적합했으나 새로 제정된 한국전기설비규정에는 일부 부적합하므로 문제 유형만 참고하시기 바랍니다.

10
특고압 가공 전선로를 제3종 특고압 보안 공사에 의하여 시설하는 경우는?

① 건조물와 제1차 접근 상태로 시설되는 경우
② 건조물과 제2차 접근 상태로 시설되는 경우
③ 도로 등과 교차하여 시설하는 경우
④ 가공 약전류신과 공가하여 시설하는 경우

정답 07.③ 08.④ 09.④ 10.①

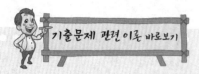

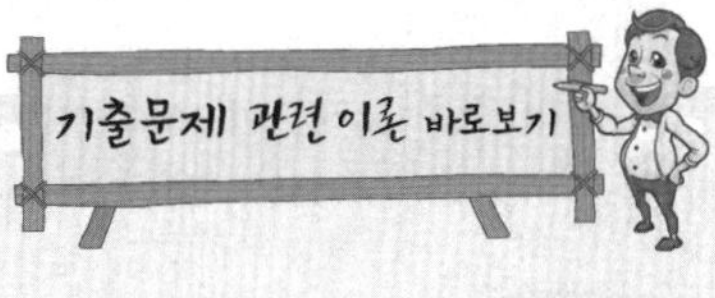

해설 특고압 가공 전선과 건조물의 접근(한국전기설비규정 333.22)
특고압 가공 전선이 조영물 그 밖의 시설과 제1차 접근 상태로 시설되는 경우에는 제3종 특고압 보안 공사를 하고, 건조물과 제2차 접근 상태 또는 도로 등과 교차하여 시설하는 경우, 가공 약전류선과 공가하는 경우에는 제2종 특고압 보안 공사로 한다.

11 아파트 세대 욕실에 '비데용 콘센트'를 시설하고자 한다. 다음의 시설 방법 중 적합하지 않는 것은?

① 충전 부분이 노출되지 않을 것
② 배선 기구에 방습 장치를 시설할 것
③ 저압용 콘센트는 접지극이 없는 것을 사용할 것
④ 인체 감전 보호용 누전 차단기가 부착된 것을 사용할 것

해설 콘센트의 시설(한국전기설비규정 234.5)
1. 옥내의 습기가 많은 곳 또는 물기가 있는 곳에 시설하는 저압용의 배선 기구는 방습 장치를 한다.
2. 욕실 등 인체가 물에 젖어 있는 상태에서 물을 사용하는 장소에 콘센트를 시설하는 경우
   가. 인체 감전 보호용 누전 차단기가 부착된 콘센트를 시설한다.
   나. 콘센트는 접지극이 있는 콘센트를 사용한다.

12 (출제빈도) 저압 옥내 배선 버스 덕트 공사에서 지지점 간의 거리[m]는? (단, 취급자만이 출입하는 곳에서 수직으로 붙이는 경우이다.)

① 3　　② 5
③ 6　　④ 8

해설 버스 덕트 공사(한국전기설비규정 232.61)
덕트를 조영재에 붙이는 경우에는 덕트의 지지점 간의 거리를 3[m](취급자 이외의 자가 출입할 수 없도록 설비한 곳에서 수직으로 붙이는 경우에는 6[m]) 이하로 하고 또한 견고하게 붙일 것

13 주상 변압기 전로의 절연 내력을 시험할 때 최대 사용 전력이 23,000[V]인 권선으로서 중성점 접지식 전로(중성선을 가지는 것으로서 그 중성선에 다중 접지를 한 것)에 접속하는 것의 시험 전압은?

① 16,560[V]　　② 21,160[V]
③ 25,300[V]　　④ 28,750[V]

해설 변압기 전로의 절연 내력(한국전기설비규정 135)
중성선에 다중 접지를 하는 것은 최대 사용 전압의 0.92배의 전압이므로 $23,000 \times 0.92 = 21,160$[V]이다.

정답 11.③ 12.③ 13.②

12. 이론 check **버스 덕트 공사(한국전기설비규정 232.61)**

금속제 덕트 안에 나전선을 넣고 절연물로 적당한 간격으로 지지한 것이 버스 덕트로 이것을 이용한 공사가 버스 덕트 공사이다. 공장, 빌딩 등으로 비교적 대전류가 흐르는 옥내 주요 간선을 시설하는 경우에 이용된다.

① 덕트 상호 및 전선 상호는 견고하게 또한 전기적으로 안전하게 접속할 것
② 덕트를 조영재에 설치한 경우는 덕트의 지지점 간의 거리를 3[m] 이하 취급자 이외의 자가 출입할 수 없도록 설치한 곳에서 수직으로 붙이는 경우는 6[m]로 하고 또한 지지하는 데 적합한 것을 사용할 것
③ 덕트(환기형인 것은 제외)의 종단부는 폐쇄할 것 또한 내부에 먼지가 침입하기 어렵도록 할 것
④ 버스 덕트 공사에 사용하는 버스 덕트는 다음에 적합한 것일 것
   1. 도체는 단면적 20[mm^2] 이상의 띠 모양, 지름 5[mm] 이상의 관모양이나 둥글고 긴 막대 모양의 동 또는 단면적 30[mm^2] 이상의 띠 모양의 알루미늄을 사용한 것일 것
   2. 도체 지지물은 절연성·난연성 및 내수성이 있는 견고한 것일 것
   3. 덕트는 다음 표의 두께 이상의 강판 또는 알루미늄판으로 견고히 제작한 것일 것

덕트의 최대 폭[mm]	덕트의 판 두께[mm]		
	강판	알루미늄판	합성수지판
150 이하	1.0	1.6	2.5
150 초과 300 이하	1.4	2.0	5.0
300 초과 500 이하	1.6	2.3	–
500 초과 700 이하	2.0	2.9	–
700 초과하는 것	2.3	3.2	–

기출문제 관련 이론 바로보기

14. 15. 이론 check

풍압 하중의 종별과 적용(한국전기설비규정 331.6)

① 가공 전선로에 사용하는 지지물의 강도 계산에 적용하는 풍압 하중은 다음의 3종으로 한다.

1. 갑종 풍압 하중
   표에서 정한 구성재의 수직 투영 면적 1[m²]에 대한 풍압을 기초로 하여 계산한 것

풍압을 받는 구분				구성재의 수직 투영 면적 1[m²]에 대한 풍압
지지물	목주			588[Pa]
지지물	철주	원형의 것		588[Pa]
지지물	철주	삼각형 또는 마름모형의 것		1,412[Pa]
지지물	철주	강관에 의하여 구성되는 4각형의 것		1,117[Pa]
지지물	철주	기타의 것		복재(腹材)가 전·후면에 겹치는 경우에는 1,627[Pa], 기타의 경우에는 1,784[Pa]
지지물	철근 콘크리트주	원형의 것		588[Pa]
지지물	철근 콘크리트주	기타의 것		882[Pa]
지지물	철탑	단주(완철류는 제외함)	원형의 것	588[Pa]
지지물	철탑	단주(완철류는 제외함)	기타의 것	1,117[Pa]
지지물	철탑	강관으로 구성되는 것(단주는 제외함)		1,255[Pa]
지지물	철탑	기타의 것		2,157[Pa]
전선 기타 가섭선	다도체(구성하는 전선이 2가닥마다 수평으로 배열되고 또한 그 전선 상호간의 거리가 전선의 바깥 지름의 20배 이하인 것에 한한다. 이하 같다)를 구성하는 전선			666[Pa]
전선 기타 가섭선	기타의 것			745[Pa]
애자 장치(특별 전선용의 것에 한한다)				1,039[Pa]
목주·철주(원형의 것에 한한다) 및 철근 콘크리트주의 완금류(특고압 전선로용의 것에 한한다)				단일재로서 사용하는 경우에는 1,196[Pa], 기타의 경우에는 1,627[Pa]

2. 을종 풍압 하중
   전선 기타의 가섭선(架涉線) 주위에 두께 6[mm], 비중 0.9의 빙설이 부착된 상태에서 수직 투영 면적 372[Pa](다도체를 구성하는 전선은 333[Pa]), 그 이외의 것은 갑종 풍압 하중의 2분의 1을 기초로 하여 계산한 것
3. 병종 풍압 하중
   갑종 풍압 하중의 2분의 1을 기초로 하여 계산한 것

14 가공 전선로에 사용하는 지지물의 강도 계산에 적용하는 갑종 풍압 하중을 계산할 때 구성재의 수직 투영 면적 1[m²]에 대한 풍압의 기준이 잘못된 것은?

① 목주 : 588[Pa]
② 원형 철주 : 588[Pa]
③ 원형 철근 콘크리트주 : 882[Pa]
④ 강관으로 구성(단주는 제외)된 철탑 : 1,255[Pa]

해설 **풍압 하중의 종별과 적용(한국전기설비규정 331.6)**
원형 철근 콘크리트주의 갑종 풍압 하중은 588[Pa]이다.

15 빙설이 적고 인가가 밀집된 도시에 시설하는 고압 가공 전선로 설계에 사용하는 풍압 하중은?

① 갑종 풍압 하중
② 을종 풍압 하중
③ 병종 풍압 하중
④ 갑종 풍압 하중과 을종 풍압 하중을 각 설비에 따라 혼용

해설 **풍압 하중의 종별과 적용(한국전기설비규정 331.6)**
인가가 많은 연접되어 있는 장소에는 갑종 풍압 하중 또는 을종 풍압 하중 대신에 병종 풍압 하중을 적용할 수 있다.

16 금속 덕트 공사에 의한 저압 옥내 배선에서, 금속 덕트에 넣은 전선의 단면적의 합계는 덕트 내부 단면적의 몇 [%] 이하이어야 하는가?

① 20　② 30
③ 40　④ 50

해설 **금속 덕트 공사(한국전기설비규정 232.31)**
금속 덕트에 넣은 전선의 단면적(절연 피복 포함)의 총합은 덕트의 내부 단면적의 20[%](전광 표시 장치 또는 제어 회로 등의 배선만을 넣은 경우 50[%]) 이하일 것

17 유희용 전차에 전기를 공급하는 전로의 사용 전압이 교류인 경우 몇 [V] 이하이어야 하는가?

① 20　② 40
③ 60　④ 100

해설 **유희용 전차(한국전기설비규정 241.8)**
유희용 전차에 전기를 공급하는 전로의 사용 전압은 직류의 경우 60[V] 이하, 교류의 경우 40[V] 이하일 것

정답 14.③ 15.③ 16.① 17.②

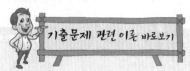

18 가공 전선로의 지지물에 시설하는 통신선은 가공 전선과의 이격 거리를 몇 [cm] 이상 유지하여야 하는가? (단, 가공 전선은 고압으로 케이블을 사용한다.)

출제빈도

① 30　② 45
③ 60　④ 75

해설 **전력 보안 통신선의 시설 높이와 이격 거리(한국전기설비규정 362.2)**
통신선과 고압 가공 전선 사이의 이격 거리는 60[cm] 이상일 것. 다만, 고압 가공 전선이 케이블인 경우에 통신선이 절연 전선과 동등 이상의 절연 효력이 있는 것인 경우에는 30[cm] 이상일 것

19 접지 공사에 사용하는 접지 도체를 사람이 접촉할 우려가 있는 곳에 시설하는 경우에 합성 수지관 또는 이에 동등 이상의 절연 효력 및 강도를 가지는 몰드로 접지 도체를 덮어야 하는가?

① 지하 30[cm]로부티 지표상 1.5[m]까지의 부분
② 지하 50[cm]로부터 지표상 1.8[m]까지의 부분
③ 지하 90[cm]로부터 지표상 2.5[m]까지의 부분
④ 지하 75[cm]로부터 지표상 2.0[m]까지의 부분

해설 **접지극의 시설 및 접지 저항(한국전기설비규정 142.2)**
접지 도체의 지하 75[cm]로부터 지표상 2[m]까지의 부분은 합성 수지관(두께 2[mm] 미만 제외) 또는 이것과 동등 이상의 절연 효력 및 강도를 가지는 몰드로 덮을 것

20 강색 철도의 시설에 대한 설명으로 틀린 것은?

① 강색 차선은 지름 7[mm]의 경동선을 사용한다.
② 강색 차선의 레일면상 높이는 3[m] 이상으로 한다.
③ 강색 차선과 대지 사이이 절연 저항은 사용 전압에 대한 누설 전류가 궤도의 연장 1[km]마다 10[mA]를 넘지 않는다.
④ 레일에 접속하는 전선은 레일 사이 및 레일의 바깥쪽 30[cm] 안에 시설하는 것 이외에는 대지로부터 절연한다.

해설 **강색 차선의 시설(판단기준 제275조)**
1. 강색 차선은 지름 7[mm]의 경동선 또는 이와 동등 이상의 세기 및 굵기의 것일 것
2. 강색 차선의 레일면상의 높이는 4[m] 이상일 것. 다만, 터널 안, 교량 아래 그 밖에 이와 유사한 곳에 시설하는 경우에는 3.5[m] 이상일 것

※ 이 문제는 출제 당시 규정에는 적합했으나 새로 제정된 한국전기설비규정에는 일부 부적합하므로 문제 유형만 참고하시기 바랍니다.

정답 18.① 19.④ 20.②

기출문제 관련 이론 바로보기

② 풍압 하중의 적용
1. 빙설이 많은 지방
가. 고온 계절 : 갑종 풍압 하중
나. 저온 계절 : 을종 풍압 하중
2. 빙설이 적은 지방
가. 고온 계절 : 갑종 풍압 하중
나. 저온 계절 : 병종 풍압 하중
3. 빙설이 많은 지방 중 해안 지방 기타 저온 계절에 최대 풍압이 생기는 지방
가. 고온 계절 : 갑종 풍압 하중
나. 저온 계절 : 갑종 풍압 하중과 을종 풍압 하중 중 큰 것

③ 인가가 많은 연접되어 있는 장소
1. 갑종 풍압 하중 또는 을종 풍압 하중 대신에 병종 풍압 하중을 적용할 수 있다.
가. 저압 또는 고압 가공 전선로의 지지물 또는 가섭선
나. 사용 전압이 35[kV] 이하의 전선에 특고압 절연 전선 또는 케이블을 사용하는 특고압 가공 전선로의 지지물, 가섭선 및 특고압 가공 전선을 지지하는 애자 장치 및 완금류

18. 이론 check **전력 보안 통신선의 시설 높이와 이격 거리(한국전기설비규정 362.2)**

① 통신선은 가공 전선의 아래에 시설할 것
② 통신선과 저·고압 가공 전선 또는 중성선 사이의 이격 거리는 60[cm] 이상일 것. 다만, 절연 전선 또는 케이블인 경우 30[cm] 이상일 것
③ 통신선과 특고압 가공 전선 사이의 이격 거리는 1.2[m] 이상일 것. 다만, 절연 전선 또는 케이블인 경우 30[cm] 이상일 것

기출문제 관련 이론 바로보기

02. 이론 check **케이블 트레이 공사(한국전기설비규정 232.41)**

케이블 트레이(케이블을 지지하기 위하여 사용하는 금속제 또는 불연성 재료로 제작된 유닛 또는 유닛의 집합체 및 그에 부속하는 부속재 등으로 구성된 견고한 구조물을 말하며 사다리형, 펀칭형, 메시형, 바닥밀폐형 기타 이와 유사한 구조물을 포함한다)에 의한 저압 옥내 배선은 다음에 의해 시설한다.

① 전선은 연피 케이블, 알루미늄피 케이블 등 난연성 케이블, 기타 케이블(적당한 간격으로 연소(延燒) 방지 조치를 한다) 또는 금속관 혹은 합성 수지관 등에 넣은 절연 전선을 사용하여야 한다.
② 케이블 트레이 내에서 전선을 접속하는 경우에는 전선 접속 부분에 사람이 접근할 수 있고 또한 그 부분이 측면 레일 위로 나오지 않도록 하고 그 부분을 절연 처리하여야 한다.
③ 수평으로 포설하는 케이블 이외의 케이블은 케이블 트레이의 가로대에 견고하게 고정시켜야 한다.
④ 저압 케이블과 고압 또는 특고압 케이블은 동일 케이블 트레이 내에 시설하여서는 아니된다. 다만, 견고한 불연성의 격벽을 시설하는 경우 또는 금속 외장 케이블인 경우에는 그러하지 아니하다.

제2회 전기설비기술기준

01 저압 가공 인입선에 사용하지 않는 전선은?

① 나전선　　② 옥외용 비닐 절연 전선
③ 인입용 비닐 절연 전선　　④ 케이블

해설 저압 인입선의 시설(한국전기설비규정 221.1.1)
전선은 절연 전선 또는 케이블이므로 나전선은 인입선으로 사용할 수 없다.

02 (출제빈도) 케이블을 지지하기 위하여 사용하는 금속제 케이블 트레이의 종류가 아닌 것은?

① 통풍 밀폐형　　② 메시형
③ 바닥 밀폐형　　④ 사다리형

해설 케이블 트레이 공사(한국전기설비규정 232.41)
케이블 트레이 : 케이블을 지지하기 위하여 사용하는 금속제 또는 불연성 재료로 제작된 유닛 또는 유닛의 집합체 및 그에 부속하는 부속재 등으로 구성된 견고한 구조물을 말하며 사다리형, 펀칭형, 메시형, 바닥 밀폐형, 기타 이와 유사한 구조물이다.

03 옥내 저압 간선 시설에서 전동기 등의 정격 전류 합계가 50[A] 이하인 경우에는 그 정격 전류 합계의 몇 배 이상의 허용 전류가 있는 전선을 사용하여야 하는가?

① 0.8　　② 1.1
③ 1.25　　④ 1.5

해설 옥내 저압 간선의 시설(판단기준 제175조)
전동기 등의 정격 전류의 합계가 50[A] 이하일 때 1.25배, 50[A] 초과일 때 1.1배이다.

※ 이 문제는 출제 당시 규정에는 적합했으나 새로 제정된 한국전기설비규정에는 일부 부적합하므로 문제 유형만 참고하시기 바랍니다.

04 가공 전화선에 고압 가공 전선을 접근하여 시설하는 경우, 이격 거리는 최소 몇 [cm] 이상이어야 하는가? (단, 가공 전선으로는 절연 전선을 사용한다고 한다.)

① 60　　② 80
③ 100　　④ 120

해설 고압 가공 전선과 가공 약전류 전선 등의 접근 또는 교차(한국전기설비규정 332.13)
고압 가공 전선이 가공 약전류 전선 등과 접근하는 경우는 고압 가공 전선과 가공 약전류 전선 등 사이의 이격 거리는 80[cm](전선이 케이블인 경우에는 40[cm]) 이상일 것

정답 01.① 02.① 03.③ 04.②

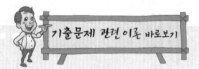

05

저압 가공 전선과 식물이 상호 접촉되지 않도록 이격시키는 기준으로 옳은 것은?

① 이격 거리는 최소 50[cm] 이상 떨어져 시설하여야 한다.
② 상시 불고 있는 바람 등에 의하여 식물에 접촉하지 않도록 시설하여야 한다.
③ 저압 가공 전선은 반드시 방호구에 넣어 시설하여야 한다.
④ 트리 와이어(tree wire)를 사용하여 시설하여야 한다.

해설 저압 가공 전선과 식물의 이격 거리(한국전기설비규정 222.19)

저압 가공 전선은 상시 부는 바람 등에 의하여 식물에 접촉하지 않도록 시설하여야 한다.

06

출제빈도

풀용 수중 조명등에 전기를 공급하기 위하여 1차측 120[V], 2차측 30[V]의 절연 변압기를 사용하였다. 절연 변압기의 2차측 전로의 접지에 대한 방법으로 옳은 것은?

① 제1종 접지 공사로 접지한다.
② 제2종 접지 공사로 접지한다.
③ 특별 제3종 접지 공사로 접지한다.
④ 접지하지 않는다.

해설 수중 조명등(한국전기설비규정 234.14)

1. 대지 전압 1차 전압 400[V] 이하, 2차 전압 150[V] 이하인 절연 변압기를 사용할 것
2. 절연 변압기의 2차측 전로는 접지하지 아니할 것
3. 절연 변압기 2차 전압이 30[V] 이하는 접지 공사를 한 혼촉 방지판을 사용하고, 30[V]를 초과하는 것은 지락이 발생하면 자동 차단하는 장치를 한다. 이 차단 장치는 금속제 외함에 넣고 접지 공사를 한다.

07

고압 전로와 비접지식의 저압 전로를 결합하는 변압기로 그 고압 권선과 저압 권선 간에 금속제의 혼촉 방지판이 있고 그 혼촉 방지판에 접지 공사를 한 것에 접속하는 저압 전선을 옥외에 시설하는 경우로 옳지 않은 것은?

① 저압 옥상 전선로의 전선은 케이블이어야 한다.
② 저압 가공 전선과 고압 가공 전선은 동일 지지물에 시설하지 않아야 한다.
③ 저압 전선은 2구내에만 시설한다.
④ 저압 가공 전선로의 전선은 케이블이어야 한다.

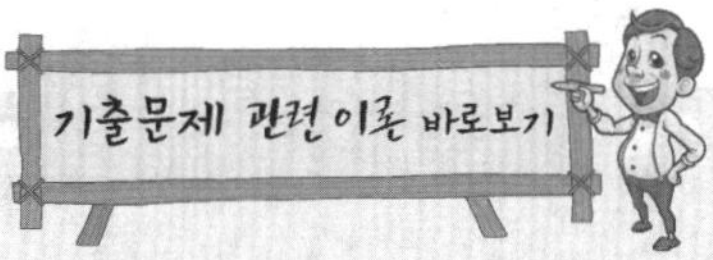

06. 이론 check **수중 조명등(한국전기설비규정 234.14)**

① 수중 조명등 기타 이에 준하는 조명등은 다음에 따라 시설하여야 한다.

1. 생략
2. 조명등에 전기를 공급하기 위해서는 1차측 전로의 사용 전압 및 2차측 전로의 사용 전압이 각각 400[V] 이하 및 150[V] 이하인 절연 변압기를 사용할 것
3. 2의 절연 변압기는 다음에 의하여 시설할 것
   가. 절연 변압기의 2차측 전로는 접지하지 아니할 것
   나. 절연 변압기는 그 2차측 전로의 사용 전압이 30[V] 이하인 경우에는 1차 권선과 2차 권선 사이에 금속제의 혼촉 방지판을 설치하여야 하며 또한 이를 접지 공사를 할 것. 이 경우에 접지 공사에 사용하는 접지 도체를 사람이 접촉할 우려가 있는 곳에 시설할 때에는 접지 도체는 450/750[V] 일반용 단심 비닐 절연 전선, 캡타이어 케이블 또는 케이블이어야 한다.
4. 2의 절연 변압기는 교류 5[kV]의 시험 전압을 하나의 권선과 다른 권선, 철심 및 외함 사이에 연속하여 1분간 가하여 절연 내력을 시험하였을 때에 이에 견디는 것일 것
5. 2의 절연 변압기의 2차측 전로에는 개폐기 및 과전류 차단기를 각 극에 시설할 것
6. 2의 절연 변압기의 2차측 전로의 사용 전압이 30[V]를 초과하는 경우에는 그 전로에 지락이 생겼을 때에 자동적으로 전로를 차단하는 장치를 할 것
7. 5의 개폐기나 과전류 차단기 또는 6의 지락이 생겼을 때에 자동적으로 전로를 차단하는 장치는 견고한 금속제의 외함에 넣고 또한 그 외함에 접지 공사를 할 것
8. 2의 절연 변압기의 2차측 배선은 금속관 공사에 의할 것

정답 05.② 06.④ 07.③

기출문제 관련 이론 바로보기

10. 이론 check 고압 옥내 배선

① 고압 옥내 배선 등의 시설(한국전기설비규정 342.1)
1. 애자 공사(건조한 장소에서 전개된 장소에 한한다)
2. 케이블 공사
3. 케이블 트레이 공사

② 배선 시설 방법
1. 전선은 공칭 단면적 6[mm^2] 이상의 연동선 또는 이와 동등 이상의 세기 및 굵기의 고압 절연 전선이나 특고압 절연 전선 또는 인하용 고압 절연 전선일 것
2. 전선의 지지점 간의 거리는 6[m] 이하일 것. 다만, 전선을 조영재의 면을 따라 붙이는 경우에는 2[m] 이하이어야 한다.
3. 전선 상호간의 간격은 8[cm] 이상, 전선과 조영재 사이의 이격 거리는 5[cm] 이상일 것
4. 애자 공사에 사용하는 애자는 절연성·난연성 및 내수성의 것일 것
5. 고압 옥내 배선은 저압 옥내 배선과 쉽게 식별되도록 시설할 것
6. 전선이 조영재를 관통하는 경우에는 그 관통하는 부분의 전선을 전선마다 각각 별개의 난연성 및 내수성이 있는 견고한 절연관에 넣을 것
7. 고압 옥내 배선이 다른 고압 옥내 배선·저압 옥내 전선·관등 회로의 배선·약전류 전선 등 또는 수관·가스관이나 이와 유사한 것과 접근하거나 교차하는 경우 이격 거리는 15[cm](애자 공사에 의하여 시설하는 저압 옥내 전선이나 전선인 경우에는 30[cm], 가스 계량기 및 가스관의 이음부와 전력량계 및 개폐기와는 60[cm]) 이상이어야 한다. 다만, 고압 옥내 배선을 케이블 공사에 의하여 시설하는 경우에 케이블과 이들 사이에 내화성이 있는 견고한 격벽을 시설할 때, 케이블을 내화성이 있는 견고한 관에 넣어 시설할 때 또는 다른 고압 옥내 배선의 전선이 케이블일 때에는 그러하지 아니하다.

해설 **혼촉 방지판이 있는 변압기에 접속하는 저압 옥외 전선의 시설 등(한국전기설비규정 322.2)**
1. 저압 전선은 1구내에만 시설할 것
2. 저압 가공 전선로 또는 저압 옥상 전선로의 전선은 케이블일 것
3. 저압 가공 전선과 고압 또는 특고압의 가공 전선을 동일 지지물에 시설하지 아니할 것

08
옥내 고압용 이동 전선의 시설 방법으로 옳은 것은?

① 전선은 MI 케이블을 사용하였다.
② 다선식 선로의 중성선에 과전류 차단기를 시설하였다.
③ 이동 전선과 전기 사용 기계 기구와는 해체가 쉽게 되도록 느슨하게 접속하였다.
④ 전로에 지락이 생겼을 때에 자동적으로 전로를 차단하는 장치를 시설하였다.

해설 **옥내 고압용 이동 전선의 시설(한국전기설비규정 342.2)**
1. 전선은 고압용의 캡타이어 케이블일 것
2. 이동 전선과 전기 사용 기계 기구와는 볼트 조임 방법에 의하여 견고하게 접속할 것
3. 전용 개폐기 및 과전류 차단기를 각 극에 시설할 것

09
특고압 가공 전선이 다른 특고압 가공 전선과 접근 상태로 시설되거나 교차하는 경우에 양쪽을 특고압 절연 전선으로 시설할 경우 이격 거리는 몇 [m] 이상인가?

① 0.8　② 1.0
③ 1.2　④ 1.6

해설 **특고압 가공 전선 상호간의 접근 또는 교차(한국전기설비규정 333.27)**
1. 특고압 가공 전선에 케이블을 사용하고 다른 특고압 가공 전선에 특고압 절연 전선 또는 케이블을 사용하는 경우로 상호간의 이격 거리가 50[cm] 이상
2. 각각의 특고압 가공 전선에 특고압 절연 전선을 사용하는 경우로 상호간의 이격 거리가 1[m] 이상

10
출제빈도

고압 옥내 배선의 시설 공사로 할 수 있는 것은?

① 금속관 공사　② 케이블 공사
③ 합성 수지관 공사　④ 버스 덕트 공사

해설 **고압 옥내 배선 등의 시설(한국전기설비규정 342.1)**
1. 애자 공사(건조한 장소로서 전개된 장소에 한한다)
2. 케이블 공사
3. 케이블 트레이 공사

정답 08.④ 09.② 10.②

11 저압 가공 전선이 상부 조영재 위쪽에서 접근하는 경우 전선과 상부 조영재 간의 이격 거리[m]는 얼마 이상이어야 하는가? (단, 특고압 절연 전선 또는 케이블인 경우이다.)

출제빈도

① 0.8　　② 1.0

③ 1.2　　④ 2.0

해설 저 · 고압 가공 전선과 건조물의 접근(한국전기설비규정 222.11, 332.11)

건조물 조영재의 구분	접근 형태	이격 거리
상부 조영재	위쪽	2[m](고압 및 특고압 절연 전선, 케이블인 경우 1[m])
	옆쪽 또는 아래쪽	1.2[m](사람이 쉽게 접촉할 우려가 없도록 시설한 경우 80[cm], 고압 및 특고압 절연 전선, 케이블인 경우 40[cm])

12 냉각 장치에 고장이 생긴 경우 특고압용 변압기의 보호 장치는?

① 경보 장치　　② 과전류 측정 장치

③ 온도 측정 장치　　④ 자동 차단 장치

해설 특고압용 변압기의 보호 장치(한국전기설비규정 351.4)

뱅크 용량의 구분	동작 조건	장치의 종류
5,000[kVA] 이상 10,000[kVA] 미만	내부 고장	자동 차단 장치, 경보 장치
10,000[kVA] 이상	내부 고장	자동 차단 장치
타냉식 변압기	냉각 장치에 고장이 생긴 경우 또는 온도가 현저히 상승한 경우	경보 장치

13 중성선 다중 접지식의 것으로 전로에 지락이 생긴 경우에 2초 안에 자동적으로 이를 차단하는 장치를 가지는 22.9[kV] 특고압 가공 전선로에서 각 접지점의 대지 전기 저항값이 300[Ω] 이하이며, 1[km]마다의 중성선과 대지 간의 합성 전기 저항값은 몇 [Ω] 이하이어야 하는가?

① 10　　② 15

③ 20　　④ 30

해설 25[kV] 이하인 특고압 가공 전선로의 시설(한국전기설비규정 333.32)

구 분	각 접지점의 대지 전기 저항값	1[km]마다의 합성 전기 저항값
15[kV] 이하	300[Ω]	30[Ω]
25[kV] 이하	300[Ω]	15[Ω]

정답 11.② 12.① 13.②

기출문제 관련 이론 바로보기

11. 이론 check **저 · 고압 가공 전선과 건조물의 접근(한국전기설비규정 222.11, 332.11)**

① 저압 가공 전선 또는 고압 가공 전선이 건조물(사람이 거주 또는 근무하거나 빈번히 출입하거나 모이는 조영물을 말한다. 이하 같다)과 접근 상태로 시설되는 경우에는 다음에 따라야 한다.

1. 고압 가공 전선로는 고압 보안 공사에 의할 것
2. 저압 가공 전선과 건조물의 조영재 사이의 이격 거리는 표에서 정한 값 이상일 것

건조물 조영재의 구분	접근 형태	이격 거리
상부 조영재[지붕·챙(차양: 遮陽)·옷 말리는 곳 기타 사람이 올라갈 우려가 있는 조영재를 말한다. 이하 같다]	위쪽	2[m] (전선이 고압 절연 전선, 특고압 절연 전선 또는 케이블인 경우는 1[m])
	옆쪽 또는 아래쪽	1.2[m] (전선에 사람이 쉽게 접촉할 우려가 없도록 시설한 경우에는 80[cm], 고압 절연 전선, 특고압 절연 전선 또는 케이블인 경우에는 40[cm])
기타의 조영재	-	1.2[m] (전선에 사람이 쉽게 접촉할 우려가 없도록 시설한 경우에는 80[cm], 고압 절연 전선, 특고압 절연 전선 또는 케이블인 경우에는 40[cm])

3. 고압 가공 전선과 건조물의 조영재 사이의 이격 거리는 표에서 정한 값 이상일 것

건조물 조영재의 구분	접근 형태	이격 거리
상부 조영재	위쪽	2[m] (전선이 케이블인 경우에는 1[m])
	옆쪽 또는 아래쪽	1.2[m] (전선에 사람이 쉽게 접촉할 우려가 없도록 시설한 경우에는 80[cm], 케이블인 경우에는 40[cm])
기타의 조영재	-	1.2[m] (전선에 사람이 쉽게 접촉할 우려가 없도록 시설한 경우에는 80[cm], 케이블인 경우에는 40[cm])

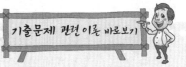

기출문제 관련 이론 바로보기

14. 이론 check **풍압 하중의 종별과 적용(한국전기설비규정 331.6)**

① 가공 전선로에 사용하는 지지물의 강도 계산에 적용하는 풍압 하중은 다음의 3종으로 한다.
1. 갑종 풍압 하중
표(생략)에서 정한 구성재의 수직 투영 면적 1[m^2]에 대한 풍압을 기초로 하여 계산한 것
2. 을종 풍압 하중
전선 기타의 가섭선(架涉線) 주위에 두께 6[mm], 비중 0.9의 빙설이 부착된 상태에서 수직 투영 면적 372[Pa](다도체를 구성하는 전선은 333[Pa]), 그 이외의 것은 갑종 풍압 하중의 2분의 1을 기초로 하여 계산한 것
3. 병종 풍압 하중
갑종 풍압 하중의 2분의 1을 기초로 하여 계산한 것

② 생략

③ 갑종 풍압 하중의 적용은 다음에 따른다.
1. 빙설이 많은 지방 이외의 지방에서는 고온 계절에는 갑종 풍압 하중, 저온 계절에는 병종 풍압 하중
(이하 생략)

14

출제빈도

다도체 가공 전선의 을종 풍압 하중은 수직 투영 면적 1[m^2]당 몇 [Pa]을 기초로 하여 계산하는가? (단, 전선 기타의 가섭선 주위에 두께 6[mm], 비중 0.9의 빙설이 부착된 상태이다.)

① 333 ② 372
③ 588 ④ 666

해설 풍압 하중의 종별과 적용(한국전기설비규정 331.6)
을종 풍압 하중 : 전선 기타의 가섭선 주위에 두께 6[mm], 비중 0.9의 빙설이 부착된 상태에서 수직 투영 면적 372[Pa](다도체를 구성하는 전선은 333 [Pa]), 그 이외의 것은 갑종 풍압 하중의 2분의 1을 기초로 하여 계산한 것

15

지상에 전선로를 시설하는 규정에 대한 내용으로 설명이 잘못된 것은?

① 1구내에서만 시설하는 전선로의 전부 또는 일부로 시설하는 경우에 사용한다.
② 사용 전선은 케이블 또는 클로로프렌 캡타이어 케이블을 사용한다.
③ 전선이 케이블인 경우는 철근 콘크리트제의 견고한 개거 또는 트라프에 넣어야 한다.
④ 캡타이어 케이블을 사용하는 경우 전선 도중에 접속점을 제공하는 장치를 시설한다.

해설 지상에 시설하는 전선로(한국전기설비규정 224.5)
1. 1구내에만 시설하는 전선로의 전부 또는 일부로 시설하는 경우
2. 전선은 케이블 또는 클로로프렌 캡타이어 케이블일 것
3. 전선이 케이블인 경우에는 철근 콘크리트제의 견고한 개거(開渠) 또는 트라프에 넣어야 하며 개거 또는 트라프에는 취급자 이외의 자가 쉽게 열 수 없는 구조로 된 철제 또는 철근 콘크리트제 기타 견고한 뚜껑을 설치할 것
4. 전선이 캡타이어 케이블인 경우
가. 전선의 도중에는 접속점을 만들지 아니할 것
나. 전선은 손상을 받을 우려가 없도록 개거 등에 넣을 것
다. 전선로의 전원측 전로에는 전용의 개폐기 및 과전류 차단기를 각 극에 시설할 것

16

고압 가공 전선으로 ACSR선을 사용할 때의 안전율은 얼마 이상이 되는 이도(弛度)로 시설하여야 하는가?

① 2.2 ② 2.5
③ 3 ④ 3.5

해설 고압 가공 전선의 안전율(한국전기설비규정 332.4)
1. 경동선 또는 내열 동합금선 : 2.2 이상
2. 기타 전선(ACSR, 알루미늄 전선 등) : 2.5 이상

정답 14.① 15.④ 16.②

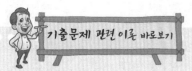

17
다심 코드 및 다심 캡타이어 케이블의 일심 이외의 가요성이 있는 연동 연선으로 접지 공사시 접지 도체의 단면적은 몇 [mm²] 이상이어야 하는가?

출제빈도

① 0.75 ② 1.5
③ 6 ④ 10

해설 **접지 도체(한국전기설비규정 142.3.1)**

이동용 기계 기구의 금속제 외함	접지 도체	단면적
고압 및 특고압용	캡타이어 케이블의 일심 또는 다심 캡타이어 케이블의 차폐 기타의 금속체	10[mm²]
저압용	다심 코드 또는 다심 캡타이어 케이블의 일심	0.75[mm²]
	기타 가요성이 있는 연동 연선	1.5[mm²]

18
전로에 설치하는 고압용 기계 기구의 철대 및 외함에 설치하여야 할 접지 공사는?

① 제1종 접지 ② 제2종 접지
③ 제3종 접지 ④ 특별 제3종 접지

해설 **기계 기구의 철대 및 외함의 접지(판단기준 제33조)**

기계 기구의 구분	접지 공사의 종류
고압 또는 특고압용의 것	제1종 접지 공사
400[V] 미만인 저압용의 것	제3종 접지 공사
400[V] 이상인 저압용의 것	특별 제3종 접지 공사

※ 이 문제는 출제 당시 규정에는 적합했으나 새로 제정된 한국전기설비규정에는 일부 부적합하므로 문제 유형만 참고하시기 바랍니다.

19
피뢰기 설치 기준으로 옳지 않은 것은?

① 발전소·변전소 또는 이에 준하는 장소의 가공 전선의 인입구 및 인출구
② 가공 전선로와 특고압 전선로가 접속되는 곳
③ 가공 전선로에 접속한 1차측 전압이 35[kV] 이하인 배전용 변압기의 고압측 및 특고압측
④ 고압 및 특고압 가공 전선로부터 공급받는 수용 장소의 인입구

해설 **피뢰기의 시설(한국전기설비규정 341.14)**

1. 발·변전소 혹은 이것에 준하는 장소의 가공 전선의 인입구 및 인출구
2. 가공 전선로에 접속하는 배전용 변압기의 고압측 및 특고압측
3. 고압 및 특고압 가공 전선로에서 공급을 받는 수용 장소의 인입구
4. 가공 전선로와 지중 전선로가 접속되는 곳

정답 17.② 18.① 19.②

기출문제 관련 이론 바로보기

17. 이론 check **접지 도체(한국전기설비규정 142.3.1)**

① 접지 도체의 선정
1. 접지 도체의 단면적은 큰 고장 전류가 접지 도체를 통하여 흐르지 않을 경우 접지 도체의 최소 단면적은 다음과 같다.
 가. 구리는 6[mm²] 이상
 나. 철제는 50[mm²] 이상
2. 피뢰 시스템이 접속되는 경우, 접지 도체의 단면적은 구리 16[mm²] 또는 철 50[mm²] 이상으로 하여야 한다.

② 접지 도체와 접지극의 접속
1. 접속은 견고하고 전기적인 연속성이 보장되도록, 접속부는 발열성 용접, 압착 접속, 클램프 또는 그 밖에 적절한 기계적 접속 장치에 의해야 한다. 다만, 기계적인 접속 장치는 제작자의 지침에 따라 설치하여야 한다.
2. 클램프를 사용하는 경우, 접지극 또는 접지 도체를 손상시키지 않아야 한다. 납땜에만 의존하는 접속은 사용해서는 안 된다.

③ 접지 도체를 접지극이나 접지의 다른 수단과 연결하는 것은 견고하게 접속하고, 전기적·기계적으로 적합하여야 하며, 부식에 대해 적절하게 보호되어야 한다. 또한, 다음과 같이 매입되는 지점에는 "안전 전기 연결"라벨이 영구적으로 고정되도록 시설하여야 한다.
1. 접지극의 모든 접지 도체 연결 지점
2. 외부 도전성 부분의 모든 본딩 도체 연결 지점
3. 주 개폐기에서 분리된 주접지 단자

④ 접지 도체는 지하 0.75[m]부터 지표상 2[m]까지 부분은 합성 수지관(두께 2[mm] 미만의 합성 수지제 전선관 및 가연성 콤바인 덕트관은 제외한다) 또는 이와 동등 이상의 절연 효과와 강도를 가지는 몰드로 덮어야 한다.

⑤ 특고압·고압 전기 설비 및 변압기 중성점 접지 시스템의 경우 접지 도체가 사람이 접촉할 우려가 있는 곳에 시설되는 고정 설비인 경우에는 다음에 따라야 한다. 다만, 발전소·변전소·개폐소 또는 이에 준하는 곳에서는 개별 요구 시항에 의한다.

기출문제 관련 이론 바로보기

1. 접지 도체는 절연 전선(옥외용 비닐 절연 전선은 제외) 또는 케이블(통신용 케이블은 제외)을 사용하여야 한다. 다만, 접지 도체를 철주 기타의 금속체를 따라서 시설하는 경우 이외의 경우에는 접지 도체의 지표상 0.6[m]를 초과하는 부분에 대하여는 절연 전선을 사용하지 않을 수 있다.
2. 접지극 매설은 142.2의 3에 따른다.

⑥ 접지 도체의 굵기

1. 특고압·고압 전기 설비용 접지 도체는 단면적 6[mm^2] 이상의 연동선 또는 동등 이상의 단면적 및 강도를 가져야 한다.
2. 중성점 접지용 접지 도체는 공칭 단면적 16[mm^2] 이상의 연동선 또는 동등 이상의 단면적 및 세기를 가져야 한다. 다만, 다음의 경우에는 공칭 단면적 6[mm^2] 이상의 연동선 또는 동등 이상의 단면적 및 강도를 가져야 한다.
   가. 7[kV] 이하의 전로
   나. 사용 전압이 25[kV] 이하인 특고압 가공 전선로. 다만, 중성선 다중 접지 방식의 것으로서 전로에 지락이 생겼을 때 2초 이내에 자동적으로 이를 전로로부터 차단하는 장치가 되어 있는 것
3. 이동하여 사용하는 전기 기계 기구의 금속제 외함 등의 접지
   가. 특고압·고압 전기 설비용 접지 도체 및 중성점 접지용 접지 도체는 클로로프렌 캡타이어 케이블(3종 및 4종) 또는 클로로설포네이트 폴리에틸렌 캡타이어 케이블(3종 및 4종)의 1개 도체 또는 다심 캡타이어 케이블의 차폐 또는 기타의 금속체로 단면적이 10[mm^2] 이상인 것을 사용한다.
   나. 저압 전기 설비용 접지 도체는 다심 코드 또는 다심 캡타이어 케이블의 1개 도체의 단면적이 0.75[mm^2] 이상인 것을 사용한다. 다만, 기타 유연성이 있는 연동 연선은 1개 도체의 단면적이 1.5[mm^2] 이상인 것을 사용한다.

20 "지중 관로"에 대한 정의로 가장 옳은 것은?

① 지중 전선로·지중 약전류 전선로와 지중 매설 지선 등을 말한다.
② 지중 전선로·지중 약전류 전선로와 복합 케이블 선로·기타 이와 유사한 것 및 이들에 부속되는 지중함을 말한다.
③ 지중 전선로·지중 약전류 전선로·지중에 시설하는 수관 및 가스관과 지중 매설 지선을 말한다.
④ 지중 전선로·지중 약전류 전선로·지중 광섬유 케이블 선로·지중에 시설하는 수관 및 가스관과 기타 이와 유사한 것 및 이들에 부속하는 지중함 등을 말한다.

해설 **용어 정의(한국전기설비규정 112)**
"지중 관로"란 지중 전선로·지중 약전류 전선로·지중 광섬유 케이블 선로·지중에 시설하는 수관 및 가스관과 이와 유사한 것 및 이들에 부속하는 지중함 등을 말한다.

제 3 회 전기설비기술기준

01 고압 옥내 배선의 공사법이 아닌 것은?

① 애자 공사 ② 케이블 공사
③ 금속관 공사 ④ 케이블 트레이 공사

해설 **고압 옥내 배선 등의 시설(한국전기설비규정 342.1)**
1. 애자 공사(건조한 장소로서 전개된 장소에 한한다)
2. 케이블 공사
3. 케이블 트레이 공사

02 저압의 옥측 배선 또는 옥외 배선 시설로 잘못된 것은?

① 400[V] 이상 저압의 전개된 장소에 애자 공사로 시설
② 합성 수지관 또는 금속관 공사, 가요 전선관 공사로 시설
③ 400[V] 이상 저압의 점검 가능한 은폐 장소에 버스 덕트 공사로 시설
④ 옥내 전로의 분기점에서 10[m] 이상인 저압의 옥측 배선 또는 옥외 배선의 개폐기를 옥내 전로용과 겸용으로 시설

해설 **옥측 배선 또는 옥외 배선의 시설(판단기준 제218조)**
1. 저압의 옥측 배선 또는 옥외 배선은 합성 수지관 공사·금속관 공사·가요 전선관 공사·케이블 공사 또는 표에서 정한 시설 장소 및 사용 전압의 구분에 따른 공사에 의하여 시설할 것

정답 20.④ / 01.③ 02.④

시설 장소의 구분 \ 사용 전압의 구분	400[V] 미만인 것	400[V] 이상인 것
전개된 장소	애자 공사 또는 버스 덕트 공사	애자 공사, 버스 덕트 공사
점검할 수 있는 은폐된 장소	애자 공사 또는 버스 덕트 공사	버스 덕트 공사

2. 저압의 옥측 배선 또는 옥외 배선의 개폐기 및 과전류 차단기는 옥내 전로용의 것과 겸용하지 아니할 것. 다만, 그 배선의 길이가 옥내 전로의 분기점으로부터 8[m] 이하인 경우에 옥내 전로용의 과전류 차단기의 정격 전류가 15[A](배선 차단기는 20[A]) 이하인 경우에는 겸용할 수 있다.

※ 이 문제는 출제 당시 규정에는 적합했으나 새로 제정된 한국전기설비규정에는 일부 부적합하므로 문제 유형만 참고하시기 바랍니다.

03

케이블을 사용하지 않은 154[kV] 가공 송전선과 식물과의 최소 이격 거리는 몇 [m]인가?

① 2.8　　② 3.2
③ 3.8　　④ 4.2

해설 **특고압 가공 전선과 식물의 이격 거리(한국전기설비규정 333.30)**
60[kV]를 넘는 10[kV] 단수는 $(154-60)\div 10=9.4$이므로 10단수이다.
그러므로 $2+0.12\times 10=3.2$[m]이다.

04

출제빈도

전로에 시설하는 기계 기구 중에서 외함 접지 공사를 생략할 수 없는 경우는?

① 사용 전압이 직류 300[V] 또는 교류 대지 전압이 150[V] 이하인 기계 기구를 건조한 곳에 시설하는 경우
② 철대 또는 외함의 주위에 절연대를 시설하는 경우
③ 전기용품 및 생활용품 안전관리법의 적용을 받는 2중 절연의 구조로 되어 있는 기계 기구를 시설하는 경우
④ 정격 감도 전류 20[mA], 동작 시간이 0.5초인 전류 동작형의 인체 감전 보호용 누전 차단기를 시설하는 경우

해설 **기계 기구의 철대 및 외함의 접지(한국전기설비규정 142.7)**
물기 있는 장소 이외의 장소에 시설하는 저압용의 개별 기계 기구에 전기를 공급하는 전로에 전기용품 및 생활용품 안전관리법의 적용을 받는 인체 감전 보호용 누전 차단기(정격 감도 전류가 30[mA] 이하, 동작 시간이 0.03초 이하의 전류 동작형에 한한다)를 시설하는 경우에는 기계 기구의 철대 및 금속제 외함 접지를 생략할 수 있다.

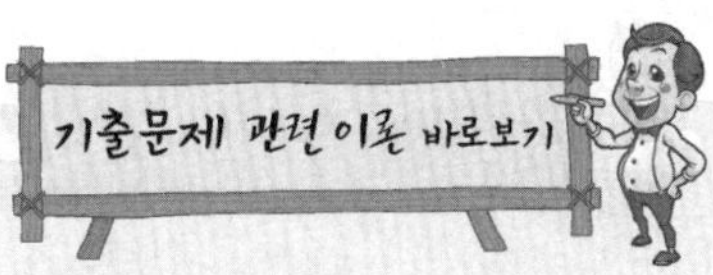

04. 이론 Check **기계 기구의 철대 및 외함의 접지(한국전기설비규정 142.7)**

① 전로에 시설하는 기계 기구의 철대 및 금속제 외함(외함이 없는 변압기 또는 계기용 변성기는 철심)에는 140에 의한 접지 공사를 하여야 한다.
② 다음의 어느 하나에 해당하는 경우에는 ①의 규정에 따르지 않을 수 있다.
1. 사용 전압이 직류 300[V] 또는 교류 대지 전압이 150[V] 이하인 기계 기구를 건조한 곳에 시설하는 경우
2. 저압용의 기계 기구를 건조한 목재의 마루 기타 이와 유사한 절연성 물건 위에서 취급하도록 시설하는 경우
3. 저압용이나 고압용의 기계 기구, 341.2에서 규정하는 특고압 전선로에 접속하는 배전용 변압기나 이에 접속하는 전선에 시설하는 기계 기구 또는 333.32의 1, 4에서 규정하는 특고압 가공 전선로의 전로에 시설하는 기계 기구를 사람이 쉽게 접촉할 우려가 없도록 목주 기타 이와 유사한 것의 위에 시설하는 경우
4. 철대 또는 외함의 주위에 적당한 절연대를 설치하는 경우
5. 외함이 없는 계기용 변성기가 고무·합성 수지 기타의 절연물로 피복한 것일 경우
6. 전기용품 및 생활용품 안전관리법의 적용을 받는 2중 절연 구조로 되어 있는 기계 기구를 시설하는 경우
7. 저압용 기계 기구에 전기를 공급하는 전로의 전원측에 절연 변압기(2차 전압이 300[V] 이하이며, 정격 용량이 3[kVA] 이하인 것에 한한다)를 시설하고 또한 그 절연 변압기의 부하측 전로를 접지하지 않은 경우
8. 물기 있는 장소 이외의 장소에 시설하는 저압용의 개별 기계 기구에 전기를 공급하는 전로에 전기용품 및 생활용품 안전관리법의 적용을 받는 인체 감전 보호용 누전 차단기(정격 감도 전류가 30[mA] 이하, 동작 시간이 0.03초 이하의 전류 동작형에 한한다)를 시설하는 경우

정답 03.② 04.④

기출문제 관련 이론 바로보기

9. 외함을 충전하여 사용하는 기계 기구에 사람이 접촉할 우려가 없도록 시설하거나 절연대를 시설하는 경우

06. 이론 Check 고압 보안 공사(한국전기설비규정 332.10)

① 전선은 케이블인 경우 이외에는 인장 강도 8.01[kN] 이상의 것 또는 지름 5[mm] 이상의 경동선일 것

② 목주의 풍압 하중에 대한 안전율은 1.5 이상일 것

③ 경간은 다음 표에서 정한 값 이하일 것. 다만, 전선에 인장 강도 14.51[kN] 이상의 것 또는 단면적 38[mm^2] 이상의 경동 연선을 사용하는 경우로서 지지물에 B종 철주·B종 철근 콘크리트주 또는 철탑을 사용하는 때에는 그러하지 아니하다.

지지물의 종류	경간
목주·A종	100[m]
B종	150[m]
철탑	400[m]

05 일반 주택의 저압 옥내 배선을 점검하였더니 다음과 같이 시공되어 있었다. 잘못 시공된 것은?

① 욕실의 전등으로 방습 형광등이 시설되어 있다.
② 단상 3선식 인입 개폐기의 중성선에 동판이 접속되어 있었다.
③ 합성 수지관 공사의 관의 지지점 간의 거리가 2[m]로 되어 있었다.
④ 금속관 공사로 시공하였고 절연 전선을 사용하였다.

해설 **합성 수지관 공사(한국전기설비규정 232.11)**
합성 수지관의 지지점 간의 거리는 1.5[m] 이하로 하고, 또한 그 지지점은 관의 끝·관과 박스의 접속점 및 관 상호간의 접속점 등에 가까운 곳에 시설할 것

06 고압 보안 공사시에 지지물로 A종 철근 콘크리트주를 사용할 경우 경간은 몇 [m] 이하이어야 하는가?

출제빈도

① 50　② 100
③ 150　④ 400

해설 **고압 보안 공사(한국전기설비규정 332.10)**

지지물의 종류	경 간
목주 또는 A종	100[m]
B종	150[m]
철탑	400[m]

07 직류 귀선의 궤도 근접 부분이 금속제 지중 관로와 1[km] 안에 접근하는 경우에는 지중 관로에 대한 어떤 장해를 방지하기 위한 조치를 취하여야 하는가?

① 전파에 의한 장해　② 전류 누설에 의한 장해
③ 전식 작용에 의한 장해　④ 토양 붕괴에 의한 장해

해설 **전기 부식 방지를 위한 귀선의 시설(판단기준 제263조)**
직류 귀선의 궤도 근접 부분이 금속제 지중 관로와 1[km] 안에 접근하는 경우에는 금속제 지중 관로에 대한 전식 작용에 의한 장해를 방지하기 위하여 그 구간의 귀선은 필요한 시설을 하여야 한다.

※ 이 문제는 출제 당시 규정에는 적합했으나 새로 제정된 한국전기설비규정에는 일부 부적합하므로 문제 유형만 참고하시기 바랍니다.

08 고압 가공 전선을 ACSR선으로 쓸 때 안전율은 몇 이상의 이도로 시설하여야 하는가?

① 2.0　② 2.2
③ 2.5　④ 3.0

정답 05.③ 06.② 07.③ 08.③

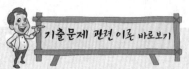

해설 가공 전선의 안전율(한국전기설비규정 332.4)

1. 경동선 또는 내열 동합금선 : 2.2 이상
2. 기타 전선(ACSR 등) : 2.5 이상

09 동작시에 아크가 생기는 고압용 개폐기는 목재로부터 몇 [m] 이상 떼어놓아야 하는가?

① 1 ② 1.2
③ 1.5 ④ 2

해설 아크를 발생하는 기구의 시설(한국전기설비규정 341.8)

기구 등의 구분	이격 거리
고압용	1[m] 이상
특고압용	2[m] 이상

10 440[V] 옥내 배선에 연결된 전동기 회로의 절연 저항의 최소값은 얼마인가?

① 0.1[MΩ] ② 0.2[MΩ]
③ 0.4[MΩ] ④ 1[MΩ]

해설 저압 전로의 절연 성능(기술기준 제52조)

전로의 사용 전압[V]	DC 시험 전압[V]	절연 저항[MΩ]
SELV 및 PELV	250	0.5
FELV, 500[V] 이하	500	1.0
500[V] 초과	1,000	1.0

(주) 특별 저압(extra low voltage : 2차 전압이 AC 50[V], DC 120[V] 이하)으로 SELV(비접지 회로 구성) 및 PELV(접지 회로 구성)는 1차와 2차가 전기적으로 절연된 회로, FELV는 1차와 2차가 전기적으로 절연되지 않은 회로

11 특고압 옥내 배선과 저압 옥내 전선·관등 회로의 배선 또는 고압 옥내 전선 사이의 이격 거리는 일반적으로 몇 [cm] 이상이어야 하는가?

① 15 ② 30
③ 45 ④ 60

해설 특고압 옥내 전기 설비의 시설(한국전기설비규정 342.4)

1. 사용 전압은 100[kV] 이하일 것(케이블 트레이 공사 35[kV] 이하)
2. 전선은 케이블일 것
3. 금속체에는 접지 공사를 할 것
4. 특고압 옥내 배선과 저압 옥내 전선·관등 회로의 배선·고압 옥내 전선 사이의 이격 거리는 60[cm] 이상일 것

정답 09.① 10.④ 11.④

기출문제 관련 이론 바로보기

09. 이론 check **아크를 발생하는 기구의 시설(한국전기설비규정 341.8)**

고압용 또는 특고압용의 개폐기, 차단기, 피뢰기 기타 이와 유사한 기구 동작시에 아크가 생기는 것은 목재의 벽 또는 천장 기타의 가연성 물체로부터 이격시킨다.

① 고압용의 것에 있어서는 1[m] 이상
② 특고압용의 것에 있어서는 2[m] 이상(단, 35[kV] 이하로서 화재가 발생할 우려가 없을 때 1[m])

10. 이론 check **저압 전로의 절연 성능(기술기준 제52조)**

① 개폐기 또는 과전류 차단기로 구분할 수 있는 전로마다 다음 표에서 정한 값 이상이어야 한다.
② 측정 시 영향을 주거나 손상을 받을 수 있는 SPD 또는 기타 기기 등은 측정 전에 분리시켜야 하고, 부득이하게 분리가 어려운 경우에는 시험 전압을 250[V] DC로 낮추어 측정할 수 있지만 절연 저항값은 1[MΩ] 이상이어야 한다.

전로의 사용 전압[V]	DC 시험 전압[V]	절연 저항 [MΩ]
SELV 및 PELV	250	0.5
FELV, 500[V] 이하	500	1.0
500[V] 초과	1,000	1.0

[주] 특별 저압(extra low voltage : 2차 전압이 AC 50[V], DC 120[V] 이하)으로 SELV(비접지 회로 구성) 및 PELV(접지 회로 구성)는 1차와 2차가 전기적으로 절연된 회로, FELV는 1차와 2차가 전기적으로 절연되지 않은 회로

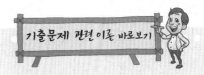

기출문제 관련 이론 바로보기

12. 이론 check **용어 정의(한국전기설비규정 112)**

① 제1차 접근 상태 : 가공 전선이 다른 시설물과 접근하는 경우에 가공 전선이 다른 시설물의 위쪽 또는 옆쪽에서 수평 거리로 가공 전선로의 지지물의 지표상의 높이에 상당하는 거리 안에 시설됨으로써 가공 전선로의 전선의 절단, 지지물의 도괴 등의 경우에 그 전선이 다른 시설물에 접촉할 우려가 있는 상태(수평 거리 3[m] 미만인 곳 제외)

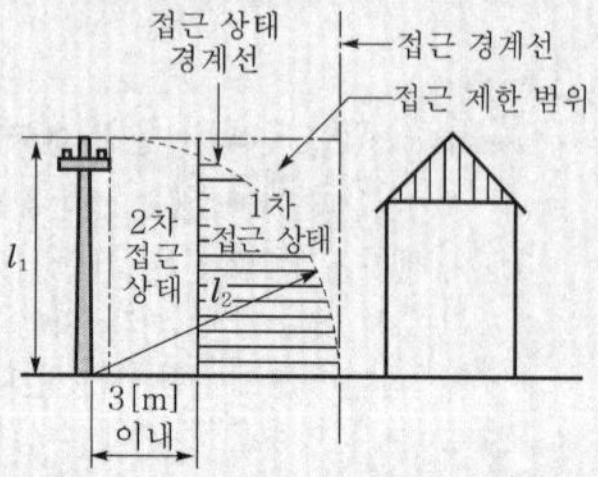

② 제2차 접근 상태 : 가공 전선이 다른 시설물과 접근하는 경우에 그 가공 전선이 다른 시설물의 위쪽 또는 옆쪽에 수평 거리로 3[m] 미만인 곳에 시설되는 상태

12 전기설비기준에서 사용되는 용어의 정의에 대한 설명으로 옳지 않은 것은?

출제빈도

① 접속 설비란 공용 전력 계통으로부터 특정 분산형 전원 설치자의 전기 설비에 이르기까지의 전선로와 이에 부속하는 개폐 장치, 모선 및 기타 관련 설비를 말한다.

② 제1차 접근 상태란 가공 전선이 다른 시설물과 접근하는 경우에 다른 시설물의 위쪽 또는 옆쪽에서 수평 거리로 3[m] 미만인 곳에 시설되는 상태를 말한다.

③ 계통 연계란 분산형 전원을 송전 사업자나 배전 사업자의 전력 계통에 접속하는 것을 말한다.

④ 단독 운전이란 전력 계통의 일부가 전력 계통의 전원과 전기적으로 분리된 상태에서 분산형 전원에 의해서만 가압되는 상태를 말한다.

해설 **용어 정의(한국전기설비규정 112)**

1. 제1차 접근 상태 : 수평 거리로 3[m] 이상
2. 제2차 접근 상태 : 수평 거리로 3[m] 미만

13 다음 중 전로의 중성점 접지의 목적으로 거리가 먼 것은?

① 대지 전압의 저하

② 이상 전압의 억제

③ 손실 전력의 감소

④ 보호 장치의 확실한 동작의 확보

해설 **전로의 중성점에 접지(한국전기설비규정 322.5)**

전로의 보호 장치의 확실한 동작의 확보, 이상 전압의 억제 및 대지 전압의 저하를 위하여 특히 필요한 경우에 전로의 중성점에 접지 공사를 한다.

14 특고압 지중 전선과 고압 지중 전선이 서로 교차하며, 각각의 지중 전선을 견고한 난연성의 관에 넣어 시설하는 경우, 지중함 내 이외의 곳에서 상호간의 이격 거리는 몇 [cm] 이하로 시설하여도 되는가?

① 30

② 60

③ 100

④ 120

해설 **지중 전선 상호간 접근 또는 교차(한국전기설비규정 334.7)**

1. 저압 지중 전선과 고압 지중 전선에 있어서는 15[cm] 이하
2. 저압이나 고압의 지중 전선과 특고압 지중 전선에 있어서는 30[cm] 이하

정답 12.② 13.③ 14.①

15 전력 보안 가공 통신선을 횡단보도교 위에 시설하는 경우 그 노면상 높이는 몇 [m] 이상으로 하여야 하는가?

① 3.0
② 3.5
③ 4.0
④ 4.5

해설 **전력 보안 통신선의 시설 높이와 이격 거리(한국전기설비규정 362.2)**

1. 도로 위에 시설하는 경우 지표상 5[m] 이상
2. 철도 또는 궤도를 횡단하는 경우에는 레일면상 6.5[m] 이상
3. 횡단보도교 위에 시설하는 경우에는 그 노면상 3[m] 이상

16 발전소에 시설하여야 하는 계측 장치가 계측할 대상이 아닌 것은?

출제빈도

① 발전기·연료 전지의 전압 및 전류
② 발전기의 베어링 및 고정자 온도
③ 고압용 변압기의 온도
④ 주요 변압기의 전압 및 전류

해설 **계측 장치(한국전기설비규정 351.6)**

발전소 계측 장치

1. 발전기, 연료 전지 또는 태양 전지 모듈의 전압, 전류, 전력
2. 발전기의 베어링 및 고정자의 온도
3. 정격 출력이 10,000[kW]를 초과하는 증기 터빈에 접속하는 발전기의 진동의 진폭
4. 주요 변압기의 전압, 전류, 전력
5. 특고압용 변압기의 유온
6. 동기 검정 장치

기출문제 관련 이론 바로보기

16. 이론 check **계측 장치(한국전기설비규정 351.6)**

① 발전소 계측 장치
1. 발전기, 연료 전지 또는 태양 전지 모듈의 전압, 전류, 전력
2. 발전기 베어링(수중 메탈은 제외한다) 및 고정자의 온도
3. 정격 출력이 10,000[kW]를 넘는 증기 터빈에 접속하는 발전기의 진동의 진폭
4. 주요 변압기의 전압, 전류, 전력
5. 특고압용 변압기의 유온
6. 동기 발전기를 시설하는 경우 : 동기 검정 장치 시설(동기 발전기를 연계하는 전력 계통에 동기 발전기 이외의 전원이 없는 경우, 또는 전력 계통의 용량에 비해 현저히 작은 경우 제외)

② 변전소 계측 장치
1. 주요 변압기의 전압, 전류, 전력
2. 특고압 변압기의 유온

③ 동기 조상기 계측 장치
1. 동기 검정 장치(동기 조상기의 용량이 전력 계통 용량에 비하여 현저하게 작은 경우는 시설하지 아니할 수 있다)
2. 동기 조상기의 전압, 전류, 전력
3. 동기 조상기의 베어링 및 고정자 온도

17 22.9[kV]의 특고압 가공 전선로를 시가지에 시설할 경우 지표상의 최저 높이는 몇 [m]이어야 하는가? (단, 전선은 특고압 절연 전선이다.)

① 4
② 5
③ 6
④ 8

해설 **시가지 등에서 특고압 가공 전선로의 시설(한국전기설비규정 333.1)**

사용 전압의 구분	지표상의 높이
35,000[V] 이하	10[m](특고압 절연 전선 8[m])
35,000[V] 초과	10[m]에 35[kV]를 초과하는 10[kV] 단수마다 12[cm]를 더한 값

정답 15.① 16.③ 17.④

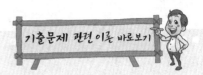

기출문제 관련 이론 바로보기

20. 이론 check **기계 기구의 철대 및 외함의 접지(한국전기설비규정 142.7)**

① 전로에 시설하는 기계 기구의 철대 및 금속제 외함(외함이 없는 변압기 또는 계기용 변성기는 철심)에는 140에 의한 접지 공사를 하여야 한다.

② 다음의 어느 하나에 해당하는 경우에는 ①의 규정에 따르지 않을 수 있다.

1. 사용 전압이 직류 300[V] 또는 교류 대지 전압이 150[V] 이하인 기계 기구를 건조한 곳에 시설하는 경우
2. 저압용의 기계 기구를 건조한 목재의 마루 기타 이와 유사한 절연성 물건 위에서 취급하도록 시설하는 경우
3. 저압용이나 고압용의 기계 기구, 341.2에서 규정하는 특고압 전선로에 접속하는 배전용 변압기나 이에 접속하는 전선에 시설하는 기계 기구 또는 333.32의 1, 4에서 규정하는 특고압 가공 전선로의 전로에 시설하는 기계 기구를 사람이 쉽게 접촉할 우려가 없도록 목주 기타 이와 유사한 것의 위에 시설하는 경우
4. 철대 또는 외함의 주위에 적당한 절연대를 설치하는 경우
5. 외함이 없는 계기용 변성기가 고무・합성 수지 기타의 절연물로 피복한 것일 경우
6. 전기용품 및 생활용품 안전관리법의 적용을 받는 2중 절연 구조로 되어 있는 기계 기구를 시설하는 경우
7. 저압용 기계 기구에 전기를 공급하는 전로의 전원측에 절연 변압기(2차 전압이 300[V] 이하이며, 정격 용량이 3[kVA] 이하인 것에 한한다)를 시설하고 또한 그 절연 변압기의 부하측 전로를 접지하지 않은 경우
8. 물기 있는 장소 이외의 장소에 시설하는 저압용의 개별 기계 기구에 전기를 공급하는 전로에 전기용품 및 생활용품 안전관리법의 적용을 받는 인체 감전 보호용 누전 차단기(정격 감도 전류가 30[mA] 이하, 동작 시간이 0.03초 이하의 전류 동작형에 한한다)를 시설하는 경우
9. 외함을 충전하여 사용하는 기계 기구에 사람이 접촉할 우려가 없도록 시설하거나 절연대를 시설하는 경우

18

특고압으로 가설할 수 없는 전선로는?

① 지중 전선로
② 옥상 전선로
③ 가공 전선로
④ 수중 전선로

해설 특고압 옥상 전선로의 시설(한국전기설비규정 331.14.2)
특고압 옥상 전선로(특고압의 인입선의 옥상 부분 제외)는 시설하여서는 아니 된다.

19

고압 가공 전선로의 지지물이 B종 철주인 경우, 경간은 몇 [m] 이하이어야 하는가?

① 150
② 200
③ 250
④ 300

해설 고압 가공 전선로 경간의 제한(한국전기설비규정 333.21)

지지물의 종류	경 간
목주, A종	150[m]
B종	250[m]
철탑	600[m](단주인 경우에는 400[m])

20

전로에 시설하는 고압용 기계 기구의 철대 및 금속제 외함의 접지 공사는?

① 제1종
② 제2종
③ 제3종
④ 특별 제3종

해설 기계 기구의 철대 및 외함의 접지(판단기준 제33조)

기계 기구의 구분	접지 공사의 종류
고압 또는 특고압용의 것	제1종 접지 공사
400[V] 미만인 저압용의 것	제3종 접지 공사
400[V] 이상인 저압용의 것	특별 제3종 접지 공사

(⇨ '기출문제 관련 이론 바로보기'에서 개정된 규정 참조하세요.)

※ 이 문제는 출제 당시 규정에는 적합했으나 새로 제정된 한국전기설비규정에는 일부 부적합하므로 문제 유형만 참고하시기 바랍니다.

정답 18.② 19.③ 20.①

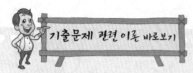

Industrial Engineer Electricity

2014년 과년도 출제문제

제1회 전기설비기술기준

01 765[kV] 특고압 가공 전선이 건조물과 2차 접근 상태로 있는 경우 전선 높이가 최저 상태일 때 가공 전선과 건조물 상부와의 수직 거리는 몇 [m] 이상이어야 하는가?

① 20　　② 22
③ 25　　④ 28

해설 **특고압 가공 전선과 건조물의 접근 또는 교차(기술기준 제36조)**
400[kV] 이상 : 수평 이격 거리 3[m] 이상, 상부와 수직 거리 28[m] 이상

02 (출제빈도) 고압 옥상 전선로의 전선이 다른 시설물과 접근하거나 교차하는 경우 이들 사이의 이격 거리는 몇 [cm] 이상이어야 하는가?

① 30　　② 60
③ 90　　④ 120

해설 **고압 옥상 전선로의 시설(한국전기설비규정 331.14.1)**
고압 옥상 전선로의 전선이 다른 시설물(가공 전선 제외)과 접근하거나 교차하는 경우에는 고압 옥상 전선로의 전선과 이들 사이의 이격 거리는 60[cm] 이상이어야 한다.

03 고압 가공 전선이 상부 조영재의 위쪽으로 접근시의 가공 전선과 조영재의 이격 거리는 몇 [m] 이상이어야 하는가?

① 0.6　　② 0.8
③ 1.2　　④ 2.0

해설 **고압 가공 전선과 건조물의 접근(한국전기설비규정 332.11)**

건조물 조영재의 구분	접근 형태	이격 거리
상부 조영재	위쪽	2[m](케이블 1[m])
	옆쪽 또는 아래쪽	1.2[m](사람이 쉽게 접촉할 우려가 없는 경우 80[cm], 케이블 40[cm])

정답 01.④　02.②　03.④

기출문제 관련 이론 바로보기

02. 이론 check **고압 옥상 전선로의 시설(한국전기설비규정 331.14.1)**

① 전선은 케이블을 사용한다.
② 케이블 이외의 것을 사용할 때
1. 전선을 전개된 장소에서 조영재에 견고하게 붙인 지지주 또는 지지대에 의하여 지지하고 또한 조영재 사이의 이격 거리를 1.2[m] 이상으로 하여 시설하는 경우
2. 전선을 조영재에 견고하게 붙인 견고한 관 또는 트라프에 넣고 또한 트라프에는 취급자 이외의 자가 쉽게 열 수 없는 구조의 철제 또는 철근 콘크리트제 기타 견고한 뚜껑을 시설하는 외에 고압 옥측 전선로의 규정에 준하여 시설하는 경우
③ 전선이 다른 시설물(가공 전선을 제외)과 접근하거나 교차하는 경우에는 전선과 이들 사이의 이격 거리는 60[cm] 이상
④ 전선은 식물에 접촉하지 아니하도록 시설하여야 한다.

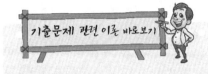

기출문제 관련 이론 바로보기

04

특고압 가공 전선로의 중성선의 다중 접지 시설에서 각 접지 도체를 중성선으로부터 분리하였을 경우 각 접지점의 대지 전기 저항값은 몇 [Ω] 이하이어야 하는가?

① 100
② 150
③ 300
④ 500

해설 **25[kV] 이하인 특고압 가공 전선로의 시설(한국전기설비규정 333.32)**
각 접지 도체를 중성선으로부터 분리하였을 경우의 각 접지점의 대지 전기 저항값과 1[km]마다의 중성선과 대지 사이의 합성 전기 저항값은 300[Ω] 이하일 것

05. 이론 check **고압 가공 전선과 가공 약전류 전선 등의 접근 또는 교차(한국전기설비규정 332.13)**

① 고압 가공 전선은 고압 보안 공사에 의할 것
② 가공 약전류 전선과 이격 거리

가공 전선 종류	이격 거리
저압 가공 전선	60[cm](고압 절연 전선 또는 케이블인 경우에는 30[cm])
고압 가공 전선	80[cm](전선이 케이블인 경우에는 40[cm])

③ 가공 전선이 약전류 전선 위에서 교차할 때 저압 가공 중성선에는 절연 전선을 사용하여야 한다.

05

출제빈도

고압 가공 전선이 가공 약전류 전선과 접근하는 경우 고압 가공 전선과 가공 약전류 전선 사이의 이격 거리는 몇 [cm] 이상이어야 하는가? (단, 전선이 케이블인 경우이다.)

① 15 ② 30
③ 40 ④ 80

해설 **고압 가공 전선과 가공 약전류 전선 등의 접근 또는 교차(한국전기설비규정 332.13)**
고압 가공 전선이 가공 약전류 전선 등과 접근하는 경우에 고압 가공 전선과 가공 약전류 전선 등 사이의 이격 거리는 80[cm](전선이 케이블인 경우에는 40[cm]) 이상일 것

06

발전기·전동기·조상기·기타 회전기(회전 변류기 제외)의 절연 내력 시험시 시험 전압은 권선과 대지 사이에 연속하여 몇 분 이상 가하여야 하는가?

① 10 ② 15
③ 20 ④ 30

해설 **회전기 및 정류기의 절연 내력(한국전기설비규정 133)**

<table>
<tr><th colspan="3">종 류</th><th>시험 전압</th><th>시험 방법</th></tr>
<tr><td rowspan="3">회
전
기</td><td rowspan="2">발전기,
전동기,
조상기</td><td>7[kV] 이하</td><td>1.5배
(최저 500[V])</td><td rowspan="3">권선과
대지 사이를
10분간
가한다.</td></tr>
<tr><td>7[kV] 초과</td><td>1.25배
(최저 10,500[V])</td></tr>
<tr><td colspan="2">회전 변류기</td><td>직류측 최대 사용 전압의 1배의 교류 전압(최저 500[V])</td></tr>
</table>

정답 04.③ 05.③ 06.①

07

터널에 시설하는 사용 전압이 400[V] 초과의 저압인 경우, 이동 전선은 몇 [mm^2] 이상의 0.6/1[kV] EP 고무 절연 클로로프렌 케이블이어야 하는가?

① 0.25　② 0.55
③ 0.75　④ 1.25

해설 터널 등의 전구선 또는 이동 전선 등의 시설(한국전기설비규정 242.7.4)

터널 등에 시설하는 사용 전압이 400[V] 초과인 저압의 이동 전선은 옥내에 시설하는 사용 전압이 400[V] 초과인 저압의 이동 전선과 같은 0.6/1[kV] EP 고무 절연 클로로프렌 캡타이어 케이블로서 단면적이 0.75[mm^2] 이상인 것

08

출제빈도

저압 가공 전선이 철도 또는 궤도를 횡단하는 경우에는 레일면상 높이가 몇 [m] 이상이어야 하는가?

① 5　② 5.5
③ 6　④ 6.5

해설 저압 가공 전선의 높이(한국전기설비규정 222.7)

1. 도로를 횡단하는 경우에는 지표상 6[m] 이상
2. 철도 또는 궤도를 횡단하는 경우에는 레일면상 6.5[m] 이상

09

고압용 기계 기구를 시설하여서는 안 되는 경우는?

① 발전소, 변전소, 개폐소 또는 이에 준하는 곳에 시설하는 경우
② 시가지 외로서 지표상 3[m]인 경우
③ 공장 등의 구내에서 기계 기구의 주위에 사람이 쉽게 접촉할 우려가 없도록 적당한 울타리를 설치하는 경우
④ 옥내에 설치한 기계 기구를 취급자 이외의 사람이 출입할 수 없도록 설치한 곳에 시설하는 경우

해설 고압용 기계 기구의 시설(한국전기설비규정 341.9)

기계 기구를 지표상 4.5[m](시가지 외에는 4[m]) 이상의 높이에 시설하고 또한 사람이 쉽게 접촉할 우려가 없도록 시설하는 경우

10

전철에서 직류 귀선의 비절연 부분이 금속제 지중 관로와 접근하거나 교차하는 경우 상호 전식 방지를 위한 이격 거리는?

① 0.5[m] 이상　② 1[m] 이상
③ 1.5[m] 이상　④ 2[m] 이상

해설 전기 부식 방지를 위한 이격 거리(판단기준 제262조)

직류 귀선은 궤도 근접 부분이 금속제 지중 관로와 접근하거나 교차하는 경우에는 상호간의 이격 거리는 1[m] 이상이어야 한다.

정답 07.③ 08.④ 09.② 10.②

기출문제 관련 이론 바로보기

08. 이론 check **가공 전선의 높이**

① 저압 가공 전선의 높이(한국전기설비규정 222.7)
1. 고·저압 가공 전선 : 5[m] 이상(교통에 지장이 없는 경우 4[m] 이상)
2. 도로를 횡단하는 경우에는 지표상 6[m] 이상
3. 철도 또는 궤도를 횡단하는 경우에는 레일면상 6.5[m] 이상
4. 횡단보도교의 위에 시설하는 경우에는 저압 가공 전선은 그 노면상 3.5[m] (절연 전선·다심형 전선·고압 절연 전선·특고압 절연 전선 또는 케이블인 경우에는 3[m]) 이상, 고압 가공 전선은 그 노면상 3.5[m] 이상
5. 다리의 하부 기타 이와 유사한 장소에 시설하는 저압의 전기 철도용 급전선은 지표상 3.5[m]까지로 감할 수 있다.

② 특고압 가공 전선(한국전기설비규정 333.7)

사용 전압의 구분	지표상의 높이
35[kV] 이하	5[m] (철도 또는 레일을 횡단하는 경우에는 6.5[m], 도로를 횡단하는 경우에는 6[m], 횡단보도교의 위에 시설하는 경우로서 전선이 특고압 절연 전선 또는 케이블인 경우에는 4[m])
35[kV] 초과 160[kV] 이하	6[m] (철도 또는 레일을 횡단하는 경우에는 6.5[m], 산지(山地) 등에서 사람이 쉽게 들어갈 수 없는 장소에 시설하는 경우에는 5[m], 횡단보도교의 위에 시설하는 경우 전선이 케이블인 때는 5[m])
160[kV] 초과	6[m] (철도 또는 레일을 횡단하는 경우에는 6.5[m] 산지 등에서 사람이 쉽게 들어갈 수 없는 장소를 시설하는 경우에는 5[m])에 160[kV]를 초과하는 10[kV] 또는 그 단수마다 12[cm]를 더한 값

기출문제 관련 이론 바로보기

12. 이론 check 전로의 중성점 접지(한국전기설비규정 322.5)

① 전로의 보호 장치의 확실한 동작의 확보, 이상 전압의 억제 및 대지 전압의 저하를 위하여 특히 필요한 경우에 전로의 중성점에 접지 공사를 한다.
② 접지극은 고장시 그 근처의 대지간에 생기는 전위차에 의하여 사람이나 가축 또는 다른 시설물에 위험을 줄 우려가 없도록 시설할 것
③ 접지 도체는 공칭 단면적 16[mm^2] 이상의 연동선 또는 이와 동등 이상의 세기 및 굵기의 쉽게 부식하지 아니하는 금속선(저압 전로의 중성점에 시설하는 것은 공칭 단면적 6[mm^2] 이상의 연동선 또는 이와 동등 이상의 세기 및 굵기의 쉽게 부식하지 않는 금속선)으로서 고장시 흐르는 전류가 안전하게 통할 수 있는 것을 사용하고 또한 손상을 받을 우려가 없도록 시설할 것
④ 접지 도체에 접속하는 저항기·리액터 등은 고장시 흐르는 전류를 안전하게 통할 수 있는 것을 사용할 것
⑤ 접지 도체·저항기·리액터 등은 취급자 이외의 자가 출입하지 아니하도록 설비한 곳에 시설하는 경우 이외에는 사람이 접촉할 우려가 없도록 시설할 것
⑥ 변압기 안전 권선이나 유휴 권선 또는 고압 이상의 전압 조정기의 내장 권선을 이상 전압으로부터 보호하기 위하여 그 권선에는 접지 공사를 하여야 한다.

※ 이 문제는 출제 당시 규정에는 적합했으나 새로 제정된 한국전기설비규정에는 일부 부적합하므로 문제 유형만 참고하시기 바랍니다.

11 애자 공사에 의한 고압 옥내 배선의 시설에 사용되는 연동선의 단면적은 최소 몇 [mm^2]의 것을 사용하여야 하는가?

① 2.5　② 4
③ 6　④ 10

해설 고압 옥내 배선 등의 시설(한국전기설비규정 342.1)
1. 전선 : 6[mm^2]의 연동선
2. 지지점 간의 거리 : 6[m] 이하(조영재의 면을 따라 붙이는 경우에는 2[m] 이하)
3. 전선 상호간의 간격은 8[cm] 이상, 전선과 조영재 사이의 이격 거리는 5[cm] 이상
4. 애자는 절연성·난연성 및 내수성
5. 고압 옥내 배선은 저압 옥내 배선과 쉽게 식별되도록 시설할 것

12 전로의 중성점을 접지하는 목적에 해당되지 않는 것은?

출제빈도

① 보호 장치의 확실한 동작의 확보
② 부하 전류의 일부를 대지로 흐르게 하여 전선 절약
③ 이상 전압의 억제
④ 대지 전압의 저하

해설 전로의 중성점 접지(한국전기설비규정 322.5)
목적 : 전로 보호 장치의 확실한 동작의 확보, 이상 전압의 억제 및 대지 전압의 저하

13 특고압용 변압기로서 변압기 내부 고장이 발생할 경우 경보 장치를 시설하여야 할 뱅크 용량의 범위는?

① 1,000[kVA] 이상 5,000[kVA] 미만
② 5,000[kVA] 이상 10,000[kVA] 미만
③ 10,000[kVA] 이상 15,000[kVA] 미만
④ 15,000[kVA] 이상 20,000[kVA] 미만

해설 특고압용 변압기의 보호 장치(한국전기설비규정 351.4)

뱅크 용량의 구분	동작 조건	장치의 종류
5,000[kVA] 이상 10,000[kVA] 미만	내부 고장	자동 차단 장치, 경보 장치
10,000[kVA] 이상	내부 고장	자동 차단 장치
타냉식 변압기	냉각 장치에 고장이 생긴 경우 또는 온도가 현저히 상승한 경우	경보 장치

정답 11.③ 12.② 13.②

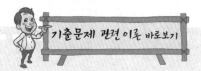

14 154[kV] 가공 전선로를 제1종 특고압 보안 공사에 의하여 시설하는 경우 사용 전선은 인장 강도 58.84[kN] 이상의 연선 또는 단면적 몇 [mm^2] 이상의 경동 연선이어야 하는가?

① 35　　② 50
③ 95　　④ 150

해설 특고압 보안 공사(한국전기설비규정 333.22)

제1종 특고압 보안 공사의 전선의 굵기

사용 전압	전 선
100[kV] 미만	인장 강도 21.67[kN] 이상, 55[mm^2] 이상 경동 연선
100[kV] 이상 300[kV] 미만	인장 강도 58.84[kN] 이상, 150[mm^2] 이상 경동 연선
300[kV] 이상	인장 강도 77.47[kN] 이상, 200[mm^2] 이상 경동 연선

15 (출제빈도) 동일 지지물에 고압 가공 전선과 저압 가공 전선을 병가할 때 저압 가공 전선의 위치는?

① 저압 가공 전선을 고압 가공 전선 위에 시설
② 저압 가공 전선을 고압 가공 전선 아래에 시설
③ 동일 완금류에 평행되게 시설
④ 별도의 규정이 없으므로 임의로 시설

해설 고압 가공 전선 등의 병행 설치(한국전기설비규정 332.8)

1. 저압 가공 전선을 고압 가공 전선의 아래로 하고 별개의 완금류에 시설할 것
2. 저압 가공 전선과 고압 가공 전선 사이의 이격 거리는 50[cm] 이상일 것

16 시가지에 시설하는 특고압 가공 전선로의 철탑의 경간은 몇 [m] 이하이어야 하는가?

① 250　　② 300
③ 350　　④ 400

해설 시가지 등에서 특고압 가공 전선로의 시설(한국전기설비규정 333.1)

지지물의 종류	경 간
A종	75[m]
B종	150[m]
철탑	400[m]

정답 14.④ 15.② 16.④

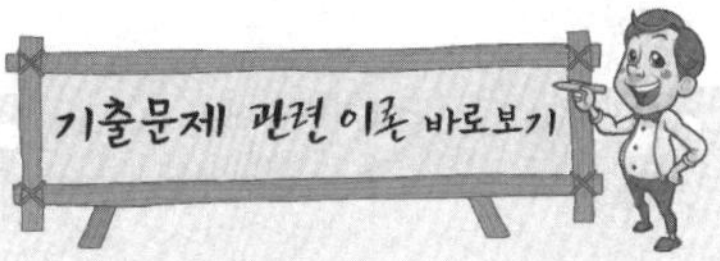

15. 이론 check **저 · 고압 및 특고압 가공 전선의 병행 설치**

[고압 가공 전선과 저압 가공 전선의 병행 설치(한국전기설비규정 332.8)]

① 저압 가공 전선을 고압 가공 전선의 아래로 하고 별개의 완금을 시설한다.
② 저압 가공 전선과 고압 가공 전선과 이격 거리는 50[cm] 이상
③ 고압 가공 전선에 케이블을 사용할 경우 저압선과 30[cm] 이상

Tip **특고압 가공 전선과 저 · 고압 가공 전선과의 병행 설치(한국전기설비규정 333.17)**

사용 전압이 35[kV] 이하의 특고압 가공 전선인 경우

① 별개의 완금에 시설하고 특고압 가공 전선은 연선일 것
② 저압 또는 고압의 가공 전선의 굵기
1. 인장 강도 8.31[kN] 이상의 것 또는 케이블
2. 가공 전선로의 경간이 50[m] 이하인 경우 인장 강도 5.26[kN] 이상 또는 지름 4[mm] 경동선
3. 가공 전선로의 경간이 50[m]를 초과하는 경우 인장 강도 8.01[kN] 이상 지름 5[mm] 경동선

③ 특고압선과 고 · 저압선의 이격 거리는 1.2[m] 이상
단, 특고압 전선이 케이블이면 50[cm]까지 감할 수 있다.

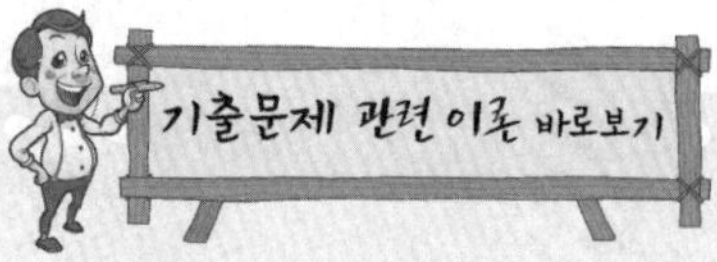

17. 이론 Check 지중 전선로

① 지중 전선로의 시설(한국전기설비규정 334.1)

1. 지중 전선로는 전선에 케이블을 사용하고 또한 관로식, 암거식, 직접 매설식에 의하여 시설하여야 한다.
2. 지중 전선로를 관로식 또는 암거식에 의하여 시설하는 경우에는 견고하고, 차량 기타 중량물의 압력에 견디는 것을 사용하여야 한다.
3. 지중 전선을 냉각하기 위하여 케이블을 넣은 관내에 물을 순환시키는 경우에는 지중 전선로는 순환수 압력에 견디고 또한 물이 새지 아니하도록 시설하여야 한다.
4. 지중 전선로를 직접 매설식에 의하여 시설하는 경우에는 매설 깊이를 차량 기타 중량물의 압력을 받을 우려가 있는 장소에는 1.2[m] 이상, 기타 장소에는 60[cm] 이상으로 하고 또한 지중 전선을 견고한 트라프 기타 방호물에 넣어 시설하여야 한다.

② 지중함의 시설(한국전기설비규정 334.2)

1. 지중함은 견고하고, 차량 기타 중량물의 압력에 견디는 구조일 것
2. 지중함은 그 안의 고인 물을 제거할 수 있는 구조로 되어 있을 것
3. 폭발성 또는 연소성의 가스가 침입할 우려가 있는 곳에 시설하는 지중함으로서 그 크기가 $1[m^3]$ 이상인 것에는 통풍 장치 기타 가스를 방산시키기 위한 적당한 장치를 시설할 것
4. 지중함의 뚜껑은 시설자 이외의 자가 쉽게 열 수 없도록 시설할 것

17 지중 전선로의 매설 방법이 아닌 것은?

출제빈도

① 관로식　② 인입식
③ 암거식　④ 직접 매설식

해설 지중 전선로의 시설(한국전기설비규정 334.1)

1. 지중 전선로는 전선에 케이블을 사용
2. 관로식, 암거식, 직접 매설식에 의하여 시설

18 지중 전선로를 직접 매설식에 의하여 시설하는 경우, 차량 기타 중량물의 압력을 받을 우려가 있는 장소의 매설 깊이는 최소 몇 [cm] 이상이면 되는가?

① 120　② 150
③ 180　④ 200

해설 지중 전선로의 시설(한국전기설비규정 334.1)

직접 매설식인 경우 매설 깊이

1. 차량 기타 중량물의 압력을 받을 우려가 있는 장소에는 1.2[m] 이상
2. 기타 장소에는 60[cm] 이상

19 전기 욕기용 전원 장치의 금속제 외함 및 전선을 넣는 금속관에는 제 몇 종 접지 공사를 하여야 하는가?

① 제1종 접지 공사
② 제2종 접지 공사
③ 제3종 접지 공사
④ 특별 제3종 접지 공사

해설 전기 욕기(한국전기설비규정 241.2)

1. 전원 변압기의 2차측 전로의 사용 전압이 10[V] 이하인 것
2. 금속제 외함 및 전선을 넣는 금속관에는 접지 공사를 할 것
3. 욕탕 안의 전극 간의 거리는 1[m] 이상일 것
4. 전기 욕기용 전원 장치로부터 욕조 안의 전극까지의 전선 상호간 및 전선과 대지 사이의 절연 저항값은 0.1[MΩ] 이상일 것

※ 이 문제는 출제 당시 규정에는 적합했으나 새로 제정된 한국전기설비규정에는 일부 부적합하므로 문제 유형만 참고하시기 바랍니다.

20 전력 보안 통신용 전화 설비를 시설하지 않아도 되는 경우는?

① 수력 설비의 강수량 관측소와 수력 발전소 간
② 동일 수계에 속한 수력 발전소 상호간
③ 발전 제어소와 기상대
④ 휴대용 전화 설비를 갖춘 22.9[kV] 변전소와 기술원 주재소

정답 17.② 18.① 19.③ 20.④

해설 전력 보안 통신 설비의 시설 요구 사항(한국전기설비규정 362.1)

전력 보안 통신용 전화 설비를 시설하는 곳

1. 원격 감시가 되지 아니 하는 발전소·변전소·발전 제어소·변전 제어소·개폐소 및 전선로의 기술원 주재소와 급전소 간
2. 2 이상의 급전소 상호간
3. 수력 설비의 보안상 필요한 양수소 및 강수량 관측소와 수력 발전소 간
4. 동일 수계에 속하고 보안상 긴급 연락의 필요가 있는 수력 발전소 상호간
5. 발전소·변전소·발전 제어소·변전 제어소·개폐소·급전소 및 기술원 주재소와 전기 설비의 보안상 긴급 연락의 필요가 있는 기상대·측후소·소방서 및 방사선 감시 계측 시설물 등의 사이

제 2 회 전기설비기술기준

01 가요 전선관 공사에 의한 저압 옥내 배선으로 틀린 것은?

출제빈도

① 2종 금속제 가요 전선관을 사용하였다.
② 사용 전압이 380[V]이므로 가요 전선관에 접지 공사를 하였다.
③ 전선으로 옥외용 비닐 절연 전선을 사용하였다.
④ 사용 전압이 440[V]에서 사람이 접촉할 우려가 없어도 접지 공사를 하였다.

해설 가요 전선관 공사(한국전기설비규정 232.13)

1. 전선은 절연 전선(옥외용 비닐 절연 전선 제외)일 것
2. 전선은 연선일 것
3. 가요 전선관 안에는 전선에 접속점이 없도록 할 것
4. 가요 전선관은 2종 금속제 가요 전선관일 것
5. 1종 금속제 가요 전선관은 두께 0.8[mm] 이상인 것일 것

02 시가지 등에서 특고압 가공 전선로를 시설하는 경우 특고압 가공 전선로용 지지물로 사용할 수 없는 것은? (단, 사용 전압이 170[kV] 이하인 경우이다.)

① 천탑
② 철근 콘크리트주
③ A종 철주
④ 목주

해설 시가지 등에서 특고압 가공 전선로의 시설(한국전기설비규정 333.1)

지지물에는 철주·철근 콘크리트주 또는 철탑을 사용할 것

정답 01.③ 02.④

기출문제 관련 이론 바로보기

01. 이론 check **가요 전선관 공사(한국전기설비규정 232.13)**

가요 전선관 공사는 굴곡 장소가 많고 금속관 공사에 의해 시설하기 어려운 경우, 전동기에 배선하는 경우, 엘리베이터 배선 등에 채용된다. 가요 전선관에는 제1종 가요 전선관과 제2종 가요 전선관 2종이 있으며 제2종 가요 전선관이 기계적 강도가 우수하다. 이 전선관은 중량이 가볍고 굴곡이 자유로우나 습기가 침입하기 쉽기 때문에 습기가 많은 장소에는 사용할 수 없다.

① 전선은 절연 전선(옥외용 비닐 절연 전선 제외)이며 또한 연선일 것. 다만, 단면적 10[mm^2] 이하인 동선 또는 단면적 16[mm^2] 이하인 알루미늄선을 단선으로 사용할 수 있다.
② 가요 전선관 내에서는 전선에 접속점이 없도록 하고 제2종 금속제 가요 전선관일 것
③ 제1종 금속제 가요 전선관은 두께 0.8[mm] 이상일 것
④ 가요 전선관 안쪽면은 전선의 피복을 손상하지 않도록 매끄러운 것일 것
⑤ 가요 전선관과 박스는 견고하게 또는 전기적으로 안전하게 접속할 것
⑥ 제2종 금속제가 가요 전선관을 사용하는 경우는 습기가 많은 장소 또는 물기가 있는 장소에 시설할 때는 방습 장치를 할 것
⑦ 제1종 금속제 가요 전선관에는 단면적 2.5[mm^2] 이상의 나연 동선을 전장에 걸쳐서 삽입 또는 첨가하여 그 나연 동선과 제1종 금속제 가요 전선을 양단에 두고 전기적으로 안전하게 접속할 것. 단, 관의 길이가 4[m] 이하인 것을 시설할 경우는 이 제한이 없다.

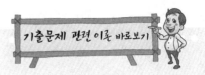

기출문제 관련 이론 바로보기

04. 이론 check

합성 수지관 공사(한국전기설비규정 232.5)

① 전선은 절연 전선(옥외용 비닐 절연 전선을 제외)이며 또한 연선일 것. 다만, 짧고 가는 합성 수지관에 넣은 것 또는 단면적 10[mm^2] 이하의 연동선 또는 단면적 16[mm^2] 이하의 알루미늄선은 단선으로 사용하여도 된다.
② 합성 수지관 내에서는 전선에 접속점이 없도록 할 것
③ 관의 끝 및 안쪽면은 전선의 피복을 손상하지 않도록 매끄러운 것일 것
④ 관 상호 및 관과 박스와는 관을 삽입하는 길이를 관의 외경 1.2배(접착제를 사용하는 경우는 0.8배) 이상으로 하고 삽입 접속으로 견고하게 접속할 것
⑤ 관의 지지점 간의 거리는 1.5[m] 이하
⑥ 습기가 많은 장소 또는 물기가 있는 장소에 시설하는 경우는 방습 장치를 설치할 것
⑦ 합성 수지관을 금속제 풀박스에 접속하는 경우는 접지 공사를 시설할 것
⑧ 콤바인 덕트관은 직접 콘크리트에 매입하여 시설하는 경우를 제외하고 전용의 금속제의 관 또는 덕트에 넣어 시설할 것
⑨ 콤바인 덕트관을 박스 또는 풀박스 내에 인입하는 경우에 물이 박스 또는 풀박스 내에 침입하지 않도록 시설할 것. 단, 콘크리트 내에서는 콤바인 덕트관 상호를 직접 접속하지 아니할 것

03

수소 냉각식 발전기 및 이에 부속하는 수소 냉각 장치에 관한 시설 기준 중 틀린 것은?

① 발전기 안의 수소의 압력 계측 장치 및 압력 변동에 대한 경보 장치를 시설할 것
② 발전기 안의 수소 온도를 계측하는 장치를 시설할 것
③ 발전기는 기밀 구조이고 또한 수소가 대기압에서 폭발하는 경우에 생기는 압력에 견디는 강도를 가지는 것일 것
④ 발전기 안의 수소의 순도가 70[%] 이하로 저하한 경우에 경보를 하는 장치를 시설할 것

해설 수소 냉각식 발전기 등의 시설(판단기준 제51조)

1. 기밀 구조(氣密構造)의 것
2. 수소의 순도가 85[%] 이하로 저하한 경우에 이를 경보하는 장치를 시설할 것
3. 발전기 안 또는 조상기 안의 수소의 압력을 계측하는 장치 및 그 압력이 현저히 변동한 경우에 이를 경보하는 장치를 시설할 것
4. 발전기 안 또는 조상기 안의 수소의 온도를 계측하는 장치를 시설할 것

※ 이 문제는 출제 당시 규정에는 적합했으나 새로 제정된 한국전기설비규정에는 일부 부적합하므로 문제 유형만 참고하시기 바랍니다.

04

출제빈도

저압 옥내 배선을 합성 수지관 공사에 의하여 실시하는 경우 사용할 수 있는 단선(동선)의 최대 단면적은 몇 [mm^2]인가?

① 4
② 6
③ 10
④ 16

해설 합성 수지관 공사(한국전기설비규정 232.5)

1. 전선은 절연 전선(옥외용 비닐 절연 전선을 제외한다)일 것
2. 전선은 연선일 것. 단, 단면적 10[mm^2](알루미늄선은 단면적 16[mm^2]) 이하 단선 사용
3. 전선은 합성 수지관 안에서 접속점이 없도록 할 것
4. 관의 두께는 2[mm] 이상일 것
5. 관을 삽입하는 깊이를 관의 바깥 지름의 1.2배(접착제 사용 0.8배) 이상
6. 관의 지지점 간의 거리는 1.5[m] 이하
7. 습기가 많은 장소 또는 물기가 있는 장소에 시설하는 경우에는 방습 장치를 할 것

정답 03.④ 04.③

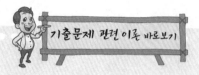

05 사용 전압 220[V]인 경우에 애자 공사에 의한 옥측 전선로를 시설할 때 전선과 조영재와의 이격 거리는 몇 [cm] 이상이어야 하는가?

출제빈도

① 2.5
② 4.5
③ 6
④ 8

해설 **저압 옥측 전선로(한국전기설비규정 221.2)**

시설 장소	전선 상호간의 간격		전선과 조영재 사이의 이격 거리	
	사용 전압 400[V] 이하	사용 전압 400[V] 초과	사용 전압 400[V] 이하	사용 전압 400[V] 초과
비나 이슬에 젖지 아니하는 장소	6[cm]	6[cm]	2.5[cm]	2.5[cm]
비나 이슬에 젖는 장소	6[cm]	12[cm]	2.5[cm]	4.5[cm]

06 발전소 등의 울타리·담 등을 시설할 때 사용 전압이 154[kV]인 경우 울타리·담 등의 높이와 울타리·담 등으로부터 충전 부분까지의 거리의 합계는 몇 [m] 이상이어야 하는가?

① 5 ② 6
③ 8 ④ 10

해설 **특고압용 기계 기구 시설(한국전기설비규정 341.4)**

사용 전압의 구분	울타리 높이와 울타리로부터 충전 부분까지의 거리의 합계 또는 지표상의 높이
35[kV] 이하	5[m]
35[kV]를 넘고 160[kV] 이하	6[m]
160[kV]를 초과하는 것	6[m]에 160[kV]를 초과하는 10[kV] 단수마다 12[cm]를 더한 값

07 저압 전로에 사용하는 80[A] 퓨즈는 수평으로 붙일 경우 정격 전류의 1.6배 전류에 몇 분 안에 용단되어야 하는가?

① 60
② 120
③ 180
④ 240

기출문제 관련 이론 바로보기

05. 이론 check **저압 옥측 전선로(한국전기설비규정 221.2)**

① 저압 옥측 전선로는 다음의 공사에 의할 것
1. 애자 공사(전개된 장소에 한한다)
2. 합성 수지관 공사
3. 금속관 공사(목조 이외의 조영물)
4. 버스 덕트 공사(목조 이외의 조영물)
5. 케이블 공사(연피 케이블·알루미늄피 케이블 또는 미네랄 인슐레이션 케이블을 사용하는 경우에는 목조 이외의 조영물에 시설)

② 애자 공사에 의한 저압 옥측 전선로는 사람이 쉽게 접촉할 우려가 없도록 시설할 것
1. 전선은 공칭 단면적 4[mm^2] 이상 연동 절연 전선(OW, DV 제외)일 것
2. 전선 상호간의 간격 및 전선과 그 저압 옥측 전선로를 시설하는 조영재 사이의 이격 거리

시설 장소	전선 상호간의 간격		전선과 조영재 사이의 이격 거리	
	사용 전압 400[V] 이하	사용 전압 400[V] 초과	사용 전압 400[V] 이하	사용 전압 400[V] 초과
비나 이슬에 젖지 아니하는 장소	6[cm]	6[cm]	2.5[cm]	2.5[cm]
비나 이슬에 젖는 장소	6[cm]	12[cm]	2.5[cm]	4.5[cm]

3. 전선의 지지점 간의 거리는 2[m] 이상일 것
4. 전선에 인장 강도 1.38[kN] 이상의 것 또는 지름 2[mm]의 경동선 이상의 것을 사용하고 또한 전선 상호간의 간격을 20[cm] 이상, 전선과 저압 옥측 전선로를 시설한 조영재 사이의 이격 거리를 30[cm] 이상으로 하여 시설하는 경우에 한하여 옥외용 비닐 절연 전선을 사용하거나 지지점 간의 거리를 2[m]를 넘고 15[m] 이하로 할 수 있다.
5. 애자는 절연성·난연성 및 내수성이 있는 것일 것

정답 05.① 06.② 07.②

기출문제 관련 이론 바로보기

6. 애자 공사에 의한 저압 옥측 전선로의 전선과 식물 사이의 이격 거리는 20[cm] 이상이어야 한다. 다만, 저압 옥측 전선로의 전선이 고압 절연 전선 또는 특고압 절연 전선인 경우에 그 전선을 식물에 접촉하지 아니하도록 시설하는 때에는 그러하지 아니하다.

08. 이론 Check **특고압 가공 전선과 저·고압 가공 전선과의 병행 설치 (한국전기설비규정 333.17)**

① 사용 전압이 35[kV] 이하의 특고압 가공 전선인 경우
1. 별개의 완금에 시설하고 특고압 가공 전선은 연선일 것
2. 저압 또는 고압의 가공 전선의 굵기
가. 인장 강도 8.31[kN] 이상의 것 또는 케이블
나. 가공 전선로의 경간이 50[m] 이하인 경우 인장 강도 5.26[kN] 이상 또는 지름 4[mm] 경동선
다. 가공 전선로의 경간이 50[m]를 초과하는 경우 인장 강도 8.01[kN] 이상 지름 5[mm] 경동선
3. 특고압선과 고·저압선의 이격 거리는 1.2[m] 이상
단, 특고압 전선이 케이블이면 50[cm]까지 감할 수 있다.

② 사용 전압이 35[kV]를 초과 100[kV] 미만인 경우
1. 제2종 특고압 보안 공사에 의할 것
2. 특고압선과 고·저압선의 이격 거리는 2[m](케이블인 경우 1[m]) 이상
3. 특고압 가공 전선의 굵기 : 인장 강도 21.67[kN] 이상 연선 또는 50[mm^2] 이상 경동선
4. 특고압 가공 전선로의 지지물은 철주(강판 조립주 제외)·철근 콘크리트주 또는 철탑을 사용하고 사용 전압이 100[kV] 이상인 특고압 가공 전선과 저압 또는 고압 가공 전선은 병가해서는 안 된다.
⇒ 특고압 가공 전선과 지지물에 시설하는 기계 기구에 접속한 저압 가공 전선을 동일 지지물에 시설하는 경우 이격 거리

해설 저압 전로 중의 과전류 차단기의 시설(판단기준 제38조)

정격 전류의 구분	용단 시간	
	정격 전류의 1.6배	정격 전류의 2배
30[A] 이하	60분	2분
30[A] 초과 60[A] 이하	60분	4분
60[A] 초과 100[A] 이하	120분	6분
100[A] 초과 200[A] 이하	120분	8분
200[A] 초과 400[A] 이하	180분	10분

※ 이 문제는 출제 당시 규정에는 적합했으나 새로 제정된 한국전기설비규정에는 일부 부적합하므로 문제 유형만 참고하시기 바랍니다.

08

출제빈도

사용 전압 66[kV] 가공 전선과 6[kV] 가공 전선을 동일 지지물에 시설하는 경우, 특고압 가공 전선은 케이블인 경우를 제외하고는 단면적이 몇 [mm^2]인 경동 연선 또는 이와 동등 이상의 세기 및 굵기의 연선이어야 하는가?

① 22 ② 38
③ 55 ④ 100

해설 특고압 가공 전선과 저·고압 가공 전선의 병행 설치(한국전기설비규정 333.17)

1. 특고압 가공 전선로는 제2종 특고압 보안 공사에 의할 것
2. 특고압 가공 전선과 저압 또는 고압 가공 전선 사이의 이격 거리는 2[m] 이상일 것
3. 특고압 가공 전선은 케이블인 경우를 제외하고는 인장 강도 21.67[kN] 이상의 연선 또는 단면적이 50[mm^2] 이상인 경동 연선일 것
4. 특고압 가공 전선로의 지지물은 철주·철근 콘크리트주 또는 철탑일 것

09

300[kHz]부터 3,000[kHz]까지의 주파수대에서 전차 선로에서 발생하는 전파의 허용 한도 상대 레벨의 준첨두값[dB]은?

① 25.5 ② 32.5
③ 36.5 ④ 40.5

해설 전파 장해의 방지(판단기준 제251조)

전차 선로는 무선 설비의 기능에 계속적이고 또한 중대한 장해를 주는 전파가 생길 우려가 있는 경우에 전차 선로에서 발생하는 전파의 허용 한도는 300[kHz]부터 3,000[kHz]까지의 주파수대에서 36.5[dB](준첨두값)일 것

※ 이 문제는 출제 당시 규정에는 적합했으나 새로 제정된 한국전기설비규정에는 일부 부적합하므로 문제 유형만 참고하시기 바랍니다.

정답 08.③ 09.③

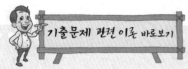

10 가공 직류 전차선의 레일면상의 높이는 몇 [m] 이상이어야 하는가?

① 6.0　　② 5.5
③ 5.0　　④ 4.8

해설 가공 직류 전차선의 레일면상의 높이(판단기준 제256조)

가공 직류 전차선의 레일면상의 높이는 4.8[m] 이상, 전용의 부지 위에 시설은 4.4[m] 이상

※ 이 문제는 출제 당시 규정에는 적합했으나 새로 제정된 한국전기설비규정에는 일부 부적합하므로 문제 유형만 참고하시기 바랍니다.

11 옥내의 네온 방전등 공사에 대한 설명으로 틀린 것은?

① 방전등용 변압기는 네온 변압기일 것
② 관등 회로의 배선은 점검할 수 없는 은폐 장소에 시설할 것
③ 관등 회로의 배선은 애자 공사에 의하여 시설할 것
④ 방전등용 변압기의 외함에는 접지 공사를 할 것

해설 네온 방전등 공사(한국전기설비규정 234.12)

1. 방전등용 변압기는 네온 변압기일 것
2. 배선은 전개된 장소 또는 점검할 수 있는 은폐된 장소에 시설
3. 관등 회로의 배선은 애자 공사에 의할 것
4. 네온 변압기의 외함에는 접지 공사를 할 것

12 저압 가공 전선과 고압 가공 전선을 동일 지지물에 시설하는 경우 이격 거리는 몇 [cm] 이상이어야 하는가?

① 50　　② 60
③ 70　　④ 80

해설 저·고압 가공 전선 등의 병행 설치(한국전기설비규정 332.8)

1. 저압 가공 전선을 고압 가공 전선의 아래로 하고 별개의 완금류에 시설할 것
2. 저압 가공 전선과 고압 가공 전선 사이의 이격 거리는 50[cm] 이상일 것

13 가반형의 용접 전극을 사용하는 아크 용접 장치를 시설할 때 용접 변압기의 1차측 전로의 대지 전압은 몇 [V] 이하이어야 하는가?

① 200　　② 250
③ 300　　④ 600

해설 아크 용접기(한국전기설비규정 241.10)

가반형의 용접 전극을 사용하는 아크 용접 장치의 시설

1. 용접 변압기는 절연 변압기일 것
2. 용접 변압기의 1차측 전로의 대지 전압은 300[V] 이하일 것
3. 용접 변압기의 1차측 전로에는 용접 변압기에 가까운 곳에 쉽게 개폐할 수 있는 개폐기를 시설할 것

정답 10.④ 11.② 12.① 13.③

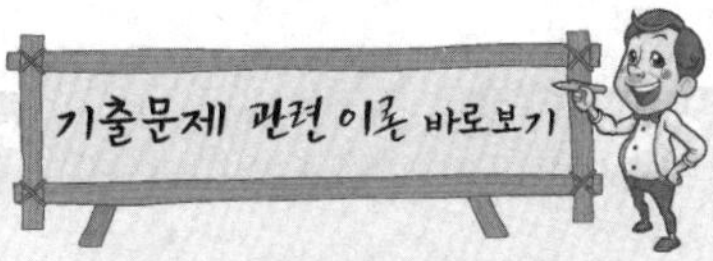

사용 전압 구분	이격 거리
35[kV] 이하	1.2[m](특고압선이 케이블일 때 50[cm])
35[kV] 초과 60[kV] 이하	2[m](특고압선이 케이블일 때 1[m])
60[kV] 초과	2[m](특고압선이 케이블일 때 1[m])에 60[kV] 초과 10[kV] 또는 그 단수마다 12[cm]씩 가산한 값

11. 이론 check **네온 방전등 공사(한국전기설비규정 234.12)**

① 네온 방전등에 공급하는 전로의 대지 전압은 300[V] 이하로 한다.

1. 방전등용 변압기는 네온 변압기일 것
2. 배선은 전개된 장소 또는 점검할 수 있는 은폐된 장소에 시설
3. 관등 회로의 배선은 애자 공사에 의할 것
   가. 전선은 네온 전선일 것
   나. 전선은 조영재의 옆면 또는 아랫면에 붙일 것
   다. 전선의 지지점 간의 거리는 1[m] 이하일 것
   라. 전선 상호간의 간격은 6[cm] 이상일 것
   마. 전선과 조영재 사이의 전개된 장소 이격 거리

사용 전압의 구분	이격 거리
6[kV] 이하	2[cm]
6[kV]를 넘고 9[kV] 이하	3[cm]
9[kV]를 넘는 것	4[cm]

   바. 애자는 절연성·난연성 및 내수성이 있는 것일 것

② 네온 변압기의 외함에는 접지 공사를 할 것

③ 관등 회로와 배선 중 방전관의 관극 사이를 접속하는 부분, 방전관 붙임틀 안에 시설하는 부분 또는 조영재에 따라 시설하는 부분(방전관으로부터의 길이가 2[m] 이하인 부분에 한한다)의 시설

1. 전선은 두께 1[mm] 이상의 유리관에 넣어 시설할 것. 다만, 전선의 길이가 10[cm] 이하인 경우에는 그러하지 아니하다.
2. 유리관 지지점 사이의 거리는 50[cm] 이하일 것

기출문제 관련 이론 바로보기

3. 유리관의 지지점 중 가장 관의 끝에 가까운 것은 관의 끝으로부터 8[cm] 이상 12[cm] 이하의 부분에 시설할 것
4. 유리관은 조영재에 견고하게 붙일 것

④ 관등 회로의 배선 또는 방전관의 관극 부분이 조영재를 관통하는 경우에는 그 부분을 난연성 및 내수성이 있는 견고한 절연관에 넣을 것

⑤ 방전관은 조영재와 접촉하지 아니하도록 시설하고 또한 방전관의 관극 부분과 조영재 사이의 이격 거리는 전선과 조영재의 이격 거리에 준할 것

16. 이론 check **지선의 시설(한국전기설비규정 331.11)**

① 지선의 사용

1. 철탑은 지선을 이용하여 강도를 분담시켜서는 안 된다.
2. 가공 전선로의 지지물로 사용하는 철주 또는 철근 콘크리트주는 그 철주 또는 철근 콘크리트주가 지선을 사용하지 아니하는 상태에서 풍압 하중의 2분의 1 이상의 풍압 하중에 견디는 강도를 가지는 경우 이외에는 지선을 사용하여 그 강도를 분담시켜서는 아니된다.

② 지선의 시설

1. 지선의 안전율
   가. 2.5 이상
   나. 목주·A종 철주 또는 A종 철근 콘크리트주 등 : 1.5

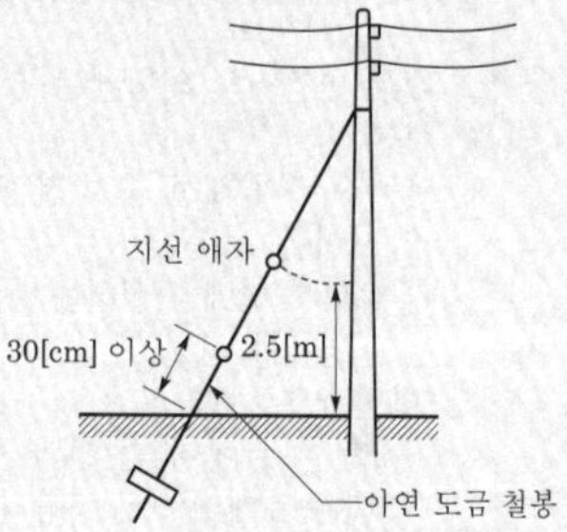

▮ 지선의 시설 ▮

2. 허용 인장 하중 : 4.31[kN] 이상
3. 소선(素線) 3가닥 이상의 연선일 것

14

과전류 차단기로 시설하는 퓨즈 중 고압 전로에 사용되는 포장 퓨즈는 정격 전류의 몇 배의 전류에 견디어야 하는가?

① 1.1 ② 1.2
③ 1.3 ④ 1.5

해설 고압 및 특고압 전로 중의 과전류 차단기의 시설(한국전기설비규정 341.11)

1. 과전류 차단기로 시설하는 퓨즈 중 고압 전로에 사용하는 포장 퓨즈는 정격 전류의 1.3배의 전류에 견디고 또한 2배의 전류로 120분 안에 용단되는 것
2. 과전류 차단기로 시설하는 퓨즈 중 고압 전로에 사용하는 비포장 퓨즈는 정격 전류의 1.25배의 전류에 견디고 또한 2배의 전류로 2분 안에 용단되는 것

15

중성점 접지식 22.9[kV] 가공 전선과 직류 1,500[V] 전차선을 동일 지지물에 병가할 때 상호간의 이격 거리는 몇 [m] 이상인가?

① 1.0 ② 1.2
③ 1.5 ④ 2.0

해설 특고압 가공 전선과 저·고압 가공 전선의 병행 설치(한국전기설비규정 333.17)

특고압 가공 전선과 저압 또는 고압의 전차선을 동일 지지물에 시설하는 경우에는 특고압 가공 전선과 저·고압 가공 전선의 병행 설치를 준용하므로 1.2[m] 이상으로 한다.

16

출제빈도

지선 시설에 관한 설명으로 틀린 것은?

① 철탑은 지선을 사용하여 그 강도를 분담시켜야 한다.
② 지선의 안전율은 2.5 이상이어야 한다.
③ 지선에 연선을 사용할 경우 소선 3가닥 이상의 연선이어야 한다.
④ 지선 근가는 지선의 인장 하중에 충분히 견디도록 시설하여야 한다.

해설 지선의 시설(한국전기설비규정 331.11)

1. 지선의 안전율은 2.5 이상. 이 경우에 허용 인장 하중의 최저는 4.31[kN]
2. 소선(素線) 3가닥 이상의 연선일 것
3. 소선의 지름이 2.6[mm] 이상의 금속선을 사용한 것일 것
4. 지중 부분 및 지표상 30[cm]까지의 부분에는 내식성이 있는 것 또는 아연 도금 철봉을 사용할 것
5. 가공 전선로의 지지물로 사용하는 철탑은 지선을 사용하여 그 강도를 분담시켜서는 아니 된다.

정답 14.③ 15.② 16.①

17 사용 전압 66[kV]의 가공 전선을 시가지에 시설할 경우 전선의 지표상 최소 높이는 몇 [m]인가?

① 6.48 ② 8.36
③ 10.48 ④ 12.36

해설 시가지 등에서 특고압 가공 전선로의 시설(한국전기설비규정 333.1)
(66−35)÷10=3.1이므로 10[kV] 단수는 4이다.
그러므로 지표상 높이는 10+(0.12×4)=10.48[m]이다.

사용 전압의 구분	전선 지표상의 높이
35[kV] 이하	10[m](특고압 절연 전선 8[m])
35[kV] 초과	10[m]에 35[kV]를 초과하는 10[kV] 단수마다 12[cm]를 더한 값

18 가공 전선 및 지지물에 관한 시설 기준 중 틀린 것은?

① 가공 전선은 다른 가공 전선로, 전차 선로, 가공 약전류 전선로 또는 가공 광섬유 케이블 선로의 지지물을 사이에 두고 시설하지 말 것
② 가공 전선의 분기는 그 전선의 지지점에서 할 것(단, 전선의 장력이 가하여지지 않도록 시설하는 경우는 제외)
③ 가공 전선로의 지지물에는 철탑 오름 및 전주 오름 방지를 할 수 없도록 발판 못 등을 시설하지 말 것
④ 가공 전선로의 지지물로는 목주·철주·철근 콘크리트주 또는 철탑을 사용할 것

해설 지지물의 철탑 오름 및 전주 오름 방지(기술기준 제28조, 한국전기설비규정 331.4)
가공 전선로의 지지물에 취급자가 오르고 내리는 데 사용하는 발판 못 등을 지표상 1.8[m] 미만에 시설하여서는 아니 된다.

19 특고압 가공 전선이 도로 등과 교차하여 도로 상부측에 시설할 경우에 보호망도 같이 시설하려고 한다. 보호망은 제 몇 종 접지 공사로 하여야 하는가?

① 제1종 접지 공사 ② 제2종 접지 공사
③ 제3종 접지 공사 ④ 특별 제3종 접지 공사

해설 특고압 가공 전선과 도로 등의 접근 또는 교차(한국전기설비규정 333.24)
1. 특고압 가공 전선로는 제2종 특고압 보안 공사에 의할 것
2. 보호망은 140 규정에 의한 접지 공사를 한 금속제의 망상 장치로 하고 견고하게 지지할 것
3. 보호망을 구성하는 금속선 상호의 간격은 가로, 세로 각 1.5[m] 이하일 것

※ 이 문제는 출제 당시 규정에는 적합했으나 새로 제정된 한국전기설비규정에는 일부 부적합하므로 문제 유형만 참고하시기 바랍니다.

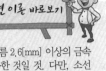

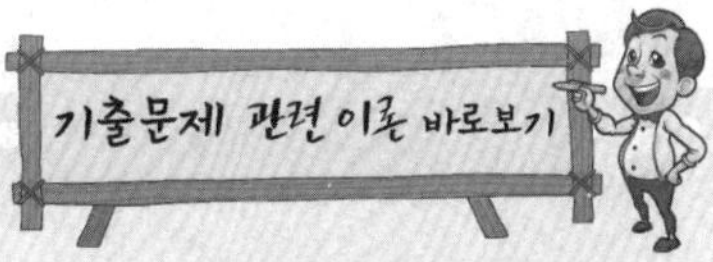

4. 소선은 지름 2.6[mm] 이상의 금속선을 사용한 것일 것. 다만, 소선의 지름이 2[mm] 이상인 아연도강연선(亞鉛鍍鋼撚線)으로서 소선의 인장 강도가 0.68[kN/mm²] 이상인 것을 사용하는 경우에는 그러하지 아니하다.
5. 지중의 부분 및 지표상 30[cm]까지의 부분에는 아연 도금을 한 철봉 또는 이와 동등 이상의 세기 및 내식 효력이 있는 것을 사용하고 이를 쉽게 부식하지 아니하는 근가에 견고하게 붙일 것
6. 지선의 근가는 지선의 인장 하중에 충분히 견디도록 시설할 것

17. 이론 check **시가지 등에서 특고압 가공 전선로의 시설(한국전기설비규정 333.1)**

특고압 가공 전선로는 케이블인 경우 시가지 기타 인가가 밀집할 지역에 시설할 수 있다.
① 사용 전압 170[kV] 이하인 전선로
1. 애자 장치
가. 50[%]의 충격 섬락 전압의 값이 타 부분의 110[%](130[kV]를 넘는 경우는 105[%]) 이상인 것
나. 아크 혼을 붙인 현수 애자·장간 애자(長幹碍子) 또는 라인 포스트 애자를 사용하는 것
다. 2련 이상의 현수 애자 또는 장간 애자를 사용하는 것
라. 2개 이상의 핀 애자 또는 라인 포스트 애자를 사용하는 것
2. 지지물의 경간
가. 지지물에는 철주, 철근 콘크리트주 또는 철탑을 사용한다.
나. 경간

지지물의 종류	경 간
A종 철주 또는 A종 철근 콘크리트주	75[m]
B종 철주 또는 B종 철근 콘크리트주	150[m]
철탑	400[m] (단주인 경우에는 300[m]. 다만, 전선이 수평으로 2 이상 있는 경우에 전선 상호간의 간격이 4[m] 미만인 때에는 250[m])

정답 17.③ 18.③ 19.①

기출문제 관련 이론 바로보기

3. 전선의 굵기

사용 전압의 구분	전선의 단면적
100[kV] 미만	인장 강도 21.67[kN] 이상의 연선 또는 단면적 55[mm²] 이상의 경동 연선
100[kV] 이상	인장 강도 58.84[kN] 이상의 연선 또는 단면적 150[mm²] 이상의 경동 연선

4. 전선의 지표상 높이

사용 전압의 구분	지표상의 높이
35[kV] 이하	10[m] (전선이 특고압 절연 전선인 경우에는 8[m])
35[kV] 초과	10[m]에 35[kV]를 초과하는 10[kV] 또는 그 단수마다 12[cm]를 더한 값

5. 지지물에는 위험 표시를 보기 쉬운 곳에 시설할 것
6. 지락이나 단락이 생긴 경우 : 100[kV]를 넘는 것에 지락이 생긴 경우 또는 단락한 경우에 1초 안에 이를 전선로로부터 차단하는 자동 차단 장치를 시설할 것

01. 이론 check **소세력 회로의 시설(한국전기설비규정 241.14)**

전자 개폐기의 조작 회로 또는 초인벨, 경보벨 등에 접속하는 전로로서 최대 사용 전압이 60[V] 이하인 것 또한 대지 전압이 300[V] 이하인 절연 변압기로 결합되는 것을 말한다.

① 절연 변압기 사용
② 절연 변압기 2차 단락 전류

소세력 회로의 최대 사용 전압의 구분	2차 단락 전류	과전류 차단기의 정격 전류
15[V] 이하	8[A]	5[A]
15[V] 초과 30[V] 이하	5[A]	3[A]
30[V] 초과 60[V] 이하	3[A]	1.5[A]

③ 소세력 회로의 전선을 가공으로 시설하는 경우
1. 전선은 인장 강도 508[N/mm²] 이상의 것 또는 지름 1.2[mm]의 경동선일 것

20 전기 설비의 접지 계통과 건축물의 피뢰 설비 및 통신 설비 등의 접지극을 공용하는 통합 접지 공사를 하는 경우 낙뢰 등 과전압으로부터 전기 설비를 보호하기 위하여 설치해야 하는 것은?

① 과전류 차단기
② 지락 보호 장치
③ 서지 보호 장치
④ 개폐기

해설 **공통 접지와 통합 접지(한국전기설비규정 142.5.2)**
낙뢰 등에 의한 과전압으로부터 전기 설비 등을 보호하기 위해 153.1의 규정에 따라 서지 보호 장치(SPD)를 설치하여야 한다.

제3회 전기설비기술기준

01 (출제빈도) 전자 개폐기의 조작 회로 또는 초인벨 · 경보벨 등에 접속하는 전로로서 최대 사용 전압이 60[V] 이하인 것으로 대지 전압이 몇 [V] 이하인 변압기로 결합되는 것을 소세력 회로라 하는가?

① 100　　② 150
③ 300　　④ 440

해설 **소세력 회로의 시설(한국전기설비규정 241.14)**
전자 개폐기의 조작 회로 또는 초인벨 · 경보벨 등에 접속하는 전로로서 최대 사용 전압이 60[V] 이하인 것으로 대지 전압이 300[V] 이하인 변압기로 결합되는 것

02 지상에 설치한 380[V]용 저압 전동기의 금속제 외함에는 제 몇 종 접지 공사를 하여야 하는가?

① 제1종 접지 공사　　② 제2종 접지 공사
③ 제3종 접지 공사　　④ 특별 제3종 접지 공사

해설 **기계 기구의 철대 및 외함의 접지(판단기준 제33조)**

기계 기구의 구분	접지 공사의 종류
고압 또는 특고압용의 것	제1종 접지 공사
400[V] 미만인 저압용의 것	제3종 접지 공사
400[V] 이상의 저압용의 것	특별 제3종 접지 공사

※ 이 문제는 출제 당시 규정에는 적합했으나 새로 제정된 한국전기설비규정에는 일부 부적합하므로 문제 유형만 참고하시기 바랍니다.

정답 20.③ / 01.③ 02.③

03 제2차 접근 상태를 바르게 설명한 것은?

① 가공 전선이 전선의 절단 또는 지지물의 도괴 등이 되는 경우에 당해 전선이 다른 시설물에 접속될 우려가 있는 상태
② 가공 전선이 다른 시설물과 접근하는 경우에 당해 가공 전선이 다른 시설물의 위쪽 또는 옆쪽에서 수평 거리로 3[m] 미만인 곳에 시설되는 상태
③ 가공 전선이 다른 시설물과 접근하는 경우에 가공 전선을 다른 시설물과 수평되게 시설되는 상태
④ 가공 선로에 접지 공사를 하고 보호망으로 보호하여 인축의 감전 상태를 방지하도록 조치하는 상태

해설 용어 정의(한국전기설비규정 112)
"제2차 접근 상태"란 가공 전선이 다른 시설물과 접근하는 경우에 그 가공 전선이 다른 시설물의 위쪽 또는 옆쪽에서 수평 거리로 3[m] 미만인 곳에 시설되는 상태를 말한다.

04 화약류 저장소의 전기 설비의 시설 기준으로 틀린 것은?

출제빈도

① 전로의 대지 전압은 150[V] 이하일 것
② 전기 기계 기구는 전폐형의 것일 것
③ 전용 개폐기 및 과전류 차단기는 화약류 저장소 밖에 설치할 것
④ 개폐기 또는 과전류 차단기에서 화약류 저장소의 인입구까지의 배선은 케이블을 사용할 것

해설 화약류 저장소에서 전기 설비의 시설(한국전기설비규정 242.5.1)
1. 전로에 대지 전압은 300[V] 이하일 것
2. 전기 기계 기구는 전폐형의 것일 것
3. 인입구에서 케이블이 손상될 우려가 없도록 시설할 것
4. 화약류 저장소 안의 전기 설비에 전기를 공급하는 전로에는 화약류 저장소 이외의 곳에 전용 개폐기 및 과전류 차단기를 각 극에 취급자 이외의 자가 쉽게 조작할 수 없도록 시설한다.

05 고압 보안 공사에 철탑을 지지물로 사용하는 경우 경간은 몇 [m] 이하이어야 하는가?

① 100 ② 150
③ 400 ④ 600

해설 고압 보안 공사(한국전기설비규정 332.10)

지지물의 종류	경 간
목주 또는 A종	100[m]
B종	150[m]
철탑	400[m]

정답 03.② 04.① 05.③

기출문제 관련 이론 바로보기

2. 전선은 절연 전선 · 캡타이어 케이블 또는 케이블일 것
3. 전선이 케이블인 경우에는 인장 강도 2.36[kN/mm^2] 이상의 금속선 또는 지름 3.2[mm]의 아연도철선으로 매달아 시설할 것
4. 전선의 높이는 다음에 의할 것
가. 도로를 횡단하는 경우에는 지표상 6[m] 이상
나. 철도 또는 궤도를 횡단하는 경우에는 레일면상 6.5[m] 이상
다. 지표상 4[m] 이상. 다만, 전선을 도로 이외의 곳에 시설하는 경우에는 지표상 2.5[m]까지로 감할 수 있다.
5. 전선의 지지물의 풍압 하중에 견디는 강도를 가지는 것일 것
6. 전선의 지지점 간의 거리는 15[m] 이하일 것

04. 이론 check **화약류 저장소에서의 전기 설비 시설(한국전기설비규정 242.5.1)**

① 백열 전등 또는 형광등 또는 이들에 전기를 공급하기 위한 전기 설비
1. 전로의 대지 전압은 300[V] 이하일 것
2. 전기 기계 기구는 전폐형의 것일 것
3. 케이블을 전기 기계 기구에 인입할 때에는 인입구에서 케이블이 손상될 우려가 없도록 시설할 것
② 화약류 저장소 안의 전기 설비에 전기를 공급하는 전로에는 화약류 저장소 이외의 곳에 전용 개폐기 및 과전류 차단기를 각 극(과전류 차단기는 중성극 제외)에 취급자 이외의 자가 쉽게 조작할 수 없도록 시설하고 또한 전로에 지락이 생겼을 때에 자동적으로 전로를 차단하거나 경보하는 장치를 시설하여야 한다.

기출문제 관련 이론 바로보기

06 옥내에 시설하는 전동기에 과부하 보호 장치의 시설을 생략할 수 없는 경우는?

① 전동기가 단상의 것으로 전원측 전로에 시설하는 과전류 차단기의 정격 전류가 16[A] 이하인 경우
② 전동기가 단상의 것으로 전원측 전로에 시설하는 배선 차단기의 정격 전류가 20[A] 이하인 경우
③ 전동기 운전 중 취급자가 상시 감시할 수 있는 위치에 시설하는 경우
④ 전동기의 정격 출력이 0.75[kW]인 전동기

해설 저압 전로 중의 전동기 과부하 보호 장치의 시설(한국전기설비규정 212.6.4)

1. 정격 출력 0.2[kW]를 초과하는 전동기에 과부하 보호 장치를 시설한다.
2. 과부하 보호 장치 시설을 생략하는 경우
   가. 전동기 운전 중 상시 취급자가 감시할 수 있는 위치에 시설하는 경우
   나. 전동기의 구조상 또는 전동기의 부하 성질상 전동기의 권선에 전동기를 소손할 위험이 있는 과전류가 일어날 위험이 없는 경우
   다. 전동기가 단상의 것으로 전원측 전로에 시설하는 과전류 차단기의 정격 전류가 16[A](배선 차단기는 20[A]) 이하인 경우

07. 이론 check **전기 욕기(한국전기설비규정 241.2)**

① 사용 전압은 1차 대지 전압 300[V] 이하이며, 2차는 10[V] 이하일 것
② 전기 욕기에 넣는 전극에는 2.5[mm²] 이상의 연동선, 케이블 단면적 1.5[mm²] 이상을 사용한다.
③ 전선 상호간 및 전선과 대지 사이의 절연 저항은 0.1[MΩ] 이상일 것
④ 욕탕 안의 전극 간 거리는 1[m] 이상일 것

07 전기 욕기용 전원 장치로부터 욕기 안의 전극까지의 전선 상호간 및 전선과 대지 사이에 절연 저항값은 몇 [MΩ] 이상이어야 하는가?

출제빈도

① 0.1 ② 0.2
③ 0.3 ④ 0.4

해설 전기 욕기(한국전기설비규정 241.2)

1. 전원 변압기의 2차측 전로의 사용 전압이 10[V] 이하
2. 금속제 외함 및 전선을 넣는 금속관에는 접지 공사를 할 것
3. 욕탕 안의 전극 간의 거리는 1[m] 이상일 것
4. 전기 욕기용 전원 장치로부터 욕조 안의 전극까지의 전선 상호간 및 전선과 대지 사이의 절연 저항값은 0.1[MΩ] 이상일 것

08 특고압 가공 전선로의 지지물 중 전선로의 지지물 양쪽의 경간의 차가 큰 곳에 사용하는 철탑은?

① 내장형 철탑 ② 인류형 철탑
③ 보강형 철탑 ④ 각도형 철탑

정답 06.④ 07.① 08.①

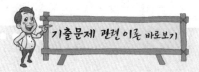

해설 특고압 가공 전선로의 철주 · 철근 콘크리트주 또는 철탑의 종류(한국전기설비규정 333.11)

1. 직선형 : 전선로의 직선 부분(3도 이하인 수평 각도)에 사용하는 것
2. 각도형 : 전선로 중 3도를 초과하는 수평 각도를 이루는 곳에 사용하는 것
3. 인류형 : 전가섭선을 인류하는 곳에 사용하는 것
4. 내장형 : 전선로의 지지물 양쪽의 경간의 차가 큰 곳에 사용하는 것
5. 보강형 : 전선로의 직선 부분에 그 보강을 하여 사용하는 것

09 400[V] 미만의 저압 옥내 배선을 할 때 점검할 수 없는 은폐 장소에 할 수 없는 배선 공사는?

① 금속관 공사
② 합성 수지관 공사
③ 금속 몰드 공사
④ 플로어 덕트 공사

해설 저압 옥내 배선의 시설 장소별 공사의 종류(판단기준 제180조)

400[V] 미만의 점검할 수 없는 은폐된 장소에 할 수 있는 공사는 플로어 덕트 공사 또는 셀룰러 덕트 공사와 합성 수지관 공사 · 금속관 공사 · 가요 전선관 공사 및 케이블 공사로 시설한다.

※ 이 문제는 출제 당시 규정에는 적합했으나 새로 제정된 한국전기설비규정에는 일부 부적합하므로 문제 유형만 참고하시기 바랍니다.

10 (출제빈도) 특고압 가공 전선을 삭도와 제1차 접근 상태로 시설되는 경우 최소 이격 거리에 대한 설명 중 틀린 것은?

① 사용 전압이 35[kV] 이하의 경우는 1.5[m] 이상
② 사용 전압이 35[kV] 이하이고 특고압 절연 전선을 사용한 경우 1[m] 이상
③ 사용 전압이 70[kV]인 경우 2.12[m] 이상
④ 사용 전압이 35[kV] 초과하고 60[kV] 이하인 경우 2.0[m] 이상

해설 특고압 가공 전선과 삭도의 접근 또는 교차(한국전기설비규정 333.25)

특고압 가공 전선이 삭도와 제1차 접근 상태로 시설되는 경우

1. 특고압 가공 전선로는 제3종 특고압 보안 공사에 의할 것
2. 특고압 가공 전선과 삭도 또는 삭도용 지주 사이의 이격 거리

사용 전압의 구분	이격 거리
35[kV] 이하	2[m](특고압 절연 전선 1[m], 케이블 50[cm])
35[kV] 초과 60[kV] 이하	2[m]
60[kV] 초과	2[m]에 60[kV]를 초과하는 10[kV] 단수마다 12[cm]를 더한 값

정답 09.③ 10.①

기출문제 관련 이론 바로보기

10. 이론 check **특고압 가공 전선과 삭도의 접근 또는 교차(한국전기설비규정 333.25)**

① 삭도와 제1차 접근 상태로 시설되는 경우
1. 특고압 가공 전선로는 제3종 특고압 보안 공사에 의할 것
2. 특고압 가공 전선과 삭도 또는 삭도용 지주 사이의 이격 거리

사용 전압의 구분	이격 거리
35[kV] 이하의 것	2[m](특고압 절연 전선 1[m], 케이블 50[cm]) 이상
35[kV] 초과 60[kV] 이하의 것	2[m] 이상
60[kV] 초과	2[m]에 사용 전압이 60[kV]를 넘는 10[kV] 또는 그 단수마다 12[cm]를 더한 값 이상

② 삭도와 제2차 접근 상태로 시설되는 경우
1. 특고압 가공 전선로는 제2종 특고압 보안 공사에 의할 것
2. 특고압 가공 전선 중 삭도에서 수평 거리로 3[m] 미만으로 시설되는 부분의 길이가 연속하여 50[m] 이하이고 또한 1경간 안에서의 그 부분의 길이의 합계가 50[m] 이하일 것. 다만, 사용 전압이 35[kV]를 넘는 특고압 가공 전선로를 제1종 특고압 보안 공사에 의하여 시설하는 경우에는 그러하지 아니하다.

③ 삭도와 교차하는 경우에 특고압 가공 전선이 삭도의 위에 시설되는 때
1. 제2종 특고압 보안 공사에 의할 것. 다만, 특고압 가공 전선과 삭도 사이에 보호망을 시설하는 경우에는 제2종 특고압 보안 공사(애자 장치에 관한 부분에 한한다)에 의하지 아니할 것
2. 삭도의 특고압 가공 전선으로부터 수평 거리로 3[m] 미만에 시설되는 부분의 길이는 50[m]를 넘지 아니할 것
3. 삭도와 접근하는 경우에는 특고압 가공 전선은 삭도의 아래쪽 시설

기출문제 관련 이론 바로보기

4. 케이블인 경우 이외에는 특고압 가공 전선의 위쪽에 견고하게 방호 장치를 설치하고 또한 그 금속제 부분에 접지 공사를 할 것

13. 이론 check **피뢰기의 접지(한국전기설비규정 341.14)**

고압 및 특고압의 전로에 시설하는 피뢰기 접지 저항값은 10[Ω] 이하로 하여야 한다. 다만, 고압 가공 전선로에 시설하는 피뢰기를 접지 공사를 한 변압기에 근접하여 시설하는 경우로서, 다음의 어느 하나에 해당할 때 또는 고압 가공 전선로에 시설하는 피뢰기의 접지 도체가 그 접지 공사 전용의 것인 경우에 그 접지 공사의 접지 저항값이 30[Ω] 이하인 때에는 그 피뢰기의 접지 저항값이 10[Ω] 이하가 아니어도 된다.

① 피뢰기의 접지 공사의 접지극을 변압기 중성점 접지용 접지극으로부터 1[m] 이상 격리하여 시설하는 경우에 그 접지 공사의 접지 저항값이 30[Ω] 이하인 때

② 피뢰기 접지 공사의 접지 도체와 변압기의 중성점 접지용 접지 도체를 변압기에 근접한 곳에서 접속하여 다음에 의하여 시설하는 경우에 피뢰기 접지 공사의 접지 저항값이 75[Ω] 이하인 때 또는 중성점 접지 공사의 접지 저항값이 65[Ω] 이하인 때

1. 변압기를 중심으로 하는 반지름 50[m]의 원과 반지름 300[m]의 원으로 둘러 싸여지는 지역에서 그 변압기에 중성점 접지 공사가 되어 있는 저압 가공 전선(인장 강도 5.26[kN] 이상인 것 또는 지름 4[mm] 이상의 경동선에 한한다)의 한 곳 이상에 140의 규정에 준하는 접지 공사(접지 도체로 공칭 단면적 6[mm^2] 이상인 연동선 또는 이와 동등 이상의 세기 및 굵기의 쉽게 부식하지 않는 금속선을 사용하는 것에 한한다)를 할 것
2. 피뢰기의 접지 공사, 변압기 중성점 접지 공사를 저압 가공 전선에 접지 공사 및 가공 공동 지선에서의 합성 접지 저항값은 20[Ω] 이하일 것

11 저압 연접 인입선은 폭 몇 [m]를 초과하는 도로를 횡단하지 않아야 하는가?

① 5 ② 6
③ 7 ④ 8

해설 **저압 연접 인입선의 시설(한국전기설비규정 221.1.2)**

1. 인입선에서 분기하는 점으로부터 100[m]를 초과하는 지역에 미치지 아니할 것
2. 폭 5[m]를 초과하는 도로를 횡단하지 아니할 것
3. 옥내를 통과하지 아니할 것

12 임시 가공 전선로의 지지물로 철탑을 사용시 사용 기간은?

① 1개월 이내 ② 3개월 이내
③ 4개월 이내 ④ 6개월 이내

해설 **임시 전선로의 시설(판단기준 제152조)**

가공 전선로의 지지물로 사용하는 철탑은 사용 기간이 6월 이내의 것에 한하여 시설할 수 있다.

※ 이 문제는 출제 당시 규정에는 적합했으나 새로 제정된 한국전기설비규정에는 일부 부적합하므로 문제 유형만 참고하시기 바랍니다.

13 고압 및 특고압의 전로에 시설하는 피뢰기의 접지 공사는?

① 특별 제3종 접지 공사 ② 제3종 접지 공사
③ 제2종 접지 공사 ④ 제1종 접지 공사

해설 **피뢰기의 접지(판단기준 제43조)**

고압 및 특고압의 전로에 시설하는 피뢰기에는 제1종 접지 공사를 하여야 한다. (⇨ '기출문제 관련 이론 바로보기'에서 개정된 규정 참조하세요.)

※ 이 문제는 출제 당시 규정에는 적합했으나 새로 제정된 한국전기설비규정에는 일부 부적합하므로 문제 유형만 참고하시기 바랍니다.

14 지중 전선로에서 지중 전선을 넣은 방호 장치의 금속제 부분·금속제의 전선 접속함에 적합한 접지 공사는?

① 제1종 접지 공사 ② 제2종 접지 공사
③ 제3종 접지 공사 ④ 특별 제3종 접지 공사

해설 **지중 전선의 피복 금속체 접지(판단기준 제139조)**

관·암거·기타 지중 전선을 넣은 방호 장치의 금속제 부분·금속제의 전선 접속함 및 지중 전선의 피복으로 사용하는 금속체에는 제3종 접지 공사를 하여야 한다.

※ 이 문제는 출제 당시 규정에는 적합했으나 새로 제정된 한국전기설비규정에는 일부 부적합하므로 문제 유형만 참고하시기 바랍니다.

정답 11.① 12.④ 13.④ 14.③

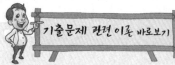

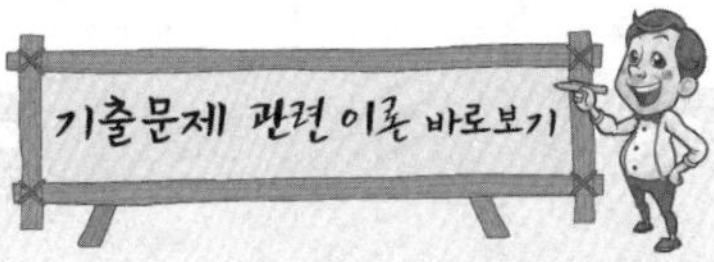

15 특고압 가공 전선이 도로 · 횡단보도교 · 철도와 제1차 접근 상태로 사용되는 경우 특고압 가공 전선로는 제 몇 종 보안 공사를 하여야 하는가?

① 제1종 특고압 보안 공사
② 제2종 특고압 보안 공사
③ 제3종 특고압 보안 공사
④ 특별 제3종 특고압 보안 공사

해설 특고압 가공 전선과 도로 등의 접근 또는 교차(한국전기설비규정 333.24)
특고압 가공 전선이 도로 · 횡단보도교 · 철도 또는 궤도와 제1차 접근 상태로 시설되는 경우에는 제3종 특고압 보안 공사에 의할 것

16 폭연성 분진 또는 화약류의 분말이 존재하는 곳의 저압 옥내 배선은 어느 공사에 의하는가?

출제빈도

① 애자 공사 또는 가요 전선관 공사
② 캡타이어 케이블 공사
③ 합성 수지관 공사
④ 금속관 공사 또는 케이블 공사

해설 폭연성 분진 위험 장소(한국전기설비규정 242.2.1)
폭연성 분진(마그네슘 · 알루미늄 · 티탄 · 지르코늄 등) 또는 화약류의 분말이 전기 설비가 발화원이 되어 폭발할 우려가 있는 곳에 시설하는 저압 옥내 전기 설비는 금속관 공사 또는 케이블 공사(캡타이어 케이블 제외)에 의할 것

17 고압 가공 전선이 경동선인 경우 안전율은 얼마 이상이어야 하는가?

① 2.0
② 2.2
③ 2.5
④ 3.0

해설 고압 가공 전선의 안전율(한국전기설비규정 332.4)
1. 경동선 또는 내열 동합금선 : 2.2 이상
2. 기타 전선(ACSR 등) : 2.5 이상

18 가공 전선로에 사용하는 지지물의 강도 계산시 구성재의 수직 투영 면적 1[m^2]에 대한 풍압을 기초로 적용하는 갑종 풍압 하중값의 기준이 잘못된 것은?

① 목주 : 588[Pa]
② 원형 철주 : 588[Pa]
③ 철근 콘크리트주 : 1,117[Pa]
④ 강관으로 구성된 철탑 : 1,255[Pa]

정답 15.③ 16.④ 17.② 18.③

16. 이론 Check **폭연성 분진 위험 장소[한국전기설비규정 242.2.1]**

① 폭연성 분진
1. 마그네슘 · 알루미늄 · 티탄 · 지르코늄 등의 분진 또는 화약류의 분말이 존재하고 전기 설비가 점화원이 되어 폭발할 위험이 있는 장소에 시설하는 것은 분진 방폭 특수 방진 구조인 것을 사용하고 외부 전선과의 접속은 진동에 의해 느슨해지지 않도록 견고하게 혹은 전기적으로 안전하게 접속해야 한다.
2. 저압 옥내 배선은 금속관 공사 또는 케이블 공사(캡타이어 케이블 제외)에 의한다.
3. 금속관 공사는 다음에 의하여 시설할 것
   가. 박강 전선관 이상의 강도를 가지는 것일 것
   나. 마모 · 부식 기타의 손상을 일으킬 우려가 없는 패킹 사용
   다. 전기 기계 기구와의 접속은 5턱 이상 나사 조임으로 사용
   라. 전동기에 접속하는 부분에서 가요성을 필요로 하는 부분의 배선에는 분진 방폭형 플렉시블 피팅을 사용
4. 케이블 공사는 다음에 의하여 시설할 것
   가. MI 케이블 이외에는 관 기타의 방호 장치에 넣어 사용할 것
   나. 패킹 또는 충진제를 사용하여 인입구로부터 먼지가 내부에 침입하지 않도록 하고 또한 인입구에서 전선이 손상될 우려가 없도록 시설할 것
5. 이동 전선은 접속점이 없는 0.6/1[kV] EP 고무 절연 클로로프렌 캡타이어 케이블을 사용하고 또한 손상을 받을 우려가 없도록 시설할 것

기출문제 관련 이론 바로보기

19. 이론 check **점멸기의 시설(한국전기설비규정 234.6)**

① 조명용 전등의 점멸 장치 시설
1. 가정용 전등은 등기구마다 점멸 장치를 시설한다.
2. 국부 조명 설비는 그 조명 대상에 따라 점멸 장치를 시설한다(단, 장식용, 발코니등 제외).
3. 공장, 사무실, 학교, 병원, 상점 등에 시설하는 전체 조명용 전등은 부분 조명이 가능하도록 전등군으로 구분하여 전등군마다 점멸이 가능하도록 하되, 창과 가장 가까운 전등은 따로 점멸이 가능하도록 할 것

② 타임 스위치 시설
1. 관광진흥법과 공중위생관리법에 의한 관광숙박업 또는 숙박업에 이용되는 객실 입구등은 1분 이내에 소등되는 것
2. 일반 주택 및 아파트 각 호실의 현관등은 3분 이내에 소등되는 것

해설 **풍압 하중의 종별과 적용(한국전기설비규정 331.6)**

풍압을 받는 구분(갑종 풍압 하중)			1[m^2]에 대한 풍압
목주			588[Pa]
지지물	철주	원형의 것	588[Pa]
		삼각형 또는 마름모형의 것	1,412[Pa]
		강관 4각형의 것	1,117[Pa]
	철근 콘크리트주	원형의 것	588[Pa]
		기타의 것	882[Pa]
	철탑	강관으로 구성되는 것	1,255[Pa]
		기타의 것	2,157[Pa]

19 (출제빈도) 일반 주택 및 아파트 각 호실의 현관등은 몇 분 이내에 소등되는 타임 스위치를 시설하여야 하는가?

① 1분 ② 3분
③ 5분 ④ 10분

해설 **점멸기의 시설(한국전기설비규정 234.6)**
1. 관광진흥법과 공중위생관리법에 의한 관광숙박업 또는 숙박업에 이용되는 객실 입구등은 1분 이내에 소등되는 것
2. 일반 주택 및 아파트 각 호실의 현관등은 3분 이내에 소등되는 것

20 220[V]용 유도 전동기의 철대 및 금속제 외함에 적합한 접지 공사는?

① 제1종 접지 공사
② 제2종 접지 공사
③ 제3종 접지 공사
④ 특별 제3종 접지 공사

해설 **기계 기구의 철대 및 외함의 접지(판단기준 제33조)**

기계 기구의 구분	접지 공사의 종류
고압 또는 특고압용의 것	제1종 접지 공사
400[V] 미만인 저압용의 것	제3종 접지 공사
400[V] 이상의 저압용의 것	특별 제3종 접지 공사

※ 이 문제는 출제 당시 규정에는 적합했으나 새로 제정된 한국전기설비규정에는 일부 부적합하므로 문제 유형만 참고하시기 바랍니다.

정답 19.② 20.③

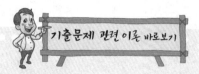

Industrial Engineer Electricity

2015년 과년도 출제문제

제1회 전기설비기술기준

01 저압 전로에서 그 전로에 지락이 생겼을 경우 0.5초 이내에 자동적으로 전로를 차단하는 장치를 시설하는 경우에는 제3종 접지 공사의 접지 저항값을 몇 [Ω]까지 허용할 수 있는가? (단, 자동 차단기의 정격 감도 전류는 30[mA]이다.)

① 10 ② 100
③ 300 ④ 500

해설 접지 공사의 종류(판단기준 제18조)

정격 감도 전류	접지 저항값	
	물기 있는 장소, 전기적 위험도가 높은 장소	그 외 다른 장소
30[mA]	500[Ω]	500[Ω]
50[mA]	300[Ω]	500[Ω]
100[mA]	150[Ω]	500[Ω]
200[mA]	75[Ω]	250[Ω]
300[mA]	50[Ω]	166[Ω]
500[mA]	30[Ω]	100[Ω]

※ 이 문제는 출제 당시 규정에는 적합했으나 새로 제정된 한국전기설비규정에는 일부 부적합하므로 문제 유형만 참고하시기 바랍니다.

02 애자 공사에 의한 저압 옥내 배선을 시설할 때, 전선 상호간의 간격은 몇 [cm] 이상이어야 하는가?

출제빈도

① 2 ② 4
③ 6 ④ 8

해설 애자 공사(한국전기설비규정 232.56)

1. 전선은 절연 전선(옥외용 비닐 절연 전선 및 인입용 비닐 절연 전선을 제외)일 것
2. 전선 상호간의 간격은 6[cm] 이상일 것
3. 전선과 조영재 사이의 이격 거리는 사용 전압이 400[V] 이하인 경우에는 2.5[cm] 이상, 400[V] 초과인 경우에는 4.5[cm](건조한 장소에 시설하는 경우에는 2.5[cm]) 이상일 것
4. 전선의 지지점 간의 거리는 전선을 조영재의 윗면 또는 옆면에 따라 붙일 경우에는 2[m] 이하일 것

정답 01.④ 02.③

기출문제 관련 이론 바로보기

02. 이론 Check **애자 공사(한국전기설비규정 232.56)**

① 전선은 다음의 경우 이외에는 절연 전선(옥외용 비닐 절연 전선 및 인입용 비닐 절연 전선을 제외한다)일 것
1. 전기로용 전선
2. 전선의 피복 절연물이 부식하는 장소에 시설하는 전선
3. 취급자 이외의 자가 출입할 수 없도록 설비한 장소에 시설하는 전선

② 전선 상호간의 간격은 0.06[m] 이상일 것
③ 전선과 조영재 사이의 이격 거리는 사용 전압이 400[V] 이하인 경우에는 25[mm] 이상, 400[V] 초과인 경우에는 45[mm](건조한 장소에 시설하는 경우에는 25[mm]) 이상일 것
④ 전선의 지지점 간의 거리는 전선을 조영재의 윗면 또는 옆면에 따라 붙일 경우에는 2[m] 이하일 것
⑤ 사용 전압이 400[V] 초과인 것은 ④의 경우 이외에는 전선의 지지점 간의 거리는 6[m] 이하일 것
⑥ 저압 옥내 배선은 사람이 접촉할 우려가 없도록 시설할 것
⑦ 전선이 조영재를 관통하는 경우에는 그 관통하는 부분의 전선을 전선마다 각각 별개의 난연성 및 내수성이 있는 절연관에 넣을 것
⑧ 사용하는 애자는 절연성 · 난연성 및 내수성의 것이어야 한다.

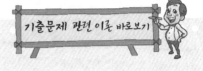

기출문제 관련 이론 바로보기

04. 이론 check 가공 케이블의 시설(한국전기설비규정 332.2)

① 조가용선
  1. 조가용선은 인장 강도 5.93[kN] 이상의 것(특고압인 경우 13.93[kN]) 또는 단면적 22[mm^2] 이상인 아연도철연선일 것
  2. 접지 공사를 하여야 한다.

② 케이블은 조가용선에 행거로 시설할 것 : 고압인 때에는 행거 간격을 50[cm] 이하로 시설한다.

③ 조가용선을 케이블에 접촉시켜 금속 테이프를 감을 때에는 20[cm] 이하 나선상으로 감는다.

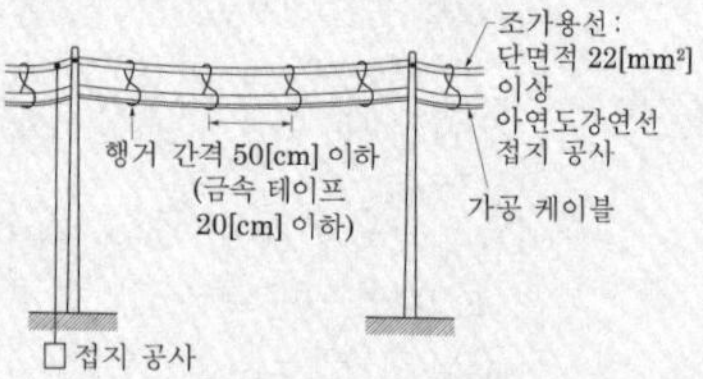

▎가공 케이블에 의한 시설▎

03 "지중 관로"에 대한 정의로 옳은 것은?

① 지중 전선로, 지중 약전류 전선로와 지중 매설 지선 등을 말한다.
② 지중 전선로, 지중 약전류 전선로와 복합 케이블 선로, 기타 이와 유사한 것 및 이들에 부속하는 지중함을 말한다.
③ 지중 전선로, 지중 약전류 전선로, 지중에 시설하는 수관 및 가스관과 지중 매설 지선을 말한다.
④ 지중 전선로, 지중 약전류 전선로, 지중 광섬유 케이블 선로, 지중에 시설하는 수관 및 가스관과 이와 유사한 것 및 이들에 부속하는 지중함 등을 말한다.

해설 용어 정의(한국전기설비규정 112)
"지중 관로"란 지중 전선로 · 지중 약전류 전선로 · 지중 광섬유 케이블 선로 · 지중에 시설하는 수관 및 가스관과 이와 유사한 것 및 이들에 부속하는 지중함 등을 말한다.

04 고압 가공 전선에 케이블을 사용하는 경우의 조가용선 및 케이블의 피복에 사용하는 금속체에는 몇 종 접지 공사를 하여야 하는가?

① 제1종 접지 공사 ② 제2종 접지 공사
③ 제3종 접지 공사 ④ 특별 제3종 접지 공사

해설 가공 케이블의 시설(한국전기설비규정 332.2)
1. 케이블은 조가용선에 행거의 간격을 50[cm] 이하로 시설
2. 조가용선은 인장 강도 5.93[kN] 이상 또는 단면적 22[mm^2] 이상인 아연도강연선
3. 조가용선 및 케이블의 피복에 사용하는 금속체는 접지 공사
(⇨ '기출문제 관련 이론 바로보기'에서 개정된 규정 참조하세요.)

※ 이 문제는 출제 당시 규정에는 적합했으나 새로 제정된 한국전기설비규정에는 일부 부적합하므로 문제 유형만 참고하시기 바랍니다.

05 방전등용 안정기로부터 방전관까지의 전로를 무엇이라 하는가?

① 가섭선 ② 가공 인입선
③ 관등 회로 ④ 지중 관로

해설 용어 정의(한국전기설비규정 112)
"관등 회로"란 방전등용 안정기(방전등용 변압기를 포함한다. 이하 같다)로부터 방전관까지의 전로를 말한다.

06 345[kV]의 송전선을 사람이 쉽게 들어갈 수 없는 산지에 시설하는 경우 전선의 지표상 높이는 최소 몇 [m] 이상이어야 하는가?

① 7.28 ② 8.28
③ 7.85 ④ 8.85

정답 03.④ 04.③ 05.③ 06.①

해설 특고압 가공 전선의 높이(한국전기설비규정 333.7)

345−160÷10=18.5이고 10[kV] 단수는 19이므로 산지의 전선 지표상 높이는 5+0.12×19=7.28[m]이다.

07

(출제빈도)

전기설비기술기준에서 정하는 15[kV] 이상 25[kV] 미만인 특고압 가공 전선과 그 지지물, 완금류, 지주 또는 지선 사이의 이격 거리는 몇 [cm] 이상이어야 하는가?

① 20 ② 25
③ 30 ④ 40

해설 특고압 가공 전선과 지지물 등의 이격 거리(한국전기설비규정 333.5)

사용 전압의 구분	이격 거리
15[kV] 미만	15[cm]
15[kV] 이상 25[kV] 미만	20[cm]
25[kV] 이상 35[kV] 미만	25[cm]
이하 생략	

08

고압 지중 케이블로서 직접 매설식에 의하여 콘크리트제 기타 견고한 관 또는 트라프에 넣지 않고 부설할 수 있는 케이블은?

① 비닐 외장 케이블
② 고무 외장 케이블
③ 클로로프렌 외장 케이블
④ 콤바인 덕트 케이블

해설 지중 전선로의 시설(한국전기설비규정 334.1)

지중 전선을 견고한 트라프 기타 방호물에 넣지 아니하여도 되는 경우

1. 저압 또는 고압의 지중 전선을 차량 기타 중량물의 압력을 받을 우려가 없는 경우에 그 위를 견고한 판 또는 몰드로 덮어 시설하는 경우
2. 저압 또는 고압의 지중 전선에 콤바인 덕트 케이블 또는 개장(鎧裝)한 케이블을 사용하여 시설하는 경우
3. 특고압 지중 전선은 개장한 케이블을 사용하고 또한 견고한 판 또는 몰드로 지중 전선의 위와 옆을 덮어 시설하는 경우
4. 지중 전선에 파이프형 압력 케이블을 사용하고 또한 지중 전선의 위를 견고한 판 또는 몰드 등으로 덮어 시설하는 경우

09

관, 암거, 기타 지중 전선을 넣은 방호 장치의 금속제 부분 및 지중 선선의 피복으로 사용하는 금속체에는 몇 종 접지 공사를 하여야 하는가?

① 제1종 접지 공사 ② 제2종 접지 공사
③ 제3종 접지 공사 ④ 특별 제3종 접지 공사

정답 07.① 08.④ 09.③

기출문제 관련 이론 바로보기

07. 이론 check **특고압 가공 전선과 지지물 등의 이격 거리(한국전기설비규정 333.5)**

특고압 가공 전선과 그 지지물·완금류·지주 또는 지선 사이의 이격 거리는 다음과 같이 정하고, 기술상 부득이한 경우에 위험의 우려가 없도록 시설한 때에는 0.8배까지로 감할 수 있다.

사용 전압의 구분	이격 거리
15[kV] 미만	15[cm]
15[kV] 이상, 25[kV] 미만	20[cm]
25[kV] 이상, 35[kV] 미만	25[cm]
35[kV] 이상, 50[kV] 미만	30[cm]
50[kV] 이상, 60[kV] 미만	35[cm]
60[kV] 이상, 70[kV] 미만	40[cm]
70[kV] 이상, 80[kV] 미만	45[cm]
80[kV] 이상, 130[kV] 미만	65[cm]
130[kV] 이상, 160[kV] 미만	90[cm]
160[kV] 이상, 200[kV] 미만	110[cm]
200[kV] 이상, 230[kV] 미만	130[cm]
230[kV] 이상	160[cm]

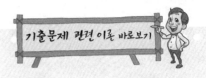

기출문제 관련 이론 바로보기

10. 이론 check **전기 울타리의 시설(한국전기설비규정 241.1)**

전기 울타리는 논, 밭, 목장 등에서 짐승의 침입 또는 가축의 탈출을 방지하는 목적에만 사용할 수 있다.

① 전기 울타리는 사람이 쉽게 출입하지 아니하는 곳에 시설할 것
② 사람이 보기 쉽도록 적당한 간격으로 위험 표시를 할 것
③ 사용 전압은 250[V] 이하이며, 전선은 인장 강도 1.38[kN] 이상의 것 또는 지름 2[mm] 이상 경동선을 사용하고, 지지하는 기둥과의 이격 거리는 2.5[cm] 이상, 수목과의 거리는 30[cm] 이상을 유지하여야 할 것
④ 전기 울타리에 공급하는 전로는 전용 개폐기 시설을 해야 할 것
⑤ 전기 울타리용 전원 장치에 사용하는 변압기는 절연 변압기일 것

11. 이론 check **전선의 접속(한국전기설비규정 123)**

전선을 접속하는 경우에는 전선의 전기 저항을 증가시키지 아니하도록 접속하여야 하며 또한 다음에 따라야 한다.

① 나전선 상호 또는 나전선과 절연 전선 또는 캡타이어 케이블과 접속하는 경우에는 다음에 의할 것
  1. 전선의 세기[인장 하중(引張荷重)]를 20[%] 이상 감소시키지 아니할 것. 다만, 점퍼선을 접속하는 경우와 기타 전선에 가하여지는 장력이 전선의 세기에 비하여 현저히 작을 경우에는 그러하지 아니하다.
  2. 접속 부분은 접속관 기타의 기구를 사용할 것. 다만, 가공 전선 상호, 전차선 상호 또는 광산의 갱도 안에서 전선 상호를 접속하는 경우에 기술상 곤란할 때에는 그러하지 아니하다.
② 절연 전선 상호·절연 전선과 코드, 캡타이어 케이블과 접속하는 경우에는 절연 전선에 절연물과 동등 이상의 절연 효력이 있는 접속기를 사용하는 경우 이외에는 접속 부분을 그 부분의 절연 전선의 절연물과 동등 이상의 절연 효력이 있는 것으로 충분히 피복할 것

해설 지중 전선의 피복 금속체의 접지(한국전기설비규정 334.4)
지중 전선을 넣은 금속성의 암거, 관, 관로, 전선 접속 상자 및 지중 전선의 피복에 사용하는 금속체에는 접지 시스템(140) 규정에 준하여 접지 공사를 시설해야 한다.

※ 이 문제는 출제 당시 규정에는 적합했으나 새로 제정된 한국전기설비규정에는 일부 부적합하므로 문제 유형만 참고하시기 바랍니다.

10
출제빈도

전기 울타리의 시설에 관한 설명으로 틀린 것은?

① 전원 장치에 전기를 공급하는 전로의 사용 전압은 600[V] 이하이어야 한다.
② 사람이 쉽게 출입하지 아니하는 곳에 시설한다.
③ 전선은 지름 2[mm] 이상의 경동선을 사용한다.
④ 수목 사이의 이격 거리는 30[cm] 이상이어야 한다.

해설 전기 울타리의 시설(한국전기설비규정 241.1)
사용 전압은 250[V] 이하이며, 전선은 인장 강도 1.38[kN] 이상의 것 또는 지름 2[mm] 이상 경동선을 사용하고, 지지하는 기둥과의 이격 거리는 2.5[cm] 이상, 수목과의 거리는 30[cm] 이상을 유지하여야 한다.

11
출제빈도

전선의 접속법을 열거한 것 중 틀린 것은?

① 전선의 세기를 30[%] 이상 감소시키지 않는다.
② 접속 부분을 절연 전선의 절연물과 동등 이상의 절연 효력이 있도록 충분히 피복한다.
③ 접속 부분은 접속관, 기타의 기구를 사용한다.
④ 알루미늄 도체의 전선과 동도체의 전선을 접속할 때에는 전기적 부식이 생기지 않도록 한다.

해설 전선의 접속(한국전기설비규정 123)
1. 전선의 세기를 20[%] 이상 감소시키지 아니할 것
2. 접속관 기타 기구 사용

12

가공 전선로의 지지물에 하중이 가하여지는 경우에 그 하중을 받는 지지물의 기초의 안전율은 일반적인 경우 얼마 이상이어야 하는가?

① 1.2
② 1.5
③ 1.8
④ 2

해설 가공 전선로 지지물의 기초의 안전율(한국전기설비규정 331.7)
지지물의 하중에 대한 기초의 안전율은 2 이상

정답 10.① 11.① 12.④

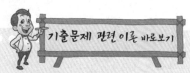

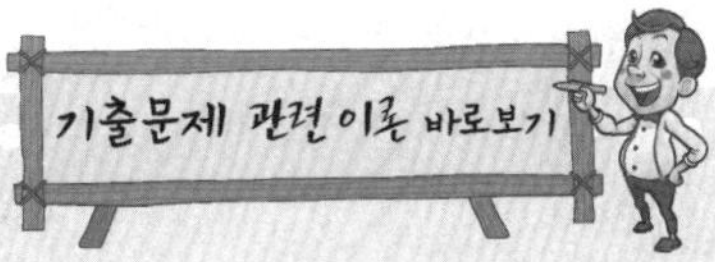

13 소맥분, 전분, 기타의 가연성 분진이 존재하는 곳의 저압 옥내 배선으로 적합하지 않은 공사 방법은?

① 케이블 공사
② 두께 2[mm] 이상의 합성 수지관 공사
③ 금속관 공사
④ 가요 전선관 공사

해설 **가연성 분진 위험 장소(한국전기설비규정 242.2.2)**
가연성 분진 장소의 저압 옥내 배선은 합성 수지관 공사·금속관 공사 또는 케이블 공사에 의한다.

14 도로에 시설하는 가공 직류 전차 선로의 경간은 몇 [m] 이하인가?

① 30 ② 60
③ 80 ④ 100

해설 **도로에 시설하는 가공 직류 전차 선로의 경간(판단기준 제255조)**
도로에 시설하는 가공 직류 전차 선로의 경간은 60[m] 이하로 하여야 한다.

※ 이 문제는 출제 당시 규정에는 적합했으나 새로 제정된 한국전기설비규정에는 일부 부적합하므로 문제 유형만 참고하시기 바랍니다.

15 (출제빈도) 도로, 주차장 또는 조영물의 조영재에 고정하여 시설하는 전열 장치의 발열선에 공급하는 전로의 대지 전압은 몇 [V] 이하이어야 하는가?

① 30 ② 60
③ 220 ④ 300

해설 **도로 등의 전열 장치(한국전기설비규정 241.12)**
1. 발열선에 전기를 공급하는 전로의 대지 전압은 300[V] 이하
2. 발열선은 미네랄 인슐레이션 케이블 또는 발열선으로서 노출을 사용하지 아니하는 것은 B종 발열선을 사용
3. 발열선은 그 온도가 80[℃]를 넘지 아니하도록 시설할 것

15. 이론 check **도로 등의 전열 장치(한국전기설비규정 241.12)**

① 발열선의 대지 전압 300[V] 이하일 것
② 발열선의 온도가 80[℃]를 넘지 아니하도록 한다. 다만, 도로 등 옥외는 120[℃] 이하로 할 수 있다. 또한 전선에 지락이 생긴 경우에 자동 차단하는 누전 차단기를 시설하여야 한다.
③ 발열선 또는 발열선에 직접 접속하는 전선 피복에 사용하는 금속체는 접지 공사이다.
④ 도로 또는 옥외 주차장에 표피 전류 가열 장치 시설
1. 발열선에 전기를 공급하는 전로의 대지 전압 300[V] 이하
2. 발열선과 소구 경관은 전기적으로 접속하지 아니할 것

16 철근 콘크리트주로서 전장이 15[m]이고, 설계 하중이 7.8[kN]이다. 이 지지물을 논, 기타 지반이 약한 곳 이외에 기초 안전율의 고려 없이 시설하는 경우에 그 묻히는 깊이는 기준보다 몇 [cm]를 가산하여 시설하여야 하는가?

① 10 ② 30
③ 50 ④ 70

해설 **가공 전선로 지지물의 기초의 안전율(한국전기설비규정 331.7)**
철근 콘크리트주로서 전체의 길이가 14[m] 이상 20[m] 이하이고, 설계 하중이 6.8[kN] 초과 9.8[kN] 이하의 것을 논이나 그 밖의 지반이 연약한 곳 이외에 시설하는 경우 그 묻히는 깊이는 기준보다 30[cm]를 가산한다.

정답 13.④ 14.② 15.④ 16.②

17 66[kV]에 사용되는 변압기를 취급자 이외의 자가 들어가지 않도록 적당한 울타리·담 등을 설치하여 시설하는 경우 울타리·담 등의 높이와 울타리·담 등으로부터 충전 부분까지의 거리의 합계는 최소 몇 [m] 이상으로 하여야 하는가?

① 5　　② 6
③ 8　　④ 10

해설 **특고압용 기계 기구 시설(한국전기설비규정 341.4)**

사용 전압의 구분	울타리 높이와 울타리로부터 충전 부분까지의 거리의 합계 또는 지표상의 높이
35[kV] 이하	5[m]
35[kV]를 넘고, 160[kV] 이하	6[m]
160[kV]를 초과하는 것	6[m]에 160[kV]를 초과하는 10[kV] 단수마다 12[cm]를 더한 값

18 가공 전선로에 사용하는 지지물의 강도 계산에 적용하는 병종 풍압 하중은 갑종 풍압 하중의 몇 [%]를 기초로 하여 계산한 것인가?

① 30
② 50
③ 80
④ 110

해설 **풍압 하중의 종별과 적용(한국전기설비규정 331.6)**
병종 풍압 하중은 갑종 풍압의 2분의 1(50[%])을 기초로 하여 계산한 것

19 저압 옥내 배선에서 시행하는 공사 내용 중 틀린 것은?

출제빈도

① 합성 수지 몰드 공사에서는 절연 전선을 사용한다.
② 합성 수지관 안에서는 접속점이 없어야 한다.
③ 가요 전선관은 2종 금속제 가요 전선관이어야 한다.
④ 사용 전압이 400[V] 초과인 금속관에는 접지 공사를 하지 않는다.

해설 **금속관 공사(한국전기설비규정 232.12)**
1. 전선은 절연 전선일 것
2. 전선은 연선일 것
3. 금속관 안에는 전선에 접속점이 없도록 할 것
4. 콘크리트에 매설하는 것은 1.2[mm] 이상

20 케이블 트레이 공사에 사용하는 케이블 트레이의 최소 안전율은?

① 1.5　　② 1.8
③ 2.0　　④ 3.0

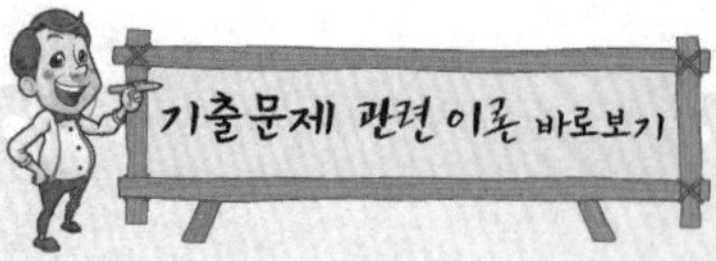

19. 이론 check **금속관 공사(한국전기설비규정 232.12)**

① 사용 전선
1. 전선은 절연 전선(옥외용 비닐 절연 전선은 제외)이며 또한 연선일 것. 다만, 짧고 가는 금속관에 넣은 것 또는 단면적 10[mm^2] 이하의 연동선 또는 단면적 16[mm^2]인 알루미늄선은 단선으로 사용하여도 된다.
2. 금속관 내에서는 전선에 접속점을 설치하지 말 것

② 금속관 공사에 사용하는 금속관과 박스 기타의 부속품
1. 금속관 및 박스는 금속제일 것 또는 황동 혹은 동으로 단단하게 제작한 것일 것
2. 관의 두께는 콘크리트에 매설하는 것은 1.2[mm] 이상, 기타 1[mm] 이상으로 한다. 다만, 이음매가 없는 길이 4[m] 이하인 것은 건조하고 전개된 곳에 시설하는 경우에는 0.5[mm]까지 감할 수 있다.
3. 안쪽면 및 끝부분은 전선의 피복을 손상하지 않도록 매끈한 것일 것
4. 금속관 상호 및 박스는 이것과 동등 이상의 효력이 있는 방법에 의해 견고하게 혹은 전기적으로 안전하게 접속할 것
5. 습기가 많은 장소 또는 물기가 있는 장소에 시설하는 경우는 방습 장치를 시설한 것

정답 17.② 18.② 19.④ 20.①

해설 **케이블 트레이 공사(한국전기설비규정 232.41)**

1. 케이블 트레이의 안전율은 1.5 이상
2. 케이블 하중을 충분히 견딜 수 있는 강도를 가져야 한다.
3. 전선의 피복 등을 손상시킬 돌기 등이 없이 매끈하여야 한다.
4. 금속재의 것은 적절한 방식 처리를 한 것이거나 내식성 재료의 것이어야 한다.
5. 비금속제 케이블 트레이는 난연성 재료의 것이어야 한다.

제 2 회 전기설비기술기준

01 금속관 공사에 의한 저압 옥내 배선 시설 방법으로 틀린 것은?

① 전선은 절연 전선일 것
② 전선은 연선일 것
③ 관의 두께는 콘크리트에 매설시 1.2[mm] 이상일 것
④ 사용 전압이 400[V] 이하인 관에는 접지 공사를 하지 않아도 된다.

해설 **금속관 공사(한국전기설비규정 232.12)**

1. 전선은 절연 전선(옥외용 전선 제외)일 것
2. 전선은 연선일 것
3. 금속관 안에는 전선에 접속점이 없도록 할 것
4. 콘크리트에 매설하는 것은 1.2[mm] 이상

02 전로의 절연 원칙에 따라 반드시 절연하여야 하는 것은?

출제빈도

① 수용 장소의 인입구 접지점
② 고압과 특고압 및 저압과의 혼촉 위험 방지를 한 경우 접지점
③ 저압 가공 전선로의 접지측 전선
④ 시험용 변압기

해설 **전로의 절연 원칙(한국전기설비규정 131)**

전로를 절연하지 않아도 되는 경우

1. 접지 공사를 하는 경우의 접지점
2. 모든 접지 공사의 접지점은 절연을 할 수 없음
3. 시험용 변압기, 전력선 반송용 결합 Reactor, 전기 울타리용 전원 장치, 엑스선 발생 장치, 전기 부식 방지용 양극, 단선식 전기 철도의 귀선
4. 전기 욕기(電氣浴器) · 전기로 · 전기 보일러 · 전해조 등

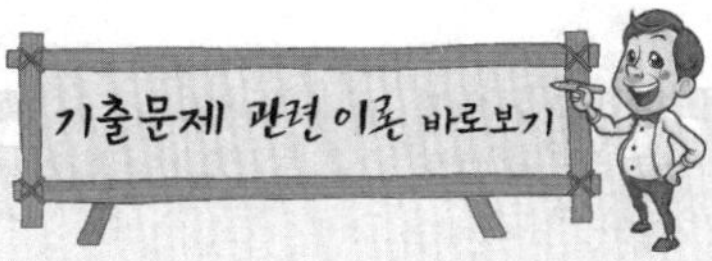

02. 이론 check **전로의 절연 원칙(한국전기설비규정 131)**

① 전로는 대지로부터 절연하여야 한다.
② 대지로부터 절연하지 않아도 되는 경우
1. 저압 접지 전로에 접지 공사를 하는 경우의 접지점
2. 전로의 중성점에 접지 공사를 하는 경우의 접지점
3. 계기용 변성기의 2차측 전로에 접지 공사를 하는 경우의 접지점
4. 저·고압 가공 전선과 특고압 가공 전선이 동일 지지물에 시설된 부분에 접지 공사를 하는 경우의 접지점
5. 특고압 가공 전선의 중성선에 다중 접지를 하는 경우의 접지점
6. 저압 전로와 사용 전압이 300[V] 이하의 저압 전로 제어 회로 등을 결합하는 변압기의 2차측 전로에 접지 공사를 하는 경우의 접지점
7. 소구 경관(박스를 포함)에 접지하는 경우의 접지점

③ 절연할 수 없는 부분
1. 전로의 일부를 대지로부터 절연하지 아니하고 전기를 사용하는 것이 부득이한 것(시험용 변압기, 전력선 반송용 결합 리액터, 전기 울타리용 전원 장치, 엑스선 발생 장치, 전기 방식용(電氣防飾用) 양극, 단선식 전기 철도의 귀선 등)
2. 대지로부터 절연하는 것이 기술상 곤란한 것(전기 욕기(電氣浴器) · 전기로 · 전기 보일러 · 전해조 등)

정답 01.④ 02.③

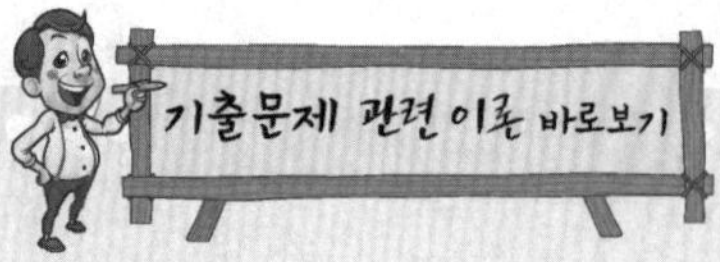

05. 이론 check **발전기 등의 보호 장치(한국전기설비규정 351.3)**

① 발전기에는 다음의 경우에 자동적으로 이를 전로로부터 차단하는 장치를 시설하여야 한다.
1. 발전기에 과전류나 과전압이 생긴 경우
2. 용량이 500[kVA] 이상의 발전기를 구동하는 수차의 압유 장치의 유압 또는 전동식 가이드밴 제어 장치, 전동식 니들 제어 장치 또는 전동식 디플렉터 제어 장치의 전원 전압이 현저히 저하한 경우
3. 용량 100[kVA] 이상의 발전기를 구동하는 풍차(風車)의 압유 장치의 유압, 압축 공기 장치의 공기압 또는 전동식 브레이드 제어 장치의 전원 전압이 현저히 저하한 경우
4. 용량이 2,000[kVA] 이상인 수차 발전기의 스러스트 베어링의 온도가 현저히 상승한 경우
5. 용량이 10,000[kVA] 이상인 발전기의 내부에 고장이 생긴 경우
6. 정격 출력이 10,000[kW]를 초과하는 증기 터빈은 그 스러스트 베어링이 현저하게 마모되거나 그의 온도가 현저히 상승한 경우

② 연료 전지는 다음의 경우에 자동적으로 이를 전로에서 차단하고 연료 전지에 연료 가스 공급을 자동적으로 차단하며 연료 전지 내의 연료 가스를 자동적으로 배제하는 장치를 시설하여야 한다.
1. 연료 전지에 과전류가 생긴 경우
2. 발전 요소(發電要素)의 발전 전압에 이상이 생겼을 경우 또는 연료 가스 출구에서의 산소 농도 또는 공기 출구에서의 연료 가스 농도가 현저히 상승한 경우
3. 연료 전지의 온도가 현저하게 상승한 경우

③ 상용 전원으로 쓰이는 축전지에는 이에 과전류가 생겼을 경우에 자동적으로 이를 전로로부터 차단하는 장치를 시설하여야 한다.

03
방직 공장의 구내 도로에 220[V] 조명등용 가공 전선로를 시설하고자 한다. 전선로의 경간은 몇 [m] 이하이어야 하는가?

① 20　　② 30
③ 40　　④ 50

해설 구내에 시설하는 저압 가공 전선로(한국전기설비규정 222.23)
1. 전선은 지름 2[mm] 이상의 경동선의 절연 전선
2. 전선로의 경간은 30[m] 이하일 것

04
옥외 백열 전등의 인하선으로 공칭 단면적 2.5[mm^2] 이상의 연동선과 동등 이상의 세기 및 굵기의 절연 전선을 사용해야 하는 지표상의 높이는 몇 [m] 미만인가?

① 2.5　　② 3
③ 3.5　　④ 4

해설 옥외등(한국전기설비규정 234.9)
옥외 백열 전등의 인하선으로서 지표상의 높이 2.5[m] 미만의 부분은 전선에 공칭 단면적 2.5[mm^2] 이상의 연동선(annealed copper wire)과 동등 이상의 세기 및 굵기의 절연 전선을 사용한다.

05
출제빈도

발전기의 용량에 관계없이 자동적으로 이를 전로로부터 차단하는 장치를 시설하여야 하는 경우는?

① 과전류 인입　　② 베어링 과열
③ 발전기 내부 고장　　④ 유압의 과팽창

해설 발전기 등의 보호 장치(한국전기설비규정 351.3)
발전기 보호 : 자동 차단 장치
1. 과전류, 과전압이 생긴 경우
2. 500[kVA] 이상 : 수차 압유 장치 유압
3. 100[kVA] 이상 : 풍차 압유 장치 유압
4. 2,000[kVA] 이상 : 수차 발전기 베어링 온도
5. 10,000[kVA] 이상 : 발전기 내부 고장
6. 10,000[kW] 초과 : 증기 터빈의 베어링 마모, 온도 상승

06
변압기로서 특고압과 결합되는 고압 전로의 혼촉에 의한 위험 방지 시설은?

① 프라이머리 컷아웃 스위치
② 접지 공사
③ 퓨즈
④ 사용 전압의 3배의 전압에서 방전하는 방전 장치

정답 03.② 04.① 05.① 06.④

해설 **특고압과 고압의 혼촉 등에 의한 위험 방지 시설(한국전기설비규정 322.3)**
변압기에 의하여 특고압 전로에 결합되는 고압 전로에는 사용 전압의 3배 이하인 전압이 가하여진 경우에 방전하는 장치를 그 변압기의 단자에 가까운 1극에 설치하여야 한다.

07 발전기, 변압기, 조상기, 모선 또는 이를 지지하는 애자는 단락 전류에 의하여 생기는 어느 충격에 견디어야 하는가?

① 기계적 충격
② 철손에 의한 충격
③ 동손에 의한 충격
④ 표류 부하손에 의한 충격

해설 **발전기 등의 기계적 강도(기술기준 제23조)**
발전기·변압기·조상기·계기용 변성기·모선 및 이를 지지하는 애자는 단락 전류에 의하여 생기는 기계적 충격에 견디는 것이어야 한다.

08 옥내에 시설하는 저압 전선으로 나전선을 사용할 수 있는 배선 공사는?

① 합성 수지관 공사
② 금속관 공사
③ 버스 덕트 공사
④ 플로어 덕트 공사

해설 **나전선의 사용 제한(한국전기설비규정 231.4)**
옥내에 시설하는 저압 전선에 나전선을 사용하는 경우
1. 애자 공사에 의하여 전개된 곳에 다음의 전선을 시설하는 경우
   가. 전기로용 전선
   나. 전선의 피복 절연물이 부식하는 장소에 시설하는 전선
   다. 취급자 이외의 자가 출입할 수 없도록 설비한 장소에 시설하는 전선
2. 버스 덕트 공사에 의하여 시설하는 경우
3. 라이팅 덕트 공사에 의하여 시설하는 경우
4. 저압 접촉 전선을 시설하는 경우

09 (출제빈도) 건조한 장소에 시설하는 애자 공사로서 사용 전압이 440[V]인 경우 전선과 조영재와의 이격 거리는 최소 몇 [cm] 이상이어야 하는가?

① 2.5　　② 3.5
③ 4.5　　④ 5.5

해설 **애자 공사(한국전기설비규정 232.56)**
1. 전선은 절연 전선(옥외용 및 인입용 제외)일 것
2. 전선 상호간의 간격은 6[cm] 이상

정답 07.① 08.③ 09.①

기출문제 관련 이론 바로보기

09. 이론 check **애자 공사(한국전기설비규정 232.56)**

① 전선은 다음의 경우 이외에는 절연 전선(옥외용 비닐 절연 전선 및 인입용 비닐 절연 전선을 제외한다)일 것
1. 전기로용 전선
2. 전선의 피복 절연물이 부식하는 장소에 시설하는 전선
3. 취급자 이외의 자가 출입할 수 없도록 설비한 장소에 시설하는 전선

② 전선 상호간의 간격은 0.06[m] 이상일 것
③ 전선과 조영재 사이의 이격 거리는 사용 전압이 400[V] 이하인 경우에는 25[mm] 이상, 400[V] 초과인 경우에는 45[mm](건조한 장소에 시설하는 경우에는 25[mm]) 이상일 것
④ 전선의 지지점 간의 거리는 전선을 조영재의 윗면 또는 옆면에 따라 붙일 경우에는 2[m] 이하일 것
⑤ 사용 전압이 400[V] 초과인 것은 ④의 경우 이외에는 전선의 지지점 간의 거리는 6[m] 이하일 것
⑥ 저압 옥내 배선은 사람이 접촉할 우려가 없도록 시설할 것
⑦ 전선이 조영재를 관통하는 경우에는 그 관통하는 부분의 전선을 전선마다 각각 별개의 난연성 및 내수성이 있는 절연관에 넣을 것
⑧ 사용하는 애자는 절연성·난연성 및 내수성의 것이어야 한다.

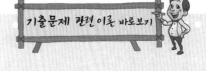

3. 전선과 조영재 사이의 이격 거리는 사용 전압이 400[V] 이하인 경우에는 2.5[cm] 이상, 400[V] 초과인 경우에는 4.5[cm](건조한 장소 2.5[cm]) 이상일 것
4. 전선의 지지점 간의 거리는 2[m] 이하일 것

기출문제 관련 이론 바로보기

10. 이론 check **지중 전선로의 시설(한국전기설비규정 223.1)**

① 지중 전선로는 전선에 케이블을 사용하고 또한 관로식·암거식·직접 매설식에 의하여 시설하여야 한다.
② 지중 전선로를 관로식 또는 암거식에 의하여 시설하는 경우에는 견고하고, 차량 기타 중량물의 압력에 견디는 것을 사용하여야 한다.
③ 지중 전선을 냉각하기 위하여 케이블을 넣은 관내에 물을 순환시키는 경우에는 지중 전선로는 순환수 압력에 견디고 또한 물이 새지 아니하도록 시설하여야 한다.
④ 지중 전선로를 직접 매설식에 의하여 시설하는 경우에는 매설 깊이를 차량 기타 중량물의 압력을 받을 우려가 있는 장소에는 1.2[m] 이상, 기타 장소에는 60[cm] 이상으로 하고 또한 지중 전선을 견고한 트라프 기타 방호물에 넣어 시설하여야 한다.

10

(출제빈도)

중량물이 통과하는 장소에 비닐 외장 케이블을 직접 매설식으로 시설하는 경우 매설 깊이는 몇 [m] 이상이어야 하는가?

① 0.8 ② 1.0
③ 1.2 ④ 1.5

해설 **지중 전선로의 시설(한국전기설비규정 223.1)**

직접 매설식인 경우 매설 깊이

1. 차량 기타 중량물의 압력을 받을 우려가 있는 장소 1.2[m] 이상
2. 기타 장소 60[cm] 이상

11

특고압 가공 전선로에서 양측의 경간의 차가 큰 곳에 사용하는 철탑의 종류는?

① 내장형 ② 직선형
③ 인류형 ④ 보강형

해설 **특고압 가공 전선로의 철주·철근 콘크리트주 또는 철탑의 종류(한국전기설비규정 333.11)**

1. 직선형 : 전선로의 직선 부분(3도 이하인 수평 각도)에 사용하는 것
2. 각도형 : 전선로 중 3도를 초과하는 수평 각도를 이루는 곳에 사용하는 것
3. 인류형 : 전가섭선을 인류하는 곳에 사용하는 것
4. 내장형 : 전선로의 지지물 양쪽의 경간의 차가 큰 곳에 사용하는 것

12

교통 신호등의 시설 공사를 다음과 같이 하였을 때 틀린 것은?

① 전선은 450/750[V] 일반용 단심 비닐 절연 전선을 사용하였다.
② 신호등의 인하선은 지표상 2.5[m]로 하였다.
③ 사용 전압을 300[V] 이하로 하였다.
④ 제어 장치의 금속제 외함은 특별 제3종 접지 공사를 하였다.

해설 **교통 신호등의 시설(한국전기설비규정 235.15)**

1. 사용 전압은 300[V] 이하
2. 배선은 케이블인 경우 공칭 단면적 2.5[mm^2] 이상 연동선
3. 전선의 지표상의 높이는 2.5[m] 이상
4. 교통 신호등 제어 장치의 금속제 외함에는 접지 공사를 한다.

※ 이 문제는 출제 당시 규정에는 적합했으나 새로 제정된 한국전기설비규정에는 일부 부적합하므로 문제 유형만 참고하시기 바랍니다.

정답 10.③ 11.① 12.④

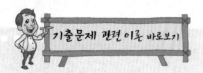

13 특고압 가공 전선이 다른 특고압 가공 전선과 교차하여 시설하는 경우는 제 몇 종 특고압 보안 공사에 의하여야 하는가?

① 1종 ② 2종
③ 3종 ④ 4종

해설 특고압 가공 전선 상호간의 접근 또는 교차(한국전기설비규정 333.27)
특고압 가공 전선이 다른 특고압 가공 전선과 접근 상태로 시설되거나 교차하여 시설되는 경우에 위쪽 또는 옆쪽에 시설되는 특고압 가공 전선로는 제3종 특고압 보안 공사에 의할 것

14 금속제 수도 관로 또는 철골, 기타의 금속체를 접지극으로 사용한 제1종 또는 제2종 접지 공사의 접지선 시설 방법은 어느 것에 준하여 시설하여야 하는가?

① 애자 공사 ② 금속 몰드 공사
③ 금속관 공사 ④ 케이블 공사

해설 수도관 등의 접지극(판단기준 제21조)
금속제 수도 관로 또는 철골, 기타의 금속체를 접지극으로 사용한 제1종 접지 공사 또는 제2종 접지 공사의 접지선은 케이블 공사의 규정에 준하여 시설하여야 한다.(⇨ '기출문제 관련 이론 바로보기'에서 개정된 규정 참조하세요.)

※ 이 문제는 출제 당시 규정에는 적합했으나 새로 제정된 한국전기설비규정에는 일부 부적합하므로 문제 유형만 참고하시기 바랍니다.

15 한 수용 장소의 인입선에서 분기하여 지지물을 거치지 않고 다른 수용 장소의 인입구에 이르는 부분의 전선을 무엇이라고 하는가?

① 가공 인입선 ② 인입선
③ 연접 인입선 ④ 옥측 배선

해설 정의(기술기준 제3조)
"연접 인입선"이란 한 수용 장소의 인입선에서 분기하여 지지물을 거치지 아니하고 다른 수용 장소의 인입구에 이르는 부분의 전선을 말한다.

16 저압 옥내 배선을 케이블 트레이 공사로 시설하려고 한다. 틀린 것은?

① 저압 케이블과 고압 케이블은 동일 케이블 트레이 내에 시설하여서는 아니 된다.
② 케이블 트레이 내에서는 전선을 접속하여서는 아니 된다.
③ 수평으로 포설하는 케이블 이외의 케이블은 케이블 트레이의 가로대에 견고하게 고정시킨다.
④ 절연 전선을 금속관에 넣으면 케이블 트레이 공사에 사용할 수 있다.

정답 13.③ 14.④ 15.③ 16.②

기출문제 관련 이론 바로보기

14. 이론 check **접지극 시설 및 접지 저항(한국전기설비규정 142.2)**

① 지중에 매설된 금속제 수도관은 그 접지 저항값이 3[Ω] 이하의 값을 유지하고 있는 금속제 수도관을 접지 공사의 접지극으로 사용할 수 있다.
② 접지 도체와 금속제 수도 관로와의 접속은 내경 75[mm] 이상인 금속제 수도관의 부분 또는 이로부터 분기한 내경 75[mm] 미만인 금속제 수도관의 분기점으로부터 5[m] 이하의 부분에서 할 것(관로의 접지 저항치가 2[Ω] 이하인 경우는 5[m]를 넘어도 된다)
③ 접속부를 수도 계량기로부터 수도 수용가측에 설치할 경우에는 수도 계량기를 사이에 두고 양측 수도 관로를 전기적으로 확실하게 연결할 것
④ 대지 사이의 전기 저항치가 2[Ω] 이하인 값을 유지하는 건물의 철골 기타 금속제는 이를 비접지식 고압 전로에 시설하는 기계 기구의 철대 또는 금속제 외함에 실시하는 접지 공사나 비접지식 고압 전로와 저압 전로를 결합하는 변압기의 저압 전로에 실시하는 접지 공사의 접지극에 사용할 수 있다.

기출문제 관련 이론 바로보기

17. 이론 check **지선의 시설[한국전기설비규정 331.11]**

① 지선의 사용

1. 철탑은 지선을 이용하여 강도를 분담시켜서는 안 된다.
2. 가공 전선로의 지지물로 사용하는 철주 또는 철근 콘크리트주는 그 철주 또는 철근 콘크리트주가 지선을 사용하지 아니하는 상태에서 풍압 하중의 2분의 1 이상의 풍압 하중에 견디는 강도를 가지는 경우 이외에는 지선을 사용하여 그 강도를 분담시켜서는 아니된다.

② 지선의 시설

1. 지선의 안전율
   가. 2.5 이상
   나. 목주·A종 철주 또는 A종 철근 콘크리트주 등 : 1.5

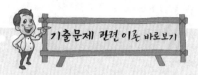

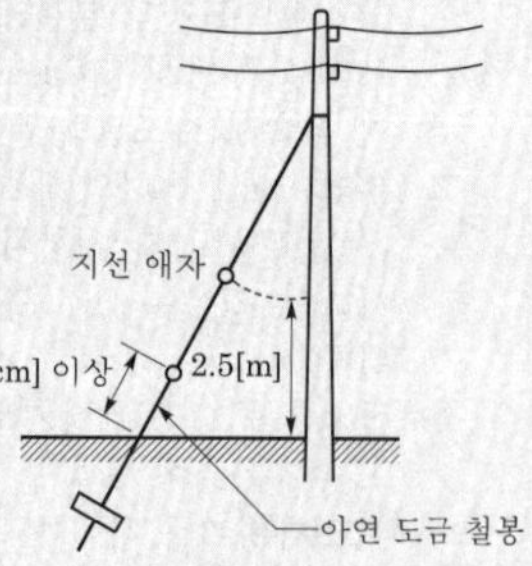

| 지선의 시설 |

2. 허용 인장 하중 : 4.31[kN] 이상
3. 소선(素線) 3가닥 이상의 연선일 것
4. 소선은 지름 2.6[mm] 이상의 금속선을 사용한 것일 것. 다만, 소선의 지름이 2[mm] 이상인 아연도강연선(亞鉛鍍鋼撚線)으로서 소선의 인장 강도가 0.68[kN/mm^2] 이상인 것을 사용하는 경우에는 그러하지 아니하다.
5. 지중의 부분 및 지표상 30[cm]까지의 부분에는 아연 도금을 한 철봉 또는 이와 동등 이상의 세기 및 내식 효력이 있는 것을 사용하고 이를 쉽게 부식하지 아니하는 근가에 견고하게 붙일 것
6. 지선의 근가는 지선의 인장 하중에 충분히 견디도록 시설할 것

해설 **케이블 트레이 공사(한국전기설비규정 232.41)**

케이블 트레이에 의한 저압 옥내 배선

1. 전선은 연피 케이블, 알루미늄피 케이블 등 난연성 케이블, 기타 케이블 또는 금속관 혹은 합성 수지관 등에 넣은 절연 전선을 사용하여야 한다.
2. 케이블 트레이 안에서 전선을 접속하는 경우에는 전선 접속 부분에 사람이 접근할 수 있고 또한 그 부분이 측면 레일 위로 나오지 않도록 하고 그 부분을 절연 처리하여야 한다.
3. 수평으로 포설하는 케이블 이외의 케이블은 케이블 트레이의 가로대에 견고하게 고정시켜야 한다.
4. 저압 케이블과 고압 또는 특고압 케이블은 동일 케이블 트레이 안에 시설하여서는 아니 된다.

17

가공 전선로의 지지물에 지선을 시설할 때 옳은 방법은?

① 지선의 안전율을 2.0으로 하였다.

② 소선은 최소 2가닥 이상의 연선을 사용하였다.

③ 지중의 부분 및 지표상 20[cm]까지의 부분은 아연 도금 철봉 등 내부식성 재료를 사용하였다.

④ 도로를 횡단하는 곳의 지선의 높이는 지표상 5[m]로 하였다.

해설 **지선의 시설(한국전기설비규정 331.11)**

1. 지선의 안전율은 2.5 이상. 이 경우에 허용 인장 하중의 최저는 4.31[kN]
2. 지선에 연선을 사용할 경우
   가. 소선(素線) 3가닥 이상의 연선일 것
   나. 소선의 지름이 2.6[mm] 이상의 금속선을 사용한 것일 것. 다만, 소선의 지름이 2[mm] 이상인 아연도강연선(亞鉛鍍鋼撚線)으로서 소선의 인장 강도가 0.68[kN/mm^2] 이상인 것을 사용하는 경우에는 그러하지 아니하다.
3. 지중 부분 및 지표상 30[cm]까지의 부분에는 내식성이 있는 것 또는 아연 도금을 한 철봉을 사용하고 쉽게 부식되지 아니하는 근가에 견고하게 붙일 것
4. 가공 전선로의 지지물로 사용하는 철탑은 지선을 사용하여 그 강도를 분담시켜서는 아니 된다.

18

22[kV] 전선로의 절연 내력 시험은 전로와 대지 간에 시험 전압을 연속하여 몇 분간 가하여 시험하게 되는가?

① 2　　② 4

③ 8　　④ 10

해설 **전로의 절연 저항 및 절연 내력(한국전기설비규정 132)**

고압 및 특고압의 전로는 시험 전압을 전로와 대지 간에 연속하여 10분간 가하여 절연 내력을 시험하였을 때에 이에 견디어야 한다.

정답 17.④ 18.④

19 345[kV] 가공 송전 선로를 제1종 특고압 보안 공사에 의할 때 사용되는 경동 연선의 굵기는 몇 [mm^2] 이상이어야 하는가?

① 150 ② 200
③ 250 ④ 300

해설 특고압 보안 공사(한국전기설비규정 333.22)

제1종 특고압 보안 공사의 전선의 굵기

사용 전압	전 선
100[kV] 미만	인장 강도 21.67[kN] 이상, 55[mm^2] 이상 경동 연선
100[kV] 이상 300[kV] 미만	인장 강도 58.84[kN] 이상, 150[mm^2] 이상 경동 연선
300[kV] 이상	인장 강도 77.47[kN] 이상, 200[mm^2] 이상 경동 연선

20 특고압 전로와 저압 전로를 결합하는 변압기 저압측의 중성점에 접지 공사를 토지의 상황 때문에 변압기의 시설 장소마다 하기 어려워서 가공 접지 도체를 시설하려고 한다. 이때 가공 접지 도체로 경동선을 사용한다면 그 최소 굵기는 몇 [mm]인가?

① 3.2 ② 4
③ 4.5 ④ 5

해설 고압 또는 특고압과 저압의 혼촉에 의한 위험 방지 시설(한국전기설비규정 322.1)

가공 공동 지선을 설치하여 2 이상의 시설 장소에 공통의 접지 공사를 할 때 인장 강도 5.26[kN] 이상 또는 직경 4[mm] 이상 경동선의 가공 접지 도체를 저압 가공 전선에 준하여 시설한다.

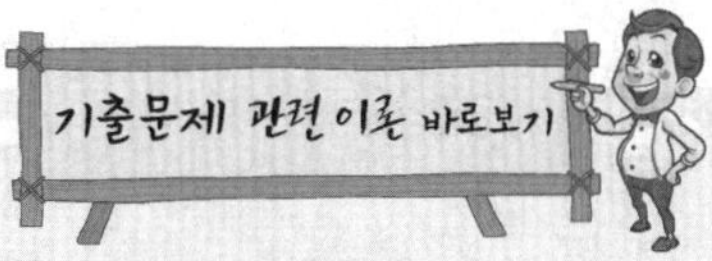

③ 도로 횡단 : 도로를 횡단하여 시설하는 지선의 높이는 지표상 5[m] 이상으로 하여야 한다. 다만, 기술상 부득이한 경우로서 교통에 지장을 초래할 우려가 없는 경우에는 지표상 4.5[m] 이상, 보도의 경우에는 2.5[m] 이상으로 할 수 있다.

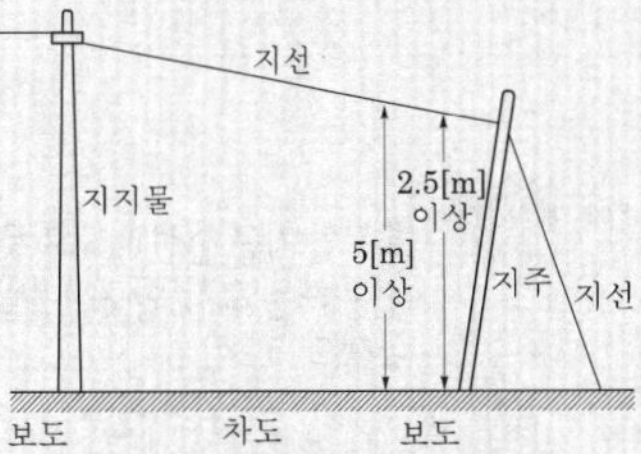

| 도로를 횡단하는 지선 시설 |

④ 지선 애자 : 저압 및 고압 또는 중성선 다중 접지한 25[kV] 미만인 특고압 가공 전선로의 지지물에 시설하는 지선으로서 전선과 접촉할 우려가 있는 것에는 그 상부에 애자를 삽입하여야 한다. 다만, 저압 가공 전선로의 지지물에 시설하는 지선을 논이나 습지 이외의 장소에 시설하는 경우에는 그러하지 아니하다.

⑤ 지주 사용 : 가공 전선로의 지지물에 실시하는 지선은 이와 동등 이상의 효력이 있는 지주로 대처할 수 있다.

제3회 전기설비기술기준

01 조명용 전등을 설치할 때 타임 스위치를 시설해야 할 곳은?

출제빈도

① 공장
② 사무실
③ 병원
④ 아파트 현관

해설 점멸기의 시설(한국전기설비규정 234.6)

1. 관광숙박업 또는 숙박업에 이용되는 객실 입구등은 1분 이내에 소등되는 것
2. 일반 주택 및 아파트 각 호실의 현관등은 3분 이내에 소등되는 것

01. 이론 check **점멸기의 시설(한국전기설비규정 234.6)**

① 조명용 전등의 점멸 장치 시설
1. 가정용 전등은 등기구마다 점멸 장치를 시설한다.
2. 국부 조명 설비는 그 조명 대상에 따라 점멸 장치를 시설한다(단, 장식용, 발코니등 제외).
3. 공장, 사무실, 학교, 병원, 상점 등에 시설하는 전체 조명용 전등은 부분 조명이 가능하도록 등기구 6개 이내의 전등군으로 구분하여 전등군마다 점멸이 가능하도록 하되, 창과 가장 가까운 전등은 따로 점멸이 가능하도록 할 것

정답 19.② 20.② / 01.④

기출문제 관련 이론 바로보기

② 조명용 백열 전등의 타임 스위치 시설
1. 관광진흥법과 공중위생관리법에 의한 관광숙박업 또는 숙박업에 이용되는 객실 입구등은 1분 이내에 소등되는 것
2. 일반 주택 및 아파트 각 호실의 현관등은 3분 이내에 소등되는 것

04. 이론 check **특고압 가공 전선과 도로 등의 접근 또는 교차(한국전기설비규정 333.24)**

① 특고압 가공 전선이 도로·횡단보도교·철도 또는 궤도와 제1차 접근 상태로 시설되는 경우에는 다음에 따라야 한다.
1. 특고압 가공 전선로는 제3종 특고압 보안 공사에 의할 것
2. 특고압 가공 전선과 도로 등 사이의 이격 거리는 표에서 정한 값 이상일 것. 다만, 특고압 절연 전선을 사용하는 사용 전압이 35[kV] 이하의 특고압 가공 전선과 도로 등 사이의 수평 이격 거리가 1.2[m] 이상인 경우에는 그러하지 아니하다.

사용 전압의 구분	이격 거리
35[kV] 이하	3[m]
35[kV] 초과	3[m]에 사용 전압이 35[kV]를 초과하는 10[kV] 또는 그 단수마다 0.15[m]을 더한 값

② 특고압 가공 전선이 도로 등과 제2차 접근 상태로 시설되는 경우에는 다음에 따라야 한다.
1. 특고압 가공 전선로는 제2종 특고압 보안 공사에 의할 것
2. 특고압 가공 전선과 도로 등 사이의 이격 거리는 ①의 2의 규정에 준할 것
3. 특고압 가공 전선 중 도로 등에서 수평 거리 3[m] 미만으로 시설되는 부분이 길이가 연속하여 100[m] 이하이고 또한 1경간 안에서의 그 부분의 길이의 합계가 100[m] 이하일 것

02

345[kV] 특고압 가공 전선로를 사람이 쉽게 들어갈 수 없는 산지에 시설할 때 지표상의 높이는 몇 [m] 이상인가?

① 7.28　② 7.85
③ 8.28　④ 9.28

해설 특고압 가공 전선의 높이(한국전기설비규정 333.7)
$345-160\div10=18.5$이고 10[kV] 단수는 19이므로 산지의 전선 지표상 높이는 $5+0.12\times19=7.28$[m]이다.

03

다음 (㉠), (㉡)에 알맞은 것은?

> 저압 전로에서 그 전로에 지락이 생겼을 경우에 (㉠)초 이내에 자동적으로 전로를 차단하는 장치를 시설하는 경우 제3종 접지 공사와 특별 제3종 접지 공사의 접지 저항값은 자동 차단기의 (㉡)에 따라 달라진다.

① ㉠ 0.5, ㉡ 정격 차단 속도　② ㉠ 0.5, ㉡ 정격 감도 전류
③ ㉠ 1.0, ㉡ 정격 차단 속도　④ ㉠ 1.0, ㉡ 정격 감도 전류

해설 접지 공사의 종류(판단기준 제18조)
저압 전로에서 그 전로에 지락이 생겼을 경우에 0.5초 이내에 자동적으로 전로를 차단하는 장치를 시설하는 경우에는 규정에도 불구하고 제3종 접지 공사와 특별 제3종 접지 공사의 접지 저항값은 자동 차단기의 정격 감도 전류에 따라 정한 값 이하로 하여야 한다.

※ 이 문제는 출제 당시 규정에는 적합했으나 새로 제정된 한국전기설비규정에는 일부 부적합하므로 문제 유형만 참고하시기 바랍니다.

04

출제빈도

시가지에 시설하는 154[kV] 가공 전선로를 도로와 제1차 접근 상태로 시설하는 경우, 전선과 도로와의 이격 거리는 몇 [m] 이상이어야 하는가?

① 4.4　② 4.8
③ 5.2　④ 5.6

해설 특고압 가공 전선과 도로 등의 접근 또는 교차(한국전기설비규정 333.24)
특고압 가공 전선이 도로·횡단보도교·철도 또는 궤도와 제1차 접근 상태로 시설되는 경우

사용 전압의 구분	이격 거리
35[kV] 이하	3[m]
35[kV] 초과	3[m]에 사용 전압이 35[kV]를 초과하는 10[kV] 또는 그 단수마다 15[cm]을 더한 값

35[kV]를 넘는 10[kV] 단수는 $\frac{154-35}{10}=11.9$에서 12이므로 이격 거리는 $3+0.15\times12=4.8$[m]이다.

정답 02.① 03.② 04.②

05
특고압 전로와 저압 전로를 결합하는 변압기의 경우 혼촉에 의한 위험을 방지하기 위해 저압측의 중성점에 제 몇 종 접지 공사를 하여야 하는가?

① 제1종　② 제2종
③ 제3종　④ 특별 제3종

해설 고압 또는 특고압과 저압의 혼촉에 의한 위험 방지 시설(판단기준 제23조)
고압 전로 또는 특고압 전로와 저압 전로를 결합하는 변압기의 저압측의 중성점에는 제2종 접지 공사를 하여야 한다.(⇨ '기출문제 관련 이론 바로보기'에서 개정된 규정 참조하세요.)

※ 이 문제는 출제 당시 규정에는 적합했으나 새로 제정된 한국전기설비규정에는 일부 부적합하므로 문제 유형만 참고하시기 바랍니다.

06
지중 또는 수중에 시설되어 있는 금속체의 부식을 방지하기 위해 전기부식 회로의 사용 전압은 직류 몇 [V] 이하이어야 하는가?

① 30　② 60
③ 90　④ 120

해설 전기 부식 방지 시설(한국전기설비규정 241.16)
전기 부식 방지 회로의 사용 전압은 직류 60[V] 이하일 것

07
22,900[V]용 변압기의 금속제 외함에는 몇 종 접지 공사를 하여야 하는가?

① 제1종 접지 공사　② 제2종 접지 공사
③ 제3종 접지 공사　④ 특별 제3종 접지 공사

해설 기계 기구의 철대 및 외함의 접지(판단기준 제33조)

기계 기구의 구분	접지 공사의 종류
고압 또는 특고압용의 것	제1종 접지 공사
400[V] 미만인 저압용의 것	제3종 접지 공사
400[V] 이상의 저압용의 것	특별 제3종 접지 공사

※ 이 문제는 출제 당시 규정에는 적합했으나 새로 제정된 한국전기설비규정에는 일부 부적합하므로 문제 유형만 참고하시기 바랍니다.

08
가공 전선로의 지지물로서 길이 9[m], 설계 하중이 6.8[kN] 이하인 철근 콘크리트주를 시설할 때 땅에 묻히는 깊이는 몇 [m] 이상으로 하여야 하는가?

① 1.2　② 1.5
③ 2　④ 2.5

해설 가공 전선로 지지물의 기초의 안전율(한국전기설비규정 331.7)
매설 깊이 $L=9\times\frac{1}{6}=1.5[\text{m}]$

정답 05.② 06.② 07.① 08.②

기출문제 관련 이론 바로보기

③ 특고압 가공 전선이 도로 등과 교차하는 경우에 특고압 가공 전선이 도로 등의 위에 시설되는 때에는 제2종 특고압 보안 공사에 의할 것. 다만, 특고압 가공 전선과 도로 등 사이에 다음에 의하여 보호망을 시설하는 경우에는 제2종 특고압 보안 공사에 의하지 아니할 수 있다.
1. 보호망은 접지 공사를 한 금속제의 망상 장치로 하고 견고하게 지지할 것
2. 보호망을 구성하는 금속선은 그 외주 및 특고압 가공전선의 직하에 시설하는 금속선에는 인장강도 8.01[kN] 이상의 것 또는 지름 5[mm] 이상의 경동선을 사용하고 그 밖의 부분에 시설하는 금속선에는 인장강도 5.26[kN] 이상의 것 또는 지름 4[mm] 이상의 경동선을 사용할 것
3. 보호망을 구성하는 금속선 상호의 간격은 가로, 세로 각 1.5[m] 이하일 것

05. 이론 check **고압 또는 특고압과 저압의 혼촉에 의한 위험 방지 시설(한국전기설비규정 322.1)**

① 고압 전로 또는 특고압 전로와 저압 전로를 결합하는 변압기의 저압측의 중성점에는 접지 공사(사용 전압이 35[kV] 이하의 특고압 전로로서 전로에 지락이 생겼을 때에 1초 이내에 자동적으로 이를 차단하는 장치가 되어 있는 것 및 특고압 전로와 저압 전로를 결합하는 경우 규정에 의하여 계산한 값이 10을 넘을 때에는 접지 저항값이 10[Ω] 이하인 것에 한한다)를 하여야 한다. 다만, 저압 전로의 사용 전압이 300[V] 이하인 경우에 그 접지 공사를 변압기의 중성점에 하기 어려울 때에는 저압측의 1단자에 시행할 수 있다.

기출문제 관련 이론 바로보기

10. 이론 check **금속관 공사(한국전기설비규정 232.6)**

① 사용 전선
1. 전선은 절연 전선(옥외용 비닐 절연 전선은 제외)이며 또한 연선일 것. 다만, 짧고 가는 금속관에 넣은 것 또는 단면적 10[mm²] 이하의 연동선 또는 단면적 16[mm²]인 알루미늄선은 단선으로 사용하여도 된다)
2. 금속관 내에서는 전선에 접속점을 설치하지 말 것

② 금속관 공사에 사용하는 금속관과 박스 기타의 부속품
1. 금속관 및 박스는 금속제일 것 또는 황동 혹은 동으로 단단하게 제작한 것일 것
2. 관의 두께는 콘크리트에 매설하는 것은 1.2[mm] 이상, 기타 1[mm] 이상으로 한다. 다만, 이음매가 없는 길이 4[m] 이하인 것은 건조하고 전개된 곳에 시설하는 경우에는 0.5[mm]까지 감할 수 있다.
3. 안쪽면 및 끝부분은 전선의 피복을 손상하지 않도록 매끈한 것일 것
4. 금속관 상호 및 박스는 이것과 동등 이상의 효력이 있는 방법에 의해 견고하게 혹은 전기적으로 안전하게 접속할 것
5. 습기가 많은 장소 또는 물기가 있는 장소에 시설하는 경우는 방습 장치를 시설할 것

09 옥내에 시설하는 저압 전선으로 나전선을 절대로 사용할 수 없는 경우는?

① 금속 덕트 공사에 의하여 시설하는 경우
② 버스 덕트 공사에 의하여 시설하는 경우
③ 애자 공사에 의하여 전개된 곳에 전기로용 전선을 시설하는 경우
④ 유희용 전차에 전기를 공급하기 위하여 접촉 전선을 사용하는 경우

해설 **나전선의 사용 제한(한국전기설비규정 231.4)**
옥내에 시설하는 저압 전선에 나전선을 사용하는 경우
1. 애자 공사에 의하여 전개된 곳에 다음의 전선을 시설하는 경우
가. 전기로용 전선
나. 전선의 피복 절연물이 부식하는 장소에 시설하는 전선
다. 취급자 이외의 자가 출입할 수 없도록 설비한 장소에 시설하는 전선
2. 버스 덕트 공사에 의하여 시설하는 경우
3. 라이팅 덕트 공사에 의하여 시설하는 경우
4. 저압 접촉 전선을 시설하는 경우

10 어느 공장에서 440[V] 전동기 배선을 사람이 접촉할 우려가 있는 곳에 금속관으로 시공하고자 한다. 이 금속관을 접지할 때 그 저항값은 몇 [Ω] 이하로 하여야 하는가?

① 10
② 30
③ 50
④ 100

(⇨ '기출문제 관련 이론 바로보기'에서 개정된 규정 참조하세요.)

※ 이 문제는 출제 당시 규정에는 적합했으나 새로 제정된 한국전기설비규정에는 일부 부적합하므로 문제 유형만 참고하시기 바랍니다.

11 과전류 차단기를 시설하여도 좋은 곳은 어느 것인가?

① 접지 공사를 한 저압 가공 전선로의 접지측 전선
② 방전 장치를 시설한 고압측 전선
③ 접지 공사의 접지 도체
④ 다선식 전로의 중성선

해설 **과전류 차단기의 시설 제한(한국전기설비규정 341.11)**
접지 공사의 접지 도체, 다선식 전로의 중성선 및 중성선 다중 접지 공사를 한 22.9[kV] 전로의 일부에 접지 공사를 한 저압 가공 전선로의 접지측 전선

정답 09.① 10.① 11.②

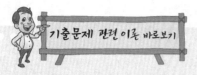

12 지중 전선로에 사용하는 지중함의 시설 기준으로 적절하지 않은 것은?

① 견고하고 차량 기타 중량물의 압력에 견디는 구조일 것
② 안에 고인물을 제거할 수 있는 구조로 되어 있을 것
③ 뚜껑은 시설자 이외의 자가 쉽게 열 수 없도록 시설할 것
④ 조명 및 세척이 가능한 적당한 장치를 시설할 것

해설 지중함의 시설(한국전기설비규정 334.2)
1. 지중함은 견고하고 차량 기타 중량물의 압력에 견디는 구조일 것
2. 지중함은 그 안의 고인물을 제거할 수 있는 구조로 되어 있을 것
3. 폭발성 또는 연소성의 가스가 침입할 우려가 있는 것에 시설하는 지중함으로서 그 크기가 $1[m^3]$ 이상인 것에는 통풍 장치 기타 가스를 방산시키기 위한 적당한 장치를 시설할 것
4. 지중함의 뚜껑은 시설자 이외의 자가 쉽게 열 수 없도록 시설할 것

13 최대 사용 전압이 3,300[V]인 고압용 전동기가 있다. 이 전동기의 절연 내력 시험 전압은 몇 [V]인가?

출제빈도

① 3,630
② 4,125
③ 4,290
④ 4,950

해설 회전기 및 정류기의 절연 내력(한국전기설비규정 133)
7[kV] 이하이므로 $3,300 \times 1.5 = 4,950[V]$

14 인가에 인접한 주상 변압기의 제2종 접지 공사에 적합한 시공은?

① 접지극은 공칭 단면적 $2[mm^2]$ 연동선에 연결하여, 지하 75[cm] 이상의 깊이에 매설
② 접지극은 공칭 단면적 $16[mm^2]$ 연동선에 연결하여, 지하 60[cm] 이상의 깊이에 매설
③ 접지극은 공칭 단면적 $6[mm^2]$ 연동선에 연결하여, 지하 60[cm] 이상의 깊이에 매설
④ 접지극은 공칭 단면적 $6[mm^2]$ 연동선에 연결하여, 지하 75[cm] 이상의 깊이에 매설

해설 각종 접지 공사의 세목(판단기준 제19조)
인가에 인접한 주상 변압기는 22.9[kV] 중성선 다중 접지한 특고압 가공 전선로의 전로와 저압 전로를 결합하는 경우이므로 접지선의 공칭 단면적은 $6[mm^2]$ 이상 연동선으로 하고, 매설 깊이는 지하 75[cm] 이상으로 하여야 한다.

※ 이 문제는 출제 당시 규정에는 적합했으나 새로 제정된 한국전기설비규정에는 일부 부적합하므로 문제 유형만 참고하시기 바랍니다.

정답 12.④ 13.④ 14.④

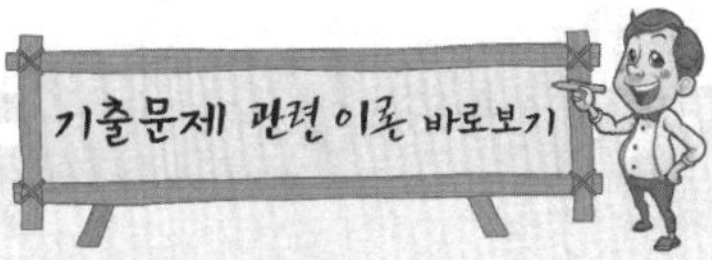

13. 이론 check **회전기 및 정류기의 절연 내력 (한국전기설비규정 133)**

회전기 및 정류기의 절연 내력은 다음 표에 의하여 정하고, 회전 변류기 이외의 교류의 회전기로 시험 전압의 1.6배의 직류 전압으로 절연 내력 시험하였을 때의 경우는 그러하지 아니하다.

① 회전기

종 류		시험 전압	시험 방법
발전기·전동기·조상기·기타 회전기(회전 변류기를 제외한다)	최대 사용 전압 7[kV] 이하	최대 사용 전압의 1.5배의 전압(500[V] 미만으로 되는 경우에는 500[V])	권선과 대지 사이에 연속하여 10분간 가한다.
	최대 사용 전압 7[kV] 초과	최대 사용 전압의 1.25배의 전압(10,500[V] 미만으로 되는 경우에는 10,500[V])	
회전 변류기		직류측의 최대 사용 전압의 1배의 교류 전압(500[V] 미만으로 되는 경우에는 500[V])	

② 정류기

종 류	시험 전압	시험 방법
최대 사용 전압 60[kV] 이하	직류측의 최대 사용 전압의 1배의 교류 전압(500[V] 미만으로 되는 경우에는 500[V])	충전 부분과 외함 간에 연속하여 10분간 가한다.
최대 사용 전압 60[kV] 초과	교류측의 최대 사용 전압의 1.1배의 교류 전압 또는 직류측의 최대 사용 전압의 1.1배의 직류 전압	교류측 및 직류 고전압측 단자와 대지 사이에 연속하여 10분간 가한다.

기출문제 관련 이론 바로보기

15 다음 중에서 목주, A종 철주 또는 A종 철근 콘크리트주를 전선로의 지지물로 사용할 수 없는 보안 공사는?

① 고압 보안 공사
② 제1종 특고압 보안 공사
③ 제2종 특고압 보안 공사
④ 제3종 특고압 보안 공사

해설 특고압 보안 공사(한국전기설비규정 333.22)
제1종 특고압 보안 공사 전선로의 지지물에는 B종 철주, B종 철근 콘크리트주 또는 철탑을 사용하고, A종 및 목주는 시설할 수 없다.

16. 이론 Check **저압 가공 전선의 굵기 및 종류 (한국전기설비규정 222.5)**

① 저압 가공 전선은 나전선(중성선 또는 다중 접지된 접지측 전선으로 사용하는 전선에 한한다), 절연 전선, 다심형 전선 또는 케이블을 사용하여야 한다.
② 사용 전압이 400[V] 이하인 저압 가공 전선은 케이블인 경우를 제외하고는 인장 강도 3.43[kN] 이상의 것 또는 지름 3.2[mm](절연 전선인 경우는 인장 강도 2.3[kN] 이상의 것 또는 지름 2.6[mm] 이상의 경동선) 이상의 것이어야 한다.
③ 사용 전압이 400 [V] 초과인 저압 가공 전선은 케이블인 경우 이외에는 시가지에 시설하는 것은 인장 강도 8.01[kN] 이상의 것 또는 지름 5[mm] 이상의 경동선, 시가지 외에 시설하는 것은 인장 강도 5.26[kN] 이상의 것 또는 지름 4[mm] 이상의 경동선이어야 한다.
④ 사용 전압이 400 [V] 초과인 저압 가공 전선에는 인입용 비닐 절연 전선을 사용하여서는 안 된다.

16 (출제빈도) 사용 전압이 220[V]인 가공 전선을 절연 전선으로 사용하는 경우 그 최소 굵기는 지름 몇 [mm]인가?

① 2
② 2.6
③ 3.2
④ 4

해설 저압 가공 전선의 굵기 및 종류(한국전기설비규정 222.5)
사용 전압이 400[V] 이하는 인장 강도 3.43[kN] 이상의 것 또는 지름 3.2[mm](절연 전선은 인장 강도 2.3[kN] 이상의 것 또는 지름 2.6[mm] 이상의 경동선) 이상

17 고압 지중 케이블로서 직접 매설식에 의하여 견고한 트라프 기타 방호물에 넣지 않고 시설할 수 있는 케이블은? (단, 케이블을 개장하지 않고 시설한 경우이다.)

① 미네랄 인슐레이션 케이블
② 콤바인 덕트 케이블
③ 클로로프렌 외장 케이블
④ 고무 외장 케이블

해설 지중 전선로의 시설(한국전기설비규정 334.1)
지중 전선을 견고한 트라프 기타 방호물에 넣어 시설하여야 한다. 다만, 다음의 어느 하나에 해당하는 경우에는 지중 전선을 견고한 트라프 기타 방호물에 넣지 아니하여도 된다.

1. 저압 또는 고압의 지중 전선을 차량 기타 중량물의 압력을 받을 우려가 없는 경우에 그 위를 견고한 판 또는 몰드로 덮어 시설하는 경우
2. 저압 또는 고압의 지중 전선에 콤바인 덕트 케이블 또는 개장(鎧裝)한 케이블을 사용하여 시설하는 경우

정답 15.② 16.② 17.②

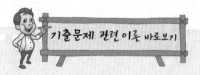

18 화약류 저장소에서의 전기설비시설기준으로 틀린 것은?

① 전용 개폐기 및 과전류 차단기는 화약류 저장소 이외의 곳에 둔다.
② 전기 기계 기구는 반폐형의 것을 사용한다.
③ 전로의 대지 전압은 300[V] 이하이어야 한다.
④ 케이블을 전기 기계 기구에 인입할 때에는 인입구에서 케이블이 손상될 우려가 없도록 시설하여야 한다.

해설 화약류 저장소에서 전기 설비의 시설(한국전기설비규정 242.5)
화약류 저장소 안의 백열 전등이나 형광등 또는 이들에 전기를 공급하기 위한 전기 설비는 다음에 따른다.
1. 전로에 대지 전압은 300[V] 이하일 것
2. 전기 기계 기구는 전폐형의 것일 것
3. 케이블을 전기 기계 기구에 인입할 때에는 인입구에서 케이블이 손상될 우려가 없도록 시설할 것

19 440[V]용 전동기의 외함을 접지할 때 접지 저항값은 몇 [Ω] 이하로 유지하여야 하는가?

① 10
② 20
③ 30
④ 100

해설 기계 기구의 철대 및 외함의 접지(판단기준 제33조)
440[V]는 특별 제3종 접지 공사를 하므로 접지 저항은 10[Ω] 이하로 하여야 한다.(⇨ '기출문제 관련 이론 바로보기'에서 개정된 규정 참조하세요.)

※ 이 문제는 출제 당시 규정에는 적합했으나 새로 제정된 한국전기설비규정에는 일부 부적합하므로 문제 유형만 참고하시기 바랍니다.

20 피뢰기를 설치하지 않아도 되는 곳은?

① 발전소·변전소의 가공 전선 인입구 및 인출구
② 가공 전선로의 말구 부분
③ 가공 전선로에 접속한 1차측 전압이 35[kV] 이하인 배전용 변압기의 고압측 및 특고압측
④ 고압 및 특고압 가공 전선로로부터 공급을 받는 수용 장소의 인입구

해설 피뢰기의 시설 장소(한국전기설비규정 341.14)
1. 발·변전소 혹은 이것에 준하는 장소의 가공 전선의 인입구 및 인출구
2. 가공 전선로에 접속하는 배전용 변압기의 고압측 및 특고압측
3. 고압 및 특고압 가공 전선로에서 공급을 받는 수용 장소의 인입구
4. 가공 전선로와 지중 전선로가 접속되는 곳

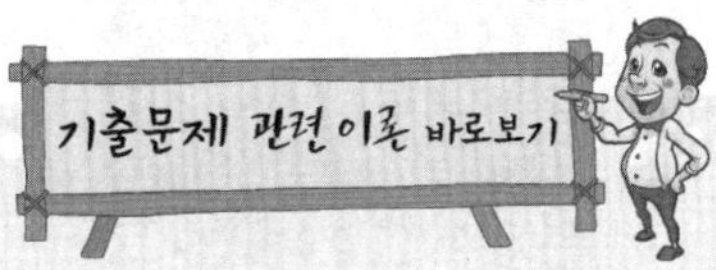

19. 이론 check **기계 기구의 철대 및 외함의 접지(한국전기설비규정 142.7)**

① 전로에 시설하는 기계 기구의 철대 및 금속제 외함에는 접지 공사를 한다.
② 시설을 하지 아니하여도 되는 장소
1. 사용 전압이 직류 300[V] 또는 교류 대지 전압 150[V] 이하의 기계 기구
2. 저압 전로에 지락이 생길 때 자동 차단 장치를 설치하고, 건조한 장소에 시설하는 경우
3. 저압용의 기계 기구를 건조한 목재 마루 기타 이와 유사한 절연성의 물질 위에 설치하도록 시설하는 경우
4. 저압 또는 고압용의 기계 기구를 사람이 접촉할 위험이 없도록 목주 기타 이와 유사한 것 위에 시설하는 경우
5. 철탑 또는 외상의 주위에 적당한 절연대를 설치할 경우
6. 외함이 없는 계기용 변성기가 고무 합성 수지 등의 절연물에 피복한 것인 경우
7. 2중 절연 구조의 기계 기구를 시설하는 경우
8. 저압용의 기계 기구에 전기를 공급하는 전로의 전원측에 절연 변압기(2차 전압이 300[V] 이하이며, 정격 용량이 3[kVA] 이하인 것)를 시설하고 또한 당해 절연 변압기의 부하측의 전로를 접지하지 않는 경우
9. 물기 있는 장소 이외의 장소에 시설하는 저압용의 기계 기구에 전기를 공급하는 전로에는 인체 감전 보호용 누전 차단기(정격 감도 전류 30[mA] 이하, 동작 시간이 0.03초 이하의 전류 동작형의 것)를 시설하는 경우

정답 18.② 19.① 20.②

2016년 과년도 출제문제

Industrial Engineer Electricity

제1회 전기설비기술기준

01 단락 전류에 의하여 생기는 기계적 충격에 견디는 것을 요구하지 않는 것은?

① 애자 ② 변압기
③ 조상기 ④ 접지 도체

해설 **발전기 등의 기계적 강도(기술기준 제23조)**
발전기·변압기·조상기·계기용 변성기·모선 및 이를 지지하는 애자는 단락 전류에 의하여 생기는 기계적 충격에 견디는 것이어야 한다.

02 시가지 등에서 특고압 가공 전선로의 시설에 대한 내용 중 틀린 것은?

출제빈도

① A종 철주를 지지물로 사용하는 경우의 경간은 75[m] 이하이다.
② 사용 전압이 170[kV] 이하인 전선로를 지지하는 애자 장치는 2련 이상의 현수 애자 또는 장간 애자를 사용한다.
③ 사용 전압이 100[kV]를 초과하는 특고압 가공 전선에 지락 또는 단락이 생겼을 때에는 1초 이내에 자동적으로 이를 전로로부터 차단하는 장치를 시설한다.
④ 사용 전압이 170[kV] 이하인 전선로를 지지하는 애자 장치는 50[%] 충격 섬락 전압값이 그 전선의 근접한 다른 부분을 지지하는 애자 장치값의 100[%] 이상인 것을 사용한다.

해설 **시가지 등에서 특고압 가공 전선로의 시설(한국전기설비규정 333.1)**
1. 50[%] 충격 섬락 전압값이 그 전선의 근접한 다른 부분을 지지하는 애자 장치값의 110[%](사용 전압이 130[kV]를 초과하는 경우는 105[%]) 이상인 것
2. 아크 혼을 붙인 현수 애자·장간 애자 또는 라인 포스트 애자를 사용하는 것
3. 경간

지지물의 종류	경 간
A종 철주 또는 A종 철근 콘크리트주	75[m]
B종 철주 또는 B종 철근 콘크리트주	150[m]
철탑	400[m]

정답 01.④ 02.④

기출문제 관련 이론 바로보기

02. 이론 check **시가지 등에서 특고압 가공 전선로의 시설(한국전기설비규정 333.1)**

특고압 가공 전선로는 케이블인 경우 시가지 기타 인가가 밀집할 지역에 시설할 수 있다.

① 사용 전압 170[kV] 이하인 전선로
1. 애자 장치
가. 50[%]의 충격 섬락 전압의 값이 타 부분의 110[%](130[kV]를 넘는 경우는 105[%]) 이상인 것
나. 아크 혼을 붙인 현수 애자·장간 애자(長幹碍子) 또는 라인 포스트 애자를 사용하는 것
다. 2련 이상의 현수 애자 또는 장간 애자를 사용하는 것
라. 2개 이상의 핀 애자 또는 라인 포스트 애자를 사용하는 것
2. 지지물의 경간
가. 지지물에는 철주, 철근 콘크리트주 또는 철탑을 사용한다.
나. 경간

지지물의 종류	경 간
A종 철주 또는 A종 철근 콘크리트주	75[m]
B종 철주 또는 B종 철근 콘크리트주	150[m]
철탑	400[m] (단주인 경우에는 300[m]. 다만, 전선이 수평으로 2 이상 있는 경우에 전선 상호간의 간격이 4[m] 미만인 때에는 250[m])

3. 전선의 굵기

사용 전압의 구분	전선의 단면적
100[kV] 미만	인장 강도 21.67[kN] 이상의 연선 또는 단면적 55[mm^2] 이상의 경동 연선
100[kV] 이상	인장 강도 58.84[kN] 이상의 연선 또는 단면적 150[mm^2] 이상의 경동 연선

4. 전선 지표상 높이
  가. 35[kV] 이하 : 10[m](절연 전선 8[m])
  나. 35[kV] 초과 : 10[m]에 35[kV]를 초과하는 10[kV] 또는 그 단수마다 12[cm]를 더한 값

03 차단기에 사용하는 압축 공기 장치에 대한 설명 중 틀린 것은?

출제빈도

① 공기 압축기를 통하는 관은 용접에 의한 잔류 응력이 생기지 않도록 할 것
② 주공기 탱크에는 사용 압력 1.5배 이상 3배 이하의 최고 눈금이 있는 압력계를 시설할 것
③ 공기 압축기는 최고 사용 압력의 1.5배 수압을 연속하여 10분간 가하여 시험하였을 때 이에 견디고 새지 아니할 것
④ 공기 탱크는 사용 압력에서 공기의 보급이 없는 상태로 차단기의 투입 및 차단을 연속하여 3회 이상 할 수 있는 용량을 가질 것

해설 압축 공기 계통(한국전기설비규정 341.16)
1. 공기 압축기는 최고 사용 압력의 1.5배의 수압(1.25배의 기압)을 연속하여 10분간 가하여 시험을 하였을 때에 이에 견디고 또한 새지 아니할 것
2. 공기 탱크는 사용 압력에서 공기의 보급이 없는 상태로 개폐기 또는 차단기의 투입 및 차단을 연속하여 1회 이상 할 수 있는 용량을 가지는 것일 것
3. 주공기 탱크의 압력이 저하한 경우에 자동적으로 압력을 회복하는 장치를 시설할 것
4. 주공기 탱크 또는 이에 근접한 곳에는 사용 압력의 1.5배 이상 3배 이하의 최고 눈금이 있는 압력계를 시설할 것

04 사용 전압이 22,900[V]인 가공 전선이 건조물과 제2차 접근 상태로 시설되는 경우에 이 특고압 가공 전선로의 보안 공사는 어떤 종류의 보안 공사로 하여야 하는가?

① 고압 보안 공사
② 제1종 특고압 보안 공사
③ 제2종 특고압 보안 공사
④ 제3종 특고압 보안 공사

해설 특고압 가공 전선과 건조물과 접근 교차(한국전기설비규정 333.23)
1. 건조물과 제1차 접근 상태로 시설되는 경우에는 제3종 특고압 보안 공사에 의할 것
2. 사용 전압이 35[kV] 이하이고 건조물과 제2차 접근 상태로 시설한 경우에는 제2종 특고압 보안 공사에 의할 것
3. 사용 전압이 35[kV]를 넘고 170[kV] 미만일 때 건조물과 제2차 접근 상태로 시설한 경우 전선로는 제1종 특고압 보안 공사에 의할 것

정답 03.④ 04.③

기출문제 관련 이론 바로보기

4. 전선의 지표상 높이

사용 전압의 구분	지표상의 높이
35[kV] 이하	10[m] (전선이 특고압 절연 전선인 경우에는 8[m])
35[kV] 초과	10[m]에 35[kV]를 초과하는 10[kV] 또는 그 단수마다 12[cm]를 더한 값

5. 지지물에는 위험 표시를 보기 쉬운 곳에 시설할 것
6. 지락이나 단락이 생긴 경우 : 100[kV]를 넘는 것에 지락이 생긴 경우 또는 단락한 경우에 1초 안에 이를 전선로로부터 차단하는 자동 차단 장치를 시설할 것

03. 이론 check **압축 공기 계통(한국전기설비규정 341.16)**

발전소·변전소·개폐소 또는 이에 준하는 곳에서 개폐기 또는 차단기에 사용하는 압축 공기 장치
① 공기 압축기는 최고 사용 압력의 1.5배의 수압(수압을 연속하여 10분간 가하여 시험을 하기 어려울 때에는 최고 사용 압력의 1.25배의 기압)을 연속하여 10분간 가하여 시험을 하였을 때에 이에 견디고 또한 새지 아니할 것
② 공기 탱크는 사용 압력에서 공기의 보급이 없는 상태로 개폐기 또는 차단기의 투입 및 차단을 연속하여 1회 이상 할 수 있는 용량을 가지는 것일 것
③ 공기 압축기·공기 탱크 및 압축 공기를 통하는 관은 용접에 의한 잔류 응력이 생기거나 나사의 조임에 의하여 무리한 하중이 걸리지 아니하도록 할 것
④ 주공기 탱크의 압력이 저하한 경우에 자동적으로 압력을 회복하는 장치를 시설할 것
⑤ 주공기 탱크 또는 이에 근접한 곳에는 사용 압력의 1.5배 이상 3배 이하의 최고 눈금이 있는 압력계를 시설할 것

기출문제 관련 이론 바로보기

05. 이론 check **수상 전선로의 시설(한국전기설비규정 335.3)**

① 사용 전압은 저압 또는 고압인 것에 한하며 다음에 따르고 또한 위험의 우려가 없도록 시설하여야 한다.
1. 전선은 전선로의 사용 전압이 저압인 경우에는 클로로프렌 캡타이어 케이블이어야 하며, 고압인 경우에는 캡타이어 케이블일 것
2. 수상 전선로의 전선을 가공 전선로의 전선과 접속하는 경우에는 그 부분의 전선은 접속점으로부터 전선의 절연 피복 안에 물이 스며들지 아니하도록 시설하고 또한 전선의 접속점은 다음의 높이로 지지물에 견고하게 붙일 것
   가. 접속점이 육상에 있는 경우에는 지표상 5[m] 이상. 다만, 수상 전선로의 사용 전압이 저압인 경우에 도로상 이외의 곳에 있을 때에는 지표상 4[m]까지로 감할 수 있다.
   나. 접속점이 수면상에 있는 경우에는 수상 전선로의 사용 전압이 저압인 경우에는 수면상 4[m] 이상, 고압인 경우에는 수면상 5[m] 이상
3. 수상 전선로에 사용하는 부대(浮臺)는 쇠사슬 등으로 견고하게 연결한 것일 것
4. 수상 전선로의 전선은 부대의 위에 지지하여 시설하고 또한 그 절연 피복을 손상하지 아니하도록 시설할 것

② 수상 전선로에는 이와 접속하는 가공 전선로에 전용 개폐기 및 과전류 차단기를 각 극에 시설하고 또한 수상 전선로의 사용 전압이 고압인 경우에는 전로에 지락이 생겼을 때에 자동적으로 전로를 차단하기 위한 장치를 시설하여야 한다.

05 저압 수상 전선로에 사용되는 전선은?

출제빈도

① MI 케이블
② 알루미늄피 케이블
③ 클로로프렌 시스 케이블
④ 클로로프렌 캡타이어 케이블

해설 수상 전선로의 시설(한국전기설비규정 335.3)

1. 전선은 전선로의 사용 전압이 저압인 경우에는 클로로프렌 캡타이어 케이블이어야 하며, 고압인 경우에는 캡타이어 케이블일 것
2. 전선의 접속점은 다음의 높이에 해당되는 것일 것
   가. 접속점이 육상에 있는 경우에는 지표상 5[m] 이상
   나. 접속점이 수면상에 있는 경우에는 수상 전선로의 사용 전압이 저압인 경우에는 수면상 4[m] 이상, 고압인 경우에는 수면상 5[m] 이상

06 특고압 계기용 변성기의 2차측 전로의 접지 공사는?

① 제1종 접지 공사
② 제2종 접지 공사
③ 제3종 접지 공사
④ 특별 제3종 접지 공사

해설 계기용 변성기의 2차측 전로의 접지(판단기준 제26조)

1. 고압의 계기용 변성기의 2차측 전로에는 제3종 접지 공사를 하여야 한다.
2. 특고압 계기용 변성기의 2차측 전로에는 제1종 접지 공사를 하여야 한다.

※ 이 문제는 출제 당시 규정에는 적합했으나 새로 제정된 한국전기설비규정에는 일부 부적합하므로 문제 유형만 참고하시기 바랍니다.

07 비접지식 고압 전로에 접속되는 변압기의 외함에 실시하는 접지 공사의 접지극으로 사용할 수 있는 건물 철골의 대지 전기 저항은 몇 [Ω] 이하인가?

① 2　　② 3
③ 5　　④ 10

해설 접지극의 시설 및 접지 저항(한국전기설비규정 142.2)

건축물·구조물의 철골 기타의 금속제는 이를 비접지식 고압 전로에 시설하는 기계 기구의 철대 또는 금속제 외함의 접지 공사 또는 비접지식 고압 전로와 저압 전로를 결합하는 변압기의 저압 전로의 접지 공사의 접지극으로 사용할 수 있다. 다만, 대지와의 사이에 전기 저항값이 2[Ω] 이하인 값을 유지하는 경우에 한한다.

정답 05.④ 06.① 07.①

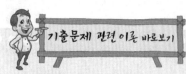

08

사용 전압이 380[V]인 저압 전로의 전선 상호간의 절연 저항은 몇 [MΩ] 이상이어야 하는가?

① 0.5
② 1.0
③ 2.0
④ 3.0

해설 저압 전로의 절연 성능(기술기준 제52조)

전로의 사용 전압[V]	DC 시험 전압[V]	절연 저항[MΩ]
SELV 및 PELV	250	0.5
FELV, 500[V] 이하	500	1.0
500[V] 초과	1,000	1.0

(주) 특별 저압(extra low voltage : 2차 전압이 AC 50[V], DC 120[V] 이하)으로 SELV(비접지 회로 구성) 및 PELV(접지 회로 구성)는 1차와 2차가 전기적으로 절연된 회로, FELV는 1차와 2차가 전기적으로 절연되지 않은 회로

09

출제빈도

154[kV]용 변성기를 사람이 접촉할 우려가 없도록 시설하는 경우에 충전 부분의 지표상의 높이는 최소 몇 [m] 이상이어야 하는가?

① 4　　② 5
③ 6　　④ 8

해설 특고압용 기계 기구 시설(한국전기설비규정 341.4)

사용 전압의 구분	울타리 높이와 울타리로부터 충전 부분까지의 거리의 합계 또는 지표상의 높이
35[kV] 이하	5[m]
35[kV]를 넘고, 160[kV] 이하	6[m]
160[kV]를 초과하는 것	6[m]에 160[kV]를 초과하는 10[kV] 단수마다 12[cm]를 더한 값

10

평상시 개폐를 하지 않는 고압 진상용 콘덴서에 고압 컷아웃 스위치(COS)를 설치하는 경우 옳은 것은?

① COS에 단면적 6[mm^2] 이상의 나동선을 직결한다.
② COS에 단면적 10[mm^2] 이상의 나동선을 직결한다.
③ COS에 단면적 16[mm^2] 이상의 나동선을 직결한다.
④ COS에 단면적 25[mm^2] 이상의 나동선을 직결한다.

해설 평상시 개폐를 하지 않는 기계 기구에 설치한 개폐기 및 과전류 차단기(고압 컷아웃 스위치 등)를 설치하는 경우 단면적 6[mm^2] 이상의 나동선으로 직결한다.

정답 08.② 09.③ 10.①

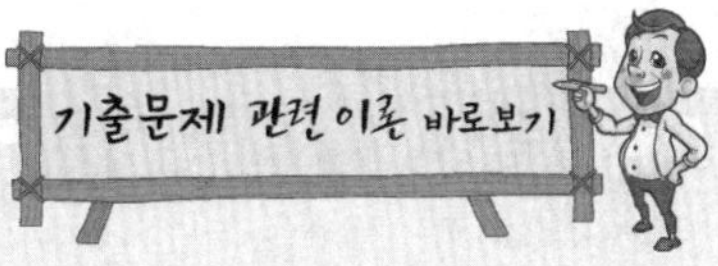

09. 이론 check 기계 기구의 시설

[특고압용 기계 기구 시설(한국전기설비규정 341.4)]

① 기계 기구의 주위에 사람이 접촉할 우려가 없도록 적당한 울타리를 설치하여 울타리의 높이와 울타리로부터 충전 부분까지의 거리의 합계를 다음과 같이 정하고 또한 위험하다는 내용의 표시를 한다.

사용 전압의 구분	울타리 높이와 울타리로부터 충전 부분까지의 거리의 합계 또는 지표상의 높이
35[kV] 이하	5[m]
35[kV]를 넘고, 160[kV] 이하	6[m]
160[kV]를 넘는 것	6[m]에 160[kV]를 넘는 10[kV] 또는 그 단수마다 12[cm]를 더한 값

② 기계 기구를 지표상 5[m] 이상의 높이에 시설하고 충전 부분의 지표상의 높이를 위의 표에서 정한 값 이상으로 하고 또한 사람이 접촉할 우려가 없도록 시설한다.
③ 공장 등의 구내에서 기계 기구를 콘크리트제의 함 또는 접지 공사를 한 금속제의 함에 넣고 또한 충전 부분이 노출하지 아니하도록 시설한다.
④ 옥내에 설치한 기계 기구를 취급자 이외의 사람이 출입할 수 없도록 설치한다.
⑤ 특고압용의 기계 기구는 노출된 충전 부분에 접지 공사로 한다.

Tip 고압용 기계 기구의 시설(한국전기설비규정 341.9)

① 울타리의 높이와 충전 부분까지의 거리 합계를 5[m] 이상으로 하고 위험 표시를 하여야 한다.
② 지표상 높이 4.5[m] 이상(시가지 외 4[m])
③ 기계 기구의 콘크리트제 함 또는 접지 공사를 한 금속제함에 넣고 또한 충전 부분이 노출되지 아니하도록 시설할 것

기출문제 관련 이론 바로보기

11 345[kV] 가공 전선로를 제1종 특고압 보안 공사에 의하여 시설할 때 사용되는 경동 연선의 굵기는 몇 [mm^2] 이상이어야 하는가?

① 100 ② 125
③ 150 ④ 200

해설 **특고압 보안 공사(한국전기설비규정 333.22)**

제1종 특고압 보안 공사의 전선의 굵기

사용 전압	전 선
100[kV] 미만	인장 강도 21.67[kN] 이상, 55[mm^2] 이상 경동 연선
100[kV] 이상 300[kV] 미만	인장 강도 58.84[kN] 이상, 150[mm^2] 이상 경동 연선
300[kV] 이상	인장 강도 77.47[kN] 이상, 200[mm^2] 이상 경동 연선

12 옥내 배선에서 나전선을 사용할 수 없는 것은?

① 전선의 피복 전열물이 부식하는 장소의 전선
② 취급자 이외의 자가 출입할 수 없도록 설비한 장소의 전선
③ 전용의 개폐기 및 과전류 차단기가 시설된 전기 기계 기구의 저압 전선
④ 애자 공사에 의하여 전개된 장소에 시설하는 경우로 전기로용 전선

해설 **나전선의 사용 제한(한국전기설비규정 231.4)**

옥내에 시설하는 저압 전선에는 나전선을 사용하는 경우

1. 애자 공사에 의하여 전개된 곳에 다음의 전선을 시설하는 경우
   가. 전기로용 전선
   나. 전선의 피복 절연물이 부식하는 장소에 시설하는 전선
   다. 취급자 이외의 자가 출입할 수 없도록 설비한 장소에 시설하는 전선
2. 버스 덕트 공사에 의하여 시설하는 경우
3. 라이팅 덕트 공사에 의하여 시설하는 경우
4. 저압 접촉 전선을 시설하는 경우

13. 이론 check **무선용 안테나 등을 지지하는 철탑 등의 시설(한국전기설비 규정 364.1)**

전력 보안 통신 설비인 무선 통신용 안테나 또는 반사판을 지지하는 목주·철근·철근 콘크리트주 또는 철탑은 다음에 의하여 시설하고, 무선용 안테나 등이 전선로의 주위 상태를 감시할 목적으로 시설되는 것일 경우에는 그렇지 않다.

① 목주는 풍압 하중에 대한 안전율은 1.5 이상
② 철주·철근 콘크리트주 또는 철탑의 기초 안전율은 1.5 이상

13 전력 보안 통신 설비인 무선용 안테나 등을 지지하는 철주의 기초의 안전율이 얼마 이상이어야 하는가?

출제빈도

① 1.3 ② 1.5
③ 1.8 ④ 2.0

해설 **무선용 안테나 등을 지지하는 철탑 등의 시설(한국전기설비규정 364.1)**

1. 목주의 풍압 하중에 대한 안전율은 1.5 이상
2. 철주·철근 콘크리트주 또는 철탑의 기초의 안전율은 1.5 이상

정답 11.④ 12.③ 13.②

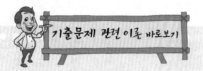

14 버스 덕트 공사에 대한 설명 중 옳은 것은?

① 버스 덕트 끝부분을 개방할 것
② 덕트를 수직으로 붙이는 경우 지지점 간 거리는 12[m] 이하로 할 것
③ 덕트를 조영재에 붙이는 경우 덕트의 지지점 간 거리는 6[m] 이하로 할 것
④ 저압 옥내 배선의 사용 전압이 400[V] 미만인 경우에는 덕트에 제3종 접지 공사를 할 것

해설 버스 덕트 공사(판단기준 제188조)

1. 덕트를 조영재에 붙이는 경우에는 덕트의 지지점 간의 거리를 3[m](취급자 이외의 자가 출입할 수 없도록 설비한 곳에서 수직으로 붙이는 경우에는 6[m]) 이하
2. 사용 전압이 400[V] 미만인 경우에는 제3종 접지 공사, 400[V] 이상인 경우에는 특별 제3종 접지 공사

(⇨ '기출문제 관련 이론 바로보기'에서 개정된 규정 참조하세요.)

※ 이 문제는 출제 당시 규정에는 적합했으나 새로 제정된 한국전기설비규정에는 일부 부적합하므로 문제 유형만 참고하시기 바랍니다.

15 22.9[kV] 특고압으로 가공 전선과 조영물이 아닌 다른 시설물이 교차하는 경우, 상호간의 이격 거리는 몇 [cm]까지 감할 수 있는가? (단, 전선은 케이블이다.)

① 50　② 60
③ 100　④ 120

해설 25[kV] 이하인 특고압 가공 전선로의 시설(한국전기설비규정 333.32)

15[kV] 초과 25[kV] 이하 특고압 가공 전선로 이격 거리

건조물의 조영재	접근형태	전선의 종류	이격거리
상부 조영재	위쪽	나전선	3.0[m]
		특고압 절연 전선	2.5[m]
		케이블	1.2[m]
	옆쪽 또는 아래쪽	전선	1.5[m]
		특고압 절연 전선	1.0[m]
		케이블	0.5[m]
기타의 조영재	-	전선	1.5[m]
		특고압 절연 전선	1.0[m]
		케이블	0.5[m]

16 과전류 차단기를 설치하지 않아야 할 곳은?

① 수용가의 인입선 부분
② 고압 배전 선로의 인출 장소
③ 직접 접지 계통에 설치한 변압기의 접지 도체
④ 역률 조정용 고압 병렬 콘덴서 뱅크의 분기선

정답 14.④ 15.① 16.③

기출문제 관련 이론 바로보기

14. 이론 check **버스 덕트 공사(한국전기설비규정 232.61)**

금속제 덕트 안에 나전선을 넣고 절연물로 적당한 간격으로 지지한 것이 버스 덕트로 이것을 이용한 공사가 버스 덕트 공사이다. 공장, 빌딩 등으로 비교적 대전류가 흐르는 옥내 주요 간선을 시설하는 경우에 이용된다.

① 덕트 상호 및 전선 상호는 견고하게 또한 전기적으로 안전하게 접속할 것
② 덕트를 조영재에 설치한 경우는 덕트의 지지점 간의 거리를 3[m] 이하 취급자 이외의 자가 출입할 수 없도록 설치한 곳에서 수직으로 붙이는 경우는 6[m]로 하고 또한 지지하는 데 적합한 것을 사용할 것
③ 덕트(환기형인 것은 제외)의 종단부는 폐쇄할 것 또한 내부에 먼지가 침입하기 어렵도록 할 것
④ 버스 덕트 공사에 사용하는 버스 덕트는 다음에 적합한 것일 것
  1. 도체는 단면적 20$[mm^2]$ 이상의 띠 모양, 지름 5[mm] 이상의 관모양이나 둥글고 긴 막대 모양의 동 또는 단면적 30$[mm^2]$ 이상의 띠 모양의 알루미늄을 사용한 것일 것
  2. 도체 지지물은 절연성·난연성 및 내수성이 있는 견고한 것일 것
  3. 덕트는 다음 표의 두께 이상의 강판 또는 알루미늄판으로 견고히 제작한 것일 것

덕트의 최대 폭[mm]	덕트의 판 두께[mm]		
	강판	알루미늄판	합성 수지판
150 이하	1.0	1.6	2.5
150 초과 300 이하	1.4	2.0	5.0
300 초과 500 이하	1.6	2.3	-
500 초과 700 이하	2.0	2.9	-
700 초과하는 것	2.3	3.2	-

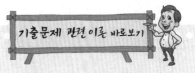

기출문제 관련 이론 바로보기

18. 이론 check **저압 옥내 배선의 사용 전선(한국전기설비규정 231.3)**

① 전선은 단면적이 2.5[mm^2] 이상의 연동선
② 옥내 배선의 사용 전압이 400[V] 이하인 경우
1. 전광 표시 장치 기타 이와 유사한 장치 또는 제어 회로 등에 이용하는 배선에 단면적 1.5[mm^2] 이상의 연동선을 사용하고 이것을 합성 수지관 공사, 금속관 공사, 금속 몰드 공사, 금속 덕트 공사 또는 플로어 덕트 공사 또는 셀룰러 덕트 공사에 의해 시설하는 경우
2. 단면적 0.75[mm^2] 이상의 다심 케이블 또는 다심 캡타이어 케이블을 사용하고 또한 과전류를 일으킬 경우에 자동적으로 이것을 전로에서 차단하는 장치를 설치할 경우
3. 진열장 내의 배선 공사에 사용되는 단면적 0.75[mm^2] 이상의 코드 또는 캡타이어 케이블을 사용하는 경우
4. 리프트 케이블을 사용하는 경우

20. 이론 check **금속관 공사(한국전기설비규정 232.12)**

① 사용 전선
1. 전선은 절연 전선(옥외용 비닐 절연 전선은 제외)이며 또한 연선일 것. 다만, 짧고 가는 금속관에 넣은 것 또는 단면적 10[mm^2] 이하의 연동선 또는 단면적 16[mm^2]인 알루미늄선은 단선으로 사용하여도 된다.
2. 금속관 내에서는 전선에 접속점을 설치하지 말 것
② 금속관 공사에 사용하는 금속관과 박스 기타의 부속품
1. 금속관 및 박스는 금속제일 것 또는 황동 혹은 동으로 단단하게 제작한 것일 것
2. 관의 두께는 콘크리트에 매설하는 것은 1.2[mm] 이상, 기타 1[mm]

해설 과전류 차단기의 시설 제한(한국전기설비규정 341.12)
1. 접지 공사의 접지 도체
2. 다선식 전로의 중성선
3. 접지 공사를 한 저압 가공 전선로의 접지측 전선

17

가공 전선로의 지지물에 시설하는 지선의 안전율과 허용 인장 하중의 최저값은?

① 안전율은 2.0 이상, 허용 인장 하중 최저값은 4[kN]
② 안전율은 2.5 이상, 허용 인장 하중 최저값은 4[kN]
③ 안전율은 2.0 이상, 허용 인장 하중 최저값은 4.4[kN]
④ 안전율은 2.5 이상, 허용 인장 하중 최저값은 4.31[kN]

해설 지선의 시설(한국전기설비규정 331.11)
1. 지선의 안전율은 2.5 이상. 이 경우에 허용 인장 하중의 최저는 4.31[kN]
2. 지선에 연선을 사용할 경우
가. 소선 3가닥 이상의 연선일 것
나. 소선의 지름이 2.6[mm] 이상의 금속선을 사용한 것일 것

18

출제빈도

저압 옥내 배선에 사용되는 연동선의 굵기는 일반적인 경우 몇 [mm^2] 이상이어야 하는가?

① 2　　② 2.5
③ 4　　④ 6

해설 저압 옥내 배선의 사용 전선(한국전기설비규정 231.3)
단면적이 2.5[mm^2] 이상의 연동선

19

지중 전선로의 전선으로 적합한 것은?

① 케이블　　② 동복 강선
③ 절연 전선　　④ 나경동선

해설 지중 전선로의 시설(한국전기설비규정 334.1)
지중 전선로는 전선에 케이블을 사용하고 또한 관로식·암거식 또는 직접 매설식에 의하여 시설하여야 한다.

20

출제빈도

금속관 공사에 대한 기준으로 틀린 것은?

① 저압 옥내 배선에 사용하는 전선으로 옥외용 비닐 절연 전선을 사용하였다.
② 저압 옥내 배선의 금속관 안에는 전선에 접속점이 없도록 하였다.
③ 콘크리트에 매설하는 금속관의 두께는 1.2[mm]를 사용하였다.
④ 저압 옥내 배선의 사용 전압이 400[V] 초과인 관에는 접지 공사를 하였다.

정답 17.④ 18.② 19.① 20.①

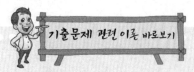

해설 **금속관 공사(한국전기설비규정 232.12)**

1. 전선은 절연 전선(옥외용 비닐 절연 전선 제외)일 것
2. 전선은 연선일 것
3. 금속관 안에는 전선에 접속점이 없도록 할 것
4. 콘크리트에 매설하는 것은 1.2[mm] 이상
5. 금속관에는 접지 공사를 할 것

제 2 회 전기설비기술기준

01 과전류 차단기를 시설할 수 있는 곳은?

① 접지 공사의 접지 도체
② 다선식 전로의 중성선
③ 단상 3선식 전로의 저압측 전선
④ 접지 공사를 한 저압 가공 전선로의 접지측 전선

해설 **과전류 차단기의 시설 제한(한국전기설비규정 341.12)**

1. 접지 공사의 접지 도체
2. 다선식 전로의 중성선
3. 접지 공사를 한 저압 가공 전선로의 접지측 전선

02 계통 연계하는 분산형 전원을 설치하는 경우에 이상 또는 고장 발생시 자동적으로 분산형 전원을 전력 계통으로부터 분리하기 위한 장치를 시설해야 하는 경우가 아닌 것은?

출제빈도

① 역률 저하 상태
② 단독 운전 상태
③ 분산형 전원의 이상 또는 고장
④ 연계한 전력 계통의 이상 또는 고장

해설 **계통 연계용 보호 장치의 시설(한국전기설비규정 503.2.4)**

계통 연계하는 분산형 전원을 설치하는 경우에 이상 또는 고장 발생시 자동적으로 분산형 전원을 전력 계통으로부터 분리하기 위한 장치 시설 및 해당 계통과의 보호 협조를 실시하여야 한다.

1. 분산형 전원의 이상 또는 고장
2. 연계한 전력 계통의 이상 또는 고장
3. 단독 운전 상태

정답 01.③ 02.①

기출문제 관련 이론 바로보기

이상으로 한다. 다만, 이음매가 없는 길이 4[m] 이하인 것은 건조하고 전개된 곳에 시설하는 경우에는 0.5[mm]까지 감할 수 있다.

3. 안쪽면 및 끝부분은 전선의 피복을 손상하지 않도록 매끈한 것일 것
4. 금속관 상호 및 박스는 이것과 동등 이상의 효력이 있는 방법에 의해 견고하게 혹은 전기적으로 안전하게 접속할 것
5. 습기가 많은 장소 또는 물기가 있는 장소에 시설하는 경우는 방습 장치를 시설할 것
6. 금속관에는 접지 공사를 할 것

02. 이론 check **계통 연계용 보호 장치의 시설(한국전기설비규정 503.2.4)**

① 계통 연계하는 분산형 전원 설비를 설치하는 경우 다음에 해당하는 이상 또는 고장 발생시 자동적으로 분산형 전원 설비를 전력 계통으로부터 분리하기 위한 장치 시설 및 해당 계통과의 보호 협조를 실시하여야 한다.

1. 분산형 전원 설비의 이상 또는 고장
2. 연계한 전력 계통의 이상 또는 고장
3. 단독운전 상태

② ①의 2에 따라 연계한 전력 계통의 이상 또는 고장 발생시 분산형 전원의 분리 시점은 해당 계통의 재폐로 시점 이전이어야 하며, 이상 발생 후 해당 계통의 전압 및 주파수가 정상 범위 내에 들어올 때까지 계통과의 분리 상태를 유지하는 등 연계한 계통의 재폐로 방식과 협조를 이루어야 한다.

③ 단순 병렬 운전 분산형 전원 설비의 경우에는 역전력 계전기를 설치한다. 단, 관련 규정에 의한 신·재생에너지를 이용하여 동일 전기 사용 장소에서 전기를 생산하는 합계 용량이 50[kW] 이하의 소규모 분산형 전원으로서 단독 운전 방지 기능을 가진 것을 단순 병렬로 연계하는 경우에는 역전력 계전기 설치를 생략할 수 있다.

기출문제 관련 이론 바로보기

03. 이론 check 점멸기의 시설(한국전기설비규정 234.6)

① 조명용 전등의 점멸 장치 시설

1. 가정용 전등은 등기구마다 점멸 장치를 시설한다.
2. 국부 조명 설비는 그 조명 대상에 따라 점멸 장치를 시설한다(단, 장식용, 발코니등 제외).
3. 공장, 사무실, 학교, 병원, 상점 등에 시설하는 전체 조명용 전등은 부분 조명이 가능하도록 전등군으로 구분하여 전등군마다 점멸이 가능하도록 하되, 창과 가장 가까운 전등은 따로 점멸이 가능하도록 할 것

② 조명용 백열 전등의 타임 스위치 시설

1. 관광진흥법과 공중위생관리법에 의한 관광숙박업 또는 숙박업에 이용되는 객실 입구등은 1분 이내에 소등되는 것
2. 일반 주택 및 아파트 각 호실의 현관등은 3분 이내에 소등되는 것

03

(출제빈도) 호텔 또는 여관 각 객실의 입구등을 설치할 경우 몇 분 이내에 소등되는 타임 스위치를 시설해야 하는가?

① 1　② 2
③ 3　④ 10

해설 **점멸기의 시설(한국전기설비규정 234.6)**

1. 관광숙박업 또는 숙박업에 이용되는 객실 입구등은 1분 이내에 소등되는 것
2. 일반 주택 및 아파트 각 호실의 현관등은 3분 이내에 소등되는 것

04

특고압 가공 전선로의 지지물 양쪽의 경간의 차가 큰 곳에 사용되는 철탑은?

① 내장형 철탑　② 인류형 철탑
③ 각도형 철탑　④ 보강형 철탑

해설 **특고압 가공 전선로의 철주 · 철근 콘크리트주 또는 철탑의 종류(한국전기설비규정 333.11)**

1. 직선형 : 전선로의 직선 부분(3도 이하인 수평 각도)에 사용하는 것
2. 각도형 : 전선로 중 3도를 초과하는 수평 각도를 이루는 곳에 사용하는 것
3. 인류형 : 전가섭선을 인류하는 곳에 사용하는 것
4. 내장형 : 전선로의 지지물 양쪽의 경간의 차가 큰 곳에 사용하는 것

05

고압 가공 전선 상호간의 접근 또는 교차하여 시설되는 경우, 고압 가공 전선 상호간의 이격 거리는 몇 [cm] 이상이어야 하는가? (단, 고압 가공 전선은 모두 케이블이 아니라고 한다.)

① 50　② 60
③ 70　④ 80

해설 **고압 가공 전선 상호간의 접근 또는 교차(한국전기설비규정 332.17)**

1. 위쪽 또는 옆쪽에 시설되는 고압 가공 전선로는 고압 보안 공사에 의할 것
2. 고압 가공 전선 상호간의 이격 거리는 80[cm](어느 한쪽의 전선이 케이블인 경우에는 40[cm]) 이상일 것

06

전기설비기술기준의 안전 원칙에 관계 없는 것은?

① 에너지 절약 등에 지장을 주지 아니하도록 할 것
② 사람이나 다른 물체에 위해, 손상을 주지 않도록 할 것
③ 기기의 오동작에 의한 전기 공급에 지장을 주지 않도록 할 것
④ 다른 전기 설비의 기능에 전기적 또는 자기적인 장해를 주지 아니하도록 할 것

정답 03.① 04.① 05.④ 06.①

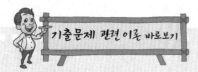

해설 **안전 원칙(기술기준 제2조)**

1. 전기 설비는 감전, 화재 그 밖에 사람에게 위해를 주거나 물건에 손상을 줄 우려가 없도록 시설하여야 한다.
2. 전기 설비는 사용 목적에 적절하고 안전하게 작동하여야 하며, 그 손상으로 인하여 전기 공급에 지장을 주지 않도록 시설하여야 한다.
3. 전기 설비는 다른 전기 설비, 그 밖의 물건의 기능에 전기적 또는 자기적인 장해를 주지 않도록 시설하여야 한다.

07 철탑의 강도 계산에 사용하는 이상시 상정 하중의 종류가 아닌 것은?

① 수직 하중　　② 좌굴 하중
③ 수평 횡하중　　④ 수평 종하중

해설 **이상시 상정 하중(한국전기설비규정 333.13)**

철탑의 강도 계산에 사용하는 이상시 상정 하중

1. 수직 하중
2. 수평 횡하중
3. 수평 종하중

08 타냉식 특고압용 변압기에는 냉각 장치에 고장이 생긴 경우를 대비하여 어떤 장치를 하여야 하는가?

① 경보 장치　　② 속도 조정 장치
③ 온도 시험 장치　　④ 냉매 흐름 장치

해설 **특고압용 변압기의 보호 장치(한국전기설비규정 351.4)**

뱅크 용량의 구분	동작 조건	장치의 종류
5,000[kVA] 이상 10,000[kVA] 미만	내부 고장	자동 차단 장치, 경보 장치
10,000[kVA] 이상	내부 고장	자동 차단 장치
타냉식 변압기	냉각 장치에 고장이 생긴 경우 또는 온도가 현저히 상승한 경우	경보 장치

09 저압 옥내 배선의 사용 전압이 220[V]인 제어 회로를 금속관 공사에 의하여 시공하였다. 여기에 사용되는 배선은 단면적이 몇 [mm^2] 이상의 연동선을 사용하여도 되는가?

출제빈도

① 1.5　　② 2.0
③ 2.5　　④ 3.0

해설 **저압 옥내 배선의 사용 전선(한국전기설비규정 231.3)**

1. 단면적 2.5[mm^2] 이상의 연동선
2. 전광 표시 장치 또는 제어 회로 등에 사용하는 배선에 단면적 1.5[mm^2] 이상의 연동선

정답 07.② 08.① 09.①

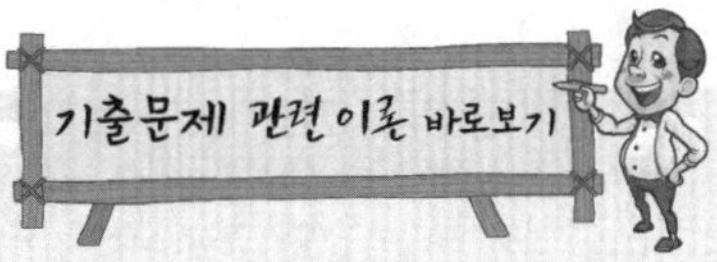

09. 이론 check **저압 옥내 배선의 사용 전선(한국전기설비규정 231.3)**

① 전선은 단면적이 2.5[mm^2] 이상의 연동선

② 옥내 배선의 사용 전압이 400[V] 이하인 경우

1. 전광 표시 장치 기타 이와 유사한 장치 또는 제어 회로 등에 이용하는 배선에 단면적 1.5[mm^2] 이상의 연동선을 사용하고 이것을 합성 수지관 공사, 금속관 공사, 금속 몰드 공사, 금속 덕트 공사 또는 플로어 덕트 공사 또는 셀룰러 덕트 공사에 의해 시설하는 경우
2. 단면적 0.75[mm^2] 이상의 다심 케이블 또는 다심 캡타이어 케이블을 사용하고 또한 과전류를 일으킬 경우에 자동적으로 이것을 전로에서 차단하는 장치를 설치할 경우
3. 진열장 내의 배선 공사에 사용되는 단면적 0.75[mm^2] 이상의 코드 또는 캡타이어 케이블을 사용하는 경우
4. 리프트 케이블을 사용하는 경우

기출문제 관련 이론 바로보기

10. 이론 Check **가공 전선의 높이**

① 저·고압 가공 전선의 높이(한국전기설비규정 222.7, 332.5)
1. 고·저압 가공 전선 : 5[m] 이상(교통에 지장이 없는 경우 4[m] 이상)
2. 도로를 횡단하는 경우에는 지표상 6[m] 이상
3. 철도 또는 궤도를 횡단하는 경우에는 레일면상 6.5[m] 이상
4. 횡단보도교의 위에 시설하는 경우에는 저압 가공 전선은 그 노면상 3.5[m] (절연 전선·다심형 전선·고압 절연 전선·특고압 절연 전선 또는 케이블인 경우에는 3[m]) 이상, 고압 가공 전선은 그 노면상 3.5[m] 이상
5. 다리의 하부 기타 이와 유사한 장소에 시설하는 저압의 전기 철도용 급전선은 지표상 3.5[m] 까지로 감할 수 있다.

② 특고압 가공 전선(한국전기설비규정 333.7)

사용 전압의 구분	지표상의 높이
35[kV] 이하	5[m] (철도 또는 레일을 횡단하는 경우에는 6.5[m], 도로를 횡단하는 경우에는 6[m], 횡단보도교의 위에 시설하는 경우로서 전선이 특고압 절연 전선 또는 케이블인 경우에는 4[m])
35[kV] 초과 160[kV] 이하	6[m] (철도 또는 레일을 횡단하는 경우에는 6.5[m], 산지(山地) 등에서 사람이 쉽게 들어갈 수 없는 장소에 시설하는 경우에는 5[m], 횡단보도교의 위에 시설하는 경우 전선이 케이블인 때는 5[m])
160[kV] 초과	6[m] (철도 또는 레일을 횡단하는 경우에는 6.5[m], 산지 등에서 사람이 쉽게 들어갈 수 없는 장소를 시설하는 경우에는 5[m]에 160[kV]를 초과하는 10[kV] 또는 그 단수마다 12[cm]를 더한 값)

10 고압 가공 전선이 철도를 횡단하는 경우 레일면상에서 몇 [m] 이상으로 유지되어야 하는가? (출제빈도)

① 5.5 ② 6
③ 6.5 ④ 7.0

해설 **고압 가공 전선의 높이(한국전기설비규정 332.5)**
1. 도로를 횡단하는 경우에는 지표상 6[m] 이상
2. 철도 또는 궤도를 횡단하는 경우에는 레일면상 6.5[m] 이상

11 저압 옥내 배선에 사용하는 연동선의 최소 굵기는 몇 $[mm^2]$ 이상인가?

① 1.5 ② 2.5
③ 4.0 ④ 6.0

해설 **저압 옥내 배선의 사용 전선(한국전기설비규정 231.3)**
단면적 $2.5[mm^2]$ 이상의 연동선

12 가로등, 경기장, 공장, 아파트 단지 등의 일반 조명을 위하여 시설하는 고압 방전등은 그 효율이 몇 [lm/W] 이상의 것이어야 하는가?

① 30
② 50
③ 70
④ 100

해설 **점멸 장치와 타임 스위치 등의 시설(판단기준 제177조)**
가로등, 경기장, 공장, 아파트 단지 등의 일반 조명을 위하여 시설하는 고압 방전등은 그 효율이 70[lm/W] 이상의 것이어야 한다.

※ 이 문제는 출제 당시 규정에는 적합했으나 새로 제정된 한국전기설비규정에는 일부 부적합하므로 문제 유형만 참고하시기 바랍니다.

13 전력 보안 통신 설비로 무선용 안테나 등의 시설에 관한 설명으로 옳은 것은?

① 항상 가공 전선로의 지지물에 시설한다.
② 피뢰침 설비가 불가능한 개소에 시설한다.
③ 접지와 공용으로 사용할 수 있도록 시설한다.
④ 전선로의 주위 상태를 감시할 목적으로 시설한다.

해설 **무선용 안테나 등의 시설 제한(한국전기설비규정 364.2)**
무선용 안테나 및 화상 감시용 설비 등은 전선로의 주위 상태를 감시할 목적으로 시설하는 것 이외에는 가공 전선로의 지지물에 시설하여서는 아니 된다.

정답 10.③ 11.② 12.③ 13.④

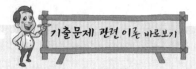

14 금속제 외함을 가진 저압의 기계 기구로서 사람이 쉽게 접촉할 우려가 있는 곳에 시설하는 것에 전기를 공급하는 전로에 지락이 생겼을 때에 자동적으로 차단하는 장치를 설치하여야 한다. 사용 전압이 몇 [V]를 초과하는 기계 기구의 경우인가?

① 25
② 30
③ 50
④ 60

해설 **누전 차단기의 시설(한국전기설비규정 211.2.4)**
금속제 외함을 가지는 사용 전압이 50[V]를 초과하는 저압의 기계 기구로서 사람이 쉽게 접촉할 우려가 있는 곳에 시설하는 것에 전기를 공급하는 전로에는 전로에 지락이 생겼을 때에 자동적으로 전로를 차단하는 장치를 하여야 한다.

15 특고압 가공 전선이 건조물과 1차 접근 상태로 시설되는 경우를 설명한 것 중 틀린 것은?

① 상부 조영재와 위쪽으로 접근시 케이블을 사용하면 1.2[m] 이상 이격 거리를 두어야 한다.
② 상부 조영재와 옆쪽으로 접근시 특고압 절연 전선을 사용하면 1.5[m] 이상 이격 거리를 두어야 한다.
③ 상부 조영재와 아래쪽으로 접근시 특고압 절연 전선을 사용하면 1.5[m] 이상 이격 거리를 두어야 한다.
④ 상부 조영재와 위쪽으로 접근시 특고압 절연 전선을 사용하면 2.0[m] 이상 이격 거리를 두어야 한다.

해설 **특고압 가공 전선과 건조물과 접근 교차(한국전기설비규정 333.23)**
1. 건조물과 제1차 접근 상태로 시설되는 경우에는 제3종 특고압 보안공사에 의할 것
2. 사용 전압이 35[kV] 이하인 특고압 가공 전선과 건조물의 조영재 이격 거리

건조물과 조영재의 구분	전선 종류	접근 형태	이격 거리
상부 조영재	특고압 절연 전선	위쪽	2.5[m]
		옆쪽 또는 아래쪽	1.5[m]
	케이블	위쪽	1.2[m]
		옆쪽 또는 아래쪽	0.5[m]
	기타 전선	−	3[m]

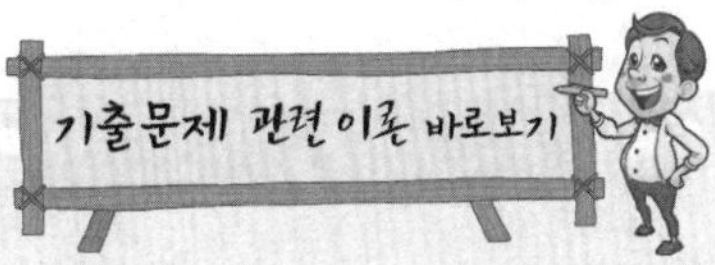

14. 이론 check **누전 차단기의 시설(한국전기설비규정 211.2.4)**

① 금속제 외함을 갖는 사용 전압이 50[V]를 넘는 저압의 기계 기구로서 사람이 쉽게 접촉할 우려가 있는 곳에 지락이 생긴 경우에는 자동적으로 전로를 차단하는 장치를 하여야 한다.
② 지락 차단 장치를 생략할 수 있는 경우
1. 기계 기구를 발·변전소, 개폐소 또는 이에 준하는 곳에 시설한 경우
2. 기계 기구를 건조한 곳에 시설하는 경우
3. 대지 전압 150[V] 이하의 것을 물기가 없는 곳에 시설하는 경우
4. 2중 절연의 기계 기구를 설치하는 장소
5. 절연 변압기(2차 전압 300[V] 이하)의 부하측 전로가 비접지인 경우
6. 기계 기구를 고무, 합성 수지 등으로 피복한 경우
7. 유도 전동기의 2차측 전로에 기계 기구를 접속하는 경우

정답 14.③ 15.④

기출문제 관련 이론 바로보기

18. 이론 check 합성 수지관 공사(한국전기설비규정 232.11)

① 전선은 절연 전선(옥외용 비닐 절연 전선을 제외)이며 또한 연선일 것. 다만, 짧고 가는 합성 수지관에 넣은 것 또는 단면적 10[mm^2] 이하의 연동선 또는 단면적 16[mm^2] 이하의 알루미늄선은 단선으로 사용하여도 된다.
② 합성 수지관 내에서는 전선에 접속점이 없도록 할 것
③ 관의 끝 및 안쪽면은 전선의 피복을 손상하지 않도록 매끄러운 것일 것
④ 관 상호 및 관과 박스와는 관을 삽입하는 길이를 관의 외경 1.2배(접착제를 사용하는 경우는 0.8배) 이상으로 하고 삽입 접속으로 견고하게 접속할 것
⑤ 관의 지지점 간의 거리는 1.5[m] 이하
⑥ 습기가 많은 장소 또는 물기가 있는 장소에 시설하는 경우는 방습 장치를 설치할 것
⑦ 합성 수지관을 금속제 풀박스에 접속하는 경우는 접지 공사를 시설할 것
⑧ 콤바인 덕트관은 직접 콘크리트에 매입하여 시설하는 경우를 제외하고 전용의 금속제의 관 또는 덕트에 넣어 시설할 것
⑨ 콤바인 덕트관을 박스 또는 풀박스 내에 인입하는 경우에 물이 박스 또는 풀박스 내에 침입하지 않도록 시설할 것. 단, 콘크리트 내에서는 콤바인 덕트관 상호를 직접 접속하지 아니할 것

16 특고압 가공 전선이 삭도와 제2차 접근 상태로 시설할 경우 특고압 가공 전선로에 적용하는 보안 공사는?

① 고압 보안 공사　② 제1종 특고압 보안 공사
③ 제2종 특고압 보안 공사　④ 제3종 특고압 보안 공사

해설 **특고압 가공 전선과 삭도의 접근 또는 교차(한국전기설비규정 333.25)**
1. 제1차 접근 상태로 시설되는 경우 : 제3종 특고압 보안 공사
2. 제2차 접근 상태로 시설되는 경우 : 제2종 특고압 보안 공사

17 가공 전선로의 지지물에 취급자가 오르고 내리는 데 사용하는 발판 볼트 등은 지표상 몇 [m] 미만에 시설하여서는 아니 되는가?

① 1.2　② 1.8
③ 2.2　④ 2.5

해설 **가공 전선로 지지물의 철탑 오름 및 전주 오름 방지(한국전기설비규정 331.4)**
가공 전선로의 지지물에 취급자가 오르고 내리는 데 사용하는 발판 못 등을 지표상 1.8[m] 미만에 시설하여서는 아니 된다.

18 (출제빈도) 합성 수지관 공사시 관 상호간 및 박스와의 접속은 관에 삽입하는 깊이를 관 바깥 지름의 몇 배 이상으로 하여야 하는가? (단, 접착제를 사용하지 않는 경우이다.)

① 0.5　② 0.8
③ 1.2　④ 1.5

해설 **합성 수지관 공사(한국전기설비규정 232.11)**
1. 전선은 절연 전선(옥외용 비닐 절연 전선 제외)일 것
2. 전선은 연선일 것. 단, 단면적 10[mm^2] 이하 단선 사용
3. 전선은 합성 수지관 안에서 접속점이 없도록 할 것
4. 관을 삽입하는 깊이를 관의 바깥 지름의 1.2배(접착제 사용 0.8배) 이상으로 할 것
5. 관의 지지점 간의 거리는 1.5[m] 이하로 할 것

19 가반형의 용접 전극을 사용하는 아크 용접 장치의 용접 변압기의 1차측 전로의 대지 전압은 몇 [V] 이하이어야 하는가?

① 220　② 300
③ 380　④ 440

해설 **아크 용접기(한국전기설비규정 241.10)**
가반형(可搬型)의 용접 전극을 사용하는 아크 용접 장치 시설
1. 용접 변압기는 절연 변압기일 것
2. 용접 변압기의 1차측 전로의 대지 전압은 300[V] 이하일 것

정답 16.③ 17.② 18.③ 19.②

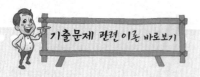

20 저·고압 혼촉에 의한 위험 방지 시설로 가공 공동 지선을 설치하여 시설하는 경우에 각 접지 도체를 가공 공동 지선으로부터 분리하였을 경우의 각 접지 도체와 대지 간의 전기 저항값은 몇 [Ω] 이하로 하여야 하는가?

출제빈도

① 75
② 150
③ 300
④ 600

해설 **고압 또는 특고압과 저압의 혼촉에 의한 위험 방지 시설(한국전기설비규정 322.1)**
가공 공동 지선과 대지 사이의 합성 전기 저항값은 1[km]를 지름으로 하는 지역 이내마다 규정의 접지 저항값 이하로 하고 접지 도체를 가공 공동 지선에서 분리한 경우 각 접지 도체의 접지 저항값 300[Ω] 이하로 한다.

제3회 전기설비기술기준

01 옥내 배선의 사용 전압이 220[V]인 경우 금속관 공사의 기술 기준으로 옳은 것은?

① 금속관에는 접지 공사를 하였다.
② 전선은 옥외용 비닐 절연 전선을 사용하였다.
③ 금속관과 접속 부분의 나사는 3턱 이상으로 나사 결합을 하였다.
④ 콘크리트에 매설하는 전선관의 두께는 1.0[mm]를 사용하였다.

해설 **금속관 공사(한국전기설비규정 232.12)**
1. 전선은 절연 전선(옥외용 비닐 절연 전선 제외)일 것
2. 전선은 연선일 것
3. 금속관 안에는 전선에 접속점이 없도록 할 것
4. 콘크리트에 매설하는 것은 1.2[mm] 이상일 것
5. 금속관에는 접지 공사를 할 것

02 폭발성 또는 연소성의 가스가 침입할 우려가 있는 지중함에 그 크기가 몇 [m^3] 이상의 것은 통풍 장치, 기타 가스를 방산시키기 위한 적당한 장치를 시설하여야 하는가?

① 0.9　② 1.0
③ 1.5　④ 2.0

기출문제 관련 이론 바로보기

20. 이론 check **가공 공동 지선(한국전기설비규정 322.1)**

① 변압기의 접지 공사는 변압기의 설치 장소마다 시행하여야 한다.

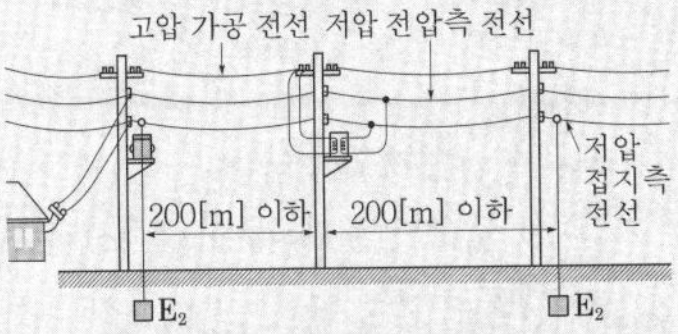

| 가공 공동 지선 시설 예 |

② 토지의 상황에 따라서 규정의 저항치를 얻기 어려운 경우에는 인장 강도 5.26[kN] 이상 또는 직경 4[mm] 이상 경동선의 가공 접지선을 저압 가공 전선에 준하여 시설할 때에는 접지점을 변압기 시설 장소에서 200[m]까지 떼어 놓을 수 있다.
③ 2 이상의 시설 장소에 공통의 접지 공사를 할 수 있다.
④ 접지 공사는 각 변압기를 중심으로 한 지름 400[m] 이내에 있어서 변압기의 양측에 있도록 설치한다.
⑤ 가공 공동 지선과 대지 사이의 합성 전기 저항치는 1[km]를 지름으로 하는 지역 이내마다 규정의 접지 공사의 접지 저항값 이하로 한다.
⑥ 접지 도체를 가공 공동 지선에서 분리한 경우 각 접지 도체의 접지 저항치 R은

$$R=\frac{150}{I}\times n$$

(300[Ω]을 넘는 경우 300[Ω]) 이하로 한다. 여기서 n은 1[km] 구간 내 접지 개소의 수이다.

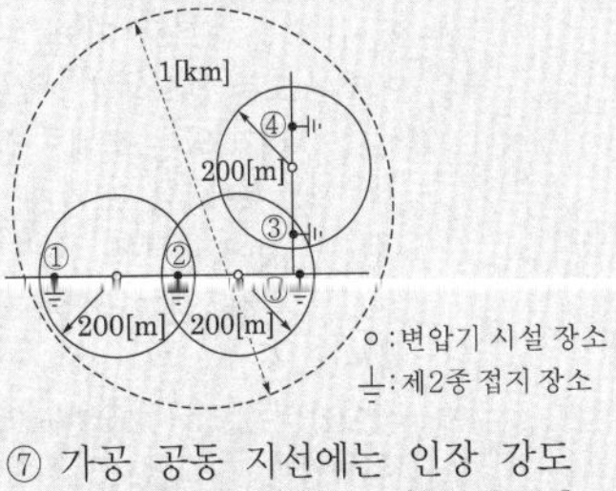

⑦ 가공 공동 지선에는 인장 강도 5.26[kN] 이상 또는 지름 4[mm]의 경동선을 사용하는 저압 가공 전선의 1선을 겸용할 수 있다.

정답 20.③ / 01.① 02.②

해설 지중함의 시설(한국전기설비규정 334.2)

1. 지중함은 견고하고 차량 기타 중량물의 압력에 견디는 구조일 것
2. 지중함은 그 안의 고인물을 제거할 수 있는 구조로 되어 있을 것
3. 폭발성 또는 연소성의 가스가 침입할 우려가 있는 것에 시설하는 지중함으로서 그 크기가 1[m^3] 이상인 것에는 통풍 장치, 기타 가스를 방산시키기 위한 적당한 장치를 시설할 것
4. 지중함의 뚜껑은 시설자 이외의 자가 쉽게 열 수 없도록 시설할 것

03

(출제빈도)

차량, 기타 중량물의 압력을 받을 우려가 없는 장소에 지중 전선로를 직접 매설식에 의하여 매설하는 경우에는 매설 깊이를 몇 [cm] 이상으로 하여야 하는가?

① 40　　② 60
③ 80　　④ 100

해설 지중 전선로의 시설(한국전기설비규정 334.1)

직접 매설식인 경우 매설 깊이
1. 차량, 기타 중량물의 압력을 받을 우려가 있는 장소는 1.2[m] 이상
2. 기타 장소는 60[cm] 이상

04

전력용 커패시터의 용량 15,000[kVA] 이상은 자동적으로 전로로부터 차단하는 장치가 필요하다. 자동적으로 전로로부터 차단하는 장치가 필요한 사유로 틀린 것은?

① 과전류가 생긴 경우
② 과전압이 생긴 경우
③ 내부에 고장이 생긴 경우
④ 절연유의 압력이 변화하는 경우

해설 조상 설비의 보호 장치(한국전기설비규정 351.5)

설비 종별	뱅크 용량의 구분	자동적으로 전로로부터 차단하는 장치
전력용 커패시터 및 분로리액터	500[kVA] 초과 15,000[kVA] 미만	• 내부에 고장이 생긴 경우에 동작하는 장치 • 과전류가 생긴 경우에 동작하는 장치
	15,000[kVA] 이상	• 내부에 고장이 생긴 경우에 동작하는 장치 • 과전류가 생긴 경우에 동작하는 장치 • 과전압이 생긴 경우에 동작하는 장치

05

고압 가공 전선로의 지지물로 철탑을 사용한 경우 최대 경간은 몇 [m] 이하이어야 하는가?

① 300　　② 400
③ 500　　④ 600

정답 03.② 04.④ 05.④

기출문제 관련 이론 바로보기

03. 이론 Check **지중 전선로**

① 지중 전선로의 시설(한국전기설비규정 334.1)
1. 지중 전선로는 전선에 케이블을 사용하고 또한 관로식·암거식·직접 매설식에 의하여 시설하여야 한다.
2. 지중 전선로를 관로식 또는 암거식에 의하여 시설하는 경우에는 견고하고, 차량, 기타 중량물의 압력에 견디는 것을 사용하여야 한다.
3. 지중 전선을 냉각하기 위하여 케이블을 넣은 관내에 물을 순환시키는 경우에는 지중 전선로는 순환수 압력에 견디고 또한 물이 새지 아니하도록 시설하여야 한다.
4. 지중 전선로를 직접 매설식에 의하여 시설하는 경우에는 매설 깊이를 차량, 기타 중량물의 압력을 받을 우려가 있는 장소에는 1.2[m] 이상, 기타 장소에는 60[cm] 이상으로 하고 또한 지중 전선을 견고한 트라프 기타 방호물에 넣어 시설하여야 한다.

② 지중함의 시설(한국전기설비규정 334.2)
1. 지중함은 견고하고, 차량, 기타 중량물의 압력에 견디는 구조일 것
2. 지중함은 그 안의 고인물을 제거할 수 있는 구조로 되어 있을 것
3. 폭발성 또는 연소성의 가스가 침입할 우려가 있는 곳에 시설하는 지중함으로서 그 크기가 1[m^3] 이상인 것에는 통풍 장치, 기타 가스를 방산시키기 위한 적당한 장치를 시설할 것
4. 지중함의 뚜껑은 시설자 이외의 자가 쉽게 열 수 없도록 시설할 것

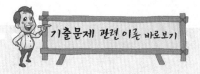

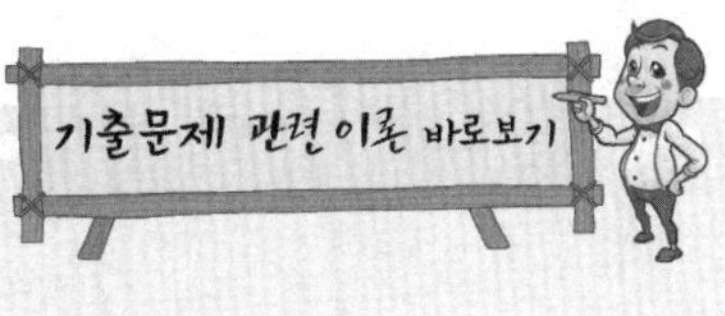

해설 **고압 가공 전선로 경간의 제한(한국전기설비규정 332.9)**

지지물의 종류	경 간
목주, A종	150[m]
B종	250[m]
철탑	600[m]

06 무선용 안테나를 지지하는 목주의 풍압 하중에 대한 안전율은?

① 1.2 이상 ② 1.5 이상
③ 2.0 이상 ④ 2.2 이상

해설 **무선용 안테나 등을 지지하는 철탑 등의 시설(한국전기설비규정 364.1)**
1. 목주의 풍압 하중에 대한 안전율은 1.5 이상
2. 철주·철근 콘크리트주 또는 철탑의 기초의 안전율은 1.5 이상

07 목주, A종 철주 및 A종 철근 콘크리트주 지지물을 사용할 수 없는 보안 공사는?

① 고압 보안 공사
② 제1종 특고압 보안 공사
③ 제2종 특고압 보안 공사
④ 제3종 특고압 보안 공사

해설 **특고압 보안 공사(한국전기설비규정 333.22)**
제1종 특고압 보안 공사 전선로의 지지물에는 B종 철주, B종 철근 콘크리트주 또는 철탑을 사용하고, A종 및 목주는 시설할 수 없다.

08 특고압 가공 전선로의 지지물로 사용하는 목주의 풍압 하중에 대한 안전율은 얼마 이상이어야 하는가?

① 1.2 ② 1.5
③ 2.0 ④ 2.5

해설 **특고압 가공 전선로의 목주 시설(한국전기설비규정 333.10)**
1. 풍압 하중에 대한 안전율은 1.5 이상일 것
2. 굵기는 말구 지름 12[cm] 이상일 것

09 전기 집진 장치에서 변압기로부터 정류기에 이르는 케이블을 넣는 방호 장치의 금속제 부분 및 케이블의 피복에 사용하는 금속체에는 원칙적으로 몇 종 접지 공사를 하여야 하는가?

① 제1종 접지 공사 ② 제2종 접지 공사
③ 제3종 접지 공사 ④ 특별 제3종 접지 공사

정답 06.② 07.② 08.② 09.①

09. 이론 check **전기 집진 장치 등(한국전기설비규정 241.9)**

① 사용 전압이 특고압의 전기 집진 장치·정전 도장 장치(靜電塗裝裝置)·전기 탈수 장치·전기 선별 장치 기타의 전기 집진 응용 장치(특고압의 전기로 충전하는 부분이 장치의 외함 밖으로 나오지 아니하는 것을 제외한다. 이하 "전기 집진 응용 장치"라 한다) 및 이에 특고압의 전기를 공급하기 위한 전기 설비는 다음에 따라 시설하여야 한다.

1. 전기 집진 응용 장치에 전기를 공급하기 위한 변압기의 1차측 전로에는 그 변압기에 가까운 곳으로 쉽게 개폐할 수 있는 곳에 개폐기를 시설할 것
2. 전기 집진 응용 장치에 전기를 공급하기 위한 변압기·정류기 및 이에 부속하는 특고압의 전기 설비 및 전기 집진 응용 장치는 취급자 이외의 자가 출입할 수 없도록 설비한 곳에 시설할 것. 다만, 충전 부분에 사람이 접촉한 경우에 사람에게 위험을 줄 우려가 없는 전기 집진 응용 장치는 그러하지 아니하다.
3. 변압기로부터 정류기에 이르는 전선 및 정류기로부터 전기 집진 응용 장치에 이르는 전선은 다음에 의하여 시설할 것. 다만, 취급자 이외의 자가 출입할 수 없도록 설비한 곳에 시설하는 경우에는 그러하지 아니하다.
   가. 전선은 케이블일 것
   나. 케이블은 손상을 받을 우려가 있는 곳에 시설하는 경우에는 적당한 방호 장치를 할 것
   다. 케이블을 넣는 방호 장치의 금속제 부분 및 방식 케이블 이외의 케이블의 피복에 사용하는 금속체에는 접지 공사를 할 것
4. 잔류 전하(殘留電荷)에 의하여 사람에게 위험을 줄 우려가 있는 경우에는 변압기의 2차측 전로에 잔류 전하를 방전하기 위한 장치를 할 것

기출문제 관련 이론 바로보기

12. 이론 check **가요 전선관 공사(한국전기설비규정 232.13)**

가요 전선관 공사는 굴곡 장소가 많고 금속관 공사에 의해 시설하기 어려운 경우, 전동기에 배선하는 경우, 엘리베이터 배선 등에 채용된다. 가요 전선관에는 제1종 가요 전선관과 제2종 가요 전선관 2종이 있으며 제2종 가요 전선관이 기계적 강도가 우수하다. 이 전선관은 중량이 가볍고 굴곡이 자유로우나 습기가 침입하기 쉽기 때문에 습기가 많은 장소에는 사용할 수 없다.

① 전선은 절연 전선(옥외용 비닐 절연 전선 제외)이며 또한 연선일 것. 다만, 단면적 10[mm^2] 이하인 동선 또는 단면적 16[mm^2] 이하인 알루미늄선을 단선으로 사용할 수 있다.
② 가요 전선관 내에서는 전선에 접속점이 없도록 하고 제2종 금속제 가요 전선관일 것
③ 제1종 금속제 가요 전선관은 두께 0.8[mm] 이상일 것
④ 가요 전선관 안쪽면은 전선의 피복을 손상하지 않도록 매끄러운 것일 것
⑤ 가요 전선관과 박스는 견고하게 또는 전기적으로 안전하게 접속할 것
⑥ 제2종 금속제가 가요 전선관을 사용하는 경우는 습기가 많은 장소 또는 물기가 있는 장소에 시설할 때는 방습 장치를 할 것
⑦ 제1종 금속제 가요 전선관에는 단면적 2.5[mm^2] 이상의 나연 동선을 전장에 걸쳐서 삽입 또는 첨가하여 그 나연 동선과 제1종 금속제 가요 전선을 양단에 두고 전기적으로 안전하게 접속할 것. 단, 관의 길이가 4[m] 이하인 것을 시설할 경우는 이 제한이 없다.
⑧ 가요 전선관에는 접지 공사를 할 것

해설 **전기 집진 장치 등(한국전기설비규정 241.9)**

케이블을 넣는 방호 장치의 금속제 부분 및 방식 케이블 이외의 케이블의 피복에 사용하는 금속체에는 제1종 접지 공사를 할 것. 다만, 사람이 접촉할 우려가 없도록 시설하는 경우에는 제3종 접지 공사에 의할 수 있다.
(⇨ '기출문제 관련 이론 바로보기'에서 개정된 규정 참조하세요.)

※ 이 문제는 출제 당시 규정에는 적합했으나 새로 제정된 한국전기설비규정에는 일부 부적합하므로 문제 유형만 참고하시기 바랍니다.

10 금속제 지중 관로에 대하여 전식 작용에 의한 장해를 줄 우려가 있어 배류 시설에 사용되는 선택 배류기를 보호할 목적으로 시설하여야 하는 것은?

① 피뢰기
② 유입 개폐기
③ 과전류 차단기
④ 과전압 계전기

해설 **배류 접속(판단기준 제265조)**

1. 선택 배류기는 귀선에서 선택 배류기를 거쳐 금속제 지중 관로로 통하는 전류를 저지하는 구조로 할 것
2. 전기적 접점은 선택 배류기 회로를 개폐할 경우에 생기는 아크에 대하여 견디는 구조의 것으로 할 것
3. 선택 배류기를 보호하기 위하여 적정한 과전류 차단기를 시설할 것

※ 이 문제는 출제 당시 규정에는 적합했으나 새로 제정된 한국전기설비규정에는 일부 부적합하므로 문제 유형만 참고하시기 바랍니다.

11 진열장 안의 사용 전압이 400[V] 이하인 저압 옥내 배선으로 외부에서 보기 쉬운 곳에 한하여 시설할 수 있는 전선은? (단, 진열장은 건조한 곳에 시설하고 또한 진열장 내부를 건조한 상태로 사용하는 경우이다.)

① 단면적이 0.75[mm^2] 이상인 코드 또는 캡타이어 케이블
② 단면적이 0.75[mm^2] 이상인 나전선 또는 캡타이어 케이블
③ 단면적이 1.25[mm^2] 이상인 코드 또는 절연 전선
④ 단면적이 1.25[mm^2] 이상인 나전선 또는 다심형 전선

해설 **진열장 또는 이와 유사한 것의 내부 배선(한국전기설비규정 234.8)**

전선은 단면적이 0.75[mm^2] 이상인 코드 또는 캡타이어 케이블일 것

12 출제빈도 저압 옥내 배선을 가요 전선관 공사에 의해 시공하고자 한다. 이 가요 전선관에 설치하는 전선으로 단선을 사용할 경우 그 단면적은 최대 몇 [mm^2] 이하이어야 하는가? (단, 알루미늄선은 제외한다.)

① 2.5 ② 4
③ 6 ④ 10

정답 10.③ 11.① 12.④

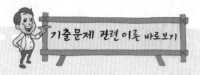

해설 **가요 전선관 공사(한국전기설비규정 232.13)**

1. 전선은 절연 전선(옥외용 비닐 절연 전선 제외)일 것
2. 전선은 연선일 것. 다만, 단면적 10[mm^2] 이하인 것은 그러하지 아니하다.

13 ACSR을 사용한 고압 가공 전선의 이도 계산에 적용되는 안전율은?

① 2.0　　② 2.2
③ 2.5　　④ 3

해설 **가공 전선의 안전율(한국전기설비규정 332.4)**

1. 경동선 또는 내열 동합금선 → 2.2 이상
2. 기타 전선(ACSR 등) → 2.5 이상

14 변압기의 고압측 전로의 1선 지락 전류가 4[A]일 때, 일반적인 경우의 접지 저항값은 몇 [Ω] 이하로 유지되어야 하는가?

① 18.75
② 22.5
③ 37.5
④ 52.5

해설 **변압기 중성점 접지(한국전기설비규정 142.5)**

$$R=\frac{150}{4}=37.5[\Omega]$$

15 KS C IEC 60364에서 충전부 전체를 대지로부터 절연시키거나 한 점에 임피던스를 삽입하여 대지에 접속시키고, 전기 기기의 노출 도전성 부분 단독 또는 일괄적으로 접지하거나 또는 계통 접지로 접속하는 접지 계통을 무엇이라 하는가?

① TT 계통
② IT 계통
③ TN-C 계통
④ TN-S 계통

해설 **계통 접지 구성(한국전기설비규정 203.1)**

‖ 접지 방식 ‖

구 분	전원의 한 부분	노출 도전성 부분	보호선과 중성선
TT 접지	대지에 직접	대지에 직접	별도
TN-C 접지	대지에 직접	전원 계통	결합
TN-S 접지	대지에 직접	전원 계통	별도
IT 접지	대지로부터 절연	대지에 직접	–

정답 13.③ 14.③ 15.②

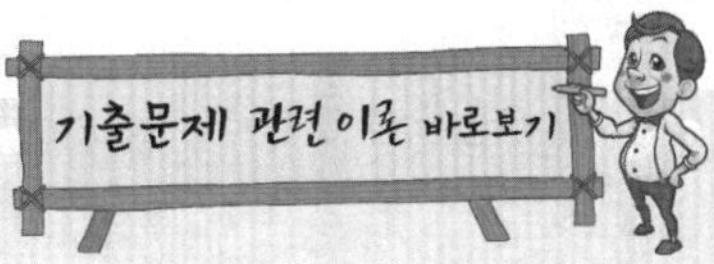

15. 이론 check **계통 접지 구성(한국전기설비규정 203.1)**

① 저압 전로의 보호 도체 및 중성선의 접속 방식에 따라 접지 계통 분류
1. TN 계통
2. TT 계통
3. IT 계통

② 계통 접지에서 사용되는 문자의 정의
1. 제1문자 : 전원 계통과 대지의 관계
   가. T : 한 점을 대지에 직접 접속
   나. I : 모든 충전부를 대지와 절연시키거나 높은 임피던스를 통하여 한 점을 대지에 직접 접속
2. 제2문자 : 전기 설비의 노출 도전부와 대지의 관계
   가. T : 노출 도전부를 대지로 직접 접속. 전원 계통의 접지와는 무관
   나. N : 노출 도전부를 전원 계통의 접지점(교류 계통에서는 통상적으로 중성점, 중성점이 없을 경우는 선도체)에 직접 접속
3. 중성선과 보호 도체의 배치
   가. S : 중성선 또는 접지된 선도체 외에 별도의 도체에 의해 제공되는 보호 기능
   나. C : 중성선과 보호 기능을 한 개의 도체로 겸용(PEN 도체)

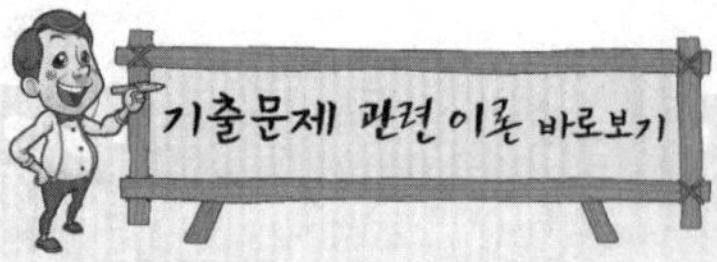

16. 이론 check **절연유(기술기준 제20조)**

사용 전압이 100[kV] 이상의 중성점 직접 접지식 전로에 접속하는 변압기를 설치하는 곳에는 절연유의 구외 유출 및 지하 침투를 방지하기 위하여 절연유 유출 방지 설비를 하여야 한다.

16

전기 공급 설비 및 전기 사용 설비에서 변압기 절연유에 대한 설명으로 옳은 것은?

① 사용 전압이 20,000[V] 이상의 중성점 직접 접지식 전로에 접속하는 변압기를 설치하는 곳에는 절연유의 구외 유출 및 지하 침투를 방지하기 위한 설비를 갖추어야 한다.

② 사용 전압이 25,000[V] 이상의 중성점 직접 접지식 전로에 접속하는 변압기를 설치하는 곳에는 절연유의 구외 유출 및 지하 침투를 방지하기 위한 설비를 갖추어야 한다.

③ 사용 전압이 100,000[V] 이상의 중성점 직접 접지식 전로에 접속하는 변압기를 설치하는 곳에는 절연유의 구외 유출 및 지하 침투를 방지하기 위한 설비를 갖추어야 한다.

④ 사용 전압이 150,000[V] 이상의 중성점 직접 접지식 전로에 접속하는 변압기를 설치하는 곳에는 절연유의 구외 유출 및 지하 침투를 방지하기 위한 설비를 갖추어야 한다.

해설 절연유(기술기준 제20조)

사용 전압이 100[kV] 이상의 변압기를 설치하는 곳에는 절연유의 구외 유출 및 지하 침투를 방지하기 위하여 절연유 유출 방지 설비를 하여야 한다.

17

발전기·변압기·조상기·계기용 변성기·모선 또는 이를 지지하는 애자는 어떤 전류에 의하여 생기는 기계적 충격에 견디는 것인가?

① 지상 전류

② 유도 전류

③ 충전 전류

④ 단락 전류

해설 발전기 등의 기계적 강도(기술기준 제23조)

발전기·변압기·조상기·계기용 변성기·모선 및 이를 지지하는 애자는 단락 전류에 의하여 생기는 기계적 충격에 견디는 것이어야 한다.

18

저압 전로에서 그 전로에 지락이 생겼을 경우에 0.5초 이내에 자동적으로 전로를 차단하는 장치를 시설하는 경우에는 자동 차단기의 정격 감도 전류가 200[mA]이면 특별 제3종 접지 공사의 저항값은 몇 [Ω] 이하로 하여야 하는가? (단, 전기적 위험도가 높은 장소인 경우이다.)

① 30

② 50

③ 75

④ 150

정답 16.③ 17.④ 18.③

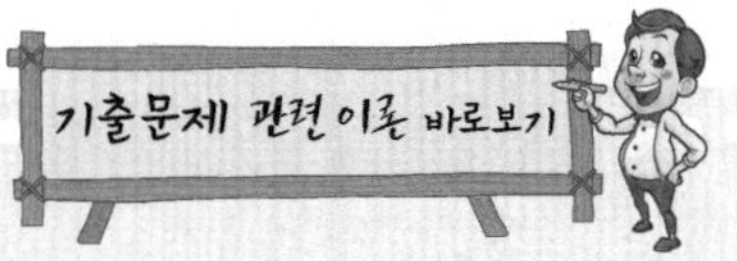

해설 **접지 공사의 종류(판단기준 제18조)**

정격 감도 전류	접지 저항값	
	물기 있는 장소, 전기적 위험도가 높은 장소	그 외 다른 장소
30[mA]	500[Ω]	500[Ω]
50[mA]	300[Ω]	500[Ω]
100[mA]	150[Ω]	500[Ω]
200[mA]	75[Ω]	250[Ω]
300[mA]	50[Ω]	166[Ω]
500[mA]	30[Ω]	100[Ω]

※ 이 문제는 출제 당시 규정에는 적합했으나 새로 제정된 한국전기설비규정에는 일부 부적합하므로 문제 유형만 참고하시기 바랍니다.

19 화약류 저장소에 전기 설비를 시설할 때의 사항으로 틀린 것은?

출제빈도

① 전로의 대지 전압이 400[V] 이하이어야 한다.
② 개폐기 및 과전류 차단기는 화약류 저장소 밖에 둔다.
③ 옥내 배선은 금속관 배선 또는 케이블 배선에 의하여 시설한다.
④ 과전류 차단기에서 저장소 인입구까지의 배선에는 케이블을 사용한다.

해설 **화약류 저장소에서 전기 설비의 시설(한국전기설비규정 242.5)**

1. 전로에 대지 전압은 300[V] 이하일 것
2. 전기 기계 기구는 전폐형의 것일 것
3. 케이블을 전기 기계 기구에 인입할 때에는 인입구에서 케이블이 손상될 우려가 없도록 시설할 것
4. 화약류 저장소 안의 전기 설비에 전기를 공급하는 전로에는 화약류 저장소 이외의 곳에 전용 개폐기 및 과전류 차단기를 각 극에 시설한다.

19. 이론 check **화약류 저장소에서의 전기 설비 시설(한국전기설비규정 242.5)**

① 백열 전등 또는 형광등 또는 이들에 전기를 공급하기 위한 전기 설비
1. 전로의 대지 전압은 300[V] 이하일 것
2. 전기 기계 기구는 전폐형의 것일 것
3. 케이블을 전기 기계 기구에 인입할 때에는 인입구에서 케이블이 손상될 우려가 없도록 시설할 것

② 화약류 저장소 안의 전기 설비에 전기를 공급하는 전로에는 화약류 저장소 이외의 곳에 전용 개폐기 및 과전류 차단기를 각 극(과전류 차단기는 중성극 제외)에 취급자 이외의 자가 쉽게 조작할 수 없도록 시설하고 또한 전로에 지락이 생겼을 때에 자동적으로 전로를 차단하거나 경보하는 장치를 시설하여야 한다.

20 네온 방전관을 사용한 사용 전압 12,000[V]인 방전등에 사용되는 네온 변압기 외함의 접지 공사로서 옳은 것은?

① 제1종 접지 공사
② 제2종 접지 공사
③ 제3종 접지 공사
④ 특별 제3종 접지 공사

해설 **네온 방전등 공사(한국전기설비규정 234.12)**

1. 방전등용 변압기는 네온 변압기일 것
2. 배선은 전개된 장소 또는 점검할 수 있는 은폐된 장소에 시설
3. 관등 회로의 배선은 애자 공사에 의할 것
4. 네온 변압기의 외함에는 140 규정에 준하여 접지 공사를 할 것

※ 이 문제는 출제 당시 규정에는 적합했으나 새로 제정된 한국전기설비규정에는 일부 부적합하므로 문제 유형만 참고하시기 바랍니다.

정답 19.① 20.③

memo

부록

최근 과년도 출제문제

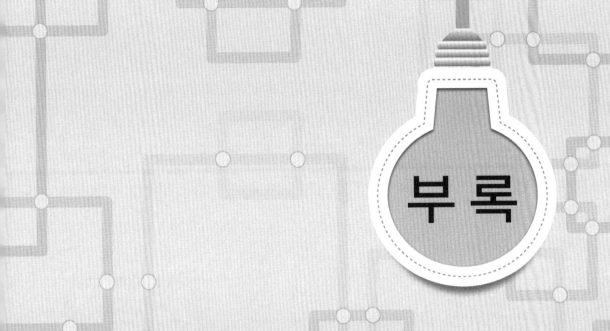

2017년 제1회 과년도 출제문제

2017. 3. 5. 시행

제1과목 전기자기학

01 자화의 세기 J_m[C/m^2]을 자속 밀도 B[Wb/m^2]와 비투자율 μ_r로 나타내면?

출제빈도

① $J_m = (1-\mu_r)B$

② $J_m = (\mu_r - 1)B$

③ $J_m = \left(1 - \dfrac{1}{\mu_r}\right)B$

④ $J_m = \left(\dfrac{1}{\mu_r} - 1\right)B$

해설 자속 밀도 $B = \dfrac{\phi}{S} = \mu_0 \mu_r H$[Wb/m^2]

$\therefore$ 자화의 세기 $J_m = B - \mu_0 H = \left(1 - \dfrac{1}{\mu_r}\right)B$

02 평행판 콘덴서의 양 극판 면적을 3배로 하고 간격을 $\dfrac{1}{3}$로 줄이면 정전 용량은 처음의 몇 배가 되는가?

출제빈도

① 1 ② 3

③ 6 ④ 9

해설 평행판 콘덴서의 정전 용량 $C = \dfrac{\varepsilon S}{d}$[F]

면적을 3배, 간격을 $\dfrac{1}{3}$로 줄이면

$C = \dfrac{\varepsilon(3S)}{\left(\dfrac{1}{3}d\right)} = \dfrac{9\varepsilon S}{d} = 9C$[F]

03 임의의 절연체에 대한 유전율의 단위로 옳은 것은?

① F/m ② V/m

③ N/m ④ C/m^2

해설 진공의 유전율 $\varepsilon_0 = 8.855 \times 10^{-12}$[F/m]

진공의 투자율 $\mu_0 = 4\pi \times 10^{-7}$[H/m]

04 비유전율이 4이고, 전계의 세기가 20[kV/m]인 유전체 내의 전속 밀도는 약 몇 [μC/m^2]인가?

출제빈도

① 0.71 ② 1.42

③ 2.83 ④ 5.28

해설 전속 밀도 $D = \varepsilon E = \varepsilon_0 \varepsilon_s E$

$= 8.855 \times 10^{-12} \times 20 \times 10^3$

$= 0.71 \times 10^{-6}$

$= 0.71$ [μC/m^2]

05 저항 24[Ω]의 코일을 지나는 자속이 0.6 cos800t[Wb]일 때 코일에 흐르는 전류의 최대값은 몇 [A]인가?

① 10 ② 20

③ 30 ④ 40

해설 $e = -\dfrac{d\phi}{dt} = -\dfrac{d}{dt}(\phi_m \cos\omega t) = \omega\phi_m \sin\omega t$[V]

회로의 저항 $R \gg \omega L$인 경우

전류 $i = \dfrac{e}{R} = \dfrac{\omega\phi_m}{R}\sin\omega t = I_m \sin\omega t$[A]

$\therefore I_m = \dfrac{\omega\phi_m}{R} = \dfrac{800 \times 0.6}{24} = 20$[A]

정답 01.③ 02.④ 03.① 04.① 05.②

06

-1.2[C]의 점전하가 $5a_x + 2a_y - 3a_z$[m/s]인 속도로 운동한다. 이 전하가 $B = -4a_x + 4a_y + 3a_z$[Wb/m^2]인 자계에서 운동하고 있을 때 이 전하에 작용하는 힘은 약 몇 [N]인가? (단, a_x, a_y, a_z는 단위 벡터이다.)

① 10　② 20
③ 30　④ 40

해설 $F = q(v \times B)$

$$= -1.2 \begin{vmatrix} a_x & a_y & a_z \\ 5 & 2 & -3 \\ -4 & 4 & 3 \end{vmatrix} = -1.2(18a_x - 3a_y + 28a_z)$$

$$= -21.6a_x + 3.6a_y - 33.6a_z$$

$$\therefore\ F = \sqrt{(-21.6)^2 + (3.6)^2 + (-33.6)^2} \fallingdotseq 40[\text{N}]$$

07

유도 기전력의 크기는 폐회로에 쇄교하는 자속의 시간적 변화율에 비례한다는 법칙은?

① 쿨롱의 법칙
② 패러데이 법칙
③ 플레밍의 오른손 법칙
④ 암페어의 주회 적분 법칙

해설 패러데이의 법칙
유도 기전력은 쇄교 자속의 변화를 방해하는 방향으로 생기며, 그 크기는 쇄교 자속의 시간적인 변화율과 같다.

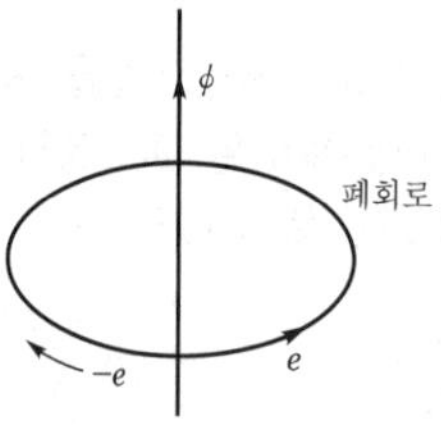

폐회로와 쇄교하는 자속을 ϕ[Wb]로 하고 이것과 오른 나사의 관계에 있는 방향의 기전력을 정(+)이라 약속하면 유도 기전력 e는 다음과 같다.

$$e = -\frac{d\phi}{dt}[\text{V}]$$

여기서, 우변의 −부호는 유도 기전력 e의 방향을 표시하는 것이고 자속이 감소할 때에 정(+)의 방향으로 유도 전기력이 생긴다는 것을 의미한다.

08

평행판 공기 콘덴서 극판 간에 비유전율 6인 유리판을 일부만 삽입한 경우, 유리판과 공기 간의 경계면에서 발생하는 힘은 약 몇 [N/m^2]인가? (단, 극판 간의 전위 경도는 30[kV/cm]이고 유리판의 두께는 평행판 간 거리와 같다.)

① 199　② 223
③ 247　④ 269

해설

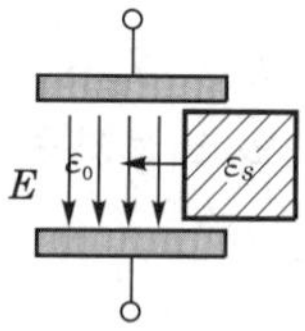

$$f = \frac{1}{2}(\varepsilon_1 - \varepsilon_2)\boldsymbol{E}^2 = \frac{1}{2}\varepsilon_0(\varepsilon_s - 1)\boldsymbol{E}^2$$

$$= \frac{1}{2} \times 8.855 \times 10^{-12} \times (6-1) \times (3 \times 10^6)^2$$

$$= 199[\text{N/m}^2]$$

09

극판 면적 10[cm^2], 간격 1[mm]인 평행판 콘덴서에 비유전율이 3인 유전체를 채웠을 때 전압 100[V]를 가하면 축적되는 에너지는 약 몇 [J]인가?

① 1.32×10^{-7}
② 1.32×10^{-9}
③ 2.64×10^{-7}
④ 2.64×10^{-9}

해설 평행판 콘덴서의 정전 용량은

$$C = \frac{\varepsilon_0 \varepsilon_s S}{d}$$

$$= \frac{8.855 \times 10^{-12} \times 3 \times 10 \times 10^{-4}}{1 \times 10^{-3}}$$

$$= 26.56 \times 10^{-12}[\text{F}]$$

$$\therefore\ W = \frac{1}{2}CV^2$$

$$= \frac{1}{2} \times 26.56 \times 10^{-12} \times 100^2$$

$$= 1.32 \times 10^{-7}[\text{J}]$$

정답 06.④ 07.② 08.① 09.①

10 0.2[Wb/m^2]의 평등 자계 속에 자계와 직각 방향으로 놓인 길이 30[cm]의 도선을 자계와 30°의 방향으로 30[m/s]의 속도로 이동시킬 때 도체 양단에 유기되는 기전력은 몇 [V]인가?

① 0.45 ② 0.9
③ 1.8 ④ 90

해설 $e = vBl\sin\theta = 30\times0.2\times0.3\times\sin30°$
$= 30\times0.2\times0.3\times\frac{1}{2}$
$= 0.9$[V]

11 전기 쌍극자에서 전계의 세기(E)와 거리(r)와의 관계는?

① $\boldsymbol{E}$는 r^2에 반비례
② $\boldsymbol{E}$는 r^3에 반비례
③ $\boldsymbol{E}$는 $r^{\frac{3}{2}}$에 반비례
④ $\boldsymbol{E}$는 $r^{\frac{5}{2}}$에 반비례

해설 전기 쌍극자에 의한 전계
$\boldsymbol{E} = \frac{M\sqrt{1+3\cos^2\theta}}{4\pi\varepsilon_0 r^3}$[V/m]$\propto\frac{1}{r^3}$
∵ 전계의 세기($\boldsymbol{E}$)는 r^3에 반비례한다.
전기 쌍극자에 의한 전위
$V = \frac{M\cos\theta}{4\pi\varepsilon_0 r^2}$[V]$\propto\frac{1}{r^2}$

12 대전 도체 표면의 전하 밀도를 σ[C/m^2]이라 할 때, 대전 도체 표면의 단위 면적이 받는 정전 응력은 전하 밀도 σ와 어떤 관계에 있는가?

① $\sigma^{\frac{1}{2}}$에 비례 ② $\sigma^{\frac{3}{2}}$에 비례
③ σ에 비례 ④ σ^2에 비례

해설 정전 응력 $f = \frac{\sigma^2}{2\varepsilon_0} = \frac{1}{2}\varepsilon_0 E^2 = \frac{D^2}{2\varepsilon_0} = \frac{1}{2}ED$[N/m^2]

13 단면적이 같은 자기 회로가 있다. 철심의 투자율을 μ라 하고 철심 회로의 길이를 l이라 한다. 지금 그 일부에 미소 공극 l_0을 만들었을 때 자기 회로의 자기 저항은 공극이 없을 때의 약 몇 배인가? (단, $l \gg l_0$이다.)

① $1+\frac{\mu l}{\mu_0 l_0}$ ② $1+\frac{\mu l_0}{\mu_0 l}$
③ $1+\frac{\mu_0 l}{\mu l_0}$ ④ $1+\frac{\mu_0 l_0}{\mu l}$

해설 공극이 없을 때의 자기 저항 R은
$R = \frac{l+l_0}{\mu S} \fallingdotseq \frac{l}{\mu S}$[Ω] (∵ $l \gg l_0$)
미소 공극 l_0가 있을 때의 자기 저항 R'는
$R' = \frac{l_0}{\mu_0 S}+\frac{l}{\mu S}$[Ω]
$\therefore \frac{R'}{R} = 1+\frac{\frac{l_0}{\mu_0 S}}{\frac{l}{\mu S}} = 1+\frac{\mu l_0}{\mu_0 l} = 1+\mu_s\frac{l_0}{l}$

14 그림과 같이 도체구 내부 공동의 중심에 점전하 Q[C]가 있을 때 이 도체구의 외부로 발산되어 나오는 전기력선의 수는? (단, 도체 내·외의 공간은 진공이라 한다.)

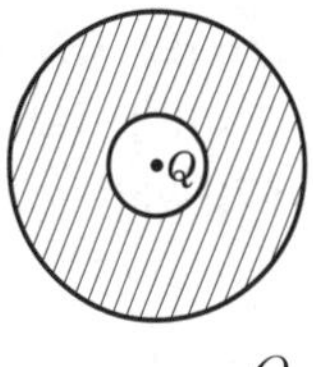

① 4π ② $\frac{Q}{\varepsilon_0}$
③ Q ④ $\varepsilon_0 Q$

해설 Q[C]의 전하로부터 발산되는 전기력선의 수는
$N = \int_S \boldsymbol{E}\cdot dS = \frac{Q}{\varepsilon_0}$개

정답 10.② 11.② 12.④ 13.② 14.②

15 $E=xi-yj$[V/m]일 때 점 (3, 4)[m]를 통과하는 전기력선의 방정식은?

① $y=12x$ ② $y=\frac{x}{12}$

③ $y=\frac{12}{x}$ ④ $y=\frac{3}{4}x$

해설 전기력선의 방정식 $\frac{dx}{E_x}=\frac{dy}{E_y}$

$E_x=x$, $E_y=-y$

$\frac{dx}{x}=\frac{dy}{-y}$

양변을 적분하면

$\ln x=-\ln y+k$

$\ln x+\ln y=\ln k$

$\therefore\ xy=k$

$x=3$, $y=4$이므로 $k=12$

$\because\ xy=12,\ y=\frac{12}{x}$

16 전자파 파동 임피던스 관계식으로 옳은 것은?

출제빈도

① $\sqrt{\varepsilon H}=\sqrt{\mu E}$ ② $\sqrt{\varepsilon\mu}=EH$

③ $\sqrt{\mu}H=\sqrt{\varepsilon}E$ ④ $\varepsilon\mu=EH$

해설 $\eta=\frac{E}{H}=\sqrt{\frac{\mu}{\varepsilon}}$

$\therefore\ \sqrt{\mu}H=\sqrt{\varepsilon}E$

17 1,000[AT/m]의 자계 중에 어떤 자극을 놓았을 때 3×10^2[N]의 힘을 받았다고 한다. 자극의 세기[Wb]는?

출제빈도

① 0.03 ② 0.3

③ 3 ④ 30

해설 쿨롱의 법칙에 의해서 힘과 자계의 세기와의 관계 $F=mH$[N]

$\therefore\ m=\frac{F}{H}=\frac{3\times10^2}{1,000}=0.3$[Wb]

18 자위(magnetic potential)의 단위로 옳은 것은?

① C/m

② N·m

③ AT

④ J

해설 무한 원점에서 자계 중의 한 점 P까지 단위 정자극(+1[Wb])을 운반할 때, 소요되는 일을 그 점에 대한 자위라고 한다.

$U_P=-\int_{\infty}^{P}\boldsymbol{H}\cdot dl$[A/m·m]=[A]=[AT]

19 매초마다 S면을 통과하는 전자 에너지를 $W=\int_S P\cdot ndS$[W]로 표시하는데 이 중 틀린 설명은?

① 벡터 P를 포인팅 벡터라 한다.

② n이 내향일 때는 S면 내에 공급되는 총 전력이다.

③ n이 외향일 때는 S면에서 나오는 총 전력이 된다.

④ P의 방향은 전자계의 에너지 흐름의 진행 방향과 다르다.

해설
- 포인팅 벡터는 면적당 방사 에너지, 즉 단위 길이당 전력이다.
- 에너지 전달 방향은 $P=E\times H$의 방향과 같다.

20 자기 인덕턴스 L[H]의 코일에 I[A]의 전류가 흐를 때 저장되는 자기 에너지는 몇 [J]인가?

① LI ② $\frac{1}{2}LI$

③ LI^2 ④ $\frac{1}{2}LI^2$

정답 15.③ 16.③ 17.② 18.③ 19.④ 20.④

해설 인덕턴스에 축적되는 에너지
코일이 하는 일 에너지는
$W = \phi I$[J]
따라서 미소 전류에 대한 미소 에너지는
$dW = \phi dI$[J]
전체적인 에너지를 구하기 위해서 양변을 적분하면
$W = \int \phi dI = \int LI dI = \frac{1}{2}LI^2$[J]

제2과목 전력공학

21 19/1.8[mm] 경동 연선의 바깥 지름은 몇 [mm]인가?

① 5
② 7
③ 9
④ 11

해설 19가닥은 중심선을 뺀 층수가 2층이므로
$D = (2n+1) \cdot d = (2 \times 2 + 1) \times 1.8 = 9$[mm]

22 일반적으로 전선 1가닥의 단위 길이당 작용 정전 용량이 다음과 같이 표시되는 경우 D가 의미하는 것은?

$$C_n = \frac{0.02413\varepsilon_s}{\log_{10}\frac{D}{r}} [\mu F/km]$$

① 선간 거리
② 전선 지름
③ 전선 반지름
④ 선간 거리 $\times \frac{1}{2}$

해설 여기서, r : 반지름, D : 등가 선간 거리

23 3상 3선식 1선 1[km]의 임피던스가 Z[Ω]이고, 어드미턴스가 Y[℧]일 때 특성 임피던스는?

① $\sqrt{\frac{Z}{Y}}$　② $\sqrt{\frac{Y}{Z}}$
③ $\sqrt{ZY}$　④ $\sqrt{Z+Y}$

해설 특성 임피던스
$Z_0 = \sqrt{\frac{Z}{Y}} = \sqrt{\frac{R+j\omega L}{G+j\omega C}} = \sqrt{\frac{L}{C}}$

24 역률 개선을 통해 얻을 수 있는 효과와 거리가 먼 것은? (출제빈도)

① 고조파 제거
② 전력 손실의 경감
③ 전압 강하의 경감
④ 설비 용량의 여유분 증가

해설 역률 개선용 콘덴서를 시설하면 고조파가 증가한다. 특히 제5고조파를 제거하기 위해 직렬 리액터를 콘덴서에 설치하여야 한다.

25 송전단 전압이 154[kV], 수전단 전압이 150[kV]인 송전 선로에서 부하를 차단하였을 때 수전단 전압이 152[kV]가 되었다면 전압 변동률은 약 몇 [%]인가? (출제빈도)

① 1.11
② 1.33
③ 1.63
④ 2.25

해설 전압 변동률
$\delta = \frac{V_{r0} - V_{rn}}{V_{rn}} \times 100[\%]$
$= \frac{152-150}{150} \times 100[\%]$
$= 1.33[\%]$

정답 21.③ 22.① 23.① 24.① 25.②

26 다음 중 VCB의 소호 원리로 맞는 것은?

① 압축된 공기를 아크에 불어 넣어서 차단
② 절연유 분해 가스의 흡부력을 이용해서 차단
③ 고진공에서 전자의 고속도 확산에 의해 차단
④ 고성능 절연 특성을 가진 가스를 이용하여 차단

해설 진공 차단기(VCB)의 소호 원리는 고진공(10^{-4}[mmHg])에서 전자의 고속도 확산을 이용하여 아크를 차단한다.

27 선간 단락 고장을 대칭 좌표법으로 해석할 경우 필요한 것 모두를 나열한 것은?

출제빈도

① 정상 임피던스
② 역상 임피던스
③ 정상 임피던스, 역상 임피던스
④ 정상 임피던스, 영상 임피던스

해설 각 사고별 대칭 좌표법 해석

1선 지락	정상분	역상분	영상분
선간 단락	정상분	역상분	×
3상 단락	정상분	×	×

그러므로 선간 단락 고장 해석은 정상 임피던스와 역상 임피던스가 필요하다.

28 피뢰기의 제한 전압에 대한 설명으로 옳은 것은?

출제빈도

① 방전을 개시할 때의 단자 전압의 순시값
② 피뢰기 동작 중 단자 전압의 파고값
③ 특성 요소에 흐르는 전압의 순시값
④ 피뢰기에 걸린 회로 전압

해설 제한 전압은 피뢰기가 동작하고 있을 때 단자에 허용하는 파고값을 말한다.

29 전력 계통에서 안정도의 종류에 속하지 않는 것은?

① 상태 안정도
② 정태 안정도
③ 과도 안정도
④ 동태 안정도

해설 전력 계통 안정도
- 정태 안정도 → 고유 정태 안정도, 동적 정태 안정도
- 과도 안정도 → 고유 과도 안정도, 동적 과도 안정도

30 3,300[V], 60[Hz], 뒤진 역률 60[%], 300[kW]의 단상 부하가 있다. 그 역률을 100[%]로 하기 위한 전력용 콘덴서의 용량은 몇 [kVA]인가?

① 150
② 250
③ 400
④ 500

해설 역률을 100[%]로 개선하여야 하므로 전력용 콘덴서 용량은 개선 전의 지상 무효 전력과 같아야 한다.

$\therefore Q = P\tan\theta$

$$= 300 \times \frac{0.8}{0.6} = 400[\text{kVA}]$$

31 저수지에서 취수구에 제수문을 설치하는 목적은?

① 낙차를 높인다.
② 어족을 보호한다.
③ 수차를 조절한다.
④ 유량을 조절한다.

해설 댐에 설치한 각종 수문은 기본적으로 유량을 조절한다.

정답 26.③ 27.③ 28.② 29.① 30.③ 31.④

32 거리 계전기의 종류가 아닌 것은?

① 모(mho)형
② 임피던스(impedance)형
③ 리액턴스(reactance)형
④ 정전 용량(capacitance)형

해설 거리 계전기는 고장 전 및 고장 후의 전압과 전류의 비(전기적 거리)를 이용하므로 모계전기, 임피던스 계전기, 리액턴스 계전기 등이 있다.

33 전력용 퓨즈의 설명으로 옳지 않은 것은?

출제빈도

① 소형으로 큰 차단 용량을 갖는다.
② 가격이 싸고 유지 보수가 간단하다.
③ 밀폐형 퓨즈는 차단시에 소음이 없다.
④ 과도 전류에 의해 쉽게 용단되지 않는다.

해설 전력 퓨즈는 단락 전류 차단용으로 사용되며, 차단 특성이 양호하고, 보수가 간단하다는 좋은 점이 있으나, 재사용할 수 없고, 과도 전류에 동작할 우려가 있으며, 임의의 동작 특성을 얻을 수 없는 단점이 있다.

34 갈수량이란 어떤 유량을 말하는가?

출제빈도

① 1년 365일 중 95일간은 이보다 낮아지지 않는 유량
② 1년 365일 중 185일간은 이보다 낮아지지 않는 유량
③ 1년 365일 중 275일간은 이보다 낮아지지 않는 유량
④ 1년 365일 중 355일간은 이보다 낮아지지 않는 유량

해설
- 갈수량 : 1년 365일 중 355일은 이것보다 내려가지 않는 유량과 수위
- 저수량 : 1년 365일 중 275일은 이것보다 내려가지 않는 유량과 수위
- 평수량 : 1년 365일 중 185일은 이것보다 내려가지 않는 유량과 수위
- 풍수량 : 1년 365일 중 95일은 이것보다 내려가지 않는 유량과 수위

35 가공 선로에서 이도를 D[m]라 하면 전선의 실제 길이는 경간 S[m]보다 얼마나 차이가 나는가?

출제빈도

① $\dfrac{5D}{8S}$　② $\dfrac{3D^2}{8S}$
③ $\dfrac{9D}{8S^2}$　④ $\dfrac{8D^2}{3S}$

해설 전선의 실제 길이 $L = S + \dfrac{8D^2}{3S}$[m]

36 유도뢰에 대한 차폐에서 가공 지선이 있을 경우 전선상에 유기되는 전하를 q_1, 가공 지선이 없을 때 유기되는 전하를 q_0라 할 때 가공 지선의 보호율을 구하면?

① $\dfrac{q_0}{q_1}$　② $\dfrac{q_1}{q_0}$
③ $q_1 \times q_0$　④ $q_1 - \mu_s q_0$

해설 가공 지선의 보호율 $\dfrac{q_1}{q_0} \times 100$[%]

37 어떤 건물에서 총 설비 부하 용량이 700[kW], 수용률이 70[%]라면, 변압기 용량은 최소 몇 [kVA]로 하여야 하는가? (단, 여기서 설비 부하의 종합 역률은 0.8이다.)

① 425.9　② 513.8
③ 612.5　④ 739.2

해설 변압기 용량 $P_t = \dfrac{700 \times 0.7}{0.8} = 612.5$[kVA]

정답 32.④ 33.④ 34.④ 35.④ 36.② 37.③

38 동작 전류가 커질수록 동작 시간이 짧게 되는 특성을 가진 계전기는?

출제빈도

① 반한시 계전기
② 정한시 계전기
③ 순한시 계전기
④ 부한시 계전기

해설 계전기 동작 시간에 의한 분류

- 정한시 계전기 : 정정된 값 이상의 전류가 흐르면 정해진 일정 시간 후에 동작하는 계전기
- 반한시 계전기 : 정정된 값 이상의 전류가 흐를 때 동작 시간이 전류값이 크면 동작 시간은 짧아지고, 전류값이 적으면 동작 시간이 길어진다.
- 순한시 계전기 : 정정된 최소 동작 전류 이상의 전류가 흐르면 즉시 동작하는 계전기

39 전력 원선도의 ㉠ 가로축과 ㉡ 세로축이 나타내는 것은?

① ㉠ 최대 전력, ㉡ 피상 전력
② ㉠ 유효 전력, ㉡ 무효 전력
③ ㉠ 조상 용량, ㉡ 송전 손실
④ ㉠ 송전 효율, ㉡ 코로나 손실

해설 전력 원선도는 복소 전력과 4단자 정수를 이용한 송·수전단의 전력을 원선도로 나타낸 것이므로 가로축에는 유효 전력을, 세로축에는 무효 전력을 표시한다.

40 직접 접지 방식에 대한 설명이 아닌 것은?

출제빈도

① 과도 안정도가 좋다.
② 변압기의 단절연이 가능하다.
③ 보호 계전기의 동작이 용이하다.
④ 계통의 절연 수준이 낮아지므로 경제적이다.

해설 중성점 직접 접지 방식은 1상 지락 사고일 경우 지락 전류가 대단히 크기 때문에 보호 계전기의 동작이 확실하고, 중성점의 전위는 대지 전위이므로 저감 절연 및 변압기 단절연이 가능하지만, 계통에 주는 충격이 크고 과도 안정도가 나쁘다.

제3과목 전기기기

41 450[kVA], 역률 0.85, 효율 0.9인 동기 발전기의 운전용 원동기의 입력은 500[kW]이다. 이 원동기의 효율은?

① 0.75
② 0.80
③ 0.85
④ 0.90

해설 발전기 입력 $P_G = \dfrac{\text{발전기 출력} \times \cos\theta}{\eta_G}$

$= \dfrac{450 \times 0.85}{0.9} = 425[\text{kW}]$

원동기에 출력과 발전기 입력이 같으므로

원동기 효율 $\eta = \dfrac{\text{원동기 출력}}{\text{원동기 입력}} \times 100$

$= \dfrac{425}{500} \times 100 = 85[\%]$

42 다음 중 일반적인 동기 전동기 난조 방지에 가장 유효한 방법은?

출제빈도

① 자극수를 적게 한다.
② 회전자의 관성을 크게 한다.
③ 자극면에 제동 권선을 설치한다.
④ 동기 리액턴스 x_s를 작게 하고 동기 화력을 크게 한다.

해설 회전자의 관성을 크게 하면 난조의 발생 방지에는 유효하지만 난조가 일어난 후에는 오히려 그 정지를 저해할 우려가 있다. 동기 화력도 이와 같다. 자극수의 감소도 효과가 있으나 이것은 원동기 조건으로 정해지는 것으로 이 목적에는 맞지 않는다.

정답 38.① 39.② 40.① 41.③ 42.③

43 일반적인 농형 유도 전동기에 관한 설명 중 틀린 것은?

출제빈도

① 2차측을 개방할 수 없다.
② 2차측의 전압을 측정할 수 있다.
③ 2차 저항 제어법으로 속도를 제어할 수 없다.
④ 1차 3선 중 2선을 바꾸면 회전 방향을 바꿀 수 있다.

해설 농형 유도 전동기는 2차측(회전자)이 단락 권선으로 되어 있어 개방할 수 없고, 전압을 측정할 수 없으며, 2차 저항을 변화하여 속도 제어를 할 수 없고 1차 3선 중 2선의 결선을 바꾸면 회전 방향을 바꿀 수 있다.

44 sE_2는 권선형 유도 전동기의 2차 유기 전압이고 E_c는 외부에서 2차 회로에 가하는 2차 주파수와 같은 주파수의 전압이다. E_c가 sE_2와 반대 위상일 경우 E_c를 크게 하면 속도는 어떻게 되는가? (단, $sE_2 - E_c$는 일정하다.)

출제빈도

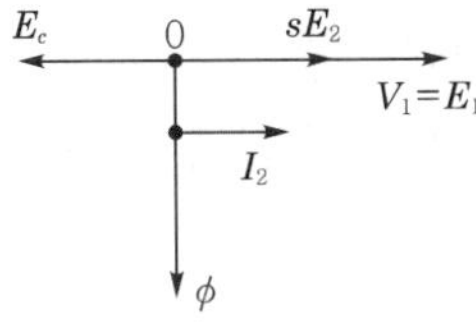

① 속도가 증가한다.
② 속도가 감소한다.
③ 속도에 관계없다.
④ 난조 현상이 발생한다.

해설 권선형 유도 전동기의 2차 여자법에 의한 속도 제어에서 슬립 주파수의 전압(E_c)을 2차 유기 전압(sE_2)과 같은 방향으로 가하면 속도가 상승하고, 반대 방향으로 가하면 속도가 감소한다.

45 3상 유도 전동기의 전원 주파수와 전압의 비가 일정하고 정격 속도 이하로 속도를 제어하는 경우 전동기의 출력 P와 주파수 f와의 관계는?

① $P \propto f$　　② $P \propto \dfrac{1}{f}$
③ $P \propto f^2$　　④ P는 f에 무관

해설 유도 전동기의 기전력 $E_1 = 4.44 f \omega_1 \phi$에서 $E_1 \propto f\phi$이고 한 전동기에 있어서 자속 밀도 $B = \dfrac{\phi}{A}$는 일정하여야 하므로 결국 $\dfrac{E_1}{f}$가 일정하여야 한다. 따라서, $\tau \propto E \cdot \phi$에서 토크 τ는 $\tau \cdot E_1 \dfrac{E_1}{f} = \dfrac{E_1^2}{f}$로 놓을 수 있고, 이는 곧 $\tau \propto f$로 된다. 따라서, $P = \omega\tau$이므로 $P \propto f$이다.

46 변압기의 철심이 갖추어야 할 조건으로 틀린 것은?

① 투자율이 클 것
② 전기 저항이 작을 것
③ 성층 철심으로 할 것
④ 히스테리시스손 계수가 작을 것

해설 변압기 철심은 자속의 통로 역할을 하므로 투자율은 크고, 와전류손의 감소를 위해 성층 철심을 사용하여 전기 저항은 크게 하고, 히스테리시스손과 계수를 작게 하기 위해 규소를 함유한다.

47 3상 유도 전동기가 경부하로 운전 중 1선의 퓨즈가 끊어지면 어떻게 되는가?

① 전류가 증가하고 회전은 계속한다.
② 슬립은 감소하고 회전수는 증가한다.
③ 슬립은 증가하고 회전수는 증가한다.
④ 계속 운전하여도 열 손실이 발생하지 않는다.

정답 43.② 44.② 45.① 46.② 47.①

해설 • 전부하로 운전하고 있는 3상 유도 전동기의 전원 개폐기에 있어서 1선의 퓨즈가 용단되면 단상 전동기가 되어 같은 방향의 토크를 얻을 수 있다. 따라서, 다음과 같이 된다.

- 최대 토크는 50[%] 전후로 된다.
- 최대 토크를 발생하는 슬립 s는 $s=0$쪽으로 가까워진다.
- 최대 토크 부근에서는 1차 전류가 증가한다.

• 만일 정지하는 경우에는 과대 전류가 흘러서 나머지 퓨즈가 용단되거나 차단기가 동작한다.
회전을 계속한다면, 다음과 같이 된다.

- 슬립이 2배 정도로 되고 회전수는 떨어진다.
- 1차 전류가 2배 가까이 되어서 열 손실이 증가하고, 계속 운전하면 과열로 소손된다.

48 단상 반파 정류 회로에서 평균 출력 전압은 전원 전압의 약 몇 [%]인가?

① 45.0
② 66.7
③ 81.0
④ 86.7

해설 단상 반파 정류의 출력 전압(직류 전압의 평균값)

$$E_d=\frac{1}{2\pi}\int_0^{\pi} V_m\sin\theta d\theta$$
$$=\frac{V_m}{2\pi}[-\cos\theta]_0^{\pi}$$
$$=\frac{V_m}{2\pi}\{1-(-1)\}$$
$$=\frac{\sqrt{2}}{\pi}E=0.45E[\text{V}]$$

49 그림과 같이 전기자 권선에 전류를 보낼 때 회전 방향을 알기 위한 법칙 및 회전 방향은?

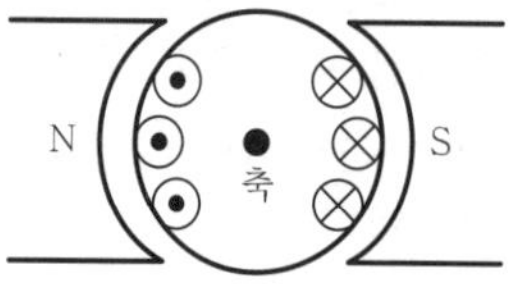

① 플레밍의 왼손 법칙, 시계 방향
② 플레밍의 오른손 법칙, 시계 방향
③ 플레밍의 왼손 법칙, 반시계 방향
④ 플레밍의 오른손 법칙, 반시계 방향

해설 자계 중에서 도체에 전류를 흘려주면 힘이 작용하는데 힘의 크기와 방향을 결정하는 법칙을 플레밍(Fleming)의 왼속 법칙이라 한다. 힘 $F=IBl\sin\theta$ [N]이고 왼속의 엄지는 힘(F), 검지는 자속 밀도(B), 중지, 전류(I)는 일정하다.

50 1차측 권수가 1,500인 변압기의 2차측에 접속한 저항 16[Ω]을 1차측으로 환산했을 때 8[kΩ]으로 되어 있다면 2차측 권수는 약 얼마인가?

출제빈도

① 75
② 70
③ 67
④ 64

해설 변압기 2차측의 저항을 1차로 환산하면
$r_2'=a^2\cdot r_2$에서

권수비 $a=\frac{N_1}{N_2}=a=\sqrt{\frac{r_2'}{r_2}}=\sqrt{\frac{8\times10^3}{16}}=22.36$

$N_2=\frac{N_1}{a}=\frac{1,500}{22.36}=67.0$ [회]

51 출력과 속도가 일정하게 유지되는 동기 전동기에서 여자를 증가시키면 어떻게 되는가?

출제빈도

① 토크가 증가한다.
② 난조가 발생하기 쉽다.
③ 유기 기전력이 감소한다.
④ 전기자 전류의 위상이 앞선다.

해설 동기 전동기의 출력과 속도가 일정한 상태에서 여자 전류를 증가하면 전기자 전류의 위상이 앞선 쪽으로 변화한다.

정답 48.① 49.① 50.③ 51.④

52 다음 전자석의 그림 중에서 전류의 방향이 화살표와 같을 때 위쪽 부분이 N극인 것은?

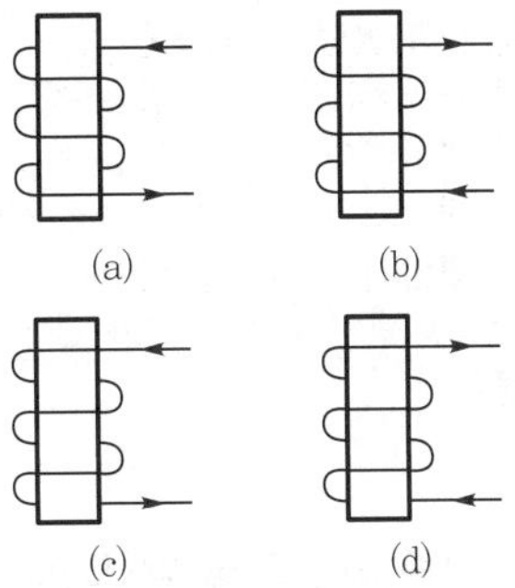

① (a), (b) ② (b), (c)
③ (a), (d) ④ (b), (d)

해설 앙페르(Ampere)의 오른손 법칙(네손가락은 전류, 엄지가 자계의 방향)에서 (a), (d)는 위쪽이 N극이다.

53 동기 발전기의 전기자 권선법 중 집중권에 비해 분포권이 갖는 장점은?

출제빈도

① 난조를 방지할 수 있다.
② 기전력의 파형이 좋아진다.
③ 권선의 리액턴스가 커진다.
④ 합성 유도 기전력이 높아진다.

해설 분포권을 사용하는 이유

- 장점
  - 기전력의 고조파가 감소하여 파형이 좋아진다.
  - 권선의 누설 리액턴스가 감소한다.
  - 전기자 권선에 의한 열을 고르게 분포시켜 과열을 방지하고 코일 배치가 균일하게 되어 통풍 효과를 높인다.
- 단점 : 분포권은 집중권에 비하여 합성 유기 기전력이 감소한다.

54 와류손이 50[W]인 3,300/110[V], 60[Hz]용 단상 변압기를 50[Hz], 3,000[V]의 전원에 사용하면 이 변압기의 와류손은 약 몇 [W]로 되는가?

① 25 ② 31
③ 36 ④ 41

해설 와전류손 $P_e = \sigma_e(t \cdot k_f f B_m)^2$, $E = 4.44 f N \phi_m$

$P_e \propto V^2$

$$\therefore P_e' = \left(\frac{V'}{V}\right)^2 P_e = \left(\frac{3,000}{3,300}\right)^2 \times 50 = 41.32\,[\text{W}]$$

55 2대의 동기 발전기를 병렬 운전할 때, 무효 횡류(무효 순환 전류)가 흐르는 경우는?

① 부하 분담의 차가 있을 때
② 기전력의 위상차가 있을 때
③ 기전력의 파형에 차가 있을 때
④ 기전력의 크기에 차가 있을 때

해설 병렬 운전시 기전력의 크기가 다를 때 두 발전기 사이를 순환하는 전류가 흐르는데 이를 무효 순환 전류(I_c)라 한다.

무효 순환 전류 $I_c = \dfrac{E_A - E_B}{2Z_s}$ [A]

56 포화하고 있지 않은 직류 발전기의 회전수가 $\frac{1}{2}$로 감소되었을 때 기전력을 속도 변화 전과 같은 값으로 하려면 여자를 어떻게 해야 하는가?

출제빈도

① $\frac{1}{2}$로 감소시킨다.
② 1배로 증가시킨다.
③ 2배로 증가시킨다.
④ 4배로 증가시킨다.

해설 $E = \dfrac{pZ}{a}\phi n = \dfrac{pZ}{a}\phi\dfrac{N}{60} = K\phi N\,[\text{V}]\left(\because k = \dfrac{pZ}{a}\right)$에서

N이 $\frac{1}{2}$로 되면 ϕ이 2배가 되어야 E가 일정하다.

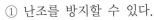

정답 52.③ 53.② 54.④ 55.④ 56.③

57 교류 전동기에서 브러시 이동으로 속도 변화가 용이한 전동기는?

① 동기 전동기
② 시라게 전동기
③ 3상 농형 유도 전동기
④ 2중 농형 유도 전동기

해설 시라게(schrage) 전동기는 3상 분권 정류자 전동기에서 가장 특성이 우수하고 현재 많이 사용되고 있는 전동기이며 브러시의 이동으로 원활하게 속도를 제어할 수 있는 전동기이다.

58 단상 유도 전압 조정기의 1차 전압 100[V], 2차 전압 100±30[V], 2차 전류는 50[A]이다. 이 전압 조정기의 정격 용량은 약 몇 [kVA]인가?

① 1.5　　② 2.6
③ 5　　④ 6.5

해설 1차 전압 $V_1 = 100$[V], 2차 전압 $V_2 = 100 \pm 30$[V], $I_2 = 50$[A]이므로
단상 유도 전압 조정기의 자기 용량 P는
∴ 자기 용량 $= I_2(V_2 - V_1)$

$$= V_2 I_2 \times \frac{V_2 - V_1}{V_2}$$

$$= \text{부하 용량} \times \frac{\text{승압 전압}}{\text{고압측 전압}}$$

$$= 130 \times 50 \times \frac{30}{130}$$

$= 1,500$[VA]
$= 1.5$[kVA]

59 변압기의 병렬 운전 조건에 해당하지 않는 것은?

① 각 변압기의 극성이 같을 것
② 각 변압기의 정격 출력이 같을 것
③ 각 변압기의 백분율 임피던스 강하가 같을 것
④ 각 변압기의 권수비가 같고 1차 및 2차의 정격 전압이 같을 것

해설 변압기의 병렬 운전 조건
- 각 변압기의 극성이 같을 것
- 각 변압기의 권수비가 같을 것
- 각 변압기의 1차, 2차 정격 전압이 같을 것
- 각 변압기의 백분율 임피던스 강하가 같을 것
- 상회전 방향과 각 변위가 같을 것(3상 변압기의 경우)

60 4극 단중 파권 직류 발전기의 전전류가 I[A]일 때, 전기자 권선의 각 병렬 회로에 흐르는 전류는 몇 [A]가 되는가?

① $4I$　　② $2I$
③ $\frac{I}{2}$　　④ $\frac{I}{4}$

해설 단중 파권 직류 발전기의 병렬 회로수 $a=2$이므로
각 권선에 흐르는 전류 $i = \frac{I}{a} = \frac{I}{2}$ [A]

제4과목 회로이론

61 정현파 교류 전압의 파고율은?

① 0.91　　② 1.11
③ 1.41　　④ 1.73

해설
- 정현파 최대값 : $V_m = \sqrt{2}\,V$
- 정현파 실효값 : V
- 정현파 평균값 : $V_{av} = \frac{2}{\pi} V_m$

$$\therefore \text{파고율} = \frac{\text{최대값}}{\text{실효값}} = \frac{\sqrt{2}\,V}{V} = \sqrt{2} = 1.414$$

정답 57.② 58.① 59.② 60.③ 61.③

62 인덕턴스 $L=20$[mH]인 코일에 실효값 $V=50$[V], 주파수 $f=60$[Hz]인 정현파 전압을 인가했을 때 코일에 축적되는 평균 자기에너지(W_L)는 약 몇 [J]인가?

① 0.22
② 0.33
③ 0.44
④ 0.55

해설

$$W=\frac{1}{2}LI^2$$
$$=\frac{1}{2}L\left(\frac{V}{\omega L}\right)^2$$
$$=\frac{1}{2}\times 20\times 10^{-3}\times\left(\frac{50}{377\times 20\times 10^{-3}}\right)^2$$
$$=0.44[\text{J}]$$

63 (출제빈도) 테브난의 정리를 이용하여 (a) 회로를 (b)와 같은 등가 회로로 바꾸려 한다. V[V]와 R[Ω]의 값은?

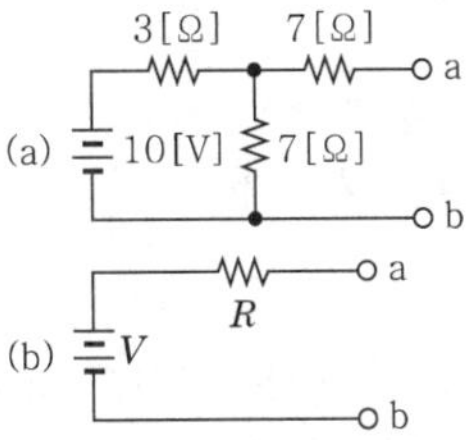

① 7[V], 9.1[Ω]
② 10[V], 9.1[Ω]
③ 7[V], 6.5[Ω]
④ 10[V], 6.5[Ω]

해설

$$E=\frac{7}{3+7}\times 10=7[\text{V}]$$
$$R=7+\frac{3\times 7}{3+7}=9.1[\Omega]$$

64 그림과 같은 회로에서 r_1 저항에 흐르는 전류를 최소로 하기 위한 저항 r_2[Ω]은?

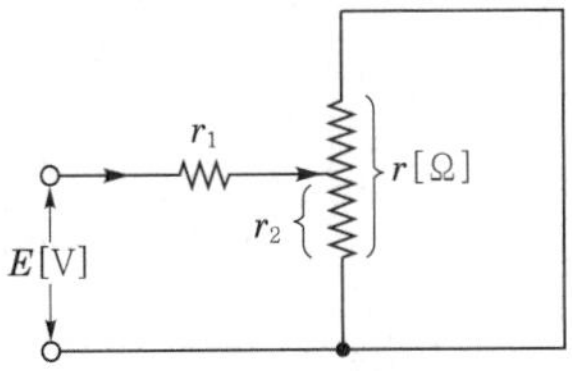

① $\frac{r_1}{2}$　② $\frac{r}{2}$
③ r_1　④ r

해설 전류를 최소로 하기 위해서는 합성 저항이 최대이어야 하므로

합성 저항 $R_0=r_1+\dfrac{(r-r_2)\cdot r_2}{(r-r_2)+r_2}$

$$=r_1+\frac{rr_2-r_2^2}{r}[\Omega]$$

$$\frac{d}{dr_2}\left(r_1+\frac{rr_2-r_2^2}{r}\right)=0$$

$$r-2r_2=0$$

$$\therefore\ r_2=\frac{r}{2}[\Omega]$$

65 (출제빈도) 그림과 같이 π형 회로에서 Z_3를 4단자 정수로 표시한 것은?

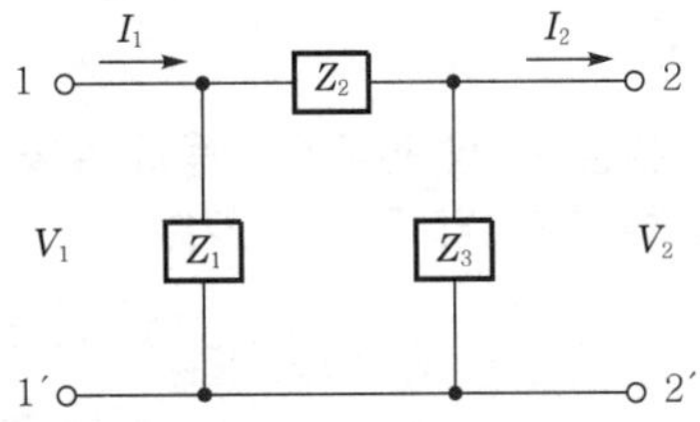

① $\dfrac{A}{1-B}$　② $\dfrac{B}{1-A}$
③ $\dfrac{A}{B-1}$　④ $\dfrac{B}{A-1}$

정답 62.③ 63.① 64.② 65.④

해설 $\begin{bmatrix} A & B \\ C & D \end{bmatrix} = \begin{bmatrix} 1 & 0 \\ \frac{1}{Z_1} & 1 \end{bmatrix} \begin{bmatrix} 1 & Z_2 \\ 0 & 1 \end{bmatrix} \begin{bmatrix} 1 & 0 \\ \frac{1}{Z_3} & 1 \end{bmatrix}$

$$= \begin{bmatrix} 1+\frac{Z_2}{Z_3} & Z_2 \\ \frac{Z_1+Z_2+Z_3}{Z_1 \cdot Z_3} & 1+\frac{Z_2}{Z_1} \end{bmatrix}$$

$\therefore\ A = 1+\frac{Z_2}{Z_3}$

$B = Z_2$

$Z_3 = \frac{Z_2}{A-1} = \frac{B}{A-1}$

66 다음의 4단자 회로에서 단자 a-b에서 본 구동점 임피던스 Z_{11}[Ω]은?

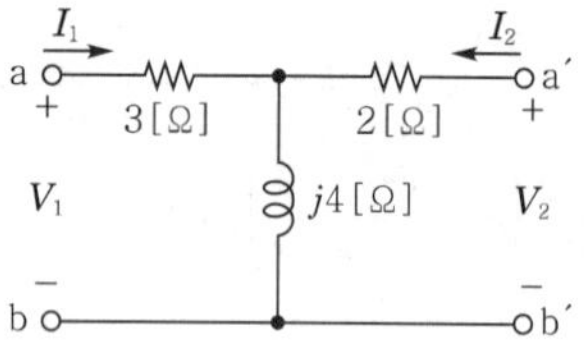

① $2+j4$　② $2-j4$
③ $3+j4$　④ $3-j4$

해설 출력 단자를 개방하고 입력측에서 본 개방 구동점 임피던스는
$Z_{11} = 3+j4$[Ω]

67 불평형 3상 전류가 다음과 같을 때 역상 전류 I_2는 약 몇 [A]인가?

출제빈도

$I_a = 15+j2$[A]
$I_b = -20-j14$[A]
$I_c = -3+j10$[A]

① $1.91+j6.24$　② $2.17+j5.34$
③ $3.38-j4.26$　④ $4.27-j3.68$

해설 역상 전류

$$I_2 = \frac{1}{3}(I_a + a^2 I_b + a I_c)$$

$$= \frac{1}{3}\left\{(15+j2)+\left(-\frac{1}{2}-j\frac{\sqrt{3}}{2}\right)(-20-j14) + \left(-\frac{1}{2}+j\frac{\sqrt{3}}{2}\right)(-3+j10)\right\}$$

$$= 1.91+j6.24$$

68 다음과 같은 회로에서 E_1, E_2, E_3[V]를 대칭 3상 전압이라 할 때 전압 E_0[V]는?

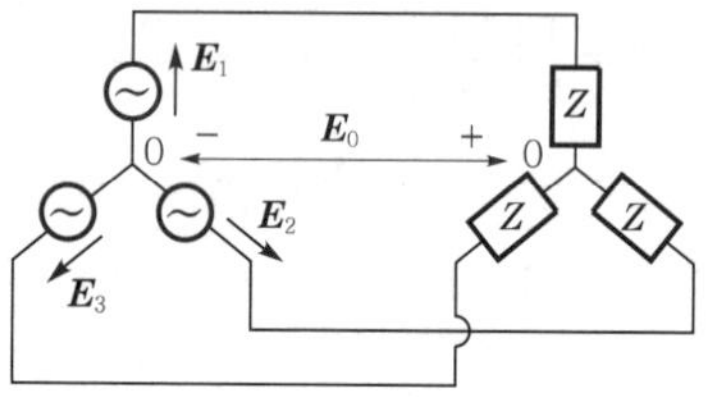

① 0　② $\frac{E_1}{3}$
③ $\frac{2}{3}E_1$　④ E_1

해설 대칭 3상 전압의 합
$E_1 + E_2 + E_3 = E + a^2 E + aE = E(1+a^2+a) = 0$

69 100[kVA] 단상 변압기 3대로 △결선하여 3상 전원을 공급하던 중 1대의 고장으로 V결선하였다면 출력은 약 몇 [kVA]인가?

출제빈도

① 100
② 173
③ 245
④ 300

해설 출력의 비 $\frac{P_V}{P_\triangle} = \frac{\sqrt{3}\,VI\cos\theta}{3\,VI\cos\theta} = \frac{1}{\sqrt{3}} = 0.577$

$\therefore\ 100[\text{kVA}] \times 3 \times \frac{1}{\sqrt{3}} = 100\sqrt{3} = 173[\text{kVA}]$

정답 66.③ 67.① 68.① 69.②

70 저항 $R[\Omega]$과 리액턴스 $X[\Omega]$이 직렬로 연결된 회로에서 $\frac{X}{R}=\frac{1}{\sqrt{2}}$일 때, 이 회로의 역률은?

① $\frac{1}{\sqrt{2}}$　② $\frac{1}{\sqrt{3}}$
③ $\sqrt{\frac{2}{3}}$　④ $\frac{\sqrt{3}}{2}$

해설 $\cos\theta=\frac{R}{\sqrt{R^2+X^2}}=\frac{\sqrt{2}}{\sqrt{(\sqrt{2})^2+1}}=\sqrt{\frac{2}{3}}$

71 옴의 법칙은 저항에 흐르는 전류와 전압의 관계를 나타낸 것이다. 회로의 저항이 일정할 때 전류는?

① 전압에 비례한다.
② 전압에 반비례한다.
③ 전압의 제곱에 비례한다.
④ 전압의 제곱에 반비례한다.

해설 옴의 법칙
$I=\frac{V}{R}$, $V=RI$, $R=\frac{V}{I}$
즉, 전류는 전압에 비례하고 전기 저항에는 반비례한다.

72 (출제빈도) 어떤 회로의 단자 전압과 전류가 다음과 같을 때, 회로에 공급되는 평균 전력은 약 몇 [W]인가?

$v(t)=100\sin\omega t+70\sin 2\omega t+50\sin(3\omega t-30°)[V]$
$i(t)=20\sin(\omega t-60°)+10\sin(3\omega t+45°)[A]$

① 565
② 525
③ 495
④ 465

해설 평균 전력 $P=V_0I_0+\sum_{k=1}^{\infty}V_kI_k\cos\theta_k[W]$
$P=\frac{100}{\sqrt{2}}\cdot\frac{20}{\sqrt{2}}\cos 60°+\frac{50}{\sqrt{2}}\cdot\frac{10}{\sqrt{2}}\cos 75°$
$\fallingdotseq 565[W]$

73 그림과 같은 회로가 있다. $I=10[A]$, $G=4[℧]$, $G_L=6[℧]$일 때 G_L의 소비 전력 [W]은?

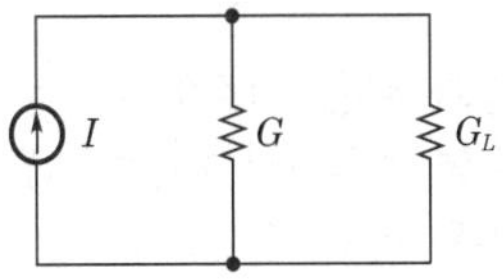

① 100　② 10
③ 6　④ 4

해설 소비 전력 $P=I^2R=\frac{{I_{G_L}}^2}{G_L}[W]$
G_L에 흐르는 전류
$I_{G_L}=\frac{G_L}{G+G_L}I$
$=\frac{6}{4+6}\times 10$
$=6[A]$
$\therefore P=\frac{{I_{G_L}}^2}{G_L}=\frac{6^2}{6}=6[W]$

74 (출제빈도) $F(s)=\frac{s+1}{s^2+2s}$의 역라플라스 변환은?

① $\frac{1}{2}(1-e^{-t})$
② $\frac{1}{2}(1-e^{-2t})$
③ $\frac{1}{2}(1+e^{t})$
④ $\frac{1}{2}(1+e^{-2t})$

정답 70.③ 71.① 72.① 73.③ 74.④

해설

$$F(s)=\frac{s+1}{s^2+2s}=\frac{s+1}{s(s+2)}=\frac{K_1}{s}+\frac{K_2}{s+2}$$

$$K_1=\left.\frac{s+1}{s+2}\right|_{s=0}=\frac{1}{2}$$

$$K_2=\left.\frac{s+1}{s}\right|_{s=-2}=\frac{1}{2}$$

$$\therefore\ F(s)=\frac{1}{2}\cdot\frac{1}{s}+\frac{1}{2}\cdot\frac{1}{s+2}$$

$$\therefore\ f(t)=\mathcal{L}^{-1}F(s)=\frac{1}{2}+\frac{1}{2}e^{-2t}=\frac{1}{2}(1+e^{-2t})$$

75 그림과 같은 회로에서 $t=0$에서 스위치를 닫으면 전류 $i(t)$[A]는? (단, 콘덴서의 초기 전압은 0[V]이다.)

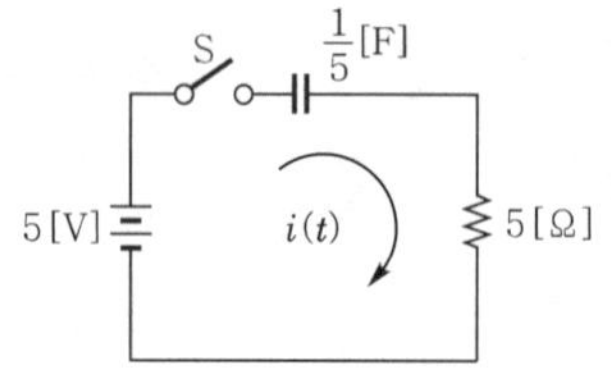

① $5(1-e^{-t})$　② $1-e^{-t}$
③ $5e^{-t}$　④ e^{-t}

해설

$$i(t)=\frac{E}{R}e^{-\frac{1}{RC}t}=\frac{5}{5}e^{-\frac{1}{5\times\frac{1}{5}}t}=e^{-t}[\text{A}]$$

76 그림과 같은 회로에서 스위치 S를 $t=0$에서 닫았을 때 $(V_L)_{t=0}=100[\text{V}]$, $\left(\frac{di}{dt}\right)_{t=0}=400[\text{A/s}]$이 L[H]의 값은?

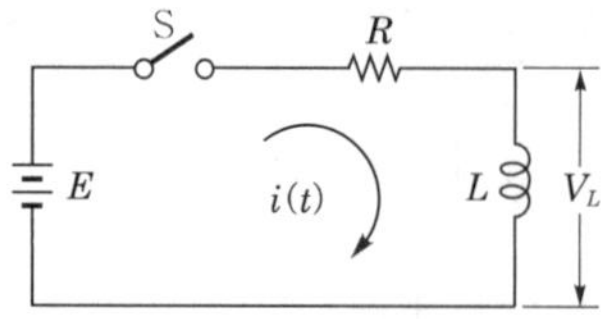

① 0.75　② 0.5
③ 0.25　④ 0.1

해설

$$V_L=L\frac{di}{dt}$$

$$100=L\cdot 400$$

$$\therefore\ L=\frac{100}{400}=0.25[\text{H}]$$

77 임피던스 함수 $Z(s)=\dfrac{s+50}{s^2+3s+2}[\Omega]$으로 주어지는 2단자 회로망에 100[V]의 직류 전압을 가했다면 회로의 전류는 몇 [A]인가?

① 4　② 6
③ 8　④ 10

해설

$$I=\left.\frac{V}{Z}\right|_{s=0}=\frac{100}{25}=4[\text{A}]$$

78 단위 임펄스 $\delta(t)$의 라플라스 변환은?

① e^{-s}　② $\dfrac{1}{s}$
③ $\dfrac{1}{s^2}$　④ 1

해설 단위 임펄스 함수[$\delta(t)$]

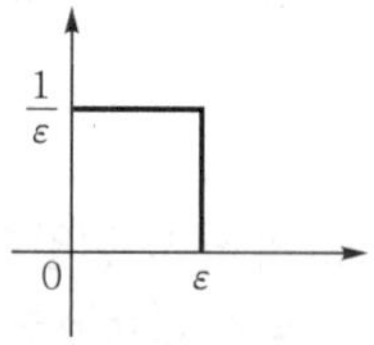

단위 임펄스 함수[$\delta(t)$]는 면적이 1인 함수로 라플라스 변환하면 1이 된다.

79 전류 $I=30\sin\omega t+40\sin(3\omega t+45°)$[A]의 실효값은 약 몇 [A]인가?

① 25　② 35.4
③ 50　④ 70.7

정답 75.④ 76.③ 77.① 78.④ 79.②

해설 실효값 $I=\sqrt{\left(\frac{30}{\sqrt{2}}\right)^2+\left(\frac{40}{\sqrt{2}}\right)^2}$

$=25\sqrt{2}=35.35$

80 $\mathcal{L}^{-1}\left[\frac{\omega}{s(s^2+\omega^2)}\right]$은?

① $\frac{1}{\omega}(1-\sin\omega t)$

② $\frac{1}{\omega}(1-\cos\omega t)$

③ $\frac{1}{s}(1-\sin\omega t)$

④ $\frac{1}{s}(1-\cos\omega t)$

해설 $F(s)=\frac{\omega}{s(s^2+\omega^2)}=\frac{K_1}{s}+\frac{K_2}{s^2+\omega^2}$

$K_1=\left.\frac{\omega}{s^2+\omega^2}\right|_{s=0}=\frac{1}{\omega}$

$K_2=\left.\frac{\omega}{s}\right|_{s=j\omega}=\frac{\omega}{j\omega}=-j$

$\therefore\ F(s)=\frac{1}{\omega}\cdot\frac{1}{s}-j\frac{1}{s^2+\omega^2}$

$s=j\omega$, 따라서 $-j=-\frac{s}{\omega}$이므로

$=\frac{1}{\omega}\cdot\frac{1}{s}-\frac{s}{\omega}\cdot\frac{1}{s^2+\omega^2}$

$=\frac{1}{\omega}\left(\frac{1}{s}-\frac{s}{s^2+\omega^2}\right)$

역라플라스 변환하면

$f(t)=\mathcal{L}^{-1}F(s)=\frac{1}{\omega}(1-\cos\omega t)$

제5과목 전기설비기술기준

81 고압 가공 전선로의 가공 지선으로 나경동선을 사용할 경우 지름 몇 [mm] 이상으로 시설하여야 하는가?

① 2.5 ② 3

③ 3.5 ④ 4

해설 고압 가공 전선로의 가공 지선(한국전기설비규정 332.6)

고압 가공 전선로에 사용하는 가공 지선은 인장 강도 5.26[kN] 이상의 것 또는 지름 4[mm] 이상의 나경동선을 사용한다.

82 저압 옥내 배선을 금속 덕트 공사로 할 경우 금속 덕트에 넣는 전선의 단면적(절연 피복의 단면적 포함)의 합계는 덕트의 내부 단면적의 몇 [%]까지 할 수 있는가?

① 20 ② 30

③ 40 ④ 50

해설 금속 덕트 공사(한국전기설비규정 232.31)

금속 덕트에 넣은 전선은 단면적(절연 피복 포함)의 총합이 덕트의 내부 단면적의 20[%](전광 표시 장치 또는 제어 회로 등의 배선만을 넣은 경우 50[%]) 이하이다.

83 타냉식 특고압용 변압기의 냉각 장치에 고장이 생긴 경우 시설해야 하는 보호 장치는?

① 경보 장치

② 온도 측정 장치

③ 자동 차단 장치

④ 과전류 측정 장치

해설 특고압용 변압기의 보호 장치(한국전기설비규정 351.4)

뱅크 용량의 구분	동작 조건	장치의 종류
5,000[kVA] 이상 10,000[kVA] 미만	내부 고장	자동 차단 장치, 경보 장치
10,000[kVA] 이상	내부 고장	자동 차단 장치
타냉식 변압기	냉각 장치에 고장이 생긴 경우, 온도가 현저히 상승한 경우	경보 장치

정답 80.② 81.④ 82.① 83.①

84 다음 (㉠), (㉡)에 들어갈 내용으로 옳은 것은?

> 지중 전선로는 기설 지중 약전류 전선로에 대하여 (㉠) 또는 (㉡)에 의하여 통신상의 장해를 주지 않도록 기설 약전류 전선로로부터 충분히 이격시키거나 기타 적당한 방법으로 시설하여야 한다.

① ㉠ 정전 용량, ㉡ 표피 작용
② ㉠ 정전 용량, ㉡ 유도 작용
③ ㉠ 누설 전류, ㉡ 표피 작용
④ ㉠ 누설 전류, ㉡ 유도 작용

해설 **지중 약전류 전선에의 유도 장해의 방지(한국전기설비규정 334.5)**
지중 전선로는 기설 지중 약전류 전선로에 대하여 누설 전류 또는 유도 작용에 의하여 통신상의 장해를 주지 아니하도록 기설 약전류 전선로로부터 충분히 이격시켜야 한다.

85 B종 철주 또는 B종 철근 콘크리트주를 사용하는 특고압 가공 전선로의 경간은 몇 [m] 이하이어야 하는가?

출제빈도

① 150　　② 250
③ 400　　④ 600

해설 **특고압 가공 전선로 경간의 제한(한국전기설비규정 333.21)**

지지물의 종류	경 간
목주·A종	150[m] 이하
B종	250[m] 이하
철탑	600[m] 이하(단주인 경우 400[m])

86 전력 보안 통신선 시설에서 가공 전선로의 지지물에 시설하는 가공 통신선에 직접 접속하는 통신선의 종류로 틀린 것은?

① 조가용선
② 절연 전선
③ 광섬유 케이블
④ 일반 통신용 케이블 이외의 케이블

해설 **통신선의 시설(판단기준 제154조)**
가공 전선로의 지지물에 시설하는 가공 통신선에 직접 접속하는 통신선은 절연 전선, 일반 통신용 케이블 이외의 케이블 또는 광섬유 케이블이어야 한다.

※ 이 문제는 출제 당시 규정에는 적합했으나 새로 제정된 한국전기설비규정에는 일부 부적합하므로 문제 유형만 참고하시기 바랍니다.

87 변전소의 주요 변압기에서 계측하여야 하는 사항 중 계측 장치가 꼭 필요하지 않는 것은? (단, 전기 철도용 변전소의 주요 변압기는 제외한다.)

출제빈도

① 전압　　② 전류
③ 전력　　④ 주파수

해설 **계측 장치(한국전기설비규정 351.6)**
- 주요 변압기의 전압 및 전류 또는 전력
- 특고압용 변압기의 온도

88 옥내의 네온 방전등 공사의 방법으로 옳은 것은?

① 전선 상호간의 간격은 5[cm] 이상일 것
② 관등 회로의 배선은 애자 공사에 의할 것
③ 전선의 지지점 간의 거리는 2[m] 이하로 할 것
④ 관등 회로의 배선은 점검할 수 없는 은폐된 장소에 시설할 것

해설 **네온 방전등 공사(한국전기설비규정 234.12)**
- 방전등용 변압기는 네온 변압기일 것
- 배선은 전개된 장소 또는 점검할 수 있는 은폐된 장소에 시설
- 관등 회로의 배선은 애자 공사에 의할 것
  - 전선은 네온 전선일 것
  - 전선은 조영재의 옆면 또는 아랫면에 붙일 것
  - 전선의 지지점 간의 거리는 1[m] 이하일 것
  - 전선 상호간의 간격은 6[cm] 이상일 것
- 네온 변압기의 외함에는 접지 공사를 할 것

정답 84.④ 85.② 86.① 87.④ 88.②

89 무대 · 무대 마루 밑 · 오케스트라 박스 · 영사실 기타 사람이나 무대 도구가 접촉할 우려가 있는 곳에 시설하는 저압 옥내 배선 · 전구선 또는 이동 전선은 사용 전압이 몇 [V] 이하이어야 하는가?

① 100 ② 200
③ 300 ④ 400

해설 **전시회, 쇼 및 공연장의 전기 설비(한국전기설비규정 242.6)**
무대 · 무대 마루 밑 · 오케스트라 박스 · 영사실 기타 사람이나 무대 도구가 접촉할 우려가 있는 곳에 시설하는 저압 옥내 배선 · 전구선 또는 이동 전선은 사용 전압이 400[V] 이하일 것

90 출제빈도 저압 가공 전선로와 기설 가공 약전류 전선로가 병행하는 경우에는 유도 작용에 의하여 통신상의 장해가 생기지 아니하도록 전선과 기설 약전류 전선 간의 이격 거리는 몇 [m] 이상이어야 하는가?

① 1 ② 2
③ 2.5 ④ 4.5

해설 **가공 약전류 전선로의 유도 장해 방지(한국전기설비규정 332.1)**
저압 가공 전선로 또는 고압 가공 전선로와 기설 가공 약전류 전선로가 병행하는 경우에는 유도 작용에 의하여 통신상의 장해가 생기지 아니하도록 전선과 기설 약전류 전선 간의 이격 거리는 2[m] 이상이어야 한다.

91 출제빈도 금속관 공사에 의한 저압 옥내 배선의 방법으로 틀린 것은?

① 전선으로 연선을 사용하였다.
② 옥외용 비닐 절연 전선을 사용하였다.
③ 콘크리트에 매설하는 관은 두께 1.2[mm] 이상을 사용하였다.
④ 관에는 접지 공사를 하였다.

해설 **금속관 공사(한국전기설비규정 232.12)**
- 전선은 절연 전선(옥외용 제외)일 것
- 전선은 연선일 것
- 금속관 안에는 전선에 접속점이 없도록 할 것
- 콘크리트에 매설하는 것은 1.2[mm] 이상
- 관에는 접지 시스템(140)의 규정에 준하여 접지 공사를 한다.

92 출제빈도 특고압으로 시설할 수 없는 전선로는?

① 지중 전선로
② 옥상 전선로
③ 가공 전선로
④ 수중 전선로

해설 **특고압 옥상 전선로의 시설(한국전기설비규정 331.14.2)**
특고압 옥상 전선로(특고압의 인입선의 옥상 부분 제외)는 시설하여서는 아니 된다.

93 22.9[kV] 전선로를 제1종 특고압 보안 공사로 시설할 경우 전선으로 경동 연선을 사용한다면 그 단면적은 몇 [mm^2] 이상의 것을 사용하여야 하는가?

① 38
② 55
③ 80
④ 100

해설 **특고압 보안 공사(한국전기설비규정 333.22)**
제1종 특고압 보안 공사의 전선의 굵기

사용 전압	전 선
100[kV] 미만	인장 강도 21.67[kN] 이상, 55[mm^2] 이상 경동 연선
100[kV] 이상 300[kV] 미만	인장 강도 58.84[kN] 이상, 150[mm^2] 이상 경동 연선
300[kV] 이상	인장 강도 77.47[kN] 이상, 200[mm^2] 이상 경동 연선

정답 89.④ 90.② 91.② 92.② 93.②

94 **교류 전차선 등이 교량 기타 이와 유사한 것의 밑에 시설되는 경우에 시설 기준으로 틀린 것은?**

① 교류 전차선 등과 교량 등 사이의 이격 거리는 30[cm] 이상일 것
② 교량의 가더 등의 금속제 부분에는 제1종 접지 공사를 할 것
③ 교량 등의 위에서 사람이 교류 전차선 등에 접촉할 우려가 있는 경우에는 방호 장치를 하고 위험 표시를 할 것
④ 기술상 부득이한 경우에는 사용 전압이 25[kV]인 교류 전차선과 교량 등 사이의 이격 거리를 25[cm]까지로 감할 수 있을 것

해설 **전차선 등과 건조물 기타의 시설물과의 접근 또는 교차(판단기준 제270조)**
교류 전차선 등이 교량 기타 이와 유사한 것의 밑에 시설되는 경우
- 교류 전차선 등과 교량 등 사이의 이격 거리는 30[cm] 이상일 것. 다만, 기술상 부득이한 경우에는 사용 전압이 25[kV]인 교류 전차선 또는 이와 전기적으로 접속하는 조가용선, 브래킷 혹은 장선과 교량 등 사이의 이격 거리를 25[cm]까지로 감할 수 있다.
- 교량의 가더 등의 금속제 부분에는 제3종 접지 공사를 할 것
- 교량 등의 위에서 사람이 교류 전차선 등에 접촉할 우려가 있는 경우에는 적당한 방호 장치를 시설하고 또한 위험 표시를 할 것

※ 이 문제는 출제 당시 규정에는 적합했으나 새로 제정된 한국전기설비규정에는 일부 부적합하므로 문제 유형만 참고하시기 바랍니다.

95 **변압기 1차측 3,300[V], 2차측 220[V]의 변압기 전로의 절연 내력 시험 전압은 각각 몇 [V]에서 10분간 견디어야 하는가?**

① 1차측 4,950[V], 2차측 500[V]
② 1차측 4,500[V], 2차측 400[V]
③ 1차측 4,125[V], 2차측 500[V]
④ 1차측 3,300[V], 2차측 400[V]

해설 **변압기 전로의 절연 내력(한국전기설비규정 135)**
1차측 : $3,300 \times 1.5 = 4,950$[V]
2차측 : $220 \times 1.5 = 330$[V]
500 이하이므로 최소 시험 전압은 500[V]로 한다.

96 **가공 전선로의 지지물에 취급자가 오르고 내리는 데 사용하는 발판 볼트 등은 지표상 몇 [m] 미만에 시설하여서는 아니 되는가?**

① 1.2 ② 1.5
③ 1.8 ④ 2

해설 **가공 전선로 지지물의 철탑 오름 및 전주 오름 방지(한국전기설비규정 331.4)**
가공 전선로의 지지물에 취급자가 오르고 내리는 데 사용하는 발판 못 등을 지표상 1.8[m] 미만에 시설하여서는 아니 된다.

97 출제빈도 **22.9[kV] 특고압 가공 전선로의 시설에 있어서 중성선을 다중 접지하는 경우에 각각 접지한 곳 상호간의 거리는 전선로에 따라 몇 [m] 이하이어야 하는가?**

① 150
② 300
③ 400
④ 500

해설 **25[kV] 이하인 특고압 가공 전선로의 시설(한국전기설비규정 333.32)**
특고압 가공 전선로의 중성선의 다중 접지 및 중성선의 시설

15[kV] 이하	15[kV] 초과 25[kV] 이하
300[m]	150[m]

정답 94.② 95.① 96.③ 97.①

98 혼촉 사고시에 1초를 초과하고 2초 이내에 자동 차단되는 6.6[kV] 전로에 결합된 변압기 저압측의 전압이 220[V]인 경우 접지 저항값[Ω]은? (단, 고압측 1선 지락 전류는 30[A]라 한다.)

① 5　　② 10
③ 20　　④ 30

해설 고압 또는 특고압과 저압의 혼촉에 의한 위험 방지 시설(한국전기설비규정 322.1)

$$R=\frac{300}{I}=\frac{300}{30}=10[\Omega]$$

99 저압 가공 전선 또는 고압 가공 전선이 도로를 횡단할 때 지표상의 높이는 몇 [m] 이상으로 하여야 하는가? (단, 농로 기타 교통이 번잡하지 않은 도로 및 횡단보도교는 제외한다.)

① 4　　② 5
③ 6　　④ 7

해설 고압 가공 전선의 높이(한국전기설비규정 332.5)

- 도로를 횡단하는 경우에는 지표상 6[m] 이상
- 철도 또는 궤도를 횡단하는 경우에는 레일면상 6.5[m] 이상

100 저압 옥내 배선의 사용 전압이 400[V] 미만인 경우에는 금속제 트레이에 몇 종 접지 공사를 하여야 하는가?

① 제1종 접지 공사
② 제2종 접지 공사
③ 제3종 접지 공사
④ 특별 제3종 접지 공사

해설 케이블 트레이 공사(판단기준 제194조)

- 사용 전압 400[V] 미만인 경우에는 금속제 트레이에 제3종 접지 공사
- 사용 전압 400[V] 이상인 경우에는 특별 제3종 접지 공사

※ 이 문제는 출제 당시 규정에는 적합했으나 새로 제정된 한국전기설비규정에는 일부 부적합하므로 문제 유형만 참고하시기 바랍니다.

정답　98.② 99.③ 100.③

2017년 제2회 과년도 출제문제

2017. 5. 7. 시행

제1과목 전기자기학

01 전기력선의 기본 성질에 관한 설명으로 틀린 것은?

출제빈도

① 전기력선의 방향은 그 점의 전계의 방향과 일치한다.

② 전기력선은 전위가 높은 점에서 낮은 점으로 향한다.

③ 전기력선은 그 자신만으로도 폐곡선을 만든다.

④ 전계가 0이 아닌 곳에서는 전기력선은 도체 표면에 수직으로 만난다.

해설 전기력선의 성질

- 전기력선은 정(+)전하에서 시작하여 부(−)전하에서 끝난다.
- 전기력선은 그 자신만으로 폐곡선이 되는 일은 없다.
- 전기력선은 전위가 높은 점에서 낮은 점으로 향한다.
- 도체 내부에는 전기력선이 없다.

02 동일 용량 $C[\mu F]$의 콘덴서 n개를 병렬로 연결하였다면 합성 용량은 얼마인가?

① n^2C ② nC

③ $\dfrac{C}{n}$ ④ C

해설 • n개를 병렬 연결시 합성 정전 용량 : $C_0 = nC$[F]

• n개를 직렬 연결시 합성 정전 용량 : $C_0 = \dfrac{C}{n}$[F]

03 반지름 $r=1$[m]인 도체구의 표면 전하 밀도가 $\dfrac{10^{-8}}{9\pi}$[C/m^2]이 되도록 하는 도체구의 전위는 몇 [V]인가?

① 10 ② 20

③ 40 ④ 80

해설 도체구 표면의 총 전하

$$Q=\sigma S=\sigma\times 4\pi r^2$$

$$=\frac{10^{-8}}{9\pi}\times 4\pi\times 1^2$$

$$=\frac{4}{9}\times 10^{-8}[\text{C}]$$

$$\therefore\ V=\frac{Q}{4\pi\varepsilon_0 r}$$

$$=9\times 10^9\frac{Q}{r}$$

$$=9\times 10^9\frac{\frac{4}{9}\times 10^{-8}}{1}=40[\text{V}]$$

04 도전율의 단위로 옳은 것은?

출제빈도

① m/Ω

② Ω/m^2

③ 1/℧ · m

④ ℧/m

해설 전기 저항 $R=\rho\dfrac{l}{S}=\dfrac{l}{kS}[\Omega]$

여기서, ρ : 고유 저항, k : 도전율

$\therefore\ k=\dfrac{l}{R\cdot S}$[m/Ω · m^2=1/Ω · m=℧/m]

정답 01.③ 02.② 03.③ 04.④

05 여러 가지 도체의 전하 분포에 있어서 각 도체의 전하를 n배할 경우 중첩의 원리가 성립하기 위해서는 그 전위는 어떻게 되는가?

① $\frac{1}{2}n$배가 된다.

② n배가 된다.

③ $2n$배가 된다.

④ n^2배가 된다.

해설 $V_i = p_{i1}Q_1 + p_{i2}Q_2 + \cdots + p_{in}Q_n$에서 각 전하가 n배가 되면 V_i는 n배가 된다.

06 $A = i + 4j + 3k$, $B = 4i + 2j - 4k$의 두 벡터는 서로 어떤 관계에 있는가?

① 평행 ② 면적

③ 접근 ④ 수직

해설 스칼라적 $A \cdot B = AB\cos\theta$에서

$$\cos\theta = \frac{A \cdot B}{AB} = \frac{(i+4j+3k)\cdot(4i+2j-4k)}{\sqrt{1^2+4^2+3^2}\cdot\sqrt{4^2+2^2+(-4)^2}} = \frac{0}{6\sqrt{26}} = 0$$

그러므로 $\theta = 90°$가 되어 벡터 A와 B는 수직 관계가 된다.

07 전류가 흐르는 도선을 자계 내에 놓으면 이 도선에 힘이 작용한다. 평등 자계의 진공 중에 놓여 있는 직선 전류 도선이 받는 힘에 대한 설명으로 옳은 것은?

① 도선의 길이에 비례한다.

② 전류의 세기에 반비례한다.

③ 자계의 세기에 반비례한다.

④ 전류와 자계 사이의 각에 대한 정현(sine)에 반비례한다.

해설

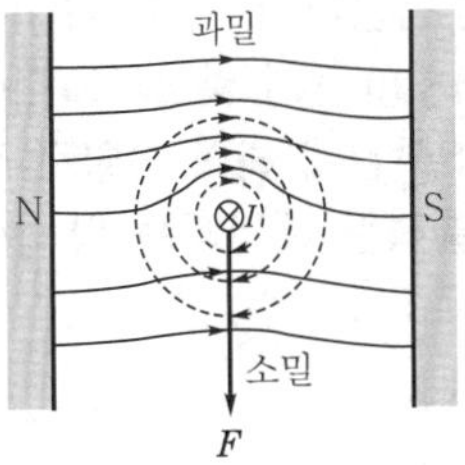

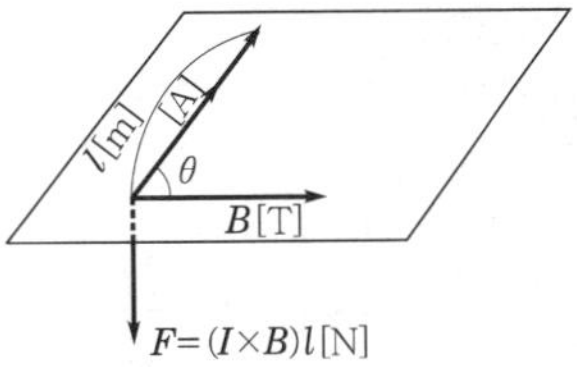

전류 I[A]가 흐르고 있는 길이가 l[m]인 도체가 자속 밀도 B의 자계 속에 놓여 있을 때 이 도체에 작용하는 힘으로

$F = IlB\sin\theta = Il\mu_0 H\sin\theta$[N]

Vector로 표시하면

$F = Il \times B$[N]

08 영역 1의 유전체 $\varepsilon_{r1} = 4$, $\mu_{r1} = 1$, $\sigma_1 = 0$과 영역 2의 유전체 $\varepsilon_{r2} = 9$, $\mu_{r2} = 1$, $\sigma_2 = 0$일 때 영역 1에서 영역 2로 입사된 전자파에 대한 반사 계수는?

① −0.2

② −5.0

③ 0.2

④ 0.8

해설 고유 임피던스(파동 임피던스) $\eta = \frac{E}{H} = \sqrt{\frac{\mu}{\varepsilon}}$

$$\eta_1 = \sqrt{\frac{\mu_{r_1}}{\varepsilon_{r_1}}} = \sqrt{\frac{1}{4}} = 0.5$$

$$\eta_2 = \sqrt{\frac{\mu_{r_2}}{\varepsilon_{r_2}}} = \sqrt{\frac{1}{9}} = 0.33$$

$$\therefore \text{ 반사 계수 } \rho = \frac{\eta_2 - \eta_1}{\eta_2 + \eta_1} = \frac{0.33 - 0.5}{0.33 + 0.5} = -0.2$$

정답 05.② 06.④ 07.① 08.①

09 정전 용량이 0.5[μF], 1[μF]인 콘덴서에 각각 2×10^{-4}[C] 및 3×10^{-4}[C]의 전하를 주고 극성을 같게 하여 병렬로 접속할 때 콘덴서에 축적된 에너지는 약 몇 [J]인가?

① 0.042
② 0.063
③ 0.083
④ 0.126

해설 • 총 전하 : $Q=Q_1+Q_2$
$=2\times10^{-4}+3\times10^{-4}$
$=5\times10^{-4}$[C]

• 합성 정전 용량 : $C=C_1+C_2$
$=0.5\times10^{-6}+1\times10^{-6}$
$=1.5\times10^{-6}$[F]

∴ 콘덴서에 축적된 에너지

$$W=\frac{Q^2}{2C}=\frac{(5\times10^{-4})^2}{2\times1.5\times10^{-6}}=0.083\text{[J]}$$

10 정전 용량 및 내압이 3[μF]/1,000[V], 5[μF]/500[V], 12[μF]/250[V]인 3개의 콘덴서를 직렬로 연결하고 양단에 가한 전압을 서서히 증가시킬 경우 가장 먼저 파괴되는 콘덴서는?

① 3[μF]
② 5[μF]
③ 12[μF]
④ 3개 동시에 파괴

해설 각 콘덴서에 축적할 수 있는 전하량

$Q_{1\max}=C_1V_{1\max}=3\times10^{-6}\times1,000=3\times10^{-3}$[C]

$Q_{2\max}=C_2V_{2\max}=5\times10^{-6}\times500=2.5\times10^{-3}$[C]

$Q_{3\max}=C_3V_{3\max}=12\times10^{-6}\times250=3\times10^{-3}$[C]

∴ $Q_{\max}$가 가장 작은 C_2(5[μF])가 가장 먼저 절연 파괴된다.

11 정전 용량 10[μF]인 콘덴서의 양단에 100[V]의 일정 전압을 인가하고 있다. 이 콘덴서의 극판 간의 거리를 $\frac{1}{10}$로 변화시키면 콘덴서에 충전되는 전하량은 거리를 변화시키기 이전의 전하량에 비해 어떻게 되는가?

① $\frac{1}{10}$로 감소
② $\frac{1}{100}$로 감소
③ 10배로 증가
④ 100배로 증가

해설 $Q=CV=\frac{\varepsilon S}{d}V\text{[C]}\propto\frac{1}{d}$

따라서, 극판 간 거리 d를 $\frac{d}{10}$로 하면 Q는 $10Q$가 된다.

12 접지 구도체와 점전하 간의 작용력은?

① 항상 반발력이다.
② 항상 흡입력이다.
③ 조건적 반발력이다.
④ 조건적 흡입력이다.

해설 접지 구도체에는 항상 점전하 Q[C]과 반대 극성인 영상 전하 $Q'=\frac{a}{d}Q$[C]이 유도되므로 항상 흡인력이 작용한다.

13 전계의 세기가 1,500[V/m]인 전장에 5[μC]의 전하를 놓았을 때 이 전하에 작용하는 힘은 몇 [N]인가?

① 4.5×10^{-3}
② 5.5×10^{-3}
③ 6.5×10^{-3}
④ 7.5×10^{-3}

해설 쿨롱의 법칙에 의해서 힘과 전계의 세기와의 관계
$F=Q\cdot E$[N]
∵ $F=Q\cdot E=5\times10^{-6}\times1,500=7.5\times10^{-3}$[N]

정답 09.③ 10.② 11.③ 12.② 13.④

14 500[AT/m]의 자계 중에 어떤 자극을 놓았을 때 4×10^3[N]의 힘이 작용했다면 이때 자극의 세기는 몇 [Wb]인가?

① 2　② 4
③ 6　④ 8

해설 쿨롱의 법칙에 의해서 힘과 자계의 세기와의 관계
$F=mH$[N]
자극의 세기 $m=\dfrac{F}{H}=\dfrac{4\times10^3}{500}=8$[Wb]

15 도전성을 가진 매질 내의 평면파에서 전송계수 γ를 표현한 것으로 알맞은 것은? (단, α는 감쇠 정수, β는 위상 정수이다.)

① $\gamma=\alpha+j\beta$　② $\gamma=\alpha-j\beta$
③ $\gamma=j\alpha+\beta$　④ $\gamma=j\alpha-\beta$

해설 전파 정수(전송 계수)
$\gamma=\sqrt{Z\cdot Y}$
$=\sqrt{(R+j\omega L)(G+j\omega C)}$
$=\alpha+j\beta$
여기서, α : 감쇠 정수, β : 위상 정수

16 자극의 세기가 8×10^{-6}[Wb]이고, 길이가 30[cm]인 막대 자석을 120[AT/m] 평등 자계 내에 자력선과 30°의 각도로 놓았다면 자석이 받는 회전력은 몇 [N·m]인가?

① 1.44×10^{-4}
② 1.44×10^{-5}
③ 2.88×10^{-4}
④ 2.88×10^{-5}

해설 자계 내에 막대 자석이 받는 회전력
$T=MH\sin\theta$
$=mlH\sin\theta$
$=8\times10^{-6}\times0.3\times120\times\sin30°$
$=1.44\times10^{-4}$[N·m]

17 자기 회로의 퍼미언스(permeance)에 대응하는 전기 회로의 요소는?

① 서셉턴스(susceptance)
② 컨덕턴스(conductance)
③ 엘라스턴스(elastance)
④ 정전 용량(electrostatic capacity)

해설 자기 회로와 전기 회로의 대응

자기 회로	전기 회로
자속 ϕ[Wb]	전류 I[A]
자계 H[A/m]	전계 E[V/m]
기자력 F[AT]	기전력 V[V]
자속 밀도 B[Wb/m^2]	전류 밀도 i[A/m^2]
투자율 μ[H/m]	도전율 k[℧/m]
자기 저항 R_m[AT/Wb]	전기 저항 R[Ω]

자기 저항의 역수는 퍼미언스이고, 전기 저항의 역수는 컨덕턴스이다.

18 전류가 흐르고 있는 도체에 자계를 가하면 도체 측면에 정·부(+, −)의 전하가 나타나 두 면 간에 전위차가 발생하는 현상은?

① 홀 효과　② 핀치 효과
③ 톰슨 효과　④ 제벡 효과

해설
- 제벡 효과 : 서로 다른 두 금속 A, B를 접속하고 다른 쪽에 전압계를 연결하여 접속부를 가열하면 전압이 발생하는 것을 알 수 있다. 이와 같이 서로 다른 금속을 접속하고 접속점을 서로 다른 온도를 유지하면 기전력이 생겨 일정한 방향으로 전류가 흐른다. 이러한 현상을 제벡 효과(Seebeck effect)라 한다. 즉, 온도차에 의한 열기전력 발생을 말한다.
- 톰슨 효과 : 동종의 금속에서도 각 부에서 온도가 다르면 그 부분에서 열의 발생 또는 흡수가 일어나는 효과를 톰슨 효과라 한다.
- 홀(Hall) 효과 : 홀 효과는 전기가 흐르고 있는 도체에 자계를 가하면 플레밍의 왼손 법칙에 의하여 도체 내부의 전하가 횡방향으로 힘을 받아 도체 측면에 (+), (−)의 전하가 나타나는 현상이다.

정답 14.④ 15.① 16.① 17.② 18.①

19 그림과 같이 직렬로 접속된 두 개의 코일이 있을 때 $L_1=20$[mH], $L_2=80$[mH], 결합계수 $k=0.8$이다. 여기에 0.5[A]의 전류를 흘릴 때 이 합성 코일에 저축되는 에너지는 약 몇 [J]인가?

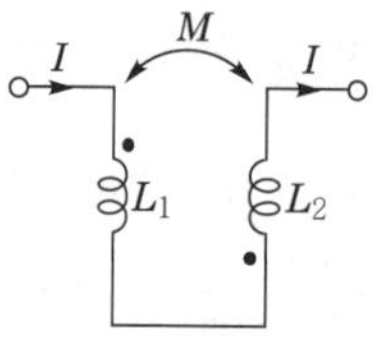

① 1.13×10^{-3}
② 2.05×10^{-2}
③ 6.63×10^{-2}
④ 8.25×10^{-2}

해설 점(dot)의 표시가 자속 방향이 같은 방향이 되도록 표시되어 있으므로 가동 결합이다.

$M=k\sqrt{L_1L_2}=0.8\times\sqrt{20\times80}=32$[mH]

$\therefore\ W=\frac{1}{2}(L_1+L_2+2M)I^2$

$=\frac{1}{2}\times(20+80+2\times32)\times10^{-3}\times0.5^2$

$=2.05\times10^{-2}$[J]

20 도체 1을 Q가 되도록 대전시키고, 여기에 도체 2를 접촉했을 때 도체 2가 얻은 전하를 전위 계수로 표시하면? (단, P_{11}, P_{12}, P_{21}, P_{22}는 전위 계수이다.)

① $\dfrac{Q}{P_{11}-2P_{12}+P_{22}}$

② $\dfrac{(P_{11}-P_{12})Q}{P_{11}-2P_{12}+P_{22}}$

③ $\dfrac{(P_{11}P_{12}+P_{22})Q}{P_{11}+2P_{12}+P_{22}}$

④ $\dfrac{(P_{11}-P_{12})Q}{P_{11}+2P_{12}+P_{22}}$

해설 $V_1=P_{11}Q_1+P_{12}Q_2$[V], $V_2=P_{21}Q_1+P_{22}Q_2$[V]

접속 후에는 전위가 같으므로 $V_1=V_2$, 접속 후 도체 1에 남아 있는 전하 Q_1은

$Q_1=Q-Q_2$로 감소하므로

$V_1=P_{11}(Q-Q_2)+P_{12}Q_2$,

$V_2=P_{21}(Q-Q_2)+P_{22}Q_2$

$P_{11}Q-P_{11}Q_2+P_{12}Q_2=P_{21}Q-P_{21}Q_2+P_{22}Q_2$

$(P_{11}-P_{12})Q=(P_{11}-P_{12}-P_{12}+P_{22})Q_2$

$(\because\ P_{12}=P_{21})$

$\therefore\ Q_2=\dfrac{P_{11}-P_{12}}{P_{11}-2P_{12}+P_{22}}Q$[C]

제2과목 전력공학

21 개폐 서지를 흡수할 목적으로 설치하는 것의 약어는?

① CT ② SA
③ GIS ④ ATS

해설 개폐 서지를 흡수하여 변압기 등을 보호하는 것을 서지 흡수기(SA)라 한다.

22 전력 계통의 전압 안정도를 나타내는 $P-V$ 곡선에 대한 설명 중 적합하지 않은 것은?

① 가로축은 수전단 전압을, 세로축은 무효 전력을 나타낸다.
② 진상 무효 전력이 부족하면 전압은 안정되고 진상 무효 전력이 과잉되면 전압은 불안정하게 된다.
③ 전압 불안정 현상이 일어나지 않도록 전압을 일정하게 유지하려면 무효 전력을 적절하게 공급하여야 한다.
④ $P-V$ 곡선에서 주어진 역률에서 전압을 증가시키더라도 송전할 수 있는 최대 전력이 존재하는 임계점이 있다.

정답 19.② 20.② 21.② 22.①

해설 $P-V$ 곡선은 가로축에 유효 전력을, 세로축에 전압을 나타낸다.

23 다음 중 표준형 철탑이 아닌 것은?

① 내선 철탑
② 직선 철탑
③ 각도 철탑
④ 인류 철탑

해설 철탑의 사용 목적상 분류
직선형, 각도형, 인류형, 내장형, 보강형 등이 있다.

24 (출제빈도) 3상으로 표준 전압 3[kV], 800[kW]를 역률 0.9로 수전하는 공장의 수전 회로에 시설할 계기용 변류기의 변류비로 적당한 것은? (단, 변류기의 2차 전류는 5[A]이며, 여유율은 1.2로 한다.)

① 10 ② 20
③ 30 ④ 40

해설
변류기 1차 전류 $I_1 = \dfrac{800}{\sqrt{3}\times 3\times 0.9}\times 1.2 = 205[\mathrm{A}]$

$\therefore$ 200[A]를 적용하므로 변류비는 $\dfrac{200}{5}=40$

25 (출제빈도) 발전기나 변압기의 내부 고장 검출에 주로 사용되는 계전기는?

① 역상 계전기
② 과전압 계전기
③ 과전류 계전기
④ 비율 차동 계전기

해설 비율 차동 계전기는 발전기, 변압기의 내부 고장 검출에 사용된다.

26 (출제빈도) 3,000[kW], 역률 80[%](뒤짐)의 부하에 전력을 공급하고 있는 변전소에 전력용 콘덴서를 설치하여 변전소에서의 역률을 90[%]로 향상시키는 데 필요한 전력용 콘덴서의 용량은 약 몇 [kVA]인가?

① 600 ② 700
③ 800 ④ 900

해설 역률 개선용 콘덴서 용량 Q[kVA]

$$Q = P(\tan\theta_1 - \tan\theta_2)$$
$$= 3{,}000(\tan\cos^{-1}0.8 - \tan\cos^{-1}0.9)$$
$$\fallingdotseq 800[\mathrm{kVA}]$$

27 역률 0.8인 부하 480[kW]를 공급하는 변전소에 전력용 콘덴서 220[kVA]를 설치하면 역률은 몇 [%]로 개선할 수 있는가?

① 92 ② 94
③ 96 ④ 99

해설 콘덴서 설치 후 역률

$$\cos\theta_2 = \frac{P}{\sqrt{P^2+(P\tan\theta_1 - Q_c)^2}}$$
$$= \frac{480}{\sqrt{480^2+\left(480\times\dfrac{0.6}{0.8}-220\right)^2}} = 0.96$$

28 수전단을 단락한 경우 송전단에서 본 임피던스는 300[Ω]이고, 수전단을 개방한 경우에는 1,200[Ω]일 때 이 선로의 특성 임피던스는 몇 [Ω]인가?

① 300 ② 500
③ 600 ④ 800

해설
$$Z_0 = \sqrt{\frac{Z}{Y}}$$
$$= \sqrt{Z_{단락}\times Z_{개방}}$$
$$= \sqrt{300\times 1{,}200}$$
$$= 600[\Omega]$$

정답 23.① 24.④ 25.④ 26.③ 27.③ 28.③

29 배전 전압, 배전 거리 및 전력 손실이 같다는 조건에서 단상 2선식 전기 방식의 전선 총 중량을 100[%]라 할 때 3상 3선식 전기 방식은 몇 [%]인가?

① 33.3　② 37.5
③ 75.0　④ 100.0

해설 전선 총 중량은 단상 2선식을 기준으로 단상 3선식은 $\frac{3}{8}$, 3상 3선식은 $\frac{3}{4}$, 3상 4선식은 $\frac{1}{3}$이다.

30 외뢰(外雷)에 대한 주보호 장치로서 송전 계통의 절연 협조의 기본이 되는 것은?

출제빈도

① 애자
② 변압기
③ 차단기
④ 피뢰기

해설 절연 협조의 기본은 피뢰기의 제한 전압으로 한다.

31 배전 선로의 전기적 특성 중 그 값이 1 이상인 것은?

출제빈도

① 전압 강하율
② 부등률
③ 부하율
④ 수용률

해설 부등률 $= \frac{\text{각 부하의 최대 수용 전력의 합[kW]}}{\text{합성(종합) 최대 전력[kW]}}$ 으로 이 값은 항상 1보다 크다.

32 1,000[kVA]의 단상 변압기 3대를 △-△ 결선의 1뱅크로 하여 사용하는 변전소가 부하 증가로 다시 1대의 단상 변압기를 증설하여 2뱅크로 사용하면 최대 약 몇 [kVA]의 3상 부하에 적용할 수 있는가?

① 1,730　② 2,000
③ 3,460　④ 4,000

해설 V결선 2뱅크하여야 하므로

$$P_m = \sqrt{3}P_1 \times 2 = \sqrt{3} \times 1,000 \times 2 \fallingdotseq 3,460[\text{kVA}]$$

33 3,300[V] 배전 선로의 전압을 6,600[V]로 승압하고 같은 손실률로 송전하는 경우 송전 전력은 승압전의 몇 배인가?

① $\sqrt{3}$　② 2
③ 3　④ 4

해설 $P \propto V^2$이므로 $\left(\frac{6,600}{3,300}\right)^2 = 4$배로 된다.

34 송전 선로에 근접한 통신선에 유도 장해가 발생하였다. 전자 유도의 주된 원인은?

출제빈도

① 영상 전류
② 정상 전류
③ 정상 전압
④ 역상 전압

해설 전자 유도 전압 $E_m = -j\omega Ml \times 3I_0$이므로 전자 유도의 원인은 영상 전류이다.

35 기력 발전소의 열사이클 과정 중 단열 팽창 과정에서 물 또는 증기의 상태 변화로 옳은 것은?

① 습증기 → 포화액
② 포화액 → 압축액
③ 과열 증기 → 습증기
④ 압축액 → 포화액 → 포화 증기

정답 29.③ 30.④ 31.② 32.③ 33.④ 34.① 35.③

해설 단열 팽창의 과정은 터빈에서 발생하고, 과열 증기가 습증기로 변화하는 과정이다.

36 3상 배전 선로의 전압 강하율[%]을 나타내는 식이 아닌 것은? (단, V_s : 송전단 전압, V_r : 수전단 전압, I : 전부하 전류, P : 부하 전력, Q : 무효 전력이다.)

① $\dfrac{PR+QX}{{V_r}^2}\times 100$

② $\dfrac{V_s-V_r}{V_r}\times 100$

③ $\dfrac{V_s(PR+QX)}{V_r}\times 100$

④ $\dfrac{\sqrt{3}\,I}{V_r}(R\cos\theta+X\sin\theta)\times 100$

해설 전압 강하율

$$\varepsilon=\frac{V_s-V_r}{V_r}=\frac{e}{V_r}=\frac{\sqrt{3}\,I(R\cos\theta+X\sin\theta)}{V_r}=\frac{P}{V^2}(R+X\tan\theta)=\frac{PR+QX}{{V_r}^2}$$

등으로 표현된다.

37 송전 선로의 보호 방식으로 지락에 대한 보호는 영상 전류를 이용하여 어떤 계전기를 동작시키는가?

출제빈도

① 선택 지락 계전기
② 전류 차동 계전기
③ 과전압 계전기
④ 거리 계전기

해설 지락 사고시 영상 변류기(ZCT)로 영상 전류를 검출하여 지락 계전기(OVGR, SGR)를 동작시킨다.

38 경수 감속 냉각형 원자로에 속하는 것은?

① 고속 증식로
② 열 중성자로
③ 비등수형 원자로
④ 흑연 감속 가스 냉각로

해설 경수 감속 냉각형 원자로는 가압수형 원자로와 비등수형 원자로가 있다.

39 장거리 송전 선로의 특성을 표현한 회로로 옳은 것은?

① 분산 부하 회로
② 분포 정수 회로
③ 집중 정수 회로
④ 특성 임피던스 회로

해설 장거리 송전 선로의 송전 특성은 분포 정수 회로로 해석한다.

40 배전 선로에 3상 3선식 비접지 방식을 채용할 경우 장점이 아닌 것은?

출제빈도

① 과도 안정도가 크다.
② 1선 지락 고장시 고장 전류가 작다.
③ 1선 지락 고장시 인접 통신선의 유도장해가 작다.
④ 1선 지락 고장시 건전상의 대지 전위 상승이 작다.

해설 비접지 방식의 1선 지락 전류는 고장상이 전압보다 진상이므로 건전상의 전위를 상승시킨다.

정답 36.③ 37.① 38.③ 39.② 40.④

제3과목 전기기기

41 직류기에서 전기자 반작용의 영향을 설명한 것으로 틀린 것은?

출제빈도

① 주자극의 자속이 감소한다.
② 정류자편 사이의 전압이 불균일하게 된다.
③ 국부적으로 전압이 높아져 섬락을 일으킨다.
④ 전기적 중성점이 전동기인 경우 회전 방향으로 이동한다.

해설 직류기 전기자 반작용의 영향
• 주자극의 자속이 감소한다.
• 정류자편 간 전압이 국부적으로 높아져 불꽃을 발생한다.
• 전기적 중성축이 발전기는 회전 방향, 전동기는 회전 반대 방향으로 이동한다.

42 6,300/210[V], 20[kVA] 단상 변압기 1차 저항과 리액턴스가 각각 15.2[Ω]과 21.6[Ω], 2차 저항과 리액턴스가 각각 0.019[Ω]과 0.028[Ω]이다. 백분율 임피던스는 약 몇 [%]인가?

① 1.86 ② 2.86
③ 3.86 ④ 4.86

해설 2차측 저항과 리액턴스 1차측으로 환산하면

$r_2' = a^2 r_2 = 17.1[\Omega]$

$x_2' = a^2 x_2 = 25.2[\Omega]$

$\dot{Z}_{12} = 32.3 + j46.8$

$Z_{12} = \sqrt{32.3^2 + 46.8^2} = 56.86[\Omega]$

$I_1 = \frac{P_n}{V_1} = \frac{20,000}{6,300} = 3.175[A]$

$\therefore \%Z = \frac{I_1 Z_{12}}{V_1} \times 100$

$= \frac{3.175 \times 56.86}{6,300} \times 100$

$= 2.865[\%]$

43 권선형 유도 전동기의 속도 제어 방법 중 저항 제어법의 특징으로 옳은 것은?

출제빈도

① 효율이 높고 역률이 좋다.
② 부하에 대한 속도 변동률이 작다.
③ 구조가 간단하고 제어 조작이 편리하다.
④ 전부하로 장시간 운전하여도 온도에 영향이 적다.

해설 권선형 유도 전동기의 저항 제어법의 장단점
• 장점
 – 기동용 저항기를 겸한다.
 – 구조가 간단하여 제어 조작이 용이하고, 내구성이 풍부하다.
• 단점
 – 운전 효율이 나쁘다.
 – 부하에 대한 속도 변동이 크다.
 – 부하가 작을 때는 광범위한 속도 조정이 곤란하다.
 – 제어용 저항은 전부하에서 장시간 운전해도 위험한 온도가 되지 않을 만큼의 크기가 필요하므로 가격이 비싸다.

44 직류 분권 전동기의 공급 전압의 극성을 반대로 하면 회전 방향은 어떻게 되는가?

① 반대로 된다.
② 변하지 않는다.
③ 발전기로 된다.
④ 회전하지 않는다.

해설 직류 분권 전동기는 전기자 권선과 계자 권선이 병렬로 접속되어 있으므로 공급 전압의 극성을 반대로 하면 전기자 전류와 계자 전류의 방향이 함께 바뀌므로 회전 방향은 변하지 않는다.

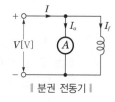

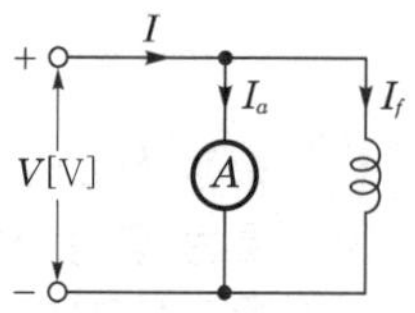

| 분권 전동기 |

정답 41.④ 42.② 43.③ 44.②

45 단상 50[Hz], 전파 정류 회로에서 변압기의 2차 상전압 100[V], 수은 정류기의 전압 강하 20[V]에서 회로 중의 인덕턴스는 무시한다. 외부 부하로서 기전력 50[V], 내부 저항 0.3[Ω]의 축전지를 연결할 때 평균 출력은 약 몇 [W]인가?

① 4,556　② 4,667
③ 4,778　④ 4,889

해설 직류 전압(평균값)

$E_d = \frac{\sqrt{2}}{\pi}E - e = 0.9 \times 100 - 20 = 70[V]$

부하 전류 $I = \frac{E_d - V}{r} = \frac{70-50}{0.3} = 66.67[A]$

출력 $P = E_d I = 70 \times 66.67 = 4666.9[W]$

46 3상 동기 발전기의 여자 전류 5[A]에 대한 1상의 유기 기전력이 600[V]이고 그 3상 단락 전류는 30[A]이다. 이 발전기의 동기 임피던스[Ω]는?

① 10　② 20
③ 30　④ 40

해설 동기 임피던스 $Z_s = \frac{E}{I_s} = \frac{600}{30} = 20[\Omega]$

47 동기 발전기의 전기자 권선을 단절권으로 하는 가장 큰 이유는? (출제빈도)

① 과열을 방지
② 기전력 증가
③ 기본파를 제거
④ 고조파를 제거해서 기전력 파형 개선

해설 동기 발전기의 전기자 권선법을 단절권으로 하면 전절권과 비교하여 기전력은 약간 감소하지만 고조파를 제거하여 기전력의 파형을 개선하고, 코일단부가 축소, 동량이 감소한다.

48 권선형 유도 전동기가 기동하면서 동기 속도 이하까지 회전 속도가 증가하면 회전자의 전압은?

① 증가한다.　② 감소한다.
③ 변함없다.　④ 0이 된다.

해설 회전자 전압(2차 전압) $E_{2s} = s \cdot E_2$

슬립 $s = \frac{N_s - N}{N_s}$

$s \neq 0 (N < N_s)$

49 3상 직권 정류자 전동기의 중간 변압기의 사용 목적은? (출제빈도)

① 역회전의 방지
② 역회전을 위하여
③ 전동기의 특성을 조정
④ 직권 특성을 얻기 위하여

해설 3상 직권 정류자 전동기의 중간 변압기를 사용하는 목적은 다음과 같다.

- 회전자 전압을 정류 작용에 맞는 값으로 조정할 수 있다.
- 권수비를 바꾸어서 전동기의 특성을 조정할 수 있다.
- 경부하시 철심의 자속을 포화시켜두면 속도의 이상 상승을 억제할 수 있다.

50 전기자 지름 0.2[m]의 직류 발전기가 1.5[kW]의 출력에서 1,800[rpm]으로 회전하고 있을 때 전기자 주변 속도는 약 몇 [m/s]인가?

① 18.84　② 21.96
③ 32.74　④ 42.85

해설 전기자 주변 속도 $v = \frac{x}{t} = 2\pi r \frac{N}{60}$

$v = \pi D \frac{N}{60} = \pi \times 0.2 \times \frac{1,800}{60} = 18.84[m/s]$

정답 45.② 46.② 47.④ 48.② 49.③ 50.①

51 2방향성 3단자 사이리스터는?

① SCR ② SSS
③ SCS ④ TRIAC

해설
- SCR : 단일 방향 3단자 사이리스터
- SSS : 쌍방향(2방향성) 2단자 스위치
- SCS : 단일 방향 4단자 사이리스터
- TRIAC : 쌍방향 3단자 사이리스터

52 동기 전동기의 특징으로 틀린 것은?

① 속도가 일정하다.
② 역률을 조정할 수 없다.
③ 직류 전원을 필요로 한다.
④ 난조를 일으킬 염려가 있다.

해설 동기 전동기의 장단점
- 장점
  - 속도가 일정하다.
  - 항상 역률 1로 운전할 수 있다.
  - 저속도의 것으로 일반적으로 유도 전동기에 비하여 효율이 좋다.
- 단점
  - 보통 구조의 것은 기동 토크가 작다.
  - 난조를 일으킬 염려가 있다.
  - 직류 전원을 필요로 한다.
  - 구조가 복잡하다.
  - 속도 제어가 곤란하다.

53 정격 주파수 50[Hz]의 변압기를 일정 전압 60[Hz]의 전원에 접속하여 사용했을 때 여자 전류, 철손 및 리액턴스 강하는?

① 여자 전류와 철손은 $\frac{5}{6}$ 감소, 리액턴스 강하 $\frac{6}{5}$ 증가
② 여자 전류와 철손은 $\frac{5}{6}$ 감소, 리액턴스 강하 $\frac{5}{6}$ 감소
③ 여자 전류와 철손은 $\frac{6}{5}$ 증가, 리액턴스 강하 $\frac{6}{5}$ 증가
④ 여자 전류와 철손은 $\frac{6}{5}$ 증가, 리액턴스 강하 $\frac{5}{6}$ 감소

해설 변압기의 공급 전압 $V=4.44fN\phi_m$에서 공급 전압이 일정하면 와전류손도 일정$[P_e=\sigma_e(tk_f fB_m)^2]$하고, $B_m \propto \frac{1}{f}$한다.

- 철손 : $P_i \fallingdotseq P_h = \sigma_h \cdot fB_m^{\ 1.6 \sim 2} \propto \frac{1}{f}$
- 여자 전류 : $I_0 \propto P_i \propto \frac{1}{f}$
- 리액턴스 강하 : $I \cdot x = I \cdot 2\pi fL \propto f$

54 어떤 주상 변압기가 $\frac{4}{5}$ 부하일 때 최대 효율이 된다고 한다. 전부하에 있어서의 철손과 동손의 비 $\frac{P_c}{P_i}$는 약 얼마인가?

① 0.64 ② 1.56
③ 1.64 ④ 2.56

해설 $\frac{4}{5}=0.8$ 부하시의 동손을 P_{c8}, 전부하 동손을 P_{c0}라 하면 $P_{c8}=P_i$

또한 $P_{c8}=\left(\frac{4}{5}\right)^2 P_c$

$\therefore\ P_c=\left(\frac{4}{5}\right)^2 P_{c8}$

$\therefore\ \frac{P_c}{P_{c8}}=\frac{P_c}{P_i}=\left(\frac{5}{4}\right)^2=\frac{25}{16}\fallingdotseq 1.56$

55 직류기의 손실 중 기계손에 속하는 것은?

① 풍손
② 와전류손
③ 히스테리시스손
④ 브러시의 전기손

정답 51.④ 52.② 53.① 54.② 55.①

해설 에너지 변환 과정에서 일부 에너지는 열(heat)로 바뀌어서 없어지는데 이것을 손실(loss)이라 하며 직류기의 손실은 다음과 같다.

- 기계손 : 베어링 마찰손, 브러시 마찰손, 풍손
- 철손 : 히스테리시스손, 와전류손
- 동손 : 계자 권선 동손, 전기자 권선 동손, 브러시의 전기손
- 표유 부하손

56 직류기에서 양호한 정류를 얻는 조건으로 틀린 것은?

출제빈도

① 정류 주기를 크게 한다.
② 브러시의 접촉 저항을 크게 한다.
③ 전기자 권선의 인덕턴스를 작게 한다.
④ 평균 리액턴스 전압을 브러시 접촉면 전압 강하보다 크게 한다.

해설 평균 리액턴스 전압 $e = L\frac{2I_c}{T_c}$[V]가 정류 불량의 가장 큰 원인이므로 양호한 정류를 얻으려면 리액턴스 전압을 작게 하여야 한다.

- 전기자 코일의 인덕턴스(L)를 작게 한다.
- 정류 주기(T_c)가 클 것
- 주변 속도(v_c)는 느릴 것
- 보극을 설치 → 평균 리액턴스 전압 상쇄
- 브러시의 접촉 저항을 크게 한다.

57 동기 전동기의 제동 권선은 다음 어떤 것과 같은가?

출제빈도

① 직류기의 전기자
② 유도기의 농형 회전자
③ 동기기의 원통형 회전자
④ 동기기의 유도자형 회전자

해설 동기 전동기의 제동 권선은 난调완과 동봉을 전동기 회전자 표면에 설치하여 기동 토크를 얻는 권선으로 농형 유도 전동기의 회전자와 같다.

58 권선형 3상 유도 전동기의 2차 회로는 Y로 접속되고 2차 각 상의 저항은 0.3[Ω]이며 1차, 2차 리액턴스의 합은 1.5[Ω]이다. 기동시에 최대 토크를 발생하기 위해서 삽입하여야 할 저항[Ω]은? (단, 1차 각 상의 저항은 무시한다.)

① 1.2
② 1.5
③ 2
④ 2.2

해설 최대 토크를 발생하는 슬립 s_m

$$s_m = \frac{r_2}{\sqrt{{r_1}^2 + (x_1 + x_2')^2}} \fallingdotseq \frac{r_2}{x} \text{ (1차 저항은 무시)}$$

동일 토크 발생 조건 $\frac{r_2}{s_m} = \frac{r_2 + R}{s_s} = r_2 + R (s_s = 1)$

∴ 2차측에 삽입하여야 할 저항 $R = \frac{r_2}{s_m} - r_2$

$$R = \frac{r_2}{\frac{r_2}{x}} - r_2 = x - r_2 = 1.5 - 0.3 = 1.2\,[\Omega]$$

59 3상 유도 전압 조정기의 특징이 아닌 것은?

① 분로 권선에 회전 자계가 발생한다.
② 입력 전압과 출력 전압의 위상이 같다.
③ 두 권선은 2극 또는 4극으로 감는다.
④ 1차 권선은 회전자에 감고 2차 권선은 고정자에 감는다.

해설 3상 유도 전압 조정기는 1차 권선(분로 권선)은 회전자에 2차 권선(직렬 권선)은 고정자에 두 권선을 2극 또는 4극으로 감고, 분로 권선에 3상 전압을 가하면 회전 자계가 생긴다. 단상 유도 전압 조정기는 1, 2차 전압이 동위상이지만 3상 유도 전압 조정기는 입력 전압과 출력 전압 사이에 α만큼의 위상차가 발생한다.

정답 56.④ 57.② 58.① 59.②

60 변압기의 부하가 증가할 때의 현상으로서 틀린 것은?

① 동손이 증가한다.
② 온도가 상승한다.
③ 철손이 증가한다.
④ 여자 전류는 변함없다.

해설 변압기의 부하가 증가하면 부하 전류가 증가하여 동손이 증가하고 온도가 상승하지만 철손과 여자 전류는 무부하손과 무부하 전류이므로 변함이 없다.

제4과목 회로이론

61 어떤 회로망의 4단자 정수가 $A=8$, $B=j2$, $D=3+j2$이면 이 회로망의 C는?

① $2+j3$　② $3+j3$
③ $24+j14$　④ $8-j11.5$

해설 4단자 정수의 성질 $AD-BC=1$

$\therefore C=\frac{AD-1}{B}=\frac{8(3+j2)-1}{j2}=8-j11.5$

62 다음과 같은 회로에서 $i_1=I_m\sin\omega t$[A]일 때, 개방된 2차 단자에 나타나는 유기 기전력 e_2는 몇 [V]인가?

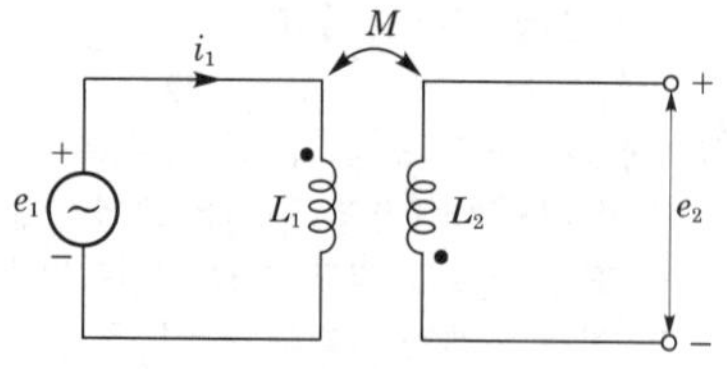

① $\omega MI_m\sin(\omega t-90°)$
② $\omega MI_m\cos(\omega t-90°)$
③ $-\omega M\sin\omega t$
④ $\omega M\cos\omega t$

해설 차동 결합이므로 2차 유도 기전력

$e_2=-M\frac{di}{dt}=-M\frac{d}{dt}I_m\sin\omega t$
$=-\omega MI_m\cos\omega t=\omega MI_m\sin(\omega t-90°)$[V]

63 다음 회로에서 부하 R에 최대 전력이 공급될 때의 전력값이 5[W]라고 하면 R_L+R_i의 값은 몇 [Ω]인가? (단, R_i는 전원의 내부 저항이다.)

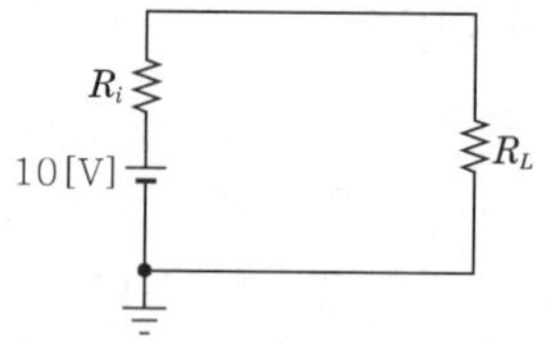

① 5　② 10
③ 15　④ 20

해설 • 최대 전력 전달 조건 : $R_L=R_i$

• 최대 전력 : $P_{max}=\frac{V^2}{4R_L}$[W]

$5=\frac{10^2}{4R_L}$

$\therefore$ 부하 저항 $R_L=5$[Ω]

따라서, $R_L+R_i=5+5=10$[Ω]

64 부동작 시간(dead time) 요소의 전달 함수는?

① K　② $\frac{K}{s}$
③ Ke^{-Ls}　④ Ks

해설 각종 제어 요소의 전달 함수
• 비례 요소의 전달 함수 : K
• 미분 요소의 전달 함수 : Ks
• 적분 요소의 전달 함수 : $\frac{K}{s}$
• 1차 지연 요소의 전달 함수 : $G(s)=\frac{K}{1+Ts}$
• 부동작 시간 요소의 전달 함수 : $G(s)=Ke^{-Ls}$

정답 60.③ 61.④ 62.① 63.② 64.③

65 회로의 양 단자에서 테브난의 정리에 의한 등가 회로로 변환할 경우 V_{ab} 전압과 테브난 등가 저항은?

출제빈도

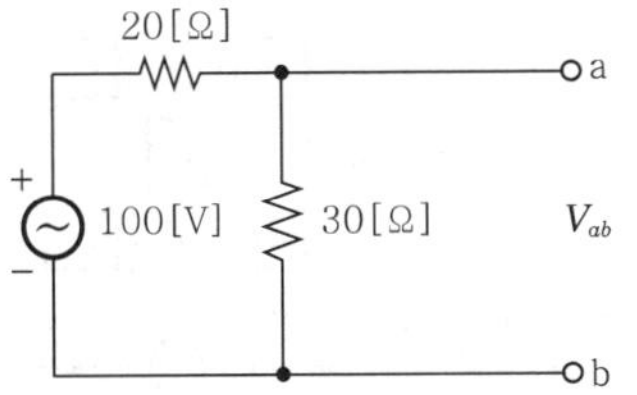

① 60[V], 12[Ω]
② 60[V], 15[Ω]
③ 50[V], 15[Ω]
④ 50[V], 50[Ω]

해설 $V_{ab} = 30 \times 2 = 60$[V], $Z_{ab} = \dfrac{20 \times 30}{20+30} = 12$[Ω]

66 그림과 같은 회로에서 $V_1(s)$를 입력, $V_2(s)$를 출력으로 한 전달 함수는?

출제빈도

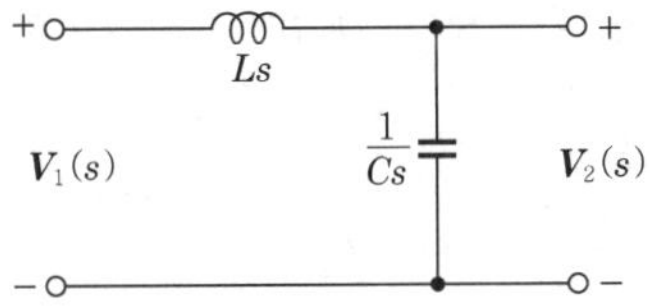

① $\dfrac{1}{\dfrac{1}{Ls} + Cs}$　② $\dfrac{1}{1+s^2LC}$

③ $\dfrac{1}{LC+Cs}$　④ $\dfrac{Cs}{s^2(s+LC)}$

해설

$$G(s) = \frac{V_2(s)}{V_1(s)} = \frac{\frac{1}{Cs}}{Ls + \frac{1}{Cs}} = \frac{\frac{1}{LC}}{s^2 + \frac{1}{LC}} = \frac{1}{1+s^2LC}$$

67 저항 R[Ω], 리액턴스 X[Ω]와의 직렬 회로에 교류 전압 V[V]를 가했을 때 소비되는 전력[W]은?

① $\dfrac{V^2R}{\sqrt{R^2+X^2}}$

② $\dfrac{V}{\sqrt{R^2+X^2}}$

③ $\dfrac{V^2R}{R^2+X^2}$

④ $\dfrac{X}{R^2+X^2}$

해설 $P = I^2 \cdot R = \left(\dfrac{V}{\sqrt{R^2+X^2}}\right)^2 \cdot R = \dfrac{V^2 \cdot R}{R^2+X^2}$

68 $R-L-C$ 직렬 회로에서 각주파수 ω를 변화시켰을 때 어드미턴스의 궤적은?

① 원점을 지나는 원
② 원점을 지나는 반원
③ 원점을 지나지 않는 원
④ 원점을 지나지 않는 직선

해설 벡터 궤적을 정리하면 다음 표와 같다.

구분 / 종류	임피던스 궤적	어드미턴스 궤적 (전류 궤적)
$R-L$ 직렬	가변하는 축에 나란한 1상한의 반직선 벡터	가변하지 않는 축에 원점을 둔 4상한의 반원 벡터
$R-C$ 직렬	가변하는 축에 나란한 4상한의 반직선 벡터	가변하지 않는 축에 원점을 둔 1상한의 반원 벡터

$R-L-C$ 직렬 회로의 벡터 궤적은 X_C가 가변일 경우이다.

- $X_L > X_C$인 경우 : $Z = R + jX$
- $X_L < X_C$인 경우 : $Z = R - jX$

즉, 임피던스의 역궤적이 어드미턴스 궤적으로 $R-L-C$ 직렬 회로의 벡터 궤적은 $R-L$ 직렬과 $R-C$ 직렬 회로를 합한 것과 같다.

정답 65.① 66.② 67.③ 68.①

69 대칭 6상 기전력의 선간 전압과 상기전력의 위상차는?

출제빈도

① 120°　　② 60°
③ 30°　　④ 15°

해설 위상차 $\theta = \frac{\pi}{2}\left(1-\frac{2}{n}\right)$

$= \frac{180}{2}\left(1-\frac{2}{6}\right)$

$= 90 \times \frac{2}{3} = 60°$

70 $R-L$ 병렬 회로의 양단에 $e = E_m \sin(\omega t + \theta)$[V]의 전압이 가해졌을 때 소비되는 유효 전력[W]은?

① $\frac{{E_m}^2}{2R}$　　② $\frac{{E_m}^2}{\sqrt{2}R}$
③ $\frac{E_m}{2R}$　　④ $\frac{E_m}{\sqrt{2}R}$

해설 병렬 회로는 전압이 일정하므로

유효 전력 $P = \frac{V^2}{R} = \frac{\left(\frac{E_m}{\sqrt{2}}\right)^2}{R} = \frac{{E_m}^2}{2R}$[W]

71 2단자 회로 소자 중에서 인가한 전류파형과 동위상의 전압파형을 얻을 수 있는 것은?

① 저항
② 콘덴서
③ 인덕턴스
④ 저항+콘덴서

해설 • 저항(R)에서는 전압과 전류는 동위상이다.
• 인덕턴스(L)에서는 전압은 전류보다 90° 앞선다.
• 콘덴서(C)에서는 전압은 전류보다 90° 뒤진다.

72 다음과 같은 교류 브리지 회로에서 Z_0에 흐르는 전류가 0이 되기 위한 각 임피던스의 조건은?

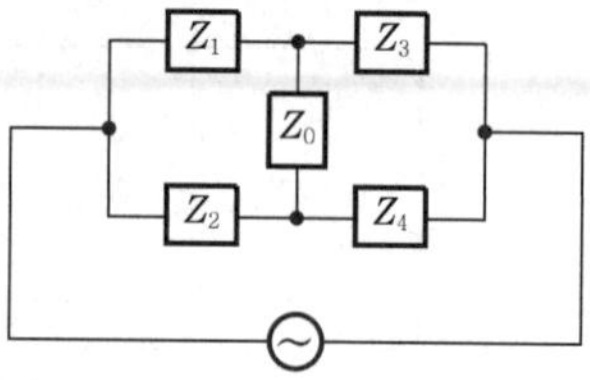

① $Z_1 Z_2 = Z_3 Z_4$　　② $Z_1 Z_2 = Z_3 Z_0$
③ $Z_2 Z_3 = Z_1 Z_0$　　④ $Z_2 Z_3 = Z_1 Z_4$

해설 브리지 평형 조건은 $Z_2 Z_3 = Z_1 Z_4$이다.

73 불평형 3상 전류가 $I_a = 15 + j2$[A], $I_b = -20 - j14$[A], $I_c = -3 + j10$[A]일 때의 영상 전류 I_0[A]는?

출제빈도

① $1.57 - j3.25$　　② $2.85 + j0.36$
③ $-2.67 - j0.67$　　④ $12.67 + j2$

해설 영상 전류

$I_0 = \frac{1}{3}(I_a + I_b + I_c)$

$= \frac{1}{3}(15 + j2 - 20 - j14 - 3 + j10)$

$= -2.67 - j0.67$[A]

74 회로에서 $L = 50$[mH], $R = 20$[kΩ]인 경우 회로의 시정수는 몇 [μs]인가?

출제빈도

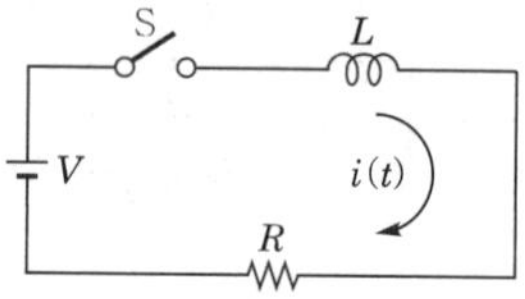

① 4.0　　② 3.5
③ 3.0　　④ 2.5

정답 69.② 70.① 71.① 72.④ 73.③ 74.④

해설 시정수 $\tau = \frac{L}{R} = \frac{50 \times 10^{-3}}{20 \times 10^{3}} = 2.5[\mu s]$

75 주기적인 구형파 신호의 구성은?

① 직류 성분만으로 구성된다.
② 기본파 성분만으로 구성된다.
③ 고조파 성분만으로 구성된다.
④ 직류 성분, 기본파 성분, 무수히 많은 고조파 성분으로 구성된다.

해설 주기적인 구형파 신호는 각 고조파 성분의 합이므로 무수히 많은 주파수의 성분을 가진다.

76 $F(s) = \frac{5s+3}{s(s+1)}$ 일 때 $f(t)$의 최종값은?

출제빈도

① 3　② −3
③ 5　④ −5

해설 정상값은 최종값과 같으므로 최종값 정리에 의해

$$\lim_{s \to 0} s \cdot F(s) = \lim_{s \to 0} s \frac{5s+3}{s(s+1)} = 3$$

77 다음 미분 방정식으로 표시되는 계에 대한 전달 함수는? (단, $x(t)$는 입력, $y(t)$는 출력을 나타낸다.)

출제빈도

$$\frac{d^2y(t)}{dt^2} + 3\frac{dy(t)}{dt} + 2y(t) = x(t) + \frac{dx(t)}{dt}$$

① $\frac{s+1}{s^2+3s+2}$　② $\frac{s-1}{s^2+3s+2}$
③ $\frac{s+1}{s^2-3s+2}$　④ $\frac{s-1}{s^2-3s+2}$

해설 양변을 라플라스 변환하면

$s^2 Y(s) + 3s Y(s) + 2Y(s) = sX(s) + X(s)$

$(s^2 + 3s + 2)Y(s) = (s+1)X(s)$

$\therefore G(s) = \frac{Y(s)}{X(s)} = \frac{s+1}{s^2+3s+2}$

78 $R-C$ 회로에 비정현파 전압을 가하여 흐른 전류가 다음과 같을 때 이 회로의 역률은 약 몇 [%]인가?

$v = 20 + 220\sqrt{2}\sin 120\pi t + 40\sqrt{2}\sin 360\pi t[V]$

$i = 2.2\sqrt{2}\sin(120\pi t + 36.87°) + 0.49\sqrt{2}\sin(360\pi t + 14.04°)[A]$

① 75.8　② 80.4
③ 86.3　④ 89.7

해설 역률 $\cos\theta = \frac{P}{P_a} \times 100[\%]$

$P = V_1 I_1 \cos\theta_1 + V_3 I_3 \cos\theta_3$

$= 220 \times 2.2\cos 36.87° + 40 \times 0.49\cos 14.04°$

$≒ 406.21[W]$

$P_a = VI$

$= \sqrt{20^2 + 220^2 + 40^2} \times \sqrt{2.2^2 + 0.49^2} ≒ 505.13$

$\therefore \cos\theta = \frac{P}{P_a} \times 100 = \frac{406.21}{505.13} \times 100 ≒ 80.4[\%]$

79 대칭 좌표법에 관한 설명이 아닌 것은?

출제빈도

① 대칭 좌표법은 일반적인 비대칭 3상 교류 회로의 계산에도 이용된다.
② 대칭 3상 전압의 영상분과 역상분은 0이고, 정상분만 남는다.
③ 비대칭 3상 교류 회로는 영상분, 역상분 및 정상분의 3성분으로 해석한다.
④ 비대칭 3상 회로의 접지식 회로에는 영상분이 존재하지 않는다.

해설 접지식 회로에는 영상분이 존재하고 비접지식 회로에서는 영상분이 존재하지 않는다.

정답 75.④ 76.① 77.① 78.② 79.④

80 3상 Y결선 전원에서 각 상전압이 100[V]일 때 선간 전압[V]은?

출제빈도

① 150 ② 170
③ 173 ④ 179

해설 선간 전압

$V_l = \sqrt{3}\, V_p \angle 30° = \sqrt{3} \times 100 = 173[\text{V}]$

제5과목 전기설비기술기준

81 변전소의 주요 변압기에 시설하지 않아도 되는 계측 장치는?

① 전압계 ② 역률계
③ 전류계 ④ 전력계

해설 계측 장치(한국전기설비규정 351.6)
역률은 부하 설비에서 발생하므로 발·변전소에서는 역률계를 시설하지 않는다.

82 애자 공사에 의한 고압 옥내 배선을 시설하고자 할 경우 전선과 조영재 사이의 이격 거리는 몇 [cm] 이상인가?

출제빈도

① 3 ② 4
③ 5 ④ 6

해설 고압 옥내 배선 등의 시설(한국전기설비규정 342.1)
- 전선은 지름 2.6[mm]의 연동선
- 전선의 지지점 간의 거리는 6[m] 이하일 것. 다만, 전선을 조영재의 면을 따라 붙이는 경우에는 2[m] 이하이어야 한다.
- 전선 상호간의 간격은 8[cm] 이상, 전선과 조영재 사이의 이격 거리는 5[cm] 이상일 것

83 특고압 전선로에 접속하는 배전용 변압기의 1차 및 2차 전압은?

① 1차 : 35[kV] 이하, 2차 : 저압 또는 고압
② 1차 : 50[kV] 이하, 2차 : 저압 또는 고압
③ 1차 : 35[kV] 이하, 2차 : 특고압 또는 고압
④ 1차 : 50[kV] 이하, 2차 : 특고압 또는 고압

해설 특고압 배전용 변압기의 시설(한국전기설비규정 341.2)
- 변압기의 1차 전압은 35[kV] 이하, 2차 전압은 저압 또는 고압일 것
- 변압기의 특고압측에 개폐기 및 과전류 차단기를 시설할 것

84 관·암거·기타 지중 전선을 넣은 방호 장치의 금속제 부분(케이블을 지지하는 금구류는 제외)·금속제의 전선 접속함 및 지중 전선의 피복으로 사용하는 금속체에 시설하는 접지 공사의 종류는?

출제빈도

① 제1종 접지 공사
② 제2종 접지 공사
③ 제3종 접지 공사
④ 특별 제3종 접지 공사

해설 지중 전선의 피복 금속체의 접지(판단기준 제139조)
지중 전선을 넣은 금속성의 암거, 관, 관로, 전선 접속 상자 및 지중 전선의 피복에 사용하는 금속체에는 제3종 접지 공사를 시설해야 한다.

※ 이 문제는 출제 당시 규정에는 적합했으나 새로 제정된 한국전기설비규정에는 일부 부적합하므로 문제 유형만 참고하시기 바랍니다.

85 폭연성 분진 또는 화약류의 분말이 전기 설비가 발화원이 되어 폭발할 우려가 있는 곳에 시설하는 저압 옥내 전기 설비를 케이블 공사로 할 경우 관이나 방호 장치에 넣지 않고 노출로 설치할 수 있는 케이블은?

① 미네랄 인슐레이션 케이블
② 고무 절연 비닐 시스 케이블
③ 폴리에틸렌 절연 비닐 시스 케이블
④ 폴리에틸렌 절연 폴리에틸렌 시스 케이블

정답 80.③ 81.② 82.③ 83.① 84.③ 85.①

해설 폭연성 분진 위험 장소(한국전기설비규정 242.2.1)
폭연성 분진 또는 화약류의 분말이 전기 설비가 발화원이 되어 폭발할 우려가 있는 곳에 시설하는 저압 옥내 전기 설비는 금속관 공사 또는 케이블 공사(캡타이어 케이블 제외) 및 미네랄 인슐레이션 케이블에 의할 것

86 지선을 사용하여 그 강도를 분담시켜서는 아니되는 가공 전선로 지지물은?

① 목주
② 철주
③ 철탑
④ 철근 콘크리트주

해설 지선의 시설(한국전기설비규정 331.11)
철탑은 지선을 사용하여 그 강도를 분담시켜서는 아니 된다.

87 출제빈도 특고압 가공 전선로의 지지물 중 전선로의 지지물 양쪽의 경간의 차가 큰 곳에 사용하는 철탑은?

① 내장형 철탑
② 인류형 철탑
③ 보강형 철탑
④ 각도형 철탑

해설 특고압 가공 전선로의 철주·철근 콘크리트주 또는 철탑의 종류(한국전기설비규정 333.11)
- 직선형 : 전선로의 직선 부분(3도 이하인 수평 각도)에 사용하는 것
- 각도형 : 전선로 중 3도를 초과하는 수평 각도를 이루는 곳에 사용하는 것
- 인류형 : 전가섭선을 인류하는 곳에 사용하는 것
- 내장형 : 전선로의 지지물 양쪽의 경간의 차가 큰 곳에 사용하는 것

88 출제빈도 정격 전류가 15[A] 이하인 과전류 차단기로 보호되는 저압 옥내 전로에 접속하는 콘센트는 정격 전류가 몇 [A] 이하인 것이어야 하는가?

① 15
② 20
③ 25
④ 30

해설 분기 회로의 시설(판단기준 제176조)
정격 전류가 15[A] 이하인 과전류 차단기로 보호되는 저압 옥내 전로에 접속하는 콘센트의 정격 전류는 15[A] 이하인 것이어야 한다.

※ 이 문제는 출제 당시 규정에는 적합했으나 새로 제정된 한국전기설비규정에는 일부 부적합하므로 문제 유형만 참고하시기 바랍니다.

89 출제빈도 풀용 수중 조명등의 시설 공사에서 절연 변압기는 그 2차측 전로의 사용 전압이 몇 [V] 이하인 경우에는 1차 권선과 2차 권선 사이에 금속제의 혼촉 방지판을 설치하여야 하며, 제 몇 종 접지 공사를 하여야 하는가?

① 30[V], 제1종 접지 공사
② 30[V], 제2종 접지 공사
③ 60[V], 제1종 접지 공사
④ 60[V], 제2종 접지 공사

해설 수중 조명등(한국전기설비규정 234.14)
- 대지 전압 1차 전압 400[V] 미만, 2차 전압 150[V] 이하인 절연 변압기를 사용
- 절연 변압기의 2차측 전로는 접지하지 아니할 것
- 절연 변압기 2차 전압이 30[V] 이하는 접지 공사를 한 혼촉 방지판을 사용하고, 30[V]를 초과하는 것은 지락이 생겼을 때 자동 차단하는 장치를 한다.

※ 이 문제는 출제 당시 규정에는 적합했으나 새로 제정된 한국전기설비규정에는 일부 부적합하므로 문제 유형만 참고하시기 바랍니다.

정답 86.③ 87.① 88.① 89.①

90 수소 냉각식 발전기 및 이에 부속하는 수소 냉각 장치 시설에 대한 설명으로 틀린 것은?

① 발전기 안의 수소의 온도를 계측하는 장치를 시설할 것

② 발전기 안의 수소의 순도가 70[%] 이하로 저하한 경우에 이를 경보하는 장치를 시설할 것

③ 발전기 안의 수소의 압력을 계측하는 장치 및 그 압력이 현저히 변동한 경우에 이를 경보하는 장치를 시설할 것

④ 발전기는 기밀 구조의 것이고 또한 수소가 대기압에서 폭발하는 경우에 생기는 압력에 견디는 강도를 가지는 것일 것

해설 **수소 냉각식 발전기 등의 시설(판단기준 제51조)**

- 기밀 구조의 것
- 수소의 순도가 85[%] 이하로 저하한 경우에 이를 경보하는 장치를 시설할 것

※ 이 문제는 출제 당시 규정에는 적합했으나 새로 제정된 한국전기설비규정에는 일부 부적합하므로 문제 유형만 참고하시기 바랍니다.

91 옥내에 시설하는 전동기에 과부하 보호 장치의 시설을 생략할 수 없는 경우는?

① 정격 출력이 0.75[kW]인 전동기

② 전동기의 구조나 부하의 성질로 보아 전동기가 소손할 수 있는 과전류가 생길 우려가 없는 경우

③ 전동기가 단상의 것으로 전원측 전로에 시설하는 배선 차단기의 정격 전류가 20[A] 이하인 경우

④ 전동기가 단상의 것으로 전원측 전로에 시설하는 과전류 차단기의 정격 전류가 15[A] 이하인 경우

해설 **저압 전로 중의 전동기 보호용 과전류 보호 장치의 시설(한국전기설비규정 212.6.3)**

- 정격 출력 0.2[kW]를 초과하는 전동기에 과부하 보호 장치를 시설한다.
- 과부하 보호 장치 시설을 생략하는 경우
  - 운전 중 상시 감시
  - 구조상, 부하 성질상 전동기를 소손할 위험이 없는 경우
  - 단상으로 과전류 차단기의 정격 전류가 16[A](배선 차단기는 20[A]) 이하인 경우

92 (출제빈도) 가공 전선로의 지지물에 시설하는 통신선 또는 이에 직접 접속하는 가공 통신선의 높이에 대한 설명 중 틀린 것은?

① 도로를 횡단하는 경우에는 지표상 6[m] 이상으로 한다.

② 철도 또는 궤도를 횡단하는 경우에는 레일면상 6[m] 이상으로 한다.

③ 횡단보도교의 위에 시설하는 경우에는 그 노면상 5[m] 이상으로 한다.

④ 도로를 횡단하는 경우, 저압이나 고압의 가공 전선로의 지지물에 시설하는 통신선이 교통에 지장을 줄 우려가 없는 경우에는 지표상 5[m]까지로 감할 수 있다.

해설 **전력 보안 통신선의 시설 높이와 이격 거리(한국전기설비규정 362.2)**

- 도로를 횡단하는 경우 6[m] 이상. 다만, 교통에 지장을 줄 우려가 없는 경우에는 지표상 5[m]까지로 감할 수 있다.
- 철도 또는 궤도를 횡단하는 경우에는 레일면상 6.5[m] 이상
- 횡단보도교의 위에 시설하는 경우에는 그 노면상 5[m] 이상

정답 90.② 91.① 92.②

93 물기가 있는 장소의 저압 전로에서 그 전로에 지락이 생긴 경우, 0.5초 이내에 자동적으로 전로를 차단하는 장치를 시설하는 경우에는 자동 차단기의 정격 감도 전류가 50[mA]라면 제3종 접지 공사의 접지 저항값은 몇 [Ω] 이하로 하여야 하는가?

출제빈도

① 100 ② 200
③ 300 ④ 500

해설 접지 공사의 종류(판단기준 제18조)

정격 감도 전류	접지 저항치	
	물기 있는 장소, 전기적 위험도가 높은 장소	그 외 다른 장소
30[mA]	500[Ω]	500[Ω]
50[mA]	300[Ω]	500[Ω]
100[mA]	150[Ω]	500[Ω]
이하 생략		

※ 이 문제는 출제 당시 규정에는 적합했으나 새로 제정된 한국전기설비규정에는 일부 부적합하므로 문제 유형만 참고하시기 바랍니다.

94 접지 공사의 특례와 관련하여 특별 제3종 접지 공사를 하여야 하는 금속체와 대지 간의 전기 저항값이 몇 [Ω] 이하인 경우에는 특별 제3종 접지 공사를 한 것으로 보는가?

① 3 ② 10
③ 50 ④ 100

해설 제3종 접지 공사 등의 특례(판단기준 제20조)

- 제3종 접지 공사를 하여야 하는 금속체와 대지 간의 전기 저항치가 100[Ω] 이하인 경우에는 제3종 접지 공사를 한 것으로 본다.
- 특별 제3종 접지 공사를 하여야 하는 금속체와 대지 간의 전기 저항치가 10[Ω] 이하인 경우에는 특별 제3종 접지 공사를 한 것으로 본다.

※ 이 문제는 출제 당시 규정에는 적합했으나 새로 제정된 한국전기설비규정에는 일부 부적합하므로 문제 유형만 참고하시기 바랍니다.

95 아크가 발생하는 고압용 차단기는 목재의 벽 또는 천장, 기타의 가연성 물체로부터 몇 [m] 이상 이격하여야 하는가?

출제빈도

① 0.5 ② 1
③ 1.5 ④ 2

해설 아크를 발생하는 기구의 시설(한국전기설비규정 341.8)

기구 등의 구분	이격 거리
고압용의 것	1[m] 이상
특고압용의 것	2[m] 이상

96 지중 전선로를 관로식에 의하여 시설하는 경우에는 매설 깊이를 몇 [m] 이상으로 하여야 하는가?

출제빈도

① 0.6 ② 1.0
③ 1.2 ④ 1.5

해설 지중 전선로의 시설(한국전기설비규정 334.1)

- 직접 매설식에 의하여 시설하는 경우에는 매설 깊이를 1.2[m] 이상
- 관로식에 의하여 시설하는 경우에는 매설 깊이를 1.0[m] 이상

97 가공 전선로의 지지물이 원형 철근 콘크리트주인 경우 갑종 풍압 하중은 몇 [Pa]를 기초로 하여 계산하는가?

출제빈도

① 294 ② 588
③ 627 ④ 1,078

해설 풍압 하중의 종별과 적용(한국전기설비규정 331.6)

풍압을 받는 구분			풍압 하중
지지물	목주		588[Pa]
	철주	원형의 것	588[Pa]
	철근 콘크리트주	원형의 것	588[Pa]
	철탑	강관으로 구성되는 것	1,255[Pa]

정답 93.③ 94.② 95.② 96.② 97.②

98

100[kV] 미만인 특고압 가공 전선로를 인가가 밀집한 지역에 시설할 경우 전선로에 사용되는 전선의 단면적이 몇 [mm^2] 이상의 경동 연선이어야 하는가?

① 38 ② 55
③ 100 ④ 150

해설 시가지 등에서 특고압 가공 전선로의 시설(한국전기설비규정 333.1)

사용 전압의 구분	전선의 단면적
100[kV] 미만	인장 강도 21.67[kN] 이상 또는 단면적 55[mm^2] 이상 경동 연선
100[kV] 이상	인장 강도 58.84[kN] 이상 또는 단면적 150[mm^2] 이상 경동 연선

99

출제빈도

교류식 전기 철도는 그 단상 부하에 의한 전압 불평형의 허용 한도가 그 변전소의 수전점에서 몇 [%] 이하이어야 하는가?

① 1 ② 2
③ 3 ④ 4

해설 전압 불평형에 의한 장해 방지(판단기준 제267조)
교류식 전기 철도는 그 단상 부하에 의한 전압 불평형의 허용 한도는 그 변전소의 수전점에서 3[%] 이하일 것(발전기, 변압기, 조상기 등)

※ 이 문제는 출제 당시 규정에는 적합했으나 새로 제정된 한국전기설비규정에는 일부 부적합하므로 문제 유형만 참고하시기 바랍니다.

100

터널 내에 교류 220[V]의 애자 공사로 전선을 시설할 경우 노면으로부터 몇 [m] 이상의 높이로 유지해야 하는가?

① 2 ② 2.5
③ 3 ④ 4

해설 터널 안 전선로의 시설(한국전기설비규정 335.1)
저압 전선 시설은 인장 강도 2.3[kN] 이상의 절연 전선 또는 지름 2.6[mm] 이상의 경동선의 절연 전선을 사용하고 애자 공사에 의하여 시설하여야 하며 또한 이를 레일면상 또는 노면상 2.5[m] 이상의 높이로 유지한다.

정답 98.② 99.③ 100.②

Industrial Engineer Electricity

2017년 제3회 과년도 출제문제

2017. 8. 26. 시행

제1과목 전기자기학

01 100[kV]로 충전된 8×10^3[pF]의 콘덴서가 축적할 수 있는 에너지는 몇 [W] 전구가 2초 동안 한 일에 해당되는가?

출제빈도

① 10 ② 20
③ 30 ④ 40

해설

$$P=\frac{W}{t}=\frac{\frac{1}{2}CV^2}{t}$$

$$=\frac{\frac{1}{2}\times8\times10^3\times10^{-12}\times(100\times10^3)^2}{2}$$

$$=20[\text{W}]$$

02 제벡(Seebeck) 효과를 이용한 것은?

출제빈도

① 광전지
② 열전대
③ 전자 냉동
④ 수정 발진기

해설 제벡 효과
서로 다른 두 금속 A, B를 접속하고 다른 쪽에 전압계를 연결하여 접속부를 가열하면 전압이 발생하는 것을 알 수 있다. 이와 같이 서로 다른 금속을 접속하고 접속점을 서로 다른 온도를 유지하면 기전력이 생겨 일정한 방향으로 전류가 흐른다. 이러한 현상을 제벡 효과(Seebeck effect)라 한다. 즉, 온도차에 의한 열기전력 발생을 말한다.

03 마찰 전기는 두 물체의 마찰열에 의해 무엇이 이동하는 것인가?

① 양자
② 자하
③ 중성자
④ 자유 전자

해설 물체가 전기를 띠는 현상을 대전이라 하며 마찰 전기는 마찰열에 의해 자유 전자가 이동하기 때문에 발생하게 된다.

04 두 벡터 $A=-7i-j$, $B=-3i-4j$가 이루는 각은?

① 30°
② 45°
③ 60°
④ 90°

해설 $A\cdot B=AB\cos\theta$

$$\cos\theta=\frac{A\cdot B}{AB}$$

$$=\frac{(-7)(-3)+(-1)(-4)}{\sqrt{(-7)^2+(-1)^2}\cdot\sqrt{(-3)^2+(-4)^2}}$$

$$=\frac{25}{25\sqrt{2}}$$

$$=\frac{1}{\sqrt{2}}$$

$$\therefore\ \theta=\cos^{-1}\frac{1}{\sqrt{2}}=45°$$

정답 01.② 02.② 03.④ 04.②

05 그림과 같이 반지름 a[m], 중심 간격 d[m]인 평행 원통 도체가 공기 중에 있다. 원통 도체의 선전하 밀도가 각각 $\pm\rho_L$[C/m]일 때 두 원통 도체 사이의 단위 길이당 정전 용량은 약 몇 [F/m]인가? (단, $d \gg a$이다.)

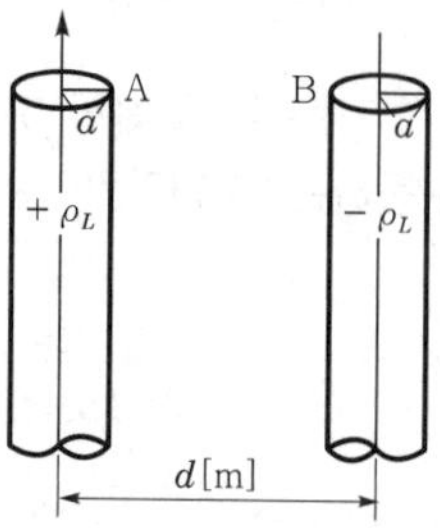

① $\dfrac{\pi\varepsilon_0}{\ln\dfrac{d}{a}}$　② $\dfrac{\pi\varepsilon_0}{\ln\dfrac{a}{d}}$

③ $\dfrac{4\pi\varepsilon_0}{\ln\dfrac{d}{a}}$　④ $\dfrac{4\pi\varepsilon_0}{\ln\dfrac{a}{d}}$

해설

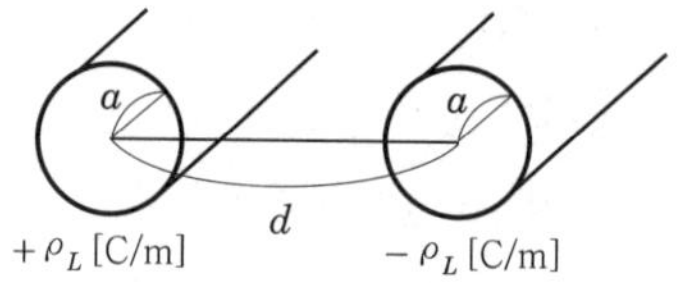

단위 길이당 정전 용량 $C=\dfrac{\pi\varepsilon_0}{\ln\dfrac{d-a}{a}}$[F/m]

$d \gg a$인 경우

$C=\dfrac{\pi\varepsilon_0}{\ln\dfrac{d}{a}}$[F/m]$=\dfrac{12.08}{\log\dfrac{d}{a}}$[pF/m]

06 횡전자파(TEM)의 특성은?

① 진행 방향의 $\boldsymbol{E}$, $\boldsymbol{H}$ 성분이 모두 존재한다.

② 진행 방향의 $\boldsymbol{E}$, $\boldsymbol{H}$ 성분이 모두 존재하지 않는다.

③ 진행 방향의 $\boldsymbol{E}$ 성분만 모두 존재하고, $\boldsymbol{H}$ 성분은 존재하지 않는다.

④ 진행 방향의 $\boldsymbol{H}$ 성분만 모두 존재하고, $\boldsymbol{E}$ 성분은 존재하지 않는다.

해설 전계와 자계는 모두 전파 방향을 가진 횡전자파이므로 진행 방향의 전계 $\boldsymbol{E}$와 자계 $\boldsymbol{H}$의 성분은 존재하지 않는다.

07 반자성체가 아닌 것은?

① 은(Ag)

② 구리(Cu)

③ 니켈(Ni)

④ 비스무스(Bi)

해설 자성체의 종류

- 상자성체 : 백금, 공기, 알루미늄
- 강자성체 : 철, 니켈, 코발트
- 반자성체 : 은, 납, 구리

08 맥스웰 전자계의 기초 방정식으로 틀린 것은?

① $\text{rot}\,\boldsymbol{H}=\boldsymbol{i}_c+\dfrac{\partial \boldsymbol{D}}{\partial t}$

② $\text{rot}\,\boldsymbol{E}=-\dfrac{\partial \boldsymbol{B}}{\partial t}$

③ $\text{div}\,\boldsymbol{D}=\rho$

④ $\text{div}\,\boldsymbol{B}=-\dfrac{\partial \boldsymbol{D}}{\partial t}$

해설 맥스웰의 전자계 기초 방정식

- $\text{rot}\,\boldsymbol{E}=\nabla\times\boldsymbol{E}=-\dfrac{\partial \boldsymbol{B}}{\partial t}=-\mu\dfrac{\partial \boldsymbol{H}}{\partial t}$(패러데이 전자 유도 법칙의 미분형)
- $\text{rot}\,\boldsymbol{H}=\nabla\times\boldsymbol{H}=\boldsymbol{i}+\dfrac{\partial \boldsymbol{D}}{\partial t}$(앙페르 주회 적분 법칙의 미분형)
- $\text{div}\,\boldsymbol{D}=\nabla\cdot\boldsymbol{D}=\rho$(정전계 가우스 정리의 미분형)
- $\text{div}\,\boldsymbol{B}=\nabla\cdot\boldsymbol{B}=0$(정자계 가우스 정리의 미분형)

정답 05.① 06.② 07.③ 08.④

09 무한히 긴 두 평행 도선이 2[cm]의 간격으로 가설되어 100[A]의 전류가 흐르고 있다. 두 도선의 단위 길이당 작용력은 몇 [N/m]인가?

① 0.1　　② 0.5
③ 1　　④ 1.5

해설 평행 전류 도선 간에 작용하는 힘

$$F=\frac{\mu_0 I_1 I_2}{2\pi d}=\frac{2I_1I_2}{d}\times 10^{-7}=\frac{2\times 100\times 100}{2\times 10^{-2}}\times 10^{-7}=0.1\,[\text{N/m}]$$

10 -1.2[C]의 점전하가 $5a_x+2a_y-3a_z$[m/s]인 속도로 운동한다. 이 전하가 $E=-18a_x+5a_y-10a_z$[V/m] 전계에서 운동하고 있을 때 이 전하에 작용하는 힘은 약 몇 [N]인가?

① 21.1　　② 23.5
③ 25.4　　④ 27.3

해설 $F=qE$ [N]

$=-1.2(-18a_x+5a_y-10a_z)$

$=21.6a_x-6a_y+12a_z$

$\therefore\ F=\sqrt{(21.6)^2+(-6)^2+(12)^2}=25.4$ [N]

11 전계 $E=\sqrt{2}E_e\sin\omega\left(t-\dfrac{z}{v}\right)$[V/m]의 평면 전자파가 있다. 진공 중에서의 자계의 실효값은 약 몇 [AT/m]인가?

① $2.65\times 10^{-4}E_e$　　② $2.65\times 10^{-3}E_e$
③ $3.77\times 10^{-2}E_e$　　④ $3.77\times 10^{-1}E_e$

해설

$$H_e=\sqrt{\frac{\varepsilon_0}{\mu_0}}E_e=\frac{1}{120\pi}E_e=2.65\times 10^{-3}E_e\,[\text{A/m}]$$

12 전자석의 재료로 가장 적당한 것은?

① 잔류 자기와 보자력이 모두 커야 한다.
② 잔류 자기는 작고, 보자력은 커야 한다.
③ 잔류 자기와 보자력이 모두 작아야 한다.
④ 잔류 자기는 크고, 보자력은 작아야 한다.

해설
- 전자석(일시 자석)의 재료는 잔류 자기가 크고 보자력이 작아야 한다.
- 영구 자석의 재료는 잔류 자기와 보자력이 모두 커야 한다.

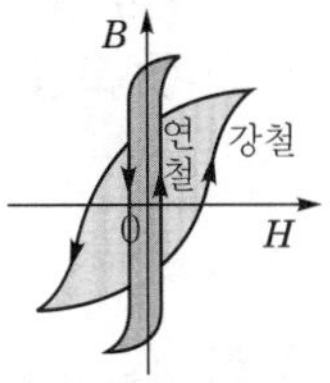

13 유전체 내의 전계의 세기가 E, 분극의 세기가 P, 유전율이 $\varepsilon=\varepsilon_s\varepsilon_0$인 유전체 내의 변위 전류 밀도는?

① $\varepsilon\dfrac{\partial \boldsymbol{E}}{\partial t}+\dfrac{\partial \boldsymbol{P}}{\partial t}$　　② $\varepsilon_0\dfrac{\partial \boldsymbol{E}}{\partial t}+\dfrac{\partial \boldsymbol{P}}{\partial t}$
③ $\varepsilon_0\left(\dfrac{\partial \boldsymbol{E}}{\partial t}+\dfrac{\partial \boldsymbol{P}}{\partial t}\right)$　　④ $\varepsilon\left(\dfrac{\partial \boldsymbol{E}}{\partial t}+\dfrac{\partial \boldsymbol{P}}{\partial t}\right)$

해설 전속 밀도의 시간적 변화를 변위 전류라 한다.

$$i_D=\frac{\partial \boldsymbol{D}}{\partial t}=\frac{\partial}{\partial t}(\varepsilon_0\boldsymbol{E}+\boldsymbol{P})=\varepsilon_0\frac{\partial \boldsymbol{E}}{\partial t}+\frac{\partial \boldsymbol{P}}{\partial t}\,[\text{A/m}^2]$$

($\because\ \boldsymbol{D}=\varepsilon_0\boldsymbol{E}+\boldsymbol{P}$[C/m^2])

14 점전하 $+Q$[C]의 무한 평면 도체에 대한 영상 전하는?

① Q[C]과 같다.
② $-Q$[C]과 같다.
③ Q[C]보다 작다.
④ Q[C]보다 크다.

정답 09.① 10.③ 11.② 12.④ 13.② 14.②

해설

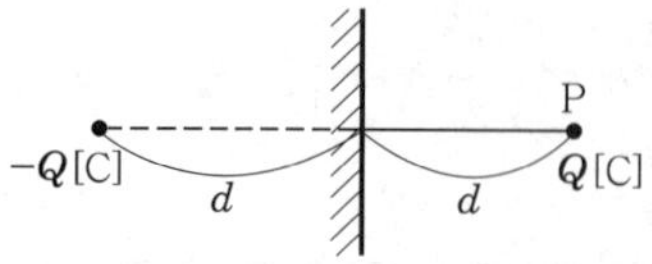

영상 전하 $Q' = -Q$[C]

15 두 코일 A, B의 자기 인덕턴스가 각각 3[mH], 5[mH]라 한다. 두 코일을 직렬 연결시 자속이 서로 상쇄되도록 했을 때의 합성 인덕턴스는 서로 증가하도록 연결했을 때의 60[%]이었다. 두 코일의 상호 인덕턴스는 몇 [mH]인가?

① 0.5 ② 1
③ 5 ④ 10

해설 가동 결합은 자속이 서로 증가하도록 연결할 경우이므로

합성 인덕턴스 $L_0 = L_1 + L_2 + 2M$
$= 3+5+2M$[mH] ⋯⋯⋯⋯ ㉠

차동 결합은 자속이 서로 상쇄되도록 연결할 경우이므로

합성 인덕턴스 $0.6L_0 = L_1 + L_2 - 2M$
$= 3+5-2M$[mH] ⋯⋯⋯ ㉡

㉠과 ㉡을 더하면 $1.6L_0 = 16$

$\therefore\ L_0 = 10$[mH]

$\because$ 상호 인덕턴스 $M = \dfrac{L_0 - L_1 - L_2}{2}$

$= \dfrac{10-3-5}{2} = 1$ [mH]

16 고립 도체구의 정전 용량이 50[pF]일 때 이 도체구의 반지름은 약 몇 [cm]인가?

① 5 ② 25
③ 45 ④ 85

해설 $C = 4\pi\varepsilon_0 a$[F]

$\therefore\ a = \dfrac{C}{4\pi\varepsilon_0} = 9\times10^9 \cdot C = 9\times10^9 \times 50\times10^{-12}$

$= 450\times10^{-3}$[m] $= 45$[cm]

17 N회 감긴 환상 솔레노이드의 단면적이 S[m^2]이고 평균 길이가 l[m]이다. 이 코일의 권수를 반으로 줄이고 인덕턴스를 일정하게 하려면?

① 길이를 $\dfrac{1}{2}$로 줄인다.

② 길이를 $\dfrac{1}{4}$로 줄인다.

③ 길이를 $\dfrac{1}{8}$로 줄인다.

④ 길이를 $\dfrac{1}{16}$로 줄인다.

해설 환상 솔레노이드의 인덕턴스

$L = \dfrac{N\phi}{I} = \dfrac{N}{I}\cdot\dfrac{NI}{R_m} = \dfrac{N^2}{I}\cdot\dfrac{I\mu S}{l} = \dfrac{\mu S N^2}{l}$[H]

인덕턴스는 코일의 권수 N^2에 비례하므로 권수를 $\dfrac{1}{2}$배로 하면 인덕턴스는 $\dfrac{1}{4}$배가 되므로 길이를 $\dfrac{1}{4}$로 줄이면 인덕턴스가 일정하게 된다.

18 고유 저항이 ρ[Ω·m], 한 변의 길이가 r[m]인 정육면체의 저항[Ω]은?

① $\dfrac{\rho}{\pi r}$

② $\dfrac{r}{\rho}$

③ $\dfrac{\pi r}{\rho}$

④ $\dfrac{\rho}{r}$

해설 저항 $R = \rho\dfrac{l}{S}$ [Ω]

정육면체의 한 변의 길이가 r[m]이므로

면적 $S = r\times r = r^2$[m^2]

$\therefore\ R = \rho\dfrac{r}{r^2} = \dfrac{\rho}{r}$[Ω]

정답 15.② 16.③ 17.② 18.④

19 내·외 반지름이 각각 a, b이고 길이가 l인 동축 원통 도체 사이에 도전율 σ, 유전율 ε인 손실 유전체를 넣고, 내원통과 외원통 간에 전압 V를 가했을 때 방사상으로 흐르는 전류 I는? (단, $RC=\varepsilon\rho$이다.)

① $\dfrac{2\pi l V}{\sigma \ln\frac{b}{a}}$　　② $\dfrac{\pi\sigma l V}{\ln\frac{b}{a}}$

③ $\dfrac{2\pi\sigma l V}{\ln\frac{b}{a}}$　　④ $\dfrac{4\pi\sigma l V}{\ln\frac{b}{a}}$

해설 • 정전계와 도체계의 관계식

$RC=\rho\varepsilon$ 에서 저항 $R=\dfrac{\rho\varepsilon}{C}[\Omega]$

• 동축 원통의 정전 용량 $C=\dfrac{2\pi\varepsilon l}{\ln\frac{b}{a}}$[F]

$\therefore R=\dfrac{\rho\varepsilon}{C}=\dfrac{\rho\varepsilon}{\dfrac{2\pi\varepsilon l}{\ln\frac{b}{a}}}=\dfrac{\rho}{2\pi l}\ln\dfrac{b}{a}$

$\therefore$ 전류 $I=\dfrac{V}{R}=\dfrac{V}{\dfrac{\rho}{2\pi l}\ln\frac{b}{a}}=\dfrac{2\pi l V}{\rho\ln\frac{b}{a}}=\dfrac{2\pi\sigma l V}{\ln\frac{b}{a}}$[A]

여기서, ρ : 고유 저항, $\sigma=\dfrac{1}{\rho}$: 도전율

20 콘덴서를 그림과 같이 접속했을 때 C_x의 정전 용량은 몇 [μF]인가? (단, $C_1=C_2=C_3=3$[μF]이고, a-b 사이의 합성 정전 용량은 5[μF]이다.)

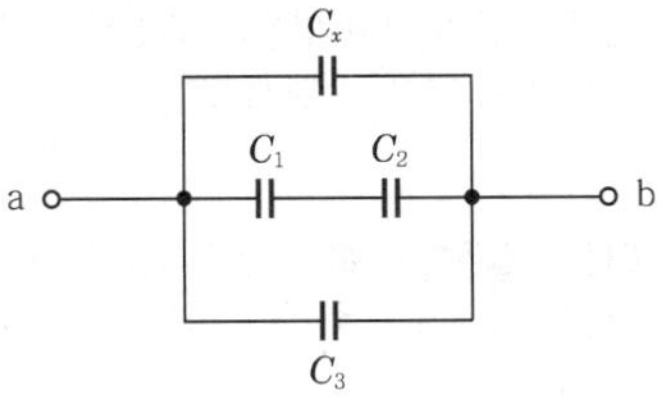

① 0.5　　② 1

③ 2　　④ 4

해설 $C_{ab}=C_x+C_3+\dfrac{C_1C_2}{C_1+C_2}$[$\mu$F]

$\therefore C_x=C_{ab}-C_3-\dfrac{C_1C_2}{C_1+C_2}$

$=5-3-\dfrac{3\times3}{3+3}$

$=0.5$[μF]

제2과목 전력공학

21 전력 계통에 과도 안정도 향상 대책과 관련 없는 것은?

① 빠른 고장 제거

② 속응 여자 시스템 사용

③ 큰 임피던스의 변압기 사용

④ 병렬 송전 선로 추가 건설

해설 안정도 향상 대책

• 직렬 리액턴스 감소

• 전압 변동 억제(속응 여자 방식, 계통 연계, 중간 조상 방식).

• 계통 충격 경감(소호 리액터 접지, 고속 차단, 재폐로).

• 전력 변동 억제(조속기 신속 동작, 제동 저항기).

22 다음 중 페란티 현상의 방지 대책으로 적합하지 않은 것은?

① 선로 전류를 지상이 되도록 한다.

② 수전단에 분로 리액터를 설치한다.

③ 동기 조상기를 부족 여자로 운전한다.

④ 부하를 차단하여 무부하가 되도록 한다.

해설 페란티 효과의 원인이 경부하나 무부하일 때 선로의 정전 용량에 의한 진상 전류이므로 부하를 차단하여 무부하가 되면 안 된다.

정답 19.③ 20.① 21.③ 22.④

23 **보호 계전기의 구비 조건으로 틀린 것은?**

출제빈도

① 고장 상태를 신속하게 선택할 것
② 조정 범위가 넓고 조정이 쉬울 것
③ 보호 동작이 정확하고 감도가 예민할 것
④ 접점의 소모가 크고, 열적 기계적 강도가 클 것

해설 보호 계전기의 접점은 다빈도의 동작에도 소모가 적어야 한다.

24 **우리나라의 화력 발전소에서 가장 많이 사용되고 있는 복수기는?**

① 분사 복수기 ② 방사 복수기
③ 표면 복수기 ④ 증발 복수기

해설 복수기에는 혼합 복수기와 표면 복수기가 있는데 표면 복수기를 주로 사용한다.

25 **뒤진 역률 80[%], 1,000[kW]의 3상 부하가 있다. 이것에 콘덴서를 설치하여 역률을 95[%]로 개선하려면 콘덴서의 용량은 약 몇 [kVA]로 해야 하는가?**

① 240 ② 420
③ 630 ④ 950

해설 $Q=P(\tan\theta_1-\tan\theta_2)$
$=1,000(\tan\cos^{-1}0.8-\tan\cos^{-1}0.95)$
$\fallingdotseq 420[\text{kVA}]$

26 **154[kV] 송전 선로에 10개의 현수 애자가 연결되어 있다. 다음 중 전압 부담이 가장 적은 것은? (단, 애자는 같은 간격으로 설치되어 있다.)**

출제빈도

① 철탑에 가장 가까운 것
② 철탑에서 3번째에 있는 것
③ 전선에서 가장 가까운 것
④ 전선에서 3번째에 있는 것

해설 현수 애자련의 전압 부담은 철탑에서 $\frac{1}{3}$ 지점(철탑에서 3번째)이 가장 적고, 전선에서 제일 가까운 것이 가장 크다.

27 **교류 송전에서는 송전 거리가 멀어질수록 동일 전압에서의 송전 가능 전력이 적어진다. 그 이유로 가장 알맞은 것은?**

출제빈도

① 표피 효과가 커지기 때문이다.
② 코로나 손실이 증가하기 때문이다.
③ 선로의 어드미턴스가 커지기 때문이다.
④ 선로의 유도성 리액턴스가 커지기 때문이다.

해설 송전 전력 $P=\frac{E_s \cdot E_r}{X}\sin\delta[\text{MW}]$이므로 선로가 멀어질수록 유도성 리액턴스가 증가하기 때문이다.

28 **충전된 콘덴서의 에너지에 의해 트립되는 방식으로 정류기, 콘덴서 등으로 구성되어 있는 차단기의 트립 방식은?**

① 과전류 트립 방식
② 콘덴서 트립 방식
③ 직류 전압 트립 방식
④ 부족 전압 트립 방식

해설 차단기의 트립 방식은 보기에서와 같이 과전류 트립 방식, 직류 전압 트립 방식, 콘덴서 트립 방식, 부족 전압 트립 방식이 있는데 충전된 콘덴서의 에너지를 이용하는 것은 콘덴서 트립 방식이다.

29 **어느 일정한 방향으로 일정한 크기 이상의 단락 전류가 흘렀을 때 동작하는 보호 계전기의 약어는?**

① ZR ② UFR
③ OVR ④ DOCR

정답 23.④ 24.③ 25.② 26.② 27.④ 28.② 29.④

해설 어느 일정한 방향으로 일정한 크기 이상의 단락 전류가 흘렀을 때에는 방향 단락 계전기(DSR), 방향 과전류 계전기(DOCR) 등이 사용된다.

30 전선의 자체 중량과 빙설의 종합 하중을 W_1, 풍압 하중을 W_2라 할 때 합성 하중은?

① $W_1 + W_2$
② $W_2 - W_1$
③ $\sqrt{W_1 - W_2}$
④ $\sqrt{{W_1}^2 + {W_2}^2}$

해설 전선 자체 중량과 빙설의 하중은 수직 하중(W_1)이고, 풍압 하중은 수평 하중(W_2)이므로 합성 하중은 $W = \sqrt{{W_1}^2 + {W_2}^2}$ 으로 된다.

31 보호 계전기 동작 속도에 관한 사항으로 한시 특성 중 반한시형을 바르게 설명한 것은?

① 입력 크기에 관계없이 정해진 한시에 동작하는 것
② 입력이 커질수록 짧은 한시에 동작하는 것
③ 일정 입력(200[%])에서 0.2초 이내로 동작하는 것
④ 일정 입력(200[%])에서 0.04초 이내로 동작하는 것

해설 **계전기 동작 시한에 의한 분류**
- 정한시 계전기 : 정정된 값 이상의 전류가 흐르면 정해진 일정 시간 후에 동작하는 계전기이다.
- 반한시 계전기 : 정정된 값 이상의 전류가 흐를 때 전류값이 크면 동작 시간은 짧아지고, 전류값이 적으면 동작 시간이 길어진다.
- 순한시 계전기 : 정정된 최소 동작 전류 이상의 전류가 흐르면 즉시 동작하는 계전기이다.

32 다음 중 배전 선로의 부하율이 F일 때 손실 계수 H와의 관계로 옳은 것은?

출제빈도

① $H = F$
② $H = \frac{1}{F}$
③ $H = F^3$
④ $0 \le F^2 \le H \le F \le 1$

해설 손실 계수(H)는 $\left(\frac{I}{I_m}\right)^2$ 이므로 $H = \alpha F + (1-\alpha)F^2$ 이고, 부하율과의 관계는 $0 \le F^2 \le H \le F \le 1$으로 된다(여기서, α는 형상 계수 $1 \geqq \alpha \geqq 0$).

33 송전선에 낙뢰가 가해져서 애자에 섬락이 생기면 아크가 생겨 애자가 손상되는데 이것을 방지하기 위하여 사용하는 것은?

① 댐퍼(damper)
② 아킹혼(arcing horn)
③ 아머 로드(armour rod)
④ 가공 지선(overhead ground wire)

해설 댐퍼와 아머 로드는 전선의 진동을 방지하고, 가공 지선은 뇌격으로부터 전선로를 보호한다. 애자의 섬락을 방지하기 위해서는 아킹혼 등을 사용한다.

34 154[kV] 3상 1회선 송전 선로의 1선의 리액턴스가 10[Ω], 전류가 200[A]일 때 %리액턴스는?

출제빈도

① 1.84 ② 2.25
③ 3.17 ④ 4.19

해설 $\%Z = \frac{IZ}{E} \times 100[\%]$이므로

$$\%X = \frac{10 \times 200}{154 \times \frac{10^3}{\sqrt{3}}} \times 100 ≒ 2.25[\%]$$

정답 30.④ 31.② 32.④ 33.② 34.②

35 **우리나라에서 현재 가장 많이 사용되고 있는 배전 방식은?**

① 3상 3선식
② 3상 4선식
③ 단상 2선식
④ 단상 3선식

해설 우리나라의 송전 계통은 중성점 직접 접지의 3상 3선식이고, 배전 계통은 중성선 다중 접지의 3상 4선식이다.

36 **조상 설비가 아닌 것은?**

① 단권 변압기
② 분로 리액터
③ 동기 조상기
④ 전력용 콘덴서

해설 조상 설비의 종류에는 동기 조상기(진상, 지상 양용)와 전력용 콘덴서(진상용) 및 분로 리액터(지상용)가 있다.

37 **단거리 송전선의 4단자 정수 A, B, C, D 중 그 값이 0인 정수는?**

① A　　② B
③ C　　④ D

해설 단거리 송전 선로는 정전 용량과 누설 컨덕턴스를 무시하므로 어드미턴스 $Y=G+j\omega C$는 없다.

38 **전원측과 송전 선로의 합성 $\%Z_s$가 10[MVA] 기준 용량으로 1[%]의 지점에 변전 설비를 시설하고자 한다. 이 변전소에 정격 용량 6[MVA]의 변압기를 설치할 때 변압기 2차측의 단락 용량은 몇 [MVA]인가? (단, 변압기의 $\%Z_t$는 6.9[%]이다.)**

① 80　　② 100
③ 120　　④ 140

해설 10[MVA] 기준으로

변압기 $\%Z_t{}' = \dfrac{10}{6}\times 6.9 = 11.5[\%]$

$P_s = \dfrac{100}{\%Z}\times P_n = \dfrac{100}{1+11.5}\times 10 = 80[\text{MVA}]$

39 **그림과 같은 단상 2선식 배선에서 인입구 A점의 전압이 220[V]라면 C점의 전압[V]은? (단, 저항값은 1선의 값이며 AB 간은 0.05[Ω], BC 간은 0.1[Ω]이다.)**

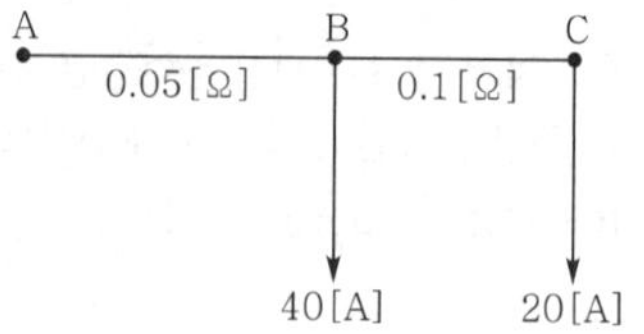

① 214　　② 210
③ 196　　④ 192

해설 $V_c = 220-(0.05\times 60+0.1\times 20)\times 2 = 210[\text{V}]$

40 **파동 임피던스가 300[Ω]인 가공 송전선 1[km]당의 인덕턴스는 몇 [mH/km]인가? (단, 저항과 누설 컨덕턴스는 무시한다.)**

① 0.5　　② 1
③ 1.5　　④ 2

해설
파동 임피던스 $Z_0=\sqrt{\dfrac{L}{C}} = 138\log\dfrac{D}{r}$이므로

$\log\dfrac{D}{r} = \dfrac{Z_0}{138} = \dfrac{300}{138}$

$\therefore\ L = 0.4605\log\dfrac{D}{r}[\text{mH/km}]$

$= 0.4605\times\dfrac{300}{138} \fallingdotseq 1[\text{mH/km}]$

정답 35.② 36.① 37.③ 38.① 39.② 40.②

제3과목 전기기기

41 3상 전원의 수전단에서 전압 3,300[V], 전류 1,000[A], 뒤진 역률 0.8의 전력을 받고 있을 때 동기 조상기로 역률을 개선하여 1로 하고자 한다. 필요한 동기 조상기의 용량은 약 몇 [kVA]인가?

① 1,525 ② 1,950
③ 3,150 ④ 3,429

해설 동기 조상기의 진상 용량 Q

$$Q = P_a(\sin\theta_1 - \sin\theta_2)$$
$$= \sqrt{3} \times 3{,}300 \times 1{,}000 \times (\sqrt{1-0.8^2} - 0) \times 10^{-3}$$
$$= 3{,}429\,[\text{kVA}]$$

42 기동 장치를 갖는 단상 유도 전동기가 아닌 것은?

① 2중 농형 ② 분상 기동형
③ 반발 기동형 ④ 세이딩 코일형

해설 2중 농형 유도 전동기는 회전자 홈(slot)수 2개인 3상 특수 농형 유도 전동기이다.

43 일반적인 직류 전동기의 정격 표시 용어로 틀린 것은?

① 연속 정격 ② 순시 정격
③ 반복 정격 ④ 단시간 정격

해설 정격은 지정 조건하에서 사용할 때, 그 기기에 관한 규격에 정해진 온도 상승 한도를 초과하지 않고, 그 밖의 제한도 초월하지 않는 것을 말하며 정격의 종류는 다음과 같다.

- 연속 정격
- 단시간 정격
- 반복 정격
- 등가 정격

44 직류 전동기의 속도 제어 방법 중 광범위한 속도 제어가 가능하며 운전 효율이 높은 방법은?

출제빈도

① 계자 제어
② 전압 제어
③ 직렬 저항 제어
④ 병렬 저항 제어

해설 전압 제어는 직류 타여자 전동기의 공급 전압을 변화하여 가장 광범위로 원활한 속도 제어를 할 수 있으며 운전 효율도 높지만, 구조가 복잡하고 설치비가 고가인 단점이 있다.

45 트라이액(TRIAC)에 대한 설명으로 틀린 것은?

출제빈도

① 쌍방향성 3단자 사이리스터이다.
② 턴오프 시간이 SCR보다 짧으며 급격한 전압 변동에 강하다.
③ SCR 2개를 서로 반대 방향으로 병렬 연결하여 양방향 전류 제어가 가능하다.
④ 게이트에 전류를 흘리면 어느 방향이든 전압이 높은 쪽에서 낮은 쪽으로 도통한다.

해설 트라이액은 SCR 2개를 역병렬로 연결한 쌍방향 3단자 사이리스터로 턴온(오프) 시간이 짧으며 게이트에 전류가 흐르면 전원 전압이 (+)에서 (−)로 도통하는 교류 전력 제어 소자이다. 또한 급격한 전압 변동에 약하다.

46 탭전환 변압기 1차측에 몇 개의 탭이 있는 이유는?

① 예비용 단자
② 부하 전류를 조정하기 위하여
③ 수전점의 전압을 조정하기 위하여
④ 변압기의 여자 전류를 조정하기 위하여

정답 41.④ 42.① 43.② 44.② 45.② 46.③

해설 전원 전압이 변동이나 부하에 의해 변압기 2차측에 생긴 전압 변동을 보상하고 수전단의 전압을 조정하기 위하여 변압기 1차측에 몇 개(5개)의 탭을 설치한다.

47 스테핑 전동기의 스텝각이 3°이고, 스테핑 주파수(pulse rate)가 1,200[pps]이다. 이 스테핑 전동기의 회전 속도[rps]는?

① 10 ② 12
③ 14 ④ 16

해설 회전 속도 $n = \dfrac{\text{스탭각}}{360°} \times$펄스 주파수(스테핑 주파수)

$$= \frac{3}{360°} \times 1,200 = 10[\text{rps}]$$

48 직류기의 전기자 반작용의 영향이 아닌 것은?

출제빈도

① 주자속이 증가한다.
② 전기적 중성축이 이동한다.
③ 정류 작용에 악영향을 준다.
④ 정류자편 간 전압이 상승한다.

해설 전기자 반작용의 영향
- 전기적 중성축이 이동한다(발전기는 회전 방향, 전동기는 회전 반대 방향).
- 주자속이 감소한다.
- 정류자편 간 전압이 국부적으로 높아져 섬락을 일으켜 정류에 악영향을 미친다.

49 유도 전동기 역상 제동의 상태를 크레인이나 권상기의 강하시에 이용하고 속도 제한의 목적에 사용되는 경우의 제동 방법은?

① 발전 제동 ② 유도 제동
③ 회생 제동 ④ 단상 제동

해설 유도 제동은 유도 전동기의 역상 제동을 크레인이나 권상기의 하강시 이용하며 속도 상승을 제한할 목적으로 사용하는 제동법이다.

50 단락비가 큰 동기기의 특징 중 옳은 것은?

출제빈도

① 전압 변동률이 크다.
② 과부하 내량이 크다.
③ 전기자 반작용이 크다.
④ 송전 선로의 충전 용량이 작다.

해설 단락비가 큰 동기기는 동기 임피던스, 전압 변동률, 전기자 반작용이 작고 출력, 과부하 내량이 크고 안정도가 높고 송전 선로의 충전 용량이 크다. 또한 계자 기자력은 크고 전기자 기자력은 작으며 철손이 증가하여 효율은 조금 나빠진다.

51 전류가 불연속인 경우 전원 전압 220[V]인 단상 전파 정류 회로에서 점호각 $\alpha = 90°$일 때의 직류 평균 전압은 약 몇 [V]인가?

출제빈도

① 45 ② 84
③ 90 ④ 99

해설 단상 전파 정류에서 점호각 α일 때, 직류 전압(평균값) $E_{d\alpha}$는

$$E_{d\alpha} = \frac{2\sqrt{2}E}{\pi} \cdot \frac{1+\cos\alpha}{2}$$

$$= \frac{2\sqrt{2} \times 220}{\pi} \times \frac{1}{2}$$

$$= 99.0[\text{V}]$$

52 변압기의 냉각 방식 중 유입 자냉식의 표시 기호는?

① ANAN
② ONAN
③ ONAF
④ OFAF

해설
- ANAN : 건식 밀폐 자냉식
- ONAN : 유입 자냉식(Oil Natural Air Natural)
- ONAF : 유입 풍냉식
- OFAF : 송유 풍냉식

정답 47.① 48.① 49.② 50.② 51.④ 52.②

53 타여자 직류 전동기의 속도 제어에 사용되는 워드 레오나드(Ward Leonard) 방식은 다음 중 어느 제어법을 이용한 것인가?

출제빈도

① 저항 제어법
② 전압 제어법
③ 주파수 제어법
④ 직·병렬 제어법

해설 회전 속도 $N=K\dfrac{V-I_aR_a}{\phi}$ [rpm]

- 계자 제어 : 계자 권선에 저항(R_f)을 연결하여 자속(ϕ) 변환에 의한 제어 → 정출력 제어
- 저항 제어 : 전기자 권선에 저항(R_e)을 직렬로 연결하여 제어
- 전압 제어 : 타여자 전동기의 공급 전압을 변환하여 제어
  - 워드 레오나드(Ward Leonard) 방식
  - 일그너(Illgner) 방식 : 부하 변동이 큰 경우 플라이 휠(fly wheel)을 설치한다.
- 직·병렬 제어 : 2대 이상의 직권 전동기를 직·병렬로 접속을 변환하여 제어하는 방법(전압 제어의 일종)

54 단상 변압기 2대를 사용하여 3,150[V]의 평형 3상에서 210[V]의 평형 2상으로 변환하는 경우에 각 변압기의 1차 전압과 2차 전압은 얼마인가?

① 주좌 변압기 : 1차 3,150[V], 2차 210[V]
T좌 변압기 : 1차 3,150[V], 2차 210[V]

② 주좌 변압기 : 1차 3,150, 2차 210[V]
T좌 변압기 : 1차 $3,150\times\dfrac{\sqrt{3}}{2}$[V], 2차 210[V]

③ 주좌 변압기 : 1차 $3,150\times\dfrac{\sqrt{3}}{2}$[V], 2치 210[V]
T좌 변압기 : 1차 $3,150\times\dfrac{\sqrt{3}}{2}$[V], 2차 210[V]

④ 주좌 변압기 : 1차 $3,150\times\dfrac{\sqrt{3}}{2}$[V], 2차 210[V]
T좌 변압기 : 1차 3,150[V], 2차 210[V]

해설 3상 전원을 2상으로 하는 상(phase)수 변환 방식에서 스코트(scott) 결선의 1, 2차 전압은 다음과 같다.

- 1차
  - 주좌 변압기 : 3,150[V]
  - T좌 변압기 : $3,150\times\dfrac{\sqrt{3}}{2}$[V]
- 2차
  - 주좌 변압기 : 210[V]
  - T좌 변압기 : 210[V]

55 3상 유도 전동기의 속도 제어법 중 2차 저항 제어와 관계가 없는 것은?

출제빈도

① 농형 유도 전동기에 이용된다.
② 토크 속도 특성의 비례 추이를 응용한 것이다.
③ 2차 저항이 커져 효율이 낮아지는 단점이 있다.
④ 조작이 간단하고 속도 제어를 광범위하게 행할 수 있다.

해설 3상 유도 전동기의 2차 저항 제어는 권선형 유도 전동기의 속도 제어법으로 비례 추이 원리를 이용한 것으로 조작이 간단하나 효율이 낮은 단점이 있다.

56 직류 발전기의 무부하 특성 곡선은 다음 중 어느 관계를 표시한 것인가?

① 계자 전류－부하 전류
② 단자 전압－계자 전류
③ 단자 전압－회전 속도
④ 부하 전류－단자 전압

해설 무부하 특성 곡선은 직류 발전기의 회전수를 일정하게 유지하고, 계자 전류 I_f[A]와 단자 전압 $V_0(E)$[V]의 관계를 나타낸 곡선이다.

정답 53.② 54.② 55.① 56.②

57 용량이 50[kVA] 변압기의 철손이 1[kW]이고 전부하 동손이 2[kW]이다. 이 변압기를 최대 효율에서 사용하려면 부하를 약 몇 [kVA] 인가하여야 하는가?

출제빈도

① 25
② 35
③ 50
④ 71

해설 변압기의 $\frac{1}{m}$ 부하시 최대 효율의 조건은 무부하손=부하손이므로

$P_i = \left(\frac{1}{m}\right)^2 P_c$에서

$\frac{1}{m} = \sqrt{\frac{P_i}{P_c}} = \sqrt{\frac{1}{2}} = 0.707$

∴ 부하 용량

$P_L = 50 \times 0.707$
$= 35.35$[kVA]

58 농형 유도 전동기 기동법에 대한 설명 중 틀린 것은?

① 전전압 기동법은 일반적으로 소용량에 적용된다.
② Y−△ 기동법은 기동 전압[V]이 $\frac{1}{\sqrt{3}}$[V]로 감소한다.
③ 리액터 기동법은 기동 후 스위치로 리액터를 단락한다.
④ 기동 보상기법은 최종 속도 도달 후에도 기동 보상기가 계속 필요하다.

해설 기동 보상기법은 3상 단권 변압기를 사용하여 기동 전압을 낮추어 기동 전류를 제한하는 방법으로 거의 최종 속도에 도달하면 정격 전압을 공급함과 동시에 기동 보상기를 회로에서 분리한다.

59 3상 반작용 전동기(reaction motor)의 특성으로 가장 옳은 것은?

출제빈도

① 역률이 좋은 전동기
② 토크가 비교적 큰 전동기
③ 기동용 전동기가 필요한 전동기
④ 여자 권선 없이 동기 속도로 회전하는 전동기

해설 3상 반작용 전동기는(릴럭턴스 모터라고도 함) 반작용 토크에 의해 동기 속도로 회전하며, 토크가 작고 역률과 효율은 나쁘지만 구조가 간단하고 직류 여자기가 필요하지 않는 등의 장점이 있다.

60 2대의 3상 동기 발전기를 동일한 부하로 병렬 운전하고 있을 때 대응하는 기전력 사이에 60°의 위상차가 있다면 한쪽 발전기에서 다른 쪽 발전기에 공급되는 1상당 전력은 약 몇 [kW]인가? (단, 각 발전기의 기전력(선간)은 3,300[V], 동기 리액턴스는 5[Ω]이고 전기자 저항은 무시한다.)

① 181
② 314
③ 363
④ 720

해설
$P = \frac{E_0^{\ 2}}{2Z_s}\sin\delta_s$

$= \frac{E_0^{\ 2}}{2x_s}\sin\delta$

$= \frac{\left(\frac{3,300}{\sqrt{3}}\right)^2}{2\times 3}\times\sin 60°$

$= \frac{\left(\frac{3,300}{\sqrt{3}}\right)^2}{2\times 3}\times\frac{\sqrt{3}}{2}$

≒ 314[kVA]

정답 57.② 58.④ 59.④ 60.②

제4과목 회로이론

61 코일에 단상 100[V]의 전압을 가하면 30[A]의 전류가 흐르고 1.8[kW]의 전력을 소비한다고 한다. 이 코일과 병렬로 콘덴서를 접속하여 회로의 역률을 100[%]로 하기 위한 용량 리액턴스는 약 몇 [Ω]인가?

① 4.2　　② 6.2
③ 8.2　　④ 10.2

해설 $P_r = \sqrt{P_a{}^2 - P^2}$ [Var]
$= \sqrt{(100\times 30)^2 - 1,800^2}$
$= 2,400$[Var]
$\therefore X_C = \frac{V^2}{P_r} = \frac{100^2}{2,400} = 4.17$[Ω]

62 그림과 같은 회로에서 저항 r_1, r_2에 흐르는 전류의 크기가 1 : 2의 비율이라면 r_1, r_2는 각각 몇 [Ω]인가?

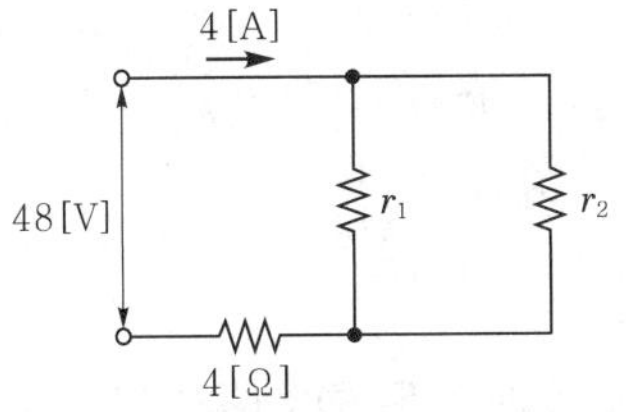

① $r_1 = 6$, $r_2 = 3$　② $r_1 = 8$, $r_2 = 4$
③ $r_1 = 16$, $r_2 = 8$　④ $r_1 = 24$, $r_2 = 12$

해설 전체 회로의 합성 저항 $R_0 = \frac{V}{I} = \frac{48}{4} = 12$[Ω]이므로
$12 = 4 + \frac{r_1 r_2}{r_1 + r_2}$ ······ ㉠
$r_1 : r_2 = 2 : 1$이므로
$r_1 = 2r_2$ ······ ㉡
㉡식을 ㉠에 대입하면
$\therefore r_1 = 24$[Ω], $r_2 = 12$[Ω]

63 회로에서 스위치를 닫을 때 콘덴서의 초기 전하를 무시하면 회로에 흐르는 전류 $i(t)$는 어떻게 되는가?

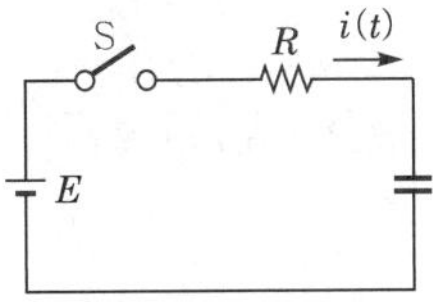

① $\frac{E}{R}e^{\frac{C}{R}t}$　② $\frac{E}{R}e^{\frac{R}{C}t}$
③ $\frac{E}{R}e^{-\frac{1}{CR}t}$　④ $\frac{E}{R}e^{\frac{1}{CR}t}$

해설 전압 방정식 $Ri(t) + \frac{1}{C}\int i(t)dt = E$
라플라스 변환을 이용하여 풀면
$i(t) = \frac{E}{R}e^{-\frac{1}{CR}t}$[A]

64 다음 그림과 같은 전기 회로의 입력을 e_i, 출력을 e_o라고 할 때 전달 함수는?

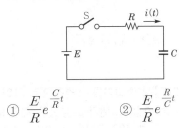

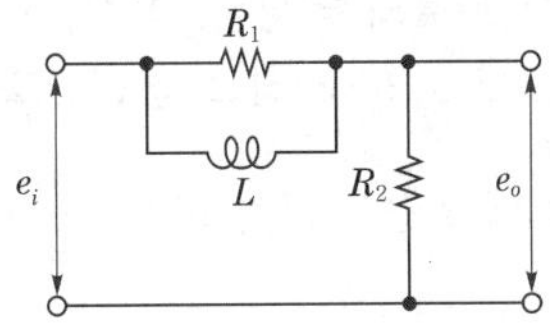

① $\frac{R_2(1+R_1Ls)}{R_1+R_2+R_1R_2Ls}$

② $\frac{1+R_2Ls}{1+(R_1+R_2)Ls}$

③ $\frac{R_2(R_1+Ls)}{R_1R_2+R_1Ls+R_2Ls}$

④ $\frac{R_2+\frac{1}{Ls}}{R_1+R_2+\frac{1}{Ls}}$

정답 61.① 62.④ 63.③ 64.③

해설 전달 함수

$$G(s)=\frac{E_o(s)}{E_i(s)}=\frac{R_2}{\frac{R_1 \cdot Ls}{R_1+Ls}+R_2}$$

$$=\frac{R_2(R_1+Ls)}{R_1R_2+R_1Ls+R_2Ls}$$

65 3대의 단상 변압기를 △결선으로 하여 운전하던 중 변압기 1대가 고장으로 제거하여 V결선으로 한 경우 공급할 수 있는 전력은 고장 전 전력의 몇 [%]인가?

① 57.7 ② 50.0
③ 63.3 ④ 67.7

해설 • △결선시 전력 : $P_\triangle = 3VI\cos\theta$
• V결선시 전력 : $P_V = \sqrt{3}\,VI\cos\theta$

$$\frac{P_V}{P_\triangle}=\frac{\sqrt{3}\,VI\cos\theta}{3VI\cos\theta}=\frac{\sqrt{3}}{3}=\frac{1}{\sqrt{3}}=0.577$$

∴ 57.7[%]

66 3상 회로의 영상분, 정상분, 역상분을 각각 I_0, I_1, I_2라 하고 선전류를 I_a, I_b, I_c라 할 때 I_b는? $\left(단,\ a=-\frac{1}{2}+j\frac{\sqrt{3}}{2}\ 이다.\right)$

① $\boldsymbol{I}_0+\boldsymbol{I}_1+\boldsymbol{I}_2$
② $\boldsymbol{I}_0+a^2\boldsymbol{I}_1+a\boldsymbol{I}_2$
③ $\frac{1}{3}(\boldsymbol{I}_0+\boldsymbol{I}_1+\boldsymbol{I}_2)$
④ $\frac{1}{3}(\boldsymbol{I}_0+a\boldsymbol{I}_1+a^2\boldsymbol{I}_2)$

해설 $I_a=I_0+I_1+I_2$
$I_b=I_0+a^2I_1+aI_2$
$I_c=I_0+aI_1+a^2I_2$

67 전압의 순시값이 $v=3+10\sqrt{2}\sin\omega t$[V]일 때 실효값은 약 몇 [V]인가?

① 10.4
② 11.6
③ 12.5
④ 16.2

해설 비정현파의 실효값은 각 개별적인 실효값의 제곱의 합의 제곱근이므로

∴ $V=\sqrt{3^2+10^2}=10.4$[V]

68 시간 지연 요인을 포함한 어떤 특정계가 다음 미분 방정식 $\frac{dy(t)}{dt}+y(t)=x(t-T)$로 표현된다. $x(t)$를 입력, $y(t)$를 출력이라 할 때 이 계의 전달 함수는?

① $\frac{e^{-sT}}{s+1}$ ② $\frac{s+1}{e^{-sT}}$
③ $\frac{e^{sT}}{s-1}$ ④ $\frac{e^{-2sT}}{s+2}$

해설 $(s+1)\boldsymbol{Y}(s)=e^{-sT}\boldsymbol{X}(s)$

∴ $\boldsymbol{G}(s)=\frac{\boldsymbol{Y}(s)}{\boldsymbol{X}(s)}=\frac{e^{-sT}}{s+1}$

69 다음과 같은 회로에서 단자 a, b 사이의 합성 저항[Ω]은?

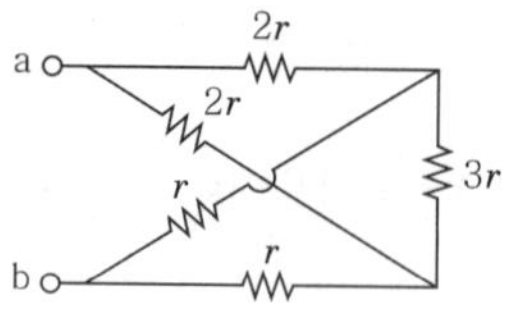

① r ② $\frac{1}{2}r$
③ $\frac{3}{2}r$ ④ $3r$

정답 65.① 66.② 67.① 68.① 69.③

해설

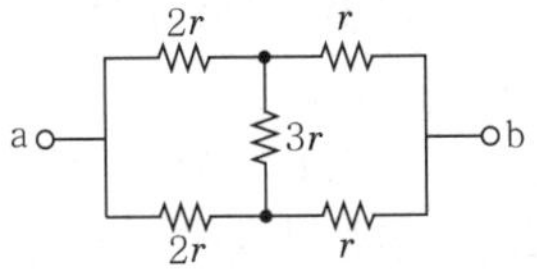

합성 저항 $R=\dfrac{(2r+r)\cdot(2r+r)}{(2r+r)+(2r+r)}=\dfrac{9r^2}{6r}=\dfrac{3}{2}r[\Omega]$

70 4단자 회로망이 가역적이기 위한 조건으로 틀린 것은?

① $Z_{12}=Z_{21}$

② $Y_{12}=Y_{21}$

③ $H_{12}=-H_{21}$

④ $AB-CD=1$

해설 4단자 정수의 성질 $AD-BC=1$

71 그림과 같은 회로에서 유도성 리액턴스 X_L의 값[Ω]은?

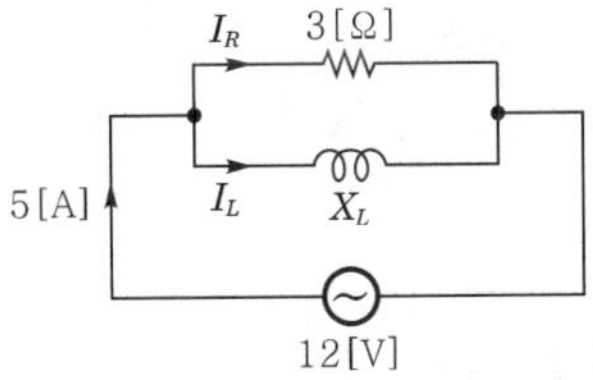

① 8

② 6

③ 4

④ 1

해설 전전류 $I=\sqrt{{I_R}^2+{I_L}^2}$

$\therefore\ 5=\sqrt{\left(\dfrac{12}{3}\right)^2+{I_L}^2}$

양변 제곱해서 I_L를 구하면 $I_L=3[A]$

따라서, $I_L=\dfrac{V}{X_L}$이므로 $X_L=\dfrac{V}{I_L}=\dfrac{12}{3}=4[\Omega]$

72 그림과 같은 단일 임피던스 회로의 4단자 정수는?

출제빈도

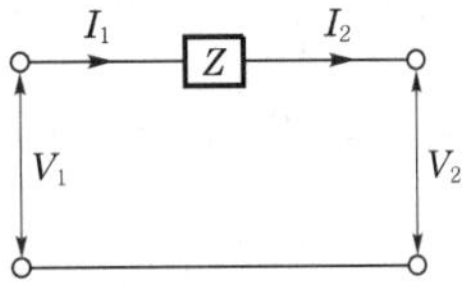

① $A=Z,\ B=0,\ C=1,\ D=0$

② $A=0,\ B=1,\ C=Z,\ D=1$

③ $A=1,\ B=Z,\ C=0,\ D=1$

④ $A=1,\ B=0,\ C=1,\ D=Z$

해설 $A=1,\ B=Z,\ C=0,\ D=1$

73 저항 3개를 Y로 접속하고 이것을 선간 전압 200[V]의 평형 3상 교류 전원에 연결할 때 선전류가 20[A] 흘렀다. 이 3개의 저항을 △로 접속하고 동일 전원에 연결하였을 때의 선전류는 몇 [A]인가?

출제빈도

① 30 ② 40

③ 50 ④ 60

해설

△결선의 선전류 $I_\triangle=\sqrt{3}I_P=\sqrt{3}\dfrac{V}{R}[A]$

Y결선의 선전류 $I_Y=I_P=\dfrac{V}{\sqrt{3}R}[A]$

$\therefore\ \dfrac{I_\triangle}{I_Y}=\dfrac{\dfrac{\sqrt{3}V}{R}}{\dfrac{V}{\sqrt{3}R}}=3$

즉, $I_\triangle=3I_Y$ 따라서 $I_\triangle=3\times20=60[A]$

74 $R=4{,}000[\Omega]$, $L=5[H]$의 직렬 회로에 직류 전압 200[V]를 가하던 중 직류 전원을 제거함과 동시에 급히 단자 사이의 스위치를 단락시킬 경우 이로부터 1/800초 후 회로의 전류는 몇 [mA]인가?

① 18.4 ② 1.84

③ 28.4 ④ 2.84

정답 70.④ 71.③ 72.③ 73.④ 74.①

해설 $R-L$ 직렬 회로에 직류 전압을 제거하는 경우

전류 $i(t)=\frac{E}{R}e^{-\frac{R}{L}t}$

$=\frac{200}{4,000}e^{-\frac{4,000}{5}\times\frac{1}{800}}$

$=0.05e^{-1}$

$=0.0184$

$=18.4[\text{mA}]$

75 다음과 같은 파형을 푸리에 급수로 전개하면?

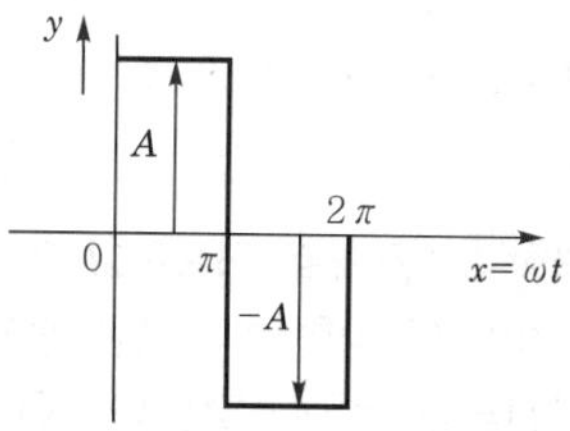

① $y=\frac{4A}{\pi}\left(\sin\alpha\sin x+\frac{1}{9}\sin3\alpha\sin3x+\cdots\right)$

② $y=\frac{4A}{\pi}\left(\sin x+\frac{1}{3}\sin3x+\frac{1}{5}\sin5x+\cdots\right)$

③ $y=\frac{4}{\pi}\left(\frac{\cos2x}{1.3}+\frac{\cos4x}{3.5}+\frac{\cos6x}{5.7}+\cdots\right)$

④ $y=\frac{A}{\pi}+\frac{\sin2x}{2}+\frac{\sin4x}{4}+\cdots$

해설 반파 및 정현 대칭인 파형이므로 홀수항의 sin항만 존재한다.

76 $i_1=I_m\sin\omega t$[A]와 $i_2=I_m\cos\omega t$[A]인 두 교류 전류의 위상차는 몇 도인가?

① 0° ② 30°
③ 60° ④ 90°

해설 $\cos\omega t$와 $\sin\omega t$와의 관계

$\cos\omega t=\sin(\omega t+90°)$

$i_1=I_m\sin\omega t$

$i_2=I_m\cos\omega t=I_m\sin(\omega t+90°)$

∴ 위상차 $\theta=90°$

77 $R-L$ 직렬 회로에서 $e=10+100\sqrt{2}\sin\omega t+50\sqrt{2}\sin(3\omega t+60°)+60\sqrt{2}\sin(5\omega t+30°)$[V]인 전압을 가할 때 제3고조파 전류의 실효값은 몇 [A]인가? (단, $R=8[\Omega]$, $\omega L=2[\Omega]$이다.)

① 1 ② 3
③ 5 ④ 7

해설 $I_3=\frac{V_3}{Z_3}=\frac{V_3}{\sqrt{R^2+(3\omega L)^2}}$

$=\frac{50}{\sqrt{8^2+6^2}}=5[\text{A}]$

78 대칭 n상 Y결선에서 선간 전압의 크기는 상전압의 몇 배인가?

① $\sin\frac{\pi}{n}$ ② $\cos\frac{\pi}{n}$
③ $2\sin\frac{\pi}{n}$ ④ $2\cos\frac{\pi}{n}$

해설 대칭 n상 성형(Y) 결선시

$V_l=2\sin\frac{\pi}{n}\cdot V_p\angle\frac{\pi}{2}\left(1-\frac{2}{n}\right)$

79 다음 함수 $F(s)=\frac{5s+3}{s(s+1)}$의 역라플라스 변환은?

① $2+3e^{-t}$ ② $3+2e^{-t}$
③ $3-2e^{-t}$ ④ $2-3e^{-t}$

해설 $F(s)=\frac{5s+3}{s(s+1)}=\frac{K_1}{s}+\frac{K_2}{s+1}$

$K_1=\left.\frac{5s+3}{s+1}\right|_{s=0}=3$

$K_2=\left.\frac{5s+3}{s}\right|_{s=-1}=2$

∴ $F(s)=\frac{3}{s}+\frac{2}{s+1}$

∵ $f(t)=\mathcal{L}^{-1}F(s)=3+2e^{-t}$

정답 75.② 76.④ 77.③ 78.③ 79.②

80 그림과 같은 회로가 공진이 되기 위한 조건을 만족하는 어드미턴스는?

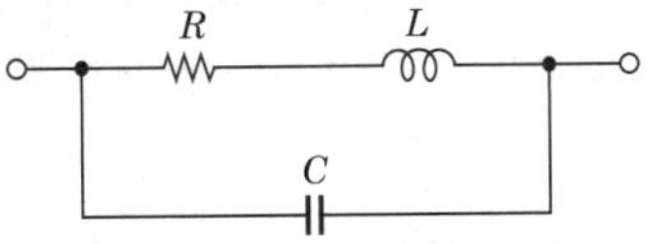

① $\dfrac{CL}{R}$ ② $\dfrac{CR}{L}$

③ $\dfrac{L}{CR}$ ④ $\dfrac{LR}{C}$

해설

$$Y = j\omega C + \frac{1}{R + j\omega L}$$
$$= j\omega C + \frac{R - j\omega L}{(R + j\omega L)(R - j\omega L)}$$
$$= j\omega C + \frac{R - j\omega L}{R^2 + \omega^2 L^2}$$
$$= \frac{R}{R^2 + \omega^2 L^2} + j\left(\omega C - \frac{\omega L}{R^2 + \omega^2 L^2}\right)$$

• 공진 조건 : $\omega C = \dfrac{\omega L}{R^2 + \omega^2 L^2}$, $R^2 + \omega^2 L^2 = \dfrac{L}{C}$

• 공진시 공진 어드미턴스 : $Y_0 = \dfrac{R}{R^2 + \omega^2 L^2} = \dfrac{R}{\frac{L}{C}} = \dfrac{CR}{L}$[℧]

제5과목 전기설비기술기준

81 저압 절연 전선을 사용한 220[V] 저압 가공 전선이 안테나와 접근 상태로 시설되는 경우 가공 전선과 안테나 사이의 이격 거리는 몇 [cm] 이상이어야 하는가? (단, 전선이 고압 절연 전선, 특고압 절연 전선 또는 케이블인 경우는 제외한다.)

① 30 ② 60

③ 100 ④ 120

해설 저 · 고압 가공 전선과 안테나의 접근 또는 교차(한국전기설비규정 332.14)

• 고압 가공 전선로는 고압 보안 공사에 의할 것
• 가공 전선과 안테나 사이의 이격 거리는 저압은 60[cm](고압 절연 전선, 특고압 절연 전선 또는 케이블인 경우 30[cm]) 이상, 고압은 80[cm](케이블인 경우 40[cm]) 이상

82 금속 덕트에 넣은 전선의 단면적의 합계는 덕트의 내부 단면적의 몇 [%] 이하이어야 하는가?

① 10 ② 20

③ 32 ④ 48

해설 금속 덕트 공사(한국전기설비규정 232.31)
금속 덕트에 넣은 전선의 단면적(절연 피복 포함)의 총합은 덕트의 내부 단면적의 20[%](전광 표시 장치 또는 제어 회로 등의 배선만을 넣은 경우 50[%]) 이하

83 지선을 사용하여 그 강도를 분담시키면 안 되는 가공 전선로의 지지물은?

출제빈도

① 목주
② 철주
③ 철탑
④ 철근 콘크리트주

해설 지선의 시설(한국전기설비규정 331.11)
철탑은 지선을 사용하여 그 강도를 분담시켜서는 아니 된다.

84 저압 가공 인입선 시설시 도로를 횡단하여 시설하는 경우 노면상 높이는 몇 [m] 이상으로 하여야 하는가?

출제빈도

① 4 ② 4.5

③ 5 ④ 5.5

정답 80.② 81.② 82.② 83.③ 84.③

해설 저압 인입선의 시설(한국전기설비규정 221.1.1)
- 도로를 횡단하는 경우에는 노면상 5[m]
- 철도 또는 궤도를 횡단하는 경우에는 레일면상 6.5[m] 이상
- 횡단보도교의 위에 시설하는 경우에는 노면상 3[m] 이상

85 60[kV] 이하의 특고압 가공 전선과 식물과의 이격 거리는 몇 [m] 이상이어야 하는가?

출제빈도

① 2　② 2.12
③ 2.24　④ 2.36

해설 특고압 가공 전선과 식물의 이격 거리(한국전기설비규정 333.30)
- 60[kV] 이하 : 2[m] 이상
- 60[kV] 초과 : 2[m]에 10[kV] 단수마다 12[cm]씩 가산

86 전기 부식 방지 시설에서 전원 장치를 사용하는 경우로 옳은 것은?

출제빈도

① 전기 부식 방지 회로의 사용 전압은 교류 60[V] 이하일 것
② 지중에 매설하는 양극(+)의 매설 깊이는 50[cm] 이상일 것
③ 지표 또는 수중에서 1[m] 간격의 임의의 2점 간의 전위차는 7[V]를 넘지 말 것
④ 수중에 시설하는 양극(+)과 그 주위 1[m] 이내의 거리에 있는 임의점과의 사이의 전위차는 10[V]를 넘지 말 것

해설 전기 부식 방지 회로의 전압 등(한국전기설비규정 241.16.3)
- 전기 부식 방지 회로의 사용 전압은 직류 60[V] 이하일 것
- 양극(陽極)은 지중에 매설하거나 수중에서 쉽게 접촉할 우려가 없는 곳에 시설할 것
- 지중에 매설하는 양극의 매설 깊이는 75[cm] 이상일 것
- 수중에 시설하는 양극과 그 주위 1[m] 이내의 거리에 있는 임의점과의 사이의 전위차는 10[V]를 넘지 아니할 것
- 지표 또는 수중에서 1[m] 간격의 임의의 2점 간의 전위차가 5[V]를 넘지 아니할 것

87 400[V] 미만인 저압용 전동기 외함을 접지 공사할 경우 접지선의 공칭 단면적은 몇 [mm^2] 이상의 연동선이어야 하는가?

① 0.75　② 2.5
③ 6　④ 16

해설 400[V] 미만인 저압용은 제3종 접지 공사를 하므로 접지선은 2.5[mm^2]으로 한다.

※ 이 문제는 출제 당시 규정에는 적합했으나 새로 제정된 한국전기설비규정에는 일부 부적합하므로 문제 유형만 참고하시기 바랍니다.

88 345[kV] 변전소의 충전 부분에서 5.98[m] 거리에 울타리를 설치할 경우 울타리 최소 높이는 몇 [m]인가?

출제빈도

① 2.1　② 2.3
③ 2.5　④ 2.7

해설 특고압용 기계 기구 시설(한국전기설비규정 341.4)
160[kV]를 넘는 10[kV] 단수는
$(345-160)\div 10 = 18.5 \fallingdotseq 19$
울타리까지의 거리와 높이의 합계는
$6+0.12\times 19 = 8.28$[m]
∴ 울타리 최소 높이는 $8.28-5.98=2.3$[m]

89 동기 발전기를 사용하는 전력 계통에 시설하여야 하는 장치는?

① 비상 조속기
② 분로 리액터
③ 동기 검정 장치
④ 절연유 유출 방지 설비

정답 85.① 86.④ 87.② 88.② 89.③

해설 계측 장치(한국전기설비규정 351.6)
동기 발전기(同期發電機)를 시설하는 경우에는 동기 검정 장치를 시설하여야 한다.

90 특고압 가공 전선로의 지지물에 시설하는 통신선 또는 이에 직접 접속하는 통신선 중 옥내에 시설하는 부분은 몇 [V] 초과의 저압 옥내 배선의 규정에 준하여 시설하도록 하고 있는가?

① 150 ② 300
③ 380 ④ 400

해설 특고압 가공 전선로 첨가 설치 통신선에 직접 접속하는 옥내 통신선의 시설(한국전기설비규정 362.6)
400[V] 초과의 저압 옥내 배선의 규정에 준하여 시설

91 제2종 특고압 보안 공사시 B종 철주를 지지물로 사용하는 경우 경간은 몇 [m] 이하인가?

① 100 ② 200
③ 400 ④ 500

해설 특고압 보안 공사(한국전기설비규정 333.22)

지지물의 종류	경 간
목주 · A종	100[m]
B종	200[m]
철탑	400[m]

92 전체의 길이가 18[m]이고, 설계 하중이 6.8[kN]인 철근 콘크리트주를 지반이 튼튼한 곳에 시설하려고 한다. 기초 안전율을 고려하지 않기 위해서는 묻히는 깊이를 몇 [m] 이상으로 시설하여야 하는가?

① 2.5 ② 2.8
③ 3 ④ 3.2

해설 가공 전선로 지지물의 기초의 안전율(한국전기설비규정 331.7)
철근 콘크리트주로서 그 전체의 길이가 16[m] 초과 20[m] 이하이고, 설계 하중이 6.8[kN] 이하의 것을 논이나 그 밖의 지반이 연약한 곳 이외에 그 묻히는 깊이는 2.8[m] 이상

93 변전소를 관리하는 기술원이 상주하는 장소에 경보 장치를 시설하지 아니하여도 되는 것은?

① 조상기 내부에 고장이 생긴 경우
② 주요 변압기의 전원측 전로가 무전압으로 된 경우
③ 특고압용 타냉식 변압기의 냉각 장치가 고장난 경우
④ 출력 2,000[kVA] 특고압용 변압기의 온도가 현저히 상승한 경우

해설 상주 감시를 하지 아니하는 변전소의 시설(한국전기설비규정 351.9)
다음의 경우에는 변전 제어소 또는 기술원이 상주하는 장소에 경보 장치를 시설할 것
- 운전 조작에 필요한 차단기가 자동적으로 차단한 경우
- 주요 변압기의 전원측 전로가 무전압으로 된 경우
- 제어 회로의 전압이 현저히 저하한 경우
- 옥내 변전소에 화재가 발생한 경우
- 출력 3,000[kVA]를 초과하는 특고압용 변압기는 온도가 현저히 상승한 경우
- 특고압용 타냉식 변압기는 냉각 장치가 고장난 경우
- 조상기는 내부에 고장이 생긴 경우
- 조상기 안의 수소의 순도가 90[%] 이하로 저하한 경우
- 가스 절연기기의 절연 가스의 압력이 현저히 저하한 경우

정답 90.④ 91.② 92.② 93.④

94 케이블 트레이 공사에 대한 설명으로 틀린 것은?

① 금속재의 것은 내식성 재료의 것이어야 한다.
② 케이블 트레이의 안전율은 1.25 이상이어야 한다.
③ 비금속제 케이블 트레이는 난연성 재료의 것이어야 한다.
④ 전선의 피복 등을 손상시킬 돌기 등이 없이 매끈하여야 한다.

해설 케이블 트레이 공사(한국전기설비규정 232.41)
- 케이블 트레이의 안전율은 1.5 이상이어야 한다.
- 케이블 하중을 충분히 견딜 수 있는 강도를 가져야 한다.
- 전선의 피복 등을 손상시킬 돌기 등이 없이 매끈하여야 한다.
- 금속재의 것은 적절한 방식 처리를 한 것이거나 내식성 재료의 것이어야 한다.
- 비금속제 케이블 트레이는 난연성 재료의 것이어야 한다.

95 의료 장소의 수술실에서 전기 설비 시설에 대한 설명으로 틀린 것은?

① 의료용 절연 변압기의 정격 출력은 10[kVA] 이하로 한다.
② 의료용 절연 변압기의 2차측 정격 전압은 교류 250[V] 이하로 한다.
③ 절연 감시 장치를 설치하는 경우 누설 전류가 5[mA]에 도달하면 경보를 발하도록 한다.
④ 전원측에 강화 절연을 한 의료용 절연 변압기를 설치하고 그 2차측 전로는 접지한다.

해설 의료 장소(한국전기설비규정 242.10)
의료 장소의 안전을 위한 보호 설비 시설
- 전원측에 이중 또는 강화 절연을 한 의료용 절연 변압기를 설치하고 그 2차측 전로는 접지하지 말 것
- 의료용 절연 변압기의 2차측 정격 전압은 교류 250[V] 이하로 하며, 공급 방식 및 정격 출력은 단상 2선식, 10[kVA] 이하로 할 것
- 3상 부하에 대한 전력 공급이 요구되는 경우 의료용 3상 절연 변압기를 사용할 것
- 절연 감시 장치를 설치하는 경우에는 누설 전류가 5[mA]에 도달하면 경보를 할 것

96 전등 또는 방전등에 저압으로 전기를 공급하는 옥내의 전로의 대지 전압은 몇 [V] 이하이어야 하는가?

① 100　② 200
③ 300　④ 400

해설 옥내 전로의 대지 전압의 제한(한국전기설비규정 231.6)
백열 전등 또는 방전등에 전기를 공급하는 옥내의 전로의 대지 전압은 300[V] 이하이어야 한다.

97 저압 가공 인입선 시설시 사용할 수 없는 전선은?

출제빈도

① 절연 전선, 다심형 전선, 케이블
② 지름 2.6[mm] 이상의 인입용 비닐 절연 전선
③ 인장 강도 1.2[kN] 이상의 인입용 비닐 절연 전선
④ 사람의 접촉 우려가 없도록 시설하는 경우 옥외용 비닐 절연 전선

해설 저압 인입선의 시설(한국전기설비규정 221.1.1)
- 전선은 절연 전선, 다심형 전선 또는 케이블일 것
- 전선이 케이블인 경우 이외에는 인장 강도 2.3[kN] 이상의 것 또는 지름 2.6[mm] 이상의 인입용 비닐 절연 전선일 것

정답 94.② 95.④ 96.③ 97.③

98 전용 부지가 아닌 가공 직류 전차선의 레일 면상의 높이는 몇 [m] 이상으로 하여야 하는가?

① 3.6 ② 4
③ 4.4 ④ 4.8

해설 가공 직류 전차선의 레일면상의 높이(판단기준 제256조)
가공 직류 전차선의 레일면상의 높이는 4.8[m] 이상, 전용의 부지 위에 시설될 때에는 4.4[m] 이상이어야 한다.

※ 이 문제는 출제 당시 규정에는 적합했으나 새로 제정된 한국전기설비규정에는 일부 부적합하므로 문제 유형만 참고하시기 바랍니다.

99 (출제빈도) 고압 가공 전선로의 가공 지선으로 나경동선을 사용하는 경우의 지름은 몇 [mm] 이상이어야 하는가?

① 3.2 ② 4
③ 5.5 ④ 6

해설 고압 가공 전선로의 가공 지선(한국전기설비규정 332.6)
고압 가공 전선로에 사용하는 가공 지선은 인장 강도 5.26[kN] 이상의 것 또는 지름 4[mm] 이상의 나경동선을 사용한다.

100 저압의 옥측 배선 또는 옥외 배선 시설로 틀린 것은?

① 400[V] 이상 저압의 전개된 장소에 애자 공사로 시설
② 합성 수지관 또는 금속관 공사, 가요 전선관 공사로 시설
③ 400[V] 이상 저압의 점검 가능한 은폐 장소에 버스 덕트 공사로 시설
④ 옥내 전로의 분기점에서 10[m] 이상인 저압의 옥측 배선 또는 옥외 배선의 개폐기를 옥내 전로용과 겸용으로 시설

해설 옥측 배선 또는 옥외 배선의 시설(판단기준 제218조)
저압의 옥측 배선 또는 옥외 배선의 개폐기 및 과전류 차단기는 옥내 전로용의 것과 겸용하지 아니할 것. 다만, 그 배선의 길이가 옥내 전로의 분기점으로부터 8[m] 이하인 경우 겸용할 수 있다.

※ 이 문제는 출제 당시 규정에는 적합했으나 새로 제정된 한국전기설비규정에는 일부 부적합하므로 문제 유형만 참고하시기 바랍니다.

정답 98.④ 99.② 100.④

memo

2018년 제1회 과년도 출제문제

2018. 3. 4. 시행

제1과목 전기자기학

01 무한장 원주형 도체에 전류 I가 표면에만 흐른다면 원주 내부의 자계의 세기는 몇 [AT/m]인가? (단, r[m]는 원주의 반지름이고, N은 권선수이다.)

① 0 ② $\frac{NI}{2\pi r}$

③ $\frac{I}{2r}$ ④ $\frac{I}{2\pi r}$

해설 전류가 원통 표면에만 있을 때는 쇄교하는 전류가 원통 내에서는 항상 0이 되기 때문에 자계의 세기는 $H=0$가 된다.

02 다음이 설명하고 있는 것은?

> 수정, 로셸염 등에 열을 가하면 분극을 일으켜 한쪽 끝에 양(+) 전기, 다른 쪽 끝에 음(−) 전기가 나타나며, 냉각할 때에는 역분극이 생긴다.

① 강유전성
② 압전기 현상
③ 파이로(Pyro) 전기
④ 톰슨(Thomson) 효과

해설 압전 현상을 일으키는 수정, 전기석, 로셸염, 티탄산바륨의 결정은 가열하면 분극이 생기고 냉각하면 그 반대 극성의 분극이 생기는 현상이 있다. 이 전기를 파이로 전기(Pyro electricity)라고 한다.

03 비유전율이 9인 유전체 중에 1[cm]의 거리를 두고 1[μC]과 2[μC]의 두 점전하가 있을 때 서로 작용하는 힘은 약 몇 [N]인가?

① 18 ② 20

③ 180 ④ 200

해설

$$F=\frac{Q_1Q_2}{4\pi\varepsilon_0\varepsilon_s r^2}=9\times10^9\frac{Q_1Q_2}{\varepsilon_s r^2}$$

$$=9\times10^9\times\frac{1\times10^{-6}\times2\times10^{-6}}{9\times(1\times10^{-2})^2}$$

$$=20[\text{N}]$$

04 비투자율 μ_s, 자속 밀도 B[Wb/m²]인 자계 중에 있는 m[Wb]의 자극이 받는 힘[N]은?

출제빈도

① $\frac{Bm}{\mu_0\mu_s}$ ② $\frac{Bm}{\mu_0}$

③ $\frac{\mu_0\mu_s}{Bm}$ ④ $\frac{Bm}{\mu_s}$

해설

$$F=mH,\ B=\frac{\phi}{S}=\mu H=\mu_0\mu_s H[\text{Wb/m}^2]$$

$$\therefore\ F=mH=m\frac{B}{\mu_0\mu_s}=\frac{Bm}{\mu_0\mu_s}[\text{N}]$$

05 반지름이 1[m]인 도체구에 최고로 줄 수 있는 전위는 몇 [kV]인가? (단, 주위 공기의 절연 내력은 3×10^6[V/m]이다.)

출제빈도

① 30 ② 300

③ 3,000 ④ 30,000

해설 전위와 전계의 세기와의 관계

$V=E\cdot r=3\times10^6\times1=3\times10^6[\text{V}]=3,000[\text{kV}]$

정답 01.① 02.③ 03.② 04.① 05.③

06 그림과 같은 정전 용량이 C_0[F]가 되는 평행판 공기 콘덴서가 있다. 이 콘덴서의 판면적의 $\frac{2}{3}$가 되는 공간에 비유전율 ε_s인 유전체를 채우면 공기 콘덴서의 정전 용량[F]은?

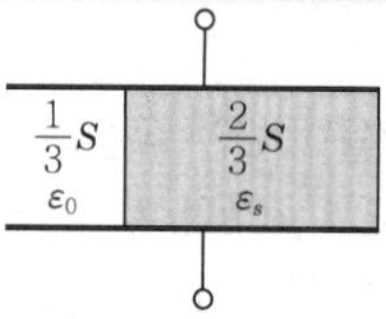

① $\frac{2\varepsilon_s}{3}C_0$　② $\frac{3}{1+2\varepsilon_s}C_0$

③ $\frac{1+\varepsilon_s}{3}C_0$　④ $\frac{1+2\varepsilon_s}{3}C_0$

해설 합성 정전 용량은 두 콘덴서의 병렬 연결과 같으므로

$$\therefore\ C = C_1 + C_2 = \frac{1}{3}C_0 + \frac{2}{3}\varepsilon_s C_0 = \frac{1+2\varepsilon_s}{3}C_0[\mu\text{F}]$$

07 단면적 S[m^2], 자로의 길이 l[m], 투자율 μ[H/m]의 환상 철심에 1[m]당 N회 코일을 균등하게 감았을 때 자기 인덕턴스[H]는?

① μNlS　② $\mu N^2 lS$

③ $\frac{\mu N^2 l}{S}$　④ $\frac{\mu N^2 S}{l}$

해설 자기 인덕턴스

$$L = \frac{N\phi}{I} = \frac{N}{I}\cdot\frac{NI}{R_m} = \frac{N^2}{I}\cdot\frac{I\cdot\mu S}{l} = \frac{\mu N^2 S}{l}[\text{H}]$$

08 반지름 a[m]인 접지 도체구의 중심에서 r[m] 되는 거리에 점전하 Q[C]을 놓았을 때 도체구에 유도된 총 전하는 몇 [C]인가?

① 0　② $-Q$

③ $-\frac{a}{r}Q$　④ $-\frac{r}{a}Q$

해설

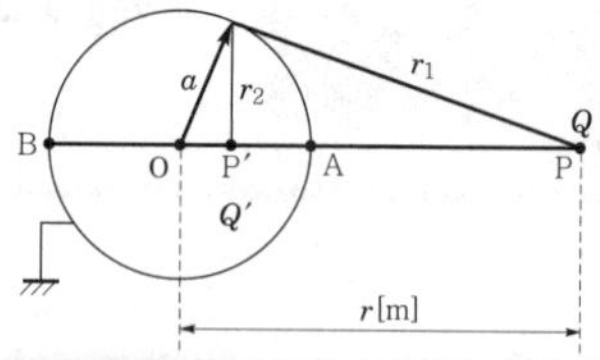

영상점 P'의 위치는

$$\text{OP}' = \frac{a^2}{r}[\text{m}]$$

영상 전하의 크기는

$$\therefore\ Q' = -\frac{a}{r}Q[\text{C}]$$

09 각각 $\pm Q$[C]로 대전된 두 개의 도체 간의 전위차를 전위 계수로 표시하면? (단, $P_{12} = P_{21}$이다.)

① $(P_{11}+P_{12}+P_{22})Q$

② $(P_{11}+P_{12}-P_{22})Q$

③ $(P_{11}-P_{12}+P_{22})Q$

④ $(P_{11}-2P_{12}+P_{22})Q$

해설 $Q_1 = Q,\ Q_2 = -Q$이므로

$V_1 = P_{11}Q_1 + P_{12}Q_2 = P_{11}Q - P_{12}Q$[V]

$V_2 = P_{21}Q_1 + P_{22}Q_2 = P_{12}Q - P_{22}Q$[V]

두 도체 간의 전위차 V는 $P_{12} = P_{21}$이므로

$$\begin{aligned}\therefore\ V &= V_1 - V_2\\ &= (P_{11}Q - P_{12}Q) - (P_{21}Q - P_{22}Q)\\ &= (P_{11}Q - P_{12}Q - P_{21}Q + P_{22}Q)\\ &= (P_{11} - 2P_{12} + P_{22})Q[\text{V}]\end{aligned}$$

10 접지구 도체와 점전하 간의 작용력은?

① 항상 반발력이다.

② 항상 흡인력이다.

③ 조건적 반발력이다.

④ 조건적 흡인력이다.

정답 06.④ 07.② 08.③ 09.④ 10.②

해설 접지구 도체에는 항상 점전하 Q[C]과 반대 극성인 영상 전하 $Q' = \frac{a}{d}Q$[C]이 유도되므로 항상 흡인력이 작용한다.

11 공기 중에서 무한 평면 도체로부터 수직으로 10^{-10}[m] 떨어진 점에 한 개의 전자가 있다. 이 전자에 작용하는 힘은 약 몇 [N]인가? (단, 전자의 전하량은 -1.602×10^{-19}[C]이다.)

① 5.77×10^{-9}　② 1.602×10^{-9}
③ 5.77×10^{-19}　④ 1.602×10^{-19}

해설 전기 영상법에 의해 전자에 작용하는 힘

$$F = \frac{Q^2}{16\pi\varepsilon_0 r^2}[\text{N}]$$

$$\therefore F = \frac{(-1.602\times10^{-19})^2}{16\times3.14\times8.855\times10^{-12}\times(10^{-10})^2} = 5.77\times10^{-9}[\text{N}]$$

12 자속 밀도 B[Wb/m²]가 도체 중에서 f[Hz]로 변화할 때 도체 중에 유기되는 기전력 e는 무엇에 비례하는가?

출제빈도

① $e \propto Bf$　② $e \propto \frac{B}{f}$
③ $e \propto \frac{B^2}{f}$　④ $e \propto \frac{f}{B}$

해설 $\phi = \phi_m \sin\omega t = B_m S\sin 2\pi ft$[Wb]라 하면 유기 기전력 e는

$$e = -N\frac{d\phi}{dt} = -N\cdot\frac{d}{dt}(B_m S\sin 2\pi ft)$$

$$= -2\pi f N B_m S\cos 2\pi ft\,[\text{V}]$$

$$\therefore e \propto Bf$$

13 유전체 중의 전계의 세기를 E, 유전율을 ε이라 하면 전기 변위는?

① εE　② εE^2
③ $\frac{\varepsilon}{E}$　④ $\frac{E}{\varepsilon}$

해설 전속 밀도(=전기 변위) $D = \varepsilon E$[c/m²]

14 맥스웰의 전자 방정식으로 틀린 것은?

출제빈도

① $\text{div}\,B = \phi$　② $\text{div}\,D = \rho$
③ $\text{rot}\,E = -\frac{\partial B}{\partial t}$　④ $\text{rot}\,H = i + \frac{\partial D}{\partial t}$

해설 맥스웰의 전자계 기초 방정식

- $\text{rot}\,\boldsymbol{E} = \nabla\times\boldsymbol{E} = -\frac{\partial \boldsymbol{B}}{\partial t} = -\mu\frac{\partial \boldsymbol{H}}{\partial t}$(패러데이 전자 유도 법칙의 미분형)
- $\text{rot}\,\boldsymbol{H} = \nabla\times\boldsymbol{H} = \boldsymbol{i} + \frac{\partial \boldsymbol{D}}{\partial t}$ (앙페르 주회 적분 법칙의 미분형)
- $\text{div}\,\boldsymbol{D} = \nabla\cdot\boldsymbol{D} = \rho$ (가우스 정리의 미분형)
- $\text{div}\,\boldsymbol{B} = \nabla\cdot\boldsymbol{B} = 0$ (가우스 정리의 미분형)

15 유전율 ε, 투자율 μ인 매질 내에서 전자파의 전파 속도는?

출제빈도

① $\sqrt{\varepsilon\mu}$　② $\sqrt{\frac{\varepsilon}{\mu}}$
③ $\frac{1}{\sqrt{\varepsilon\mu}}$　④ $\sqrt{\frac{\mu}{\varepsilon}}$

해설

$$v = \frac{1}{\sqrt{\varepsilon\mu}} = \frac{1}{\sqrt{\varepsilon_0\mu_0}}\cdot\frac{1}{\sqrt{\varepsilon_s\mu_s}}$$

$$= C_0\frac{1}{\sqrt{\varepsilon_s\mu_s}} = \frac{3\times10^8}{\sqrt{\varepsilon_s\mu_s}}[\text{m/s}]$$

16 평행판 콘덴서에서 전극 간에 V[V]의 전위차를 가할 때 전계의 세기가 공기의 절연 내력 E[V/m]를 넘지 않도록 하기 위한 콘덴서의 단위 면적당의 최대 용량은 몇 [F/m²]인가?

① $\frac{\varepsilon_0 V}{E}$　② $\frac{\varepsilon_0 E}{V}$
③ $\frac{\varepsilon_0 V^2}{E}$　④ $\frac{\varepsilon_0 E^2}{V}$

정답 11.① 12.① 13.① 14.① 15.③ 16.②

해설 $C=\frac{\varepsilon_0}{d}$[F/m], $\boldsymbol{E}=\frac{V}{d}$[V/m]이므로

$\therefore\ C=\frac{\varepsilon_0}{d}=\frac{\varepsilon_0}{\frac{V}{\boldsymbol{E}}}=\frac{\varepsilon_0 \boldsymbol{E}}{V}$[F/m^2]

17 그림과 같이 권수가 1이고 반지름 a[m]인 원형 전류 I[A]가 만드는 자계의 세기[AT/m]는?

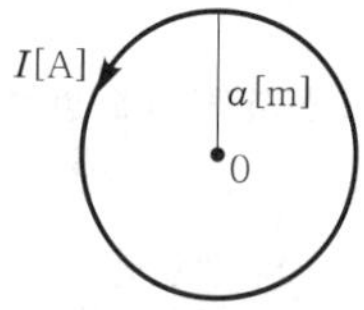

① $\frac{I}{a}$ ② $\frac{I}{2a}$

③ $\frac{I}{3a}$ ④ $\frac{I}{4a}$

해설 원형 전류 중심축상의 자계의 세기

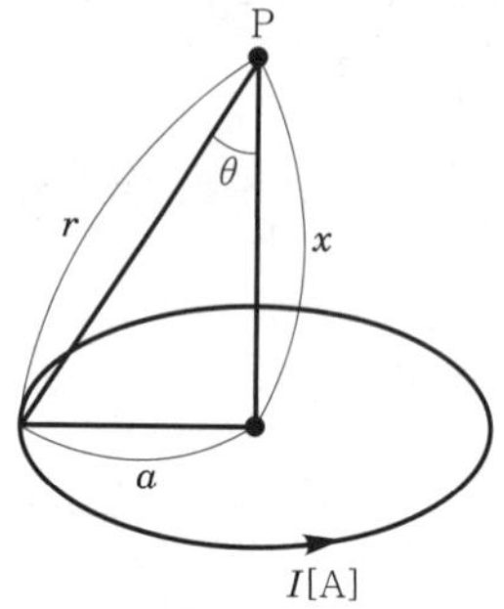

반경 a[m]인 원형 코일의 미소 길이 dl[m]에 의한 중심축상의 한 점 P의 미소 자계의 세기는 비오－사바르의 법칙에 의해

$d\boldsymbol{H}=\frac{Idl}{4\pi r^2}\sin\theta$ [AT/m]$=\frac{I\cdot adl}{4\pi r^3}$

여기서, $\sin\theta=\frac{a}{r}$이므로

$\boldsymbol{H}=\int\frac{I\cdot adl}{4\pi r^3}=\frac{aI}{4\pi r^3}\int dl=\frac{a\cdot I}{4\pi r^3}2\pi a$

$=\frac{a^2 I}{2r^3}$[AT/m]

여기서, $r=\sqrt{a^2+x^2}$이므로

$\boldsymbol{H}=\frac{a^2 I}{2(a^2+x^2)^{\frac{3}{2}}}$[AT/m]

여기서, 원형 중심의 자계의 세기 $\boldsymbol{H}_0$는 떨어진 거리 $x=0$인 지점이므로

$\boldsymbol{H}_0=\frac{I}{2a}$

또한, 권수가 N회 감겨 있을 때에는

$\boldsymbol{H}_0=\frac{NI}{2a}$

18 두 점전하 q, $\frac{1}{2}q$가 a만큼 떨어져 놓여 있다. 이 두 점전하를 연결하는 선상에서 전계의 세기가 영(0)이 되는 점은 q가 놓여 있는 점으로부터 얼마나 떨어진 곳인가?

① $\sqrt{2}a$ ② $(2-\sqrt{2})a$

③ $\frac{\sqrt{3}}{2}a$ ④ $\frac{(1+\sqrt{2})a}{2}$

해설 q가 놓여 있는 점으로부터 떨어진 거리를 x라 하면

$\frac{1}{x^2}=\frac{1}{2(a-x)^2}$

$\therefore\ x=(2-\sqrt{2})a$

19 균일한 자장 내에서 자장에 수직으로 놓여 있는 직선 도선이 받는 힘에 대한 설명 중 옳은 것은?

① 힘은 자장의 세기에 비례한다.

② 힘은 전류의 세기에 반비례한다.

③ 힘은 도선 길이의 $\frac{1}{2}$승에 비례한다.

④ 자장의 방향에 상관없이 일정한 방향으로 힘을 받는다.

해설 직선 도선이 받는 힘

$F=IlB\sin\theta=\mu_0 H Il\sin\theta\propto\mu_0 HIl$

즉, 힘은 자장의 세기(H), 전류(I), 도선의 길이(l)에 비례한다.

정답 17.② 18.② 19.①

20 전류 밀도 J, 전계 E, 입자의 이동도 μ, 도전율 σ라 할 때 전류 밀도[A/m^2]를 옳게 표현한 것은?

① $J=0$ ② $J=E$
③ $J=\sigma E$ ④ $J=\mu E$

해설 전류 밀도

$$J=\frac{I}{S}=Qv=ne\mu E=\sigma E=\frac{E}{\rho}[\mathrm{A/m^2}]$$

여기서, Q : 총 전기량
ne : 총 전자의 개수
σ : 도전율
ρ : 고유 저항률

제2과목 전력공학

21 차단기의 정격 투입 전류란 투입되는 전류의 최초 주파수의 어느 값을 말하는가?

① 평균값 ② 최대값
③ 실효값 ④ 직류값

해설 차단기의 정격 투입 전류는 최초 주파수의 최대값으로 정격 차단 전류의 약 2.5배 이상으로 한다.

22 (출제빈도) 영상 변류기와 관계가 가장 깊은 계전기는?

① 차동 계전기 ② 과전류 계전기
③ 과전압 계전기 ④ 선택 접지 계전기

해설 지락 사고가 발생하면 영상 전류를 영상 변류기가 검출하여 지락(접지) 계전기를 작동시킨다.

23 전력 계통에서의 단락 용량 증대가 문제가 되고 있다. 이러한 단락 용량을 경감하는 대책이 아닌 것은?

① 사고시 모선을 통합한다.
② 상위 전압 계통을 구성한다.
③ 모선 간에 한류 리액터를 삽입한다.
④ 발전기와 변압기의 임피던스를 크게 한다.

해설 계통의 단락 용량을 경감하려면 상위 전압 계통을 구성하고, 한류 리액터 등을 사용하여 단락 전류를 제한하고, 기기(발전기, 변압기 등)의 임피던스를 크게 하여야 한다. 사고시 모선을 통합하면 사고(단락) 용량이 증가한다.

24 (출제빈도) 송전 계통의 안정도 증진 방법에 대한 설명이 아닌 것은?

① 전압 변동을 작게 한다.
② 직렬 리액턴스를 크게 한다.
③ 고장시 발전기 입·출력의 불평형을 작게 한다.
④ 고장 전류를 줄이고 고장 구간을 신속하게 차단한다.

해설 안정도 향상 대책
- 직렬 리액턴스 감소
- 전압 변동 억제(속응 여자 방식, 계통 연계, 중간 조상 방식)
- 계통 충격 경감(소호 리액터 접지, 고속 차단, 재폐로 방식)
- 전력 변동 억제(조속기 신속 동작, 제동 저항기)

25 (출제빈도) 150[kVA] 전력용 콘덴서에 제5고조파를 억제시키기 위해 필요한 직렬 리액터의 최소 용량은 몇 [kVA]인가?

① 1.5 ② 3
③ 4.5 ④ 6

해설 직렬 리액터 용량은 이론상 전력용 콘덴서의 4[%]이므로 $150\times0.4=6$[kVA]로 한다.

정답 20.③ 21.② 22.④ 23.① 24.② 25.④

26 **보일러 급수 중에 포함되어 있는 산소 등에 의한 보일러 배관의 부식을 방지할 목적으로 사용되는 장치는?**

① 탈기기 ② 공기 예열기
③ 급수 가열기 ④ 수위 경보기

해설 탈기기(deaerator)란, 발전 설비(power plant) 및 보일러(boiler), 소각로 등의 설비에 공급되는 급수(boiler feed water) 중에 녹아 있는 공기(특히 용존 산소 및 이산화탄소)를 추출하여 배관 및 Plant 장치에 부식을 방지하고, 급격한 수명 저하에 효과적인 설비라 할 수 있다.

27 **다음 중 그 값이 1 이상인 것은?**

출제빈도

① 부등률 ② 부하율
③ 수용률 ④ 전압 강하율

해설 $\text{부등률} = \dfrac{\text{각 부하의 최대 수용 전력의 합[kW]}}{\text{합성(종합) 최대 전력[kW]}}$으로 이 값은 항상 1보다 크다.

28 **화력 발전소에서 가장 큰 손실은?**

① 소내용 동력
② 복수기의 방열손
③ 연돌 배출 가스 손실
④ 터빈 및 발전기의 손실

해설 화력 발전소의 가장 큰 손실은 복수기의 냉각 손실로 전열량의 약 50[%] 정도가 된다.

29 **선간 거리를 D, 전선의 반지름을 r이라 할 때 송전선의 정전 용량은?**

출제빈도

① $\log_{10}\dfrac{D}{r}$에 비례한다.

② $\log_{10}\dfrac{r}{D}$에 비례한다.

③ $\log_{10}\dfrac{D}{r}$에 반비례한다.

④ $\log_{10}\dfrac{r}{D}$에 반비례한다.

해설 정전 용량 $C = \dfrac{0.02413}{\log_{10}\dfrac{D}{r}}$[$\mu$F/km]이므로 $\log_{10}\dfrac{D}{r}$에 반비례한다.

30 **배전 선로의 용어 중 틀린 것은?**

① 궤전점 : 간선과 분기선의 접속점
② 분기선 : 간선으로 분기되는 변압기에 이르는 선로
③ 간선 : 급전선에 접속되어 부하로 전력을 공급하거나 분기선을 통하여 배전하는 선로
④ 급전선 : 배전용 변전소에서 인출되는 배전 선로에서 최초의 분기점까지의 전선으로 도중에 부하가 접속되어 있지 않은 선로

해설 배전 선로에서 간선과 분기선의 접속점을 부하점이라고 한다.

31 **송전 계통에서 발생한 고장 때문에 일부 계통의 위상각이 커져서 동기를 벗어나려고 할 경우 이것을 검출하고 계통을 분리하기 위해서 차단하지 않으면 안 될 경우에 사용되는 계전기는?**

① 한시 계전기
② 선택 단락 계전기
③ 탈조 보호 계전기
④ 방향 거리 계전기

해설 송전 계통에서 발생한 각종 사고 등으로 위상각이 증가하여 동기를 이탈하려고 하는 경우 이것을 검출하여 작동하는 계전기는 탈조 보호(계자 상실 등) 계전기이다.

정답 26.① 27.① 28.② 29.③ 30.① 31.③

32 가공 송전선에 사용되는 애자 1연 중 전압 부담이 최대인 애자는?

출제빈도

① 중앙에 있는 애자
② 철탑에 제일 가까운 애자
③ 전선에 제일 가까운 애자
④ 전선으로부터 $\frac{1}{4}$ 지점에 있는 애자

해설 현수 애자련의 전압 부담은 철탑에서 $\frac{1}{3}$ 지점이 가장 적고, 전선에서 제일 가까운 것이 가장 크다.

33 송전선에 복도체를 사용하는 주된 목적은 어느 것인가?

출제빈도

① 역률 개선
② 정전 용량의 감소
③ 인덕턴스의 증가
④ 코로나 발생의 방지

해설 복도체 및 다도체의 특징
- 복도체는 같은 도체 단면적의 단도체보다 인덕턴스와 리액턴스가 감소하고 정전 용량이 증가하여 송전 용량을 크게 할 수 있다.
- 전선 표면의 전위 경도를 저감시켜 코로나 임계 전압을 높게 하므로 코로나 발생을 방지한다.
- 전력 계통의 안정도를 증대시킨다.

34 선간 전압, 부하 역률, 선로 손실, 전선 중량 및 배전 거리가 같다고 할 경우 단상 2선식과 3상 3선식의 공급 전력의 비(단상/3상)는?

① $\frac{3}{2}$　② $\frac{1}{\sqrt{3}}$
③ $\sqrt{3}$　④ $\frac{\sqrt{3}}{2}$

해설 1선당 전력의 비(단상/3상)는

$$\frac{\frac{VI}{2}}{\frac{\sqrt{3}\,VI}{3}}=\frac{3}{2\sqrt{3}}=\frac{\sqrt{3}}{2}$$

35 송전 선로의 중성점 접지의 주된 목적은?

출제빈도

① 단락 전류 제한
② 송전 용량의 극대화
③ 전압 강하의 극소화
④ 이상 전압의 발생 방지

해설 중성점 접지 목적
- 이상 전압의 발생을 억제하여 전위 상승을 방지하고, 전선로 및 기기의 절연 수준을 경감한다.
- 지락 고장 발생시 보호 계전기의 신속하고 정확한 동작을 확보한다.

36 전주 사이의 경간이 80[m]인 가공 전선로에서 전선 1[m]당 하중이 0.37[kg], 전선의 이도가 0.8[m]일 때 수평 장력은 몇 [kg]인가?

① 330　② 350
③ 370　④ 390

해설 이도 $D=\frac{WS^2}{8T_0}$에서 수평 장력

$$T_0=\frac{WS^2}{8D}=\frac{0.37\times80^2}{8\times0.8}=370[\mathrm{kg}]$$

37 수차의 특유 속도 N_s를 나타내는 계산식으로 옳은 것은? (단, H : 유효 낙차[m], P : 수차의 출력[kW], N : 수차의 정격 회전수[rpm]이라 한다.)

출제빈도

① $N_s=\frac{NP^{\frac{1}{2}}}{H^{\frac{5}{4}}}$　② $N_s=\frac{H^{\frac{5}{4}}}{NP}$
③ $N_s=\frac{HP^{\frac{1}{4}}}{N^{\frac{5}{4}}}$　④ $N_s=\frac{NP^2}{H^{\frac{5}{4}}}$

해설 수차의 특유 속도는 러너와 유수의 상대 속도로

$N_s=N\cdot\frac{P^{\frac{1}{2}}}{H^{\frac{5}{4}}}$ 이다.

정답 32.③ 33.④ 34.④ 35.④ 36.③ 37.①

38 고장점에서 전원측을 본 계통 임피던스를 $Z[\Omega]$, 고장점의 상전압을 E[V]라 하면 3상 단락 전류[A]는?

① $\frac{E}{Z}$ ② $\frac{ZE}{\sqrt{3}}$

③ $\frac{\sqrt{3}E}{Z}$ ④ $\frac{3E}{Z}$

해설 단락전류 $I_s = \frac{E}{Z} = \frac{E}{\sqrt{R^2+X^2}}$[A]

여기서, Z : 단락점에서 전원측을 본 계통 임피던스[Ω]
E : 단락점의 상전압[V]

39 3상 계통에서 수전단 전압 60[kV], 전류 250[A], 선로의 저항 및 리액턴스가 각각 7.61[Ω], 11.85[Ω]일 때 전압 강하율은? (단, 부하 역률은 0.8(늦음)이다.)

① 약 5.50[%] ② 약 7.34[%]

③ 약 8.69[%] ④ 약 9.52[%]

해설 전압 강하 $e = \sqrt{3}I(R\cos\theta + X\sin\theta)$
$= \sqrt{3} \times 250 \times (7.61 \times 0.8 + 11.85 \times \sqrt{1-0.8^2}) = 5714.7$

그러므로 전압 강하율 $\varepsilon = \frac{5714.7}{60 \times 10^3} \times 100 = 9.52[\%]$

40 피뢰기의 구비 조건이 아닌 것은?

출제빈도

① 속류의 차단 능력이 충분할 것
② 충격 방전 개시 전압이 높을 것
③ 상용 주파 방전 개시 전압이 높을 것
④ 방전 내량이 크고, 제한 전압이 낮을 것

해설 피뢰기의 구비 조건
- 충격 방전 개시 전압이 낮을 것
- 상용 주파 방전 개시 전압 및 정격 전압이 높을 것
- 방전 내량이 크면서 제한 전압은 낮을 것
- 속류 차단 능력이 충분할 것

제3과목 전기기기

41 유도 전동기의 출력과 같은 것은?

출제빈도

① 출력= 입력 전압−철손
② 출력= 기계 출력−기계손
③ 출력= 2차 입력−2차 저항손
④ 출력= 입력 전압−1차 저항손

해설 유도 전동기의 출력(정격 출력)
- 기계적 출력
  P_n =기계적 출력−기계손
- 전기적 출력
  P_n =2차 입력−2차 저항손

단, 문제 조건에서 기계적 · 전기적을 구분하지 않고 유도 전동기의 출력만을 물었으므로 ②, ③번이 모두 답이다.

42 75[W] 이하의 소출력으로 소형 공구, 영사기, 치과 의료용 등에 널리 이용되는 전동기는?

① 단상 반발 전동기
② 영구 자석 스텝 전동기
③ 3상 직권 정류자 전동기
④ 단상 직권 정류자 전동기

해설 단상 직권 정류자 전동기는 교류, 직류 양쪽 모두 사용하므로 만능 전동기라 하며 75[W] 이하의 소출력(소형 공구, 치과 의료용 등)과 단상 교류 전기철도용 수백[kW]의 대출에 사용되고 있다.

43 직류 발전기를 병렬 운전할 때 균압선이 필요한 직류 발전기는?

출제빈도

① 분권 발전기, 직권 발전기
② 분권 발전기, 복권 발전기
③ 직권 발전기, 복권 발전기
④ 분권 발전기, 단극 발전기

정답 38.① 39.④ 40.② 41.②, ③ 42.④ 43.③

해설 직류 발전기 병렬 운전 조건은 극성이 일치하고, 단자 전압이 같고 외부 특성 곡선이 약간 수하 특성이어야 하며 직권 계자 권선이 있는 직권과 복권 발전기는 안정된 병렬 운전을 위해 균압선을 설치하여야 한다.

44 병렬 운전하고 있는 2대의 3상 동기 발전기 사이에 무효 순환 전류가 흐르는 경우는?

출제빈도

① 부하의 증가
② 부하의 감소
③ 여자 전류의 변화
④ 원동기의 출력 변화

해설 동기 발전기의 병렬 운전을 하는 경우 여자 전류가 변화하면 유기 기전력의 크기가 다르게 되며 따라서 3상 동기 발전기 사이에 무효 순환 전류가 흐른다.

45 전압이나 전류의 제어가 불가능한 소자는?

① SCR ② GTO
③ IGBT ④ Diode

해설 반도체 소자 중에서 다이오드(diode)는 교류를 직류로 변환하는 정류기에 사용하며 전압, 전류의 제어는 불가능하다.

46 전기자 저항이 각각 $R_A=0.1[\Omega]$과 $R_B=0.2[\Omega]$인 100[V], 10[kW]의 두 분권 발전기의 유기 기전력을 같게 해서 병렬 운전하여, 정격 전압으로 135[A]의 부하 전류를 공급할 때 각 기기의 분담 전류는 몇 [A]인가?

① $I_A=80$, $I_B=55$ ② $I_A=90$, $I_B=45$
③ $I_A=100$, $I_B=35$ ④ $I_A=110$, $I_B=25$

해설 직류 발전기의 병렬 운전에서
단자 전압 $V=E_A-I_AR_A=E_B-I_BR_B$
$I=I_A+I_B=135[A]$
$E_A=E_B$이면 $I_AR_A=I_B\cdot R_B$
$0.1I_A=0.2I_B=0.2\times(135-I_A)=29-0.2I_A$
$0.3I_A=27$
$\therefore\ I_A=90[A]$
$I_B=135-90=45[A]$

47 다이오드를 사용한 정류 회로에서 여러 개를 병렬로 연결하여 사용할 경우 얻는 효과는?

① 인가 전압 증가
② 다이오드의 효율 증가
③ 부하 출력의 맥동률 감소
④ 다이오드의 허용 전류 증가

해설 다이오드를 여러 개 병렬로 사용하면 다이오드의 허용 전류가 증가하고, 여러 개를 직렬로 사용하면 허용 전압이 증가한다.

48 △결선 변압기의 한 대가 고장으로 제거되어 V결선으로 공급할 때 공급할 수 있는 전력은 고장 전 전력에 대하여 몇 [%]인가?

출제빈도

① 57.7 ② 66.7
③ 75.0 ④ 86.6

해설 고장전 출력 $P_\triangle=3P_1$
V결선시 출력 $P_V=\sqrt{3}P_1$
출력비 $\dfrac{P_V}{P_\triangle}=\dfrac{\sqrt{3}P_1}{3P_1}=\dfrac{1}{\sqrt{3}}=0.577=57.7[\%]$

49 변압기의 2차를 단락한 경우에 1차 단락 전류 I_{s1}은? (단, V_1 : 1차 단자 전압, Z_1 : 1차 권선의 임피던스, Z_2 : 2차 권선의 임피던스, a : 권수비, Z : 부하의 임피던스)

① $I_{s1}=\dfrac{V_1}{Z_1+a^2Z_2}$ ② $I_{s1}=\dfrac{V_1}{Z_1+aZ_2}$

③ $I_{s1}=\dfrac{V_1}{Z_1-aZ_2}$ ④ $I_{s1}=\dfrac{V_1}{Z_1+Z_2+Z}$

정답 44.③ 45.④ 46.② 47.④ 48.① 49.①

해설 2차 임피던스 Z_2를 1차측으로 환산하면
$Z_2' = a^2 Z_2$이므로
1차 단락 전류 $I_{1s} = \dfrac{V_1}{Z_1 + Z_2'} = \dfrac{V_1}{Z_1 + a^2 Z_2}$[A]

50 직류 분권 전동기에서 단자 전압 210[V], 전기자 전류 20[A], 1,500[rpm]으로 운전할 때 발생 토크는 약 몇 [N·m]인가? (단, 전기자 저항은 0.15[Ω]이다.)

① 13.2
② 26.4
③ 33.9
④ 66.9

해설 역기전력 $E = V - I_a R_a = 210 - 20 \times 0.15 = 207$[V]
토크 $T = \dfrac{P}{\omega} = \dfrac{EI_a}{2\pi \dfrac{N}{60}} = \dfrac{207 \times 20}{2\pi \dfrac{1,500}{60}} = 26.36$[N·m]

51 220[V], 50[kW]인 직류 직권 전동기를 운전하는 데 전기자 저항(브러시의 접촉 저항 포함)이 0.05[Ω], 기계적 손실이 1.7[kW], 표유손이 출력의 1[%]이다. 부하 전류가 100[A]일 때의 출력은 약 몇 [kW]인가?

① 14.5
② 16.7
③ 18.2
④ 19.6

해설 직권 전동기에서 $I_a = I_f = I$이며
역기전력 $E = V - I_a R_a = 220 - 100 \times 0.05 = 215$[V]
출력 $P = EI_a -$ 기계손 $-$ 표유 부하손
$= 215 \times 100 \times 10^{-3} - 1.7$
$- (215 \times 100 - 1.7) \times 0.01$
$= 19.6$[kW]

52 60[Hz], 12극, 회전자의 외경 2[m]인 동기 발전기에 있어서 회전자의 주변 속도는 약 [m/s]인가?

① 43
② 62.8
③ 120
④ 132

해설
동기 속도 $N_s = \dfrac{120f}{P} = \dfrac{120 \times 60}{12} = 600$[rpm]
회전자 주변 속도 $v = \pi D \dfrac{N_s}{600} = \pi \times 2 \times \dfrac{600}{60}$
$= 62.8$[m/s]

53 변압기의 등가 회로를 작성하기 위하여 필요한 시험은?

① 권선 저항 측정, 무부하 시험, 단락 시험
② 상회전 시험, 절연 내력 시험, 권선 저항 측정
③ 온도 상승 시험, 절연 내력 시험, 무부하 시험
④ 온도 상승 시험, 절연 내력 시험, 권선 저항 측정

해설 변압기의 등가 회로를 작성하기 위해 필요한 시험
- 무부하 시험
- 단락 시험
- 권선 저항 측정

54 직류 타여자 발전기의 부하 전류와 전기자 전류의 크기는?

① 전기자 전류와 부하 전류가 같다.
② 부하 전류가 전기자 전류보다 크다.
③ 전기자 전류가 부하 전류보다 크다.
④ 전기자 전류와 부하 전류는 항상 0이다.

해설 타여과 발전기의 계자 권선은 독립 회로이므로 부하 전류와 전기자 전류는 같다.

정답 50.② 51.④ 52.② 53.① 54.①

55 유도 전동기의 특성에서 토크와 2차 입력 및 동기 속도의 관계는?

출제빈도

① 토크는 2차 입력과 동기 속도의 곱에 비례한다.
② 토크는 2차 입력에 반비례하고, 동기 속도에 비례한다.
③ 토크는 2차 입력에 비례하고, 동기 속도에 반비례한다.
④ 토크는 2차 입력의 자승에 비례하고, 동기 속도의 자승에 반비례한다.

해설 유도 전동기의 토크

$T=\dfrac{P}{\omega}=\dfrac{P}{2\pi\dfrac{N}{60}}=\dfrac{P_2}{2\pi\dfrac{N_s}{60}}$ 이므로

토크는 2차 입력(P_2)에 비례하고 동기 속도(N_s)에 반비례한다.

56 농형 유도 전동기의 속도 제어법이 아닌 것은?

① 극수 변환
② 1차 저항 변환
③ 전원 전압 변환
④ 전원 주파수 변환

해설 • 유도 전동기의 회전 속도

$N=N_s(1-s)=\dfrac{120f}{P}(1-s)$

• 농형 유도 전동기의 속도 제어법
– 극수 변환
– 1차 주파수 제어
– 전원 전압 제어(1차 전압 제어)

57 220[V], 60[Hz], 8극, 15[kW]의 3상 유도 전동기에서 전부하 회전수가 864[rpm]이면 이 전동기의 2차 동손은 몇 [W]인가?

출제빈도

① 435 ② 537
③ 625 ④ 723

해설 동기 속도 $N_s=\dfrac{120f}{P}=\dfrac{120\times60}{8}=900[\text{rpm}]$

슬립 $s=\dfrac{N_s-N}{N_s}=\dfrac{900-864}{900}=0.04$

$P_2:P_o:P_{2c}=1:1-s:s$

(P_2 : 2차 입력, P_o : 출력, P_{2c} : 2차 동손)

2차 동손 $P_{2c}=s\cdot\dfrac{P_o}{1-s}=0.04\times\dfrac{15\times10^3}{1-0.04}=625[\text{W}]$

58 2대의 동기 발전기가 병렬 운전하고 있을 때 동기화 전류가 흐르는 경우는?

출제빈도

① 부하 분담에 차가 있을 때
② 기전력의 크기에 차가 있을 때
③ 기전력의 위상에 차가 있을 때
④ 기전력의 파형에 차가 있을 때

해설 동기 발전기의 병렬 운전 중 기전력의 크기가 다를 때는 무효 순환 전류, 파형이 다를 때는 고조파 순환 전류, 그리고 위상차가 있을 때는 동기화 전류가 흐른다.

59 선박 추진용 및 전기 자동차용 구동 전동기의 속도 제어로 가장 적합한 것은?

출제빈도

① 저항에 의한 제어
② 전압에 의한 제어
③ 극수 변환에 의한 제어
④ 전원 주파수에 의한 제어

해설 선박 추진용 및 전기 자동차용 구동용 전동기 또는 견인 공업의 포트 모터의 속도 제어는 공급 전원의 주파수 변환에 의한 속도 제어를 한다.

60 변압기에서 권수가 2배가 되면 유기 기전력은 몇 배가 되는가?

① 1 ② 2
③ 4 ④ 8

정답 55.③ 56.② 57.③ 58.③ 59.④ 60.②

해설 변압기의 유기 기전력
$E=4.44fN\phi_m$[V]에서 기전력은 권수에 비례하므로 권수를 2배 하면 기전력은 2배가 된다.

제4과목 회로이론

61 r[Ω]인 6개의 저항을 그림과 같이 접속하고 평형 3상 전압 E를 가했을 때 전류 I는 몇 [A]인가? (단, $r=3$[Ω], $E=60$[V])

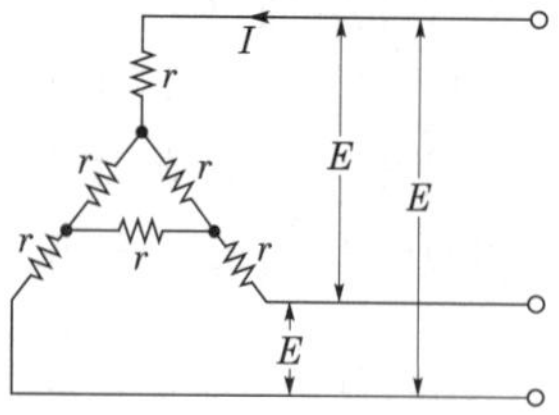

① 8.66 ② 9.56
③ 10.8 ④ 12.6

해설 △→Y로 등가 변환하면

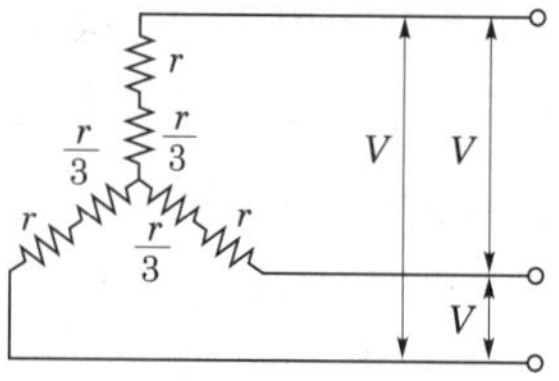

$$\therefore\ I=\frac{\frac{V}{\sqrt{3}}}{r+\frac{r}{3}}=\frac{\sqrt{3}\,V}{4r}=\frac{\sqrt{3}\times 60}{4\times 3}=8.5[\text{A}]$$

62 다음 중 정전 용량의 단위 [F](패럿)과 같은 것은? (단, [C]는 쿨롬, [N]은 뉴턴, [V]는 볼트, [m]은 미터이다.)

① $\left[\frac{\text{V}}{\text{C}}\right]$ ② $\left[\frac{\text{N}}{\text{C}}\right]$
③ $\left[\frac{\text{C}}{\text{m}}\right]$ ④ $\left[\frac{\text{C}}{\text{V}}\right]$

해설 정전 용량 $C=\frac{Q}{V}\left[\frac{\text{C}}{\text{V}}\right]=[\text{F}]$

63 다음과 같은 Y결선 회로와 등가인 △결선 회로의 A, B, C 값은 몇 [Ω]인가?

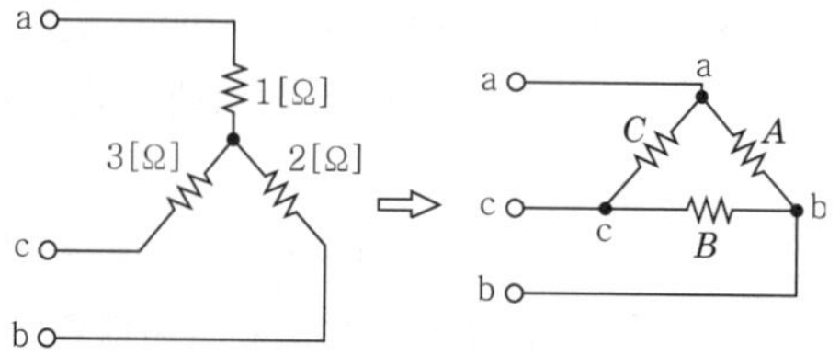

① $A=\frac{7}{3}$, $B=7$, $C=\frac{7}{2}$

② $A=7$, $B=\frac{7}{2}$, $C=\frac{7}{3}$

③ $A=11$, $B=\frac{11}{2}$, $C=\frac{11}{3}$

④ $A=\frac{11}{3}$, $B=11$, $C=\frac{11}{2}$

해설
$$A=\frac{1\times2+2\times3+3\times1}{3}=\frac{11}{3}$$
$$B=\frac{1\times2+2\times3+3\times1}{1}=11$$
$$C=\frac{1\times2+2\times3+3\times1}{2}=\frac{11}{2}$$

64 회로의 전압비 전달 함수 $G(s)=\frac{V_2(s)}{V_1(s)}$는?

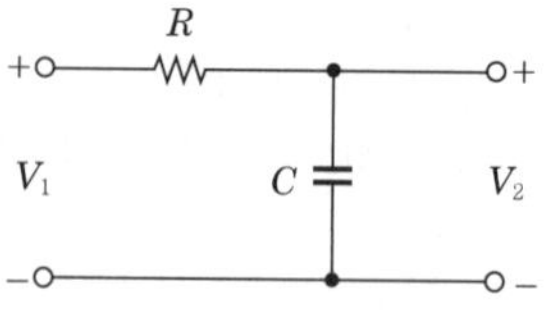

① RC ② $\frac{1}{RC}$
③ $RCs+1$ ④ $\frac{1}{RCs+1}$

정답 61.① 62.④ 63.④ 64.④

해설

$$G(s)=\frac{V_2(s)}{V_1(s)}=\frac{\frac{1}{Cs}}{R+\frac{1}{Cs}}=\frac{1}{RCs+1}$$

65 측정하고자 하는 전압이 전압계의 최대 눈금보다 클 때에 전압계에 직렬로 저항을 접속하여 측정 범위를 넓히는 것은?

① 분류기
② 분광기
③ 배율기
④ 감쇠기

해설 배율기
전압계의 측정 범위를 확대하기 위해서 전압계와 직렬로 접속한 저항을 말한다.

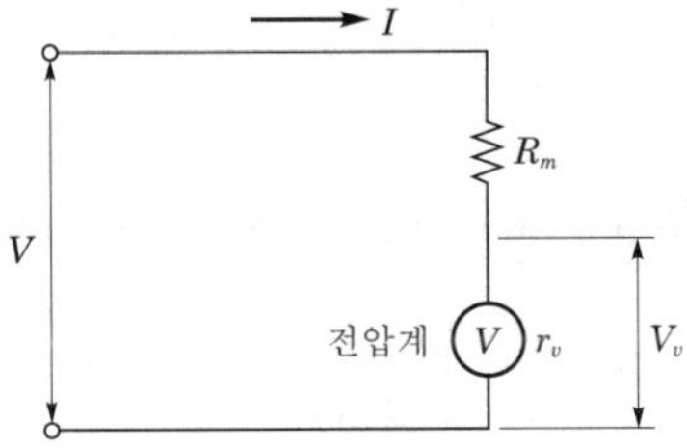

여기서, V : 측정 전압
V_v : 전압계 전압
r_v : 전압계 내부 저항
R_m : 배율기 저항

전압계 전압 $V_v=\frac{r_v}{R_m+r_v}V$ 에서 $\frac{V}{V_v}=\frac{R_m+r_v}{r_v}$

$=1+\frac{R_m}{r_v}$ 이 된다.

즉, 전압계의 최대 눈금의 $m=\left(1+\frac{R_m}{r_v}\right)$ 배까지의 전압을 측정할 수 있다.

배율기의 배율 $m=\frac{V}{V_v}=1+\frac{R_m}{r_v}$

66 그림과 같이 주기가 $3s$인 전압파형의 실효값은 약 [V]인가?

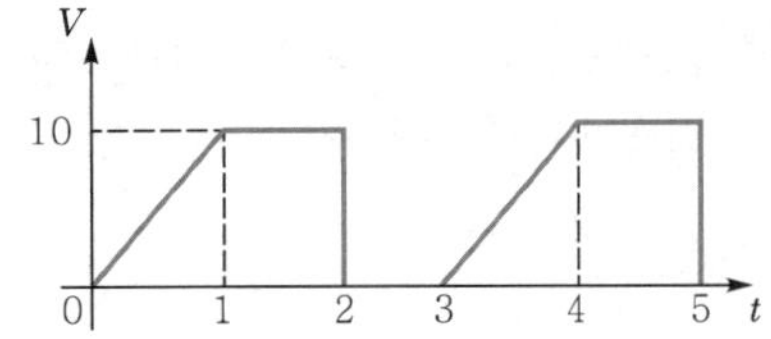

① 5.67 ② 6.67
③ 7.57 ④ 8.57

해설

$$V=\sqrt{\frac{1}{3}\left\{\int_0^1(10t)^2dt+\int_1^2 10^2dt\right\}}$$
$$=\sqrt{\frac{1}{3}\left\{\left[\frac{100}{3}t^3\right]_0^1+[100t]_1^2\right\}}$$
$$=6.67[\text{V}]$$

67 1[mV]의 입력을 가했을 때 100[mV]의 출력이 나오는 4단자 회로의 이득[dB]은?

① 40 ② 30
③ 20 ④ 10

해설

이득 $g=20\log_{10}\frac{100}{1}=20\log_{10}(10)^2=40[\text{dB}]$

68 다음과 같은 회로에서 $t=0$인 순간에 스위치 S를 닫았다. 이 순간에 인덕턴스 L에 걸리는 전압[V]은? (단, L의 초기 전류는 0이다.)

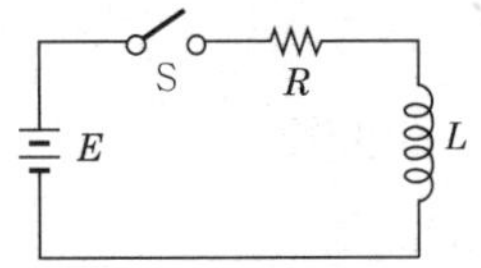

① 0 ② $\frac{LE}{R}$
③ E ④ $\frac{E}{R}$

해설

$$e_L=L\frac{di}{dt}=L\frac{d}{dt}\frac{E}{R}(1-e^{-\frac{R}{L}t})$$
$$=Ee^{-\frac{R}{L}t}\Big|_{t=0}$$
$$=E[\text{V}]$$

정답 65.③ 66.② 67.① 68.③

69 $f(t)=3u(t)+2e^{-t}$인 시간 함수를 라플라스 변환한 것은?

① $\dfrac{3s}{s^2+1}$

② $\dfrac{s+3}{s(s+1)}$

③ $\dfrac{5s+3}{s(s+1)}$

④ $\dfrac{5s+1}{(s+1)s^2}$

해설 $F(s)=\dfrac{3}{s}+\dfrac{2}{s+1}=\dfrac{3(s+1)+2s}{s(s+1)}=\dfrac{5s+3}{s(s+1)}$

70 비정현파 $f(x)$가 반파 대칭 및 정현 대칭일 때 옳은 식은? (단, 주기는 2π이다.)

① $f(-x)=f(x)$, $f(x+\pi)=f(x)$

② $f(-x)=f(x)$, $f(x+2\pi)=f(x)$

③ $f(-x)=-f(x)$, $-f(x+\pi)=f(x)$

④ $f(-x)=-f(x)$, $-f(x+2\pi)=f(x)$

해설
- 반파 대칭 : $f(x)=-f(\pi+x)$
- 정현 대칭 : $f(x)=-f(2\pi-x)$, $f(x)=-f(-x)$

71 출제빈도 $F(s)=\dfrac{2(s+1)}{s^2+2s+5}$의 시간 함수 $f(t)$는 어느 것인가?

① $2e^t\cos 2t$

② $2e^t\sin 2t$

③ $2e^{-t}\cos 2t$

④ $2e^{-t}\sin 2t$

해설 $F(s)=\dfrac{2(s+1)}{s^2+2s+5}$

$=2\dfrac{s+1}{(s+1)^2+2^2}$

$\therefore\ f(t)=2e^{-t}\cos 2t$

72 출제빈도 그림과 같은 회로에서 스위치 S를 닫았을 때 시정수[s]의 값은? (단, $L=10$[mH], $R=20$[Ω])

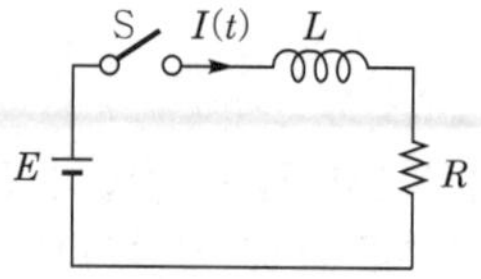

① 200 ② 2,000

③ 5×10^{-3} ④ 5×10^{-4}

해설 시정수 $\tau=\dfrac{L}{R}=\dfrac{10\times10^{-3}}{20}=5\times10^{-4}$[s]

73 출제빈도 대칭 10상 회로의 선간 전압이 100[V]일 때 상전압은 약 몇 [V]인가? (단, $\sin18°=0.309$)

① 161.8 ② 172

③ 183.1 ④ 193

해설 선간 전압 $V_e=2\sin\dfrac{\pi}{n}\cdot V_P$에서

상전압 $V_P=\dfrac{Vl}{2\sin\dfrac{\pi}{n}}=\dfrac{100}{2\sin\dfrac{\pi}{10}}=161.8$[V]

74 회로에서 단자 1−1′에서 본 구동점 임피던스 Z_{11}은 몇 [Ω]인가?

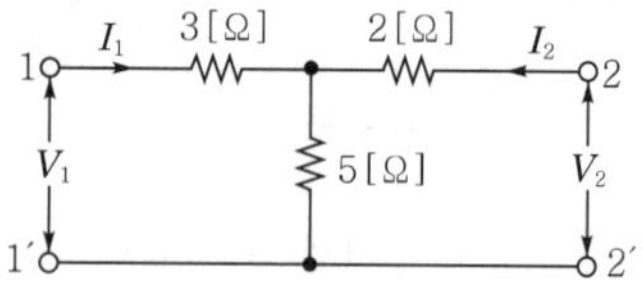

① 5 ② 8

③ 10 ④ 15

해설 Z_{11}은 출력 단자를 개방하고 입력측에서 본 개방 구동점 임피던스이므로 $Z_{11}=3+5=8$[Ω]이다.

정답 69.③ 70.③ 71.③ 72.④ 73.① 74.②

75 회로망의 응답 $h(t)=(e^{-t}+2e^{-2t})u(t)$의 라플라스 변환은?

① $\dfrac{3s+4}{(s+1)(s+2)}$　② $\dfrac{3s}{(s-1)(s-2)}$

③ $\dfrac{3s+2}{(s+1)(s+2)}$　④ $\dfrac{-s-4}{(s-1)(s-2)}$

해설

$$H(s)=\frac{1}{s+1}+\frac{2}{s+2}$$
$$=\frac{s+2+2(s+1)}{(s+1)(s+2)}=\frac{3s+4}{(s+1)(s+2)}$$

76 $R=50[\Omega]$, $L=200[\text{mH}]$의 직렬 회로에서 주파수 $f=50[\text{Hz}]$의 교류에 대한 역률[%]은?

① 82.3

② 72.3

③ 62.3

④ 52.3

해설

$R-L$ 직렬 회로의 $\cos\theta=\dfrac{R}{Z}=\dfrac{R}{\sqrt{R^2+{X_L}^2}}$

$$\cos\theta=\frac{50}{\sqrt{50^2+(2\times3.14\times50\times200\times10^{-3})^2}}$$
$$=0.623$$

$\therefore$ 62.3[%]

77 그림과 같은 $e=E_m\sin\omega t$인 정현파 교류의 반파 정류파형의 실효값은?

출제빈도

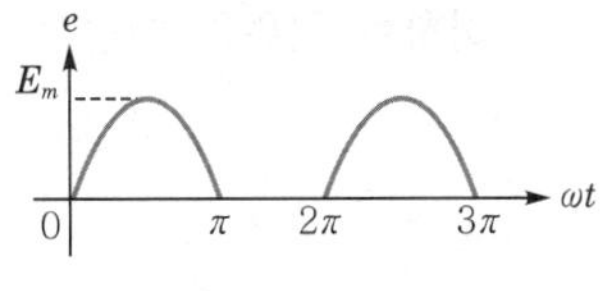

① E_m　② $\dfrac{E_m}{\sqrt{2}}$

③ $\dfrac{E_m}{2}$　④ $\dfrac{E_m}{\sqrt{3}}$

해설

실효값 $E=\sqrt{\dfrac{1}{2\pi}\displaystyle\int_0^{\pi}{E_m}^2\sin^2\omega t\,d\omega t}$

$$=\sqrt{\frac{{E_m}^2}{2\pi}\int_0^{\pi}\frac{1-\cos2\omega t}{2}d\omega t}$$
$$=\sqrt{\frac{{E_m}^2}{4\pi}\left[\omega t-\frac{1}{2}\sin2\omega t\right]_0^{\pi}}=\frac{E_m}{2}$$

78 대칭 3상 교류 전원에서 각 상의 전압이 v_a, v_b, v_c일 때 3상 전압[V]의 합은?

① 0　② $0.3v_a$

③ $0.5v_a$　④ $3v_a$

해설 대칭 3상 전압의 합

$v_a+v_b+v_c=V+a^2V+aV=(1+a^2+a)V=0$

대칭 3상 기전력의 총합은 어느 순간에 있어서도 0이 된다.

79 전압 $e=100\sin10t+20\sin20t[\text{V}]$이고, 전류 $i=20\sin(10t-60)+10\sin20t[\text{A}]$일 때 소비 전력은 몇 [W]인가?

출제빈도

① 500　② 550

③ 600　④ 650

해설

$$P=\frac{100}{\sqrt{2}}\cdot\frac{20}{\sqrt{2}}\cos60°+\frac{20}{\sqrt{2}}\cdot\frac{10}{\sqrt{2}}\cos0°$$
$$=600[\text{W}]$$

80 $R-L-C$ 직렬 회로에서 공진시의 전류는 공급 전압에 대하여 어떤 위상차를 갖는가?

① 0°　② 90°

③ 180°　④ 270°

해설

$R-L-C$ 직렬 회로의 임피던스 $Z=R+j\left(\omega L-\dfrac{1}{\omega C}\right)$ 이므로, 이때 임피던스의 허수부의 값이 0인 상태를 직렬 공진 상태라고 한다. 임피던스가 R만의 회로가 되므로 전압, 전류의 위상은 동상인 상태가 된다.

정답 75.① 76.③ 77.③ 78.① 79.③ 80.①

제5과목 전기설비기술기준

81 철근 콘크리트주로서 전장이 15[m]이고, 설계 하중이 8.2[kN]이다. 이 지지물을 논이나 기타 지반이 연약한 곳 이외에 기초 안전율의 고려 없이 시설하는 경우에 그 묻히는 깊이는 기준보다 몇 [cm]를 가산하여 시설하여야 하는가?

① 10 ② 30
③ 50 ④ 70

해설 가공 전선로 지지물의 기초의 안전율(한국전기설비규정 331.7)
철근 콘크리트주로서 전체의 길이가 14[m] 이상 20[m] 이하이고, 설계 하중이 6.8[kN] 초과 9.8[kN] 이하의 것을 논이나 그 밖의 지반이 연약한 곳 이외에 시설하는 경우 그 묻히는 깊이는 기준보다 30[cm]를 가산한다.

82 금속관 공사에 의한 저압 옥내 배선 시설에 대한 설명으로 틀린 것은?

① 인입용 비닐 절연 전선을 사용했다.
② 옥외용 비닐 절연 전선을 사용했다.
③ 짧고 가는 금속관에 연선을 사용했다.
④ 단면적 10[mm^2] 이하의 전선을 사용했다.

해설 금속관 공사(한국전기설비규정 232.6)
- 전선은 절연 전선(옥외용 비닐 절연 전선 제외)일 것
- 전선은 연선일 것
- 금속관 안에는 전선에 접속점이 없도록 할 것
- 콘크리트에 매설하는 것은 1.2[mm] 이상

83 전가섭선에 관하여 각 가섭선의 상정 최대 장력의 33[%]와 같은 불평균 장력의 수평 종분력에 의한 하중을 더 고려하여야 할 철탑의 유형은?

① 직선형 ② 각도형
③ 내장형 ④ 인류형

해설 상시 상정 하중(한국전기설비규정 333.13)
- 인류형 : 전가섭선에 관하여 각 가섭선의 상정 최대 장력과 같은 불평균 장력의 수평 종분력에 의한 하중
- 내장형·보강형 : 최대 장력의 33[%]와 같은 불평균 장력의 수평 종분력에 의한 하중
- 직선형 : 최대 장력의 3[%]와 같은 불평균 장력의 수평 종분력에 의한 하중
- 각도형 : 최대 장력의 10[%]와 같은 불평균 장력의 수평 종분력에 의한 하중

84 케이블 트레이 공사에 사용되는 케이블 트레이가 수용된 모든 전선을 지지할 수 있는 적합한 강도의 것일 경우 케이블 트레이의 안전율은 얼마 이상으로 하여야 하는가?

① 1.1 ② 1.2
③ 1.3 ④ 1.5

해설 케이블 트레이 공사(한국전기설비규정 232.41)
- 전선은 연피 케이블, 알루미늄피 케이블 등 난연성 케이블, 기타 케이블 또는 금속관 혹은 합성수지관 등에 넣은 절연 전선을 사용하여야 한다.
- 케이블 트레이 안에서 전선을 접속하는 경우에는 전선 접속 부분에 사람이 접근할 수 있고 또한 그 부분이 측면 레일 위로 나오지 않도록 하고 그 부분을 절연 처리하여야 한다.
- 케이블 트레이의 안전율은 1.5 이상이어야 한다.

85 고압 가공 전선로에 케이블을 조가용선에 행거로 시설할 경우 그 행거의 간격은 몇 [cm] 이하로 하여야 하는가?

① 50 ② 60
③ 70 ④ 80

해설 가공 케이블의 시설(한국전기설비규정 332.2)
- 케이블은 조가용선에 행거의 간격을 50[cm] 이하로 시설
- 조가용선은 인장 강도 5.93[kN] 이상 또는 단면적 22[mm^2] 이상인 아연도 강연선
- 조가용선 및 케이블의 피복에 사용하는 금속체는 접지 공사

정답 81.② 82.② 83.③ 84.④ 85.①

86 케이블 공사에 의한 저압 옥내 배선의 시설 방법에 대한 설명으로 틀린 것은?

① 전선은 케이블 및 캡타이어 케이블로 한다.
② 콘크리트 안에는 전선에 접속점을 만들지 아니한다.
③ 전선을 넣는 방호장치의 금속제 부분에는 접지 공사를 한다.
④ 전선을 조영재의 옆면에 따라 붙이는 경우 전선의 지지점 간의 거리를 케이블은 3[m] 이하로 한다.

해설 케이블 공사(한국전기설비규정 232.51)
- 케이블 및 캡타이어 케이블일 것
- 조영재의 아랫면 또는 옆면에 따라 붙이는 경우 지지점 간의 거리를 2[m](수직 6[m]) 이하, 캡타이어 케이블은 1[m] 이하

87 교통 신호등 제어 장치의 금속제 외함에는 몇 종 접지 공사를 하여야 하는가?

① 제1종 접지 공사
② 제2종 접지 공사
③ 제3종 접지 공사
④ 특별 제3종 접지 공사

해설 교통 신호등의 시설(판단기준 제234조)
- 사용 전압은 300[V] 이하
- 배선은 케이블인 경우 공칭 단면적 2.5[mm^2] 이상인 연동선
- 전선의 지표상의 높이는 2.5[m] 이상
- 교통 신호등 제어 장치의 금속제 외함에는 제3종 접지 공사를 한다.

※ 이 문제는 출제 당시 규정에는 적합했으나 새로 제정된 한국전기설비규정에는 일부 부적합하므로 문제 유형만 참고하시기 바랍니다.

88 태양 전지 발전소에 태양 전지 모듈 등을 시설할 경우 사용 전선(연동선)의 공칭 단면적은 몇 [mm^2] 이상인가?

① 1.6　　② 2.5
③ 5　　④ 10

해설 전기 저장 장치의 시설(한국전기설비규정 512.1.1)
전선은 공칭 단면적 2.5[mm^2] 이상의 연동선으로 하고, 배선은 합성 수지관 공사, 금속관 공사, 가요 전선관 공사 또는 케이블 공사로 시설할 것

89 특고압 가공 전선과 저압 가공 전선을 동일 지지물에 병행 설치하여 시설하는 경우 이격 거리는 몇 [m] 이상이어야 하는가?

① 1
② 2
③ 3
④ 4

해설 특고압 가공 전선과 저압 가공 전선의 병행 설치(한국전기설비규정 333.17)

사용 전압의 구분	이격 거리
35[kV] 이하	1.2[m] (특고압 가공 전선이 케이블인 경우에는 0.5[m])
35[kV] 초과 60[kV] 이하	2[m] (특고압 가공 전선이 케이블인 경우에는 1[m])
60[kV] 초과	2[m] (특고압 가공 전선이 케이블인 경우에는 1[m])에 60[kV]을 초과하는 10[kV] 또는 그 단수마다 12[cm]를 더한 값)

※ 사용 전압이 문제에 주어지지 않아 문제가 성립되지 않는다.

90 변압기의 고압측 1선 지락 전류가 30[A]인 경우에 접지 공사의 최대 접지 저항값은 몇 [Ω]인가? (단, 고압측 전로가 저압측 전로와 혼촉하는 경우 1초 이내에 자동적으로 차단하는 장치가 설치되어 있다.)

① 5　　② 10
③ 15　　④ 20

정답 86.④ 87.③ 88.② 89.정답 없음 90.④

해설 **고압 또는 특고압과 저압의 혼촉에 의한 위험 방지 시설(한국전기설비규정 322.1)**

지락 전류가 30[A]이고, 1초 이내에 차단하는 장치가 있으므로

접지 저항 $R=\frac{600}{I}=\frac{600}{30}=20[\Omega]$이다.

91

전광 표시 장치에 사용하는 저압 옥내 배선을 금속관 공사로 시설할 경우 연동선의 단면적은 몇 [mm²] 이상 사용하여야 하는가?

① 0.75 ② 1.25
③ 1.5 ④ 2.5

해설 **저압 옥내 배선의 사용 전선(한국전기설비규정 231.3.1)**

- 단면적 2.5[mm²] 이상의 연동선
- 전광 표시 장치 또는 제어 회로 등에 사용하는 배선에 단면적 1.5[mm²] 이상의 연동선

92

고압 가공 전선로에 사용하는 가공 지선은 인장 강도 5.26[kN] 이상의 것 또는 지름이 몇 [mm] 이상의 나경동선을 사용하여야 하는가?

① 2.6 ② 3.2
③ 4.0 ④ 5.0

해설 **고압 가공 전선로의 가공 지선(한국전기설비규정 332.6)**

고압 가공 전선로에 사용하는 가공 지선은 인장 강도 5.26[kN] 이상의 것 또는 지름 4[mm] 이상의 나경동선을 사용한다.

93

전력 보안 통신용 전화 설비를 시설하지 않아도 되는 것은?

① 원격 감시 제어가 되지 아니하는 발전소
② 원격 감시 제어가 되지 아니하는 변전소
③ 2 이상의 급전소 상호간과 이들을 총합 운용하는 급전소 간
④ 발전소로서 전기 공급에 지장을 미치지 않고, 휴대용 전력 보안 통신 전화 설비에 의하여 연락이 확보된 경우

해설 **전력 보안 통신 설비의 시설 요구 사항(한국전기설비규정 362.1)**

전력 보안 통신용 전화 설비를 시설하는 곳

- 원격 감시가 되지 아니하는 발전소 · 변전소 · 발전 제어소 · 변전 제어소 · 개폐소 및 전선로의 기술원 주재소와 급전소 간
- 2 이상의 급전소 상호간
- 수력 설비의 보안상 필요한 양수소 및 강수량 관측소와 수력 발전소 간
- 동일 수계에 속하고 보안상 긴급 연락의 필요가 있는 수력 발전소 상호간
- 특고압 전력 계통에 연계하는 분산형 전원과 이를 운용하는 급전소 사이

94

지중 전선로의 시설 방식이 아닌 것은?

① 관로식
② 압착식
③ 암거식
④ 직접 매설식

해설 **지중 전선로의 시설(한국전기설비규정 334.1)**

- 지중 전선로는 전선에 케이블을 사용
- 관로식 · 암거식 · 직접 매설식에 의하여 시설

95

지중 전선로에 사용하는 지중함의 시설 기준으로 틀린 것은?

① 조명 및 세척이 가능한 장치를 하도록 할 것
② 그 안의 고인물을 제거할 수 있는 구조일 것
③ 견고하고 차량, 기타 중량물의 압력에 견딜 수 있을 것
④ 뚜껑은 시설자 이외의 자가 쉽게 열 수 없도록 할 것

정답 91.③ 92.③ 93.④ 94.② 95.①

해설 지중함의 시설(한국전기설비규정 334.2)
- 지중함은 견고하고 차량, 기타 중량물의 압력에 견디는 구조일 것
- 지중함은 그 안의 고인물을 제거할 수 있는 구조로 되어 있을 것
- 폭발성 또는 연소성의 가스가 침입할 우려가 있는 것에 시설하는 지중함으로서 그 크기가 1[m^3] 이상인 것에는 통풍 장치, 기타 가스를 방산시키기 위한 적당한 장치를 시설할 것
- 지중함의 뚜껑은 시설자 이외의 자가 쉽게 열 수 없도록 시설할 것

96 특고압 가공 전선은 케이블인 경우 이외에는 단면적이 몇 [mm^2] 이상의 경동 연선이어야 하는가?

① 8　② 14
③ 22　④ 30

해설 특고압 가공 전선의 굵기 및 종류(한국전기설비규정 333.4)
케이블인 경우 이외에는 인장 강도 8.71[kN] 이상의 연선 또는 단면적이 22[mm^2] 이상의 경동 연선이어야 한다.

97 345[kV] 변전소의 충전 부분에서 6[m]의 거리에 울타리를 설치하려고 한다. 울타리의 최소 높이는 약 몇 [m]인가?

① 2　② 2.28
③ 2.57　④ 3

해설 특고압용 기계 기구 시설(한국전기설비규정 341.4)
160[kV]를 넘는 10[kV] 단수는
(345−160)÷10=18.5이므로 19이다.
울타리까지의 거리와 높이의 합계는
6+0.12×19=8.28[m]이다.
∴ 울타리 최소 높이는 8.28−6=2.28[m]이다.

98 자동 차단기가 설치되어 있지 않는 선로에 접속되어 있는 440[V] 전동기의 외함을 접지할 때, 접지 저항값은 몇 [Ω] 이하이어야 하는가?

① 5　② 10
③ 30　④ 50

해설 기계 기구의 철대 및 외함의 접지(판단기준 제33조)
400[V] 이상의 저압용의 것에는 특별 제3종 접지 공사를 하여야 하므로 접지 저항은 10[Ω] 이하로 한다.

※ 이 문제는 출제 당시 규정에는 적합했으나 새로 제정된 한국전기설비규정에는 일부 부적합하므로 문제 유형만 참고하시기 바랍니다.

99 최대 사용 전압이 23,000[V]인 중성점 비접지식 전로의 절연 내력 시험 전압은 몇 [V]인가?

① 16,560　② 21,160
③ 25,300　④ 28,750

해설 전로의 절연 저항 및 절연 내력(한국전기설비규정 132)
최대 사용 전압 7[kV] 초과 60[kV] 이하인 전로이므로 23,000×1.25=28,750[V]이다.

100 다음 괄호 안에 들어갈 내용으로 옳은 것은?

> 강체 방식에 의하여 시설하는 직류식 전기 철도용 전차 선로는 전차선의 높이가 지표상 (　)[m] 이상인 경우 이외에는 사람이 쉽게 출입할 수 없는 전용 부지 안에 시설하여야 한다.

① 4.5　② 5
③ 5.5　④ 6

해설 직류 전차 선로의 시설 제한(판단기준 제252조)
강체 방식에 의하여 시설하는 직류식 전기 철도용 전차 선로는 전차선의 높이가 지표상 5[m](도로 이외의 곳에 시설하는 경우로서 아랫면에 방호판을 시설할 때에는 3.5[m]) 이상

※ 이 문제는 출제 당시 규정에는 적합했으나 새로 제정된 한국전기설비규정에는 일부 부적합하므로 문제 유형만 참고하시기 바랍니다.

정답 96.③ 97.② 98.② 99.④ 100.②

Industrial Engineer Electricity

2018년 제2회 과년도 출제문제

2018. 4. 28. 시행

제1과목 전기자기학

01 유전체에 가한 전계 E[V/m]와 분극의 세기 P[C/m^2]와의 관계로 옳은 것은?

출제빈도

① $P=\varepsilon_0(\varepsilon_s+1)E$

② $P=\varepsilon_0(\varepsilon_s-1)E$

③ $P=\varepsilon_s(\varepsilon_0+1)E$

④ $P=\varepsilon_s(\varepsilon_0-1)E$

해설 분극의 세기 $\boldsymbol{P}=\boldsymbol{D}-\varepsilon_o\boldsymbol{E}=\varepsilon_0\varepsilon_s\boldsymbol{E}-\varepsilon_0\boldsymbol{E}$

$=\varepsilon_0(\varepsilon_s-1)\boldsymbol{E}=\chi\boldsymbol{E}$[C/m^2]

(여기서, $\chi=\varepsilon_0(\varepsilon_s-1)$: 분극률)

02 자유 공간(진공)에서의 고유 임피던스[Ω]는?

출제빈도

① 144 ② 277

③ 377 ④ 544

해설 진공의 고유 임피던스

$$\eta_0=\sqrt{\frac{\mu_0}{\varepsilon_0}}=\sqrt{\frac{4\pi\times10^{-7}}{\frac{1}{4\pi\times9\times10^9}}}$$

$=120\pi=376.6 ≒ 377$[Ω]

03 크기가 1[C]인 두 개의 같은 점전하가 진공 중에서 일정한 거리가 떨어져 9×10^9[N]의 힘으로 작용할 때 이들 사이의 거리는 몇 [m]인가?

① 1 ② 2

③ 4 ④ 10

해설

$$F=\frac{Q_1Q_2}{4\pi\varepsilon_0r^2}=9\times10^9\times\frac{Q_1Q_2}{r^2}\text{[N]}$$

$$r^2=9\times10^9\times\frac{Q_1Q_2}{F}=9\times10^9\times\frac{1\times1}{9\times10^9}=1$$

$\therefore\ r=1$[m]

04 공극을 가진 환상 솔레노이드에서 총 권수 N, 철심의 비투자율 μ_r, 단면적 A, 길이 l이고, 공극이 δ일 때 공극부에 자속 밀도 B를 얻기 위해서는 전류를 몇 [A] 흘려야 하는가?

① $\dfrac{10^7B}{2\pi N}\left(\dfrac{l}{\mu_r}+\delta\right)$ ② $\dfrac{10^7B}{2\pi N}\left(\dfrac{\delta}{\mu_r}+l\right)$

③ $\dfrac{10^7B}{4\pi N}\left(\dfrac{l}{\mu_r}+\delta\right)$ ④ $\dfrac{10^7B}{4\pi N}\left(\dfrac{\delta}{\mu_r}+l\right)$

해설

• 자기 옴의 법칙 : $\phi=\dfrac{F}{R_m}=\dfrac{NI}{R_m}$

• 공극이 있는 경우의 자기 저항 :

$$R_m=\frac{l}{\mu_0\mu_rA}+\frac{\delta}{\mu_0A}=\frac{1}{\mu_0A}\left(\frac{l}{\mu_r}+\delta\right)$$

$$\therefore\ I=\frac{\phi R_m}{N}=\frac{BAR_m}{N}=\frac{B}{\mu_0N}\left(\frac{l}{\mu_r}+\delta\right)$$

$$=\frac{10^7}{4\pi}\cdot\frac{B}{N}\left(\frac{l}{\mu_r}+\delta\right)\text{[A]}$$

05 자계의 세기가 H인 자계 중에 직각으로 속도 v로 발사된 전하 Q가 그리는 원의 반지름 r은?

출제빈도

① $\dfrac{mv}{QH}$ ② $\dfrac{mv^2}{QH}$

③ $\dfrac{mv}{\mu HQ}$ ④ $\dfrac{mv^2}{\mu HQ}$

정답 01.② 02.③ 03.① 04.③ 05.③

해설 전자의 원운동

구심력=원심력

$QvB=\dfrac{mv^2}{r}$

$\therefore\ r=\dfrac{mv^2}{QvB}=\dfrac{mv}{QB}=\dfrac{mv}{\mu HQ}[\text{m}]$

06 면전하 밀도 $\sigma[\text{C/m}^2]$, 판간 거리 $d[\text{m}]$인 무한 평행판 대전체 간의 전위차[V]는?

출제빈도

① σd ② $\dfrac{\sigma}{\varepsilon}$

③ $\dfrac{\varepsilon_0\sigma}{d}$ ④ $\dfrac{\sigma d}{\varepsilon_0}$

해설 전위차

$V_{AB}=-\int_B^A E\,dr=-E\int_d^0 dr=E\int_0^d dr$

$=\dfrac{\sigma\cdot d}{\varepsilon_0}[\text{V}]$

07 진공 중의 도체계에서 임의의 도체를 일정 전위의 도체로 완전 포위하면 내외 공간의 전계를 완전 차단시킬 수 있는데 이것을 무엇이라 하는가?

① 홀 효과 ② 정전 차폐

③ 핀치 효과 ④ 전자 차폐

08 평면 전자파의 전계 E와 자계 H 사이의 관계식은?

출제빈도

① $E=\sqrt{\dfrac{\varepsilon}{\mu}}H$ ② $E=\sqrt{\mu\varepsilon}H$

③ $E=\sqrt{\dfrac{\mu}{\varepsilon}}H$ ④ $E=\sqrt{\dfrac{1}{\mu\varepsilon}}H$

해설

$\eta=\dfrac{E}{H}=\sqrt{\dfrac{\mu}{\varepsilon}}$

$\therefore\ E=\sqrt{\dfrac{\mu}{\varepsilon}}H$

09 다음 그림과 같은 반지름 $a[\text{m}]$인 원형 코일에 $I[\text{A}]$의 전류가 흐르고 있다. 이 도체 중심축상 $x[\text{m}]$인 P점의 자위는 몇 [A]인가?

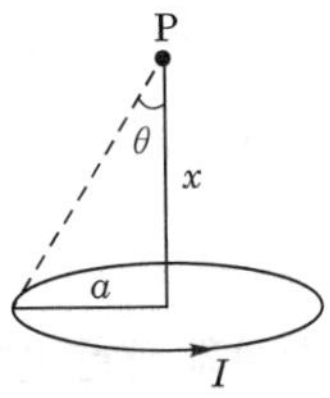

① $\dfrac{I}{2}\left(1-\dfrac{x}{\sqrt{a^2+x^2}}\right)$

② $\dfrac{I}{2}\left(1-\dfrac{a}{\sqrt{a^2+x^2}}\right)$

③ $\dfrac{I}{2}\left(1-\dfrac{x^2}{(a^2+x^2)^{\frac{3}{2}}}\right)$

④ $\dfrac{I}{2}\left(1-\dfrac{a^2}{(a^2+x^2)^{\frac{3}{2}}}\right)$

해설 그림과 같이 점 P에서 코일 AB를 바라보는 입체각 ω는 $\omega=2\pi(1-\cos\theta)$이므로 자위 U_m은

$U_m=\dfrac{I}{4\pi}\omega$

$=\dfrac{I}{4\pi}\cdot 2\pi(1-\cos\theta)$

$=\dfrac{I}{2}\left(1-\dfrac{x}{\sqrt{a^2+x^2}}\right)[\text{A}]$

10 자기 인덕턴스가 각각 L_1, L_2인 두 코일을 서로 간섭이 없도록 병렬로 연결했을 때 그 합성 인덕턴스는?

① L_1L_2

② $\dfrac{L_1+L_2}{L_1L_2}$

③ L_1+L_2

④ $\dfrac{L_1L_2}{L_1+L_2}$

정답 06.④ 07.② 08.③ 09.① 10.④

해설 병렬 접속시 합성 인덕턴스 $L_0 = \dfrac{L_1 L_2 - M^2}{L_1 + L_2 \mp 2M}$[H]

두 코일을 서로 간섭이 없게 연결하면 상호 자속이 0이 되므로

$\therefore$ 합성 인덕턴스 $L_0 = \dfrac{L_1 L_2}{L_1 + L_2}$[H]

11 도체의 성질에 대한 설명으로 틀린 것은?

출제빈도

① 도체 내부의 전계는 0이다.
② 전하는 도체 표면에만 존재한다.
③ 도체의 표면 및 내부의 전위는 등전위이다.
④ 도체 표면의 전하 밀도는 표면의 곡률이 큰 부분일수록 작다.

해설 도체 표면의 전하는 뾰족한 부분에 모이는 성질이 있는데, 뾰족한 부분일수록 곡률 반지름이 작으므로 전하 밀도는 곡률이 커질수록 커진다.

12 다음 중 전류에 의한 자계의 방향을 결정하는 법칙은?

① 렌츠의 법칙
② 플레밍의 왼손 법칙
③ 플레밍의 오른손 법칙
④ 앙페르의 오른 나사 법칙

해설 전류에 의한 자계의 방향은 앙페르의 오른 나사 법칙에 따르며 다음 그림과 같은 방향이다.

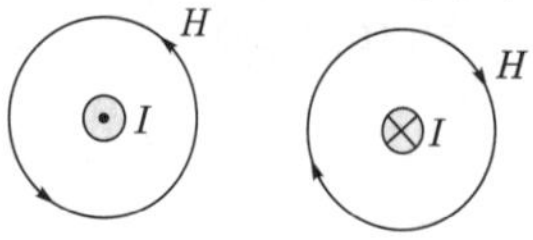

13 금속 도체의 전기 저항은 일반적으로 온도와 어떤 관계인가?

① 전기 저항은 온도의 변화에 무관하다.
② 전기 저항은 온도의 변화에 대해 정특성을 갖는다.
③ 전기 저항은 온도의 변화에 대해 부특성을 갖는다.
④ 금속 도체의 종류에 따라 전기 저항의 온도 특성은 일관성이 없다.

해설 금속 도체의 전기 저항은 온도의 상승에 따라 증가한다. 즉, 정특성을 갖는다.

14 반지름 a[m]인 두 개의 무한장 도선이 d[m]의 간격으로 평행하게 놓여 있을 때 $a \ll d$인 경우, 단위 길이당 정전 용량[F/m]은?

출제빈도

① $\dfrac{2\pi\varepsilon_0}{\ln\dfrac{d}{a}}$　② $\dfrac{\pi\varepsilon_0}{\ln\dfrac{d}{a}}$

③ $\dfrac{4\pi\varepsilon_0}{\dfrac{1}{a}-\dfrac{1}{d}}$　④ $\dfrac{2\pi\varepsilon_0}{\dfrac{1}{a}-\dfrac{1}{d}}$

해설

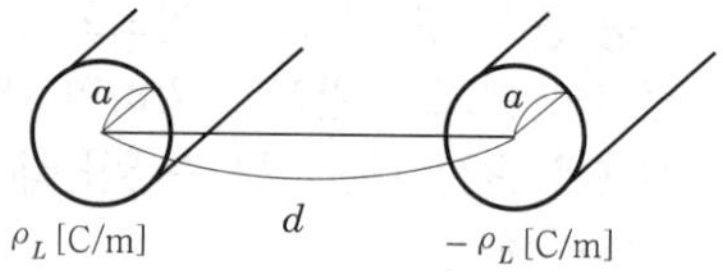

단위 길이당 정전 용량 $C = \dfrac{\pi\varepsilon_0}{\ln\dfrac{d-a}{a}}$[F/m]

$d \gg a$인 경우

$C = \dfrac{\pi\varepsilon_0}{\ln\dfrac{d}{a}}$[F/m]$= \dfrac{12.08}{\log\dfrac{d}{a}}$[pF/m]

15 두 개의 코일이 있다. 각각의 자기 인덕턴스가 0.4[H], 0.9[H]이고, 상호 인덕턴스가 0.36[H]일 때 결합 계수는?

① 0.5　② 0.6
③ 0.7　④ 0.8

정답 11.④ 12.④ 13.② 14.② 15.②

해설 $k=\dfrac{M}{\sqrt{L_1L_2}}=\dfrac{0.36}{\sqrt{0.4\times0.9}}=0.6$

16 비유전율이 2.4인 유전체 내의 전계의 세기가 100[mV/m]이다. 유전체에 축적되는 단위 체적당 정전 에너지는 몇 [J/m³]인가?

출제빈도

① 1.06×10^{-13}
② 1.77×10^{-13}
③ 2.32×10^{-13}
④ 2.32×10^{-11}

해설 단위 체적당 정전 에너지(=에너지 밀도)

$$W=\frac{1}{2}\varepsilon_0E^2=\frac{1}{2}\times8.855\times10^{-12}\times(100\times10^{-3})^2$$
$$=1.06\times10^{-13}[\text{J/m}^3]$$

17 동심구 사이의 공극에 절연 내력이 50[kV/mm]이며 비유전율이 3인 절연유를 넣으면, 공기인 경우의 몇 배의 전하를 축적할 수 있는가? (단, 공기의 절연 내력은 3[kV/mm]라 한다.)

① 3
② $\dfrac{50}{3}$
③ 50
④ 150

해설
- 공기인 경우 $Q_0=C_0V_0=\dfrac{4\pi\varepsilon_0}{\dfrac{1}{a}-\dfrac{1}{b}}E_0d$

따라서, $\dfrac{4\pi\varepsilon_0}{\dfrac{1}{a}-\dfrac{1}{b}}d=\dfrac{Q_0}{E_0}$

- 절연유인 경우

$$Q=CV=\frac{4\pi\varepsilon_0\varepsilon_s}{\dfrac{1}{a}-\dfrac{1}{b}}E\cdot d$$
$$=\frac{4\pi\varepsilon_0}{\dfrac{1}{a}-\dfrac{1}{b}}d\cdot\varepsilon_sE=\frac{Q_0}{E_0}\varepsilon_sE$$

∴ 비유전율 3인 절연유를 넣으면

$$Q=\frac{Q_0}{3}\times3\times50=50Q_0$$

18 자계의 벡터 퍼텐셜을 A라 할 때, A와 자계의 변화에 의해 생기는 전계 E 사이에 성립하는 관계식은?

출제빈도

① $A=\dfrac{\partial E}{\partial t}$
② $E=\dfrac{\partial A}{\partial t}$
③ $A=-\dfrac{\partial E}{\partial t}$
④ $E=-\dfrac{\partial A}{\partial t}$

해설
$$B=\nabla\times A,\ \nabla\times E=-\frac{\partial B}{\partial A}$$
$$\nabla\times E=\frac{\partial B}{\partial t}=-\frac{\partial}{\partial t}(\nabla\times A)=\nabla\times\left(-\frac{\partial A}{\partial t}\right)$$
$$\therefore\ E=-\frac{\partial A}{\partial t}$$

19 그림과 같이 유전체 경계면에서 $\varepsilon_1<\varepsilon_2$이었을 때 E_1과 E_2의 관계식 중 옳은 것은?

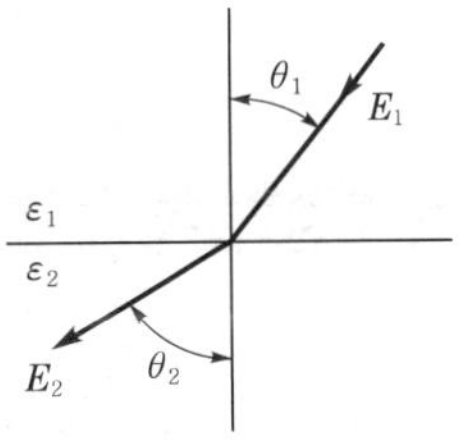

① $E_1>E_2$
② $E_1<E_2$
③ $E_1=E_2$
④ $E_1\cos\theta_1=E_2\cos\theta_2$

해설
- $\varepsilon_1<\varepsilon_2$이면 $\theta_1<\theta_2$이므로 ∴ $E_1>E_2$
- $\varepsilon_1>\varepsilon_2$이면 $\theta_1>\theta_2$이므로 ∴ $E_1<E_2$

20 균등하게 자화된 구(球)자성체가 자화될 때의 감자율은?

출제빈도

① $\dfrac{1}{2}$
② $\dfrac{1}{3}$
③ $\dfrac{2}{3}$
④ $\dfrac{3}{4}$

정답 16.① 17.③ 18.④ 19.① 20.②

해설 감자 작용

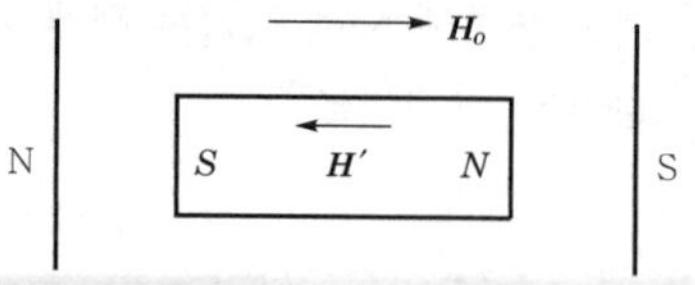

자성체 외부에 자계를 주어 자화할 때 자기 유도에 의해 자석이 된다.
그 결과 자성체 내부에 외부 자계 H_o와 역방향의 H' 자계가 형성되어 본래의 자계를 감소시킨다.
따라서 자성체 내의 자계의 세기는
$H = H_o - H'$가 되므로

감자력 $H' = H_o - H = \dfrac{N}{\mu_o} J$ [A/m]

여기서, N은 감자율로, 자성체의 형태에 의해 결정된다.

구자성체의 감자율 $N = \dfrac{1}{3}$이고, 원통 자성체의 감자율 $N = \dfrac{1}{2}$이다.

제2과목 전력공학

21 보호 계전기 동작이 가장 확실한 중성점 접지 방식은?

① 비접지 방식
② 저항 접지 방식
③ 직접 접지 방식
④ 소호 리액터 접지 방식

해설 직접 접지 방식은 1선 지락 사고 시 지락 전류가 대단히 크기 때문에 보호 계전기의 동작이 확실하고, 절연을 가볍게 하지만, 통신선에 대한 유도 장해가 크고, 계통에 주는 충격이 커서 과도 안정도가 나쁘다.

22 단상 2선식의 교류 배전선이 있다. 전선 한 줄의 저항은 0.15[Ω], 리액턴스는 0.25[Ω]이다. 부하는 무유도성으로 100[V], 3[kW]일 때 급전점의 전압은 약 몇 [V]인가?

① 100　② 110
③ 120　④ 130

해설 급전점 전압 $V_s = V_r + I(R\cos\theta_r + X\sin\theta_r)$

$= 100 + \dfrac{3,000}{100} \times 0.15 \times 2$

$= 109 \fallingdotseq 110$[V]

23 우리나라에서 현재 사용되고 있는 송전 전압에 해당되는 것은?

① 150[kV]
② 220[kV]
③ 345[kV]
④ 700[kV]

해설 송전 전압은 154[kV], 345[kV], 765[kV]이고, 송전 방식은 3상 3선식 중성점 직접 접지 방식이다.

24 제5고조파를 제거하기 위하여 전력용 콘덴서 용량의 몇 [%]에 해당하는 직렬 리액터를 설치하는가?

① 2~3
② 5~6
③ 7~8
④ 9~10

해설 직렬 리액터의 용량은 전력용 콘덴서 용량의 이론상 4[%]이지만, 주파수 변동 등을 고려하여 실제는 5~6[%] 정도 사용한다.

25 정정된 값 이상의 전류가 흘렀을 때 동작 전류의 크기와 상관없이 항상 정해진 시간이 경과한 후에 동작하는 보호 계전기는?

① 순시 계전기
② 정한시 계전기
③ 반한시 계전기
④ 반한시성 정한시 계전기

정답 21.③ 22.② 23.③ 24.② 25.②

해설 계전기의 시한 동작 특성

- 순한시 계전기 : 정정치 이상의 전류가 유입하면 크기와 관계없이 바로(고속도) 동작한다.
- 정한시 계전기 : 정정치 이상의 전류가 유입하면 전류의 크기에 관계없이 일정 시한이 지나야 동작한다.
- 반한시 계전기 : 정정치 이상의 전류가 유입하면 고장 전류와 계전기의 동작 시한이 반비례하는 특성을 가진다.

26 변전소에서 사용되는 조상 설비 중 지상용으로만 사용되는 조상 설비는?

① 분로 리액터
② 동기 조상기
③ 전력용 콘덴서
④ 정지형 무효 전력 보상 장치

해설 조상 설비의 종류에는 동기 조상기(진상, 지상 양용)와 전력용 콘덴서(진상용) 및 분로 리액터(지상용)가 있다.

27 저압 뱅킹(banking) 배전 방식이 적당한 곳은?

출제빈도

① 농촌　　② 어촌
③ 화학 공장　　④ 부하 밀집 지역

해설 저압 뱅킹 방식

- 전압 강하 및 전력 손실이 줄어든다.
- 변압기의 용량 및 전선량(동량)이 줄어든다.
- 부하 변동에 대하여 탄력적으로 운용된다.
- 플리커 현상이 경감된다.
- 캐스케이딩 현상이 발생할 수 있다.
- 부하가 밀집된 도시에 적용한다.

28 유효 낙차가 40[%] 저하되면 수차의 효율이 20[%] 저하된다고 할 경우 이때의 출력은 원래의 약 몇 [%]인가? (단, 안내 날개의 열림은 불변인 것으로 한다.)

① 37.2　　② 48.0
③ 52.7　　④ 63.7

해설 발전소 출력 $P=9.8HQ\eta$[kW]이므로

$P \propto H^{\frac{3}{2}}\eta = (1-0.4)^{\frac{3}{2}} \times (1-0.2) = 0.372$

∴ 37.2[%]

29 전력용 퓨즈는 주로 어떤 전류의 차단을 목적으로 사용하는가?

① 지락 전류
② 단락 전류
③ 과도 전류
④ 과부하 전류

해설 전력 퓨즈는 단락 전류 차단용으로 사용되며, 차단 특성이 양호하고, 보수가 간단하다는 좋은 점이 있으나, 재사용할 수 없고, 과도 전류에 동작할 우려가 있으며, 임의의 동작 특성을 얻을 수 없는 단점이 있다.

30 장거리 송전 선로의 4단자 정수(A, B, C, D) 중 일반식을 잘못 표기한 것은?

① $A=\cosh\sqrt{ZY}$

② $B=\sqrt{\frac{Z}{Y}}\sinh\sqrt{ZY}$

③ $C=\sqrt{\frac{Z}{Y}}\sinh\sqrt{ZY}$

④ $D=\cosh\sqrt{ZY}$

해설 장거리 송전 선로의 전파 방정식

$A=\cosh\dot{\gamma}=\cosh\sqrt{ZY}$

$B=\dot{Z}_0\sinh\dot{\gamma}=\sqrt{\frac{Z}{Y}}\sinh\sqrt{ZY}$

$C=\dot{Y}_0\sinh\dot{\gamma}=\sqrt{\frac{Y}{Z}}\sinh\sqrt{ZY}$

$D=\cosh\dot{\gamma}=\cosh\sqrt{ZY}$

정답 26.① 27.④ 28.① 29.② 30.③

31 3상 1회선 전선로에서 대지 정전 용량은 C_s 이고 선간 정전 용량을 C_m 이라 할 때, 작용 정전 용량 C_n 은?

① $C_s + C_m$ ② $C_s + 2C_m$
③ $C_s + 3C_m$ ④ $2C_s + C_m$

해설 작용 정전 용량
단상 2선식 $C_1 = C_s + 2C_m$
3상 3선식 $C_3 = C_s + 3C_m$

32 송전 선로의 뇌해 방지와 관계없는 것은?

① 댐퍼 ② 피뢰기
③ 매설 지선 ④ 가공 지선

해설 댐퍼는 진동 에너지를 흡수하여 전선 진동을 방지하기 위하여 설치하는 것으로 뇌해 방지와는 관계가 없다.

33 다음 중 소호 리액터 접지에 대한 설명으로 틀린 것은?

① 지락 전류가 작다.
② 과도 안정도가 높다.
③ 전자 유도 장애가 경감된다.
④ 선택 지락 계전기의 작동이 쉽다.

해설 소호 리액터 접지
$L-C$ 병렬 공진을 이용하므로 지락 전류가 최소로 되어 유도 장해가 적고, 고장 중에도 계속적인 송전이 가능하고, 고장이 스스로 복구될 수 있어 과도 안정도가 좋지만, 보호 장치의 동작이 불확실하다.

34 3상 3선식 배전 선로에 역률이 0.8(지상)인 3상 평형 부하 40[kW]를 연결했을 때 전압 강하는 약 몇 [V]인가? (단, 부하의 전압은 200[V], 전선 1조의 저항은 0.02[Ω]이고, 리액턴스는 무시한다.)

① 2 ② 3
③ 4 ④ 5

해설 리액턴스는 무시하므로
전압 강하 $e = \frac{P}{V}(R + X\tan\theta) = \frac{40}{0.2} \times 0.02 = 4[\text{V}]$

35 다음 중 분기 회로용으로 개폐기 및 자동 차단기의 2가지 역할을 수행하는 것은?

① 기중 차단기 ② 진공 차단기
③ 전력용 퓨즈 ④ 배선 차단기

해설 분기 회로에 사용하는 배선 차단기는 개폐기와 자동 차단기 역할을 수행한다.

36 교류 저압 배전 방식에서 밸런서를 필요로 하는 방식은?

① 단상 2선식 ② 단상 3선식
③ 3상 3선식 ④ 3상 4선식

해설 밸런서는 단상 3선식에서 설비의 불평형을 방지하기 위하여 선로 말단에 시설한다.

37 보일러에서 흡수 열량이 가장 큰 것은?

① 수냉벽 ② 과열기
③ 절탄기 ④ 공기 예열기

해설 보일러의 흡수 열량은 대부분 보일러의 수냉벽(수관)에서 흡수된다.

38 다음 중 3상 차단기의 정격 차단 용량을 나타낸 것은?

① $\sqrt{3}$ ×정격 전압×정격 전류
② $\frac{1}{\sqrt{3}}$ ×정격 전압×정격 전류
③ $\sqrt{3}$ ×정격 전압×정격 차단 전류
④ $\frac{1}{\sqrt{3}}$ ×정격 전압×정격 차단 전류

정답 31.③ 32.① 33.④ 34.③ 35.④ 36.② 37.① 38.③

해설 차단기의 정격 차단 용량 P_s[MVA]= $\sqrt{3}$ ×정격 전압[kV]×정격 차단 전류[kA]

39 변류기 개방시 2차측을 단락하는 이유는?

출제빈도

① 측정 오차 방지
② 2차측 절연 보호
③ 1차측 과전류 방지
④ 2차측 과전류 보호

해설 운전 중 변류기 2차측이 개방되면 부하 전류가 모두 여자 전류가 되어 2차 권선에 대단히 높은 전압이 인가하여 2차측 절연이 파괴된다. 그러므로 2차측에 전류계 등 기구가 연결되지 않을 때에는 단락을 하여야 한다.

40 단상 승압기 1대를 사용하여 승압할 경우 승압 전의 전압을 E_1이라 하면, 승압 후의 전압 E_2는 어떻게 되는가? $\left(\text{단, 승압기의 변압비는 } \dfrac{\text{전원측 전압}}{\text{부하측 전압}} = \dfrac{e_1}{e_2} \text{이다.}\right)$

① $E_2 = E_1 + e_1$　　② $E_2 = E_1 + e_2$

③ $E_2 = E_1 + \dfrac{e_2}{e_1}E_1$　　④ $E_2 = E_1 + \dfrac{e_1}{e_2}E_1$

해설 승압 후 전압 $E_2 = E_1\left(1+\dfrac{e_2}{e_1}\right) = E_1 + \dfrac{e_2}{e_1}E_1$

제3과목 전기기기

41 3상 전원에서 2상 전원을 얻기 위한 변압기의 결선 방법은?

① △　　② T

③ Y　　④ V

해설 3상 전원에서 2상 전원을 얻기 위한 변압기의 결선 방법은 다음과 같다.

- 스코트(scott) 결선 → T결선
- 메이어(meyer) 결선
- 우드 브리지(wood bridge) 결선

42 직류 직권 전동기의 운전상 위험 속도를 방지하는 방법 중 가장 적합한 것은?

① 무부하 운전한다.
② 경부하 운전한다.
③ 무여자 운전한다.
④ 부하와 기어를 연결한다.

해설 직류 직권 전동기는 운전 중 무부하 상태로 되면 위험 속도에 도달하므로 부하를 전동기에 접속하는 경우 직결 또는 기어(gear)로 연결하여야 한다.

43 권선형 유도 전동기의 설명으로 틀린 것은?

출제빈도

① 회전자의 3개의 단자는 슬립링과 연결되어 있다.
② 기동할 때에 회전자는 슬립링을 통하여 외부에 가감 저항기를 접속한다.
③ 기동할 때에 회전자에 적당한 저항을 갖게 하여 필요한 기동 토크를 갖게 한다.
④ 전동기 속도가 상승함에 따라 외부 저항을 점점 감소시키고 최후에는 슬립링을 개방한다.

해설 권선형 유도 전동기의 가동시 회전자(2차)에 슬립링을 통하여 외부에서 가변 저항을 접속하면 기동 전류를 제한하고, 기동 토크를 크게 하며 정상 상태에서는 슬립링은 단락한다.

정답 39.② 40.③ 41.② 42.④ 43.④

44 다음 중 단상 반파 정류 회로에서 평균 직류 전압 200[V]를 얻는 데 필요한 변압기 2차 전압은 약 몇 [V]인가? (단, 부하는 순저항이고 정류기의 전압 강하는 15[V]로 한다.)

① 400 ② 478
③ 512 ④ 642

해설 단상 반파 정류시 직류 전압의 평균값

$E_d = \frac{\sqrt{2}}{\pi}E - e[\text{V}]$

교류 전압 $E = (E_d + e) \cdot \frac{\pi}{\sqrt{2}}$

$= (200+15) \times \frac{\pi}{\sqrt{2}} = 477.6[\text{V}]$

45 유도 전동기 슬립 s의 범위는?

① $1 < s < 0$ ② $0 < s < 1$
③ $-1 < s < 1$ ④ $-1 < s < 0$

해설 유도 전동기의 슬립

$s = \frac{N_s - N}{N_s}$에서 가동시 $s = 1\,(N = 0)$,

무부하시 $s = 0\,(N_0' \fallingdotseq N_s)$이다.

46 정격 전압에서 전부하로 운전하는 직류 직권 전동기의 부하 전류가 50[A]이다. 부하 토크가 반으로 감소하면 부하 전류는 약 몇 [A]인가? (단, 자기 포화는 무시한다.)

출제빈도

① 25 ② 35
③ 45 ④ 50

해설 직류 직권 전동기의 토크

$T = \frac{P}{\omega} = \frac{EI_a}{2\pi\frac{N}{60}} = \frac{pZ}{2\pi a}\phi I_a \propto I_a^2 (\phi \propto I_a)$

따라서, 부하 전류 $I \propto \sqrt{T}$이므로

$I' = 50 \times \frac{1}{\sqrt{2}} = 35.35[\text{V}]$

47 단상 변압기를 병렬 운전하는 경우 부하 전류의 분담에 관한 설명 중 옳은 것은?

① 누설 리액턴스에 비례한다.
② 누설 임피던스에 비례한다.
③ 누설 임피던스에 반비례한다.
④ 누설 리액턴스의 제곱에 반비례한다.

해설 단상 변압기의 부하 분담비

$\frac{P_a}{P_b} = \frac{\%Z_b}{\%Z_a} \cdot \frac{P_A}{P_B}$이므로 부하 분담은 누설 임피던스에 반비례하고 정격 용량에는 비례한다.

48 3상 동기기에서 제동 권선의 주목적은?

① 출력 개선
② 효율 개선
③ 역률 개선
④ 난조 방지

해설 동기기의 제동 권선은 회전자 표면에 도체봉과 단락환으로 연결된 권선으로 회전 속도가 변동하면 자속을 끊게 되어 기전력이 유도되고 제동 토크를 발생시켜 줌으로써 난조 방지에 가장 유효한 권선이다.

49 단상 유도 전압 조정기의 원리는 다음 중 어느 것을 응용한 것인가?

① 3권선 변압기
② V결선 변압기
③ 단상 단권 변압기
④ 스코트 결선(T결선) 변압기

해설 단상 유도 전압 조정기의 구조는 직렬 권선, 분포 권선 및 단락 권선으로 되어 있으며 유도 전동기와 유사하고, 원리는 단권 변압기(승압, 강압용)를 응용한 특수 유도기이다.

정답 44.② 45.② 46.② 47.③ 48.④ 49.③

50 유도 전동기의 속도 제어 방식으로 틀린 것은?

출제빈도

① 크레머 방식
② 일그너 방식
③ 2차 저항 제어 방식
④ 1차 주파수 제어 방식

해설 유도 전동기의 속도 제어법은 1차 전압 제어, 1차 주파수 제어 2차 저항 제어, 2차 여자 제어(세르비우스 방식, 크레머 방식) 극수 변환 및 종속법이 있으며, 일그너 방식은 직류 전동기의 속도 제어법이다.

51 4극, 60[Hz]의 정류자 주파수 변환기가 회전 자계 방향과 반대 방향으로 1,440[rpm]으로 회전할 때의 주파수는 몇 [Hz]인가?

출제빈도

① 8 ② 10
③ 12 ④ 15

해설
동기 속도 $N_s = \frac{120f}{P} = \frac{120 \times 60}{4} = 1,800$[rpm]
주파수 변환기 회전 속도 $N = 1,440$[rpm]일 때
슬립 $s = \frac{N_s - M}{N_s} = \frac{1,800 - 1,440}{1,800} = 0.2$
2차 주파수 $f_2 = sf_1 = 0.2 \times 60 = 12$[Hz]

52 직류 전동기의 속도 제어법 중 광범위한 속도 제어가 가능하며 운전 효율이 좋은 방법은?

출제빈도

① 병렬 제어법
② 전압 제어법
③ 계자 제어법
④ 저항 제어법

해설 직류 전동기의 속도 제어법은 계자 제어, 저항 제어, 전압 제어(워드 레오나드 방식, 일그너 방식), 직·병렬 제어가 있으며 전압 제어는 광범위로 원할한 제어가 가능하고 운전 효율은 좋으나 실비비가 고가이다.

53 교류 단상 직권 전동기의 구조를 설명한 것 중 옳은 것은?

① 역률 및 정류 개선을 위해 약계자 강전기자형으로 한다.
② 전기자 반작용을 줄이기 위해 약계자 강전기자형으로 한다.
③ 정류 개선을 위해 강계자 약전기자형으로 한다.
④ 역률 개선을 위해 고정자와 회전자의 자로를 성층 철심으로 한다.

해설 교류 단상 직권 전동기(정류자 전동기)는 철손의 감소를 위하여 성층 철심을 사용하고 역률 및 정류 개선을 위해 약계자 강전기자를 채택하며 전기자 반작용을 방지하기 위하여 보상 권선을 설치한다.

54 변압기 단락 시험과 관계없는 것은?

① 전압 변동률
② 임피던스 와트
③ 임피던스 전압
④ 여자 어드미턴스

해설 변압기의 단락 시험으로 임피던스 전압, 임피던스 와트 및 전압 변동률을 구할 수 있으며, 여자 어드미턴스는 무부하 시험에서 구할 수 있다.

55 전기자 저항이 0.3[Ω]인 분권 발전기가 단자 전압 550[V]에서 부하 전류가 100[A]일 때 발생하는 유도 기전력[V]은? (단, 계자 전류는 무시한다.)

① 260 ② 420
③ 580 ④ 750

해설 직류 발전기의 유도 기전력
$E = V + I_a R_a = 550 + 100 \times 0.3 = 580$[V]

정답 50.② 51.③ 52.② 53.① 54.④ 55.③

56 동기기의 단락 전류를 제한하는 요소는?

출제빈도

① 단락비 ② 정격 전류
③ 동기 임피던스 ④ 자기 여자 작용

해설 동기 발전기의 단락 전류

$I_s = \dfrac{E}{r+ix_s} = \dfrac{E}{Z_s}$[A]이므로 단락 전류는 동기 임피던스($Z_s$)에 의해 제한된다.

57 병렬 운전 중인 A, B 두 동기 발전기 중 A 발전기의 여자를 B 발전기보다 증가시키면 A 발전기는?

출제빈도

① 동기화 전류가 흐른다.
② 부하 전류가 증가한다.
③ 90° 진상 전류가 흐른다.
④ 90° 지상 전류가 흐른다.

해설 동기 발전기의 병렬 운전 중 A 발전기의 여자 전류를 증가하면 유기 기전력이 증가하여 A 발전기는 90° 지상 전류가 흐르고, B 발전기는 90° 진상 전류가 순환하게 된다.

58 3상 동기 발전기가 그림과 같이 1선 지락이 발생하였을 경우 단락 전류 I_0를 구하는 식은? (단, E_a는 무부하 유기 기전력의 상전압, Z_0, Z_1, Z_2는 영상, 정상, 역상 임피던스이다.)

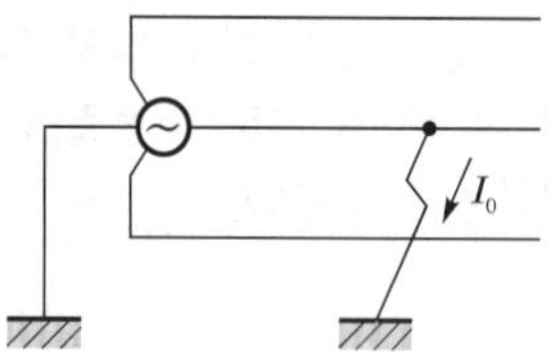

① $\dot{I_0} = \dfrac{3\dot{E_a}}{\dot{Z_0}\times\dot{Z_1}\times\dot{Z_2}}$

② $\dot{I_0} = \dfrac{\dot{E_a}}{\dot{Z_0}\times\dot{Z_1}\times\dot{Z_2}}$

③ $\dot{I_0} = \dfrac{3\dot{E_a}}{\dot{Z_0}+\dot{Z_1}+\dot{Z_2}}$

④ $\dot{I_0} = \dfrac{3\dot{E_a}}{\dot{Z_0}+\dot{Z_1}^2+\dot{Z_2}^3}$

해설 3상 동기 발전기에서 1선(A상) 지락이 발생하면 대칭 좌표법에 의해 $I_0 = I_1 = I_2$(여기서, I_0, I_1, I_2 : 영상, 정상 및 역상 전류)

$I_0 = \dfrac{E_a}{Z_0+Z_1+Z_2}$

A상 지락 전류

$I_a = I_0 + I_1 + I_2 = 3I_0 = \dfrac{3E_a}{Z_0+Z_1+Z_2}$[A]

59 유도 전동기의 동기 와트에 대한 설명으로 옳은 것은?

출제빈도

① 동기 속도에서 1차 입력
② 동기 속도에서 2차 입력
③ 동기 속도에서 2차 출력
④ 동기 속도에서 2차 동손

해설 유도 전동기의 토크

$T = \dfrac{P_2}{2\pi\dfrac{N_s}{60}}$ [N·m]

$= \dfrac{1}{9\cdot8}\,\dfrac{P_2}{2\pi\dfrac{N_s}{60}} = 0.975\dfrac{P_2}{N_s}$ [kg·m]

토크는 2차 입력이 정비례하고, 동기 속도에 반비례하는데 $T_s = P_2$를 동기 와트로 표시한 토크라 한다. 따라서, 동기 와트는 동기 속도에서 2차 입력을 나타낸다.

60 임피던스 전압 강하 4[%]의 변압기가 운전 중 단락되었을 때 단락 전류는 정격 전류의 몇 배가 흐르는가?

출제빈도

① 15 ② 20
③ 25 ④ 30

정답 56.③ 57.④ 58.정답 없음 59.② 60.③

해설 퍼센트 임피던스 강하 $\%Z = \frac{IZ}{V} \times 100 = \frac{I_n}{I_s} \times 100$에서

단락 전류 $I_s = \frac{100}{\%Z} I_n = \frac{100}{4} I_n = 25 I_n$[A]

제4과목 회로이론

61 3상 불평형 전압에서 역상 전압이 50[V], 정상 전압이 200[V], 영상 전압이 10[V]라고 할 때 전압의 불평형률[%]은?

출제빈도

① 1 ② 5
③ 25 ④ 50

해설 $불평형률 = \frac{역상\ 전압}{정상\ 전압} \times 100 = \frac{50}{200} = 0.25$

62 다음과 같은 회로의 a－b 간 합성 인덕턴스는 몇 [H]인가? (단, $L_1 = 4$[H], $L_2 = 4$[H], $L_3 = 2$[H], $L_4 = 2$[H]이다.)

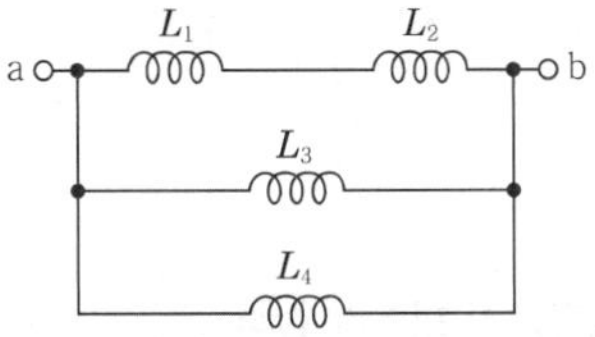

① $\frac{8}{9}$ ② 6
③ 9 ④ 12

해설 $\frac{1}{L_0} = \frac{1}{L_1 + L_2} + \frac{1}{L_3} + \frac{1}{L_4}$

$= \frac{1}{8} + \frac{1}{2} + \frac{1}{2}$

$= \frac{9}{8}$

$\therefore L_0 = \frac{8}{9}$[H]

63 $R-L-C$ 직렬 회로에서 시정수의 값이 작을수록 과도 현상이 소멸되는 시간은 어떻게 되는가?

출제빈도

① 짧아진다. ② 관계없다.
③ 길어진다. ④ 일정하다.

해설 시정수와 과도분은 비례 관계이므로 시정수의 값이 적을수록 과도 현상이 소멸되는 시간은 짧아진다.

64 대칭 좌표법에서 사용되는 용어 중 3상에 공통된 성분을 표시하는 것은?

① 공통분 ② 정상분
③ 역상분 ④ 영상분

해설
- 영상분 : 3상 공통인 성분
- 정상분 : 상순이 a－b－c인 성분
- 역상분 : 상순이 a－c－b인 성분

65 어떤 회로의 단자 전압이 $V = 100\sin\omega t + 40\sin 2\omega t + 30\sin(3\omega t + 60°)$[V]이고 전압 강하의 방향으로 흐르는 전류가 $I = 10\sin(\omega t - 60°) + 2\sin(3\omega t + 105°)$[A]일 때 회로에 공급되는 평균 전력[W]은?

출제빈도

① 271.2 ② 371.2
③ 530.2 ④ 630.2

해설 $P = V_1 I_1 \cos\theta_1 + V_3 I_3 \cos\theta^3$

$= \frac{100}{\sqrt{2}} \times \frac{10}{\sqrt{2}} \cos 60° + \frac{30}{\sqrt{2}} \times \frac{2}{\sqrt{2}} \cos 45°$

$= 271.2$[W]

66 3상 대칭분 전류를 I_0, I_1, I_2라 하고 선전류를 I_a, I_b, I_c라고 할 때 I_b는 어떻게 되는가?

① $I_0 + I_1 + I_2$ ② $I_0 + a^2 I_1 + a I_2$
③ $I_0 + a I_1 + a^2 I_2$ ④ $\frac{1}{3}(I_0 + I_1 + I_2)$

정답 61.③ 62.① 63.① 64.④ 65.① 66.②

해설 $I_a = I_0 + I_1 + I_2$

$I_b = I_0 + a^2 I_1 + a I_2$

$I_c = I_0 + a I_1 + a^2 I_2$

67 부하에 $100\angle 30°$[V]의 전압을 가하였을 때 $10\angle 60°$[A]의 전류가 흘렀다면 부하에서 소비되는 유효 전력은 약 몇 [W]인가?

① 400 ② 500
③ 682 ④ 866

해설 $P = VI\cos\theta = 100 \times 10 \times \cos 30° = 866$[W]

68 그림과 같은 회로에서 0.2[Ω]의 저항에 흐르는 전류는 몇 [A]인가?

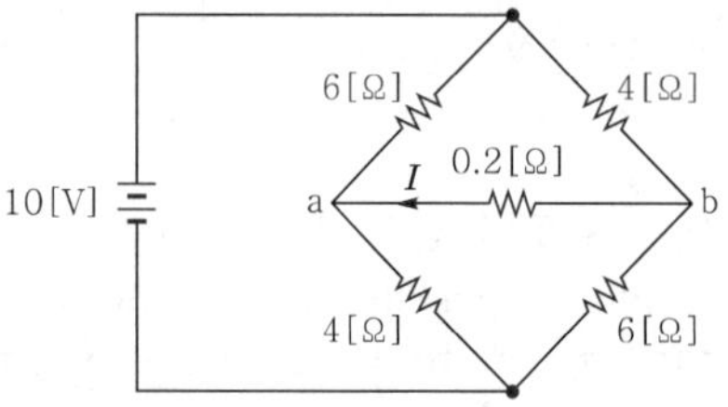

① 0.1
② 0.2
③ 0.3
④ 0.4

해설

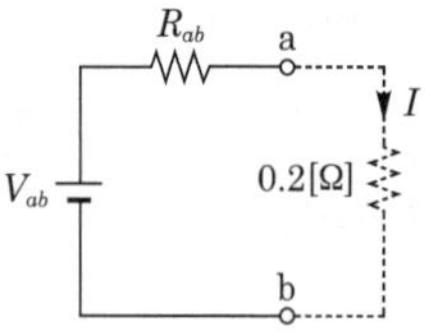

$I = \dfrac{V_{ab}}{Z_{ab} + Z_L}$[A]

$Z_{ab} = \dfrac{6 \times 4}{6+4} + \dfrac{4 \times 6}{4+6} = 4.8$[Ω]

$V_{ab} = 6 - 4 = 2$[V]

$\therefore\ I = \dfrac{2}{4.8 + 0.2} = 0.4$[A]

69 $\dfrac{1}{s^2 + 2s + 5}$의 라플라스 역변환 값은?

① $e^{-2t}\cos 2t$

② $\dfrac{1}{2}e^{-t}\sin t$

③ $\dfrac{1}{2}e^{-t}\sin 2t$

④ $\dfrac{1}{2}e^{-t}\cos 2t$

해설 $\mathcal{L}^{-1}\left[\dfrac{1}{s^2+2s+5}\right] = \mathcal{L}^{-1}\left[\dfrac{1}{(s+1)^2+2^2}\right]$

$= \dfrac{1}{2}e^{-t}\sin 2t$

70 $\mathcal{L}[u(t-a)]$는 어느 것인가?

① $\dfrac{e^{as}}{s^2}$ ② $\dfrac{e^{-as}}{s^2}$

③ $\dfrac{e^{as}}{s}$ ④ $\dfrac{e^{-as}}{s}$

해설 시간 추이 정리 $\mathcal{L}[f(t-a)] = e^{-as} \cdot F(s)$
시간 추이 정리를 이용하면

$\mathcal{L}[u(t-a)] = e^{-as} \cdot \dfrac{1}{s}$

71 2단자 임피던스 함수 $Z(s) = \dfrac{(s+2)(s+3)}{(s+4)(s+5)}$일 때 극점(pole)은?

① −2, −3
② −3, −4
③ −2, −4
④ −4, −5

해설 극점은 $Z(s) = \infty$가 되는 S의 근이므로 분포=0의 근이다.

$(s+4)(s+5) = 0$

$\therefore\ s = -4,\ -5$

정답 67.④ 68.④ 69.③ 70.④ 71.④

72 그림과 같은 회로에서 G_2[℧] 양단의 전압 강하 E_2 [V]는?

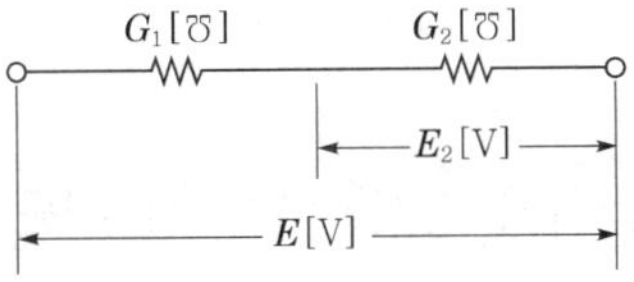

① $\dfrac{G_2}{G_1+G_2}E$　　② $\dfrac{G_1}{G_1+G_2}E$

③ $\dfrac{G_1 G_2}{G_1+G_2}E$　　④ $\dfrac{G_1+G_2}{G_1+G_2}E$

해설 분압 법칙에 의해 G_2 양단의 전압 강하를 구하면

$E_2 = \dfrac{G_1}{G_1+G_2}E$[V]이다.

73 그림과 같은 T형 회로의 영상 전달 정수 θ는?

출제빈도

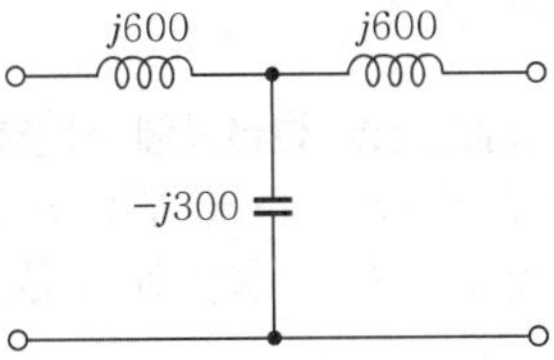

① 0　　② 1

③ −3　　④ −1

해설

$$\begin{bmatrix} A & B \\ C & D \end{bmatrix} = \begin{bmatrix} 1 & j600 \\ 0 & 1 \end{bmatrix}\begin{bmatrix} 1 & 0 \\ \dfrac{1}{-j300} & 1 \end{bmatrix}$$

$$= \begin{bmatrix} 1 & j600 \\ 0 & 1 \end{bmatrix} = \begin{bmatrix} -1 & 0 \\ j\dfrac{1}{300} & -1 \end{bmatrix}$$

$$\therefore\ \theta = \cosh^{-1}\sqrt{AD} = \cosh^{-1}1 = 0$$

74 저항 $\frac{1}{3}$[Ω], 유도 리액턴스 $\frac{1}{4}$[Ω]인 $R-L$ 병렬 회로의 합성 어드미턴스[℧]는?

① $3+j4$　　② $3-j4$

③ $\dfrac{1}{3}+j\dfrac{1}{4}$　　④ $\dfrac{1}{3}-j\dfrac{1}{4}$

해설
- 합성 임피던스 $Z=R+jX_L$[Ω]
- 합성 어드미턴스 $Y=G-jB=3-j4$[℧]

75 대칭 3상 Y결선 부하에서 각 상의 임피던스가 $Z=16+j12$[Ω]이고 부하 전류가 5[A]일 때, 이 부하의 선간 전압[V]은?

① $100\sqrt{2}$　　② $100\sqrt{3}$

③ $200\sqrt{2}$　　④ $200\sqrt{3}$

해설 선간 전압 $V_l = \sqrt{3}\,V_P = \sqrt{3}\,Z\cdot I_P$

$= \sqrt{3}\times\sqrt{16^2+12^2}\times 5$

$= 100\sqrt{3}$ [V]

76 정현파의 파고율은?

① 1.111　　② 1.414

③ 1.732　　④ 2.356

해설

$$\text{파고율} = \frac{\text{최대값}}{\text{실효값}} = \frac{V_m}{\dfrac{1}{\sqrt{2}}V_m} = \sqrt{2} = 1.414$$

77 다음 중 부동작 시간(dead time) 요소의 전달 함수는?

출제빈도

① Ks　　② $\dfrac{K}{s}$

③ Ke^{-Ls}　　④ $\dfrac{K}{Ts+1}$

해설
- 부동작 시간 요소의 전달 함수 $G(s)=Ke^{-Ls}$ (여기서, L : 부동작 시간)
- 각종 제어 요소의 전달 함수
  - 비례 요소의 전달 함수 : K
  - 미분 요소의 전달 함수 : Ks
  - 적분 요소의 전달 함수 : $\dfrac{K}{s}$
  - 1차 지연 요소의 전달 함수 $G(s)=\dfrac{K}{1+Ts}$
  - 부동작 시간 요소의 전달 함수 $G(s)=Ke^{-Ls}$

정답 72.② 73.① 74.② 75.② 76.② 77.③

78 $i(t) = I_0 e^{st}$[A]로 주어지는 전류가 콘덴서 C[F]에 흐르는 경우의 임피던스[Ω]는?

① C　② sC
③ $\frac{C}{s}$　④ $\frac{1}{sC}$

해설 C에 전압 $V_c = \frac{1}{C}\int I_0 e^{st}dt = \frac{1}{sC} I_0 e^{st}$이므로

임피던스 $Z = \frac{V(t)}{i(t)} = \frac{\frac{1}{sC} I_0 e^{st}}{I_0 e^{st}} = \frac{1}{sC}$[Ω]

79 전기 회로의 입력을 V_1, 출력을 V_2라고 할 때 전달 함수는? (단, $s = j\omega$이다.)

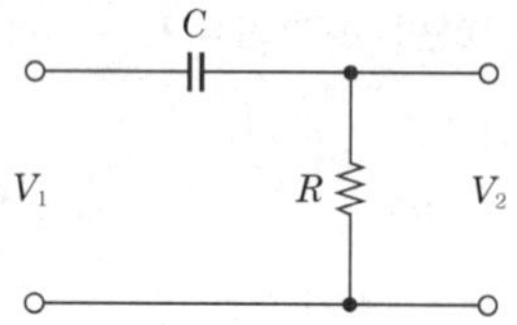

① $\dfrac{1}{R + \frac{1}{j\omega C}}$　② $\dfrac{1}{j\omega + \frac{1}{RC}}$
③ $\dfrac{j\omega}{j\omega + \frac{1}{RC}}$　④ $\dfrac{j\omega}{R + \frac{1}{j\omega C}}$

해설 $G(j\omega) = \frac{V_2(j\omega)}{V_1(j\omega)} = \frac{R}{\frac{1}{j\omega C} + R} = \frac{j\omega R}{\frac{1}{C} + j\omega R}$

$= \frac{j\omega}{j\omega + \frac{1}{RC}}$

80 (출제빈도) 다음 중 비정현파 전압 $v = 100\sqrt{2}\sin\omega t + 50\sqrt{2}\sin 2\omega t + 30\sqrt{2}\sin 3\omega t$[V]의 왜형률은 약 얼마인가?

① 0.36　② 0.58
③ 0.87　④ 1.41

해설 왜형률 $D = \frac{\sqrt{50^2 + 30^2}}{100} \fallingdotseq 0.58$

제5과목 전기설비기술기준

81 백열 전등 또는 방전등에 전기를 공급하는 옥내 전로의 대지 전압은 몇 [V] 이하이어야 하는가?

① 150　② 220
③ 300　④ 600

해설 옥내 전로의 대지 전압의 제한(한국전기설비규정 231.6)
백열 전등 또는 방전등에 전기를 공급하는 옥내의 전로의 대지 전압은 300[V] 이하이어야 한다.

82 (출제빈도) 특고압 가공 전선로에 사용하는 철탑 중에서 전선로의 지지물 양쪽의 경간의 차가 큰 곳에 사용하는 철탑의 종류는?

① 각도형　② 인류형
③ 보강형　④ 내장형

해설 특고압 가공 전선로의 철주 · 철근 콘크리트주 또는 철탑의 종류(한국전기설비규정 333.11)
- 직선형 : 3도 이하인 수평 각도
- 각도형 : 3도를 초과하는 수평 각도를 이루는 곳
- 인류형 : 전가섭선을 인류하는 곳에 사용하는 것
- 내장형 : 전선로의 지지물 양쪽의 경간의 차가 큰 곳

83 과전류 차단 목적으로 정격 전류가 70[A]인 배선 차단기를 저압 전로에서 사용하고 있다. 정격 전류의 2배 전류를 통한 경우 자동적으로 동작해야 하는 시간은?

① 2분　② 4분
③ 6분　④ 8분

정답 78.④ 79.③ 80.② 81.③ 82.④ 83.③

해설 저압 전로 중의 과전류 차단기의 시설(판단기준 제38조)

저압 전로에 사용하는 배선 차단기

- 정격 전류의 1배의 전류로 자동적으로 동작하지 아니 할 것
- 1.25배 및 2배의 전류

정격 전류의 구분	용단 시간	
	1.25배	2배
30[A] 이하	60분	2분
30[A] 넘고 50[A] 이하	60분	4분
50[A] 넘고 100[A] 이하	120분	6분
100[A] 넘고 225[A] 이하	120분	8분
225[A] 넘고 400[A] 이하	120분	10분

※ 이 문제는 출제 당시 규정에는 적합했으나 새로 제정된 한국전기설비규정에는 일부 부적합하므로 문제 유형만 참고하시기 바랍니다.

84 저압 가공 전선이 가공 약전류 전선과 접근하여 시설될 때 저압 가공 전선과 가공 약전류 전선 사이의 이격 거리는 몇 [cm] 이상이어야 하는가?

출제빈도

① 40 ② 50
③ 60 ④ 80

해설 고압 가공 전선과 가공 약전류 전선 등의 접근 또는 교차(한국전기설비규정 332.12)

- 고압 가공 전선은 고압 보안 공사에 의할 것
- 가공 약전류 전선과 이격 거리

가공 전선의 종류	이격 거리
저압 가공 전선	60[cm](고압 절연 전선 또는 케이블인 경우에는 30[cm])
고압 가공 전선	80[cm](전선이 케이블인 경우에는 40[cm])

- 가공 전선이 약전류 전선 위에서 교차할 때 저압 가공 중성선에는 절연 전선

85 345[kV] 가공 송전 선로를 평야에 시설할 때, 전선의 지표상의 높이는 몇 [m] 이상으로 하여야 하는가?

① 6.12 ② 7.36
③ 8.28 ④ 9.48

해설 특고압 가공 전선의 높이(한국전기설비규정 333.7)

(345−165)÷10=18.5이므로 10[kV] 단수는 19이다. 그러므로 전선의 지표상 높이는 6+0.12×19=8.28[m]이다.

86 저압 옥내 배선의 사용 전선으로 틀린 것은?

출제빈도

① 단면적 2.5[mm^2] 이상의 연동선
② 단면적 1[mm^2] 이상의 미네랄 인슐레이션 케이블
③ 사용 전압 400[V] 이하의 전광 표시 장치 배선시 단면적 1.5[mm^2] 이상의 연동선
④ 사용 전압 400[V] 이하의 제어 회로 배선시 단면적 0.5[mm^2] 이상의 다심 케이블

해설 저압 옥내 배선의 사용 전선(한국전기설비규정 231.3.1)

- 단면적 2.5[mm^2] 이상의 연동선
- 전광 표시 장치 또는 제어 회로 등에 사용하는 배선에 단면적 1.5[mm^2] 이상의 연동선

87 도로에 시설하는 가공 직류 전차 선로의 경간은 몇 [m] 이하로 하여야 하는가?

① 30
② 40
③ 50
④ 60

해설 도로에 시설하는 가공 직류 전차 선로의 경간(판단기준 제255조)

도로에 시설하는 가공 직류 전차 선로의 경간은 60[m] 이하로 하여야 한다.

※ 이 문제는 출제 당시 규정에는 적합했으나 새로 제정된 한국전기설비규정에는 일부 부적합하므로 문제 유형만 참고하시기 바랍니다.

정답 84.③ 85.③ 86.④ 87.④

88 사용 전압이 100[kV] 이상의 변압기를 설치하는 곳의 절연유 유출 방지 설비의 용량은 변압기 탱크 내장 유량의 몇 [%] 이상으로 하여야 하는가?

① 25　② 50
③ 75　④ 100

해설 절연유(기술기준 제20조)
- 변압기 주변에 집유조 등을 설치할 것
- 절연유 유출 방지 설비의 용량은 변압기 탱크 내장 유량의 50[%] 이상으로 할 것

89 고압 가공 전선로의 경간은 B종 철근 콘크리트주로 시설하는 경우 몇 [m] 이하로 하여야 하는가?

① 100　② 150
③ 200　④ 250

해설 고압 가공 전선로 경간의 제한(한국전기설비규정 332.9)

지지물의 종류	경 간
목주·A종	150[m]
B종	250[m]
철탑	600[m]

90 가요 전선관 공사에 의한 저압 옥내 배선 시설에 대한 설명으로 틀린 것은?

① 옥외용 비닐 전선을 제외한 절연 전선을 사용한다.
② 제1종 금속제 가요 전선관의 두께는 0.8[mm] 이상으로 한다.
③ 중량물의 압력 또는 기계적 충격을 받을 우려가 없도록 시설한다.
④ 옥내 배선의 사용 전압이 400[V] 이하인 경우에 접지 공사를 하지 않는다.

해설 가요 전선관 공사(한국전기설비규정 232.13)
- 전선은 절연 전선(옥외용 제외)일 것
- 전선은 연선일 것
- 가요 전선관 안에는 전선에 접속점이 없도록 할 것
- 가요 전선관은 2종 금속제 가요 전선관일 것
- 제1종 금속제 가요 전선관은 두께 0.8[mm] 이상인 것일 것
- 가요 전선관에는 접지 시스템(140)의 규정에 준하여 접지 공사를 할 것

91 가공 전선로의 지지물 중 지선을 사용하여 그 강도를 분담시켜서는 안 되는 것은?

① 철탑　② 목주
③ 철주　④ 철근 콘크리트주

해설 지선의 시설(한국전기설비규정 331.11)
철탑은 지선을 사용하여 그 강도를 분담시켜서는 아니 된다.

92 최대 사용 전압이 23[kV]인 권선으로서 중성선 다중 접지 방식의 전로에 접속되는 변압기 권선의 절연 내력 시험 전압은 약 몇 [kV]인가?

① 21.16　② 25.3
③ 28.75　④ 34.5

해설 변압기 전로의 절연 내력(한국전기설비규정 135)
중성선에 다중 접지를 하는 것은 최대 사용 전압의 0.92배의 전압이므로 $23\times0.92=21.16$[kV]이다.

93 목주, A종 철주 및 A종 철근 콘크리트주를 사용할 수 없는 보안 공사는?

① 고압 보안 공사
② 제1종 특고압 보안 공사
③ 제2종 특고압 보안 공사
④ 제3종 특고압 보안 공사

정답 88.② 89.④ 90.④ 91.① 92.① 93.②

해설 특고압 보안 공사(한국전기설비규정 333.22)
제1종 특고압 보안 공사 전선로의 지지물에는 B종 철주·B종 철근 콘크리트주 또는 철탑을 사용할 것

94 정격 전류 20[A]인 배선용 차단기로 보호되는 저압 옥내 전로에 접속할 수 있는 콘센트 정격 전류는 몇 [A] 이하인가?

출제빈도

① 15 ② 20
③ 22 ④ 25

해설 분기 회로의 시설(판단기준 제176조)

저압 옥내 전로의 종류	콘센트
정격 전류가 15[A] 이하인 과전류 차단기로 보호되는 것	정격 전류가 15[A] 이하인 것
정격 전류가 15[A]를 초과하고 20[A] 이하인 배선용 차단기로 보호되는 것	정격 전류가 20[A] 이하인 것

※ 이 문제는 출제 당시 규정에는 적합했으나 새로 제정된 한국전기설비규정에는 일부 부적합하므로 문제 유형만 참고하시기 바랍니다.

95 사용 전압이 380[V]인 옥내 배선을 애자 공사로 시설할 때 전선과 조영재 사이의 이격 거리는 몇 [cm] 이상이어야 하는가?

① 2 ② 2.5
③ 4.5 ④ 6

해설 애자 공사(한국전기설비규정 232.56)
전선과 조영재 사이의 이격 거리는 사용 전압이 400[V] 이하인 경우에는 2.5[cm] 이상, 400[V] 초과인 경우에는 4.5[cm](건조한 장소 2.5[cm]) 이상일 것

96 과전류 차단기로 저압 전로에 사용하는 퓨즈는 수평으로 붙인 경우에 정격 전류의 몇 배의 전류에 견뎌야 하는가?

출제빈도

① 1.1 ② 1.25
③ 1.6 ④ 2.0

해설 저압 전로 중의 과전류 차단기의 시설(판단기준 제38조)
과전류 차단기로 저압 전로에 사용하는 퓨즈는 수평으로 붙인 경우에 정격 전류의 1.1배의 전류에 견디고, 정격 전류의 1.6배 및 2배의 전류를 통한 경우에는 정한 시간 내에 용단될 것

※ 이 문제는 출제 당시 규정에는 적합했으나 새로 제정된 한국전기설비규정에는 일부 부적합하므로 문제 유형만 참고하시기 바랍니다.

97 특고압 가공 전선과 발전소 금속제의 울타리 등이 교차하는 경우에 울타리에는 교차점에서 좌우로 45[m] 이내에 시설하는 접지 공사의 종류는 무엇인가?

① 제1종 접지 공사
② 제2종 접지 공사
③ 제3종 접지 공사
④ 특별 제3종 접지 공사

해설 발전소 등의 울타리·담 등의 시설(판단기준 제44조)
고압 또는 특고압 가공 전선(전선에 케이블을 사용하는 경우는 제외함)과 금속제의 울타리·담 등이 교차하는 경우에 금속제의 울타리·담 등에는 교차점과 좌우로 45[m] 이내의 개소에 제1종 접지 공사를 하여야 한다.

※ 이 문제는 출제 당시 규정에는 적합했으나 새로 제정된 한국전기설비규정에는 일부 부적합하므로 문제 유형만 참고하시기 바랍니다.

98 전력 보안 통신 설비인 무선 통신용 안테나를 지지하는 목주는 풍압 하중에 대한 안전율이 얼마 이상이어야 하는가?

① 1.0 ② 1.2
③ 1.5 ④ 2.0

해설 무선용 안테나 등을 지지하는 철탑 등의 시설(한국전기설비규정 364.1)
- 목주는 풍압 하중에 대한 안전율은 1.5 이상
- 철주·철근 콘크리트주 또는 철탑의 기초의 안전율은 1.5 이상

정답 94.② 95.② 96.① 97.① 98.③

99 특고압 가공 전선로의 경간은 지지물이 철탑인 경우 몇 [m] 이하이어야 하는가? (단, 단주가 아닌 경우이다.)

출제빈도

① 400 ② 500
③ 600 ④ 700

해설 특고압 가공 전선로 경간의 제한(한국전기설비규정 333.21)

지지물의 종류	경 간
목주 · A종	150[m] 이하
B종	250[m] 이하
철탑	600[m] 이하 (단주인 경우 400[m])

100 다음 중 "조상 설비"에 대한 용어의 정의로 옳은 것은?

① 전압을 조정하는 설비를 말한다.
② 전류를 조정하는 설비를 말한다.
③ 유효 전력을 조정하는 전기 기계 기구를 말한다.
④ 무효 전력을 조정하는 전기 기계 기구를 말한다.

해설 정의(기술기준 제3조)
조상 설비는 무효 전력을 조정하여 전송 효율을 증가시키고, 계통의 안정도를 증진시키기 위한 전기 기계 기구이다.

정답 99.③ 100.④

Industrial Engineer Electricity

2018년 제3회 과년도 출제문제

2018. 8. 19. 시행

제1과목 전기자기학

01 자화율을 χ, 자속 밀도를 B, 자계의 세기를 H, 자화의 세기를 J라고 할 때, 다음 중 성립될 수 없는 식은?

① $B=\mu H$ ② $J=\chi B$

③ $\mu=\mu_0+\chi$ ④ $\mu_s=1+\dfrac{\chi}{\mu_0}$

해설 $J=\chi H[\text{Wb/m}^2]$

$B=\mu_0 H+J=\mu_0 H+\chi H=(\mu_0+\chi)H$

$=\mu_0\mu_s H[\text{Wb/m}^2]$

$\mu=\mu_0+\chi[\text{H/m}]$, $\mu_s=\dfrac{\mu}{\mu_0}=1+\chi$

$B=\mu H[\text{Wb/m}^2]$, $\mu_s=\dfrac{\mu}{\mu_0}=\dfrac{\mu_0+\chi}{\mu_0}=1+\dfrac{\chi}{\mu_0}$

$\left(\because \dfrac{\chi}{\mu_0}\right.$: 비자화율$\left.\right)$

02 두 유전체의 경계면에서 정전계가 만족하는 것은?

출제빈도

① 전계의 법선 성분이 같다.

② 전계의 접선 성분이 같다.

③ 전속 밀도의 접선 성분이 같다.

④ 분극 세기의 접선 성분이 같다.

해설 유전체의 유전율 값이 서로 다른 경우에 전계의 세기와 전속 밀도는 경계면에서 다음과 같은 조건이 성립된다.

- 전계는 경계면에서 수평 성분(=접선 성분)이 서로 같다.
- 전속 밀도는 경계면에서 수직 성분(=법선 성분)이 서로 같다.

03 자기 쌍극자의 중심축으로부터 r[m]인 점의 자계의 세기에 관한 설명으로 옳은 것은?

① r에 비례한다.

② r^2에 비례한다.

③ r^2에 반비례한다.

④ r^3에 반비례한다.

해설
- 자기 쌍극자의 자위(U_P)

$$U_P=\frac{m\cdot l}{4\pi\mu_0 r^2}\cos\theta=\frac{M}{4\pi\mu_0 r^2}\cos\theta[\text{A}]$$

- 전기 쌍극자의 자계의 세기(H_P)

$$H_P=\frac{M}{4\pi\mu_0 r^3}\sqrt{1+3\cos^2\theta}\,[\text{AT/m}]$$

즉, 자기 쌍극자의 자계의 세기는 거리 r^3에 반비례한다.

04 진공 중의 전계 강도 $E=ix+jy+kz$로 표시될 때 반지름 10[m]의 구면을 통해 나오는 전체 전속은 약 몇 [C]인가?

① 1.1×10^{-7} ② 2.1×10^{-7}

③ 3.2×10^{-7} ④ 5.1×10^{-7}

해설
- 가우스 정리의 미분형에 의해 $\text{div}\,E=\nabla\cdot E=\dfrac{\rho}{\varepsilon_0}$

$\therefore\ \rho=\varepsilon_0(\nabla\cdot E)$

$\because$ 구면을 통해 나오는 전체 전속은 구면 내의 총 전하량과 같으므로

$$\phi=Q=\rho\cdot V_{체적}=\rho\cdot\frac{4}{3}\pi r^3$$

$$=\varepsilon_0\left(\frac{\sigma}{\sigma x}x+\frac{\sigma}{\sigma y}y+\frac{\sigma}{\sigma z}z\right)\cdot\frac{4}{3}\pi\cdot10^3$$

$$=1.11\times10^{-7}[\text{C}]$$

정답 01.② 02.② 03.④ 04.①

05 물의 유전율을 ε, 투자율을 μ라 할 때 물속에서의 전파 속도는 몇 [m/s]인가?

출제빈도

① $\dfrac{1}{\sqrt{\varepsilon\mu}}$

② $\sqrt{\varepsilon\mu}$

③ $\sqrt{\dfrac{\mu}{\varepsilon}}$

④ $\sqrt{\dfrac{\varepsilon}{\mu}}$

해설

$$v=\frac{1}{\sqrt{\varepsilon\mu}}=\frac{1}{\sqrt{\varepsilon_0\,\mu_0}}\cdot\frac{1}{\sqrt{\varepsilon_s\,\mu_s}}$$

$$=C_0\frac{1}{\sqrt{\varepsilon_s\,\mu_s}}=\frac{3\times10^8}{\sqrt{\varepsilon_s\,\mu_s}}\text{[m/s]}$$

06 반지름 a[m]인 원주 도체의 단위 길이당 내부 인덕턴스[H/m]는?

출제빈도

① $\dfrac{\mu}{4\pi}$

② $\dfrac{\mu}{8\pi}$

③ $4\pi\mu$

④ $8\pi\mu$

해설 원통 도체 내부의 단위 길이당 인덕턴스

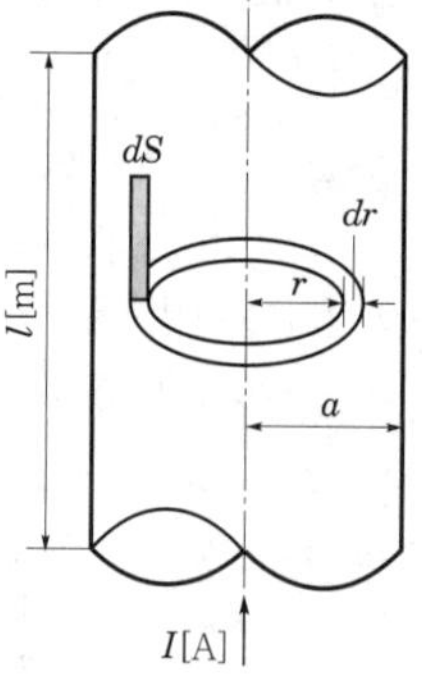

r [m] 떨어진 도체 내부에 축적되는 에너지는

$W=\dfrac{1}{2}LI^2$[J]

도체 내부의 자계의 세기는

$H_i=\dfrac{Ir}{2\pi a^2}$

전체 에너지는

$$W=\int_0^a\frac{1}{2}\mu H^2 dv$$

$$=\int_0^a\frac{1}{2}\mu\left(\frac{r\cdot I}{2\pi a^2}\right)^2 dv$$

$$=\int_0^a\frac{1}{2}\mu\frac{r^2I^2}{4\pi^2a^4}\,2\pi r\cdot dr$$

$$=\frac{\mu I^2}{4\pi a^4}\int_0^a r^3\,dr$$

$$=\frac{\mu I^2}{4\pi a^4}\left[\frac{1}{4}r^4\right]_0^a$$

$$=\frac{\mu I^2}{16\pi}\text{[J]}$$

따라서,

$\dfrac{\mu I^2}{16\pi}=\dfrac{1}{2}LI^2$

자기 인덕턴스 L은

$L=\dfrac{\mu}{8\pi}\cdot l$ [H]

단위 길이당 자기 인덕턴스는

$L=\dfrac{\mu}{8\pi}$[H/m]

07 [Ω · s]와 같은 단위는?

① [F]

② [H]

③ [F/m]

④ [H/m]

해설

$e=L\dfrac{di}{dt}$에서 $L=e\dfrac{dt}{di}$이므로

$[\text{V}]=\left[\text{H}\cdot\dfrac{\text{A}}{\text{s}}\right]$

$\therefore$ $[\text{H}]=\left[\dfrac{\text{V}}{\text{A}}\cdot\text{s}\right]=[\Omega\cdot\text{s}]$

$\therefore$ [Henry] = [Ohm · sec]

정답 05.① 06.② 07.②

08 그림과 같이 일정한 권선이 감겨진 권선수 N회, 단면적 $S[\text{m}^2]$, 평균 자로의 길이 l[m]인 환상 솔레노이드에 전류 I[A]를 흘렸을 때 이 환상 솔레노이드의 자기 인덕턴스[H]는? (단, 환상 철심의 투자율은 μ이다.)

출제빈도

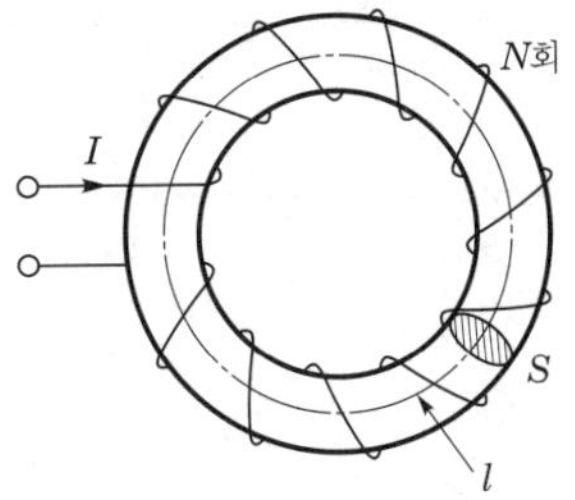

① $\dfrac{\mu^2 N}{l}$　② $\dfrac{\mu SN}{l}$

③ $\dfrac{\mu^2 SN}{l}$　④ $\dfrac{\mu SN^2}{l}$

해설 $\Phi = N\phi = LI$ [Wb·T]

$$\therefore L = \frac{N\phi}{I} = \frac{N\cdot\frac{F}{R_m}}{I} = \frac{N\cdot\frac{NI}{R_m}}{I} = \frac{N^2}{R_m} = \frac{N^2}{\frac{l}{\mu S}}$$

$$= \frac{\mu SN^2}{l}\text{[H]}$$

09 다음 중 콘덴서의 성질에 관한 설명으로 틀린 것은?

① 정전 용량이란 도체의 전위를 1[V]로 하는 데 필요한 전하량을 말한다.

② 용량이 같은 콘덴서를 n개 직렬 연결하면 내압은 n배, 용량은 $\frac{1}{n}$로 된다.

③ 용량이 같은 콘덴서를 n개 병렬 연결하면 내압은 같고, 용량은 n배로 된다.

④ 콘덴서를 직렬 연결할 때 각 콘덴서에 분포되는 전하량은 콘덴서 크기에 비례한다.

해설 각 콘덴서에 축적되는 전하량은 같고 걸리는 용량에 반비례한다.

10 두 도체 사이에 100[V]의 전위를 가하는 순간 700[μC]의 전하가 축적되었을 때 이 두 도체 사이의 정전 용량은 몇 [μF]인가?

① 4　② 5

③ 6　④ 7

해설 정전 용량 $C = \dfrac{Q}{V} = \dfrac{700\times10^{-6}}{100}$

$= 7\times10^{-6} = 7[\mu\text{F}]$

11 무한 평면 도체로부터 거리 a[m]의 곳에 점전하 2π[C]가 있을 때 도체 표면에 유도되는 최대 전하 밀도는 몇 [C/m²]인가?

출제빈도

① $-\dfrac{1}{a^2}$　② $-\dfrac{1}{2a^2}$

③ $-\dfrac{1}{2\pi a}$　④ $-\dfrac{1}{4\pi a}$

해설

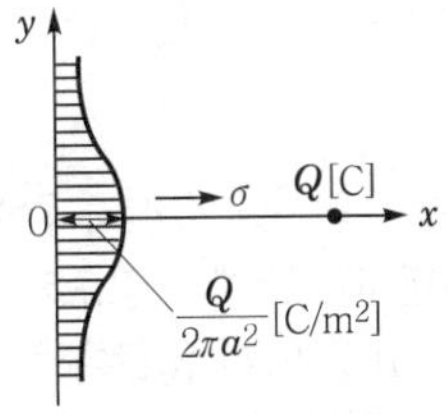

무한 평면 도체면상 점 (0, y)의 전계 세기 $\boldsymbol{E}$는

$$\boldsymbol{E} = \frac{-Qa}{2\pi\varepsilon_0(a^2+y^2)^{\frac{3}{2}}}\text{[V/m]}$$

도체 표면상의 면전하 밀도 σ는

$$\sigma = \boldsymbol{D} = \varepsilon_0\boldsymbol{E} = -\frac{Qa}{2\pi(a^2+y^2)^{\frac{3}{2}}}[\text{C/m}^2]$$

최대 면밀도는 $y=0$인 점이므로

$$\therefore \sigma_{max} = -\frac{Q}{2\pi a^2}[\text{C/m}^2]$$

문제에서 점전하 $Q = 2\pi$[C]이므로

$$\therefore \sigma_{max} = -\frac{1}{a^2}[\text{C/m}^2]$$

정답 08.④ 09.④ 10.④ 11.①

12 강자성체가 아닌 것은?

① 철(Fe) ② 니켈(Ni)
③ 백금(Pt) ④ 코발트(Co)

해설 자성체의 종류
- 상자성체 : 백금, 공기, 알루미늄
- 강자성체 : 철, 니켈, 코발트
- 반자성체 : 은, 납, 구리

13 온도 0[℃]에서 저항이 $R_1[\Omega]$, $R_2[\Omega]$, 저항 온도 계수가 α_1, α_2[1/℃]인 두 개의 저항선을 직렬로 접속하는 경우, 그 합성 저항 온도 계수는 몇 [1/℃]인가?

① $\dfrac{\alpha_1 R_2}{R_1+R_2}$ ② $\dfrac{\alpha_1 R_1+\alpha_2 R_2}{R_1+R_2}$

③ $\dfrac{\alpha_1 R_1-\alpha_2 R_2}{R_1+R_2}$ ④ $\dfrac{\alpha_1 R_2+\alpha_2 R_1}{R_1+R_2}$

해설 0[℃]에서 합성 저항 온도 계수
=1[℃]당의 저항 변화율
$=\dfrac{\text{합성 저항의 증가}}{0[℃]\text{의 합성 저항}}=\dfrac{\alpha_1 R_1+\alpha_2 R_2}{R_1+R_2}1[℃]$

14 평행판 콘덴서에서 전극 간에 V[V]의 전위차를 가할 때, 전계의 강도가 공기의 절연 내력 E[V/m]를 넘지 않도록 하기 위한 콘덴서의 단위 면적당 최대 용량은 몇 [F/m^2]인가?

① $\varepsilon_0 EV$ ② $\dfrac{\varepsilon_0 E}{V}$

③ $\dfrac{\varepsilon_0 V}{E}$ ④ $\dfrac{EV}{\varepsilon_0}$

해설 $C=\dfrac{\varepsilon_0}{d}$[F/m], $\boldsymbol{E}=\dfrac{V}{d}$[V/m]이므로

$\therefore\ C=\dfrac{\varepsilon_0}{d}=\dfrac{\varepsilon_0}{\dfrac{V}{\boldsymbol{E}}}=\dfrac{\varepsilon_0\boldsymbol{E}}{V}$[F/m^2]

15 그림과 같이 반지름 a[m], 중심 간격 d[m], A에 $+\lambda$[C/m], B에 $-\lambda$[C/m]의 평행 원통 도체가 있다. $d \gg a$라 할 때의 단위 길이당 정전 용량은 약 몇 [F/m]인가?

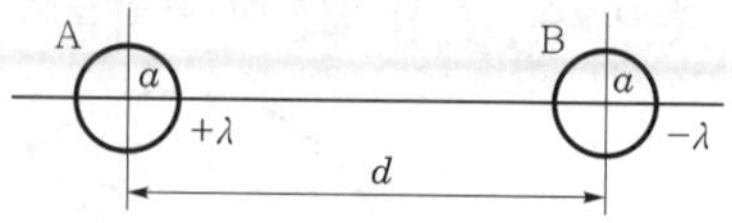

① $\dfrac{2\pi\varepsilon_0}{\ln\dfrac{a}{d}}$ ② $\dfrac{\pi\varepsilon_0}{\ln\dfrac{a}{d}}$

③ $\dfrac{2\pi\varepsilon_0}{\ln\dfrac{d}{a}}$ ④ $\dfrac{\pi\varepsilon_0}{\ln\dfrac{d}{a}}$

해설 평행 왕복 도선 간의 정전 용량

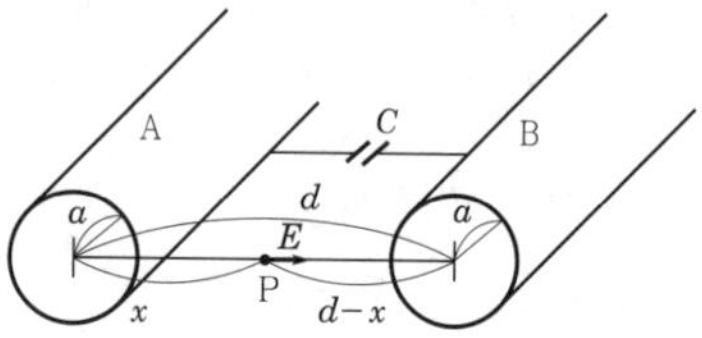

$\boldsymbol{E}_A=\dfrac{\lambda}{2\pi\varepsilon_0 x}$

$\boldsymbol{E}_B=\dfrac{\lambda}{2\pi\varepsilon_o(d-x)}$

$\therefore\ \boldsymbol{E}=\boldsymbol{E}_A+\boldsymbol{E}_B=\dfrac{\lambda}{2\pi\varepsilon_0}\left(\dfrac{1}{x}+\dfrac{1}{d-x}\right)$

$V_{AB}=-\displaystyle\int_{d-a}^{a}\cdot\boldsymbol{E}dx$

$=-\dfrac{\lambda}{2\pi\varepsilon_0}\displaystyle\int_{d-a}^{a}\dfrac{1}{x}+\dfrac{1}{d-x}dx$

$=\dfrac{\lambda}{2\pi\varepsilon_0}\displaystyle\int_{a}^{d-a}\dfrac{1}{x}+\dfrac{1}{d-x}dx$

$=\dfrac{\lambda}{2\pi\varepsilon_0}[\ln_x-\ln(d-x)]_a^{d-a}$

$=\dfrac{\lambda}{\pi\varepsilon_0}\ln\dfrac{d-a}{a}$[V]

단위 길이당 정전 용량

$C=\dfrac{\lambda}{V_{AB}}=\dfrac{\lambda}{\dfrac{\lambda}{\pi\varepsilon_0}\ln\dfrac{d-a}{a}}=\dfrac{\pi\varepsilon_0}{\ln\dfrac{d-a}{a}}$[F/m]

$d\gg a_0$이므로

정답 12.③ 13.② 14.② 15.④

$$C=\frac{\pi\varepsilon_0}{\ln\frac{d}{a}}=\frac{\pi\varepsilon_0}{2\cdot 3\,\log\frac{d}{a}}=\frac{12.08}{\log\frac{d}{a}}\times 10^{-12}\,[\text{F/m}]$$
$$=\frac{12.08}{\log\frac{d}{a}}\,[\text{pF/m}]$$

16 벡터 $A=5r\sin\phi a_z$가 원기둥 좌표계로 주어졌다. 점 $(2,\ \pi,\ 0)$에서의 $\nabla\times A$를 구한 값은?

① $5a_r$ ② $-5a_r$
③ $5a_\phi$ ④ $-5a_\phi$

해설 원통 좌표계의 $\nabla\times A$

$$=\frac{1}{r}\begin{vmatrix} a_r & a_\phi\cdot r & a_z \\ \frac{\partial}{\partial r} & \frac{\partial}{\partial\phi} & \frac{\partial}{\partial z} \\ A_r & r\cdot A_\phi & A_z \end{vmatrix}=\frac{1}{r}\begin{vmatrix} a_r & a_\phi\cdot r & a_z \\ \frac{\partial}{\partial r} & \frac{\partial}{\partial\phi} & \frac{\partial}{\partial z} \\ 0 & 0 & 5r\sin\phi \end{vmatrix}$$
$$=-5a_r$$

17 두 종류의 금속으로 된 폐회로에 전류를 흘리면 양 접속점에서 한 쪽은 온도가 올라가고 다른 쪽은 온도가 내려가는 현상을 무엇이라 하는가?

① 볼타(Volta) 효과
② 제벡(Seebeck) 효과
③ 펠티에(Peltier) 효과
④ 톰슨(Thomson) 효과

해설
- 제벡 효과 : 서로 다른 두 금속 A, B를 접속하고 다른 쪽에 전압계를 연결하여 접속부를 가열하면 전압이 발생하는 것을 알 수 있다. 이와 같이 서로 다른 금속을 접속하고 접속점을 서로 다른 온도를 유지하면 기전력이 생겨 일정한 방향으로 전류가 흐른다. 이러한 현상을 제벡 효과(Seebeck effect)라 한다 즉 온도차에 의한 열기전력 발생을 말한다.
- 펠티에 효과 : 서로 다른 두 금속에서 다른 쪽 금속으로 전류를 흘리면 열의 발생 또는 흡수가 일어나는데 이 현상을 펠티에 효과라 한다.
- 톰슨 효과 : 동종의 금속에서도 각 부에서 온도가 다르면 그 부분에서 열의 발생 또는 흡수가 일어나는 효과를 톰슨 효과라 한다.

18 전자 유도 작용에서 벡터 퍼텐셜을 A[Wb/m]라 할 때 유도되는 전계 E[V/m]는?

① $\frac{\partial A}{\partial t}$ ② $\int A dt$
③ $-\frac{\partial A}{\partial t}$ ④ $-\int A dt$

해설 $B=\nabla\times A,\ \nabla\times E=-\frac{\partial B}{\partial t}$

$$\nabla\times E=\frac{\partial B}{\partial t}=-\frac{\partial}{\partial t}(\nabla\times A)=\nabla\times\left(-\frac{\partial A}{\partial t}\right)$$
$$\therefore\ E=-\frac{\partial A}{\partial t}$$

19 비투자율 μ_s, 자속 밀도 B[Wb/m^2]인 자계 중에 있는 m[Wb]의 점자극이 받는 힘[N]은?

① $\frac{mB}{\mu_0}$ ② $\frac{mB}{\mu_0\mu_s}$
③ $\frac{mB}{\mu_s}$ ④ $\frac{\mu_0\mu_s}{mB}$

해설
- $F=mH$[N]
- $B=\mu H=\mu_0\mu_s H$ [Wb/m^3]

$\therefore\ F=mH=m\frac{B}{\mu}=\frac{mB}{\mu_0\mu_s}$ [N]

20 모든 전기 장치를 접지시키는 근본적 이유는 무엇인가?

① 영상 전하를 이용하기 때문에
② 지구는 전류가 잘 통하기 때문에
③ 편의상 지면의 전위를 무한대로 보기 때문에
④ 지구의 용량이 커서 전위가 거의 일정하기 때문에

정답 16.② 17.③ 18.③ 19.② 20.④

해설 지구는 정전 용량이 크므로 많은 전하가 축적되어도 지구의 전위는 일정하다. 따라서, 모든 전기 장치를 접지시키고 대지를 실용상 영전위로 한다.

제2과목 전력공학

21 **단상 2선식에 비하여 단상 3선식의 특징으로 옳은 것은?**

출제빈도

① 소요 전선량이 많아야 한다.
② 중성선에는 반드시 퓨즈를 끼워야 한다.
③ 110[V] 부하 외에 220[V] 부하의 사용이 가능하다.
④ 전압 불평형을 줄이기 위하여 저압선의 말단에 전력용 콘덴서를 설치한다.

해설 단상 3선식과 단상 2선식의 비교

- 전압 강하율, 전력 손실이 평형 부하의 경우 $\frac{1}{4}$로 감소한다.
- 소요 전선량은 $\frac{3}{8}$으로 적다.
- 110[V] 부하와 220[V] 부하의 사용이 가능하다.
- 상시의 부하에 불평형이 있으면 부하 전압은 불평형으로 된다.
- 전압 불평형을 줄이기 위한 대책 : 저압선의 말단에 밸런서(balancer)를 설치한다.

22 **정삼각형 배치의 선간 거리가 5[m]이고, 전선의 지름이 1[cm]인 3상 가공 송전선의 1선의 정전 용량은 약 몇 [μF/km]인가?**

① 0.008 ② 0.016
③ 0.024 ④ 0.032

해설 정전 용량

$$C=\frac{0.02413}{\log_{10}\frac{D}{r}}=\frac{0.02413}{\log_{10}\frac{5}{\frac{0.01}{2}}}=0.008\,[\mu\text{F/km}]$$

23 **수력 발전소의 취수 방법에 따른 분류로 틀린 것은?**

① 댐식
② 수로식
③ 역조정지식
④ 유역 변경식

해설 수력 발전소 분류에서 낙차를 얻는 방식(취수 방법)은 댐식, 수로식, 댐수로식, 유역 변경식 등이 있고, 유량 사용 방법은 유입식, 저수지식, 조정지식, 양수식(역조정지식) 등이 있다.

24 **선로의 특성 임피던스에 관한 내용으로 옳은 것은?**

출제빈도

① 선로의 길이에 관계없이 일정하다.
② 선로의 길이가 길어질수록 값이 커진다.
③ 선로의 길이가 길어질수록 값이 작아진다.
④ 선로의 길이보다는 부하 전력에 따라 값이 변한다.

해설 특성 임피던스 $Z_0=\sqrt{\frac{L}{C}}=138\log_{10}\frac{D}{r}$으로 거리에 관계없이 일정하다.

25 **송전선에 복도체를 사용할 때의 설명으로 틀린 것은?**

출제빈도

① 코로나 손실이 경감된다.
② 안정도가 상승하고 송전 용량이 증가한다.
③ 정전 반발력에 의한 전선의 진동이 감소된다.
④ 전선의 인덕턴스는 감소하고, 정전 용량이 증가한다.

정답 21.③ 22.① 23.③ 24.① 25.③

해설 다도체(복도체)의 특징
- 같은 도체 단면적의 단도체보다 인덕턴스와 리액턴스가 감소하고 정전 용량이 증가하여 송전 용량을 크게 할 수 있다.
- 전선 표면의 전위 경도를 저감시켜 코로나 임계 전압을 높게 하므로 코로나손을 줄일 수 있다.
- 전력 계통의 안정도를 증대시킨다.

26 화력 발전소에서 증기 및 급수가 흐르는 순서는?

① 보일러 → 과열기 → 절탄기 → 터빈 → 복수기
② 보일러 → 절탄기 → 과열기 → 터빈 → 복수기
③ 절탄기 → 보일러 → 과열기 → 터빈 → 복수기
④ 절탄기 → 과열기 → 보일러 → 터빈 → 복수기

해설 급수와 증기 흐름의 기본 순서는 다음과 같다.
급수 펌프 → 절탄기 → 보일러 → 과열기 → 터빈 → 복수기

27 (출제빈도) 선간 전압이 V[kV]이고, 1상의 대지 정전 용량이 C[μF], 주파수가 f[Hz]인 3상 3선식 1회선 송전선의 소호 리액터 접지 방식에서 소호 리액터의 용량은 몇 [kVA]인가?

① $6\pi fCV^2\times10^{-3}$
② $3\pi fCV^2\times10^{-3}$
③ $2\pi fCV^2\times10^{-3}$
④ $\sqrt{3}\pi fCV^2\times10^{-3}$

해설 소호 리액터 용량 $Q_c=3\omega CE^2\times10^{-3}$

$$=3\omega C\left(\frac{V}{\sqrt{3}}\right)^2\times10^{-3}$$

$$=2\pi fCV^2\times10^{-3}[\text{kVA}]$$

28 (출제빈도) 중성점 비접지 방식을 이용하는 것이 적당한 것은?

① 고전압 장거리
② 고전압 단거리
③ 저전압 장거리
④ 저전압 단거리

해설 저전압 단거리 송전 선로에는 중성점 비접지 방식이 채용된다.

29 수전단 전압이 3,300[V]이고, 전압 강하율이 4[%]인 송전선의 송전단 전압은 몇 [V]인가?

① 3,395
② 3,432
③ 3,495
④ 5,678

해설 전압 강하율 $\varepsilon=\dfrac{V_s-V_r}{V_r}\times100[\%]$

$\therefore\ V_s=V_r(1+\varepsilon)=3{,}300(1+0.04)=3{,}432[\text{V}]$

30 현수 애자 4개를 1련으로 한 66[kV] 송전 선로가 있다. 현수 애자 1개의 절연 저항은 1,500[MΩ], 이 선로의 경간이 200[m]라면 선로 1[km]당의 누설 컨덕턴스는 몇 [℧]인가?

① 0.83×10^{-9}
② 0.83×10^{-6}
③ 0.83×10^{-3}
④ 0.83×10^{-2}

해설 경간 200[m]로 1[km]의 구간은 5구간이므로

누설 컨덕턴스 $G_5=5G_1=5\times\dfrac{1}{1{,}500\times10^6\times4}$

$$=\frac{5}{6}\times10^{-9}=0.83\times10^{-9}[℧]$$

정답 26.③ 27.③ 28.④ 29.② 30.①

31 변압기의 손실 중 철손의 감소 대책이 아닌 것은?

① 자속 밀도의 감소
② 권선의 단면적 증가
③ 아몰퍼스 변압기의 채용
④ 고배향성 규소 강판 사용

해설 변압기의 무부하손인 철손은 히스테리시스손($P_h = k_h f B_m^{(1.6\sim2)}$)과 와류손[$P_e = k_e(tk_f f B_m)^2$]의 합을 말한다. 이 철손을 줄이기 위해서는 얇은 규소 강판을 사용하고, 자속 밀도를 줄이고, 아몰퍼스 변압기를 채용한다. 권선의 단면적과 철손은 관련이 없다.

32 변압기 내부 고장에 대한 보호용으로 현재 가장 많이 쓰이고 있는 계전기는?

출제빈도

① 주파수 계전기
② 전압 차동 계전기
③ 비율 차동 계전기
④ 방향 거리 계전기

해설 비율 차동 계전기는 발전기나 변압기의 내부 고장에 대한 보호용으로 가장 많이 사용한다.

33 그림과 같은 전선로의 단락 용량은 약 몇 [MVA]인가? (단, 그림의 수치는 10,000[kVA]를 기준으로 한 %리액턴스를 나타낸다.)

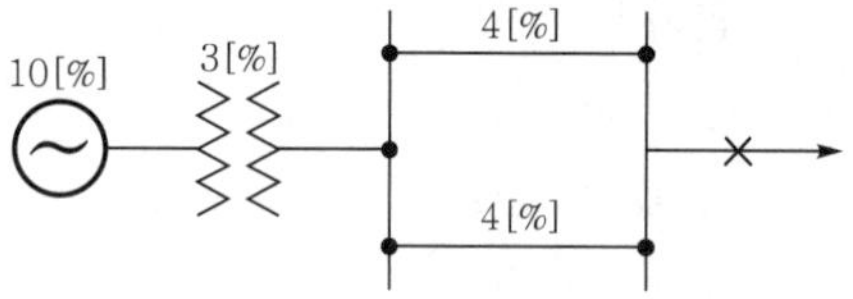

① 33.7 ② 66.7
③ 99.7 ④ 132.7

해설 단락 용량 $P_s = \frac{100}{\%Z}P_n$

$$= \frac{100}{10+3+\frac{4}{2}} \times 10,000 \times 10^{-3}$$

$$= 66.7[\text{MVA}]$$

34 영상 변류기를 사용하는 계전기는?

출제빈도

① 지락 계전기
② 차동 계전기
③ 과전류 계전기
④ 과전압 계전기

해설 영상 변류기(ZCT)는 전력 계통에 지락 사고 발생시 영상 전류를 검출하여 과전류 지락 계전기(OCGR), 선택 지락 계전기(SGR) 등을 동작시킨다.

35 전선의 지지점 높이가 31[m]이고, 전선의 이도가 9[m]라면 전선의 평균 높이는 몇 [m]인가?

① 25.0
② 26.5
③ 28.5
④ 30.0

해설 지표상의 평균 높이

$$h = H - \frac{2}{3}D = 31 - \frac{2}{3} \times 9 = 25[\text{m}]$$

36 초고압용 차단기에서 개폐 저항을 사용하는 이유는?

출제빈도

① 차단 전류 감소
② 이상 전압 감쇄
③ 차단 속도 증진
④ 차단 전류의 역률 개선

해설 차단기의 작동으로 인한 개폐 서지에 의한 이상 전압을 억제하기 위한 방법으로 개폐 저항기를 사용한다.

정답 31.② 32.③ 33.② 34.① 35.① 36.②

37 전력 계통 안정도는 외란의 종류에 따라 구분되는데, 송전 선로에서의 고장, 발전기 탈락과 같은 큰 외란에 대한 전력 계통의 동기 운전 가능 여부로 판정되는 안정도는?

① 과도 안정도
② 정태 안정도
③ 전압 안정도
④ 미소 신호 안정도

해설 과도 안정도(transient stability)는 부하가 갑자기 크게 변동하거나, 또는 계통에 사고가 발생하여 큰 충격을 주었을 경우에도 계통에 연결된 각 동기기가 동기를 유지해서 계속 운전할 수 있을 것인가의 능력을 말한다.

38 역률 개선에 의한 배전 계통의 효과가 아닌 것은?

① 전력 손실 감소
② 전압 강하 감소
③ 변압기 용량 감소
④ 전선의 표피 효과 감소

해설 역률 개선의 효과
- 선로의 전력 손실 경감
- 전압 강하 감소
- 설비의 여유가 증가하므로 변압기의 용량 감소
- 수용가의 전기 요금 절약

39 원자력 발전의 특징이 아닌 것은?

① 건설비와 연료비가 높다.
② 설비는 국내 관련 사업을 발전시킨다.
③ 수송 및 저장이 용이하여 비용이 절감된다.
④ 방사선 측정기, 폐기물 처리 장치 등이 필요하다.

해설 원자력 발전소의 건설비는 화력 발전에 비하여 많이 들지만 연료비가 적어 기저(基底) 부하(base load)를 담당한다.

40 최대 전력의 발생 시각 또는 발생 시기의 분산을 나타내는 지표는?

① 부등률
② 부하율
③ 수용률
④ 전일 효율

해설 $\text{부등률} = \dfrac{\text{각 부하의 최대 수용 전력의 합[kW]}}{\text{각 부하를 종합하였을 때의 최대 수요(합성 최대 전력)[kW]}}$

으로 최대 전력 발생 시각 또는 발생 시기의 분산을 나타낸다.

제3과목 전기기기

41 3상 Y결선, 30[kW], 460[V], 60[Hz] 정격인 유도 전동기의 시험 결과가 다음과 같다. 이 전동기의 무부하시 1상당 동손은 약 몇 [W]인가? (단, 소수점 이하는 무시한다.)

- 무부하 시험 : 인가 전압 460[V], 전류 32[A], 소비 전력 : 4,600[W]
- 직류 시험 : 인가 전압 12[V], 전류 60[A]

① 102 ② 104
③ 106 ④ 108

해설 유도 전동기 1차 1상 저항은 직류 시험에서

$r_1 = \dfrac{V}{I} \times \dfrac{1}{2} = \dfrac{12}{60} \times \dfrac{1}{2} = 0.1[\Omega]$

무부하시 1차 동손

$P_c = I_0^2 \cdot r_1 = 32^2 \times 0.1 = 102.4[\text{W}]$

정답 37.① 38.④ 39.① 40.① 41.①

42 임피던스 강하가 4[%]인 변압기가 운전 중 단락되었을 때 그 단락 전류는 정격 전류의 몇 배인가?

① 15 ② 20
③ 25 ④ 30

해설 퍼센트 임피던스 강하

$$\%Z = \frac{IZ}{V} \times 100 = \frac{I}{\frac{V}{Z}} \times 100 = \frac{I_n}{I_s} \times 100$$

단락 전류 $I_s = \frac{100}{\%Z} I_n = \frac{100}{4} I_n = 25 I_n$

43 3상 유도 전동기의 특성에 관한 설명으로 옳은 것은?

① 최대 토크는 슬립과 반비례한다.
② 기동 토크는 전압의 2승에 비례한다.
③ 최대 토크는 2차 저항과 반비례한다.
④ 기동 토크는 전압의 2승에 반비례한다.

해설 유도 전동기의 동기 와트로 표시한 토크

$$T_s = \frac{V_1^2 \cdot \frac{r_2'}{s}}{\left(r_1 + \frac{r_2'}{s}\right)^2 + (x_1 + x_2')^2}$$ 에서 유도 전동기의

토크(기동, 최대)는 공급 전압의 2승에 비례한다.

44 3상 유도 전동기의 속도 제어법이 아닌 것은?

① 극수 변환법 ② 1차 여자 제어
③ 2차 저항 제어 ④ 1차 주파수 제어

해설 3상 유도 전동기의 속도 제어법
- 1차 전압 제어
- 종속법
- 1차 주파수 제어
- 2차 저항 제어
- 극수 변환
- 2차 여자 제어

45 3상 유도 전동기의 출력이 10[kW], 전부하 때의 슬립이 5[%]라 하면 2차 동손은 약 몇 [kW]인가?

① 0.426 ② 0.526
③ 0.626 ④ 0.726

해설 3상 유도 전동기의 2차 입력, 기계적 출력 및 2차 동손

$P_2 : P_o : P_{2c} = 1 : 1-s : s$이므로

2차 동손 : $P_{2c} = s \cdot \frac{P_0}{1-s} = 0.05 \times \frac{10}{1-0.05}$

$= 0.526[\text{kW}]$

46 직류 발전기의 전기자 권선법 중 단중 파권과 단중 중권을 비교했을 때 단중 파권에 해당하는 것은?

① 고전압 대전류 ② 저전압 소전류
③ 고전압 소전류 ④ 저전압 대전류

해설 직류 발전기의 전기자 권선법에서 단중 중권의 경우 병렬 회로수가 극수와 같으므로 저전압, 대전류에 유효하고, 파권은 항상 2개 이므로 고전압 소전류에 적합하다.

47 일반적으로 전철이나 화학용과 같이 비교적 용량이 큰 수은 정류기용 변압기의 2차측 결선 방식으로 쓰이는 것은?

① 3상 반파
② 3상 전파
③ 3상 크로즈파
④ 6상 2중 성형

해설 용량이 큰 수은 정류기용 변압기의 2차측 결선 방식은 6상 2중 성형(Y) 결선 방식을 주로 사용한다.

48 자기 용량 3[kVA], 3,000/100[V]의 단권 변압기를 승압기로 연결하고 1차측에 3,000[V]를 가했을 때 그 부하 용량[kVA]은?

① 76 ② 85
③ 93 ④ 94

정답 42.③ 43.② 44.② 45.② 46.③ 47.④ 48.③

해설 단상 변압기를 승압기로 접속하면
1차 전압 $V_1 = E_1 = 3{,}000[\mathrm{V}]$
2차 전압 $V_2 = E_1 + E_2 = 3{,}000 + 100 = 3{,}100[\mathrm{V}]$

$\dfrac{\text{자기 용량 } P}{\text{부하 용량 } W} = \dfrac{V_h - V_l}{V_h}$ 에서

부하 용량 $W = \text{자기 용량} \times \dfrac{V_h}{V_h - V_l}$

$= 3 \times \dfrac{3{,}100}{3{,}100 - 3{,}000} = 93[\mathrm{kVA}]$

49 SCR에 관한 설명으로 틀린 것은?

출제빈도

① 3단자 소자이다.
② 전류는 애노드에서 캐소드로 흐른다.
③ 소형의 전력을 다루고 고주파 스위칭을 요구하는 응용 분야에 주로 사용된다.
④ 도통 상태에서 순방향 애노드 전류가 유지 전류 이하로 되면 SCR은 차단 상태로 된다.

해설 SCR은 P-N-P-N 4층 구조의 단일 방향 3단자 소자이며 게이트에 펄스 전압을 인가하면 턴온(turn on)하여 애노드에서 캐소드로 전류가 흐르며 턴온 상태를 유지하는 최소 전류를 유지 전류라하며 대용량 전력 계통의 정류 제어 및 스위칭 회로 분야에 넓게 이용된다.

50 직류 분권 전동기의 기동시에는 계자 저항기의 저항값은 어떻게 설정하는가?

① 끊어둔다.
② 최대로 해 둔다.
③ 0(영)으로 해 둔다.
④ 중위(中位)로 해 둔다.

해설 직류 분권 전동기의 시동시 기동 저항값은 최대로 하고, 계자 저항기의 크기는 0(영)으로 하여 기동 전류는 제한하고 기동 토크를 크게 하여 기동한다.

51 공급 전압이 일정하고 역률 1로 운전하고 있는 동기 전동기의 여자 전류를 증가시키면 어떻게 되는가?

출제빈도

① 역률은 뒤지고, 전기자 전류는 감소한다.
② 역률은 뒤지고, 전기자 전류는 증가한다.
③ 역률은 앞서고, 전기자 전류는 감소한다.
④ 역률은 앞서고, 전기자 전류는 증가한다.

해설 동기 전동기가 역률 1로 운전 중 여자 전류를 증가하면 과여자가 되어 앞선 역률로 되며 역률이 낮아져 전기자 전류는 증가한다.

52 동기 발전기의 단락비나 동기 임피던스를 산출하는 데 필요한 특성 곡선은?

① 부하 포화 곡선과 3상 단락 곡선
② 단상 단락 곡선과 3상 단락 곡선
③ 무부하 포화 곡선과 3상 단락 곡선
④ 무부하 포화 곡선과 외부 특성 곡선

해설 동기 발전기의 단락비

$$K_s = \frac{I_{f_0}}{I_{f_S}} = \frac{\text{무부하 정격 전압을 유기하는 데 필요한 계자 전류}}{\text{3상 단락 정격 전류를 흘리는 데 필요한 계자 전류}}$$

에서 단락비와 동기 임피던스를 산출하는 데 필요한 특성 곡선은 무부하 포화 곡선과 3상 단락 곡선이다.

53 변압기의 내부 고장에 대한 보호용으로 사용되는 계전기는 어느 것이 적당한가?

출제빈도

① 방향 계전기
② 온도 계전기
③ 접지 계전기
④ 비율 차동 계전기

정답 49.③ 50.③ 51.④ 52.③ 53.④

해설 변압기의 내부 고장(상간 단락 사고, 권선 지락 사고 등)에 대한 보호용으로 사용하는 계전기는 비율 차동 계전기이다.

54 직류 분권 전동기 운전 중 계자 권선의 저항이 증가할 때 회전 속도는?

① 일정하다.
② 감소한다.
③ 증가한다.
④ 관계없다.

해설 직류 분권 전동기의 회전 속도
$N=K\frac{V-I_aR_a}{\phi}$에서 계자 권선의 저항이 증가하면 계자 전류가 감소하고 계자 자속이 감소하여 회전 속도는 상승한다.

55 동기기의 과도 안정도를 증가시키는 방법이 아닌 것은?

출제빈도

① 단락비를 크게 한다.
② 속응 여자 방식을 채용한다.
③ 회전부의 관성을 작게 한다.
④ 역상 및 영상 임피던스를 크게 한다.

해설 동기기의 안정도 증진법
- 단락비를 크게 한다.
- 회전부의 관성을 크게 한다.
- 속응 여자 방식을 채용한다.
- 역상 및 영상 임피던스를 크게 한다.

56 단상 반발 유도 전동기에 대한 설명으로 옳은 것은?

① 역률은 반발 기동형보다 나쁘다.
② 기동 토크는 반발 기동형보다 크다.
③ 전부하 효율은 반발 기동형보다 좋다.
④ 속도의 변화는 반발 기동형보다 크다.

해설 단상 반발 유도 전동기는 직권 정류자 전동기에서 분화된 것으로 아트킨손형, 톰슨형, 테리형이 있으며 단락된 브러시의 이동에 따라 속도를 연속적으로 세밀하게 제어할 수 있으며 기동시 전부하 토크의 400~500[%] 정도의 큰 토크를 얻을 수 있다.

57 2중 농형 유도 전동기가 보통 농형 유도 전동기에 비해서 다른 점은 무엇인가?

출제빈도

① 기동 전류가 크고, 기동 토크도 크다.
② 기동 전류가 적고, 기동 토크도 적다.
③ 기동 전류는 적고, 기동 토크는 크다.
④ 기동 전류는 크고, 기동 토크는 적다.

해설 2중 농형 유도 전동기는 회전자의 홈을 2중으로 하고 회전자 외측의 도체는 저항이 크고 리액턴스가 작은 도체를 사용하여 기동 전류는 적고, 기동 토크가 큰 기동 특성을 갖는 특수 농형 유도 전동기이다.

58 직류 전동기의 공급 전압을 V[V], 자속을 ϕ[Wb], 전기자 전류를 I_a[A], 전기자 저항을 R_a[Ω], 속도를 N[rpm]이라 할 때 속도의 관계식은 어떻게 되는가? (단, k는 상수이다.)

① $N=k\frac{V+I_aR_a}{\phi}$

② $N=k\frac{V-I_aR_a}{\phi}$

③ $N=k\frac{\phi}{V+I_aR_a}$

④ $N=k\frac{\phi}{V-I_aR_a}$

해설 직류 전동기의 역기전력
$E=\frac{Z}{a}p\phi\frac{N}{60}=k'\cdot\phi N=V-I_aR_a$

회전 속도 $N=\frac{E}{k'\cdot\phi}=k\frac{V-I_aR_a}{\phi}$[rpm]

여기서, $k=\frac{60a}{Zp}$: 상수

정답 54.③ 55.③ 56.④ 57.③ 58.②

59 유입식 변압기에 콘서베이터(conservator)를 설치하는 목적으로 옳은 것은?

출제빈도

① 충격 방지 ② 열화 방지
③ 통풍 장치 ④ 코로나 방지

해설 콘서베이터는 변압기 본체 상부에 설치하고 호흡 작용에 의한 절연유(oil)의 열화를 방지하기 위한 설비이다.

60 3상 반파 정류 회로에서 직류 전압의 파형은 전원 전압 주파수의 몇 배의 교류분을 포함하는가?

① 1 ② 2
③ 3 ④ 6

해설 3상 반파 정류 회로에서 직류 전압의 파형은 전원 전압 주파수의 3배의 맥동 교류분을 포함한다.

제4과목 회로이론

61 $e^{j\frac{2}{3}\pi}$ 와 같은 것은?

① $\frac{1}{2}-j\frac{\sqrt{3}}{2}$ ② $-\frac{1}{2}-j\frac{\sqrt{3}}{2}$
③ $-\frac{1}{2}+j\frac{\sqrt{3}}{2}$ ④ $\cos\frac{2}{3}\pi+\sin\frac{2}{3}\pi$

해설 $e^{j\frac{2}{3}\pi}=\cos\frac{2}{3}\pi+\sin\frac{2}{3}\pi=-\frac{1}{2}+j\frac{\sqrt{3}}{2}$

62 100[V], 800[W], 역률 80[%]인 교류 회로의 리액턴스는 몇 [Ω]인가?

출제빈도

① 6 ② 8
③ 10 ④ 12

해설 무효 전력 $P_r=I^2\cdot X_L$

$$\therefore X_L=\frac{P_r}{I^2}=\frac{\sqrt{{P_a}^2-P^2}}{I^2}=\frac{\sqrt{\left(\frac{800}{0.8}\right)^2-800^2}}{10^2}$$
$$=6[\Omega]$$

63 그림과 같은 π형 4단자 회로의 어드미턴스 상수 중 Y_{22}는 몇 [℧]인가?

출제빈도

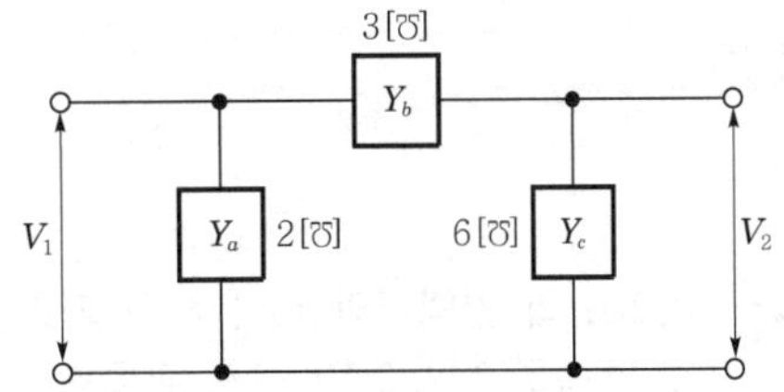

① 5 ② 6
③ 9 ④ 11

해설 어드미턴스 파라미터를 구하는 방법

- Y_{11} : 출력 단자를 단락하고 입력측에서 본 단락 구동점 어드미턴스
- Y_{22} : 입력 단자를 단락하고 출력측에서 본 단락 구동점 어드미턴스
- Y_{12} : 입력 단자를 단락했을 때의 단락 전달 어드미턴스
- Y_{21} : 출력 단자를 단락했을 때의 단락 전달 어드미턴스

$\therefore Y_{22}=Y_b+Y_c=3+6=9$[℧]

64 다음 불평형 3상 전류 $I_a=15+j2$[A], $I_b=-20-j14$[A], $I_c=-3+j10$[A]일 때 영상 전류 I_0는 약 몇 [A]인가?

출제빈도

① $2.67+j0.36$ ② $15.7-j3.25$
③ $-1.91+j6.24$ ④ $-2.67-j0.67$

해설
$$I_0=\frac{1}{3}(I_a+I_b+I_c)$$
$$=\frac{1}{3}\{(15+j2)+(-20-j14)+(-3+j10)\}$$
$$=-2.67-j0.67[A]$$

정답 59.② 60.③ 61.③ 62.① 63.③ 64.④

65

어떤 계에 임펄스 함수(δ함수)가 입력으로 가해졌을 때 시간 함수 e^{-2t}가 출력으로 나타났다. 이 계의 전달 함수는?

① $\dfrac{1}{s+2}$ ② $\dfrac{1}{s-2}$

③ $\dfrac{2}{s+2}$ ④ $\dfrac{2}{s-2}$

해설 전달 함수 $G(s)=\mathcal{L}[e^{-2t}]=\dfrac{1}{s+2}$

66

0.2[H]의 인덕터와 150[Ω]의 저항을 직렬로 접속하고 220[V] 상용 교류를 인가하였다. 1시간 동안 소비된 전력량은 약 몇 [Wh]인가?

① 209.6

② 226.4

③ 257.6

④ 286.9

해설

$$P=I^2\cdot R\cdot h=\left(\frac{V}{\sqrt{R^2+{X_L}^2}}\right)^2\cdot R\cdot h$$

$$=\left(\frac{220}{\sqrt{150^2+(377\times0.2)^2}}\right)^2\times150\times1$$

$$=257.6[\text{Wh}]$$

67

(출제빈도)

어떤 제어계의 출력이 다음과 같이 주어질 때 출력의 시간 함수 $c(t)$의 최종값은?

$$C(s)=\frac{5}{s(s^2+s+2)}$$

① 5 ② 2

③ $\dfrac{2}{5}$ ④ $\dfrac{5}{2}$

해설 최종값 정리에 의해

$$\lim_{s\to0}sC(s)=\lim_{s\to0}s\cdot\frac{5}{s(s^2+s+2)}=\frac{5}{2}$$

68

다음 중 $e=E_m\cos\left(100\pi t-\dfrac{\pi}{3}\right)$[V]와 $i=I_m\sin\left(100\pi t+\dfrac{\pi}{4}\right)$[A]의 위상차를 시간으로 나타내면 약 몇 초인가?

① 3.33×10^{-4} ② 4.33×10^{-4}

③ 6.33×10^{-4} ④ 8.33×10^{-4}

해설

$$e=E_m\cos\left(100\pi t-\frac{\pi}{3}\right)=E_m\sin(100\pi t+90°-60°)$$

$$=E_m\sin(100\pi t+30°)$$

∴ 위상차 $\theta=45°-30°=15°$

∵ 시간 $t=\dfrac{T}{24}=\dfrac{1}{24f}=\dfrac{1}{24\times50}=8.33\times10^{-4}$

69

(출제빈도)

같은 저항 r[Ω] 6개를 사용하여 그림과 같이 결선하고 대칭 3상 전압 V[V]를 가하였을 때 흐르는 전류 I는 몇 [A]인가?

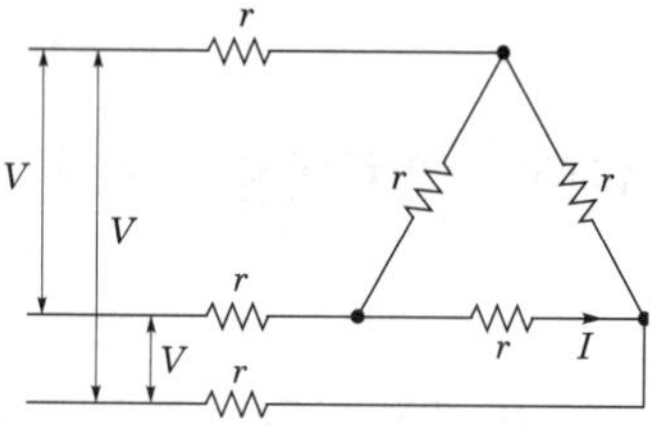

① $\dfrac{V}{2r}$ ② $\dfrac{V}{3r}$

③ $\dfrac{V}{4r}$ ④ $\dfrac{V}{5r}$

해설 △결선을 Y결선으로 등가 변환하면

$$I_Y=\frac{\frac{V}{\sqrt{3}}}{r+\frac{r}{3}}=\frac{\sqrt{3}\,V}{4r}$$

문제의 △결선의 상전류

$$I=\frac{I_Y}{\sqrt{3}}=\frac{1}{\sqrt{3}}\times\frac{\sqrt{3}\,V}{4r}$$

$$=\frac{V}{4r}[\text{A}]$$

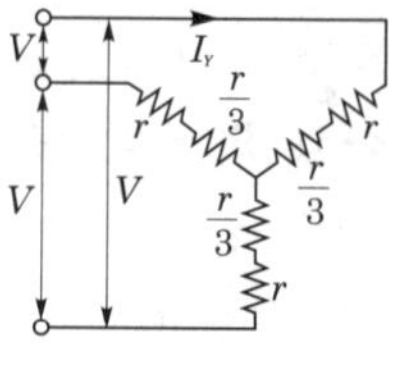

정답 65.① 66.③ 67.④ 68.④ 69.③

70 어떤 교류 전동기의 명판에 역률=0.6, 소비 전력=120[kW]로 표기되어 있다. 이 전동기의 무효 전력은 몇 [kVar]인가?

① 80 ② 100
③ 140 ④ 160

해설 소비 전력 $P = VI\cos\theta$[W]
무효 전력 $Pr = VI\sin\theta$[Var]
$\therefore Pr = \frac{P}{\cos\theta} \cdot \sin\theta = \frac{120}{0.6} \times 0.8 = 160$[kVar]

71 대칭 3상 전압이 있을 때 한 상의 Y전압 순시값 $e_p = 1{,}000\sqrt{2}\sin\omega t + 500\sqrt{2}\sin(3\omega t + 20°) + 100\sqrt{2}\sin(5\omega t + 30°)$[V]이면 선간 전압 E_l에 대한 상전압 E_p의 실효값 비율$\left(\frac{E_p}{E_l}\right)$은 약 몇 [%]인가?

① 55 ② 64
③ 85 ④ 95

해설 상전압의 실효값 E_p는
$E_p = \sqrt{V_1^{\ 2} + V_3^{\ 2} + V_5^{\ 2}} = \sqrt{1{,}000^2 + 500^2 + 100^2}$
$= 1122.5$
선간 전압에는 제3고조파분이 나타나지 않으므로
$E_l = \sqrt{3} \cdot \sqrt{V_1^{\ 2} + V_5^{\ 2}} = \sqrt{3} \cdot \sqrt{1{,}000^2 + 100^2}$
$= 1740.7$
$\therefore \frac{E_p}{E_l} = \frac{1122.5}{1740.7} = 0.645$

72 대칭 좌표법에서 사용되는 용어 중 각 상에 공통인 성분을 표시하는 것은?

출제빈도

① 영상분
② 정상분
③ 역상분
④ 공통분

해설 3상에 공통인 성분이므로 영상분이다.

73 어느 저항에 $v_1 = 220\sqrt{2}\sin(2\pi \cdot 60t - 30°)$[V]와 $v_2 = 100\sqrt{2}\sin(3 \cdot 2\pi \cdot 60t - 30°)$[V]의 전압이 각각 걸릴 때의 설명으로 옳은 것은?

① v_1이 v_2보다 위상이 15° 앞선다.
② v_1이 v_2보다 위상이 15° 뒤진다.
③ v_1이 v_2보다 위상이 75° 앞선다.
④ v_1과 v_2의 위상 관계는 의미가 없다.

해설 저항(R)만에 회로에서는 전압 전류의 위상차는 동상이므로 위상 관계는 의미가 없다.

74 $R-L-C$ 병렬 공진 회로에 관한 설명 중 틀린 것은?

① R의 비중이 작을수록 Q가 높다.
② 공진시 입력 어드미턴스는 매우 작아진다.
③ 공진 주파수 이하에서의 입력 전류는 전압보다 위상이 뒤진다.
④ 공진시 L 또는 C에 흐르는 전류는 입력 전류 크기의 Q배가 된다.

해설 $Q = \frac{R}{\omega L} = R\omega C$에서 R이 작아지면 Q도 작아진다.

75 대칭 5상 회로의 선간 전압과 상전압의 위상차는?

출제빈도

① 27° ② 36°
③ 54° ④ 72°

해설 위상차 $\theta = \frac{\pi}{2}\left(1 - \frac{2}{n}\right)$
$= \frac{\pi}{2}\left(1 - \frac{2}{5}\right)$
$= 54°$

정답 70.④ 71.② 72.① 73.④ 74.① 75.③

76

$\dfrac{s\sin\theta+\omega\cos\theta}{s^2+\omega^2}$의 역라플라스 변환을 구하면 어떻게 되는가?

① $\sin(\omega t-\theta)$ ② $\sin(\omega t+\theta)$
③ $\cos(\omega t-\theta)$ ④ $\cos(\omega t+\theta)$

해설 $\dfrac{s}{s^2+\omega^2}\sin\theta+\dfrac{\omega}{s^2+\omega^2}\cos\theta$(역 Laplace 변환하면)
$=\cos\omega t\sin\theta+\sin\omega t\cos\theta$
$=\sin(\omega t+\theta)$

77

대칭 3상 전압이 a상 V_a[V], b상 $V_b=a^2V_a$[V], c상 $V_c=aV_a$[V]일 때 a상을 기준으로 한 대칭분 전압 중 정상분 V_1[V]은 어떻게 표시되는가? $\left(\text{단, } a=-\dfrac{1}{2}+j\dfrac{\sqrt{3}}{2}\text{이다.}\right)$

① 0 ② V_a
③ aV_a ④ a^2V_a

해설 대칭 3상의 대칭분 전압
$\boldsymbol{V}_1=\dfrac{1}{3}(\boldsymbol{V}_a+a\boldsymbol{V}_b+a^2\boldsymbol{V}_c)$
$=\dfrac{1}{3}(\boldsymbol{V}_a+a^3\boldsymbol{V}_a+a^3\boldsymbol{V}_a)=\boldsymbol{V}_a$

78

그림에서 a, b 단자의 전압이 100[V], a, b에서 본 능동 회로망 N의 임피던스가 15[Ω]일 때, a, b 단자에 10[Ω]의 저항을 접속하면 a, b 사이에 흐르는 전류는 몇 [A]인가?

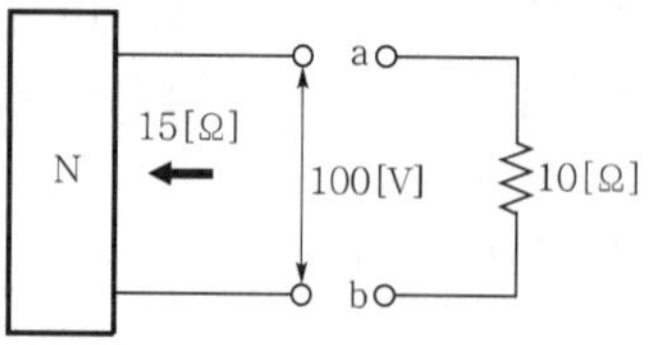

① 2 ② 4
③ 6 ④ 8

해설 $I=\dfrac{100}{15+10}=4[\text{A}]$

79

전원이 Y결선, 부하가 △결선된 3상 대칭 회로가 있다. 전원의 상전압이 220[V]이고 전원의 상전류가 10[A]일 경우, 부하 한 상의 임피던스[Ω]는?

① $22\sqrt{3}$ ② 22
③ $\dfrac{22}{\sqrt{3}}$ ④ 66

해설 부하는 △결선이므로 한 상의 임피던스
$Z=\dfrac{V_p}{I_p}=\dfrac{220\sqrt{3}}{\dfrac{10}{\sqrt{3}}}=66[\Omega]$

80

$\dfrac{dx(t)}{dt}+3x(t)=5$의 라플라스 변환 $X(s)$는? (단, $x(0^+)=0$이다.)

① $\dfrac{5}{s+3}$ ② $\dfrac{3s}{s+5}$
③ $\dfrac{3}{s(s+5)}$ ④ $\dfrac{5}{s(s+3)}$

해설 라플라스 변환하면 초기 조건은 0이므로
$sX(s)+3X(s)=\dfrac{5}{s}$
$X(s)=\dfrac{5}{s(s+3)}$

제5과목 전기설비기술기준

81

사용 전압이 22.9[kV]인 가공 전선과 지지물 사이의 이격 거리는 몇 [cm] 이상이어야 하는가?

① 5 ② 10
③ 15 ④ 20

정답 76.② 77.② 78.② 79.④ 80.④ 81.④

해설 특고압 가공 전선과 지지물 등의 이격 거리(한국전기설비규정 333.5)

사용 전압	이격 거리[cm]
15[kV] 미만	15
15[kV] 이상 25[kV] 미만	20
25[kV] 이상 35[kV] 미만	25
35[kV] 이상 50[kV] 미만	30
50[kV] 이상 60[kV] 미만	35
60[kV] 이상 70[kV] 미만	40
70[kV] 이상 80[kV] 미만	45
이하 생략	

82 농사용 저압 가공 전선로의 시설에 대한 설명으로 틀린 것은?

출제빈도

① 전선로의 경간은 30[m] 이하일 것
② 목주의 굵기는 말구지름이 9[cm] 이상일 것
③ 저압 가공 전선의 지표상 높이는 5[m] 이상일 것
④ 저압 가공 전선은 지름 2[mm] 이상의 경동선일 것

해설 농사용 저압 가공 전선로의 시설(한국전기설비규정 222.22)
- 사용 전압은 저압일 것
- 저압 가공 전선은 인장 강도 1.38[kN] 이상의 것 또는 지름 2[mm] 이상의 경동선일 것
- 저압 가공 전선의 지표상의 높이는 3.5[m] 이상일 것
- 목주의 굵기는 말구지름이 9[cm] 이상일 것
- 전선로의 경간은 30[m] 이하일 것

83 수소 냉각식 발전기·조상기 또는 이에 부속하는 수소 냉각 장치의 시설 방법으로 틀린 것은?

① 발전기 안 또는 조상기 안의 수소의 순도가 70[%] 이하로 저하한 경우에 경보 장치를 시설할 것
② 발전기 또는 조상기는 기밀 구조의 것이고 또한 수소가 대기압에서 폭발하는 경우 생기는 압력에 견디는 강도를 가지는 것일 것
③ 발전기 안 또는 조상기 안의 수소의 압력을 계측하는 장치 및 그 압력이 현저히 변동할 경우에 이를 경보하는 장치를 시설할 것
④ 발전기축의 밀봉부에는 질소 가스를 봉입할 수 있는 장치와 누설한 수소 가스를 안전하게 외부에 방출할 수 있는 장치를 설치할 것

해설 수소 냉각식 발전기 등의 시설(판단기준 제51조)
- 기밀 구조(氣密構造)의 것
- 수소의 순도가 85[%] 이하로 저하한 경우에 이를 경보하는 장치를 시설할 것

※ 이 문제는 출제 당시 규정에는 적합했으나 새로 제정된 한국전기설비규정에는 일부 부적합하므로 문제 유형만 참고하시기 바랍니다.

84 폭연성 분진 또는 화약류의 분말이 전기 설비가 발화원이 되어 폭발할 우려가 있는 곳에 시설하는 저압 옥내 배선의 공사 방법으로 옳은 것은?

① 금속관 공사
② 애자 공사
③ 합성 수지관 공사
④ 캡타이어 케이블 공사

해설 폭연성 분진 위험 장소(한국전기설비규정 242.2.1)
폭연성 분진 또는 화약류의 분말이 전기 설비가 발화원이 되어 폭발할 우려가 있는 곳에 시설하는 저압 옥내 전기 설비는 금속관 공사 또는 케이블 공사(캡타이어 케이블 제외)에 의할 것

85 전력 계통의 운용에 관한 지시 및 급전 조작을 하는 곳은?

출제빈도

① 급전소 ② 개폐소
③ 변전소 ④ 발전소

해설 정의(기술기준 제3조)
"급전소"란 전력 계통의 운용에 관한 지시 및 급전 조작을 하는 곳을 말한다.

정답 82.③ 83.① 84.① 85.①

86 가공 전선로의 지지물에 취급자가 오르고 내리는 데 사용하는 발판 볼트 등은 지표상 몇 [m] 미만에 시설하여서는 아니 되는가?

① 1.2
② 1.5
③ 1.8
④ 2.0

해설 **가공 전선로 지지물의 철탑 오름 및 전주 오름 방지(한국전기설비규정 331.4)**
가공 전선로의 지지물에 취급자가 오르고 내리는 데 사용하는 발판못 등을 지표상 1.8[m] 미만에 시설하여서는 아니 된다.

87 금속 몰드 배선 공사에 대한 설명으로 틀린 것은?

출제빈도

① 몰드에는 접지 공사를 하지 않는다.
② 접속점을 쉽게 점검할 수 있도록 시설할 것
③ 황동제 또는 동제의 몰드는 폭이 5[cm] 이하, 두께 0.5[mm] 이상인 것일 것
④ 몰드 안의 전선을 외부로 인출하는 부분은 몰드의 관통 부분에서 전선이 손상될 우려가 없도록 시설할 것

해설 **금속 몰드 공사(한국전기설비규정 232.22)**
- 전선은 절연 전선일 것
- 금속 몰드 안에는 전선에 접속점이 없도록 할 것
- 황동제 또는 동제의 몰드는 폭이 5[cm] 이하, 두께 0.5[mm] 이상
- 몰드에는 접지 시스템(140) 규정에 준하여 접지 공사를 할 것

88 그룹 2의 의료 장소에 상용 전원 공급이 중단될 경우 15초 이내에 최소 몇 [%]의 조명에 비상 전원을 공급하여야 하는가?

① 30　② 40
③ 50　④ 60

해설 **의료 장소 내의 비상 전원(한국전기설비규정 242.10.5)**
상용 전원 공급이 중단될 경우 의료 행위에 중대한 지장을 초래할 우려가 있는 전기 설비 및 의료용 전기 기기의 비상 전원
- 절환 시간 0.5초 이내에 비상 전원을 공급하는 장치 또는 기기
  - 0.5초 이내에 전력 공급이 필요한 생명 유지 장치
  - 그룹 1 또는 그룹 2의 의료 장소의 수술 등, 내시경, 수술실 테이블, 기타 필수 조명
- 절환 시간 15초 이내에 비상 전원을 공급하는 장치 또는 기기
  - 15초 이내에 전력 공급이 필요한 생명 유지 장치
  - 그룹 2의 의료 장소에 최소 50[%]의 조명, 그룹 1의 의료 장소에 최소 1개의 조명
- 절환 시간 15초를 초과하여 비상 전원을 공급하는 장치 또는 기기
  - 병원 기능을 유지하기 위한 기본 작업에 필요한 조명
  - 그 밖의 병원 기능을 유지하기 위하여 중요한 기기 또는 설비

89 전선을 접속하는 경우 전선의 세기(인장 하중)는 몇 [%] 이상 감소되지 않아야 하는가?

출제빈도

① 10　② 15
③ 20　④ 25

해설 **전선의 접속(한국전기설비규정 123)**
- 전기 저항을 증가시키지 말 것
- 전선의 세기 20[%] 이상 감소시키지 아니할 것
- 전선 절연물과 동등 이상 절연 효력이 있는 것으로 충분히 피복
- 코드 상호, 캡타이어 케이블 상호, 케이블 상호는 코드 접속기·접속함 사용

90 고압 보안 공사시에 지지물로 A종 철근 콘크리트주를 사용할 경우 경간은 몇 [m] 이하이어야 하는가?

① 50　② 100
③ 150　④ 400

정답 86.③ 87.① 88.③ 89.③ 90.②

해설 고압 보안 공사(한국전기설비규정 332.10)

지지물의 종류	경 간
목주 또는 A종	100[m]
B종	200[m]
철탑	400[m]

91 154[kV] 가공 전선을 사람이 쉽게 들어갈 수 없는 산지(山地)에 시설하는 경우 전선의 지표상 높이는 몇 [m] 이상으로 하여야 하는가?

출제빈도

① 5.0 ② 5.5
③ 6.0 ④ 6.5

해설 특고압 가공 전선의 높이(한국전기설비규정 333.7)
35[kV] 초과 160[kV] 이하에서 전선 지표상 높이는 6[m](산지 등에서 사람이 쉽게 들어갈 수 없는 장소에 시설하는 경우에는 5[m]) 이상

92 조상기의 보호 장치로서 내부 고장시에 자동적으로 전로로부터 차단되는 장치를 설치하여야 하는 조상기 용량은 몇 [kVA] 이상인가?

출제빈도

① 5,000 ② 7,500
③ 10,000 ④ 15,000

해설 조상 설비의 보호 장치(한국전기설비규정 351.5)

설비 종별	뱅크 용량	자동 차단 장치
조상기	15,000[kVA] 이상	내부에 고장이 생긴 경우

93 154[kV] 가공 전선로를 제1종 특고압 보안 공사에 의하여 시설하는 경우 사용 전선의 단면적은 몇 [mm^2] 이상의 경동 연선이어야 하는가?

① 35 ② 50
③ 95 ④ 150

해설 특고압 보안 공사(한국전기설비규정 333.22)
제1종 특고압 보안 공사의 전선의 굵기

사용 전압	전 선
100[kV] 미만	인장 강도 21.67[kN] 이상, 55[mm^2] 이상 경동 연선
100[kV] 이상 300[kV] 미만	인장 강도 58.84[kN] 이상, 150[mm^2] 이상 경동 연선
300[kV] 이상	인장 강도 77.47[kN] 이상, 200[mm^2] 이상 경동 연선

94 수중 조명등에 전기를 공급하기 위하여 1차측 120[V], 2차측 30[V]의 절연 변압기를 사용하였다. 절연 변압기 2차측 전로의 접지에 대한 설명으로 옳은 것은?

① 접지하지 않는다.
② 제1종 접지 공사로 접지한다.
③ 제2종 접지 공사로 접지한다.
④ 제3종 접지 공사로 접지한다.

해설 수중 조명등(한국전기설비규정 234.14)
- 대지 전압 1차 전압 400[V] 미만, 2차 전압 150[V] 이하인 절연 변압기를 사용
- 절연 변압기의 2차측 전로는 접지하지 아니할 것
- 절연 변압기 2차 전압이 30[V] 이하는 접지 공사를 한 혼촉 방지판을 사용하고, 30[V]를 초과하는 것은 지락이 발생하면 자동 차단하는 장치를 한다. 이 차단 장치는 금속제 외함에 넣고 접지 시스템(140) 규정에 준하여 접지 공사를 한다.

※ 이 문제는 출제 당시 규정에는 적합했으나 새로 제정된 한국전기설비규정에는 일부 부적합하므로 문제 유형만 참고하시기 바랍니다.

95 조가용선을 사용하지 않아도 되는 전력 보안 통신선의 굵기는 지름 몇 [mm]의 어떤 선을 사용하는가? (단, 케이블은 제외한다.)

① 2.0, 경동선 ② 2.0, 연동선
③ 2.6, 경동선 ④ 2.6, 연동선

정답 91.① 92.④ 93.④ 94.① 95.③

해설 통신선의 시설(판단기준 제154조)
인장 강도 2.30[kN]의 것 또는 지름 2.6[mm]의 경동선

※ 이 문제는 출제 당시 규정에는 적합했으나 새로 제정된 한국전기설비규정에는 일부 부적합하므로 문제 유형만 참고하시기 바랍니다.

96 인가가 많이 연접되어 있는 장소에 시설하는 가공 전선로의 구성재에 병종 풍압 하중을 적용할 수 없는 경우는?

① 저압 또는 고압 가공 전선로의 지지물
② 저압 또는 고압 가공 전선로의 가섭선
③ 사용 전압이 35[kV] 이상의 전선에 특고압 가공 전선로에 사용하는 케이블 및 지지물
④ 사용 전압이 35[kV] 이하의 전선에 특고압 절연 전선을 사용하는 특고압 가공 전선로의 지지물

해설 풍압 하중의 종별과 적용(한국전기설비규정 331.6)
인가가 많이 연접되어 있는 장소에 시설하는 병종 풍압 하중을 적용
- 저압 또는 고압 가공 전선로의 지지물 또는 가섭선
- 사용 전압이 35[kV] 이하의 전선에 특고압 절연 전선 또는 케이블을 사용하는 특고압 가공 전선로의 지지물, 가섭선 및 특고압 가공 전선을 지지하는 애자 장치 및 완금류

97 지선 시설에 관한 설명으로 틀린 것은?
(출제빈도)

① 지선의 안전율은 2.5 이상이어야 한다.
② 철탑은 지선을 사용하여 그 강도를 분담시켜야 한다.
③ 지선에 연선을 사용할 경우 소선 3가닥 이상의 연선이어야 한다.
④ 지선 근가는 지선의 인장 하중에 충분히 견디도록 시설하여야 한다.

해설 지선의 시설(한국전기설비규정 331.11)
철탑은 지선을 사용하여 그 강도를 분담시켜서는 아니 된다.

98 횡단보도교 위에 시설하는 경우 그 노면상 전력 보안 가공 통신선의 높이는 몇 [m] 이상인가?
(출제빈도)

① 3 ② 4
③ 5 ④ 6

해설 전력 보안 통신선의 시설 높이와 이격 거리(한국전기설비규정 362.2)
- 도로 위에 시설하는 경우에는 지표상 5[m] 이상
- 철도의 궤도를 횡단하는 경우에는 레일면상 6.5[m] 이상
- 횡단보도교 위에 시설하는 경우에는 그 노면상 3[m] 이상

99 전격 살충기의 시설 방법으로 틀린 것은?

① 전기용품 및 생활용품 안전관리법의 적용을 받은 것을 설치한다.
② 전용 개폐기를 가까운 곳에 쉽게 개폐할 수 있게 시설한다.
③ 전격 격자가 지표상 3.5[m] 이상의 높이가 되도록 시설한다.
④ 전격 격자와 다른 시설물 사이의 이격거리는 50[cm] 이상으로 한다.

해설 전격 살충기의 시설(한국전기설비규정 241.7)
- 전격 살충기는 전기용품 및 생활용품 안전관리법의 적용을 받는 것일 것
- 전격 살충기에 전기를 공급하는 전로에는 전용 개폐기를 전격 살충기에서 가까운 곳에 쉽게 개폐할 수 있도록 시설할 것
- 전격 살충기는 전격 격자(電擊格子)가 지표상 또는 마루 위 3.5[m] 이상의 높이가 되도록 시설할 것
- 전격 살충기의 전격 격자와 다른 시설물 또는 식물 사이의 이격 거리는 30[cm] 이상일 것

정답 96.③ 97.② 98.① 99.④

100 옥내에 시설하는 사용 전압 400[V] 이하의 이동 전선으로 사용할 수 없는 전선은?

출제빈도

① 면절연 전선
② 고무 코드 전선
③ 용접용 케이블
④ 고무 절연 클로로프렌 캡타이어 케이블

해설 **전구선 및 이동 전선(한국전기설비규정 234.3)**
이동 전선은 고무 코드(사용 전압이 400[V] 이하) 또는 0.6/1[kV] EP 고무 절연 클로로프렌 캡타이어 케이블로서 단면적이 0.75[mm^2] 이상인 것일 것

정답 100.①

memo

Industrial Engineer Electricity

2019년 제1회 과년도 출제문제

2019. 3. 3. 시행

제1과목 전기자기학

01 공기 중 임의의 점에서 자계의 세기(H)가 20[AT/m]라면 자속 밀도(B)는 약 몇 [Wb/m^2]인가?

출제빈도

① 2.5×10^{-5} ② 3.5×10^{-5}

③ 4.5×10^{-5} ④ 5.5×10^{-5}

해설 자속 밀도 B

$B=\mu_0 H=4\pi\times10^{-7}\times20$

$=2.51\times10^{-5}$[Wb/m^2]

02 질량이 m[kg]인 작은 물체가 전하 Q[C]를 가지고 중력 방향과 직각인 무한 도체 평면 아래쪽 d[m]의 거리에 놓여 있다. 정전력이 중력과 같게 되는 데 필요한 Q[C]의 크기는?

① $d\sqrt{\pi\varepsilon_0 mg}$ ② $\frac{d}{2}\sqrt{\pi\varepsilon_0 mg}$

③ $2d\sqrt{\pi\varepsilon_0 mg}$ ④ $4d\sqrt{\pi\varepsilon_0 mg}$

해설

• 정전력 $F=\frac{1}{4\pi\varepsilon_0}\cdot\frac{Q_1Q_2}{r^2}$

$=\frac{1}{4\pi\varepsilon_0}\cdot\frac{Q^2}{(2d)^2}$

$=\frac{Q^2}{16\pi\varepsilon_0 d^2}$

• 중력 $F_{중}=mg$

$F_{정}=F_{중}\Rightarrow\frac{Q^2}{16\pi\varepsilon_0 d^2}=mg$

전하 $Q=\sqrt{16\pi\varepsilon_0 d^2 mg}=4d\sqrt{\pi\varepsilon_0 mg}$ [C]

03 권선수가 N회인 코일에 전류 I[A]를 흘릴 경우, 코일에 ϕ[Wb]의 자속이 지나간다면 이 코일에 저장된 자계 에너지[J]는?

출제빈도

① $\frac{1}{2}N\phi^2 I$

② $\frac{1}{2}N\phi I$

③ $\frac{1}{2}N^2\phi I$

④ $\frac{1}{2}N\phi I^2$

해설 코일에 저장되는 에너지는 인덕턴스의 축적 에너지이므로 $N\phi=LI$에서 $L=\frac{N\phi}{I}$이다.

$\therefore\ W_L=\frac{1}{2}LI^2=\frac{1}{2}\frac{N\phi}{I}I^2=\frac{1}{2}N\phi I$ [J]

04 두 벡터가 $A=2a_x+4a_y-3a_z$, $B=a_x-a_y$일 때 $A\times B$는?

① $6a_x-3a_y+3a_z$

② $-3a_x-3a_y-6a_z$

③ $6a_x+3a_x-3a_z$

④ $-3a_x+3a_y+6a_z$

해설

$$\vec{A}\times\vec{B}=\begin{vmatrix}a_x & a_y & a_z\\ 2 & 4 & -3\\ 1 & -1 & 0\end{vmatrix}$$

$=a_x\{(4\times0)-(-1\times-3)\}$

$+a_y\{(-3\times1)-(2\times0)\}$

$+a_z\{(2\times-1)-(1\times4)\}$

$=-3a_x-3a_y-6a_z$

정답 01.① 02.④ 03.② 04.②

05 다음 중 ( )에 들어갈 내용으로 옳은 것은?

> 맥스웰은 전극 간의 유전체를 통하여 흐르는 전류를 해석하기 위해 (㉠)의 개념을 도입하였고, 이것도 (㉡)를 발생한다고 가정하였다.

① ㉠ 와전류, ㉡ 자계
② ㉠ 변위 전류, ㉡ 자계
③ ㉠ 전자 전류, ㉡ 전계
④ ㉠ 파동 전류, ㉡ 전계

해설 맥스웰(Maxwell)은 유전체 중에서 속박 전자의 위치 변화에 대한 전류를 변위 전류라 하였고, 이 변위 전류도 전도 전류와 같이 주위에 자계를 발생시킨다고 하였다.

06 극판의 면적 $S=10[\text{cm}^2]$, 간격 $d=1[\text{mm}]$의 평행판 콘덴서에 비유전율 $\varepsilon_s=3$인 유전체를 채웠을 때 전압 100[V]를 인가하면 축적되는 에너지는 약 몇 [J]인가?

① 0.3×10^{-7}　② 0.6×10^{-7}
③ 1.3×10^{-7}　④ 2.1×10^{-7}

해설 콘덴서의 축적 에너지 W_c

$$W_c=\frac{1}{2}CV^2=\frac{1}{2}\frac{\varepsilon_0\varepsilon_s S}{d}V^2$$
$$=\frac{1}{2}\times\frac{8.85\times10^{-12}\times3\times10\times10^{-4}}{1\times10^{-3}}\times100^2$$
$$=1.33\times10^{-7}[\text{J}]$$

07 내구의 반지름이 6[cm], 외구의 반지름이 8[cm]인 동심구 콘덴서의 외구를 접지하고 내구에 전위 1,800[V]를 가했을 경우 내구에 충전된 전기량은 몇 [C]인가?

① 2.8×10^{-8}　② 3.8×10^{-8}
③ 4.8×10^{-8}　④ 5.8×10^{-8}

해설 동심구 도체의 정전 용량 C

$$C=\frac{4\pi\varepsilon_0}{\frac{1}{a}-\frac{1}{b}}=\frac{4\pi\times\frac{10^{-9}}{36\pi}}{\left(\frac{1}{6}-\frac{1}{8}\right)\times10^2}=2.67\times10^{-11}[\text{F}]$$

전기량 $Q=CV$
$$=2.67\times10^{-11}\times1,800$$
$$=4.8\times10^{-8}[\text{C}]$$

08 자기 인덕턴스 0.5[H]의 코일에 $\frac{1}{200}$초 동안에 전류가 25[A]로부터 20[A]로 줄었다. 이 코일에 유기된 기전력의 크기 및 방향은?

① 50[V], 전류와 같은 방향
② 50[V], 전류와 반대 방향
③ 500[V], 전류와 같은 방향
④ 500[V], 전류와 반대 방향

해설 렌츠의 법칙(Lenz's law)

유기 기전력 $e=-L\frac{dI}{dt}=-0.5\times\frac{20-25}{\frac{1}{200}}=500[\text{V}]$

기전력의 크기가 +이므로 전류와 같은 방향으로 500[V]가 발생한다.

09 그림과 같이 면적 $S[\text{m}^2]$, 간격 $d[\text{m}]$인 극판 간에 유전율 ε, 저항률 ρ인 매질을 채웠을 때 극판 간의 정전 용량 C와 저항 R의 관계는? (단, 전극판의 저항률은 매우 작은 것으로 한다.)

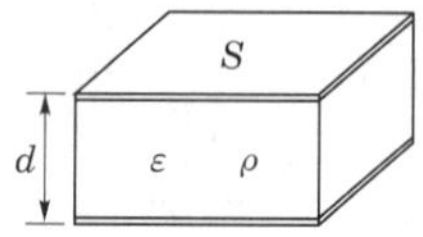

① $R=\frac{\varepsilon\rho}{C}$　② $R=\frac{C}{\varepsilon\rho}$
③ $R=\varepsilon\rho C$　④ $R=\frac{1}{\varepsilon\rho C}$

정답 05.② 06.③ 07.③ 08.③ 09.①

해설 저항 $R=\rho\dfrac{d}{s}$

정전 용량 $C=\dfrac{\varepsilon s}{d}$

$R\cdot C=\rho\dfrac{d}{s}\cdot\dfrac{\varepsilon s}{d}=\rho\varepsilon$

$R=\dfrac{\varepsilon\rho}{C}[\Omega]$

10 전자석의 흡인력은 공극(air gap)의 자속 밀도를 B라 할 때 다음의 어느 것에 비례하는가?

① B ② $B^{0.5}$
③ $B^{1.6}$ ④ $B^{2.0}$

해설 전자석의 표면에서 단위 면적당 작용하는 힘(f)

$f=\dfrac{B^2}{2\mu_0}[\mathrm{N/m^2}]$

11 그림과 같은 동축 케이블에 유전체가 채워졌을 때의 정전 용량[F]은? (단, 유전체의 비유전율은 ε_s이고 내반지름과 외반지름은 각각 a[m], b[m]이며 케이블의 길이는 l[m]이다.)

출제빈도

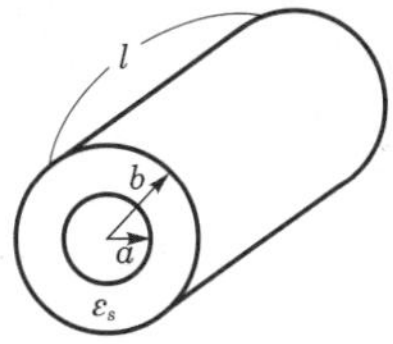

① $\dfrac{2\pi\varepsilon_s l}{\ln\dfrac{b}{a}}$ ② $\dfrac{2\pi\varepsilon_0\varepsilon_s l}{\ln\dfrac{b}{a}}$

③ $\dfrac{\pi\varepsilon_s l}{\ln\dfrac{b}{a}}$ ④ $\dfrac{\pi\varepsilon_0\varepsilon_s l}{\ln\dfrac{b}{a}}$

해설 동축 케이블의 전위차 V_{ab}

$V_{ab}=\dfrac{\lambda}{2\pi\varepsilon_0\varepsilon_s}\ln\dfrac{b}{a}[\mathrm{V}]$

정전 용량 $C=\dfrac{Q}{V_{ab}}=\dfrac{\lambda l}{\dfrac{\lambda}{2\pi\varepsilon_0\varepsilon_s}\ln\dfrac{b}{a}}=\dfrac{2\pi\varepsilon_0\varepsilon_s l}{\ln\dfrac{b}{a}}[\mathrm{F}]$

12 그림과 같이 평행한 두 개의 무한 직선 도선에 전류가 각각 I, $2I$인 전류가 흐른다. 두 도선 사이의 점 P에서 자계의 세기가 0이다. 이때 $\dfrac{a}{b}$는?

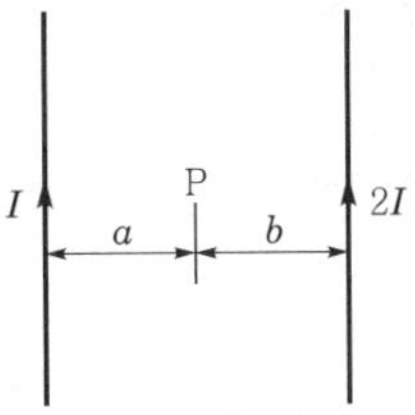

① 4 ② 2
③ $\dfrac{1}{2}$ ④ $\dfrac{1}{4}$

해설 $H_1=\dfrac{I}{2\pi a}$, $H_2=\dfrac{2I}{2\pi b}$

$H_1=H_2$일 때, 자계의 세기가 0일 때

$H_1=H_2$이므로

$\dfrac{I}{2\pi a}=\dfrac{2I}{2\pi b}$

$\dfrac{1}{a}=\dfrac{2}{b}\Rightarrow\dfrac{a}{b}=\dfrac{1}{2}$

13 감자율(demagnetization factor)이 "0"인 자성체로 가장 알맞은 것은?

① 환상 솔레노이드
② 굵고 짧은 막대 자성체
③ 가늘고 긴 막대 자성체
④ 가늘고 짧은 막대 자성체

해설 감자력 $H'=\dfrac{N}{\mu_0}J$

여기서, N : 감자율
J : 자화의 세기

환상 솔레노이드는 무단 솔레노이드이므로 감자력이 없고, 따라서 감자율이 0이다.

정답 10.④ 11.② 12.③ 13.①

14 자계의 세기를 표시하는 단위가 아닌 것은?

① [A/m] ② [Wb/m]
③ [N/Wb] ④ [AT/m]

해설 자계의 세기(H)

$$H=\frac{F}{m}\left[\frac{\text{N}}{\text{Wb}}=\frac{\text{N}\cdot\text{m}}{\text{Wb}}\cdot\frac{1}{\text{m}}=\frac{\text{J}}{\text{Wb}}\cdot\frac{1}{\text{m}}=\frac{\text{A}}{\text{m}}=\frac{\text{AT}}{\text{m}}\right]$$

T(Turn)는 상수개념이므로 사용할 수도, 생략할 수도 있다.

15 두 유전체가 접했을 때 $\dfrac{\tan\theta_1}{\tan\theta_2}=\dfrac{\varepsilon_1}{\varepsilon_2}$의 관계식에서 $\theta_1=0°$일 때의 표현으로 틀린 것은?

출제빈도

① 전속 밀도는 불변이다.
② 전기력선은 굴절하지 않는다.
③ 전계는 불연속적으로 변한다.
④ 전기력선은 유전율이 큰 쪽에 모여진다.

해설 $\theta_1=0°$, 즉 전계가 경계면에 수직일 때

- 입사각 $\theta_1=0$, 굴절각 $\theta_2=0$: 굴절하지 않는다.
- $D_1\cos\theta_1=D_2\cos\theta_2$, $D_1=D_2$: 전속 밀도는 불변(연속)이다.
- $E_1\sin\theta_1=E_2\sin\theta_2$, $E_1\neq E_2$: 전계는 불연속이다.
- 전속은 유전율이 큰 쪽으로 모이려는 성질이 있고, 전기력선은 유전율이 작은 쪽으로 모인다.

16 어느 점전하에 의하여 생기는 전위를 처음 전위의 $\dfrac{1}{2}$이 되게 하려면 전하로부터의 거리를 어떻게 해야 하는가?

① $\dfrac{1}{2}$로 감소시킨다.
② $\dfrac{1}{\sqrt{2}}$로 감소시킨다.
③ 2배 증가시킨다.
④ $\sqrt{2}$배 증가시킨다.

해설 점전하에 의한 전위 $V=\dfrac{1}{4\pi\varepsilon_0}\cdot\dfrac{Q}{r}$[V]이므로 전위를 $\dfrac{1}{2}$로 하려면 거리(r)를 2배로 증가시킨다.

17 전계의 세기가 E, 자계의 세기가 H일 때 포인팅 벡터(P)는?

① $P=E\times H$ ② $P=\dfrac{1}{2}E\times H$
③ $P=H\,\text{curl}\,E$ ④ $P=E\,\text{curl}\,H$

해설 포인팅 벡터(poynting vector)는 단위 시간에 대한 단위 면적을 통과한 전자 에너지를 벡터로 나타낸 값으로 $\vec{P}=E\times H[\text{W/m}^2]$이다.

18 철심환의 일부에 공극(air gap)을 만들어 철심부의 길이 l[m], 단면적 $A[\text{m}^2]$, 비투자율이 μ_r이고 공극부의 길이 δ[m]일 때 철심부에서 총 권수 N회인 도선을 감아 전류 I[A]를 흘리면 자속이 누설되지 않는다고 하고 공극 내에 생기는 자계의 자속 ϕ_0[Wb]는?

출제빈도

① $\dfrac{\mu_0 ANI}{\delta\mu_r+l}$ ② $\dfrac{\mu_0 ANI}{\delta+\mu_r l}$
③ $\dfrac{\mu_0\mu_r ANI}{\delta\mu_r+l}$ ④ $\dfrac{\mu_0\mu_r ANI}{\delta+\mu_r l}$

해설

- 공극의 자기 저항 $R_0=\dfrac{\delta}{\mu_0 A}=\dfrac{\delta\mu_r}{\mu_0\mu_r A}$
- 철심의 자기 저항 $R_m=\dfrac{l}{\mu_0\mu_r A}$
- 합성 자기 저항 $R_{m_0}=R_0+R_m=\dfrac{\delta\mu_r+l}{\mu_0\mu_r A}$
- 기자력 $F=NI$
- 공극 내의 자속 $\phi_0=\dfrac{F}{R_{m_0}}=\dfrac{NI}{\dfrac{\delta\mu_r+l}{\mu_0\mu_r A}}=\dfrac{\mu_0\mu_r ANI}{\delta\mu_r+l}$[Wb]

정답 14.② 15.④ 16.③ 17.① 18.③

19 다음 중 인덕턴스의 공식이 옳은 것은? (단, N은 권수, I는 전류, l은 철심의 길이, R_m은 자기 저항, μ는 투자율, S는 철심 단면적이다.)

출제빈도

① $\dfrac{NI}{R_m}$ ② $\dfrac{N^2}{R_m}$

③ $\dfrac{\mu NS}{l}$ ④ $\dfrac{\mu_0 NIS}{l}$

해설
- 자속 $\phi = \dfrac{NI}{R_m} = \dfrac{NI}{\dfrac{l}{\mu S}} = \dfrac{\mu SNI}{l}$[Wb]
- 인덕턴스 $L = \dfrac{N}{I}\phi = \dfrac{N}{I}$
$= \dfrac{\mu SNI}{l} = \dfrac{\mu SN^2}{l}$
$= \dfrac{N^2}{\dfrac{l}{\mu \cdot S}} = \dfrac{N^2}{R_m}$[H]

20 점전하 Q[C]와 무한 평면 도체에 대한 영상 전하는?

출제빈도

① Q[C]와 같다.
② $-Q$[C]와 같다.
③ Q[C]보다 크다.
④ Q[C]보다 작다.

해설 전기 영상법에서 무한 평면 도체의 영상 전하는 점전하와 크기는 같고 부호가 반대이므로 $-Q$[C]과 같다.

제2과목 전력공학

21 단거리 송전 선로에서 정상 상태 유효 전력의 크기는?

① 선로 리액턴스 및 전압 위상차에 비례한다.
② 선로 리액턴스 및 전압 위상차에 반비례한다.
③ 선로 리액턴스에 반비례하고 상차각에 비례한다.
④ 선로 리액턴스에 비례하고 상차각에 반비례한다.

해설 전송 전력 $P_s = \dfrac{E_s E_r}{X} \times \sin\delta$[MW]이므로 송・수전단 전압 및 상차각에는 비례하고, 선로의 리액턴스에는 반비례한다.

22 일반 회로 정수가 A, B, C, D이고 송전단 상전압이 E_s인 경우 무부하 시의 충전 전류(송전단 전류)는?

출제빈도

① CE_s ② ACE_s

③ $\dfrac{C}{A}E_s$ ④ $\dfrac{A}{C}E_s$

해설 무부하 시에는 수전단 전류 $I_r = 0$이므로

송전단 전압 $E_s = AE_r$에서 $E_r = \dfrac{E_s}{A}$

송전단 전류(충전 전류) $I_s = CE_r + DI_r$에서

$I_s = CE_r$

그러므로 $I_s = CE_r = C \cdot \dfrac{E_s}{A} = \dfrac{C}{A} \cdot E_s$

23 배전선에 부하가 균등하게 분포되었을 때 배전선 말단에서의 전압 강하는 전부하가 집중적으로 배전선 말단에 연결되어 있을 때의 몇 [%]인가?

출제빈도

① 25 ② 50
③ 75 ④ 100

해설 전압 강하 분포

구 분	말단에 집중 부하	균등 부하 분포
전압 강하	IR	$\dfrac{IR}{2}$
전력 손실	I^2R	$\dfrac{I^2R}{3}$

정답 19.② 20.② 21.③ 22.③ 23.②

$$\frac{\text{균등 부하}}{\text{말단 집중 부하}}=\frac{\frac{1}{2}IR}{IR}=\frac{1}{2}=0.5$$

$\therefore$ 50[%]

24 송전 선로의 중성점을 접지하는 목적으로 가장 옳은 것은?

출제빈도

① 전압 강하의 감소
② 유도 장해의 감소
③ 전선동량의 절약
④ 이상 전압의 발생 방지

해설 중성점 접지 목적
- 이상 전압의 발생을 억제하여 전위 상승을 방지하고, 전선로 및 기기의 절연 수준을 경감한다.
- 지락 고장 발생 시 보호 계전기의 신속하고 정확한 동작을 확보한다.

25 직렬 콘덴서를 선로에 삽입할 때의 현상으로 옳은 것은?

출제빈도

① 부하의 역률을 개선한다.
② 선로의 리액턴스가 증가된다.
③ 선로의 전압 강하를 줄일 수 없다.
④ 계통의 정태 안정도를 증가시킨다.

해설 직렬 축전지(직렬 콘덴서)
- 선로의 유도 리액턴스를 보상하여 전압 강하를 감소시키기 위하여 사용되며, 수전단의 전압 변동률을 줄이고 정태 안정도가 증가하여 최대 송전 전력이 커진다.
- 정지기로서 가격이 싸고 전력 손실이 적으며, 소음이 없고 보수가 용이하다.
- 부하의 역률이 나쁠수록 효과가 크게 된다.

26 전선로의 지지물 양쪽의 경간의 차가 큰 장소에 사용되며, 일명 E형 철탑이라고도 하는 표준 철탑의 일종은?

① 직선형 철탑　② 내장형 철탑
③ 각도형 철탑　④ 인류형 철탑

해설 철탑의 사용 목적에 의한 분류
- 직선형 : 수평 각도가 3° 이하(A형 철탑)
- 각도형 : 수평 각도가 3° 넘는 곳(4°~20° : B형, 21°~30° : C형)
- 인류형 : 발·변전소의 출입구 등 인류된 장소에 사용하는 철탑과 수평 각도가 30° 넘는 개소(D형)에 사용
- 내장형 : 전선로의 보강용 또는 경차가 큰 곳(E형)에 사용

27 전력 계통의 전력용 콘덴서와 직렬로 연결하는 리액터로 제거되는 고조파는?

출제빈도

① 제2고조파　② 제3고조파
③ 제4고조파　④ 제5고조파

해설 제3고조파는 △결선으로 제거하고, 제5고조파는 직렬 리액터로 전력용 콘덴서와 직렬 공진을 이용하여 제거한다.

28 다음 (　)에 알맞은 내용으로 옳은 것은? (단, 공급 전력과 선로 손실률은 동일하다.)

출제빈도

> 선로의 전압을 2배로 승압할 경우, 공급전력은 승압 전의 (㉠)로 되고, 선로 손실은 승압 전의 (㉡)로 된다.

① ㉠ $\frac{1}{4}$, ㉡ 2배　② ㉠ $\frac{1}{4}$, ㉡ 4배
③ ㉠ 2배, ㉡ $\frac{1}{4}$　④ ㉠ 4배, ㉡ $\frac{1}{4}$

해설 전압을 2배로 승압하면, 공급 전력은 4배로 증가하고, 전선량과 손실 및 전압 강하율은 $\frac{1}{4}$배, 전압 강하는 $\frac{1}{2}$배로 감소한다.

29 수차 발전기가 난조를 일으키는 원인은?

① 수차의 조속기가 예민하다.
② 수차의 속도 변동률이 적다.
③ 발전기의 관성 모멘트가 크다.
④ 발전기의 자극에 제동 권선이 있다.

정답 24.④ 25.④ 26.② 27.④ 28.④ 29.①

해설 수차의 조속기를 신속하게 작동시키면 전압 변동이 줄어들지만 너무 예민하게 하면 난조가 발생하므로 난조를 방지할 수 있는 제동 권선 등을 시설한다.

30
주상 변압기의 고장이 배전 선로에 파급되는 것을 방지하고 변압기의 과부하 소손을 예방하기 위하여 사용되는 개폐기는?

출제빈도

① 리클로저 ② 부하 개폐기
③ 컷아웃 스위치 ④ 섹셔널라이저

해설
- 컷아웃 스위치 : 변압기 1차측에 설치하여 변압기의 단락 사고가 전력 계통으로 파급되는 것을 방지한다.
- 리클로저(recloser) : 선로에 고장이 발생하였을 때 고장 전류를 검출하여 지정된 시간 내에 고속 차단하고 자동 재폐로 동작을 수행하여 고장 구간을 분리하거나 재송전하는 장치이다.
- 섹셔널라이저(sectionalizer) : 고장 발생 시 사고를 국부적으로 분리시키는 것으로 후비 보호 장치와 직렬로 설치한다.

31
배전 선로에서 사용하는 전압 조정 방법이 아닌 것은?

① 승압기 사용
② 병렬 콘덴서 사용
③ 저전압 계전기 사용
④ 주상 변압기 탭 전환

해설 배전 선로의 전압 조정은 변전소의 모선이나 급전선의 전압을 일괄 조정하는 방법과 변압기의 탭 조정, 승압기 설치 등의 방법이 있다.

32
다음 보호 계전기 회로에서 박스 ㉠ 부분의 명칭은?

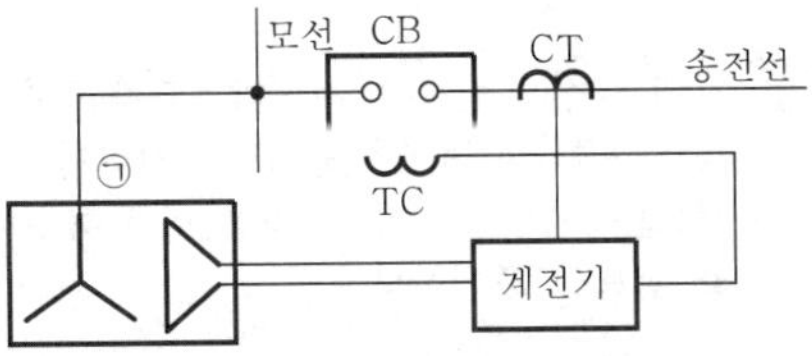

① 차단 코일 ② 영상 변류기
③ 계기용 변류기 ④ 계기용 변압기

해설 ㉠의 명칭은 접지형 계기용 변압기(GPT)로 계통에서 지락 사고 발생 시 영상 전압을 검출하여 보호 계전기를 작동시킨다.

33
차단기가 전류를 차단할 때, 재점호가 일어나기 쉬운 차단 전류는?

출제빈도

① 동상 전류
② 지상 전류
③ 진상 전류
④ 단락 전류

해설 차단기의 재점호는 선로 등의 충전 전류(진상)에 의해 발생한다.

34
설비 용량 600[kW], 부등률 1.2, 수용률 60[%]일 때의 합성 최대 전력은 몇 [kW]인가?

① 240 ② 300
③ 432 ④ 833

해설 최대 전력 $P_m = \frac{600 \times 0.6}{1.2} = 300[\text{kW}]$

35
송전선의 특성 임피던스를 Z_0, 전파 속도를 V라 할 때, 이 송전선의 단위 길이에 대한 인덕턴스 L은?

① $L = \frac{V}{Z_0}$ ② $L = \frac{Z_0}{V}$
③ $L = \frac{{Z_0}^2}{V}$ ④ $L = \sqrt{Z_0}\,V$

해설 특성 임피던스 $Z_0 = \sqrt{\frac{L}{C}} = LV = \frac{1}{CV}$ 이므로

인덕턴스 $L = \frac{Z_0}{V}$ 이다.

정답 30.③ 31.③ 32.④ 33.③ 34.② 35.②

36 그림과 같은 3상 송전 계통의 송전 전압은 22[kV]이다. 한 점 P에서 3상 단락했을 때 발전기에 흐르는 단락 전류는 약 몇 [A]인가?

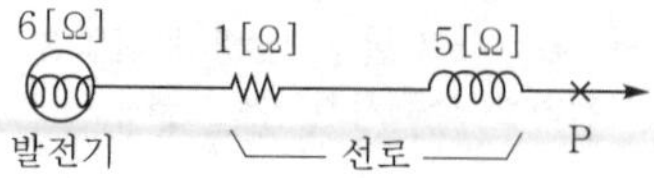

① 725 ② 1,150
③ 1,990 ④ 3,725

해설

단락 전류 $I_s = \frac{E}{Z} = \frac{\frac{22 \times 10^3}{\sqrt{3}}}{\sqrt{1^2 + (6+5)^2}} = 1,150[A]$

37 변전소에서 수용가로 공급되는 전력을 차단하고 소 내 기기를 점검할 경우, 차단기와 단로기의 개폐 조작 방법으로 옳은 것은?

출제빈도

① 점검 시에는 차단기로 부하 회로를 끊고 난 다음에 단로기를 열어야 하며, 점검 후에는 단로기를 넣은 후 차단기를 넣어야 한다.
② 점검 시에는 단로기를 열고 난 후 차단기를 열어야 하며, 점검 후에는 단로기를 넣고 난 다음에 차단기로 부하 회로를 연결하여야 한다.
③ 점검 시에는 차단기로 부하 회로를 끊고 단로기를 열어야 하며, 점검 후에는 차단기로 부하 회로를 연결한 후 단로기를 넣어야 한다.
④ 점검 시에는 단로기를 열고 난 후 차단기를 열어야 하며, 점검이 끝난 경우에는 차단기를 부하에 연결한 다음에 단로기를 넣어야 한다.

해설
- 점검 시 : 차단기를 먼저 열고, 단로기를 열어야 한다.
- 점검 후 : 단로기를 먼저 투입하고, 차단기를 투입하여야 한다.

38 다음 중 뇌해 방지와 관계가 없는 것은?

① 댐퍼
② 소호환
③ 가공 지선
④ 탑각 접지

해설 댐퍼는 진동 에너지를 흡수하여 전선 진동을 방지하기 위하여 설치하는 것으로 뇌해 방지와는 관계가 없다.

39 중성점 저항 접지 방식에서 1선 지락 시의 영상 전류를 I_0라고 할 때, 접지 저항으로 흐르는 전류는?

① $\frac{1}{3}I_0$ ② $\sqrt{3}\,I_0$
③ $3I_0$ ④ $6I_0$

해설 1선 지락 시 $I_0 = I_1 = I_2$

지락 고장 전류 $I_g = I_0 + I_1 + I_2$

$$= \frac{3E_a}{Z_0 + Z_1 + Z_2}$$

$$= 3I_0$$

40 전력 원선도의 실수축과 허수축은 각각 어느 것을 나타내는가?

출제빈도

① 실수축은 전압이고, 허수축은 전류이다.
② 실수축은 전압이고, 허수축은 역률이다.
③ 실수축은 전류이고, 허수축은 유효 전력이다.
④ 실수축은 유효 전력이고, 허수축은 무효 전력이다.

해설 전력 원선도는 복소 전력과 4단자 정수를 이용한 송·수전단의 전력을 원선도로 나타낸 것이므로 가로(실수)축에는 유효 전력을 세로(허수)축에는 무효 전력을 표시한다.

정답 36.② 37.① 38.① 39.③ 40.④

제3과목 전기기기

41 전기자 총 도체수 500, 6극, 중권의 직류 전동기가 있다. 전기자 전전류가 100[A]일 때의 발생 토크는 약 몇 [kg · m]인가? (단, 1극당 자속수는 0.01[Wb]이다.)

출제빈도

① 8.12
② 9.54
③ 10.25
④ 11.58

해설 토크 $T=\dfrac{p}{2\pi\dfrac{N}{60}}$

$=\dfrac{EI_a}{2\pi\dfrac{N}{60}}=\dfrac{\dfrac{Z}{a}p\phi\dfrac{N}{60}\cdot I_a}{2\pi\dfrac{N}{60}}$

$=\dfrac{pZ}{2\pi a}\phi I_a[\mathrm{N\cdot m}]$

토크 $\tau=\dfrac{T}{9.8}$

$=\dfrac{1}{9.8}\cdot\dfrac{pZ}{2\pi a}\phi I_a$

$=\dfrac{1}{9.8}\times\dfrac{6\times500}{2\pi\times6}\times0.01\times100$

$=8.12[\mathrm{kg\cdot m}]$

42 단상 유도 전동기와 3상 유도 전동기를 비교했을 때 단상 유도 전동기의 특징에 해당되는 것은?

① 대용량이다.
② 중량이 작다.
③ 역률, 효율이 좋다.
④ 기동 장치가 필요하다.

해설 단상 유도 전동기는 기동 장치를 설치하지 않으면 기동 토크가 없다. 따라서 기동 장치가 필요하고, 기동 장치의 종류에 따라 분류한다.

43 정격 150[kVA], 철손 1[kW], 전부하 동손이 4[kW]인 단상 변압기의 최대 효율[%]과 최대 효율 시의 부하[kVA]는? (단, 부하 역률은 1이다.)

① 96.8[%], 125[kVA]
② 97[%], 50[kVA]
③ 97.2[%], 100[kVA]
④ 97.4[%], 75[kVA]

해설 변압기의 최대 효율의 조건은

$P_i=\left(\dfrac{1}{m}\right)^2P_c$이므로

$\dfrac{1}{m}=\sqrt{\dfrac{P_i}{P_c}}=\dfrac{1}{\sqrt{4}}=\dfrac{1}{2}$ 부하에서 효율이 최대이다.

$\therefore\ 150[\mathrm{kVA}]\times\dfrac{1}{2}=75[\mathrm{kVA}]$

최대 효율 $\eta=\dfrac{\dfrac{1}{m}P_n\cdot\cos\theta}{\dfrac{1}{m}P_n\cdot\cos\theta+P_i+\left(\dfrac{1}{m}\right)^2P_c}\times100$

$=\dfrac{\dfrac{1}{2}\times150\times1}{\dfrac{1}{2}\times150\times1+1+\left(\dfrac{1}{2}\right)^2\times4}\times100$

$=97.4[\%]$

44 3상 동기 발전기 각 상의 유기 기전력 중 제3고조파를 제거하려면 코일 간격/극 간격을 어떻게 하면 되는가?

출제빈도

① 0.11 ② 0.33
③ 0.67 ④ 1.34

해설 제3고조파에 대한 단절 계수

$K_{pn}=\sin\dfrac{n\beta\pi}{2}$에서 $K_{p3}=\dfrac{3\beta\pi}{2}$이다.

제3고조파를 제거하려면 $K_{p3}=0$이 되어야 한다.

따라서, $\dfrac{3\beta\pi}{2}=n\pi$

$n=1$일 때 $\beta=\dfrac{2}{3}=0.67$

$n=2$일 때 $\beta=\dfrac{4}{3}=1.33$

$\beta=\dfrac{\text{코일 간격}}{\text{극 간격}}<1$이므로 $\beta=0.67$

정답 41.① 42.④ 43.④ 44.③

45 동기 전동기에서 90° 앞선 전류가 흐를 때 전기자 반작용은?

출제빈도

① 감자 작용 ② 증자 작용
③ 편자 작용 ④ 교차 자화 작용

해설 동기 전동기의 90° 앞선 전류가 흐르면 직축 반작용에서 감자 작용을 한다.

46 어떤 변압기의 백분율 저항 강하가 2[%], 백분율 리액턴스 강하가 3[%]라 한다. 이 변압기로 역률이 80[%]인 부하에 전력을 공급하고 있다. 이 변압기의 전압 변동률은 몇 [%]인가?

출제빈도

① 2.4 ② 3.4
③ 3.8 ④ 4.0

해설 전압 변동률 $\varepsilon = p\cos\theta + q\sin\theta$
$= 2\times0.8 + 3\times0.6 = 3.4[\%]$

47 단자 전압 220[V], 부하 전류 48[A], 계자 전류 2[A], 전기자 저항 0.2[Ω]인 직류 분권 발전기의 유도 기전력[V]은? (단, 전기자 반작용은 무시한다.)

① 210 ② 220
③ 230 ④ 240

해설 전기자 전류 $I_a = I + I_f = 48 + 2 = 50[\text{A}]$
유도 기전력 $E = V + I_a R_a = 220 + 50\times0.2 = 230[\text{V}]$

48 전동력 응용 기기에서 GD^2의 값이 적은 것이 바람직한 기기는?

① 압연기 ② 송풍기
③ 냉동기 ④ 엘리베이터

해설 축세륜 $GD^2[\text{kg}\cdot\text{m}^2]$의 값이 적은 것이 바람직한 기기는 엘리베이터이다.
관성 모멘트 $J = mr^2 = \frac{1}{4}GD^2$

49 유도 전동기 슬립 s의 범위는?

① $1 < s$
② $s < -1$
③ $-1 < s < 0$
④ $0 < s < 1$

해설
유도 전동기의 슬립 $s = \dfrac{N_s - N}{N_s}$ 에서
기동 시($N=0$) $s=1$
무부하 시($N_0 \fallingdotseq N_s$) $s=0$
$\therefore\ 0 < s < 1$

50 권수비 30인 단상 변압기의 1차에 6,600[V]를 공급하고, 2차에 40[kW], 뒤진 역률 80[%]의 부하를 걸 때 2차 전류 I_2 및 1차 전류 I_1은 약 몇 [A]인가? (단, 변압기의 손실은 무시한다.)

출제빈도

① $I_2=145.5$, $I_1=4.85$
② $I_2=181.8$, $I_1=6.06$
③ $I_2=227.3$, $I_1=7.58$
④ $I_2=321.3$, $I_1=10.28$

해설
권수비 $a = \dfrac{V_1}{V_2} = \dfrac{I_2}{I_1}$

- 1차 전류 $I_1 = \dfrac{P}{V_1\cdot\cos\theta} = \dfrac{40\times10^3}{220\times0.8} = 7.575\,[\text{A}]$
- 2차 전류 $I_2 = aI_1 = 30\times7.575 = 227.3[\text{A}]$

51 동기 발전기에서 전기자 전류를 I_n, 역률을 $\cos\theta$라 하면 횡축 반작용을 하는 성분은?

① $I\cos\theta$ ② $I\cot\theta$
③ $I\sin\theta$ ④ $I\tan\theta$

해설 동기 발전기에서 전기자 전류 I[A]와 유기 기전력 E[V] 동상일 때 횡축 반작용을 한다. 따라서 $I\cos\theta$ 성분이 기전력 동상이므로 횡축 반작용을 한다.

정답 45.① 46.② 47.③ 48.④ 49.④ 50.③ 51.①

52 200[kW], 200[V]의 직류 분권 발전기가 있다. 전기자 권선의 저항이 0.025[Ω]일 때 전압 변동률은 몇 [%]인가?

출제빈도

① 6.0 ② 12.5
③ 20.5 ④ 25.0

해설
부하 전류 $I=\frac{P}{V}=\frac{200\times10^3}{200}=1,000[\text{A}]$
분권 발전기의 전기자 전류 $I_a=I+I_f=I$
전압 변동률 $\varepsilon=\frac{E-V}{V}\times100$
$=\frac{I_aR_a}{V}\times100$
$=\frac{1,000\times0.025}{200}\times100=12.5[\%]$

53 직류 전동기의 속도 제어법 중 정지 워드 레오나드 방식에 관한 설명으로 틀린 것은?

① 광범위한 속도 제어가 가능하다.
② 정토크 가변 속도의 용도에 적합하다.
③ 제철용 압연기, 엘리베이터 등에 사용된다.
④ 직권 전동기의 저항 제어와 조합하여 사용한다.

해설 전기 철도용 직권 전동기의 속도 제어는 직・병렬 제어와 저항 제어를 조합하여 사용한다.

54 온도 측정 장치 중 변압기의 권선 온도 측정에 가장 적당한 것은?

① 탐지 코일
② Dial 온도계
③ 권선 온도계
④ 봉상 온도계

해설 변압기 권선의 온도 측정은 권선에서 가장 온도가 높은 부분에 권선 온도계를 설치하여 측정한다.

55 직류 및 교류 양용에 사용되는 만능 전동기는?

출제빈도

① 복권 전동기
② 유도 전동기
③ 동기 전동기
④ 직권 정류자 전동기

해설 소출력의 직권 정류자 전동기는 소형 공구, 영사기, 가정용 재봉틀, 치과 의료용 등에 사용되며 이들은 교류, 직류를 모두 사용할 수 있으므로 만능 전동기라고 한다.

56 어떤 IGBT의 열용량은 0.02[J/℃], 열저항은 0.625[℃/W]이다. 이 소자에 직류 25[A]가 흐를 때 전압 강하는 3[V]이다. 몇 [℃]의 온도 상승이 발생하는가?

① 1.5 ② 1.7
③ 47 ④ 52

해설 IGBT의 상승 온도 T=열저항×소비 전력
$=0.625\times3\times25=46.875[℃]$

57 3상 유도 전동기의 토크와 출력에 대한 설명으로 옳은 것은?

① 속도에 관계가 없다.
② 동일 속도에서 발생한다.
③ 최대 출력은 최대 토크보다 고속도에서 발생한다.
④ 최대 토크가 최대 출력보다 고속도에서 발생한다.

해설 3상 유도 전동기의 슬립대 토크 및 출력 특성 곡선

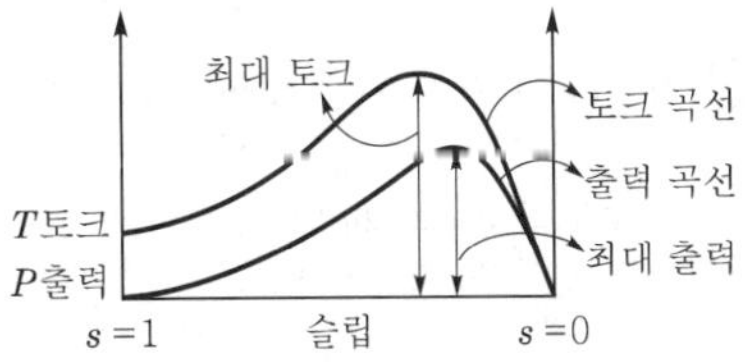

최대 출력은 최대 토크보다 고속에서 발생한다.

정답 52.② 53.④ 54.③ 55.④ 56.③ 57.③

58 일정 전압으로 운전하는 직류 전동기의 손실이 $x+yI^2$으로 될 때 어떤 전류에서 효율이 최대가 되는가? (단, x, y는 정수이다.)

① $I=\sqrt{\frac{x}{y}}$ ② $I=\sqrt{\frac{y}{x}}$

③ $I=\frac{x}{y}$ ④ $I=\frac{y}{x}$

해설 손실 $P_\rho=x+yI^2$에서 x는 고정손, yI^2은 가변손이다. 최대 효율 조건은 무부하손(고정손)=부하손(가변손)이므로 $x=yI^2$일 때 부하 전류 $I=\sqrt{\frac{x}{y}}$ 에서 최대 효율이 된다.

59 T결선에 의하여 3,300[V]의 3상으로부터 200[V], 40[kVA]의 전력을 얻는 경우 T좌 변압기의 권수비는 약 얼마인가?

출제빈도

① 10.2 ② 11.7

③ 14.3 ④ 16.5

해설 스코트 결선(T결선)에서 T좌 변압기의 권수비

a_T = 주좌 변압기 권수비 $\times\frac{\sqrt{3}}{2}$

$=\frac{3,300}{200}\times\frac{\sqrt{3}}{2}=14.3$

60 사이리스터에 의한 제어는 무엇을 제어하여 출력 전압을 변환시키는가?

① 토크

② 위상각

③ 회전수

④ 주파수

해설 사이리스터에서 턴온(turn on)을 위하여 게이트에 펄스 신호를 주는데 그 위치를 점호 제어각 또는 위상각(phase angle)이라 하며 위상각을 변환하여 출력 전압을 조정한다.

제4과목 회로이론

61 $\frac{E_o(s)}{E_i(s)}=\frac{1}{s^2+3s+1}$의 전달 함수를 미분 방정식으로 표시하면? (단, $\mathcal{L}^{-1}[E_o(s)]=e_o(t)$, $\mathcal{L}^{-1}[E_i(s)]=e_i(t)$이다.)

① $\frac{d^2}{dt^2}e_i(t)+3\frac{d}{dt}e_i(t)+e_i(t)=e_o(t)$

② $\frac{d^2}{dt^2}e_o(t)+3\frac{d}{dt}e_o(t)+e_o(t)=e_i(t)$

③ $\frac{d^2}{dt^2}e_i(t)+3\frac{d}{dt}e_i(t)+\int e_i(t)dt=e_o(t)$

④ $\frac{d^2}{dt^2}e_o(t)+3\frac{d}{dt}e_o(t)+\int e_o(t)dt=e_i(t)$

해설 $(s^2+3s+1)E_o(s)=E_i(s)$

$s^2E_o(s)+3sE_o(s)+E_o(s)=E_i(s)$

역 Laplace 변환하면

$\frac{d^2}{dt^2}e_o(t)+3\frac{d}{dt}e_o(t)+e_o(t)=e_i(t)$

62 대칭 n상 환상 결선에서 선전류와 환상 전류 사이의 위상차는 어떻게 되는가?

출제빈도

① $2\left(1-\frac{2}{n}\right)$

② $\frac{n}{2}\left(1-\frac{\pi}{2}\right)$

③ $\frac{\pi}{2}\left(1-\frac{n}{2}\right)$

④ $\frac{\pi}{2}\left(1-\frac{2}{n}\right)$

해설 대칭 n상의 환상 결선 시 선전류와 상전류와의 관계

선전류 $I_l=2\sin\frac{\pi}{n}\cdot I_p\angle-\frac{\pi}{2}\left(1-\frac{2}{n}\right)$

여기서, n : 상수

정답 58.① 59.③ 60.② 61.② 62.④

63 저항 $R=6[\Omega]$과 유도 리액턴스 $X_L=8[\Omega]$이 직렬로 접속된 회로에서 $v=200\sqrt{2}\sin\omega t[\text{V}]$인 전압을 인가하였다. 이 회로의 소비되는 전력[kW]은?

① 1.2 ② 2.2
③ 2.4 ④ 3.2

해설 전류 $I=\dfrac{V}{Z}=\dfrac{200}{\sqrt{6^2+8^2}}=20[\text{A}]$

$\therefore\ P=I^2\cdot R=20^2\times 6=2.4[\text{kW}]$

64 $F(s)=\dfrac{s}{s^2+\pi^2}\cdot e^{-2s}$ 함수를 시간 추이 정리에 의해서 역변환하면?

① $\sin\pi(t+a)\cdot u(t+a)$
② $\sin\pi(t-2)\cdot u(t-2)$
③ $\cos\pi(t+a)\cdot u(t+a)$
④ $\cos\pi(t-2)\cdot u(t-2)$

해설 시간 추이 정리 $\mathcal{L}[f(t-a)]=e^{-as}\cdot F(s)$
역 Laplace 변환하면

$F(s)=\dfrac{s}{s^2+\pi^2}\cdot e^{-2s}$

$\therefore\ f(t)=\cos\pi(t-2)\cdot u(t-2)$

65 비정현파의 성분을 가장 옳게 나타낸 것은?

① 직류분+고조파
② 교류분+고조파
③ 교류분+기본파+고조파
④ 직류분+기본파+고조파

해설 푸리에 급수에 의한 비정현파의 전개
비정현파의 구성은 직류 성분+기본파+고조파 성분으로 분해되며 이를 식으로 표시하면

$y(t)=A_0+\sum_{n=1}^{\infty}a_n\cos n\omega t+\sum_{n=1}^{\infty}b_n\sin n\omega t$

66 V_a, V_b, V_c를 3상 불평형 전압이라 하면 정상(正相) 전압[V]은? $\left(\text{단, } a=-\dfrac{1}{2}+j\dfrac{\sqrt{3}}{2}\text{이다.}\right)$

① $3(V_a+V_b+V_c)$
② $\dfrac{1}{3}(V_a+V_b+V_c)$
③ $\dfrac{1}{3}(V_a+a^2V_b+aV_c)$
④ $\dfrac{1}{3}(V_a+aV_b+a^2V_c)$

해설 대칭분 전압

- 영상 전압 $V_0=\dfrac{1}{3}(V_a+V_b+V_c)$
- 정상 전압 $V_1=\dfrac{1}{3}(V_a+aV_b+a^2V_c)$
- 역상 전압 $V_2=\dfrac{1}{3}(V_a+a^2V_b+aV_c)$

67 다음과 같은 회로에서 a, b 양단의 전압은 몇 [V]인가?

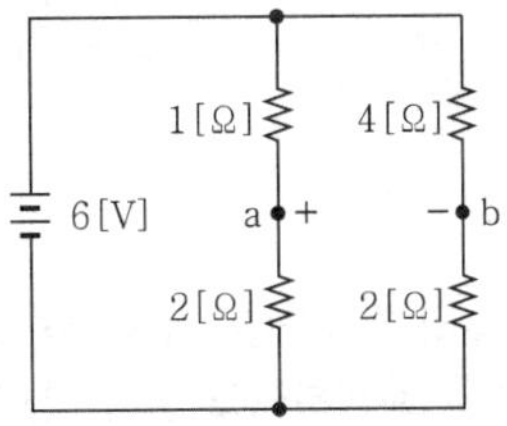

① 1 ② 2
③ 2.5 ④ 3.5

해설 병렬은 전압이 일정하므로 각 회로에 흐르는 전류 I_1, I_2를 구하면

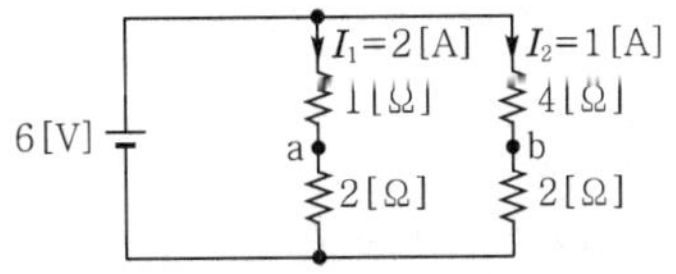

그림에서 a, b 양단의 전압은 4−2=2[V]

정답 63.③ 64.④ 65.④ 66.④ 67.②

68 3상 회로에 △ 결선된 평형 순저항 부하를 사용하는 경우 선간 전압은 220[V], 상전류가 7.33[A]라면 1상의 부하 저항은 약 몇 [Ω]인가?

① 80 ② 60

③ 45 ④ 30

해설 △결선 시 선간 전압(V_l)=상전압(V_p)이므로

부하 저항 $R=\dfrac{V_p}{I_p}=\dfrac{220}{7.33}=30[\Omega]$

69 L형 4단자 회로망에서 4단자 정수가 $B=\dfrac{5}{3}$, $C=1$이고, 영상 임피던스 $Z_{01}=\dfrac{20}{3}[\Omega]$일 때 영상 임피던스 $Z_{02}[\Omega]$의 값은?

① 4 ② $\dfrac{1}{4}$

③ $\dfrac{100}{9}$ ④ $\dfrac{9}{100}$

해설

$Z_{01}=\sqrt{\dfrac{AB}{CD}}$, $Z_{02}=\sqrt{\dfrac{BD}{AC}}$, $Z_{01}\cdot Z_{02}=\dfrac{B}{C}$

$\therefore Z_{02}=\dfrac{B}{CZ_{01}}=\dfrac{\frac{5}{3}}{1\times\frac{20}{3}}=\dfrac{1}{4}[\Omega]$

70 두 대의 전력계를 사용하여 3상 평형 부하의 역률을 측정하려고 한다. 전력계의 지시가 각각 P_1[W], P_2[W]라 할 때 이 회로의 역률은?

① $\dfrac{\sqrt{P_1+P_2}}{P_1+P_2}$

② $\dfrac{P_1+P_2}{P_1^2+P_2^2-2P_1P_2}$

③ $\dfrac{2(P_1+P_2)}{\sqrt{P_1^2+P_2^2-P_1P_2}}$

④ $\dfrac{P_1+P_2}{2\sqrt{P_1^2+P_2^2-P_1P_2}}$

해설 2전력계법 : 전력계의 지시값을 P_1, P_2라 하면

- 유효 전력 $P=P_1+P_2$[W]
- 무효 전력 $P_r=\sqrt{3}(P_1-P_2)$[Var]
- 피상 전력 $P_a=2\sqrt{P_1^2+P_2^2-P_1P_2}$

$\therefore$ 역률 $\cos\theta=\dfrac{P}{P_a}=\dfrac{P}{\sqrt{P^2+P_r^2}}$

$=\dfrac{P_1+P_2}{2\sqrt{P_1^2+P_2^2-P_1P_2}}$

71 어느 소자에 전압 $e=125\sin377t$[V]를 가했을 때 전류 $i=50\cos377t$[A]가 흘렀다. 이 회로의 소자는 어떤 종류인가?

① 순저항

② 용량 리액턴스

③ 유도 리액턴스

④ 저항과 유도 리액턴스

해설 전류 $i=50\cos377t=50\sin(377t+90°)$이고 전압 $v=125\sin377t$이므로 전류가 전압보다 90° 앞선다. 따라서 정전 용량만의 회로가 된다.

72 기전력 3[V], 내부 저항 0.5[Ω]의 전지 9개가 있다. 이것을 3개씩 직렬로 하여 3조 병렬 접속한 것에 부하 저항 1.5[Ω]을 접속하면 부하 전류[A]는?

① 2.5

② 3.5

③ 4.5

④ 5.5

해설 전지 9개가 3개씩 직렬이므로 합성 기전력 $V=9$[V]이다.

3개씩 직렬로 3조 병렬 접속하면

- 합성 내부 저항 $\dfrac{1}{r}=\dfrac{1}{1.5}+\dfrac{1}{1.5}+\dfrac{1}{1.5}=\dfrac{3}{1.5}=2$
- 부하 저항 $R=1.5[\Omega]$

$\because$ 부하 전류 $I=\dfrac{V}{r+R}=\dfrac{9}{0.5+1.5}=4.5$[A]

정답 68.④ 69.② 70.④ 71.② 72.③

73 대칭 3상 Y결선에서 선간 전압이 $200\sqrt{3}$ [V]이고 각 상의 임피던스가 $30+j40$[Ω]의 평형 부하일 때 선전류[A]는?

출제빈도

① 2　② $2\sqrt{3}$　③ 4　④ $4\sqrt{3}$

해설 3상 Y결선이므로

선전류 $I_l = I_p = \dfrac{V_p}{Z} = \dfrac{200}{\sqrt{30^2+40^2}} = 4$[A]

74 $t=0$에서 스위치 S를 닫았을 때 정상 전류 값[A]은?

① 1　② 2.5　③ 3.5　④ 7

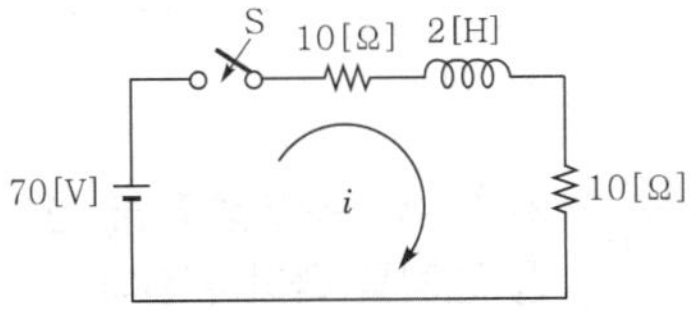

해설 $R-L$ 직렬 회로의 직류 전압 인가 시 전류

$i(t) = \dfrac{E}{R}\left(1-e^{-\frac{R}{L}t}\right)$[A]

정상 전류 $i_s = \dfrac{E}{R} = \dfrac{70}{10+10} = 3.5$[A]

75 저항 R_1[Ω], R_2[Ω] 및 인덕턴스 L[H]이 직렬로 연결되어 있는 회로의 시정수[s]는?

① $\dfrac{R_1+R_2}{L}$　② $\dfrac{L}{R_1+R_2}$　③ $-\dfrac{R_1+R_2}{L}$　④ $-\dfrac{L}{R_1+R_2}$

해설 시정수(τ)는 $t=0$에서 과도 전류에 접선을 그어 접선이 정상 전류와 만날 때까지의 시간으로 $\tau = \dfrac{L}{R}$로 표시된다.

∴ 시정수(τ) $= \dfrac{L}{R_1+R_2}$[s]

76 그림에서 4단자 회로 정수 A, B, C, D 중 출력 단자 3, 4가 개방되었을 때의 $\dfrac{V_1}{V_2}$인 A의 값은?

출제빈도

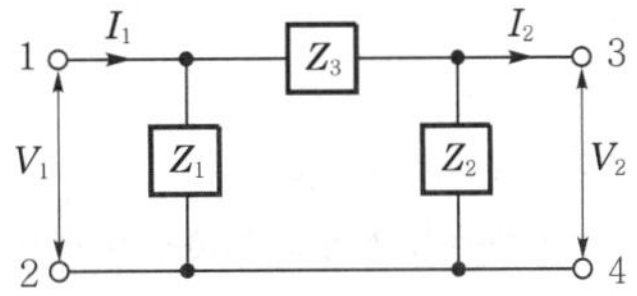

① $1+\dfrac{Z_2}{Z_1}$　② $1+\dfrac{Z_3}{Z_2}$　③ $1+\dfrac{Z_2}{Z_3}$　④ $\dfrac{Z_1+Z_2+Z_3}{Z_1Z_3}$

해설

$$\begin{bmatrix} A & B \\ C & D \end{bmatrix} = \begin{bmatrix} 1 & 0 \\ \dfrac{1}{Z_1} & 1 \end{bmatrix} \begin{bmatrix} 1 & Z_3 \\ 0 & 1 \end{bmatrix} \begin{bmatrix} 1 & 0 \\ \dfrac{1}{Z_2} & 1 \end{bmatrix}$$

$$= \begin{bmatrix} 1+\dfrac{Z_3}{Z_2} & Z_3 \\ \dfrac{Z_1+Z_2+Z_3}{Z_1Z_2} & 1+\dfrac{Z_2}{Z_1} \end{bmatrix}$$

77 다음에서 $e=200\sqrt{2}\sin\omega t+150\sqrt{2}\sin3\omega t+100\sqrt{2}\sin5\omega t$[V]인 전압을 $R-L$ 직렬 회로에 가할 때에 제3고조파 전류의 실효값은 몇 [A]인가? (단, $R=8$[Ω], $\omega L=2$[Ω]이다.)

출제빈도

① 5　② 8　③ 10　④ 15

해설 제3고조파 전류 $I_3 = \dfrac{V_3}{Z_3}$

$= \dfrac{V_3}{\sqrt{R^2+(3\omega L)^2}}$

$= \dfrac{150}{\sqrt{8^2+6^2}}$

$= 15$[A]

정답 73.③ 74.③ 75.② 76.② 77.④

78 $R=1[\text{k}\Omega]$, $C=1[\mu\text{F}]$이 직렬 접속된 회로에 스텝(구형파) 전압 10[V]를 인가하는 순간에 커패시터 C에 걸리는 최대 전압[V]은?

① 0 ② 3.72
③ 6.32 ④ 10

해설 $V_C = X_C \cdot I = \dfrac{1}{\omega C} \cdot I$
스텝(구형파) 전압은 주파수가 매우 높아 각주파수가 무한대에 가깝다. 따라서, 용량 리액턴스 $\dfrac{1}{X_C} = \dfrac{1}{\omega C} = 0[\Omega]$이다.
$\therefore V_C = 0[\text{V}]$

79 다음과 같은 전류의 초기값 $i(0^+)$를 구하면?

$$I(s) = \frac{12(s+8)}{4s(s+6)}$$

① 1 ② 2
③ 3 ④ 4

해설 초기값 정리 $i(0) = \lim\limits_{t \to 0} i(t)$
$= \lim\limits_{s \to \infty} s \cdot I(s)$
$= \lim\limits_{s \to \infty} s \cdot \dfrac{12(s+8)}{4s(s+6)}$
$= 3$

80 정격 전압에서 1[kW]의 전력을 소비하는 저항에 정격의 80[%]의 전압을 가할 때의 전력[W]은?

① 340 ② 540
③ 640 ④ 740

해설
- 정격 전압에서의 전력
$P = \dfrac{V^2}{R} = 1{,}000[\text{W}]$
- 정격의 80[%]에서의 전력
$P' = \dfrac{(0.8V)^2}{R} = 0.64\dfrac{V^2}{R} = 0.64 \times 1{,}000 = 640[\text{W}]$

제5과목 전기설비기술기준

81 과전류 차단기로 시설하는 퓨즈 중 고압 전로에 사용하는 비포장 퓨즈는 정격 전류의 몇 배의 전류에 견디어야 하는가?

① 1.1 ② 1.25
③ 1.5 ④ 2

해설 고압 및 특고압 전로 중의 과전류 차단기의 시설(한국전기설비규정 341.11)
- 포장 퓨즈는 정격 전류의 1.3배의 전류에 견디고, 2배의 전류로 120분 안에 용단
- 비포장 퓨즈는 정격 전류의 1.25배의 전류에 견디고, 2배의 전류로 2분 안에 용단

82 22.9[kV] 특고압 가공 전선로의 중성선은 다중 접지를 하여야 한다. 각 접지 도체를 중성선으로부터 분리하였을 경우 1[km]마다 중성선과 대지 사이의 합성 전기 저항값은 몇 [Ω] 이하인가? (단, 전로에 지락이 생겼을 때에 2초 이내에 자동적으로 이를 전로로부터 차단하는 장치가 되어 있다.)

① 5 ② 10
③ 15 ④ 20

해설 25[kV] 이하인 특고압 가공 전선로의 시설(한국전기설비규정 333.32)
특고압 가공 전선로의 중성선의 다중 접지 및 중성선의 시설
- 접지 도체는 공칭 단면적 6[mm²] 이상의 연동선 또는 이와 동등 이상의 세기 및 굵기의 쉽게 부식하지 않는 금속선으로서 고장시에 흐르는 전류를 안전하게 통할 수 있는 것일 것
- 접지한 곳 상호간의 거리는 전선로에 따라 300[m] 이하일 것
- 각 접지 도체를 중성선으로부터 분리하였을 경우의 각 접지점의 대지 전기 저항치가 1[km]마다의 중성선과 대지 사이의 합성 저항치

구 분	1[km]마다의 합성 전기 저항치
15[kV] 이하	30[Ω]
25[kV] 이하	15[Ω]

정답 78.① 79.③ 80.③ 81.② 82.③

83 시가지에 시설하는 440[V] 가공 전선으로 경동선을 사용하려면 그 지름은 최소 몇 [mm] 이어야 하는가?

출제빈도

① 2.6
② 3.2
③ 4.0
④ 5.0

해설 저압 가공 전선의 굵기 및 종류(한국전기설비규정 222.5)

- 사용 전압이 400[V] 이하는 인장 강도 3.43[kN] 이상의 것 또는 지름 3.2[mm](절연 전선은 인장 강도 2.3[kN] 이상의 것 또는 지름 2.6[mm] 이상의 경동선) 이상
- 사용 전압이 400[V] 초과인 저압 가공 전선
  - 시가지 : 인장 강도 8.01[kN] 이상의 것 또는 지름 5[mm] 이상의 경동선
  - 시가지 외 : 인장 강도 5.26[kN] 이상의 것 또는 지름 4[mm] 이상의 경동선

84 고압 가공 전선이 가공 약전류 전선 등과 접근하는 경우에 고압 가공 전선과 가공 약전류 전선 사이의 이격 거리는 몇 [cm] 이상이어야 하는가? (단, 전선이 케이블인 경우)

① 20
② 30
③ 40
④ 50

해설 저·고압 가공 전선과 가공 약전류 전선 등의 접근 또는 교차(한국전기설비규정 332.13)

- 고압 가공 전선은 고압 보안 공사에 의할 것
- 가공 약전류 전선과 이격 거리

가공 전선의 종류	이격 거리
저압 가공 전선	60[cm](고압 절연 전선 또는 케이블인 경우에는 30[cm])
고압 가공 전선	80[cm](전선이 케이블인 경우에는 40[cm])

85 가공 전선로의 지지물에 지선을 시설하는 기준으로 옳은 것은?

① 소선 지름 : 1.6[mm], 안전율 : 2.0, 허용 인장 하중 : 4.31[kN]
② 소선 지름 : 2.0[mm], 안전율 : 2.5, 허용 인장 하중 : 2.11[kN]
③ 소선 지름 : 2.6[mm], 안전율 : 1.5, 허용 인장 하중 : 3.21[kN]
④ 소선 지름 : 2.6[mm], 안전율 : 2.5, 허용 인장 하중 : 4.31[kN]

해설 지선의 시설(한국전기설비규정 331.11)

- 지선의 안전율 : 2.5
- 최저 인장 하중 : 4.31[kN]
- 소선의 지름 : 2.6[mm] 이상
- 소선수 3가닥 이상

86 중성선 다중 접지식의 것으로 전로에 지락이 생겼을 때에 2초 이내에 자동적으로 이를 전로로부터 차단하는 장치가 되어 있는 22.9[kV] 가공 전선로를 상부 조영재의 위쪽에서 접근 상태로 시설하는 경우, 가공 전선과 건조물과의 이격 거리는 몇 [m] 이상이어야 하는가? (단, 전선으로는 나전선을 사용한다고 한다.)

출제빈도

① 1.2
② 1.5
③ 2.5
④ 3.0

해설 25[kV] 이하인 특고압 가공 전선로의 시설(한국전기설비규정 333.32)

건조물의 조영재	접근 형태	전선의 종류	이격 거리
상부 조영재	위쪽	나전선	3.0[m]
		특고압 절연 전선	2.5[m]
		케이블	1.2[m]
	옆쪽 또는 아래쪽	나전선	1.5[m]
		특고압 절연 전선	1.0[m]
		케이블	0.5[m]

정답 83.④ 84.③ 85.④ 86.④

87 전력 보안 통신 설비를 시설하여야 하는 곳은?

① 2 이상의 발전소 상호간
② 원격 감시 제어가 되는 변전소
③ 원격 감시 제어가 되는 급전소
④ 원격 감시 제어가 되지 않는 발전소

해설 **전력 보안 통신 설비의 시설(한국전기설비규정 362)**
전력 보안 통신용 전화 설비를 시설하는 곳
- 원격 감시가 되지 아니하는 발전소·변전소·발전 제어소·변전 제어소·개폐소 및 전선로의 기술원 주재소와 급전소 간
- 2 이상의 급전소 상호간
- 수력 설비의 보안상 필요한 양수소 및 강수량 관측소와 수력 발전소 간
- 동일 수계에 속하고 보안상 긴급 연락의 필요가 있는 수력 발전소 상호간
- 특고압 전력 계통에 연계하는 분산형 전원과 이를 운용하는 급전소 사이

88 제1종 접지 공사의 접지 저항값은 몇 [Ω] 이하로 유지하여야 하는가?

출제빈도

① 10
② 30
③ 50
④ 100

해설 **접지 공사의 종류(판단기준 제18조)**

접지 공사의 종류	접지 저항치
제1종 접지 공사	10[Ω]
제2종 접지 공사	변압기의 고압측 또는 특고압측의 전로의 1선 지락 전류의 암페어 수로 150을 나눈 값과 같은 Ω수
제3종 접지 공사	100[Ω]
특별 제3종 접지 공사	10[Ω]

※ 이 문제는 출제 당시 규정에는 적합했으나 새로 제정된 한국전기설비규정에는 일부 부적합하므로 문제 유형만 참고하시기 바랍니다.

89 시가지 등에서 특고압 가공 전선로를 시설하는 경우 특고압 가공 전선로용 지지물로 사용할 수 없는 것은? (단, 사용 전압이 170[kV] 이하인 경우이다.)

① 철탑
② 목주
③ 철주
④ 철근 콘크리트주

해설 **시가지 등에서 특고압 가공 전선로의 시설(한국전기설비규정 333.1)**
지지물에는 철주, 철근 콘크리트주 또는 철탑을 사용할 것

90 건조한 장소로서 전개된 장소에 한하여 시설할 수 있는 고압 옥내 배선의 방법은?

출제빈도

① 금속관 공사
② 애자 공사
③ 가요 전선관 공사
④ 합성 수지관 공사

해설 **고압 옥내 배선 등의 시설(한국전기설비규정 342.1)**
- 애자 공사(건조한 장소로서 전개된 장소에 한한다)
- 케이블 공사(MI 케이블 제외)
- 케이블 트레이 공사

91 전기 부식 방지 시설은 지표 또는 수중에서 1[m] 간격의 임의의 2점(양극의 주위 1[m] 이내의 거리에 있는 점 및 울타리의 내부점을 제외) 간의 전위차가 몇 [V]를 넘으면 안 되는가?

① 5
② 10
③ 25
④ 30

정답 87.④ 88.① 89.② 90.② 91.①

해설 전기 부식 방지 회로의 전압 등(한국전기설비규정 241.16.3)

- 전기 부식 방지 회로의 사용 전압은 직류 60[V] 이하일 것
- 양극(陽極)은 지중에 매설하거나 수중에서 쉽게 접촉할 우려가 없는 곳에 시설할 것
- 지중에 매설하는 양극의 매설 깊이는 75[cm] 이상일 것
- 수중에 시설하는 양극과 그 주위 1[m] 이내의 거리에 있는 임의점과의 사이의 전위차는 10[V]를 넘지 아니할 것
- 지표 또는 수중에서 1[m] 간격의 임의의 2점 간의 전위차가 5[V]를 넘지 아니할 것

92

출제빈도

변압기의 안정 권선이나 유휴 권선 또는 전압 조정기의 내장 권선을 이상 전압으로부터 보호하기 위하여 특히 필요할 경우에 그 권선에 접지 공사를 할 때에는 몇 종 접지 공사를 하여야 하는가?

① 제1종 접지 공사
② 제2종 접지 공사
③ 제3종 접지 공사
④ 특별 제3종 접지 공사

해설 전로의 중성점의 접지(판단기준 제27조)

변압기의 안정 권선(安定卷線)이나 유휴 권선(遊休卷線) 또는 전압 조정기의 내장 권선(內藏卷線)을 이상 전압으로부터 보호하기 위하여 특히 필요할 경우에 그 권선에 접지 공사를 할 때에는 제1종 접지 공사를 하여야 한다.

※ 이 문제는 출제 당시 규정에는 적합했으나 새로 제정된 한국전기설비규정에는 일부 부적합하므로 문제 유형만 참고하시기 바랍니다.

93

소세력 회로에 전기를 공급하기 위한 변압기는 2차측 전로의 사용 전압이 몇 [V] 이하인 절연 변압기이어야 하는가?

① 40　② 60
③ 150　④ 300

해설 소세력 회로(한국전기설비규정 241.14)

소세력 회로에 전기를 공급하기 위한 변압기는 1차측 전로의 대지 전압이 300[V] 이하, 2차측 전로의 사용 전압이 60[V] 이하인 절연 변압기일 것

94

출제빈도

고압 가공 전선 상호간의 접근 또는 교차하여 시설되는 경우, 고압 가공 전선 상호간의 이격 거리는 몇 [cm] 이상이어야 하는가? (단, 고압 가공 전선은 모두 케이블이 아니라고 한다.)

① 50
② 60
③ 70
④ 80

해설 고압 가공 전선 상호간의 접근 또는 교차(한국전기설비규정 332.17)

- 위쪽 또는 옆쪽에 시설되는 고압 가공 전선로는 고압 보안 공사에 의할 것
- 고압 가공 전선 상호간의 이격 거리는 80[cm](어느 한쪽의 전선이 케이블인 경우에는 40[cm]) 이상일 것

95

가공 직류 전차선의 레일면상의 높이는 몇 [m] 이상이어야 하는가?

① 6.0　② 5.5
③ 5.0　④ 4.8

해설 가공 직류 전차선의 레일면상의 높이(판단기준 제256조)

- 가공 직류 전차선의 레일면상의 높이는 4.8[m] 이상, 전용의 부지 위에 시설될 때에는 4.4[m] 이상이어야 한다.
- 터널 안의 윗면, 교량의 아랫면, 기타 이와 유사한 곳 3.5[m] 이상
- 광산 기타의 갱도 안의 윗면에 시설하는 경우 1.8[m] 이상

※ 이 문제는 출제 당시 규정에는 적합했으나 새로 제정된 한국전기설비규정에는 일부 부적합하므로 문제 유형만 참고하시기 바랍니다.

정답 92.① 93.② 94.④ 95.④

96 154/22.9[kV]용 변전소의 변압기에 반드시 시설하지 않아도 되는 계측 장치는?

① 전압계 ② 전류계
③ 역률계 ④ 온도계

해설 계측 장치(한국전기설비규정 351.6)
변전소 계측 장치
- 주요 변압기의 전압 및 전류 또는 전력
- 특고압용 변압기의 온도

97 (출제빈도) 전기 부식 방지 시설을 시설할 때 전기 부식 방지용 전원 장치로부터 양극 및 피방식체까지의 전로의 사용 전압은 직류 몇 [V] 이하이어야 하는가?

① 20 ② 40
③ 60 ④ 80

해설 전기 부식 방지 회로의 전압 등(한국전기설비규정 241.16.3)
- 전기 부식 방지 회로의 사용 전압은 직류 60[V] 이하일 것
- 양극(陽極)은 지중에 매설하거나 수중에서 쉽게 접촉할 우려가 없는 곳에 시설할 것
- 지중에 매설하는 양극의 매설 깊이는 75[cm] 이상일 것
- 수중에 시설하는 양극과 그 주위 1[m] 이내의 거리에 있는 임의점과의 사이의 전위차는 10[V]를 넘지 아니할 것
- 지표 또는 수중에서 1[m] 간격의 임의의 2점 간의 전위차가 5[V]를 넘지 아니할 것

98 케이블을 지지하기 위하여 사용하는 금속제 케이블 트레이의 종류가 아닌 것은?

① 사다리형
② 통풍 밀폐형
③ 메시형
④ 바닥 밀폐형

해설 케이블 트레이 공사(한국전기설비규정 232.41)
케이블 트레이 : 케이블을 지지하기 위하여 사용하는 금속제 또는 불연성 재료로 제작된 유닛 또는 유닛의 집합체 및 그에 부속하는 부속재 등으로 구성된 견고한 구조물을 말하며, 사다리형·펀칭형·메시형·바닥 밀폐형 기타 이와 유사한 구조물이다.

99 발전소·변전소 또는 이에 준하는 곳의 특고압 전로에는 그의 보기 쉬운 곳에 어떤 표시를 반드시 하여야 하는가?

① 모선(母線) 표시
② 상별(相別) 표시
③ 차단(遮斷) 위험 표시
④ 수전(受電) 위험 표시

해설 특고압 전로의 상 및 접속 상태의 표시(한국전기설비규정 351.2)
발전소·변전소 또는 이에 준하는 곳의 특고압 전로에는 그의 보기 쉬운 곳에 상별(相別) 표시를 하여야 한다. 다만, 이러한 전로에 접속하는 특고압 전선로의 회선수가 2 이하이고 또한 특고압의 모선이 단일 모선인 경우에는 그러하지 아니하다.

100 (출제빈도) 6.6[kV] 지중 전선로의 케이블을 직류 전원으로 절연 내력 시험을 하자면 시험 전압은 직류 몇 [V]인가?

① 9,900 ② 14,420
③ 16,500 ④ 19,800

해설 전로의 절연 저항 및 절연 내력(한국전기설비규정 132)
7[kV] 이하이고, 직류로 시험하므로 $6,600 \times 1.5 \times 2 = 19,800$[V]이다.

정답 96.③ 97.③ 98.② 99.② 100.④

Industrial Engineer Electricity

2019년 제2회 과년도 출제문제

2019. 4. 27. 시행

제1과목 전기자기학

01 두 종류의 유전체 경계면에서 전속과 전기력선이 경계면에 수직으로 도달할 때에 대한 설명으로 틀린 것은?

출제빈도

① 전속 밀도는 변하지 않는다.
② 전속과 전기력선은 굴절하지 않는다.
③ 전계의 세기는 불연속적으로 변한다.
④ 전속선은 유전율이 작은 유전체쪽으로 모이려는 성질이 있다.

해설 유전체의 경계면에 전기력선이 수직으로 입사할 때
① $\theta_1 = 0$, $\theta_2 = 0$: 전기력선은 굴절하지 않는다.
② $D_1 = D_2(\varepsilon_1 E_1 = \varepsilon_2 E_2)$: 전속 밀도는 연속(불변)이다.
③ $E_1 \neq E_2$: 전계의 세기는 불연속이다.
④ 전속은 유전율이 큰 쪽으로 모이려는 성질이 있으며, 전기력선은 유전율이 작은 쪽으로 모인다.

02 점전하 $+Q$의 무한 평면 도체에 대한 영상 전하는?

출제빈도

① $+Q$
② $-Q$
③ $+2Q$
④ $-2Q$

해설 전기 영상법에서 무한 평면 도체에 대한 영상 전하는 점전하와 크기는 같고, 부호는 반대이므로 $-Q$[C]이다.

03 MKS 단위계에서 진공 유전율값은?

① $4\pi \times 10^{-7}$[H/m]
② $\dfrac{1}{9\times 10^9}$[F/m]
③ $\dfrac{1}{4\pi \times 9 \times 10^9}$[F/m]
④ 6.33×10^{-4}[H/m]

해설 쿨롱의 법칙의 비례 상수를 MKS(길이 [m], 질량 [kg], 시간 [sec]) 단위계로 나타내면

$K = \dfrac{1}{4\pi\varepsilon_0} = 9\times 10^9$이므로

진공의 유전율 $\varepsilon_0 = \dfrac{1}{4\pi \times 9 \times 10^9}$[F/m]이다.

04 진공 중에 서로 떨어져 있는 두 도체 A, B가 있다. A에만 1[C]의 전하를 줄 때 도체 A, B의 전위가 각각 3[V], 2[V]였다고 하면, A에 2[C], B에 1[C]의 전하를 주면 도체 A의 전위는 몇 [V]인가?

① 6 ② 7
③ 8 ④ 9

해설 1도체의 전위를 전위 계수로 나타내면

$V_1 = P_{11}Q_1 + P_{12}Q_2 = P_{11}\times 1 + P_{12}\times 0 = 3$

$\therefore P_{11} = 3$

$V_2 = P_{21}Q_1 + P_{22}Q_2 = P_{21}\times 1 + P_{22}\times 0 = 2$

$\therefore P_{21} = 2 = P_{12}$

$Q_1 = 2$[C], $Q_2 = 1$[C]의 전하를 주면 1도체의 전위

$V_1 = P_{11}\times Q_1 + P_{12}\times Q_2 = 3\times 2 + 2\times 1 = 8$[V]

정답 01.④ 02.② 03.③ 04.③

05 비유전율 $\varepsilon_r=5$인 유전체 내의 한 점에서 전계의 세기가 10^4[V/m]라면, 이 점의 분극의 세기는 약 몇 [C/m²]인가?

출제빈도

① 3.5×10^{-7} ② 4.3×10^{-7}
③ 3.5×10^{-11} ④ 4.3×10^{-11}

해설 분극의 세기 $P=\varepsilon_0(\varepsilon_r-1)E$
$=8.855\times10^{-12}\times(5-1)\times10^4$
$=3.5\times10^{-7}$[C/m²]

06 전자파의 에너지 전달 방향은?

출제빈도

① $\nabla\times E$의 방향과 같다.
② $E\times H$의 방향과 같다.
③ 전계 E의 방향과 같다.
④ 자계 H의 방향과 같다.

해설 전자파의 단위 시간에 대한 단위 면적당 에너지를 벡터로 나타내면 $\overrightarrow{P}=E\times H$이므로 에너지의 전달 방향은 $E\times H$의 방향과 같다.

07 자기 유도 계수가 20[mH]인 코일에 전류를 흘릴 때 코일과의 쇄교 자속수가 0.2[Wb]였다면 코일에 축적된 에너지는 몇 [J]인가?

출제빈도

① 1 ② 2
③ 3 ④ 4

해설 인덕턴스의 축적 에너지 W_L

$$W_L=\frac{1}{2}LI^2=\frac{1}{2}\phi I=\frac{\phi^2}{2L}$$
$$=\frac{0.2^2}{2\times20\times10^{-3}}=\frac{4\times10^{-2}}{4\times10^{-2}}=1[\text{J}]$$

08 등전위면을 따라 전하 Q[C]를 운반하는 데 필요한 일은?

① 항상 0이다.
② 전하의 크기에 따라 변한다.
③ 전위의 크기에 따라 변한다.
④ 전하의 극성에 따라 변한다.

해설 전기적 일(Work) $W=QV$[J]
등전위면은 전위차 $V=0$이므로 Q[C]을 운반하는 데 요하는 일은 항상 0이다.

09 접지된 직교 도체 평면과 점전하 사이에는 몇 개의 영상 전하가 존재하는가?

① 1 ② 2
③ 3 ④ 4

해설 두 평면 도체와 점전하 간의 영상 전하 개수 n

$$n=\frac{360°}{\theta}-1=\frac{360°}{90°}-1=3\text{개}$$

10 비자화율 $\chi_m=2$, 자속 밀도 $B=20ya_x$[Wb/m²]인 균일 물체가 있다. 자계의 세기 H는 약 몇 [AT/m]인가?

출제빈도

① 0.53×10^7ya_x ② 0.13×10^7ya_x
③ 0.53×10^7xa_y ④ 0.13×10^7xa_y

해설
- 자화율 $\chi=\mu_0(\mu_s-1)$
- 비자화율 $\chi_m=\dfrac{\chi}{\mu_0}=\mu_s-1=2$
- 비투자율 $\mu_s=3$
- 자계의 세기 $H=\dfrac{B}{\mu_0\mu_s}=\dfrac{20y\overrightarrow{a_x}}{4\pi\times10^{-7}\times3}$
$=0.53\times10^7y\overrightarrow{a_x}$

11 자위의 단위에 해당되는 것은?

① [A] ② [J/C]
③ [N/Wb] ④ [Gauss]

해설 자계와 자위의 관계
$U=H\cdot r$[A/m·m]=[A]

정답 05.① 06.② 07.① 08.① 09.③ 10.① 11.①

12 **유전체의 초전 효과(pyroelectric effect)에 대한 설명이 아닌 것은?**

① 온도 변화에 관계없이 일어난다.
② 자발 분극을 가진 유전체에서 생긴다.
③ 초전 효과가 있는 유전체를 공기 중에 놓으면 중화된다.
④ 열 에너지를 전기 에너지로 변화시키는데 이용된다.

해설 유전체의 초전 효과는 분극된 유전체에 온도를 가하면 분극의 평형이 깨져서 2차에 해당하는 전하가 결정 표면에 나타나는 효과를 말한다.

13 출제빈도 **자기 인덕턴스 0.05[H]의 회로에 흐르는 전류가 매초 500[A]의 비율로 증가할 때 자기 유도 기전력의 크기는 몇 [V]인가?**

① 2.5 ② 25
③ 100 ④ 1,000

해설 렌츠(Lenz)의 법칙에서

유도 기전력 $e = -L\dfrac{dI}{dt} = -0.05 \times \dfrac{500}{1} = -25[V]$

−는 역방향(전류와 반대)을 나타내며 크기는 25[V]이다.

14 **진공 중 반지름이 a[m]인 원형 도체판 2매를 사용하여 극판 거리 d[m]인 콘덴서를 만들었다. 만약 이 콘덴서의 극판 거리를 2배로 하고 정전 용량은 일정하게 하려면 이 도체판의 반지름 a는 얼마로 하면 되는가?**

① $2a$ ② $\dfrac{1}{2}a$
③ $\sqrt{2}\,a$ ④ $\dfrac{1}{\sqrt{2}}a$

해설

$C = \dfrac{\varepsilon \pi a^2}{d} = \dfrac{\varepsilon \pi a'^2}{2d}$

$a^2 = 2a'^2$

$\therefore\ a' = \sqrt{2}\,a$

15 출제빈도 **두 개의 코일에서 각각의 자기 인덕턴스가 $L_1 = 0.35$[H], $L_2 = 0.5$[H]이고, 상호 인덕턴스 $M = 0.1$[H]이라고 하면 이때 코일의 결합 계수는 약 얼마인가?**

① 0.175
② 0.239
③ 0.392
④ 0.586

해설

상호 인덕턴스 $M = \dfrac{\mu N_1 N_2 S}{l}$에서

$M^2 = \dfrac{\mu N_1^2 S}{l} \cdot \dfrac{\mu N_2^2 S}{l} = L_1 L_2$ (누설 자속이 없을 때)

누설 자속이 있으므로 $M^2 \leqq L_1 L_2$, $M = k\sqrt{L_1 L_2}$

결합 계수 $k = \dfrac{M}{\sqrt{L_1 L_2}}$

$= \dfrac{0.1}{\sqrt{0.35 \times 0.5}} = 0.239$

16 출제빈도 **맥스웰 전자 방정식에 대한 설명으로 틀린 것은?**

① 폐곡면을 통해 나오는 전속은 폐곡면 내의 전하량과 같다.
② 폐곡면을 통해 나오는 자속은 폐곡면 내의 자극의 세기와 같다.
③ 폐곡선에 따른 전계의 선적분은 폐곡선 내를 통하는 자속의 시간 변화율과 같다.
④ 폐곡선에 따른 자계의 선적분은 폐곡선 내를 통하는 전류와 전속의 시간적 변화율을 더한 것과 같다.

해설 $\text{div}B = \nabla \cdot B = 0$

자기력선은 스스로 폐루프를 이루고 있다는 것을 의미한다.

정답 12.① 13.② 14.③ 15.② 16.②

17 원점 주위의 전류 밀도가 $J=\frac{2}{r}a_r$ [A/m²]의 분포를 가질 때 반지름 5[cm]의 구면을 지나는 전전류는 몇 [A]인가?

① 0.1π ② 0.2π
③ 0.3π ④ 0.4π

해설 전류 $I=JS$ (여기서, $S(=4\pi r^2)$: 구의 표면적)
$=\frac{2}{r}\times 4\pi r^2 = 8\pi r = 8\pi\times(5\times10^{-2})$
$=0.4\pi$[A]

18 다음 조건 중 틀린 것은? (단, χ_m : 비자화율, μ_r : 비투자율이다.)

① $\mu_r \gg 1$이면 강자성체
② $\chi_m > 0$, $\mu_r < 1$이면 상자성체
③ $\chi_m < 0$, $\mu_r < 1$이면 반자성체
④ 물질은 χ_m 또는 μ_r의 값에 따라 반자성체, 상자성체, 강자성체 등으로 구분한다.

해설 비자화율 $\chi_m=\frac{\chi}{\mu_0}=\mu_r-1$
① 강자성체 $\mu_r \gg 1$, $\chi_m \gg 0$
② 상자성체 $\mu_r > 1$, $\chi_m > 0$
③ 반자성체 $\mu_r < 1$, $\chi_m < 0$

19 권선수가 400회, 면적이 9π[cm²]인 장방형 코일에 1[A]의 직류가 흐르고 있다. 코일의 장방형 면과 평행한 방향으로 자속 밀도가 0.8[Wb/m²]인 균일한 자계가 가해져 있다. 코일의 평행한 두 변의 중심을 연결하는 선을 축으로 할 때 이 코일에 작용하는 회전력은 약 몇 [N·m]인가?

① 0.3 ② 0.5
③ 0.7 ④ 0.9

해설 장방형 코일의 회전력(T)
$T=NISB\sin\theta$
$=NISB\cos\alpha$
$=400\times1\times9\pi\times10^{-4}\times0.8\times1$
$=0.9$[N·m]
여기서, θ : 코일면의 법선 벡터와 자속 밀도의 각
α : 코일면과 자속 밀도의 각(=0°)

20 자기 회로의 자기 저항에 대한 설명으로 틀린 것은?

① 단위는 [AT/Wb]이다.
② 자기 회로의 길이에 반비례한다.
③ 자기 회로의 단면적에 반비례한다.
④ 자성체의 비투자율에 반비례한다.

해설 자기 저항(R_m)
$R_m=\frac{l}{\mu S}=\frac{l}{\mu_0\mu_s S}$ [AT/Wb]
자기 저항은 길이에 비례하고 단면적 투자율에 반비례한다.

제2과목 전력공학

21 차단기의 정격 차단 시간을 설명한 것으로 옳은 것은?

① 계기용 변성기로부터 고장 전류를 감지한 후 계전기가 동작할 때까지의 시간
② 차단기가 트립 지령을 받고 트립 장치가 동작하여 전류 차단을 완료할 때까지의 시간
③ 차단기의 개극(발호)부터 이동 행정 종료 시까지의 시간
④ 차단기 가동 접촉자 시동부터 아크 소호가 완료될 때까지의 시간

정답 17.④ 18.② 19.④ 20.② 21.②

해설 차단기의 정격 차단 시간은 트립 코일이 여자하여 가동 접촉자가 시동하는 순간(개극 시간)부터 아크가 소멸하는 시간(소호 시간)으로 약 3~8[Hz] 정도이다.

22 송전 계통의 안정도를 증진시키는 방법은?

출제빈도

① 중간 조상 설비를 설치한다.
② 조속기의 동작을 느리게 한다.
③ 계통의 연계는 하지 않도록 한다.
④ 발전기나 변압기의 직렬 리액턴스를 가능한 크게 한다.

해설 **안정도 향상 대책**
- 직렬 리액턴스 감소
- 전압 변동 억제(속응 여자 방식, 계통 연계, 중간 조상 방식)
- 계통 충격 경감(소호 리액터 접지, 고속 차단, 재폐로 방식)
- 전력 변동 억제(조속기 신속 동작, 제동 저항기)

23 보일러 절탄기(economizer)의 용도는?

① 증기를 과열한다.
② 공기를 예열한다.
③ 석탄을 건조한다.
④ 보일러 급수를 예열한다.

해설 절탄기란 연도 중간에 설치하여 연도로 빠져나가는 여열로 급수를 가열하여 연료 소비를 절감시키는 설비이다.

24 보호 계전 방식의 구비 조건이 아닌 것은?

① 여자 돌입 전류에 동작할 것
② 고장 구간의 선택 차단을 신속 정확하게 할 수 있을 것
③ 과도 안정도를 유지하는 데 필요한 한도 내의 동작 시한을 가질 것
④ 적절한 후비 보호 능력이 있을 것

해설 **보호 계전기의 구비 조건**
- 고장 상태 및 개소를 식별하고 정확히 선택할 수 있을 것
- 동작이 예민하고 오동작이 없을 것
- 열적, 기계적 강도가 있을 것
- 적절한 후비 보호 능력이 있을 것
- 과도 안정도 범위 내에서 적절한 시한 특성을 가질 것

25 가공 지선을 설치하는 주된 목적은?

출제빈도

① 뇌해 방지
② 전선의 진동 방지
③ 철탑의 강도 보강
④ 코로나의 발생 방지

해설 가공 지선의 설치 목적은 뇌격으로부터 전선과 기기 등을 보호하고, 유도 장해를 경감시킨다.

26 변압기의 보호 방식에서 차동 계전기는 무엇에 의하여 동작하는가?

① 1, 2차 전류의 차로 동작한다.
② 전압과 전류의 배수차로 동작한다.
③ 정상 전류와 역상 전류의 차로 동작한다.
④ 정상 전류와 영상 전류의 차로 동작한다.

해설 사고 전류가 한쪽 회로에 흐르거나 혹은 양회로의 전류 방향이 반대되었을 때 또는 변압기 1, 2차 전류의 차에 의하여 동작하는 계전기이다.

27 저압 뱅킹 배전 방식에서 저전압측의 고장에 의하여 건전한 변압기의 일부 또는 전부가 차단되는 현상은?

① 아킹(arcing)
② 플리커(flicker)
③ 밸런서(balancer)
④ 캐스케이딩(cascading)

정답 22.① 23.④ 24.① 25.① 26.① 27.④

해설 캐스케이딩(cascading) 현상
저압 뱅킹 방식에서 변압기 또는 선로의 사고에 의해서 뱅킹 내의 건전한 변압기의 일부 또는 전부가 연쇄적으로 차단되는 현상으로, 방지책은 변압기의 1차측에 퓨즈, 저압선의 중간에 구분 퓨즈를 설치한다.

28 직류 송전 방식의 장점은?

출제빈도

① 역률이 항상 1이다.
② 회전 자계를 얻을 수 있다.
③ 전력 변환 장치가 필요하다.
④ 전압의 승압, 강압이 용이하다.

해설 직류 송전 방식의 이점
- 무효분이 없어 손실이 없고 역률이 항상 1이며 송전 효율이 좋다.
- 파고치가 없으므로 절연 계급을 낮출 수 있다.
- 전압 강하와 전력 손실이 적고, 안정도가 높아진다.

29 주파수 60[Hz], 정전 용량 $\frac{1}{6\pi}[\mu F]$의 콘덴서를 △ 결선해서 3상 전압 20,000[V]를 가했을 때의 충전 용량은 몇 [kVA]인가?

① 12 ② 24
③ 48 ④ 50

해설 충전 용량(Q_c)

$$Q_c = 3\omega CV^2$$
$$= 3\times 2\pi\times 60\times\frac{1}{6\pi}\times 10^{-6}\times 20{,}000^2\times 10^{-3}$$
$$= 24[\text{kVA}]$$

30 전선에서 전류의 밀도가 도선의 중심으로 들어갈수록 작아지는 현상은?

출제빈도

① 표피 효과
② 근접 효과
③ 접지 효과
④ 페란티 효과

해설 표피 효과란 전류의 밀도가 도선 중심으로 들어갈수록 줄어드는 현상으로, 전선이 굵을수록, 주파수가 높을수록 커진다.

31 그림에서 X부분에 흐르는 전류는 어떤 전류인가?

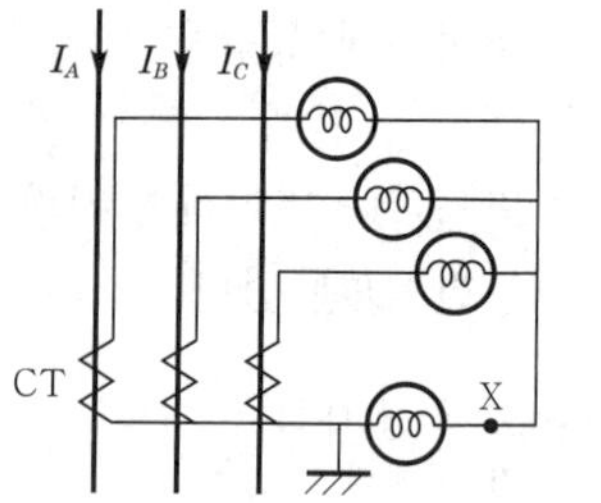

① b상 전류 ② 정상 전류
③ 역상 전류 ④ 영상 전류

해설 X부분에 흐르는 전류는 각 상 전류의 합계이므로 영상 전류가 된다.

32 화력 발전소의 기본 사이클이다. 그 순서로 옳은 것은?

① 급수 펌프 → 과열기 → 터빈 → 보일러 → 복수기 → 급수 펌프
② 급수 펌프 → 보일러 → 과열기 → 터빈 → 복수기 → 급수 펌프
③ 보일러 → 급수 펌프 → 과열기 → 복수기 → 급수 펌프 → 보일러
④ 보일러 → 과열기 → 복수기 → 터빈 → 급수 펌프 → 축열기 → 과열기

해설 기본 사이클의 순환 순서

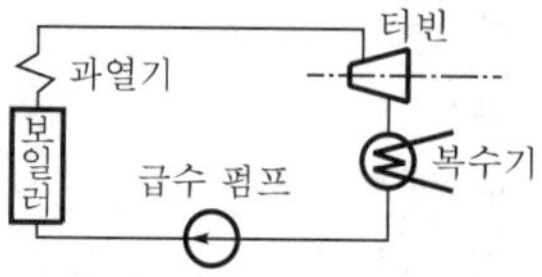

정답 28.① 29.② 30.① 31.④ 32.②

33 345[kV] 송전 계통의 절연 협조에서 충격 절연 내력의 크기 순으로 나열한 것은?

① 선로 애자 > 차단기 > 변압기 > 피뢰기
② 선로 애자 > 변압기 > 차단기 > 피뢰기
③ 변압기 > 차단기 > 선로 애자 > 피뢰기
④ 변압기 > 선로 애자 > 차단기 > 피뢰기

해설 절연 협조는 피뢰기의 제1보호 대상을 변압기로 하고 가장 높은 기준 충격 절연 강도(BIL)는 선로 애자이다. 그러므로 선로 애자 > 차단기 > 변압기 > 피뢰기 순으로 한다.

34 증기의 엔탈피(enthalpy)란?

① 증기 1[kg]의 잠열
② 증기 1[kg]의 기화열량
③ 증기 1[kg]의 보유열량
④ 증기 1[kg]의 증발열을 그 온도로 나눈 것

해설 엔탈피란 증기 또는 물의 단위 질량당 보유하는 전 열량[kcal/kg]을 말한다.

35 최대 수용 전력의 합계와 합성 최대 수용 전력의 비를 나타내는 계수는?

① 부하율　② 수용률
③ 부등률　④ 보상률

해설

$$\text{수용률} = \frac{\text{최대 수용 전력[kW]}}{\text{부하 설비 용량[kW]}} \times 100[\%]$$

$$\text{부하율} = \frac{\text{평균 부하 전력[kW]}}{\text{최대 부하 전력[kW]}} \times 100[\%]$$

$$\text{부등률} = \frac{\text{개개의 최대 수용 전력의 합[kW]}}{\text{합성 최대 수용 전력[kW]}}$$

36 연가를 하는 주된 목적은?

① 미관상 필요
② 전압 강하 방지
③ 선로 정수의 평형
④ 전선로의 비틀림 방지

해설 연가의 효과는 선로 정수의 평형으로 통신선에 대한 유도 장해 방지 및 전선로의 직렬 공진을 방지한다.

37 지름 5[mm]의 경동선을 간격 1[m]로 정삼각형 배치를 한 가공 전선 1선의 작용 인덕턴스는 약 몇 [mH/km]인가? (단, 송전선은 평형 3상 회로)

① 1.13
② 1.25
③ 1.42
④ 1.55

해설

인덕턴스 $L = 0.05 + 0.4605\log_{10}\frac{2D}{d}$

$= 0.05 + 0.4605\log_{10}\frac{2\times 1}{5\times 10^{-3}}$

$\fallingdotseq 1.25[\text{mH/km}]$

38 송전 선로의 후비 보호 계전 방식의 설명으로 틀린 것은?

① 주보호 계전기가 그 어떤 이유로 정지해 있는 구간의 사고를 보호한다.
② 주보호 계전기에 결함이 있어 정상 동작을 할 수 없는 상태에 있는 구간 사고를 보호한다.
③ 차단기 사고 등 주보호 계전기로 보호할 수 없는 장소의 사고를 보호한다.
④ 후비 보호 계전기의 정정값은 주보호 계전기와 동일하다.

해설 후비 보호 계전 방식은 주보호 계전기가 작동하지 않을 때 작동하므로 정정값을 동일하게 하여서는 안 된다.

정답 33.① 34.③ 35.③ 36.③ 37.② 38.④

39
지상 역률 80[%], 10,000[kVA]의 부하를 가진 변전소에 6,000[kVA]의 콘덴서를 설치하여 역률을 개선하면 변압기에 걸리는 부하[kVA]는 콘덴서 설치 전의 몇 [%]로 되는가?

① 60　② 75
③ 80　④ 85

해설 역률 개선 후 변압기에 걸리는 부하(개선 후 피상 전력)

$P_a' = \sqrt{유효\ 전력^2 + (무효\ 전력 - 진상\ 용량)^2}$

$= \sqrt{(10,000\times0.8)^2 + (10,000\times0.6 - 6,000)^2}$

$= 8,000[kVA]$

$\therefore \dfrac{8,000}{10,000}\times100 = 80[\%]$

40
3상 3선식 3각형 배치의 송전 선로에 있어서 각 선의 대지 정전 용량이 0.5038[μF]이고, 선간 정전 용량이 0.1237[μF]일 때 1선의 작용 정전 용량은 약 몇 [μF]인가?

① 0.6275　② 0.8749
③ 0.9164　④ 0.9755

해설 1선당 작용 정전 용량 $C = C_s + 3C_m$

$= 0.5038 + 3\times0.1237$

$= 0.8749[\mu F]$

제3과목 전기기기

41
단상 변압기 3대를 이용하여 △－△ 결선하는 경우에 대한 설명으로 틀린 것은?

① 중성점을 접지할 수 없다.
② Y－Y결선에 비해 상전압이 선간 전압의 $\dfrac{1}{\sqrt{3}}$배이므로 절연이 용이하다.
③ 3대 중 1대에서 고장이 발생하여도 나머지 2대로 V결선하여 운전을 계속할 수 있다.
④ 결선 내에 순환 전류가 흐르나 외부에는 나타나지 않으므로 통신 장애에 대한 염려가 없다.

해설 단상 변압기 3대를 △－△결선하면 상전압과 선간 전압이 같으므로 권선의 절연 레벨이 높아진다.

42
누설 변압기에 필요한 특성은 무엇인가?

① 수하 특성　② 정전압 특성
③ 고저항 특성　④ 고임피던스 특성

해설 누설 변압기는 누설 자속의 통로를 설치하여 2차 전류가 증가하면 2차 유도 전압이 크게 감소하는 수하 특성을 갖는 변압기로 아크 방전 등, 아크 용접기 등에 사용된다.

43
권선형 유도 전동기의 저항 제어법의 장점은?

① 부하에 대한 속도 변동이 크다.
② 역률이 좋고, 운전 효율이 양호하다.
③ 구조가 간단하며, 제어 조작이 용이하다.
④ 전부하로 장시간 운전하여도 온도 상승이 적다.

해설 2차 저항 제어법의 장점은 구조가 간단하며 제어 조작이 용이하다.

44
권선형 유도 전동기에서 비례 추이를 할 수 없는 것은?

① 토크　② 출력
③ 1차 전류　④ 2차 전류

해설 비례 추이는 3상 권선형 유도 전동기의 2차측에 외부에서 저항을 연결하여 합성 저항을 변화하면 2차 합성 저항에 비례하여 이동하는 것(토크, 전류, 입력 및 역률 등)을 비례 추이라 말하며 비례 추이(proportional shifting)할 수 없는 것은 출력, 효율 및 2차 동손이다.

정답 39.③ 40.② 41.② 42.① 43.③ 44.②

45 직류 발전기에서 기하학적 중성축과 각도 θ만큼 브러시의 위치가 이동되었을 때 감자 기자력[AT/극]은? $\left(단,\ K=\frac{I_aZ}{2Pa}\right)$

① $K\frac{\theta}{\pi}$　　② $K\frac{2\theta}{\pi}$

③ $K\frac{3\theta}{\pi}$　　④ $K\frac{4\theta}{\pi}$

해설 직류 발전기의 전기자 반작용

감자 기자력 $AT_d=\frac{I_aZ}{2Pa}\cdot\frac{2\theta}{\pi}=K\frac{2\theta}{\pi}$[AT/극]

46 동기 발전기의 단락 시험, 무부하 시험에서 구할 수 없는 것은?

출제빈도

① 철손　　② 단락비

③ 동기 리액턴스　　④ 전기자 반작용

해설 동기 발전기의 무부하 시험과 3상 단락 시험에서 구할 수 있는 것은 철손, 동기 임피던스(동기 리액턴스) 및 단락비 등을 구할 수 있다.

47 자극수 4, 전기자 도체수 50, 전기자 저항 0.1[Ω]의 중권 타여자 전동기가 있다. 정격 전압 105[V], 정격 전류 50[A]로 운전하던 것을 전압 106[V] 및 계자 회로를 일정히 하고 무부하로 운전했을 때 전기자 전류가 10[A]라면 속도 변동률[%]은? (단, 매극의 자속은 0.05[Wb]라 한다.)

출제빈도

① 3　　② 5

③ 6　　④ 8

해설

• 정격 속도 $N_n=K\frac{V-I_aR_a}{\phi}$

$=\frac{K}{\phi}(105-50\times0.1)=100\frac{K}{\phi}$

• 무부하 속도 $N_0=K\frac{V'-I_a'R_a}{\phi}$

$=\frac{K}{\phi}(106-10\times0.1)=105\frac{K}{\phi}$

• 속도 변동률 $\varepsilon=\frac{N_0-N_n}{N_n}\times100$

$=\frac{105\frac{K}{\phi}-100\frac{K}{\phi}}{100\frac{K}{\phi}}\times100=5[\%]$

48 직류 직권 전동기의 속도 제어에 사용되는 기기는?

출제빈도

① 초퍼　　② 인버터

③ 듀얼 컨버터　　④ 사이클로 컨버터

해설 고속 도로 '온·오프'를 반복할 수 있는 스위치를 초퍼(chopper)라 하며 직류 전압을 변환하여 직류 전동기의 속도를 제어한다.

49 6극 유도 전동기의 고정자 슬롯(slot)홈 수가 36이라면 인접한 슬롯 사이의 전기각은?

① 30°　　② 60°

③ 120°　　④ 180°

해설 유도 전동기의 극당 슬롯수 $S_P=\frac{S}{P}=\frac{36}{6}=6$개

1극의 전기각은 180°이므로

슬롯 사이의 전기각 $\alpha=\frac{180°}{6}=30°$

50 다음은 직류 발전기의 정류 곡선이다. 이 중에서 정류 말기에 정류의 상태가 좋지 않은 것은?

출제빈도

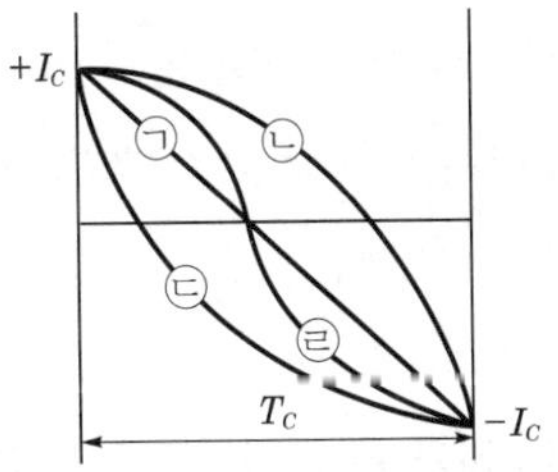

① ㉠　　② ㉡

③ ㉢　　④ ㉣

정답 45.② 46.④ 47.② 48.① 49.① 50.②

해설 정류 곡선에서 ㉠, ㉣은 직선 정류와 정현파 정류 곡선으로 양호한 정류 곡선이며 ㉡은 부족 정류로 정류 말기에 불꽃이 발생하고 ㉢은 과정류로 정류 초기에 불꽃이 발생한다.

51 직류 전압의 맥동률이 가장 작은 정류 회로는? (단, 저항 부하를 사용한 경우이다.)

① 단상 전파 ② 단상 반파
③ 3상 반파 ④ 3상 전파

해설 정류 회로의 맥동률은 다음과 같다.
- 단상 반파 정류의 맥동률 : 121[%]
- 단상 전파 정류의 맥동률 : 48[%]
- 3상 반파 정류의 맥동률 : 17[%]
- 3상 전파 정류의 맥동률 : 4[%]

52 동기 주파수 변환기의 주파수 f_1 및 f_2 계통에 접속되는 양극을 P_1, P_2라 하면 다음 어떤 관계가 성립되는가?

① $\dfrac{f_1}{f_2} = P_2$

② $\dfrac{f_1}{f_2} = \dfrac{P_2}{P_1}$

③ $\dfrac{f_1}{f_2} = \dfrac{P_1}{P_2}$

④ $\dfrac{f_2}{f_1} = P_1 \cdot P_2$

해설 동기 주파수 변환기는 동기 전동기와 동기 발전기를 직결하여 각 기계의 극수를 적당히 선정하면 $\dfrac{P_1}{P_2} = \dfrac{f_1}{f_2}$의 관계가 성립한다.

53 단락비가 큰 동기 발전기에 대한 설명 중 틀린 것은?

① 효율이 나쁘다.
② 계자 전류가 크다.
③ 전압 변동률이 크다.
④ 안정도와 선로 충전 용량이 크다.

해설 단락비가 큰 기계의 특성

단락비 $K_s = \dfrac{I_{f_0}}{I_{f_s}} = \dfrac{1}{Z_s'}$

- 동기 임피던스가 작다.
- 전압 변동률이 작다.
- 전기자 반작용이 작다.
- 출력이 증대된다.
- 과부하 내량이 크고 안정도가 높다.
- 송전 선로의 충전 용량이 크고 자기 여자 현상이 작다.
- 계자 및 공극이 커서 기계 치수가 크다.
- 철손이 크고 효율이 낮아진다.

54 출제빈도 직류 분권 발전기가 운전 중 단락이 발생하면 나타나는 현상으로 옳은 것은?

① 과전압이 발생한다.
② 계자 저항선이 확립된다.
③ 큰 단락 전류로 소손된다.
④ 작은 단락 전류가 흐른다.

해설 직류 분권 발전기가 운전 중 단락이 생기면 계자 전류가 '0'이 되고 잔류 자기에 의한 낮은 전압을 전기자 저항이 제한하기 때문에 소전류가 흐른다.

55 직류 전동기의 속도 제어 방법에서 광범위한 속도 제어가 가능하며, 운전 효율이 가장 좋은 방법은?

① 계자 제어
② 전압 제어
③ 직렬 저항 제어
④ 병렬 저항 제어

해설 직류 전동기의 속도 제어에서 전압 제어는 정토크 제어이며 제어 범위가 넓고, 효율이 좋으나 설치비가 고가이다.

정답 51.④ 52.③ 53.③ 54.④ 55.②

56 **동기 발전기의 권선을 분포권으로 하면?**

① 난조를 방지한다.
② 파형이 좋아진다.
③ 권선의 리액턴스가 커진다.
④ 집중권에 비하여 합성 유도 기전력이 높아진다.

해설 분포권 : 매극 매상의 홈수가 2 이상인 권선법
- 장점
  - 기전력의 파형을 개선한다.
  - 누설 리액턴스가 감소한다.
  - 열을 분산하여 과열을 방지한다.
- 단점
  - 집중권과 비교하면 기전력이 감소한다.

57 출제빈도 **어떤 변압기의 부하 역률이 60[%]일 때 전압 변동률이 최대라고 한다. 지금 이 변압기의 부하 역률이 100[%]일 때 전압 변동률을 측정했더니 3[%]였다. 이 변압기의 부하 역률이 80[%]일 때 전압 변동률은 몇 [%]인가?**

① 2.4
② 3.6
③ 4.8
④ 5.0

해설 전압 변동률 $\varepsilon = p\cos\theta + q\sin\theta$

$= \sqrt{p^2+q^2}\cos(\alpha-\theta)$

역률 $\cos\theta = 1$일 때 $\varepsilon = p\times1+q\times0 = p = 3[\%]$

최대 전압 변동률은 $\theta=\alpha$이므로

$\cos\theta = \cos\alpha = \dfrac{p}{\sqrt{p^2+q^2}} = 0.6$

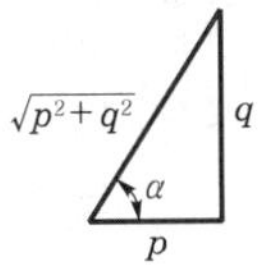

따라서 $q = 4[\%]$

역률 $\cos\theta = 0.8$일 때

전압 변동률 $\varepsilon = 3\times0.8 + 4\times0.6 = 4.8[\%]$

58 **그림은 복권 발전기의 외부 특성 곡선이다. 이 중 과복권을 나타내는 곡선은?**

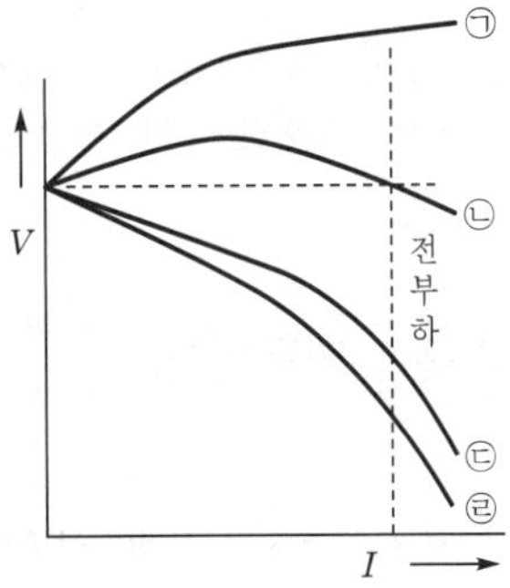

① ㉠ ② ㉡
③ ㉢ ④ ㉣

해설 복권 발전기의 외부 특성 곡선
- ㉠ : 과복권 발전기
- ㉡ : 평복권 발전기
- ㉢ : 부족 복권 발전기
- ㉣ : 차동 복권 발전기

59 출제빈도 **200[V]의 배전선 전압을 220[V]로 승압하여 30[kVA]의 부하에 전력을 공급하는 단권 변압기가 있다. 이 단권 변압기의 자기 용량은 약 몇 [kVA]인가?**

① 2.73 ② 3.55
③ 4.26 ④ 5.25

해설 단권 변압기에서 $\dfrac{\text{자기 용량}(P)}{\text{부하 용량}(W)} = \dfrac{V_h - V_l}{V_h}$ 이므로

자기 용량 $P = \dfrac{V_h - V_l}{V_h}W$

$= \dfrac{220-200}{220}\times30 = 2.73[\text{kVA}]$

60 **유도 전동기에서 공간적으로 본 고정자에 의한 회전 자계와 회전자에 의한 회전 자계는?**

① 항상 동상으로 회전한다.
② 슬립만큼의 위상각을 가지고 회전한다.
③ 역률각만큼의 위상각을 가지고 회전한다.
④ 항상 180°만큼의 위상각을 가지고 회전한다.

정답 56.② 57.③ 58.① 59.① 60.①

해설 유도 전동기에서 공간적으로 본 고정자의 회전 자계와 회전자에 의한 회전 자계는 항상 동상으로 회전한다.

제4과목 회로이론

61 $f(t)=e^{-t}+3t^2+3\cos 2t+5$의 라플라스 변환식은?

① $\frac{1}{s+1}+\frac{6}{s^2}+\frac{3s}{s^2+5}+\frac{5}{s}$

② $\frac{1}{s+1}+\frac{6}{s^3}+\frac{3s}{s^2+4}+\frac{5}{s}$

③ $\frac{1}{s+1}+\frac{5}{s^2}+\frac{3s}{s^2+5}+\frac{4}{s}$

④ $\frac{1}{s+1}+\frac{5}{s^3}+\frac{2s}{s^2+4}+\frac{4}{s}$

해설 라플라스 변환표를 이용하면

- $F(s)=\mathcal{L}[e^{-at}]=\frac{1}{s+a}$
- $F(s)=\mathcal{L}[t^2]=\frac{2}{s^3}$
- $F(s)=\mathcal{L}[\cos\omega t]\frac{s}{s^2+\omega^2}$
- $F(s)=\mathcal{L}[u(t)]=\frac{1}{s}$

$\therefore\ F(s)=\mathcal{L}[e^{-t}+3t^2+3\cos 2t+5]$

$=\frac{1}{s+1}+\frac{6}{s^3}+\frac{3s}{s^2+2^2}+\frac{5}{s}$

62 RLC 직렬 회로에서 $R=100[\Omega]$, $L=5[\text{mH}]$, $C=2[\mu\text{F}]$일 때 이 회로는?

① 과제동이다. ② 무제동이다.
③ 임계 제동이다. ④ 부족 제동이다.

해설 진동 여부 판별식

$R^2-4\frac{L}{C}=100^2-4\times\frac{5\times10^{-3}}{2\times10^{-6}}=0$

따라서, 임계 제동이다.

63 구형파의 파형률 (㉠)과 파고율 (㉡)은?

① ㉠ 1, ㉡ 0
② ㉠ 1.11, ㉡ 1.414
③ ㉠ 1, ㉡ 1
④ ㉠ 1.57, ㉡ 2

해설 구형파는 평균값・실효값・최대값이 같고

파형률$=\frac{\text{실효값}}{\text{평균값}}$, 파고율$=\frac{\text{최대값}}{\text{실효값}}$이므로

구형파는 파형률, 파고율이 모두 1이 된다.

64 그림과 같은 회로의 전압 전달 함수 $G(s)$는?

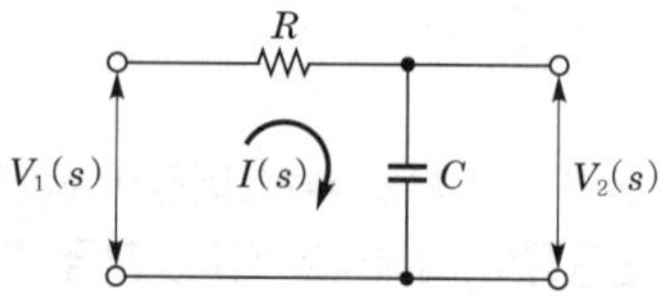

① $\frac{RC}{s+\frac{1}{RC}}$ ② $\frac{RC}{s+RC}$

③ $\frac{RC}{RCs+1}$ ④ $\frac{1}{RCs+1}$

해설

전달 함수 $G(s)=\frac{V_2(s)}{V_1(s)}=\frac{\frac{1}{Cs}}{R+\frac{1}{Cs}}=\frac{1}{RCs+1}$

65 평형 3상 부하에 전력을 공급할 때 선전류가 20[A]이고 부하의 소비 전력이 4[kW]이다. 이 부하의 등가 Y회로에 대한 각 상의 저항은 약 몇 [Ω]인가?

① 3.3 ② 5.7
③ 7.2 ④ 10

해설 $P=3I_p^2\cdot R$

저항 $R=\frac{P}{3I_p^2}=\frac{4\times10^3}{3\times20^2}=3.3[\Omega]$

정답 61.② 62.③ 63.③ 64.④ 65.①

66 그림과 같은 회로의 영상 임피던스 Z_{01}, Z_{02}[Ω]는 각각 얼마인가?

출제빈도

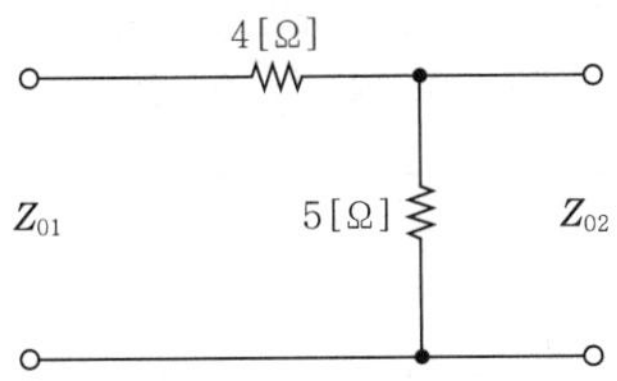

① 9, 5　　② 6, $\frac{10}{3}$

③ 4, 5　　④ 4, $\frac{20}{9}$

해설 영상 임피던스

$$Z_{01}=\sqrt{\frac{AB}{CD}},\ Z_{02}=\sqrt{\frac{BD}{AC}}$$

$$\begin{bmatrix} A & B \\ C & D \end{bmatrix}=\begin{bmatrix} 1 & 4 \\ 0 & 1 \end{bmatrix}\begin{bmatrix} 1 & 0 \\ \frac{1}{5} & 1 \end{bmatrix}=\begin{bmatrix} \frac{9}{5} & 4 \\ \frac{1}{5} & 1 \end{bmatrix}$$

$$\therefore\ Z_{01}=\sqrt{\frac{AB}{CD}}=\sqrt{\frac{\frac{9}{5}\times 4}{\frac{1}{5}\times 1}}=6[\Omega]$$

$$Z_{02}=\sqrt{\frac{BD}{AC}}=\sqrt{\frac{4\times 1}{\frac{9}{5}\times\frac{1}{5}}}=\frac{10}{3}[\Omega]$$

67 기본파의 60[%]인 제3고조파와 80[%]인 제5고조파를 포함하는 전압의 왜형률은?

출제빈도

① 0.3

② 1

③ 5

④ 10

해설

$$\text{왜형률 } D=\frac{\text{전고조파의 실효값}}{\text{기본파의 실효값}}=\frac{\sqrt{60^2+80^2}}{100}=1$$

68 RL 직렬 회로에서 시정수의 값이 클수록 과도 현상은 어떻게 되는가?

출제빈도

① 없어진다.　　② 짧아진다.

③ 길어진다.　　④ 변화가 없다.

해설

시정수 τ값이 커질수록 $e^{-\frac{1}{\tau}t}$의 값이 증가하므로 과도 상태는 길어진다. 즉, 시정수와 과도분은 비례 관계에 있게 된다. 시정수와 과도분은 비례 관계이므로 시정수가 클수록 과도분은 많다.

69 $e_1=6\sqrt{2}\sin\omega t$[V], $e_2=4\sqrt{2}\sin(\omega t-60°)$[V]일 때, e_1-e_2의 실효값[V]은?

① 4　　② $2\sqrt{2}$

③ $2\sqrt{7}$　　④ $2\sqrt{13}$

해설 e_1-e_2의 실효값

$$|e_1-e_2|=\sqrt{E_1^2+E_2^2-2E_1E_2\cos\theta}=\sqrt{6^2+4^2-2\times 6\times 4\cos 60°}=\sqrt{28}=2\sqrt{7}\,[\text{V}]$$

70 3상 평형 회로에서 선간 전압이 200[V]이고 각 상의 임피던스가 $24+j7$[Ω]인 Y결선 3상 부하의 유효 전력은 약 몇 [W]인가?

① 192　　② 512

③ 1,536　　④ 4,608

해설

$$I_l=I_p=\frac{\frac{200}{\sqrt{3}}}{\sqrt{24^2+7^2}}=4.62[\text{A}]$$

$$P=3I_p^{\,2}R=3\times(4.62)^2\times 24=1{,}536[\text{W}]$$

71 대칭 6상 전원이 있다. 환상 결선으로 각 전원이 150[A]의 전류를 흘린다고 하면 선전류는 몇 [A]인가?

출제빈도

① 50　　② 75

③ $\frac{150}{\sqrt{3}}$　　④ 150

정답 66.② 67.② 68.③ 69.③ 70.③ 71.④

해설
선전류 $I_l = 2\sin\frac{\pi}{n} I_p$(여기서, n : 상수)

상수 $n=6$이므로 $I_l = 2\sin\frac{\pi}{6} I_p = I_p$

대칭 6상인 경우 선전류(I_l)=상전류(I_p)가 된다.

$\therefore I_l = I_p = 150[A]$

72 $f(t)=e^{at}$의 라플라스 변환은?

① $\dfrac{1}{s-a}$　② $\dfrac{1}{s+a}$

③ $\dfrac{1}{s^2-a^2}$　④ $\dfrac{1}{s^2+a^2}$

해설
$$F(s)=\int_0^{\infty} e^{-(s-a)t}dt=\left[-\frac{1}{s-a}e^{-(s-a)t}\right]_0^{\infty}$$
$$=\frac{1}{s-a}$$

73 1상의 직렬 임피던스가 $R=6[\Omega]$, $X_L=8[\Omega]$인 △ 결선의 평형 부하가 있다. 여기에 선간 전압 100[V]인 대칭 3상 교류 전압을 가하면 선전류는 몇 [A]인가?

출제빈도

① $3\sqrt{3}$　② $\dfrac{10\sqrt{3}}{3}$

③ 10　④ $10\sqrt{3}$

해설
$$I_l=\sqrt{3}I_p=\sqrt{3}\times\frac{100}{\sqrt{6^2+8^2}}=10\sqrt{3}[A]$$

74 그림의 회로에서 전류 I는 약 몇 [A]인가? (단, 저항의 단위는 [Ω]이다.)

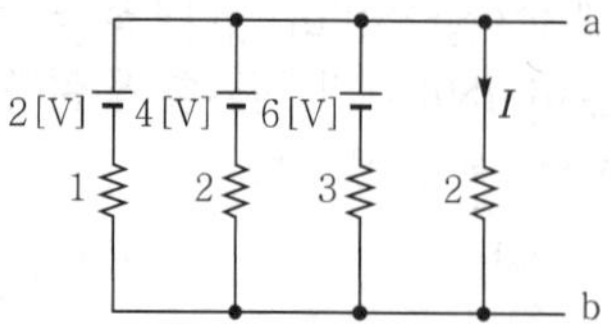

① 1.125　② 1.29

③ 6　④ 7

해설
밀만의 정리에 의해 a-b 단자의 단자 전압 V_{ab}
$$V_{ab}=\frac{\frac{2}{1}+\frac{4}{2}+\frac{6}{3}}{\frac{1}{1}+\frac{1}{2}+\frac{1}{3}+\frac{1}{2}}=2.57[V]$$
$\therefore$ 2[Ω]에 흐르는 전류
$$I=\frac{2.57}{2}=1.29[A]$$

75 $i=20\sqrt{2}\sin\left(377t-\frac{\pi}{6}\right)$의 주파수는 약 몇 [Hz]인가?

① 50

② 60

③ 70

④ 80

해설
각주파수 $\omega=2\pi f=377[rad/s]$

$\therefore$ 주파수 $f=\dfrac{377}{2\pi}=60[Hz]$

76 $Z(s)=\dfrac{2s+3}{s}$으로 표시되는 2단자 회로망은?

①
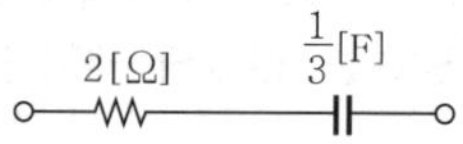

②

③

④

해설
$$Z(s)=\frac{2s+3}{s}=2+\frac{3}{s}=2+\frac{1}{\frac{1}{3}s}$$

정답 72.① 73.④ 74.② 75.② 76.①

77 a－b 단자의 전압이 $50\angle 0°$[V], a－b 단자에서 본 능동 회로망(N)의 임피던스가 $Z=6+j8$[Ω]일 때, a－b 단자에 임피던스 $Z'=2-j2$[Ω]를 접속하면 이 임피던스에 흐르는 전류[A]는?

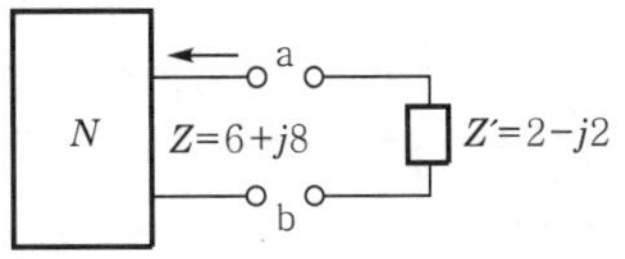

① $3-j4$　② $3+j4$
③ $4-j3$　④ $4+j3$

해설 테브난 등가 회로에 의해 $I=\dfrac{V_{ab}}{Z_{ab}+Z_L}$[A]

$V_{ab}=50$[V]

$Z_{ab}=Z=6+j8$

$Z_L=Z'=2-j2$

$\therefore\ I=\dfrac{50}{(6+j8)+(2-j2)}$

$=\dfrac{50}{8+j6}=\dfrac{50(8-j6)}{(8+j6)(8-j6)}$

$=4-j3$

78 $F(s)=\dfrac{2}{(s+1)(s+3)}$의 역라플라스 변환은?

① $e^{-t}-e^{-3t}$　② $e^{-t}-e^{3t}$
③ $e^{t}-e^{3t}$　④ $e^{t}-e^{-3t}$

해설 $F(s)=\dfrac{2}{(s+1)(s+3)}=\dfrac{1}{s+1}-\dfrac{1}{s+3}$

$\therefore\ f(t)=e^{-t}-e^{-3t}$

79 그림과 같은 평형 3상 Y결선에서 각 상이 8[Ω]의 저항과 6[Ω]의 리액턴스가 직렬로 연결된 부하에 선간 선압 $100\sqrt{3}$[V]가 공급되었다. 이때 선전류는 몇 [A]인가?

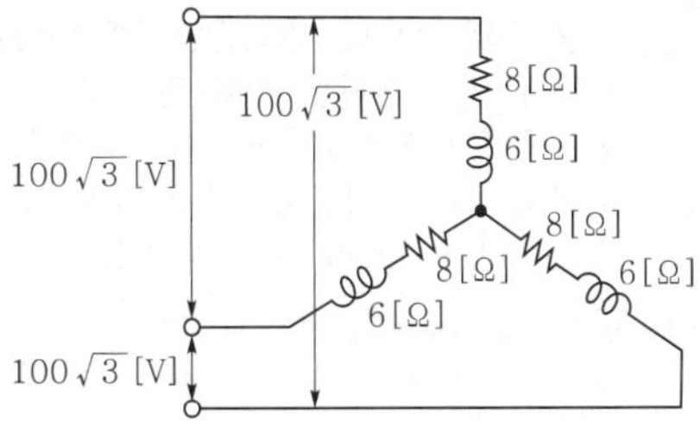

① 5　② 10
③ 15　④ 20

해설 3상 Y결선이므로

선전류(I_l)=상전류(I_p)$=\dfrac{V_p}{Z}=\dfrac{100}{\sqrt{8^2+6^2}}=10$[A]

80 인덕턴스가 각각 5[H], 3[H]인 두 코일을 모두 dot 방향으로 전류가 흐르게 직렬로 연결하고 인덕턴스를 측정하였더니 15[H]이었다. 두 코일 간의 상호 인덕턴스[H]는?

① 3.5　② 4.5
③ 7　④ 9

해설 합성 인덕턴스 $L=L_1+L_2+2M$

$\therefore\ M=\dfrac{1}{2}(L-L_1-L_2)=\dfrac{1}{2}(15-5-3)=3.5$[H]

제5과목 전기설비기술기준

81 23[kV] 특고압 가공 전선로의 전로와 저압 전로를 결합한 주상 변압기의 2차측 접지선의 굵기는 공칭 단면적이 몇 [mm²] 이상의 연동선인가? (단, 특고압 가공 전선로는 중성선 다중 접지식의 것을 제외한다.)

① 2.5　② 6
③ 10　④ 16

정답 77.③ 78.① 79.② 80.① 81.④

해설 각종 접지 공사의 세목(판단기준 제19조)

변압기 2차측 접지는 제2종 접지 공사이므로 접지선은 공칭 단면적 16[mm^2] 이상의 연동선(고압 전로 또는 중성선 다중 접지식과 결합하는 경우에는 공칭 단면적 6[mm^2] 이상의 연동선)

※ 이 문제는 출제 당시 규정에는 적합했으나 새로 제정된 한국전기설비규정에는 일부 부적합하므로 문제 유형만 참고하시기 바랍니다.

82 특고압 가공 전선로의 지지물 양쪽의 경간의 차가 큰 곳에 사용되는 철탑은?

출제빈도

① 내장형 철탑
② 인류형 철탑
③ 각도형 철탑
④ 보강형 철탑

해설 특고압 가공 전선로의 철주·철근 콘크리트주 또는 철탑의 종류(한국전기설비규정 333.11)

- 직선형 : 3도 이하인 수평 각도
- 각도형 : 3도를 초과하는 수평 각도를 이루는 곳
- 인류형 : 전가섭선을 인류하는 곳에 사용하는 것
- 내장형 : 전선로의 지지물 양쪽의 경간의 차가 큰 곳

83 고압 가공 전선이 경동선 또는 내열동합금선인 경우 안전율의 최소값은?

출제빈도

① 2.0 ② 2.2
③ 2.5 ④ 4.0

해설 가공 전선의 안전율(한국전기설비규정 332.4)

- 경동선 또는 내열동합금선 : 2.2 이상
- 기타 전선(ACSR, 알루미늄 전선 등) : 2.5 이상

84 강색 차선의 레일면상의 높이는 몇 [m] 이상이어야 하는가? (단, 터널 안, 교량 아래, 그 밖에 이와 유사한 곳에 시설하는 경우는 제외한다.)

① 2.5 ② 3.0
③ 3.5 ④ 4.0

해설 강색 차선의 시설(판단기준 제275조)

- 강색 차선은 지름 7[mm]의 경동선 또는 이와 동등 이상의 세기 및 굵기의 것일 것
- 강색 차선의 레일면상의 높이는 4[m] 이상일 것. 다만, 터널 안, 교량 아래 그 밖에 이와 유사한 곳에 시설하는 경우에는 3.5[m] 이상

※ 이 문제는 출제 당시 규정에는 적합했으나 새로 제정된 한국전기설비규정에는 일부 부적합하므로 문제 유형만 참고하시기 바랍니다.

85 사용 전압 60,000[V]인 특고압 가공 전선과 그 지지물 · 지주 · 완금류 또는 지선 사이의 이격 거리는 몇 [cm] 이상이어야 하는가?

① 35 ② 40
③ 45 ④ 65

해설 특고압 가공 전선과 지지물 등의 이격 거리(한국전기설비규정 333.5)

사용 전압	이격 거리[cm]
15[kV] 미만	15
15[kV] 이상 25[kV] 미만	20
25[kV] 이상 35[kV] 미만	25
35[kV] 이상 50[kV] 미만	30
50[kV] 이상 60[kV] 미만	35
60[kV] 이상 70[kV] 미만	40
70[kV] 이상 80[kV] 미만	45
이하 생략	

86 특고압 가공 전선로의 지지물에 시설하는 통신선 또는 이것에 직접 접속하는 통신선일 경우에 설치하여야 할 보안 장치로서 모두 옳은 것은?

① 특고압용 제2종 보안 장치, 고압용 제2종 보안 장치
② 특고압용 제1종 보안 장치, 특고압용 제3종 보안 장치
③ 특고압용 제2종 보안 장치, 특고압용 제3종 보안 장치
④ 특고압용 제1종 보안 장치, 특고압용 제2종 보안 장치

정답 82.① 83.② 84.④ 85.② 86.④

해설 전력 보안 통신 설비의 보안 장치(한국전기설비규정 362.9)
특고압 가공 전선로의 지지물에 시설하는 통신선 또는 이에 직접 접속하는 통신선에 접속하는 휴대 전화기를 접속하는 곳 및 옥외 전화기를 시설하는 곳에는 특고압용 제1종 보안 장치, 특고압용 제2종 보안 장치를 시설하여야 한다.

87 특고압 가공 전선로에서 발생하는 극저주파 전자계는 지표상 1[m]에서 전계가 몇 [kV/m] 이하가 되도록 시설하여야 하는가?

출제빈도

① 3.5 ② 2.5
③ 1.5 ④ 0.5

해설 유도 장해 방지(기술기준 제17조)
특고압 가공 전선로에서 발생하는 극저주파 전자계는 지표상 1[m]에서 전계가 3.5[kV/m] 이하, 자계가 83.3[μT] 이하가 되도록 시설한다.

88 철탑의 강도 계산에 사용하는 이상시 상정 하중의 종류가 아닌 것은?

출제빈도

① 좌굴 하중 ② 수직 하중
③ 수평 횡하중 ④ 수평 종하중

해설 이상시 상정 하중(한국전기설비규정 333.14)
철탑의 강도 계산에 사용하는 이상시 상정 하중
- 수직 하중
- 수평 횡하중
- 수평 종하중

89 고압 가공 전선에 케이블을 사용하는 경우의 조가용선 및 케이블의 피복에 사용하는 금속체에는 몇 종 접지 공사를 하여야 하는가?

① 제1종 접지 공사
② 제2종 접지 공사
③ 제3종 접지 공사
④ 특별 제3종 접지 공사

해설 가공 케이블의 시설(한국전기설비규정 332.2)
- 케이블은 조가용선에 행거의 간격을 50[cm] 이하로 시설
- 조가용선은 인장 강도 5.93[kN] 이상 또는 단면적 22[mm^2] 이상인 아연도강연선
- 조가용선 및 케이블의 피복에 사용하는 금속체는 접지 시스템(140) 규정에 준하여 접지 공사를 할 것

※ 이 문제는 출제 당시 규정에는 적합했으나 새로 제정된 한국전기설비규정에는 일부 부적합하므로 문제 유형만 참고하시기 바랍니다.

90 고압 옥내 배선을 애자 공사로 하는 경우, 전선의 지지점 간의 거리는 전선을 조영재의 면을 따라 붙이는 경우 몇 [m] 이하이어야 하는가?

출제빈도

① 1 ② 2
③ 3 ④ 5

해설 고압 옥내 배선 등의 시설(한국전기설비규정 342.12)
- 전선은 지름 2.6[mm]의 연동선
- 전선의 지지점 간의 거리는 6[m] 이하일 것. 다만, 전선을 조영재의 면을 따라 붙이는 경우에는 2[m] 이하이어야 한다.
- 전선 상호간의 간격은 8[cm] 이상, 전선과 조영재 사이의 이격 거리는 5[cm] 이상일 것

91 수소 냉각식의 발전기 · 조상기에 부속하는 수소 냉각 장치에서 필요 없는 장치는?

① 수소의 압력을 계측하는 장치
② 수소의 온도를 계측하는 장치
③ 수소의 유량을 계측하는 장치
④ 수소의 순도 저하를 경보하는 장치

해설 수소 냉각식 발전기 등의 시설(판단기준 제51조)
- 기밀 구조(氣密構造)의 것
- 수소의 순도가 85[%] 이하로 저하한 경우에 이를 경보하는 장치를 시설할 것
- 발전기 안 또는 조상기 안의 수소의 압력을 계측하는 장치 및 그 압력이 현저히 변동한 경우에 이를 경보하는 장치를 시설할 것
- 발전기 안 또는 조상기 안의 수소의 온도를 계측하는 장치를 시설할 것

정답 87.① 88.① 89.③ 90.② 91.③

※ 이 문제는 출제 당시 규정에는 적합했으나 새로 제정된 한국전기설비규정에는 일부 부적합하므로 문제 유형만 참고하시기 바랍니다.

92 동일 지지물에 저압 가공 전선(다중 접지된 중성선은 제외)과 고압 가공 전선을 시설하는 경우 저압 가공 전선은?

① 고압 가공 전선의 위로 하고 동일 완금류에 시설
② 고압 가공 전선과 나란하게 하고 동일 완금류에 시설
③ 고압 가공 전선의 아래로 하고 별개의 완금류에 시설
④ 고압 가공 전선과 나란하게 하고 별개의 완금류에 시설

해설 **저 · 고압 가공 전선 등의 병행 설치(한국전기설비규정 222.9)**
- 저압 가공 전선을 고압 가공 전선의 아래로 하고 별개의 완금류에 시설할 것
- 저압 가공 전선과 고압 가공 전선 사이의 이격 거리는 50[cm] 이상일 것

93 사용 전압 15[kV] 이하인 특고압 가공 전선로의 중성선 다중 접지 시설은 각 접지 도체를 중성선으로부터 분리하였을 경우 1[km] 마다의 중성선과 대지 사이의 합성 전기 저항값은 몇 [Ω] 이하이어야 하는가?

① 30
② 50
③ 400
④ 500

해설 **25[kV] 이하인 특고압 가공 전선로의 시설(한국전기설비규정 333.32)**
특고압 가공 전선로의 중성선의 다중 접지 및 중성선의 시설
- 접지 도체는 공칭 단면적 6[mm²] 이상의 연동선
- 접지한 곳 상호간의 거리는 전선로에 따라 300[m] 이하
- 각 접지 도체를 중성선으로부터 분리하였을 경우의 각 접지점의 대지 전기 저항치가 1[km]마다의 중성선과 대지 사이의 합성 저항치

구 분	각 접지점의 대지 전기 저항치	1[km]마다의 합성 전기 저항치
15[kV] 이하	300[Ω]	30[Ω]
25[kV] 이하	300[Ω]	15[Ω]

94 저압 옥내 배선과 옥내 저압용의 전구선의 시설 방법으로 틀린 것은?

① 쇼케이스 내의 배선에 0.75[mm²]의 캡타이어 케이블을 사용하였다.
② 전광 표시 장치의 전선으로 1.0[mm²]의 연동선을 사용하여 금속관에 넣어 시설하였다.
③ 전광 표시 장치의 배선으로 1.5[mm²]의 연동선을 사용하고 합성 수지관에 넣어 시설하였다.
④ 조영물에 고정시키지 아니하고 백열 전등에 이르는 전구선으로 0.75[mm²]의 케이블을 사용하였다.

해설 **저압 옥내 배선의 사용 전선(한국전기설비규정 231.3.1)**
전광 표시 장치 또는 제어 회로 등에 사용하는 배선에 단면적 1.5[mm²] 이상의 연동선

95 교류 전차선 등이 교량 등의 밑에 시설되는 경우 교량의 가더 등의 금속제 부분에는 제 몇 종 접지 공사를 하여야 하는가?

① 제1종 접지 공사
② 제2종 접지 공사
③ 제3종 접지 공사
④ 특별 제3종 접지 공사

정답 92.③ 93.① 94.② 95.③

해설 전차선 등과 건조물, 기타의 시설물과의 접근 또는 교차(판단기준 제270조)
교류 전차선 등이 교량, 기타 이와 유사한 것의 밑에 시설되는 경우
- 교류 전차선 등과 교량 등 사이의 이격 거리는 30[cm] 이상일 것
- 교량의 가더 등의 금속제 부분에는 제3종 접지 공사를 할 것
- 교량 등의 위에서 사람이 교류 전차선 등에 접촉할 우려가 있는 경우에는 적당한 방호 장치를 시설하고 또한 위험 표시를 할 것

※ 이 문제는 출제 당시 규정에는 적합했으나 새로 제정된 한국전기설비규정에는 일부 부적합하므로 문제 유형만 참고하시기 바랍니다.

96 저압 가공 전선의 높이에 대한 기준으로 틀린 것은?
(출제빈도)

① 철도를 횡단하는 경우는 레일면상 6.5[m] 이상이다.
② 횡단보도교 위에 시설하는 경우 저압 가공 전선은 노면상에서 3[m] 이상이다.
③ 횡단보도교 위에 시설하는 경우 고압 가공 전선은 그 노면상에서 3.5[m] 이상이다.
④ 다리의 하부, 기타 이와 유사한 장소에 시설하는 저압의 전기 철도용 급전선은 지표상 3.5[m]까지로 감할 수 있다.

해설 저압 가공 전선의 높이(한국전기설비규정 222.7)
- 지표상 5[m] 이상
- 도로를 횡단하는 경우 지표상 6[m] 이상
- 철도 또는 궤도를 횡단하는 경우 레일면상 6.5[m] 이상
- 횡단보도교의 위에 시설하는 경우 저압 가공 전선은 그 노면상 3.5[m](전선이 절연 전선 · 다심형 전선 · 케이블인 경우 3[m]) 이상, 고압 가공 전선은 그 노면상 3.5[m] 이상
- 다리의 하부, 기타 이와 유사한 장소에 시설하는 저압의 전기 철도용 급전선은 지표상 3.5[m]까지로 감할 수 있다.

97 "지중 관로"에 포함되지 않는 것은?

① 지중 전선로
② 지중 레일 선로
③ 지중 약전류 전선로
④ 지중 광섬유 케이블 선로

해설 용어 정의(한국전기설비규정 112)
"지중 관로"란 지중 전선로 · 지중 약전류 전선로 · 지중 광섬유 케이블 선로 · 지중에 시설하는 수관 및 가스관과 이와 유사한 것 및 이들에 부속하는 지중함 등을 말한다.

98 전체의 길이가 16[m]이고 설계 하중이 6.8[kN] 초과 9.8[kN] 이하인 철근 콘크리트주를 논, 기타 지반이 연약한 곳 이외의 곳에 시설할 때, 묻히는 깊이를 2.5[m]보다 몇 [cm] 가산하여 시설하는 경우에는 기초의 안전율에 대한 고려 없이 시설하여도 되는가?
(출제빈도)

① 10 ② 20
③ 30 ④ 40

해설 가공 전선로 지지물의 기초의 안전율(한국전기설비규정 331.7)
철근 콘크리트주로서 전체의 길이가 14[m] 이상 20[m] 이하이고, 설계 하중이 6.8[kN] 초과 9.8[kN] 이하의 것을 논이나 그 밖의 지반이 연약한 곳 이외에 시설하는 경우 그 묻히는 깊이는 기준(2.5[m])보다 30[cm]를 가산한다.

99 사용 전압이 20[kV]인 변전소에 울타리 · 담 등을 시설하고자 할 때 울타리 · 담 등의 높이는 몇 [m] 이상이어야 하는가?

① 1 ② 2
③ 5 ④ 6

해설 발전소 등의 울타리 · 담 등의 시설(한국전기설비규정 351.1)
울타리 · 담 등의 높이는 2[m] 이상으로 하고 지표면과 울타리 · 담 등의 하단 사이의 간격은 15[cm] 이하로 할 것

정답 96.② 97.② 98.③ 99.②

100 최대 사용 전압 440[V]인 전동기의 절연 내력 시험 전압은 몇 [V]인가?

① 330　　② 440
③ 500　　④ 660

해설 회전기 및 정류기의 절연 내력(한국전기설비규정 133)

종 류		시험 전압	시험 방법
발전기, 전동기, 조상기	7[kV] 이하	1.5배(최저 500[V])	권선과 대지 사이 10분간
	7[kV] 초과	1.25배(최저 10,500[V])	

∴ $440 \times 1.5 = 660$[V]

정답 100.④

2019년 제3회 과년도 출제문제

2019. 8. 4. 시행

제1과목 전기자기학

01 인덕턴스가 20[mH]인 코일에 흐르는 전류가 0.2초 동안 6[A]가 변화되었다면 코일에 유기되는 기전력은 몇 [V]인가?

출제빈도

① 0.6　　② 1
③ 6　　④ 30

해설 인덕턴스 L[H]인 코일에 시간적으로 전류가 변화하면 자기 유도 현상에 의해 역기전력이 유도된다.

역기전력 $e=-L\dfrac{dI}{dt}=-20\times10^{-3}\times\dfrac{6}{0.2}=-0.6$[V]

−는 기전력이 전류의 변화를 방해하는 방향으로 발생한다는 의미이다.

02 어떤 물체에 $F_1=-3i+4j-5k$와 $F_2=6i+3j-2k$의 힘이 작용하고 있다. 이 물체에 F_3을 가하였을 때 세 힘이 평형이 되기 위한 F_3은?

① $F_3=-3i-7j+7k$
② $F_3=3i+7j-7k$
③ $F_3=3i-j-7k$
④ $F_3=3i-j+3k$

해설 세 힘이 평형이 되려면 $F_1+F_2+F_3=0$이 되어야 한다.

$\therefore F_3=-(F_1+F_2)$
$=-\{(-3+6)i+(4+3)j+(-5-2)k\}$
$=-3i-7j+7k$

03 직류 500[V]의 절연 저항계로 절연 저항을 측정하니 2[MΩ]이 되었다면 누설 전류[μA]는?

① 25　　② 250
③ 1,000　　④ 1,250

해설 누설 전류 $I=\dfrac{V}{R}=\dfrac{500}{2\times10^6}\times10^{-6}=250[\mu A]$

04 동심구에서 내부 도체의 반지름이 a, 절연체의 반지름이 b, 외부 도체의 반지름이 c이다. 내부 도체에만 전하 Q를 주었을 때 내부 도체의 전위는? (단, 절연체의 유전율은 ε_0이다.)

출제빈도

① $\dfrac{Q}{4\pi\varepsilon_0 a}\left(\dfrac{1}{a}+\dfrac{1}{b}\right)$

② $\dfrac{Q}{4\pi\varepsilon_0}\left(\dfrac{1}{a}-\dfrac{1}{b}\right)$

③ $\dfrac{Q}{4\pi\varepsilon_0}\left(\dfrac{1}{a}-\dfrac{1}{b}-\dfrac{1}{c}\right)$

④ $\dfrac{Q}{4\pi\varepsilon_0}\left(\dfrac{1}{a}-\dfrac{1}{b}+\dfrac{1}{c}\right)$

해설 내부 도체 전위 $V_A=V_c(V_b)+V_{ab}$

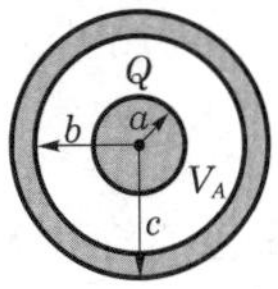

내부 도체의 전위 $V_A=-\int_{\infty}^{c}Edr+\int_{b}^{a}Edr$

$=\dfrac{Q}{4\pi\varepsilon_0 c}+\dfrac{Q}{4\pi\varepsilon_0}\left(\dfrac{1}{a}-\dfrac{1}{b}\right)$

$=\dfrac{Q}{4\pi\varepsilon_0}\left(\dfrac{1}{a}-\dfrac{1}{b}+\dfrac{1}{c}\right)$[V]

정답 01.① 02.① 03.② 04.④

05 MKS 단위로 나타낸 진공에 대한 유전율은?

① 8.855×10^{-12}[N/m]
② 8.855×10^{-10}[N/m]
③ 8.855×10^{-12}[F/m]
④ 8.855×10^{-10}[F/m]

해설 $\varepsilon_0=\dfrac{1}{4\pi\times9\times10^9}=8.855\times10^{-12}$[F/m]

06 인덕턴스의 단위에서 1[H]는?

출제빈도

① 1[A]의 전류에 대한 자속이 1[Wb]인 경우이다.
② 1[A]의 전류에 대한 유전율이 1[F/m]이다.
③ 1[A]의 전류가 1초간에 변화하는 양이다.
④ 1[A]의 전류에 대한 자계가 1[AT/m]인 경우이다.

해설 자속 $\phi=LI$[Wb]
인덕턴스 $L=\dfrac{\phi}{I}\left[\mathrm{H}=\dfrac{\mathrm{Wb}}{\mathrm{A}}\right]$에서
1[H]는 1[A]의 전류에 의한 1[Wb]의 자속을 유도하는 계수이다.

07 자유 공간의 변위 전류가 만드는 것은?

① 전계 ② 전속
③ 자계 ④ 분극 지력선

해설 변위 전류는 유전체 중의 속박 전자의 위치 변화에 따른 전류로 주위에 자계를 만든다.

08 평행한 두 도선 간의 전자력은? (단, 두 도선 간의 거리는 r[m]라 한다.)

출제빈도

① r에 반비례
② r에 비례
③ r^2에 비례
④ r^2에 반비례

해설
• 자계의 세기 $H=\dfrac{I_1}{2\pi r}$[AT/m]
• 자속 밀도 $B=\mu_0H$
$=\dfrac{\mu_0I_1}{2\pi r}$[Wb/m^2]
• 힘 $F=I_2Bl\sin\theta$
$=I_2\dfrac{\mu_0I_1}{2\pi r}l\sin90°$
$=\dfrac{\mu_0I_1I_2l}{2\pi r}$[N]

※ 평행 두 도선 간의 전자력은 플레밍의 왼손 법칙
$F=I_2Bl\sin\theta=I_2\dfrac{\mu_0I_1}{2\pi r}l\sin\theta=\dfrac{\mu_0I_1I_2l}{2\pi r}$[N]

09 간격 d[m]인 두 평행판 전극 사이에 유전율 ε인 유전체를 넣고 전극 사이에 전압 $e=E_m\sin\omega t$[V]를 가했을 때 변위 전류 밀도 [A/m^2]는?

출제빈도

① $\dfrac{\varepsilon\omega E_m\cos\omega t}{d}$ ② $\dfrac{\varepsilon E_m\cos\omega t}{d}$
③ $\dfrac{\varepsilon\omega E_m\sin\omega t}{d}$ ④ $\dfrac{\varepsilon E_m\sin\omega t}{d}$

해설 변위 전류 밀도 $J_d=\dfrac{\partial D}{\partial t}=\varepsilon\dfrac{\partial E}{\partial t}=\varepsilon\dfrac{\partial}{\partial t}\dfrac{e}{d}\left(E=\dfrac{e}{d}\right)$
$=\dfrac{\varepsilon}{d}\dfrac{\partial}{\partial t}E_m\sin\omega t$
$=\dfrac{\varepsilon\omega}{d}E_m\cos\omega t$[A/m^2]

10 10^6[cal]의 열량은 약 몇 [kWh]의 전력량인가?

① 0.06 ② 1.16
③ 2.27 ④ 4.17

해설 1[cal]=4.184[J]
10^6[cal]=4.184×10^6[J]
1[kWh]=3.6×10^6[J]
$\therefore$ [kWh]$=\dfrac{4.184\times10^6}{3.6\times10^6}=1.16$[kWh]

정답 05.③ 06.① 07.③ 08.① 09.① 10.②

11 전기 기기의 철심(자심) 재료로 규소 강판을 사용하는 이유는?

① 동손을 줄이기 위해
② 와전류손을 줄이기 위해
③ 히스테리시스손을 줄이기 위해
④ 제작을 쉽게 하기 위하여

해설 철심 재료에 규소를 함유하는 이유는 히스테리시스손을 줄이기 위함이고, 얇은 강판을 성층 철심하는 목적은 와전류손을 경감하기 위해서이다.

12 접지 구도체와 점전하 사이에 작용하는 힘은?

출제빈도

① 항상 반발력이다.
② 항상 흡인력이다.
③ 조건적 반발력이다.
④ 조건적 흡인력이다.

해설 점전하 $+Q$[C]에 대한 접지 구도체의 영상 전하 $Q' = -\frac{a}{d}Q$[C]이다. 따라서 접지 구도체와 점전하 사이에 작용하는 힘은 항상 흡인력이다.

13 플레밍의 왼손 법칙에서 왼손의 엄지, 검지, 중지의 방향에 해당되지 않는 것은?

① 전압 ② 전류
③ 자속 밀도 ④ 힘

해설 플레밍(Fleming)의 왼손 법칙에서 왼손의 엄지는 힘(F), 검지는 자속(B), 중지는 전류(I)의 방향이다.

14 반지름 1[m]의 원형 코일에 1[A]의 전류가 흐를 때 중심점의 자계의 세기[AT/m]는?

출제빈도

① $\frac{1}{4}$ ② $\frac{1}{2}$
③ 1 ④ 2

해설 원형 코일 중심점의 자계의 세기(H)

$$H = \frac{I}{2a} = \frac{1}{2\times1} = \frac{1}{2}\text{[AT/m]}$$

15 전류가 흐르는 도선을 자계 내에 놓으면 이 도선에 힘이 작용한다. 평등 자계의 진공 중에 놓여 있는 직선 전류 도선이 받는 힘에 대한 설명으로 옳은 것은?

① 도선의 길이에 비례한다.
② 전류의 세기에 반비례한다.
③ 자계의 세기에 반비례한다.
④ 전류와 자계 사이의 각에 대한 정현(sine)에 반비례한다.

해설 플레밍의 왼손 법칙에서 도선이 받는 힘(F)

$F = vBl\sin\theta$[N]

16 여러 가지 도체의 전하 분포에 있어서 각 도체의 전하를 n배할 경우, 중첩의 원리가 성립하기 위해서 그 전위는 어떻게 되는가?

① $\frac{1}{2}n$이 된다.
② n배가 된다.
③ $2n$배가 된다.
④ n^2배가 된다.

해설 도체의 전위 $V_i = P_{i^1}Q_1 + P_{i^2} + \cdots + P_{i^n}Q_n$에서 각 전하를 n배하면 전위 V_i는 n배가 된다.

17 $E = i + 2j + 3k$[V/cm]로 표시되는 전계가 있다. 0.02[μC]의 전하를 원점으로부터 $r = 3i$[m]로 움직이는 데 필요로 하는 일[J]은?

출제빈도

① 3×10^{-6} ② 6×10^{-6}
③ 3×10^{-8} ④ 6×10^{-8}

해설 전기적 일(W)

$$W = F\cdot r = QE\cdot r$$
$$= 0.02\times10^{-6}\times(i+2j+3k)\times10^2\cdot(3i)$$
$$= 6\times10^{-6}\text{[J]}$$

정답 11.③ 12.② 13.① 14.② 15.① 16.② 17.②

18 동일 용량 $C[\mu F]$의 커패시터 n개를 병렬로 연결하였다면 합성 정전 용량은 얼마인가?

① n^2C　② nC
③ $\frac{C}{n}$　④ C

해설 커패시터를 병렬로 접속하면 합성 정전 용량
$C_0 = C_1 + C_2 + \cdots + C_n = nC[F]$

19 무한장 직선 도체에 선전하 밀도 $\lambda[C/m]$의 전하가 분포되어 있는 경우, 이 직선 도체를 축으로 하는 반지름 $r[m]$의 원통면상의 전계 $[V/m]$는?

출제빈도

① $\frac{\lambda}{2\pi\varepsilon_0 r^2}$　② $\frac{\lambda}{2\pi\varepsilon_0 r}$
③ $\frac{\lambda}{4\pi\varepsilon_0 r^2}$　④ $\frac{\lambda}{4\pi\varepsilon_0 r}$

해설 가우스의 정리
- 전기력선 $N = \int_s E n dS = E\int_s dS$
  $= E 2\pi r l = \frac{Q}{\varepsilon_0} = \frac{\lambda l}{\varepsilon_0}[\text{line}]$
- 전계의 세기 $E = \frac{\lambda l/\varepsilon_0}{2\pi r l} = \frac{\lambda}{2\pi\varepsilon_0 r}[V/m]$

20 전류 $2\pi[A]$가 흐르고 있는 무한 직선 도체로부터 $2[m]$만큼 떨어진 자유 공간 내 P점의 자속 밀도의 세기$[Wb/m^2]$는?

출제빈도

① $\frac{\mu_0}{8}$　② $\frac{\mu_0}{4}$
③ $\frac{\mu_0}{2}$　④ μ_0

해설
- 자계의 세기 $H = \frac{I}{2\pi r} = \frac{2\pi}{2\pi \times 2} = \frac{1}{2}[AT/m]$
- 자속 밀도의 세기 $B = \mu_0 H = \frac{\mu_0}{2}[Wb/m^2]$

제2과목 전력공학

21 가공 왕복선 배치에서 지름이 $d[m]$이고 선간 거리가 $D[m]$인 선로 한 가닥의 작용 인덕턴스는 몇 $[mH/km]$인가? (단, 선로의 투자율은 1이라 한다.)

출제빈도

① $0.5 + 0.4605\log_{10}\frac{D}{d}$
② $0.05 + 0.4605\log_{10}\frac{D}{d}$
③ $0.5 + 0.4605\log_{10}\frac{2D}{d}$
④ $0.05 + 0.4605\log_{10}\frac{2D}{d}$

해설 인덕턴스 $L = 0.05 + 0.4605\log_{10}\frac{D}{r}[mH/km]$
$= 0.05 + 0.4605\log_{10}\frac{2D}{d}[mH/km]$
(여기서, $d(=2r)$: 지름)

22 송전 계통의 중성점을 접지하는 목적으로 틀린 것은?

① 지락 고장 시 전선로의 대지 전위 상승을 억제하고 전선로와 기기의 절연을 경감시킨다.
② 소호 리액터 접지 방식에서는 1선 지락 시 지락점 아크를 빨리 소멸시킨다.
③ 차단기의 차단 용량을 증대시킨다.
④ 지락 고장에 대한 계전기의 동작을 확실하게 한다.

해설 중성점 접지 목적
- 대지 전압을 증가시키지 않고, 이상 전압의 발생을 억제하여 전위 상승을 방지
- 전선로 및 기기의 절연 수준 경감(저감 절연)
- 고장 발생 시 보호 계전기의 신속하고 정확한 동작을 확보
- 소호 리액터 접지에서는 1선 지락 전류를 감소시켜 유도 장해 경감
- 계통의 안정도 증진

정답 18.② 19.② 20.③ 21.④ 22.③

23 다음 중 전력선 반송 보호 계전 방식의 장점이 아닌 것은?

① 저주파 반송 전류를 중첩시켜 사용하므로 계통의 신뢰도가 높아진다.
② 고장 구간의 선택이 확실하다.
③ 동작이 예민하다.
④ 고장점이나 계통의 여하에 불구하고 선택 차단 개소를 동시에 고속도 차단할 수 있다.

해설 전력선 반송 계전 방식은 200~300[kHz]의 고주파 반송 전류를 중첩시켜 이것으로 각 단자에 있는 계전기를 제어하는 방식으로 고장 구간의 선택이 확실하고, 동작이 예민하며, 신뢰도가 높은 계전 방식이다.

24 발전소의 발전기 정격 전압[kV]으로 사용되는 것은?

① 6.6 ② 33
③ 66 ④ 154

해설 발전소의 발전기 정격 전압은 5~21[kV] 정도이다.

25 송전 선로를 연가하는 주된 목적은?

출제빈도

① 페란티 효과의 방지
② 직격뢰의 방지
③ 선로 정수의 평형
④ 유도뢰의 방지

해설 연가의 목적은 선로 정수를 평형시켜 통신선에 대한 유도 장해 방지 및 전선로의 직렬 공진을 방지한다.

26 뒤진 역률 80[%], 10[kVA]의 부하를 가지는 주상 변압기의 2차측에 2[kVA]의 전력용 콘덴서를 접속하면 주상 변압기에 걸리는 부하는 약 몇 [kVA]가 되겠는가?

① 8 ② 8.5
③ 9 ④ 9.5

해설 역률 개선 후 변압기에 걸리는 부하(개선 후 피상 전력)

$$P_a' = \sqrt{\text{유효 전력}^2 + (\text{무효 전력} - \text{진상 용량})^2}$$
$$= \sqrt{(10\times0.8)^2 + (10\times0.6-2)^2} \fallingdotseq 9[\text{kVA}]$$

27 부하 전류 및 단락 전류를 모두 개폐할 수 있는 스위치는?

출제빈도

① 단로기 ② 차단기
③ 선로 개폐기 ④ 전력 퓨즈

해설 단로기(DS)와 선로 개폐기(LS)는 무부하 전로만 개폐 가능하고, 전력 퓨즈(PF)는 단락 전류 차단용으로 사용하고, 차단기(CB)는 부하 전류 및 단락 전류를 모두 개폐할 수 있다.

28 송전 선로에 낙뢰를 방지하기 위하여 설치하는 것은?

출제빈도

① 댐퍼 ② 초호환
③ 가공 지선 ④ 애자

해설 가공 지선의 설치 목적은 뇌격으로부터 전선과 기기 등을 보호하고, 유도 장해를 경감시킨다.

29 송·수전단 전압을 E_s, E_r이라 하고 4단자 정수를 A, B, C, D라 할 때 전력 원선도의 반지름은?

출제빈도

① $\dfrac{E_sE_r}{A}$ ② $\dfrac{E_s^{\,2}E_r^{\,2}}{A}$

③ $\dfrac{E_sE_r}{B}$ ④ $\dfrac{E_s^{\,2}E_r^{\,2}}{B}$

해설 송전원이나 수전원 모두 반지름 $\rho = \dfrac{E_sE_r}{B}$이다.

정답 23.① 24.① 25.③ 26.③ 27.② 28.③ 29.③

30 양수 발전의 주된 목적으로 옳은 것은?

① 연간 발전량을 늘이기 위하여
② 연간 평균 손실 전력을 줄이기 위하여
③ 연간 발전 비용을 줄이기 위하여
④ 연간 수력 발전량을 늘이기 위하여

해설 잉여 전력을 이용하여 하부 저수지의 물을 상부 저수지로 양수하여 첨수 부하 등에 이용하므로 발전 비용이 절약된다.

31 동일한 부하 전력에 대하여 전압을 2배로 승압하면 전압 강하, 전압 강하율, 전력 손실률은 각각 얼마나 감소하는지를 순서대로 나열한 것은?

출제빈도

① $\frac{1}{2}$, $\frac{1}{2}$, $\frac{1}{2}$
② $\frac{1}{2}$, $\frac{1}{2}$, $\frac{1}{4}$
③ $\frac{1}{2}$, $\frac{1}{4}$, $\frac{1}{4}$
④ $\frac{1}{4}$, $\frac{1}{4}$, $\frac{1}{4}$

해설 전압을 2배로 승압하면, 전압 강하는 $\frac{1}{2}$배, 전선량과 전력 손실 및 전압 강하율은 $\frac{1}{4}$배로 감소하고, 전력은 4배로 증가한다.

32 송전 선로에 근접한 통신선에 유도 장해가 발생하였을 때, 전자 유도의 원인은?

① 역상 전압
② 정상 전압
③ 정상 전류
④ 영상 전류

해설 전자 유도 전압 $E_m = -j\omega Ml \times 3I_0$이므로 전자 유도의 원인은 상호 인덕턴스와 영상 전류이다.

33 66[kV], 60[Hz] 3상 3선식 선로에서 중성점을 소호 리액터 접지하여 완전 공진 상태로 되었을 때 중성점에 흐르는 전류는 몇 [A]인가? (단, 소호 리액터를 포함한 영상 회로의 등가 저항은 200[Ω], 중성점 잔류 전압은 4,400[V]라고 한다.)

① 11 ② 22
③ 33 ④ 44

해설 완전 공진 상태이므로 리액턴스분은 존재하지 않고, 영상 회로의 등가 저항만 존재하므로 중성점에 흐르는 전류 $I_n = \frac{4,400}{200} = 22[A]$

34 변류기 개방 시 2차측을 단락하는 이유는?

① 2차측 절연 보호
② 2차측 과전류 보호
③ 측정 오차 방지
④ 1차측 과전류 방지

해설 운전 중 변류기 2차측이 개방되면 부하 전류가 모두 여자 전류가 되어 2차 권선에 대단히 높은 전압이 인가하여 2차측 절연이 파괴된다. 그러므로 2차측에 전류계 등 기구가 연결되지 않을 때에는 단락을 하여야 한다.

35 3상 3선식 송전 선로에서 정격 전압이 66[kV]이고, 1선당 리액턴스가 10[Ω]일 때, 100[MVA] 기준의 %리액턴스는 약 얼마인가?

출제빈도

① 17[%]
② 23[%]
③ 52[%]
④ 69[%]

해설 %임피던스

$$\%X = \frac{PX}{10V^2}[\%] = \frac{100 \times 10^3 \times 10}{10 \times 66^2} \fallingdotseq 23[\%]$$

정답 30.③ 31.③ 32.④ 33.② 34.① 35.②

36 정격 용량 150[kVA]인 단상 변압기 두 대로 V결선을 했을 경우 최대 출력은 약 몇 [kVA]인가?

① 170　② 173
③ 260　④ 280

해설 V결선의 출력 $P_V = \sqrt{3}P_1 = \sqrt{3} \times 150 \fallingdotseq 260$[kVA]

37 배전 선로의 역률 개선에 따른 효과로 적합하지 않은 것은?

출제빈도

① 전원측 설비의 이용률 향상
② 선로 절연에 요하는 비용 절감
③ 전압 강하 감소
④ 선로의 전력 손실 경감

해설 역률 개선의 효과
- 선로의 전력 손실 경감
- 전압 강하 감소
- 설비의 여유가 증가하므로 변압기의 용량 경감
- 수용가의 전기 요금 절약

38 어떤 수력 발전소의 수압관에서 분출되는 물의 속도와 직접적인 관련이 없는 것은?

① 수면에서의 연직 거리
② 관의 경사
③ 관의 길이
④ 유량

해설 물의 분출 속도 $v = \sqrt{2gH}$[m/s]로 계산되고, 여기서 H는 낙차(수두)이므로 관의 경사에 의한 연직 거리와 유량(단면적×속도)에 의해 결정되고, 관의 길이와는 관계가 없다.

39 송전단 전압 161[kV], 수전단 전압 155[kV], 상차각 40°, 리액턴스가 49.8[Ω]일 때 선로 손실을 무시한다면 전송 전력은 약 몇 [MW]인가?

출제빈도

① 289　② 322
③ 373　④ 869

해설 전송 전력 $P = \dfrac{V_s V_r}{X} \cdot \sin\theta$

$= \dfrac{161 \times 155}{49.8} \times \sin 40°$

$\fallingdotseq 322$[MW]

40 차단기에서 정격 차단 시간의 표준이 아닌 것은?

① 3[Hz]　② 5[Hz]
③ 8[Hz]　④ 10[Hz]

해설 차단기의 정격 차단 시간은 트립 코일이 여자하여 가동 접촉자가 시동하는 순간(개극 시간)부터 아크가 소멸하는 시간(소호 시간)으로 약 3~8[Hz] 정도이다.

제3과목 전기기기

41 동기 발전기에 회전 계자형을 사용하는 이유로 틀린 것은?

① 기전력의 파형을 개선한다.
② 계자가 회전자이지만 저전압 소용량의 직류이므로 구조가 간단하다.
③ 전기자가 고정자이므로 고전압 대전류용에 좋고 절연이 쉽다.
④ 전기자보다 계자극을 회전자로 하는 것이 기계적으로 튼튼하다.

해설 회전 계자형의 특징
- 전기자를 고정자로 하여 전기자에서 발생하는 고전압 대전류의 인출이 용이하고, 절연이 쉽다.
- 계자 회로는 직류 저전압이 소요되어 회전하여도 전원 공급이 용이하고 기계적으로 튼튼하게 만들 수 있다.

따라서 기전력의 파형을 개선하기 위해서는 전기자의 권선을 분포권과 단절권으로 채택한다.

정답 36.③ 37.② 38.③ 39.② 40.④ 41.①

42 60[Hz], 12극, 회전자 외경 2[m]의 동기 발전기에 있어서 자극면의 주변 속도[m/s]는 약 얼마인가?

① 34　　② 43
③ 59　　④ 63

해설
- 동기 속도 $N_s = \frac{120f}{P} = \frac{120 \times 60}{12} = 60[\text{rpm}]$
- 주변 속도 $v = \pi D \frac{N_s}{60} = \pi \times 2 \times \frac{600}{60} = 62.8[\text{m/s}]$

43 단상 전파 정류 회로를 구성한 것으로 옳은 것은?

①
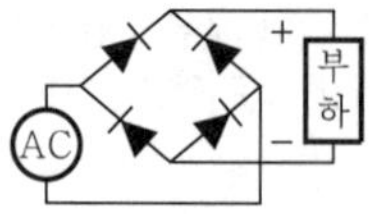

②
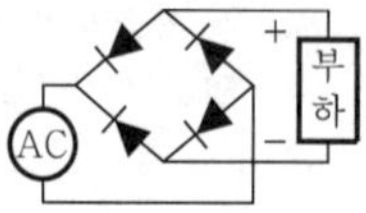

③
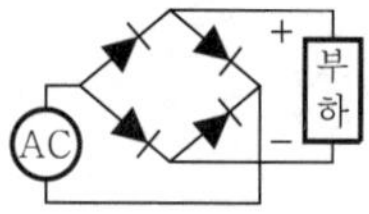

④
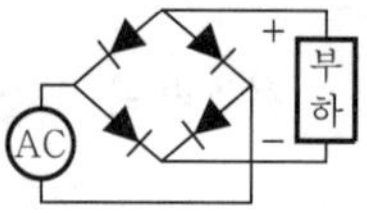

해설 단상 전파(브리지) 정류 회로의 구성

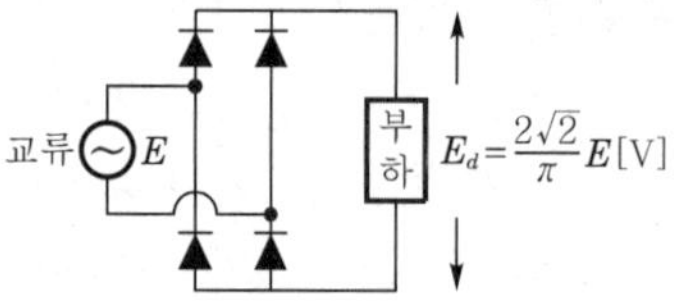

44 동기 전동기의 전기 반작용에서 전기자 전류가 앞서는 경우 어떤 작용이 일어나는가?

① 증자 작용　　② 감자 작용
③ 횡축 반작용　　④ 교차 자화 작용

해설 동기 전동기의 전기자 반작용
- 횡축 반작용(교차 자화 작용) : 전기자 전류와 전압이 동상일 때
- 직축 반작용
  - 감자 작용 : 전기자 전류가 전압보다 앞설 때
  - 증자 작용 : 전기자 전류가 전압보다 뒤질 때

45 3상 유도 전동기의 원선도 작성에 필요한 기본량이 아닌 것은?

① 저항 측정　　② 슬립 측정
③ 구속 시험　　④ 무부하 시험

해설 3상 유도 전동기의 원선도 작성 시 필요한 시험
- 무부하 시험
- 구속 시험(단락 시험)
- 권선 저항 측정

46 유도 전동기 원선도에서 원의 지름은? (단, E를 1차 전압, r는 1차로 환산한 저항, x를 1차로 환산한 누설 리액턴스라 한다.)

① rE에 비례
② $r\chi E$에 비례
③ $\frac{E}{r}$에 비례
④ $\frac{E}{x}$에 비례

해설
전류 $I = \frac{E}{r + jx}$
유도 전동기 원선도의 반원의 지름은 저항 $r=0$일 때의 전류이므로 $D \propto \frac{E}{x}$이다.

47 단상 직권 정류자 전동기에 관한 설명 중 틀린 것은? (단, A : 전기자, C : 보상 권선, F : 계자 권선이라 한다.)

① 직권형은 A와 F가 직렬로 되어 있다.
② 보상 직권형은 A, C 및 F가 직렬로 되어 있다.
③ 단상 직권 정류자 전동기에서는 보극 권선을 사용하지 않는다.
④ 유도 보상 직권형은 A와 F가 직렬로 되어 있고 C는 A에서 분리한 후 단락되어 있다.

정답 42.④ 43.① 44.② 45.② 46.④ 47.③

해설 단상 직권 정류자 전동기의 종류

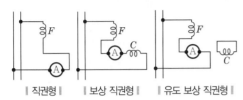

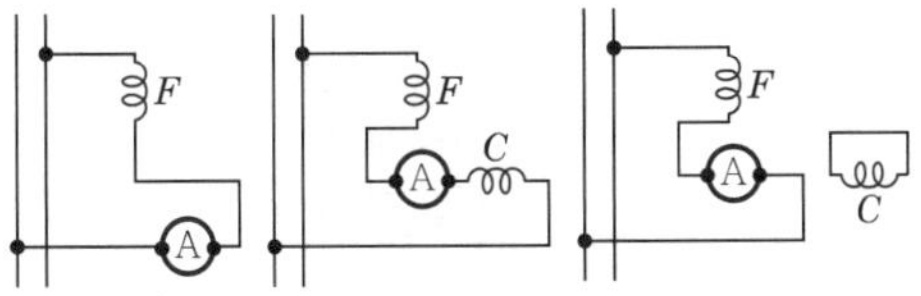

48 PN 접합 구조로 되어 있고 제어는 불가능하나 교류를 직류로 변환하는 반도체 정류 소자는?

① IGBT ② 다이오드
③ MOSFET ④ 사이리스터

해설 다이오드(diode)는 PN 접합 구조로 되어 있고 제어가 불가능한 반도체 정류 소자이다.

49 3상 분권 정류자 전동기의 설명으로 틀린 것은?

출제빈도

① 변압기를 사용하여 전원 전압을 낮춘다.
② 정류자 권선은 저전압 대전류에 적합하다.
③ 부하가 가해지면 슬립의 발생 소요 토크는 직류 전동기와 같다.
④ 특성이 가장 뛰어나고 널리 사용되고 있는 전동기는 시라게 전동기이다.

해설 3상 분권 정류자 전동기는 권선형 유도 전동기의 회전자에 정류자를 부착하여 직류 전동기의 구조와 유사하고 정류자 권선은 저전압 대전류에 적합하며, 현재 가장 많이 사용되고 있는 전동기는 시라게 전동기(schrage motor)이다.

50 유도 전동기의 회전자에 슬립 주파수의 전압을 공급하여 속도를 제어하는 방법은?

출제빈도

① 2차 저항법 ② 2차 여자법
③ 직류 여자법 ④ 주파수 변환법

해설 권선형 유도 전동기의 2차측에 슬립 주파수 전압을 공급하여 슬립의 변화로 속도를 제어하는 방법을 2차 여자법이라 한다.

51 권선형 유도 전동기의 속도－토크 곡선에서 비례 추이는 그 곡선이 무엇에 비례하여 이동하는가?

① 슬립
② 회전수
③ 공급 전압
④ 2차 저항

해설 3상 권선형 유도 전동기는 동일 토크에서 2차 저항을 증가하면 슬립이 비례하여 증가한다. 따라서 토크 곡선이 2차 저항에 비례하여 이동하는 것을 토크의 비례 추이라 한다.

52 정격 전압 200[V], 전기자 전류 100[A]일 때 1,000[rpm]으로 회전하는 직류 분권 전동기가 있다. 이 전동기의 무부하 속도는 약 몇 [rpm]인가? (단, 전기자 저항은 0.15[Ω], 전기자 반작용은 무시한다.)

출제빈도

① 981
② 1,081
③ 1,100
④ 1,180

해설
• 회전 속도 $N = K\dfrac{V - I_a R_a}{\phi}$

$$1{,}000 = \frac{K}{\phi}(200 - 100 \times 0.15)$$

$$\therefore \frac{K}{\phi} = \frac{1{,}000}{185}$$

• 무부하 속도 $N_0 = K\dfrac{V - I_a R_a}{\phi}$

$$= \frac{1{,}000}{185} \times 200$$

$$= 1{,}081[\text{rpm}]$$

정답 48.② 49.③ 50.② 51.④ 52.②

53 이상적인 변압기에서 2차를 개방한 벡터도 중 서로 반대 위상인 것은?

① 자속, 여자 전류
② 입력 전압, 1차 유도 기전력
③ 여자 전류, 2차 유도 기전력
④ 1차 유도 기전력, 2차 유도 기전력

해설 변압기의 2차 개방 시 벡터도

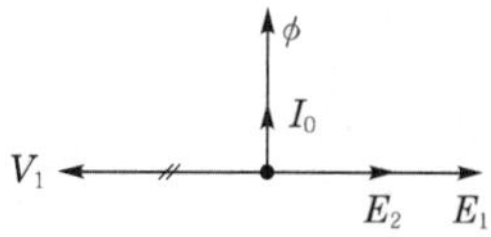

1차 입력 전압(V_1)과 1차 유도 기전력(E_1)은 이상적인 변압기에서 크기는 같고, 위상이 서로 반대이다.

54 동일 정격의 3상 동기 발전기 2대를 무부하로 병렬 운전하고 있을 때, 두 발전기의 기전력 사이에 30°의 위상차가 있으면 한 발전기에서 다른 발전기에 공급되는 유효 전력은 몇 [kW]인가? (단, 각 발전기(1상)의 기전력은 1,000[V], 동기 리액턴스는 4[Ω]이고, 전기자 저항은 무시한다.)

① 62.5　② $62.5\times\sqrt{3}$
③ 125.5　④ $125.5\times\sqrt{3}$

해설
수수 전력 $P=\dfrac{E^2}{2Z_s}\sin\delta_s$
$=\dfrac{1{,}000^2}{2\times4}\times\dfrac{1}{2}\times10^{-3}$
$=62.5[\text{kW}]$

55 어떤 단상 변압기의 2차 무부하 전압이 240[V]이고 정격 부하 시의 2차 단자 전압이 230[V]이다. 전압 변동률은 약 몇 [%]인가?

① 2.35　② 3.35
③ 4.35　④ 5.35

해설
전압 변동률 $\varepsilon=\dfrac{V_{20}-V_{2n}}{V_{2n}}\times100$
$=\dfrac{240-230}{230}\times100$
$=4.35[\%]$

56 정격 전압 6,000[V], 용량 5,000[kVA]의 Y결선 3상 동기 발전기가 있다. 여자 전류 200[A]에서의 무부하 단자 전압 6,000[V], 단락 전류 600[A]일 때, 이 발전기의 단락비는 약 얼마인가?

① 0.25　② 1
③ 1.25　④ 1.5

해설
단락비 $K_s=\dfrac{I_{f_0}}{I_{f_s}}=\dfrac{I_s}{I_n}=\dfrac{600}{\dfrac{5{,}000}{\sqrt{3}\times6}}=1.247[\text{A}]$

57 다음은 직류 발전기의 정류 곡선이다. 이 중에서 정류 초기에 정류의 상태가 좋지 않은 것은?

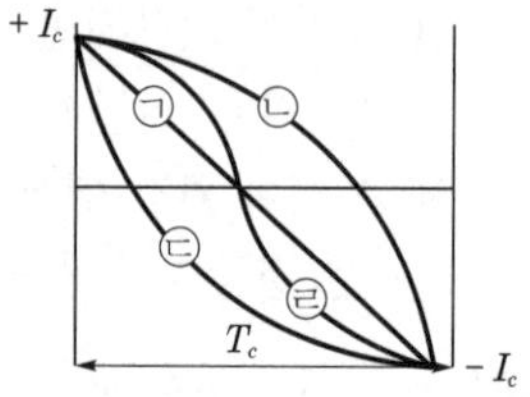

① ㉠
② ㉡
③ ㉢
④ ㉣

해설 정류 곡선에서 ㉠ 직선 정류, ㉣ 정현파 정류는 양호한 정류 곡선이고 ㉡ 부족 정류는 정류 말기에 불꽃이 발생하며 ㉢ 과정류는 정류 초기에 불꽃이 발생하는 곡선이다.

58 2대의 변압기로 V결선하여 3상 변압하는 경우 변압기 이용률[%]은?

① 57.8　② 66.6
③ 86.6　④ 100

정답 53.② 54.① 55.③ 56.③ 57.③ 58.③

해설 단상 변압기 2대를 V결선하면 출력 $P_V = \sqrt{3}P_1$이며, 변압기 이용률$=\dfrac{\sqrt{3}P_1}{2P_1}=0.866=86.6[\%]$이다.

59 직류기의 전기자에 일반적으로 사용되는 전기자 권선법은?

① 2층권 ② 개로권
③ 환상권 ④ 단층권

해설 직류기의 전기자 권선법은 고상권, 폐로권, 2층권을 사용한다.

60 3300/200[V], 50[kVA]인 단상 변압기의 %저항, %리액턴스를 각각 2.4[%], 1.6[%]라 하면 이때의 임피던스 전압은 약 몇 [V]인가?

출제빈도

① 95 ② 100
③ 105 ④ 110

해설 • 퍼센트 임피던스 강하(%Z)

$$\%Z = \frac{IZ}{V_n}\times 100 = \frac{V_s}{V_n}\times 100$$
$$= \sqrt{p^2+q^2} = \sqrt{2.4^2+1.6^2}$$
$$= 2.88[\%]$$

• 임피던스 전압(V_s)

$$V_s = \frac{\%Z}{100}V_n = \frac{2.88}{100}\times 3{,}300 = 95.18[\text{V}]$$

제4과목 회로이론

61 전달 함수 출력(응답)식 $C(s)=G(s)R(s)$에서 입력 함수 $R(s)$를 단위 임펄스 $\delta(t)$로 인가할 때 이 계의 출력은?

출제빈도

① $C(s)=G(s)\delta(s)$

② $C(s)=\dfrac{G(s)}{\delta(s)}$

③ $C(s)=\dfrac{G(s)}{s}$

④ $C(s)=G(s)$

해설 입력 $r(t)=\delta(t)$
$\therefore R(s)=\mathcal{L}[\delta(t)]=1$
$\because C(s)=G(s)\cdot R(s)=G(s)$

62 단자 a와 b 사이에 전압 30[V]를 가했을 때 전류 I가 3[A] 흘렀다고 한다. 저항 $r[\Omega]$은 얼마인가?

① 5
② 10
③ 15
④ 20

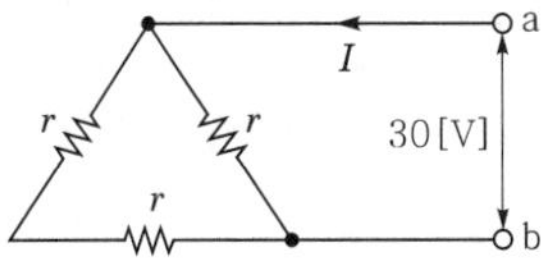

해설 합성 저항

$$R=\frac{V}{I}=\frac{30}{3}=10[\Omega]$$
$$10=\frac{r\cdot 2r}{r+2r}=\frac{2}{3}r$$
$$\therefore r=15[\Omega]$$

63 3상 불평형 전압에서 불평형률은?

출제빈도

① $\dfrac{\text{영상 전압}}{\text{정상 전압}}\times 100[\%]$

② $\dfrac{\text{역상 전압}}{\text{정상 전압}}\times 100[\%]$

③ $\dfrac{\text{정상 전압}}{\text{역상 전압}}\times 100[\%]$

④ $\dfrac{\text{정상 전압}}{\text{영상 전압}}\times 100[\%]$

해설 $\text{불평형률}=\dfrac{\text{역상분}}{\text{정상분}}\times 100[\%]$
$=\dfrac{V_2}{V_1}\times 100[\%]$
$=\dfrac{I_2}{I_1}\times 100[\%]$

정답 59.① 60.① 61.④ 62.③ 63.②

64 전압과 전류가 각각 $v=141.4\sin\left(377t+\frac{\pi}{3}\right)$ [V], $i=\sqrt{8}\sin\left(377t+\frac{\pi}{6}\right)$[A]인 회로의 소비(유효) 전력은 약 몇 [W]인가?

① 100
② 173
③ 200
④ 344

해설 $P=VI\cos\theta$
(여기서, VI : 실효값)
$=100\times2\cos30°$
$=100\sqrt{3}$
$=173$[W]

65 다음과 같은 4단자 회로에서 영상 임피던스 [Ω]는?

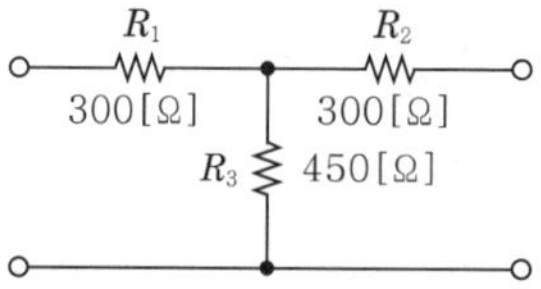

① 200　② 300
③ 450　④ 600

해설

$$\begin{bmatrix} A & B \\ C & D \end{bmatrix}=\begin{bmatrix} 1 & 300 \\ 0 & 1 \end{bmatrix}\begin{bmatrix} 1 & 0 \\ \frac{1}{450} & 1 \end{bmatrix}\begin{bmatrix} 1 & 300 \\ 0 & 1 \end{bmatrix}=\begin{bmatrix} \frac{5}{3} & 800 \\ \frac{1}{450} & \frac{5}{3} \end{bmatrix}$$

대칭 회로이므로

$Z_{01}=Z_{02}=\sqrt{\frac{B}{C}}=600$[Ω]

66 저항 1[Ω]과 인덕턴스 1[H]를 직렬로 연결한 후 60[Hz], 100[V]의 전압을 인가할 때 흐르는 전류의 위상은 전압의 위상보다 어떻게 되는가?

① 뒤지지만 90° 이하이다.
② 90° 늦다.
③ 앞서지만 90° 이하이다.
④ 90° 빠르다.

해설 전류는 전압보다 θ만큼 뒤진다. 이때 $\theta=\tan^{-1}\frac{X_L}{R}$이며 0°보다 크고 90°보다 작다.

67 어떤 정현파 교류 전압의 실효값이 314[V]일 때 평균값은 약 몇 [V]인가?

① 142
② 283
③ 365
④ 382

해설
- 평균값 : $V_{av}=\frac{2}{\pi}V_m=0.637V_m$
- 실효값 : $V=\frac{1}{\sqrt{2}}V_m=0.707V_m$

∴ 평균값 $V_{av}=\frac{2}{\pi}V_m=\frac{2}{\pi}\sqrt{2}V$
$=\frac{2\sqrt{2}}{\pi}\times314$
$=283$[V]

68 평형 3상 저항 부하가 3상 4선식 회로에 접속되어 있을 때 단상 전력계를 그림과 같이 접속하였더니 그 지시값이 W[W]이었다. 이 부하의 3상 전력[W]은?

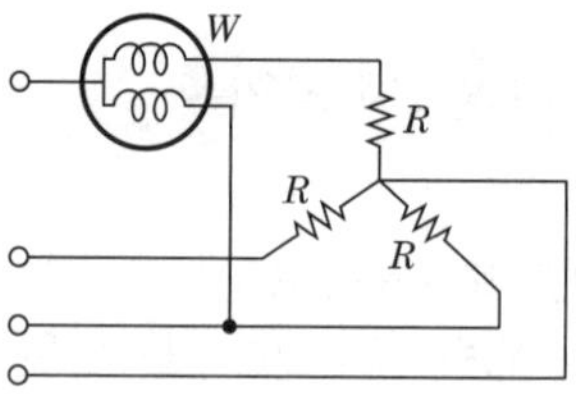

① $\sqrt{2}W$　② $2W$
③ $\sqrt{3}W$　④ $3W$

정답 64.② 65.④ 66.① 67.② 68.②

해설 전력계의 전압은 V_{ab}, 전류는 I_a이므로

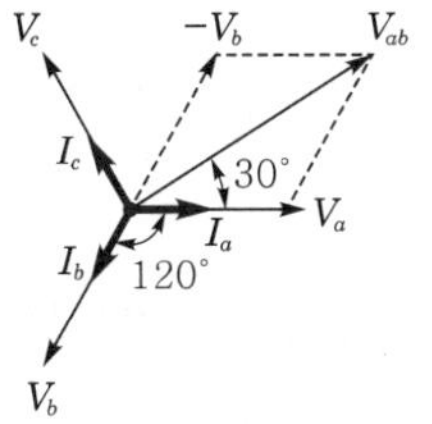

$\therefore\ W = V_{ab} I_a \cos 30° = \dfrac{\sqrt{3}}{2} V_{ab} I_a$

$\because$ 3상 전력 $P = 2W$[W]

69 그림과 같은 RC 직렬 회로에 $t=0$에서 스위치 S를 닫아 직류 전압 100[V]를 회로의 양단에 인가하면 시간 t에서의 충전 전하는? (단, $R=10[\Omega]$, $C=0.1$[F]이다.)

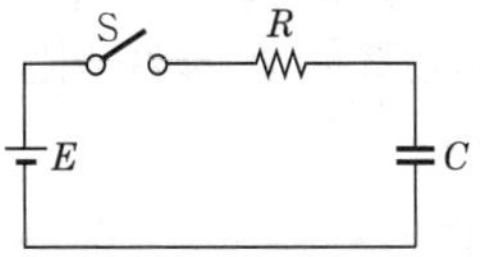

① $10(1-e^{-t})$　② $-10(1-e^{t})$
③ $10e^{-t}$　④ $-10e^{t}$

해설
$q = CE\left(1-e^{-\frac{1}{RC}t}\right)$
$= 0.1\times 100\left(1-e^{-\frac{1}{10\times 0.1}t}\right)$
$= 10(1-e^{-t})$[C]

70 다음 두 회로의 4단자 정수 A, B, C, D가 동일할 조건은?

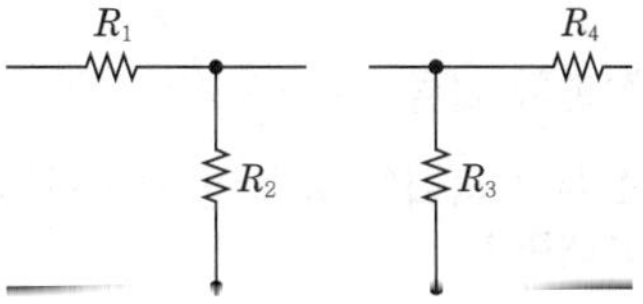

① $R_1 = R_2$, $R_3 = R_4$
② $R_1 = R_3$, $R_2 = R_4$
③ $R_1 = R_4$, $R_2 = R_3 = 0$
④ $R_2 = R_3$, $R_1 = R_4 = 0$

해설

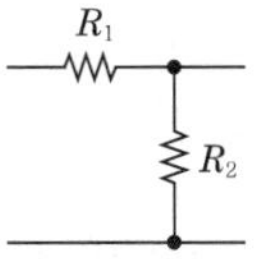

$$\begin{bmatrix} A & B \\ C & D \end{bmatrix} = \begin{bmatrix} 0 & R_1 \\ 0 & 1 \end{bmatrix}\begin{bmatrix} 1 & 0 \\ \dfrac{1}{R_2} & 1 \end{bmatrix} = \begin{bmatrix} 1+\dfrac{R_1}{R_2} & R_1 \\ \dfrac{1}{R_2} & 1 \end{bmatrix}$$

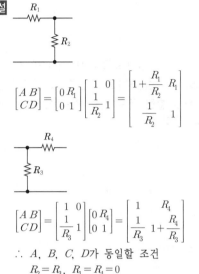

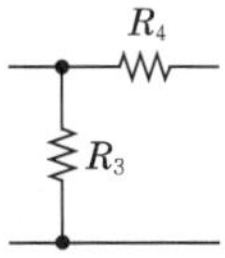

$$\begin{bmatrix} A & B \\ C & D \end{bmatrix} = \begin{bmatrix} 1 & 0 \\ \dfrac{1}{R_3} & 1 \end{bmatrix}\begin{bmatrix} 0 & R_4 \\ 0 & 1 \end{bmatrix} = \begin{bmatrix} 1 & R_4 \\ \dfrac{1}{R_3} & 1+\dfrac{R_4}{R_3} \end{bmatrix}$$

$\therefore$ A, B, C, D가 동일할 조건
$R_2 = R_3$, $R_1 = R_4 = 0$

71 Y결선된 대칭 3상 회로에서 전원 한 상의 전압이 $V_a = 220\sqrt{2}\sin\omega t$[V]일 때 선간 전압의 실효값 크기는 약 몇 [V]인가?

① 220　② 310
③ 380　④ 540

해설 성형 결선(Y결선) 시 선간 전압 $V_l = \sqrt{3}\,V_p$이므로
$\therefore\ V_l = \sqrt{3}\times 220 = 380$[V]

72 $a+a^2$의 값은? $\left(단,\ a = e^{\frac{j2\pi}{3}} = 1\angle 120°\ 이다.\right)$

① 0　② -1
③ 1　④ a^3

해설 연산자의 성질
$a = -\dfrac{1}{2} + j\dfrac{\sqrt{3}}{2}$

정답 69.① 70.④ 71.③ 72.②

$a^2 = -\frac{1}{2} - j\frac{\sqrt{3}}{2}$

$a^3 = 1$

$1 + a^2 + a = 0$

$\therefore\ a^2 + a = -1$

73 평형 3상 Y결선 회로의 선간 전압이 V_l, 상전압이 V_p, 선전류가 I_l, 상전류가 I_p일 때 다음의 수식 중 틀린 것은? (단, P는 3상 부하 전력을 의미한다.)

출제빈도

① $V_l = \sqrt{3}\,V_p$

② $I_l = I_p$

③ $P = \sqrt{3}\,V_l I_l \cos\theta$

④ $P = \sqrt{3}\,V_p I_p \cos\theta$

해설 성형 결선(Y결선)

- 선간 전압(V_l)= $\sqrt{3}$상 전압(V_p)
- 선전류(I_l)=상전류(I_p)
- 전력 $P = 3V_p I_p \cos\theta = \sqrt{3}\,V_l I_l \cos\theta$[W]

74 전압이 $v = 10\sin 10t + 20\sin 20t$[V]이고 전류가 $i = 20\sin 10t + 10\sin 20t$[A]이면, 소비(유효) 전력[W]은?

출제빈도

① 400 ② 283

③ 200 ④ 141

해설 $P = V_1 I_1 \cos\theta_1 + V_2 I_2 \cos\theta_2$

$= \frac{10}{\sqrt{2}} \cdot \frac{20}{\sqrt{2}}\cos 0° + \frac{20}{\sqrt{2}} \cdot \frac{10}{\sqrt{2}}\cos 0°$

$= 200$[W]

75 코일의 권수 N=1,000회이고, 코일의 저항 R=10[Ω]이다. 전류 I=10[A]를 흘릴 때 코일의 권수 1회에 대한 자속이 $\phi = 3\times 10^{-2}$[Wb]이라면 이 회로의 시정수[s]는?

출제빈도

① 0.3 ② 0.4

③ 3.0 ④ 4.0

해설 코일의 자기 인덕턴스

$L = \frac{N\phi}{I} = \frac{1,000\times 3\times 10^{-2}}{10} = 3$[H]

시정수 $\tau = \frac{L}{R} = \frac{3}{10} = 0.3$[s]

76 $\mathcal{L}[f(t)] = F(s) = \frac{5s+8}{5s^2+4s}$일 때, $f(t)$의 최종값 $f(\infty)$는?

① 1 ② 2

③ 3 ④ 4

해설 최종값 정리

$\lim_{t\to\infty} f(t) = \lim_{s\to 0} s \cdot F(s) = \lim_{s\to 0} s \cdot \frac{5s+8}{s(5s+4)} = 2$

77 평형 3상 부하의 결선을 Y에서 △로 하면 소비 전력은 몇 배가 되는가?

출제빈도

① 1.5 ② 1.73

③ 3 ④ 3.46

해설
- △결선 시 전력

$P_\triangle = 3I_p^2 \cdot R = 3\left(\frac{V}{R}\right)^2 \cdot R = \frac{3V^2}{R}$[W]

- Y결선 시 전력

$P_Y = 3I_p^2 \cdot R = 3\left(\frac{\frac{V}{\sqrt{3}}}{R}\right)^2 \cdot R = \frac{V^2}{R}$[W]

$\therefore\ \frac{P_\triangle}{P_Y} = \frac{\frac{3V^2}{R}}{\frac{V^2}{R}} = 3$배

78 정현파 교류 $i = 10\sqrt{2}\sin\left(\omega t + \frac{\pi}{3}\right)$를 복소수의 극좌표 형식인 페이저(phasor)로 나타내면?

① $10\sqrt{2}\angle\frac{\pi}{3}$ ② $10\sqrt{2}\angle-\frac{\pi}{3}$

③ $10\angle\frac{\pi}{3}$ ④ $10\angle-\frac{\pi}{3}$

정답 73.④ 74.③ 75.① 76.② 77.③ 78.③

해설 $I = 10\angle\frac{\pi}{3} = 10\left(\cos\frac{\pi}{3} + j\sin\frac{\pi}{3}\right) = 5 + j5\sqrt{3}$

79 $V_1(s)$를 입력, $V_2(s)$를 출력이라 할 때, 다음 회로의 전달 함수는? (단, $C_1 = 1[\text{F}]$, $L_1 = 1[\text{H}]$)

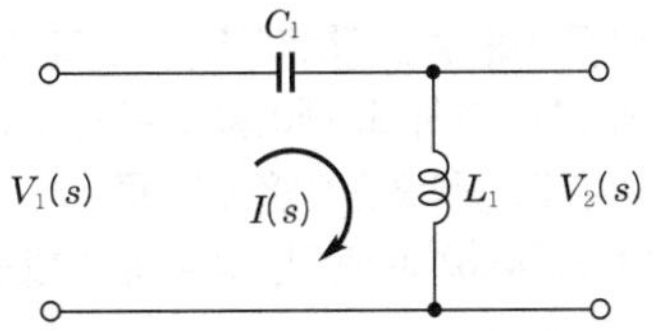

① $\frac{s}{s+1}$ ② $\frac{s^2}{s^2+1}$

③ $\frac{1}{s+1}$ ④ $1+\frac{1}{s}$

해설 전달 함수

$$G(s) = \frac{V_2(s)}{V_1(s)} = \frac{L_1 s}{\frac{1}{C_1 s} + L_1 s} = \frac{L_1 C_1 s^2}{L_1 C_1 s^2 + 1}$$

$C_1 = 1[\text{F}]$, $L_1 = 1[\text{H}]$이므로

$$\therefore G(s) = \frac{s^2}{s^2+1}$$

80 $\frac{dx(t)}{dt} + 3x(t) = 5$의 라플라스 변환은? (단, $x(0) = 0$, $X(s) = \mathcal{L}[x(t)]$)

① $X(s) = \frac{5}{s+3}$ ② $X(s) = \frac{3}{s(s+5)}$

③ $X(s) = \frac{3}{s+5}$ ④ $X(s) = \frac{5}{s(s+3)}$

해설 모든 초기값을 0으로 하고 Laplace 변환하면

$$sX(s) + 3X(s) = \frac{5}{s}$$

$$\therefore X(s) = \frac{5}{s(s+3)}$$

제5과목 전기설비기술기준

81 전용 개폐기 또는 과전류 차단기에서 화약류 저장소의 인입구까지의 배선은 어떻게 시설하는가?

① 애자 공사에 의하여 시설한다.
② 케이블을 사용하여 지중으로 시설한다.
③ 케이블을 사용하여 가공으로 시설한다.
④ 합성 수지관 공사에 의하여 가공으로 시설한다.

해설 화약류 저장소에서 전기 설비의 시설(한국전기설비규정 242.5)

- 전로에 대지 전압은 300[V] 이하일 것
- 전기 기계 기구는 전폐형의 것일 것
- 케이블을 전기 기계 기구에 인입할 때에는 인입구에서 케이블이 손상될 우려가 없도록 시설할 것
- 화약류 저장소 안의 전기 설비에 전기를 공급하는 전로에는 화약류 저장소 이외의 곳에 전용 개폐기 및 과전류 차단기를 각 극에 시설할 것

82 전기 철도에서 직류 귀선의 비절연 부분에 대한 전식 방지를 위한 귀선의 극성은 어떻게 해야 하는가?

① 감극성으로 한다.
② 가극성으로 한다.
③ 정극성으로 한다.
④ 부극성으로 한다.

해설 전기 부식 방지를 위한 귀선의 시설(판단기준 제263조)

- 귀선은 부극성(負極性)으로 할 것
- 귀선용 레일의 이음매의 저항을 합친 값은 그 구간의 레일 자체의 저항의 20[%] 이하로 유지하고 또한 하나의 이음매의 저항은 그 레일의 길이 5[m]의 저항에 상당한 값 이하일 것
- 귀선용 레일은 특수한 곳 이외에는 길이 30[m] 이상이 되도록 연속하여 용접할 것

※ 이 문제는 출제 당시 규정에는 적합했으나 새로 제정된 한국전기설비규정에는 일부 부적합하므로 문제 유형만 참고하시기 바랍니다.

정답 79.② 80.④ 81.② 82.④

83 **과전류 차단기를 설치하지 않아야 할 곳은?**

① 수용가의 인입선 부분
② 고압 배전 선로의 인출 장소
③ 직접 접지 계통에 설치한 변압기의 접지 도체
④ 역률 조정용 고압 병렬 콘덴서 뱅크의 분기선

해설 **과전류 차단기의 시설 제한(한국전기설비규정 341.12)**
- 각종 접지 공사의 접지 도체
- 다선식 전로의 중성선
- 접지 공사를 한 저압 가공 전선로의 접지측 전선

84 **사용 전압 154[kVA]의 가공 전선을 시가지에 시설하는 경우 전선의 지표상의 높이는 최소 몇 [m] 이상이어야 하는가? (단, 발전소 · 변전소 또는 이에 준하는 곳의 구내와 구외를 연결하는 1경간 가공 전선은 제외한다.)**

출제빈도

① 7.44 ② 9.44
③ 11.44 ④ 13.44

해설 **시가지 등에서 특고압 가공 전선로의 시설(한국전기설비규정 333.1)**
35[kV]를 초과하는 10[kV] 단수는 (154−35)÷10=11.9이므로 12이다. 그러므로 지표상 높이는 10+0.12×12=11.44[m]이다.

85 **특고압 가공 전선로의 지지물에 시설하는 가공 통신 인입선은 조영물의 붙임점에서 지표상의 높이를 몇 [m] 이상으로 하여야 하는가? (단, 교통에 지장이 없고 또한 위험의 우려가 없을 때에 한한다.)**

출제빈도

① 2.5 ② 3
③ 3.5 ④ 4

해설 **가공 통신 인입선 시설(판단기준 제158조)**
특고압 가공 전선로의 지지물에 시설하는 가공 통신 인입선 부분의 높이 및 다른 가공 약전류 전선 등 사이의 이격 거리는 교통에 지장이 없고 또한 위험의 우려가 없을 때에 노면상의 높이는 5[m] 이상, 조영물의 붙임점에서의 지표상의 높이는 3.5[m] 이상, 다른 가공 약전류 전선 등 사이의 이격 거리는 60[cm] 이상으로 한다.

※ 이 문제는 출제 당시 규정에는 적합했으나 새로 제정된 한국전기설비규정에는 일부 부적합하므로 문제 유형만 참고하시기 바랍니다.

86 **발전기의 보호 장치에 있어서 과전류, 압유 장치의 유압 저하 및 베어링의 온도가 현저히 상승한 경우 자동적으로 이를 전로로부터 차단하는 장치를 시설하여야 한다. 해당되지 않는 것은?**

① 발전기에 과전류가 생긴 경우
② 용량 10,000[kVA] 이상인 발전기의 내부에 고장이 생긴 경우
③ 원자력 발전소에 시설하는 비상용 예비 발전기에 있어서 비상용 노심 냉각 장치가 작동한 경우
④ 용량 100[kVA] 이상의 발전기를 구동하는 풍차의 압유 장치의 유압, 압축 공기 장치의 공기압이 현저히 저하한 경우

해설 **발전기 등의 보호 장치(한국전기설비규정 351.3)**
발전기 보호 : 자동 차단 장치
- 과전류, 과전압이 생긴 경우
- 500[kVA] 이상 : 수차 압유 장치 유압
- 100[kVA] 이상 : 풍차 압유 장치 유압
- 2,000[kVA] 이상 : 수차 발전기 베어링 온도
- 10,000[kVA] 이상 : 발전기 내부 고장
- 10,000[kW] 초과 : 증기 터빈의 베어링 마모, 온도 상승

87 **지중 또는 수중에 시설되어 있는 금속체의 부식을 방지하기 위한 전기 부식 방지 회로의 사용 전압은 직류 몇 [V] 이하이어야 하는가? (단, 전기 부식 방지 회로로는 전기 부식 방지용 전원 장치로부터 양극 및 피방식체까지의 전로를 말한다.)**

① 30 ② 60
③ 90 ④ 120

정답 83.③ 84.③ 85.③ 86.③ 87.②

해설 전기 부식 방지 회로의 전압 등(한국전기설비규정 241.16.3)

- 전기 부식 방지 회로의 사용 전압은 직류 60[V] 이하일 것
- 양극(陽極)은 지중에 매설하거나 수중에서 쉽게 접촉할 우려가 없는 곳에 시설할 것
- 지중에 매설하는 양극의 매설 깊이는 75[cm] 이상일 것
- 수중에 시설하는 양극과 그 주위 1[m] 이내의 거리에 있는 임의점과의 사이의 전위차는 10[V]를 넘지 아니할 것
- 지표 또는 수중에서 1[m] 간격의 임의의 2점간의 전위차가 5[V]를 넘지 아니할 것

88 특고압 전선로에 사용되는 애자 장치에 대한 갑종 풍압 하중은 그 구성재의 수직 투영 면적 1[m^2]에 대한 풍압 하중을 몇 [Pa]을 기초로 하여 계산한 것인가?

① 588 ② 666
③ 946 ④ 1,039

해설 풍압 하중의 종별과 적용(한국전기설비규정 331.6)

풍압을 받는 구분		갑종 풍압 하중
지지물	원형	588[Pa]
	강관 철주	1,117[Pa]
	강관 철탑	1,255[Pa]
전선 가섭선	다도체	666[Pa]
	기타의 것(단도체 등)	745[Pa]
애자 장치(특고압 전선용)		1,039[Pa]
완금류		1,196[Pa]

89 특고압 가공 전선로에서 철탑(단주 제외)의 경간은 몇 [m] 이하로 하여야 하는가?

① 400 ② 500
③ 600 ④ 700

해설 특고압 가공 전선로의 경간 제한(한국전기설비규정 333.21)

지지물의 종류	경 간
목주 · A종	150[m]
B종	250[m]
철탑	600[m]

90 지중 전선로를 직접 매설식에 의하여 시설하는 경우에 차량 및 기타 중량물의 압력을 받을 우려가 있는 장소의 매설 깊이는 몇 [m] 이상인가?

① 1.0 ② 1.2
③ 1.5 ④ 1.8

해설 지중 전선로의 시설(한국전기설비규정 334.1)

- 직접 매설식에 의하여 시설하는 경우에는 매설 깊이를 1.2[m] 이상(차량, 기타 중량물의 압력을 받을 우려가 없는 장소 60[cm] 이상)
- 관로식에 의하여 시설하는 경우에는 매설 깊이를 1.0[m] 이상

91 지중 전선이 지중 약전류 전선 등과 접근하거나 교차하는 경우에 상호간의 이격 거리가 저압 또는 고압의 지중 전선이 몇 [cm] 이하일 때, 지중 전선과 지중 약전류 전선 사이에 견고한 내화성의 격벽(隔壁)을 설치하여야 하는가?

① 10 ② 20
③ 30 ④ 60

해설 지중 전선과 지중 약전류 전선 등 또는 관과의 접근 또는 교차(한국전기설비규정 334.6)

- 저압 또는 고압의 지중 전선 : 30[cm]
- 특고압 지중 전선 : 60[cm]

92 가공 전선로의 지지물에 시설하는 지선의 안전율과 허용 인장 하중의 최저값은?

① 안전율은 2.0 이상, 허용 인장 하중 최저값은 4[kN]
② 안전율은 2.5 이상, 허용 인장 하중 최저값은 4[kN]
③ 안전율은 2.0 이상, 허용 인장 하중 최저값은 4.4[kN]
④ 안전율은 2.5 이상, 허용 인장 하중 최저값은 4.31[kN]

정답 88.④ 89.③ 90.② 91.③ 92.④

해설 지선의 시설(한국전기설비규정 331.11)
- 지선의 안전율은 2.5 이상. 이 경우에 허용 인장 하중의 최저는 4.31[kN]
- 지선에 연선을 사용할 경우
  - 소선(素線) 3가닥 이상의 연선일 것
  - 소선의 지름이 2.6[mm] 이상의 금속선을 사용한 것일 것

93 건조한 장소로서 전개된 장소에 한하여 고압 옥내 배선을 할 수 있는 것은?

출제빈도

① 금속관 공사
② 애자 공사
③ 합성 수지관 공사
④ 가요 전선관 공사

해설 고압 옥내 배선 등의 시설(한국전기설비규정 342.1)
- 애자 공사(건조한 장소로서 전개된 장소에 한한다)
- 케이블 공사(MI 케이블 제외)
- 케이블 트레이 공사

94 전기 욕기용 전원 장치로부터 욕조 안의 전극까지의 전선 상호간 및 전선과 대지 사이에 절연 저항값은 몇 [MΩ] 이상이어야 하는가?

① 0.1 ② 0.2
③ 0.3 ④ 0.4

해설 전기 욕기(한국전기설비규정 241.2)
- 전원 변압기의 2차측 전로의 사용 전압이 10[V] 이하
- 금속제 외함 및 전선을 넣는 금속관에는 접지 공사를 할 것
- 욕탕 안의 전극 간의 거리는 1[m] 이상일 것
- 전기 욕기용 전원 장치로부터 욕조 안의 전극까지의 전선 상호간 및 전선과 대지 사이의 절연 저항값은 0.1[MΩ] 이상일 것

95 피뢰기를 반드시 시설하지 않아도 되는 곳은?

출제빈도

① 발전소·변전소의 가공 전선의 인출구
② 가공 전선로와 지중 전선로가 접속되는 곳
③ 고압 가공 전선로로부터 수전하는 차단기 2차측
④ 특고압 가공 전선로로부터 공급을 받는 수용 장소의 인입구

해설 피뢰기의 시설(한국전기설비규정 341.13)
- 발·변전소 혹은 이것에 준하는 장소의 가공 전선의 인입구 및 인출구
- 가공 전선로에 접속하는 배전용 변압기의 고압측 및 특고압측
- 고압 및 특고압 가공 전선로에서 공급을 받는 수용 장소의 인입구
- 가공 전선로와 지중 전선로가 접속되는 곳

96 교류 전차 선로의 전로에 시설하는 흡상 변압기(吸上變壓器)·직렬 커패시터나 이에 부속된 기구 또는 전선이나 교류식 전기 철도용 신호 회로에 전기를 공급하기 위한 특고압용의 변압기를 옥외에 시설하는 경우 지표상 몇 [m] 이상에 시설해야 하는가? (단, 시가지 이외의 지역으로 울타리를 시설하지 않는 경우이다.)

① 5 ② 6
③ 7 ④ 8

해설 흡상 변압기 등의 시설(판단기준 제273조)
전차 선로의 전로에 시설하는 흡상 변압기(吸上變壓器) 지표상 높이 : 5[m] 이상

※ 이 문제는 출제 당시 규정에는 적합했으나 새로 제정된 한국전기설비규정에는 일부 부적합하므로 문제 유형만 참고하시기 바랍니다.

97 백열 전등 또는 방전등에 전기를 공급하는 옥내 전로의 대지 전압은 몇 [V] 이하이어야 하는가?

출제빈도

① 150 ② 300
③ 400 ④ 600

해설 옥내 전로의 대지 전압의 제한(한국전기설비규정 231.6)
백열 전등 또는 방전등에 전기를 공급하는 옥내의 전로의 대지 전압은 300[V] 이하이어야 한다.

정답 93.② 94.① 95.③ 96.① 97.②

98 내부에 고장이 생긴 경우에 자동적으로 전로로부터 차단하는 장치가 반드시 필요한 것은?

① 뱅크 용량 1,000[kVA]인 변압기
② 뱅크 용량 10,000[kVA]인 조상기
③ 뱅크 용량 300[kVA]인 분로 리액터
④ 뱅크 용량 1,000[kVA]인 전력용 커패시터

해설 조상 설비의 보호 장치(한국전기설비규정 351.5)

설비 종별	뱅크 용량의 구분	자동 차단하는 장치
전력용 커패시터 및 분로 리액터	500[kVA] 초과 15,000[kVA] 미만	내부에 고장, 과전류
	15,000[kVA] 이상	내부에 고장, 과전류, 과전압
조상기	15,000[kVA] 이상	내부에 고장

전력용 커패시터는 뱅크 용량 500[kVA]를 초과하여야 내부 고장시 차단 장치를 한다.

99 특고압 가공 전선로에 사용하는 가공 지선에는 지름 몇 [mm] 이상의 나경동선을 사용하여야 하는가?

① 2.6 ② 3.5
③ 4 ④ 5

해설 특고압 가공 전선로의 가공 지선(한국전기설비규정 333.8)
가공 지선에는 인장 강도 8.01[kN] 이상의 나선 또는 지름 5[mm] 이상의 나경동선을 사용

100 접지 공사에 사용하는 접지 도체를 시설하는 경우 접지극을 그 금속체로부터 지중에서 몇 [m] 이상 이격시켜야 하는가? (단, 접지극을 철주의 밑면으로부터 30[cm] 이상의 깊이에 매설하는 경우는 제외한다.)

① 1 ② 2
③ 3 ④ 4

해설 접지극의 시설 및 접지 저항(한국전기설비규정 142.2)
- 접지극은 지하 75[cm] 이상으로 하되 동결 깊이를 감안하여 매설할 것
- 접지극을 철주의 밑면으로부터 30[cm] 이상의 깊이에 매설하는 경우 이외에는 접지극을 지중에서 금속체로부터 1[m] 이상 떼어 매설할 것
- 지하 75[cm] 로부터 지표상 2[m]까지의 부분은 합성 수지관(두께 2[mm] 이상) 등으로 덮을 것

정답 98.④ 99.④ 100.①

memo

2020년 제1·2회 통합 과년도 출제문제

2020. 6. 6. 시행

제1과목 전기자기학

01 그림과 같이 권수가 1이고 반지름이 a[m]인 원형 코일에 전류 I[A]가 흐르고 있다. 원형 코일 중심에서의 자계의 세기[AT/m]는?

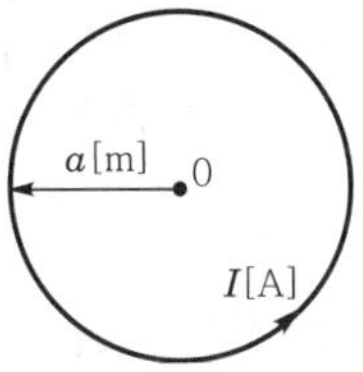

① $\dfrac{I}{a}$　② $\dfrac{I}{2a}$

③ $\dfrac{I}{3a}$　④ $\dfrac{I}{4a}$

해설 비오-사바르의 법칙

$H = \dfrac{I \cdot l}{4\pi r^2}\sin\theta$[AT/m]에서

원주 길이 $l = 2\pi a$[m]

접선과 거리의 각 $\theta = 90°$

중심점 자계의 세기 $H = \dfrac{I 2\pi a}{4\pi a^2}\sin 90°$

$= \dfrac{I}{2a}$[AT/m]

02 자기 인덕턴스가 L_1, L_2이고 상호 인덕턴스가 M인 두 회로의 결합 계수가 1일 때 성립되는 식은?

① $L_1 \cdot L_2 = M$　② $L_1 \cdot L_2 < M^2$

③ $L_1 \cdot L_2 > M^2$　④ $L_1 \cdot L_2 = M^2$

해설 상호 인덕턴스 $M^2 \leq L_1 \cdot L_2$에서

$M^2 = K \cdot L_1 L_2$(결합 계수 $K=1$)

$= L_1 L_2$

03 대전된 도체 표면의 전하 밀도를 σ[C/m²]이라고 할 때 대전된 도체 표면의 단위 면적이 받는 정전 응력[N/m²]은 전하 밀도 σ와 어떤 관계에 있는가?

① $\sigma^{1/2}$에 비례

② $\sigma^{3/2}$에 비례

③ σ에 비례

④ σ^2에 비례

해설 정전 응력 $f = \dfrac{F}{S}$[N/m²]

$f = \dfrac{1}{2}\varepsilon E^2 = \dfrac{D^2}{2\varepsilon} = \dfrac{\sigma^2}{2\varepsilon} \propto \sigma^2$

04 와전류(eddy current)손에 대한 설명으로 틀린 것은?

① 주파수에 비례한다.

② 저항에 반비례한다.

③ 도전율이 클수록 크다.

④ 자속 밀도의 제곱에 비례한다.

해설 와전류손 $P_e = \sigma_e K (tfB_m)^2 \propto f^2$

여기서, σ_e : 와전류 상수

K : 노선율

t : 강판 두께

f : 주파수

B_m : 최대 자속 밀도

정답 01.② 02.④ 03.④ 04.①

05 전계 내에서 폐회로를 따라 단위 전하가 일주할 때 전계가 한 일은 몇 [J]인가?

① ∞　② π
③ 1　④ 0

해설 전계는 보존장(비회전계) $\oint_C E dl = 0$

일 $W = \oint F dl = Q \oint E \cdot dl = 0$

전계 내에서 폐회로를 따라 단위 전하를 일주할 때 한 일은 항상 0이다.

06 다음 중 두 전하 사이 거리의 세제곱에 비례하는 것은?

① 두 구전하 사이에 작용하는 힘
② 전기 쌍극자에 의한 전계
③ 직선 전하에 의한 전계
④ 전하에 의한 전위

해설 두 전하 중심에서 거리의 세제곱에 반비례하는 것은 전기 쌍극에 의한 전계의 세기이다.

전계의 세기 $E = \frac{M}{4\pi\varepsilon_0 r^3}\sqrt{1+3\cos^2\theta}$ [V/m]

07 양극판의 면적이 S[m^2], 극판 간의 간격이 d[m], 정전 용량이 C_1[F]인 평행판 콘덴서가 있다. 양극판 면적을 각각 $3S$[m^2]로 늘이고 극판 간격을 $\frac{1}{3}d$[m]로 줄였을 때의 정전 용량 C_2[F]는?

① $C_2 = C_1$　② $C_2 = 3C_1$
③ $C_2 = 6C_1$　④ $C_2 = 9C_1$

해설 정전 용량 $C_1 = \frac{\varepsilon S}{d}$[F]

$C_2 = \frac{\varepsilon S'}{d'} = \frac{\varepsilon \cdot 3S}{\frac{1}{3}d} = 9\frac{\varepsilon S}{d} = 9C_1$[F]

08 진공 중에서 멀리 떨어져 있는 반지름이 각각 a_1[m], a_2[m]인 두 도체구를 V_1[V], V_2[V]인 전위를 갖도록 대전시킨 후 가는 도선으로 연결할 때 연결 후의 공통 전위 V[V]는?

① $\frac{V_1}{a_1} + \frac{V_2}{a_2}$　② $\frac{V_1 + V_2}{a_1 a_2}$
③ $a_1 V_1 + a_2 V_2$　④ $\frac{a_1 V_1 + a_2 V_2}{a_1 + a_2}$

해설
- 합성 전하 $Q = C_1 V_1 + C_2 V_2 = a_1 V_1 + a_2 V_2$
- 합성 정전 용량 $C = C_1 + C_2 = a_1 + a_2$(병렬 접속이므로)
- 공통 전위 $V = \frac{Q}{C} = \frac{a_1 V_1 + a_2 V_2}{a_1 + a_2}$[V]

09 공기 중에 선간 거리 10[cm]의 평형 왕복 도선이 있다. 두 도선 간에 작용하는 힘이 4×10^{-6}[N/m]이었다면 도선에 흐르는 전류는 몇 [A]인가?

① 1　② 2
③ $\sqrt{2}$　④ $\sqrt{3}$

해설 두 평행 도체 사이에 단위 길이당 작용하는 힘

$f = \frac{2I_1 I_2}{d}\times 10^{-7} = \frac{2I^2}{d}\times 10^{-7}$[N/m]

전류 $I = \sqrt{\frac{f \cdot d}{2}\times 10^7}$

$= \sqrt{\frac{4\times 10^{-6}\times 10\times 10^{-2}}{2}\times 10^7}$

$= \sqrt{2}$[A]

10 정사각형 회로의 면적을 3배로, 흐르는 전류를 2배로 증가시키면 정사각형의 중심에서 자계의 세기는 약 몇 [%]가 되는가?

① 47　② 115
③ 150　④ 225

정답 05.④ 06.정답 없음 07.④ 08.④ 09.③ 10.②

해설 정사각형 중심점의 자계의 세기

$H = \dfrac{2\sqrt{2}\,I}{\pi l}$ [AT/m]

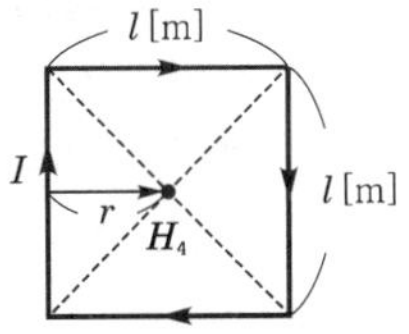

$I' = 2I$

$S' = 3S = 3l^2 = l'^2$

$l' = \sqrt{3}\,l$

$H' = \dfrac{2\sqrt{2}\,I'}{\pi l'}$

$= \dfrac{2\sqrt{2}\,2I}{\pi\sqrt{3}\,l} = \dfrac{2}{\sqrt{3}}H = 1.154H$

11 **유전체에서의 변위 전류에 대한 설명으로 틀린 것은?**

① 변위 전류가 주변에 자계를 발생시킨다.
② 변위 전류의 크기는 유전율에 반비례한다.
③ 전속 밀도의 시간적 변화가 변위 전류를 발생시킨다.
④ 유전체 중의 변위 전류는 진공 중의 전계 변화에 의한 변위 전류와 구속 전자의 변위에 의한 분극 전류와의 합이다.

해설 변위 전류 I_d는 유전체 중의 전속 밀도의 시간적 변화로 주변에 자계를 발생시킨다.

$I_d = \dfrac{\partial D}{\partial t}S = \dfrac{\partial}{\partial t}(\varepsilon_0 E + P)S = \varepsilon\dfrac{\partial E}{\partial t}S'$ [A]

12 **그림과 같이 도체 1을 도체 2로 포위하여 도체 2를 일정 전위로 유지하고 도체 1과 도체 2의 외측에 도체 3이 있을 때 용량 계수 및 유도 계수의 성질로 옳은 것은?**

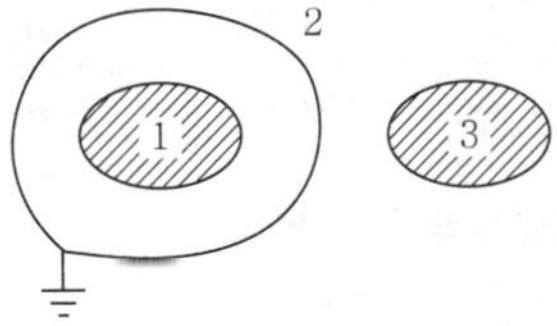

① $q_{23} = q_{11}$ ② $q_{13} = -q_{11}$
③ $q_{31} = q_{11}$ ④ $q_{21} = -q_{11}$

해설 정전 차폐에 의해

$Q_1 = q_{11}V_1 + q_{12}V_2$, $Q_2 = q_{21}V_1 + q_{22}V_2$

정전 유도 $Q_2 = -Q_1$

2도체 접지하여 $V_2 = 0$이므로

$q_{21}V_1 = -q_{11}V_1$

$\therefore\ q_{21} = -q_{11}$

13 **반지름이 9[cm]인 도체구 A에 8[C]의 전하가 균일하게 분포되어 있다. 이 도체구에 반지름 3[cm]인 도체구 B를 접촉시켰을 때 도체구 B로 이동한 전하는 몇 [C]인가?**

① 1 ② 2
③ 3 ④ 4

해설 구도체의 정전 용량 $C = 4\pi\varepsilon_0 a$이므로 반경에 비례한다. 따라서, $C_1 = 9[\mu F]$, $C_2 = 3[\mu F]$이다.
도체구를 접촉하면 전하의 분배법에서 전하를 구하면 다음과 같다.

$Q_B = Q\dfrac{C_2}{C_1 + C_2} = 8 \times \dfrac{3}{9+3} = 2$[C]

14 (출제빈도) **내구의 반지름 a[m], 외구의 반지름 b[m]인 동심 구도체 간에 도전율이 k[S/m]인 저항 물질이 채워져 있을 때 내외 구간의 합성저항[Ω]은?**

① $\dfrac{1}{8\pi k}\left(\dfrac{1}{a} - \dfrac{1}{b}\right)$ ② $\dfrac{1}{4\pi k}\left(\dfrac{1}{a} - \dfrac{1}{b}\right)$
③ $\dfrac{1}{2\pi k}\left(\dfrac{1}{a} - \dfrac{1}{b}\right)$ ④ $\dfrac{1}{\pi k}\left(\dfrac{1}{a} + \dfrac{1}{b}\right)$

해설 정전 용량 $C = \dfrac{4\pi\varepsilon}{\dfrac{1}{a} - \dfrac{1}{b}}$[F]

$R \cdot C = \rho \cdot \varepsilon = \dfrac{\varepsilon}{k}$

동심구의 저항 $R = \dfrac{\frac{\varepsilon}{k}}{C} = \dfrac{\varepsilon}{k}\dfrac{1}{4\pi\varepsilon}\left(\dfrac{1}{a} - \dfrac{1}{b}\right)$

$= \dfrac{1}{4\pi k}\left(\dfrac{1}{a} - \dfrac{1}{b}\right)$[Ω]

정답 11.② 12.④ 13.② 14.②

15 전계 E[V/m] 및 자계 H[AT/m]의 에너지가 자유 공간 사이를 C[m/s]의 속도로 전파될 때 단위 시간에 단위 면적을 지나는 에너지[W/m^2]는?

① $\frac{1}{2}EH$　② EH

③ EH^2　④ E^2H

해설
- 전파 속도 $v = \frac{1}{\sqrt{\varepsilon\mu}}$[m/s]
- 고유 임피던스 $\eta = \frac{E}{H} = \frac{\sqrt{\mu}}{\sqrt{\varepsilon}}$[Ω]
- 전자 에너지 $W = W_E + W_H = \frac{1}{2}(\varepsilon E^2 + \mu H^2)$
  $= \sqrt{\varepsilon\mu}\,EH$[J/m^3]
- 단위 면적당 전력 $P = v \cdot W$
  $= \frac{1}{\sqrt{\varepsilon\mu}} \cdot \sqrt{\varepsilon\mu}\,EH$
  $= EH$[W/m^2]

16 자성체에 대한 자화의 세기를 정의한 것으로 틀린 것은?

① 자성체의 단위 체적당 자기 모멘트
② 자성체의 단위 면적당 자화된 자하량
③ 자성체의 단위 면적당 자화선의 밀도
④ 자성체의 단위 면적당 자기력선의 밀도

해설 자화의 세기 J[Wb/m^2]

$J = \frac{m'}{S} = \frac{m' \cdot l}{S \cdot l} = \frac{M'}{V}$

여기서, m' : 자하량=자화선[Wb]
M' : 자기 모멘트[Wb · m]

17 환상 솔레노이드의 자기 인덕턴스[H]와 반비례하는 것은?

① 철심의 투자율　② 철심의 길이
③ 철심의 단면적　④ 코일의 권수

해설 환상 솔레노이드의 자기 인덕턴스 L

$L = \frac{\mu N^2 S}{l}$[H]

18 유전율이 각각 다른 두 종류의 유전체 경계면에 전속이 입사될 때 이 전속은 어떻게 되는가? (단, 경계면에 수직으로 입사하지 않는 경우이다.)

① 굴절　② 반사
③ 회절　④ 직진

해설 유전율이 각각 ε_1, ε_2인 두 종류의 유전체 경계면에 전속 및 전기력선이 입사할 때 전속과 전기력선은 굴절한다. 단, 경계면에 수직으로 입사하는 경우에는 굴절하지 않는다.

19 어떤 콘덴서에 비유전율 ε_s인 유전체로 채워져 있을 때의 정전 용량 C와 공기로 채워져 있을 때의 정전 용량 C_0의 비 $\frac{C}{C_0}$는?

① ε_s　② $\frac{1}{\varepsilon_s}$

③ $\sqrt{\varepsilon_s}$　④ $\frac{1}{\sqrt{\varepsilon_s}}$

해설
- 정전 용량 $C_0 = \frac{\varepsilon_0 S}{d}$, $C = \frac{\varepsilon S}{d}$
- 비유전율 $\varepsilon_s = \frac{C}{C_0} = \frac{\varepsilon}{\varepsilon_0}$

20 투자율이 각각 μ_1, μ_2인 두 자성체의 경계면에서 자기력선의 굴절 법칙을 나타낸 식은?

① $\frac{\mu_1}{\mu_2} = \frac{\sin\theta_1}{\sin\theta_2}$　② $\frac{\mu_1}{\mu_2} = \frac{\sin\theta_2}{\sin\theta_1}$

③ $\frac{\mu_1}{\mu_2} = \frac{\tan\theta_1}{\tan\theta_2}$　④ $\frac{\mu_1}{\mu_2} = \frac{\tan\theta_2}{\tan\theta_1}$

해설 자성체의 굴절 법칙
- $H_1\sin\theta_1 = H_2\sin\theta_2$
- $B_1\cos\theta_1 = B_2\cos\theta_2$
- $\frac{\mu_1}{\mu_2} = \frac{\tan\theta_1}{\tan\theta_2}$

정답 15.② 16.④ 17.② 18.① 19.① 20.③

제2과목 전력공학

21 다음 중 송·배전 선로의 진동 방지 대책에 사용되지 않는 기구는?

① 댐퍼 ② 조임쇠
③ 클램프 ④ 아머로드

해설 가공 전선로의 전선 진동을 방지하기 위한 시설은 댐퍼 또는 클램프 부근에 적당히 전선을 첨가하는 아머로드 등을 시설한다.

22 교류 송전 방식과 직류 송전 방식을 비교할 때 교류 송전 방식의 장점에 해당하는 것은?

출제빈도

① 전압의 승압, 강압 변경이 용이하다.
② 절연 계급을 낮출 수 있다.
③ 송전 효율이 좋다.
④ 안정도가 좋다.

해설 교류 송전 방식은 직류 송전 방식에 비하여 승압 및 강압 변경이 쉬워 고압 송전에 유리하고, 전력 계통의 연계가 용이하다.

23 반동 수차의 일종으로 주요 부분은 러너, 안내 날개, 스피드링 및 흡출관 등으로 되어 있으며 50 ~ 500[m] 정도의 중낙차 발전소에 사용되는 수차는?

① 카플란 수차
② 프란시스 수차
③ 펠턴 수차
④ 튜블러 수차

해설 ① 카플란 수차 : 저낙차용(약 50[m] 이하)
② 프란시스 수차 : 중낙차용(약 50 ~ 500[m])
③ 펠턴 수차 : 고낙차용(약 500[m] 이상)
④ 튜블러 수차 : 15[m] 이하의 조력 발전용

24 주상 변압기의 2차측 접지는 어느 것에 대한 보호를 목적으로 하는가?

① 1차측의 단락
② 2차측의 단락
③ 2차측의 전압 강하
④ 1차측과 2차측의 혼촉

해설 주상 변압기 2차측에는 혼촉에 의한 위험을 방지하기 위하여 접지 공사를 시행하여야 한다.

25 가공 전선을 단도체식으로 하는 것보다 같은 단면적의 복도체식으로 하였을 경우에 대한 내용으로 틀린 것은?

출제빈도

① 전선의 인덕턴스가 감소된다.
② 전선의 정전 용량이 감소된다.
③ 코로나 발생률이 작아진다.
④ 송전 용량이 증가한다.

해설 **복도체 및 다도체의 특징**

- 같은 도체 단면적의 단도체보다 인덕턴스와 리액턴스가 감소하고 정전 용량이 증가하여 송전 용량을 크게 할 수 있다.
- 전선 표면의 전위 경도를 저감시켜 코로나 임계 전압을 높게 하므로 코로나 발생을 방지한다.
- 전력 계통의 안정도를 증대시킨다.

26 전압이 일정값 이하로 되었을 때 동작하는 것으로서, 단락 시 고장 검출용으로도 사용되는 계전기는?

① OVR
② OVGR
③ NSR
④ UVR

해설 전압이 일정값 이하로 되었을 때 동작하는 계전기는 부족 전압 계전기(UVR)로, 단락 고장 검출용으로 사용된다.

정답 21.② 22.① 23.② 24.④ 25.② 26.④

27 반한시성 과전류 계전기의 전류-시간 특성에 대한 설명으로 옳은 것은?

① 계전기 동작 시간은 전류의 크기와 비례한다.
② 계전기 동작 시간은 전류의 크기와 관계없이 일정하다.
③ 계전기 동작 시간은 전류의 크기와 반비례한다.
④ 계전기 동작 시간은 전류 크기의 제곱에 비례한다.

해설 계전기 동작 시간에 의한 분류
- 순한시 계전기 : 정정된 최소 동작 전류 이상의 전류가 흐르면 즉시 동작하는 계전기
- 정한시 계전기 : 정정된 값 이상의 전류가 흐르면 정해진 일정 시간 후에 동작하는 계전기
- 반한시 계전기 : 정정된 값 이상의 전류가 흐를 때 동작 시간이 전류값이 크면 동작 시간은 짧아지고, 전류값이 작으면 동작 시간이 길어진다.

28 페란티 현상이 발생하는 원인은?

① 선로의 과도한 저항
② 선로의 정전 용량
③ 선로의 인덕턴스
④ 선로의 급격한 전압 강하

해설 페란티 효과(Ferranti effect)란 경부하 또는 무부하인 경우에는 선로의 정전 용량에 의한 충전 전류의 영향이 크게 작용해서 진상 전류가 흘러 수전단 전압이 송전단 전압보다 높게 되는 것으로, 방지 대책은 분로 리액터를 설치하는 것이다.

29 100[MVA]의 3상 변압기 2뱅크를 가지고 있는 배전용 2차측의 배전선에 시설할 차단기 용량[MVA]은? (단, 변압기는 병렬로 운전되며, 각각의 $\%Z$는 20[%]이고, 전원의 임피던스는 무시한다.)

① 1,000　② 2,000
③ 3,000　④ 4,000

해설 차단기 용량 $P_s = \dfrac{100}{\%Z}P_n$

$$= \frac{100}{\frac{20}{2}} \times 100 = 1{,}000[\text{MVA}]$$

30 발전기나 변압기의 내부 고장 검출로 주로 사용되는 계전기는?

① 역상 계전기
② 과전압 계전기
③ 과전류 계전기
④ 비율 차동 계전기

해설 비율 차동 계전기는 발전기나 변압기의 내부 고장 보호에 적용한다.

31 연가의 효과로 볼 수 없는 것은?

① 선로 정수의 평형
② 대지 정전 용량의 감소
③ 통신선의 유도 장해 감소
④ 직렬 공진의 방지

해설 연가의 효과는 선로 정수를 평형시켜 통신선에 대한 유도 장해 방지 및 전선로의 직렬 공진을 방지한다.

32 다음 중 단락 전류를 제한하기 위하여 사용되는 것은?

① 한류 리액터　② 사이리스터
③ 현수 애자　④ 직렬 콘덴서

해설 한류 리액터를 사용하는 이유는 단락 사고로 인한 단락 전류를 제한하여 기기 및 계통을 보호하기 위함이다.

정답 27.③ 28.② 29.① 30.④ 31.② 32.①

33

단상 2선식 교류 배전 선로가 있다. 전선의 1가닥 저항이 0.15[Ω]이고, 리액턴스는 0.25[Ω]이다. 부하는 순저항 부하이고 100[V], 3[kW]이다. 급전점의 전압[V]은 약 얼마인가?

① 105 ② 110
③ 115 ④ 124

해설 순저항 부하이므로 역률이 1이므로 급전점 전압은 다음과 같다.

$$V_s = V_r + I(R\cos\theta_r + X\sin\theta_r)$$
$$= 100 + \left(\frac{3,000}{100} \times 0.15 \times 1 + 0.25 \times 0\right) \times 2\text{선}$$
$$= 109 \fallingdotseq 110[\text{V}]$$

34

배전 선로의 전압을 $\sqrt{3}$ 배로 증가시키고 동일한 전력 손실률로 송전할 경우 송전 전력은 몇 배로 증가되는가?

① $\sqrt{3}$
② $\frac{3}{2}$
③ 3
④ $2\sqrt{3}$

해설 동일한 손실일 경우 송전 전력은 전압의 제곱에 비례하므로 전압이 $\sqrt{3}$ 배로 되면 전력은 3배로 된다.

35

(출제빈도)

송전 선로에서 역섬락을 방지하는 가장 유효한 방법은?

① 피뢰기를 설치한다.
② 가공 지선을 설치한다.
③ 소호각을 설치한다.
④ 탑각 접지 저항을 작게 한다.

해설 철탑의 대지 전기 저항이 크게 되면 뇌전류가 흐를 때 철탑의 전위가 상승하여 역섬락이 생길 수 있으므로 매설 지선을 사용하여 철탑의 탑각 저항을 저감시켜야 한다.

36

열의 일당량에 해당되는 단위는?

① kcal/kg
② kg/cm^2
③ kcal/cm^3
④ kg·m/kcal

해설 열의 일당량은 일의 양 A[kg·m]와 열량 Q[kcal]의 비이다.

37

전력 계통의 경부하 시나 또는 다른 발전소의 발전 전력에 여유가 있을 때 이 잉여 전력을 이용하여 전동기로 펌프를 돌려서 물을 상부의 저수지에 저장하였다가 필요에 따라 이 물을 이용해서 발전하는 발전소는?

① 조력 발전소
② 양수식 발전소
③ 유역 변경식 발전소
④ 수로식 발전소

해설 **양수식 발전소**
잉여 전력을 이용하여 하부 저수지의 물을 상부 저수지로 양수하여 저장하였다가 첨두 부하 등에 이용하는 발전소이다.

38

(출제빈도)

교류 단상 3선식 배전 방식을 교류 단상 2선식에 비교하면?

① 전압 강하가 크고, 효율이 낮다.
② 전압 강하가 작고, 효율이 낮다.
③ 전압 강하가 작고, 효율이 높다.
④ 전압 강하가 크고, 효율이 높다.

해설 **단상 3선식의 특징**
- 단상 2선식보다 전력은 2배 증가, 전압 강하율과 전력 손실이 $\frac{1}{4}$로 감소하고, 소요 전선량은 $\frac{3}{8}$으로 적어 배전 효율이 높다.
- 110[V] 부하와 220[V] 부하의 사용이 가능하다.

정답 33.② 34.③ 35.④ 36.④ 37.② 38.③

39 어느 변전 설비의 역률을 60[%]에서 80[%]로 개선하는 데 2,800[kVA]의 전력용 커패시터가 필요하였다. 이 변전 설비의 용량은 몇 [kW]인가?

출제빈도

① 4,800 ② 5,000
③ 5,400 ④ 5,800

해설 전력용 커패시터 용량 $Q = P(\tan\theta_1 - \tan\theta_2)$에서

전력 $P = \dfrac{Q}{\tan\theta_1 - \tan\theta_2}$

$= \dfrac{2,800}{\tan\cos^{-1}0.6 - \tan\cos^{-1}0.8}$

$= 4,800[\text{kW}]$

40 지상 부하를 가진 3상 3선식 배전 선로 또는 단거리 송전 선로에서 선간 전압 강하를 나타낸 식은? (단, I, R, X, θ는 각각 수전단 전류, 선로 저항, 리액턴스 및 수전단 전류의 위상각이다.)

① $I(R\cos\theta + X\sin\theta)$
② $2I(R\cos\theta + X\sin\theta)$
③ $\sqrt{3}I(R\cos\theta + X\sin\theta)$
④ $3I(R\cos\theta + X\sin\theta)$

해설 3상 선로의 전압 강하 $e = \sqrt{3}I(R\cos\theta + X\sin\theta)$이다.

제3과목 전기기기

41 임피던스 강하가 5[%]인 변압기가 운전 중 단락되었을 때 그 단락 전류는 정격 전류의 몇 배인가?

출제빈도

① 20 ② 25
③ 30 ④ 35

해설 퍼센트 임피던스 강하 $\%Z = \dfrac{IZ}{V} \times 100$

$= \dfrac{I_n}{I_s} \times 100[\%]$

단락 전류 $I_s = \dfrac{100}{\%Z} I_n = \dfrac{100}{5} I_n = 20I_n[\text{A}]$

42 변압기의 임피던스 와트와 임피던스 전압을 구하는 시험은?

① 부하 시험 ② 단락 시험
③ 무부하 시험 ④ 충격 전압 시험

해설 임피던스 전압 V_s는 변압기 2차측을 단락했을 때 단락 전류가 정격 전류와 같은 값을 가질 때 1차측에 인가한 전압이며, 임피던스 와트는 임피던스 전압을 공급할 때 변압기의 입력으로, 임피던스 와트와 임피던스 전압을 구하는 시험은 단락 시험이다.

43 수은 정류기에 있어서 정류기의 밸브 작용이 상실되는 현상을 무엇이라고 하는가?

① 통호 ② 실호
③ 역호 ④ 점호

해설 수은 정류기에 있어서 밸브 작용의 상실은 과부하에 의해 과전류가 흘러 양극점에 수은 방울이 부착하여 전자가 역류하는 현상으로, 역호라고 한다.

44 기동 시 정류자의 불꽃으로 라디오의 장해를 주며 단락 장치의 고장이 일어나기 쉬운 전동기는?

① 직류 직권 전동기
② 단상 직권 전동기
③ 반발 기동형 단상 유도 전동기
④ 셰이딩 코일형 단상 유도 전동기

해설 반발 기동형 단상 유도 전동기는 정류자와 브러시를 갖고 있으며 기동 토크가 큰 반면, 유도 장해와 단락 장치의 고장이 발생할 수 있는 전동기이다.

정답 39 ① 40 ③ 41 ① 42 ② 43 ③ 44 ③

45 8극, 유도 기전력 100[V], 전기자 전류 200[A]인 직류 발전기의 전기자 권선을 중권에서 파권으로 변경했을 경우의 유도 기전력과 전기자 전류는?

① 100[V], 200[A] ② 200[V], 100[A]
③ 400[V], 50[A] ④ 800[V], 25[A]

해설 유도 기전력 $E=\frac{Z}{a}P\phi\frac{N}{60}\propto\frac{1}{a}$

전기자 전류 $I_a=aI\propto a$

중권의 병렬 회로수 $a=p=8$, 파권 $a=2$이므로 파권의 경우 병렬 회로수가 $\frac{1}{4}$로 감소하므로

파권 $E_{파}=\frac{E_{중}}{\frac{1}{4}}=4\times100=400[\text{V}]$

파권 $I_{파}=\frac{1}{4}I_{중}=\frac{1}{4}\times200=50[\text{A}]$

46 어떤 공장에 뒤진 역률 0.8인 부하가 있다. 이 선로에 동기 조상기를 병렬로 결선해서 선로의 역률을 0.95로 개선하였다. 개선 후 전력의 변화에 대한 설명으로 틀린 것은?

① 피상 전력과 유효 전력은 감소한다.
② 피상 전력과 무효 전력은 감소한다.
③ 피상 전력은 감소하고 유효 전력은 변화가 없다.
④ 무효 전력은 감소하고 유효 전력은 변화가 없다.

해설 동기 조상기를 접속하여 역률을 개선하면 피상 전력 P_a와 무효 전력 P_r은 감소하고 유효 전력 P는 변화가 없다.

47 직류 발전기의 병렬 운전에서 균압 모선을 필요로 하지 않는 것은?

① 분권 발전기 ② 직권 발전기
③ 평복권 발전기 ④ 과복권 발전기

해설 안정된 병렬 운전을 위해 균압 모선(균압선)을 필요로 하는 직류 발전기는 직권 계자 권선이 있는 직권 발전기와 복권 발전기이다.

48 3상 동기기의 제동 권선을 사용하는 주목적은?

① 출력이 증가한다.
② 효율이 증가한다.
③ 역률을 개선한다.
④ 난조를 방지한다.

해설 제동 권선은 동기기의 회전자 표면에 농형 유도 전동기의 회전자 권선과 같은 권선을 설치하고 동기 속도를 벗어나면 전류가 흘러서 난조를 제동하는 작용을 한다.

49 동기기의 과도 안정도를 증가시키는 방법이 아닌 것은?

① 속응 여자 방식을 채용한다.
② 동기 탈조 계전기를 사용한다.
③ 동기화 리액턴스를 작게 한다.
④ 회전자의 플라이휠 효과를 작게 한다.

해설 동기기의 안정도 향상책
- 단락비가 클 것
- 동기 임피던스는 작을 것
- 조속기 동작이 신속할 것
- 관성 모멘트(플라이휠 효과)가 클 것
- 속응 여자 방식을 채택할 것
- 동기 탈조 계전기를 설치할 것

50 전기자 저항과 계자 저항이 각각 0.8[Ω]인 직류 직권 전동기가 회전수 200[rpm], 전기자 전류 30[A]일 때 역기전력은 300[V]이다. 이 전동기의 단자 전압을 500[V]로 사용한다면 전기자 전류가 위와 같은 30[A]로 될 때의 속도[rpm]는? (단, 전기자 반작용, 마찰손, 풍손 및 철손은 무시한다.)

① 200 ② 301
③ 452 ④ 500

정답 45.③ 46.① 47.① 48.④ 49.④ 50.②

해설 회전 속도 $N = k\dfrac{E}{\phi}$

$200 = k\dfrac{300}{\phi} \quad \left(\because \dfrac{k}{\phi} = \dfrac{2}{3}\right)$

$N' = k\dfrac{V' - I_a(R_a + r_f)}{\phi}$

$= \dfrac{2}{3}\{500 - 30 \times (0.8 + 0.8)\}$

$= 301.3 \fallingdotseq 301[\text{rpm}]$

51 SCR에 대한 설명으로 옳은 것은?

① 증폭 기능을 갖는 단방향성 3단자 소자이다.
② 제어 기능을 갖는 양방향성 3단자 소자이다.
③ 정류 기능을 갖는 단방향성 3단자 소자이다.
④ 스위칭 기능을 갖는 양방향성 3단자 소자이다.

해설 SCR은 pnpn의 4층 구조로, 정류, 제어 및 스위칭 기능의 단일 방향성 3단자 소자이다.

52 전압비 3,300/110[V], 1차 누설 임피던스 $Z_1 = 12 + j13[\Omega]$, 2차 누설 임피던스 $Z_2 = 0.015 + j0.013[\Omega]$인 변압기가 있다. 1차로 환산된 등가 임피던스[Ω]는?

① $22.7 + j25.5$
② $24.7 + j25.5$
③ $25.5 + j22.7$
④ $25.5 + j24.7$

해설 2차 누설 임피던스를 1차로 환산하면 다음과 같다.

$Z_2' = a^2 Z_2 = 30^2 \times (0.015 + j0.013)$

$= 13.5 + j11.7[\Omega]$

등가 임피던스 $Z_{12} = Z_1 + Z_2'$

$= (12 + 13.5) + j(13 + 11.7)$

$= 25.5 + j24.7[\Omega]$

53 직류 분권 전동기의 정격 전압 220[V], 정격 전류 105[A], 전기자 저항 및 계자 회로의 저항이 각각 0.1[Ω] 및 40[Ω]이다. 기동 전류를 정격 전류의 150[%]로 할 때의 기동 저항은 약 몇 [Ω]인가?

① 0.46 ② 0.92
③ 1.21 ④ 1.35

해설 기동 전류 $I_s = 1.5I = 1.5 \times 105 = 157.5[\text{A}]$

전기자 전류 $I_a = I_s - I_f = 157.5 - \dfrac{220}{40} = 152[\text{A}]$

$I_a = \dfrac{V}{R_a + R_s}$에서

기동 저항 $R_s = \dfrac{V}{I_a} - R_a$

$= \dfrac{220}{152} - 0.1 = 1.347 \fallingdotseq 1.35[\Omega]$

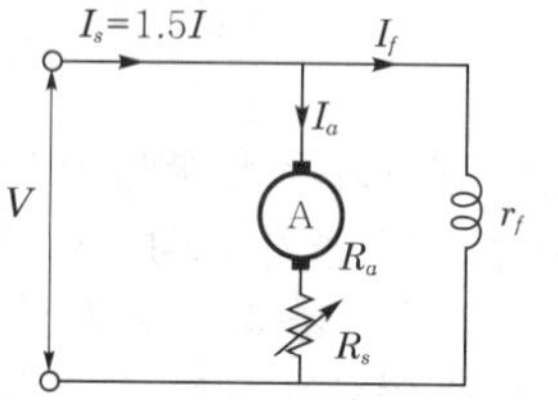

54 3상 유도 전동기의 전원 주파수와 전압의 비가 일정하고 정격 속도 이하로 속도를 제어하는 경우 전동기의 출력 P와 주파수 f와의 관계는?

(출제빈도)

① $P \propto f$
② $P \propto \dfrac{1}{f}$
③ $P \propto f^2$
④ P는 f에 무관

해설 3상 유도 전동기의 속도 제어에서 주파수 제어를 하는 경우 토크 T를 일정하게 유지하려면 자속 ϕ가 일정하여야 하므로 전압과 출력은 주파수에 비례하여야 한다.

정답 51.③ 52.④ 53.④ 54.①

55 유도 전동기의 주파수가 60[Hz]이고 전부하에서 회전수가 매분 1,164회이면 극수는? (단, 슬립은 3[%]이다.)

출제빈도

① 4 ② 6
③ 8 ④ 10

해설 회전 속도 $N = N_s(1-s)$

동기 속도 $N_s = \frac{R_0 f}{P} = \frac{N}{1-s} = \frac{1,164}{1-0.03}$

$= 1,200[\text{rpm}]$

극수 $P = \frac{120f}{N_s} = \frac{120 \times 60}{1,200} = 6$[극]

56 단상 다이오드 반파 정류 회로인 경우 정류 효율은 약 몇 [%]인가? (단, 저항 부하인 경우이다.)

① 12.6 ② 40.6
③ 60.6 ④ 81.2

해설 단상 반파 정류에서

직류 평균 전류 $I_d = \frac{I_m}{\pi}$

교류 실효 전류 $I = \frac{I_m}{2}$

정류 효율 $\eta = \frac{P_{dc}(\text{직류 출력})}{P_{ac}(\text{교류 입력})} \times 100$

$= \frac{\left(\frac{I_m}{\pi}\right)^2 \cdot R}{\left(\frac{I_m}{2}\right)^2 \cdot R} \times 100 = \frac{4}{\pi^2} \times 100$

$= 40.6[\%]$

57 동기 발전기의 단자 부근에서 단락이 발생되었을 때 단락 전류에 대한 설명으로 옳은 것은?

① 서서히 증가한다.
② 발전기는 즉시 정지한다.
③ 일정한 큰 전류가 흐른다.
④ 처음은 큰 전류가 흐르나 점차 감소한다.

해설 단락 초기에는 누설 리액턴스 x_l만에 의해 제어되므로 큰 전류가 흐르다가 수초 후에는 반작용 리액턴스 x_a가 발생되어 동기 리액턴스 x_s가 단락 전류를 제한하므로 점차 감소하게 된다.

58 변압기에서 1차측의 여자 어드미턴스를 Y_0라고 한다. 2차측으로 환산한 여자 어드미턴스 Y_0'를 옳게 표현한 식은? (단, 권수비를 a라고 한다.)

① $Y_0' = a^2 Y_0$
② $Y_0' = a Y_0$
③ $Y_0' = \frac{Y_0}{a^2}$
④ $Y_0' = \frac{Y_0}{a}$

해설 1차 임피던스를 2차측으로 환산하면 다음과 같다.

$Z_1' = \frac{Z_1}{a^2}[\Omega]$

1차 여자 어드미턴스를 2차측으로 환산하면 다음과 같다.

$Y_0' = a^2 Y_0[\mho]$

59 8극, 50[kW], 3,300[V], 60[Hz]인 3상 권선형 유도 전동기의 전부하 슬립이 4[%]라고 한다. 이 전동기의 슬립링 사이에 0.16[Ω]의 저항 3개를 Y로 삽입하면 전부하 토크를 발생할 때의 회전수[rpm]는? (단, 2차 각 상의 저항은 0.04[Ω]이고, Y접속이다.)

① 660 ② 720
③ 750 ④ 880

해설 동기 속도 $N_s = \frac{120 \cdot f}{P} = \frac{120 \times 60}{8} = 900[\text{rpm}]$

동일 토크의 조건 $\frac{r_2}{s} = \frac{r_2 + R}{s'}$

정답 55.② 56.② 57.④ 58.① 59.②

$\dfrac{0.04}{0.04} = \dfrac{0.04+0.16}{s'}$ 에서 $s' = 0.2$

회전 속도 $N' = N_s(1-s')$
$= 900 \times (1-0.2)$
$= 720[\text{rpm}]$

60 3상 유도 전동기의 전원측에서 임의의 2선을 바꾸어 접속하여 운전하면?

출제빈도

① 즉각 정지된다.
② 회전 방향이 반대가 된다.
③ 바꾸지 않았을 때와 동일하다.
④ 회전 방향은 불변이나 속도가 약간 떨어진다.

해설 3상 유도 전동기의 전원측에서 3선 중 2선의 접속을 바꾸면 회전 자계가 역회전하여 전동기의 회전 방향이 반대로 된다.

제4과목 회로이론

61 회로의 4단자 정수로 틀린 것은?

출제빈도

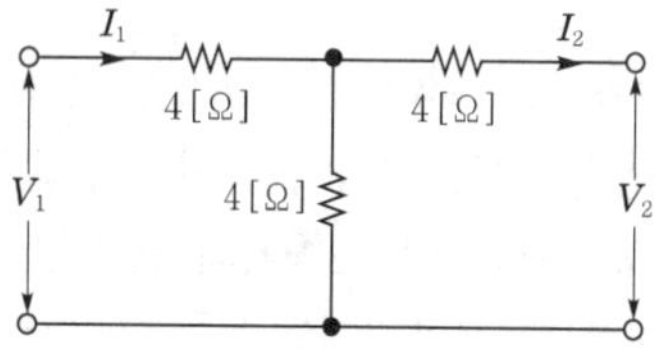

① $A = 2$　② $B = 12$
③ $C = \dfrac{1}{4}$　④ $D = 6$

해설 T형 회로의 4단자 정수

$A = 1 + \dfrac{4}{4} = 2[\Omega]$

$B = \dfrac{4\times4+4\times4+4\times4}{4} = 12[\Omega]$

$C = \dfrac{1}{4}[\Omega]$

$D = 1 + \dfrac{4}{4} = 2[\Omega]$

T형 대칭 회로는 $A = D$이다.

62 푸리에 급수로 표현된 왜형파 $f(t)$가 반파 대칭 및 정현 대칭일 때 $f(t)$에 대한 특징으로 옳은 것은?

$$f(t) = a_0 + \sum_{n=1}^{\infty} a_n \cos n\omega t + \sum_{n=1}^{\infty} b_n \sin n\omega t$$

① a_n의 우수항만 존재한다.
② a_n의 기수항만 존재한다.
③ b_n의 우수항만 존재한다.
④ b_n의 기수항만 존재한다.

해설 반파 및 정현 대칭의 특징
반파 대칭과 정현 대칭의 공통 성분인 홀수항(기수항)의 sin항만 존재한다.

$\therefore f(t) = \sum_{n=1}^{\infty} b_n \sin n\omega t \ (n=1,\ 3,\ 5,\ \cdots\cdots)$

63 용량이 50[kVA]인 단상 변압기 3대를 △결선하여 3상으로 운전하는 중 1대의 변압기에 고장이 발생하였다. 나머지 2대의 변압기를 이용하여 3상 V결선으로 운전하는 경우 최대 출력은 몇 [kVA]인가?

① $30\sqrt{3}$　② $50\sqrt{3}$
③ $100\sqrt{3}$　④ $200\sqrt{3}$

해설 V결선의 출력 $P = \sqrt{3}\, VI\cos\theta[\text{W}]$
최대 출력은 $\cos\theta = 1$인 경우이므로
$P = \sqrt{3}\, VI$
여기서, VI는 단상 변압기의 1대 용량이므로
$P = 50\sqrt{3}\,[\text{kVA}]$

정답 60.② 61.④ 62.④ 63.②

64 그림과 같은 회로에서 L_2에 흐르는 전류 I_2[A]가 단자 전압 V[V]보다 위상이 90° 뒤지기 위한 조건은? (단, ω는 회로의 각주파수[rad/s]이다.)

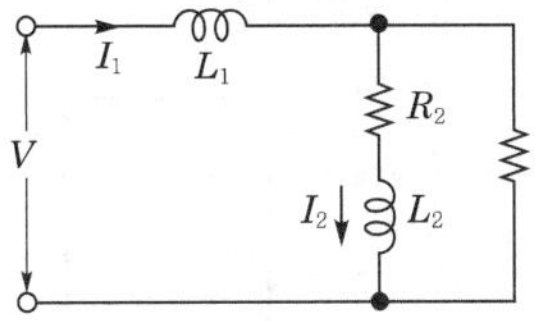

① $\dfrac{R_2}{R_1} = \dfrac{L_2}{L_1}$　② $R_1 R_2 = L_1 L_2$

③ $R_1 R_2 = \omega L_1 L_2$　④ $R_1 R_2 = \omega^2 L_1 L_2$

해설

전전류 $I_1 = \dfrac{V}{j\omega L_1 + \dfrac{R_1 R_2 + j\omega R_1 L_2}{R_1 + R_2 + j\omega L_2}}$

I_2는 분류 법칙에 의해

$I_2 = \dfrac{R_2}{R_1 + R_2 + j\omega L_2} \times \dfrac{V}{j\omega L_1 + \dfrac{R_1 R_2 + j\omega R_1 L_2}{R_1 + R_2 + j\omega L_2}}$

$= \dfrac{R_2 V}{j\omega L_1 R_1 + j\omega L_1 R_2 - \omega^2 L_1 L_2 + R_1 R_2 + j\omega R_1 L_2}$

여기서, I_2가 V보다 위상이 90° 뒤지기 위한 조건은 분모의 실수부가 0이면 된다.

$R_1 R_2 - \omega^2 L_1 L_2 = 0$

$\therefore\ R_1 R_2 = \omega^2 L_1 L_2$

65 $f(t) = \sin t + 2\cos t$를 라플라스 변환하면?

① $\dfrac{2s}{s^2+1}$　② $\dfrac{2s+1}{(s+1)^2}$

③ $\dfrac{2s+1}{s^2+1}$　④ $\dfrac{2s}{(s+1)^2}$

해설

$\mathcal{L}[\sin\omega t] = \dfrac{\omega}{s^2+\omega^2}$, $\mathcal{L}[\cos\omega t] = \dfrac{s}{s^2+\omega^2}$

$F(s) = \dfrac{1}{s^2+1} + \dfrac{2s}{s^2+1} = \dfrac{2s+1}{s^2+1}$

66 그림과 같은 회로에서 스위치 S를 $t=0$에서 닫았을 때 $v_L(t)\big|_{t=0} = 100$[V], $\dfrac{di(t)}{dt}\Big|_{t=0} = 400$[A/s]이다. L[H]의 값은?

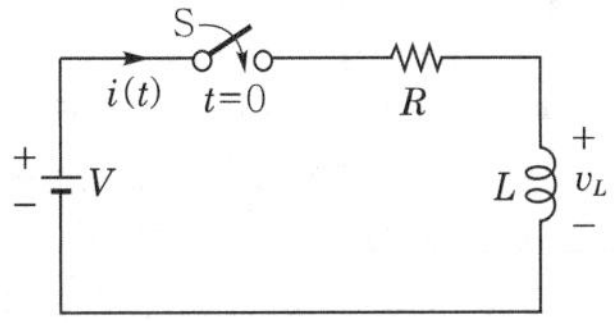

① 0.75　② 0.5

③ 0.25　④ 0.1

해설

$v_L(t) = L\dfrac{di}{dt}$[V]

$L = \dfrac{v_L(t)}{\dfrac{di}{dt}}$

$= \dfrac{100}{400} = 0.25$[H]

67 어떤 전지에 연결된 외부 회로의 저항은 5[Ω]이고 전류는 8[A]가 흐른다. 외부 회로에 5[Ω] 대신 15[Ω]의 저항을 접속하면 전류는 4[A]로 떨어진다. 이 전지의 내부 기전력은 몇 [V]인가?

① 15　② 20

③ 50　④ 80

해설

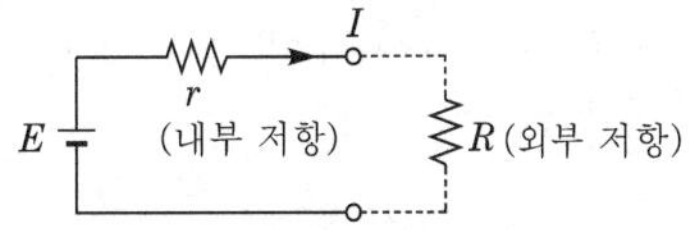

전지 회로에서 기전력 E는

$(5+r) \cdot 8 = 40+8r$ …… ㉠

$(15+r) \cdot 4 = 60+4r$ …… ㉡

㉠=㉡이므로

$40+8r = 60+4r$

내부 저항 $r = 5$[Ω]이므로

$\therefore$ 전지의 기전력 $E = 80$[V]

정답 64.④ 65.③ 66.③ 67.④

68 파형률과 파고율이 모두 1인 파형은?

출제빈도

① 고조파 ② 삼각파
③ 구형파 ④ 사인파

해설 구형파

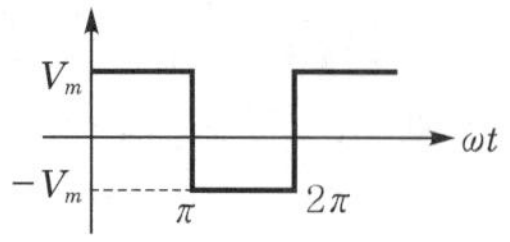

평균값 $V_{av}=V_m$, 실효값 $V=V_m$

파고율$=\dfrac{\text{최대값}}{\text{실효값}}$, 파형률$=\dfrac{\text{실효값}}{\text{평균값}}$

구형파는 평균값=실효값=최대값이므로 파고율=파형률이다.

69 $r_1[\Omega]$인 저항에 $r[\Omega]$인 가변 저항이 연결된 그림과 같은 회로에서 전류 I를 최소로 하기 위한 저항 $r_2[\Omega]$는? (단, $r[\Omega]$은 가변 저항의 최대 크기이다.)

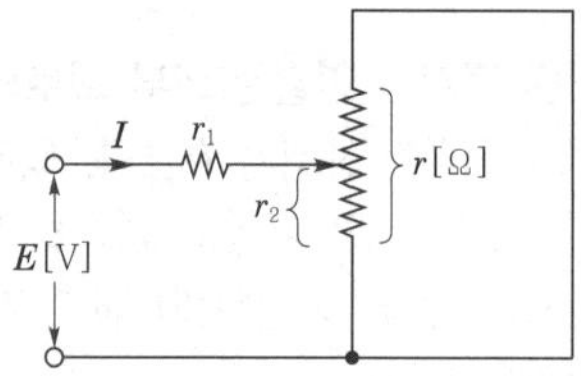

① $\dfrac{r_1}{2}$ ② $\dfrac{r}{2}$
③ r_1 ④ r

해설 전류 I가 최소가 되려면 합성 저항 R_o가 최대가 되어야 한다.

합성 저항 $R_o=r_1+\dfrac{(r-r_2)r_2}{(r-r_2)+r_2}$

합성 저항 R_o의 최대 조건은 $\dfrac{dR_o}{dr_2}=0$

$$\frac{d}{dr_2}\left(r_1+\frac{rr_2-r_2{}^2}{r}\right)=0$$

$r-2r_2=0$

$\therefore\ r_2=\dfrac{r}{2}[\Omega]$

70 그림과 같은 4단자 회로망에서 출력측을 개방하니 $V_1=12[\mathrm{V}]$, $I_1=2[\mathrm{A}]$, $V_2=4[\mathrm{V}]$이고, 출력측을 단락하니 $V_1=16[\mathrm{V}]$, $I_1=4[\mathrm{A}]$, $I_2=2[\mathrm{A}]$이었다. 4단자 정수 A, B, C, D는 얼마인가?

출제빈도

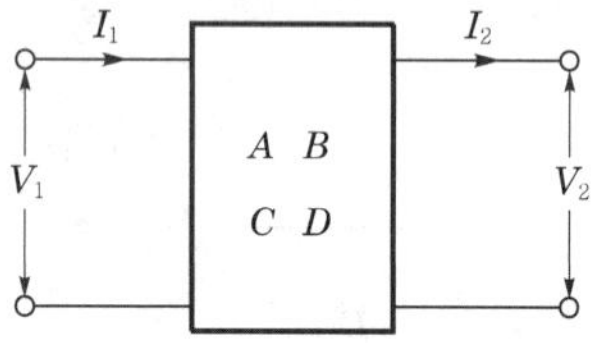

① $A=2$, $B=3$, $C=8$, $D=0.5$
② $A=0.5$, $B=2$, $C=3$, $D=8$
③ $A=8$, $B=0.5$, $C=2$, $D=3$
④ $A=3$, $B=8$, $C=0.5$, $D=2$

해설

$$A=\left.\frac{V_1}{V_2}\right|_{I_2=0}=\frac{12}{4}=3$$

$$B=\left.\frac{V_1}{I_2}\right|_{V_2=0}=\frac{16}{2}=8$$

$$C=\left.\frac{I_1}{V_2}\right|_{I_2=0}=\frac{2}{4}=0.5$$

$$D=\left.\frac{I_1}{I_2}\right|_{V_2=0}=\frac{4}{2}=2$$

71 $V=50\sqrt{3}-j50[\mathrm{V}]$, $I=15\sqrt{3}+j50[\mathrm{A}]$일 때 유효 전력 $P[\mathrm{W}]$와 무효 전력 $Q[\mathrm{Var}]$는 각각 얼마인가?

① $P=3{,}000$, $Q=-1{,}500$
② $P=1{,}500$, $Q=-1{,}500\sqrt{3}$
③ $P=750$, $Q=-750\sqrt{3}$
④ $P=2{,}250$, $Q=-1{,}500\sqrt{3}$

해설 복소 전력 $P_a=\overline{V}I$

$=(50\sqrt{3}+j50)(15\sqrt{3}+j15)$

$=1{,}500-j1{,}500\sqrt{3}$

$\therefore\ P=1{,}500[\mathrm{W}]$, $Q=-1{,}500\sqrt{3}\,[\mathrm{Var}]$

정답 68.③ 69.② 70.④ 71.②

72 그림과 같은 회로에서 5[Ω]에 흐르는 전류는 몇 [A]인가?

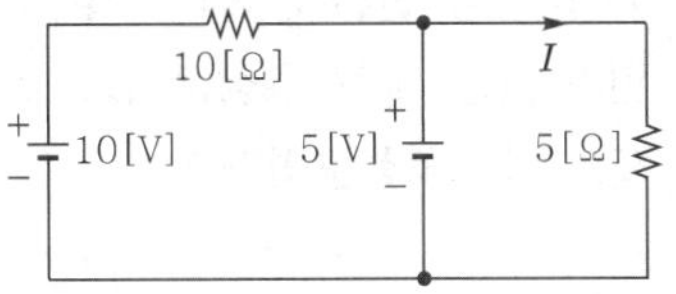

① $\frac{1}{2}$ ② $\frac{2}{3}$
③ 1 ④ $\frac{5}{3}$

해설 중첩의 정리에 의해
- 10[V] 전압원 존재 시 : 5[V] 전압원 단락
  ∴ 5[Ω]에 흐르는 전류는 없다.
- 5[V] 전압원 존재 시 : 10[V] 전압원 단락
  ∴ 5[Ω]에 흐르는 전류 $I=\frac{5}{5}=1$[A]

73 다음과 같은 회로에서 V_a, V_b, V_c[V]를 평형 3상 전압이라 할 때 전압 V_0[V]은?

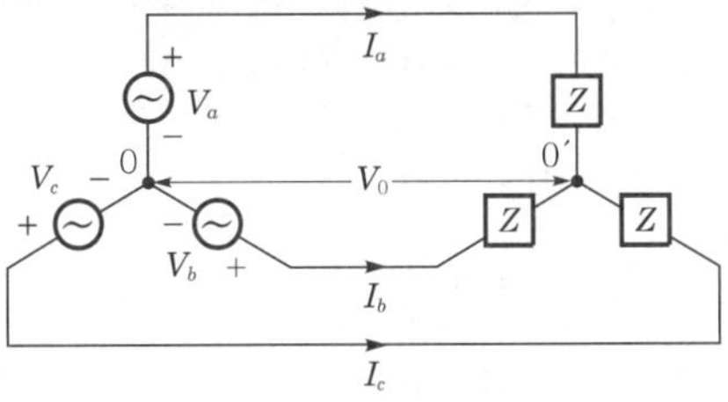

① 0 ② $\frac{V_1}{3}$
③ $\frac{2}{3}V_1$ ④ V_1

해설 V_0는 중성점의 전압으로
$$V_a+V_b+V_c=V+a^2V+aV$$
$$=(1+a^2+a)V$$
$$=0$$
평형 3상 전압의 합은 0이 된다.

74 RC 직렬 회로의 과도 현상에 대한 설명으로 옳은 것은?

① $(R\times C)$의 값이 클수록 과도 전류는 빨리 사라진다.
② $(R\times C)$의 값이 클수록 과도 전류는 천천히 사라진다.
③ 과도 전류는 $(R\times C)$의 값에 관계가 없다.
④ $\frac{1}{R\times C}$의 값이 클수록 과도 전류는 천천히 사라진다.

해설 RC 직렬의 직류 회로의 시정수 $\tau=RC$[s]
시정수의 값이 클수록 과도 상태는 오랫동안 지속된다.
∴ RC의 값이 클수록 과도 전류는 천천히 사라진다.

75 어떤 회로에 흐르는 전류가 $i(t)=7+14.1\sin\omega t$[A]인 경우 실효값은 약 몇 [A]인가?

① 11.2 ② 12.2
③ 13.2 ④ 14.2

해설 비정현파 전류의 실효값
각 고조파의 실효값의 제곱의 합의 제곱근이다.
$I=\sqrt{I_0{}^2+I_1{}^2}=\sqrt{7^2+10^2}=12.2$[A]

76 9[Ω]과 3[Ω]인 저항 6개를 그림과 같이 연결하였을 때 a와 b 사이의 합성 저항[Ω]은?

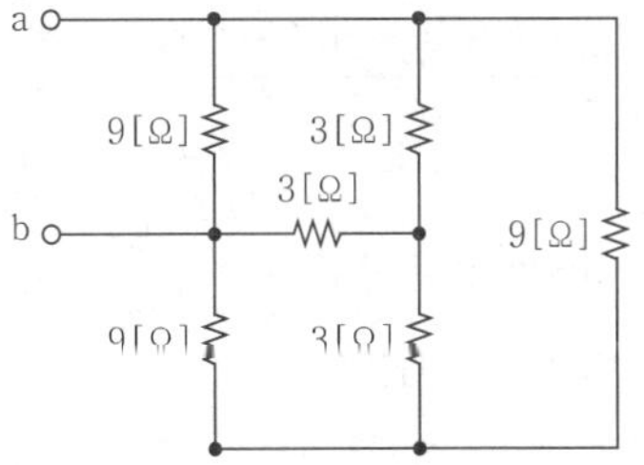

① 9 ② 4
③ 3 ④ 2

정답 72.③ 73.① 74.② 75.② 76.③

해설

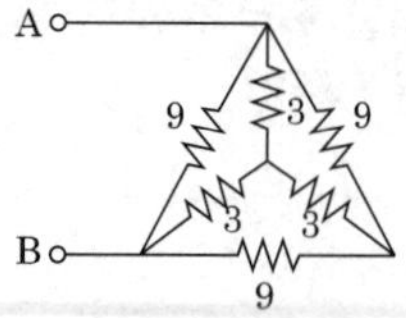

△결선을 Y결선으로 등가 변환하면

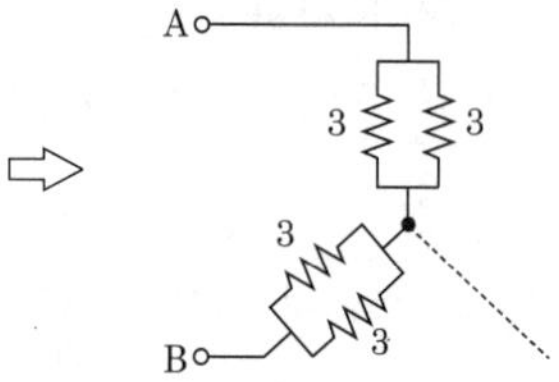

∴ 합성 저항 $R_{AB} = \dfrac{3\times3}{3+3} + \dfrac{3\times3}{3+3} = 3[\Omega]$

77 그림과 같은 회로의 전달 함수는? (단, 초기 조건은 0이다.)

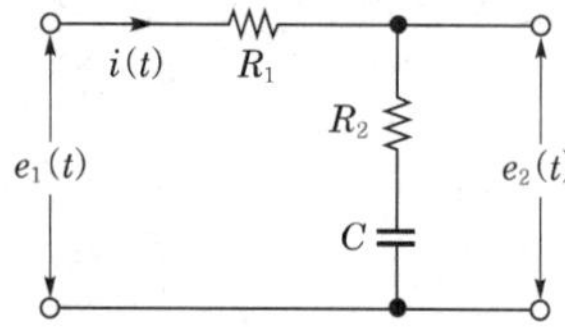

① $\dfrac{R_2 + Cs}{R_1 + R_2 + Cs}$

② $\dfrac{R_1 + R_2 + Cs}{R_1 + Cs}$

③ $\dfrac{R_2Cs + 1}{R_2Cs + R_1Cs + 1}$

④ $\dfrac{R_1Cs + R_2Cs + 1}{R_2Cs + 1}$

해설 전압비 전달 함수 $G(s) = \dfrac{E_2(s)}{E_1(s)}$이므로 임피던스의 비가 된다.

$$G(s) = \frac{R_2 + \frac{1}{Cs}}{R_1 + R_2 + \frac{1}{Cs}} = \frac{R_2Cs+1}{R_1Cs + R_2Cs + 1}$$

78 전류의 대칭분이 $I_0 = -2 + j4$ [A], $I_1 = 6 - j5$ [A], $I_2 = 8 + j10$ [A]일 때 3상 전류 중 a상 전류(I_a)의 크기($|I_a|$)는 몇 [A]인가? (단, I_0는 영상분이고, I_1은 정상분이고, I_2는 역상분이다.)

① 9 ② 12
③ 15 ④ 19

해설 비대칭 전류와 대칭분 전류

$I_a = I_0 + I_1 + I_2$

$I_b = I_0 + a^2I_1 + aI_2$

$I_c = I_0 + aI_1 + a^2I_2$

$I_a = I_0 + I_1 + I_2$

$= (-2+j4) + (6-j5) + (8+j10) = 12 + j9$

$\therefore |I_a| = \sqrt{12^2 + 9^2} = 15[\text{A}]$

79 각 상의 전류가 다음과 같을 때 영상분 전류 [A]의 순시치는?

출제빈도

> $i_a = 30\sin\omega t$ [A]
> $i_b = 30\sin(\omega t - 90°)$ [A]
> $i_c = 30\sin(\omega t + 90°)$ [A]

① $10\sin\omega t$

② $10\sin\dfrac{\omega t}{3}$

③ $30\sin\omega t$

④ $\dfrac{30}{\sqrt{3}}\sin(\omega t + 45°)$

해설 $i_o = \dfrac{1}{3}(i_a + i_b + i_c)$

$= \dfrac{1}{3}\{(30\sin\omega t + 30\sin(\omega t - 90°) + 30\sin(\omega t + 90°)\}$

$= \dfrac{30}{3}\{\sin\omega t + (\sin\omega t\cos 90° - \cos\omega t\sin 90°)$

$+ (\sin\omega t\cos 90° + \cos\omega t\sin 90°)\}$

$= 10\sin\omega t$ [A]

정답 77.③ 78.③ 79.①

80 $Z=5\sqrt{3}+j5[\Omega]$인 3개의 임피던스를 Y 결선하여 선간 전압 250[V]의 평형 3상 전원에 연결하였다. 이때, 소비되는 유효 전력은 약 몇 [W]인가?

① 3,125 ② 5,413
③ 6,252 ④ 7,120

해설 유효 전력 $P=3I_p^{\,2}R$

$$=3\left(\frac{V_p}{Z}\right)^2\cdot R$$

$$=3\left(\frac{\frac{250}{\sqrt{3}}}{\sqrt{(5\sqrt{3})^2+5^2}}\right)^2\times 5\sqrt{3}$$

$$=5{,}413[\mathrm{W}]$$

제5과목 전기설비기술기준

81 직류식 전기 철도에서 배류선의 상승 부분 중 지표상 몇 [m] 미만의 부분은 절연 전선(옥외용 비닐 절연 전선을 제외), 캡타이어 케이블 또는 케이블을 사용하고 사람이 접촉할 우려가 없고 또한 손상을 받을 우려가 없도록 시설하여야 하는가?

① 1.5 ② 2.0
③ 2.5 ④ 3.0

해설 배류 접속
배류선의 상승 부분 중 지표상 2.5[m] 미만의 부분은 절연 전선, 캡타이어 케이블 또는 케이블을 사용하고 사람이 접촉할 우려가 없고 또한 손상을 받을 우려가 없도록 시설할 것

※ 이 문제는 출제 당시 규정에는 적합했으나 새로 제정된 한국전기설비규정에는 일부 부적합하므로 문제 유형만 참고하시기 바랍니다.

82 특고압 가공 전선과 가공 약전류 전선 사이에 보호망을 시설하는 경우 보호망을 구성하는 금속선 상호 간의 간격은 가로 및 세로를 각각 몇 [m] 이하로 시설하여야 하는가?

① 0.75 ② 1.0
③ 1.25 ④ 1.5

해설 특고압 가공 전선과 도로 등의 접근 또는 교차(한국전기설비규정 333.23)
보호망 시설 규정은 다음과 같다.
- 금속제 망상 장치
- 특고압 가공 전선의 바로 아래 : 인장 강도 8.01[kN], 지름 5[mm] 경동선
- 기타 부분에 시설 : 인장 강도 5.26[kN], 지름 4[mm] 경동선
- 보호망 상호 간격 : 가로 및 세로 각 1.5[m] 이하

83 출제빈도 1차측 3,300[V], 2차측 220[V]인 변압기 전로의 절연 내력 시험 전압은 각각 몇 [V]에서 10분간 견디어야 하는가?

① 1차측 4,950[V], 2차측 500[V]
② 1차측 4,500[V], 2차측 400[V]
③ 1차측 4,125[V], 2차측 500[V]
④ 1차측 3,300[V], 2차측 400[V]

해설 변압기 전로의 절연 내력(한국전기설비규정 134)
- 1차측 : $3{,}300\times1.5=4{,}950$[V]
- 2차측 : $220\times1.5=330$[V]
  500 이하이므로 최소 시험 전압 500[V]로 한다.

84 출제빈도 가공 전선로의 지지물에 지선을 시설하려는 경우 이 지선의 최저 기준으로 옳은 것은?

① 허용 인장 하중 : 2.11[kN], 소선 지름 : 2.0[mm], 안전율 : 3.0
② 허용 인장 하중 : 3.21[kN], 소선 지름 : 2.6[mm], 안전율 : 1.5
③ 허용 인장 하중 : 4.31[kN], 소선 지름 : 1.6[mm], 안전율 : 2.0
④ 허용 인장 하중 : 4.31[kN], 소선 지름 : 2.6[mm], 안전율 : 2.5

정답 80.② 81.③ 82.④ 83.① 84.④

해설 지선의 시설(한국전기설비규정 331.11)
- 지선의 안전율은 2.5 이상. 이 경우에 허용 인장 하중의 최저는 4.31[kN]
- 지선에 연선을 사용할 경우
  - 소선(素線) 3가닥 이상의 연선일 것
  - 소선의 지름이 2.6[mm] 이상의 금속선을 사용한 것일 것

85 버스 덕트 공사에 의한 저압의 옥측 배선 또는 옥외 배선의 사용 전압이 400[V] 초과인 경우의 시설 기준에 대한 설명으로 틀린 것은?

① 목조 외의 조영물(점검할 수 없는 은폐 장소)에 시설할 것
② 버스 덕트는 사람이 쉽게 접촉할 우려가 없도록 시설할 것
③ 버스 덕트는 KS C IEC 60529(2006)에 의한 보호 등급 IPX4에 적합할 것
④ 버스 덕트는 옥외용 버스 덕트를 사용하여 덕트 안에 물이 스며들어 고이지 아니하도록 한 것일 것

해설 옥측 전선로(한국전기설비규정 221.2)
버스 덕트 공사에 의한 저압의 옥측 배선 또는 옥외 배선의 사용 전압이 400[V] 초과인 경우는 다음에 의하여 시설할 것
- 목조 외의 조영물(점검할 수 없는 은폐 장소를 제외)에 시설할 것
- 버스 덕트는 사람이 쉽게 접촉할 우려가 없도록 시설할 것
- 버스 덕트는 옥외용 버스 덕트를 사용하여 덕트 안에 물이 스며들어 고이지 않도록 한 것일 것
- 버스 덕트는 KS C IEC 60529(2006)에 의한 보호 등급 IPX4에 적합할 것

86 전력 보안 통신 설비인 무선 통신용 안테나를 지지하는 목주의 풍압 하중에 대한 안전율은 얼마 이상으로 해야 하는가?

① 0.5 ② 0.9
③ 1.2 ④ 1.5

해설 무선용 안테나 등을 지지하는 철탑 등의 시설(한국전기설비규정 364.1)
- 목주의 풍압 하중에 대한 안전율은 1.5 이상
- 철주·철근 콘크리트주 또는 철탑의 기초 안전율은 1.5 이상

87 (출제빈도) 변압기에 의하여 특고압 전로에 결합되는 고압 전로에는 사용 전압의 몇 배 이하인 전압이 가하여진 경우에 방전하는 장치를 그 변압기의 단자에 가까운 1극에 설치하여야 하는가?

① 3 ② 4
③ 5 ④ 6

해설 특고압과 고압의 혼촉 등에 의한 위험 방지 시설(한국전기설비규정 322.3)
변압기에 의하여 특고압 전로에 결합되는 고압 전로에는 사용 전압의 3배 이하인 전압이 가하여진 경우에 방전하는 장치를 그 변압기의 단자에 가까운 1극에 설치하여야 한다.

88 의료 장소 중 그룹 1 및 그룹 2의 의료 IT계통에 시설되는 전기 설비의 시설 기준으로 틀린 것은?

① 의료용 절연 변압기의 정격 출력은 10[kVA] 이하로 한다.
② 의료용 절연 변압기의 2차측 정격 전압은 교류 250[V] 이하로 한다.
③ 전원측에 강화 절연을 한 의료용 절연 변압기를 설치하고 그 2차측 전로는 접지한다.
④ 절연 감시 장치를 설치하여 절연 저항이 50[kΩ]까지 감소하면 표시 설비 및 음향 설비로 경보를 발하도록 한다.

해설 의료 장소의 안전을 위한 보호 설비(한국전기설비규정 242.10.3)
전원측에 전력 변압기, 전원 공급 장치에 따라 이중 또는 강화 절연을 한 비단락 보증 절연 변압기를 설치하고 그 2차측 전로는 접지하지 말 것

정답 85.① 86.④ 87.① 88.③

89 저압 가공 전선과 고압 가공 전선을 동일 지지물에 시설하는 경우 이격 거리는 몇 [cm] 이상이어야 하는가? (단, 각도주(角度柱) · 분기주(分岐柱) 등에서 혼촉(混觸)의 우려가 없도록 시설하는 경우는 제외한다.)

① 50 ② 60
③ 70 ④ 80

해설 고압 가공 전선 등의 병행 설치(한국전기설비규정 332.8)
- 저압 가공 전선을 고압 가공 전선의 아래로 하고 별개의 완금류에 시설할 것
- 저압 가공 전선과 고압 가공 전선 사이의 이격 거리는 50[cm] 이상일 것

90 사람이 상시 통행하는 터널 안 배선의 시설 기준으로 틀린 것은?

① 사용 전압은 저압에 한한다.
② 전로에는 터널의 입구에 가까운 곳에 전용 개폐기를 시설한다.
③ 애자 공사에 의하여 시설하고 이를 노면상 2[m] 이상의 높이에 시설한다.
④ 공칭 단면적 2.5[mm^2] 연동선과 동등 이상의 세기 및 굵기의 절연 전선을 사용한다.

해설 사람이 상시 통행하는 터널 안의 배선 시설(한국전기설비규정 242.7.1)
- 전선은 공칭 단면적 2.5[mm^2]의 연동선과 동등 이상의 세기 및 굵기의 절연 전선(옥외용 제외)을 사용하여 애자 공사에 의하여 시설하고 또한 이를 노면상 2.5[m] 이상의 높이로 할 것
- 전로에는 터널의 입구에 가까운 곳에 전용 개폐기를 시설할 것

91 특고압 가공 전선이 가공 약전류 전선 등 저압 또는 고압의 가공 전선이나 저압 또는 고압의 전차선과 제1차 접근 상태로 시설되는 경우 60[kV] 이하 가공 전선과 저 · 고압 가공 전선 등 또는 이들의 지지물이나 지주 사이의 이격 거리는 몇 [m] 이상인가?

① 1.2 ② 2
③ 2.6 ④ 3.2

해설 특고압 가공 전선과 저 · 고압 가공 전선 등의 접근 또는 교차(한국전기설비규정 333.26)

사용 전압의 구분	이격 거리
60[kV] 이하	2[m]
60[kV] 초과	2[m]에 사용 전압이 60[kV]를 초과하는 10[kV] 또는 그 단수마다 0.12[m]를 더한 값

92 교통 신호등의 시설 기준에 관한 내용으로 틀린 것은?

① 제어 장치의 금속제 외함에는 접지 공사를 한다.
② 교통 신호등 회로의 사용 전압은 300[V] 이하로 한다.
③ 교통 신호등 회로의 인하선은 지표상 2[m] 이상으로 시설한다.
④ LED를 광원으로 사용하는 교통 신호등의 설치 KS C 7528 'LED 교통 신호등'에 적합한 것을 사용한다.

해설 교통 신호등(한국전기설비규정 234.15)
- 사용 전압은 300[V] 이하
- 배선은 케이블인 경우 공칭 단면적 2.5[mm^2] 이상 연동선
- 전선의 지표상의 높이는 2.5[m] 이상
- 조가용선은 인장 강도 3.7[kN]의 금속선 또는 지름 4[mm] 이상의 아연도철선을 2가닥 이상 꼰 금속선을 사용할 것
- LED를 광원으로 사용하는 교통 신호등의 설치는 KS C 7528(LED 교통 신호등)에 적합할 것

정답 89.① 90.③ 91.② 92.③

93

중성선 다중 접지식의 것으로서, 전로에 지락이 생겼을 때 2초 이내에 자동적으로 이를 전로로부터 차단하는 장치가 되어 있는 22.9[kV] 특고압 가공 전선이 다른 특고압 가공 전선과 접근하는 경우 이격 거리는 몇 [m] 이상으로 하여야 하는가? (단, 양쪽이 나전선인 경우이다.)

① 0.5　② 1.0
③ 1.5　④ 2.0

해설 25[kV] 이하인 특고압 가공 전선로의 시설(한국전기설비규정 333.32)

사용 전선의 종류	이격 거리
어느 한쪽 또는 양쪽이 나전선인 경우	1.5[m]
양쪽이 특고압 절연 전선인 경우	1.0[m]
한쪽이 케이블이고 다른 한쪽이 케이블이거나 특고압 절연 전선인 경우	0.5[m]

94

터널 안의 윗면, 교량의 아랫면, 기타 이와 유사한 곳 또는 이에 인접하는 곳에 시설하는 경우 가공 직류 전차선의 레일면상의 높이는 몇 [m] 이상인가?

① 3　② 3.5
③ 4　④ 4.5

해설 가공 직류 전차선의 레일면상 높이
터널 안의 윗면, 교량의 아랫면, 기타 이와 유사한 곳 3.5[m] 이상

※ 이 문제는 출제 당시 규정에는 적합했으나 새로 제정된 한국전기설비규정에는 일부 부적합하므로 문제 유형만 참고하시기 바랍니다.

95

고압 가공 전선이 교류 전차선과 교차하는 경우 고압 가공 전선으로 케이블을 사용하는 경우 이외에는 단면적 몇 [mm^2] 이상의 경동 연선(교류 전차선 등과 교차하는 부분을 포함하는 경간에 접속점이 없는 것에 한한다.)을 사용하여야 하는가?

① 14　② 22
③ 30　④ 38

해설 고압 가공 전선과 교류 전차선 등의 접근 또는 교차(한국전기설비규정 332.15)
저·고압 가공 전선에는 케이블을 사용하고 또한 이를 단면적 38[mm^2] 이상인 아연도 연선으로서 인장 강도 19.61[kN] 이상인 것으로 조가하여 시설할 것

96

출제빈도

고압 또는 특고압 가공 전선과 금속제의 울타리가 교차하는 경우 교차점과 좌우로 몇 [m] 이내의 개소에 접지 공사를 하여야 하는가? (단, 전선에 케이블을 사용하는 경우는 제외한다.)

① 25　② 35
③ 45　④ 55

해설 발전소 등의 울타리·담 등의 시설(한국전기설비규정 351.1)
고압 또는 특고압 가공 전선(전선에 케이블을 사용하는 경우는 제외함)과 금속제의 울타리·담 등이 교차하는 경우에 금속제의 울타리·담 등에는 교차점과 좌·우로 45[m] 이내의 개소에 접지 공사를 해야 한다.

97

옥내 고압용 이동 전선의 시설 기준에 적합하지 않은 것은?

① 전선은 고압용의 캡타이어 케이블을 사용하였다.
② 전로에 지락이 생겼을 때 자동적으로 전로를 차단하는 장치를 시설하였다.
③ 이동 전선과 전기 사용 기계 기구와는 볼트 조임, 기타의 방법에 의하여 견고하게 접속하였다.
④ 이동 전선에 전기를 공급하는 전로의 중성극에 전용 개폐기 및 과전류 차단기를 시설하였다.

정답 93.③ 94.② 95.④ 96.③ 97.④

해설 옥내 고압용 이동 전선의 시설(한국전기설비규정 342.2)
이동 전선에 전기를 공급하는 전로에는 전용 개폐기 및 과전류 차단기를 각 극(과전류 차단기는 다선식 전로의 중성극을 제외)에 시설하고, 또한 전로에 지락이 생겼을 때 자동적으로 전로를 차단하는 장치를 시설할 것

98 고압 전로 또는 특고압 전로와 저압 전로를 결합하는 변압기의 저압측의 중성점에는 제 몇 종 접지 공사를 하여야 하는가?

① 제1종 접지 공사
② 제2종 접지 공사
③ 제3종 접지 공사
④ 특별 제3종 접지 공사

해설 고압 또는 특고압과 저압의 혼촉에 의한 위험 방지 시설
고압 전로 또는 특고압 전로와 저압 전로를 결합하는 변압기의 저압측의 중성점에는 접지 공사(제2종)를 하여야 한다.

※ 이 문제는 출제 당시 규정에는 적합했으나 새로 제정된 한국전기설비규정에는 일부 부적합하므로 문제 유형만 참고하시기 바랍니다.

99 가공 전선로의 지지물에는 취급자가 오르고 내리는 데 사용하는 발판 볼트 등은 특별한 경우를 제외하고 지표상 몇 [m] 미만에는 시설하지 않아야 하는가?

출제빈도

① 1.5　② 1.8
③ 2.0　④ 2.2

해설 지지물의 철탑 오름 및 전 주오름 방지(한국전기설비규정 331.4)
가공 전선로의 지지물에 취급자가 오르고 내리는 데 사용하는 발판못 등을 지표상 1.8[m] 미만에 시설해서는 안 된다.

100 수상 전선로의 시설 기준으로 옳은 것은?

① 사용 전압으로 고압인 경우에는 클로로프렌 캡타이어 케이블을 사용한다.
② 수상 전선로에 사용하는 부대(浮臺)는 쇠사슬 등으로 견고하게 연결한다.
③ 고압 수상 전선로에 지락이 생길 때를 대비하여 전로를 수동으로 차단하는 장치를 시설한다.
④ 수상 전선로의 전선은 부대의 아래에 지지하여 시설하고 또한 그 절연 피복을 손상하지 않도록 시설한다.

해설 수상 전선로(한국전기설비규정 335.3)
수상 전선로에는 이와 접속하는 가공 전선로에 전용 개폐기 및 과전류 차단기를 각 극에 시설하고 또한 수상 전선로의 사용 전압이 고압인 경우에는 전로에 지락이 생겼을 때 자동적으로 전로를 차단하기 위한 장치를 시설하여야 한다.

정답 98.② 99.② 100.②

2020년 제3회 과년도 출제문제

2020. 8. 22. 시행

제1과목 전기자기학

01 표의 ㉠, ㉡과 같은 단위로 옳게 나열한 것은?

㉠	[Ω · s]
㉡	[s/Ω]

① ㉠ [H], ㉡ [F]
② ㉠ [H/m], ㉡ [F/m]
③ ㉠ [F], ㉡ [H]
④ ㉠ [F/m], ㉡ [H/m]

해설
인덕턴스 $L=\dfrac{N\phi}{I}\left[\mathrm{H}=\dfrac{\mathrm{Wb}}{\mathrm{A}}=\dfrac{\mathrm{V}}{\mathrm{A}}\cdot\mathrm{s}=\Omega\cdot\mathrm{s}\right]$
정전 용량 $C=\dfrac{Q}{V}\left[\mathrm{F}=\dfrac{\mathrm{C}}{\mathrm{V}}=\dfrac{\mathrm{A}}{\mathrm{V}}\cdot\mathrm{s}=\dfrac{1}{\Omega}\cdot\mathrm{s}\right]$

02 진공 중에 판간 거리가 d[m]인 무한 평판 도체 간의 전위차[V]는? (단, 각 평판 도체에는 면전하 밀도 $+\sigma$[C/m²], $-\sigma$[C/m²]가 각각 분포되어 있다.)

출제빈도

① σd
② $\dfrac{\sigma}{\varepsilon_0}$
③ $\dfrac{\varepsilon_0\sigma}{d}$
④ $\dfrac{\sigma d}{\varepsilon_0}$

해설
전계의 세기 $E=\dfrac{\sigma}{\varepsilon_0}$[V/m]
전위차 $V=-\displaystyle\int_d^0 E\cdot dl$
$=E[l]_0^d=E(d-0)=\dfrac{\sigma d}{\varepsilon_0}$[V]

03 어떤 자성체 내에서 자계의 세기가 800[AT/m]이고 자속 밀도가 0.05[Wb/m²]일 때 이 자성체의 투자율은 몇 [H/m]인가?

출제빈도

① 3.25×10^{-5}
② 4.25×10^{-5}
③ 5.25×10^{-5}
④ 6.25×10^{-5}

해설
자속 밀도 $B=\mu H$[Wb/m²]
투자율 $\mu=\dfrac{B}{H}=\dfrac{0.05}{800}=6.25\times10^{-5}$[H/m]

04 자기 인덕턴스의 성질을 설명한 것으로 옳은 것은?

① 경우에 따라 정(+) 또는 부(−)의 값을 갖는다.
② 항상 정(+)의 값을 갖는다.
③ 항상 부(−)의 값을 갖는다.
④ 항상 0이다.

해설
자기 인덕턴스 $L=\dfrac{N\phi}{I}=\dfrac{\mu N^2 S}{l}$(솔레노이드)
저항 R, 정전 용량 C 및 자기 인덕턴스 L은 항상 정(+)의 값을 갖는다.

05 비유전율이 2.8인 유전체에서의 전속 밀도가 $D=3.0\times10^{-7}$[C/m²]일 때 분극의 세기 P는 약 몇 [C/m²]인가?

① 1.93×10^{-7}
② 2.93×10^{-7}
③ 3.50×10^{-7}
④ 4.07×10^{-7}

정답 01.① 02.④ 03.④ 04.② 05.①

해설 분극의 세기 $P = \varepsilon_0(\varepsilon_s - 1)E$

$$= \varepsilon_0(\varepsilon_s - 1)\frac{D}{\varepsilon_0 \varepsilon_s}$$

$$= \left(1 - \frac{1}{\varepsilon_s}\right)D$$

$$= \left(1 - \frac{1}{2.8}\right) \times 3 \times 10^{-7}$$

$$= 1.93 \times 10^{-7}[\text{C/m}^2]$$

06 자기 회로에 대한 설명으로 틀린 것은? (단, S는 자기 회로의 단면적이다.)

① 자기 저항의 단위는 [H](Henry)의 역수이다.

② 자기 저항의 역수를 퍼미언스(permeance)라고 한다.

③ '자기 저항=(자기 회로의 단면을 통과하는 자속)/(자기 회로의 총 기자력)'이다.

④ 자속 밀도 B가 모든 단면에 걸쳐 균일하다면 자기 회로의 자속은 BS이다.

해설 자기 회로의 옴의 법칙

자속 $\phi = \dfrac{F(= NI \text{ 기자력})}{R_m(\text{자기 저항})}$에서

자기 저항 $R_m = \dfrac{NI}{\phi}\left[\dfrac{\text{A}}{\text{Wb}} = \dfrac{1}{\text{H}}\right]$

07 전계의 세기가 5×10^2[V/m]인 전계 중에 8×10^{-8}[C]의 전하가 놓일 때 전하가 받는 힘은 몇 [N]인가?

출제빈도

① 4×10^{-2}

② 4×10^{-3}

③ 4×10^{-4}

④ 4×10^{-5}

해설 전계의 세기 $E = \dfrac{F}{Q}$[V/m]

힘 $F = QE = 8 \times 10^{-8} \times 5 \times 10^2 = 4 \times 10^{-5}$[N]

08 지름 2[mm]의 동선에 π[A]의 전류가 균일하게 흐를 때 전류 밀도는 몇 [A/m²]인가?

① 10^3 ② 10^4

③ 10^5 ④ 10^6

해설 전류 밀도 $J = \dfrac{I}{S} = \dfrac{\pi}{\left(\dfrac{d}{2}\right)^2 \pi}$

$$= \frac{1}{(1 \times 10^{-3})^2} = 10^6[\text{A/m}^2]$$

09 반지름이 a[m]인 도체구에 전하 Q[C]을 주었을 때 구 중심에서 r[m] 떨어진 구 외부($r > a$)의 한 점에서 전속 밀도 D[C/m²]는 얼마인가?

출제빈도

① $\dfrac{Q}{4\pi a^2}$ ② $\dfrac{Q}{4\pi r^2}$

③ $\dfrac{Q}{4\pi \varepsilon a^2}$ ④ $\dfrac{Q}{4\pi \varepsilon r^2}$

해설 전속 $\psi = Q$(전하)

전속 밀도 $D = \dfrac{\Phi}{S} = \dfrac{Q}{4\pi r^2}$[C/m²]

10 2[Wb/m²]인 평등 자계 속에 길이가 30[cm]인 도선이 자계와 직각 방향으로 놓여 있다. 이 도선이 자계와 30°의 방향으로 30[m/s]의 속도로 이동할 때 도체 양단에 유기되는 기전력[V]의 크기는?

① 3 ② 9

③ 30 ④ 90

해설 플레밍의 오른손 법칙

유기 기전력 $e = vBl\sin\theta$

$$= 30 \times 2 \times 0.3 \times \frac{1}{2}$$

$$= 9[\text{V}]$$

정답 06.③ 07.④ 08.④ 09.② 10.②

11 공기 중에 있는 무한 직선 도체에 전류 I[A]가 흐르고 있을 때 도체에서 r[m] 떨어진 점에서의 자속 밀도는 몇 [Wb/m^2]인가?

① $\dfrac{I}{2\pi r}$ ② $\dfrac{2\mu_0 I}{\pi r}$

③ $\dfrac{\mu_0 I}{r}$ ④ $\dfrac{\mu_0 I}{2\pi r}$

해설 자계의 세기 $H=\dfrac{I}{2\pi r}$[AT/m]

자속 밀도 $B=\mu_0 H$

$=\dfrac{\mu_0 I}{2\pi r}$[Wb/m^2]

12 무한 평면 도체로부터 d[m]인 곳에 점전하 Q[C]가 있을 때 도체 표면상에 최대로 유도되는 전하 밀도는 몇 [C/m^2]인가?

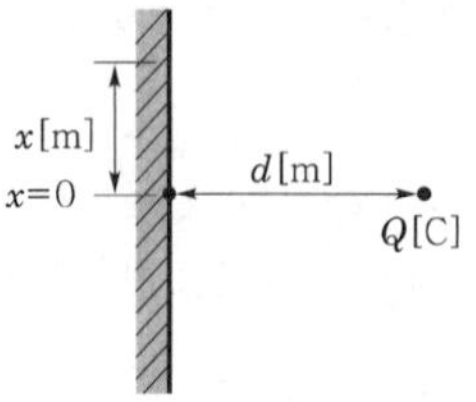

① $-\dfrac{Q}{2\pi d^2}$ ② $-\dfrac{Q}{2\pi\varepsilon_0 d^2}$

③ $-\dfrac{Q}{4\pi d^2}$ ④ $-\dfrac{Q}{4\pi\varepsilon_0 d^2}$

해설 최대 전계의 세기 E_m($x=0$인 점)

$E_m=\dfrac{Q}{4\pi\varepsilon_0 d^2}\times 2$

$=\dfrac{Q}{2\pi\varepsilon_0 d^2}$[V/m]

최대 면전하 밀도 $\sigma_m=-\varepsilon_0 E_m$

$=-\dfrac{Q}{2\pi d^2}$[C/m^2]

(무한 평면 도체의 유도 전하 σ는 부(−) 전하)

13 선간 전압이 66,000[V]인 2개의 평행 왕복 도선에 10[kA] 전류가 흐르고 있을 때 도선 1[m]마다 작용하는 힘의 크기는 몇 [N/m]인가? (단, 도선 간의 간격은 1[m]이다.)

① 1 ② 10

③ 20 ④ 200

해설 평행 도선에 왕복 전류가 흐를 때 단위 길이당 작용하는 힘

$f=\dfrac{2I^2}{d}\times 10^{-7}=\dfrac{2\times(10^4)^2}{1}\times 10^{-7}=20$[N/m]

14 무손실 유전체에서 평면 전자파의 전계 E와 자계 H 사이 관계식으로 옳은 것은?

① $H=\sqrt{\dfrac{\varepsilon}{\mu}}E$

② $H=\sqrt{\dfrac{\mu}{\varepsilon}}E$

③ $H=\dfrac{\varepsilon}{\mu}E$

④ $H=\dfrac{\mu}{\varepsilon}E$

해설 전자파의 고유 임피던스 $\eta=\dfrac{E}{H}=\sqrt{\dfrac{\mu}{\varepsilon}}$[Ω]

자계 $H=\sqrt{\dfrac{\varepsilon}{\mu}}E$[AT/m]

15 대전 도체 표면의 전하 밀도는 도체 표면의 모양에 따라 어떻게 되는가?

① 곡률이 작으면 작아진다.

② 곡률 반지름이 크면 커진다.

③ 평면일 때 가장 크다.

④ 곡률 반지름이 작으면 작다.

해설 대전 도체 표면의 전하 밀도는 곡률 반경이 작으면 크고, 곡률이 작으면 작아진다.

정답 11.④ 12.① 13.③ 14.① 15.①

16 1[Ah]의 전기량은 몇 [C]인가?

① $\frac{1}{3,600}$ ② 1
③ 60 ④ 3,600

해설 전류 $I=\frac{Q}{t}\left[\text{A}=\frac{\text{C}}{\text{s}}\right]$

전기량 $Q=It=1\times60\times60=3,600[\text{C}]$

17 강자성체가 아닌 것은?

① 철 ② 구리
③ 니켈 ④ 코발트

해설 **자성체의 종류에 따른 물질**
- 상자성체 : 공기, 알루미늄, 백금
- 강자성체 : 철, 니켈, 코발트
- 반자성체 : 은, 납, 동, 비스무트

18 맥스웰(Maxwell) 전자 방정식의 물리적 의미 중 틀린 것은?

출제빈도

① 자계의 시간적 변화에 따라 전계의 회전이 발생한다.
② 전도 전류와 변위 전류는 자계를 발생시킨다.
③ 고립된 자극이 존재한다.
④ 전하에서 전속선이 발산한다.

해설 맥스웰의 전자 기초 방정식에서

$\left.\begin{array}{l}\text{div}\,B=0\\ \nabla\cdot B=0\end{array}\right\}$ N, S극은 공존하며 자속은 연속이다.

19 2[μF], 3[μF], 4[μF]의 커패시터를 직렬로 연결하고 양단에 가한 전압을 서서히 상승시킬 때의 현상으로 옳은 것은? (단, 유전체의 재질 및 두께는 같다고 한다.)

출제빈도

① 2[μF]의 커패시터가 제일 먼저 파괴된다.
② 3[μF]의 커패시터가 제일 먼저 파괴된다.
③ 4[μF]의 커패시터가 제일 먼저 파괴된다.
④ 3개의 커패시터가 동시에 파괴된다.

해설 커패시터를 직렬로 연결하고 양단에 전압을 서서히 증가하면 각 커패시터의 전하량은 동일하고 전압은 정전 용량에 반비례$\left(V=\frac{Q}{C}\right)$하므로 같은 재질의 유전체인 경우 용량이 가장 작은 2[μF]의 커패시터가 제일 먼저 파괴된다.

20 패러데이관의 밀도와 전속 밀도는 어떠한 관계인가?

① 동일하다.
② 패러데이관의 밀도가 항상 높다.
③ 전속 밀도가 항상 높다.
④ 항상 틀리다.

해설 유전체 중에 전속으로 이루어진 관을 전기력관(tube of electric force)이라 하고, 단위 정전하와 부전하를 연결한 관을 패러데이관(faraday tube)이라 하며 다음과 같은 성질이 있다.
- 패러데이관 양단에 정·부의 단위 전하가 있다.
- 진전하가 없는 점에서 패러데이관은 연속이다.
- 패러데이관의 밀도는 전속 밀도와 같다.

제2과목 전력공학

21 수전용 변전 설비의 1차측에 설치하는 차단기의 용량은 다음 중 어느 것에 의하여 정하는가?

① 수전 전력과 부하율
② 수전 계약 용량
③ 공급측 전원의 단락 용량
④ 부하 설비 용량

해설 차단기의 차단 용량은 공급측 전원의 단락 용량을 기준으로 정해진다.

정답 16.④ 17.② 18.③ 19.① 20.① 21.③

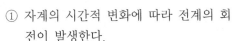

22 어떤 발전소의 유효 낙차가 100[m]이고, 사용 수량이 10[m^3/s]일 경우 이 발전소의 이론적인 출력[kW]은?

① 4,900 ② 9,800
③ 10,000 ④ 14,700

해설 이론 출력 $P_o = 9.8HQ$
$= 9.8 \times 100 \times 10 = 9,800$[kW]

23 피뢰기의 제한 전압이란?

출제빈도

① 상용 주파 전압에 대한 피뢰기의 충격 방전 개시 전압
② 충격파 침입 시 피뢰기의 충격 방전 개시 전압
③ 피뢰기가 충격파 방전 종료 후 언제나 속류를 확실히 차단할 수 있는 상용 주파 최대 전압
④ 충격파 전류가 흐르고 있을 때의 피뢰기 단자 전압

해설 피뢰기의 제한 전압은 피뢰기가 동작하고 있을 때 단자에 허용하는 파고값을 말한다.

24 발전기의 정태 안정 극한 전력이란?

출제빈도

① 부하가 서서히 증가할 때의 극한 전력
② 부하가 갑자기 크게 변동할 때의 극한 전력
③ 부하가 갑자기 사고가 났을 때의 극한 전력
④ 부하가 변하지 않을 때의 극한 전력

해설 정태 안정도(steady state stability)
정상적인 운전 상태에서 서서히 부하를 조금씩 증가했을 경우 안정 운전을 지속할 수 있는가 하는 능력을 말하고, 극한값을 정태 안정 극한 전력이라 한다.

25 3상으로 표준 전압 3[kV], 용량 600[kW], 역률 0.85로 수전하는 공장의 수전 회로에 시설할 계기용 변류기의 변류비로 적당한 것은? (단, 변류기의 2차 전류는 5[A]이며, 여유율은 1.5배로 한다.)

① 10 ② 20
③ 30 ④ 40

해설 변류기 1차 전류 $I_1 = \dfrac{600}{\sqrt{3} \times 3 \times 0.85} \times 1.5 = 203$[A]

∴ 200[A]를 적용하므로 변류비는 $\dfrac{200}{5} = 40$이다.

26 30,000[kW]의 전력을 50[km] 떨어진 지점에 송전하려고 할 때 송전 전압[kV]은 약 얼마인가? (단, still식에 의하여 산정한다.)

출제빈도

① 22 ② 33
③ 66 ④ 100

해설 Still의 식

송전 전압 $V_s = 5.5\sqrt{0.6l + \dfrac{P}{100}}$ [kV]

$= 5.5\sqrt{0.6 \times 51 + \dfrac{30,000}{100}}$

$= 100$[kV]

27 다음 중 전력선에 의한 통신선의 전자 유도 장해의 주된 원인은?

① 전력선과 통신선 사이의 상호 정전 용량
② 전력선의 불충분한 연가
③ 전력선의 1선 지락 사고 등에 의한 영상 전류
④ 통신선 전압보다 높은 전력선의 전압

해설 전자 유도 전압 $E_m = -j\omega Ml \times 3I_0$이므로 전자 유도의 원인은 영상 전류이다.

정답 22.② 23.④ 24.① 25.④ 26.④ 27.③

28 **조상 설비가 있는 발전소측 변전소에서 주 변압기로 주로 사용되는 변압기는?**

① 강압용 변압기 ② 단권 변압기
③ 3권선 변압기 ④ 단상 변압기

해설 1차 변전소에 사용하는 변압기는 3권선 변압기로, Y-Y-△로 사용되고 있다.

29 **3상 1회선의 송전 선로에 3상 전압을 가해 충전할 때 1선에 흐르는 충전 전류는 30[A], 또 3선을 일괄하여 이것과 대지 사이에 상전압을 가하여 충전시켰을 때 전 충전 전류는 60[A]가 되었다. 이 선로의 대지 정전 용량과 선간 정전 용량의 비는? (단, C_s : 대지 정전 용량, C_m : 선간 정전 용량)**

① $\dfrac{C_m}{C_s}=\dfrac{1}{6}$ ② $\dfrac{C_m}{C_s}=\dfrac{8}{15}$
③ $\dfrac{C_m}{C_s}=\dfrac{1}{3}$ ④ $\dfrac{C_m}{C_s}=\dfrac{1}{\sqrt{3}}$

해설 정상 운전 중 1선 충전 전류
$I_1=j\omega CE=j\omega(C_s+3C_m)E=30$ …… ㉠
3선을 일괄한 대지 충전 전류
$I_s=j3\omega C_sE=60$ …… ㉡
㉠과 ㉡식을 $j\omega E$로 정리하면
$j\omega E\rightarrow\dfrac{30}{C_s+3C_m}=\dfrac{60}{3C_s}$ 에서
$60C_s+180C_m=90C_s$
$180C_m=(90-60)C_s=30C_s$
$\therefore\ \dfrac{C_m}{C_s}=\dfrac{1}{6}$

30 **전력 사용의 변동 상태를 알아보기 위한 것으로 가장 적당한 것은?**

① 수용률 ② 부등률
③ 부하율 ④ 역률

해설 부하율이란 전력의 사용은 시각 및 계절에 따라 다른데 어느 기간 중의 평균 전력과 그 기간 중에서의 최대 전력(첨두 부하)과의 비를 백분율로 나타낸 것으로, 전력 사용의 변동 상태 및 변압기의 이용률을 알아보는 데 이용된다.

31 **단상 교류 회로에 3,150/210[V]의 승압기를 80[kW], 역률 0.8인 부하에 접속하여 전압을 상승시키는 경우 약 몇 [kVA]의 승압기를 사용하여야 적당한가? (단, 전원 전압은 2,900[V]이다.)**

① 3.6
② 5.5
③ 6.8
④ 10

해설 승압 후 전압 $E_2=E_1\left(1+\dfrac{e_2}{e_1}\right)$
$=2,900\times\left(1+\dfrac{210}{3,150}\right)$
$=3093.3[\text{V}]$
승압기의 용량 $\omega=e_2I=e_2\times\dfrac{W}{E_2}$
$=210\times\dfrac{80}{3093.3\times0.8}$
$=6.8[\text{kVA}]$

32 **철탑의 접지 저항이 커지면 가장 크게 우려되는 문제점은?**

① 정전 유도
② 역섬락 발생
③ 코로나 증가
④ 차폐각 증가

해설 철탑의 대지 전기 저항이 크게 되면 뇌전류가 흐를 때 철탑의 전위가 상승하여 역섬락이 생길 수 있으므로 매설 지선을 사용하여 철탑의 탑각 저항을 저감시켜야 한다.

정답 28.③ 29.① 30.③ 31.③ 32.②

33 역률 0.8(지상), 480[kW] 부하가 있다. 전력용 콘덴서를 설치하여 역률을 개선하고자 할 때 콘덴서 220[kVA]를 설치하면 역률은 몇 [%]로 개선되는가?

① 82　② 85
③ 90　④ 96

해설 개선 후 역률

$$\cos\theta_2 = \frac{P}{\sqrt{P^2 + (P\tan\theta_1 - Q_c)^2}}$$
$$= \frac{480}{\sqrt{480^2 + (480\tan\cos^{-1}0.8 - 220)^2}}$$
$$= 0.96$$

∴ 96[%]

34 화력 발전소에서 탈기기를 사용하는 주목적은?

① 급수 중에 함유된 산소 등의 분리 제거
② 보일러 관벽의 스케일 부착의 방지
③ 급수 중에 포함된 염류의 제거
④ 연소용 공기의 예열

해설 탈기기(deaerator)란 발전 설비(power plant) 및 보일러(boiler), 소각로 등의 설비에 공급되는 급수(boiler feed water) 중에 녹아 있는 공기(특히 용존산소 및 이산화탄소)를 추출하여 배관 및 Plant 장치에 부식을 방지하고, 급격한 수명 저하 방지에 효과적인 설비라 할 수 있다.

35 변류기를 개방할 때 2차측을 단락하는 이유는?

① 1차측 과전류 보호
② 1차측 과전압 방지
③ 2차측 과전류 보호
④ 2차측 절연 보호

해설 변류기(CT)의 2차측은 운전 중 개방되면 고전압에 의해 변류기가 2차측 절연 파괴로 인하여 소손되므로 점검할 경우 변류기 2차측 단자를 단락시켜야 한다.

36 (　) 안에 들어갈 알맞은 내용은?

> 화력 발전소의 (㉠)은 발생 (㉡)을 열량으로 환산한 값과 이것을 발생하기 위하여 소비된 (㉢)의 보유 열량 (㉣)를 말한다.

① ㉠ 손실률, ㉡ 발열량, ㉢ 물, ㉣ 차
② ㉠ 열효율, ㉡ 전력량, ㉢ 연료, ㉣ 비
③ ㉠ 발전량, ㉡ 증기량, ㉢ 연료, ㉣ 결과
④ ㉠ 연료 소비율, ㉡ 증기량, ㉢ 물, ㉣ 차

해설 화력 발전소의 열효율은 발생 전력량을 열량으로 환산합 값과 이것을 발생하기 위하여 소비된 연료의 보유 열량의 비를 백분율로 나타낸다.

$$\eta = \frac{860W}{mH} \times 100[\%]$$

37 다음 중 전압 강하의 정도를 나타내는 식이 아닌 것은? (단, E_S는 송전단 전압, E_R은 수전단 전압이다.)

① $\frac{I}{E_R}(R\cos\theta + X\sin\theta) \times 100[\%]$

② $\frac{\sqrt{3}I}{E_R}(R\cos\theta + X\sin\theta) \times 100[\%]$

③ $\frac{E_S - E_R}{E_R} \times 100[\%]$

④ $\frac{E_S + E_R}{R_S} \times 100[\%]$

해설 전압 강하 $e = \frac{I}{E_R}(R\cos\theta + X\sin\theta) \times 100[\%]$

$$= \frac{\sqrt{3}I}{E_R}(R\cos\theta + X\sin\theta) \times 100[\%]$$
$$= \frac{P}{E_R}(R + X\tan\theta) \times 100[\%]$$
$$= \frac{E_S - E_R}{E_R} \times 100[\%]$$

정답 33.④ 34.① 35.④ 36.② 37.④

38 수전단 전압이 송전단 전압보다 높아지는 현상과 관련된 것은?

출제빈도

① 페란티 효과
② 표피 효과
③ 근접 효과
④ 도플러 효과

해설 페란티 효과(ferranti effect)란 경부하 또는 무부하인 경우에는 선로의 정전 용량에 의한 충전 전류의 영향이 크게 작용해서 진상 전류가 흘러 수전단 전압이 송전단 전압보다 높게 되는 것으로, 방지 대책은 분로 리액터를 설치하는 것이다.

39 송전 선로의 중성점을 접지하는 목적으로 가장 알맞은 것은?

출제빈도

① 전선량의 절약
② 송전 용량의 증가
③ 전압 강하의 감소
④ 이상 전압의 경감 및 발생 방지

해설 중성점 접지 목적
- 이상 전압의 발생을 억제하여 전위 상승을 방지하고, 전선로 및 기기의 절연 수준을 경감한다.
- 지락 고장 발생 시 보호 계전기의 신속하고 정확한 동작을 확보한다.

40 송전 선로에서 4단자 정수 A, B, C, D 사이의 관계는?

① $BC-AD=1$
② $AC-BD=1$
③ $AB-CD=1$
④ $AD-BC=1$

해설 4단자 정수의 관계 $AD-BC=1$

제3과목 전기기기

41 돌극형 동기 발전기에서 직축 리액턴스 X_d와 횡축 리액턴스 X_q는 그 크기 사이에 어떤 관계가 있는가?

① $X_d = X_q$　② $X_d > X_q$
③ $X_d < X_q$　④ $2X_d = X_q$

해설 동기 발전기의 직축 리액턴스 X_d와 횡축 리액턴스 X_q의 크기는 비돌극형에서는 $X_d = X_q = X_s$이며 돌극형(철극기)에서는 $X_d > X_q$이다.

42 어떤 정류기의 출력 전압 평균값이 2,000[V]이고 맥동률이 3[%]이면 교류분은 몇 [V] 포함되어 있는가?

① 20　② 30
③ 60　④ 70

해설 $$\text{맥동률 } \nu = \frac{\text{출력 전압에 포함된 교류 성분}}{\text{출력 전압의 직류 성분}} \times 100$$

교류 성분 전압 V = 맥동률 × 출력 전압
$= 0.03 \times 2{,}000 = 60[\text{V}]$

43 직류기에서 전류 용량이 크고 저전압 대전류에 가장 적합한 브러시 재료는?

① 탄소질　② 금속 탄소질
③ 금속 흑연질　④ 전기 흑연질

해설 브러시(brush)는 정류자면에 접촉하여 전기자 권선과 외부 회로를 연결하는 것으로, 다음과 같은 종류가 있다.
- 탄소질 브러시 : 고전압 소전류에 유효하다.
- 전기 흑연질 브러시 : 브러시로서 가장 우수하며 각종 기계에 널리 사용한다.
- 금속 흑연질 브러시 : 저전압 대전류의 기계에 유효하다.

정답 38.① 39.④ 40.④ 41.② 42.③ 43.③

44 동기 발전기의 종류 중 회전 계자형의 특징으로 옳은 것은?

① 고주파 발전기에 사용
② 극소 용량, 특수용으로 사용
③ 소요 전력이 크고 기구적으로 복잡
④ 기계적으로 튼튼하여 가장 많이 사용

해설 동기 발전기 중 회전 계자형의 장점은 전기자 권선의 대전력 인출이 용이하고 구조가 간결하며 기계적으로 튼튼하여 일반 동기기는 회전 계자형을 채택한다.

45 전압비 a인 단상 변압기 3대를 1차 △결선, 2차 Y결선으로 하고 1차에 선간 전압 V[V]를 가했을 때 무부하 2차 선간 전압[V]은?

① $\frac{V}{a}$　② $\frac{a}{V}$
③ $\sqrt{3}\cdot\frac{V}{a}$　④ $\sqrt{3}\cdot\frac{a}{V}$

해설
- 권수비(전압비) $a=\frac{E_1}{E_2}$
- 1차 선간 전압 $V=E_1$
- 2차 선간 전압 $V_2=\sqrt{3}E_2=\sqrt{3}\frac{E_1}{a}=\sqrt{3}\cdot\frac{V}{a}$

46 단상 및 3상 유도 전압 조정기에 대한 설명으로 옳은 것은?

출제빈도

① 3상 유도 전압 조정기에는 단락 권선이 필요 없다.
② 3상 유도 전압 조정기의 1차와 2차 전압은 동상이다.
③ 단락 권선은 단상 및 3상 유도 전압 조정기 모두 필요하다.
④ 단상 유도 전압 조정기의 기전력은 회전 자계에 의해서 유도된다.

해설 3상 유도 전압 조정기는 권선형 3상 유도 전동기와 같이 1차 권선과 2차 권선이 있으며 단락 권선은 필요 없다. 기전력은 회전 자계에 의해 유도되며 1차 전압과 2차 전압 사이에는 위상차 α가 생긴다.

47 12극과 8극인 2개의 유도 전동기를 종속법에 의한 직렬 접속법으로 속도 제어할 때 전원 주파수가 60[Hz]인 경우 무부하 속도 N_0는 몇 [rps]인가?

① 5
② 6
③ 200
④ 360

해설 유도 전동기 속도 제어에서 종속법에 의한 무부하 속도 N_0

- 직렬 종속 $N_0=\frac{120f}{P_1+P_2}$[rpm]
- 차동 종속 $N_0=\frac{120f}{P_1-P_2}$[rpm]
- 병렬 종속 $N_0=\frac{120f}{\frac{P_1+P_2}{2}}$[rpm]

무부하 속도 $N_0=\frac{2f}{P_1+P_2}=\frac{2\times60}{12+8}=6$[rps]

48 인버터에 대한 설명으로 옳은 것은?

출제빈도

① 직류를 교류로 변환
② 교류를 교류로 변환
③ 직류를 직류로 변환
④ 교류를 직류로 변환

해설 전력 변환기의 구분
- 컨버터 : AC – DC 변환(정류기)
- 인버터 : DC – AC 변환
- 사이클로 컨버터 : AC – AC 변환(주파수 변환)
- 초퍼 : DC – DC 변환(직류 변압기)

정답 44.④ 45.③ 46.① 47.② 48.①

49 직류 전동기의 역기전력에 대한 설명으로 틀린 것은?

① 역기전력은 속도에 비례한다.
② 역기전력은 회전 방향에 따라 크기가 다르다.
③ 역기전력이 증가할수록 전기자 전류는 감소한다.
④ 부하가 걸려 있을 때에는 역기전력은 공급 전압보다 크기가 작다.

해설 역기전력 $E = V - I_a R_a = \frac{Z}{a} P \phi \frac{N}{60}$[V]

역기전력의 크기는 회전 방향과는 관계가 없다.

50 유도 전동기의 실부하법에서 부하로 쓰이지 않는 것은?

① 전동 발전기
② 전기 동력계
③ 프로니 브레이크
④ 손실을 알고 있는 직류 발전기

해설 전동기의 실측 효율 측정을 위한 부하로는 다음과 같은 것을 사용한다.
- 프로니 브레이크(prony brake)
- 전기 동력계
- 손실을 알고 있는 직류 발전기

51 직류기의 구조가 아닌 것은?

① 계자 권선　② 전기자 권선
③ 내철형 철심　④ 전기자 철심

해설 직류기 구조의 3요소
- 전기자
  - 전기자 철심
  - 전기자 권선
- 계자
  - 계자 철심
  - 계자 권선
- 정류자

52 30[kW]의 3상 유도 전동기에 전력을 공급할 때 2대의 단상 변압기를 사용하는 경우 변압기의 용량은 약 몇 [kVA]인가? (단, 전동기의 역률과 효율은 각각 84[%], 86[%]이고 전동기 손실은 무시한다.)

① 17　② 24
③ 51　④ 72

해설 단상 변압기 2대로 V결선하였을 때 출력은 다음과 같다.

$P_V = \sqrt{3} P_1 = \frac{P}{\cos\theta \cdot \eta}$

단상 변압기 용량 $P_1 = \frac{P}{\sqrt{3} \cdot \cos\theta \cdot \eta}$

$= \frac{30}{\sqrt{3} \times 0.84 \times 0.86}$

$= 24$[kVA]

53 3상, 6극, 슬롯수 54의 동기 발전기가 있다. 어떤 전기자 코일의 두 변이 제1슬롯과 제8슬롯에 들어 있다면 단절권 계수는 약 얼마인가?

① 0.9397　② 0.9567
③ 0.9837　④ 0.9117

해설 동기 발전기의 극 간격과 코일 간격을 홈(slot)수로 나타내면 다음과 같다.

극 간격 $\frac{S}{P} = \frac{54}{6} = 9$

코일 간격 8슬롯 − 1슬롯 = 7

단절권 계수 $K_P = \sin\frac{\beta\pi}{2} = \sin\frac{\frac{7}{9} \times 180°}{2}$

$= \sin 70° = 0.9397$

54 부흐홀츠 계전기로 보호되는 기기는?

① 변압기　② 발전기
③ 유도 전동기　④ 회전 변류기

정답 49.② 50.① 51.③ 52.② 53.① 54.①

해설 부흐홀츠(Buchholz) 계전기는 변압기 본체와 콘서베이터를 연결하는 배관에 설치하여 변압기 내부 고장 시 절연유 분해 가스에 의해 동작하는 변압기 보호용 계전기이다.

55 변압기의 효율이 가장 좋을 때의 조건은?

① 철손=동손　② 철손=$\frac{1}{2}$ 동손

③ $\frac{1}{2}$ 철손=동손　④ 철손=$\frac{2}{3}$ 동손

해설 변압기 효율 $\eta = \frac{P}{P+P_i+P_c} \times 100[\%]$

변압기의 최대 효율 조건은 P_i(철손)$=P_c$(동손)일 때이다.

56 직류 전동기 중 부하가 변하면 속도가 심하게 변하는 전동기는?

① 분권 전동기

② 직권 전동기

③ 자동 복권 전동기

④ 가동 복권 전동기

해설 직류 전동기 중 분권 전동기는 정속도 특성을, 직권 전동기는 부하 변동 시 속도 변화가 가장 크며, 복권 전동기는 중간 특성을 갖는다.

57 1차 전압 6,900[V], 1차 권선 3,000회, 권수비 20의 변압기가 60[Hz]에 사용할 때 철심의 최대 자속[Wb]은?

① 0.76×10^{-4}　② 8.63×10^{-3}

③ 80×10^{-3}　④ 90×10^{-3}

해설 1차 전압 $V_1 = 4.44fN_1\phi_m$

최대 자속 $\phi_m = \frac{V_1}{4.44fN_1}$

$= \frac{6,900}{4.44\times60\times3,000} = 8.63\times10^{-3}$[Wb]

58 표면을 절연 피막 처리한 규소 강판을 성층하는 이유로 옳은 것은?

① 절연성을 높이기 위해

② 히스테리시스손을 작게 하기 위해

③ 자속을 보다 잘 통하게 하기 위해

④ 와전류에 의한 손실을 작게 하기 위해

해설 와류손 $P_e = \sigma_e K(tfB_m)^2$ [W/m³]

여기서, σ_e : 와류 상수

K : 도전율[℧/m]

t : 강판 두께[m]

f : 주파수[Hz]

B_m : 최대 자속 밀도[Wb/m²]

얇은 규소 강판을 성층하는 이유는 와류손을 작게 하기 위해서이다.

59 단상 유도 전동기 중 기동 토크가 가장 작은 것은?

① 반발 기동형　② 분상 기동형

③ 셰이딩 코일형　④ 커패시터 기동형

해설 단상 유도 전동기의 기동 토크가 큰 순서로 분류하면 다음과 같다.

- 반발 기동형
- 콘덴서(커패시터) 기동형
- 분상 기동형
- 셰이딩 코일형

60 동기기의 전기자 권선법으로 적합하지 않은 것은?

① 중권　② 2층권

③ 분포권　④ 환상권

해설 동기기의 전기자 권선법은 중권, 2층권, 분포권, 단절권을 사용한다.

〈전기자 권선법〉

중권 ○ → 2층권 ○ → 분포권 ○ → 단절권 ○
파권 ×　└→ 단층권 ×　└→ 집중권 ×　└→ 전절권 ×
쇄권 ×

정답 55.① 56.② 57.② 58.④ 59.③ 60.④

제4과목 회로이론

61 $e_i(t) = Ri(t) + L\frac{di(t)}{dt} + \frac{1}{C}\int i(t)dt$에서 모든 초기값을 0으로 하고 라플라스 변환했을 때 $I(s)$는? (단, $I(s)$, $E_i(s)$는 각각 $i(t)$, $e_i(t)$를 라플라스 변환한 것이다.)

① $\frac{Cs}{LCs^2 + RCs + 1}E_i(s)$

② $\frac{1}{R + Ls + \frac{1}{C}s}E_i(s)$

③ $\frac{1}{s^2 + \frac{L}{R}s + \frac{1}{LC}}E_i(s)$

④ $\left(R + Ls + \frac{1}{Cs}\right)E_i(s)$

해설

$E_i(s) = RI(s) + LsI(s) + \frac{1}{Cs}I(s)$

$I(s) = \frac{E_i(s)}{R + Ls + \frac{1}{Cs}} = \frac{Cs}{LCs^2 + RCs + 1}E_i(s)$

62 어느 회로에 $V = 120 + j90$[V]의 전압을 인가하면 $I = 3 + j4$[A]의 전류가 흐른다. 이 회로의 역률은?

① 0.92 ② 0.94
③ 0.96 ④ 0.98

해설

임피던스 $Z = \frac{V}{I}$

$= \frac{120 + j90}{3 + j4}$

$= \frac{(120 + j90)(3 - j4)}{(3 + j4)(3 - j4)}$

$= 28.8 - j8.4$

역률 $\cos\theta = \frac{28.8}{\sqrt{28.8^2 + 8.4^2}} = 0.96$

63 기본파의 30[%]인 제3고조파와 기본파의 20[%]인 제5고조파를 포함하는 전압의 왜형률은 약 얼마인가?

① 0.21 ② 0.31
③ 0.36 ④ 0.42

해설

왜형률 $= \frac{\text{전 고조파의 실효값}}{\text{기본파의 실효값}}$

$= \frac{\sqrt{30^2 + 20^2}}{100} = 0.36$

64 3상 회로의 대칭분 전압이 $V_0 = -8 + j3$[V], $V_1 = 6 - j8$[V], $V_2 = 8 + j12$[V]일 때 a상의 전압[V]은? (단, V_0는 영상분, V_1은 정상분, V_2는 역상분 전압이다.)

① $5 - j6$ ② $5 + j6$
③ $6 - j7$ ④ $6 + j7$

해설

$V_a = V_0 + V_1 + V_2$

$= -8 + j3 + 6 - j8 + 8 + j12$

$= 6 + j7$[V]

65 2단자 회로망에 단상 100[V]의 전압을 가하면 30[A]의 전류가 흐르고 1.8[kW]의 전력이 소비된다. 이 회로망과 병렬로 커패시터를 접속하여 합성 역률을 100[%]로 하기 위한 용량성 리액턴스는 약 몇 [Ω]인가?

① 2.1 ② 4.2
③ 6.3 ④ 8.4

해설

$P_a = \sqrt{P^2 + P_r^2}$

무효 전력 $P_r = \sqrt{P_a^2 - P^2} = \sqrt{(VI)^2 - P^2}$

$= \sqrt{(100 \times 30)^2 - 1{,}800^2}$

$= 2{,}400$[Var]

∴ 합성 역률 100[%]를 하기 위한 용량 리액턴스

$X_c = \frac{V^2}{P_r} = \frac{100^2}{2{,}400} = 4.167 ≒ 4.2$[Ω]

정답 61.① 62.③ 63.③ 64.④ 65.②

66 22[kVA]의 부하가 0.8의 역률로 운전될 때 이 부하의 무효 전력[kVar]은?

① 11.5 ② 12.3
③ 13.2 ④ 14.5

해설 무효 전력 $P_r = VI\sin\theta$[Var]
$\sin\theta = \sqrt{1-\cos^2\theta} = \sqrt{1-0.8^2} = 0.6$
$\therefore P_r = 22 \times 0.6 = 13.2$[kVar]

67 어드미턴스 Y[℧]로 표현된 4단자 회로망에서 4단자 정수 행렬 T는? $\left(단, \begin{bmatrix} V_1 \\ I_1 \end{bmatrix} = T\begin{bmatrix} V_2 \\ I_2 \end{bmatrix}, T = \begin{bmatrix} A & B \\ C & D \end{bmatrix}\right)$

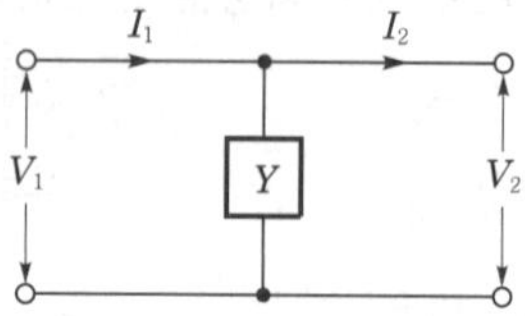

① $\begin{bmatrix} 1 & 0 \\ Y & 1 \end{bmatrix}$ ② $\begin{bmatrix} 1 & Y \\ 0 & 1 \end{bmatrix}$
③ $\begin{bmatrix} 1 & 0 \\ \frac{1}{Y} & 1 \end{bmatrix}$ ④ $\begin{bmatrix} Y & 1 \\ 1 & 0 \end{bmatrix}$

해설
$\begin{bmatrix} A & B \\ C & D \end{bmatrix} = \begin{bmatrix} 1 & 0 \\ Y & 1 \end{bmatrix} = \begin{bmatrix} 1 & 0 \\ \frac{1}{Z} & 1 \end{bmatrix}$

68 회로에서 10[Ω]의 저항에 흐르는 전류[A]는?

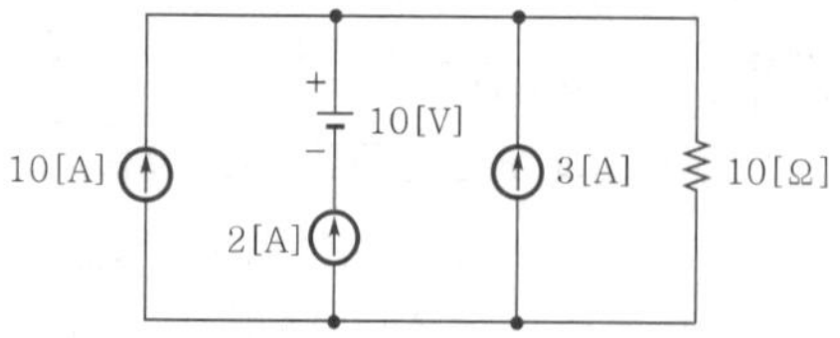

① 8 ② 10
③ 15 ④ 20

해설
- 전류원 존재 시 : 전압원은 단락
  10[Ω]에 흐르는 전류 $I_1 = 10+2+3 = 15$[A]
- 전압원 존재 시 : 전류원은 개방
  폐회로가 구성되지 않으므로 10[V] 전압원에 의해 10[Ω] 흐르는 전류는 존재하지 않는다.

$\therefore$ 15[A]

69 10[Ω]의 저항 5개를 접속하여 얻을 수 있는 합성 저항 중 가장 작은 값은 몇 [Ω]인가?

① 10 ② 5
③ 2 ④ 0.5

해설 저항 R[Ω] 접속 방법에 따른 합성 저항
- 직렬 접속 시 : 합성 저항 $R_o = 5R$[Ω]
- 병렬 접속 시 : 합성 저항 $R_o = \frac{R}{5}$[Ω]

$R = 10$[Ω]이므로 병렬 접속 시 합성 저항 $R_o = \frac{10}{5} = 2$[Ω]으로 가장 작은 값을 갖는다.

70 동일한 용량 2대의 단상 변압기를 V결선하여 3상으로 운전하고 있다. 단상 변압기 2대의 용량에 대한 3상 V결선 시 변압기 용량의 비인 변압기 이용률은 약 몇 [%]인가?

① 57.7 ② 70.7
③ 80.1 ④ 86.6

해설
변압기 이용률 $U = \frac{\sqrt{3}\,VI}{2VI} = \frac{\sqrt{3}}{2} = 0.866$
$\therefore$ 86.6[%]

71 $i(t) = 3\sqrt{2}\sin(377t - 30°)$[A]의 평균값은 약 몇 [A]인가?

① 1.35 ② 2.7
③ 4.35 ④ 5.4

해설
평균값 $I_{av} = \frac{2}{\pi} I_m = 0.637 I_m$
$= 0.637 \times 3\sqrt{2} = 2.7$[A]

정답 66 ③ 67 ① 68 ③ 69 ③ 70 ④ 71 ②

72 4단자 회로망에서의 영상 임피던스[Ω]는?

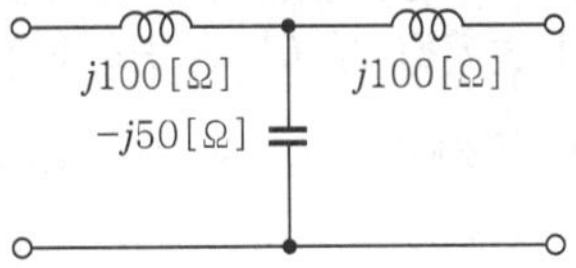

① $j\frac{1}{50}$ ② -1

③ 1 ④ 0

해설

$$\begin{bmatrix} A & B \\ C & D \end{bmatrix} = \begin{bmatrix} 1 & j100 \\ 0 & 1 \end{bmatrix} \begin{bmatrix} 1 & 0 \\ \frac{1}{-j50} & 1 \end{bmatrix}$$

$$= \begin{bmatrix} 1 & j100 \\ 0 & 1 \end{bmatrix} \begin{bmatrix} -1 & 0 \\ j\frac{1}{50} & -1 \end{bmatrix}$$

$$\therefore Z_{01} = Z_{02} = \sqrt{\frac{B}{C}} = \sqrt{\frac{0}{j\frac{1}{50}}} = 0[\Omega]$$

73 20[Ω]과 30[Ω]의 병렬 회로에서 20[Ω]에 흐르는 전류가 6[A]이라면 전체 전류 I[A]는?

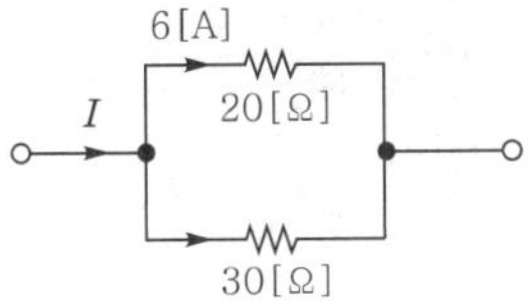

① 3 ② 4

③ 9 ④ 10

해설 분류 법칙에서

$$6 = \frac{30}{20+30} \cdot I$$

$\therefore$ 전체 전류 $I = \frac{300}{30} = 10[\text{A}]$

74 $F(s) = \dfrac{A}{\alpha + s}$의 라플라스 역변환은?

① αe^{At} ② $Ae^{\alpha t}$

③ αe^{-At} ④ $Ae^{-\alpha t}$

해설 지수 감쇠 함수의 라플라스 변환

$F(s) = \mathcal{L}[e^{-\alpha t}] = \dfrac{1}{s+\alpha}$ 이므로

$$\therefore \mathcal{L}^{-1}\left[\frac{A}{s+\alpha}\right] = Ae^{-\alpha t}$$

75 RC 직렬 회로의 과도 현상에 대한 설명으로 옳은 것은?

① 과도 상태 전류의 크기는 $(R\times C)$의 값과 무관하다.

② $(R\times C)$의 값이 클수록 과도 상태 전류의 크기는 빨리 사라진다.

③ $(R\times C)$의 값이 클수록 과도 상태 전류의 크기는 천천히 사라진다.

④ $\dfrac{1}{R\times C}$의 값이 클수록 과도 상태 전류의 크기는 천천히 사라진다.

해설 시정수 τ값이 커질수록 과도 상태는 길어진다. 즉, 천천히 사라진다.
RC 직렬 회로의 시정수 $\tau = RC$[s]이므로 $(R\times C)$의 값이 클수록 과도 상태는 천천히 사라진다.

76 RL 병렬 회로에서 $t=0$일 때 스위치 S를 닫는 경우 R[Ω]에 흐르는 전류 $i_R(t)$[A]는?

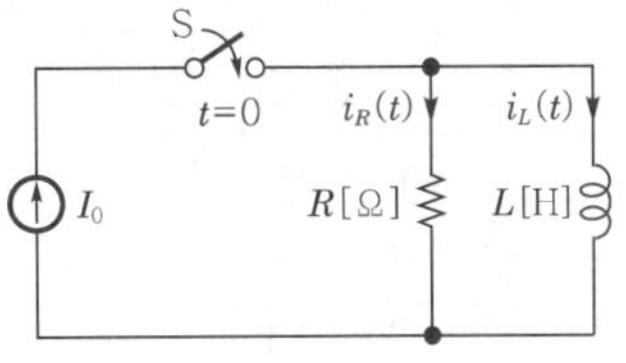

① $I_0\left(1-e^{-\frac{R}{L}t}\right)$ ② $I_0\left(1+e^{-\frac{R}{L}t}\right)$

③ I_0 ④ $I_0 e^{-\frac{R}{L}t}$

해설 $I_0 = i_R(t) + i_L(t)$, $Ri_R(t) - L\dfrac{di_L(t)}{dt} = 0$

정답 72.④ 73.④ 74.④ 75.③ 76.④

두 식으로부터

$Ri_R(t) - L\frac{d}{dt}[I_0 - i_R(t)] = 0$

여기서, $\frac{dI_0}{dt} = 0$이므로

$Ri_R(t) + L\frac{d}{dt}i_R(t) = 0$

라플라스 변환하면

$RI_R(s) + L\{sI_R(s) - i_R(0)\} = 0$

$i_R(0) = I_0$이므로

$I_R(s) = \frac{LI_0}{Ls+R} = I_0\frac{1}{s+\frac{R}{L}}$

$\therefore\ i_R(t) = I_0 e^{-\frac{R}{L}t}$[A]

77 불평형 Y결선의 부하 회로에 평형 3상 전압을 가할 경우 중성점의 전위 $V_{n'n}$[V]는? (단, Z_1, Z_2, Z_3는 각 상의 임피던스[Ω]이고, Y_1, Y_2, Y_3는 각 상의 임피던스에 대한 어드미턴스[℧]이다.)

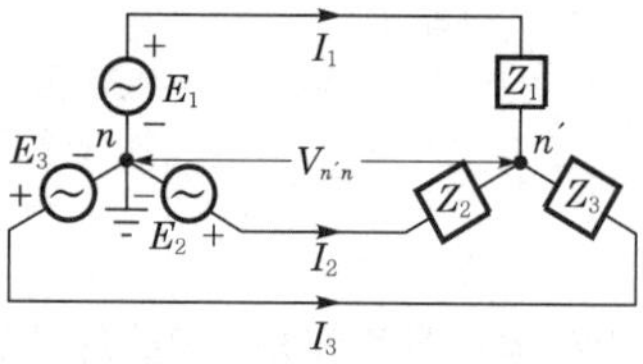

① $\frac{E_1+E_2+E_3}{Z_1+Z_2+Z_3}$

② $\frac{Z_1E_1+Z_2E_2+Z_3E_3}{Z_1+Z_2+Z_3}$

③ $\frac{E_1+E_2+E_3}{Y_1+Y_2+Y_3}$

④ $\frac{Y_1E_1+Y_2E_2+Y_3E_3}{Y_1+Y_2+Y_3}$

해설 중성점의 전위는 밀만의 정리가 성립된다.

$$V_n = \frac{\sum_{k=1}^{n} I_k}{\sum_{k=1}^{n} Y_k} = \frac{Y_1E_1+Y_2E_2+Y_3E_3}{Y_1+Y_2+Y_3}\text{[V]}$$

78 1상의 임피던스가 $14+j48$[Ω]인 평형 △ 부하에 선간 전압이 200[V]인 평형 3상 전압이 인가될 때 이 부하의 피상 전력[VA]은?

① 1,200 ② 1,384

③ 2,400 ④ 4,157

해설 피상 전력 $P_a = 3I_p^{\,2}Z$

$$= 3\left(\frac{200}{\sqrt{14^2+48^2}}\right)^2 \times \sqrt{14^2+48^2}$$

$= 2{,}400$[VA]

79 $i(t) = 100 + 50\sqrt{2}\sin\omega t + 20\sqrt{2}\sin\left(3\omega t + \frac{\pi}{6}\right)$[A]로 표현되는 비정현파 전류의 실효값은 약 몇 [A]인가?

① 20 ② 50

③ 114 ④ 150

해설 비정현파 전류의 실효값은 각 개별적인 실효값 제곱의 합의 제곱근이므로

$I = \sqrt{I_0^{\,2} + I_1^{\,2} + I_3^{\,2}}$

$= \sqrt{100^2 + 50^2 + 20^2}$

$= 114$[A]

80 저항만으로 구성된 그림의 회로에 평형 3상 전압을 가했을 때 각 선에 흐르는 선전류가 모두 같게 되기 위한 R[Ω]의 값은?

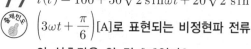

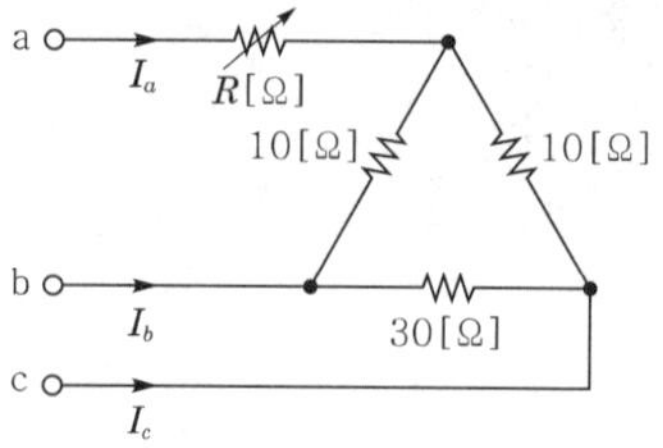

① 2 ② 4

③ 6 ④ 8

정답 77.④ 78.③ 79.③ 80.②

해설 △결선을 Y결선으로 등가 변환하면

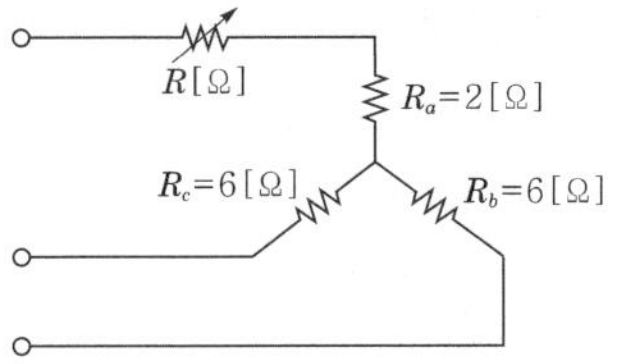

$$R_a = \frac{10\times10}{10+30+10} = 2[\Omega],\ R_b = \frac{30\times10}{10+30+10} = 6[\Omega]$$

$$R_c = \frac{10\times30}{10+30+10} = 6[\Omega]$$

각 선에 흐르는 전류가 같으려면 각 상의 저항의 크기가 같아야 하므로 $R=4[\Omega]$이다.

제5과목 전기설비기술기준

81 22,900[V]용 변압기의 금속제 외함에는 몇 종 접지 공사를 하여야 하는가?

① 제1종 접지 공사
② 제2종 접지 공사
③ 제3종 접지 공사
④ 특별 제3종 접지 공사

해설 기계 기구의 철대 및 외함의 접지

기계 기구의 구분	접지 공사의 종류
고압 또는 특고압용의 것	제1종 접지 공사
400[V] 미만인 저압용의 것	제3종 접지 공사
400[V] 이상의 저압용의 것	특별 제3종 접지 공사

※ 이 문제는 출제 당시 규정에는 적합했으나 새로 제정된 한국전기설비규정에는 일부 부적합하므로 문제 유형만 참고하시기 바랍니다.

82 154[kV] 가공 전선과 식물과의 최소 이격 거리는 몇 [m]인가?

출제빈도

① 2.8 ② 3.2
③ 3.8 ④ 4.2

해설 특고압 가공 전선과 식물의 이격 거리(한국전기설비규정 333.30)

60[kV] 넘는 10[kV] 단수는 (154−60)÷10=9.4이므로 10단수이다.

∴ $2+0.12\times10=3.2$[m]

83 다음 ( ) 안의 ㉠, ㉡에 들어갈 내용으로 옳은 것은?

> 전기 철도용 급전선이란 전기 철도용 (㉠)로부터 다른 전기 철도용 (㉠) 또는 (㉡)에 이르는 전선을 말한다.

① ㉠ 급전소, ㉡ 개폐소
② ㉠ 궤전선, ㉡ 변전소
③ ㉠ 변전소, ㉡ 전차선
④ ㉠ 전차선, ㉡ 급전소

해설 용어의 정의(한국전기설비규정 112)

전기 철도용 급전선이란 전기 철도용 변전소로부터 다른 전기 철도용 변전소 또는 전차선에 이르는 전선을 말한다.

84 제1종 특고압 보안 공사로 시설하는 전선로의 지지물로 사용할 수 없는 것은?

출제빈도

① 목주 ② 철탑
③ B종 철주 ④ B종 철근 콘크리트주

해설 특고압 보안 공사(한국전기설비규정 333.22)

제1종 특고압 보안 공사 전선로의 지지물에는 B종 철주, B종 철근 콘크리트주 또는 철탑을 사용하고, A종 및 목주는 시설할 수 없다.

85 저압 가공 인입선 시설 시 도로를 횡단하여 시설하는 경우 노면상 높이는 몇 [m] 이상으로 하여야 하는가?

출제빈도

① 4 ② 4.5
③ 5 ④ 5.5

정답 81.① 82.② 83.③ 84.① 85.③

해설 저압 인입선의 시설(한국전기설비규정 221.1.1)
저압 가공 인입선의 높이는 다음과 같다.
- 도로를 횡단하는 경우에는 노면상 5[m]
- 철도 또는 궤도를 횡단하는 경우에는 레일면상 6.5[m] 이상
- 횡단 보도교의 위에 시설하는 경우에는 노면상 3[m] 이상

86 기구 등의 전로의 절연 내력 시험에서 최대 사용 전압이 60[kV]를 초과하는 기구 등의 전로로서 중성점 비접지식 전로에 접속하는 것은 최대 사용 전압의 몇 배의 전압에 10분간 견디어야 하는가?

① 0.72 ② 0.92
③ 1.25 ④ 1.5

해설 기구 등의 전로의 절연 내력(한국전기설비규정 136)

최대 사용 전압이 60[kV]를 초과	시험 전압
중성점 비접지식 전로	최대 사용 전압의 1.25배의 전압
중성점 접지식 전로	최대 사용 전압의 1.1배의 전압 (최저 시험 전압 75[kV])
중성점 직접 접지식 전로	최대 사용 전압의 0.72배의 전압

87 저압 가공 전선(다중 접지된 중성선은 제외한다)과 고압 가공 전선을 동일 지지물에 시설하는 경우 저압 가공 전선과 고압 가공 전선 사이의 이격 거리는 몇 [cm] 이상이어야 하는가? (단, 각도주(角度柱)·분기주(分技柱) 등에서 혼촉(混觸)의 우려가 없도록 시설하는 경우가 아니다.)

① 50 ② 60
③ 80 ④ 100

해설 저·고압 가공 전선 등의 병가(한국전기설비규정 222.9)
- 저압 가공 전선을 고압 가공 전선의 아래로 하고 별개의 완금류에 시설할 것
- 저압 가공 전선과 고압 가공 전선 사이의 이격 거리는 50[cm] 이상일 것

88 폭연성 분진이 많은 장소의 저압 옥내 배선에 적합한 배선 공사 방법은?

출제빈도

① 금속관 공사
② 애자 공사
③ 합성 수지관 공사
④ 가요 전선관 공사

해설 폭연성 분진 위험 장소(한국전기설비규정 242.2.1)
폭연성 분진 또는 화약류의 분말이 전기 설비가 발화원이 되어 폭발할 우려가 있는 곳에 시설하는 저압 옥내 전기 설비는 금속관 공사 또는 케이블 공사(캡타이어 케이블 제외)에 의한다.

89 절연 내력 시험은 전로와 대지 사이에 연속하여 10분간 가하여 절연 내력을 시험하였을 때 이에 견디어야 한다. 최대 사용 전압이 22.9[kV]인 중성선 다중 접지식 가공 전선로의 전로와 대지 사이의 절연 내력 시험 전압은 몇 [V]인가?

① 16,488 ② 21,068
③ 22,900 ④ 28,625

해설 전로의 절연 저항 및 절연 내력(한국전기설비규정 132)
중성점 다중 접지 방식은 0.92배로 절연 내력 시험을 하므로 전압은 다음과 같이 구한다.
$22,900 \times 0.92 = 21,068[V]$

90 시가지 또는 그 밖에 인가가 밀집한 지역에 154[kV] 가공 전선로의 전선을 케이블로 시설하고자 한다. 이때, 가공 전선을 지지하는 애자 장치의 50[%] 충격 섬락 전압값이 그 전선의 근접한 다른 부분을 지지하는 애자 장치값의 몇 [%] 이상이어야 하는가?

① 75 ② 100
③ 105 ④ 110

정답 86.③ 87.① 88.① 89.② 90.③

해설 시가지 등에서 특고압 가공 전선로의 시설(한국전기설비규정 333.1)
특고압 가공 전선을 지지하는 애자 장치는 다음 중 어느 하나에 의할 것
- 50[%] 충격 섬락 전압값이 그 전선의 근접한 다른 부분을 지지하는 애자 장치값의 110[%](사용 전압이 130[kV]를 초과하는 경우는 105[%]) 이상인 것
- 아크 혼을 붙인 현수 애자 · 장간 애자(長幹碍子) 또는 라인포스트 애자를 사용하는 것
- 2련 이상의 현수 애자 또는 장간 애자를 사용하는 것
- 2개 이상의 핀 애자 또는 라인포스트 애자를 사용하는 것

91 특고압 가공 전선로의 지지물에 시설하는 통신선 또는 이에 직접 접속하는 통신선이 도로 · 횡단 보도교 · 철도의 레일 등 또는 교류 전차선 등과 교차하는 경우의 시설 기준으로 옳은 것은?

① 인장 강도 4.0[kN] 이상의 것 또는 지름 3.5[mm] 경동선일 것
② 통신선이 케이블 또는 광섬유 케이블일 때는 이격 거리의 제한이 없다.
③ 통신선과 삭도 또는 다른 가공 약전류 전선 등 사이의 이격 거리는 20[cm] 이상으로 할 것
④ 통신선이 도로 · 횡단 보도교 · 철도의 레일과 교차하는 경우에는 통신선은 지름 4[mm]의 절연 전선과 동등 이상의 절연 효력이 있을 것

해설 전력 보안 통신선의 시설 높이와 이격 거리(한국전기설비규정 362.2)
- 절연 전선 : 연선은 단면적 16[mm^2], 단선은 지름 4[mm]
- 경동선 : 연선은 단면적 25[mm^2], 단선은 지름 5[mm]

92 변압기에 의하여 154[kV]에 결합되는 3,300[V] 전로에는 몇 배 이하의 사용 전압이 가하여진 경우에 방전하는 장치를 그 변압기의 단자에 가까운 1극에 시설하여야 하는가?

① 2　② 3
③ 4　④ 5

해설 특고압과 고압의 혼촉 등에 의한 위험 방지 시설(한국전기설비규정 322.3)
변압기에 의하여 특고압 전로에 결합되는 고압 전로에는 사용 전압의 3배 이하인 전압이 가하여진 경우에 방전하는 장치를 그 변압기의 단자에 가까운 1극에 설치하여야 한다.

93 고압 가공 전선으로 ACSR(강심 알루미늄 연선)을 사용할 때의 안전율은 얼마 이상이 되는 이도(弛度)로 시설하여야 하는가?

① 1.38　② 2.1
③ 2.5　④ 4.01

해설 고압 가공 전선의 안전율(한국전기설비규정 332.4)
- 경동선 또는 내열 동합 금선 → 2.2 이상
- 기타 전선(ACSR, 알루미늄 전선 등) → 2.5 이상

94 발전기를 구동하는 풍차의 압유 장치의 유압, 압축 공기 장치의 공기압 또는 전동식 브레이드 제어 장치의 전원 전압이 현저히 저하한 경우 발전기를 자동적으로 전로로부터 차단하는 장치를 시설하여야 하는 발전기 용량은 몇 [kVA] 이상인가?

① 100　② 300
③ 500　④ 1,000

해설 발전기 등의 보호 장치(한국전기설비규정 351.3)
발전기는 다음의 경우에 자동 차단 장치를 시설한다.
- 과전류, 과전압이 생긴 경우
- 100[kVA] 이상 : 풍차 압유 장치 유압 저하

정답 91.④ 92.② 93.③ 94.①

- 500[kVA] 이상 : 수차 압유 장치 유압 저하
- 2,000[kVA] 이상 : 수차 발전기 베어링 온도 상승
- 10,000[kVA] 이상 : 발전기 내부 고장
- 10,000[kW] 초과 : 증기 터빈의 베어링 마모, 온도 상승

95 건조한 곳에 시설하고 또한 내부를 건조한 상태로 사용하는 진열장 안의 사용 전압이 400[V] 이하인 저압 옥내 배선은 외부에서 보기 쉬운 곳에 한하여 코드 또는 캡타이어 케이블을 조영재에 접촉하여 시설할 수 있다. 이때, 전선의 붙임점 간의 거리는 몇 [m] 이하로 시설하여야 하는가?

① 0.5 ② 1.0
③ 1.5 ④ 2.0

해설 진열장 안의 배선(한국전기설비규정 234.8)
- 전선은 단면적이 0.75[mm^2] 이상인 코드 또는 캡타이어 케이블일 것
- 전선의 붙임점 간의 거리는 1[m] 이하로 하고 또한 배선에는 전구 또는 기구의 중량을 지지시키지 아니할 것

96 욕조나 샤워 시설이 있는 욕실 또는 화장실 등 인체가 물에 젖어 있는 상태에서 전기를 사용하는 장소에 콘센트를 시설하는 경우에 적합한 누전 차단기는?

출제빈도

① 정격 감도 전류 15[mA] 이하, 동작 시간 0.03초 이하의 전류 동작형 누전 차단기
② 정격 감도 전류 15[mA] 이하, 동작 시간 0.03초 이하의 전압 동작형 누전 차단기
③ 정격 감도 전류 20[mA] 이하, 동작 시간 0.3초 이하의 전류 동작형 누전 차단기
④ 정격 감도 전류 20[mA] 이하, 동작 시간 0.3초 이하의 전압 동작형 누전 차단기

해설 옥내에 시설하는 저압용 배선 기구의 시설(한국전기설비규정 234.5)
욕조나 샤워 시설이 있는 욕실 또는 화장실 등 인체가 물에 젖어 있는 상태에서 전기를 사용하는 장소에 콘센트를 시설한다.
- 인체 감전 보호용 누전 차단기(정격 감도 전류 15[mA] 이하, 동작 시간 0.03초 이하의 전류 동작형) 또는 절연 변압기(정격 용량 3[kVA] 이하)로 보호된 전로에 접속하거나 인체 감전 보호용 누전 차단기가 부착된 콘센트를 시설하여야 한다.
- 콘센트는 접지극이 있는 방적형 콘센트를 사용하여 접지하여야 한다.

97 풀장용 수중 조명등에 전기를 공급하기 위하여 사용되는 절연 변압기에 대한 설명으로 틀린 것은?

① 절연 변압기 2차측 전로의 사용 전압은 150[V] 이하이어야 한다.
② 절연 변압기의 2차측 전로에는 반드시 접지 공사를 하며, 그 저항값은 5[Ω] 이하가 되도록 하여야 한다.
③ 절연 변압기 2차측 전로의 사용 전압이 30[V] 이하인 경우에는 1차 권선과 2차 권선 사이에 금속제의 혼촉 방지판이 있어야 한다.
④ 절연 변압기 2차측 전로의 사용 전압이 30[V]를 초과하는 경우에는 그 전로에 지락이 생겼을 때 자동적으로 전로를 차단하는 장치가 있어야 한다.

해설 수중 조명등(한국전기설비규정 234.14)
- 대지 전압 1차 전압 400[V] 이하, 2차 전압 150[V] 이하인 절연 변압기를 사용할 것
- 절연 변압기의 2차측 전로는 접지하지 아니할 것
- 절연 변압기 2차 전압이 30[V] 이하는 접지 공사를 한 혼촉 방지판을 사용하고, 30[V]를 초과하는 것은 지락이 발생하면 자동 차단하는 장치를 할 것
- 수중 조명등에 전기를 공급하기 위하여 사용하는 이동 전선은 접속점이 없는 단면적 2.5[mm^2] 이상의 0.6/1[kV] EP 고무 절연 클로로프렌 캡타이어 케이블일 것

정답 95 ② 96 ① 97 ②

98 뱅크 용량 15,000[kVA] 이상인 분로 리액터에서 자동적으로 전로로부터 차단하는 장치가 동작하는 경우가 아닌 것은?

출제빈도

① 내부 고장 시
② 과전류 발생 시
③ 과전압 발생 시
④ 온도가 현저히 상승한 경우

해설 조상 설비의 보호 장치(한국전기설비규정 351.5)

설비 종별	뱅크 용량의 구분	자동 차단하는 장치
전력용 커패시터 및 분로 리액터	500[kVA] 초과 15,000[kVA] 미만	내부 고장, 과전류
	15,000[kVA] 이상	내부 고장, 과전류, 과전압
조상기	15,000[kVA] 이상	내부 고장

99 가공 전선로의 지지물에 사용하는 지선의 시설 기준과 관련된 내용으로 틀린 것은?

출제빈도

① 지선에 연선을 사용하는 경우 소선(素線) 3가닥 이상의 연선일 것
② 지선의 안전율은 2.5 이상, 허용 인장 하중의 최저는 3.31[kN]으로 할 것
③ 지선에 연선을 사용하는 경우 소선의 지름이 2.6[mm] 이상의 금속선을 사용한 것일 것
④ 가공 전선로의 지지물로 사용하는 철탑은 지선을 사용하여 그 강도를 분담시키지 않을 것

해설 지선의 시설(한국전기설비규정 331.11)
- 지선의 안전율은 2.5 이상일 것. 이 경우에 허용 인장 하중의 최저는 4.31[kN]
- 지선에 연선을 사용할 경우
  - 소선(素線) 3가닥 이상의 연선일 것
  - 소선의 지름이 2.6[mm] 이상의 금속선을 사용한 것일 것
- 지중 부분 및 지표상 30[cm]까지의 부분에는 내식성이 있는 것 또는 아연 도금을 한 철봉을 사용하고 쉽게 부식되지 않는 근가에 견고하게 붙일 것
- 철탑은 지선을 사용하여 그 강도를 분담시켜서는 안 됨

100 발열선을 도로, 주차장 또는 조영물의 조영재에 고정시켜 시설하는 경우 발열선에 전기를 공급하는 전로의 대지 전압은 몇 [V] 이하이어야 하는가?

① 220 ② 300
③ 380 ④ 600

해설 도로 등의 전열 장치의 시설(한국전기설비규정 241.12)
- 발열선에 전기를 공급하는 전로의 대지 전압은 300[V] 이하
- 발열선은 미네랄인슐레이션 케이블 또는 제2종 발열선을 사용
- 발열선 온도 80[℃] 이하

정답 98.④ 99.② 100.②

memo

Industrial Engineer Electricity

2021년 제1회 CBT 기출복원문제

2021. 3. 2. 시행

제1과목 전기자기학

01 한 변의 길이가 2[m]가 되는 정삼각형 3정점 A, B, C에 10^{-4}[C]의 점전하가 있다. 점 B에 작용하는 힘[N]은 다음 중 어느 것인가?

① 29　② 39
③ 45　④ 49

해설

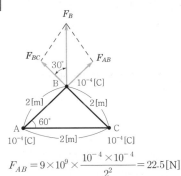

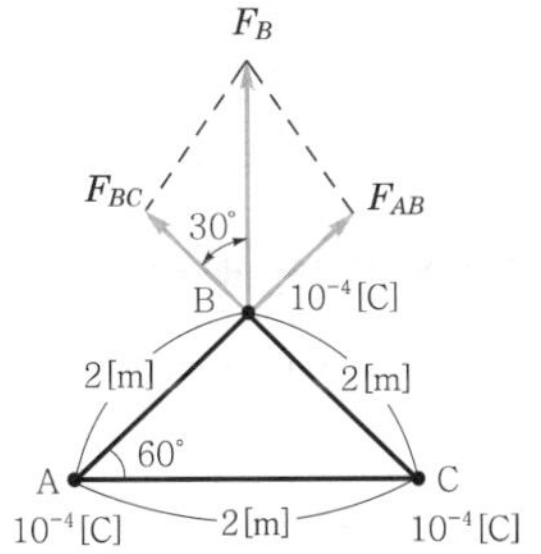

$$F_{AB}=9\times10^9\times\frac{10^{-4}\times10^{-4}}{2^2}=22.5[\text{N}]$$

$$F_{BC}=9\times10^9\times\frac{10^{-4}\times10^{-4}}{2^2}=22.5[\text{N}]$$

$$\therefore\ F_B=2F_{BC}\cos30°=2\times22.5\times\frac{\sqrt{3}}{2}$$

$$=38.97≒39[\text{N}]$$

02 무한 평행판 전극 사이의 전위차 V[V]는? (단, 평행판 전하밀도 σ[c/m^2], 편간거리 d[m]라 한다.)

(출제빈도)

① $\frac{\sigma}{\varepsilon_0}$　② $\frac{\sigma}{\varepsilon_0}d$
③ σd　④ $\frac{\varepsilon_0\sigma}{d}$

해설 평행판 전극 사이의 전계의 세기

$$E=\frac{\sigma}{\varepsilon_0}[\text{V/m}]$$

전계의 세기와 전위와의 관계

$$V=Ed=\frac{\sigma}{\varepsilon_0}d[\text{V}]$$

03 전계의 세기 1,500[V/m]의 전장에 5[μC]의 전하를 놓으면 얼마의 힘[N]이 작용하는가?

(출제빈도)

① 4×10^{-3}
② 5.5×10^{-3}
③ 6.5×10^{-3}
④ 7.5×10^{-3}

해설 $F=Q\cdot E=5\times10^{-6}\times1{,}500$

$=7.5\times10^{-3}$[N]

04 반지름 $r=1$[m]인 도체구의 표면 전하 밀도가 $\frac{10^{-8}}{9\pi}$[C/m^2]이 되도록 하는 도체구의 전위는 몇 [V]인가?

① 10　② 20
③ 40　④ 80

해설

$$V=\frac{1}{4\pi\varepsilon_0}\cdot\frac{Q}{r}=\frac{1}{4\pi\varepsilon_0}\cdot\frac{\sigma\cdot4\pi r^2}{r}$$

$$=\frac{\sigma\cdot r}{\varepsilon_0}=\frac{\frac{10^{-8}}{9\pi}\times1}{\frac{10^{-9}}{36\pi}}=40[\text{V}]$$

정답 01.② 02.② 03.④ 04.③

05 진공 중에서 크기가 같은 두 개의 작은 구에 같은 양의 전하를 대전시킨 후 50[cm] 거리에 두었더니 작은 구는 서로 9×10^{-3}[N]의 힘으로 반발했다. 각각의 전하량은 몇 [C]인가?

① 5×10^{-7} ② 5×10^{-5}
③ 2×10^{-5} ④ 2×10^{-7}

해설

$$F=\frac{Q_1Q_2}{4\pi\varepsilon_o r^2}=9\times10^9\times\frac{Q_1Q_2}{r^2}[\text{N}]$$

$$\therefore\ 9\times10^{-3}=9\times10^9\times\frac{Q^2}{0.5^2}$$

$$\therefore\ Q=\sqrt{\frac{9\times10^{-3}\times0.5^2}{9\times10^9}}=5\times10^{-7}[\text{C}]$$

06 평행판 콘덴서의 두 극판 면적을 3배로 하고 간격을 $\frac{1}{2}$배로 하면 정전용량은 처음의 몇 배가 되는가?

출제빈도

① $\frac{3}{2}$ ② $\frac{2}{3}$
③ $\frac{1}{6}$ ④ 6

해설

정전용량 $C=\frac{\varepsilon S}{d}$

면적을 3배, 간격을 $\frac{1}{2}$배 하면

$$\therefore\ C'=\frac{\varepsilon 3S}{\frac{d}{2}}=\frac{6\varepsilon S}{d}=6C$$

07 다음 물질 중 비유전율이 가장 큰 물질은 무엇인가?

① 산화 티탄 자기 ② 종이
③ 운모 ④ 변압기유

해설 비유전율(ε_s)
- 종이 : 1.2 ~ 2.6
- 변압기유 : 2.2 ~ 2.4
- 운모 : 6.7
- 산화 티탄 자기 : 30 ~ 80

08 비유전율이 4이고 전계의 세기가 20[kV/m]인 유전체 내의 전속밀도[μC/m^2]는?

출제빈도

① 0.708 ② 0.168
③ 6.28 ④ 2.83

해설

$$D=\varepsilon_0\varepsilon_s E$$
$$=8.855\times10^{-12}\times4\times20\times10^3$$
$$=0.708\times10^{-6}[\text{C/m}^2]$$
$$=0.708[\mu\text{C/m}^2]$$

09 10[A]의 무한장 직선 전류로부터 10[cm] 떨어진 곳의 자계의 세기[AT/m]는?

출제빈도

① 1.59 ② 15.0
③ 15.9 ④ 159

해설 무한장 직선 전류의 자계의 세기

$$H=\frac{I}{2\pi r}=\frac{10}{2\pi\times0.1}\fallingdotseq15.9[\text{AT/m}]$$

10 간격 d[m]인 무한히 넓은 평행판의 단위 면적당 정전용량[F/m^2]은? (단, 매질은 공기라 한다.)

출제빈도

① $\frac{1}{4\pi\varepsilon_0 d}$ ② $\frac{4\pi\varepsilon_0}{d}$
③ $\frac{\varepsilon_0}{d}$ ④ $\frac{\varepsilon_0}{d^2}$

해설

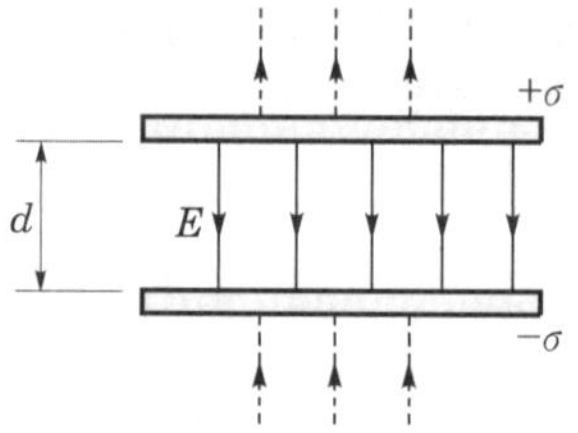

정답 05.① 06.④ 07.① 08.① 09.③ 10.③

$$C=\frac{\sigma}{V}=\frac{\sigma}{\frac{\sigma}{\varepsilon_0}d}=\frac{\varepsilon_0}{d}=8.855\times\frac{10^{-12}}{d}\,[\text{F/m}^2]$$

면적이 $S[\text{m}^2]$인 경우 $C=\frac{\varepsilon_0 S}{d}$[F]

11 그림과 같이 등전위면이 존재하는 경우 전계의 방향은?

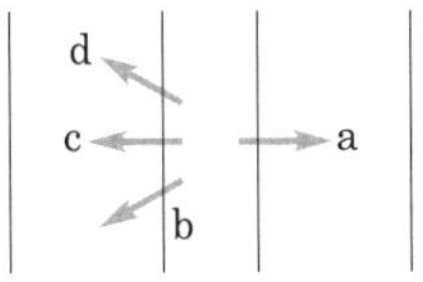

① a
② b
③ c
④ d

해설 전계는 높은 전위에서 낮은 전위 방향으로 향하고 등전위면에 수직으로 발생한다.

12 비투자율 $\mu_s=400$인 환상 철심 중의 평균 자계 세기가 $H=300$[A/m]일 때, 자화의 세기 J[Wb/m²]는?

① 0.1　② 0.15
③ 0.2　④ 0.25

해설 $J=\chi_m H=\mu_0(\mu_s-1)H$
$=4\pi\times10^{-7}\times(400-1)\times300$
$=0.15[\text{Wb/m}^2]$

13 비유전율 $\varepsilon_s=80$, 비투자율 $\mu_s=1$인 전자파의 고유 임피던스(intrinsic impedance)[Ω]는?

① 0.1　② 80
③ 8.9　④ 42

해설
$$\eta=\frac{E}{H}=\sqrt{\frac{\mu}{\varepsilon}}=\sqrt{\frac{\mu_0}{\varepsilon_0}}\cdot\sqrt{\frac{\mu_s}{\varepsilon_s}}$$
$$=120\pi\sqrt{\frac{\mu_s}{\varepsilon_s}}=377\sqrt{\frac{\mu_s}{\varepsilon_s}}$$
$$=377\times\sqrt{\frac{1}{80}}\fallingdotseq42.2[\Omega]$$

14 전자석에 사용하는 연철(soft iron)은 다음 어느 성질을 가지는가?

① 잔류자기, 보자력이 모두 크다.
② 보자력이 크고 히스테리시스 곡선의 면적이 작다.
③ 보자력과 히스테리시스 곡선의 면적이 모두 작다.
④ 보자력이 크고 잔류자기가 작다.

해설

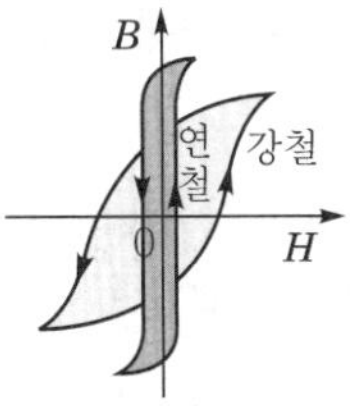

㉠ 전자석(일시 자석)의 재료는 잔류자기가 크고 보자력이 작아야 한다.
㉡ 영구자석의 재료는 잔류자기와 보자력이 모두 커야 한다.

15 자기 인덕턴스가 각각 L_1, L_2인 두 코일을 서로 간섭이 없도록 병렬로 연결했을 때 그 합성 인덕턴스는?

① L_1L_2
② $\frac{L_1+L_2}{L_1L_2}$
③ L_1+L_2
④ $\frac{L_1L_2}{L_1+L_2}$

해설

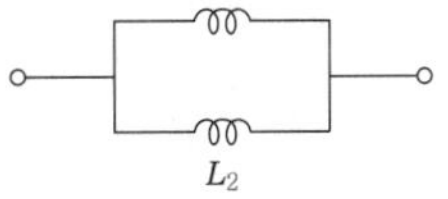

합성 인덕턴스 $L=\frac{1}{\frac{1}{L_1}+\frac{1}{L_2}}=\frac{L_1L_2}{L_1+L_2}$[H]

정답 11.③ 12.② 13.④ 14.③ 15.④

16 매초마다 S면을 통과하는 전자에너지를 $W=\int_s P \cdot n ds$[W]로 표시하는데 이 중 틀린 설명은?

① 벡터 P를 포인팅 벡터라 한다.
② n이 내향일 때는 S면 내에 공급되는 총전력이다.
③ n이 외향일 때는 S면 내에서 나오는 총전력이 된다.
④ P의 방향은 전자계의 에너지 흐름의 진행방향과 다르다.

해설 포인팅 벡터 또는 방사 벡터 P의 방향은 전자계의 에너지 흐름의 진행방향과 같다.

17 유전체 중의 전계의 세기를 E, 유전율을 ε이라 하면 전기변위[C/m²]는?

① εE
② εE^2
③ $\dfrac{\varepsilon}{E}$
④ $\dfrac{E}{\varepsilon}$

해설 전기변위=전속밀도$=\dfrac{Q}{s}=\varepsilon E$[C/m²]

18 반지름 a인 원주 도체의 단위길이당 내부 인덕턴스는 몇 [H/m]인가?

출제빈도

① $\dfrac{\mu}{4\pi}$　② $4\pi\mu$
③ $\dfrac{\mu}{8\pi}$　④ $8\pi\mu$

해설 단위길이당 내부 인덕턴스 $L=\dfrac{\mu}{8\pi}$[H/m]

19 평등자계 내에 수직으로 돌입한 전자의 궤적은?

출제빈도

① 원운동을 하는데, 원의 반지름은 자계의 세기에 비례한다.
② 구면 위에서 회전하고 반지름은 자계의 세기에 비례한다.
③ 원운동을 하고 반지름은 전자의 처음 속도에 비례한다.
④ 원운동을 하고 반지름은 자계의 세기에 반비례한다.

해설 평등자계 내에 수직으로 돌입한 전자는 원운동을 한다.
구심력=원심력, $evB=\dfrac{mv^2}{r}$
회전 반지름 $r=\dfrac{mv}{eB}=\dfrac{mv}{e\mu_0 H}$[m]
∴ 원자는 원운동을 하고 반지름은 자계의 세기(H)에 반비례한다.

20 강자성체가 아닌 것은?

출제빈도

① 철　② 니켈
③ 백금　④ 코발트

해설
- 강자성체 : 철(Fe), 니켈(Ni), 코발트(Co) 및 이들의 합금
- 역(반)자성체 : 비스무트(Bi), 탄소(C), 규소(Si), 은(Ag), 납(Pb), 아연(Zn), 황(S), 구리(Cu)

제2과목 전력공학

21 배전전압을 3,000[V]에서 5,200[V]로 높이면 수송전력이 같다고 할 경우에 전력 손실은 몇 [%]로 되는가?

① 25　② 50
③ 33.3　④ 1

정답 16.④ 17.① 18.③ 19.④ 20.③ 21.③

해설 전력 손실 $P_l \propto \frac{1}{V^2}$ 이므로

$$\frac{\frac{1}{5,200^2}}{\frac{1}{3,000^2}} = \left(\frac{3,000}{5,200}\right)^2 = 0.333$$

∴ 33.3[%]

22 배전 계통에서 전력용 콘덴서를 설치하는 목적으로 가장 타당한 것은?

출제빈도

① 배전선의 전력 손실 감소
② 전압강하 증대
③ 고장 시 영상전류 감소
④ 변압기 여유율 감소

해설 배전 계통에서 전력용 콘덴서를 설치하는 것은 부하의 지상 무효전력을 진상시켜 역률을 개선하여 전력 손실을 줄이는 데 주목적이 있다.

23 수력발전소의 댐 설계 및 저수지 용량 등을 결정하는데 가장 적합하게 사용되는 것은?

① 유량도
② 적산 유량곡선
③ 유황곡선
④ 수위-유량곡선

해설 적산 유량곡선은 댐과 저수지 건설계획 또는 기존 저수지의 저수계획을 수립하는 자료로 사용할 수 있다.

24 배전선로의 손실을 경감하기 위한 대책으로 적절하지 않은 것은?

① 누전차단기 설치
② 배전전압의 승압
③ 전력용 콘덴서 설치
④ 전류밀도의 감소와 평형

해설 전력 손실 감소대책
- 가능한 높은 전압 사용
- 굵은 전선 사용으로 전류밀도 감소
- 높은 도전율을 가진 전선 사용
- 송전거리 단축
- 전력용 콘덴서 설치
- 노후설비 신속 교체

25 3상용 차단기의 정격차단용량은?

① $\sqrt{3}$ × 정격전압 × 정격차단전류
② $\sqrt{3}$ × 정격전압 × 정격전류
③ 3 × 정격전압 × 정격차단전류
④ 3 × 정격전압 × 정격전류

해설 차단기의 정격차단용량
P_s[MVA] = $\sqrt{3}$ × 정격전압[kV] × 정격차단전류[kA]

26 지락보호계전기 동작이 가장 확실한 접지방식은?

출제빈도

① 비접지방식
② 고저항접지방식
③ 직접접지방식
④ 소호 리액터 접지방식

해설 1선 지락시 지락전류가 가장 큰 접지방식은 직접접지방식이고 가장 적은 접지방식은 소호 리액터 접지방식이다.
지락보호계전기 동작은 1선 지락전류에 의해 동작되므로 직접접지방식이 가장 확실하고 소호 리액터 접지방식은 동작이 불확실하다.

27 3상 송전선로의 선간전압을 100[kV], 3상 기준 용량을 10,000[kVA]로 할 때, 선로 리액턴스(1선당) 100[Ω]을 %임피던스로 환산하면 얼마인가?

출제빈도

① 1 ② 10
③ 0.33 ④ 3.33

정답 22.① 23.② 24.① 25.① 26.③ 27.②

해설 $\%Z = \frac{P \cdot Z}{10V^2} = \frac{10,000 \times 100}{10 \times 100^2} = 10[\%]$

28 피뢰기에서 속류를 끊을 수 있는 최고의 교류전압은?

출제빈도

① 정격전압 ② 제한전압
③ 차단전압 ④ 방전개시전압

해설 제한전압은 충격방전전류를 통하고 있을 때의 단자전압이고, 정격전압은 속류를 차단하는 최고의 전압이다.

29 송전선의 특성 임피던스를 Z_0, 전파속도를 v라 할 때, 이 송전선의 단위길이에 대한 인덕턴스 L은?

① $L = \frac{v}{Z_0}$ ② $L = \frac{Z_0}{v}$
③ $L = \frac{{Z_0}^2}{v}$ ④ $L = \sqrt{Z_0}\,v$

해설
특성 임피던스 $Z_0 = \sqrt{\frac{L}{C}}[\Omega]$

전파속도 $V = \frac{1}{\sqrt{LC}}[\text{m/s}]$

$\therefore \frac{Z_0}{v} = \sqrt{\frac{\frac{L}{C}}{\frac{1}{LC}}} = \sqrt{L^2} = L$

30 우리나라 22.9[kV] 배전선로에 적용하는 피뢰기의 공칭방전전류[A]는?

① 1,500 ② 2,500
③ 5,000 ④ 10,000

해설 우리나라 피뢰기의 공칭방전전류 2,500[A]는 배전선로용이고, 5,000[A]와 10,000[A]는 변전소에 적용한다.

31 단상 2선식의 교류 배전선이 있다. 전선 한 줄의 저항은 0.15[Ω], 리액턴스는 0.25[Ω]이다. 부하는 무유도성으로 100[V], 3[kW]일 때 급전점의 전압은 약 몇 [V]인가?

① 100 ② 110
③ 120 ④ 130

해설 급전점 전압
$V_s = V_r + 2I(R\cos\theta_r + X\sin\theta_r)$
$= 100 + 2 \times \frac{3,000}{100}(0.15 \times 1 + 0.25 \times 0)$
$= 109 \fallingdotseq 110[\text{V}]$

32 수전용량에 비해 첨두부하가 커지면 부하율은 그에 따라 어떻게 되는가?

출제빈도

① 낮아진다.
② 높아진다.
③ 변하지 않고 일정하다.
④ 부하의 종류에 따라 달라진다.

해설 부하율은 평균전력과 최대 수용전력의 비이므로 첨두부하가 커지면 부하율이 낮아진다.

33 피뢰기가 그 역할을 잘 하기 위하여 구비되어야 할 조건으로 틀린 것은?

출제빈도

① 속류를 차단할 것
② 내구력이 높을 것
③ 충격방전 개시전압이 낮을 것
④ 제한전압은 피뢰기의 정격전압과 같게 할 것

해설 피뢰기의 구비조건
- 충격방전 개시전압이 낮을 것
- 상용주파 방전개시전압 및 정격전압이 높을 것
- 방전 내량이 크면서 제한전압은 낮을 것
- 속류차단능력이 충분할 것

정답 28.① 29.② 30.② 31.② 32.① 33.④

34 조력발전소에 대한 설명으로 옳은 것은?

① 간만의 차가 작은 해안에 설치한다.
② 만조로 되는 동안 바닷물을 받아들여 발전한다.
③ 지형적 조건에 따라 수로식과 양수식이 있다.
④ 완만한 해안선을 이루고 있는 지점에 설치한다.

해설 조력발전은 조수간만의 수위차로 발전하는 방식으로 밀물과 썰물 때에 터빈을 돌려 발전하는 시스템으로 수력발전과 유사한 방식이다.

35 선택지락계전기의 용도를 옳게 설명한 것은?

출제빈도

① 단일 회선에서 지락 고장 회선의 선택 차단
② 단일 회선에서 지락전류의 방향 선택 차단
③ 병행 2회선에서 지락 고장 회선의 선택 차단
④ 병행 2회선에서 지락 고장의 지속시간 선택 차단

해설 병행 2회선 송전선로의 지락사고 차단에 사용하는 계전기는 고장난 회선을 선택하는 선택지락계전기를 사용한다.

36 다음 중 송전선로에 복도체를 사용하는 이유로 가장 알맞은 것은?

출제빈도

① 선로를 뇌격으로부터 보호한다.
② 선로의 진동을 없앤다.
③ 철탑의 하중을 평형화한다.
④ 코로나를 방지하고, 인덕턴스를 감소시킨다.

해설 복도체 사용 목적은 코로나 임계전압을 높여 코로나 발생을 방지하는 것이다. 또한 복도체의 장점은 정전용량이 증가하고 인덕턴스가 감소하여 송전용량이 증가된다.

37 A, B 및 C상 전류를 각각 I_a, I_b 및 I_c라 할 때,

$$I_x = \frac{1}{3}(I_a + a^2 I_b + a I_c),\ a = -\frac{1}{2} + j\frac{\sqrt{3}}{2}$$

으로 표시되는 I_x는 어떤 전류인가?

① 정상전류
② 역상전류
③ 영상전류
④ 역상전류와 영상전류의 합계

해설 역상전류 $I_2 = \frac{1}{3}(I_a + a^2 I_b + a I_c)$

$$= \frac{1}{3}(I_a + I_b\angle -120° + I_c\angle -240°)$$

38 송전선로의 중성점을 접지하는 목적이 아닌 것은?

출제빈도

① 송전용량의 증가
② 과도 안정도의 증진
③ 이상전압 발생의 억제
④ 보호계전기의 신속, 확실한 동작

해설 **중성점 접지 목적**

- 이상전압의 발생을 억제하여 전위 상승을 방지하고, 전선로 및 기기의 절연 수준을 경감시킨다.
- 지락 고장 발생 시 보호계전기의 신속하고 정확한 동작을 확보한다.
- 통신선의 유도장해를 방지하고, 과도 안정도를 향상시킨다(PC 접지).

정답 34.② 35.③ 36.④ 37.② 38.①

39 저항 10[Ω], 리액턴스 15[Ω]인 3상 송전선이 있다. 수전단 전압 60[kV], 부하 역률 80[%], 전류 100[A]라고 한다. 이때, 송전단 전압은 몇 [V]인가?

① 55,750 ② 55,950
③ 81,560 ④ 62,941

해설 송전단 전압

$V_S = V_R + \sqrt{3}I(R\cos\theta + X\sin\theta)[V]$

$= 60,000 + \sqrt{3} \times 100 \times (10 \times 0.8 + 15 \times 0.6)$

$= 62,941[V]$

40 어느 수용가의 부하설비는 전등설비가 500[W], 전열설비가 600[W], 전동기 설비가 400[W], 기타 설비가 100[W]이다. 이 수용가의 최대수용전력이 1,200[W]이면 수용률은 몇 [%]인가?

① 55 ② 65
③ 75 ④ 85

해설

$수용률 = \dfrac{최대수용전력[kW]}{부하설비용량[kW]} \times 100[\%]$

$= \dfrac{1,200}{500+600+400+100} \times 100 = 75[\%]$

제3과목 전기기기

41 전압이나 전류의 제어가 불가능한 소자는?

① IGBT ② SCR
③ GTO ④ Diode

해설 사이리스터(SCR, GTO, TRIAC, IGBT 등)는 게이트 전류에 의해 스위칭 작용을 하여 전압, 전류를 제어할 수 있으나 다이오드(diode)는 PN 2층 구조로 전압, 전류를 제어할 수 없다.

42 용량 2[kVA], 3,000/100[V]의 단상 변압기를 단권 변압기로 연결해서 승압기로 사용할 때, 1차측에 3,000[V]를 가할 경우 부하 용량은 몇 [kVA]인가?

① 62 ② 50
③ 32 ④ 16

해설 자기 용량 $P = E_2 I_2$

부하 용량 $W = V_2 I_2$

승압기 2차 전압 $V_2 = E_1 + E_2 = 3,000 + 100$

$= 3,100[V]$

$\dfrac{P}{W} = \dfrac{E_2 I_2}{V_2 I_2} = \dfrac{E_2}{V_2}$ 이므로

부하 용량 $W = P\dfrac{V_2}{E_2} = 2 \times \dfrac{3,100}{100} = 62[kVA]$

43 정전압 계통에 접속된 동기 발전기는 그 여자를 약하게 하면?

① 출력이 감소한다.
② 전압이 강하된다.
③ 뒤진 무효 전류가 증가한다.
④ 앞선 무효 전류가 증가한다.

해설 동기 발전기의 병렬 운전 시 여자 전류를 감소하면 기전력에 차가 발생하여 무효 순환 전류가 흐르는데 여자를 약하게 한 발전기는 90° 뒤진 전류가 역방향으로 흐르므로 앞선 무효 전류가 흐른다.

44 전기자 반작용이 직류 발전기에 영향을 주는 것을 설명한 것으로 틀린 것은?

① 전기자 중성축을 이동시킨다.
② 자속을 감소시켜 부하 시 전압 강하의 원인이 된다.
③ 정류자 편간 전압이 불균일하게 되어 섬락의 원인이 된다.
④ 전류의 파형은 찌그러지나 출력에는 변화가 없다.

정답 39.④ 40.③ 41.④ 42.① 43.④ 44.④

해설 전기자 반작용은 전기자 전류에 의한 자속이 계자 자속의 분포에 영향을 주는 현상으로 다음과 같다.
- 전기적 중성축이 이동한다.
- 계자 자속이 감소한다.
- 정류자 편간 전압이 국부적으로 높아져 섬락을 일으킨다.

45 스테핑 모터의 특징을 설명한 것으로 옳지 않은 것은?

① 위치 제어를 할 때 각도 오차가 적고 누적되지 않는다.
② 속도 제어 범위가 좁으며 초저속에서 토크가 크다.
③ 정지하고 있을 때 그 위치를 유지해주는 토크가 크다.
④ 가속, 감속이 용이하며 정·역전 및 변속이 쉽다.

해설 스테핑 모터는 아주 정밀한 디지털 펄스 구동 방식의 전동기로서 정·역 및 변속이 용이하고 제어 범위가 넓으며 각도의 오차가 적고 축적되지 않으며 정지 위치를 유지하는 힘이 크다. 적용 분야는 타이프 라이터나 프린터의 캐리지(carriage), 리본(ribbon) 프린터 헤드, 용지 공급의 위치 정렬, 로봇 등이 있다.

46 권선형 유도 전동기의 속도 제어 방법 중 저항 제어법의 특징으로 옳은 것은?

① 구조가 간단하고 제어 조작이 편리하다.
② 효율이 높고 역률이 좋다.
③ 부하에 대한 속도 변동률이 작다.
④ 전부하로 장시간 운전하여도 온도에 영향이 적다.

해설 권선형 유도 전동기의 저항 제어법의 장단점
- 장점
  - 기동용 저항기를 겸한다.
  - 구조가 간단하여 제어 조작이 용이하고, 내구성이 풍부하다.
- 단점
  - 운전 효율이 나쁘다.
  - 부하에 대한 속도 변동이 크다.
  - 부하가 작을 때는 광범위한 속도 조정이 곤란하다.
  - 제어용 저항은 전부하에서 장시간 운전해도 위험한 온도가 되지 않을 만큼의 크기가 필요하므로 가격이 비싸다.

47 1차 전압 6,900[V], 1차 권선 3,000회, 권수비 20의 변압기가 60[Hz]에 사용할 때 철심의 최대 자속[Wb]은?

① 0.76×10^{-4} ② 8.63×10^{-3}
③ 80×10^{-3} ④ 90×10^{-3}

해설 $E_1 = 4.44 f\omega_1 \phi_m$ [V]

$$\therefore \phi_m = \frac{E_1}{4.44 f\omega_1} = \frac{6,900}{4.44\times60\times3,000} \fallingdotseq 8.63\times10^{-3}\ \text{[Wb]}$$

48 75[W] 이하의 소출력으로 소형 공구, 영사기, 치과 의료용 등에 널리 이용되는 전동기는?

출제빈도

① 단상 반발 전동기
② 영구 자석 스텝 전동기
③ 3상 직권 정류자 전동기
④ 단상 직권 정류자 전동기

해설 단상 직권 정류자 전동기는 교류, 직류 양쪽 모두 사용하므로 만능 전동기라 하며 75[W] 이하의 소출력(소형 공구, 치과 의료용 등)과 단상 교류 전기 철도용 수백[kW]의 대출력에 사용되고 있다.

49 220[V], 60[Hz], 8극, 15[kW]의 3상 유도 전동기에서 전부하 회전수가 864[rpm]이면 이 전동기의 2차 동손은 몇 [W]인가?

① 435 ② 537
③ 625 ④ 723

정답 45.② 46.① 47.② 48.④ 49.③

해설 동기 속도 $N_s = \frac{120f}{P} = \frac{120 \times 60}{8} = 900[\text{rpm}]$

슬립 $s = \frac{N_s - N}{N_s} = \frac{900-864}{900} = 0.04$

$P_2 : P_o : P_{2c} = 1 : 1-s : s$

(P_2 : 2차 입력, P_o : 출력, P_{2c} : 2차 동손)

2차 동손 $P_{2c} = s \cdot \frac{P_o}{1-s} = 0.04 \times \frac{15 \times 10^3}{1-0.04}$
$= 625[\text{W}]$

50 단상 변압기를 병렬 운전하는 경우 부하 전류의 분담에 관한 설명 중 옳은 것은?

출제빈도

① 누설 리액턴스에 비례한다.
② 누설 임피던스에 반비례한다.
③ 누설 임피던스에 비례한다.
④ 누설 리액턴스의 제곱에 반비례한다.

해설 단상 변압기의 부하 분담비
$\frac{P_a}{P_b} = \frac{\%Z_b}{\%Z_a} \cdot \frac{P_A}{P_B}$ 이므로 부하 분담은 누설 임피던스에 반비례하고 정격 용량에는 비례한다.

51 50[Hz] 4극 15[kW]의 3상 유도 전동기가 있다. 전부하 시의 회전수가 1,450[rpm]이라면 토크는 몇 [kg · m]인가?

① 약 68.52
② 약 88.65
③ 약 98.68
④ 약 10.07

해설
토크 $\tau = \frac{1}{9.8}\frac{P}{2\pi\frac{N}{60}} = \frac{1}{9.8} \times \frac{15 \times 10^3}{2\pi\frac{1,450}{60}}$
$\fallingdotseq 10.08[\text{kg} \cdot \text{m}]$

[별해] $\tau = 0.975\frac{P}{N} = 0.975 \times \frac{15 \times 10^3}{1,450}$
$\fallingdotseq 10.08[\text{kg} \cdot \text{m}]$

52 정격 출력 시(부하손/고정손)는 2이고, 효율 0.8인 어느 발전기의 1/2정격 출력 시의 효율은?

① 0.7 ② 0.75
③ 0.8 ④ 0.83

해설 부하손을 P_c, 고정손을 P_i, 출력을 P라 하면 정격 출력 시에는 $P_c = 2P_i$로 되므로

$0.8 = \frac{P}{P+P_c+P_i}$, $P_c = 2P_i$

$0.8 = \frac{P}{P+2P_i+P_i} = \frac{P}{P+3P_i}$

$\frac{1}{2}$부하 시의 동손은

$P_c = 2P_i \times \left(\frac{1}{2}\right)^2 = \frac{1}{2}P_i$ 이므로

$$\therefore \eta_{\frac{1}{2}} = \frac{\frac{1}{2}P}{\frac{1}{2}P + \left(\frac{1}{2}\right)^2 P_c + P_i} = \frac{P}{P + \frac{1}{2}P_c + 2P_i}$$
$$= \frac{P}{P + \frac{1}{2} \times 2P_i + 2P_i} = \frac{P}{P+3P_i} = 0.8$$

53 일반적인 농형 유도 전동기에 관한 설명 중 틀린 것은?

출제빈도

① 2차측을 개방할 수 없다.
② 2차측의 전압을 측정할 수 있다.
③ 2차 저항 제어법으로 속도를 제어할 수 없다.
④ 1차 3선 중 2선을 바꾸면 회전 방향을 바꿀 수 있다.

해설 농형 유도 전동기는 2차측(회전자)이 단락 권선으로 되어 있어 개방할 수 없고, 전압을 측정할 수 없으며, 2차 저항을 변화하여 속도 제어를 할 수 없고 1차 3선 중 2선의 결선을 바꾸면 회전 방향을 바꿀 수 있다.

정답 50.② 51.④ 52.③ 53.②

54 일정한 부하에서 역률 1로 동기 전동기를 운전하는 중 여자를 약하게 하면 전기자 전류는?

① 진상 전류가 되고 증가한다.
② 진상 전류가 되고 감소한다.
③ 지상 전류가 되고 증가한다.
④ 지상 전류가 되고 감소한다.

해설 동기 전동기를 운전 중 여자 전류를 감소하면 뒤진 전류(지상 전류)가 흘러 리액터 작용을 하며 역률이 저하하여 전기자 전류는 증가한다.

55 단상 반파 정류로 직류 전압 50[V]를 얻으려고 한다. 다이오드의 최대 역전압(PIV)은 약 몇 [V]인가?

① 111 ② 141.4
③ 157 ④ 314

해설

직류 전압 $E_d = \dfrac{\sqrt{2}}{\pi}E$에서

$E = \dfrac{\pi}{\sqrt{2}}E_d = \dfrac{\pi}{\sqrt{2}} \times 50$

첨두 역전압 $V_{in} = \sqrt{2}E = \sqrt{2} \times \dfrac{\pi}{\sqrt{2}} \times 50$

$\fallingdotseq 157[V]$

56 정격 전압이 120[V]인 직류 분권 발전기가 있다. 전압 변동률이 5[%]인 경우 무부하 단자 전압[V]은?

① 114 ② 126
③ 132 ④ 138

해설

전압 변동률 $\varepsilon = \dfrac{V_0 - V_n}{V_n} \times 100[\%]$

무부하 전압 $V_0 = V_n(1+\varepsilon') = 120 \times (1+0.05)$

$= 126[V]$

$\left(\text{여기서, } \varepsilon' = \dfrac{\varepsilon}{100} = \dfrac{5}{100} = 0.05\right)$

57 임피던스 전압 강하 4[%]의 변압기가 운전 중 단락되었을 때 단락 전류는 정격 전류의 몇 배가 흐르는가?

① 15 ② 20
③ 25 ④ 30

해설 퍼센트 임피던스 강하

$\%Z = \dfrac{IZ}{V} \times 100 = \dfrac{I_n}{I_s} \times 100$에서

단락 전류 $I_s = \dfrac{100}{\%Z}I_n = \dfrac{100}{4}I_n = 25I_n[A]$

58 직류 분권 전동기의 단자 전압과 계자 전류를 일정하게 하고 2배의 속도로 2배의 토크를 발생하는 데 필요한 전력은 처음 전력의 몇 배인가?

① 2배 ② 4배
③ 8배 ④ 불변

해설 출력 $P \propto \tau \cdot N$

속도와 토크를 모두 2배가 되도록 하려면 출력(전력)을 처음의 4배로 하여야 한다.

59 정격 전압 6,000[V], 용량 5,000[kVA]인 Y 결선 3상 동기 발전기가 있다. 여자 전류 200[A]에서의 무부하 단자 전압이 6,000[V], 단락 전류 600[A]일 때, 이 발전기의 단락비는?

① 0.25 ② 1
③ 1.25 ④ 1.5

해설

단락비 $K_s = \dfrac{I_s}{I_n}$

$\therefore K_s = \dfrac{I_s}{I_n} = \dfrac{I_s}{\dfrac{P_n}{\sqrt{3} \cdot V_n}} = \dfrac{600}{\dfrac{5,000 \times 10^3}{\sqrt{3} \times 6,000}}$

$= 1.247 \fallingdotseq 1.25$

정답 54.③ 55.③ 56.② 57.③ 58.② 59.③

60 동기 전동기에서 난조를 일으키는 원인이 아닌 것은?

① 회전자의 관성이 작다.
② 원동기의 토크에 고조파 토크를 포함하는 경우이다.
③ 전기자 회로의 저항이 크다.
④ 원동기의 조속기의 감도가 너무 예민하다.

해설 동기기의 난조 원인
- 부하 급변 시
- 원동기의 토크에 고조파가 포함된 경우
- 전기자 회로의 저항이 큰 경우
- 원동기의 조속기의 감도가 너무 예민한 경우

제4과목 회로이론

61 그림과 같은 브리지 회로가 평형하기 위한 Z의 값은?

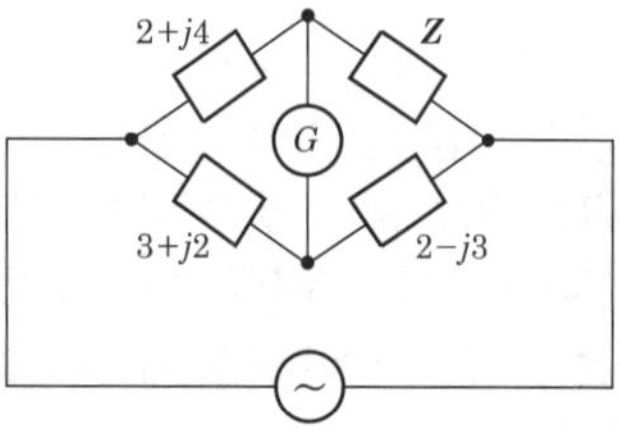

① $2+j4$
② $-2+j4$
③ $4+j2$
④ $4-j2$

해설 브리지 회로의 평형조건

$Z(3+j2)=(2+j4)(2-j3)$

$\therefore Z=\dfrac{(2+j4)(2-j3)}{3+j2}=\dfrac{(16+j2)(3-j2)}{(3+j2)(3-j2)}$

$=4-j2$

62 단위 계단 함수 $u(t)$의 라플라스 변환은?

① $\dfrac{1}{s}e^{-st}$　② 1
③ $\dfrac{1}{s^2}$　④ $\dfrac{1}{s}$

해설

$$F(s)=\int_0^\infty 1\cdot e^{-st}dt=\left[-\frac{1}{s}e^{-st}\right]_0^\infty=\frac{1}{s}$$

63 그림에서 5[Ω]에 흐르는 전류 I[A]는?

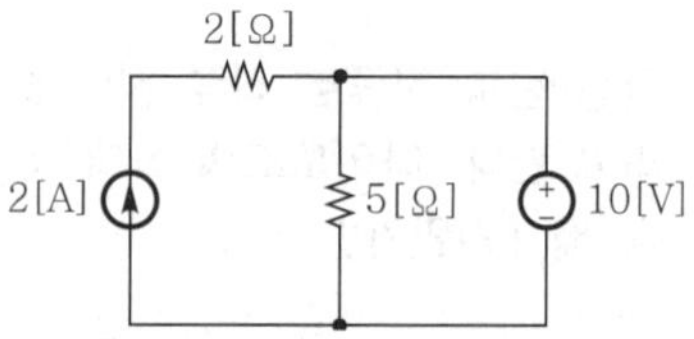

① 2　② 1
③ 3　④ 4

해설 중첩의 정리에 의해 5[Ω]에 흐르는 전류
- 1[A] 전류원 존재 시 : 전압원 10[V]은 단락
  $I_1=0$[A]
- 10[V] 전압원 존재 시 : 전류원 2[A]는 개방
  $I_2=\dfrac{10}{5}=2$[A]

$\therefore I=I_1+I_2=0+2=2$[A]

64 그림과 같은 회로에서의 전압비의 전달함수는? (단, $C=1$[F], $L=1$[H])

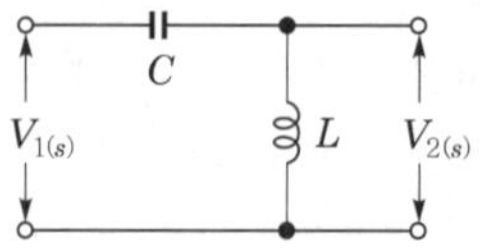

① $\dfrac{1}{s+1}$　② $\dfrac{s}{s+1}$
③ $\dfrac{s^2}{s^2+1}$　④ $s+\dfrac{1}{s}$

정답 60.① 61.④ 62.④ 63.① 64.③

해설

$$G(s)=\frac{V_2(s)}{V_1(s)}=\frac{Ls}{\frac{1}{Cs}+Ls}=\frac{LCs^2}{LCs^2+1}$$

$C=1$[F], $L=1$[H]이므로

$$\therefore\ G(s)=\frac{s^2}{s^2+1}$$

65 다음의 대칭 다상 교류에 의한 회전자계 중 잘못된 것은?

① 대칭 3상 교류에 의한 회전자계는 원형 회전자계이다.

② 대칭 2상 교류에 의한 회전자계는 타원형 회전자계이다.

③ 3상 교류에서 어느 두 코일의 전류의 상순은 바꾸면 회전자계의 방향도 바뀐다.

④ 회전자계의 회전 속도는 일정 각속도 ω이다.

해설 대칭 2상 교류에 의한 회전자계는 단상 교류가 되므로 교번자계가 된다.

66 파고율이 2가 되는 파형은?

① 정현파

② 톱니파

③ 반파 정류파

④ 전파 정류파

해설

$$\text{반파 정류파의 파고율}=\frac{\text{최댓값}}{\text{실효값}}=\frac{V_m}{\frac{1}{2}V_m}=2$$

67 단상 선력계 2개로 3상 선력을 측성하고사 한다. 전력계의 지시가 각각 200[W]와 100[W]를 가리켰다고 한다. 부하 역률은 약 몇 [%]인가?

① 94.8

② 86.6

③ 50.0

④ 31.6

해설

$$\text{역률 }\cos\theta=\frac{P}{P_a}$$

$$=\frac{P_1+P_2}{2\sqrt{P_1^{\,2}+P_2^{\,2}-P_1P_2}}\Bigg|_{P_1=200,\ P_2=100}$$

$$=\frac{300}{346.4}\fallingdotseq 0.866$$

$\therefore$ 86.6[%]

68 그림과 같은 회로의 2단자 임피던스 $Z(s)$는? (단, $s=j\omega$라 한다.)

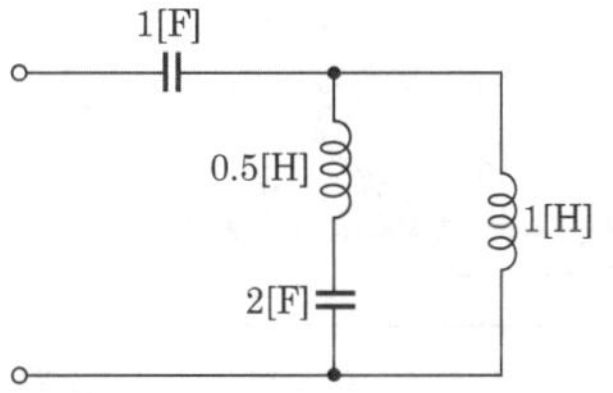

① $\dfrac{s^3+1}{3s^2(s+1)}$

② $\dfrac{3s^2(s+1)}{s^3+1}$

③ $\dfrac{s(3s^2+1)}{s^4+2s^2+1}$

④ $\dfrac{s^4+4s^2+1}{s(3s^2+1)}$

해설

$$Z(s)=\frac{1}{s}+\frac{\left(0.5s+\frac{1}{2s}\right)\cdot s}{\left(0.5s+\frac{1}{2s}\right)+s}$$

$$=\frac{1}{s}+\frac{s^3+s}{3s^2+1}$$

$$=\frac{s^4+4s^2+1}{s(3s^2+1)}$$

정답 65.② 66.③ 67.② 68.④

69 $3r$[Ω]인 6개의 저항을 그림과 같이 접속하고 3상 선간전압 V를 가했을 때 선전류 I는 몇 [A]인가? (단, $r=2$[Ω], $V=200\sqrt{3}$ [V]이다.)

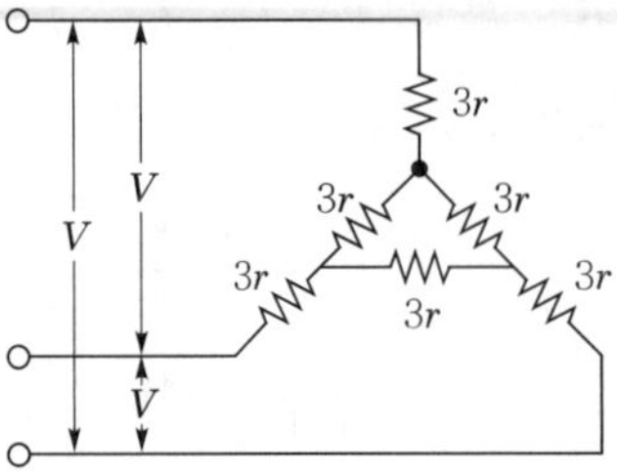

① 20　　② 10
③ 25　　④ 15

해설 △ → Y로 등가변환하면

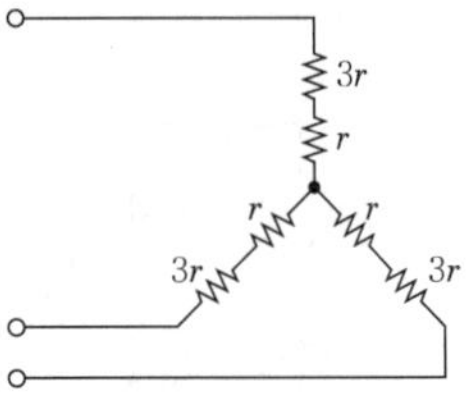

선전류 $I=\dfrac{\frac{V}{\sqrt{3}}}{3r+r}=\dfrac{\frac{V}{\sqrt{3}}}{4r}=\dfrac{\frac{200\sqrt{3}}{\sqrt{3}}}{4\times 2}=25$[A]

70 대칭 좌표법에 관한 설명 중 잘못된 것은?

① 불평형 3상 회로의 비접지식 회로에서는 영상분이 존재한다.
② 대칭 3상 전압에서 영상분은 0이 된다.
③ 대칭 3상 전압은 정상분만 존재한다.
④ 불평형 3상 회로의 접지식 회로에서는 영상분이 존재한다.

해설 대칭 3상 a상 기준으로 한 대칭분

$$V_0=\frac{1}{3}(V_a+V_b+V_c)$$
$$=\frac{1}{3}(V_a+a^2V_a+aV_a)$$
$$=\frac{V_a}{3}(1+a^2+a)=0$$
$$V_1=\frac{1}{3}(V_a+aV_b+a^2V_c)$$
$$=\frac{1}{3}(V_a+a^3V_a+a^3V_a)$$
$$=\frac{V_a}{3}(1+a^3+a^3)=V_a$$
$$V_2=\frac{1}{3}(V_a+a^2V_b+aV_c)$$
$$=\frac{1}{3}(V_a+a^4V_a+a^2V_a)$$
$$=\frac{V_a}{3}(1+a^4+a^2)=0$$

비접지식 회로에서는 영상분이 존재하지 않는다.

71 전류의 대칭분이 $I_0=-2+j4$[A], $I_1=6-j5$[A], $I_2=8+j10$[A]일 때 3상 전류 중 a상 전류(I_a)의 크기는 몇 [A]인가? (단, 3상 전류의 상순은 a-b-c이고 I_0는 영상분, I_1는 정상분, I_2는 역상분이다.)

① 12　　② 19
③ 15　　④ 9

해설 a상 전류 $I_a=I_0+I_1+I_2$
$=(-2+j4)+(6-j5)+(8+j10)$
$=12+j9$
$\therefore\ |I_a|=\sqrt{12^2+9^2}=15$[A]

72 그림과 같은 회로망의 4단자 정수 B[Ω]는?

① 10
② $\dfrac{20}{3}$
③ $\dfrac{2}{3}$
④ 30

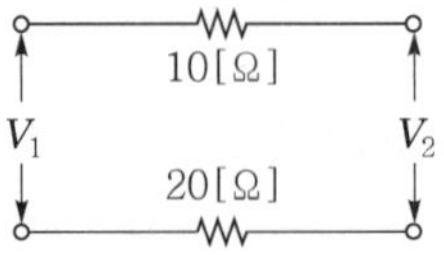

해설 10[Ω]과 20[Ω]은 직렬접속이므로

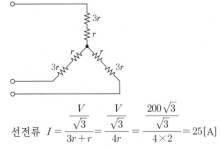

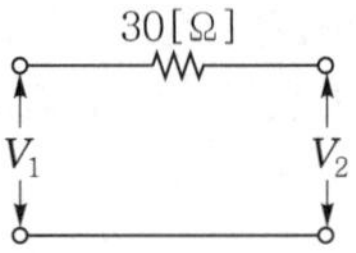

$$\begin{bmatrix}A & B\\ C & D\end{bmatrix}=\begin{bmatrix}1 & 30\\ 0 & 1\end{bmatrix}$$

∴ 4단자 정수 B=30[Ω]

정답 69.③ 70.① 71.③ 72.④

73 다음 회로에서의 $R[\Omega]$을 나타낸 것은?

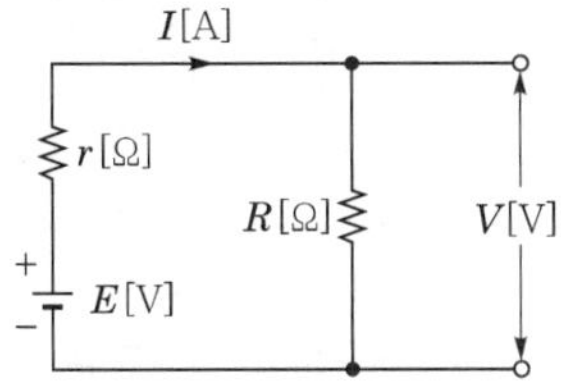

① $\dfrac{E}{E-V}r$　② $\dfrac{V}{E-V}r$

③ $\dfrac{E-V}{V}r$　④ $\dfrac{E-V}{E}r$

해설 $R[\Omega]$에 흐르는 전류

$I=\dfrac{V}{R}[A]$

$\dfrac{V}{R}=\dfrac{E}{r+R}$

$rV+RV=RE$

$rV=R(E-V)$　$\therefore R=\dfrac{rV}{E-V}[\Omega]$

74 다음과 같은 파형 $v(t)$를 단위 계단 함수로 표시하면 어떻게 되는가?

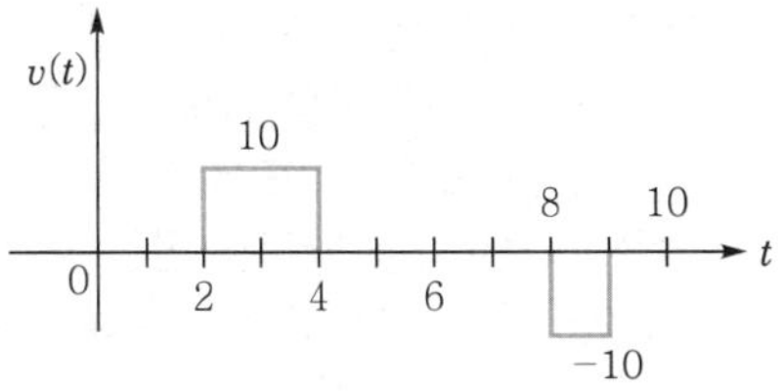

① $10u(t-2)+10u(t-4)+10u(t-8)+10u(t-9)$

② $10u(t-2)-10u(t-4)-10u(t-8)-10u(t-9)$

③ $10u(t-2)-10u(t-4)-10u(t-8)+10u(t-9)$

④ $10u(t-2)-10u(t-4)+10u(t-8)-10u(t-9)$

해설

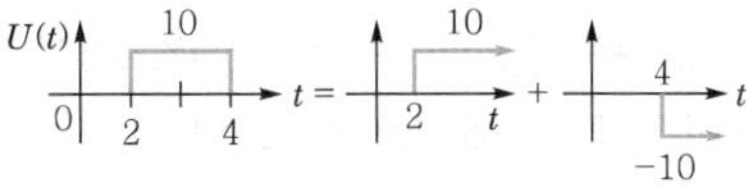

$10u(t-2)-10u(t-4)$

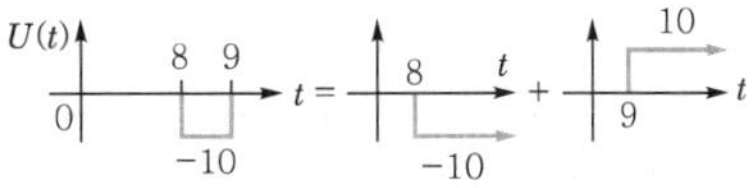

$-10u(t-8)+10u(t-9)$

$\therefore u(t)=10u(t-2)-10u(t-4)-10u(t-8)+10u(t-9)$

75 비정현파 대칭 조건 중 반파 대칭의 조건은?

① $f(t)=-f\left(T-\dfrac{T}{2}\right)$

② $f(t)=f\left(t+\dfrac{T}{2}\right)$

③ $f(t)=f\left(t-\dfrac{T}{2}\right)$

④ $f(t)=-f\left(t+\dfrac{T}{2}\right)$

해설 반파 대칭은 반주기마다 크기는 같고 부호는 반대인 파형이다.

$f(t)=-f\left(t+\dfrac{T}{2}\right)=-f(t+\pi)$

76 $v(t)=50+30\sin\omega t[V]$의 실효값 V는 몇 [V]인가?

출제빈도

① 약 50.3

② 약 62.3

③ 약 54.3

④ 약 58.3

해설 실효값

$V=\sqrt{V_0^{\,2}+V_1^{\,2}+V_2^{\,2}+\cdots}\,[V]$

각 개별적인 실효값의 제곱의 합의 제곱근

$V=\sqrt{50^2+\left(\dfrac{30}{\sqrt{2}}\right)^2}\fallingdotseq 54.3[V]$

정답 73.② 74.③ 75.④ 76.③

77 Y결선 부하에 $V_a = 200$[V]인 대칭 3상 전원이 인가될 때 선전류 I_a의 크기는 몇 [A]인가? (단, $Z = 6 + j8$[Ω]이다.)

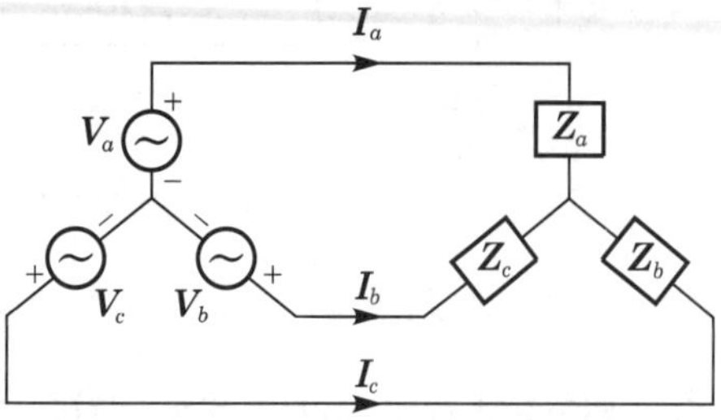

① $15\sqrt{3}$
② 20
③ $20\sqrt{3}$
④ 15

해설 선전류 $I_l = I_p = \frac{V_p}{Z} = \frac{200}{\sqrt{6^2+8^2}} = 20$[A]

78 그림과 같은 회로에서 $t = 0$에서 스위치를 S를 닫았을 때 $(V_L)_{t=0} = 100$[V], $\left(\frac{di}{dt}\right)_{t=0} = 50$[A/s]이다. L[H]의 값은?

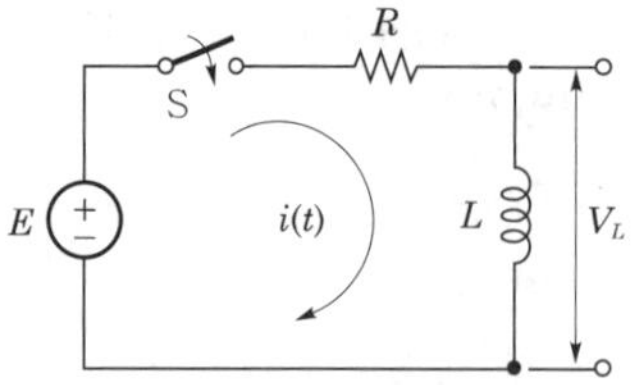

① 20 ② 10
③ 2 ④ 6

해설 $V_L = L\frac{di}{dt}$에서 $100 = L \cdot 50$

$\therefore L = \frac{100}{50} = 2$[H]

79 어떤 회로 소자에 $e = 125\sin377t$[V]를 가했을 때 전류 $i = 25\sin377t$[A]가 흐른다. 이 소자는 어떤 것인가?

① 다이오드 ② 순저항
③ 유도 리액턴스 ④ 용량 리액턴스

해설 전압 $e = 125\sin377t$이고 전류 $i = 25\sin377t$이므로 전압 전류 위상차가 0°이므로 R만의 회로가 된다.

80 3상 불평형 전압에서 역상 전압이 50[V]이고 정상 전압이 200[V], 영상 전압이 10[V]라고 할 때 전압의 불평형률은?

① 0.01 ② 0.05
③ 0.25 ④ 0.5

해설 불평형률 $= \frac{\text{역상 전압}}{\text{정상 전압}} \times 100 = \frac{50}{200} = 0.25$

제5과목 전기설비기술기준

81 특고압 가공전선로의 지지물에 시설하는 통신선 또는 이에 직접 접속하는 통신선이 도로, 횡단보도교 · 철도의 레일 · 삭도 · 가공전선 · 다른 가공 약전류 전선 등 또는 교류 전차선 등과 교차하는 경우에는 통신선은 지름 몇 [mm]의 경동선이나 이와 동등 이상의 세기의 것이어야 하는가?

① 4 ② 4.5
③ 5 ④ 5.5

해설 전력보안 통신선의 시설높이와 이격거리 (KEC 362.2)
특고압 가공전선로의 지지물에 시설하는 통신선 또는 이에 직접 접속하는 통신선이 도로 · 횡단보도교 · 철도의 레일 또는 삭도와 교차하는 경우 통신선

정답 77.② 78.③ 79.② 80.③ 81.③

- 절연전선 : 연선 단면적 16[mm²](단선의 경우 지름 4[mm])
- 경동선 : 인장강도 8.01[kN] 이상의 것 또는 연선의 경우 단면적 25[mm²](단선의 경우 지름 5[mm])

82 다음은 무엇에 관한 설명인가?

가공전선이 다른 시설물과 접근하는 경우에 그 가공전선이 다른 시설물의 위쪽 또는 옆쪽에서 수평 거리로 3[m] 미만인 곳에 시설되는 상태를 말한다.

① 제1차 접근상태
② 제2차 접근상태
③ 제3차 접근상태
④ 제4차 접근상태

해설 용어 정의(KEC 112)
"제2차 접근상태"란 가공전선이 다른 시설물과 접근하는 경우에 그 가공전선이 다른 시설물의 위쪽 또는 옆쪽에서 수평 거리로 3[m] 미만인 곳에 시설되는 상태를 말한다.

83 지선을 사용하여 그 강도를 분담시켜서는 아니되는 가공전선로의 지지물은?

① 목주 ② 철주
③ 철근콘크리트주 ④ 철탑

해설 지선의 시설(KEC 331.11)
- 지선의 사용
  철탑은 지선을 이용하여 강도를 분담시켜서는 안 된다.
- 지선의 시설
  - 지선의 안전율 : 2.5 이상
  - 허용인장하중 : 4.31[kN]
  - 소선 3가닥 이상 연선
  - 소선지름 2.6[mm] 이상 금속선
  - 지중부분 및 지표상 30[cm]까지 부분에는 내식성 철봉
  - 도로횡단 지선높이 지표상 5[m] 이상

84 다음 중 옥내의 네온방전등 공사의 방법으로 옳은 것은?

① 방전등용 변압기는 누설변압기일 것
② 관등회로의 배선은 점검할 수 없는 은폐장소에 시설할 것
③ 관등회로의 배선은 애자사용공사에 의할 것
④ 전선의 지지점 간의 거리는 2[m] 이하로 할 것

해설 네온방전등(KEC 234.12)
- 대지전압 300[V] 이하
- 네온변압기는 2차측을 직렬 또는 병렬로 접속하여 사용하지 말 것
- 네온변압기를 우선 외에 시설할 경우는 옥외형 사용
- 관등회로의 배선은 애자공사로 시설
  - 네온전선 사용
  - 배선은 외상을 받을 우려가 없고 사람이 접촉될 우려가 없는 노출장소 또는 점검할 수 있는 은폐장소에 시설
  - 전선 지지점 간의 거리는 1[m] 이하
  - 전선 상호 간의 이격거리는 6[cm] 이상

85 가공전선로의 지지물에 사용하는 지선의 시설과 관련하여 옳은 것은?

① 지선의 안전율은 2.0 이상, 허용인장하중의 최저는 1.38[kN]으로 할 것
② 지선에 연선을 사용하는 경우 소선 2가닥 이상의 연선일 것
③ 지중부분 및 지표상 0.2[m]까지의 부분에는 내식성이 있는 것을 사용한다.
④ 도로를 횡단하여 시설하는 지선의 높이는 지표상 5[m] 이상으로 하여야 한다.

해설 지선의 시설(KEC 331.11)
- 지선의 사용
  철탑은 지선을 이용하여 강도를 분담시켜서는 안 된다.

정답 82.② 83.④ 84.③ 85.④

- 지선의 시설
  - 지선의 안전율 : 2.5 이상
  - 허용인장하중 : 4.31[kN]
  - 소선 3가닥 이상 연선
  - 소선지름 2.6[mm] 이상 금속선
  - 지중부분 및 지표상 30[cm]까지 부분에는 내식성 철봉
  - 도로횡단 지선높이 지표상 5[m] 이상

86 **지중전선로는 기설 지중 약전류 전선로에 대하여 다음의 어느 것에 의하여 통신상의 장해를 주지 않도록 기설 약전류 전선로로부터 충분히 이격시키거나 기타 적당한 방법으로 시설하여야 하는가?**

출제빈도

① 충전전류 또는 표피작용
② 충전전류 또는 유도작용
③ 누설전류 또는 표피작용
④ 누설전류 또는 유도작용

해설 지중 약전류 전선의 유도장해 방지(KEC 334.5)
지중전선로는 기설 지중 약전류 전선로에 대하여 누설전류 또는 유도작용에 의하여 통신상의 장해를 주지 않도록 기설 약전류 전선로로부터 충분히 이격시키거나 기타 적당한 방법으로 시설하여야 한다.

87 **금속제 가요전선관 공사에 있어서 저압 옥내배선 시설에 맞지 않는 것은?**

① 전선은 절연전선(옥외용 비닐절연전선을 제외)일 것
② 가요전선관 안에는 전선에 접속점이 없도록 할 것
③ 전선은 연선일 것. 다만, 단면적 10[mm^2] 이하인 것은 그러하지 아니하다.
④ 일반적으로 가요전선관은 3종 금속제 가요전선관일 것

해설 금속제 가요전선관 공사(KEC 232.13)
- 절연전선은 연선(옥외용 제외) 사용
  연동선 10[mm^2], 알루미늄선 16[mm^2] 이하 단선 사용
- 전선관 내 접속점이 없도록 하고, 2종 금속제 가요전선관일 것
- 1종 금속제 가요전선관은 두께 0.8[mm] 이상

88 **지중 또는 수중에 시설되는 금속체의 부식을 방지하기 위하여 지중 또는 수중에 시설하는 전기부식방지 회로의 사용전압은 어떤 전압 이하로 제한하고 있는가?**

출제빈도

① DC 60[V]　　② DC 120[V]
③ AC 100[V]　　④ AC 200[V]

해설 전기부식방지 시설(KEC 241.16)
- 사용전압은 직류 60[V] 이하
- 지중에 매설하는 양극의 매설깊이 75[cm] 이상
- 수중에는 양극과 주위 1[m] 이내 임의점과의 사이의 전위차는 10[V] 이하
- 1[m] 간격의 임의의 2점간의 전위차가 5[V] 이하
- 2차측 배선
  - 가공 : 2.0[mm] 절연 경동선,
  - 지중 : 4.0[mm^2]의 연동선(양극 2.5[mm^2])

89 **소세력 회로의 사용전압이 15[V] 이하일 경우 절연변압기의 2차 단락전류 제한값은 8[A]이다. 이때 과전류 차단기의 정격전류는 몇 [A] 이하이어야 하는가?**

① 1.5　　② 3
③ 5　　④ 10

해설 소세력 회로(KEC 241.14)
절연변압기의 2차 단락전류 및 과전류 차단기의 정격전류

최대사용전압의 구분	2차 단락전류	과전류 차단기의 정격전류
15[V] 이하	8[A]	5[A]
15[V] 초과 30[V] 이하	5[A]	3[A]
30[V]초과 60[V] 이하	3[A]	1.5[A]

정답 86.④ 87.④ 88.① 89.③

90 고압 가공전선로의 지지물로서 B종 철주, 철근콘크리트주를 시설하는 경우의 최대경간은 몇 [m]인가?

① 150 ② 250
③ 400 ④ 600

해설 고압 가공전선로 경간의 제한(KEC 332.9)

지지물 종류	경간
목주 · A종	150[m] 이하
B종	250[m] 이하
철탑	600[m] 이하

91 3상 4선식 22.9[kV]로서 중성선 다중 접지하는 가공전선로의 절연내력시험전압은 최대사용전압의 몇 배인가?

① 0.72 ② 0.92
③ 1.1 ④ 1.25

해설 절연내력시험(KEC 132)
- 정한 시험전압 10분간
- 정한 시험전압의 2배의 직류전압을 전로와 대지 사이에 10분간

전로의 종류(최대사용전압)		시험전압
7[kV] 이하		1.5배 (최저 500[V])
중성선 다중 접지하는 것		0.92배
7[kV] 초과 60[kV] 이하		1.25배 (최저 10.5[kV])
60[kV]초과	중성점 비접지식	1.25배
	중성점 접지식	1.1배 (최저 75[kV])
	중성점 직접 접지식	0.72배
170[kV] 초과 중성점 직접 접지		0.64배

92 지중에 매설되어 있는 대지와의 전기저항치가 최대 몇 [Ω] 이하의 값을 유지하고 있는 금속제 수도관로는 접지극으로 사용할 수 있는가?

① 1 ② 2
③ 3 ④ 5

해설 접지극의 시설 및 접지저항(KEC 142.2)
수도관 등을 접지극으로 사용하는 경우
- 지중에 매설되어 있고 대지와의 전기저항값 : 3[Ω] 이하
- 내경 75[mm] 이상에서 내경 75[mm] 미만인 수도관 분기
  - 5[m] 이하 : 3[Ω]
  - 5[m] 초과 : 2[Ω]
- 비접지식 고압전로 외함 접지공사 전기저항값 : 2[Ω] 이하

93 그림은 전력선 반송 통신용 결합장치의 보안장치이다. 그림에서 DR은 무엇인가?

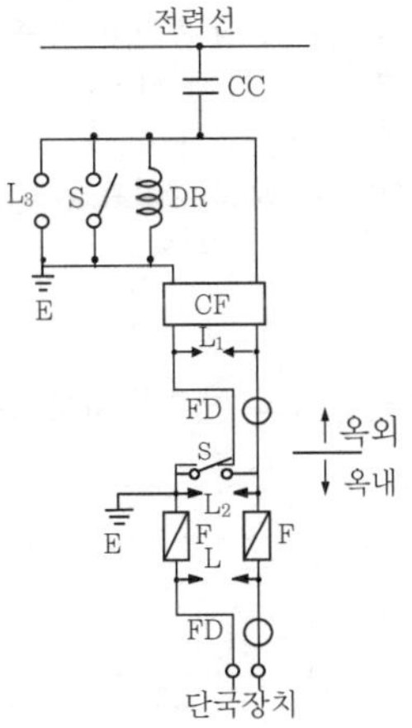

① 접지형 개폐기 ② 결합 필터
③ 방전갭 ④ 배류 선륜

해설 전력선 반송 통신용 결합장치의 보안장치(KEC 362.11)
- FD : 동축케이블
- F : 정격전류 10[A] 이하의 포장 퓨즈
- DR : 전류용량 2[A] 이상의 배류 선륜
- L_1 : 교류 300[V] 이하에서 동작하는 피뢰기
- L_2 : 동작전압이 교류 1.3[kV]를 초과하고 1.6[kV] 이하로 조정된 방전갭

정답 90.② 91.② 92.③ 93.④

- L_3 : 동작전압이 교류 2[kV]를 초과하고 3[kV] 이하로 조정된 구상 방전갭
- S : 접지용 개폐기
- CF : 결합 필터
- CC : 결합 커패시터(결합 안테나를 포함한다.)
- E : 접지

94 발 · 변전소의 특고압 전로에서 접속상태를 모의모선 등으로 표시하지 않아도 되는 것은?

① 2회선의 복모선
② 2회선의 단일모선
③ 3회선의 단일모선
④ 4회선의 복모선

해설 **특고압전로의 상 및 접속상태의 표시(KEC 351.2)**
발전소 · 변전소 또는 이에 준하는 곳의 특고압 전로에 대하여는 상별 표시와 접속상태를 모의모선의 사용 기타의 방법에 의하여 표시하여야 한다. 다만, 이러한 전로에 접속하는 특고압 전선로의 회선수가 2 이하이고 또한 특고압의 모선이 단일모선인 경우에는 그러하지 아니하다.

95 태양광설비의 계측장치로 알맞은 것은?

① 역률을 계측하는 장치
② 습도를 계측하는 장치
③ 주파수를 계측하는 장치
④ 전압과 전력을 계측하는 장치

해설 **태양광설비의 계측장치(KEC 522.3.6)**
태양광설비에는 전압과 전류 또는 전력을 계측하는 장치를 시설하여야 한다.

96 사용전압이 35[kV] 이하인 특고압 가공전선이 상부 조영재의 위쪽에서 제1차 접근상태로 시설되는 경우, 특고압 가공전선과 건조물의 조영재 이격거리는 몇 [m] 이상이어야 하는가? (단, 전선의 종류는 특고압 절연전선이라고 한다.)

출제빈도

① 0.5[m] ② 1.2[m]
③ 2.5[m] ④ 3.0[m]

해설 **특고압 가공전선과 건조물 등과 접근 교차(KEC 333.29)**

구분 / 접근		가공전선		35[kV] 이하	
		35[kV] 이하	35[kV] 초과	특고압 절연전선	케이블
건조물 상부 조영재	위	3[m]	3 + 0.15N	2.5[m]	1.2[m]
	옆, 아래			1.5[m]	0.5[m]
	도로			수평 1.2[m]	

여기서, N : 35[kV] 초과하는 것으로 10[kV] 단수

97 다음 급전선로에 대한 설명으로 옳지 않은 것은?

① 급전선은 나전선을 적용하여 가공식으로 가설을 원칙으로 한다.
② 가공식은 전차선의 높이 이상으로 전차선로 지지물에 병가하며, 나전선의 접속은 직선접속을 사용할 수 없다.
③ 신설 터널 내 급전선을 가공으로 설계할 경우 지지물의 취부는 C찬넬 또는 매입전을 이용하여 고정하여야 한다.
④ 교량 하부 등에 설치할 때에는 최소 절연이격거리 이상을 확보하여야 한다.

해설 **급전선로(KEC 431.4)**
- 급전선은 나전선을 적용하여 가공식으로 가설을 원칙으로 한다. 다만, 전기적 이격거리가 충분하지 않거나 지락, 섬락 등의 우려가 있을 경우에는 급전선을 케이블로 하여 안전하게 시공하여야 한다.
- 가공식은 전차선의 높이 이상으로 전차선로 지지물에 병가하며, 나전선의 접속은 직선접속을 원칙으로 한다.
- 신설 터널 내 급전선을 가공으로 설계할 경우 지지물의 취부는 C찬넬 또는 매입전을 이용하여 고정하여야 한다.

정답 94.② 95.④ 96.③ 97.②

- 선상승강장, 인도교, 과선교 또는 교량 하부 등에 설치할 때에는 최소 절연이격거리 이상을 확보하여야 한다.

98 지중전선로의 시설방식이 아닌 것은?

출제빈도

① 직접 매설식 ② 관로식
③ 압축식 ④ 암거식

해설 지중전선로의 시설(KEC 334.1)
- 케이블 사용
- 관로식, 암거식, 직접 매설식
- 매설깊이
  - 관로식, 직매식 : 1[m] 이상
  - 중량물의 압력을 받을 우려가 없는 곳 : 0.6[m] 이상

99 다음 중 지중전선로의 전선으로 가장 알맞은 것은?

① 절연전선 ② 동복강선
③ 케이블 ④ 나경동선

해설 지중전선로의 시설(KEC 334.1)
- 케이블 사용
- 관로식, 암거식, 직접 매설식
- 매설깊이
  - 관로식, 직매식 : 1[m] 이상
  - 중량물의 압력을 받을 우려가 없는 곳 : 0.6[m] 이상

100 전기저장장치의 시설 중 제어 및 보호장치에 관한 사항으로 옳지 않은 것은?

① 상용전원이 정전되었을 때 비상용 부하에 전기를 안정적으로 공급할 수 있는 시설을 갖출 것
② 전기저장장치의 접속점에는 쉽게 개폐할 수 없는 곳에 개방상태를 육안으로 확인할 수 있는 전용의 개폐기를 시설하여야 한다.
③ 직류 전로에 과전류 차단기를 설치하는 경우 직류 단락전류를 차단하는 능력을 가지는 것이어야 하고 "직류용" 표시를 하여야 한다.
④ 전기저장장치의 직류 전로에는 지락이 생겼을 때에 자동적으로 전로를 차단하는 장치

해설 제어 및 보호장치(KEC 512.2.2)
전기저장장치의 접속점에는 쉽게 개폐할 수 있는 곳에 개방상태를 육안으로 확인할 수 있는 전용의 개폐기를 시설하여야 한다.

정답 98.③ 99.③ 100.②

2021년 제2회 CBT 기출복원문제

2021. 5. 9. 시행

제1과목 전기자기학

01 자기 인덕턴스가 각각 L_1, L_2인 두 코일을 서로 간섭이 없도록 병렬로 연결했을 때 그 합성 인덕턴스는?

① $L_1 L_2$　② $\dfrac{L_1+L_2}{L_1 L_2}$

③ L_1+L_2　④ $\dfrac{L_1 L_2}{L_1+L_2}$

해설

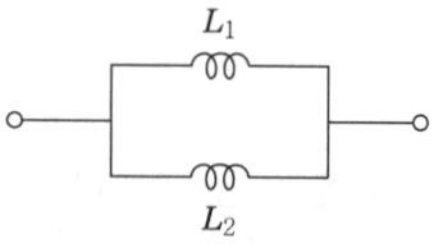

합성 인덕턴스 $L=\dfrac{1}{\dfrac{1}{L_1}+\dfrac{1}{L_2}}=\dfrac{L_1 L_2}{L_1+L_2}$ [H]

02 반지름 a[m]인 원형 코일에 전류 I[A]가 흘렀을 때, 코일 중심 자계의 세기[AT/m]는?

① $\dfrac{I}{2a}$　② $\dfrac{I}{4a}$

③ $\dfrac{I}{2\pi a}$　④ $\dfrac{I}{4\pi a}$

해설 원형 코일 중심축상 자계의 세기

$H=\dfrac{a^2 I}{2(a^2+x^2)^{\frac{3}{2}}}$ [AT/m]

원형 코일 중심 자계의 세기$(x=0)$

$\therefore\ H=\dfrac{I}{2a}$ [AT/m]

원형 코일의 권수를 N이라 하면

$H=\dfrac{NI}{2a}$ [AT/m]

03 유전체 내의 전속밀도가 D[C/m²]인 전계에 저축되는 단위체적당 정전에너지가 w_e[J/m³]일 때 유전체의 비유전율은?

① $\dfrac{D^2}{2\varepsilon_0 w_e}$　② $\dfrac{D^2}{\varepsilon_0 w_e}$

③ $\dfrac{2\varepsilon_0 D^2}{w}$　④ $\dfrac{\varepsilon_0 D^2}{w_e}$

해설 $w_e=\dfrac{1}{2}ED=\dfrac{\varepsilon E^2}{2}=\dfrac{D^2}{2\varepsilon}=\dfrac{D^2}{2\varepsilon_0\varepsilon_s}$ [J/m³]

$\therefore\ \varepsilon_s=\dfrac{D^2}{2\varepsilon_0 w_e}$

04 반지름 a[m]인 접지 도체구 중심으로부터 d[m]$(>a)$인 곳에 점전하 Q[C]이 있으면 구도체에 유기되는 전하량[C]은?

① $-\dfrac{a}{d}Q$　② $\dfrac{a}{d}Q$

③ $-\dfrac{d}{a}Q$　④ $\dfrac{d}{a}Q$

해설

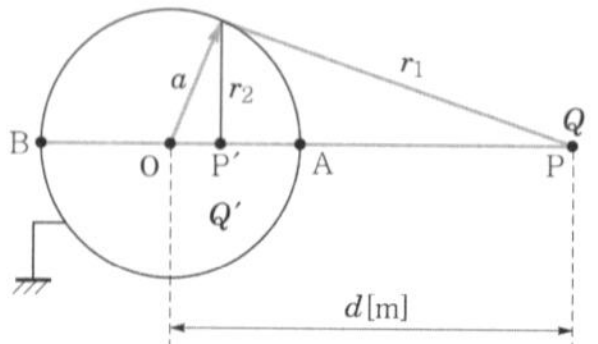

영상점 P′의 위치는 $\mathrm{OP'}=\dfrac{a^2}{d}$ [m]

정답 01.④ 02.① 03.① 04.①

영상전하의 크기는 $Q' = -\frac{a}{d}Q$[C]

05 **대전도체 표면의 전하밀도 σ[C/m^2]이라 할 때 대전도체 표면의 단위면적이 받는 정전 응력은 전하밀도 σ와 어떤 관계에 있는가?**

① $\sigma^{\frac{1}{2}}$에 비례

② $\sigma^{\frac{3}{2}}$에 비례

③ σ에 비례

④ σ^2에 비례

해설 단위면적당 받는 힘=정전 흡입력

$f = \frac{F}{s} = \frac{\sigma^2}{2\varepsilon_0} = \frac{D^2}{2\varepsilon_0} = \frac{1}{2}\varepsilon_0 E^2 = \frac{1}{2}ED$[N/m^2]

06 **두 개의 코일이 있다. 각각의 자기 인덕턴스가 $L_1 = 0.25$[H], $L_2 = 0.4$[H]일 때, 상호 인덕턴스는 몇 [H]인가? (단, 결합계수는 1이라 한다.)**

① 0.125

② 0.197

③ 0.258

④ 0.316

해설 결합계수 $k = \frac{M}{\sqrt{L_1 L_2}}$

$M = k\sqrt{L_1 L_2} = 1 \times \sqrt{0.25 \times 0.4} \fallingdotseq 0.316$[H]

07 **전류에 의한 자계의 방향을 결정하는 법칙은?**

① 렌츠의 법칙

② 플레밍의 오른손법칙

③ 플레밍의 왼손법칙

④ 앙페르의 오른나사법칙

해설 전류에 의한 자계의 방향은 앙페르의 오른나사법칙에 따르며 다음 그림과 같은 방향이다.

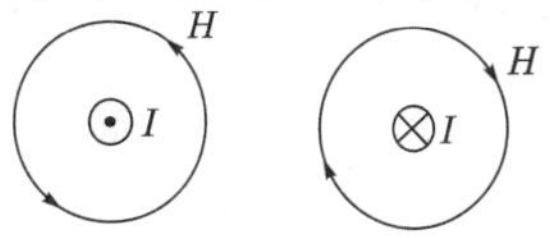

08 **도체계에서 임의의 도체를 일정 전위의 도체로 완전 포위하면 내외 공간의 전계를 완전 차단할 수 있다. 이것을 무엇이라 하는가?**

① 전자차폐

② 정전차폐

③ 홀(Hall)효과

④ 핀치(Pinch)효과

해설

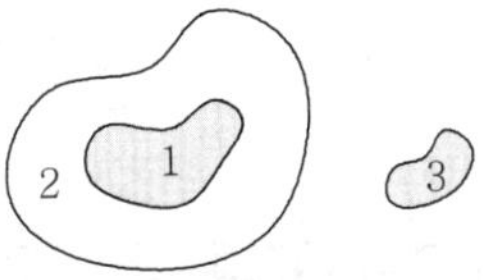

도체 1을 도체 2로 완전 포위하면 내외공간의 전계를 완전 차단할 수 있어 도체 1과 도체 3 간의 유도계수가 없는 상태가 되는데 이를 정전차폐라 한다.

09 **균질의 철사에 온도 구배가 있을 때, 여기에 전류가 흐르면 열의 흡수 또는 발생을 수반하는데, 이 현상은?**

① 톰슨효과 ② 핀치효과

③ 펠티에효과 ④ 제벡효과

해설 동일한 금속이라도 그 도체 중의 두 점간에 온도차가 있으면 전류를 흘림으로써 열의 발생 또는 흡수가 생기는 현상을 톰슨효과라 한다.

10 **한 변의 길이가 1[m]인 정삼각형의 두 정점 B, C에 10^{-4}[C]의 점전하가 있을 때, 다른 또 하나의 정점 A의 전계[V/m]는?**

① 9.0×10^5 ② 15.6×10^5

③ 18.0×10^5 ④ 31.2×10^5

정답 05.④ 06.④ 07.④ 08.② 09.① 10.②

해설

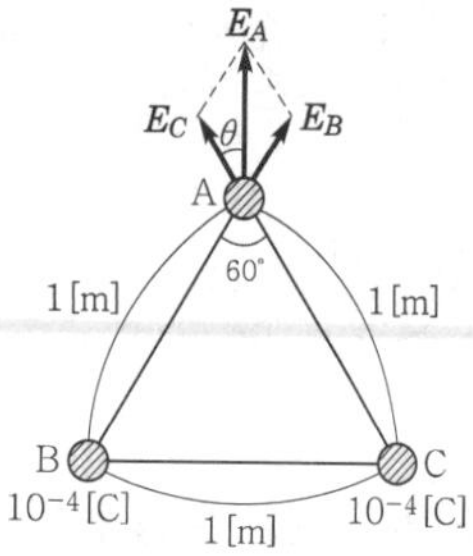

$$E_B = 9\times10^9 \times \frac{Q_B}{{r_B}^2} = 9\times10^9\times\frac{10^{-4}}{1^2}$$
$$= 9\times10^5[\mathrm{V/m}]$$
$$E_C = 9\times10^9 \times \frac{Q_C}{{r_C}^2} = 9\times10^9\times\frac{10^{-4}}{1^2}$$
$$= 9\times10^5[\mathrm{V/m}]$$
$$\therefore\ E_A = 2E_B\cos\theta = 2E_B\cos30°$$
$$= 2\times9\times10^5\times\frac{\sqrt{3}}{2}$$
$$= 15.6\times10^5[\mathrm{V/m}]$$

11 유전체 중의 전계의 세기를 E, 유전율을 ε이라 하면 전기변위[C/m^2]는?

① εE
② εE^2
③ $\dfrac{\varepsilon}{E}$
④ $\dfrac{E}{\varepsilon}$

해설 $\rho_s = D = \varepsilon E\,[\mathrm{C/m^2}]$

12 환상 철심에 감은 코일에 5[A]의 전류를 흘려 2,000[AT]의 기자력을 발생시키고자 한다면 코일의 권수는 몇 회로 하면 되는가?

출제빈도

① 100회 ② 200회
③ 300회 ④ 400회

해설 기자력 $F = NI\,[\mathrm{AT}]$

$\therefore$ 권수 $N = \dfrac{F}{I} = \dfrac{2{,}000}{5} = 400$회

13 단면적 $S=5[\mathrm{m^2}]$인 도선에 3초 동안 30[C]의 전하를 흘릴 경우 발생되는 전류[A]는?

① 5 ② 10
③ 15 ④ 20

해설 전류 $I = \dfrac{Q}{t} = \dfrac{30}{3} = 10[\mathrm{A}]$

14 1권선의 코일에 5[Wb]의 자속이 쇄교하고 있을 때, $t = \dfrac{1}{100}$초 사이에 이 자속을 0으로 했다면 이때 코일에 유도되는 기전력은 몇 [V]이겠는가?

① 100 ② 250
③ 500 ④ 700

해설 $e = -N\dfrac{d\phi}{dt} = -1\times\dfrac{0-5}{10^{-2}} = 500[\mathrm{V}]$

15 진공 중에서 어떤 대전체의 전속이 Q였다. 이 대전체를 비유전율 2.2인 유전체 속에 넣었을 경우의 전속은?

출제빈도

① Q ② ϵQ
③ $2.2Q$ ④ 0

해설 전속은 매질에 관계없이 불변이므로 Q이다.

16 양도체에 있어서 전자파의 전파정수는? (단, 주파수 f[Hz], 도전율 σ[s/m], 투자율 μ[H/m])

① $\sqrt{\pi f\sigma\mu} + j\sqrt{\pi f\sigma\mu}$
② $\sqrt{2\pi f\sigma\mu} + j\sqrt{2\pi f\sigma\mu}$
③ $\sqrt{2\pi f\sigma\mu} + j\sqrt{\pi f\sigma\mu}$
④ $\sqrt{\pi f\sigma\mu} + j\sqrt{2\pi f\sigma\mu}$

해설 전파정수 $\gamma = \alpha + j\beta = \sqrt{\pi f\sigma\mu} + j\sqrt{\pi f\sigma\mu}$

정답 11.① 12.④ 13.② 14.③ 15.① 16.①

17 물(비유전율 80, 비투자율 1)속에서의 전자파 전파속도[m/s]는?

출제빈도

① 3×10^{10} ② 3×10^{8}
③ 3.35×10^{10} ④ 3.35×10^{7}

해설 $v=\frac{1}{\sqrt{\varepsilon\mu}}=\frac{1}{\sqrt{\varepsilon_0\mu_0}}\cdot\frac{1}{\sqrt{\varepsilon_s\mu_s}}$
$=\frac{C_0}{\sqrt{\varepsilon_s\mu_s}}=\frac{3\times10^8}{\sqrt{80\times1}}\fallingdotseq3.35\times10^7$[m/s]

18 점자극에 의한 자위는?

① $U=\frac{m}{4\pi\mu_0 r}$[Wb/J]

② $U=\frac{m}{4\pi\mu_0 r^2}$[Wb/J]

③ $U=\frac{m}{4\pi\mu_0 r}$[J/Wb]

④ $U=\frac{m}{4\pi\mu_0 r^2}$[J/Wb]

해설 자위(U)
+1[Wb]의 자하를 자계 0인 무한 원점에서 점 P까지 운반하는데 소요되는 일
$U=-\int_{\infty}^{P}Hdr=\frac{m}{4\pi\mu_0 r}$[J/Wb, A, AT]

19 변압기 철심에서 규소 강판이 쓰이는 주된 원인은?

① 와전류손을 적게 하기 위하여
② 큐리온도를 높이기 위하여
③ 부하손(동손)을 적게 하기 위하여
④ 히스테리시스손을 적게 하기 위하여

해설 전자석은 히스테리시스 곡선의 면적이 작고, 잔류자기는 크며, 보자력이 작으므로 전자석 재료인 연철, 규소 강판 등에 적합하다.

20 정전용량이 0.5[μF], 1[μF]인 콘덴서에 각각 2×10^{-4}[C] 및 3×10^{-4}[C]의 전하를 주고 극성을 같게 하여 병렬로 접속할 때 콘덴서에 축적될 에너지는 약 몇 [J]인가?

출제빈도

① 0.042 ② 0.063
③ 0.083 ④ 0.126

해설 $W=\frac{(Q_1+Q_2)^2}{2(C_1+C_2)}=\frac{(2\times10^{-4}+3\times10^{-4})^2}{2(0.5\times10^{-6}+1\times10^{-6})}$
$\fallingdotseq0.083$[J]

제2과목 전력공학

21 전력 계통의 안정도 향상대책으로 옳은 것은?

출제빈도

① 송전 계통의 전달 리액턴스를 증가시킨다.
② 재폐로 방식(reclosing method)을 채택한다.
③ 전원측 원동기용 조속기의 부동시간을 크게 한다.
④ 고장을 줄이기 위하여 각 계통을 분리시킨다.

해설 송전전력을 증가시키기 위한 안정도 증진대책
- 직렬 리액턴스를 작게 한다.
  - 발전기나 변압기 리액턴스를 작게 한다.
  - 선로에 복도체를 사용하거나 병행회선수를 늘린다.
  - 선로에 직렬 콘덴서를 설치한다.
- 전압 변동을 작게 한다.
  - 단락비를 크게 한다.
  - 속응여자방식을 채용한다.
- 계통을 연계시킨다.
- 중간 조상방식을 채용한다.
- 고장구간을 신속히 차단시키고 재폐로 방식을 채택한다.
- 소호 리액터 접지방식을 채용한다.
- 고장 시에 발전기 입·출력의 불평형을 작게 한다.

정답 17.④ 18.③ 19.④ 20.③ 21.②

22 부하전력 및 역률이 같을 때 전압을 n배 승압하면 전압강하와 전력 손실은 어떻게 되는가?

① 전압강하 : $\frac{1}{n}$, 전력 손실 : $\frac{1}{n^2}$

② 전압강하 : $\frac{1}{n^2}$, 전력 손실 : $\frac{1}{n}$

③ 전압강하 : $\frac{1}{n}$, 전력 손실 : $\frac{1}{n}$

④ 전압강하 : $\frac{1}{n^2}$, 전력 손실 : $\frac{1}{n^2}$

해설 전압강하 $e=\sqrt{3}I(R\cos\theta+X\sin\theta)$

$=\sqrt{3}\times\frac{P}{\sqrt{3}V\cos\theta}(R\cos\theta+X\sin\theta)$

$=\frac{P}{V}(R+X\tan\theta)\propto\frac{1}{V}$

전력 손실 $P_c=3I^2R=3\times\left(\frac{P}{\sqrt{3}V\cos\theta}\right)^2\times\rho\frac{l}{A}$

$=\frac{P^2}{V^2\cos^2\theta}\times\rho\frac{l}{A}\propto\frac{1}{V^2}$

23 역률 80[%], 10,000[kVA]의 부하를 갖는 변전소에 2,000[kVA]의 콘덴서를 설치해서 역률을 개선하면 변압기에 걸리는 부하는 몇 [kVA] 정도 되는가?

① 8,000
② 8,500
③ 9,000
④ 9,500

해설 유효전력 $P=10,000\times0.8=8,000$[kW]
무효전력 $Q=10,000\times0.6-2,000$
$=4,000$[kVar]
변압기에 걸리는 부하
$P=\sqrt{P^2+Q^2}=\sqrt{8,000^2+4,000^2}$
$=8,944$[kVA] ≒ 9,000[kVA]

24 총설비부하가 120[kW], 수용률이 65[%], 부하 역률이 80[%]인 수용가에 공급하기 위한 변압기의 최소 용량은 약 몇 [kVA]인가?

① 40　② 60
③ 80　④ 100

해설 변압기 용량$=\frac{\text{수용률}\times\text{수용설비 용량}}{\text{역률}\times\text{효율}}$[kVA]
변압기의 최소 용량
$P_T=\frac{120\times0.65}{0.8}=97.5≒100$[kVA]

25 차단기에서 O$-t_1-$CO$-t_2-$CO의 주기로 나타내는 것은? (단, O(open)는 차단동작, t_1, t_2는 시간간격, C(close)는 투입동작, CO (close and open)는 투입직후 차단동작이다.)

① 차단기 동작책무
② 차단기 속류주기
③ 차단기 재폐로 계수
④ 차단기 무전압 시간

해설 차단기 표준동작책무
- 일반용 갑호 : O−1분−CO−3분−CO
- 고속도 재투입용 : O−임의−CO−1분−CO

26 3상 무부하 발전기의 1선 지락 고장 시에 흐르는 지락전류는? (단, E는 접지된 상의 무부하 기전력이고 Z_0, Z_1, Z_2는 발전기의 영상, 정상, 역상 임피던스이다.)

① $\frac{E}{Z_0+Z_1+Z_2}$　② $\frac{\sqrt{3}E}{Z_0+Z_1+Z_2}$

③ $\frac{3E}{Z_0+Z_1+Z_2}$　④ $\frac{E^2}{Z_0+Z_1+Z_2}$

해설 1선 지락 시에는 $I_0=I_1=I_2$이므로
지락 고장전류 $I_g=I_0+I_1+I_2=\frac{3E}{Z_0+Z_1+Z_2}$

정답 22.① 23.③ 24.④ 25.① 26.③

27 송전전력, 부하 역률, 송전거리, 전력 손실 및 선간전압을 동일하게 하였을 경우 3상 3선식에 요하는 전선 총량은 단상 2선식에 필요로 하는 전선량의 몇 배인가?

① $\frac{1}{2}$ ② $\frac{2}{3}$

③ $\frac{3}{4}$ ④ 1

해설 전선의 중량은 전선의 저항에 반비례하므로,

저항의 비 $\frac{R_1}{R_3} = \frac{1}{2}$ 이다.

따라서 $\frac{3W_3}{2W_1} = \frac{3}{2} \times \frac{R_1}{R_3} = \frac{3}{2} \times \frac{1}{2} = \frac{3}{4}$ 배

28 선로에 따라 균일하게 부하가 분포된 선로의 전력 손실은 이들 부하가 선로의 말단에 집중적으로 접속되어 있을 때보다 어떻게 되는가?

① 2배로 된다. ② 3배로 된다.

③ $\frac{1}{2}$로 된다. ④ $\frac{1}{3}$로 된다.

해설

구 분	말단에 집중부하	균등부하분포
전압강하	IR	$\frac{1}{2}IR$
전력 손실	I^2R	$\frac{1}{3}I^2R$

29 다음 차단기들의 소호 매질이 적합하지 않게 결합된 것은?

① 공기차단기 – 압축공기
② 가스차단기 – SF_6 가스
③ 자기차단기 – 진공
④ 유입차단기 – 절연유

해설 자기차단기의 소호 매질은 차단전류에 의해 생기는 자계로 아크를 밀어낸다.

30 한류 리액터를 사용하는 가장 큰 목적은?

① 충전전류의 제한 ② 접지전류의 제한
③ 누설전류의 제한 ④ 단락전류의 제한

해설 한류 리액터를 사용하는 이유는 단락사고로 인한 단락전류를 제한하여 기기 및 계통을 보호하기 위함이다.

31 3상 수직 배치인 선로에서 오프셋(off – set)을 주는 이유는?

① 전선의 진동 억제
② 단락 방지
③ 철탑 중량 감소
④ 전선의 풍압 감소

해설 전선 도약으로 생기는 상하 전선 간의 단락을 방지하기 위해 오프셋(off-set)을 준다.

32 공기의 절연성이 부분적으로 파괴되어서 낮은 소리나 엷은 빛을 내면서 방전되는 현상은?

① 페란티 현상 ② 코로나 현상
③ 카르노 현상 ④ 보어 현상

해설 초고압 송전선로에서 전선로 주변의 공기의 절연이 부분적으로 파괴되어 낮은 소리나 엷은 빛을 내면서 방전되는 현상을 코로나 현상이라 한다.

33 3상 3선식 송전선로를 연가하는 목적은?

① 전압강하를 방지하기 위하여
② 송전선을 절약하기 위하여
③ 미관상
④ 선로정수를 평형시키기 위하여

해설 연가란 선로정수 평형을 위해 송전단에서 수전단까지 전체 선로구간을 3의 배수 등분하여 전선의 위치를 바꾸어 주는 것을 말한다.

정답 27.③ 28.④ 29.③ 30.④ 31.② 32.② 33.④

34 유효낙차 30[m], 출력 2,000[kW]의 수차발전기를 전부하로 운전하는 경우 1시간당 사용수량은 약 몇 [m³]인가? (단, 수차 및 발전기의 효율은 각각 95[%], 82[%]로 한다.)

① 15,500 ② 25,500
③ 31,500 ④ 22,500

해설 $P=9.8QH\eta$[kW]
여기서, Q : 유량[m^3/s]
H : 유효낙차[m]
$\eta=\eta_t\eta_g$
(η_t : 수차효율, η_g : 발전기 효율)

$\therefore Q=\dfrac{p}{9.8H\eta_t\eta_g}$[$m^3/s$]
$=\dfrac{2,000}{9.8\times30\times0.95\times0.82}$
$=8.732$[m^3/s]
∵ 1시간당 사용수량
$Q=8.732\times3,600=31437.478$
$\fallingdotseq 31,500$[m^3/h]

35 가스 터빈의 장점이 아닌 것은?

① 구조가 간단해서 운전에 대한 신뢰가 높다.
② 기동·정지가 용이하다.
③ 냉각수를 다량으로 필요로 하지 않는다.
④ 화력발전소보다 열효율이 높다.

해설 가스 터빈의 단점
㉠ 열효율이 낮고 연료소비가 크다.
㉡ 터빈이 고온을 받기 때문에 값비싼 내열재료가 필요하다.
㉢ 배기·흡기의 소음이 커지기 쉽다.

36 3상 3선식 3각형 배치의 송전선로에 있어서 각 선의 대지정전용량이 0.5038[μF]이고, 선간정전용량이 0.1237[μF]일 때 1선의 작용정전용량은 약 몇 [μF]인가?

① 0.6275 ② 0.8749
③ 0.9164 ④ 0.9755

해설 1선당 작용정전용량
$C=C_s+3C_m=0.5038+3\times0.1237$
$=0.8749$[μF]

37 중거리 송전선로에서 T형 회로일 경우 4단자 정수 A는?

출제빈도

① Z ② $1-\dfrac{ZY}{4}$
③ Y ④ $1+\dfrac{ZY}{2}$

해설
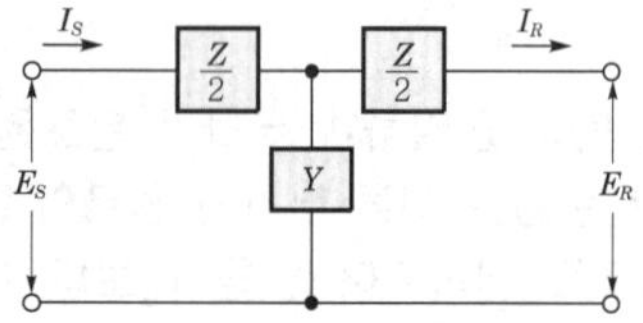

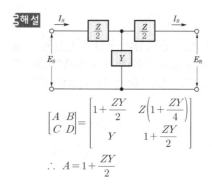

$$\begin{bmatrix}A & B\\ C & D\end{bmatrix}=\begin{bmatrix}1+\dfrac{ZY}{2} & Z\left(1+\dfrac{ZY}{4}\right)\\ Y & 1+\dfrac{ZY}{2}\end{bmatrix}$$

$\therefore A=1+\dfrac{ZY}{2}$

38 다음 중 뇌해 방지와 관계가 없는 것은?

출제빈도

① 댐퍼 ② 소호환
③ 가공지선 ④ 탑각 접지

해설 댐퍼는 진동에너지를 흡수하여 전선 진동을 방지하기 위하여 설치하는 것으로 뇌해 방지와는 관계가 없다.

39 조상설비가 아닌 것은?

① 단권 변압기 ② 분로 리액터
③ 동기조상기 ④ 전력용 콘덴서

해설 조상설비의 종류에는 동기조상기(진상, 지상 양용)와 전력용 콘덴서(진상용) 및 분로 리액터(지상용)가 있다.

정답 34.③ 35.④ 36.② 37.④ 38.① 39.①

40 **송전선로에 관련된 설명으로 틀린 것은?**

① 전선에 교류가 흐를 때 전류밀도는 도선의 중심으로 갈수록 작아진다.
② 송전선로에 ACSR을 사용한다.
③ 수직배치선로에서 오프셋을 주는 이유는 단락방지이다.
④ 송전선에서 댐퍼를 설치하는 이유는 전선의 코로나 방지이다.

해설
- 전선의 진동방지대책
  - 댐퍼(damper) 설치
  - 아머로드(armor rod) 설치
- 코로나 방지대책
  - 굵은 전선을 사용하여 코로나 임계전압을 높인다.
  - 복도체 및 다도체 방식을 채택한다.
  - 가선금구류를 개량한다.

제3과목 전기기기

41 **4극 정격 전압이 220[V], 60[Hz]인 단상 직권 정류자 전동기가 있다. 이 전동기는 전기자 총 도체수가 72, 전기자 병렬 회로수 4, 극당 주자속의 최댓값이 1×10^{-3}[Wb]이고, 6,000[rpm]으로 회전하고 있다. 이 때 전기자 권선에 유기되는 속도 기전력의 실효값은 약 몇 [V]인가?**

① 7.2 ② 5.1
③ 3.6 ④ 2.6

해설 속도 기전력의 실효값

$$E=\frac{1}{\sqrt{2}}\frac{P}{a}Z\frac{N}{60}\phi m$$
$$=\frac{1}{\sqrt{2}}\times\frac{4}{4}\times72\times\frac{6,000}{60}\times1\times10^{-3}$$
$$=5.09 \fallingdotseq 5.1[\text{V}]$$

42 **단상 유도 전동기 2전동기설에서 정상분 회전 자계를 만드는 전동기와 역상분 회전 자계를 만드는 전동기의 회전 자속을 각각 ϕ_a, ϕ_b라고 할 때, 단상 유도 전동기 슬립이 s인 정상분 유도 전동기와 슬립이 s'인 역상분 유도 전동기의 관계로 옳은 것은?**

① $s'=s$ ② $s'=2-s$
③ $s'=2+s$ ④ $s'=-s$

해설 단상 유도 전동기의 2전동기설에서 정상분 전동기의 슬립이 s일 때 역상분 전동기의 슬립 $s'=2-s$

43 **어느 변압기의 %저항 강하가 p[%], %리액턴스 강하가 %저항 강하의 $\frac{1}{2}$이고, 역률 80%(지상 역률)인 경우의 전압 변동률[%]은?**

(출제빈도)

① $1.0p$ ② $1.1p$
③ $1.2p$ ④ $1.3p$

해설 전압 변동률

$$\varepsilon=p\cos\theta+q\sin\theta=p\times0.8+\frac{1}{2}p\times0.6$$
$$=1.1p[\%]$$

44 **단상 반파 정류 회로로 직류 평균 전압 99[V]를 얻으려고 한다. 최대 역전압(Peak Inverse Voltage)이 약 몇 [V] 이상의 다이오드를 사용하여야 하는가? (단, 저항 부하이며, 정류 회로 및 변압기의 전압 강하는 무시한다.)**

(출제빈도)

① 311 ② 471
③ 150 ④ 166

해설 단상 반파 정류 회로
- 직류 전압 $E_d=\frac{\sqrt{2}}{\pi}E$에서 $E=\frac{\pi}{\sqrt{2}}E_d$
- 첨두 역전압 $V_{in}=\sqrt{2}E=\sqrt{2}\times\frac{\pi}{\sqrt{2}}E_d$

$$=\sqrt{2}\times\frac{\pi}{\sqrt{2}}\times99 \fallingdotseq 311[\text{V}]$$

정답 40.④ 41.② 42.② 43.② 44.①

45 6극 직류 발전기의 정류자 편수가 132, 무부하 단자 전압이 220[V], 직렬 도체수가 132개이고 중권이다. 정류자 편간 전압은 몇 [V]인가?

① 10　　② 20
③ 30　　④ 40

해설 정류자 편간 전압

$$e_s = \frac{pE}{k} = \frac{6\times 220}{132} = 10[V]$$

46 외분권 차동 복권 전동기의 내부 결선을 바꾸어 분권 전동기로 운전하고자 할 경우의 조치로 옳은 것은?

① 분권 계자 권선을 단락한다.
② 직권 계자 권선을 개방한다.
③ 직권 계자 권선을 단락한다.
④ 분권 계자 권선을 개방한다.

해설 외분권 복권 전동기를 분권 전동기로 운전하려면 직권 계자 권선을 단락한다.

47 6,000[V], 1,500[kVA], 동기 임피던스 5[Ω]인 동일 정격의 두 동기 발전기를 병렬 운전 중 한쪽 발전기의 계자 전류가 증가하여 두 발전기의 유도 기전력 사이에 300[V]의 전압차가 발생하고 있다. 이때 두 발전기 사이에 흐르는 무효 횡류[A]는?

① 24
② 28
③ 30
④ 32

해설 무효 횡류(무효 순환 전류)

$$I_c = \frac{E_A - E_B}{2Z_s} = \frac{300}{2\times 5} = 30[A]$$

48 그림은 변압기의 무부하 상태의 백터도이다. 철손 전류를 나타내는 것은? (단, a는 철손각이고 ϕ는 자속을 의미한다.)

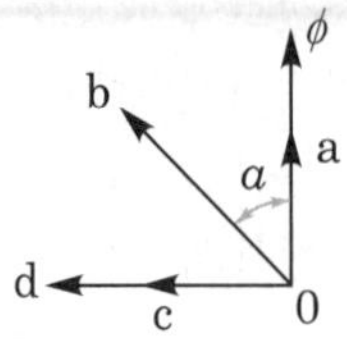

① o → c　　② o → d
③ o → a　　④ o → b

해설 변압기의 무부하 상태의 벡터도에서 선분 o → c는 철손 전류, o → a는 자화 전류, o → b는 무부하 전류를 나타낸다.

49 직류기에서 정류가 불량하게 되는 원인은 무엇인가?

① 탄소 브러시 사용으로 인한 접촉 저항 증가
② 코일의 인덕턴스에 의한 리액턴스 전압
③ 유도 기전력을 균등하게 하기 위한 균압 접속
④ 전기자 반작용 보상을 위한 보극의 설치

해설 직류 발전기의 정류에서 코일의 인덕턴스에 의한 리액턴스 전압 $e = L\frac{2I_c}{T_c}$[V]가 크게 되면 정류 불량의 가장 큰 원인이 된다.

50 권선형 유도 전동기의 속도 제어 방법 중 2차 저항 제어법의 특징으로 옳은 것은?

① 부하에 대한 속도 변동률이 작다.
② 구조가 간단하고 제어 조작이 편리하다.
③ 전부하로 장시간 운전하여도 온도에 영향이 적다.
④ 효율이 높고 역률이 좋다.

정답 45.① 46.③ 47.③ 48.① 49.② 50.②

해설 권선형 유도 전동기의 저항 제어법의 장 · 단점
- 장점
  - 기동용 저항기를 겸한다.
  - 구조가 간단하고 제어 조작이 용이하다.
- 단점
  - 운전 효율이 나쁘다.
  - 부하에 따른 속도 변동이 크다.
  - 부하가 작을 경우 광범위한 속도 조정이 곤란하다.
  - 제어용 저항기는 전부하에서 장시간 운전해도 위험한 온도가 되지 않을 만큼의 크기가 필요하므로 가격이 비싸다.

51 IGBT의 특징으로 틀린 것은?

① GTO 사이리스터처럼 역방향 전압 저지 특성을 갖는다.

② MOSFET처럼 전압 제어 소자이다.

③ BJT처럼 온드롭(on-drop)이 전류에 관계없이 낮고 거의 일정하여 MOSFET보다 훨씬 큰 전류를 흘릴 수 있다.

④ 게이트와 이미터간 입력 임피던스가 매우 작아 BJT보다 구동하기 쉽다.

해설 IGBT(Insulated Gate Transistor)는 MOSFET의 고속 스위칭과 BJT의 고전압 대전류 처리 능력을 겸비한 역전압 제어용 소자로서 게이트와 이미터 사이의 임피던스가 크다.

52 스테핑 모터의 스탭각이 3°이면 분해능(resolution)[스텝/회전]은?

① 180

② 120

③ 150

④ 240

해설 스테핑 모터(stepping motor)의 분해능

$$\text{Resolution[steps/rev]} = \frac{360°}{\beta} = \frac{360°}{3°} = 120$$

53 2차 저항과 2차 리액턴스가 각각 0.04[Ω], 3상 유도 전동기의 슬립의 4[%]일 때 1차 부하 전류가 10[A]이었다면 기계적 출력은 약 몇 [kW]인가? (단, 권선비 $\alpha = 2$, 상수비 $\beta = 1$이다.)

① 0.57

② 1.15

③ 0.65

④ 1.35

해설
- 2차 전류 $I_2 = \alpha \cdot \beta I_1 = 2 \times 1 \times 10 = 20[A]$
- 출력 정수 $R = \dfrac{1-s}{s} r_2 [\Omega]$
- 기계적 출력

$$P_o = 3I_2^2 R \times 10^{-3}$$
$$= 3 \times 20^2 \times \frac{1-0.04}{0.04} \times 0.04 \times 10^{-3}$$
$$\fallingdotseq 1.15[kW]$$

54 동기 조상기를 부족 여자로 사용하면? (단, 부족 여자는 역률이 1일 때의 계자 전류보다 작은 전류를 의미한다.)

출제빈도

① 일반 부하의 뒤진 전류를 보상

② 리액터로 작용

③ 저항손의 보상

④ 커패시터로 작용

해설 동기 조상기의 계자 전류를 조정하여 부족 여자로 운전하면 리액터로 작용하고, 과여자 운전하면 커패시터로 작용한다.

정답 51.④ 52.② 53.② 54.②

55 권선형 유도 전동기에서 1차와 2차 간의 상수비가 β, 권선비가 α이고 2차 전류가 I_2일 때 1차 1상으로 환산한 전류 I_1[A]는 얼마인가? (단, $\alpha = \frac{k_{u1}N_1}{k_{u2}N_2}$, $\beta = \frac{m_1}{m_2}d$이며 1차 및 2차 권선 계수는 k_{w1}, k_{w2}가 1차 및 2차 한 상의 권수는 N_1, N_2, 1차 및 2차 상수는 m_1, m_2이다.)

① $\frac{\alpha}{\beta}I_2$ ② $\frac{1}{\alpha\beta}I_2$

③ $\alpha\beta I_2$ ④ $\frac{\beta}{\alpha}I_2$

해설 권선형 유도 전동기의 권선비×상수비

$\alpha \cdot \beta = \frac{I_2}{I_1}$ 이므로

1차 전류 $I_1 = \frac{1}{\alpha\beta}I_2$[A]

56 비돌극형 동기 발전기의 단자 전압(1상)을 V, 유도 기전력(1상)을 E, 동기 리액턴스를 x_s, 부하각을 δ라 하면 1상의 출력[W]을 나타내는 관계식은? (출제빈도)

① $\frac{EV}{x_s}\sin\delta$ ② $\frac{E^2V}{x_s}\sin\delta$

③ $\frac{EV}{x_s}\cos\delta$ ④ $\frac{EV^2}{x_s}\cos\delta$

해설 비돌극형 동기 발전기의 1상 출력

$P_1 = \frac{EV}{x_s}\sin\delta$[W]

57 변압기 온도 시험 시 가장 많이 사용되는 방법은?

① 단락 시험법 ② 반환 부하법
③ 내전압 시험법 ④ 실부하법

해설 변압기의 온도 측정 시험을 하는 경우 부하법으로는 실부하법과 반환 부하법이 있으며 가장 많이 사용되는 방법은 반환 부하법이다.

58 동일 용량의 변압기 2대를 사용하여 3,300[V]의 3상 간선에서 220[V]의 2상 전력을 얻으려면 T좌 변압기의 권수비는 약 얼마인가?

① 15.34
② 12.99
③ 17.31
④ 16.52

해설 변압기의 상수 변환을 위한 스코트 결선(T결선)에서 T좌 변압기의 권수비

$a_T = \frac{\sqrt{3}}{2}a_{주} = \frac{\sqrt{3}}{2} \times \frac{3,300}{220} \fallingdotseq 12.99$

59 2대의 3상 동기 발전기를 병렬 운전하여 뒤진 역률 0.85, 1,200[A]의 부하 전류를 공급하고 있다. 각 발전기의 유효 전력은 같고 A기의 전류가 678[A]일 때 B기의 전류는 약 몇 [A]인가?

① 542
② 552
③ 562
④ 572

해설
- A, B기의 유효 전류
  $I = 1,200 \times 0.85 \times \frac{1}{2} = 510$[A]
- A, B기의 합성 무효 전류
  $I_r = 1,200 \times \sqrt{1-0.85^2} \fallingdotseq 632$[A]
- A기의 무효 전류
  $I_{ar} = \sqrt{678^2 - 510^2} \fallingdotseq 446.7$[A]
- B기의 무효 전류
  $I_{br} = 632 - 446.7 = 185.3$[A]
- B기의 전류
  $I_B = \sqrt{510^2 + 185.3^2} \fallingdotseq 542$[A]

정답 55.② 56.① 57.② 58.② 59.①

60 직류 분권 전동기의 정격 전압 220[V], 정격 전류 105[A], 전기자 저항 및 계자 회로의 저항이 각각 0.1[Ω] 및 40[Ω]이다. 기동 전류를 정격 전류의 150[%]로 할 때의 기동 저항은 약 몇 [Ω]인가?

① 1.21
② 0.92
③ 0.46
④ 1.35

해설
- 기동 전류 $I_s = 1.5I_n = 1.5 \times 105 = 157.5$[A]
- 계자 전류 $I_f = \dfrac{V}{r_f} = \dfrac{220}{40} = 5.5$[A]
- 전기자 전류 $I_a = \dfrac{V}{R_a + R_s} = I_s - I_f$
  $= 157.5 - 5.5 = 152$[A]
- 기동 저항 $R_s = \dfrac{V}{I_a} - R_a = \dfrac{220}{152} - 0.1$
  $= 1.347 \fallingdotseq 1.35$[Ω]

제4과목 회로이론

61 4단자망의 파라미터 정수에 관한 설명 중 옳지 않은 것은?

① A, B, C, D 파라미터 중 A 및 D는 차원(dimension)이 없다.
② h파라미터 중 h_{12} 및 h_{21}은 차원이 없다.
③ A, B, C, D 파라미터 중 B는 어드미턴스, C는 임피던스의 차원을 갖는다.
④ h파라미터 중 h_{11}은 임피던스, h_{22}는 어드미턴스의 차원을 갖는다.

해설 B는 전달 임피던스, C는 전달 어드미턴스의 차원을 갖는다.

62 $R-L$ 직렬회로에서 시정수의 값이 클수록 과도 현상의 소멸되는 시간은 어떻게 되는가?

출제빈도

① 짧아진다.
② 길어진다.
③ 과도기가 없어진다.
④ 관계 없다.

해설 시정수와 과도분은 비례관계에 있다
따라서 시정수의 값이 클수록 과도 현상의 소멸되는 시간은 길어진다.

63 그림과 같은 회로에서 $e(t) = E_m \cos \omega t$의 전원 전압을 인가했을 때 인덕턴스 L에 축적되는 에너지[J]는?

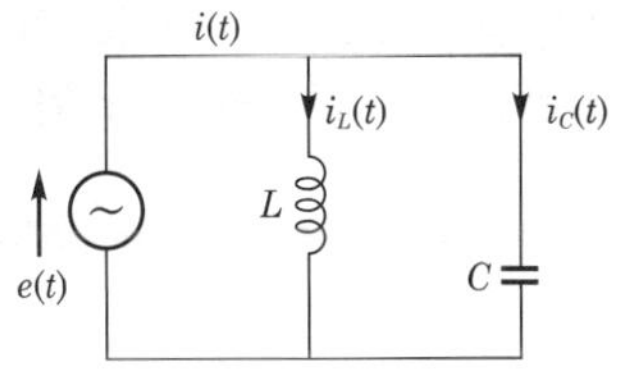

① $\dfrac{1}{4} \cdot \dfrac{E_m^{\ 2}}{\omega^2 L}(1 - \cos 2\omega t)$
② $\dfrac{1}{2} \cdot \dfrac{E_m^{\ 2}}{\omega^2 L^2}(1 - \cos 2\omega t)$
③ $\dfrac{1}{4} \cdot \dfrac{E_m^{\ 2}}{\omega^2 L}(1 + \cos 2\omega t)$
④ $-\dfrac{1}{2} \cdot \dfrac{E_m^{\ 2}}{\omega^2 L^2}(1 + \cos \omega t)$

해설 자기에너지

$$W = \frac{1}{2}LI_L^{\ 2}[\text{J}] = \frac{1}{2}L\frac{E_m^{\ 2}}{\omega^2 L^2}\sin^2\omega t$$
$$= \frac{1}{2}\frac{E_m^{\ 2}}{\omega^2 L}\frac{1-\cos 2\omega t}{2}$$
$$= \frac{1}{4} \cdot \frac{E_m^{\ 2}}{\omega^2 L}(1 - \cos 2\omega t)[\text{J}]$$

정답 60.④ 61.③ 62.② 63.①

64 키르히호프의 전압 법칙의 적용에 대한 서술 중 옳지 않은 것은?

① 이 법칙은 집중정수회로에 적용된다.
② 이 법칙은 회로 소자의 선형, 비선형에는 관계를 받지 않고 적용된다.
③ 이 법칙은 회로 소자의 시변, 시불변성에 구애를 받지 않는다.
④ 이 법칙은 선형 소자로만 이루어진 회로에 적용된다.

해설 키르히호프 법칙은 집중정수회로에서는 선형·비선형에 관계를 받지 않고 적용된다.

65 대칭 3상 교류에서 선간전압이 100[V], 한 상의 임피던스가 $5\angle 45°$[Ω]인 부하를 △결선하였을 때 선전류는 약 몇 [A]인가?

① 42.3
② 34.6
③ 28.2
④ 19.2

해설 △결선이므로 $V_l = V_p$, $I_l = \sqrt{3}I_p$

$\therefore\ I_l = \sqrt{3}\cdot\dfrac{V_p}{Z} = \sqrt{3}\dfrac{100}{5} = 20\sqrt{3} \fallingdotseq 34.6$[A]

66 각 상의 전류가 $i_a = 30\sin\omega t$, $i_b = 30\sin(\omega t - 90°)$, $i_c = 30\sin(\omega t + 90°)$일 때 영상 대칭분의 전류[A]는?

① $10\sin\omega t$
② $\dfrac{10}{3}\sin\dfrac{\omega t}{3}$
③ $\dfrac{30}{\sqrt{3}}\sin(\omega t + 45°)$
④ $30\sin\omega t$

해설
$$i_0 = \frac{1}{3}(i_a + i_b + i_c)$$
$$= \frac{1}{3}\{30\sin\omega t + 30\sin(\omega t - 90°) + 30\sin(\omega t + 90°)\}$$
$$= \frac{30}{3}\{\sin\omega t + (\sin\omega t\cos 90° - \cos\omega t\sin 90°) + (\sin\omega t\cos 90° + \cos\omega t\sin 90°)\}$$
$$= 10\sin\omega t\text{[A]}$$

67 1[Ω]의 저항에 걸리는 전압 V_R[V]은?

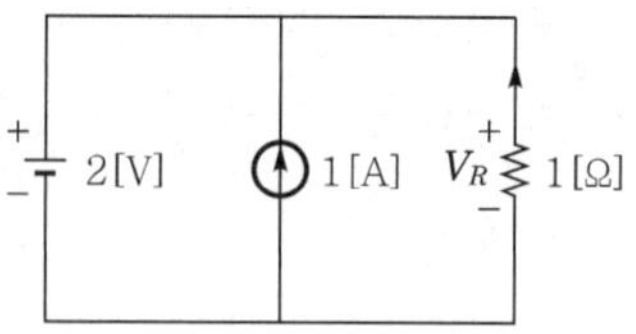

① 1.5 ② 1
③ 2 ④ 3

해설 중첩의 정리에 의해 $V_R = 1$[Ω]에 흐르는 전류를 구하면
• 2[V] 전압원 존재 시 : 전류원 1[A]는 개방
$I_1 = \dfrac{2}{1} = 2$[A]
• 1[A] 전류원 존재 시 : 전압원 2[A]는 단락
$I_2 = 0$[A]
$I = I_1 + I_2 = 2 + 0 = 2$[A]
$\therefore\ V_R = R\cdot I = 1\times 2 = 2$[V]

68 그림과 같은 회로에서 컨덕턴스 G_2에 흐르는 전류 I[A]의 크기는? (단, $G_1 = 30$[℧], $G_2 = 15$[℧])

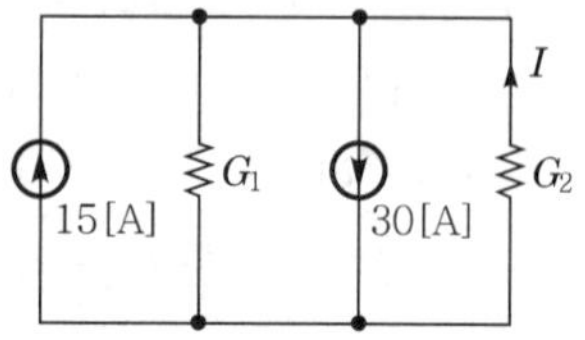

① 3 ② 15
③ 10 ④ 5

정답 64.④ 65.② 66.① 67.③ 68.④

해설 전류원 전류의 방향이 반대이므로

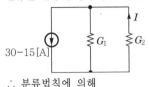

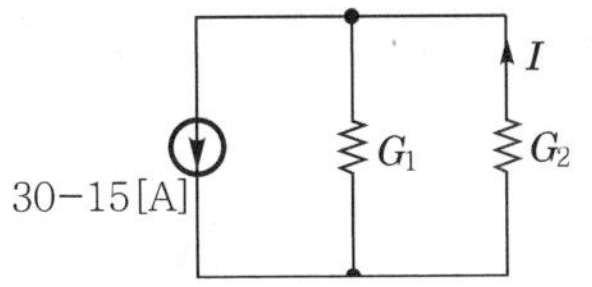

∴ 분류법칙에 의해

$$I=\frac{G_2}{G_1+G_2}\times 15=\frac{15}{30+15}\times 15=5[A]$$

69 대칭 6상식의 성형 결선의 전원이 있다. 상전압이 100[V]이면 선간전압[V]은 얼마인가?

출제빈도

① 600　② 300
③ 220　④ 100

해설 선간전압 $V_l=2\sin\frac{\pi}{n}\cdot V_p$에서

$$V_l=2\sin\frac{\pi}{6}\times 100=100[V]$$

70 전압이 $v(t)=V(\sin\omega t-\sin 3\omega t)$[V]이고 전류가 $i(t)=I\sin\omega t$[A]인 단상 교류회로의 평균 전력은 몇 [W]인가?

① VI　② $\frac{2}{\sqrt{3}}VI$
③ $\frac{1}{2}VI\sin\omega t$　④ $\frac{1}{2}VI$

해설 비정현파의 평균(유효)전력은 주파수가 다른 전압과 전류 간의 전력은 0이 되고 같은 주파수의 전압과 전류 간의 전력만 존재한다.

$$\therefore P=\frac{V}{\sqrt{2}}\cdot\frac{I}{\sqrt{2}}\cos 0°=\frac{1}{2}VI[W]$$

71 비정현파 교류를 나타내는 식은?

① 기본파 + 고조파 + 직류분
② 기본파 + 직류분 − 고조파
③ 직류분 + 고조파 − 기본파
④ 교류분 + 기본파 + 고조파

해설 비정현파의 푸리에 급수 전개식

$$f(t)=a_0+\sum_{n=1}^{\infty}a_n\cos\omega t+\sum_{n=1}^{\infty}b_n\sin\omega t$$

즉 비정현파를 직류 성분 +기본파 성분 + 고조파 성분으로 분해해서 표시한 것이다.

72 $R-L-C$ 직렬회로에서 회로 저항값이 다음의 어느 값이어야 이 회로가 임계적으로 제동되는가?

출제빈도

① $\sqrt{\frac{L}{C}}$　② $2\sqrt{\frac{L}{C}}$
③ $\frac{1}{\sqrt{CL}}$　④ $2\sqrt{\frac{C}{L}}$

해설 진동 여부 판별식이 임계 제동일 조건

$$\left(\frac{R}{2L}\right)^2-\frac{1}{LC}=R^2-4\frac{L}{C}=0$$

$$R^2=4\frac{L}{C}$$

$$\therefore R=2\sqrt{\frac{L}{C}}$$

73 대칭 좌표법에 관한 설명 중 잘못된 것은?

출제빈도

① 불평형 3상 회로의 비접지식 회로에서는 영상분이 존재한다.
② 대칭 3상 전압에서 영상분은 0이 된다.
③ 대칭 3상 전압은 정상분만 존재한다.
④ 불평형 3상 회로의 접지식 회로에서는 영상분이 존재한다.

해설 비접지식 회로에서는 영상분이 존재하지 않는다.

74 $f(t)=\sin t\ \cos t$를 라플라스로 변환하면?

① $\frac{1}{s^2+4}$　② $\frac{1}{s^2+2}$
③ $\frac{1}{(s+2)^2}$　④ $\frac{1}{(s+4)^2}$

정답 69.④ 70.④ 71.① 72.② 73.① 74.①

해설 삼각함수 가법 정리에 의해서

$\sin(t+t) = \sin t \cos t + \cos t \sin t = 2\sin t \cos t$

$\therefore \ \sin t \cos t = \frac{1}{2}\sin 2t$

$F(s) = \mathcal{L}[\sin t \cos t] = \mathcal{L}\left[\frac{1}{2}\sin 2t\right]$

$= \frac{1}{2} \times \frac{2}{s^2+2^2} = \frac{1}{s^2+4}$

75 극좌표 형식으로 표현된 전류의 페이저가 $I_1 = 10\angle \tan^{-1}\frac{4}{3}$[A], $I_2 = 10\angle \tan^{-1}\frac{3}{4}$[A]이고 $I = I_1 + I_2$일 때 I[A]는?

① $14+j14$ ② $14+j4$

③ $-2+j2$ ④ $14+j3$

해설 위상각 $\theta = \tan^{-1}\frac{4}{3}$, $\theta = \tan^{-1}\frac{3}{4}$을 직각 삼각형을 이용하면

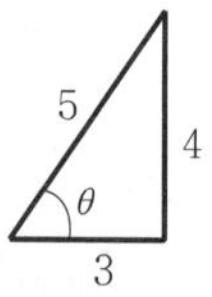

$I_1 = 10\angle \tan^{-1}\frac{4}{3}$

$= 10(\cos\theta + j\sin\theta)$

$= 10\left(\frac{3}{5} + j\frac{4}{5}\right) = 6 + j8$

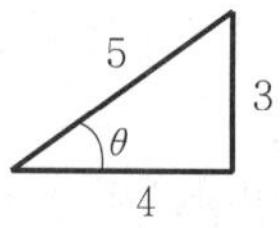

$I_2 = 10\angle \tan^{-1}\frac{3}{4}$

$= 10(\cos\theta + j\sin\theta)$

$= 10\left(\frac{4}{5} + j\frac{3}{5}\right) = 8 + j6$

$\therefore \ I = I_1 + I_2 = (6+j8) + (8+j6) = 14 + j14$[A]

76 회로에 흐르는 전류가 $i(t) = 7 + 14.1\sin\omega t$[A]인 경우 실효값은 약 몇 [A]인가?

① 12.2 ② 13.2

③ 14.2 ④ 11.2

해설 비정현파의 실효값은 각 개별적인 실효값의 제곱의 합의 제곱근이다.

$\therefore \ I = \sqrt{I_0^2 + I_1^2} = \sqrt{7^2 + \left(\frac{14.1}{\sqrt{2}}\right)^2} \fallingdotseq 12.2$[A]

77 평형 부하의 전압이 200[V], 전류가 20[A]이고 역률은 0.8이다. 이때 무효전력은 몇 [kVar]인가?

① $1.2\sqrt{3}$

② $1.8\sqrt{3}$

③ $2.4\sqrt{3}$

④ $2.8\sqrt{3}$

해설 무효전력 $P_r = \sqrt{3}\,VI\sin\theta$

$= \sqrt{3} \times 200 \times 20 \times 0.6 \times 10^{-3}$

$= 2.4\sqrt{3}$[kVar]

78 그림과 같은 회로의 영상 임피던스 Z_{01}, Z_{02}는 각각 몇 [Ω]인가?

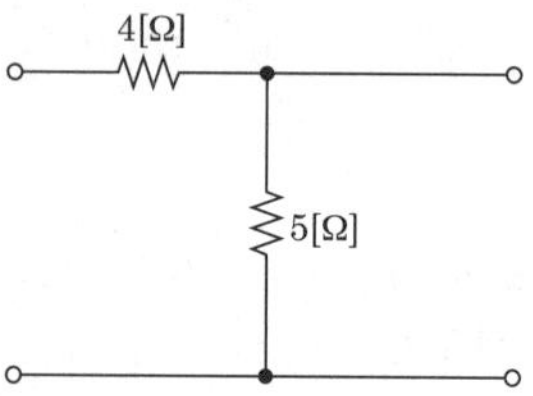

① $Z_{01} = 9$, $Z_{02} = 5$

② $Z_{01} = 4$, $Z_{02} = 5$

③ $Z_{01} = 4$, $Z_{02} = \frac{20}{9}$

④ $Z_{01} = 6$, $Z_{02} = \frac{10}{3}$

해설

$\begin{bmatrix} A & B \\ C & D \end{bmatrix} = \begin{bmatrix} 1 & 4 \\ 0 & 1 \end{bmatrix}\begin{bmatrix} 1 & 0 \\ \frac{1}{5} & 1 \end{bmatrix} = \begin{bmatrix} \frac{9}{4} & 4 \\ \frac{1}{5} & 1 \end{bmatrix}$

$\therefore \ Z_{01} = \sqrt{\frac{AB}{CD}} = \sqrt{\frac{\frac{9}{5} \times 4}{\frac{1}{5} \times 1}} = 6$[Ω]

$Z_{02} = \sqrt{\frac{BD}{AC}} = \sqrt{\frac{4 \times 1}{\frac{9}{5} \times \frac{1}{5}}} = \frac{10}{3}$[Ω]

정답 75.① 76.① 77.③ 78.④

79 그림과 같은 회로의 전달함수는?

(출제빈도)

$\left(단,\ T=\dfrac{L}{R}\right)$

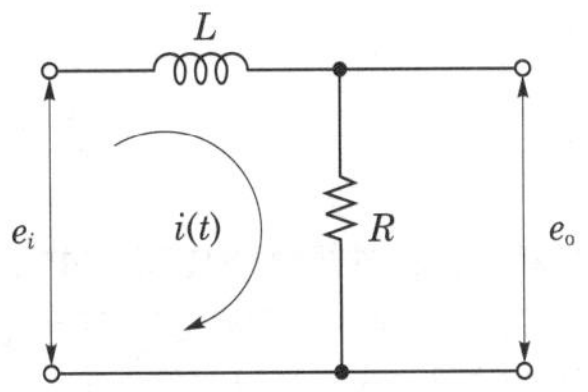

① $\dfrac{1}{Ts^2+1}$

② $\dfrac{1}{Ts+1}$

③ Ts^2+1

④ $Ts+1$

해설 $G(s)=\dfrac{R}{sL+R}=\dfrac{1}{s\cdot\dfrac{L}{R}+1}$

$=\dfrac{1}{Ts+1}$

80 정현파 교류의 실효값을 계산하는 식은?

① $I=\dfrac{1}{T}\displaystyle\int_0^T i^2 dt$

② $I^2=\dfrac{2}{T}\displaystyle\int_0^T i dt$

③ $I^2=\dfrac{1}{T}\displaystyle\int_0^T i^2 dt$

④ $I=\sqrt{\dfrac{2}{T}\displaystyle\int_0^T i^2 dt}$

해설 실효값 계산식 $I=\sqrt{\dfrac{1}{T}\displaystyle\int_0^T i^2 dt}$

양변을 제곱하면 $I^2=\dfrac{1}{T}\displaystyle\int_0^T i^2 dt$

제5과목 전기설비기술기준

81 조상기의 보호장치에서 용량이 몇 [kVA] 이상의 조상기에는 그 내부에 고장이 생긴 경우에 자동적으로 이를 전로로부터 차단하는 장치를 하여야 하는가?

(출제빈도)

① 1,000 ② 1,500

③ 10,000 ④ 15,000

해설 조상설비의 보호장치(KEC 351.5)

설비 종별	뱅크 용량	자동차단
전력용 커패시터 분로 리액터	500[kVA] 초과 15,000[kVA] 미만	내부고장 과전류
	15,000[kVA] 이상	내부고장 과전류 과전압
조상기	15,000[kVA] 이상	내부고장

82 사용전압이 35[kV] 이하인 특고압 가공전선과 저압 가공전선을 동일 지지물에 병행 설치하는 경우 전선 상호 간 이격거리는 몇 [m] 이상이어야 하는가? (단, 특고압 가공전선으로는 케이블을 사용하지 않는 것으로 한다.)

(출제빈도)

① 1.0 ② 1.2

③ 1.5 ④ 2.0

해설 특고압 가공전선과 저고압 가공전선 등의 병행설치 (KEC 333.17)

- 사용전압이 35[kV] 이하 : 이격거리 1.2[m] 이상 단, 특고압전선이 케이블이면 50[cm]까지 감할 수 있다.
- 사용전압이 35[kV]를 넘고 100[kV] 미만인 경우
  - 제2종 특고압 보안공사
  - 이격거리는 2[m](케이블 1[m]) 이상
  - 특고압 가공전선의 굵기 : 인장강도 21.67[kN] 이상 연선 또는 55[mm^2] 이상 경동선

정답 79.② 80.③ 81.④ 82.②

83 철도, 궤도 또는 자동차도로의 전용 터널 내의 터널 내 전선로의 시설방법으로 맞는 것은?

① 고압 전선을 금속관 공사에 의하여 시설하고 이를 레일면상 또는 노면상 2.4[m]의 높이로 시설하였다.
② 고압 전선은 지름 3.2[mm] 이상의 경동선의 절연전선을 사용하였다.
③ 저압 전선을 애자공사에 의하여 시설하고 이를 레일면상 또는 노면상 2.2[m]의 높이로 시설하였다.
④ 저압 전선은 지름 2.6[mm]의 경동선의 절연전선을 사용하였다.

해설 **터널 안 전선로의 시설(KEC 335.1)**

구분	전선의 굵기	노면상 높이
저압	2.30[kN], 2.6[mm] 이상 경동선의 절연전선, 애자공사, 케이블	2.5[m]
고압	5.26[kN], 4[mm] 이상 경동선의 절연전선, 애자공사, 케이블	3[m]

84 고압 가공 인입선의 높이는 그 아래에 위험 표시를 하였을 경우에 지표상 높이를 몇 [m]까지를 감할 수 있는가?

출제빈도

① 2.5
② 3.0
③ 3.5
④ 4.0

해설 **고압 가공인입선의 시설(KEC 331.12.1)**
- 인장강도 8.01[kN] 이상 고압 절연전선, 특고압 절연전선 또는 지름 5[mm]의 경동선 또는 케이블
- 지표상 5[m] 이상
- 케이블, 위험표시를 하면 지표상 3.5[m]까지로 감할 수 있다.
- 연접 인입선은 시설하여서는 아니 된다.

85 전기욕기에 전기를 공급하기 위한 전기욕기용 전원장치에 내장되는 전원 변압기의 2차측 전로의 사용전압이 몇 [V] 이하의 것을 사용하는가?

① 5 ② 10
③ 25 ④ 60

해설 **전기욕기의 전원장치(KEC 241.2.1)**
전기욕기에 전기를 공급하기 위한 전기욕기용 전원장치(내장되는 전원 변압기의 2차측 전로의 사용전압이 10[V] 이하의 것에 한한다)는 「전기용품 및 생활용품 안전관리법」에 의한 안전기준에 적합하여야 한다.

86 전차선의 가선방식으로 해당하지 않는 것은?

① 가공 방식 ② 강체 방식
③ 지중 방식 ④ 제3레일 방식

해설 **전차선 가선방식(KEC 431.1)**
전차선의 가선방식은 열차의 속도 및 노반의 형태, 부하전류 특성에 따라 적합한 방식을 채택하여야 하며, 가공 방식, 강체 방식, 제3레일 방식을 표준으로 한다.

87 전선의 접속방법으로 틀린 것은?

출제빈도

① 도체에 알루미늄을 사용하는 전선과 동을 사용하는 전선을 접속하는 등 전기화학적 성질이 다른 도체를 접속하는 경우에는 접속부분에 전기적 부식이 생기지 않도록 할 것
② 접속부분을 절연전선의 절연물과 동등 이상의 절연성능이 있는 것으로 충분히 피복할 것
③ 두 개 이상의 전선을 병렬로 사용하는 경우에는 각 전선의 굵기를 35[mm^2] 이상의 동선을 사용한다.
④ 전선의 세기를 20[%] 이상 감소시키지 아니할 것

정답 83.④ 84.③ 85.② 86.③ 87.③

해설 전선의 접속(KEC 123)
두 개 이상의 전선을 병렬로 사용하는 각 전선의 굵기는 동선 50[mm^2] 이상 또는 알루미늄 70[mm^2] 이상으로 하고, 전선은 같은 도체, 같은 재료, 같은 길이 및 같은 굵기의 것을 사용할 것

88 **일반 주택 및 아파트 각 호실의 현관등과 같은 조명용 백열전등을 설치할 때에는 타임스위치를 시설하여야 한다. 몇 분 이내에 소등되는 것이어야 하는가?**

출제빈도

① 1
② 3
③ 5
④ 10

해설 점멸기의 시설(KEC 234.6)
다음의 경우에는 센서등(타임스위치 포함)을 시설하여야 한다.
- 「관광진흥법」과 「공중위생관리법」에 의한 관광숙박업 또는 숙박업(여인숙업을 제외한다)에 이용되는 객실의 입구등은 1분 이내에 소등되는 것
- 일반 주택 및 아파트 각 호실의 현관등은 3분 이내에 소등되는 것

89 **저압 옥상 전선로의 시설에 대한 설명으로 틀린 것은?**

① 전선은 절연전선(OW전선을 포함한다)을 사용할 것
② 전선은 인장강도 2.30[kN] 이상의 것 또는 지름 2.6[mm] 이상의 경동선을 사용할 것
③ 저압 옥상 전선로의 전선은 상시 부는 바람 등에 의하여 식물에 접촉하지 아니하도록 시설할 것
④ 전선과 그 저압 옥상전선로를 시설하는 조영재와의 이격거리는 0.5[m] 이상일 것

해설 옥상 전선로(KEC 221.3)
저압 옥상 전선로의 시설
- 인장강도 2.30[kN] 이상 또는 2.6[mm]의 경동선
- 전선은 절연전선일 것
- 절연성·난연성 및 내수성이 있는 애자 사용
- 지지점 간의 거리 : 15[m] 이하
- 전선과 저압 옥상전선로를 시설하는 조영재와의 이격거리 2[m]
- 전선은 바람 등에 의하여 식물에 접촉하지 아니하도록 한다.

90 **전력보안 통신설비인 무선용 안테나 또는 반사판을 지지하는 목주·철주·철근콘크리트주 또는 철탑 기초 안전율은 얼마 이상이어야 하는가?**

출제빈도

① 1.2 ② 1.5
③ 1.8 ④ 2.0

해설 무선용 안테나 등을 지지하는 철탑 등의 시설(KEC 364.1)
전력보안 통신설비인 무선통신용 안테나 또는 반사판을 지지하는 목주·철주·철근콘크리트주 또는 철탑은 다음에 따라 시설하여야 한다. 다만, 무선용 안테나 등이 전선로의 주위 상태를 감시할 목적으로 시설되는 것일 경우에는 그러하지 아니하다.
- 목주는 규정에 준하여 시설하는 외에 풍압하중에 대한 안전율은 1.5 이상이어야 한다.
- 철주·철근콘크리트주 또는 철탑의 기초 안전율은 1.5 이상이어야 한다.

91 **최대사용전압 3.3[kV]인 전동기의 절연내력시험전압은 몇 [V] 전압에서 권선과 대지 사이에 연속하여 10분간 견디어야 하는가?**

출제빈도

① 4,950[V]
② 4,125[V]
③ 6,600[V]
④ 7,600[V]

해설 회전기 및 정류기의 절연내력(KEC 133)
$3,300 \times 1.5 = 4,950$[V]

정답 88.② 89.④ 90.② 91.①

92 가공전선로에 사용하는 지지물의 강도 계산에 적용하는 갑종 풍압하중은 단도체전선의 경우에 구성재의 수직 투영면적 1[m^2]에 대하여 몇 [Pa]의 풍압으로 계산하는가?

① 588　② 745
③ 1,039　④ 1,255

해설 풍압하중의 종별과 적용(KEC 331.6)
갑종 풍압하중

구 분		풍압하중
지지물	원형 지지물	588[Pa]
	철주(강관)	1,117[Pa]
	철탑(강관)	1,255[Pa]
전선	다도체	666[Pa]
	기타(단도체)	745[Pa]
애자장치		1,039[Pa]
완금류		1,196[Pa]

93 애자공사에 의한 고압 옥내배선 공사에 사용하는 연동선의 최소 굵기는 얼마인가?

출제빈도

① 2.5[mm^2]　② 4[mm^2]
③ 6[mm^2]　④ 8[mm^2]

해설 고압 옥내배선 등의 시설(KEC 342.1)
- 애자공사, 케이블 공사, 케이블 트레이 공사
- 애자공사(건조하고 전개된 장소에 한함)
  - 전선은 6[mm^2] 이상 연동선
  - 전선 지지점 간 거리 6[m] 이하, 조영재의 면을 따라 붙이는 경우 2[m] 이하
  - 전선 상호 간격 8[cm], 전선과 조영재 5[cm]
  - 애자는 절연성·난연성 및 내수성
  - 저압 옥내배선과 쉽게 식별

94 전기철도차량이 전차선로와 접촉한 상태에서 견인력을 끄고 보조전력을 가동한 상태로 정지해 있는 경우, 가공 전차선로의 유효전력이 200[kW] 이상일 경우 총 역률은 몇 보다는 작아서는 안 되는가?

① 0.9　② 0.8
③ 0.7　④ 0.6

해설 전기철도차량의 역률(KEC 441.4)
규정된 비지속성 최저 전압에서 비지속성 최고 전압까지의 전압범위에서 유도성 역률 및 전력 소비에 대해서만 적용되며, 회생제동 중에는 전압을 제한 범위 내로 유지시키기 위하여 유도성 역률을 낮출 수 있다. 다만, 전기철도차량이 전차선로와 접촉한 상태에서 견인력을 끄고 보조전력을 가동한 상태로 정지해 있는 경우, 가공 전차선로의 유효전력이 200[kW] 이상일 경우 총 역률은 0.8보다는 작아서는 안 된다.

95 저압 가공전선로의 지지물은 목주인 경우에는 풍압하중의 몇 배의 하중에 견디는 강도를 가지는 것이어야 하는가?

① 0.8　② 1.0
③ 1.2　④ 1.5

해설 저압 가공전선로의 지지물의 강도(KEC 222.8)
저압 가공전선로의 지지물은 목주인 경우에는 풍압하중의 1.2배의 하중, 기타의 경우에는 풍압하중에 견디는 강도를 가지는 것이어야 한다.

96 유희용 전차 안의 전로 및 여기에 전기를 공급하기 위하여 사용하는 전기시설물에 대한 설명 중 틀린 것은?

① 유희용 전차에 전기를 공급하는 전로의 사용전압은 직류에 있어서는 60[V] 이하, 교류에 있어서는 40[V] 이하일 것
② 유희용 전차에 전기를 공급하는 전로의 사용전압에 전기를 변성하기 위하여 사용하는 변압기의 1차 전압은 400[V] 이하일 것
③ 유희용 전차에 전기를 공급하기 위하여 사용하는 접촉 전선은 제3레일 방식에 의하여 시설할 것
④ 전차 안의 승압용 변압기의 2차 전압은 200[V] 이하일 것

정답 92.② 93.③ 94.② 95.③ 96.④

해설 유희용 전차(KEC 241.8)
- 절연변압기의 1차 전압 400[V] 이하
- 전원장치의 2차측 단자의 최대사용전압은 직류 60[V] 이하, 교류 40[V] 이하
- 접촉전선은 제3레일 방식

97 출제빈도 **주택 등 저압 수용장소에서 고정 전기설비에 계통접지가 TN-C-S 방식인 경우에 중성선 겸용 보호도체(PEN)는 고정 전기설비에만 사용할 수 있고, 그 도체의 단면적이 구리는 몇 [mm^2] 이상이어야 하는가?**

① 4　② 6
③ 10　④ 16

해설 주택 등 저압수용장소 접지(KEC 142.4.2)
- TN-C-S 방식
- 감전보호용 등전위 본딩
- 중성선 겸용 보호도체(PEN)는 고정 전기설비에만 사용할 수 있고, 그 도체의 단면적이 구리는 10[mm^2] 이상, 알루미늄은 16[mm^2] 이상

98 **특고압의 기계기구, 모선 등을 옥외에 시설하는 변전소의 구내에 취급자 이외의 사람이 들어가지 아니하도록 울타리를 시설하려고 한다. 이 때 울타리 및 담 등의 높이는 몇 [m] 이상으로 하여야 하는가?**

① 2　② 3
③ 4　④ 5

해설 발전소 등의 울타리・담 등의 시설(KEC 351.1)
- 울타리・담 등의 높이 : 2[m] 이상
- 지표면과 울타리・담 등의 하단 사이의 간격 : 15[cm] 이하

99 **계통연계하는 분산형 전원설비를 설치하는 경우 이상 또는 고장 발생 시 자동적으로 분산형 전원설비를 전력계통으로부터 분리하기 위한 장치시설 및 해당 계통과의 보호협조를 실시하여야 하는 경우로 알맞지 않은 것은?**

① 단독운전 상태
② 연계한 전력계통의 이상 또는 고장
③ 조상설비의 이상 발생 시
④ 분산형 전원설비의 이상 또는 고장

해설 계통연계용 보호장치의 시설(KEC 503.2.4)
계통연계하는 분산형 전원설비를 설치하는 경우 다음에 해당하는 이상 또는 고장 발생 시 자동적으로 분산형 전원설비를 전력계통으로부터 분리하기 위한 장치시설 및 해당 계통과의 보호협조를 실시하여야 한다.
- 분산형 전원설비의 이상 또는 고장
- 연계한 전력계통의 이상 또는 고장
- 단독운전 상태

100 출제빈도 **시가지에 시설하는 154[kV] 가공전선로에는 전선로에 지락 또는 단락이 생긴 경우 몇 초 안에 자동적으로 전선로로부터 차단하는 장치를 시설하는가?**

① 1　② 3
③ 5　④ 10

해설 시가지 등에서 특고압 가공전선로의 시설(KEC 333.1)
사용전압이 100[kV]를 초과하는 특고압 가공전선에 지락 또는 단락이 생겼을 때에는 1초 이내에 자동적으로 이를 전로로부터 차단하는 장치를 시설할 것

정답 97.③ 98.① 99.③ 100.①

Industrial Engineer Electricity

2021년 제3회 CBT 기출복원문제

2021. 8. 8. 시행

제1과목 전기자기학

01 강자성체에서 자구의 크기에 대한 설명으로 옳은 것은?

① 역자성체를 제외한 다른 자성체에서는 모두 같다.
② 원자나 분자의 질량에 따라 달라진다.
③ 물질의 종류에 관계없이 크기가 모두 같다.
④ 물질의 종류 및 상태에 따라 다르다.

해설 일반적으로 자구(磁區)를 가지는 자성체는 강자성체이며, 물질의 종류 및 상태 등에 따라 다르게 나타난다.

02 (출제빈도) 평행판 콘덴서의 두 극판 면적을 3배로 하고 간격을 $\frac{1}{2}$배로 하면 정전용량은 처음의 몇 배가 되는가?

① $\frac{3}{2}$　　② $\frac{2}{3}$
③ $\frac{1}{6}$　　④ 6

해설

정전용량 $C=\frac{\varepsilon S}{d}$

면적을 3배, 간격을 $\frac{1}{2}$배 하면

$$C'=\frac{\varepsilon\, 3S}{\frac{d}{2}}$$

$$=\frac{6\varepsilon S}{d}=6C$$

03 (출제빈도) 액체 유전체를 넣은 콘덴서의 용량이 $20[\mu F]$이다. 여기에 $500[kV]$의 전압을 가하면 누설전류[A]는? (단, 비유전율 $\varepsilon_s=2.2$, 고유저항 $\rho=10^{11}[\Omega]$이다.)

① 4.2　　② 5.13
③ 54.5　　④ 61

해설

$RC=\rho\varepsilon$에서 $R=\frac{\rho\varepsilon}{C}$이므로

$$I=\frac{V}{R}=\frac{CV}{\rho\varepsilon}=\frac{CV}{\rho\varepsilon_0\varepsilon_s}$$

$$=\frac{20\times10^{-6}\times500\times10^3}{10^{11}\times8.855\times10^{-12}\times2.2}$$

$=5.13[A]$

04 그림과 같이 도체 1을 도체 2로 포위하여 도체 2를 일정 전위로 유지하고, 도체 1과 도체 2의 외측에 도체 3이 있을 때 용량계수 및 유도계수의 성질 중 맞는 것은?

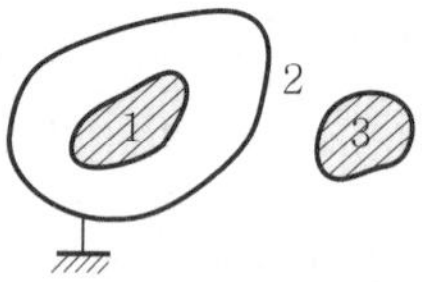

① $q_{21}=-q_{11}$　　② $q_{31}=q_{11}$
③ $q_{13}=-q_{11}$　　④ $q_{23}=q_{11}$

해설 도체 1에 단위의 전위 1[V]를 주고 도체 2, 3을 영전위로 유지하면, 도체 2에는 정전유도에 의하여 $Q_2=-Q_1$의 전하가 생기므로

$Q_1=q_{11}V_1+q_{12}V_2$, $Q_2=q_{21}V_1+q_{22}V_2$

$Q_2=-Q_1$, $V_2=0$

$\therefore -q_{11}V_1=q_{21}V_1$ 그러므로 $-q_{11}=q_{21}$

정답 01.④ 02.④ 03.② 04.①

05 반지름 a[m]인 접지 도체구 중심으로부터 d[m]($>a$)인 곳에 점전하 Q[C]이 있으면 구도체에 유기되는 전하량[C]은?

① $-\dfrac{a}{d}Q$ ② $\dfrac{a}{d}Q$

③ $-\dfrac{d}{a}Q$ ④ $\dfrac{d}{a}Q$

해설

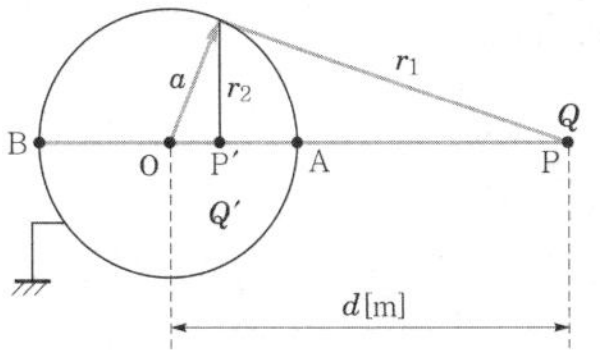

영상점 P′의 위치는 $OP' = \dfrac{a^2}{d}$[m]

영상전하의 크기는

$\therefore\ Q' = -\dfrac{a}{d}Q$[C]

06 반지름 a[m], 선간거리 d[m]인 평행 도선 간의 정전용량[F/m]은? (단 $d \gg a$이다.)

① $\dfrac{2\pi\varepsilon_0}{\ln\dfrac{d}{a}}$ ② $\dfrac{1}{2\pi\varepsilon_0\ln\dfrac{d}{a}}$

③ $\dfrac{1}{2\varepsilon_0\ln\dfrac{d}{a}}$ ④ $\dfrac{\pi\varepsilon_0}{\ln\dfrac{d}{a}}$

해설

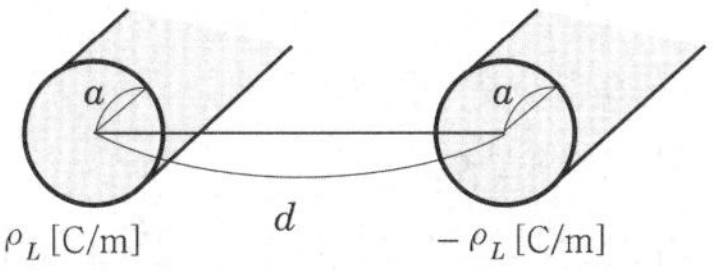

단위길이당 정전용량 $C = \dfrac{\pi\varepsilon_0}{\ln\dfrac{d-a}{a}}$[F/m]

$d \gg a$인 경우

$C = \dfrac{\pi\varepsilon_0}{\ln\dfrac{d}{a}}$[F/m]

07 10[V]의 기전력을 유기시키려면 5[s] 간에 몇 [Wb]의 자속을 끊어야 하는가?

① 2 ② $\dfrac{1}{2}$

③ 10 ④ 50

해설 패러데이 법칙

$e = \dfrac{d\phi}{dt}$

$10 = \dfrac{d\phi}{5}$

$\therefore\ d\phi = 10\times 5 = 50$[Wb]

08 자유공간의 고유 임피던스[Ω]는? (단, ε_0는 유전율, μ_0는 투자율이다.)

① $\sqrt{\dfrac{\varepsilon_0}{\mu_0}}$ ② $\sqrt{\dfrac{\mu_0}{\varepsilon_0}}$

③ $\sqrt{\varepsilon_0\mu_0}$ ④ $\sqrt{\dfrac{1}{\varepsilon_0\mu_0}}$

해설 전계 및 자계 크기의 비(고유 임피던스)

$\eta = \dfrac{E}{H} = \sqrt{\dfrac{\mu}{\varepsilon}} = \sqrt{\dfrac{\mu_0}{\varepsilon_0}} \cdot \sqrt{\dfrac{\mu_s}{\varepsilon_s}}$

$= 120\pi\sqrt{\dfrac{\mu_s}{\varepsilon_s}} = 377\sqrt{\dfrac{\mu_s}{\varepsilon_s}}$[Ω]

자유공간의 고유 임피던스

$\eta_0 = \sqrt{\dfrac{\mu_0}{\varepsilon_0}} = 377$[Ω]

09 변위전류에 의하여 전자파가 발생되었을 때, 전자파의 위상은?

① 변위전류보다 90° 늦다.
② 변위전류보다 90° 빠르다.
③ 변위전류보다 30° 빠르다.
④ 변위전류보다 30° 늦다.

정답 05.① 06.④ 07.④ 08.② 09.①

해설 $I_d = \dfrac{\partial\psi}{\partial t} = \dfrac{\partial D}{\partial t}S = \varepsilon\dfrac{\partial E}{\partial t}S = \varepsilon \cdot S\dfrac{\partial}{\partial t}E_0\sin\omega t$

$= \omega\varepsilon SE_0\cos\omega t = \omega\varepsilon SE_0\sin\left(\omega t + \dfrac{\pi}{2}\right)$[A]

이므로 변위전류가 90° 빠르다.

∴ 전자파의 위상은 변위전류보다 90° 늦다.

10 자기 인덕턴스가 L_1, L_2이고 상호 인덕턴스가 M인 두 회로의 결합계수가 1이면 다음 중 옳은 것은?

① $L_1L_2 = M$

② $L_1L_2 < M^2$

③ $L_1L_2 > M^2$

④ $L_1L_2 = M^2$

해설 결합계수 k가 1이면 $k = \dfrac{M}{\sqrt{L_1L_2}}$에서

$M = \sqrt{L_1L_2}$

$\therefore M^2 = L_1L_2$

11 대전 도체의 성질 중 옳지 않은 것은?

출제빈도

① 도체 표면의 전하밀도를 σ[C/m²]라 하면 표면상의 전계는 $E = \dfrac{\sigma}{\varepsilon_0}$[V/m]이다.

② 도체 표면상의 전계는 면에 대해서 수평이다.

③ 도체 내부의 전계는 0이다.

④ 도체는 등전위이고, 그의 표면은 등전위면이다.

해설 대전된 도체 표면상의 전계는 표면에 수직이다.

12 내구의 반지름 a, 외구의 반지름 b인 두 동심구 사이의 정전용량[F]은?

출제빈도

① $2\pi\varepsilon_0\dfrac{ab}{b-a}$

② $4\pi\varepsilon_0\left(\dfrac{1}{a} - \dfrac{1}{b}\right)$

③ $\dfrac{4\pi\varepsilon_0}{\dfrac{1}{a} - \dfrac{1}{b}}$

④ $2\pi\varepsilon_0\left(\dfrac{1}{a} - \dfrac{1}{b}\right)$

해설

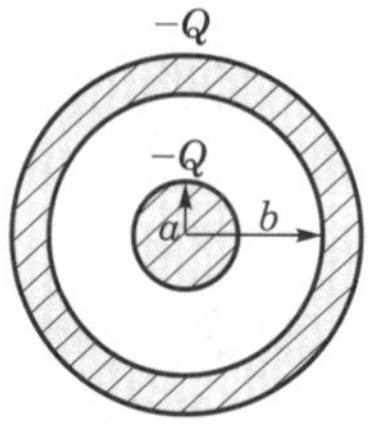

전위차 $V_{ab} = -\displaystyle\int_b^a E dr = -\int_b^a \frac{Q}{4\pi\varepsilon_0 r^2}dr$

$= \dfrac{Q}{4\pi\varepsilon_0}\left(\dfrac{1}{a} - \dfrac{1}{b}\right)$[V]

$C = \dfrac{Q}{V_{ab}}$

$= \dfrac{Q}{\dfrac{Q}{4\pi\varepsilon_0}\left(\dfrac{1}{a} - \dfrac{1}{b}\right)} = \dfrac{4\pi\varepsilon_0}{\dfrac{1}{a} - \dfrac{1}{b}}$

$= \dfrac{4\pi\varepsilon_0 ab}{b-a}$[F]

13 두 자성체가 접했을 때 $\dfrac{\tan\theta_1}{\tan\theta_2} = \dfrac{\mu_1}{\mu_2}$의 관계식에서 $\theta_1 = 0$일 때 다음 중에 표현이 잘못된 것은?

출제빈도

① 자기력선은 굴절하지 않는다.

② 자속밀도는 불변이다.

③ 자계는 불연속이다.

④ 자기력선은 투자율이 큰 쪽에 모여진다.

해설 $\theta_1 = 0$ 즉 자계가 경계면에 수직일 때

- $\theta_2 = 0$이 되어 자속과 자기력선은 굴절하지 않는다.
- 자속밀도는 불변이다.($B_1 = B_2$)
- $\dfrac{H_1}{H_2} = \dfrac{\mu_2}{\mu_1}$로 자계는 불연속이다.
- 자기력선은 투자율이 작은 쪽에 모이는 성질이 있다.

정답 10.④ 11.② 12.③ 13.④

14 v[m/s]의 속도로 전자가 반경이 r[m]인 B[Wb/m]의 평등자계에 직각으로 들어가면 원운동을 한다. 이때 자계의 세기는? (단, 전자의 질량 m, 전자의 전하는 e이다.)

① $H=\dfrac{\mu_0 er}{mv}$[A/m]

② $H=\dfrac{\mu_0 r}{emv}$[A/m]

③ $H=\dfrac{mv}{\mu_0 er}$[A/m]

④ $H=\dfrac{emv}{\mu_0 r}$[A/m]

해설 전자의 원운동
구심력=원심력

$evB=\dfrac{mv^2}{r}$

$ev\mu_0 H=\dfrac{mv^2}{r}$

∴ 자계의 세기 $H=\dfrac{mv}{\mu_0 er}$[A/m]

15 그림과 같이 균일한 자계의 세기 H[AT/m] 내에 자극의 세기가 $\pm m$[Wb], 길이 l[m]인 막대자석을 그 중심 주위에 회전할 수 있도록 놓는다. 이때, 자석과 자계의 방향이 이룬 각을 θ라 하면 자석이 받는 회전력[N·m]은?

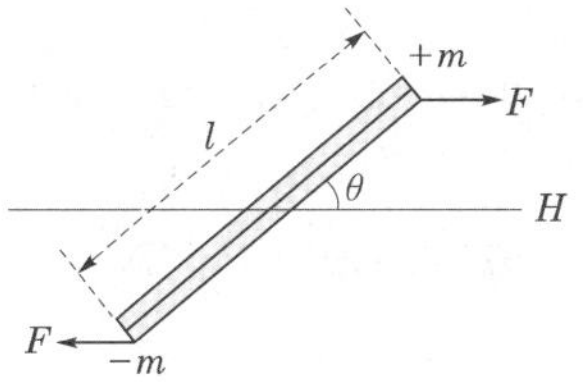

① $mHl\cos\theta$ ② $mHl\sin\theta$
③ $2mHl\sin\theta$ ④ $2mHl\tan\theta$

해설 미소막대자석의 회전력
$T=mlH\sin\theta$[N·m]
벡터화하면 $T=M\times H$[N·m]

16 표피깊이 δ를 나타내는 식은? (단, 도전율 k[S/m], 주파수 f[Hz], 투자율 μ[H/m])

① $\delta=\dfrac{1}{\pi f\mu k}$ ② $\delta=\sqrt{\pi f\mu k}$

③ $\delta=\dfrac{1}{\sqrt{\pi f\mu k}}$ ④ $\delta=\pi f\mu k$

해설 표피효과 침투깊이 $\delta=\sqrt{\dfrac{\rho}{\pi f\mu k}}=\sqrt{\dfrac{1}{\pi f\mu k}}$
즉, 주파수 f, 도전율 k, 투자율 μ가 클수록 δ가 작아지므로 표피효과가 커진다.

17 (출제빈도) 공기 중에서 평등전계 E[V/m]에 수직으로 비유전율이 ε_s인 유전체를 놓았더니 σ_p[C/m²]의 분극전하가 표면에 생겼다면 유전체 중의 전계강도 E[V/m]는?

① $\dfrac{\sigma_p}{\varepsilon_0\varepsilon_s}$ ② $\dfrac{\sigma_p}{\varepsilon_0(\varepsilon_s-1)}$

③ $\varepsilon_0\varepsilon_s\sigma_p$ ④ $\varepsilon_0(\varepsilon_s-1)\sigma_p$

해설 $P=D-\varepsilon_0 E=\varepsilon_0(\varepsilon_s-1)E$[C/m²]

∴ $E=\dfrac{P}{\varepsilon_0(\varepsilon_s-1)}=\dfrac{\sigma_p}{\varepsilon_0(\varepsilon_s-1)}$[V/m]

18 (출제빈도) 전전류 I[A]가 반지름 a[m]인 원주를 흐를 때, 원주 내부 중심에서 r[m] 떨어진 원주 내부의 점의 자계 세기[AT/m]는?

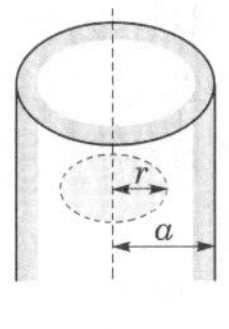

① $\dfrac{rI}{2\pi a^2}$ ② $\dfrac{I}{2\pi a^2}$

③ $\dfrac{rI}{\pi a^2}$ ④ $\dfrac{I}{\pi a^2}$

정답 14.③ 15.② 16.③ 17.② 18.①

해설 그림에서 내부에 앙페르의 주회적분법칙을 적용하면

$2\pi r \cdot H_i = I \times \frac{\pi r^2}{\pi a^2}$

$\therefore H_i = \frac{Ir}{2\pi a^2}$ [AT/m]

19 패러데이-노이만 전자유도법칙에 의하여 일반화된 맥스웰 전자방정식의 형은?

① $\nabla \times H = i_C + \frac{\partial D}{\partial t}$

② $\nabla \cdot B = 0$

③ $\nabla \times E = -\frac{\partial B}{\partial t}$

④ $\nabla \cdot D = \rho$

해설 $\text{rot}E = \nabla \times E = -\frac{\partial B}{\partial t} = -\mu\frac{\partial H}{\partial t}$

20 공기 중에서 5[V], 10[V]로 대전된 반지름 2[cm], 4[cm]의 2개의 구를 가는 철사로 접속시 공통전위는 몇 [V]인가?

① 6.25

② 7.5

③ 8.33

④ 10

해설 연결하기 전의 전하 Q는

$Q = Q_1 + Q_2 = 4\pi\varepsilon_0(a_1V_1 + a_2V_2)V$[C]

연결 후의 전하 Q'는

$Q' = Q_1' + Q_2' = 4\pi\varepsilon_0(a_1V_1 + a_2V_2)V$[C]

도선으로 접속하면 등전위가 되므로 $Q = Q'$

∴ 공통전위

$$V = \frac{Q}{C} = \frac{Q_1 + Q_2}{C_1 + C_2} = \frac{a_1V_1 + a_2V_2}{a_1 + a_2} = \frac{2\times10^{-2}\times5 + 4\times10^{-2}\times10}{2\times10^{-2} + 4\times10^{-2}} \fallingdotseq 8.33[\text{V}]$$

제2과목 전력공학

21 그림에서 수전단이 단락된 경우의 송전단의 단락용량과 수전단이 개방된 경우의 송전단의 송전용량의 비는?

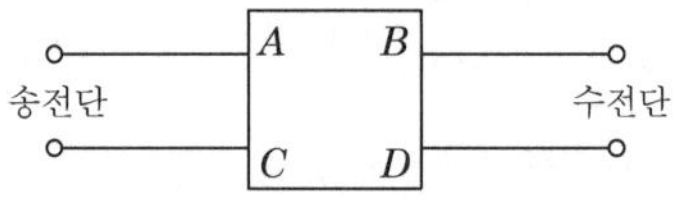

4단자 회로

① $\left[1 + \frac{1}{BC}\right]$　② $\left[1 - \frac{1}{BC}\right]$

③ $\left[\frac{AB}{CD}\right]$　④ $\left[\frac{CD}{AB}\right]$

해설 전파 방정식

$E_S = AE_R + BI_R$

$I_S = CE_R + DI_R$

수전단 단락한 경우 $E_R = 0$이므로

$I_{SS} = \frac{D}{B}E_S$: 단락전류

수전단 개방한 경우 $I_R = 0$이므로

$I_{SO} = \frac{C}{A}E_S$: 충전전류

$$\therefore \frac{\text{단락용량}}{\text{충전용량}} = \frac{V \cdot I_{SS}}{V \cdot I_{SO}} (V: \text{일정}) = \frac{\frac{D}{B}E_S}{\frac{C}{A}E_S} = \frac{AD}{BC}$$

4단자 정수의 성질 : $AD - BC = 1$에서

$AD = 1 + BC$

$\because \frac{AD}{BC} = \frac{1 + BC}{BC} = 1 + \frac{1}{BC}$

22 피뢰기의 제한전압이란?

① 충격파의 방전개시전압

② 상용 주파수의 방전개시전압

③ 전류가 흐르고 있을 때의 단자전압

④ 피뢰기 동작 중 단자전압의 파고값

정답 19.③ 20.③ 21.① 22.④

해설 피뢰기의 제한전압은 충격파 전류가 흐르고 있을 때의 피뢰기 단자전압으로 피뢰기 동작 중 단자전압의 파고값이다.

23 다음 표는 리액터의 종류와 그 목적을 나타낸 것이다. 바르게 짝지어진 것은?

출제빈도

종 류	목 적
㉠ 병렬 리액터	ⓐ 지락 아크의 소멸
㉡ 한류 리액터	ⓑ 송전손실 경감
㉢ 직렬 리액터	ⓒ 차단기의 용량 경감
㉣ 소호 리액터	ⓓ 제5고조파 제거

① ㉠ – ⓑ ② ㉡ – ⓓ
③ ㉢ – ⓓ ④ ㉣ – ⓒ

해설 리액터의 종류 및 특성
- ㉠ 병렬 리액터(분로 리액터) : 페란티 현상을 방지한다.
- ㉡ 한류 리액터 : 계통의 사고 시 단락전류의 크기를 억제하여 차단기의 용량을 경감시킨다.
- ㉢ 직렬 리액터 : 콘덴서 설비에서 발생하는 제5고조파를 제거한다.
- ㉣ 소호 리액터 : 1선 지락사고 시 지락전류를 억제하여 지락 시 발생하는 아크를 소멸시킨다.

24 3상 3선식 선로에 있어서 각 선의 대지정전용량이 C_s[μF/km], 선간정전용량이 C_m[μF/km]일 때 1선의 작용정전용량[μF/km]은?

출제빈도

① $2C_s + C_m$
② $C_s + 2C_m$
③ $3C_s + C_m$
④ $C_s + 3C_m$

해설 3상 3선식의 1선당 작용정전용량
$C = C_s + 3C_m$[μF/km]
여기서, C_s : 대지정전용량[μF/km]
C_m : 선간정전용량[μF/km]

25 다음 중 차폐재가 아닌 것은?

① 물 ② 콘크리트
③ 납 ④ 스테인리스

해설 차폐재는 원자로 내부의 방사선이 외부로 누출되는 것을 방지하는 역할을 하며, 그 종류에는 콘크리트, 물, 납이 있다.

26 배전선로의 전기방식 중 전선의 중량(전선비용)이 가장 적게 소요되는 방식은? (단, 배전전압, 거리, 전력 및 선로 손실 등은 같다.)

① 단상 2선식 ② 단상 3선식
③ 3상 3선식 ④ 3상 4선식

해설 단상 2선식을 기준으로 동일한 조건이면 3상 4선식의 전선 중량이 제일 적다.

27 500[kVA]의 단상 변압기 상용 3대(결선 △–△), 예비 1대를 갖는 변전소가 있다. 부하의 증가로 인하여 예비 변압기까지 동원해서 사용한다면 응할 수 있는 최대 부하[kVA]는 약 얼마인가?

① 약 2,000 ② 약 1,730
③ 약 1,500 ④ 약 830

해설 500[kVA] 단상 변압기가 총 4대이므로 V결선으로 2뱅크로 운전하면
$P = 2 \times \sqrt{3}\, VI = 2 \times \sqrt{3} \times 500 \fallingdotseq 1{,}730$[kVA]

28 송수 양단의 전압을 E_S, E_R라 하고 4단자 정수를 A, B, C, D라 할 때 전력원선도의 반지름은?

출제빈도

① $\dfrac{E_S E_R}{A}$ ② $\dfrac{E_S E_R}{B}$
③ $\dfrac{E_S E_R}{C}$ ④ $\dfrac{E_S E_R}{D}$

정답 23.③ 24.④ 25.④ 26.④ 27.② 28.②

해설 전력원선도의 가로축에는 유효전력, 세로축에는 무효전력을 나타내고, 그 반지름은 $r = \frac{E_S E_R}{B}$ 이다.

29 영상 변류기를 사용하는 계전기는?

출제빈도

① 지락계전기 ② 차동계전기
③ 과전류 계전기 ④ 과전압 계전기

해설 영상 변류기(ZCT)는 전력 계통에 지락사고 발생 시 영상전류를 검출하여 과전류 지락계전기(OCGR), 선택지락계전기(SGR) 등을 동작시킨다.

30 송전 계통의 중성점을 접지하는 목적으로 틀린 것은?

출제빈도

① 지락 고장 시 전선로의 대지전위 상승을 억제하고 전선로와 기기의 절연을 경감시킨다.
② 소호 리액터 접지방식에서는 1선 지락 시 지락점 아크를 빨리 소멸시킨다.
③ 차단기의 차단용량을 증대시킨다.
④ 지락 고장에 대한 계전기의 동작을 확실하게 한다.

해설 중성점 접지 목적
- 대지전압을 증가시키지 않고, 이상전압의 발생을 억제하여 전위 상승을 방지
- 전선로 및 기기의 절연 수준 경감(저감 절연)
- 고장 발생 시 보호계전기의 신속하고 정확한 동작을 확보
- 소호 리액터 접지에서는 1선 지락전류를 감소시켜 유도장해 경감
- 계통의 안정도 증진

31 특고압 25.8[kV], 60[Hz] 차단기의 정격차단시간의 표준은 몇 [cycle/s]인가?

① 1 ② 2
③ 5 ④ 10

해설 차단기 정격전압과 정격차단시간

공칭전압[kV]	정격전압[kV]	정격차단시간[cycle/s]
22.9	25.8	5
66	72.5	5
154	170	3
345	362	3

32 다음 중 송전선로의 코로나 임계전압이 높아지는 경우가 아닌 것은?

출제빈도

① 날씨가 맑다.
② 기압이 높다.
③ 상대공기밀도가 낮다.
④ 전선의 반지름과 선간거리가 크다.

해설 코로나 임계전압 $E_0 = 24.3\, m_0 m_1 \delta d \log_{10}\frac{D}{r}$ [kV]이므로 상대공기밀도(δ)가 높아야 한다.
코로나를 방지하려면 임계전압을 높여야 하므로 전선 굵기를 크게 하고, 전선 간 거리를 증가시켜야 한다.

33 전력용 퓨즈는 주로 어떤 전류의 차단을 목적으로 사용하는가?

출제빈도

① 지락전류 ② 단락전류
③ 과도전류 ④ 과부하 전류

해설 전력퓨즈는 단락전류 차단용으로 사용되며 차단 특성이 양호하고 보수가 간단하다는 장점이 있으나 재사용할 수 없고, 과도전류에 동작할 우려가 있으며, 임의의 동작 특성을 얻을 수 없는 단점이 있다.

34 송전단 전압을 V_s, 수전단 전압을 V_r, 선로의 리액턴스를 X라 할 때 정상 시의 최대 송전전력의 개략적인 값은?

① $\frac{V_s - V_r}{X}$ ② $\frac{V_s^2 - V_r^2}{X}$
③ $\frac{V_s(V_s - V_r)}{X}$ ④ $\frac{V_s \cdot V_r}{X}$

정답 29.① 30.③ 31.③ 32.③ 33.② 34.④

해설
송전용량 $P_s = \frac{V_s \cdot V_r}{X} \sin\delta$ [MW]

최대 송전전력 $P_s = \frac{V_s \cdot V_r}{X}$ [MW]

35 다음은 원자로에서 흔히 핵연료 물질로 사용되고 있는 것들이다. 이 중에서 열 중성자에 의해 핵분열을 일으킬 수 없는 물질은?

① U^{235} ② U^{238}
③ U^{233} ④ PU^{239}

해설 원자력발전용 핵연료 물질
U^{233}, U^{235}, PU^{239}가 있다.

36 원자로에서 카드뮴(cd) 막대가 하는 일을 옳게 설명한 것은?

① 원자로 내에 중성자를 공급한다.
② 원자로 내에 중성자운동을 느리게 한다.
③ 원자로 내의 핵분열을 일으킨다.
④ 원자로 내에 중성자수를 감소시켜 핵분열의 연쇄반응을 제어한다.

해설 중성자의 수를 감소시켜 핵분열 연쇄반응을 제어하는 것을 제어재라 하며 카드뮴(cd), 붕소(B), 하프늄(Hf) 등이 이용된다.

37 3상용 차단기의 정격전압은 170[kV]이고 정격차단전류가 50[kA]일 때 차단기의 정격차단용량은 약 몇 [MVA]인가?

① 5,000 ② 10,000
③ 15,000 ④ 20,000

해설 차단기 차단용량[MVA]
$P_s = \sqrt{3}$ 정격전압[kV] × 정격차단전류[kA]
$\therefore P_s = \sqrt{3} \times 170 \times 50$
$= 14722.85$[MVA] ≒ 15,000[MVA]

38 송전선로에서의 고장 또는 발전기 탈락과 같은 큰 외란에 대하여 계통에 연결된 각 동기기가 동기를 유지하면서 계속 안정적으로 운전할 수 있는지를 판별하는 안정도는?

① 정태 안정도 ② 동태 안정도
③ 전압 안정도 ④ 과도 안정도

해설 안정도의 종류
- 정태 안정도 : 정상운전 상태의 운전 지속 능력
- 동태 안정도 : AVR로 한계를 향상시킨 능력
- 과도 안정도 : 사고 시 운전할 수 있는 능력

39 배전선의 전압조정장치가 아닌 것은?

출제빈도

① 승압기
② 리클로저
③ 유도전압조정기
④ 주상 변압기 탭절환장치

해설 리클로저(recloser)는 선로에 고장이 발생하였을 때 고장전류를 검출하여 지정된 시간 내에 고속차단하고 자동 재폐로 동작을 수행하여 고장구간을 분리하거나 재송전하는 장치이므로 전압조정장치가 아니다.

40 애자가 갖추어야 할 구비조건으로 옳은 것은?

출제빈도

① 온도의 급변에 잘 견디고 습기도 잘 흡수하여야 한다.
② 지지물에 전선을 지지할 수 있는 충분한 기계적 강도를 갖추어야 한다.
③ 비, 눈, 안개 등에 대해서도 충분한 절연저항을 가지며 누설전류가 많아야 한다.
④ 선로전압에는 충분한 절연내력을 가지며, 이상전압에는 절연내력이 매우 작아야 한다.

정답 35.② 36.④ 37.③ 38.④ 39.② 40.②

해설 애자의 구비조건
- 충분한 기계적 강도를 가질 것
- 각종 이상전압에 대해서 충분한 절연내력 및 절연저항을 가질 것
- 비, 눈 등에 대해 전기적 표면저항을 가지고 누설전류가 적을 것
- 송전전압하에서는 코로나 방전을 일으키지 않고 일어나더라도 파괴되거나 상처를 남기지 않을 것
- 온도 및 습도 변화에 잘 견디고 수분을 흡수하지 말 것
- 내구성이 있고 가격이 저렴할 것

제3과목 전기기기

41 동기 발전기의 3상 단락 곡선에서 나타내는 관계로 옳은 것은?

① 계자 전류와 단자 전압
② 계자 전류와 부하 전류
③ 부하 전류와 단자 전압
④ 계자 전류와 단락 전류

해설 동기 발전기의 3상 단락 곡선은 3상 단락 상태에서 계자 전류가 증가할 때 단락 전류의 변화를 나타낸 곡선이다.

42 비례 추이를 하는 전동기는?

출제빈도

① 단상 유도 전동기
② 권선형 유도 전동기
③ 동기 전동기
④ 정류자 전동기

해설 3상 권선형 유도 전동기의 2차측에 슬립링을 통하여 외부에서 저항을 접속하고, 합성 저항을 변화시킬 때 전동기의 토크, 입력 및 전류가 비례하여 이동하는 현상을 비례 추이라고 한다.

43 변압기의 부하와 전압이 일정하고 주파수가 높아지면?

출제빈도

① 철손 증가
② 동손 증가
③ 동손 감소
④ 철손 감소

해설 변압기 철손의 대부분은 히스테리시스 손실 때문이며 공급전압이 일정한 경우 히스테리시스 손실은 주파수에 반비례한다. 따라서 주파수가 높아지면 철손은 감소한다.

44 4극, 7.5[kW], 200[V], 60[Hz]인 3상 유도 전동기가 있다. 전부하에서 2차 입력이 7,950[W]이다. 이 경우에 2차 효율[%]은 얼마인가? (단, 기계손은 130[W]이다.)

① 93　② 94
③ 95　④ 96

해설 2차 입력 $P_2 = P + P_{2c} + \text{기계손}$

2차 동손 $P_{2c} = P_2 - P - \text{기계손}$

$= 7,950 - 7,500 - 130 = 320[\text{W}]$

슬립 $s = \dfrac{P_{2c}}{P_2} = \dfrac{320}{7,950} \fallingdotseq 0.04$

2차 효율 $\eta_2 = (1-s) \times 100 = (1-0.04) \times 100$

$= 96[\%]$

45 단상 유도 전동기에서 2전동기설(two motor theory)에 관한 설명 중 틀린 것은?

① 시계 방향 회전 자계와 반시계 방향 회전 자계가 두 개 있다.
② 1차 권선에는 교번 자계가 발생한다.
③ 2차 권선 중에는 sf_1과 $(2-s)f_1$ 주파수가 존재한다.
④ 기동 시 토크는 정격 토크의 $\dfrac{1}{2}$이 된다.

정답 41.④ 42.② 43.④ 44.④ 45.④

해설 단상 유도 전동기의 1차 권선에서 발생하는 교번 자계를 시계 방향 회전 자계와 반시계 방향 회전 자계로 나누어 서로 다른 2개의 유도 전동기가 직결된 것으로 해석하는 것을 2전동기설이라 하며 단상 유도 전동기는 기동 토크가 없다.

46 **5[kVA]의 단상 변압기 3대를 △결선하여 급전하고 있는 경우 1대가 소손되어 나머지 2대로 급전하게 되었다. 2대의 변압기로 과부하를 10[%]까지 견딜 수 있다고 하면 2대가 분담할 수 있는 최대 부하는 약 몇 [kVA]인가?**

① 5
② 8.6
③ 9.5
④ 15

해설 V결선 출력 $P_V = \sqrt{3}P_1$
10% 과부하 할 수 있으므로
최대 부하 $P_V = \sqrt{3}P_1(1+0.1)$
$= \sqrt{3} \times 5 \times 1.1 \fallingdotseq 9.526$[kVA]

47 **IGBT(Insulated Gate Bipolar Transistor)에 대한 설명으로 틀린 것은?**

① MOSFET와 같이 전압 제어 소자이다.
② GTO 사이리스터와 같이 역방향 전압 저지 특성을 갖는다.
③ 게이트와 이미터 사이의 입력 임피던스가 매우 낮아 BJT보다 구동하기 쉽다.
④ BJT처럼 On-drop이 전류에 관계없이 낮고 거의 일정하며, MOSFET보다 훨씬 큰 전류를 흘릴 수 있다.

해설 IGBT는 MOSFET의 고속 스위칭과 BJT의 고전압 대전류 처리 능력을 겸비한 역전압 제어용 소자로 게이트와 이미터 사이의 임피던스가 크다.

48 **정류자형 주파수 변환기의 특성이 아닌 것은?**

① 유도 전동기의 2차 여자용 교류 여자기로 사용된다.
② 회전자는 정류자와 3개의 슬립링으로 구성되어 있다.
③ 정류자 위에는 한 개의 자극마다 전기각 $\frac{\pi}{3}$ 간격으로 3조의 브러시로 구성되어 있다.
④ 회전자는 3상 회전 변류기의 전기자와 거의 같은 구조이다.

해설 정류자형 주파수 변환기는 유도 전동기의 2차 여자를 하기 위한 교류 여자기로 사용되며, 자극마다 전기각 $\frac{2\pi}{3}$ 간격으로 3조의 브러시가 있다.

49 **타여자 직류 전동기의 속도 제어에 사용되는 워드 레오나드(Ward Leonard) 방식은 다음 중 어느 제어법을 이용한 것인가?**

출제빈도

① 저항 제어법
② 전압 제어법
③ 주파수 제어법
④ 직·병렬 제어법

해설 직류 전동기의 속도 제어에서 전압 제어법은 워드레오나드(Ward Leonard)방식과 일그너(Illgner) 방식이 있다.

50 **서보 모터의 특징에 대한 설명으로 틀린 것은?**

① 발생 토크는 입력 신호에 비례하고, 그 비가 클 것
② 직류 서보 모터에 비하여 교류 서보 모터의 시동 토크가 매우 클 것
③ 시동 토크는 크나, 회전부의 관성 모멘트가 작고, 전기력 시정수가 짧을 것
④ 빈번한 시동, 정지, 역전 등의 가혹한 상태에 견디도록 견고하고, 큰 돌입 전류에 견딜 것

정답 46.③ 47.③ 48.③ 49.② 50.②

해설 서보 모터(Servo motor)는 위치, 속도 및 토크 제어용 모터로 시동 토크는 크고, 관성 모멘트가 작으며 교류 서보 모터에 비하여 직류 서보 모터의 기동 토크가 크다.

51 200[kW], 200[V]의 직류 분권 발전기가 있다. 전기자 권선의 저항이 0.025[Ω]일 때 전압 변동률은 몇 [%]인가?

① 6.0　② 12.5
③ 20.5　④ 25.0

해설
부하 전류 $I=\dfrac{P}{V}=\dfrac{200\times10^3}{200}=1{,}000[\text{A}]$

유기 기전력 $E=V+I_aR_a=200+1{,}000\times0.025=225[\text{V}]$

전압 변동률 $\varepsilon=\dfrac{V_o-V_n}{V_n}\times100=\dfrac{E-V}{V}\times100=\dfrac{225-200}{200}\times100=12.5[\%]$

52 직류 발전기의 유기 기전력이 230[V], 극수가 4, 정류자 편수가 162인 정류자 편간 평균 전압은 약 몇 [V]인가? (단, 권선법은 중권이다.)

① 5.68　② 6.28
③ 9.42　④ 10.2

해설 정류자 편간 전압

$e_s=2e=\dfrac{PE}{K}=\dfrac{4\times230}{162}\fallingdotseq5.68[\text{V}]$

53 출력이 20[kW]인 직류 발전기의 효율이 80[%]이면 전 손실은 약 몇 [kW]인가? (출제빈도)

① 0.8
② 1.25
③ 2.5
④ 5

해설
효율 $\eta=\dfrac{P}{P+P_l}\times100$

$80=\dfrac{20}{20+P_l}\times100$

손실 $P_l=\dfrac{20}{0.8}-20=5[\text{kW}]$

54 무부하의 장거리 송전 선로에 동기 발전기를 접속하는 경우 송전 선로의 자기 여자 현상을 방지하기 위해서 동기 조상기를 사용하였다. 이때 동기 조상기의 계자 전류를 어떻게 하여야 하는가? (출제빈도)

① 계자 전류를 0으로 한다.
② 부족 여자로 한다.
③ 과여자로 한다.
④ 역률이 1인 상태에서 일정하게 한다.

해설 동기 발전기의 자기 여자 현상은 진상 전류에 의해 무부하 단자 전압이 정격 전압보다 높아지는 것으로 동기 조상기를 부족 여자로 운전하면 리액터 작용을 하여 자기 여자 현상을 방지할 수 있다.

55 정격이 같은 2대의 단상 변압기 1,000[kVA]의 임피던스 전압은 각각 8[%]와 7[%]이다. 이것을 병렬로 하면 몇 [kVA]의 부하를 걸 수가 있는가? (출제빈도)

① 1,865
② 1,870
③ 1,875
④ 1,880

해설
부하 분담비 $\dfrac{P_a}{P_b}=\dfrac{\%Z_b}{\%Z_a}\cdot\dfrac{P_A}{P_B}$

$P_A=P_B$이면 $\dfrac{P_a}{P_b}=\dfrac{\%Z_b}{\%Z_a}$

$P_a=\dfrac{\%Z_b}{\%Z_a}P_b=\dfrac{7}{8}\times1{,}000=875[\text{kVA}]$

합성 부하 분담 용량 $P_o=P_a+P_b=875+1{,}000=1{,}875[\text{kVA}]$

정답 51.② 52.① 53.④ 54.② 55.③

56 3상 전원을 이용하여 2상 전압을 얻고자 할 때 사용하는 결선 방법은?

출제빈도

① Scott 결선 ② Fork 결선
③ 환상 결선 ④ 2중 3각 결선

해설 상(phase)수 변환 방법(3상 → 2상 변환)
- 스코트(Scott) 결선
- 메이어(Meyer) 결선
- 우드 브리지(Wood bridge) 결선

57 Y결선 3상 동기 발전기에서 극수 20, 단자 전압은 6,600[V], 회전수 360[rpm], 슬롯수 180, 2층권, 1개 코일의 권수 2, 권선 계수 0.9일 때 1극의 자속수는 얼마인가?

① 1.32 ② 0.663
③ 0.0663 ④ 0.132

해설
동기 속도 $N_s = \frac{120f}{P}$ [rpm]

주파수 $f = N_s \cdot \frac{P}{120} = 360 \times \frac{20}{120} = 60$[Hz]

1상 코일권수 $N = \frac{s \cdot \mu}{m} = \frac{180 \times 2}{3} = 120$[회]

유기 기전력 $E = 4.44fN\phi K_w = \frac{V}{\sqrt{3}}$[V]

극당 자속 $\phi = \frac{\frac{V}{\sqrt{3}}}{4.44fNK_w}$

$= \frac{\frac{6,600}{\sqrt{3}}}{4.44 \times 60 \times 120 \times 0.9}$

$\fallingdotseq 0.132$[Wb]

58 3상 직권 정류자 전동기의 중간 변압기의 사용 목적은?

① 역회전의 방지
② 역회전을 위하여
③ 전동기의 특성을 조정
④ 직권 특성을 얻기 위하여

해설 3상 직권 정류자 전동기의 중간 변압기 사용 목적은 다음과 같다.
- 회전자 전압을 정류 작용에 알맞은 값으로 선정
- 권수비 바꾸어 전동기의 특성 조정
- 경부하 시 속도의 상승 억제

59 변압기 결선 방식에서 △-△결선 방식의 특성이 아닌 것은?

① 중성점 접지를 할 수 없다.
② 110[kV] 이상 되는 계통에서 많이 사용되고 있다.
③ 외부에 고조파 전압이 나오지 않으므로 통신 장해의 염려가 없다.
④ 단상 변압기 3대 중 1대의 고장이 생겼을 때 2대로 V결선하여 송전할 수 있다.

해설 변압기의 △-△결선 방식의 특성은 운전 중 1대 고장 시 2대로 V결선, 통신 유도 장해 염려가 없고, 중성점 접지 할 수 없으므로 33[kV] 이하의 배전계통의 변압기 결선에 유효하다.

60 직류기의 전기자 권선에 있어서 m중 중권일 때 내부 병렬 회로수는 어떻게 되는가?

① $a = \frac{p}{m}$

② $a = mp$

③ $a = p - m$

④ $a = \frac{m}{p}$

해설 직류기의 전기자 권선법에서
- 단중 중권의 경우 병렬 회로수 $a = p$(극수)
- 다중 중권의 경우 병렬 회로수 $a = mp$
  (m : 다중도)

정답 56.① 57.④ 58.③ 59.② 60.②

제4과목 회로이론

61 다음 회로에서 10[Ω]의 저항에 흐르는 전류 [A]는?

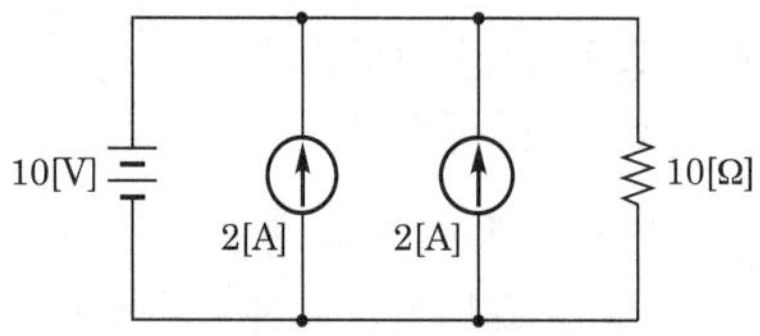

① 5　② 4
③ 2　④ 1

해설 중첩의 정리에 의해 10[Ω]에 흐르는 전류
- 10[V] 전압원 존재 시 : 전류원은 개방
  $I_1 = \frac{10}{10} = 1[A]$
- 4[A] 전류원 존재 시 : 전압원은 단락
  $I_2 = 0[A]$

$\therefore\ I = I_1 + I_2 = 1[A]$

62 $F(s) = \frac{3s+10}{s^3+2s^2+5s}$ 일 때 $f(t)$의 최종값은?

① 0　② 1
③ 2　④ 8

해설 최종값 정리에 의해

$\lim_{s \to 0} s \cdot F(s) = \lim_{s \to 0} s \cdot \frac{3s+10}{s(s^2+2s+5)} = \frac{10}{5} = 2$

63 $t^2 e^{at}$의 라플라스 변환은?

① $\frac{1}{(s-a)^2}$　② $\frac{2}{(s-a)^2}$
③ $\frac{1}{(s-a)^3}$　④ $\frac{2}{(s-a)^3}$

해설 $\mathcal{L}[t^n e^{-at}] = \frac{n!}{(s+a)^{n+1}}$

$\therefore\ \mathcal{L}[t^2 e^{at}] = \frac{2}{(s-a)^3}$

64 주어진 회로에 $Z_1 = 3 + j10[\Omega]$, $Z_2 = 3 - j2[\Omega]$이 직렬로 연결되어 있다. 회로 양단에 $V = 100\underline{/0°}$의 전압을 가할 때 Z_1과 Z_2에 인가되는 전압의 크기는?

① $V_1 = 98 + j36$, $V_2 = 2 + j36$
② $V_1 = 98 + j36$, $V_2 = 2 - j36$
③ $V_1 = 98 - j36$, $V_2 = 2 - j36$
④ $V_1 = 98 - j36$, $V_2 = 2 + j36$

해설 합성 임피던스

$Z = Z_1 + Z_2 = (3+j10) + (3-j2) = 6 + j8[\Omega]$

전류 $I = \frac{V}{Z} = \frac{100}{6+j8} = \frac{100(6-j8)}{(6+j8)(6-j8)} = 6 - j8$

$\therefore\ V_1 = Z_1 I = (3+j10)(6-j8) = 98 + j36$

$V_2 = Z_2 I = (3-j2)(6-j8) = 2 - j36$

65 다음의 대칭 다상 교류에 의한 회전자계 중 잘못된 것은?

① 대칭 3상 교류에 의한 회전자계는 원형 회전자계이다.
② 대칭 2상 교류에 의한 회전자계는 타원형 회전자계이다.
③ 3상 교류에서 어느 두 코일의 전류의 상순은 바꾸면 회전자계의 방향도 바뀐다.
④ 회전자계의 회전 속도는 일정 각속도 ω 이다.

해설 대칭 2상 교류에 의한 회전자계는 단상 교류가 되므로 교번자계가 된다.

정답 61.④ 62.③ 63.④ 64.② 65.②

66 그림에서 저항 20[Ω]에 흐르는 전류는 몇 [A]인가?

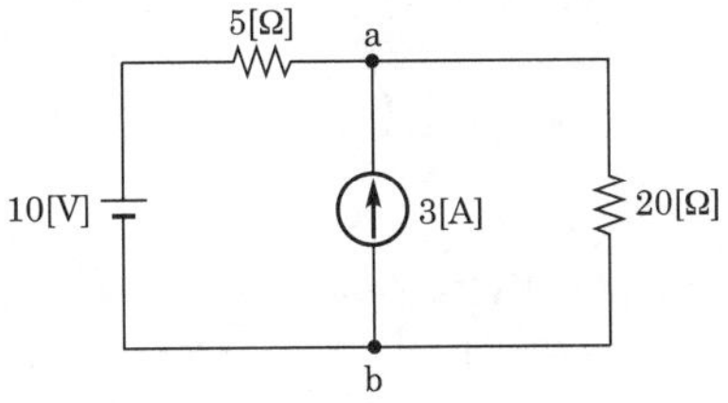

① 0.4 ② 1
③ 3 ④ 3.4

해설 • 10[V] 전압원 존재 시 : 전류원 3[A] 개방

$I_1 = \frac{10}{5+20} = \frac{10}{25}$[A]

• 3[A] 전류원 존재 시 : 전압원 10[V] 단락

$I_2 = \frac{5}{5+20} \times 3 = \frac{15}{25}$[A]

$\therefore\ I = I_1 + I_2 = 1$[A]

67 $i = 20\sqrt{2}\sin\left(377t - \frac{\pi}{6}\right)$[A]인 파형의 주파수는 몇 [Hz]인가?

① 50 ② 60
③ 70 ④ 80

해설 순시치의 기본 형태

$i = I_m \sin(\omega t \pm \theta)$에서

$\omega = 377$[rad/s]

각주파수 $\omega = 2\pi f$이므로

$\therefore\ f = \frac{\omega}{2\pi} = \frac{377}{2\pi} \fallingdotseq 60$[Hz]

68 불평형 3상 전류 $I_a = 15 + j2$[A], $I_b = -20 - j14$[A], $I_c = -3 + j10$[A]일 때의 영상 전류 I_0[A]는?

① $2.67 + j0.36$ ② $-2.67 - j0.67$
③ $15.7 - j3.25$ ④ $1.91 + j6.24$

해설 $I_0 = \frac{1}{3}(I_a + I_b + I_c)$

$= \frac{1}{3}\{(15 + j2) + (-20 - j14) + (-3 + j10)\}$

$= -2.67 - j0.67$[A]

69 각 상의 임피던스가 $Z = 6 + j8$[Ω]인 평형 Y부하에 선간전압 220[V]인 대칭 3상 전압이 가해졌을 때 선전류는 약 몇 [A]인가?

① 11.7 ② 12.7
③ 13.7 ④ 14.7

해설 선전류 $I_l = I_p = \frac{V_p}{Z} = \frac{\frac{220}{\sqrt{3}}}{\sqrt{8^2 + 6^2}} \fallingdotseq 12.7$[A]

70 3상 회로에 있어서 대칭분 전압이 $V_0 = -8 + j3$[V], $V_1 = 6 - j8$[V], $V_2 = 8 + j12$[V]일 때 a상의 전압[V]은?

① $6 + j7$
② $-32.3 + j2.73$
③ $2.3 + j0.73$
④ $2.3 - j0.73$

해설 $V_a = V_0 + V_1 + V_2$

$= (-8 + j3) + (6 - j8) + (8 + j12) = 6 + j7$[V]

71 비정현파를 여러 개의 정현파의 합으로 표시하는 방법은?

① 키르히호프의 법칙
② 노턴의 정리
③ 푸리에 분석
④ 테일러의 분석

해설 푸리에 급수
비정현파를 여러 개의 정현파의 합으로 표시한다.

정답 66.② 67.② 68.② 69.② 70.① 71.③

72 그림과 같은 회로에서 $t=0$의 시각에 스위치 S를 닫을 때 전류 $i(t)$의 라플라스 변환 $I(s)$는? (단, $V_C(0)=1$[V]이다.)

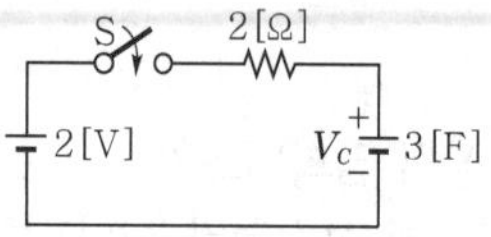

① $\dfrac{3s}{6s+1}$　② $\dfrac{3}{6s+1}$

③ $\dfrac{6}{6s+1}$　④ $\dfrac{-s}{6s+1}$

해설

전류 $i(t)=\dfrac{V-V_c(0)}{R}e^{-\frac{1}{R_c}t}=\dfrac{2-1}{2}e^{-\frac{1}{2\times3}t}$

$=\dfrac{1}{2}e^{-\frac{1}{6}t}$

$\therefore$ Laplace 변환 $I(s)=\dfrac{1}{2}\times\dfrac{1}{s+\dfrac{1}{6}}=\dfrac{3}{6s+1}$

73 그림과 같은 회로의 2단자 임피던스 $Z(s)$는? (단, $s=j\omega$)

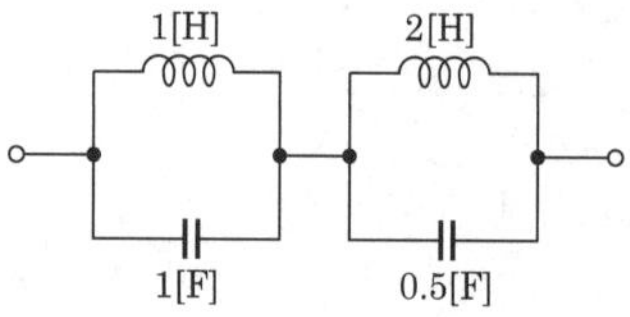

① $\dfrac{s}{s^2+1}$　② $\dfrac{0.5s}{s^2+1}$

③ $\dfrac{3s}{s^2+1}$　④ $\dfrac{2s}{s^2+1}$

해설

$$Z(s)=\frac{s\cdot\frac{1}{s}}{s+\frac{1}{s}}+\frac{2s\cdot\frac{2}{s}}{2s+\frac{2}{s}}=\frac{s}{s^2+1}+\frac{2s}{s^2+1}$$

$$=\frac{3s}{s^2+1}$$

74 그림과 같은 회로에서 각 분로 전류가 각각 $i_L=3-j6$[A], $i_C=5+j2$[A]일 때 전원에서의 역률은?

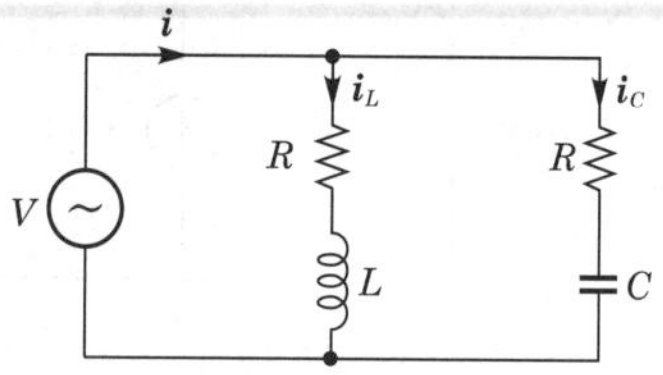

① $\dfrac{1}{\sqrt{17}}$　② $\dfrac{4}{\sqrt{17}}$

③ $\dfrac{1}{\sqrt{5}}$　④ $\dfrac{2}{\sqrt{5}}$

해설 합성 전류

$i=i_L+i_C=(3-j6)+(5+j2)=8-j4$[A]

$\cos\theta=\dfrac{I_R}{I}=\dfrac{8}{\sqrt{8^2+4^2}}=\dfrac{8}{\sqrt{80}}$

$=\dfrac{2\times4}{\sqrt{5}\times\sqrt{16}}=\dfrac{2}{\sqrt{5}}$

75 (출제빈도) 전압 200[V], 전류 50[A]로 6[kW]의 전력을 소비하는 회로의 리액턴스[Ω]는?

① 3.2　② 2.4

③ 6.2　④ 4.4

해설 무효전력 $P_r=I^2X$

$\therefore X=\dfrac{\sqrt{P_a^{\,2}-P^2}}{I^2}$

$=\dfrac{\sqrt{(200\times50)^2-(6\times10^3)^2}}{50^2}$

$=3.2$[Ω]

76 (출제빈도) 구형파의 파형률과 파고율은?

① 1, 0　② 2, 0

③ 1, 1　④ 0, 1

정답 72.② 73.③ 74.④ 75.① 76.③

해설 구형파는 평균값·실효값·최댓값이 같으므로 파형률 $= \frac{실효값}{평균값}$, 파고율 $= \frac{최댓값}{실효값}$ 이므로 구형파는 파형률, 파고율이 모두 1이 된다.

77 그림과 같은 T형 회로의 임피던스 파라미터 Z_{11}을 구하면?

출제빈도

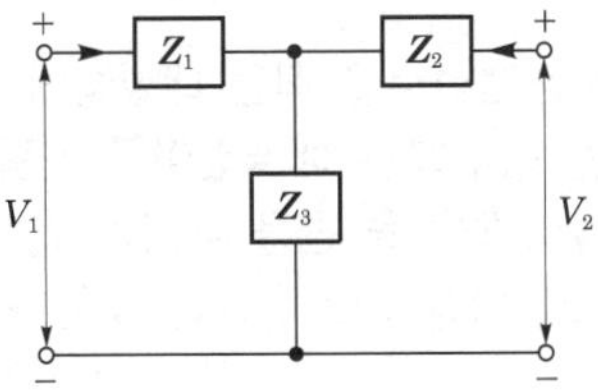

① Z_3
② $Z_1 + Z_2$
③ $Z_2 + Z_3$
④ $Z_1 + Z_3$

해설
$$Z_{11} = \left.\frac{V_1}{I_1}\right|_{I_2=0}$$
즉, 출력 단자를 개방하고 입력측에서 본 개방 구동점 임피던스이므로
$Z_{11} = Z_1 + Z_3[\Omega]$

78 코일에 단상 100[V]의 전압을 가하면 30[A]의 전류가 흐르고 1.8[kW]의 전력을 소비한다고 한다. 이 코일과 병렬로 콘덴서를 접속하여 회로의 합성 역률을 100[%]로 하기 위한 용량 리액턴스는 약 몇 [Ω]인가?

① 1.2
② 2.6
③ 3.2
④ 4.2

해설 $P_r = \sqrt{P_a^2 - P^2}$ [Var]
$= \sqrt{(100 \times 30)^2 - 1,800^2}$
$= 2,400$[Var]
$\therefore X_C = \frac{V^2}{P_r} = \frac{100^2}{2,400} = 4.166 ≒ 4.2[\Omega]$

79 $R-L-C$ 직렬회로에서 $R=100[\Omega]$, $L=0.1\times10^{-3}$[H], $C=0.1\times10^{-6}$[F]일 때 이 회로는?

출제빈도

① 진동적이다.
② 비진동이다.
③ 정현파 진동이다.
④ 진동일 수도 있고 비진동일 수도 있다.

해설 진동 여부 판별식
$$R^2 - 4\frac{L}{C} = 100^2 - 4\frac{0.1\times10^{-3}}{0.1\times10^{-6}} > 0$$
∴ 비진동

80 반파 대칭의 왜형파 푸리에 급수에서 옳게 표현된 것은? (단, $f(t) = \sum_{n=1}^{\infty} a_n \sin n\omega t + a_0 + \sum_{n=1}^{\infty} b_n \cos n\omega t$ 라 한다.)

① $a_0 = 0$, $b_n = 0$이고, 홀수항의 a_n만 남는다.
② $a_0 = 0$이고, a_n 및 홀수항의 b_n만 남는다.
③ $a_0 = 0$이고, 홀수항의 a_n, b_n만 남는다.
④ $a_0 = 0$이고, 모든 고조파분의 a_n, b_n만 남는다.

해설 반파 대칭의 특징
$f(t)$식에서 직류 성분 $a_0 = 0$
홀수항의 sin, cos항 존재. 즉, a_n, b_n 계수가 존재한다.

정답 77.④ 78.④ 79.② 80.③

제5과목 전기설비기술기준

81 저압 가공전선로 또는 고압 가공전선로(전기철도용 급전선로는 제외한다.)와 기설 가공 약전류 전선로가 병행하는 경우에는 유도작용에 의하여 통신상의 장해가 생기지 않도록 전선과 기설 약전류 전선 간의 이격거리는 몇 [m] 이상이어야 하는가?

① 2
② 4
③ 6
④ 8

해설 가공 약전류 전선로의 유도장해 방지(KEC 332.1)
- 고·저압 가공전선로와 병행하는 경우 : 약전류 전선과 2[m] 이상 이격시킨다.
- 가공 약전류 전선에 장해를 줄 우려가 있는 경우
  - 이격거리를 증가시킬 것
  - 교류식인 경우는 가공전선을 적당한 거리로 연가한다.
  - 인장강도 5.26[kN] 이상의 것 또는 직경 4[mm]의 경동선을 2가닥 이상 시설하고 접지공사를 한다.

82 수상 전선로의 시설기준으로 옳은 것은?

① 사용전압이 고압인 경우에는 클로로프렌 캡타이어 케이블을 사용한다.
② 수상 전선로에 사용하는 부대(浮臺)는 쇠사슬 등으로 견고하게 연결한다.
③ 고압인 경우에는 전로에 지락이 생겼을 때에 수동으로 전로를 차단하기 위한 장치를 시설하여야 한다.
④ 수상 전선로의 전선은 부대의 아래에 지지하여 시설하고 또한 그 절연피복을 손상하지 아니하도록 시설할 것

해설 수상 전선로의 시설(KEC 335.3)
사용하는 전선
- 저압 : 클로로프렌 캡타이어 케이블
- 고압 : 고압용 캡타이어 케이블
- 부대(浮臺)는 쇠사슬 등으로 견고하게 연결
- 지락이 생겼을 때에 자동적으로 전로를 차단
- 전선은 부대의 위에 지지하여 시설하고 또한 그 절연피복을 손상하지 아니하도록 시설

83 지중전선로를 직접 매설식에 의하여 시설하는 경우에는 매설깊이를 차량 기타의 중량물의 압력을 받을 우려가 있는 장소에는 몇 [m] 이상 시설하여야 하는가?

① 1[m]
② 1.2[m]
③ 1.5[m]
④ 1.8[m]

해설 지중전선로의 시설(KEC 334.1)
- 케이블 사용
- 관로식, 암거식, 직접 매설식
- 매설깊이
  - 관로식, 직매식 : 1[m] 이상
  - 중량물의 압력을 받을 우려가 없는 곳 : 0.6[m] 이상

84 배선공사 중 전선이 반드시 절연전선이 아니라도 상관없는 공사는?

① 금속관 공사 ② 애자공사
③ 합성수지관 공사 ④ 플로어덕트 공사

해설 나전선의 사용 제한(KEC 231.4)
나전선 사용 가능한 경우
- 애자공사
  - 전기로용 전선
  - 전선의 피복 절연물이 부식하는 장소
  - 취급자 이외의 자가 출입할 수 없도록 설비한 장소
- 버스 덕트 공사 및 라이팅 덕트 공사
- 접촉전선

정답 81.① 82.② 83.① 84.②

85 옥내의 네온방전등 공사의 방법으로 옳은 것은?

① 전선 상호간의 이격거리는 5[cm] 이상일 것
② 관등회로의 배선은 애자공사로 시설하여야 한다.
③ 전선의 지지점간의 거리는 2[m] 이하로 할 것
④ 관등회로의 배선은 점검할 수 없는 은폐된 장소에 시설할 것

해설 네온방전등(KEC 234.12)
- 전로의 대지전압 300[V] 이하
- 네온변압기는 2차측을 직렬 또는 병렬로 접속하여 사용하지 말 것
- 네온변압기를 우선 외에 시설할 경우는 옥외형 사용
- 관등회로의 배선은 애자공사로 시설
  - 네온전선 사용
  - 배선은 외상을 받을 우려가 없고 사람이 접촉될 우려가 없는 노출장소에 시설
  - 전선 지지점 간의 거리는 1[m] 이하
  - 전선 상호간의 이격거리는 60[mm] 이상

86 다음 그림에서 L_1은 어떤 크기로 동작하는 기기의 명칭인가?

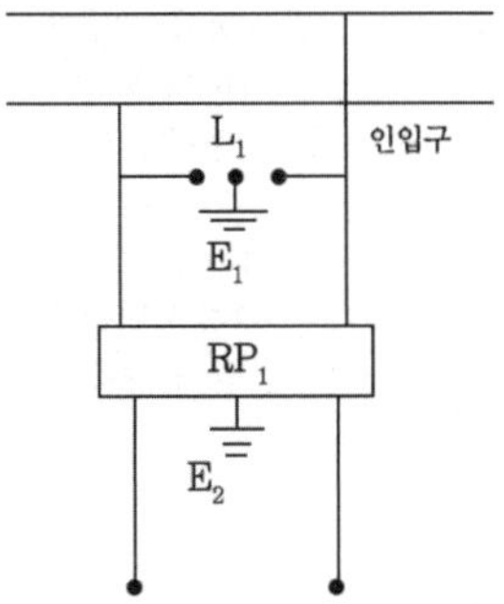

① 교류 1,000[V] 이하에서 동작하는 단로기
② 교류 1,000[V] 이하에서 동작하는 피뢰기
③ 교류 1,500[V] 이하에서 동작하는 단로기
④ 교류 1,500[V] 이하에서 동작하는 피뢰기

해설 특고압 가공전선로 첨가설치 통신선의 시가지 인입 제한(KEC 362.5)
보안장치의 표준
- RP_1 : 자복성 릴레이 보안기
- L_1 : 교류 1[kV] 이하에서 동작하는 피뢰기
- E_1 및 E_2 : 접지

87 사용전압이 400[V] 이하인 저압 가공전선은 절연전선인 경우 지름이 몇 [mm] 이상의 경동선이어야 하는가?

① 1.2[mm]
② 2.6[mm]
③ 3.2[mm]
④ 4.0[mm]

해설 전선의 세기·굵기 및 종류(KEC 222.5, 332.3)
- 전선의 종류
  - 저압 가공전선 : 절연전선, 다심형 전선, 케이블, 나전선(중성선에 한함)
  - 고압 가공전선 : 고압 절연전선, 특고압 절연전선 또는 케이블
- 전선의 굵기 및 종류
  - 400[V] 이하 : 인장강도 3.43[kN], 3.2[mm] (절연전선 인장강도 2.3[kN], 2.6[mm] 이상)
  - 400[V] 초과 저압 또는 고압 가공전선
    - 시가지 : 인장강도 8.01[kN] 또는 지름 5[mm] 이상
    - 시가지 외 : 인장강도 5.26[kN] 또는 지름 4[mm] 이상

88 저압 옥측 전선로의 공사에서 목조 조영물에 시설이 가능한 공사는?

① 연피 또는 알루미늄 케이블 공사
② 합성수지관 공사
③ 금속관 공사
④ 버스 덕트 공사

해설 저압 옥측 전선로 공사(KEC 221.2)
- 애자공사(전개된 장소에 한함)

정답 85.② 86.② 87.② 88.②

- 합성수지관 공사
- 금속관 공사(목조 이외의 조영물)
- 버스 덕트 공사(목조 이외의 조영물)
- 케이블 공사(연피 케이블, 알루미늄피 케이블 또는 무기물절연(MI) 케이블을 사용하는 경우에는 목조 이외의 조영물)

89 특고압 가공전선로의 경간은 지지물이 철탑인 경우 몇 [m] 이하이어야 하는가?

출제빈도

① 400
② 500
③ 600
④ 800

해설 특고압 가공전선로의 경간 제한(KEC 333.21)

지지물 종류	경간
목주 · A종	150[m] 이하
B종	250[m] 이하
철탑	600[m] 이하

90 다음 중 전기울타리의 시설에 관한 사항으로 옳지 않은 것은?

출제빈도

① 전원장치에 전기를 공급하는 전로의 사용전압은 250[V] 이하
② 사람이 쉽게 출입하지 아니하는 곳에 시설할 것
③ 전선은 인장강도 1.38[kN] 이상의 것 또는 지름 2[mm] 이상 경동선일 것
④ 전선과 수목 사이의 이격거리는 50[cm] 이상일 것

해설 전기울타리(KEC 241.1)
- 전기울타리는 사람이 쉽게 출입하지 아니하는 곳
- 사용전압 250[V] 이하
- 전선 : 인장강도 1.38[kN] 이상, 지름 2[mm] 이상 경동선
- 기둥과 이격거리 2.5[cm] 이상, 수목과 거리 30[cm]

91 전기철도의 설비를 보호하기 위해 시설하는 피뢰기의 시설기준으로 틀린 것은?

① 피뢰기는 변전소 인입측 및 급전선 인출측에 설치하여야 한다.
② 피뢰기는 가능한 한 보호하는 기기와 가깝게 시설하되 누설전류 측정이 용이하도록 지지대와 절연하여 설치한다.
③ 피뢰기는 개방형을 사용하고 유효 보호거리를 증가시키기 위하여 방전개시전압 및 제한전압이 낮은 것을 사용한다.
④ 피뢰기는 가공전선과 직접 접속하는 지중케이블에서 낙뢰에 의해 절연파괴의 우려가 있는 케이블 단말에 설치하여야 한다.

해설
- **피뢰기 설치장소(KEC 451.3)**
  - 다음의 장소에 피뢰기를 설치하여야 한다.
    - 변전소 인입측 및 급전선 인출측
    - 가공전선과 직접 접속하는 지중케이블에서 낙뢰에 의해 절연파괴의 우려가 있는 케이블 단말
  - 피뢰기는 가능한 한 보호하는 기기와 가깝게 시설하되 누설전류 측정이 용이하도록 지지대와 절연하여 설치한다.
- **피뢰기의 선정(KEC 451.4)**
  - 피뢰기는 밀봉형을 사용하고 유효 보호거리를 증가시키기 위하여 방전개시전압 및 제한전압이 낮은 것을 사용한다.
  - 유도뢰서지에 대하여 2선 또는 3선의 피뢰기 동시동작이 우려되는 변전소 근처의 단락전류가 큰 장소에는 속류차단능력이 크고 또한 차단성능이 회로조건의 영향을 받을 우려가 적은 것을 사용한다.

92 "리플프리(Ripple-free)직류"란 교류를 직류로 변환할 때 리플 성분의 실효값이 몇 [%] 이하로 포함된 직류를 말하는가?

출제빈도

① 3　② 5
③ 10　④ 15

정답 89.③ 90.④ 91.③ 92.③

해설 용어 정의(KEC 112)
"리플프리(Ripple-free) 직류"란 교류를 직류로 변환할 때 리플 성분의 실효값이 10[%] 이하로 포함된 직류를 말한다.

93 **전선로에 시설하는 기계기구 중에서 외함 접지공사를 생략할 수 없는 경우는?**

① 사용전압이 직류 300[V] 또는 교류 대지전압이 150[V] 이하인 기계기구를 건조한 곳에 시설하는 경우
② 정격감도전류 40[mA], 동작시간이 0.5초인 전류 동작형의 인체감전보호용 누전차단기를 시설하는 경우
③ 외함이 없는 계기용변성기가 고무·합성수지 기타의 절연물로 피복한 것일 경우
④ 철대 또는 외함의 주위에 적당한 절연대를 설치하는 경우

해설 기계기구의 철대 및 외함의 접지(KEC 142.7)
- 외함에는 접지공사
- 접지공사를 하지 아니해도 되는 경우
  - 사용전압이 직류 300[V], 교류 대지전압 150[V] 이하
  - 목재 마루, 절연성의 물질, 절연대, 고무 합성수지 등의 절연물, 2중 절연
  - 절연변압기(2차 전압 300[V] 이하, 정격용량 3[kVA] 이하)
  - 인체감전보호용 누전차단기 설치
    - 정격감도전류 30[mA] 이하(위험한 장소, 습기 15[mA])
    - 동작시간 0.03초 이하, 전류 동작형

94 **태양전지 모듈의 직렬군 최대개방전압이 직류 750[V] 초과 1,500[V] 이하인 시설장소는 다음에 따라 울타리 등의 안전조치로 알맞지 않은 것은?**

① 태양전지 모듈을 지상에 설치하는 경우 울타리·담 등을 시설하여야 한다.
② 태양전지 모듈을 일반인이 쉽게 출입할 수 있는 옥상 등에 시설하는 경우는 식별이 가능하도록 위험표시를 하여야 한다.
③ 태양전지 모듈을 일반인이 쉽게 출입할 수 없는 옥상·지붕에 설치하는 경우는 모듈 프레임 등 쉽게 식별할 수 있는 위치에 위험표시를 하여야 한다.
④ 태양전지 모듈을 주차장 상부에 시설하는 경우는 위험표시를 하지 않아도 된다.

해설 태양광발전설비설치장소의 요구사항 (KEC 521.1)
태양전지 모듈의 직렬군 최대개방전압이 직류 750[V] 초과 1,500[V] 이하인 시설장소는 다음에 따라 울타리 등의 안전조치를 하여야 한다.
- 태양전지 모듈을 지상에 설치하는 경우는 발전소 등의 울타리·담 등의 시설 규정에 의하여 울타리·담 등을 시설하여야 한다.
- 태양전지 모듈을 일반인이 쉽게 출입할 수 있는 옥상 등에 시설하는 경우는 고압용 기계기구의 시설 규정에 의하여 시설하여야 하고 식별이 가능하도록 위험표시를 하여야 한다.
- 태양전지 모듈을 일반인이 쉽게 출입할 수 없는 옥상·지붕에 설치하는 경우는 모듈 프레임 등 쉽게 식별할 수 있는 위치에 위험표시를 하여야 한다.
- 태양전지 모듈을 주차장 상부에 시설하는 경우는 보기 ②와 같이 시설하고 차량의 출입 등에 의한 구조물, 모듈 등의 손상이 없도록 하여야 한다.
- 태양전지 모듈을 수상에 설치하는 경우는 보기 ③과 같이 시설하여야 한다.

정답 93.② 94.④

95 가공전선로의 지지물에 사용하는 지선의 시설기준으로 옳은 것은?

① 지선의 안전율은 2.2 이상일 것
② 지선에 연선을 사용하는 경우 소선(素線) 3가닥 이상의 연선일 것
③ 도로를 횡단하여 시설하는 지선의 높이는 지표상 4[m] 이상일 것
④ 지중부분 및 지표상 20[cm]까지의 부분에는 내식성이 있는 것 또는 아연도금을 한 철봉을 사용하고 쉽게 부식되지 않는 근가에 견고하게 붙일 것

해설 지선의 시설(KEC 331.11)
- 지선의 안전율은 2.5 이상. 이 경우에 허용인장하중의 최저는 4.31[kN]
- 지선에 연선을 사용할 경우
  - 소선(素線) 3가닥 이상의 연선일 것
  - 소선의 지름이 2.6[mm] 이상의 금속선을 사용한 것일 것
- 지중부분 및 지표상 30[cm]까지의 부분에는 내식성이 있는 것 또는 아연도금을 한 철봉을 사용하고 쉽게 부식되지 아니하는 근가에 견고하게 붙일 것
- 철탑은 지선을 사용하여 그 강도를 분담시켜서는 아니 된다.
- 도로를 횡단하여 시설하는 지선의 높이는 지표상 5[m] 이상으로 하여야 한다.

96 전가섭선에 대하여 각 가섭선의 상정 최대 장력의 33[%]와 같은 불평균 장력의 수평 종분력에 의한 하중을 더 고려하여야 하는 철탑은?

① 직선형　② 각도형
③ 내장형　④ 보강형

해설 상시 상정하중(KEC 333.13)
불평균 장력에 의한 수평 종하중 가산
- 인류형 : 상정 최대 장력과 같은 불평균 장력
- 내장형 : 상정 최대 장력의 33[%]와 같은 불평균 장력의 수평 종분력
- 직선형 : 상정 최대 장력의 3[%]와 같은 불평균 장력의 수평 종분력
- 각도형 : 상정 최대 장력의 10[%]와 같은 불평균 장력의 수평 종분력

97 최대사용전압이 7,200[V]인 중성점 비접지식 전로의 절연내력시험전압은 몇 [V]인가?

① 9,000
② 10,500
③ 10,800
④ 14,400

해설 전로의 절연저항 및 절연내력(KEC 132)
시험전압 $V=7,200\times1.25=9,000$[V]로 10,500[V] 미만으로 되는 경우이므로 최저 시험전압은 10,500[V]로 한다.

98 직류 750[V]의 전차선과 차량 간의 최소 절연이격거리는 동적일 경우 몇 [mm]인가?

① 25
② 100
③ 150
④ 170

해설 전차선로의 충전부와 차량 간의 절연이격(KEC 431.3)

시스템 종류	공칭전압[V]	동적[mm]	정적[mm]
직류	750	25	25
	1,500	100	150
단상교류	25,000	170	270

99 옥외용 비닐절연전선을 사용한 저압 가공전선이 횡단보도교 위에 시설되는 경우에 그 전선의 노면상 높이는 몇 [m] 이상으로 하여야 하는가?

① 2.5　② 3.0
③ 3.5　④ 4.0

정답 95.② 96.③ 97.② 98.① 99.②

해설 저압 가공전선의 높이(KEC 222.7)
- 도로를 횡단하는 경우에는 지표상 6[m] 이상
- 철도 또는 궤도를 횡단하는 경우에는 레일면상 6.5[m] 이상
- 횡단보도교의 위에 시설하는 경우에는 저압 가공전선은 그 노면상 3.5[m](전선이 저압 절연전선·다심형 전선 또는 케이블인 경우에는 3[m]) 이상

100 발·변전소의 주요 변압기에 시설하지 않아도 되는 계측장치는?

출제빈도

① 역률계　　② 전압계
③ 전력계　　④ 전류계

해설 계측장치(KEC 351.6)
- 주요 변압기의 전압 및 전류 또는 전력, 특고압용 변압기의 온도
- 발전기의 베어링 및 고정자의 온도
- 동기검정장치

정답 100.①

memo

2022년 제1회 CBT 기출복원문제

2022. 3. 5. 시행

제1과목 전기자기학

01 단위 구면(單位球面)을 통해 나오는 전기력선의 수[개]는? (단, 구 내부의 전하량은 Q[C]이다.)

① 1　　② 4π

③ ε_0　　④ $\dfrac{Q}{\varepsilon_0}$

해설 Q[C]의 전하로부터 발산되는 전기력선의 수는

$N=\int_s \boldsymbol{E}\cdot dS=\dfrac{Q}{\varepsilon_0}$[개] (가우스 정리)

02 극판의 면적 $S=10[\text{cm}^2]$, 간격 $d=1[\text{mm}]$의 평행판 콘덴서에 비유전율 $\varepsilon_s=3$인 유전체를 채웠을 때, 전압 100[V]를 인가하면 축적되는 에너지[J]는?

① 2.1×10^{-7}　　② 0.3×10^{-7}

③ 1.3×10^{-7}　　④ 0.6×10^{-7}

해설 $C=\dfrac{\varepsilon_0\varepsilon_s}{d}S=\dfrac{3\times10\times10^{-4}}{36\pi\times10^9\times10^{-3}}=\dfrac{1}{12\pi}\times10^{-9}$[F]

$\therefore W=\dfrac{1}{2}CV^2=\dfrac{1}{2}\times\dfrac{1}{12\pi}\times10^{-9}\times100^2$

$=1.33\times10^{-7}$[J]

03 1권선의 코일에 5[Wb]의 자속이 쇄교하고 있을 때, $t=\dfrac{1}{100}$초 사이에 이 자속을 0으로 했다면 이때 코일에 유도되는 기전력은 몇 [V]이겠는가?

① 100　　② 250

③ 500　　④ 700

해설 $e=-N\dfrac{d\phi}{dt}=-1\times\dfrac{0-5}{10^{-2}}=500$[V]

04 길이 40[cm]인 철선을 정사각형으로 만들고 직류 5[A]를 흘렸을 때, 그 중심에서의 자계 세기[AT/m]는?

① 40　　② 45

③ 80　　④ 85

해설 40[cm]인 철선으로 정사각형을 만들면 한 변의 길이는 10[cm]이므로

$H=\dfrac{2\sqrt{2}\,I}{\pi l}=\dfrac{2\sqrt{2}\times5}{\pi\times0.1}=45$[AT/m]

05 전자계의 기초 방정식이 아닌 것은?

① $\text{rot}\,\boldsymbol{H}=\boldsymbol{i}+\dfrac{\partial \boldsymbol{D}}{\partial t}$　　② $\text{rot}\,\boldsymbol{E}=-\dfrac{\partial \boldsymbol{B}}{\partial t}$

③ $\text{div}\,\boldsymbol{D}=\rho$　　④ $\text{div}\,\boldsymbol{B}=-\dfrac{\partial \boldsymbol{D}}{\partial t}$

해설 맥스웰의 전자계 기초 방정식

- $\text{rot}\,\boldsymbol{E}=\nabla\times\boldsymbol{E}=-\dfrac{\partial \boldsymbol{B}}{\partial t}=-\mu\dfrac{\partial \boldsymbol{H}}{\partial t}$ (패러데이 전자 유도 법칙의 미분형)
- $\text{rot}\,\boldsymbol{H}=\nabla\times\boldsymbol{H}=\boldsymbol{i}+\dfrac{\partial \boldsymbol{D}}{\partial t}$ (암페르 주회 적분 법칙의 미분형)
- $\text{div}\,\boldsymbol{D}=\nabla\cdot\boldsymbol{D}=\rho$ (정전계 가우스 정리의 미분형)
- $\text{div}\,\boldsymbol{B}=\nabla\cdot\boldsymbol{B}=0$ (정전계 가우스 정리의 미분형)

정답 01.④ 02.③ 03.③ 04.② 05.④

06 진공 중에 그림과 같이 한 변이 a[m]인 정삼각형의 꼭짓점에 각각 서로 같은 점전하 $+Q$[C]이 있을 때 그 각 전하에 작용하는 힘 F는 몇 [N]인가?

출제빈도

① $F=\dfrac{Q^2}{4\pi\varepsilon_0 a^2}$

② $F=\dfrac{Q^2}{2\pi\varepsilon_0 a^2}$

③ $F=\dfrac{\sqrt{2}\,Q^2}{4\pi\varepsilon_0 a^2}$

④ $F=\dfrac{\sqrt{3}\,Q^2}{4\pi\varepsilon_0 a^2}$

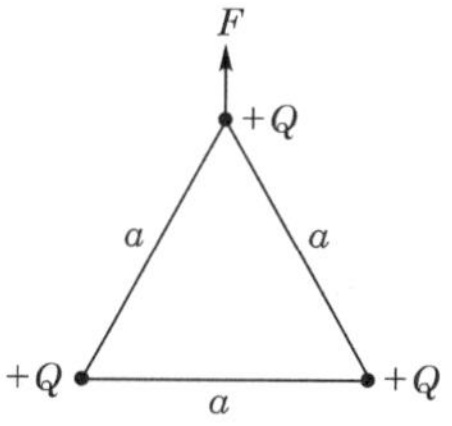

해설 그림에서 $F_1=F_2=\dfrac{Q^2}{4\pi\varepsilon_0 a^2}$[N]이며 정삼각형 정점에 작용하는 전체 힘은 백터합으로 구하므로

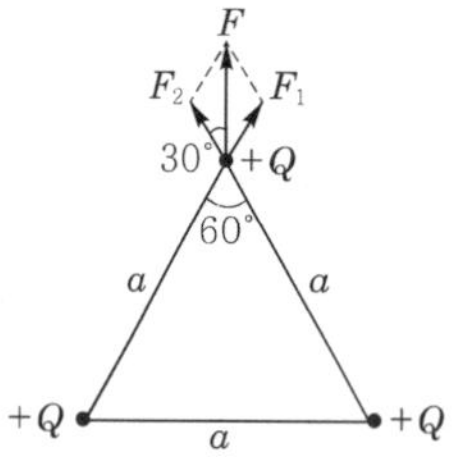

$$F=2F_2\cos 30°=\sqrt{3}\,F_2=\frac{\sqrt{3}\,Q^2}{4\pi\varepsilon_0 a^2}\text{[N]}$$

07 반지름 a[m]인 접지 도체구 중심으로부터 d[m]($>a$)인 곳에 점전하 Q[C]이 있으면 구도체에 유기되는 전하량[C]은?

출제빈도

① $-\dfrac{a}{d}Q$　　② $\dfrac{a}{d}Q$

③ $-\dfrac{d}{a}Q$　　④ $\dfrac{d}{a}Q$

해설 영상점 P′의 위치는 $\text{OP}'=\dfrac{a^2}{d}$[m]

영상 전하의 크기는 $\therefore Q'=-\dfrac{a}{d}Q$[C]

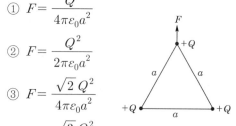

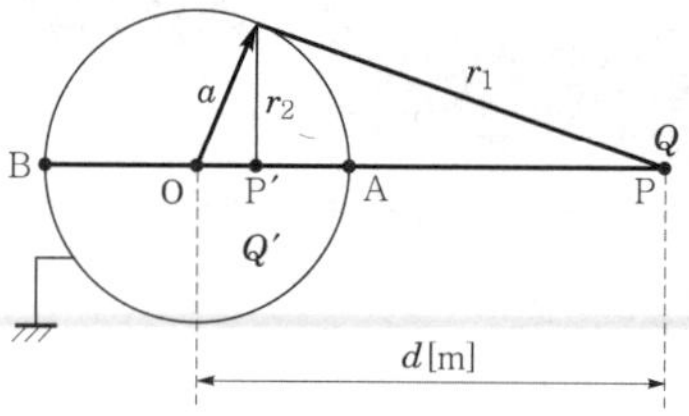

08 비유전율 $\varepsilon_s=2.75$의 기름 속에서 전자파 속도[m/s]를 구한 값은? (단, 비투자율 $\mu_s=1$이다.)

출제빈도

① 1.81×10^8　　② 1.61×10^8

③ 1.31×10^8　　④ 1.11×10^8

해설

$$v=\frac{1}{\sqrt{\varepsilon\mu}}=\frac{1}{\sqrt{\varepsilon_0\,\mu_0}}\cdot\frac{1}{\sqrt{\varepsilon_s\,\mu_s}}$$

$$=\frac{C_o}{\sqrt{\varepsilon_s\,\mu_s}}$$

$$=\frac{3\times10^8}{\sqrt{2.75\times1}}=1.81\times10^8\text{[m/s]}$$

09 두 종류의 금속으로 된 회로에 전류를 통하면 각 접속점에서 열의 흡수 또는 발생이 일어나는 현상은?

출제빈도

① 톰슨 효과

② 제벡 효과

③ 볼타 효과

④ 펠티에 효과

해설 펠티에 효과는 두 종류의 금속으로 폐회로를 만들어 전류를 흘리면 두 접속점에서 열이 흡수(온도 강하)되거나 발생(온도 상승)하는 현상이다.

10 전류에 의한 자계의 방향을 결정하는 법칙은?

① 렌츠의 법칙

② 플레밍의 오른손 법칙

③ 플레밍의 왼손 법칙

④ 앙페르의 오른 나사 법칙

정답 06.④ 07.① 08.① 09.④ 10.④

해설 전류에 의한 자계의 방향은 앙페르의 오른 나사 법칙에 따르며 다음 그림과 같은 방향이다.

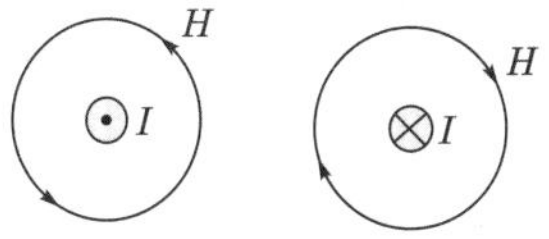

11 반지름 a [m]인 원형 코일에 전류 I [A]가 흘렀을 때, 코일 중심 자계의 세기[AT/m]는?

① $\frac{I}{2a}$ ② $\frac{I}{4a}$

③ $\frac{I}{2\pi a}$ ④ $\frac{I}{4\pi a}$

해설 원형 코일 중심축상 자계의 세기

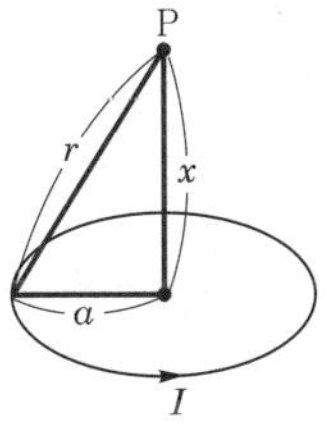

$H=\frac{a^2 \cdot I}{2(a^2+x^2)^{3/2}}$ [AT/m]

원형 코일 중심 자계의 세기($x=0$)

$\therefore H=\frac{I}{2a}$ [AT/m]

원형 코일의 권수를 N이라 하면 $H=\frac{NI}{2a}$ [AT/m]

12 강자성체의 자속 밀도 B의 크기와 자화의 세기 J의 크기를 비교할 때 옳은 것은?

① J는 B보다 약간 크다.
② J는 B보다 대단히 크다.
③ J는 B보다 약간 작다.
④ J는 B보다 대단히 작다.

해설 $B=\mu_0 H+J=4\pi\times10^{-7}H+J$

$\therefore J=B-\mu_0 H$ [Wb/m^2]

따라서, J는 B보다 약간 작다.

13 권수가 N인 철심이 든 환상 솔레노이드가 있다. 철심의 투자율을 일정하다고 하면, 이 솔레노이드의 자기 인덕턴스 L[H]은? (단, 여기서 R_m은 철심의 자기 저항이고, 솔레노이드에 흐르는 전류를 I라 한다.)

① $L=\frac{R_m}{N^2}$ ② $L=\frac{N^2}{R_m}$

③ $L=R_m N^2$ ④ $L=\frac{N}{R_m}$

해설

$$L=\frac{N\phi}{I}=\frac{N\cdot\frac{F}{R_m}}{I}=\frac{N\cdot\frac{NI}{R_m}}{I}=\frac{N^2}{R_m}\text{ [H]}$$

14 자기 회로의 자기 저항에 대한 설명으로 옳지 않은 것은?

① 자기 회로의 단면적에 반비례한다.
② 자기 회로의 길이에 반비례한다.
③ 자성체의 비투자율에 반비례한다.
④ 단위는 [AT/Wb]이다.

해설 자기 저항 $R_m=\frac{l}{\mu S}=\frac{l}{\mu_0\mu_s S}$ [AT/Wb]

자기 저항은 자기 회로의 단면적(S), 투자율(μ)에 반비례하고, 자기 회로의 길이에 비례한다.

15 비유전율 $\varepsilon_s=5$인 유전체 내의 분극률은 몇 [F/m]인가?

① $\frac{10^{-8}}{9\pi}$ ② $\frac{10^9}{9\pi}$

③ $\frac{10^{-9}}{9\pi}$ ④ $\frac{10^8}{9\pi}$

해설 분극률 $\chi=\varepsilon_0(\varepsilon_s-1)=\frac{1}{4\pi\times9\times10^9}(5-1)$

$=\frac{10^{-9}}{9\pi}$ [F/m]

정답 11.① 12.③ 13.② 14.② 15.③

16 두 개의 코일이 있다. 각각의 자기 인덕턴스가 0.4[H], 0.9[H]이고 상호 인덕턴스가 0.36[H]일 때, 결합 계수는?

① 0.5　　② 0.6
③ 0.7　　④ 0.8

해설 $k=\dfrac{M}{\sqrt{L_1L_2}}=\dfrac{0.36}{\sqrt{0.4\times0.9}}=0.6$

17 철심이 든 환상 솔레노이드에서 2,000[AT]의 기자력에 의해 철심 내에 4×10^{-5}[Wb]의 자속이 통할 때, 이 철심의 자기 저항은 몇 [AT/Wb]인가?

① 2×10^7　　② 3×10^7
③ 4×10^7　　④ 5×10^7

해설 $\phi=\dfrac{F}{R_m}$[Wb]

$\therefore\ R_m=\dfrac{F}{\phi}=\dfrac{2{,}000}{4\times10^{-5}}=5\times10^7$[AT/Wb]

18 동심구형 콘덴서의 내외 반지름을 각각 5배로 증가시키면 정전 용량은 몇 배가 되는가?

① 2　　② $\sqrt{2}$
③ 5　　④ $\sqrt{5}$

해설 동심구형 콘덴서의 정전 용량 C는

$C=\dfrac{4\pi\varepsilon_0 ab}{b-a}$[F]

내외구의 반지름을 5배로 증가한 후의 정전 용량을 C'라 하면

$C'=\dfrac{4\pi\varepsilon_0(5a\times5b)}{5b-5a}=\dfrac{25\times4\pi\varepsilon_0 ab}{5(b-a)}=5C$[F]

19 무한히 넓은 2개의 평행판 도체의 간격이 d[m]이며 그 전위차는 V[V]이다. 도체판의 단위 면적에 작용하는 힘[N/m²]은? (단, 유전율은 ε_0이다.)

① $\varepsilon_0\dfrac{V}{d}$　　② $\varepsilon_0\left(\dfrac{V}{d}\right)^2$
③ $\dfrac{1}{2}\varepsilon_0\dfrac{V}{d}$　　④ $\dfrac{1}{2}\varepsilon_0\left(\dfrac{V}{d}\right)^2$

해설 $f=\dfrac{\sigma^2}{2\varepsilon_0}=\dfrac{1}{2}\varepsilon_0E^2=\dfrac{1}{2}\varepsilon_0\left(\dfrac{V}{d}\right)^2$[N/m²]

20 자기 쌍극자에 의한 자위 U[A]에 해당되는 것은? (단, 자기 쌍극자의 자기 모멘트는 M[Wb·m], 쌍극자 중심으로부터의 거리는 r[m], 쌍극자 정방향과의 각도는 θ도라 한다.)

① $6.33\times10^4\dfrac{M\sin\theta}{r^3}$　　② $6.33\times10^4\dfrac{M\sin\theta}{r^2}$
③ $6.33\times10^4\dfrac{M\cos\theta}{r^3}$　　④ $6.33\times10^4\dfrac{M\cos\theta}{r^2}$

해설 자위 $U=\dfrac{M}{4\pi\mu_0r^2}\cos\theta=6.33\times10^4\dfrac{M\cos\theta}{r^2}$[A]

제2과목 전력공학

21 1선 1[km]당의 코로나 손실 P[kW]를 나타내는 Peek식은? (단, δ : 상대 공기 밀도, D : 선간 거리[cm], d : 전선의 지름[cm], f : 주파수[Hz], E : 전선에 걸리는 대지 전압[kV], E_0 : 코로나 임계 전압[kV]이다.)

① $P=\dfrac{241}{\delta}(f+25)\sqrt{\dfrac{d}{2D}}(E-E_0)^2\times10^{-5}$

② $P=\dfrac{241}{\delta}(f+25)\sqrt{\dfrac{2D}{d}}(E-E_0)^2\times10^{-5}$

③ $P=\dfrac{241}{\delta}(f+25)\sqrt{\dfrac{d}{2D}}(E-E_0)^2\times10^{-3}$

④ $P=\dfrac{241}{\delta}(f+25)\sqrt{\dfrac{2D}{d}}(E-E_0)^2\times10^{-3}$

정답 16.② 17.④ 18.③ 19.④ 20.④ 21.①

해설 코로나 방전의 임계 전압

$E_0 = 24.3\, m_0 m_1 \delta d \log_{10} \frac{D}{r}$ [kV]

코로나 손실

$P_1 = \frac{241}{\delta}(f+25)\sqrt{\frac{r}{D}}(E-E_0)^2 \times 10^{-5}$ [kW/km/선]

여기서, r : 전선의 반지름

22 반한시성 과전류 계전기의 전류-시간 특성에 대한 설명 중 옳은 것은?

출제빈도

① 계전기 동작 시간은 전류값의 크기와 비례한다.
② 계전기 동작 시간은 전류값의 크기에 관계없이 일정하다.
③ 계전기 동작 시간은 전류값의 크기와 반비례한다.
④ 계전기 동작 시간은 전류값의 크기의 제곱에 비례한다.

해설 동작 시한에 의한 분류

- 순한시 계전기(instantaneous time limit relay) : 정정치 이상의 전류는 크기에 관계없이 바로 동작하는 고속도 계전기
- 정한시 계전기(definite time limit relay) : 정정치 한도를 넘으면, 넘는 양의 크기에 상관없이 일정 시한으로 동작하는 계전기
- 반한시 계전기(inverse time limit relay) : 동작 전류와 동작 시한이 반비례하는 계전기

23 옥내 배선의 보호 방법이 아닌 것은?

① 과전류 보호
② 지락 보호
③ 전압 강하 보호
④ 절연 접지 보호

해설 옥내 배선의 보호는 과부하 및 단락으로 인한 과전류와 절연 파괴로 인한 지락 보호 등으로 구분하고, 전압 강하는 보호 방법이 아니다.

24 그림과 같은 열사이클의 명칭은?

출제빈도

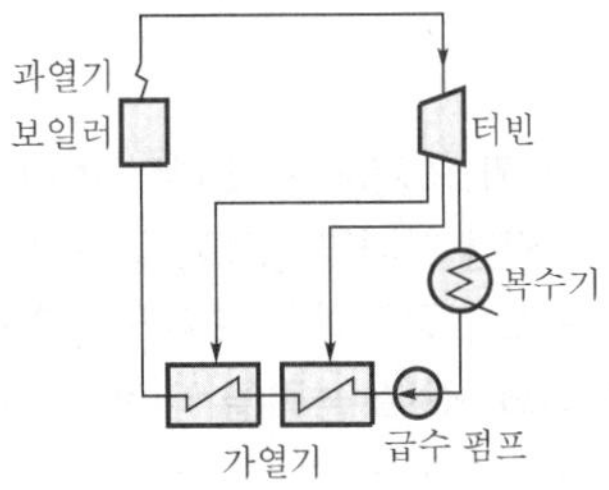

① 랭킨 사이클 ② 재생 사이클
③ 재열 사이클 ④ 재생 · 재열 사이클

해설 터빈 도중에서 증기를 추기하여 급수를 가열하므로 재생 사이클이다.

25 그림에서 X부분에 흐르는 전류는 어떤 전류인가?

출제빈도

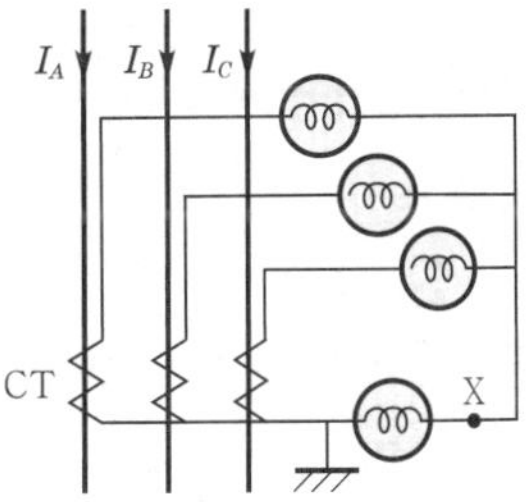

① b상 전류 ② 정상 전류
③ 역상 전류 ④ 영상 전류

해설 X부분에 흐르는 전류는 각 상 전류의 합계이므로 영상 전류가 된다.

26 배전 계통에서 사용하는 고압용 차단기의 종류가 아닌 것은?

① 기중 차단기(ACB)
② 공기 차단기(ABB)
③ 진공 차단기(VCB)
④ 유입 차단기(OCB)

정답 22.③ 23.③ 24.② 25.④ 26.①

해설 기중 차단기(ACB)는 대기압에서 소호하고, 교류 저압 차단기이다.

27 접촉자가 외기(外氣)로부터 격리되어 있어 아크에 의한 화재의 염려가 없으며 소형, 경량으로 구조가 간단하고 보수가 용이하며 진공 중의 아크 소호 능력을 이용하는 차단기는?

① 유입 차단기 ② 진공 차단기

③ 공기 차단기 ④ 가스 차단기

해설 진공 중에서 아크를 소호하는 것은 진공 차단기이다.

28 선간 전압, 부하 역률, 선로 손실, 전선 중량 및 배전 거리가 같다고 할 경우 단상 2선식과 3상 3선식의 공급 전력의 비(단상/3상)는?

① $\frac{3}{2}$ ② $\frac{1}{\sqrt{3}}$

③ $\sqrt{3}$ ④ $\frac{\sqrt{3}}{2}$

해설 1선당 전력의 비(단상/3상)는

$$\frac{1\phi 2W}{3\phi 3W}=\frac{\frac{VI}{2}}{\frac{\sqrt{3}\,VI}{3}}=\frac{3}{2\sqrt{3}}=\frac{\sqrt{3}}{2}$$

29 비접지 방식을 직접 접지 방식과 비교한 것 중 옳지 않은 것은?

① 전자 유도 장해가 경감된다.

② 지락 전류가 작다.

③ 보호 계전기의 동작이 확실하다.

④ △결선을 하여 영상 전류를 흘릴 수 있다.

해설 비접지 방식은 직접 접지 방식에 비해 보호 계전기 동작이 확실하지 않다.

30 역률 0.8(지상)의 5,000[kW]의 부하에 전력용 콘덴서를 병렬로 접속하여 합성 역률을 0.9로 개선하고자 할 경우 소요되는 콘덴서의 용량[kVA]으로 적당한 것은 어느 것인가?

① 820

② 1,080

③ 1,350

④ 2,160

해설

$$Q=5{,}000\left(\frac{\sqrt{1-0.8^2}}{0.8}-\frac{\sqrt{1-0.9^2}}{0.9}\right)$$
$$=1{,}350[\text{kVA}]$$

31 모선 보호에 사용되는 계전 방식이 아닌 것은?

① 위상 비교 방식

② 선택 접지 계전 방식

③ 방향 거리 계전 방식

④ 전류 차동 보호 방식

해설 모선 보호 계전 방식에는 전류 차동 방식, 전압 차동 방식, 위상 비교 방식, 방향 비교 방식, 거리 방향 방식 등이 있다. 선택 접지 계전 방식은 송전 선로 지락 보호 계전 방식이다.

32 345[kV] 송전 계통의 절연 협조에서 충격 절연 내력의 크기 순으로 나열한 것은?

① 선로 애자 > 차단기 > 변압기 > 피뢰기

② 선로 애자 > 변압기 > 차단기 > 피뢰기

③ 변압기 > 차단기 > 선로 애자 > 피뢰기

④ 변압기 > 선로 애자 > 차단기 > 피뢰기

해설 절연 협조는 피뢰기의 제1보호 대상을 변압기로 하고, 가장 높은 기준 충격 절연 강도(BIL)는 선로 애자이다.
그러므로 선로 애자 > 차단기 > 변압기 > 피뢰기 순으로 한다.

정답 27.② 28.④ 29.③ 30.③ 31.② 32.①

33 전력용 콘덴서의 방전 코일의 역할은?

출제빈도

① 잔류 전하의 방전
② 고조파의 억제
③ 역률의 개선
④ 콘덴서의 수명 연장

해설 콘덴서에 전원을 제거하여도 충전된 잔류 전하에 의한 인축에 대한 감전 사고를 방지하기 위해 잔류 전하를 모두 방전시켜야 한다.

34 배전선의 전압 조정 장치가 아닌 것은?

① 승압기
② 리클로저
③ 유도 전압 조정기
④ 주상 변압기 탭절환 장치

해설 리클로저(recloser)는 선로에 고장이 발생하였을 때 고장 전류를 검출하여 지정된 시간 내에 고속 차단하고 자동 재폐로 동작을 수행하여 고장 구간을 분리하거나 재송전하는 장치이므로 전압 조정 장치가 아니다.

35 송전 선로에서 역섬락을 방지하기 위하여 가장 필요한 것은?

출제빈도

① 피뢰기를 설치한다.
② 소호각을 설치한다.
③ 가공 지선을 설치한다.
④ 탑각 접지 저항을 적게 한다.

해설 철탑의 전위=탑각 접지 저항×뇌전류이므로 역섬락을 방지하려면 탑각 접지 저항을 줄여 뇌전류에 의한 철탑의 전위를 낮추어야 한다.

36 송전선의 특성 임피던스와 전파 정수는 어떤 시험으로 구할 수 있는가?

출제빈도

① 뇌파 시험
② 정격 부하 시험
③ 절연 강도 측정 시험
④ 무부하 시험과 단락 시험

해설 특성 임피던스 $Z_0 = \sqrt{\frac{Z}{Y}}\,[\Omega]$

전파 정수 $\dot{\gamma} = \sqrt{ZY}\,[\text{rad}]$

그러므로 단락 임피던스와 개방 어드미턴스가 필요하므로 단락 시험과 무부하 시험을 한다.

37 전선의 지지점 높이가 31[m]이고, 전선의 이도가 9[m]라면 전선의 평균 높이는 몇 [m]인가?

① 25.0 ② 26.5
③ 28.5 ④ 30.0

해설 지표상의 평균 높이

$h = H - \frac{2}{3}D = 31 - \frac{2}{3} \times 9 = 25[\text{m}]$

38 가공 송전선에 사용되는 애자 1연 중 전압 부담이 최대인 애자는?

출제빈도

① 중앙에 있는 애자
② 철탑에 제일 가까운 애자
③ 전선에 제일 가까운 애자
④ 전선으로부터 $\frac{1}{4}$ 지점에 있는 애자

해설 현수 애자련의 전압 부담은 철탑에서 $\frac{1}{3}$ 지점이 가장 적고, 전선에 제일 가까운 것이 가장 크다.

39 수력 발전소에서 흡출관을 사용하는 목적은?

출제빈도

① 압력을 줄인다.
② 유효 낙차를 늘린다.
③ 속도 변동률을 작게 한다.
④ 물의 유선을 일정하게 한다.

정답 33.① 34.② 35.④ 36.④ 37.① 38.③ 39.②

해설 흡출관은 중낙차 또는 저낙차용으로 적용되는 반동 수차에서 낙차를 증대시킬 목적으로 사용된다.

40 **차단기의 정격 차단 시간은?**

출제빈도

① 고장 발생부터 소호까지의 시간
② 가동 접촉자 시동부터 소호까지의 시간
③ 트립 코일 여자부터 소호까지의 시간
④ 가동 접촉자 개구부터 소호까지의 시간

해설 차단기의 정격 차단 시간은 트립 코일이 여자하는 순간부터 아크가 소멸하는 시간으로 약 3~8[Hz] 정도이다.

제3과목 전기기기

41 **동기 전동기의 V곡선(위상 특성)에 대한 설명으로 틀린 것은?**

출제빈도

① 횡축에 여자 전류를 나타낸다.
② 종축에 전기자 전류를 나타낸다.
③ V곡선의 최저점에는 역률이 0[%]이다.
④ 동일 출력에 대해서 여자가 약한 경우가 뒤진 역률이다.

해설 동기 전동기의 위상 특성 곡선(V곡선)은 여자 전류를 조정하여 부족 여자일 때 뒤진 전류가 흘러 리액터 작용(지역률), 과여자일 때 앞선 전류가 흘러 콘덴서 작용(진역률)을 한다.
동기 전동기의 위상 특성 곡선(V곡선)은 계자 전류(I_f : 횡축)와 전기자 전류(I_a : 종축)의 위상 관계 곡선이며 부족 여자일 때 뒤진 전류, 과여자일 때 앞선 전류가 흐르며 V곡선의 최저점은 역률이 1(100[%])이다.

42 **트라이액(TRIAC)에 대한 설명으로 틀린 것은?**

출제빈도

① 쌍방향성 3단자 사이리스터이다.
② 턴오프 시간이 SCR보다 짧으며 급격한 전압 변동에 강하다.
③ SCR 2개를 서로 반대 방향으로 병렬 연결하여 양방향 전류 제어가 가능하다.
④ 게이트에 전류를 흘리면 어느 방향이든 전압이 높은 쪽에서 낮은 쪽으로 도통한다.

해설 트라이액은 SCR 2개를 역병렬로 연결한 쌍방향 3단자 사이리스터로 턴온(오프) 시간이 짧으며 게이트에 전류가 흐르면 전원 전압이 (+)에서 (−)로 도통하는 교류 전력 제어 소자이다. 또한 급격한 전압 변동에 약하다.

43 **전부하에 있어 철손과 동손의 비율이 1 : 2인 변압기에서 효율이 최고인 부하는 전부하의 약 몇 [%]인가?**

① 50　　② 60
③ 70　　④ 80

해설 변압기의 $\frac{1}{m}$ 부하 시 최대 효율의 조건은

$P_i = \left(\frac{1}{m}\right)^2 P_c$이므로

$$\frac{1}{m} = \sqrt{\frac{P_i}{P_c}} = \frac{1}{\sqrt{2}} = 0.707 \fallingdotseq 70[\%]$$

44 **슬립 6[%]인 유도 전동기의 2차측 효율[%]은 얼마인가?**

출제빈도

① 94
② 84
③ 90
④ 88

해설 유도 전동기의 2차 효율

$$\eta_2 = \frac{P_0}{P_2} \times 100 = \frac{P_2(1-s)}{P_2} \times 100$$
$$= (1-s) \times 100 = (1-0.06) \times 100 = 94[\%]$$

정답 40.③ 41.③ 42.② 43.③ 44.①

45 12극과 8극인 2개의 유도 전동기를 종속법에 의한 직렬 접속법으로 속도 제어할 때 전원 주파수가 60[Hz]인 경우 무부하 속도 N_0는 몇 [rps]인가?

① 5 ② 6
③ 200 ④ 360

해설 유도 전동기 속도 제어에서 종속법에 의한 무부하 속도 N_0

- 직렬 종속 $N_0 = \dfrac{120f}{P_1 + P_2}$[rpm]
- 차동 종속 $N_0 = \dfrac{120f}{P_1 - P_2}$[rpm]
- 병렬 종속 $N_0 = \dfrac{120f}{\frac{P_1 + P_2}{2}}$[rpm]

무부하 속도 $N_0 = \dfrac{2f}{P_1 + P_2} = \dfrac{2\times60}{12+8} = 6$[rps]

46 3상 교류 발전기의 기전력에 대하여 $\dfrac{\pi}{2}$[rad] 뒤진 전기자 전류가 흐르면 전기자 반작용은?

① 횡축 반작용을 한다.
② 교차 자화 작용을 한다.
③ 증자 작용을 한다.
④ 감자 작용을 한다.

해설 동기 발전기의 전기자 반작용

- 전기자 전류가 유기 기전력과 동상($\cos\theta = 1$)일 때는 주자속을 편협시켜 일그러뜨리는 횡축 반작용을 한다.
- 전기자 전류가 유기 기전력보다 위상 $\dfrac{\pi}{2}$ 뒤진($\cos\theta = 0$ 뒤진) 경우에는 주자속을 감소시키는 직축 감자 작용을 한다.
- 전기자 전류가 유기 기전력보다 위상이 $\dfrac{\pi}{2}$ 앞선($\cos\theta = 0$ 앞선) 경우에는 주자속을 증가시키는 직축 증자 작용을 한다.

47 2대의 변압기로 V결선하여 3상 변압하는 경우 변압기 이용률[%]은?

① 57.8
② 66.6
③ 86.6
④ 100

해설 단상 변압기 2대를 V결선하면 출력 $P_V = \sqrt{3}P_1$이며, 변압기 이용률$= \dfrac{\sqrt{3}P_1}{2P_1} = 0.866 = 86.6$[%]이다.

48 극수 6, 회전수 1,200[rpm]의 교류 발전기와 병행 운전하는 극수 8의 교류 발전기의 회전수는 몇 [rpm]이어야 하는가?

① 800 ② 900
③ 1,050 ④ 1,100

해설 동기 속도(N_s)$= \dfrac{120f}{P}$[rpm]

$f = \dfrac{P \cdot N_s}{120} = \dfrac{1,200\times6}{120} = 60$[Hz]

∴ $P = 8$일 때 동기 속도(N_s)

$N_s = \dfrac{120\times60}{8} = 900$[rpm]

49 계자 저항 100[Ω], 계자 전류 2[A], 전기자 저항이 0.2[Ω]이고, 무부하 정격 속도로 회전하고 있는 직류 분권 발전기가 있다. 이때의 유기 기전력[V]은?

① 196.2 ② 200.4
③ 220.5 ④ 320.2

해설 단자 전압 $V = E - I_a R_a = I_f r_f = 2\times100 = 200$[V]
전기자 전류 $I_a = I + I_f = I_f = 2$[A]
(∵ 무부하 : $I = 0$)
유기 기전력 $E = V + I_a R_a$
$= 200 + 2\times0.2 = 200.4$[V]

정답 45.② 46.④ 47.③ 48.② 49.②

50 **3상 유도 전동기의 전원측에서 임의의 2선을 바꾸어 접속하여 운전하면?**

① 즉각 정지된다.
② 회전 방향이 반대가 된다.
③ 바꾸지 않았을 때와 동일하다.
④ 회전 방향은 불변이나 속도가 약간 떨어진다.

해설 3상 유도 전동기의 전원측에서 3선 중 2선의 접속을 바꾸면 회전 자계가 역회전하여 전동기의 회전 방향이 반대로 된다.

51 **직류 발전기의 무부하 특성 곡선은 다음 중 어느 관계를 표시한 것인가?**

① 계자 전류 – 부하 전류
② 단자 전압 – 계자 전류
③ 단자 전압 – 회전 속도
④ 부하 전류 – 단자 전압

해설 무부하 특성 곡선은 직류 발전기의 회전수를 일정하게 유지하고, 계자 전류 I_f[A]와 단자 전압 $V_0(E)$[V]의 관계를 나타낸 곡선이다.

52 **단락비가 큰 동기기는?**

출제빈도

① 안정도가 높다.
② 전압 변동률이 크다.
③ 기계가 소형이다.
④ 전기자 반작용이 크다.

해설 **단락비가 큰 동기 발전기의 특성**
- 동기 임피던스가 작다.
- 전압 변동률이 작다.
- 전기자 반작용이 작다(계자기 자력은 크고, 전기자기 자력은 작다).
- 출력이 크다.
- 과부하 내량이 크고, 안정도가 높다.
- 자기 여자 현상이 작다.
- 회전자가 크게 되어 철손이 증가하여 효율이 약간 감소한다.

53 **와류손이 50[W]인 3,300/110[V], 60[Hz]용 단상 변압기를 50[Hz], 3,000[V]의 전원에 사용하면 이 변압기의 와류손은 약 몇 [W]로 되는가?**

① 25 ② 31
③ 36 ④ 41

해설 와전류손 $P_e = \sigma_e (t \cdot k_f f B_m)^2$, $E = 4.44 f N \phi_m$

$P_e \propto V^2$

$\therefore\ P_e' = \left(\dfrac{V'}{V}\right)^2 P_e = \left(\dfrac{3{,}000}{3{,}300}\right)^2 \times 50 = 41.32$[W]

54 **유도 전동기 슬립 s의 범위는?**

출제빈도

① $1 < s$
② $s < -1$
③ $-1 < s < 0$
④ $0 < s < 1$

해설 유도 전동기의 슬립 $s = \dfrac{N_s - N}{N_s}$에서

기동 시($N=0$) $s=1$
무부하 시($N_0 \fallingdotseq N_s$) $s=0$
$\therefore\ 0 < s < 1$

55 **3상 전원에서 2상 전원을 얻기 위한 변압기의 결선 방법은?**

① △
② T
③ Y
④ V

해설 3상 전원에서 2상 전원을 얻기 위한 변압기의 결선 방법은 다음과 같다.
- 스코트(scott) 결선 → T결선
- 메이어(meyer) 결선
- 우드 브리지(wood bridge) 결선

정답 50.② 51.② 52.① 53.④ 54.④ 55.②

56 직류기에서 양호한 정류를 얻는 조건으로 틀린 것은?

① 정류 주기를 크게 한다.
② 브러시의 접촉 저항을 크게 한다.
③ 전기자 권선의 인덕턴스를 작게 한다.
④ 평균 리액턴스 전압을 브러시 접촉면 전압 강하보다 크게 한다.

해설 평균 리액턴스 전압 $e = L\frac{2I_c}{T_c}$[V]가 정류 불량의 가장 큰 원인이므로 양호한 정류를 얻으려면 리액턴스 전압을 작게 하여야 한다.

- 전기자 코일의 인덕턴스(L)를 작게 한다.
- 정류 주기(T_c)가 클 것
- 주변 속도(v_c)는 느릴 것
- 보극을 설치 → 평균 리액턴스 전압 상쇄
- 브러시의 접촉 저항을 크게 한다.

57 교류 단상 직권 전동기의 구조를 설명한 것 중 옳은 것은?

① 역률 및 정류 개선을 위해 약계자 강전기자형으로 한다.
② 전기자 반작용을 줄이기 위해 약계자 강전기자형으로 한다.
③ 정류 개선을 위해 강계자 약전기자형으로 한다.
④ 역률 개선을 위해 고정자와 회전자의 자로를 성층 철심으로 한다.

해설 교류 단상 직권 전동기(정류자 전동기)는 철손의 감소를 위하여 성층 철심을 사용하고 역률 및 정류 개선을 위해 약계자 강전기자를 채택하며 전기자 반작용을 방지하기 위하여 보상 권선을 설치한다.

58 (출제빈도) 직류 전동기의 공급 전압을 V[V], 자속을 ϕ[Wb], 전기자 전류를 I_a[A], 전기자 저항을 R_a[Ω], 속도를 N[rpm]이라 할 때 속도의 관계식은 어떻게 되는가? (단, k는 상수이다.)

① $N = k\frac{V+I_aR_a}{\phi}$

② $N = k\frac{V-I_aR_a}{\phi}$

③ $N = k\frac{\phi}{V+I_aR_a}$

④ $N = k\frac{\phi}{V-I_aR_a}$

해설 직류 전동기의 역기전력

$E = \frac{Z}{a}P\phi\frac{N}{60} = k'\cdot\phi N = V - I_aR_a$

회전 속도 $N = \frac{E}{k'\cdot\phi} = k\frac{V-I_aR_a}{\phi}$[rpm]

여기서, $k = \frac{60a}{ZP}$: 상수

59 스테핑 모터의 특징을 설명한 것으로 옳지 않은 것은?

① 위치 제어를 할 때 각도 오차가 적고 누적되지 않는다.
② 속도 제어 범위가 좁으며 초저속에서 토크가 크다.
③ 정지하고 있을 때 그 위치를 유지해주는 토크가 크다.
④ 가속, 감속이 용이하며 정·역전 및 변속이 쉽다.

해설 스테핑 모터는 아주 정밀한 디지털 펄스 구동 방식의 전동기로서 정·역 및 변속이 용이하고 제어 범위가 넓으며 각도의 오차가 적고 축적되지 않으며 정지 위치를 유지하는 힘이 크다. 적용 분야는 타이프 라이터나 프린터의 캐리지(carriage), 리본(ribbon) 프린터 헤드, 용지 공급의 위치 정렬, 로봇 등이 있다.

정답 56.④ 57.① 58.② 59.②

60 직류 전동기 중 부하가 변하면 속도가 심하게 변하는 전동기는?

① 분권 전동기
② 직권 전동기
③ 자동 복권 전동기
④ 가동 복권 전동기

해설 직류 전동기 중 분권 전동기는 정속도 특성을, 직권 전동기는 부하 변동 시 속도 변화가 가장 크며, 복권 전동기는 중간 특성을 갖는다.

제4과목 회로이론

61 $V_a=3$[V], $V_b=2-j3$[V], $V_c=4+j3$[V]를 3상 불평형 전압이라고 할 때 영상 전압[V]은?

출제빈도

① 3　② 9
③ 27　④ 0

해설
$$V_0=\frac{1}{3}(V_a+V_b+V_c)$$
$$=\frac{1}{3}\{3+(2-j3)+(4+j3)\}$$
$$=3[\text{V}]$$

62 2전력계법을 써서 3상 전력을 측정하였더니 각 전력계가 +500[W], +300[W]를 지시하였다. 전전력[W]은?

① 800
② 200
③ 500
④ 300

해설 2전력계법 단상 전력계의 지시값을 P_1, P_2라 하면
3상 전력 $P=P_1+P_2=500+300=800$[W]

63 그림과 같은 회로망의 전달함수 $G(s)$는? (단, $s=j\omega$이다.)

출제빈도

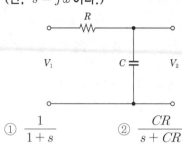

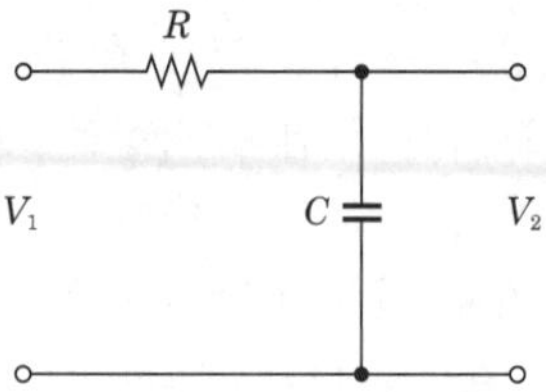

① $\dfrac{1}{1+s}$　② $\dfrac{CR}{s+CR}$
③ $\dfrac{CR}{RCs+1}$　④ $\dfrac{1}{RCs+1}$

해설
$$G(s)=\frac{V_2(s)}{V_1(s)}=\frac{\frac{1}{Cs}}{R+\frac{1}{Cs}}=\frac{1}{RCs+1}$$

64 $f(t)=\sin t\cos t$를 라플라스로 변환하면?

① $\dfrac{1}{s^2+4}$　② $\dfrac{1}{s^2+2}$
③ $\dfrac{1}{(s+2)^2}$　④ $\dfrac{1}{(s+4)^2}$

해설 삼각 함수 가법 정리에 의해서
$\sin(t+t)=2\sin t\cos t$
$\therefore \sin t\cos t=\frac{1}{2}\sin 2t$
$\because F(s)=\mathcal{L}[\sin t\cos t]=\mathcal{L}\left[\frac{1}{2}\sin 2t\right]$
$=\frac{1}{2}\times\frac{2}{s^2+2^2}=\frac{1}{s^2+4}$

65 파고율이 2가 되는 파형은?

① 정현파　② 톱니파
③ 반파 정류파　④ 전파 정류파

해설
반파 정류파의 파고율 $=\dfrac{\text{최대값}}{\text{실효값}}=\dfrac{V_m}{\frac{1}{2}V_m}=2$

정답 60.② 61.① 62.① 63.④ 64.① 65.③

66 그림과 같은 π형 회로의 4단자 정수 D의 값은?

출제빈도

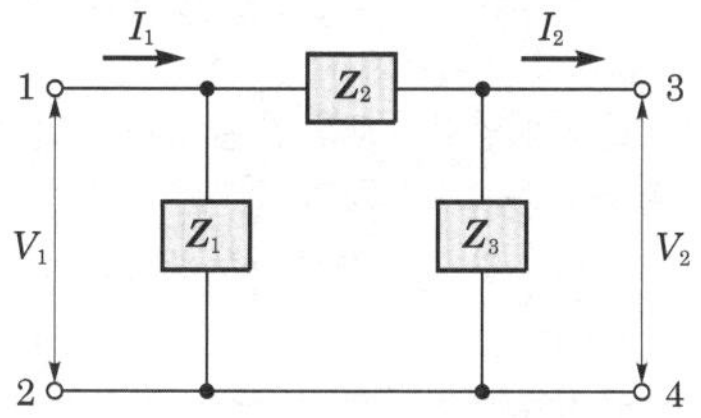

① Z_2 ② $1+\frac{Z_2}{Z_1}$

③ $\frac{1}{Z_1}+\frac{1}{Z_3}$ ④ $1+\frac{Z_2}{Z_3}$

해설

$$\begin{bmatrix} A & B \\ C & D \end{bmatrix} = \begin{bmatrix} 1 & 0 \\ \frac{1}{Z_1} & 1 \end{bmatrix}\begin{bmatrix} 1 & Z_2 \\ 0 & 1 \end{bmatrix}\begin{bmatrix} 1 & 0 \\ \frac{1}{Z_3} & 1 \end{bmatrix}$$

$$= \begin{bmatrix} 1+\frac{Z_2}{Z_3} & Z_2 \\ \frac{Z_1+Z_2+Z_3}{Z_1 \cdot Z_3} & 1+\frac{Z_2}{Z_1} \end{bmatrix}$$

67 그림과 같은 회로에서 Z_1의 단자 전압 $V_1 = \sqrt{3}+jy$, Z_2의 단자 전압 $V_2 = |V|\underline{/30°}$일 때 y 및 $|V|$의 값은?

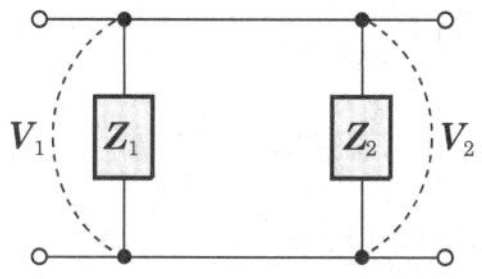

① $y=1$, $|V|=2$

② $y=\sqrt{3}$, $|V|=2$

③ $y=2\sqrt{3}$, $|V|=1$

④ $y=1$, $|V|=\sqrt{3}$

해설 $V_1 = V_2$이므로

$$\sqrt{3}+jy = |V|\underline{/30°} = \frac{\sqrt{3}}{2}|V| + j\frac{1}{2}|V|$$

복소수 상등 원리를 적용하면

$$\sqrt{3} = \frac{\sqrt{3}}{2}|V|,\ y = \frac{1}{2}|V|$$

$$\therefore |V|=2,\ y=1$$

68 전기회로에서 일어나는 과도 현상은 그 회로의 시정수와 관계가 있다. 이 사이의 관계를 옳게 표현한 것은?

출제빈도

① 회로의 시정수가 클수록 과도 현상은 오랫동안 지속된다.

② 시정수는 과도 현상의 지속 시간에는 상관되지 않는다.

③ 시정수의 역이 클수록 과도 현상은 천천히 사라진다.

④ 시정수가 클수록 과도 현상은 빨리 사라진다.

해설 시정수와 과도분은 비례 관계이므로 시정수가 클수록 과도분은 많다.

69 자계 코일의 권수 $N=1{,}000$, 저항 $R[\Omega]$으로 전류 $I=10[A]$를 통했을 때의 자속 $\phi = 2\times 10^{-2}[Wb]$이다. 이때 이 회로의 시정수가 0.1[s]라면 저항 $R[\Omega]$은?

출제빈도

① 0.2 ② $\frac{1}{20}$

③ 2 ④ 20

해설 코일의 자기 인덕턴스

$$L = \frac{N\phi}{I} = \frac{1{,}000\times 2\times 10^{-2}}{10} = 2[H]$$

$$\therefore \tau = \frac{L}{R}\text{에서 } R = \frac{L}{\tau} = \frac{2}{0.1} = 20[\Omega]$$

70 $R=4[\Omega]$, $\omega L=3[\Omega]$의 직렬 회로에 $v = \sqrt{2}\,100\sin\omega t + 50\sqrt{2}\sin 3\omega t[V]$를 가할 때 이 회로의 소비 전력[W]은?

출제빈도

① 1,000

② 1,414

③ 1,560

④ 1,703

정답 66.② 67.① 68.① 69.④ 70.④

해설 $I_1=\frac{V_1}{Z_1}=\frac{V_1}{\sqrt{R^2+(\omega L)^2}}=\frac{100}{\sqrt{4^2+3^2}}=20[A]$

$I_3=\frac{V_3}{Z_3}=\frac{V_3}{\sqrt{R^2+(3\omega L)^2}}=\frac{50}{\sqrt{4^2+9^2}}=5.07[A]$

$\therefore\ P=I_1^{\ 2}R+I_3^{\ 2}R=20^2\times4+5.07^2\times4$

$=1{,}702.8 ≒ 1{,}703[W]$

71 $R-L$ 직렬 회로에 $i=I_m\cos(\omega t+\theta)$인 전류가 흐른다. 이 직렬 회로 양단의 순시 전압은 어떻게 표시되는가? (단, ϕ는 전압과 전류의 위상차이다.)

① $\frac{I_m}{\sqrt{R^2+\omega^2L^2}}\cos(\omega t+\theta+\phi)$

② $\frac{I_m}{\sqrt{R^2+\omega^2L^2}}\cos(\omega t+\theta-\phi)$

③ $I_m\sqrt{R^2+\omega^2L^2}\cos(\omega t+\theta+\phi)$

④ $I_m\sqrt{R^2+\omega^2L^2}\cos(\omega t+\theta-\phi)$

해설 전압은 전류보다 ϕ만큼 앞선다.

$\therefore\ V=Z\cdot i=\sqrt{R^2+\omega^2L^2}\cdot I_m\cos(\omega t+\theta+\phi)$

72 임피던스 함수 $Z(s)=\frac{s+50}{s^2+3s+2}[\Omega]$으로 주어지는 2단자 회로망에 직류 100[V]의 전압을 가했다면 회로의 전류는 몇 [A]인가?

① 4 ② 6
③ 8 ④ 10

해설 직류 전압은 주파수 $f=0$이므로 $s=0$이다.

$\therefore\ I=\frac{V}{Z}\Big|_{s=0}=\frac{100}{25}=4[A]$

73 10[Ω]의 저항 3개를 Y로 결선한 것을 등가 △결선으로 환산한 저항의 크기[Ω]는?

① 20 ② 30
③ 40 ④ 60

해설 Y결선의 임피던스가 같은 경우 △결선으로 등가 변환하면 $Z_\triangle=3Z_Y$가 된다.

$\therefore\ Z_\triangle=3Z_Y=3\times10=30[\Omega]$

74 대칭분을 $I_0,\ I_1,\ I_2$라 하고 선전류를 $I_a,\ I_b,\ I_c$라 할 때, I_b는?

출제빈도

① $I_0+I_1+I_2$ ② $\frac{1}{3}(I_0+I_1+I_2)$
③ $I_0+a^2I_1+aI_2$ ④ $I_0+aI_1+a^2I_2$

해설 $I_a=I_0+I_1+I_2$

$I_b=I_0+a^2I_1+aI_2$

$I_c=I_0+aI_1+a^2I_2$

75 전압의 순시값이 $e=3+10\sqrt{2}\sin\omega t+5\sqrt{2}\sin(3\omega t-30°)$[V]일 때, 실효값 $|E|$는 몇 [V]인가?

출제빈도

① 20.1 ② 16.4
③ 13.2 ④ 11.6

해설 $E=\sqrt{E_0^{\ 2}+E_1^{\ 2}+E_3^{\ 2}}=\sqrt{3^2+10^2+5^2}$

$≒ 11.6[V]$

76 대칭 좌표법에 관한 설명 중 잘못된 것은?

출제빈도

① 불평형 3상 회로 비접지식 회로에서는 영상분이 존재한다.
② 대칭 3상 전압에서 영상분은 0이 된다.
③ 대칭 3상 전압은 정상분만 존재한다.
④ 불평형 3상 회로의 접지식 회로에서는 영상분이 존재한다.

해설 비접지식 회로에서는 영상분이 존재하지 않는다.

정답 71.③ 72.① 73.② 74.③ 75.④ 76.①

77 그림과 같은 회로에서 $i_1 = I_m \sin\omega t$일 때 개방된 2차 단자에 나타나는 유기 기전력 e_2는 몇 [V]인가?

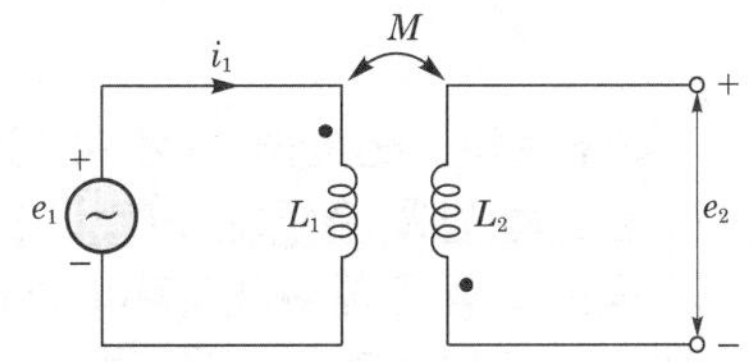

① $\omega M \sin\omega t$
② $\omega M \cos\omega t$
③ $\omega M I_m \sin(\omega t - 90°)$
④ $\omega M I_m \sin(\omega t + 90°)$

해설 차동 결합이므로 2차 유도 기전력

$$e_2 = -M\frac{di}{dt} = -M\frac{d}{dt}I_m \sin\omega t$$
$$= -\omega M I_m \cos\omega t = \omega M I_m \sin(\omega t - 90°)\,[\mathrm{V}]$$

78 그림과 같은 회로에서 I는 몇 [A]인가? (단, 저항의 단위는 [Ω]이다.)

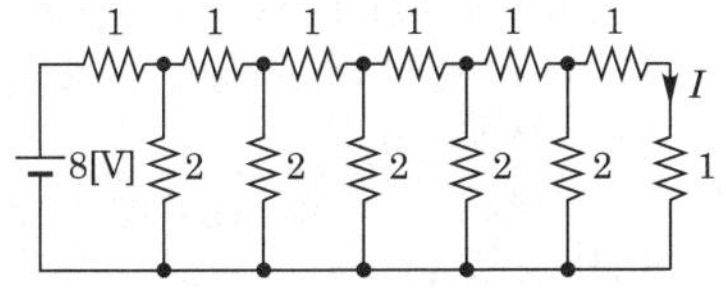

① 1　　② $\frac{1}{2}$
③ $\frac{1}{4}$　　④ $\frac{1}{8}$

해설 전체 합성 저항을 구하면 2[Ω]이므로 전전류는 4[A]가 된다. 분류 법칙에 의해 전류 I를 구하면 $\frac{1}{8}$[A]가 된다.

79 그림과 같은 교류 회로에서 저항 R을 변환시킬 때 저항에서 소비되는 최대 전력[W]은?

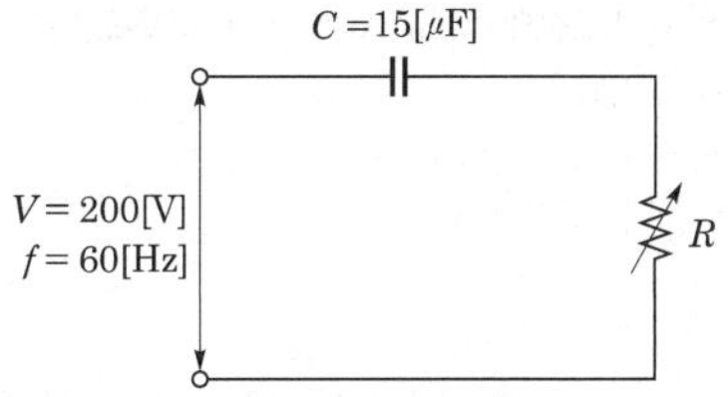

① 95　　② 113
③ 134　　④ 154

해설 최대 전력 전달 조건 $R = \frac{1}{\omega C} = X_C\,[\Omega]$

$$P_{max} = I^2 \cdot R = \frac{V^2}{R^2 + X_C^2} \cdot R \Big|_{R=\frac{1}{\omega C}}$$
$$= \frac{V^2}{\frac{1}{\omega^2 C^2} + \frac{1}{\omega^2 C^2}} \cdot \frac{1}{\omega C} = \frac{1}{2}\omega C V^2\,[\mathrm{W}]$$
$$\therefore P_{max} = \frac{1}{2} \times 377 \times 15 \times 10^{-6} \times 200^2 = 113\,[\mathrm{W}]$$

80 대칭 6상 기전력의 선간 전압과 상기전력의 위상차는?

① 75°　　② 30°
③ 60°　　④ 120°

해설 위상차 $\theta = \frac{\pi}{2}\left(1 - \frac{2}{n}\right) = \frac{180}{2}\left(1 - \frac{2}{6}\right)$
$$= 90 \times \frac{2}{3} = 60°$$

제5과목 전기설비기술기준

81 접지 도체에 피뢰 시스템이 접속되는 경우 접지 도체로 동선을 사용할 때 공칭 단면적은 몇 [mm^2] 이상 사용하여야 하는가?

① 4　　② 6
③ 10　　④ 16

정답 77.③ 78.④ 79.② 80.③ 81.④

해설 접지 도체에 피뢰 시스템이 접속되는 경우(KEC 142.3.1)
- 구리 : 16[mm^2] 이상
- 철제 : 50[mm^2] 이상

82 최대 사용 전압이 220[V]인 전동기의 절연 내력 시험을 하고자 할 때 시험 전압은 몇 [V]인가?

출제빈도

① 300 ② 330
③ 450 ④ 500

해설 회전기 및 정류기의 절연 내력(KEC 133)
220×1.5=330[V]
500[V] 미만으로 되는 경우에는 최저 시험 전압 500[V]로 한다.

83 하나 또는 복합하여 시설하여야 하는 접지극의 방법으로 틀린 것은?

① 지중 금속 구조물
② 토양에 매설된 기초 접지극
③ 케이블의 금속 외장 및 그 밖에 금속 피복
④ 대지에 매설된 강화 콘크리트의 용접된 금속 보강재

해설 접지극의 시설 및 접지 저항(KEC 142.2)
접지극은 다음의 방법 중 하나 또는 복합하여 시설
- 콘크리트에 매입된 기초 접지극
- 토양에 매설된 기초 접지극
- 토양에 수직 또는 수평으로 직접 매설된 금속 전극
- 케이블의 금속 외장 및 그 밖에 금속 피복
- 지중 금속 구조물(배관 등)
- 대지에 매설된 철근 콘크리트의 용접된 금속 보강재

84 돌침, 수평 도체, 메시 도체의 요소 중에 한 가지 또는 이를 조합한 형식으로 시설하는 것은?

① 접지극 시스템 ② 수뢰부 시스템
③ 내부 피뢰 시스템 ④ 인하 도선 시스템

해설 수뢰부 시스템(KEC 152.1)
수뢰부 시스템의 선정은 돌침, 수평 도체, 메시 도체의 요소 중에 한 가지 또는 이를 조합한 형식으로 시설하여야 한다.

85 저압 전로의 절연 성능 측정 시 영향을 주거나 손상을 받을 수 있는 SPD 또는 기타 기기 등은 측정 전에 분리시켜야 하고, 부득이하게 분리가 어려운 경우에는 시험 전압을 250[V] DC로 낮추어 측정할 수 있지만 절연 저항값은 (　)[MΩ] 이상이어야 한다. 다음 (　) 안에 알맞은 것은?

출제빈도

① 0.5
② 1.0
③ 1.5
④ 2.0

해설 저압 전로의 절연 성능(기술기준 제52조)
- 개폐기 또는 과전류 차단기로 구분할 수 있는 전로마다 다음 표에서 정한 값 이상
- 측정 시 영향을 주거나 손상을 받을 수 있는 SPD 또는 기타 기기 등은 측정 전에 분리시켜야 하고, 부득이하게 분리가 어려운 경우에는 시험 전압을 250[V] DC로 낮추어 측정할 수 있지만 절연 저항값은 1[MΩ] 이상

전로의 사용 전압[V]	DC 시험 전압 [V]	절연 저항 [MΩ]
SELV 및 PELV	250	0.5
FELV, 500[V] 이하	500	1.0
500[V] 초과	1,000	1.0

86 정격 전류 63[A] 이하인 산업용 배선 차단기에서 과전류 트립 동작 시간 60분에 동작하는 전류는 정격 전류의 몇 배의 전류가 흘렀을 경우 동작하여야 하는가?

출제빈도

① 1.05배 ② 1.3배
③ 1.5배 ④ 2배

정답 82.④ 83.④ 84.② 85.② 86.②

해설 과전류 트립 동작 시간 및 특성-산업용 배선 차단기(KEC 212.3)
- 부동작 전류 : 1.05배
- 동작 전류 : 1.3배

87 KS C IEC 60364에서 전원의 한 점을 직접 접지하고, 설비의 노출 도전성 부분을 전원 계통의 접지극과 별도로 전기적으로 독립하여 접지하는 방식은?

① TT 계통 ② TN-C 계통
③ TN-S 계통 ④ TN-CS 계통

해설 계통 접지의 방식(KEC 203)

접지 방식	전원측의 한 점	설비의 노출도 전부
TN	대지로 직접	전원측 접지 이용
TT	대지로 직접	대지로 직접
IT	대지로부터 절연	대지로 직접

88 옥내 배선의 사용 전압이 400[V] 이하일 때 전광 표시 장치 기타 이와 유사한 장치 또는 제어 회로 등의 배선에 다심 케이블을 시설하는 경우 배선의 단면적은 몇 [mm^2] 이상인가?

① 0.75 ② 1.5
③ 1 ④ 2.5

해설 저압 옥내 배선의 사용 전선(KEC 231.3)
전광 표시 장치 기타 이와 유사한 장치 또는 제어 회로 등에 이용하는 배선에 단면적 0.75[mm^2] 이상의 다심 케이블 또는 다심 캡타이어 케이블을 사용한다.

89 케이블 트레이 공사에 사용되는 케이블 트레이가 수용된 모든 전선을 지지할 수 있는 적합한 강도의 것일 경우 케이블 트레이의 안전율은 얼마 이상으로 하여야 하는가?

① 1.1 ② 1.2
③ 1.3 ④ 1.5

해설 케이블 트레이 공사(KEC 232.41)
케이블 트레이의 안전율은 1.5 이상이어야 한다.

90 전기 부식 방지 시설에서 전원 장치를 사용하는 경우로 옳은 것은?

① 전기 부식 방지 회로의 사용 전압은 교류 60[V] 이하일 것
② 지중에 매설하는 양극(+)의 매설 깊이는 50[cm] 이상일 것
③ 지표 또는 수중에서 1[m] 간격의 임의의 2점 간의 전위차는 7[V]를 넘지 말 것
④ 수중에 시설하는 양극(+)과 그 주위 1[m] 이내의 거리에 있는 임의점과의 사이의 전위차는 10[V]를 넘지 말 것

해설 전기 부식 방지 회로의 전압 등(KEC 241.16.3)
- 전기 부식 방지 회로의 사용 전압은 직류 60[V] 이하일 것
- 지중에 매설하는 양극의 매설 깊이는 75[cm] 이상일 것
- 수중에 시설하는 양극과 그 주위 1[m] 이내의 거리에 있는 임의점과의 사이의 전위차는 10[V]를 넘지 아니할 것
- 지표 또는 수중에서 1[m] 간격의 임의의 2점 간의 전위차가 5[V]를 넘지 아니할 것

91 5.7[kV]의 고압 배전선의 중성점을 접지하는 경우 접지 도체에 연동선을 사용하면 공칭 단면적은 얼마인가?

① 6[mm^2]
② 10[mm^2]
③ 16[mm^2]
④ 25[mm^2]

해설 전로의 중성점의 접지(KEC 322.5)
접지 도체는 공칭 단면적 16[mm^2] 이상의 연동선(저압 전로의 중성점 6[mm^2] 이상)으로서 고장 시 흐르는 전류가 안전하게 통할 수 있는 것을 사용하고 또한 손상을 받을 우려가 없도록 시설할 것

정답 87.① 88.① 89.④ 90.④ 91.③

92 고압 인입선 등의 시설 기준에 맞지 않는 것은?

① 고압 가공 인입선 아래에 위험 표시를 하고 지표상 3.5[m] 높이에 설치하였다.
② 전선은 5.0[mm] 경동선과 동등한 세기의 고압 절연 전선을 사용하였다.
③ 애자 사용 공사로 시설하였다.
④ 15[m] 떨어진 다른 수용가에 고압 연접 인입선을 시설하였다.

해설 고압 가공 인입선의 시설(KEC 331.12.1)
고압 연접 인입선은 시설하여서는 아니 된다.

93 특고압 가공 전선과 가공 약전류 전선을 동일 지지물에 시설하는 경우 공가할 수 있는 사용 전압은 최대 몇 [V]인가?

① 25[kV]
② 35[kV]
③ 70[kV]
④ 100[kV]

해설 35[kV]를 넘으면 가공 약전류 전선과 공가할 수 없다.

94 고압 가공 전선이 가공 약전류 전선 등과 접근하는 경우 고압 가공 전선과 가공 약전류 전선 등 사이의 이격 거리는 몇 [cm] 이상이어야 하는가? (단, 전선이 케이블인 경우이다.)

① 15[cm]
② 30[cm]
③ 40[cm]
④ 80[cm]

해설 고압 가공 전선과 건조물의 접근(KEC 332.11)

가공 전선의 종류	이격 거리
저압 가공 전선	0.6[m](고압 절연 전선 또는 케이블 0.3[m])
고압 가공 전선	0.8[m](케이블 0.4[m])

95 변전소에 고압용 기계 기구를 시가지 내에 사람이 쉽게 접촉할 우려가 없도록 시설하는 경우 지표상 몇 [m] 이상의 높이에 시설하여야 하는가? (단, 고압용 기계 기구에 부속하는 전선으로는 케이블을 사용하였다.)

① 4
② 4.5
③ 5
④ 5.5

해설 고압용 기계 기구의 시설(KEC 341.8)
지표상 높이 4.5[m](시가지 외 4[m]) 이상

96 발전기를 구동하는 수차의 압유 장치 유압이 현저히 저하한 경우 자동적으로 이를 전로로부터 차단시키도록 보호 장치를 하여야 한다. 용량 몇 [kVA] 이상인 발전기에 자동 차단 보호 장치를 하여야 하는가?

① 500
② 1,000
③ 1,500
④ 2,000

해설 발전기 등의 보호 장치(KEC 351.3)
용량 500[kVA] 이상의 발전기를 구동하는 수차의 압유 장치의 유압 또는 전동식 가이드밴 제어 장치, 전동식 니들 제어 장치 또는 전동식 디플렉터 제어 장치의 전원 전압이 현저히 저하한 경우 발전기에 자동 차단 보호 장치를 하여야 한다.

97 사용 전압이 22.9[kV]인 가공 전선로를 시가지에 시설하는 경우 전선의 지표상 높이는 몇 [m] 이상인가? (단, 전선은 특고압 절연 전선을 사용한다.)

① 6 ② 7
③ 8 ④ 10

정답 92.④ 93.② 94.③ 95.② 96.① 97.③

해설 시가지 등에서 특고압 가공 전선로의 시설(KEC 333.1) – 시가지 등에서 170[kV] 이하 특고압 가공 전선로 높이

사용 전압의 구분	이격 거리
35[kV] 이하	10[m](전선이 특고압 절연 전선인 경우에는 8[m])
35[kV] 초과	10[m]에 35[kV]를 초과하는 10[kV] 또는 그 단수마다 0.12[m]를 더한 값

98 154/22.9[kV]용 변전소의 변압기에 반드시 시설하지 않아도 되는 계측 장치는?

출제빈도

① 전압계
② 전류계
③ 역률계
④ 온도계

해설 계측 장치(KEC 351.6)
변전소 계측 장치
- 주요 변압기의 전압 및 전류 또는 전력
- 특고압용 변압기의 온도

99 사용 전압이 22.9[kV]인 가공 전선로의 다중 접지한 중성선과 첨가 통신선의 이격 거리는 몇 [cm] 이상이어야 하는가? (단, 특고압 가공 전선로는 중성선 다중 접지식의 것으로 전로에 지락이 생긴 경우 2초 이내에 자동적으로 이를 전로로부터 차단하는 장치가 되어 있는 것으로 한다.)

① 60 ② 75
③ 100 ④ 120

해설 전력 보안 통신선의 시설 높이와 이격 거리(KEC 362.2)
통신선과 저압 가공 전선 또는 25[kV] 이하 특고압 가공 전선로의 다중 접지를 한 중성선 사이의 이격 거리는 0.6[m] 이상일 것

100 태양 전지 발전소에 태양 전지 모듈 등을 시설할 경우 사용 전선(연동선)의 공칭 단면적은 몇 $[mm^2]$ 이상인가?

① 1.6
② 2.5
③ 5
④ 10

해설 전기 저장 장치의 시설(KEC 512.1.1)
전선은 공칭 단면적 $2.5[mm^2]$ 이상의 연동선으로 하고, 배선은 합성 수지관 공사, 금속관 공사, 가요 전선관 공사 또는 케이블 공사로 시설할 것

정답 98.③ 99.① 100.②

Industrial Engineer Electricity

2022년 제2회 CBT 기출복원문제

2022. 5. 9. 시행

제1과목 전기자기학

01 10[mm]의 지름을 가진 동선에 50[A]의 전류가 흐를 때 단위 시간에 동선의 단면을 통과하는 전자의 수는 얼마인가?

① 약 50×10^{19}[개]
② 약 20.45×10^{15}[개]
③ 약 31.25×10^{19}[개]
④ 약 7.85×10^{16}[개]

해설 전류 $I=\dfrac{Q}{t}=\dfrac{ne}{t}$[C/s, A]

전자의 수 $n=\dfrac{It}{e}=\dfrac{50\times1}{1.602\times10^{-19}}$

$=31.25\times10^{19}$[개]

02 100회 감은 코일과 쇄교하는 자속이 $\dfrac{1}{10}$초 동안에 0.5[Wb]에서 0.3[Wb]로 감소했다. 이때, 유기되는 기전력은 몇 [V]인가?

① 20 ② 200
③ 80 ④ 800

해설 $e=-N\dfrac{d\phi}{dt}=-100\times\dfrac{0.3-0.5}{0.1}=200$[V]

03 무한히 넓은 2개의 평행 도체판의 간격이 d[m]이며 그 전위차는 V[V]이다. 도체판의 단위 면적에 작용하는 힘은 몇 [N/m²]인가? (단, 유전율은 ε_0이다.)

① $\varepsilon_0\left(\dfrac{V}{d}\right)^2$ ② $\dfrac{1}{2}\varepsilon_0\left(\dfrac{V}{d}\right)^2$
③ $\dfrac{1}{2}\varepsilon_0\left(\dfrac{V}{d}\right)$ ④ $\varepsilon_0\left(\dfrac{V}{d}\right)$

해설 $f=\dfrac{{\rho_s}^2}{2\varepsilon_0}=\dfrac{1}{2}\varepsilon_0\boldsymbol{E}^2=\dfrac{1}{2}\varepsilon_0\left(\dfrac{V}{d}\right)^2$[N/m²]

04 접지된 구도체와 점전하 간에 작용하는 힘은?

① 항상 흡인력이다.
② 항상 반발력이다.
③ 조건적 흡인력이다.
④ 조건적 반발력이다.

해설 점전하가 Q[C]일 때 접지 구도체의 영상 전하 $Q'=-\dfrac{a}{d}Q$[C]으로 이종의 전하 사이에 작용하는 힘으로 쿨롱의 법칙에서 항상 흡인력이 작용한다.

05 평행판 콘덴서에 어떤 유전체를 넣었을 때 전속 밀도가 4.8×10^{-7}[C/m²]이고, 단위 체적당 정전 에너지가 5.3×10^{-3}[J/m³]이었다. 이 유전체의 유전율은 몇 [F/m]인가?

① 1.15×10^{-11} ② 2.17×10^{-11}
③ 3.19×10^{-11} ④ 4.21×10^{-11}

해설 정전 에너지

$W=\dfrac{D^2}{2\varepsilon}$[J/m³]

$\therefore\ \varepsilon=\dfrac{D^2}{2W}=\dfrac{(4.8\times10^{-7})^2}{2\times5.3\times10^{-3}}=2.17\times10^{-11}$[F/m]

정답 01.③ 02.② 03.② 04.① 05.②

06 히스테리시스 곡선에서 히스테리시스 손실에 해당하는 것은?

① 보자력의 크기
② 잔류 자기의 크기
③ 보자력과 잔류 자기의 곱
④ 히스테리시스 곡선의 면적

해설 히스테리시스 루프를 일주할 때마다 그 면적에 상당하는 에너지가 열에너지로 손실되는데, 교류의 경우 단위 체적당 에너지 손실이 되고 이를 히스테리시스 손실이라고 한다.

07 자기 회로와 전기 회로의 대응으로 틀린 것은?

① 자속 ↔ 전류
② 기자력 ↔ 기전력
③ 투자율 ↔ 유전율
④ 자계의 세기 ↔ 전계의 세기

해설

자기 회로	전기 회로
기자력 $F=NI$	기전력 E
자기 저항 $R_m=\dfrac{l}{\mu S}$	저항 $R=\dfrac{l}{kS}$
자속 $\phi=\dfrac{F}{R_m}$	전류 $I=\dfrac{E}{R}$
투자율 μ	도전율 k
자계의 세기 H	전계의 세기 E

08 다음 중 전류에 의한 자계의 방향을 결정하는 법칙은?

① 렌츠의 법칙
② 플레밍의 왼손 법칙
③ 플레밍의 오른손 법칙
④ 앙페르의 오른 나사 법칙

해설 전류에 의한 자계의 방향은 앙페르의 오른 나사 법칙에 따르며 다음 그림과 같은 방향이다.

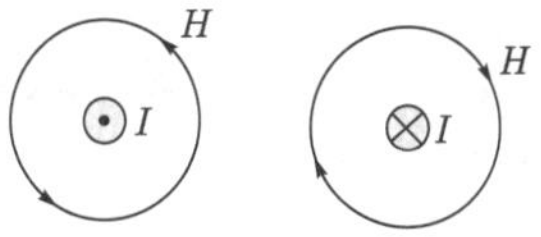

09 표면 전하 밀도 σ[C/m^2]로 대전된 도체 내부의 전속 밀도는 몇 [C/m^2]인가?

① σ　　② $\varepsilon_0 E$
③ $\dfrac{\sigma}{\varepsilon_0}$　　④ 0

해설 도체 내부의 전계의 세기 $E=0$
전속 밀도 $D=\varepsilon_0 E=0$

10 10[mH]의 두 가지 인덕턴스가 있다. 결합계수를 0.1로부터 0.9까지 변화시킬 수 있다면 이것을 접속시켜 얻을 수 있는 합성 인덕턴스의 최대값과 최소값의 비는?

① 9 : 1　　② 13 : 1
③ 16 : 1　　④ 19 : 1

해설 합성 인덕턴스 $L_0=L_1+L_2\pm 2M$[H]
$L_1=L_2=10$[mH]이므로 $L_0=20\pm 2M$[mH]
상호 인덕턴스 $M=K\sqrt{L_1L_2}=10K$
결합 계수는 0.1로부터 0.9까지 변화시킬 수 있지만 합성 인덕턴스의 최대값과 최소값의 비이므로 결합 계수 $K=0.9$이다.
$\therefore$ $L_0=20\pm 2\times 10\times 0.9=20\pm 18$[mH]
$\therefore$ 합성 인덕턴스의 최대값과 최소값의 비
$38:2=19:1$

11 공기 중에서 E[V/m]의 전계를 i_D[A/m^2]의 변위 전류로 흐르게 하려면 주파수[Hz]는 얼마가 되어야 하는가?

① $f=\dfrac{i_D}{2\pi\varepsilon E}$　　② $f=\dfrac{i_D}{4\pi\varepsilon E}$
③ $f=\dfrac{\varepsilon i_D}{2\pi^2 E}$　　④ $f=\dfrac{i_D E}{4\pi^2\varepsilon}$

정답 06.④ 07.③ 08.④ 09.④ 10.④ 11.①

해설 전계 E를 페이저(phasor)로 표시하면 $E=E_0 e^{j\omega t}$ [V/m]가 되므로

$$i_D=\frac{\partial D}{\partial t}=\varepsilon\frac{\partial E}{\partial t}=\varepsilon\frac{\partial}{\partial t}(E_0 e^{j\omega t})$$

$$=j\omega\varepsilon E_0 e^{j\omega t}=j\omega\varepsilon E[\text{A/m}^2]$$

$\omega=2\pi f$[rad/s]를 $|i_D|$에 대입하면

$$i_D=2\pi f\varepsilon E[\text{A/m}^2]$$

$$\therefore f=\frac{i_D}{2\pi\varepsilon E}[\text{Hz}]$$

12 자기 인덕턴스가 L_1, L_2이고 상호 인덕턴스가 M인 두 회로의 결합 계수가 1이면 다음 중 옳은 것은?

① $L_1L_2=M$

② $L_1L_2<M^2$

③ $L_1L_2>M^2$

④ $L_1L_2=M^2$

해설 결합 계수 K가 1이면 $K=\frac{M}{\sqrt{L_1L_2}}$에서

$M=\sqrt{L_1L_2}$

$\therefore M^2=L_1L_2$

13 지름 10[cm]인 원형 코일에 1[A]의 전류를 흘릴 때, 코일 중심의 자계를 1,000[AT/m]로 하려면 코일을 몇 회 감으면 되는가?

출제빈도

① 200 ② 150

③ 100 ④ 50

해설 $H=\frac{NI}{2a}$[AT/m]

$$N=\frac{2aH}{I}=\frac{2\left(\frac{d}{2}\right)H_o}{I}$$

$$=\frac{2\times\frac{0.1}{2}\times1{,}000}{1}=100[\text{회}]$$

14 도체계에서 임의의 도체를 일정 전위의 도체로 완전 포위하면 내외 공간의 전계를 완전 차단할 수 있다. 이것을 무엇이라 하는가?

① 전자 차폐

② 정전 차폐

③ 홀(Hall) 효과

④ 핀치(Pinch) 효과

15 동일한 금속 도선의 두 점 간에 온도차를 주고 고온 쪽에서 저온 쪽으로 전류를 흘리면, 줄열 이외에 도선 속에서 열이 발생하거나 흡수가 일어나는 현상을 지칭하는 것은?

출제빈도

① 제벡 효과

② 톰슨 효과

③ 펠티에 효과

④ 볼타 효과

해설
- 톰슨 효과 : 동종의 금속에서도 각 부에서 온도가 다르면 그 부분에서 열의 발생 또는 흡수가 일어나는 효과를 톰슨 효과라 한다.
- 제벡 효과 : 서로 다른 두 금속 A, B를 접속하고 다른 쪽에 전압계를 연결하여 접속부를 가열하면 전압이 발생하는 것을 알 수 있다. 이와 같이 서로 다른 금속을 접속하고 접속점을 서로 다른 온도를 유지하면 기전력이 생겨 일정한 방향으로 전류가 흐른다. 이러한 현상을 제벡 효과(Seebeck effect)라 한다. 즉, 온도차에 의한 열기전력 발생을 말한다.
- 펠티에 효과 : 서로 다른 두 금속에서 다른 쪽 금속으로 전류를 흘리면 열의 발생 또는 흡수가 일어나는데 이 현상을 펠티에 효과라 한다.

16 m[Wb]의 점자극에 의한 자계 중에서 r[m] 거리에 있는 점의 자위[A]는?

① $\frac{1}{4\pi\mu_0}\times\frac{m}{r^2}$ ② $\frac{1}{4\pi\mu_0}\times\frac{m}{r}$

③ $\frac{1}{4\pi\mu_0}\times\frac{m^2}{r}$ ④ $\frac{1}{4\pi\mu_0}\times\frac{m^2}{r^2}$

정답 12.④ 13.③ 14.② 15.② 16.②

해설

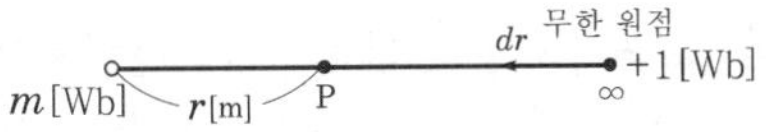

+1[Wb]의 자하를 자계 0인 무한 원점에서 점 P까지 운반하는 데 소요되는 일

$$U = -\int_{\infty}^{P} H \cdot dr = -\int_{\infty}^{r} \frac{m}{4\pi\mu_0 r^2} dr$$

$$= \frac{m}{4\pi\mu_0 r} = 6.33 \times 10^4 \frac{m}{r} \text{[AT, A]}$$

17 100[MHz]의 전자파의 파장은?

① 0.3[m] ② 0.6[m]
③ 3[m] ④ 6[m]

해설 진공 중에서 전파 속도는 빛의 속도와 같으므로

$v = C_0 = 3 \times 10^8$[m/s]

$\therefore\ v = C_0 = \lambda \cdot f$[m/s]

$$\therefore\ \lambda = \frac{C_0}{f} = \frac{3 \times 10^8}{100 \times 10^6} = 3\text{[m]}$$

18 유전율 ε, 투자율 μ인 매질 내에서 전자파의 속도[m/s]는?

출제빈도

① $\sqrt{\frac{\mu}{\varepsilon}}$ ② $\sqrt{\mu\varepsilon}$
③ $\sqrt{\frac{\varepsilon}{\mu}}$ ④ $\frac{3 \times 10^8}{\sqrt{\varepsilon_s \mu_s}}$

해설

$$v = \frac{1}{\sqrt{\varepsilon\mu}} = \frac{1}{\sqrt{\varepsilon_0 \mu_0}} \cdot \frac{1}{\sqrt{\varepsilon_s \mu_s}}$$

$$= C_0 \frac{1}{\sqrt{\varepsilon_s \mu_s}} = \frac{3 \times 10^8}{\sqrt{\varepsilon_s \mu_s}} \text{[m/s]}$$

19 한 변의 길이가 2[m]인 정삼각형 정점 A, B, C에 각각 10^{-4}[C]의 점전하가 있다. 점 B에 작용하는 힘[N]은?

출제빈도

① 26 ② 39
③ 48 ④ 54

해설

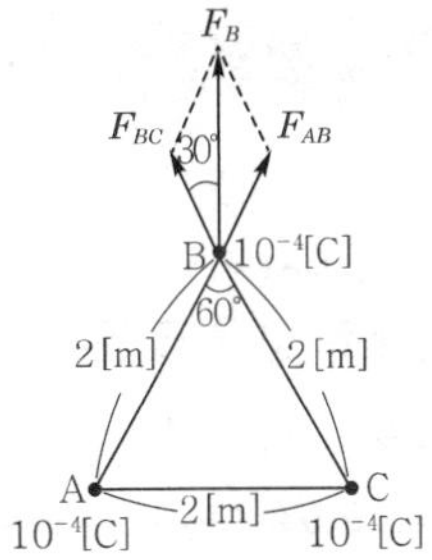

$F_{AB} = F_{BC}$이므로

$F_B = 2F_{BC}\cos 30°$

$= \sqrt{3} F_{BC}$

$$= \sqrt{3} \times 9 \times 10^9 \times \frac{Q_1 \cdot Q_2}{r^2} \text{[N]}$$

$$= \sqrt{3} \times 9 \times 10^9 \times \frac{(10^{-4})^2}{2^2}$$

$\fallingdotseq 39$[N]

20 점 (−2, 1, 5)[m]와 점 (1, 3, −1)[m]에 각각 위치해 있는 점전하 1[μC]과 4[μC]에 의해 발생된 전위장 내에 저장된 정전 에너지는 약 몇 [mJ]인가?

① 2.57
② 5.14
③ 7.71
④ 10.28

해설 정전 에너지

$$W = F \cdot r = \frac{Q_1 Q_2}{4\pi\varepsilon_0 r^2} \cdot r = 9 \times 10^9 \times \frac{Q_1 Q_2}{r} \text{[J]}$$

$\dot{r} = \{1-(-2)\}i + (3-1)j + (-1-5)k$

$= 3i + 2j - 6k$

$|\dot{r}| = \sqrt{3^2 + 2^2 + (-6)^2} = 7$[m]

$Q_1 = 1[\mu C]$, $Q_2 = 4[\mu C]$이므로

$$\therefore\ W = 9 \times 10^9 \times \frac{1 \times 10^{-6} \times 4 \times 10^{-6}}{7} \times 10^3$$

$= 5.14$[mJ]

정답 17.③ 18.④ 19.② 20.②

제2과목 전력공학

21 송전 선로에서 4단자 정수 A, B, C, D 사이의 관계로 옳은 것은?

① $BC-AD=1$
② $AC-BD=1$
③ $AB-CD=1$
④ $AD-BC=1$

해설 **4단자 정수의 관계**
$AD-BC=1$

22 정격 용량 150[kVA]인 단상 변압기 두 대로 V결선을 했을 경우 최대 출력은 약 몇 [kVA]인가?

① 170　　② 173
③ 260　　④ 280

해설 V결선의 출력 $P_V=\sqrt{3}P_1=\sqrt{3}\times 150 \fallingdotseq 260$[kVA]

23 단거리 송전 선로에서 정상 상태 유효 전력의 크기는?

① 선로 리액턴스 및 전압 위상차에 비례한다.
② 선로 리액턴스 및 전압 위상차에 반비례한다.
③ 선로 리액턴스에 반비례하고 상차각에 비례한다.
④ 선로 리액턴스에 비례하고 상차각에 반비례한다.

해설 전송 전력 $P_s=\dfrac{E_sE_r}{X}\times\sin\delta$[MW]이므로 송·수전단 전압 및 상차각에는 비례하고, 선로의 리액턴스에는 반비례한다.

24 그림과 같은 전선로의 단락 용량은 약 몇 [MVA]인가? (단, 그림의 수치는 10,000[kVA]를 기준으로 한 %리액턴스를 나타낸다.)

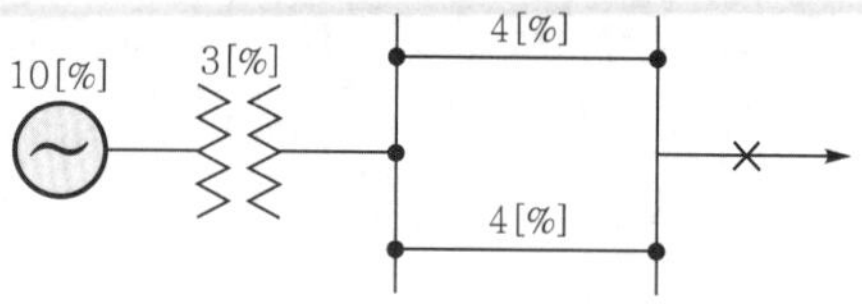

① 33.7　　② 66.7
③ 99.7　　④ 132.7

해설 단락 용량 $P_s=\dfrac{100}{\%Z}P_n$

$$=\frac{100}{10+3+\frac{4}{2}}\times 10{,}000\times 10^{-3}$$

$$=66.7\text{[MVA]}$$

25 소호 리액터 접지에 대한 설명으로 틀린 것은?

① 지락 전류가 작다.
② 과도 안정도가 높다.
③ 전자 유도 장해가 경감된다.
④ 선택 지락 계전기의 작동이 쉽다.

해설 **소호 리액터 접지**
$L-C$ 병렬 공진을 이용하므로 지락 전류가 최소로 되어 유도 장해가 적고, 고장 중에도 계속적인 송전이 가능하며, 고장이 스스로 복구될 수 있어 과도 안정도가 좋지만, 보호 장치의 동작이 불확실하다.

26 파동 임피던스가 300[Ω]인 가공 송전선 1[km]당의 인덕턴스는 몇 [mH/km]인가? (단, 저항과 누설 컨덕턴스는 무시한다.)

① 0.5
② 1
③ 1.5
④ 2

정답 21.④ 22.③ 23.③ 24.② 25.④ 26.②

해설 파동 임피던스 $Z_0 = \sqrt{\dfrac{L}{C}} = 138\log\dfrac{D}{r}$이므로

$\log\dfrac{D}{r} = \dfrac{Z_0}{138} = \dfrac{300}{138}$이다.

$\therefore L = 0.4605\log\dfrac{D}{r} = 0.4605 \times \dfrac{300}{138} \fallingdotseq 1\,[\text{mH/km}]$

27 전력 계통에 과도 안정도 향상 대책과 관련 없는 것은?

출제빈도

① 빠른 고장 제거
② 속응 여자 시스템 사용
③ 큰 임피던스의 변압기 사용
④ 병렬 송전 선로의 추가 건설

해설 **안정도 향상 대책**
- 직렬 리액턴스 감소
- 전압 변동 억제(속응 여자 방식, 계통 연계, 중간 조상 방식)
- 계통 충격 경감(소호 리액터 접지, 고속 차단, 재폐로)
- 전력 변동 억제(조속기 신속 동작, 제동 저항기)

28 배전 전압, 배전 거리 및 전력 손실이 같다는 조건에서 단상 2선식 전기 방식의 전선 총 중량을 100[%]라 할 때 3상 3선식 전기 방식은 몇 [%]인가?

출제빈도

① 33.3　② 37.5
③ 75.0　④ 100.0

해설 전선 총 중량은 단상 2선식을 기준으로 단상 3선식은 $\dfrac{3}{8}$, 3상 3선식은 $\dfrac{3}{4}$, 3상 4선식은 $\dfrac{1}{3}$이다.

29 피뢰기의 제한 전압에 대한 설명으로 옳은 것은?

출제빈도

① 방전을 개시할 때의 단자 전압의 순시값
② 피뢰기 동작 중 단자 전압의 파고값
③ 특성 요소에 흐르는 전압의 순시값
④ 피뢰기에 걸린 회로 전압

해설 제한 전압은 피뢰기가 동작하고 있을 때 단자에 허용하는 파고값을 말한다.

30 유효 낙차 370[m], 최대 사용 수량 15[m^3/s], 수차 효율 85[%], 발전기 효율 96[%]인 수력 발전소의 최대 출력은 몇 [kW]인가?

① 34,400
② 38,543
③ 44,382
④ 52,340

해설 출력 $P = 9.8HQ\eta = 9.8 \times 370 \times 15 \times 0.85 \times 0.96$
$= 44,382\,[\text{kW}]$

31 수용가군 총합의 부하율은 각 수용가의 수용분 및 수용가 사이의 부등률이 변화할 때 옳은 것은?

① 부등률과 수용률에 비례한다.
② 부등률에 비례하고, 수용률에 반비례한다.
③ 수용률에 비례하고, 부등률에 반비례한다.
④ 부등률과 수용률에 반비례한다.

해설 부하율 $= \dfrac{\text{평균 전력}}{\text{설비 용량의 합계}} \times \dfrac{\text{부등률}}{\text{수용률}}$이므로 부등률에 비례하고, 수용률에 반비례한다.

32 3상 1회선 송전 선로의 소호 리액터의 용량 [kVA]은?

출제빈도

① 선로 충전 용량과 같다.
② 선간 충전 용량의 $\dfrac{1}{2}$이다.
③ 3선 일괄의 대지 충전 용량과 같다.
④ 1선과 중성점 사이의 충전 용량과 같다.

해설 소호 리액터 용량은 3선을 일괄한 대지 충전 용량과 같아야 하므로 $Q_c = 3\omega CE^2$로 된다.

정답 27.③ 28.③ 29.② 30.③ 31.② 32.③

33 전원이 양단에 있는 방사상 송전 선로에서 과전류 계전기와 조합하여 단락 보호에 사용하는 계전기는?

① 선택 지락 계전기
② 방향 단락 계전기
③ 과전압 계전기
④ 부족 전류 계전기

해설 **송전 선로의 단락 보호 방식**
- 방사상식 선로 : 반한시 특성 또는 순한시 반한시성 특성을 가진 과전류 계전기 사용, 전원이 양단에 있는 경우에는 방향 단락 계전기와 과전류 계전기의 조합
- 환상식 선로 : 방향 단락 계전 방식, 방향 거리 계전 방식

34 어떤 건물에서 총 설비 부하 용량이 850[kW], 수용률이 60[%]이면, 변압기 용량은 최소 몇 [kVA]로 하여야 하는가? (단, 설비 부하의 종합 역률은 0.75이다).

① 740 ② 680
③ 650 ④ 500

해설 변압기 용량 $P_t = \frac{850 \times 0.6}{0.75} = 680[\text{kVA}]$

35 선로 임피던스 Z, 송·수전단 양쪽에 어드미턴스 Y를 연결한 π형 회로의 4단자 정수에서 B의 값은?

① Y ② Z
③ $\frac{1+ZY}{2}$ ④ $Y+\frac{1+ZY}{4}$

해설 π형 회로의 4단자 정수

$$\begin{bmatrix} A & B \\ C & D \end{bmatrix} = \begin{bmatrix} 1+\frac{ZY}{2} & Z \\ Y\left(1+\frac{ZY}{4}\right) & 1+\frac{ZY}{2} \end{bmatrix}$$

36 중성점 접지 방식 중 1선 지락 고장일 때 선로의 전압 상승이 최대이고, 통신 장해가 최소인 것은?

① 비접지 방식
② 직접 접지 방식
③ 저항 접지 방식
④ 소호 리액터 접지 방식

해설 소호 리액터 접지식은 $L-C$ 병렬 공진을 이용하므로 지락 전류가 최소로 되어 유도 장해가 적고, 고장 중에도 계속적인 송전이 가능하며, 고장이 스스로 복구될 수 있어 과도 안정도가 좋지만, 보호 장치의 동작이 불확실하다.

37 배전 선로 개폐기 중 반드시 차단 기능이 있는 후비 보호 장치와 직렬로 설치하여 고장 구간을 분리시키는 개폐기는?

① 컷아웃 스위치 ② 부하 개폐기
③ 리클로저 ④ 섹셔널라이저

해설
- 리클로저(recloser)는 선로에 고장이 발생하였을 때 고장 전류를 검출하여 지정된 시간 내에 고속 차단하고 자동 재폐로 동작을 수행하여 고장 구간을 분리하거나 재송전하는 장치
- 섹셔널라이저(sectionalizer)는 고장 발생 시 차단 기능이 없으므로 고장을 차단하는 후비 보호 장치와 직렬로 설치하여 고장 구간을 분리시키는 개폐기

38 뒤진 역률 80[%], 1,000[kW]의 3상 부하가 있다. 여기에 콘덴서를 설치하여 역률을 95[%]로 개선하려면 콘덴서의 용량 [kVA]은?

① 328[kVA] ② 421[kVA]
③ 765[kVA] ④ 951[kVA]

해설 $Q = P(\tan\theta_1 - \tan\theta_2)$

$$= 1{,}000 \times \left(\frac{\sqrt{1-0.8^2}}{0.8} - \frac{\sqrt{1-0.95^2}}{0.95}\right)$$

$$= 421.3[\text{kVA}]$$

정답 33.② 34.② 35.② 36.④ 37.④ 38.②

39 전압이 일정값 이하로 되었을 때 동작하는 것으로서, 단락 시 고장 검출용으로도 사용되는 계전기는?

출제빈도

① 재폐로 계전기
② 역상 계전기
③ 부족 전류 계전기
④ 부족 전압 계전기

해설 부족 전압 계전기는 단락 고장의 검출용 또는 공급 전압 급감으로 인한 과전류 방지용이다.

40 전력 퓨즈(power fuse)의 특성이 아닌 것은?

출제빈도

① 현저한 한류 특성이 있다.
② 부하 전류를 안전하게 차단한다.
③ 소형이고 경량이다.
④ 릴레이나 변성기가 불필요하다.

해설 전력 퓨즈는 단락 전류를 차단하는 것을 주목적으로 하며, 부하 전류를 차단하는 용도로 사용하지는 않는다.

제3과목 전기기기

41 변압기의 철심이 갖추어야 할 조건으로 틀린 것은?

① 투자율이 클 것
② 전기 저항이 작을 것
③ 성층 철심으로 할 것
④ 히스테리시스손 계수가 작을 것

해설 변압기 철심은 자속의 통로 역할을 하므로 투자율은 크고, 와전류손의 감소를 위해 성층 철심을 사용하여 전기 저항은 크게 하고, 히스테리시스손과 계수를 작게 하기 위해 규소를 함유한다.

42 직류 전압을 직접 제어하는 것은?

① 단상 인버터 ② 초퍼형 인버터
③ 브리지형 인버터 ④ 3상 인버터

해설 고속으로 'on, off'를 반복하여 직류 전압의 크기를 직접 제어하는 장치를 초퍼(chopper)형 인버터라 한다.

43 동기 전동기의 V곡선(위상 특성)에 대한 설명으로 틀린 것은?

출제빈도

① 횡축에 여자 전류를 나타낸다.
② 종축에 전기자 전류를 나타낸다.
③ V곡선의 최저점에는 역률이 0[%]이다.
④ 동일 출력에 대해서 여자가 약한 경우가 뒤진 역률이다.

해설 동기 전동기의 위상 특성 곡선(V곡선)은 여자 전류를 조정하여 부족 여자일 때 뒤진 전류가 흘러 리액터 작용(지역률), 과여자일 때 앞선 전류가 흘러 콘덴서 작용(진역률)을 한다.

44 유도 전동기의 2차 동손(P_c), 2차 입력(P_2), 슬립(s)의 관계식으로 옳은 것은?

출제빈도

① $P_2 P_c s = 1$ ② $s = P_2 P_c$
③ $s = \dfrac{P_2}{P_c}$ ④ $P_c = sP_2$

해설
2차 입력 $P_2 = mI_2^{\,2} \cdot \dfrac{r_2}{s}$[W]
2차 동손 $P_c = mI_2^{\,2} \cdot r_2 = sP_2$[W]

45 직류 발전기에 있어서 계자 철심에 잔류 자기가 없어도 발전되는 직류기는?

① 분권 발전기 ② 직권 발전기
③ 타여자 발전기 ④ 복권 발전기

정답 39.④ 40.② 41.② 42.② 43.③ 44.④ 45.③

해설 직류 자여자 발전기의 분권, 직권 및 복권 발전기는 잔류 자기가 꼭 있어야 하고, 타여자 발전기는 독립된 직류 전원에 의해 여자(excite)하므로 잔류 자기가 필요하지 않다.

46 고압 단상 변압기의 %임피던스 강하 4[%], 2차 정격 전류를 300[A]라 하면 정격 전압의 2차 단락 전류[A]는? (단, 변압기에서 전원측의 임피던스는 무시한다.)

출제빈도

① 0.75 ② 75
③ 1,200 ④ 7,500

해설 단락 전류$(I_s)=\frac{100}{\%Z}\cdot I_n$[A]

$\therefore\ I_s=\frac{100}{4}\times 300=7,500$[A]

47 권선형 유도 전동기의 속도-토크 곡선에서 비례 추이는 그 곡선이 무엇에 비례하여 이동하는가?

출제빈도

① 슬립 ② 회전수
③ 공급 전압 ④ 2차 저항

해설 3상 권선형 유도 전동기는 동일 토크에서 2차 저항을 증가하면 슬립이 비례하여 증가한다. 따라서, 토크 곡선이 2차 저항에 비례하여 이동하는 것을 토크의 비례 추이라 한다.

48 3상 직권 정류자 전동기의 중간 변압기의 사용 목적은?

① 역회전의 방지
② 역회전을 위하여
③ 전동기의 특성을 조정
④ 직권 특성을 얻기 위하여

해설 3상 직권 정류자 전동기의 중간 변압기를 사용하는 목적은 다음과 같다.

- 회전자 전압을 정류 작용에 맞는 값으로 조정할 수 있다.
- 권수비를 바꾸어서 전동기의 특성을 조정할 수 있다.
- 경부하 시 철심의 자속을 포화시켜두면 속도의 이상 상승을 억제할 수 있다.

49 전기자의 지름 D[m], 길이 l[m]가 되는 전기자에 권선을 감은 직류 발전기가 있다. 자극의 수 p, 각각의 자속수가 ϕ[Wb]일 때, 전기자 표면의 자속 밀도[Wb/m²]는?

① $\frac{\pi Dp}{60}$ ② $\frac{p\phi}{\pi Dl}$
③ $\frac{\pi Dl}{p\phi}$ ④ $\frac{\pi Dl}{p}$

해설 총 자속 $\Phi=p\phi$[Wb]
전기자 주변의 면적 $S=\pi Dl[\text{m}^2]$
자속 밀도 $B=\frac{\Phi}{S}=\frac{p\phi}{\pi Dl}[\text{Wb/m}^2]$

50 3상 동기 발전기의 전기자 권선을 Y결선으로 하는 이유 중 △결선과 비교할 때 장점이 아닌 것은?

출제빈도

① 출력을 더욱 증대할 수 있다.
② 권선의 코로나 현상이 적다.
③ 고조파 순환 전류가 흐르지 않는다.
④ 권선의 보호 및 이상 전압의 방지 대책이 용이하다.

해설 3상 동기 발전기의 전기자 권선을 Y결선할 경우의 장점

- 중성점을 접지할 수 있어, 계전기 동작이 확실하고 이상 전압 발생이 없다.
- 상전압이 선간 전압보다 $\frac{1}{\sqrt{3}}$배 감소하여 코로나 현상이 적다.
- 상전압의 제3고조파는 선간 전압에는 나타나지 않는다.
- 절연 레벨을 낮출 수 있으며 단절연이 가능하다.

정답 46.④ 47.④ 48.③ 49.② 50.①

51 **유도 전동기의 특성에서 토크와 2차 입력 및 동기 속도의 관계는?**

① 토크는 2차 입력과 동기 속도의 곱에 비례한다.
② 토크는 2차 입력에 반비례하고, 동기 속도에 비례한다.
③ 토크는 2차 입력에 비례하고, 동기 속도에 반비례한다.
④ 토크는 2차 입력의 자승에 비례하고, 동기 속도의 자승에 반비례한다.

해설 유도 전동기의 토크

$T=\dfrac{P}{\omega}=\dfrac{P}{2\pi\dfrac{N}{60}}=\dfrac{P_2}{2\pi\dfrac{N_s}{60}}$ 이므로

토크는 2차 입력(P_2)에 비례하고 동기 속도(N_s)에 반비례한다.

52 **단상 반발 전동기에 해당되지 않는 것은?**

① 아트킨손 전동기
② 시라게 전동기
③ 데리 전동기
④ 톰슨 전동기

해설 시라게 전동기는 3상 분권 정류자 전동기이다. 단상 반발 전동기의 종류에는 아트킨손(Atkinson)형, 톰슨(Thomson)형, 데리(Deri)형, 윈터 아이티베르그(Winter Eichberg)형 등이 있다.

53 **직류 분권 전동기가 단자 전압 215[V], 전기자 전류 50[A], 1,500[rpm]으로 운전되고 있을 때 발생 토크는 약 몇 [N·m]인가? (단, 전기자 저항은 0.1[Ω]이다.)**

① 6.8　② 33.2
③ 46.8　④ 66.9

해설 직류 전동기 토크(T)

$T=\dfrac{E\cdot I_a}{2\pi\dfrac{N}{60}}=\dfrac{(V-I_a r_a)\cdot I_a}{2\pi\dfrac{N}{60}}$ [N·m]

$=\dfrac{(215-50\times0.1)\times50}{2\pi\dfrac{1,500}{60}}$

$=66.88$[N·m]

54 **단락비가 큰 동기기는?**

① 안정도가 높다.
② 전압 변동률이 크다.
③ 기계가 소형이다.
④ 전기자 반작용이 크다.

해설 **단락비가 큰 동기 발전기의 특성**

- 동기 임피던스가 작다.
- 전압 변동률이 작다.
- 전기자 반작용이 작다(계자 기자력은 크고, 전기자 기자력은 작다).
- 출력이 크다.
- 과부하 내량이 크고, 안정도가 높다.
- 자기 여자 현상이 작다.
- 회전자가 크게 되어 철손이 증가하여 효율이 약간 감소한다.

55 **10[kVA], 2,000/100[V] 변압기에서 1차에 환산한 등가 임피던스는 6.2+ j7[Ω]이다. 이 변압기의 %리액턴스 강하[%]는?**

① 3.5
② 1.75
③ 0.35
④ 0.175

해설 $I_1=\dfrac{P}{V_1}=\dfrac{10\times10^3}{2,000}=5$[A]

$\therefore q=\dfrac{I_1\cdot x}{V_1}\times100=\dfrac{5\times7}{2,000}\times100=1.75$[%]

정답 51.③ 52.② 53.④ 54.① 55.②

56 다음 유도 전동기 기동법 중 권선형 유도 전동기에 가장 적합한 기동법은?

① Y－△ 기동법 ② 기동 보상기법
③ 전전압 기동법 ④ 2차 저항법

해설 권선형 유도 전동기의 기동법은 2차측(회전자)에 저항을 연결하여 시동하는 2차 저항 기동법, 농형 유도 전동기의 기동법은 전전압 기동, Y－△ 기동 및 기동 보상기법이 사용된다.

57 전부하에 있어 철손과 동손의 비율이 1 : 2인 변압기에서 효율이 최고인 부하는 전부하의 약 몇 [%]인가?

① 50 ② 60
③ 70 ④ 80

해설 변압기의 $\frac{1}{m}$ 부하 시 최대 효율의 조건은 $P_i = \left(\frac{1}{m}\right)^2 P_c$이므로 $\frac{1}{m} = \sqrt{\frac{P_i}{P_c}} = \frac{1}{\sqrt{2}} = 0.707 \fallingdotseq 70[\%]$

58 직류 전압의 맥동률이 가장 작은 정류 회로는? (단, 저항 부하를 사용한 경우이다.)

① 단상 전파 ② 단상 반파
③ 3상 반파 ④ 3상 전파

해설 정류 회로의 맥동률은 다음과 같다.
- 단상 반파 정류의 맥동률 : 121[%]
- 단상 전파 정류의 맥동률 : 48[%]
- 3상 반파 정류의 맥동률 : 17[%]
- 3상 전파 정류의 맥동률 : 4[%]

59 직류 분권 전동기 운전 중 계자 권선의 저항이 증가할 때 회전 속도는?

① 일정하다. ② 감소한다.
③ 증가한다. ④ 관계없다.

해설 직류 분권 전동기의 회전 속도
$N = K\frac{V - I_a R_a}{\phi}$에서 계자 권선의 저항이 증가하면 계자 전류가 감소하고 계자 자속이 감소하여 회전 속도는 상승한다.

60 3상 동기 발전기 각 상의 유기 기전력 중 제3고조파를 제거하려면 코일 간격/극 간격은 어떻게 되는가?

① 0.11 ② 0.33
③ 0.67 ④ 1.34

해설 제3고조파에 대한 단절 계수
$K_{pn} = \sin\frac{n\beta\pi}{2}$에서 $K_{p3} = \sin\frac{3\beta\pi}{2}$이다.
제3고조파를 제거하려면 $K_{p3} = 0$이 되어야 한다.
따라서, $\frac{3\beta\pi}{2} = n\pi$
$n = 1$일 때 $\beta = \frac{2}{3} = 0.67$
$n = 2$일 때 $\beta = \frac{4}{3} = 1.33$
$\beta = \frac{\text{코일 간격}}{\text{극 간격}} < 1$이므로 $\beta = 0.67$

제4과목 회로이론

61 전달 함수에 대한 설명으로 틀린 것은?

① 어떤 계의 전달 함수는 그 계에 대한 임펄스 응답의 라플라스 변환과 같다.
② 전달 함수는 $\frac{\text{출력 라플라스 변환}}{\text{입력 라플라스 변환}}$으로 정의된다.
③ 전달 함수가 s가 될 때 적분 요소라 한다.
④ 어떤 계의 전달 함수의 분모를 0으로 놓으면 이것이 곧 특성 방정식이다.

정답 56.④ 57.③ 58.④ 59.③ 60.③ 61.③

해설 제어 요소의 전달 함수에서 미분 요소의 전달 함수 $G(s)=s$, 적분 요소의 전달 함수 $G(s)=\frac{1}{s}$이다.

62 그림과 같은 파형의 실효값은?

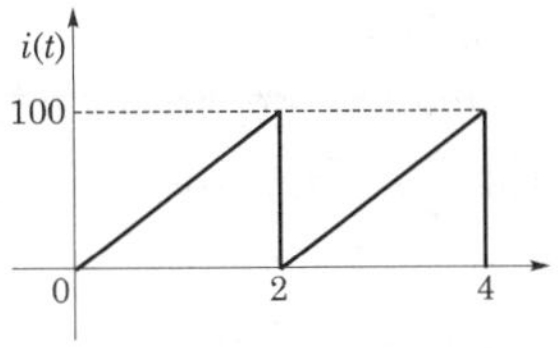

① 47.7 ② 57.7
③ 67.7 ④ 77.5

해설 삼각파 · 톱니파의 실효값 및 평균값은

$I=\frac{1}{\sqrt{3}}I_m$, $I_{av}=\frac{1}{2}I_m$에서

실효값 $I=\frac{1}{\sqrt{3}}\times 100=57.7[\text{A}]$

63 단상 전력계 2개로써 평형 3상 부하의 전력을 측정하였더니 각각 300[W]와 600[W]를 나타내었다면 부하 역률은? (단, 전압과 전류는 정현파이다.)

① 0.5 ② 0.577
③ 0.637 ④ 0.867

해설

$$\text{역률 } \cos\theta=\frac{P}{P_a}=\frac{P}{\sqrt{P^2+P_r^{\,2}}}=\frac{P_1+P_2}{2\sqrt{P_1^{\,2}+P_2^{\,2}-P_1P_2}}=\frac{300+600}{2\sqrt{300^2+600^2-300\times600}}=0.867$$

64 그림과 같은 평형 3상 Y결선에서 각 상이 8[Ω]의 저항과 6[Ω]의 리액턴스가 직렬로 연결된 부하에 선간 전압 $100\sqrt{3}$[V]가 공급되었다. 이때 선전류는 몇 [A]인가?

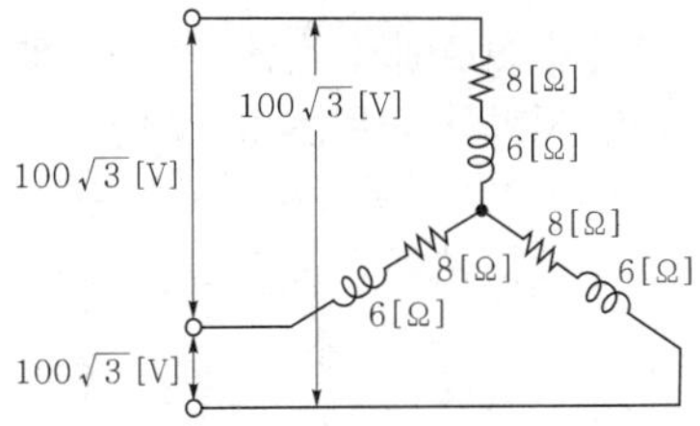

① 5 ② 10
③ 15 ④ 20

해설 3상 Y결선이므로

$$\text{선전류}(I_l)=\text{상전류}(I_p)=\frac{V_p}{Z}=\frac{100}{\sqrt{8^2+6^2}}=10[\text{A}]$$

65 그림에서 4단자 회로 정수 A, B, C, D 중 출력 단자 3, 4가 개방되었을 때의 $\frac{V_1}{V_2}$인 A의 값은?

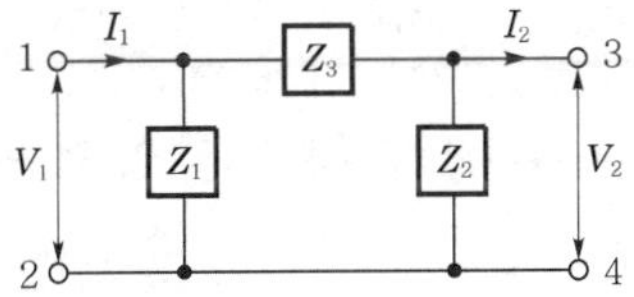

① $1+\frac{Z_2}{Z_1}$

② $1+\frac{Z_3}{Z_2}$

③ $1+\frac{Z_2}{Z_3}$

④ $\frac{Z_1+Z_2+Z_3}{Z_1Z_3}$

해설

$$\begin{bmatrix} A & B \\ C & D \end{bmatrix}=\begin{bmatrix} 1 & 0 \\ \frac{1}{Z_1} & 1 \end{bmatrix}\begin{bmatrix} 1 & Z_3 \\ 0 & 1 \end{bmatrix}\begin{bmatrix} 1 & 0 \\ \frac{1}{Z_2} & 1 \end{bmatrix}=\begin{bmatrix} 1+\frac{Z_3}{Z_2} & Z_3 \\ \frac{Z_1+Z_2+Z_3}{Z_1Z_2} & 1+\frac{Z_2}{Z_1} \end{bmatrix}$$

정답 62.② 63.④ 64.② 65.②

66 그림의 회로에서 전류 I는 약 몇 [A]인가? (단, 저항의 단위는 [Ω]이다.)

출제빈도

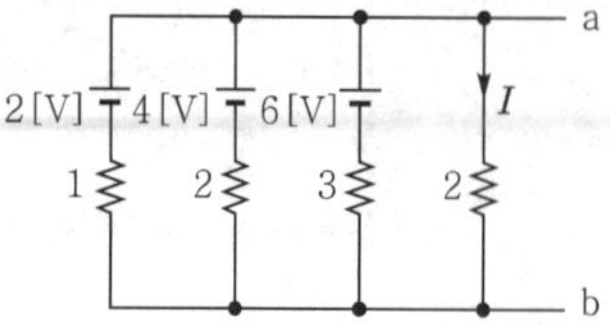

① 1.125 ② 1.29

③ 6 ④ 7

해설 밀만의 정리에 의해 a－b 단자의 단자 전압 V_{ab}

$$V_{ab}=\frac{\frac{2}{1}+\frac{4}{2}+\frac{6}{3}}{\frac{1}{1}+\frac{1}{2}+\frac{1}{3}+\frac{1}{2}}\fallingdotseq 2.57[\text{V}]$$

$\therefore$ 2[Ω]에 흐르는 전류 $I=\frac{2.57}{2}=1.29[\text{A}]$

67 비정현파 전류가 $i(t)=56\sin\omega t+20\sin 2\omega t+30\sin(3\omega t+30°)+40\sin(4\omega t+60°)$로 표현될 때, 왜형률은 약 얼마인가?

출제빈도

① 1.0 ② 0.96

③ 0.55 ④ 0.11

해설

$$\text{왜형률}=\frac{\text{전 고조파의 실효값}}{\text{기본파의 실효값}}$$

$$\therefore D=\frac{\sqrt{\left(\frac{20}{\sqrt{2}}\right)^2+\left(\frac{30}{\sqrt{2}}\right)^2+\left(\frac{40}{\sqrt{2}}\right)^2}}{\frac{56}{\sqrt{2}}}=0.96$$

68 C[F]인 용량을 $v=V_1\sin(\omega t+\theta_1)+V_3\sin(3\omega t+\theta_3)$인 전압으로 충전할 때 몇 [A]의 전류(실효값)가 필요한가?

① $\frac{1}{\sqrt{2}}\sqrt{V_1^{\,2}+9V_3^{\,2}}$

② $\frac{1}{\sqrt{2}}\sqrt{V_1^{\,2}+V_3^{\,2}}$

③ $\frac{\omega C}{\sqrt{2}}\sqrt{V_1^{\,2}+9V_3^{\,2}}$

④ $\frac{\omega C}{\sqrt{2}}\sqrt{V_1^{\,2}+V_3^{\,2}}$

해설 전류 실효값

$i=\omega CV_1\sin(\omega t+\theta_1+90°)$

$+3\omega CV_3\sin(3\omega t+\theta_3+90°)$이므로

$$I=\sqrt{\frac{(\omega CV_1)^2+(3\omega CV_3)^2}{2}}$$

$$=\frac{\omega C}{\sqrt{2}}\sqrt{V_1^{\,2}+9V_3^{\,2}}\,[\text{A}]$$

69 $\frac{1}{s+3}$의 역라플라스 변환은?

① e^{3t} ② e^{-3t}

③ $e^{\frac{1}{3}}$ ④ $e^{-\frac{1}{3}}$

해설 $\mathcal{L}[e^{-at}]=\frac{1}{s+a}$이므로

$\therefore \mathcal{L}^{-1}\left[\frac{1}{s+3}\right]=e^{-3t}$

70 평형 3상 Y결선 회로의 선간 전압이 V_l, 상전압이 V_p, 선전류가 I_l, 상전류가 I_p일 때 다음의 수식 중 틀린 것은? (단, P는 3상 부하 전력을 의미한다.)

① $V_l=\sqrt{3}\,V_p$

② $I_l=I_p$

③ $P=\sqrt{3}\,V_lI_l\cos\theta$

④ $P=\sqrt{3}\,V_pI_p\cos\theta$

해설 성형 결선(Y결선)

- 선간 전압(V_l)$=\sqrt{3}$상 전압(V_p)
- 선전류(I_l)=상전류(I_p)
- 전력 $P=3V_pI_p\cos\theta=\sqrt{3}\,V_lI_l\cos\theta$[W]

정답 66.② 67.② 68.③ 69.② 70.④

71 **대칭 좌표법에 관한 설명 중 잘못된 것은?**

출제빈도

① 불평형 3상 회로 비접지식 회로에서는 영상분이 존재한다.

② 대칭 3상 전압에서 영상분은 0이 된다.

③ 대칭 3상 전압은 정상분만 존재한다.

④ 불평형 3상 회로의 접지식 회로에서는 영상분이 존재한다.

해설 비접지식 회로에서는 영상분이 존재하지 않는다. 대칭 3상 전압의 대칭분은 영상분과 역상분은 0이고, 정상분만 V_a로 존재한다.

72 **회로에서 a−b 단자 사이의 전압 V_{ab}[V]는?**

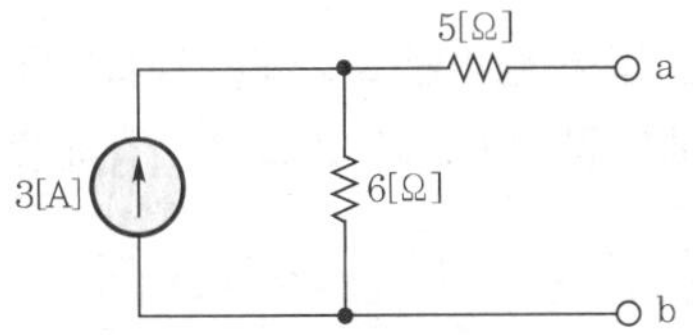

① 15　② 12

③ 9　④ 18

해설 전압 V_{ab}는 6[Ω]의 단자 전압이므로

$V_{ab} = 6 \times 3 = 18$[V]

73 **다음과 같은 회로에서 $L = 50$[mH], $R = 20$[kΩ]인 경우 회로의 시정수[μs]는?**

출제빈도

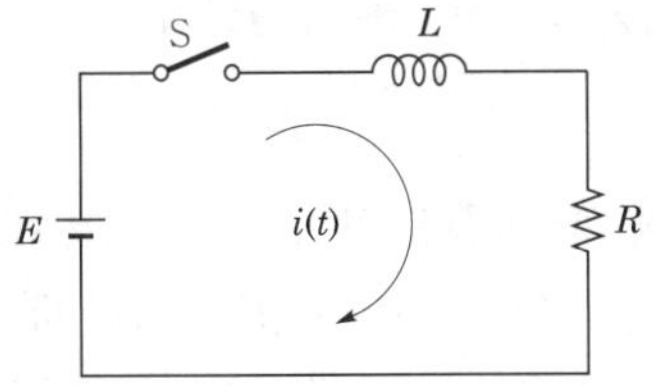

① 4.0　② 3.5

③ 3.0　④ 2.5

해설

$$\tau = \frac{L}{R} = \frac{50 \times 10^{-3}}{20 \times 10^{3}} = 2.5 \times 10^{-6} = 2.5[\mu s]$$

74 **$i = 10\sin\left(\omega t - \frac{\pi}{3}\right)$[A]로 표시되는 전류 파형보다 위상이 30°만큼 앞서고 최대값이 100[V]인 전압 파형 v를 식으로 나타내면?**

① $100\sin\left(\omega t - \frac{\pi}{3}\right)$

② $100\sqrt{2}\sin\left(\omega t - \frac{\pi}{6}\right)$

③ $100\sin\left(\omega t - \frac{\pi}{6}\right)$

④ $100\sqrt{2}\cos\left(\omega t - \frac{\pi}{6}\right)$

해설 $v = V_m \sin(\omega t \pm \theta)$에서 전류 위상이 $-60°$이므로 30° 앞서는 전압 위상 $\theta = -60° + 30° = -30°$가 된다.

$\therefore\ v = 100\sin(\omega t - 30°) = 100\sin\left(\omega t - \frac{\pi}{6}\right)$

75 **그림의 회로는 스위치 S를 닫은 정상 상태이다. $t = 0$에서 스위치를 연 후 저항 R_2에 흐르는 과도 전류는? (단, 초기 조건은 $i(0) = \frac{E}{R_1}$이다.)**

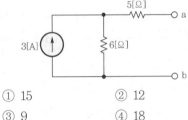

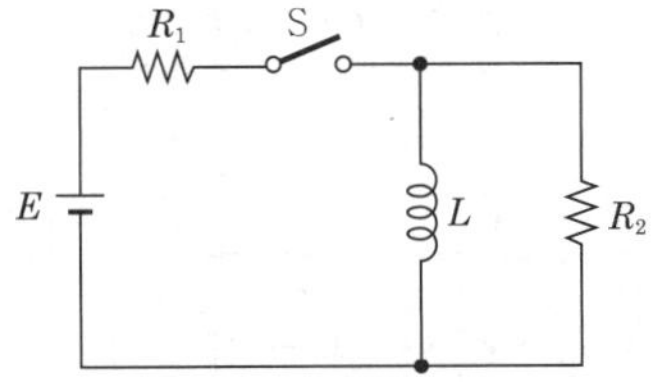

① $\frac{E}{R_1}\left(1 - e^{-\frac{R_2}{L}t}\right)$　② $\frac{E}{R_2}\left(1 - e^{-\frac{R_1}{L}t}\right)$

③ $\frac{E}{R_1}\left(-e^{-\frac{L}{R_2}t}\right)$　④ $\frac{E}{R_1}\left(e^{-\frac{R_2}{L}t}\right)$

해설

$i(t) = Ke^{-\frac{1}{\tau}t}$에서

시정수 $\tau = \frac{L}{R_2}$, 초기 전류 $i(0) = \frac{E}{R_1} = K$

$\therefore\ i(t) = \frac{E}{R_1}e^{-\frac{R_2}{L}t}$[A]

정답 71.① 72.④ 73.④ 74.③ 75.④

76 그림과 같은 2단자망에서 구동점 임피던스를 구하면?

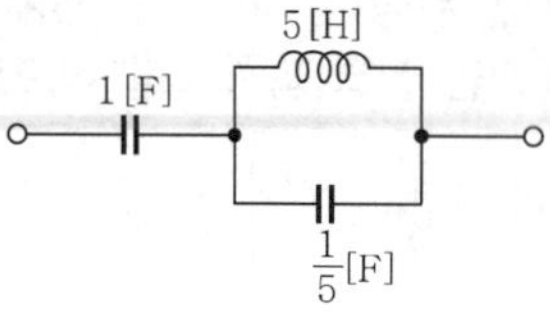

① $\dfrac{6s^2+1}{s(s^2+1)}$ ② $\dfrac{6s+1}{6s^2+1}$

③ $\dfrac{6s^2+1}{(s+1)(s+2)}$ ④ $\dfrac{s+2}{6s(s+1)}$

해설 구동점 임피던스

$$Z(s)=\frac{1}{s}+\frac{5s\cdot\frac{5}{s}}{5s+\frac{5}{s}}=\frac{1}{s}+\frac{5s^2}{s^2+1}=\frac{6s^2+1}{s(s^2+1)}$$

77 그림과 같은 회로에서 a−b 단자에 100[V]의 전압을 인가할 때 2[Ω]에 흐르는 전류 I_1과 3[Ω]에 걸리는 전압 V[V]는 각각 얼마인가?

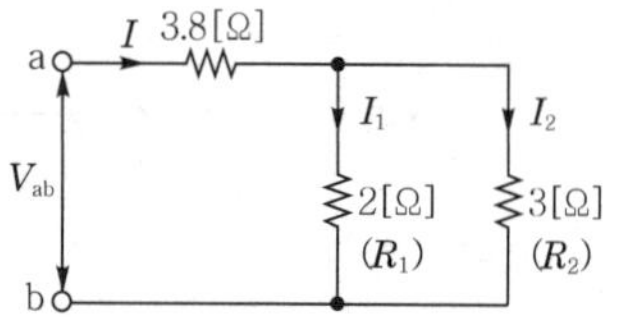

① $I_1=6$[A], $V=3$[V]
② $I_1=8$[A], $V=6$[V]
③ $I_1=10$[A], $V=12$[V]
④ $I_1=12$[A], $V=24$[V]

해설
전전류 $I=\dfrac{100}{3.8+\dfrac{2\times3}{2+3}}=20$[A]

$\therefore I_1=\dfrac{3}{2+3}\times20=12$[A]

$I_2=\dfrac{2}{2+3}\times20=8$[A]

$\because V=3\times8=24$[V]

78 역률 0.6인 부하의 유효 전력이 120[kW]일 때 무효 전력[kVar]은?

① 50 ② 160
③ 120 ④ 80

해설 무효 전력 $P_r=VI\sin\theta$
유효 전력 $P=VI\cos\theta$
$\therefore 120=VI\times0.6$
$VI=\dfrac{120}{0.6}=200$[kVA]
$\because P_r=200\times\sqrt{1-0.6^2}=160$[kVar]

79 RLC 직렬 회로가 기본파에서 $R=10$[Ω], $\omega L=5$[Ω], $\dfrac{1}{\omega C}=30$[Ω]일 때 기본파에 대한 합성 임피던스 Z_1의 크기와 제3고조파에 대한 임피던스 Z_3의 크기는 각각 몇 [Ω]인가?

① $Z_1=\sqrt{461}$, $Z_3=\sqrt{125}$
② $Z_1=\sqrt{725}$, $Z_3=\sqrt{461}$
③ $Z_1=\sqrt{725}$, $Z_3=\sqrt{125}$
④ $Z_1=\sqrt{461}$, $Z_3=\sqrt{461}$

해설
$Z_1=R+j\omega L-j\dfrac{1}{\omega C}=10+j5-j30=10-j25$[Ω]
$\therefore |Z_1|=\sqrt{10^2+(-25)^2}=\sqrt{725}$[Ω]
$Z_3=R+j3\omega L-j\dfrac{1}{3\omega C}=10+j15-j10=10+j5$[Ω]
$\therefore |Z_3|=\sqrt{10^2+5^2}=\sqrt{125}$[Ω]

80 전류의 대칭분이 $I_0=-2+j4$[A], $I_1=6-j5$[A], $I_2=8+j10$[A]일 때 3상 전류 중 a상 전류 I_a의 크기는 몇 [A]인가? (단, 3상 전류의 상순은 a−b−c이고, I_0는 영상분, I_1은 정상분, I_2는 역상분이다.)

① 9 ② 15
③ 19 ④ 12

정답 76.① 77.④ 78.② 79.③ 80.②

해설 a상 전류 $I_a = I_0 + I_1 + I_2$

$= (-2+j4)+(6-j5)+(8+j10)$

$= 12+j9$

$\therefore |I_a| = \sqrt{12^2+9^2} = 15$[A]

제5과목 전기설비기술기준

81 절연 내력 시험은 전로와 대지 사이에 연속하여 10분간 가하여 절연 내력을 시험하였을 때에 이에 견디어야 한다. 최대 사용 전압이 22.9[kV]인 중성선 다중 접지식 가공 전선로의 전로와 대지 사이의 절연 내력 시험 전압은 몇 [V]인가?

① 16,488 ② 21,068
③ 22,900 ④ 28,625

해설 **전로의 절연 저항 및 절연 내력(KEC 132)**
중성점 다중 접지방식이므로
22,900×0.92=21,068[V]

82 의료 장소 중 그룹 1 및 그룹 2의 의료 IT 계통에 시설되는 전기 설비의 시설 기준으로 틀린 것은?

① 의료용 절연 변압기의 정격 출력은 10[kVA] 이하로 한다.
② 의료용 절연 변압기의 2차측 정격 변압은 교류 250[V] 이하로 한다.
③ 전원측에 강화 절연을 한 의료용 절연 변압기를 설치하고 그 2차측 전로는 접지한다
④ 절연 감시 장치를 설치하되 절연 저항이 50[kΩ]까지 감소하면 표시 설비 및 음향 설비로 경보를 발하도록 한다.

해설 **의료 장소의 안전을 위한 보호 설비(KEC 242.10.3)**
전원측에 전력 변압기, 전원 공급 장치에 따라 이중 또는 강화 절연을 한 비단락 보증 절연 변압기를 설치하고 그 2차측 전로는 접지하지 말 것

83 저압 가공 전선과 고압 가공 전선을 동일 지지물에 시설하는 경우 이격 거리는 몇 [cm] 이상이어야 하는가? [단, 각도주(角度住)·분기주(分岐住) 등에서 혼촉(混觸)의 우려가 없도록 시설하는 경우는 제외한다.]

① 50 ② 60
③ 70 ④ 80

해설 **고압 가공 전선 등의 병행 설치(KEC 332.8)**
- 저압 가공 전선을 고압 가공 전선의 아래로 하고 별개의 완금류에 시설할 것
- 저압 가공 전선과 고압 가공 전선 사이의 이격 거리는 50[cm] 이상일 것

84 특고압 전선로에 사용되는 애자 장치에 대한 갑종 풍압 하중은 그 구성재의 수직 투영 면적 1[m^2]에 대한 풍압 하중을 몇 [Pa]를 기초로 하여 계산한 것인가?

① 588
② 666
③ 946
④ 1,039

해설 **풍압 하중의 종별과 적용(KEC 331.6)**

풍압을 받는 구분		갑종 풍압 하중
지지물	원형	588[Pa]
	강관 철주	1,117[Pa]
	강관 철탑	1,255[Pa]
전선 가섭선	다도체	666[Pa]
	기타의 것(단도체 등)	745[Pa]
애자 장치(특고압 전선용)		1,039[Pa]
완금류		1,196[Pa]

정답 81.② 82.③ 83.① 84.④

85 과전류 차단기를 설치하지 않아야 할 곳은?

① 수용가의 인입선 부분
② 고압 배전 선로의 인출 장소
③ 직접 접지 계통에 설치한 변압기의 접지선
④ 역률 조정용 고압 병렬 콘덴서 뱅크의 분기선

해설 과전류 차단기의 시설 제한(KEC 341.11)
- 접지 공사의 접지 도체
- 다선식 전로의 중성선
- 접지 공사를 한 저압 가공 전선로의 접지측 전선

86 고압 옥내 배선을 애자 공사로 하는 경우, 전선의 지지점 간의 거리는 전선을 조영재의 면을 따라 붙이는 경우 몇 [m] 이하이어야 하는가?

① 1 ② 2
③ 3 ④ 5

해설 고압 옥내 배선 등의 시설(KEC 342.1)
전선의 지지점 간의 거리는 6[m] 이하일 것. 다만, 전선을 조영재의 면을 따라 붙이는 경우에는 2[m] 이하이어야 한다.

87 전선을 접속하는 경우 전선의 세기(인장 하중)는 몇 [%] 이상 감소되지 않아야 하는가?

① 10
② 15
③ 20
④ 25

해설 전선의 접속법(KEC 123)
- 전기 저항을 증가시키지 말 것
- 전선의 세기를 20[%] 이상 감소시키지 아니할 것
- 전선 절연물과 동등 이상의 절연 효력이 있는 것으로 충분히 피복할 것
- 코드 접속기·접속함을 사용할 것

88 정격 전류 63[A] 이하인 산업용 배선 차단기를 저압 전로에서 사용하고 있다. 60분 이내에 동작하여야 할 경우 정격 전류의 몇 배에서 작동하여야 하는가?

① 1.05배 ② 1.13배
③ 1.3배 ④ 1.6배

해설 보호 장치의 특성(KEC 212.3.4) - 과전류 차단기로 저압 전로에 사용하는 배선 차단기

정격 전류	시 간	산업용		주택용	
		부동작	동 작	부동작	동 작
63[A] 이하	60분	1.05배	1.3배	1.13배	1.45배
63[A] 초과	120분				

89 전력 보안 통신용 전화 설비를 시설하지 않아도 되는 것은?

① 원격 감시 제어가 되지 아니하는 발전소
② 원격 감시 제어가 되지 아니하는 변전소
③ 2 이상의 급전소 상호 간과 이들을 총합 운용하는 급전소 간
④ 발전소로서 전기 공급에 지장을 미치지 않고, 휴대용 전력 보안 통신 전화 설비에 의하여 연락이 확보된 경우

해설 전력 보안 통신 설비 시설 장소(KEC 362.1)
- 송전 선로, 배전 선로 : 필요한 곳
- 발전소, 변전소 및 변환소
  - 원격 감시 제어가 되지 않은 곳
  - 2개 이상의 급전소 상호간
  - 필요한 곳
  - 긴급 연락
  - 발전소·변전소 및 개폐소와 기술원 주재소 간
- 중앙 급전 사령실, 정보 통신실

90 60[kV] 이하의 특고압 가공 전선과 식물과의 이격 거리는 몇 [m] 이상이어야 하는가?

① 2 ② 2.12
③ 2.24 ④ 2.36

정답 85.③ 86.② 87.③ 88.③ 89.④ 90.①

해설 특고압 가공 전선과 식물의 이격 거리(KEC 333.30)
- 60[kV] 이하 : 2[m] 이상
- 60[kV] 초과 : 2[m]에 10[kV] 단수마다 12[cm] 씩 가산

91 변전소의 주요 변압기에서 계측하여야 하는 사항 중 계측 장치가 꼭 필요하지 않는 것은? (단, 전기 철도용 변전소의 주요 변압기는 제외한다.)

① 전압
② 전류
③ 전력
④ 주파수

해설 계측 장치(KEC 351.6)
- 주요 변압기의 전압 및 전류 또는 전력
- 특고압용 변압기의 온도

92 특고압 가공 전선이 삭도와 제2차 접근 상태로 시설할 경우 특고압 가공 전선로에 적용하는 보안 공사는?

① 고압 보안 공사
② 제1종 특고압 보안 공사
③ 제2종 특고압 보안 공사
④ 제3종 특고압 보안 공사

해설 특고압 가공 전선과 삭도의 접근 또는 교차(KEC 333.25)
- 제1차 접근 상태로 시설되는 경우 : 제3종 특고압 보안 공사
- 제2차 접근 상태로 시설되는 경우 : 제2종 특고압 보안 공사

93 출제빈도 지중 또는 수중에 시설되어 있는 금속체의 부식을 방지하기 위해 전기 부식 방지 회로의 사용 전압은 직류 몇 [V] 이하이어야 하는가?

① 30 ② 60
③ 90 ④ 120

해설 전기 부식 방지 시설(KEC 241.16.3)
전기 부식 방지 회로의 사용 전압은 직류 60[V] 이하일 것

94 출제빈도 전로의 절연 원칙에 따라 반드시 절연하여야 하는 것은?

① 수용 장소의 인입구 접지점
② 고압과 특고압 및 저압과의 혼촉 위험 방지를 한 경우의 접지점
③ 저압 가공 전선로의 접지측 전선
④ 시험용 변압기

해설 전로의 절연 원칙(KEC 131) – 전로를 절연하지 않아도 되는 경우
- 접지 공사를 하는 경우의 접지점
- 시험용 변압기, 전력선 반송용 결합 리액터, 전기 울타리용 전원 장치, 엑스선 발생 장치, 전기 부식 방지용 양극, 단선식 전기 철도의 귀선
- 전기욕기 · 전기로 · 전기 보일러 · 전해조 등

95 출제빈도 고압 보안 공사에 철탑을 지지물로 사용하는 경우 경간은 몇 [m] 이하이어야 하는가?

① 100
② 150
③ 400
④ 600

해설 고압 보안 공사(KEC 332.10)

지지물의 종류	경 간
목주 또는 A종	100[m]
B종	150[m]
철탑	400[m]

정답 91.④ 92.③ 93.② 94.③ 95.③

96 지선의 시설에 관한 설명으로 틀린 것은?

① 철탑은 지선을 사용하여 그 강도를 분담시켜야 한다.
② 지선의 안전율은 2.5 이상이어야 한다.
③ 지선에 연선을 사용할 경우 소선 3가닥 이상의 연선이어야 한다.
④ 지선 근가는 지선의 인장 하중에 충분히 견디도록 시설하여야 한다.

해설 지선의 시설(KEC 331.11)
- 지선의 안전율은 2.5 이상. 이 경우에 허용 인장하중의 최저는 4.31[kN]일 것
- 소선(素線) 3가닥 이상의 연선일 것
- 소선의 지름이 2.6[mm] 이상의 금속선을 사용한 것일 것
- 지중 부분 및 지표상 30[cm]까지의 부분에는 내식성이 있는 것 또는 아연 도금 철봉을 사용할 것
- 가공 전선로의 지지물로 사용하는 철탑은 지선을 사용하여 그 강도를 분담시켜서는 아니 될 것
- 지선 근가는 지선의 인장 하중에 충분히 견디도록 시설할 것

97 전력 보안 가공 통신선을 횡단 보도교 위에 시설하는 경우, 그 노면상 높이는 몇 [m] 이상으로 하여야 하는가?

① 3.0 ② 3.5
③ 4.0 ④ 4.5

해설 전력 보안 통신선의 시설 높이(KEC 362.2)
- 도로 위에 시설하는 경우 지표상 5[m] 이상
- 철도 또는 궤도를 횡단하는 경우에는 레일면상 6.5[m] 이상
- 횡단 보도교 위에 시설하는 경우에는 그 노면상 3[m] 이상

98 피뢰기 설치 기준으로 옳지 않은 것은?

① 발전소·변전소 또는 이에 준하는 장소의 가공 전선의 인입구 및 인출구
② 가공 전선로와 특고압 전선로가 접속되는 곳
③ 가공 전선로에 접속한 1차측 전압이 35[kV] 이하인 배전용 변압기의 고압측 및 특고압측
④ 고압 및 특고압 가공 전선로로부터 공급받는 수용 장소의 인입구

해설 피뢰기의 시설(KEC 341.13)
- 발·변전소 또는 이에 준하는 장소의 가공 전선 인입구 및 인출구
- 특고압 가공 전선로에 접속하는 배전용 변압기의 고압측 및 특고압측
- 고압 및 특고압 가공 전선로로부터 공급을 받는 수용 장소의 인입구
- 가공 전선로와 지중 전선로가 접속되는 곳

99 전력 보안 통신 설비인 무선 통신용 안테나를 지지하는 목주는 풍압 하중에 대한 안전율이 얼마 이상이어야 하는가?

① 1.0 ② 1.2
③ 1.5 ④ 2.0

해설 무선용 안테나 등을 지지하는 철탑 등의 시설(KEC 364.1)
- 목주의 풍압 하중에 대한 안전율은 1.5 이상
- 철주·철근 콘크리트주 또는 철탑의 기초 안전율은 1.5 이상

100 지락 고장 중에 접지 부분 또는 기기나 장치의 외함과 기기나 장치의 다른 부분 사이에 나타나는 전압을 무엇이라 하는가?

① 고장 전압 ② 접촉 전압
③ 스트레스 전압 ④ 임펄스 내전압

해설 용어 정의(KEC 112)
- 임펄스 내전압 : 지정된 조건하에서 절연 파괴를 일으키지 않는 규정된 파형 및 극성의 임펄스 전압의 최대 파고값 또는 충격 내전압을 말한다.
- 스트레스 전압 : 지락 고장 중에 접지 부분 또는 기기나 장치의 외함과 기기나 장치의 다른 부분 사이에 나타나는 전압을 말한다.

정답 96.① 97.① 98.② 99.③ 100.③

Industrial Engineer Electricity

2022년 제3회 CBT 기출복원문제

2022. 8. 8. 시행

제1과목 전기자기학

01 **대전 도체의 성질로 가장 알맞은 것은?**

① 도체 내부에 정전 에너지가 저축된다.

② 도체 표면의 정전 응력은 $\dfrac{\sigma^2}{2\varepsilon_0}$[N/m²]이다.

③ 도체 표면의 전계의 세기는 $\dfrac{\sigma^2}{\varepsilon_0}$[V/m]이다.

④ 도체의 내부 전위와 도체 표면의 전위는 다르다.

해설
- 도체 내부에는 전기력선이 존재하지 않는다.
- 도체 표면의 전하 밀도가 σ[C/m²]이면 정전 응력 $f=\dfrac{\sigma^2}{2\varepsilon_0}$[N/m²]이다.
- 도체 표면의 전계의 세기 $E=\dfrac{\sigma}{\varepsilon_0}$[V/m]이다.
- 도체는 등전위이므로 내부나 표면이 등전위이다.

02 **자기 인덕턴스 50[mH]의 회로에 흐르는 전류가 매초 100[A]의 비율로 감소할 때 자기 유도 기전력은?**

① 5×10^{-4}[mV]

② 5[V]

③ 40[V]

④ 200[V]

해설 $e=L\cdot\dfrac{di}{dt}=50\times10^{-3}\times\dfrac{100}{1}=5$[V]

03 **무한 평면 도체로부터 a[m] 떨어진 곳에 점전하 Q[C]가 있을 때 이 무한 평면 도체 표면에 유도되는 면밀도가 최대인 점의 전하 밀도는 몇 [C/m²]인가?**

출제빈도

① $-\dfrac{Q}{2\pi a^2}$

② $-\dfrac{Q}{\pi\varepsilon_0 a}$

③ $-\dfrac{Q}{4\pi a^2}$

④ $-\dfrac{Q}{4\pi a}$

해설 무한 평면 도체면상 점 $(0,\ y)$의 전계 세기 E는

$$E=-\frac{Qa}{2\pi\varepsilon_0(a^2+y^2)^{\frac{3}{2}}}\text{[V/m]}$$

도체 표면상의 면전하 밀도 σ는

$$\sigma=D=\varepsilon_0 E=-\frac{Qa}{2\pi(a^2+y^2)^{\frac{3}{2}}}\text{[C/m}^2\text{]}$$

최대 면밀도는 $y=0$인 점이므로

$$\therefore\ \sigma_{max}=-\frac{Q}{2\pi a^2}\text{[C/m}^2\text{]}$$

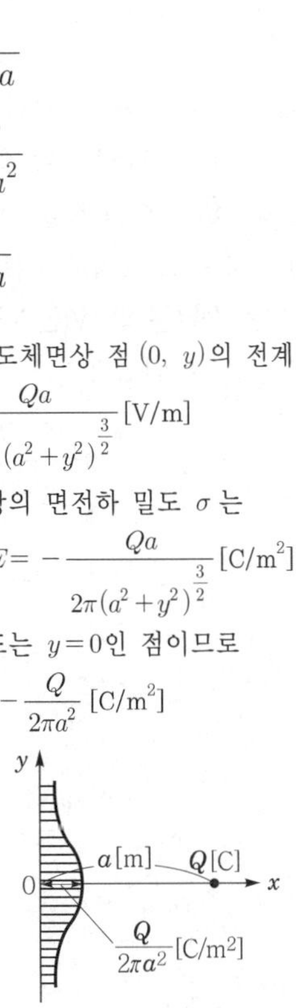

정답 01.② 02.② 03.①

04 그림과 같은 정전 용량이 C_0[F]가 되는 평행판 공기 콘덴서가 있다. 이 콘덴서의 판면적의 $\frac{2}{3}$가 되는 공간에 비유전율 ε_s인 유전체를 채우면 공기 콘덴서의 정전 용량[F]은?

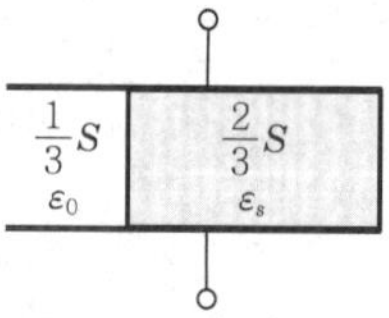

① $\frac{2\varepsilon_s}{3}C_0$　　② $\frac{3}{1+2\varepsilon_s}C_0$

③ $\frac{1+\varepsilon_s}{3}C_0$　　④ $\frac{1+2\varepsilon_s}{3}C_0$

해설 합성 정전 용량은 두 콘덴서의 병렬 연결과 같으므로

$\therefore\ C=C_1+C_2=\frac{1}{3}C_0+\frac{2}{3}\varepsilon_s C_0=\frac{1+2\varepsilon_s}{3}C_0$[F]

05 $l_1=\infty$, $l_2=1$[m]의 두 직선 도선을 50[cm]의 간격으로 평행하게 놓고, l_1을 중심축으로 하여 l_2를 속도 100[m/s]로 회전시키면 l_2에 유기되는 전압은 몇 [V]인가? (단, l_1에 흐르는 전류는 50[mA]이다.)

① 0　　② 5

③ 2×10^{-6}　　④ 3×10^{-6}

해설 도선이 있는 곳의 자계 H는

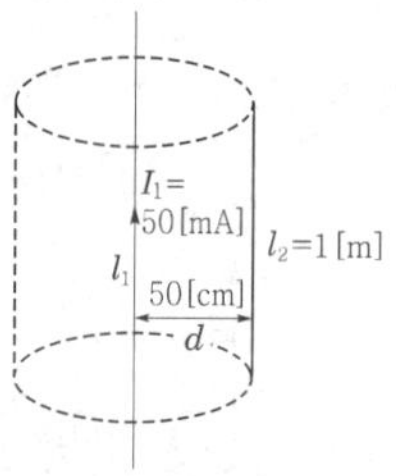

$H=\frac{I}{2\pi d}=\frac{50\times10^{-3}}{2\pi\times0.5}=\frac{50\times10^{-3}}{\pi}$

$=\frac{0.05}{\pi}$[AT/m]

로 위에서 보면 반시계 방향으로 존재한다.

도선 l_2를 속도 100[m/s]로 원운동시키면

$\theta=0°$ 또는 180°이므로

$\therefore\ e=vBl\sin\theta=0$[V]

06 물(비유전율 80, 비투자율 1)속에서의 전자파 전파 속도[m/s]는?

① 3×10^{10}　　② 3×10^{8}

③ 3.35×10^{10}　　④ 3.35×10^{7}

해설 $v=\frac{1}{\sqrt{\varepsilon\mu}}=\frac{1}{\sqrt{\varepsilon_0\mu_0}}\cdot\frac{1}{\sqrt{\varepsilon_s\mu_s}}$

$=\frac{C_0}{\sqrt{\varepsilon_s\mu_s}}=\frac{3\times10^8}{\sqrt{80\times1}}$

$\fallingdotseq 3.35\times10^7$[m/s]

07 전위 함수가 $V=x^2+y^2$[V]인 자유 공간 내의 전하 밀도는 몇 [C/m^3]인가?

① -12.5×10^{-12}　　② -22.4×10^{-12}

③ -35.4×10^{-12}　　④ -70.8×10^{-12}

해설 $\varepsilon_0=8.855\times10^{-12}$[F/m]이므로

$\therefore\ \rho=-4\varepsilon_0=-4\times8.855\times10^{-12}$

$=-35.4\times10^{-12}$[C/m^3]

08 영구 자석의 재료로 사용되는 철에 요구되는 사항으로 다음 중 가장 적절한 것은?

① 잔류 자속 밀도는 작고 보자력이 커야 한다.

② 잔류 자속 밀도는 크고 보자력이 작아야 한다.

③ 잔류 자속 밀도와 보자력이 모두 커야 한다.

④ 잔류 자속 밀도는 커야 하나 보자력은 0이어야 한다.

정답 04.④ 05.① 06.④ 07.③ 08.③

해설 영구 자석 재료는 외부 자계에 대하여 잔류 자속이 쉽게 없어지면 안 되므로 잔류 자기(B_r)와 보자력(H_c)이 모두 커야 한다.

09 반지름 a[m]의 구도체에 전하 Q[C]이 주어질 때, 구도체 표면에 작용하는 정전 응력 [N/m^2]은?

① $\dfrac{Q^2}{64\pi^2\varepsilon_0 a^4}$　② $\dfrac{Q^2}{32\pi^2\varepsilon_0 a^4}$

③ $\dfrac{Q^2}{16\pi^2\varepsilon_0 a^4}$　④ $\dfrac{Q^2}{8\pi^2\varepsilon_0 a^4}$

해설 구도체 표면의 전계의 세기

$E=\dfrac{Q}{4\pi a^2}$[V/m]

∴ 정전 응력 $f=\dfrac{1}{2}\varepsilon_0 E^2=\dfrac{1}{2}\varepsilon_0\left(\dfrac{Q}{4\pi\varepsilon_0 a^2}\right)^2$

$=\dfrac{Q^2}{32\pi^2\varepsilon_0 a^4}$[N/m^2]

10 자위(magnetic potential)의 단위로 옳은 것은?

① C/m　② N・m

③ AT　④ J

해설 무한 원점에서 자계 중의 한 점 P까지 단위 정자극(+1[Wb])을 운반할 때, 소요되는 일을 그 점에 대한 자위라고 한다.

$U_P=-\int_{\infty}^{P} H\cdot dl$ [A/m・m]=[A]=[AT]

11 평등 자계 내에 수직으로 돌입한 전자의 궤적은?

출제빈도

① 원운동을 하는데, 원의 반지름은 자계의 세기에 비례한다.

② 구면 위에서 회전하고 반지름은 자계의 세기에 비례한다.

③ 원운동을 하고 반지름은 전자의 처음 속도에 비례한다.

④ 원운동을 하고 반지름은 자계의 세기에 반비례한다.

해설 평능 자계 내에 수식으로 돌입한 전자는 원운동을 한다.

구심력=원심력, $evB=\dfrac{mv^2}{r}$

회전 반지름 $r=\dfrac{mv}{eB}=\dfrac{mv}{e\mu_0 H}$[m]

∴ 원자는 원운동을 하고 반지름은 자계의 세기(H)에 반비례한다.

12 유전체 내의 전계의 세기가 E, 분극의 세기가 P, 유전율이 $\varepsilon=\varepsilon_s\varepsilon_0$인 유전체 내의 변위 전류 밀도는?

① $\varepsilon\dfrac{\partial E}{\partial t}+\dfrac{\partial P}{\partial t}$　② $\varepsilon_0\dfrac{\partial E}{\partial t}+\dfrac{\partial P}{\partial t}$

③ $\varepsilon_0\left(\dfrac{\partial E}{\partial t}+\dfrac{\partial P}{\partial t}\right)$　④ $\varepsilon\left(\dfrac{\partial E}{\partial t}+\dfrac{\partial P}{\partial t}\right)$

해설 전속 밀도의 시간적 변화를 변위 전류라 한다.

$i_D=\dfrac{\partial D}{\partial t}=\dfrac{\partial}{\partial t}(\varepsilon_0 E+P)=\varepsilon_0\dfrac{\partial E}{\partial t}+\dfrac{\partial P}{\partial t}$[A/m^2]

($\because D=\varepsilon_0 E+P$[C/m^2])

13 코일로 감겨진 환상 자기 회로에서 철심의 투자율을 μ[H/m]라 하고 자기 회로의 길이를 l[m]라 할 때, 그 자기 회로의 일부에 미소 공극 l_g[m]를 만들면 회로의 자기 저항은 이전의 약 몇 배 정도 되는가?

출제빈도

① $1+\dfrac{\mu l_g}{\mu_0 l}$　② $1+\dfrac{\mu l}{\mu_0 l_g}$

③ $\dfrac{\mu l_g}{\mu_0 l}$　④ $\dfrac{\mu l}{\mu_0 l_g}$

정답 09.② 10.③ 11.④ 12.② 13.①

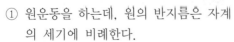

해설 공극이 없을 때의 자기 저항 R은

$$R=\frac{l+l_g}{\mu S} \fallingdotseq \frac{l}{\mu S}[\Omega]\ (\because\ l \gg l_g)$$

미소 공극 l_g가 있을 때의 자기 저항 R'는

$$R'=\frac{l_g}{\mu_0 S}+\frac{l}{\mu S}[\Omega]$$

$$\therefore\ \frac{R'}{R}=1+\frac{\frac{l_g}{\mu_0 S}}{\frac{l}{\mu S}}=1+\frac{\mu l_g}{\mu_0 l}=1+\mu_s\frac{l_g}{l}$$

14 그림과 같이 유전체 경계면에서 $\varepsilon_1 < \varepsilon_2$이었을 때 E_1과 E_2의 관계식 중 옳은 것은?

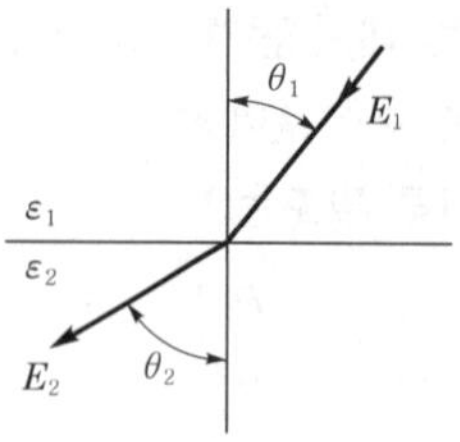

① $E_1 > E_2$　② $E_1 < E_2$

③ $E_1 = E_2$　④ $E_1\cos\theta_1 = E_2\cos\theta_2$

해설 • $\varepsilon_1 < \varepsilon_2$이면 $\theta_1 < \theta_2$이므로 $\therefore\ E_1 > E_2$

• $\varepsilon_1 > \varepsilon_2$이면 $\theta_1 > \theta_2$이므로 $\therefore\ E_1 < E_2$

15 전류가 흐르고 있는 무한 직선 도체로부터 2[m]만큼 떨어진 자유 공간 내 P점의 자계의 세기가 $\frac{4}{\pi}$[AT/m]일 때, 이 도체에 흐르는 전류는 몇 [A]인가?

출제빈도

① 2　② 4

③ 8　④ 16

해설 $H=\frac{I}{2\pi r}$[AT/m]

$\therefore\ I=2\pi r\cdot H=2\pi\times 2\times\frac{4}{\pi}=16$[A]

16 반지름 a[m]의 구도체에 Q[C]의 전하가 주어졌을 때 구심에서 $5a$[m]되는 점의 전위는 몇 [V]인가?

① $\frac{Q}{4\pi\varepsilon_0 a}$　② $\frac{Q}{4\pi\varepsilon_0 a^2}$

③ $\frac{Q}{20\pi\varepsilon_0 a}$　④ $\frac{Q}{20\pi\varepsilon_0 a^2}$

해설 $V=\frac{Q}{4\pi\varepsilon_0 r}=\frac{Q}{4\pi\varepsilon_0(5a)}=\frac{Q}{20\pi\varepsilon_0 a}$[V]

17 공간 도체 중의 정상 전류 밀도를 i, 공간 전하 밀도를 ρ라고 할 때, 키르히호프의 전류 법칙을 나타내는 것은?

출제빈도

① $i=0$　② $\mathrm{div}\,i=0$

③ $i=\frac{\partial\rho}{\partial t}$　④ $\mathrm{div}\,i=\infty$

해설 키르히호프의 전류 법칙은 $\Sigma I=0$

$\int_s i\cdot ds=\int_v \mathrm{div}\,i\,dv=0$이므로 $\mathrm{div}\,i=0$이 된다.

즉 단위 체적당 전류의 발산이 없음을 의미한다.

18 유전체에 가한 전계 E[V/m]와 분극의 세기 P[C/m^2], 전속 밀도 D[C/m^2] 간의 관계식으로 옳은 것은?

출제빈도

① $P=\varepsilon_0(\varepsilon_s-1)E$

② $P=\varepsilon_0(\varepsilon_s+1)E$

③ $D=\varepsilon_0 E-P$

④ $D=\varepsilon_0\varepsilon_s E+P$

해설 전속 밀도 $D=\varepsilon_0 E+P$

$\therefore$ 분극의 세기 $P=D-\varepsilon_0 E$

$=\varepsilon_0\varepsilon_s E-\varepsilon_0 E$

$=\varepsilon_0(\varepsilon_s-1)E$[C/m^2]

정답 14.① 15.④ 16.③ 17.② 18.①

19 단면의 지름이 D[m], 권수가 n[회/m]인 무한장 솔레노이드에 전류 I[A]를 흘렸을 때, 길이 l[m]에 대한 인덕턴스 L[H]는 얼마인가?

① $4\pi^2\mu_s nD^2 l \times 10^{-7}$

② $4\pi\mu_s n^2 Dl \times 10^{-7}$

③ $\pi^2\mu_s nD^2 l \times 10^{-7}$

④ $\pi^2\mu_s n^2 D^2 l \times 10^{-7}$

해설 $L = L_0 l = \mu_0 \mu_s n^2 Sl$

$= 4\pi \times 10^{-7} \times \mu_s n^2 \times \left(\frac{1}{4}\pi D^2\right) \times l$

$= \pi^2 \mu_s n^2 D^2 l \times 10^{-7}$[H]

20 전류의 세기가 I[A], 반지름 r[m]인 원형 선전류 중심에 m[Wb]인 가상 점자극을 둘 때, 원형 선전류가 받는 힘[N]은?

① $\frac{mI}{2\pi r}$　　② $\frac{mI}{2r}$

③ $\frac{mI^2}{2\pi r}$　　④ $\frac{mI}{2\pi r^2}$

해설 $F = mH = m \cdot \frac{I}{2r}$[N]

제2과목 전력공학

21 차단기의 정격 차단 시간을 설명한 것으로 옳은 것은?

① 계기용 변성기로부터 고장 전류를 감지한 후 계전기가 동작할 때까지의 시간

② 차단기가 트립 지령을 받고 트립 장치가 동작하여 전류 차단을 완료할 때까지의 시간

③ 차단기의 개극(발호)부터 이동 행정 종료 시까지의 시간

④ 차단기 가동 접촉자 시동부터 아크 소호가 완료될 때까지의 시간

해설 차단기의 정격 차단 시간은 트립 코일이 여자하여 가동 접촉자가 시동하는 순간(개극 시간)부터 아크가 소멸하는 시간(소호 시간)으로 약 3~8[Hz] 정도이다.

22 유효 낙차가 40[%] 저하되면 수차의 효율이 20[%] 저하된다고 할 경우 이때의 출력은 원래의 약 몇 [%]인가? (단, 안내 날개의 열림은 불변인 것으로 한다.)

① 37.2　　② 48.0

③ 52.7　　④ 63.7

해설 발전소 출력 $P = 9.8HQ\eta$[kW]이므로

$P \propto H^{\frac{3}{2}}\eta = (1-0.4)^{\frac{3}{2}} \times (1-0.2) = 0.372$

∴ 37.2[%]

23 화력 발전소에서 재열기의 사용 목적은?

① 공기를 가열한다.　② 급수를 가열한다.

③ 증기를 가열한다.　④ 석탄을 건조하다.

해설 재열기는 고압 터빈 출구에서 증기를 모두 추출하여 다시 가열하는 장치로서 가열된 증기를 저압 터빈으로 공급하여 열효율을 향상시킨다.

24 수지식 배전 방식과 비교한 저압 뱅킹 방식에 대한 설명으로 틀린 것은?

① 전압 동요가 적다.

② 캐스케이딩 현상에 의해 고장 확대가 축소된다.

③ 부하 증가에 대해 융통성이 좋다.

④ 고장 보호 방식이 적당할 때 공급 신뢰도는 향상된다.

정답 19.④ 20.② 21.④ 22.① 23.③ 24.②

해설 **저압 뱅킹 방식의 특징**

- 전압 강하 및 전력 손실이 줄어든다.
- 변압기의 용량 및 전선량(동량)이 줄어든다.
- 부하 변동에 대하여 탄력적으로 운용된다.
- 플리커 현상이 경감된다.
- 캐스케이딩 현상이 발생할 수 있다.

25 순저항 부하의 부하 전력 P[kW], 전압 E[V], 선로의 길이 l[m], 고유 저항 $\rho[\Omega \cdot \text{mm}^2/\text{m}]$인 단상 2선식 선로에서 선로 손실을 q[W]라 하면, 전선의 단면적[mm^2]은 어떻게 표현되는가?

① $\dfrac{\rho l P^2}{qE^2} \times 10^6$ ② $\dfrac{2\rho l P^2}{qE^2} \times 10^6$

③ $\dfrac{\rho l P^2}{2qE^2} \times 10^6$ ④ $\dfrac{2\rho l P^2}{q^2 E} \times 10^6$

해설

선로 손실 $P_l = 2I^2R = 2\times\left(\dfrac{P}{V\cos\theta}\right)^2 \times \rho\dfrac{l}{A}$ 에서

전선 단면적 $A = \dfrac{2\rho l P^2}{V^2\cos^2\theta P_l}$ 이므로

$$A = \frac{2\rho l(P\times 10^3)^2}{E^2 q}$$

$$= \frac{2\rho l P^2}{E^2 q} \times 10^6[\text{mm}^2]$$

26 송전 선로의 중성점 접지의 주된 목적은?

출제빈도

① 단락 전류 제한
② 송전 용량의 극대화
③ 전압 강하의 극소화
④ 이상 전압의 발생 방지

해설 **중성점 접지 목적**

- 이상 전압의 발생을 억제하여 전위 상승을 방지하고, 전선로 및 기기의 절연 수준을 경감한다.
- 지락 고장 발생 시 보호 계전기의 신속하고 정확한 동작을 확보한다.

27 전력 계통에서 무효 전력을 조정하는 조상 설비 중 전력용 콘덴서를 동기 조상기와 비교할 때 옳은 것은?

출제빈도

① 전력 손실이 크다.
② 지상 무효 전력분을 공급할 수 있다.
③ 전압 조정을 계단적으로 밖에 못한다.
④ 송전 선로를 시송전할 때 선로를 충전할 수 있다.

해설 **전력용 콘덴서와 동기 조상기의 비교**

전력용 콘덴서	동기 조상기
지상 부하에 사용	진상·지상 부하 모두 사용
계단적 조정	연속적 조정
정지기로 손실이 적음	회전기로 손실이 큼
시송전 불가능	시송전 가능
배전 계통에 주로 사용	송전 계통에 주로 사용

28 설비 용량의 합계가 3[kW]인 주택의 최대 수용 전력이 2.1[kW]일 때의 수용률은 몇 [%]인가?

① 51 ② 58
③ 63 ④ 70

해설

$$\text{수용률} = \frac{\text{최대 수용 전력[kW]}}{\text{부하 설비 용량[kW]}} \times 100[\%]$$

$$= \frac{2.1}{3} \times 100 = 70[\%]$$

29 전력선과 통신선의 상호 인덕턴스에 의하여 발생되는 유도장해는 어떤 것인가?

출제빈도

① 정전 유도 장해 ② 전자 유도 장해
③ 고조파 유도 장해 ④ 전력 유도 장해

해설 **전자 유도**

전력선과 통신선의 상호 인덕턴스에 의해서 통신선에 전압이 유도되는 현상

정답 25.② 26.④ 27.③ 28.④ 29.②

30 전력 원선도에서 구할 수 없는 것은?

① 송·수전할 수 있는 최대 전력
② 필요한 전력을 보내기 위한 송·수전 전압 간의 상차각
③ 선로 손실과 송전 효율
④ 과도 극한 전력

해설 전력 원선도에서 구할 수 없는 것
- 과도 안정 극한 전력
- 코로나 손실

31 우리나라 22.9[kV] 배전 선로에서 가장 많이 사용하는 배전 방식과 중성점 접지 방식은?

① 3상 3선식 비접지
② 3상 4선식 비접지
③ 3상 3선식 다중 접지
④ 3상 4선식 다중 접지

해설
- 송전 선로 : 중성점 직접 접지, 3상 3선식
- 배전 선로 : 중성점 다중 접지, 3상 4선식

32 배전선에서 균등하게 분포된 부하일 경우 배전선 말단의 전압 강하는 모든 부하가 배전선의 어느 지점에 집중되어 있을 때의 전압 강하와 같은가?

① $\frac{1}{2}$ ② $\frac{1}{3}$
③ $\frac{2}{3}$ ④ $\frac{1}{5}$

해설 전압 강하 분포

부하 형태	말단에 집중	균등분포
전류 분포	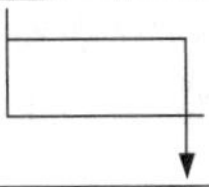	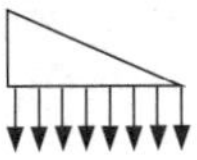
전압 강하	1	$\frac{1}{2}$

33 다음 중 표준형 철탑이 아닌 것은?

① 내선형 철탑 ② 직선형 철탑
③ 각도형 철탑 ④ 인류형 철탑

해설 철탑의 사용 목적에 의한 분류
- 직선형 : 수평 각도가 3° 이하(A형 철탑)
- 각도형 : 수평 각도가 3° 넘는 곳(4~20° : B형, 21~30° : C형)
- 인류형 : 발·변전소의 출입구 등 인류된 장소에 사용하는 철탑과 수평 각도가 30° 넘는 개소(D형)에 사용
- 내장형 : 전선로의 보강용 또는 경차가 큰 곳(E형)에 사용

34 변전소에서 수용가로 공급되는 전력을 차단하고 소 내 기기를 점검할 경우, 차단기와 단로기의 개폐 조작 방법으로 옳은 것은?

① 점검 시에는 차단기로 부하 회로를 끊고 난 다음에 단로기를 열어야 하며, 점검 후에는 단로기를 넣은 후 차단기를 넣어야 한다.
② 점검 시에는 단로기를 열고 난 후 차단기를 열어야 하며, 점검 후에는 단로기를 넣고 난 다음에 차단기로 부하 회로를 연결하여야 한다.
③ 점검 시에는 차단기로 부하 회로를 끊고 단로기를 열어야 하며, 점검 후에는 차단기로 부하 회로를 연결한 후 단로기를 넣어야 한다.
④ 점검 시에는 단로기를 열고 난 후 차단기를 열어야 하며, 점검이 끝난 경우에는 차단기를 부하에 연결한 다음에 단로기를 넣어야 한다.

해설
- 점검 시 : 차단기를 먼저 열고, 단로기를 열어야 한다.
- 점검 후 : 단로기를 먼저 투입하고, 차단기를 투입하여야 한다.

정답 30.④ 31.④ 32.① 33.① 34.①

35 송전 선로의 코로나 발생 방지 대책으로 가장 효과적인 것은?

① 전선의 선간 거리를 증가시킨다.
② 선로의 대지 절연을 강화한다.
③ 철탑의 접지 저항을 낮게 한다.
④ 전선을 굵게 하거나 복도체를 사용한다.

해설 코로나 발생 방지를 위해서는 코로나 임계 전압을 높게 하여야 하기 때문에 전선의 굵기를 크게 하거나 복도체를 사용하여야 한다.

36 그림과 같이 송전선이 4도체인 경우 소선 상호간의 기하학적 평균 거리[m]는 어떻게 되는가?

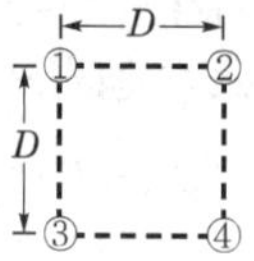

① $\sqrt[3]{2}D$ ② $\sqrt[4]{2}D$
③ $\sqrt[6]{2}D$ ④ $\sqrt[8]{2}D$

해설 $D_e = \sqrt[6]{D\times D\times D\times D\times \sqrt{2}D\times \sqrt{2}D}$
$= \sqrt[6]{2\times D^6} = \sqrt[6]{2}D$[m]

37 제5고조파 전류의 억제를 위해 전력용 콘덴서에 직렬로 삽입하는 유도 리액턴스의 값으로 적당한 것은?

① 전력용 콘덴서 용량의 약 6[%] 정도
② 전력용 콘덴서 용량의 약 12[%] 정도
③ 전력용 콘덴서 용량의 약 18[%] 정도
④ 전력용 콘덴서 용량의 약 24[%] 정도

해설 직렬 리액터의 용량은 전력용 콘덴서 용량의 이론상 4[%]이지만, 주파수 변동 등을 고려하여 실제는 5~6[%] 정도 사용한다.

38 다음 중 송전 선로에 복도체를 사용하는 이유로 가장 알맞은 것은?

① 선로를 뇌격으로부터 보호한다.
② 선로의 진동을 없앤다.
③ 철탑의 하중을 평형화한다.
④ 코로나를 방지하고, 인덕턴스를 감소시킨다.

해설 복도체나 다도체의 사용 목적이 여러 가지 있을 수 있으나 그 중 주된 목적은 코로나 방지에 있다.

39 송전 선로의 보호 방식으로 지락에 대한 보호는 영상 전류를 이용하여 어떤 계전기를 동작시키는가?

① 선택 지락 계전기 ② 전류 차동 계전기
③ 과전압 계전기 ④ 거리 계전기

해설 지락 사고 시 영상 변류기(ZCT)로 영상 전류를 검출하여 지락 계전기(OVGR, SGR)를 동작시킨다.

40 가공 지선에 대한 설명 중 틀린 것은?

① 유도뢰 서지에 대하여도 그 가설 구간 전체에 사고 방지의 효과가 있다.
② 직격뢰에 대하여 특히 유효하며, 탑 상부에 시설하므로 뇌는 주로 가공 지선에 내습한다.
③ 송전선의 1선 지락 시 지락 전류의 일부가 가공 지선에 흘러 차폐 작용을 하므로 전자 유도 장해를 적게 할 수 있다.
④ 가공 지선 때문에 송전 선로의 대지 정전 용량이 감소하므로 대지 사이에 방전할 때 유도 전압이 특히 커서 차폐 효과가 좋다.

해설 가공 지선의 설치로 송전 선로의 대지 정전 용량이 증가하므로 유도 전압이 적게 되어 차폐 효과가 있다.

정답 35.④ 36.③ 37.① 38.④ 39.① 40.④

제3과목 전기기기

41 교류 전동기에서 브러시 이동으로 속도 변화가 용이한 전동기는?

① 동기 전동기
② 시라게 전동기
③ 3상 농형 유도 전동기
④ 2중 농형 유도 전동기

해설 시라게(schrage) 전동기는 3상 분권 정류자 전동기에서 가장 특성이 우수하고 현재 많이 사용되고 있는 전동기이며 브러시의 이동으로 원활하게 속도를 제어할 수 있는 전동기이다.

42 동기 전동기의 공급 전압, 주파수 및 부하를 일정하게 유지하고 여자 전류만을 변화시키면?

① 출력이 변화한다.
② 토크가 변화한다.
③ 각속도가 변화한다.
④ 부하각이 변화한다.

해설 동기 전동기의 출력 $P = \frac{VE}{Z_s}\sin\delta$[W]

출력이 일정한 상태에서 여자 전류를 변화시키면 역기전력(E)이 변화하고, 따라서 부하각(δ)이 변화한다.

43 직류 분권 전동기의 운전 중 계자 저항기의 저항을 증가하면 속도는 어떻게 되는가?

① 변하지 않는다. ② 증가한다.
③ 감소한다. ④ 정지한다.

해설 자속 $\phi \propto I_f \propto \frac{1}{R_f(\text{계자 저항})}$

회전 속도 $N = K\frac{V - I_a R_a}{\phi} \propto R_f$

직류 분권 전동기의 회전 속도는 계자 저항에 비례하므로 계자 저항기의 저항을 증가하면 속도는 증가한다.

44 3상 유도 전동기의 2차 저항을 m배로 하면 동일하게 m배로 되는 것은?

① 역률 ② 전류
③ 슬립 ④ 토크

해설 3상 유도 전동기의 동기 와트로 표시한 토크

$$T_s = \frac{V_1^{\,2}\frac{r_2'}{s}}{\left(r_1 + \frac{r_2'}{s}\right)^2 + (x_1 + x_2')^2}$$ 이므로

2차 저항(r_2)을 2배로 하면 동일 토크를 발생하기 위해 슬립이 2배로 된다.

45 용량이 50[kVA] 변압기의 철손이 1[kW]이고 전부하 동손이 2[kW]이다. 이 변압기를 최대 효율에서 사용하려면 부하를 약 몇 [kVA] 인가하여야 하는가?

출제빈도

① 25 ② 35
③ 50 ④ 71

해설 변압기의 $\frac{1}{m}$ 부하 시 최대 효율의 조건은

무부하손=부하손이므로

$P_i = \left(\frac{1}{m}\right)^2 P_c$에서 $\frac{1}{m} = \sqrt{\frac{P_i}{P_c}} = \sqrt{\frac{1}{2}} = 0.707$

∴ 부하 용량 $P_L = 50 \times 0.707 = 35.35$[kVA]

46 60[Hz]의 변압기에 50[Hz]의 동일 전압을 가했을 때의 자속 밀도는 60[Hz]일 때와 비교하였을 경우 어떻게 되는가?

① $\frac{5}{6}$로 감소 ② $\frac{6}{5}$으로 증가
③ $\left(\frac{5}{6}\right)^{1.6}$으로 감소 ④ $\left(\frac{6}{5}\right)^{2}$으로 증가

해설 1차 전압 $V_1 = 4.44 f N_1 B_m S$

자속 밀도 $B_m = \frac{V_1}{4.44 f N_1 S} \propto \frac{1}{f}$이므로 $\frac{6}{5}$배로 증가한다.

정답 41.② 42.④ 43.② 44.③ 45.② 46.②

47 동기 발전기의 안정도를 증진시키기 위한 대책이 아닌 것은?

① 속응 여자 방식을 사용한다.
② 정상 임피던스를 작게 한다.
③ 역상·영상 임피던스를 작게 한다.
④ 회전자의 플라이휠 효과를 크게 한다.

해설 동기기의 안정도를 증진시키는 방법
- 정상 리액턴스를 작게 하고, 단락비를 크게 할 것
- 영상 및 역상 리액턴스를 크게 할 것
- 회전자의 플라이휠 효과를 크게 할 것
- 자동 전압 조정기(AVR)의 속응도를 크게 할 것. 즉, 속응 여자 방식을 채용할 것
- 발전기의 조속기 동작을 신속히 할 것
- 동기 탈조 계전기를 사용할 것

48 75[kVA], 6,000/200[V]의 단상 변압기의 %임피던스 강하가 4[%]이다. 1차 단락 전류[A]는?

① 512.5 ② 412.5
③ 312.5 ④ 212.5

해설
1차 정격 전류 $I_1 = \frac{P}{V_1} = \frac{75\times10^3}{6,000} = 12.5[A]$

%임피던스 강하 $\%Z = \frac{IZ}{V}\times100 = \frac{I_n}{I_s}\times100[\%]$

단락 전류 $I_s = \frac{100}{\%Z}I_n = \frac{100}{4}\times12.5 = 312.5[A]$

49 직류 전동기의 회전수를 $\frac{1}{2}$로 하려면 계자 자속은 어떻게 해야 하는가?

① $\frac{1}{4}$로 감소시킨다.
② $\frac{1}{2}$로 감소시킨다.
③ 2배로 증가시킨다.
④ 4배로 증가시킨다.

해설 직류 전동기의 회전 속도
$N = K\frac{V-I_aR_a}{\phi}$이므로 계자 자속($\phi$)을 2배로 증가시키면 속도는 $\frac{1}{2}$로 감소한다.

50 6극 3상 유도 전동기가 있다. 회전자도 3상이며 회전자 정지 시의 1상의 전압은 200[V]이다. 전부하 시의 속도가 1,152[rpm]이면 2차 1상의 전압은 몇 [V]인가? (단, 1차 주파수는 60[Hz]이다.)

① 8.0 ② 8.3
③ 11.5 ④ 23.0

해설
동기 속도 $N_s = \frac{120f}{P} = \frac{120\times60}{6} = 1,200[rpm]$

슬립 $s = \frac{N_s - N}{N_s} = \frac{1,200-1,152}{1,200} = 0.04$

2차 전압 $E_{2s} = sE_2 = 0.04\times200 = 8[V]$

51 변압기의 임피던스 전압이란 정격 부하를 걸었을 때 변압기 내부에서 일어나는 임피던스에 의한 전압 강하분이 정격 전압의 몇 [%]가 강하되는가의 백분율[%]이다. 다음 어느 시험에서 구할 수 있는가?

① 무부하 시험 ② 단락 시험
③ 온도 시험 ④ 내전압 시험

해설 변압기의 임피던스 전압이란 변압기 2차측을 단락하고, 단락 전류가 정격 전류와 같을 때 1차측의 공급 전압이다.

52 단상 반파 정류로 직류 전압 50[V]를 얻으려고 한다. 다이오드의 최대 역전압(PIV)은 약 몇 [V]인가?

① 111 ② 141.4
③ 157 ④ 314

정답 47.③ 48.③ 49.③ 50.① 51.② 52.③

해설 직류 전압 $E_d = \frac{\sqrt{2}}{\pi}E$에서

$E = \frac{\pi}{\sqrt{2}}E_d = \frac{\pi}{\sqrt{2}} \times 50$

첨두 역전압 $V_{in} = \sqrt{2}E = \sqrt{2} \times \frac{\pi}{\sqrt{2}} \times 50 \fallingdotseq 157[V]$

53 사이리스터에서의 래칭 전류에 관한 설명으로 옳은 것은?

① 게이트를 개방한 상태에서 사이리스터 도통 상태를 유지하기 위한 최소의 순전류

② 게이트 전압을 인가한 후에 급히 제거한 상태에서 도통 상태가 유지되는 최소의 순전류

③ 사이리스터의 게이트를 개방한 상태에서 전압을 상승하면 급히 증가하게 되는 순전류

④ 사이리스터가 턴온하기 시작하는 순전류

해설 게이트 개방 상태에서 SCR이 도통되고 있을 때 그 상태를 유지하기 위한 최소의 순전류를 유지 전류(holding current)라 하고, 턴온되려고 할 때는 이 이상의 순전류가 필요하며, 확실히 턴온시키기 위해서 필요한 최소의 순전류를 래칭 전류라 한다.

54 다음 중 용량 P[kVA]인 동일 정격의 단상 변압기 4대로 낼 수 있는 3상 최대 출력 용량은?

① $3P$　　② $\sqrt{3}P$

③ $4P$　　④ $2\sqrt{3}P$

해설 단상 변압기 1대의 정격 출력 P_o[kVA]

V결선 출력 $P_V = \sqrt{3}P$[kVA]

2뱅크(bank)로 운전 시 최대 출력

$P_{V_2} = 2P_V = 2\sqrt{3}P$[kVA]

55 2대의 동기 발전기가 병렬 운전하고 있을 때 동기화 전류가 흐르는 경우는?

출제빈도

① 기전력의 크기에 차가 있을 때

② 기전력의 위상에 차가 있을 때

③ 부하 분담에 차가 있을 때

④ 기전력의 파형에 차가 있을 때

해설 동기 발전기가 병렬 운전하고 있을 때 기전력의 위상차가 생기면 동기화 전류(유효 횡류)가 흐르고 기전력의 크기가 다르면 무효 순환 전류가 흐른다.

56 4극 7.5[kW], 200[V], 60[Hz]인 3상 유도 전동기가 있다. 전부하에서의 2차 입력이 7,950[W]이다. 이 경우의 2차 효율은 약 몇 [%]인가? (단, 기계손은 130[W]이다.)

출제빈도

① 92

② 94

③ 96

④ 98

해설 2차 동손 $P_{2c} = P_2 - P -$ 기계손

$= 7,950 - 7,500 - 130 = 320[W]$

슬립 $s = \frac{P_{2c}}{P_2} = \frac{320}{7,950} = 0.04$

2차 효율 $\eta_2 = \frac{P_o}{p_2} \times 100$

$= (1-s) \times 100 = (1-0.04) \times 100$

$= 96[\%]$

57 직류 분권 발전기의 무부하 포화 곡선이 $V = \frac{950I_f}{30+I_f}$이고, I_f는 계자 전류[A], V는 무부하 전입으로 주어질 때 계자 회로의 지항이 25[Ω]이면 몇 [V]의 전압이 유기되는가?

① 200　　② 250

③ 280　　④ 300

정답 53.④ 54.④ 55.② 56.③ 57.①

해설 단자 전압 $V=\dfrac{950I_f}{30+I_f}=I_f r_f$ 에서 $\dfrac{950}{30+I_f}=r_f$

$950=30r_f+I_f r_f$ 이므로

단자 전압 $V=I_f r_f=950-30r_f$

$=950-30\times 25=200[V]$

58 3상 동기 발전기 각 상의 유기 기전력 중 제3고조파를 제거하려면 코일 간격/극 간격을 어떻게 하면 되는가?

① 0.11 ② 0.33
③ 0.67 ④ 1.34

해설 **제3고조파에 대한 단절 계수**

$K_{pn}=\sin\dfrac{n\beta\pi}{2}$ 에서 $K_{p3}=\dfrac{3\beta\pi}{2}$ 이다.

제3고조파를 제거하려면 $K_{p3}=0$이 되어야 한다.

따라서, $\dfrac{3\beta\pi}{2}=n\pi$

$n=1$일 때 $\beta=\dfrac{2}{3}=0.67$

$n=2$일 때 $\beta=\dfrac{4}{3}=1.33$

$\beta=\dfrac{\text{코일 간격}}{\text{극 간격}}<1$이므로 $\beta=0.67$

59 일반적인 전동기에 비하여 리니어 전동기(linear motor)의 장점이 아닌 것은?

① 구조가 간단하여 신뢰성이 높다.
② 마찰을 거치지 않고 추진력이 얻어진다.
③ 원심력에 의한 가속 제한이 없고 고속을 쉽게 얻을 수 있다.
④ 기어, 벨트 등 동력 변환 기구가 필요 없고 직접 원운동이 얻어진다.

해설 리니어 모터는 원형 모터를 펼쳐 놓은 형태로 마찰을 거치지 않고 추진력을 얻으며, 직접 동력을 전달받아 직선 위를 움직이므로 가·감속이 용이하고, 신뢰성이 높아 고속 철도에서 자기 부상차의 추진용으로 개발이 진행되고 있다.

60 권선형 유도 전동기의 슬립 s에 있어서의 2차 전류[A]는? (단, E_2, X_2는 전동기 정지 시의 2차 유기 전압과 2차 리액턴스로 하고, R_2는 2차 저항으로 한다.)

① $\dfrac{E_2}{\sqrt{\left(\dfrac{R_2}{s}\right)^2+{X_2}^2}}$

② $\dfrac{s\,E^2}{\sqrt{{R_2}^2\dfrac{{X_2}^2}{s}}}$

③ $\dfrac{E_2}{\left(\dfrac{R_2}{1-s}\right)^2+X_2}$

④ $\dfrac{E_2}{\sqrt{(s\,R_2)^2+{X_2}^2}}$

해설 2차 기전력 $E_{2s}=sE_2[V]$

2차 임피던스 $Z_2=R_2+jsX_2[\Omega]$

2차 전류 $I_2=\dfrac{sE_2}{\sqrt{R_2^2+(sX_2)^2}}=\dfrac{E_2}{\sqrt{\left(\dfrac{R_2}{s}\right)^2+X_2^2}}[A]$

제4과목 회로이론

61 $R=6[\Omega]$, $X_L=8[\Omega]$이 직렬인 임피던스 3개로 △결선된 대칭 부하 회로에 선간 전압 100[V]인 대칭 3상 전압을 가하면 선전류는 몇 [A]인가?

출제빈도

① $\sqrt{3}$ ② $3\sqrt{3}$
③ 10 ④ $10\sqrt{3}$

해설 $I_l=\sqrt{3}\,I_p=\sqrt{3}\times\dfrac{100}{\sqrt{6^2+8^2}}=10\sqrt{3}\,[A]$

정답 58.③ 59.④ 60.① 61.④

62 저항 4[Ω], 주파수 50[Hz]에 대하여 4[Ω]의 유도 리액턴스와 1[Ω]의 용량 리액턴스가 직렬 연결된 회로에 100[V]의 교류 전압이 인가될 때 무효 전력[Var]은?

① 1,000　② 1,200
③ 1,400　④ 1,600

해설 합성 임피던스 $Z=4+j4-j=4+j3[\Omega]$
무효 전력 $P_r=I^2X$

$$=\left(\frac{100}{\sqrt{4^2+3^2}}\right)^2\times 3$$
$$=1,200[\text{Var}]$$

63 각 상의 전류가 $i_a=30\sin\omega t$, $i_b=30\sin(\omega t-90°)$, $i_c=30\sin(\omega t+90°)$일 때 영상 대칭분의 전류[A]는?

① $10\sin\omega t$
② $\dfrac{10}{3}\sin\dfrac{\omega t}{3}$
③ $\dfrac{30}{\sqrt{3}}\sin(\omega t+45°)$
④ $30\sin\omega t$

해설
$$i_o=\frac{1}{3}(i_a+i_b+i_c)$$
$$=\frac{1}{3}\{30\sin\omega t+30\sin(\omega t-90°)+30\sin(\omega t+90°)\}$$
$$=\frac{30}{3}\{\sin\omega t+(\sin\omega t\cos 90°-\cos\omega t\sin 90°)+(\sin\omega t\cos 90°+\cos\omega t\sin 90°)\}$$
$$=10\sin\omega t[\text{A}]$$

64 함수 $f(t)=Ae^{-\frac{1}{\tau}t}$ 에서 시정수는 A의 몇 [%]가 되기까지의 시간인가?

① 37　② 63
③ 85　④ 92

해설 시정수(τ)는 $t=0$에서 과도 전류에 접선을 그어 접선이 정상 전류와 만날 때까지의 시간이므로
시정수 시간에서 $f(\tau)=Ae^{-\frac{1}{\tau}\cdot\tau}=Ae^{-1}=0.368A$
∴ 36.8[%]

65 다음 두 회로의 4단자 정수 A, B, C, D가 동일할 조건은?

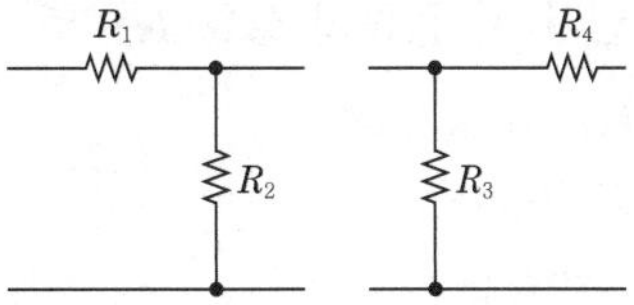

① $R_1=R_2$, $R_3=R_4$
② $R_1=R_3$, $R_2=R_4$
③ $R_1=R_4$, $R_2=R_3=0$
④ $R_2=R_3$, $R_1=R_4=0$

해설
$$\begin{bmatrix}A & B\\ C & D\end{bmatrix}=\begin{bmatrix}0 & R_1\\ 0 & 1\end{bmatrix}\begin{bmatrix}1 & 0\\ \frac{1}{R_2} & 1\end{bmatrix}=\begin{bmatrix}1+\frac{R_1}{R_2} & R_1\\ \frac{1}{R_2} & 1\end{bmatrix}$$

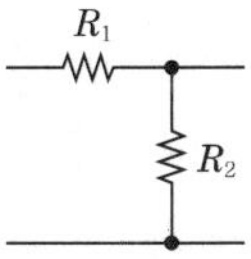

$$\begin{bmatrix}A & B\\ C & D\end{bmatrix}=\begin{bmatrix}1 & 0\\ \frac{1}{R_3} & 1\end{bmatrix}\begin{bmatrix}0 & R_4\\ 0 & 1\end{bmatrix}=\begin{bmatrix}1 & R_4\\ \frac{1}{R_3} & 1+\frac{R_4}{R_3}\end{bmatrix}$$

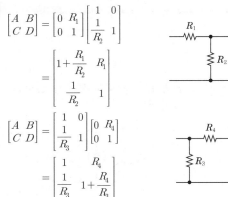

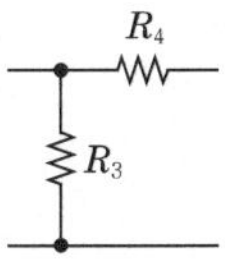

∴ A, B, C, D가 동일할 조건
$R_2=R_3$, $R_1=R_4=0$

66 단상 전력계 2개로 3상 전력을 측정하고자 한다. 전력계의 지시가 각각 200[W]와 100[W]를 가리켰다고 한다. 부하 역률은 약 몇 [%]인가?

① 94.8　② 86.6
③ 50.0　④ 31.6

정답 62.② 63.① 64.① 65.④ 66.②

해설

역률 $\cos\theta = \dfrac{P}{P_a} = \dfrac{P_1 + P_2}{2\sqrt{P_1{}^2 + P_2{}^2 - P_1 P_2}}$

$= \dfrac{300}{346.4} = 0.866$

∴ 86.6[%]

67 저항 3[Ω], 유도 리액턴스 4[Ω]인 직렬 회로에 $e = 141.4\sin\omega t + 42.4\sin 3\omega t$[V] 전압 인가 시 전류의 실효값은 몇 [A]인가?

① 20.15

② 18.25

③ 16.15

④ 14.25

해설

$I_1 = \dfrac{V_1}{Z} = \dfrac{\frac{141.4}{\sqrt{2}}}{\sqrt{3^2 + 4^2}} = 20[\text{A}]$

$I_3 = \dfrac{V_3}{Z} = \dfrac{\frac{42.4}{\sqrt{2}}}{\sqrt{3^2 + (3\times 4)^2}} = 2.43[\text{A}]$

$I = \sqrt{I_1{}^2 + I_3{}^2} = \sqrt{(20)^2 + (2.43)^2} ≒ 20.15[\text{A}]$

68 그림과 같은 브리지 회로가 평형하기 위한 Z의 값은?

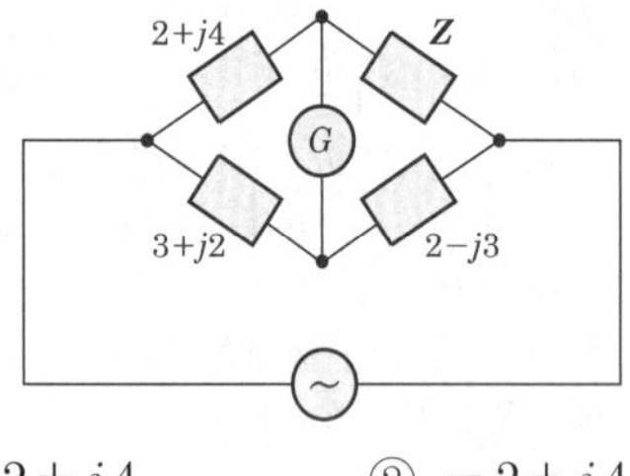

① $2 + j4$　② $-2 + j4$

③ $4 + j2$　④ $4 - j2$

해설 $Z(3+j2) = (2+j4)(2-j3)$

$\therefore\ Z = \dfrac{(2+j4)(2-j3)}{3+j2}$

$= \dfrac{(16+j2)(3-j2)}{(3+j2)(3-j2)} = 4 - j2$

69 정현파의 파형률은?

① $\dfrac{\text{실효값}}{\text{최대값}}$

② $\dfrac{\text{평균값}}{\text{실효값}}$

③ $\dfrac{\text{실효값}}{\text{평균값}}$

④ $\dfrac{\text{최대값}}{\text{실댓값}}$

해설 파고율$=\dfrac{\text{최대값}}{\text{실효값}}$, 파형률$=\dfrac{\text{실효값}}{\text{평균값}}$

70 다음에서 전류 i_5[A]는?

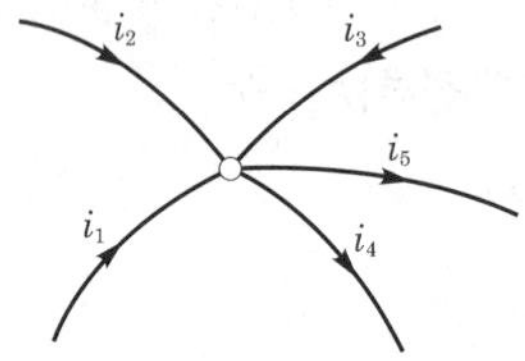

여기서, $i_1 = 40$[A]
$i_2 = 12$[A]
$i_3 = 15$[A]
$i_4 = 10$[A]

① 37　② 47

③ 57　④ 67

해설 키르히호프의 제1법칙에 의해

$i_1 + i_2 + i_3 - i_4 - i_5 = 0$

$\therefore\ i_5 = i_1 + i_2 + i_3 - i_4 = 40 + 12 + 15 - 10 = 57[\text{A}]$

71 푸리에 급수에서 직류항은?

① 우함수이다.

② 기함수이다.

③ 우함수+기함수이다.

④ 우함수×기함수이다.

해설 **여현 대칭(우함수 대칭)의 특징**

직류 성분과 cos항이 존재하는 파형, 즉 직류항은 우함수이다.

정답 67.① 68.④ 69.③ 70.③ 71.①

72 $e^{-at}\cos\omega t$의 라플라스 변환은?

① $\dfrac{s+a}{(s+a)^2+\omega^2}$　② $\dfrac{\omega}{(s+a)^2+\omega^2}$

③ $\dfrac{\omega}{(s^2+a^2)^2}$　④ $\dfrac{s+a}{(s^2+a^2)^2}$

해설 복소 추이 정리를 이용하면

$$\mathcal{L}[e^{-at}\cos\omega t]=\mathcal{L}[\cos\omega t]\Big|_{s=s+a}=\frac{s}{s^2+\omega^2}\Big|_{s=s+a}$$

$$=\frac{s+a}{(s+a)^2+\omega^2}$$

73 그림과 같은 회로에서 4단자 정수 중 옳지 않은 것은?

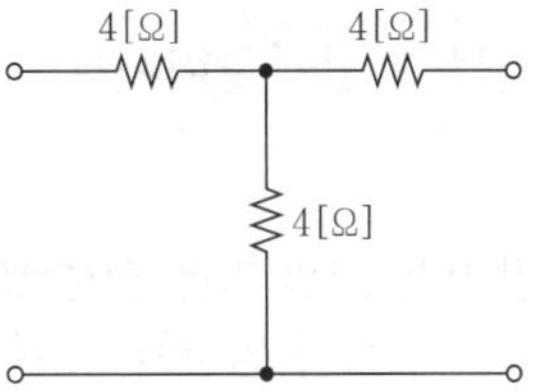

① $A=2$　② $B=12$

③ $C=\dfrac{1}{2}$　④ $D=2$

해설

$$\begin{bmatrix}A & B\\ C & D\end{bmatrix}=\begin{bmatrix}1 & 4\\ 0 & 1\end{bmatrix}\begin{bmatrix}1 & 0\\ \frac{1}{4} & 1\end{bmatrix}\begin{bmatrix}1 & 4\\ 0 & 1\end{bmatrix}=\begin{bmatrix}2 & 12\\ \frac{1}{4} & 2\end{bmatrix}$$

74 회로 (a)를 회로 (b)로 할 때 테브난의 정리를 이용하여 임피던스 Z_o[Ω]의 값과 전압 E_{ab}[V]의 값을 구하면?

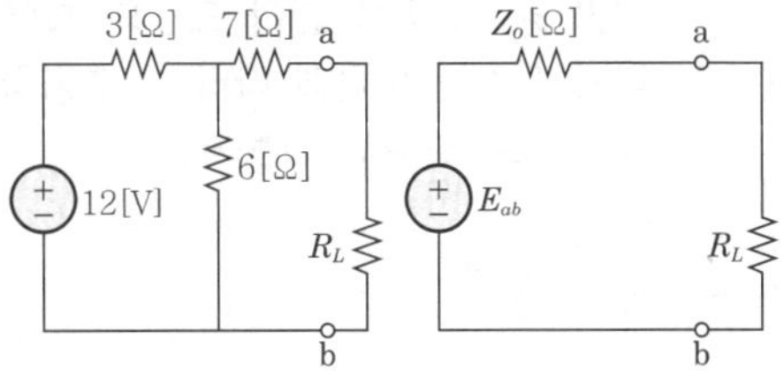

(a)　(b)

① $E_{ab}=4$, $Z_o=13$

② $E_{ab}=8$, $Z_o=2$

③ $E_{ab}=8$, $Z_o=9$

④ $E_{ab}=4$, $Z_o=9$

해설 $E_{ab}=\dfrac{6}{3+6}\times 12=8$[V]

$Z_o=7+\dfrac{3\times 6}{3+6}=9$[Ω]

75 △결선된 3상 회로에서 상전류가 다음과 같다. 선전류 I_1, I_2, I_3 중에서 그 크기가 가장 큰 것은?

$I_{12}=4\angle -36°$[A]

$I_{23}=4\angle -156°$[A]

$I_{31}=4\angle 84°$[A]

① 2.31　② 4.0

③ 6.93　④ 8.0

해설 평형 전류이므로 선전류 $I_l=\sqrt{3}I_p$로 동일하다.

$\therefore\ I_1=I_2=I_3=4\sqrt{3}=6.93$[A]

76 그림과 같이 시간축에 대하여 대칭인 3각파 교류 전압의 평균값[V]은?

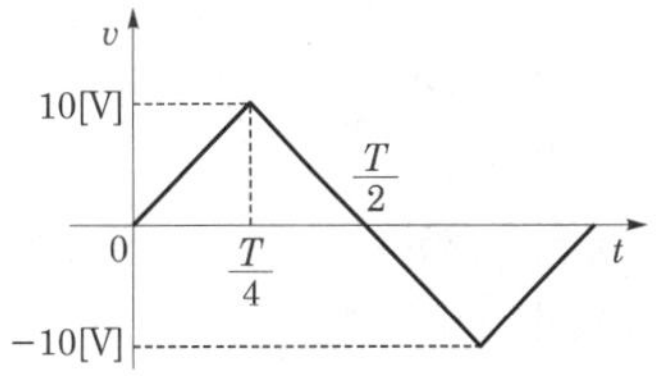

① 5.77　② 5

③ 10　④ 6

해설 평균값 $V_{av}=\dfrac{1}{2}V_m=\dfrac{1}{2}\times 10=5$[V]

정답 72.① 73.③ 74.③ 75.③ 76.②

77 어떤 제어계의 출력이 $C(s) = \dfrac{5}{s(s^2+s+2)}$로 주어질 때 출력의 시간 함수 $C(t)$의 정상값은?

① 5　② 2

③ $\dfrac{2}{5}$　④ $\dfrac{5}{2}$

해설 최종값 정리에 의해

$$\lim_{s\to 0} sC(s) = \lim_{s\to 0} s\cdot\frac{5}{s(s^2+s+2)} = \frac{5}{2}$$

78 10[kVA]의 변압기 2대로 공급할 수 있는 최대 3상 전력[kVA]은?

① 20　② 17.3

③ 14.1　④ 10

해설 V결선의 출력 $P_V = \sqrt{3}\,VI\cos\theta$

최대 3상 전력은 $\cos\theta = 1$일 때이므로

$P_V = \sqrt{3}\,VI = \sqrt{3}\times 10 = 17.32$[kVA]

79 $R-C$ 직렬 회로에 $t=0$일 때 직류 전압 10[V]를 인가하면, $t=0.1$초 때 전류[mA]의 크기는? (단, $R=1{,}000[\Omega]$, $C=50[\mu\text{F}]$이고, 처음부터 정전 용량의 전하는 없었다고 한다.)

① 약 2.25

② 약 1.8

③ 약 1.35

④ 약 2.4

해설

$i = \dfrac{E}{R}e^{-\frac{1}{RC}t}$ 에서 $t=0.1$이므로

$$i = \frac{10}{1{,}000}e^{-\frac{0.1}{1{,}000\times 50\times 10^{-6}}} = \frac{1}{100}e^{-2} \fallingdotseq 1.35[\text{mA}]$$

80 L형 4단자 회로에서 4단자 정수가 $A = \dfrac{15}{4}$, $D=1$이고 영상 임피던스 $Z_{02} = \dfrac{12}{5}[\Omega]$일 때 영상 임피던스 $Z_{01}[\Omega]$의 값은 얼마인가?

① 12　② 9

③ 8　④ 6

해설

$Z_{01}\cdot Z_{02} = \dfrac{B}{C}$, $\dfrac{Z_{01}}{Z_{02}} = \dfrac{A}{D}$에서

$$Z_{01} = \frac{A}{D}Z_{02} = \frac{\frac{15}{4}}{1}\times\frac{12}{5} = \frac{180}{20} = 9[\Omega]$$

제5과목 전기설비기술기준

81 저압 또는 고압 가공 전선로와 기설 가공 약전류 전선로가 병행할 때 유도 작용에 의한 통신상의 장해가 생기지 아니하도록 하려면 양자의 이격 거리는 최소 몇 [m] 이상으로 하여야 하는가?

① 2　② 4

③ 6　④ 8

해설 가공 약전류 전선로의 유도 장해 방지(KEC 332.1)

고·저압 가공 전선로와 병행하는 경우 약전류 전선과 2[m] 이상 이격시킨다.

82 건축물·구조물과 분리되지 않은 피뢰 시스템인 경우, 병렬 인하 도선의 최대 간격은 피뢰 시스템 등급에 따라 Ⅰ·Ⅱ등급인 경우 몇 [m]로 하여야 하는가?

① 10　② 15

③ 20　④ 30

정답 77.④ 78.② 79.③ 80.② 81.① 82.①

해설 인하 도선 시스템(KEC 152.2)
병렬 인하 도선의 최대 간격은 피뢰 시스템 등급에 따라 Ⅰ·Ⅱ등급은 10[m], Ⅲ등급은 15[m], Ⅳ등급은 20[m]로 한다.

83 발열선을 도로, 주차장 또는 조영물의 조영재에 고정시켜 신설하는 경우 발열선에 전기를 공급하는 전로의 대지 전압은 몇 [V] 이하이어야 하는가?

① 100
② 150
③ 200
④ 300

해설 도로 등의 전열 장치(KEC 241.12)
- 발열선에 전기를 공급하는 전로의 대지 전압은 300[V] 이하
- 발열선은 미네랄 인슐레이션 케이블 또는 제2종 발열선을 사용
- 발열선 온도 80[℃] 이하

84 1차측 3,300[V], 2차측 220[V]인 변압기 전로의 절연 내력 시험 전압은 각각 몇 [V]에서 10분간 견디어야 하는가?

① 1차측 4,950[V], 2차측 500[V]
② 1차측 4,500[V], 2차측 400[V]
③ 1차측 4,125[V], 2차측 500[V]
④ 1차측 3,300[V], 2차측 400[V]

해설 변압기 전로의 절연 내력(KEC 135)
- 1차측 : $3,300 \times 1.5 = 4,950$[V]
- 2차측 : $220 \times 1.5 = 330$[V]

500[V] 이하이므로 최소 시험 전압 500[V]로 한다.

85 관등 회로의 사용 전압이 1[kV] 이하인 방전등을 옥내에 시설할 경우에 대한 사항으로 잘못된 것은?

① 관등 회로의 사용 전압이 400[V] 초과인 경우에는 방전등용 변압기를 설치할 것
② 관등 회로의 사용 전압이 400[V] 이하인 배선은 공칭 단면적 2.5[mm²] 이상으로 한다.
③ 애자 공사를 시설할 때 전선 상호간의 거리는 50[cm] 이상으로 한다.
④ 관등 회로의 사용 전압이 400[V] 초과이고, 1[kV] 이하인 배선은 그 시설 장소에 따라 합성 수지관 공사·금속관 공사·가요 전선관 공사나 케이블 공사 방법에 의하여야 한다.

해설 1[kV] 이하 방전등(KEC 234.11) – 애자 공사의 시설

공사 방법	전선 상호간의 거리	전선과 조영재의 거리
애자 공사	60[mm] 이상	25[mm] (습기가 많은 장소는 45[mm]) 이상

86 사용 전압이 25[kV] 이하인 다중 접지 방식의 지중 전선로를 직접 매설식 또는 관로식에 의하여 시설하는 경우에는 매설 깊이를 차량 기타의 중량물의 압력을 받을 우려가 있는 장소에는 몇 [m] 이상 시설하여야 하는가?

① 0.1[m]
② 0.6[m]
③ 1.0[m]
④ 1.5[m]

해설 지중 전선로(KEC 334) – 매설 깊이
- 직접 매설식 및 관로식 : 1[m] 이상
- 중량물의 압력을 받을 우려가 없는 곳 : 0.6[m] 이상

정답 83.④ 84.① 85.③ 86.③

87 저·고압 가공 전선의 시설 기준으로 옳지 않은 것은?

① 사용 전압 400[V] 이하 저압 가공 전선은 2.6[mm] 이상의 절연 전선을 사용하여 시설할 수 있다.
② 사용 전압 400[V] 이하인 저압 가공 전선으로 다심형 전선을 사용하는 경우 접지공사를 한 조가용선을 사용하여야 한다.
③ 사용 전압이 고압인 가공 전선에는 다심형 전선을 사용하여 시설할 수 있다.
④ 사용 전압 400[V] 초과의 저압 가공 전선을 시외에 가설하는 경우 지름 4[mm] 이상의 경동선을 사용하여야 한다.

해설 **고압 가공 전선의 굵기 및 종류(KEC 332.3)**
다심형 전선은 400[V] 이하에서 사용한다. 고압 가공 전선은 고압 절연 전선, 특고압 절연 전선 또는 케이블을 사용하여야 한다.

88 가공 전선로의 지지물로 사용하는 철주 또는 철근 콘크리트주는 지선을 사용하지 않는 상태에서 몇 이상의 풍압 하중에 견디는 강도를 가지는 경우 이외에는 지선을 사용하여 그 강도를 분담시켜서는 아니 되는가?

① 1/3 ② 1/5
③ 1/10 ④ 1/2

해설 **지선의 시설(KEC 331.11)**
가공 전선로의 지지물로 사용하는 철주 또는 철근 콘크리트주는 지선을 사용하지 아니하는 상태에서 $\frac{1}{2}$ 이상의 풍압 하중에 견디는 강도를 가지는 경우 이외에는 지선을 사용하여 그 강도를 분담시켜서는 안 된다.

89 내부 고장이 발생하는 경우를 대비하여 자동 차단 장치 또는 경보 장치를 시설하여야 하는 특고압용 변압기의 뱅크 용량의 구분으로 알맞은 것은?

① 5,000[kVA] 미만
② 5,000[kVA] 이상 10,000[kVA] 미만
③ 10,000[kVA] 이상
④ 10,000[kVA] 이상 15,000[kVA] 미만

해설 **특고압용 변압기의 보호 장치(KEC 351.4)**

뱅크 용량의 구분	동작 조건	장치의 종류
5,000[kVA] 이상 10,000[kVA] 미만	변압기 내부 고장	자동 차단 장치 또는 경보 장치
10,000[kVA] 이상	변압기 내부 고장	자동 차단 장치
타냉식 변압기	냉각 장치에 고장, 변압기 온도 현저히 상승	경보 장치

90 통신 설비의 식별 표시에 대한 사항으로 알맞지 않은 것은?

① 모든 통신 기기에는 식별이 용이하도록 인식용 표찰을 부착하여야 한다.
② 통신 사업자의 설비 표시 명판은 플라스틱 및 금속판 등 견고하고 가벼운 재질로 하고, 글씨는 각인하거나 지워지지 않도록 제작된 것을 사용하여야 한다.
③ 배전주에 시설하는 통신 설비의 설비 표시 명판의 경우 직선주는 전주 10경간마다 시설하여야 한다.
④ 배전주에 시설하는 통신 설비의 설비 표시 명판의 경우 분기주, 인류주는 매 전주에 시설하여야 한다.

해설 **통신 설비의 식별 표시(KEC 365.1)**
- 배전주에 시설하는 통신 설비의 설비 표시 명판
  - 직선주는 전주 5경간마다 시설할 것
  - 분기주, 인류주는 매 전주에 시설할 것
- 지중 설비에 시설하는 통신 설비의 설비 표시 명판
  - 관로는 맨홀마다 시설할 것
  - 전력구 내 행거는 50[m] 간격으로 시설할 것

정답 87.③ 88.④ 89.② 90.③

91 특고압을 직접 저압으로 변성하는 변압기를 시설하여서는 아니 되는 변압기는?

① 광산에서 물을 양수하기 위한 양수기용 변압기
② 전기로 등 전류가 큰 전기를 소비하기 위한 변압기
③ 교류식 전기 철도용 신호 회로에 전기를 공급하기 위한 변압기
④ 발전소 · 변전소 · 개폐소 또는 이에 준하는 곳의 소내용 변압기

해설 특고압을 직접 저압으로 변성하는 변압기의 시설(KEC 341.3)
- 전기로용 변압기
- 소내용 변압기
- 중성선 다중 접지한 특고압 변압기
- 100[kV] 이하인 변압기로서 혼촉 방지판의 접지 저항치가 10[Ω] 이하인 것
- 전기 철도용 신호 회로용 변압기

92 제1종 특고압 보안 공사로 시설하는 전선로의 지지물로 사용할 수 없는 것은?

출제빈도

① 목주	② 철탑
③ B종 철주	④ B종 철근 콘크리트주

해설 특고압 보안 공사(KEC 333.22)
제1종 특고압 보안 공사 전선로의 지지물에는 B종 철주, B종 철근 콘크리트주 또는 철탑을 사용하고, A종 및 목주는 시설할 수 없다.

93 고압 가공 전선이 가공 약전류 전선과 접근하여 시설될 때 가공 전선과 가공 약전류 전선 사이의 이격 거리는 몇 [cm] 이상이어야 하는가?

출제빈도

① 30[cm]	② 40[cm]
③ 60[cm]	④ 80[cm]

해설 고압 가공 전선과 가공 약전류 전선 등의 접근 또는 교차(KEC 332.13)
고압 가공 전선이 가공 약전류 전선 등과 접근하는 경우는 고압 가공 전선과 가공 약전류 전선 등 사이의 이격 거리는 80[cm](전선이 케이블인 경우에는 40[cm]) 이상일 것

94 25[kV] 이하인 특고압 가공 전선로(중성선 다중 접지 방식의 것으로서 전로에 지락이 생겼을 때에 2초 이내에 자동적으로 이를 전로로부터 차단하는 장치가 되어 있는 것에 한한다.)의 접지 도체는 공칭 단면적 몇 [mm^2] 이상의 연동선 또는 이와 동등 이상의 세기 및 굵기에 쉽게 부식하지 않는 금속선으로서 고장 시 흐르는 전류를 안전하게 통할 수 있는 것을 사용하여야 하는가?

출제빈도

① 2.5	② 6
③ 10	④ 16

해설 25[kV] 이하인 특고압 가공 전선로의 시설(KEC 333.32)
- 접지 도체는 단면적 6[mm^2]의 연동선
- 접지한 곳 상호간 거리 300[m] 이하

95 전기 저장 장치의 시설 기준으로 잘못된 것은?

① 전선은 공칭 단면적 2.5[mm^2] 이상의 연동선 또는 이와 동등 이상의 세기 및 굵기의 것이어야 한다.
② 단자를 체결 또는 잠글 때 너트나 나사는 풀림 방지 기능이 있는 것을 사용하여야 한다.
③ 외부 터미널과 접속하기 위해 필요한 접점의 압력이 사용 기간 동안 유지되어야 한다.
④ 옥측 또는 옥외에 시설할 경우에는 애자 공사로 시설하여야 한다.

정답 91.① 92.① 93.④ 94.② 95.④

해설 전기 저장 장치의 시설(KEC 512)
전기 배선은 옥측 또는 옥외에 시설할 경우에는 금속관, 합성 수지관, 가요 전선관 또는 케이블 공사의 규정에 준하여 시설할 것

96 태양 전지 발전소에 태양 전지 모듈 등을 시설할 경우 사용 전선(연동선)의 공칭 단면적은 몇 $[mm^2]$ 이상인가?

① 1.6 ② 2.5
③ 5 ④ 10

해설 전기 배선(KEC 512.1.1)
전선은 공칭 단면적 $2.5[mm^2]$ 이상의 연동선으로 하고, 배선은 합성 수지관 공사, 금속관 공사, 가요 전선관 공사 또는 케이블 공사로 시설할 것

97 저압 옥내 배선을 합성 수지관 공사에 의하여 실시하는 경우 사용할 수 있는 단선(동선)의 최대 단면적은 몇 $[mm^2]$인가?

① 4 ② 6
③ 10 ④ 16

해설 합성 수지관 공사(KEC 232.11)
- 전선은 절연 전선(옥외용 제외)일 것
- 전선은 연선일 것. 단, 단면적 $10[mm^2]$(알루미늄선은 단면적 $16[mm^2]$) 이하 단선 사용

98 관광 숙박업 또는 숙박업을 하는 객실의 입구등에 조명용 전등을 설치할 때는 몇 분 이내에 소등되는 타임 스위치를 시설하여야 하는가?

① 1 ② 3
③ 5 ④ 10

해설 점멸기의 시설(KEC 234.6) – 센서등(타임 스위치 포함)
- 숙박업에 이용되는 객실의 입구등 : 1분 이내 소등
- 일반 주택 및 아파트 각 호실의 현관등 : 3분 이내 소등

99 태양광 설비에 시설하여야 하는 계측기의 계측 대상에 해당하는 것은?

① 전압과 전류
② 전력과 역률
③ 전류와 역률
④ 역률과 주파수

해설 태양광 설비의 계측 장치(KEC 522.3.6)
태양광 설비에는 전압과 전류 또는 전력을 계측하는 장치를 시설하여야 한다.

100 소세력 회로의 사용 전압이 15[V] 이하일 경우 절연 변압기의 2차 단락 전류 제한값은 8[A]이다. 이때 과전류 차단기의 정격 전류는 몇 [A] 이하이어야 하는가?

① 1.5 ② 3
③ 5 ④ 10

해설 소세력 회로(KEC 241.14) – 절연 변압기의 2차 단락 전류 및 과전류 차단기의 정격 전류

최대 사용 전압의 구분	2차 단락 전류	과전류 차단기의 정격 전류
15[V] 이하	8[A]	5[A]
15[V] 초과 30[V] 이하	5[A]	3[A]
30[V] 초과 60[V] 이하	3[A]	1.5[A]

정답 96.② 97.③ 98.① 99.① 100.③

생생 ★전기실무시리즈★

당신의 꿈을 실현시키는
최고의 맞춤 교육!!

생생 전기현장 실무

김대성 지음 / 4 · 6배판 / 360쪽 / 30,000원

전기에 처음 입문하는 조공, 아직 체계가 덜 잡힌 준전기공의 현장 지침서!

전기현장에 나가게 되면 이론으로는 이해가 안 되는 부분이 실무에서 종종 발생하곤 한다. 이러한 문제점을 가지고 있는 전기 초보자나 준전기공들을 위해서 이 교재는 철저히 현장 위주로 집필되었다.
이 책은 지금도 전기현장을 지키고 있는 저자가 현장에서 보고, 듣고, 느낀 내용을 직접 찍은 사진과 함께 수록하여 이론만으로 이해가 부족한 내용을 자세하고 생생하게 설명하였다.

생생 수배전설비 실무 기초

김대성 지음 / 4 · 6배판 / 452쪽 / 38,000원

아파트나 빌딩 전기실의 수배전설비에 대한 기초를 쉽게 이해할 수 있는 생생한 현장실무 교재!

이 책은 자격증 취득 후 일을 시작하는 과정에서 생기는 실무적인 어려움을 해소하기 위해 수배전 단선계통도를 중심으로 한전 인입부터 저압에 이르기까지 수전설비들의 기초부분을 풍부한 현장사진을 덧붙여 설명하였다. 그 외 수배전과 관련하여 반드시 숙지하고 있어야 할 수배전 일반기기들의 동작계통을 다루었다. 또한, 교재의 처음부터 끝까지 동영상강의를 통해 자세하게 설명하여 학습효과를 극대화하였다.

생생 전기기능사 실기

김대성 지음 / 4 · 6배판 / 272쪽 / 33,000원

일반 온 · 오프라인 학원에서 취급하지 않는 실기교재의 새로운 분야 개척!

기존의 전기기능사 실기교재와는 확연한 차별을 두고 있는 이 책은 동영상을 보는 것처럼 실습과정을 사진으로 수록하여 그대로 따라할 수 있도록 구성하였다. 또한 결선과정을 생생하게 컬러사진으로 수록하여 완벽한 이해를 도왔다.

생생 자동제어 기초

김대성 지음 / 4 · 6배판 / 360쪽 / 38,000원

자동제어회로의 기초 이론과 실습을 위한 지침서!

이 책은 자동제어회로에 필요한 기초 이론을 습득하고 이와 관련한 기초 실습을 한 다음, 실전 실습을 할 수 있도록 엮었다.
또한, 매 결선과제마다 제어회로를 결선해 나가는 과정을 순서대로 컬러사진과 회로도를 수록하여 독자들이 완벽하게 이해할 수 있도록 하였다.

생생 소방전기(시설) 기초

김대성 지음 / 4 · 6배판 / 304쪽 / 37,000원

소방전기(시설)의 현장감을 느끼며 실무의 기본을 배우기 위한 지침서!

소방전기(시설) 기초는 소방전기(시설)의 현장감을 느끼며 실무의 기본을 탄탄하게 배우기 위해서 꼭 필요한 책이다.
이 책은 소방전기(시설)에 필요한 기초 이론을 알고 이와 관련한 결선 모습을 이해하기 쉽도록 컬러사진을 수록하여 완벽하게 학습할 수 있도록 하였다.

생생 가정생활전기

김대성 지음 / 4 · 6배판 / 248쪽 / 25,000원

가정에 꼭 필요한 전기 매뉴얼 북!

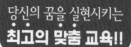

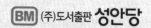

가정에서 흔히 발생할 수 있는 전기 문제에 대해 집중적으로 다룸으로써 간단한 것은 전문가의 도움 없이도 손쉽게 해결할 수 있도록 하였다. 특히 가정생활전기와 관련하여 가장 궁금한 질문을 저자의 생생한 경험을 통해 해결하였다. 책의 내용을 생생한 컬러사진을 통해 접함으로써 전기설비에 대한 기본지식과 원리를 효과적으로 이해할 수 있도록 하였다.

쇼핑몰 QR코드 ▶ 다양한 전문서적을 빠르고 신속하게 만나실 수 있습니다.
경기도 파주시 문발로 112번지 파주 출판 문화도시(제작 및 물류) TEL. 031) 950-6300 FAX. 031) 955-0510
서울시 마포구 양화로 127 첨단빌딩 3층(출판기획 R&D센터) TEL. 02) 3142-0036
BM (주)도서출판 성안당

혁담 과년도 전기산업기사 필기

2019. 1. 14. 초 판 1쇄 발행
2023. 1. 11. 4차 개정증보 4판 1쇄 발행

지은이 | 전수기, 정종연, 임한규

펴낸이 | 이종춘
펴낸곳 | BM (주)도서출판 성안당
주소 | 04032 서울시 마포구 양화로 127 첨단빌딩 3층(출판기
10881 경기도 파주시 문발로 112 파주 출판 문화도시(제작 및 물류)
전화 | 02) 3142-0036
031) 950-6300
팩스 | 031) 955-0510
등록 | 1973. 2. 1. 제406-2005-000046호
출판사 홈페이지 | **www.cyber.co.kr**
ISBN | 978-89-315-2807-7 (13560)
정가 | 38,000원

이 책을 만든 사람들
기획 | 최옥현
진행 | 박경희
교정·교열 | 최주연
전산편집 | 이다은
표지 디자인 | 박현정
홍보 | 김계향, 유미나, 이준영, 정단비, 임태호
국제부 | 이선민, 조혜란
마케팅 | 구본철, 차정욱, 오영일, 나진호, 강호묵
마케팅 지원 | 장상범, 박지연
제작 | 김유석